応用数理ハンドブック

日本応用数理学会
[監修]

薩摩順吉・大石進一・杉原正顯
[編集]

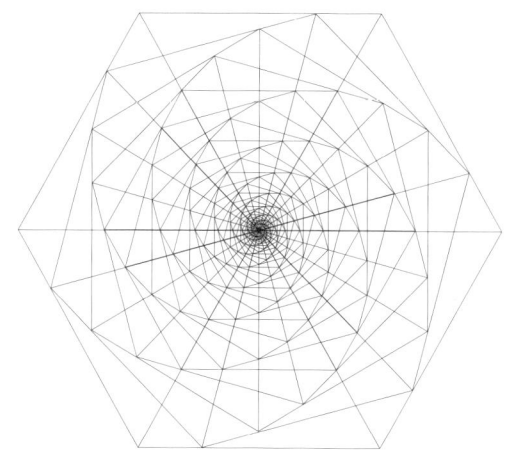

朝倉書店

まえがき

　ニュートンは天体の動きをはじめとする力学の研究の必要性から微積分学を創造した．同時期に微積分学を創始したライプニッツは計算とは何かを突き詰め，コンピュータの概念にたどり着いている．もっと古代にさかのぼり，ギリシャ時代に戻れば，数学が天文学や音楽と分かちがたく結びついていた．人類が知の先端を追求すると，そこに新しい数学が現れ，それによって叡智が記述されてきたといえる．

　これは現代まで続いている．アインシュタインが宇宙について一般相対性原理を船頭として考えを巡らし，リーマン幾何学によって宇宙像を記述した．量子力学を記述するヒルベルト空間論が現代工業を支えている．このように，知の先端の探索と数学の創造は常に分かちがたく融合してきた．どちらが優位というようなものではなく，両者があって初めて新分野が現れてきたといえる．

　こうして人類の知の地平が切り開かれると，それを人類のために利用しようという創造的な作業が続いてきたのも歴史である．このような人工物の創造は，設計の原理を数理的に明確にすることによって，飛躍に飛躍を重ねてきた．例えば宇宙に出てまた戻ってくるようなことも可能になったのは，数理的な設計の理論の確立に基づいているといって過言ではない．真に創造的な人工物の成立原理は数理的に非常にきれいにまとめられるというのが，人類の創造の指導原理であったといえる．

　このようなダイナミックな分野は，現代では応用数理と呼ばれる分野によって引き継がれている．将来の日本や世界を支える新分野の開拓は，応用分野の革新的な発展によってなされると思われる．このような革新的な発展を促すために，応用数理分野の基礎から始め，現状を展望する総合的な俯瞰図の役割を果たすハンドブックを編集しておくことは非常に有益なことと思われる．本応用数理ハンドブックは，このような目的のために編集された．また，本ハンドブックは日本応用数理学会の設立20周年を記念して，日本応用数理学会監修として企画されたものである．

　応用数理分野の開拓は，道のないところに道をつける作業である．そのため，その対象は広範にわたる．このような広範な応用数理分野を展望するために，本ハンドブックは30の領域を3つの編にまとめた事典として編まれている．一方，多様な分野を気楽に眺めることができるように，各領域を中項目から構成した．中項目は2ページまたは4ページとして書かれており，一気に読み切れるサイズである．これを読むことでトピックの単位での概観が得られるように執筆されている．さらに，項目末に参考文献を掲げ，さらなる発展への道標も与えるようにしている．そして，章に含まれる中項目を一通り読むと，応用数理の一分野が概観できるように，注意深く構成してある．章の選定にあたっては，まず，応用数理の基礎となる分野を含むようにした．つぎに，応用数理学会の研究部会がある分野を中心に章を構成した．これにより，日本応用数理学会がカバーする範囲を含む広範で，かつ現在アクティブに研究開発が進められている応用数理の前線をカバーしている．

編集にあたっては，章の編者を置き，そこで挙げられた項目を，薩摩，大石，杉原の3人で調整した．本ハンドブックの編集にあたっては日本応用数理学会の総力を挙げたが，特に各分野の先端研究者である非常に多くの著者に執筆をお願いした．そして，分野ごとにその分野の先端的研究者に編者をお願いした．ご協力いただいた各位に深く感謝する．編集にあたっては，朝倉書店編集部に献身的なご協力をいただいた．深く感謝申し上げる．

　2013年7月

薩　摩　順　吉
大　石　進　一
杉　原　正　顯

執筆者一覧

編集委員

薩摩 順吉	青山学院大学理工学部	
大石 進一	早稲田大学理工学術院	
杉原 正顯	青山学院大学理工学部	

章編者 (五十音順)

合原 一幸	東京大学	杉山 将	東京工業大学	萩原 一郎	明治大学
芦野 隆一	大阪教育大学	鈴木 貴	大阪大学	引原 隆士	京都大学
畔上 秀幸	名古屋大学	田辺 誠	神奈川工科大学	藤井 裕矩	神奈川工科大学
一森 哲男	大阪工業大学	田端 正久	早稲田大学	松尾 宇泰	東京大学
大石 進一	早稲田大学	土谷 隆	政策研究大学院大学	松木平 淳太	龍谷大学
大塚 厚二	広島国際学院大学	中村 憲	首都大学東京	三村 昌泰	明治大学
岡本 久	京都大学	奈良 高明	電気通信大学	宮本 裕一郎	上智大学
杉原 厚吉	明治大学	成田 清正	神奈川大学	横山 和弘	立教大学
杉原 正顯	青山学院大学	萩谷 昌己	東京大学		

執筆者 (五十音順)

相島 健助	東京大学	荒井 迅	北海道大学	稲葉 寿	東京大学
合原 一幸	東京大学	新井 拓児	慶應義塾大学	井ノ口 順一	山形大学
青木 隆平	東京大学	新井 仁之	東京大学	今井 桂子	中央大学
青木 美穂	島根大学	飯田 雅宣	鉄道総合技術研究所	今井 仁司	徳島大学
赤穂 昭太郎	産業技術総合研究所	池上 敦子	成蹊大学	今堀 慎治	名古屋大学
赤堀 次郎	立命館大学	池田 充	鉄道総合技術研究所	巌佐 庸	九州大学
浅野 哲夫	北陸先端科学技術大学院大学	石村 直之	一橋大学	岩見 真吾	九州大学
芦野 隆一	大阪教育大学	礒島 伸	法政大学	Ralph Willox	東京大学
畔上 秀幸	名古屋大学	一森 哲男	大阪工業大学	上田 哲史	徳島大学
安達 雅春	東京電機大学	井手 勇介	神奈川大学	上原 隆平	北陸先端科学技術大学院大学
穴井 宏和	富士通研究所	伊藤 弘道	東京理科大学	宇治野 秀晃	群馬工業高等専門学校
天野 要	愛媛大学	伊東 裕也	電気通信大学	内山 賢治	日本大学
甘利 俊一	理化学研究所	伊藤 雅憲	アステラス製薬	内山 成憲	首都大学東京

宇野 毅明	国立情報学研究所	久保田 貴大	東京大学	関川 浩	東京理科大学
大石 進一	早稲田大学	河野 崇	東京大学	関根 順	大阪大学
大崎 純	広島大学	小林 秀敏	大阪大学	関村 利朗	中部大学
大杉 英史	立教大学	小林 亮	広島大学	瀬野 裕美	東北大学
大塚 厚二	広島国際学院大学	小松 敬治	宇宙航空研究開発機構	曽我部 知広	愛知県立大学
大西 立顕	キヤノングローバル戦略研究所	小松 亨	東京理科大学	髙澤 兼二郎	京都大学
大山 達雄	政策研究大学院大学	小室 元政	帝京科学大学	高橋 大輔	早稲田大学
緒方 秀教	電気通信大学	斉藤 一哉	東京大学	田上 大助	九州大学
岡野 大	愛媛大学	齋藤 卓	愛媛大学	髙村 正人	理化学研究所
岡本 久	京都大学	斎藤 直樹	University of California	髙山 信毅	神戸大学
岡本 吉央	電気通信大学	齊藤 宣一	東京大学	竹内 謙善	くいんと
岡山 友昭	一橋大学	酒井 裕	玉川大学	竹内 康博	青山学院大学
荻田 武史	東京女子大学	櫻田 英樹	日本電信電話	竹中 啓三	三菱重工業
奥 牧人	東京大学	佐々 成正	日本原子力研究開発機構	舘 知宏	東京大学
尾崎 克久	芝浦工業大学	佐々木 文夫	東京理科大学	立澤 一哉	北海道大学
小俣 正朗	金沢大学	佐竹 暁子	北海道大学	田辺 隆人	数理システム
角谷 良彦	東京大学	佐藤 真	島津製作所	田辺 誠	神奈川工科大学
筧 三郎	立教大学	佐藤 洋祐	東京理科大学	谷川 眞一	京都大学
鹿島 久嗣	東京大学	塩浦 昭義	東北大学	谷口 尚子	東京工業大学
柏木 雅英	早稲田大学	四方 義啓	多元数理研究所	田端 正久	早稲田大学
梶原 健司	九州大学	重定 南奈子	前 同志社大学	趙 希禄	埼玉工業大学
片峯 英次	岐阜工業高等専門学校	繁野 麻衣子	筑波大学	辻本 諭	京都大学
加藤 直樹	京都大学	篠田 淳一	インターローカス	津田 宏治	産業技術総合研究所
香取 勇一	東京大学	白柳 潔	東邦大学	土谷 隆	政策研究大学院大学
金森 敬文	名古屋大学	代田 健二	愛知県立大学	寺前 順之介	大阪大学
川勝 康弘	宇宙航空研究開発機構	水藤 寛	岡山大学	土居 伸二	京都大学
河津 省司	協立総合病院	杉原 厚吉	明治大学	時弘 哲治	東京大学
川本 裕輔	INRIA & Ecole Polytechnique	杉山 博之	The University of Iowa	徳田 功	立命館大学
寒野 善博	東京大学	杉山 文子	京都大学	徳山 豪	東北大学
来嶋 秀治	九州大学	杉山 将	東京工業大学	戸倉 直	トクラシミュレーションリサーチ
岸本 一男	筑波大学	鈴木 敦夫	南山大学	戸谷 剛	北海道大学
北岡 裕子	JSOL	鈴木 斎輝	大阪大学	冨岡 亮太	東京大学
北川 敏樹	鉄道総合技術研究所	鈴木 貴	大阪大学	友枝 謙二	大阪工業大学
工藤 博幸	筑波大学	鈴木 秀幸	東京大学	内藤 健	早稲田大学
久保 司郎	摂南大学	須田 礼仁	東京大学	永井 敦	日本大学
久保田 光一	中央大学	角 洋一	横浜国立大学	中尾 裕也	東京工業大学

中岡 慎治	理化学研究所	花谷 嘉一	東芝	村田 昇	早稲田大学
中川 秀敏	一橋大学	速水 謙	国立情報学研究所	村松 正和	電気通信大学
中島 伸一	ニコン	引原 隆士	京都大学	室田 一雄	東京大学
中根 和昭	大阪大学	平井 広志	東京大学	望月 隆史	エステック
中野 亮	東レエンジニアリング	平田 富夫	名古屋大学	持橋 大地	統計数理研究所
永野 清仁	公立はこだて未来大学	平田 祥人	東京大学	森田 泰弘	宇宙航空研究開発機構
中村 憲	首都大学東京	福島 直人	福島研究所	森継 修一	筑波大学
中村 玄	Inha University	福元 健太郎	学習院大学	森村 哲郎	日本アイ・ビー・エム
中村 尚弘	竹中工務店	藤井 孝藏	宇宙航空研究開発機構	守本 晃	大阪教育大学
奈良 高明	電気通信大学	藤井 裕矩	神奈川工科大学	矢嶋 徹	宇都宮大学
成田 清正	神奈川大学	藤江 哲也	兵庫県立大学	山下 信雄	京都大学
成島 康史	横浜国立大学	降籏 大介	大阪大学	山下 雅史	九州大学
西浦 博	東京大学	堀之内 成明	豊田中央研究所	山田 貴博	横浜国立大学
西川 功	東京大学	牧野 和久	京都大学	山田 崇恭	京都大学
西村 直志	京都大学	増田 直紀	東京大学	山田 道夫	京都大学
西森 拓	広島大学	松尾 和人	神奈川大学	山中 脩也	早稲田大学
西脇 眞二	京都大学	松木平 淳太	龍谷大学	山本 昌宏	東京大学
野島 武敏	アート・エクセル折紙工学研究所	松本 純一	産業技術総合研究所	山本 有作	神戸大学
野々村 拓	宇宙航空研究開発機構	マリアサブチェンコ	明治大学	山本 芳嗣	筑波大学
野呂 正行	神戸大学	丸野 健一	The University of Texas	吉田 春夫	国立天文台
萩原 茂樹	東京工業大学	萬代 武史	大阪電気通信大学	吉田 真紀	大阪大学
萩谷 昌己	東京大学	三谷 純	筑波大学	吉野 邦生	東京都市大学
萩原 一郎	明治大学	光成 滋生	サイボウズ・ラボ	米山 一樹	NTTセキュアプラットフォーム研究所
長谷川 幹雄	東京理科大学	宮沢 与和	九州大学	李 薇	南京信息工程大学
羽田野 直道	東京大学	宮本 裕一郎	上智大学	和田 淳一郎	横浜市立大学
八森 正泰	筑波大学	村尾 裕一	電気通信大学	渡部 善隆	九州大学

目　次

第I編　現象の数理　　1

可積分系　……………………………………………………………　[松木平淳太]　…　3
　完全積分可能な力学系　……………………………………………　[吉田春夫]　…　4
　パンルヴェ方程式　…………………………………………………　[梶原健司]　…　6
　ソリトン方程式1 — KdV方程式とKP方程式　…………………　[丸野健一]　…　10
　ソリトン方程式2 — サイン–ゴルドン方程式と非線形シュレディンガー方程式　…　[宇治野秀晃]　…　12
　保存系における数値スキーム　……………………………………　[佐々成正]　…　14
　戸田格子　……………………………………………………………　[松木平淳太]　…　16
　広田・三輪方程式　…………………………………………………　[Ralph Willox]　…　18
　超離散系　……………………………………………………………　[高橋大輔]　…　20
　広田の方法　…………………………………………………………　[礒島伸]　…　22
　逆散乱法　……………………………………………………………　[矢嶋徹]　…　24
　KP階層　………………………………………………………………　[筧三郎]　…　26
　可解格子模型　………………………………………………………　[時弘哲治]　…　28
　アルゴリズムと可積分系　…………………………………………　[永井敦]　…　30
　幾何学と可積分系　…………………………………………………　[井ノ口順一]　…　32
　特殊関数と可積分系　………………………………………………　[辻本諭]　…　34

カオス　……………………………………………………………………　[引原隆士]　…　37
　非線形力学系・カオスの概要　……………………………………　[引原隆士]　…　38
　共振と同期　…………………………………………………………　[引原隆士]　…　40
　局所分岐　……………………………………………………………　[小室元政]　…　42
　大域分岐　……………………………………………………………　[上田哲史]　…　46
　リアプノフ指数　……………………………………………………　[中尾裕也]　…　48
　生物のカオス　………………………………………………………　[土居伸二]　…　50
　大自由度カオス　……………………………………………………　[中尾裕也]　…　52
　カオス時系列解析　…………………………………………………　[徳田功]　…　54
　カオス同期　…………………………………………………………　[徳田功]　…　56
　カオス制御　…………………………………………………………　[上田哲史]　…　58
　カオスと最適化　……………………………………………………　[長谷川幹雄]　…　60

流体力学　………………………………………………………………　[岡本久]　…　63
　オイラー方程式　……………………………………………………　[岡本久]　…　64
　不変量　………………………………………………………………　[岡本久]　…　66
　ナヴィエ–ストークス方程式　………………………………………　[岡本久]　…　68
　乱流　…………………………………………………………………　[岡本久]　…　72

弾性体力学の基礎　……………………………………………………　[大塚厚二]　…　75
　変分法による解の存在定理　………………………………………　[伊東裕也]　…　76
　複合材料および角を持つ領域での解の性質　……………………　[伊藤弘道]　…　80

破壊力学の数理 　　　　　　　　　　　　　　　　　　　　　　　　　　　　　　　　　[大塚厚二] … 85
　破壊力学の歴史 …………………………………………………………………………… [大塚厚二] … 86
　線形破壊力学 ……………………………………………………………………………… [大塚厚二] … 88
　動的亀裂問題 ……………………………………………………………………………… [伊東裕也] … 92
　亀裂進展経路 ……………………………………………………………………………… [角　洋一] … 94
　破壊現象の数理モデル …………………………………………………………………… [大塚厚二] … 96

神経回路と数理脳科学 　　　　　　　　　　　　　　　　　　　　　　　　　　　　　　　[合原一幸] … 101
　概　　論 …………………………………………………………………………………… [合原一幸] … 103
　神経細胞の数理モデル …………………………………………………………………… [鈴木秀幸] … 104
　神経回路の数理モデル …………………………………………………………………… [香取勇一] … 106
　カオス神経回路 …………………………………………………………………………… [安達雅春] … 108
　神経回路と連想記憶 ……………………………………………………………………… [奥　牧人] … 110
　神経回路と最適化 ………………………………………………………………………… [長谷川幹雄] … 112
　神経回路の学習理論 ……………………………………………………………………… [村田　昇] … 114
　神経回路と強化学習 ……………………………………………………………………… [酒井　裕] … 116
　神経回路の揺らぎ ………………………………………………………………………… [寺前順之介] … 118
　神経データの数理解析 …………………………………………………………………… [平田祥人] … 120
　脳データの数理解析 ……………………………………………………………………… [冨岡亮太] … 122
　神経回路の電子回路実装 ………………………………………………………………… [河野　崇] … 124
　神経回路と情報幾何 ……………………………………………………………………… [甘利俊一] … 126

数理生物学 　　　　　　　　　　　　　　　　　　　　　　　　　　　　　　　　　　　　[三村昌泰] … 129
　個体群動態 ………………………………………………………………………………… [瀬野裕美] … 130
　一斉開花現象の数理モデル ……………………………………………………………… [佐竹暁子] … 132
　疫学・ウイルス学における微分方程式モデルの大域的安定性 ……………………… [竹内康博] … 134
　生物集団の侵入 …………………………………………………………………………… [重定南奈子] … 136
　生物パターンの多様性 …………………………………………………………………… [関村利朗] … 138
　細胞インテリジェンス — 粘菌の行動知に学ぶ ……………………………………… [小林　亮] … 140
　適応と進化 ………………………………………………………………………………… [巌佐　庸] … 142
　生物系の自己組織化 ……………………………………………………………………… [西森　拓] … 144

数理医学 　　　　　　　　　　　　　　　　　　　　　　　　　　　　　　　　　　　　　[鈴木　貴] … 147
　数理医学の諸問題 ………………………………………………………………………… [鈴木　貴] … 148
　位相幾何学的アルゴリズムによる組織画像解析 ……………………………………… [中根和昭] … 152
　臨床医用画像診断における形態・機能断層画像 ……………………………………… [河津省司] … 153
　粘弾性物性による形態機能分析 ………………………………………………………… [中村　玄] … 154
　生体磁場の解析と磁場源数の決定 ……………………………………………………… [佐藤　真] … 156
　感染症と免疫の数理 ………………………………[稲葉　寿・岩見真吾・中岡慎治・西浦　博] … 158
　がんの浸潤・転移に関わる分子パスウェイモデルと制御解析 ……………………… [齋藤　卓] … 162
　血流解析 …………………………………………………………………………………… [水藤　寛] … 164
　生命サイクル ……………………………………………………………………………… [四方義啓] … 166
　医薬統計 …………………………………………………………………………………… [伊藤雅憲] … 168

数理ファイナンス 　　　　　　　　　　　　　　　　　　　　　　　　　　　　　　　　　[成田清正] … 171
　ブラウン運動 ……………………………………………………………………………… [成田清正] … 172
　確率解析 — 伊藤解析 …………………………………………………………………… [赤堀次郎] … 176
　確率微分方程式 …………………………………………………………………………… [石村直之] … 180
　マルチンゲール測度 ……………………………………………………………………… [新井拓児] … 184

ブラック–ショールズ–マートンモデルとオプションの価格付け ･････････････ [中川秀敏] ･･･ 188
　　動的ヘッジング ･･ [関根　順] ･･･ 192
　　無裁定価格理論 ･･ [石村直之] ･･･ 196
　　ブラック–ショールズの離散モデル ･･････････････････････････････････ [小俣正朗] ･･･ 200

数理政治学　　　　　　　　　　　　　　　　　　　　　　　　　　　[一森哲男] ･･･ 205
　　緩和除数方式 ･･ [一森哲男] ･･･ 206
　　空間的投票理論 ･･ [岸本一男] ･･･ 208
　　実験政治学 ･･･ [谷口尚子] ･･･ 210
　　アローの一般可能性定理 ･･ [山本芳嗣] ･･･ 212
　　アラバマパラドックス ･･ [一森哲男] ･･･ 214
　　議席数配分方式 ･･ [大山達雄] ･･･ 216
　　不平等指数 ･･･ [和田淳一郎] ･･･ 218
　　自　然　実　験 ･･ [福元健太郎] ･･･ 220

数理的技法による情報セキュリティ　　　　　　　　　　　　　　　　　　[萩谷昌己] ･･･ 223
　　数理的技法による情報セキュリティの検証 ････････････････････････････ [萩谷昌己] ･･･ 224
　　ゲーム変換による安全性証明 ･･････････････････････････････････････ [花谷嘉一] ･･･ 226
　　汎用的結合可能な安全性 ･･････････････････････････････････････ [鈴木斎輝・吉田真紀] ･･･ 228
　　Hoare 論理 ･･ [久保田貴大・角谷良彦] ･･･ 230
　　プロセス計算 ･･･ [櫻田英樹] ･･･ 232
　　I/O オートマトン ･･ [米山一樹] ･･･ 234
　　記号的アプローチの計算論的健全性 ･････････････････････････････････ [川本裕輔] ･･･ 236
　　論理的検証法 ･･･ [萩原茂樹] ･･･ 238

複雑ネットワーク　　　　　　　　　　　　　　　　　　　　　　　　　　[合原一幸] ･･･ 241
　　概　　　論 ･･･ [合原一幸] ･･･ 243
　　複雑ネットワークの特徴量 ･･ [増田直紀] ･･･ 244
　　スモールワールドネットワーク ････････････････････････････････････ [井手勇介] ･･･ 246
　　スケールフリーネットワーク ･･････････････････････････････････････ [大西立顕] ･･･ 248
　　複雑ネットワークのコミュニティ構造 ･･･････････････････････････････ [羽田野直道] ･･･ 250
　　ネットワーク理論における最適化手法 ･･･････････････････････････････ [永野清仁] ･･･ 252
　　振動子結合系 ･･･ [西川　功] ･･･ 254

折紙工学　　　　　　　　　　　　　　　　　　　　　　　　　　　　　　[萩原一郎] ･･･ 257
　　折紙工学の現状と今後 ･･ [萩原一郎] ･･･ 258
　　折紙の基本事項と基本構造 ･･････････････････････････････････････ [野島武敏・杉山文子] ･･･ 260
　　折紙と学術研究との関連 ･･ [野島武敏] ･･･ 262
　　折紙の情報・数学問題への応用 ― 情報問題への応用 ･････････････････ [上原隆平] ･･･ 264
　　折紙の情報・数学問題への応用 ― 数学問題への応用 ･････････････････ [森継修一] ･･･ 265
　　立体折りと産業応用 ･･ [三谷　純] ･･･ 266
　　剛　体　折　紙 ･･ [舘　知宏] ･･･ 268
　　バイオミメティクスと折紙 ― 植物の幾何学的解明とモデル化 ･････････ [小林秀敏] ･･･ 270
　　バイオミメティクスと折紙 ― 肺胞の幾何学的解明とモデル化 ･････････ [北岡裕子] ･･･ 271
　　折紙の構造強化機能：新しいコア材の開発
　　　　― 空間充填で得られるコア材の特性 ･････････････････････････ [斉藤一哉・野島武敏] ･･･ 272
　　折紙の構造強化機能：新しいコア材の開発
　　　　― 空間充填で得られるコア材の成形法 ･･･････････････････････ [戸倉　直・萩原一郎] ･･･ 273

第II編　方法の数理　　　　　　　　　　　　　　　　　　　　　　　　275

離散システム ･･･ [宮本裕一郎] ･･･ 277
　離散凸解析 ･･･ [室田一雄] ･･･ 278
　マトロイド ･･･ [塩浦昭義] ･･･ 282
　列挙アルゴリズム ･･･ [宇野毅明] ･･･ 286
　マッチング ･･･ [髙澤兼二郎] ･･･ 288
　近似アルゴリズム ･･･ [岡本吉央] ･･･ 290
　発見的解法 ･･･ [今堀慎治] ･･･ 294
　マルコフ連鎖モンテカルロ法 ･･･ [来嶋秀治] ･･･ 296
　最短路 ･･･ [宮本裕一郎] ･･･ 298
　ネットワークフロー ･･･ [繁野麻衣子] ･･･ 300
　多品種フロー ･･･ [平井広志] ･･･ 302
　計算困難性 — NP困難・NP完全 ･････････････････････････････････････ [牧野和久] ･･･ 304
　単体的複体 ･･･ [八森正泰] ･･･ 306
　組合せ剛性理論 ･･･ [谷川眞一] ･･･ 308

最適化 ･･･ [土谷　隆] ･･･ 311
　線形計画と凸計画 ･･･ [村松正和・土谷　隆] ･･･ 312
　非線形計画法 ･･･ [山下信雄] ･･･ 316
　整数計画 ･･･ [藤江哲也] ･･･ 320
　最適化モデリング ･･･ [田辺隆人・池上敦子] ･･･ 324

計算代数 ･･･ [横山和弘] ･･･ 329
　数と多項式の基本算法 ･･･ [村尾裕一] ･･･ 330
　グレブナー基底 ･･･ [野呂正行] ･･･ 332
　多項式イデアルの発展した算法と応用 ･････････････････････････････････ [佐藤洋祐・大杉英史] ･･･ 336
　微分作用素環のグレブナー基底 ･･･････････････････････････････････････ [高山信毅] ･･･ 338
　CADと実代数幾何計算 ･･･ [穴井宏和] ･･･ 340
　数値数式融合計算 ･･･ [白柳　潔・関川　浩] ･･･ 344

数論アルゴリズムとその応用 ･･･ [中村　憲] ･･･ 347
　素数判定問題 ･･･ [中村　憲] ･･･ 348
　素因数分解問題 ･･･ [中村　憲] ･･･ 350
　離散対数問題 ･･･ [中村　憲] ･･･ 352
　格子問題 ･･･ [内山成憲] ･･･ 354
　代数体 ･･･ [青木美穂] ･･･ 356
　楕円曲線，超楕円曲線 ･･･ [小松　亨] ･･･ 360
　公開鍵暗号 ･･･ [内山成憲] ･･･ 364
　共通鍵暗号 ･･･ [内山成憲] ･･･ 366
　楕円曲線暗号 ･･･ [光成滋生] ･･･ 368
　ハッシュ関数 ･･･ [松尾和人] ･･･ 370
　ディジタル署名 ･･･ [松尾和人] ･･･ 372
　秘密分散共有 ･･･ [松尾和人] ･･･ 374
　ペアリング暗号 ･･･ [光成滋生] ･･･ 376
　擬似乱数 ･･･ [中村　憲] ･･･ 378

科学技術計算と数値解析 ･･･ [杉原正顯] ･･･ 381
　数値表現 ･･･ [久保田光一] ･･･ 382
　関数近似 ･･･ [岡山友昭] ･･･ 384

微分の近似	[久保田光一]	...388
数値積分	[緒方秀教]	...390
非線形方程式の数値解法	[成島康史]	...394
常微分方程式の数値解法	[降籏大介]	...398
並列計算	[須田礼仁]	...402

行列・固有値問題の解法とその応用 ......[松尾宇泰]...407

連立1次方程式に対する直接解法	[曽我部知広]	...408
連立1次方程式に対する反復解法	[曽我部知広]	...412
最小2乗問題の数値解法	[速水 謙]	...416
固有値問題の数値解法	[山本有作]	...418
特異値分解の数値計算	[相島健助]	...422

計算の品質 ......[大石進一]...425

区間演算	[山中脩也]	...426
連立1次方程式に対する精度保証	[荻田武史]	...430
行列固有値問題に対する精度保証	[荻田武史]	...434
非線形方程式の精度保証	[大石進一]	...438
常微分方程式の精度保証	[柏木雅英]	...442
偏微分方程式の精度保証	[渡部善隆]	...446
浮動小数点演算の無誤差変換	[尾崎克久]	...450
力学系の計算機援用証明	[荒井 迅]	...454
精度保証付き計算幾何	[尾崎克久]	...456

偏微分方程式の数値解法 ......[田端正久]...459

有限差分法	[友枝謙二]	...460
有限要素法	[田端正久]	...464
境界要素法	[西村直志]	...468
スペクトル法	[今井仁司]	...470
有限体積法	[齊藤宣一]	...472
代用電荷法	[天野 要・岡野 大]	...474
風上近似と特性曲線法	[田端正久]	...476
構造問題の数値解法	[山田貴博]	...478
流れ問題の数値解法	[田端正久]	...480
電磁気問題の数値解法	[田上大助]	...482

ウェーブレット ......[芦野隆一]...485

ウェーブレットと時間周波数解析	[山田道夫]	...486
連続ウェーブレット変換	[佐々木文夫]	...488
ウェーブレットフレーム	[立澤一哉]	...492
正規直交ウェーブレット	[萬代武史]	...496
離散ウェーブレット変換	[守本 晃]	...500
ウェーブレットとフィルタ	[新井仁之]	...504
ウェーブレットと信号処理	[吉野邦生]	...508
ウェーブレットによる画像処理	[斎藤直樹]	...512
ウェーブレット解析の発展	[芦野隆一]	...516

数理設計 ......[畔上秀幸]...519

連続体の形状最適化	[畔上秀幸]	...520

連成場の形状最適化	[片峯英次]	522
数値流体解析と形状最適化	[松本純一]	524
均質化法に基づくトポロジー最適化	[西脇眞二]	526
レベルセット法に基づくトポロジー最適化	[山田崇恭]	528
形状最適化理論の製品設計への応用	[竹内謙善]	530
最適化手法の逆問題への応用	[代田健二]	532
トラス構造の最適設計	[大崎　純・寒野善博]	534

計算幾何学 [杉原厚吉] 539
- 計算幾何の問題と手法 [平田富夫] 540
- ボロノイ図とドロネー図 [今井桂子] 542
- 幾何グラフの剛性 [加藤直樹] 544
- アレンジメントとその利用 [徳山　豪] 546
- 美術館監視・捜索問題 [山下雅史] 548
- ディジタル計算幾何 [浅野哲夫] 550
- 地理的最適化問題 [鈴木敦夫] 552
- ロバスト幾何計算 [杉原厚吉] 554

逆問題 [奈良高明] 557
- 逆問題の数理的基礎 [山本昌宏] 558
- 再構成アルゴリズム [奈良高明] 562
- 工学応用 [久保司郎] 566
- コンピュータトモグラフィ逆問題 [工藤博幸] 570

機械学習 [杉山　将] 575
- パターン認識 [赤穂昭太郎] 576
- カーネル法 [津田宏治] 578
- グラフと学習 [鹿島久嗣] 580
- 統計的学習理論 [金森敬文] 582
- ベイズ推定 [持橋大地] 584
- 行列の学習 [中島伸一] 586
- 密度比推定 [杉山　将] 588
- 強化学習 [森村哲郎] 590

第 III 編　産業応用　593

自動車産業と応用数理 [萩原一郎] 595
- 固有値解析と固有モード解析 [萩原一郎] 596
- 感度解析とそれを用いた最適化解析 [萩原一郎] 597
- 室内騒音振動解析技術 — 補正付き摂動法 [趙　希禄] 598
- 区分モード合成法 [望月隆史] 599
- 非線形構造解析 — 衝突解析の数理 [萩原一郎] 600
- 燃焼解析 [内藤　健] 602
- 内部流れ解析 [内藤　健] 604
- 外部流れ解析 [堀之内成明] 606
- 樹脂流れ解析 [中野　亮] 608
- 加工解析 [高村正人] 610
- 制御工学 [福島直人] 612

鉄道産業と応用数理 ･･ [田辺　誠] ･･･615
　マルチボディダイナミクス ･･ [杉山博之] ･･･616
　鉄道車両と線路構造の連成振動解析の数理技術 ･････････････････････････ [田辺　誠] ･･･618
　地盤振動解析の数理技術 ･･ [中村尚弘] ･･･620
　架線・パンタグラフ系の解析技術 ････････････････････････････････････ [池田　充] ･･･622
　転動音解析技術 ･･ [北川敏樹] ･･･624
　流体・空力音解析 ･･ [飯田雅宣] ･･･626

航空・宇宙産業と応用数理 ･･･ [藤井裕矩] ･･･629
　飛行解析における応用数理 ･･ [宮沢与和] ･･･630
　流れ解析 ･･ [藤井孝藏・野々村拓] ･･･632
　衛星の熱解析 ･･ [戸谷　剛] ･･･634
　宇宙機構造設計解析 ･･ [小松敬治] ･･･636
　複合材解析 ･･ [青木隆平] ･･･638
　宇宙機軌道解析 ･･ [川勝康弘] ･･･642
　人工衛星の姿勢・振動解析技術 ･･････････････････････････････････････ [藤井裕矩] ･･･644
　宇宙機ロバスト制御技術 ･･ [森田泰弘] ･･･646
　UAV のフォーメーションフライト ･･････････････････････････････････ [内山賢治] ･･･648
　航空機設計技術 ･･ [竹中啓三] ･･･650

リバースエンジニアリング ･･･ [萩原一郎] ･･･653
　リバースエンジニアリングの現状と今後 ･･････････････････････････････ [萩原一郎] ･･･654
　計測自動位置合わせ ･･ [趙　希禄] ･･･656
　点群データからの構造再構成 ― STL データの生成 ･････････････････････ [篠田淳一] ･･･658
　メッシュのセグメンテーション ･････････････････････ [マリアサブチェンコ・篠田淳一] ･･･660
　STL データから CAD パッチの生成 ･･････････････････ [マリアサブチェンコ・篠田淳一] ･･･662
　CAD パッチから CAD データの生成 ･･････････････････････････ [李　薇・篠田淳一] ･･･664
　メッシュの簡略化 ･･････････････････････････････････ [マリアサブチェンコ・篠田淳一] ･･･666
　メッシュの改良 ････････････････････････････････････ [マリアサブチェンコ・篠田淳一] ･･･668

索　引 ･･ 671

I

第I編　現象の数理

可積分系

完全積分可能な力学系	4
パンルヴェ方程式	6
ソリトン方程式 1 ― KdV 方程式と KP 方程式	10
ソリトン方程式 2 ― サイン–ゴルドン方程式と非線形シュレディンガー方程式	12
保存系における数値スキーム	14
戸田格子	16
広田・三輪方程式	18
超離散系	20
広田の方法	22
逆散乱法	24
KP 階層	26
可解格子模型	28
アルゴリズムと可積分系	30
幾何学と可積分系	32
特殊関数と可積分系	34

完全積分可能な力学系
completely integrable dynamical system

太陽の周りの惑星運動を記述するケプラー運動のように，解析的に解ける力学系・微分方程式系を指す．完全可積分系，あるいは単に可積分系（integrable system）とも呼ばれる．

1. 求積による解と第1積分

1階，すなわち1変数の微分方程式
$$\frac{dx}{dt} = f(x) \tag{1}$$
の解は，任意の関数 $f(x)$ に対して常に
$$\int_{x_0}^{x} \frac{dx}{f(x)} = t - t_0 \tag{2}$$
の逆関数として与えられる．必要なのは与えられた関数の不定積分を求める操作だけである．このようにして微分方程式を解くことを求積（積分を求める）によって解くという．

より一般に，ある微分方程式系を有限回の代数的演算（逆関数演算を含む）と不定積分を求める演算のみによって解くことを求積によって解くといい，考えている系は求積可能という．しかしながら，多変数の微分方程式系
$$\frac{dx_i}{dt} = f_i(x_1, x_2, \ldots, x_N) \tag{3}$$
($i = 1, 2, \ldots, N$) では，一般に解は求積では求められない．つまり，求積可能となるためには特別な条件が必要となる．

一般に微分方程式系 (3) の解に沿って一定値をとる関数 $F(x)$，すなわち恒等式
$$\frac{dF(x)}{dt} = \sum_{i=1}^{N} \frac{\partial F}{\partial x_i}\frac{dx_i}{dt} = \sum_{i=1}^{N} \frac{\partial F}{\partial x_i} f_i(x) \equiv 0 \tag{4}$$
を満たす関数 $F(x)$ を，式 (3) に対する第1積分 (first integral) という．第1積分はまた，運動の積分 (integral of motion)，あるいは保存量 (conserved quantity) とも呼ばれる．

関数的に独立な第1積分が $(N-1)$ 個存在すれば，次々と変数を消去することによって原理的に1階の方程式 (1) に帰着でき，結果として求積によって解が求まることになる．例として剛体の自由回転を記述するオイラーの方程式は (I_1, I_2, I_3) を定数として
$$I_1\frac{dx_1}{dt} = (I_2 - I_3)x_2 x_3$$
$$I_2\frac{dx_2}{dt} = (I_3 - I_1)x_3 x_1 \tag{5}$$
$$I_3\frac{dx_3}{dt} = (I_1 - I_2)x_1 x_2$$
と書けるが，この系は2つの独立な第1積分
$$F_1 = I_1 x_1^2 + I_2 x_2^2 + I_3 x_3^2 \tag{6}$$
および
$$F_2 = I_1^2 x_1^2 + I_2^2 x_2^2 + I_3^2 x_3^2 \tag{7}$$
を持つ．よって，オイラーの方程式は求積によって解かれる．つまり求積可能である．

2. ハミルトン系の場合

ポテンシャル場における質点の運動を記述する力学系に代表される，自由度 n のハミルトン系
$$\frac{dq_i}{dt} = \frac{\partial H}{\partial p_i}, \quad \frac{dp_i}{dt} = -\frac{\partial H}{\partial q_i}, \quad H = H(q, p) \tag{8}$$
($i = 1, 2, \ldots, n$) は $2n$ 階の微分方程式系であるが，この系においては，実は階数の半分の数の，自由度 n 個の第1積分の存在のみで求積可能となる．ただし，この関数的に独立な第1積分 $F_1, F_2, \ldots, F_n$ は，互いのポアソン括弧 $\{F_i, F_j\}$ が 0 となる必要がある．ここで関数 $F(q, p)$ と $G(q, p)$ のポアソン括弧 $\{F, G\}$ は
$$\{F, G\} := \sum_{i=1}^{n}\left(\frac{\partial F}{\partial q_i}\frac{\partial G}{\partial p_i} - \frac{\partial F}{\partial p_i}\frac{\partial G}{\partial q_i}\right) \tag{9}$$
で定義されるものである．また，独立な第1積分が定める超曲面 $F_i(q, p) = c_i$ の共通集合
$$\bigcap_{i=1}^{n} F_i = c_i \tag{10}$$
は，それがコンパクトであり，その上で勾配ベクトル ∇F_i が互いに1次独立となるならば，n 次元トーラス T^n となる．そして，作用・角変数と呼ばれる特別な正準共役な変数 (I_i, φ_i) が導入され，運動はこのトーラス上の準周期運動
$$I_i(t) = I_i(0), \quad \varphi_i(t) = \omega_i t + \varphi_i(0) \tag{11}$$
となることが示される．これをリウヴィル–アーノルド (Liouville–Arnold) の定理という．

この定理を踏まえ，求積可能という古典的な表現に代わり，完全積分可能，積分可能，あるいは単に可積分という用語が同じ意味で用いられるようになった．つまり，本項目のタイトルにある完全積分可能な力学系とは，このようなリウヴィル–アーノルドの定理が適用される力学系を指す．これは往々にして無定義で用いられる「解析的に解ける」という概念をより厳密にしたものと言える．また，1変数関数の定積分に登場するリーマン積分可能，ルベーグ積分可能などの「積分可能」と区別するために，リウヴィルの意味で積分可能という表現も用いられる．

3. 例

自由度 1 のハミルトン系は常に積分可能である．例として直線上の質点の運動を表す

$$H = \frac{1}{2}p^2 + V(q) \qquad (12)$$

では，ハミルトニアンの値を $H(q,p) = E$ として，解 $q = q(t)$ は

$$\int_{q_0}^{q} \frac{dq}{\sqrt{2(E - V(q))}} = t - t_0 \qquad (13)$$

の逆関数として常に与えられる．しかし，自由度 2 のハミルトン系は必ずしも積分可能とはならない．積分可能となるためには，ハミルトニアン H 以外の第 1 積分 F が存在する必要がある．

自由度 2 の積分可能な力学系の最も代表的な例は，中心力場における質点の運動である．ハミルトニアンは，中心力場のポテンシャルを $V(r)$ として

$$H = \frac{1}{2}(p_1^2 + p_2^2) + V(r) \qquad (14)$$

と書けるが，$V(r)$ の関数形によらず常に角運動量の第 1 積分

$$F = q_1 p_2 - q_2 p_1 = h \qquad (15)$$

が存在し，可積分となる．実際，極座標 (r,θ) を導入すれば，解 $r = r(t)$ は

$$\int_{r_0}^{r} \frac{dr}{\sqrt{2(E - V(r)) - h^2/r^2}} = t - t_0 \qquad (16)$$

の逆関数で与えられることがわかる．$\theta = \theta(t)$ のほうも

$$\theta = \theta_0 + h \int_{t_0}^{t} \frac{dt}{[r(t)]^2} \qquad (17)$$

で与えられる．他の古典的な自由度 2 の可積分系の例としては，平面内に固定された 2 つの万有引力中心の周りの質点の運動を議論する重力 2 中心問題や楕円体面上の測地線の流れがある．

一般の自由度 n の可積分系の例は，古典的には線形な方程式である調和振動子

$$H = \sum_{i=1}^{n} \left(\frac{1}{2}p_i^2 + \frac{1}{2}\omega_i^2 q_i^2 \right) \qquad (18)$$

しか知られていなかったが，1970 年代に戸田格子 (Toda lattice)

$$H = \sum_{i=1}^{n} \frac{1}{2}p_i^2 + \sum_{i=1}^{n} \exp(q_i - q_{i+1}) \qquad (19)$$

や，カロジェロ–モーザー（Calogero–Moser）系

$$H = \sum_{i=1}^{n} \frac{1}{2}p_i^2 \pm \sum_{i,j}^{n} \frac{1}{(q_i - q_j)^2} \qquad (20)$$

が可積分であることが発見されて，「現代的」な可積分系の研究の 1 つの発端となった．これら自由度 n の系の可積分性は，変数 (q,p) の適当な関数を行列要素とする行列微分方程式

$$\frac{dL}{dt} = [L, A] := LA - AL \qquad (21)$$

に書き直されること，および，その場合に行列 L^n ($n = 1, 2, \ldots$) のトレースが全て第 1 積分になることを用いて示される．式 (21) はラックス（Lax）形式と呼ばれる．

4. 超可積分系と非可積分系

自由度の数以上に第 1 積分が存在する力学系も存在する．例として平面ケプラー運動

$$H = \frac{1}{2}(p_1^2 + p_2^2) - \frac{1}{r} \qquad (22)$$

を考えると，この系は角運動量積分 (15) 以外にルンゲ–レンツ（Runge–Lenz）ベクトルの成分

$$F = p_2(q_1 p_2 - q_2 p_1) - \frac{q_1}{r} \qquad (23)$$

を第 1 積分として持つ．その結果，有界な軌道は常に原点を焦点とする楕円軌道，つまり周期軌道となる．このような系を超可積分系（super-integrable system）という．ケプラー運動は 3 次元空間でも超可積分系である．また，カロジェロ–モーザー系 (20) も超可積分である．

一方で，リウヴィル–アーノルドの定理を満たさない非可積分系（non-integrable system）は実際に存在し，逆に任意に与えられたハミルトン系が可積分となる確率は 0 であると言える．この非可積分系を特徴付ける解の振る舞いは「カオス」と呼ばれる．例として，4 次の多項式ポテンシャル場における質点の運動を表すハミルトン系

$$H = \frac{1}{2}(p_1^2 + p_2^2) + q_1^4 + q_2^4 + 2eq_1^2 q_2^2 \qquad (24)$$

が可積分となるのは，定数パラメータ e の値 $e = 0, 1, 3$ の 3 つのときのみであることが知られている．その証明に用いられるのが，ジグリン–モラレス–ラミス（Ziglin–Morales–Ramis）理論，すなわち元の系の可積分性が特殊解の周りの変分方程式の可積分性を導くことをもとにした理論である．これは今日，最も強力な可積分性の必要条件を与え，古典的な重力 3 体問題をはじめとする多くの系の非可積分性の判定や新たな可積分系の発見に広く利用されている．

［吉田春夫］

参　考　文　献

[1] 大貫義郎, 吉田春夫, 力学 (岩波講座 現代の物理学 1), 岩波書店, 1994.
[2] 吉田春夫, 力学の解ける問題と解けない問題, 岩波書店, 2005.

パンルヴェ方程式

Painlevé equations

1. パンルヴェ方程式

2階の有理的常微分方程式のうち，パンルヴェ性，すなわち「初期値に位置が依存する特異点は高々極のみ」を持つものは，線形方程式，楕円関数の満たす微分方程式および求積可能なものを除けば，有理的変換によって次の6種類に帰着することが知られている[14].

$$P_I : y'' = 6y^2 + t \qquad (1)$$

$$P_{II} : y'' = 2y^3 + ty + \alpha \qquad (2)$$

$$P_{III} : y'' = \frac{(y')^2}{y} - \frac{y'}{t} + \frac{\alpha y^2 + \beta}{t} + \gamma y^3 + \frac{\delta}{y} \qquad (3)$$

$$P_{IV} : y'' = \frac{(y')^2}{2y} + \frac{3y^3}{2} + 4ty^2 + 2(t^2 - \alpha) + \frac{\beta}{y} \qquad (4)$$

$$P_V : y'' = \left(\frac{1}{2y} + \frac{1}{y-1}\right)(y')^2 - \frac{y'}{t} + \frac{(y-1)^2}{t^2}\left(\alpha y + \frac{\beta}{y}\right) + \frac{\gamma y}{t} + \frac{\delta y(y+1)}{y-1} \qquad (5)$$

$$P_{VI} : y'' = \frac{1}{2}\left(\frac{1}{y} + \frac{1}{y-1} + \frac{1}{y-t}\right)(y')^2 - \left(\frac{1}{t} + \frac{1}{t-1} + \frac{1}{y-t}\right)y' + \frac{y(y-1)(y-1)}{t^2(t-1)^2} \times \left(\alpha + \frac{\beta t}{y^2} + \frac{\gamma(t-1)}{(y-1)^2} + \frac{\delta t(t-1)}{(y-t)^2}\right) \qquad (6)$$

ここで，$\alpha, \beta, \gamma, \delta$ はパラメータである．これらの方程式 P_J ($J = I, \ldots, VI$) はパンルヴェ方程式と呼ばれる．パンルヴェ方程式はパンルヴェとガンビエによって，良い微分方程式で定義される新しい超越関数を探すという問題意識で1910年頃までに見出された方程式だが，解が一般に新しい関数を定義していることは，西岡，梅村，野海，岡本，渡辺らによって古典関数への還元不可能性（既約性）という形で証明された．すなわち，古典関数を，有理関数から出発し，加減乗除と微分，既知関数を係数とする斉次線形常微分方程式を解くこと，アーベル関数への代入，以上の操作を有限回繰り返して得られる関数として定義するとき，パンルヴェ方程式の解は一般に古典関数でないことが示される．

1976年に，ウーらによるイジング模型の研究において P_{III} が相関関数を記述することが発見されて以来，パンルヴェ方程式はソリトン方程式の相似解や進行波解，共形場理論の相関関数など，多くの可解もしくは可積分な模型に現れることが知られている．特に最近は，ランダム行列を通じて確率論や組合せ論を含む多くの分野と関連することが知られるようになり，パンルヴェ方程式は可積分系の中でも重要なクラスの方程式の族と広く認識されている[3],[8].

P_{VI} において，$t \to 1 + \epsilon t$, $\gamma \to \gamma\epsilon^{-1} - \delta\epsilon^{-2}$, $\delta \to \delta\epsilon^{-2}$ と置き換え，$\epsilon \to 0$ の極限をとると，P_V が得られる．このように，変数とパラメータに関する極限操作によって P_{VI} から出発して他のパンルヴェ方程式を得ることができる．これを退化極限という．

P_{VI} は $0, 1, \infty, t$ に確定特異点を持つ2階フックス型線形常微分方程式のモノドロミー保存変形を記述する方程式として現れる．すなわち，$x = 0, 1, \infty, t$ に1位の極を持つ 2×2 行列 $A(x,t)$ と x の有理関数を成分とする 2×2 行列 $B(x,t)$ に対する線形微分方程式系

$$\frac{\partial Y}{\partial x} = A(x,t)Y, \quad \frac{\partial Y}{\partial t} = B(x,t)Y \qquad (7)$$

の積分可能条件から P_{VI} が得られる．他のパンルヴェ方程式も同様に線形微分方程式系の積分可能条件として定式化され，それらの線形方程式系をパンルヴェ方程式のラックス形式や補助線形問題などと呼ぶ．1つのパンルヴェ方程式に対して補助線形問題は複数知られている．

ベックルント変換とアフィンワイル群対称性 例として P_{IV} を取り上げ，野海–山田による対称形式[13]を用いて説明する．

$$f'_i = f_i(f_{i+1} - f_{i-1}) + \alpha_i, \\ \sum_{i=0}^{2} \alpha_i = 1, \quad \sum_{i=0}^{2} f_i = t, \quad i \in \mathbb{Z}/(3\mathbb{Z}) \qquad (8)$$

式(8)は例えば f_0, f_2 を消去すると，適当なスケール変換のもとで P_{IV} (4)と等価である．式(8)は次のようなパラメータと従属変数の変換 s_i ($i = 0, 1, 2$)，π について共変である（ベックルント変換）．

$$s_i(\alpha_j) = \alpha_j - a_{ij}\alpha_i, \\ s_i(f_j) = f_j + \frac{\alpha_i}{f_i}u_{ij}, \\ \pi(\alpha_i) = \alpha_{i+1}, \quad \pi(f_i) = f_{i+1} \qquad (9)$$

ここで，$i, j \in \mathbb{Z}/3\mathbb{Z}$, $A = (a_{ij})$ は $A_2^{(1)}$ 型のカルタン行列，$U = (u_{ij})$ は $A_2^{(1)}$ 型のディンキン図形の向き付け行列であり，$\langle s_0, s_1, s_2, \pi \rangle$ は $A_2^{(1)}$ 型の拡大アフィンワイル群 $\widetilde{W}(A_2^{(1)})$ と同型であることが示される．s_i はパラメータ空間 $(\alpha_0, \alpha_1, \alpha_2)$ のなす A_2 型ルート格子の直線 $\alpha_i = 0$ に関する単純鏡映，また π はディンキン図形の自己同型である．他のパンルヴェ方程式のアフィンワイル群対称性につ

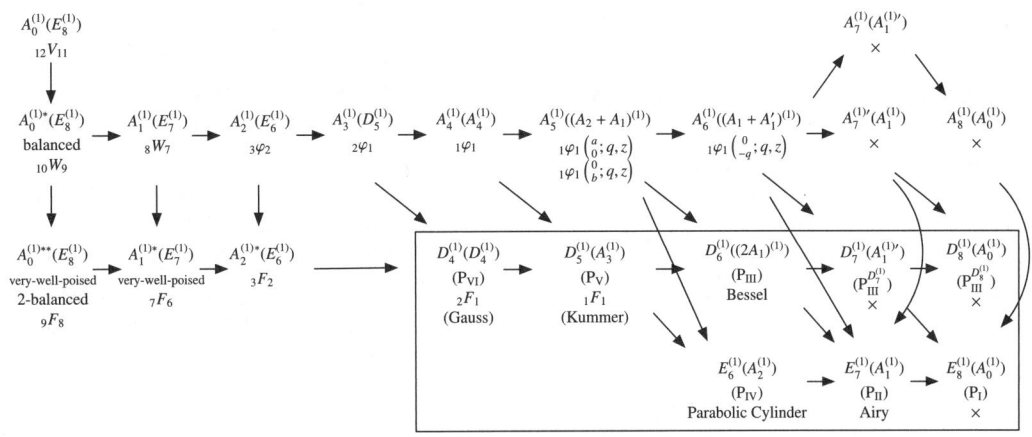

図 1　パンルヴェ系の退化図式
初期値空間，対称性の型（括弧内）と超幾何解．

いては図 1 を参照．

ハミルトニアンと τ 関数　パンルヴェ方程式はハミルトン系として定式化できる．例えば P_{IV} の対称形式 (8) の場合，ハミルトニアン h_i と τ 関数 τ_i ($i = \mathbb{Z}/3\mathbb{Z}$) は

$$h_0 = f_0 f_1 f_2 + \frac{\alpha_1 - \alpha_2}{3} f_0 + \frac{\alpha_1 + 2\alpha_2}{3} f_1 \\ - \frac{2\alpha_1 + \alpha_2}{3} f_2 \tag{10}$$

$$h_1 = \pi(h_0), \ h_2 = \pi^2(h_0) \tag{11}$$

$$h_i = \frac{d}{dt} \log \tau_i \tag{12}$$

で定義される．ベックルント変換は τ 関数まで持ち上げられ，A_2 型のウェイト格子上で τ 関数が定義できる．τ 関数は様々な広田型双線形方程式を満たすことが示される．類似のことは他のパンルヴェ方程式でも成立する．

特殊解：超幾何解と代数解　P_{IV} の対称形式 (8) は $\alpha_i = 0$（単純鏡映 s_i に関する鏡映面）のときに $f_i = 0$ という特殊化を許容する．このとき式 (8) はリッカチ方程式となり，標準的な方法で 2 階線形常微分方程式，この場合はウェーバーの微分方程式に帰着する．したがって，式 (8) は $\alpha_i = 0$ のときに放物柱関数（エルミート–ウェーバー関数）の比で与えられる特殊解を許容する．さらに，ベックルント変換を作用させることにより，$\alpha_i \in \mathbb{Z}$ のとき，放物柱関数を要素とするハンケル行列式の比で記述される特殊解が得られる．P_I 以外の他のパンルヴェ方程式も同様に，パラメータ空間のワイル群作用に関する鏡映面上に，超幾何型特殊関数を要素とするハンケル行列式やフレドホルム行列式の比で記述される特殊解を許容する．これらの解を超幾何解と呼ぶ．各パンルヴェ方程式の超幾何解として現れる関数については，図 1 を参照．

鏡映面の交わりにおいて，上記の特殊関数は多項式，例えば P_{IV} の場合はエルミート多項式に帰着する．したがって，鏡映面の交わりでは有理解（一般には代数解）が存在する．一方，式 (8) はディンキン図形の自己同型 π に関する不動点 $\alpha_0 = \alpha_1 = \alpha_2 = \frac{1}{3}$ において $f_0 = f_1 = f_2 = \frac{t}{3}$ という特殊解を許容する．この解にベックルント変換を作用させると，ワイル群の鏡映面に囲まれた各基本領域の重心に，ある系列の特殊多項式（岡本多項式）の比で表せる有理解が存在することがわかる．岡本多項式はエルミート多項式を要素とし，3 コアのヤング図形に付随するヤコビ–トゥルーディ型の行列式で表され，一般線形群の多項式表現の指標であり KP 階層の多項式解を与えるシューア関数の特殊化となっている．同様に，P_{II}, P_{III} の代数解に付随する特殊多項式はシューア関数の特殊化であるが，P_V, P_{VI} の特殊多項式は一般線形群の有理表現の指標である普遍指標の特殊化として記述される．この型の代数解に対し，各パンルヴェ方程式に付随する特殊多項式の名称と行列式の要素として現れる多項式を以下に挙げておく[12]．

P_{II}	P_{III}	P_{IV}	P_V	P_{VI}
ヤブロンスキー–ヴォロビエフ	梅村	岡本	梅村	梅村
ドゥビズム	ラゲール	エルミート	ラゲール	ヤコビ

なお，$P_{III}(3)$ は，$\gamma\delta = 0$ の場合は後述の初期値空間の構造から区別される．γ, δ どちらか片方がゼロでない場合，大山多項式と呼ばれる特殊多項式で記述される代数解が存在するが，シューア関数などでの特徴付けは現段階で不明である．パンルヴェ方程式の古典解は超幾何解と代数解に限る．P_{VI} 以外については以上の解で古典解は全て尽きていることが示されているが，P_{VI} については梅村の意味での古典関数ではないが楕円関数解（ピカール解）があったり，代数解についても例外的な解が極めて多いな

ど状況が複雑で，ようやく 2008 年に全ての代数解が決定された．

初期値空間 B をパンルヴェ方程式の複素平面上の定義域，E を3次元複素多様体，π を E から B への射影とし，ファイバー束 $\mathcal{P} = (E, \pi, B)$ と各パンルヴェ方程式の定める葉層構造 $\mathcal{F}$ を考える．このとき，次のような3つの条件を満たす葉層構造を $\mathcal{P}$ に定めることができる．(1) 全ての葉は各ファイバーと横断的に交わる．(2) B の全ての道 $\gamma : [0,1] \to B$ は与えられた点 $p \in \pi^{-1}(\gamma(0))$ を通る葉 γ_p に持ち上げられる．(3) $\pi|_{\gamma_p} : \gamma_p \to B$ は全射で γ_p は π による B の被覆空間である．(2),(3) により $\mathcal{P}$ の全てのファイバーは $\mathcal{F}$ に沿って解析的に同型となり，その同型類をパンルヴェ方程式の初期値空間という．

初期値空間はパンルヴェ方程式の解をパラメトライズするような初期値のなす空間にほかならない．岡本は $\mathbb{C}^2$ の適当なコンパクト化から出発し，特異点（方程式が不定となる点）をブローアップし，その際に現れる例外直線を除外する操作を繰り返すことで初期値空間を構成できることを示した．初期値空間は例外直線の交差を記述するディンキン図形で特徴付けられる．さらに，高野はパンルヴェ方程式のハミルトニアンが対応する初期値空間によって一意的に特徴付けられることを示した．各パンルヴェ方程式の初期値空間の型は図1に記した．

2. 離散パンルヴェ方程式

1990 年頃，2次元量子重力の理論において，連続極限でパンルヴェ方程式に帰着する差分方程式がいくつか導出された．グラマティコスらは，パンルヴェ性の離散類似として「特異点閉じ込め」と呼ばれる性質を提唱し，この性質を持つ非自励（変数係数）2 階非線形差分方程式で，連続極限でパンルヴェ方程式に帰着するようなものを数多く発見して，それらを離散パンルヴェ方程式と呼んだ[7]．坂井は複素射影平面の9点ブローアップによって得られる曲面から出発し，それを初期値空間として持つような微分方程式，差分方程式としてパンルヴェ方程式および離散パンルヴェ方程式を定式化し，分類を与えた[15]．坂井による理論の主な結果は次の通りである．

1) 離散パンルヴェ方程式は曲面のクレモナ変換で構成される．
2) 曲面は点配置の退化の仕方によって 22 通りに分類される．
3) 一般の点配置から得られる最上位の曲面上の離散力学系として，差分間隔が楕円テータ関数によってパラメトライズされ，$E_8^{(1)}$ 型アフィンワイル群対称性を持つ「楕円パンルヴェ方程式」がある．
4) 離散時間発展が乗法的な場合（q-差分方程式）が 9 通り，加法的な場合（差分間隔一定の差分方程式）が 9 通りある．
5) 8 通りが連続的なフローを許容し，それがパンルヴェ方程式である．
6) 連続的なフローは退化図式の上位の曲面上の離散時間発展の極限として得られる．

以上の定式化から得られる差分方程式を離散パンルヴェ方程式と呼び，パンルヴェ方程式とあわせてパンルヴェ系と総称することもある．以下，典型的な初期値空間と現れる離散パンルヴェ方程式を列挙する．初期値空間の型はブローアップで除外された例外曲線の交差が指定するディンキン図形の型であり，括弧の中は対称性として現れるアフィンワイル群の型を表す．¯は離散時間発展で，$\bar{f} = f(\bar{t})$ などと書く．

(1) $D_6^{(1)}$ $(A_2^{(1)})$ 型 $(\bar{z} = z + 1)$
$$\bar{g} + g = t - f - \frac{z + a_0}{f}$$
$$\bar{f} + f = t - \bar{g} - \frac{\bar{z} - a_1}{\bar{g}} \tag{13}$$

(2) $D_5^{(1)}$ $(A_3^{(1)})$ 型 $(\bar{z} = z + 1)$
$$\bar{g} + g = \frac{zf + a_1 t}{f^2 - t^2}, \quad \bar{f} + f = \frac{\bar{z}\bar{g} + a_2 t}{\bar{g}^2 - t^2} \tag{14}$$

(3) $A_5^{(1)}$ $((A_2 + A_1)^{(1)})$ 型 $(\bar{t} = qt)$
$$\bar{g}gf = b_0 \frac{1 + a_0 t f}{a_0 t + f}, \quad g\bar{f}f = b_0 \frac{\frac{a_1}{t} + \bar{g}}{1 + \bar{g}\frac{a_1}{t}} \tag{15}$$

(4) $A_3^{(1)}$ $(D_5^{(1)})$ 型 $(\bar{t} = qt)$
$$\bar{g}g = \frac{(f - a_1 t)(f - \frac{t}{a_1})}{(f - a_2)(f - \frac{1}{a_2})}$$
$$\bar{f}f = \frac{(\bar{g} - b_1 t)(\bar{g} - \frac{\bar{t}}{b_1})}{(\bar{g} - b_2)(\bar{g} - \frac{1}{b_2})} \tag{16}$$

(5) $A_1^{(1)}$ (乗法的 $E_7^{(1)}$) 型 $(\bar{t} = qt)$
$$\frac{(\bar{g}f - t\bar{t})(gf - t^2)}{(\bar{g}f - 1)(gf - 1)}$$
$$= \frac{(f - b_1 t)(f - b_2 t)(f - b_3 t)(f - b_4 t)}{(f - b_5)(f - b_6)(f - b_7)(f - b_8)}$$
$$\frac{(\bar{g}\bar{f} - \bar{t}^2)(\bar{g}f - \bar{t}t)}{(\bar{g}\bar{f} - 1)(\bar{g}f - 1)} \tag{17}$$
$$= \frac{(\bar{g} - \frac{\bar{t}}{b_1})(\bar{g} - \frac{\bar{t}}{b_2})(\bar{g} - \frac{\bar{t}}{b_3})(\bar{g} - \frac{\bar{t}}{b_4})}{(\bar{g} - \frac{1}{b_5})(\bar{g} - \frac{1}{b_6})(\bar{g} - \frac{1}{b_7})(\bar{g} - \frac{1}{b_8})}$$
$$b_1 b_2 b_3 b_4 = q, \quad b_5 b_6 b_7 b_8 = 1$$

図1は坂井によるパンルヴェ系の初期値空間の分類とその退化図式で，各初期値空間の型と対称性，特殊解として現れる超幾何関数を示している[9]．また，囲みの中はパンルヴェ方程式が現れる場合である．超幾何関数の最上位には楕円超幾何積分 $_{12}V_{11}$ が現れる．超幾何関数の記法については [6] を参照．P_{III}

のパラメータが特別な場合，すなわち (a) $\gamma = 0$, $\alpha\delta \neq 0$ (あるいは $\delta = 0$, $\beta\delta \neq 0$) (b) $\gamma = \delta = 0$, $\alpha\beta \neq 0$ は，初期値空間の型からジェネリックな場合と区別される．ジェネリックな場合の型は $D_6^{(1)}$ であるが，(a) の型は $D_7^{(1)}$, (b) は $D_8^{(1)}$ である．

離散パンルヴェ方程式は初期値空間の対称性として現れるアフィンワイル群に付随するルート格子上の平行移動として定式化されるが，平行移動の種類によって複数の差分方程式が得られる．例えば $A_6^{(1)}$ 型の初期値空間の場合，式 (15) は $A_2 + A_1$ 型の格子の A_2 方向への平行移動を記述するが，A_1 方向への平行移動として $\mathrm{P_{IV}}$ の対称形式 (8) の q-類似と見なせる次のような方程式が得られる ($\bar{t} = qt$).

$$\bar{f}_i = a_i a_{i+1} f_{i+1}$$
$$\times \frac{1 + a_{i-1} f_{i-1} + a_{i-1} a_i f_{i-1} f_i}{1 + a_i f_i + a_i a_{i+1} f_i f_{i+1}} \qquad (18)$$
$$\prod_{i=0}^{2} a_i = q, \quad \prod_{i=0}^{2} f_i = qt^2, \quad i \in \mathbb{Z}/3\mathbb{Z}$$

また，式 (18) の $(A_1 + A_3)$ 型の格子上への一般化は，D_5 型の格子上の差分方程式の族の特殊な場合と見なすことができる．このように，1つの初期値空間から様々な離散パンルヴェ方程式が得られる．

1つの初期値空間上の様々な時間発展は，全て可換である．パンルヴェ・離散パンルヴェ方程式に対し，同じ初期値空間上の他の離散時間発展は，ベックルント変換と見なすことができる．

初期値空間を定める射影平面上の9点は楕円曲線を定義するが，離散パンルヴェ方程式の時間発展は，あるルールで動く楕円曲線のペンシル上の加法と見なすことができる[10]．なお，$E_8^{(1)}$ 型のアフィンワイル群対称性を持つ初期値空間では，$A_0^{(1)}$ 型はジェネリックな楕円曲線，$A_0^{(1)*}$ 型はノードを持つ楕円曲線，$A_0^{(1)**}$ 型はカスプを持つ楕円曲線を与える9点配置にそれぞれ対応している．

パンルヴェ・離散パンルヴェ方程式を応用する際には，無限遠での漸近挙動や接続公式が重要であるが，WKB 解析に基づく方法 [11] や τ 関数の理論を用いた方法[4],[5]，リーマン–ヒルベルト問題を用いた方法などによって研究されている[1],[2]．

[梶原健司]

参 考 文 献

[1] A. Borodin, Discrete Gap Probabilities and Discrete Painlevé Equations, *Duke Math. J.*, **117** (2003), 489–542.

[2] A.S. Fokas, A.R. Its, A.A. Kapaev, V.Yu. Novokoshenov, *Painlevé Transcendents: The Riemann–Hilbert Approach*, American Mathematical Society, 2006.

[3] P.J. Forrester, *Log-gases and Random Matrices*, Princeton University Press, 2010.

[4] P.J. Forrester, N.S. Witte, Application of the τ-function theory of Painlevé equations to random matrices: PIV, PII and the GUE, *Commun. Math. Phys.*, **219** (2001), 357–398.

[5] P.J. Forrester, N.S. Witte, Application of the τ-function theory of Painlevé equations to random matrices: $\mathrm{P_V}$, $\mathrm{P_{III}}$, the LUE, JUE, and CUE, *Comm. Pure Appl. Math.*, **55** (2002), 679–727.

[6] G. Gaper, M. Rahman, *Basic Hypergeometric Series*, Cambridge University Press, 2004.

[7] B. Grammaticos, A. Ramani, Discrete Painlevé Equations: A Review, Discrete Integrable Systems, In B. Grammaticos, Y. Kosmann-Schwarzbach, T. Tamizhmani (eds.), *Lecture Notes in Physics*, **644** (2004), 245–321.

[8] 神保道夫, ホロノミック量子場 (岩波講座 現代数学の展開 4), 岩波書店, 1998.

[9] K. Kajiwara, T. Masuda, M. Noumi, Y. Ohta, Y. Yamada, Hypergeometric solutions to the q-Painlevé equations, *Int. Math. Res. Notices*, **2004** (2004), 2497–2521.

[10] K. Kajiwara, T. Masuda, M. Noumi, Y. Ohta, Y. Yamada, Point configurations, Cremona transformations and the elliptic difference Painlevé equation, *Séminaires et Congrès*, **14** (2006), 169–198.

[11] 河合隆裕, 竹井義次, 特異摂動の代数解析学, 岩波書店, 2008.

[12] T. Masuda, On a Class of Algebraic Solutions to the Painlevé VI Equation, Its Determinant Formula and Coalescence Cascade, *Funkcial. Ekvac.*, **46** (2003), 121–171.

[13] 野海正俊, パンルヴェ方程式—対称性からの入門, 朝倉書店, 2000.

[14] 岡本和夫, パンルヴェ方程式, 岩波書店, 2009.

[15] H. Sakai, Rational Surfaces Associated with Affine Root Systems and Geometry of the Painlevé Equations, *Commun. Math. Phys.*, **220** (2001), 165–229.

ソリトン方程式 1 — KdV 方程式と KP 方程式

soliton equation 1 — KdV equation and KP equation

本項目では，代表的なソリトン方程式である KdV 方程式と KP 方程式について解説する．

1. KdV 方程式

1834 年，スコット・ラッセル（John Scott Russell）はエディンバラの運河で船の運航の観察中に孤立波（形を変えずに伝播する波）を発見した．この観察に鼓舞され，ラッセルは詳細な実験的研究を行い，孤立波の重要な性質を見出した．しかしながら，エアリー（Airy）が 1845 年に発表した有限微小振幅の長波の理論においては，波は形を変えずに伝播することはできず，ラッセルの観察と矛盾して，大論争となった．1870 年代にブシネスク（Boussinesq）やレイリー（Rayleigh）は孤立波の理論を提案し，ラッセルの観察を支持している．そして，この論争は 1895 年にコルテヴェーグ（Korteweg）とド・フリース（de Vries）によって最終的に終止符が打たれた．彼らは，適度に振幅の小さい浅水波（弱非線形浅水波）を記述する非線形偏微分方程式，すなわち KdV 方程式（Korteweg–de Vries 方程式）

$$u_t + 6uu_x + u_{xxx} = 0 \tag{1}$$

を導き，KdV 方程式が孤立波解

$$u = 2k^2 \mathrm{sech}^2 k(x - 4k^2 t - x_0) \tag{2}$$

(k, x_0 は定数）とクノイダル解と呼ばれる楕円関数解を持つことを発見した．実は同じ方程式が 1877 年に出版されたブシネスクの本に書かれている．また，ブシネスクは 1872 年に発表された論文で，KdV 方程式とは別に，孤立波解を持つ非線形偏微分方程式，すなわちブシネスク方程式

$$u_{tt} - u_{xx} - 3(u^2)_{xx} - u_{xxxx} = 0 \tag{3}$$

を発表している．KdV 方程式が一方向に伝播する波のみを記述するのに対して，ブシネスク方程式は両方向に伝播する波を記述することができる．

1955 年，フェルミ（Fermi），パスタ（Pasta），ウラム（Ulam）は 1 次元非調和格子（Fermi–Pasta–Ulam 格子；FPU 格子）

$$\frac{m}{K}\frac{d^2 y_n}{dt^2} = (y_{n+1} - 2y_n + y_{n-1}) \\ + \alpha[(y_{n+1} + y_n)^2 - (y_n + y_{n-1})^2] \tag{4}$$

$$n = 1, 2, \ldots, N-1, \quad y_0 = y_N = 0$$

（K：バネ定数，m：質点の質量）の数値的研究を行った．彼らは，統計力学におけるエルゴード仮説から類推し，任意の滑らかな初期状態は非線形相互作用のために最終的には系の様々な自由度の間にエネルギーが等分配された状態になるだろうと予想した．しかしながら，数値計算の結果は，予想に反して再帰現象が観測された．

1963 年，ザブスキー（Zabusky）とクラスカル（Kruskal）はこの現象を理解するために FPU 格子の連続体近似を行い，KdV 方程式を導出した．そして，初期条件に三角関数を与え，数値的に KdV 方程式を解いた．その結果，孤立波が生成され，それらが非常に興味深い以下のような相互作用をすることを見出した．1) 大きい孤立波が小さい孤立波に追いつき，それらの波は重なり合って相互作用し，その後，大きい孤立波が小さい孤立波から分離し，最終的に初期の形に回復する．2) 衝突後に位相のずれが生じる．粒子との類似性から，ザブスキーとクラスカルはこれらの波を「ソリトン」と名付けた．

1968 年，ミウラ（Miura）は KdV 方程式のいくつかの保存則を求め，KdV 方程式 (1) の解と mKdV 方程式（modified KdV 方程式）

$$v_t - 6v^2 v_x + v_{xxx} = 0 \tag{5}$$

の解の間の変換（ミウラ変換と呼ばれている）

$$u = -(v^2 + v_x) \tag{6}$$

を発見した．ミウラ変換は，v が mKdV 方程式の解であれば式 (6) による u は KdV 方程式の解であることを意味している．このミウラ変換を用いて，KdV 方程式が無限個の保存量を持つことが証明された．さらに，このミウラ変換を手掛かりとして，ガードナー（Gardner），グリーン（Greene），クラスカル，ミウラらは KdV 方程式の解 $u(x,t)$ をポテンシャルとする線形固有値問題

$$\psi_{xx} + u(x,t)\psi = \lambda \psi \tag{7}$$

を導入し，逆散乱法を用いて KdV 方程式の初期値問題を解くことに成功した．1 ソリトン解は $\lambda = k^2$ の離散固有値に対応している．

それに続いて，ラックス（Lax）は KdV 方程式はラックス対 L と B を用いてラックス方程式の形に書けることを発見した．すなわち，2 つの線形微分作用素

$$L = \partial_x^2 + u \tag{8}$$

$$B = -4\partial_x^3 - 6u\partial_x - 3u_x \tag{9}$$

を用いて KdV 方程式の線形問題

$$L\psi = \lambda \psi \tag{10}$$

$$\psi_t = B\psi \tag{11}$$

と考えると，この両立条件としてラックス方程式

$$\frac{\partial L}{\partial t} = [B, L] \tag{12}$$

が得られ，これから KdV 方程式 (1) が導かれるこ

とを発見した.

KdV 方程式などの逆散乱法や物理への応用については Ablowitz–Segur [1] に詳しくまとめられている.

2. KP 方程式

1970年,カドムツェフ(Kadomtsev)とペトヴィアシュヴィリ(Petviashvili)は KdV 方程式の孤立波解の横方向への安定性の問題を考え,KP 方程式 (Kadomtsev–Petviashvili 方程式)

$$(4u_t - 12uu_x - u_{xxx})_x - 3\sigma u_{yy} = 0 \quad (13)$$

($\sigma = \pm 1$) を発見した.方程式からわかるように,KP 方程式は KdV 方程式の 2 次元への拡張となっている.しばしば,$\sigma = -1$ の場合を KP I 方程式,$\sigma = 1$ の場合を KP II 方程式と呼ぶ.

KP 方程式は弱 2 次元弱非線形浅水波を記述する方程式としても導出されている.弱非線形長波の仮定のもとで流体方程式から 2 次元ブシネスク型方程式(Benney–Luke 方程式とも呼ばれる)が導かれる.これに弱い y 方向依存性を仮定すると,KP II 方程式が得られる.

KP II 方程式 (13) ($\sigma = 1$ の場合) の N ソリトン解は,1976 年に薩摩によって得られた.N ソリトン解はロンスキアンの形に書くことができる[2]:

$$u(x, y, t) = \partial_x^2 \log \tau \quad (14)$$

$$\tau = \begin{vmatrix} f_1 & f_1^{(1)} & \cdots & f_1^{(N-1)} \\ f_2 & f_2^{(1)} & \cdots & f_2^{(N-1)} \\ \vdots & \vdots & \ddots & \vdots \\ f_N & f_N^{(1)} & \cdots & f_N^{(N-1)} \end{vmatrix}. \quad (15)$$

ここで,$f_i^{(n)} \equiv \partial_x^n f_i$ であり,関数 $\{f_i\}_{i=1,\ldots,N}$ は線形偏微分方程式 $\partial_y f_i = \partial_x^2 f_i$, $\partial_t f_i = \partial_x^3 f_i$ を満足しなければならない.ソリトン解を考える場合,

$$f_i = \sum_{j=1}^{M} a_{ij} E_j, \quad E_j \equiv e^{\theta_j} \quad (16)$$

($\theta_j = k_j x + k_j^2 y + k_j^3 t$) とすればよい.ここで a_{ij} は実数パラメータで,これを用いて階数 N の $N \times M$ 行列 $A := (a_{ij})$ を定義する.また,波数パラメータ $\{k_j\}_{j=1,\ldots,M}$ (実数) は,$k_1 < k_2 < \cdots < k_M$ であるとする.

1 ソリトン解は 1×2 行列 $A = (1 \ a)$ (ただし $a > 0$) を考える.τ 関数は $\tau = f_1 = e^{\theta_1} + ae^{\theta_2} = 2\sqrt{a} e^{\frac{1}{2}(\theta_1 + \theta_2)} \cosh \frac{1}{2}(\theta_1 - \theta_2 - \ln a)$ となり,1 ソリトン解は

$$u = \frac{1}{4}(k_2 - k_1)^2 \operatorname{sech}^2 \frac{1}{2}(\theta_1 - \theta_2 - \ln a) \quad (17)$$

$$= A_{[1,2]} \operatorname{sech}^2 \frac{1}{2}(\mathbf{K}_{[1,2]} \cdot \mathbf{x} + \Omega_{[1,2]} t + \theta_{[1,2]}^0)$$

で与えられる.ただし,振幅 $A_{[1,2]} = \frac{1}{4}(k_2 - k_1)^2$,波数ベクトル $\mathbf{K}_{[1,2]} = (K_{[1,2]}^x, K_{[1,2]}^y) = (k_2 - k_1, k_2^2 - k_1^2)$,周波数 $\Omega_{[1,2]} = k_2^3 - k_1^3 = (k_2 - k_1)(k_1^2 + k_1 k_2 + k_2^2)$,$\mathbf{x} = (x, y)$ である.$\Omega_{[1,2]}, \mathbf{K}_{[1,2]}$ は分散関係式 $\Omega_{[1,2]} K_{[1,2]}^x - (K_{[1,2]}^x)^4 - 3(K_{[1,2]}^y)^2 = 0$ を満たす.ソリトンが y 軸となす角度(反時計回りを正とする)を $\Psi_{[1,2]}$ とすれば,$\tan \Psi_{[1,2]} = K_{[1,2]}^y / K_{[1,2]}^x = k_1 + k_2$ となり,y 軸とソリトンがなす角度 $\Psi_{[1,2]}$ が波数から計算できる.

行列 A のとり方により様々な種類の(物理的に意味のある正則な)ソリトン解を作ることができる.例えば,2×4 行列

(i) $A = \begin{pmatrix} 1 & 0 & 0 & -b \\ 0 & 1 & a & 0 \end{pmatrix}$, $a, b > 0$

あるいは,

(ii) $A = \begin{pmatrix} 1 & 0 & -c & -d \\ 0 & 1 & a & b \end{pmatrix}$, $ad - bc \neq 0$

($a, b, c, d > 0$) を選べば,それぞれ図 1 のような 2 ソリトン解が得られる.(i) の場合に,拘束条件 $k_4 = -k_1$,$k_3 = -k_2$ を課せば,y 依存性が消えて KdV 方程式の 2 ソリトン解となる.KP II 方程式のソリトン解に関連する数理については児玉による解説 [3] に詳しくまとめられている.

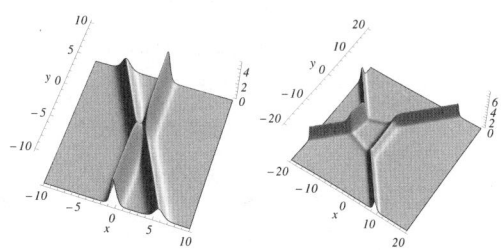

図 1 2 ソリトン解の例(左が (i) の場合,右が (ii) の場合)

[丸野健一]

参 考 文 献

[1] M.J. Ablowitz, H. Segur, *Solitons and the inverse scattering transform*, Society for Industrial and Applied Mathematics, 1981. [邦訳] 薩摩順吉,及川正行 訳,ソリトンと逆散乱変換,日本評論社,1991.

[2] 戸田盛和,波動と非線形問題 30 講,朝倉書店,1995.

[3] Y. Kodama, KP solitons in shallow water, *Journal of Physics A: Mathematical and Theoretical*, 43:43 (2010), 434004.

ソリトン方程式2 — サイン–ゴルドン方程式と非線形シュレディンガー方程式

soliton equation 2 — sine–Gordon equation and nonlinear Schrödinger equation

1. サイン–ゴルドン方程式

場の理論における 1 次元クライン–ゴルドン (Klein–Gordon) 方程式

$$\phi_{tt} - \phi_{xx} + \phi = 0, \quad \phi = \phi(x,t)$$

の質量項 ϕ を $\sin\phi$ に置き換えた非線形偏微分方程式

$$\phi_{tt} - \phi_{xx} + \sin\phi = 0$$

を,サイン–ゴルドン (sine–Gordon) 方程式という.この方程式は,素粒子のモデル,結晶中の転位の伝播,光パルスの自己誘導透過現象など,様々なソリトン現象を記述するモデル方程式としても用いられる.

サイン–ゴルドン方程式の理解の助けとなるモデルの中でも,最も簡単なものが振り子模型である.ゴム紐にまち針を等間隔に刺したものは,図1のように,弦巻バネで振り子が繋がった系と見なせる.この系の振り子の,ゴム紐に垂直な面内での運動を記述する運動方程式で,振り子の間隔を無限小にとったものがサイン–ゴルドン方程式を与える.

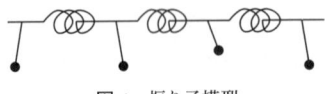

図1 振り子模型

無限遠で ϕ が定数解

$$\phi \to 0 \pmod{2\pi}, \quad |x| \to \infty$$

となる境界条件のもとで,サイン–ゴルドン方程式の 1 ソリトン解を求めてみよう.ϕ が時間 t によらないとすると,サイン–ゴルドン方程式は,

$$\phi_{xx} - \sin\phi = 0 \tag{1}$$

となる.境界条件を考慮して,式 (1) を積分すると,

$$\frac{1}{2}\phi_x^2 - (1-\cos\phi) = 0$$

を得る.この式を ϕ_x について解き,もう一度積分すると,$\log|\tan\frac{\phi}{4}| = \pm(x-x_0)$ (x_0 は積分定数),すなわち

$$\phi(x) = 4\arctan(e^{\pm(x-x_0)}) \tag{2}$$

となる.ところでサイン–ゴルドン方程式はローレンツ (Lorentz) 変換

$$x' = \gamma(x-vt), \ t' = \gamma(t-vx), \ \gamma = \frac{1}{\sqrt{1-v^2}}$$

のもとで不変である.したがって,式 (2) にローレンツ変換を施すことで,

$$\phi(x,t) = 4\arctan(e^{\pm\gamma(x-vt-x_0)}) \tag{3}$$

のように,サイン–ゴルドン方程式の進行波解が得られる.これら2つの解のうち,図2に実線で示した,符号が + の解をキンク (kink; ねじれ) といい,点線で示した符号が − の解を反キンクという.キンク解・反キンク解は,図1の振り子模型において,ゴム紐の1か所に生じた,ひねりの向きが互いに異なるねじれにそれぞれ対応し,これらのねじれがともに一定の速度でゴム紐の上を伝わる様子を表している.1ソリトン解のほかには,キンクを複数含む N ソリトン解やブリーザー解が知られている.

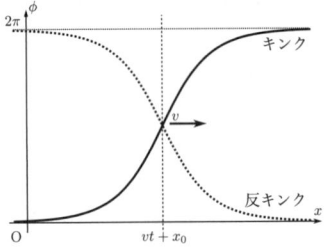

図2 キンク,反キンク

サイン–ゴルドン方程式は,完全可積分なソリトン方程式の1つであり,逆散乱法や広田の方法,ベックルント (Bäcklund) 変換などによる解析法が知られている[1],[2].

2. 非線形シュレディンガー方程式

量子力学における 1 次元シュレディンガー (Schrödinger) 方程式

$$i\phi_t + \phi_{xx} - V\phi = 0, \quad \phi = \phi(x,t)$$

のポテンシャル V を $-2\epsilon|\phi|^2$ に置き換えた非線形偏微分方程式

$$i\phi_t + \phi_{xx} + 2\epsilon|\phi|^2\phi = 0$$

を,非線形シュレディンガー (NLS) 方程式という.この方程式もまた,光ファイバー中の光の自己収束や,渦糸の運動,十分深い水の表面波,また近年ではボース–アインシュタイン凝縮体のダイナミクスへの応用など,様々なソリトン現象を記述するモデル方程式として知られている.

$\epsilon = +1$ の場合について,境界条件

$$\phi \to 0, \quad |x| \to \infty$$

のもとで,NLS 方程式の 1 ソリトン解を求めてみよう.解の形を

$$\phi(x,t) = f(x)e^{i\omega t}, \quad \omega > 0$$

と仮定する.これを NLS 方程式に代入すると,

$$-\omega f + f'' + 2f^3 = 0$$

両辺に f' を掛けて 1 回積分すると,

$$(f')^2 - \omega f^2 + f^4 = 定数$$

となる．上式の定数が境界条件より0となることに注意して，
$$\frac{\mathrm{d}f}{f\sqrt{\omega-f^2}}=\pm\mathrm{d}x$$
と書き換え，これを積分して $f(x)=\sqrt{\omega}\,\mathrm{sech}\sqrt{\omega}(x-x_0)$ を得る．以上の計算より，波形の包絡線が動かない解
$$\phi(x,t)=\sqrt{\omega}\,\mathrm{sech}\sqrt{\omega}(x-x_0)\mathrm{e}^{\mathrm{i}\omega t} \qquad (4)$$
が得られた．NLS方程式はガリレイ (Galilei) 変換
$$t'=t,\ x'=x-vt,\ \phi'=\phi\exp\left[-\frac{\mathrm{i}v}{2}x+\frac{\mathrm{i}v^2}{4}t\right]$$
のもとで不変であるから，式 (4) にガリレイ変換を施すことで，NLS方程式の進行波解
$$\begin{aligned}\phi(x,t)=&\sqrt{\omega}\,\mathrm{sech}\sqrt{\omega}(x-vt-x_0)\\&\times\exp\left[\frac{\mathrm{i}v}{2}x-\mathrm{i}\left(\frac{v^2}{4}-\omega\right)t\right]\end{aligned} \qquad (5)$$
が得られる．この解の包絡線 $|\phi(x,t)|$ は，sech型の孤立波の形をとる．そのため，このようなソリトンを包絡ソリトンという．非線形光学の応用例で，中心部の振幅の大きいこの形の解に対応するパルスは，中心部が明るく見えるため，明るいソリトンという．一方，$\epsilon=-1$ の場合の1ソリトン解は，包絡ソリトンの中心部の振幅が周りと比べて小さいため，暗いソリトンと呼ばれている．

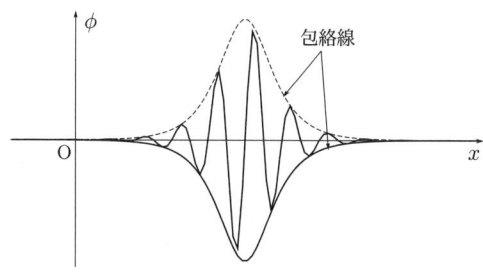

図3 明るいソリトン

NLS方程式もまた，完全可積分なソリトン方程式の1つであり，逆散乱法や広田の方法，ベックルント変換などによる解析法が知られている[1],[2]．

3. 量子論的NLS模型

同時刻交換関係
$$[\phi(x,t),\phi^\dagger(y,t)]=\delta(x-y)$$
$$[\phi^\dagger(x,t),\phi^\dagger(y,t)]=[\phi(x,t),\phi(y,t)]=0$$
を満たすBose場 $\phi(x,t)$ をNLS方程式に代入した量子論的な運動方程式
$$\mathrm{i}\phi_t+\phi_{xx}-2\kappa\phi^\dagger\phi\phi=0$$
を量子論的NLS (QNLS) 模型という．古典論におけるソリトン理論において，KdV方程式が雛形ともいうべき位置を占めるのと同じように，QNLS模型は，量子論における厳密に解ける模型 (exactly solvable model) の中でも特によく調べられている模型である．

QNLS模型は，δ 関数型の相互作用を持つ1次元量子多体系を記述する．このことは，QNLS模型を，ハイゼンベルグ (Heisenberg) の運動方程式
$$\mathrm{i}\frac{\partial\phi}{\partial t}=[\phi,H]$$
で与える，QNLS模型の第2量子化ハミルトニアン
$$H=\int\mathrm{d}x(\phi_x^\dagger\phi_x+\kappa\phi^\dagger\phi^\dagger\phi\phi)$$
に対して，第1量子化の言葉で書かれた定常状態に対するシュレディンガー方程式を書き下すことで確認できる．$\phi(x)|0\rangle=0$ で定義される真空 $|0\rangle$ から，N 粒子状態 $|\Psi\rangle$ は，
$$\begin{aligned}|\Psi\rangle=&\int\cdots\int\mathrm{d}x_1\cdots\mathrm{d}x_N\Psi(x_1,\ldots,x_N)\\&\times\phi^\dagger(x_1)\cdots\phi^\dagger(x_N)|0\rangle\end{aligned}$$
のように構成される．交換関係を使って，定常状態に対するシュレディンガー方程式 $H|\Psi\rangle=E|\Psi\rangle$ を書き直していくと，
$$\left\{-\sum_{j=1}^N\frac{\partial^2}{\partial x_j^2}+2\kappa\sum_{1\leqq i<j\leqq N}\delta(x_i-x_j)\right\}\Psi=E\Psi$$
を得る．これは1次元の δ 関数型相互作用を持つ N 体問題のシュレディンガー方程式である．

QNLS模型は，互いに可換な保存量を無限個持つ量子可積分系の1つであり，量子逆散乱法 (quantum inverse scattering method) や代数的ベーテ仮設法 (Bethe ansatz) などによる，波動関数の厳密な構成法や相関関数の計算法が知られている[2],[3]．

[宇治野秀晃]

参 考 文 献

[1] M.J. アブロビッツ, H. シーガー, ソリトンと逆散乱変換, 日本評論社, 1991.
[2] 和達三樹, 非線形波動 (岩波講座 現代の物理学 14), 岩波書店, 1992.
[3] V.E. Korepin, N.M. Bogoliubov, A.G. Izergin, *Quantum Inverse Scattering Method and Correlation Functions*, Cambridge University Press, 1993.

保存系における数値スキーム

numerical scheme for nonlinear conservative system

ハミルトン系やソリトン系に代表されるような，保存則を1つ以上持つ非線形偏微分方程式の時間発展問題に対する数値計算手法について述べる．

1. 幾何学的数値積分法

上記の系に対し汎用的な数値解法を適用すると，保存則は一般には満たされない．これに対し，何らかの意味で保存則を反映する数値解法を適用すれば，計算結果に対する信頼性の向上が期待できる．

このような手法の重要性が認識され，様々な手法が開発されている．第1積分や位相空間体積などの保存則を（自動的に）満たす数値計算スキームを総称して幾何学的数値積分法（geometric integrator）と呼んでいる[1]．

その中で代表的な例をいくつか挙げる．

2. シンプレクティック数値積分法

シンプレクティック数値積分法（symplectic integrator）は，ハミルトン力学系に対する数値解法として発展してきたもので，ハミルトニアン $H = H(\mathbf{q}, \mathbf{p})$（ただし $\mathbf{q} = (q_1, \ldots, q_f)^T$, $\mathbf{p} = (p_1, \ldots, p_f)^T$）が与える運動方程式

$$\frac{dq_j}{dt} = \frac{\partial H}{\partial p_j}, \quad \frac{dp_j}{dt} = -\frac{\partial H}{\partial q_j}$$

に対し，エネルギー（H）を不変に保つのではなく，位相空間における不変量の1つであるシンプレクティック2次形式

$$\omega = \sum_j dp_j \wedge dq_j \tag{1}$$

を不変に保つ数値計算スキームである．

具体的な構成法は，次の3種類が知られている[2]．
1. 母関数を使った正準変換を用いる方法
2. 陰的ルンゲ–クッタ法を用いる方法
3. 陽的解法を用いる方法（$H = T(\mathbf{p}) + U(\mathbf{q})$ の形に書ける場合）

2.1 非線形波動方程式に対する例

(1+1) 次元非線形波動方程式

$$\partial_t^2 q(x,t) = \partial_x^2 q(x,t) - V'(q(x,t)) \tag{2}$$

に対するシンプレクティック数値積分法を構成する．ここで $V(q)$ はポテンシャルを表す関数である．まず空間変数を次のように離散化する（$q_j = q(j\Delta x, t)$）．

$$\partial_x^2 q \to \delta^{(2)} q_j \equiv (q_{j+1} - 2q_j + q_{j-1})/\Delta x^2 \tag{3}$$

この（空間）離散系に対するハミルトニアンは（周期境界条件あるいは無限系のとき），

$$H = \sum_j \left\{ \frac{1}{2} p_j^2 + \frac{1}{2\Delta x^2}(q_{j+1} - q_j)^2 + V(q_j) \right\}$$

で与えられるが，$\mathbf{p}$ に依存する部分と $\mathbf{q}$ に依存する部分の和，$H = T(\mathbf{p}) + U(\mathbf{q})$ の形に書けるため，陽解法が構成できる．そのために，演算子 A_1, A_2 をそれぞれ $T(\mathbf{p})$, $U(\mathbf{q})$ とのポアソン括弧を作る微分作用素 $A_1 \equiv \{\cdot, T\}$, $A_2 \equiv \{\cdot, U\}$（ただし，$\{A, B\} \equiv \sum_j (\frac{\partial A}{\partial q_j}\frac{\partial B}{\partial p_j} - \frac{\partial A}{\partial p_j}\frac{\partial B}{\partial q_j})$）と定義すると，$\Delta t$ を時間間隔として，1次の時間発展スキームは

$$S_1(\Delta t) = \exp[\Delta t A_2] \exp[\Delta t A_1]$$

2次の時間発展スキームは

$$S_2(\Delta t) = \exp[\Delta t A_2/2] \exp[\Delta t A_1] \exp[\Delta t A_2/2]$$

と表現できる．ここで各要素の時間発展は具体的に，

$$\exp[\Delta t A_1](q_j, p_j) = (q_j + p_j \Delta t,\ p_j)$$

$$\exp[\Delta t A_2](q_j, p_j) = (q_j,\ p_j + (\delta^{(2)} q_j - V'(q_j))\Delta t)$$

と書ける．

また，高次の時間発展スキームを構成することも可能である．（時間反転対称な）$2k$ 次の時間発展スキーム $S_{2k}(\Delta t)$ を組み合わせることで，$(2k+2)$ 次の時間発展スキームが

$$S_{2k+2}(\Delta t) = S_{2k}(b_1 \Delta t) S_{2k}(b_0 \Delta t) S_{2k}(b_1 \Delta t)$$

のように構成できることが知られている[3]．ここで，b_0, b_1 は代数方程式 $2b_1 + b_0 = 0$, $2b_1^{2k+1} + b_0^{2k+1} = 0$ の実数解である．例えば，4次の時間発展スキーム（$k = 2$）の場合は，$S_4(\Delta t) = S_2(b_1 \Delta t) S_2(b_0 \Delta t) S_2(b_1 \Delta t)$ で与えられる（$b_1 = (2 - 2^{1/3})^{-1}$, $b_0 = 1 - 2b_1$）．

シンプレクティック数値積分法は，その定義から式 (1) を保存するが，各時間発展スキームに対し（形式的）保存量が存在する．例えば2次の時間発展スキーム $S_2(\Delta t)$ に対しては

$$\tilde{H}_{2\text{nd}} = H + \Delta t^2 H_2 + o(\Delta t^4) \tag{4}$$

（ただし，$H_2 = \sum_j \{(H_{q_j})^2/12 - p_j^2 H_{q_j q_j}/24\}$）が漸近展開の意味で（形式的）保存量となることが Baker–Campbell–Hausdorff の公式から導かれる[2]．

さらに，差分式 (3) を高精度の差分公式に入れ替える，あるいは（周期境界条件の場合）FFT に入れ替えることで空間の精度を上げることもできるため，実用的にも非常に有用な数値計算スキームである．

3. マルチシンプレクティック数値積分法

シンプレクティック数値積分法を偏微分方程式の時間発展問題に適用する場合，時間発展に対する規定は与えるが，空間方向に対する規定はない．これに対し，空間方向の離散化の際にもシンプレクティッ

ク性を課す方法がマルチシンプレクティック数値積分法として提案されている[4].

ある偏微分方程式がマルチシンプレクティックであるとは，歪対称行列 $\mathbf{M}, \mathbf{K}$ とベクトル変数 z を用いて，

$$\mathbf{M}\partial_t z + \mathbf{K}\partial_x z = \nabla_z S(z) \quad (5)$$

と表記できることであるとする．式 (5) の形に書けることからの帰結は次の 2 点である．(I) $S(z)$ が陽に x,t に依存しなければ，(局所的) エネルギー，運動量保存則

$$\partial_t E + \partial_x F = 0, \quad \partial_t I + \partial_x G = 0$$

が成り立つ．ただし，$E = S(z) + z_x^T \mathbf{K} z/2$，$F = -z_t^T \mathbf{K} z/2$，$G = S(z) + z_t^T \mathbf{M} z/2$，$I = -z_s^T \mathbf{M} z/2$ で与えられる．(II) $\mathbf{M}, \mathbf{K}$ に関連するシンプレクティック 2 次形式，$\omega = \frac{1}{2}(dz \wedge \mathbf{M} dz)$，$\kappa = \frac{1}{2}(dz \wedge \mathbf{K} dz)$ が（局所的）保存則

$$\partial_t \omega + \partial_x \kappa = 0 \quad (6)$$

を満たす．マルチシンプレクティック数値積分法とは，式 (6) の保存則が離散化後も成り立つように式 (5) を離散化することであると定義されている．

3.1 非線形波動方程式に対する例

非線形波動方程式 (2) にマルチシンプレクティック数値積分法の適用を考える．まず，方程式 (5) において，

$$\mathbf{M} = \begin{bmatrix} 0 & -1 & 0 & 0 \\ 1 & 0 & 0 & 0 \\ 0 & 0 & 0 & 1 \\ 0 & 0 & -1 & 0 \end{bmatrix}, \quad \mathbf{K} = \begin{bmatrix} 0 & 0 & -1 & 0 \\ 0 & 0 & 0 & 1 \\ 1 & 0 & 0 & 0 \\ 0 & -1 & 0 & 0 \end{bmatrix}$$

とし，$S(z) = (v^2 + w^2)/2 + V(q)$，$z = (q, v, w, p)^T$ と選べば，方程式 (2) を方程式 (5) の形に書けるので，上記の性質 (I), (II) を満たす．z の独立変数を離散化して $z_i^j = z(i\Delta x, j\Delta t)$ とする．このとき，時空間両方向に陰的中点法を適用すれば，

$$\mathbf{M}\frac{z_{i+1/2}^{j+1} - z_{i+1/2}^{j}}{\Delta t} + \mathbf{K}\frac{z_{i+1}^{j+1/2} - z_{i}^{j+1/2}}{\Delta x} = \nabla_z S(z_{i+1/2}^{j+1/2}) \quad (7)$$

と書ける．ただし，$z_{i+1/2}^{j} = (z_{i+1}^{j} + z_{i}^{j})/2$，$z_{i}^{j+1/2} = (z_{i}^{j+1} + z_{i}^{j})/2$，$z_{i+1/2}^{j+1/2} = (z_{i+1}^{j} + z_{i+1}^{j+1} + z_{i}^{j+1} + z_{i}^{j})/4$ であるとする．このとき，保存則 (6) を離散化した

$$(\omega_{i+1/2}^{j+1} - \omega_{i+1/2}^{j})/\Delta t + (\kappa_{i+1}^{j+1/2} - \kappa_{i}^{j+1/2})/\Delta x = 0$$

が成り立つため，数値計算スキーム (7) はマルチシンプレクティック数値積分法である．

また，マルチシンプレクティック数値積分法においては，式 (4) に対応するような（形式的）保存量に関する一般論は今後の課題となっている．

4. 離散変分法

物理系を記述する偏微分方程式の多くが作用積分に対する変分原理から導出されるという事実のアナロジーから，まず作用積分を離散化し，それに対応した離散的変分計算から（元の偏微分方程式に対する）離散化方程式を得るという方法論が考案されている[5]．これを，離散変分法と呼んでいる．この数値計算スキームでは，離散化された作用積分がそのまま保存量となる．

4.1 非線形波動方程式に対する例

例として，KdV 方程式

$$\partial_t u(x,t) = \partial_x^3 u(x,t) + u(x,t)\partial_x u(x,t) \quad (8)$$

を考える．方程式 (8) に対してエネルギー $E = \int G(u)dx$（ただし $G(u) = u^3/6 - (\partial_x u)^2/2$）が周期境界条件などで保存量となるが，方程式 (8) を

$$\partial_t u = \partial_x (\delta G/\delta u)$$

と書くこともできる．ただし，$\delta G/\delta u$ は G の u に対する変分導関数である．u の独立変数を離散化して $U_i^j = u(i\Delta x, j\Delta t)$ と書いたとき，$G(u)$ に対応する離散的エネルギーが $G_d(U_i^j) = (U_i^j)^3/6 - \{(\delta^+ U_i^j)^2 + (\delta^- U_i^j)^2\}/4$ と書けると仮定する ($\delta^\pm a_i = \pm(a_{i\pm 1} - a_i)/\Delta x$)．このとき，離散変分法の一般論より，式 (8) の数値計算スキームが，

$$\frac{U_i^{j+1} - U_i^j}{\Delta t} = \delta^{(1)} \left(\frac{\delta G_d}{\delta(U_i^{j+1}, U_i^j)} \right)$$

で与えられる ($\delta^{(1)} \equiv (\delta^+ + \delta^-)/2$)．ただし，離散的変分導関数は $\delta G_d/\delta(U_i^{j+1}, U_i^j) = \{(U_i^{j+1})^2 + U_i^{j+1} U_i^j + (U_i^j)^2\}/6 + \delta^{(2)}(U_i^{j+1} + U_i^j)/2$ である．

[佐々成正]

参 考 文 献

[1] E. Hairer, Ch. Lubich, G. Wanner, *Geometric Numerical Integration*, Springer Verlag, 2002.
[2] 吉田春夫, シンプレクティック数値解法, 数理科学 No.384 (1995), 37–46.
[3] H. Yoshida, Construction of higher order symplectic integrators, *Physics Letters A*, Vol.150 (1990), 262–268.
[4] T.J. Bridges, S. Reich, Multi-symplectic integrators: numerical schemes for Hamiltonian PDEs that conserve symplecticity, *Physics Letters A*, Vol.284 (2001), 184–193.
[5] 降旗大介, 森 正武, 偏微分方程式に対する差分スキームの離散的変分による統一的導出, 日本応用数理学会論文誌, Vol.8 (1998), 317–340.

戸田格子
Toda lattice

戸田格子とは1次元格子上の最隣接する質点同士が戸田ポテンシャルによって相互作用する系である．完全積分可能な力学系であり，厳密解としてNソリトン解を持つ．2次元化，時間離散化，超離散化された系が存在し，可積分系の理論の中で重要な位置を占める．また，近年では，幾何学，数値解析，アルゴリズムなどの分野との繋がりも注目を集めている．

1. 戸田格子方程式

質点の質量をm，n番目の質点の平衡位置からのずれをq_n，n番目と$(n-1)$番目の質点間の相互作用ポテンシャルを$\phi_n = \phi(q_n - q_{n-1})$で表すと，この系に対するニュートンの運動方程式は

$$m\frac{d^2 q_n}{dt^2} = -\phi'(q_n - q_{n-1}) + \phi'(q_{n+1} - q_n) \quad (1)$$

で与えられる．例えばフックの法則に従うバネであれば$\phi(r) = \frac{1}{2}\kappa r^2$ ($\kappa > 0$はバネ定数) である．ここで，戸田ポテンシャルと呼ばれる次のようなポテンシャルを考える．

$$\phi(r) = \frac{a}{b}e^{-br} + ar, \quad ab > 0 \quad (2)$$

これより得られる運動方程式

$$m\frac{d^2 q_n}{dt^2} = a\left[e^{-b(q_n - q_{n-1})} - e^{-b(q_{n+1} - q_n)}\right] \quad (3)$$

を戸田格子方程式という[1],[2]．FPU格子の連続体近似であるKdV方程式がソリトン解を持つことから，ソリトン解を持つ非線形格子の存在を予想した戸田盛和によって1967年に発見された．実際，式(3)は1ソリトン解

$$\begin{cases} q_n = \frac{1}{b}\log\frac{1 + e^{2(\kappa(n-1)\pm\beta t)}}{1 + e^{2(\kappa n \pm \beta t)}} \\ \beta^2 = \frac{ab}{m}\sinh^2 \kappa \end{cases} \quad (4)$$

を持ち，さらにNソリトン解も持つ．

式(3)を力$f = -\phi'(r)$の変数で表すため，従属変数変換

$$\begin{aligned}f_n &= -\phi'(q_n - q_{n-1}) \\ &= a(e^{-b(q_n - q_{n-1})} - 1)\end{aligned} \quad (5)$$

を導入すると，

$$\frac{d^2}{dt^2}\log\left(1 + \frac{f_n}{a}\right) = \frac{b}{m}(f_{n+1} - 2f_n + f_{n-1}) \quad (6)$$

と書くことができる．この式のf_n, m, a, bを$V_n, L, v_0, \frac{1}{Cv_0}$と置き換えると，

$$\begin{cases} Cv_0 \frac{d}{dt}\left[\log\left(1 + \frac{V_n}{v_0}\right)\right] = I_n - I_{n+1} \\ L\frac{d}{dt}I_n = V_{n-1} - V_n \end{cases} \quad (7)$$

と書くことできるが，これはVに依存したキャパシタ特性$Q(V) = Cv_0 \log(1 + V/v_0)$，インダクタンス$L$を持つ梯子（はしご）型LC回路と等価である．

実際，ある電圧の範囲でこのような非線形性を持つキャパシタが存在し，電気回路の実験によってFPUの再帰現象やソリトンの衝突を再現できることを1970年に広田と鈴木が示した[3],[4]．

2. 戸田格子のラックス形式と保存量

式(3)のm, a, bは適当なスケール変換で1と規格化できるので，以後そのように扱う．戸田格子方程式を古典ハミルトン系として見ると，可換なN個の保存量を持つ完全積分可能な力学系であることが言える．戸田格子方程式はラックス形式

$$L = \begin{pmatrix} b_1 & a_1 & & & a_N \\ a_1 & b_2 & a_2 & & \\ & \ddots & \ddots & \ddots & \\ & & a_{N-2} & b_{N-1} & a_{N-1} \\ a_N & & & a_{N-1} & b_N \end{pmatrix}$$

$$B = \begin{pmatrix} 0 & -a_1 & & & a_N \\ a_1 & 0 & -a_2 & & \\ & \ddots & \ddots & \ddots & \\ & & a_{N-2} & 0 & -a_{N-1} \\ -a_N & & & a_{N-1} & 0 \end{pmatrix}$$

$$\frac{dL}{dt} = [B, L], \quad a_n = \frac{1}{2}e^{\frac{q_n - q_{n+1}}{2}}, \quad b_n = \frac{1}{2}\frac{dq_n}{dt}$$

の形で書くことができるが，$\operatorname{Tr} L^k$ ($k = 1, 2, \ldots, N$) がN個の保存量である．

3. 2次元戸田格子方程式

式(3)の左辺の時間に関する2階微分を$\frac{\partial^2}{\partial x \partial y}$に置き換えた方程式

$$\frac{\partial^2 q_n}{\partial x \partial y} = e^{q_{n-1} - q_n} - e^{q_n - q_{n+1}} \quad (8)$$

を2次元戸田格子方程式という．この方程式の解は以下の$N \times N$カソラチ行列式で与えられる．

$$q_n = \log \frac{\tau_{n-1}}{\tau_n} \quad (9)$$

$$\tau_n = \begin{vmatrix} f_n^{(1)} & f_{n+1}^{(1)} & \cdots & f_{n+N-1}^{(1)} \\ f_n^{(2)} & f_{n+1}^{(2)} & \cdots & f_{n+N-1}^{(2)} \\ \vdots & \vdots & \ddots & \vdots \\ f_n^{(N)} & f_{n+1}^{(N)} & \cdots & f_{n+N-1}^{(N)} \end{vmatrix} \quad (10)$$

$$\frac{\partial f_n^{(k)}}{\partial x} = f_{n+1}^{(k)}, \quad \frac{\partial f_n^{(k)}}{\partial y} = -f_{n-1}^{(k)} \quad (11)$$

式 (11) を満たす $f_n^{(k)}$ を適切に選ぶことによって, N ソリトン解が得られることがわかっている. また, 式 (8) を τ_n の方程式として表すと, 2 次元戸田格子方程式の双線形方程式

$$\frac{\partial^2 \tau_n}{\partial x \partial y}\tau_n - \frac{\partial \tau_n}{\partial x}\frac{\partial \tau_n}{\partial y} = \tau_{n+1}\tau_{n-1} - \tau_n^2 \quad (12)$$

が得られる. この方程式はプリュッカー関係式の 1 つであるが, 佐藤理論において, KP 階層と同等に重要な 2 次元戸田格子階層に属している.

式 (8) に 2 周期性 $q_{n+2} = q_n$ を課すと, サイン–ゴルドン方程式

$$\frac{\partial^2 v}{\partial x \partial y} = -4\sin v, \quad v = i(q_0 - q_1) \quad (13)$$

が得られるが, これは微分幾何学において重要な役割を果たす. また, 2 次元戸田格子方程式そのものも 19 世紀にダルブーの曲面論に登場している. これらは戸田格子と幾何学との深い繋がりを示している.

4. 離散時間戸田格子方程式

式 (3) において $r_n = q_n - q_{n+1}$ とすると

$$\frac{d^2 r_n}{dt^2} = e^{r_{n+1}} - 2e^{r_n} + e^{r_{n-1}} \quad (14)$$

が得られる. 時間間隔を δ とし, 式 (14) の行列式解を保存するように時間を差分化すると

$$u_n^{t+1} - 2u_n^t + u_n^{t-1}$$
$$= F(u_{n+1}^t) - 2F(u_n^t) + F(u_{n-1}^t) \quad (15)$$
$$F(u) = \log(1 + \delta^2 e^u)$$

が得られる. これを離散時間戸田格子方程式という. この差分方程式は双線形方程式の差分化を通して得られる. 式 (15) を含む様々な差分ソリトン方程式を統一的に扱う双線形方程式として, DAGTE (discrete analogue of a generalized Toda equation; 広田・三輪方程式)

$$Z_1 \tau(x_1+1, x_2, x_3)\tau(x_1-1, x_2, x_3)$$
$$+ Z_2 \tau(x_1, x_2+1, x_3)\tau(x_1, x_2-1, x_3) \quad (16)$$
$$+ Z_3 \tau(x_1, x_2, x_3+1)\tau(x_1, x_2, x_3-1) = 0$$

が 1981 年に広田によって提案された. この方程式は変数変換によって KP 階層の母関数である広田・三輪方程式となるため, ソリトン理論全体の頂点に位置する方程式であると言える.

近年, 広田・三輪方程式が微分幾何学の離散化である離散微分幾何においても重要な役割を果たしていることがわかってきており, 現在研究が進行中である[5].

5. 超離散戸田格子方程式

DAGTE にまで一般化された戸田格子方程式であるが, さらに従属変数まで離散化してセルオートマトンモデルを構築することができる. 式 (15) において $u_n^t = U_n^t/\varepsilon$, $\delta = e^{-\frac{1}{2\varepsilon}}$ とおき, $\varepsilon \to +0$ の極限をとると, 超離散化の公式 $\lim_{\varepsilon \to +0} \varepsilon \log \left(e^{\frac{A}{\varepsilon}} + e^{\frac{B}{\varepsilon}}\right) = \max(A, B)$ から

$$U_n^{t+1} - 2U_n^t + U_n^{t-1}$$
$$= F(U_{n+1}^t) - 2F(U_n^t) + F(U_{n-1}^t) \quad (17)$$
$$F(U) = \max(0, U-1)$$

が得られる. これは, 初期値を整数にとると以後の時刻で常に整数値をとるセルオートマトンモデルであり, 超離散戸田格子方程式という. この方程式が超離散化の手法発見の契機となり, 箱玉系とソリトン方程式系の関係が明らかとなった[6],[7].

6. 戸田分子方程式

式 (8) には $q_0 = -\infty$ の境界条件を満たす分子解

$$\begin{cases} q_n = \log \dfrac{\tau_{n-1}}{\tau_n} \\ \tau_n = \det \left(\partial_x^{i-1} \partial_y^{j-1} g(x,y)\right)_{i,j=1,\ldots,n} \\ g(x,y) \text{ は任意関数} \end{cases} \quad (18)$$

と呼ばれる解が存在する. 式 (18) の τ_n は双線形方程式

$$\frac{\partial^2 \tau_n}{\partial x \partial y}\tau_n - \frac{\partial \tau_n}{\partial x}\frac{\partial \tau_n}{\partial y} = \tau_{n+1}\tau_{n-1} \quad (19)$$

を満たす. ソリトン階層の解の変換や工学におけるアルゴリズムへの応用には, こちらの解が用いられる. 差分化については [アルゴリズムと可積分系] (p.30) を参照せよ. また, 超離散化も可能で, 箱玉系の別の表現になっていることが知られている[8].

[松木平淳太]

参 考 文 献

[1] 戸田盛和, 非線形格子力学 増補版, 岩波書店, 1987.
[2] 戸田盛和, ソリトンと物理学, サイエンス社, 2006.
[3] R. Hirota, K. Suzuki, *J. Phys. Soc. Jpn.*, **28** (1970), 1366.
[4] 渡辺慎介, ソリトン物理入門, 培風館, 1985.
[5] 井ノ口順一, 太田泰広, 筧 三郎, 梶原健司, 松浦 望, 離散可積分系・離散微分幾何チュートリアル, 九州大学 MI レクチャーノート (2012).
[6] 中村佳正 編, 可積分系の応用数理, 裳華房, 2000.
[7] 広田良吾, 高橋大輔, 差分と超離散, 共立出版, 2003.
[8] A. Nagai, D. Takahashi, T. Tokihiro, *Phys. Lett. A.*, **255** (1999), 265–271.

広田・三輪方程式

Hirota–Miwa equation

次の非線形偏差分方程式を広田・三輪 (HM) 方程式という[1].

$$(a_2 - a_3)\tau(\mathbb{n}+\mathbb{e}_1)\tau(\mathbb{n}+\mathbb{e}_2+\mathbb{e}_3)$$
$$+ (a_3 - a_1)\tau(\mathbb{n}+\mathbb{e}_2)\tau(\mathbb{n}+\mathbb{e}_1+\mathbb{e}_3) \quad (1)$$
$$+ (a_1 - a_2)\tau(\mathbb{n}+\mathbb{e}_3)\tau(\mathbb{n}+\mathbb{e}_1+\mathbb{e}_2) = 0$$

ここで a_1, a_2, a_3 は互いに相異なる複素数, $\mathbb{n}$ は $\mathbb{Z}^3$ の一般のベクトル, $\mathbb{e}_1, \mathbb{e}_2, \mathbb{e}_3$ は $\mathbb{Z}^3$ の基底ベクトルである:

$$\mathbb{e}_1 := (1,0,0),\ \mathbb{e}_2 := (0,1,0),\ \mathbb{e}_3 := (0,0,1).$$

HM 方程式 (1) を任意の点 $\mathbb{n} = (n_1, n_2, n_3)$ で満たす複素値関数 $\tau(\mathbb{n})$ を HM 方程式のタウ関数という. この関数は, KP 階層の佐藤理論におけるグラスマン多様体の Plücker 座標と密接な関係があり[2], 概して KP 階層のタウ関数と同一と見なしてよい. HM 方程式は, KP 方程式を連続極限に含んでおり, 様々な分野に現れる可積分系と関係があり[3], 離散可積分系の最も基本的な方程式であると思われる.

1. HM 方程式の N-ソリトン解

HM 方程式は次の自明な対称性を持つ: $\tau(\mathbb{n})$ が解であれば, $\tau(-\mathbb{n})$ も解であり, さらに, 任意の複素数 $c, \lambda_1, \lambda_2, \lambda_3$ に関し, $c\prod_{k=1}^{3}\left(1-\frac{\lambda_k}{a_k}\right)^{n_k}\tau(\mathbb{n})$ も解である. 後者の対称性は, $c\left(1-\frac{\lambda_k}{a_k}\right) \neq 0$ の場合, 次のタウ関数の間の同値関係を定める:

$$c\prod_{k=1}^{3}\left(1-\frac{\lambda_k}{a_k}\right)^{n_k}\tau(\mathbb{n}) \simeq \tau(\mathbb{n}).$$

$\mathbb{Z}^3$ 上の関数の $-n_k$ 方向に対するシフト作用素を $\mathcal{S}_k$ で表し, $\Delta_k := a_k(1 - \mathcal{S}_k)$ をその方向に対する差分作用素とする. つまり, $\mathcal{S}_3 f(\mathbb{n}) = f(\mathbb{n}-\mathbb{e}_3)$, $\Delta_1 f(\mathbb{n}) = a_1(f(\mathbb{n}) - f(\mathbb{n}-\mathbb{e}_1))$, …. 次の N 個の関数 $(j = 1, \ldots, N)$

$$\varphi_j = \prod_{k=1}^{3}\left(1-\frac{p_j}{a_k}\right)^{-n_k} + C_j \prod_{k=1}^{3}\left(1-\frac{q_j}{a_k}\right)^{-n_k}$$

から作られた Casorati 行列式

$$\tau_N(\mathbb{n}) = \begin{vmatrix} \varphi_1 & \Delta_k\varphi_1 & \cdots & \Delta_k^{N-1}\varphi_1 \\ \vdots & \vdots & \ddots & \vdots \\ \varphi_N & \Delta_k\varphi_N & \cdots & \Delta_k^{N-1}\varphi_N \end{vmatrix}$$

を HM 方程式の N-ソリトン解という. ただし, $p_j, q_j, C_j\ (j = 1, \ldots, N)$ は任意の複素数である. ここで Δ_k は n_1, n_2, n_3 のどちらかに対する差分作用素であるが, 上記の Casorati 行列式の値は n_k の具体的な選択に依存しない. この N-ソリトン解は次の Gram 行列式 (Gramian) と同値である.

$$\begin{vmatrix} \omega_{11} & \omega_{12} & \cdots & \omega_{1N} \\ \vdots & \vdots & \ddots & \vdots \\ \omega_{N1} & \omega_{N2} & \cdots & \omega_{NN} \end{vmatrix} \simeq \tau_N(\mathbb{n})$$

$$\omega_{ij} = \delta_{ij} + \frac{c_i c_j}{p_i - q_j}\prod_{k=1}^{3}\left(\frac{a_k - q_j}{a_k - p_i}\right)^{n_k}$$

ここで δ_{ij} はクロネッカーのデルタである. 上記の Gramian は, KP 階層の自由フェルミオン表現における Wick の定理から得られるタウ関数と一致することが知られ, HM 方程式にこのような N-ソリトン解があることを示すための, 様々な行列式のラプラス展開に基づく方法が知られている[4].

2. HM 方程式に対応する連立線形方程式

HM 方程式には, KP 階層の Zakharov–Shabat 方程式と同様の役割を果たす連立線形方程式が存在する. $\psi(\mathbb{n})$ を $\mathbb{Z}^3$ 上の複素値関数とし, 次の $\tau(\mathbb{n})$ に依存する連立線形方程式を満たすものとする.

$$\psi(\mathbb{n}+\mathbb{e}_1+\mathbb{e}_2) = \frac{v_2(\mathbb{n})}{a_1 - a_2}\big[a_1\psi(\mathbb{n}+\mathbb{e}_2)$$
$$- a_2\psi(\mathbb{n}+\mathbb{e}_1)\big] \quad (2)$$
$$\psi(\mathbb{n}+\mathbb{e}_1+\mathbb{e}_3) = \frac{v_3(\mathbb{n})}{a_1 - a_3}\big[a_1\psi(\mathbb{n}+\mathbb{e}_3)$$
$$- a_3\psi(\mathbb{n}+\mathbb{e}_1)\big] \quad (3)$$

ただし, $v_2(\mathbb{n}), v_3(\mathbb{n})$ は次の, $\tau(\mathbb{n})$ の同値関係 $\simeq$ に対して不変となる有理式である:

$$v_2(\mathbb{n}) := \frac{\tau(\mathbb{n}+\mathbb{e}_1)\tau(\mathbb{n}+\mathbb{e}_2)}{\tau(\mathbb{n})\tau(\mathbb{n}+\mathbb{e}_1+\mathbb{e}_2)}, \quad (4)$$
$$v_3(\mathbb{n}) := \frac{\tau(\mathbb{n}+\mathbb{e}_1)\tau(\mathbb{n}+\mathbb{e}_3)}{\tau(\mathbb{n})\tau(\mathbb{n}+\mathbb{e}_1+\mathbb{e}_3)}.$$

この連立方程式の両立条件 $\mathcal{S}_2(\mathcal{S}_3\psi) = \mathcal{S}_3(\mathcal{S}_2\psi)$

$$\Leftrightarrow \begin{cases} v_2(\mathbb{n})v_3(\mathbb{n}+\mathbb{e}_2) = v_2(\mathbb{n}+\mathbb{e}_3)v_3(\mathbb{n}) \\ \dfrac{a_3 - a_1}{v_3(\mathbb{n}+\mathbb{e}_2)} + \dfrac{a_2 - a_1}{v_2(\mathbb{n}+\mathbb{e}_1)} \\ \quad = \dfrac{a_2 - a_1}{v_2(\mathbb{n}+\mathbb{e}_3)} + \dfrac{a_3 - a_1}{v_3(\mathbb{n}+\mathbb{e}_1)} \end{cases} \quad (5)$$

は連続極限に KP 方程式を含んでおり, KP 方程式の可積分な離散化である. 一方, HM 方程式の点対称性を利用すると, 線形方程式 (2),(3) から別の連立線形方程式も導出できる:

$$\psi^\dagger(\mathbb{n}) = \frac{v_2(\mathbb{n})}{a_1 - a_2}\left(a_1\psi^\dagger(\mathbb{n}+\mathbb{e}_1) - a_2\psi^\dagger(\mathbb{n}+\mathbb{e}_2)\right)$$
$$= \frac{v_3(\mathbb{n})}{a_1 - a_3}\left(a_1\psi^\dagger(\mathbb{n}+\mathbb{e}_1) - a_3\psi^\dagger(\mathbb{n}+\mathbb{e}_3)\right).$$

これは連立線形方程式 (2),(3) に随伴する方程式系であり, その両立条件も同じである.

HM 方程式は, 広田の双線形化法の観点から見れば, 離散 KP 方程式 (5) の双線形形式にほかならない. しかし, 定義式 (4) を従属変数の変換と見なし, 離散 KP 方程式 (5) を $\tau(\mathbb{n})$ で書き換えると, 係数

$(a_2 - a_3)$ の代わりに n_2, n_3 の自由な関数 $\gamma(n_2, n_3)$ を係数とする HM 方程式が得られる．この自由度の原因は，線形方程式 (2),(3) の $\tau(\mathbb{n}) \to \gamma(n_2, n_3)\tau(\mathbb{n})$ のようなゲージ (gauge) 変換に対する不変性にある．これに関連して，一般の非自励的 (non-autonomous) HM 方程式 [5] $\tau(\mathbb{n}+\mathbb{e}_1)\tau(\mathbb{n}+\mathbb{e}_2+\mathbb{e}_3) = \alpha(\mathbb{n})\tau(\mathbb{n}+\mathbb{e}_2)\tau(\mathbb{n}+\mathbb{e}_1+\mathbb{e}_3) + \beta(\mathbb{n})\tau(\mathbb{n}+\mathbb{e}_3)\tau(\mathbb{n}+\mathbb{e}_1+\mathbb{e}_2)$ $\left(\frac{\alpha(\mathbb{n}+\mathbb{e}_1)\alpha(\mathbb{n}+\mathbb{e}_1+\mathbb{e}_2)}{\alpha(\mathbb{n}+\mathbb{e}_3)\alpha(\mathbb{n}+\mathbb{e}_1+\mathbb{e}_2)} = \frac{\beta(\mathbb{n}+\mathbb{e}_1)\beta(\mathbb{n}+\mathbb{e}_1+\mathbb{e}_3)}{\beta(\mathbb{n}+\mathbb{e}_2)\beta(\mathbb{n}+\mathbb{e}_1+\mathbb{e}_3)}\right)$ は常に適当なゲージ変換 $\tau(\mathbb{n}) \mapsto \gamma(\mathbb{n})\tau(\mathbb{n})$ で HM 方程式 (1) に変形できることが知られている．

3. 線形方程式の対称性とタウ関数の構造

与えられたタウ関数 $\tau(\mathbb{n})$ に対して連立線形方程式 (2),(3) を満たす関数 $\phi(\mathbb{n})$ を用い，ある方向 n_k に関して次の Darboux 変換

$$\tau(\mathbb{n}) \mapsto \widetilde{\tau}(\mathbb{n}) = \tau(\mathbb{n})\phi(\mathbb{n})$$

$$\psi(\mathbb{n}) \mapsto \widetilde{\psi}(\mathbb{n}) = \Delta_k \psi(\mathbb{n}) - \frac{\psi(\mathbb{n})}{\phi(n)}\Delta_k \phi(\mathbb{n})$$

を施すと，関数 $\widetilde{\psi}(\mathbb{n})$ は $\widetilde{\tau}(\mathbb{n})$ に対して式 (2),(3) を満たし，$\widetilde{\tau}(\mathbb{n})$ はまた HM 方程式 (1) の解である[6]．上述のような連立線形方程式 (2),(3) の非自明な対称性を，Darboux 変換に対する不変性という．

HM 方程式の適当なタウ関数 $\tau_0(\mathbb{n})$ から出発し，上記の Darboux 変換を N 回繰り返すと，次の Casorati 行列式で定義されるタウ関数が生成できる．

$$\tau_C(\mathbb{n}) = \tau_0(\mathbb{n}) \det\left(\Delta_k^{j-1}\psi_i\right)_{i,j=1,\ldots,N}$$

ただし，ここで $\psi_i(\mathbb{n})$ ($i = 1, \ldots, N$) は全て $\tau_0(\mathbb{n})$ に対して線形方程式 (2),(3) を満たす関数である．特に，$\tau_0(\mathbb{n})$ が定数である場合には，$\psi_i(\mathbb{n})$ が $\Delta_1\psi_i = \Delta_2\psi_i = \Delta_3\psi_i$ を満たせばよい．1 節の N-ソリトン解はこの種のタウ関数に対応する．同様に，

$$\psi(\mathbb{n}) = \int_0^1 \zeta^{n_2-1}(1-\zeta)^{n_3-1}(1-z\zeta)^{-n_1} d\zeta$$
$$= \frac{\Gamma(n_2)\Gamma(n_3)}{\Gamma(n_2+n_3)} {}_2F_1\left(\begin{matrix}n_1, n_2 \\ n_2+n_3\end{matrix}\bigg| z\right)$$

のような特殊関数からできる Casorati 行列式が次の HM 方程式を満たすことも容易に示せる[5]．

$$\tau(\mathbb{n}+\mathbb{e}_3)\tau(\mathbb{n}+\mathbb{e}_1+\mathbb{e}_2)$$
$$+ (z-1)\tau(\mathbb{n}+\mathbb{e}_2)\tau(\mathbb{n}+\mathbb{e}_1+\mathbb{e}_3)$$
$$= z\tau(\mathbb{n}+\mathbb{e}_1)\tau(\mathbb{n}+\mathbb{e}_2+\mathbb{e}_3) \quad (6)$$

Gramian に対応するタウ関数は次の構造を持つ．

$$\tau_G(\mathbb{n}) = \tau_0(\mathbb{n}) \det\left(\Omega(\psi_i, \psi_j^\dagger)\right)_{i,j=1,\ldots,N}$$

ここで $\psi_i(\mathbb{n}), \psi_j^\dagger(\mathbb{n})$ はそれぞれ $\tau_0(\mathbb{n})$ に対して連立線形方程式 (2),(3) とその随伴を満たす関数であり，$\Omega(\psi_i, \psi_j^\dagger)$ は $\Delta_k\Omega = \psi_i(\mathbb{n})\psi_j^\dagger(\mathbb{n}-\mathbb{e}_k)$ ($\forall k$) を満たすものである．ただし，$\Omega(\psi_i, \psi_j^\dagger)$ は離散的な完全形式であることが知られている[5],[6]．

4. 連続極限と他の可積分系との関係

連続変数 $\mathbf{x} = (x_1, x_2, x_3)$，$x_\ell = \sum_{k=1}^3 \frac{1}{\ell} n_k a_k^{-\ell}$ とそれらに関する Schur 多項式の形をとる微分作用素 $p_m(\tilde{\partial})$，$\exp(\sum_{n=1}^3 \frac{\lambda^n}{n}\partial_{x_n}) \equiv \sum_{m=0}^{+\infty} p_m(\tilde{\partial})\lambda^m$ を導入することにより，HM 方程式のタウ関数が連続変数 $\mathbf{x}$ に依存する関数 $\tau(\mathbf{x})$ に対して展開できる．

$$\tau(\mathbb{n}+\mathbb{e}_k) = \sum_{m=0}^{+\infty} \left(p_m(\tilde{\partial})\tau(\mathbf{x})\right) a_k^{-m}$$

この展開式を HM 方程式 (1) に用い，$|a_1|, |a_2|, |a_3| \to \infty$ の極限をとると，KP 方程式の双線形形式 $(4D_{x_1}D_{x_3} - D_{x_1}^4 - 3D_{x_2}^2)\tau \cdot \tau = 0$ が得られる．この連続極限において，$a_1 a_k(1-v_k)$ ($k = 2, 3$) は $u(\mathbf{x}) = \partial_{x_1}^2 \ln \tau(\mathbf{x})$ に収束し，連立線形方程式 (2),(3) は $u(\mathbf{x})$ を従属変数とする KP 方程式の Zakharov–Shabat 系を含む．同様に，HM 方程式 (6) において，変数変換 $\sigma = n_1 + n_2$, $\mu = n_3$, $\nu = n_1$ を施すと，2 次元戸田格子という可積分系が得られる：$z\tau_{\mu,\nu+1}^\sigma \tau_{\mu+1,\nu}^\sigma = \tau_{\mu,\nu+1}^{\sigma+1}\tau_{\mu+1,\nu}^{\sigma-1} + (z-1)\tau_{\mu,\nu}^\sigma \tau_{\mu+1,\nu+1}^\sigma$. この方程式は，連続極限 $x = \mu z^{-1/2}$, $y = -\nu z^{-1/2}$, $|z| \to \infty$ に 2 次元戸田格子の双線形形式 $\frac{1}{2}D_x D_y \tau_\sigma \cdot \tau_\sigma = \tau_{\sigma+1}\tau_{\sigma-1} - \tau_\sigma^2$ を含む．

さらに，HM 方程式のタウ関数に適当な簡約条件を課すことにより，多くの低次元の可積分な非線形偏差分方程式が得られる．$\tau(\mathbb{n}+\mathbb{e}_2+\mathbb{e}_3) = \tau(\mathbb{n})$ という条件から得られる離散 KdV 方程式は特に有名な例である：$\frac{1}{u_{n+1}^{t+1}} - \frac{1}{u_n^t} = \frac{a_3-a_1}{a_2-a_1}\left(u_{n+1}^t - u_n^{t+1}\right)$. ただし，$t = n_2 - n_3$, $u_n^t = \mathcal{S}_2 v_2(\mathbb{n})$ である．

[Ralph Willox]

参 考 文 献

[1] R. Hirota, *J. Phys. Soc. Jpn.*, **50** (1981), 3785–3791; T. Miwa, *Proc. Jpn. Acad.*, **58** Ser. A (1982), 9–12.

[2] M. Sato, Y. Sato, Nonlinear PDE in Applied Science, *U.S.-Japan Seminar, Tokyo, 1982, Lect. Notes Num. Appl. Anal.*, **5** (1983), 259–271.

[3] I. Krichever, O. Lipan et al., *Commun. Math. Phys.*, **188** (1997), 267–304.

[4] Y. Ohta, R. Hirota et al., *J. Phys. Soc. Jpn.*, **62** (1993), 1872–1886.

[5] R. Willox, T. Tokihiro, J. Satsuma, *Chaos, Solitons and Fractals*, **11** (2000), 121–135.

[6] J.J.C. Nimmo, *J. Phys. A*, **30** (1997), 8693–8704.

超 離 散 系
ultradiscrete system

超離散化は，指数型の変数変換と極限によって方程式の従属変数を離散化する手続きである．これによって得られる超離散系はセルオートマトンなど全変数が離散のディジタル系を表すことができ，その解は極限を通じて元の系のダイナミクスを反映する．

1. 超離散系とは

正の実変数の方程式 $z = x + y$ に対して，微小パラメータ ε を含む変数変換 $x = e^{X/\varepsilon}$, $y = e^{Y/\varepsilon}$, $z = e^{Z/\varepsilon}$ を用いると，$Z = \varepsilon \log(e^{X/\varepsilon} + e^{Y/\varepsilon})$ が得られる．さらに $\varepsilon \to +0$ の極限を施すと，公式

$$\lim_{\varepsilon \to +0} \varepsilon \log(e^{A/\varepsilon} + e^{B/\varepsilon}) = \max(A, B)$$

より $Z = \max(X, Y)$ が得られる．方程式 $z = x \times y$, $z = x/y$ にも同様の操作を行うと（極限によらず）$Z = X + Y$, $Z = X - Y$ が得られる（ただし $z = x - y$ の極限方程式は定まらない）．実変数の通常の和・積・商で構成される方程式の系に対して上述のような指数型の変数変換および極限を用いて得られる極限系を超離散系，極限方程式を超離散方程式，手続き全体を超離散化という．

例えば差分方程式

$$u_j^n = u_{j-1}^n + u_j^n + \frac{c}{u_{j+1}^n}$$

を考える．$u_j^n = e^{U_j^n/\varepsilon}$, $c = e^{1/\varepsilon}$, $\varepsilon \to +0$ による超離散化を行えば

$$U_j^n = \max(U_{j-1}^n, U_j^n, 1 - U_{j+1}^n)$$

が得られる．解の値を $0, 1$ で閉じさせることができるので，この場合上式は OR ($\vee$)，NOT ($\neg$) の論理演算で表される2値セルオートマトン

$$U_j^n = U_{j-1}^n \vee U_j^n \vee \neg U_{j+1}^n$$

と等価になる．

以上のように，超離散化によって従属変数が連続の系から離散の系を導くことができる．全変数連続の微分系の独立変数を離散化すると差分系に，さらに超離散化によって従属変数をも離散化すると超離散系が得られるという文脈において，超離散化は全ての変数を離散化する最終手続きであり，そのことが超離散という用語の由来となっている．

超離散化によって，方程式中の基本演算は $+$, $\times$, $/$ からそれぞれ $\max$, $+$, $-$ に置き換わる．すなわち極限が介在しなくとも，前者の演算で構成される代数系を後者のものに置き換えたと見なすこともできる．このように和を $\max$, 積を $+$, 商を $-$ とする代数系は max–plus 代数と呼ばれる．max と min は双対の演算であり，min を和と見なして min–plus 代数と呼ぶこともある．

なお，$z = x - y$ の超離散化が困難であることや max の逆演算が作れないことなどは，差の演算が max-plus 代数には欠けていることを意味する．したがって，符号の交替が本質的で解の正値性が保証されない差分方程式を超離散化することは難しく，このような困難は「負の問題」と一般に呼ばれる．

2. 箱 玉 系

早い段階で発見された超離散ソリトン系に箱玉系がある．最も単純な箱玉系の定義を以下に述べる．まず，左から右に直線状に並べた箱の無限列および複数個の玉を用意し，適当な箱を選んで玉を1つずつ入れる．そして，これらの玉を以下の規則に従って移動する．

左端の箱から順に，それぞれの箱で以下の動作を行いながら右へ移っていく．
a) 玉が入っている箱ならそれを手にとる．手には何個でも持てるとする．
b) 空箱であり，かつ，手持ちの玉があれば，手持ちの玉を1つその箱に入れる．
c) 空箱であり，かつ，手持ちの玉がなければ，何もしないで通過する．

右端の箱まで上の手順を終えたら左端に戻る．

この動作は可逆であり，上の規則において左右を逆転すれば玉の動きは逆戻りする．

ある整数時刻 n で適当な玉の配置が与えられたとする．上の動作を1回行って新しい玉の配置が得られたら，時刻を1増やして $n + 1$ とする．これにより玉の配置の時間発展が定義でき，動作あるいは逆の動作を繰り返すことで，任意の整数時刻での玉の配置が得られる．このような時間発展の例を図1に示す．

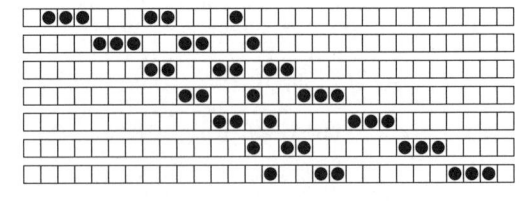

図1 箱玉系の時間発展の例（時刻の進む向きは上から下）

最初の時刻で3つの連続する玉の集団に分かれているが，時間発展とともに移動速度の違いにより玉の集団は追い抜き相互作用を起こす．ところが，その後に同じ玉の集団が逆の位置順序で再び現れる．この特徴は，連続，離散を問わずソリトン系としての

最も基本的な性質の1つである．このほかにも，可算無限個の保存量の存在など，ソリトン系が備えるべき性質を箱玉系は有している．

位置を表すため左から順に箱に整数番号を付け，時刻 n で j 番目の箱の玉の数を $u_j^n\,(=0,1)$ とすれば，玉の移動規則を以下の方程式で表すことができる．

$$u_j^{n+1} = \min\left(1 - u_j^n, \sum_{k=-\infty}^{j-1}(u_k^n - u_k^{n+1})\right)$$

この方程式は，ソリトン方程式の1つである差分ロトカ–ヴォルテラ方程式の超離散化から得られる．さらに，差分ロトカ–ヴォルテラ方程式の連続極限により，偏微分ソリトン方程式のコルテヴェーグ–ド・フリース方程式が得られる．連続から離散のソリトン系はこのように極限を通じて関連しており，その描像の最後の連鎖が超離散化によって与えられる．

箱玉系にはいろいろな拡張系が存在している．例えば，手に持てる玉の個数に上限を設けたり，箱が収容できる玉の個数を増やしたり，玉に番号を付けたりする拡張があり，これらも全てソリトン方程式の超離散化から得られる．また，可解格子模型において低温極限をとる操作を結晶化と呼ぶが，この操作と超離散化はソリトン系においては同等であり，可解格子模型を利用して箱玉系の拡張の系列が導かれる．さらに，箱の列に周期境界条件を設けたときの玉の配置の時間周期について，リーマン予想との関連が指摘されている．

3. 超離散バーガーズ方程式

微分のバーガーズ方程式はコール–ホップ変換によって線形の拡散方程式に帰着する．この線形化の性質を保ったまま独立変数を離散化した差分バーガーズ方程式が存在し，さらに超離散化を施すと，超離散バーガーズ方程式

$$u_j^{n+1} = u_j^n + \min(u_{j-1}^n, 1 - u_j^n) - \min(u_j^n, 1 - u_{j+1}^n)$$

が得られる．この方程式も超離散コール–ホップ変換による線形化が可能である．

また，先述の箱玉系と同様に，上式を玉が移動する時間発展系の移動規則と見なすことができる．j が整数位置，n が整数時刻を表すとし，u の初期値を $0, 1$ に限定すると，どの時刻でも u の値は $0, 1$ となる．u_j^n が時刻 n での j 番目の箱の玉の数を表すと見なすと，上式は以下の玉の運動を表している．

> それぞれの玉は自分の右隣の箱が空箱ならそこに移動し，空箱でなければ元の箱に留まる．時刻 n で全ての玉についてこの動作を一斉に行ったら，時刻を1増やして $n+1$ とする．

有限個の箱の列に周期境界条件を課したときの時間発展の例を図2に示す．

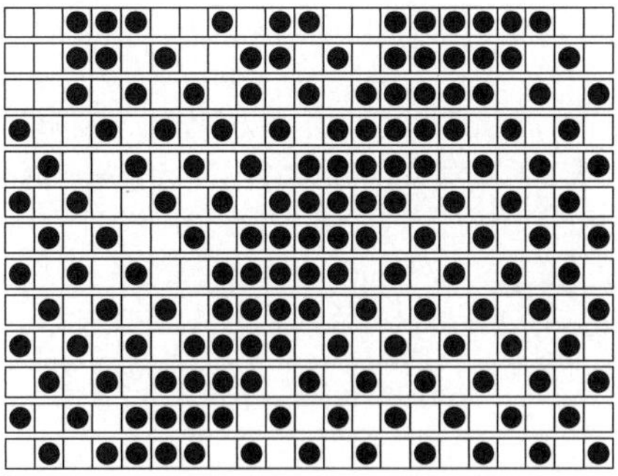

図 2 超離散バーガーズ方程式の解の例（時刻の進む向きは上から下）

この系は，箱の列を道路，玉を車と見なしたとき，交通流における自然渋滞の発生をモデル化したセルオートマトンとしても知られている．また，超離散コール–ホップ変換から得られる線形方程式を利用することにより，系の初期値問題を解析学的手法で解くことができる．

4. その他の超離散系

超離散方程式の従属変数を整数に限定せず，連続な区分線形写像と見なして解の構造を議論することも多い．例えばキスペル–ロバーツ–トンプソン系と呼ばれる可積分離散写像に超離散化を施すと，可積分な区分線形写像が得られる．その解の挙動は，超離散化と同様の手続きで得られる極限多様体の構造を議論するトロピカル幾何学によって明らかにされた．

また，超離散化における変数変換と極限が適用できるなら，対象となる方程式に制限はなく，可積分系以外の研究も幅広く行われている．例えば，シュレーダー写像と呼ばれる可解カオス写像の超離散化からテント写像を導き，解を超離散楕円関数で表した研究がある．また，SIRモデルなど伝染病の流行モデルや反応拡散現象をモデル化したパターン形成系について，微分モデルの差分化，超離散化を行った例もある． ［高橋大輔］

参　考　文　献

[1] 広田良吾, 高橋大輔, 差分と超離散, 共立出版, 2003.
[2] 時弘哲治, 箱玉系の数理 (開かれた数学 3), 朝倉書店, 2010.
[3] S. Wolfram, *A New Kind of Science*, Wolfram Media Inc., 2002.

広田の方法

Hirota's method

広田の方法とは，ソリトン方程式を，広田微分を用いて表される双線形形式に書き換え，摂動展開の考え方でその厳密解を求める手法である[1]．広田の直接法（direct method）または双線形化法（bilinear method）とも呼ばれる．また，双線形形式には方程式の代数構造が明確になるという面もある．

1. 広田の方法

1.1 広田微分

2つの関数 $f(x,t)$, $g(x,t)$ に対して広田微分（Hirota derivative）$D_t^m D_x^n f \cdot g$（m, n は非負整数）を

$$D_t^m D_x^n f \cdot g := \left. \frac{\partial^m}{\partial s^m} \frac{\partial^n}{\partial y^n} f(x+y, t+s) g(x-y, t-s) \right|_{\substack{y=0 \\ s=0}}$$

で定義する．具体例を示すと

$$D_x f \cdot g = f_x g - f g_x$$
$$D_x^2 f \cdot g = f_{xx} g - 2 f_x g_x + f g_{xx}$$
$$D_x^3 f \cdot g = f_{xxx} g - 3 f_{xx} g_x + 3 f_x g_{xx} - f g_{xxx}$$
$$D_x^4 f \cdot g = f_{xxxx} g - 4 f_{xxx} g_x + 6 f_{xx} g_{xx}$$
$$- 4 f_x g_{xxx} + f g_{xxxx}$$
$$D_t D_x f \cdot g = f_{xt} g - f_x g_t - f_t g_x + f g_{xt}$$

であり，計算結果の各係数の符号を全て + にすると，通常の Leibniz 則に一致する．有用な公式として

$$D_t^m D_x^n f \cdot 1 = \frac{\partial^{m+n}}{\partial t^m \partial x^n} f$$
$$D_t^m D_x^n g \cdot f = (-1)^{m+n} D_t^m D_x^n f \cdot g$$
$$D_t^m D_x^n e^{ax+bt} \cdot e^{cx+dt}$$
$$= (a-c)^n (b-d)^m e^{(a+c)x+(b+d)t} \quad (1)$$

などが挙げられる．また，指数型広田微分

$$\exp(\delta D_x) f \cdot g$$
$$:= \left. \exp\left(\delta \frac{\partial}{\partial y}\right) f(x+y) g(x-y) \right|_{y=0}$$
$$= f(x+\delta) g(x-\delta)$$

により差分式を表現できる．

1.2 双線形形式への変換

広田の方法の第1段階は，適当な変数変換によって，非線形偏微分方程式を双線形形式（bilinear form）と呼ばれる方程式に書き換えることである．

例えば Korteweg–de Vries 方程式（KdV 方程式）

$$u_t + 6 u u_x + u_{xxx} = 0$$

に対して，対数型変換と呼ばれる変数変換

$$u = 2(\log f)_{xx} = \frac{D_x^2 f \cdot f}{f^2} \quad (2)$$

を施す．一般に関係式

$$2(\log f)_{xxxx} = \frac{D_x^4 f \cdot f}{f^2} - 3\left(\frac{D_x^2 f \cdot f}{f^2}\right)^2$$
$$2(\log f)_{xt} = \frac{D_t D_x f \cdot f}{f^2}$$

が成り立つことに注意すると，適当な境界条件のもとで

$$(D_x D_t + D_x^4) f \cdot f = 0 \quad (3)$$

が得られる．微分方程式 (3) を KdV 方程式の双線形形式と呼ぶ．

以下に代表的なソリトン方程式と変数変換，および適当な境界条件のもとでの双線形形式を挙げる．

非線形シュレディンガー方程式

$$i u_t + u_{xx} + 2|u|^2 u = 0$$
$$u = \frac{g}{f} \quad (f \text{ は実数値関数}, g \text{ は複素数値関数})$$
$$\begin{cases} (i D_t + D_x^2) g \cdot f = 0 \\ D_x^2 f \cdot f = 2 g g^* \end{cases} \quad (g^* \text{ は } g \text{ の複素共役})$$

この変換は最も基本的で，有理型変換と呼ばれる．

サイン–ゴルドン方程式

$$u_{xx} - u_{tt} = \sin u$$
$$u = 2i \log\left(\frac{f}{f^*}\right) \quad (f^* \text{ は } f \text{ の複素共役})$$
$$2(D_x^2 - D_t^2) f \cdot f = f^2 - (f^*)^2$$

有理式の対数による変換を複対数型変換という．

戸田格子方程式

$$\frac{d^2}{dt^2} \log(1 + V_n) = V_{n+1} - 2 V_n + V_{n-1}$$
$$V_n = (\log f_n)_{tt}$$
$$\left(D_t^2 - 4 \sinh^2\left(\frac{1}{2} D_n\right)\right) f_n \cdot f_n = 0$$

微差分方程式の双線形形式は指数型広田微分を用いて表される．

Kadomtsev–Petviashvili 方程式（KP 方程式）

$$(-4 u_t + 6 u u_x + u_{xxx})_x + 3 u_{yy} = 0$$
$$u = 2(\log f)_{xx}$$
$$(-4 D_x D_t + D_x^4 + 3 D_y^2) f \cdot f = 0 \quad (4)$$

KP 方程式は KdV 方程式の空間次元拡張であり，同じく対数型変換によって双線形形式に書き換えられる．

1.3 双線形形式の解法

双線形形式の厳密解は摂動計算の考え方で求められる．その手順を KdV 方程式を例として示す．

双線形形式 (3) の解に対し，パラメータ ε を導入して形式的な摂動

$$f = 1 + \varepsilon f_1 + \varepsilon^2 f_2 + \varepsilon^3 f_3 + \cdots$$

を仮定すると，ε の各べきについて f_i が満たす方程式が得られる．低次項に対する方程式を書くと

$$O(\varepsilon^1): \; 2\left(\frac{\partial^2}{\partial t \partial x} + \frac{\partial^4}{\partial x^4}\right) f_1 =: Lf_1 = 0 \quad (5)$$

$$O(\varepsilon^2): \; Lf_2 + \left(D_x D_t + D_x^4\right) f_1 \cdot f_1 = 0 \quad (6)$$

$$O(\varepsilon^3): \; Lf_3 + 2\left(D_x D_t + D_x^4\right) f_2 \cdot f_1 = 0$$

$$\vdots$$

となる．まず，式 (5) の特殊解として $f_1 = e^{p_1 x - p_1^3 t + \alpha_1}$ (p_1, α_1 は任意定数) をとる場合を考える．このとき，式 (1) を用いると式 (6) は $Lf_2 = 0$ に帰着され，$f_2 = 0$ はこれを満たす．そして，$f_i = 0$ ($i \geq 3$) とすれば，残りの方程式も満たされる．よって，$\varepsilon = 1$ として

$$f = 1 + e^{\xi_1}, \quad \xi_i := p_i x - p_i^3 t + \alpha_i$$

が式 (3) の解の 1 つであることがわかった．この解は，摂動展開が有限次で切れて厳密解となっていることに注意されたい．これを式 (2) によって元の変数で表せば，KdV 方程式の 1 ソリトン解

$$u = \frac{p_1^2}{2} \text{sech}^2\left(\frac{\xi_1}{2}\right)$$

を得る．また，式 (5) の解として $f_1 = e^{\xi_1} + e^{\xi_2}$ をとると，式 (6) より $f_2 = \frac{(p_1-p_2)^2}{(p_1+p_2)^2} e^{\xi_1+\xi_2}$ を得る．この f_1, f_2 に対し，$f_i = 0$ ($i \geq 3$) とすれば，残りの方程式も満たされる．こうして得られた厳密解

$$f = 1 + e^{\xi_1} + e^{\xi_2} + \frac{(p_1-p_2)^2}{(p_1+p_2)^2} e^{\xi_1+\xi_2}$$

は 2 ソリトン解に対応する．一般に，式 (5) の解として

$$f_1 = \sum_{i=1}^{N} e^{\xi_i}$$

をとるとき，$f_i = 0$ ($i \geq N+1$) という形の厳密解が存在し，これが N ソリトン解を与える．

2. 双線形形式の代数構造

双線形形式は厳密解の計算だけではなく，ソリトン方程式の代数構造の解明にも大きな役割を果たす．

KP 方程式の双線形形式 (4) の解は Wronski 行列式

$$f = \left| \boldsymbol{f}^{(0)} \; \boldsymbol{f}^{(1)} \; \cdots \; \boldsymbol{f}^{(N-1)} \right| \quad (7)$$

$$\boldsymbol{f} := {}^t(f_1, f_2, \ldots, f_N), \quad \boldsymbol{f}^{(k)} := \frac{\partial^k \boldsymbol{f}}{\partial x^k}$$

で表される．ただし f_i は線形偏微分方程式

$$\frac{\partial f_i}{\partial y} = \frac{\partial^2 f_i}{\partial x^2}, \quad \frac{\partial f_i}{\partial t} = \frac{\partial^3 f_i}{\partial x^3}$$

を満たすものとする．N ソリトン解は $p_i, q_i, \alpha_i, \beta_i$ を任意定数として

$$f_i = e^{\eta_i} + e^{\zeta_i}$$
$$\eta_i := p_i x + p_i^2 y + p_i^3 t + \alpha_i$$
$$\zeta_i := q_i x + q_i^2 y + q_i^3 t + \beta_i$$

と選んだ場合に相当する．

行列式 (7) が式 (4) を満たすことは，行列式の恒等式に帰着させて示すことができる．例えば 2 次行列式 $f = \left| \boldsymbol{f}^{(0)} \; \boldsymbol{f}^{(1)} \right|$ の場合，その偏導関数は

$$f_x = \left| \boldsymbol{f}^{(0)} \; \boldsymbol{f}^{(2)} \right|$$
$$f_{xx} = \left| \boldsymbol{f}^{(0)} \; \boldsymbol{f}^{(3)} \right| + \left| \boldsymbol{f}^{(1)} \; \boldsymbol{f}^{(2)} \right|$$
$$f_y = \left| \boldsymbol{f}^{(0)} \; \boldsymbol{f}^{(3)} \right| - \left| \boldsymbol{f}^{(1)} \; \boldsymbol{f}^{(2)} \right|$$
$$f_t = \left| \boldsymbol{f}^{(0)} \; \boldsymbol{f}^{(4)} \right| - \left| \boldsymbol{f}^{(1)} \; \boldsymbol{f}^{(3)} \right|$$

などと計算できる．これらを用いると，式 (4) は

$$\left| \boldsymbol{f}^{(0)} \; \boldsymbol{f}^{(1)} \right| \left| \boldsymbol{f}^{(2)} \; \boldsymbol{f}^{(3)} \right| - \left| \boldsymbol{f}^{(0)} \; \boldsymbol{f}^{(2)} \right| \left| \boldsymbol{f}^{(1)} \; \boldsymbol{f}^{(3)} \right|$$
$$+ \left| \boldsymbol{f}^{(0)} \; \boldsymbol{f}^{(3)} \right| \left| \boldsymbol{f}^{(1)} \; \boldsymbol{f}^{(2)} \right| = 0$$

と書けるが，これは恒等的に 0 である行列式

$$\begin{vmatrix} \boldsymbol{f}^{(0)} & \boldsymbol{f}^{(1)} & \boldsymbol{f}^{(2)} & \boldsymbol{f}^{(3)} \\ \boldsymbol{0} & \boldsymbol{f}^{(1)} & \boldsymbol{f}^{(2)} & \boldsymbol{f}^{(3)} \end{vmatrix} = 0$$

をラプラス展開したものにほかならない．N 次行列式についても同様に証明でき，双線形形式においては KP 方程式を代数的な関係式と見なせる．こうした双線形形式の構造は，ソリトン方程式の統一理論である佐藤理論の構築において大きな手掛かりとなった．

双線形形式は，ソリトン系の種々の拡張を得る上でも強力な道具となっている．一例として，広田・三輪方程式などの離散ソリトン方程式が挙げられる．これはソリトン方程式の可積分性を保ちつつ，全ての独立変数が離散化された方程式である．また，常微分方程式であるパンルヴェ方程式に対しても双線形形式が知られており，その数理構造の解明において重要な役割を果している． ［礒島　伸］

参 考 文 献

[1] 広田良吾, 直接法によるソリトンの数理, 岩波書店, 1992.

逆散乱法
inverse scattering method

逆散乱法とは，非線形可積分方程式を解くための有力な方法の1つであり，逆散乱変換とも呼ぶ．特に，初期値問題を厳密に解析する方法としては唯一のものである．ここでは，その背景を述べ，解法の概略を簡単な具体例によって示す．

1. 逆散乱法の概要

逆散乱法が最初に用いられたのは，コルテヴェーグ–ド・フリース（KdV：Korteweg–de Vries）方程式

$$u_t + 6uu_x + u_{xxx} = 0 \tag{1}$$

に対してである．その後，非線形シュレディンガー（NLS：nonlinear Schrödinger）方程式

$$iq_t + q_{xx} + 2|q|^2 q = 0 \tag{2}$$

に対しても同様の方法が適用できることが示され，さらに他の方程式にも応用されるようになった．

KdV 方程式は，変形された KdV 方程式

$$v_t + 6v^2 v_x + v_{xxx} = 0$$

とミウラ変換 $u = v^2 - iv_x$ によって関係付けられている．この関係に $v = -i\psi_x/\psi$ を適用し，KdV 方程式自身のガリレイ不変性を考慮すると，ψ を波動関数とするシュレディンガー方程式が得られ，KdV 方程式と散乱問題の関係が認識されるようになった．

逆散乱法の基本的な考え方は，非線形偏微分方程式に対応する上記のような散乱問題と，波動関数 ψ の時間発展の線形方程式の組合せを見出し，偏微分方程式を直接解くのではなく，ψ に関する線形問題の解を通じて解くというものである．逆散乱法は量子論的に拡張された量子逆散乱法への発展もあるが，ここでは古典可積分方程式について述べる．量子論的な拡張については文献 [1] などを参照．

2. 可積分方程式と散乱問題

$L = -\frac{\partial^2}{\partial x^2} + U$ （U は適当な関数）として，

$$L\psi = \lambda\psi \quad (\lambda\text{ は定数}) \tag{3a}$$

を考える．これは，U をポテンシャルとする散乱問題である．B を線形演算子として，ψ の時間発展

$$\psi_t = B\psi \tag{3b}$$

が与えられているとき，式 (3) の両立条件として

$$L_t = [L, B] \tag{4}$$

が得られる．これをラックス（Lax）方程式という．適切に B を選べば，式 (4) は U を未知関数とする偏微分方程式となる．このとき，式 (3) をその偏微分方程式に付随するラックス対（Lax pair）と呼び，λ をスペクトルパラメータ（spectral parameter）という．例えば，$U = -u(x,t)$ とおき，

$$B = -4\frac{\partial^3}{\partial x^3} - 6u\frac{\partial}{\partial x} - 3u_x$$

と選べば，式 (4) は KdV 方程式 (1) となる．

ラックス対には式 (3) 以外の形もある．その1つは，式 (3) の各方程式を行列とベクトルを用いて連立方程式とするもので，2×2 行列 M および N と，2成分ベクトル関数 ϕ を用いて

$$\phi_x = M\phi, \quad \phi_t = N\phi \tag{5}$$

のように表される．この場合，両立条件は $\phi_{xt} = \phi_{tx}$ によって与えられ，ラックス方程式は

$$M_t - N_x = [N, M] \tag{6}$$

となる．代表例としては，NLS 方程式が挙げられる．行列 M, N として

$$M = \begin{pmatrix} -i\lambda & q \\ -q^* & i\lambda \end{pmatrix}$$

$$N = \begin{pmatrix} i(|q|^2 - 2\lambda^2) & iq_x + 2\lambda q \\ iq_x^* - 2\lambda q^* & -i(|q|^2 - 2\lambda^2) \end{pmatrix}$$

と選べば，式 (6) は式 (2) と同値になる．

ラックス対の存在は，可積分方程式の重要な性質の1つであり，可積分方程式の様々な特徴との関連が考察されている．また，偏微分方程式ばかりではなく，戸田格子をはじめとする離散系に対しても，ラックス対を導入することができる．このような場合も含めた詳細な議論は文献 [2] を参照．

3. 逆散乱を用いた解法の概要

u を未知関数とする非線形発展方程式を初期条件

$$u(x, 0) = u_0(x) \tag{7a}$$

のもとで解く．通常は，孤立波解の境界条件

$$u \to 0 \quad (x \to \pm\infty) \tag{7b}$$

を課す．以下，KdV 方程式を例にして，逆散乱法の概要をまとめる．詳細な議論は文献 [1],[2] など，要点は文献 [3] などを参照．

3.1 散乱の順問題

境界条件を考慮して $\lambda = k^2$ とおき，無限遠方で

$$\begin{aligned}\psi_1(x;k) &= e^{ikx} \quad (x \to \infty) \\ \psi_2(x;k) &= e^{-ikx} \quad (x \to -\infty)\end{aligned} \tag{8}$$

を満たす波動関数を考える．散乱理論ではこのような関数をヨスト（Jost）関数と呼ぶ．式 (3a) の形から，もしこれらが解ならば $\psi_1(x;-k)$ や $\psi_2(x;-k)$ もまた同じ λ に対する解となる．ここで線形方程式の性質により，$\{\psi_1(x;k), \psi_1(x;-k)\}$，

$\{\psi_2(x;k), \psi_2(x;-k)\}$ は，それぞれ式 (3a) の基本解となる．すなわち，

$$\psi_1(x;k) = a(k)\psi_2(x;-k) + b(k)\psi_2(x;k) \quad (9)$$

が成り立つ．これをもとに，関係式

$$\psi_1(x;-k) = a(-k)\psi_2(x;k) + b(-k)\psi_2(x;-k)$$
$$\psi_2(x;k) = a(k)\psi_1(x;-k) - b(-k)\psi_1(x;k)$$

などが得られ，係数 $a(k)$, $b(k)$ についての複素構造と振幅保存の関係を示すことができる．

ヨスト関数は複素数 k に解析接続できるが，$\psi_1(x;k)$, $\psi_2(x;k)$ は，上半面 $\mathrm{Im}\,k > 0$ へ接続できることが示される．また，係数 $a(k)$ や $b(k)$ は，ヨスト関数のロンスキアンで表され，特に $a(k)$ については，$\psi_1(x,k)$, $\psi_2(x,k)$ と同様に上半面へ解析接続できることがわかる．$a(k)$ の零点 $k = k_j$ $(j = 1, 2, \ldots, N)$ では，

$$\psi_1(x;k_j) = c_j \psi_2(x;k_j) \quad (10)$$

が成り立つ．KdV 方程式の場合，零点は複素 k 平面の虚軸上に離散的に分布している．$a(k)$, $b(k)$, c_j を散乱データと呼ぶ．

3.2 散乱データの時間発展

ヨスト関数の時間発展は式 (3b) に従うが，$|x| \to \infty$ においては

$$\frac{\partial \psi}{\partial t} = -\frac{\partial^3 \psi}{\partial x^3} \quad (11)$$

となる．$x \to \infty$ におけるヨスト関数の時間依存性 $\psi_1(x,t;k) = \psi_1(x;k)e^{-i\omega t}$ を仮定し，式 (9) を式 (11) に代入すれば，分散関係および散乱データの時間発展の関係式

$$\omega = -4k^3 \quad (12\mathrm{a})$$
$$\dot{a}(k) = 0, \quad \dot{b}(k) = -8ik^3 b(k) \quad (12\mathrm{b})$$

が得られる．離散固有値に対する散乱データの時間発展の関係もまったく同様で，最終的に

$$a(k,t) = a(k)$$
$$b(k,t) = e^{-8ik^3 t}b(k), \quad c_n(t) = e^{-4k_n^3 t}c_n \quad (13)$$

が得られることになる．

3.3 散乱の逆問題

散乱の逆問題においては，各時点での散乱データからポテンシャルである u を構成することになる．ヨスト関数 $\psi_2(x;k)$ を

$$\psi_2(x;k) = e^{-ikx} + \int_{-\infty}^{x} K(x,y) e^{-iky} dy \quad (14)$$

と表せば，式 (3a) から

$$u = -2\frac{d}{dx}K(x,x) \quad (15)$$

および K に関する方程式を得る．$K(x,y)$ を求めるには，式 (9) に式 (14) を代入し，複素 k 平面上のコーシーの積分公式を適用する．その結果，散乱データを含む関係式

$$K(x,y) + F(x+y)$$
$$+ \int_{-\infty}^{x} K(x,\xi) F(x+\xi) d\xi = 0 \quad (16\mathrm{a})$$
$$F(x) = -i \sum_{n=1}^{N} \frac{c_n}{a'(k_n)} e^{-ik_n x}$$
$$+ \frac{1}{2\pi} \int_{-\infty}^{\infty} \frac{b(k)}{a(k)} e^{-ikx} dk \quad (16\mathrm{b})$$

が得られる．これをゲルファント–レビタン (GL：Gel'fand–Levitan) 方程式と呼ぶ．

3.4 非線形方程式の解との関係

非線形方程式に対して初期条件が与えられた場合，まず，これをポテンシャルとする散乱問題を解き，散乱データを求める．散乱データは 3.2 項の結果に従って時間発展するので，任意の t での散乱データが求められる．それを利用して 3.3 項の GL 方程式および式 (15) から未知関数 u を決める．

実際には GL 方程式を解くことは難しいが，特に $b(k) \equiv 0$ となるような場合は比較的容易に解くことができる．このような無反射ポテンシャルに対応する初期条件からは，純粋なソリトン解が得られる．一般に，散乱データの束縛状態には 1 つのソリトンが対応し，$a(k)$ の零点の個数は解におけるソリトンの個数を表す．

4. その他の方程式の逆散乱法

NLS 方程式やサイン–ゴルドン (SG：sine–Gordon) 方程式なども上記の大筋において上記の方法と同様に解くことができる．その際，散乱問題は行列を用いた多成分の方程式となる．また，ソリトンに対応する $a(k)$ の零点については必ずしも虚軸上にのみ分布するわけではない．また，SG 方程式の場合には，ブリーザー (Breather) 解に対応するような固有値分布もありうる． ［矢嶋　徹］

参 考 文 献

[1] 和達三樹, 非線形波動, 岩波書店, 2000.
[2] M. Ablowitz, H. Segur, *Solitons and the Inverse Scattering Transform*, SIAM, 1981. [邦訳] 薩摩順吉, 及川正行 訳, ソリトンと逆散乱変換, 日本評論社, 1991.
[3] 渡辺慎介, ソリトン物理入門, 培風館, 1985.

KP 階層
KP hierarchy

本項目では，KP 方程式の非線形項の符号を

$$(4u_t - 12uu_x - u_{xxx})_x - 3u_{yy} = 0 \quad (1)$$

として考える．独立変数 x, y, t，従属変数 u の次数を $\deg(\partial_x) = 1$, $\deg(\partial_y) = 2$, $\deg(\partial_t) = 3$, $\deg(u) = 2$ として定めると，式 (1) の各項は同次数となる．さらに高次の変数 $t_4, t_5, \ldots$ を考えて，可換な高次時間発展を導入することができる．こうして得られる偏微分方程式系全体を KP 階層という．

佐藤は KP 階層を擬微分作用素を用いて定式化し，その解全体の集合が無限次元のグラスマン多様体 (普遍グラスマン多様体) の構造を持つことを発見した[1]～[3]．この立場からすると，広田の方法に現れる従属変数 f およびその偏導関数は，グラスマン多様体のプリュッカー座標と対応付けられる．また，f の満たす広田型双線形微分方程式は，プリュッカー座標の間に成り立つ代数的関係式 (プリュッカー関係式) として理解される．普遍グラスマン多様体の定式化については [3],[4] に解説されている．また，[5] では関数解析的な定式化が与えられている．

1. 擬微分作用素による定式化

(形式的) 擬微分作用素とは，負巾も許した微分作用素 $A = \sum_{-\infty < n \leq N} a_n(x) \partial_x^n$ (N は適当な整数) であり，負巾に一般化されたライプニッツ則

$$\partial_x^n \circ f(x) = \sum_{k=0}^{\infty} \binom{n}{k} \frac{\partial^k f(x)}{\partial x^k} \partial_x^{n-k}$$

によって結合的な積が定義される[3]．ただし $\binom{n}{k} = n(n-1)\cdots(n-k+1)/k!$ である．擬微分作用素 A に対して，その微分作用素部分 (∂_x に関する非負巾部分) を $(A)_+$ で表す．

係数が無限個の変数 $\bm{t} = (t_1, t_2, \ldots)$ に依存する 1 階擬微分作用素

$$L(\bm{t}) = \partial_x + u_2(\bm{t})\partial_x^{-1} + u_3(\bm{t})\partial_x^{-2} + \cdots \quad (2)$$

に対して，(一般化された意味の) ラックス方程式

$$\frac{\partial L}{\partial t_n} = [B_n, L], \quad B_n = (L^n)_+ \quad (3)$$

を考える．B_1, B_2, B_3 の具体的な形は

$$B_1 = \partial_x, \quad B_2 = \partial_x^2 + 2u_2,$$
$$B_3 = \partial_x^3 + 3u_2\partial_x + 3u_3 + 3\frac{\partial u_2}{\partial x}$$

である．ラックス方程式 (3) で $n = 2, 3$ としたものから，u_2 が KP 方程式 (1) を満たすことが示される (計算の詳細は [6] を見よ)．このように，方程式 (3) は KP 方程式および高次時間発展を表したものと見なせる．

1 階の擬微分作用素 L がラックス方程式 (3) を満たすとき，

$$W(\bm{t}) = 1 + w_1(\bm{t})\partial_x^{-1} + w_2(\bm{t})\partial_x^{-2} + \cdots \quad (4)$$

なる 0 階モニックな擬微分作用素で，方程式系

$$\begin{aligned}L &= W\partial_x W^{-1}, \\ \frac{\partial W}{\partial t_n} &= B_n W - W\partial_x^n, \quad B_n = (L^n)_+\end{aligned} \quad (5)$$

を満たすものが存在する[3, 定理 11.1]．この W による方程式系も，KP 階層の 1 つの定式化を与えている．特に，有限項で打ち切られた擬微分作用素

$$W_N(\bm{t}) = 1 + w_1(\bm{t})\partial_x^{-1} + \cdots + w_N(\bm{t})\partial_x^{-N} \quad (6)$$

を考えると，KP 方程式のロンスキアン解が線形代数的な議論により導出される (伊達の方法)[6],[7] (cf.[8])．

2. 双線形恒等式

KP 階層の波動関数 (形式的 Baker–Akhiezer 関数) $w(\bm{t}, k)$ を，式 (5) を満たす $W(\bm{t})$ を用いて

$$w(\bm{t}, k) = W(\bm{t})e^{\xi(\bm{t},k)}, \quad \xi(\bm{t}, k) = \sum_{n=1}^{\infty} t_n k^n$$

として定める．この $w(\bm{t}, k)$ は，線形方程式

$$\frac{\partial w}{\partial t_n} = B_n w, \quad Lw = kw \quad (7)$$

を満たす．方程式 (7) の両立条件より，零曲率方程式 (ザハロフ–シャバット方程式)

$$\frac{\partial B_m}{\partial t_n} - \frac{\partial B_n}{\partial t_m} + [B_m, B_n] = 0$$

が得られる．さらに，波動関数 $w(\bm{t}, k)$ が式 (7) を満たすとき，ある関数 $\tau(\bm{t})$ が存在して

$$w(\bm{t}, k) = \frac{\tau(\bm{t} - [k^{-1}])}{\tau(\bm{t})} e^{\xi(\bm{t},k)} \quad (8)$$

という形に表すことができる[9, 1.6 節]．ただし $[a] = (a, a^2/2, a^3/3, \ldots)$ という記法 [2] を用いた．式 (8) で定義される τ 関数は，双線形恒等式

$$0 = \oint \frac{dk}{2\pi i} e^{\xi(\bm{t}-\bm{t}',k)} \tau(\bm{t}-[k^{-1}])\tau(\bm{t}'+[k^{-1}]) \quad (9)$$

を満たすことが示される[9, 1.7 節]．ここで $\oint dk/2\pi i$ は，被積分関数の $k = \infty$ における展開の k^{-1} の係数をとることを意味する．

個々のソリトン方程式に対する双線形方程式は，双線形恒等式 (9) において $\bm{t} = \bm{x} + \bm{y}$, $\bm{t}' = \bm{x} - \bm{y}$ とおき，$\bm{y} = (y_1, y_2, \ldots)$ に関して展開することで得られる．例えば y_1^3 の係数からは

$$\left(4D_1 D_3 - D_1^4 - 3D_2^2\right)\tau \cdot \tau = 0$$

が得られる．ただし，D_n ($n = 1, 2, 3$) は，変数 t_n に関する広田の双線形作用素である．ここで $x = t_1$,

$y = t_2$, $t = t_3$ として $u = \partial_x^2 \log \tau$ とすれば，KP 方程式 (1) が得られる．また，双線形恒等式 (9) において $\bm{t} = \bm{t}' + [a] + [b] + [c]$ とおくことで，τ 関数に対する「加法公式」

$$a(b-c)\tau(\bm{t} - [a])\tau(\bm{t}' + [a])$$
$$+ b(c-a)\tau(\bm{t} - [b])\tau(\bm{t}' + [b])$$
$$+ c(a-b)\tau(\bm{t} - [c])\tau(\bm{t}' + [c]) = 0 \quad (10)$$

が導かれる（文献 [2], Theorem 3 の特別な場合）．さらに $\bm{t}' = \ell[a] + m[b] + n[c]$ とおけば，τ 関数の加法公式 (10) は，広田・三輪方程式と等価である．

双線形恒等式 (9) を満たす τ 関数を具体的に構成する方法はいくつかある．1 つの方法として，自由フェルミ場の真空期待値という形で τ 関数を構成する手法が知られている [4],[7],[9],[10]．また，佐藤らによる理論より前から知られていたソリトン方程式の解法においても，τ 関数と類似の概念が現れていた．例えば逆散乱法に現れるフレドホルム行列式は，τ 関数の例と見なすことができる．また，KP 方程式の解のロンスキー行列式表示に高次の時間発展を適切に付け加えたものは，式 (6) の $W_N(\bm{t})$ に対応した τ 関数と見なされる [6],[7] (cf.[8])．ソリトン方程式の解の代数幾何学的構成法に現れるテータ関数を用いて，KP 階層の τ 関数を構成することもできる [11]．

3. 拡張，簡約化

KP 階層の擬微分作用素による定式化において，式 (2) の L，式 (4) の W などの係数を m 次正方行列に拡張して得られる階層を，m 成分 KP 階層という [1],[12]．また，擬微分作用素をシフト作用素，もしくはそれと等価な無限行列で置き換えると，2 次元戸田階層が得られる [7],[12]．

KP 階層およびその拡張に対して，適切な簡約化 (reduction) を行うことで，様々なソリトン方程式とその階層を導出することができる．また，その簡約化の操作にリー代数的な意味付けを行うことができる．以下に代表的な例を挙げる．

- KdV 方程式
  1 成分 KP 階層の "2-簡約"，すなわち，$\partial L/\partial t_2 = 0$ を要請することで得られる（アフィンリー代数 $\widehat{\mathfrak{sl}}_2$ に対応）[4],[9],[10]．
- ブシネスク (Boussinesq) 方程式
  1 成分 KP 階層の "3-簡約" として，ブシネスク方程式で分散項（"u_{xx}" の項）を落としたものが得られる（アフィンリー代数 $\widehat{\mathfrak{sl}}_3$ に対応）[4],[9],[10]．適当な定数 c を用いて変換 $u \mapsto u + c$ を行えば分散項が回復されるが，変換により境界条件は変更を受ける．
- 非線形シュレディンガー方程式
  2 成分 KP 階層の "(1,1)-簡約" として得られる（アフィンリー代数 $\widehat{\mathfrak{sl}}_2$ に対応）[10],[12]．
- サイン–ゴルドン方程式
  1 成分戸田階層の "2-簡約" として得られる（アフィンリー代数 $\widehat{\mathfrak{sl}}_2$ に対応）[10],[12]．

また，一連のパンルヴェ方程式も，（多成分）KP 階層，もしくは（多成分）戸田階層に相似簡約 (similarity reduction) を施すことで得られる．

[筧　三郎]

参 考 文 献

[1] M. Sato, Soliton equations as dynamical systems on an infinite dimensional Grassmannian manifold, 京都大学数理解析研究所講究録, **439** (1981), 30–46.

[2] M. Sato, Y. Sato, Soliton equations as dynamical systems on an infinite dimensional Grassmannian manifold, *Lect. Notes Num. Anal.*, **5** (1982), 259–271.

[3] 佐藤幹夫 述，野海正俊 記，ソリトン方程式と普遍グラスマン多様体，上智大学数学講究録 No.18 (1984).

[4] 三輪哲二，神保道夫，伊達悦朗，ソリトンの数理，岩波書店，2007.

[5] G.B. Segal, G. Wilson, Loop groups and equations of KdV type, *Publ. Math. IHES*, **61** (1985), 5–65.

[6] Y. Ohta, J. Satsuma, D. Takahashi, T. Tokihiro, An elementary introduction to Sato theory, *Prog. Theor. Phys. Suppl.*, **94** (1988), 210–241.

[7] 高崎金久，可積分系の世界—戸田格子とその仲間，共立出版，2001.

[8] 田中俊一，伊達悦朗，KdV 方程式—非線型数理物理入門，紀伊國屋書店，1979.

[9] E. Date, M. Jimbo, M. Kashiwara, T. Miwa, Transformation groups for soliton equations, in M. Jimbo, T. Miwa (eds.), *Non-Linear Integrable Systems — Classical and Quantum Theory, Proceedings of RIMS symposium 1981* (1983), 39–119.

[10] M. Jimbo, T. Miwa, Solitons and infinite-dimensional Lie algebras, *Publ. RIMS, Kyoto Univ.*, **19** (1983), 943–1001.

[11] T. Shiota, Characterization of Jacobian varieties in terms of soliton equations, *Invent. Math.*, **83** (1986), 333–382.

[12] K. Ueno, K. Takasaki, Toda lattice hierarchy, *Adv. Stud. Pure Math.*, **4** (1984), 1–94.

可解格子模型

exactly solvable lattice model

統計物理学が対象とするのは，非常に多くの原子あるいは分子から構成される系である．そのため，現実の物質の複雑な分子構造や相互作用を厳密に取り扱うことは事実上不可能であり，単純化した模型を用いて系の定性的な性質を考察することが多い．特に，固体の場合，分子は規則正しく配列しているため，格子を用いた模型（格子模型）が研究の対象になる．可解格子模型とは，2次元 Ising 模型や 6 頂点模型のように，分配関数や相関関数を厳密に求めることのできる格子模型である．可解格子模型は Rodny J. Baxter によって精力的に研究され[1]，その数学的構造は Vladimir G. Drinfeld と神保道夫により量子代数の表現論の観点から明らかにされた[2]．ここでは，6 頂点模型を中心に可解格子模型に関わる重要な概念について説明する．

1. 分配関数

$N \in \mathbb{Z}$ を系の大きさを表すパラメータとする．格子模型においては N は系に含まれる格子点の数と考えてよい．ボルツマン定数を k_B，絶対温度を T とし，$\beta := \frac{1}{k_B T}$ とする．また，系のとりうる状態全ての集合を I，状態 $\phi \in I$ のエネルギーを E_ϕ とする．このとき，系の分配関数 $Z_N(\beta)$ は次式で定義される．

$$Z_N(\beta) := \sum_{\phi \in I} e^{\beta E_\phi}$$

統計力学によれば，熱力学的極限におけるこの系の自由エネルギー密度 f は

$$f = \lim_{N \to \infty} \frac{1}{\beta N} \log Z_N(\beta) \quad (1)$$

である．多くの熱力学的諸量は，温度や体積といったパラメータによる自由エネルギーの偏微分を用いて計算されるため，式 (1) の極限値を求めることが重要な課題になる．可解格子模型とは，式 (1) を厳密に求めることができる（パラメータに関して解析的な表現を持つ）模型である．

2. 6 頂点模型と R 行列

6 頂点模型では，系の状態は 2 種類の辺を持つ 2 次元の正方格子によって表現される．任意の状態の全エネルギーは，各格子点の周りの 4 つの辺の配置に応じて定まる局所的なエネルギーの和として定義されている．ただし，$2^4 = 16$ 種類の配置のうち有限なエネルギーを与える（したがって実現可能な）ものは 6 通りのみで，この 6 種類は 2 個ずつ a, b, c の 3 タイプに分かれ，各々局所エネルギー E_a, E_b, E_c を持つ．各頂点のボルツマンウェイト

$$w_a := e^{-\beta E_a}, w_b := e^{-\beta E_b}, w_c := e^{-\beta E_c}$$

を用い，$\mathcal{V}$ を全ての格子点の集合，状態 ϕ における格子点 v での頂点のタイプを $\phi(v) \in \{a, b, c\}$ として，分配関数は，

$$Z_N(\beta) = \sum_{\phi \in I} \prod_{v \in \mathcal{V}} w_{\phi(v)}$$

と表される．

分配関数を具体的に計算するには，転送行列 $\hat{T}(\beta)$ を用いるのが便利である．転送行列は R 行列 $\hat{R}$ により構成できる．U を基底 $\boldsymbol{e}_0, \boldsymbol{e}_1$ で張られる 2 次元のベクトル空間，V を基底 $\boldsymbol{f}_0, \boldsymbol{f}_1$ で張られる 2 次元ベクトル空間とする（$U \cong V \cong \mathbb{C}^2$）．$\hat{R}$ はテンソル積空間 $U \otimes V$ から $V \otimes U$ への線形写像であり，

$$\hat{R}(\boldsymbol{e}_0 \otimes \boldsymbol{f}_0) = w_a \boldsymbol{f}_0 \otimes \boldsymbol{e}_0$$
$$\hat{R}(\boldsymbol{e}_0 \otimes \boldsymbol{f}_1) = w_b \boldsymbol{f}_1 \otimes \boldsymbol{e}_0 + w_c \boldsymbol{f}_0 \otimes \boldsymbol{e}_1$$
$$\hat{R}(\boldsymbol{e}_1 \otimes \boldsymbol{f}_0) = w_b \boldsymbol{f}_0 \otimes \boldsymbol{e}_1 + w_c \boldsymbol{f}_1 \otimes \boldsymbol{e}_0$$
$$\hat{R}(\boldsymbol{e}_1 \otimes \boldsymbol{f}_1) = w_a \boldsymbol{f}_1 \otimes \boldsymbol{e}_1$$

を満たすものと定義される．縦 L 個の辺と横 M 個の辺からなり，周期境界条件を持つ頂点数 LM の大きさの系を仮定する．転送行列 $\hat{T}(\beta)$ は，$V^{\otimes L}$ の線形変換であり，$R_{a,i}^{j,b} \in \mathbb{C}$ を

$$\hat{R}(\boldsymbol{e}_a \otimes \boldsymbol{f}_i) = \sum_{j,b} R_{a,i}^{j,b} (\boldsymbol{f}_j \otimes \boldsymbol{e}_b)$$

によって定義すると

$$\hat{T}(\beta)(\boldsymbol{f}_{i_1} \otimes \boldsymbol{f}_{i_2} \otimes \cdots \otimes \boldsymbol{f}_{i_L})$$
$$= \sum_{j_1, \ldots, j_L} T_{i_1, \ldots, i_L}^{j_1, \ldots, j_L} (\boldsymbol{f}_{j_1} \otimes \boldsymbol{f}_{j_2} \otimes \cdots \otimes \boldsymbol{f}_{j_L})$$

$$T_{i_1, \ldots, i_L}^{j_1, \ldots, j_L} = \sum_{a, k_1, k_2, \ldots, k_{L-1}} R_{a,i_1}^{j_1, k_1} R_{k_1, i_2}^{j_2, k_2} \cdots R_{k_{L-1}, i_L}^{j_L, a}$$

で与えられる．このとき，$N = LM$ であり，

$$Z_N(\beta) = \mathrm{Tr}_{V^{\otimes L}} \left[\hat{T}(\beta)^M \right].$$

したがって，$\hat{T}(\beta)$ を対角化することができれば分配関数は完全に決定されることになる．しかしながら，$\dim(V^{\otimes L}) = 2^L$ であるので，$\hat{T}(\beta)$ は $2^L \times 2^L$ 行列であり，L が大きくなると，一般には数値的にも対角化は不可能である．

3. Yang–Baxter 関係式

6 頂点模型では，ボルツマンウェイトが 2 つのパラメータ x, q によって

$$w_a : w_b : w_c = 1 - q^2 x^2 : (1 - x^2) q : (1 - q^2) x$$

という関係にあるとき，パラメータ (x, q) に対応する転送行列を $\hat{T}(x; q)$ とすると，任意の x, x' に対し

て $\hat{T}(x;q)\hat{T}(x';q) = \hat{T}(x';q)\hat{T}(x;q)$ が成り立つ．これは，転送行列が無限にたくさんの可換な作用素を持つことを意味し，この条件から転送行列の固有値を決定する具体的な方程式を得ることが可能になる[1]．したがって，このとき6頂点模型は可解格子模型になる．x をスペクトルパラメタ，q を変形パラメタと呼ぶ．このように転送行列が可換であるのは，パラメータ依存性を陽に書いたとき，R 行列が次の関係式を満たすことから証明される．

$$\forall x, \forall x' \quad \hat{R}_{23}(x'/x;q)\hat{R}_{13}(x';q)\hat{R}_{12}(x;q)$$
$$= \hat{R}_{12}(x;q)\hat{R}_{13}(x';q)\hat{R}_{23}(x'/x;q) \quad (2)$$

ただし，$V_i \cong \mathbb{C}^2$ $(i=1,2,3)$ として，この両辺は $V_1 \otimes V_2 \otimes V_3$ から $V_3 \otimes V_2 \otimes V_1$ への線形写像としての等式であり，

$$\hat{R}_{12}(V_1 \otimes V_2 \otimes V_3) = \hat{R}(V_1 \otimes V_2) \otimes V_3$$
$$\hat{R}_{13}(V_2 \otimes V_1 \otimes V_3) = V_2 \otimes \hat{R}(V_1 \otimes V_3)$$

のように，$\hat{R}_{ij}$ は $V_i \otimes V_j$ に R 行列として作用し，第3番目のベクトル空間には恒等演算子として作用するものとする．一般にテンソル積空間 $U \otimes V$ から $V \otimes U$ への線形写像 $\hat{R}$ たちが式 (2) と同様な関係式

$$\hat{R}_{23}\hat{R}_{13}\hat{R}_{12} = \hat{R}_{12}\hat{R}_{13}\hat{R}_{23}$$

を満たすとき，この関係式を Yang–Baxter 関係式 (Yang–Baxter relation) と呼ぶ．

以上の議論より，スペクトルパラメタを持ち，適当な線形空間に作用する R 行列が Yang–Baxter 関係式を満たせば，この R 行列から構成される格子模型は可解であることがわかる．Yang–Baxter 関係式を満たす R 行列を生成する方法として，基本的な R 行列のテンソル積の作用を部分空間に限定して別の R 行列を構成するフュージョンと呼ばれる手法などが知られている．さらに，一般には「R 行列が（適当な）量子代数の表現の intertwiner であれば Yang–Baxter 関係式を満たす」ことが示されている[2]．つまり，ホップ代数の構造を持つ量子代数 $U_q(\mathfrak{g})$ の2つの表現 $(\pi, V_1 \otimes V_2)$ と $(\pi', V_2 \otimes V_1)$ に対して，$R: V_1 \otimes V_2 \to V_2 \otimes V_1$ が

$$\forall x \in U_q(\mathfrak{g}), \quad R\pi(x) = \pi'(x)R$$

を満たすとき，この R 行列は Yang–Baxter 関係式を満足する．実際，6頂点模型の R 行列は $U_q(A_1^{(1)})$ の2次元表現のテンソル積の間の intertwiner である．

4. ベーテ仮設法

ベーテ仮設法（Bethe ansatz）は，可解格子模型や量子スピン模型を具体的に解くための代表的な方法である[3]．6頂点模型に対しては，$|vac\rangle :=$ $\boldsymbol{f}_0 \otimes \boldsymbol{f}_0 \otimes \cdots \otimes \boldsymbol{f}_0$ として，その $i_1, i_2, \ldots, i_m$ 成分を $\boldsymbol{f}_1$ に置き換えたものを $|i_1, i_2, \ldots, i_m\rangle$ としたとき，転送行列の固有ベクトルを

$$\sum_{1 \leq i_1 < i_2 < \cdots < i_m \leq L} c(i_1, i_2, \ldots, i_m)|i_1, i_2, \ldots, i_m\rangle$$

と表し，展開係数が波数 $k_1, k_2, \ldots, k_m$ を用いて

$$c(i_1, i_2, \ldots, i_m) = \sum_{\sigma \in \mathcal{S}_m} A_\sigma \exp\left[\sqrt{-1}\sum_{j=1}^m k_{\sigma(j)} i_j\right]$$

で与えられると仮定する．ただし，$\mathcal{S}_m$ は m 次の対称群（置換群）であり，周期境界条件

$$c(i_2, \ldots, i_m, i_1 + L) = c(i_1, i_2, \ldots, i_m)$$

により，A_σ および m 個の波数に対する方程式（ベーテ方程式）が得られ，これを解いて解が定まる．このような形で平面波（相互作用を持たない系の固有状態）の重ね合わせを仮定して固有ベクトルを求める方法を，ベーテ仮設法という．

ベーテ方程式は非線形な連立方程式であり，厳密に解を求めることは一般には困難である．そのため，ベーテ方程式を解くために変形パラメータ q の極限での形から解の振る舞いを推測するストリング仮説などの手法が用いられている．また，ベーテ仮設法と等価な手法として，Yang–Baxter 関係式を生成・消滅演算子の交換関係と読み替え，代数的に固有関数を構成する代数的ベーテ仮設法（量子逆散乱法）がある[4]．ベーテ仮設法は，有限温度の系や非平衡系へも拡張されている．

このほかにも可解格子模型には様々な側面がある．例えば，文献 [5] などを参考にしていただきたい．

[時弘哲治]

参 考 文 献

[1] R.J. Baxter, *Exactly Solved Models in Statistical Mechanics*, Academic Press, 1982.

[2] 神保道夫，量子群とヤン・バクスター方程式，シュプリンガー・フェアラーク東京，1990.

[3] H.A. Bethe, *Zeitschrift für Physik*, **71** (1931), 205–226.

[4] V.E. Korepin, N.M. Bogoliubov, A.G. Izergin, *Quantum Inverse Scattering Method and Correlation Functions*, Cambridge University Press, 1993.

[5] 特集：可解格子模型入門，数学セミナー，1月号 (2005).

アルゴリズムと可積分系
algorithm and integrable system

1980年代から広田を中心とするグループによって，ソリトン方程式を主とした可積分系の差分化が行われた．一方，可積分系と数値計算アルゴリズムとの関連，応用が様々な例で報告されている．

ここでは，1. 行列の固有値計算法，2. 数列の加速法，3. 行列の特異値計算法に焦点を当てて，その概略を述べる．詳細は文献 [1],[2] を参照されたい．

1. 行列の固有値計算法

$A(=:A^{(0)})$ を与えられた m 次正方行列とする．QR アルゴリズムは，漸化式

$$A^{(n)} = Q^{(n)} R^{(n)} \tag{1}$$

$$A^{(n+1)} = R^{(n)} Q^{(n)} \tag{2}$$

によって A の固有値を計算する代表的なアルゴリズムである．ここで，$Q^{(n)}$ は直交行列，$R^{(n)}$ は対角成分が 0 以上の上三角行列であり，式 (1) を QR 分解と呼ぶ．$A^{(0)}$ が実対称行列の場合，$A^{(n)}$ は $n \to \infty$ で対角行列に収束し，その対角成分には A の固有値が大きい順に並ぶ．

行列 $L^{(0)}$ を非対角成分が正の m 次 3 重対角実対称行列とし，行列 $\exp(tL^{(0)})$ を

$$\exp(tL^{(0)}) = Q(t) R(t) \tag{3}$$

のように QR 分解する．このとき行列 $L(t)$ を

$$L(t) = {}^t Q(t) L^{(0)} Q(t) = R(t) L^{(0)} R(t)^{-1} \tag{4}$$

(t は転置を表す) と定めると，$L(t)$ は微分方程式

$$\frac{dL}{dt} = [{}^t L_- - L_-, L], \quad L(0) = L^{(0)} \tag{5}$$

を満たす．ここで，L_- は L の下三角部分である．式 (5) で行列 $L(t)$ を，

$$L(t) = \left(L_{ij}(t) \right)$$

$$L_{ij}(t) = \begin{cases} b_i(t) & (i = j) \\ a_{\min\{i,j\}}(t) & (|i-j| = 1) \\ 0 & (その他) \end{cases}$$

で定義すると，式 (5) は有限非周期戸田方程式（戸田分子方程式）のフラッシュカ形式

$$\frac{da_k}{dt} = a_k(b_{k+1} - b_k) \quad (k = 1, \ldots, m-1)$$

$$\frac{db_k}{dt} = 2(a_k^2 - a_{k-1}^2) \quad (k = 1, \ldots, m)$$

$$a_0(t) = a_m(t) = 0$$

に等価である．式 (3),(4),(5) から，戸田分子方程式の初期値問題は QR 分解を用いて解くことができ，戸田分子方程式の $t = 0$ から $t = 1$ への時間発展は，行列 $\exp(L^{(0)})$ に対する QR アルゴリズムの 1 ステップに一致することがわかる[3]．

また，時間を差分化した戸田分子方程式

$$I_k^{(n)} V_{k-1}^{(n)} = I_{k-1}^{(n+1)} V_{k-1}^{(n+1)}$$

$$I_k^{(n)} + V_k^{(n)} = I_k^{(n+1)} + V_{k-1}^{(n+1)}$$

$$V_0^{(n)} = V_m^{(n)} = 0$$

は，m 次下三角行列 $L^{(n)}$，および上三角行列 $R^{(n)}$ を

$$L^{(n)} = \left(L_{ij}^{(n)} \right), \quad L_{ij}^{(n)} = \begin{cases} I_i^{(n)} & (i = j) \\ 1 & (i = j+1) \\ 0 & (その他) \end{cases}$$

$$R^{(n)} = \left(R_{ij}^{(n)} \right), \quad R_{ij}^{(n)} = \begin{cases} 1 & (i = j) \\ V_i^{(n)} & (i+1 = j) \\ 0 & (その他) \end{cases}$$

とおけば，

$$R^{(n)} L^{(n)} = L^{(n+1)} R^{(n+1)} \tag{6}$$

の形に書ける．これは 3 重対角行列 $X^{(0)} := L^{(0)} R^{(0)}$ の固有値を計算する LR アルゴリズムにほかならない[4]．

2. 数列の加速法

数列 $\{s_n\}$ と数列 $\{t_n\}$ はともに s に収束するものとし，$t_1, t_2, \ldots, t_n$ は $s_1, s_2, \ldots, s_{\sigma(n)}$ の値のみで決定されるものとする．変換 $T: \{s_n\} \mapsto \{t_n\}$ が $\{s_n\}$ の収束を加速するとは，関係式

$$\lim_{n \to \infty} \frac{t_n - s}{s_{\sigma(n)} - s} = 0 \tag{7}$$

が成立することをいう．

ε-アルゴリズムは漸化式

$$\varepsilon_{k+1}^{(n)} = \varepsilon_{k-1}^{(n+1)} + \frac{1}{\varepsilon_k^{(n+1)} - \varepsilon_k^{(n)}} \tag{8}$$

$$\varepsilon_{-1}^{(n)} = 0, \quad \varepsilon_0^{(n)} = s_n \quad (n = 0, 1, 2, \ldots) \tag{9}$$

で与えられる代表的な加速法である．各 $\varepsilon_k^{(n)}$ はハンケル行列式の比

$$\varepsilon_{2k}^{(n)} = \frac{\left| s_{n+i+j} \right|_{0 \leq i,j \leq k}}{\left| \Delta^2 s_{n+i+j} \right|_{0 \leq i,j \leq k-1}} \tag{10}$$

$$\varepsilon_{2k+1}^{(n)} = \frac{\left| \Delta^3 s_{n+i+j} \right|_{0 \leq i,j \leq k-1}}{\left| \Delta s_{n+i+j} \right|_{0 \leq i,j \leq k}} \tag{11}$$

で表される．ここで，Δ は $\Delta s_n = s_{n+1} - s_n$ で定義される前進差分作用素とする．式 (10) はシャンクス変換と呼ばれ，可積分系との関連が 1986 年に亀高により示唆された[5]．

その後 1992 年，加速法と可積分系との直接の関連がパパジオジュらによって示された．ε-アルゴリズムの核となる漸化式 (8) は，従属変数変換

$$\begin{cases} X_{2k}^{(n)} = \varepsilon_{2k}^{(n)} - \varepsilon_{2k}^{(n-1)} \\ X_{2k+1}^{(n)} = 1/(\varepsilon_{2k+2}^{(n-1)} - \varepsilon_{2k}^{(n)}) \end{cases} \quad (12)$$

によって，差分 KdV 方程式

$$X_{k+1}^{(n)} - X_{k-1}^{(n+1)} = \frac{1}{X_k^{(n+1)}} - \frac{1}{X_k^{(n)}} \quad (13)$$

に帰着する[6].

3. 行列の特異値計算法

$n \times m$ 実行列 A が与えられたとき，m 次実対称行列 ${}^t AA$ の固有値 $\lambda_j \,(\geq 0)$ の正の平方根 $\sigma_j = \sqrt{\lambda_j}$ を A の特異値という．特異値計算はガラブ–カハン法がアルゴリズムの主流であった．近年中村を中心とするグループによって，$b_k > 0 \,(k = 1, \ldots, 2m-1)$ を満たす m 次上 2 重対角行列

$$B = \begin{pmatrix} B_{ij} \end{pmatrix}, \quad B_{ij} = \begin{cases} b_{2i-1} & (i = j) \\ b_{2i} & (i+1 = j) \\ 0 & (それ以外) \end{cases}$$

の特異値 $\sigma_j \,(j = 1, \ldots, m)$ を可積分系に基づいて計算する，より高速高精度なアルゴリズムが提案・実用化された．

3.1 dLV アルゴリズム

差分ロトカ–ヴォルテラ方程式

$$\begin{cases} u_k^{(n+1)} = \dfrac{1 + \delta^{(n)} u_{k+1}^{(n)}}{1 + \delta^{(n+1)} u_{k-1}^{(n+1)}} u_k^{(n)} \\ u_0^{(n)} = u_{2m}^{(n)} = 0 \end{cases} \quad (14)$$

$(n = 0, 1, \ldots, \quad k = 1, 2, \ldots, 2m-1)$

は，初期値を行列 B の成分を用いて漸化式
$u_k^{(0)} = b_k^2/(1 + \delta^{(0)} u_{k-1}^{(0)}) \quad (k = 1, \ldots, 2m-1)$
で設定すると，極限 $n \to \infty$ で行列 B の特異値の平方を与える．

$$\lim_{n \to \infty} u_{2k-1}^{(n)} = \sigma_k^2 \quad (k = 1, \ldots, m)$$

$$\lim_{n \to \infty} u_{2k}^{(n)} = 0 \quad (k = 1, \ldots, m-1)$$

辻本・中村・岩崎 [7] によって提案された，方程式 (14) に基づく特異値計算法を dLV アルゴリズム (discrete Lotka–Volterra algorithm) と呼ぶ．

3.2 mdLVs アルゴリズム

さらに原点シフトを加えた dLV アルゴリズムの高速版として，mdLVs アルゴリズム (modified discrete Lotka–Volterra algorithm with shift) が岩崎・中村 [8] によって提案された．これは漸化式

$$w_{2k-1}^{(n)} = \bar{w}_{2k-1}^{(n)} + \bar{w}_{2k-2}^{(n)} -$$

$$\qquad w_{2k-2}^{(n)} - (\theta^{(n)})^2, \quad \theta^{(0)} = 0 \quad (15)$$

$$w_{2k}^{(n)} = \bar{w}_{2k}^{(n)} \bar{w}_{2k-1}^{(n)} / w_{2k-1}^{(n)} \quad (16)$$

$$u_k^{(n)} = w_k^{(n)}/(1 + \delta^{(n)} u_{k-1}^{(n)}), \quad u_0^{(n)} = 0 \quad (17)$$

$$\bar{w}_k^{(n+1)} = u_k^{(n)}(1 + \delta^{(n)} u_{k+1}^{(n)}), \quad u_{2m}^{(n)} = 0 \quad (18)$$

に基づくアルゴリズムである．式 (15) で $(\theta^{(n)})^2$ はシフト量であり，$\theta^{(n)} = 0$ のとき dLV アルゴリズムに帰着する．$w_k^{(0)} = b_k^2 \,(k = 1, \ldots, 2m-1)$ として $(\theta^{(n)})^2$ を適切に設定すると，

$$\lim_{n \to \infty} \bar{w}_{2k-1}^{(n)} = \sigma_k^2 - \sum_{l=0}^{\infty} (\theta^{(l)})^2 \quad (k = 1, \ldots, m)$$

$$\lim_{n \to \infty} \bar{w}_{2k}^{(n)} = 0 \quad (k = 1, \ldots, m-1)$$

であることが示される．mdLVs アルゴリズムは収束性や数値安定性が保証されているだけでなく，ライブラリで公開されている国際標準の特異値計算ルーティンに比べても，高速高精度である．

特異値計算のみならず，同グループによって，特異ベクトルおよび特異値分解を計算する I-SVD アルゴリズム (integrable singular value decomposition algorithm) も実用化された[2]． ［永井　敦］

参 考 文 献

[1] 中村佳正 編著, 可積分系の応用数理, 裳華房, 2000.

[2] 中村佳正, 可積分系の機能数理, 共立出版, 2006.

[3] W.W. Symes, The QR algorithm and scattering for the finite nonperiodic Toda lattice, *Physica*, **4D** (1982), 275–280.

[4] R. Hirota, S. Tsujimoto, T. Imai, Difference scheme of soliton equations, *RIMS Kokyuroku*, **822** (1992), 144–152.

[5] 亀高惟倫, フィボナッチ・コーシー・エイトケン, 数学セミナー, 1–5 月号 (1986).

[6] V. Papageorgiou, B. Grammaticos, A. Ramani, Integrable lattices and convergence acceleration methods, *Phys. Lett.*, **A 179** (1995), 111–115.

[7] S. Tsujimoto, Y. Nakamura, M. Iwasaki, The discrete Lotka–Volterra system computes singular values, *Inverse Problems*, **17** (2001), 53–58.

[8] M. Iwasaki, Y. Nakamura, Accurate computation of singular value in terms of shifted integrable schemes, *Japan J. Indust. Appl. Math.*, **23** (2006), 239–259.

幾何学と可積分系
geometry and integrable system

無限可積分系の典型例として知られる方程式は，曲線や曲面の微分幾何学と密接な関係を持つ．ここでは，負定曲率曲面とサイン–ゴルドン方程式の関係について解説を行う．

1. 負定曲率曲面の基本方程式

数平面 $\mathbb{R}^2 = \{(u,v) \mid u,v \in \mathbb{R}^2\}$ 内の領域 D で定義され，数空間 $\mathbb{R}^3$ に値を持つベクトル値関数 $\boldsymbol{p} : D \to \mathbb{R}^3$, $\boldsymbol{p}(u,v) = (x(u,v), y(u,v), z(u,v))$ が次の条件を満たすとき，曲面片（surface piece）という．

1) $x(u,v), y(u,v), z(u,v)$ はどれも D 上の滑らかな関数
2) 行列値関数
$$\begin{pmatrix} x_u & x_v \\ y_u & y_v \\ z_u & z_v \end{pmatrix}$$
が D 上で常に階数が 2

曲面片のいくつかの集まりを曲面（surface）という．本項目では曲面片のみを扱うので以下，曲面片を単に曲面と呼ぶ．

曲面 $\boldsymbol{p} : D \to \mathbb{R}^3$ に対して微分式 I を
$$\mathrm{I} = E du^2 + 2F du dv + G dv^2,$$
$$E = \boldsymbol{p}_u \cdot \boldsymbol{p}_u,\ F = \boldsymbol{p}_u \cdot \boldsymbol{p}_v,\ G = \boldsymbol{p}_v \cdot \boldsymbol{p}_v$$
で定め，$\boldsymbol{p}$ の第一基本形式（first fundamental form）と呼ぶ．曲面 $\boldsymbol{p}$ の各点で $\boldsymbol{p}_u$ と $\boldsymbol{p}_v$ の双方に直交する単位ベクトル $\boldsymbol{n}$ をとることができる．例えば $\mathbb{R}^3$ におけるベクトルの外積を用いて
$$\boldsymbol{n} = \frac{\boldsymbol{p}_u \times \boldsymbol{p}_v}{|\boldsymbol{p}_u \times \boldsymbol{p}_v|}$$
と定めればよい．次に微分式 II を
$$\mathrm{II} = L du^2 + 2M du dv + N dv^2$$
$$L = \boldsymbol{p}_{uu} \cdot \boldsymbol{n},\ M = \boldsymbol{p}_{uv} \cdot \boldsymbol{n},\ N = \boldsymbol{p}_{vv} \cdot \boldsymbol{n}$$
で定め，$\boldsymbol{n}$ に由来する第二基本形式（second fundamental form）と呼ぶ．

定義 1 曲面 $\boldsymbol{p} : D \to \mathbb{R}^3$ に対し，関数 K を
$$K = \frac{LN - M^2}{EG - F^2}$$
で定め，$\boldsymbol{p}$ のガウス曲率（Gaussian curvature）と呼ぶ．

命題 1 ガウス曲率 $K = -1$ を持つ曲面では
$$\mathrm{I} = du^2 + 2\cos\phi\, du dv + dv^2,\ \mathrm{II} = 2\sin\phi\, du dv$$

と表示される径数 (u,v) が存在する．この径数を漸近チェビシェフ網（asymptotic Chebyshev net）という．この径数表示のもとでは，曲面の積分可能条件はソリトン方程式の代表例であるサイン–ゴルドン方程式（sine–Gordon equation）
$$\phi_{uv} = \sin\phi$$
となる．関数 ϕ を $\boldsymbol{p}$ の (u,v) に関する漸近角（asymptotic angle）と呼ぶ．

例 1（1-ソリトン解） サイン–ゴルドン方程式の定常キンク解（static kink）と呼ばれる解（1-ソリトン）
$$\phi(u,v) = 4\tan^{-1}(u+v)$$
が定める $K = -1$ の曲面は
$$\boldsymbol{p}(u,v) = \begin{pmatrix} \operatorname{sech}(u+v)\cos(u-v) \\ \operatorname{sech}(u+v)\sin(u-v) \\ u+v - \tan(u+v) \end{pmatrix} \quad (1)$$
で与えられ，ベルトラミの擬球と呼ばれる．この曲面は xz 平面内の曲線（トラクトリクス; tractrix）
$$(x,z) = (\operatorname{sech}(u+v), u+v - \tan(u+v))$$
を z 軸の周りに回転させて得られる．

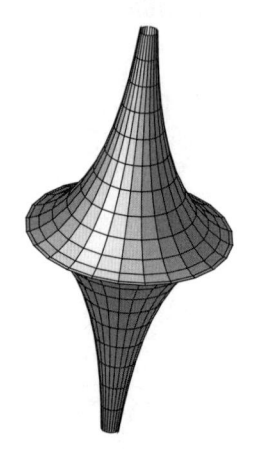

図 1 ベルトラミの擬球

2. ベックルント変換

19 世紀の微分幾何学においては，曲面の変換理論，すなわち与えられた曲面から同種（あるいは異種の）曲面を組織的に構成することが研究されていた．

定義 2 曲面 $\boldsymbol{p} : D \to \mathbb{R}^3$ と D 上で定義された単位ベクトル場 $\boldsymbol{v}$ に対し
$$\tilde{\boldsymbol{p}}(u,v) = \boldsymbol{p}(u,v) + r\boldsymbol{v}(u,v)$$
と定める．ただし r は定数である．$\tilde{\boldsymbol{p}} : D \to \mathbb{R}^3$ が曲面を定め，さらに以下の条件を満たすとき，$\tilde{\boldsymbol{p}}$ を $\boldsymbol{p}$ のベックルント変換（Bäcklund transformation）

と呼ぶ．

1) $\boldsymbol{v}$ は $\boldsymbol{p}$ と $\tilde{\boldsymbol{p}}$ の両方に接する．
2) $\tilde{\boldsymbol{p}}(u,v)$ における単位法ベクトル $\tilde{\boldsymbol{n}}(u,v)$ と $\boldsymbol{p}(u,v)$ における単位法ベクトル $\boldsymbol{n}(u,v)$ のなす角は一定，すなわち $(\tilde{\boldsymbol{n}}\,|\,\boldsymbol{n}) = \cos\theta$ で定まる θ は定数である．

K が負で一定の曲面は「ベックルント変換を持つ曲面」として特徴付けられる．

定理 1（ベックルントの定理, 1875） 曲面 $\boldsymbol{p}$ がベックルント変換を持てば，$\boldsymbol{p}$ のガウス曲率は負の一定値 $K = -(\sin\theta/r)^2$ を持つ．

以下，簡単のため，$K=-1$ の場合のベックルント変換の表示式を与える（条件 $K=-1$ より $r=\sin\theta$ と選ぶことに注意）．

定理 2 $\boldsymbol{p}: D \to \mathbb{R}^3$ を漸近チェビシェフ網 (u,v) で径数表示された $K=-1$ の曲面とする．このとき $\boldsymbol{p}$ のベックルント変換 $\tilde{\boldsymbol{p}} = \boldsymbol{p} + \sin\theta\,\boldsymbol{v}$ は

$$\boldsymbol{v} = \frac{1}{2}\left\{\frac{\cos\frac{\tilde{\phi}}{2}}{\cos\frac{\phi}{2}}(\boldsymbol{p}_u + \boldsymbol{p}_v) + \frac{\sin\frac{\tilde{\phi}}{2}}{\sin\frac{\phi}{2}}(\boldsymbol{p}_u - \boldsymbol{p}_v)\right\}$$

で与えられ，(u,v) は $\tilde{\boldsymbol{p}}$ の漸近チェビシェフ網である．ここで $\tilde{\phi}$ は $\tilde{\boldsymbol{p}}$ の (u,v) に関する漸近角であり，ϕ とは次の関係にある．

$$\begin{aligned}\frac{\partial}{\partial u}\left(\frac{\tilde{\phi}+\phi}{2}\right) &= \tan\frac{\theta}{2}\sin\left(\frac{\tilde{\phi}-\phi}{2}\right)\\ \frac{\partial}{\partial v}\left(\frac{\tilde{\phi}-\phi}{2}\right) &= \cot\frac{\theta}{2}\sin\left(\frac{\tilde{\phi}+\phi}{2}\right)\end{aligned} \quad (2)$$

$\tilde{\phi}$ を ϕ の定数角 θ によるベックルント変換と呼ぶ．また，連立偏微分方程式系 (2) をサイン–ゴルドン方程式のベックルント変換と呼ぶ．

例 2 ベルトラミの擬球 (1) の定数角 $\theta = \pi/2$ によるベックルント変換 $\tilde{\boldsymbol{p}} = (\tilde{x}, \tilde{y}, \tilde{z})$ は

$$\begin{aligned}\tilde{x} &= \frac{2\cosh(u+v)}{\cosh^2(u+v)+(u-v-c)^2}\\ &\quad \times\{\cos(u-v)+(u-v-c)\sin(u-v)\}\\ \tilde{y} &= \frac{2\cosh(u+v)}{\cosh^2(u+v)+(u-v-c)^2}\\ &\quad \times\{\sin(u-v)+(u-v-c)\cos(u-v)\}\\ \tilde{z} &= u+v - \frac{2\sinh(2(u+v))}{\cosh^2(u+v)+(u-v-c)^2}\end{aligned}$$

と求められる（c は定数）．この曲面はクエン曲面と呼ばれている．漸近角は

$$\tilde{\phi}(u,v) = 4\tan^{-1}\left\{\frac{-u+v+c}{\cos(u+v)}\right\}$$

で与えられる．これはサイン–ゴルドン方程式の 2-ソリトン解と呼ばれる解の特別な場合である．

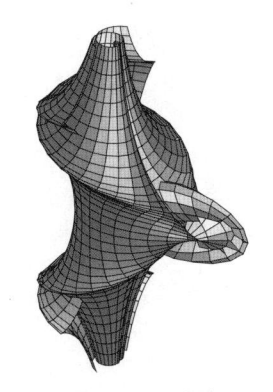

図 2　クエン曲面

$\phi(u,v)$ をサイン–ゴルドン方程式の解とする．相異なる定数角 θ_1 と θ_2 に対し，θ_1 による ϕ のベックルント変換を ϕ_1，θ_2 によるベックルント変換を ϕ_2 とする．

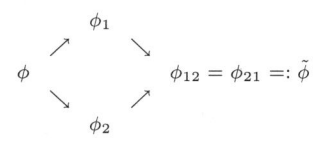

$$\phi \begin{array}{c} \nearrow \phi_1 \searrow \\ \\ \searrow \phi_2 \nearrow \end{array} \phi_{12} = \phi_{21} =: \tilde{\phi}$$

図 3　ベックルント変換

このとき次の命題が成立する．

命題 2（非線形重ね合わせの公式）

$$\tilde{\phi} = \phi + 4\tan^{-1}\left\{\frac{\sin\frac{\theta_2+\theta_1}{2}}{\sin\frac{\theta_2-\theta_1}{2}}\tan\frac{\phi_1-\phi_2}{4}\right\}$$

ベックルント変換を 1-ソリトン解に繰り返し施すことにより，サイン–ゴルドン方程式の多重ソリトン解が得られる．元来，$K=-1$ の曲面の変換であったベックルント変換は，現在では mKdV 方程式をはじめとする各種のソリトン方程式に対して一般化されている．幾何学に由来するベックルント変換については [1]～[4] を参照されたい． ［井ノ口順一］

参 考 文 献

[1] 井ノ口順一, 曲線とソリトン, 朝倉書店, 2010.
[2] 井ノ口順一, 小林真平, 松浦 望, 曲面の微分幾何学とソリトン方程式, 立教大学, 2005.
[3] 井ノ口順一, 太田泰広, 筧 三郎, 梶原健司, 松浦 望, 離散可積分系・離散微分幾何チュートリアル 2012, 九州大学 COE レクチャーノート (2012).
[4] C. Rogers, W.K. Schief, *Bäcklund and Darboux Transformations. Geometry and Modern Applications in Soliton Theory*, Cambridge Univ. Press, 2002.

特殊関数と可積分系
special function and integrable system

「特殊関数」とは，数理物理や工学など種々の分野に表れ，豊富な結果や性質が詳細に調べられている具体的な関数の総称であり，厳密な定義があるわけではない．古くから知られている特殊関数には，多項式，指数関数などの初等関数をはじめ，エアリー関数，ベッセル関数，ガンマ関数，超幾何関数，直交多項式など様々な関数がある．可積分系との関係を見てみると，それら多くの特殊関数が可積分系の特殊解，付随する線形問題の固有関数あるいは漸近挙動の計算などにおいて現れる．また，それら可積分系と関連する特殊関数の多くは，3項間漸化式，2階の常微分方程式，隣接関係式などの関係式を有している．以下では，代表的な特殊関数を取り上げ，それらが可積分系と密接な関係を有していることを明らかにする．

1. 直交多項式

定義（直交多項式） 次の3項間漸化式を満たす x に関する多項式列 $\{P_n\}_{n=0}^{\infty}$ を（モニックな）直交多項式系という．$n \in \mathbb{Z}_{\geqq 0}$ に対し，
$$xP_n(x) = P_{n+1}(x) + b_n P_n(x) + u_n P_{n-1}(x).$$
ここで，$P_0 = 1$, $u_0 = 0$, $u_k \neq 0$ $(k > 0)$ とする．

このとき，直交多項式系に付随する線形汎関数に関するFavardの定理が成り立つ[1]．

定理（Favardの定理） 次の直交関係式を満たす線形汎関数 $\mathcal{L} : \mathbb{C}[x] \to \mathbb{C}$ がただ1つ存在する．
$$\mathcal{L}[P_n P_m] = h_n \delta_{n,m} \quad (m, n \in \mathbb{Z}_{\geqq 0})$$
ここで，$\delta_{n,m}$ はクロネッカーのデルタ関数であり，$h_n \in \mathbb{C}^\times = \mathbb{C}\setminus\{0\}$ である．

線形汎関数 $\mathcal{L}$ が実軸上の正のStieltjes測度 $d\rho(x)$ で与えられるとき，対応するモーメント列 $\{\mu_n\}$ は
$$\mu_n = \mathcal{L}[x^n] = \int_{-\infty}^{\infty} x^n d\rho(x)$$
で与えられる．

定理（行列式表示） モニックな直交多項式 $P_n(x)$ は次の行列式表示を持つ．
$$P_n(x) = (-1)^n \left|\mu_{i+j+1} - x\mu_{i+j}\right|_{0 \leqq i,j < n} / H_n$$
ここで H_n は n 次のハンケル行列式 $|\mu_{i+j}|_{0 \leqq i,j < n}$ である．ただし，$H_0 = 1$．

一般の直交多項式に対し，付随する線形汎関数に連続的（あるいは離散的）な変形パラメータを導入することにより，半無限格子上の連続（あるいは離散）時間戸田方程式に対する解が得られる．

1.1 戸田方程式

多項式列 $\{P_n\}$ が変数 t に依存し，P_n の t に関する微分 $\dot{P}_n$ が
$$\dot{P}_n(x; t) = -u_n(t) P_{n-1}(x; t)$$
を満たすとする．このとき，3項間漸化式の係数 $u_n(t), b_n(t)$ は半無限格子上（$n \in \mathbb{Z}_{>0}$）の戸田方程式
$$\dot{b}_n = u_{n+1} - u_n, \quad \dot{u}_n = u_n(b_n - b_{n-1})$$
および $\dot{b}_0 = u_1$ を満足する．P_n に対する条件は，モーメント μ_n に対する $\dot{\mu}_n(t) = \mu_{n+1}(t)$ と等価であり，直交条件から直ちに b_n, u_n のハンケル行列式による表示
$$b_n = \frac{d}{dt}\left(\log \frac{H_{n+1}}{H_n}\right), \quad u_n = \frac{H_{n+1} H_{n-1}}{H_n^2}$$
が得られる．

1.2 離散戸田方程式

定理（Christoffel変換） 直交多項式列 $\{P_n\}$ から多項式列 $\{P_n^*\}$ への変換が
$$(x - \lambda) P_n^*(x) = P_{n+1}(x) + A_n P_n(x)$$
で与えられるとき，$\{P_n^*\}$ は線形汎関数 $\mathcal{L}^* = (x - \lambda)\mathcal{L}$ に関する直交多項式系をなす．ここで λ は $P_n(\lambda) \neq 0$ なる定数とする．また，その逆変換 $P_n(x) = P_n^*(x) + B_n^* P_{n-1}^*(x)$ も存在する．

この変換を s 回繰り返すことで得られる線形汎関数を $\mathcal{L}^{(s)}$，およびその直交多項式を $\{P_n^{(s)}\}$ で表すならば，s は離散的な時間変数と見なすことができ，非自励離散戸田方程式
$$b_n^{(s+1)} = A_n^{(s+1)} + B_n^{(s+1)} + \lambda^{(s+1)}$$
$$= A_n^{(s)} + B_{n+1}^{(s)} + \lambda^{(s)}$$
$$u_n^{(s+1)} = A_{n-1}^{(s+1)} B_n^{(s+1)} = A_n^{(s)} B_n^{(s)}$$
が得られる[2]．ここで，s 回目のChristoffel変換において導入される定数を $\lambda^{(s)}$ と表している．この変換は，3重対角行列で与えられるヤコビ行列の上三角行列と下三角行列への分解を用いた相似変換に対応している．

2. エアリー関数，ベッセル関数，超幾何関数

エアリー関数，ベッセル関数およびガウスの超幾何関数は，積分表示あるいは級数表示で与えられる特殊関数として実用上も重要であり，パラメータに関する隣接関係式など多様な性質を持っている．例えば，ガウスの超幾何関数 $F(\alpha, \beta, \gamma; z)$ は，α, β, γ を定数とする2階の常微分方程式（超幾何方程式）

$$z(1-z)y'' + (\gamma - (\alpha+\beta+1)z)y' - \alpha\beta y = 0$$

の原点で正則かつ値 1 をとる解として与えられる．Pochhammer の記号 $(\alpha)_n = \prod_{j=0}^{n-1}(\alpha+j)$ を用いて，

$$F(\alpha,\beta,\gamma;z) = \sum_{n=0}^{\infty} \frac{(\alpha)_n(\beta)_n}{(\gamma)_n}\frac{z^n}{n!}$$

と級数表示される．2 階の常微分方程式に関連する問題は，1 次元シュレディンガー方程式など，可積分系のみならず幅広い分野に見出すことができる．以下，従属変数の下添字にある連続変数 x, t などの記号は，各変数による偏微分を表すものとする．

可積分系の代表例である KdV 方程式

$$u_t + 6uu_x + u_{xxx} = 0$$

を例に挙げれば，付随する線形問題である

$$\phi_{xx} + u\phi = \lambda\phi \tag{1}$$

は，ソリトン型ポテンシャル $u(x) = A\,\text{sech}^2(\kappa x)$ を選ぶことにより，適当な変数変換のもとで超幾何方程式に書き換えることができる．すなわち，KdV 方程式に付随する線形問題の固有関数としてガウスの超幾何関数が表れる．

また，エアリー関数，ベッセル関数についても，それぞれ次のような積分（級数）表示や 2 階の常微分方程式が知られている．

● エアリー関数 $(y'' - xy' = 0)$
$$\text{Ai}(x) = \frac{1}{\pi}\int_0^\infty \cos\left(\frac{t^3}{3} + xt\right)dt$$

● ベッセル関数 $(x^2 y'' + xy' + (x^2 - \alpha^2)y = 0)$
$$J_\alpha(x) = \sum_{m=0}^{\infty} \frac{(-1)^m}{m!\,\Gamma(m+\alpha+1)}\left(\frac{x}{2}\right)^{2m+\alpha}$$

可積分系の厳密解が特殊関数によって表される例も数多く知られている．代表的な可積分系の特殊関数解を以下に挙げる．

● 円筒型 KdV 方程式
$$u_t + 6uu_x + u_{xxx} + \frac{u}{2t} = 0$$

のエアリー関数を用いた厳密解[3]

$$u = 2(\log\tau)_{xx},\ y = (x-x_0)/(12t)^{1/3}$$
$$\tau = 1 + \kappa(12t)^{-1/3}y(\text{Ai}(y))^2 - (\text{Ai}'(y))^2$$

● 円筒型戸田方程式
$$\left(\partial_r^2 + r^{-1}\partial_r\right)\log V_n = V_{n+1} - 2V_n + V_{n-1}$$

のベッセル関数による厳密解[4]

$$V_n = 1 + \left(\partial_r^2 + r^{-1}\partial_r\right)\log\tau_n$$
$$\tau_n = \det(J_{n+p_j+j+k-2}(r))_{1\leq j,k\leq N}$$

これらは Darboux 変換の理論や広田の双線形方程式の理論などを用いることで得られる．上記以外にも，戸田方程式のガウスの超幾何関数による解に関して様々な解が知られている[5],[6]．ガウスの超幾何関数 $F(\alpha,\beta,\gamma;x)$ において，α が負の整数の場合，無限級数は打ち切られ x に関する多項式となる．この多項式は，ヤコビ多項式あるいはその特殊化から得られる古典直交多項式となっており，半無限格子上の戸田方程式に対する古典直交多項式解も導出可能である．

3. その他の特殊関数と可積分系

特殊関数の可積分系の関係は，1 節および 2 節で挙げたごく一部の例に留まらず，より広い範囲の特殊関数と可積分について同様の事実を挙げることができる．1 節の基本的な直交多項式から派生するものとして，単位円周上の直交多項式，双直交多項式，歪直交多項式，双直交有理関数などがあり，それぞれに対応する可積分系が存在する[8]．また，2 節で取り上げたガウスの超幾何関数の拡張として一般超幾何関数，さらにその q-類似，楕円類似などがあり，q-超幾何関数で記述される Askey–Wilson 多項式による非自励離散戸田方程式の行列式解も知られている[9]．

以上に挙げた事実は，可積分系の解や固有関数に特殊関数が表れるのは偶発的でないことを示している．可積分系と特殊関数に関する研究は，互いに影響し合いながら現在でも深化している．ここで挙げた参考文献やキーワードを手掛かりに，最新の動向に触れていただきたい． ［辻本 諭］

参 考 文 献

[1] T.S. Chihara, *An Introduction to Orthogonal Polynomials*, Gordon & Breach, 1978.
[2] V. Spridonov, A. Zhedanov, *Methods Appl. Anal.*, **2** (1995), 369.
[3] F. Calogero, A. Degasperis, *Lett. Nuovo Cimento*, **23** (1978), 150.
[4] A. Nakamura, *J. Phys. Soc. Jpn.*, **52** (1983), 380.
[5] Y. Kametaka, *RIMS Kokyuroku*, **554** (1985), 26.
[6] K. Okamoto, *Algebr. Anal. II* (1988), 647.
[7] G. Gasper, M. Rahman, *Basic Hypergeometric Series* (2nd ed.), Cambridge University Press, 2004.
[8] V. Spiridonov, A. Zhedanov, *Commun. Math. Phys.*, **210** (2000), 49.
[9] S. Tsujimoto, *J. Syst. Sci. Complex.*, **23** (2010), 153.

カ オ ス

非線形力学系・カオスの概要　38
共振と同期　40
局所分岐　42
大域分岐　46
リアプノフ指数　48
生物のカオス　50
大自由度カオス　52
カオス時系列解析　54
カオス同期　56
カオス制御　58
カオスと最適化　60

非線形力学系・カオスの概要
nonlinear dynamical system and chaos

本章で解説するカオスとその関連事項の理解を容易にするため，非線形力学系の概要とカオスとして知られる振動の定義をまとめる．

1. 非線形力学系の概要

状態が時間に応じて変化したり生成・発展したりする現象は，常微分方程式や離散時間方程式によって表現できる．同様に，状態が空間と時間に応じて変化・発展する現象は，偏微分方程式もしくは差分方程式で表される．このような現象を生じる系において，その方程式は状態の力学の平衡関係を表すことから，方程式が記述する物理関係は力学系と呼ばれる．力学系において，現象を生み出す力の作用要素が各状態変数の独立な作用に分離でき，かつ比例する単純な構造である場合を線形系と呼ぶ．しかし，現実の物理系においては，高次の力の作用を表現しなければ詳細に状態の変化を表せない場合が多く，これらの力の作用の関係は状態変数に比例せず，非線形となる．非線形振動とは，非線形力学系のある状態変数に生じる時間もしくは空間の振動が，それぞれの状態において生じた振動に比例した振動の単純和とならない振動を意味している．

1800年代後半にH. Poincaréは，このような非線形力学系である天体力学に関して解の大域的構造の特徴を明らかにした．その後数学の一般化を経たこの理論は，カオスの発見と計算機の発達とともに非線形力学系を大きく発展させ，多くの分野の解析や設計，制御に貢献してきた．

2. 非線形振動

単振動は2階の線形常微分方程式で記述でき，その解は正弦波となる．減衰項がなければ一般解は方程式の係数（行列）から求まる固有値に対応する固有周波数の正弦波の重ね合わせとなり，任意定数である振幅と位相が変位と速度の2つの初期条件により与えられて，特定の解が定まる．この解を変位 x と変位速度 $\dot{x}$ の2次元状態平面（位相平面）$(x, \dot{x})$ に描くと（ここで $\dot{x} = \frac{dx}{dt}$），時間変化とともに軌跡は直交座標系で楕円を描く．この楕円軌道は一定のエネルギーを持つ定常解となる．これを保存系という．速度に比例する減衰項が力に作用しても，単に指数関数的に振幅が減衰するだけであり線形性は保たれるが，位相平面上の軌道は減衰し，時間とともに系のエネルギーが減少して振動の振幅が小さくなり，やがて停止する．これは，線形な力の作用の項の間で，エネルギーが移動して散逸し，力学系の解がエネルギーの消失を表現していることを意味している．これを散逸系という．

自然界のほとんどの力学系はもともと非線形である．線形な表現は実用的であるが，近似にすぎない．非線形な作用力の関係を有する系の振動解は，微分方程式の非線形項の影響が大きくなるにつれて，線形常微分方程式の解と異なる．2階の非線形微分方程式を非線形連立方程式として書くと，次式となる．

$$\begin{cases} \dfrac{dx}{dt} = f(t, x, y) \\ \dfrac{dy}{dt} = g(t, x, y) \end{cases} \quad (1)$$

ここで f, g は滑らかな（C^1 級）関数である．左辺は位相平面上のベクトル場を定義し，時刻 $t = 0$ において初期値 (x_0, y_0) を与えたときの解の局所的な動きを定義する方程式となっている．したがって，微小時間の解の変化は，右辺の各軸方向の偏微分が与える線形方程式で近似的に得ることができる．この微小時間に得られる軌道が連続関数 f, g に対して可能であれば，解を解析的に接続することが可能となり，非線形であるにも関わらず数値的に解を得ることができる．右辺に時間が陽に含まれる場合を非自励系，陽に含まない場合を自励系の方程式と呼ぶ．この近似解が閉曲線を描くとき，その解は定常的な振動を表す．しかし，定常的な振動でありながら，楕円軌道と異なり，線形な系の固有振動の周波数以外の周波数の振動成分を含み，歪みを生じる．この歪み成分が生じる原因は，非線形な作用項による．このように非線形な作用力によって生じる非線形振動は，含まれる歪み成分が大域的なベクトル場の流れによって変わり，振幅の大小や初期値などによってそれぞれ異なるため，一般的に分類することができない．すなわち，解の変化を一般解の重ね合わせによって解析的に求めることはできない．したがって，非線形項による作用を支配するパラメータの変化に対して，解の歪みによって生じる振動解に含まれる振動成分を求めることにより，解の特徴を調べることができる．フーリエ解析などの手法を解の時系列データに対して適用することも同様である．このような解析によって解のパラメータ応答を求めることは，非線形振動の解析における重要な定量的解析法である[1]．このような解析から発生する振動が，分数調波振動，高調波振動，概周期振動，そしてカオスなどに分類される．特に，本章はこのうちカオスについて解説する．

3. カ オ ス

カオスとは確定的な（確率的に変化する項を含まない）非線形微分方程式で表される系に生じる確率的で不規則（ランダム）な振動解であり，他の周期解に基づく回帰的な特徴を有する解と大きく異なる特徴を有している．したがって，カオスは従来の確定系と確率系を結び付ける現象として発見された．ポアンカレは数学的にその存在を予見していたと言われ，また，van der Pol は 1927 年にネオン管の実験でカオスに相当する不規則雑音を計測した結果を論文として報告している[2]．その後 1960 年代初めに，上田睆亮が 2 次元非自励系である Duffing 方程式 [3] のアナログコンピュータによる解析において[4]，またローレンツ（E. Lorentz）が流体系の時空振動の 3 次元自励系のディジタルコンピュータの解析において[5]，解が既存のものとは異なる特異な特徴を有することを発見し，定量的に特定すると同時に，その解が示すアトラクタを初めて描出した．図 1 に Duffing 方程式における解の外力の周期ごとのストロボ点を位相平面上にしたものを示す．その後，D. Ruelle と F. Takens がこの不規則遷移を示す解をストレンジアトラクタと呼び，T.-Y. Li と J. Yorke がカオスという名称を与えた[6]．これらの研究が契機となり，1970 年代に上田やローレンツの研究成果が再発見された．

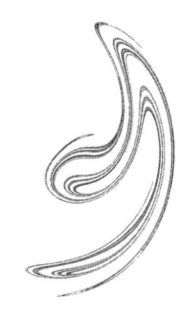

図 1 Japanese attractor

H. Poincaré が天体力学において解の大域構造として示した 2 重漸近構造を，G. Birkhoff が 1900 年代初頭に非線形力学系の理論として完成させ，S. Smale が馬蹄形写像の理論によってそのカオスとの関連性を与えたことで，カオスの数学的基礎が大きく発展した．これらの数学的基礎の確立が，低次元の非線形力学系のカオスの定性的特徴，構造に由来する不変量などの定量的な解析の研究を促進した．これらの厳密な研究によりカオスが数学的に定義され，上田，ローレンツが得た結果がカオスであることが検証され，その歴史的評価を得るに至った．この馬蹄形写像の力学系理論は，確定系である微分方程式系が大域的な位相空間の構造を介して確率系と関連することを示し，カオスとエルゴード理論との関係に関わる研究を促進した．低次元系の写像が有する混合性などの特徴はカオスと関連し，また低次元の力学系ばかりではなく，流体系などの高次元力学系においても重要な概念となることが示されている．さらに，B. Mandelbrot が複素力学系で見出したフラクタル性[7]，1 次元写像で得られたファイゲンバウム定数 [8] とカオスアトラクタとの関連なども明らかになり，非線形力学系の普遍的構造に関する理解が確立した．これらの研究において，カオスが有する軌道不安定性，自己相似性，そして初期値鋭敏性の性質が明らかとなった．

カオスに関する研究は，局所分岐理論，大域分岐理論，くりこみ理論，多様体理論などの厳密な数学的理論に基づく力学構造と存在性に関する研究，非線形力学系としての振動解のリアプノフ指数などの示性数や統計的性質などの性質を明らかにする研究，そして様々な系におけるカオス現象のランダム性の応用やカオス内に共存する不安定解の利用に向けた研究に大別される．これらの研究において，カオスは数理上の存在としてではなく自然現象として存在することを意識しなければならない．したがって，カオスを理論として構築するのではなく，現象として手なずけ，そこから新しい自然の理解と応用を進めることが重要な観点である． ［引原隆士］

参 考 文 献

[1] C. Hayashi, *Nonlinear Oscillations in Physical Systems*, Princeton University Press, 1985.

[2] B.v. der Pol, J.v.D. Mark, Frequency Demultiplication, *Nature*, **120** (1927), 363–364.

[3] G. Duffing, *Erzwungene Schwingungen bei veranderlicher Eigenfrequenz un ihre technische Bedeutung*, Vieweg & Sohn, 1918.

[4] Y. Ueda et al., Computer simulation of nonlinear ordinary differential equations and nonperiodic oscillations, *Trans. Inst. Elect. Commun. Engrs. Japan*, 56-A (1973), 218–225.

[5] E.N. Lorenz, Deterministic nonperiodic flow, *Journal of Atmospheric Sciences*, **20** (1963), 130–141.

[6] T.Y. Li, J.A. Yorke, Period Three Implies Chaos, *American Mathematical Monthly*, **82** (1975), 985.

[7] B.B. Mandelbrot, *The fractal geometry of nature*, W.H. Freeman and Co., 1982.

[8] M.J. Feigenbaum, The Universal Metric Properties of Nonlinear Transformations, *J. Stat. Phys.*, **21** (1979), 669–706.

共振と同期
resonance and synchronization

1. 概　　　要

複数の発振子，振動子が相互に力学的結合を有するとき，それらに同期現象が生じることを発見したのは C. Huygens である．このような結合振動子系全体の空間的な振動である波動現象はよく知られているが，それらの中の個々の振動子間の振動現象において，共振・同期は多自由度の力学系を把握するのに重要な特性である．一方，時間の基準を与えるクオーツ素子は，結晶の共振現象を利用しており，その周波数の正確さは Q 値として与えられる．また，同期現象は，電力システムや通信システムなどにおいて，エネルギーや情報の伝送が前提とする現象である．このように，どちらも工学的に必要不可欠な現象としても知られている．例えば，その振動子間の同期状態への引き込み現象なくしては，現在のわれわれの生活は成り立たない．

非線形システムに関する多くの研究により，非線形振動子を強制的に振動させた場合に生じる共振特性のヒステリシス特性などが明らかとなっているが，外部および内在的なノイズにより共振状態が生じる確率共振（共鳴）[1] が昨今注目されている．さらに，共振領域の近傍で非周期的な状態（準周期振動，カオス振動）などが発生することは周知であるが，これらの振動を示す振動子も相互にカオス状態における同期（カオス同期）現象 [2] を示すことが知られている（[カオス同期]（p.56）を参照）．以下これらの関連事項を説明する．

2. 共　振　現　象

力学系に周期外力が加わった非自励系において，外力の周波数が系の固有周波数に接近したとき，力学系の振動振幅が急激に増加する現象が生じる．これを共振という．共振は系が線形・非線形に関わらず生じるが，系が非線形特性を有する鉄共振回路のような系では，共振現象に履歴（ヒステリシス）特性，跳躍特性が現れることがある．

振動子が外部から励振を受けると，振動子の復元力から決まる固有振動を生じる．単位質量の質点の振動系において，変位 x は外力 $f(x, \dot{x}, t)$ との間に次の無次元の関係を有する．

$$\ddot{x} = f(x, \dot{x}, t)$$

このとき，微小な x の変化に対して，固有周波数 f_0 は $\partial f / \partial x$ で与えられる．系が固有周波数近傍の周波数，もしくは整数倍の周波数で励振され，固有周波数の振動の共振が生じると，振幅が増加する．この共振周波数近傍の力学系はほぼ線形微分方程式で与えられ，その応答は強制振動周波数と同一周波数成分の中でも仕事に関わる吸収振幅成分が決定する．一方，共振を維持するのは，直接の仕事に関与しない弾性振幅成分である．これらは固有振動の周波数と励振の周波数の位相の差により決定される．

共振は，振動系に外部からエネルギーが注入される構造となる．パラメータが時間的に変化するパラメータ励振系としてマシュー方程式が知られている．

$$\ddot{x} = -\omega^2 (1 + \varepsilon \sin t) x$$

この方程式の構造は，時間を空間に変えると Bloch の微分方程式となり，周期ポテンシャル構造下の粒子の 1 次元の挙動を表す方程式と同じ構造を持つ．図 1 にマシュー方程式の共振とその引き込み領域の概略を示す．ε が大きくなるとその領域は相互に近づき，非共振領域がほとんど見られなくなる．一方，ε が小さくなると，その共振領域は小さくなり，復元力から決まる共振周波数近傍のみとなる．それぞれの共振領域は $\varepsilon = 0$ まで領域が伸びており，その構造はアーノルドの舌と呼ばれる．また，方程式に高次の非線形性が現れると，これらの共振領域がオーバーラップして不規則な振動が生じうることも知られている．

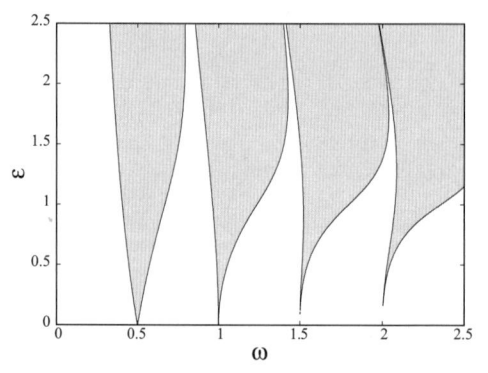

図 1　パラメータ励振系の共振

3. 同　期　現　象

振動子の強制励振が異なる振動子で与えられる場合を考える．このとき，各振動子は相互に振動の相互作用を与え合う．このような複数の振動（発振）子が結合された系に生じる振動の周波数が整数比かつ一定位相差を保った状態で定常状態になることを同期という．同期現象は自然界の様々な系に見られる自己組織化の現象の 1 つで，古くから知られている統合現象である．振動子の結合系の重心が振動する正同期と，重心が動かない反同期があるが，これ

らは線形結合系の固有振動の基本モード対応する.

多自由度系における同期現象に関する研究は，物理，化学，工学，社会科学の研究者により，それぞれの分野で行われてきた．しかし，最近の複雑系研究の発展とともに，これらは共通の問題であることが一般に認識され始めている．同期に関する研究は電気回路の発振現象を基礎として電気工学の分野において古い歴史があり，膨大な知見が蓄積されてきた．特に電力システムにおけるエネルギーと通信における情報は，同期を介在して伝達され，利用されている．

一方，生体システムなどに見られる同期状態近傍でのシステムの挙動は，生体の機能の本質的な動作に関係しており，システムの多機能性と同期の関係にも興味が持たれている．他の分野でもその同期に至るメカニズムに関して研究が進められている．

4. 同期引き込み

同期引き込みは，複数の振動子間で振動の振幅と位相が相互に作用して一定位相差の平衡状態に漸近する力学的挙動である．その際に，励振の振幅が小さいときは位相がその力学において支配的に振る舞い，振幅が大きいときは相互の位相がさほど変化せずに振幅が支配的に振る舞う[3].

同期引き込み現象には，発振子に外部から強制的な入力があるときに発振子の振動周波数が外部の入力の周波数に一致してしまう強制引き込みと，振動子が互いに周波数をずらして一致する相互引き込みがある．強制引き込みは周波数が発振子の固有周波数近傍にあるときに発生する．同期引き込みにより励振周波数と振動子の固有周波数が一致する現象を周波数ロッキングという．この現象では共振現象と同様に同期領域にアーノルドの舌の構造が現れる．この際に同期周波数から離れたところでは一定の位相のずれが生じるが，そのずれが有界な閾値を超えると同期が崩れる．これを位相スリップと呼ぶ．このような位相スリップは，振動子に外部からノイズが加わった際にも生じる．

複数の非線形振動子が結合された系において，個々の系に生じる発振が，結合による相互作用により，各周波数が整数比かつ一定位相差を保った同期状態を生じる．このとき，入力側周波数に対して出力側周波数が周波数比1以上の場合を倍周期同期，1以下の場合を分周期同期と呼ぶ．これらの同期状態においても，上述のような位相関係，引き込みの現象を生じる．

ニューロンなどの同期現象において励振がパルスと見なせる場合がある．このような系では，外力は瞬間だけ作用し，残りの時間に振動子は自律的に振動する．このような振動系の共振，同期に関する特徴は，生物のリズムに関するモデルと考えられている．パルスが加わったあとの振動位相の変化は，同位相曲線（isocline）で見ることができる．

5. 同期の解析

同期の数学的な理解には多くの定理が寄与する[4]. 非線形パラメータ励振系の解析においては，フロケの定理が安定性の判定に用いられる．ホップ分岐による線形不安定性から発生したリミットサイクルの安定性/不安定性を評価することは，振動の同期の解析において不可欠となる．このような解析が分岐理論である．

このように生じた複数の周期振動の関係を解析する方法の1つに，回転数の解析がある．結合された振動子それぞれの振動を相互の位相の変化に対して関数関係で与えたとき，同期状態では有理数の直線に沿う閉じた関数となる．一方，同期しないときは，その関係は無理数となり，位相からなる平面を埋め尽くす．同期周波数の支配パラメータを変化させて回転数をプロットすると，その変化は細部の構造を持つ階段上になる．これを悪魔の階段と呼ぶことがある．これは倍周期同期，分周期同期，さらにそれらの整数倍への同期引き込みが回転数に表れたものであり，パラメータに関する同期の特徴を示す情報となる．

［引原隆士］

参 考 文 献

[1] R. Benzi, A. Sutera, A. Vulpiani, The mechanism of stochastic resonance, *J. Phys. A*, **14** (1981), L453.

[2] L.M. Pecora, T.L. Carroll, Driving systems with chaotic signals, *Phys. Rev. A*, **44**(4) (1991), 2374–2383.

[3] A. Pikovsky, M. Rosenblum, Jürgen Kurths, *Synchronization: A Universal Concept In Nonlinear Sciences*, Cambridge University Press, 2001. [邦訳] 徳田 功 訳, 同期理論の基礎と応用, 丸善, 2009.

[4] P. Bergé, Y. Pomeau, C. Vidal, *Order within Chaos*, John Wiley & Sons, 1984.

局所分岐
local bifurcation

分岐とは，パラメータの変化により力学系が質的に変化する現象である．ベクトル場（連続時間力学系）の平衡点や写像（離散時間力学系）の不動点の分岐で，局所的条件のみで議論できるものを局所分岐と呼び，そうでないものを大域分岐と呼ぶ．

局所分岐にはその分岐が起きる最低次元がある．例えば，ベクトル場の場合，Fold 分岐は最低 1 次元で，Hopf 分岐は最低 2 次元で起きる．また，写像の場合，Fold 分岐，Flip 分岐は最低 1 次元で，Neimark–Sacker 分岐は最低 2 次元で起きる．それぞれの分岐はその最低次元 d よりも高い次元の力学系でも起きるが，その場合は，中心多様体と呼ばれる d 次元の不変多様体上の分岐現象に帰着させて議論する．

分岐を調べるには，力学系をできるだけ簡単な形に変換する．線形ベクトル場は，座標の線形変換によってジョルダン標準形のように単純な形に変換される．同様に，非線形のベクトル場を平衡点の周りでテイラー展開したとき，非線形座標変換によって線形項はそのままにして，2 次項をできるだけ消去し，消去できなければ係数を簡単な形（$s=\pm1$ のように）にする．さらに，別の非線形座標変換によって，線形項，2 次項はそのままにして，3 次項を簡単にすることができる．一般には高次項が残るが，高次項を削除したものと位相共役である場合には，高次項を削除する．このような操作で単純化した表示を標準形と呼ぶ．写像の場合にも同様の標準形が考えられる．

標準形の導出には，テイラー展開の係数がある条件を満たす必要があり，この条件を非退化（nondegeneracy）条件という．非退化条件が満たされない（すなわち退化した）場合には，パラメータ数を増やして分岐を考察しなくてはならなくなる．分岐を記述するのに必要な最小のパラメータ数を，その分岐の余次元という．

1 パラメータ分岐によって新たな平衡点や周期軌道の枝が生じることがある．パラメータの変化に伴い，安定平衡点が不安定平衡点に変化するとき，不安定平衡点の側に枝が生じるとき超臨界（supercritical），安定平衡点の側に生じるとき亜臨界（subcritical）という．この違いは標準形における s の符号のとり方などで決まる．

以下では，ベクトル場の場合と写像の場合とに分けて，最低次元 d の局所分岐の分岐現象，分岐条件，標準形について説明する．非退化条件は記述が複雑である場合が多く，一部の場合を除いて省略する[1]．

1. ベクトル場の平衡点の 1 パラメータ分岐

d 次元のベクトル場の 1 パラメータ族を考える：
$$\dot{x} = f(x,\mu),\ x\in\mathbb{R}^d,\ \mu\in\mathbb{R}$$

1.1 Fold 分岐（$d=1$）

パラメータの変化により，安定平衡点と不安定平衡点が接近し，合体し，消滅する分岐である．パラメータを逆向きにすれば，何もない状態から安定平衡点と不安定平衡点が対発生する．分岐点では固有値 $\lambda(0)$ が 0 となる．最低次元は 1 次元である．この分岐は，「サドルノード（saddle-node）分岐」，「接線（tangent）分岐」などの名前でも呼ばれている[1, 3.2]．

- 分岐条件：$\lambda(0) = f_x(0,0) = 0$
- 非退化条件：$\frac{1}{2}f_{xx}(0,0) \neq 0$
- 標準形：$\dot{x} = \mu + sx^2,\ s = \mp 1$

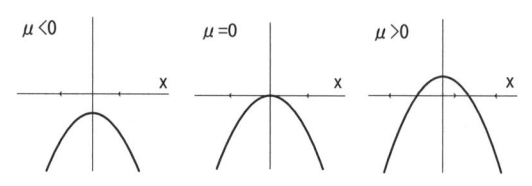

図 1　ベクトル場の Fold 分岐（$s=-1$）：$f(x,\mu)$

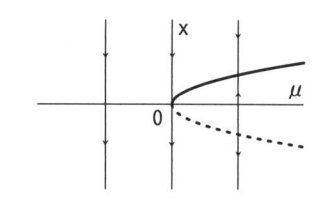

図 2　ベクトル場の Fold 分岐（$s=-1$）

1.2 Hopf 分岐（$d=2$）

パラメータの変化により，安定平衡点が不安定化し，不安定平衡点の周囲に安定な周期軌道が発生する分岐である（図 3）．また，パラメータの方向と時間の向きを逆にすると，安定平衡点が周囲の不安定周期軌道と合体し，不安定化する分岐となる（図 4）．前者を超臨界，後者を亜臨界という．分岐点では複素共役固有値の対が虚軸を横切る．最低次元は 2 次元である[1, 3.4]．

- 分岐条件：$\lambda_{1,2}(0) = \pm i\omega_0,\ \omega_0 > 0$
- 標準形：

$$\begin{pmatrix} \dot{x}_1 \\ \dot{x}_2 \end{pmatrix} = \begin{pmatrix} \mu & -1 \\ 1 & \mu \end{pmatrix}\begin{pmatrix} x_1 \\ x_2 \end{pmatrix} + s(x_1^2 + x_2^2)\begin{pmatrix} x_1 \\ x_2 \end{pmatrix},\ s = \mp 1$$

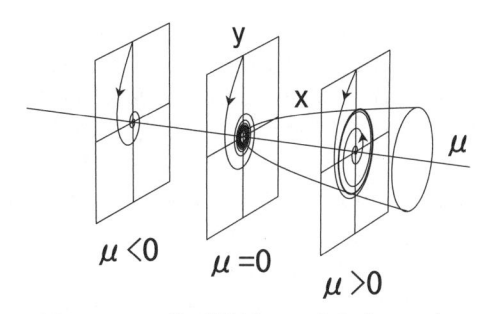

図3 ベクトル場の超臨界 Hopf 分岐 ($s = -1$)

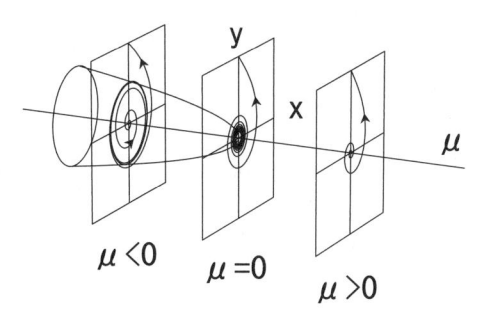

図4 ベクトル場の亜臨界 Hopf 分岐 ($s = +1$)

1.3 安定性交替分岐 ($d = 1$)

一般のベクトル場の1パラメータ族では起きない退化した分岐も，拘束条件がある場合には起きることがある．安定性交替 (transcritical) 分岐は原点 O が常に平衡点であるという拘束条件のもとで起きる分岐である．パラメータの変化により，平衡点 O に他の平衡点 P がぶつかり，通過し，平衡点 O は安定から不安定に，平衡点 P は不安定から安定に，それぞれ安定性の交替が起きたように見られる分岐である．分岐点では固有値が0となる．

- 拘束条件：$f(0, \mu) = 0$
- 分岐条件：$\lambda(0) = f_x(0, 0) = 0$
- 標準形：$\dot{x} = \mu x + s x^2$, $s = \mp 1$
 ($s = +1$ のとき超臨界，$s = -1$ のとき亜臨界)

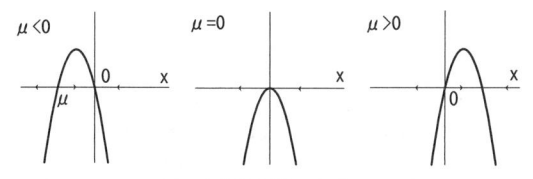

図5 ベクトル場の安定性交替分岐 ($s = -1$)：$f(x, \mu)$

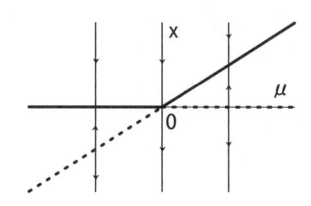

図6 ベクトル場の安定性交替分岐 ($s = -1$)

1.4 Pitchfork 分岐 ($d = 1$)

この分岐はベクトル場が x に関して（局所的に）奇関数であるという拘束条件のもとで生じる（x に関して奇関数であれば，必然的に原点 O は平衡点となるから，安定性交替分岐の拘束条件より強い条件である）．超臨界の場合は，パラメータの変化に伴い，安定平衡点 O が不安定化し，その両側に一対の安定平衡点が発生する（図7）．また，パラメータの方向と時間の向きを逆にすると，亜臨界となり，安定平衡点 O が両側の不安定平衡点と合体し，不安定化する．分岐点では固有値が0となる．

- 拘束条件：$f(-x, \mu) = -f(x, \mu)$
- 分岐条件：$\lambda(0) = f_x(0, 0) = 0$
- 標準形：$\dot{x} = \mu x + s x^3$, $s = \mp 1$
 ($s = +1$ のとき超臨界，$s = -1$ のとき亜臨界)

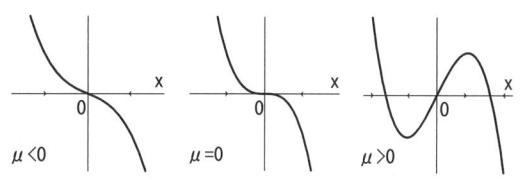

図7 ベクトル場の Pitchfork 分岐 ($s = -1$)：$f(x, \mu)$

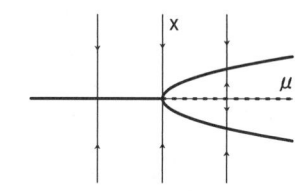

図8 ベクトル場の Pitchfork 分岐 ($s = -1$)

2. 写像の不動点の1パラメータ分岐

d 次元の写像の1パラメータ族を考える：

$$x \mapsto f(x, \mu), \ x \in \mathbb{R}^d, \ \mu \in \mathbb{R}$$

写像の周期点の分岐は写像の繰り返しを考えることにより，写像の不動点の分岐に帰着される．また，連続時間力学系の周期軌道の分岐は，ポアンカレ写像を考えることにより写像の不動点の分岐に帰着される．

2.1 Fold 分岐 ($d = 1$)

パラメータの変化により，安定不動点と不安定不動点が接近し，合体し，消滅する分岐である．パラメータを逆向きにすれば，何もない状態から安定不動点と不安定不動点が対発生する．分岐点では固有値 $\lambda(0)$ が1となる．最低次元は1次元である．この分岐は，「サドルノード (saddle-node) 分岐」，「接線 (tangent) 分岐」などの名前でも呼ばれている[1, 4.2]．

- 分岐条件：$\lambda(0) = f_x(0, 0) = 1$

- 非退化条件：$\frac{1}{2}f_{xx}(0,0) \neq 0$
- 標準形：$x \mapsto x + \mu + sx^2, \ s = \mp 1$

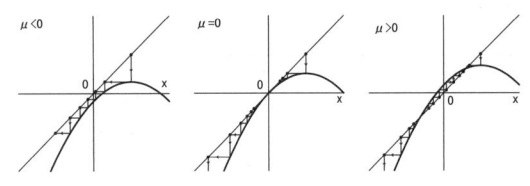

図 9　写像の Fold 分岐 $(s = -1)$：$f(x,\mu)$

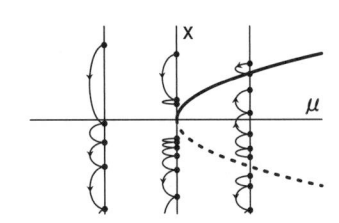

図 10　写像の Fold 分岐 $(s = -1)$

2.2　Flip 分岐 ($d = 1$)

超臨界の場合は，パラメータの変化により，安定不動点が不安定化し，周囲に安定 2 周期点が発生する．亜臨界の場合は，安定不動点とその周囲の不安定 2 周期点が合体して不安定不動点になる．分岐点では固有値 $\lambda(0)$ が -1 となる．最低次元は 1 次元である．この分岐は，「周期倍 (period doubling) 分岐」などの名前でも呼ばれている[1, 4.4]．

- 分岐条件：$\lambda(0) = f_x(0,0) = -1$
- 非退化条件：$\frac{1}{4}[f_{xx}(0,0)]^2 + \frac{1}{6}f_{xxx}(0,0) \neq 0$
- 標準形：$x \mapsto -x - \mu x + sx^3, \ s = \pm 1$
  ($s = +1$ のとき超臨界，$s = -1$ のとき亜臨界)

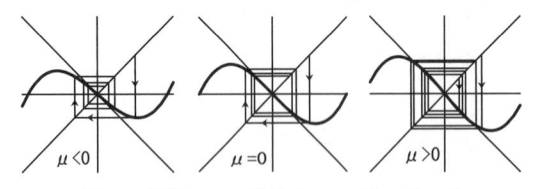

図 11　写像の Flip 分岐 $(s = +1)$：$f(x,\mu)$

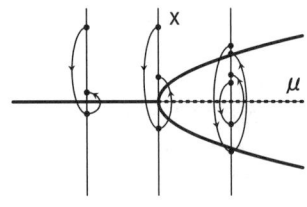

図 12　写像の Flip 分岐 $(s = +1)$

2.3　Neimark–Sacker 分岐 ($d = 2$)

超臨界の場合は，パラメータの変化により，安定不動点が不安定化し，周囲に安定不変閉曲線が発生する（図 13）．亜臨界の場合は，安定不動点とその周囲の不安定不変閉曲線が合体して不安定不動点になる（図 14）．分岐点では不動点の複素共役固有値の対 $\lambda_{1,2}$ が単位円を横切る．ただし，以下の非共鳴条件を満たさなければならない．最低次元は 2 次元である．この分岐は，「写像の Hopf 分岐」などの名前でも呼ばれている[1, 4.6]．

- 分岐条件：$\lambda_{1,2}(0) = \exp(\pm i\theta(0))$
- 非共鳴条件：$\theta(0) \neq \frac{2\pi}{k} \ (k = 1, 2, 3, 4)$
- 標準形：
$$\begin{pmatrix} x_1 \\ x_2 \end{pmatrix} \mapsto \begin{pmatrix} \cos\theta(\mu) & -\sin\theta(\mu) \\ \sin\theta(\mu) & \cos\theta(\mu) \end{pmatrix} \left\{ (1+\mu)\begin{pmatrix} x_1 \\ x_2 \end{pmatrix} \right.$$
$$\left. + (x_1^2 + x_2^2)\begin{pmatrix} d(\mu) & -b(\mu) \\ b(\mu) & d(\mu) \end{pmatrix}\begin{pmatrix} x_1 \\ x_2 \end{pmatrix} \right\} + O(\|x\|^4)$$

($d(0) < 0$ のとき超臨界，$d(0) > 0$ のとき亜臨界．この標準形は高次の項を削除したものと位相共役であるとは限らない)

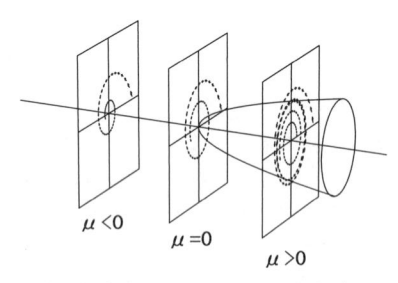

図 13　写像の超臨界 Neimark–Sacker 分岐 $(d(0) < 0)$

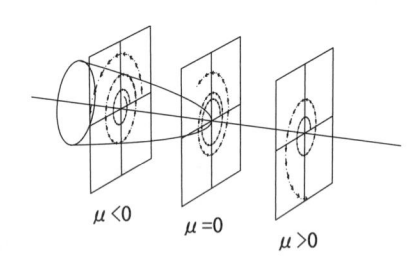

図 14　写像の亜臨界 Neimark–Sacker 分岐 $(d(0) > 0)$

2.4　安定性交替分岐 ($d = 1$)

ベクトル場のときと同様に，一般の写像の 1 パラメータ族では起きない退化した分岐も，系に拘束条件がある場合には起きることがある．安定性交替 (transcritical) 分岐は，原点 O が常に不動点であるという拘束条件のもとで起きる分岐である．パラメータの変化により，不動点 O に他の不動点 P がぶつかり，通過し，不動点 O は安定から不安定に，不動点 P は不安定から安定に，それぞれ安定性の交替が起きたように見られる分岐である．分岐点では原点の固有値は 1 となる．

- 拘束条件：$f(0,\mu) = 0$

- 分岐条件：$\lambda(0) = f_x(0,0) = 1$
- 標準形：$x \mapsto x + \mu x + s x^2$, $s = \mp 1$

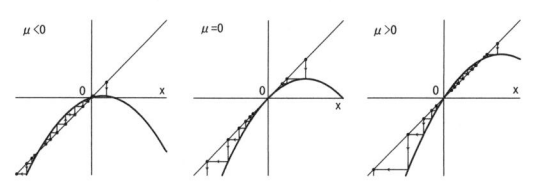

図 15 写像の安定性交替分岐 ($s = -1$)：$f(x, \mu)$

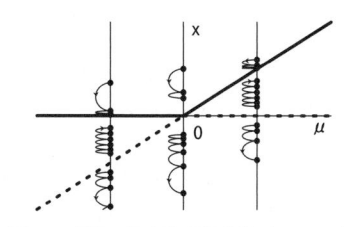

図 16 写像の安定性交替分岐 ($s = -1$)

2.5 Pitchfork 分岐 ($d = 1$)

これは写像が x に関して（局所的に）奇関数であるという拘束条件のもとで生じる分岐である（x に関して奇関数であれば，必然的に原点 O は平衡点となるから，前の安定性交替分岐の拘束条件より強い条件である）．超臨界の場合，パラメータの変化に伴い，安定不動点 O が不安定化し，その両側に安定不動点が発生する（図 17, 18）．亜臨界の場合，安定不動点 O が両側の不安定不動点と合体し，不安定化する．分岐点では原点の固有値は 1 となる．

- 拘束条件：$f(-x, \mu) = -f(x, \mu)$
- 分岐条件：$\lambda(0) = f_x(0,0) = 1$
- 標準形：$x \mapsto x + \mu x + s x^3$, $s = \mp 1$
  ($s = -1$ のとき超臨界，$s = +1$ のとき亜臨界)

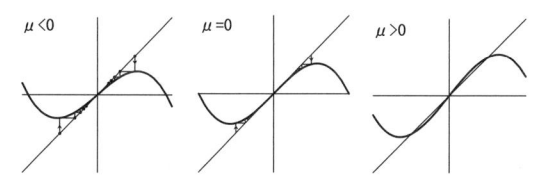

図 17 写像の Pitchfork 分岐 ($s = -1$)：$f(x, \mu)$

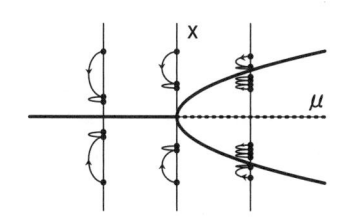

図 18 写像の Pitchfork 分岐 ($s = -1$)

3. 2 パラメータ分岐

余次元 1 の分岐（すなわち，ベクトル場の平衡点の Fold 分岐，Hopf 分岐，写像の不動点の Fold 分岐，Flip 分岐，Neimark–Sacker 分岐）の分岐点の集合は，2 パラメータ空間で考えるとき，曲線（分岐曲線）で表される．2 つの分岐曲線が交差したり接したりするとき，その交点・接点は余次元 2 の分岐点となる．また，分岐曲線上で超臨界から亜臨界への変化が起こる場合にも非退化条件が満たされずに退化した余次元 2 の分岐点が生じる．このような余次元 2 分岐のリスト，分岐条件，標準形などの詳細は文献 [1] に詳しい．

安定性交替分岐 (1.3 項, 2.4 項) や Pitchfork 分岐 (1.4 項, 2.5 項) は 2 パラメータ空間で特別な 1 パラメータ族の切り口をとるときにも観測される．2 パラメータ空間で Fold 分岐曲線に接するような 1 パラメータ族の切り口をとると，安定性交替分岐が観測される．また，2 つの Fold 分岐曲線が接して余次元 2 の分岐点（カスプ点）となるとき，そのカスプ点を通り，2 つの Fold 分岐曲線に接するような 1 パラメータ族の切り口をとると，Pitchfork 分岐が観測される．　　　　　　　　　　　　［小室元政］

参 考 文 献

[1] Y.A. Kuznetsov, *Elements of Applied Bifurcation Theory, Third Edition* (Applied Mathematical Sciences Vol.112), Springer, 2004.
[2] 小室元政, 新版 基礎からの力学系, サイエンス社, 2005.

大域分岐
global bifurcation

局所分岐が不動点や平衡点近傍の線形近似系における双曲性の喪失であるのに対し，大域分岐は，局所分岐以外の全ての分岐を総称する．系の持つ非線形性が反映されるため，広範囲にわたる状態空間上の運動が対象となり，また，その非線形性の様態に応じて極めて多彩な現象が発生する．

大域的挙動の位相的性質は，不変集合であるサドル型の平衡点や不動点に関する多様体によって理解することができる．ここでは滑らかな特性を持つ2次元力学系について大域分岐の典型例を示すこととし，まず，自律系について，ホモクリニック軌道を説明する．次に，その系に周期外力による摂動を加えた系（非自律系）について，Poincaré 写像によって得られる多様体の交差から構成される馬蹄写像について説明する．

1. 自律系のホモクリニック軌道

2次元自律系 $\dot{x} = f(x)$ の解軌道を $x(t) = \varphi(t, u)$，$x(0) = \varphi(0, u) = u$ と書くこととする．サドル型平衡点 x_0 について，次の集合を考える：

$$W^u(x_0) = \{u \in R^2 | \lim_{t \to -\infty} \varphi(t, u) = x_0\}$$
$$W^s(x_0) = \{u \in R^2 | \lim_{t \to \infty} \varphi(t, u) = x_0\} \quad (1)$$

これらはそれぞれ，不安定多様体，安定多様体と呼ばれる．しばしば α 枝，ω 枝とも表現される．x_0 の近傍では，これらの多様体は x_0 の固有ベクトルと一致する．x_0 の線形固有空間から離れて，非線形性が反映され始めると，多様体は曲線を描き始める．α, ω 両枝は解集合の部分集合であるため，解の一意性より，自分自身もしくは互いが横断的に交差することはない．しかしながら，α 枝と ω 枝が1点で接続することがあり，このとき軌道は閉曲線となる．これをホモクリニック軌道と呼ぶ．

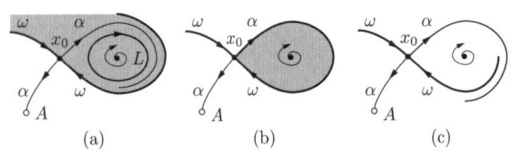

図1 ホモクリニック軌道とリミットサイクルの消失

図1に，パラメータ値の変更に伴って観測される状態空間の変化例を示す．(b) においてホモクリニック軌道が発生している．また，(a) で存在していたリミットサイクルが (b) においてホモクリニック軌道と癒着し，(c) では消滅するという事実を理解するほかに，ベイスン（basin; 最終的にあるアトラクタに辿り着く，状態空間上の初期値集合）が定性的に変化するという事実に着目する必要がある．(a) の網掛けの領域はリミットサイクル L に吸引されており，アトラクタ A のベイスンと分離されていたが，ホモクリニック軌道を経た後は消失し，(c) では状態空間の至るところが A のベイスンとなっている．

状態やパラメータの摂動に関して，ベイスンに定性的変化がないとき，すなわち状態空間における位相的性質が不変であるとき，系は構造安定であるという．ホモクリニック軌道を持つ系は構造不安定であることが知られており，事実，図1(b) のホモクリニック軌道は，パラメータの特定の値にのみ存在し，微小なパラメータおよび状態の摂動で観測することができなくなる．ホモクリニック軌道発生の前後で，大域的な解空間の位相的性質が変化することから，ホモクリニック軌道は大域分岐である．また，図1(a) における周期解の消滅の立場からは，ホモクリニック分岐と呼ばれる．

異なる平衡点に関する α 枝と ω 枝が接続される場合は，ヘテロクリニック軌道と呼ばれる．

ホモクリニック軌道の計算は，x^* 近傍の α, ω 上のそれぞれの初期値から軌道をそれぞれ正時間，逆時間で求め，ある断面上においてそれらの軌道が一致する条件をシューティング法で解けばよい．

2. 非自律系におけるホモクリニック点と馬蹄写像

2次元自律系に周期摂動を印加した系，すなわち非自律系に対して，運動を Poincaré 写像 T で離散化した場合を考える．自律系のサドル型平衡点に対応したサドル型不動点 x^* について，式 (1) と同様に多様体が定義できる．

$$W^u(x^*) = \{u \in R^2 | \lim_{k \to \infty} T^{-k}(u) = x^*\}$$
$$W^s(x^*) = \{u \in R^2 | \lim_{k \to \infty} T^k(u) = x^*\} \quad (2)$$

これらもそれぞれ α 枝，ω 枝と呼ばれる．これらは離散的な点列の集合であるが，x^* 近傍の各枝上で様々な u を与え，T ないしは T^{-1} を反復することにより，連続的な曲線として観察できる．

パラメータの変化により，α 枝，ω 枝が接する現象が生じうる．このとき，1か所でも接すれば，他に無限に接する点が現れ，これをホモクリニック接触という．さらなるパラメータ更新により，α 枝，ω 枝は横断的に交差し始め，図2(a) に示す H_0, H_1 など，サドル付近に交差点が無限に現れる．これらをホモクリニック点という．正負両方の時刻に対してこの点を出発すると同じ x^* に収束することから，2重漸近点とも呼ばれる．

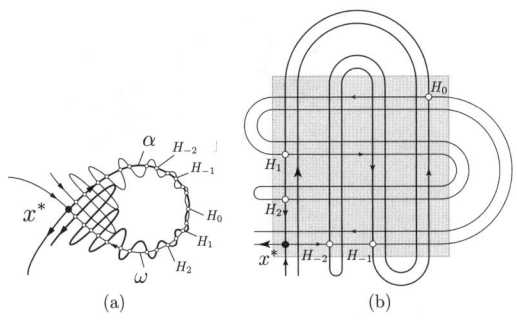

図2 ホモクリニック点と馬蹄形写像

ホモクリニック点近傍の点は，T の繰り返しによって再び自身の点の近傍に還ってくる可能性がある．その際，α 枝，ω 枝の湾曲により生じる，状態空間に対する折り畳みと引き延ばしの効果について位相的に整理すれば，図2(b) で示した馬蹄形写像が得られる場合がある[1]．ホモクリニック点が $H_k = T^k(H_0)$，$-\infty < k < \infty$ と書けるとき，不動点付近にとったある領域 R に対して，出入りする α, ω 枝を考える．x^* の α, ω 枝にそれぞれ 1, 0 の 2 進記号を与え，x^* と H_0 を含む適当な矩形領域に α, ω 枝が繰り返し出入りする運動を計測すると，次の集合を構成していることがわかる．

$$\Sigma = R \bigcap_{k=1}^{\infty} T^k(R) \bigcap_{k=1}^{\infty} T^{-k}(R)$$

このとき，対応する双無限コード列は

$$S = \{\cdots s_{-2}s_{-1}\dot{s}_1 s_2 \cdots\}$$

と表される．ただし，s_k は 0 ないし 1 であり，傍点は基準位置である．次のシフト写像を考える：

$$\begin{aligned} \sigma &: S \to S \\ s &= \cdots s_{-2}s_{-1}\dot{s}_1 s_2 \cdots \\ &\mapsto \sigma(s) = s_{-2}\dot{s}_{-1}s_1 s_2 \cdots \end{aligned}$$

すると，Σ 上の T による運動は，S 上の σ による運動，すなわち記号力学系と対応が付くことがわかる．

この不変集合 Σ の中に次の性質を持つ軌道が存在することが知られている．

- 加算無限個の周期点
- 非加算無限個の非周期点
- 稠密な軌道

Σ はカントール集合の積集合となっていることから，自己相似性を持ったフラクタル集合としても特徴付けられる．また，シフト写像と同値であることから，距離の近接した 2 つの双無限コード列は，適当な T の反復により指数関数的に距離が離れること，すなわち初期値鋭敏性も説明することができる．

Σ は構造安定であることも示されており，うたかたの如く現れる集合ではないが，数値シミュレーションで安定な集合として観測できるかに関しては保証されていない．このため，Σ は位相的カオス集合と呼ばれている．

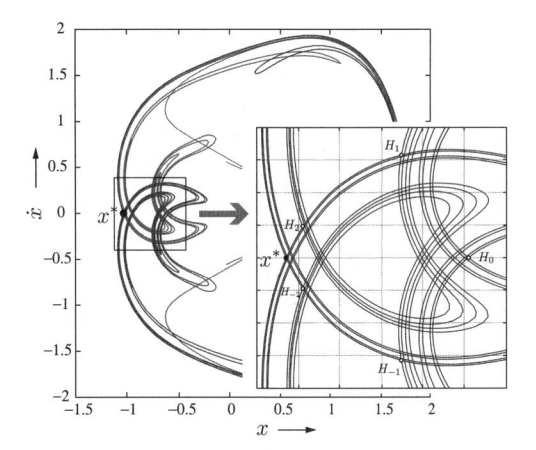

図3 Duffing 方程式における馬蹄形写像

図3は Duffing 方程式

$$\ddot{x} + x^3 = -0.08 + 0.3\cos t$$

における馬蹄形写像を示している．周期 2π おきに Poincaré 写像をとり，α, ω 両枝を途中までトレースした．ホモクリニック点近傍において，2 進コードに対応する周期をもとに探索すれば，不安定周期解も計算することができる．この図の場合は $k = 4$，すなわち $s_1 \sim s_4$ の 2 進コードを振ることができ，最大 8 周期の周期解についてその位置情報を得ることができる．

複数の C^∞ 級の力学系が，離散的なイベントにより切り替えられるハイブリッドシステムにおいては，解や変分系の連続性もなくなるため，さらに多様な大域分岐が発生する可能性がある．それらの分類については Bernardo の著書 [3] を参照されたい．

[上田哲史]

参 考 文 献

[1] S. Smale, Diffeomorphisms with infinitely many periodic points, In *Differential and Combinatorial Topology*, pp.63–80, Princeton University Press, 1963.

[2] 川上 博, 松尾次郎, 非線形系にみられる二重漸近運動の分岐, 電子通信学会論文誌 A, Vol.J65-A, No.7 (1982), 647–654.

[3] M. Bernardo, *Piecewise-smooth Dynamical Systems*, Springer, 2008.

リアプノフ指数
Liapunov (Lyapunov) exponent

リアプノフ指数は力学系において隣接する2つの軌道が離れていくレートを表し、系のカオス性の判定や定量化に使われ、各種の特徴量と関係する。

1. 1次元写像

時刻 $n = 0, 1, 2, \ldots$ における系の状態が実数 x_n で表され、その時間発展が写像

$$x_{n+1} = f(x_n)$$

に従うとする。x_n からわずかに離れた軌道を $x'_n = x_n + y_n$ とすると、微小変位 y_n は、線形化写像

$$y_{n+1} = f'(x_n) y_n$$

に従う。ここで $f'(x_n) = df(x)/dx|_{x=x_n}$ は状態 x_n での f の傾きである。初期時刻0での微小変位を y_0 とすると、時刻 n での微小変位は $y_n = \{\prod_{k=0}^{n-1} f'(x_k)\} y_0$ となる。初期点 x_0 から出発した軌道のリアプノフ指数は、微小変位の大きさ $|y_n|$ の拡大率の長時間平均として、

$$\lambda(x_0) = \lim_{n \to \infty} \frac{1}{n} \ln \frac{|y_n|}{|y_0|} = \lim_{n \to \infty} \frac{1}{n} \sum_{k=0}^{n-1} \ln |f'(x_k)|$$

と定義される。大きな n に対しては近似的に $|y_n| \approx |y_0| \exp\{n\lambda(x_0)\}$ と表せるので、$\lambda(x_0)$ の正負により、軌道に与えた微小変位が指数関数的に拡大するかどうかを判定できる。軌道が線形安定なら $\lambda(x_0) < 0$、不安定なら $\lambda(x_0) > 0$、中立安定なら $\lambda(x_0) = 0$ である。もし x_0 が写像 f の固定点ならば、単に $\lambda(x_0) = \ln |f'(x_0)|$ となり、傾き $f'(x_0)$ の絶対値が1より小さければ $\lambda(x_0)$ は負となるので、x_0 は線形安定である。同様に、x_0 が写像 f の m 周期点で $x_0 = f^m(x_0)$ なら、$\lambda(x_0) = \ln |(f^m)'(x_0)|/m$ の正負より、この周期軌道の安定性がわかる。

リアプノフ指数 $\lambda(x_0)$ は軌道の初期点 x_0 に依存するが、同じアトラクタの吸引領域内にある初期点については同じ値をとり、アトラクタ上の軌道の確率密度 $\rho(x)$ に対する平均として

$$\lambda = \int \ln |f'(x)| \rho(x) dx$$

と表される。λ が正であれば、アトラクタ上のわずかに離れた2つの軌道間の距離は指数関数的に増大し、カオス的であることを意味する。図1に、区間 $[0,1]$ 上のロジスティック写像 $f(x) = \mu x(1-x)$ の例を示す。軌道がカオス的なときに $\lambda > 0$ となっている。

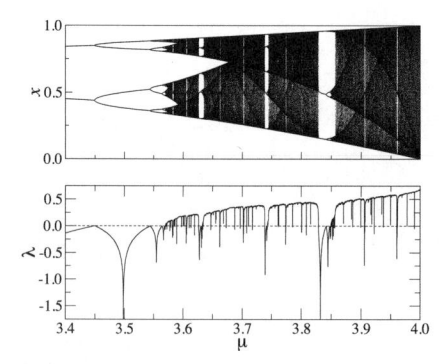

図1 ロジスティック写像の軌道の様子とリアプノフ指数

2. 多次元写像

時刻 n における系の状態が M 次元の実ベクトル $\mathbf{x}_n$ で表されるとして、写像

$$\mathbf{x}_{n+1} = \mathbf{f}(\mathbf{x}_n)$$

を考える。1次元写像の場合と同様に、軌道 $\mathbf{x}_n$ からの微小変位ベクトル $\mathbf{y}_n$ は、線形化写像

$$\mathbf{y}_{n+1} = \mathbf{J}(\mathbf{x}_n) \mathbf{y}_n$$

に従う。ここで、$\mathbf{J}(\mathbf{x}_n)$ は状態 $\mathbf{x}_n$ におけるヤコビ行列で、その ij 要素 $(i, j = 1, \ldots, M)$ は

$$J_{ij}(\mathbf{x}) = \partial f_i(\mathbf{x})/\partial x_j|_{\mathbf{x}=\mathbf{x}_n}$$

である (x_j, f_i は $\mathbf{x}, \mathbf{f}$ の各成分)。時刻0で $\mathbf{y}_0$ であった微小変位は、時刻 n には $\mathbf{y}_n = \mathbf{J}^n(\mathbf{x}_0) \mathbf{y}_0$ となる。ここで、$\mathbf{J}^n(\mathbf{x}_0) = \{\prod_{k=0}^{n-1} \mathbf{J}(\mathbf{x}_k)\}$ であり、リアプノフ指数は1次元写像の場合と同様に

$$\lambda(\mathbf{x}_0, \mathbf{z}_0) = \lim_{n \to \infty} \frac{1}{n} \ln \frac{|\mathbf{y}_n|}{|\mathbf{y}_0|} = \lim_{n \to \infty} \frac{1}{n} \ln |\mathbf{J}^n(\mathbf{x}_0) \mathbf{z}_0|$$

と定義される。ここで、$\mathbf{z}_0 = \mathbf{y}_0/|\mathbf{y}_0|$ は初期変位の方向であり、リアプノフ指数は軌道の初期点 $\mathbf{x}_0$ だけでなく $\mathbf{z}_0$ にも依存する。ここで、対称行列

$$\mathbf{K}^n(\mathbf{x}_0) = [\mathbf{J}^n(\mathbf{x}_0)]^T \mathbf{J}^n(\mathbf{x}_0)$$

を導入すると (T は転置)、

$$\lambda(\mathbf{x}_0, \mathbf{z}_0) = \lim_{n \to \infty} \frac{1}{2n} \ln |\mathbf{z}_0^T \mathbf{K}^n(\mathbf{x}_0) \mathbf{z}_0|$$

と表せる。$\mathbf{K}^n(\mathbf{x}_0)$ の固有値を Λ_i $(i = 1, \ldots, M)$ として、$\mathbf{z}_0$ を各固有値に対応する単位固有ベクトルにとると、リアプノフ指数は M 個の値

$$\lambda_i(\mathbf{x}_0) = \lim_{n \to \infty} \frac{1}{2n} \ln |\Lambda_i| \quad (i = 1, \ldots, M)$$

をとりうることがわかる。数学的には、Oseledec の乗法的エルゴード定理によりその存在が示される[1]。通例、リアプノフ指数は大きい順に並べて

$$\lambda_1(\mathbf{x}_0) \geqq \lambda_2(\mathbf{x}_0) \geqq \cdots \geqq \lambda_M(\mathbf{x}_0)$$

と書かれる。最大リアプノフ指数 λ_1 の正負により軌道のカオス性が判定される。

3. 常微分方程式

時刻 t での系の状態が M 次元ベクトル $\mathbf{x}(t)$ で表され，その時間発展が常微分方程式

$$\dot{\mathbf{x}}(t) = \mathbf{F}(\mathbf{x}(t))$$

に従うとする．軌道 $\mathbf{x}(t)$ からの微小変位ベクトル $\mathbf{y}(t)$ は，線形化方程式

$$\dot{\mathbf{y}}(t) = \mathrm{J}(\mathbf{x}(t))\mathbf{y}(t)$$

に従う．ここで，$\mathrm{J}(t) = \mathrm{J}(\mathbf{x}(t))$ は状態 $\mathbf{x}(t)$ におけるヤコビ行列で，その ij 要素 $(i, j = 1, \ldots, M)$ は

$$J_{ij}(t) = J_{ij}(\mathbf{x}(t)) = \partial F_i(\mathbf{x})/\partial x_j|_{\mathbf{x}=\mathbf{x}(t)}$$

である．初期時刻 0 での微小変位を $\mathbf{y}(0)$ とすると，時刻 t における微小変位 $\mathbf{y}(t)$ は，行列 $\Phi(t) = \mathrm{I} + \sum_{n=1}^{\infty} \int_0^t ds_1 \int_0^{s_1} ds_2 \cdots \int_0^{s_{n-1}} ds_n \mathrm{J}(s_1)\mathrm{J}(s_2)\cdots\mathrm{J}(s_n)$ により $\mathbf{y}(t) = \Phi(t)\mathbf{y}(0)$ と表せ（I は単位行列），リアプノフ指数は対称行列 $\Xi(t) = \Phi(t)^T\Phi(t)$ を用いて

$$\lambda(\mathbf{x}(0), \mathbf{z}(0)) = \lim_{t\to\infty} \frac{1}{t} \ln \frac{|\mathbf{y}(t)|}{|\mathbf{y}(0)|}$$
$$= \lim_{t\to\infty} \frac{1}{2t} \ln |\mathbf{z}(0)^T \Xi(t) \mathbf{z}(0)|$$

と書ける．$\mathbf{z}(0) = \mathbf{y}(0)/|\mathbf{y}(0)|$ は初期変位の方向であり，写像の場合と同様に，M 個のリアプノフ指数

$$\lambda_1(\mathbf{x}(0)) \geq \lambda_2(\mathbf{x}(0)) \geq \cdots \geq \lambda_M(\mathbf{x}(0))$$

が得られる．

4. 系の特徴量との関係

リアプノフ指数は力学系を特徴付ける種々の量と関係する[1],[2]．まず，リアプノフ指数の総和 $\sum_{i=1}^{M} \lambda_i$ は相空間の体積要素の拡大率を表し，散逸系なら負で，ハミルトン系なら 0 である．正のリアプノフ指数の和は，カオス力学系による情報の生成率を与えるコルモゴロフ–シナイ (Sinai) エントロピー H_{KS} と

$$H_{KS} = \sum \lambda_i \quad (\lambda_i > 0)$$

という関係がある（Pesin の等式）．また，

$$D_L = j + \frac{\sum_{i=1}^{j} \lambda_i}{|\lambda_{i+1}|}$$

で定義されるリアプノフ (Kaplan–Yorke) 次元は，アトラクタの情報次元を与えると考えられている．ここで j は $\sum_{i=1}^{j} \lambda_i \geq 0$ となる最大の整数である．

5. 数値計算と時系列からの推定

多くの力学系は解析的には解けないため，リアプノフ指数は数値的に計算する必要がある．基本的にはアトラクタ上の参照軌道に微小変位を与え，その拡大率を長時間計算する．初期変位をランダムに選べば，いずれは最大固有成分のみが残り，最大リアプノフ指数 λ_1 が得られる．λ_2 以下を求めるには Benettin らや島田・長島によるグラム–シュミット直交化法を用いる方法がよく使われる[2]．正規直交する M 個の初期ベクトル $\mathbf{z}^1, \ldots, \mathbf{z}^M$ のなす M 次元立方体を線形化方程式に従って発展させると，各ベクトルはその成分に応じて伸び縮みしつつ方向を変え，立方体は斜方体に変形する．適当な時間間隔でグラム–シュミット法を $\mathbf{z}^1$ から順番に適用して斜方体を立方体に再規格化する．これを繰り返すと，いずれ $\mathbf{z}^1$ が最もよく伸びる方向，$\mathbf{z}^2$ が $\mathbf{z}^1$ に直交する 2 番目によく伸びる方向というように収束し，それらの拡大率が M 個のリアプノフ指数を与える．

実験データからリアプノフ指数を求めたい場合，十分に長い時系列から時間遅れ座標を使ってアトラクタを再構成し，適当な参照点とその近傍にある別の点を探し，それらの差を微小変位と考える．この微小変位の時間発展を追うことでヤコビ行列を推定し，そこから実験の精度内でリアプノフ指数を求めることができる．このような手法は佐野・沢田や Eckmann らによって提案され[3]，対流実験のデータをはじめとする種々のカオス時系列の解析に用いられている．

6. 揺らぎと共変リアプノフベクトル

リアプノフ指数は軌道拡大率の長時間平均だが，有限時間での拡大率の揺らぎもアトラクタに関する重要な情報を与える．藤坂らや Grassberger–Procaccia などにより，拡大率の揺らぎに関する大偏差（熱力学）形式に基づく統計理論が展開された[2],[4]．また，グラム–シュミット法による直交化された基底ベクトルではなく，線形化方程式に従って互いに混ざらず自然に発展する部分空間群に微小変位ベクトルのなす接空間を Oseledec 分解する「共変リアプノフベクトル」を数値計算する手法が，Ginelli らにより考案された[1],[4],[5]．このベクトルは系のダイナミクスを物理的に自然な形で反映するものと考えられ，各種のカオス系において盛んに研究されている．

[中尾裕也]

参 考 文 献

[1] J.-P. Eckmann, D. Ruelle, Ergodic theory of chaos and strange attractors, *Rev. Mod. Phys.*, **57** (1985), 617–656.

[2] E. Ott, *Chaos in Dynamical Systems*, Cambridge University Press, 1993.

[3] 池口 徹ほか 編, カオス時系列解析の基礎と応用, 産業図書, 2000.

[4] 藤坂博一ほか, 散逸力学系カオスの統計力学, 培風館, 2009.

[5] F. Ginelli et al., Characterizing Dynamics with Covariant Lyapunov Vectors, *Phys. Rev. Lett.*, **99** (2007), 130601.

生物のカオス
chaos in biology

生物におけるカオスは，歴史的にもカオス研究発展の原動力となった．ここでは，生物リズムと神経興奮の数理モデルを例として取り上げる．

1. 生物リズムのカオス

生物には，様々なリズム・振動現象が存在する．そのような現象を表現する最も単純なものは，RIC (radial isochron clock) あるいはポアンカレ (Poincaré) 振動子と呼ばれる数理モデルである[1]：

$$\begin{cases} \dfrac{dr}{dt} = ar(1-r), \quad a > 0 \\ \dfrac{d\theta}{dt} = 2\pi \end{cases} \quad (1)$$

ただし，微分方程式を極座標 (r, θ) で表した．

図1 (a) は，式 (1) の状態平面をデカルト座標で表示している．単位円 ($r = 1$) は，周期1の安定なリミットサイクルであり，不安定平衡点である原点 ($r = 0$) 以外を初期値に持つ解軌道は，これに漸近する．なお，この振動子が RIC と呼ばれるのは，アイソクロン (isochron) という集合が放射状になっているからである．式 (1) の振動子に，周期 T，振幅 A のパルス列 $\sum_{k=0}^{\infty} A\delta(t - kT)$ を入力する．ただし，$\delta(\cdot)$ はディラック (Dirac) のデルタ関数である．つまり，状態点が，単一パルスによって状態平面の x 軸方向に振幅 A だけ瞬間的に移動するとする．周期 T が十分長ければ（あるいは a が十分大きければ），状態点は単位円の近くにあると考えられ，システムの状態を位相 θ ($0 \leq \theta < 2\pi$) だけで近似的に表すことができる．よって，n 番目と $n + 1$ 番目のパルスが入力される直前の位相をそれぞれ θ_n, θ_{n+1} とすると，簡単な計算により，θ_n と θ_{n+1} との関係は以下のようになる．

$$\theta_{n+1} = p(\theta_n) := \arctan \frac{\sin \theta_n}{A + \cos \theta_n} + 2\pi T \mod 2\pi \quad (2)$$

図1 (b),(c) に $p(\theta)$ の例を示した．(b) はパルスの振幅がリミットサイクルの半径よりも小さい場合 ($A < 1$) で，(c) は大きい場合 ($A > 1$) である．差分方程式 (2) を用いて，RIC 振動子の位相同期現象を調べることができる．(c) のグラフからわかるように，$p(\theta)$ は2峰写像となっており，パルスの振幅がリミットサイクルの半径より大きい場合には，RIC 振動子にカオス的挙動が発生する可能性がある．

2. 神経のカオス

ここでは，最も抽象化された神経モデルであるカイアニエロ (Caianiello) の神経方程式と，それに基づくカオスニューロンモデルを取り上げる．

2.1 カイアニエロの神経方程式

カイアニエロの神経方程式は以下で記述される[2]：

$$x_{n+1} = \mathbf{1}\left[S(n) - \alpha \sum_{k=0}^{n} b^{-k} x_{n-k} - \theta \right] \quad (3)$$

ここで，$\mathbf{1}[x] = 1$ ($x \geq 0$)，$= 0$ ($x < 0$) である．離散時刻 n における神経細胞の状態 x_n は，値1と0をとり，それぞれ神経細胞の興奮（発火）と非興奮を表している．$S(n)$ は，神経細胞への入力項であり，θ は興奮が生じるための閾値である．右辺の総和項は，過去の興奮 $\{x_{n-k}\}$ に依存する，いわゆる不応性を表している．もし，神経細胞が過去に興奮 ($x_{n-k} = 1$) していれば，この総和項が負になり，次の時刻 $n+1$ で興奮するためには，入力 $S(n)$ がより大きな値をとる必要がある．パラメータ b (> 1) は，過去の状態 $\{x_{n-k}\}$ の記憶が失われていく減衰率を表す．単位ステップ関数 $\mathbf{1}[x]$ は，神経細胞興奮の閾値性を表現している．このように，カイアニエロの神経方程式は，神経細胞の閾値性と不応性という2つの性質だけを抽象した数理モデルとなっている．

南雲と佐藤 [3] は，カイアニエロの神経方程式を詳細に調べた．入力が一定値 ($S(n) \equiv A$) のとき，x_n から y_n への変数変換

$$y_n = (A - \theta)/\alpha - \sum_{k=0}^{n} b^{-k} x_{n-k} \quad (4)$$

を行うと，式 (3) は1階の差分方程式

$$y_{n+1} = p(y_n) := y_n/b - \mathbf{1}[y_n] + a \quad (5)$$

に帰着される．ただし，$a := (A - \theta)(1 - 1/b)/\alpha$ とおいた．図2 (a) は，写像 $p(y)$ の例を示している．この写像は，傾き $1/b$ の線分からなる区分線形写像である．このような区分線形写像の性質は，古くから詳しく調べられており [3],[4]，差分方程式 (5) は，測度0の集合を除く，ほとんど全てのパラメータ値に対して安定な周期軌道を持つ．変数 y_n の定義からわかるように，写像 $p(y)$ の右の枝 ($y_n > 0$) と左の枝 ($y_n < 0$) は，それぞれ神経細胞の興奮と非興奮に対応する．図2 (a) には，初期値 $y_0 = -1$ を持つ軌道 $\{y_n\}$ も描かれており，周期軌道 $\{y_1^*, y_2^*, y_3^*, y_4^*, y_5^*, y_1^*, y_2^*, \ldots\}$ に漸近している．この周期軌道は，興奮パターン 10101 に対応することがわかる．ただし，神経細胞の興奮と非興奮をそれぞれ記号 "1" と "0" で表した．

次に，差分方程式 (5) の軌道 $\{y_n\}$ に対して，平

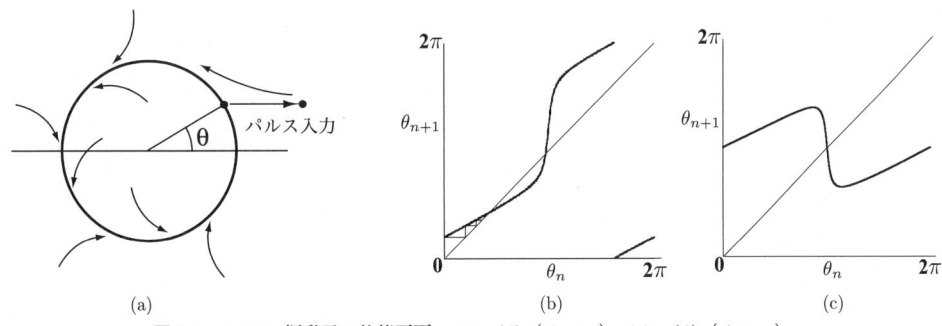

図 1 (a) RIC 振動子の状態平面, (b) $p(\theta)$ $(A < 1)$, (c) $p(\theta)$ $(A > 1)$.

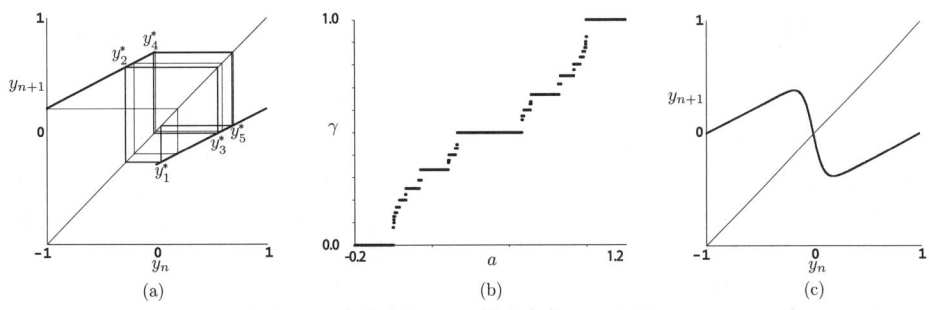

図 2 (a) 差分方程式 (5) の解軌道例, (b) 平均興奮率, (c) カオスニューロンモデル.

均興奮率（mean firing rate）γ を次のように定義する：

$$\gamma := \lim_{n \to +\infty} \frac{1}{n} \sum_{k=0}^{n-1} \mathbf{1}[y_k] \tag{6}$$

例えば，図 2 (a) に例示した軌道の平均興奮率は 3/5 である．図 2 (b) は，平均興奮率 γ をパラメータ a の関数として示している．平均興奮率 γ は，ほとんど至るところで傾き 0 の非減少連続関数という奇妙な関数である．小さなステップが無限に続くので，悪魔の階段（devil's staircase）と呼ばれ，フラクタル研究発展の端緒ともなった．なお，平均興奮率は，力学系の回転数（rotation number）と密接な関連を持つ．

2.2 カオスニューロンモデル

カイアニエロの神経モデル (3),(5) では，神経興奮の閾値性を表現するために，不連続なステップ関数 $\mathbf{1}[\cdot]$ を用いている．合原ら[5]は，実際の神経細胞の性質を考慮して，ステップ関数を連続なシグモイド関数

$$f(x) = \frac{1}{1 + \exp(-x/\epsilon)} \tag{7}$$

で置き換えた．この場合も，カイアニエロの神経方程式と同様に，1 階の差分方程式が得られる：

$$y_{n+1} = p(y_n) \equiv y_n/b - f(y_n) + a \tag{8}$$

図 2 (c) は，$p(y)$ のグラフである．カイアニエロの神経方程式の不連続部分が繋がることで，カオス現象を発生しうる典型的な 2 峰写像になっていることがわかる．このことにより，このモデルはカオスニューロンモデルと呼ばれる． ［土居伸二］

参 考 文 献

[1] F.C. Hoppensteadt, J.P. Keener, Phase locking of biological clocks, *J. Math. Biol.*, **15** (1982), 339–349.

[2] E.R. Caianiello, Outline of a theory of thought-processes and thinking machines, *J. Theoret. Biol.*, **2** (1961), 204–235.

[3] J. Nagumo, S. Sato, On a response characteristic of a mathematical neuron model, *Kybernetik*, **10** (1972), 155–164.

[4] 畑 政義, 神経回路モデルのカオス, 朝倉書店, 1998.

[5] K. Aihara, T. Takabe, M. Toyoda, Chaotic neural networks, *Phys. Lett. A*, **144** (1990), 333–340.

大自由度カオス
extensive chaos

空間的に広がりを持つ非線形系や，多数の非線形素子の結合系などにおいて生じる大きな自由度を持つカオス状態を指す．特に，流体系や化学反応系において，空間的に一様な状態や，規則的な平面波が伝播する状態が不安定化して生じる時空カオス状態は，大自由度カオスの典型である．

1. 実験系における時空カオス

1.1 流体系

Rayleigh–Bénard (RB) 対流実験では，上下2枚の広い平行平板間の薄い層に挟まれた流体を下から一様に暖める[1],[2],[7]．平板間の温度差が小さければ，流体は静止したまま熱伝導のみが起きるが，温度差が大きくなると，空間的に一様な静止状態は不安定化して，平板間隔程度の波長で周期的に並ぶロール状の対流が生じる．温度差がより大きくなると，対流ロールの並びがさらに不安定化を起こしてロール構造が断片化し，乱れた時空パターンが不規則に発展する時空カオス状態に至る．この乱れは決定論的なダイナミクスによるものである．系は空間的に広がりを持つため，この時空カオス状態を特徴付けるには多数の力学変数が必要であり，大きな自由度を持つ大自由度カオスの典型である．

1.2 化学反応系

Belousov–Zhabotinsky (BZ) 化学反応系は，興奮性・自励振動性を示す化学反応の代表例として知られている[1],[2]．薄い平面的な反応容器でBZ反応を観察すると，実験条件によっては化学物質の濃度分布が自発的に乱れ，渦巻き構造（スパイラル）の断片からなる不規則なパターンが発展し続ける時空カオス状態となる．スケールはまったく異なるが，白金触媒上での $CO \leftrightarrow CO_2$ の振動化学反応においても，BZ反応と同様のメカニズムによる時空カオスが生じることが知られている[3]．

1.3 その他の系

心臓は自発的に収縮する興奮性・振動性を持つ心筋細胞からなる組織で，通常はペースメーカー細胞群からの信号に従って規則的に収縮を繰り返しているが，血流不足や外的ショックにより，規則的な収縮が乱れて心室細動状態に至り，血液を送り出せなくなることがある．これに関して力学系の観点から研究が行われており，健常な心筋組織が示すべき規則的な収縮パターンが不安定化してスパイラル波が発生し（頻脈），それがさらに不安定化して時空カオス（心室細動）に至るものと考えられている[4]．

また，レーザー光学系においては，戻り光による時間遅れフィードバックの効果により光学カオス状態が生じる．このとき光の伝播方向に垂直な面内に時空カオスが生じることが知られており，時空カオス間の同期を用いた秘匿通信の可能性などが議論されている．そのほかに，ネマチック液晶の電気対流系や，パラメトリック励振を受ける流体の表面，プラズマや半導体など，多彩な系において時空カオス状態が発生することが知られている．

2. 時空カオスの数理モデル

時空カオスの解析には，系を直接記述する数理モデルに加えて，それらのモデルを系統的に縮約した偏微分方程式がよく用いられる．ここでは，時空カオスの標準的な数理モデルとされる2つの偏微分方程式 [2] と結合写像格子 [6] について述べる．

2.1 複素 Ginzburg–Landau 方程式

複素 Ginzburg–Landau (GL) 方程式 [1],[2],[5] は，RB対流やBZ反応などを記述する方程式系から縮約理論により一般的な形で導出され，空間一様解や平面波解が不安定化する分岐点近傍における臨界モードの複素振幅の遅い時間発展を記述する．複素GL方程式は時空カオスを示す偏微分方程式の代表例で，複素振幅を $W(\mathbf{r},t)$ として

$$\frac{\partial}{\partial t}W(\mathbf{r},t) = W - (1+ic_2)|W|^2 W + (1+ic_1)\nabla^2 W$$

で与えられる．ここで $\mathbf{r}$ は空間座標，t は時刻，c_1, c_2 は実パラメータである．この系は複素平面上の単位円をリミットサイクルに持つ Stuart–Landau 振動子の拡散結合系と見なすこともでき，空間一様振動解 $W(\mathbf{r},t) = e^{-ic_2 t}$ および各波数の定常進行波解を持つ．それらのうち，空間一様振動解が最も広い安定領域を持つが，Benjamin–Feir 条件 $1 + c_1 c_2 < 0$ が満たされると不安定化して，時空カオスに至る[2]．

複素GL方程式は，パラメータにより，W の振幅がほぼ一定でその位相のみが不規則に変動する位相乱流と，W の振幅自体も大きく変動する振幅乱流の2種類の時空カオス状態を持つ[5]．図1(a)に，2次元平面上で複素GL方程式を数値的に解いて得た振幅乱流状態での時空カオスのスナップショットを示す．スパイラルの断片が乱れた空間パターンを構成していることがわかる．これはBZ化学反応実験などで観察されるパターンによく似ており，自励振動性を持つ場が不安定化した際の典型的な挙動である．

2.2 蔵本–Sivashinsky 方程式

時空カオスに関するもう1つの重要な縮約方程式

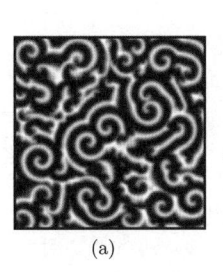

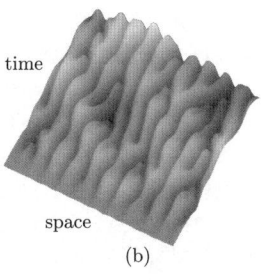

図1 (a) 2次元平面上の複素 Ginzburg–Landau 方程式の時空カオスのスナップショット(W の実部). (b) 1次元蔵本–Sivashinsky 方程式の時空カオスの発展.

は,空間周期構造を持つ場や自励振動性を持つ場における長波長の弱い乱れを記述する蔵本–Sivashinsky (KS) 方程式 [1],[2],[5] であり,空間の各点における場の位相を $\psi(\mathbf{r},t)$ として,

$$\frac{\partial}{\partial t}\psi(\mathbf{r},t) = -\nabla^2\psi - \nabla^4\psi + (\nabla\psi)^2$$

で与えられる.この方程式は,蔵本により振動性媒質の位相乱流に関して,Sivashinsky により燃焼界面の発展に関して導出され,時空カオスを示す最もシンプルな偏微分方程式の1つとして,多くの研究がなされている.図1(b) に空間1次元の KS 方程式の時間発展を示す.右辺第1項の位相拡散係数が負であることからわかるように,空間一様状態は不安定で,不規則な時空パターンが発展し続ける.

2.3 結合写像格子

結合写像格子は,低次元カオスを示す写像を非線形素子として格子上に並べ,拡散的な相互作用を導入したもので,金子により大自由度力学系の抽象モデルとして導入された[6]. 1次元格子の場合,

$$x_{n+1}(i) = (1-\epsilon)f(x_n(i)) \\ + \frac{\epsilon}{2}[f(x_n(i-1)) + f(x_n(i+1))]$$

で与えられ,$x_n(i)$ は素子の状態変数,n は時刻,i は格子点の番号,ϵ は結合強度,f は例えばロジスティック写像 $f(x)=\mu x(1-x)$ を表す.このモデルは,写像のパラメータや結合強度 ϵ を変化させることにより,各種の周期解や時空カオス,時空間欠性など,多彩なダイナミクスを示す.具体的な物理系を直接モデル化したものではないが,その性質は他の様々な系の時空カオスと共通する普遍性を持ち,時空カオスの標準モデルの1つとして,数多くの研究がなされている.

3. 系の自由度

系が大自由度カオス状態にあるとは,その実効的な自由度,つまり系のアトラクタの次元が大きいことを意味する.数理モデルについては,系のアトラクタの次元をリアプノフスペクトルから推定できる.例えば,RB対流を記述する流体方程式については,数値解析により得られるリアプノフスペクトルが系の大きさでスケールされる普遍曲線に乗ることから,アトラクタの次元が系の大きさに比例することが示されている.この性質は自由度の示量性と呼ばれ,時空カオス状態において,系の各部分が固有の自由度を持ち,空間的に離れた場所とは独立に振る舞うことに対応する[7].複素 GL 方程式や KS 方程式についても同様の研究がある.また,KS 方程式などについては,アトラクタの次元に関する数学的な評価も与えられている.

4. 他の大自由度カオス

空間的に広がりを持つ系以外にも,各種のネットワーク構造を介して相互作用する素子系が様々な現象の数理モデルとして研究されている.特に,多数の素子が系の平均場を通じて相互作用する大域結合素子系はその代表例である.一般に,結合強度が弱ければ各素子は独立に振る舞い,結合強度が十分に強ければ素子は互いに同期する.それらの中間領域では様々なカオス的ダイナミクスが生じる可能性があり,多くの研究がなされている.　　[中尾裕也]

参 考 文 献

[1] M.C. Cross, P.C. Hohenberg, Pattern formation outside of equilibrium, *Reviews of Modern Physics*, **65** (1993), 851–1112.

[2] 森 肇,蔵本由紀,散逸構造とカオス,岩波書店,2000.

[3] G. Ertl, Reactions at Surfaces: From Atoms to Complexity (Nobel Lecture), *Angewandte Chemie International Edition*, **47** (2008), 3524–3535.

[4] J.N. Weiss et al., Chaos and the Transition to Ventricular Fibrillation: A New Approach to Antiarrhythmic Drug Evaluation, *Circulation*, **99** (1999), 2819–2826.

[5] I.S. Aranson, L. Kramer, The world of the complex Ginzburg–Landau equation, *Reviews of Modern Physics*, **74** (2002), 99–142.

[6] K. Kaneko, Pattern dynamics in spatiotemporal chaos, *Physica D*, **34** (1989), 1–41.

[7] D.A. Egolf et al., Mechanisms of extensive spatiotemporal chaos in Rayleigh–Bénard convection, *Nature*, **404** (2000), 733–736.

カオス時系列解析
analysis of chaotic time series

未知の力学システムから時系列データが計測されたとき，背後に存在するシステムの力学的性質をデータのみを手掛かりに推定する問題は「時系列解析」と呼ばれ，工学を中心とする幅広い分野における中心課題の1つである．カオス時系列解析では，乱雑な時系列が計測されたとき，「時系列の乱雑性が決定論的カオスによるものなのか，あるいは確率論的な揺らぎによるものなのか？」を判別することが最重要課題となる[1]～[3]．もしも時系列信号がカオス的であれば，一見すると複雑なシステムダイナミクスも低自由度の単純な決定論的力学系としてモデル化できる可能性が出てくるためである．特にカオスを対象とした場合には，力学システムの解軌道の幾何学構造に着目した定性的な解析が必須となる．このため，力学系の埋め込みなどの幾何学的なアプローチが基盤となる．本項目では，観測された時系列データから決定論的カオスを発見するための基礎論および実際の運用方法について紹介する．

1. 埋め込み

いま，未知の力学構造を持つシステム A が存在して，A の状態 $\xi(t) \in \mathbf{R}^m$ を観測関数 $g: R^m \mapsto R^1$ を通して1次元の時系列信号 $\{x_n = g(\xi(n\Delta t)): n = 1, 2, \ldots, N\}$ (Δt はサンプリング時間間隔) として観測できるとする．このとき，時系列信号のみからその背後に潜むシステムのダイナミクスを再構成することが，時系列解析の第一歩となる．現在広く普及している手法では，遅延座標 (delay coordinates)

$$X_n = (x_n, x_{n-\tau}, x_{n-2\tau}, \ldots, x_{n-(d-1)\tau}) \quad (1)$$

を用いる．d は再構成次元，τ は時間遅れを表す．もしも A のダイナミクスが低次元のアトラクタに引き込まれているならば，定性的にオリジナルと等価なアトラクタを遅延座標系上に再構成することができる．

Takens (1981) によると，オリジナルの力学系の自由度 m に対して $d > 2m$ のとき，任意の τ に対して generic に埋め込みが成り立つことが示されている．「埋め込み」とは，微分構造も含めて幾何学的に等価な多様体に変換する写像を示す．「generic」とは，ほとんど全ての観測関数 g および τ に対して埋め込みが成り立つことを意味する．Takens の定理はその後，Sauer ら (1991) によって拡張され，$d > 2d_{\text{box}}$ (d_{box} はアトラクタのボックスカウンティング次元) に対して prevalence に埋め込みが成り立つことが証明されている．

具体例としてレスラー方程式 $\dot{\xi}_1 = -\xi_2 - \xi_3$, $\dot{\xi}_2 = \xi_1 + 0.36\xi_2$, $\dot{\xi}_3 = 0.4\xi_1 - (4.5 - \xi_1)\xi_3$ から生成されたカオス時系列 $\{x_n = \xi_1(n\Delta t): n = 1, 2, \ldots, 4999\}$ ($\Delta t = 0.15$) を $\tau = 10$ とする2次元の遅延座標で観察してみよう．図 1(a) のオリジナルの力学系に見られる貝殻状の構造が，図 1(b) の遅延座標でも再現され，カオスの特徴である引き伸ばしと折り畳みが埋め込まれていることがわかる．

τ の選び方は数学的には任意であるが，計算などの実用上は座標同士が直交しているなどの性質が好まれる．このため，自己相関関数が最初に零交差する点 (図 1(c)) や，相互情報量が零となる点が選ばれる．

再構成次元 d の選び方としては，数学的な条件のほかに，より実用的に時系列データから d を決定する方法として，偽近傍点 (false neighbor) に着目した方法が知られている．ここでは，時刻 n における状態 X_n に対して，全てのデータ点の中からその最近傍点を選んで $X_{n'}$ とおき，最近傍点距離の2乗を

$$R_d(n, n') = \sum_{k=0}^{d-1}[x_{n-k\tau} - x_{n'-k\tau}]^2 \quad (2)$$

と定義する．ここで再構成次元を $d+1$ に増やした場合に，最近傍点距離の変化を考える．最近傍点距離が増加した場合には，低次元に押し込められていたアトラクタ上で擬似的に生じていた軌道の交差が，次元を増やすことによって広げられ，正しい位相関係が復元されたことを示す．よって，以下を満たすような偽近傍点がなくなるまで，次元 d を増やせばよいことになる．

$$\left[\frac{R_{d+1}^2(n, n') - R_d^2(n, n')}{R_d^2(n, n')}\right]^{1/2} > R_{\text{tol}} \quad (3)$$

ただし，R_{tol} は閾値を表す．図 1(d) に，レスラー方程式から得られたデータにおいて検出された偽近傍点の割合を示す ($R_{\text{tol}} = 10$)．$d = 2$ までは偽近傍点が存在するが，$d = 3$ 以上ではほぼ零となり，これは $d = 3$ でほぼ十分な再構成がなされていることを示唆する．

遅延座標系に再構成されたアトラクタに対して，カオスを特徴付ける力学統計量であるリアプノフ指数 (Lyapunov exponent) を算定してみよう．特に，正のリアプノフ指数が推定された場合，時系列はカオス的であると判定される．図 1(e) に時系列データから再構成されたアトラクタ上において，佐野-沢田の方法で第 1，第 2 リアプノフ指数を推定した結果を示す．もともとのレスラー方程式から島田-長島の方法で算定されるリアプノフ指数の値に収束していることがわかり，これはオリジナルのカオスの

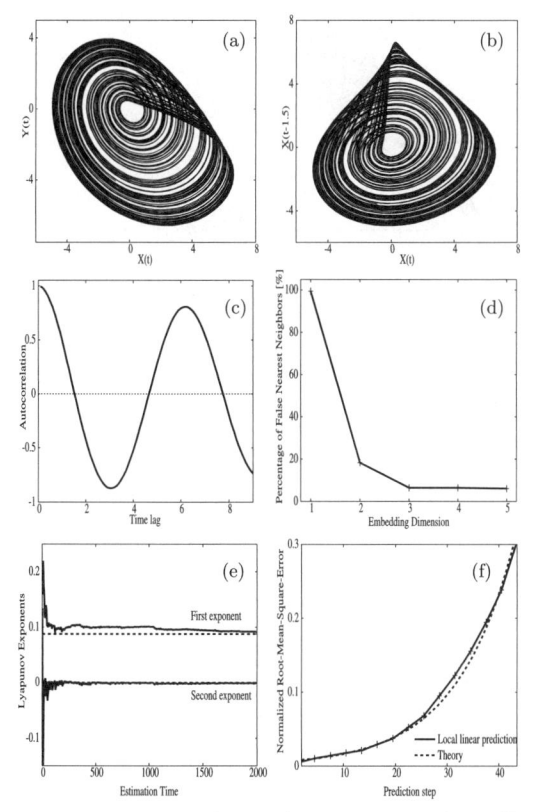

図1 (a) レスラー方程式から生成されるカオスアトラクタ（横軸：$X(t)$, 縦軸：$Y(t)$). (b) 遅延座標に再構成されたカオスアトラクタ（横軸：$X(t)$, 縦軸：$X(t-1.5)$). (c) レスラー方程式の ξ_1 変数に対する自己相関関数. 横軸は時間遅れ. (d) 再構成次元 d に対して, 偽近傍点の含まれる割合. (e) 再構成されたアトラクタ上で推定された第1, 第2リアプノフ指数（実線）と方程式から算定された結果（破線）. (f) 区分線形写像によるレスラーデータの予測. 予測時間 $t_p \in [2, 43]$ に対する正規化予測誤差 E_{rms}. 破線は, 理論曲線 $E = C\exp(0.089 t_p)$.

特徴である正のリアプノフ指数が遅延座標のアトラクタに保存されていることを示している.

2. 非 線 形 予 測

力学系 $\xi((n+1)\Delta t) = f(\xi(n\Delta t))$ に対して, その時系列の遅延座標 $X_n = (x_n, x_{n-1}, \ldots, x_{n-d+1})$（簡単のため, 時間遅れを $\tau = 1$ に固定する）を用いることにより力学系の埋め込みが可能であることを前節で見た. これは, 埋め込み写像を ϕ とすると, 遅延座標系に力学系 $X_{n+1} = F(X_n)$（ただし, $F = \phi^{-1} \cdot f \cdot \phi$）が存在することを意味している.

$$\begin{array}{ccc} \xi(n\Delta t) & \xrightarrow{f} & \xi((n+1)\Delta t) \\ \downarrow \phi & & \downarrow \phi \\ X_n & \xrightarrow{F} & X_{n+1} \end{array}$$

カオス時系列の予測は, 遅延座標系に埋め込まれた力学系 F を近似する写像 $\widetilde{F}$ を構成し, 近似写像 $\widetilde{F}$ に基づいて, 現在の状態が X_n であるシステムの s ステップ先の状態を $\widetilde{X}_{n+s} \approx \widetilde{F}^s(X_n)$ と反復予測することによって行われる. したがって, 時系列データから, いかに精度の高い近似写像 $\widetilde{F}$ を構成するかが, カオスの予測では重要となる. 予測モデル $\widetilde{F}$ には, 多項式関数, 局所線形写像, 動径基底関数, ニューラルネットワークなどの様々な関数系が知られているが, 詳細は専門書に譲る[1]〜[3].

具体例として前節と同様のレスラー方程式から生成されたカオス時系列を, 局所線形写像を予測モデル $\widetilde{F}$ に用いて短期予測した結果を示す. まず, 時系列データを, 前半 $\{x_n : n = 1, \ldots, 90000\}$ と後半 $\{x_n : n = 90001, \ldots, 100000\}$ に分割し, 前半のデータから局所線形予測写像 $\widetilde{F}$ を構成する. ただし, $\Delta t = 1.5$ で時系列のサンプリングを行い, 再構成次元は $d = 5$ と設定する. 後半のデータを初期値 X_n に用いて, その s ステップ先の状態を反復写像を用いて $\widetilde{X}_{n+s} = \widetilde{F}^s(X_n)$ と予測する. 予測精度は, 正規化予測誤差 $E_{\mathrm{rms}} = (1/\sigma_x)\sqrt{\frac{1}{N-s-d+2}\sum_{n=d-1}^{N-s}(\widetilde{x}_{n+s} - x_{n+s})^2}$ (σ_xは $\{x_n\}$ の標準偏差) を用いて評価する.

図1(f)に, 予測時間 $t_p = s\Delta t$ ($s = 1, 2, \ldots, 29$) に対して局所線形予測を行った結果を示す. 短期予測では精度の高い予測が行われているのに対して, 予測時間 t_p が延びるに従って, 予測精度は徐々に低下していくことがわかる. 一般に, カオス時系列の予測誤差は, 予測時間 t_p の指数関数のオーダーで $E \approx C\exp(\kappa t_p)$ (C は定数) だけ増大することが知られている. κ は発散速度を決める定数で, カオス力学系のKSエントロピーと一致する. レスラー方程式の場合, これは最大リアプノフ指数 $\lambda_1 \approx 0.089$ (図1(e)) と等価であり, これに対応する理論曲線 $E = C\exp(0.089 t_p)$ (図1(f) の破線) は予測誤差曲線とよく一致していることがわかる.

［徳 田　功］

参 考 文 献

[1] H. Kantz, T. Schreiber, *Nonlinear Time Series Analysis*, Cambridge University Press, 1997.
[2] 合原一幸 編, 池口 徹, 小室元政, 山田泰司 著, カオス時系列解析の基礎と応用, 産業図書, 2000.
[3] 松本 隆, 宮野尚哉, 徳永隆治, 徳田 功, カオスと時系列, 培風館, 2002.

カオス同期

synchronization of chaotic oscillators

2つのカオス力学系が互いの信号を伝搬し合うことにより，結合したモデルについて考える．個々の力学系を部分系と呼び，それぞれの力学変数を $\mathbf{X}_1(t)$, $\mathbf{X}_2(t)$ と表記することにする．このとき，部分系の間に働く相互作用がどのような影響を及ぼすか，特に，部分系同士が引き込みによってどのように同期現象を起こすかは，とても興味ある力学問題の1つである．また，カオス同期は秘話通信などの工学技術へも活用されており，注目度も高い．カオス力学系における同期現象は，大きく分けると4つのタイプ，すなわち，(1) 完全同期，(2) 一般化同期，(3) 位相同期，(4) 遅延同期に分類することができる．本項目では，完全同期と一般化同期を紹介する．

1. 完全同期

カオス同期の最も基本となる完全同期は，2つの等価な部分系の間において，$\lim_{t\to\infty}\|\mathbf{X}_1(t) - \mathbf{X}_2(t)\| = 0$ の関係が生じる現象を指す．2つのレスラー方程式の結合した以下のモデルを用いて，カオスの完全同期の具体例を示す．

$$\frac{dx_{1,2}}{dt} = -y_{1,2} - z_{1,2} + C(x_{2,1} - x_{1,2})$$
$$\frac{dy_{1,2}}{dt} = -x_{1,2} + 0.16 y_{1,2} \quad (1)$$
$$\frac{dz_{1,2}}{dt} = 0.2 + z_{1,2}(x_{1,2} - 10)$$

ここで，$\mathbf{X}_1 = (x_1, y_1, z_1)$ および $\mathbf{X}_2 = (x_2, y_2, z_2)$ は2つの部分系の各々の力学変数の組，C は結合強度を表す．横軸に $x_1(t)$，縦軸に $x_2(t)$ をプロットしてリサージュ図を描くと，2つの部分系の間に同期が起こっているかを判別することができる．図1(a)に示すように，結合強度が $C = 0.01$ のとき，軌道は対角線 ($x_1(t) = x_2(t)$) から逸脱し，これは同期が起こっていないことを表している．一方，図1(b)に示す結合強度が $C = 0.1$ のときは，軌道は対角線上に乗り，これは完全同期を示している．同期状態においても，各部分系のカオス的性質は保たれているため，軌道点は対角線上に稠密に分布する．

カオスの完全同期は，結合系のダイナミクスが同期多様体 ($x_1(t) = x_2(t)$, $y_1(t) = y_2(t)$, $z_1(t) = z_2(t)$) に拘束された状態と考えることができる．このとき，完全同期の局所安定性は，部分空間に拘束されたカオスダイナミクスの補空間方向への安定性で決まる．補空間方向への摂動に対する偏差軌道の時間拡大率を測る横断リアプノフ指数 (横断拡大率，安

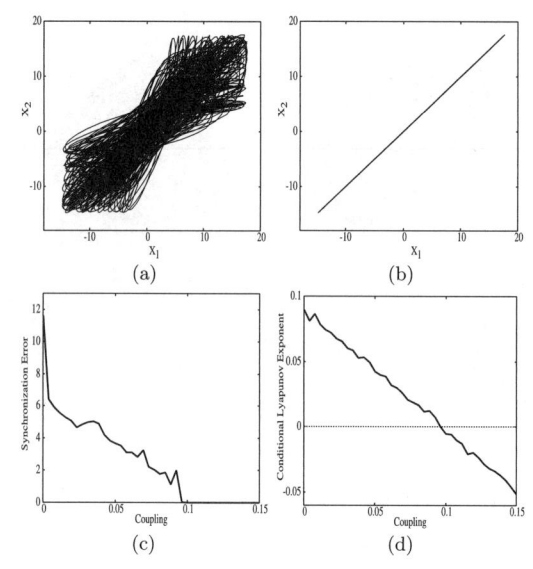

図1 (a),(b) 結合レスラーモデル (1) に対するリサージュ図 (横軸：$x_1(t)$, 縦軸：$x_2(t)$). (a) は $C = 0.01$ の場合，(b) は $C = 0.1$ の場合．(c) 結合係数 $C \in [0, 0.15]$ に対する同期誤差 $\|\mathbf{X}_1(t) - \mathbf{X}_2(t)\|$. (d) 結合係数 $C \in [0, 0.15]$ に対する横断リアプノフ指数．

定性パラメータとも呼ばれる) を計算し，全ての指数が負であることが同期の条件となる．ただし，同期多様体上のカオスの有する正のリアプノフ指数はそのまま正の値に保たれる．図1(d) に，結合強度に対する横断リアプノフ指数の依存性を示す．$C \approx 0.096$ で横断リアプノフ指数が正から負に転じ，完全同期が安定化する遷移点を示しているが，図1(c) で同期誤差が零となる点と一致していることがわかる．

完全同期はカオス振動子における同期現象の基本であるが，2つの部分系が等価であるという枠組みは実システムに対してはやや厳しい仮定であり，非一様性の存在する自然現象を扱うには限界がある．

2. 一般化同期

カオス力学系における一般化同期は，部分系同士の性質が互いにまったく異なる場合にも見られる同期現象である．結合様式が双方向の場合にも見られるが，簡単のため，単方向結合の場合を扱うことにする．このとき，2つの部分系を，信号を送信する側と受信する側，すなわち駆動系 $\mathbf{X}_1$ と応答系 $\mathbf{X}_2$ に分けて考えることができる．駆動系と応答系の間に，時間に依存しない連続な関数 H を通して，$\lim_{t\to\infty}\|\mathbf{X}_2(t) - H(\mathbf{X}_1(t))\| = 0$ の関係が生じるものを一般化同期という．レスラー方程式系 $\mathbf{X}_1 = (x_1, y_1, z_1)$ を駆動側，ローレンツ方程式系 $\mathbf{X}_2 = (x_2, y_2, z_2)$ を応答側に持つ，以下の例を用いて一般化同期を紹介する．

$$\left.\begin{aligned}\frac{dx_1}{dt} &= \alpha(-y_1 - z_1) \\ \frac{dy_1}{dt} &= \alpha(x_1 + 0.2y_1) \\ \frac{dz_1}{dt} &= \alpha(0.2 + z_1(x_1 - 5.7))\end{aligned}\right\} \quad (2)$$

$$\left.\begin{aligned}\frac{dx_2}{dt} &= -\sigma(-x_2 + y_2) \\ \frac{dy_2}{dt} &= rx_2 - y_2 - x_2 z_2 + Cy_1 \\ \frac{dz_2}{dt} &= x_2 y_2 - bz_2\end{aligned}\right\} \quad (3)$$

ここで，係数値は $\alpha = 6$, $\sigma = 10$, $r = 28$, $b = 2.66$ と設定する．駆動系 (2) の変数 y_1 は応答系 (3) の変数 y_2 に強度 C で結合している．

一般に，駆動系と応答系を関係付ける非線形写像 H を陽に求めることは，特別な場合を除いて難しい．特に，H は至るところ微分不可能な関数となる場合があることも知られており，多価関数も起こる．このため，一般化同期を判定するには，写像 H を使わずに駆動系と応答系の間の同相性を自動検出する方法が必要となる．そのような方法の一例として，応答系 $\mathbf{X}_2(t)$ の完全なコピー $\mathbf{X}'_2(t)$ を作成し，駆動系を応答系およびそのコピーの双方へ結合する方法がある．すなわち，駆動系 $\dot{\mathbf{X}}_1 = f(\mathbf{X}_1)$ に対して，2つの応答系 $\dot{\mathbf{X}}_2 = g(\mathbf{X}_1, \mathbf{X}_2)$, $\dot{\mathbf{X}}'_2 = g(\mathbf{X}_1, \mathbf{X}'_2)$ のシミュレーションを行う．応答系 $\mathbf{X}_2(t)$ とそのコピー $\mathbf{X}'_2(t)$ の間の関係を見ることによって同期を判定することができる．同期が起きていれば，2つの応答系は駆動系によって同じ状態へ引き込まれ，完全同期の関係 $\lim_{t\to\infty} \|\mathbf{X}_2(t) - \mathbf{X}'_2(t)\| = 0$ が生じる．逆に同期が起こっていなければ，そのような関係は見られない．応答系とそのコピーのリサージュ図を描くと，結合強度が $C = 2$ のとき，軌道は対角線 $(x_1(t) = x'_2(t))$ から逸脱し，これは同期が起こっていないことを表している（図 2(a)）．一方，結合強度が $C = 7$ のときは，軌道は対角線上に乗り，これは一般化同期を示している（図 2(b)）．応答系 $\mathbf{X}_2$ とそのコピー $\mathbf{X}'_2$ の距離 $\|\mathbf{X}_2 - \mathbf{X}'_2\|$ の時間平均を同期誤差とすると，図 2(c) に示すように，同期への遷移が $C \approx 6.5$ で起こることが確認できる．

完全同期と同様，一般化同期においても，漸近安定性の条件は同期多様体の補空間方向への安定性で決まり，横断リアプノフ指数が全て負の値をとることとなる．図 2(d) に示すように，同期誤差が零になる点で，横断リアプノフ指数の符号が正から負に転じることが確認できる．

以上，完全同期と一般化同期について紹介した．これ以外にも，2つのカオス振動子が結合した系における同期現象として，位相同期および遅延同期が

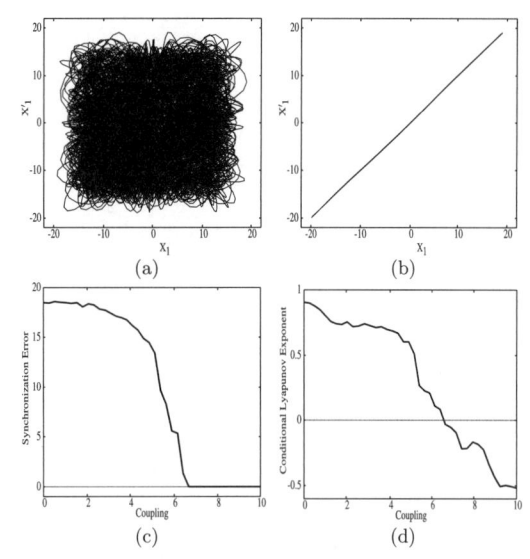

図2 (a),(b) 応答系 $\mathbf{X}_2(t)$ とそのコピー $\mathbf{X}'_2(t)$ の間のリサージュ図．(a) は $C = 2$, (b) は $C = 7$. (c) 結合係数 $C \in [0, 10]$ に対する，応答系 $\mathbf{X}_2(t)$ とそのコピー $\mathbf{X}'_2(t)$ の間の同期誤差 $\|\mathbf{X}_2(t) - \mathbf{X}'_2(t)\|$. (d) 結合係数 $C \in [0, 10]$ に対する横断リアプノフ指数．

知られており，広いクラスの系で確認されている．また，2つ以上のカオス振動子が多数結合した場合においても同様の同期現象が見られ，結合様式（大域結合，局所結合）に依存して，クラスタ生成やパターン形成などの多様な現象が観測できる．詳細については専門書 [1] を参照されたい．周期振動子の位相縮約理論に重点を置いた専門書 [2] も一読の価値がある．　　　　　　　　　　　　　　［徳田　功］

参 考 文 献

[1] A. Pikovsky, M. Rosenblum, J. Kurths, *Synchronization — A Universal Concept in Nonlinear Sciences*, Cambridge University Press, 2001.
[2] 蔵本由紀, 河村洋史, 同期現象の数理, 培風館, 2010.

カオス制御
controlling chaos

次式で記述される連続力学系を考える．
$$\dot{x} = f(x, \lambda) \quad (1)$$
ここで $x \in R^n$ は状態，$\lambda \in R$ はパラメータ，f は C^∞ 級であるとする．いま，式 (1) において観測可能なカオスアトラクタが存在している場合，そのアトラクタ内に多くの不安定周期軌道 (UPO：unstable periodic orbit) が埋め込まれている．カオス制御とは，それら周期軌道の 1 つ（ターゲット UPO と呼ぶ）を非常に小さな制御入力で安定化することをいう．

1. 不安定周期解

例えば，安定な周期解がパラメータの変化により周期倍分岐連鎖を起こす場合を考える（図 1）．分岐により周期が倍となった安定な解が生じるが，元の解はサドル型周期点へと不安定化して不可視となるものの，存在し続ける．このように UPO が次々とカオスに埋め込まれていく．

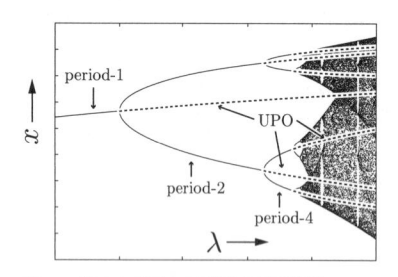

図 1 ある力学系の周期倍分岐連鎖と UPO

UPO は不安定であるがゆえに数値積分による定常解としての確認はできず，「m-周期 UPO の精密な位置を求めよ」という問題に答えることは容易ではない．いくつかの UPO に対する数値的近似解法を示す：
- 安定に確認できる周期軌道をスタート点として，パラメータを変化させながらシューティング法により追跡する．カオスとなるパラメータにおいても UPO が計算できる．
- リターンマップが導出できる場合，幾何学的に周期解の近似値が得られる．系が低次元で周期が小さければ，カオス時系列のデータのみからでもターゲット UPO を決めることができる．
- 周期を決め，カオス中の軌道の任意の位置を初期値として，シューティング法を繰り返し適用する．

カオス制御では，制御対象となる UPO の軌道情報や周期をいかにして得るかが課題となる．設計方法や特徴の異なる 2 つの制御方式について述べる．

2. OGY 制御

ここでは，カオス力学系 (1) が周期外力の入った非自律系であると仮定する．Poincaré 写像 T を用いて離散系に変換する．
$$x(k+1) = T(x(k), \lambda), \quad k = 0, 1, 2, \ldots \quad (2)$$
ここで λ はパラメータである．このとき，UPO は不安定周期点 (UPP：unstable periodic point) に対応し，
$$x^* = T(x^*, \lambda^*) \quad (3)$$
を満たす．

ある UPP を仮定したとき，カオスアトラクタ内を彷徨する軌道がその UPP 付近を通過することが，カオスの持つ軌道の稠密性や再帰性から期待できる．その接近を何らかの方法で知ることができれば，状態フィードバックによる制御入力も極めて小さくすることができる．この考え方に基づく手法が OGY 型カオス制御法 [1] である．オリジナルの OGY 法では，UPP はサドル型周期点と仮定し，軌道をサドルの安定多様体方向に乗せようとパラメータをうまく摂動させる制御則であることが説明されている．ここではそのアイデアを拡張し，周期点周りの線形化空間を安定化することを考える．

いま，UPP 周りの摂動を $x(k) = x^* + \xi(k)$，パラメータの摂動を $\lambda = \lambda^* + u(k)$，$k = 0, 1, 2, \ldots$ とする．これらを式 (2) に代入し，x^* に関するテイラー展開から高次の項を無視した上，式 (3) を鑑みれば，次式を得る[3]．
$$\xi(k+1) = A\xi(k) + Bu(k) \quad (4)$$
ここで
$$A = \frac{\partial T(x^*, \lambda^*)}{\partial x}, \quad B = \frac{\partial T(x^*, \lambda^*)}{\partial \lambda}$$
は，ともに変分方程式の解として得ることができる．そこで，状態フィードバック
$$u(k) = C^\top(x(k) - x^*) = C^\top \xi(k) \quad (5)$$
を考える．C は制御ゲインベクトルであり，$\top$ は転置を表す．式 (5) を式 (4) に代入すると
$$\xi(k+1) = (A + BC^\top)\xi(k) \quad (6)$$
となる．式 (6) の原点が安定となるための必要十分条件は，$A + BC^\top$ の全ての固有値（特性乗数）の絶対値が 1 より小さくなることであり，これは行列 C を適切に設計することにより実現可能である．この制御入力 (5) を式 (2) に代入すれば，カオス制御系を得る：

$$x(k+1) = T(x(k), \lambda^* + C^\top(x(k) - x^*)) \quad (7)$$

もとの連続系においては，ポアンカレ写像の周期 τ （周期外力の周期）の間，制御入力を保持した上で印加する次式となる：

$$\dot{x} = f(x, \lambda^* + C^\top(x(k\tau) - x^*)) \quad (8)$$

m-周期解には T^m を考えれば，以上の議論はそのまま適用できる．

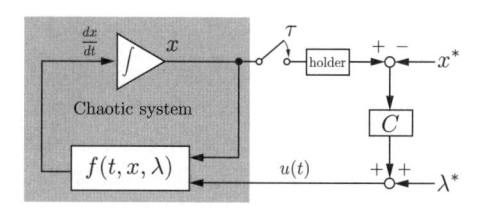

図 2　OGY 型制御

自律系の場合は，状態空間に Poincaré 断面を置いて離散化することにより，同様の取り扱いが行える．

制御量の増大を抑えるため，カオス軌道がターゲット UPP に接近したときのみ制御を有効にする機構を取り入れる必要がある．

3. 遅延フィードバック制御

いま，系 (1) がカオス的に応答していると仮定する．Pyragas らはカオスの状態を連続的にメモリに蓄え，遅延させた制御量を導入した[2]．

$$\dot{x} = f(x(t)) + u(t), \quad u(t) = K(x(t) - x(t-\tau)) \quad (9)$$

これを遅延フィードバック制御 (DFC: delayed feedback control) と呼ぶ．ここで τ は遅延時間であるが，UPO の周期と一致する．UPO は $x(t) = x(t+\tau)$ を満たすため，制御が達成されれば，$u(t)$ はゼロとなり，系の状態は UPO に留まることとなる．カオス内部を彷徨する軌道 $x(t)$ が UPO の近傍にあるとき，K を適切に選べば，小さな制御入力により軌道を UPO に収束させることができる．また，この自己参照的制御方法では，ターゲット UPO の位置情報が本質的に不要である．よって，1 節で述べた UPO 計算（検出）方法の 1 つの候補となりうる．しかしながら，制御系全体は無限次元系となるため，制御ゲイン行列 K に関する安定性解析が困難

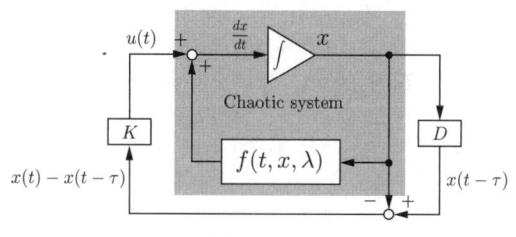

図 3　DFC

である．また，自律系であれば UPO の周期を精度良く求めておく必要がある．

4. 適用例

Duffing 方程式 $\ddot{x} + 0.2\dot{x} + x^3 = 5.8\cos t$ に対して 2 つの制御法を適用する．図 4 (a) は無制御時に現れるカオスであり，これに埋め込まれた 1 周期 UPO をターゲットとする．図 4 (b) は OGY 型制御，図 4 (c) は遅延フィードバック制御それぞれを適用した場合の応答を示す．OGY 型制御の場合は，ターゲット UPP $x^* = (2.86, 1.07)$ をシューティング法で求めておき，パラメータ B を摂動パラメータとした．極配置法では特性乗数が 0 と 0.8 となるように制御器を設計し，遅延フィードバック制御では，$K = \mathrm{diag}(0.5, 0.5)$ を選び，最初の 1 周期がメモリに蓄積されるまでは無出力とした．ともに $x(0) = (2.0, 2.0)$ の初期値からターゲット UPO を安定化できている．

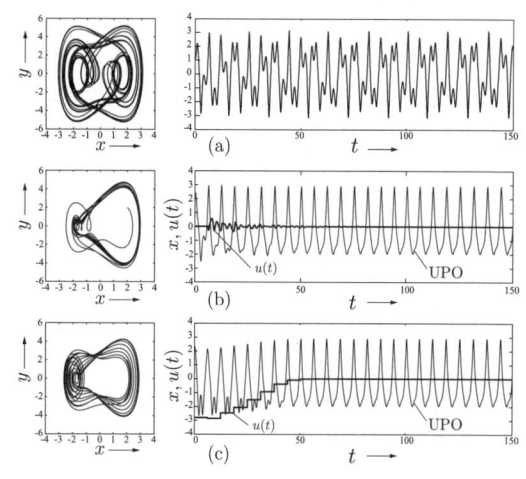

図 4　各制御法による時間応答

[上田哲史]

参 考 文 献

[1] E. Ott et al., Controlling chaos, *Physical Review Letters*, 64, 11 (1990), 1196–1199.
[2] K. Pyragas, Continuous control of chaos by self-controlling feedback, *Physics Letters A*, **170** (1992), 421–428.
[3] T. Ueta, H. Kawakami, Composite dynamical system for controlling chaos, *IEICE Trans.*, E78-A, 6 (1995), 708–714.
[4] 潮　俊光, カオス制御, 朝倉書店, 1996.

カオスと最適化
chaos and optimization

組合せ最適化問題の解探索において，目的関数を単調に減少させていくと，ローカルミニマムで探索が停止し，良好な解を探索できない．このような探索解法では，確率的な揺らぎやタブーサーチを導入することで，高い性能を持つ解探索が実現されてきた．カオスを用いた最適化とは，カオスによって状態に揺らぎを与え，より良い解を探索をする手法である．確率的揺らぎやタブーサーチよりも有効であることが示されている．以下では，ニューラルネットワークを用いた手法，および，ヒューリスティックな解法に，カオスを適用する手法について紹介する．

1. カオスノイズの有効性

Hopfield–Tank ニューラルネットワーク [1] による最小値探索は，エネルギー関数を単調減少させるため，ローカルミニマムで探索が停止する．そこで，これにノイズを加えて揺らぎを与え，より良い解の探索を行う．ノイズを加えたニューロンの状態更新式を，$x_{ik}(t+1) = f[\sum_{j=1}^{N}\sum_{l=1}^{N} w_{ikjl}x_{jl}(t) + \theta_{ik} + \beta z_{ik}(t)]$ とする．ただし，$x_{ik}(t)$ はニューロン (i,k) の時刻 t の状態，w_{ikjl} はニューロン (i,k) と (j,l) との間の結合重み，θ_{ik} はニューロン (i,k) の発火の閾値，$z_{ik}(t)$ は時刻 t にニューロン (i,k) に加えるノイズ，β は加えるノイズの振幅パラメータである．

ノイズ系列 $z_{ik}(t)$ として，カオスと白色ガウスノイズを用いたときの性能比較を，図1に示す．カオスノイズとしては，ロジスティック写像（$z_{ik}(t+1) = az_{ik}(t)(1-z_{ik}(t))$）の a の値を，3.82，3.92，3.95 の3つの場合を用いた．どのノイズも平均0，標準偏差1に正規化して加える．巡回セールスマン問題（TSP）と2次割当問題（QAP）に適用し，正解率で性能を比較する．

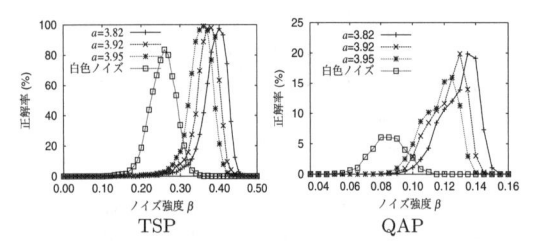

図1 最適化におけるカオスノイズと白色ガウスノイズの比較

図1より，カオスノイズのほうが白色ノイズよりも高い性能を示すことが明らかにわかる．このように，カオスダイナミクスは，探索解法の性能をより大きく改善することが知られている．

2. カオスニューロダイナミクスを用いた最適化

カオスニューロン [2] は，不応性（発火直後は発火しづらくなる性質）と非線形な出力関数を持ち，カオスダイナミクスを生じる．

$$y_i(t+1) = -\alpha \sum_{d=0}^{t} k_r^d x_i(t-d) - \theta_i \quad (1)$$

$$x_i(t+1) = f(y_i(t+1)) = \frac{1}{1+e^{-\frac{y_i(t+1)}{\epsilon}}} \quad (2)$$

$y_i(t+1)$ および $x_i(t+1)$ は，時刻 $t+1$ におけるニューロン i の内部状態および出力，α は不応性の大きさ，k_r は不応性の減衰定数，θ は閾値，ϵ はシグモイド関数 f のパラメータである．式 (1) は，1次元写像の形式に変形することができる．

$$y_i(t+1) = k_r y_i(t) - \alpha x_i(t) + a_i \quad (3)$$

ただし，$a_i = \theta(k_r - 1)$ である．これを相互に接続すると，カオスニューラルネットワークになる．最適化問題の目的関数を減少させるために，Hopfield–Tank ニューラルネットワークの結合重みと閾値を設定すると，カオスダイナミクスによる最適解探索が実現できる．カオスダイナミクスは，確率的な揺らぎより有効であることが示されている[3]．

しかし，Hopfield–Tank ニューラルネットワークを用いた手法は，小さな問題にしか適用できない．大きな問題では，必要なニューロン数が増え，相互結合の計算量が膨大になるためである．また，制約項を0に最小化できない場合，実行可能解すら得ることができない．一方，探索する順列をヒューリスティックに操作するアルゴリズムは，大規模問題への適用も容易である．そのようなアルゴリズムにカオスダイナミクスを持たせることで，大規模な問題に有効なカオス探索を適用できる[4]．

ここでは，タブーサーチをカオスニューラルネットワークで動作させる手法を紹介する[5]．タブーサーチは，同じローカルミニマムを何度も探索することを回避することで，効率的に良好な解の探索を行う手法であり，高い性能を持つ[6]．タブーサーチをニューロンの不応性で記述し，カオスニューロンに変形することで，カオスダイナミクスを持つ非常に高性能なタブーサーチを実現できる．

文献 [6] のタブーサーチは，QAPLIB [7] 中の多くの2次割当問題の最良解を解いた非常に高性能な手法である．2次割当問題とは，行列 $\mathbf{A}$ と $\mathbf{B}$ の要素 $a_{m,n}$ と $b_{m,n}$ が与えられたとき，$F(\mathbf{p}) = \sum_{m=1}^{N}\sum_{n=1}^{N} a_{m,n} b_{p(m),p(n)}$ を最小にする順列 $\mathbf{p}$ を求める問題である．

最適な順列 $\mathbf{p}$ を求めるための探索解法では，まず

初期状態として適当な順列 $\mathbf{p}(0)$ を作成する．順列を保つために，2つの要素を入れ替えるという操作で順列の状態を変え，最適な $\mathbf{p}$ を探索する．時刻 t における順列 $\mathbf{p}(t)$ を更新する際，要素 i を j 番目に移動すると，要素 i の元の場所 $I(i)$ には，場所 j の元の要素 $p(j)$ を移動しなくてはならない．すなわち，i と $p(j)$ の入れ替えることになるが，その順列を $\mathbf{p}(t)_{i,j}$ とする．$F(\mathbf{p}(t)) > F(\mathbf{p}(t)_{i,j})$ であった場合，$\mathbf{p}(t+1)$ を $\mathbf{p}(t)_{i,j}$ に更新することで目的関数値を減少させていくことができる．しかし，減少したときのみ $\mathbf{p}$ を更新するルールを用いると，ローカルミニマムで探索が停止してしまう．

文献 [6] では，このような順列の更新にタブーサーチを適用し，高い性能を実現している．i と $p(j)$ の交換による i の j への割り当て，および，$p(j)$ の $I(i)$ への割り当てを含む更新を，s イタレーション間禁止する．禁止を含まない交換の中で，解の改善が最も大きい交換，あるいは，改善する交換がない場合は改悪が最も小さい交換を選択し，順列を更新する．

このタブーサーチを，不応性を持つニューロンで定式化する[5]．3つの内部状態 $\xi_{i,j}, \zeta_{i,j}, \gamma_{i,j}$ を用い，それぞれ，ゲイン入力，i の j への割り当てのタブー，$p(j)$ の $I(i)$ への割り当てのタブーに対応させると，以下のような式でタブーサーチを記述できる．

$$\xi_{i,j}(t+1) = \beta(F(\mathbf{p}(t)) - F(\mathbf{p}(t)_{i,j})) \quad (4)$$

$$\zeta_{i,j}(t+1) = -\alpha \sum_{d=0}^{s-1} k_r^d x_{i,j}(t-d) \quad (5)$$

$$\gamma_{i,j}(t+1) = -\alpha \sum_{d=0}^{s-1} k_r^d x_{p(j),I(i)}(t-d) \quad (6)$$

$\xi_{i,j}(t+1) + \zeta_{i,j}(t+1) + \gamma_{i,j}(t+1)$ が最大となったニューロン $(i_{\max}, j_{\max})$ に対応する順列の更新（$i_{\max}$ と $p(j_{\max})$ の入れ替え）を適用する．この更新による $i_{\max}$ の $j_{\max}$ への割り当て，および，$p(j_{\max})$ の $I(i_{\max})$ への割り当てをそれぞれ記憶してタブーにするために，対応するニューロンの出力を 1 にし ($x_{i_{\max},j_{\max}}(t+1) = x_{p(j_{\max}),I(i_{\max})}(t+1) = 1$)，他のニューロンの出力 $x_{i,j}$ を全て 0 にする．β はゲインの重み，α はタブーの強さ，k_r はタブーの減衰定数である．α を十分大きくし，k_r を 1 にすると，文献 [6] のタブーサーチが再現できる．

このタブーサーチを，カオスダイナミクスを持つ形式に拡張する．式 (1) で説明したように，不応性を持つニューロンに，出力関数としてシグモイド関数を用いることで，カオスダイナミクスを持つカオスニューロンが実現できる．上記のタブーサーチニューラルネットワークでは，内部状態が最大となっているものだけを選び，その出力を 1 としている．カオスダイナミクスを持たせるために，出力関数を式 (2) のシグモイド関数 f に置き換え，1 つが発火するための発火率制御はニューロン間の結合により行う．文献 [6] のタブーサーチをカオス的に動作するように拡張したカオティックタブーサーチニューラルネットワークは，以下のようになる．

$$\xi_{i,j}(t+1) = \beta(F(\mathbf{p}(t)) - F(\mathbf{p}(t)_{i,j})) \quad (7)$$

$$\eta_{i,j}(t+1) = -w \sum_{m=1}^{N} \sum_{n=1(m \neq i \vee n \neq j)}^{N} x_{m,n}(t) + w \quad (8)$$

$$\zeta_{i,j}(t+1) = k_r \zeta_{i,j}(t) \\ - \alpha(x_{i,j}(t) + z_{i,j}(t)) + a \quad (9)$$

$$\gamma_{i,j}(t+1) = k_r \zeta_{p(j),I(j)} \\ -\alpha(x_{p(j),I(i)}(t) + z_{p(j),I(i)}(t)) + a \quad (10)$$

$$x_{i,j}(t+1) = f\{\xi_{i,j}(t+1) + \eta_{i,j}(t+1) \\ + \gamma_{i,j}(t+1) + \zeta_{i,j}(t+1)\} \quad (11)$$

$z_{i,j}(t)$ は，$p(j)$ の $I(i)$ への割り当てを記憶する内部状態で，ニューロン (i,j) を更新する際に，$x_{i,j}(t)$ を $z_{p(j),I(i)}(t)$ に加算し，$z_{i,j}(t+1)$ を 0 にリセットする．$x_{i,j}(t+1) > \frac{1}{2}$ となったときに，i を j に割り当て，$p(j)$ を $I(i)$ に割り当てる交換を行う．

この手法の性能については，文献 [5] に多くの結果がまとめられており，カオスを導入することによって，性能が大きく向上できることが示されている．さらに，このアルゴリズムのアナログ回路実装も行われており，非常に高速に動作するカオティックタブーサーチが実現されている[8]． 　　[長谷川幹雄]

参 考 文 献

[1] J.J. Hopfield, D.W. Tank, *Biological Cybernetics*, **52** (1985), 141–152.

[2] K. Aihara et al., *Physics Letters A*, **144** (1990), 333–340.

[3] H. Nozawa, *Physica D*, **75** (1994), 179–189.

[4] M. Hasegawa et al., *Physical Review Letters*, **79** (1997), 2344–2347.

[5] M. Hasegawa et al., *European Journal of Operational Research*, **139** (2002), 543–556.

[6] E.D. Taillard, *Parallel Computing*, **17** (1991), 443–455.

[7] R.E. Burkard et al., http://www.seas.upenn.edu/qaplib/

[8] Y. Horio, K. Aihara, *Physica D*, **237** (2008), 1215–1225.

流体力学

オイラー方程式　64
不変量　66
ナヴィエ–ストークス方程式　68
乱流　72

オイラー方程式
Euler's equations

オイラー方程式とは，流体の密度 ρ，速度 $\boldsymbol{u}$，圧力 p に関する次の方程式のことである．
$$\frac{\partial \rho}{\partial t} + \mathrm{div}(\rho\boldsymbol{u}) = 0 \quad (1)$$
$$\rho\left[\frac{\partial \boldsymbol{u}}{\partial t} + (\boldsymbol{u}\cdot\nabla)\boldsymbol{u}\right] = -\nabla p + \rho\boldsymbol{f} \quad (2)$$
ここで，$\boldsymbol{f}$ は外力であり，与えられた関数であるとする．$t \geqq 0$ は時刻，$\boldsymbol{x} = (x_1, x_2, x_3)$ は空間の座標を表す．

オイラー方程式は粘性を無視しているため，現実の流体の性質を正しく記述するとは言えないことが多い．しかし，ある種の問題では粘性が無視できることもあり，そうした場合には応用の可能性がある．例えば水面波の問題ではよく用いられる．

1. オイラー方程式の導出

オイラー方程式の導出は 1757 年に出版されたオイラーの記念碑的な論文による．これについては [ナヴィエ–ストークス方程式] (p.68) を参照せよ．上の方程式はそれだけでは解けない．方程式の個数よりも未知数 $(p, \rho, \boldsymbol{u})$ の個数のほうが多いからである．残りの情報は非圧縮性などの物理的な仮定を使ったり，あるいは熱力学的情報を使う必要がある．どちらも，[ナヴィエ–ストークス方程式] に出てくる方程式で粘性係数をゼロとすることによって得られる．

流体力学ではパラドックスが多く知られている．つまり，常識に反するような事実が正しい議論から導かれてくることがしばしば起きる．あるいは，一見正しそうな議論が間違った結果を生み出すこともある．ダランベールのパラドックスやストークスのパラドックスなどはその一部である．こうしたことのいくつかは粘性を無視することに起因する．

2. 境 界 条 件

ナヴィエ–ストークス方程式とオイラー方程式では課すべき境界条件が異なることに注意すべきである．流体が占める領域を Ω とする．Ω は空間 $\mathbb{R}^m$ ($m = 2$ または 3) の領域とし，その境界 $\partial\Omega$ は滑らかとする．

$\boldsymbol{u}$ は $\partial\Omega$ 上で境界条件
$$\boldsymbol{u}|_{\partial\Omega} \cdot \boldsymbol{n} = \beta(t, x) \quad (3)$$
を満たさなければならない．$\boldsymbol{n}$ は $\partial\Omega$ における外向き単位法線ベクトルである．β は既知関数で，境界の法線方向の速度成分である．$t = 0$ で $\boldsymbol{u}$ の初期条件も与えられるのは粘性流体と同じである．すなわち，
$$\boldsymbol{u}|_{t=0} = \boldsymbol{u}_0(x). \quad (4)$$
一般に粘性は境界近辺で効果を発揮し，境界から離れたところでは効果は薄い．したがって，$\partial\Omega$ から遠く離れたところでは，オイラー方程式は良い近似となることがある．

3. 渦無しの流れ

$\mathrm{curl}\,\boldsymbol{u} \equiv 0$ となる流れを渦無しの流れと呼ぶ．ラグランジュの渦定理によって，密度が定数で，外力が保存力であり（つまり，$\boldsymbol{f} = \nabla V$ という形で書けるならば），しかも初期時刻で渦無しならば，その後はいつも渦無しであり続ける．

渦無しの流れでは 1 価のスカラー関数 $\Phi(t, \boldsymbol{x})$ が存在して，$\boldsymbol{u} = \nabla\Phi$ と表されることが多い（∇ は $\boldsymbol{x}$ に関するもので，時空 $(t, \boldsymbol{x})$ に関するものではない）．この Φ を速度ポテンシャルと呼ぶ．文献によっては $\boldsymbol{u} = -\nabla\Phi$ としたときに Φ を速度ポテンシャルと呼ぶこともあるので注意を要する．1 価の速度ポテンシャルが存在し，外力が保存力 ∇V ならば，ベルヌーイの定理が成り立つ．
$$\frac{\partial \Phi}{\partial t} + \frac{1}{2}|\nabla\Phi|^2 + \frac{p}{\rho} - V = 定数$$
渦無しの流れは多くの具体例が知られている．文献 [7] を参照されたい．

4. 水 面 波

海の表面は水から見たときに境界となる．しかし，海底が固定された境界であるのに対し，水面は前もってわかっている境界ではない．いわば，流体の方程式と境界条件によって求められるべきものであり，境界の位置と形自体が未知量となっている．このような境界値問題を自由境界問題と呼ぶ．自由境界問題は様々な分野に現れるが，流体力学の自由境界問題は最も古く，応用も広い．津波の問題も自由境界問題である．

時刻 t で流体の占める領域を Ω_t とする．これは t とともに時々刻々変化しうる領域である．Ω_t の境界 $\partial\Omega_t$ は 2 種類から成り立ち，$\partial\Omega = S \cup \Sigma_t$ とする．このうち S は時間に依存せず，最初から与えられているもの，例えば海底であるとする．水面に対応するのが Σ_t である（図1）．このとき，ρ を与えられた正定数として，$0 < t$，$\boldsymbol{x} \in \Omega_t$ において式 (1) と式 (2) を満たし，S において $\boldsymbol{u}|_{\partial\Omega} \cdot \boldsymbol{n} = 0$ を満たし，Σ_t において次の 2 つの境界条件 (5),(6) を満たす，$\boldsymbol{u}, p$ および Σ_t を求めよ，というのが水面波の問題である．水であるので非圧縮としているが，粘性は無視している．

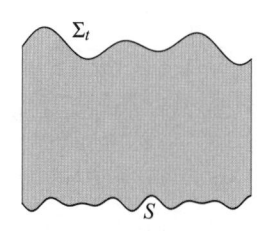

図1 水面波

$$p = p_0 \tag{5}$$

$$\frac{\partial \Gamma}{\partial t} + \boldsymbol{u} \cdot \nabla \Gamma = 0 \tag{6}$$

ここで，水面の上は空気に満たされていて，p_0 はその空気圧であり，与えられた関数あるいは定数であるとする．すなわち，式 (5) は圧力の連続性を要請していることになる．これはしかし，表面張力を無視したときの境界条件である．表面張力が無視できないときには，式 (5) は

$$p = p_0 - TH$$

となる．ここで，T は表面張力であり，普通は定数としてよい．H は境界の平均曲率である．条件 (6) では，境界 Σ_t がある関数 $\Gamma(t, \boldsymbol{x})$ を使って $\Gamma = 0$ というふうに表されるものとしている．波が $x_3 = h(t, x_1, x_2)$ という形に書けているならば，$\Gamma(t, \boldsymbol{x}) = x_3 - h(t, x_1, x_2)$ ととればよい．

水面波の問題では多くの場合，流れが渦無しであるとし，1価関数 $\Phi(t, \boldsymbol{x})$ が存在して $\boldsymbol{u} = \nabla \Phi$ と表される場合を考察することが多いが，これは必ずしも現実に当てはまるわけではない．あくまで近似であることを肝に銘ずるべきである．

5. 進 行 波

水面波のうち，波形を一定に保ちながら一定の速度で一方向に進む波を進行波と呼ぶ．進行速度と同じ速度で動く動座標系から見れば波の形は一定となり，流れは定常となる．この状況のもとでは，多くの解が得られている[1],[7]．ゲルストナーのトロコイド波やクラッパーの表面張力波などは厳密解として知られている．

6. 圧 縮 性 流 体

圧縮性流体の運動では，熱力学的な仮定によって基礎方程式が様々な形をとる．したがって，どのような状況を考えているのかに注意して方程式を立てる必要がある．圧縮性流体を考えるときにはマッハ数が重要になる．音速を c で表したとき，$|\boldsymbol{u}|/c$ を局所マッハ数と呼ぶ．典型的な流速を c で割ったものをマッハ数とすることもあり，$\max |\boldsymbol{u}|/c$ をマッハ数と呼ぶこともある．局所マッハ数が至るところで 1 よりも小さいときとそうでないときとでは微分方程式の型が異なり，物理現象も違ったものが現れる．

圧縮性流体と非圧縮流体の大きな違いの 1 つに，衝撃波の有無がある．衝撃波とは，ある面を境に圧力やエントロピーといった量が不連続になり，その面が波のように伝搬する現象をいう．こうした現象は圧縮性流体に現れ，非圧縮流体では見られない．

いくつかの重要な場合に，圧縮性流体の運動方程式は双曲型保存則の形に書けることが多い．双曲型保存則の数学的理論はオレイニクやラックスらによって理論が整備され，解の存在・一意性に関する理解が進んだが，いくつか重要な未解決問題が残されている．双曲型保存則の解には不連続なものが自発的に現れる．これは衝撃波の数学モデルであり，その存在，解の一意性，数学的性質を解明することは重要である．衝撃波は偏微分方程式の弱解として定義される．解の存在は証明されても，一意性は証明できていないケースが多い．また，一意性のためにはエントロピー条件を満たすといった付帯条件が必要になることも多い[4],[6].

双曲型保存則や非粘性流体の数値計算法も次々と新しいものが開発されている[8]．　　　[岡本　久]

参 考 文 献

[1] H. Okamoto, M. Shōji, *The Mathematical Theory of Bifurcation of Permanent Progressive Water-Waves*, World Scientific, 2001.

[2] 日本流体力学会 編, 流体力学ハンドブック 第 2 版, 丸善, 1998.

[3] G. Birkhoff, *Hydrodynamics A Study of Logic, Fact And Similitude*, Princeton Univ. Press, 1960.

[4] P.G. LeFloch, *Hyperbolic Systems of Conservation Laws*, Birkhäuser, 2002.

[5] H.W. Liepmann, A. Roshko, *Elements of Gasdynamics*, 1960.

[6] A. Majda, *Compressible fluid flow and systems of conservation laws in several space variables*, Springer-Verlag, 1984.

[7] L.M. Milne-Thomson, *Theoretical Hydrodynamics*, Fifth Edition, MacMillan, 1968.

[8] A. Quarteroni (ed.), *Advanced Numerical Approximation of Nonlinear Hyperbolic Equations* (Springer Lecture Notes in Math.), Springer, 1998.

不変量
invariant

古典力学，特に質点の力学では不変量（保存量とも呼ばれる）が存在し，それが微分方程式の解の性格を強く規定する．これは流体力学でも同様であり，不変量を知ることは大変重要である．

粘性を持たない流体には様々な不変量が存在する．それらをオイラー方程式

$$\frac{\partial \boldsymbol{u}}{\partial t} + (\boldsymbol{u} \cdot \nabla) \boldsymbol{u} = -\frac{1}{\rho} \nabla p + \boldsymbol{f} \quad (\boldsymbol{x} \in \Omega) \quad (1)$$

$$\operatorname{div} \boldsymbol{u} = 0 \quad (\boldsymbol{x} \in \Omega) \quad (2)$$

から導いてみよう（ρ は定数である）．

1. 運動エネルギー

定理 1 $\boldsymbol{f} \equiv 0$ ならば，運動エネルギーは不変量である：

$$E(t) \equiv \frac{\rho}{2} \int_\Omega |\boldsymbol{u}(t,x)|^2 \, dx = E(0)$$

証明：

$$\frac{dE(t)}{dt} = \rho \int_\Omega \frac{\partial \boldsymbol{u}}{\partial t} \cdot \boldsymbol{u} \, dx$$

$$= -\rho \int_\Omega ((\boldsymbol{u} \cdot \nabla)\boldsymbol{u}) \cdot \boldsymbol{u} \, dx - \int_\Omega \nabla p \cdot \boldsymbol{u} \, dx$$

において部分積分を実行すると，

$$\int_\Omega ((\boldsymbol{u} \cdot \nabla)\boldsymbol{u}) \cdot \boldsymbol{u} \, dx = \sum_{j,k} \int_\Omega u_j \frac{\partial}{\partial x_j} \left(\frac{u_k^2}{2} \right) dx$$

$$= \int_\Gamma \boldsymbol{u} \cdot \boldsymbol{n} \frac{|\boldsymbol{u}|^2}{2} \, dx - \int_\Omega (\operatorname{div} \boldsymbol{u}) \frac{|\boldsymbol{u}|^2}{2} \, dx = 0$$

が導かれる．同様に $\int_\Omega \nabla p \cdot \boldsymbol{u} \, dx = 0$ も導かれるから，$dE/dt \equiv 0$ が示された． □

2. エンストロフィ

定義 1 渦度の L^2 ノルム

$$\int_\Omega |\boldsymbol{\omega}(t,x)|^2 \, dx$$

をエンストロフィ（enstrophy）と呼ぶ．

定理 2 $\boldsymbol{f} \equiv 0$ と仮定する．2 次元ではエンストロフィは不変量である．2 次元では任意の C^1 級関数 g に対して

$$\int_\Omega g(\omega) \, dx$$

も不変量である．

証明：2 次元では $\boldsymbol{\omega} = (0, 0, \omega)$ となることに注意する．$g(x) = x^2$ とすればエンストロフィの保存則が得られるから，後半さえ示せば十分である．$\boldsymbol{f} \equiv 0$ として式 (1) を用いると

$$\frac{d}{dt} \int_\Omega g(\omega) \, dx = \int_\Omega g'(\omega) \frac{\partial \omega}{\partial t} \, dx$$

$$= -\int_\Omega g'(\omega) \boldsymbol{u} \cdot \nabla \omega \, dx = -\int_\Omega \boldsymbol{u} \cdot \nabla g(\omega) \, dx$$

$$= -\int_\Gamma \boldsymbol{u} \cdot \boldsymbol{n} g(\omega) \, d\Gamma + \int_\Omega g(\omega) \operatorname{div} \boldsymbol{u} \, dx = 0.$$

ここで，渦度方程式 $\omega_t + \boldsymbol{u} \cdot \nabla \omega = 0$ を用いた． □

3 次元エンストロフィは保存されないことに注意しなければならない．

3. その他の保存量

以下では，$\Omega = \mathbb{R}^3$ とし，$\lim_{|x| \to \infty} |\boldsymbol{u}| = 0$ と仮定する．

定義 2

$$\int_{\mathbb{R}^3} \boldsymbol{u} \cdot \boldsymbol{\omega} \, dx$$

をヘリシティ（helicity）と呼ぶ．

定理 3 $\boldsymbol{f} \equiv 0$ とする．$|x| \to \infty$ のときに

$$|p\boldsymbol{\omega}| = o(|x|^{-2}), \quad |\boldsymbol{u}|^2 |\boldsymbol{\omega}| = o(|x|^{-2})$$

ならば，ヘリシティは不変量である．

証明：まず，無限遠方で減衰する任意のベクトル場 $\boldsymbol{h}$ と $\boldsymbol{g}$ に対して，

$$\int_{\mathbb{R}^3} (\operatorname{curl} \boldsymbol{h}) \cdot \boldsymbol{g} \, dx = \int_{\mathbb{R}^3} \boldsymbol{h} \cdot (\operatorname{curl} \boldsymbol{g}) \, dx$$

に注意する．これを用いて

$$\frac{d}{dt} \int \boldsymbol{u} \cdot \boldsymbol{\omega} \, dx = \int \frac{\partial \boldsymbol{u}}{\partial t} \cdot \boldsymbol{\omega} \, dx + \int \boldsymbol{u} \cdot \frac{\partial \boldsymbol{\omega}}{\partial t} \, dx$$

$$= 2 \int \frac{\partial \boldsymbol{u}}{\partial t} \cdot \boldsymbol{\omega} \, dx$$

を得る．最後の式に式 (1) を代入して積分すると，結論を得る． □

$\Omega = \mathbb{T}^3$（3 次元トーラス）の場合でもヘリシティは保存されるが，一般の Ω では保存しない．

ケルヴィンの循環定理として知られている定理も，保存量に関する定理と見なすことができる．この定理は以下のように記述できる．流体中に任意の閉曲線 C をとって，

$$\Gamma(C) = \int_C \boldsymbol{u} \cdot d\boldsymbol{s}$$

という線積分を考える．時間がたつと C 上の流体粒子は流れの中で動いていくので，それを C_t で表すことにしよう．すなわち，

$$\Gamma(C_t) = \int_{C_t} \boldsymbol{u} \cdot d\boldsymbol{s}.$$

これは時間 t の関数であるが，これが t によらない量，つまり，保存量であるというのがケルヴィンの定理である．

定理 4 条件 $\int |\boldsymbol{x}||\boldsymbol{u}|\,d\boldsymbol{x} < \infty$ と $|\boldsymbol{u}| = o(|\boldsymbol{x}|^{-3/2})$, $|p| = o(|\boldsymbol{x}|^{-3})$ ($|\boldsymbol{x}| \to \infty$) が満たされるならば, 角運動量 $\int_{\mathbb{R}^3} \boldsymbol{x} \times \boldsymbol{u}\,d\boldsymbol{x}$ は不変である.

4. $\nu > 0$ のとき

粘性係数が正のとき, すなわち, ナヴィエ–ストークス方程式では保存則は必ずしも成り立たないけれども, 不等式は成り立つ. そして, 不等式だけでも大いに役立つこともある. 例えば, ナヴィエ–ストークス方程式

$$\frac{\partial \boldsymbol{u}}{\partial t} + (\boldsymbol{u} \cdot \nabla)\boldsymbol{u} = \nu \Delta \boldsymbol{u} - \frac{1}{\rho}\nabla p \quad (\boldsymbol{x} \in \Omega) \quad (3)$$

$$\mathrm{div}\, \boldsymbol{u} = 0 \quad (\boldsymbol{x} \in \Omega) \quad (4)$$

と境界条件 $\boldsymbol{u}|_{\partial\Omega} = 0$ から

$$\frac{1}{2}\int_\Omega |\boldsymbol{u}(t,\boldsymbol{x})|^2 \,d\boldsymbol{x} + \nu \int_0^t dt \int_\Omega |\nabla \boldsymbol{u}(t,\boldsymbol{x})|^2 \,d\boldsymbol{x}$$
$$= \frac{1}{2}\int_\Omega |\boldsymbol{u}(0,\boldsymbol{x})|^2 \,d\boldsymbol{x}$$

が得られる. これは時刻ゼロにおける運動エネルギーが, 時刻 t までに熱となって散逸してしまったエネルギーと, 時刻 t で残されている運動エネルギーの和であることを意味する. これから, 不等式

$$\frac{1}{2}\int_\Omega |\boldsymbol{u}(t,\boldsymbol{x})|^2 \,d\boldsymbol{x} \leq \frac{1}{2}\int_\Omega |\boldsymbol{u}(0,\boldsymbol{x})|^2 \,d\boldsymbol{x}$$

が導かれるが, この不等式だけでも重要な意味を持つ. これ以外にも様々な不等式が知られている. 2次元ではこうした不等式を使って, 解が滑らかであり続ける (解の爆発が起きない) ことが証明できる. しかし, 3次元では, 既存の不等式では不十分である[1].

5. KdV 方程式

水面波のモデル方程式として有名な KdV 方程式 (Korteweg–de Vries 方程式)

$$u_t + 6uu_x = u_{xxx} \quad (5)$$

には, 無限に多くの保存量が存在することが知られている[6].

$$\int_\mathbb{R} u(t,x)\,dx$$

$$\int_\mathbb{R} u(t,x)^2\,dx$$

$$\int_\mathbb{R} \left[u_x(t,x)^2 + 2u(t,x)^3\right]\,dx$$

が保存量となることは容易に証明できる. これ以外の保存量については, これほど簡単ではない. 文献[6]を参照してほしい. そうした保存量によって解の爆発が防がれるだけでなく, この方程式は可積分となる. 同じように無限に多くの保存量を持つオイラー方程式が可積分でないのとは対照的である.

6. 保存量の意味

これ以外にも様々な方程式に保存量や非増大量が存在することが知られている. こうした保存量は物理的な意味を持つことが多く, 解の性質を知る手掛かりになる. また, 数値シミュレーションするときには, こうした保存量を数値的に反映するアルゴリズムを採用すると, 物理現象が再現しやすくなる. したがって, 保存量に関する知識を持っていることは大事である. 保存量と数値計算については文献[2],[3],[7] を参照されたい.

[岡本 久]

参考文献

[1] 藤田 宏, 岡本 久, 数学七つの未解決問題 (第7章 ナヴィエ–ストークス方程式の解の存在問題), 森北出版, 2002.

[2] K. Feng, M. Qin, *Symplectic Geometric Algorithms for Hamiltonian Systems*, Springer, 2010.

[3] D. Furihata, T. Matsuo, *Discrete Variational Derivative Method*, CRC Press, 2011.

[4] H. Lamb, *Hydrodynamics*, Cambridge University Press, 1932. [邦訳] 今井 功, 橋本英典 訳, 流体力学 I, II, III, 東京図書, 1978, 1981, 1988.

[5] L.M. Milne-Thomson, *Theoretical Hydrodynamics*, Fifth Edition, MacMillan, 1968.

[6] R.M. Miura, The Koreteweg-de Vries equation: A survey of results, *SIAM Review*, **18** (1976), 412–459.

[7] J.M. Sanz-Serna, M.P. Calvo, *Numerical Hamiltonian Problems*, Chapman & Hall, 1994.

ナヴィエ–ストークス方程式

Navier–Stokes equations

ナヴィエ–ストークス方程式（以下，NS 方程式と略記する）とは，速度 $\boldsymbol{u}$，圧力 p に関する次の方程式のことである．

$$\frac{\partial \boldsymbol{u}}{\partial t} + (\boldsymbol{u}\cdot\nabla)\boldsymbol{u} = \nu\Delta\boldsymbol{u} - \frac{1}{\rho}\nabla p + \boldsymbol{f} \qquad (1)$$

$$\mathrm{div}\,\boldsymbol{u} = 0 \qquad (2)$$

ここで，$\nu > 0$ は動粘性係数で，$\rho > 0$ は流体の密度である．どちらも物質に依存する量であるが，与えられた定数とするのが普通である．粘性係数 η は動粘性係数 ν と $\eta/\rho = \nu$ の関係にある．$\boldsymbol{f}$ は外力であり，与えられた関数であるとする．$t \geqq 0$ は時刻を表し，$\boldsymbol{x} = (x_1, x_2, x_3)$ は空間の座標を表す．また，

$$\nabla = \left(\frac{\partial}{\partial x_1}, \frac{\partial}{\partial x_2}, \frac{\partial}{\partial x_3}\right)$$

$$\Delta = \frac{\partial^2}{\partial x_1^2} + \frac{\partial^2}{\partial x_2^2} + \frac{\partial^2}{\partial x_3^2}$$

$$\boldsymbol{u}\cdot\nabla = u_1\frac{\partial}{\partial x_1} + u_2\frac{\partial}{\partial x_2} + u_3\frac{\partial}{\partial x_3}$$

と略記する．

NS 方程式とは式 (1),(2) の連立方程式のことであり，非圧縮粘性流体の基礎方程式である．式 (1) は運動量保存則と呼ばれ，式 (2) は非圧縮性条件と呼ばれる．圧縮性流体に対する NS 方程式も存在するが，これについてはあとで述べることにする．NS 方程式は，秩序立った運動から乱流まで広く適用できる微分方程式である．

これは非線形偏微分方程式であり，解の存在を証明することが難しい．クレイ研究所のミレニアム問題の 1 つにも選ばれており，その数学的な難しさはよく知られている．一方，水の運動を数値計算するには，NS 方程式を数値計算しなければならない．数値計算も一般には容易ではなく，数値解析の立場からも活発な研究が続いている．

1. 連 続 体

NS 方程式は，水や空気を連続体と見なすことによって導かれる．通常の物体は巨大な数の分子から構成されているので，あたかも連続的に分布していると見なすことができる．こうした物体を連続体と呼ぶ．連続体は気体，液体，固体に分類されるが，このうち気体と液体を総称して流体と呼ぶ．気体には体積が容易に変化するという性質がある．こうした流体を圧縮性流体と呼ぶ．体積変化が無視できる流体を非圧縮性流体と呼ぶ．気体＝圧縮性流体，液体＝非圧縮性流体，という等式は常に成り立つわけではない．空気の運動でもゆっくりした速度であれば圧縮性は無視できる．一方，水の圧縮性は極めて小さく，無視できるとしてよいことがほとんどである．

さて，連続体を基礎に置くということは，分子運動から全てを演繹的に導き出すことを放棄し，マクロな量だけで閉じた体系を構築することである．この考え方はもちろん，近似である．しかし，極めて優れた近似であるので，連続体の偏微分方程式 (1),(2) を基礎方程式として採用しても差し支えないことがほとんどである．

マクロな量とは，速度，体積，圧力，温度，エントロピー，エネルギーといった量である．これらは全て，空間の点 $\boldsymbol{x}$ および時間 t の 1 価関数として定められるものと仮定されている．この意味はいささか微妙なものである．速度といってもそれは非常に小さな領域における分子の速度の平均である．例えば，中心 $\boldsymbol{x}$，半径 $\delta > 0$ の球内の分子の速度の平均を $\boldsymbol{u}_\delta$ としたとき，δ をどんどん小さくしていったときの極限が $\boldsymbol{u}(t, \boldsymbol{x})$ である．しかし，δ はいくらでも小さくしていってよいというものではない．δ が分子の平均自由行程 l と同程度の大きさになったら，$\boldsymbol{u}_\delta$ は δ とともに大きく揺動し，意味をなさない．したがって，マクロな長さの尺度 L と比べれば δ は小さくなければならないが，平均自由行程よりはずっと大きくなければならない．こうした $l \ll \delta \ll L$ での δ について $\boldsymbol{u}_\delta$ がほぼ一定の値に収まっているときにこれを速度 $\boldsymbol{u}$ と定義するのである．言うなれば，そうした定義が可能である，というのが連続体である．

2. 初期条件・境界条件

流体が占める領域を Ω とする．Ω は空間 $\mathbb{R}^m$ ($m = 2$ または 3) の領域とし，その境界 $\partial\Omega$ は滑らかとする．

$\boldsymbol{u}$ は $\partial\Omega$ 上で境界条件

$$\boldsymbol{u}|_{\partial\Omega} = \boldsymbol{\beta}(t, x) \qquad (3)$$

を満たさなければならない（$\boldsymbol{\beta}$ は既知関数）．また，$t = 0$ で $\boldsymbol{u}$ の初期条件も与えられる．すなわち，

$$\boldsymbol{u}|_{t=0} = \boldsymbol{u}_0(x). \qquad (4)$$

Ω が有界でないとき，例えば Ω がコンパクトな曲面の外部全体であるとき（そのような領域を外部領域と呼ぶ）には，

$$\boldsymbol{u}(t, x) \to \boldsymbol{U}_0, \quad |x| \to \infty \qquad (3)'$$

といった，無限遠での境界条件が追加される．

与えられた $\boldsymbol{f}, \boldsymbol{\beta}, \boldsymbol{u}_0$（および $\boldsymbol{U}_0$）に対して (1)〜(4) を満足する $\boldsymbol{u}$ と p を求めよ，という問題は，1934 年のルレイ（J. Leray）による論文に始まり，

多くの数学者の手によって大きく進歩した．しかし，それにも関わらず未解決のまま残されている問題は多い．

3. 適 用 限 界

NS 方程式 (1),(2) は，均質かつ等方的な連続体であると仮定して導かれている．したがって，これらの仮定が満たされないときには，NS 方程式は適用できない．液晶は見た目には流体であるが，等方的ではなく，NS 方程式の適用範囲外にある．密度が変わる流体には別の方程式を使う必要がある．気体が希薄になって平均自由行程が長くなると，NS 方程式では記述できなくなり，ボルツマン方程式が必要になる．

4. 圧 縮 性 流 体

流体の圧縮性が無視できないときには，ρ は既知定数ではなく未知関数となる．このとき，方程式は次のようになる．

$$\frac{\partial \rho}{\partial t} + \mathrm{div}(\rho \boldsymbol{u}) = 0 \qquad (5)$$

$$\rho\left(\frac{\partial \boldsymbol{u}}{\partial t} + (\boldsymbol{u} \cdot \nabla)\boldsymbol{u}\right) = \mu \Delta \boldsymbol{u}$$
$$+ (\lambda + \mu)\nabla(\mathrm{div}\boldsymbol{u}) - \nabla p + \rho \boldsymbol{f} \qquad (6)$$

ここで $\mu = \rho \nu$ であり，λ は新たな定数である．

$$3\lambda + 2\mu = 0$$

という関係式が使われることがあり，近似的に正しい場合もあるが，この式を使ってよいかどうかは流体の性質や流れの様子にも依存するので，注意が必要である．さて，未知量は ρ，$\boldsymbol{u} = (u_1, u_2, u_3)$，$p$ と 5 つになるが，方程式の個数は 4 個である．したがって，もう 1 つの方程式が必要になり，熱力学的な考察を導入せざるを得ない．圧力 p が ρ の関数として決まる場合，これをバロトロピー流体と呼ぶ．例えば，定数 γ が存在し，$p \sim \rho^\gamma$ となっていると仮定してよい場合などがそれに当たる．

バロトロピー性を仮定できない場合，例えば圧力が温度に依存する場合には，$\rho, \boldsymbol{u}, p$ だけで閉じさせることはできなくなる．このときには温度 θ あるいはエントロピー S についても方程式を立てる必要がある．例えば，熱力学的考察から次式を得る．

$$\rho\left(\frac{\partial S}{\partial t} + (\boldsymbol{u} \cdot \nabla)S\right) = \kappa \Delta \theta + \lambda (\mathrm{div}\boldsymbol{u})^2$$
$$+ \frac{1}{2}\mu \sum_{i,j}\left(\frac{\partial u_i}{\partial x_j} + \frac{\partial u_j}{\partial x_i}\right)^2$$

ここで，$\kappa > 0$ は熱伝導係数であり，普通は定数と見なす．熱力学から S を θ, p, ρ で表す関係式を持ってくると，これらは閉じた微分方程式系となる．こ

れが圧縮性流体の基礎方程式である．関係式は応用する状況に依存するので，ここではこれ以上立ち入らない．

5. 非一様な流体

場合によっては均質ではないけれども非圧縮な流体というものも存在する．塩分濃度が場所ごとに違っている流体などがそれである．この場合，$\rho, p, \boldsymbol{u}$ で閉じた方程式系が得られる．

$$\frac{\partial \rho}{\partial t} + \boldsymbol{u} \cdot \nabla \rho = 0$$

$$\rho\left(\frac{\partial \boldsymbol{u}}{\partial t} + (\boldsymbol{u} \cdot \nabla)\boldsymbol{u}\right) = \eta \Delta \boldsymbol{u} - \nabla p + \rho \boldsymbol{f}$$

$$\mathrm{div}\boldsymbol{u} = 0.$$

6. 近 似 方 程 式

非線形項 $(\boldsymbol{u} \cdot \nabla)\boldsymbol{u}$ を削った方程式をストークス方程式もしくはストークス近似と呼ぶ:

$$\frac{\partial \boldsymbol{u}}{\partial t} = \nu \Delta \boldsymbol{u} - \frac{1}{\rho}\nabla p + \boldsymbol{f}, \quad \mathrm{div}\,\boldsymbol{u} = 0. \qquad (7)$$

速度 $\boldsymbol{u}$ が小さいときにはストークス近似でも役立つことがある．しかし，たとえ流速がゆっくりでも，物体から遠く離れたところではストークス近似は不正確となることが知られている．こういうときにはオセーン方程式

$$\frac{\partial \boldsymbol{u}}{\partial t} + (\boldsymbol{U} \cdot \nabla)\boldsymbol{u} = \nu \Delta \boldsymbol{u} - \frac{1}{\rho}\nabla p + \boldsymbol{f}, \quad \mathrm{div}\,\boldsymbol{u} = 0$$
$$(8)$$

がよい場合もある．ここで，$\boldsymbol{U}$ は与えられた定ベクトルである．

式 (7) も式 (8) も線形であるから，解を積分表示することができる．これはしばしば重要になる．また，特殊解・厳密解もたくさん知られており，役立つことも多い．

また，場合によっては，$\mu^* > 0$, $K > 0$ を定数として

$$\rho \frac{\partial \boldsymbol{u}}{\partial t} = \mu \Delta \boldsymbol{u} - \frac{\mu^*}{K}\boldsymbol{u} - \nabla p + \rho \boldsymbol{f} \qquad (9)$$

を，$\mathrm{div}\,\boldsymbol{u} = 0$ と一緒に考えることもある．これをダルシー–ストークス方程式と呼ぶ文献もあるが，ダルシーもストークスもこの方程式を考えたわけではなく，ブリンクマン方程式と呼ぶのが正しい[1]．これは，土などの多孔性媒質内の水の流れに対するモデルとして使われることがある．

7. 歴　　　　史

1757 年に出版されたオイラーの論文で，$\nu = 0$ の場合の方程式（オイラー方程式と呼ばれている）が導かれた．これは流体力学の歴史上極めて画期的なことである．ニュートンはプリンキピアの第 II 巻

で流体力学を数学的に体系付けようとしたが，彼の試みはほとんど失敗に終わったというのが現在の見方である．その後，ダニエル・ベルヌーイが現在の力学エネルギーに近い概念を導入して流体力学を数理科学にしようとしたが，基礎があやふやなままであったという感は免れない．ダランベールも渦無しの流れを研究したが，特殊な場合しか考察していない．この意味で，数理流体力学はオイラーに始まるという言い方は妥当であろう．

オイラー方程式は極めて重要な出発点であったが，粘性を無視しているために，その方程式からの帰結は現実の問題に適用できないことも多く，粘性をどう取り込むかは大きな問題となっていた．1827年に出版されたナヴィエの論文でNS方程式が初めて導かれたが，その導き方は合理性を欠いていた．1841年，ストークス（G.G. Stokes）が連続体の概念を使ってわれわれが現在使っているやり方でNS方程式を導いた．これ以降，物理学の立場から研究が進んだが，数学的な研究に画期的なものが現れるのは，1934年のルレイまで待たなければならない．ここで彼は弱解の概念を導入し，様々な予想を立てた．これは近代的な偏微分方程式論の幕開けと言ってもよい出来事であった．その後，西暦2000年を記念したクレイ研究所のミレニアム問題7つのうちの1つとして選ばれたこともあり，NS方程式に対する数学者の興味は極めて大きい．

8. ミレニアム問題

ここでは簡単のために，$\Omega = \mathbb{R}^m$ で，$\boldsymbol{\beta} \equiv 0$，$\boldsymbol{f} \equiv 0$ と仮定しよう．初期値 $\boldsymbol{u}_0$ は滑らかであり，$\operatorname{div} \boldsymbol{u}_0 = 0$ を満たすものとする．注意すべきことは，問題の難しさが領域 Ω の次元 m に深刻に依存していることである．すなわち，$m = 2$ の場合には，NS初期値問題の一意な古典解が大域的に，すなわち全ての時間 $0 \leqq t < \infty$ に対して存在する．これは本質的にはルレイが証明した．一方，$m = 3$ の場合には，ルレイは時間について大域的な弱解の存在を証明したが，その一意性は証明できなかった．一方，古典解の局所的な存在（すなわち，有限時間までの存在）は証明できたが，時間大域的に存在するかどうかはわからなかった．初期速度場のあるノルムが十分小さければ，大域的な古典解の存在が証明されている．しかし，そうした条件なしに存在が証明できるかどうか，これが大きな未解決問題となっている．これは大変難しい問題であると見なされており，ミレニアム賞の7問題の1つに挙げられている．

9. 渦度

$\operatorname{curl} \boldsymbol{u}$ を渦度（vorticity）と呼び，しばしば $\boldsymbol{\omega}$ で表す．$\boldsymbol{f} \equiv 0$ として式 (1) に curl を施すと次式を得る：

$$\frac{\partial \boldsymbol{\omega}}{\partial t} + (\boldsymbol{u} \cdot \nabla)\boldsymbol{\omega} - (\boldsymbol{\omega} \cdot \nabla)\boldsymbol{u} = \nu \Delta \boldsymbol{\omega}. \quad (10)$$

これを渦度方程式と呼ぶ．式 (10) と，$\operatorname{div} \boldsymbol{u} = 0$，$\operatorname{curl} \boldsymbol{u} = \boldsymbol{\omega}$ を連立させたものはNS方程式と同値である．渦度方程式では圧力が消去されているので便利であり，数値計算に用いられることも多い[4],[6]．

2次元流，すなわち $\boldsymbol{u} = (u_1(t, x_1, x_2), u_2(t, x_1, x_2), 0)$ の場合には，$\boldsymbol{\omega}$ の x_3 成分のみがゼロでなく，それを ω で表すと，ω は

$$\frac{\partial \omega}{\partial t} + (\boldsymbol{u} \cdot \nabla)\omega = \nu \Delta \omega + \frac{\partial f_2}{\partial x_1} - \frac{\partial f_1}{\partial x_2} \quad (11)$$

というスカラー方程式を満たす．これを2次元渦度方程式と呼ぶ．

ある領域内で $\boldsymbol{\omega} \equiv 0$ となる流れを渦無し流と呼ぶ．

10. 流線・軌跡・流脈線

流れを可視化する方法はいくつかあるが，最もよく使われるものが流線である．

時刻 t を固定してベクトル場 $\boldsymbol{u} = (u_1, u_2, u_3)$ を考える．このベクトル場の積分曲線を流線（streamline）と呼ぶ．すなわち，流線とは流れの領域の中の曲線で，その各点における接ベクトルの方向と，その点における流れの速度ベクトルの方向が一致するものをいう．定義によれば，

$$\frac{\mathrm{d}}{\mathrm{d}s}\boldsymbol{x}(s) = \boldsymbol{u}(t, \boldsymbol{x}(s))$$

の任意の解 $s \mapsto \boldsymbol{x}(s)$ が流線である（t は固定されている）．

ベクトル場 $\boldsymbol{u}(t, \boldsymbol{x}) = (u_1, u_2, u_3)$ に対し，

$$\frac{\mathrm{d}}{\mathrm{d}t}\boldsymbol{x}(t) = \boldsymbol{u}(t, \boldsymbol{x}(t)), \quad \boldsymbol{x}(0) = \boldsymbol{x}_0$$

の解 $t \mapsto \boldsymbol{x}(t)$ を，$\boldsymbol{x}_0$ を通る粒子の軌道（particle trajectory）と呼ぶ．

粒子の軌道は流れを可視化するときに基本的な役割を果たす．しかしながら，実験の写真などで見られる可視化された曲線は，粒子の軌道ではなく次の流脈線であることが多い．

ある範囲の時間 $0 \leqq t \leqq T$ にわたって，空間内のある固定された点から粒子が連続的に排出されたときに，時刻 $t = T$ で粒子たちが描く曲線を流脈線（streakline）と呼ぶ．時刻 $t = s$ で点 $\boldsymbol{\xi}$ を出発する粒子の軌道を $t \mapsto \boldsymbol{x}(t; s, \boldsymbol{\xi})$ と表すと，

$$[0, T] \ni s \mapsto \boldsymbol{x}(T; s, \boldsymbol{\xi})$$

が流脈線である．

染料を使った流れの可視化で見える曲線は流脈線であり，流線でもなく粒子の軌道でもない．流脈線は流線とも粒子の軌道とも異なる概念である．粒子の軌道が比較的単純であっても，同じ流れの流脈線

が複雑になることもある[5].

11. 流れ関数

2次元非圧縮流の流線は，流れ関数というものを通じて簡単に計算することができる．以下，平面のデカルト座標を (x,y) で表し，ベクトル場 $\boldsymbol{u} = (u_1(t,x,y), u_2(t,x,y))$ を考える．次式を満たす1価関数 ψ が存在するとき，ψ を流れ関数（stream function）と呼ぶ：

$$u_1 = \frac{\partial \psi}{\partial y}, \quad u_2 = -\frac{\partial \psi}{\partial x}. \tag{12}$$

12. 特 殊 解

本節では $\boldsymbol{x} = (x,y,z)$ という記号を用いる．ベクトル場 $\boldsymbol{u}$ が $\boldsymbol{u} = (g(t,y,z),0,0)$ という形であると仮定してみる．すると，容易にわかるように，非圧縮条件 (2) は自動的に満たされる．非線形項 $(\boldsymbol{u}\cdot\nabla)\boldsymbol{u}$ は恒等的にゼロとなることがわかる．式 (1) の第1成分は

$$\frac{\partial g}{\partial t} = \nu g_{yy} + \nu g_{zz} - \frac{1}{\rho} p_x \tag{13}$$

となり，第2，第3成分からは $p_y = p_z = 0$ を得る．これから，$p = p(t,x)$ がわかる．さて，もしも p が既知関数であれば，式 (13) は g に関する熱方程式である．これは解の表示が可能であるから，g もわかったものと見なすことができる．こうして1つの厳密解が得られる．

特別な場合を考えてみよう．$p(t,x) = cx$ で c が定数とする（$p_x = c$ という圧力勾配が存在する）．さらに，g は時間 t に依存しないとすれば，式 (13) はポアソン方程式となる．さらに状況を限定して，無限に長い円形の筒の中を流れている水を思い浮かべ，切り口を $y^2 + z^2 \leqq a^2$ とする．ここで，a は切り口となっている円の半径である．ポアソン方程式を $\boldsymbol{u} = 0$ の境界条件で解くと，

$$g(y,z) = \frac{c}{4\nu\rho}\left(y^2 + z^2\right) \tag{14}$$

となる．すなわち，放物型の速度分布となる．これをポアズィーユ流と呼ぶ．

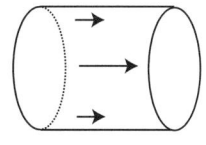

図 1　ポアズィーユ流

さて，ポアズィーユ流が役立つのは，管の中をゆっくりと水が流れているときである．このとき，単位時間内に管を流れる水の量は

$$\int_{y^2+z^2\leqq a^2} \frac{c}{4\nu\rho}(y^2+z^2)\,dy\,dz = \frac{\pi c a^4}{8\nu\rho} \tag{15}$$

となる．すなわち，

> 単位時間内に管を流れる流体の量は，圧力勾配に比例し，直径の4乗に比例し，粘性係数に反比例する．

これはしばしばポアズィーユの法則と呼ばれている．

c が定数のとき，

$$\boldsymbol{u} = (cy, 0, 0), \quad p \equiv 0$$

はナヴィエ–ストークス方程式を満たす．これは平面クエット流と呼ばれる流れである．

　　　　　　　　　　　　　　　　　［岡本　久］

参 考 文 献

[1] H.C. Brinkman, *Applied Scientific Research*, **A1** (1947), 27–34.
[2] A.J. Chorin, *Vorticity and Turbulence*, Springer, 1994.
[3] J. Leray, *Acta Math.*, **63** (1934), 193–248.
[4] 今井 功, 流体力学 (前編), 裳華房, 1973.
[5] 岡本 久, ナヴィエ–ストークス方程式の数理, 東大出版会, 2009.
[6] 日本流体力学会 編, 流体力学ハンドブック 第2版, 丸善, 1998.
[7] 一松 信ほか, 数学七つの未解決問題, 森北出版, 2002.
[8] O. Darrigol, *Worlds of Flow*, Oxford Univ. Press, 2005.

乱　流
turbulence

　乱流とは，流体の運動が乱れて見える現象である．プールの水にも大気にも，銀河系内のガス雲にも乱流は現れるが，ここでは非圧縮で電気的に中性な粘性流体の乱流のみを考察しよう．乱流についてはわかっていることも多いが，わからないことも多い．興味のある読者は，例えば [8] などの実験結果を一度は見るべきである．

1. 乱流の発生

　水の流れが乱れているとき，その運動はナヴィエ－ストークス方程式（以下，NS 方程式と略記する）で記述できるであろうか？ 水の分子はランダムな運動をしているが，その影響で乱流が発生することはないのであろうか？ こうした疑問は自明ではない．しかしながら，日常観察されるような乱流に分子レベルの影響が見られることはないし，NS 方程式が乱流領域では修正が必要になる，という証拠はない．したがって，相当発達した乱流でも NS 方程式で記述できるというコンセンサスが研究者の間にある．そこで，以下でも NS 方程式を使って説明する．

　水の流れは極めて規則正しい流れ（これを層流という）となることもあるし，乱れることもある．この区別は通常，レイノルズ数で見ることができる．レイノルズ数は

$$R = \frac{LU}{\nu}$$

で定義される無次元量である．ここで，L は流れを代表する長さ，U は代表的な速さ，ν は動粘性係数である．一般に，R が小さいときには流れは層流となり，大きいときには乱流が見られる．R が中間的なときには，乱流ではないが空間的にはそこそこ複雑なパターンが見られたり，時間周期的な解が見られたりすることもあるが，層流からいきなり乱流に遷移することもある．

　レイノルズ数を用いて NS 方程式を無次元化したものを

$$\mathrm{div}\,\boldsymbol{u} = 0$$
$$\frac{\partial \boldsymbol{u}}{\partial t} + (\boldsymbol{u} \cdot \nabla)\boldsymbol{u} = \frac{1}{R}\Delta\boldsymbol{u} - \nabla p + \boldsymbol{f}$$

とする．乱流は $R \to \infty$ のときに見られる現象であると言えるから，いわゆる特異摂動現象の 1 つである．

2. 乱流へのルート

　1934 年，ルレイは彼の学位論文で，NS 方程式の弱解を定義し，それを乱流解と呼んだ．彼の考えでは，初期時刻で滑らかなベクトル場も，時間発展していくと，ある時刻で滑らかさが失われる．そうした滑らかさを持たない解が乱流を表現している，と彼は予想したのである．しかし現代では，彼のアイデアはそのままでは成り立たないと考えられている．これまでに得られているデータによれば，NS 方程式の解には特異点は存在せず，全ての時間にわたって滑らかであり続けると考えたほうがよい．

　ランダウが 1944 年，ホップが 1948 年に，力学系理論からの議論を独立に展開した．その基本になるのが，次のような一般的に観測される事実である．まず，レイノルズ数が小さいときには，ただ 1 つの層流が存在して安定である．レイノルズ数が上がると，一般に層流は安定性を失い，次にもう少し複雑さを増した定常解になるか，あるいは時間的に周期的な解が安定となる．しかし，まだこの段階では流れは乱流ではない．もっとレイノルズ数を上げると，さらに分岐が加わって，時間について 2 重周期な解などが現れる．分岐がさらに繰り返され，十分多くの個数の独立な波数 $\omega_1, \omega_2, \ldots, \omega_N$ の振動モードが現れると，解は複雑化し，流れは乱れて見える．こうした見方は魅力的ではあるが，現在では乱れの主要な原因ではないと思われている．

　1971 年，リュエルとターケンスは高次元のトーラスが分岐するよりも前にカオス的なアトラクタが分岐しうることを例示し，こうした例と乱流との関係が研究されるようになった．これは大変重要な考え方であるが，時間的な複雑性を説明できても，空間変数に関する複雑性の説明には非力である．そもそも力学系理論では，$t \to \infty$ における解の挙動を明らかにすることが目的であり，時間とともに減衰していく運動は守備範囲外であろう．一方，乱流には，極めて長い時間乱れを維持するけれどもいずれは消えていくという運動も多い．これは減衰乱流と呼ばれる．力学系で言うアトラクタでは説明できない乱流は多いものと思われる．

　結局，どのようにして，あるいは，なぜ乱流が発生するのかは個別事情に依存することも多いから，一言で説明できるものではないようである．

　したがって，こうしたことはいったん忘れて，発達した乱流が与えられたものとして，それがどのような性質を持たなければならないかを研究するほうが得策であろう．

　乱れはある意味で予測不能性を意味するが，平均をとるとその統計的性質は極めて再現性が高く，ある意味で普遍的な性質となることが期待できる．

3. コルモゴロフ理論

1941年にコルモゴロフが提唱した乱流の理論は，その後の展開に極めて大きな影響を与えた．彼の理論を説明するには，ベクトル場のフーリエ変換

$$\hat{\boldsymbol{u}}(t,\boldsymbol{k}) = \int_{\mathbb{R}^3} e^{\mathrm{i}\boldsymbol{k}\cdot\boldsymbol{x}}\boldsymbol{u}(t,\boldsymbol{x})\,\mathrm{d}x_1\mathrm{d}x_2\mathrm{d}x_3 \quad (\boldsymbol{k}\in\mathbb{R}^3)$$

を用いるのが便利である．このとき，プランシュレルの定理によって，エネルギーは

$$\frac{\rho}{2}\int_{\mathbb{R}^3}|\hat{\boldsymbol{u}}(t,\boldsymbol{k})|^2\,\mathrm{d}k_1\mathrm{d}k_2\mathrm{d}k_3$$

と表される（ρ は流体の密度）．

コルモゴロフの理論では，ある $k_0 > 0$ が存在し，$k_0 < |\boldsymbol{k}|$ において $|\hat{\boldsymbol{u}}(t,\boldsymbol{k})|$ が $\boldsymbol{k}$ の方向に依存せず，$|\boldsymbol{k}|$ のみに依存することになる．これはある程度大きな波数では，運動は一様等方的であるという仮説からの帰結である．全ての波数について等方的ならば，エネルギーは

$$2\pi\rho\int_0^\infty |\hat{\boldsymbol{u}}(t,\boldsymbol{k})|^2\,k^2\,\mathrm{d}k$$

と表される（$k=|\boldsymbol{k}|$）．

$k_s \gg k_0$ が存在して，$k_0 \ll |\boldsymbol{k}| \ll k_s$ において

$$|\hat{\boldsymbol{u}}(t,\boldsymbol{k})|^2\,k^2 \approx c k^{-5/3}$$

というのがコルモゴロフの理論である．ここで c は定数で，エネルギー散逸率を使って書き表される．これを，「エネルギースペクトルは $k^{-5/3}$ で減衰する」という言い方をする．

コルモゴロフの $k^{-5/3}$ 則は，実験データともよく合うことが確かめられているが，その理論的前提には疑問符が付く．特に，エネルギー散逸率を1つのパラメータとして採用しているところが問題である．

$$\nu\int_{\mathbb{R}^3}|\mathrm{curl}\,\boldsymbol{u}(t,\boldsymbol{x})|^2\,\mathrm{d}x_1\mathrm{d}x_2\mathrm{d}x_3$$

がエネルギー散逸率であるが，渦度 $\mathrm{curl}\,\boldsymbol{u}$ は空間内のばらつきが極めて大きいことが知られている．

4. 境界層

レイノルズ数が大きい流れでも，空間の全てにわたって乱れが発達するわけではない．むしろ，壁の近くでは鋭い速度勾配があるにも関わらず，壁からある程度離れたところでは層流に近いものが見られ，それはほとんど非粘性の流れに近いということもある．

そこで，壁に近い薄い層のみに注目し，そこでの現象を引き伸ばすことによって数学的な記述を試みることにする．このアイデアは1905年のプラントルの論文によるものである．その詳細は [7] あるいは [6] を参照せよ．

5. 流体粒子のカオス

速度ベクトル場は定常で極めて規則的であるにも関わらず，そこの流体粒子が不規則な運動を示すことがある．

流体粒子のカオスはアーノルドによって1965年に発見された．1辺の長さが 2π の立方体で周期境界条件を考える．A, B, C を定数とするとき，

$$\boldsymbol{u} = \big(A\sin z + C\cos y,\, B\sin x + A\cos z,$$
$$C\sin y + B\cos x\big) \qquad (1)$$

がオイラー方程式の定常解になることが容易に証明できる．これは非常に簡単な形であるが，その流線は非常に複雑になりうる．流線の例を図1に示す．

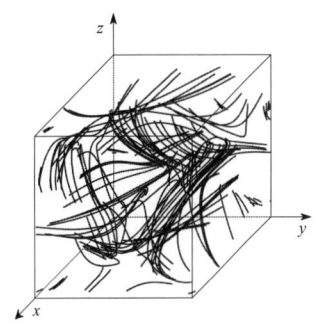

図1 式 (1) の流線 ($A = 1$, $B = 0.5$, $C = 0.3$)
図の中の箱は $0 < x, y, z < 2\pi$ の立方体を表す．$(x(0), y(0), z(0)) = (3.0, 0, 3.0)$; このとき，軌道にはいかなる規則性も見えない．

この例に限らず，ベクトル場自体は規則正しいのに，その粒子の軌道を計算するとカオス的になる例は多々存在する．墨流しの絵などもそうである．こうした例は，流れが乱雑に見えることと乱流は同じではない，ということを教えてくれる．

［岡本 久］

参 考 文 献

[1] A.J. Chorin, *Vorticity and Turbulence*, Springer, 1994.
[2] 金田行雄ほか, 乱流の計算科学, 共立出版, 2012.
[3] 木田重雄, 柳瀬眞一郎, 乱流力学, 朝倉書店, 1999.
[4] 船越満明, カオス, 朝倉書店, 2008.
[5] L. Sirovich (ed.), *New Perspectives in Turbulence*, Springer, 1991.
[6] H. Schlichting, K. Gersten, *Boundary Layer Theory*, Springer, 2000.
[7] M. van Dyke, *Perturbation Methods in Fluid Mechanics*, Parabolic Press, 1975.
[8] M. van Dyke, *An Album of Fluid Motion*, Parabolic Press, 1982.

弾性体力学の基礎

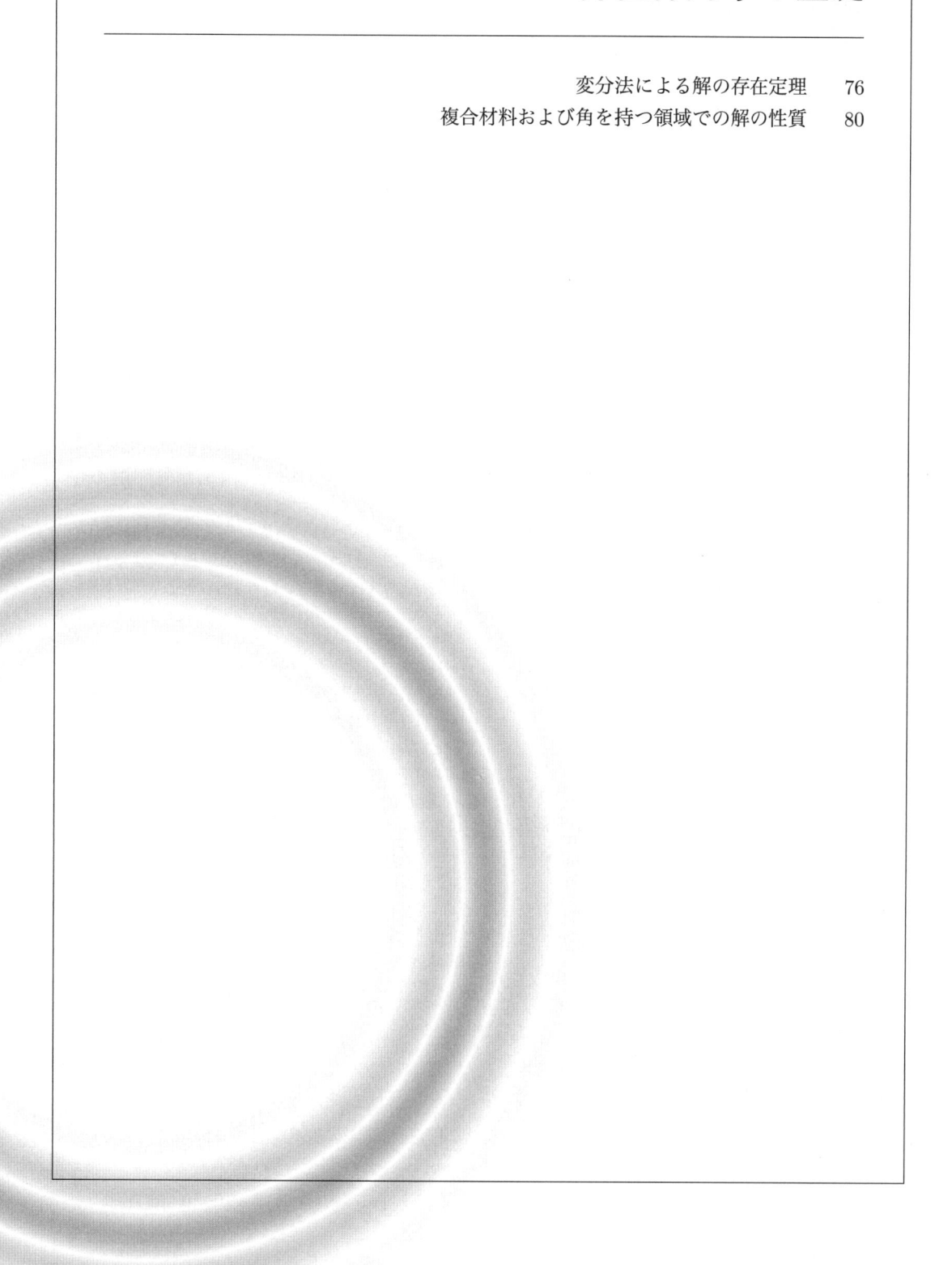

変分法による解の存在定理　76
複合材料および角を持つ領域での解の性質　80

変分法による解の存在定理
existence of displacement (variational method)

線形弾性体論における基礎方程式（静的問題，動的問題）を変分法的に取り扱う．問題を弱形式で表現し，弱解の存在と一意性に関する結果と，その証明法（原理）の概略を述べる．証明において本質的な役割を果たす Korn の不等式についても言及する．

1. 基礎方程式

有界領域 Ω を占める線形弾性体を考える．Ω 内の変位 $\boldsymbol{u} = (u_i)$ に対する歪みテンソル $(\epsilon_{ij}(\boldsymbol{u}))$

$$\epsilon_{ij}(\boldsymbol{u}) := \frac{1}{2}(\partial_j u_i + \partial_i u_j), \quad \partial_i = \frac{\partial}{\partial x_i}$$

と応力テンソル $(\sigma_{ij}(\boldsymbol{u}))$ の関係は，フックの法則

$$\sigma_{ij}(\boldsymbol{u}) = \sum_{k,l} C_{ijkl} \epsilon_{kl}(\boldsymbol{u})$$

で記述される．弾性係数テンソル $C_{ijkl} = C_{ijkl}(x)$ は，次の対称性および正定値性を持つ：

$$C_{ijkl} = C_{klij} = C_{jikl} \tag{1}$$

$$\sum_{i,j,k,l} C_{ijkl} s_{kl} s_{ij} \geqq \kappa \sum_{i,j} s_{ij}^2 \quad \forall (s_{ij}) : 対称 \tag{2}$$

ここで κ は正定数であり，式 (2) はエネルギー密度

$$\frac{1}{2} \sum_{i,j,k,l} C_{ijkl} \epsilon_{kl}(\boldsymbol{u}) \epsilon_{ij}(\boldsymbol{u})$$

の正値性を保証する（物理的には $\kappa = 0$ の場合も許容される）．境界 $\Gamma = \partial\Omega$ 上の外向き単位法線ベクトルを $\nu = (\nu_i(x))$ と書き，偏微分作用素 $\mathcal{A}, \mathcal{B}$ を

$$(\mathcal{A}\boldsymbol{u})_i = -\sum_j \partial_j \sigma_{ij}(\boldsymbol{u}) \quad \text{in } \Omega$$

$$(\mathcal{B}\boldsymbol{u})_i = \sum_j \nu_j \sigma_{ij}(\boldsymbol{u}) \quad \text{on } \Gamma$$

で定める．弾性体 Ω の密度を $\rho = \rho(x) > 0$，Ω に働く単位質量当たりの外力を $\boldsymbol{f}$ とすれば，線形弾性体論の基礎方程式（動的問題）は時間区間 $0 \leqq t \leqq T$ 上で，次の形で与えられる：

$$(\mathrm{D}) \begin{cases} (\rho \partial_t^2 + \mathcal{A})\boldsymbol{u} = \rho \boldsymbol{f} & \text{in } \Omega \times (0, T) \\ \boldsymbol{u} = \boldsymbol{0} & \text{on } \Gamma_D \times (0, T) \\ \mathcal{B}\boldsymbol{u} = \boldsymbol{0} & \text{on } \Gamma_N \times (0, T) \\ \boldsymbol{u}|_{t=0} = \boldsymbol{v}_0, \quad \partial_t \boldsymbol{u}|_{t=0} = \boldsymbol{v}_1 & \text{in } \Omega \end{cases}$$

ここでの境界条件は，弾性体が境界 Γ の一部 Γ_D で固定され，他の部分 Γ_N で応力自由であることを表す（簡単のため，境界条件は斉次とした）．以下では，問題 (D) と対応する静的問題 (S) について考える．他の境界条件の場合も含めて，これらの問題の数学的取り扱いについては，例えば Duvaut and Lions [1, Chap. III] が参考になる．

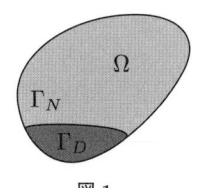

図 1

2. 準 備

前節の状況で，C_{ijkl} を (i, k) 成分とする正方行列を C^{jl} と表せば，式 (1) より各 C^{jl} は

$$(C^{jl})^T = C^{lj} \tag{3}$$

の形の対称性を持ち（T は転置行列を表す），エネルギー密度は $\frac{1}{2} \sum_{j,l} C^{jl} \partial_l \boldsymbol{u} \cdot \partial_j \boldsymbol{u}$ で与えられる．さらに，偏微分作用素 $\mathcal{A}, \mathcal{B}$ は

$$\mathcal{A}\boldsymbol{u} = -\sum_{j,l} \partial_j (C^{jl} \partial_l \boldsymbol{u}) \quad \text{in } \Omega \tag{4}$$

$$\mathcal{B}\boldsymbol{u} = \sum_{j,l} \nu_j C^{jl} \partial_l \boldsymbol{u} \quad \text{on } \Gamma \tag{5}$$

と書ける．このように表現すれば，Ω の次元（空間変数の個数）とベクトルの次元（成分の個数）が一致しなくても通用する．

さて，これから解の存在定理を数学的に述べるために，設定をもう少し明確にしておこう．上述の考察に基づき，前節での状況を多少一般化して考える．

- Ω は $\mathbb{R}^n$ $(n \geqq 2)$ の有界なリプシッツ領域で，境界 Γ は共通部分のない開部分集合 Γ_D, Γ_N (t に依存しない) により，$\Gamma = \overline{\Gamma_D} \cup \Gamma_N = \Gamma_D \cup \overline{\Gamma_N}$ と表される．なお，断らない限り $\Gamma_D \neq \emptyset$ であるとする．
- 各 C^{jl} $(1 \leqq j, l \leqq n)$ は成分が $L^\infty(\Omega)$ に属する N 次正方行列で，式 (3) を満たす ($N \geqq 1$)．
- ρ は $L^\infty(\Omega)$ に属し，$\inf_\Omega \rho > 0$ を満たす．

このとき，$\mathbb{R}^N$ に値をとる関数 $\boldsymbol{u}$ に対して $\mathcal{A}\boldsymbol{u}, \mathcal{B}\boldsymbol{u}$ を式 (4),(5) で定め，動的問題 (D) および対応する静的問題 (S) について考える．現れる関数は（断らない限り）全て実数値であるとする．

関数空間とそれに付随する記号を導入しよう．まず，$L^2(\Omega)$ の内積，ノルムを

$$(u, v) := \int_\Omega u(x) v(x) \, dx, \quad \|u\| := \sqrt{(u, u)}$$

と表す．また，密度 ρ に対して

$$(u, v)_\rho := \int_\Omega uv\rho \, dx, \quad \|u\|_\rho := \sqrt{(u, u)_\rho}$$

と書く．$H^k(\Omega)$ は k 階の Sobolev 空間を表す．特に，$H^1(\Omega)$ のノルムを $\|u\|$ と表す：

$$\|u\|^2 = \|u\|^2 + \|\nabla u\|^2.$$

次の関数空間は頻繁に用いるので簡略化して表す：

$$H := \{L^2(\Omega)\}^N, \quad V := \{H^1(\Omega)\}^N,$$

$$V_D := \{\boldsymbol{u} \in \{H^1(\Omega)\}^N \mid \boldsymbol{u} = \boldsymbol{0} \text{ on } \Gamma_D\}.$$

解の存在を証明する際に本質的な役割を果たすのは, エネルギー積分

$$\mathcal{E}[\boldsymbol{u}] := \sum_{j,l} \int_\Omega C^{jl} \partial_l \boldsymbol{u} \cdot \partial_j \boldsymbol{u}\, dx$$

に対する次の2タイプの不等式 (強圧的評価) である.

 [K.1]　定数 $C_1 > 0$ が存在して,

$$\mathcal{E}[\boldsymbol{u}] \geqq C_1 \|\boldsymbol{u}\|^2 \quad \forall \boldsymbol{u} \in V_D.$$

 [K.2]　定数 $C_0 \geqq 0$, $C_1 > 0$ が存在して,

$$\mathcal{E}[\boldsymbol{u}] + C_0 \|\boldsymbol{u}\|^2 \geqq C_1 \|\boldsymbol{u}\|^2 \quad \forall \boldsymbol{u} \in V_D.$$

不等式 [K.1] が静的問題に, [K.2] が動的問題に適用される (3節, 4節). これらの不等式の成立条件については 5 節で詳述する. 1 節の状況では, 式 (2) より $\epsilon(\boldsymbol{u}) = (\epsilon_{ij}(\boldsymbol{u}))$ に対して

$$\mathcal{E}[\boldsymbol{u}] = \sum_{i,j,k,l} \int_\Omega C_{ijkl} \epsilon_{kl}(\boldsymbol{u}) \epsilon_{ij}(\boldsymbol{u})\, dx \geqq \kappa \|\epsilon(\boldsymbol{u})\|^2$$

が成り立つから, 有名な Korn の不等式

$$\|\epsilon(\boldsymbol{u})\|^2 + \|\boldsymbol{u}\|^2 \geqq c_1 \|\nabla \boldsymbol{u}\|^2 \quad \forall \boldsymbol{u} \in V \qquad (6)$$

と $\|\epsilon(\boldsymbol{u})\|^2$ に対する Poincaré 型不等式

$$\|\epsilon(\boldsymbol{u})\|^2 \geqq c_0 \|\boldsymbol{u}\|^2 \quad \forall \boldsymbol{u} \in V_D$$

とから不等式 [K.1] が (したがって [K.2] も) 導かれる.

3.　静　的　問　題

境界値問題

$$(\text{S}) \quad \begin{cases} \mathcal{A}\boldsymbol{u} = \boldsymbol{g} & \text{in } \Omega \\ \boldsymbol{u} = \boldsymbol{0} \text{ on } \Gamma_D,\; \mathcal{B}\boldsymbol{u} = \boldsymbol{0} & \text{on } \Gamma_N \end{cases}$$

を考える ($\boldsymbol{g} = \rho\boldsymbol{f}$ とおいた). ここでは, 不等式 [K.1] の成立を仮定して (S) を解く.

　まず, $\mathcal{E}[\boldsymbol{u}]$ に対応する双線形形式

$$\mathcal{E}[\boldsymbol{u}, \boldsymbol{v}] := \sum_{j,l} \int_\Omega C^{jl} \partial_l \boldsymbol{u} \cdot \partial_j \boldsymbol{v}\, dx$$

を導入する. もし (S) に H^2 解 $\boldsymbol{u}$ が存在したなら, $\boldsymbol{u} \in V_D$ であり, また $\mathcal{A}\boldsymbol{u} = \boldsymbol{g}$ と $\boldsymbol{\varphi} \in V_D$ (試験関数) との L^2 内積をとり, 形式的に部分積分して $\mathcal{B}\boldsymbol{u} = \boldsymbol{0}$ on Γ_N を用いれば $\mathcal{E}[\boldsymbol{u}, \boldsymbol{\varphi}] = (\boldsymbol{g}, \boldsymbol{\varphi})$ が従う. この考察から (S) の弱解の定義 (弱形式) を得る.

　定義　与えられた $\boldsymbol{g} \in H$ に対して, $\boldsymbol{u}$ が (S) の弱解であるとは, $\boldsymbol{u} \in V_D$ であって,

$$\mathcal{E}[\boldsymbol{u}, \boldsymbol{\varphi}] = (\boldsymbol{g}, \boldsymbol{\varphi}) \quad \forall \boldsymbol{\varphi} \in V_D \qquad (7)$$

を満たすことをいう.

　定理 1　不等式 [K.1] が成り立つとする. このとき, 各 $\boldsymbol{g} \in H$ に対し, (S) はただ 1 つの弱解 $\boldsymbol{u} \in V_D$ を持つ. さらに, ここで定まる線形写像 $H \ni \boldsymbol{g} \mapsto \boldsymbol{u} \in V_D$ は連続である.

　注意　L^2 内積 $(\boldsymbol{g}, \boldsymbol{\varphi})$ を V_D の共役空間 $V_D{}'$ と V_D との共役対に拡張して考えれば, 定理 1 において $\boldsymbol{g} \in H$ を $\boldsymbol{g} \in V_D{}'$ で置き換えても, 定理の主張は正しい. 一方, Γ が C^2 級で C^{jl} の各成分が $C^1(\overline{\Omega})$ に属するならば, (S) の弱解 $\boldsymbol{u} \in V_D$ は Ω から $\overline{\Gamma_D} \cap \overline{\Gamma_N}$ の近傍を除いた領域で H^2 に属し, (S) の '解' となる (各方程式を通常の関数の意味で満たす). ただし, 一般に $\boldsymbol{u} \in \{H^2(\Omega)\}^N$ となることは期待できない.

　定理 1 の証明法について簡単に触れておく. 不等式 [K.1] より $\sqrt{\mathcal{E}[\boldsymbol{u}]}$ と $\|\boldsymbol{u}\|$ が V_D 上で同値なノルムを定めることがわかる. この事実を用いて弱解の存在と一意性が示される. 一意性は式 (7) に $\boldsymbol{g} = \boldsymbol{0}$, $\boldsymbol{\varphi} = \boldsymbol{u}$ を代入した式より明らかである. 存在の証明法は以下の 2 通りが標準的である.

　方法 1 (Riesz の表現定理)　V_D は $\mathcal{E}[\boldsymbol{u}, \boldsymbol{v}]$ を内積とするヒルベルト空間である (ノルム $\sqrt{\mathcal{E}[\boldsymbol{u}]}$ は $\|\boldsymbol{u}\|$ と同値). 与えられた $\boldsymbol{g} \in H$ に対し, $\boldsymbol{v} \mapsto (\boldsymbol{g}, \boldsymbol{v})$ は V_D 上の連続線形汎関数を定めるから, Riesz の表現定理により,

$$\mathcal{E}[\boldsymbol{u}, \boldsymbol{v}] = (\boldsymbol{g}, \boldsymbol{v}) \quad \forall \boldsymbol{v} \in V_D$$

を満たす $\boldsymbol{u} \in V_D$ ((S) の弱解) が一意に存在する.

　方法 2 (直接法)　V_D 上の汎関数

$$I[\boldsymbol{u}] := \frac{1}{2} \mathcal{E}[\boldsymbol{u}] - (\boldsymbol{g}, \boldsymbol{u})$$

を考える. 容易に

$$I[\boldsymbol{u}] \geqq \frac{1}{4} \mathcal{E}[\boldsymbol{u}] - C_2 \|\boldsymbol{g}\|^2 \geqq -C_2 \|\boldsymbol{g}\|^2 \qquad (8)$$

と評価でき, $I[\boldsymbol{u}]$ の最小化列 $\{\boldsymbol{u}_m\}_{m=1}^\infty$ に対して

$$I[\boldsymbol{u}_m] \to \mu := \inf_{\boldsymbol{u} \in V_D} I[\boldsymbol{u}] > -\infty.$$

このとき, 式 (8) より $\mathcal{E}[\boldsymbol{u}] \leqq 4(I[\boldsymbol{u}] + C_2 \|\boldsymbol{g}\|^2)$ であるから, $\{\boldsymbol{u}_m\}$ はヒルベルト空間 V_D の有界列である. よって, 必要なら部分列をとり, $\{\boldsymbol{u}_m\}$ は V_D で弱収束 (かつ H で収束) すると考えてよい. 極限を $\boldsymbol{u}_\infty \in V_D$ とすれば, $I[\boldsymbol{u}_m] = \frac{1}{2} \mathcal{E}[\boldsymbol{u}_m] - (\boldsymbol{g}, \boldsymbol{u}_m)$ より

$$\mu = \frac{1}{2} \liminf_{m \to \infty} \mathcal{E}[\boldsymbol{u}_m] - (\boldsymbol{g}, \boldsymbol{u}_\infty)$$
$$\geqq \frac{1}{2} \mathcal{E}[\boldsymbol{u}_\infty] - (\boldsymbol{g}, \boldsymbol{u}_\infty) = I[\boldsymbol{u}_\infty] \geqq \mu.$$

よって $\boldsymbol{u}_\infty \in V_D$ は $I[\boldsymbol{u}]$ の最小値を与えるので, 任意の $\boldsymbol{\varphi} \in V_D$ に対して,

$$0 = \frac{d}{ds} I[\boldsymbol{u}_\infty + s\boldsymbol{\varphi}]\Big|_{s=0} = \mathcal{E}[\boldsymbol{u}_\infty, \boldsymbol{\varphi}] - (\boldsymbol{g}, \boldsymbol{\varphi}).$$

これより, $\boldsymbol{u} = \boldsymbol{u}_\infty$ は (S) の弱解である.

4.　動　的　問　題

初期境界値問題 (D) を考える. ここでは不等式 [K.2] の成立を仮定して (D) を解く.

(D) の弱解を定義する際の基本的な考え方は，静的問題の場合と同じである．(D) の H^2 解が存在したとして，(D) の第1式と試験関数との L^2 内積 (時空) をとり，形式的な部分積分により H^1 で意味付けできる形まで変形して弱解の定義 (弱形式) を得る．

定義 与えられた $\boldsymbol{f} \in L^2(0,T;H)$, $\boldsymbol{v}_0 \in V_D$, $\boldsymbol{v}_1 \in H$ に対して，$\boldsymbol{u}$ が (D) の弱解であるとは，
$$\{\boldsymbol{u}, \partial_t \boldsymbol{u}\} \in L^2(0,T;V_D) \times L^2(0,T;H)$$
かつ $\boldsymbol{u}|_{t=0} = \boldsymbol{v}_0$ であって，
$$\{\boldsymbol{\psi}, \partial_t \boldsymbol{\psi}\} \in L^2(0,T;V_D) \times L^2(0,T;H)$$
かつ $\boldsymbol{\psi}|_{t=T} = \boldsymbol{0}$ である任意の $\boldsymbol{\psi}$ に対して，
$$\int_0^T \{-(\partial_t \boldsymbol{u}, \partial_t \boldsymbol{\psi})_\rho + \mathcal{E}[\boldsymbol{u}, \boldsymbol{\psi}]\} dt$$
$$= (\boldsymbol{v}_1, \boldsymbol{\psi}|_{t=0})_\rho + \int_0^T (\boldsymbol{f}, \boldsymbol{\psi})_\rho \, dt$$
を満たすことをいう．

注意 上の定義で，$L^2(0,T;X)$ $(X = V_D, H)$ は X に値をとる $(0,T)$ 上の L^2 関数の空間を表す．例えば $\boldsymbol{u} \in L^2(0,T;V_D)$ は写像 $(0,T) \ni t \mapsto \boldsymbol{u}(t) \in V_D \subset V$ と同一視され，そのノルムは
$$\|\boldsymbol{u}\|^2_{L^2(0,T;V_D)} = \int_0^T \|\boldsymbol{u}(t)\|^2 \, dt$$
で与えられる．また，$\partial_t \boldsymbol{u}$ は $\boldsymbol{u}(t) \in L^2(0,T;V_D)$ の弱微分 $\boldsymbol{u}'(t) \in \mathcal{D}'(0,T;V_D)$ と解釈される．弱解の定義では $\partial_t \boldsymbol{u} = \boldsymbol{u}'(t) \in L^2(0,T;H)$ となることが要請されるので，$\boldsymbol{u} = \boldsymbol{u}(t) \in C([0,T];H)$ となり，条件 $\boldsymbol{u}|_{t=0} = \boldsymbol{v}_0$ が意味を持つ．

定理 2 不等式 [K.2] が成り立つとする．$\boldsymbol{f} \in L^2(0,T;H)$, $\boldsymbol{v}_0 \in V_D$, $\boldsymbol{v}_1 \in H$ を与えたとき，(D) はただ1つの弱解 $\boldsymbol{u} \in L^2(0,T;V_D)$ を持ち，このとき定まる線形写像
$$L^2(0,T;H) \times V_D \times H \ni \{\boldsymbol{f}, \boldsymbol{v}_0, \boldsymbol{v}_1\}$$
$$\mapsto \{\boldsymbol{u}, \partial_t \boldsymbol{u}\} \in L^2(0,T;V_D) \times L^2(0,T;H)$$
は連続である．

実は，$\{\boldsymbol{u}, \partial_t \boldsymbol{u}\} \in C([0,T];V_D) \times C([0,T];H)$ が成り立つ (Lions and Magenes [3, p.275] 参照)．

以下では，ガレルキン法による弱解の構成法を簡単に説明する．最後に，一意性の証明法にも言及する．

Step 1：V_D は可分より，$\{\boldsymbol{w}_m\}_{m=1}^\infty \subset V_D$ を
- 各 m に対して $\boldsymbol{w}_1, \boldsymbol{w}_2, \ldots, \boldsymbol{w}_m$ が線形独立
- $\sum_{i=1}^m \xi_i \boldsymbol{w}_i$ $(\xi_i \in \mathbb{R}, m \in \mathbb{N})$ たちが V_D で稠密

となるように選べる．ここで，
$$\boldsymbol{v}_{0m} = \sum_{i=1}^m \xi^0_{im} \boldsymbol{w}_i \to \boldsymbol{v}_0 \text{ in } V_D$$
$$\boldsymbol{v}_{1m} = \sum_{i=1}^m \xi^1_{im} \boldsymbol{w}_i \to \boldsymbol{v}_1 \text{ in } H \ (m \to \infty)$$

となる $\{\boldsymbol{v}_{0m}\}, \{\boldsymbol{v}_{1m}\}$ をとり，(D) の近似解
$$\boldsymbol{u}_m(t) = \sum_{i=1}^m g_{im}(t) \boldsymbol{w}_i \quad (m \in \mathbb{N})$$
を (D) の近似問題 ($\{g_{im}(t)\}_{i=1}^m$ を未知関数とする連立常微分方程式の初期値問題)
$$\begin{cases} \dfrac{d^2}{dt^2}(\boldsymbol{u}_m(t), \boldsymbol{w}_j)_\rho + \mathcal{E}[\boldsymbol{u}_m(t), \boldsymbol{w}_j] \\ \qquad = (\boldsymbol{f}(t), \boldsymbol{w}_j)_\rho, \ 1 \leq j \leq m; \\ \boldsymbol{u}(0) = \boldsymbol{v}_{0m}, \ \boldsymbol{u}'(0) = \boldsymbol{v}_{1m} \end{cases}$$
の一意解として定める．

Step 2：上の微分方程式の両辺に $g'_{jm}(t)$ を掛け，j について和をとって整理すれば，
$$\frac{d}{dt}\{\|\boldsymbol{u}'_m(t)\|^2_\rho + \mathcal{E}[\boldsymbol{u}_m(t)]\} = 2(\boldsymbol{f}(t), \boldsymbol{u}'_m(t))_\rho.$$
これを時間区間 $[0,t] \subset [0,T]$ で積分して，
$$\|\boldsymbol{u}'_m(t)\|^2_\rho + \mathcal{E}[\boldsymbol{u}_m(t)]$$
$$= \|\boldsymbol{u}_{1m}\|^2_\rho + \mathcal{E}[\boldsymbol{v}_{0m}] + 2\int_0^t (\boldsymbol{f}(\tau), \boldsymbol{u}'_m(\tau))_\rho \, d\tau.$$
この等式から，不等式 [K.2]，Gronwall の不等式などを用いて，次のエネルギー評価が得られる：
$$\max_{0 \leq t \leq T} (\|\boldsymbol{u}'_m(t)\|^2 + \|\boldsymbol{u}_m(t)\|^2)$$
$$\leq C\left(\|\boldsymbol{v}_1\|^2 + \|\boldsymbol{v}_0\|^2 + \int_0^T \|\boldsymbol{f}(t)\|^2 \, dt\right).$$

Step 3：上で得られた不等式から，$\{\boldsymbol{u}_m\}_{m=1}^\infty$ の部分列 $\{\boldsymbol{u}_{m_k}\}_{k=1}^\infty$ を，$\{\boldsymbol{u}_{m_k}\}$ が $L^2(0,T;V_D)$ で弱収束 ($L^\infty(0,T;V_D)$ で汎弱収束) し，$\{\boldsymbol{u}'_{m_k}\}$ が $L^2(0,T;H)$ で弱収束 ($L^\infty(0,T;H)$ で汎弱収束) するように選べる．ここでの弱極限をそれぞれ $\boldsymbol{u}, \boldsymbol{v}$ とすれば，$\boldsymbol{v} = \partial_t \boldsymbol{u}$ であって，$\boldsymbol{u}$ は (D) の弱解であることが確かめられる．

最後に，$\boldsymbol{f}, \boldsymbol{v}_0, \boldsymbol{v}_1$ が全て $\boldsymbol{0}$ のときの (D) の弱解 $\mathring{\boldsymbol{u}}$ が $\boldsymbol{0}$ に限ること (弱解の一意性) を示そう．そのために，$\boldsymbol{f} \in L^2(0,T;H)$ を任意に与えて，(D) の初期条件を終期条件 $\boldsymbol{u}|_{t=T} = \boldsymbol{0}$, $\partial_t \boldsymbol{u}|_{t=T} = \boldsymbol{0}$ in Ω で置き換えた問題 (D)′ を考える．上と同じ考え方で (D)′ に対しても弱解が構成できる．これを $\boldsymbol{v}$ とすれば，$\{\boldsymbol{v}, \partial_t \boldsymbol{v}\} \in L^2(0,T;V_D) \cap L^2(0,T;H)$ かつ $\boldsymbol{v}|_{t=T} = \boldsymbol{0}$ であって，$\{\boldsymbol{\varphi}, \partial_t \boldsymbol{\varphi}\} \in L^2(0,T;V_D) \cap L^2(0,T;H)$ かつ $\boldsymbol{\varphi}|_{t=0} = \boldsymbol{0}$ である任意の $\boldsymbol{\varphi}$ に対し
$$\int_0^T \{-(\partial_t \boldsymbol{v}, \partial_t \boldsymbol{\varphi})_\rho + \mathcal{E}[\boldsymbol{v}, \boldsymbol{\varphi}]\} dt = \int_0^T (\boldsymbol{f}, \boldsymbol{\varphi})_\rho \, dt$$
を満たす．この $\boldsymbol{\varphi}$ として $\mathring{\boldsymbol{u}}$ をとることができるので，$\int_0^T (\boldsymbol{f}, \mathring{\boldsymbol{u}})_\rho \, dt = 0$ となり，$\boldsymbol{f}$ の任意性により，$\mathring{\boldsymbol{u}} = \boldsymbol{0}$ が従う．

5. Korn型不等式

不等式 [K.1], [K.2] および対応する Korn 型不等式
[K.1]° $\quad \mathcal{E}[\boldsymbol{u}] + \|\boldsymbol{u}\|^2 \geq C_1 \|\nabla \boldsymbol{u}\|^2 \quad \forall \boldsymbol{u} \in V_D$

[K.2]° $\mathcal{E}[\boldsymbol{u}] + C_0\|\boldsymbol{u}\|^2 \geqq C_1\|\nabla \boldsymbol{u}\|^2 \quad \forall \boldsymbol{u} \in V_D$
の成立条件について考える．以下では，係数について $C^{jl} \in \{C(\overline{\Omega})\}^{N \times N}$ を仮定し，[K.1]° を扱う際にはエネルギー密度の非負性と同等な条件

$$\sum_{j,l=1}^{n} C^{jl}(x)\boldsymbol{z}_l \cdot \boldsymbol{z}_j \geqq 0 \quad \forall \boldsymbol{z}_1, \ldots, \boldsymbol{z}_n \in \mathbb{R}^N \quad (9)$$

が $\overline{\Omega}$ 上で満たされる状況を想定する．

5.1 不等式 [K.1]

条件 (9) のもとでは，各 $x_0 \in \overline{\Omega}$ に対して，$C^{jl}(x_0) = P_j^T P_l$ $(1 \leqq j, l \leqq n)$ を満たす $\exists L \times N$ 行列 $P_1, \ldots, P_n$ が存在する．この事実に注目して，まず

$$P(\xi) := \sum_{j=1}^{n} P_j \xi_j, \quad \mathcal{E}[\boldsymbol{u}] := \|P(\partial)\boldsymbol{u}\|^2$$

で与えられる $\mathcal{E}[\boldsymbol{u}]$ (定数係数) について [K.1]° の成立条件を述べる (Nečas [2, §3.7] 参照).

(i) $\Gamma_D = \Gamma$ のとき，[K.1]° の成立条件は

$$\operatorname{rank} P(\xi) = N \quad \forall \xi \in \mathbb{R}^n \setminus \{0\}.$$

(ii) $\Gamma_D = \emptyset$ のとき，[K.1]° の成立条件は，

$$\operatorname{rank} P(\xi) = N \quad \forall \xi \in \mathbb{C}^n \setminus \{0\}.$$

これは次と同値である：ある $k \in \mathbb{N}$ があって，長さ k の全ての多重指数 α に対して $Q_\alpha(\xi) P(\xi) = \xi^\alpha I$ を満たす $k-1$ 次斉次多項式成分の $N \times L$ 行列 $Q_\alpha(\xi)$ が存在する．通常の Korn の不等式 (6) の場合は，恒等式

$$\partial_i \partial_j u_k = \partial_i \epsilon_{jk}(\boldsymbol{u}) + \partial_j \epsilon_{ki}(\boldsymbol{u}) - \partial_k \epsilon_{ij}(\boldsymbol{u})$$

から (ii) の 2 番目の条件が満たされる．また，(ii) の 1 番目の条件から Korn の不等式より強い不等式

$$\sum_{m=2}^{2n} \left\| \sum_{i+j=m} \epsilon_{ij}(\boldsymbol{u}) \right\|^2 + \|\boldsymbol{u}\|^2 \geqq c_1 \|\nabla \boldsymbol{u}\|^2 \quad \forall \boldsymbol{u} \in V$$

が成り立つことが確かめられる．

条件 (9) を満たす一般の $\mathcal{E}[\boldsymbol{u}]$ (変数係数) については，各 x_0 で上述のような $P_1, \ldots, P_n$ を定めるとき，各 $x_0 \in \overline{\Omega}$ で (i) が満たされ，かつ各 $x_0 \in \overline{\Gamma_N}$ で (ii) が満たされるならば，不等式 [K.1]° が成立する．

不等式 [K.1] は [K.1]° と Poincaré 型不等式

$$\mathcal{E}[\boldsymbol{u}] \geqq c_0 \|\boldsymbol{u}\|^2 \quad \forall \boldsymbol{u} \in V_D \quad (10)$$

から従う．少なくとも定数係数または等方弾性体の場合 (5.3 項) なら式 (10) は上と同じ条件で成立する．

5.2 不等式 [K.2]

境界 Γ は C^1 級とする．$x_0 \in \Gamma$ を任意に固定し，$C^{jl}(x_0)$ に対して定まる $\mathcal{A}, \mathcal{B}$ を $\mathcal{A}_0, \mathcal{B}_0$ と書く．$\mathcal{A}$ が $\overline{\Omega}$ 上で強楕円型，すなわち $\mathcal{A}$ の主シンボル

$$A(x, \xi) := \sum_{j,l=1}^{n} C^{jl}(x) \xi_j \xi_l \quad ((x, \xi) \in \overline{\Omega} \times \mathbb{R}^n)$$

が $\forall \xi \neq 0$ で正定値であるとき，半空間 $H_{\nu(x_0)}$: $x \cdot \nu(x_0) < 0$ の上の境界値問題

$$\mathcal{A}_0 \boldsymbol{v} = \boldsymbol{0} \text{ in } H_{\nu(x_0)}, \quad \boldsymbol{v}|_{\partial H_{\nu(x_0)}} = \boldsymbol{\phi} \text{ (given)}$$

は有界な解 $\boldsymbol{v}$ をただ 1 つ持つ．このとき $\partial H_{\nu(x_0)}$ 上の変数に関するフーリエ変換を用いて，

$$\widehat{\mathcal{B}_0 \boldsymbol{v}}(\eta) = Z(x_0, \eta) \widehat{\boldsymbol{\phi}}(\eta) \quad (\eta \perp \nu(x_0))$$

によりエルミート行列 $Z(x_0, \eta)$ が定まる ($\{\mathcal{A}, \mathcal{B}\}$ に対するディリクレ-to-ノイマン写像の主シンボル)．以上の準備のもとで，[K.2]° の成立条件は，$A(x, \xi)$ が $\overline{\Omega}$ 上で $\forall \xi \neq 0$ に対して正定値，かつ $Z(x, \eta)$ が $\overline{\Gamma_N}$ 上で $\forall \eta \neq 0$ $(\eta \perp \nu(x))$ に対して正定値となることである．なお，[K.2], [K.2]° は本質的に同値である．

5.3 等方弾性体の場合

等方弾性体のモデルでは $n = N$ であり，係数行列，エネルギー積分は Lamé 係数 $\lambda(x), \mu(x)$ (簡単のため $C(\overline{\Omega})$ に属すると仮定) を用いて，

$$C^{jl}(x) = \lambda(x) \boldsymbol{e}_j \otimes \boldsymbol{e}_l + \mu(x)(\boldsymbol{e}_l \otimes \boldsymbol{e}_j + \delta^{jl} I)$$

$$\mathcal{E}[\boldsymbol{u}] = \int_\Omega \{\lambda(x) |\operatorname{div} \boldsymbol{u}|^2 + 2\mu(x) |\epsilon(\boldsymbol{u})|^2\} dx$$

と表される．このとき，[K.1], [K.2] が成立するための必要十分条件が，以下のように具体的に述べられる．

条件 (9) を満たし [K.1] が成立するための必要十分条件は，$n \geqq 3$ なら

$$\mu(x) > 0, \quad n\lambda(x) + 2\mu(x) \geqq 0 \text{ in } \overline{\Omega}$$

であり，$n = 2$ なら $\lambda(x) + \mu(x) > 0$ on $\overline{\Gamma_N}$ が追加される．また，Γ が C^1 級のとき，[K.2] が成立するための必要十分条件は

$$\begin{cases} \mu(x) > 0, \quad \lambda(x) + 2\mu(x) > 0 \text{ in } \overline{\Omega} \\ \lambda(x) + \mu(x) > 0 \text{ on } \overline{\Gamma_N} \end{cases}$$

である． ［伊東裕也］

参 考 文 献

[1] G. Duvaut, J.L. Lions, *Inequalities in Mechanics and Physics*, Springer, 1976.
[2] J. Nečas, *Direct Methods in the Theory of Elliptic Equations*, Springer, 2012.
[3] J.L. Lions, E. Magenes, *Non-homogeneous boundary value problems and applications*, Vol.1, Springer, 1972.

複合材料および角を持つ領域での解の性質
properties of solutions in complex materials and domains with corners

破壊力学においては領域の持つ特異性の取り扱いが重要であり，その解析には特異点における支配方程式の解の性質を詳細に調べる必要がある．ここでは，異なる弾性係数をもつ2次元線形弾性体の境界亀裂先端における解の挙動，および角を有する2次元線形弾性体の角の近傍における解の挙動について紹介する．

1. 異種の2次元線形弾性体の境界亀裂先端における解の挙動

1.1 領域

2つの異なる2次元均質等方線形弾性体 $\Omega^{(1)}$, $\Omega^{(2)}$ の境界に線状の亀裂 Γ を持つ領域を考える．$\Omega^{(1)} \subset \{\boldsymbol{x}=(x_1,x_2); x_2>0\}$, $\Omega^{(2)} \subset \{\boldsymbol{x}=(x_1,x_2); x_2<0\}$ とし，それぞれリプシッツ領域とする．それらの接触部分を $\Gamma' \subset \{x_2=0\}$ と表す．つまり，$\Gamma \subset \Gamma'$ であり，Γ の1つの端点が座標系 $\boldsymbol{x}$ の原点 O にあるものとする（もう1つの端点は領域の境界に接していてもいなくても，どちらでもよい）．

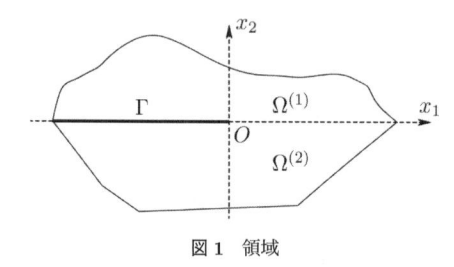

図1 領域

$\Omega^{(1)}$ と $\Omega^{(2)}$ における Lamé 定数をそれぞれ $\lambda^{(1)}$, $\mu^{(1)}$ と $\lambda^{(2)}$, $\mu^{(2)}$ とし，$\mu^{(k)}>0$, $\lambda^{(k)}+\mu^{(k)}>0$ ($k=1,2$) が成り立つものとする．また，$\kappa^{(k)} := \frac{\lambda^{(k)}+3\mu^{(k)}}{\lambda^{(k)}+\mu^{(k)}}$ と定義する．また，領域境界における外向き単位法線ベクトルを $\boldsymbol{n}$ と表す．

1.2 境界値問題

$\boldsymbol{u}^{(k)}=(u_1^{(k)},u_2^{(k)})^{\mathrm{T}}$, $\boldsymbol{\sigma}^{(k)}=(\sigma_{ij}^{(k)})_{i,j=1,2}$ をそれぞれ $\Omega^{(k)}$ ($k=1,2$) における変位ベクトルと応力テンソルとする．ここで，T は転置を表すものとする．すると，線形弾性体における構成則（フックの法則）より以下が成り立つ．
$$\boldsymbol{\sigma}^{(k)} = \lambda^{(k)}\nabla\cdot\boldsymbol{u}^{(k)}I + \mu^{(k)}\{\nabla\boldsymbol{u}^{(k)}+(\nabla\boldsymbol{u}^{(k)})^{\mathrm{T}}\}$$
ここで I は2階の恒等テンソル．また，外力項がない場合の静的な線形弾性体における支配方程式は

$$A^{(k)}\boldsymbol{u}^{(k)} := \mu^{(k)}\triangle\boldsymbol{u}^{(k)} + (\lambda^{(k)}+\mu^{(k)})\nabla(\nabla\cdot\boldsymbol{u}^{(k)}) = \boldsymbol{0}$$

となる（平面歪と考えてもよい）．

次に，亀裂上に非貫通（non-penetration）条件とクーロン則に従う摩擦条件を考慮した境界値問題を考える．与えられた表面力 $\boldsymbol{g} \in L^2(\partial\Omega)$（ただし，亀裂が領域の境界にまで達している場合は，その近くで $\boldsymbol{g}=\boldsymbol{0}$ とする）と亀裂面の摩擦係数 $f \in (0,1)$ に対して以下を満たす $\boldsymbol{u}^{(1)} \in H^1(\Omega^{(1)})$, $\boldsymbol{u}^{(2)} \in H^1(\Omega^{(2)})$ を求める．

$$\begin{cases} A^{(1)}\boldsymbol{u}^{(1)}=\boldsymbol{0} & \boldsymbol{x}\in\Omega^{(1)} \\ A^{(2)}\boldsymbol{u}^{(2)}=\boldsymbol{0} & \boldsymbol{x}\in\Omega^{(2)} \\ \boldsymbol{\sigma}^{(1)}\boldsymbol{n}=\boldsymbol{g} & \boldsymbol{x}\in\partial\Omega^{(1)}\setminus\Gamma' \\ \boldsymbol{\sigma}^{(2)}\boldsymbol{n}=\boldsymbol{g} & \boldsymbol{x}\in\partial\Omega^{(2)}\setminus\Gamma' \\ [\boldsymbol{u}]=\boldsymbol{0}, [\sigma_{12}]=[\sigma_{22}]=0 & \boldsymbol{x}\in\Gamma'\setminus\overline{\Gamma} \\ \text{非貫通条件 (1)} & \boldsymbol{x}\in\Gamma \\ \text{摩擦条件 (2)} & \boldsymbol{x}\in\Gamma \end{cases}$$

ここで $[\cdot]$ は jump を表す．例えば $\boldsymbol{u}$ の Γ' における jump であれば，$[\boldsymbol{u}]:=\boldsymbol{u}^{(1)}-\boldsymbol{u}^{(2)}$ ($\boldsymbol{x}\in\Gamma'$) となる．また非貫通条件は古くは接触問題によく出現する不等式タイプの条件であり

$$[\sigma_{22}]=0,\ \sigma_{22}^{(k)}\leqq 0,\ [u_2]\geqq 0,\ \sigma_{22}^{(k)}[u_2]=0 \quad (1)$$

と今の場合では表現できる．また，摩擦条件は

$$[\sigma_{12}]=0,\quad |\sigma_{12}^{(k)}|\leqq -f\sigma_{22}^{(k)},$$
$$\sigma_{12}^{(k)}[u_1]+f\sigma_{22}^{(k)}|[u_1]|=0 \quad (2)$$

となる．これらの亀裂上の条件 (1),(2) は以下の3つの状態が混在しているということで解釈できる．

1) $[u_2]>0$ の場合（開口亀裂）
 さらに $\sigma_{12}^{(k)}=\sigma_{22}^{(k)}=0$ ($k=1,2$) で (1),(2) の全ての条件が満たされる．これは亀裂上では応力自由，そして亀裂が開く方向に変形している（物体が貫通しない）ことを意味する．

2) $[u_2]=[u_1]=0$ の場合（固着状態）
 さらに $[\sigma_{22}]=[\sigma_{12}]=0$, $\sigma_{22}^{(k)}\leqq 0$, $|\sigma_{12}^{(k)}|\leqq -f\sigma_{22}^{(k)}$ ($k=1,2$) で (1),(2) の全ての条件が満たされる．この場合，亀裂面で $[\boldsymbol{u}]=\boldsymbol{0}$ なので，亀裂は開口も滑りもせずに固着した状態で連続に変形していることを意味する．

3) $[u_2]=0$ かつ $[u_1]\neq 0$ の場合（スリップ状態）
 さらに $[\sigma_{22}]=[\sigma_{12}]=0$, $\sigma_{12}^{(k)}\pm f\sigma_{22}^{(k)}=0$, $\sigma_{22}^{(k)}\leqq 0$（"+" の記号は $[u_1]>0$ のとき，"−" の記号は $[u_1]<0$ のときとする）で (1),(2) の全ての条件が満たされ，亀裂が開口せずに滑るように変形していることを意味する．また，クーロン則は滑る方向と逆向きに垂直抗力に比例する摩擦力が働くことを意味し，f がその比例定数である．

この境界値問題の解の存在性については，問題を変分不等式に表現し，摩擦係数 f がある値より小さいという条件下で弱解の存在が証明できる[2]．しかし，この証明は容易ではないことを注意しておく．なぜならば，摩擦の影響で問題をある種の最小化問題に持ち込めず，標準的な方法が適用できないからである．また，この問題の一意性については未解決問題である．

1.3 解の亀裂先端近傍における収束級数展開

次に，亀裂先端における上記の3つの状態（開口，固着，スリップ）での解の詳細な挙動を考える．ただし，亀裂先端近傍においては3つの状態のいずれかのみであり，状態が変わることはないものとする．

いま，亀裂先端 O を中心とする半径 $\rho > 0$ の円を B_ρ とし，$B_\rho^{(1)} := B_\rho \cap \Omega^{(1)}$, $B_\rho^{(2)} := B_\rho \cap \Omega^{(2)}$ とする．また，O を中心とする極座標系 $(x_1, x_2) = (r\cos\theta, r\sin\theta)$, $0 < r < \rho$, $-\pi < \theta < \pi$ を導入し，半径 ρ は十分小さくとるものとする．

次に，2次元線形弾性体の解析によく用いられる Goursat–Kolosov–Muskhelishvili の応力関数を導入する（詳しくは [3] 参照）．線形楕円型方程式の弱解の内部正則性とポアンカレの補題を用いると，2つの正則関数かつ H^1 関数である $\phi^{(k)}(z), \omega^{(k)}(z)$ が $B_\rho^{(k)}$ $(k = 1, 2)$ でそれぞれ構成される．ここでは複素変数 $z = x_1 + ix_2$ で考える．そのとき，各 $k = 1, 2$ に対して変位ベクトル $\boldsymbol{u}^{(k)}$ と応力テンソル $\boldsymbol{\sigma}^{(k)}$ と応力関数との関係は以下で与えられる．

$$2\mu^{(k)}(u_1^{(k)} + iu_2^{(k)}) = \kappa^{(k)}\phi^{(k)}(z) - \overline{\omega^{(k)}(z)} + (\bar{z} - z)\overline{\phi^{(k)'}(z)} \quad (3)$$

$$\sigma_{11}^{(k)} + \sigma_{22}^{(k)} = 2\left(\phi^{(k)'}(z) + \overline{\phi^{(k)'}(z)}\right) \quad (4)$$

$$\sigma_{22}^{(k)} - i\sigma_{12}^{(k)} = \phi^{(k)'}(z) + \overline{\omega^{(k)'}(z)} + (z - \bar{z})\overline{\phi^{(k)''}(z)} \quad (5)$$

ここで，$\phi^{(k)'}(z) := d\phi^{(k)}/dz$ とし，上線はその複素数値関数の複素共役を表すものとする．

これらの応力関数を用いて，3つの状態（開口，固着，スリップ）の亀裂上の条件を式 (3)～(5) を用いて書き直すと，それぞれについて以下のような，例えば応力関数 $\phi^{(1)'}(z)$ に対するリーマン–ヒルベルト問題が導出できる．

$$m_2\phi^{(1)'}(z) + m_1\overline{\phi^{(1)'}(\bar{z})} = \Phi(z) \quad (z \in (B_\rho \cap \Gamma)) \quad (6)$$

ここで m_1, m_2 は複素定数，$\Phi(z)$ は B_ρ での正則な関数である．この式 (6) の一般解は $\phi^{(1)'} \in L^2(B_\rho^{(1)})$ に注意すると，プレメイ関数 (Plemelj function) $X(z) := z^{-\gamma}(z + \rho)^{\gamma - 1}$ $(\gamma := \frac{i}{2\pi}\ln\left(\frac{m_1}{m_2}\right) + \frac{1}{2})$ で

$$\phi^{(1)'}(z) = X(z)\chi(z) + \frac{1}{m_1 + m_2}\Phi(z)$$

と書ける．ここで $\chi(z)$ は B_ρ での任意正則関数である（詳しくは [2] および [3] を参照）．これにより他の応力関数も $\chi(z)$ と $\Phi(z)$ によって表現することができる．最後に $\tilde{\rho} < \rho$ をとり，関係式 (3) を使い，正則関数のテイラー展開を用いると，開口亀裂，固着状態，スリップ状態のそれぞれについて，各 $k = 1, 2$ に対する変位ベクトル $\boldsymbol{u}^{(k)}$ の $B_{\tilde{\rho}}^{(k)}$ において広義一様収束する，次のような級数展開が導出できる．

$$\boldsymbol{u}^{(k)}(r, \theta) = \sum_{n=0}^{\infty} r^{n+1}\left\{\mathbf{Re}\left[r^{-\alpha}a_n\right]\boldsymbol{A}_n^{(k)}(\epsilon, \theta)\right.$$
$$\left. + \mathbf{Im}\left[r^{-\alpha}a_n\right]\boldsymbol{B}_n^{(k)}(\epsilon, \theta)\right\}$$
$$+ \sum_{n=0}^{\infty} r^{n+1}\left\{\mathbf{Re}[b_n]\boldsymbol{C}_n^{(k)}(\epsilon, \theta)\right.$$
$$\left. + \mathbf{Im}[b_n]\boldsymbol{D}_n^{(k)}(\epsilon, \theta)\right\}$$
$$+ F(\boldsymbol{x})\boldsymbol{c} \quad (7)$$

ここで，a_n, b_n は複素係数であり，$\epsilon := \frac{1}{2\pi}\ln\frac{1+\beta}{1-\beta}$, $\beta \in \left(-\frac{1}{2}, \frac{1}{2}\right)$ は Dunders パラメータと呼ばれ，$\beta := \frac{\mu^{(2)}(\kappa^{(1)} - 1) - \mu^{(1)}(\kappa^{(2)} - 1)}{\mu^{(2)}(\kappa^{(1)} + 1) + \mu^{(1)}(\kappa^{(2)} + 1)}$ で定義される．$\Omega^{(1)}$ と $\Omega^{(2)}$ の Lamé 定数が同じ場合には $\beta = 0$ が容易にわかる．$\boldsymbol{A}_n^{(k)}, \boldsymbol{B}_n^{(k)}, \boldsymbol{C}_n^{(k)}, \boldsymbol{D}_n^{(k)}$ は ϵ に依存した θ のベクトル値関数であり，開口亀裂，固着状態，スリップ状態の各々について具体的に表現される（詳しくは [2] を参照）．$F(\boldsymbol{x})\boldsymbol{c}$ は2次元の剛体変形 (rigid displacement) を表し，$F(\boldsymbol{x})\boldsymbol{c} := (c_1 + c_0 x_2, c_2 - c_0 x_1)^{\mathrm{T}}$ $(\boldsymbol{c} := (c_1, c_2, c_0)^{\mathrm{T}}$ は定数ベクトル) と書ける．また，式 (7) 自体は等式タイプの条件から導き出される．不等式タイプの条件は係数の条件を与えている．例えば開口亀裂の $[u_2] > 0$ に対する a_n の条件は

$$\sum_{n=0}^{\infty} (-1)^n r^{\frac{1}{2} + n} \mathbf{Re}\left[a_n r^{-i\epsilon}\right] > 0$$

となる．また，破壊現象を解析する上で重要な量の1つは r のべき指数（特異性のオーダーと呼ばれる）に含まれる α であり，以下の表にまとめる．

表1 特異性のオーダー

状態	α	コメント
開口亀裂	$\alpha = \frac{1}{2} + i\epsilon$	媒質の不均質性から振動的な特異性が現れる．
固着状態	$\alpha = 0$	解は亀裂先端近傍で実解析的である．
スリップ状態	$\cot(\pi\alpha) = \mp f\beta$ "$-$": $[u_1] > 0$ $(\boldsymbol{x} \in (B_\rho \cap \Gamma))$ "$+$": $[u_1] < 0$ $(\boldsymbol{x} \in (B_\rho \cap \Gamma))$	不等式タイプの条件から $\beta \neq 0$ ならば $0 < \alpha < \frac{1}{2}$ がわかる．これは摩擦効果の影響である．$\beta = 0$ のときは $\alpha = \frac{1}{2}$ となる．

2. 角を有する2次元線形弾性体の角の近傍における解の挙動

2.1 領域

2次元均質等方線形弾性体 Ω 内に多角形空洞 D を有する領域を考える．Ω は有界領域とし，境界 $\partial\Omega$ はリプシッツ連続であるとする．多角形空洞 D の1つの頂点が座標系 $\boldsymbol{x}$ の原点 $\boldsymbol{O}$ にあるものとする．

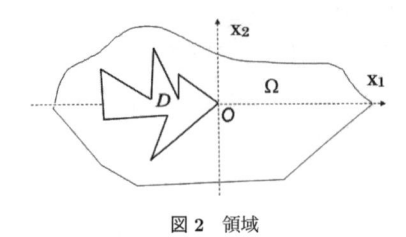

図2 領域

前節と同様，$\Omega \setminus \overline{D}$ における Lamé 定数を λ, μ とし，$\mu > 0$, $\lambda + \mu > 0$ を満たすものとする．そして，$\kappa := \frac{\lambda + 3\mu}{\lambda + \mu}$ と定義する．また，領域境界 $\partial(\Omega \setminus \overline{D})$ における外向き単位法線ベクトルを $\boldsymbol{n}$ と表す．

2.2 境界値問題

$\boldsymbol{u} = (u_1, u_2)^{\mathrm{T}}$, $\boldsymbol{\sigma} = (\sigma_{ij})_{i,j=1,2}$ をそれぞれ $\Omega \setminus \overline{D}$ における変位ベクトルと応力テンソルとする．いま，$\partial\Omega$ に表面力 $\boldsymbol{g} \in L^2(\partial\Omega)$ を与え，$\boldsymbol{u} \in H^1(\Omega \setminus \overline{D})$ に対する以下の境界値問題 (8) を考える．

$$\begin{cases} \mu\triangle\boldsymbol{u} + (\lambda+\mu)\nabla(\nabla\cdot\boldsymbol{u}) = 0 & \boldsymbol{x} \in \Omega \setminus \overline{D} \\ \boldsymbol{\sigma}\boldsymbol{n} = \boldsymbol{g} & \boldsymbol{x} \in \partial\Omega \\ \boldsymbol{\sigma}\boldsymbol{n} = 0 & \boldsymbol{x} \in \partial D \end{cases} \quad (8)$$

境界値問題 (8) の弱解の存在性は，データと剛体変形との直交条件（任意の定数ベクトル $\boldsymbol{c}$ に対して，$\int_{\partial\Omega} \boldsymbol{g} \cdot F(\boldsymbol{x})\boldsymbol{c} \, dS = 0$）のもとで，ラックス–ミルグラムの定理によって容易に証明できるが，一意ではない．なぜなら，剛体変形のずれが許容されるからである．

2.3 解の角近傍における収束級数展開

前節のように亀裂の場合には複素関数論的な手法が有効であったが，角の場合にはその幾何学的な形状の違いから困難が生じる．そこで別の手段を講じる．

いま，角 $\boldsymbol{O}$ を中心とする半径 $\rho > 0$ の円を B_ρ とし，$D_\rho := B_\rho \cap (\Omega \setminus \overline{D})$ とする．また，$\boldsymbol{O}$ を中心とする極座標系 $(x_1, x_2) = (r\cos\theta, r\sin\theta)$ を導入し，半径 ρ は十分小さくとるものとする．便宜上，角 $\boldsymbol{O}$ 近傍の D の境界は $\theta = -\Theta$, $\theta = \Theta$ ($\frac{\pi}{2} < \Theta < \pi$) 上にあるものとする，つまり x_1 軸に対して対称で，D の内角は鋭角とする．もちろん，これらの仮定は本質的ではなく，一般の場合でも同様に扱える．ゆえに，$D_\rho = \{(r, \theta) \mid 0 < r < \rho,\ -\Theta < \theta < \Theta\}$ である．

次に，2次元線形弾性体の解析によく用いられるエアリーの応力関数 (Airy stress function) を導入する．式 (8) の弱解の内部正則性と応力テンソルの対称性および L^2 の枠組みでのポアンカレの補題より，

$$\sigma_{11} = \frac{\partial^2 U}{\partial x_2^2}, \quad \sigma_{22} = \frac{\partial^2 U}{\partial x_1^2}, \quad \sigma_{12} = -\frac{\partial^2 U}{\partial x_1 \partial x_2}$$

となる $U \in H^2(D_\rho)$ かつ $U \in C^\infty(\overline{D_\rho} \setminus \boldsymbol{O})$ が存在する．すると，式 (8) から次が得られる．

$$\begin{cases} \triangle^2 U = 0 & \boldsymbol{x} \in D_\rho \\ U = \frac{\partial U}{\partial \boldsymbol{n}} = 0 & \boldsymbol{x} \in \partial D \cap \partial D_\rho \end{cases} \quad (9)$$

次に，この手法の核となるメリン変換 (Mellin transform) を紹介する．

$$\hat{U}(s, \theta) = \int_0^\rho r^{s-1} U(r, \theta) \eta(r) \, dr$$

$$\hat{U}_d(s, \theta) = \int_0^\rho r^{s-1+d} U(r, \theta) \eta^{(d)}(r) \, dr$$

ここで，$d = 1, 2, 3, 4$, $\eta(r) \in C^\infty[0, \infty)$ はカットオフ関数で，$\eta(r) = 1$ ($0 \leqq r < \tilde{\rho}$), $\eta(r) = 0$ ($r > \rho$), ただし $\tilde{\rho} < \rho$ である．すると，境界値問題 (9) は $\hat{U}(s, \theta)$ に対する $\theta \in (-\Theta, \Theta)$ における常微分方程式の境界値問題 (10) に書き換えられる．

$$\begin{cases} \left(\frac{d^2}{d\theta^2} + s^2\right)\left(\frac{d^2}{d\theta^2} + (s+2)^2\right) \hat{U} = M(s, \theta) \\ \hat{U}(s, \theta) = \frac{\partial \hat{U}}{\partial \theta}(s, \theta) = 0, \quad \theta = \pm\Theta \end{cases} \quad (10)$$

$M(s, \theta)$ は $\hat{U}_d(s, \theta)$ で構成される $|s| \to \infty$ で急減衰する関数である（詳しくは [1] 参照）．

次に，境界値問題 (10) の解をグリーン関数 (Green's function) $G(\theta, \varphi, s)$ を用いて表示する．

$$\hat{U}(s, \theta) = \int_{-\Theta}^{\Theta} G(\theta, \varphi, s) M(s, \varphi) \, d\varphi \quad (11)$$

$$G(\theta, \varphi, s) = \frac{-1}{8s(s+1)(s+2)\cos s\Theta \cos(s+2)\Theta} \cdot$$
$$\cdot \Big\{ (s+2)\cos(s+2)\Theta \sin s\{\Theta \pm (\theta - \varphi)\}$$
$$- s\cos s\Theta \sin(s+2)\{\Theta \pm (\theta - \varphi)\}$$
$$+ \frac{b_1(s, \theta) b_1(s, \varphi)}{h_1(\Theta, s)} + \frac{s(s+2) a_2(s, \theta) a_2(s, \varphi)}{h_2(\Theta, s)} \Big\}$$

ここで，上の記号 "$+$" は $\theta < \varphi$ のとき，下の記号 "$-$" は $\theta > \varphi$ のときにとる．また，

$$h_1(\Theta, s) = (s+1)\sin 2\Theta - \sin 2(s+1)\Theta$$
$$h_2(\Theta, s) = (s+1)\sin 2\Theta + \sin 2(s+1)\Theta$$
$$a_2(s, \theta) = \cos(s+2)\Theta \cos s\theta$$
$$\quad - \cos s\Theta \cos(s+2)\theta$$
$$b_1(s, \theta) = s\cos s\Theta \sin(s+2)\theta$$
$$\quad - (s+2)\cos(s+2)\Theta \sin s\theta$$

である．

次に G の特異点について考える．まず，0, -1, -2 および $\cos s\Theta = 0$, $\cos(s+2)\Theta = 0$ を満たす s は除去可能特異点である．しかし，$\Theta = \Theta_0$ (Θ_0 は $2\Theta_0 = \tan 2\Theta_0$ を満たす) のとき，0 と -2 は 1 位の極となる．また，$h_1(\Theta, s) = 0$, $h_2(\Theta, s) = 0$ の根については $\mathbf{Re}\, s < -1$ で，その実部が大きい順番に，$h_j = 0$ の根を $s_{j,m}$ ($j=1,2$, $m=1,2,3,\ldots$) とする．同様に重根は $\tilde{s}_{j,m}$ と記す．$s_{j,m}$ が複素数根ならば，その複素共役 $\overline{s_{j,m}}$ もまた $h_j = 0$ の根となる．$h_1 = 0$ および $h_2 = 0$ は超越方程式であり，その根の性質については次が言える．

補題1 $\Theta \in \left(\frac{\pi}{2}, \pi\right)$ に対して以下が成り立つ．
1) $\Theta \in \left(\frac{\pi}{2}, \Theta_0\right)$ のとき，$\mathbf{Re}\, s_{2,1} \in \left(-2, -\frac{3}{2}\right)$.
   $\Theta \in (\Theta_0, \pi)$ のとき，
   $-2 < \mathbf{Re}\, s_{1,1} < -\frac{\pi}{2\Theta} - 1 < \mathbf{Re}\, s_{2,1} < -\frac{3}{2}$.
2) $\mathbf{Re}\, s < -1$ において，直線 $\mathbf{Re}\, s = -\frac{k\pi}{2\Theta} - 1 := \ell_k$ ($k = 1, 2, 3, \ldots$) 上には $h_1 = 0$ および $h_2 = 0$ の根はない．
3) $\ell_{k+1} < \mathbf{Re}\, s < \ell_k$ の帯状領域には，k が奇数のとき $h_1 = 0$ の根が 2 個，k が偶数のとき $h_2 = 0$ の根が 2 個それぞれ存在する．ただし，2 個には複素共役と重複度も含む．
4) $h_j = 0$ ($j=1,2$) の根の重複度は 2 以下であり，重根は全て実数で，高々 2 個しかない．
5) $\mathbf{Re}\, s < -2$ に整数根はない．

次に，式 (11) で得られた解 $\hat{U}(s, \theta)$ の逆メリン変換 (inverse Mellin transform) を考える．$\hat{U}(s, \theta)$ が $\mathbf{Re}\, s > 0$ で正則であることは容易にわかるが，$U\eta \in H_0^2(D_R)$ であることと $U\eta$ が重み付きソボレフ空間 $\left\{ f \mid r^{-2+d_1+d_2} \frac{\partial^{d_1+d_2} f}{\partial x_1^{d_1} \partial x_2^{d_2}} \in L^2(D_R), d_1 + d_2 \leq 2 \right\}$ に属することから，$\mathbf{Re}\, s > -1$ で正則であることがわかる．そこで，$\ell_0 := -1 + \tilde{\epsilon}$ とし，$r < \tilde{\rho}$ に対して逆メリン変換が定義できる．

$$U(r, \theta) = \frac{1}{2\pi i} \int_{\ell_0 - i\infty}^{\ell_0 + i\infty} r^{-s} \hat{U}(s, \theta)\, ds \quad (12)$$

ここで，$\tilde{\epsilon} > 0$ は十分小さくとるものとする．

次に，式 (12) の積分路を変更する．$|\hat{U}| \to 0$ ($|\mathbf{Im}\, s| \to \infty$) がわかるので，$\hat{U}$ の正則性と留数定理を用いて

$$U(r, \theta) = \sum_{\ell_0 > \mathbf{Re}\, s > \ell_{k+1}} \mathbf{Res}(r^{-s} \hat{U}(s, \theta)) + \frac{1}{2\pi i} \int_{\ell_{k+1} - i\infty}^{\ell_{k+1} + i\infty} r^{-s} \hat{U}(s, \theta)\, ds.$$

ここで $\mathbf{Res}(r^{-s} \hat{U}(s, \theta))$ は留数を表す．また，右辺第 2 項目は G の ℓ_{k+1} 上の評価より $k \to \infty$ のとき，$D_{\tilde{\rho}}$ で 0 に一様収束かつ $H^2(D_{\tilde{\rho}})$ の意味でも収束することがわかり，U が留数の無限級数で表現できる．最後に，留数を計算し，エアリーの応力関数 U から変位ベクトル $\boldsymbol{u}$ に直すと，次が得られる．

命題1 $\Theta \neq \Theta_0$ のとき，以下を満たす複素係数 $A_{j,m}$, $B_{j,m}(s)$ ($j=1,2$, $m=1,2,3,\ldots$) と定数ベクトル $\boldsymbol{c}$ が存在する．

$$\boldsymbol{u}(r, \theta) = \sum_{j,m} A_{j,m} r^{-s_{j,m}-1} \boldsymbol{\Phi}_j(s_{j,m}, \theta)$$
$$+ \sum_{j,m} \frac{\partial}{\partial s} r^{-s-1} B_{j,m}(s) \boldsymbol{\Phi}_j(s, \theta) \bigg|_{s=\tilde{s}_{j,m}}$$
$$+ F(\boldsymbol{x})\boldsymbol{c}$$

この級数は $H^1(D_{\tilde{\rho}})$ で絶対収束し，$D_{\tilde{\rho}}$ で一様収束する．$\boldsymbol{\Phi}_j(s, \theta)$ は以下のベクトル場である：

$$\boldsymbol{\Phi}_1 = \begin{pmatrix} (\lambda+\mu)s\sin(s+2)\Theta \sin(s+1)\theta \\ -(\lambda+3\mu)\sin s\Theta \sin(s+1)\theta \\ -(\lambda+\mu)(s+1)\sin s\Theta \sin(s+3)\theta \\ -(\lambda+\mu)s\sin(s+2)\Theta \cos(s+1)\theta \\ -(\lambda+3\mu)\sin s\Theta \cos(s+1)\theta \\ +(\lambda+\mu)(s+1)\sin s\Theta \cos(s+3)\theta \end{pmatrix}$$

$$\boldsymbol{\Phi}_2 = \begin{pmatrix} (\lambda+\mu)s\cos(s+2)\Theta \cos(s+1)\theta \\ -(\lambda+3\mu)\cos s\Theta \cos(s+1)\theta \\ -(\lambda+\mu)(s+1)\cos s\Theta \cos(s+3)\theta \\ (\lambda+\mu)s\cos(s+2)\Theta \sin(s+1)\theta \\ +(\lambda+3\mu)\cos s\Theta \sin(s+1)\theta \\ -(\lambda+\mu)(s+1)\cos s\Theta \sin(s+3)\theta \end{pmatrix}$$

注意1 $A_{j,m}$, $B_{j,m}(s)$ について以下が成り立つ．
1) $s_{j,m}$ が実数なら対応する係数 $A_{j,m}$ も実数．
2) $s_{j,m}$ が複素数でかつ $s_{j,m+1} = \overline{s_{j,m}}$ のとき，対応する係数も $A_{j,m+1} = \overline{A_{j,m}}$ である．
3) $B_{j,m}(\tilde{s}_{j,m})$, $B'_{j,m}(\tilde{s}_{j,m})$ は全て実数．

注意2 $\Theta = \Theta_0$ のときは命題 1 にある項を付け加えればよい (詳しくは [1] 参照).

[伊藤弘道]

参　考　文　献

[1] M. Ikehata, H. Itou, Extracting the support function of a cavity in an isotropic elastic body from a single set of boundary data, *Inverse Problems*, **25**(10) (2009), 105005 (21pp).

[2] H. Itou, V.A. Kovtunenko, A. Tani, The interface crack with Coulomb friction between two bonded dissimilar elastic media, *Applications of Mathematics*, **56**(1) (2011), 69–97.

[3] N.I. Muskhelishvili, *Some Basic Problems of the Mathematical Theory of Elasticity*, Springer, 1977.

破壊力学の数理

破壊力学の歴史　　　86
線形破壊力学　　　88
動的亀裂問題　　　92
亀裂進展経路　　　94
破壊現象の数理モデル　96

破壊力学の歴史
history of fracture mechanics

構造物の理論的設計強度での安全圏内において破断という大事故に繋がる破壊現象は，通常の連続体力学では解決できない問題である．鋼による大規模構造物が造られるようになったことで，破壊現象が問題となってきた．その代表例が，第 2 次世界大戦において戦略物資輸送などを目的とした全溶接による戦時標準船（リバティ船）に起きた脆性破壊である．リバティ船は 1943 年から本格生産に入り，1946 年 4 月 1 日までに脆性破壊の損傷と事故が 1031 件も報告された．そのうち 200 隻以上が沈むか使用不可能になる重大な損害を受けている．その後の追究により，溶接によって鋼の延性が低下し，歪や収縮応力が発生して亀裂が生成されたり成長したのが原因と判明した．これらは，溶接による延性が低下しない溶接性鋼や溶接工作法の改善により解決された．破壊は亀裂生成過程と亀裂進展過程に大きく分かれる．亀裂生成過程は転位論やミクロレベルの話で，亀裂進展過程は「既に亀裂が生成された」と仮定することで連続体力学が使用可能となる．破壊力学の数理では，弾性変形の範囲において破断に至る脆性破壊や，小規模降伏での破断を対象とする線形破壊力学を主に解説する．なお，小規模降伏では亀裂先端の塑性領域が小さいため，先端近傍を除くと弾性変形として取り扱うことができ，脆性材料でないある種の金属へと適用範囲を広げることができる．膨大な破壊力学に関する研究のうち，破壊力学の祖とされるガラスの脆性を研究した A.A. Griffith の研究に始まり，亀裂の変形と Griffith 理論を結び付けた G.R. Irwin の理論が破壊力学の基礎となっている[1]．

1. Griffith のエネルギー平衡理論

Griffith は，ガラスの分子間力の理論値に対して，実験で得たエネルギー値が 30000 分の 1 とあまりに低いのは，ガラスの内部にある微小な亀裂の存在によると考えた[2]．そこで，無限遠に σ_∞ の一様な引っ張りを受ける楕円孔のある弾性平板の C.E. Inglis の解を使い，楕円の短軸の長さを零に近づけて，長さ $2l$ の無限小の薄さを持つ切れ目（亀裂）を持つ平板の応力分布を求めた．すなわち，

$$\sigma_{22} = \sigma_{12} = 0 \quad (x_2 = 0, |x_1| < l)$$

$$\sigma_{11} = \sigma_{22} = \sigma_\infty, \quad \sigma_{12} = 0 \quad (|x| \to \infty)$$

での応力分布から，亀裂があることで単位厚さ当たりの板の歪エネルギーが

$$\mathcal{E}_1(l) = \frac{\pi l^2 \sigma_\infty^2}{E} \begin{cases} 1-\nu^2 & \text{平面歪} \\ 1 & \text{平面応力} \end{cases}$$

だけ減少することを求めた．さらに平面応力で話を進めると，微小な亀裂が Δl だけ広がることで板の歪エネルギーが減少し，

$$\mathcal{E}_1(l+\Delta l) - \mathcal{E}_1(l) = \frac{\pi(l+\Delta l)^2 \sigma_\infty^2}{E} - \frac{\pi l^2 \sigma_\infty^2}{E} > 0$$

となる．このエネルギー差を亀裂進展力と考え，亀裂面での表面エネルギー $2\gamma_F \Delta l$ と相殺されるときのみ，外力なしで亀裂が広がりうることを観察して，関係式

$$\frac{d\mathcal{E}_1(l)}{dl} = 2\gamma_F, \quad \frac{d\mathcal{E}_1(l)}{dl} = \frac{2\pi l \sigma_\infty^2}{E} \quad (1)$$

を導いた．現在，式 (1) の左辺にある単位亀裂面積でのエネルギー変化率をエネルギー解放率，右辺の γ_F を破壊靭性値と呼んでいる．ガラス破断時の強度 $\sigma_{\infty,F}$ が明らかなら

$$l = \frac{\gamma_F E}{\pi \sigma_{\infty,F}^2}$$

からガラス内にある微小亀裂のサイズが推定できると考え

$$l \sim 1 \times 10^{-3} \text{cm}$$

を得た．そこで，細いガラス繊維では生成過程で繊維の長手方向に垂直な亀裂が除去されるため理論強度に近づくと考え，Griffith は理論を検証した．今日，材料の強度を高めるためにガラス繊維が使われていることから，Griffith 理論が有用であるとわかる．また，亀裂長さ $2l$ がわかるとき，破断が起きる臨界応力 $\sigma_{\infty,F}$ を

$$\sigma_{\infty,F} = \sqrt{\frac{E\gamma_F}{\pi l}}$$

から求めることができる．すなわち，亀裂を見つけても $\sigma_\infty < \sigma_{\infty,F}$ なら亀裂は伸びないと判定できる．最初は亀裂を発見できない材料でも，経年変化により亀裂が生成されたり，ガラスのように微小亀裂を持つ材料では亀裂の存在を無視できないので，「亀裂の存在を仮定した強度設計理論を確立する」ことが破壊力学の目的の 1 つとなっている．

第 2 次世界大戦中の日本では溶接による船の危険性がわかっていたようで，リベットを使った建造が主流であったが，船が重くなり，潜水艦などに向かないといった欠点を持っていた．そのため，リバティ船のように大型の構造物を軽量に建造するためには，溶接技術の進歩が大切であった．今でも飛行機にリベットが使われるのは，ジュラルミンを溶接すると欠陥が起きやすいことや，亀裂の拡大を防ぐクラックアレストの働きがあることなどが理由である．第 2 次世界大戦後に破壊力学が確立され，日本でも 1990

年代まで多数の研究が発表されてきた．現在では，既に実用上は足りる結果が得られたことや，残っているのは難しい問題であることなどの理由から，研究者が減っている．

2. Irwin の理論

Griffith のエネルギー平衡理論は実用に向いていないので，Irwin は亀裂先端の応力分布だけから破壊の危険性を予測できないかと考え，亀裂先端近傍の等方弾性板の応力分布を求めた[1]．そのとき，亀裂自身に加わる負荷を

1) 板の面内で亀裂に対し垂直（モード I）
2) 板の面内で亀裂に対し平行（モード II）
3) 板の面外で亀裂に対し平行（モード III）

のそれぞれの場合について求めた．

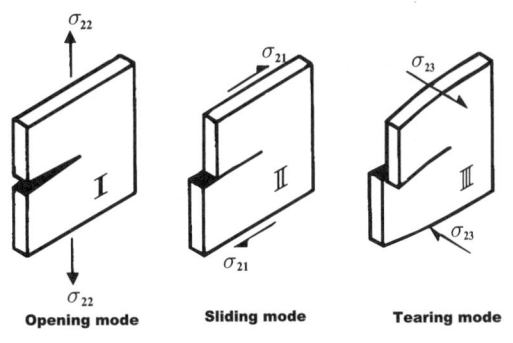

図 1 破壊のモード

亀裂先端に局所極座標 (r, θ) を導入したとき，変位ベクトルは亀裂先端近傍で r に関して $r^{k/2}$, $k = 1, 2, \ldots$ と級数展開できる．破壊力学では，角度 θ を亀裂進展方向を $\theta = 0$，亀裂面は $\theta = \pm\pi$ となるようにとる．初項 $r^{1/2}$ の係数は角度の関数 $S_M^C(\theta) = (S_{M,1}^C(\theta), S_{M,2}^C(\theta))$, $M = \mathrm{I, II, III}$ と負荷や亀裂形状などにより変化する定数 K_M, $M = \mathrm{I, II, III}$ の積として表現できる．さらに，エネルギー解放率 $G = d\mathcal{E}_1(l)/dl$ を計算して，面内変形（モード I, II）では

$$G = (K_\mathrm{I}^2 + K_\mathrm{II}^2) \begin{cases} 1 - \nu^2 & \text{平面歪} \\ 1 & \text{平面応力} \end{cases} \quad (2)$$

となることを示した（K_M のとり方により，他の定数が付くこともある）．この結果によって，平面応力でのモード I において

$$K_\mathrm{I} \geqq K_\mathrm{Ic}, \quad K_\mathrm{Ic} = \sqrt{2\gamma_F} \quad (3)$$

を満たすとき亀裂は進展するという破壊基準を導いた．以下，式 (2) を Irwin の第 2 公式，式 (3) を Irwin の破壊基準と呼ぶことにする．脆性材料を対象とした Griffith 理論は，金属のように延性的な材料では直接適用できない．Orowan は，破壊靱性値を分子間結合力 $2\gamma_F$ に塑性による影響を加えた $2\gamma_F + \gamma_p$ と修正することで，延性的な材料にも破壊基準を適用できることを示した．以後は，実験によって $2\gamma_F + \gamma_p$ を求めることが重要となった．なお，塑性域が小さい場合を小規模降伏といい，次に述べる線形破壊力学を修正することで適用可能とされている．

3. 破壊現象での諸問題

亀裂が進展しない問題，すなわち，亀裂を持つ弾性体を記述する境界値問題を亀裂問題と呼ぶことにする．亀裂問題での中心は，亀裂先端近傍での解の挙動の究明にある．慣性項を無視する静的な問題については，N.I. Muskhelishvili をはじめとする複素関数を使った研究，R. Duduchava と W. Wendland [3] のグループによる擬微分作用素の Wiener–Hopf 法を使った研究などがある．ただし，動的問題，亀裂先端での塑性域など非線形問題については，数学的解明は不十分である．

本章では，［線形破壊力学］(p.88) で，脆性破壊を Griffith や Irwin による考えを基礎とするエネルギー解放率および変位ベクトルの特異項を扱う応力拡大係数の概念に基づいて境界値問題として再構成する．［亀裂進展経路］(p.94) では，亀裂が進展する場合の経路を求める理論を述べる．なお，亀裂進展方向を決める評価基準が必要となるが，最大エネルギー解放率基準，最大周方向応力基準，局所対称基準など多数存在する．Griffith 理論は慣性項を無視できる準静的な仮定で構築されている．亀裂進展臨界力などは，慣性項を無視できる亀裂は準静的な状況で検討できるが，破壊過程全般を考察するには慣性項を無視することはできない．［動的亀裂問題］(p.92) では慣性項を考慮した動的問題について解説する．［破壊現象の数理モデル］(p.96) では，各項目の結果を踏まえて破壊の現象を記述する各種条件について述べる．　　　　　　　　［大塚厚二］

参考文献

[1] 岡村弘之, 線形破壊力学入門, 培風館, 1976.
[2] S.P. ティモシェンコ 著, 最上武雄ほか 訳, 材料力学史 新装版, 鹿島出版会, 2007 (原著 1983).
[3] R. Duduchava, W.L. Wendland, The Wiener–Hopf method for systems of pseudodifferential equations and its application to crack problems, *Int. Equ. and Operator Theory*, **23** (1995), 294–335.

線形破壊力学

linear elastic fracture mechanics

工学では特殊解から得られた知見を一般論へと展開する．実際，破壊力学の結果の多くは，2次元(板)での直線亀裂に関する特殊解で得られた結果をもとに展開される．ここでは，図1のような直線亀裂での結果を述べ，そこでの考察をもとに3次元問題での破壊現象を変分問題として定式化し，エネルギー解放率，J積分および応力拡大係数の概念を一般的な環境で適用できるように拡張する[1]．

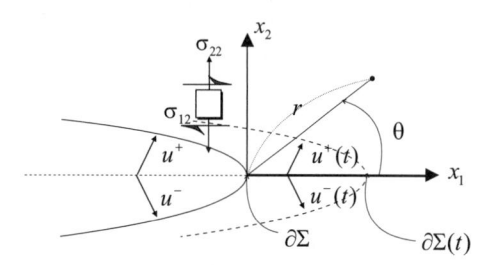

図1　直進する直線亀裂

最初の状態が領域 Ω に亀裂 Σ が存在しているとする．時間 t に関係しない一定負荷 $\mathcal{L} = (\boldsymbol{f}, \boldsymbol{g})$ のもとで，亀裂進展が起きているとする．ここで，$\boldsymbol{f}$ は Ω 内部に作用する力(内部力)で，$\boldsymbol{g}$ は境界 $\partial\Omega$ の一部 Γ_N で作用している力(境界力)とする．また，境界の残り $\Gamma_D = \partial\Omega \setminus \overline{\Gamma_N}$ では固定されているとする．

次に，仮想的な亀裂進展 $\Sigma(t)$ を考え，これを曲面 $\Sigma(t)$, $0 \leq t < T$ と同一視する．全ての仮想亀裂 $\Sigma(t)$, $0 \leq t < T$ は $\Sigma(0) = \Sigma$ であり，$0 < t < t' < T$ のとき $\Sigma(t) \subseteq \Sigma(t')$ を満たす．亀裂面には上下の区別があり，変位ベクトルの亀裂面上下での値をそれぞれ $\boldsymbol{u}^\pm(t)$，応力テンソルの値をそれぞれ $\sigma_{ij}(\boldsymbol{u}(t))^\pm$ で表す．また，亀裂面に垂直な単位ベクトル $\nu(x)$, $x \in \Sigma(t)$ を亀裂面下から上に方向をとる．このとき，亀裂進展は領域 $\Omega_{\Sigma(t)} = \Omega \setminus \Sigma(t)$ での偏微分システム境界値問題として記述される．

$$\left.\begin{aligned}
\partial_t^2 \boldsymbol{u}(t) - \partial_j \sigma_{ij}(\boldsymbol{u}(t)) &= f_i \quad (\Omega_{\Sigma(t)} \text{内}) \\
\boldsymbol{u}(t) &= 0 \quad (\Gamma_D \text{上}) \\
\sigma_{ij}(\boldsymbol{u}(t))n_j &= g_i \quad (\Gamma_N \text{上}) \\
\sigma_{ij}(\boldsymbol{u}(t))^+ \nu_j & \\
= \sigma_{ij}(\boldsymbol{u}(t))^- \nu_j &= 0 \quad (\Sigma(t) \text{上})
\end{aligned}\right\} \quad (1)$$

さらに，変位ベクトルは亀裂の縁 $\partial\Sigma(t)$ では条件

$$\boldsymbol{u}^+(t) = \boldsymbol{u}^-(t) \quad (\partial\Sigma(t) \text{上}) \quad (2)$$

を満たす．破壊現象に関する問題を次のように区別する．

亀裂問題： 平衡状態における，亀裂縁 $\partial\Omega$ 近傍での解の挙動を調べる．

移動亀裂問題： 亀裂の進展 $\Sigma(t)_{0 \leq t < T}$ が与えられる問題であり，慣性項が $\partial_t^2 \boldsymbol{u}(t) = 0$ となる準静的問題と，慣性項を考慮する動的問題がある．次の破壊問題での前段階に当たる．

準静的破壊問題： 慣性項が $\partial_t^2 \boldsymbol{u}(t) = 0$ である．仮想亀裂進展に評価基準を付加して実際の亀裂進展を選択する．特に，亀裂進展が始まる負荷(臨界力)を求める問題などは，Griffith のエネルギー平衡理論が適用しやすい．

動的破壊問題： 準静的でも，亀裂は進展を始めると多くの場合停止しない動的亀裂進展に移行する．また，衝撃的な負荷による亀裂進展も動的破壊現象と言える．

非破壊検査問題： 亀裂の位置やサイズを，対象を破壊することなく検出する問題で，超音波，サーモグラフィなどを用いる方法がある．

1. Griffith の破壊基準

まず，亀裂進展 $\Sigma(t)_{0 \leq t < T}$ が与えられた準静的移動亀裂問題を考える．変位ベクトル $\boldsymbol{u}(t)$ は，関数空間

$$V(\Omega_\Sigma) = \{\boldsymbol{v} \in H^1(\Omega_\Sigma) : \boldsymbol{v} = 0 \quad (\Gamma_D \text{上})\}$$

において $\mathcal{L} = (\boldsymbol{f}, \boldsymbol{g})$ としてポテンシャルエネルギー汎関数

$$\mathcal{E}(\boldsymbol{v}; \mathcal{L}, \Omega_{\Sigma(t)}) = \int_{\Omega_{\Sigma(t)}} \left\{\frac{1}{2}\sigma(\boldsymbol{v}) : \varepsilon(\boldsymbol{v}) - \boldsymbol{f} \cdot \boldsymbol{v}\right\} dx$$
$$- \int_{\Gamma_N} \boldsymbol{g} \cdot \boldsymbol{v} ds$$

を最小にする元として求められる(エネルギー最小原理)．ここで，ds は $\partial\Omega$ での面素である．仮想亀裂進展において $\tau > t$ をとると

$$\mathcal{E}(\boldsymbol{u}(t); \mathcal{L}, \Omega_{\Sigma(t)}) - \mathcal{E}(\boldsymbol{u}(\tau); \mathcal{L}, \Omega_{\Sigma(\tau)})$$
$$= \int_{\Omega_{\Sigma(\tau)}} \sigma(\boldsymbol{u}(t) - \boldsymbol{u}(\tau)) : \varepsilon(\boldsymbol{u}(t) - \boldsymbol{u}(\tau)) dx$$
$$\geq 0$$

となる．この不等式から，負荷一定の状態では常に亀裂が進展しそうだが，新しい亀裂面 $\Sigma(\tau) \setminus \Sigma(t)$ における結合力 $\gamma_F |\Sigma(\tau) \setminus \Sigma(t)|$ が抵抗力となる．ここで，曲面 S に対して $|S|$ は面積を表し，γ_F は破壊靭性値と呼ばれる単位面積当たりの抵抗力である．すなわち，

$$\mathcal{E}(\boldsymbol{u}(t); \mathcal{L}, \Omega_{\Sigma(t)}) - \mathcal{E}(\boldsymbol{u}(\tau); \mathcal{L}, \Omega_{\Sigma(\tau)})$$
$$\geq \gamma_F |\Sigma(\tau) \setminus \Sigma(t)|$$

なら亀裂は進展する．そのため，エネルギー解放率

$$\mathcal{G}(\Sigma(t+\cdot);\mathcal{L}) =$$
$$\lim_{\tau \downarrow t} \frac{\mathcal{E}(\boldsymbol{u}(t);\mathcal{L},\Omega_{\Sigma(t)}) - \mathcal{E}(\boldsymbol{u}(\tau);\mathcal{L},\Omega_{\Sigma(\tau)})}{|\Sigma(\tau) \setminus \Sigma(t)|} \quad (3)$$

が破壊での重要なパラメータとなる．なお，$|\Sigma(\tau) \setminus \Sigma(t)| = 0$ の場合は，$\mathcal{G}(\Sigma(t+\cdot);\mathcal{L}) = 0$ とする．

基準 1（Griffith の破壊基準） もし，小さな数 $\epsilon > 0$ に対して仮想亀裂進展 $\{\Sigma(t)\}_{0 < t < \epsilon}$ でエネルギー解放率が

$$\mathcal{G}(\Sigma(0+\cdot);\mathcal{L}) \geqq \gamma_F \quad (4)$$

を満たすのが存在すれば，亀裂は進展する．

真の亀裂進展 $\Sigma^*(t)_{0 \leqq t < \epsilon}$ は，仮想亀裂進展のうち，エネルギー解放率が最も大きいと考えられるので，

$$\mathcal{G}(\Sigma^*(0+\cdot);\mathcal{L}) \geqq \mathcal{G}(\Sigma(0+\cdot);\mathcal{L}) \geqq \gamma_F$$

となる．変位ベクトル $\boldsymbol{u} = \boldsymbol{u}(0)$ はソボレフ空間 $H^1(\Omega_\Sigma; \mathbb{R}^3)$ に属すが，亀裂が進展する場合は $\boldsymbol{u} \notin H^2(\Omega_\Sigma; \mathbb{R}^3)$ なので，慎重な議論が必要になる．

関数 $v \in H^1(\Omega_\Sigma; \mathbb{R}^3)$ について亀裂面での値 $v|_\Sigma^\pm$ が存在し，次の定理が成り立つ．

定理 1（トレース定理） 領域および亀裂面 Σ が局所リプシッツ条件を満たすなら，任意の $\boldsymbol{v} \in H^1(\Omega_\Sigma; \mathbb{R}^3)$ に対して

$$\boldsymbol{v}|_\Sigma^\pm \in H^{1/2}(\partial\Omega; \mathbb{R}^3) \text{ かつ } [\![\boldsymbol{v}]\!] \in H_{00}^{1/2}(\Sigma; \mathbb{R}^3)$$

となる．さらに，$\boldsymbol{v}$ に関係しない定数 $C > 0$ で

$$\|\boldsymbol{v}^+\|_{1/2,\Sigma} + \|\boldsymbol{v}^-\|_{1/2,\Sigma} + \|[\![\boldsymbol{v}]\!]\|_{1/2,00,\Sigma} \quad (5)$$
$$\leqq C\|\boldsymbol{v}\|_{1,\Omega_\Sigma}$$

を満たすものが存在する．ここで，ds_x を曲面 Σ での面素として

$$H_{00}^{1/2}(\Sigma) = \{\varphi \in L^2(\Sigma; \mathbb{R}^3) : \|\varphi\|_{1/2,00,\Sigma} < \infty\}$$

$$\|\varphi\|_{1/2,00,\Sigma} = \left(\|\varphi\|_{0,\Sigma}^2 + \int_\Sigma |\varphi|^2 d_{\partial\Sigma} ds_x\right)^{1/2}$$

$$d_{\partial\Sigma}(x) = \inf_{y \in \partial\Sigma} |x-y|$$

である．逆に，$\varphi^\pm \in H^{1/2}(\Sigma; \mathbb{R}^3)$ が $\varphi^+ - \varphi^- \in H_{00}^{1/2}(\Sigma; \mathbb{R}^3)$ を満たすなら，$\boldsymbol{v}_\varphi \in H^1(\Omega_\Sigma; \mathbb{R}^3)$ で $\boldsymbol{v}_\varphi|_\Sigma^\pm = \varphi^\pm$ となるものが存在し，式 (5) が成り立つ．

2. Irwin の理論と拡張

等質等方の弾性平板での変形は 2 次元領域 $\Omega \subset \mathbb{R}^2$ における境界値問題として記述でき，図 1 の直線亀裂問題は

$$\Sigma = \{(x_1, x_2) : -a \leqq x_1 \leqq 0, x_2 = 0\}$$

として式 (1) と同様に記述される．このとき，亀裂先端 $(0,0)$ 近傍 U に極座標 (r, θ) を導入すると，変位ベクトルは次のように表現できる．

$$\boldsymbol{u} = \left\{\frac{K_1}{2\mu}\boldsymbol{S}_1^\Sigma(\theta) + \frac{K_2}{2\mu}\boldsymbol{S}_2^\Sigma(\theta)\right\}\sqrt{\frac{r}{2\pi}}$$
$$+ \boldsymbol{u}_R, \quad \boldsymbol{u}_R \in H^2(\Omega_\Sigma \cap U; \mathbb{R}^2) \quad (6)$$

$$\boldsymbol{S}_1^\Sigma(\theta) = \begin{pmatrix} \cos\frac{\theta}{2}\left(\kappa - 1 + 2\sin^2\frac{\theta}{2}\right) \\ \sin\frac{\theta}{2}\left(\kappa + 1 - 2\cos^2\frac{\theta}{2}\right) \end{pmatrix}$$

$$\boldsymbol{S}_2^\Sigma(\theta) = \begin{pmatrix} \sin\frac{\theta}{2}\left(\kappa + 1 + 2\cos^2\frac{\theta}{2}\right) \\ -\cos\frac{\theta}{2}\left(\kappa - 1 - 2\sin^2\frac{\theta}{2}\right) \end{pmatrix}$$

$$\kappa = \begin{cases} 3 - 4\nu & \text{（平面歪状態）} \\ (3-\nu)/(1+\nu) & \text{（平面応力状態）} \end{cases}$$

定数 K_1, K_2 は破壊力学で応力拡大係数と呼ばれる．エネルギー差は亀裂進展面だけの積分となり，$|\Sigma(t) \setminus \Sigma| = t$ なら

$$\mathcal{E}(\boldsymbol{u}(0);\mathcal{L},\Omega_{\Sigma(0)}) - \mathcal{E}(\boldsymbol{u}(t);\mathcal{L},\Omega_{\Sigma(t)})$$
$$= \frac{1}{2}\int_0^t \sigma_{i2}(x_1, 0)[\![u_i]\!](t, x_1, 0)dx_1$$

と表せる．ここで，

$$[\![u_i]\!](t, x_1, x_2) = (u_i^+(t) - u^-(t))(x_1, x_2)$$

である．Irwin は $\boldsymbol{u}(t)$ が $\boldsymbol{u} = \boldsymbol{u}(0)$ により，$\boldsymbol{u}(t, x_1, 0) \simeq \boldsymbol{u}(x_1 - t, 0)$ と近似できると考え，

$$\mathcal{G}(\Sigma(0+\cdot);\mathcal{L})$$
$$= \lim_{t \to 0} \frac{1}{2t}\int_0^t \sigma_{i2}(t, x_1, 0)[\![u_i]\!](x_1 - t, 0)dx_1 \quad (7)$$

を使い，式 (6) を代入してエネルギー解放率と応力拡大係数との関係式

$$\mathcal{G}(\Sigma(\cdot);\mathcal{L}) = \frac{1}{E'}\left(K_1^2 + K_2^2\right) \quad (8)$$

$$E' = \begin{cases} E & \text{（平面歪状態）} \\ E/(1-\nu^2) & \text{（平面応力状態）} \end{cases}$$

を導いた．現在では，式 (6),(7),(8) は数学的に証明されている．

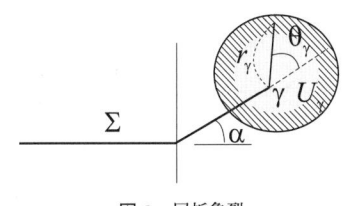

図 2 屈折亀裂

亀裂が図 2 のような折れ線ならば，亀裂先端近傍 U_γ では直線亀裂となり，局所座標系 $(r_\gamma, \theta_\gamma)$ をとると，式 (6) と同様な変位ベクトルの分解を得る．亀裂先端 γ における応力拡大係数を $K_i(\gamma), i = 1, 2$ で表す．次に，屈折亀裂進展

$$\Sigma^\alpha(t) = \{(x_1, x_2) : -a \leqq x_1 \leqq 0, x_2 = 0\}$$
$$\cup \{(s\cos\alpha, s\sin\alpha) : 0 \leqq s < t\}$$

について考える．点 $\gamma^\alpha(s) = (s\cos\alpha, s\sin\alpha)$ での

応力拡大係数を $K_i(\gamma^\alpha(s))$, $i=1,2$ とするなら，エネルギー差は平均値の定理を使うと，$s_0 \in (0,t)$ で

$$\mathcal{E}(\boldsymbol{u}; \mathcal{L}, \Omega_\Sigma) - \mathcal{E}(\boldsymbol{u}(t); \mathcal{L}, \Omega_{\Sigma^\alpha(t)})$$
$$= -t \left. \frac{d}{ds} \mathcal{E}(\boldsymbol{u}(s); \mathcal{L}, \Omega_{\Sigma^\alpha(s)}) \right|_{s=s_0}$$
$$= \frac{t}{E'} \left(K_1(\gamma^\alpha(s_0))^2 + K_2(\gamma^\alpha(s_0))^2 \right)$$

を満たすものが存在する．もし，$\gamma = (0,0)$ として

$$K_i^\alpha(\gamma) = \lim_{s \to 0} K_i(\gamma^\alpha(s)), \ i = 1, 2$$

が存在すれば，屈折亀裂でのエネルギー解放率の関係式を得る．

$$\mathcal{G}(\Sigma^\alpha(\cdot); \mathcal{L}) = \frac{1}{E'} \left(K_1^\alpha(\gamma)^2 + K_2^\alpha(\gamma)^2 \right)$$

2.1 亀裂進展方向

屈折亀裂進展の方向を与える基準としては，次の3つが代表的である．

最大エネルギー基準： Griffith 理論に従うもので，亀裂進展方向 α^* はエネルギー解放率 (2.) を最大にする角度 α^* として求まる．

最大周方向応力基準： 応力を局所極座標で見て，周方向応力 σ_θ が最大となる角度に進展する．なお

$$\sigma_\theta(x) = \sigma_{11}(x) \sin^2 \theta + \sigma_{22}(x) \cos^2 \theta - \sigma_{12}(x) \sin 2\theta.$$

式 (6) により，

$$K_1(\gamma) \sin \alpha^* + K_2(\gamma)(3 \cos \alpha^* - 1) = 0$$

の解として進展方向 α^* が求まる．

局所対称基準： $K_2^{\alpha^*}(\gamma) = 0$ を満たす角度 α^* 方向に進展する．

この3基準を比較するため，屈折亀裂での応力拡大係数 K_i^α が

$$K_i^\alpha(\gamma) = F_{i1}(\alpha) K_1(\gamma) + F_{i2}(\alpha) K_2, \ i = 1, 2$$

と α の関数 $F_{ij}(\alpha)$, $i=1,2; j=1,2$ で表現されたとする．最大周方向応力基準は $i=1,2$ として

$$\tilde{K}_i^\alpha(\gamma) = \tilde{F}_{i1}(\alpha) K_1(\gamma) + \tilde{F}_{i2}(\alpha) K_2(\gamma)$$
$$\tilde{F}_{11}(\alpha) = \frac{3}{4} \cos(\alpha/2) + \frac{1}{4} \cos(3\alpha/2)$$
$$\tilde{F}_{12}(\alpha) = -\frac{3}{4} \sin(\alpha/2) - \frac{3}{4} \sin(3\alpha/2)$$
$$\tilde{F}_{21}(\alpha) = \frac{1}{4} \sin(\alpha/2) + \frac{1}{4} \sin(3\alpha/2)$$
$$\tilde{F}_{22}(\alpha) = \frac{1}{4} \cos(\alpha/2) + \frac{3}{4} \cos(3\alpha/2)$$

と表現されるのと同値である．J.B. Leblond らの結果によれば，$K_i^\alpha - \tilde{K}_i^\alpha = O(\alpha^2)$, $i=1,2$ の違いがあり，最大エネルギー基準と局所対称基準にも違いがある．しかし，角度 α^* が小さいと予想される場合は，3つの基準に違いがないので，亀裂進展方向評価として最大周方向応力基準が便利である．

3. 3次元問題と一般 J 積分

等質な弾性板で亀裂先端で体積力がゼロの場合，図1のように亀裂が直進したとき，$|\Sigma(t) \setminus \Sigma| = t$ ならばエネルギー解放率は亀裂先端を囲む閉曲線 C に依存しない $d\ell$ を線素とする積分

$$J = \int_C \left\{ \frac{1}{2} \sigma(\boldsymbol{u}) : \varepsilon(\boldsymbol{u}) dx_2 - T(\boldsymbol{u}) \partial_1 \boldsymbol{u} \, d\ell \right\}$$

で表現されることが知られている．

この積分を3次元問題に適用できるよう拡張したのが，筆者の一般 J 積分である．亀裂面および縁が滑らかで，亀裂が滑らかな曲面 Π に沿って進展する場合に，式 (3) の極限が存在することを示す．図3のように，曲面 Π に沿った亀裂進展で

SCK1： 小さな数 $\epsilon > 0$ が存在し，亀裂縁 $\partial\Sigma$ 上の点 λ は亀裂進展により経路 $\phi_t(\lambda) \in \Pi$ を描き，互いに交差しない．すなわち，

$$\partial\Sigma(t) = \{\phi_t(\lambda): \lambda \in \partial\Sigma\}$$

SCK2： 時間 t に関する滑らかさは $[t \mapsto \phi_t] \in C^2([0,\epsilon); C^2(\partial\Sigma; \Pi))$

を満たすもの全体を SCK$(\Sigma|\Pi)$ で表す．

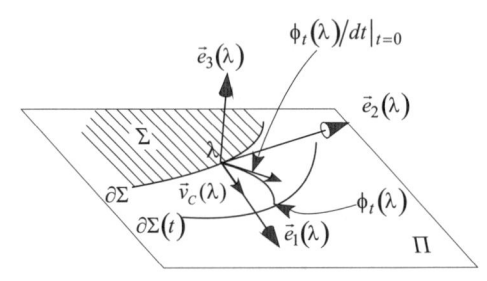

図3 滑らかな亀裂進展

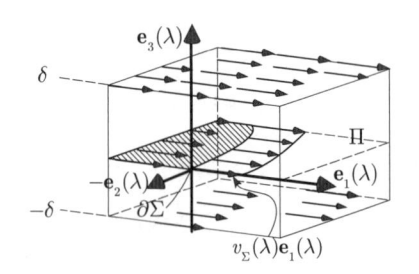

図4 亀裂進展で得られたベクトル場 μ_C

亀裂縁の点 $\lambda \in \partial\Sigma$ に，図4のように $\partial\Sigma$ に沿った動座標系 $(\boldsymbol{e}_1(\lambda), \boldsymbol{e}_2(\lambda), \boldsymbol{e}_3(\lambda))$ が導入できる．ここで，$|\boldsymbol{e}_i(\lambda)| = 1$, $i=1,2,3$, $\boldsymbol{e}_3(\lambda) = \nu(\lambda)$, $\boldsymbol{e}_2(\lambda)$ は曲線 $\partial\Sigma$ に接し，$\boldsymbol{e}_1(\lambda)$ は点 λ で曲面 Σ に接して $\boldsymbol{e}_2(\lambda)$ に垂直とする．亀裂進展速度ベクトルを

$$\boldsymbol{V}_\Sigma(\lambda) = v_\Sigma(\lambda)\boldsymbol{e}_1(\lambda)$$
$$v_\Sigma(\lambda) = \left(\left.\frac{d\phi_t(\lambda)}{dt}\right|_{t=0}\right) \cdot \boldsymbol{e}_1(\lambda)$$

で定義する．また，次に，図 4 のように $\partial\Sigma$ の近傍 $U(\partial\Sigma)$ に $\boldsymbol{V}_\Sigma(\lambda)$ を平行移動したベクトル場を，$\lambda \in \partial\Sigma$ を出発点とする曲面 Π 上における $\boldsymbol{e}_1(\lambda)$ 方向の測地線に沿って平行移動して $U(\partial\Sigma) \cap \Pi$ に広げ，さらに図 4 のように Π に垂直に平行移動してベクトル場 $\mu_C(x), x \in U(\partial\Sigma)$ を作る．なお，μ_C を亀裂進展 $\Sigma(t)_{0 \leq t < \epsilon}$ による速度ベクトル場と呼ぶ．

定理 2 滑らかな亀裂進展 $\mathcal{C}(\cdot) \in \mathrm{SCK}(\Sigma|\Pi)$ に対し，速度ベクトル場を μ_C とするなら，エネルギー解放率は亀裂縁近傍 $\omega \subset U(\partial\Sigma)$ における面積分と体積積分の和 $J_\omega(\boldsymbol{u}, \mu_C)$ で表現される．

$$\mathcal{G}(\mathcal{C}(0+\cdot); \mathcal{L})V_C = J_\omega(\boldsymbol{u}, \mu_C) \tag{9}$$
$$J_\omega(\boldsymbol{u}, \mu_C) = P_\omega(\boldsymbol{u}, \mu_C) + R_\omega(\boldsymbol{u}, \mu_C)$$
$$P_\omega(\boldsymbol{u}, \mu_C) = $$
$$\int_{\partial\omega} \left\{\widehat{W}(x, \boldsymbol{u})(\mu_C \cdot \boldsymbol{n}) - T(\boldsymbol{u})(\mu_C \cdot \nabla \boldsymbol{u})\right\} ds$$
$$R_\omega(\boldsymbol{u}, \mu_C) = $$
$$-\int_{\omega \cap \Omega_\Sigma} \left\{\mu_C \cdot \nabla_x \widehat{W}(x, \boldsymbol{u}) + \boldsymbol{f} \cdot (\mu_C \cdot \nabla \boldsymbol{u})\right\} dx$$
$$+\int_{\omega \cap \Omega_\Sigma} \left\{\sigma_{ij}(\boldsymbol{u})\partial_j \mu_C^k \partial_k u_i - \widehat{W}(x, \boldsymbol{u})\mathrm{div}\mu_C\right\} dx$$

ここで $\widehat{W}(x, \boldsymbol{u}) = C_{ijkl}(x)\varepsilon_{ij}(\boldsymbol{u})\varepsilon_{kl}(\boldsymbol{u})$, $T(\boldsymbol{u}) = \sigma(\boldsymbol{u})n$, $V_C = \int_{\partial\Sigma} v_\Sigma(\lambda)d\lambda$, $\mu_C = (\mu_C^1, \mu_C^2, \mu_C^3)$.

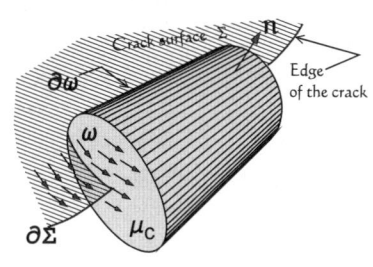

図 5 亀裂先端近傍 ω と速度ベクトル場 μ_C

変位ベクトル $\boldsymbol{u} \in H^1(\Omega_\Sigma; \mathbb{R}^3)$ に対し，$J_\omega(\boldsymbol{u}, \mu_C)$ は有限となる．これを使って，式 (3) の右辺が極限を持つことを証明できる．また，次が成り立つ．

系 1 もし，$\boldsymbol{u}|_\omega \in H^2(\omega \cap \Omega_\Sigma)$ ならば，$J_\omega(\boldsymbol{u}, \mu_C) = 0$ となる．すなわち，亀裂は進展しない．

この結果から，亀裂縁近傍 $\omega_1 \subset \omega_2 \subset U(\partial\Sigma)$ に対して

$$J_{\omega_1}(\boldsymbol{u}, \mu_C) = J_{\omega_2}(\boldsymbol{u}, \mu_C)$$

が成り立つ．

破壊力学の理論研究の多くは，3 次元亀裂では亀裂縁近くで図 6 のように動座標系 (λ, ξ_1, ξ_2) を導入し，$\lambda \in \partial\Sigma$ を通る平板を考えることで，2 次元亀裂問題の結果を使って，変位ベクトル $\boldsymbol{u}$ は亀裂先端近傍 $U(\partial\Sigma)$ で分解できると想定している．

$$\boldsymbol{u}(x) = \boldsymbol{u}_S(x) + \boldsymbol{u}_R(x), \tag{10}$$
$$u_R \in H^2(U(\partial\Sigma) \cap \Omega_\Sigma; \mathbb{R}^3)$$
$$u_S(x) = \mathcal{K}(\lambda(x))S^\Sigma_{\lambda(x)}(\xi_1, \xi_2)\rho_{\partial\Sigma}(x) \tag{11}$$
$$\rho_{\partial\Sigma}(x) \sim d_{\partial\Sigma}(x)^{1/2}$$

ここで，$\lambda(x)$ は x に最も近い $\partial\Sigma$ の点，$S_{\lambda(x)}$ は滑らかな関数，$d_{\partial\Sigma}(x)$ は亀裂端 $\partial\Sigma$ から点 x への距離である．

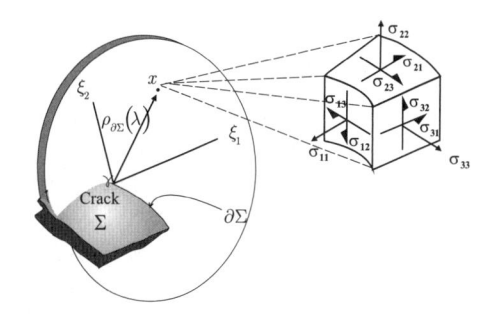

図 6 亀裂先端近傍での応力分布と破壊モード

もし，式 (10),(11) が正しければ，
$$J_\omega(\boldsymbol{u}; \mu_C) = J_\omega(\boldsymbol{u}_S; \mu_C) \tag{12}$$

が証明できる．なお，式 (12) は亀裂進展が式 (6) のように変位ベクトルの特異項（係数が応力拡大係数）のみに依存することを示している．

［大塚厚二］

参 考 文 献

[1] K. Ohtsuka, Mathematical aspects of fracture mechanics, *Lecture Notes Numer. Appl. Analy.* (Kinokuniya), **13** (1994), 39–60.

動的亀裂問題

dynamic crack problem

時刻とともに進展する亀裂を内部に含む線形弾性体を考える．対応する弾性波動方程式が解（弱解）を持つためには，亀裂先端の進展速度は何らかの制限を受ける．亀裂進展速度を与えて弾性波動方程式を解く問題は，簡単な状況においては古くから研究され（例えば，Yoffe [1], Broberg [2]），均質な等方弾性体で平坦な亀裂が定速度で進展する場合にはレイリー波の速度が制限になることが知られている．ここでは，不均質な非等方弾性体で進展速度が一定とは限らない場合に，亀裂進展の制限速度を特徴付ける．

1. 問題の定式化

Ω を $\mathbb{R}^n$ ($n \geq 2$) 内の滑らかな境界 $\Gamma = \partial\Omega$ を持つ有界領域とする．Γ は2つの開部分 $\Gamma_D\ (\neq \emptyset)$, Γ_N と，それらの接合部分 Σ_B (Γ の余次元1の部分多様体) からなるとする．一方，Ω は内部に閉超曲面 S を含み，S の開部分 $\Gamma_C(t)$ (その境界 $\Sigma_C(t)$) が時刻 t とともに S 上を滑らかに進展しているとする（すなわち，$\Omega(t) := \Omega \setminus \overline{\Gamma_C(t)}$, $\Gamma_C(t), \Sigma_C(t)$ はそれぞれ時刻 t における弾性体，内部亀裂，亀裂先端を表す）．このとき，ベクトル値関数 $\boldsymbol{u} = (u_j(x,t))_{1 \leq j \leq N}$ ($N \geq 1$) に対する次の波動方程式の初期境界値問題を考える（以下ではこの問題を (D) と呼ぶ）．

$$\begin{cases} (\rho \partial_t^2 + \mathcal{A})\boldsymbol{u} = \boldsymbol{f} & \text{in } \widehat{\Omega} := \bigcup_{0<t<T} \Omega(t) \times \{t\} \\ \boldsymbol{u} = \boldsymbol{0} & \text{on } \widehat{\Gamma}_D := \Gamma_D \times (0,T) \\ \mathcal{B}\boldsymbol{u} = \boldsymbol{0} & \text{on } \widehat{\Gamma}_N := \Gamma_N \times (0,T) \\ \mathcal{B}_S^{\pm}\boldsymbol{u} = \boldsymbol{0} & \text{on } \widehat{\Gamma}_C := \bigcup_{0<t<T} \Gamma_C(t) \times \{t\} \\ \boldsymbol{u}(\cdot,0) = \boldsymbol{u}_0,\ \partial_t\boldsymbol{u}(\cdot,0) = \boldsymbol{u}_1 & \text{in } \Omega(0) \end{cases}$$

ここで，$\{\boldsymbol{u}_0, \boldsymbol{u}_1, \boldsymbol{f}\}$ は与えられたデータであり，偏微分作用素 $\mathcal{A}, \mathcal{B}, \mathcal{B}_S^{\pm}$ は次式で定義される ($\partial_t = \partial/\partial t$, $\partial_j = \partial_{x_j} = \partial/\partial x_j$ と略記)．

$$\mathcal{A}\boldsymbol{u} := -\sum_{j,k=1}^n \partial_j(C^{jk}(x)\partial_k \boldsymbol{u}) \quad \text{in } \Omega$$

$$\mathcal{B}\boldsymbol{u} := \sum_{j,k=1}^n \nu_j(x) C^{jk}(x)\partial_k \boldsymbol{u} \quad \text{on } \Gamma$$

$$\mathcal{B}_S^{\pm}\boldsymbol{u} := \pm\sum_{j,k=1}^n \nu_j^S(x)[C^{jk}(x)\partial_k \boldsymbol{u}]_{\pm} \quad \text{on } S$$

$\nu = (\nu_j(x))$, $\nu^S = (\nu_j^S(x))$ はそれぞれ Γ, S に対する外向き単位法線ベクトルであり，$[\cdot]_+, [\cdot]_-$ はそれぞれ $\Omega(t)$ で定義された関数の S の内側，外側から S 上への境界値を表す．さらに，密度 $\rho = \rho(x) > 0$

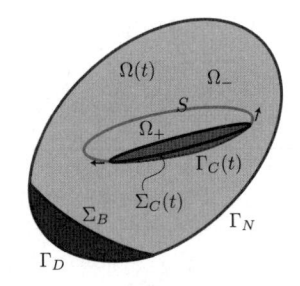

図1

および係数行列 $C^{jk}(x)$ ($1 \leq j, k \leq n$) の各成分は $\overline{\Omega}$ 上の滑らかな実数値関数であり，各 $C^{jk}(x)$ は

$$C^{jk}(x)^T = C^{kj}(x), \quad 1 \leq j, k \leq n$$

なる対称性を持つとする（ここでは，通常の線形弾性体のモデルを含んで多少一般化した設定のもとで，問題の定式化がなされている）．

2. 弱解の存在

仮定1 S が囲む領域を Ω_+ とし，$\Omega_- = \Omega \setminus \overline{\Omega_+}$ とおくとき，次を満たす正定数 c_0, c_1 が存在する：

$$\sum_{j,k=1}^n (C^{jk}(x)\partial_k \boldsymbol{u}, \partial_j \boldsymbol{u})_{L^2(\Omega_{\pm})} + c_0\|\boldsymbol{u}\|_{L^2(\Omega_{\pm})}^2$$
$$\geq c_1\|\nabla \boldsymbol{u}\|_{L^2(\Omega_{\pm})}^2 \quad \forall \boldsymbol{u} \in \boldsymbol{H}^1(\Omega_{\pm}).$$

ここで，1階の Sobolev 空間を H^1 で表し，ベクトル値関数に対する関数空間を太字で表現している．

仮定2 各 $(x_0, t_0) \in \widehat{\Sigma} := \bigcup_{0 \leq t \leq T} \Sigma_C(t) \times \{t\}$ に対して，

$$|\Sigma_C(t) \text{ の } (x_0,t_0) \text{ での進展速度}| < c_{\Sigma}(x_0, t_0)$$

が成り立つ．ここで，$\Sigma_C(t)$ の (x_0, t_0) における制限速度 $c_{\Sigma}(x_0, t_0)$ は次のように定める．まず適当な合同変換 $y = R(x - x_0)$ ($R = (R_k^j) \in SO(n)$) により，$\Gamma_C(t_0)$ の x_0 における接超平面が $y_n = 0$, $\Sigma_C(t_0)$ の x_0 における接超直線が $y_{n-1} = y_n = 0$ となるようにすることができる．このとき，$\rho_0 = \rho(x_0)$, $C_0^{jk} = \sum_{j',k'=1}^n C^{j'k'}(x_0) R_{j'}^j R_{k'}^k$ とおいて，$c_{\Sigma}(x_0, t_0)$ を

$$\inf_{\substack{\boldsymbol{v} \in \boldsymbol{H}^1(\mathbb{R}_+^n) \\ \boldsymbol{v} \neq \boldsymbol{0}}} \frac{\sum_{j,k=1}^n (C_0^{jk}\partial_{y_k}\boldsymbol{v}, \partial_{y_j}\boldsymbol{v})_{L^2(\mathbb{R}_+^n)}}{\rho_0 \|\partial_{y_{n-1}}\boldsymbol{v}\|_{L^2(\mathbb{R}_+^n)}^2}$$

の非負平方根と定める ($\mathbb{R}_+^n := \{y \in \mathbb{R}^n \mid y_n > 0\}$)．ここで，この定義は R の選び方にはよらないこと，また仮定1が $c_{\Sigma}(x_0, t_0) > 0$ を保証していることに注意する．なお，$c_{\Sigma}(x_0, t_0)$ は $\Gamma_C(t_0)$ の x_0 における接超平面上を様々な方向に伝わる'レイリー波'の速度を用いて表現することができる（3節参照）．

定義1 $\boldsymbol{V}(t) = \{\boldsymbol{u} \in \boldsymbol{H}^1(\Omega(t)) \mid \boldsymbol{u}|_{\Gamma_D} = \boldsymbol{0}\}$ とおく．与えられた $\{\boldsymbol{u}_0, \boldsymbol{u}_1, \boldsymbol{f}\} \in \boldsymbol{V}(0) \times \boldsymbol{L}^2(\Omega(0)) \times \boldsymbol{L}^2(\widehat{\Omega})$ に対して，$\boldsymbol{u} = \boldsymbol{u}(x,t)$ が (D) の

弱解であるとは，$\boldsymbol{u} \in \boldsymbol{H}^1(\widehat{\Omega})$ であって，$\boldsymbol{u}|_{\widehat{\Gamma}_D} = \boldsymbol{0}$, $\boldsymbol{u}|_{t=0} = \boldsymbol{u}_0$ in Ω を満たし，さらに $\boldsymbol{\varphi}|_{\widehat{\Gamma}_D} = \boldsymbol{0}$, $\boldsymbol{\varphi}|_{t=T} = \boldsymbol{0}$ in $\Omega(0)$ なる任意の $\boldsymbol{\varphi} \in \boldsymbol{H}^1(\widehat{\Omega})$ に対して次が成り立つことをいう：

$$-\int_0^T (\rho \partial_t \boldsymbol{u}, \partial_t \boldsymbol{\varphi})_{L^2(\Omega(t))}\, dt$$
$$+ \int_0^T \sum_{j,k=1}^n (C^{jk}(x)\partial_k \boldsymbol{u}, \partial_j \boldsymbol{\varphi})_{L^2(\Omega(t))}\, dt$$
$$= (\rho \boldsymbol{u}_1, \boldsymbol{\varphi}|_{t=0})_{L^2(\Omega(0))} + \int_0^T (\boldsymbol{f}, \boldsymbol{\varphi})_{L^2(\Omega(t))}\, dt.$$

定理 1 仮定 1, 2 のもとで，任意の $\{\boldsymbol{u}_0, \boldsymbol{u}_1, \boldsymbol{f}\} \in \boldsymbol{V}(0) \times \boldsymbol{L}^2(\Omega(0)) \times \boldsymbol{L}^2(\widehat{\Omega})$ に対して，問題 (D) はただ 1 つの弱解 $\boldsymbol{u} \in \boldsymbol{H}^1(\widehat{\Omega})$ を持ち，a.e. $t \in (0,T)$ で次の不等式（C は正定数）を満たす：

$$\|\boldsymbol{u}(\cdot,t)\|^2_{H^1(\Omega(t))} + \|\partial_t \boldsymbol{u}(\cdot,t)\|^2_{L^2(\Omega(t))}$$
$$\leq C \Big(\|\boldsymbol{u}_0\|^2_{H^1(\Omega(0))} + \|\boldsymbol{u}_1\|^2_{L^2(\Omega(0))}$$
$$+ \int_0^t \|\boldsymbol{f}(\tau,\cdot)\|^2_{L^2(\Omega(\tau))}\, d\tau \Big).$$

キーとなるアイデアを説明するために，$\rho > 0$, C^{jk} が定数（行列）で，$\Omega(t) = \mathbb{R}^n \setminus \overline{\Gamma_C(t)}$, $\Gamma_C(t) = \{x \in \mathbb{R}^n \mid x_{n-1} < ct, x_n = 0\}$ の場合を考える．このとき，$\Gamma_C(t)$ が t に依存しなくなる変数変換

$$y_j = x_j \quad (j \neq n-1)$$
$$y_{n-1} = x_{n-1} - ct \quad (c：定数)$$

を施すと，$\rho \partial_t^2 + \mathcal{A}$（変数 (x,t)）は $\rho \partial_t^2 - 2c\rho \partial_{n-1} \partial_t + (\mathcal{A} + c^2 \rho \partial_{n-1}^2)$（変数 (y,t)）に変換され，$\mathcal{B}_S^\pm$ は変わらない．変換された問題が '解ける' ためには $\{\mathcal{A} + c^2 \rho \partial_{n-1}^2, \mathcal{B}_S^\pm\}$ に対する（すなわち C^{jk} たちのうち $C^{n-1,n-1}$ だけを $C^{n-1,n-1} - c^2 \rho I$ で置き換えて得られる新しい係数行列たちに対する）仮定 1 のタイプの評価が成り立つことが本質的である．その条件が仮定 2 にほかならない（Ito [3] は同様のアイデアで Σ_B が t に依存する場合を扱っている）．

3. 制限速度の特徴付け

ここでは，仮定 1 のもとで，仮定 2 に現れる亀裂先端の制限速度 $c_\Sigma(x_0, t_0)$ の特徴付けを行う．簡単のため，改めて $c_\Sigma = c_\Sigma(x_0, t_0)$, $C^{jk} = C_0^{jk}$, $\rho = \rho_0$,

$$\mathcal{A}\boldsymbol{v} = -\sum_{j,k=1}^n C^{jk} \partial_j \partial_k \boldsymbol{v} \quad \text{in } \mathbb{R}^n_+$$

とおく．$\mathcal{A}$ に対して，シンボル

$$A(\xi) := \sum_{j,k=1}^n C^{jk}\xi_j \xi_k, \quad A(\xi; c) := A(\xi) - c^2\rho I$$

を導入すれば，$\rho\partial_t^2 + \mathcal{A}$ に対する ξ $(\in \mathbb{S}^{n-1} \subset \mathbb{R}^n)$ 方向の最も遅い平面波の速度は

$$c_B(\xi) := \min\{c > 0 \mid \det A(\xi; c) = 0\}$$
$$= \max\{c > 0 \mid A(\xi; c) \geqq O \text{ (非負定値)}\}$$

であり，η $(\in \mathbb{S}^{n-2} \subset \partial\mathbb{R}^n_+)$ 方向の限界速度が

$$c_L(\eta) := \inf_{\zeta \in \mathbb{R}} \min\{c > 0 \mid \det A(\eta, \zeta; c) = 0\}$$
$$= \inf_{|\theta| < \pi/2} c_B(\eta \cos\theta, \sin\theta) \sec\theta$$

で与えられる．$0 \leqq c \leqq c_L(\eta)$ ならば，

$$A(\eta, \zeta; c) = (I\zeta - \Lambda(\eta;c)^*) C^{nn} (I\zeta - \Lambda(\eta;c))$$

を満たす N 次正方行列 $\Lambda(\eta; c)$ で，その固有値の虚部が全て非負であるようなものがただ 1 つ存在する．

$$Z(\eta; c) := -\sqrt{-1}\Big(\sum_{j=1}^{n-1} C^{nj}\eta_j + C^{nn}\Lambda(\eta;c) \Big)$$

はエルミート行列となり，次の性質を持つ：

(i) $Z(\eta; 0) > O$（正定値）．
(ii) $Z(\eta; c)$ は $c \in [0, c_L(\eta)]$ について '単調減少'．
(iii) $Z(\eta; c) > O$ $(0 \leqq \forall c < c_L(\eta))$ であれば，必ず $\det Z(\eta; c_L(\eta)) = 0$ となる．

よって，

$$c_R(\eta) := \min\{0 < c \leqq c_L(\eta) \mid \det Z(\eta;c) = 0\}$$

が矛盾なく定まる．$c_R(\eta) < c_L(\eta)$ ならば $c_R(\eta)$ は η 方向の亜音速レイリー波の速度である．このとき，

$$c_\Sigma = \inf_{\substack{\eta \in \mathbb{S}^{n-1} \\ \eta_{n-1} > 0}} \min\{0 < c \leqq \eta_{n-1}^{-1} c_L(\eta) \mid \det Z(\eta; c\eta_{n-1}) = 0\}$$
$$= \inf_{\substack{|\phi| < \pi/2 \\ \eta' = (\eta_1,\ldots,\eta_{n-2}) \in \mathbb{S}^{n-3}}} c_R(\eta' \cos\phi, \sin\phi) \sec\phi$$

により制限速度 c_Σ が与えられる．

均質な等方弾性体の場合には，$n = N \geqq 2$,

$$C^{jk} = \lambda \boldsymbol{e}_j \otimes \boldsymbol{e}_k + \mu(\boldsymbol{e}_k \otimes \boldsymbol{e}_j + \delta^{jk} I)$$

であり，仮定 1 は $\mu > 0$ かつ $\lambda + \mu > 0$ となる．さらに，c_B, c_L, c_R, c_Σ は方向によらず，$c_B = c_L = \sqrt{\mu/\rho}$, $c_R = c_\Sigma = \sqrt{\kappa_1/\rho}$ で与えられる．ただし κ_1 は方程式

$$\kappa^3 - 8\kappa^2 + 8(3 - \tfrac{\mu}{\lambda+2\mu})\kappa - 16(1 - \tfrac{\mu}{\lambda+2\mu}) = 0$$

の $0 < \kappa < 1$ における一意解である．

［伊 東 裕 也］

参 考 文 献

[1] E.H. Yoffe, The moving Griffith crack, *Phil. Mag.*, **42** (1951), 739–750.

[2] K.B. Broberg, The propagation of a brittle crack, *Arkiv for Fysik*, **18** (1960), 159–192.

[3] H. Ito, On a mixed problem of linear elastodynamics with a time-dependent discontinuous boundary condition, *Osaka J. Math.*, **27** (1990), 667–707.

亀裂進展経路

crack path

1. 亀裂進展経路の判定規準

Griffith–Irwin の理論は，暗黙のうちに亀裂の（自己相似な）直進を仮定している．しかしながら，混合モード化の亀裂は，直進せず，折れ曲がり進展することが知られている．亀裂進展の方向を与える仮説として代表的なものは［線形破壊力学］（p.88）で述べられた以下の3つ，すなわち最大周方向応力基準，最大エネルギー解放率規準そして局所対称性規準である．最大周方向応力基準は，進展前の亀裂先端における特異応力場について，その周方向引張応力成分が最大となる方向に垂直に亀裂進展が開始するとする仮説であり，亀裂進展前の応力場の解析から直ちに亀裂進展方向が定まり，数値計算やシミュレーションには便利な規準である．一方，最大エネルギー解放率規準は，Griffith 理論の拡張として表面エネルギーを含めた全ポテンシャルエネルギーを最小化する方向に進展するという仮説である．エネルギー原理的には理解しやすいが，解析的な取り扱いが可能な場合を除き，これを数値計算で実行するにはかなり手間がかかる．局所対称性規準は，いったん屈折した後の亀裂進展は滑らかな曲線となるという観察結果に基づいている．任意の亀裂経路上でその微係数が連続となるためには，経路上で

$$K_{II} = 0 \tag{1}$$

が満たされるという，幾何学的考察に基づく規準である．この規準も，前述のエネルギー規準と同様，進展後の亀裂線上で満たされるべき条件なので，以下に述べる摂動法などの解析的取り扱いを導入しないと，計算が煩雑になる．

2. 非直線状亀裂の第1摂動解

図1に示すように，直線状の初期亀裂があり，亀裂線に関してわずかな非対称性を持つ外力が作用したとき，初期亀裂先端近傍の応力場は，

$$\left.\begin{aligned}\sigma_{11}(x_1,0) &= \frac{k_I}{\sqrt{2\pi x_1}} + T + b_I\sqrt{\frac{x_1}{2\pi}} + O(x_1) \\ \sigma_{22}(x_1,0) &= \frac{k_I}{\sqrt{2\pi x_1}} + b_I\sqrt{\frac{x_1}{2\pi}} + O(x_1) \\ \sigma_{12}(x_1,0) &= \frac{k_{II}}{\sqrt{2\pi x_1}} + b_{II}\sqrt{\frac{x_1}{2\pi}} + O(x_1)\end{aligned}\right\} \tag{2}$$

と表せる．一方，外力の非対称性により比例負荷のもとで負荷パラメータの増加に伴う脆性亀裂進展経路の直進経路からの外れを，亀裂進展長さのパラメータ h と亀裂形状パラメータ α, β, γ を用いて

$$\lambda = (x_1) = \alpha x_1 + \beta x_1^{3/2} + \gamma x_1^2 \tag{3}$$

と表すと，進展後の亀裂先端の応力拡大係数の第1摂動解は

$$\begin{aligned}K_I = &\left(k_I - \frac{3}{2}\alpha k_{II}\right) - \frac{9}{4}\beta k_{II} h^{1/2} + \Bigg\{\frac{b_I}{2} \\ &-\frac{5}{4}\alpha b_{II} - 3\gamma k_{II} + k_I \bar{k}_{11} - \alpha k_I \left(\bar{k}_{12} + \frac{3}{2}\bar{k}_{21}\right) \\ &+ k_{II} \bar{k}_{12} - \alpha k_{II}\left(\bar{k}_{11} + \frac{3}{2}\bar{k}_{22}\right)\Bigg\} h\end{aligned} \tag{4}$$

$$\begin{aligned}K_{II} = &\left(k_{II} + \frac{1}{2}\alpha k_I\right) + \left(\frac{3}{4}\beta k_I - 2\sqrt{\frac{2}{\pi}}\alpha T\right) h^{1/2} \\ &+ \Bigg\{\frac{b_{II}}{2} - \frac{\alpha}{4}b_I - \frac{3\sqrt{2\pi}}{4}\beta T + \gamma k_I + k_I \bar{k}_{21} \\ &+ \alpha k_I \left(\frac{1}{2}\bar{k}_{11} - \bar{k}_{22}\right) + k_{II}\bar{k}_{22} \\ &+ \alpha k_{II}\left(\frac{1}{2}\bar{k}_{12} - \bar{k}_{21}\right)\Bigg\} h\end{aligned} \tag{5}$$

と得られる．ここで，$\bar{k}_{ij}$ $(i, j = 1, 2)$ は，単位の第 j モード $(j = 1, 2)$ の応力拡大係数のもとで単位長さの亀裂進展が生じたときに誘起される第 i モード $(i = 1, 2)$ の応力拡大係数であり，物体の有限境界影響を表すパラメータである [1]．

滑らかな亀裂進展は式 (1) を満たすので，式 (5) より，亀裂経路のパラメータが

$$\alpha = -2k_{II}/k_I \tag{6}$$

$$\beta = \frac{8}{3}\sqrt{\frac{2}{\pi}}(T/k_I)\alpha \tag{7}$$

$$\begin{aligned}\gamma = &-\left(k_{II}\bar{k}_{22} + k_I \bar{k}_{21} + \frac{b_{II}}{2}\right)\frac{1}{k_I} \\ &+ \left[\left\{k_I(2\bar{k}_{22} - \bar{k}_{11}) + \frac{b_I}{2}\right\}\frac{1}{2k_I} + 4(T/k_I)^2\right]\alpha\end{aligned} \tag{8}$$

と定まる．

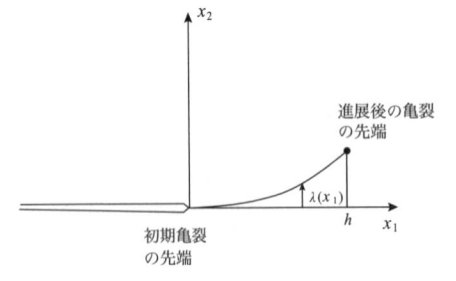

図1 非直線状の亀裂進展

3. 亀裂進展経路の安定性

局所対称性規準の条件を満たす滑らかな亀裂経路に微小攪乱が加わり，微小角 α で亀裂経路が屈折した場合のその後の経路安定性を式 (7) および式 (8) を用いて吟味できる．すなわち，亀裂経路の直進からの外れ（式 (3)）を物体の代表寸法 L で無次元化し，形状パラメータ β および γ の α に比例する項が，攪乱 α と同符号となり攪乱を助長するように作用する場合を不安定と定義し，逆符号で亀裂経路を復元させる場合を安定と定義すると，安定性判別のパラメータ D_S を用い

$$D_S \equiv (\beta^*/\alpha) + (\gamma^*/\alpha)\sqrt{h/L} \begin{cases} <0 : 安定 \\ >0 : 不安定 \end{cases} \quad (9)$$

と安定判別できる．ここで

$$\beta^*/\alpha = \beta L^{1/2} \quad (10)$$

$$\gamma^*/\alpha = \left[\left\{k_I\left(2\bar{k}_{22}-\bar{k}_{11}\right)+\frac{b_I}{2}\right\}\frac{1}{2k_I} \right.$$
$$\left. +4\left(T/k_I\right)^2\right]L \quad (11)$$

である．式 (9) の右辺第 1 項は，亀裂経路の初期安定性のパラメータであり，第 2 項は，境界影響や亀裂進展距離に依存する中距離レンジでの安定性を表すと考えられる．

4. 亀裂の蛇行—実験とシミュレーションの比較

最近では，有限要素法などを用いた亀裂伝播の数値シミュレーションが行われることも多いが，多くの場合亀裂伝播経路の判定には，簡便な最大周方向応力基準が用いられ，伝播経路はジグザグの折れ線パターンとなる．図 2 は，加熱したガラス板の下縁を徐々に没水させて冷却した場合に見られる，冷却熱応力による蛇行亀裂群である [2]．滑らかな亀裂経路の条件を満たす式 (6)〜(8) は，より高次の伝播経路予測式であり，このような経路不安定現象に支配されつつ蛇行を繰り返す亀裂を精度良く数値計算で

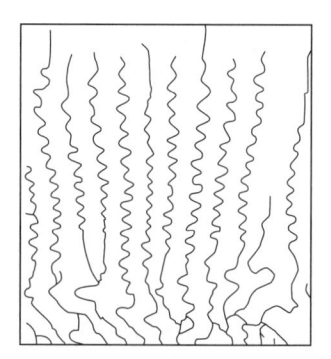

図 2 加熱されたガラス板の下部を下縁から徐々に没水冷却した場合に見られる蛇行亀裂群の進展実験．[2]

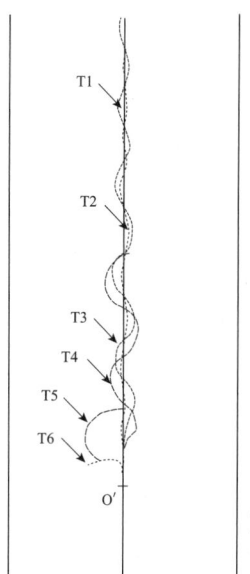

図 3 加熱されたガラス板の下部を下縁から徐々に没水冷却した場合に見られる蛇行亀裂群の進展シミュレーション（ΔT：初期加熱温度と冷却水温度との差）．[3]

再現する（図 3）ためには，このような経路予測式が有効である [3]．この図から，冷却温度差が大きいと亀裂は直ちに不安定に湾曲し停止する（T5, T6）のに対して，温度差が小さいと亀裂の直進性が増す（T1, T2）ことがわかる．図 2 で見られるような定常的な蛇行は，中間の温度差（T3, T4）で現れることも確認できる． ［角　洋一］

参 考 文 献

[1] Y, Sumi, S. Nemat–Nasser, L.M, Keer, *Engineering Fracture Mechanics*, **22** (1985), 759–771.

[2] M. Hirata, Scientific Paper, *Inst. Phys. Chem. Res.*, **16** (1931), 172–195.

[3] Y. Sumi, Y. Mu, *Mechanics of Materials*, **32** (2000), 531–542.

破壊現象の数理モデル
mathematical modelling of fracture

破壊現象は分子や粒子レベルのミクロから目で観察できるマクロにわたり，最近では，粒子法などによるミクロレベルでの数値計算法が盛んであり，ミクロレベルを反映した数理モデルを可能としている．本項目では連続体力学による数理モデルに限定して数理モデル化について述べ，[線形破壊力学] (p.88) で扱える線形弾性の状態で亀裂が進展する現象について考える．金属などの延性材料では破断する前に大きく変形するので，このような延性破壊は述べない．線形破壊は，ガラスのような脆性材料の分離断や結晶性材料のへき開，低温や高速歪み速度変形などの特定の条件下での破断に適用できる．また，破壊現象は次のように様々な様相を呈する．

弾性体の初期形状を $\Omega_\Sigma = \Omega \setminus \Sigma \subset \mathbb{R}^3$ と表し，Ω は亀裂のないときの初期形状，Σ は縁 $\partial\Sigma$ を持つ2次元曲面での亀裂の初期形状とする．時間 $t \in I_T$，$I_T = [0, T]$ において，境界 $\Gamma = \partial\Omega$ の一部 Γ_D では変位 $\boldsymbol{U}(t, x), x \in \Gamma$，残り $\Gamma_N = \Gamma \setminus \overline{\Gamma_D}$ では表面力 $\boldsymbol{g}(t, x), x \in \Gamma_N$ が与えられ，さらに内部力 $\boldsymbol{f}(t, x), x \in \Omega$ もあるとする．以下，関数 $\boldsymbol{v}(t)$ の時間に関する微分を $\boldsymbol{v}'(t)$ で表す．亀裂の進展を $\Sigma(t)$ で表すとき，通常の弾性体における境界値問題

$$\begin{aligned}
u_i''(t) - \partial_j \sigma_{ij}(\boldsymbol{u}(t)) &= f_i(t) & (\Omega_{\Sigma(t)} \text{内}) \\
\boldsymbol{u}(t) &= \boldsymbol{U}(t) & (\Gamma_D \text{上}) \\
\sigma_{ij}(\boldsymbol{u}(t)) n_j &= g_i(t) & (\Gamma_N \text{上}) \\
\boldsymbol{u}(0) &= \boldsymbol{u}_0, \quad \partial_t \boldsymbol{u}(0) = \boldsymbol{u}_1 & (\Omega_\Sigma \text{内})
\end{aligned}$$

が成り立つ．亀裂面 $\Sigma(t)$ に応力自由の境界条件

$$\sigma_{ij}(\boldsymbol{u}(t))^+ \nu_j = \sigma_{ij}(\boldsymbol{u}(t))^- \nu_j = 0 \quad (1)$$

だけでは，上下面が貫通する点 $x \in \Sigma(t)$

$$u_\nu^+(t, x) < u_\nu^-(t, x), \quad u_\nu^\pm = \boldsymbol{u}^\pm \cdot \nu$$

が生じるおそれがある．ただ，脆性材料で見られる破壊の多くは開口型

$$[\![u_\nu]\!](t, x) > 0, \quad x \in \Sigma(t), \quad [\![u_\nu]\!] = u_\nu^+ - u_\nu^-$$

なので，式 (1) で得られた結果でも役立つ．

1. 非貫通条件，摩擦

断層などせん断型では亀裂面 $\Sigma(t)$ における非貫通条件を付加した凸集合

$$K(\Omega_{\Sigma(t)}) = \\
\left\{ \boldsymbol{v} \in H^1_{U(t)}(\Omega_{\Sigma(t)}) : [\![\boldsymbol{v}_\nu]\!] \geq 0 \quad (\Sigma(t) \text{上}) \right\}$$

$$H^1_{U(t)}(\Omega_{\Sigma(t)}) = \\
\left\{ \boldsymbol{v} \in H^1(\Omega_{\Sigma(t)}; \mathbb{R}^3) : \boldsymbol{v} = \boldsymbol{U}(t) \quad (\Gamma_D \text{上}) \right\}$$

での変分不等式により解を求めることになるが，その解は次を満たす[2]．

$$\begin{aligned}
& [\![u_\nu(t)]\!] \geq 0, \quad \sigma_\nu^\pm(\boldsymbol{u}(t)) \leq 0, \\
& [\![\sigma_\nu(\boldsymbol{u}(t))]\!] = 0, \quad \sigma_\tau^\pm(\boldsymbol{u}(t)) = 0, \quad (2)\\
& \sigma_\nu^\pm(\boldsymbol{u}(t)) [\![u_\nu]\!] = 0
\end{aligned}$$

ここで

$$\begin{aligned}
\sigma_\nu(\boldsymbol{u}(t)) &= \nu_i \sigma_{ij}(\boldsymbol{u}(t)) \nu_j, \\
\sigma_\tau(\boldsymbol{u}(t)) &= (\sigma_{ij}(\boldsymbol{u}(t)) \nu_j - \sigma_\nu(\boldsymbol{u}(t)) \nu)
\end{aligned}$$

である．これは，上下面が接触する部分で作用反作用の垂直応力が生まれるために条件が付加される結果となっている．開口型 $[\![u_\nu]\!](t) > 0$ なら式 (2) は式 (1) となる．残念ながら，式 (2) では $\sigma_\tau^\pm(\boldsymbol{u}(t)) = 0$ となって摩擦は考慮していない．

亀裂面に摩擦を考える場合，$\Sigma(t)$ にクーロンの摩擦条件[1]

$$\begin{aligned}
& [\![\boldsymbol{u}]\!]'_\tau = 0 \Rightarrow |\sigma_\tau| \leq \mathcal{F} |\sigma_\nu|, \\
& [\![\boldsymbol{u}]\!]'_\tau \neq 0 \Rightarrow \sigma_\tau = -\mathcal{F} |\sigma_\nu| \frac{[\![\boldsymbol{u}]\!]'_\tau}{|[\![\boldsymbol{u}]\!]'_\tau|}
\end{aligned} \quad (3)$$

を与える．ここで，摩擦係数 $\mathcal{F}$ は亀裂面での滑り速度 $\boldsymbol{u}'_\tau$ のずれ

$$[\![\boldsymbol{u}]\!] = \boldsymbol{u}^+(t) - \boldsymbol{u}^-(t), \quad [\![\boldsymbol{u}]\!]_\tau = [\![\boldsymbol{u}]\!] - [\![u_\nu(t)]\!] \nu$$

に依存する．なお，摩擦係数は，静止している物体を動かそうとする際に働く摩擦力の係数（静摩擦係数）と，その物体が動いているときに進行方向逆向きに働く摩擦力の係数（動摩擦係数）が同じと仮定している[1]．式 (3) での $\mathcal{F} |\sigma_\nu|$ が非負線形作用素 $\mathcal{F}_G$ の場合，

$$\begin{aligned}
Q_T &= \sum_{0 < t < T} \{t\} \times \Omega_{\Sigma(t)}, \\
S_{CT} &= \sum_{0 < t < T} \{t\} \times \Sigma(t), \\
S_{NT} &= (0, T) \times \Gamma_N
\end{aligned}$$

として，任意の $\boldsymbol{v}(t) \in H^1(Q_T; \mathbb{R}^3)$, $\boldsymbol{v}(t) \in K(\Omega_{\Sigma(t)})$ に対して変位ベクトル $\boldsymbol{u} = \boldsymbol{u}(t)$ は次の変分不等式を満たすものとして求められるだろう（亀裂が進展しなければ，解の存在は証明できる[1]）．

$$\begin{aligned}
& \int_{Q_T} (\sigma(\boldsymbol{u}) : \epsilon(\boldsymbol{v} - \boldsymbol{u}) - \boldsymbol{u}' \cdot (\boldsymbol{v}' - \boldsymbol{u}')) dx dt \\
& + \int_{S_{CT}} \mathcal{F}_G(|[\![\boldsymbol{v}_\tau + \boldsymbol{u}'_\tau - \boldsymbol{u}_\tau]\!]| - |[\![\boldsymbol{u}]\!]'_\tau|) ds_x dt \\
& + \int_{\Omega_{\Sigma(T)}} \boldsymbol{u}'(T) \cdot (\boldsymbol{v}(T) - \boldsymbol{u}(T)) dx \\
& \geq \int_{Q_T} \boldsymbol{f} \cdot (\boldsymbol{v} - \boldsymbol{u}) dx dt + \int_{S_{NT}} \boldsymbol{g} \cdot (\boldsymbol{v} - \boldsymbol{u}) ds_x dt \\
& + \int_{\Omega_\Sigma} \boldsymbol{u}_1 \cdot (\boldsymbol{v}(0) - \boldsymbol{u}_0) dx
\end{aligned}$$

地震における断層の活動を考えるときは，破壊力学の多くの結果が開口型の破壊現象について研究しているので，非貫通条件や摩擦を考慮する必要がある．従来の破壊力学の結果がそのまま使えるとは言えない．

2. 亀裂進展

亀裂進展は2次元と3次元では大きく異なる．2次元では亀裂先端（点）と進展方向（ベクトル）について考えればよいが，3次元では亀裂面（曲面）における亀裂先端は曲線となって，亀裂進展方向は亀裂先端におけるベクトル場を考えることになる．2次元問題や滑らかな亀裂進展の集合 SCK($\Sigma|\Pi$)（[線形破壊力学] (p.88) の3節を参照）については，亀裂進展速度 $v_C(t,\lambda)$, $\lambda \in \partial\Sigma(t)$ を定義できる．3次元での屈折亀裂については，いろいろなケースが考えられるので難しい．まず，亀裂進展では $0 < t_0 < t_1 < T$ のとき

$$\Sigma(0) = \Sigma \subseteq \Sigma(t_0) \subseteq \Sigma(t_1)$$

が求められる．亀裂進展量

$$V_C(t) = \lim_{s \to 0} s^{-1}|\Sigma(t+s) \setminus \Sigma(t)|$$

は2次元の場合は亀裂進展速度に対応するが，3次元の $\Sigma(\cdot) \in \mathrm{SCK}(\Sigma|\Pi)$ では

$$V_C(t) = \int_{\partial\Sigma(t)} v_\Sigma(t,\lambda)\, d\lambda$$

となる．動的亀裂進展 $\boldsymbol{u}'(t) \neq 0$ の場合はレリー波に関連して

$$V_C(t,\lambda) < c_\Sigma(t,\lambda), \quad \lambda \in \partial\Sigma(t)$$

が求められる．

2.1 Griffith 理論の拡張

Griffith 理論ではエネルギーに亀裂進展の仕事を加えた保存則を仮定して亀裂進展過程を考える（摩擦などにより非保存の場合は，別の議論が必要となる）ため，次を仮定する．

$$E_P(\Omega_{\Sigma(t)}; \mathcal{L}_t) + E_K(\Omega_{\Sigma(t)}; \mathcal{L}_t) + E_R(\Sigma(t))$$
$$= E_P(\Omega_\Sigma; \mathcal{L}) + E_K(\Omega_\Sigma; \mathcal{L}) + E_R(\Sigma)$$

ここで，$\mathcal{L}_t = (\boldsymbol{f}(t), \boldsymbol{g}(t))$,

$$E_P(\Omega_{\Sigma(t)}; \mathcal{L}_t)$$
$$= \int_{\Omega_{\Sigma(t)}} \left\{\widehat{W}(x, \nabla \boldsymbol{u}(t)) - \boldsymbol{f}(t) \cdot \boldsymbol{u}(t)\right\} dx$$
$$\quad - \int_{\Gamma_N} \boldsymbol{g}(t) \cdot \boldsymbol{u}(t)\, ds$$

$$E_K(\Omega_{\Sigma(t)}; \mathcal{L}_t) = \int_{\Omega_{\Sigma(t)}} \frac{1}{2}|\boldsymbol{u}'(t)|^2\, dx$$

$$E_R(\Sigma(t)) = \int_{\Sigma(t)} \gamma_F\, ds \tag{4}$$

である．最後の式 (4) は亀裂面を生成するための仕事であり，γ_F は破壊靭性値と呼ばれ，定数と考えられることが多い．

a. エネルギー解放率

亀裂進展過程全般を表現するには，負荷は変化すると仮定する必要がある．例えば，材料に負荷を徐々に増やした結果，突然の破断が起きるといった現象では，一定負荷で意味を持つ Griffith 理論のままでは数理モデルを作れない．そこで，直接亀裂面に変化しない引張力 $\boldsymbol{g}(t)$，体積力 $\boldsymbol{f}(t)$ を亀裂面に圧縮として作用するものを与える．そして，$\boldsymbol{f}(t) = \psi(t)\boldsymbol{f}(0)$ として

$$\hat{\mathcal{G}}(\Sigma(t+\cdot); \mathcal{L}_t) =$$
$$\lim_{s \downarrow 0} \frac{E_P(\Omega_{\Sigma(t+s)}; \mathcal{L}_{t+s}) - E_P(\Omega_{\Sigma(t)}; \mathcal{L}_t)}{|\Sigma(t+s) - \Sigma(t)|} \tag{5}$$

でエネルギー解放率を定義するなら，$\psi(t)$ を適当な単調増加関数として，$t_1 < t_2$ に対して

$$\hat{\mathcal{G}}(\Sigma(t_1+\cdot); \mathcal{L}_{t_1}) < \hat{\mathcal{G}}(\Sigma(t_2+\cdot); \mathcal{L}_{t_2})$$

であっても亀裂先端の応力拡大係数が

$$K_1(t_1)^2 + K_1(t_1)^2 > K_1(t_2)^2 + K_1(t_2)^2$$

と減少する例が作れる．すなわち，負荷が変化する場合は「式 (5) でエネルギー解放率を定義してはいけない」ことがわかる．候補として次がある[3]．

（候補 1） 破壊力学では疲労破壊など負荷の変化を議論する場合，応力拡大係数を採用しているが，応力拡大係数の形が明確になっていない3次元問題などで使えないなど，数理モデルとしては採用が難しい．

（候補 2） 準静的問題におけるエネルギー差と同等な関係式[3]

$$\mathcal{G}_1(\Sigma(t+\cdot); \mathcal{L}_t)V_C(t) =$$
$$\lim_{s \to 0} \frac{1}{2s} \langle \sigma_{ij}(\boldsymbol{u}(t))\nu_j, [\![u_i(t+s) - u_i(t)]\!]\rangle_{\Sigma(t+s)}$$

を定義として採用する．ここで，$\langle \cdot, \cdot \rangle_{\Sigma(t+s)}$ は $(H_{00}^{1/2}(\Sigma(t+s); \mathbb{R}^3))'$ と $H_{00}^{1/2}(\Sigma(t+s); \mathbb{R}^3)$ との双対関係を表す．線形問題以外では採用できない．

（候補 3） 仮想的に $t+s$ $(s > 0)$ で一定負荷を $\mathcal{L}_t$ と考え，

$$\mathcal{G}_2(\Sigma(t+\cdot); \mathcal{L}_t) =$$
$$\lim_{s \to 0} \frac{E_P(\Omega_{\Sigma(t)}; \mathcal{L}_t) - E_P(\Omega_{\Sigma(t+s)}; \mathcal{L}_t)}{|\Sigma(t+s) \setminus \Sigma(t)|}.$$

準静的問題では $\mathcal{G}_1 = \mathcal{G}_2$ であって[3]

$$-\frac{d}{dt}E_P(\Omega_{\Sigma(t)}; \mathcal{L}_t)|_{t=t_0} = \mathcal{G}_2(\Sigma(t_0+\cdot); \mathcal{L}_{t_0})$$
$$+ \int_{\Omega_{\Sigma(t_0)}} \boldsymbol{f}'(t_0) \cdot \boldsymbol{u}(t_0) dx + \int_{\Omega_{\Sigma(t_0)}} \boldsymbol{g}'(t_0) \cdot \boldsymbol{u}(t_0) ds.$$

ここで，$\boldsymbol{f}'$，$\boldsymbol{g}'$ は t に関する微分である．

b. 準静的問題

準静的問題は $E_K(\Omega_{\Sigma(t)}; \mathcal{L}_t) = 0$ となる破壊進展過程を意味する．また，エネルギー解放率として $\mathcal{G}_2$ を採用し，単に $\mathcal{G}$ で表し，破壊靭性 γ_F が定数として話を進める．

$E_P(\Omega_{\Sigma(t+s)})$, $|\Sigma(t+s) \setminus \Sigma(t)|$

を s に関して 1 次のテイラー展開すると，次を得る．

$$E_P(\Omega_{\Sigma(t)}) - E_P(\Omega_{\Sigma(t+s)}) - \gamma_F|\Sigma(t+s) \setminus \Sigma(t)|$$
$$= \mathcal{H}_1(\Sigma(t+\cdot),s) + s\left(\int_{\Omega_{\Sigma(t)}} \boldsymbol{f}'(t) \cdot \boldsymbol{u}(t)dx \right.$$
$$\left. + \int_{\Gamma_N} \boldsymbol{g}'(t) \cdot \boldsymbol{u}(t)ds\right) + o(t)$$
$$\mathcal{H}_1(\Sigma(t+\cdot),s) = s(\mathcal{G}(\Sigma(t+\cdot);\mathcal{L}_t) - \gamma_F)V_C(t)$$

上の式から，準静的亀裂進展過程では $\mathcal{H}_1(\Sigma(t+\cdot)) = 0$ が本質的な関係式であると考えられる．さらに，亀裂が進展するとは $V_C(t) > 0$ を意味するので

$$\mathcal{G}(\Sigma(t+\cdot);\mathcal{L}_t) = \gamma_F$$

が亀裂進展の条件となる．また，

$$\mathcal{G}(\Sigma(t+\cdot);\mathcal{L}_t) < \gamma_F$$

とするとき，$V_C(t) \geqq 0$ なので $V_C(t) = 0$ となる．次に $d^2 E_P/ds^2$ の代わりに $\mathcal{G}(\Sigma(t+\cdot);\mathcal{L}_t)V_C(t)$ の微分

$$\mathcal{G}(\Sigma(t+\cdot);\mathcal{L}_t)V_C'(t) + \mathcal{G}'(\Sigma(t+\cdot);\mathcal{L}_t)V_C(t)$$

を使って 2 次のテイラー展開を考えると

$$E_P(\Omega_{\Sigma(t)}) - E_P(\Omega_{\Sigma(t+s)}) - \gamma_F|\Sigma(t+s) \setminus \Sigma(t)|$$
$$\simeq \mathcal{H}_2(\Sigma(t+\cdot),s)$$
$$\mathcal{H}_2(\Sigma(t+\cdot),s) = (\mathcal{G}(\Sigma(t+\cdot);\mathcal{L}_t) - \gamma_F)$$
$$\times \left(sV_C(t) + \frac{s^2}{2}V_C'(t)\right)$$
$$+ \frac{s^2}{2}\mathcal{G}'(\Sigma(t+\cdot);\mathcal{L}_t)V_C(t).$$

ここで，V_C', $\mathcal{G}'$ は t に関する微分である．準静的で安定な亀裂進展とは，

$$E_P(\Omega_{\Sigma(t)}) - E_P(\Omega_{\Sigma(t+s)}) \simeq \gamma_F|\Sigma(t+s) \setminus \Sigma(t)|$$

を満たすことなので，$\mathcal{G}(\Sigma(t+\cdot);\mathcal{L}_t) \neq \gamma_F$ であっても $\mathcal{H}_2(\Sigma(t+\cdot),s) \simeq 0$ とすることで，準静的安定亀裂進展過程を実現することは可能である．荒っぽいが，$\Sigma(t+\cdot)$ と $\mathcal{L}_t$ が互いに独立だと仮定すると

$$\mathcal{G}'(\Sigma(t+\cdot);\mathcal{L}_t) = \partial_\Sigma \mathcal{G}(\Sigma(t+\cdot);\mathcal{L}_t)V_C(t)$$
$$+ \partial_{\mathcal{L}_t}\mathcal{G}(\Sigma(t+\cdot);\mathcal{L}_t).$$

ここで，

$$\partial_\Sigma \mathcal{G}(\Sigma(t+\cdot);\mathcal{L}_t) =$$
$$\lim_{s \to 0} \frac{\mathcal{G}(\Sigma(t+s+\cdot);\mathcal{L}_t) - \mathcal{G}(\Sigma(t+\cdot);\mathcal{L}_t)}{|\Sigma(t+s) \setminus \Sigma(t)|}$$
$$\partial_{\mathcal{L}_t}\mathcal{G}(\Sigma(t+\cdot);\mathcal{L}_t) =$$
$$\lim_{s \downarrow 0} s^{-1}\{\mathcal{G}(\Sigma(t+\cdot);\mathcal{L}_{t+s}) - \mathcal{G}(\Sigma(t+\cdot);\mathcal{L}_t)\}$$

である．すなわち，$\partial_\Sigma \mathcal{G}$ は「負荷を変化させずに亀裂が進展したと仮定してエネルギー解放率を計算する」ことで，$\partial_{\mathcal{L}_t}\mathcal{G}$ は「亀裂形状を変えずに負荷が変化した計算する」ことに相当する．たとえ $\mathcal{G}(\Sigma(t+\cdot);\mathcal{L}_t) > \gamma_F$ となっても，次の場合は亀裂進展が安定または停止する可能性はある．

1) $\partial_\Sigma \mathcal{G} < 0$ となる条件，例えば，$\Sigma(t+s)$ での亀裂先端が穴などに近づくこと，あるいは固定した縁に亀裂先端が近づくなど境界条件との絡みで応力拡大係数が小さくなる現象が知られており，$\mathcal{G}' < 0$ が期待できる．

2) 例えば，同じ方向の負荷で強さが変化する $\psi(t)\mathcal{L}_0$ ($\psi(t)$ は正値スカラー関数) の場合は

$$\mathcal{G}(\Sigma(t+\cdot);\mathcal{L}_t) = \psi(t)^2\mathcal{G}(\Sigma(t+\cdot);\mathcal{L}_0)$$

となるので，負荷の強弱が $\mathcal{G}' < 0$ となる重要な要素である．

2.2 疲労破壊

疲労破壊とは，応力の繰り返しによって亀裂が徐々に進展し拡大して破断に至る現象である．それは，材料表面の結晶粒界において現れるせん断応力型の滑り変形となる第 1 段階，次に方向を引張応力に変えたモード 1 の亀裂進展へとしだいに変える第 2 段階，そして不安定亀裂成長となって破断に至る．第 1 段階はミクロレベルの現象なので数理モデル化が難しいが，第 2 段階は一種の安定亀裂成長と考えられる．疲労亀裂では，負荷が周期的である．例えば，$\mathcal{L}_t = \psi(t)\mathcal{L}_0$ の場合は $\psi(t)$ が周期関数であって，その周期 $N\delta < t < N(\delta+1)$ の最初 $N\delta < t < N\delta + t_0$ では $\psi(t)$ は増加関数で，終わり $N\delta + t_1 < t < N(\delta+1)$ では減少関数となる．なお，N は繰り返し回数，δ は周期である．第 2 段階初期では亀裂サイズ $|\Sigma(t)|$ が小さいので負荷の影響が高く，

$$\mathcal{G}(\Sigma(N\delta + t_0 + \cdot);\mathcal{L}_{N\delta+t_0}) > \gamma_F$$

であっても $N\delta + t_1 < t < N(\delta+1)$ における減少が $\partial_{\mathcal{L}_t}\mathcal{G} < 0$ として働き，亀裂は停止する．また，$\partial_\Sigma \mathcal{G}$ は小さい．ところが，第 2 段階の終わりでは亀裂サイズ $|\Sigma(t)|$ が大きくなり，$\partial_\Sigma \mathcal{G}$ が大きく影響するため，負荷が減少しても亀裂を停止できずに不安定破壊に突入すると考えられる．

疲労亀裂では，Paris 則 [4] と呼ばれる経験側がよく使われる．第 2 段階では主にモード 1 の亀裂進展が観察されている．そこで，繰り返し応力の 1 サイクル中の最大，最小値に対応する応力拡大係数の幅

$$\Delta K = K_1^{\max} - K_1^{\min}$$

を取り上げて，この値の瞬間値と 1 サイクル当たりの亀裂長さ ℓ との間に，次式が成り立つと提唱している．

$$\frac{d\ell}{dN} = c(\Delta K)^m$$

ここで，m は 2〜8 程度の定数，c は材料，応力比，環境などで定まる定数である．Paris 則は実験的に求められた関係式であるが，疲労破壊での数理モデルでは $d\ell/dN$ を計算することが重要と考えられる．

2.3 クラックアレスト

脆性破壊が発生しても亀裂の不安定成長を抑制する（クラックアレスト）ことにより安全性を確保する設計は，現実の構造物で重要となる．これは $\partial_\Sigma \mathcal{G}$ が急激に減少したり，破壊靭性値 γ_F が大きくなったりする部材を設けるなどの設計である．数理モデルとしては非常に興味あるテーマであるが，残念ながら系統立った数学的研究は極めて少ない．

2.4 亀裂進展の方向

2 次元問題については［亀裂進展経路］（p.94）において詳しく説明されているので，3 次元問題での亀裂進展について述べる．

滑らかな亀裂進展を，亀裂先端での滑らかな関数 $h(\lambda)$，$\lambda \in \Sigma(t)$ を使い，亀裂面が伸びると予想される曲面 Π に沿って $\partial\Sigma(t) \ni \lambda$ を出発点に大きさ $h(\lambda)$ で垂直な測地線に平行に伸ばしたベクトル場を μ_h とする．また，$\Sigma_h(t+s)$，$s > 0$ で h 方向の亀裂進展を表す．一般 J 積分を使うと

$$\mathcal{G}(\Sigma_h(t+\cdot);\mathcal{L}_t) = J_\omega(\boldsymbol{u}(t),\mu_h)V_h(t)^{-1}$$

と表現できる．ここで，ω は亀裂先端を含む管状近傍で，

$$V_h(t) = \int_{\partial\Sigma(t)} h(\lambda)d\lambda$$

である．$h \mapsto J_\omega(\boldsymbol{u}(t),\mu_h)$ は線形で，$h \in C^\infty(\partial\Sigma)$ において有界となっている．よって，$\partial\Sigma$ における測度 $\tilde{\mathcal{K}}(t)$ が存在して

$$J_\omega(\boldsymbol{u}(t),\mu_h) = \langle \tilde{\mathcal{K}}(t), h \rangle_{\partial\Sigma(t)}.$$

ここで，$\langle \cdot,\cdot \rangle_{\partial\Sigma(t)}$ は $C^\infty(\partial\Sigma(t))$ との双対性を表す．ここで，$\tilde{\mathcal{K}}(t)$ が連続関数を密度と持つと仮定し，

$$\tilde{\mathcal{K}}(t) = \mathcal{K}(t,\lambda)d\lambda$$

と表現するなら，h をラドン測度に拡張できる．すなわち

$$\mathcal{G}(\Sigma_h(t+\cdot);\mathcal{L}_t) = \langle \mathcal{K}(t),\tilde{h} \rangle_{\partial\Sigma(t)}, \ |\tilde{h}|_R = 1.$$

ここで，$\langle \cdot,\cdot \rangle_{\partial\Sigma(t)}$ は正値連続関数の集合とラドン測度との双対性を表し，$|\tilde{h}|_R$ はラドン測度の積分値である．関係式

$$\max_{\tilde{h}} \langle \mathcal{K}(t),\tilde{h} \rangle_{\partial\Sigma(t)} = \max_{\lambda \in \partial\Sigma} \mathcal{K}(t,\lambda)$$

を得る [3] ので，Irwin 破壊基準の 3 次元版

$$\max_{\lambda \in \partial\Sigma} \mathcal{K}(t,\lambda) \geqq \mathcal{K}_c$$

のとき亀裂は進展することが導ける．残念ながら，Griffith 理論における仮定だけでは，具体的な亀裂進展形状を求めることはできない．

3. そ の 他

破壊現象は温度と関連するクリープ変形による破壊の問題，延性破壊など材料の非線形性が大きく影響する延性破壊問題，亀裂先端に水素が入り込むことによる水素割れの問題，腐食破壊の問題，地震における断層の挙動など数理モデルが待たれる問題が多数ある．

破壊は有限要素解析において「亀裂上下面に別の節点をとり，亀裂先端でメッシュを細分化する」などの特別な考慮が必要である．そのため，extended finite element method (XFEM) の提案，「粒子法」を用いた計算などが行われている．

［大 塚 厚 二］

参 考 文 献

[1] C. Eck, J. Jarusek, M. Krbec, *Unilateral contact problems: variational methods and existence theorems*, Taylor & Francis, 2005.

[2] A.M. Khludnev, V.A. Kovtunenko, *Analysis of cracks in solids*, Wit Pr/Computational Mechanics, 1999.

[3] 大塚厚二, 拡張 Griffith エネルギー平衡理論による安定な準静的亀裂成長の数理モデル, 日本応用数理学会論文誌, **16** (2006), 607–630.

[4] 黒木剛司郎, 大森宮次郎, 友田 陽, 金属の強度と破壊, 第 2 版, 森北出版, 1986.

神経回路と数理脳科学

概論	103
神経細胞の数理モデル	104
神経回路の数理モデル	106
カオス神経回路	108
神経回路と連想記憶	110
神経回路と最適化	112
神経回路の学習理論	114
神経回路と強化学習	116
神経回路の揺らぎ	118
神経データの数理解析	120
脳データの数理解析	122
神経回路の電子回路実装	124
神経回路と情報幾何	126

概論
introduction

1. 脳や神経細胞の数理モデル研究

脳 (brain) やその構成要素である神経細胞 (ニューロン; neuron) は，複雑な構造と非線形動特性に支えられて，高度な機能を実現している．

このような脳や神経細胞の解析のためには，数理モデルが有効であり，100年以上前から研究が行われている．特に最近の神経科学や脳科学においては，実験研究と数理モデルに基づく理論研究の融合が大切になりつつある．後者の理論研究分野は，計算論的神経科学 (computational neuroscience) や数理脳科学 (mathematical brain science) と呼ばれる．

脳の数理モデル研究は，まず単一の神経細胞に着目して数理モデルを作り，次にそれらを結合して神経回路もしくは神経回路網 (neural network) を構築して解析するという形で進むことが多い．いわゆる「構成による解析」と呼ばれる解析手法である．したがって，その出発点は単一神経細胞の数理モデリングであり，ラピク (L. Lapicque) の1907年のモデルをはじめ，様々な数理モデルが提案されている．そのエポックは，1952年にホジキン (A.L. Hodgkin) とハクスレイ (A.F. Huxley) が定式化したホジキン–ハクスレイ方程式であり，彼らはこの研究で1963年のノーベル生理学医学賞を受賞している．図1は，ホジキン–ハクスレイ方程式の論文が出版されてから60周年を記念して，ケンブリッジ大学生理学・発生学・神経科学科に設置され2012年7月12日に除幕された記念額である．

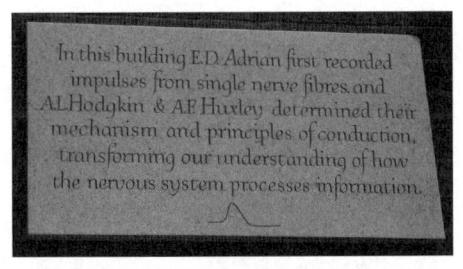

図1 ホジキン–ハクスレイ方程式出版60周年を記念してケンブリッジ大学に設置された記念額．

2. 本章の構成

本章では，神経回路と数理脳科学に関連した様々な項目を紹介する．

まず，単一神経細胞に関する［神経細胞の数理モデル］(p.104)，神経細胞間の結合部であるシナプスや多数の神経細胞が結合した神経回路に関する［神経回路の数理モデル］(p.106)，さらには，非線形科学の重要概念であり脳の機能とも深い関連があると予想されるカオスに関連した［カオス神経回路］(p.108) について解説する．

次に，脳の機能として重要でかつ工学応用に対する期待も大きい連想記憶，最適化および学習に関する［神経回路と連想記憶］(p.110)，［神経回路と最適化］(p.112)，［神経回路の学習理論］(p.114)，［神経回路と強化学習］(p.116) を取り上げる．特に脳の学習能力は極めて魅力に富み，機械学習理論を考える上でも大切な基盤となりうるものである．

また，最近の計測技術の進歩により，脳や神経細胞から大量のデータが得られるようになってきているが，これらのデータは揺らぎやノイズが大きく，その解析のためには数理的手法が不可欠となっている．そこで，これらの問題の基礎となる［神経回路の揺らぎ］(p.118)，［神経データの数理解析］(p.120)，［脳データの数理解析］(p.122) について解説する．

最後に，この分野の将来に向けて2つの話題を取り上げる．1つ目は，南雲仁一らの研究以来わが国が最先端の研究実績をあげてきている［神経回路の電子回路実装］(p.124) である．2つ目は，神経回路理論で世界を先導してきている甘利俊一による［神経回路と情報幾何］(p.126) である．

数理脳科学研究に関しては，わが国のレベルは大変高い．より詳しい内容に興味のある読者は，参考文献 [1],[2] などに進まれるとよいと思う．

［合原一幸］

参考文献

[1] 甘利俊一，神経回路網の数理，産業図書，1978.
[2] 合原一幸，神崎亮平 編，理工学系からの脳科学入門，東京大学出版会，2008.

神経細胞の数理モデル
mathematical models of neurons

1. 神経細胞の数理モデル化

生物の情報処理を担う脳・神経系は，神経細胞（ニューロン）を基本要素として構成されている．神経細胞は情報処理に特化した細胞であり，多数が互いに結合して神経回路網（ニューラルネットワーク）を構成し，脳・神経系の機能を実現している．

個々の神経細胞における情報処理は，その電気的特性によって実現されている．神経細胞は，膜電位（細胞外に対する細胞内の電位）がある閾値を超えると，活動電位と呼ばれる電気パルス（スパイク）を出力する．これを神経細胞の発火という．神経細胞が発火しているとき発火状態にあるといい，何も入力を受けず発火していないとき静止状態にあるという．

神経細胞は，他の神経細胞からの入力をシナプスと呼ばれる結合を介して受け取り，この入力が膜電位を変化させ，神経発火の活動に影響を与える．また，神経発火は軸索と呼ばれる伝送路を伝わり，シナプス結合を介して他の神経細胞への入力となる．

神経細胞の数理モデルとは，他の神経細胞からの入力を受けた神経細胞が，出力として神経発火を起こす（あるいは起こさない）過程をモデル化したものである．神経細胞モデルは，脳・神経系の数理的研究の基礎としても，人工ニューラルネットワークの構成要素としても重要である．現実の神経細胞のどのような側面に着目し，どのような粒度で記述するかの違いにより，様々なモデルが提案されている．本項目では代表的な数理モデルを取り扱う．

2. スパイキングニューロンモデル

以下に，神経細胞の膜電位の時間変化を常微分方程式で記述したモデルを挙げる．

なお，より詳細なモデルとして，空間変数を持った偏微分方程式によるモデルや，1つの神経細胞をいくつかの部分に分割して記述したモデル（コンパートメントモデル）なども用いられるが，いずれも以下のような常微分方程式のモデルを基礎としている．

2.1 ホジキン–ハクスレイ方程式

ホジキン–ハクスレイ方程式 [1] は以下の4変数の常微分方程式で表される神経細胞モデルである．

$$C\frac{\mathrm{d}V}{\mathrm{d}t} = I - \bar{g}_{\mathrm{Na}}m^3h(V - E_{\mathrm{Na}})$$
$$- \bar{g}_{\mathrm{K}}n^4(V - E_{\mathrm{K}}) - \bar{g}_{\mathrm{L}}(V - E_{\mathrm{L}})$$
$$\frac{\mathrm{d}m}{\mathrm{d}t} = \alpha_m(V)(1-m) - \beta_m(V)m$$
$$\frac{\mathrm{d}h}{\mathrm{d}t} = \alpha_h(V)(1-h) - \beta_h(V)h$$
$$\frac{\mathrm{d}n}{\mathrm{d}t} = \alpha_n(V)(1-n) - \beta_n(V)n$$

ここで V は膜電位を表し，m, h, n はナトリウム（Na）とカリウム（K）のイオンチャネルのコンダクタンス変化を記述する変数である．また，I は入力（膜電流）を表す．ホジキンとハクスレイはヤリイカの巨大軸索を用いた実験により，パラメータ値や $\alpha(V)$, $\beta(V)$ の関数形を定め，巨大軸索の動的挙動をほぼ定量的に再現するモデルを構築した．このように各イオンチャネルをモデル化した神経細胞モデルを一般にコンダクタンスベースモデルといい，対象とする神経細胞の特徴に応じて，さらにカルシウム（Ca）のイオンチャネルを考慮したモデルなども用いられている．

2.2 フィッツフュー–南雲方程式

フィッツフュー–南雲方程式はフィッツフュー [2] と南雲 [3] が同時期に提案した神経細胞モデルであり，BVP（Bonhöffer–van der Pol）方程式とも呼ばれる．以下の2変数の常微分方程式で表される．

$$\frac{\mathrm{d}x}{\mathrm{d}t} = c\left(x - \frac{x^3}{3} - y + I\right)$$
$$\frac{\mathrm{d}y}{\mathrm{d}t} = \frac{x + a - by}{c}$$

ここで x は膜電位に対応する変数である．y は回復変数と呼ばれ，イオンチャネルの状態を抽象的に表したものと考えることができる．また，I は入力電流を表す．このモデルは，ホジキン–ハクスレイ方程式の神経発火の性質を保ったまま2変数に単純化されており，解析および数値計算が容易になっている．

2.3 LIF モデル

LIF（leaky integrate-and-fire; リーキー積分発火）モデルは，以下のように1変数の常微分方程式で表される神経細胞モデルであり，古くから研究されている [4]．

$$C\frac{\mathrm{d}V}{\mathrm{d}t} = -g(V - V_{\mathrm{rest}}) + I$$
$$V \longleftarrow V_{\mathrm{reset}} \quad (V \geq V_{\mathrm{th}} \text{ のとき})$$

ここで V は膜電位を表し，V_{th} は閾値を表す．膜電位が閾値に達した瞬間に神経細胞が発火したと見なし，膜電位を V_{reset} にリセットする．パラメータ $V_{\mathrm{reset}}, V_{\mathrm{rest}}$ は同じ値としたり，いずれも0とおくことがよく行われる．LIF モデルは，神経細胞モデルとしては極めて単純化されているが，解析および数値計算が容易であることが特徴である．

3. 抽象的なニューロンモデル

次に，膜電位の時間変化によるスパイク生成のダイナミクスを持たない抽象的なモデルを挙げる．

3.1 2値モデル

マッカロック–ピッツ（McCulloch–Pitts）モデル [5] は，神経細胞を発火状態と静止状態の 2 値をとる素子としてモデル化した神経細胞モデルであり，人工ニューラルネットワークにおいて広く使われている．マッカロック–ピッツモデルは以下の式で表される．

$$y = H\left(\sum_i w_i x_i - \theta\right)$$

ここで y は神経細胞の出力を表し，1（発火状態）または 0（静止状態）の値をとる．x_i は i 番目の入力，w_i は i 番目の入力に対するシナプス結合荷重（シナプス結合重み），θ は閾値を表す．また，H はヘヴィサイド関数（$u \geqq 0$ のとき $H(u) = 1$，$u < 0$ のとき $H(u) = 0$）である．静止状態を -1 で表現することもあり，その場合は符号関数を用いる．

カイアニエロ [6] は，マッカロック–ピッツモデルを拡張して，過去の入力と発火の履歴の影響を考慮した神経細胞モデルである神経方程式（neuronic equations）を提案した．また，この神経方程式において，不応性の効果を具体的に記述し，一定入力を仮定したのが南雲–佐藤モデル [7] であり，現実の神経細胞の複雑な応答特性を定性的に再現する．

3.2 連続値モデル

マッカロック–ピッツモデルに用いられるヘヴィサイド関数 H は，内部状態 u から出力 y への変換を記述しており，このような関数を出力関数という．出力関数を以下のシグモイド関数 Φ で置き換えたモデルもよく用いられ，このとき出力は連続値をとる．

$$\Phi(u) = \frac{1}{1 + \exp(-u/\epsilon)}$$

ここで ϵ は増加特性の急峻さを表す正値のパラメータであり，$\epsilon \to 0$ の極限ではマッカロック–ピッツモデルと等価となる．

また，南雲–佐藤モデルの出力関数をシグモイド関数に置き換えたものが，合原らによるカオスニューロンモデル [8] であり，パラメータ値によってカオスなどの複雑な挙動を示す．

3.3 確率的モデル

入力の大きさが神経細胞の発火確率に影響を与える確率的モデルも考えられる．ボルツマンマシン [9] に用いられる神経細胞は静止と発火の 2 状態をとり，以下のシグモイド関数により定まる確率で発火する．

$$P[y = 1] = \frac{1}{1 + \exp(-u/T)}$$

ここで u は内部状態を表し，y は出力を表す．また，T は温度を表す正値のパラメータであり，$T \to 0$ の極限ではマッカロック–ピッツモデルと等価となる．

各モデルの詳細については文献 [10] などを参照していただきたい．なお，本項目で扱ったモデルは代表的なものだけであり，対象や目的に応じて数多くの神経細胞モデルが提案されている．また，位相振動子や点過程によるモデル化も行われる．

［鈴木秀幸］

参 考 文 献

[1] A.L. Hodgkin, A.F. Huxley, A quantitative description of membrane current and its application to conduction and excitation in nerve, *The Journal of Physiology*, **117** (1952), 500–544.

[2] R. FitzHugh, Impulses and physiological states in theoretical models of nerve membrane, *Biophysical Journal*, **1** (1961), 445–466.

[3] J. Nagumo, S. Arimoto, S. Yoshizawa, An active pulse transmission line simulating nerve axon, *Proceedings of the IRE*, **50** (1962), 2061–2070.

[4] L. Lapicque, Recherches quantitatives sur l'excitation électrique des nerfs traitée comme une polarisation, *Journal de Physiologie et de Pathologie Générale*, **9** (1907), 620–635. [英訳] N. Brunel, M.C.W. van Rossum, *Biological Cybernetics*, **97** (2007), 341–349.

[5] W.S. McCulloch, W. Pitts, A logical calculus of the ideas immanent in nervous activity, *Bulletin of Mathematical Biophysics*, **5** (1943), 115–133.

[6] E.R. Caianiello, Outline of a theory of thought-processes and thinking machines, *Journal of Theoretical Biology*, **1** (1961), 204–235.

[7] J. Nagumo, S. Sato, On a response characteristic of a mathematical neuron model, *Kybernetik*, **10** (1972), 155–164.

[8] K. Aihara, T. Takabe, M. Toyoda, Chaotic Neural Networks, *Physics Letters A*, **144** (1990), 333–340.

[9] D.H. Ackley, G.E. Hinton, T.J. Sejnowski, A learning algorithm for Boltzmann machines, *Cognitive Science*, **9** (1985), 147–169.

[10] 合原一幸, 神崎亮平 編, 理工学系からの脳科学入門, 東京大学出版会, 2008.

神経回路の数理モデル
mathematical models of neural network

脳は多数の神経細胞（ニューロン）から構成され，ニューロンが互いに結合し，電気信号をやり取りすることで，知覚，運動制御，思考など，高度で柔軟な機能を生み出している．ここでは，ニューロン同士の繋ぎ目に当たるシナプスの数理モデルと，神経回路網の中で生じる協同現象の数理モデルを扱う．

1. シナプスの数理モデル

シナプスには大きく分けると，化学物質を介して一方向的に信号が伝達される化学シナプスと，ギャップ結合を介して双方向的に信号が伝わる電気シナプスがある．いずれも神経膜上に電流を誘起する．

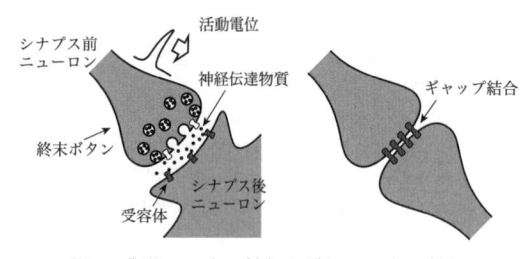

図1 化学シナプス（左）と電気シナプス（右）

化学シナプスは，結合元のニューロン（シナプス前ニューロン）が結合先のニューロン（シナプス後ニューロン）に向けて伸ばした軸索の先端に位置する（図1左）．シナプス前ニューロンが発火すると，活動電位と呼ばれるパルス状の信号が軸索上を伝搬し，化学シナプスに到達する．すると，軸索の先端にある終末ボタンの内側にカルシウムイオンが取り込まれ，神経伝達物質の膜外への放出と拡散が起こる．神経伝達物質がシナプス後ニューロンの膜上の受容体を活性化し，コンダクタンスが一過的に上昇し，シナプス後電流が生じる．コンダクタンスを $g(t)$ とすると，化学シナプスにより生じる電流は，以下のように表される．

$$I(t) = g(t)(E - V(t)) \quad (1)$$

ここで，$V(t)$ はシナプス後ニューロンの膜電位，E はシナプスの平衡電位を表す．

化学シナプスにより生じる電流の向きは E および V に依存し，興奮性シナプス（excitatory synapse）ならば $E > V$ で，V が大きくなる方向に電流が流れ，ニューロンの発火を促すように働く．抑制性シナプス（inhibitory synapse）の場合は $E < V$ で，V が小さくなる方向に電流が流れ，ニューロンの発火を抑える．

化学シナプスに生じる一過性のコンダクタンス上昇のモデルとして，下記のアルファ関数 $g_\alpha(t)$ や，2重指数関数 $g_{DE}(t)$ がよく用いられる．

$$g_\alpha(t) = g_0 t e^{-t/\tau_s} \quad (2)$$
$$g_{DE}(t) = g_0(e^{-t/\tau_{s1}} - e^{-t/\tau_{s2}}) \quad (3)$$

ここで，活動電位が化学シナプスに到達した時刻を $t = 0$ とする．また，g_0 はシナプスの伝達効率の大きさを表す定数，$\tau_s, \tau_{s1}, \tau_{s2}$ はシナプス活性の特性を決める時定数である．

活動電位が連続してシナプスに到達すると，終末ボタン内のカルシウムイオン濃度が上昇し，放出可能な神経伝達物質の量が減少する．結果として，シナプス伝達効率が一時的に増大あるいは減少する．このような性質を，短期可塑性（short-term plasticity）と呼び，長期的に伝達効率が変化するシナプス長期増強・抑圧とは区別される．放出可能な神経伝達物質の量に対応する変数 x と，カルシウムイオン濃度に対応する変数 u を用いて，短期可塑性による伝達効率の変化をモデル化することができる[1]．シナプスの活性化により，x は減少し，u は上昇する．その後，活動電位が発生しなければ，定常状態 $x = 1$, $u = U_s$ に，それぞれ時定数 τ_x, τ_u で回復する．このダイナミクスを以下のように表すことができる．

$$\frac{dx}{dt} = \frac{1-x}{\tau_x} - xu\sum_k \delta(t - t^{(k)}) \quad (4)$$
$$\frac{du}{dt} = \frac{U_s - u}{\tau_u} + U_s(1-u)\sum_k \delta(t - t^{(k)}) \quad (5)$$

ここで $t^{(k)}$ は，k 番目の活動電位の発生時刻を表す．シナプス伝達効率の変化は，これらの変数の積 xu で表され，膜上に生じるコンダクタンス，あるいは膜電位が xu に比例して変化する．

電気シナプスは，ニューロン間で双方向的な電気信号伝達が可能なギャップ結合を介した結合で（図1右），電気抵抗を介したニューロン間の直接的な結合としてモデル化される．電気シナプスで結合された2つのニューロンの膜電位を $V_1(t), V_2(t)$ とすると，電気シナプスにより各ニューロンに生じる電流 $I_1(t), I_2(t)$ は，

$$I_1(t) = g_{GJ}(V_2(t) - V_1(t)) \quad (6)$$
$$I_2(t) = g_{GJ}(V_1(t) - V_2(t)) \quad (7)$$

と表される．ここで，g_{GJ} は電気シナプスのコンダクタンスである．生じる電流は，結合されたニューロンの膜電位の差を解消する方向に発生する．また，電気的シナプスを介した信号伝達には，必ずしも活動電位の生成が必要なわけではなく，発火の閾値下でもニューロン間の信号伝達が行われる．

2. ニューロン集団の協同現象

シナプスを介したニューロン間の相互作用により，神経回路には多様な協同現象が生じる．神経回路は，複雑なダイナミクスを持つニューロンが多数結合して構成されるため，その特性の解析は難しくなりがちだが，調べたい現象に合わせ，モデルを適切に疎視化・簡略化すると，協同現象の機構を明確にすることができる．

脳内では，広く神経活動の同期現象が観測されるが，これはニューロン間の信号伝達の結果と考えられる．ニューロンの活動を，円周上の一定角速度の回転運動として扱う位相振動子モデルを用いると，ニューロン集団の相互作用の結果として生じる同期現象の機構を解析することができる[2]．N個のニューロンを，位相変数 $\phi_i \in [0, 2\pi)$ $(i = 1, \ldots, N)$ を持ち，様々な角周波数 ω_i で振動する位相振動子としてモデル化すると，神経回路網の振る舞いを，以下のような結合振動子系として表すことができる．

$$\frac{d\phi_i}{dt} = \omega_i + \frac{K}{N}\sum_j^N \sin(\phi_j - \phi_i) \quad (8)$$

ここで，$K > 0$ は結合強度である．円周上を角周波数 ω_0 で回転し秩序パラメータ R で特徴付けられる平均場を導入する．各振動子が，巨視的振動を表すこの平均場を介して相互作用すると仮定すると，その挙動は下記のように表される．

$$\frac{d\phi_i}{dt} = \omega_i + KR\sin(\omega_0 t - \phi_i) \quad (9)$$

さらに，各振動子と平均場の位相差を表す変数 $\psi_i \equiv \phi_i - \omega_0 t$ を導入すると，この式は以下のように書き換えられる．

$$\frac{d\psi_i}{dt} = \omega_i - \omega_0 - KR\sin(\psi_i) \quad (10)$$

式 (10) で，ψ_i の安定性を調べることで，平均場の巨視的な振動と個々の振動子が揃った振る舞いをするかどうかがわかる．$KR/|\omega_i - \omega_0| \geq 1$ ならば，安定平衡点が存在し，振動子は巨視的な振動と一定の位相差を安定に保持しながら振動する．このような状態を位相固定と呼ぶ．各振動子の発火タイミングは必ずしも巨視的な振動と同期するわけではなく，位相差 $\phi_i = \sin^{-1}[(\omega_i - \omega_0)/KR]$ をもって，等しい周波数で振動することになる．一方，$KR/|\omega_i - \omega_0| < 1$ ならば，その振動子は，巨視的な振動とは独立に振動する．以上の解析から，ニューロン間の結合強度が十分大きければ，位相固定の状態になるが，個々のニューロンの固有の振動数に大きな差があるときには，位相固定は起こりにくいことがわかる．

一方で，ニューロンの挙動は，与えられた入力刺激に対してある発火率で応答する素子としてモデル化することもできる．この発火率モデルを用いると，化学シナプスを介して相互に結合した N 個のニューロンから構成される神経回路網の振る舞いは，膜電位を u_i $(i = 1, \ldots, N)$ として，下記のように表すことができる[3]．

$$\tau \frac{du_i}{dt} = -u_i + \sum_j^N w_{ij} z_i + s \quad (11)$$

$$z_i = f(u_i) \quad (12)$$

ここで，τ は時定数，w_{ij} は j 番目のニューロンから i 番目のニューロンへのシナプス結合重み，s は外部入力を表す．また，f は，$0 \leq f(u) \leq 1$ を満たし単調増加する発火率応答を表す関数である．

さらに，この相互結合ネットワークの巨視的な振る舞いは，平均膜電位を U として，以下のように表現することができる．

$$\tau \frac{dU}{dt} = -U + wf(U) + s \quad (13)$$

ここで，w は相互結合の平均強度である．式 (13) で，U に関する安定性を解析すると，s と w が十分に大きいとき，ニューロンが興奮性の信号を送りながら高い発火率を保つ活動状態と，低い発火率の静止状態が，双安定的に存在する領域があることがわかる．このような双安定性を持つネットワークは，記憶素子として機能する．

脳内で短期的に記憶を保持・更新するワーキングメモリは，上記のような相互興奮の機構によっている可能性がある．さらに，短期可塑性によりシナプス伝達効率が変化すると，相互結合ネットワークの構造や安定性に影響を与える．その変化が，神経回路網の情報表現・処理における役割にも影響を与えることが示唆されている[4]． ［香取勇一］

参　考　文　献

[1] 三村晶泰ほか，現象数理学入門，東京大学出版会，2013年刊行予定．
[2] 蔵本由紀 編，リズム現象の世界，東京大学出版会，2005．
[3] 甘利俊一，神経回路網の数理，産業図書，1978．
[4] Y. Katori et al., Representational Switching by Dynamical Reorganization of Attractor Structure in a Network Model of the Prefrontal Cortex, *PLoS Computational Biology*, **7**(11) (2011), e1002266.

カオス神経回路
chaotic neural network

カオス神経回路は，主に下記の2種類に分類することができる．すなわち，(1) 神経回路を構成する神経細胞モデル（ニューロンモデル）が単体として決定論的カオス（以下単にカオスと略記）現象を呈する神経回路，(2) 神経細胞モデル単体ではカオス現象を呈さないがネットワーク全体としてカオス現象を呈する神経回路，の2種類である．ここでは，(1) のうち，連想記憶や組合せ最適化問題の解法など，幅広く応用されている合原によって提案されたカオスニューラルネットワーク (chaotic neural network) [1] について述べる．上記分類 (1),(2) や本項目で述べる以外の写像に基づくモデルについては，詳細なレビュー [2] などを参照されたい．

1. カオスニューロンモデル

最も単純なニューロンモデルは，離散時間，2値状態のマッカロック–ピッツモデルであり，次の式によって表すことができる．

$$x(t) = H(a(t) - \theta) \quad (1)$$

ここで，$H(\cdot)$ は，次のようなヘヴィサイドのステップ関数である．

$$H(u) = \begin{cases} 1, & \text{for } u \geq 0, \\ 0, & \text{otherwise.} \end{cases}$$

$x(t)$ は離散時刻 t におけるニューロンの出力値であり，非発火状態の場合 0，発火状態の場合 1 の値をとる．また，θ はこのニューロンの閾値である．さらに，$a(t)$ は時刻 t におけるこのニューロンへの入力信号（刺激）であり，他のニューロンとの結合がある場合，

$$a(t) = \sum_{i=1}^{N} w_i x_i(t)$$

で与えられ，このとき w_i は第 i 番目の入力信号に対するシナプス結合重み，N はこのニューロンへの入力信号数である．すなわち，$a(t)$ は入力信号の重み付き総和に対応する．このモデルは時刻 t の入力信号と閾値の大小関係のみによって次の時刻の発火・非発火が定まるモデルであるため，このニューロンのそれまでの発火履歴を反映することができない．

実際のニューロンでは，発火の直後は強い入力信号（刺激）が与えられても，発火することができない期間（不応期）が存在することが知られている．この不応期を持つ性質（不応性; refractoriness）をニューロンモデルに与えるために考案されたモデルが南雲–佐藤モデルであり，このモデルは次の式によって表すことができる．

$$y(t+1) = ky(t) - \alpha x(t) + a(t) - \theta \quad (2)$$
$$x(t+1) = H(y(t+1)) \quad (3)$$

ここで，$y(t)$ は内部状態変数であり，α および k は不応性のスケーリングパラメータとその減衰定数である．このモデルでは，式 (2) の $-\alpha x(t)$ の項によって，時刻 t で発火した際に次の時刻での発火を抑制する作用を生じさせて不応性を実現しており，$ky(t)$ の項が発火履歴を保持している．また，$H(\cdot)$ は出力関数であり，式 (1) と同様にステップ関数を用いる．

上記の2つのニューロンモデルは，いずれもニューロンの状態として発火・非発火の2状態のみをとっている．しかし，神経回路網においてニューロンが担っている情報は2値で表すだけでは不十分であり，発火頻度に代表されるアナログ値をニューロンの状態として取り扱うことが必要となる．そこで，合原は，上記の南雲–佐藤モデルをもとに出力関数をアナログ値を表すことが可能なシグモイド関数としたモデルを提案した[1]．このモデルは，式 (3) の代わりに次の式 (4) を用い，内部状態変数変数の更新には式 (2) をそのまま利用する．

$$x(t+1) = f(y(t+1)) \quad (4)$$

ここで，$f(\cdot)$ は次のようなシグモイド関数である．

$$f(y) = \frac{1}{1+\exp(-y/\epsilon)}$$

このモデルは，あるパラメータ値の範囲において，カオス的な挙動を示すため，カオスニューロンモデルと呼ばれている．また，このモデルにおいて，$y(t)$ と $y(t+1)$ を軸にとることによって得られるリターンプロットは，ヤリイカの神経軸索膜に対する周期的電流パルス刺激実験で得られたカオス現象と定性的に一致することも示されている．

2. カオスニューラルネットワーク

前節で述べたカオスニューロンモデルを神経回路網モデルの構成要素としたものを，カオスニューラルネットワークと呼ぶ．このネットワークモデルにおける i 番目ニューロンの状態更新は，次の4つの式によって表すことができる．

$$\eta_i(t+1) = k_f \eta_i(t) + \sum_{j=1}^{N} w_{ij} x_j(t) \quad (5)$$
$$\zeta_i(t+1) = k_r \zeta_i(t) - \alpha x_i(t) - \theta_i \quad (6)$$
$$\xi_i(t+1) = k_e \xi_i(t) + \sum_{j=1}^{M} v_{ij} a_j(t) \quad (7)$$
$$x_i(t+1) = f(\eta_i(t+1) + \zeta_i(t+1) + \xi_i(t+1)) \quad (8)$$

ここで，$\eta_i(t), \zeta_i(t), \xi_i(t)$ は，ネットワーク内の他のニューロンからのフィードバック入力，不応性，ネットワークの外部入力を表す内部状態変数をそれぞれ表す．また，k_f, k_r, k_e は上記の内部状態変数それぞれに対する減衰定数を表す．さらに，w_{ij}, v_{ij} はフィードバック入力と外部入力に対する結合重みをそれぞれ表す．N, M はネットワーク内のニューロン数と外部入力信号数をそれぞれ表す．

このカオスニューラルネットワークは，連想記憶[4]（[神経回路と連想記憶]（p.110）を参照）などモデル化の対象や組合せ最適化問題の解法[5]などの応用に対応させて w_{ij}, v_{ij} などを設定することにより，他の神経回路網モデルで確立された手法を容易に取り込むことができるという特徴を持っている．特に，文献[5]に示されている応用例は，前節で述べたカオスニューロンが有する不応性を指数関数的な減衰を伴う一種のタブー効果として準最適解の探索に利用しており，不応性という神経細胞の特性を工学的な応用に有効に利用した例の1つと言える．

3. カオス性の評価法

上で述べてきたカオスニューロンモデルおよびカオスニューラルネットワークがカオス現象を呈しているか否かを判定する方法の1つに，その振る舞いが軌道不安定性（orbital instability）を有しているかを評価するものがある．この軌道不安定性の代表的な指標は，リアプノフ指数（Lyapunov exponent）であり，これは，解析対象のシステムにおいて，状態変数の微小な変位の時間発展に伴う拡大・縮小率を表す．

ここではまず，カオスニューロンモデル単体におけるリアプノフ指数の算出方法を述べる．式(2),(4)は，内部状態変数 $y(t)$ に関する1次元写像 $g(\cdot)$ として，次のように書き換えることができる．

$$y(t+1) = g(y(t)) = ky(t) - \alpha f(y(t)) + a - \theta$$

ここで，a は式(2)における $a(t)$ を時間変化はないものとした定数である．このシステムにおいて，時刻 t における状態変数 $y(t)$ の微小な変位の時間発展に伴う拡大率 λ は，$y(t)$ 近傍の局所線形近似として，長時間の平均値により次のように評価することができる．

$$\lambda = \frac{1}{T} \lim_{T \to \infty} \sum_{t=0}^{T-1} \log \left| \frac{dg(y(t))}{dy(t)} \right|$$

この拡大率 λ がリアプノフ指数であり，$\lambda > 0$ であれば，微小変位の影響が時間発展に伴って拡大することを示すため，軌道不安定性の指標となる．

カオスニューラルネットワークの軌道不安定性を評価する場合には，上で述べたリアプノフ指数を多次元の状態変数について評価したものにあたるリアプノフスペクトラムを用いる．そのために，式(5)～(7)の3つの内部状態変数の更新を多次元非線形写像 $\vec{G}(\cdot)$ で次のように表す．

$$\vec{y}(t+1) = \vec{G}(\vec{y}(t)) \qquad (9)$$

ここで，式(9)の右辺の列ベクトルを $\vec{y}(t) = [\eta_1(t) \cdots \eta_N(t) \zeta_1(t) \cdots \zeta_N(t) \xi_1(t) \cdots \xi_N(t)]^T$ とおく．そして，この非線形写像 $\vec{G}(\cdot)$ を用い，時刻 t における内部状態ベクトル $\vec{y}(t)$ の近傍での微小変位ベクトル $\delta \vec{y}(t)$ が1回の状態更新でどのように変化するかを局所線形近似で表すと，次のようになる．

$$\delta \vec{y}(t+1) \approx \vec{J}_G(t) \delta \vec{y}(t) \qquad (10)$$

ここで，$\vec{J}_G$ は，次式で与えられる $\vec{G}(\cdot)$ のヤコビアン行列である．

$$\vec{J}_G(\vec{y}(t)) = \left(\left[\frac{\partial y_i(t+1)}{\partial y_j(t)} \right] \right)$$

ここで，$\left[\frac{\partial y_i(t+1)}{\partial y_j(t)} \right]$ はこの行列の i 行 j 列要素を表し，$i, j = 1, \ldots, 3N$ となるため，$\vec{J}_G$ は $3N \times 3N$ 行列となる．式(10)で得られた $\delta \vec{y}(t+1)$ が，$\|\delta \vec{y}(t+1)\| > \|\delta \vec{y}(t)\|$ となるとき，この内部状態近傍では軌道が不安定性を有することになる．このヤコビアン行列をもとにリアプノフスペクトラムを計算することによって長期にわたる軌道の不安定性を評価することができる[6]．

［安達雅春］

参 考 文 献

[1] K. Aihara, T. Takabe, M. Toyoda, Chaotic neural networks, *Physics Letters A*, **144** (1990), 333–340.

[2] B. Ibarz, J.M. Casado, M.A.F. Sanjuan, Map-based models in neuronal dynamics, *Physics Reports*, **501** (2011), 1–74.

[3] J. Nagumo, S. Sato, On a response characteristic of a mathematical neuron model, *Kybernetik*, **10** (1972), 155–164.

[4] M. Adachi, K. Aihara, Associative dynamics in a chaotic neural network, *Neural Networks*, 10:1 (1997), 83–98.

[5] M. Hasegawa, T. Ikeguchi, K. Aihara, Combination of chaotic neurodynamics with the 2-opt algorithm to solve traveling salesman problems, *Physical Review Letters*, **79**(12) (1997), 2344–2347.

[6] I. Shimada, T. Nagashima, A numerical approach to ergodic problem of dissipative dynamical systems, *Progress of Theoretical Physics*, **61** (1979), 1605–1616.

神経回路と連想記憶
neural network and associative memory

神経回路の数理モデルの1つに，連想記憶モデルがある．連想記憶モデルは，神経回路における並列分散的な情報の書き込み（記銘）と読み出し（想起）の仕組みを記述する基礎モデルである．1970年代に理論神経科学の分野で研究が始まったが，1982年のホップフィールド (Hopfield) による論文がきっかけになり，物理学など幅広い分野の研究者に知られることとなった．また，その後に続いたニューロブームでは，誤差逆伝播法を用いたフィードフォワード型ニューラルネットワークと並び，連想記憶モデルはリカレント型（相互結合）ニューラルネットワークの代表的モデルとして盛んに研究がなされた[*1]．

本項目では，連想記憶モデルの基礎的な部分を中心に解説し，いくつかの発展的内容もあわせて紹介する．ホップフィールド以前の研究は，書籍 [1] にまとめられている．この本は理論神経科学者にとってバイブルとも呼ばれる．ブームとなって以降の学術的成果は，総説 [2] にまとめられている．興味を持たれた読者には是非参考にしていただきたい．また，本項目における記法は [2] に従った．

1. 連想記憶モデルとは

1.1 パターンによる記憶表現
連想記憶モデルでは，情報が神経細胞の空間的活動パターンによって表現されていると仮定する．これをパターン表現仮説と呼ぶ．例えば，個々の神経細胞の活動を，発火状態なら1，休止（静止）状態なら-1で表すとしよう[*2]．このとき，N 個の神経細胞の空間的活動パターンは $\{1,-1,1,1,-1,\ldots\}$ のような1と-1の羅列で表される．この特定の並び方に情報が符号化されている，という考え方がパターン表現仮説である[*3]．

連想記憶モデルに覚えさせるパターン（記憶パターン）の数を P とする．記憶パターンは $\{\xi_1^\mu,\ldots,\xi_N^\mu\}$ と表される．ここで $\xi_i^\mu \in \{-1,1\}$ は i 番目の神経細胞の活動，$\mu \in \{1,\ldots,P\}$ はパターン番号である．

1.2 記憶の記銘過程
パターンによって表現された記憶は，ヘブ則というルールに従って神経回路に記銘される．ヘブ則とは，同時に発火した神経細胞間の結合を強化する，という学習則である．これを一般化し，2つの神経細胞の活動が正の相関を持つ場合はその間の結合を強化し，負の相関の場合は弱めるとしたものも一般にヘブ則と呼ぶ．

神経回路は全結合とする．学習により，神経回路のシナプス結合重みは以下のように定められる[*4]．

$$J_{ij} = \frac{1}{N} \sum_{\mu=1, i\neq j}^{P} \xi_i^\mu \xi_j^\mu. \tag{1}$$

ここで J_{ij} は神経細胞 j から神経細胞 i へのシナプス結合重みを表す．また，自己結合はない ($J_{ii}=0$) ものとする．結合行列 $J=\{J_{ij}\}$ は対称となり，全ての記憶パターンの情報が重ね合わさった状態で埋め込まれている．

1.3 記憶の想起過程
このようにして埋め込まれた記憶は，神経回路のダイナミクスによって復元される．ある時刻における神経細胞 i の活動/出力を $x_i \in \{-1,1\}$ で表す．このとき，神経細胞の活性 h_i[*5] は

$$h_i = \sum_{j=1}^{N} J_{ij} x_j + \theta_i, \tag{2}$$

と表される．θ_i は閾値と外部入力を合わせたバイアスである．活性 h_i に基づいて，神経細胞 i の次の時刻における出力 x_i' が決まる：

$$x_i' = F(h_i). \tag{3}$$

F は活性化関数と呼ばれる．本項目では $h_i \geqq 0$ のときに1を返し，$h_i < 0$ のときに-1を返すものとする[*6]．全ての神経細胞を同時に更新する同期更新法と，1度に1つずつ更新する非同期更新法の2種類がある．また，ボルツマンマシンでは，x_i' は活性 h_i の値に応じて確率的に決定される．

神経回路に適当な初期状態を与え，時間発展を計算すると，うまくいけば初期状態に最も近い記憶パターンが得られる．この現象をパターン完成と呼ぶ．逆に，記憶パターンでない状態 (spurious memory; 偽記憶) に収束したり，収束せず振動したりするよ

[*1] フィードフォワード型とは，神経回路が有向閉路を持たず，情報が入力層から出力層へ一方向に流れるタイプである．一方，リカレント型は有向閉路を含み，ある時刻の系の状態が未来の状態に影響を及ぼす．

[*2] 発火状態と休止状態にそれぞれ1と0を割り当ててもよい．本項目における議論の多くはどちらの場合にも当てはまる．

[*3] パターン表現仮説の対立仮説は，おばあさん細胞仮説と呼ばれる．これは，個々の神経細胞がそれぞれ異なる情報に対応する，という考え方である．

[*4] この部分は解釈に戸惑う人が多いため，筆者の見解を述べておく．学習中は，神経回路の外部から強い入力があり，強制的に記憶パターン通りの活動が維持される．その際，神経回路内部の結合がヘブ則により変更される．これを全パターンに対して順に行った結果が，式 (1) である．

[*5] 内部ポテンシャル，局所場とも呼ばれる．

[*6] 連続値モデルの場合は，F はシグモイド関数 (tanh やロジスティック関数など) になる．

うな場合[*7)]には，想起失敗となる．

1.4 エネルギー関数

記憶の想起過程は，以下で定義されるエネルギー関数の最小化に対応することが知られている：

$$E = -\frac{1}{2}\sum_{i=1}^{N}\sum_{j=1}^{N} J_{ij}x_i x_j - \sum_{i=1}^{N}\theta_i x_i. \quad (4)$$

このエネルギーを x_i で偏微分し符号を反転させたものは，活性 h_i に一致する：

$$-\frac{\partial E}{\partial x_i} = \sum_{j=1}^{N} J_{ij}x_j + \theta_i = h_i. \quad (5)$$

したがって，式 (3) に従って非同期更新を行うと，エネルギーが単調減少して局所解に陥ることがわかる．連想記憶モデルでは，一般に記憶パターンがエネルギーの極小値（固定点アトラクタ）になっているため，初期状態に近い記憶パターンが想起されるのである（図 1 参照）．

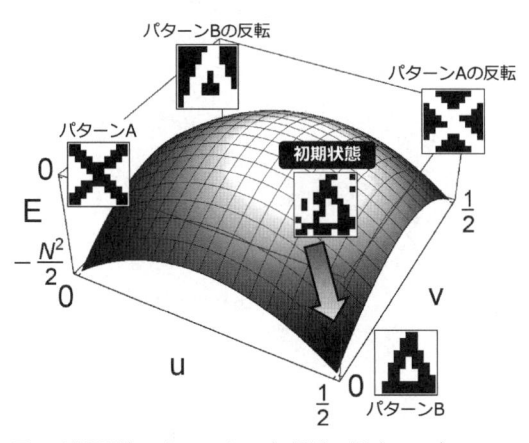

図 1　連想記憶モデルのエネルギー関数の例 ($P = 2$)．(u, v) は縮約次元における座標を表す[3]．

1.5 記憶容量

連想記憶モデルには，覚えることのできるパターン数 P に上限がある．これを記憶容量と呼ぶ．記憶容量を超えると各記憶パターンが不安定化し，想起できなくなる．記憶容量には様々な定義があるが，オーバーラップ m^μ を用いたものが有名である[*8)]．オーバーラップは以下で定義される：

$$m^\mu = \frac{1}{N}\sum_{i=1}^{N}\xi_i^\mu x_i. \quad (6)$$

記憶パターンと，そこからスタートして収束した先の局所解とのオーバーラップは，負荷率 $\alpha = P/N$ がある値を超えると急激に低下することが知られている．転移点における負荷率 α_C を臨界負荷率と呼ぶ．記憶パターンがランダムである場合，記憶容量は $\alpha_C N \simeq 0.14N$ であることが知られている．

2. 連想記憶モデルの発展

ここまで説明してきたモデルは，記憶パターンの自己相関に基づいて結合強度を決めていたので，自己連想記憶モデルと呼ばれる．これに対し，式 (1) のパターン番号を 1 つずつずらした系列連想記憶モデルや，複数の神経回路集団が非対称結合により繋がった双方向/多方向連想記憶モデルなど，異なる記憶パターン間の相関を用いたモデルもある．

記憶容量を増やす方法も数多く提案されている．直交学習法は，ヘブ則の代わりに擬似逆行列を用いて結合行列を定める．これにより，最大 $P = N$ の記憶パターンを埋め込むことができる．また，全ての記憶パターンが安定化するまでシナプス重みを逐次修正する方法も提案されている．さらに，スパースな記憶パターン[*9)]を用いたり，活性化関数として非単調な連続値関数を用いたりした場合も，記憶容量や想起性能が大幅に改善されることが知られている．

連想記憶モデルの重要な応用の 1 つとして，組合せ最適化問題への適用がある（[神経回路と最適化] (p.112) を参照）．例として，巡回セールスマン問題や 2 次割当問題などが挙げられる．望ましい解がエネルギー関数の極小値となるよう，うまくシナプス結合重みを定めることで，これらの問題を連想記憶モデルの想起ダイナミクスを用いて効率的に解くことができるのである．　　　　　　［奥　牧人］

参 考 文 献

[1] 甘利俊一, 神経回路網の数理—脳の情報処理様式, 産業図書, 1978.
[2] M. Okada, *Neural Networks*, Vol.9, No.8 (1996), 1429–1458.
[3] M. Oku, K. Aihara, *Physics Letters A*, Vol.374, No.48 (2010), 4859–4863.

[*7)] 振動解は，同期更新の場合に見られる．
[*8)] 別の定義として，記憶パターンが 1 ビットの誤りもなく自己安定でいられる限界値，というものがある．この場合，記憶容量は N に対して $O(N/\log N)$ で増える．

[*9)] ほとんどの要素が -1 で，1 の割合が非常に少ない記憶パターンのこと．

神経回路と最適化

neural networks and optimization

相互結合ニューラルネットワークを用いて，組合せ最適化問題の解の探索を行うことができる[1]．この探索は，ニューラルネットワークのエネルギー関数が自律的に減少することを利用して実現する．以下では，エネルギー関数の自律的減少を説明し，巡回セールスマン問題への適用例を紹介する．

1. 相互結合ニューラルネットワークとエネルギー関数の自律的減少

N 個のニューロンを相互結合したニューラルネットワークの状態 x_i の更新を，以下のように定義する．

$$x_i(t+1) = \begin{cases} 1 & \text{when } \sum_{i=0}^{N-1} w_{ij}x_j(t) > \theta_i \\ 0 & \text{otherwise} \end{cases} \quad (1)$$

ただし，w_{ij} はニューロン j から i への結合重みであり，θ_i はニューロン i の発火の閾値である．

このようなニューラルネットワークにおいて，(A) 相互結合を双方向に等しくし ($w_{ij} = w_{ji}$)，(B) 自己結合をゼロ ($w_{ii} = 0$) に設定して，(C) ニューロンの状態を1つずつ非同期に更新していくと，最終的にニューロン状態の変化が起こらなくなる．このニューラルネットワークは，各ニューロンを式 (1) で非同期に更新するたびに，エネルギー関数

$$E(\mathbf{x}) = -\frac{1}{2}\sum_{i=0}^{N-1}\sum_{j=0}^{N-1} w_{ij}x_ix_j + \sum_{i=0}^{N-1} \theta_i x_i \quad (2)$$

を必ず減少させる．すなわち，ニューロンの状態更新のみで，自律的に $E(\mathbf{x})$ の極小値を探索する．このエネルギー関数の自律的な最小化を利用して，組合せ最適化問題におけるエネルギー関数の最小値の探索を行うことができる．

式 (1) で更新するたびに，エネルギー関数 $E(\mathbf{x})$ が必ず減少することを説明する．まず，任意のニューロン k の状態 x_k が0から1に変化するときの，$E(\mathbf{x})$ の変化 $\Delta E_{x_k:1} = E(x_k = 1) - E(x_k = 0)$ を計算する．上述の条件 (C) より，更新するニューロン k 以外の状態は変化しないので，x_k の変化のみを考えればよい．また，条件 (A) と (B) も用いると，$\Delta E_{x_k:1}$ は以下のように計算できる．

$$\Delta E_{x_k:1} = -\sum_{j=0}^{N-1} w_{kj}x_j + \theta_k \quad (3)$$

式 (1) より，x_k が0から1に変化するときは，$\sum_{k=0}^{N-1} w_{kj}x_j(t) > \theta_k$ でなければならない．したがって，式 (3) の $\Delta E_{x_k:1}$ は負であり，すなわち，$E(\mathbf{x})$ は必ず減少することが示される．次に，任意のニューロン k の状態 x_k が1から0に変化する場合についても同様に計算すると，このときのエネルギー関数の変化 $\Delta E_{x_k:0}$ も必ず負になることが示せる．以上より，ニューロンの状態変化が起こる場合は，必ずエネルギー関数 $E(\mathbf{x})$ が減少することがわかる．

このエネルギー関数の減少を組合せ最適化問題の解探索に応用するためには，まず，探索する解の状態を1または0の変数で表現し，最小化する目的関数をニューロンの状態 x_i の関数として定式化する．次に，それを式 (2) のエネルギー関数 $E(\mathbf{x})$ の形に変形し，係数比較により結合重み w_{ij} と閾値 θ_i を得る．得られた w_{ij} と θ_i を用い，式 (1) でニューラルネットワークの状態を更新していくことで目的関数を減少させることが可能となり，ニューラルネットワークの状態が探索した解を表現する．

目的関数が高次で，式 (2) の形式に変形できない組合せ最適化問題に対しては，高次なニューラルネットワーク [2] が適用できる．D 次のニューラルネットワークの状態更新式を

$$x_i(t+1) = \begin{cases} 1 & \text{when } y_i(t) > \theta_i \\ 0 & \text{otherwise} \end{cases} \quad (4)$$

$$\begin{aligned}
y_i(t) &= \sum_{j_1=0}^{N-1}\sum_{j_2=0}^{N-1}\cdots\sum_{j_D=0}^{N-1} w_{i,j_1,j_2,\ldots,j_D}^D \\
&\quad \cdot x_{j_1}(t)x_{j_2}(t)\cdots x_{j_D}(t) \\
&+ \sum_{j_1=0}^{N-1}\cdots\sum_{j_{D-1}=0}^{N-1} w_{i,j_1,j_2,\ldots,j_{D-1}}^{D-1} \\
&\quad \cdot x_{j_1}(t)x_{j_2}(t)\cdots x_{j_{D-1}}(t) \\
&\vdots \\
&+ \sum_{j_1=0}^{N-1} w_{i,j_1}^1 x_{j_1}(t)
\end{aligned} \quad (5)$$

としたとき，以下のエネルギー関数が自律的に減少する．

$$\begin{aligned}
E^{\mathrm{H}}(\mathbf{x}) &= -\frac{1}{D+1}\sum_{i=0}^{N-1}\sum_{j_1=0}^{N-1}\cdots\sum_{j_D=0}^{N-1} w_{i,j_1,\ldots,j_D}^D \\
&\quad \cdot x_i x_{j_1} x_{j_2}\cdots x_{j_D} \\
&- \frac{1}{D}\sum_{i=0}^{N-1}\cdots\sum_{j_{D-1}=0}^{N-1} w_{i,j_1,j_2,\ldots,j_{D-1}}^{D-1} \\
&\quad \cdot x_i x_{j_1} x_{j_2}\cdots x_{j_{D-1}} \\
&\vdots \\
&- \frac{1}{2}\sum_{i=0}^{N-1}\sum_{j_1=0}^{N-1} w_{i,j_1}^1 x_i x_{j_1} + \sum_{i=0}^{N-1}\theta_i x_i
\end{aligned} \quad (6)$$

ただし，$w_{i,j_1,j_2,\ldots,j_D}^D$ は，$D+1$ 個のニューロン，$i, j_1, j_2, \ldots, j_D$ の間の $D+1$ 次の結合重みである．

$E^{\mathrm{H}}(\mathbf{x})$ が減少するには，(A) $w^D_{i,j_1,j_2,\ldots,j_D}$ を全方向に対称化し，(B) 自己結合 $w^D_{i,i,\ldots,i}$ を全ての次元で 0 として，(C) 非同期に状態更新すればよい．このようなニューラルネットワークを用いることで，高次な目的関数の最小値探索を行うことも可能となる．

2. 巡回セールスマン問題への適用例

巡回セールスマン問題は，n 個の都市の座標が与えられたときに，1 つの都市をスタートし，全都市を一度ずつ訪問して，最後にスタートした都市に戻ってくる巡回路の中で，最短のものを求める組合せ最適化問題である．この解を相互結合ニューラルネットワークを用いて探索するために，まず，探索する巡回路を，ニューロンの状態で表現する．Hopfield と Tank の手法 [1] では，n 都市の問題に対して $n \times n$ 個のニューロン $x_{i,j}$ を用い，i を都市の ID，j を訪問順の番号と定義する．すなわち，$x_{i,j}=1$ となったとき，都市 i を j 番目に訪問することを意味する．

この表現を用いると，巡回路の長さに対応する目的関数として，以下のような式を用いることができる．

$$E_1 = \sum_{i=0}^{n-1}\sum_{j=0}^{n-1}\sum_{k=0}^{n-1} d_{i,k} x_{i,j}(x_{k,j+1 \bmod n} + x_{k,j-1 \bmod n}) \quad (7)$$

ただし，$d_{i,k}$ は都市 i と k の間の距離である．E_1 を減少させると，全体の経路長は短くなる．しかし，これだけではニューラルネットの状態は巡回路を形成しない．そこで，各都市を一度ずつ訪問させるため，

$$E_2 = \sum_{i=0}^{n-1}\left(\sum_{j=0}^{n-1} x_{i,j} - 1\right)^2 \quad (8)$$

を 0 に最小化する必要がある．また，各訪問順には 1 つの都市しか訪問できないので，

$$E_3 = \sum_{j=0}^{n-1}\left(\sum_{i=0}^{n-1} x_{i,j} - 1\right)^2 \quad (9)$$

も 0 に最小化する必要がある．

式 (7)〜(9) の E_1, E_2, E_3 をニューラルネットワークによって最小化するための，結合重みおよび閾値を求める．ニューロン状態を $x_{i,j}$ としているので，状態更新式とエネルギー関数は，2 次のインデックスを持つ形式にする．まず，式 (7) は以下のように変形できる．

$$E_1 = \sum_{i=0}^{n-1}\sum_{j=0}^{n-1}\sum_{k=0}^{n-1}\sum_{l=0}^{n-1} d_{i,k}(\delta_{j,l+1 \bmod n} + \delta_{j,l-1 \bmod n}) x_{i,j} x_{k,l} \quad (10)$$

ただし，$\delta_{i,k}$ はクロネッカーデルタであり，$i=k$ のときは $\delta_{i,k}=1$，$i \neq k$ のときは $\delta_{i,k}=0$ である．式 (10) をエネルギー関数と比較することで，E_1 を減少させる結合重みは，${}_1 w_{i,j,k,l} = -2d_{i,k}(\delta_{j,l+1 \bmod n} + \delta_{j,l-1 \bmod n})$ のように得られる．式 (8) の E_2 は，以下のように変形できる．

$$E_2 = \sum_{i=0}^{n-1}\sum_{j=0}^{n-1}\sum_{k=0}^{n-1}\sum_{l=0}^{n-1} \delta_{i,k}(1-\delta_{j,l}) x_{i,j} x_{k,l} - \sum_{i=0}^{n-1}\sum_{j=0}^{n-1} x_{i,j} + n \quad (11)$$

この変形では，$x_{i,j} \cdot x_{i,j} = x_{i,j}$ を用い，自己結合を 0 にすることに注意する．式 (11) をエネルギー関数と比較すると，E_2 を減少させる結合重み ${}_2 w_{i,j,k,l} = -2\delta_{i,k}(1-\delta_{j,l})$，および閾値 ${}_2 \theta_{i,j} = -1$ が得られる．E_3 を減少させる結合重みおよび閾値も，式 (9) より同様に計算すると，${}_3 w_{i,j,k,l} = -2\delta_{j,l}(1-\delta_{i,k})$，${}_3 \theta_{i,j} = -1$ がそれぞれ得られる．

巡回セールスマン問題の解探索を行うためには，E_1, E_2, E_3 をいずれも最小化する必要があるので，パラメータ A, B, C を用いて，全体の目的関数を $E_{\mathrm{TSP}} = AE_1 + BE_2 + CE_3$ とおく．これを減少させる結合重み，および，閾値は，${}_1 w_{i,j,k,l}$, ${}_2 w_{i,j,k,l}$, ${}_3 w_{i,j,k,l}$, ${}_2 \theta_{i,j}$, および ${}_3 \theta_{i,j}$ より，

$$w^{\mathrm{TSP}}_{i,j,k,l} = -Ad_{i,k}(\delta_{j,l+1} + \delta_{j,l-1}) - B\delta_{i,k}(1-\delta_{j,l}) - C\delta_{j,l}(1-\delta_{i,k}) \quad (12)$$

$$\theta^{\mathrm{TSP}}_{i,j} = -\frac{B+C}{2} \quad (13)$$

と得られる．$w^{\mathrm{TSP}}_{i,j,k,l}$ および $\theta^{\mathrm{TSP}}_{i,j}$ を使ってニューロンの状態更新をすることで，E_1, E_2, E_3 を減少させることができ，探索された巡回路はニューラルネットワークの状態で表現される．

しかし，この手法は目的関数を減少させるのみであり，局所的最適解（ローカルミニマム）で探索が止まってしまう．そこで，性能を改善するために，確率的な揺らぎやカオスを用いてニューラルネットワークの状態に揺らぎを与え，より良い解を探索させる手法が用いられる[3],[4]．特に，カオスを用いると，ランダムな揺らぎよりも，性能を大きく改善できることが示されている[5]．

［長谷川幹雄］

参 考 文 献

[1] J.J. Hopfield, D.W. Tank, *Biological Cybernetics*, **52** (1985), 141–152.
[2] B.S. Cooper, *Proc. ICNN* (1995), 1855–1860.
[3] E.H.L. Aarts, J.H.M. Korst, *European J. Operational Research*, **39** (1989), 79–95.
[4] H. Nozawa, *Physica D*, **75** (1994), 179–189.
[5] M. Hasegawa, T. Ikeguchi, K. Aihara, *Neural Networks*, **15** (2002), 111–123.

神経回路の学習理論
learning theory of neural network

神経細胞を数理的にモデル化した神経素子を組み合わせて構成される人工的な神経回路の学習方法および学習能力や汎化能力の評価についてまとめる．

1. 神経回路の構造

神経回路は複数の神経素子をネットワーク状に組み合わせて構成したものである．神経素子の数理モデルは，マッカロック–ピッツの形式ニューロン（閾素子）を一般化し，入力 $\boldsymbol{x} = (x_1, \ldots, x_m)$ に対して，結合荷重 $\boldsymbol{w} = (w_1, \ldots, w_m)$ による線形結合と閾値 θ を用いて計算される状態量を非線形変換したもの

$$f_{\boldsymbol{w}, h}(\boldsymbol{x}) = \phi(\boldsymbol{w} \cdot \boldsymbol{x} - \theta)$$

として定義されることが多い．また，スケールパラメータを β として入力中心 $\boldsymbol{c} = (c_1, \ldots, c_m)$ からの距離に応じて出力が変化する動径基底関数（RBF：radial basis function）

$$f_{\boldsymbol{c}, \beta}(\boldsymbol{x}) = \phi(\beta \|\boldsymbol{x} - \boldsymbol{c}\|)$$

が用いられる場合もある．

神経回路の構成は，入力から出力に向けて情報が一方向に流れる階層的なものと，途中の素子の出力が入力側に戻されループを形成する反回性のものに大きく分けられ，前者をフィードフォワード（feed-forward）型，後者をフィードバック（feedback）型あるいはリカレント（recurrent）型と呼ぶ．フィードフォワード型は入力を静的に変換する多入力多出力の非線形関数，フィードバック型は入力パターンが動的に遷移していく時系列パターンの生成機構として連想記憶などのモデルとして使われる．

一般化したマッカロック–ピッツ型の神経素子を組み合わせたフィードフォワード型の神経回路は多層パーセプトロン（MLP：multi-layer perceptron）と呼ばれ，古くから研究の対象とされてきた．以下では多層パーセプトロンの基本的な学習方法や性能について説明するが，他のタイプの神経回路についても同様な議論が行われている[1],[4]．

2. 基本的な学習法

神経回路の入出力が望ましい関係を実現するように，その結合荷重を変化させる過程を学習と呼ぶ．通常はいくつかの望ましい入出力の組を例題として与え，これを用いて結合荷重の更新を行う．神経回路の中の1つの神経素子の入出力関係

$$z = f_{\boldsymbol{w}, h}(\boldsymbol{x}) = \phi(\boldsymbol{w} \cdot \boldsymbol{x} - \theta)$$

に着目したとき，結合荷重 $\boldsymbol{w}$ の多くの更新則は

$$\boldsymbol{w} \leftarrow \boldsymbol{w} + r\boldsymbol{x}$$

の形をとる．閾値 θ についても同様である．学習方法を決める r としては多種多様なものが提案されているが，以下では基本的なものをまとめる[1]〜[3]．

2.1 ヘブ則

カナダの心理学者ヘブ（Hebb）は，1949年に実験的知見に基づき「あるニューロンの発火により別のニューロンが発火すると，2つのニューロン間のシナプス結合が強まる」とするシナプス可塑性に関する仮説を唱えた．シナプスの可塑性はこれまでに脳の様々な箇所で見つかり，また可塑性を実現する様々な機序も知られてきており，ヘブの提唱したこの学説は脳における学習機構の1つとして現在認知されている．

ヘブ則に基づく学習は r が出力 z のみに比例する，すなわち $r = \varepsilon z$（ε は適当な定数）としたもので，

$$\boldsymbol{w} \leftarrow \boldsymbol{w} + \varepsilon z \boldsymbol{x}$$

と表される．この更新則は望ましい出力の情報を用いていないが，入力に含まれる重要な情報を抽出するための教師なし学習や自己組織化において重要な役割を果たしている．

2.2 Widrow–Hoff則

神経素子の望ましい出力を y とし，実際の出力 z と y の差の2乗和をとり，これを最小化することを考える．勾配法によりこの最小化を実現する更新則は，$\Delta = (y - z)f'_{\boldsymbol{w}, h}(x)$ として

$$\boldsymbol{w} \leftarrow \boldsymbol{w} + \varepsilon \Delta \boldsymbol{x}$$

となり，出力誤りに比例して結合荷重を変化させる規則となる．ε を十分小さくとり，様々な入出力の組に対してこの更新を繰り返すことにより，最適な結合荷重の周辺に確率的な揺らぎをもって収束する（確率降下法）ことが示される．特に ϕ が恒等関数のとき，一般には Widrow–Hoff 則という．また，誤差の記号 Δ を用いることからデルタ則とも呼ばれる．

通常望ましい出力は神経回路の出力のみに与えられるため，基本的には出力層にある神経素子の学習に用いられる．また，特殊な場合として出力値が2値（$\{0, 1\}$ または $\{-1, 1\}$）に限られたパーセプトロンの2分割学習がある．パーセプトロンでは，学習対象が線形分離可能な場合には，高々有限回の更新で最適な結合荷重を獲得できることが示される．

2.3 誤差逆伝播法

神経回路の中間にある素子の出力誤差は，合成関

数の微分の連鎖律（chain rule）を用いると，素子の入出力を逆向きに辿り結合荷重の大きさに応じて出力誤差 Δ を配分することによって計算できる．まず，ある素子の出力誤差を Δ^{out} とすると，第 k 入力が寄与する誤差は $\Delta_k^{\text{in}} = w_k \Delta^{\text{out}}$ となる．したがって，中間にある素子の誤差は，この素子が出力を送る素子の入力側での誤差を全て考え，

$$\Delta = \sum_{\text{出力が接続する素子}} \Delta^{\text{in}} f'_{\boldsymbol{w},h}(x)$$

となる．この性質を用いて Widrow–Hoff 則を神経回路全体に一般化したものが，誤差逆伝播学習（error back-propagation learning）法である．学習則の基本概念は 1960 年代に Tsypkin や Amari らにより確立されていたが，1980 年代に Rumelhart, Hinton, Williams らにより，更新則が見通し良くまとめられ，その規則を体現した名称が付けられたことから一般に広く用いられるようになった．

3. 神経回路の学習能力

神経回路がどのような入出力関係を学習することができるのかについては，様々な観点から研究されてきた．マッカロックとピッツにより提案された初期の数理モデルでは，出力が 0 または 1 しかとらない形式ニューロンを用いているが，この単純な素子の組合せにおいても任意の論理回路が設計できることが示されている．1980 年代後半には Irie and Miyake, Funahashi, Cybenko, Hornik などにより，3 層の神経回路において中間層の素子数を十分多くとれば有界閉集合上の連続関数を任意の精度で近似できることが示されている．構造的には入力，中間，出力の 3 層があれば関数近似の能力としては十分であるが，多層の中間層を含むより複雑な構造の神経回路でも，当然のことながら同様の近似能力がある．

また，神経回路を用いた関数近似においては，次元の呪い（curse of dimensionality）と呼ばれる現象を回避できることが知られている．多項式展開やフーリエ級数展開などの古典的な関数近似では固定した基底関数を用いるが，近似誤差は入力次元に依存し，近似精度を保証するためには入力次元のべき乗で基底関数の数を増やす必要がある．一方，基底関数そのものが可変な神経回路では，近似誤差は関数の次元によらず中間素子の個数に反比例することが示されており，高次元に対しても効率的な関数近似法となっている．

4. 汎化能力とその評価

学習に用いたデータに対する当てはまりの悪さを学習誤差 (training error)，未学習のデータに対する当てはまりの悪さを汎化誤差 (generalization error) という．学習は学習誤差の最小化を目指すので，必ずしも汎化誤差が小さくなるとは限らない．学習誤差を小さくするためにはより複雑な神経回路モデルを用いればよいが，未学習データに対しては出力が大きくばらつき，逆に簡単なモデルのほうが未学習のデータに対して良い当てはまりを示すこともある．複雑なモデルが学習データに過剰に適応し汎化性を失う現象を，過学習（over-training）と呼ぶ．過学習を避ける方法としては，過剰に学習データに適応してしまう前に学習を終了する早期停止（early stopping）法がある．また，過学習が一般に結合荷重の過度な増大によって起きることから，学習誤差に結合荷重の大きさを制限するペナルティを加えて更新則を変更する正則化（regularization）法も広く用いられている．

一方，単一のモデルを用いるのではなく，複数のモデル候補の中から何らかの指標に基づいて適切なモデルを選択するという考え方もある．評価指標としては AIC (Akaike information criterion), BIC (Bayesian information criterion), MDL (minimum description length)，および，これらを拡張して提案された種々の情報量基準が一般に用いられる．これらは何らかの意味で汎化誤差の推定量を与えるものとして導かれている．また，交差検証（cross-validation）法やブートストラップ（bootstrap）法といった，学習データのリサンプリングに基づく評価方法も用いられる[2],[3]．

なお，神経回路は統計的には特異モデルと呼ばれる特殊な構造を持つことが知られている．例えば 2 つの神経素子がまったく同じ結合荷重を持っていたとすると，どちらか一方の素子だけを用いてもよいし，両者を適当に配分して用いてもよいため，結合が一意に決められないという問題が生じ，モデルは識別可能でなくなる．こうした特異モデルにおいては AIC や MDL のような情報量基準は通常のモデルと異なる挙動をするため，注意が必要である．特異モデルに関しては，文献 [4] が詳しい． ［村田 昇］

参 考 文 献

[1] 甘利俊一, 神経回路網の数理, 産業図書, 1978.
[2] B.D. Ripley, *Pattern Recognition and Neural Networks*, Cambridge University Press, 1996.
[3] T. Hastie, R. Tibshirani, J. Friedman, *The Elements of Statistical learning*, Springer, 2001.
[4] 渡辺澄夫, 萩原克幸, 赤穂昭太郎, 本村陽一, 福水健次, 岡田真人, 青柳美輝, 学習システムの理論と実現, 森北出版, 2005.

神経回路と強化学習

neural network and reinforcement learning

強化学習は，刻々と与えられる入力（感覚入力）に応じて出力（行動）し，一連の出力の結果，得られる成果（報酬の獲得や罰の回避）を最大にするような入出力関係を学習する枠組みである．動物に餌を与えて特定の行動を誘発することを意味する「強化」（reinforcement）に由来する．動物が普段から行っている行動学習の機能であり，脳の神経回路によって実現されていると考えられる．ここでは，強化学習の枠組みとそれを実現する神経回路の数理を取り扱う．

1. 強化学習問題

時刻 t に与えられる入力を $\mathbf{x}(t)$，出力を $\mathbf{y}(t)$，得られる報酬を $r(t)$ とする．入力 $\mathbf{x}$ と出力 $\mathbf{y}$ は一般に多次元ベクトルであり，報酬 r はスカラーとする．報酬 $r(t)$ の期待値は，時刻 t 以前の時間パターン $\mathcal{H}(t) \equiv \{\mathbf{x}(t-\tau), \mathbf{y}(t-\tau), r(t-\tau) | \tau > 0\}$ によって決まり，時刻 t に陽には依存しないものとする．このとき，期待される報酬 $E[r]$ を最大にするような出力の仕方は，過去のパターンから出力への写像 $\Pi: \mathcal{H} \mapsto \mathbf{y}$ で表され，時刻 t に陽には依存しない．強化学習問題は，このような環境で試行錯誤し，得られる一連の結果から，報酬期待値 $E[r]$ を最大にする写像 Π を求める問題である．

履歴 $\mathcal{H}$ は無限次元であり，有限時間の経験で強化学習を可能にするためには，少なくとも，有限次元の状態変数 $\mathbf{s}$ への写像 $\mathcal{H} \mapsto \mathbf{s}$ が存在して，状態変数 $\mathbf{s}$ が将来の報酬期待値と状態分布に対する十分な情報を持つ，すなわち，

$$E[r(t')|\mathcal{H}(t)] = E[r(t')|\mathbf{s}(t)]$$
$$P(\mathbf{s}(t')|\mathcal{H}(t)) = P(\mathbf{s}(t')|\mathbf{s}(t)), \quad \forall t' > t \quad (1)$$

となる必要がある．さらに，入出力関係の距離空間が既知で関数近似が可能であるか，入出力関係が有限個の場合に限られる．実際，このような性質を満たすかどうかは，写像 $\mathcal{H} \mapsto \mathbf{s}$ に依存する．通常の強化学習理論では，このような性質を満たす状態変数 $\mathbf{s}$ が与えられた場合に，報酬期待値 $E[r]$ を最大にする問題に限定している[1],[2]．

2. 神経回路による実現

ここでは記述の単純化のため，離散的な時刻を採用し，時刻 t での変数の値を $\mathbf{s}_t, r_t$ のように下添字で表記する．以下，用いる変数に同時刻での因果関係はないものとする．なお，連続極限をとれば，容易に連続時間系での枠組みを得ることができる．

動物において，行動の発現は脳内の神経回路に発生する活動の結果である．神経細胞同士はスパイクと呼ばれるパルス信号を，結合部位であるシナプスを通じて伝達し合っている．このシナプス結合重みの変化によって，学習が実現されていると考えられている．行動の発現に関わる神経細胞 k が時刻 t においてスパイクを発生したとき $z_t^k = 1$，そうでないときに $z_t^k = 0$ と表記する．神経細胞集団のスパイクパターン $\mathbf{z}_t$ で，現在の状態 $\mathbf{s}_t$ も，これから出力する $\mathbf{y}_{t+1}$ も表現されているものとする．k から j へのシナプス結合重みを w^{jk} とする．各シナプスにおいて，

$$E[\Delta w^{jk}] \propto \frac{\partial E[r_t]}{\partial w^{jk}} \quad (2)$$

を満たすような Δw^{jk} を用いて，更新式 $w_{t+1}^{jk} = w_t^{jk} + \Delta w^{jk}$ に従ってシナプス結合重みを更新すれば，得られる報酬を平均的により大きくしていくことができる．ただし，式 (2) 右辺の勾配は一定の w^{jk} で得られる報酬期待値 $E[r_t]$ に関する偏微分を意味する．ある時刻の報酬期待値 $E[r_t]$ は過去の w^{jk} にも依存するため，シナプス結合重みを更新しながら勾配を推定するためには，十分緩やかに更新をしなければならない．

式 (2) 右辺の勾配を計算し，具体的な Δw^{jk} を導出しよう．時刻 t' から最初に $z^j = 1$ となるまでの時間を $\tau_{t'}^j$ と表記すると ($\tau_{t'}^j \geq 1$)，報酬期待値 $E[r_t]$ は，過去の任意の時点 t' において，

$$E[r_t] = \sum_{z_{t'}^k=0}^{1} \sum_{\tau_{t'}^j=1}^{\infty} E[r_t|\tau_{t'}^j, z_{t'}^k] P(\tau_{t'}^j|z_{t'}^k) P(z_{t'}^k)$$

と展開できる．時刻 t' における $w_{t'}^{jk}$ と依存関係にあるのは $P(\tau_{t'}^j|z_{t'}^k = 1)$ だけである．$p_\tau^{jk} \equiv P(\tau_t^j = \tau | z_t^k = 1)$ とおき，各時刻 t' の $w_{t'}^{jk}$ を形式的に独立変数と見なして偏微分すると，

$$\frac{\partial E[r_t]}{\partial w_{t'}^{jk}} = \sum_{\tau'=1}^{\infty} \frac{\partial p_{\tau'}^{jk}}{\partial w_{t'}^{jk}} E[r_t|\tau_{t'}^j = \tau', z_{t'}^k = 1] E[z^k]$$

と展開できる．ここで，w^{jk} が一定とし，時間シフトに対する不変性を用いれば，

$$\frac{\partial E[r_t]}{\partial w^{jk}} = \sum_{\tau=1}^{\infty} \frac{\partial E[r_t]}{\partial w_{t-\tau}^{jk}} \frac{\partial w_{t-\tau}^{jk}}{\partial w^{jk}} = \sum_{\tau=1}^{\infty} \frac{\partial E[r_{t+\tau}]}{\partial w_t^{jk}}$$
$$= \sum_{\tau,\tau'} \frac{\partial p_{\tau'}^{jk}}{\partial w^{jk}} E[r_{t+\tau}|\tau_t^j = \tau', z_t^k = 1] E[z^k]$$

と変形できる．確率の保存 $\sum_{\tau'=1}^{\infty} p_{\tau'}^{jk} = 1$ より，$\sum_{\tau'=1}^{\infty} \partial p_{\tau'}^{jk}/\partial w^{jk} = 0$ であるため，τ' に依存しない値，例えば平均報酬 $E[r]$ について $\sum_{\tau'=1}^{\infty} \partial p_{\tau'}^{jk}/\partial w^{jk} E[r] = 0$ となる．この性質を用いて，発散を避けながら和を入れ替えると，

$$\frac{\partial E[r_t]}{\partial w^{jk}} = \sum_{\tau'=1}^{\infty} \frac{\partial p_{\tau'}^{jk}}{\partial w^{jk}} E[R_t|\tau_t^j = \tau', z_t^k = 1] E[z^k]$$

$$R_t \equiv \sum_{\tau=1}^{\infty}(r_{t+\tau} - E[r])$$

と変形できる.さらに自然対数関数 ln を用いて,

$$\frac{\partial E[r_t]}{\partial w^{jk}} = \sum_{\tau'=1}^{\infty} \frac{1}{p_{\tau'}^{jk}} \frac{\partial p_{\tau'}^{jk}}{\partial w^{jk}}$$
$$E[R_t|\tau_t^j = \tau', z_t^k = 1] p_{\tau'}^{jk} E[z^k]$$
$$= E\left[R_t q_{\tau_t^j}^{jk} z_t^k\right], \quad q_\tau^{jk} \equiv \frac{\partial \ln p_\tau^{jk}}{\partial w^{jk}} \quad (3)$$

のように条件付きでない 1 つの期待値の形式に変形できる.したがって,$\Delta w^{jk} \propto R_t q_{\tau_t^j}^{jk} z_t^k$ とすれば,式 (2) を満たす.しかし,R_t に含めた τ に関する無限和は,ある時点の神経活動が将来の報酬期待値に与える影響を表しており,未知の外界の環境に依存し,どこまで和を推定すればよいかわからない.したがって,そのまま推定するのは現実的に不可能である.強化学習アルゴリズムでは,条件 (1) の仮定を用いて,1 ステップ先以降の和を 1 ステップ先の状態 $\mathbf{s}_{t+1}$ の価値 $V(\mathbf{s}_{t+1})$ で置換する方法があり,TD (temporal difference) 学習法と呼ばれる [2].

$$R_t \simeq \varepsilon_t + V(\mathbf{s}_t)$$
$$\varepsilon_t \equiv r_{t+1} - E[r] + V(\mathbf{s}_{t+1}) - V(\mathbf{s}_t)$$
$$V(\mathbf{s}) \equiv E[R_t|\mathbf{s}_t = \mathbf{s}] \simeq E[\varepsilon_t|\mathbf{s}_t = \mathbf{s}] + V(\mathbf{s})$$

1 ステップ先で全て置換するのではなく,時間とともに徐々に置換していく方法にも拡張できる.

$$R_t \simeq \sum_{\tau=0}^{\infty} \lambda^\tau \varepsilon_{t+\tau} + V(\mathbf{s}_t)$$

この学習法は TD[λ] 法と呼ばれる [2].具体的な Δw^{jk} は q_τ^{jk} の関数形に依存し,各神経細胞のスパイク発生特性や他の入力の統計性に依存する.しかし,最低限の特性を考慮すれば,q_τ^{jk} を近似しても,最急勾配方向ではないが概ね勾配を上っていくことができる.神経細胞への入力は細胞内電位に反映され,その電位は時間とともに指数的に減衰することから,入力されてからの時間 τ' が短いほど依存性が大きいことを考慮し,例えば,$q_\tau^{jk} \propto \eta^{\tau-1}$ と近似すれば,次のような近似アルゴリズムを構成することができる.

$$\Delta w^{jk} \propto \varepsilon_t \mu_t^{jk} \quad \Delta V(\mathbf{s}_t) \propto \varepsilon_t$$
$$\mu_{t+1}^{jk} = \lambda \mu_t^{jk} + z_t^j \nu_t^{jk}$$
$$\nu_{t+1}^{jk} = \eta \nu_t^{jk}(1 - z_t^j) + z_t^k$$

また,TD[λ] 法とシナプス可塑性の性質を組み合わせたアルゴリズムも提案されている [3].

3. 神経系との対応

TD[λ] 学習で用いている ε_t は TD 誤差と呼ばれ,将来獲得報酬の予測誤差を与える.中脳黒質のドーパミン投射細胞の活動頻度は,TD 誤差に似た振る舞いを示す [4].そのドーパミンの主な投射先の 1 つである基底核の線条体は,報酬関連の行動学習に関わっていると考えられており [4],ドーパミンに依存したシナプス可塑性が見つかっている.TD 学習では,条件 (1) を満たさないような不適切な状態変数を選んでしまった場合,状態価値による置き換えは偽となる.それゆえ報酬を最大にできないことが起こりうる.実際,動物に,条件 (1) を満たす状態変数選びが困難な人工的な環境で行動学習をさせると,マッチング則と呼ばれる法則が成り立ち,報酬を最大化しない行動に至ることが知られている.その行動は TD 学習の定常状態と一致する [5].これらの事実から,神経系では TD 学習を行っているのではないかと示唆されている.

4. 残されている課題

自然環境では,条件 (1) を満たす写像 $\mathcal{H} \mapsto \mathbf{s}$ を明示的に与えられるわけではない.膨大な感覚情報やこれまでの経緯から,適切な状態変数を見出さなければならない.さらに出力への写像の距離空間を定義するか,有限個の入出力関係に限定しなければならない.これは工学的にも解決していない困難な問題であり,動物がどのように解決しているかわかっていない.用いる入力情報を限定するという意味で注意 (attention) のメカニズムと深い関わりがあると考えられるが,強化学習問題に関わるメカニズムはわかっていない.　　　　　　　［酒井　裕］

参 考 文 献

[1] D.P. Bertsekas, J.N. Tsitsiklis, *Neuro-Dynamic Programming*, Athena Scientific, 1996.

[2] R.S. Sutton, A.G. Barto, *Reinforcement Learning*, MIT press, 1998.

[3] E.M. Izhikevich, Solving the distal reward problem through linkage of stdp and dopamine signaling, *Cerebral Cortex*, **17**(10) (2007), 2443–2452.

[4] J.C. Houk, J.L. Davis, D.G. Beiser, *Models of Information Processing in the Basal Ganglia*, Bradford Books, 1994.

[5] Y. Sakai, T. Fukai, When does reward maximization lead to matching law? *PLoS One*, **3**(11) (2008), e3795.

神経回路の揺らぎ
fluctuation in neural circuit

　神経回路活動はしばしば強い揺らぎを伴い，揺らぎが回路の応答特性に影響する．揺らぎの多くは神経回路の内的な自発活動に起因し，いくつかの特徴的構造を持つ．ここでは神経回路の揺らぎに関する実験的知見・数理的定式化・情報処理的機能を概説する．

1. 自発発火活動と揺らぎ

　神経回路は入力による誘起活動に着目して記述されることが多いが，実際の神経活動の多くは，内的に生成維持される自発発火活動（spontaneous firing activity; ongoing activity）である．神経細胞は入力を膜電位に積算し，一過性の電気インパルス（スパイク発火）を生成する．スパイク発火が他の神経細胞のイオンチャネルのコンダクタンスを上昇させ，膜電位が変化することが神経情報伝達の実体である．このため，スパイク時系列や膜電位の統計性を用いて自発発火活動の揺らぎを特徴付けることができる．スパイク時系列の不規則性は，スパイク時間間隔（ISI：inter spike interval）の変動係数（Cv：coefficient of variation）で測定される．Cvは周期発火では0，ポアソン過程では1に一致するが，実験データでは1に近い大きな値を示す．神経細胞膜電位も直接測定されており，不規則な変動が確認されている．この変動は，神経細胞が受ける極めて多数のスパイク入力に起因する．チャネルコンダクタンスが上昇し，膜の実効的時定数が減少することから，神経細胞のこの状態を高コンダクタンス状態（high conductance state）と呼ぶ．

　不規則性の反面，自発発火活動の揺らぎは完全に無秩序ではない．例えば，自発発火時の出力スパイク発火率の空間分布は，感覚刺激による誘起活動の空間分布と相関し，さらにその構造は背後の神経回路網の構造と相関する．また一見無秩序に見えるスパイク時系列中には，数ミリ秒の高い時間精度を持つ発火時系列が埋め込まれている．この高精度発火時系列（precisely firing sequences）も，背後の神経回路構造を反映すると考えられており，神経情報伝達における重要性が指摘されている．

2. 数理的定式化

　揺らぎの定式化には膜電位に対する確率微分方程式（stochastic differential equation）が有効である．膜電位 v の時間変化を記述する典型的なモデルとして，LIF（リーク積分発火）モデル

$$\frac{dv}{dt} = -\frac{v}{\tau} + I \tag{1}$$

がしばしば用いられる．I は神経細胞への入力電流，膜電位 v は時定数 τ で減衰しながら $I(t)$ を積算する．膜電位 v が発火閾値 v_{th} に達するとスパイク発火が生成され，膜電位は v_{reset} にリセットされる．式 (1) に対応する確率微分方程式は入力信号 I をノイズに置き換えた

$$\frac{dv}{dt} = -\frac{v}{\tau} + I_0 + \sigma\xi \tag{2}$$

となる．I_0 は平均入力，ξ は白色ガウスノイズ，σ はノイズ強度を表す．数学的に厳密な確率微分方程式の積分表記を用いるなら，ウィーナー過程（Wiener process）W を用いて

$$dv = \left(-\frac{v}{\tau} + I_0\right)dt + \sigma dW \tag{3}$$

である．式 (3) はオルンシュタイン–ウーレンベック過程と同様だが，閾値とリセットには注意が必要である．膜電位 v が閾値 v_{th} に達する時刻がスパイク発火時刻であるから，式 (3) から v_{th} における定常確率流の逆数として平均出力発火率が求まり，神経細胞の入出力特性への揺らぎの効果が議論される．また，スパイク発火のISI分布が，v_{reset} から v_{th} に到達する時間（初期通過時間；first-passage time）分布であることを用いて，スパイク発火不規則性の定量的な解析も行われる．

　神経細胞への入力は実際には電流ではなく，膜チャネルのコンダクタンス変化であるため，式 (1) を変更したコンダクタンスベースLIFモデル

$$\frac{dv}{dt} = -\frac{v}{\tau} + g_E(v - V_E) + g_I(v - V_I) \tag{4}$$

もしばしば用いられる．ここで g_E, g_I, V_E, V_I はそれぞれ興奮性および抑制性のコンダクタンスと反転電位である．式 (4) のコンダクタンスをそれぞれノイズで置き換えれば，対応する確率微分方程式

$$\begin{aligned}\frac{dv}{dt} = &-\frac{v}{\tau} + (g_{E0} + \sigma_E\xi_E)(v - V_E) \\ &+ (g_{I0} + \sigma_I\xi_I)(v - V_I)\end{aligned} \tag{5}$$

を得る．式 (5) はノイズ強度が変数 v に依存する乗算確率過程である．ノイズ項の取り扱いには特に注意が必要で，確率積分の解釈を明示する必要がある．ノイズが多数のインパルス入力を起源とするため，伊藤解釈が妥当と思えるが，実際にはイオンチャネルの時定数（数ミリ秒から数十ミリ秒程度）を考慮する必要があり，ストラトノヴィッチ解釈が妥当である．式 (5) はコンダクタンスの揺らぎを直接取り扱えるため，特に高コンダクタンス状態の理論解析に有効である

　高コンダクタンス状態では膜電位の実効的時定数が減少するため，白色ノイズ近似が不適切な場合も

ある.このときはコンダクタンスを有色ノイズで近似すればよい.コンダクタンスの時間変化を陽に記述する多変数モデル

$$\frac{dv}{dt} = -\frac{v}{\tau} + g_E(v - V_E) + g_I(v - V_I)$$
$$\frac{dg_E}{dt} = -\frac{g_E}{\tau_E} + g_{E0} + \sigma_E \xi_E \qquad (6)$$
$$\frac{dg_I}{dt} = -\frac{g_I}{\tau_I} + g_{I0} + \sigma_I \xi_I$$

も有効である.

上述の確率微分方程式でウィーナー過程を計数過程に置き換えれば,ノイズをインパルス入力の和として直接定式化することもできる.具体的には強度一定のインパルス入力を想定したポアソン過程か,異なる神経細胞からの入力強度分布を考慮した複合ポアソン過程が多く用いられる.入力スパイクの発火時間間隔が膜電位の時定数に比べて同程度か長いなら,計数過程を用いるこれらの定式化がより正確である.

スパイク発火時刻や膜電位は重要でなく,神経細胞の出力スパイク発火頻度(発火率)だけに興味があるときは,出力発火率 r を入力信号 I の非線形関数で直接表す発火頻度モデル(firing-rate model)

$$r = f(I) \qquad (7)$$

も用いられる.出力スパイク列をこの発火率 r のポアソン過程で与えるポアソンニューロンモデル(Poisson neuron model)は,詳細なスパイク時刻や膜電位は記述できない代わりに,神経回路の確率性や揺らぎを最も簡単に取り扱えるモデルである.

揺らぎが神経回路自身の内的な活動の帰結ならば,確率性を含まない神経回路モデルから揺らぎが生成され維持されるはずである.この問題は肯定的に解決され,神経回路モデルが実際に内的に揺らぎを生成できること,生成された揺らぎが種々の実験事実に整合することが示された[5].これにより,揺らぎと回路構造の関係や,刺激入力との関係の解明が期待されている.

3. 神経情報処理における揺らぎの機能

神経回路の揺らぎは,非線形システムでしばしば観測される確率共鳴(stochastic resonance)やノイズ同期(noise-induced synchronization)などの雑音誘起現象(noise-induced phenomena)を神経系でも実現できる.確率共鳴はスパイク情報伝達の最適化と調整に,ノイズ同期は神経細胞間の発火相関の調整などに寄与すると考えられる.また,前述のコンダクタンスベース LIF モデルの理論解析により,揺らぎが神経細胞の応答特性に作用し,出力ゲインを減少させることが示されている.ゲイン調整は神経情報処理の様々な側面で重要になる.

神経細胞集団に対しては,神経細胞の同期特性に関連して揺らぎの機能が議論されている.非線形素子である神経細胞では,スパイク発火が多数の神経細胞で簡単に同期する.しかし,同期した神経細胞集団では,表現できる発火時系列の多様性が低い.また,集団の出力発火率が一定の値に収束し,発火率で表現できる情報量も低下するなど,情報表現には不利な点も多い.適切な揺らぎはスパイク発火時刻をばらつかせて過度な同期を回避し,神経細胞集団の情報表現能力の維持と安定した情報伝達に寄与する.

さらに,高次の神経情報処理に関しては,揺らぎが同一の感覚刺激や課題に対する応答の多様性に寄与することが示されている.例えば視覚野神経回路の応答は,同一の視覚刺激に対しても試行ごとに異なるが,自発活動の揺らぎを考慮すれば,応答の予測が可能になる.応答の確率性はベイズ推論との関連でも議論される.例えば,ポアソン過程を含むあるクラスの確率的な神経細胞の応答は,ベイズ推論の意味で最適な情報統合を自然に実現することが知られている.また,自発発火活動をベイズ推論の先験確率の表現とする仮説も提案されており,検証が進められている.

自発発火活動に関する総説として [1] が,神経揺らぎに関しては [2] が参考になる.神経揺らぎの数理的側面は [3],[4] も詳しい. 〔寺前順之介〕

参 考 文 献

[1] T.P. Vogels, K. Rajan, L.F. Abbott, Neural Network Dynamics, *Annu. Rev. Neurosci.*, **28** (2005), 357–76.

[2] C. Laing, G.J. Load (ed.), *Stochastic Methods in Neuroscience*, Oxford University Press, 2010.

[3] H.C. Tuckwell, *Introduction to theoretical neurobiology volume 2*, Cambridge University Press, 1988.

[4] G.B. Ermentrout, D.H. Terman, *Mathematical Foundations of Neuroscience*, Springer, 2010.

[5] J. Teramae, Y. Tsubo, T. Fukai, Optimal spike-based communication in excitable networks with strong-sparse and weak-dense links, *Sci. Rep.*, **2** (2012), 485.

神経データの数理解析
mathematical analysis of neural data

神経データは，一般に神経の発火のタイミングを記録したスパイク列として扱われる．ここでは，まず，スパイク列の変動性を特徴付ける量を紹介し，スパイク列上の情報様式の検定を行う手法を導入する．情報様式に従って，スパイクの短時間平均発火率に意味がある場合と，スパイク列のタイミングに意味がある場合のそれぞれについて，スパイク列の解析手法を解説する．

1. 神経データの変動性

神経のデータは，一般に神経の発火のタイミングを記録したスパイク列である．つまり，発火のタイミングに情報が載っていると考えられている[1]．そのため，発火のタイミングを記録したスパイク列のパターンには，時間とともに変動する性質がある．その変動性を特徴付ける量がいくつか提案されている．最も最初に導入された量は，変動係数 Cv (coefficient of variation) [2] である．Cv は，数学的には次のように定義される．スパイク列を $t = (t_1, t_2, \ldots, t_i)$ と書く．ここで，t_a は a 番目のスパイクが発生した時刻である．a 番目のスパイクと $(a+1)$ 番目のスパイクの起きた時刻の差 T_a は，$T_a = t_{a+1} - t_a$ $(a = 1, 2, \ldots, i-1)$ と定義される．T_a の平均を $\bar{T}$ とする．つまり，$\bar{T}$ は，

$$\bar{T} = \frac{1}{i-1} \sum_{a=1}^{i-1} T_a \qquad (1)$$

と定義される．Cv は，$\bar{T}$ を使って，

$$\mathrm{Cv} = \frac{\sqrt{\frac{1}{i-2} \sum_{a=1}^{i-1} (T_a - \bar{T})^2}}{\bar{T}} \qquad (2)$$

と定義される．Cv は，スパイク列全体でスパイク間隔がどれだけばらついているかを特徴付ける．

それに対して，時間局所的にスパイク列がどれだけばらついているかを特徴付ける量として提案されたのが Lv（local variation of interspike intervals）[3] である．Lv は，

$$\mathrm{Lv} = \frac{1}{i-2} \sum_{a=1}^{i-2} \frac{3(T_a - T_{a+1})^2}{(T_a + T_{a+1})^2} \qquad (3)$$

と定義される．

Lv は，発火率の変化とともに，変動する可能性が指摘されている．その問題点を解決した量として

$$S_I = -\frac{1}{i-2} \sum_{a=1}^{i-2} \frac{1}{2} \log \left(\frac{4 T_a T_{a+1}}{(T_a + T_{a+1})^2} \right) \qquad (4)$$

が提案されている[4]．

2. 神経データの情報様式

スパイク列の変動性を特徴付けたあとは，スパイク列の変動にどう情報が載っているかが，次の関心になる．発火のタイミングに乗りうる情報様式としては，2つの考え方がある．1つは短時間の平均発火率に意味があるという立場[5]，もう1つは発火のタイミングそのものが情報を持ちうるという立場 [6] である．前者をレートコーディング，後者をテンポラルコーディングと呼ぶ．レートコーディングとテンポラルコーディングは，二律背反の概念ではない．平均発火率にも何らかの意味があり，発火のタイミングにも意味があるという可能性もある．

Hirata et al. [7] は，発火のタイミングが，短時間の平均発火率が持ちうる情報以上の情報を持ちうるかどうかを検定する手法を導入した．この手法は，短時間の平均発火率をだいたい保存しながら，発火間隔を並べ替え，発火のタイミングをランダム化させる手法である．この手法の長所は，発火間隔の分布が完全に保存されていることから，発火間隔の分布の観点から着目している神経細胞の活動に忠実で，なおかつ発火のタイミングがランダム化したサロゲートデータを生成できるところにある．

3. 短時間平均発火率に意味がある場合

短時間の平均発火率に意味がある場合によく用いられる手法は，PSTH (peri-stimulus time histogram) [8] である．これは，ある刺激などで異なる実験の時間を揃えた短時間の平均発火率である．短時間の平均発火率を求めるには，例えば，時間軸を等間隔の窓に切り，各時間窓に入るスパイクの数を求めて，短時間の平均発火率を求めることが考えられる．そのとき，例えば，Shimazaki and Shinomoto [9] の手法を使って窓の長さを最適化することが有効である．

2つのスパイク列間の相関を調べたい場合には，joint PSTH (joint peri-stimulus time histogram) [8] がよく用いられる．joint PSTH は，2次元の図である．縦軸，横軸ともある刺激などで異なる実験の時間軸を揃えた時間軸で，それぞれ1つ目のスパイク列，2つ目のスパイク列に対応している．やはり，縦軸，横軸ともに時間窓に分け，各2つの時間窓に対応する時間区間で対応する2つの神経細胞が発火している数を数えてヒストグラムにし，頻度を色を使って表現する．縦軸，横軸に沿って頻度を足し合わせると，それぞれの神経細胞の PSTH が求まる．また，刺激による2つのスパイク列の発火率の変化を考慮に入れた normalized joint PSTH も提案されている[10]．

4. スパイクのタイミングに意味がある場合

発火のタイミングに意味がある場合には，発火のタイミングに基づいた距離を定義し，その後の解析手法を用意することになる．スパイク列間の距離として最も有名なものに，Victor and Purpura [11] による編集距離がある．この距離は，2つのスパイク列間に距離を定義するときに，一方のスパイク列を編集していって，もう一方のスパイク列を作る際の合計の手間の最小値として距離を定義するものである．許す操作としては，スパイクの削除，挿入，移動がある．削除と挿入に対してはコスト1，移動に対しては移動した時間幅に比例するコストを割り当てる．このように距離を定義すると，距離の公理を満たすことが簡単に示せる．

Victor and Purpura [11] を使ってスパイク列をダイナミクスの観点から解析するには，ある一定の長さの窓を用意し，この窓を時間軸に沿って一定間隔ずつずらしていって窓の位置を決め，2つの任意の窓の位置間で距離を計算すればよい．さらに，2つの異なる時刻間の距離の変化を時間軸に沿って見ていくときに，スパイクが窓に入ったり出たりしたところで起きる距離の不連続なジャンプの問題を解決する手法が提案されている [12]．

距離が定義できると，リカレンスプロット [13] を定義したり，相関次元 [14] を求めたり，最大リアプノフ指数 [15] を推定したりすることが可能になる．相関次元は着目している神経細胞のダイナミクスが持つ自己相似性，最大リアプノフ指数は初期値鋭敏性を特徴付けるものである．

スパイク列間の距離とリカレンスプロットを用いた解析の長所は，スパイク列と local field potential をリカレンスプロットという同じ土俵の上で比較できることである．この点からも，ここで紹介したアプローチは，脳内の様々な変数間の関係性を見出すのに有効なアプローチとなりうる．　　　[平田祥人]

参考文献

[1] D.H. Perkel, T.H. Bullock, Neural Coding, *Neurosciences Research Program Bulletin*, **6**(3) (1968), 221–348.

[2] P. Fatt, B. Katz, Spontaneous Subthreshold Activity at Motor Nerve Endings, *Journal of Physiology*, **117**(1) (1952), 109-128.

[3] S. Shinomoto, K. Shima, J. Tanji, Differences in Spiking Patterns Among Cortical Neurons, *Neural Computation*, **15**(12) (2003), 2823–2842.

[4] K. Miura, M. Okada, S.-I. Amari, Estimating Spiking Irregularities Under Changing Environments, *Neural Computation*, **18**(10) (2006), 2359–2386.

[5] M.N. Shadlen, W.T. Newsome, The Variable Discharge of Cortical Neurons: Implications for Connectivity, Computation, and Information Coding, *Journal of Neuroscience*, **18**(10) (1998), 3870–3896.

[6] Z.F. Mainen, T.J. Sejnowski, Reliability of spike timing in neocortical neurons, *Science*, **268**(5216) (1995), 1503–1506.

[7] Y. Hirata, Y. Katori, H. Shimokawa, H. Suzuki, T.A. Blenkinsop, E.J. Lang, K. Aihara, Testing a neural Coding Hypothesis Using Surrogate Data, *Journal of Neuroscience Methods*, **172**(2) (2008), 312–322.

[8] G.L. Gerstein, D.H. Perkel, Simultaneously Recorded Trains of Action Potentials: Analysis and Functional Interpretation, *Science*, **164**(3881) (1969), 828–830.

[9] H. Shimazaki, S. Shinomoto, A Method for Selecting the Bin Size of a Time Histogram, *Neural Computation*, **19**(6) (2007), 1503–1527.

[10] A.M.H.J. Aertsen, G.L. Gerstein, M.K. Habib, G. Palm, Dynamics of Neuronal Firing Correlation: Modulation of "Effective Connectivity," *Journal of Neurophysiology*, **61**(5) (1989), 900–917.

[11] J. Victor, K.P. Purpura, Metric-Space Analysis of Spike Trains: Theory, Algorithms, and Application, *Network*, **8**(2) (1997), 127–164.

[12] Y. Hirata, K. Aihara, Representing Spike Trains Using Constant Sampling Intervals, *Journal of Neuroscience Methods*, **183**(2) (2009), 277–286.

[13] N. Marwan, M.C. Romano, M. Thiel, J. Kurths, *Physics Reports*, **438**(5–6) (2007), 237–329.

[14] P. Grassberger, I. Procaccia, Characterization of Strange Attractors, *Physical Review Letters*, **50**(5) (1983), 346–349.

[15] H. Kantz, A Robust Method to Estimate the Maximal Lyapunov Exponent of a Time-Series, *Physics Letters A*, **185**(1) (1994), 77–87.

脳データの数理解析
mathematical analysis of neural data

脳データを理解するための生成モデルに基づく解析と，脳データから予測を行うための判別モデルに基づく解析について説明する．

1. 生成モデルに基づく脳データ解析

あるデータや信号を理解するための1つの方法は，データを構成要素に分解することである．信号をその構成要素に分解する際には，信号の生成モデルを考えるのが自然である．生成モデルとは，構成要素から観測信号が生成される過程を定式化し，データが与えられたもとで，構成要素が何であったのかを統計的に推定するアプローチである．ここでは主成分分析，独立成分分析，信号源推定の3つの生成モデルに基づく手法について解説する．

1.1 主成分分析および独立成分分析

主成分分析は生成モデルに基づく解析方法として最もよく知られているものである．主成分分析においては，データベクトル $x_i \in \mathbb{R}^d$ $(i=1,\ldots,n)$ は以下の生成モデルが仮定される：

$$x_i = As_i + \epsilon_i \quad (i=1,\ldots,n). \tag{1}$$

ただし $A \in \mathbb{R}^{D \times K}$ は行列であり，成分 $s_i \in \mathbb{R}^K$ は標準正規分布から生成されるとし，$\epsilon_i \in \mathbb{R}^D$ は平均ゼロの雑音ベクトルとする．また，データベクトル x_i は平均ゼロであると仮定した．ここでデータ行列 $X = [x_1, \ldots, x_n]$，信号成分行列 $S = [s_1, \ldots, s_n]$，ノイズ行列 $E = [\epsilon_1, \ldots, \epsilon_n]$ と定義すると，上の生成モデルは以下のように書き直すことができる：

$$X = AS + E.$$

ここで混合行列 A は $D \times K$，信号成分行列 S は $K \times n$ である．通常，信号成分の次元 K は観測信号の次元 D より小さくとられて，データが持つ本質的な自由度の数と見なされ，残りの $D - K$ 次元は雑音であると見なされる．一般に何が本質的で何が雑音か定義することは難しいが，主成分分析ではデータの分散が基準として使われている．

ノイズベクトル ϵ_i が等方的な正規分布から生成されている場合は，AS の最尤推定量はデータ行列 X の特異値分解を行うことで求められる．ただし，信号成分 s_i が正規分布という仮定のもとでは，A と S の間に直交変換の不定性が残る．

主成分分析は70年代から刺激に誘発される脳活動 (ERP：event related potential) の解析に用いられている[2]．この場合，データの次元 D は，時間サンプル点の数に対応し，サンプル数 n は電極の数および被験者の数の積に対応する．このようにして得られた行列 A の列ベクトルは，代表的な脳波の時間波形を表す．

モデル (1) において信号成分 s_i に正規分布以外の分布を仮定して上記の直交変換の不定性を解消しようという研究が90年代に精力的に行われ，独立成分分析として知られている[1]．独立成分分析は脳波からのアーティファクト成分の除去などに効果を発揮してきた．

1.2 信号源推定

主成分分析や独立成分分析で得られる信号の分解は，脳の生理学的な構造とは無関係であるために，そのまま解釈することは多くの場合困難である．そこで，脳の構造に基づく生成モデルを仮定して，具体的な脳の部位の活動を推定するための方法が信号源推定である．信号源推定においては，式 (1) と似た以下の生成モデルが仮定される：

$$x_i = Ls_i + \epsilon_i \quad (i=1,\ldots,n).$$

ここで s_i は活動源の数を l として $3l$ 次元のベクトルであり（すなわち各活動源は3次元ベクトルとして表現される），$D \times 3l$ 行列 L はリードフィールド行列と呼ばれ，特定の脳部位の活動が特定の電極に及ぼす影響を表す．主成分分析や独立成分分析の場合と異なって，信号源推定では行列 L は脳の生理学的構造をもとにあらかじめ定義される．被験者1人1人に対してMRI画像などからリードフィールド行列を決定するのが理想的であるが，標準的な脳を仮定したものを用いる場合も多い．

一般に電極の数 D は活動源ベクトルの次元 $3l$ より小さいため，観測信号 x_i のみから信号源 s_i を一意に推定することは不可能である．そのため，信号源に関する仮定としてしばしば用いられるのが，活動源ベクトルのスパース性（非ゼロ要素の数が少ない）という性質である．一般にスパース性に関する拘束を陽に扱うことは計算量的な困難を伴うため，ℓ^1 ノルム（およびその一般化）に基づく凸緩和がしばしば用いられる．

2. 判別モデルに基づく脳データ解析

脳データの判別モデルに基づく解析は，脳活動を入力として何らかの出力をする関数を教師付き学習の枠組みで推定するものである．これは例えば，脳活動のデコーディング [4] やBCI (brain-computer interface) [3] などの応用がある．

具体的な判別モデルには様々なものがあるが，多次元時系列 X を入力として1次元の出力をする最も単純なモデルとして，以下の線形モデルを考える

ことができる：

$$f(X) = \langle W, X \rangle + b. \quad (2)$$

ここで，電極の数を D，時間サンプル点の数を T として，$W, X \in \mathbb{R}^{D \times T}$ は $D \times T$ 行列であり，$\langle W, X \rangle = \sum_{dt} W_{dt} X_{dt}$ は2つの行列の内積を表す．また，b はスカラーであり，バイアス項と呼ばれる．

モデル (2) は，例えばデコーディングの文脈では行列 X で表される脳活動から視覚刺激の中の1つのピクセルを予測するモデルと捉えることが可能であり，BCI の文脈では行列 X で表される脳活動からコンピュータスクリーン上のカーソルを左右に動かす制御信号への変換と捉えることができる．

上記モデルにおけるパラメータは W および b であり，入力 X とそれに対して望ましい出力 y のペア n 組 $(X_i, y_i)_{i=1}^n$ をもとにこれらを推定する．一般に推定すべきパラメータの数 $DT+1$ に比較して，訓練データの数 n が小さい場合が多いため，W に関して正則化を加えた上で推定することが多い．

2.1 具 体 例

ここで，モデル (2) の推定方法の具体例として，運動野の活動から被験者が左右どちらの手の指を動かすのかを実際の動作の前に予測する問題を考える．運動野の活動は被験者の意図を符号化していると考えられるので，この問題は一種のデコーディングと捉えることができるし，また，被験者の意図を制御信号と読み替えれば，この技術を直ちに BCI に応用することができる．

被験者の意図は動作に先立つ比較的遅い直流成分の変化 (lateralized readiness potential) に符号化されていると考えられているため，これを信号 X とする．

訓練データ $(X_i, y_i)_{i=1}^n$ が与えられたもとで，パラメータ (W, b) を推定するために，以下の最適化問題を考える：

$$\min_{\substack{W \in \mathbb{R}^{D \times T}, \\ b \in \mathbb{R}}} \left(\sum_{i=1}^n \ell(f(X_i), y_i) + \lambda \|W\|_* \right). \quad (3)$$

ここで，損失関数 ℓ はロジスティック損失関数 $\ell(z, y) = \log(1 + \exp(-yz))$ とする．また，$\|\cdot\|_*$ は行列の特異値の線形和で定義されるノルムであり，トレースノルムや核型ノルムなどと呼ばれる：

$$\|W\|_* = \sum_{j=1}^n \sigma_j(W).$$

トレースノルムは行列 W の多くの特異値をゼロにし，少数の成分で表現される簡潔な解を得るために用いられる正則化項である．また，λ は正則化項と損失項のトレードオフを制御するパラメータで，正則化定数と呼ばれる．

公開されているデータセット BCI competition 2003 dataset IV に対して最適化問題 (3) を適用した結果を，図1に示す．電極の数 $D = 28$ であり，動作に先立つ 620〜130 ms の区間を $T = 50$ サンプル点で切り出している．図の中で左のプロットは行列 W の特異値スペクトルを表し，トレースノルムを使うことにより多くの特異値がゼロとなる解が得られていることがわかる．中央のプロットは行列 W の第1左特異ベクトルを表し，左右の運動野に反対の符号のピークを持つような生理学的に自然な空間パターンが自動的に得られていることがわかる．右のプロットは行列 W の第1右特異ベクトルを表し，運動の開始に向けてしだいに電位が下がっていくという生理学的に自然な時間波形が得られている．なお，ここでは信号 X の1次の統計量のみを用いたが，1次と2次の統計量を組み合わせることで判別性能をさらに向上させることができる[5]．

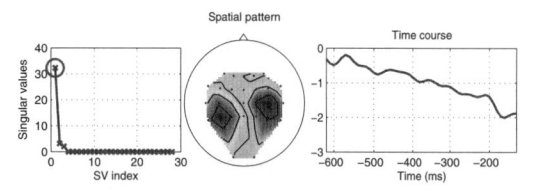

図 1 BCI competition 2003 dataset IV データに式 (2) の判別モデルを適用した結果．$\lambda = 1.44$ で 82% の分類精度を得た．中央図では左右の運動野で反対の符号を持つ2つのピークが得られた．

[冨岡亮太]

参 考 文 献

[1] P. Comon, Independent component analysis, a new concept? *Signal Processing*, **36**(3) (1994), 287–314.

[2] E. Donchin, E.F. Heffley III, Multivariate analysis of event-related potential data: A tutorial review, In D.A. Otto (ed.), *Multidisciplinary perspectives in event-related brain potential research*, pp.555–572, US Government Printing Office, 1978.

[3] G. Dornhege, J. del R. Millán, T. Hinterberger, D.J. McFarland, K.-R. Müller (eds.), *Toward Brain-Computer Interfacing*. MIT Press, 2007.

[4] Y. Kamitani, F. Tong, Decoding the visual and subjective contents of the human brain, *Nature Neuroscience*, **8** (2005), 679–685.

[5] R. Tomioka, K.-R. Müller, A regularized discriminative framework for EEG analysis with application to brain-computer interface, *Neuroimage*, **49**(1) (2010), 415–432.

神経回路の電子回路実装
electronic circuit implementation of neuronal circuits

神経系の電気的活動を模倣して有用な電子回路システムの構築を目指す研究は，1960年代の南雲回路[1]に端を発した．欧米では，1980年代後半にシリコンニューロンやシリコンシナプスという名称で人工的な神経ネットワークの構築や神経補綴など医療デバイスへの応用を念頭に研究が始まった．本項目では，回路モデルの設計指針ごとに代表的な成果を紹介する．

1. 数理構造の模倣回路

フィッツフュー–南雲方程式などの定性的神経モデルの数理構造を電子デバイス・回路の特性曲線を用いて再構築し，神経活動に内在するダイナミクスを模倣する回路である．世界初の神経模倣回路である南雲回路がこのタイプに属する．

1.1 南雲回路 [1]

この回路（図1左）は，空間固定のフィッツフュー–南雲（F-N）モデルの3次曲線をトンネルダイオードの電圧–電流特性曲線（図1右）で近似することにより，同等のダイナミクスを実現している．トンネルダイオードの順方向電圧 v_d が F-N モデルの変数 x，コイルに流れる電流 I が変数 y を表現し，(v_{d0}, I_0) が同モデルの原点に対応する．南雲らは，空間固定の F-N モデルを，空間分布を表現する偏微分方程式モデルへ拡張し，活動電位が神経軸索を伝搬していくダイナミクスを記述した．図1左を変形した複数の回路ブロックを抵抗により接続することでこのモデルを実装し，回路実験により神経軸索に類似した波形整形機能があることを確かめ，同機能を持つ能動的伝送路への応用可能性を指摘した．

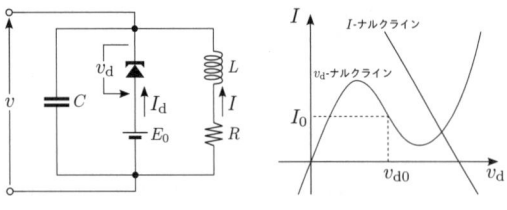

図1 南雲回路（左）と位相平面（右）

1.2 超低消費電力 VLSI 回路

分岐理論の応用により南雲回路の設計手法を拡張し，定性的神経モデルで使用する多項式に替え，低消費電力回路の入出力特性を用いることで回路実装に適した定性的シリコンニューロンモデルを構築する手法が提案されている[2]．これにより，複雑なダイナミクスを効率的に実現することが可能となった．閾値下で駆動された MOS 型電解効果トランジスタを用いたモデルの開発とその超大規模集積（VLSI）回路テクノロジーを用いた実装（図2左）により，方形波バースト（図2右上）や楕円バースト（図2右中）などの自発的バースト発火や発火周波数順応（図2右下）などの挙動が，50 nW クラスの超低消費電力で実現されている．VLSI チップに内蔵された電圧クランプ回路を用いてシリコンニューロン回路へ与えるパラメータ電圧群を調整することにより，これらの挙動を選ぶことができる．同様の手法により，AMPA や GABA$_A$ シナプスと同等のダイナミクスを持つシリコンシナプス回路も開発されている．また，より限定されたダイナミクスを単純な回路で実現する研究も行われている[3]．

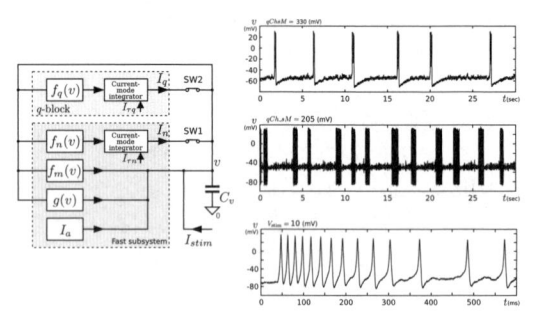

図2 回路ブロック（左）とニューロンの活動例（右）

2. イオンコンダクタンスモデルの実装

ホジキン–ハクスレイ方程式に代表されるイオンコンダクタンスモデルは，神経細胞膜におけるイオン粒子透過性のダイナミクスを記述した微分方程式で構築されており，神経細胞の電気的活動を良く再現できる．この微分方程式をリアルタイムで解くアナログ電子回路は，回路が複雑になるものの，神経細胞と互換性の高い挙動を実現できるため，医療デバイスへの応用を目的に研究されることが多い．

2.1 レギュラースパイキング細胞模倣回路

このタイプの回路は1991年に Mahowald らにより初めて発表された[4]．この回路は4種類のイオン電流からなるイオンコンダクタンスモデルをシミュレートし，大脳皮質のレギュラースパイキング（RS）細胞に類似した挙動を実現することに成功している．各イオン電流に対応する回路ブロックでは，ゲート変数のダイナミクスを例えば m 変数の場合，

$$\frac{dm}{dt} = \frac{f_m(v) - m}{T_m}$$

のように時定数 T_m を定数で近似したモデルを採用し，$f_m(v)$ を差動対回路で，残りの演算をトランスコンダクタンスアンプ回路とキャパシタによる積分回路で近似的にシミュレートしている．相補型 MOS (CMOS) テクノロジーにより構築され，RS 細胞の約 10 倍の電圧スケールで動作し，消費電力は約 60μW である．

2.2 大脳皮質神経細胞の模倣回路

Mahowald らの回路に続き，より多様なダイナミクスを実現する回路がいくつか提案された．ボルドー第一大学の研究グループは，BiCMOS (バイポーラトランジスタと CMOS の複合) プロセスによる精密アナログ演算回路ブロックを組み合わせて 5 種類のイオン電流を模倣した回路を開発し，脳との結合系を構築，視床内の神経細胞のエミュレーションに成功した[5]．イオンコンダクタンスモデルの実装回路では，神経細胞の電気的ダイナミクスを忠実に再現できるが，回路外部より与える多数のパラメータ電圧を精密に調整する必要がある．VLSI の製造ばらつきのため，この電圧値は回路ごとに異なり，多数のシリコンニューロン回路を動作させることが難しかった．Grassia らは差分進化法を用いることで，神経細胞の活動データを忠実に再現することのできるパラメータをヒューリスティックに見つける手法を報告し (図 3)，この問題を解決した[6]．

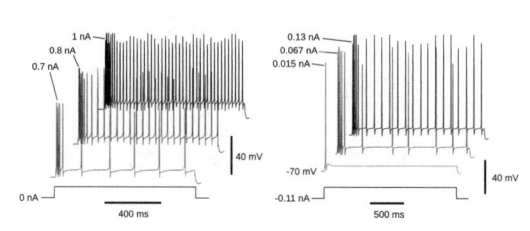

図 3 IB モード (左) と LTS モード (右)

3. インテグレートアンドファイア回路

最も古い神経細胞モデルであるインテグレートアンドファイア (IF; 積分発火) モデルは，神経細胞の電気的活動を，メカニズムを無視して閾値や不応性のみに限定し簡略に記述している．このタイプの回路は，モデルの単純さゆえに効率的に実装できる回路モデルが容易に構築できるが，モデルの持つダイナミクスが限定されているため，神経細胞の模倣回路として様々な限界を持つ．1980 年代末に発表された Mead らによる IF モデルのアナログ VLSI 実装 (軸索小丘回路，図 4 左) を基盤とし，IF モデルでは実現できない様々な神経活動を追加するための拡張を行う形で発展してきた[7],[8]．特にスイス INI の研究グループは，発火周波数順応を追加したリーキー IF (LIF) シリコンニューロン回路 (図 4 右) と差動対積分回路 (DPI) を用いたシリコンシナプス回路を CMOS プロセスを用いて開発して，それらを組み合わせて 32 ニューロンからなるシリコン神経ネットワーク VLSI チップを構築し，方位選択システムへ応用した[7]．

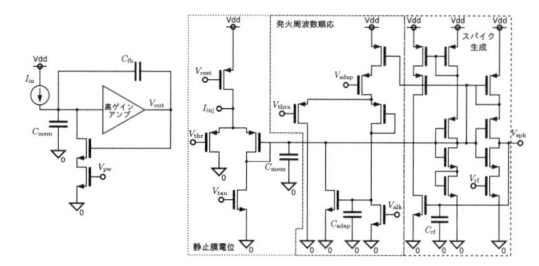

図 4 軸索小丘回路 (左) と LIF シリコンニューロン回路 (右)

[河野　崇]

参 考 文 献

[1] J. Nagumo, S. Arimoto, S. Yoshizawa, An active pulse transmission line simulating nerve axon, *Proceedings of the IRE*, **50**(10) (1962), 2061–2070.

[2] T. Kohno, Y. Nakamura, K. Aihara, T. Levi, M. Sekikawa, A MOSFET-based model of neuronal activity with tunable excitability, to be submitted to IEEE transactions on neural networks.

[3] A. Basu, P. Hasler, Nullcline-Based Design of a Silicon Neuron, *IEEE Transactions on Circuit and Systems-I*, **57**(11) (2010), 2938–2947.

[4] M. Mahowald, R. Douglas, Silicon neuron, *Nature*, **354**:19/26 (1991), 515–518.

[5] G. Le Masson, Sylvie Renaud-Le Masson, D. Debay, T. Bal, Feedback inhibition controls spike transfer in hybrid thalamic circuits, *Nature*, **417**(6891) (2002), 854–858.

[6] F. Grassia, L. Buhry, T. Lévi, J. Tomas, A. Destexhe, S. Saïghi, Tunable neuromimetic integrated system for emulating cortical neuron models, *Frontiers in NEUROSCIENCE*, **5**(134) (2011), 1–12.

[7] E. Chicca, A. Whatley, P. Lichtsteiner, V. Dante, T. Delbruck, P. Del Giudice, R. Douglas, G. Indiveri, A Multichip Pulse-Based Neuromorphic Infrastructure and Its Application to a Model of Orientation Selectivity, *IEEE Transactions on Circuits and Systems-I*, **54**(5) (2007), 981–993.

[8] J. Arthur, K. Boahen, Silicon-Neuron Design: A Dynamical Systems Approach, *IEEE Transactions on Circuits and Systems-I*, **58**(5) (2011), 1034–1043.

神経回路と情報幾何
information geometry of neural network

情報幾何は，確率分布族の作る空間の幾何学的な構造を定める[1]．これは確率的な現象に関係する科学や工学において有用である．脳は情報を処理する器官であり，情報は神経回路の興奮の時空間パターンに担われているが，多くの場合その動作は確率的である．このため，神経回路や学習の解析に情報幾何を用いることができる．

1. 指数型分布族の情報幾何

確率変数ベクトル $\boldsymbol{x} = (x_1, \ldots, x_n)$ に対して，その確率分布（密度関数）がパラメータ $\boldsymbol{\theta} = (\theta_1, \ldots, \theta_n)$ を用いて，

$$p(\boldsymbol{x}, \boldsymbol{\theta}) = \exp\left\{\sum \theta_i x_i - \psi(\boldsymbol{\theta})\right\} \tag{1}$$

のように書ける分布の集まりを，指数型分布族という．ただし，式 (1) は適当な測度 $\mu(\boldsymbol{x})$ のもとでの密度関数とする．この集まり $S = \{P(\boldsymbol{x}, \boldsymbol{\theta})\}$ は，$\boldsymbol{\theta}$ を1つの座標系とする多様体と見なせる．その幾何学的な構造を調べよう．ここで，指数型分布族を用いたのは，多くのよく知られた分布族が指数型分布族であること，特に離散確率分布の全体は指数型分布族をなすことなどから，典型的でわかりやすい例を与えるためである．

不変性の原理という基準を用いると，この空間にリーマン構造と測地線を定めるアフィン接続が一意的に定まる[1]．不変性とは，確率変数 $\boldsymbol{x}$ を1対1に変換しても（より正確には十分統計量に変換しても）幾何構造が変わらないことをいう．空間には，Fisher情報行列

$$g_{ij}(\boldsymbol{\theta}) = \int p(\boldsymbol{x}, \boldsymbol{\theta}) \frac{\partial p(\boldsymbol{x}, \boldsymbol{\theta})}{\partial \theta_i} \frac{\partial p(\boldsymbol{x}, \boldsymbol{\theta})}{\partial \theta_j} d\mu(\boldsymbol{x}) \tag{2}$$

をリーマン計量とし，2つの双対で平坦な座標系が不変な構造として導入される．すなわち，$\boldsymbol{\theta}$ をアフィン座標系とし，$\boldsymbol{x}$ の期待値から定まる

$$\boldsymbol{\eta} = \int \boldsymbol{x} p(\boldsymbol{x}, \boldsymbol{\theta}) d\mu(\boldsymbol{x}) \tag{3}$$

を双対アフィン座標系とすると，測地線は $\boldsymbol{\theta}$ の1次式，双対測地線は $\boldsymbol{\eta}$ の1次式で表せる．2つの座標系はルジャンドル変換で結ばれている．

$$\boldsymbol{\eta} = \nabla \psi(\boldsymbol{\theta}), \quad \boldsymbol{\theta} = \nabla \varphi(\boldsymbol{\eta}) \tag{4}$$

ここで，φ は ψ の双対凸関数で，エントロピーの符号を負にしたものである．

測地線が線形であることから，この空間は平坦（双対平坦）である．双対平坦空間には，規範ダイバージェンスという2点間の関数が与えられる．確率分布族の場合，これは Kullback–Leibler のダイバージェンス

$$D[p(\boldsymbol{x}) : q(\boldsymbol{x})] = \int p(\boldsymbol{x}) \log \frac{p(\boldsymbol{x})}{q(\boldsymbol{x})} d\mu(\boldsymbol{x}) \tag{5}$$

に帰着する．このとき，次の一般化ピタゴラスの定理が成立する．

定理1（ピタゴラスの定理） 点 P と Q とを結ぶ双対測地線が点 Q と点 R を結ぶ測地線とリーマン計量で直交する場合，

$$D[P : Q] + D[Q : R] = D[P : Q] \tag{6}$$

が成立する．

ここから射影定理が得られ，これが最適化などにおいて基本的な役割を担う．また，次の葉層定理も重要である．

定理2（葉層定理） 双対平坦な空間は $\boldsymbol{\theta}$ 座標と $\boldsymbol{\eta}$ 座標の成分で2重に葉層化され，θ_i の接ベクトルと η_j の接ベクトルは直交する．これらの接ベクトルをそれぞれ ∂_i, ∂_j^* で表し，$\langle \ , \ \rangle$ を内積とすれば，

$$\langle \partial_i, \partial_j^* \rangle = \delta_{ij}. \tag{7}$$

2. スパイク解析と高次相関

神経回路では，多数のニューロンがスパイク時系列を発生し，これが脳内で情報を担っていると考えられる．多くの場合，これは確率的に生成される．そこで，簡単のため，定常性を仮定し，とりあえず時間相関を無視して議論する．n 個のニューロンに対して，その発火の有無を変数 x_i, $i = 1, \ldots, n$ で表す．x_i はスパイクの有無に応じて1か0の値をとる．その同時確率分布を $p(\boldsymbol{x})$ とする．$\boldsymbol{x}$ は離散変数であるから，これは指数型分布族になる．

いま，k 個のニューロン $x_{i_1}, \ldots, x_{i_k}$ が同時に発火する確率，すなわち積 $x_{i_1} \cdots x_{i_k}$ の期待値を

$$\eta_{i_1 \cdots i_k} = E[x_{i_1} \cdots x_{i_k}] \tag{8}$$
$$= \text{Prob}\{x_{i_1} = \cdots = x_{i_k} = 1\} \tag{9}$$

とおこう．$k = 1$ のときは，η_i はニューロン i の発火率であり，一般に $\eta_{i_1 \cdots i_k}$ は関係する k 個のニューロンの同時発火率である．これらは全体で $2^n - 1$ 個あり，それらを成分とする $\boldsymbol{\eta} = (\eta_I)$ が双対アフィン座標系になる．ここで成分を表す指標 I はインデックスの組 $\{i_1, \ldots, i_k\}$, $k = 1, \ldots, n$ を示すものとする．

これに双対なアフィン座標系は，確率分布の対数を

$$\log p(\boldsymbol{x}) = \sum \theta_I \boldsymbol{x}_I - \psi(\boldsymbol{\theta}) \tag{10}$$

と展開したときの係数である．ただし，I は $\{i_1, \ldots, i_k\}$ とし，$\boldsymbol{x}_I = x_{i_1} \cdots x_{i_k}$ である．θ_I はニューロン $i_1, \ldots, i_k$ の間の相互作用を表す．すなわち，葉

層定理より，θ_I と η_J とは直交するパラメータである．わかりやすくするため，2次の相関 θ_{12} を取り上げよう．これは2つのニューロン 1, 2 の発火率 η_1, η_2 とは直交し，しかも2つのニューロンの発火が独立ならば0である．つまり，2対相関を発火率に直交に定義したものである．共分散や相関係数はこのような直交性を持たない．

一般に，k 次の相関は $\theta_{i_1\cdots i_k}$ で表され，これはそれより低次の同時発火率に直交している．こうして，座標系 η は，ニューロンの同時発火率を表し，θ は，それとは相反直交である座標系で，2次，3次，…の直交化した相関を表す．確率分布族の空間はリーマン的でユークリッド空間ではないが，相関を発火率と直交化することが，これでできる[2]．

もちろんこれは理論の話で，実際のスパイクデータから 2^n-1 個の自由度を持つ確率分布を同定することは，n が少数の場合を除いてできない．また，高次相関が存在するかどうか，意味があるかどうかについて議論があるが，高次相関は必要というデータが集まってきつつある．高次相関を生み出す機構として，ニューロン集団に内在するヘブ集団の混合分布が提案されている．さらに，膜電位がガウス分布に従うときに，これを閾値で切り，スパイク発生の機構とすると，やはり必然的に高次相関が生じることが示された[3]．また，時空間スパイク列を用いた研究も行われている．情報幾何はスパイク解析に必要な道具になっている．

3. 不完全観測および不適合モデルを用いたときの情報量損失

神経回路の発生する発火データは，外部の情報を担っている．いま，外部の状況（例えば外界の情報）をパラメータ s で表し，このときの発火データの確率分布を $p(\boldsymbol{x}, \boldsymbol{s})$ とする．発火データから $\boldsymbol{s}$ を推定するのが，デコーディングである．情報の量は，この場合 Fisher 情報量で表され，情報多様体のリーマン計量になっている．

脳内での推論に，全ての情報が使われるとは限らない．情報処理の過程で，一部の情報が欠落してしまうことが起こる．また，デコーディング機構が不完全で，元の確率分布とは違ったより簡単な確率モデルを想定して推論を行うこともある．このようなときに情報損失が起こる[4]．情報幾何はもともと統計的な推論の構造を解明するために開発されたから，この状況を解析するのに適している．一般的に言って，統計的推論はデータ $\boldsymbol{x}$（十分統計量）が定める確率分布を，モデルのなす空間 $M = \{p(\boldsymbol{x}, \boldsymbol{s})\}$ へ双対測地線で直交射影することである[1]．

観測データ $\boldsymbol{x}$ を2つの部分に分け，$\boldsymbol{x} = (\boldsymbol{x}_1, \boldsymbol{x}_2)$ としよう．$\boldsymbol{x}_1$ は観測して利用するデータ，$\boldsymbol{x}_2$ は観測されなかったか脳の中で捨てられて利用しないデータとする．例えば，$\boldsymbol{x}_1$ は各ニューロンの発火頻度，$\boldsymbol{x}_2$ は相関または高次相関だとする．このとき，$\boldsymbol{x}_1$ のみから $\boldsymbol{s}$ を推定するときの情報量を計算できる．幾何学的には，観測データのうちで $\boldsymbol{x}_1$ が定まり，$\boldsymbol{x}_2$ は未知であるからからこれを自由に動くパラメータとすると，$\boldsymbol{x}_1$ は1つの確率分布を定めるのではなく，確率分布の集まり $D \subset S$ を定義する．これを観測多様体という．推定は，観測多様体 D からモデル M への双対射影で与えられる．このとき，EM アルゴリズムなどが有用である．

一方，M とは異なる忠実でないモデル $M' = \{q(\boldsymbol{x}), \boldsymbol{s}\}$ を用いて推論すると，$\boldsymbol{s}$ が容易に求まる場合がある．例えば，モデルとして相関を含まないものを使うときである．このとき，データ点 $\boldsymbol{x}$ を M に射影する場合と，M' に射影する場合とでは答えが違うかもしれない．また，両者とも不偏な推定を与えるとしても，精度が異なる．このときの情報損失を幾何学量で計算できる[4]．うまく行けば，実際とは異なる簡単なモデルを用いて，情報の損失なしで推論ができる場合もある．

4. その他の場合

情報幾何は連想記憶モデル，多層パーセプトロンの学習（ニューロ多様体）などの解析にも効果を発揮している．また，機械学習や画像情報処理，最適化などでも大きな役割を担うが，それは他項目に譲る．

［甘利俊一］

参考文献

[1] S. Amari, H. Nagaoka, Methods of Information Geometry, *Translations of Mathematical Monographs*, **191** (2000).

[2] S. Amari, Information Geometry on Hierarchy of Probability Distributions, *IEEE Transactions on Information Theory*, **47**(5) (2001), 1701–1711.

[3] S. Amari, H. Nakahara, S. Wu, Y. Sakai, Synchronous Firing and Higher-Order Interactions in Neuron Pool, *Neural Computation*, **15** (2003), 127–142.

[4] M. Oizumi, M. Okada, S. Amari, Information loss associated with imperfect observation and mismatched decoding, *Frontiers in Computational Neuroscience*, **5**(9) (2011), 1–13.

数理生物学

個体群動態　130
一斉開花現象の数理モデル　132
疫学・ウイルス学における微分方程式モデルの大域的安定性　134
生物集団の侵入　136
生物パターンの多様性　138
細胞インテリジェンス ― 粘菌の行動知に学ぶ　140
適応と進化　142
生物系の自己組織化　144

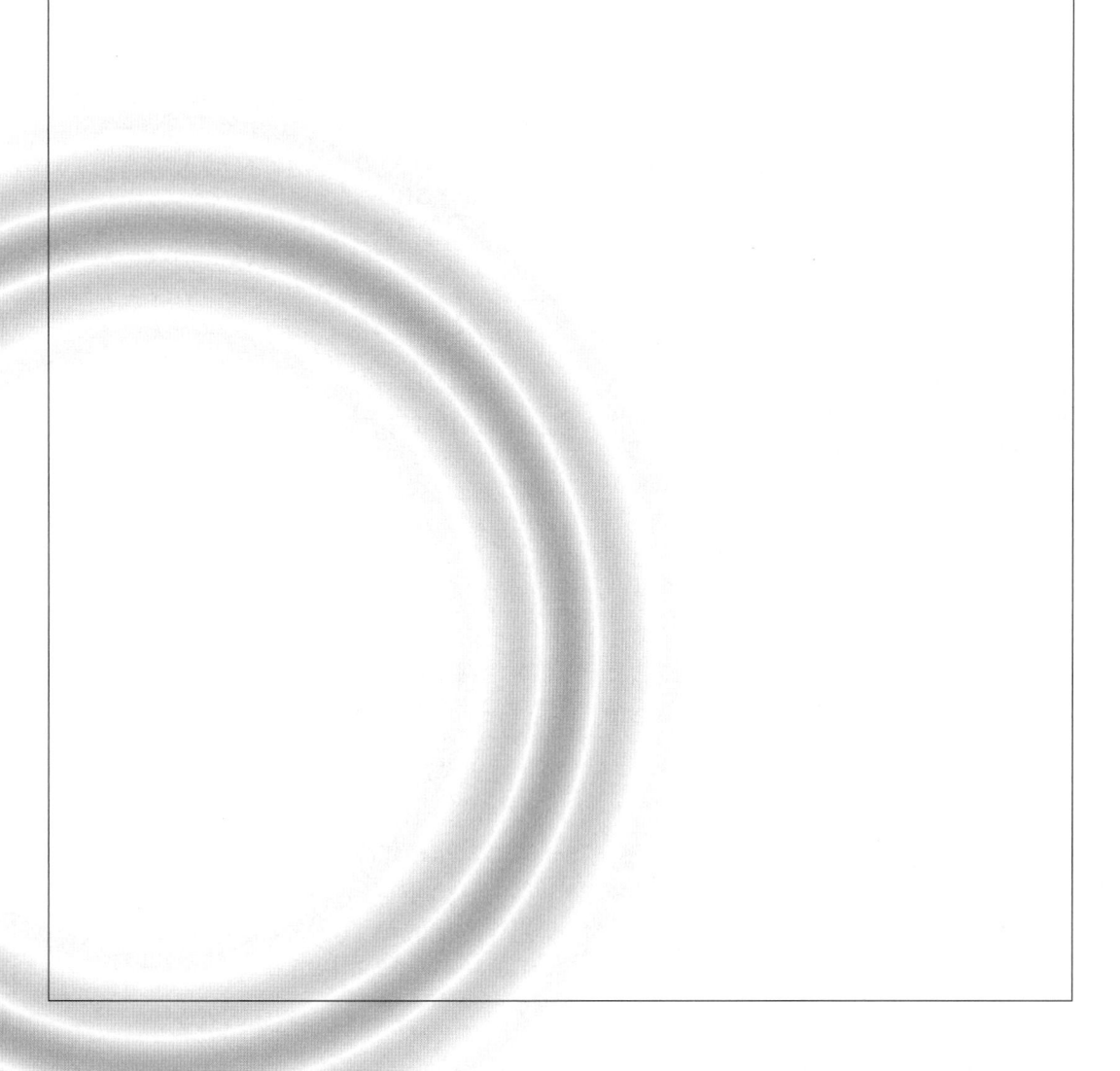

個体群動態

population dynamics

個体群動態（ポピュレーションダイナミクス）は，広義には，時空間における単位体 (unit; individual) の集合のサイズ変動の様態を指す．ここでは，生物個体の集合，すなわち，生物個体群のサイズ変動の特性を理論的・数理的に取り扱うための数理モデルの基礎について概要を述べる．個体群動態モデルは，様々な生命現象の数理モデリングの土台の1つである．

1. 個 体 群

生物個体群を形成する「個体」としては，「人」「頭」「匹」「羽」「株」などの単位で数えられるような慣用的な「個体」のほか，ウイルスや細菌，あるいは細胞からなる集団を扱う場合もある．また，個体という単位が集合して作る「群れ」(group) の集団を扱う場合もあり，その場合，「個体」に当たるのは1つ1つの群れである．

生物個体群の構成として，生物学的種 (species) の異なる個体の混合を考える場合もありうる．例えば，捕食者個体群に対する複数の餌生物種の個体群をとりまとめて1つの「餌」個体群として扱って議論することは可能である．一方，個体群をなす個体が同一種であっても，複数の「異なる」部分個体群の間の相互作用に基づくそれぞれの部分個体群サイズの変動を考える場合もある．例えば，感染症の伝染動態に関する数理モデリングでは，典型的に，非感染者からなる部分個体群と感染者からなる部分個体群を区別した動態を考えることが必要である[1],[2]．また，有性個体群におけるオス個体群とメス個体群の相互作用を考えるために，それらの個体群を区別した個体群動態を考えることもできる[1]．

2. 単一種個体群動態モデル

2.1 ロジスティック方程式

次の単一種個体群動態モデルは，ロジスティック (logistic) 方程式と呼ばれ，様々な実験系・野外観測データに適用されてきた[1],[2]．

$$\frac{dN(t)}{dt} = \{r - \beta N(t)\}N(t) \quad (1)$$

$N(t)$ は時刻 t における個体群サイズ（密度，個体数，生体量など）である．パラメータ r は内的自然増加率 (intrinsic growth rate) と呼ばれ，個体当たりの増殖率の上限を意味する．非負のパラメータ β は密度効果係数 (density effect coefficient) であり，個体当たり増殖率の個体群サイズへの応答性（感受性）の強さを表す．$r - \beta N(t)$ は正味の個体当たり増殖率を意味する．

$\beta = 0$ のとき，式 (1) は，マルサス方程式と呼ばれ，密度効果を伴わない個体群サイズ変動の基本モデルである．個体群サイズは，$r > 0$ ならば指数関数的に増加，$r < 0$ ならば指数関数的に減少する．

$\beta > 0$ の場合，式 (1) はベルヌーイ型の非線形常微分方程式であり，解を陽に求めることができる[1],[2]．

$$N(t) = \frac{r}{\beta}\left[1 - \left\{1 - \frac{r/\beta}{N(0)}\right\}e^{-rt}\right]^{-1} \quad (2)$$

$r > 0$ ならば，$N(t)$ は，任意の正の初期値 $N(0)$ から，時間経過とともに値 r/β に単調に漸近する．初期値 $N(0)$ が $r/2\beta$ 未満であれば，$N(t)$ の時間変動は S 字型となる．漸近値 r/β は，環境収容力 (carrying capacity) と呼ばれ，環境条件と生物個体群の特性によって定まる，維持可能な個体群サイズの上限値を意味する．$r \leq 0$ ならば，$N(t)$ は任意の正の初期値 $N(0)$ から，時間経過とともに 0 に単調に漸近する．

2.2 Verhulst–Beverton–Holt モデル

時間ステップ長 $h > 0$ を導入して，ロジスティック方程式 (1) の解 (2) から次の差分方程式を導出することができる[1]．

$$N_{k+1} = \frac{aN_k}{1 + bN_k} \quad (3)$$

ここで，$N_k = N(kh)$, $N_{k+1} = N((k+1)h)$ $(k = 0, 1, 2, \ldots)$, $a = e^{rh}$, $b = \beta(e^{rh} - 1)/r$ である．差分方程式 (3) の形の離散時間モデルは，生態学，水産学などにおいて応用されており，Verhulst–Beverton–Holt モデルと呼ばれる．$a > 1$ ならば，$\{N_k\}$ は，任意の正の初期値 N_0 から，$(a-1)/b$ に単調に漸近し，$a \leq 1$ ならば，0 に単調に漸近する．

一方，常微分方程式 (1) の単純差分化 $dN(t)/dt \to (N_{k+1} - N_k)/h$ によって導出される差分方程式

$$N_{k+1} = R(1 - cN_k)N_k$$

($R = 1 + rh$, $c = \beta h/(1+rh)$) は，カオス理論の発展の契機となった研究対象であり，ロジスティック写像と呼ばれる．昆虫個体群のサイズ変動に対する数理モデルとして応用されている．パラメータ R の大きさに依存した周期倍分岐，カオス変動をもたらす数学的性質により有名である[1]．

3. 複数種個体群動態モデル

次の常微分方程式系は，個体群サイズ変動に影響を及ぼす相互作用が導入された n 種の個体群動態（連続時間）モデルである[1],[2]．

$$\frac{d\boldsymbol{N}(t)}{dt} = \boldsymbol{G} - Z(t)M\boldsymbol{N}(t) \quad (4)$$

n 次元縦ベクトル $\boldsymbol{N}(t)$ の成分 $N_i(t)$ は，時刻 t における種 i の個体群サイズ，$\boldsymbol{G}$ の成分 G_i は，他種との相互作用に依存しない種 i 個体群の正味の増殖率を表す（$i=1,2,\ldots,n$）．G_i は，時刻 t や個体群サイズ $N_i(t)$ に依存してもよい．$Z(t)$ は，ii 成分を $N_i(t)$ とする n 次対角行列，M は，対角成分が 0 である n 次正方行列である．M の ij 成分 m_{ij}（$i,j=1,2,\ldots,n$）は，種 j 個体群が種 i 個体群のサイズ変動に及ぼす相互作用の強さを表し，時刻 t や個体群サイズ $N_i(t),N_j(t)$ に依存してもよい．種 i と種 j の種間相互作用は，$m_{ij}>0$ かつ $m_{ji}>0$ の場合には，双利（共生）関係，$m_{ij}>0$ かつ $m_{ji}<0$ の場合には，種 i を捕食者もしくは寄生者，種 j を被食者（餌）もしくは宿主とする偏利（捕食者–被食者，宿主–寄生者）関係，$m_{ij}<0$ かつ $m_{ji}<0$ の場合には，共通の資源を巡る競争などによる双害（競争）関係である．

特に，M が定数行列の場合，式 (4) はロトカ–ヴォルテラ型モデルであり，M を群集行列（community matrix）と呼ぶことがある．ロトカ–ヴォルテラ型モデルでは，2 種個体群間の相互作用のサイズ変動に及ぼす影響が，個体群サイズの積に比例する質量作用型（mass-action type）の項で与えられる．

例えば，次の捕食者–被食者関係にある 2 種個体群のロトカ–ヴォルテラ型モデルは，捕食者–被食者系モデルの土台の位置付けを持つ．任意の正の初期値 $(P(0),H(0))$ に有限時間で戻る周期解を持つ構造不安定な系としても有名である[1]．

$$\begin{aligned}\frac{dP(t)}{dt} &= -\delta P(t) + cbH(t)P(t)\\ \frac{dH(t)}{dt} &= rH(t) - bH(t)P(t)\end{aligned} \quad (5)$$

P は捕食者個体群サイズ，H は被食者個体群サイズを表し，パラメータ δ は捕食者の自然死亡率，r は被食者の内的自然増加率，b は捕食係数，c は捕食による捕食者の繁殖率へのエネルギー変換係数である．

また，競争関係にある 2 種の個体群の次のロトカ–ヴォルテラ型モデルは，適当な条件を満たせば双安定状態（bistable state）を実現する系としてよく知られている．

$$\begin{aligned}\frac{dN_1(t)}{dt} &= \{r_1 - \beta_1 N_1(t) - \gamma_{12}N_2(t)\}N_1(t)\\ \frac{dN_2(t)}{dt} &= \{r_2 - \beta_2 N_2(t) - \gamma_{21}N_1(t)\}N_2(t)\end{aligned} \quad (6)$$

正のパラメータ γ_{ij} は，種 j 個体群が種 i 個体群の個体当たり増殖率に及ぼす密度効果係数であり，競争係数と呼ばれる．共通の資源の奪い合いや異種個体への（防衛行動などによる）攻撃に伴う繁殖率の低下や死亡率の増加の効果に対応している．

4. 個体群動態の多様性

前節までに述べた基本的な数理モデルにおけるパラメータに時刻 t の関数を合理的に導入すれば，環境条件の時間変動（例えば，季節変動）の影響を数理モデルに導入することができる．また，パラメータに個体群サイズの関数を合理的に導入すれば，個体群動態を支配している当該の密度依存効果（density-dependent effect）を導入できる．

繁殖可能状態に至るまでの成熟期間や感染症の潜伏期などを導入する数理モデリングとしては，時間遅れ（time-lag）の導入や，個体群内の年齢分布を考える楕円型偏微分方程式や遷移行列を用いる構造化モデリングが可能である[2],[4]．

生物個体群サイズの時間変動は，一般に，考えている集団の個体の空間分布にも依存する．空間分布を導入する数理モデリングについては，拡散方程式やランダムウォーク，あるいは，格子/セル空間の応用がよく知られている[3]．個体の生息領域がパッチ（斑）状分布である一般的状況を扱うメタ個体群動態モデルの研究も進んでいる[2]．さらに，集団をなす個体間の質的差異を考慮する分子運動論的な個体群動態モデルは，個体ベース（individual-based; individual-oriented）モデルと呼ばれている[2]．

このような個体群動態モデルの多様性は，決してモデルの複雑化を意味するものではなく，その理論的・数理的研究の対象とする生命現象の多彩さを反映している．生命現象の理解はもちろん，生態系の保全，管理，農林水産業に関連する生物資源の生産，管理，運用，医学にも関連する生体系の理解や制御といった問題においても，個体群動態モデルによる研究が寄与する課題は多い． ［瀬野裕美］

参 考 文 献

[1] 瀬野裕美, 数理生物学：個体群動態の数理モデリング入門, 共立出版, 2007.
[2] 日本数理生物学会 編 (瀬野裕美 責任編集),『数』の数理生物学 (シリーズ 数理生物学要論 巻 1), 共立出版, 2008.
[3] 日本数理生物学会 編 (瀬野裕美 責任編集),『空間』の数理生物学 (シリーズ 数理生物学要論 巻 2), 共立出版, 2009.
[4] 日本数理生物学会 編 (瀬野裕美 責任編集),『行動・進化』の数理生物学 (シリーズ 数理生物学要論 巻 3), 共立出版, 2010.

一斉開花現象の数理モデル

a coupled map model of synchronized flowering in plant populations

多くの植物種において，開花および種子量が著しく年変動し個体間で同調する一斉開花現象が知られている．本項目では，植物集団を大域結合系と見なした資源収支モデルを用いて，一斉開花現象のメカニズムを説明する．

1. 一斉開花：植物の開花同調によって森林にリズムが生まれる

蛍の同期発火や体内時計と昼夜周期の同調など，世の中には様々な同期現象が見られる．こうした同期現象は植物集団でも見出され，一斉開花現象と呼ばれている．開花や種子量が個体レベルで大きく年変動し個体間（時には植物種間）で同期することによって，植物集団全体で豊作と凶作を繰り返すようなリズムが生まれる．例えば，ブナ林では5〜7年に1回の豊作年が訪れるという．ここでは，植物集団を大域結合系と見なした資源収支モデルを紹介し，一斉開花現象の仕組みを理論的に説明する．

2. 資源収支モデル

資源収支モデルでは，植物は毎年資源を獲得しそれを貯蔵する．そして貯蔵量がある閾値を超えると，貯蔵資源を投資することで開花，引き続いて結実すると仮定される[1],[2]．植物個体 i の t 年における貯蔵資源の量を $S_i(t)$，資源の獲得量を P_S，そして閾値を L_T とすると，翌年の貯蔵資源量 $S_i(t+1)$ は，

$$S_i(t+1) = \begin{cases} S_i(t) + P_s \\ \quad \text{if } S_i(t) + P_s \leq L_T \\ S_i(t) + P_s - (k+1)(S_i(t) + P_s - L_T) \\ \quad \text{if } S_i(t) + P_s > L_T \end{cases} \quad (1)$$

となる．式 (1) を $Y_i(t) = (S_i(t) + P_s - L_T)/P_s$ として書き直すと，

$$Y_i(t+1) = \begin{cases} Y_i(t) + 1 & \text{if } Y_i(t) \leq 0 \\ -kY_i(t) + 1 & \text{if } Y_i(t) > 0 \end{cases} \quad (2)$$

となる．ここで，式 (2) の k は繁殖後の資源枯渇の程度を表す正のパラメータであり，これを資源減少係数と呼ぶ．$Y_i(t)$ が負であれば，開花しないため翌年の資源量は増加するが，$Y_i(t)$ が正であれば，繁殖に投資された量だけ減少する．

資源減少係数 k が小さいと，繁殖後すぐに貯蔵資源量が閾値のレベルまで回復するので，植物は毎年一定量の花を咲かせ種子を付ける（図1(a)）．しかし，資源減少係数 k が大きくなると，種子生産のた

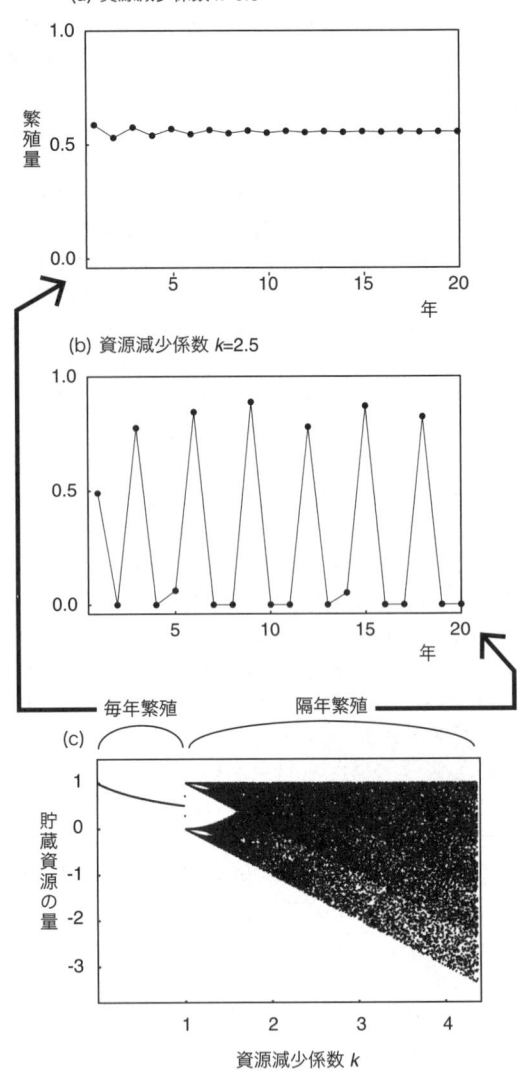

図1 資源減少係数 k の増加に伴う毎年繁殖から隔年繁殖への移行．(a) $k = 0.8$ の場合，毎年一定の繁殖量となる．(b) $k = 2.5$ の場合，大量繁殖の翌年は繁殖しないため隔年繁殖．(c) 貯蔵資源の量の長期時間変化を k に沿ってプロットした分岐図．$k < 1$ のときには毎年繁殖，それ以外は隔年繁殖となることがわかる．

めにより多くの資源を消費するので，繁殖後の資源の枯渇が生じ，閾値のレベルまで資源が回復するのに，より長い時間がかかる．そして，資源が枯渇している間は繁殖しない．したがって，資源減少係数 k の増加に伴い，毎年繁殖から隔年繁殖への移行が起こる（図1(b),(c)）．そして，繁殖量の年変動の仕方はカオティックであることが示されている[2]．

3. 花粉制約による開花の同調

式 (2) では，咲かせた花の全てが完全に受精され結実すると仮定されている．しかし，多くの植物は

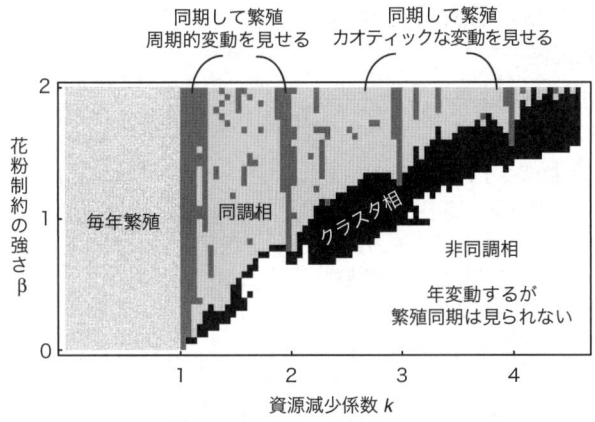

図2 資源減少係数 k と花粉制約の強さ β の組合せによって現れる豊凶パターンの分類.

自家不和合性を示すもので，自分で作った花粉が柱頭に受粉しても正常な受精に至らず結実しない．したがって，受精に成功し種子形成に至るためには，集団内の他個体から花粉を受け取ることが必須となる．このような状況をモデル化するために，個体 i の受精効率を $P_i(t)$ として式 (2) に組み込むと，以下のようになる．

$$Y_i(t+1) = \begin{cases} Y_i(t) + 1 & \text{if } Y_i(t) \leqq 0 \\ -kP_i(t)Y_i(t) + 1 & \text{if } Y_i(t) > 0 \end{cases} \quad (3)$$

受精効率 $P_i(t)$ は

$$P_i(t) = \left(\frac{1}{N-1} \sum_{j \neq i} [Y_j(t)]_+ \right)^{\beta} \quad (4)$$

で与えられ，集団内の他個体の花粉生産量の増加関数であると仮定する．ここでは Y が正であれば $[Y]_+ = Y$，負であれば $[Y]_+ = 0$ となっている．N は集団中の植物個体数，β は受精効率の他個体への依存性を制御するパラメータである．β が増加するほど受粉効率は他個体が生産する花粉量に強く制約されるため，β を花粉制約の強さと呼ぶ．

花粉制約の強さが増大するにつれ，非同期の状態から部分的に植物集団がクラスタを形成してクラスタ内で同期開花を見せるクラスタ相へ，そして，各個体の繁殖ダイナミクスが完全に引き込み合い，森林全体が同期して繁殖する完全同調相への遷移が見られる（図2）．完全同調相では，もともと各個体がカオティックに繁殖していたとしても，集団全体では秩序立った周期を持つ繁殖リズムが生じることも予測される．

4. 今後の展開

単純であるにも関わらず，植物集団が見せる多様な振る舞いを説明できる点に資源収支モデルの面白さがある．理論的な面白さに加え，資源収支モデルは多くの実証研究にとっても，多くの指針を与え続け，新しい野外調査や実験の計画に役立ってきた．今後も様々な分野に影響を与え，新しい研究を生み出してくれることに期待している． ［佐竹暁子］

参 考 文 献

[1] Y. Isagi, K. Sugimura, A. Sumida, H. Ito, How does masting happen and synchronized? *J Theor Biol*, **187** (1997), 231–239.

[2] A. Satake, Y. Iwasa, Pollen coupling of forest trees: forming synchronized and periodic reproduction out of chaos, *J Theor Biol*, **203** (2000), 63–84.

[3] A. Satake, Y. Iwasa, The synchronized and intermittent reproduction of forest trees is mediated by the Moran effect, only in association with pollen coupling, *J Ecol*, **90** (2002), 830–838.

疫学・ウイルス学における微分方程式モデルの大域的安定性

global stability of differential equation model in epidemiology and virology

微分方程式で記述された数理モデルの大域的安定性を証明する方法として，リアプノフ関数（汎関数）を用いる方法が知られている．しかし，この方法の大きな問題点はリアプノフ関数（汎関数）を構成するための一般的な処方箋がないことである．ここでは，疫学・ウイルス学における常微分方程式モデルに対するリアプノフ関数が，時間遅れを含んだモデルの大域的安定性の証明に適応できることを示す[1]．

1. 準 備

1.1 相加・相乗平均に関する不等式の一般化

正数 $x_1, x_2, \ldots, x_n$ に対して，関数 $H(x_i) = x_i - 1 - \log x_i$ を定義する．$H(x_i) \geqq 0$ であり，$H(x_i) = 0$ となるのは $x_i = 1$ であることに注意．$i=1$ から n までこの不等式を足すと

$$n - \sum_{i=1}^{n} x_i + \log \prod_{i=1}^{n} x_i \leqq 0 \quad (1)$$

が得られる．また $a_1, \ldots, a_n, b_1, \ldots, b_n > 0$ に対して $x_i = b_i/a_i$ とおけば

$$n - \sum_{i=1}^{n} \frac{b_i}{a_i} + \log \prod_{i=1}^{n} \frac{b_i}{a_i} \leqq 0 \quad (2)$$

が成り立つ．正数 $a_1, a_2, \ldots, a_n$ に対して $x_i = a_i/\sqrt[n]{a_1 a_2 \cdots a_n}$ ($x_1 x_2 \cdots x_n = 1$ に注意)とおき，式 (1) に代入すると

$$\frac{a_1 + a_2 + \cdots + a_n}{n} \geqq \sqrt[n]{a_1 a_2 \cdots a_n}$$

が得られる．これは相加・相乗平均に関する不等式であり，式 (1),(2) はこの一般化と見なせる．

$m \leqq n$ とし，式 (2) で $b_m, \ldots, b_n$ を $b'_m, \ldots, b'_n$ に置き換えると

$$n - \sum_{i=1}^{m-1} \frac{b_i}{a_i} - \sum_{i=m}^{n} \frac{b'_i}{a_i} + \log \frac{b_1 \cdots b_{m-1} b'_m \cdots b'_n}{a_1 \cdots a_{m-1} a_m \cdots a_n} \leqq 0$$

となる．いま $a_1 \cdots a_n = b_1 \cdots b_n$ と仮定すると，

$$n - \sum_{i=1}^{m-1} \frac{b_i}{a_i} - \sum_{i=m}^{n} \frac{b'_i}{a_i} + \log \prod_{i=m}^{n} \frac{b'_i}{b_i} \leqq 0 \quad (3)$$

が得られる．この不等式はリアプノフ汎関数の導関数を計算するときに非常に役に立つ．

1.2 汎関数の性質

McCluskey [2] が導入した積分を用いたある汎関数（後ほどリアプノフ汎関数として用いられる）の性質を見ておく．時間遅れに関する記号 x_t を $x_t(\theta) = x(t+\theta)$ ($-h \leqq \theta \leqq 0$) とする．ここで h は時間遅れを表す正の定数である．$x(t)$ が連続関数であれば，$x_t \in \mathrm{C}([-h, 0])$ である．

$H(t) = t - 1 - \log t$ としよう．正値をとる連続関数 x と正定数 c に対して，汎関数

$$U_\tau(x_t; c) = \int_0^\tau H\left(\frac{x(t-\eta)}{c}\right) d\eta \quad (4)$$

を定義する．この汎関数の時間微分は

$$\frac{dU_\tau}{dt} = \frac{x(t)}{c} - \frac{x(t-\tau)}{c} + \log \frac{x(t-\tau)}{x(t)} \quad (5)$$

となる．

2. リアプノフ関数の構成

初期条件 $\mathbf{x}(t_0) = \mathbf{x}_0$ を持つ n 次元の自励系

$$\frac{d\mathbf{x}}{dt} = \mathbf{f}(\mathbf{x}) \quad (6)$$

に対して，$\mathbf{R}_+^n$ のある領域 Ω で定義された C^1 級関数 $V_0(\mathbf{x})$ を考える．式 (6) の解を $\mathbf{x}(t)$ として，$V_0(\mathbf{x}(t))$ の時間微分は

$$\frac{dV_0(\mathbf{x}(t))}{dt} = \nabla V_0(\mathbf{x}) \cdot \mathbf{f}(\mathbf{x}) \quad (7)$$

で与えられる．上式の右辺は関数 $V_0(\mathbf{x})$ の勾配とベクトル場 $\mathbf{f}(\mathbf{x})$ で与えられるので，$\mathbf{x}(t)$ が式 (6) の解であることは気にしないで計算できることが重要である．

正の定数 h と連続な $\mathbf{R}^n$ 値関数 $\mathbf{x}$ に対して，$\mathbf{x}_t(\theta) = \mathbf{x}(t+\theta)$ ($-h \leqq \theta \leqq 0$) で $\mathbf{x}_t \in \mathrm{C}([-h,0], \mathbf{R}^n)$ を定義する．$\mathbf{x}_t, \mathbf{x}$ の汎関数を $\mathbf{g}(\mathbf{x}, \mathbf{x}_t)$ とし，次の関数微分方程式

$$\frac{d\mathbf{x}}{dt} = \mathbf{f}(\mathbf{x}) + \mathbf{g}(\mathbf{x}, \mathbf{x}_t) \quad (8)$$

を考えよう．$\mathbf{x}^*$ を式 (6) と式 (8) の平衡点とする．$\mathbf{x}(t)$ を式 (8) の解として，$V_0(\mathbf{x}(t))$ の時間微分を計算すると

$$\frac{dV_0}{dt} = \nabla V_0(\mathbf{x}) \cdot \mathbf{f}(\mathbf{x}) + \nabla V_0(\mathbf{x}) \cdot \mathbf{g}(\mathbf{x}, \mathbf{x}_t) \quad (9)$$

が得られる．第1項は自励系 (6) に対して式 (7) で既に計算されているとする．第2項を式変形し，不等式 (3) を用いて式 (8) に対するリアプノフ汎関数の時間微分が非正であることが示されればよい．

3. 応 用 例

応用例を示そう．x を未感染細胞密度，y を感染細胞密度，v を病原体密度として

$$\frac{dx}{dt} = \lambda - dx - \beta xv, \quad \frac{dv}{dt} = ary - bv$$
$$\frac{dy}{dt} = e^{-d\tau} \beta x(t-\tau) v(t-\tau) - ay \quad (10)$$

を考えよう．ここで $\tau > 0$ は細胞が病原体に感染してから新しい病原体が出現するまでに必要な時間遅れを表現している．式 (10) の正の平衡点 (x^*, y^*, v^*) の大域的安定性を示すため，対応する常微分方程式系

$$\frac{dx}{dt} = \lambda - dx - \beta xv, \quad \frac{dv}{dt} = ary - bv$$
$$\frac{dy}{dt} = e^{-d\tau}\beta xv - ay \tag{11}$$

を考えよう．(x^*, y^*, v^*) は式 (11) の正の平衡点と一致している．$\mathbf{x} = (x, y, v)$ に対して $\mathbf{x}_t \in C([-h, 0], \mathbf{R}^3)$ を定義し，式 (11) のベクトル場を $\mathbf{f}(\mathbf{x})$ と書く．V_0 を次式で定義する．

$$V_0(\mathbf{x}) = e^{-d\tau}(x - x^* \log x) + (y - y^* \log y)$$
$$+ \frac{1}{r}(v - v^* \log v)$$

Korobeinikov [3] が示したように，

$$\nabla V_0(\mathbf{x}) \cdot \mathbf{f}(\mathbf{x}) = e^{-d\tau} dx^* \left(2 - \frac{x^*}{x} - \frac{x}{x^*}\right)$$
$$+ e^{-d\tau}\beta x^* v^* \left(3 - \frac{x^*}{x} - \frac{v^* y}{vy^*} - \frac{y^* xv}{yx^* v^*}\right) \tag{12}$$

である．式 (10) に関して $V_0(\mathbf{x}(t))$ の時間微分は

$$\frac{dV_0(\mathbf{x}(t))}{dt} = \nabla V_0(\mathbf{x}) \cdot \mathbf{f}(\mathbf{x})$$
$$+ e^{-d\tau}\beta\left(1 - \frac{y^*}{y}\right)(x(t-\tau)v(t-\tau) - xv)$$

となる．式 (12) から

$$\frac{dV_0(\mathbf{x}(t))}{dt} = e^{-d\tau} dx^* \left(2 - \frac{x^*}{x} - \frac{x}{x^*}\right)$$
$$+ e^{-d\tau}\beta x^* v^* \left(3 - \frac{x^*}{x} - \frac{v^* y}{vy^*}\right.$$
$$\left. - \frac{y^* x(t-\tau)v(t-\tau)}{yx^* v^*}\right)$$
$$+ e^{-d\tau}\beta x^* v^* \left(\frac{x(t-\tau)v(t-\tau)}{x^* v^*} - \frac{xv}{x^* v^*}\right)$$

となる．

不等式 (3) で $n = 3$, $a_1 = x$, $a_2 = vy^*$, $a_3 = yx^* v^*$, $b_1 = x^*$, $b_2 = v^* y$, $b_3 = y^* xv$, $b'_3 = y^* x(t-\tau)v(t-\tau)$ とおけば，不等式

$$3 - \frac{x^*}{x} - \frac{v^* y}{vy^*} - \frac{y^* x(t-\tau)v(t-\tau)}{yx^* v^*}$$
$$+ \log \frac{x(t-\tau)v(t-\tau)}{xv} \leqq 0 \tag{13}$$

が得られる．この不等式を利用して計算を継続すると

$$\frac{dV_0(\mathbf{x}(t))}{dt} = e^{-d\tau} dx^* \left[2 - \frac{x^*}{x} - \frac{x}{x^*}\right]$$
$$+ e^{-d\tau}\beta x^* v^* \left[3 - \frac{x^*}{x} - \frac{v^* y}{vy^*}\right.$$
$$\left. - \frac{y^*}{y}\frac{x(t-\tau)v(t-\tau)}{x^* v^*} + \log \frac{x(t-\tau)v(t-\tau)}{xv}\right]$$
$$+ e^{-d\tau}\beta x^* v^* \left[\frac{x(t-\tau)v(t-\tau)}{x^* v^*}\right.$$
$$\left. - \frac{xv}{x^* v^*} - \log \frac{x(t-\tau)v(t-\tau)}{xv}\right] \tag{14}$$

と変形できる．式 (14) の最後の項をキャンセルするために McCluskey [2] の方法を用いる．$H(s) = s - 1 - \log s$ として式 (4) を用い，V_1 を次のように定義する．

$$V_1(\mathbf{x}_t) = U_\tau((xv)_t; x^* v^*)$$
$$= \int_0^\tau H\left(\frac{x(t-\eta)v(t-\eta)}{x^* v^*}\right) d\eta$$

式 (5) より，

$$\frac{dV_1(\mathbf{x}_t)}{dt} = \frac{xv}{x^* v^*} - \frac{x(t-\tau)v(t-\tau)}{x^* v^*}$$
$$+ \log \frac{x(t-\tau)v(t-\tau)}{xv} \tag{15}$$

が得られる．$V_1(\mathbf{x}_t) \geqq 0$ であり，$V_1(\mathbf{x}_t) = 0$ が成り立つのは恒等的に $x(t)v(t) = x^* v^*$ となる場合であることに注意しよう．

$$V(\mathbf{x}, \mathbf{x}_t) = V_0(\mathbf{x}) + e^{-d\tau}\beta x^* v^* V_1(\mathbf{x}_t)$$

とおくと，式 (14) と式 (15) から，

$$\frac{dV(\mathbf{x}(t), \mathbf{x}_t)}{dt} = e^{-d\tau} dx^* \left[2 - \frac{x^*}{x} - \frac{x}{x^*}\right]$$
$$+ e^{-d\tau}\beta x^* v^* \left[3 - \frac{x^*}{x} - \frac{v^* y}{vy^*}\right.$$
$$- \frac{y^*}{y}\frac{x(t-\tau)v(t-\tau)}{x^* v^*}$$
$$\left. + \log \frac{x(t-\tau)v(t-\tau)}{xv}\right] \leqq 0$$

が得られる．以上から，V が，対応する常微分方程式系の結果を利用した関数微分方程式系のリアプノフ汎関数であることが示された．

論文 [1] では，複数の時間遅れを持つ差分微分方程式系や積分微分方程式系にも，本手法が有効であることが示されている．本項目を読んで興味を持った読者に読むことをお薦めしたい． ［竹内康博］

参 考 文 献

[1] T. Kajiwara, T. Sasaki, Y. Takeuchi, Construction of Lyapunov functionals for delay differential equations in virology and epidemiology, *Nonlinear Analysis Series B: Real World Applications*, **13** (2012), 1802–1826.

[2] C. C. McCluskey, Complete global stability for an SIR epidemic model with delay –distributed or discrete, *Nonlinear Analysis Series B: Real World Applications*, **11** (2010), 55–59.

[3] A. Korobeinikov, Global properties of basic virus dynamics models, *Bull. Math. Biol.*, **66** (2004), 879–883.

生物集団の侵入
spatial spread of invading species

生物がそれまで生息していなかった地域に運ばれ定着することを侵入という．侵入に成功した生物の多くは，移動分散と増殖を繰り返しながら分布域を拡大する．ここでは，侵入生物の時空間パターンを記述する2つの代表的な数理モデルを紹介し，それぞれ分布域の拡大速度について解説する．

1. 反応拡散モデル

反応拡散方程式を用いた数理モデルは，一般に

$$\frac{\partial}{\partial t}n = \frac{\partial}{\partial x}\left(D(x)\frac{\partial}{\partial x}n\right) + f(x,n)n \quad (1)$$

$$(-\infty < x < \infty, \, t > 0)$$

で与えられる．$n(x,t)$ は時刻 t，場所 x における個体密度を表す．また，右辺第1項はランダム拡散を，第2項は繁殖による密度の変化率を表す．$D(x)>0$ は拡散係数，$f(x,n)$ は1個体当たりの増殖率である．初期条件は，x のある有限区間内で $n(x,0)\geqq 0$，その外では $n(x,0)=0$ とする．

1.1 一様環境での分布拡大

環境が一様な空間では，拡散係数と増殖率は陽に x に依存しないため，$D(x)=D$, $f(x,n)=f(n)$ とおく．以下では，増殖率 $f(n)$ が $n\geqq 0$ の単調減少関数で，$f(n)>0$ ($0\leqq n<K$, $K>0$), $f(n)\leqq 0$ ($K\leqq n$) の場合を考える．すなわち，密度効果によって増殖率が単調に減少する場合で，特に，増殖率が密度に比例して減少する $f(n)=\varepsilon-\mu n$ ($\varepsilon>0$, $\mu>0$) は，ロジスティック型増殖率と呼ばれる．

上記の条件が満たされているとき，式 (1) の解 $n(x,t)$ は，十分時間が経過すると，分布の後方では K に，また前方では 0 に漸近するシグモイド状のパターンを保ちながら，一定速度 $c=2\sqrt{Df(0)}$ で前進する進行波に漸近する（図1参照）[1],[2]．

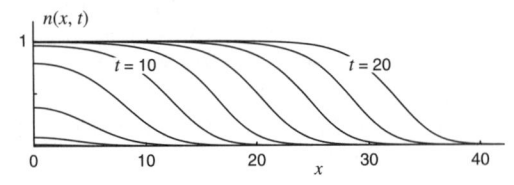

図1　$D=1$, $f(n)=1-n$ の場合の進行波

1.2 周期的変動環境での分布拡大

一般に，生物の生息環境は一様ではなく，生息に適した場所や不適な場所がパッチ状に分布している．以下では環境が周期的に変動している状況を想定し，拡散係数と増殖率が周期 L の周期関数，$D(x)=D(x+L)$, $f(x,n)=f(x+L,n)$ で与えられる場合を扱う．また，$f(x,n)$ は $n\geqq 0$ に関して減少関数で，かつ，任意の x に対して，$n\geqq M$ であれば $f(x,n)\leqq 0$ となる $M>0$ が存在する場合を考える．例えば，ロジスティック型の増殖率を拡張した $f(x,n)=\varepsilon(x)-\mu(x)n$ ($\varepsilon(x)$ と $\mu(x)>0$ は L の周期関数) はこの条件を満たす．なお，$\varepsilon(x)$ は生息に不適な場所では負の値をとる．上記の条件が満たされているとき，以下のことが明らかにされている [1],[2]．

(i) 式 (1) の平衡解である $n=0$ が局所的に安定であれば，(1) の初期値解 $n(x,t)$ は，$n=0$ に漸近する．すなわち，侵入は不成功に終わる．

(ii) 式 (1) の平衡解である $n=0$ が不安定であれば，$n^*(x)=n^*(x+L)$ を満たす安定な正の周期的平衡解がただ1つ存在する．また，式 (1) の初期値解は，十分時間が経過すると，以下の式で定義される周期的進行波に漸近する．

$$\exists t^*>0, \, n(x,t)=n(x+L,t+t^*) \text{ for all } x$$
$$\text{分布の後方では } n(x,t) \to n^*(x) \quad (2)$$
$$\text{分布の前方では } n(x,t) \to 0$$

式 (2) は，任意の時刻 t と t^* 後の時刻 $t+t^*$ における密度分布の間には，前者を L だけ前方に平行移動させれば，完全に重なり合う関係があることを意味する．したがって，周期的進行波の平均速度は $c^*=L/t^*$ で与えられる．図2に，ロジスティック型増殖の場合の周期的進行波を示す．環境の周期的変化の影響を受けて分布は空間的に振動しながら広がっているが，各 x に注目すると，$n(x,t)$ は単調に安定な周期解 $n^*(x)$ に漸近している．なお，速度 c^* は下の公式より求めることができる [1],[2]．

$$c^* = \min\{c, \exists \lambda > 0, \text{ such that } \mu_c(\lambda) = 0\}$$

$\mu_c(\lambda)$ は下のオペレータ $L_{c,\lambda}$ の主固有値である．

$$-L_{c,\lambda}u = -\frac{\partial}{\partial x}\left(D(x)\frac{\partial}{\partial x}u\right) - 2\lambda D(x)\frac{\partial}{\partial x}u$$

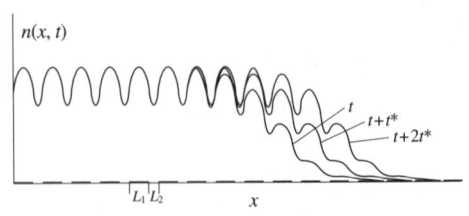

図2　幅 L_1 の好適環境と幅 L_2 の不適環境が交互に並んだ周期的パッチ状環境における周期的進行波．増殖率はロジスティック型を仮定し，好適環境では $D(x)=1$, $\varepsilon(x)=1$, $\mu(x)=1$, 不適環境では $D(x)=0.5$, $\varepsilon(x)=-0.5$, $\mu(x)=1$ の場合の $t^*=(L_1+L_2)/c^*$ おきにとった密度分布．

$$-\left[\lambda\frac{\partial}{\partial x}D(x)+\lambda^2 D(x)-\lambda c+f(x,0)\right]u$$

with $u(x)=u(x+L)$

2. 積分差分モデル

上記の反応拡散モデルでは，分散と増殖が四季を問わず常時行われていると仮定されている．しかし，生物の中には，増殖や分散がライフサイクルの一時期に限られるものもいる．例えば，昆虫の多くは，春の一時期に卵から孵化し，その後幼虫から成虫までの期間は限られた場所で過ごし，成虫になると比較的短い期間に長距離分散を行い，辿り着いた場所で産卵を行うとその場で一生を終える．以下では，このような定住期と分散期を持つ侵入生物の分布拡大過程を記述する積分差分方程式を紹介する：

$$N_{t+1}(x)=\int_{-\infty}^{\infty}k(x-y)F(N_t(y))N_t(y)dy \quad (3)$$
$$(-\infty<x<\infty, t=0,1,2,\ldots)$$

$N_t(x)$ は，t 年において分散を済ませた成虫の場所 x における個体密度であり，$F(N_t(y))$ は，場所 y に着地した 1 成虫が，その場で生んだ卵から翌年の分散期まで無事に生き延びて成虫となった数（増殖率）である．$k(x-y)$ は分散カーネルと呼ばれ，場所 y の 1 成虫が分散期に場所 x まで飛翔する確率密度関数である．したがって，式 (3) は，$t+1$ 年における場所 x の個体密度は t 年にあらゆる場所で生まれた個体のうち生き残って x まで飛翔した個体の密度に等しいことを意味している．

式 (3) において，$F(N_t)$ が非負で，かつ $F(N_t) \leqq F(0)$ を満たしている場合（例えば，ロジスティック増殖の時間離散版である $F(N_t(y))=\exp[r(1-N_t/K)]$ の場合），式 (3) の解と式 (3) を線形化した下式

$$N_{t+1}=F(0)\int_{-\infty}^{\infty}k(x-y)N_t(y)dy \quad (4)$$

の解が広がる速度は一致することが示されている [3]．ここで，速度は分布の先端において密度がある一定の閾値に達した地点が 1 年間に前進する距離で定義する．以下では，増殖率が上記の条件を満たす場合の速度について紹介する [3]．

2.1 分散カーネルと伝播速度

前節の反応拡散モデルでは，拡散項はブラウン運動をモデル化したものであるから，分散カーネル $k(x)$ はガウス分布（下記の式 (5a)）が対応する．しかし，生物の中には，自力によるランダム拡散以外に，水の流れや気流に乗って，あるいは大型動物に付着して他力で長距離移動をするものもいる．その場合は，分散カーネルはガウス分布よりも分布の裾野がより遠くまで延びているであろう．下記の 3 つの分散カーネルは下に行く程裾野がよりゆっくり減衰している：

$$k(x)=\frac{1}{\sqrt{4D\pi}}\exp\left(-\frac{x^2}{4D}\right) \text{（ガウス分布）} \quad (5a)$$

$$k(x)=\frac{\mu}{2}\exp(-\mu|x|) \text{（負の指数分布）} \quad (5b)$$

$$k(x)=\frac{\alpha^2}{4}\exp(-\alpha\sqrt{|x|}) \quad (5c)$$

分散カーネルが負の指数分布 (5b) か，あるいは，分布の裾野が式 (5b) で上から押さえられる場合，式 (3) および式 (4) の解はそれぞれ一定のパターンを維持したまま，前進する進行波に漸近する．また，その進行速度は次式で与えられる [3]．

$$c=\frac{M'(s)}{M(s)} \quad (6)$$

ただし，$M(s)=\int_{-\infty}^{\infty}k(x)\exp(sx)dx$ であり，また s は $F(0)=\exp(M'(s)/M(s))/M(s)$ の解である．式 (6) に (5a) のガウス分布を代入すると，進行速度は $c=2\sqrt{D\log(F(0))}$ となり，これは年単位で測った拡散方程式の進行速度と一致する．逆に裾野が指数関数よりゆっくりと減衰する場合，先端のパターンは時間とともに形を変えながら広がり，また，その速度は加速度的に増えていく．例えば，$k(x)$ が式 (5c) の場合，速度は t に比例して増加する [3]．

以上，増殖率に密度効果の入った 1 次元モデルを中心に紹介したが，そのほかに，高次元反応拡散モデル [2]，密度が小さいとき密度の増加とともに増殖率が増加する Allee 効果を組み込んだモデル [3]，また，長距離移動と短距離移動を組み込んだ階層的拡散モデル [1] などがある． ［重定南奈子］

参 考 文 献

[1] N. Shigesada, K. Kawasaki, *Biological Invasions: theory and practice*, Oxford Univ. Press, 1997.

[2] H. Berestycki, F. Hamel, L. Roques, Analysis of the periodically fragmented environment model: II—biological invasions and pulsating travelling fronts, *J. Math. Pures Appl.*, **84** (2005), 1101–1146.

[3] M. Kot, M. A. Lewis, F. van den Driessche, Dispersal data and the spread of invading organisms, *Ecology*, **77** (1996), 2027–2042.

生物パターンの多様性
diversity in biological patterns

1. 生物パターンについて

生物パターンにはスケールの異なる次の2種類がある．(i) 細胞を構成要素とする細胞集合体が示すパターンと，(ii) 個体を構成要素とする個体の分布パターンである．前者は "細胞分化パターン" (pattern of cell differentiation) など，発生生物学などの研究分野で，細胞，遺伝子，分子などミクロな物質とその間の相互作用が作るパターンのことを指す．一方，後者は "生物個体の集団が作る空間分布パターン" など，主に生態学分野で，個体間の捕食・繁殖・競争などの関係や個体と外部環境との相互作用が作り出す，スケールの大きい分布パターンのことを指す．本項目では，(i) の細胞集合が作る "細胞分化パターン" について考察し，(ii) の "個体集団が作る空間パターン" は他書 [1] に譲ることにする．

2. 細胞分化パターン

動物か植物かに関わりなく，多細胞生物は1つの卵細胞から細胞分裂を繰り返しながら，生物組織，器官，個体が次々と形作られていく．この個体発生過程では，4つの細胞活性 (1.細胞複製，2.細胞分化，3.細胞間の信号の授受，4.細胞移動) の機構を理解することが重要である．中でも，"細胞分化" は細胞分裂によって単に細胞数を増やすだけでなく，特性の異なる細胞へと変化する現象であり，古くから多くの研究者の興味を引いてきた．これら分化した細胞集合が作る固有の空間的配置パターン (細胞分化パターン) (例えば図1) は，複数の生成機構が絡み合って形成されており，その完全な理解は現在でも容易ではない．しかし，細胞分化の一般的な考え方や理論として，位置情報説 (positional information theory) [2] と拡散誘導不安定性 (diffusion-driven instability) の考え方 [3] が知られているので，以下にその概要と若干の応用について解説する．

3. 形態形成因子と細胞分化パターンについて

細胞の特性は細胞の遺伝子状態とタンパク質などを含めた複合的な細胞の性質を指し，細胞分化とはその細胞特性の変化のことをいう．1980年代後半に，生物の形態やパターン形成に関わる遺伝子，すなわち，ホメオティック遺伝子 (homeotic gene) が発見されて以来，細胞分化パターンの研究は生物形態進化の研究と相まって飛躍的な発展を遂げ (EvoDevo 革命 [4])，現在に至っている．不思議なことに，ほとんどの生物で保存されているホメオティック遺伝子の種類は比較的少数であり，その構造と発現は階層的であることがわかっている．この発見により，生物の形態やパターンの違いはホメオティック遺伝子の発現する「時間と場所の違い」に帰着することが明らかになった．

さて，この遺伝子発現を誘導する化合物で，細胞集合体中に空間的に非均一な濃度勾配を作って分布する化合物を，一般に形態形成因子 (morphogen) と呼んでいる．細胞中の遺伝子の周りの形態形成因子濃度がある基準値 (閾値; threshold) を上回ると，その遺伝子が活性化 (遺伝子が発現) し，細胞分化が始まるのである．したがって，細胞分化パターンは形態形成因子の濃度勾配に支配されることになる．

ウォルパート (1969) が最初に発表した位置情報説によると，「細胞は細胞集合体の中で空間的にどの位置を占めるかに応じて位置情報を得る．その情報をもとに細胞分化を行う」．当初，位置情報の実体は未知であったが，現在ではこの情報の担い手が形態形成因子であると考えられている．しかし，この位置情報説は形態形成因子の濃度勾配の形成原理には触れていない．一般的な形成原理を数学的に議論したのは，チューリング (1952) [5] である．近年の相次ぐ形態形成因子の発見により，彼の発見した拡散誘導不安定性の考え方は，根源的な意味で高い評価を得ている．

4. チューリングの拡散誘導不安定性理論とその応用

反応拡散方程式：2変数 (化合物濃度) の反応拡散方程式は，一般に濃度の時間変化＝反応項＋拡散項で与えられ，次の形をとる．

$$u_t = F(u,v) + D_1 \nabla^2 u \quad (1)$$

$$v_t = G(u,v) + D_2 \nabla^2 v \quad (2)$$

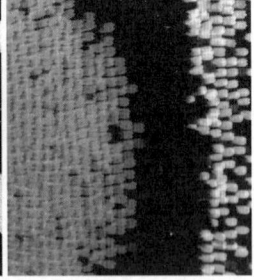

図1 蝶の羽の色紋様とは？
蝶の羽は無数の鱗粉 (細胞) で覆われている．このカラフルな色紋様は，数十～数百個からなる単色の鱗粉が織りなす，いわゆる微細なモザイク模様である．写真は羽の一部を2段階に拡大したものである．

ここで，$u = u(\vec{x},t)$, $v = v(\vec{x},t)$ は，それぞれ位置 x，時刻 t での2種類の化合物濃度を表し，その時間微分を $u_t = \partial u/\partial t$, $v_t = \partial v/\partial t$ で表す．D_1, D_2 は拡散係数であり，$F(u,v)$, $G(u,v)$ は化学反応を記述する u, v の多項式あるいは有理関数である．なお，∇^2 は2階の空間微分作用素を表す．

さて，チューリングの拡散誘導不安定性の主張は，「上式 (1),(2) の拡散なし ($D_1 = D_2 = 0$) で，u, v が安定な均一定常分布をとるとき，もし $D_1 \neq D_2$ ならば，ある適当な条件のもとで，拡散誘導不安定性により別の空間不均一分布パターンが生成されうる」というものである．上記の2種類の化合物が直接あるいは間接的に形態形成因子に関係する．

方程式 (1),(2) には，拡散係数や反応項の中に複数のパラメータが含まれる．これらのパラメータが化合物の空間分布パターンを決定すると言ってよい．これらの値がホメオティック遺伝子の発現に関係している．パラメータ値は遺伝子の発現と作用の結果であり，細胞集合体中での形態形成因子の空間的非均一濃度勾配の形成に関係する．つまり，様々な遺伝子情報が方程式中のパラメータの中に含まれ，パラメータ値の変化が細胞分化パターン形成に影響を与えるのである（図2参照）（具体例として，魚，蝶のパターンへの応用は文献 [6],[7] を参照）．

図2 アフリカに生息するオスジロアゲハ（*Papilio dardanus*）の雌に見られる擬態多型と反応拡散方程式によるコンピュータシミュレーションの結果．左側4枚の写真（オスジロアゲハ雌の4種類の型 (form)）: f. *trophonius*（左上），f. *cenea*（右上），f. *planemoides*（左下），f. *hippocoonideas*（右下）．右側4枚の図（数理モデルによるシミュレーションの結果）: それぞれ左側写真に対応する．これらの結果は閾値パラメータ値のわずかな差で生成される．

5. 生物パターンの多様性生成

上述のように，理論的には，方程式中のパラメータの値を変えることで，多様な細胞分化パターンが再現できることになる．しかし，現実の問題はそう簡単ではない．前述のように，ホメオティック遺伝子の構造は一般的に階層構造になっている．すなわち，遺伝子の数は比較的少数であっても，全ての遺伝子が一度に発現するのではなく，段階を追って，また場所を変えて発現するのであり，遺伝子の発現パターンが生物種によって異なっているのである．また，遺伝子発現の化学反応は1つの細胞内だけで閉じておらず，周りの細胞と関係し，複雑な化学反応のネットワークを形成している．さらに，成長に伴うサイズ変化や形態形成（形の変形）のパターンへの影響も無視できない場合が多い．したがって，簡単な数理モデルで再現できるパターンの多様性は，生成の時期的にも空間的にも，限定的にならざるを得ない．とはいえ，今後，数理モデルによって解決すべき課題はわれわれの前に累々と横たわっている．

6. 数理モデルの現在と今後の展開

進化に伴うパターンの多様性の研究には，いわゆるモデル生物（model organism）ではなく，非モデル生物（non-model organism）を対象とした研究が必須であると考えられている．現在，その遺伝子発現に関わる化学反応ネットワークを含めた詳細な研究や，生物の成長に伴うサイズ変化や形態形成を取り込んだ研究など，現実的な研究が進展中である．今後は，さらに対象となる生物種の拡大と，生物に対する外部環境の影響や，行動様式など生態学的な側面を取り込んだ複合的研究（EvoDevoEco 研究）の進展が大いに期待される． ［関村利朗］

参 考 文 献

[1] 日本数理生物学会 編，『空間』の数理生物学 (数理生物学要論 巻2), 共立出版, 2009.

[2] L. Wolpert, C. Tickle, P. Lawrence, E. Meyerowitz, E. Robertson, J. Smith, T. Jessell, *Principles of Development*, 4th eds., Oxford University Press, 2011.

[3] J.D. Murray, *Mathematical Biology II*, 3rd eds., Springer-Verlag, 2003.

[4] S.B. Carroll, J.K. Grenier, S. D. Weatherbee, *From DNA to Diversity*, 2nd eds., Blackwell Publishing, 2010.

[5] A.M. Turing, The chemical basis of morphogenesis, *Phil. Trans. R. Soc. Lond. B*, Vol.237 (1952), 37–72.

[6] R. Asai, E. Taguchi, Y. Kume, M. Saito, S. Kondo, Zebrafish leopard gene as a component of the putative reaction–diffusion system, *Mechanisms of Development*, **89** (1999), 87–92.

[7] T. Sekimura, A. Madzvamuse, A. Wathen, P.K. Maini, A model for colour pattern formation in the butterfly wing of *Papilio dardanus*, *Proceedings of the Royal Society B: Biological Sciences*, Vol.267 (2000), 851–859.

細胞インテリジェンス
― 粘菌の行動知に学ぶ

how behavioral intelligence develops from physical nature

ここで述べる粘菌とは，真正粘菌フィザルムのことである．和名モジホコリ，学名を *Physarum polycephalum* という．粘菌は様々なライフステージを持っているが，その中でも最も動物的に活発に動き回るステージを「変形体」と呼ぶ．この粘菌の変形体は数 cm から場合によっては 1 m にも及ぶ巨大な多核単細胞体である．変形体は原形質の塊であり，シート状に広がりながら，その中に管の複雑なネットワーク構造を展開している（図 1）．粘菌は単細胞生物であるので，通常の多細胞生物のような機能別に分化した器官を持たない．それゆえ，環境のセンシング・判断・運動を，体全体で渾然一体となって行っている．その体制は高度に均質なサブシステムからなっているので，均質な要素からなる系の集団運動から情報機能が創発する仕組みを解明するには，またとないモデル系である．

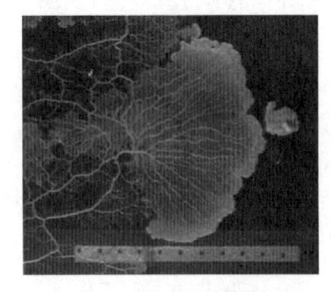

図 1 餌を探す変形体
体の各部分が 1〜2 分周期で収縮弛緩振動をしており，それによって生じる圧力勾配で原形質流動が起きている．

1. 単細胞が最短経路探索問題を解く

中垣らは，粘菌に迷路を解かせるというユニークな実験を行った[1]．この実験では，まず迷路全体を粘菌で満たすという初期状態を用意する（図 2 (a)）．次にスタート地点とゴール地点に餌を置くと，粘菌は餌を体で覆うべく移動を開始し，まず袋小路から退却する（図 2 (b)）．最終的には最短経路にのみ太い管が残り，粘菌の迷路解きが完成する（図 2 (c)）．実は，単に迷路を解いただけではなく，最終的に残った経路は最短経路となっているのである．この過程を粘菌の立場から考えてみると，餌場に常駐する体を最大化すると同時に，繋がりを保つための体を最小化することを意味し，粘菌自身の生理的要請を満たすことになる．結果として，粘菌は最短経路探索問題を解くという，ある種の計算をやってのけたのである．粘菌の迷路解きは管構造の形態形成によっているが，管の太さはその管自身を流れる原形質ゾルの流量に応じて変動するという生理現象が知られていた（流量の多い管は太くなり，少ない管は細くなる）．

手老らは，これを模してフィザルムソルバーというグラフ上の最短経路探索モデルを提案した[2]．節点集合 $\{N_i\}$，辺集合 $\{E_{ij}\}$ からなるグラフにおいて，各辺 E_{ij} に長さ L_{ij} が与えられているとき，特別な 2 節点（例えば N_1 と N_2）を結ぶ最短経路を求めよというのが，ここで考える問題である．フィザルムソルバーでは，グラフを水道管のネットワークと見なし，各辺に長さだけでなく太さ（導通性）という属性を与える．まず，節点 N_1 から一定の流量 I_0 で水を流し込み，節点 N_2 から同じペースで水が流れ出るような状況を考える．各管の中の流れをポアズイユ流であると仮定することで，各管 E_{ij} を流れる水の流量 Q_{ij} を求めることができる．さらに，粘菌の性質に倣って，流量に対する管の太さの適応的変化をモデルに導入すると，モデル方程式は次のようになる．ここで，p_i は節点 N_i における圧力である．

$$\sum_i \frac{D_{ij}}{L_{ij}}(p_i - p_j) = \begin{cases} -I_0 & \text{for } j = 1 \\ +I_0 & \text{for } j = 2 \\ 0 & \text{otherwise} \end{cases}$$

$$\frac{d}{dt} D_{ij} = f(|Q_{ij}|) - D_{ij}$$

ただし $Q_{ij} = \dfrac{D_{ij}}{L_{ij}}(p_i - p_j)$

このモデルの時間発展の過程では，ある管は太くなり，またある管は細くなったり消失したりする．最終状態における管の状態（D_{ij} の分布）が，このモデルの提示する解答である．$f(Q) = Q$ という最も単純な形を与えると，初期値に依存せず，必ず最終的に最短経路だけが残ることが数学的に保証されている．このソルバーでは，計算時間が節点数の約 1.32 乗倍のオーダーであり，これは最短経路探索アルゴリズムとしてはかなり速い．また，$f(Q)$ の関数形によって，様々な経路の残し方ができることがわかっている．

2. 単細胞がネットワークを設計する

道路網・鉄道網・電力網・水道網・インターネットなど，社会には様々なネットワークがある．コスト・効率・耐故障性の 3 条件は，このような社会のインフラネットワークに必然的に要求されるものである．現実のネットワーク設計においては，状況に応じて，これらの指標をバランス良く満たすようにしなければならない．このような問題は，多目的最

(a)　　　　　　　　　(b)　　　　　　　　　(c)

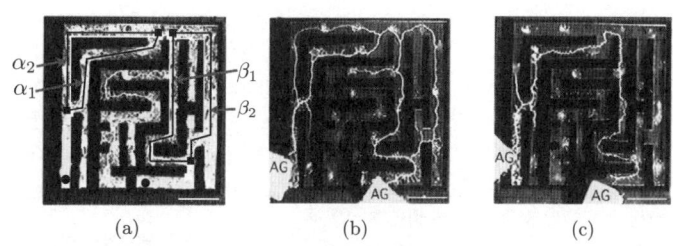

図 2　粘菌の迷路解き

この迷路には 2 通りのルートがある場所が 2 か所ある (α_1 と α_2 および β_1 と β_2). 4 通りの経路の中で α_1 と β_1 を結ぶ経路が最短経路である.

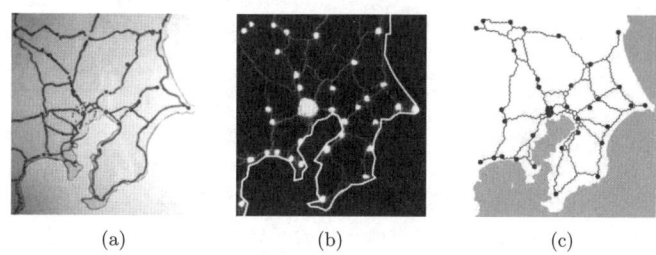

(a)　　　　　　　　　(b)　　　　　　　　　(c)

図 3　(a) 実際の首都圏 JR 鉄道網, (b) 粘菌の作ったネットワーク, (c) 適応ネットワークモデルの作ったネットワーク. [3]

適化問題と呼ばれている. 粘菌は管のネットワークを作りながら生活しているので, このようなネットワーク設計の問題には, 日常的に遭遇しているはずである. 彼らはこの問題にどのように対処しているのだろうか. 高木らは, 粘菌に首都圏の鉄道網をデザインさせ, 実際の鉄道網と比較するという実験を行った[3]. そのために, まず首都圏の主要都市の位置に餌を配置し, 東京 23 区に当たる部分にある程度の大きさの粘菌を置いて数時間放置した. その結果, 図 3(b) に示されるように, 粘菌は各都市を結ぶネットワークを作った. 同じ実験を繰り返しても類似のネットワークが形成され, それは実際の鉄道網 (図 3(a)) に近いものであった. さらに粘菌が光を嫌う性質を利用して, 地形情報を与えてやると, より現実の鉄道網に近いネットワークを作る. 前述の 3 つの評価基準, すなわちコスト・効率・耐故障性を用いて比較してみると, 粘菌の作るネットワークは実際の首都圏 JR 鉄道網と同程度の (しばしばより優れた) レベルを有していることが明らかになった. 数理モデルとしては, 関東全域を覆うランダムなネットワークを用意し, 短時間ごとに主要都市のペアをランダムに選びながらフィザルムソルバーを適用する適応ネットワークモデルが提案されている (図 3(c)). このモデルはパラメータによって, コスト重視型から効率・耐故障性重視型まで, 様々なネットワークを作ることができる.

ここで強調すべきことは, 粘菌は人間と違って全体を見渡す眼も, あれこれ考える脳も持っていないということである. にもかかわらず, 粘菌は最短経路探索やネットワーク設計をやってのけるのである.

これは自律分散的な情報処理の典型と言え, そこから学んだわれわれのアルゴリズムもまた, 典型的な自律分散型アルゴリズムとなっている.

われわれ人間は, 人間以外の生物を下等なものとして見下しがちである. とりわけ粘菌のような単細胞生物などは, とるに足りないものと思うかもしれない. しかし, 粘菌は何億年もの年月を生き延びてきており, このことは何より, 彼ら自身がシンプルで優れたシステムであることを意味している. われわれが, ひとたび謙虚な気持ちになりさえすれば, 生き物としての大先輩である彼らから様々なことを学ぶことができる. そして, 粘菌の心を理解し, 学び取るための強力な手段が, 実験と数理科学の融合的研究なのである.

[小林　亮]

参　考　文　献

[1] T. Nakagaki, H. Yamada, A. Tóth, Maze-solving by an amoeboid organism, *Nature*, **407** (2000), 470.

[2] A. Tero, R. Kobayashi, T. Nakagaki, A mathematical model for adaptive transport network in path finding by true slime mold, *J. Theor. Biol.*, **244** (2007), 553–564.

[3] A. Tero, S. Takagi, T. Saigusa, K. Ito, D.P. Bebber, M.D. Fricker, K. Yumiki, R. Kobayashi and T. Nakagaki, Rules for biologically-inspired adaptive network design, *Science*, **327** (2010), 439–442.

適応と進化
adaptation and evolution

　地球上に満ちている動物，植物，微生物は，進化によって形作られてきた．生物は繁殖での複製ミスによって，親とは少し異なるタイプの子供が生まれる．大抵はもとのタイプより機能が劣るが，中には生存率や繁殖率が高いものがあり，もとのタイプを押しのけて広がり置き換わる．このような突然変異の出現と置換が繰り返されることによって，生物の性質がゆっくりと変化していく．これが進化である．

1. 適応戦略と最適化

　動物が効率良く餌を探し，植物がその棲む場所に適応したタイミングで花を咲かせるといったことは，生物の適応戦略 (adaptive strategy) と呼ばれる[1]．残せる子供の数をダーウィン適応度 (Darwinian fitness) という．適応度が高いとそのタイプは集団に広がりやすいので，「自然淘汰の上で有利」ともいう．体長が長い，昆虫が遠くに飛べる，植物が害虫から食べられにくいなどで，適応度を改善するなら，それらの挙動をもたらす遺伝子が広がる．

　最適戦略の考え方が成果をあげた分野に，捕食理論 (foraging theory) がある．例えば魚が泳ぎながらいくつかの種類の餌に出会うとき，餌が多いと好むものだけに特化し，餌が少ないとより幅広いものを受け入れるが，これは最大の捕食効率を達成する行動と考えられ，理論予測は野外での行動観察や室内実験によって確かめられている[1]．

　1年生草本は，春に種子から発芽して葉を展開し，しだいに成長し，秋には花を咲かせ実をつけて種子を残す．光合成による稼ぎの速度は，葉や枝・根などの栄養器官のサイズとともに増大する．しかし，それらは年の終わりには失われ，花や果実による繁殖の成果だけが次世代に寄与する．植物が光合成によって得た稼ぎを光合成器官のさらなる成長に向けるか，繁殖に向けるかのスケジュールの中で，総繁殖量を最大にするものを求めてみる．この問題は，制御工学の手法，動的計画法 (dynamic programming) や，ポントリャーギンの最大原理 (Pontryagin's maximum principle) を用いて解くことができる．最適スケジュールは，成長期の前半には繁殖活動を行わず，ひたすら栄養器官を増大させ，ある時点で切り替え，以後は光合成産物の全てを花や実などの繁殖活動に用いるものである．

　サケは，川で産まれた後，海に下って数年を過ごし，繁殖する齢になると，自らの産まれた川に帰ってきて多数の卵を産み，エネルギーを使い切って死ぬ．一方近縁のマスは，成熟した後も数年にわたって繰り返して繁殖する．このように多様な繁殖のスケジュールは，それぞれの環境で次世代に残せる子供の数を最大にするものが実現していると理解でき，生活史戦略 (life history strategy) と呼ばれる．

2. 利害の対立とゲーム

　社会的相互作用に関わる形質の進化を考えると，ある個体にとって有利な挙動は，他の個体が別の挙動をとると，もはや有利でなくなる．社会科学では，利害の一致しない複数個体が，各自にとって望ましい状態を実現しようと努めるときに現れる状況を研究するため，ゲーム理論 (game theory) を発展させた．

　生物学において適応性を考える際には，挙動が異なるいくつかのタイプの間で進化のダイナミクスから適応的なものが残ったと考える．このように進化の力学に基づいて考えるモデルを，進化ゲーム理論 (evolutionary game theory) という．

　鳥類は多くの種で両親が子の世話をする．ヒト以外の哺乳類では，雌だけが子供の世話をする．淡水魚には，雄だけが子供を世話するものが多い．雄が砂を掘り返して産卵場所を作り，雌を呼び寄せる．雌が産卵し終わると，卵が孵るまで雄が保護する．しかし，多くの動物では子供は産みっぱなしである．

　子供の世話の様々なパターンが進化する状況を説明するゲームモデルがある[3]．雄と雌の2個体がプレイヤーであり，産まれた子を世話するかどうかを，それぞれに自らの繁殖成功を高めるように選ぶ．

　子の生存率は，両親から世話される場合は高く，一方の親だけの世話では低く，世話されない場合はさらに低い．一方で，子を世話する雌は，世話しない雌よりも産卵数が少ない．雄も，子供を世話していると，別の雌を獲得して交尾する機会を逃す．雌雄それぞれにとっての利得，すなわち繁殖成功度は，表1のようにまとめることができる．

　例えば淡水魚のように雄だけが子の世話をしている種では，世話をしている雄が世話をやめると繁殖の上で不利になるはずである．また，今世話をしていない雌が世話を手伝い始めても有利にはならないはずである．これらの両方が成立しているときには，「雄だけの世話」の状態が進化的に安定な戦略 (ESS: evolutionarily stable strategy) である．その状態では，相手がその戦略をとり続ける限り，自らの戦略を変えると損をする[3]．

　性が雄もしくは雌に生涯を通じて決まっている動物では，母親が産卵するときの雄と雌の比率は，ほぼ1：1になっている．これは進化の結果として，

表1 親による子の世話に関するゲームの利得行列

雄が子の世話をするかどうか（左），雌が世話をするかどうか（上）で4つの可能性がある．それぞれのマスの斜線上は雌の利得，下は雄の利得である．利得は，それぞれの親にとっての繁殖成功の変化である．世話を受けると子の生存率が上がる（$S_2 > S_1 > S_0$）．一方，世話をしている雄は次の雌を獲得する機会が減少し（$P > p$），雌は次に作る子の数が減る（$V > v$）．それぞれが自らの利得の高い戦略を選ぶ結果として，現在見られる世話のパターンが進化したと考える．[2, 図8.8]

		雌が子供の世話を	
		する	しない
雄が子供の世話を	する	vS_2 / $vS_2(1+p)$	VS_1 / $VS_1(1+p)$
	しない	vS_1 / $vS_1(1+P)$	VS_0 / $VS_0(1+P)$

ゲーム理論によって説明できる．雌の繁殖成功度は本人が産む子の数で決まる．それは，つがった配偶相手の数には関係ない．ところが，雄の繁殖成功度は，獲得し受精させた雌の数によって決まる．雄個体1匹当たりの子の残し方は，集団に雄が少ないと大きくなり，逆に雄が多いと小さくなる．集団に少ないほうの性の子を作ることが有利になる結果，雄と雌の子供を残す比率は1:1の値に進化する．

植物での花の数や果実の数などは，性比や性転換と同様の考えで取り扱うことができる．まとめて性配分理論（sex allocation theory）という[1]．

3. 急速な進化と適応ダイナミクス

自然淘汰に基づく進化は急速に生じることがある．ガラパゴス諸島のフィンチ類について30年以上にわたる野外研究がある．乾燥した年には，硬い大きなタネをつける植物しか現れず，太いくちばしを持ったフィンチだけが生き残り，くちばしサイズの集団平均は大きくなった．また，雨の多い年には，小さなタネが多数作られ，細いくちばしを持つフィンチがよく生き残り，平均サイズは小さくなった．

野外における生物集団の急速な進化は，病原体の抗生物質に対する薬剤耐性の進化，人工的な繁殖を続ける魚の求愛行動の変化などでも知られている．

このような自然淘汰によって生物の形質が変化するスピードを考える分野を，量的遺伝学（quantitative genetics）という[2]．背の高さ，羽化日，防御物質の生産量といった，注目する生物の形質を連続量として表したものをxとする（図1）．集団内にはそのばらつきがあるので，平均値を$\bar{x}$と書くと，1世代の間に変化する量は，

$$\Delta \bar{x} = G \frac{\partial}{\partial x} \ln W(x, \bar{x})$$

となる．Gは量xに関する遺伝的変異の大きさ，つまり，集団での分散であるが，観測値の分散ではなく，相加的に遺伝する成分だけの分散で，相加遺伝分散（additive genetic variance）という．

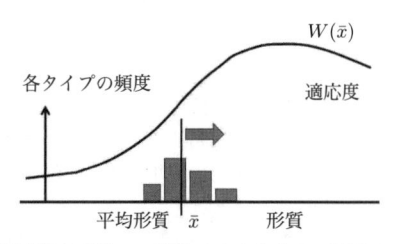

図1 適応度を形質xの関数$W(x)$とする．集団は，異なるxを持つ個体の集まりであり，より大きい適応度を持つ個体がより多くの子供を残すことによって，集団の平均値は適応度の高いほうへとずれる．これが自然淘汰である．[2, 図9.2]

$W(x, \bar{x})$は，残せる子の数の期待値，適応度である．適応度は本人の形質xに依存するが，一般には，集団の中の平均値$\bar{x}$にもよる．例えば，ある植物の草丈をxとしよう．草丈が周りの個体より高ければ，より多くの光を浴びて成長できるので適応度が高い．個体の草丈xによってではなく，他の個体の高さとの違い$x - \bar{x}$によって適応度が決まる．

より一般には，集団がその平均的な値に集中しているとは限らない．もとは1つだったものが2つに分裂する進化的分岐，さらに複数の値のかたまりに分かれるといったことが生じる．このような取り扱いは適応ダイナミクス（adaptive dynamics）と呼ばれる．

4. 進化と確率性

集団の中に，新しい突然変異が1個体現れたとする．例えば，世代当たり2割増えるといっても，1個体が1.2個体にはならない．0になるか2になるかという確率性がある．その結果，平均的には個体数が増えるはずの場合でも，高い確率で絶滅する．逆に，もとのものより適応度がわずかに低い突然変異が，偶然に集団全体に広がることもある．この確率性は遺伝的浮動（random genetic drift）と呼ばれる．それを扱うには，分枝過程や出生死亡過程，また拡散近似などの確率過程の数学が使われる．

［巌佐　庸］

参 考 文 献

[1] 巌佐　庸, 数理生物学入門：生物社会のダイナミクスを探る, 共立出版, 1998.
[2] 巌佐　庸, 生命の数理, 共立出版, 2008.
[3] J. メイナードスミス 著, 寺本　英, 梯 正之 訳, 進化とゲーム理論：闘争の論理, 産業図書, 1985.

生物系の自己組織化

self-organization of biological system

生命現象は，本来的に自己組織化を伴う．すなわち，生きたシステムは時間的・空間的な均一性を嫌い，いったんシステム内に微小な不均一性が発生するや，それは自発的に拡大し，やがて，秩序あるリズムや形状ができ上がる．本項目では，生物の自己組織化には，いくつかの段階，すなわち i) 自己触媒反応，ii) 一様性の破れ，iii) 秩序構造の形成，iv) 機能の発現があることに注目し，生物の形態の自己組織化を表現する代表的数理モデルと言えるチューリングのアイデアを中心に，マクロな数理モデルの解説を行う．

1. 自己増殖と一様性の破れ

生命現象で特徴的な反応は，自己触媒反応である．例えば，反応系：$X + A \to X + X$ では，反応物質 X の濃度 x の増加に，触媒 A だけでなく X 自身が寄与し，

$$\frac{dx}{dt} = ax \tag{1}$$

で表される．ここで a (>0) は触媒 A の濃度である．ただし，反応の場を 1 つ 1 つの細胞内と限定すると，x が限りなく増えるのは現実的でない．そこで，次のように書き換えられる．

$$\frac{dx}{dt} = ax\left(1 - \frac{x}{b}\right) \tag{2}$$

ここで，b は x の上限を表し，環境収容力と呼ぶ．

次に，競争の概念を入れる．各細胞内での 2 物質濃度の和 $x + y$ に上限 b があるとして

$$\frac{dx}{dt} = ax\left(1 - \frac{x+y}{b}\right) \tag{3a}$$

$$\frac{dy}{dt} = ay\left(1 - \frac{x+y}{b}\right) \tag{3b}$$

とする．この場合，平衡解は $x + y = b$ を満たす (x, y) のあらゆる組合せとなり，全て線形安定である（漸近安定ではない）．初期に濃度がより高い物質が，最終的にもより高い濃度を占め，「早い者勝ち」の非一様な解が平衡解となる．

一方で，個体差に比例した拡散項を導入して，

$$\frac{dx}{dt} = ax\left(1 - \frac{x+y}{b}\right) + d(y-x) \tag{4a}$$

$$\frac{dy}{dt} = ay\left(1 - \frac{x+y}{b}\right) + d(x-y) \tag{4b}$$

のようにすると，拡散係数 d が正である限り，$x > 0$, $y > 0$ を満たすいかなる初期条件からも，最終的に一様解 $x = y = b/2$ に至る．このように，自己触媒系は，システム内の不均一性を生み出す駆動力を内包しているが，拡散というプロセスが入ることで，「一般的には」システムの均一化が起こる．

2. 拡散誘導不安定性と構造形成

チューリングは，生物の形がどのように形成されるのかという問題意識のもと，

$$\frac{\partial u}{\partial t} = f(u, v) + D_u \frac{\partial^2 u}{\partial x^2} \tag{5a}$$

$$\frac{\partial v}{\partial t} = g(u, v) + D_v \frac{\partial^2 v}{\partial x^2} \tag{5b}$$

という形式の反応拡散モデルを提唱した[1]．ここで $f(u, v)$, $g(u, v)$ は反応系一般を表すものであり，一例として，ブラッセレータと呼ばれる反応系[2]

$$f(u, v) = \alpha - \beta u + u^2 v - u \tag{6a}$$

$$g(u, v) = \beta u - u^2 v \tag{6b}$$

が挙げられる．$\alpha > 0$, $\beta > 0$ は，それぞれ u の原料物質と触媒の濃度である．$D_u = 0$, $D_v = 0$ とした方程式系は，唯一の安定平衡点 $u(x, t) = \alpha$，$v(x, t) = \beta/\alpha$ を持つ．言い換えれば，空間一様解が唯一の安定解となる．

一方で，生物の形態形成において細胞間の相互作用の導入は不可欠であり，細胞膜を通した拡散は最も単純な形と言える．そのため，有限の拡散係数 $D_u > 0$, $D_v > 0$ を導入するというのが，チューリングのアイデアであった[1]．

チューリングは，ある一定条件のもとで，

<u>有限の拡散係数の付与によって，一様解が不安定化する場合があること</u>

を示した．これは，拡散項が空間をならす効果と正反対の非一様性を生み出す効果を持つことに当たり，極めて半直感的な性質であり，拡散誘導不安定性と名付けられている．式 (5a)〜(6b) の場合，関係

$$1 + \alpha^2 > (1 + \alpha\sqrt{D_x/D_y})^2$$

が成り立つとき，β が

$$1 + \alpha^2 > \beta > (1 + \alpha\sqrt{D_x/D_y})^2$$

を満たす範囲で（時間振動の伴わない）拡散誘導不安定性が実現される．その後，拡散誘導不安定性が，単なる不安定性の発現を越えて，周期の整った空間構造＝チューリング構造を生み出すことも明らかにされた．

一方で，生物の形態形成と拡散誘導不安定性を結び付ける直接的証拠は長い間，見つからなかった．この状況を打ち破ったのが近藤滋である．近藤はタテジマキンチャクダイの表皮近傍の細胞内物質の反応

過程を詳細に調べ，対応する反応拡散モデルを構成して計算機実験を行い，並行してタテジマキンチャクダイの表皮模様形成・変形過程を観察した結果，両者はほぼ完全な一致を見た [3].

チューリングのシナリオのツボは，遺伝子情報は，あくまでも形態形成における登場人物（反応物質）の配役を決めるのであって，そのマクロな立ち振る舞い（時間発展）は，より普遍的な物理・化学法則に従うという点である．生物の形態形成の全てがチューリングのシナリオに従うわけではないが，遺伝子情報に支配される過程と，マクロな物理法則に支配される過程の絶妙な組合せこそが，生命システムの基本であるというチューリングのアイデアは，現時点でも輝きを保ち続けている．

3. 自己組織化と機能

チューリングのシナリオが成立する場合・成立しない場合を含めて，生物系における構造形成に関する理解は大きく進みつつあるが，生物にとって実効的な意味を持つのは，形そのものでなく，生存のための機能である．以下では，自己組織化の動的側面として，生物系の凝集や移動と機能が結びつく例を，走化性の数理モデルをもとに考察する．

まず，1次元空間中にある多数の個体からなる系において，各個体が白色ガウスノイズ $\xi(t)$ の影響を受けつつ，ある化学物質の濃度 $C(x)$ のより高いほうに進むとすると，運動方程式は，

$$\frac{dx}{dt} = \frac{\partial C(x,t)}{\partial x} + \xi(t) \tag{7}$$

のように表される．ここで，個体集団の局所密度 $f(x,t)$ を導入することで，集団の時間発展方程式

$$\frac{\partial f(x,t)}{\partial t} = -\frac{\partial}{\partial x}\left[f(x,t)\frac{\partial C(x,t)}{\partial x}\right] + D\frac{\partial^2}{\partial x^2}f(x,t) \tag{8}$$

が構成される．ただし，拡散係数 D は白色ガウスノイズの振幅の2乗に比例している．また，各個体から化学物質が一定ペースで分泌され，かつ蒸発・拡散を起こすと仮定すると，化学物質の濃度変化は，

$$\frac{\partial C(x,t)}{\partial t} = D_c\frac{\partial^2}{\partial x^2}C(x,t) - \kappa C(x,t) + \eta f(x,t) \tag{9}$$

と表される．D_c は化学物質の拡散係数，$\kappa > 0$ は化学物質の蒸発係数，η は各個体から単位時間に分泌される化学物質量である．式 (8), (9) の組合せは，走化性による個体集団の時間発展を表す基本モデルであり，Keller–Segel モデル（以下 KS モデル）と呼ばれる偏微分方程式系の一形態と言える．KS モデルは，粘菌などで見られる走化性による凝集現象を表現するだけでなく，適当な拡張により，栄養物質の濃度が高い場所へ凝集体が移動する様子など，様々な生物集団の利得目的の行動を再現することができる．このような利得目的の行動の発現は，生物の最も「生物らしい」部分であり，機能的な側面と言える．機能発現に関しての，実証を伴う数理的研究は，長らく開拓途上であったが，近年のシステム生物学の発展 [4] とともに，その進展が見込まれている．

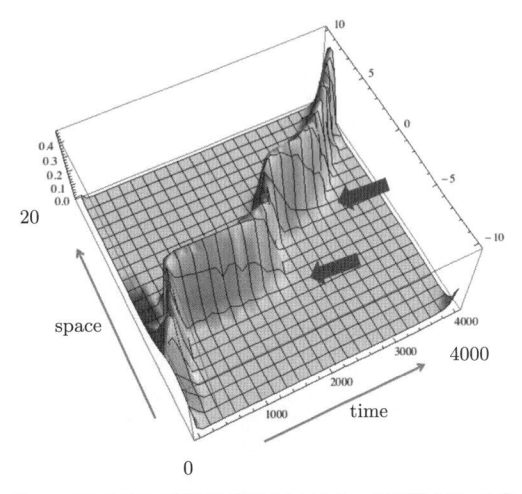

図1　KS モデルの適当な変形 [5] により，個体集団が一方向に向かって移動し採餌をしていく様子．縦軸は局所的個体密度（式 (8) の $f(x,t)$）を表す．図では個体集団がまず凝集し，太い矢印で表された2か所の餌場にそれぞれ短時間滞留しながら，全体として上方へ移動する状況が見てとれる．

［西森　拓］

参 考 文 献

[1] A.M. Truing, The Chemical Basis of Morphogenesis, *Phil. Trans. Roy. Soc. London*, B237 (1952), 37–72.

[2] ニコリス，プリゴジーヌ 著, 小畠陽之助, 相沢洋二 訳, 散逸構造, 岩波書店, 1980.

[3] S. Kondo, R. Asai, A reaction-diffusion wave on the skin of the marine angelfish Pomacanthus, *Nature*, **376** (1995), 765–768.

[4] Uri Alon 著, 倉田博之, 宮野 悟 訳, システム生物学入門, 共立出版, 2008.

[5] 西森 拓ほか, 行動・進化の数理生物学 (第5章 アリの採餌ダイナミクスと数理モデル), 共立出版, 2010.

数理医学

数理医学の諸問題　148
位相幾何学的アルゴリズムによる組織画像解析　152
臨床医用画像診断における形態・機能断層画像　153
粘弾性物性による形態機能分析　154
生体磁場の解析と磁場源数の決定　156
感染症と免疫の数理　158
がんの浸潤・転移に関わる分子パスウェイモデルと制御解析　162
血流解析　164
生命サイクル　166
医薬統計　168

数理医学の諸問題
topics in mathematical medicine

医学と関わる数理的な研究，また数理的方法を用いた医学研究は，近年急速に盛んになっている分野である．そこでは医学的な課題である病理の解明，治療法の開発，病態生理の予測，医療診断，感染の制御と，数理的な方法である数理モデリング，数値シミュレーション，逆源探索，統計的検定が協働し，互いの研究内容を深め，適用範囲を広げている．本項目では，前半で数理医学研究全般を俯瞰し，生命現象の特徴，先端の医学研究，数学的方法の全体像を，個別研究の位置や方向を関連付けて記述する．後半では，腫瘍細胞の浸潤に関する数理モデリングと数学解析の最近の研究を紹介する．

1. 生命現象と数理医学モデル

数理モデルは複雑な生命現象を様々な角度から捉えるものであり，その導出は生命を成り立たせている原理と関連付けてなされている．

個別性は生命現象を支配する最初の原理である．生命体は生きていくために骨格，運動，呼吸，循環，消化，神経のシステムを構築し，中枢系によって統合する．このシステムの中で筋肉や臓器はそれぞれの役割を分担し，それらの下部は組織から成り立っている．組織のさらに下部にあるのが細胞である．臓器，組織，細胞は生体階層の中に置かれているが，これらもそれぞれに個別性を持っている．すなわち，がん細胞は健常組織に浸潤して臓器を破壊し，ウイルスは細胞に侵入し，免疫細胞はウイルスを攻撃する．さらに，細胞の中では，核，小胞体，ゴルジ体，リソソーム，ミトコンドリアが細胞内器官を形成し，タンパク分子は細胞内外や細胞内器官を行き交って信号を伝達する．数理モデルにはこれらの個別性に基づいて，考えている階層に応じて異なる要因が取り込まれている．すなわち，生命体はシステムの統合として，臓器と血液は連続体として，組織は個別の細胞を粒子とした平均場として，細胞内分子の動力学は化学反応パスウェイのネットワークとして記述されてきた．

しかし，生命現象は個体だけでは成り立ち得ず，個体を単位とする社会が形成されることが必要である．相互作用は生命現象の第2の原理であり，個別性の説明でも生体内において個と見なされる単位が階層を越えて相互に作用する状況を述べた．ウイルスや細菌の感染は，個体間の相互作用の結果として生命体の下部構造に生ずる現象であり，生態系は個体の集合である．種の間の競合と協働によって成り立っている．これまで理論生物学は，差分方程式や常微分方程式系，またその組合せであるコンパートメントシステムを用いて生態系動力学を記述してきた．これらの数理モデルは，がん細胞の転移など，主として生体内と対象とする数理医学にも適用され，成功を収めている．一方，ゲーム理論も個体や種間の相互作用を記述する有力な方法である．現在のところ，数理医学においては顕著な使われ方をされていないが，医療技術が進んでくれば，副作用や耐性の問題と関連して取り上げられる可能性がある．

個体間の相互作用は時系列で起こり，逆戻りすることはできない．このことが生命現象のもう1つの原理である歴史性を生じさせることになる．進化は種を単位とした長期的な現象であるが，歴史性は個体，組織，細胞のレベルでも，発生，形態形成，セルサイクルとして発現する．また，腫瘍は最初に遺伝子の変異として発現し，がん細胞の増殖，血管新生による毛細血管とそのネットワーク構築を経て，健常組織への浸潤，血管内へのイントラバセーション，血管外へのエクストラバセーション，多臓器への転移のプロセスをとる．これらの現象を解明するための数理的手法としては，連続分布と複数の個別粒子をカップルさせたマルチスケールモデリングや，連続モデルの離散近似とモンテカルロ法を組み合わせたハイブリッドシミュレーションがあり，腫瘍形成原理や病態生理の予測に役立てられている．また，生命サイクルや年齢構造は社会数理医学の研究対象であり，マクロな数理モデリングが有効で，基礎方程式と呼ぶべきものが定式化されてきた．

2. 医療診断と逆問題

医工学は工学の医学への応用である．先端技術の進歩に伴い，補助器官，手術ナビゲーション，生体物性を用いた医療診断機器が開発され，数理医学はこれらの器具や装置の設計原理開発に関わってきた．逆問題研究もその中に含まれ，電場，磁場，弾性特性や放射線を用いた測定技術との関連で展開されている．数理モデルとしては連続体や電磁気学の基礎方程式から導出される積分方程式が標準的で，偏微分方程式論，数値計算法，最適化理論などの解析学や統計的推測が関係する．通常の工学の係数同定技術とは異なり，医療診断ではコストをかけても個別の状況の相違をできるだけ正確に認識することが求められている．

脳磁図分析は，脳内の神経活動によって生じる電流 J^p から誘導される磁場 B を測定して，その機能をリアルタイムに推測する技術である．この電磁誘導の過程が準静的であるとすれば，アンペールとマッ

クスウェルの法則は
$$\nabla \times B = \mu_0 J, \quad \nabla \cdot B = 0$$
で記述される．ただし μ_0 は透磁率，
$$J = J^p - \sigma(x)\nabla V$$
は全電流密度で，その右辺第 2 項は主電流 J^p から生ずる電位差 ∇V による体積電流を表している．$\sigma(x)$ は導電率で，脳を領域 Ω で表される体積コンダクタと考えた 1 層モデルでは，σ を正定数とした
$$\sigma(x) = \begin{cases} \sigma, & x \in \Omega \\ 0, & x \notin \Omega \end{cases}$$
が用いられる．電圧 V を遠方で 0 となるように正規化しておけば，ニュートンポテンシャル $\Gamma(x) = 1/4\pi|x|$ によって Geselowitz 方程式
$$\frac{\sigma}{2}V(\xi) = -\int_\Omega \nabla \cdot J^p(y)\Gamma(\xi-y)dy$$
$$-\sigma \int_{\partial\Omega} V(y)\frac{\partial}{\partial\nu_y}\Gamma(\xi-y)dS_y, \ \xi \in \partial\Omega \quad (1)$$
$$B(x) = -\mu_0 \int_\Omega J^p(y) \times \nabla\Gamma(x-y)dy + \mu_0\sigma$$
$$\cdot \int_{\partial\Omega} V(y)\nu_y \times \nabla\Gamma(x-y)dS_y, \ x \notin \partial\Omega \quad (2)$$
が導出される．ここで，ν は Ω から見て外向きの単位法ベクトルで，SQUID (超伝導量子干渉素子) による計測は，m をチャネル数，$q_1,\ldots,q_m \in \partial\Omega$ を素子の位置として，$(B\cdot\nu)(q_1),\ldots,(B\cdots\nu)(q_m)$ で与えられる．式 (1),(2) が基礎方程式であり，脳磁図分析はこれらのデータから磁場源である主電流 J^p を決定する逆問題として定式化される．

双極子移動法では，J^p を有限個の双極子 $Q_k\delta(x-a_k)$，$k=1,\ldots,N$ の和で表して離散的逆問題を設定する．双極子数 N の決定が数理的に最も重要な課題であり，過剰決定系，不足決定系双方のアプローチ (ENIDM と平行最適化) が有効である．空間フィルタ法では体積コンダクタをボクセルに分割して擬似逆源を求める．また，MUSIC は時系列データの共分散から磁場源の個数を設定するアルゴリズムである[9]．

3. 腫瘍浸潤数理モデリング

悪性腫瘍は遠隔臓器への転移巣を形成し，がんによる死亡の 90% が転移によるとされる．悪性化の要因としては，無限増殖能，運動能，健常組織への浸潤能の獲得がある．がん細胞が浸潤を始めるときは，基底膜や細胞外基質を分解するとともに，互いの接着が剥がれ，1 つ 1 つの細胞が変形する．

3.1 平均場理論

細胞を点と見なして輸送理論を用いると，組織レベルで細胞密度 q の空時 (x,t) での変化を支配する法則を定め，平均場方程式を導出することができる．最初に，粒子の運動は規則を定めればモンテカルロ法でシミュレーションできることに注意し，このシミュレーションで用いる時間刻み巾を計算時間と呼ぶ．時刻 t で地点 $x \in \mathbf{R}^N$ にある粒子は，その個体によらず方向 $\omega \in S^{N-1}$ に一定の確率 $T_\omega(x,t)$，一定の距離 Δx でジャンプするものとすると，マスター方程式
$$q(x,t+\Delta t) - q(x,t)$$
$$= \int_{S^{N-1}} T_{-\omega}(x+\omega\Delta x,t)q(x+\omega\Delta x,t)d\omega$$
$$- \int_{S^{N-1}} T_\omega(x,t)d\omega \cdot q(x,t)$$
が成り立つ．ただし，$d\omega$ は S^{N-1} 上の一様な確率測度である (図 1)．

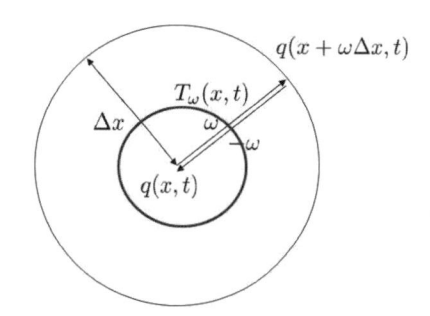

図 1 マスター方程式とバリア

この記号のもとで (x,t) に存在する粒子に，ジャンプの機会が回ってくる平均待ち時間 τ は
$$\frac{1}{\Delta t}\int_{S^{N-1}} T_\omega(x,t)d\omega = \tau^{-1}$$
で定義され，アインシュタインの公式によってその値は D を拡散定数として $(\Delta x)^2/2ND$ に等しい．このとき遷移確率 $T_\omega(x,t)$ が定数 T である場合には，平均場極限 $\Delta x \to 0$ において拡散方程式
$$q_t = D\Delta q$$
が導出されるが，別の関数 (バリア) $T = T(x,t)$ を用いて $T(x+\omega\Delta/2,t)$ の値によって定まるときは
$$\frac{\tau}{\Delta t}T_\omega(x,t) = \frac{T(x+\omega\Delta x/2,t)}{\int_{S^{N-1}} T(x+\omega'\Delta x/2,t)d\omega'}$$
となり，$\Delta x \to 0$ の平均場極限において Smoluchowski 方程式
$$q_t = D\nabla \cdot (\nabla q - q\nabla \log T) \quad (3)$$
が現れる[13]．式 (3) は q の流束が $F = -D(\nabla q + q\nabla \log T)$ であることを表している．F の第 1 項は n の拡散に由来する勾配であり，第 2 項は $\log T$ の勾配に従う移流である．標準モデルでは，これに $T(x,t)$ が粒子密度 q と制御因子 w の (x,t) における値で定

まるものとして，状態方程式

$$T = T(q,w) \quad (4)$$

を導入し，さらに w は拡散しない物質であるとして常微分方程式

$$w_t = g(q,w) \quad (5)$$

をカップルする．ここで非線形項 $T(q,w)$, $g(q,w)$ は，組織の状態と q, w の値で定まる q の移動制御や w の生成メカニズムをマクロに記述するものである．

式 (3)〜(5) は細胞移動に関する基礎方程式と考えられている．これに基づき M.A.J. Chaplain と A.R.A. Anderson は，腫瘍細胞密度 n，マトリクス分解酵素濃度 m，細胞外マトリクス密度 f を用いてがんの浸潤過程を組織レベルで記述するモデルを導入した．ここでは，n の移動の制御因子を f に由来する走触性とし，m による f の分解，m の拡散と減衰，および n による産生が，正定数 $d_n, d_m, \gamma, \eta, \alpha, \beta$ を用いて簡潔な方程式系

$$n_t = d_n \Delta n - \gamma \nabla \cdot n \nabla f \quad (6)$$

$$f_t = -\eta m f \quad (7)$$

$$m_t = d_m \Delta m + \alpha n - \beta m \quad (8)$$

で表されている．

3.2　ハイブリッドシミュレーション

式 (6) は保存則の方程式であり，境界上で流束 0 とすれば n の非負性と全質量が保存される．空間次元を 1 とし，$\Omega = (0,1)$ を格子点 $x_0 = 0 < x_1 < \cdots < x_n = 1$ で分割する．何らかの離散スキームを導入し，n_i^k を $x = x_i$, $t = t_k$ における n の近似値とする．近似方程式で $\{n_i^k\}_i$ が $\{n_i^{k+1}\}_i$ を定める規則を

$$n_i^{k+1} = p_i^{0,k} n_i^k + p_{i+1}^{-,k} n_{i+1}^k + p_{i-1}^{+,k} n_{i-1} \quad (9)$$

と書くとき常に

$$p_i^{0,k}, \ p_i^{\pm,k} \geqq 0, \quad p_i^{0,k} + p_i^{-,k} + p_i^{+,k} = 1 \quad (10)$$

であるときは，この離散近似においても n の正値性と全質量保存が成り立つ．離散化は平均場近似の逆操作であり，離散的なマスター方程式は式 (9),(10) の形をしている．式 (10) のもとで，式 (9) は時刻 $t = t_k$ で位置 $x = x_i$ にある粒子が，確率 $p_i^{0,k}, p_i^{-,k}, p_i^{+,k}$ でそれぞれそこに滞在し続ける，左に移動する，右に移動することを表す．一般に，ハイブリッドシミュレーションは連続モデルを離散化して解を求めて粒子の遷移確率を計算し，それに基づいて粒子を移動させる方法である．単純なモンテカルロ法と異なり，方程式を導出しておく必要があるが，逆にそれによって場の計算が効率的になる．この特徴を生かし，その上に新たな規則を組み込んで改めてモンテカルロ法を実行し可視化することで，複雑な生命現象を予測し，支配原理を明らかにすることが試みられている．空間 1 次元のときは，流速の離散化にサブ格子を適用することで式 (10) が実現されるが，高次元の場合は粒子の移動方向が空間の離散化とリンクする．適合メッシュはこの困難を避けるために用いられる[11]．

3.3　浸潤突起と揺らぎ

細胞変形は細胞内でその骨格を作るアクチンの再編によって引き起こされ，浸潤突起は浸潤の初期段階でがん細胞表面に遷移的に現出するものである．実験からは，初期浸潤過程においてサブセルレベルに発現する現象，とりわけアクチンの再編による細胞変形と浸潤突起を駆動力とした ECM（細胞外マトリクス）分解の間の正のフィードバックが報告されている．それによると，浸潤突起内には ECM 分解酵素である MMP（マトリクスメタロプロテアーゼ）が多数発現しているが，MMP によって分解された ECM はフラグメントとなって細胞外を拡散し，再び EGFR（細胞膜上の受容体）に付着する．このとき EGFR から細胞内に信号が伝達され，この信号から，MMP のアップレギュレーションとアクチンの細胞膜への輸送の 2 つの効果が誘発される（図 2）．

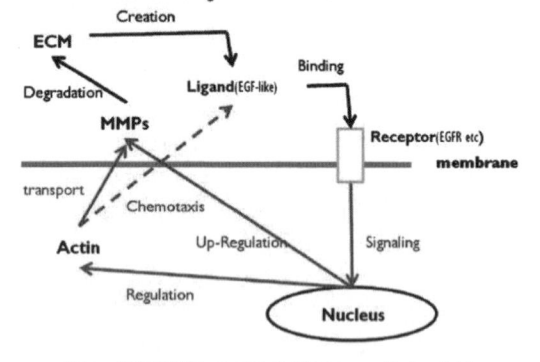

図 2　細胞変形と ECM 分解のフィードバック[7]
細胞膜の下が細胞内，膜上の受容体からシグナルが伝達される．

一連の過程はアクチン密度 n, ECM 密度 c, ECM フラグメント濃度 c^*, MMP 濃度 f を用いて

$$n_t = d_n \Delta n + \nabla \cdot n \nabla \Phi(c) - \gamma_n \nabla \cdot n \nabla c^* \quad (11)$$

$$c_t = -\kappa_c f c \quad (12)$$

$$c_t^* = d_{c^*} \Delta c^* + \kappa_c c f - \lambda_c c^* \quad (13)$$

$$f_t = d_f \Delta f + \kappa_f \chi_{\{n>0\}} c^* f - \lambda_f f$$
$$\qquad + \gamma_f \nabla \cdot f \nabla n \quad (14)$$

で記述される．このモデルではアクチンは G 型も F 型も同じ n で表され，式 (11) の右辺の第 1 項，第

3項において拡散と c^* が付着した EGFR への輸送が取り込まれている．一方，第2項は n が細胞の外に輸送されないことに由来するもので，Φ は c の増加関数，特に $c_{\max}$ において無限大をとるものとする．実際，式 (12) は f による c の分解を記述し，この方程式から c は各地点で時間について単調減少する．そこで，c の初期値は細胞の中で 0，外では一様に正定数 $c_{\max}$ として与える．また式 (13) は c^* の拡散と産生，消滅を表している．式 (14) も同様であるが，第4項は n による f の輸送，第2項は c^* による f のアップレギュレーションを表す．このままでは n, c, f の局在化を誘発しないので，式 (11)〜(14) に揺らぎを導入する．実際，この正のフィードバックのスイッチが MMP の ECM 分解にあると考えて κ_c に揺らぎを与えることは妥当であり，シミュレーションによって突起を形成させることができる[7]．

3.4　腫瘍微小環境下での競合的走化性

走化性は物質の輸送が化学物質に制御されることを表す概念である．Smoluchowski 方程式 (3) における制御項 $\log T$ が化学物質濃度に由来するものであるとすると，式 (5) には拡散項が必要である．E.F. Keller と L.A. Segel は細胞性粘菌の自己集合の主たる要因が走化性にあるとし，数理モデル

$$u_t = \nabla \cdot d_1(u,v)\nabla u - \nabla \cdot d_2(u,v)\nabla v$$
$$v_t = d_v \Delta v - k_1 vw + k_{-1} p + f(v)u$$
$$w_t = d_w \Delta w - k_1 vw + (k_{-1} + k_2)p + g(v,w)u$$
$$p_t = d_p \Delta p + k_1 vw - (k_{-1} + k_2)p$$

を提唱した．ここで u, v, w, p は細胞密度，化学物質濃度，酵素濃度，複体密度である．このモデルでは各成分の拡散と v の u への作用としての走化性，u による v, w の産生のほかに，化学反応

$$V + W \underset{k_{-1}}{\overset{k_1}{\rightleftarrows}} P \overset{k_2}{\to} W + A$$

を記述する質量作用の法則が，常微分方程式系として取り込まれている．Michaelis–Menten の式を用いると 2 成分の連立系に，さらに v の拡散が速い場合には放物型–楕円型方程式系に縮約される．その最も簡単な形の1つが Smoluchowski–ポアソン方程式

$$u_t = \nabla \cdot (\nabla u - u\nabla v), \quad -\Delta v = u - \frac{1}{|\Omega|}\int_\Omega u$$
$$\left.\frac{\partial u}{\partial \nu} - u\frac{\partial v}{\partial \nu}\right|_{\partial\Omega} = \left.\frac{\partial v}{\partial \nu}\right|_{\partial\Omega} = 0$$

である．そこでは自由エネルギーの現象と全質量保存という熱力学の法則が満たされ，そのことから特に空間 2 次元の有限時間爆発解では，デルタ関数 (コラプス) の形成とその係数の量子化が得られる[8],[10]．

浸潤が進行して，腫瘍細胞が血管に侵入する段階 (イントラバセーション) では，その周りに，様々な細胞がリクルートされて化学物質を介した相互作用が行われる．この過程は，競合的走化性として多種の競合的 Smoluchowski–ポアソン方程式で記述され，拡散係数を走化性係数で割った定数の相違が十分大きければ，爆発時刻においてただ 1 つの種のみがコラプスを形成する (競合下での選択的自己組織化)[2]．

[鈴木　貴]

参　考　文　献

[1] 江口至洋, 細胞のシステム生物学, 共立出版, 2008.
[2] E.E. Espejo, A. Stevens, T. Suzuki, Simultaneous blowup and mass separation during collapse in an interacting system of chemotactic species, *Differential and Integral Equations*, **25** (2012), 251–288.
[3] 原　宏, 栗城真也, 脳磁気科学— SQUID 計測と医学応用, オーム社, 1997.
[4] F.C. Hoppenstedt, C.S. Peskin, *Modeling and Simulation in Medicine and the Life Sciences*, second edition, Springer-Verlag, 2002.
[5] 稲葉　寿 編著, 感染症の数理モデル, 培風館, 2008.
[6] L. Preziosi (ed.), *Cancer Modeling and Simulation*, Chapman and Hall/CRC, 2003.
[7] T. Saitou, M. Rouzimaimaiti, N. Koshikawa, M. Seiki, K. Ichikawa, T. Suzuki, Mathematical modeling of invadopodia formation, *J. Theor. Biol.*, **298** (2012), 138–146.
[8] T. Suzuki, *Free Energy and Self-Interacting Particles*, Birkhäuser, 2005.
[9] 鈴木　貴, 脳磁図分析—医学における逆問題, 中村玄 編, 数学の楽しみ, pp.68–103, 日本評論社, 2007.
[10] T. Suzuki, *Mean Field Theories and Dual Variation*, Imperial College Press, 2008.
[11] 鈴木　貴, 血管新生—数理の立場から, 国武豊喜 監修, 下村正嗣, 山口智彦 編, 自己組織化ハンドブック, pp.320–324, NTS, 2009.
[12] 鈴木　貴, 腫瘍形成に関わる細胞分子と数理—トップダウンモデリングとキーパスサーチ, 応用数理, **21** (2011), 50–54.
[13] T. Suzuki, T. Senba, *Applied Analysis — Mathematical Methods in Natural Science*, Imperial College Press, 2011.
[14] 田中　博, 生命と複雑系, 培風館, 2002.

位相幾何学的アルゴリズムによる組織画像解析

image analysis for tissue via an algorithm based on the topology

1. 癌化の過程における形態変化

生体組織とは，生理学的な役割を持った構成成分の集合体である．それぞれの構成成分は他との機能的な差別化を図るために，互いに離れて存在しているか，それらの境界がはっきりしていると考えられる．

正常な細胞は，組織が新しい細胞を必要とするときにのみ成長および分裂するよう，遺伝子レベルで制御されている．すなわち，細胞が死んだり欠損したりした場合に，当該細胞に置き換わる新しい細胞が発生する．ところが，細胞の遺伝子に突然変異が生じると，成長・分裂のプロセスの秩序が乱れ，過剰に成長および分裂するようになる．過剰な細胞は組織内で塊を形成し，腫瘍または新生物と呼ばれるものになる．これに伴い，構成成分同士は互いに圧迫し，結合を始める．これが，癌組織の多様性を生む原因と考えられる．

この変化を画像から読み取り，組織画像に含まれる腫瘍組織部分を特定することを試みる．

2. 指標の定義

単体的複体に含まれる単体同士の接触が多くなれば，各々の形状や種類・接触面積の多寡とは関係なく，1次元ベッチ数は増加する傾向にある．また，1次元ベッチ数と0次元ベッチ数の比も顕著に増加する．

そこで「第1指標＝1次元ベッチ数」「第2指標＝1次元ベッチ数／0次元ベッチ数」と2つの指標を定義する．図1は，接触が多くなると指標がどのように変化するかを模式的に表したものである．(a) は第1指標 = 5，第2指標 = 5/7 であり，(b) は第1指標 = 9，第2指標 = 9/2 である．

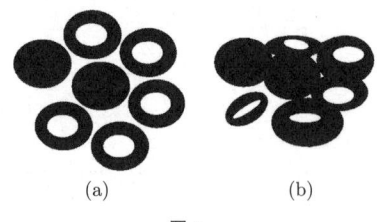

図 1

3. 手法と結果の紹介

図2はHE染色された大腸癌組織を100倍の倍率で撮影したものである．上半部に腫瘍組織が見ら

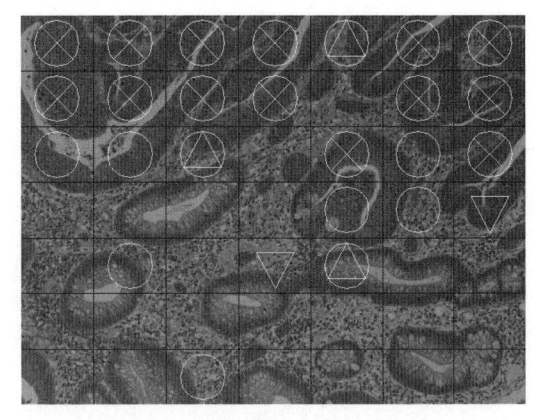

図 2

れ，中央・下部の腺管は軽い異型を伴っている．

画像のRGB分布の状況に応じて閾値を定め，生体組織画像を2値化する．2値化画像は，単体的複体と見なすことができるが，これを7×7に分割して，それぞれの領域で指標の値を求める．2値化画像からベッチ数を算出することはさほど困難ではなく，CHomP [2] などで可能である．

第1指標が27以下の場合は無印，28〜40の範囲にある場合は▽，41以上の場合は×を，第2指標が0.2〜1.4の範囲にある場合は無印，1.4〜1.7の範囲にある場合は△，1.7以上の範囲にある場合は○を，分割された画像に重ねて表示した．分割された画像の中で癌病変部が含まれる領域については，何らかの印が置かれていることが見てとれる．

いくつかの大腸組織画像に対して同様の処理が行われたが，これらの処理結果においては，偽陽性は存在するものの見逃しはなく，非常に良い精度で癌組織を特定できることがわかった[1]．

今後，信頼度や自動化の度合いを高めていくとともに，診断の精密化を図ることが望まれる．

[中根和昭]

参 考 文 献

[1] 中根和昭, Marcio Gameiro, 鈴木 貴, 松浦成昭, 位相幾何学的手法に基づくアルゴリズムによる癌病変組織部抽出法の開発, *JSIAM*, Vol.22, No.3 (2012).

[2] CHomP (Computational Homology Project), http://chomp.rutgers.edu/

臨床医用画像診断における形態・機能断層画像

morphological and functional imaging in clinical imaging

1. MRI, CT, PET, SPECT と画像再構成

非侵襲的に臨床診断用の断層画像を得る装置として，MRI, CT, PET, SPECT が挙げられる．これらは，形態や機能についての3次元位置情報を含んだ raw データを取得し，画像再構成計算により断層画像を得る．MRI では，体内の水素原子の核磁気共鳴現象を利用する．各種撮像シーケンスを駆使して，目的とする体内組織コントラストを備えた raw データを得る．これをフーリエ変換法で画像に再構成し，診断に供する [1]．CT, PET, SPECT では，放射線の透過性を利用する．CT では，体外から照射した X 線を利用する．PET, SPECT では，放射性薬剤を体内投与する．薬剤は生理・生化学・分子生物学的性質に従って体内分布し，そこから γ 線を発する．PET, SPECT はこの γ 線発生源を3次元画像化する．これらは位置情報と同時に生体内での生理・生化学・分子生物学的情報を伝えるため，機能画像と称される．CT, PET, SPECT においては，放射線検出器で得られる raw データを，数学的にはラドン変換や最尤推定法に分類される画像再構成法で断層画像にして，診断に供する．CT, PET, SPECT では，そのほかにも各種の画像再構成法が研究されている [2]．

2. PET の高感度化

PET は，炭素，酸素，窒素など生体構成元素の同位体である陽電子放出核種を利用できるという点で特異的な優位性を持つ．PET は，マイクロドーズ臨床試験と称される新薬研究開発手段において注目されている．そこでは，PET のさらなる高感度化が望まれている．PET の高感度化では，Time-of-flight PET と称される，光子のわずかな飛行時間差を計測する方法が，究極の高感度化法である．しかし，完全な Time-of-flight をハードウェアレベルで実現できる可能性はまだ低い．画像再構成理論レベルで，数学的に Time-of-flight を模倣する方法は考えられる．交差する一対の LOR（line of response）に注目する方法である [3]．ここで，LOR とは，同時計測された一対の検出器を結ぶ線分の略称である．現在では，Gate[4] などのシミュレーション環境により，このような数理的研究と実用的検証への橋渡しが可能となってきている．

3. 手法と結果の紹介

図1（右図）は上記の LOR 法 [3] を用い，Hoffman phantom という脳のディジタルファントム（左図）を利用して計算した高感度な画像再構成像である．Hoffman phantom で $50\,\text{Bq/mm}^3$ という放射能強度と5秒間のデータ収集を仮定したものであり，良好な画像再構成結果を得ている．今後実機でのデータ解析法をリファインすることにより，最終的な臨床応用を実現することが望まれる．

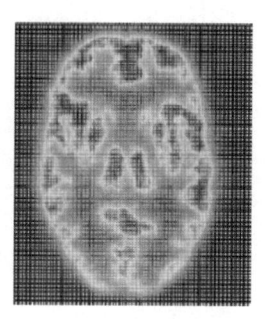

図1

[河津省司]

参 考 文 献

[1] E.M. Haacke et al., *Magnetic Resonance Imaging: Physical Principles and Sequence design*, Wiley-Liss, 1999.

[2] F. Natterer, F. Wubbeling, *Mathematical Methods in Image Reconstruction*, SIAM, 2001.

[3] S. Kawatsu, N. Ushiroya, A simulation of portable PET with a new geometric reconstruction method, *Nucl. Inst. & Meth. in Phys. Res. Sec. A* (2006).

[4] Open GATE collaboration, http://www.opengatecollaboration.org/home

粘弾性物性による形態機能分析

analysis of morphological function by viscoelasticity

MRE法と呼ばれる新しい生体組織の硬度測定法に現れる逆問題の解析法について説明する．まず，MREで計測可能な生体内定常粘弾性波動場を記述する適切なモデル式を与える．次にそのモデル式を用いて生体組織の硬度を求める逆問題の解析法について述べる．

1. 序

1995年発行の科学雑誌 *Science* において，アメリカの R. Ehman 教授率いる Mayo Clinic チームは，新しい生体組織硬度を計測する方法であるMRE (magnetic resonance elastography) 法を発表した[7]．これは，生体を振動させたときに生じる水素密度分布の変動，すなわち弾性波動場をMRIにより測定し，測定結果から生体組織の硬さ（すなわち弾性率）を計る方法である．医者の触診を生体内部まで仮想的に可能なものにする新しい診断法として，大変注目されている．ところで，弾性波動場は粘弾性方程式の解として記述され，この方程式の係数が弾性率や粘性率に相当する．したがって，MRE法では，関心領域における粘弾性方程式の解よりこの方程式の係数に相当する関数を求める逆問題を解く，すなわち逆解析する必要がある．

一口に粘弾性方程式と言っても，実は様々な種類がある．MRE法は測定に時間を要するため，時間周期的振動で励起される定常粘弾性波動場を計測している．簡単のために粘弾性は等方的であるとすると，粘弾性波動場は深さ方向に減衰する縦波と横波からなるはずである．しかしながら，生体は水に近く，そのポアッソ比は限りなく0.5に近い．そのため縦波の波長は非常に大きくなってしまい，縦波を生体内において見ることはできない．この事実は漸近解析により正当化でき，貯蔵剛性率（弾性率）G'，損失剛性率（粘性率）G''，水素密度 ρ の生体組織 Ω の境界 Γ の一部 Γ_D で周期 f と振幅 $\mathbf{f}$ を持つ外部加振を与え，$\Gamma_N = \Gamma \setminus \overline{\Gamma_D}$ は自由境界とするとき，Ω に励起される定常粘弾性波の変位 $\mathbf{u}$ は，Ω における修正ストークス方程式系：

$$\nabla \cdot \left[2(G' + iG'')\varepsilon(\mathbf{u}) \right] - \nabla p + \rho(2\pi f)^2 \mathbf{u} = 0$$
$$\nabla \cdot \mathbf{u} = 0$$

の解として，近似的に記述できることが示せる．ただし，$\varepsilon(\mathbf{u})$ と p は，歪テンソルと内部圧力を表す．

2. 修正積分法

もしも生体組織が等方的均質な粘弾性を持つならば，修正ストークス方程式の解 $\mathbf{u}$ に対して $\nabla \times \mathbf{u}$ の各成分 u は，Ω におけるスカラー方程式：

$$(G' + iG'')\Delta u + \rho(2\pi f)^2 u = 0$$

の解となる．$\mathbf{u}$ が本来 MRE により得られる計測データであるが，この u も計測可能なので，これを今後 MRE データと呼ぶ．

いま境界まで含めて Ω に含まれるテスト領域 D をとると，G', G'' は次式で与えられる．

$$G' - iG'' = -\rho(2\pi f)^2 \frac{\int_D |u_\epsilon|^2 dx}{\int_D u_\epsilon \overline{\Delta u_\epsilon} dx}$$

ただし，u_ϵ は，u を D の ϵ 近傍の外では 0 となるように滑らかさを保って拡張し，拡張された u に軟化子[5]を施したものであり，u に含まれる誤差を軽減する効果がある．このようにして G', G'' を求める方法を修正積分法という．この方法は，東森–藤原による積分法（未発表）の改良版である．

この逆解析手法の有効性を，介在物を有するファントムに対する MRE 実データ，またはそれをシミュレーションした数値計算データについて検証したところ，20%以下の相対誤差を持つデータに対しても，D を半波長〜1波長程度の大きさにとり，$\epsilon = 0.01$ ととると，再構成された貯蔵剛性率の相対誤差は 20%以下，すなわち理論再構成精度は 80%以上であることがわかった．

3. 正則化最小2乗法

生体粘弾性率は一般的には不均質である．修正積分法は生体弾性率が等方的で均質あるいはそれらが近似的に成立している場合に適用可能であった．このような仮定が成立しない場合には，正則化最小2乗法が有効と思われる．ここでは簡単のため，生体粘弾性率には，等方性に加えて定常粘弾性波の変位 $\mathbf{u}$ と G', G'' に対する仮定 $(\nabla \mathbf{u})^T \nabla G' = 0$, $(\nabla \mathbf{u})^T \nabla G'' = 0$, $\nabla \cdot \mathbf{u} = 0$ を設ける．ただし，上付きの T は，行列の転置を表す．このとき $\mathbf{u}$ の各成分 u は，

$$\nabla \cdot [(G' + iG'')\nabla u] + \rho(2\pi f)^2 u = 0 \text{ in } \Omega \quad (1)$$

を満たす．正則化最小2乗法では，まず Γ_D における $\mathbf{f}$ が1成分 f 以外は0として，対応する変位成分 u に対して，方程式 (1) に Γ_D における境界条件 $u = f$ と Γ_N におけるノイマン境界条件を付けた境界値問題の解 $u = u[G', G'']$ を，G', G'' と同様な条件と Ω における制約条件

$$G'_* \leq G'(x) \leq G'^*, \quad G''_* \leq G''(x) \leq G''^*$$

を満たす Ω における有界可測関数 $\widetilde{G'}$, $\widetilde{G''}$ に対して

考える．次いで $\widetilde{G'}, \widetilde{G''}$ を動かして，正則化最小 2 乗汎関数

$$J(\widetilde{G'}, \widetilde{G''}) = \frac{1}{2}\left(\frac{\|u(\widetilde{G'}, \widetilde{G''}) - \widetilde{u}\|^2_{L^2(\Omega)}}{\|\widetilde{u}\|^2_{L^2(\Omega)}} + \alpha\frac{\|\widetilde{G'} - \widehat{G'}\|^2_{L^2(\Omega)}}{\|\widehat{G'}\|^2_{L^2(\Omega)}} + \beta\frac{\|\widetilde{G''} - \widehat{G''}\|^2_{L^2(\Omega)}}{\|\widehat{G''}\|^2_{L^2(\Omega)}}\right)$$

が最小となる $(\widetilde{G'}, \widetilde{G''})$ を求めて，所求の未知係数 (G', G'') とするものである．ここで，$\tilde{u}$ は MRE 実データ，$\widehat{G'}, \widehat{G''}$ と正の定数 G'_*, G'^*, G''_*, G''^* は未知係数に関する先験情報であり（表 1, 2 参照），α, β は正則化パラメータである．詳細は省くが，$J(\widetilde{G'}, \widetilde{G''})$ の数値的最小化には射影勾配法が適用可能である[2],[6]．この逆解析手法の有効性を，数値計算データを用いて検証した結果，修正積分法よりも介在物の貯蔵剛性率，境界の再構成精度が向上した（図 1）．

表 1　Initial parameters

G'_*	1.0 kPa	G'^*	20.0 kPa
G''_*	$0.1\times(2\pi f)$ Pa	G''^*	$2\times(2\pi f)$ Pa
$\widetilde{G'}_0$	7.6 kPa	$\widetilde{G''}_0$	$0.45\times(2\pi f)$ Pa

表 2　Regularization parameters

viscoelasticity	outside inclusions	inside inclusions
$\widehat{G'}$ (kPa)	7.6 $(=\widetilde{G'}_0)$	3.5
$\widehat{G''}$ (Pa)	$0.45\times(2\pi f)$ $(=\widetilde{G''}_0)$	$0.45\times(2\pi f)$ $(=\widetilde{G''}_0)$

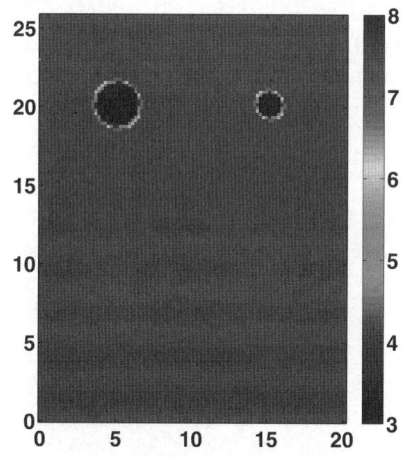

図 1　数値計算データから再構成された貯蔵剛性率 G'（単位：kPa）

この解説記事で述べたもの以外の MRE 法の逆解析手法としては，Mayo Clinic の LFE (local frequency estimation) 法 [4] や直接法 [4] が知られている．　　　　　　　　　　　　　　[中村　玄]

参 考 文 献

[1] L. Gao, L. Parker, R. Lerner, S. Levinson, Imaging of the elastic properties of tissue — a review, *Ultrasound in Medicine and Biology*, **22** (1996), 959–977.

[2] Y. Jiang, Mathematical Data Analysis for Magnetic Resonance Elastography, Ph.D. thesis, Department of Mathematics, Graduate School of Science, Hokkaido University (2009).

[3] Y. Jiang, H. Fujiwara, G. Nakamura G, Approximate Steady State Models for Magnetic Resonance Elastography, *SIAM J. Appl. Math.*, **71** (2011), 1965–1989.

[4] A. Manduca, T. Oliphant, M. Dresner, J. Mahowald, S. Kruse, E. Amromin, J. Felmlee, J. Greenleaf, R. Ehman, Magnetic resonance elastography: non-invasive mapping of tissue elasticity, *Med. Image Anal.*, **5** (2001), 237–254.

[5] 溝畑　茂, 偏微分方程式論, 岩波書店, 1965.

[6] Antonio Morassi, Gen Nakamura, Kenji Shirota, Mourad Sini, A variational approach for an inverse dynamical problem for composite beams, *European J. Appl. Math.*, **18** (2007), 21–55.

[7] R. Muthupillai, D. Lomas, P. Rossman, J. Greenleaf, A. Manduca, R. Ehman, Magnetic resonance elastography by direct visualization of propagating acoustic strain waves, *Science*, **269** (1995), 1854–1857.

生体磁場の解析と磁場源数の決定
bio-magnetic source imaging and its source number determination

われわれの日々の思考やそれに伴う行動は，脳，筋肉，感覚器，およびそれらを結ぶ脊髄や末梢神経の働きによって成り立っている．すなわち，脳が思考や判断の根幹を担い，脳からの指令や感覚器からの情報を脊髄や末梢神経が筋肉や中枢神経系に絶え間なく伝達することによって，われわれは現状を評価し，新たな行動に結び付けることができる．脳における情報処理や，脊髄，末梢神経における情報伝達を担っているのは，多数の神経細胞の同期した活動であり，この神経活動を観測・可視化することによって，われわれは自らの活動の根源を知ることができる．ここでは，神経活動を観測する1つの手法として生体磁場の解析を取り上げ，その特徴と課題について述べる．

1. 生体磁場の位置付け

脳や神経に対する測定手法は大きく形態測定と機能測定に分けられる（表1）．前者は体内組織の特性の相違によってその形状を測定するものであり，後者は神経細胞の活動による何らかの変化を測定するものである．われわれの興味は主に機能測定にある．

表1 生体（特に神経系）の測定手法の分類

	形態測定	X 線 CT, MRI
機能測定	代謝の測定	PET, fMRI
	電気的活動の測定	脳波，生体磁場

神経の機能測定はさらに，神経細胞の活動によって局所的に増加したグルコース代謝量や酸素代謝量などを測定する代謝の測定と，神経細胞の活動に起因する電圧や磁場の変化を測定する電気的活動の測定に分類される．脊髄や末梢神経の機能を測定するためには，時間分解能に優れる電気的活動の測定が求められる．

生体磁場は，神経活動によって体内に生じた微小電流が体内外に自発的に誘発した磁場であり，例えば脳の活動による生体磁場は地磁気の約 10^{-8} 程度の強度しかない．この微小な磁場は，磁気シールドルーム内で超伝導量子干渉計を用いて測定される．生体磁場の測定，解析は，大脳生理学などの基礎研究のほか，てんかん患者の術前検査や脊髄障害箇所の特定などの医療にも大きく寄与することができる．

生体磁場からその磁場源である神経活動を求める問題は逆問題に位置付けられる．一般には解の一意性がない，すなわち非適切問題であり，磁場源に対する何らかの制限のもとで解析が行われる．解析手法は，少数のパラメータの推定に基づく解法と磁場源を分布として捉える解法の大きく2つに分類される．ここでは前者のパラメトリックな解法，すなわち神経活動の局在を仮定する解析手法について取り上げる．

2. 生体磁場解析の定式化

2.1 マックスウェル方程式と順問題

生体磁場解析はマックスウェル方程式を基礎方程式とした磁場源探索逆問題である．生体の透磁率が真空の透磁率とほぼ等しく一定であること，また生体神経活動による電流の変動が十分遅いことから，生体磁場解析では "透磁率一定"，"準静的" の仮定をおいたマックスウェル方程式：

$$\nabla \cdot \boldsymbol{B} = 0, \quad \nabla \times \boldsymbol{B} = \mu_0 \boldsymbol{J} \qquad (1)$$

を用いる．ここで，$\boldsymbol{B}, \boldsymbol{J}, \mu_0$ は磁束密度，電流密度，真空の透磁率をそれぞれ表す．さらに，生体内の電流密度 $\boldsymbol{J}$ を，神経活動に直接起因する電流 $\boldsymbol{J}^\mathrm{p}$ と，$\boldsymbol{J}^\mathrm{p}$ の作る電場による電流 $-\sigma\nabla V$ に分けて考える：

$$\boldsymbol{J} = \boldsymbol{J}^\mathrm{p} - \sigma\nabla V. \qquad (2)$$

ここで，V は $\boldsymbol{J}^\mathrm{p}$ の作る電場の電圧ポテンシャル，σ は電気伝導率をそれぞれ表す．$\boldsymbol{J}^\mathrm{p}, -\sigma\nabla V$ はそれぞれ主電流，体積電流と呼ばれる．

与えられた電流密度（$\boldsymbol{J}$ もしくは $\boldsymbol{J}^\mathrm{p}$）から任意の位置での磁束密度 $\boldsymbol{B}$ を算出する問題は順問題に位置付けられ，例えば有限要素法を用いてマックスウェル方程式 (1) を解くことにより解が得られる．また，電気伝導率の分布に層状の構造を仮定すると，式 (1),(2) から Geselowitz 方程式と呼ばれる積分方程式が導かれる．この方程式は境界要素法に適合し，$\boldsymbol{J}^\mathrm{p}$ から $\boldsymbol{B}$ を求める順問題の解を示す．

2.2 逆問題

生体磁場の解析は，有限個の測定磁場データからその磁場源である電流密度を求める逆問題である．パラメトリックな解法では，求める主電流を局所的な電流の和で表現し，そのパラメータの推定を行う．これらの局所的な電流は，その位置と方向，および強度をパラメータに持つ電流双極子としてモデル化される．すなわち，N 個の電流双極子の位置，モーメント（方向と強度を表すベクトル）をそれぞれ $\boldsymbol{a}_k, \boldsymbol{Q}_k$ ($k=1,\ldots,N$) とすると，電流双極子 $\delta(\boldsymbol{x}-\boldsymbol{a}_k)\boldsymbol{Q}_k$ を用いて主電流 $\boldsymbol{J}^\mathrm{p}$ は，次のように表現される：

$$\boldsymbol{J}^\mathrm{p}(\boldsymbol{x}) = \sum_{k=1}^{N} \delta(\boldsymbol{x}-\boldsymbol{a}_k)\boldsymbol{Q}_k.$$

ここで，$\delta = \delta(\boldsymbol{x})$ はディラックデルタ関数である．

求めるパラメータ全体を，

$$x = (a_1, \ldots, a_N, Q_1, \ldots, Q_N) \in \mathbf{R}^{6N}$$

で表す．また，磁場の観測点の個数を M，パラメータ全体から各観測点で観測される磁場への写像と実際に各観測点で測定された磁場をそれぞれ $\varphi_j = \varphi_j(x)$, z_j $(j = 1, \ldots, M)$ とする．このとき，逆問題は写像 $\varphi = (\varphi_1, \ldots, \varphi_M)$ のもとで測定値 $z = (z_1, \ldots, z_M)$ からパラメータ x を求める問題と表現できる．

最も基本的なパラメトリックな解法であるダイポール推定では，計算磁場 $\varphi(x)$ と測定磁場 z の2乗誤差：

$$\mathcal{J}(x) = \frac{1}{2}\|\varphi(x) - z\|_{\mathbf{R}^M}^2$$

を最小化するパラメータ x を反復法により求める．その際，磁場源（電流双極子）の個数 N を事前に決定してパラメータの個数を固定する必要がある．

3. 磁場源数の決定

ダイポール推定に見られるように，一般的なパラメトリックな解法では，神経活動を表現する磁場源の個数 N を事前に決定して解析を行う．しかし，このような解析手法は先験的知識を必要とし，かつ結果が恣意的になる可能性がある．この問題に対し，ここでは磁場源の個数を解析時に自動的に決定する解析手法の1つであるクラスタリング [1] を紹介する．

クラスタリングでは，平行最適化理論に則り，推定パラメータの個数 $6N$ より測定磁場データ数 M が小さい不足決定系のもとで推定が行われる．不足決定系では一般に解の一意性が保たれず，方程式を満たす解が連続的に存在することになる．この解の集合を擬解の多様体 $\mathcal{M}$ と呼ぶ：

$$\mathcal{M} = \{x | \mathcal{J}(x) = 0\}.$$

平行最適化では，擬解の多様体に至る反復列を求めるプロセス（approaching）と，擬解の多様体の接空間方向にパラメータを摂動させるプロセス（melting）を，パラメータが擬解の多様体に捕らわれた状態（freezing）の判定に基づいて交互に実施することで，適切な解の探索を行う（図1）．このような摂動の基底は，$\varphi(x)$ のヤコビ行列の特異値分解により得ることができる．クラスタリングでは，meltingにおいて各電流双極子の位置が集約するような摂動を選択することによって，電流双極子群をいくつかの箇所に局在化させ，磁場源の個数を自動的に決定する．

クラスタリングでは，平行最適化理論に基づき生体磁場の解析を数理的に解決する．しかしながら，推定初期から多数のパラメータを同時に扱うため，磁場源が少数の場合にも解析に長時間を要するという問題点がある．これに対し，新しく開発された手法である ENIDM は，少数のパラメータから開始し，段階的にパラメータ数を増加させるアプローチによって，解析に要する時間の短縮を実現している．今後，これら双方の利点を生かした複合的な手法の開発が望まれる．

4. まとめと展望

本項目では主に，生体磁場の解析の位置付けと定式化，および磁場源数を自動的に決定する手法であるクラスタリングについて紹介した．磁場源数を自動的に決定する手法としては，ほかに空間フィルタの考え方に基づく MUSIC 法 [2] などが知られている．また，磁場の放射成分の多重極展開を用いる直接解法 [3] においても，電流強度の相違から磁場源数を決定できることが報告されている．さらに，空間フィルタに代表される磁場源を分布として捉える解法もまた，生体磁場の解析に非常に有用である．これらの多様な手法の特性を把握し，発展させることが，生体磁場の応用可能性を広げていく上で重要である．

［佐藤　真］

参　考　文　献

[1] T. Suzuki, Parallel optimization applied to magnetoencephalography, *Journal of Computational and Applied Mathematics*, **183**(1) (2005), 177–190.

[2] J.C. Mosher, P.S. Lewis, R.M. Leahy, Multiple Dipole Modeling and Localization from Spatio-Temporal MEG Data, *IEEE Transactions on Biomedical Engineering*, **39**(6) (1992), 541–557.

[3] T. Nara, J. Oohama, M. Hashimoto, T. Takeda, S. Ando, Direct reconstruction algorithm of current dipoles for vector magnetoencephalography and electroencephalography, *Physics in Medicine and Biology*, **52**(13) (2007), 3859–3879.

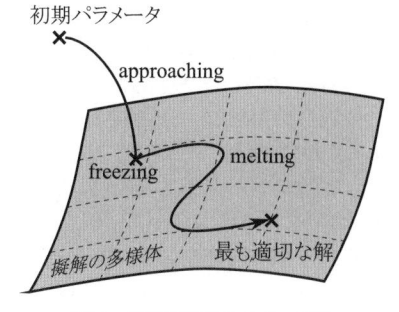

図1　平行最適化のイメージ図

感染症と免疫の数理

mathematical principles of epidemic and immune system dynamics

感染症流行の疫学動態は，古くから数理モデルを利用して様々な観点から検討され，今日では疫学データの分析と公衆衛生政策の決定に至るまで広く活用されている[3]．病原体感染と免疫システム動態の研究は免疫学の最近の進歩と平行して発展しており，体内における複雑な免疫系の外来異物に対する応答を理解することはもちろん，新しい予防および治療方法の開発にも役立てられようとしている[5]．

1. 感染症流行の数理モデル

感染症流行モデルの歴史は17世紀にまで遡り，これまで数々のモデルが提案されてきた．特に1927年に提案されたKermack–McKendrickモデルは今日でも頻繁に研究・応用されている．新たな感受性（感染する可能性のある）個体の移入を無視できるとき，感受性を有する個体の割合 $s(t)$ は，新規感染によって減少する：$\dot{s}(t) = -\lambda(t)s(t)$．ここでハザード関数 $\lambda(t)$ は感染力（force of infection）と呼ばれ，感受性個体が単位時間当たりに新たに感染する率と解釈される．一般的なKermack–McKendrickモデルにおいては，感染力は感染個体群サイズに比例していて（質量作用の法則），$-\dot{s}(t)$ は単位時間に発生する新規感染者数だから，以下の再生関係が成り立つ[2]．

$$\dot{s}(t) = s(t)\int_0^\infty A(\tau)\dot{s}(t-\tau)\,d\tau \quad (1)$$

$A(\tau)$ は感染1個体の感染からの経過時間 τ（感染齢；infection-age）における2次感染率であり，単位時間当たりの接触回数や感染齢 τ における感染性，感染齢 τ において2次感染を起こしうる状態にある確率などに依存する．ここで，接触回数や感染性が τ に独立な定数 β であり，2次感染を起こしうる感染性期間が平均 $1/\gamma$ の指数分布に従うとき，$A(\tau) = \beta e^{-\gamma\tau}$ であり，$i(t) = -\int_0^\infty e^{-\gamma\tau}\dot{s}(t-\tau)d\tau$ とすれば，再生方程式 (1) は，以下のような常微分方程式系に還元される：

$$\begin{aligned}\frac{ds(t)}{dt} &= -\beta s(t)i(t) \\ \frac{di(t)}{dt} &= \beta s(t)i(t) - \gamma i(t) \\ \frac{dr(t)}{dt} &= \gamma i(t)\end{aligned} \quad (2)$$

ここで s, i, r は時刻 t における感受性宿主，感染性宿主および回復者（あるいは死亡者）の割合である．式 (2) は頭文字を取ってSIRモデル（susceptible-infectious-removed）と称される．

2. 基本再生産数と閾値定理

感染症理論のキー概念である基本再生産数（basic reproduction number）R_0 の定義を，定常環境下で個体の状態が有限集合 $\Omega = \{1, 2, \ldots, n\}$ で指示される場合を想定して述べよう．$I(t)$ を n 次元ベクトルとして，その $j \in \Omega$ 要素は状態 j における感染性個体密度であるとすると，流行初期の感染性個体のダイナミクスは，以下の線形微分方程式（全個体が感受性である定常状態における線形化方程式）で記述される：

$$\frac{dI(t)}{dt} = (M + Q)I(t) \quad (3)$$

ここで M は n 次非負行列で，その m_{ij} 要素は j-状態の感染者が i-状態の2次感染者を生産する率である．Q は対角要素以外の要素が非負である行列であり，その非対角要素は状態間遷移強度を表し，対角要素は状態からの離脱率を表す．方程式 (3) において $MI(t)$ を非同次項と見なして定数変化法の公式を適用すれば，

$$b(t) = Me^{Qt}I(0) + \int_0^t Me^{Q\tau}b(t-\tau)d\tau \quad (4)$$

という再生方程式を得る．ここで $b(t) := MI(t)$ であり，$b(t)$ は単位時間当たりに発生する新規感染者密度である．ここで，純再生産関数（行列）を $\Psi(\tau) := Me^{Q\tau}$ と定義すれば，その (j,k) 要素は k 状態で発生した1人の1次感染者によって，τ 時間後に単位時間において j 状態において生産される2次感染者の平均数を示している．τ は感染齢である．このとき，次世代行列（next generation matrix）はその積分として定義される：

$$K = \int_0^\infty \Psi(\tau)d\tau = M(-Q)^{-1}$$

システム (3) または (4) で表される感染過程の基本再生産数 R_0 は，非負行列 K のスペクトル半径 $r(K)$ として定義される：$R_0 = r(K)$．ペロン–フロベニウスの定理によって，この場合 $r(K)$ は K の最大正固有値でもある．R_0 は感染個体群の漸近的な世代サイズ比を与えている．K が分解不能行列であれば，$b(t)$ は漸近的に指数関数的となるから，マルサスパラメータ（Malthusian parameter）$r_0 = \lim_{t\to\infty}(\log|b(t)|)/t$ が存在して，$\text{sign}(r_0) = \text{sign}(R_0 - 1)$ となることがわかる．それゆえ，感受性集団に侵入した感染個体群が持続的に拡大する条件は $R_0 > 1$ であり，$R_0 < 1$ であれば流行は自然消滅する（閾値定理）．集団ワクチン接種（接種割合 $\epsilon \in [0,1]$）によって，感受性集団サイズが一様に $(1-\epsilon)$ 倍に縮小すれば，実効再生産数（effective reproduction number）は $(1-\epsilon)R_0$ となり，根絶条件は $(1-\epsilon)R_0 < 1$ となる．すなわち

ワクチン接種割合が $1-1/R_0$（臨界免疫化割合）を超えれば流行は発生しないと考えられる．

3. 伝播の異質性

次世代行列をはじめとする異質性（均一でない性質）の描写は，流行動態を理解するだけでなく，流行対策を考察する上で重要な役割を果たす．異質性が流行対策に影響を及ぼす典型的事例として，性的パートナーの変更率 x を加味したヒトの性感染症モデルが挙げられる[1]．$S_x(t)$ および $I_x(t)$ を単位時間当たりのパートナー数が x 人である感受性および感染性人口数とすると，$S_x(t)$ および $I_x(t)$ は以下で記述できる：

$$\frac{dS_x(t)}{dt} = -x\lambda(t)S_x(t)$$
$$\frac{dI_x(t)}{dt} = x\lambda(t)S_x(t) - \gamma I_x(t) \quad (5)$$

性的パートナーが単位時間当たりにパートナー数 x で重み付けすることを除いてランダムに決定されると仮定すると，感染力 $\lambda(t)$ は

$$\lambda(t) = \frac{\beta \sum_x x I_x}{\sum_x x N_x}$$

で与えられる．ここで，β は系 (2) と同様に単位時間当たりの伝播頻度を表す係数であり，N_x は単位時間当たりのパートナー数が x 人の人口である．単位時間当たりの性的パートナーの平均を μ_x，分散を σ_x^2 とすると，このような想定に基づくモデルでは基本再生産数は $\mu_x + \sigma_x^2/\mu_x$ に比例することが示される．このとき，現実には単位時間当たりのパートナー数の分布が右裾が長く歪度の高い分布になりやすいことが知られており，分散 σ_x^2 は基本再生産数の大小に関して多大な影響を与える．性的接触に関する野外調査では，べき法則（$\Pr(x) = x^{-a}$，ここで a は定数）に同分布が従うスケールフリー性を認めることがあり，その場合には分散が発散するために R_0 は無限となる．つまり，高い異質性によって R_0 が極めて大きい場合，われわれの社会はその接触構造を基礎に流行する感染症の侵入に対して極めて脆弱であり，性的接触構造を無視していては実態と乖離したモデル化をする危険性があることはもちろん，ランダムに選ばれた個体を対象にワクチンを接種するだけで流行制御を期待することもできない．

年齢群に依存する接触パターンをはじめとして，観察に対応して離散的な群内・群間の接触の異質性を適切にモデル化するため，WAIFW 行列 (who acquired infection from whom) を用いることが多い[1]．多くの場合において，接触は直接かつ厳密に観察することが難しいため，統計学的推定においては入力情報の自由度に対応してパラメータ数を制限して推定される．未観察情報に対応するため，最近の研究では「1度に数語以上の会話を1回の接触と考える」のように，社会的に定義される接触を社会調査を通じて検討することにより，その群内・群間の接触頻度を，それが感染に関わる本当の接触頻度に比例するという想定のもとで，流行データの分析に用いることもある．また，異質性は多種の宿主を検討するだけでは対応できないことが多く，例えば家庭と学校，コミュニティで接触を分けて検討するように，個体の属性を明確に分離できない層構造のある接触パターンを考えることが必要な場合もある．家庭とコミュニティを分ける場合には，個体レベルの閾値は存在せず，代替として家庭間再生産数が流行閾値の議論に利用される[4]．

4. 感染症流行の観察データ分析

流行データを分析する上で念頭に置くべき4つの特徴として，(i) 宿主から宿主へと伝播することから1人の感染者のリスクは他者に依存すること，(ii) データ変動の主な原因に人口学的確率性と測定誤差の2つがあること，(iii) 感染イベントは直接には，ほとんど観察できないこと，(iv) 免疫を有する宿主が存在すること，が挙げられる．最初の2つの特徴をあわせて確率的従属構造 (stochastic dependence structure) と称し，特にサンプル数の小さい観察データを利用した推定では，同点を明示的に考慮した推定が必要とされる．例えば，時刻 t において2次感染を起こしうる発病者数を $y(t)$ とし，その出生率を $\nu(t)$，死亡率を $\mu(t)$ とすると，決定論的モデルでは

$$\frac{dy(t)}{dt} = [\nu(t) - \mu(t)]y(t)$$

であるが，データに適用するためには確率過程で書き換えて，

$$\frac{dp_y(t)}{dt} = \nu(t)(y-1)p_{y-1}(t) + \mu(t)(y+1)p_{y+1}(t)$$
$$- (\nu(t) + \mu(t))y p_y(t)$$
$$\frac{dp_0(t)}{dt} = \mu(t)p_1(t)$$

を解くことによって尤度を導くのが望ましい（ここで $p_y(t) = \Pr(y(t) = y)$）．また，尤度は過去の観察データに条件付けすることで上記 (i) に対応できる．すなわち，推定すべきパラメータを θ とすると，時刻 t_1 から t_n までの観察データに対する条件付き対数尤度は

$$l(\theta) = \sum_{k=1}^{n} \log[\Pr(y(t_j) = y_{t_j} \mid y(t_{j-1}) = y_{t_{j-1}}, \theta)]$$

となる．

5. ウイルス感染の数理モデル

個体レベルの疫学動態の研究が広く行われてきた傍ら，1990 年代の初頭から感染者生体内におけるウイルス感染動態の研究も欧米諸国を中心に少しずつ広がってきた．特に，ウイルス感染動態の研究では，極めて豊富で精度の高い臨床データや実験データを数理科学的に解析できることが特徴であり，医学分野・生物学分野における実験科学者との協働による本格的な学際的研究が重要視されている．現在，様々なウイルス感染動態を記述することができる基本モデルとして，以下の常微分方程式系が頻繁に使われている[5]：

$$\frac{dx(t)}{dt} = \lambda - dx(t) - \beta x(t)v(t)$$
$$\frac{dy(t)}{dt} = \beta x(t)v(t) - ay(t) \quad (6)$$
$$\frac{dv(t)}{dt} = ky(t) - rv(t)$$

数理モデルの変数である $x(t), y(t), v(t)$ は，それぞれ任意の時刻 t における標的細胞数，感染細胞数，ウイルス粒子数を表す．ここで，初期時刻 0 は，ウイルスに感染した（もしくは実験を開始した）時刻であることを意味する．つまり，初期値 $x(0), y(0), v(0)$ は，ウイルス感染時における標的細胞数，感染細胞数，ウイルス粒子数である．また，標的細胞は供給源より単位時間当たり λ だけ補充されていると仮定し，d は死亡率を表す．ウイルス粒子は，標的細胞への遭遇・付着・侵入などの効率に依存して，β という割合で標的細胞に感染すると考える．質量作用の法則を仮定すれば，単位時間当たりに新たに感染する標的細胞数（すなわち，新たに生産される感染細胞数）は $\beta x(t)v(t)$ で表される．次に，感染細胞は，単位時間当たり k だけウイルス粒子を複製できるとし，活性化細胞死やウイルス複製による細胞変性，免疫応答による細胞障害性などの結果，a という割合で死亡すると仮定している．すなわち，単位時間当たりに新たに複製されるウイルス粒子数は $ky(t)$ である．また，複製されたこれらのウイルス粒子は，生体の生理的作用や抗体による中和反応によって r という割合で除去されると仮定している．

6. ウイルス感染動態の定量化

ウイルス感染現象を根本的に理解するためには，ウイルス学研究における既存の解析手法から判明した「現象」の「1 つの断面」からの理解（例えばクロスセクショナルデータによる相関関係や特定の要素間の関係）に加え，「現象」の「動的システム」としての包括的な理解が近年希求され始めている．非同時かつ多発的に繰り返し起こっているウイルス複製プロセスを「定量的」かつ「経時的・動態的」に取り扱うことが可能になれば，未知の疾患メカニズムの解明が期待されるからである．

現在まで，基本的な数理モデル (6) やその改良モデルは，様々な感染実験や臨床実験のデータを説明することに成功してきた．また，これらの数理モデルを用いた解析から，ウイルスの生体内・培養細胞内における感染動態の指標となる感染細胞の半減期，ウイルスバーストサイズ，感染細胞の基本再生産数といった様々な指標は，以下のように定式化することができる[5]：数理モデル (6) では，感染細胞のウイルス粒子産生期間が平均 $1/a$ の指数分布に従うと仮定している．すなわち，感染細胞の半減期は $\log 2/a$ と定式化できる．さらに，感染細胞は単位時間当たり k だけウイルス粒子を産生すると仮定していることより，1 個の感染細胞が生涯に複製する総ウイルス粒子数，すなわちウイルスバーストサイズは k/a と定式化できる．一方，感染症理論のキー概念である基本再生産数は，ウイルス感染動態を特徴付ける指標としても用いられている．感染細胞の基本再生産数は $\lambda\beta k/dar$ で定式化され，ウイルス感染のごく初期において，1 個の感染細胞が生涯に生産する総感染細胞数と定義することができる．1 個の感染細胞のバーストサイズが k/a であり，産生された各ウイルス粒子は平均 $1/r$ だけ生体内（および培養細胞内）に留まり，β という割合で λ/d 個の標的細胞に感染できると考えれば，基本再生産数はこれらの積であると直感的に解釈できる．

このように数理科学的な観点からウイルス感染現象を定式化することで，動的なウイルス複製プロセスを詳細に解析することができる．例えば，培養細胞を用いたウイルス感染実験から標的細胞数，感染細胞数，ウイルス粒子数の時系列データを測定できれば，非線形最小 2 乗法などの最適化アルゴリズムを用いて基本的な数理モデル (6) のパラメータが推定でき，上記の様々な指標を計算することができる．ウイルス学研究における既存の解析手法のみでは定量化が困難であった感染細胞の半減期やウイルスバーストサイズ，感染細胞の基本再生産数は，複数のウイルス株の性質を比較したり，抗ウイルス作用を持つ化合物の作用機序を解析する上で，極めて貴重な情報を提供すると期待できる．

7. 免疫系の数理

免疫系は，生体防御機構として外部から侵入したウイルスやタンパク質，内部で発生した癌を排除するなど，多方面で生体の恒常性維持を担う要である．T 細胞や B 細胞，樹状細胞など免疫細胞は多種多様に存在するが，実際の免疫応答では免疫細胞が連

携しながら異物の除去に当たる．免疫系は複雑ながら非常に巧妙なシステムであり，中でも特筆すべき特性は，自己を構成する組織は攻撃せずに非自己であるウイルスなどのみを除去する機構，すなわち自己・非自己の認識機構である．しかしながら，免疫系の制御は完全ではない．除去に失敗したウイルス感染の慢性化や外来抗原に対する過剰な応答（アレルギー反応），自己組織の攻撃（自己免疫疾患）や慢性炎症による組織障害が生じうる．花粉症，アトピー性皮膚炎や潰瘍性大腸炎といった現代先進国で増加傾向にある疾患は，いずれも免疫系が正常に働かないために起こる．免疫系の動作原理を理解する手助けとして，もしくは応用を通じて医療の問題に貢献する目的で，これまで多くの数理研究が行われてきた．その広範かつ多様な免疫系の数理研究の全てを紹介することは不可能であるが，細胞内レベル，細胞レベル，個体レベル（疾患）へと，視点をミクロからマクロに移動させながら，研究の概観を紹介する．

細胞内のシグナル伝達系に関する数理研究は，免疫系に限らずシステムバイオロジーの分野で盛んに行われている．T細胞の増殖や分化，コミュニケーションに重要なサイトカイン生成に関わるシグナル伝達系であるJAK-STAT経路をはじめ，T細胞レセプタへの刺激で誘導されるシグナル伝達系に関する研究がある．一般に，シグナル伝達系は生化学反応を表す微分方程式，もしくは確率性を考慮した場合はポアソン過程で表現される．mRNA発現量やタンパク質存在量などの定量的な時系列データから，最小2乗法などの最適化理論を用いて反応パラメータを推定する方法や，ベイジアンネットワークなどを用いて遺伝子制御ネットワークを推定する方法などが主に用いられている．

T細胞は抗原認識を担う樹状細胞と物理的な接触（抗原提示）を経た後，抗原特異的な細胞がクローン選択を経て増殖して抗原の除去に加担する．個体群ダイナミクスの問題として，これまでにT細胞の分化・増殖をはじめとする細胞動態の定性的側面が研究されてきた．近年ではイメージングをはじめとする実験操作技術の向上に伴い，細胞の分裂を経時的かつ定量的に追跡することが可能になってきている．例えばDNAや細胞をラベリングして分裂のタイミングや細胞数を計量する実験をベースに構築された定量的数理モデルや，2光子励起顕微鏡を用いた生体内イメージングをベースにした抗原提示のプロセスを計算機で再現したシミュレーションモデルが提案されている．細胞内の分子間相互作用と比べて，細胞間相互作用を記述した数理モデルは多様である．細胞を単位とする微分方程式や確率過程のみならず，セルオートマトンやエージェントベースモデルも活用されている．

免疫系は抗原を検知して除去するが，その情報処理的側面に注視するのも興味深い．免疫系の機能や構造を計算機上でアルゴリズムとして表現する研究が古くから行われており，免疫型ネットワーク（免疫型計算）研究と呼ばれる．イディオタイプネットワークのモデリングをはじめとする多くの研究は必ずしも実証された細胞・分子間相互作用を反映しているわけではないので，解釈には注意を要するが，ウイルス検知や胸腺におけるT細胞の負の選択といった現象が，これらのアルゴリズムを通じて表現されている．用いられている数理手法は，線形計画法やルールベースドアルゴリズムなど，計算機科学で発展した手法が多い．

最後に，特定の免疫疾患を対象とした研究に触れる．ウイルス感染動態に免疫応答の効果を考慮した数理研究や，ワクチンや免疫記憶による個体の獲得免疫が疫学スケールの感染動態に及ぼす影響を考察した数理研究が存在する．一方，アレルギー性疾患や慢性炎症，自己免疫疾患の基本メカニズムを解明する数理研究も存在する．疾患のある側面を理解するのに数理研究は一定の成果を収めてはいるが，免疫応答を活用もしくは抑えるための治療に数理研究を応用するには，その道程はまだ遠い．少なくとも，これまでに紹介した数理研究が要素技術として内包された統合型の数理研究を，実験に根ざした形で発展させていく必要がある．オミックス解析や次世代計測，実験研究との融合がこれからの免疫系が関わる疾患に対する数理研究の主要な基軸の1つとなると考えられる．

[稲葉　寿・岩見真吾・中岡慎治・西浦　博]

参　考　文　献

[1] R.M. Anderson, R.M. May, *Infectious Diseases of Humans: Dynamics and Control*, Oxford University Press, 1991.
[2] O. Diekmann, J.A.P. Heesterbeek, T. Britton, *Mathematical Tools for Understanding Infectious Diseases Dynamics*, Princeton University Press, 2013.
[3] 稲葉　寿 編著, 感染症の数理モデル, 培風館, 2008.
[4] 西浦　博, 感染症の家庭内伝播の確率モデル：人工的な実験環境, 統計数理, **57**(1) (2009), 139–158.
[5] M.A. Nowak, R. May, *Virus Dynamics: Mathematical Principles of Immunology and Virology*, Oxford University Press, 2001.
[6] 河本　宏, もっとよくわかる！免疫学 (実験医学別冊), 羊土社, 2011.

がんの浸潤・転移に関わる分子パスウェイモデルと制御解析

control analysis of a biochemical reaction pathway associated with cancer invasion and metastasis

分子細胞生物学実験の結果により，がんの浸潤に重要な役割を担う細胞外基質分解酵素 MMP2 の活性化には，膜型細胞外基質分解酵素 MT1-MMP，阻害因子 TIMP2 との複合体形成が必要であることが明らかにされている．ここでは，一般の複合体形成過程に対して適用可能な，最も阻害効率の良い相互作用を同定する阻害解析法を解説する．さらに，実験による知見をもとに構築した MT1-MMP/TIMP2/MMP2 の複合体形成過程を記述する数理モデルに対して解析法を用い，薬剤標的とすべき相互作用の同定を行う．

1. 導　　　入

がんは遺伝子の病気であり，様々な要因により引き起こされた遺伝子の変異ががんの発生に繋がる．がんの悪性形質の 1 つである浸潤・転移能は患者の生命予後を著しく低下させる．この浸潤・転移過程において重要な細胞外基質（ECM：extracellular matrix）の分解に中心的な役割を果たす酵素が，マトリクスメタロプロテアーゼ（MMP：matrix metalloproteinase）である．

膜型マトリクスプロテアーゼ 1（MT1-MMP：membrane type 1 matrix metalloproteinase）は，細胞膜に局在する MMP であり，多くのがん細胞において異常発現が見られ，その発現が浸潤・転移能と強い相関を示す分子である．MT1-MMP は自ら ECM を分解するだけでなく，メタロプロテアーゼ阻害因子（TIMP2：tissue inhibitors of metalloproteinase 2）と分泌型酵素 MMP2 と 4 元複合体を形成し，MMP2 を活性化することが知られており，阻害因子 TIMP2 を介した浸潤機構の存在が報告されている[1]（図 1）．

ここでは，上記の実験による知見をもとに構築した MT1-MMP/TIMP2/MMP2 の複合体形成過程を記述する数理モデルに対して阻害解析を行い，MMP2 活性化機構において最も阻害効率の良い相互作用の同定を行う．

2. 制　御　解　析

制御解析は，分子ネットワークの制御機構の定量的尺度を与えるものであり，主に代謝系に対して適用され発展してきた[2]．しかしながら，複合体形成過程に対する制御解析の一般論は存在しないため，まず複合体形成過程の制御解析の定式化を試みる．

阻害剤の導入に対して阻害効率を定量化するために，反応係数を定義する：

$$R = \lim_{\delta[I] \to 0} \frac{\delta F/F}{\delta[I]/[I]}$$
$$= \frac{\partial \ln F}{\partial \ln [I]}.$$

ここで，F は目的関数であり，$[I]$ は阻害剤濃度である．阻害解析を行う上での 1 つの問題点は，阻害剤の導入がモデルの作り替えを必要とすることである．ゆえに，モデルが複雑になればなるほど阻害解析は難しくなる．平衡状態においては阻害剤の導入は平衡定数の変化と等しいため，ここでは，阻害剤を導入する代わりに，次の平衡定数 K に対する反応係数を用いる：

$$R = \frac{\partial \ln F}{\partial \ln K}.$$

反応係数の平衡定数に対する振る舞いを見るために，例として Michaelis–Menten 機構を考える：

$$E + S \rightleftharpoons ES \to E + P.$$

ここで，E は酵素，S は基質，P は生成物であり，ES は E と S からなる複合体である．P の生成に関わる複合体 ES に対する反応係数は，$[E]_T \ll [S]_T$ の仮定のもとで次のように書ける：

$$R^{ES} = \frac{\partial \ln[ES]}{\partial \ln K} = -\frac{K}{K+[S]_T}.$$

したがって，反応係数は K が 0 のとき 0 になり，K が ∞ のとき -1 になる．このことは，K が大きくなると阻害効率が高くなることを意味している．なお，負値であることは，阻害により複合体濃度が減少していることを示す．

相互作用が複数あり，かつ分岐があるような複雑な複合体形成過程の例として，次の反応スキームを考える．

$$\begin{array}{ccc} A_1 + A_2 + A_3 & \rightleftharpoons^1 & A_1A_2 + A_3 \\ \Updownarrow_2 & & \Updownarrow_2 \\ A_1 + A_2A_3 & \rightleftharpoons^1 & A_1A_2A_3 \end{array}$$

この系は，近似 $[A_2]_T \ll [A_1]_T, [A_3]_T$ のもとで線形化され，解析解が求められる：

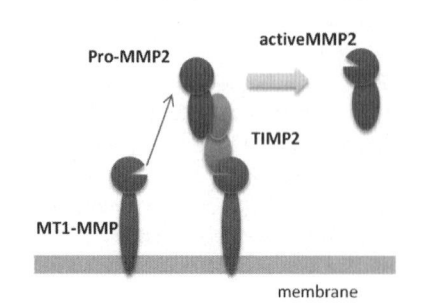

図 1　MT1-MMP による MMP2 活性化機構

$$[A_2] = \frac{\tilde{K}_1\tilde{K}_2}{(\tilde{K}_1+1)(\tilde{K}_2+1)}[A_2]_T,$$

$$[A_1A_2] = \frac{\tilde{K}_2}{(\tilde{K}_1+1)(\tilde{K}_2+1)}[A_2]_T,$$

$$[A_2A_3] = \frac{\tilde{K}_1}{(\tilde{K}_1+1)(\tilde{K}_2+1)}[A_2]_T,$$

$$[A_1A_2A_3] = \frac{1}{(\tilde{K}_1+1)(\tilde{K}_2+1)}[A_2]_T.$$

ここで，$\tilde{K}_1 = K_1/[A_1]_T$，$\tilde{K}_2 = K_2/[A_3]_T$ である．反応係数は次のようになる：

$$R_1^{123} = -\frac{\tilde{K}_1}{\tilde{K}_1+1}, \quad R_2^{123} = -\frac{\tilde{K}_2}{\tilde{K}_2+1},$$

$$R_1^{12} = -\frac{\tilde{K}_1}{\tilde{K}_1+1}, \quad R_2^{12} = \frac{1}{\tilde{K}_2+1},$$

$$R_1^{23} = \frac{1}{\tilde{K}_1+1}, \quad R_2^{23} = -\frac{\tilde{K}_2}{\tilde{K}_2+1},$$

$$R_1^2 = \frac{1}{\tilde{K}_1+1}, \quad R_2^2 = \frac{1}{\tilde{K}_2+1}.$$

ここで，$R_i^{123} = \frac{\partial \ln[A_1A_2A_3]}{\partial \ln K_i}$，$R_i^{12} = \frac{\partial \ln[A_1A_2]}{\partial \ln K_i}$，$R_i^{23} = \frac{\partial \ln[A_2A_3]}{\partial \ln K_i}$，$R_i^2 = \frac{\partial \ln[A_2]}{\partial \ln K_i}$ $(i = 1, 2)$ である．ここで重要なことは，反応係数 R_i は K_i にしか依存しないこと（つまり $R_i = R_i(K_i)$）である．この性質は非線形領域においても成り立つことを，数値計算を用いて示すことができる．この性質を，反応係数の独立性と呼ぶことにする．今のモデルでは，協調的な反応がない（反応の平衡定数は，他のサイトの結合状態に依存しない）ことを仮定しており，このことが反応係数の独立性を生む原因になっている．独立性は，阻害効率がそれぞれの平衡定数によってのみ決まることを意味している．

複合体形成過程のより大きなモデルに対しても，協調的作用がなければ反応係数の独立性が成立することを示すことができる．

3. 応用：MMP モデル

制御解析を，MT1-MMP/TIMP2/MMP2 複合体形成過程に対して適用する．MMP モデルでは，MT1-MMP の 2 量体形成反応，MT1-MMP と TIMP2 の結合解離反応，TIMP2 と MMP2 の結合解離反応の 3 つの化学反応があり，これらの分子と相互作用から形成される全ての複合体は，図 2 のようにまとめられる．

これらの複合体の中で，MMP2 を活性化できるものは 4 元複合体 MT1-MT1T2M2 である．このモデルは，協調的反応がないことを仮定しているため，反応係数の独立性が成立する．したがって，阻害効率を決定するものは，それぞれ 3 つの反応の平衡定数のみである．実験により報告されている平衡

Monomer	MT1	T2	M2
Dimer	MT1-MT1	MT1T2	T2M2
Trimer	MT1-MT1T2	MT1T2M2	
Tetramer	MT1T2-MT1T2	MT1-MT1T2M2	
Pentamer	MT1T2-MT1T2M2		
Hexamer	MT1T2M2-MT1T2M2		

図 2　MMP モデルの複合体リスト

定数をまとめたものが表 1 である．

表 1　平衡定数

Equilibrium constants	Values
$K_{\text{MT1\_MT1}}$	5 nM
$K_{\text{MT1\_T2}}$	0.548 nM
$K_{\text{T2\_M2}}$	33.5714 nM

これらの平衡定数の値から，4 元複合体 MT1-MT1T2M2 の各相互作用に対する反応係数の値を数値計算により求めると，$R_{\text{MT1\_MT1}} = -0.095$ $(K = 5\,\text{nM})$，$R_{\text{MT1\_T2}} = -0.0024$ $(K = 0.548\,\text{nM})$，$R_{\text{T2\_M2}} = -0.15$ $(K = 33.5714\,\text{nM})$ となる．したがって，反応係数が最も低い値をとる TIMP2 と MMP2 の結合・解離反応が最も阻害効率の高い相互作用であることが結論付けられる．

4. 結　論

ここでは，複合体形成過程において阻害剤濃度に対する系の反応を定量化し，阻害効率により相互作用の分類を行う方法を解説した．さらに，がんの浸潤・転移に重要な役割を担うと考えられる MT1-MMP/TIMP2/MMP2 の複合体形成過程の数理モデルに対して解析法を適用し，最も阻害効率の良い相互作用の同定を行った．この研究は，最も効率的な阻害剤の選択を可能とし，がん治療の新たな戦略の開発の助けとなるものと期待されている．　　　［齋藤　卓］

参　考　文　献

[1] H. Sato et al, *Nature*, **370**(6484) (1994), 61–65; M. Seiki, *Cancer Letters*, **194**(1) (2003), 1–11; Y. Itoh, M. Seiki, *J. Cell Physiol*, **206**(1) (2006), 1–8.

[2] H. Kacser, JA. Burns, *Biochem Soc Trans*, **23** (1995), 341–366; R. Heinrich, T. Rapoport, *Eur. J. Biochem.*, **42** (1974), 89–95; *Eur. J. Biochem.*, **42** (1974), 97–105; DA. Fell, *Biochem J*, **286** (1992), 313–330.

血流解析

blood flow analysis

人体内の血液の流れは非常に広いパラメータ領域にわたっており，対象となる部位によって異なる扱いをする必要がある．本項目ではその概略を述べる．

1. 支配方程式

比較的大きな血管においては血液を連続体として取り扱い，非圧縮性ナヴィエ–ストークス方程式に支配されていると考えることができる．

$$\begin{cases} \dfrac{\partial u_i}{\partial t} + u_j \dfrac{\partial u_i}{\partial u_j} = \dfrac{1}{\rho}\left(-\dfrac{\partial p}{\partial x_i} + \dfrac{\partial \tau_{ij}}{\partial x_j}\right) \\ \dfrac{\partial u_j}{\partial x_j} = 0 \end{cases}$$

$$\text{in } \Omega, t > 0$$

その中でも大動脈などの太い血管においては，血液をニュートン流体として取り扱うことが可能であるとされている．

$$\tau_{ij}^N = \mu\left(\dfrac{\partial u_i}{\partial x_j} + \dfrac{\partial u_j}{\partial x_i}\right)$$

しかし，比較的細い血管においては非ニュートン性が現れるようになる．このような状況における非ニュートン流体のモデルとしては，Casson モデルなどが用いられている．Casson モデルにおいては，歪み速度 $\dot{\gamma}$ と応力 τ の大きさの関係が

$$\sqrt{\tau} = \sqrt{\tau_y} + \sqrt{\mu_C \dot{\gamma}}$$

と与えられる．ここで τ_y は降伏値，μ_C は Casson 粘度と呼ばれる．

毛細血管においては，血球が変形しながら自身の直径よりも狭い血管内を移動していく状況を考えることになり，もはや連続体としての取り扱いは困難である．

2. 無次元パラメータ

血流の物理を考える上で重要な無次元パラメータとして，レイノルズ数，Dean 数，Womersley 数などが挙げられる．これらのパラメータは，複雑な状況を単純化して考えられるため，数理科学を臨床医療に応用する際にも重要な役割を果たすものになる．

2.1 レイノルズ数

これは，一般的な流体力学で広く用いられているパラメータである．代表速度を血管の軸方向速度成分の断面内平均速度 U にとり，代表長さを血管の直径 D，動粘性率を ν として，

$$\text{Re} = \dfrac{UD}{\nu}$$

と書かれる．大動脈では Re は $10^3 \sim 10^4$，毛細血管では 10^{-3} 程度となる．

2.2 Dean 数

これは，血管の曲がりの強さを表すパラメータであり，血管の直径を D，血管中心軸の曲率半径を R_C としたとき

$$\text{De} = 4\sqrt{\dfrac{D}{R_C}}\text{Re}$$

と書かれる．ただし，De の定義は複数存在するので注意が必要である[1]．De が大きいときは速度に比例する遠心力が血管の中心部で強く働くため，遠心力に強弱が生じ，断面内2次流れとして1対の渦が見られるようになる．この渦は Dean 渦と呼ばれている．胸部大動脈では心臓から頭部方向に向かった大動脈が 180 度向きを変えて腹部方向に向かうことになるため，胸部大動脈弓状部で Dean 数が大きくなり，特に心臓の収縮期において強い Dean 渦が見られることが多い．

2.3 Womersley 数

これは拍動の影響の強さを表すパラメータであり，動粘性率 ν，拍動の周期 T_p を用いて次のように定義される．

$$\text{Wo} = \dfrac{D}{2}\sqrt{\dfrac{2\pi}{\nu T_p}}$$

T_p は血流に特徴的な拍動の周期である．粘性拡散に関する代表時間 $T_d = D^2/\nu$ を用いてこの定義を変形すると

$$\text{Wo} = \sqrt{\dfrac{\pi}{2}} \cdot \sqrt{\dfrac{T_d}{T_p}}$$

となる．Wo は粘性拡散の特性時間 T_d と拍動による特性時間 T_p の比を表していることがわかる．つまり，Wo が小さい状況では，流入速度が拍動によって変化する前に，壁面の効果が粘性によって血管断面全体に伝わることができる．一方，Wo が大きい状況では，粘性効果が血管断面全体に伝わるより早く，拍動によって流入速度が変化してしまう．そのため，流れ場は強い非定常性を持つようになり，応力分布などにも大きな影響をもたらすことになる[2]．

3. 境界条件の設定

心臓血管系は，心臓，大動脈から毛細血管まで幅広いスケールにわたっており，その全体を同時に解析することは現状では不可能である．そこで，ある部分を取り出して解析の対象とすることになるが，解析対象領域の近位（proximal; 心臓に近い側）と遠位（distal; 心臓から遠い側）には何らかの人工的

な境界条件を設定することになる.

3.1 近位側の境界条件

血管への流入条件としては，超音波ドップラーやMRIによって計測された流速分布や，Womersley [3] によって求められた速度分布などが用いられている.

$$w_n(r,t) = \mathrm{Real}\left[\frac{A_n}{\rho}\frac{1}{ni}\left(1-\frac{J_0\left(r\sqrt{\frac{n}{\nu}}i^{\frac{3}{2}}\right)}{J_0\left(\frac{D}{2}\sqrt{\frac{n}{\nu}}i^{\frac{3}{2}}\right)}\right)e^{int}\right]$$

ここで i は虚数単位，A は，圧力勾配の時間変化をフーリエ級数に展開したときの波数 n に対応する振幅であり，J_0 は 0 次のベッセル関数である. Real は実数部分をとることを示す.

3.2 遠位側の境界条件

a. 自由流出条件

遠位側境界において応力を 0 とする単純な流出境界条件は，そこが例えば大気圧に接しているということであり，心臓血管系の条件としては，あまり現実的とは言えない[4],[5].

b. 3D-0D モデル

これは Lumped-parameter model とも呼ばれ，主要な解析対象を 3 次元で扱い，それ以外の部分を電気回路を模した 0 次元のモデルで表現するものである. 最も簡単な抵抗モデルでは，遠位境界における圧力 p を，流量 Q と次のように関係付ける.

$$p(t) = RQ(t)$$

ここで，R はその先にある血管網による抵抗を表す. この抵抗の概念を拡張して交流回路におけるインピーダンスとして扱うモデルがあり，その中でよく用いられる例として Windkessel モデルがある. Windkessel モデルでは，血管内の流量と圧力の関係を

$$C\frac{dp}{dt} + \frac{p}{R'} = Q$$

と表現する. ここで C は血管系のコンプライアンス，R' は血管系の抵抗である.

c. 3D-1D モデル

これは，主要な解析対象以外の血管網を 1 次元のモデルで表現するものである. 解析対象の近くを 1 次元モデルで表現し，その先は 0 次元モデルを接続する方法や，心臓血管系全体を 1 次元血管網として表現する方法などが提案されている[2].

4. 医療画像からの形状作成

医療現場では，DICOM (digital imaging and communication in medicine) と呼ばれる形式の画像が広く用いられており，CT や MRI からの出力はこのフォーマットになっていることが多い. DICOM 画像は，患者情報や撮像情報などを含むヘッダ部分と，画像データ部分からなっており，画像データから解析対象とする臓器の領域を抽出することをセグメンテーションと呼んでいる. 正しいセグメンテーションには医学的な知識が必要である.

5. 血管壁の運動との連成

血管壁は弾性体であり，血流を解析するためには血管壁の運動も同時に考慮する必要がある. そのような流体構造連成を扱うための方法論が様々に提案されているが，定式化の代表的なものとして，血管壁の変形をラグランジュ的に扱う手法と，オイラー的に扱う手法がある. これらの手法は，対象とする問題に応じて適切に選ぶべきであろう.

6. 臨 床 応 用

循環器系に関する様々な病態の理解は医学的に重要な課題であり，多くの研究が進められている. 特定の形状・条件に対する数値シミュレーションをできるだけ高精度で行う方向性とともに，それらに共通する病態の機序（メカニズム）を理解していく方向性も，臨床応用にとって非常に重要であろう.

［水藤　寛］

参 考 文 献

[1] S.A. Berger, L. Talbot, L.-S. Yao, Flow in Curved Pipes, *Ann. Rev. Fluid Mech.*, **15** (1983), 461–512.

[2] L. Formaggia, A. Quarteroni, A. Veneziani (ed.), *Cardiovascular Mathematics, Modeling and simulation of the circulatory system*, Springer, 2009.

[3] J.R. Womersley, Method for the Calculation of Velocity, Rate of Flow and Viscous Drag in Arteries when the Pressure Gradient is Known, *J. Physiol*, **127** (1955), 553–563.

[4] I.E. Vignon-Clementel, C.A. Figueroa, K.E. Jansen, C.A. Taylor, Outflow Boundary Conditions for Three-dimensional Finite Element Modeling of Blood Flow and Pressure in Arteries, *Comp. Methods Appl. Mech. Eng.*, **195** (2006), 3776–3796.

[5] J.D. Humphrey, C.A. Taylor, Intracranial and Abdominal Aortic Aneurysms: Similarities, Differences, and Need for a New Class of Computational Models, *Ann. Rev. Biomed. Eng.*, **10** (2008), 221–246.

生命サイクル
life cycle

　生命サイクルの原義は，個体の誕生から，新しい生命の誕生，または個体の死までを意味するものであろう．しかし，生物学などにおいては，個体または集団としての生命体に対して，昆虫の変態のように，その生命の「節目」をなす顕著な質的または量的な変化を，成長など緩慢・連続的な変化を表す直線または時間の方向を示す矢印によって連結した図形を指すのが通常である．昆虫の変態のように必ずしも「節目」が明らかでないヒトなどの場合にも，誕生から死までの間には，変声，初潮など，いくつかの「節目」が確認される．

　これらの「節目」は，R.トムによって数学的な表現を与えられ，連続性の中に現れる不連続性という意味でカタストロフィと呼ばれている．R.トムの理論の本質は，変化の全体像をカタストロフィによって把握しようとするところにあるので，生命サイクルとは，生命活動の全体をカタストロフィの理論として捉えようとするものとして位置付けることも可能である．

　数学の技術としてのカタストロフィの理論は，パラメータを持った関数の分類理論であり，既に7つまでのパラメータで記述できる変化の全体が計算されている．したがって，7次元までなら観測された質的な変化を記述するにあたって必要最低限のパラメータ数を特定することもできる．

　もし，生命サイクルに対して，全てのパラメータを決定することができ，かつ，その挙動が，より容易な現象ないし典型モデルのそれと並行的であれば，複雑な生命サイクル，特にその「節目」を，より容易な現象やモデルを利用して理解することができるはずである．しかしながら，生命体においては機能や形態，さらには作動時間などの局在化が著しいため，パラメータの同定や独立性の判定が単純ではなく，生態系に対するこの方向からの有効な理論の構築は，なお将来の問題とされている．

　例えば，昆虫の変態のような形態的な変化の研究においては，ほとんどの場合，あるペプチドの量など，ただ1つのパラメータの量的変化に伴う実験・観察が行われるため，数理的な深い考察を特に必要とするわけではなく，それがホルモンなど内分泌系によって支配されていること，さらに，ホルモンの分泌時期と遺伝子の発現とがリンクされていることなどが，数理的な考察とは無関係に明らかにされてきている．

　しかし，最近では，昆虫の変態にも3種類のホルモンが関係しており，第1のホルモン（前胸腺刺激ホルモン・脳ホルモン）によって誘発される第2のホルモン（ecdysone）によって変態が引き起こされ，第3のホルモン（juvenile hormone）の存在によって，その変態が脱皮となるか蛹化になるかが決定されることが明らかになっている[1]．

　すなわち，第2のホルモンの引き金となる第1のホルモンを除いても，変態に対するパラメータは1つではなく，2つ以上のパラメータが関係し，それだけ複雑なパラメータ構造と高次のカタストロフィを持つ可能性が隠されていることになる．

　以上は目に見える「節目」であったが，必ずしも目には見えない量的な変化に隠された質的な変化を捉えることはより困難であり，それについての数理的な考察が必要になる．

　生命表は，生命に関する量的なデータの代表例と考えられる．これは，ある集団に属する年齢 t の個体数 $f(t)$ を表にしたものであり（以下 $f(t)$ を生命表関数と呼ぶ），それによって，集団の生命的な特性を把握することが行われている．特に国別人口に関しては，国勢調査などによって長年にわたって信頼できるデータが蓄積されてきており，これを利用して，「世界の長寿番付」などが発表され，各国における生活環境の良さを測る1つの指標ともされている．

　数理的に言えば，（各国に対して与えられた）生命表関数 $f(x)$ を，その1つの特性値である平均寿命

$$\int f(t)dt/N \ (N \text{ は総個体数})$$

によって代表させて，関数 $f(t)$ そのものではなく，平均寿命という特性値によって異なる国を比較するものである．しかし，平均寿命という特性値は，関数 $f(t)$ が持っていた多くの情報をただ1つの数値に圧縮しているために，その中に「長寿である理由」を見出したり，「平均寿命の経年変化の原因」を突き止めるのはたやすいことではない．

　ヒトの集団の場合にはあまり行われないが，もし，人為的な集団の分割操作などが可能であり，それらに対して十分正確な情報が収集できれば，因子分析など統計的な手法を援用することによって，平均寿命という1つの特性値からでも，種々の結論を導くことが可能である．

　実際，この考え方および手法を異なる社会的特性を有する霊長類に適用するとき，一夫一婦的であり，そのサイズに比して脳重量が大きいグループは，その逆のハーレムを作るグループに比べて平均寿命が長い傾向があり，生命サイクルの一部である平均初産齢も高い傾向にあることが認められている[2]．

　しかし，より進んだ研究のためには，関数 $f(t)$ を

1つの数値に圧縮するのではなく，生命の「節目」の表現を可能にする，いくつかの数値によって表すことが望ましい．とはいえ，これらの数値が多すぎたり，解釈できないようであってはならないことは当然である．

古川（俊之）は，生命表を，より容易に理解できる機械の故障モデルと関連付けることによってこれに成功した[3]．

機械の故障には，導入当初に発生する初期故障，初期故障期が過ぎて順調に稼働するようになってから偶然に発生する偶発故障，さらに，一定の期間を過ぎて寿命が近づくと発生する摩耗故障の3種類があり，ある期間を経た後に稼働している機械の全体数に占める割合を考えると，
 1) 初期故障期はポアソン分布に似た急減少をする
 2) 偶発故障期は緩減少する
 3) 摩耗故障期は初期故障期の減少状況を平行移動し，多少緩慢にした減少状況を示す
 4) これらの減少状況が，指数関数族のパラメータを変えるだけで近似的に記述できる

ことが知られている（ワイブル分布）．

古川は，生命表にも，機械故障に対応する3種類の減少状況があることに気づき，さらには生命表関数の減少率がこれら3項の和で近似されることを見出した．

すなわち，年齢 t の生存者数そのものを考える生命表関数 $f(t)$ に対して，その割合 $f(t)/N$ を $F(t)$ とおけば，$F(t)$ はパラメータ $p_i, m_i, t_{0_i}, \gamma_i$ を適当に選ぶとき，次式によって近似される：

$$F(t) = 1 - \sum_{i=1}^{3} p_i * \exp\left[\frac{-(t-\gamma_i)^{m_i}}{t_{0_i}}\right].$$

ここで，$p_i, m_i, t_{0_i}, \gamma_i$ はそれぞれ，混合パラメータ，形状パラメータ，（時間経過速度）調整パラメータ，（開始時間を調整する）位置母数を表し，これらを適当に選んで，第1項を初期故障期の人口減少率，第2項を偶発故障期の人口減少率，第3項を摩耗故障期の人口減少率に対応させる．

この手法を利用して，古川のグループは生命表のより詳しい分析を行っている．それによると，医療など環境因子が大きく左右するのは，初期故障期に対応する第1成分と摩耗故障期に対応する第3成分であり，偶発故障に対応する第2成分は，むしろ遺伝的に制御されている可能性が大きいという．

最近では，同グループの長倉，大江などによって，この基底関数族にさらなる改良が加えられ，上の $\exp(-t^m)$ 型関数族に代えて，$t^m \exp(-at)$ 型の関数族のパラメータ調整によって，精度良く近似することが行われている．

関数解析の立場から言えば，これらの理論展開の基礎をなすものは，2乗積分ノルムまたは最大絶対値のノルムを導入した，生命表関数を含むある種の関数全体のなす無限次元空間内に選んだパラメータを含む基底関数族である．この際，これら基底関数族のパラメータを調整しても，なお1次独立であることが要求される．これは，それに続く適切な部分空間への射影プロセスによって取り出されるパラメータの一意性を担保するために必要な条件である．

実用的には，基底関数族の関数のパラメータ調整を行い，その有限個の線形結合によって，割合で表した生命表関数 $F(t)$ を「十分に」近似し，その基底関数，特にパラメータを取り出せば，これが生命表関数 $f(t)$ の重要な一部を表現することになる．

理論上からも，十分な近似が，ある意味で3次元の部分空間で把握できること，すなわち生命表関数が3種類の関数の和で実現される点は重要である．これは生命サイクルにおける「節目」が，ほぼ3つであることを意味し，対応する3種類の生理的な機構が発見されることを予言するものだからである．

実際，ヒトの生命サイクルは極めて複雑な制御系から構成されているが，これを第一義的に支配するものは成長ホルモンであり，これに刺激される形で，種々のホルモンが分泌され，これらが生命サイクルの部分サイクルの制御・維持を行っている．初期故障期に対応すると考えられる思春期以前では，成長ホルモンはそれ自身で身体の成長を促すが，偶発故障期に対応する思春期に入ると，性ホルモンを分泌させて性的成熟を促進する．特に，女性特有の月経リズムを生成して，生命サイクルの中核を作る．また，口頭発表の段階であるが，成長ホルモンの分泌減少は摩耗故障期に対応する．

ヒトの生命サイクルのような複雑な制御系ばかりでなく，単細胞生物レベルの生命サイクルでも，基底関数が，長倉・大江によって提案されているタイプに属することが，これも口頭発表の段階ではあるが，柳島・宮田・立花などによってイースト菌のザイゴート接合で確かめられている．また，これらを数理的にまとめる形で，関数空間の C^* 代数と，生命系の制御系を対応させて，生命サイクルをより良く理解しようとする試みが，応用数理学会講演において発表されている． ［四方義啓］

参 考 文 献

[1] 八杉龍一，小関治男，古谷雅樹，日高敏隆 編，岩波生物学辞典，昆虫の生物学，岩波書店，1996．
[2] Allman et al., *Proc Natl Acad Sci* (1993).
[3] 古川俊之, 寿命の数理, 朝倉書店, 1996．

医薬統計
pharmaceutical statistics

1. 医薬統計の役割

医学研究においては，ある生体系に何らかの処理を行い，結果として得られる反応を観察・評価する．例えば，ある薬物 X を生体 ϕ に投与し，反応 y を観察する場合，生体 ϕ は入力 X を出力 y に変換するシステムとして考えることができる．これを

$$y = \phi(X)$$

と表現することができる．これは医薬品評価においても同様であり，患者に対して薬物 X を用いて反応 y を観測し，X を評価するものである．

例えば，ある慢性疾患患者に対して薬物を繰り返し投与し，X を評価することを考える．同一患者に同一の薬物 X を投与したとしても，各投与日によって y は異なるかもしれない．同じ疾患を持つ異なる患者に X を投与すれば，また異なった y が観察されることもあるだろう．その他，患者の特性（年齢，性別，環境的要因，遺伝要因など），疾患の状況，さらには観測する研究者・評価者によっても，y は異なってくる可能性がある．また，観測するパラメータの性質によっては，観測（測定）の誤差も存在する．すなわち，$y = \phi(X)$ は決定論的に振る舞うシステムではなく，観測された反応 y は何らかの揺らぎ（誤差）ε を伴うと考え

$$y = \phi(X) + \varepsilon \qquad (1)$$

と表現することで，現実的なモデルとなる．医薬研究において，観察されるデータには必ずと言ってよいほど「バラツキ」が伴い，このバラツキに対処してデータの背後に潜む真実を推測・推論することが医薬統計の役割であると考えることができる．式 (1) に基づいて，現実の対象集団 $i = 1, \ldots, n$ の生体の観測を考える．反応（応答）$\{y_1, \ldots, y_n\}$ は

$$y_1 = \phi(X) + \varepsilon_1, \ldots, y_n = \phi(X) + \varepsilon_n$$

と表すことができる．$\varepsilon_1, \ldots, \varepsilon_n$ は，中心の点となる $\phi(X)$ の周りにばらつく誤差（ノイズ）と考える．通常，誤差の期待値は 0 と考えて $\mathrm{E}(y) = \phi(X)$ となり，応答はある真の反応 $\phi(X)$ を表すシグナルと見なすことができる．実際は，何らかの生体を対象として薬剤を投与した際の反応を観察するとき，ノイズがシグナルに混在したり，ノイズの中にある構造を持った別のシグナルがノイズに混在するなど，生体データの特徴とも言える解析上の困難な点が存在することが多く，この困難を解消するための様々な統計的方法論が開発されている．

2. 医薬研究のデザイン

医薬研究では，研究目的に応じたデータを収集し，計画的に観察・評価・推論を行うことが必要になってくる．目的が曖昧なままに観察を続け，いくらデータを豊富に収集しても，"garbage in, garbage out"，すなわちゴミを入れればゴミしか出てこない状況になりかねない．そのため，医薬研究においては，目的に応じた適切な研究計画を行うことが非常に重要となる．

医薬研究は，その性質から，観察研究と実験研究の 2 つに大別できる．観察研究とは，研究目的とは独立して存在している対象を観測する研究であり，その対象への観測の仕方によって，さらにいくつかの種類に分けられる．前向き研究は，研究対象から将来にわたって経時的にデータを収集する研究である．横断的研究は，世論調査，実態調査など，調査時点の情報を分析するものである．後向き研究は，研究対象から過去に遡ってデータを収集する研究で，ケースコントロール研究などが挙げられる．

一方，実験研究は介入研究とも呼ばれ，研究対象に何らかの影響を与えると思われる因子，処置を与え，応答に対する効果を評価する研究である．対象がヒトを指す実験研究は一般に臨床研究と呼ばれ，特に医薬品化合物に対しては複数の「臨床試験」が目的に応じて段階的に実施され，その有効性および安全性が探索的または検証的に評価される．

3. 比較臨床試験におけるランダム化

薬剤 X を被験者 ϕ に投与し，反応 y を観察する $y = \phi(X)$ のシステムは，被験者の背景因子や時間，また被験者間での反応の相違などの「被験者内変動」および「被験者間変動」の影響を受ける．すなわち，薬剤を投与された被験者のみで観測された y だけをもって薬剤治療による効果の大きさを評価することは困難である．臨床試験の枠組みで，薬剤投与以外の因子の影響を考慮して薬効を評価する方法の 1 つは，薬剤投与を行う対象と同様の対象に異なる処置を施し，それらの集団の差を評価することである．治療群を対照群と比較することを目的とする臨床試験を比較対照試験と呼ぶ．このような試験では，対照として偽薬である「プラセボ」を用いることが多いが，例えば治療群とプラセボ群の 2 群を比較するとき，制御できない全ての説明変数を群間で等しく分布させることを目標として，ランダム化割付が実施されることが多い．完全ランダム化法であれば，治療群とプラセボ群の被験者構成比が 1 : 1 の場合，各群には常に 1/2 の確率でランダムに割付を実施する．その他，置換ブロック法やラテン方格を用いる

方法など，割付の方法は多彩に存在するが，いずれも治療群と対照群の「比較可能性」を確保することが目的である．すなわち，これは治療と対照をランダムに割り付けることによって，系統誤差と呼ばれる偏りを偶然誤差に変換し，群間の確率的な均質性を保つことであり，データ収集後に実施される統計解析での誤差の仮定を満たす方向に近づく．

4. 目標被験者数と仮説検定

ここでは，治療群と対照群の 2 群を設定する比較臨床試験を考える．統計的な仮説検定によって，治療群 A と対照群 B の平均値の比較を行うとき，A 群の真の平均値を μ_A，B 群の真の平均値を μ_B として，帰無仮説と対立仮説をそれぞれ

$$H_0 : \mu_A = \mu_B, \quad H_1 : \mu_A \neq \mu_B$$

とする．ここで H_0 では A と B の平均値が等しく，H_1 では A と B の平均値が異なる．もととなるデータは，対象の疾患や評価する薬剤の種類によって様々であるが，例えば高血圧患者に対する降圧剤の評価であれば，投与前後での血圧値の変化量を考えることができる．また，諸種の疼痛治療薬の評価においては，患者が主観的に記録する疼痛の程度を示すスコアなどが考えられる．比較臨床試験では，試験薬剤の治療効果が対照に比べて優っていることを期待して，H_1 の対立仮説を支持したい．A 群，B 群ともに分散が等しい（$\sigma_A^2 = \sigma_B^2 = \sigma^2$）正規分布を仮定できる場合を考える．独立した 2 群の計量データの平均値比較の定型的な扱いは t 分布を利用し，2 標本 t 検定と呼ぶ．検定統計量は

$$T = \frac{\bar{X}_A - \bar{X}_B}{s\sqrt{1/n_A + 1/n_B}}$$

のように表現され，これは自由度 ν の t 分布に従う．ここで，自由度は $\nu = n_A + n_B - 2$ であり

$$s^2 = \frac{(n_A - 1)S_A^2 + (n_B - 1)S_B^2}{n_A + n_B - 2}$$

となる．ここで，n_A, n_B は A 群と B 群それぞれの被験者数，S_A^2, S_B^2 はそれぞれの標本不偏分散である．被験者数が十分に大きいという前提では，t 分布は漸近的に正規分布で近似できることから，T がある標準正規分布の上側 $100(\alpha/2)\%$ 点より大きければ，両側有意水準 α で有意，ということができる．ここで，α は第 1 種の過誤といい，本当は薬剤効果がないにも関わらず，あると判断してしまう誤りを指す．逆に，本当は薬剤効果があるにも関わらず，ないと判断してしまう誤りを第 2 種の過誤といい，β で表す．薬剤効果の差 $\delta = \mu_A - \mu_B$ について，これを有意にできる確率は $1 - \beta$ となり，これを仮説検定に対する「検出力」と呼ぶ．標準正規分布の分布関数を $\Phi(x)$ とおくと，検出力は

$$\Pr\{T > Z_{\alpha/2}|\delta\} = 1 - \Phi\left[Z_{\alpha/2} - \frac{\delta}{\sigma}\left(\frac{1}{n_A} + \frac{1}{n_B}\right)^{-1/2}\right]$$

となる．したがって，検出力 $1 - \beta$ を確保する被験者数は

$$\left(\frac{1}{n_A} + \frac{1}{n_B}\right)^{-1/2} = \frac{Z_{\alpha/2} + Z_\beta}{\delta/\sigma}$$

となり，特に各群同被験者数の場合

$$n = 2\left(\frac{Z_{\alpha/2} + Z_\beta}{\delta/\sigma}\right)^2 = 2(Z_{\alpha/2} + Z_\beta)^2 \times \left(\frac{\sigma}{\delta}\right)^2$$

となる．

今までの議論は，対照群 B に対する治療群 A の「優越性仮説」を考えている．特に後期の相に実施される検証的な臨床試験では，既承認で効果・安全性が実証されている他薬剤を対照として設定し，本剤の効果が既存薬に劣っていないこと，すなわち「非劣性仮説」を考えることも多い．このとき，これだけなら劣ってもよいとする限界値（非劣性マージンなどと呼ぶ）を Δ として，帰無仮説と対立仮説をそれぞれ

$$H_0 : \mu_A \leq \mu_B - \Delta, \quad H_1 : \mu_A > \mu_B - \Delta$$

とする．自由度 $\nu = n_A + n_B - 2$ として

$$T = \frac{\bar{X}_A - (\bar{X}_B - \Delta)}{SE(\hat{\delta})}$$

となる．ここで

$$SE(\hat{\delta}) = \sqrt{\left(\frac{1}{n_A} + \frac{1}{n_B}\right)\frac{(n_A - 1)S_A^2 + (n_B - 1)S_B^2}{n_A + n_B - 2}}$$

である．有意水準 α，検出力 $1 - \beta$ の片側検定で検出するために必要な被験者数 n は，先述の優越性仮説のときと同様の計算で

$$n = 2\left(\frac{Z_{\alpha/2} + Z_\beta}{d}\right)^2, \quad d = \frac{\delta + \Delta}{\sigma}$$

となる．ここで $d > 0$ である． ［伊藤雅憲］

参 考 文 献

[1] 佐久間昭, 医薬統計 Q&A, 金原出版, 2007.
[2] 丹後俊郎, 上坂浩之, 臨床試験ハンドブック, 朝倉書店, 2006.

数理ファイナンス

ブラウン運動　172
確率解析 ― 伊藤解析　176
確率微分方程式　180
マルチンゲール測度　184
ブラック–ショールズ–マートンモデルとオプションの価格付け　188
動的ヘッジング　192
無裁定価格理論　196
ブラック–ショールズの離散モデル　200

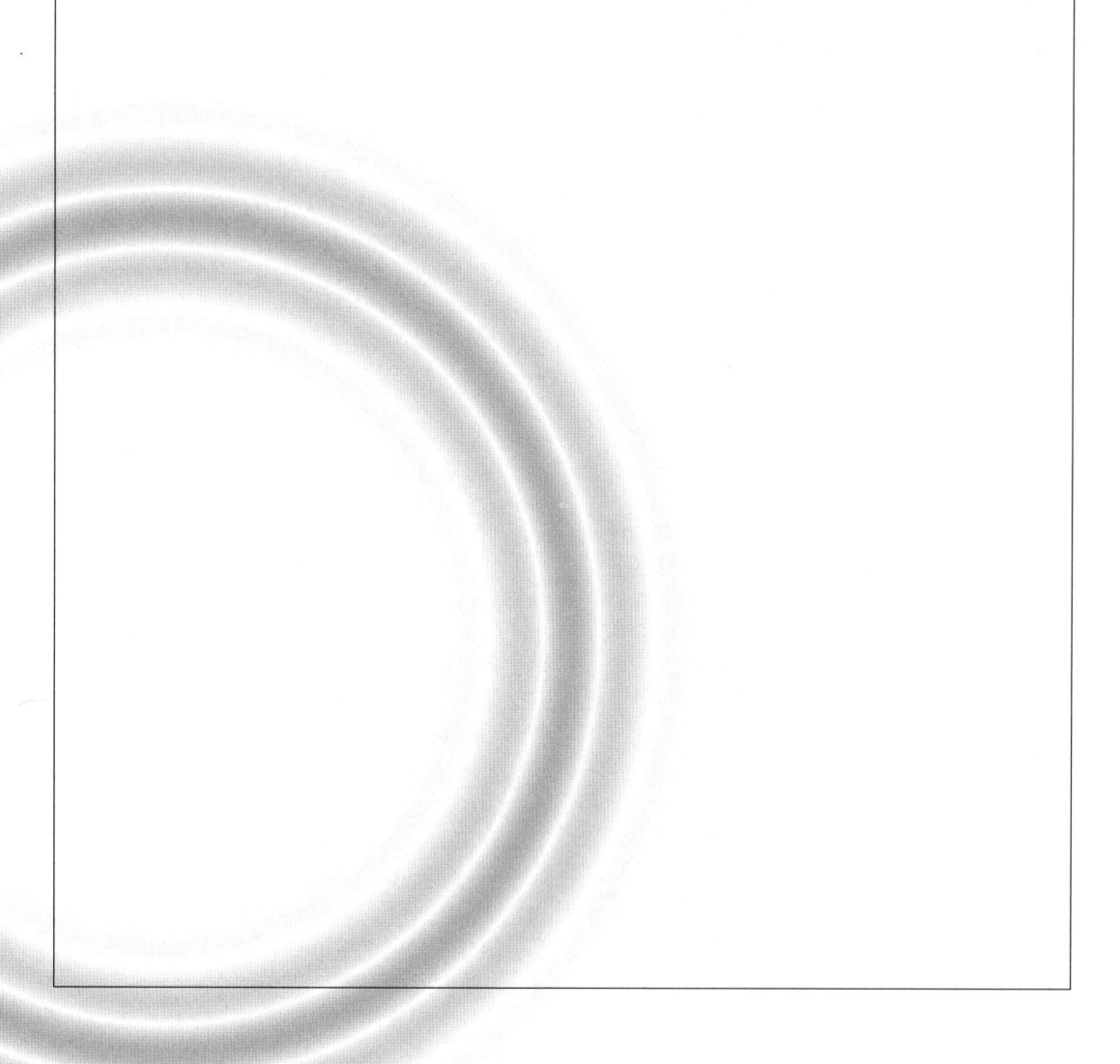

ブラウン運動
Brownian motion

「ブラウン運動」という名前は，水の表面に浮かぶ花粉粒子の不規則な動きを観察した植物学者ブラウン（Brown 1828）に由来する．その後，物理学者アインシュタイン（Einstein 1905），数学者ウィーナー（Wiener 1923）などによる研究を経て，ブラウン運動の理論は今日，多くの応用分野で重要な役割を果たしている．

1. ランダムウォーク

数直線上を確率 p で右へ1だけ移動するか，あるいは確率 q で左へ1だけ移動する動点の運動を1次元ランダムウォーク（random walk）という（$q = 1 - p$, $0 < p < 1$）．このような動点を粒子と呼び，粒子のとりうる値を状態と呼ぶ．このとき，状態は整数の値で，ある時刻に状態 i であったとき，次の時刻には隣の $i+1$ または $i-1$ に推移する．すなわち，推移の系列は，直前の結果のみに依存して次の結果が決まるという離散時点のマルコフ連鎖を表している[2],[3]．

定理1 1次元ランダムウォークにおいて，任意の状態は，
1) $p = \frac{1}{2}$ ならば再帰的，すなわち，そこへ何回も帰ってくる．
2) $p \neq \frac{1}{2}$ ならば一時的，すなわち，いつかそこへは永遠に帰ってこなくなる．

数直線の原点から1歩ずつ同じ幅で左右に等確率 $p = \frac{1}{2}$ で移動する場合を対称なランダムウォークという．

時刻 $n = 0$ のとき数直線の原点から出発する対称なランダムウォークにおいて，時刻 n における粒子の数直線上の位置を X_n で表す．ある時間の間に原点の右側（正の部分）にいる割合を x，左側（負の部分）にいる割合を $1-x$ としたとき，その分布（確率密度）$f(x)$ は逆正弦法則（arcsine law）に従うことが知られている[1],[3]．すなわち，

$$f(x) = \frac{1}{\pi\sqrt{x(1-x)}}.$$

この分布の平均は $\frac{1}{2}$ であるが，そこは分布の谷底で最も確率の小さいところである．x が0または1に近いほど確率は高くなっている．ランダムウォークでは，原点の右か左に偏っていることのほうが，原点近くをふらついているよりも多い．

例1 A, Bの2人が公平なコインを投げて，表が出ればAがBから1円をもらい，裏が出ればBがAから1円をもらうということを繰り返し行う．このとき，X_n を n 回目の結果におけるAの所持金と見なせる．逆正弦法則は，リードの時間が勝ち負けの一方に偏りやすいことを示している．

2. ブラウン運動の道（見本経路）

時刻 $t = 0$ のとき数直線上の原点から出発して，微小時間 Δt 経過するたびに等確率で左右に微小幅 Δx 移動する対称なランダムウォークを考える．このとき，粒子の時刻 t における数直線上の位置 $X(t)$ は次のように表される．

$$X(t) = \Delta x (X_1 + X_2 + \cdots X_{[\frac{t}{\Delta t}]}) \quad (1)$$

ただし，i 番目の推移で，右へ Δx 移動のときは $X_i = +1$，左へ Δx 移動のときは $X_i = -1$ とし，$[\frac{t}{\Delta t}]$ は $\frac{t}{\Delta t}$ の整数部分を表している．X_i ($i = 1, 2, \ldots, [\frac{t}{\Delta t}]$) は独立，$P(X_i = +1) = P(X_i = -1) = \frac{1}{2}$ であるから，$X(t)$ の平均 $E[X(t)]$ と分散 $V[X(t)]$ は

$$E[X(t)] = 0, \quad V[X(t)] = (\Delta x)^2 \left[\frac{t}{\Delta t}\right]$$

となる．そこで，$\Delta x = \sigma\sqrt{\Delta t}$ （σ は正数）の関係を保って $\Delta t \to 0$ とする．このとき

$$E[X(t)] = 0, \quad V[X(t)] \to \sigma^2 t$$

となる．$X(t)$ は確率変数 $(\Delta x)X_i$ ($i = 1, 2, \ldots, n$; $n = [\frac{t}{\Delta t}]$) の和で表され，$(\Delta x)X_i$ は独立，同分布で同じ平均0と同じ分散 $(\Delta x)^2 = \sigma^2 \Delta t$ を持っている．したがって，中心極限定理から，n が十分大きいときは，

$$\frac{X(t) - n \times 0}{(\sigma\sqrt{\Delta t}) \times \sqrt{n}} = \frac{X(t)}{\sigma\sqrt{t}} \quad \left(n = \left[\frac{t}{\Delta t}\right]\right)$$

となり，この分布は標準正規分布 $N(0, 1)$ となる．したがって，$X(t)$ の分布は正規分布 $N(0, \sigma^2 t)$ に近い[2]．

一般に，確率変数の族 $\{\xi(t); t \geq 0\}$ を確率過程（stochastic process）という．すなわち，各 t を固定すれば $\xi(t)$ は確率変数である．確率過程 $\{\xi(t); t \geq 0\}$ を単に $\xi(t)$ と書く．式 (1) の $X(t)$ は $\Delta t, \Delta x \to 0$ のとき，ブラウン運動と呼ばれる定義1の確率過程 $B(t)$ に（分布の意味で）近づく．

定義1 ブラウン運動 $B(t)$ は $B(0) = 0$，かつ次のような性質を持つ確率過程である．
1) 独立増分性：$t > s \geq u > v \geq 0$ のとき，$B(t) - B(s)$ は $B(u) - B(v)$ と独立．
2) 定常増分性：$t > s \geq 0$ のとき，$B(t) - B(s)$ の分布は差 $t - s$ のみの関数．
3) 正規分布性：$t > s \geq 0$ のとき，$B(t) - B(s)$ の分布は，平均0，分散 $\sigma^2(t-s)$

の正規分布 $N(0, \sigma^2(t-s))$.

$B(t)$ を $W(t)$ と表して，ウィーナー過程ともいう．特に，$\sigma^2 = 1$ の場合の $B(t)$ を標準ブラウン運動（standard Brownian motion）という．

定理 2 標準ブラウン運動 $B(t)$ は，確率 1 で，次の性質を満たす．
1) t に関して連続である．
2) t に関して至るところで微分不可能である．
3) いつかは，数直線上の各点を訪れる．
4) 有界変動ではない．すなわち，$n \to \infty$ のとき，次の意味で軌跡の長さは無限大である：
$$\sum_{k=1}^{2^n} \left| B\left(\frac{k}{2^n}\right) - B\left(\frac{k-1}{2^n}\right) \right| \to \infty.$$

定理 2 の 2) と 4) は，$B(t)$ が微分できず各時点で激しく揺らいでいることを意味し，古典的な微分積分の方法が，$B(t)$ にそのまま適用できないことを示唆している [1],[3]．

定理 3 標準ブラウン運動 $B(t)$ は，確率 1 で，次の法則を満たす．
1) 大数の（強）法則（law of large numbers）：
$$\lim_{t \to \infty} \frac{B(t)}{t} = 0$$
2) 重複対数の法則（law of the iterated logarithm）：
$$\limsup_{t \to \infty} \frac{B(t)}{\sqrt{2t \log \log t}} = 1$$
$$\liminf_{t \to \infty} \frac{B(t)}{\sqrt{2t \log \log t}} = -1$$

大数の法則は独立で同分布な確率変数の和に関する法則に類似し，重複対数の法則は見本経路の漸近的な広がりの程度を表している [1]．

3. ブラウン運動の分布

標準ブラウン運動 $B(t)$ は正規分布 $N(0, t)$ に従うから，その確率密度は次のようになる．
$$\phi_t(x) = \frac{1}{\sqrt{2\pi t}} \exp\left(-\frac{x^2}{2t}\right), \quad t > 0 \quad (2)$$

独立な標準ブラウン運動 $B_1(t), \ldots, B_d(t)$ からなる $\mathbb{B}(t) = (B_1(t), B_2(t), \ldots, B_d(t))$ を d 次元ブラウン運動という．$\mathbb{B}(t)$ の確率密度は，式 (2) の $\phi_t(\cdot)$ を用いて次のように表される．
$$f_t(x_1, x_2, \ldots, x_d) = \phi_t(x_1)\phi_t(x_2)\cdots\phi_t(x_d)$$

過去の状態と現在の状態が与えられているとき，それらが起こったという条件のもとに起こる未来の状態は，過去の状態には無関係で，現在の状態のみに依存するという性質をマルコフ性といい，このような性質を持つ確率過程をマルコフ過程（Markov process）という．一般に，独立増分の性質を有する確率過程はマルコフ性を持つ．そこで，
$$p(t, y \,|\, s, x) = \frac{\partial}{\partial y} P(B(t) \leqq y \,|\, B(s) = x)$$
とおく．この $p(t, y \,|\, s, x)$ は，$B(\cdot)$ が s のとき x から出て，t のとき y に至る条件付き確率の密度，すなわち，推移確率密度である [3]．

定理 4 標準ブラウン運動 $B(t)$ はマルコフ過程である．$s < t$, $y \in (-\infty, \infty)$ のとき，推移確率密度は次のように与えられる．
$$p(t, y \,|\, s, x) = \frac{1}{\sqrt{2\pi(t-s)}} \exp\left(-\frac{(y-x)^2}{2(t-s)}\right) \quad (3)$$

さらに，式 (3) の $p(t, y \,|\, s, x)$ は次を満たす．
1) 拡散方程式（diffusion equation）：
   前向き方程式 $\quad \dfrac{\partial p}{\partial t} = \dfrac{1}{2} \dfrac{\partial^2 p}{\partial y^2}$
   後向き方程式 $\quad \dfrac{\partial p}{\partial s} = -\dfrac{1}{2} \dfrac{\partial^2 p}{\partial x^2}$
2) チャップマン–コルモゴロフ方程式（Chapman–Kolmogorov equation）：
$$p(t, y \,|\, s, x) = \int_{-\infty}^{\infty} p(u, z \,|\, s, x) p(t, y \,|\, u, z)\, dz$$
$$s < u < t$$

注意 1 式 (3) の p は時間の差 $t - s$ と位置の差 $y - x$ の関数になっている．この意味で，$B(t)$ は「時間的な一様性」と「空間的な一様性」を持っている．特に，p は $t - s$, x, y だけに依存しているから，$p(t, y \,|\, s, x) = p(t - s, x, y)$ と書くことができる．ただし，
$$p(t, x, y) = \frac{1}{\sqrt{2\pi t}} \exp\left(-\frac{(y-x)^2}{2t}\right). \quad (4)$$

例 2 $0 = t_0 \leqq t_1 \leqq t_2 \leqq \cdots \leqq t_n$ のとき，標準ブラウン運動 $B(t_1), B(t_2), \ldots, B(t_n)$ の結合分布の確率密度は，式 (4) の p を用いて
$$\phi(x_1, x_2, \ldots, x_n) = \prod_{j=1}^{n} p(t_j - t_{j-1}, x_{j-1}, x_j)$$
と表される（$x_0 = 0$）．

以下は，よく知られている分布の例である [1],[3]．

例 3 $B(t)$ を標準ブラウン運動とし，$R(t) = |B(t)|$ とおく．$R(t)$ は t 軸で反射して動くので，反射壁ブラウン運動（reflected Brownian motion）と呼ばれ，次のような確率密度を持つ．
$$f(t, r) = \sqrt{\frac{2}{\pi t}} \exp\left(-\frac{r^2}{2t}\right), \quad r \geqq 0 \quad (5)$$

例 4 $m > 0$ とする．標準ブラウン運動 $B(t)$ が初めて m に到達する時間を T_m で表し，初到達時間という：$T_m = \inf\{t > 0 : B(t) = m\}$．また，$\tilde{B}(t) = B(t)$ $(t \leqq T_m)$，$\tilde{B}(t) = 2m - B(t)$ $(t > T_m)$ とおけば，$\tilde{B}(t)$ もまた標準ブラウン運動になる（鏡像の原理[1],[3]）．このとき，
$$P(T_m \leqq t, B(t) > m)$$
$$= P(T_m \leqq t, B(t) < m).$$
$P(T_m \leqq t, B(t) > m) = P(B(t) > m)$ であるから，$P(T_m \leqq t) = 2P(B(t) > m) = P(|B(t)| > m)$．ゆえに，式 (5) と $\frac{d}{dt}P(T_m < t)$ より T_m の確率密度は次のようになる．
$$f(t) = \frac{m}{(2\pi t^3)^{1/2}} \exp\left(-\frac{m^2}{2t}\right), \ t > 0 \quad (6)$$

例 5 区間 $[0, t]$ における標準ブラウン運動 $B(t)$ の最大値を $M(t)$ とおく：$M(t) = \max\{B(s) : 0 \leqq s \leqq t\}$．$m > 0$ のとき，$\{T_m \leqq t\} = \{M(t) \geqq m\}$ であるから，式 (6) と $\frac{d}{dt}P(M(t) < m)$ より $M(t)$ の確率密度は次のようになる．
$$g(m) = \sqrt{\frac{2}{\pi t}} \exp\left(-\frac{m^2}{2t}\right), \ m > 0 \quad (7)$$

4. ブラウン運動のスケール変換

標準ブラウン運動にスケール変換を行うと，新たな標準ブラウン運動が得られる[2],[3]．

例 6 $B(t)$ が標準ブラウン運動のとき，次の $B^*(t)$ は標準ブラウン運動である．
1) $B^*(t) = cB\left(\frac{t}{c^2}\right), t \geqq 0, c > 0$．
2) $B^*(t) = B(t+h) - B(h), t \geqq 0, h > 0$．
3) $B^*(t) = \begin{cases} tB\left(\frac{1}{t}\right), & t > 0, \\ 0, & t = 0. \end{cases}$

定義 2 $\{X(t); t \geqq 0\}$ が確率過程のとき，全てが 0 でない任意の定数 $a_1, a_2, \ldots, a_n$ と任意の分点 $0 \leqq t_1 < t_2 < \cdots < t_n$ に対して，
$$a_1 X(t_1) + a_2 X(t_2) + \cdots + a_n X(t_n)$$
が正規分布に従うならば，$X(t)$ をガウス過程 (Gaussian process) または正規過程という．

定理 5 標準ブラウン運動 $B(t)$ はガウス過程である．

ガウス過程はその平均 $E[\cdot]$ と共分散 $C[\cdot, \cdot]$ によって完全に決定される．この性質により，定義 1 を書き直すことができる．すなわち，

定義 3 次のような性質を持つ確率過程 $X(t)$ は標準ブラウン運動である．
1) $X(0) = 0$．
2) $X(t)$ はガウス過程．
3) $E[X(t)] = 0, t \geqq 0$．
4) $C[X(s), X(t)] = \min\{s, t\}, s, t \geqq 0$．

5. いろいろなブラウン運動

例 7 $B(t)$ が標準ブラウン運動のとき，
$$B^0(t) = B(t) - tB(1), \ 0 \leqq t \leqq 1$$
とおく．$t = 0, 1$ で B の両端を拘束して間を繋いでいるので，この $B^0(t)$ をブラウン橋 (Brownian bridge) という．$\{B^0(t); 0 \leqq t \leqq 1\}$ と $B(1) = 0$ という条件での $\{B(t); 0 \leqq t \leqq 1\}$ は同じ分布を持ち，平均 0，共分散 $s(1-t)$ $(s \leqq t)$ のガウス過程，かつマルコフ過程である[3]．

例 8 $B(t)$ が標準ブラウン運動のとき，
$$U(t) = e^{-t}B(e^{2t}), \ t \geqq 0$$
とおく．この $U(t)$ をオルンシュタイン–ウーレンベック過程 (Ornstein–Uhlenbeck process) という．$U(t)$ は平均 $E[U(t)] = 0$，共分散 $C[U(t), U(t+s)] = e^{-s}$ のガウス過程，かつマルコフ過程である．各 t を固定すれば，$U(t)$ は標準正規分布 $N(0, 1)$ に従う．$B^*(0) = 0$，$B^*(t) = \sqrt{t}U(\log\sqrt{t}), \ t > 0$ とおけば，$B^*(t)$ は標準ブラウン運動になる[1]．

例 9 $B(t)$ が標準ブラウン運動のとき，
$$X(t) = \mu t + \sigma B(t) \quad (\mu\text{ は定数，} \sigma\text{ は正数})$$
とおく．この $X(t)$ をドリフト (drift) を持つブラウン運動という．$X(t)$ は平均 μt，分散 $\sigma^2 t$ の正規分布 $N(\mu t, \sigma^2 t)$ に従う．μ をドリフトパラメータあるいは単にドリフトといい，σ^2 を拡散パラメータという．$X(t)$ は線形的な成長 $y = \mu t$ が $\sigma B(t)$ の影響を受けて揺らぐようなモデルに応用される．$X(t)$ は定常増分と独立増分を持つガウス過程，かつマルコフ過程である[2]．

例 10 例 9 の $X(t)$ に対して，$Y(t) = e^{X(t)}$ とおく．この $Y(t)$ を幾何ブラウン運動 (geometric Brownian motion) という．幾何ブラウン運動 $Y(t)$ は金融市場の株価の推移モデルに応用される．$Y(t)$ は正の実数区間 $0 < y < \infty$ に値をとるので，ガウス過程ではない．しかし，時間的に一様な推移確率密度を持つマルコフ過程である．$t > 0$ のとき，$Y(t)$ の確率密度は次のようになる[2]．
$$g_t(y) = \frac{1}{\sqrt{2\pi t}\,\sigma y} e^{-\frac{(\log y - \mu t)^2}{2\sigma^2 t}}, \ y > 0$$

注意 2 $Y(t)$ が例 10 の幾何ブラウン運動のとき，$Y(t)$ の平均 $E[Y(t)]$ と分散 $V[Y(t)]$ は，次のようになる．
$$E[Y(t)] = \exp\left[\left(\mu + \frac{1}{2}\sigma^2\right)t\right]$$

$$V[Y(t)] = \exp\left[\left(\mu + \frac{1}{2}\sigma^2\right)2t\right]\left(e^{\sigma^2 t} - 1\right)$$

6. マルチンゲールとの関係

標準ブラウン運動を $B(t)$ とするとき,任意の $0 \leq s_0 < s_1 < \cdots < s_n = s < t$ に対して,独立増分性(したがって,マルコフ性)より

$$E[B(t) \mid B(s_0) = x_0, \ldots, B(s_n) = x_n]$$
$$= E[B(t) \mid B(s_n) = x_n]$$
$$= \int_{-\infty}^{\infty} y p(t-s, x_n, y) \, dy = x_n \quad (8)$$

となる.ただし,$p(t, x, y)$ は式 (4) の推移確率である.条件付き平均の関係式 (8) は

$$E[B(t) \mid B(r), r \leqq s] = B(s), \quad s < t$$

と表され,未来時間 t における期待値は,t 以前の最後に観測したときの値 $B(s)$ として予測できることを意味している.このような性質の確率過程をマルチンゲール (martingale) という.$\mathcal{F}_s$ を $\{B(r), r \leqq s\}$ から生成される集まりとすれば,$\mathcal{F}_s$ は s までの過不足のない知識情報を表し,時間 s の経過とともに増えて利用できるものである.このとき,関係式 (8) を

$$E[B(t) \mid \mathcal{F}_s] = B(s), \quad s < t$$

と表すこともできる [1], [3].マルチンゲールは公平なゲームを記述する数学的な模型でもある.

定理 6 $B(t)$ が標準ブラウン運動のとき,$B(t)$ 自身はマルチンゲールである.さらに,次の $M(t)$ もマルチンゲールである.

1) $M(t) = B(t)^2 - t$.
2) $M(t) = \exp\left(aB(t) - \frac{1}{2}a^2 t\right)$ (a は定数).

7. フラクショナルブラウン運動

マンデルブロー–ファン・ネス (Mandelbrot–Van Ness 1968) は統計的な分布の自己相似性を持つノイズ(ランダムフラクタル)の研究をした.フラクショナルブラウン運動 $B_H(t)$ ($t \geq 0$) はその一例である.B_H の添字 H は,ナイル川の流量解析で同様の性質を見出したハースト (Hurst 1954) の名前にちなんでハースト指数 (Hurst parameter) と呼ばれている.

定義 4 ハースト指数 H ($0 < H < 1$) のフラクショナルブラウン運動 (fractional Brownian motion) $B_H(t)$ は,$B_H(0) = 0$,かつ任意の $s \geqq 0$, $t \geqq 0$ に対して次を満たすガウス過程である.

$$E[B_H(t)] = 0$$
$$E[B_H(t)B_H(s)] = \frac{1}{2}\{t^{2H} + s^{2H} - |t-s|^{2H}\}$$

定義より,増分 $B_H(t_2) - B_H(t_1)$ は平均 0,分散 $|t_2 - t_1|^{2H}$ の正規分布に従う.さらに,$B_H(t)$ には次のような性質がある [2].

1) 統計的な自己相似性 (self-similarity) を持つ.すなわち,$B_H(ct)$ と $c^H B_H(t)$ ($c > 0$) の確率法則(確率密度)は等しい.
2) 定常増分性を持つ.例えば,
$$E\big[(B_H(t+h) - B_H(h))$$
$$\times (B_H(s+h) - B_H(h))\big]$$
$$= E[B_H(t)B_H(s)], \quad h > 0.$$
3) $H \neq \frac{1}{2}$ のとき,独立増分性を持たない.
4) $H > \frac{1}{2}$ のとき長期記憶性 (long-range dependence) を持ち,$H < \frac{1}{2}$ のとき短期記憶性を持つ.例えば,$B_H(1)$ と $B_H(n+1) - B_H(n)$ の共分散を $r(n) = C[B_H(1), B_H(n+1) - B_H(n)]$ とおけば,
$$H > \frac{1}{2} \Rightarrow \sum_{n=1}^{\infty} r(n) = \infty,$$
$$H < \frac{1}{2} \Rightarrow \sum_{n=1}^{\infty} |r(n)| < \infty.$$
5) $H \neq \frac{1}{2}$ のとき,マルコフ性を持たず,かつ,マルチンゲールにもならない.
6) $B_H(t) - B_H(0)$ と $B_H(t+h) - B_H(t)$ ($h > 0$) の共分散は,
$$H > \frac{1}{2} \Rightarrow 正, \quad H < \frac{1}{2} \Rightarrow 負.$$
7) $H = \frac{1}{2}$ のときは,標準ブラウン運動である.

フラクショナルブラウン運動は,画像解析,画像生成,フラクタル画像圧縮の分野において広く応用されている.さらに,正規分布型で非マルコフ的な金融プロセスの分布を特徴付けるものとして,ファイナンスの分野においても重視されている.

[成田清正]

参考文献

[1] P. Mörters, Y. Peres, *Brownian Motion*, Cambridge University Press, 2010.
[2] 成田清正, 例題で学べる確率モデル, 共立出版, 2010.
[3] D. Stirzaker, *Stochastic Processes & Models*, Oxford University Press, 2005.

確率解析 — 伊藤解析
stochastic calculus — Itô calculus

ブラウン運動のパス（見本経路）は確率1でほとんど全ての点で微分可能でなく，各パスごとに微分・積分を定義して通常の微積分の手法をそのまま用いることができない．

しかし，伊藤清は1942年[3]に，道ごとにではなく確率変数としてブラウン運動のパスを積分する手法を導入し，拡散過程をその積分に関する方程式の解として与える理論的枠組みを与えた．その積分は今では「（伊藤型の）確率積分」，方程式は「確率微分方程式」，そして伊藤が導入した確率過程の微積分学（calculus）は，確率解析あるいは伊藤解析（Itô calculus）と呼ばれている．

伊藤解析では通常の微積分学における連鎖律（chain rule）に相当する変数変換公式が重要な役割を果たしている．その公式は通常伊藤の公式（Itô's formula）と呼ばれている．ここでは，確率積分とそれによって表現される確率過程のクラス（伊藤過程），および伊藤の公式について解説する．

1. 確率積分

閉区間 $[a,b]$ 上で定義された実関数 f, g と $[a,b]$ の分割 $\Delta := \{a = t_0 < t_1 < \cdots < t_n = b\}$ および $s_i \in [t_i, t_{i+1}]$, $i = 0, 1, \ldots, n-1$ に対して

$$S(\Delta) = \sum_{i=0}^{n-1} f(s_i)\{g(t_{i+1}) - g(t_i)\} \quad (1)$$

とおく．もしこの S の

$$|\Delta| \left(:= \min_i |t_{i+1} - t_i| \right) \to 0$$

での極限が s_i の選び方によらずに存在すれば，その極限を f の g に関するリーマン–スティルチェス積分と呼ぶ．f が連続で，g が有界変動であるときには，f の g に関するリーマン–スティルチェス積分が存在する．しかし，g が有界変動でないときには，リーマン–スティルチェス積分が存在しないような連続関数 f が存在することが知られている．

［ブラウン運動］(p.172)にあるように，ブラウン運動の見本経路は，確率1で全変動が発散している（有界変動でない）．したがって，リーマン–スティルチェス積分が存在することは，被積分関数にどのようなものを考えるかにもよるが，ほとんどの場合期待できない．伊藤はこの問題を次のような形で解決し，今日「伊藤型の確率積分」と呼ばれる積分の構成に成功した．

1) 上の s_i のとり方を $s_i = t_i$ に固定する．

2) 確率変数として定義されるリーマン和（上記の S に当たるもの）が $|\Delta| \to 0$ における確率収束極限を持つことを示し，その極限を「確率積分」と定義する．

1.1 定積分としての確率積分

以下では，確率積分の構成についてもう少し数学的にきちんと説明しよう．簡単のため，以下での議論は全て1次元の確率過程についてのものに限定する．

フィルトレーション付き確率空間 $(\Omega, \mathcal{F}, P, \mathbf{F} = \{\mathcal{F}_t\}_{t \geq 0})$ 上の $\mathbf{F}$ に適合した[*1] ブラウン運動 $\{B_t\}_{t \geq 0}$ が与えられているとする．すなわち，

(♯) 任意の $t > s$ に対し，$B_t - B_s$ は $\mathcal{F}_s$ と独立で，平均0，分散 $t - s$ の正規分布に従う．

リーマン和(1)をこのフィルトレーション付き確率空間上の確率過程に対して考えよう．$a = 0$, $b = T$ に固定する．伊藤の方法に従って式(1)において $s_i = t_i$ とすることにして，$\mathbf{F}$-適合過程 $\{\theta_s\}_{0 \leq s \leq T}$ のブラウン運動に関する分割 Δ のリーマン和を θ に関する写像と見て

$$\Phi(\theta) = \sum_{i=0}^{n-1} \theta_{t_i}(B_{t_{i+1}} - B_{t_i}) \quad (2)$$

と書くことにする．

さて，このリーマン和は確率変数なので，その平均や分散を考えることができる．(♯)より θ_{t_i} は $B_{t_{i+1}} - B_{t_i}$ とは独立になる．したがって $E[\theta_{t_i}(B_{t_{i+1}} - B_{t_i})] = 0$．つまり $E[\Phi(\theta)] = 0$ であることがわかる．また，

$$E[\{\Phi(\theta)\}^2]$$
$$= E\left[\sum_{i=0}^{n-1}\sum_{i'=0}^{n-1} \theta_{t_i}\theta_{t_{i'}}(B_{t_{i+1}} - B_{t_i})(B_{t_{i'+1}} - B_{t_{i'}})\right]$$

であるが，同様の議論によって $i \neq i'$ である項の期待値は0であることがわかり，さらに $i = i'$ の項に関しても $\theta_{t_i}^2$ は $(B_{t_{i+1}} - B_{t_i})^2$ と独立なので，結局

$$E[\{\Phi(\theta)\}^2] = E\left[\sum_{i=0}^{n-1} \theta_{t_i}^2(t_{i+1} - t_i)\right] \quad (3)$$

を得る．この等式(3)は，伊藤型確率積分の定義において重要な役割を果たすものである．以下でそれを見ていこう．

分割 Δ の分割点以外では定数であるような適合過程（の同値類）の，（あらゆる分割を考えたときの）全体を $\mathcal{D}_0$ と表すことにする．そうすると，式(2)

[*1] 一般に，ある確率過程 $\{\theta_s\}_{0 \leq s \leq t}$ があるフィルトレーション $\mathbf{G} = \{\mathcal{G}_t\}_{t \geq 0}$ に対して各時点 t で θ_t が $\mathcal{G}_t$ 可測であるとき，$\mathbf{G}$-適合過程 (adapted process) と呼ばれる．本項目で適合過程と言ったときには，$[0, \infty) \times \Omega$ 上の直積 σ-代数に関する可測性も仮定する．

によって $\mathcal{D}_0$ 上で Φ という写像が定義されたものと思える．また，

$$\mathcal{H} := \left\{ \mathbf{F}\text{-適合過程 } \theta \text{ で } E\left[\int_0^T \theta_s^2 \, ds\right] < \infty \right.$$
$$\left. \text{を満たすもの（の同値類）} \right\}$$

とおくと，等式 (3) は Φ が $\mathcal{D} := \mathcal{D}_0 \cap \mathcal{H}$ 上で連続な写像であることを主張していることになる．

一方，$\mathcal{D}$ は $\mathcal{H}$ で稠密であることが示せるので（例えば [6, Proposition 3.2.4] を参照），Φ は $\mathcal{H}$ 上に拡張されることになる．これで $\mathcal{H}$ の元に対する確率（定）積分が $L^2(P)$ の元として定義された．これを通常

$$\int_0^T \theta_s \, dB_s$$

と書く．等式 (3) は

$$E\left[\left(\int_0^T \theta_s \, dB_s\right)^2\right] = E\left[\int_0^T (\theta_s)^2 \, ds\right]$$

に拡張される．この等式は通常，伊藤の等長写像 (Itô's isometry) と呼ばれている．

確率積分は，より広い適合過程のクラスに対しても定義される．

$$\mathcal{H}_{\text{loc}} := \left\{ \mathbf{F}\text{-適合過程 } \theta \text{ で } P\left(\int_0^T \theta_s^2 \, ds < \infty\right) \right.$$
$$\left. = 1 \text{ を満たすもの（の同値類）} \right\}$$

とおく．$\mathcal{H}_{\text{loc}}$ には

$$\theta_n \to \theta \iff \int_0^T |\theta_n - \theta|^2 ds \to 0 \text{ in probability}$$

によって位相を定める．すると，等式 (3) とチェビシェフの不等式を用いて，Φ の $\mathcal{D}_{\text{loc}} := \mathcal{D}_0 \cap \mathcal{H}_{\text{loc}}$ での連続性が言える[1, pp.61–62]．ただし，この場合 Φ の行き先は確率収束の位相が入った確率変数の空間である．$\mathcal{D}_{\text{loc}}$ が $\mathcal{H}_{\text{loc}}$ で稠密であることが言えるので[1, Lemma 1.1*2)]，Φ は $\mathcal{H}_{\text{loc}}$ 上に拡張される．つまり，$\mathcal{H}_{\text{loc}}$ の元のブラウン運動に関する確率積分が定義されたことになる*3)．

1.2 確率過程としての確率積分

各 $t > 0$ に対して上の手続きを各区間 $[0, t]$ で行えば，確率過程 $\{\int_0^t \theta_s \, dB_s\}_{t \geq 0}$ が構成できる．これらは各 t で確率 0 の曖昧さを持っている．しかし，この確率過程（たち）は t に関して連続なバージョン*4)を持つことが言える．つまり，ある連続な確率過程 M があって，

$$P\left(\int_0^t \theta_s \, dB_s = M_t\right) = 1, \quad \forall t \geq 0$$

が成り立つ．このことの証明の概略を説明しよう．

まず，式 (2) で与えられる $\theta \in \mathcal{D}_0$ に対する確率積分 $\Phi(\theta)$ を，t を動かして確率過程 $\{\Phi(\theta)_t\}_{t \geq 0}$ と見たとき，$\mathbf{F}$-マルチンゲール (martingale) となっていることに注意する．つまり $t > s$ に対して

$$E[\Phi(\theta)_t | \mathcal{F}_s] = \Phi(\theta)_s$$

である．また，$\Phi(\theta)_t$ の t に関する連続性も B_t の連続性から従う．

$\theta \in \mathcal{H}$ に対して，$\{\theta_n\}$ を $\mathcal{D}$ の元の列で $\theta_n \to \theta$ となるものとしよう．$\{\Phi(\theta_n)_t - \Phi(\theta_m)_t\}$ は，やはり連続マルチンゲールとなる．したがって，ドゥーブ (Doob) のマルチンゲール不等式*5)を適用することができて，最大値ノルムが確率収束もしくは L^1 収束することが言える．したがって，適当な部分列に対しては概収束していることになる．特に，マルチンゲール性は保存される．この極限は一様収束の極限なので t に関して連続であり，各 t ごとには定積分として構成したものと確率 1 で一致する．

$\theta \in \mathcal{H}_{\text{loc}}$ に関する確率積分に対しては，局所化 (localization) という手続きを施して $\theta \in \mathcal{H}$ の確率積分に還元する．局所化とは停止時刻 (stopping time) の列 τ_n で確率 1 で $\tau_n \to \infty$ $(n \to \infty)$ となるものをとり，各 $\{0 < s < t \wedge \tau_n\}$ 上である性質の議論をし，その性質が $n \to \infty$ で保たれるかどうかを調べる，という確率過程論における定番の手法である．今の場合，

$$\tau_n := \inf\left\{t > 0 : \int_0^t \theta_s^2 \, ds \geq n\right\}$$

とおくと，$\theta \in \mathcal{H}_{\text{loc}} \iff \lim \tau_n = \infty$ a.s. であり，$\{0 < s < t \wedge \tau_n\}$ 上で，各 t で確率定積分に等しい確率過程が上の議論と同様に構成できる．こうしてできた確率過程の列は $n \to \infty$ で自然に極限を持ち，t に関して連続である[1, pp.67–69]．しかし，マルチンゲール性は必ずしも保存されない．

これで確率積分は連続なバージョンを持つことが言えた．通常は，この連続なバージョンを（確率過程としての）確率積分と見なす．上の議論で見た通

---

*2) 厳密に言うと，本項目の設定に適用するためには若干の補題が必要．

*3) 伊藤の原論文 [3] では L^2 理論を用いず，直接，確率収束の位相の議論を用いてリーマン和の確率収束が議論されている．

*4) 修正 (modification) ともいう．

*5) M を劣マルチンゲールとするとき，(i) $\lambda > 0$ に対して

$$\lambda P\left(\sup_{s \leq t \leq u} M_t \geq \lambda\right) \leq E[X_u^+].$$

(ii) $M \geq 0$ とする．$p > 1$ に対して $E[X^p] < \infty$ とするとき

$$E\left[\left|\sup_{s \leq t \leq u} M_t\right|^p\right] \leq \left(\frac{p}{p-1}\right)^p E[X^p].$$

り，$\theta \in \mathcal{H}$ に対する確率積分は連続マルチンゲールであるが，一方，$\theta \in \mathcal{H}_{\text{loc}}$ に関する確率積分は，局所連続マルチンゲールではあるが，必ずしもマルチンゲールではない．

2. 伊藤の公式

2.1 伊藤過程

一般に局所マルチンゲールと有界変動過程の和で書ける確率過程を半マルチンゲール (semimartingale) というが，局所マルチンゲールの部分がブラウン運動に関する確率積分で与えられ，有界変動過程の部分が絶対連続，すなわち通常のルベーグ測度に関する積分で表されているような確率過程を伊藤過程 (Itô process) と呼ぶ．つまり，(時刻 $t \in [0, T]$ における，1次元の) 伊藤過程とは

$$P\left(\int_0^T |\alpha_s|\, ds + \int_0^T |\beta_s|^2\, ds < \infty\right) = 1 \quad (4)$$

なる適合過程 α, β によって

$$\int_0^t \alpha_s\, ds + \int_0^t \beta_s dB_s + \text{定数}$$

と書き表される確率過程のことである．伊藤過程のクラスは応用上極めて重要であり，滑らかな関数によって保たれるという良い性質がある．この変数変換を具体的に与えるのが伊藤の公式である．伊藤の公式においては，通常の微積分には表れない2次の項が出てくることが重要である．以下では，まずブラウン運動の関数に対しての伊藤の公式を議論した後，一般の伊藤の公式を紹介する．

2.2 ブラウン運動に関する伊藤の公式

まず，定義に従って，

$$\int_0^t B_s\, dB_s \quad (5)$$

を計算してみよう．

$$\int_0^t B_s\, dB_s$$
$$= \plim_{N \to \infty} \sum_{j=1}^N B_{(j-1)t/N}(B_{jt/N} - B_{(j-1)t/N})$$
$$= \frac{1}{2} \plim_{N \to \infty} \sum_{j=1}^N \left[\{(B_{jt/N})^2 - (B_{(j-1)t/N})^2\}\right.$$
$$\left. - (B_{jt/N} - B_{(j-1)t/N})^2\right]$$
$$= \frac{1}{2}(B_t)^2 - \frac{1}{2}(B_0)^2$$
$$\quad - \frac{1}{2} \plim_{N \to \infty} \sum_{j=1}^N (B_{jt/N} - B_{(j-1)t/N})^2$$

となる．最後の項は (マルチンゲールの) 2次変分と呼ばれる量で，ブラウン運動の場合にはその値は t である．すなわち

$$B_t^2 - B_0^2 = 2\int_0^t B_s\, dB_s + t \quad (6)$$

を得る．もし B が t の関数として有界変動であれば，

$$\sup_N \sum_{j=1}^N |B_{jt/N} - B_{(j-1)t/N}| < \infty$$

であるので

$$\sum_{j=1}^N (B_{jt/N} - B_{(j-1)t/N})^2$$
$$\leqq \sup_j |B_{jt/N} - B_{(j-1)t/N}|$$
$$\quad \cdot \sum_{j=1}^N |B_{jt/N} - B_{(j-1)t/N}|$$

となり，B の連続性からこの項は 0 に収束する．このとき式 (6) の右辺から t の項がなくなり，通常の微積分における合成関数の微分法の公式から得られる式と一致することになるが，もちろんこれは正しくない．ブラウン運動のパスが有界変動でないこと，もっと言うと，2次変分が有限であることが，$+t$ という項に反映されている．

一般の n 重積分も帰納的に同様に計算することができ，$B_0 = 0$ のときは，

$$\int_0^t \int_0^{s_1} \cdots \int_0^{s_n} dB_{s_n} \cdots dB_{s_1} = H_n(B_t, t)$$

を得る．ただし，H_n は次で与えられる n 次のエルミート多項式である．

$$H_n(x, t) = \frac{(-t)^n}{n!} e^{\frac{x^2}{2t}} \frac{\partial^n}{\partial x^n}\left(e^{-\frac{x^2}{2t}}\right)$$

この定義によるエルミート多項式たちは

$$\partial_x H_n(x, t) = H_{n-1}(x, t)$$

および

$$\left(\partial_t + \frac{1}{2}\partial_{xx}\right) H_n(x, t) = 0$$

を満たす．このことから，H_n たち，およびその線形結合たち (それには B^n などが含まれている) で表される関数 $f(x, t)$ に対しては

$$f(B_t, t) - f(B_0, 0) = \int_0^t \partial_x f(B_s, s)\, dB_s$$
$$\quad + \int_0^t \left(\partial_t + \frac{1}{2}\partial_{xx}\right) f(B_s, s)\, ds \quad (7)$$

が成り立つ．この式がブラウン運動に関する伊藤の公式である．以下で見るように，この公式は $f \in C^{2,1}$ および伊藤過程に対するものに一般化できる．通常の微積分の連鎖律と異なるのは

$$\int_0^t \frac{1}{2}\partial_{xx} f(B_s, s)\, ds$$

という項が存在することである．

2.3 伊藤過程に関する伊藤の公式

伊藤の公式 (7) を，テイラー展開を用いた議論から見直してみよう．α, β を式 (4) を満たす適合過程とし，

$$X = X_0 + \int_0^t \alpha_s \, ds + \int_0^t \beta_s \, dB_s \qquad (8)$$

を α, β から決まる伊藤過程とする．

区間 $[0, t]$ の分割 $\Delta := \{0 = t_0 < t_1 < \cdots < t_n = t\}$ に対して，まず X のリーマン和近似を
$$X^\Delta := X_0$$
$$+ \sum_j \{\alpha_{t_{j-1}}(t_j - t_{j-1}) + \beta_{t_{j-1}}(B_{t_j} - B_{t_{j-1}})\}$$

とおく．そしてこれを f に代入したときのテイラー展開を考える．

$$f(X_t^\Delta, t) - f(X_0, 0)$$
$$= \sum_j \{f(X_{t_j}^\Delta, t_j) - f(X_{t_{j-1}}^\Delta, t_{j-1})\}$$
$$= \sum_j \Big\{ \partial_x f(X_{t_{j-1}}^\Delta, t_{j-1})(X_{t_j}^\Delta - X_{t_{j-1}}^\Delta)$$
$$+ \partial_t f(X_{t_{j-1}}^\Delta, t_{j-1})(t_j - t_{j-1})$$
$$+ \frac{1}{2} f_{xx}(X_{t_{j-1}}^\Delta, t_{j-1})(X_{t_j}^\Delta - X_{t_{j-1}}^\Delta)^2 \Big\} + R$$
$$= \sum_j \Big\{ \partial_x f(X_{t_{j-1}}^\Delta, t_{j-1})\beta_{t_{j-1}}(B_{t_j} - B_{t_{j-1}})$$
$$+ \{\partial_t f(X_{t_{j-1}}^\Delta, t_{j-1})$$
$$+ \partial_x f(X_{t_{j-1}}^\Delta, t_{j-1})\alpha_{t_{j-1}}\} \cdot (t_j - t_{j-1})$$
$$+ \frac{1}{2} f_{xx}(X_{t_{j-1}}^\Delta, t_{j-1}) \alpha_s^2 (B_{t_j} - B_{t_{j-1}})^2 \Big\} + R'$$

(R, R' は剰余項である[*6]) となるが，$f, \partial_x f, \partial_t f, \partial_{xx} f$ の連続性から各 X^Δ を X に取り替えて，その上で $|\Delta| \to 0$ の極限をとることができ，結局

$$f(X_t, t) - f(X_0, 0) = \int_0^t \alpha_s \partial_x f(X_s, s) \, dB_s$$
$$+ \int_0^t \left(\partial_t + \beta_s \partial_x + \frac{\alpha_s^2}{2} \partial_{xx} \right) f(X_s, s) \, ds$$
$$\qquad (9)$$

を得る．これが伊藤過程 (8) に関する伊藤の公式である．

2.4 補足

確率積分と確率微分方程式が初めて導入された論文 [3] には，確率不定積分の例としていくつか式 (5) のような量が計算されているが，一般的な公式として式 (7) もしくは式 (9) が与えられているわけではない．伊藤の公式 (9) の t への依存がない形は [4] で初出であり，式 (9) が多次元の状況で完全に与えられているのは [5] においてである．

本項目では引用されていないが，確率積分から確率微分方程式，そして確率解析一般に至るまでの現在における最も優れた教科書は [2] である．また，[7] はコンサイスにまとまっており，初学者にとって読みやすい．

[赤堀次郎]

参 考 文 献

[1] A. Friedman, *Stochastic differential equations and applications*, Dover, 2006.

[2] N. Ikeda, S. Watanabe, *Stochastic differential equations and diffusion processes*, Second edition, North-Holland Kodansha, 1989.

[3] 伊藤 清, Markoff 過程ヲ定メル微分方程式, 全国紙上数学談話会, 244 号 (1942), 1352–1400 (http://www.math.sci.osaka-u.ac.jp/shijodanwakai/IMAGE/Volume1No244.pdf).

[4] K. Itô, Stochastic differential equations in a differentiable manifold, *Nagoya Math. J.*, **1** (1950), 35–47.

[5] K. Itô, On a formula concerning stochastic differentials, *Nagoya Math. J.*, **3** (1951), 55–65.

[6] I. Karatzas, S. Shreve, *Brownian motion and stochastic calculus*, Second edition, Graduate Texts in Mathematics, 113, Springer-Verlag, 1991.

[7] 長井英生, 確率微分方程式, 共立出版, 1999.

[*6] 厳密な証明にはこういった誤差項の評価が重要になる．[1] などを参照のこと．

確率微分方程式

stochastic differential equation

確率変数で表される不規則性を考慮に入れた微分方程式のことを確率微分方程式 (SDE: stochastic differential equation) という．一般的に解は確率変数となる．微分方程式と呼ばれているが，対応する積分方程式を伊藤の確率積分を用いて定めるため，本質的には積分方程式のほうに意味を持つ微分方程式である．

1. 確率微分方程式の解の存在と一意性

$B(t)$ を標準ブラウン運動とし，$b(t,x)$, $\sigma(t,x)$ を $0 \leq t \leq T$, $-\infty < x < \infty$ で定義された実数値連続関数とする．確率変数 $X(t)$ に対して

$$dX(t) = b(t, X(t))dt + \sigma(t, X(t))dB(t) \\ X(0) = X_0 \tag{1}$$

の形で与えられる方程式を，伊藤の確率微分方程式という．ここで，X_0 は $B(t)$ と独立な確率変数である．

式 (1) は次の確率積分方程式と同値であると解釈する．

$$X(t) = X_0 + \int_0^t b(s, X(s))ds \\ + \int_0^t \sigma(s, X(s))dB(s) \tag{2}$$

ただし，$\int_0^t \sigma(s, X(s))dB(s)$ は伊藤の確率積分である．すなわち，式 (1) は式 (2) の単なる微分形であると考えるのである．

$b(t,x)$ をドリフト係数，$\sigma(t,x)^2$ を拡散係数という (3節を参照)．

確率微分方程式 (1) に対しても，通常の常微分方程式と同様な解の存在と一意性の定理が成立する．

定理 1 確率微分方程式 (1) に対して，実数値関数 $b(t,x)$, $\sigma(t,x)$ は $0 \leq t \leq T$, $-\infty < x < \infty$ において連続であり，定数 $K > 0$ が存在して次の条件を満たすとする．

増大度条件
$$|b(t,x)|^2 + |\sigma(t,x)|^2 \leq K^2(1+x^2)$$

リプシッツ条件
$$|b(t,x) - b(t,y)| \leq K|x-y|$$
$$|\sigma(t,x) - \sigma(t,y)| \leq K|x-y|$$

さらに，確率変数 X_0 は標準ブラウン運動 $B(t)$ と独立，かつ，$E[X_0^2] < \infty$ とする．

このとき，確率微分方程式 (1) の解 $X(t)$ は $0 \leq t \leq T$ において存在し，連続な道 (見本経路) を持つ伊藤過程となる．また，定数 C が存在して

$$E[X(t)^2] \leq Ce^{Ct}(1 + E[X_0^2])$$

が成り立つ．

さらに，解は道ごとに一意である．すなわち，$X(t)$, $Y(t)$ がともに確率微分方程式 (1) の解ならば，$0 \leq t \leq T$ において $X(t) = Y(t)$ a.s. である．

例 1 確率微分方程式
$$dX(t) = X(t)^3 dt + X(t)^2 dB(t)$$
の解は，$\tau = \inf\{t \mid B(t) = 1\}$ としたとき
$$X(t) = \frac{1}{1 - B(t)} \quad (0 \leq t < \tau)$$
である．実際，伊藤の一般公式より
$$dX(t) = \frac{1}{(1-B(t))^2}dB(t) + \frac{1}{2}\frac{2}{(1-B(t))^3}dt.$$
ここで，τ は $B(t)$ が初めて 1 に到達する時刻で，そのとき $\lim_{t \to \tau} X(t) = \infty$ a.s. となる．解の爆発時間と呼ばれている．

2. 線形モデル

ドリフト係数 $b(t,x)$ と拡散係数 $\sigma(t,x)$ が x に関して線形であるとき，すなわち，$0 \leq t \leq T$ において，連続な実数値関数 $\alpha(t), \beta(t), \gamma(t), \sigma(t)$ が存在して

$$b(t,x) = \beta(t) + \alpha(t)x$$
$$\sigma(t,x) = \sigma(t) + \gamma(t)x$$

となるときを，線形確率微分方程式という．特に $\gamma(t) = 0$ のときを，狭義の線形確率微分方程式という．確率微分方程式の最も単純な場合であるが，応用上も重要な例が知られている．

例 2 α, σ は正定数とし，確率微分方程式
$$dX(t) = -\alpha X(t) dt + \sigma dB(t)$$
の解 $X(t)$ を，オルンシュタイン–ウーレンベック (Ornstein–Uhlenbeck) 過程という ([ブラウン運動] (p.172) の例 8 を参照)．$X(0) = X_0$ を満たす解は

$$X(t) = e^{-\alpha t}X_0 + \sigma \int_0^t e^{-\alpha(t-s)}dB(s)$$

である．実際，$Y(t) = e^{\alpha t}X(t)$ とすると，伊藤の一般公式より
$$dY(t) = \alpha e^{\alpha t}X(t)dt + e^{\alpha t}dX(t)$$
$$= (\alpha - \alpha)e^{\alpha t}X(t)dt + \sigma e^{\alpha t}dB(t)$$
$$= \sigma e^{\alpha t}dB(t).$$

よって，積分すると
$$Y(t) = Y(0) + \sigma \int_0^t e^{\alpha s}dB(s)$$

となり，$X(t)$ が求められる．

$X(t)$ の平均，分散は，次で与えられることが知られている．

$$E[X(t)] = e^{-\alpha t}E[X_0]$$
$$V[X(t)] = e^{-2\alpha t}V[X_0] + \frac{\sigma^2}{2\alpha}(1-e^{-2\alpha t})$$

例 3 確率微分方程式
$$dX(t) = \mu X(t)dt + \sigma X(t)dB(t)$$
の解は幾何ブラウン運動と呼ばれている．ただし，$-\infty < \mu < \infty$, $\sigma > 0$ は定数とする．$X(0) = X_0$ を満たす解は
$$X(t) = X_0 \exp\left[\left(\mu - \frac{\sigma^2}{2}\right)t + \sigma B(t)\right]$$
である．実際，$Y(t) = \log X(t)$ とすると，伊藤の一般公式より
$$dY(t) = \frac{1}{X(t)}dX(t) - \frac{1}{2}\frac{1}{X(t)^2}(dX(t))^2$$
$$= \mu dt + \sigma dB(t) - \frac{1}{2}\frac{1}{X(t)^2}(\sigma^2 X(t)^2 dt)$$
$$= \left(\mu - \frac{\sigma^2}{2}\right)dt + \sigma dB(t).$$
すなわち，
$$d\left(Y(t) - \left(\mu - \frac{\sigma^2}{2}\right)t\right) = \sigma dB(t)$$
となるからである．

特に，$\mu > \frac{1}{2}\sigma^2$ ならば $X(t) \to \infty$ a.s. $(t \to \infty)$ であり，$\mu < \frac{1}{2}\sigma^2$ ならば $X(t) \to 0$ a.s. $(t \to \infty)$ である．

狭義の線形確率微分方程式に対しては，次の存在定理が知られている．

定理 2 $t \geqq 0$ において，$\alpha(t), \beta(t), \sigma(t)$ は連続な実数値関数であるとする．このとき，確率微分方程式
$$dX(t) = (\beta(t) + \alpha(t)X(t))dt + \sigma(t)dB(t)$$
$$X(0) = X_0$$
の解 $X(t)$ はただ 1 つに定まり，次で与えられる．
$$X(t) = e^{A(t)}\left(X_0 + \int_0^t e^{-A(s)}\beta(s)ds\right.$$
$$\left.+ \int_0^t e^{-A(s)}\sigma(s)dB(s)\right)$$
ただし，$A(t) = \int_0^t \alpha(s)ds$ である．さらに，X_0 が定数または正規分布に従う確率変数の場合に限り，$X(t)$ はガウス過程となる．

3. 拡 散 過 程

定義 1 連続な道を持つマルコフ過程 $\{X(t)\}_{t\geqq 0}$ は，次の性質を持つとき拡散過程と呼ばれる．

$$P(|X(t+h) - X(t)| > \varepsilon \,|\, X(t) = x) = o(h)$$
$$E[X(t+h) - X(t) \,|\, X(t) = x]$$
$$= b(t,x)h + o(h)$$
$$E[(X(t+h) - X(t))^2 \,|\, X(t) = x]$$
$$= a(t,x)h + o(h)$$

ただし，ε は任意の正の数であり，$b(t,x), a(t,x)$ $(0 \leqq t \leqq T, x \in \boldsymbol{R})$ は実数値関数である．

特に h が十分に小さいとき，$hb(t,x)$ と $ha(t,x)$ はそれぞれ瞬間的な平均と分散を意味する．そこで $b(t,x)$ はドリフト係数，$a(t,x)$ は拡散係数と呼ばれる．

確率微分方程式 (1) の係数 $b(t,x), \sigma(t,x)$ が定理 1 の条件を満たすとき，解 $X(t)$ は区間 $[0,T]$ の上のマルコフ過程となる．特に $X(t)$ は拡散過程である．ただし，$a(t,x) = \sigma(t,x)^2$ とする．

マルコフ過程 $X(t)$ に対して，s のときに x から出て，t $(s \leqq t)$ のときに y に至る推移確率密度を $p(s,x;t,y)$ とする．すなわち
$$p(s,x;t,y) = \frac{\partial}{\partial y}P(X(t) \leqq y \,|\, X(s) = x).$$
このとき，$p(s,x;t,y)$ は次の 2 つの方程式を満たすことが知られている．

1) コルモゴロフの前向き方程式 (Fokker–Planck 方程式)：
$$\frac{\partial p}{\partial t} = -\frac{\partial}{\partial y}(b(t,y)p) + \frac{1}{2}\frac{\partial^2}{\partial y^2}(a(t,y)p)$$

2) コルモゴロフの後向き方程式：
$$\frac{\partial p}{\partial s} = -b(s,x)\frac{\partial p}{\partial x} - \frac{1}{2}a(s,x)\frac{\partial^2 p}{\partial x^2}$$

前向きと後向きの区別は，2 階偏導関数の符号による．

例 4 オルンシュタイン–ウーレンベック過程（例 2 参照）に対して，コルモゴロフの前向き，後向き方程式は，それぞれ
$$\frac{\partial p}{\partial t} = \alpha\frac{\partial}{\partial y}(yp) + \frac{1}{2}\sigma^2\frac{\partial^2 p}{\partial y^2}$$
$$\frac{\partial p}{\partial s} = \alpha x\frac{\partial}{\partial x}p - \frac{1}{2}\sigma^2\frac{\partial^2 p}{\partial x^2}$$
である．

例 5 幾何ブラウン運動（例 3 参照）に対して，コルモゴロフの前向き，後向き方程式は，それぞれ
$$\frac{\partial p}{\partial t} = -\mu\frac{\partial}{\partial y}(yp) + \frac{1}{2}\sigma^2\frac{\partial^2}{\partial y^2}(y^2 p)$$
$$\frac{\partial p}{\partial s} = -\mu x\frac{\partial}{\partial x}p - \frac{1}{2}\sigma^2 x^2\frac{\partial^2 p}{\partial x^2}$$
である．

さて，確率微分方程式 (1) において，ドリフト係

数 $b(t,x)$ および拡散係数 $\sigma(t,x)^2$ がともに t に依存しないとき，すなわち

$$dX(t) = b(X(t))dt + \sigma(X(t))dB(t) \quad (3)$$

となるときを，時間的に一様な拡散過程という．$b(x)$, $\sigma(x)$ が定理 1 の仮定を満たすとき，$X(t)$ は区間 $[0,T]$ において時間的に一様なマルコフ過程となり，推移確率密度 p は，$0 \leq u \leq T-t$ に対して

$$p(s+u, x; t+u, y) = p(s, x; t, y)$$

を満たす．特に，p は $p(s,x;t,y) = p(t-s,x,y)$ のように $t-s$, x, y の関数である．

さらに，確率微分方程式 (3) に対応するコルモゴロフの前向き方程式において，時間について定常な解 $p = p(x)$ を考える．すなわち，y と x を交換して書くと

$$-\frac{d}{dx}(b(x)p) + \frac{1}{2}\frac{d^2}{dx^2}(\sigma(x)^2 p) = 0. \quad (4)$$

式 (3) の解 $X(t)$ のとりうる値の範囲が $l < X(t) < r$ $(t \geq 0)$ であるとき，

$$p(x) \geq 0, \quad \int_l^r p(x)dx = 1$$

を満たす $p(x)$ が存在するならば，この $p(x)$ を定常分布あるいは不変測度の確率密度という．関係式

$$p(y) = \int_l^r p(t,x,y)p(x)dx$$

が成立すること，および，どのような初期分布から出発した解 $X(t)$ も，$l < c < d < r$ に対して

$$\lim_{t\to\infty} P(c \leq X(t) \leq d) = \int_c^d p(x)dx$$

を満たすことが知られている．一般に，$p(x)$ は $l < m < r$ として，式 (4) を解いて

$$p(x) = \frac{C}{a(x)}\exp\left[\int_m^x 2\frac{b(y)}{a(y)}dy\right]$$

$$\frac{1}{C} = \int_l^r \frac{1}{a(x)}\exp\left[\int_m^x 2\frac{b(y)}{a(y)}dy\right]dx$$

と表される．

例 6 オルンシュタイン–ウーレンベック過程（例 2, 4 参照）に対応する不変測度の確率密度を求めよう．$X(t)$ はガウス過程なので，$l = -\infty$, $r = +\infty$ として

$$p(x) = \frac{\sqrt{\alpha}}{\sqrt{\pi\sigma^2}}e^{-\frac{\alpha}{\sigma^2}x^2}.$$

すなわち，$p(x)$ は正規分布 $N\left(0, \frac{\sigma^2}{2\alpha}\right)$ の密度関数である．

4. 伊藤の微分生成作用素

定義 2 $X(t)$ を時間的に一様な拡散過程とし，$X(0) = x$ とする．このとき，$X(t)$ の（伊藤の微分）生成作用素 (infinitesimal generator) A を

$$Af(x) = \lim_{t\to 0}\frac{E[f(X(t))] - f(x)}{t}$$

により定める．$x \in \mathbf{R}$ において，上の極限が存在するような実数値関数 f の全体を $\mathcal{D}_A(x)$ と表す．また，$\mathcal{D}_A = \cap_{x\in\mathbf{R}}\mathcal{D}_A(x)$ とする．

微分生成作用素 A の具体的な表現は，次の定理で与えられる．

定理 3 $X(t)$ を，確率微分方程式 (3) で与えられる拡散過程とする．ただし，$b(x)$, $\sigma(x)$ は実数値連続とする．もし f が 2 階連続微分可能ならば，$f \in \mathcal{D}_A$ であり，さらに

$$Af(x) = b(x)\frac{df}{dx}(x) + \frac{1}{2}\sigma(x)^2\frac{d^2f}{dx^2}(x)$$

が成り立つ．

例 7 オルンシュタイン–ウーレンベック過程（例 2, 4, 6 参照）の生成作用素 A は

$$Af(x) = -\alpha x\frac{df}{dx}(x) + \frac{1}{2}\sigma^2\frac{d^2f}{dx^2}(x)$$

である．また，幾何ブラウン運動（例 3, 5 参照）の生成作用素 A は

$$Af(x) = \mu x\frac{df}{dx}(x) + \frac{1}{2}\sigma^2 x^2\frac{d^2f}{dx^2}(x)$$

である．

生成作用素に関しては，次のディンキン (Dynkin) の公式が基本的である．

定理 4（ディンキンの公式） $\{X(t)\}_{t\geq 0}$ を時間的に一様な拡散過程とし，停止時刻 τ は $E[\tau] < \infty$ を満たすとする．このとき

$$E[f(X(\tau))] = f(X_0) + E\left[\int_0^\tau Af(X(s))ds\right]$$

が成り立つ．ただし，A は $X(t)$ の生成作用素で，$X(0) = X_0$ とする．また，f は十分遠方で 0 となるような任意の 2 階連続微分可能な関数である．

上で，$\{X(t)\}_{t\geq 0}$ に対する停止時刻 τ とは，$1_{\{\tau\leq t\}}$ が，$\{X(s)\}_{s\leq t}$ のみに依存して，$\{X(t+u)\}_{u>0}$ には依存しないような非負確率変数 τ のことである．また，事象 B に対して 1_B は指示関数と呼ばれ

$$1_B(\omega) = \begin{cases} 1 & (\omega \in B) \\ 0 & (\omega \notin B) \end{cases}$$

と定められる．

5. ファインマン–カッツの公式

確率微分方程式と偏微分方程式との対応を示すものとして，次のファインマン–カッツ (Feynman-Kac) の公式はよく知られている．

定理 5（ファインマン–カッツの公式） $F(t,x)$ $(0 \leq t \leq T, x \in \mathbf{R})$ を，次の偏微分方程式の境界値問題の解とする．

$$\frac{\partial F}{\partial t}(t,x) + \mu(t,x)\frac{\partial F}{\partial x}(t,x)$$
$$+ \frac{1}{2}\sigma^2(t,x)\frac{\partial^2 F}{\partial x^2}(t,x) - rF(t,x) = 0$$
$$F(T,x) = u(x)$$

ただし，$\mu(t,x)$, $\sigma^2(t,x)$ $(0 \leq t \leq T, x \in \mathbf{R})$，および $u(x)$ $(x \in \mathbf{R})$ はそれぞれ実数値連続関数であり，$r (>0)$ は定数とする．

このとき，
$$F(t,x) = e^{-r(T-t)} E[u(X(T))]$$

と表される．ここで $X(s)$ $(t \leq s \leq T)$ は，次の確率微分方程式を満たす．

$$dX(s) = \mu(s, X(s))ds + \sigma(s, X(s))dB(s)$$
$$X(t) = x$$

実際には逆も成立する．詳しくは，Björk [1]，エクセンダール [3]，関根 [4] などを参照のこと．

例 8 満期 T，行使価格 K であるヨーロッパ型コールオプション（European call option）の価格 $C(t,S)$ に対するブラック–ショールズ方程式は

$$\frac{\partial C}{\partial t}(t,S) + rS\frac{\partial C}{\partial S}(t,S) + \frac{1}{2}\sigma^2 S^2 \frac{\partial^2 C}{\partial S^2}(t,S)$$
$$- rC(t,S) = 0$$
$$C(T,S) = \max\{S - K, 0\}$$

である．これを解いて $C(t,S)$ を求めよう．[ブラック–ショールズ–マートンモデルとオプションの価格付け]（p.188）も参照されたい．

ファインマン–カッツの公式より
$$C(t,S) = e^{-r(T-t)} E[\max\{X(T) - K, 0\}]$$

となる．ただし，$X(s)$ $(t \leq s \leq T)$ は次の確率微分方程式の解である．

$$dX(s) = rX(s)ds + \sigma X(s)dB(s) \tag{5}$$
$$X(t) = S$$

この幾何ブラウン運動の解は例 3 より
$$X(s) = S \exp\left[\left(r - \frac{\sigma^2}{2}\right)(s-t) + \sigma B(s-t)\right]$$

となる．後の都合のため
$$d_1 = \frac{\log \frac{S}{K} + (r + \frac{\sigma^2}{2})(T-t)}{\sigma\sqrt{T-t}}$$
$$d_2 = \frac{\log \frac{S}{K} + (r - \frac{\sigma^2}{2})(T-t)}{\sigma\sqrt{T-t}}$$
$$= d_1 - \sigma\sqrt{T-t}$$

とおくと，$Se^{(r-\frac{\sigma^2}{2})(T-t)+\sigma\sqrt{T-t}y} - K \geq 0$ となるのは $y \geq -d_2$ のときなので
$$E[\max\{X(T) - K, 0\}]$$
$$= \int_{-d_2}^{\infty} Se^{(r-\frac{\sigma^2}{2})(T-t)+\sigma\sqrt{T-t}y} \frac{e^{-\frac{y^2}{2}}}{\sqrt{2\pi}} dy$$
$$\quad - K\int_{-d_2}^{\infty} \frac{e^{-\frac{y^2}{2}}}{\sqrt{2\pi}} dy$$
$$= \int_{-d_1}^{\infty} Se^{r(T-t)} \frac{e^{-\frac{y^2}{2}}}{\sqrt{2\pi}} dy - K\Phi(d_2)$$
$$= Se^{r(T-t)}\Phi(d_1) - K\Phi(d_2)$$

と計算できる．ただし
$$\Phi(d) = \int_{-\infty}^{d} \frac{e^{-\frac{y^2}{2}}}{\sqrt{2\pi}} dy = \int_{-d}^{\infty} \frac{e^{-\frac{y^2}{2}}}{\sqrt{2\pi}} dy$$

は標準正規分布の分布関数である．

以上をまとめると，著名なブラック–ショールズ評価公式を得る．

$$C(t,S) = S\Phi(d_1) - Ke^{-r(T-t)}\Phi(d_2)$$

なお，確率微分方程式 (5) は，ブラック–ショールズ–マートンモデルが仮定する幾何ブラウン運動
$$dX(t) = \mu X(t)dt + \sigma X(t)dB(t)$$

とは異なる．同じ記号を用いたが，ブラウン運動は同一のものではない．この方程式から式 (5) を導出するには，測度変換を含むさらなる理論が必要である．[マルチンゲール測度]（p.184）を参照されたい．

[石村直之]

参 考 文 献

[1] T. Björk, *Arbitrage Theory in Continuous Time*, 2nd edition, Oxford University Press, 2004.
[2] 成田清正, 例題で学べる確率モデル, 共立出版, 2010.
[3] B. エクセンダール 著, 谷口説男 訳, 確率微分方程式, シュプリンガー・フェアラーク東京, 1999.
[4] 関根 順, 数理ファイナンス, 培風館, 2007.
[5] 渡辺信三, 確率微分方程式, 産業図書, 1975.

マルチンゲール測度
martingale measure

ある時点から見た将来時点の期待値（条件付き期待値）がその時点での値に等しくなるような確率過程をマルチンゲール（martingale）という．デリバティブの価格付けにおいて，現在価値に割り引いた原資産価格過程がマルチンゲールになるように確率測度を変換すると，価格計算の見通しが非常に良くなる．このような確率測度を同値マルチンゲール測度またはリスク中立測度という．本項目を通じて $(\Omega, \mathcal{F}, P)$ を完備確率空間とする．

1. 離散時間型マルチンゲール

時間パラメータが離散的に $0, 1, 2, \ldots$ と与えられているとする．$\mathcal{F}$ の部分 σ-加法族の列 $(\mathcal{F}_n)_{n=0,1,2,\ldots}$ が増大性を持つとき，すなわち，任意の $n = 0, 1, 2, \ldots$ に対して $\mathcal{F}_n \subset \mathcal{F}_{n+1}$ が成立するとき，フィルトレーション（filtration）という．

定義 1 確率変数の族 $\{M_n\}_{n=0,1,2,\ldots}$（離散時間型確率過程）がマルチンゲールであるとは，各 $n = 0, 1, 2, \ldots$ に対して以下の 3 つの性質を満たすときをいう：

1) （$\mathcal{F}_n$-適合性）M_n は $\mathcal{F}_n$-可測．
2) （可積分性）$E[|M_n|] < \infty$．
3) $M_n = E[M_{n+1}|\mathcal{F}_n]$．

最後の等式が $M_n \leqq E[M_{n+1}|\mathcal{F}_n]$ となる場合を劣マルチンゲール（submartingale）といい，$M_n \geqq E[M_{n+1}|\mathcal{F}_n]$ となる場合を優マルチンゲール（supermartingale）という．

ある確率過程がマルチンゲールであるかどうかは，もととなる確率測度とフィルトレーションに依存して決まる．つまり，本来は $(P, \mathcal{F}_n)$-マルチンゲールなどというべきであるが，P や $\mathcal{F}_n$ が明白な場合は省略されることが多い．

例 1（ランダムウォーク） ［ブラウン運動］(p.172) で紹介された対称ランダムウォークはマルチンゲールの最も典型的な例である．さらにもっと一般に，$\{\xi_n\}_{n=1,2,\ldots}$ を平均 0 の独立確率変数列とし，$M_0 = 0$, $M_n = M_{n-1} + \xi_n$ と定義する．フィルトレーションを $\mathcal{F}_0 = \{\emptyset, \Omega\}$, $\mathcal{F}_n = \sigma(\xi_1, \ldots, \xi_n)$ ととれば，M_n はマルチンゲールになる．

例 2（マルチンゲール変換） M_n をマルチンゲール，$\{H_n\}_{n=1,2,\ldots}$ を可予測過程（predictable process），つまり各 n において H_n は $\mathcal{F}_{n-1}$-可測と

なる確率過程とする．このとき，
$$W_n = H_0 M_0 + \sum_{k=1}^{n} H_k (M_k - M_{k-1})$$
は可積分ならばマルチンゲールとなる．ただし，H_0 は $\mathcal{F}_0$-可測とする．M_n をある金融資産の価格過程と見なし，この資産を時刻 0 で H_0 単位保有し資金自己調達的ポートフォリオ（self-financing portfolio）でこの資産に投資する投資家を考える．ただし，金利は 0 とする．この投資家が時刻 $n-1$ から n までの間に保有する金融資産の量を H_n で表すと，W_n は時刻 n におけるこの投資家の富（wealth）を表す．したがって，資産価格過程がマルチンゲールならば，資金自己調達的ポートフォリオによる富過程も再びマルチンゲールになる．

2. 連続時間型マルチンゲール

マルチンゲールの概念を連続な時間パラメータを持つ場合に拡張する．$\mathcal{F}$ の部分 σ-加法族の族 $(\mathcal{F}_t)_{t \in [0,\infty)}$ が $s \leqq t$ に対して $\mathcal{F}_s \subset \mathcal{F}_t$ を満たすとき，フィルトレーションという．

定義 2 確率過程 $\{M(t)\}_{t \in [0,\infty)}$ がマルチンゲールであるとは，離散時間型の場合と同様に，任意の $t \in [0, \infty)$ に対して以下の 3 つの性質を満たすときをいう：

1) （$\mathcal{F}_t$-適合性）$M(t)$ は $\mathcal{F}_t$-可測．
2) （可積分性）$E[|M(t)|] < \infty$．
3) $s \leqq t$ のとき，$M(s) = E[M(t)|\mathcal{F}_s]$．

劣マルチンゲール，優マルチンゲールも離散時間型の場合と同様に定義される．

確率論の教科書では，連続時間型マルチンゲールにおける時間パラメータの範囲を $[0, \infty)$ に設定することが多い．一方，数理ファイナンスでは多くの場合，終端時刻 $T > 0$ が設定される．しかしこのとき，時刻 T 以降は一定の値をとると考えることで，$[0, T]$ 上の確率過程を $[0, \infty)$ 上のものと捉えることができる．また，連続時間型マルチンゲールを論じるときには，フィルトレーションの右連続性やマルチンゲールが右連続であり左極限を持つこと（RCLL (right continuous with left limits) または càdlàg）に注意しなければならないこともあるが，ここでは数学的な厳密さには関わらずに議論する．

例 3（ブラウン運動） $B(t)$ をブラウン運動とする．フィルトレーション $\mathcal{F}_t^B$ を $\mathcal{F}_t^B = \sigma\{B(s) : s \leqq t\} \vee \mathcal{N}$ と定義する．ただし，$\mathcal{N}$ は P-零集合の全体とする．このとき，$B(t)$ は $(P, \mathcal{F}_t^B)$-マルチンゲールである．

例 4（確率積分） $H(t)$ を可予測過程で，任意

の $t > 0$ に対して $E[\int_0^t H(s)^2 ds] < \infty$ を満たすものとする．連続時間の可予測過程とは，正確さを欠くが，左連続であり右極限を持つ確率過程のこととしておく（正確な定義は [3] を参照）．このとき，ブラウン運動に関する確率積分 $\int_0^t H(s)dB(s)$ は，2乗可積分マルチンゲールとなる．この事実は離散時間モデルにおけるマルチンゲール変換（例 2）に相当している．連続時間の設定では，資金自己調達的ポートフォリオによる富過程は，資産価格過程に関する確率積分で表現される．したがって，もし資産価格過程がブラウン運動で与えられるならば，富過程はマルチンゲールになる．実はもっと一般に（数学的には様々な注意を必要とするが），資産価格過程がマルチンゲールならば富過程もマルチンゲールになる．

例 5（ポアソン過程） $N(t)$ を強度 $\lambda > 0$ のポアソン過程（Poisson process）とする．つまり，T_n, $n = 1, 2, \ldots$ をパラメータ λ の指数分布に従う独立同分布の確率変数列，$T_0 = 0$ とすると，$N(t)$ は 0 から出発する確率過程で，$\sum_{k=0}^n T_k \leqq t < \sum_{k=0}^{n+1} T_k$ であるとき $N(t) = n$ となる．このとき，$N(t) - \lambda t$ はマルチンゲールとなる [3]．

次に，連続時間型マルチンゲールが満たす基本的な性質を列挙する．ただし，ここで紹介する諸性質は離散時間型の場合でも成立する．

定理 1 $M(t)$ をマルチンゲールとする．
1) 各時刻 t における期待値 $E[M(t)]$ は t によらない．したがって，任意の時刻 t と s に対して，$E[M(t)] = E[M(s)]$ が成立する．
2) ϕ を実数上の凸関数とするとき，各 $t \in [0, \infty)$ に対して $\phi(M(t))$ が可積分ならば $\phi(M(t))$ は劣マルチンゲールである．

1) において，$M(t)$ が劣マルチンゲールならば，$t \geqq s$ のとき $E[M(t)] \geqq E[M(s)]$ となる．また，2) は Jensen の不等式から得られるもので，この結果から $|M(t)|$ や $M(t)^2$ が劣マルチンゲールになることがわかる．

命題 1 Z を可積分な確率変数とする．このとき，$M(t) = E[Z|\mathcal{F}_t]$ はマルチンゲールである．逆に，マルチンゲール $M(t)$ が一様可積分性
$$\lim_{a \to \infty} \sup_{t \in [0,\infty)} E[|M(t)| : |M(t)| \geqq a] = 0$$
を満たすならば，$M(t)$ はある可積分確率変数 Z に概収束し，$M(t) = E[Z|\mathcal{F}_t]$ が成立する．

定理 2 $X(t)$ を劣マルチンゲールとする．時刻 $t \in [0, \infty)$ と $\lambda > 0$, $p > 1$ に対して以下の不等式が成立する：
1) $\lambda P(\sup_{s \in [0,t]} X(s) \geqq \lambda) \leqq E[X(t)^+]$．
2) $\lambda P(\inf_{s \in [0,t]} X(s) \leqq -\lambda) \leqq E[X(t)^+] - E[X(0)]$．
3) $E[\sup_{s \in [0,t]} |X(s)|^p] \leqq \left(\frac{p}{p-1}\right)^p E[|X(t)|^p]$．
ただし，$x^+ = \max\{x, 0\}$．

3) はドゥーブ（Doob）の不等式と呼ばれる重要な式である．終端時刻の評価から最大値の評価を得ることができる．

定理 3（ドゥーブ–メイエ分解） $X(t)$ を非負劣マルチンゲールとする．このとき，マルチンゲール $M(t)$ と増大過程 $A(t)$ が存在し
$$X(t) = M(t) + A(t)$$
と書ける．

3. マルチンゲールの表現定理

ブラウン運動 $B(t)$ と例 3 で定義したフィルトレーション $\mathcal{F}_t^B$ を考えると，ブラウン運動による確率積分はマルチンゲールになる（例 4）．実は逆の関係も成り立つ．つまり，あらゆる 2 乗可積分マルチンゲールは確率積分によって表現される．まずはこの事実を定理という形で述べておこう．

定理 4 $M(t)$ を 2 乗可積分 $(P, \mathcal{F}_t^B)$-マルチンゲールとする．このとき，ある可予測過程 $H(t)$ が存在し，任意の $t > 0$ に対して，$E[\int_0^t H(s)^2 ds] < \infty$ かつ
$$M(t) = M(0) + \int_0^t H(s)dB(s)$$
が成立する．

注意 1 1) 被積分関数となる可予測過程は一意に存在する．
2) 確率積分は連続な確率過程となるため，任意の 2 乗可積分 $(P, \mathcal{F}_t^B)$-マルチンゲールは連続である．

このような定理をマルチンゲールの表現定理（martingale representation theorem）という．ここではブラウン運動の次元を 1 次元としたが，直接的に多次元へ拡張することができる．この表現定理では，被積分関数となる可予測過程の存在のみを保証しており，可予測過程が具体的にどのように与えられるかについては述べていない．これに関しては，Clark-Ocone の定理による Malliavin 微分を用いた表現が知られている [2]．

系 1 $T > 0$ とせよ．Z を 2 乗可積分 $\mathcal{F}_T^B$-可測確率変数とする．このとき，ある可予測過程 $H(t)$ が存在し，$E[\int_0^T H(s)^2 ds] < \infty$ かつ

を満たす.

$$Z = E[Z] + \int_0^T H(s)dB(s)$$

注意 2 この系で述べていることは極々自然なことのように思えるが，注意して観察すると意外な一面も見えてくる．$P(A) = 1/2$ となる $A \in \mathcal{F}_T^B$ をとってきて，$Z = 2 \cdot 1_A - 1$ とおく．このとき $E[Z] = 0$ なので，$Z = \int_0^T H(s)dB(s)$ となる可予測過程 $H(t)$ が存在する．Z は A が起きたときに 1，そうでないときに -1 をとる確率変数であるが，そのような確率変数であっても，ブラウン運動の確率積分によって表現できるのである．

ブラック–ショールズモデルを後述の同値マルチンゲール測度のもとで考えると，原資産価格過程はマルチンゲールになる（ここでは金利を考慮しない）．このとき系 1 より，マルチンゲール測度のもとで 2 乗可積分性を持つどんなデリバティブも，適当な初期費用を用意すれば資金自己調達的ポートフォリオにより複製可能である．そして，複製ポートフォリオの富過程は同値マルチンゲール測度のもとでマルチンゲールになっている．

4. 確率測度の変換とギルサノフの定理

ある確率過程がマルチンゲールであるかどうかは，フィルトレーションだけでなく確率測度にもよる．つまり，マルチンゲールでない確率過程であっても，確率測度を変換すると新しい確率測度のもとでマルチンゲールになることがある．

定義 3 P と Q を可測空間 $(\Omega, \mathcal{F})$ 上の 2 つの確率測度とする．任意の $A \in \mathcal{F}$ に対して，

$$P(A) = 0 \Rightarrow Q(A) = 0$$

であるとき，Q は P に関して絶対連続（absolutely continuous）であるといい，$Q \ll P$ と書く．また，$Q \ll P$ かつ $P \ll Q$ であるとき，P と Q は互いに絶対連続である，または同値（equivalent）であるといい，$P \sim Q$ と書く．

$Q \ll P$ とすると，ある非負可積分確率変数 Z が存在し，

$$Q(A) = E[1_A Z], \quad \forall A \in \mathcal{F}$$

が成立する．Q は確率測度なので $E[Z] = 1$ を満たす．もし $Q \sim P$ ならば $Z > 0$ となる．この Z を Q の P に対する（ラドン–ニコディム）密度（density）といい，$\frac{dQ}{dP}$ と書く．さらに，確率過程 $Z(t)$ を

$$Z(t) = E\left[\left.\frac{dQ}{dP}\right|\mathcal{F}_t\right]$$

と定義し，これを Q の P に対する密度過程（density process）という．$Z(t)$ はマルチンゲールである．$Q \sim P$ のとき，任意の $t \in [0, \infty)$ に対して $Z(t) > 0$ となる．数理ファイナンスにおいては確率測度の変換は様々な場面で行われる．よって，変換された確率測度のもとで条件付き期待値を計算する必要が生じる．その際に役立つ公式を 1 つ紹介しておく．$s \leqq t$ とし，Y を $\mathcal{F}_t$-可測確率変数とする．$Q \sim P$ の密度過程を $Z(t)$ とするとき，

$$E_Q[Y|\mathcal{F}_s] = \frac{1}{Z(s)} E[YZ(t)|\mathcal{F}_s]$$

が成立する．

命題 2 $Q \sim P$ とし，その密度過程 $Z(t)$ は 2 乗可積分性を持つとする．このとき，$\mathcal{F}_t$-適合 2 乗可積分確率過程 $X(t)$ に対して，$X(t)$ が $(Q, \mathcal{F}_t)$-マルチンゲールであることと，確率過程 $X(t)Z(t)$ が $(P, \mathcal{F}_t)$-マルチンゲールであることとは同値である．

命題 2 では密度過程がどのように表現されるかまでは触れなかった．それを一般のマルチンゲールに対して論じるには，もう少し数学的準備を必要とする．ここではその問題をブラウン運動に限って論じる．マルチンゲールと同様に，与えられた確率過程がブラウン運動になるかどうかは，ベースとなるフィルトレーションと確率測度による．ブラウン運動 $B(t)$ とフィルトレーション $\mathcal{F}_t^B$ を考えるとき，確率測度 P を入れ替えると，もはやブラウン運動ではなくなる．逆に，例えばドリフト付きのブラウン運動 $B(t) + \alpha t$ は，$\alpha \geqq 0$ のとき劣マルチンゲールになる（$\alpha \leqq 0$ のとき優マルチンゲール）が，P を適当な確率測度 Q に変換すれば，$(Q, \mathcal{F}_t^B)$-ブラウン運動となる．Q の密度の具体的表現が得られる．

ドリフト付きブラウン運動よりもう少し一般の設定を考えよう．$H(t)$ を有界可予測過程とする．つまり，ある正の定数 C が存在し $\sup_{t \in [0, \infty)} |H(t)| \leqq C$ が成立する．このとき，

$$Z(t) = \exp\left\{\int_0^t H(s)dB(s) - \frac{1}{2}\int_0^t H(s)^2 ds\right\}$$

と定義すると，$Z(t)$ は 1 から出発するマルチンゲールであり，確率微分方程式

$$Z(t) = 1 + \int_0^t Z(s)H(s)dB(s)$$

の解である．ここで，終端時刻 $T > 0$ を固定し，P の $\mathcal{F}_T^B$ への制限を再び P と書く．$(\Omega, \mathcal{F}_T^B)$ 上の確率測度 Q を

$$Q(A) = E[1_A Z(T)], \quad \forall A \in \mathcal{F}_T^B$$

と定義する．この Q は P に同値である．

定理 5（ギルサノフの定理） 確率過程 $B^Q(t)$ を

$$B^Q(t) = B(t) - \int_0^t H(s)ds$$

と定義すると，$\{B^Q(t)\}_{t \in [0,T]}$ は $(Q, \mathcal{F}_t^B)$-ブラウン運動である．

5. 同値マルチンゲール測度とリスク中立性

安全資産と1つの危険資産が取引されている連続時間型金融市場モデルを考える．市場の終端時刻を $T > 0$，安全資産の利子率を $r > 0$ とする．つまり，時刻0で安全資産に1円投資すると，時刻 t では e^{rt} 円になる．また，危険資産価格過程 $\{S(t)\}_{t \in [0,T]}$ は

$$S(t) = S(0) \exp\left\{\left(\mu - \frac{\sigma^2}{2}\right)t + \sigma B(t)\right\}$$

と表現されているとする．ただし，$\mu \in \mathbf{R}$, $\sigma > 0$ と $S(0) > 0$ は定数，$B(t)$ はブラウン運動である．これは幾何ブラウン運動と呼ばれ，このようなモデルをブラック–ショールズモデルという．危険資産価格を現在価値に割り引くと $e^{-rt}S(t)$ になる．これを $\widetilde{S}(t)$ と書くと，確率微分方程式

$$\widetilde{S}(t) = S(0) + \int_0^t (\mu - r)\widetilde{S}(s)ds + \int_0^t \sigma \widetilde{S}(s)dB(s)$$

の解となる．確率測度 Q を

$$\frac{dQ}{dP} = \exp\left\{-\frac{\mu - r}{\sigma}B(T) - \frac{1}{2}\frac{(\mu-r)^2}{\sigma^2}T\right\}$$

と定義すると，ギルサノフ (Girsanov) の定理より，$\widetilde{S}(t)$ は Q のもとでマルチンゲールになる．このように，割引資産価格過程をマルチンゲールにする P と同値の確率測度を同値マルチンゲール測度 (equivalent martingale measure) という．ブラック–ショールズモデルでは，デリバティブの受取額が確率変数 F で与えられているとき，時刻 $t \in [0,T]$ における F の適正価格は，同値マルチンゲール測度 Q を用いて

$$e^{-(T-t)r}E_Q[F|\mathcal{F}_t]$$

となる．ブラック–ショールズモデルにおいて同値マルチンゲール測度は一意的に存在する．また，系1より，Q のもとで2乗可積分性を持つ F に対して複製ポートフォリオが存在する．この事実は市場の完備性と呼ばれる（詳細は[無裁定価格理論] (p.196) を参照）．

同値マルチンゲール測度はリスク中立測度 (risk neutral measure) とも呼ばれる．その理由について考察する．

投資家の富に対する満足度を効用関数 U によって表現する．どの投資家も富が多ければ多いほど満足度は高くなるので，U は増大関数となる．また，将来時点における価値が不確実である富の満足度は期待効用によって与えられる．つまり，将来時点の富が確率変数 X で与えられると，その満足度は期待効用 $E[U(X)]$ となる．混乱を防ぐために X は正規分布に従うものとしよう．つまり，X の分布は期待値 $E[X]$ と標準偏差 $\sigma(X)$ によって完全に決まる．ファイナンスでは，期待値をリターン，標準偏差をリスクと呼ぶ．リターンが同じであればリスクが小さい富を好む投資家を，リスク回避的であるといい，U は上に凸な関数（凹関数）となる．逆に，リターンが同じであればリスクが大きい富を好む投資家を，リスク愛好的といい，U は下に凸な関数となる．これらの中間的なリスク選好を持つ投資家，つまり，リスクによらずリターンの大きさだけで満足度が決まる投資家を，リスク中立的という．この場合，U は線形な関数となる．実際には，投資家のリスク選好は回避的であるという前提をおく場合が多い．

ここで，安全資産と1つの危険資産からなる1期間モデルを考える．安全資産の利子率を $r > 0$ とする．つまり，現時点で安全資産に1円投資すると将来時点では $1+r$ 円になる．危険資産の将来時点の価値は確率変数 X で与えられているとする．市場に参加している全ての投資家がリスク中立的である場合（このような市場をリスク中立的と呼ぶ），危険資産の現時点での価格 p は「危険資産の収益率のリターン」と「安全資産の収益率のリターン（=利子率）」が等しくなるように定まる．さもなければ誰も危険資産に投資しようとしないか，全員が投資しようと飛びつくかのどちらかである．したがって，p は

$$\frac{E[X] - p}{p} = r, \quad つまり \quad p = \frac{1}{1+r}E[X]$$

で与えられる．よって，リスク中立的な市場では危険資産の割引現在価値はマルチンゲール性を持つ．一方，同値マルチンゲール測度は危険資産の割引現在価値をマルチンゲールにする測度と定義された．このため，市場が P でなく同値マルチンゲール測度に支配されていると仮定すると，市場はリスク中立的になる．このことから，同値マルチンゲール測度はリスク中立測度とも呼ばれるのである．

［新井拓児］

参 考 文 献

[1] I. Karatzas, S.E. Shreve, *Brownian motion and stochastic calculus*, 2nd edition, Springer-Verlag, 1991.
[2] N. Nualart, *The Malliavin calculus and related topics*, Springer-Verlag, 1995.
[3] P. Protter, *Stochastic integration and differential equations*, 2nd edition, Springer-Verlag, 2005.

ブラック–ショールズ–マートンモデルとオプションの価格付け

Black–Scholes–Merton model and option pricing

ブラック–ショールズモデル (Black–Scholes model)(あるいはブラック–ショールズ–マートンモデル (Black–Scholes–Merton model) と呼ばれる．以下では「BSM モデル」のように表記する)とは，ヨーロッパ型オプションなどの金融デリバティブ商品の適正価格を議論するために，株式のような「原資産」と位置付けられる資産の価格が幾何ブラウン運動に従うと仮定した確率モデルである．

1. BSMモデル

ここでは $T \in (0, \infty)$ とし，有限な連続時間区間 $[0, T]$ を考える．

$(\Omega, \mathcal{F}, P)$ を完備な確率空間とする．$\{W_t\}_{t \in [0,T]}$ は上記確率空間上に定義されるブラウン運動とする．また，$(\mathcal{F}_t)_{t \in [0,T]}$ を $\{W_t\}_{t \in [0,T]}$ で生成されるブラウンフィルトレーションとする．

ここでは，投資すべき対象として安全資産とリスク資産（危険資産）の2種類があるものとする．

まず，$r \in \mathbb{R}$ という定数を無リスク利子率（連続複利）と見なす．このことは，0 時点に x だけ安全資産に投資すると，その価値は t 時点に xe^{rt} となることを意味している．

一方で，$\{S_t\}_{t \in [0,T]}$ を上記確率空間上に定義される確率過程とし，これをリスク資産の価格モデルと考える．具体的には，$t \in [0, T]$ を固定したとき，S_t をリスク資産の t 時点における価格を表す確率変数と見なす．一般的に BSM モデルについての入門テキストでは，原資産として株式を想定するケースが多いので，以下では $\{S_t\}_{t \in [0,T]}$ を株価過程と呼ぶことにする．

BSM モデルでは，株価過程が次の確率微分方程式で表されることを仮定する．

$$dS_t = S_t \{\mu dt + \sigma dW_t\}, \quad S_0 > 0 \qquad (1)$$

ここで $\mu \in \mathbb{R}$, $\sigma > 0$ は定数とする．μ は瞬間的な株式収益率の期待値と解釈でき，ドリフト項（期待成長率）と呼ばれる．また，σ は瞬間的な株式収益率の標準偏差と解釈でき，ボラティリティと呼ばれる．

確率微分方程式 (1) の解は

$$S_t = S_0 \exp\left(\left(\mu - \frac{\sigma^2}{2}\right)t + \sigma W_t\right) \qquad (2)$$

のように，明示的に解を与えることができる．ブラウン運動が指数部分に現れることで，株価過程が幾何ブラウン運動に従うという場合もある．

BSM モデルにおける典型的な問題は，ある適当な関数 $F : (0, \infty) \to \mathbb{R}$ を与えて，$F(S_T)$ が T 時点における受取額と見なせるようなデリバティブ（条件付き請求権などともいう）を考え，そのデリバティブの「適正価格」を求めようというものである．

2. ヨーロッパ型オプション序論

この節では，デリバティブの中で最も基本的なヨーロッパ型オプションについて，特にある会社の株式に対するヨーロッパ型コールオプションを例として概説する．

ヨーロッパ型コール（オプション）とは，将来のある決められた時点（満期）において，前もって決められた価格（権利行使価格；単に行使価格ともいう）で原資産（ここでは株式）を購入する権利を金融商品として取引可能にしたもので，金融デリバティブの中では最も基本的なものと言える．売却する権利は，プット（オプション）と呼ばれる．また，満期以前の任意の時点で行使可能なデリバティブは，アメリカ型と呼ばれ，5 節で解説する．

ここでは，ヨーロッパ型コールの満期を T，権利行使価格を $K (> 0)$ とする．すなわち，コールの保有者は，満期 T において，原資産である株式を実際の市場株価と関係なく K という価格で買う権利を保有していることになる．

合理的に考えると，株価が権利行使価格以上 ($S_T \geqq K$) の場合には，コール保有者は権利を行使して対象となる株式を K で購入し，即座に S_T という実際の価格で売却することで，その差額 $S_T - K (\geqq 0)$ を懐に入れることができる．したがって，$S_T \geqq K$ のときにコールから得られる実際の利得は，$S_T - K$ と見なすことができる．一方で，実際の株価が権利行使価格を下回った ($S_T < K$) 場合には，株式を権利行使価格 K よりも安く市場で入手できるので，コールの権利を行使してわざわざ市場より高く購入することは合理的とは言えない．したがって，$S_T < K$ の場合は，コールからの利得は 0 と見なされる．

これら 2 つの状況をまとめると，満期 T，権利行使価格 K のヨーロッパ型コールからの利得は $\max\{S_T - K, 0\}$ という式で表すことができる．すなわち $F(x) = \max\{x - K, 0\}$ という関数で特徴付けられるデリバティブということになる．

3. BSM の価格付け偏微分方程式

合理的に考えると，もしコールが無料で手に入れられるのであれば，誰もが欲しくなるはずである．したがって，コールを保有するためにはいくらかの対価が必要であり，その意味でコールの現時点 t における適正価格が問題となる．以下では，ブラック–

ショールズの原論文 [1] のアイデアを，今日の標準的な教科書に沿った形に整理して概説する（原論文により近い形での説明は [3, 2.8 節] が詳しい）．

満期 T，権利行使価格 K のヨーロッパ型コールの時点 $t\ (\leqq T)$ における価格が，ある $C^{2,1}$-級関数 V_c を用いて $V_c(t, S_t)$ のようにその時点 t および株価 S_t の関数として表されていると仮定する．すぐに言えるのは，満期 T においては

$$V_c(T, x) = \max\{x - K, 0\} \quad (3)$$

が成り立つということである．

満期以前の時点 $t \in [0, T)$ においては，次のように「オプションの複製戦略」という考え方に沿って考える．オプションの複製戦略（replication strategy）とは，オプションとまったく同じ経済的価値を与える安全資産と原資産の保有額（あるいは保有単位数）の組合せ（ポートフォリオ）を意味する．具体的には，時点 t における安全資産への投資額および株式保有単位数を x_t および θ_t と表す（それぞれの値が負のときは，無リスク利子率での借入および株式の空売りをしていると解釈する）とき，

$$V_c(t, S_t) = x_t + \theta_t S_t \quad \forall t \in [0, T] \quad (4)$$

が成り立つような $(\{x_t\}_{t \in [0,T]}, \{\theta_t\}_{t \in [0,T]})$ という確率過程の組をオプションの複製戦略とここでは考えることにする．

さらに，数理ファイナンスでは，資金自己調達的（self-financing）と呼ばれる条件を満たす複製戦略に限定して考える．現在の設定では，資金自己調達的条件は $\forall t \in [0, T]$ に対して

$$x_t + \theta_t S_t = x_0 + \theta_0 S_0 + \int_0^t r x_u du + \int_0^t \theta_u dS_u \quad (5)$$

が成り立つことと表すことができる．これは，時点 0 で $x_0 + \theta_0 S_0$ という初期資金を用いてポートフォリオを構築してから後は，資金の追加や回収などは行わないことを意味している．

ここで，式 (4) に戻り，左辺に注目する．伊藤の公式を用いると，コールの価格 $V_c(t, S_t)$ は以下のように積分を用いて表現できる．

$$V_c(t, S_t) = V_c(0, S_0)$$
$$+ \int_0^t \left\{ \frac{\partial V_c}{\partial u}(u, S_u) + \mu S_u \frac{\partial V_c}{\partial x}(u, S_u) \right.$$
$$\left. + \frac{1}{2}\sigma^2 S_u^2 \frac{\partial^2 V_c}{\partial x^2}(u, S_u) \right\} du$$
$$+ \int_0^t \sigma S_u \frac{\partial V_c}{\partial x}(u, S_u) dW_u \quad (6)$$

一方で，資金自己調達的条件 (5) についても $x_t = V_c(t, S_t) - \theta_t S_t$ と表されることに注意すると

$$V_c(t, S_t) = V_c(0, S_0)$$
$$+ \int_0^t [rV_c(u, S_u) + \theta_u S_u(\mu - r)] du$$
$$+ \int_0^t \theta_u \sigma S_u dW_u \quad (7)$$

と表される．ここで式 (6) と式 (7) とが等しいことに注意すると，まず確率積分の項の比較から $\theta_u = \frac{\partial V_c}{\partial x}(u, S_u)$ が成り立たなければならないことがわかる．さらに，これを用いると時間に関する積分項の被積分関数が等しくなければならないことから（(t, x) は適宜省略する），

$$\frac{\partial V_c}{\partial t} + \mu S_u \frac{\partial V_c}{\partial x} + \frac{1}{2}\sigma^2 S_u^2 \frac{\partial^2 V_c}{\partial x^2}$$
$$= rV_c + S_u \frac{\partial V_c}{\partial x}(\mu - r) \quad (8)$$

が成り立つことがわかる．

したがって，これを整理すると，コールの価格を与える関数 $V_c(t, x)$ は次の形の偏微分方程式を満たすことがわかる．

$$\frac{\partial V_c}{\partial t} + rx \frac{\partial V_c}{\partial x} + \frac{1}{2}\sigma^2 x^2 \frac{\partial^2 V_c}{\partial x^2} - rV_c = 0 \quad (9)$$

これは BSM（の価格付け）偏微分方程式（ブラック–ショールズ方程式）と呼ばれる．

4. BSM の価格付け公式

前節の議論から，満期 T，権利行使価格 K のヨーロッパ型コールの時点 t での価格を求めるためには，式 (9) の偏微分方程式を終端条件 (3) のもとで解くことが必要となることがわかる．

この偏微分方程式を解く手法はいろいろと示されている．特に，確率微分方程式と放物型偏微分方程式を関係付けるファインマン–カッツ（Feynman–Kac）の定理を用いる方法は，汎用性が高いと考えられる．

いずれにせよ，満期 T，権利行使価格 K のヨーロッパ型コール価格を与える関数 $V_c(t, x)$ は，次のように具体的に求められる．

$$V_c(t, x) = x\Phi(d_1(t, x)) - Ke^{-r(T-t)}\Phi(d_2(t, x)) \quad (10)$$

ただし，$\Phi(\cdot)$ は先に与えた標準正規分布関数であり，

$$d_1(t, x) = \frac{\log \frac{x}{K} + (r + \frac{\sigma^2}{2})(T-t)}{\sigma\sqrt{T-t}}$$
$$d_2(t, x) = d_1(t, x) - \sigma\sqrt{T-t}$$

である．この式は，一般に（ヨーロッパ型コール価格の）BSM の公式（ブラック–ショールズ評価公式）と呼ばれる．

図 1 は，いろいろな権利行使価格 (K) とボラティリティ (σ) に対して，BSM 公式から導かれるヨーロッパ型コールの適正価格を図示したものである．ただし，$x = 8500$（2011 年 12 月 6 日の日経平均株価の水準に近い値），残存期間を 1 か月（$T - t = 1/12$），

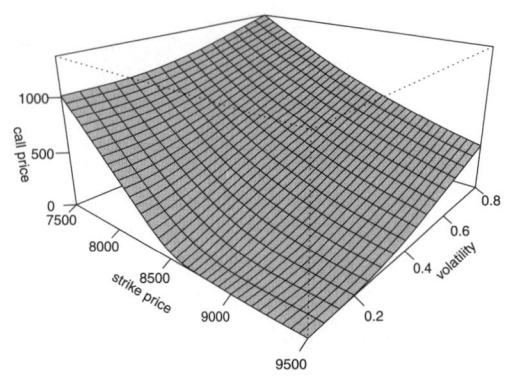

図1 様々な権利行使価格 (K) とボラティリティ (σ) の組に対するヨーロッパ型コールの適正価格 ($x=8500$, $T-t=1/12$, $r=0.02$ に固定).

金利を 2% ($r=0.02$) に固定している．この図から，権利行使価格が高くなるほどコールの価格は低くなり，ボラティリティが大きくなるほどコールの価格は高くなる傾向があることが確かめられるだろう．

また，この偏微分方程式の中に現れる偏微分係数

$$\frac{\partial V_c}{\partial x},\ \frac{\partial^2 V_c}{\partial x^2},\ \frac{\partial V_c}{\partial t}$$

は，それぞれデルタ (Δ)，ガンマ (Γ)，セータ (Θ) と呼ばれる．ヨーロッパ型コール価格式に対するデルタ，ガンマ，セータは，それぞれ次のように計算される．$\theta = T - t$ とおくと，

$$\frac{\partial V_c}{\partial x} = \Phi(d_1),$$

$$\frac{\partial^2 V_c}{\partial x^2} = \phi(d_1)\frac{1}{x\sigma\sqrt{\theta}},\quad (\phi \text{ は } \Phi \text{ の密度関数})$$

$$\frac{\partial V_c}{\partial t} = -\phi(d_1)\frac{\sigma x}{2\sqrt{\theta}} - rKe^{-r\theta}\Phi(d_2).$$

これらを式 (9) の偏微分方程式に代入することで，式 (10) で与えられる $V_c(t,x)$ が式 (9) の解になっていることを確認することができる．このほかに，ロー ($\varrho := \frac{\partial V_c}{\partial r}$) およびベガ ($\mathcal{V} := \frac{\partial V_c}{\partial \sigma}$) を加えたものは，一般にグリークス (Greeks) などと呼ばれている（ベガは，ギリシャ文字ではないが，慣例としてグリークスとして扱われる）．ヨーロッパ型コール価格式に対するロー，ベガはそれぞれ次のように計算される．

$$\frac{\partial V_c}{\partial r} = K\theta e^{-r\theta}\Phi(d_2),\quad \frac{\partial V_c}{\partial \sigma} = x\sqrt{\theta}\phi(d_1)$$

例えば，デルタは原資産の現在価格が上昇したときにオプション適正価格がどのように変化するかを示す量であるが，原資産価格の変動リスクを完全に打ち消すために保有すべき原資産の単位数という意味がある．グリークスはオプション取引のリスク管理にとって非常に重要な指標である．近年，ボラティリティの変動リスクの認識の高まりもあって，バンナ (Vanna) と呼ばれる $\frac{\partial^2 V_c}{\partial x \partial \sigma}$ やボルガ (Volga) またはボンマ (Vomma) と呼ばれる $\frac{\partial^2 V_c}{\partial \sigma^2}$ といった偏微分係数なども，リスク指標として注目されるようになっている．

なお，オプションの価格付けは，BSM 偏微分方程式に基づくアプローチ以外に，数理ファイナンスの無裁定価格理論の帰結である「満期 T における受取額が，ある可測関数 F を用いて $F(S_T)$ という形で与えられるデリバティブの $t \in [0,T]$ 時点における適正価格は，リスク中立確率測度（あるいは同値マルチンゲール確率測度）Q のもとでの条件付き期待値

$$\mathbf{E}^Q\left[e^{-r(T-t)}F(S_T)\Big|\mathcal{F}_t\right]$$

で与えられる」という定理を直接用いるアプローチもある（詳細は [無裁定価格理論] (p.196) を参照）.

5. アメリカ型オプション序論

満期以前の任意の時点で行使可能なオプションは，アメリカ型オプションと呼ばれる．例えば，満期 T，権利行使価格 K のアメリカ型プットオプションは，満期以前の任意の時点 t で権利行使可能で，時点 t で行使した場合には $\max\{K - S_t, 0\}$ を行使時点に受け取ることになる．

同じ満期，同じ権利行使価格のヨーロッパ型オプションに比べると，保有者に早期行使するという追加的な選択肢が与えられているので，アメリカ型の価格はヨーロッパ型の価格より高くなると推察される．

実はコールについては，1 節で示した BSM モデルで考える場合，アメリカ型でもヨーロッパ型でも理論的に同じ価格になることが知られている．その一方で，（有限満期の）アメリカ型プットに対しては，その価格を与える具体的な関数を明示的に与えることができないことが知られていて，適正価格の算出には何らかの数値的解法や近似的に評価する方法が必要となる．以下では，ヨーロッパ型オプションにおける BSM 偏微分方程式のアメリカ型オプション版である偏微分不等式について言及しておく．

満期 T，権利行使価格 K のアメリカ型プット価格を与える関数を $v_p(t,x)$ とおくと，$v_p(t,x)$ は次の形の偏微分不等式を満たすことが知られている．

$$\frac{\partial v_p}{\partial t} + rx\frac{\partial v_p}{\partial x} + \frac{1}{2}\sigma^2 x^2 \frac{\partial^2 v_p}{\partial x^2} - rv_p \leqq 0,$$

$$v_p(t,x) \geqq \max\{K - x, 0\},$$

$$v_p(T,x) = \max\{K - x, 0\},$$

$$(v_p(t,x) - \max\{K - x, 0\})$$
$$\times \left(\frac{\partial v_p}{\partial t} + rx\frac{\partial v_p}{\partial x} + \frac{1}{2}\sigma^2 x^2 \frac{\partial^2 v_p}{\partial x^2} - rv_p\right) = 0$$

最初の不等式は，アメリカ型プットの割引価格 $e^{-rt}v_p(t,S_t)$ が，確率過程としてリスク中立確率測

度 Q のもとで優マルチンゲールになるという性質に対応している．2つ目の不等式は，常にオプション価値はプットの本源的価値である $\max\{K-x, 0\}$ を下回らないという性質に対応し，3つ目の等式は，満期においてはオプション価値は本源的価値に等しくなるという性質に対応する．4つ目の等式は，常に上記2つの不等式のいずれか一方は等号が成り立つことを示している．これは $v_p(t, S_t) > \max\{K - S_t, 0\}$ が成り立っている間は，オプションの権利行使をせずオプションを保有していたほうが有利な状態を意味しているが，その間 $v_p(t, S_t)$ はリスク中立確率測度のもとで真にマルチンゲールと見なせるため，最初の不等式が等式となる，すなわち BSM 偏微分方程式が成り立っていることに対応する．

なお，アメリカ型プットの価格 $v_p(t, S_t)$ は，最適停止時刻問題という形で，次のように表現されることが知られている．

$$v_p(t, S_t) = \operatorname*{ess.\,sup}_{\tau \in \mathcal{T}_{t,T}} \mathbf{E}^Q\left[e^{-r\tau}\max\{K - S_\tau, 0\}\Big|\mathcal{F}_t\right]$$

ただし，$\mathcal{T}_{t,T}$ は区間 $[t, T]$ に値をとる停止時刻の集合とする（ess.sup は本質的上限）．

6. エキゾチックオプション

ヨーロッパ型およびアメリカ型以外のオプションは，総じてエキゾチックオプションと呼ばれることが多いが，その内容は多種多様である．主要なものとしては，アジア型オプション，ルックバックオプション，ノックアウト／ノックインなどのバリア型オプションが挙げられる．この節では，この3種類をごく簡単に紹介する．なお，それぞれのオプションの価格付けの議論については，[2],[3] を参照のこと（特に BSM 偏微分方程式との関係は [2] の第7章が詳しい）．

まず，アジア型オプションとは「受取額が，原資産価格の満期までの時間平均 $\frac{1}{T}\int_0^T S_u du$ の関数で与えられるオプション」の総称である．一例として，$K > 0$ に対して，受取額が

$$\max\left\{\frac{1}{T}\int_0^T S_u du - K, 0\right\}$$

という形で表されるものや，

$$\max\left\{S_T - \frac{1}{T}\int_0^T S_u du, 0\right\}$$

という形で表されるものがある．

次に，ルックバックオプションとは「受取額が，満期までの原資産価格の最大値 $\max_{0 \leq u \leq T} S_u$，あるいは最小値 $\min_{0 \leq u \leq T} S_u$ の関数で与えられるオプション」の総称である．一例として受取額が次のような形で与えられるものがある．

$$\max_{0 \leq u \leq T} S_u - S_T, \quad S_T - \min_{0 \leq u \leq T} S_u$$

最後に，バリア型オプションとは「原資産価格に対してあるバリア（閾値）が設定され，満期までに原資産価格がそのバリアに到達したら受取権利が失われたり（ノックアウト型），反対に，満期までに原資産価格がそのバリアに到達した場合にのみ受取権利が発生したりする（ノックイン型）オプション」の総称である．

一例として，$K < L$ および $S_0 < L$ に対して，受取額が $\max\{S_T - K, 0\}\mathbf{1}_{\{\max_{0\leq u\leq T} S_u < L\}}$ で表されるもの（アップ・アンド・アウトコールと呼び，要するに満期までに原資産価格が L という上側バリアまで上昇した場合にコールオプションの受取権利を失う条件付きのもの）や，$K > B$ および $S_0 > B$ に対して，受取額が $\max\{K - S_T, 0\}\mathbf{1}_{\{\min_{0\leq u\leq T} S_u < B\}}$ で表されるもの（ダウン・アンド・インプットと呼び，要するに満期までに原資産価格が B という下側バリアまで下落した場合にプットオプションの受取権利が発生する条件付きのもの）など，具体的には，バリアが上側か下側か，ノックアウトかノックインか，コールかプットか，という組合せで表現されることが多い．ただし，$\mathbf{1}_A$ は事象 A が成り立つときに 1，成り立たないときに 0 の値をとる確率変数とする．

［中川秀敏］

参 考 文 献

[1] F. Black, M. Scholes, The Pricing of Options and Corporate Liabilities, *The Journal of Political Economy*, **81**(3) (1973), 637–654.

[2] S.E. Shreve, *Stochastic Calculus for Finance II: Continuous-Time Models*, Springer, 2004. [邦訳] 長山いづみほか 訳, ファイナンスのための確率解析 II：連続時間モデル, シュプリンガー・フェアラーク東京, 2008.

[3] 関根 順, 数理ファイナンス, 培風館, 2007.

動的ヘッジング
dynamic hedging

1. 完備市場でのデリバティブの複製

連続時間完備市場におけるデリバティブの無裁定価格付け理論においては，「複製」の考え方が重要な役割を果たしている．この考え方は，無裁定価格のみならず，動的ヘッジングに関する解答も与えるものである．本節では，ブラック–ショールズ–マートンによる無裁定と複製に基づいたデリバティブ価格付け理論を，枠組みとして一般化した形で紹介する．動的ヘッジングに関する結果は，それに自然に付随した形で述べられる．これらの一般的な枠組みの構築は，主に Harrison and Kreps (1979) や Harrison and Pliska (1981) などの研究によるものあり，今日では「標準的」なモデル・理論として，数理ファイナンスの標準的教科書でも広く採用され，解説されているものである（例えば，Lamberton and Lapeyre [3] や Shreve [4] などを参照）．

1.1 完備市場

タイムホライゾンを $T>0$ とし，1つの非危険資産と n 個の危険資産からなる，時間区間 $[0,T]$ 上で連続的に売買が可能な連続時間金融市場モデルを考える．そして，フィルタ付き確率空間 $(\Omega,\mathcal{F},\mathbb{P},(\mathcal{F}_t)_{t\in[0,T]})$ の上で，これらの資産の価格過程は半マルチンゲールを用いて与えられているとする．特に，非危険資産の価格過程 $S^0:=(S_t^0)_{t\in[0,T]}$ は

$$S_t^0 := \exp\left(\int_0^t r_u du\right)$$

と適合過程 $r:=(r_t)_{t\in[0,T]}$ を用いて表されている正の絶対連続な過程であるとし，n 危険資産の価格過程は

$$S:=(S^1,\ldots,S^n)^\top, \quad S^i:=(S_t^i)_{t\in[0,T]}$$

で表されているとする．このモデルが完備であるということは，割引危険資産価格過程

$$\tilde{S} := S/S^0$$

が局所マルチンゲールになるような，いわゆる局所同値マルチンゲール測度 $\mathbb{Q}$ が唯一定まっており，任意の $(\mathbb{Q},\mathcal{F}_t)$-マルチンゲール $M:=(M_t)_{t\in[0,T]}$ が

$$M_t = M_0 + \int_0^t (\phi_s^M)^\top d\tilde{S}_s, \quad t\in[0,T]$$

とある n 次元可予測過程 $\phi^M := (\phi_t^M)_{t\in[0,T]}$ を用いた $\tilde{S}$ に関する確率積分で表現されているということである．ここで，

$$(\phi_s^M)^\top d\tilde{S}_s = \sum_{i=1}^n \phi_s^{M,i} d\tilde{S}_s^i$$

でベクトル値半マルチンゲール $\tilde{S}$ に関する確率積分を表している．

1.2 資金自己調達的ポートフォリオ

この完備金融市場の上で，時刻 0 に初期資産額 $x\in\mathbb{R}$ を持ってスタートし，時刻 t で危険資産を $\pi_t:=(\pi_t^1,\ldots,\pi_t^n)^\top$ 保有し続けて（π_t^i は時刻 t での第 i 危険資産の保有量を表す）連続的にダイナミックに運用を行う資金自己調達的投資家を考える．この投資家の富過程 $X^{x,\pi} := (X_t^{x,\pi})_{t\in[0,T]}$ は，確率微分方程式

$$dX_t^{x,\pi} = \pi_t^\top dS_t + (X_{t-}^{x,\pi} - \pi_t^\top S_{t-})\frac{dS_t^0}{S_t^0} \quad (1)$$

$$X_0^{x,\pi} = x$$

を用いて表される．(1) の第 1 式の右辺第 2 項に現れているように，資金自己調達の条件より，総資産額 $X_{t-}^{x,\pi}$ から危険資産の総保有額 $\pi_t^\top S_{t-}$ を引いた額が非危険資産の保有額になっているわけである．線形確率微分方程式 (1) の解は

$$X_t^{x,\pi} = S_t^0\left(x + \int_0^t \pi_u^\top d\tilde{S}_u\right) \quad (2)$$

で与えられることが知られている．ダイナミックな運用を定める対 (x,π) のことを，資金自己調達的ポートフォリオと呼ぶ．

1.3 ヘッジ

満期 T でのペイオフが $\mathcal{F}_T$-可測な確率変数 F で表されるヨーロッパ型デリバティブ (T,F) を考える．このデリバティブの発行者（writer）が，一方でダイナミックな運用 (x,π) を行い，満期 T で

$$-F + X_T^{x,\pi} \geqq 0 \quad \text{a.s.} \quad (3)$$

が実現できたとき，資金自己調達的ポートフォリオ (x,π) をヨーロッパ型デリバティブ (T,F) のヘッジング戦略と呼ぶ．このとき，発行者に損失は（確率1で）生じないわけである．このことを，ヨーロッパ型デリバティブ (T,F) が「ヘッジできている」とも表現する．デリバティブの発行者側にとって，適切なヘッジを行うことは（ある意味その価格付け以上に）重要であると考えられている．

注意 1 実際は，発行者は複数のデリバティブ (T_i,F_i) $(i=1,2,\ldots)$ を売却していることが多い．この場合，式 (3) の F はデリバティブのペイオフの組合せ $F:=\sum_i F_i$ となり，一般にはより複雑な構造・表現を持った確率変数になると考えられる．

1.4 複製ポートフォリオ

いま，F/S_T^0 が $\mathbb{Q}$-可積分な $\mathcal{F}_T$-可測確率変数であるとする．このとき，
$$\mathbb{E}^{\mathbb{Q}}\left[\frac{F}{S_T^0}\,\bigg|\,\mathcal{F}_t\right],\quad t\in[0,T]$$
は $(\mathbb{Q},\mathcal{F}_t)$-マルチンゲールになる．ここで，$\mathbb{E}^{\mathbb{Q}}[\cdot]$ は $\mathbb{Q}$ に関する期待値を表している．市場の完備性と式 (2) を組み合わせることで
$$\mathbb{E}^{\mathbb{Q}}\left[\frac{S_t^0 F}{S_T^0}\,\bigg|\,\mathcal{F}_t\right]=X_t^{x^F,\pi^F}\ \text{a.e.}\ (t,\omega)\in[0,T]\times\Omega$$
が，
$$x^F:=\mathbb{E}^{\mathbb{Q}}\left[\frac{F}{S_T^0}\right]$$
と，ある n 次元可予測過程 $\pi^F:=(\pi_t^F)_{t\in[0,T]}$ について成り立つことがわかる．特に，$t=T$ のときは
$$F=X_T^{x^F,\pi^F}\ \text{a.s.}\tag{4}$$
となる．式 (4) のことを，デリバティブ (T,F) が資金自己調達的ポートフォリオ (x^F,π^F) で複製されていると呼ぶ．また，(x^F,π^F) をデリバティブ (T,F) の複製ポートフォリオと呼ぶ．

さらに，無裁定価格付け理論の中では，連続時間モデルにおける裁定機会を排除するために，例えば
- $F\geqq 0$
- ダイナミックなポートフォリオ戦略を以下の許容的戦略のクラス $\mathcal{A}_T(x)$ に制限する：
$$\mathcal{A}_T(x):=\left\{\pi;X^{x,\pi}\geqq 0\ \text{a.s.}\ (t,\omega)\right\}$$

などの条件を課し，x^F こそが，ヨーロッパ型デリバティブ (T,F) の唯一の無裁定価格であることを主張する．一方，ヘッジングについては以下を主張することができる．

定理 1 複製ポートフォリオ (x^F,π^F) は，最小のヘッジングコスト x^F を持つヘッジング戦略である．すなわち，
$$x^F=\min\left\{x\in\mathbb{R}\,\bigg|\,\begin{array}{l}\text{式 (3) がある } (x,\pi)\in\mathbb{R}\times\mathcal{A}_T(x)\\ \text{について成立する}\end{array}\right\}.$$

2. ブラック–ショールズモデルでのデルタヘッジング

ブラック–ショールズモデルは，前節で述べた完備市場モデルの一例である．$n=1$ として，フィルタ付き確率空間 $(\Omega,\mathcal{F},\mathbb{P},(\mathcal{F}_t)_{t\geqq 0})$ 上で
$$dS_t^0=rS_t^0 dt,\quad S_0^0=1,$$
$$dS_t=S_t(\mu dt+\sigma dW_t),\quad S_0\in\mathbb{R}_{>0}$$
と定義する．ここで，$W:=(W_t)_{t\in[0,T]}$ は 1 次元ブラウン運動であり，フィルトレーション $(\mathcal{F}_t)_{t\in[0,T]}$ は W から生成されているものとする．このとき，$(\Omega,\mathcal{F}_T)$ 上の同値局所マルチンゲール測度（リスク中立確率）$\mathbb{Q}$ は
$$\frac{d\mathbb{Q}}{d\mathbb{P}}\bigg|_{\mathcal{F}_t}:=\exp\left(-\lambda W_t-\frac{\lambda^2}{2}t\right)$$
で与えられる．ここで
$$\lambda:=\frac{\mu-r}{\sigma}$$
はいわゆるリスクの市場価格である．Cameron–Martin–丸山–Girsanov の定理（いわゆるギルサノフの定理）から
$$W_t^{\mathbb{Q}}:=W_t+\lambda t,\quad t\in[0,T]$$
は $(\mathbb{Q},\mathcal{F}_t)$-ブラウン運動になり，危険資産価格過程の $\mathbb{Q}$-ダイナミクスは
$$dS_t=S_t(rdt+\sigma dW_t^{\mathbb{Q}})$$
と表される．完備性はブラウン運動に関するマルチンゲールの表現定理から直接確かめられることになる．

いま，ヨーロッパ型デリバティブ (T,F) のペイオフが
$$F:=f(S_T)$$
と満期での危険資産価格 S_T の関数として与えられているとする．このとき，
$$V^F(t,x):=\mathbb{E}^{\mathbb{Q}}\left[\frac{S_t^0 f(S_T)}{S_T^0}\,\bigg|\,S_t=x\right]$$
$$=\mathbb{E}^{\mathbb{Q}}\left[e^{-r(T-t)}f(S_T)\,\big|\,S_t=x\right]$$
がいわゆるブラック–ショールズの偏微分方程式の解になっていること[*1)]に注意し，伊藤の公式を用いて計算することで
$$V^F(t,S_t)$$
$$=S_t^0\left\{V^F(0,S_0)+\int_0^t\partial_x V^F(u,S_u)d\tilde{S}_u\right\}$$
が $t\in[0,T]$ について成立することがわかる．すなわち，ヨーロッパ型デリバティブ (T,F) の複製ポートフォリオ (x^F,π^F) が
$$x^F:=V^F(0,S_0),\quad \pi_t^F:=\partial_x V^F(t,S_t)\tag{5}$$
と計算される．式 (5) の第 2 式の右辺が，時刻 t での無裁定価格 $V^F(t,S_t)$ の原資産価格 S_t に関する感応度，いわゆるデルタに等しいことに注意しよう．式 (5) で与えられるヘッジ戦略は，しばしばデルタヘッジング戦略と呼ばれる．

3. マルコフ型モデル

より一般的に，フィルタ付き確率空間 $(\Omega,\mathcal{F},\mathbb{P},(\mathcal{F}_t)_{t\geqq 0})$ の上の確率微分方程式の系

[*1)] 既に，[ブラック–ショールズ–マートンモデルとオプションの価格付け] (p.188) で紹介した．

$$dS_t^0 = rS_t^0 dt, \quad S_0^0 = 1,$$
$$dS_t = \mathrm{diag}(S_t)\{\mu(S_t, Y_t)dt$$
$$+ \sigma(S_t, Y_t)dW_t\}, \quad S_0 \in \mathbb{R}_{>0}^n,$$
$$dY_t = b_0(S_t, Y_t)dt + a(S_t, Y_t)dW_t, \quad Y_0 \in \mathbb{R}^m$$

を用いて表されるようなモデルを考えて，完備市場モデルを構成することができる．ここで，$W := (W_t)_{t \in [0,T]}$ は n 次元ブラウン運動であり，フィルトレーション $(\mathcal{F}_t)_{t \in [0,T]}$ は W から生成されているものとする．また，$\mathrm{diag}(S_t)$ は (i,i) 成分が S_t^i の $n \times n$ 対角行列を表している．Y は危険資産価格（の係数）に影響を与える状態変数を表していることもあれば（5.2項参照），デリバティブを"設計"するために導入される補助的な変数であることもある（5.1項参照）．いま，$\mu : \mathbb{R}^n \times \mathbb{R}^m \to \mathbb{R}^n$，$\sigma : \mathbb{R}^n \times \mathbb{R}^m \to \mathbb{R}^{n \times n}$，$b_0 : \mathbb{R}^n \times \mathbb{R}^m \to \mathbb{R}^m$，$a : \mathbb{R}^n \times \mathbb{R}^m \to \mathbb{R}^{m \times n}$ に適当な条件，例えば，

- μ は有界
- $c_1 I_n \leqq \sigma \leqq c_2 I_n$ がある $0 < c_1 < c_2$ に対して成立
- b_0, a はリプシッツ連続

を課してみる．すると，$(\Omega, \mathcal{F}_T)$ 上の同値局所マルチンゲール測度（リスク中立確率）$\mathbb{Q}$ は

$$\left.\frac{d\mathbb{Q}}{d\mathbb{P}}\right|_{\mathcal{F}_t} := \exp\left\{-\int_0^t \lambda(S_u, Y_u)^\top dW_u \right. $$
$$\left. - \frac{1}{2}\int_0^t |\lambda(S_u, Y_u)|^2 du\right\}$$

と

$$\lambda(s,y) := \sigma^{-1}(s,y)\{\mu(s,y) - r\mathbf{1}\}$$

と $\mathbf{1} := (1, \ldots, 1)^\top \in \mathbb{R}^n$ を用いて定義される．実際，Cameron–Martin–丸山–Girsanov の定理（ギルサノフの定理）から

$$W_t^{\mathbb{Q}} := W_t + \int_0^t \lambda(S_u, Y_u)du, \quad t \in [0,T]$$

が $(\mathbb{Q}, \mathcal{F}_t)$-ブラウン運動となり，これを用いると，$(S, Y)$ の $\mathbb{Q}$-ダイナミクスが

$$dS_t = \mathrm{diag}(S_t)\left\{r\mathbf{1}dt + \sigma(S_t, Y_t)dW_t^{\mathbb{Q}}\right\}$$
$$dY_t = b(S_t, Y_t)dt + a(S_t, Y_t)dW_t^{\mathbb{Q}}$$

と書かれる．ここで，

$$b(s,y) := b_0(s,y) - a(s,y)\lambda(s,y)$$

である．したがって，$\tilde{S} := S/S^0$ は

$$d\tilde{S}_t = \mathrm{diag}(\tilde{S}_t)\sigma(S_t, Y_t)dW_t^{\mathbb{Q}}$$

を満たす $(\mathbb{Q}, \mathcal{F}_t)$-局所マルチンゲールになる．さらに，$W$ に関するマルチンゲール表現定理やベイズの公式の助けを借りて，市場の完備性が示される．

4. ファインマン–カッツの公式を用いたヘッジング戦略の計算

前節の設定のもとで，満期 T でのペイオフが
$$F := f(S_T, Y_T)$$
と $f : \mathbb{R}^n \times \mathbb{R}^m \to \mathbb{R}$ を用いて書かれるヨーロッパ型デリバティブを考えてみよう．(S, Y) はマルコフ型確率微分方程式

$$d\begin{pmatrix} S_t \\ Y_t \end{pmatrix} = \begin{pmatrix} K_1 \\ K_2 \end{pmatrix}(S_t, Y_t)dt + \begin{pmatrix} L_1 \\ L_2 \end{pmatrix}(S_t, Y_t)dW_t^{\mathbb{Q}},$$

$$K_1(x,y) := rx, \quad K_2(x,y) := b(x,y),$$
$$L_1(x,y) := \mathrm{diag}(x)\sigma(x,y), \quad L_2(x,y) := a(x,y)$$

の解であるので，ファインマン–カッツの公式を用いて，条件付き期待値が

$$V^F(t, S_t, Y_t) = \mathbb{E}^{\mathbb{Q}}\left[e^{-r(T-t)}f(S_T, Y_T) \mid \mathcal{F}_t\right]$$

と，偏微分方程式の終端値問題

$$-\partial_t V = \left\{\frac{1}{2}\mathrm{tr}(L_1 L_1^\top \partial_{xx}) + \mathrm{tr}(L_2 L_1^\top \partial_{xy})\right.$$
$$\left. + \frac{1}{2}\mathrm{tr}(L_2 L_2^\top \partial_{yy}) + K_1^\top \partial_x + K_2^\top \partial_y - r\right\}V,$$
$$[0,T] \times \mathbb{R}^n \times \mathbb{R}^m,$$
$$V(T, x, y) = f(x, y)$$

の解 $V^F \in C^{1,2}([0,T] \times \mathbb{R}^n \times \mathbb{R}^m)$ を用いて表現される．ここで，記法

$$\partial_{xx} := (\partial_{x_i x_j})_{1 \leqq i,j \leqq n}$$
$$\partial_{xy} := (\partial_{x_i y_j})_{1 \leqq i \leqq n, 1 \leqq j \leqq m}$$
$$\partial_{yy} := (\partial_{y_i y_j})_{1 \leqq i,j \leqq m}$$
$$\partial_x := (\partial_{x_1}, \ldots, \partial_{x_n})^\top$$
$$\partial_y := (\partial_{y_1}, \ldots, \partial_{y_m})^\top$$

を用いている．$V^F(t) := V^F(t, S_t, Y_t)$ に伊藤の公式を適用し，さらに上述の偏微分方程式を用いることで

$$dV^F(t) = \left\{\partial_x V^F(t, S_t, Y_t)L_1(S_t, Y_t)\right.$$
$$\left. + \partial_y V^F(t, S_t, Y_t)a(S_t, Y_t)\right\}dW_t^{\mathbb{Q}} + rV^F(t)dt$$

が得られる．これを整理すると

$$V^F(t, S_t, Y_t) = X_t^{x^F, \pi^F}, \quad t \in [0,T]$$

を満たす複製ポートフォリオが

$$x^F := V^F(0, S_0, Y_0)$$
$$\pi_t^F := \partial_x V^F(t, S_t, Y_t)$$
$$+ \mathrm{diag}(S_t)^{-1}(a\sigma^{-1})^\top (S_t, Y_t)\partial_y V^F(t, S_t, Y_t)$$

と求まることがわかる．

5. 例

金融実務でも用いられている応用例は，3節，4節のマルコフ型モデルの範疇に入ることが多い．具体例を2つ挙げる．

5.1 アジア型オプション

$n=1$ として $(\Omega, \mathcal{F}, \mathbb{Q}, (\mathcal{F}_t)_{t\in[0,T]})$ 上で危険資産価格を

$$dS_t = S_t\left\{rdt + \sigma(S_t)dW_t^{\mathbb{Q}}\right\}, \quad S_0 > 0$$

で与える．そして，満期 T でのペイオフが

$$F := \left(\frac{1}{T}Y_T - K\right)^+$$

のデリバティブを考える．ただし

$$dY_t = S_t dt, \quad Y_0 = 0$$

である．これはすなわち，$\frac{1}{t}Y_t := \frac{1}{t}\int_0^t S_u du$ （期間 $[0,t]$ での危険資産の時間平均価格）に関する満期が T で行使価格が K のコールオプションであり，アジア型コールオプションと呼ばれている．上に述べた結果を

$$b(x,y) = x, \quad a(x,y) = 0$$

として適用すると，ヘッジ戦略が

$$\pi_t^F := \partial_x V^F(t, S_t, Y_t), \quad t \in [0,T]$$

と求まる．

5.2 確率ボラティリティモデル

$n=2$ とし，$(\Omega, \mathcal{F}, \mathbb{Q}, (\mathcal{F}_t)_{t\in[0,T]})$ 上の2次元ブラウン運動 $W^{\mathbb{Q}} := (W_1^{\mathbb{Q}}, W_2^{\mathbb{Q}})^{\top}$ を用いて，第1危険資産の価格過程 $S^1 := (S_t^1)_{t\in[0,T]}$ が

$$dS_t^1 = S_t^1\left\{rdt + \sigma_1(Y_t)dW_1^{\mathbb{Q}}(t)\right\}, \quad S_0^1 > 0$$

$$dY_t = b(Y_t)dt + a_0(Y_t)\left\{\rho dW_1^{\mathbb{Q}}(t) + \sqrt{1-\rho^2}dW_2^{\mathbb{Q}}(t)\right\}, \quad Y_0 \in \mathbb{R}$$

と書かれているとする．S^1 のボラティリティ項 $\sigma_1(Y_t)$ は確率的に変動し，また

$$\frac{d\langle S^1, \sigma_1(Y)\rangle_t}{\sqrt{d\langle S^1\rangle_t d\langle \sigma_1(Y)\rangle_t}} = \rho$$

より，S^1 と $\sigma_1(Y)$ の"瞬間的な相関"が $\rho \in [-1,1]$ で与えられていると解釈される．このような危険資産価格過程モデルを確率ボラティリティモデルと呼ぶ．さらに，第2危険資産の価格過程 $S^2 := (S_t^2)_{t\in[0,T]}$ も

$$dS_t^2 = S_t^2\left\{rdt + \sum_{i=1}^2 \sigma_{2i}(t, S_t, Y_t)dW_i^{\mathbb{Q}}(t)\right\}$$

と $\sigma_{2i} : [0,T]\times\mathbb{R}^2\times\mathbb{R}\to\mathbb{R}$ を用いて記述されているとすると，3節，4節の結果を

$$\sigma(t,x,y) := \begin{pmatrix} \sigma_1(y) & 0 \\ \sigma_{21}(t,x,y) & \sigma_{22}(t,x,y) \end{pmatrix}$$

$$a(x,y) := a_0(y)\left(\rho, \sqrt{1-\rho^2}\right)$$

として援用することができる．例えば，満期 T でのペイオフが，第1危険資産の価格を用いて

$$F := f(S_T^1)$$

と書かれていて，さらに，第2危険資産が，

$$S_t^2 := V^G(t, S_t^1, Y_t)$$

の形である $V^G \in C^{1,2}([0,T]\times\mathbb{R}\times\mathbb{R}\to\mathbb{R})$ を用いて表現されている状況を想定してみる[*2)]．ヘッジング戦略を4節の結果に従って計算すると

$$\pi_1^F(t) = \left\{\partial_{x_1}V^F - \frac{\partial_y V^F}{\partial_y V^G}\partial_{x_1}V^G\right\}(t, S_t^1, Y_t)$$

$$\pi_2^F(t) = \left(\frac{\partial_y V^F}{\partial_y V^G}\right)(t, S_t^1, Y_t)$$

が得られる．ここで S^2 の保有量を表す $\pi_2^F(t)$ が V^F, V^G の y に関する感応度（確率ボラティリティモデルに関するベガと呼ばれる）の比で表されていることに注意しよう．これによって確率ボラティリティ $\sigma(Y_t)$ の変動リスクが"相殺"され，ヘッジができていると解釈される．このような確率ボラティリティモデルに関するヘッジング戦略は，デルタ・ベガヘッジング戦略と呼ばれる． ［関根　順］

参 考 文 献

[1] J.M. Harrison, D.M. Kreps, Martingales and arbitrage in multiperiod securities markets, *J. Econom. Theory*, **20** (1979), 381–408.

[2] J.M. Harrison, S.R. Pliska, Martingales and stochastic integrals in the theory of continuous trading, *Stochastic Processes and their Applications*, **11** (1981), 215–260.

[3] D. Lamberton, B. Lapeyre, *Introduction au Calcul Stochastique Appliqué à la Finance*, Ellipses, 1997. ［邦訳］森平爽一郎 監修, ファイナンスへの確率解析, 朝倉書店, 2000.

[4] S. Shreve, *Stochastic Calculus for Finance II. The Continuous-time Models*, Springer Finance, 2004. ［邦訳］河野佑一, 田中久充, 長森英雄, 長山いづみ 訳, ファイナンスのための確率解析, II. 連続時間モデル, シュプリンガー・フェアラーク東京, 2008.

[*2)] S^2 が S^1 の上に書かれた流動性の高いデリバティブであるような場合を想定している．

無裁定価格理論
principle of no arbitrage

リスクなしに確実に利益を得る機会があることを，裁定機会（arbitrage opportunity）がある，あるいは単に裁定（arbitrage）という．数理ファイナンスにおける価格付けの大原則は，市場が十分に効率的であるならば，すなわち，情報が瞬時に伝わり取引費用がかからないなど，理想的な状況のもとでは裁定機会は存在しないと仮定する．この仮定のもとで，様々な金融商品の理論価格を求めることができる．これを無裁定価格理論という．

1. 金融市場における無裁定原理

1.1 無裁定原理

リスクなしに利益を得る機会があることを，裁定機会があるといい，そのような機会を利用して，実際に利益を得る取引のことを裁定取引という．例えば，ある外国通貨と円との交換比率が銀行1と銀行2で異なっていたとしよう．もし両銀行ともに取引は自由に行うことができ，しかも取引費用がかからないとすれば，その外国通貨を，安い交換比率を提示している銀行から購入し，直ちにそれを別の高い交換比率を提示している銀行に売却することにより，リスクなしに確実に利益を得ることができる．このような機会のことを裁定機会，俗にさや取り機会という．

この例はあまりにも極端であるが，もし現実にこのような状況が存在したとすれば，裁定取引がたちどころに発生し，安い交換比率は上昇し，また高い交換比率は下落して，両銀行ともに同じ交換比率を提示することになるだろう．

もちろん実際には，そもそも上記のようなさや取り売買が可能かどうか疑わしい上に，取引費用が存在するので，このような裁定機会はほぼあり得ない．銀行によって外国通貨の交換比率が少々異なるのはよく目にするところである．しかし，理想的な仮定，すなわち空売りを含めてどのような売買も自由に行うことができ，市場の情報は瞬時に伝わり，さらに取引費用も発生しない，などの仮定のもとでは，裁定機会は存在しない（no arbitrage; absence of arbitrage）と想定する．これを，金融市場における無裁定原理（principle of no arbitrage）という．このとき，金融商品の価格はただ1つに定まることになる．このような無裁定原理を用いて価格を求めることを無裁定価格理論という．

1.2 2項モデルと複製投資戦略

もう1つの例として2項モデルを取り上げよう（[ブラック–ショールズの離散モデル]（p.200）参照）．株価を S で表し，S は単位時間 Δt ごとに，確率 p で uS（$u > 1$）に上昇するか，確率 $1-p$ で dS（$d < 1$）に下落するかのどちらかであるとする．すなわち

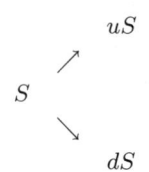

$$S \begin{array}{c} \nearrow uS \\ \searrow dS \end{array}$$

とする．また，債券を A で表すと，A は単位時間 Δt ごとに確実に RA（$R > 0$）へと変化する．すなわち

$$A \rightarrow RA$$

である．今の場合は，期間が初期 $t = 0$ と満期 $t = \Delta t$ の1期間であるが，この2進木構造を多くの期間繋いで考えたものを2項モデルという．

まず，無裁定原理から $0 < d < R < u$ となることがわかる．実際，例えば $R \geqq u$ であったとしよう．初期 $t = 0$ において株を1単位空売りし，その売却益 S を債券に投資する．初期での損益は 0 である．満期 $t = \Delta t$ では債券は確実に RS になっており，これにより空売りした株を精算すると，株が uS に上昇したならば $(R-u)S$（$\geqq 0$）の利益が得られ，株が dS に下落したならば $(R-d)S$（> 0）の利益が得られる．期待値を考えれば，元手なしに確率1で利益が得られたこととなり，無裁定原理に反する．他の場合も同様な考察により，無裁定原理から $0 < d < R < u$ が示される．

ところで，2項モデルでは，任意の金融商品を債券 A と株 S の線形結合で表すことができる．実際，金融商品 $C = C(t, S)$ の満期 $t = \Delta t$ におけるペイオフ（pay-off）が

$$C_u = C(\Delta t, uS), \quad C_d = C(\Delta t, dS)$$

であったとしよう．C を初期 $t = 0$ のときに

$$C(0) = \varphi A + \psi S \quad (\varphi, \psi \in \mathbf{R})$$

と表したとする．このとき，満期 $t = \Delta t$ では

$$C_u = \varphi RA + \psi uS \quad (S \to uS \text{ のとき})$$
$$C_d = \varphi RA + \psi dS \quad (S \to dS \text{ のとき})$$

とならなければならないが，これを満たす φ, ψ は

$$\varphi = \frac{-dC_u + uC_d}{RA(u-d)}, \quad \psi = \frac{C_u - C_d}{S(u-d)}$$

と解くことができる．特に初期 $t = 0$ では

$$C(0) = \frac{1}{R}\{qC_u + (1-q)C_d\}$$

となる．ここで
$$q = \frac{R-d}{u-d}$$
は，考えている2項モデルの情報のみから決まるリスク中立確率（risk neutral probability）である．$u > R > d$ より，C_u と C_d の係数である q と $1-q$ はともに正で両者の和は1になるから，これを確率と考えれば，上式は $C(0)$ が期末の期待利得の割引き値になることを示している．

一般に，金融商品 F のキャッシュフローとまったく同じキャッシュフローを導く投資戦略（ポートフォリオ）Π が存在するとき，投資戦略 Π は金融商品 F を複製する（duplicate; replicate）という．無裁定原理により，このとき Π と F はまったく同一の金融商品と考えることができる．2項モデルでは，任意の金融商品が債券 A と株 S により複製可能である．また，このときの組 (φ, ψ) を複製ポートフォリオという．

例1 1期間2項モデルにおいて，$S = 30, u = \frac{5}{3}$, $d = \frac{2}{3}, A = 1, R = \frac{4}{3}$ とする．すなわち，株価変動が

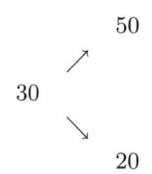

```
           50
         ↗
       30
         ↘
           20
```

であるとする．このとき，行使価格 40 のコールオプション C の初期 $t = 0$ における価格は
$$C_u = \max\{50 - 40, 0\} = 10$$
$$C_d = \max\{20 - 40, 0\} = 0$$
であるから，$C(0) = 5$ と求められる．また，リスク中立確率は
$$q = \frac{\frac{4}{3} - \frac{2}{3}}{\frac{5}{3} - \frac{2}{3}} = \frac{2}{3}$$
であり，複製ポートフォリオは
$$\varphi = -5, \quad \psi = \frac{1}{3}$$
である．ただし，負の値は空売りすることを示す．

多期間の場合は，基礎となる1期間の構造を繋げることになる．そのとき，ポートフォリオ $(\varphi(t), \psi(t))$ は各段階で組み換えを行うことになる．

2. プット・コールパリティとオプション固有の価値

無裁定原理により，金融オプションに対する関係式や評価式が容易に導かれる．まず，ヨーロッパ型で成立する関係式であるプット・コールパリティについて考える．そのあとで，無裁定原理から導かれるヨーロッパ型およびアメリカ型オプションに対する評価を述べる．

2.1 プット・コールパリティ

原資産を S で表し，満期日 T，行使価格 K の，ヨーロッパ型のコールオプション，プットオプションの，現時点 t $(t < T)$ における価格をそれぞれ $C(t, S)$, $P(t, S)$ と表す．簡単のため，原資産には配当（dividend）はないものとする．また，安全利子率を r とする．それぞれ1単位の原資産 S とプットオプション $P(t, S)$ を購入し，やはり同じ1単位のコールオプション $C(t, S)$ を売却する投資戦略 $\Pi = \Pi(t, S)$ を考える．すなわち，満期日 T における Π の価値は
$$\Pi(T, S) = S + P(T, S) - C(T, S)$$
$$= S + \max\{K - S, 0\} - \max\{S - K, 0\}$$
$$= K$$
となる．無裁定原理を適用すれば，Π の t における価値は $Ke^{-r(T-t)}$ でなければならない．実際，例えば現時点 t で $\Pi(t, S) > Ke^{-r(T-t)}$ であるとすれば，投資戦略 Π を空売りし，その空売り益を直ちに利息 r で運用する．満期日では，空売りした投資戦略 Π の精算後にも $\Pi(t, S) - Ke^{-r(T-t)}$ (> 0) を利息 r で運用した分だけ，元手なしに確率1で利益を得ることになり，無裁定原理に反する．

以上をまとめると
$$P(t, S) - C(t, S) + S = Ke^{-r(T-t)}$$
が成り立つ．この等式をプット・コールパリティ（put-call parity）という．

例2 現在の株価を520円とし，安全利子率を年率 0.02 とする．半年後満期で行使価格が500円のプットオプションの現在価格が5円であるとき，コールオプションの現在価格は，プット・コールパリティにより
$$C = P + S - Ke^{-r(T-t)}$$
$$= 5 + 520 - 500 e^{-0.02 \cdot \frac{1}{2}} = 30$$
と概算できる．

注意1 アメリカ型のオプションでは，上記のようなプット・コールのパリティ関係式はない．しかし，アメリカ型のコールとプットの価格をそれぞれ C^A, P^A とすれば，株式の配当がないときは，次のような不等式が成り立つ．
$$S - K < C^A - P^A \leqq S - Ke^{-r(T-t)}$$

2.2 オプション固有の価値

やはり原資産を S で表し，ともに同じ満期日 T, 行使価格 K であるヨーロッパ型コールオプション，

プットオプションの，現時点 t ($t<T$) における価格を，それぞれ $C(t,S,K)$, $P(t,S,K)$ と表す．アメリカ型の価格は，それぞれ $C^A(t,S,K)$, $P^A(t,S,K)$ と表す．簡単のため，原資産には配当はないものとする．また，安全利子率を r とする．

まず，無裁定原理により，オプションの価格は非負であることがわかる．

$$C \geqq 0, \quad C^A \geqq 0, \quad P \geqq 0, \quad P^A \geqq 0$$

また，権利行使に関して，ヨーロッパ型が満期日のみ可能であるのに対して，アメリカ型は満期日までのいつでも可能であり，より柔軟性があるため，価格はアメリカ型のほうが高い．すなわち

$$C^A(t,S,K) \geqq C(t,S,K),$$
$$P^A(t,S,K) \geqq P(t,S,K).$$

上からの評価：コールオプションは原資産を購入する権利にすぎないため，原資産の価値を上回ることはない．また，売る権利であるプットオプションの価値が行使価格を上回ることもない．よって

$$S \geqq C^A(t,S,K) \geqq C(t,S,K),$$
$$K \geqq P^A(t,S,K) \geqq P(t,S,K).$$

特に $S=0$ のとき，コールオプションの価値は 0 である．

$$C^A(t,0,K) = C(t,0,K) = 0$$

ヨーロッパ型プットオプションの場合は，無裁定原理よりさらに詳しい評価が可能である．実際，満期日での価値は行使価格を上回ることがなく，権利行使は満期日のみ可能であるため，無裁定原理により

$$Ke^{-r(T-t)} \geqq P(t,S,K)$$

が導かれる．左辺では時間割引価格となることに注意しよう．

下からの評価：ヨーロッパ型コールオプション 1 単位と，行使価格の K に等しい債券を保有する投資戦略を考える．満期日における価値は

$$C(T,S,K) + K = \max\{S-K,0\} + K \geqq S$$

と評価されるので，無裁定原理により現時点 $t<T$ では

$$C(t,S,K) + Ke^{-r(T-t)} \geqq S$$

となる．オプションの非負性とあわせると

$$C^A(t,S,K)$$
$$\geqq C(t,S,K) \geqq \max\{S - Ke^{-r(T-t)}, 0\}$$

が導かれる．特に

$$C^A(t,S,K) \geqq \max\{S-K, 0\}$$

であるので，アメリカ型コールオプションは満期日前に権利行使する理由がない．というのは，アメリカ型コールオプションを現時点 t で権利行使しても，そのペイオフ（pay-off）関数は $\max\{S-K, 0\}$ となるからである．

次に，ヨーロッパ型プットオプション 1 単位と原資産 1 単位を保有する投資戦略を考える．満期日における価値は

$$P(T,S,K) + S = \max\{K-S, 0\} + S \geqq S$$

と評価されるので，やはり無裁定原理により現時点 t では

$$P(t,S,K) + S \geqq Ke^{-r(T-t)}$$

となる．オプションの非負性とあわせると

$$P(t,S,K) \geqq \max\{Ke^{-r(T-t)} - S, 0\}$$

が導かれる．

権利行使がいつでも可能なアメリカ型プットオプションの価値は，現時点 t においても満期日 T におけるペイオフ関数を下回っていてはならない．よって

$$P^A(t,S,K) \geqq \max\{K-S, 0\}.$$

以上の評価は，他の理論を用いることなく無裁定原理のみにより導出されるため，オプションの固有の価値（intrinsic value of option）の評価と呼ばれている．

3. 無裁定原理とマルチンゲール測度

無裁定原理とマルチンゲール測度（[マルチンゲール測度] (p.184) 参照）の存在との間には，密接な関係がある．それらは資産価格の基本定理 (fundamental theorem of asset pricing) と呼ばれている．

まず，金融市場のブラック–ショールズ (BS) モデル（[ブラック–ショールズ–マートンモデルとオプションの価格付け] (p.188) 参照）とは，安全債権 $A(t)$ とリスク資産（危険資産）$X(t)$ からなり，それぞれ，時間変数 $0 \leqq t \leqq T$ に対して

$$dA(t) = rA(t)dt, \quad A(0) = 1,$$
$$dX(t) = \mu X(t)dt + \sigma X(t)dB(t),$$
$$X(0) = X_0 \; (> 0)$$

を満たすものとする．ただし，$B(t)$ は標準ブラウン運動（[ブラウン運動] (p.172) 参照）であり，定数 r は安全利子率を，$\mu \; (>r)$ は平均収益率を，また $\sigma \; (>0)$ はボラティリティ (volatility) を，それぞれ表す．

BS モデルにおいて，時刻 t での $(A(t), X(t))$ の保有量をそれぞれ $(\varphi(t), \psi(t))$ とし

$$V(t) = \varphi(t)A(t) + \psi(t)X(t)$$

とおく．$\{V(t)\}_{0 \leqq t \leqq T}$ を富の過程 (wealth process) と呼び（単に富過程ともいう），組 $(\varphi(t), \psi(t))$ をポートフォリオ（投資戦略）と呼ぼう．このとき，

次の概念は重要である．

定義 1（自己充足的） ポートフォリオが資金自己充足的（self-financing; 自己調達的）であるとは
$$dV(t) = \varphi(t)dA(t) + \psi(t)dX(t) \quad (0 \leq t \leq T)$$
を満たすときをいう（[動的ヘッジング]（p.192）参照．そこでは資金自己調達的ポートフォリオと呼ばれている）．

自己充足という意味は，富 $V(t)$ の変動が，外部から調達したり外部へ消費したりすることなく，資産 $(A(t), X(t))$ の変動のみに依存するということである．

例 3 上の BS モデル $(A(t), X(t))$ におけるポートフォリオ $(\varphi(t), \psi(t))$ に対して，$\psi(t) = X(t)$ $(0 \leq t \leq T)$ であるとする．このとき $(\varphi(t), \psi(t))$ が自己充足的であるような $\varphi(t)$ を求めよう [5, 問 7.1.1]．
$$V(t) = \varphi(t)A(t) + \psi(t)X(t)$$
$$= \varphi(t)A(t) + X(t)^2$$
なので
$$dV(t) = A(t)d\varphi(t) + \varphi(t)dA(t)$$
$$+ 2X(t)dX(t) + \sigma^2 X(t)^2 dt$$
$$= (\varphi(t)dA(t) + \psi(t)dX(t))$$
$$+ (A(t)d\varphi(t) + X(t)dX(t) + \sigma^2 X(t)^2 dt).$$
すなわち，$A(t) = e^{rt}$ により
$$d\varphi(t) = -e^{-rt}\sigma^2 X(t)^2 dt - e^{-rt}X(t)dX(t)$$
$$\varphi(t) = \varphi(0) - \sigma^2 \int_0^t e^{-rs}X(s)^2 ds$$
$$- \int_0^t e^{-rs}X(s)dX(s).$$

BS モデルに対して，裁定機会の定義を改めて明確にしておく．以下で T は満期を表す．

定義 2（裁定機会） BS モデル $(A(t), X(t))$ に対して，自己充足的ポートフォリオが裁定機会を持つとは
$$V(0) \leq 0, \quad V(T) \geq 0, \quad E[V(T)] > 0$$
をすべて満たすときをいう．

また，次の定義は重要である．

定義 3（同値マルチンゲール測度） 任意の事象 D に対して，$Q(D) = E^P[1_D Y]$ が確率測度となるような確率変数 Y が存在し，$A(t)^{-1}X(t)$ が Q に関してマルチンゲールとなるとき，Q を元の確率 P と同値なマルチンゲール測度（equivalent martingale measure）という．ここで，
$$1_D(\omega) = \begin{cases} 1 & (\omega \in D) \\ 0 & (\omega \notin D) \end{cases}$$

さて，一般の市場モデルとは，BS モデルを拡張して，債券 $A(t)$ とリスク資産 $X_1(t), X_2(t), \ldots, X_N(t)$ との組 $(A(t), X_1(t), \ldots, X_N(t))$ のことをいう．この市場モデルに対して
$$V(t) = \varphi(t)A(t) + \sum_{k=1}^N \psi_k(t)X_k(t)$$
を富の過程と呼び，組 $(\varphi(t), \psi_1(t), \ldots, \psi_N(t))$ をポートフォリオと呼ぶ．BS モデルと同様に，ポートフォリオ $(\varphi(t), \psi_1(t), \ldots, \psi_N(t))$ が自己充足的であるとは
$$dV(t) = \varphi(t)dA(t) + \sum_{k=1}^N \psi_k(t)dX_k(t)$$
となるときをいう．裁定機会，同値マルチンゲール測度も同様に定義される．このとき次の定理が成り立つ．

定理 1（資産価格の第 1 基本定理） 市場モデルにおいて，裁定機会を持つ自己充足的ポートフォリオが存在しないことと，同値マルチンゲール測度が存在することとは同値である．

一般に，市場が完備（complete）であるとは，全ての金融商品が自己充足的ポートフォリオによる富の過程により複製されるときをいう．例えば，2 項モデルは完備なモデルである．このとき，次の定理が成り立つ．

定理 2（資産価格の第 2 基本定理） 市場モデルには，裁定機会を持つ自己充足的ポートフォリオが存在しないとする．このとき，市場モデルが完備であることと，同値マルチンゲール測度が一意に定まることとは同値である．

資産価格の基本定理に関する研究は多い．参考文献 [1],[2] も参照のこと． ［石村直之］

参 考 文 献

[1] M. Baxter, A. Rennie, *Financial Calculus*, Cambridge University Press, 1996.
[2] T. Björk, *Arbitrage Theory in Continuous Time*, 2nd edition, Oxford University Press, 2004.
[3] 藤田岳彦, ファイナンスの確率解析入門, 講談社, 2002.
[4] 刈屋武昭, 金融工学とは何か ―「リスク」から考える, 岩波新書, 2000.
[5] 成田清正, 例題で学べる確率モデル, 共立出版, 2010.

ブラック–ショールズの離散モデル
Black–Scholes discrete model

オプションの価格決定問題で実質的な計算を行う場合，数値計算が必要となる．その方法は，2項モデルを用いる計算方法，ブラック–ショールズ方程式を差分化して数値計算をする方法，およびモンテカルロシミュレーションに大別される．理解のしやすさから，2項モデルが販売現場で使われている．また，ブラック–ショールズ方程式を離散化して差分法などにより解くことは，研究の現場では一般的である．モンテカルロシミュレーションは多くの状況に応用できるが，計算が遅い場合が多い．

1. 2項モデル

2項モデル（binomial tree model）とは，株価の変動がある確率で上昇・下降すると見立てた2進木のテーブルを作り，それをもとにデリバティブの価格決定を行うものである．典型的な取り扱い例は，単位時間 dt ごとに確率 p で，割合 u で上昇，確率 $1-p$ で，割合 d で下落するというモデルである．ただし，$ud=1$ とする．このようにすると，株の変動を2進木を用いて記述することができる．すなわち，時刻0での株価を S_0 とすると，Δt 時間後の株価 $S_{0+\Delta t} = S_{\Delta t}$ は

$$\text{確率 } p \text{ で } S_{\Delta t} = uS_0$$
$$\text{確率 } 1-p \text{ で } S_{\Delta t} = dS_0$$

と書くことができる．2進木を用いると次のようになる．

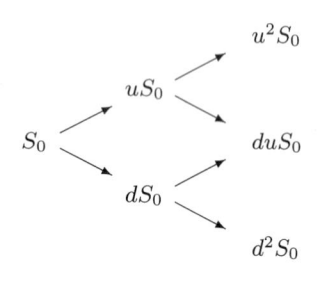

```
                u²S₀
            uS₀
        S₀          duS₀
            dS₀
                d²S₀
```

このように進めていき，あらかじめ決められた時刻における（$t = n\Delta t$，ただし $n \in \mathbf{N}$）株の価格変動が，確率付きで求まる．すなわち

確率 $\binom{n}{k} p^k (1-p)^{n-k}$ で $S_{n\Delta t} = u^k d^{n-k} S_0$

となる．ここで，$T = N\Delta t$ が満期であるとすると，ペイオフ（pay-off 関数）が決まるので，$t=T$ でのオプション価格は決定する．確率を加味して時間を逆に辿ると，時刻0でのオプションの価格決定ができるわけである．時刻 $n\Delta t$，株価 $S_0 u^j$ に対応するオプション価格を V_j^n とする．株価が座標そのものなので，終末条件（終端条件）としてコールの場合，

$$V_j^N = (S_0 u^j - K)^+$$
$$j = N, N-2, \ldots, -N$$

を与えることになる．時間を遡る漸化式は，ヨーロッパ型オプションの場合，次のようになる．

$$V_j^n = \frac{1}{\rho} \left(p V_{j+1}^{n+1} + (1-p) V_{j-1}^{n+1} \right)$$
$$j = n, n-2, \ldots, -n$$

これは，ボラティリティを σ，ドリフトを μ とすると，期待値 $E\left(\frac{S_{t+dt}}{S_t}\right) = e^\mu$ の BS モデル（後述）と極限では一致する．ここで，$p = \frac{e^\mu - 1}{u - d}$ である．また，

$$\rho = e^{\mu \Delta t}, \quad u = e^{\rho\sqrt{\Delta t}}, \quad d = e^{-\rho\sqrt{\Delta t}}$$

である．最終的に V^0 が求まりオプション価格が決まる．権利をいつでも行使できるアメリカ型オプションの場合はペイオフよりも値段が下回らないことを考慮すれば，次のように記述できる．後述する自由境界条件はこの設定の場合自動的に満たされることが期待できるので，特に課さなくてよい．

$$V_j^n = \max\left(\frac{1}{\rho}\left(pV_{j+1}^{n+1} + (1-p)V_{j-1}^{n+1}\right), \right.$$
$$\left. (S_0 u^j - K)^+ \right)$$
$$j = n, n-2, \ldots, -n$$

終末条件としてコールの場合，

$$V_j^N = (S_0 u^j - K)^+, \quad j = N, N-2, \ldots, -N$$

が与えられる．

2. ブラック–ショールズモデル

ここではブラック–ショールズモデル（BSモデル）を導入する．株価 S の変動率を

$$dS = \mu S dt + \sigma S dZ \tag{1}$$

と仮定し，デリバティブの価格決定問題を離散モデルから議論する．まず，株の変動については離散時間マルチンゲールであるランダムウォークを導入する．Δt 秒に1回，x 軸上を確率 $\frac{1}{2}$ で Δx もしくは $-\Delta x$ 動くものとする．合計1秒間 $\left(\frac{1}{\Delta t}\right)$ 回繰り返す．また，スタート位置は原点とする．この実験においてできるだけ Δt を小さくとり（最終的には $\Delta t \to 0$ の極限を想定する），しかも，1秒後の分布の分散を1にしたい．このような要請に対して，Δx と Δt の関係をどのようにすればよいかを考察する．1秒後には，確率 $\frac{1}{2^n}\binom{n}{k}$ で座標 $(2k-n)\Delta x$ に到着していることに注意しよう．すると，分散 V は「到着位置を2乗したものの期待値」となるので

$$V = \sum_{k=0}^{n} (2k-n)^2 \Delta x^2 \cdot \frac{1}{2^n} \binom{n}{k}$$

となる．初等的な計算により $V = \frac{\Delta x^2}{\Delta t}$ となることがわかる．よって，以下のようにとればよい．

$$\Delta x = \sqrt{\Delta t}$$

以下では，Δt を固定した場合に，離散標準ブラウン運動を記述するものを dZ と書くことにする．あわせて $\Delta x = dx$，$\Delta t = dt$ と記述する．dZ はコイントス（硬貨投げ）の結果により，dt 秒ごとに $\pm dx$ 動くものと考える．さて，V の増分 dV を株価の変分 dS と時刻の変分 dt を用いて書き下そう．まず，dV を展開すると

$$dV = \frac{\partial V}{\partial t}dt + \frac{\partial V}{\partial S}dS + \frac{1}{2}\frac{\partial^2 V}{\partial t^2}dt^2 + \frac{1}{2}\frac{\partial^2 V}{\partial S^2}dS^2 + \frac{\partial^2 V}{\partial S \partial t}dSdt$$

となる．式 (1) より，dS を dt と dZ でさらに書き換える．このとき，$dZ = \pm dx$ の符号がコイントスによって選択される．dZ の項は，$dx = \sqrt{dt}$ なので，$dZ^2 = dt$ と考えることにする．dt の 1 次のオーダーを拾うと，

$$dV = \left(\frac{\partial V}{\partial t} + \frac{1}{2}\sigma^2 S^2 \frac{\partial^2 V}{\partial S^2}\right)dt + \frac{\partial V}{\partial S}dS \quad (2)$$

と整理される（伊藤の公式）．株の変動 (1) とオプションの変動 (2) を組み合わせてランダムな部分を相殺させて安全な資産を構成すると，安全資産が期待収益率 μ でしか成長しなくなる．これがブラック–ショールズ方程式である．具体的には，ポートフォリオを $\Pi = \Delta S - V$（株を Δ 単位，オプションを -1 単位で構成）とする．このポートフォリオの増分は $d\Pi = \Delta dS - dV$ であるので，式 (2) の dV を代入して整理し，$\Delta = \frac{\partial V}{\partial S}$ ととると，$d\Pi$ の式から dS の項が取り除かれてランダム性が除去され

$$d\Pi = -\left(\frac{\partial V}{\partial t} + \frac{1}{2}\sigma^2 S^2 \frac{\partial^2 V}{\partial S^2}\right)dt$$

となる（無リスク資産）．これを Δ ヘッジと呼んでいる（あらゆる時刻で行う必要があるので，動的ヘッジと呼ばれている）．

裁定機会がないという仮定のもとでは，無リスク資産は銀行の普通預金と同じ金利でしか成長しないので，金利を r（$= \mu$）として

$$r\Pi dt = -\left(\frac{\partial V}{\partial t} + \frac{1}{2}\sigma^2 S^2 \frac{\partial^2 V}{\partial S^2}\right)dt$$

の関係を保たなければならない．これを整理すると，配当（dividend）の考慮されていないブラック–ショールズ方程式：

$$\frac{\partial V}{\partial t} + \frac{1}{2}\sigma^2 S^2 \frac{\partial^2 V}{\partial S^2} + rS\frac{\partial V}{\partial S} - rV = 0 \quad (3)$$

を得る．

3. ブラック–ショールズ方程式

コールオプションの場合，満期の時点においては価格と得られる利益が同じでなければならないので，終末条件として

$$V(S,T) = \max(S-K, 0)$$

が与えられる．また，$S = 0$ のときオプションは無価値とする．すなわち，

$$V(0,t) = 0.$$

また，$S \to \infty$ のときは，オプション価格は終末条件に漸近する．よって

$$V(S,t) \sim S - K \quad (S \to \infty).$$

さらに，配当を考慮すると（配当が連続的に q で与えられるとする），利子の価値がその分下がると見なして，利子 r の代わりに $r - q$ を用いればよい．以上を整理すると，コールオプションは

$$\begin{cases} \frac{\partial V}{\partial t} + \frac{1}{2}\sigma^2 S^2 \frac{\partial^2 V}{\partial S^2} + (r-q)S\frac{\partial V}{\partial S} - rV = 0 \\ V(S,T) = \max(S-K, 0) \\ V(0,t) = 0 \\ V(S,t) \sim S - K \quad (S \to \infty) \end{cases}$$

となる．プットオプションの場合，満期の時点ではコールオプションと同じ理由で満期日における終末条件は次のようになる．

$$V(S,T) = \max(K-S, 0)$$

満期日に S が 0 であればオプションの価値は K であるが，満期日前の場合利子率 r の割引率を $\lim_{n\to\infty}\left(1 + \frac{r}{n}\right)^n = e^r$ と考え，よって，

$$V(0,t) = Ke^{-r(T-t)}$$

となる．また，$S \to \infty$ のとき，オプションが行使されることはなくなるので

$$V(S,t) \sim 0 \quad (S \to \infty).$$

以上を整理すると，

$$\begin{cases} \frac{\partial V}{\partial t} + \frac{1}{2}\sigma^2 S^2 \frac{\partial^2 V}{\partial S^2} + (r-q)S\frac{\partial V}{\partial S} - rV = 0 \\ V(S,T) = \max(K-S, 0) \\ V(0,t) = Ke^{-r(T-t)} \\ V(S,t) \sim 0 \quad (S \to \infty) \end{cases}$$

となる．

4. ブラック–ショールズ公式

ヨーロッパ型オプションの解は，初等的関数を用いて記述することができる．いま，$V(S,t)$ をコールオプション価格とする．さらに K をストライクプライス（権利行使価格，行使価格），T を満期日だとすると，時刻 t におけるコールオプションは次の

ようになる：
$$V(S,t) = Se^{-q(T-t)}N(d_1) - Ke^{-r(T-t)}N(d_2). \quad (4)$$

ここで，
$$d_1 = \frac{\ln\frac{S}{K} + (r-q+\frac{1}{2}\sigma^2)(T-t)}{\sigma\sqrt{T-t}} \quad (5)$$

$$d_2 = d_1 - \sigma\sqrt{T-t} \quad (6)$$

$$N(x) = \frac{1}{\sqrt{2\pi}}\int_{-\infty}^{x} e^{-\frac{\xi^2}{2}}d\xi \quad (7)$$

である．直接電卓などで計算するとき，誤差関数 $\mathrm{erf}(x) = \frac{2}{\sqrt{\pi}}\int_0^x e^{-t^2}dt$ は被積分関数をテイラー展開して項別積分されたもの，すなわち

$$\mathrm{erf}(z) = \frac{2}{\sqrt{\pi}}\sum_{n=0}^{\infty}\frac{(-1)^n z^{2n+1}}{n!(2n+1)}$$

が用いられることが多い．収束が速いからである．

5. ヨーロッパ型オプションの離散化

ヨーロッパ型オプションの一般的な陽的スキームによる離散化を行う（オプションは終末条件をペイオフで与えて時間バックワードに解くので，方程式の構造は熱型である．熱型の陰的スキームを用いることもできる）．いま，変数係数を避けるためにBS方程式で $u(x,t) = V(S,t)$, $S = e^x$ と変数変換すると，

$$\begin{cases} -\frac{\partial u}{\partial t} - \frac{1}{2}\sigma^2\frac{\partial^2 u}{\partial x^2} - \left(r-q-\frac{\sigma^2}{2}\right)\frac{\partial u}{\partial x} + ru = 0 \\ \qquad\qquad\qquad \text{in } [0,T)\times(-\infty,\infty) \\ u(x,T) = \phi \quad \text{in } (-\infty,\infty) \end{cases}$$

となる．ここで，$\phi(x) = (e^x - K)^+$（コール）で，$\phi(x) = (K - e^x)^+$（プット）である．さて，この式を離散化しよう．与えられたメッシュサイズを Δx, $\Delta t > 0$ とする．$N\Delta t = T$ として，格子

$$Q = \{(n\Delta t, j\Delta x);\ 0 \leqq n \leqq N, j \in \mathbf{Z}\}$$

とする．U_j^n を格子点 $(n\Delta t, j\Delta x)$ 上での近似解の値とし，$\phi_j = \phi(j\Delta x)$ とすると，離散化された式は次のようになる：

$$-\frac{U_j^{n+1} - U_j^n}{\Delta t} - \frac{\sigma^2}{2}\frac{U_{j+1}^{n+1} - 2U_j^{n+1} + U_{j-1}^{n+1}}{\Delta x^2}$$
$$- \left(r-q-\frac{\sigma^2}{2}\right)\frac{U_{j+1}^{n+1} - U_{j-1}^{n+1}}{\Delta x} + rU_j^n = 0.$$

この離散化された方程式は陽解法であり，次の式のように逐次計算可能な漸化式に変形される：

$$U_j^n = \frac{1}{1+r\Delta t}\left(1 - \frac{\sigma^2\Delta t}{\Delta x^2}\right)U_j^{n+1}$$
$$+ \frac{\sigma^2\Delta t}{\Delta x^2}\left(\frac{1}{2} + \frac{\Delta x}{2\sigma^2}\left(r-q-\frac{\sigma^2}{2}\right)\right)U_{j+1}^{n+1}$$
$$+ \frac{\sigma^2\Delta t}{\Delta x^2}\left(\frac{1}{2} - \frac{\Delta x}{2\sigma^2}\left(r-q-\frac{\sigma^2}{2}\right)\right)U_{j-1}^{n+1}.$$

終末条件として $U_j^n = \phi_j$ ($j \in \mathbf{Z}$) が与えられる．

6. アメリカ型オプション

アメリカ型オプションは，次の条件が課せられる．
1) 満期日まで権利行使をしなければ，ヨーロッパ型オプションと一致すべきである．
2) いつでも権利行使できるので，ペイオフ関数より常に価値が高くなければならない．
3) ペイオフと一致するところでは，$\frac{\partial u}{\partial S} = \frac{\partial \varphi}{\partial S}$ が要請される．

要するに，満たすべき方程式はBS方程式であるが，いつでも権利を行使できるため

$$u(T,S) \geqq \max(S-K, 0) \equiv \varphi(S)$$

という条件を満たさなければならず，アメリカ型オプションの解がペイオフに当たるところでは，C^1 の意味で接している必要がある．これは次の偏微分不等式で記述されることが知られている：

$$\min\left(-\frac{\partial V}{\partial t} - \frac{1}{2}\sigma^2 S^2\frac{\partial^2 V}{\partial S^2} - (r-q)S\frac{\partial V}{\partial S} + rV,\right.$$
$$\left. V - \varphi\right) = 0 \quad \text{in } (0,T)\times(0,\infty). \quad (8)$$

初期条件（$t = T$ における終末条件）

$$V(T,S) = \max(S-K, 0) \equiv \varphi(S)$$

と境界条件はヨーロッパ型オプションと同じである．実は，ペイオフと上記の偏微分不等式の解が一致するところで権利行使すべきであることが知られている．数学的にはその集合

$$\partial\{S \in \mathbf{R}_+;\ V > \varphi\}$$

を自由境界と呼ぶ．集合 $\{S \in \mathbf{R}_+;\ V > \varphi\}$ では V がブラック–ショールズ方程式を満たすことが知られている．

7. アメリカ型オプションの離散化

ここではアメリカ型オプションの陽的な離散化を紹介する．陰的スキームは自由境界が存在するので取り扱いは複雑になる[3]．いま，変数係数を避けるために $u(x,t) = V(S,t)$, $S = e^x$ と変数変換すると，

$$\begin{cases} \min\left(-\frac{\partial u}{\partial t} - \frac{1}{2}\sigma^2\frac{\partial^2 u}{\partial x^2} - \left(r-q-\frac{\sigma^2}{2}\right)\frac{\partial u}{\partial x} + ru,\right. \\ \left. u - \phi\right) = 0 \\ \qquad\qquad\qquad \text{in } [0,T)\times(-\infty,\infty) \\ u(x,T) = \phi \quad \text{in } (-\infty,\infty) \end{cases}$$

となる．ここで，$\phi(x) = (e^x - K)^+$（コール）で，$\phi(x) = (K - e^x)^+$（プット）である．さて，この式を離散化しよう．与えられたメッシュサイズを Δx, $\Delta t > 0$ とする．$N\Delta t = T$ として格子 $Q = \{(n\Delta t, j\Delta x);\ 0 \leqq n \leqq N, j \in \mathbf{Z}\}$ とする．U_j^n を格子点 $(n\Delta t, j\Delta x)$ 上での近似解の値とし，

$\phi_j = \phi(j\Delta x)$ とすると，離散化された式は次のようになる：

$$\min\left(-\frac{U_j^{n+1}-U_j^n}{\Delta t}-\frac{\sigma^2}{2}\frac{U_{j+1}^{n+1}-2U_j^{n+1}+U_{j-1}^{n+1}}{\Delta x^2}\right.$$
$$\left.-\left(r-q-\frac{\sigma^2}{2}\right)\frac{U_{j+1}^{n+1}-U_{j-1}^{n+1}}{\Delta x}+rU_j^n,\ U_j^n-\phi\right)$$
$$=0.$$

この離散化された方程式は陽解法であり，次の式のように逐次計算可能な漸化式に変形される：

$$U_j^n = \max\left(\frac{1}{1+r\Delta t}\left(\left(1-\frac{\sigma^2\Delta t}{\Delta x^2}\right)U_j^{n+1}\right.\right.$$
$$+\frac{\sigma^2\Delta t}{\Delta x^2}\left(\frac{1}{2}+\frac{\Delta x}{2\sigma^2}\left(r-q-\frac{\sigma^2}{2}\right)\right)U_{j+1}^{n+1}$$
$$\left.\left.+\frac{\sigma^2\Delta t}{\Delta x^2}\left(\frac{1}{2}-\frac{\Delta x}{2\sigma^2}\left(r-q-\frac{\sigma^2}{2}\right)\right)U_{j-1}^{n+1}\right),\ \phi_j\right).$$

終末条件として $U_j^n = \phi_j$ ($j \in \mathbf{Z}$) が与えられる．このスキームは粘性解の意味で真の解に収束することが知られている．

8. その他のオプション

ここでは，保有者の意志によって権利行使する機会がある場合の取り扱いについて，典型的なシャウトとバミューダを解説する．

8.1 シャウトオプション

シャウトオプションとは，満期日までに1回'シャウト'する権利が与えられるオプションである．'シャウト'とは，オプションの保有者が行使価格 K をシャウト時点 $t = t_f$ での株価 $S(t_f)$ に変更し，元の行使価格との差額を得る行為を指す．シャウト（コール）した場合ペイオフ関数は次のようになる：

$$P(S,T) = S(t_f)-K+\max(S-S(t_f), 0). \quad (9)$$

保有者の手元に残るものは，行使価格 $S(t_f)$ のヨーロッパ型コールである．その価値は，BS公式で ($K = S(t_f)$) としたときのものとなる．この価格がシャウト時点で元のペイオフ（$\max(S-K, 0)$）を上回っていたら最適とは言えない．わざわざ新たにできるヨーロッパ型コールよりも低い価値で権利行使することになるからである．よって，$V_s(S,t)$ をシャウトコールの値段とすると，

$$V_s(S,t) \geqq S\left[e^{-q(T-t)}N(\hat{d}_1)-e^{-r(T-t)}N(\hat{d}_2)\right]$$
$$+(S-K)$$

の制約が課される．上式右辺を $\hat{P}_C$ と書くことにする．$\hat{d}_1, \hat{d}_2$ はBS公式の d_1, d_2 にそれぞれ $S = K$ を代入したものである．この右辺を $\hat{P}_C$ とおく．アメリカ型オプションのときと同様に自由境界を配慮して方程式を作ると

$$\min\left(-\frac{\partial V_s}{\partial t}-\frac{\sigma^2}{2}S^2\frac{\partial^2 V_s}{\partial S^2}-(r-q)S\frac{\partial V_s}{\partial S}+rV_s,\right.$$
$$\left. V_s - \hat{P}_C\right) = 0 \quad \text{in } (0,T)\times(-\infty,\infty).$$

ここで終末条件は $V_s(S,T) = \max(S-K, 0)$ となる．ブラック–ショールズ公式があるので一般の自由境界問題として扱うことができて，アメリカ型と同じアルゴリズムが使用できる．

8.2 バミューダオプション

バミューダオプションは，アメリカ型とヨーロッパ型の中間の性質を持っている．このオプションは早期（満期前）に権利を行使することができる．しかしながら，その権利行使の時期があらかじめ決められたいくつかのタイミングでしかできないところに特徴がある．権利行使可能な時間を下記の数列で表すこととする．

$$\{t_1, t_2, \ldots, t_n(=T)\} \subset [0,T] \quad (10)$$

バミューダオプションの解は

1) $t_{n-1} < t \leqq t_n (= T)$ での価格 $V_T(S,t)$ は，時刻 $t = T$ でペイオフ，$P(S,T)$ を終末値とした BS 方程式の解である．

2) 時刻 $t_i < t \leqq t_{i+1}$ での価格 $V_{i+1}(S,t)$ は
$$V_{t_{i+1}}(S,t) = \max\left(V_{t_{i+2}}(S,t_{i+1}), P(S,t_i)\right)$$
を終末値とした BS 方程式の解である．

というように逐次計算することができる．以下それを繰り返せばバミューダオプションの価格が計算できる．アルゴリズムとしては，ヨーロッパ型タイプを逐次利用すればよい．

［小俣正朗］

参 考 文 献

[1] Yue-Kuen Kwok, *Mathematical Models of Financial Derivatives*, Second edition, Springer Finance, 2008.

[2] Paul Wilmott, *Derivatives*, John Wiley & Sons Ltd, 1998.

[3] Paul Wilmott, Sam Howison, Jeff Dewynne, *The Mathematics of Financial Derivatives*, Cambridge University Press, 1995 (14th printing, 2008).

[4] 三浦良造, デリバティブの数理 (SGC ライブラリ 6), サイエンス社, 2000.

数理政治学

緩和除数方式　206
空間的投票理論　208
実験政治学　210
アローの一般可能性定理　212
アラバマパラドックス　214
議席数配分方式　216
不平等指数　218
自然実験　220

緩和除数方式

relaxed divisor method

緩和除数方式とは，議席配分方式のあるクラスのことである．不条理な人口パラドックスやアラバマパラドックスを起こさない配分方式は除数方式のクラスだけであることは，よく知られている．ただし，除数方式のクラスはあまりにも大きすぎ，その中から最善の配分方式を選出することを困難にしている．特に，配分結果に極端な偏りを有するアダムズ方式やジェファーソン方式が除数方式のクラスに属していることは，除数方式のクラスが不必要に大きすぎることの理由となっている．そこで，考案されたのがその部分クラスである緩和除数方式で，歴史的5方式（アダムズ方式，ディーン方式，ヒル方式，ウェブスター方式，ジェファーソン方式）のうち，ヒル方式とウェブスター方式を含む妥当なクラスとなっている．

1. 除数方式

アメリカ合衆国の下院議員の議席配分問題を使って説明する．州の数をsとし，州iの人口をp_iとする．州iに配分される議席数をa_iとし，これを求める．合衆国憲法は各州に最低1議席を保証しているが，本項目では，州に配分される議席数は非負の整数と仮定する．議席の総数を$h = \sum_{i=1}^{s} a_i$とし，総人口を$\pi = \sum_{i=1}^{s} p_i$とする．

除数方式では，人口x人につき1議席を配分することを基本とする．このxを除数と呼んでいる．ただし，州の人口を除数で割ったとき，割り切れる，すなわち，その商が整数値となることは稀で，多くの場合，端数が生じる．この端数の大きさに応じて追加の1議席を与えるかどうかによって，無限の除数方式が定義できる．形式的には，非負の各整数aに対して丸め関数$d(a)$を定義する．これはaに関して狭義増加で$a \leqq d(a) \leqq a+1$を満たし，$d(b) = b$かつ$d(c) = c+1$となる正の整数bと非負の整数cのペアが存在しない性質を持つ．さらに，この丸め関数を用いて，商の値$z = p_i/x$を整数に丸める．zを正の実数として，$[z]$は以下の規則により定められた非負の整数を示す：

1) $0 < z < d(0)$ ならば $[z] = 0$．
2) $d(a) < z < d(a+1)$ ならば $[z] = a+1$．
3) 正の整数aに対し，$z = d(a)$ ならば $[z]$ は a もしくは $a+1$ に等しい．

最後に，除数xの定め方であるが，上記の丸め規則を用いて，等式

$$\sum_{i=1}^{s} \left[\frac{p_i}{x}\right] = h$$

が満たされるようにxの値を定める．$d(0) = 0$の場合は，上記規則2)のみが対象となり，$[z] \geqq 1$となる．つまり，必然的に，どの州にも最低1議席が配分されるので，議席の総数は州の数以上でなければならない．以下，$h \geqq s$と仮定する．

以上のことから，丸め関数を定義すれば，それに対応する除数方式が定義できる．例えば，$d(a) = a$ならばアダムズ方式，$d(a) = a(a+1)/(a+0.5)$ならばディーン方式，$d(a) = \sqrt{a(a+1)}$ならばヒル方式，$d(a) = a + 0.5$ならばウェブスター方式，$d(a) = a + 1$ならばジェファーソン方式が定義できる．

2. 緩和除数方式

除数方式の代わりに新たに考えられた配分方式が，緩和除数方式である．これは，次の丸め関数を持つ除数方式として定義される：実数パラメータθを伴うとして，各正の整数aに対し，

$$d_\theta(a) = \begin{cases} \dfrac{1}{e} \dfrac{(a+1)^{a+1}}{a^a} & \theta = 1 \text{ のとき} \\ \dfrac{1}{\log \frac{a+1}{a}} & \theta = 0 \text{ のとき} \\ \left(\dfrac{(a+1)^\theta - a^\theta}{\theta}\right)^{\frac{1}{\theta-1}} & \text{その他} \end{cases}$$

また，$a = 0$に対して

$$d_\theta(0) = \begin{cases} 0 & \theta \leqq 0 \text{ のとき} \\ \dfrac{1}{e} \approx 0.37 & \theta = 1 \text{ のとき} \\ \left(\dfrac{1}{\theta}\right)^{\frac{1}{\theta-1}} & \text{その他} \end{cases}$$

を定義する．容易に確認できるが，$\theta = -1$ならばヒル方式，$\theta = 2$ならばウェブスター方式を表している．

このとき，パラメータθの全ての値に対して$a < d_\theta(a) < a+1$が成り立つ．固定された正のaに対する$d_\theta(a)$は，θに関して，連続で狭義増加関数となり，$\theta \to -\infty$のとき$d_\theta(a) \to a$となり，$\theta \to +\infty$のとき$d_\theta(a) \to a+1$となる．このことから，パラメータθが限りなく小さくなるとき配分方式はアダムズ方式に近づき，θが限りなく大きくなるとき配分方式はジェファーソン方式に近づく．ただし，どちらの方式も緩和除数方式のクラスには含まれない．

緩和除数方式は，その定義より異なる配分方式が無限に存在するが，1つだけのパラメータで特徴付けされているため，数学的な解析を容易にしている．

3. 緩和比例性

緩和除数方式で得られる議席配分は，離散最適化問題の解として，その配分を入手することが可能である．離散最適化問題の制約としては，各州 i の配分数 a_i は非負の整数であることと，それらの総和が議席の総数に等しいことだけである．ただし，$\theta \leqq 0$ を持つ緩和除数方式では，$d(0) = 0$ なので，a_i は全て 1 以上の整数とする制約が必要である．最小化すべき目的関数は全て分離形で

$$\begin{cases} \sum_{i=1}^{s} a_i \log \dfrac{a_i}{p_i} & \theta = 1 \text{ のとき} \\ \sum_{i=1}^{s} -p_i \log a_i & \theta = 0 \text{ のとき} \\ \sum_{i=1}^{s} \dfrac{a_i^{\theta}}{\theta(\theta-1)p_i^{\theta-1}} & \text{その他} \end{cases}$$

で与えられている．上記の各関数の第 i 成分は変数 a_i のみを含む連続で狭義の凸関数となっている．

次に，離散最適化問題の制約の一部を緩和した（各 a_i の整数条件を $a_i > 0$ の実数条件に緩和した）問題を解くと，その最適解 a_i^* はパラメータ θ の値に関わらず

$$a_i^* = \frac{h}{\pi} \times p_i$$

となる．つまり，各州の最適な議席配分数はその人口に比例することになる．このとき，除数方式は緩和比例するという．

4. 緩和除数方式の偏り

ジェファーソン方式は大州に有利な議席配分を行い，アダムズ方式は逆に小州に有利な議席配分を行うことは，従来よりよく知られてきた事実である．これらの配分方式のように，特定の州のグループに偏りのある配分方式は好ましくない．しかしながら，どのような議席配分方式でも，完全に人口に比例して議席を配分することは不可能であるため，偏りそのものは不可避である．したがって，非常に多数の異なる人口分布に対して議席配分を繰り返すときは，平均的に偏りが少ないものを選べばよい．

ある人口分布 $(p_1, p_2, \ldots, p_s)$ に対して，ある配分方式が議席配分 $(a_1, a_2, \ldots, a_s)$ を与えたとする．このとき，

$$F = \left\{ (i,j) \;\middle|\; 1 \leqq a_i < a_j,\; \frac{a_i}{p_i} > \frac{a_j}{p_j},\; i,j \in S \right\}$$

および

$$A = \left\{ (i,j) \;\middle|\; 1 \leqq a_i < a_j,\; i,j \in S \right\}$$

を定義する．ここで，$S = \{1, 2, \ldots, s\}$ である．両者の要素数の比率 $|F|/|A|$ は，比較した小さいほうの州が有利となる割合を表している．

いま，アメリカ合衆国の 2000 年度の人口分布に対して，ある値に固定された θ に対する緩和除数方式 M_θ を用いて，除数 x^θ および配分ベクトル a^θ を求めてみる．次に，s 個の区間 I_i^θ ($1 \leqq i \leqq s$)

$$I_i^\theta = [d_\theta(a_i^\theta - 1)x^\theta, d_\theta(a_i^\theta)x^\theta]$$

を求める．このとき，$p_i^\theta \in I_i^\theta$ を満たす任意の人口ベクトル $(p_1^\theta, \ldots, p_s^\theta)$ に緩和除数方式 M_θ を用いても，以前と同じ配分ベクトル a^θ が得られることは明らかである．この性質を利用して，異なる人口ベクトル p^θ を $\theta = -1, 0, 1, 2, 3$ に対してそれぞれ 100 万個ランダムに作成し，上記の比率 $|F|/|A|$ を用いて，各緩和除数方式の偏りを調べたものが表 1 である．ここでは，様々な議席総数 h に対して，大州と小州への偏りが求められている．数値は百分率で表され，50％が最も偏りのないことを意味する．

表 1 様々な議席総数に対する緩和除数方式の偏り

議席総数 h	$\theta=-1$	$\theta=0$	$\theta=1$	$\theta=2$	$\theta=3$
200	53.4	52.2	51.1	50.0	48.9
435	53.1	52.0	51.0	50.0	49.0
1000	52.2	51.5	50.7	50.0	49.3
2000	51.1	50.7	50.4	50.0	49.6
4350	50.5	50.3	50.2	50.0	49.8
10000	50.2	50.1	50.1	50.0	49.9
20000	50.1	50.1	50.0	50.0	50.0
43500	50.1	50.0	50.1	50.0	49.9

この表の数値より，$\theta = 2$ のウェブスター方式は，議席総数に関わらず安定して偏りのないことがわかる．一方，$-1 \leqq \theta \leqq 1$ では，$\theta = -1$ のヒル方式を含め小州に有利となっており，$\theta = 3$ では大州に有利となっている．h が大きくなるにつれ，緩和比例の性質が強くなり，例えば，$h = 10000$ 以上では，これらの 5 方式では，大州と小州への偏りはほぼなくなる．

配分方式の偏りに関しては，偏りを測る尺度が多数存在し，使用する尺度により，偏りを最小とする配分方式が異なる．しかしながら，それらの尺度の多くでは，ウェブスター方式の偏りが最小となっている．

［一森哲男］

参考文献

[1] T. Ichimori, Relaxed divisor methods and their seat biases, *Journal of the Operations Research Society of Japan*, Vol.55, No.1 (2012), 63–72.

空間的投票理論

spatial voting theory

政策が空間上の 1 点で表現されるという枠組みのもとで，政策 $\boldsymbol{x}$ を選好する有権者の密度 $\phi(\boldsymbol{x})$ と，政党 $P_1, P_2, \ldots, P_n$ の公約 $\boldsymbol{x}_1, \boldsymbol{x}_2, \ldots, \boldsymbol{x}_n$ とが与えられたとき，各政党の得票率はどのように定まるか，また，それを前提として，各政党はどのような政策を定めるかを扱う選挙理論が，空間的投票理論である．

1. Hotelling のモデル

空間的投票理論の起源は，経済学の論文として執筆され，関連諸分野に大きな影響を与えた Hotelling [5] の論文に遡る．原論文は後に数学上の誤りが指摘されたが，影響下に執筆された異分野での大半の論文は，空間的投票理論の各種モデルも含めてこの誤りの影響を受けない．異分野の研究者間の議論での混乱を避けるために議論を要約しよう．

Hotelling のモデルでは，長さ l の線分上に 2 つの商店 A, B がそれぞれ直線の左端から a と右端から b の地点とに立地して（図 1），生産コスト 0 の同一の製品を価格 p_1 と p_2 とで販売する．

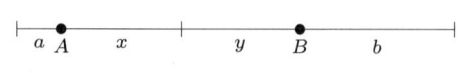

図 1 Hotelling のモデル

商品の単位量単位距離の輸送費を c とする．消費者は線分上に一様に密度 1 で分布し，A と B のうち販売価格に輸送費を上乗せした価格が安い商店から，製品価格と無関係に一定量を購入する．どちらの商店も全域の販売を独占しないならば，A, B の立地点から両店の輸送費上乗せ価格が等しくなる地点までの距離 x と y とが存在して，$p_1+cx = p_2+cy, a+x+y+b = l$ より，

$$x = \frac{1}{2}\left(l-a-b+\frac{p_2-p_1}{c}\right)$$
$$y = \frac{1}{2}\left(l-a-b+\frac{p_1-p_2}{c}\right)$$

となる．A, B のそれぞれの販売量は $q_1 = a+x$, $q_2 = b+y$ だから，A と B との利益は，それぞれ，

$$\pi_1 = p_1 q_1 = \frac{1}{2}(l+a-b)p_1 - \frac{p_1^2}{2c} + \frac{p_1 p_2}{2c}$$
$$\pi_2 = p_2 q_2 = \frac{1}{2}(l-a+b)p_2 - \frac{p_2^2}{2c} + \frac{p_1 p_2}{2c}$$

となる．立地点 a, b は動かせないものとし，A と B とが，相互に相手の価格を所与として，自己の利益最大化を目標にそれぞれの販売価格を決定すると，次の均衡価格を得る：

$$p_1^* = c\left(l+\frac{a-b}{3}\right), \quad p_2^* = c\left(l-\frac{a-b}{3}\right). \quad (1)$$

A, B の利益はそれぞれ

$$\pi_1^* = \frac{c}{2}\left(l+\frac{a-b}{3}\right)^2, \quad \pi_2^* = \frac{c}{2}\left(l-\frac{a-b}{3}\right)^2 \quad (2)$$

である．Hotelling は式 (2) に基づき，価格に加えて，A, B が立地点も自由に決定できるとすれば，利益を最大化するために，それぞれ a, b を最大化しようとして線分の中点で接しようとするであろうと結論した．さらに，経済活動からかけ離れた競争的活動，例えば政治においても（米国の）民主党と共和党の綱領が類似してくるであろうと立論している．この結果は後に最小差別化の原理（principle of minimum differentiation）と呼ばれている．

Hotelling のモデルはその後，定式化を変えて多様な学問分野に適用された．選挙の分野では，座標値を政策位置，商店を政党，消費者を有権者，輸送費上乗せ価格を A, B までの距離 x, y と置き換えることにより，類似のモデルと結論とが成立する．

1979 年に至って D'Aspremont ら [2] により，式 (1) が均衡価格となる（したがって，式 (2) が成立する）ための前提となる制約

$$|p_1 - p_2| \leqq c(l-a-b) \quad (3)$$

が，A と B とが近接する場合には不成立で，「A, B が近接したときに，さらに近寄ろうとする」という主張は，消費者が距離に比例する輸送費込みの商品購入価格を基準として A, B の選択を行う場合は導けないことが示された．

一方，選挙で有権者の利得を支持政党までの距離の関数にとる場合，D'Aspremont, et al. の指摘は該当せず，素直に，A, B が近接することが導かれる．この意味で Hotelling の議論は空間的投票理論の出発点となる．Hotelling の議論を政治学の分野で定式化したのは Downs [3] であり，Downs のモデルと呼ばれることが多い．

2. 空間的投票理論

空間的投票理論は初期の立地問題の枠組みを超えて展開しており，全貌を説明することは困難だが，例えば次のように定式化される：

1) 政策が $E \subset \mathbb{R}^m$ の 1 点で与えられる．
2) 政策 $\boldsymbol{x}$ を最も愛好する有権者の密度 $\phi(\boldsymbol{x})$ が与えられている．
3) 政党 $P_1, P_2, \ldots, P_n$ は，投票に先立ち，自党の政策 $\boldsymbol{x}_1, \boldsymbol{x}_2, \ldots, \boldsymbol{x}_n \in E$ を公約する．
4) 有権者は，$\phi(\boldsymbol{x})$ も政党の公約も知った上で，投票する政党を決定する．このとき，有権者

が投票する政党（あるいは候補者）をどのように決定するかについても，多様な提案がなされているが，次の2つが代表的である．

- **誠実な投票**：E にはユークリッド距離あるいはその他の距離が定義されており，有権者はその距離で自分と最も近い政党に投票する（投票は，意見表明であって，結果予想の影響を受けない）．
- **戦略的投票**：E にはユークリッド距離あるいはその他の距離が定義されており，有権者は最終結果を重視して「(何らかの意味で) 泡沫ではない」政党の中から，自分の意見に最も近い政党が当選するように投票する（投票は結果予想の影響を受ける）．

5) 政党 P_k $(k = 1, 2, \ldots, n)$ は，政策の公約に先立ち，$\phi(\boldsymbol{x})$ と有権者の投票行動とを知った上で，他政党の政策を事前に知ることなく，自政党の得票率 $F^k(\boldsymbol{x}_1, \boldsymbol{x}_2, \ldots, \boldsymbol{x}_n)$ を最大となるように政策位置を決定する．

実証研究においては，多くの場合 4 までを考える．理論論文の多くは 1〜5 を扱い，政党をプレイヤー，公約する政策をその戦略とし，政党の得票率を利得とする戦略型ゲームとして定式化する．戦略の組 $(\boldsymbol{x}_1^*, \boldsymbol{x}_2^*, \ldots, \boldsymbol{x}_n^*)$ が，どの l $(1 \leq l \leq m)$ に対しても，$\boldsymbol{x}_k$ $(k \neq l)$ を不変に保ったまま，$\boldsymbol{x}_l$ をどのような $\boldsymbol{x}_l'$ に変化させても $F^l(\boldsymbol{x}_1^*, \ldots, \boldsymbol{x}_{l-1}^*, \boldsymbol{x}_l', \boldsymbol{x}_{l+1}^*, \ldots, \boldsymbol{x}_n^*) \leq F^l(\boldsymbol{x}_1^*, \boldsymbol{x}_2^*, \ldots, \boldsymbol{x}_n^*)$ となるとき，この解をナッシュ均衡解と呼ぶ．空間的投票理論での理論的結果の多くは，多様な条件のもとでのナッシュ均衡解の存在，不存在の問題となる．

政策空間が1次元で政党の利得が有権者からの得票率である場合，2つの政党が有権者メジアン，すなわち $\int_{-\infty}^{x} \phi(\xi) d\xi = \int_{x}^{\infty} \phi(\xi) d\xi$ を満足する点に重なって存在するのがナッシュ均衡解となる．これが古典的 Hotelling–Downs のモデルの解である．

政策空間が2次元ユークリッド空間で，政党の利得が同様に有権者からの得票率であるなら，次の結果が成り立つ：

定理1 (Shaked [8]) 有権者分布 $\phi(x, y)$ を $\mathbb{R}^2$ 上の関数とし，$\int_{\mathbb{R}^2} \phi(x, y) dx dy < +\infty$ が存在するとする．有権者は誠実な投票をするものとし，$\phi(x, y)$ の台 E（すなわち $E = \{(x, y) | \phi(x, y) > 0\}$）は体積確定で，$E$ の境界は線分を含まず，E の任意の2点は「幅を持った」曲線でつなげると仮定する．このとき，3 政党が自政党の得票率の最大化を目指す純粋戦略ゲームには，ナッシュ均衡解は存在しない．

戦略的投票を扱ったものでは，選挙においては，小選挙区制は二大政党制を導く傾向があることが知られており (Duverger [4])，Duverger の法則と呼ばれている．Reed [7] に始まる一連の研究で，定数 M の中選挙区制においては，有力候補者が $(M+1)$ 人になる傾向が知られており，$(M+1)$ ルールと呼ばれている．Cox [1] はこれらの現象を戦略的投票によって説明している．

これらの枠組みに入り切らない問題も多い．例えば，問題を展開形ゲームとして定式化し，部分ゲーム完全均衡を求めることは，標準的に行われる．

現実の政党では，自党の政策を変えず，宣伝によって有権者が変わることを目指す政党もありうる．岸本・蒲島 [6] はこのような政党（原理党）が存在すると，得票率を最大にするように行動する政党（現実党）が大きな影響を受けることを指摘した．日本共産党を原理党，他の政党を現実党だと仮定して，日本の政党に対して空間的投票理論に基づく選挙分析を行うと，古典的な Hotelling–Downs モデルでの取り扱いが困難な日本の国政選挙の得票率分布に比較的当てはまる均衡解を得ることができる．

［岸本一男］

参 考 文 献

[1] G.W. Cox, *Making Votes Count*, Cambridge, 1997.

[2] C. D'Aspremont, J.J. Gabszewicz, J.-F. Thisse, On Hotelling's "Stability in competition", *Econometrica*, **47** (1979), 1145–1150.

[3] A. Downs, *An Economic Theory of Democracy*, Harper and Row, 1957.

[4] M. Duverger, *Political Parties: Their Organization and Activity in the Modern State* (trans. Barbara and North), Methuen, 1954.

[5] H. Hotelling, The stability in competition, *Economic Journal*, **39** (1929), 41–57.

[6] 岸本一男, 蒲島郁夫, 合理的選択理論から見た日本の政党システム, リヴァイアサン, **20** (1997), 80–100.

[7] S. Reed, Structure and Behavior: Extending Duverger's law to the Japanese Case, *British Journal of Political Science*, **29** (1990), 335–356.

[8] A. Shaked, Non-existence of equilibrium for the two-dimensional three-firms location problem, *Review of Economic Studies*, **42** (1975), 51–56.

実験政治学
experimental political science

実証主義的政治学においては，実験経済学や実験社会心理学など隣接諸科学からの影響と学際的研究の発展を背景として，実験法の再導入が進んでいる．本項目では Morton [1]，Druckman et al. [2] などに基づいて実験政治学の諸特徴を扱う．

1. 政治学における実験法の再導入

人為的に作り出した一定の条件のもとで理論や仮説を検証する方法を「実験」と呼ぶ．実験は自然科学の基本的アプローチであり，とりわけ因果関係 (causality) の特定に威力を発揮する．19世紀後半には，心理学が人間の知覚・心理・意識のミクロプロセスの解明に実験を利用するようになった．1950年代以降は，経済学が人間の意思決定に関する数学的仮説を実験で検証する実験経済学・行動経済学 (behavioral economics) を発展させるに至った．

実験政治学の歴史は，1920年代の Gosnell の投票参加促進実験に遡る．1971年には *The Experimental Study of Politics* という専門誌も発刊されたが，わずか4年で休止するなど，実験政治学は低調であった．アメリカの主要政治学3雑誌 (APSR, AJPS, JOP) で確認すると，1950年代から90年に入るまでは，合計十数本の論文しか見出すことができない．しかし1990〜2005年の15年間では，実験研究に類する論文は80本を超え，増加傾向が顕著となっている．

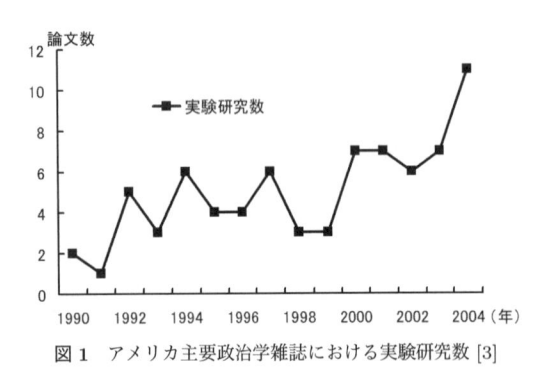

図1 アメリカ主要政治学雑誌における実験研究数 [3]

2. 政治学における実験法の特徴

政治学で行われている主な実験法を紹介する．

2.1 フィールド実験

Gosnell やそれを再検証した Green らの実験のように，現実の社会や事象の中で行う実験をフィールド実験 (field experiment) という．リアルな環境・設定から得られた実験知見は，一般社会や現実政治における同種の現象に拡張されて理解されやすい．実験知見の拡張性・一般性が高いとき，その実験には外的妥当性 (external validity) があるという．反面，フィールド実験では実験処置 (treatment) や統制の厳密さを確保しにくい場合があり，これを内的妥当性 (internal validity) の問題という．

2.2 実験室実験

内的妥当性を確保する点では，実験室実験 (laboratory experiment) が優れている．実験室実験は自然科学の実験のように，他の刺激・介在要因を極力排した実験室に被験者を集めて行われ，実験処置の無作為割り当て (random assignment) などが施される．1980年代以降の政治学の学術誌に掲載された実験室実験研究の例には，政治報道などを被験者に見せて政治意識や行動に与える影響を検証した Iyengar らの社会心理学的実験や，政治的意思決定や制度に関する数理モデルを検証した Palfrey らの経済学的実験などがある．近年では，fMRI (機能的磁気共鳴イメージング) 装置を使って政治的認知・意思決定を行っている被験者の脳を撮像する神経政治学 (political neuroscience) の発展も著しい．また，「熟議民主主義」の考えに基づき，市民間の討議を行ったあとで意見変容を検証する討議実験 (deliberative polling experiment) なども注目を集めている．

2.3 調査実験

一方，従来から政治学の政治意識・行動研究では世論調査が普及しており，その中に実験処置を盛り込むものを調査実験 (survey experiment) という．例えば Sullivan らは，アメリカの投票行動研究のための大規模世論調査 (American National Election Survey) における回答形式の変化が回答結果の推移に与える影響を検証した．質問文や回答形式を異ならせることによって政治的認知や選好の変化を捉えようとする調査実験研究は，Sniderman らによってもインテンシブに行われている．2003年には，Mutz や Lupia によって，政治学者が共同で調査実験を行うプロジェクト (Time-sharing Experiments for the Social Sciences) も実施された．

2.4 自然実験

現実社会の現象・事例は，それを巡る諸条件を研究者がコントロールできないことも多い．そのような場合に，説明変数となる外生的要因 (exogenous factor) 以外の条件が等しいような事例・ケースを複数探し出して比較する方法が，自然実験 (natural experiment) である．

自然実験は歴史的事象・制度・政策などの効果の検証に役立つ．例えば，ある制度が採用されていること以外は類似した特徴を持つ国・地域・自治体などの間で比較すれば，当該制度の効果を検証することができる．自然実験は優れた事例研究を生む可能性があるが，それゆえ研究の妥当性は，事例研究の場合と同じく，事例抽出の適切さにかかっている．

2.5 仮想実験（シミュレーション）

確認したい現象が現実には起きていない，あるいは現実に再現して実験することが難しい場合に，シミュレーションなどによって確認することを「仮想実験」と呼ぶ．自然科学では早くから，「ある条件のもとではどのような現象（動態・結果）が生じるか」をコンピュータなどによってシミュレートすることが一般化してきたが，近年社会科学においても類似の視点・方法に基づく研究が急速に増加してきている．

例えば政治学者の Axelrod は，実験室実験で行われることが多かった「繰り返し囚人のジレンマゲーム」の実験を，コンピュータシミュレーションで行った．コンピュータ上の仮想空間であれば，ゲームの行為者も試行回数も無限に増やすことができる．こうした手法はエージェント型シミュレーション（agent-based simulation）とも呼ばれる．

3. 実験法の長所と短所：実験政治学の課題

実験法の最大の強みは，因果関係の特定力にある．実証的政治学では，因果的推論とその検証が重んじられる．複雑な政治現象を理解するには，現象を構成する諸要素を分解し，それぞれの因果的連関を解明する必要がある．観察データや統計データの分析のみでは現象の構成要素の分解と統合が難しい場合に，実験を併用することで，理論の発展を促すことができる．こうした作業を通じて，政治学は論理性と科学性を増すことができる．

もう1つの長所は，実験法の学際性である．実験を共通言語とする他分野との交流が，政治学を刺激・成長させることが期待できる．現在の実験政治学は，政治学者と他分野の研究者の共同研究によって発展しており，社会科学，自然科学の枠を越えて，問題設定が共有化される場となっている．

実験法は方法論として魅力的である反面，多くの短所や課題も抱える．内的妥当性の問題はもとより，外的妥当性が問題視されることが多い．複雑な政治現象を理解するのに，抽象的で単純なフレームの実験でどこまで切り込んでいけるか．人工的で特殊な実験環境によって，被験者の本来の反応が歪められるのではないか．あるいは，学生が被験者である場合，彼らがどれだけ有権者全体を代表しうるか．政治学においては現実政治へのインプリケーションから遠い実験結果は，評価されにくい傾向がある．

さらに，実験の設定のわずかな違いが異なる結果を導くこともあるため，結果が不安定で解釈しにくいこともある．説得力があり安定した実験結果を得るには多くの試行が必要だが，その実施コストに見合う成果が得られるかどうかの見通しを立てることは容易ではない．生命科学や心理学で意識されている実験倫理問題（被験者への悪影響への配慮など）についても，早急に対応しなければならないだろう．

言うまでもなく，実験法はベストの実証法というわけではなく，種々のアプローチの中の1つにすぎない．それを適切に使いこなし，政治学において意味のある研究を行うためには，(1) 実験法を用いる必要がある研究トピックかどうかを検討すること，(2) 実験法全体と各タイプの実験法の長所・短所を理解し，研究目的に合った実験タイプを選択すること，(3) 実験処置に対する被験者の反応を適切に予測すること，(4) 研究対象となる政治現象を解きほぐして実験し，試行を重ねながら結果を蓄積・統合すること，(5) 他の観察データ，統計データの分析と相互補完的に用いること，などの点を考慮すべきだろう．

いずれにせよ，高度な実証力と論理性，学際性が求められる現代政治学にとっては，実験法は吸収していかなければならないアプローチの1つである．

［谷口尚子］

参考文献

[1] R.B. Morton, *Experimental Political Science and the Study of Causality: From Nature to the Lab*, Cambridge University Press, 2010.
[2] J.N. Druckman, D.P. Green, J.H. Kuklinski, A. Lupia, *Cambridge Handbook of Experimental Political Science*, Cambridge University Press, 2011.
[3] 堀内勇作, 今井耕介, 谷口尚子, 政策情報と投票参加—フィールド実験によるアプローチ, 日本政治学会編, 年報政治学, pp.161–180, 2005.

アローの一般可能性定理
Arrow's general possibility theorem

有限個の選択肢（候補者）$A = \{a, b, c, \dots\}$ に対して有限人の個人（投票者，審査員）$I = \{1, 2, \dots, n\}$ が持っている選好順序を社会全体の選好順序に合理的にまとめることが可能かとの問いに対して否定的な結果を示したのが，アロー（K.J. Arrow）の一般可能性定理 [1] である．ここでは [3] に基づいてその証明を与える．

1. 選好順序と社会的厚生関数

選択肢集合 A 上の選好順序を $\succeq$ で表す．$a \succeq b$ とは選択肢 a が選択肢 b と同等あるいはそれ以上に選好されていることを示す．$a \succeq b$ かつ $b \succeq a$ のとき a と b は無差別であるというが，ここでは議論を簡単にするために無差別な選択肢はないものとし，以降選好順序を $\succ$ で表す．選好順序 $\succ$ は推移的であると仮定する．つまり $\langle (a \succ b) \wedge (b \succ c) \rangle \Rightarrow \langle a \succ c \rangle$ である．個人 i の選好順序を $\succ_i$ で表し，全個人の選好順序の組合せをプロファイルといい，p, q などで表し，全てのプロファイルの集合を $\mathcal{P}$ で表す．

定義 1 社会的厚生関数とはプロファイルを入力とし，選好順序（これを社会的選好順序という）を出力する関数である．

プロファイル p のもとでの個人 i の選好順序を $\succ_i^p$ で表し，社会的厚生関数 f が出力する社会的選好順序を $\succ_f^p$ で表す．

$$p = \begin{pmatrix} \succ_1^p \\ \vdots \\ \succ_n^p \end{pmatrix} \longrightarrow \boxed{f} \longrightarrow \succ_f^p$$

2. 社会的厚生関数の公理とアローの定理

アローの社会的厚生関数に対する公理を示す．

公理 1 社会的厚生関数の定義域は全プロファイルの集合である．つまり，個人のどのような選好順序の組合せに対しても社会的厚生関数は社会的選好順序を出力する．

選好順序 $\succ$ の選択肢対 $\{a, b\}$ への制限を $\succ/\{a,b\}$ で示す．任意の p, q と任意の a, b に対して
$$\langle (\forall i \in I)(\succ_i^p /\{a,b\} = \succ_i^q /\{a,b\}) \rangle$$
$$\Rightarrow \langle \succ_f^p /\{a,b\} = \succ_f^q /\{a,b\} \rangle$$
が成り立つとき，f は無関係対象からの独立性を持つという．これは，a, b に対する社会的選好順序は a, b に対する個人の選好順序のみによって決まり，他の選択肢によらないことをいう．

公理 2 社会的厚生関数は無関係対象からの独立性を持つ．

公理 3 社会的厚生関数は一致性，すなわち
$$\langle (\forall i \in I)(a \succ_i^p b) \rangle \Rightarrow \langle a \succ_f^p b \rangle$$
を満たす．

個人 k は $(\forall p \in \mathcal{P})(\succ_f^p = \succ_k^p)$ のとき，つまり社会的選好順序が常に k の選好順序と一致するとき，独裁者であるという．

公理 4 社会的厚生関数は独裁者の存在を許さない．

定理 1（アローの定理） 選択肢が 3 個以上なら公理 1, 2, 3, 4 を満たす社会的厚生関数は存在しない．

3. アローの定理の証明

3 個以上の選択肢と公理 1, 2, 3 のもとで独裁者の存在を示し，定理 1 を証明する．

補題 1 プロファイル p のもとで，選択肢 b が各個人の選好順序で最上位あるいは最下位のいずれかであれば，b は社会的選好順序 $\succ_f^p$ でも最上位あるいは最下位のいずれかである．

証明：結論を否定すると，$a \succ_f^p b$ かつ $b \succ_f^p c$ なる $a, c \in A$ が存在し，推移性から $a \succ_f^p c$ となる．p に対して各個人がそれぞれの選好順序で c の順位を上げて a よりも上位に移動したプロファイルを q で表す．ただし，b を最上位にしている個人は c の順位が b を超えない範囲で動かすものとする．

b が最上位：
$$b \succ_i^p c \succ_i^p a \quad = \quad b \succ_i^q c \succ_i^q a$$
$$b \succ_i^p a \succ_i^p c \quad \to \quad b \succ_i^q c \succ_i^q a$$

b が最下位：
$$c \succ_i^p a \succ_i^p b \quad = \quad c \succ_i^q a \succ_i^q b$$
$$a \succ_i^p c \succ_i^p b \quad \to \quad c \succ_i^q a \succ_i^q b$$

プロファイル p と q で，どの個人 i についてもその a と b の間，さらに b と c の間の選好順序は変化していない．よって，公理 2 から $a \succ_f^q b$ かつ $b \succ_f^q c$ が得られ，推移性から $a \succ_f^q c$ が導かれる．しかし，全個人 i について $c \succ_i^q a$ であることと公理 3 より $c \succ_f^q a$ が導かれ，矛盾を生じ，証明が終わる． □

3.1 ピボット

選択肢 b を固定し，全個人が b を最下位としているプロファイルの 1 つを p_0 とする．プロファイル p_0 から，個人 1 が b を最上位に上げ，他の個人は選好順序を変更しないプロファイルを p_1 とする．同様にプロファイル p_k では，個人 $1, \dots, k$ の選好順

序では b が最上位に上げられ，$k+1,\ldots,n$ の選好順序は p_0 と同じとする．

p_{k-1}	i	$\succ_i$
	1	$b \succ \cdots$
	$\vdots$	
	$k-1$	$b \succ \cdots$
	k	$\cdots \succ b$
	$k+1$	$\cdots \succ b$
	$\vdots$	
	n	$\cdots \succ b$

p_k	i	$\succ_i$
	1	$b \succ \cdots$
	$\vdots$	
	$k-1$	$b \succ \cdots$
	k	$b \succ \cdots$
	$k+1$	$\cdots \succ b$
	$\vdots$	
	n	$\cdots \succ b$

p_n では全個人が b を最上位に上げている．公理3から b は $\succ_f^{p_0}$ で最下位，$\succ_f^{p_n}$ で最上位である．このとき b の $\succ_f^{p_k}$ における順位が $\succ_f^{p_{k-1}}$ における順位から初めて変化する個人 k を $k(b)$ で表し，b に対するピボットという．補題1より次の (#) が得られる．

(#) b は $\succ_f^{p_{k(b)-1}}$ で最下位，$\succ_f^{p_{k(b)}}$ で最上位．

補題 2 b 以外の任意の選択肢 a,c と任意のプロファイル s について以下が成り立つ．

$$\succ_f^s /\{a,c\} = \succ_{k(b)}^s /\{a,c\}$$

証明：s を $a \succ_{k(b)}^s c$ なる任意のプロファイルとして，$a \succ_f^s c$ を導けばよい．s に対して

- $1,\ldots,k(b)-1$ の選好順序で，b を最上位に移動
- $k(b)$ の選好順序で，b の順位を a と c の間に移動
- $k(b)+1,\ldots,n$ の選好順序で，b を最下位に移動

して得られるプロファイルを t とする．

t	i	$\succ_i$
	1	$b \succ \cdots$
	$\vdots$	
	$k(b)-1$	$b \succ \cdots$
	$k(b)$	$a \succ b \succ c$
	$k(b)+1$	$\cdots \succ b$
	$\vdots$	
	n	$\cdots \succ b$

プロファイル t と $p_{k(b)-1}$ では a と b について全個人が同じ選好順序を持っているので，$a \succ_f^{p_{k(b)-1}} b$ と公理2から $a \succ_f^t b$ が得られ，t と $p_{k(b)}$ を比較すると，$b \succ_f^{p_{k(b)}} c$ と公理2から $b \succ_f^t c$ が得られ，推移性より $a \succ_f^t c$ が得られる．プロファイル s と t では a と c について全個人が同じ選好順序を持っているので，公理2より $a \succ_f^s c$ を得る． □

補題2は b のピボット $k(b)$ が b 以外の選択肢対の社会的選好順序を決定していることを示している．

3.2 独裁者の存在

選択肢 a に対するピボットを $k(a)$ で表すと，$k(a) = k(b)$ が得られる．実際 $k(a) < k(b)$ とすると，プロファイル $p_{k(b)-1}$ で $b \succ_{k(a)}^{p_{k(b)-1}} c$ であること，$k(a)$ が a のピボットであること，補題2で $s = p_{k(b)-1}$ とし，$k(b)$ を $k(a)$ に，a を b に替えた命題から $b \succ_f^{p_{k(b)-1}} c$ が導かれるが，これは (#) に

矛盾する．同様に $k(a) > k(b)$ の仮定も (#) に矛盾するので，$k(a) = k(b)$ が得られる．選択肢 a の任意性から全ての選択肢に対するピボットは同一の個人であることが結論でき，補題2よりこの個人が公理4の独裁者である．以上で，公理1, 2, 3 を満たす社会的厚生関数には独裁者が存在し，公理4を満たさないことが示せたので，定理1の証明を終える．

4. 単調性と市民主権性の公理

あるプロファイル p での全個人の選好順序で選択肢 a の順位をそのままに留めるか，あるいは上げるかして得られた選好順序からなるプロファイル q を，a にとって p よりも有利なプロファイルであるという．p と q がこの関係にあるなら

$$(\forall x \in A)(a \succ_f^p x \Rightarrow a \succ_f^q x)$$

となるとき，社会的厚生関数 f は単調性を持つという．

公理 5 社会的厚生関数は単調性を持つ．

公理 6 プロファイル p に関わらず社会的選好順序が常に $a \succ_f^p b$ となるような選択肢対 a,b は存在しない．これを市民主権性という．

定理 2 選択肢が3個以上なら公理 1, 2, 4, 5, 6 を満たす社会的厚生関数は存在しない．

証明：公理 2, 5, 6 を満たす社会的厚生関数が公理3を満たすことを示せば，定理1より定理2が得られるので，プロファイル p で全個人 i について $a \succ_i^p b$ であると仮定する．公理6からこの a,b に対して $a \succ_f^q b$ となるプロファイル q が存在する．プロファイル q において，各個人の選好順序で a が b の上位になるまで順位を上げたプロファイルを r とすると，公理5より $a \succ_f^r b$ が導かれる．一方，プロファイル p と r の両者でどの個人についても a と b に対する選好順序は同じであるから，公理2より $a \succ_f^p b$ が結論できる．よって，f は公理3を満たすことが示せた． □

さらなる研究成果は [2] を参照してほしい．

[山本芳嗣]

参 考 文 献

[1] K.J. Arrow, *Social Choice and Individual Values*, John Wiley and Sons, 1951.

[2] K.J. Arrow, A.K. Sen, K. Suzumura, *Handbook of Social Choice and Welfare*, Vol.1, 2, North-Holland, 2002, 2010.

[3] John Geanakoplos, Three brief proofs of Arrow's impossibility theorem, *Economic Theory* **26** (2005), 211–215.

アラバマパラドックス
Alabama paradox

アラバマパラドックスとは，議席配分に関するある奇妙な現象のことである．アメリカでは1880年度の国勢調査結果に基づき，人口に比例するように，最大剰余方式を用いて各州に議席を配分していた．議席総数を299にしたとき，アラバマ州には8議席が配分されたが，議席総数を300にすると同州には7議席しか配分されなかった．この奇妙な現象にアメリカ議会は大きな打撃を受けたと言われている．

1. 最大剰余方式

アメリカ合衆国憲法の第1条に，下院議員は州の人口に比例して配分することが明記されている．これを議員定数配分問題と呼んでいる．州を政党と考え，州の人口をその政党の獲得票数と考えれば，この問題は比例代表制での議員定数配分問題を表している．この問題を解く一般的な配分方式として，最大剰余方式が知られている．実際わが国の人口比例配分方式としては，この方法が定着している．以下に，最大剰余方式を説明する．

州の数を s とし，州 i の人口を p_i とする．配分される議席数を a_i とし，これを決定変数とする．アメリカでは最低1議席が保証されるが，本項目では，配分される議席数は非負の整数と仮定する．議席の総数を $h = \sum_{i=1}^{s} a_i$ とし，総人口を $\pi = \sum_{i=1}^{s} p_i$ とする．このとき，州 i の完全正比例値 q_i は

$$q_i = h \times \frac{p_i}{\pi}$$

となる．q_i は有理数であり，この分野では q_i を州 i の「取り分」と呼んでいる．州 i の取り分が q_i ということは，この州には $\lfloor q_i \rfloor$ 議席が保証されたと考えられる．さらに，運が良ければ，この州は $\lceil q_i \rceil$ 議席を得られるかもしれない．ここで，記号 $\lfloor x \rfloor$ は床関数で，x 以下の最大の整数を示し，$\lceil x \rceil$ は天井関数で，x 以上の最小の整数を示す．言い換えれば，

$$\lfloor q_i \rfloor \leqq a_i \leqq \lceil q_i \rceil$$

が期待される．この式を a_i の条件としたとき，それを「取り分制約」という．

この下限保証が正しい（真）とし，一時的に $a_i = \lfloor q_i \rfloor$ と配分すれば，議席が $h - \sum_{i=1}^{s} \lfloor q_i \rfloor$ だけ余ることになる．この残余の議席を大きな端数 $r_i = q_i - \lfloor q_i \rfloor$ を持つ州から順に1議席ずつ追加配分する．

いま，$a_i = \lfloor q_i \rfloor$ となる州の集合を X，$a_i = \lfloor q_i \rfloor + 1$ となる州の集合を Y とすれば，

$$r_i \leqq r_j \quad i \in X, j \in Y$$

となる．もちろん，$|X| + |Y| = s$ であり，

$$\sum_{i \in X} \lfloor q_i \rfloor + \sum_{j \in Y} (\lfloor q_j \rfloor + 1) = h$$

である．当然，取り分制約も全ての州で満たされている．

2. アラバマパラドックスの数値例

最初に，上記で述べた最大剰余方式を用いたアラバマパラドックスの発生例を紹介する．例えば，州の数を $s = 3$，議席総数を $h = 10$，最初の州の人口を $p_1 = 135$，2番目の州の人口を $p_2 = 333$，最後の州の人口を $p_3 = 532$ とする．総人口は $\pi = 1000$ であるので，順に州の取り分は $q_1 = 1.35$, $q_2 = 3.33$, $q_3 = 5.32$ となり，最大剰余方式を用いると，配分は $a_1 = 2$, $a_2 = 3$, $a_3 = 5$ となる．議席総数を $h = 11$ に10%増加させると，新しい取り分も10%だけ増加し，それぞれ，$q_1 = 1.485$, $q_2 = 3.663$, $q_3 = 5.852$ となり，新しい配分は $a_1 = 1$, $a_2 = 4$, $a_3 = 6$ と変化する．このとき，議席総数は10から11に増加しているにも関わらず，最初の州に配分される議席数は2から1に減少している．つまり，アラバマパラドックスが発生している．発生した原因を考えてみる．州の取り分は10%増加しているが，追加議席を受ける優先順位，つまり，小数点以下の端数は一律に増加するわけではない．人口の大きい州のほうが小さい州よりも小数点以下の端数は増加率が大きい．そのため，2番目と3番目の州の端数が1番目の州の端数を追い越してしまう．つまり，$0.35 > 0.33 > 0.32$ の関係から $0.485 < 0.663 < 0.852$ の関係に変化したために，このパラドックスが発生した．

次の例は，わが国で用いられる1票の価値の格差に関するものである．一般には，1票の価値の格差を小さくすると，良い配分に繋がると考えられているが，このときアラバマパラドックスが発生するという例である．ただし，区割りは理想的に行われると仮定する．実のところ，現在のアメリカでは，州内での区割りは可能な限り等しい人口になるように行われている．州の数を $s = 4$ とし，議席総数を $h = 51$ とする．4州の人口を順に $p_1 = 1522$, $p_2 = 1540$, $p_3 = 1735$, $p_4 = 28759$ とする．このとき，1票の価値の格差を最小にする，すなわち，選挙区のサイズの最大値と最小値の比

$$\frac{\max_{i=1,2,3,4} p_i/a_i}{\min_{j=1,2,3,4} p_j/a_j}$$

を最小にする議席配分は $a_1 = 2$, $a_2 = 2$, $a_3 = 3$, $a_4 = 44$ となる．一方，議席総数を1増やした $h = 52$ に対しては，上式の格差を最小にする配分は $a_1 = 3$, $a_2 = 3$, $a_3 = 3$, $a_4 = 43$ となり，州4において，アラバマパラドックスが発生している．さらに，

$h = 52$ のときの州 4 の取り分は $q_4 = 44.57$ であるが，$a_4 = 43$ となっており，取り分制約も満たしていない．

3. 取り分方式

取り分が 44.57 であれば，その州には完全正比例値で 44.57 議席が与えられるので，44 議席は保証されていると考えるのは極めて自然である．また，運が良ければ 45 議席を受け取れそうである．43 議席では少なすぎ，46 議席では多すぎる．つまり，取り分制約は極めて自然な制約である．一方，アラバマパラドックスは人口比例配分という考え方には逆行する現象である．格差最小化の配分方式は取り分制約に違反し，アラバマパラドックスも許すわけで，人口比例配分の考え方に完全に反する配分方式と言わざるを得ない．その意味では，現在のわが国の 1 票の価値の格差による評価基準は，再考する必要がある．

最大剰余方式は取り分制約を満たすが，アラバマパラドックスを許している．それでは，アラバマパラドックスを許さず，全ての州で取り分制約を満たす配分方式は存在するのであろうか？ これに対する答えは既に知られており，そのような配分方式はいくらでも存在する．ここでは，アラバマパラドックスを許さず，全ての州で取り分制約を満たす配分方式を 1 つ紹介する．この配分方式は「取り分方式」と言われるもので，以下に，これを再帰的に定義する．

一時的に配分する議席の総数を $0 \leq \eta \leq h$ とする．議席総数が η のとき，この配分方式で配分した結果（配分ベクトル）を $(a_1(\eta), \ldots, a_s(\eta))$ と書く．議席総数が 1 増加したときも取り分制約の上限制約を満たす州の集合

$$\left\{ i \,\middle|\, a_i(\eta) < (\eta + 1) \times \frac{p_i}{\pi} \right\}$$

の中で，$p_i/(a_i + 1)$ を最大にする州を 1 つ選ぶ．その州を k とし

$$a_i(\eta + 1) = \begin{cases} a_i(\eta) + 1 & i = k \\ a_i(\eta) & i \neq k \end{cases}$$

とする．$\eta = h$ となったときの配分が求める配分結果である．明らかに，取り分制約の上限制約 $a_i(h) \leq \lceil q_i \rceil$ は満たすが，同時に，下限制約 $\lfloor q_i \rfloor \leq a_i(h)$ をも満たすことが証明できる．

この配分方式は，取り分制約を満たし，アラバマパラドックスを許さないという常識的な 2 つの基準を満たしている．しかしながら，この方式には欠点がある．人口パラドックスを許していることである．人口パラドックスとは，2 回の連続する国勢調査結果において，2 つの州の人口増加率（減少するときは負の増加率で表す）を比較したとき，相対的に人口増加率の大きい州から小さい州に議席が移動する奇妙な現象である．先の取り分方式を使った有名な人口パラドックスの例が [1] に示されている．この例では，対象とする州の数は 4 であり，議席総数は $h = 13$ で，各州の人口は $p_1 = 501$, $p_2 = 394$, $p_3 = 156$, $p_4 = 149$ である．取り分方式の配分結果は $a_1 = 6$, $a_2 = 5$, $a_3 = 1$, $a_4 = 1$ となる．州 2 だけの人口が $p_2 = 400$ に増加し，他の 3 州の人口は変化しないと，配分結果は $a_1 = 6$, $a_2 = 4$, $a_3 = 2$, $a_4 = 1$ と変化する．唯一人口が増加した州 2 が，人口変化のない州 3 に議席を 1 つ譲っている．このことから，取り分方式は人口比例の原則に違反している．これと同様に，アラバマパラドックスを避け，取り分制約を満たす配分方式は全て人口パラドックスを許すことが証明されている．さらに，人口パラドックスを避ける配分方式は，アラバマパラドックスを避けることも示されている．結論として，次のことがらが成り立つ：人口パラドックスを避けるどの配分方式も取り分制約を満たさない．取り分制約を満たす配分方式は，全て人口パラドックスを許す．例えば，最大剰余方式は取り分制約を満たすが，この方式を使えば，[不平等指数] (p.218) に与えられている数値例のように人口パラドックスを引き起こす．

議席総数はあまり変化しないが，人口は絶えず変化する．このことを考えれば，アラバマパラドックスより人口パラドックスを避けることのほうが，より重要と考えられる．人口パラドックスを許さないのであれば，取り分制約を常に満たすことは不可能である．このことは，取り分が 44.57 であっても，44 議席は保証されないことを意味している．これがわれわれの常識に反すると考えるかどうかの判断は難しいが，とにかく，人口パラドックスを避けるか取り分制約を満たすかは，二者択一である．

［一森哲男］

参 考 文 献

[1] M.L. Balinski, H.P. Young, *Fair Representation: Meeting the Ideal of One Man, One Vote*, 2nd ed., Brookings Institution Press, 2001.

議席数配分方式

apportionment method

1. はじめに

各選挙区の人口に応じて，できるだけ "公平に" 議席数を配分する方法を決定するのが，議席配分問題 (apportionment problem) である．N 個の選挙区からなる選挙区の集合 S，そしてそれぞれの選挙区 $i \in S = \{1, 2, \ldots, N\}$ の人口 p_i と全ての選挙区に与えられる総議席数 K が与えられたとき，一般的な議席配分問題は次のようになる．

問題 条件 $\sum_{i \in S} d_i = K (d_i > 0)$，整数 $i \in S = \{1, 2, \ldots, N\}$ のもとで，それぞれの選挙区 $i \in S$ の議席数 d_i を議席割当数 q_i に "できるだけ近くなるように" 定めよ．

ここで選挙区 $i \in S = \{1, 2, \ldots, N\}$ の議席割当数 q_i は，それぞれの選挙区が総議席数を人口比で按分した場合の取り分として持つ議席数であって，全ての選挙区の人口の総和を $P = \sum_{i \in S} p_i$ とするとき，以下のように表される．

$$議席割当数： q_i = \frac{p_i K}{P}$$

ここで問題となるのは，"議席数 d_i を議席割当数 q_i にできるだけ近くなるように" という部分をどのように定義すればよいかである．議席配分問題がこれまで 200 年余もの間，多くの人々によって研究されたにも関わらず未解決であるのは，1 つには "できるだけ近くなるように" の定義の仕方によって異なる議席配分方式が得られるからである．

2. 議席配分方式の分類

議席配分方式は大きく 2 つに分類することができる．1 つは剰余数に基づくもの，もう 1 つは除数に基づくものである．前者は最大剰余数法 (LF 法; 最初の提案者の名前にちなんでハミルトン法とも呼ばれる) が主である．剰余数に基づく最大剰余数法は，1791 年にアレキサンダー・ハミルトンによって提起され，1851 年から 1900 年まで米国議会で採用された議席配分方式である．

2.1 最大剰余数法の配分手順

1. 各選挙区 $i \in S$ に $\lfloor q_i \rfloor$ (q_i を超えない最大整数) の議席数を割り当てる．
2. $q_i - \lfloor q_i \rfloor$ ($i \in S$) を大きい順に並べ，上から $K - \sum_{i \in S} \lfloor q_i \rfloor$ か所の選挙区に 1 つずつ総議席数が K になるまで議席数を追加する．

除数法は 1 議席がどれだけの人口を "代表" すべきかという量 (これを除数と呼ぶ) に基づいて各選挙区の議席数を決定する方式の総称である．除数に基づく議席配分方式に関しては，代表的なものとして，最大除数法 (GD 法)，過半小数法 (MF 法)，等比率法 (EP 法)，調和平均法 (HM 法)，最小除数法 (SD 法) の 5 つを挙げることができる．

除数法の中で最もよく用いられている GD 法は，1792 年に米国のトーマス・ジェファーソンによって採用されたことから，ジェファーソン法とも呼ばれている．また，ヨーロッパでは，その最初の提案者とされている 19 世紀のベルギーの数学者の名前をとって，ドント法と呼ばれている．GD 法に次いでよく用いられている過半小数法は，1832 年にダニエル・ウェブスターによって最初に提案されたことから，米国ではウェブスター法と呼ばれている．またヨーロッパではサン-ラグ法と呼ばれ，特にデンマーク，ノルウェーでは現在でも実際に用いられている．

議席配分方法としての除数法の手順は，一般に以下のような形に表すことができる．まず，除数関数 $\nu(d)$ は全ての整数値 $d \geqq 0$ に対して $d \leqq \nu(d) \leqq d + 1$ となる単調増加関数とする．ここで，除数 λ に対して各選挙区の人口 p_i を用いて整数値 d_i に丸める操作を以下のように定める．

$$\left[\frac{p_i}{\lambda}\right]_r = d_i, \quad i \in S$$

ここで d_i は以下の関係を満たすものとする．

$$\nu(d_i - 1) < \frac{p_i}{\lambda} \leqq \nu(d_i), \quad i \in S$$

各選挙区の人口 p を除数関数 $\nu(d)$ で除して得られる階数関数 $r(p, d)$ を次のように定める．

$$r(p, d) = \frac{p}{\nu(d)}$$

このとき，次の関係が成り立つことがわかる．

$$\max_{d_i \geqq 0} r(p_i, d_i) \geqq \min_{d_j > 0} r(p_j, d_j - 1)$$

総議席数が K のとき，人口 p_i の選挙区 $i \in S = \{1, 2, \ldots, N\}$ の配分議席数を $d(k, i)$ と表すと，われわれの求める $d(K, i)$ ($i \in S$) を決定する一般的な手順は，以下のように書くことができる．

2.2 除数法の計算手順

1. $d(k, i) = 0$, $k = 0, 1, 2, \ldots, K$, $i \in S$.
2. $r(p_t, d_t) = \max_{i \in S} r(p_i, d_i)$ とする．
$$d(k+1, t) = d(k, t) + 1$$
$$d(k+1, i) = d(k, i) \quad (i \neq t, i \in S)$$
3. $k \to k + 1$. $k = K$ ならば終了し，そうでなければ手順 2 へ行く．

最も代表的な除数法を，除数関数，階数関数とともに表 1 に示す．なお，表 1 のパラメトリック除数法

(PD 法) は [3] によって提起された方法であるが，t は $0 \leqq t \leqq 1$ を満たすパラメータである．パラメータ値が $t = 0, 0.5, 1$ のとき，それぞれ SD 法，MF 法，GD 法に対応する．

表 1 除数法の除数関数と階数関数

除数法	除数関数 $\nu(d)$	階数関数 $r(p,d)$
GD 法	$d+1$	$p/(d+1)$
MF 法	$d+0.5$	$p/(d+0.5)$
EP 法	$\sqrt{d(d+1)}$	$p/\sqrt{d(d+1)}$
HM 法	$d(d+1)/(d+0.5)$	$p/(d(d+1)/(d+0.5))$
SD 法	d	p/d
PD 法	$d+t$	$p/(d+t)$

3. 議席配分方式と大域的最適化

議席配分方式が実際の選挙制度方式として受け入れられるためには，それがいかなる意味で"公平性"あるいは"平等性"を満たすものなのか，すなわち，それぞれの議席配分方式がどのような大域的最適化問題の最適解となっているかを明確にする必要がある．

まず，LF 法による議席の配分は，以下の 2 つの大域的最適化問題に対する最適解を与える．

$$\min_{\{d_i\}} \sum_{i \in S} |d_i - q_i|, \quad \min_{\{d_i\}} \sum_{i \in S} (d_i - q_i)^2$$

除数法の大域的最適化に関しては，それぞれ以下のような目的関数の場合の最適配分解を与える．

GD 法：$\min_d \max_i d_i/p_i$
MF 法：$\min_{i \in S} \sum |d_i/p_i - K/P|$,
　　　　$\min \sum_{i \in S} p_i(d_i/p_i - K/P)^2$
EP 法：$\min \sum_{i \in S} d_i(p_i/d_i - P/K)^2$
HM 法：$\min \sum_{i \in S} |p_i/d_i - PK|$
SD 法：$\min_d \max_i p_i/d_i$
PD 法：$\min \sum_{i \in S} |p_i((d_i+t)/p_i - K/P)^2$

4. 議席配分方式と局所的不平等性基準

2 つの選挙区 i と j の間の不平等性基準を一般に $E(p_i, d_i; p_j, d_j)$ と表す．"選挙区 i が j より有利である"ということを，選挙区 i の人口 1 人当たり議席数が選挙区 j の人口 1 人当たり議席数より小さくないとすると，$d_i/p_i \geqq d_j/p_j$ のように表すことができる．選挙区 i が j より有利な場合に，選挙区 i の議席を 1 だけ減らして選挙区 j の議席を 1 だけ増やせば不平等性基準 $E(p_i, d_i; p_j, d_j)$ が減少するとき，このような"移転"を実行するのがハンティントンの規則である．任意の 2 つの選挙区に対してハンティントン規則を適用し，これ以上議席数の移転を行うことが有効とはなり得なくなるまで反復計算を実行する．除数法に対する不平等性基準 $E(p_i, d_i; p_j, d_j)$ は表 2 のように与えられる．

表 2 除数法に対する不平等性基準

除数法	$E(p_i, d_i; p_j, d_j)$	除数法	$E(p_i, d_i; p_j, d_j)$
GD 法	$d_i p_j/p_i - d_j$	HM 法	$p_i/d_i - p_j/d_j$
MF 法	$d_i/p_i - d_j/p_j$	SD 法	$d_i - p_j d_j/p_i$
EP 法	$\dfrac{d_i/p_i - d_j/p_j}{\min\{d_i/p_i, d_j/p_j\}}$	PD 法	$d_i + t - (d_j+t)\dfrac{p_i}{p_j}$

5. 議席配分方式に関する諸問題

議席配分方式が満たすべき性質として，いくつかのものが知られている．まず，人口分布が不変として，総議席数が増えた場合，どの選挙区も議席数を減らすことはあってはならないという性質は総議席数特性と呼ばれる．この特性は全ての除数法が満たすが，LF 法がこれを満たさないことがわかった．1880 年の米国国勢調査後に，総議席数が増えたにも関わらず，アラバマ州の配分議席数が減少したことで，アラバマパラドックスと呼ばれている．

議席配分方式は，何らかの大域的最適化基準を満たすという点では十分に妥当性を有するが，これらの議席配分方式は全て異なる議席配分を与えることがある．議席配分方式がどのような最適化基準を満たすべきかという問題は，現在のところ未解決である．議席配分方式は大きな選挙区にも小さな選挙区にも有利あるいは不利であってはならないという不偏性の議論もある ([4] などを参照)．不偏性の議論に関しても，どの議席配分方式が最も不偏的であるかという問題は未解決である．　　　[大山達雄]

参 考 文 献

[1] M.L. Balinski, H.P. Young, *Fair Representation : Meeting the Ideal of One Man, One Vote*, Yale University Press, 1982.

[2] W.F. Lucas, The apportionment problem, In W.F. Lucas (ed.), *Modules in Applied Mathematics, Vol.2*, Chap.14, pp.358–396, Springer-Verlag, 1983.

[3] T. Oyama, On a parametric divisor method for the apportionment problem, *Journal of Operations Research Society of Japan*, Vol.34, No.2 (1991), 187–221.

[4] T. Oyama, T. Ichimori, On the unbiasedness of the parametric divisor method for the apportionment problem, *Journal of the Operations Research Society of Japan*, **38**(3) (1995), 301–321.

不平等指数
inequality index

1. 伝統的指数

マスコミなどでは，1票の不平等は議員1人当たりの人口（時に有権者数で代用されることもある）の較差をもって表されることが多いが，両端値のみを使ったこの値が1票の不平等の全体像を表すのに不適切であることは明らかであろう．

政治学では，第 j 選挙区の人口を N_j，代議員数を n_j，総人口を N，総代議員数を n，総選挙区数を k としたときに，以下のような指数が知られている（ちなみに，j 党の獲得票数を N_j，獲得議席数を n_j，総投票数を N，政党数を k としても使われる）．

レイ（Rae）指数
$$\frac{1}{k}\sum_{j=1}^{k}\left|\frac{N_j}{N}-\frac{n_j}{n}\right|$$

ルースモア–ハンビィ（Loosemore–Hanby）指数
$$\frac{1}{2}\sum_{j=1}^{k}\left|\frac{N_j}{N}-\frac{n_j}{n}\right|$$

ギャラハー（Gallagher）指数
$$\sqrt{\frac{1}{2}\sum_{j=1}^{k}\left(\frac{N_j}{N}-\frac{n_j}{n}\right)^2}$$

最大偏差（maximum deviation）
$$\max_{j}\left|\frac{N_j}{N}-\frac{n_j}{n}\right|$$

ただし，これらの伝統的指数の最適化がもたらす議員定数の整数解は，最大剰余方式（largest remainder method）によって得られる配分数であり，人口パラドックス（population paradox）をもたらすことが知られている．また，最近提案されたコサイン尺度（cosine measure）

$$\frac{\sum_{j=1}^{k}N_j n_j}{\sqrt{\sum_{j=1}^{k}N_j^2}\sqrt{\sum_{j=1}^{k}n_j^2}}$$

や，所得分配の平等性を測る指数として伝統的に使われているジニ係数（Gini coefficient）と同等の

$$\frac{1}{2}\sum_{s=1}^{k}\sum_{t=1}^{k}\frac{N_s}{N}\frac{N_t}{N}\left|\frac{n_s/n}{N_s/N}-\frac{n_t/n}{N_t/N}\right|$$

といった相対平均格差による指数を組み上げたところで，人口パラドックスから逃れることはできない．これらの指数は全て，A 州の人口を3300，B 州の人口を1800，C 州の人口を510，D 州の人口を390としたとき，総定数23に対する整数値最適解として13, 7, 2, 1 を導き，人口3750, 1805, 610, 385 に対して，整数値最適解13, 6, 2, 2 を導く．人口が増えた B 州の定数減と人口が減った D 州の定数増を主張することとなり，不平等を示す指数としての的確性が疑われることになるのである．

2. 不平等指数の導出

個人 i の所得を y_i として，相対的リスク回避度（ϵ）一定（constant relative risk aversion）の効用関数（等弾力的効用関数; isoelastic utility function）の，功利主義的な加法和で社会的厚生を表すものとすると，ϵ でパラメータ化された（コルム–）アトキンソン型の社会的厚生関数（(Kolm–) Atkinson social welfare function）

$$\sum_{i=1}^{N}\frac{1}{(1-\epsilon)}\left(y_i^{(1-\epsilon)}-1\right)$$

を得る．この関数は，$\epsilon \to \infty$ とするとロールズ型（Rawlsian）社会的厚生関数 $\min_i y_i$ が得られ，$\epsilon \to 1$ とするとナッシュ型（Nash）社会的厚生関数 $\prod_{i=1}^{N} y_i$ が，$\epsilon = 0$ とするとベンサム型（Benthamian）社会的厚生関数 $\sum_{i=1}^{N} y_i$ が得られることもあり，経済学の教科書で見かけることも多い．$\epsilon > 0$（リスク回避的）の範囲において（コルム–）アトキンソン指数として変形して使われることもある．

各自の所得 y_i を平均所得 $\bar{y}$ で割り，関数全体を総人口 N で割ると，所得の不平等性の指数として適当なものとなる．$-1/\epsilon$ を掛け，$\alpha \equiv 1-\epsilon$ と置き直すと，最も平等な場合を0とする一般化されたエントロピー指数（generalized entropy index）

$$\frac{1}{\alpha(\alpha-1)}\left(\sum_{i=1}^{N}\frac{1}{N}\left(\left(\frac{y_i}{\bar{y}}\right)^{\alpha}-1\right)\right)$$

に対応することになる．すなわち，ナッシュ型社会的厚生関数（$\epsilon \to 1$（$\alpha \to 0$））を判断基準にすると，所得の平均対数偏差（mean log deviation）

$$\frac{1}{N}\sum_{i=1}^{N}\log\left(\frac{\bar{y}}{y_i}\right)$$

が，また，ベンサム型社会的厚生関数（$\epsilon \to 0$（$\alpha \to 1$））を判断基準にすると，所得のタイル指数（Theil index）

$$\frac{1}{Y}\sum_{i=1}^{N}y_i\log\left(\frac{y_i}{\bar{y}}\right)$$

が，所得の不平等指数として採用されることになる．（Y は総所得）．

リスク回避度を表すパラメータ ϵ により判断基準となる社会的厚生関数の形状が変わり，それに伴い

所得の不平等を表す指数も変わるが，公理化されたナッシュ交渉解と同一の形状を持ち，また心理学におけるヴェーバー–フェヒナー (Weber–Fechner) 法則からも導きうるナッシュ型社会的厚生関数 ($\epsilon \to 1$ ($\alpha \to 0$)) に支えられた平均対数偏差は，魅力的である．したがって，第 j 選挙区の代議員 n_j を第 j 選挙区の人口 N_j で等しく分かち合うと考えれば，以下のような政治的不平等指数を作ることができる．

$$W^0 = \frac{1}{N} \sum_{j=1}^{k} N_j \log\left(\frac{n/N}{n_j/N_j}\right)$$

3. 分離可能性

選挙区画定は，州や県などに定数を配分した後，区割りを行うことが多いので，1 票の不平等がどの段階で生じたのかを明確に分離することができる一般化されたエントロピー指数を使用することが望ましい．

平均対数偏差を例にとると，人口 N_J の第 J 県に n_J の定数を配分し，k_J 個の定数 n_{Jj} の選挙区（それぞれの人口は N_{Jj}）を作った場合，全ての県の数を K とすると，政治的不平等指数は以下のようになる．

$$\begin{aligned}
W^0 &= \frac{1}{N} \sum_{J=1}^{K} \sum_{j=1}^{k_J} N_{Jj} \log\left(\frac{n/N}{n_{Jj}/N_{Jj}}\right) \\
&= \frac{1}{N} \sum_{J=1}^{K} N_J \log\left(\frac{n/N}{n_J/N_J}\right) \\
&\quad + \sum_{J=1}^{K} \frac{N_J}{N} \frac{1}{N_J} \sum_{j=1}^{k_J} N_{Jj} \log\left(\frac{n_J/N_J}{n_{Jj}/N_{Jj}}\right) \\
&= W^0{}_A + \sum_{J=1}^{K} S_J W^0{}_{D_J}
\end{aligned}$$

すなわち，1 票の不平等を示す指数 W^0 が，配分による県の間の不平等 ($W^0{}_A$) と区割りにおける各県内の不平等 ($W^0{}_{D_J}$) の人口比重 (S_J) 和に分解されるわけである．

4. 整数値最適解をもたらす配分方法

州や県への定数配分に着目し，アトキンソン型の社会厚生関数を最大化させる，すなわち一般化されたエントロピー指数を最小化させる整数解は，適当な共通除数のもと，人口の商の上下の整数値（$(m-1)$ と m）のストラスキー平均 (Stolarsky mean)

$$\left(\frac{m^\alpha - (m-1)^\alpha}{\alpha(m-(m-1))}\right)^{\frac{1}{\alpha-1}}$$

を閾値 (threshold) として商の切り上げ・切り捨てを行い定数配分を決める，除数方式 (divisor method) の配分となる．除数方式による配分は，人口パラドックスを起こさないことが知られており，この点からもアトキンソン型の社会的厚生関数に基づく政治的不平等指数の採用は望ましい．

具体的には $\epsilon \to \infty$（ロールズ型; $\alpha \to -\infty$）のケースは切り上げで行う除数方式，すなわち $1+$ ドント ($1+$ d'Hondt) 方式（アダムズ (Adams) 方式）による配分をもたらす．$\epsilon = 2$ ($\alpha = -1$，すなわち代議員 1 人当たりの人口の変動係数の 2 乗の $1/2$) のケースは，幾何平均 $\sqrt{(m-1)m}$ を閾値にした配分方法，すなわちアメリカ下院方式（ヒル (Hill) 方式）をもたらす．

$\epsilon \to 1$（ナッシュ型; $\alpha \to 0$，すなわち平均対数偏差）のケースは，対数平均 (logarithmic mean)

$$\frac{m-(m-1)}{\log m - \log(m-1)}$$

を閾値にした配分をもたらし，$\epsilon \to 0$（ベンサム型; $\alpha \to 1$，すなわちタイル指数）のケースは identric mean

$$\frac{1}{e}\left(\frac{m^m}{(m-1)^{(m-1)}}\right)^{\frac{1}{m-(m-1)}}$$

を閾値にした配分方法をもたらす．

$\alpha = 2$（すなわち人口 1 人当たりの代議員数の変動係数の 2 乗の $1/2$）は，算術平均 $\frac{(m-1)+m}{2}$ が閾値，すなわち四捨五入であり，サン–ラグ (Saint-Lague) 方式（ウェブスター (Webster) 方式）をもたらし，$\alpha \to \infty$ は切り捨て方式，すなわちドント (d'Hondt) 方式（ジェファーソン (Jefferson) 方式）をもたらす．

［和田淳一郎］

参 考 文 献

[1] J. Wada, Evaluating the Unfairness of Representation with the Nash Social Welfare Function, *Journal of Theoretical Politics*, **22**(4) (2010), 445–467.

[2] 和田淳一郎, ナッシュ積（ナッシュ社会的厚生関数）に基づいた一票の不平等の研究, 選挙研究, **26**(2) (2010), 131–138.

[3] J. Wada, A Divisor Apportionment Method Based on the Kolm–Atkinson Social Welfare Function and Generalized Entropy, *Mathematical Social Sciences*, **63**(3) (2012), 243–247.

自然実験
natural experiment

1. 原理

自然実験とは,「分析者が処置変数を割り当ててはいないが, 処置変数の外生性と事前変数バランスが合理的に想定できる場合に, 処置変数の結果変数に対する因果的効果を推定する研究設計」である. 例えば, 処置変数を投票日の降雨の有無とし, 結果変数を投票率として, 雨が降った選挙区のほうが投票率が低いという関係が見られれば, 雨で測定された投票コストは投票を減らす因果的効果がある, と考えられる. このように, 理論(ここでは投票コストが上がると投票の効用が下がり投票しなくなるという合理的選択理論)を実証したり, 政策の効果を評価したりするために, 因果的推論がなされる.

通常の実験では, 分析者による被験者に対する処置変数 X (treatment variable; 原因となる変数, 例えば投票を促す電話の有無)の無作為割り当て(random assignment)のあとで, 結果変数 Y (outcome variable; 例えば投票の有無)が測定される. そのため, 第一に, 処置変数の結果変数に対する外生性(exogeneity)が保証される. すなわち, 処置変数が原因, 結果変数が結果であって, 因果関係はその逆方向には流れない. 第二に, 事前変数 Z (pretreatment variable; 処置変数の割り当てより因果的・時間的に先行する変数)がバランスする. すなわち, 事前変数の分布(ひいては平均値などの統計量)が, 処置群(処置を割り当てられた被験者の集合)と制御群(それ以外の被験者の集合)との間でほぼ等しくなる. 以上の2条件から, 両群間における結果変数の違いは, 処置変数の違いのみに帰せられる. そのため, 処置群と制御群の平均値の差から, 処置変数の因果的効果をバイアスなく推定できる(これを特に平均処置効果 (average treatment effect) と呼ぶ).

分析者にとって所与のデータを扱う観察研究(observational study)では, 多くの場合, 上記の2条件は満たされない. 1つは, 結果変数が処置変数に影響するという逆向きの因果関係があると, 処置変数は外生的ではなく内生的となるので, 推定された因果的効果に内生性バイアス (endogeneity bias)(あるいは同時性バイアス (simultaneity bias))が生じる. 例えば, 投票に行きそうもない人に投票を促す電話をかけると因果的効果は本来の値より低めに推定されるように, 結果変数(の予想)に応じて処置変数を決めるといった戦略的行動 (strategic behavior) がとられて, (自己)選別 (self-sorting; self-selection) が働く場合などが該当する. もう1つは, 事前変数バランスが成り立たず, 交絡変数 (confounding variable; 処置変数を経由しないで直接結果変数に影響し, かつ処置変数と相関する事前変数)が存在する場合, 因果的効果の推定に省略変数バイアス (omitted variable bias) が生じる. 例えば, 高齢者は自宅によくいるので投票を促す電話も受け取りやすいが, 実はそれとは無関係に, 時間的余裕や強い義務感からそもそも投票しやすいとすれば, 因果的効果は本来の値より高めに推定されてしまう. 通常は交絡変数(先の例では年齢)を制御することで対処されるが, 2乗項や交差項を入れるかなどのモデル特定化 (model specification) で誤りを犯す可能性があるし, 全ての交絡変数を測定することは(観察できないものもあるため)ほぼ不可能である.

しかし逆に言えば, 観察研究であっても, 外生性と事前変数バランスが満たされれば, 因果的推論は可能である. それが自然実験である. 冒頭の例に戻ると, 投票率に応じて降雨の有無が決まることはあり得ない. また, 雨が降った所のほうがそうでない所よりも多い(あるいは少ない)という事前変数は, 雨の原因となるものを除き, 投票率に影響するものに限れば, 到底思い付かない. 自然実験は, このように外生性と事前変数バランスが満たされていると想定するので(観察研究なのに)「実験」と呼ばれ, 処置変数を分析者が割り当てるわけではないので(ただの実験ではなく)「自然」という修飾語が付く.

2. 実例

ここでは, 政治学における先行研究を紹介する.

2.1 無作為型

この種類の自然実験は, くじなどにより処置変数を無作為に割り当てているが, それは分析者以外の者が当該研究とは別の目的で行ったものであり, それを分析者があとから借用する.

例えば, インドの地方議会では, 3分の1の小選挙区が毎回くじによって女性議員専用枠に指定される (X). すると, 処置群のほうが制御群より, 次の選挙で女性枠を割り当てられなかった場合でも女性議員をより選び出す (Y) 傾向にあった.

このほか, 政治においてくじで決められるもの (X) として, 徴兵される誕生日の順番, 初当選議員の先任順位, 候補者を一覧に並べる順番, 国際選挙監視団が派遣される投票所などが取り上げられている.

2.2 擬似無作為型

これは, (厳密には違うが)あたかも処置変数を無作為に割り当てているかのように, 処置変数が外生

的で，事前変数バランスも相当程度満たされている，という自然実験である．

典型的な処置変数は自然現象である．人間の政治活動（Y）が原因で自然現象（X）が左右されることは（短期的には）ないので，外生性は保証される．また自然現象を起こす要因（Z）が，直接人間の政治活動にも影響することがなければ，事前変数はバランスする．冒頭の，雨が降る（X）と投票率が減る（Y）という自然実験はこの例である．また，人間の生死を処置変数にした研究もある．

処置変数は人為的でもよい．良い例が自治体によって異なる選挙の実施時期（X）である．日本の場合，4年に1回統一地方選挙が行われる市町村（処置群）とそうでない市町村（制御群）がある．1947年には全市町村で統一地方選挙が行われたが，その後1950年代の大合併や，総辞職，解散，死去などの理由で，統一地方選挙から外れる市町村が相次いだ．これらの要因（Z）が今日の政治活動（Y）に影響することは考えられないので，事前変数バランスは成り立つし，外生性も満たされる．制御群より処置群の人のほうが（候補者が票を増やすために依頼するので）選挙前の住民票の転入（Y）が多い．他の例として，メキシコや米国の地方選挙や半数改選の議会がある．

2.3　非無作為型

処置変数を無作為に割り当ててはいないが，処置変数が外生的で，多くの事前変数が自然実験のデザインによって制御されているか，もしくは交絡変数が観察されて回帰分析などのモデルによって制御されているものも，自然実験と呼ばれることがある．仮に交絡変数が制御できなくても，省略変数バイアスにより過小評価された因果的効果の推定値すら有意に正（負）であれば，真の因果的効果は正（負）であると言える．特に識別が困難な因果的効果を推定できる調査設計は有意義である．

見本となるのが，メディアの流通圏が異なる人々の政治態度の比較である．例えば旧東ドイツの中で旧西ドイツのテレビ電波が届く地域であるか否か（X）は，旧西ドイツに近いか否かによるから外生的である．そして，旧西ドイツのテレビ番組を視聴できる人のほうが，共産主義体制に対する不満（Y）が（ガス抜きにより）低い．このほかに，スイスや米国でも類似した設定が見出せる．

ある地域が今日の政治状況とは無関係に分割された状態というのもよく使われる．例えば，マラウィとザンビアはともに旧英国植民地の一部として隣接する地域であったが，行政的・恣意的に国境線が引かれた（X）．前者のほうが後者より，チェワ族とトゥンブカ族が国民に占める比率が大きく，政治的に部族を動員する有用性が高いので，両部族間の対立（Y）が強い．このほか，選挙区の区割り変更で，選挙区が変わった有権者とそうでない有権者（X）を比べる自然実験もある．ただし，特定の候補者に有利な区割りだと，外生性や事前変数バランスは満たされない．

予想外の事件が介入する前後を比較する方法もある．事件前に戦略的行動はとれないはずだから，事件の前か後か（X）は外生的である．また，対象を狭い範囲に限ることで，事前変数バランスを良くする．例えば，スペインで2004年3月14日に実施された総選挙の3日前に，テロが起こった．テロの前に投票を済ませていた在外投票者（制御群）と比べて，投票日に投票した人（処置群）は（テロの影響で）与党への投票（Y）が少なかった．

3．注　意　点

以上のうち，擬似無作為型と非無作為型の違いは相対的である．また，非無作為型の自然実験と，比較政治学でよく行われてきた「最も似ている国同士の比較」との境界も曖昧である．さらには，処置変数が多様な値をとることだけをもって自然実験と言われることもあるが，そこまでいくと何でも自然実験になってしまって意味がない．また，新しい政策を試験的に時期・場所限定で実施する社会実験とも異なる．

通常の実験と比べると，自然実験の長所は，実際に現実社会で既に起きた現象を後から分析するので，実験室実験のような不自然さがなく，（情報収集以外に）実験を行う費用がかからず，倫理的問題も（新たに起こすことは）ない，ということである．短所は，特に非無作為型の場合に，外生性と事前変数バランスの想定が必ずしも妥当ではないことである．

観察された事前変数は，平均値の検定などにより分布のバランスを確認する必要がある．バランスしていない場合は制御する．観察されない事前変数のバランスや外生性は，データから確かめられないので，そうした想定の妥当性を説明するしかない．そのためには，処置変数，結果変数，事前変数が実態としてどのように決まるか（データ発生過程）に関する政治学的理論と，それらが外生性と事前変数バランスを満たすことを検討する統計学的思考が必要だが，それは科学であるとともに芸術でもある．

［福元健太郎］

数理的技法による情報セキュリティ

数理的技法による情報セキュリティの検証	224
ゲーム変換による安全性証明	226
汎用的結合可能な安全性	228
Hoare 論理	230
プロセス計算	232
I/O オートマトン	234
記号的アプローチの計算論的健全性	236
論理的検証法	238

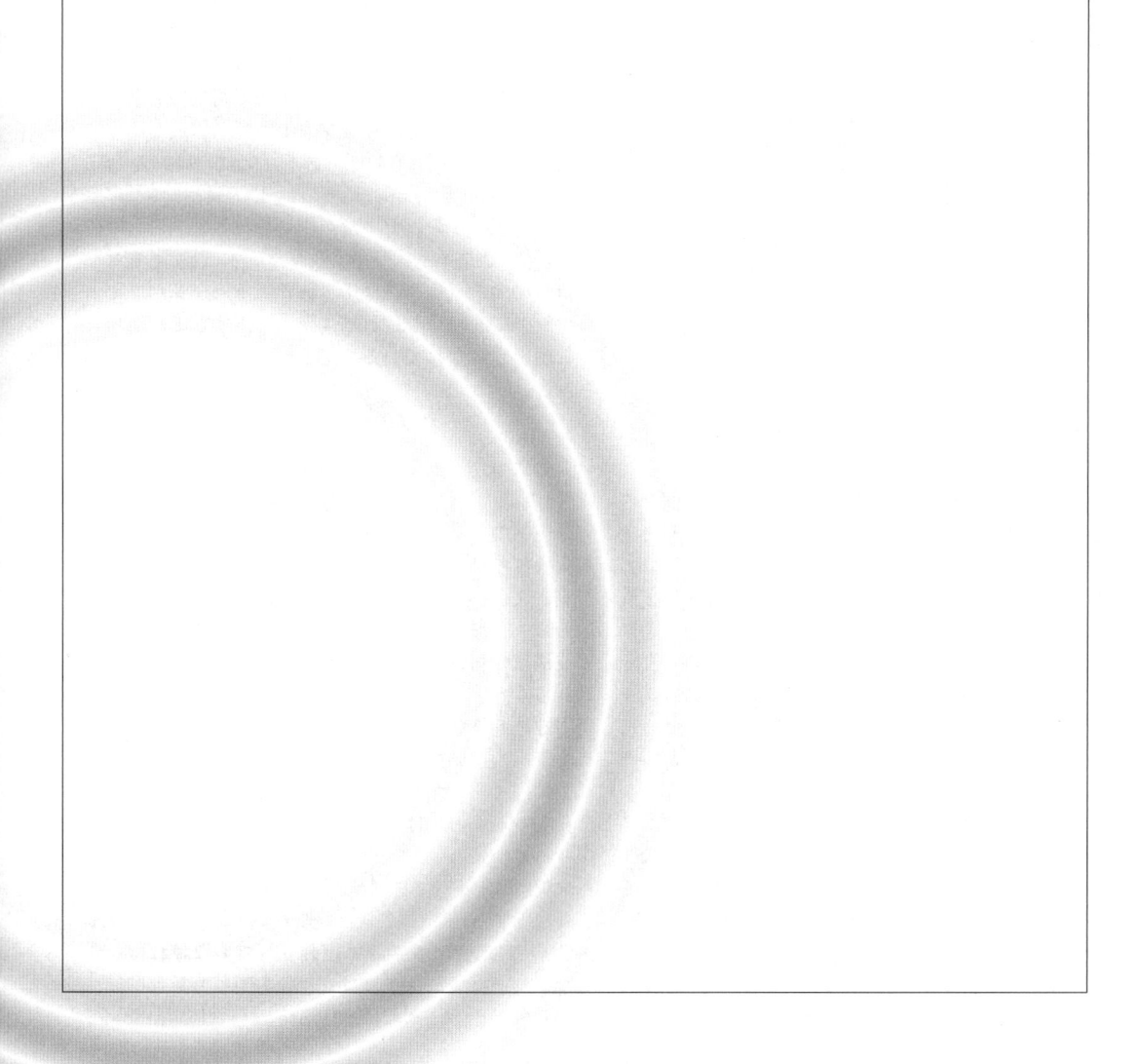

数理的技法による情報セキュリティの検証
formal approach to information security

数理的技法（formal method；形式手法とも訳される）とは，厳密な数理的モデルに基づいて情報システムの正当性を保証する技術の総称である．また，情報セキュリティ（information security）とは，情報システムとそのユーザーを故意の攻撃を含む各種の出来事（incident）から守ることをいう．したがって，本章では，数理的技法を用いて，情報セキュリティを保証する各種の手法について解説している．本項目では，本章の意義と全体構成について述べる．

1. 情報セキュリティ

JISQ27002 および ISO/IEC27002 によれば，情報セキュリティとは，機密性（confidentiality），完全性（integrity），可用性（availability）の3種類の性質を情報システムにおいて維持することと定義されている．機密性とは許されたもの（ユーザーやプログラム）だけが当該情報を読むことができること，完全性とは許されたもののみが当該情報を作成・更新できること，可用性とは許されたものが必要なときに確実に当該情報にアクセスできることを意味する．特に，数理的技法は機密性と完全性を保証するのに適しており，本章でも主として機密性と完全性を扱っている．可用性については，ネットワークの速度や負荷などのソフトウェア基盤の定量的な性質に依存するため，数理的技法を適用することは容易ではないが，DoS 攻撃（denial of service attack）などに対応するため，定量的な解析や評価を行う数理的技法も提案されている．

機密性および完全性を保証するためには，個々の情報に対するアクセスが，あらかじめ想定された条件を満たすことを確認しなければならない．通常，情報システム上の情報（データベースやファイル）にはアクセス制御（access control）が定義され，誰にどのようなアクセスを許すかが指定されている．そして，その情報にアクセスしようとするもの（ユーザーやプログラム）は，例えばAというユーザーにアクセスが許されているとして，自分がAというユーザーであることを認めてもらわなければならない．これを認証（authentication）という．

一般に認証のために暗号が用いられる．特に，公開鍵暗号（public-key cryptography）が用いられる．公開鍵暗号においては，各ユーザーは公開鍵（public key）と秘密鍵（secret key）の組を生成し，公開鍵をネットワーク上に公開しておく．秘密鍵は電子署名の署名鍵，公開鍵はその検証鍵として用いられる．例えば，Aというユーザーは，自分の秘密鍵による電子署名をデータベースのサーバに送り，データベースのサーバは電子署名をAの公開鍵を用いて検証し，送信者がAであることを認証する．

通信し合うもの（ユーザーやプログラム）同士で認証が行われたあとは，（一般に認証のために用いられたのとは別の）各種の暗号を用いてメッセージの送受信を行うことにより，機密性を保証する．

以上のように暗号を用いて一連のメッセージをやり取りする手順は，通信し合うもの同士であらかじめ定められていなければならない．このような手順のことをプロトコル（protocol）という．例えば，ウェブサーバとそのクライアントが暗号化された安全な通信を行う際には，SSL（secure socket layer）というプロトコルが用いられる．

機密性や完全性を保証するためには，暗号の安全性だけでは不十分である．プロトコルが各種の攻撃を避けるように注意深く設計されていなければならない．実際に，中間者攻撃などの簡単な攻撃を許してしまうようなプロトコルが設計され実用化された事例も数多い．そのようなプロトコルは，どのように高度な暗号を用いたとしても攻撃可能である．

一方，暗号の脆弱性とプロトコルの構造を巧みに組み合わせた攻撃も可能である．文献 [1] でも，SSL に対する million message attack が例として挙げられている．この攻撃では，用いられる公開鍵暗号の脆弱性（適応的選択暗号文攻撃を許すこと）とプロトコルの構造（サーバは送られたメッセージがフォーマットに適合しなければエラーを返すこと）が巧みに組み合わされている．

2. 数理的技法

先にも述べたように，数理的技法（形式手法とも呼ばれる）は，厳密な数理モデルに基づいて情報システムの正当性を保証する技術の総称であり，その対象は多岐にわたる．ハードウェアからソフトウェア，また，要求仕様や設計仕様から実行コード，さらに，管理運営のワークフローに至るまで，数理的技法は情報システムのあらゆる対象に対して適用される．

数理的技法を適用するには，対象を何らかの数理モデルを用いて形式化しなければならない．このために，オートマトン（automaton）やプロセス計算（process calculi）など，各種のモデル化手法が提唱されている．

実行コード（プログラム）をそのまま数理的技法の対象とするためには，プログラムの意味論（semantics）が厳密に数学的に定義されていなければならない．そうすれば，プログラムの実行も数理的技法の対象となる．例えば，Hoare 論理（Hoare logic）

では，命令的なプログラムに対して意味論が定義される．

数理的技法では，対象自身をモデル化するとともに，対象に関する性質も，厳密に数学的に定義する．すると，モデルが数学的に定義された性質を満たすか否かは数学的な言明となり，数学的な証明を与えることが可能となる．また，形式検証 (formal verification) の対象ともなる．ここで，形式検証には，コンピュータによる自動証明に加えて，何らかの形式言語で書かれた数学的証明（人間が書くこともある）を，コンピュータ上のプログラムが検査することも含まれる．

数理的技法において，対象に関する性質を厳密に数学的に定義する際に，1階述語論理をはじめとする数理論理 (mathematical logic) の枠組みが用いられることが多い．数理論理では論理式の意味が厳密に数学的に定義されるためである．もちろん，必ずしも数理論理を用いる必要はなく，暗号やプロトコルに特化した言語を用いることも可能である．

数理的技法を情報セキュリティに適用する試みは2種類ある．1つは記号的アプローチ (symbolic approach) と呼ばれる，数理的技法の分野では伝統的なアプローチで，暗号が絶対に破られないという仮定（Dolev–Yao モデルと呼ばれる）のもとでプロトコルの解析や検証を行う．プロトコルで送受信されるメッセージは，実際のビット列ではなく，記号的な式として扱われる．

もう1つは，計算論的アプローチ (computational approach) であり，本分野では主流となっている．このアプローチでは，暗号の脆弱性も考慮に入れたプロトコルの解析や検証が可能となる．また，暗号の解析や検証も可能である．このアプローチについては次節で詳しく述べる．

3. 計算論的な安全性

数理的技法を用いて情報セキュリティを保証するためには，他の種類の対象と同様に，まず，暗号やプロトコルの数理モデルを定義しなければならない．このためには，計算量と確率の2種類の概念を同時にモデル化することが肝要である．なぜなら，例えば公開鍵暗号やそれらを用いるプロトコルは，無限大の計算能力を持つ攻撃者には無力だからである．また，どのような無能な攻撃者にも，当てずっぽうの攻撃が成功する可能性はゼロではない．すなわち，暗号やプロトコルの安全性を保証するとは，攻撃者の計算量を仮定した上で，攻撃が成功する可能性（確率）が十分に小さいことを示すことにほかならない．

攻撃者の計算量を仮定するために，暗号理論の分野で一般に受け入れられている数理モデルは，確率的多項式時間チューリング機械 (probabilistic polynomial-time Turing machine) である．暗号鍵の長さはセキュリティパラメータ (security parameter) と呼ばれるが，このパラメータの多項式ステップで実行が終了するようなチューリング機械を用いて攻撃者をモデル化する．

また，「攻撃が成功する確率が十分に小さい」とは，セキュリティパラメータ n のどんな多項式 $p(n)$ に対しても，攻撃に成功する確率が $1/p(n)$ よりも小さいことと定義される．なお，このような解析は計算論的と呼ばれる．言うまでもなく，プロトコルで送受信されるメッセージは，ビット列そのものである．

以上のように，暗号の分野においても数理モデルが用いられ，暗号やプロトコルの安全性は厳密に数学的に定義されている．しかし，以上のようなモデルのもとで実際に安全性を証明するのは非常に煩雑であり，実際に，暗号やプロトコルが安全性証明とともに提案された後に，安全性証明に間違いが報告された事例は少なくない．

そこで，数理的技法を情報セキュリティに適用し，形式検証に適した数理モデルと証明方法を開発する努力が続けられている．本章の以下の項目では，このような努力について解説している．

最初の2つの項目では，暗号やプロトコルの安全性証明を見通しよく行うために，暗号分野で開発された証明手法（数理的技法の適用以前の試み）について解説している．

以後の項目（[Hoare 論理] (p.230)，[プロセス計算] (p.232)，[I/O オートマトン] (p.234)）では，以上の証明手法に対して数理的技法を適用する試みが紹介されている．これらは，計算論的アプローチの主流と言えるだろう．

[記号的アプローチの計算論的健全性] (p.236) は，記号的アプローチの結果から間接的に計算論的な結果を導こうとする試みについて解説する．

[論理的検証法] (p.238) では，プロトコルの検証に特化した数理論理が紹介されている．

［萩谷昌己］

参 考 文 献

[1] 萩谷昌己, 塚田恭章 編, 数理的技法による情報セキュリティ (シリーズ応用数理 第1巻), 共立出版, 2010.

ゲーム変換による安全性証明
security proof by game transformation

暗号システムの高度化・複雑化や攻撃技術の発展に伴い，その安全性証明も複雑化している．ゲーム変換による安全性証明は，複雑な確率事象の評価を必要とする安全性証明に有用である．ここでは，計算量的仮定への帰着による安全性証明の概要と，ゲーム列による安全性証明の基本技術を取り扱う．ゲーム列による安全性証明の具体例は，文献 [1],[2] などを参照されたい．

1. 安全性証明

暗号システムの安全性証明では，暗号システムが実行される状況をモデル化し，そのモデルに包含される全ての攻撃に対して，暗号システムの安全性を数理的に保証する．安全性証明を議論するためには，次の3点を明確に定義する必要がある．

- 暗号システム
- 設計者が達成したい安全性の目標
- 攻撃者に許される戦略

暗号システムの安全性は，目標と戦略の組合せごとに定義される．設計者が達成したい安全性の目標が高いほど（すなわち，攻撃者の破りたい安全性の目標が低いほど），攻撃者の戦略に制約が少ないほど，高い安全性の定義となる．暗号システムは，様々な状況下で用いられることを想定して，できる限り高い安全性を満たすことが望ましい．

典型的な安全性証明では，安全性の目標と攻撃者に許す戦略をもとに安全性モデルを構築し，このモデルのもとで，安全性を破る攻撃者が存在すると，困難と信じられている計算量的仮定を効率的に解くアルゴリズムが構成できることを示す．すなわち，計算量的仮定が成立するならば，攻撃者は存在しないことを証明している．この方法は，帰着による安全性証明と呼ばれ，現代暗号の安全性証明で頻繁に用いられる技法の1つである．暗号プロトコルの安全性証明は，攻撃者のアドバンテージ（悪意ある敵の攻撃成功確率とターゲット確率の差）の上限を評価することで行われる．攻撃が偶然に成功する確率をターゲット確率とし，攻撃者のアドバンテージの上限が無視できることを示せれば，その暗号システムには有効な攻撃法が存在しないことを保証できる．

一般的に，アドバンテージの評価には，依存し合った事象の確率評価が必要となるため，複雑になることが多い．そのため，誤りを含む安全性証明が発表され，あとになって指摘された例もある．

2. ゲームによる攻撃のモデル化

代表的な暗号システムの安全性モデルとして，"攻撃者と挑戦者によるゲーム" によるものがある．攻撃の状況を攻撃者と挑戦者によるゲームと見立て，挑戦者から出題される問題に攻撃者が解答するモデルで安全性を表現する．例えば，出題する問題により設計者の目標を表現し，問題を解くためのヒントを与えるオラクルを導入することで攻撃者の戦略を表現できる．

より厳密には，攻撃者と挑戦者は互いに通信する確率的多項式時間チューリング機械とし，安全性は攻撃者の出力が満たす条件式で表現される．安全性証明のためには，ゲーム中でイベント S が起こるとき，暗号システムの安全性が破られるように，ゲームをデザインする．安全性は，あらゆる "効率的な" 攻撃者に対して，イベント S が起こる確率が，ある "ターゲット確率" と "非常に近い" こと，すなわちアドバンテージが "無視できること" で表される．

標準的なモデルでは，セキュリティパラメータは整数とし，"効率的な" とはセキュリティパラメータの多項式で制限された時間を意味し，"非常に近い" とは差を表す関数が "無視できる" ことをいい，"無視できる" 関数を次のように定義することで，多項式時間アルゴリズムに対する安全性を議論する．

定義 1 $p(\cdot)$ は正多項式とする．以下の条件を満たすとき，関数 $\mu: \mathbb{N} \to \mathbb{R}$ は無視できるという．

$$\forall p(\cdot) \exists N \in \mathbb{N} \text{ such that } \forall n > N \quad \mu(n) < \frac{1}{p(n)}$$

すなわち，このようなモデルで暗号システムが安全であるとは，あらゆる多項式時間アルゴリズムをもってしても有効な攻撃が存在しないことを意味する．

3. ゲーム変換による安全性証明

ゲーム変換による安全性証明は，安全性証明中で攻撃者のアドバンテージの評価を平易にする方法の1つである．一般に，アドバンテージを直接評価しようとすると，複雑な議論が必要となる場合が多い．そこで，ゲーム変換による安全性証明では，挑戦者の処理を別の処理に置き換えるゲームの変形を行うことで新たなゲームを生成し，変形によって生じるゲーム間の攻撃成功確率の差を評価する．この評価を行うときは，変形による処理の違いに注目すればよい．このように，評価すべき事象を明確に絞り込むことで，事象の見落としを防止できる．

例えば，このような変形を，偶然でしか攻撃に成功し得ないモデルまで繰り返し，各ゲーム間の差を評価して，生じた差を足し合わせることで，攻撃者のアドバンテージが評価できる．また，上手に変形

を行うことで評価の対象を平易にできるため，評価の誤りを抑制したり，可読性の高い証明としたりすることが期待できる．

3.1 3つの変形

ゲーム間に生じる攻撃成功確率の差が無視できないほど大きければ，安全性を示すことはできない．一方，攻撃成功確率の差を評価できなければ安全性は示せない．よって，前述の証明を与えるゲーム列の構成法は，ゲームの変形によって生じる攻撃成功確率の差は無視でき，簡単に評価できることが望ましい．V. Shoup [1] は，経験則に基づき，そのようなゲームの変形を次の3つのタイプに分類した．

- 識別不可能性に基づく変形
- 失敗イベントに基づく変形
- 橋渡し変形

以下では，各変形の性質と評価方法を記す．

識別不可能性に基づく変形 ゲーム間の差を識別できる攻撃者が存在するならば，その攻撃者を利用して，(統計的または計算量的に) 識別不可能な2つの分布を識別する効率的な方法が構成できる変形である．

例えば，この変形は，識別不可能な分布 P_1 と P_2 について，攻撃者へのある入力を分布 P_1 で選ぶとゲーム i となり，その入力を分布 P_2 で選ぶとゲーム $i+1$ となるメタゲーム H を構成することで行う．

$|\Pr[S_i] - \Pr[S_{i+1}]|$ が無視できることを示すために，ゲーム H に対して，次のような効率的な識別アルゴリズム $\mathcal{D}$ が構成できることを示す．

- ゲーム H に付加入力を分布 P_1 で与えたとき，$\Pr[S_i]$ で1を出力．
- ゲーム H に付加入力を分布 P_2 で与えたとき，$\Pr[S_{i+1}]$ で1を出力．

もし，$|\Pr[S_i] - \Pr[S_{i+1}]|$ が無視できないならば，$\mathcal{D}$ はゲーム i とゲーム $i+1$ を識別する．ゲーム i とゲーム $i+1$ の違いは，ゲーム H への付加入力の分布 P_1, P_2 のみであるので，$\mathcal{D}$ は P_1 と P_2 を識別すると言える．これは，P_1 と P_2 は識別不可能という条件に矛盾する．よって，$|\Pr[S_i] - \Pr[S_{i+1}]|$ が無視できることが示せる．

最小限の確率事象に着目してゲームを変形するなど，変形を上手に行うことで，通常，上記のようなゲーム H の識別アルゴリズム $\mathcal{D}$ を容易に構成することができる．

失敗イベントに基づく変形 ゲーム i とゲーム $i+1$ は，ある"失敗イベント F"が生じる場合を除いて，完全に等しく実行される変形である．

F が生じないとき完全に同じ実行となることを明確に示すためには，2つのゲームが同一の確率空間上で定義されるのが望ましい．このような変形を行うと，2つのゲームはイベント F が生じる場合を除いて完全に同じ実行となることが示せるので，イベント $S_i \wedge \neg F$ とイベント $S_{i+1} \wedge \neg F$ は "同じ" である．これを

$$S_i \wedge \neg F \iff S_{i+1} \wedge \neg F$$

と書く．このとき，次の補題が成り立つ．

補題 1（差異補題; difference lemma） A, B, F は同じ確率分布上に定義されたイベントとし，

$$A \wedge \neg F \iff B \wedge \neg F$$

とする．このとき，

$$|\Pr[A] - \Pr[B]| \leq \Pr[F]$$

が成立する．

よって，$\Pr[S_i]$ と $\Pr[S_{i+1}]$ が非常に近いことを証明するには，$\Pr[F]$ が無視できることを証明すれば十分である．この証明には，安全性の仮定を用いることが多い．例えば，イベント F が生じたとき，攻撃者はハッシュ関数の耐衝突性などの計算量的仮定を破ることを示して，イベント F が生じる確率は無視できることを示す．また，イベント F の評価に，情報理論的な議論が用いられることもある．イベント F の決め方は任意であるが，明解な証明を行うためには適切に決定する必要がある．

一方のゲームにおけるイベント F の評価は，難しい場合があることに注意が必要である．事実，複数回のゲームの変形を経て，F が生じる確率を評価することもある．

橋渡し変形 ゲーム中のある手順を，完全に等価な手順で置き換える変換である．このとき，$\Pr[S_i] = \Pr[S_{i+1}]$ となる．前の2つのタイプの変換を行うための準備として，この変換を行う．原理的には，橋渡し変換は必要ないように思えるかもしれないが，橋渡し変換を行うことで，以降の評価を容易にできる場合がある． ［花谷嘉一］

参 考 文 献

[1] V. Shoup, Sequences of games: a tool for taming complexity in security proofs, IACR Cryptology ePrint Archive, 2004 (http://eprint.iacr.org/2004/332).

[2] 萩谷昌己, 塚田恭章 編, 数理的技法による情報セキュリティ, 共立出版, 2010.

汎用的結合可能な安全性
universally composable security

実用的な暗号プロトコルに求められる安全性として，汎用的結合可能（UC：universally composable）安全性が定式化され，認証・鍵交換プロトコルに対する形式的検証法が提案されている．本項目では，UC 安全性を紹介し，プロトコルとその計算論的（非形式的）安全性証明の実例を紹介する．そして，形式的検証において，UC 安全なプロトコルのどのような性質が検証されているかを簡単に述べる．

1. はじめに

暗号プロトコルの普及に伴い，その実行環境は複雑化している．単体で実行されることはほとんどなく，任意の多くのプロトコルと並行して実行され，その中には攻撃を目的としたプロトコルが含まれる可能性がある．文献 [1] で導入された UC 安全性は，このような実行環境においてもプロトコルが意図された通りに機能することを保証する．UC 安全性の定式化において興味深い点は，他のプロトコルが明示的には登場せず，単体かつ単セッションの実行においてプロトコルがどうあるべきかのみに着目している点である．すなわち，シンプルな定式化でありながら，上述の意味での強い安全性を保証する．

以降では，UC 安全性がどのように定式化されるか概説し，[5] の Needham–Schroeder–Lowe（NSL）プロトコルを実例として安全性証明を示す．

2. UC 安全性とは

UC 安全性の定式化はシミュレーションベースである．具体的には，実際のプロトコル（現実モデル）と，理想的な機能を使って現実をシミュレートするもの（理想モデル）とのギャップが無視できるならば，プロトコルが理想的な機能と同等の性質を持つ，すなわち安全であると見なす．UC の枠組みでは，両モデルにプロトコル参加者（パーティ）と攻撃者を仮定し，さらに 2 つのモデルを識別する "環境" の存在を仮定する．環境（$\mathcal{Z}$）は，コラプトされていないパーティの入力を選択し，プロトコルを実行させる．そして実行の間，攻撃者とやり取りし，コラプトされていないパーティの内部出力を得る．現実モデルの攻撃者（$\mathcal{A}$）はパーティが送った全てのデータを読むことができ，任意のパーティに任意のデータを送ることができる．一方，理想モデルの攻撃者（シミュレータ $\mathcal{S}$）はパーティとやり取りできないが，理想機能とやり取りできる．そして，プロトコルが理想機能を UC 安全に実現するとは，任意の確率的多項式時間チューリング機械（PPT）$\mathcal{A}$ に対して，ある PPT $\mathcal{S}$ が存在し，任意の PPT $\mathcal{Z}$ に対して，現実モデルの動作と理想モデルの動作を $\mathcal{Z}$ が識別できる確率が無視できることである．

ここで，他プロトコルや他セッションは明示的には言及されていないが，その影響は環境 $\mathcal{Z}$ の動作に内包されているところに注意したい．例えば，パーティが他セッションの実行で得られた値をプロトコルへの入力として使うことは，環境から入力が与えられることで表現できている．

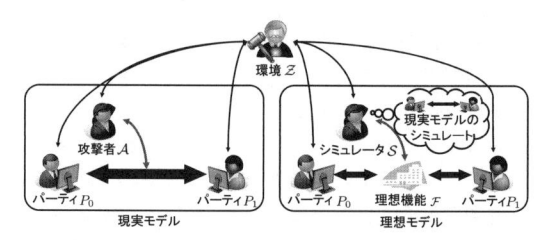

図 1 UC の枠組み

3. NSL プロトコルと UC 安全性証明

NSL プロトコルは，公開鍵暗号を利用した相互認証プロトコルであり，以下のように動作する．

1) 送信者 P_0 は乱数 r_0 を生成し，自身の ID P_0 と r_0 を受信者 P_1 の公開鍵で暗号化し，送る．
2) P_1 は受け取った値を復号し，P_0, r_0 を取り出せたならば，乱数 r_1 を生成し，自身の ID P_1, r_0, r_1 を P_0 の公開鍵で暗号化し，P_0 に送る．
3) P_0 は受け取った値を復号し，P_1, r_0, r_1 を取り出せたならば，Finished を内部出力（認証できたことを意味する）し，r_1 を P_1 の公開鍵で暗号化し，P_1 に送る．
4) P_1 は受け取った値を復号し，r_1 を取り出せたならば，Finished を内部出力する．

NSL プロトコルが相互認証の理想機能 $\mathcal{F}_{\text{2MA}}$[1]（図 2 参照）を UC 安全に実現していることは，利用している公開鍵暗号が理想機能 $\mathcal{F}_{\text{CPKE}}$[1]（図 3 参照）を UC 安全に実現しているという前提のもとで証明できる．この前提は，使用している公開鍵暗号を $\mathcal{F}_{\text{CPKE}}$ に置き換えてもプロトコルの安全性が等価であることを意味する．よって，NSL プロトコルが $\mathcal{F}_{\text{CPKE}}$ を使用していると見なして証明する．

UC 安全性の証明では，任意の $\mathcal{A}$ に対して $\mathcal{S}$ を構成し，任意の $\mathcal{Z}$ による識別確率が無視できることを示す．まず $\mathcal{S}$ を以下のように構成する．

- 初めに，$\mathcal{A}$ を起動する．
- $\mathcal{Z}$ と $\mathcal{A}$ のやり取りのシミュレート：$\mathcal{Z}$ から $\mathcal{A}$

```
理想機能 ℱ_2MA
1. ℱ_2MA は最初に変数 Finished を 0 にする.
2. RID ∈ {I, R} とし, パーティ P から (Authenticate, SID, P, P', RID) を受け取ったとき, 以下のように実行する.
   (a) 最初の入力ならば, P_0 = P, P_1 = P' とし, 組 (P_0, P_1) を記憶する.
   (b) そうでなければ, 記憶されている組 (P_0, P_1) が P_0 = P, P_1 = P' ならば, Finished = 1 にする.
   (c) どちらの場合でも, 組 (P_0, P_1) と RID をシミュレータに送る.
3. シミュレータから要求 (Output, SID, X) を受け取ったとき, X = P_0 または X = P_1, かつ Finished = 1 ならば, X に Finished を送る. そうでなければ何もしない.
```

図 2　相互認証の理想機能 $\mathcal{F}_{2\mathrm{MA}}$ [1]

```
理想機能 ℱ_CPKE
ℱ_CPKE は平文空間 𝒟 によってパラメータ化される. インスタンスのオーナーと呼ばれるパーティを PID_owner とし, 組 (PID_owner, SID') から ℱ_CPKE の SID はなる.
Initialization: 決定性多項式時間アルゴリズム D を攻撃者から受け取る.
Encryption: P から (Encrypt, SID, m) を受け取った上で, 次を行う.
1. m ∉ 𝒟 ならば, エラーメッセージ "⊥" を P に返す.
2. m ∈ 𝒟 ならば, 攻撃者に (Encrypt, SID, P) を渡す. ℱ_CPKE の PID_owner がコラプトされているならば, m の値も渡す. 攻撃者からタグ c を受け取り, 組 (c, m) を記憶し, c を返す. c がすでに記憶されている組に存在するならば, エラーメッセージ "⊥" を返す.
Decrypt: PID_owner から (Decrypt, SID, c) を受け取ったとき, 記憶されている組 (c, m) が存在するならば, m を返す. そうでないならば, m = D(c) を計算し, m を返す.
```

図 3　公開鍵暗号の理想機能 $\mathcal{F}_{\mathrm{CPKE}}$ [1]

への入力を, $\mathcal{S}$ が起動した $\mathcal{A}$ へと入力し, $\mathcal{A}$ の内部出力をそのまま内部出力する.

- パーティの実行のシミュレート: $\mathcal{F}_{2\mathrm{MA}}$ から (P_0, P_1) と RID を受け取ったとき, P_0, P_1 をオーナーとした $\mathcal{F}_{\mathrm{CPKE}}$ のインスタンスをそれぞれ起動し, NSL プロトコルの送信者と受信者をシミュレートし, 暗号化と復号には起動した $\mathcal{F}_{\mathrm{CPKE}}$ のインスタンスを使用する. パーティが送った値はそのまま $\mathcal{A}$ に送る. シミュレートしているパーティが内部出力を行ったとき, $\mathcal{F}_{2\mathrm{MA}}$ に $(Output, SID, X)$ を送る.

この $\mathcal{S}$ によって任意の $\mathcal{Z}$ による識別確率が無視できることは, 理想モデルでの P_0, P_1 と ($\mathcal{S}$ に起動された) $\mathcal{A}$ の内部出力と, 現実モデルの P_0, P_1 と $\mathcal{A}$ の内部出力を $\mathcal{Z}$ が識別できる確率が無視できることで示される. まず, $\mathcal{A}$ に関して考える. 理想モデルで $\mathcal{S}$ が $\mathcal{A}$ に送る値は, $\mathcal{F}_{\mathrm{CPKE}}$ により生成されているため, 現実モデルのパーティが送る値との識別確率は無視できる. よって $\mathcal{A}$ の内部出力の識別確率は無視できる. 次に, パーティに関して考える. 理想モデルでは, P_0 と P_1 が互いに認証しようとした場合にのみ, 内部出力が行われる. 一方, 現実モデルにおいて, P_0 が内部出力するのは, 2 つ目に送られた値を復号し, P_1 と r_0 が取り出せたときのみであり, その値は, P_0 と認証しようとしている P_1 のみが送付できる. また, P_1 が内部出力するのは, 3 つ目に送られた値を復号し, r_1 が取り出せたときのみであり, その値は, P_1 と認証しようとしている P_0 のみが送付できる. すなわち, 現実モデルでも P_0 と P_1 が互いに認証しようとした場合のみ, 内部出力が行われる. よって, パーティの内部出力の識別確率は無視できる.

上述の証明の主要な議論は, $\mathcal{S}$ がパーティの内部出力をシミュレートできることを示すことであった.

これは, NSL プロトコルが暗号プリミティブとして公開鍵暗号の理想機能のみを使用しているため, $\mathcal{S}$ が起動した $\mathcal{A}$ に対してパーティの通信内容をシミュレートできることを容易に示せるためである.

4. UC 安全性の検証

UC 安全性の検証に関する従来の研究 [2]〜[4], [6], [7] では, 検証対象プロトコルのクラスを定め, シミュレータが存在するための十分条件を導出し, 十分条件を判定する形式手法を設計している. 従来の研究が対象としているプロトコルクラスは, NSL プロトコルと同様に, 使用する暗号プリミティブを理想機能としているため, 内部出力のシミュレートの可否の判定のみで十分である. そのため, 内部出力のシミュレートが可能となるための十分条件を検証している.

5. おわりに

UC の概観として安全性の定式化を説明し, UC 安全なプロトコルとして NSL プロトコルを例に挙げ, その安全性証明を示した. プロトコルの実行環境が今後も複雑化することを考えると, UC 安全なプロトコルの開発と検証は必要不可欠と言える.

[鈴木斎輝・吉田真紀]

参 考 文 献

[1] R. Canetti, Universally Composable Security: A New Paradigm for Cryptographic Protocols, Cryptology ePrint Archive, Report 2000/067, 2000.

[2] R. Canetti, J. Herzog, Universally Composable Symbolic Security Analysis, *Journal of Cryptology*, vol.24, no.1 (2010), 83–147.

[3] 村谷博文, 花谷嘉一, UC 安全なマルチパーティの相互認証と鍵交換プロトコルに対する計算量的に健全な記号的基準, 信学技報, ISEC06-150, vol.106, no.597 (2007), 59–64.

[4] 村谷博文, 花谷嘉一, Canetti–Herzog の計算量的健全な暗号プロトコル安全証明手法の拡張, *SCIS2007*, 1D1-1 (2007).

[5] G. Lowe, An Attack on the Needham–Schroeder Public-Key Authentication Protocol, *Infor. Processing Letters*, vol.56, no.3 (1995), 131–133.

[6] A. Patil, On Symbolic Analysis of Cryptographic Protocols, Master's Thesis, Massachusetts Institute of Technology (2005).

[7] 鈴木斎輝, 吉田真紀, 藤原融, 公理的安全性の枠組みにおける汎用的結合可能な相互認証と鍵交換の記号的安全性, 日本応用数理学会論文誌, 第 20 巻, 第 1 号 (2010-03), 11–32.

Hoare 論理
Hoare logic

　Hoare 論理は，プログラムの性質を事前・事後条件の表明という形で検証する枠組みである．公開鍵暗号スキームの安全性を定義するゲームは，確率的な実行を含むプログラムと見なせるため，Hoare 論理に確率の概念を組み込んだ確率 Hoare 論理の枠組みで形式化することができる．ここでは，Corin と den Hartog による研究 [1],[2] を中心に解説する．

1. 構　文　論

　Hoare 論理では，プログラムの性質を Hoare の三つ組（Hoare triple）の形で表す．Hoare の三つ組は，$\{p\}\,s\,\{q\}$ という形をしており，直観的には「事前条件 p が成り立つときに，プログラム s を実行すると事後条件 q が成り立つ」ということを表す．本節では，確率 Hoare 論理のプログラムおよび事前・事後条件の構文（どんなことが書けるか）を紹介する．
　プログラム $s \in \mathcal{L}$，整数式 e，条件式 c の構文は，BNF 記法によって以下のように定義される．

$$s ::= \mathtt{skip} \mid \mathtt{x} := e \mid s;s \mid \mathtt{if}\, c\, \mathtt{then}\, s\, \mathtt{else}\, s\, \mathtt{fi}$$
$$\qquad \mid \mathtt{while}\, c\, \mathtt{do}\, s\, \mathtt{od} \mid s \oplus_\rho s$$
$$e ::= n \mid \mathtt{x} \mid e+e \mid e-e \mid e\cdot e \mid e/e \mid e\, \mathtt{mod}\, e$$
$$c ::= \mathtt{true} \mid \mathtt{false} \mid e=e \mid e<e \mid c \wedge c$$
$$\qquad \mid c \vee c \mid \neg c \mid c \to c$$

ここで，n は自然数，$\mathtt{x}$ は整数型のプログラム変数である．条件分岐 if，繰り返し while といった基本的な構文のほか，確率的実行文 $s \oplus_\rho s'$ がある．これは，確率 ρ と $1-\rho$ でそれぞれ s と s' を実行するプログラムである．
　事前・事後条件に書く確率的論理式 p，確率式 e_r の構文は，以下のように定義される．

$$p ::= \mathtt{true} \mid \mathtt{false} \mid e_r = e_r \mid e_r < e_r \mid$$
$$\qquad \mid p \to p \mid \neg p \mid p \wedge p \mid p \vee p$$
$$\qquad \mid \exists j : p \mid \forall j : p \mid \rho \cdot p \mid p + p \mid p \oplus_\rho p \mid c?p$$
$$e_r ::= \rho \mid j \mid \mathbb{P}(p_d) \mid e_r + e_r \mid e_r - e_r \mid e_r * e_r \cdots$$

ここで，ρ は実数，j は実数型または自然数型の論理変数とする．p_d は 1 階述語論理式であり，ここでは決定的論理式と呼ばれる．p_d にはプログラム変数も論理変数も現れてよい．確率的論理式では，例えば「$\mathtt{x}$ の値が $\mathtt{y}+1$ と等しい確率が $1/2$ より大きい」ということを $\mathbb{P}(\mathtt{x} = \mathtt{y}+1) > 1/2$ と形式化できる．なお，確率的論理式 $\rho\cdot p$，$p+p'$，$p \oplus_\rho p'$，$c?p$ は通常の 1 階述語論理にはない構文で，確率 Hoare 論理に特有である．

2. 意　味　論

　確率 Hoare 論理のプログラムと論理式の解釈について概説する．正確な定義は den Hartog の博士論文 [1] を参照されたい．
　プログラム変数に，その変数がとる値を割り当てる関数を状態と呼ぶ．確率状態とは，状態の確率分布である．例えば，$[\mathtt{x} := 0]$ はプログラム変数 $\mathtt{x}$ がとる値が 0 である状態を表しており，$1/3[\mathtt{x} := 0] + 2/3[\mathtt{x} := 1]$ は確率 $1/3$ と $2/3$ で，プログラム変数 $\mathtt{x}$ がそれぞれ 0 と 1 の値をとる確率分布を表している．とりうる確率状態の集合を Θ とおく．
　プログラム s は，表示的意味論 $\mathcal{D}: \mathcal{L} \to (\Theta \to \Theta)$ によって，s の実行前の確率状態 θ を実行後の確率状態 $\mathcal{D}(s)(\theta)$ へ移す写像に解釈される．$\mathcal{D}$ の定義の一部を抜粋する．

$$\mathcal{D}(\mathtt{skip})(\theta) = \theta$$
$$\mathcal{D}(s;s')(\theta) = \mathcal{D}(s')((\mathcal{D}(s)(\theta)))$$
$$\mathcal{D}(s \oplus_\rho s')(\theta) = \rho \mathcal{D}(s)(\theta) + (1-\rho)\mathcal{D}(s')(\theta)$$

順に，何もしない，s, s' を逐次実行，s, s' を確率 ρ，$1-\rho$ で実行というプログラムの意味を与えている．
　決定的論理式は，与えられた状態のもとで真偽が定まる．状態 σ と論理変数に対する付値 I のもとで決定的論理式 p_d が成り立つことを $\sigma, I \models p_d$ と書く．例えば，$[\mathtt{x}:=2, \mathtt{y}:=1], I \models \mathtt{x} = \mathtt{y}+1$ が成り立つ．確率的論理式は，与えられた確率状態のもとで真偽が定まる．確率状態 θ と付値 I のもとで確率的論理式 p が成り立つことを $\theta, I \models p$ と書く．例えば，$2/3[\mathtt{x}:=2, \mathtt{y}:=1] + 1/3[\mathtt{x}:=2, \mathtt{y}:=2], I \models \mathbb{P}(\mathtt{x} = \mathtt{y}+1) > 1/2$ が成り立つ．また，$\theta, I \models p_1 + p_2$ が成り立つのは，θ を p_1, p_2 が成り立つ部分に分けられるときであり，$\theta, I \models c?p$ が成り立つのは，$\theta', I \models p$ が成り立つある状態 θ' から c が成り立つ部分だけを残したものが θ であるときである．最後に，三つ組 $\{p\}\,s\,\{q\}$ が恒真（valid）であるとは，任意の確率状態 θ と付値 I に対して，$\theta, I \models p$ ならば $\mathcal{D}(s)(\theta), I \models q$ であると定義される．また，このことを $\models \{p\}\,s\,\{q\}$ と書く．

推　論　規　則

　推論規則は，恒真な三つ組を形式的に導出するための規則である．規則は線で区切られていて，線の上の三つ組から，線の下の三つ組を導出できるということを定めている．以下は抜粋である．

$$\frac{}{\{p[e/\mathtt{x}]\}\, \mathtt{x} := e\, \{p\}}, \quad \frac{\{c?p\}\,s\,\{q\} \quad \{\neg c?p\}\,s'\,\{q'\}}{\{p\}\, \mathtt{if}\, c\, \mathtt{then}\, s\, \mathtt{else}\, s'\, \{q+q'\}}$$

$$\frac{\{p\}\,s\,\{q\}\quad \{p\}\,s'\,\{q'\}}{\{p\}\,s\oplus_\rho s'\,\{q\oplus_\rho q'\}}\,,\quad \frac{\{p\}\,s\,\{p'\}\quad \{p'\}\,s'\,\{q\}}{\{p\}\,s;s'\,\{q\}}$$

三つ組 $\{p\}\,s\,\{q\}$ が導出できるとき，$\vdash \{p\}\,s\,\{q\}$ と書く．個々の推論規則の正しさは，先ほどの意味論によって保証される．つまり，推論規則の意味論に対する健全性，$\vdash \{p\}\,s\,\{q\}$ ならば $\models \{p\}\,s\,\{q\}$，が成り立つ．推論規則を用いると，意味論 $\mathcal{D}$ を直接計算することなく恒真な三つ組を導くことができる．

3. 暗号安全性証明のための準備

暗号理論では「秘密鍵 k をランダムに生成する」というプログラムや「乱数 r は有限集合 R の上で一様に分布する」という表現を頻繁に用いる．これらは，確率 Hoare 論理の枠組みでも形式化できる．プログラム変数 $\mathtt{x}$ に，有限集合 $S=\{v_1,\ldots,v_n\}$ からランダムに値を代入するプログラム $\mathtt{x}\leftarrow S$ は，

$$(\mathtt{x}:=v_1)\oplus_{\frac{1}{n}}((\mathtt{x}:=v_2)\oplus_{\frac{1}{n-1}}(\cdots\oplus_{\frac{1}{2}}(\mathtt{x}:=v_n))\cdots)$$

と定義できる．また，プログラム変数 $\mathtt{x}$ の値が有限集合 $S=\{v_1,\ldots,v_n\}$ の上で一様に分布することを表す論理式 $R_S(\mathtt{x})$ は

$$\mathbb{P}(\mathtt{x}=v_1)=1/n\wedge\cdots\wedge\mathbb{P}(\mathtt{x}=v_n)=1/n$$

と定義できる．すると，以下の三つ組は恒真となる．

$$\{\mathbb{P}(\mathrm{true})=1\}\quad \mathtt{x}\leftarrow S\quad \{R_S(\mathtt{x})\}$$

暗号スキームの安全性は，定義によって許される任意の攻撃を行う攻撃者を想定して証明されるため，攻撃者を１つの具体的なプログラムで表すことはできない．したがって，数式の構文に攻撃者が計算する関数を表す記号を追加し，プログラムの構文にも手続き呼び出しを追加する．

$$e ::= \cdots \mid f(e,\ldots,e)$$
$$s ::= \cdots \mid D(e,\ldots,e;\mathtt{x},\ldots,\mathtt{x})$$

ただし，手続き呼び出しでは，セミコロンの前が引数，後ろが返り値を受け取る変数である．手続きには，具体的なプログラムとして与えずに任意の攻撃者を想定する用途と，具体的なプログラムとして与えてモジュールのように使う用途の両方がある．

最後に，プログラムの直交性を定義する．s' で代入されるプログラム変数が，そのあとのプログラム s'' に現れず，事後条件 q でも言及されないならば，$\models \{p\}\,s;s';s''\,\{q\}$ と $\models \{p\}\,s;s''\,\{q\}$ は同値になる．つまり，もはや s' は実行してもしなくても同じということである．このとき，s' は s'' および q と直交するという．直交性を用いると，プログラム変数の出現のみに注意してプログラムを書き換えていくことができる．

4. 暗号安全性証明への適用

Corin らは，確率 Hoare 論理の枠組みで ElGamal 暗号の IND-CPA 安全性証明を形式化した[2]．まず，任意の手続き D に対して，以下の三つ組は恒真であると仮定する．これは，DDH 仮定の形式化である．

$$\{\mathbb{P}(\mathrm{true})=1\}$$
$$\mathtt{x}\leftarrow Z_q^*;\mathtt{y}\leftarrow Z_q^*;\mathtt{r1}\leftarrow RND;\mathtt{b1}\leftarrow Bool;$$
$$D(\gamma^{\mathtt{x}},\gamma^{\mathtt{y}},\gamma^{\mathtt{xy}},\mathtt{r1},\mathtt{b1};\mathtt{out1});$$
$$\mathtt{z}\leftarrow Z_q^*;\mathtt{r2}\leftarrow RND;\mathtt{b2}\leftarrow Bool;$$
$$D(\gamma^{\mathtt{x}},\gamma^{\mathtt{y}},\gamma^{\mathtt{z}},\mathtt{r2},\mathtt{b2};\mathtt{out2});$$
$$\{|\mathbb{P}(\mathtt{out1})-\mathbb{P}(\mathtt{out2})|\leqq\varepsilon\}$$

ただし，Z_q^*, γ, RND, $Bool$, ε はそれぞれ位数 q の群（q は素数），その生成元，自然数の有限集合，真偽値の集合，十分に小さな定数とする．すると，ElGamal 暗号の IND-CPA 安全性を表す以下の定理が得られる．

定理 1 任意の関数 $A0, A1, A2$ に対して，以下の三つ組は恒真である．

$$\{\mathbb{P}(\mathrm{true})=1\}$$
$$\mathtt{x}\leftarrow Z_q^*;\mathtt{y}\leftarrow Z_q^*;\mathtt{r1}\leftarrow RND;\mathtt{b1}\leftarrow Bool;$$
$$S(\gamma^{\mathtt{x}},\gamma^{\mathtt{y}},\gamma^{\mathtt{xy}},\mathtt{r1},\mathtt{b1};\mathtt{out1});$$
$$\{|\mathbb{P}(\mathtt{out1})-1/2|\leqq\varepsilon\}$$

ここで，手続き $S(\mathtt{v1},\mathtt{v2},\mathtt{v3},\mathtt{v4},\mathtt{v5};\mathtt{x1})$ は，攻撃者が選択平文攻撃を行い，暗号の中身を推測している部分であり，具体的には以下で与えられる．

```
m0 := A0(v1,v4); m1 := A1(v1,v4);
if v5 = false then tmp := v3·m0
                else tmp := v3·m1 fi;
b := A2(v1,v2,tmp,v4);
if v5 = b then x1 := true else x1 := false fi
```

定理の証明では，意味論的な推論もあわせて行うが，推論規則および直交性を用いた形式的な導出が可能である．プログラムの書き換えは暗号安全性証明におけるゲーム変換に相当する．

［久保田貴大・角谷良彦］

参 考 文 献

[1] J.I. den Hartog, Probabilistic Extensions of Semantical Models, PhD thesis, Vrije Universiteit Amsterdam (2002).

[2] R. Corin, J. den Hartog, A Probabilistic Hoare logic for Game-based Cryptographic Proofs, *LNCS*, vol.4052 (2006), 252–263.

プロセス計算

process algebra

プロセス計算 (process algebra) は，通信や同期を行う計算機などのシステムをプロセスとして記述・解析する枠組みである．プロセス計算には CSP, CCS, π 計算など様々な種類があり，記述できるシステムの範囲や解析のしやすさなどが異なる．ここでは π 計算の一種である応用 π 計算について，通信プロトコルのセキュリティ解析 [1] を例として述べる．

1. プロセス計算によるプロトコル記述

プロセス計算によるプロトコル解析では，通信を行う参加者の動作をそれぞれプロセスとして記述し，これを合成してプロトコルのプロセスを構成する．参加者が送受信するデータは項 (term) により表現される．項の文法を以下に示す．

$M, N ::=$ 　　　　　　　項
　x, y, z 　　　　　　　変数
　a, b, c, k 　　　　　　名前
　$f(M_1, \ldots, M_n)$ 　　コンストラクタ適用

項は変数と名前にコンストラクタと呼ばれる関数記号を適用して得られる．プロトコルの解析では，暗号に使われる鍵，乱数，参加者名，通信路などは全て名前で表す．コンストラクタとして暗号化関数 $\mathsf{enc}(\_,\_)$ や，ペア関数 $\mathsf{pair}(\_,\_)$ がよく用いられる．

プロセスの文法を以下に示す．

$P, Q ::=$ 　　　　　　　プロセス
　$\mathsf{out}(M, N).P$ 　　　　出力
　$\mathsf{in}(M, x).P$ 　　　　入力
　0 　　　　　　　　　終了
　$P \mid Q$ 　　　　　　並列合成
　$!P$ 　　　　　　　　複製
　$(\mathsf{new}\ a)P$ 　　　　　名前生成
　$\mathsf{let}\ x = g(M_1, \ldots, M_n)$ 　デストラクタ適用
　　　$\mathsf{in}\ P\ \mathsf{else}\ Q$
　$\mathsf{if}\ M = N$ 　　　　条件分岐
　　　$\mathsf{then}\ P\ \mathsf{else}\ Q$
　$\mathsf{event}(M).P$ 　　　イベント発行

出力 $\mathsf{out}(M, N).P$ は項 M で表される通信路へ項 N を送信し，入力 $\mathsf{in}(M, x).P$ は項 M で表される通信路から項を受信し，変数 x に代入する．その後は P を実行する．プロセス 0 は終了を表す．並列合成 $P \mid Q$ はプロセス P および Q の並列実行を表し，P と Q は通信を行うことができる．複製 $!P$ は P の無限の個数の並列合成を表す．$(\mathsf{new}\ a)P$ は乱数や暗号の鍵に相当する新しい名前 a を生成し，P を実行する．このとき a はプロセス P 以外には出現してはならない．例えばプロセス $Q \mid (\mathsf{new}\ a)P$ において，名前 a は Q に出現してはならない．デストラクタ適用 $\mathsf{let}\ x = g(M_1, \ldots, M_n)\ \mathsf{in}\ P\ \mathsf{else}\ Q$ は，$g(M_1, \ldots, M_n)$ の計算結果を変数 x に代入し，P を実行する．ただし，計算に失敗した場合は Q を実行する．ここで g はコンストラクタと対になって用いられるデストラクタと呼ばれる関数記号である．共通鍵暗号を用いるプロトコルの解析では，コンストラクタ $\mathsf{enc}(\_,\_)$ と対になるデストラクタ $\mathsf{dec}(\_,\_)$ を用い，計算規則として

$$\mathsf{dec}(\mathsf{enc}(M, N), N) \to M$$

を用いる．これは項 N を鍵として項 M を暗号化し，さらに項 N を鍵として復号すると計算結果として元の項 M が得られる，という計算である．計算規則によって書き換えられないとき，計算は失敗する．ペア関数 $\mathsf{pair}(\_,\_)$ については，デストラクタ $\pi_1(\_)$, $\pi_2(\_)$ と，次の計算規則を用いる．

$$\pi_1(\mathsf{pair}(M_1, M_2)) = M_1$$
$$\pi_2(\mathsf{pair}(M_1, M_2)) = M_2$$

条件分岐 $\mathsf{if}\ M = N\ \mathsf{then}\ P\ \mathsf{else}\ Q$ は，項 M と N が等しいとき P を，そうでないとき Q を実行する．イベントの発行 $\mathsf{event}(M).P$ はプロセスの実行を記録するために用い，セキュリティなどのプロセスの性質を記述する際に参照される．

例として，簡単な認証プロトコルを記述したプロセス $Auth$ を以下に示す．

$Auth = (\mathsf{new}\ k_{sc})(Server \mid Client)$
$Server = (\mathsf{new}\ k_1)$
　　　　　$\mathsf{out}(c, \mathsf{enc}(k_1, k_{sc}))$.
　　　　　$\mathsf{in}(c, x_0)$.
　　　　　$\mathsf{let}\ x_1 = \mathsf{dec}(x, k_{sc})\ \mathsf{in}$
　　　　　　$\mathsf{let}\ x_2 = \pi_1(x_1)\ \mathsf{in}$
　　　　　　　$\mathsf{let}\ x_3 = \pi_2(x_1)\ \mathsf{in}$
　　　　　　　　$\mathsf{if}\ x_2 = k_1\ \mathsf{then}$
　　　　　　　　　$\mathsf{event}(endS(k_{sc}, x_2, x_3)).0$
　　　　　　　　$\mathsf{else}\ 0$
　　　　　　　$\mathsf{else}\ 0$
　　　　　　$\mathsf{else}\ 0$
　　　　　$\mathsf{else}\ 0$
$Client = (\mathsf{new}\ k_2)$
　　　　　$\mathsf{event}(beginC(k_{sc}, k_2))$.
　　　　　$\mathsf{in}(c, y_0)$.
　　　　　$\mathsf{let}\ y_1 = \mathsf{dec}(y_0, k_{sc})\ \mathsf{in}$
　　　　　　$\mathsf{out}(c, enc(\mathsf{pair}(y_1, k_2), k_{sc})).0$
　　　　　$\mathsf{else}\ 0$

$Auth$ は認証を行うサーバに対応するプロセス

$Server$ と，認証を受けるクライアントに対応するプロセス $Client$ からなり，次のように実行される．なお，プロセスの実行は意味論 (semantics) によって厳密に定義されるが，ここでは直観的な説明に留める．

1) サーバとクライアントは，共通鍵暗号の鍵 k_{sc} を生成して共有する．
2) サーバは鍵 k_1 を生成し，鍵 k_{sc} で暗号化して通信路 c に送信する．
3) クライアントは鍵 k_2 を生成し，イベント $beginC(k_{sc}, k_2)$ を発行する．次に通信路 c から項を受信して変数 y_0 に代入する．さらに y_0 を鍵 k_{sc} で復号して y_1 を得る．なお，サーバは k_1 を暗号化して送信したため，y_1 は k_1 に等しい．最後にペア $\mathsf{pair}(y_1, k_2)$ を鍵 k_{sc} で暗号化してサーバに送る．
4) サーバは x_0 を受信して復号し，x_1 を得る．x_1 からさらに x_2 および x_3 を得る．クライアントはペア $\mathsf{pair}(k_1, k_2)$ を暗号化して送信したので，x_2 および x_3 はそれぞれ鍵 k_1 および k_2 に等しい．したがって，等式 $x_1 = k_2$ が成り立ち，イベント $endS(k_{sc}, x_2, x_3)$ を発行する．

ここではサーバとクライアントのみが通信を行ったが，$Auth$ がさらに攻撃者のプロセスと並列合成されている場合は，攻撃者が通信路 c を用いて項を送受信できる．このとき攻撃者が送信した項の復号に失敗することや，等式 $x_2 = k_1$ が成り立たないことがある．

2. セキュリティ記述

セキュリティはプロセスの実行に関する性質として記述する．前節ではプロトコルの参加者のみの実行を考えたが，セキュリティの記述では攻撃者のプロセスとの並列実行を考える必要がある．

ここでは記述法としてイベントの発生順序を用いる方法について述べる．この方法は認証プロトコルの重要なセキュリティである認証性 (authenticity) の記述に適している．このほかに秘匿性 (secrecy) の記述に適した観測等価性 (observational equivalence) を用いる方法 [2] などがある．プロトコル $Auth$ の認証性は，次の条件により記述できる．

$$endS(z_0, z_1, z_2) \Rightarrow beginC(z_0, z_2)$$

これは任意の z_0, z_1, および z_2 についてイベント $endS(z_0, z_1, z_2)$ が発行されるとき必ずイベント $beginC(z_0, z_2)$ が発行されるという条件である．この条件が任意の攻撃者 P_A との並列実行 $Auth \mid P_A$ について成り立てば認証性が成り立つとする．例えば，攻撃者が何もしない場合はまずクライアントによって $beginC(k_{sc}, k_2)$ が発行され，次にサーバによって $endS(k_{sc}, k_1, k_2)$ が発行されるため，上の条件を満たす．逆に条件を満たさない場合，クライアントが実行を行っていないにも関わらずサーバが認証を完了してしまう．これは攻撃者がクライアントに成りすましてサーバに認証させる攻撃が可能であることを意味する．

3. セキュリティ解析

プロトコルのプロセスと攻撃者のプロセスが並列実行されるため様々な動作が可能である．例えばサーバが送信したメッセージを攻撃者が受信し，それをさらに暗号化してクライアントに送信することができる．セキュリティ解析では，このような動作全てについてセキュリティの条件をチェックする．

プロトコル $Auth$ について認証性の条件が成り立たないと仮定すると，イベント $endS(k_{sc}, k_1, k_2)$ は発行されるが，イベント $beginS(k_{sc}, k_2)$ は発行されない．つまり，$endS(k_{sc}, k_1, k_2)$ が発行される時点では，クライアントはメッセージを送受信していない．また，サーバが $endS(k_{sc}, k_1, k_2)$ を発行するためには，$\mathsf{enc}(\mathsf{pair}(k_1, \_), k_{sc})$ という形の項を受信する必要がある．サーバは項 $\mathsf{enc}(k_1, k_{sc})$ のみを送信するので，攻撃者は $\mathsf{enc}(k_1, k_{sc})$ から $\mathsf{enc}(\mathsf{pair}(k_1, \_), k_{sc})$ を構成して送信する必要がある．攻撃者が鍵 k_{sc} を知っていれば $\mathsf{dec}(\mathsf{enc}(k_1, k_{sc}), k_{sc}) \to k_1$ という計算を行い k_1 を得てこれを構成できるが，鍵 k_{sc} はプロセス $Auth$ において $\mathsf{new}\, k_{sc}$ で生成されるので，攻撃者のプロセスには鍵 k_{sc} が出現しない，つまり鍵を知らない．したがって，攻撃者がどのように動作してもこのような実行は起こり得ず，認証性が成り立つことがわかる．

以上のような解析を文献 [1] に基づいて自動的に行うツールとして，Proverif がある．これを用いれば，より複雑なプロトコルも短時間で自動的に解析が可能である．ただし，場合によっては解析に膨大な時間がかかる．このような場合，攻撃者を含むプロセス全体の実行ステップ数を制限して解析を行う．この場合は制限を超えた攻撃の存在は否定できない．

[櫻田英樹]

参 考 文 献

[1] B. Blanchet, Automatic Verification of Correspondences for Security Protocols, *Journal of Computer Security*, **17**(4) (2009), 363–434.
[2] 萩谷昌己, 塚田恭章 編, 数理的技法による情報セキュリティ (シリーズ応用数理), 共立出版, 2010.

I/O オートマトン
I/O automaton

タスク構造確率 I/O オートマトン（task-structured probabilistic I/O automaton; タスク PIOA）フレームワーク [1] は，計算論的安全性を直接扱える数理的技法の 1 つであり，確率的選択と非決定的選択の両方を扱うことができるという利点を持つ．ここでは，タスク PIOA フレームワークを用いたセキュリティプロトコルの安全性証明について解説を行う．まず，フレームワークの概要を述べ，続いて実際の適用事例として紛失通信（oblivious transfer）プロトコルの安全性証明例を取り上げる．

1. タスク PIOA フレームワーク

タスク PIOA フレームワークは，オートマトン理論を応用した数理的技法である．従来より，オートマトン理論は分散アルゴリズム，通信プロトコルをモデル化・解析するために広く用いられてきた．特に，確率 I/O オートマトン（PIOA）は，確率的選択と非決定的選択の両方を行うことができるという利点から，ランダム性を伴うアルゴリズムの機能的正当性を検証するのに有効である．

PIOA は，状態集合 Q，初期状態 $\bar{q}$，アクション集合 A（入力アクション集合 I，出力アクション集合 O，内部アクション集合 H の和集合），遷移集合 $\mathrm{Disc}(Q)$（次にどんな確率でどの状態に移るか）からなる．ある PIOA の実行は，$\alpha = q_0 a_1 q_1 a_2 \cdots$（ただし，$q_i \in Q$, $a_i \in A$）のような列によって表現される．ここで，α のトレース $trace(\alpha)$ を，α の外部アクション（$E = I \cup O$）だけを取り出して得られる列として定義する．PIOA フレームワークでは，非決定的選択によって現在の状態から次に遷移するアクションを決定し，確率的選択によって遷移後の状態を決定する．これら 2 つの選択によって，セキュリティプロトコルで想定されるような確率的に動作するエンティティが非同期に通信し合う複雑な状況下における分岐を，容易に表現することができる．しかし，非決定的選択を実際に解決するためには，それまでの秘密情報を含めた過去の実行の情報を用いることができる強力なスケジューラ（完全情報スケジューラ）で，各 PIOA を管理しなくてはならない．機能的正当性のみを検証するなら問題はないが，遷移の仕方を観察することによって攻撃者に対して秘密情報の一部が漏れる可能性があるため，こうしたスケジューラを秘匿性などの安全性検証に用いることは難しい．

これに対して，タスク PIOA フレームワークでは，アクションの同値類の集合である「タスク」という概念をさらに PIOA に加える．タスクはコントロール可能なアクション集合（$O \cup H$）上の同値関係 R として定義される．直感的には「同種類の動作をするアクションをひとまとめにしたもの」と理解してよい．例えば，「ラウンド 1 で "5" という値を出力するアクション」と「ラウンド 1 で "3" という値を出力するアクション」は「ラウンド 1 で任意の値を出力するタスク」というようにまとめることができる．タスクの列としてスケジューラを構成（タスクスケジューラ）することで，過去の実行における動的な値の変化に依存せずに非決定的選択を解決できる．これにより，遷移の仕方から攻撃者に対して秘密情報が漏れる可能性を考えなくてもよくなるため，秘匿性などの安全性検証にもタスクスケジューラを用いることができる．タスク PIOA では，トレースは外部アクションの列ではなく，タスクスケジューラとなる．いかなる外部環境があるタスク PIOA $\mathcal{T}_1$ のどのトレースを観察しても，もう 1 つのタスク PIOA $\mathcal{T}_2$ に該当する確率分布を持ったトレースが存在するならば，2 つのタスク PIOA を識別することはできない（実現関係 $\mathcal{T}_1 \leq \mathcal{T}_2$ にあると呼ぶ）．

実現関係の有用な点は「結合性」と「推移性」にある．結合性とは，もし $\mathcal{T}_1 \leq \mathcal{T}_2$ ならば，$\mathcal{T}_1 \| \mathcal{T}_3 \leq \mathcal{T}_2 \| \mathcal{T}_3$ が成り立つことをいう（$\mathcal{T}_1 \| \mathcal{T}_3$ は 2 つのタスク PIOA の結合を表す）．よって，$\mathcal{T}_1 \| \mathcal{T}_3 \leq \mathcal{T}_2 \| \mathcal{T}_3$ を示したい場合には，部分的に $\mathcal{T}_1 \leq \mathcal{T}_2$ を示すだけでよい．推移性とは，もし $\mathcal{T}_1 \leq \mathcal{T}_2$ かつ $\mathcal{T}_2 \leq \mathcal{T}_3$ ならば，$\mathcal{T}_1 \leq \mathcal{T}_3$ が成り立つことをいう．よって，$\mathcal{T}_1 \leq \mathcal{T}_3$ を示したい場合には，証明を $\mathcal{T}_1 \leq \mathcal{T}_2$ と $\mathcal{T}_2 \leq \mathcal{T}_3$ に分け，それぞれの部分を示すことで全体を示したことになる．

また，計算論的安全性を扱うには，計算能力が制限されたエンティティや攻撃者を表現する必要がある．タスク PIOA フレームワークでは，PIOA の各ステップに時間制限を課すことで，計算能力の制限を表現する．具体的には，アクションと状態の長さ，および遷移にかかる時間が多くとも多項式サイズで収まるとき，特に多項式時間制限という．また，あるタスクスケジューラにおけるタスクの数が多くとも多項式サイズで収まるとき，そのタスクスケジューラを多項式時間制限タスクスケジューラという．これにより，計算論的安全性を扱うことができる．

2. 紛失通信の安全性証明例

カネッティ（Canetti）ら [1] は，実際にタスク PIOA フレームワークを用いて，ある紛失通信プロトコル [2] の安全性証明の例を示している．紛失通

信は，送信者 (transmitter) と受信者 (receiver) から構成される．送信者は 2 つのビット情報 x_0 と x_1 を，受信者は 1 ビット情報 i を入力され，互いに通信を行う．このとき，紛失通信は次の 4 つの安全性要件を満たしていることが要求される．

- **機能的正当性**：プロトコル終了時，受信者は x_i を得る．
- **送信者に対する安全性**：送信者は，受信者の入力ビット i について何の情報も得られない．
- **受信者に対する安全性**：受信者は，x_{1-i} について何の情報も得られない．
- **攻撃者に対する安全性**：通信路を盗聴している攻撃者に対して，送信者と受信者の入力 (x_0, x_1, i) について何の情報も得られない．

証明例では，「シミュレーションパラダイム」の概念に基づいて紛失通信プロトコルの安全性を定式化している．紛失通信が達成すべき安全性要件を満たすような理想機能 $Funct$ を，与えられた入力 x_0, x_1, i から正しい結果 x_i を出力する信頼できるエンティティとして記述する (理想システム IS)．もし，送信者 $Trans$ と受信者 Rec からなる現実のプロトコル (現実システム RS) と対話する任意の攻撃者 Adv に対して，理想機能と対話するあるシミュレータ Sim が存在し，いかなる外部環境 Env も RS と IS のどちらと対話しているかどうかを見分けられないならば，そのプロトコルは安全であると定義される．タスク PIOA フレームワークでは，次のようにこの概念を定式化する：(多項式時間制限) タスク PIOA として $RS = Trans \| Rec \| Adv$ と $IS = Funct \| Sim$ の両方を表現し，もし RS と IS が実現関係にあるならば，プロトコルは安全性要件を満たすと定義される．証明では，「誰も支配されていない」，「送信者だけが支配されている」，「受信者だけが支配されている」，「両者とも支配されている」の 4 パターンについてそれぞれタスク PIOA を構成し，実現関係を示さなくてはならない．例えば，受信者だけが支配されているケースでは，Adv は Rec の入力と出力を得ることが可能であり，Sim は $Funct$ から Rec の出力に対応する情報を得ることができる．図 1 と図 2 に受信者だけが支配されているケースに対応する RS と IS をそれぞれ示す．

安全性証明の目標は，$RS \leq IS$ を示すことである．直接示すことも不可能ではないが，構成がまったく違うため，対応するトレースと状態変数の確率分布などを見積もるのに困難が伴う．タスク PIOA の特質である結合性と推移性を用いることで，証明を以下のように単純化することができる．

- **推移性の利用**：RS と IS の中間に当たるようなタスク PIOA $Int1$ と $Int2$ を考え，それ

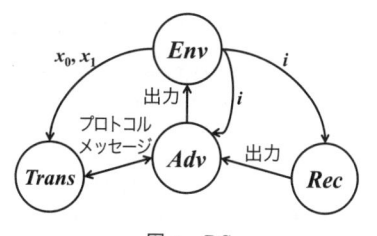

図 1 RS

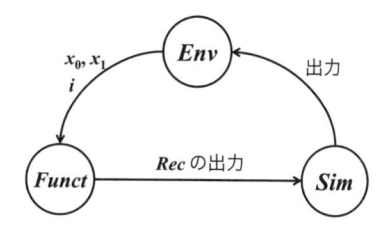

図 2 IS

ぞれを次のように橋渡しすることで証明を分割する：$RS \leq Int1$, $Int1 \leq Int2$, $Int2 \leq IS$. 実現関係の推移性により，上記 3 つの実現関係から $RS \leq IS$ を導くことができる．

- **結合性の利用**：分割した後の $Int1$ と $Int2$ の実現関係を証明するときに，それぞれから一部だけを切り出すことで証明のサイズを小さくする：$Int1$ と $Int2$ は一部の計算だけが異なるが，その他の部分はまったく同じインターフェイスを持っている．そこで，計算が異なる部分 (それぞれ $SubInt1$, $SubInt2$ とする) だけを切り出し，$SubInt1 \leq SubInt2$ を示す．その他の部分は同一なので，結合性により $SubInt1 \leq SubInt2$ から $Int1 \leq Int2$ を導くことができる．

[米山一樹]

参 考 文 献

[1] R. Canetti, L. Cheung, D.K. Kaynar, M. Liskov, N.A. Lynch, O. Pereira, R. Segala, Using Task-Structured Probabilistic I/O Automata to Analyze an Oblivious Transfer Protocol, *MIT CSAIL-TR-2007-011* (2007).

[2] O. Goldreich, S. Micali, A. Wigderson, How to Play any Mental Game or A Completeness Theorem for Protocols with Honest Majority, *STOC 1987* (1987), 218–229.

記号的アプローチの計算論的健全性
computational soundness of symbolic approach

記号的アプローチの「計算論的健全性」とは，記号的アプローチを用いて安全性が証明された暗号プロトコルは，計算量理論の観点からも安全であるという性質である．

1. 記号的アプローチの計算論的健全性

[数理的技法による情報セキュリティの検証] (p.224) でも述べたように，暗号プロトコルの安全性の解析には「記号的アプローチ」と「計算論的アプローチ」がある．記号的アプローチによる解析は，計算論的アプローチによる解析と異なり，プロトコルの部品として用いる暗号方式に対する攻撃の確率を考慮しない．このため，記号的アプローチを用いて安全性が確かめられたプロトコルに対し，暗号の脆弱性に基づく攻撃が存在する可能性がある．

一方，暗号を破る攻撃の確率が十分小さい場合，記号的アプローチの計算論的健全性（すなわち，記号的アプローチを用いて安全だと証明されたプロトコルは，計算論的アプローチにおける計算量的安全性を満たすという性質）を示せる．計算論的健全性は，暗号方式の安全性の種類，検証したいプロトコルの安全性の種類，想定する攻撃者の種類に応じて，様々な結果が知られている．

2. 受動的攻撃者のもとでの計算論的健全性

まず，受動的攻撃者（通信内容を傍受できるが，改竄できない攻撃者）を想定する場合の計算論的健全性 [1] を説明する．本節では逐次的にメッセージを送受信するだけのプロトコルを考える．プロトコル実行は，通信路上のメッセージの連結で表現される．

2.1 構文論と記号的等価性

メッセージを項（記号表現）で表す．項として，鍵記号 K，ビット 0 と 1，項の連結 (M, N)，項 M の鍵 K による暗号文 $\{M\}_K$ を記述できる．ここでは対称鍵暗号のみを扱う．項 M から読み取れる情報を表現するために，パターン $pat(M)$ を定義する．

$$p(M, T) = M \quad (M \in \mathbf{K} \cup \{0, 1\} \text{ のとき})$$
$$p((M, N), T) = (p(M, T), p(N, T))$$
$$p(\{M\}_K, T) = \begin{cases} \{p(M, T)\}_K & (K \in T \text{ のとき}) \\ \Box & (K \notin T \text{ のとき}) \end{cases}$$
$$pat(M) = p(M, \{K \in \mathbf{K} \mid M \vdash K\})$$

ただし，$\mathbf{K}$ は全ての鍵記号の集合，$\Box$ は解読できない暗号文，$\{K \in \mathbf{K} \mid M \vdash K\}$ は項 M から導出できる全ての鍵記号の集合を表す．例えば，

$$\{K \in \mathbf{K} \mid (\{\{0\}_{K_1}\}_{K_2}, K_2) \vdash K\} = \{K_2\}$$

より，$pat((\{\{0\}_{K_1}\}_{K_2}, K_2)) = (\{\Box\}_{K_2}, K_2)$．

次に，項の間の記号的等価性 $\cong$ を定義する．項 N に現れる各鍵記号 K を $\sigma(K)$ で置き換えたものを $N\sigma$ と書く．項 M, N に対し，$\mathbf{K}$ 上の全単射 σ が存在し，$pat(M) = pat(N\sigma)$ のとき，$M \cong N$ と書く．例えば，$(\{0\}_{K_1}, \{1\}_{K_2}) \cong (\{1\}_{K_3}, \{0\}_{K_1})$．

2.2 計算論的意味論と計算量的識別不能性

以下では，記号列としての項に対し，ビット列の確率分布の族を対応付ける「解釈」を定義する．

対称鍵暗号方式 Π を，鍵生成，暗号化，復号アルゴリズムの三つ組 $(\mathcal{K}, \mathcal{E}, \mathcal{D})$ と定義し，自然数 η をセキュリティパラメータ，τ を乱数テープとする．項 M に対応するビット列 $[\![M]\!]_{\Pi, \eta}^{\tau}$ を，

$$[\![K]\!]_{\Pi, \eta}^{\tau} = \langle k, \text{``key''} \rangle$$
$$[\![i]\!]_{\Pi, \eta}^{\tau} = \langle i, \text{``bool''} \rangle \quad (i \in \{0, 1\})$$
$$[\![(M, N)]\!]_{\Pi, \eta}^{\tau} = \langle [\![M]\!]_{\Pi, \eta}^{\tau}, [\![N]\!]_{\Pi, \eta}^{\tau}, \text{``pair''} \rangle$$
$$[\![\{M\}_K]\!]_{\Pi, \eta}^{\tau} = \langle \mathcal{E}_{\tau}([\![M]\!]_{\Pi, \eta}^{\tau}, [\![K]\!]_{\Pi, \eta}^{\tau}), \text{``enc''} \rangle$$

で定める．k は τ の乱数と $\mathcal{K}$ で生成される鍵とし，$\mathcal{E}$ は τ の乱数を用いて暗号化する．末尾のタグでメッセージの種別を表す．τ をランダムに選んだときのビット列 $[\![M]\!]_{\Pi, \eta}^{\tau}$ の確率分布を $[\![M]\!]_{\Pi, \eta}$ とし，確率分布族 $\{[\![M]\!]_{\Pi, \eta}\}_{\eta \in \mathbb{N}}$ を M の解釈 $[\![M]\!]_{\Pi}$ とする．確率分布族 $D = \{D_{\eta}\}_{\eta \in \mathbb{N}}$ と $D' = \{D'_{\eta}\}_{\eta \in \mathbb{N}}$，任意の確率的多項式時間（PPT）アルゴリズム $\mathcal{A}$ に対し，次の関数 ε が無視できる[*1]とき，D と D' が計算量的に識別不能であるといい，$D \approx D'$ と書く．

$$\varepsilon(\eta) = \Big| \Pr[x \leftarrow D_{\eta} : \mathcal{A}(x) = 1] - \Pr[x \leftarrow D'_{\eta} : \mathcal{A}(x) = 1] \Big|$$

2.3 記号的等価性の計算論的健全性

ビット列 m の鍵 k による暗号文を受信した受動的攻撃者が，m や k についていかなる情報も多項式時間で得られないとき，type-0 安全であるという．

項 $\{K\}_K$ や $\{\{K_1\}_{K_2}\}_{K_1}$ のように，暗号化に用いる対称鍵が暗号化されるメッセージの中に含まれることを鍵循環という．

定理 1 M と N を鍵循環を含まない項とし，対称鍵暗号方式 Π が type-0 安全であるとする．$M \cong N$ ならば $[\![M]\!]_{\Pi} \approx [\![N]\!]_{\Pi}$ である．

2 つのプロトコル実行を表す項の間の記号的等価性を示しさえすれば，定理 1 より，計算論的アプローチにおける受動的攻撃者のもとでの計算量的安全性

[*1] 自然数から実数への関数 ε が，$\forall c > 0 \ \exists N \ \forall \eta \geq N \ \varepsilon(\eta) \leq \eta^{-c}$ を満たすとき，ε が無視できるという．

(プロトコル実行の間の計算量的識別不能性) が導かれる.

3. 能動的攻撃者のもとでの計算論的健全性

次に, 能動的攻撃者 (メッセージの改竄や順序の入れ替えもできる攻撃者) を考える. Cortier と Warinschi の研究 [5] に基づき, 公開鍵暗号の場合について述べる.

3.1 記号モデル

記号モデルでは, 項として, i 番目の参加者の名前 a_i, a_i の公開鍵 $\mathsf{pk}(a_i)$ と秘密鍵 $\mathsf{sk}(a_i)$, ノンス n_j, 鍵 $\mathsf{pk}(a_i)$ による t の暗号文 $\{t\}_{\mathsf{pk}(a_i)}^l$ を扱う. ラベル l は, 同じ平文と鍵による暗号文の区別に用いる.

攻撃者の動作として, 参加者の集合 $\bar{a}$ による新しいセッションの生成 $new(\bar{a})$ と, セッション s への項 t の送信とそれに対する応答の受信 $send(s,t)$ を扱う. 攻撃者は, 受信した項の集合 H から導出できる項のみを送信する. H から項 t が導出できるとき, 攻撃者のラベル l を用いて $\{t\}_{\mathsf{pk}(a_i)}^l$ を導出できる. H から $\{t\}_{\mathsf{pk}(a_i)}^l$ と $\mathsf{sk}(a_i)$ を導出できるとき, t を導出できる. 受信した項の集合 H_j と攻撃者の動作 E_j の列 $H_0 \xrightarrow{E_0} H_1 \cdots \xrightarrow{E_{n-1}} H_n$ で記号トレースを定義する. 秘密鍵を含むメッセージを参加者が送信しないようなプロトコル Π を考える. Π を実行した記号トレース全体の集合を Exe_Π^s と書く.

3.2 計算論的モデル

計算論的モデルでも, 攻撃者の動作 new と $send$ を扱うが, 項の代わりにビット列を扱う. 攻撃者は, 受信ビット列の集合 H から PPT 計算可能なビット列を送信する. 受信ビット列集合と攻撃者の動作の列で計算論的トレースを定義する. PPT 攻撃者 $\mathcal{A}$ のもとでプロトコル Π を実行した計算論的トレースは, ノンスと鍵の生成や暗号化の乱数により確率的に定まる. セキュリティパラメータ η に対し, 計算論的トレースの確率分布を $Exe_{\Pi,\mathcal{A}}^c(\eta)$ で表す.

3.3 マッピング補題と計算論的健全性

マッピング補題 (mapping lemma) は, 計算論的トレースに対して記号トレースが対応しない確率が無視できるという性質である. ビット列集合から項集合への部分関数 c に対し, 計算論的トレース tr^c に現れる各ビット列 m を $c(m)$ で置き換えたものを $c(tr^c)$ と書く. ある単射な部分関数 c が存在し, $c(tr^c)$ が記号トレース tr^s であるとき, $tr^s \preceq tr^c$ と書く.

補題 1 公開鍵暗号が IND-CCA2 安全[*2)]のと

---

*2) 能動的攻撃者のもとでの安全性定義の 1 つ.

き, 任意の PPT 攻撃者 $\mathcal{A}$ に対し, 次が無視できる.
$$\Pr\left[tr^c \leftarrow Exe_{\Pi,\mathcal{A}}^c(\eta): \forall tr^s \in Exe_\Pi^s \ tr^s \npreceq tr^c\right]$$

プロトコル Π の安全性を, 望ましいトレースの集合で表す. Π が記号トレースの集合 P^s で表される安全性を満たすことを, $Exe_\Pi^s \subseteq P^s$ で定義する. Π が計算論的トレースの集合 P^c で表される安全性を満たすことを, 任意の PPT アルゴリズム $\mathcal{A}$ に対し, $\Pr\left[tr^c \leftarrow Exe_{\Pi,\mathcal{A}}^c(\eta): tr^c \notin P^s\right]$ が無視できることとする. P^s が P^c に対応する ($c^{-1}(P^s) \subseteq P^c$ である) とき, 補題 1 から次が導かれる.

定理 2 Π が記号モデルで安全性 P^s を満たすならば, Π は計算論的モデルで安全性 P^c を満たす.

つまり, 記号モデルで Π の安全性を示せば, 定理 2 により, Π の計算論的実行の安全性が導かれる.

同様の考え方で, 汎用的結合可能性での安全性が記号的安全性から導かれることが示されている[2].

4. その後の計算論的健全性の研究

匿名性のように, 等価性で表せてもトレース集合で表せない安全性は, 定理 2 を適用できない. 能動的攻撃者のもとでの等価性の計算論的健全性は, 2.3 項の等価性の健全性と 3.3 項のマッピング補題を発展させた議論で導かれる[3],[4]. 　　[川本裕輔]

参 考 文 献

[1] M. Abadi, P. Rogaway, Reconciling two views of cryptography (the computational soundness of formal encryption), *Journal of Cryptology*, **15**(2) (2002), 103–127.

[2] R. Canetti, J. Herzog, Universally composable symbolic analysis of mutual authentication and key-exchange protocols, In *Proc. TCC'06*, *Springer Lecture Notes in Computer Science*, Vol.3876 (2008), 380–403.

[3] H. Comon-Lundh, V. Cortier, Computational soundness of observational equivalence, In *Proc. ACM CCS'08* (2008), 109–118.

[4] H. Comon-Lundh, M. Hagiya, Y. Kawamoto, H. Sakurada, Computational soundness of indistinguishability properties without computable parsing, In *Proc. ISPEC'12*, *Springer Lecture Notes in Computer Science*, Vol.7232 (2012), 63–79.

[5] V. Cortier, B. Warinschi, Computationally sound, automated proofs for security protocols, In *Proc. ESOP'05*, *Springer Lecture Notes in Computer Science*, Vol.3444 (2005), 157–171.

論理的検証法
mathematical logic for protocol verification

数理論理を用いたセキュリティプロトコルの検証法について述べる．特に，この分野のパイオニアであるBAN論理と，その発展と見なせるPCLを紹介する．なお，この分野の研究成果は[1]に詳しい．本項目を読んで興味を持った読者には，お薦めしたい．

1. BAN論理

BAN論理は，1989年にM. Burrows, M. AbadiとR. Needham [2]によって提案された，プロトコルの認証を検証するための論理体系である．プロトコルの参加者Pが参加者Qを認証することは，Pがプロトコルを実行している際，その通信相手がQであることを保証することである．つまり，悪意を持つ他の参加者がQとして成りすますことができないようにすることである．BAN論理は，プロトコルの参加者の信念を推論する論理体系であり，Pがプロトコルを実行した後に，通信相手がQであったという信念を保持できることを示すことで，プロトコルの認証を検証する．

1.1 記法
BAN論理の式は次の通りである．
- $P \models X$：PはXを正しいと信じる．PはXという信念を得る．
- $P \triangleleft X$：PはXを含んだメッセージを受け取り，それを読み取る．
- $P \mid\sim X$：PはXを含んだメッセージを過去または現在に送信した．
- $P \mid\Rightarrow X$：PはXに関して信頼されている．
- $\sharp(X)$：Xは現在初めて送られた．過去に送られたものの再送ではない．
- $P \stackrel{K}{\leftrightarrow} Q$：$P$と$Q$は共有鍵$K$を共有している．
- $\stackrel{K}{\mapsto} P$：Pは公開鍵Kを持っており，対応する秘密鍵は漏洩しない．
- $\{X\}_K$：XはKにより暗号化されている．

1.2 認証を示すために鍵となる推論規則
BAN論理では，現在と過去の2つの時点を考え，成りすましとして，Qが過去に送信したメッセージを攻撃者が傍受し，現在Pにそれを再送信する攻撃のみを考える．すなわち，PがQを認証することを保証するために，次の1)と2)を示す．
1) Pが受信したメッセージは，Qにより作成，送信されたものである．
2) それは攻撃者による過去のメッセージの再送信ではなく，現在に作成されたものである．

このとき，重要な推論規則は，以下のMessage meaning規則とNonce verification規則である．

$$\frac{P \models Q \stackrel{K}{\leftrightarrow} P \quad P \triangleleft \{X\}_K}{P \models (Q \mid\sim X)} \text{ Message meaning}$$

$$\frac{P \models \sharp(X) \quad P \models (Q \mid\sim X)}{P \models (Q \models X)} \text{ Nonce verification}$$

Message meaning規則は，受け取ったメッセージからその作成者を認識する規則である．「Pがメッセージ$\{X\}_K$を受け取ったとき，$\{X\}_K$はPとQのみで共有されている共有鍵Kで暗号化されているため，Pは，$\{X\}_K$はQにより作成，送信されたものであるという信念を得る」ことを表す．一方，Nonce verification規則は，メッセージの作成時点が現在であることを調べることで，過去の再送信でないことを保証する規則である．「Xが過去の再送信ではなく，現在に送られたメッセージであり，かつ，Qが作成し送信したものであるという信念をPが得たならば，Pは，Qは現在にXを作成し送信したという信念を得る」ことを表している．

1.3 認証の検証
上記のように，BAN論理では，Pが，Qが現在にXを作成し送信したという信念を得ることを，$P \models (Q \models X)$で表す．ここで，XはプロトコルにおいてPが受信したメッセージである．プロトコルから得られる前提をもとに，この式を推論することにより，Pが受信したXは，Qにより現在作成されたことが保証され，PがQを認証することが示される．

2. PCL

PCL (protocol composition logic) は，2007年にJ.C. Mitchellらの研究グループによって提案された論理体系であり，セキュリティプロトコルの認証や秘密性を検証することができる[3]．BAN論理とは異なり，PCLでは，参加者が同時に複数のセッションに参加することや，攻撃者が能動的に並行セッションを起こした上で成りすます，中間者攻撃 (man in the middle attack) も考慮している．PCLはプロトコルをプログラムと見なして，その事前条件と事後条件の関係を式とし，プログラムの構造に従って式を推論する，Hoare論理のスタイルの論理体系である．また，PCLは，プロトコルの実行トレース上に意味論が定義されており，その意味論に関する健全性，すなわち，推論される式が正しいことが保証されている．

2.1 記法

PCLでは，プロトコルとして，プロセス計算で表現されたプログラムを用いる．その基本アクションは，メッセージの送信と受信，生成，比較，署名とその確認，暗号化，復号である．参加者はプログラムを同時に複数インスタンスで実行でき，それらをスレッドと呼ぶ．PCLの構文として，アクション式と式，様相式がある．アクション式 a は，対応する基本アクションが実行されたことを表す．

$$a ::= Send(X,t)|Receive(X,t)|New(X,t)$$
$$|Encrypt(X,t)|Decrypt(X,t)|Sign(X,t)$$
$$|Verify(X,t)$$

ここで，X はスレッドであり，t はメッセージである．$Send(X,t)$ は X 中で t が送信されたことを表す．他のアクション式も同様である．式 ϕ は，検証に必要な，より複雑な性質を表す．

$$\phi ::= a|a<a|Has(X,t)|Fresh(X,t)|Gen(X,t)$$
$$|FirstSend(X,t,t)|Honest(N)|t=t$$
$$|Contains(t,t)|\phi \wedge \phi|\neg\phi|\exists x.\phi|Start(X)$$

ここでは，いくつかの式について述べる．$Has(X,t)$ は，X を実行している参加者が t を持っていることを表す．$a_1 < a_2$ は，a_1 に対応する基本アクションが起こり，その後 a_2 に対応する基本アクションが起こることを表す．$Start(X)$ は X がまだ始まっていないことを表す．$Honest(N)$ は，参加者 N はプロトコルに従って振る舞うことを表す．様相式 Φ は，事前条件，プログラム，事後条件の三つ組である．

$$\Phi ::= \phi[P]_X\phi$$

$\phi_1[P]_X\phi_2$ は，ϕ_1 を満たすとき，X でプログラム P を実行終了後，必ず ϕ_2 が成り立つことを表す．

2.2 重要な公理

PCLには式や様相式を特徴付ける様々な公理がある．$Has(X,t)$ については，次の公理がある．

$$Has(X,\{x\}_K) \wedge Has(X,K) \rightarrow Has(X,x)$$

これは，共有鍵による暗号メッセージは，その鍵で復号できることを表す．PCLの特徴的な推論規則として Sequencing 規則と Honesty 規則がある．

$$\frac{\phi_1[P]_X\phi_2 \quad \phi_2[P']_X\phi_3}{\phi_1[PP']_X\phi_3} \text{ Sequencing}$$

Sequencing 規則は，事前条件と事後条件の関係が推移的であることを表す．P と P' の事前/事後条件が，それぞれ ϕ_1/ϕ_2 と ϕ_2/ϕ_3 であるとき，P と P' を続けて実行するプログラム PP' の事前/事後条件が ϕ_1/ϕ_3 となることを表す．Honesty 規則は，参加者がプロトコルに従って振る舞う場合，その振舞いの間，不変的に成り立つ性質を導く．

$$\frac{Start(X)[]_X\phi \quad \phi[P_1]_X\phi \quad \cdots \quad \phi[P_n]_X\phi}{Honest(\hat{X}) \rightarrow \phi} \text{ Honesty}$$

ここで，$\hat{X}$ は X を実行する参加者であり，$P_1,\ldots,P_n$ は X で実行されるプログラムの断片（メッセージ受信アクションの直前で分割した断片）である．この規則は，以下の仮定 1,2 のもとで以下の結論が成り立つことを意味する．

仮定1 X のプログラムの実行前は ϕ が成り立つ．

仮定2 X で実行される任意のプログラム断片 P_i において，実行前に ϕ が成り立っているとき，P_i の実行後にもまた ϕ が成り立つ．

結論 X を実行する参加者がプロトコルに従うならば，X におけるプロトコル実行が P_i の組合せになっているため，ϕ を満たす．

2.3 認証の検証

PCL では，X が Y を認証することを，

$$\top[P]_X(Honest(\hat{Y}) \rightarrow \phi_{auth}) \quad (1)$$

で表す．ここで，P は X の振る舞いを表すプログラムであり，ϕ_{auth} は，次のような式である．

$$\phi_{auth} \equiv \exists Y(Receive(Y,t_1) < Send(Y,t_2))$$

式 (1) は，X で P を実行終了後，Y を実行する参加者 $\hat{Y}$ がプロトコルに従っていたならば，他の参加者の成りすましではなく，$\hat{Y}$ のあるスレッド Y が X と通信していたことを表す．ϕ_{auth} は，Y で行うべき基本アクション $Receive(Y,t_1)$ と $Send(Y,t_2)$ を正しい順序で実行していたこと，すなわち X と通信していたことを表す．証明では，基本アクションから P を組み立てる際，Sequencing 規則を用い，$Honest(\hat{Y}) \rightarrow \phi_{auth}$ を導く際に，Honesty 規則を用いる．

PCL の大きな特徴として，プロトコルの安全性の証明を拡張できることがある．プロトコルをモジュールに分け，モジュールに対して成り立つ性質を証明し，その証明を Sequencing 規則などを用いて組み合わせることにより，プロトコル全体の証明になる．

[萩原茂樹]

参 考 文 献

[1] 萩谷昌己, 塚田恭章 編, 数理的技法による情報セキュリティ, 共立出版, 2010.

[2] M. Burrows, M. Abadi, R. Needham, A logic of authentication, *ACM Trans. on Computer Systems*, Vol.8, No.1 (1990), 18–36.

[3] A. Datta et al., Protocol composition logic (PCL), *Computation, Meaning, and Logic: Articles dedicated to Gordon Plotkin*, Vol.172 of *ENTCS* (2007), 311–358.

複雑ネットワーク

概論　243
複雑ネットワークの特徴量　244
スモールワールドネットワーク　246
スケールフリーネットワーク　248
複雑ネットワークのコミュニティ構造　250
ネットワーク理論における最適化手法　252
振動子結合系　254

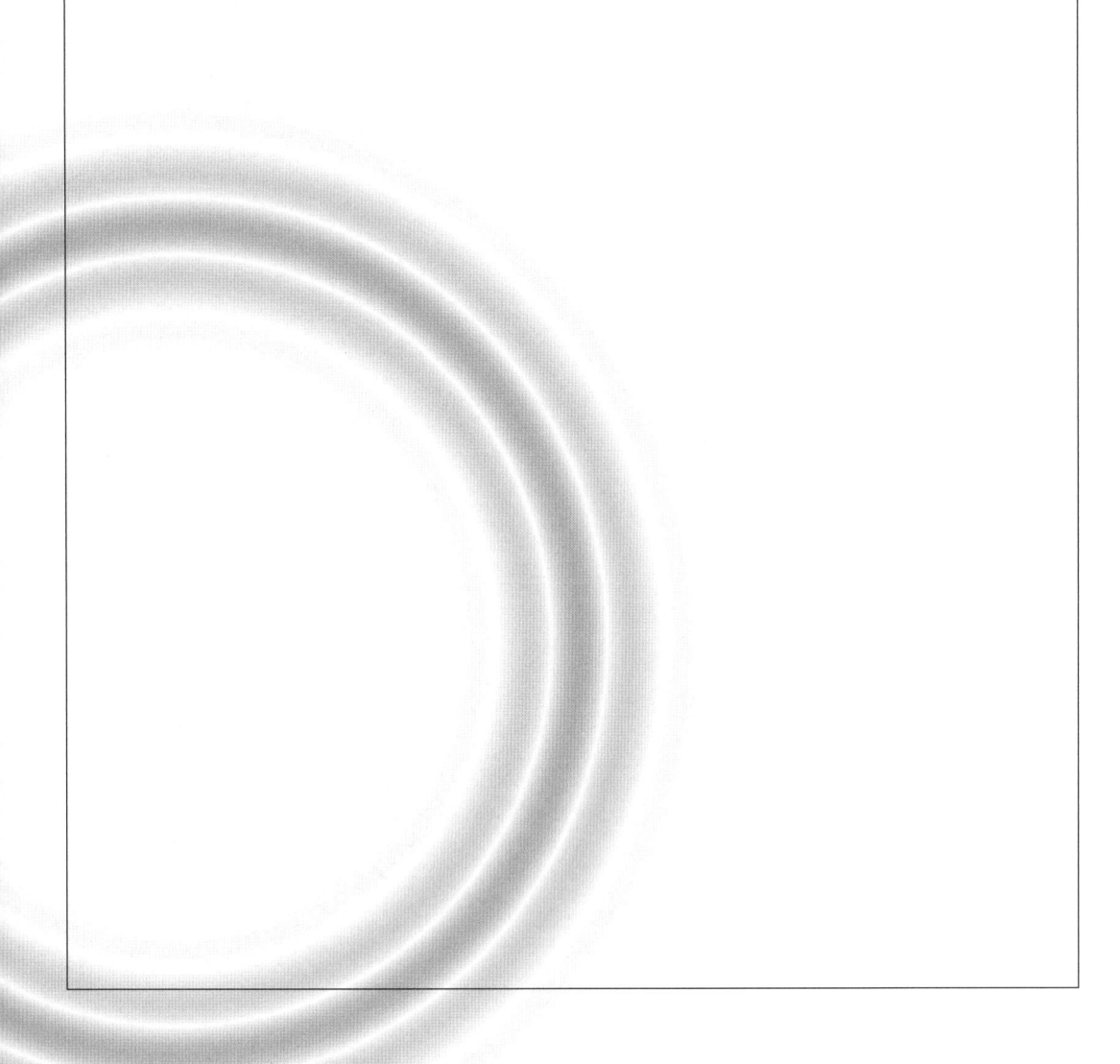

概論
introduction

1. 複雑系と複雑ネットワーク

脳内のニューラルネットワークや細胞内の遺伝子・タンパク質ネットワークのような生命システム，電力ネットワークや通信ネットワークのような工学システム，気象や地震のような自然システム，さらには，経済活動，うわさ，感染症の伝播，交通流システムのような社会システム — これらのシステムは，いわゆる複雑系（complex system）の具体例になっている．

複雑系においては，全体還元論的理解も要素還元論的理解も，それらだけでは不十分である．なぜならば，複雑系の全体は多数の要素から構成されるが，他方で全体の振る舞いが各要素にフィードバックされてこれらの要素の振る舞いに影響を与え，この全体と各要素の間での循環的フィードバックの連鎖が複雑さを生み出すからである．

このような複雑さを生み出す基本的メカニズムを別の観点から見れば，各要素が非線形ダイナミクスを有し，かつこれらの要素が互いに相互作用することがポイントである．そして，この相互作用の基本構造の抽出と表現にも大きく貢献したのが，複雑ネットワーク（complex network）理論である．すなわち，複雑ネットワーク理論により，複雑系において全体と各要素を結び付ける中間レベルの記述のための強力な基盤が構築された（図1）．

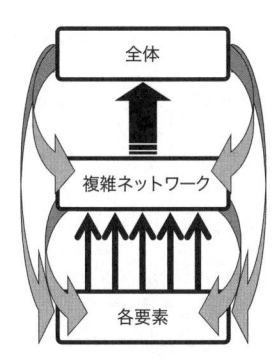

図1 複雑系の構造

2. 複雑ネットワークとグラフ理論

1990年代後半から大きく進展している複雑ネットワーク理論の基礎となっているのは，オイラー（L. Euler）を源流とするグラフ理論である．グラフは，頂点（もしくは，ノード，節点，サイトなどと呼ばれる）の集合と枝（もしくは，エッジ，リンク，ボンドなどと呼ばれる）の集合からなる（図2）．複雑ネットワーク理論研究により，スモールワールドネットワークやスケールフリーネットワーク等々，実在の複雑系の理解に大きく貢献する基本概念が次々と明らかになってきている．

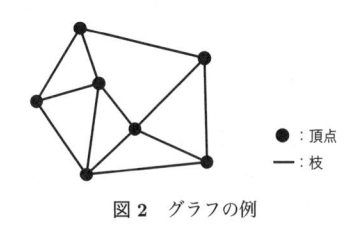

図2 グラフの例

3. 本章の構成

本章は，以下の6項目から構成されている．

［複雑ネットワークの特徴量］（p.244）では，複雑ネットワークの構造を特徴付ける次数分布，平均距離，クラスタ係数，次数相関，中心性，およびコミュニティ構造という基本的な特徴量を紹介する．

これに続く3つの項目では，複雑ネットワーク理論が大きく進展するきっかけとなった［スモールワールドネットワーク］（p.246）および［スケールフリーネットワーク］（p.248），さらには実在する複雑ネットワーク構造を分析する上で重要性の高い［複雑ネットワークのコミュニティ構造］（p.250）について解説する．

最後の2つの項目では，複雑ネットワーク理論と他分野との関係を紹介するために，ネットワーク上の離散最適化問題に関する［ネットワーク理論における最適化手法］（p.252）および振動子からなるネットワークの同期現象に関する［振動子結合系］（p.254）を取り上げる．

これらの各項目およびその参考文献により，複雑ネットワーク理論の面白さとその研究の現状を知ることができよう．　　　　　　　　　　［合原一幸］

複雑ネットワークの特徴量
properties of complex networks

与えられたネットワーク(グラフと同義)の構造を特徴付ける代表的な量を扱う.より詳しくは,書籍 [1],[2] などを参照されたい.

1. 次 数 分 布

頂点 v_i から出る枝の数 k_i を,頂点 v_i の次数(degree)という.1 本の枝は次数の総和に 2 だけ寄与する.したがって,任意のネットワークに対して

$$\sum_{i=1}^{N} k_i = 2M \tag{1}$$

が成立する.ここで,M は枝数である.式 (1) を握手の補題という.

次数 k の頂点が全頂点に占める割合を $P(k)$ と書く.すなわち,次数 k の頂点は $NP(k)$ 個ある.ここで N は頂点数である.

$$\{P(k)\} \equiv \{P(0), P(1), P(2), \ldots, P(N-1)\}$$

を次数分布(degree distribution)と呼ぶ.

ネットワーク生成モデルの多くは確率モデルである.すると,$P(k)$ も確率変数となり,同じモデルを用いても,出てくる次数分布は一般的に毎回異なる.この場合は,$P(k)$ を確率分布と見なすのが適切である.

次数の平均値を平均次数(mean degree; average degree)といい,しばしば $\langle k \rangle$ と書く.$\langle k \rangle = \sum_{k=0}^{\infty} kP(k)$ が成立する.式 (1) とあわせると,関係式 $\langle k \rangle = 2M/N$ を得る.

多くのネットワークの次数分布は,べき則(power law)$P(k) \propto k^{-\gamma}$ に従う.ここで,$\propto$ は比例を表し,γ はべき指数と呼ばれる.次数分布がべき則に従うネットワークは,スケールフリーネットワーク(scale-free network)と呼ばれる.

2. 平 均 距 離

2 頂点 v_i と v_j の距離(distance; path length)$d(v_i, v_j)$ を,v_i から v_j に到達するために必要な最小の枝数として定義する.枝に方向を仮定しない無向ネットワーク(無向グラフ)においては,$d(v_i, v_j) = d(v_j, v_i)$ が成立する.ネットワークの平均(頂点間)距離(average path length; characteristic path length)とは,$d(v_i, v_j)$ の全ての頂点対にわたる平均であり,

$$L \equiv \frac{2}{N(N-1)} \sum_{1 \leq i < j \leq N} d(v_i, v_j)$$

で与えられる.

種類をあまり問わず,現実のネットワークでは,N が大きくても L が大きくないことが多い.通常,大きくないとは $L \propto \log N$ 以下であることを指す.

実際のデータから L を求めるためには,ダイクストラ法を用いるのが標準的である.効率的な実装を行えば,その計算量は $O((M+N)\log N)$ となる.

3. クラスタ係数

ネットワークにおける三角形のことをクラスタという.クラスタという用語は,分野によって様々な意味に用いられるが,複雑ネットワークにおいては,三角形の意味で用いられる.大抵の現実のネットワークには,クラスタが多く存在する.

与えられたネットワークにおけるクラスタの量は,クラスタ係数(clustering coefficient)で定量化することができる.v_i のクラスタ係数を C_i と書く.k_i 個存在する v_i の隣接点から 2 点を選び出す場合の数は $k_i(k_i-1)/2$ 通りである.もし 1 つの隣接点対が枝であれば,その 2 点と v_i の合計 3 点は 1 つの三角形をなす.したがって,

$$C_i \equiv \frac{v_i \text{ を含む三角形の数}}{k_i(k_i-1)/2} \tag{2}$$

と定義される.$0 \leq C_i \leq 1$ である.

ネットワーク全体のクラスタ係数 C は,

$$C \equiv \frac{1}{N} \sum_{i=1}^{N} C_i \tag{3}$$

で定義される.$0 \leq C \leq 1$ である.C_i は各頂点についての量であり,C はネットワーク 1 つについての量であることに注意する.大抵の現実のネットワークにおいて,C は大きい.

$k_i = 0, 1$ のときは,式 (2) の分母が 0 となる.そのような頂点 v_i は,式 (3) の右辺から除外することが多い.

4. 次 数 相 関

次数相関(degree correlation)とは,隣接点の次数の類似度合いを測る概念である.隣接点の次数が類似しやすい(ハブの隣にハブがいやすく,次数の小さい頂点の隣に次数の小さい頂点が存在しやすい)とき,そのネットワークは,正の次数相関を持つという.ハブの隣に次数の小さい頂点が存在しやすいとき,負の次数相関を持つという.

与えられたネットワークから次数相関を測る方法で頻用されるものは 2 つある.1 つ目の方法は,隣接点の平均次数に基づく.頂点 v_i の隣接点の平均次数は

$$k_{\text{nn},i} \equiv \frac{1}{k_i} \sum_{\substack{j=1; \\ (v_i,v_j) \in E}}^{N} k_j \quad (4)$$

で与えられる．ただし，$\sum_{j=1;(v_i,v_j)\in E}^{N}$ は，v_i の隣接点 v_j についての和を表す．v_i と同じ次数を持つ全ての頂点にわたって式 (4) の量を平均することによって，次数 k の頂点の隣接点の平均次数 $\langle k_{\text{nn}}(k) \rangle$

$$\equiv \frac{1}{(k_i = k\text{ なる頂点の数})} \sum_{\substack{i=1; \\ k_i=k}}^{N} \frac{1}{k_i} \sum_{\substack{j=1; \\ (v_i,v_j)\in E}}^{N} k_j$$

$$= \frac{1}{(k_i = k\text{ なる頂点の数}) \times k} \sum_{i=1; k_i=k}^{N} \sum_{j=1;(v_i,v_j)\in E}^{N} k_j \quad (5)$$

を得る．式 (5) を $\langle k_{\text{nn}}(k) \rangle = \sum_{k'} k' P(k'|k)$ と書き直すこともできる．ここで，$P(k'|k)$ は，頂点の次数が k であるという条件下で，その隣接点の次数が k' である確率である．ネットワークのモデルにおいては，$P(k'|k)$ が理論的に求まることがしばしばある．

$\langle k_{\text{nn}}(k) \rangle$ が k の増加に伴って増える傾向があれば，ネットワークは正の次数相関を持つ．減る傾向があれば，負の次数相関を持つ．人間関係のネットワークは正の次数相関を持ちやすい．一方，生物系と工学系のネットワークは負の次数相関を持ちやすい[3]．

2 つ目の次数相関の定量化の方法では，詳細は割愛するが，ピアソン相関係数を用いる[3]．

5. 中 心 性

どの頂点がネットワークの中で重要であるかを決める指標を，一般的に中心性 (centrality) という．何をもって中心であるかと規定するかに応じて，使われるべき中心性指標は異なる．

頂点 v_i の次数 k_i を，v_i の次数中心性と呼ぶ．ハブが中心であるという考え方である．次数中心性は，計算が簡単であるが，直観的な「中心」の概念からずれてしまうことが多い．

頂点 v_i の近接中心性は，v_i から他の頂点まで平均的にどれくらい近いかによって定義される．頂点から情報を発信するときにネットワーク全体に行き渡りやすいかどうかを測る量と解釈することができる．その定義は，

$$\frac{N-1}{\sum_{\substack{j=1; \\ j\neq i}}^{N} d(v_i,v_j)} = \frac{1}{L_i}$$

で与えられる．ここで，L_i は，v_i から他の $N-1$ 点への距離の平均である．

頂点 v_i の媒介中心性は，v_i がネットワーク上の流れを橋渡ししたり制御したりする度合いを表すと解釈される．定義は

$$\frac{\sum_{i_s=1;i_s\neq i}^{N} \sum_{i_t=1;i_t\neq i}^{i_s-1} \frac{g_i^{(i_s i_t)}}{N_{i_s i_t}}}{(N-1)(N-2)/2} \quad (6)$$

で与えられる．ここで，$g_i^{(i_s i_t)}$ は始点 v_{i_s} から終点 v_{i_t} へ行く最短路の中で，v_i を通る最短路の数，$N_{i_s i_t}$ は，v_{i_s} から v_{i_t} への最短路の総数である．式 (6) の分子より，v_i が他の 2 点を結ぶ最短路上にあるたびに，v_i に得点が入る．和の $i_s, i_t \neq i$ は，v_{i_s} または v_{i_t} が v_i であるならば v_i が最短路上にあるのは当たり前であるので，そのような場合を除外することを表す．分母は規格化定数である．分子の 2 重和は，i_s と i_t を，i 以外の $N-1$ 頂点の中から選ぶことを表す．i_s と i_t の選び方は $(N-1)(N-2)/2$ 通りあることに注意する．

6. コミュニティ構造

しばしば，ネットワークは，同じ集団内では枝が密で，異なる集団間には枝があまりないという特徴を持つ．このような構造をネットワークのコミュニティ構造と呼び，1 つの集団を，コミュニティ (community)，あるいはモジュールと呼ぶ．1 つのネットワークがいくつかのコミュニティに分割されるとき，そのネットワークはコミュニティ構造を持つという．

与えられたネットワークをコミュニティに分割することは，アルゴリズムの問題である．コミュニティ構造を持つネットワークに対しても，用いるアルゴリズムが適切でなければ，コミュニティ構造を検出することができなかったり，計算時間の意味で検出が実行不能となることに注意する．　　［増田直紀］

参 考 文 献

[1] 増田直紀, 今野紀雄, 複雑ネットワーク, 近代科学社, 2010.
[2] 増田直紀, 今野紀雄,「複雑ネットワーク」とは何か, 講談社, 2006.
[3] M.E.J. Newman, Assortative mixing in networks, *Physical Review Letters*, **89** (2002), article No.208701.

スモールワールドネットワーク
small-world networks

現実の多くのネットワークがスモールワールド性を示すことが知られている．ここでは，スモールワールドネットワークの代表的なモデルである WS モデルを取り上げ，その基本的な性質を紹介する．

1. スモールワールド性

古くは 1960 年代にミルグラム（S. Milgram）らが行った，無作為に選ばれた人物が目標の人物まで手紙をリレーして届ける社会実験（スモールワールド実験）によって，また，近年も盛んに行われている種々のネットワーク解析によって，現実のネットワークの多くが「小さな平均距離と大きなクラスタ係数」を持つこと（スモールワールド性）が認識されてきた．複雑ネットワークの分野では，ワッツ（D.J. Watts）とストロガッツ（S.H. Strogatz）による定義 [1] に習い，ネットワークの頂点数 n が大きいとき，平均距離が対数的（$O(\log n)$）に振る舞い，クラスタ係数が正に留まる（$O(1)$）ネットワークをスモールワールドネットワーク（small-world network）と呼ぶ．

2. WS モデル

ここでは，1998 年にワッツとストロガッツによって導入された，スモールワールド性を示す単純なモデルである，WS（Watts–Strogatz）モデル [1] の生成法を示す．このモデルは，理論的な標準モデルとして種々の解析に用いられている．以下のアルゴリズム 1 で述べる WS モデルの生成法は，ニューマン（M.E.J. Newman）のレビュー論文 [2] によって整理された方法をもとにしている．

アルゴリズム 1 （WS モデルの生成法）

1) 頂点数 n，隣接頂点数 $2k$ の拡張サイクル $C(n,k)$ を用意する．ここで，$C(n,k) = (V_n, E_{n,k})$ は，頂点集合 $V_n = \{1,\ldots,n\}$，枝集合 $E_{n,k} = \{(i,j) \in V \times V : |i-j| = 1,\ldots,k \pmod{n}\}$ で定められる単純グラフである（図1参照）．さらに，$E_{n,k}$ に含まれる枝を 1 から kn までの整数で以下のように番号付ける．$e_{i+(l-1)n} := (i, i+l \pmod n) \in E_{n,k}$．
2) $i=1$，$(E_{n,k})_1 = E_{n,k}$ とする．
3) 確率 $0 \leq p \leq 1$ で枝 $e_i \in (E_{n,k})_i$ の繋ぎ替えを行うかどうかを決める．繋ぎ替えを行う場合は 4) へ，行わない場合は 5) へ進む．
4) 枝 $e_i \in (E_{n,k})_i$ の繋ぎ替えを行う．枝 e_i の

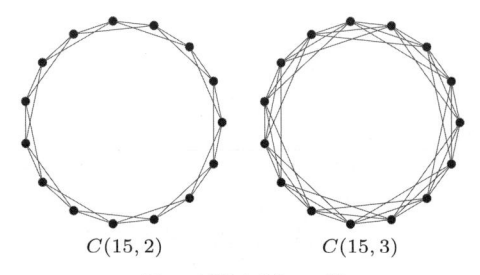

$C(15,2)$ $C(15,3)$

図1 拡張サイクルの例

片方の端点を確率 $1/2$ で選ぶ．選ばれた端点を v，他方の端点を w とする．頂点 v' を $\{u \in V_n : (u,w) \notin (E_{n,k})_i, u \neq v, w\}$ から一様な確率で選び，枝 e_i を新しい枝 (v', w) で置き換えた新しい枝集合 $(E_{n,k})_{i+1}$ を作る作業 $(E_{n,k})_{i+1} = \{(v',w)\} \cup (E_{n,k})_i \setminus \{e_i\}$ を行う．この作業は，枝 $e_i = (v,w)$ の端点 v を，多重辺や自己ループを避けて一様な確率で選んだ新しい端点 v' に繋ぎ替えることに対応している．
5) i を 1 増加させる．$1 \leq i \leq kn$ の場合 3) へ戻る．$i = kn+1$ の場合は $E'_{n,k} = (E_{n,k})_{kn+1}$ として，グラフ $WS(n,k) = (V_n, E'_{n,k})$ を出力する．

図 2 は，WS モデル $WS(15,2)$ においてパラメータ p をそれぞれの値（ネットワークの下に記載）に固定した際に得られるグラフの例である．パラメータ p の値によって，拡張サイクル（$p=0$），（ほぼ）ランダムグラフ（$p=1$），拡張サイクルとランダムグラフの中間のネットワーク（$0 < p < 1$）が現れていることが見てとれる．

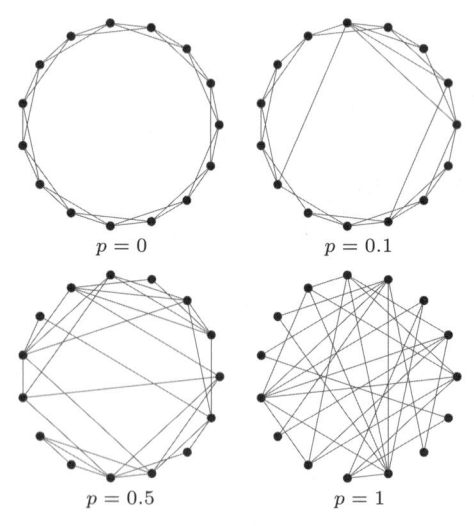

$p=0$ $p=0.1$

$p=0.5$ $p=1$

図2 WS モデルの例：$WS(15,2)$

3. WSモデルの性質

ここでは、WSモデルのクラスタ係数 $C(p)$ と平均距離 $L(p)$ のパラメータ p への依存性を解析する。

まず、$C(p)$ の解析を行う。$p=0$ のとき、WSモデル $WS(n,k)$ は拡張サイクル $C(n,k)$ と等しい。また、$C(n,k)$ は正則グラフであるため、頂点1のクラスタ係数を求めれば十分である。頂点1の $2k$ 個の隣接頂点間には、枝が $3k(k-1)/2$ 本あるため、クラスタ係数は以下となる。

$$C(0) = \frac{3(k-1)}{2(2k-1)} \tag{1}$$

$0 < p \leq 1$ の場合、$p=0$ で存在した頂点 i を含む三角形が、枝の繋ぎ替え後に再び頂点 i を含む三角形になる確率は、$(1-p)^3 + O(1/n)$ である（三角形を構成する3本の枝が全て繋ぎ替えられない確率が主要項である）。したがって、式(1)より、クラスタ係数の平均的な挙動は、以下の $\bar{C}(p)$ で近似できることがわかる。

$$\bar{C}(p) = \frac{3(k-1)}{2(2k-1)}(1-p)^3 \tag{2}$$

次に、$L(p)$ を解析するために、アルゴリズム1の4)で示した枝の繋ぎ替えを行う代わりに、元の枝を残して新たな枝（以下、近道と呼ぶ）を付け足すことで得られる、変形WSモデルを考える。さらに、考えている変形WSモデルに対して、長さ n の円環と対応する近道からなる連続近似を考える（図3参照）。ただし、近道の長さは仮想的に1とする。

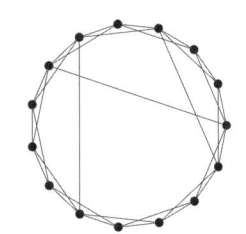

変形WSモデル　　　変形WSモデルの連続近似

図3　変形WSモデルとその連続近似

変形WSモデルの連続近似における、ある任意の点 v から他の点への平均距離 $\bar{L}(p)$ により、$L(p)$ を近似する。そのために、点 v から円環上を左右に単位時間当たり k で、近道上を単位時間当たり1で進むことを考え、その際円環上にできる既に訪れた点からなる区間を考える。ここで、時刻 t までに訪問していない円環上の部分の長さの和を $M(t)$、時刻 t までに訪問した円環上の区間の数を $N(t)$ とすると、以下の式が成り立つ。

$$\frac{dM(t)}{dt} = -2kN(t) \tag{3}$$

また、近道を通ることで円環上に新たな区間ができること、および、2つの区間が合わさり1つの区間となることを考慮し、円環上の区間の間隙が一様分布に従うと仮定することにより、以下の式を得る。

$$\frac{dN(t)}{dt} = \frac{4k^2 M(t)N(t)p}{n} - \frac{2kN(t)(N(t)-1)}{M(t)} \tag{4}$$

したがって、式(3),(4)と $\bar{L}(p) = \int_0^1 t\, d(M/n)$ を合わせることにより、以下を得る。

$$\bar{L}(p) = \frac{n}{k} f(nkp) \tag{5}$$

ただし、

$$f(x) = \frac{1}{2\sqrt{x^2+2x}} \tanh^{-1}\left(\sqrt{\frac{x}{x+2}}\right). \tag{6}$$

式(5),(6)より、

$$\bar{L}(p) \sim \begin{cases} \dfrac{n}{4k}, & (nkp \ll 1) \\ \dfrac{\log(2nkp)}{4k^2 p}, & (nkp \gg 1) \end{cases} \tag{7}$$

が得られる。式(7)の nkp が近道の平均本数であることから、近道の本数のオーダーが1本を超えると平均距離は小さくなることがわかる。また、式(2)とあわせて、大きな $C(p)$ と小さな $L(p)$ を同時に達成する（小さな）p をとれることがわかる。

例えばMathematica 8などでWSモデルを生起する関数が実装されるなど、以前より手軽にモデルに触れることができるようになった。是非、試していただきたい。スモールワールドネットワーク上のパーコレーションやランダムウォークなどの解析に関して、日本語で読める文献の例として[3]と[4]を挙げる。興味を持った読者にお薦めしたい。

［井手勇介］

参 考 文 献

[1] D.J. Watts, S.H. Strogatz, Collective dynamics of 'small-world' networks, *Nature*, Vol.393 (1998), 440–442.

[2] M.E.J. Newman, The structure and function of complex networks, *SIAM Review*, Vol.45 (2003), 167–256.

[3] ダンカン・ワッツ 著, 栗原 聡, 佐藤進也, 福田健介 訳, スモールワールド—ネットワークの構造とダイナミクス, 東京電機大学出版局, 2006.

[4] リック・デュレット 著, 竹居正登, 井手勇介, 今野紀雄 訳, ランダムグラフダイナミクス—確率論からみた複雑ネットワーク, 産業図書, 2011.

スケールフリーネットワーク
scale-free network

現実のネットワークの多くは，次数分布がべき乗則に従うスケールフリーネットワークである．このネットワークは，優先的結合を用いた成長するネットワークのモデルにより生成することができる．このネットワークは，ランダム攻撃に対して頑強であるが，ハブ攻撃に対しては脆弱である．

1. べき乗則とスケールフリー

次数分布（枝の数がkである頂点の頻度分布）$P(k)$がべき乗則（power-law）

$$P(k) \propto k^{-\lambda}$$

に従うネットワークを，スケールフリーネットワーク（scale-free network）と呼ぶ．生命・社会・経済などに関連する現実のネットワークの多くは，スケールフリーネットワークである．べき指数（power exponent）λはネットワークの種類により異なるが，$2 \leqq \lambda \leqq 3$程度の値をとることが多い．なお，ネットワークがスケールフリーだからといって，必ずしもスモールワールドになっているとは限らないことに注意する．

べき乗則は，ネットワークの世界のみならず，収入の分布（パレート則）や単語の出現頻度（ジップ則）など幅広い分野で数多く観測されている．べき乗則の特徴はスケールを変える変換（$x \to ax$）をしても関数形が変わらないことであり，$f(ax) = bf(x)$を満たす関数fはべき乗則に限られる．このように特徴的なスケールがない性質をスケールフリーと呼ぶ．

ランダムネットワークはポアソン分布に従う．同じ平均値を持つポアソン分布とべき分布を比較すると（図1），kが大きくなるとポアソン分布は急速に減少するのに対して，べき分布は0に収束するスピードがとても遅く，分布の裾野が長い（ロングテール）．これがいくつかの自明でない帰結をもたらす．ほとんどの頂点の次数は小さいが，ごく少数であるが非常に大きい次数を持った頂点（ハブ; hub）が存在している．ハブは他の非常に多くの頂点と結ばれているため，その影響力が大きく，スケールフリーネットワークを特徴付けている．

現実のネットワークでは頂点数nは有限である．いま，最小次数を$k_{\min}$，最大次数を$k_{\max}$，$\lambda > 2$とする．規格化条件$\int_{k_{\min}}^{k_{\max}} P(k)dk = 1$と$k_{\max} \gg k_{\min}$に注意し，$\int_{k_{\max}}^{\infty} P(k)dk \sim 1/n$より$k_{\max} \propto n^{1/(\lambda-1)}$であることを用いると，次数の$\alpha$次モーメントは

$$\langle k^\alpha \rangle = \int_{k_{\min}}^{k_{\max}} k^\alpha P(k)dk$$

$$= \begin{cases} \dfrac{\lambda-1}{\lambda-1-\alpha} k_{\min}{}^\alpha, & \lambda > \alpha+1 \\ \dfrac{\lambda-1}{\alpha+1-\lambda} \dfrac{k_{\max}{}^{\alpha+1-\lambda}}{k_{\min}{}^{1-\lambda}} \propto n^{\frac{\alpha+1-\lambda}{\lambda-1}}, & \lambda < \alpha+1 \end{cases} \quad (1)$$

となる．次数の中央値は$k_{\text{med}} = 2^{1/(\lambda-1)} k_{\min} < \langle k \rangle$であり，$\lambda$が小さいほど平均値と中央値の乖離は大きくなって，$\lambda \sim 2.4$で$\langle k \rangle \sim 2k_{\text{med}}$となる．

2. 生成モデル

次数分布がべき乗則になる仕組みは様々に考えられ，スケールフリーネットワークを生成するモデルは数多く提案されている．

BarabásiとAlbertにより提案されたBAモデルは最も代表的な確率的なモデルである．このモデルでは，$m_0 - 1$個の枝を持つm_0個の頂点（完全グラフ）から始めて，m本の枝を持つ頂点を1個ずつ追加していく（ネットワーク成長）．このとき，新たに付加するm本の枝は，頂点iの次数k_iに比例する確率でランダムに選んだ既存の頂点m個に繋ぐ（図2）．優先的結合（preferential attachment）の効果により，次数の大きい頂点は枝を獲得しやすく，さらに次数が大きくなる傾向がある．$n - m_0$ステップ後には，ネットワークはn個の頂点から構成される．このとき，次数kの頂点が存在する確率を$P_{k,n}$とする．次のステップで次数がkになる頂点は，次数$k-1$の頂点に枝が追加される場合と，次数kの頂点に枝が追加されない場合である．1ステップでm本の枝が増え，次数kの頂点が選ばれる確率は枝1本当たり$k/\sum_{i=1}^{n} k_i$であるから，マスター方程式は

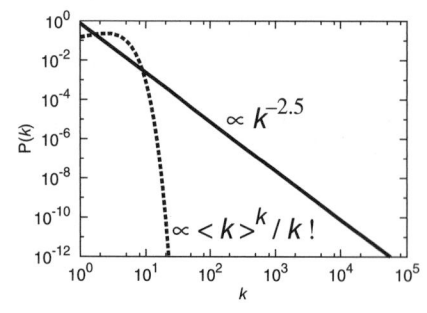

図1 ポアソン分布（破線）とべき分布（実線）

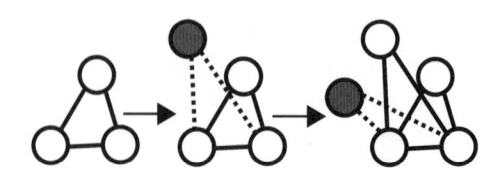

図2 BAモデルの最初の2ステップの例（$m_0 = 3$, $m = 2$）

$$(n+1)P_{k,n+1} = m\frac{k-1}{\sum_{i=1}^{n}k_i}nP_{k-1,n}$$
$$+ \left(1 - m\frac{k}{\sum_{i=1}^{n}k_i}\right)nP_{k,n}$$

となる．n が大きいとき $\sum_{i=1}^{n}k_i \sim 2mn$ であるから，$P(k) = \lim_{n\to\infty}P_{k,n}$ としてこれを解くと

$$P(k) = \frac{\text{定数}}{k(k+1)(k+2)} \propto k^{-3}$$

となり，次数分布は m_0 と m によらず $\lambda = 3$ となる．平均距離は $L \propto \log n/\log\log n$（ただし，$m=1$ のときは $L \propto \log n$）となり小さいが，次数 k の頂点におけるクラスタ係数は k によらず $C(k) \propto (\log n)^2/n$ となり，クラスタ性を欠くことが知られている．なお，$\lambda \neq 3$ のべき指数やクラスタ性などを生成する BA モデルを拡張したモデルも様々に提案されている．

決定論的なモデルも提案されている．Ravasz らにより提案された階層的モデル (hierarchical model) では，中心となる頂点 1 個を含む 4 個の頂点からなる完全グラフ G から始めて，G のコピーを 3 個追加し（ネットワーク成長），コピーの中心同士を枝で繋ぎ，さらに，コピーの中心を除く頂点を G の中心と繋ぐ（優先的結合）という操作を繰り返すことにより，$\lambda = 1 + \ln 4/\ln 3$ のスケールフリーネットワークを生成する（図3）．G の形状を変えることも可能で，形状に応じて異なる λ の値が得られる．このネットワークは階層的な構造を持ち，クラスタ係数は $C(k) \propto k^{-1}$ となり，階層性を持つ現実のネットワークでの観測と一致する．

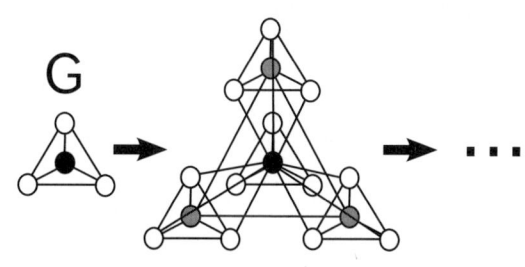

図3　階層的モデルの最初の1ステップ

3. 頑健性と脆弱性

クラスタ性や次数相関の影響が無視できるネットワークにおいて，頂点を確率 p でランダムに除去したとき，p が小さければ全体が繋がったままであるが，p が臨界確率 (critical probability) p_c になるとぎりぎり全体が繋がった状態になり，$p > p_c$ では巨大連結成分が存在しなくなるパーコレーション (percolation) が起きる．ここでは，この問題を考える．巨大連結成分が存在し，全体が互いに繋がる条件は

$$\frac{\langle k^2 \rangle}{\langle k \rangle} > 2$$

となることが知られている．除去後のネットワークの次数分布 $\sum_{l=k}^{\infty}P(l)_lC_k(1-p)^k p^{l-k}$ を用いると，次数の平均は $\langle k \rangle (1-p)$，2乗平均は $\langle k^2 \rangle (1-p)^2 + \langle k \rangle p(1-p)$ であるから，これらを代入して

$$p_c = 1 - \frac{1}{\frac{\langle k^2 \rangle}{\langle k \rangle} - 1}$$

となる．スケールフリーネットワークでは，式 (1) を代入して

$$\begin{cases} p_c = 1 - \dfrac{1}{\frac{\lambda-2}{\lambda-3}k_{\min} - 1}, & \lambda > 3 \\ 1 - p_c \propto n^{\frac{\lambda-3}{\lambda-1}}, & 2 < \lambda < 3 \end{cases}$$

となる．$2 < \lambda < 3$ の場合，n が大きいとき $p_c \to 1$ となり，ほとんど全ての頂点を除去するまで連結成分が保持され，ランダム攻撃に対して頑強な耐性を示す．したがって，例えばインターネットは偶発的な故障に強く，流行している感染症は患者を等確率に選んで治療していっても制圧できないことになる．なお，巨大連結成分に属する頂点の割合 R，連結成分の大きさ s の平均 $\langle s \rangle$ と分布 $P(s)$ は，$p \to p_c$ で

$$R \sim (p_c - p)^\beta, \quad \langle s \rangle \sim |p_c - p|^{-\gamma}, \quad P(s) \propto s^{-\tau}$$

のようにべき乗則に従う．相転移を特徴付ける臨界指数 (critical exponent) β, γ, τ は λ の値に応じて決まり，これらの間にスケーリング関係式 $\tau = 2 + \beta/(\beta + \gamma)$ が成立することが知られている．

頂点の除去の仕方を変えて，次数の大きい順に頂点を除去する選択的除去の場合には，p_c は代数方程式の数値解として求まり，スケールフリーネットワークでは $p_c < 0.03$ 程度であることが知られている．スケールフリーでないネットワークと比較して，p_c の値は非常に小さく，スケールフリーネットワークはハブ攻撃に対して脆弱である．したがって，インターネットはハブを狙う攻撃にもろく，流行している感染症はハブとなる患者を重点的に選んで治療していけば制圧できることになる．　　　［大西立顕］

参 考 文 献

[1] A.L. Barabási, R. Albert, Emergence of scaling in random networks, *Science*, **286**(5439) (1999), 509–512.

[2] M.E.J. Newman, *Networks : An Introduction*, Oxford University Press, 2010.

複雑ネットワークのコミュニティ構造

community structure in complex network

1. コミュニティとは

複雑ネットワーク上の「コミュニティ」とは，ネットワーク上で他の部分に比べて密に結び付いている頂点の集合を指す．ただし，普遍的な定義があるわけではない．様々な研究者が様々な定義を提案しているのが現状である[1]．ネットワークのトポロジーに基づく定義も多いが，以下で述べる「コミュニティ検出」の手法によって操作的に与えられる定義も多い．

普遍的な定義がないため，どの定義が「正しい」と言えるわけではない．直観的に見て明らかなコミュニティを良く再現する定義であるかということが，おおよその「正しさ」の指標である．多くの定義は，ある種類のネットワークでは「正しい」が別の種類のネットワークでは「正しくない」．

まず，複雑ネットワーク上のコミュニティを知ることの重要性を述べる．例えば図1のようなネットワークには明らかに2つのコミュニティが存在する．2つのコミュニティを繋ぐ中央の枝を切断すると，このネットワークは2つのネットワークに分断されてしまう．したがって，例えばコンピュータのネットワークや交通網・電力網をこのようなトポロジーに構成することは不都合である．逆に，インターネット上のホームページ間のリンクは，似た内容のページをまとめてコミュニティにしておいたほうがトラフィックが少なくて済むので好都合である．このように，ネットワークシステムを効率的に設計するためには，多くの場合コミュニティを強く意識する必要がある．

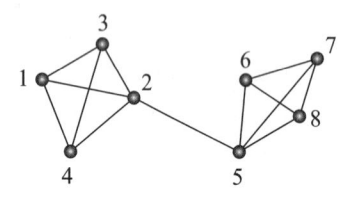

図1　2つのコミュニティを持つネットワークの例

また，細胞内のあるタンパク質が酵素として働いて別のタンパク質を生成するとき，それらのタンパク質間を枝で結ぶと，タンパク質のネットワークを考えることができる．このようなネットワーク内には，ある機能を発現するための一群のタンパク質がコミュニティを構成していると期待される．したがって，タンパク質ネットワークのコミュニティ構造を知ることは，医薬品の開発に重要な意味を持ちうる．

2. コミュニティの定義例

ネットワークのトポロジーに基づくコミュニティの定義の例を挙げる．あるネットワーク（グラフ）G（頂点数N）と，その任意のサブネットワーク（サブグラフ）g（頂点数n_g）を考える．サブネットワークgの中のある頂点vから出ている枝（本数k_v）のうちで，サブネットワークg内の他の頂点と繋がっている枝の本数を$k_v^{\rm int}$，サブネットワークgの外の頂点と繋がっている枝の本数を$k_v^{\rm ext}$とする．前者が後者より十分に大きければ，頂点vはサブネットワークgに強く属していると考えられる．

そこで，次にサブネットワークg内の全ての頂点vに関する和をそれぞれ

$$k_g^{\rm int} = \sum_{v \in g} k_v^{\rm int}/2 \tag{1}$$

$$k_g^{\rm ext} = \sum_{v \in g} k_v^{\rm ext} \tag{2}$$

とする．ここで，式(1)の1/2は勘定の重複を除いて，サブネットワーク内の枝の本数を求めるためである．もし$k_g^{\rm int}$が$k_g^{\rm ext}$より十分に大きければ，サブネットワークは内部が枝で充填されている一方で外部から孤立しており，コミュニティと呼ぶのにふさわしいと考えられる．すると，例えば以下のようなコミュニティの定義が考えられる．まず，サブネットワークg内の頂点の全ての組合せ$n_g(n_g-1)/2$のうち，枝で結ばれている割合は

$$\rho_g^{\rm int} = \frac{k_g^{\rm int}}{n_g(n_g-1)/2} \tag{3}$$

である．また，サブネットワークg内の頂点と，外の頂点の全ての組合せ$n_g(N-n_g)$のうちで，枝で結ばれている割合は

$$\rho_g^{\rm ext} = \frac{k_g^{\rm ext}}{n_g(N-n_g)} \tag{4}$$

である．そして，$\rho_g^{\rm int} - \rho_g^{\rm ext}$を最大化するようなサブネットワーク$g$をコミュニティと定義する[2]．このコミュニティを取り除いた残りのネットワークについて上と同じ手順を繰り返せば，複数のコミュニティを定義することができる．

具体的に，図1で頂点1, 2, 3, 4の作るサブネットワークをgとすると，$k_g^{\rm int}=6$，$k_g^{\rm ext}=1$であり，$\rho_g^{\rm int}=1$，$\rho_g^{\rm ext}=1/16$である．これは頂点5, 6, 7, 8の作るサブネットワークとともに$\rho_g^{\rm int}-\rho_g^{\rm ext}$を最大化する．

3. コミュニティの検出法

コミュニティの検出法の例をいくつか挙げる．ネットワークが与えられたとき，そのコミュニティを見出す問題がコミュニティ検出である．上述のように，コミュニティ検出の結果として与えられるコミュニ

ティの定義も多い．

問題の形式として最も古いのは，例えば図2を2つの「サブネットワーク」に分割する問題である（もちろん3つ以上に分割する問題を考えることもできる）．図2のネットワークを一点鎖線で分割すると，横切る枝の数が最小である．こうして分けられた2つのそれぞれが，このコミュニティ検出問題における「コミュニティ」の定義である．上で述べたように，コミュニティの定義の多くは，このようにコミュニティ検出の方法によって定義されている．

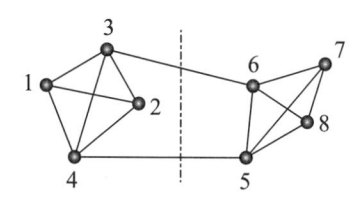

図2　2つのサブネットワークへの分割

もう1つの手法を紹介するため，枝仲介頻度 (edge betweenness) という概念を導入しよう[3]．例えば，図2の8つの頂点において，2つの頂点の全ての組合せ28種類を考える．それぞれの組合せにおいて頂点間の最短経路がどの枝を通るかを列挙する．そのリストに各枝が登場する頻度を調べる（ただし，ある頂点間の最短経路が n 種類存在する場合は，頻度を計算する際の重みを $1/n$ とする）．この頻度を枝仲介頻度と呼ぶ．この頻度が大きいほど重要な枝であると考えられる．図2の場合，登場頻度が最大な枝は3–6と4–5で，それぞれ重み付き頻度が8である．これらの重要度の高い枝を取り除いてネットワークが完全に分割されたとき，それらのサブネットワークをコミュニティとする．図2において枝3–6と4–5を取り除けば，確かにもっともらしいコミュニティが得られる．

この手法では頂点間の最短経路のみを勘定しているが，ネットワークによっては最短経路が少ないのに，それよりも少し長い経路が多数存在する場合もある．その場合，最短経路だけを考慮するのは片手落ちである．そこで，例えば隣接行列 A を使った以下のような拡張が考えられる．隣接行列とは，ネットワークの頂点 i と j が枝で結ばれているとき，行列要素を $A_{ij} = A_{ji} = 1$ とし，それ以外を0とした行列である．隣接行列を用いると，A^p の (m, n) 成分は，頂点 m と n の間を p ステップで結ぶ経路の数である（この経路数は行きつ戻りつする場合も含む）．これに重み $1/(p!)$ を付けて足し上げると，その値は収束して行列の指数関数 $\exp(A)$ を与える．これによって経路の重みを勘定すると，最短経路よりも長い経路を重み付きで考慮できる[4]〜[6]．重み

として $1/(p!)$ 以外を考える一般化も可能である．

まったく別の種類の検出手法として，ネットワーク上でイジング模型などのダイナミクスを考える方法がある．スピン間相関関数の大小によって，2つの頂点の結び付きの強さを定量化することができる．このような定量化に基づいてコミュニティを検出する方法も多く存在する．

4. コミュニティの例

最後に，コミュニティを研究する上でよく知られたネットワークを紹介する．これは人類学者 Zachary が，ある空手クラブの人間関係を観察して得たネットワークである[7]．空手クラブで仲間割れが起こり，コーチ（図3の頂点1）と部長（図3の頂点34）のコミュニティに分裂した．この2つのコミュニティを「正しく」検出することは，コミュニティ検出法の最初の試金石となっている．

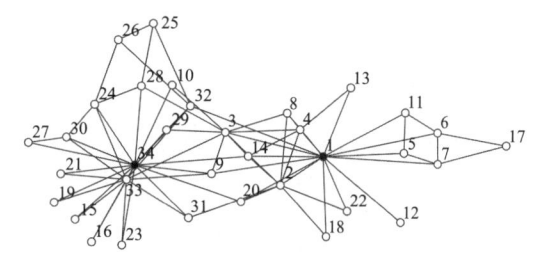

図3　Zachary の空手クラブ

[羽田野直道]

参 考 文 献

[1] S. Fortunato, *Physics Reports*, **486** (2010), 75–174.
[2] S. Mancoridis, B.S. Mitchell, C. Rorres, Y. Chen, E.R. Gansner, in: *IWPC '98: Proceedings of the 6th International Workshop on Program Comprehension* (1998).
[3] M. Girvan, M.E.J. Newman, *Proceedings of the National Academy of Sciences of the United States of America*, **99**(12) (2002), 7821–7826.
[4] E. Estrada, N. Hatano, *Physical Review E*, **77** (2008), 036111-1–12.
[5] E. Estrada, N. Hatano, *Applied Mathematics and Computation*, **214** (2009), 500–511.
[6] E. Estrada, N. Hatano, M Benzi, *Physics Reports*, **514** (2012), 89–119.
[7] W.W. Zachary, *Journal of Anthropological Research*, **33** (1977), 452–473.

ネットワーク理論における最適化手法
optimization techniques in complex networks

複雑ネットワークは社会学，グラフ理論，インターネットなど様々な対象が関連する学問分野である．ネットワーク上の最適化問題について，離散最適化（組合せ最適化）[2],[4] の見地から，理論的な保証を持つ厳密アルゴリズム・近似アルゴリズムを扱う．

1. ネットワークと最適化

いくつかの解の候補の中から最も良い解を見つけることを最適化と呼び，特に離散的な対象を扱っている場合は離散最適化，あるいは組合せ最適化と呼ばれる．解の良さは目的関数と呼ばれる関数が与えられ，その値によって評価されることが多い．ネットワーク上の典型的な離散最適化問題として，最短路問題がある．最短路問題とは，頂点集合を V，枝集合を E とする無向ネットワーク $G = (V, E)$ と，各枝の正の重み c_e ($e \in E$) が与えられているとき，2つの頂点間を結ぶ枝部分集合で重み和が最小となるものを求める問題である．最短路問題は非常に効率の良い多項式時間アルゴリズムが存在する基本的な離散最適化問題である[2]．

ネットワーク上では様々な最適化問題が考えられる．その中には多項式時間アルゴリズムを与えられる場合もあれば，問題が NP 困難であるために効率の良い厳密最適化が困難な場合もある．離散最適化の分野では，NP 困難な最適化問題に対して近似アルゴリズムを設計することが多い[4]．

ここでは，重要なネットワーク上の離散最適化問題として，ネットワークの頂点集合を分割する最小カット問題，ネットワーク上の影響の最大化問題，それぞれに対するアルゴリズムを例にとり，離散最適化の考え方を説明する．

2. 最小カット問題

無向ネットワーク $G = (V, E)$ と各枝の正の重み c_e ($e \in E$) が与えられているとする．ここで V は，例えば人やウェブサイトの集合などと対応し，各枝 $e \in E$ について c_e の値は，e によって結ばれる2頂点間の結合や関連の強さを表すものとする．

頂点集合 V を k 個 ($1 < k < |V|$) の空でない部分集合 $S_1, S_2, \ldots, S_k$ へ分割することを考える．ここで同じ部分集合に含まれる頂点は互いに関連が強く，そうでない頂点は関連があまりないようにしたい．この問題を最適化問題として定式化するために，V のべき集合 $2^V = \{S : S \subseteq V\}$ を定義域とするカット関数 $\kappa : 2^V \to \mathbf{R}$ を導入する．頂点部分集合 $S \subseteq V$ について，端点の一方が S，もう一方が補集合 $V \setminus S$ に含まれるような枝部分集合を $E(S, V \setminus S)$ で表すと，カット関数 $\kappa : 2^V \to \mathbf{R}$ は

$$\kappa(S) = \sum \{c_e : e \in E(S, V \setminus S)\} \quad (S \subseteq V)$$

で定義される．関数値 $\kappa(S)$ を分割 $\{S, V \setminus S\}$ のカット容量と呼ぶ．

頂点集合 V の k 分割 $S_1, \ldots, S_k$ について，異なるブロックにまたがる枝の重み和はカット関数 κ を用いて $\frac{1}{2} \sum_{j=1}^{k} \kappa(S_j)$ と表される．頂点の分割を考える上では，$\sum_{j=1}^{k} \kappa(S_j)$ の最小化を扱うのが自然である．この最小化問題は最小 k カット問題と呼ばれる．図1は分割数 $k = 3$ に対する最小 k カット問題の最適解を示している．

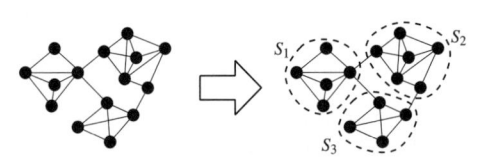

図1 最小 k カット ($k = 3$)

分割数 k が 2 の場合，問題は単に最小カット問題と呼ばれる．最小カット問題は最大流問題と密接に関連しており，多項式時間の厳密アルゴリズムが知られている[2]．これに対し，一般の k について，最小 k カット問題は NP 困難となる．最小 k カット問題に対する近似アルゴリズムとして，最小カット問題を繰り返し解いて V の分割 $\mathcal{P}$ の分割数 $|\mathcal{P}|$ を1つずつ増やしていくような次のシンプルなアルゴリズムが提案されている[3]．

アルゴリズム 1 （分割アルゴリズム）

$\mathcal{P}$ を V の自明な分割 $\mathcal{P} = \{V\}$ とする．
repeat
  各 $S \in \mathcal{P}$ について，S で誘導される部分ネットワークの最小カット問題を考え，カット容量が最小となるのが $S' \in \mathcal{P}$ の分割 $\{S'_1, S'_2\}$ であるとする．
  分割 $\mathcal{P}$ から S' を除き，S'_1 と S'_2 を加える．
until $|\mathcal{P}| = k$

アルゴリズム1は V の k 個の部分集合への分割を出力し，これを $\{\widehat{S}_1, \widehat{S}_2, \ldots, \widehat{S}_k\}$ とする．最小 k カット問題の最適解を $\{S^*_1, S^*_2, \ldots, S^*_k\}$ とした場合，$\sum_{j=1}^{k} \kappa(\widehat{S}_j) \leq (2 - 2/k) \sum_{j=1}^{k} \kappa(S^*_j)$ が必ず成立して，出力解の精度が保証される．このとき，アルゴリズム1は近似率 $2 - 2/k$ を達成するという．同じ近似率 $2 - 2/k$ を達成する計算量の小さい近似アルゴリズムも知られている[4]．

3. ネットワーク上の影響の最大化

商品の宣伝において，口コミはうまく利用できれば低コストかつ非常に効果的な手法である．社会的ネットワークにおけるこのような影響の伝播において現れる最適化問題 [1] について解説する．

無向ネットワーク $G = (V, E)$ で，初期時刻 $t = 0$ に，その中の k 個の頂点（$1 \leq k \leq |V|$）をアクティブにすることを考える．ここで V を人の集合とすれば，頂点がアクティブであることは，その人がある商品を保有していることなどと対応する．頂点 $v \in V$ がアクティブなとき，v に隣接するアクティブでない頂点は，v の影響を受けてアクティブになるかどうかを決定論的または確率的に決定し，さらにその影響は他の頂点へと伝播していく．ここで，一度アクティブになった頂点はずっとアクティブなままであると仮定する．伝播の終了時に，アクティブな頂点数（の期待値）を最大化するような，時刻 $t = 0$ における k 頂点の選び方を求めることを考える．多くの自然な伝播モデルにおいて，この問題は NP 困難な最適化問題となる．

離散時間で影響が確率的に伝播していく独立カスケードモデルについて説明する．このモデルでは，各枝 $e \in E$ に対し，$0 \leq p_e \leq 1$ を満たす確率 p_e が定まっている．枝 $e = (v, w)$ について，e の端点のちょうど一方のみ，例えば頂点 v のみが時刻 t に初めてアクティブになった場合，時刻 $t + 1$ において頂点 w は p_e の確率で，v の影響でアクティブになる．枝 e はこの後の時刻では影響の伝播に一切関係しない．また，このような影響は枝ごとに独立に伝播する．図 2 は $k = 2$ の場合における影響の伝播の例を示している．ここで灰色の頂点はアクティブになったばかりの頂点，黒い頂点はアクティブではあるが影響の伝播に関係しない頂点である．時刻 $t = |E|$ までに，影響の伝播は必ず停止する．

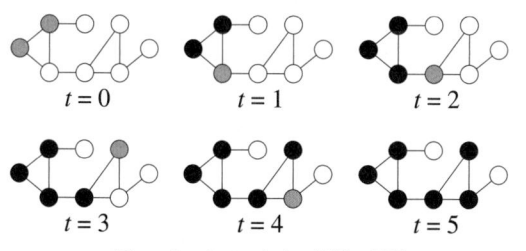

図 2　ネットワーク上の影響の伝播

時刻 $t = 0$ で頂点部分集合 $S \subseteq V$ をアクティブにしたとき，$\sigma(S)$ を最終的にアクティブである頂点数の期待値とする．独立カスケードモデルに関するネットワーク上の影響の最大化は，サイズが k 以下の頂点部分集合の中で関数 $\sigma : 2^V \to \mathbf{R}$ の最大化として定式化される．この最適化問題に対し，S を空集合として初期化し，関数値の増加量が最も大きい頂点 $v \in V \setminus S$ を順次加えていくという，次の近似アルゴリズムが考えられる．

アルゴリズム 2　（貪欲アルゴリズム）

$S \subseteq V$ を空集合とする．
repeat
　$\sigma(S \cup \{v\})$ を最大化する $v \in V \setminus S$ を 1 つ選ぶ．
　$S \cup \{v\}$ を S と置き直す．
until $|S| = k$

アルゴリズム 2 がもしそのまま実行できれば，関数 σ の持つ単調劣モジュラ性という性質から，アルゴリズムは近似率 $1 - 1/e$（≈ 0.63）を達成することが保証される．つまり，アルゴリズム 2 の出力を $\widehat{S}$，最適解を S^* としたとき，$(1 - 1/e)\sigma(S^*) \leq \sigma(\widehat{S})$ が成立する．しかし実際には，$S \subseteq V$ について $\sigma(S)$ の値を厳密に求めることは難しい．その一方で，$\sigma(S)$ の精度の良い近似値を計算することができる．この結果として，任意の $\varepsilon > 0$ に対し，近似率 $1 - 1/e - \varepsilon$ を達成するアルゴリズムが構成可能である [1]．

ネットワーク上の最適化問題は多くの場合で NP 困難となるが，これらに対して近似アルゴリズムの設計をする際に基本となるのは，多項式時間で解ける扱いやすい問題に関する離散最適化の理論である [2], [4]．離散最適化の考え方が，複雑ネットワークに関する見通しの良いアルゴリズム設計の助けになることを期待する．

〔永野清仁〕

参考文献

[1] D. Kempe, J. Kleinberg, E. Tardos, Maximizing the Spread of Influence through a Social Network, In *Proceedings of the 9th ACM SIGKDD International Conference on Knowledge Discovery and Data Mining* (KDD 2003), 137–146.

[2] B. Korte, J. Vygen, *Combinatorial Optimization: Theory and Algorithms*, 5th Edition, Springer-Verlag, 2012.

[3] H. Saran, V.V. Vazirani, Finding k-cuts within Twice the Optimal, In *Proceedings of the 32nd Annual IEEE Symposium on Foundations of Computer Science* (FOCS 1991), 743–751.

[4] V.V. Vazirani, *Approximation Algorithms*, Springer-Verlag, 2001.

振動子結合系

coupled oscillator system

ネットワークの頂点上に，時間とともに状態が変化する"モノ"（振動子）の集団が置かれ，それぞれが，枝を通じて相互作用（結合）をしている系を考える．そのような系の例としては，脳の神経回路網，バクテリアの集団，電力システムなどが挙げられる．このような状況下では，相互作用を通じて何らかの意味で互いに同調する方向にそれぞれが動くことがある．これを同期現象という．

ここでは簡単のために，全ての頂点間に枝があり，全ての振動子同士が結合している系での同期現象について考える．このような系は，東南アジアの蛍の集団明滅，劇場の拍手の同期，電気回路のジョセフソン接合などの具体例を理想化した系と考えることができる．この簡単な系での動的特性の理解を深めると，一般の複雑ネットワークでの動的特性を理解するのに役立つ．本項目で述べることの詳細については，参考文献 [1]〜[5] を参照のこと．

1. 蔵本モデル

蛍の明滅，人の拍手，交流電流などを，周期的に変動している"振動子"であると理想化し，N 個からなる振動子たちの k 番目の振動子の位相と固有振動数をそれぞれ $\theta_k \in [0, 2\pi)$ と ω_k で表そう：

$$\frac{d\theta_k}{dt} = \omega_k.$$

位相は $\theta_k = 0$ と $\theta_k = 2\pi$ を同一視する．つまり $\theta_k = 2\pi$ で位相は 0 に戻る．

まずは $N = 2$ のときを考える．2 個の振動子が相互作用している過程を

$$\frac{d\theta_1}{dt} = \omega_1 + K\sin(\theta_2 - \theta_1)$$

$$\frac{d\theta_2}{dt} = \omega_2 + K\sin(\theta_1 - \theta_2)$$

でモデル化する．ここで K は結合の強さである．結合強度 K が大きいとき，つまり $K > |\omega_1 - \omega_2|/2$ のとき，$d\theta_1/dt = d\theta_2/dt$ となる解が存在する．このとき，2 つの振動子は同期し，同じ振動数で振動する．

次に，$N > 2$ の場合を考える．N 個の振動子が相互作用している過程を

$$\frac{d\theta_k}{dt} = \omega_k + \frac{K}{N}\sum_{j=1}^{N}\sin(\theta_k - \theta_j) \quad (1)$$

でモデル化する．このモデルは蔵本モデルと呼ばれる．素子数 N で割っているのは，種々の性質が N に依存しないようにするためである．ω_k はある確率分布 $g(\omega)$ から独立に選ぶ．g として，理論での扱いやすさのために正規分布 $g(\omega) = \exp(\omega^2/2)/\sqrt{2\pi}$ やコーシー分布 $g(\omega) = 1/(1+\omega^2)$ を仮定することが多い．2 素子のときと同様に結合強度 K を大きくしていくと，いくつかの振動子が同期し，同じ振動数で振動し始める．

2. 蔵本モデルの性質

同期現象を定量的に特徴付けるために，秩序変数 $R(t)$ を次のように定義する：

$$R(t) = \left| \frac{1}{N}\sum_{j=1}^{N} \exp(\theta_j) \right|. \quad (2)$$

$R \in [0, 1]$ であり，R の値が大きいほど同期の度合いは高い．R は N 個の振動子の重心の原点からの距離を表す．秩序変数 R の概念図を図 1 に示す．各素子が同期せずバラバラに動いているときは，それらの重心は原点に近く，$R \approx 0$ となる．一方，全ての振動子が完全に位相を揃えて動いているときは，それらの重心は原点から最も遠く，$R = 1$ となる．

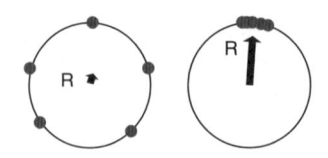

図 1 秩序変数 R の概念図

結合強度 K を増加させていき，K が同期非同期転移点 K_c より大きくなると，系は同期転移を示して秩序変数 R は大きな値をとりうる．結合強度 K に対する秩序変数 R の概念図を図 2 に示す．ω_k を決める確率分布 $g(\omega)$ が，正規分布 $g(\omega) = \exp(\omega^2/2)/\sqrt{2\pi}$ やコーシー分布 $g(\omega) = 1/(1+\omega^2)$ のとき，同期非同期転移点 K_c は

$$K_c = \frac{2}{\pi g(0)} \quad (3)$$

で与えられる．これは素子数 N が無限大のときに厳密である．同期非同期転移点 K_c は分布関数 g の

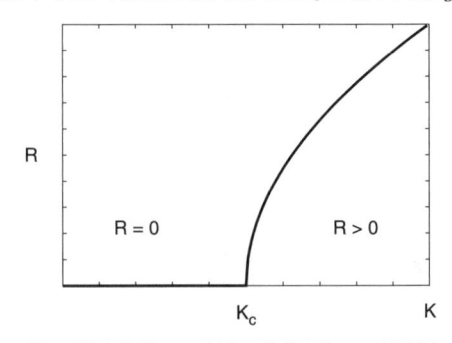

図 2 結合強度 K に対する秩序変数 R の概念図

$g(0)$ の値のみによって決まる.この結果は,結合強度 K が増加して $K=K_c$ となり同期が始まるときには,最も同期しやすい振動子たちが最初に同期することによると理解できる.素子数 N が無限大では,秩序変数 R は,$K<K_c$ では厳密に $R=0$ となり,$K>K_c$ では正の定数をとる.

N が大きいが有限のとき,秩序変数 $R(t)$ はその平均値の周りで微小に時間変化する.$R(t)$ の分散の値は,素子数 N の増加に対して $1/N$ に比例する速度で小さくなっていくことが知られている.このことは,結合強度 K を $K=0$ に選んだときは,全ての振動子たちは独立に動くので,中心極限定理の類似の性質として納得できる.ただし,結合強度 K が $K=K_c$ のとき,秩序変数 $R(t)$ の分散の値の素子数 N に対する減衰速度は $1/N$ に比例せず,それより遅いことが知られている.直感的には,結合強度がちょうど $K=K_c$ のときは系が同期するかしないかの境目であり,"どっちつかず" で "不安定" であることを考えれば,秩序変数 $R(t)$ の分散の値が大きくなることは納得できる.この影響により,秩序変数 $R(t)$ の分散の値は,結合強度 K を同期非同期転移点 K_c に近づけるとき増幅されることが知られている.秩序変数の分散を素子数倍(N 倍)した量 V の概念図を図 3 に示す.

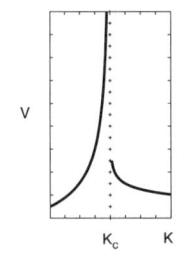

図 3 結合強度 K に対する秩序変数の "分散" V の概念図

3. まとめとこれからの展望

これまでで,蔵本モデルでは,同期非同期転移点 K_c があることと,秩序変数 $R(t)$ の分散の値は素子数 N の増加に対して $1/N$ に比例する速度で減衰していくこと(ただし,同期非同期転移点 $K=K_c$ 直上を除く),また,同期非同期転移点 $K=K_c$ 近傍で秩序変数 $R(t)$ の分散の値が増幅されることを見た.一般の複雑ネットワーク上でも,各頂点の次数が十分に高ければ同様の性質が見られる.

同期非同期転移点 K_c は,結合強度 K がどの程度大きければ系が同期を示すかの指標として大切である.また,秩序変数 $R(t)$ の分散の素子数 N 依存性を調べることは,例えば以下の理由により重要である.生物の体内時計の正確さを高めるためには,秩序変数 $R(t)$ の分散の値は小さいほうがよいと考えられる.一方,秩序変数 $R(t)$ の分散の値がある程度大きく,$R(t)$ の時間変動がある程度大きいほうが,それを利用して活動する機械や,それによって状態を転移する物理現象にとっては都合が良い.

最後に,本項目の内容を越えた話題に触れておく.同期非同期転移点 K_c を複雑ネットワークにおいて調べた研究 [3] や,枝に向きのある複雑ネットワークにおいて秩序変数 $R(t)$ の分散に対応する量の素子数 N 依存性を論じた研究 [4] がある.また,振動子結合系の研究は,主に物理学者によって厳密でない議論によって進められているが,それらの結果の大事なものを数学的に厳密に示すことが望まれている.そうすることにより,重要な物理現象に対する確固たる理解が得られ,また,厳密でない手法で研究を進めることの正当性も高められる.さらに,物理学者が扱っている問題を数学的に厳密に研究することで,新たな数学の道具が生まれることも少なくない.数学的に厳密に蔵本モデルとそれを拡張したモデルを研究した論文 [5] を挙げておく.　　[西川　功]

参 考 文 献

[1] Y. Kuramoto, *Chemical Oscillations, Waves, and Turbulence*, Springer-Verlag, 1984, Dover, 2003.
[2] H. Daido, *J. Stat. Phys.*, **60** (1990), 753.
[3] T. Ichinomiya, *Phys. Rev. E*, **70** (2004), 026116.
[4] N. Masuda et al., *New J. Phys.*, **12** (2010), 093007.
[5] H. Chiba, I. Nishikawa, *Chaos*, **21** (2011), 043103.

折紙工学

折紙工学の現状と今後　258
折紙の基本事項と基本構造　260
折紙と学術研究との関連　262
折紙の情報・数学問題への応用 ― 情報問題への応用　264
折紙の情報・数学問題への応用 ― 数学問題への応用　265
立体折りと産業応用　266
剛体折紙　268
バイオミメティクスと折紙 ― 植物の幾何学的解明とモデル化　270
バイオミメティクスと折紙 ― 肺胞の幾何学的解明とモデル化　271
折紙の構造強化機能：新しいコア材の開発 ― 空間充填で得られるコア材の特性　272
折紙の構造強化機能：新しいコア材の開発 ― 空間充填で得られるコア材の成形法　273

折紙工学の現状と今後

current situation and future of origami engineering

紙を折るのは古今東西万人の行為であり，折紙は日本固有のものではない．しかし，これまでわが国の優れた折紙作家によって1枚の紙から創作された鶴やウサギ，犬や自動車，物入れや花など様々な形状の折紙は，色紙を使うと見た目にも美しく，日本の伝統的な手工芸として広く世界に知られ，ORIGAMIはそのまま英語となっている．しかし，折紙で産業用に量産されているのは，第2次世界大戦終戦直後，英国の技術者がわが国の七夕飾りをもとに発明したハニカムコアのみであると言える．わが国の科学・工学研究者はこの事実を真摯に受け止めなければならないだろう．このような観点から，野島武敏氏は「折紙工学」を提唱した [1]．萩原はこれに深い感銘を受け，2003年4月に日本応用数理学会に「折紙工学研究部会」を設けた [2]．08年度から科学技術振興機構（JST）のサイト [4] に，日本の科学・技術の紹介のコーナーが設けられている．

1. 折紙工学の数理

1.1 平面折り

折紙の折り畳み法は文献 [1] により一般化されている．平面折りとは，平面上の一点に折り線が集まっている場合，ある条件を満たすと綺麗に折り畳めるという条件である．図1に1つの節点に4本および6本の折り線が集まった場合を示す．そのとき，全て折り線で平面が180°折れ曲がると仮定すれば，平面折りの条件は次式で与えられる．

$$\begin{aligned}\alpha &= \gamma \ (4\ folding\ line) \\ \beta - \alpha &= \delta - \gamma + \theta \ (6\ folding\ line)\end{aligned} \quad (1)$$

1節点当たりの折り線数は6本より多い場合も可能だが，実際に厚さのある平面を折り畳むことを考えた場合，折り畳みにくくなるので6本に制限する．

(a) 4折り線　　(b) 6折り線

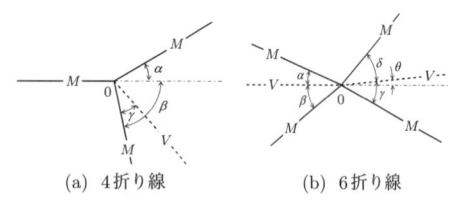

図1　1節点当たりの折り線数

1.2 円筒折り

平面折りの特別な場合に円筒折りがある．円筒折りとは，平面が完全に折り畳まれた状態で，左右または上下が重なり合い，閉じた平面を作ることである．

図2のような帯板を N 回折る場合，折り線（①，②，…）と X 軸とのなす角を $\theta_1, \theta_2, \ldots$ とすると，折れ曲がった後の X_N 軸と X_0 軸とのなす角 Θ_N は，次式を満たす．

$$\Theta_N = 2(\theta_1 - \theta_2 + \theta_3 - \cdots - \theta_N) \quad (2)$$

このとき，$\Theta_N = 2\pi$ を満たすように折り線を決めれば，円筒折りの条件が成立するので左右が繋がり，閉じた平面となる．

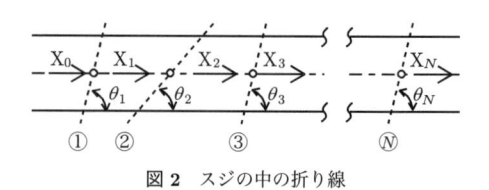

図2　スジの中の折り線

1.3 立体の作成

上記の2つの折紙工学の条件を満たすものは，図3の4つの展開図が考えられる．ここで，実線は山折り線，破線は谷折り線を表している．

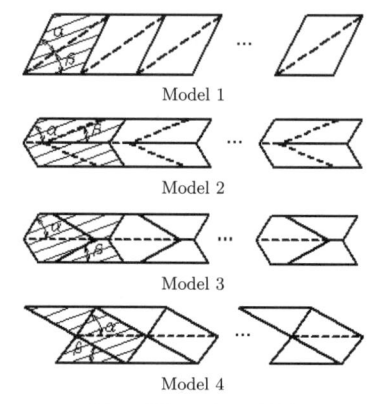

図3　折りモデルの種類

また，それぞれのモデルが満たすべき円筒折りの条件は

$$\begin{aligned}&\text{Model 1}: \alpha = \pi/m,\ \beta = arbitrary \\ &\text{Model 2}: \alpha - \beta = \pi/m \\ &\text{Model 3}: \alpha + \beta = \pi/m \\ &\text{Model 4}: \alpha + \beta = \pi/m\end{aligned} \quad (3)$$

で表せる．式 (3) の m は展開図の斜線部分の個数を表し，立体を作成したとき上下面が正 m 角形になる．

これらのモデルは平面折りと円筒折りの条件を満たしているので，折り畳んだときには全てのモデルは左右が繋がり閉じた状態になっていて構造物になり，図4の矢印①を満たす [1]．さらに，α, β を保ったまま立体作成の条件（矢印②，③）を加えると，Model 1, Model 2に限られる [1]．Model 1の場合の様子を図4に示す．

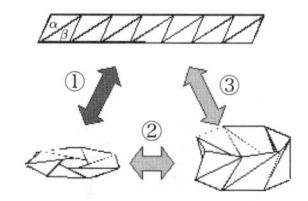

図4 3次元折紙構造の構築の模様（Model 1の場合）

2. 産業応用

紙のほか，金属など様々な材料を折紙の対象として実際の製品にするには，新しい折紙の創出のほか，CAD，CAE，製造技術など総合的な検討が必要となる．これらの援用により，下記の産業応用を得ている．

2.1 ダイアコアの産業応用

野島氏によって創製された，ダイアコア，反転螺旋形円筒折紙構造を中心に，図5に示すように多岐にわたる産業分野に適用されつつある．ダイアコアでは，剛性・強度・振動・熱・遮音特性でハニカムコアを凌ぐ特性が得られている．ただし，ダイアコアについては，本章でも斎藤ら，戸倉らの項目があるため，詳細は省略する．

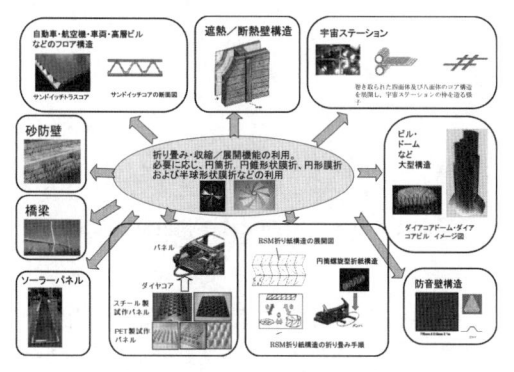

図5 ダイアコアを中心に折紙の産業応用の分野

2.2 反転螺旋形円筒折紙構造の産業応用

図4のα, βにある関係が満たされると，反転しながら展開収縮して，その分展開・収縮に大きな外力が必要となり[2]，反転型円筒折紙構造体（RSC：reversed spiral cylindrical model）と称される．RSCの自動車などのエネルギー吸収材としての適用検討がなされている．自動車衝突時，サイドメンバーと称される中空の構造部材がいわば命綱であるが，理想的に潰れても自らの嵩張りが邪魔をして，自長の7割程度しか圧潰しない．クラッシュゾーンでは，できるだけ長く潰したい．また，図6に示すように，最初のピーク荷重が時に高すぎて，乗員に危害が加わるケースがあり，理想的な荷重が変位に関わらず一定となる理想からは遠い．RSCの場合9割はつぶれる．しかし，容易に荷重は出ない．そこで，図6に示すように円筒形から自動的にRSCを表現する方法を考案し，最適化過程で逐次，形状が複雑に変わるRSCで多くのパラメータを使った最適化解析を可能とした．その結果，等重量で従来構造の1.8倍ものエネルギー吸収が得られる設計仕様が見つかった．図6に，RSCの荷重–変位特性は理想的なものであること底付きも自長の9割以上圧潰してから生ずることが示されている．また，ハイドロフォーミングで製造できることを示している[3]．その他いくつかの産業化が進められており，ますますの展開が期待される． ［萩原一郎］

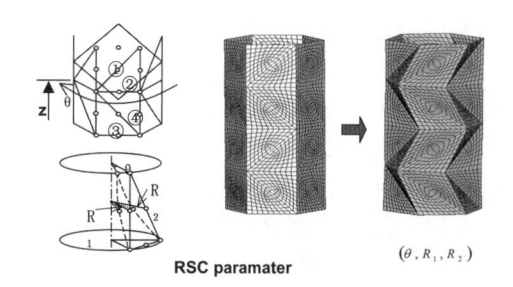

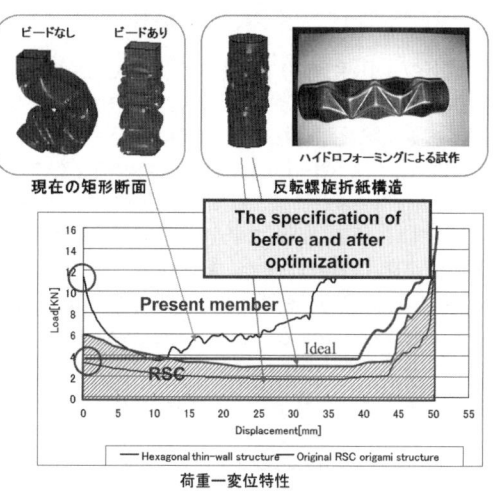

図6 円筒折紙構造の成果

参 考 文 献

[1] 野島武敏, 平板と円筒の折りたたみ法の折紙によるモデル化, 機論A, 66巻643号 (2000-4), 1050–1056.

[2] 萩原一郎, 野島武敏ほか, 反転らせん型モデルを用いた円筒折り紙構造の圧潰変形特性の最適化検討, 機論A, 70巻689号 (2004-1), 36–42.

[3] 趙 希禄, 胡 亜波, 萩原一郎, 折紙工学を利用した円筒薄肉構造物の衝突圧潰特性の最適設計, 機論A, 76巻761号 (2010-1), 10–17.

[4] http://sciencelinks.jp/content/view/656/260/

折紙の基本事項と基本構造

basic design rules and structures for origami modeling

折紙の数理的な取り扱いに関する基本事項を述べ，それをもとに，折り畳み機能を有する円筒，円錐，円形膜などの基本構造の設計法を示す．

1. 基本事項 [1]

以下の3項目が成り立つとき，平面紙を節点で平坦に折り畳むことができるとされている：1) 節点で合流する折り線数が偶数，2) 中心角を1つおきに足すと180°になる（平坦折りを行うための補角条件．例えば [2]），3) 節点に集まる山，谷折り線数の差が2．

1) に関しては，節点で平坦に折り畳むと折り線で表裏面が交互に現れ，また，紙には表と裏しかないことから，出てくる条件である．2) に関して図1を用いて説明する．折り線が4本のとき，図1(b)のように折り畳まれたとし，角度を図のように定義すると，$\alpha - \beta = \delta - \gamma$ が成り立つ．$\alpha + \beta + \gamma + \delta = 360°$ であるから，$(\alpha + \gamma) = (\beta + \delta) = 180°$ となる．これは図1(a)で中心角を1つおきに足すと180°になることを示す．3) に関しては，1節点に集まる折り線を折ることで節点を頂点とする凸型の立体を作り，さらにそれを平坦に折り畳む条件から考察する．

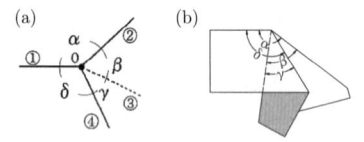

図1 (a) 4折り線の基本形と角度の定義，(b) 折り畳み後の形状

図2(a),(b),(c) にそれぞれ頂点に集まる面が3, 4, 5個の場合の面の配置と山折りと谷折り線数の差を示す．また，(b),(c) に関しては，できた立体をさらに折り畳む過程を示す．

図2(b),(c) における折り畳み後の様子は，一部の山折り線が引き伸ばされて折り畳みに寄与しておらず，寄与する山折り線は4，谷折り線は2で，その差は2になっている．すなわち，平坦に折り畳めるか否かは設計時には節点に配置する山折り，谷折り線数の差が2である必要はなく，折り畳まれたあとで差が2になるときである．このことより，節点における平坦折り条件は「節点で平坦に折り畳まれるとき，その折り畳みに有効に寄与する山折りと谷折り線数の差は2である」と解釈するべきである．

また，図2(c) の5面を集めるモデルでは，折り線数が奇数であることから，補角条件についても「折り畳まれるとき，折り畳みに寄与した折り線には補

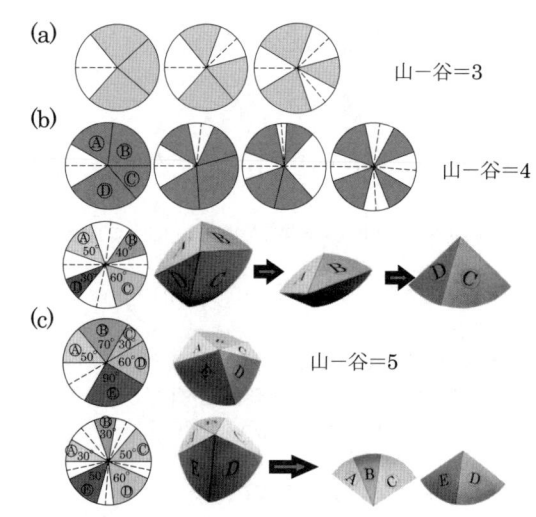

図2 頂点に集まる面が，(a) 3個，(b) 4個，(c) 5個の場合の面の配置関係と，山折り，谷折り線数の差

角条件が成り立っている」と解釈するべきである．

2. 基本構造 [1]

2.1 平面の折り畳み

1節点4折り線法による平面折りの最も基本的な例を図3(a)に示す．この図の垂直方向の折り線をジグザグにすると，図3(b)に示すミウラ折り [3] と呼ばれる平面折りになる．

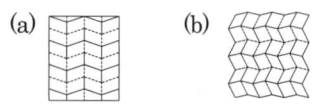

図3 1節点4折り線法による平面折りの展開図

2.2 円筒，円錐殻の軸方向への折り畳み

円筒を軸方向に折り畳むモデルを設計するには，節点での平坦折りの条件に加え，折り畳み後，円周方向に閉じる以下の条件が成り立たなければならない：$\alpha = 360°/(2N)$（N：水平方向の要素数）．β は任意である．図4(a)～(c)に種々の折り畳み円筒モデルを示す．また，折り畳み可能な円錐殻モデルでは，Θ を円錐殻の展開図の頂角として角度 α は次式で与えられる：$\alpha = (360° - \Theta)/(2N)$．図4(d)～(f) に種々の折り畳み円錐殻モデルを示す．

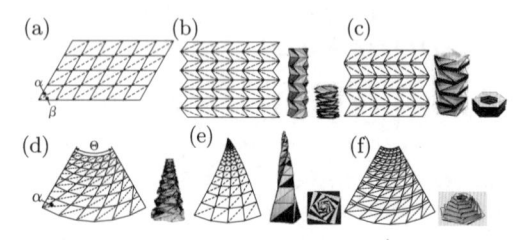

図4 折り畳み可能な，(a)～(c) 円筒モデルと，(d)～(f) 円錐殻モデル

2.3 円形膜の巻き取り

a. 等角螺旋を用いた円形膜の巻き取り

図5に示すように半径 R_0 の円の外周点 A から右上方向に半径方向と角 ψ の線分 AB を引く（分配角：$n\Theta$）．次に点 B から同様に BC を描き，C, D, ... を定める（主の折り線①）．次に点 E から左上方向に半径方向と角 ϕ をなす線分 EF を（分配角：$m\Theta$），また点 F から角 χ をなす FG を引く．角 ϕ と χ を交互にとり，点 H, I, J を定める．これを一組として，副の折り線②を描く．$(M/2)$ 回ジグザグを繰り返して点 I に来るとし，点 I が B, C, ... と一致するものを各々 1, 2, 3, ... 段上がりとする．点 H, J から①を得たのと同様に，角 ψ で螺旋群を描く．$\angle ABH = \psi + \chi + (m+n)\Theta$, $\angle JBC = \psi + \phi$ で表されるから，点 B での折り畳み条件は $2\psi + \phi + \chi + (m+n)\Theta = 180°$ である．B の半径を R_1 とすると，点 B と F の無次元半径 r と p は $r = \sin\psi/\sin(\psi + n\Theta)$, $p = \sin\phi/\sin(\phi + m\Theta)$ で表される．半径 OG と半径 OF の比を q とすると $q = \sin\chi/\sin(\chi + m\Theta)$ で表される．②の螺旋上の M 個の節点を経て，S 段上がりの点で螺旋が合流する場合には，$r^S = (pq)^{(M/2)}$ が成り立つ．S 段上がりの場合の角度の分配則は次式で与えられる：$(Mm + Sn)\Theta = 360°$.

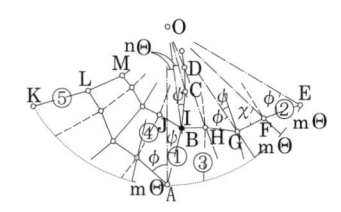

図5 等角螺旋状折り線の角度の定義図

主の等角螺旋状折り線を 2, 3, 4 本としたときの展開図と収納の様子をそれぞれ図6(a)～(c)に示す．

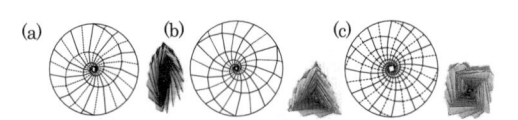

図6 等角螺旋の基本形による巻き取り収納（主の折り線数は，(a) 2本，(b) 3本，(c) 4本）

b. アルキメデスの螺旋状折り線による円形膜の巻き取り

図7に示すように正 n 角形のハブの頂点から，山，谷折り線各々1本を一対として n 組の略放射状折り線①，②を引く（$\angle BAE = \alpha$, $\angle EAD = \beta$）．次に，点 B から辺 AB に対して角度 γ で線分 BH を引き，アルキメデスの螺旋状折り線③を開始する．折り線③を折り線①，②と交差するごとに，折り線に対称に引く．ハブ面の垂直軸に軸対称形で巻き

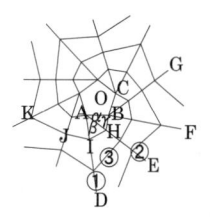

図7 一般的な場合のアルキメデスの螺旋状折り線の角度（α, β, γ）と位置の定義図

取る条件は $\beta + \gamma = (\pi/2)(1 + 2/n)$ で与えられる．これを満たすように角 β と γ を選択すると，正 n 角形角錐台形状で巻き取られる．

巻き取りモデルの例を図8に示す．

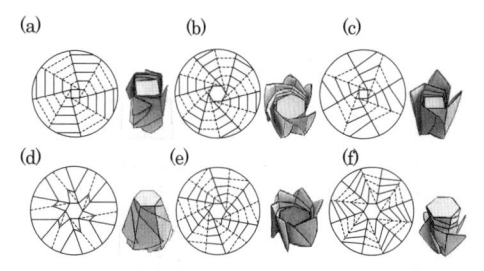

図8 アルキメデスの螺旋状折り線で構成された正 n 角形のハブに巻き取るモデル

2.4 曲線折紙

曲線状の折り線からなる折紙を曲線折紙と呼ぶが，その数理的な取り扱いはまだ十分になされていないのが現状である．そこで，折り目を蝶番型の特異線と考え，微小な直線折り目を繋いで曲線状の折り目を作ると考えることによって，曲線折紙を直線折紙の延長として取り扱うことができると考える．曲線折紙の例を図9に示す．

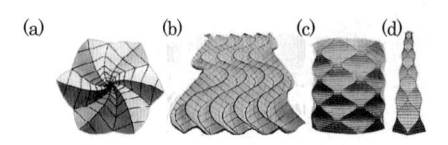

図9 曲線折紙の例

[野島武敏・杉山文子]

参 考 文 献

[1] 野島武敏, 萩原一郎 編, 折紙の数理とその応用（第1章 折紙の数理化のための基礎事項と基本構造）, 共立出版, 2012.
[2] 川崎敏和, バラと折り紙と数学と, 森北出版, 1998.
[3] 三浦公亮, 地図・折り紙・宇宙ミウラ折りをめぐって, 日本国際地図学会 (1997), 地図 35-2, 19.

折紙と学術研究との関連

relations between origami modelings and academic studies

折紙研究の面白さは，その基礎が古典幾何学に直結する点にある．これを太い縦糸とし，既存の学術研究と関連付けて横糸として紡ぐと，折紙の学術的な多次元を図れるとともに，折紙研究で得られた知見によって既存の学術研究に新たな視点を与えることも可能になると思われる．ここでは，4つの課題について既存の学術研究との関連を述べる [1],[2]．

1. 折り畳み可能な円筒の設計と構造力学的性質

底がない円筒構造を折り畳みモデルとして，最も簡単なものは，図1(a)のように半径方向に押し潰し，筒を2つ折りにするものである．筒を2枚の紙からなるとし，両端での繋ぎ合わせ法を解決すると，平面紙の折り畳みの問題になる．図1(b)がその例で，中央の垂直とジグザグの折線の対が単一蝶番と呼ぶ継ぎ目で（右端も同じ），軸方向に折り畳んだとき6か所で60°ずつ折れ曲がり，軸方向および半径方向双方に折り畳まれる（図1(c)）．図1(d),(e)は同じ機能の円錐筒であり，このようなモデルは底をつけるのが難しいため用途は限定される．

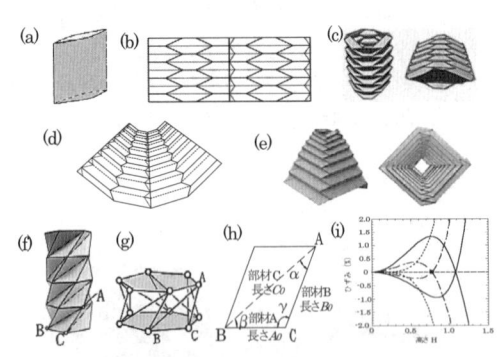

図1 (a) 円筒の半径方向への押し潰し, (b),(c) 単一蝶番型の展開図と，軸と半径双方向に折り畳める折紙模型, (d),(e) 円錐筒の展開図と模型, (f) 折り畳み円筒, (g) 螺旋型トラス部材の配置, (h) トラス部材と角度の定義, (i) トラス構造の部材に生じる歪み（正6角形, $\alpha = 30°$, β; パラメータ）．

底をつけると，円筒下端で強い拘束を受ける．ここでは，円筒の折り線をトラス部材に置き換え，底を固定して折り畳み/展開時の部材に生じる弾性変形を評価する．[折紙の基本事項と基本構造]（p.260）の図4(a)の展開図を丸めて円筒にしたものを図1(f)，節点を回転自由なジョイントとしたトラス構造の1段を図1(g)に示す．筒下端の正6角形を固定し，上面を回転させると折り畳まれる．トラス部材に生じる歪みは，図1(h)のように部材と角度を与えて算出できる（$\alpha = 30°$）．例えば $\beta = 35°$ にとると，部材A, Bに生じる歪みは極めて小さい（図1(i)の中央の曲線の組．0.3%程度）．このとき，弾性変形ですり抜けるように折り畳み/展開がなされていることがわかる．これは剛体部材を用いる慣用の構造力学の判定法に従えば，静定で安定な構造であっても部材を現実の弾性部材にすると変形可能（不安定）になる構造があることを示している．

2. 圧縮座屈のモードと折紙モデル

円管を圧縮すると，端面で局所的に座屈しそれを基点に順次新たな座屈を形成，伝播する．金属や高分子材の一連の軸圧縮座屈試験で得られた座屈モードは，試料の縦弾性率 E-アスペクト比 D/t の対数関係図上で，良好に分類，整理できる（D：直径, t：管厚）．図2(a)は塩ビ管の3角形モードの座屈後の様子で，折線部で塑性伸びを伴うが，折り畳むように座屈している．切り開いて平面にした試料，折紙展開図を図2(b),(c)に示す．高分子材では D/t がおよそ25以下の領域で2角形モード，25から80〜100で3角形モード，およそ100以上で4, 5角形モードとなり，全て折紙型の非対称座屈モデルで表される．一方，高弾性，高強度の厚肉の金属円筒では端面の摩擦で半径方向の自由な変形が拘束され，外に張り出して座屈するちょうちん型（図2(d)）となり，D/t が大きな薄肉管では折紙型になる．圧縮座屈における端面摩擦の影響は大きく，最初，ちょうちん型であっても変形荷重がより小さい3角形モードへ，あるいは3角形から2角形モードへ変形途中で遷移することもある．円錐殻の座屈も同様に折紙模型で表され，試験後引き伸ばした銅製円錐殻とその展開図を，図2(e),(f)に示す．

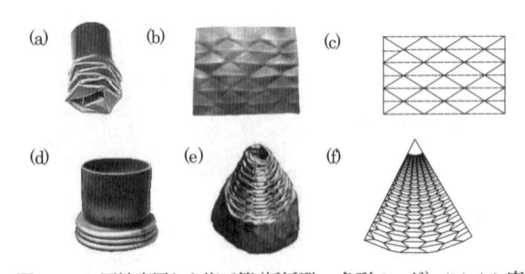

図2 (a) 圧縮座屈した塩ビ管（折紙型，3角形モード）, (b),(c) 座屈後，平面に戻した試料と展開図, (d) 鋼管のちょうちん座屈（非折紙型）, (e),(f) 銅製の薄肉円錐殻の座屈後, 引き伸ばしたときの様子とその展開図．

3. 植物に見る螺旋模様の解析と折り畳み構造

植物の花や葉の配列には非対称に交差する等角螺旋群で構成される模様がたびたび現れ，その螺旋数はフィボナッチ Fi 数列の隣り合う2数に関連する

ことはよく知られている．DNA やコラーゲンなどの蛋白質は螺旋構造で巧妙に折り畳まれると言われ，螺旋で構成される構造は変形や変化，成長などと強い関連がある．図 3 (a),(b) にパイナップル，ひまわりに見られる Fi 数からなる交差する螺旋模様を示す．

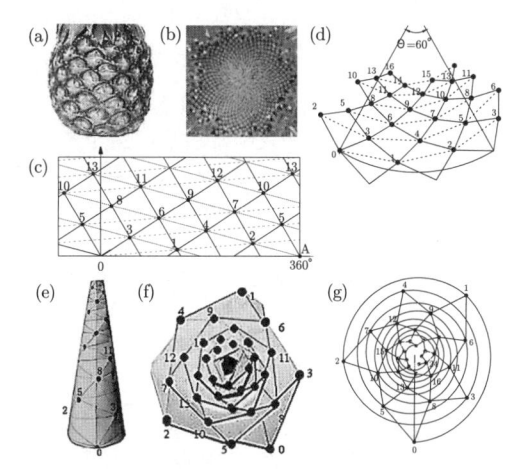

図 3 (a),(b) パイナップルとひまわりの小花の葉序，(c) 円筒上の螺旋葉序，(d) 円錐上の螺旋葉序，(e),(f) 図 (d) の折紙模型の折り畳み前後の様子，(g) 反時計回りに回る生成螺旋上に黄金角（約 137.5°）で配された原基．

パイナップルのような円筒面の葉序を図 3 (c) に示す．図中，原基 $0, 1, 2, \ldots$ は原点から描かれた右上がりの破線が円筒を巻く 1 本の生成螺旋 G 上に黄金角 ϕ で配置されている．図では原基 0 の近くに 5, 8 が現れ，円筒にすると ϕ で原基を配置したにも関わらず，葉列数は Fi 数の組合せの 5, 8 本の螺旋数で構成されるように見える．螺旋 G の角度を変えると，葉列数の組合せも変わる．

ひまわりのような平面の円形域で螺旋状に種子（原基）が配列される場合を考え，図 3 (c) を円錐殻の展開図にしたものを図 3 (d) に示す．極座標系で原基を定め，螺旋 G が等角螺旋，折り畳み後の開度が黄金角となるように配置した．得られた折紙模型を図 3 (e) に示す．折り畳み後（図 3 (f)），原基 $0, 1, 2, 3, \ldots$ が角 ϕ で回転し，原基 0 の近くの 2 や 3 に替わって原基 5 や 8 が 0 の近くに現れる．この模型より，植物のシュート頂の円形域で螺旋模様に配置された原基が，成長後，図 3 (e) のような疎な立体螺旋になることがわかる．図 3 (g) は外周部に原基 0 をとり，原基 $0, 1, 2, 3, \ldots$ を反時計回りに何重にも回る曲線（螺旋 G）上に角 ϕ で配したもので，図 3 (f) をグラフ化したものである．図は時計，反時計回りに各々 5, 8 本の交差する等角螺旋で構成されている．このような折紙模型を用いると，今まで別々に論じられてきた，平面上に配された螺旋と成長後の疎な螺旋の関連などが明快に説明できる．

4. 同心円折紙模型による鞍型構造とその応用 [1],[3]

同心円を交互に山/谷折り線とする折紙モデル（図 4 (a)）の基本形である正方形模型（図 4 (b)）は，古くから知られる．これを折ると図 4 (c) 左図のように，中心を通る水平の折線は（ジグザグするが）凹，鉛直方向の折線は凸の曲線状で全体として鞍型になるため，幾何学的観点から興味が持たれてきた．これは工学的に興味ある 2 極安定の構造で，山/谷折り線の変換なしに反り返りが反転する幾何学と力学が連成する折紙モデルでもある（図 4 (c)）．図 4 (a) のモデルを山，谷折り線で交互に曲ると，各円は中心方向に収縮する．円形の折線自身は伸縮しないから，折線は湾曲し，図 4 (d) のような鞍型になる．これは，同心円モデルを折ったものが 360° より大きい中心角の円形紙（スリットを入れ，余分な扇形をはめこんだ円形紙）に相当し，このとき円周方向に皺が生じることに対応する．図 4 (d) はその中で最も簡単な形状で，必要なエネルギーが最小のものである．この折紙模型は工学的な応用のみならず，生体のようなしなやかな 3D 構造をデザインできる，曲面折紙による新しい造形の可能性を示唆する．同心円の細かい折り目を入れ，大きく中抜きした円環を用いると，柔軟に折れ曲がる折紙構造になり，幾何学的に面白い作品が設計できる．ここでは，同心円モデルの半分を図 4 (e) のように 2 個（図 4 (f)）および 3 個（図 4 (g)）繋いで両端を貼り合わせて作られた，柔らかな曲面状の折紙模型を例示する．

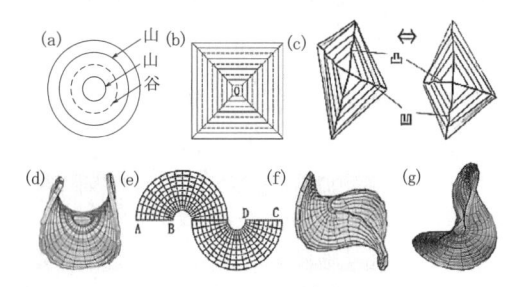

図 4 (a),(b) 同心円モデルとその正方形型，(c) 図 (b) による模型と鞍型の反り返りの交換，(d) 図 (a) の折紙模型，(e) 図 (a) の半分を 2 個貼り合わせた展開図，(f),(g) 図 (a) の半分を 2 個および 3 個貼り合わせて得た模型．

[野島武敏]

参 考 文 献

[1] 野島武敏，萩原一郎 監修，折紙の数理とその応用 (第 1, 2 章)，共立出版，2012．
[2] 野島武敏，数理折紙による折紙の学術的応用，応用数理，18-No.4 (2008), 25–38.
[3] E.D. Demaine et al., *Graphs and Combinatorics*, **27** (2011), 377–397.

折紙の情報・数学問題への応用
― 情報問題への応用

application of origami to theoretical computer science

理論計算機科学では，アルゴリズムの評価に時間計算量と領域計算量を用いる．折紙のアルゴリズムを考える際にも，2つの評価基準が提案されている．この2つの基準と現在知られている結果を紹介する．ここでの「折紙」は，等間隔にn個の折り目がある長さ$n+1$の帯状の紙である．各折り目は帯の長軸に垂直であるとし，山/谷が指定されるものとする．紙の厚みは無視する．

1. 折り計算量

まだ折られていない折紙と，付けたい折り目の文字列sが入力として与えられる問題を考える．sは長さnの山/谷の文字列である．各折り目は「最後に折られた方向」を自分の折り目として記憶する．上手に重ねて折ったり広げたりして，紙にsを記憶させることが目的である．紙を広げるコストは無視して，sを実現する折りの回数を最小化したい．

端からn回折ればどんなsも実現できるので，自明な上界はnである．一方，とにかく多くの折り目を付けるなら，全て重ねて半分に折ることを繰り返す方法が最適である．したがって，$\log_2 n$という下界も得られる．つまり，どんなsにも，$\log_2 n$以上n以下の「最適な折り回数」がある．この一種の「コスト」は，折りの視点から見た，sの複雑さ (folding complexity) と言える．

一般の文字列に対して，次が知られている．

定理 1 (1) どんな文字列も，$O(n/\log n)$回の折りで実現できる．(2) ほとんど全ての文字列に対して，$\Omega(n/\log n)$回の折りが必要である．

つまり，ほとんど全ての文字列では，定数倍を無視すれば上下界は一致する．では，簡単に折れる例外的な文字列はあるのだろうか？　山/谷が交互に現れる蛇腹折りが一例であり，次が知られている．

定理 2 (1) 蛇腹折りは$O(\log^2 n)$回の折りで実現できる．(2) 蛇腹折りは少なくとも$\Omega(\log^2 n/\log\log n)$回は折らなければ実現できない．

上界と下界の間にギャップが残っているが，蛇腹折りは例外的に簡単な折りであると結論付けることができる．なお，本節の結果は文献 [1] による．

2. 折り目幅

さて，今度は折り目に従って紙を単位長に折り畳もう．このとき，折り目で間に挟まる紙は少ないほうが望ましい．実は蛇腹折りはこの観点からも非常に特殊な折り方で，以下の定理が成り立つ．

定理 3 以下の3つの主張は同値である．(1) 蛇腹折りである．(2) 単位長に折り畳む方法が一意的である．(3) 各折り目に挟まっている紙の枚数が0枚である．

つまり，蛇腹折り以外では，折り畳む方法は一意的ではない．与えられた文字列の通りに折り畳む方法を数え上げる問題は，とても難しい．そもそも長さ$n+1$の紙を（文字列と無関係に）折り畳む方法が何通りあるかを数え上げる問題は「郵便切手の問題」(stamp folding problem) という古典的な未解決問題である．現時点での最も良い上下界は次の通りである．

定理 4 [2] 長さ$n+1$の紙を単位長に折り畳む方法を$F(n)$通りとすると，$F(n) = \Omega(3.065^n)$かつ$F(n) = O(4^n)$である．実験的には$F(n) = \Theta(3.3^n)$である．

可能な文字列は2^n通りあるので，ランダムな文字列に対する折り畳み方の期待値は$O(1.65^n)$である．

つまり，文字列を1つ与えても，一般に折り方は指数通りあり，「折り目に挟まる紙の枚数＝折り目幅 (crease width)」は異なる．折り目の指定された紙が与えられたときに，折り目幅の小さい折り方を見つけることは，かなり困難であろうと予想できる．実際，次の定理が知られている．

定理 5 [3] 与えられた長さnの文字列に対して，折り目幅の最大値が最小となる折り畳み方を見つける問題は，NP完全である．

非常に限定されたケースを除いて，「良い文字列」の特徴付けなどは，まったくわかっていない．

　　　　　　　　　　　　　　　　　[上原隆平]

参考文献

[1] J. Cardinal, E.D. Demaine, M.L. Demaine, S. Imahori, T. Ito, M. Kiyomi, S. Langerman, R. Uehara, T. Uno, Algorithmic Folding Complexity, *Graphs and Combinatorics*, **27** (2010), 341–351.

[2] R. Uehara, Stamp foldings with a given mountain valley assignment, *ORIGAMI*[5] (2011), 585–597.

[3] T. Umesato, T. Saitoh, R. Uehara, H. Ito, Y. Okamoto, Complexity of the stamp folding problem, *Theoretical Computer Science*, accepted (2012), DOI:10.1016/j.tcs.2012.08.006.

折紙の情報・数学問題への応用
― 数学問題への応用

application of origami to mathematical problems

「折紙を使うと角の3等分ができる」という事実は，近年よく知られるようになってきている．この作図法を一般化することにより，3, 4次方程式の解を折紙で表現することが可能である．

1. 藤田–羽鳥による折紙の公理系

藤田文章は，折紙操作の幾何学的意味を下記の (1)〜(6) の公理にまとめた (1989). その後，これらとは独立な公理 (7) を羽鳥公士郎が発見した (2001)が，実際には J. Justin が既に指摘していた (1989)ことが判明した．

(1) 与えられた2点 p_1, p_2 を通る直線が折れる．
(2) 与えられた2点 p_1, p_2 について，p_1 を p_2 に重ねるように折れる．
(3) 与えられた2直線 ℓ_1, ℓ_2 について，ℓ_1 を ℓ_2 に重ねるように折れる．
(4) 与えられた点 p と直線 ℓ について，「p を通り ℓ に垂直な直線」が折れる．
(5) 与えられた2点 p_1, p_2 と直線 ℓ について，「p_2 を通り，p_1 を ℓ 上に重ねる直線」が折れる．
(6) 与えられた2点 p_1, p_2 と2直線 ℓ_1, ℓ_2 について，「p_1 を ℓ_1 上に，p_2 を ℓ_2 上に同時に重ねる直線」が折れる．
(7) 与えられた点 p と2直線 ℓ_1, ℓ_2 について，「p を ℓ_1 上に重ね，ℓ_2 に垂直な直線」が折れる．

これらのうち公理 (6) は，幾何学的には「2つの放物線の共通接線を求める」操作を表すため，3次方程式に対応し，定規とコンパスでは作図できない．single-fold（一度に一本の折り目で折る手法）で作図可能な問題に関しては，この7つの公理で完全であることを Lang [3] が証明し，「single-fold で解ける方程式は4次以下」であることが確認されている．

2. 一般の3次方程式の解法

3次方程式 $t^3 + at^2 + bt + c = 0$ の解を折紙で表現するには，各係数から，xy 平面上に3点 $A(-1, a)$, $B(-b, c)$, $R(0, a)$ を図1のように配置すればよい（ただし $c < 0$ の場合）[4]．$c > 0$ の場合は，この図の天地を入れ替えた配置となる．これに対し，以下の作図手順を適用する．

(i) 2直線 $x = 1$, $y = -c$ を折る．
(ii) A が $x = 1$ 上に，B が $y = -c$ 上に乗るように折る．
(iii) AA' の中点を P とすると，$\overrightarrow{RP}$ は，与えられ

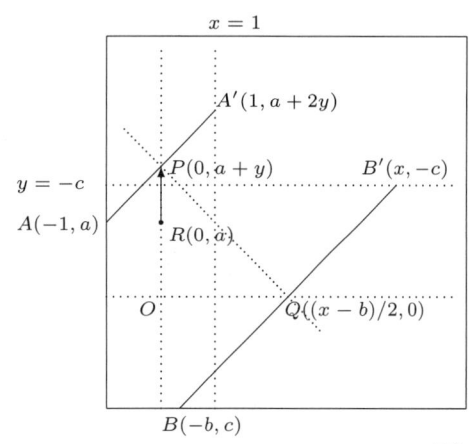

図1　3次方程式 $t^3 + at^2 + bt + c = 0$ の解 $\overrightarrow{RP}$

た3次方程式の1つの実数解を表す．

3. 4次以上の方程式の解法

一般の4次方程式については，Edwards と Shurman [2] による解法があり，（かなり複雑な）変数変換の結果として「円と放物線の共通接線」の作図に帰着させ，single-fold により解くことが可能である．

5次以上の方程式に対しては，multi-fold（同時に複数の折り目を折る手法）が必要となるが，Alperinと Lang [1] は，代数方程式の古典的な幾何学的表現法である「Lill の図式」を用いることにより，以下を導いている．

定理　任意の n 次代数方程式の実根は，高々 $(n-2)$-fold の作図によって求めることができる．

ただし，「n 次方程式のうち $(n-2)$-fold 未満で解けるもの」の判別基準や具体的な作図法は，$n \geq 5$ に対しては未解決である．　　　　　　[森継修一]

参 考 文 献

[1] R.C. Alperin, R.J. Lang, One-, Two-, and Multi-Fold Origami Axioms, Lang, R.J. (ed.), *Origami^4: Fourth International Meeting of Origami Science, Mathematics, and Education* (2009), 371–393.
[2] B.C. Edwards, J. Shurman, Folding Quartic Roots, *Mathematics Magazine*, **74**(1) (2001), 19–25.
[3] R.J. Lang, http://www.langorigami.com/ (参照 2012-03-13), 2004.
[4] 森継修一, 折り紙による3次方程式の解法について, 日本応用数理学会論文誌, **16**(1) (2006), 79–92.

立体折りと産業応用
industrial applications of three dimensional folds

1. はじめに

紙を折って目的の形を作る「折紙設計」に関する分野では，精力的な研究が継続されており，1枚の紙で作ることができる新しい形が様々に発表されている．折ったあとの形が立体的になる立体折紙の技術は，1枚の素材から3次元構造を構築したり，それに折り畳みの機構を持たせるなどの目的に発展させることが可能であるため，この分野で得られた新しい知見が産業分野に活用されることが期待されている．日本で古くから親しまれてきた伝承折紙の多くは平坦に折る操作が大半を占めるが，「枡」（直方体の形をした箱）や，複数のユニットを組み合わせる「くす玉」など立体的な折りを持つものも知られている．これらは90度または45度の角を基本とする形状であるため形の自由度が大きくないが，近年では1枚の紙で作られる立体形状に関する幾何学的な知見とコンピュータ技術の発達により，任意の角度を含む形をある範囲内で自由に設計できるようになってきている．

しかしながら，産業分野への応用を考えた場合には，折りの構造を数学分野における幾何学の問題と捉えた解決手法では不十分で，実際にものづくりを行う際に困難な問題に直面することが多い．例えば，素材を折ったあとの形状に素材の厚さがどのように影響するかや，そもそも使用する素材で「折り」を実現できるのか，可動部を含ませた場合は十分な耐久性を持つか，といった素材の物性に関する観点からの検討や，製造コスト，安全性など，それ以外にも考慮すべきことは多い．そのため，折りの理論の研究と，その実用化の間には大きな溝があると言える．

その一方で，既に実用化されたり，現在実用化が検討されている製品もある．実用化されているものの例としては，飲料缶の表面加工，蛇腹折りによる機械可動部の防塵カバー，折り畳み可能な椅子，人工衛星の太陽電池パネルの折り畳みなどが挙げられる．身近な例としては，扇子や折り畳み傘，紙袋，紙箱なども，実用化されているものの例に含めてよいだろう．さらに，車のエアバッグの折り畳みや折り畳み可能なペットボトルやコップ，伸縮する建造物など，実用化に向けた研究が行われている．今後，幾何学的な観点からの折りに関する研究と，工学的な観点からのものづくりのための研究を両輪とした研究開発の推進によって，さらに多くの分野で折りの構造を活用した製品が登場することが期待される．

2. 軸対称立体折紙

筆者がこれまでに行ってきた立体折紙の設計技法に関する研究の1つに，軸対称な立体を内に包むような形の設計がある[1]．紙を折り曲げてできる曲面は柱面，錐面，および接線曲面と呼ばれる「可展面」に限られるため，原理的に球面などを扱うことができないが，襞を折り出すことを許容することで様々な立体を1枚の紙で作ることが可能となる．

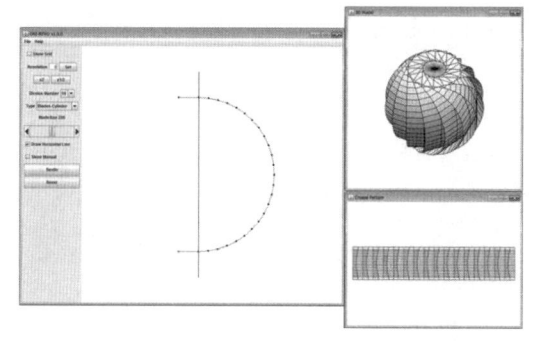

図1 軸対称立体折紙の設計ソフトウェア（ORI-REVO）

特に軸対称な立体に対象を限定すると，襞を外側に一定間隔に配置することで，形の設計および制作を容易に行うことが可能となる．そこで，図1に示す設計支援用のソフトウェア「ORI-REVO」を開発した（執筆時現在，著者のウェブサイト[*1]で公開している）．このソフトウェアでは，対象とする立体の断面を折線として入力し，襞の数や大きさ，形のタイプといったパラメータを指定すると，折ったあとの完成予想図と，その形を作るための折り線図が自動生成される．このシステムを使うことで，図2に示すような立体的な折紙を設計することが可能となる．図の左は入力に用いた断面を表す線であり，中央は折り線図（横に長いものは一部を省略している），右が実際に折ったあとの写真である．

軸対称な立体を紙で包むには，筒を作って周囲をくるむ方法と，平坦な状態の紙に立体を置いて風呂敷のようにして包む方法がある．ORI-REVOでは，この2通りの包み方に対応しており，それぞれ長方形（図2(a),(c)）および正多角形（図2(b),(d)）の紙から作ることができる．また，襞については平坦なもの（図2(a),(b)）と断面が三角形の立体的なもの（図2(c),(d)）の2通りに対応しているため，1つの立体に対して4通りの異なるタイプの折り形状を生成することができる．襞の数や大きさを変えることができ，また対象とする立体は軸対称であればよいことから，かなりのバリエーションを作り出すことができる．

[*1] http://mitani.cs.tsukuba.ac.jp/

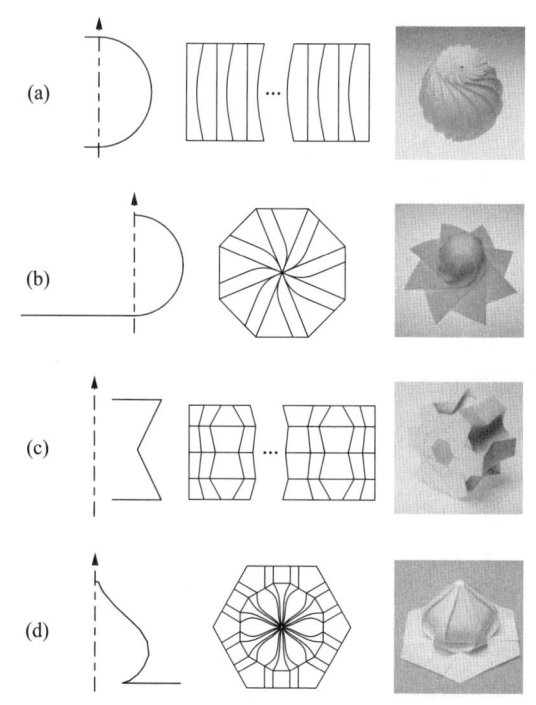

図2 左から順に入力折線，展開図，完成写真

3. 軸対称立体折紙の産業への応用例

軸対称立体折紙は，襞の数と形，包み方，および対象とする立体によって，数多くの折り形状を表現できるが，開いた状態から連続的な変形で作り上げることができない場合が多く，時には紙をひねるなどの操作が必要になる．この点が，連続的な変形が可能な「剛体折り」とは大きく異なり，可動部を持つ構造体の設計には不向きである．また，曲線折りを含む形は原理的に平坦に折り畳むことができないため，産業へ活用できる分野は残念ながら大きく限定される．

しかしながら，形状設計のアプローチが立体を内部に包むことによる造形であるため，例えばギフトボックスやランプシェードのデザインへの応用は，比較的容易に実現可能と思われる．また，これまでに，本項目で述べた方法などを用いて設計された折りのパターンが服飾デザインの創出に活用された事例がある．このような服飾デザインへの応用は，硬い素材で作るという発想から離れ，柔軟な素材で作ることを対象とすることで，応用の範囲が広がる好例と言える．

平成22年には茨城県工業技術センターの主催で「3D折り紙ソフトを利用した商品開発研究会」が発足し，製造業やデザイン業などを営む企業十数社の参加を得た．この研究会を通した商品開発により，実際に商品化が見込まれるものの一例として，紙製の「折り畳み焼き菓子型」が挙げられる．平面皿と立体皿へ形状が変化するため，ケーキを焼いた後に，そのまま平皿にすることで，切り分けを簡単に行うことができる．防災備蓄用の皿としても，収納時には平らになり場所をとらないという特徴がある．そのほかにも商品化に向けた試みが進められており，近い将来に軸対称な立体折りの構造を持った商品が様々に市場へ出ていくものと期待される．

4. おわりに

多くの先人によって進められてきた折紙の幾何に関する研究の成果から，現代では様々な形を1枚の紙から生み出せるようになった．近年ではコンピュータを用いた折紙設計が広く行われるようになり，より複雑な，時には曲面を含む形状も作ることが可能となってきている．筆者はこれまでの研究の成果として，軸対称立体折紙以外にも図3に示すような立体的な形を1枚の紙で作り出すためのシステム開発も行ってきた[2]．実際に制作した数多くの立体折紙の写真をウェブ上で公開している[*2)．興味を持った読者は是非参照されたい．立体折紙の設計は，幾何学的に興味深いテーマの1つである．一方で，工学的なアプローチによる今後のさらなる研究により，立体折紙の技術が様々な場面で実用に供されることが期待される．

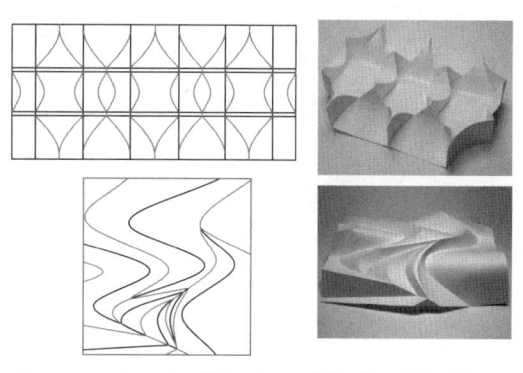

図3 コンピュータで設計された，曲面を持つ立体折紙の例

[三谷 純]

参 考 文 献

[1] J. Mitani, A Design Method for 3D Origami Based on Rotational Sweep, *Computer-Aided Design and Applications*, **6**(1) (2009), 69–79.
[2] J. Mitani, T. Igarashi, Interactive Design of Planar Curved Folding by Reflection, In *Proc. of Pacific Conference on Computer Graphics and Applications* (2011), 77–81.

---

*2) http://www.flickr.com/photos/jun_mitani/

剛体折紙
rigid origami

折紙の展開・折り畳みによって2次元と3次元の状態が移り変わる動的な性質は，様々な展開構造物，折り畳みの仕組みへ応用できる．折紙の変形は材料変形，折り線の遷移，折り線による面の回転からなるが，折り線による回転のみに着目し，折り線を稜線とする（開いた）多面体としたモデル化を剛体折紙（rigid origami）と呼ぶ．剛体折紙モデルで連続変形の機構が存在する，すなわち剛体折り可能（rigid foldable）であると，材料の柔らかさを必要としないのでスケーラブルな応用が可能であり，小さな医療デバイスから，厚みのあるパネルでできた建築空間や宇宙構造物に至る幅広い用途が考えられる（図1）．本項目では剛体折り可能な機構を解析し，設計するための手法について記述する．ここでは折紙という表現を用いるが，変形には一般に可展性を必要としないので，任意のディスクに拡張して考える．

図1 パネルとヒンジで構成される建築構造物のイメージ

1. 剛体折紙機構

1.1 拘束条件

E_i 本の折り線の折り角（隣接する2面角の補角）を変数として剛体折紙の形状を表現すると，ディスク同相の折紙の場合，V_i 個の内部頂点（すなわち境界上に存在しない頂点）の周りがリンケージの閉ループとなり，拘束を生む．頂点周りに扇状に面を取り出し，隣り合う面同士の相対的位置関係を表す 3×3 回転行列 $\chi_1, \ldots, \chi_n$ の合成が恒等変換となることで表される．すなわち，ある頂点周りの稜線の折り角 $\rho_1, \ldots, \rho_n$ について，

$$\mathbf{R}(\rho_1, \ldots, \rho_n) = \chi_1 \cdots \chi_{n-1} \chi_n = \mathbf{I}_3 \quad (1)$$

の形で表される．χ_i が回転行列であることから，独立な等式は $\mathbf{R}(2,3), \mathbf{R}(3,1), \mathbf{R}(1,2)$ の3要素の等式のみであり，全体で，$3V_i$ 個の拘束が存在する．

1.2 自由度と剛体折り可能性

変数を E_i 次元のベクトル $\boldsymbol{\rho}$，拘束条件を $\mathbf{R}$ の独立成分を並べた $3V_i$ 次元のベクトル方程式 $\mathbf{F}(\boldsymbol{\rho}) = \mathbf{0}$ として表すと，このシステム内で可能な微小な変形は

$$\left[\frac{\partial \mathbf{F}}{\partial \boldsymbol{\rho}}\right] \Delta \boldsymbol{\rho} = \mathbf{0} \quad (2)$$

を満たす．拘束条件に特異性がない場合，解の次元すなわち機構の自由度は

$$DOF = E_i - 3V_i \quad (3)$$

と表すことができ，$DOF \geq 1$ のとき，折紙は剛体折り可能である．

拘束が冗長になる特異性がある場合の自由度は，冗長な拘束の個数 S を加えた $DOF = E_i - 3V_i + S$ となる．ここで，特異性が発生する条件に十分注意が必要である．特異性が折り変形によって失われる場合，微小な折り変形のモードを与えるが，有限範囲での折り変形を許さないため，機構としては望ましくない．例えば，平面に完全展開してしまった折紙形状は各頂点の本来拘束している3式のうち2つのみが独立であり，$S = V_i$ 個の冗長な拘束によって，機構に寄与しない自由度が発生してしまう．よって，再度の折り畳みを必要とする展開構造物では，完全展開は避けるのが望ましい．一方，特異性が内在的であり，折り変形によって失われない場合は，3節において示すように機構として利用が可能である．

1.3 機構シミュレーション

剛体折紙の形状変化を数値積分によってシミュレートする．一次近似式 (2) の $\boldsymbol{\rho} = \boldsymbol{\rho}_0$ における解空間は

$$\Delta \boldsymbol{\rho} = -\frac{\partial \mathbf{F}}{\partial \boldsymbol{\rho}}^+ \mathbf{F}(\boldsymbol{\rho}_0) + \left[\mathbf{I}_{E_i} - \frac{\partial \mathbf{F}}{\partial \boldsymbol{\rho}}^+ \frac{\partial \mathbf{F}}{\partial \boldsymbol{\rho}}\right] \Delta \boldsymbol{\rho}_0 \quad (4)$$

と表せる．ここで，$\frac{\partial \mathbf{F}}{\partial \boldsymbol{\rho}}^+$ はヤコビ行列の Moore–Penrose 一般逆行列である．折り線の山谷から適当に作った折り角変化 $\Delta \boldsymbol{\rho}_0$ を解空間へ投影することで，機構として正しい折り角変化 $\Delta \boldsymbol{\rho}$ を得る．この値を数値積分することで，軌跡を求める[1]．ところで，第1項は微小変位を離散化して繰り返し計算を行った場合の残差消去の役割を果たす．

ここでは，折り角を変数として頂点周りの回転拘束を与えるモデルを用いたが，頂点位置を変数として，稜線の長さに拘束を与える，不安定トラスのモデルを用いることもできる[2]．不安定トラスモデルを用いると，折り角ではなく頂点位置の速度と拘束を直接与えるときに利便性が高い．

2. 三角形ベース剛体折紙

全ての面が三角形であるような剛体折紙では，頂点，稜線，面の数をそれぞれ V, E, F とし，境界上

の要素数を $V_o = E_o$ と表せば，全ての面が三角形なので $3F = 2E - E_o$ となる．オイラーの多面体公式から，$V - E + F = 1$ を用いると，拘束に特異性がない場合，式 (3) より，

$$DOF = E_o - 3. \quad (5)$$

境界を部分的に拘束することで，利用しやすい機構が作れる．例えば 6 辺の境界部を持つ折紙の 3 点の脚部をピン支持する可動シェルは，脚部の固定による 9 つの拘束が，3 つの変形モードと剛体変形の 6 変数を決定する静定構造物となる．脚部の固定位置を変えれば全体形状がそれに追随して変形する（図 2）．一方，機構を任意に与えた境界形状に隙間なく追随させるシステムは，$3V_o$ 個の拘束が加わった過拘束システムとなるため，通常は成り立たない．

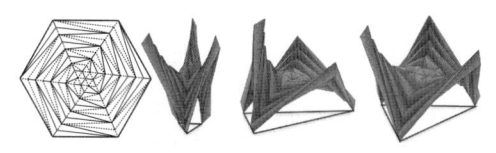

図 2　6 辺 3 脚の機構

3. 四角形ベース剛体折紙

四角形パネルを並べた折紙パターンでは，1 つの頂点に 4 本の稜線が接続した 4 価頂点が連結して閉ループを構成する．4 価頂点は単体で 1 自由度なので，これを並べたものは過拘束となって，通常は機構を作らない．しかし，ミウラ折りのような特殊な例では，対称性による特異性から冗長な拘束を含む 1 自由度機構となる（図 3 上）．この特異性は，折り変形によって失われないため，機構の設計に用いられる．

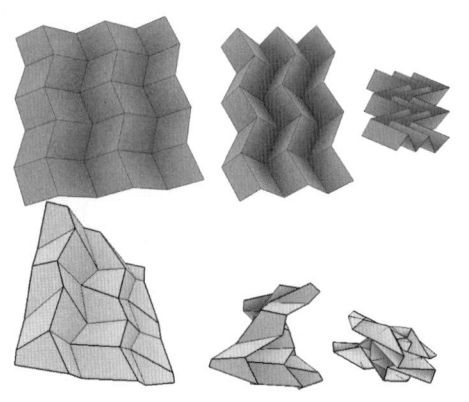

図 3　ミウラ折り（上）と一般化ミウラ折り（下）

この特異性を一般化すると，非対称な形態において機構を確保できる．(i) 各頂点において対角の和が $180°$ であることと，(ii) 四角形にねじれがないこととの 2 条件を満たす四角形メッシュの立体形状が存在するならば，これは剛体折り可能な 1 自由度機構となる [3]．上記の条件を満たす形状は，数値計算によって求められる．頂点座標を変数とし，角度の和，面のねじれを拘束とすると，多次元の解空間を生成するので，式 (4) と同様に解空間への直投影を用いて形状を探索することで，デザインバリエーションを導ける．(i) の条件は折紙の可展性と平坦折り可能性の必要条件であるから，1 枚のシートから構築され，再び平坦に折り畳めるデザインとなり，有用性も高い（図 3 下）．

4. 非ディスク折紙

筒型のようにディスク同相でない折紙の機構では，リンケージの閉ループ拘束が，内部頂点の拘束の組合せに還元できず，穴の周りで配向と配置の 6 つの拘束を受けるシステムとなる．対称性を用いて拘束条件の恒等式が成り立つようにパターンを配置すると，剛体折り可能な筒型構造や，筒構造を組み合わせたセル構造が作れる（図 4）[4]．

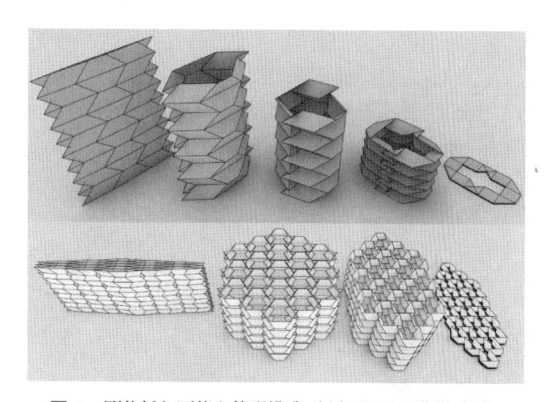

図 4　剛体折り可能な筒型構造（上）とセル構造（下）

［舘　知宏］

参 考 文 献

[1] T. Tachi, Simulation of Rigid Origami, in *Origami*[4] (2009), 175–187.
[2] 半谷裕彦, 川口健一, 形態解析 ― 一般逆行列とその応用 (計算力学と CAE シリーズ), 培風館, 1991.
[3] T. Tachi, Generalization of Rigid-Foldable Quadrilateral-Mesh Origami, *Journal of the IASS*, **50**(3) (2009), 173–179.
[4] K. Miura, T. Tachi, Synthesis of Rigid-Foldable Cylindrical Polyhedra, *Journal of the ISIS-Symmetry, Special Issue for the Festival-Congress Gmuend* (2010), 204–213.

バイオミメティクスと折紙
— 植物の幾何学的解明とモデル化

biomimetics and origami — geometrical analysis and modeling for plant

植物の葉や花は小さな蕾から展開・成長し，比較的大きな平面や立体構造となる．その展開過程の幾何学的知見は，人工衛星の太陽電池パネルやアンテナ，開閉式の屋根や庇などの人工の展開機器や構造体の設計に有益な指針を与えると考えられる．ここでは，波板状に折り畳まれたイヌシデやブナの葉 [1] の展開様式について紹介する．

1. 葉身のベクトル解析

ブナやシデの葉は，図 1(a) に示すように，葉柄から続く主脈から左右に 2 次脈がほぼ平行に走る単葉で，蕾の中では，2 次脈に沿った谷折り線とそれらの間の山折り線で波板状に折り畳まれている．このような葉の展開を，図 1(b) に示す単純な"三浦折り"でモデル化することにより，展開を数学的に取り扱うことができる．このモデルは，図 1(c) に示す 1 本の山折り線（破線）と 3 本の谷折り線（実線）を含む単位矩形の繰り返しで構成されており，この単位矩形の展開を考えれば，その結果を葉身全体へ容易に拡張できる．

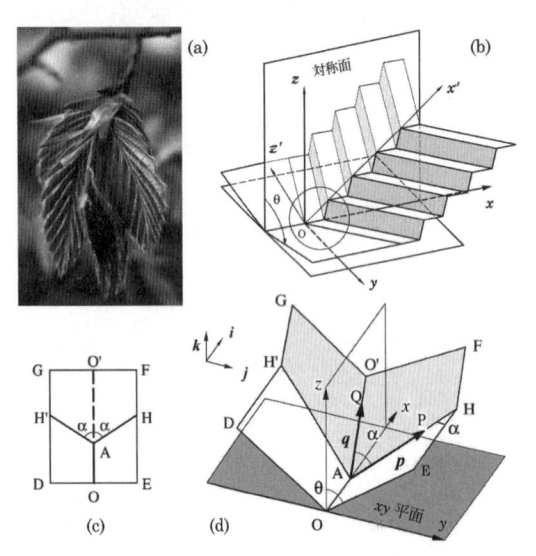

図1 波板状の折り畳み：(a) ブナの葉，(b) 三浦折りモデル，(c) 展開した単位矩形，(d) 展開途中の単位矩形

そこで，展開途中の葉脈角 α を有する単位矩形を考えて，x, y, z の各座標を図 1(d) のようにとり，各方向の単位ベクトルをそれぞれ i, j, k とする．いま，面 OAHE と対称面 (xz 面) とがなす角を開き角 θ と定義し，折線 AH, AO' 上の単位ベクトル $p(p_x, p_y, p_z)$, $q(q_x, q_y, q_z)$ を考える．q は xz 面上にあるから $q_y = 0$ であり，$\angle \text{AHE} = \alpha$ であることを考慮すると，

$$p = p_x i + p_y j + p_z k$$
$$= \cos\alpha\, i + \sin\alpha \sin\theta\, j + \sin\alpha \cos\theta\, k \quad (1)$$
$$q = q_x i + q_z k \quad (2)$$

と表される．もし，α, θ が既知であれば，p は既知となり，未知数は q_x, q_z の 2 つになる．ここで $\angle \text{HAO}' = \alpha$ を考慮して p と q の内積を考えると，

$$p \cdot q = q_x \cos\alpha + q_z \sin\alpha \cos\theta$$
$$= |p||q|\cos\alpha = \cos\alpha \quad (3)$$

であり，q は単位ベクトルだから，

$$q_x^2 + q_z^2 = 1 \quad (4)$$

である．式 (3),(4) から q_x, q_z について解くと，

$$q_x = \frac{1-c^2}{1+c^2},\ q_z = \frac{2c}{1+c^2},\ c = \tan\alpha \cos\theta \quad (5)$$

が得られる．式 (1),(5) から，開き角 θ のときの AH, AO' の 3 次元空間における位置が求められる．この結果を図 1(b) の各段ごとに適用することにより，開き角 θ のときの葉身形状を求めることができる．

2. 展界時の葉身面積

植物の葉は光合成器官であるから，展開時の葉身面積は重要な要素である．そこで，葉脈角 α の異なる葉身モデルについて，前節のベクトル解析により求めた展開時の葉身面積 A の変化を図 2 に示す．ただし，A を完全展開時の面積 A_0 で除した展開面積比 A^* で示している．実際のブナやシデの葉は，$\alpha = 30°〜50°$ であり，この図から，ブナやシデは展開早期に比較的大きい葉身面積を確保できる合理的な葉脈角を採用していることがわかる．

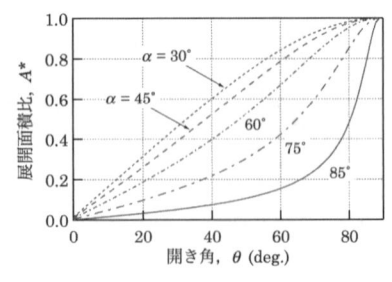

図2 波板状に折り畳まれた葉身の展開時の面積変化

[小林 秀敏]

参 考 文 献

[1] H. Kobayashi, B. Kresling, J.F.V. Vincent, The Geometry of Unfolding Tree Leaves, *Proc. Roy. Soc. Lond. Ser. B*, **256** (1998), 147–154.

バイオミメティクスと折紙 — 肺胞の幾何学的解明とモデル化

geometric analyses and modeling for the human pulmonary alveolar structure

1. 肺胞の解剖と生理

哺乳類の換気は，胸郭の運動によって肺内の空気が移動することで行われる．生理学の教科書には，胸郭内に風船のような肺がぶら下がっている図がよく描かれているが，実際の肺は中空ではなく，内部はスポンジ状の組織で占められている（図1）．

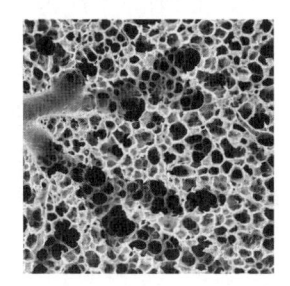

図1 肺胞系の走査電子顕微鏡像

スポンジの孔に相当するのが「肺胞」で，ヒトの肺には数億個の肺胞がある．しかし，肺胞はスポンジとは異なり，気管を根とする単一の有向木の終端で，直径約0.3 mmの囊状になっている．肺胞系全体の表面積はテニスコートに匹敵し，ここで酸素と二酸化炭素の交換が行われる．有向木の終端と述べたが，終端近くでは，1本のエッジ（肺胞管）に数十個の肺胞が開口している．また，隣接する肺胞は壁を共有して空間を充填しており，教科書にあるような，チューブの先端に付着した風船のような形状ではない．肺胞系は，分岐を繰り返して空間を充填し，呼吸ごとに容積を変化させて空気を輸送する，極めて幾何学的なシステムである．

2. 肺胞構造の4次元モデル

Kitaokaの肺胞モデル[1]は，肺胞の形態形成過程と呼吸運動を考慮してアルゴリズムを構築したもので，図2に示す幾何学変形を経て生成される．

ここでは，立方柱が8個の小さな立方体に分割されている．交互に配置する4個の立方体に対して，全ての面を内側に引き込む操作をする．残りの立方体に対しては，全ての面を外側に張り出し，12本の稜を6辺形に置換し，18面体を作る．18面体の一部が大きな肺胞になり，縮小した立方体の一部が小さな肺胞になる．肺胞管の運動は，外力に応じて18面体の対面角度が増減することで表現される．図2の肺胞管ユニットを155個連結して空間充填分岐構造としたものが，図3である．

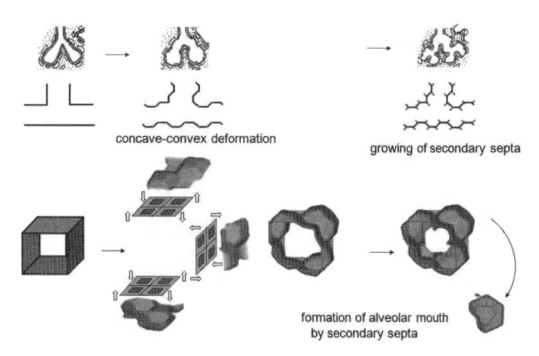

図2 形態形成に基づいた肺胞モデル

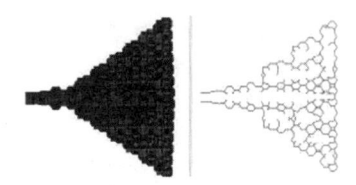

図3 肺実質モデル（左：割面図，右：スライス図）

3. 肺胞系の折紙モデル

図2右下の肺胞モデルと等価の折紙モデルを作成する方法を図4に示す[2]．辺縁の部分は肺胞口の弾力線維に相当し，呼吸運動により開閉する．

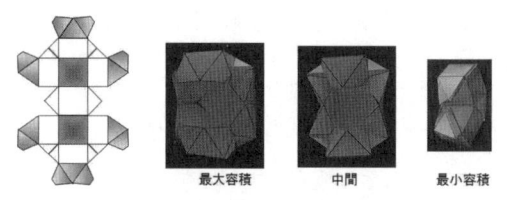

図4 折紙肺胞モデル

図4の肺胞を4個組み合わせると，図2の肺胞管ユニットモデルと等価の折紙モデルができる（図5左）．これを4個連結したものが図5右である．

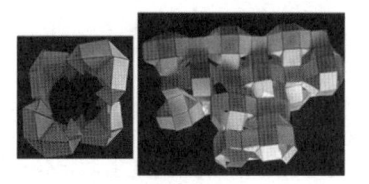

図5 折紙肺胞管モデル

[北岡裕子]

参 考 文 献

[1] H. Kitaoka et al., A 4-dimensional model of the alveolar structure, *J. Physiol. Sci.*, **57** (2007), 175–185.

[2] H. Kitaoka, A 4D model generator of the human lung, *Forma*, **26** (2011), 19–24.

折紙の構造強化機能：新しいコア材の開発 — 空間充填で得られるコア材の特性

properties of core material derived from space filling operation

筆者らは平面から折り曲げのみで様々な立体を造る折紙の手法に着目し，空間充填の幾何学をもとにデザインされた周期的なセル構造体を1枚の紙から立体化する方法を研究してきた[1]．本項目ではこの研究の過程で創製された新しいコア材のうち，代表的なものを紹介する．これらのモデルは全て軽量高剛性サンドイッチパネルのコア材として利用可能であり，また遮音材，断熱材，衝撃吸収材など幅広い応用可能性を秘めている．

1. 折紙ハニカム

軽量高剛性サンドイッチパネルのコア材として現在最も普及しているのはハニカムコアであるが，製造コストが高い，曲面化が困難などの欠点がある．図1に，ハニカム構造を1枚の平板から製作する方法を示す．この手法において，最初の折線，スリットのパターンを変化させることで，様々な断面を持つハニカムコアを立体化できる[1]．通常，テーパー形，曲面形ハニカムコアは，曲げ加工，切削加工（非常にコストがかかる）によって平板コアから製作されているが，本手法では任意の断面を持つハニカムコアを同一の設備で製作できるため，実用化されれば大幅なコストダウンが期待される．

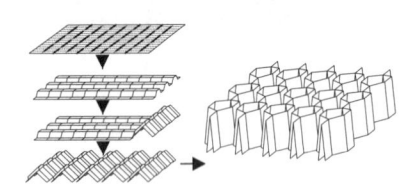

図1 折紙ハニカムの製作法

2. 複合材折紙

航空宇宙分野における複合材料の利用は，近年大幅に拡大している．複合材料の加工に折紙の手法を組み合わせることで，従来の加工では不可能だった複雑な構造を，より安価に製作することが可能になると考える．複合材シートに"折線"を導入する方法として，強化繊維を部分的に切断する（ミシン目を入れる）方法や，シリコン樹脂を母材とする柔軟な複合材（CFRS）を折線部に用いる方法[2]がある．図2上段に，後者の方法で製作されたCFRP製の折鶴を示す．このモデルは，樹脂塗布時にクロス材をマスキングすることで，折線部のみをシリコン樹脂でコーティングし，その他の部分を堅固なエポキシ樹脂で強化することによって，折鶴の折線パターンを持つ複合材シートを一体成型し製作される．また，この手法と上記の折紙ハニカムを組み合わせて製作された任意断面CFRPハニカムコアの例を，図2下段に示す．

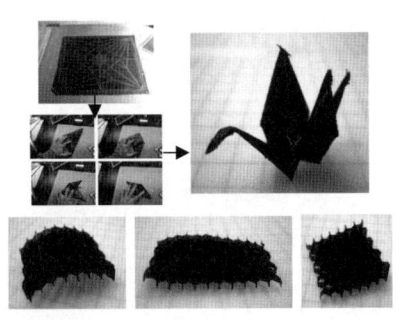

図2 複合材折紙（上段：CFRP折鶴の製作，下段：CFRP折紙ハニカム）

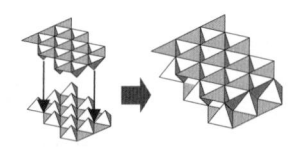

3. Octet-Truss形コア

正4面体と正8面体を組み合わせた空間充填形は，Octet-Truss構造として，建築分野を中心に広く用いられている．図3に，この空間充填形をもとにデザインされたOctet-Truss形コアパネルを示す．Octet-Truss形コアは，優れた機械的特性に加えて低いコストで製作可能であり，高価なハニカムコアを利用しづらい自動車部品や建材などに多くの潜在的な需要が見込まれている．実用化例として，図4にOctet-Truss形コアを利用したソーラーセルパネルベースの写真を示す．コア材の持つ遮音性能や断熱性能の研究も行われており，これらの優れた機能特性を利用することで，数々の魅力的な製品を開発できると考える．

図3 Octet-Truss形コア

図4 相模原市役所別館屋上に設置された，Octet-Truss形コアを利用したソーラーセルベースパネル（株式会社城山工業）

［斉藤一哉・野島武敏］

参考文献

[1] 斉藤一哉, 野島武敏, 任意断面を持つハニカムコアの展開図設計法, 日本機械学会論文集A編, Vol.78, No.787, 324–335.

[2] 斉藤一哉, 野島武敏, S. Pellegrino, 任意断面ハニカムコアの新しい製作法, 第53回 構造強度に関する講演会 (2011年7月).

折紙の構造強化機能：新しいコア材の開発 ― 空間充填で得られるコア材の成形法
forming process of core material derived from space filling operation

正三角錐のコア形状を有するOctet-Trussコアパネルを2枚組み合わせ，正4面体と正8面体からなる空間充填形を構成することで，理論上軽量かつ高強度の構造部材を製造することが期待される．コア材を建造物や輸送機械などの構造部材に用いるためには鋼板，アルミ板などの金属薄板による成形可能性を検討する必要がある．

1. 三角錐コアの成形性の検討

初期板厚 t_0 の金属薄板を用いてコア材を成形することを考える．プレス加工による張り出し成形などによって金属薄板上の1辺の長さ a の正三角形領域を一様に伸展し，底辺の長さ a，高さ h の三角錐形状に加工するものとする．成形後の板厚を t とすると，成形前の三角形領域の体積 V_0，成形後の三角錐の体積 V は，それぞれ次のようになる．

$$V_0 = \frac{\sqrt{3}a^2}{4} \cdot t_0, \quad V = \frac{3a}{2}\sqrt{\frac{1}{12}a^2 + h^2} \cdot t$$

金属を塑性加工した場合，塑性変形による体積変化は無視できるので $V_0 = V$ とし，また，アスペクト比 α として a と h の比を $\alpha = h/a$ とおき，さらに板厚減少率 γ を $\gamma = (t_0 - t)/t_0$ と定義すると，α と γ の関係式として次式が得られる．

$$\alpha = \sqrt{\frac{\gamma(2-\gamma)}{12(1-\gamma)^2}}$$

上式をプロットすると，図1のようになる．

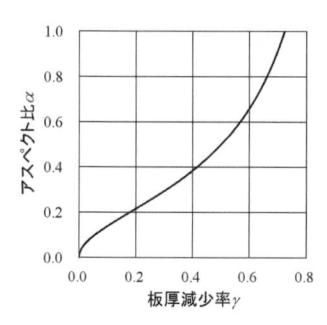

図1 アスペクト比―板厚減少率関係

空間充填形として理想的な正三角錐に成形しようとするならば，$\alpha \approx 0.82$ であるので $\gamma \approx 0.67$ となる．汎用的な鋼材の場合，経験的に板厚減少率30％程度が成形限界であることが知られている．このことから，プレス加工による正三角錐の成形は不可能であることが容易に推察される．

2. 多工程成形法

図1より，$\alpha = 0.29$ 程度の三角錐であれば $\gamma = 0.3$ となり，実際に成形可能と考えられる．コア部分の三角形領域をなるべく一様に伸展させるため，ほぼ等2軸張り出し状態となる半球形パンチによる予備成形と，それに続く三角錐パンチによる本成形の工程を組み合わせた多工程成形法が提案されている．図2に多工程成形の金型と材料の有限要素モデルの例を示す．

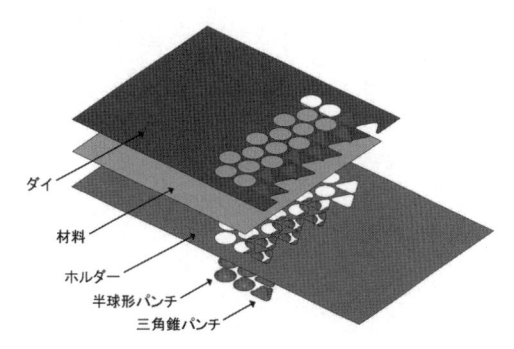

図2 多工程成形シミュレーションモデル

材料がダイとホルダーにより保持された状態で半球形パンチが上方に移動し，予備成形が行われる．その後材料は前方に1ピッチ分移動し，半球形部分に三角錐パンチが押し当てられて本成形が行われる．以下この工程を繰り返すことにより，複数のコアが連なる順送成形が行われる．

シミュレーション結果を図3に示す．図の濃淡は板厚減少率分布を表す．シミュレーションでは最大板厚減少率が30％以下であることが示された．

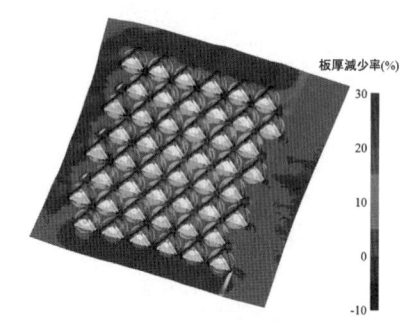

図3 多工程成形シミュレーション結果（加工後の形状および板厚減少率）

［戸倉　直・萩原一郎］

参 考 文 献

[1] 戸倉　直, 萩原一郎, トラスコアパネルの製造シミュレーション, 日本機械学会論文集 (A編), **74**(746) (2008), 1379–1385.

II

第II編　方法の数理

離散システム

離散凸解析 278
マトロイド 282
列挙アルゴリズム 286
マッチング 288
近似アルゴリズム 290
発見的解法 294
マルコフ連鎖モンテカルロ法 296
最短路 298
ネットワークフロー 300
多品種フロー 302
計算困難性 — NP 困難・NP 完全 304
単体的複体 306
組合せ剛性理論 308

離散凸解析

discrete convex analysis

離散凸解析は，整数格子点の集合の上で定義された関数を，凸解析と組合せ論の両方の視点から考察する理論であり，離散最適化，オペレーションズリサーチ，システム解析，ゲーム理論，数理経済学，離散幾何などへの応用がある．M凸関数，L凸関数の概念，共役性および双対性が理論の骨格であり，種々の問題に対してアルゴリズムが開発されている．

1. 離散凸関数の概念

1.1　1変数の離散凸関数

最初に，1変数関数の場合に限定して，離散凸性の概略を述べる．1変数の場合は数学的にやさしく，直観的にも理解しやすいからである．

実数全体を $\mathbb{R}$，整数全体を $\mathbb{Z}$ とし，$\mathbb{R}, \mathbb{Z}$ に正の無限大 $(+\infty)$ を付け加えた集合を $\overline{\mathbb{R}}, \overline{\mathbb{Z}}$，負の無限大 $(-\infty)$ を付け加えた集合を $\underline{\mathbb{R}}, \underline{\mathbb{Z}}$ と表す．

整数上で定義された関数 $f: \mathbb{Z} \to \overline{\mathbb{R}}$ が条件

$$f(x-1) + f(x+1) \geq 2f(x) \qquad (\forall x \in \mathbb{Z}) \quad (1)$$

を満たすとき，離散凸関数 (discrete convex function) と呼ぶ．このとき点 $(x, f(x))$ を順に線分で繋げば，凸関数のグラフができる（図1(a)）．このように，ある凸関数 $\overline{f}: \mathbb{R} \to \overline{\mathbb{R}}$ が存在して

$$\overline{f}(x) = f(x) \qquad (\forall x \in \mathbb{Z})$$

が成り立つとき，f は凸拡張可能 (convex extensible) であるといい，$\overline{f}$ を f の凸拡張 (convex extension) と呼ぶ．図1(b) は，凸拡張できない関数の例である．離散凸性と凸拡張可能性は等価である．

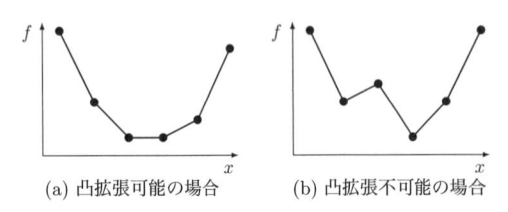

(a) 凸拡張可能の場合　　(b) 凸拡張不可能の場合

図1　離散関数の凸拡張

定理1　関数 $f: \mathbb{Z} \to \overline{\mathbb{R}}$ に対して，離散凸性 (1) と凸拡張可能性は同値である．

離散凸関数では，極小点が最小点に一致する．局所的な性質（極小性）から大域的な性質（最小性）が導かれることが離散凸関数の重要な性質である．

定理2　関数 $f: \mathbb{Z} \to \overline{\mathbb{R}}$ が離散凸関数のとき，整数 x が f の最小点であるためには，

$$f(x) \leq \min\{f(x-1), f(x+1)\}$$

が成り立つことが必要十分である．

整数値をとる離散変数関数 $f: \mathbb{Z} \to \overline{\mathbb{Z}}$ に対して

$$f^{\bullet}(p) = \sup\{px - f(x) \mid x \in \mathbb{Z}\} \qquad (p \in \mathbb{Z})$$

と定義し，これを離散ルジャンドル変換 (discrete Legendre transform) と呼ぶ．ここで，$f(x)$ が有限値である $x \in \mathbb{Z}$ が存在するという（自然な）仮定をおくと，変換後の関数 $f^{\bullet}$ も $\overline{\mathbb{Z}}$ に値をとる関数 $f^{\bullet}: \mathbb{Z} \to \overline{\mathbb{Z}}$ となるので，その離散ルジャンドル変換 $(f^{\bullet})^{\bullet}$ が定義される．これを $f^{\bullet\bullet}$ と記す．

定理3　整数値の離散凸関数 $f: \mathbb{Z} \to \overline{\mathbb{Z}}$ に対し，$f^{\bullet}$ は整数値の離散凸関数で，$f^{\bullet\bullet} = f$ が成り立つ．

ルジャンドル変換は，数理科学のいろいろな分野で出てくる重要な考え方であり，離散構造の理論においても様々な形をとって現れる．

双対性の1つの表現形式として，離散分離定理 (discrete separation theorem) が成立する．

定理4　$f: \mathbb{Z} \to \overline{\mathbb{R}}$ を離散凸関数，$h: \mathbb{Z} \to \underline{\mathbb{R}}$ を離散凹関数（すなわち，$-h$ が離散凸関数）とする．全ての $x \in \mathbb{Z}$ に対して $f(x) \geq h(x)$ ならば，ある $\alpha^* \in \mathbb{R}$, $p^* \in \mathbb{R}$ に対して $f(x) \geq \alpha^* + p^* x \geq h(x)$ $(\forall x \in \mathbb{Z})$ が成り立つ．さらに，f, h が整数値関数のときには，$\alpha^* \in \mathbb{Z}$, $p^* \in \mathbb{Z}$ ととれる．

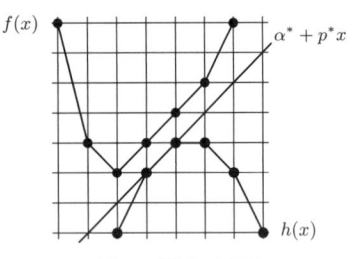

図2　離散分離定理

以上のように，1変数関数の場合には，式(1)で離散凸性を定義することによって，凸拡張可能性，局所最適と大域最適の同値性，離散ルジャンドル変換，離散分離定理など，離散凸関数が持つべき性質が得られる．しかし，これを多変数関数に拡張することは自明でない．離散凸解析は，組合せ論的な考察に基づいて M凸関数と L凸関数の概念を定義し，この拡張を実現した理論体系である．

1.2　歴　史

M凸関数，L凸関数に至る離散凸関数概念の歴史を簡単に述べる．マトロイドの概念はホイットニー (Whitney) によって 1935 年に導入された．1960

年代の終わりにエドモンズ (Edmonds) によってポリマトロイド交わり定理が発見されたのを契機として劣モジュラ集合関数の研究が盛んになり，劣モジュラ関数と凸関数との類似性が議論された．1980年代初め，藤重悟，フランク (Frank)，ロヴァース (Lovász) らの研究により，劣モジュラ集合関数の持つ凸性と離散性が明確になった．1990年代に入って，ドレス (Dress) とヴェンツェル (Wenzel) により，付値マトロイドの概念が導入された．数年後，室田により付値マトロイドに関する双対定理が示され，離散凸性との関連が認識された．これらとは独立に，ファヴァティ (Favati) とタルデラ (Tardella) により，整凸関数の概念が考察された．M 凸関数，L 凸関数の概念と「離散凸解析」の名称は，1998年頃に室田によって提唱された．その後，M 凸関数，L 凸関数の概念は，連続変数の関数に対しても拡張されている．「離散凸解析」全般については [4]〜[6] に解説されており，劣モジュラ関数の理論との関係は [1] に，ゲーム理論への応用は [7] に詳しい．

2. M 凸 関 数

整数格子点上で定義された実数値関数 $f: \mathbb{Z}^n \to \mathbb{R} \cup \{\pm\infty\}$ に対して

$$\mathrm{dom}\, f = \{x \in \mathbb{Z}^n \mid -\infty < f(x) < +\infty\}$$

を f の実効定義域と呼ぶ．以下，$\mathrm{dom}\, f \neq \emptyset$ を仮定する．ベクトル $x = (x_1, \ldots, x_n) \in \mathbb{Z}^n$ に対して

$$\mathrm{supp}^+(x) = \{i \mid x_i > 0\}$$
$$\mathrm{supp}^-(x) = \{i \mid x_i < 0\}$$

とおき，第 i 単位ベクトルを $\chi_i\, (\in \{0,1\}^n)$ と表す．

関数 $f: \mathbb{Z}^n \to \overline{\mathbb{R}}$ が次の条件を満たすとき，M 凸関数 (M-convex function) という：

任意の $x, y \in \mathrm{dom}\, f$ と $i \in \mathrm{supp}^+(x-y)$ に対し，ある $j \in \mathrm{supp}^-(x-y)$ が存在して
$$f(x) + f(y) \geqq f(x - \chi_i + \chi_j) + f(y + \chi_i - \chi_j).$$

この条件を交換公理 (exchange axiom) と呼ぶ．マトロイドの基に関する同時交換公理の一般化である．

M 凸関数の実効定義域は成分和が一定の超平面上にある．関数 $f: \mathbb{Z}^n \to \overline{\mathbb{R}}$ に対して

$$\tilde{f}(x_0, x) = \begin{cases} f(x) & (x_0 = -\sum_{i=1}^n x_i) \\ +\infty & (x_0 \neq -\sum_{i=1}^n x_i) \end{cases}$$

$(x_0 \in \mathbb{Z}, x \in \mathbb{Z}^n)$ で定義される関数 $\tilde{f}: \mathbb{Z}^{n+1} \to \overline{\mathbb{R}}$ が M 凸関数となるとき，f を M♮凸関数 (M♮-convex function) と呼ぶ（M♮は「エム・ナチュラル」と読む）．M♮凸関数も M 凸関数と同様の交換公理で特徴付けられる．M 凸関数は M♮凸関数である．

$n = 1$ の場合には，M♮凸関数と離散凸関数（条件 (1) を満たす関数）は同じものになる．$n \geqq 2$ のときにも M♮凸関数は凸拡張可能であり，極小性と最小性が一致する．これにより，M♮凸関数が離散凸関数と呼ぶのにふさわしいものであることがわかる．

定理 5 M♮凸関数 $f: \mathbb{Z}^n \to \overline{\mathbb{R}}$ は凸拡張可能である．

定理 6 関数 $f: \mathbb{Z}^n \to \overline{\mathbb{R}}$ が M♮凸関数のとき，点 $x \in \mathbb{Z}^n$ が f の最小点であるためには，任意の $i, j \in \{0, 1, \ldots, n\}$ に対して

$$f(x) \leqq f(x - \chi_i + \chi_j)$$

となることが必要十分である．ただし $\chi_0 = \mathbf{0}$ とし，$f(x) < +\infty$ は前提とする．

M♮凸関数の例としては，マトロイド上の線形関数や最小費用流問題におけるフローを変数とする費用関数などがある．また，1 変数の離散凸関数 $f_1, \ldots, f_n$ を用いて

$$f(x) = f_1(x_1) + \cdots + f_n(x_n) \qquad (2)$$

の形に書ける関数（分離凸関数 (separable convex function) という）も M♮凸関数である．数理経済学における粗代替性は M♮凹性と等価である．

3. L 凸 関 数

関数 $g: \mathbb{Z}^n \to \overline{\mathbb{R}}$ が 2 条件：

$$g(p) + g(q) \geqq g(p \vee q) + g(p \wedge q) \quad (p, q \in \mathbb{Z}^n),$$
$$\exists r \in \mathbb{R},\, \forall p \in \mathbb{Z}^n: g(p + \mathbf{1}) = g(p) + r$$

を満たすとき，L 凸関数 (L-convex function) という．ここで，$p \vee q,\, p \wedge q$ はそれぞれ成分ごとに最大値，最小値をとって得られるベクトルを表し，$\mathbf{1} = (1, 1, \ldots, 1) \in \mathbb{Z}^n$ である．第 2 の条件より，L 凸関数は $\mathbf{1}$ 方向の線形性を持つ．

関数 $g: \mathbb{Z}^n \to \overline{\mathbb{R}}$ に対して，

$$\tilde{g}(p_0, p) = g(p - p_0 \mathbf{1})$$

$(p_0 \in \mathbb{Z},\, p \in \mathbb{Z}^n)$ で定義される関数 $\tilde{g}: \mathbb{Z}^{n+1} \to \overline{\mathbb{R}}$ が L 凸関数であるとき，g を L♮凸関数 (L♮-convex function) と呼ぶ（L♮は「エル・ナチュラル」と読む）．L♮凸関数であるためには，並進劣モジュラ性 (translation submodularity)：

$$g(p) + g(q) \geqq g((p - \alpha \mathbf{1}) \vee q) + g(p \wedge (q + \alpha \mathbf{1}))$$

$(0 \leqq \alpha \in \mathbb{Z},\, p, q \in \mathbb{Z}^n)$ を持つことが必要かつ十分である．また，L♮凸性は，離散中点凸性 (discrete mid-point convexity)：

$$g(p) + g(q) \geqq g\left(\left\lceil \frac{p+q}{2} \right\rceil\right) + g\left(\left\lfloor \frac{p+q}{2} \right\rfloor\right)$$

$(p, q \in \mathbb{Z}^n)$ とも同値である．ここで，$\left\lceil \frac{p+q}{2} \right\rceil, \left\lfloor \frac{p+q}{2} \right\rfloor$ はそれぞれ $\frac{p+q}{2}$ の各成分を切り上げ，切り捨てた整数ベクトルである．L 凸関数は L♮凸関数である．

$n=1$ の場合には，L♮凸関数と離散凸関数（条件 (1) を満たす関数）は同じものになる．$n \geq 2$ のときにも，L♮凸関数は凸拡張可能であり，極小性と最小性が一致する．これにより，L♮凸関数が離散凸関数と呼ぶのにふさわしいものであることがわかる．

定理 7 L♮凸関数 $g: \mathbb{Z}^n \to \overline{\mathbb{R}}$ は凸拡張可能である．

定理 8 関数 $g: \mathbb{Z}^n \to \overline{\mathbb{R}}$ が L♮凸関数のとき，点 $p \in \mathbb{Z}^n$ が g の最小点であるためには，任意の $q \in \{0,1\}^n$ に対して
$$g(p) \leqq \min\{g(p-q), g(p+q)\}$$
となることが必要十分である．ただし $g(p) < +\infty$ は前提とする．

L♮凸関数の例としては，分離凸関数 (2) や最小費用流問題におけるテンションを変数とする費用関数などがある．また，ベクトルの成分の最大値を与える関数
$$g(p) = \max\{p_1, p_2, \ldots, p_n\}$$
や，成分のばらつき具合を表す関数
$$g(p) = \max\{p_1, p_2, \ldots, p_n\} - \min\{p_1, p_2, \ldots, p_n\}$$
は L♮凸関数である．

L♮凸関数で実効定義域が $\{0,1\}^n$ に含まれるものは，劣モジュラ集合関数と等価になる．$V = \{1, 2, \ldots, n\}$ とおき，V の部分集合の全体を 2^V と記す．集合関数 $\rho: 2^V \to \overline{\mathbb{R}}$ は，不等式
$$\rho(X) + \rho(Y) \geqq \rho(X \cup Y) + \rho(X \cap Y) \quad (X, Y \subseteq V)$$
を満たすとき，劣モジュラ関数 (submodular function) と呼ばれる．例えば，$\rho(X) = |X|$ (X の要素数), $\rho(X) = \sqrt{|X|}$ などの関数や，最大流問題におけるカット関数は劣モジュラ関数である．

部分集合 X の特性ベクトルを $\chi_X = \sum_{i \in X} \chi_i$ と定義するとき，V 上の集合関数 $\rho: 2^V \to \overline{\mathbb{R}}$ と関数 $g: \mathbb{Z}^n \to \overline{\mathbb{R}}$ で $\text{dom}\, g \subseteq \{0,1\}^n$ を満たすものの間には，
$$\rho(X) = g(\chi_X) \quad (X \subseteq V) \tag{3}$$
による 1 対 1 対応がある．

定理 9 対応 (3) のもとで，g が L♮凸関数であることと，ρ が劣モジュラ関数であることは同値である．

4. 共役性と双対性

一般に，整数値関数 $f: \mathbb{Z}^n \to \overline{\mathbb{Z}}$, $h: \mathbb{Z}^n \to \underline{\mathbb{Z}}$ の離散ルジャンドル変換を
$$f^\bullet(p) = \sup\{\langle p, x \rangle - f(x) \mid x \in \mathbb{Z}^n\} \quad (p \in \mathbb{Z}^n)$$
$$h^\circ(p) = \inf\{\langle p, x \rangle - h(x) \mid x \in \mathbb{Z}^n\} \quad (p \in \mathbb{Z}^n)$$
と定義する．ここで $\langle p, x \rangle = \sum_{i=1}^n p_i x_i$ である．M凸関数と L凸関数はこの変換に関して共役関係にある．

定理 10 離散ルジャンドル変換： $f \mapsto f^\bullet = g$, $g \mapsto g^\bullet = f$ は，整数値M凸関数 f と整数値L凸関数 g の間の 1 対 1 対応を与える．さらに，$f^{\bullet\bullet} = f$, $g^{\bullet\bullet} = g$ が成り立つ．整数値M♮凸関数と整数値L♮凸関数の間にも同様の 1 対 1 対応がある．

M凸関数や L凸関数に対して，離散分離定理や最大最小定理の形の離散双対性 (discrete duality) が成り立つ．$f: \mathbb{Z}^n \to \overline{\mathbb{Z}}$, $h: \mathbb{Z}^n \to \underline{\mathbb{Z}}$ とし，$\text{dom}\, f \cap \text{dom}\, h \neq \emptyset$ または $\text{dom}\, f^\bullet \cap \text{dom}\, h^\circ \neq \emptyset$ を前提として仮定する．

定理 11 $f: \mathbb{Z}^n \to \overline{\mathbb{R}}$ を M♮凸関数，$h: \mathbb{Z}^n \to \underline{\mathbb{R}}$ を M♮凹関数（すなわち，$-h$ が M♮凸関数）とする．全ての $x \in \mathbb{Z}^n$ に対して $f(x) \geqq h(x)$ ならば，ある $\alpha^* \in \mathbb{R}$, $p^* \in \mathbb{R}^n$ に対して $f(x) \geqq \alpha^* + \langle p^*, x \rangle \geqq h(x)$ ($\forall x \in \mathbb{Z}^n$) が成り立つ．さらに，$f, h$ が整数値関数のときには，$\alpha^* \in \mathbb{Z}$, $p^* \in \mathbb{Z}^n$ ととれる．

定理 12 定理 11 において，f を L♮凸関数，h を L♮凹関数に置き換えた命題も成立する．

定理 11 は M 分離定理 (M-separation theorem), 定理 12 は L 分離定理 (L-separation theorem) と呼ばれるが，両者は共役性（定理 10）のもとで本質的に等価である．分離定理から次のフェンシェル型双対定理 (Fenchel-type duality theorem) が得られる．

定理 13 $f: \mathbb{Z}^n \to \overline{\mathbb{Z}}$ を M♮凸関数，$h: \mathbb{Z}^n \to \underline{\mathbb{Z}}$ を M♮凹関数とすると，
$$\inf_{x \in \mathbb{Z}^n} (f(x) - h(x)) = \sup_{p \in \mathbb{Z}^n} (h^\circ(p) - f^\bullet(p))$$
が成り立ち，この両辺が有限値ならば，inf を達成する $x \in \mathbb{Z}^n$ と sup を達成する $p \in \mathbb{Z}^n$ が存在する．

マトロイド理論で知られるエドモンズの交わり定理は，定理 13 の特殊ケースである．

5. アルゴリズム

M凸関数と L凸関数は，共役性や双対性といった数学的に美しい構造を持っているだけでなく，計算の観点からも扱いやすい対象である．ここでは，M凸関数の最小化，L凸関数の最小化，劣モジュラ集合関数の最小化のアルゴリズムを簡単に述べる．離散分離定理（定理 11, 12）における分離ベクトル p^* やフェンシェル型双対性（定理 13）における最大値・最小値を求めるアルゴリズムについては [5] を参照されたい．

5.1 M凸関数の最小化

M凸関数の最小化アルゴリズムの基本形として，M♮凸関数に対する降下法を述べる．

- M♮凸関数 $f : \mathbb{Z}^n \to \overline{\mathbb{R}}$ の最小化（降下法）
  S0: $x \in \text{dom}\, f$ を任意に選ぶ．
  S1: $f(x - \chi_i + \chi_j)$ を最小にする $i, j \in \{0, 1, \ldots, n\}$ $(i \neq j)$ を見出す．
  S2: $f(x) \leqq f(x - \chi_i + \chi_j)$ ならば終了．
  S3: $x := x - \chi_i + \chi_j$ として S1 に戻る．

ステップ S1 は，関数 f の値を $(n+1)^2$ 回評価すれば実行できる．反復ごとに関数値は単調に減少する．ステップ S2 で終了したときには，定理 6 により x は最適解である．スケーリングの技法を用いることにより，より効率的なアルゴリズムが設計できる．

5.2 L凸関数の最小化

L凸関数の最小化アルゴリズムの基本形として，L♮凸関数に対する降下法を述べる．

- L♮凸関数 $g : \mathbb{Z}^n \to \overline{\mathbb{R}}$ の最小化（降下法）
  S0: $p \in \text{dom}\, g$ を任意に選ぶ．
  S1: $g(p + \alpha \chi_X)$ を最小にする $\alpha \in \{1, -1\}$ と $X \subseteq V$ を見出す．
  S2: $g(p) \leqq g(p + \alpha \chi_X)$ ならば終了．
  S3: $p := p + \alpha \chi_X$ として S1 に戻る．

ステップ S1 は，2 つの劣モジュラ集合関数
$$\rho_p^+(X) = g(p + \chi_X) - g(p)$$
$$\rho_p^-(X) = g(p - \chi_X) - g(p)$$
の最小化（5.3 項参照）によって実行できる．反復ごとに関数値は単調に減少する．ステップ S2 で終了したときには，定理 8 により p は最適解である．スケーリングの技法を用いることにより，より効率的なアルゴリズムが設計できる．

5.3 劣モジュラ集合関数の最小化

劣モジュラ集合関数 $\rho : 2^V \to \overline{\mathbb{R}}$ の最小値を求めるアルゴリズムの重要性は 1970 年頃には認識されていたが，多項式時間アルゴリズムが構成されたのは 1980 年代になってからであり，グレッチェル（Grötschel），ロヴァース，スクライファー（Schrijver）によって楕円体法に基づくアルゴリズムが設計された（1981 年に弱多項式時間，1988 年に強多項式時間アルゴリズム）．その後，組合せ的な多項式時間アルゴリズムに向けた試みがカニンガム（Cunningham）などによって続けられ，1999 年に組合せ的な強多項式時間アルゴリズムが岩田覚・フライシャー（Fleischer）・藤重悟とスクライファーによって（ほぼ同時に独立に）与えられた．2000 年代に，いくつかの改良版が考案され，例えば，オルリン（Orlin）のアルゴリズムは $O(n^5)$ 回の関数値評価と $O(n^6)$ 回の四則演算で $\rho(X)$ を最小化する X を与える．

ここでは，組合せ的な強多項式時間アルゴリズムに共通する基本的な考え方を述べる．劣モジュラ関数 ρ に付随して，多面体
$$\mathbf{B}(\rho) = \{x \in \mathbb{R}^n \mid x(Y) \leqq \rho(Y) \ (\forall Y \subset V),$$
$$x(V) = \rho(V)\}$$
を考える．ここで $x(Y) = \sum_{i \in Y} x_i$ である．$\mathbf{B}(\rho)$ を基多面体（base polyhedron），$\mathbf{B}(\rho)$ の点を基，$\mathbf{B}(\rho)$ の端点を端点基と呼ぶ．任意の基 x と任意の部分集合 Y に対して
$$\sum \{x_i \mid i \in \text{supp}^-(x)\} \leqq x(Y) \leqq \rho(Y) \quad (4)$$
が成り立つので，この 2 つの不等式を等号で満たす x と Y が見つかれば，Y は ρ の最小値を与えていることになる．ここで，このような x と Y が存在することは，エドモンズの交わり定理で保証される．

アルゴリズム中では，端点基 $x_1, \ldots, x_m$ とそれらの凸結合 $x = \sum_{k=1}^m \lambda_k x_k$ の係数 $\lambda_1, \ldots, \lambda_m \, (> 0, \sum_{k=1}^m \lambda_k = 1)$ を更新していくことによって，最終的に不等式 (4) を等号で満たす x と Y を見出す．凸結合の更新の仕方を工夫することにより，端点基の個数 m や更新の回数を n の多項式オーダーに抑えることができ，アルゴリズムの多項式性が保証される．

[室田一雄]

参 考 文 献

[1] S. Fujishige, *Submodular Functions and Optimization*, 2nd ed., Elsevier, 2005.
[2] S. Iwata, Submodular function minimization, *Math. Progr.*, B112 (2007), 45–64.
[3] S.T. McCormick, Submodular Function Minimization, in: K. Aardal, G. Nemhauser, R. Weismantel (eds.), *Discrete Optimization*, Chapter 7, pp.321–391, Elsevier, 2006.
[4] 室田一雄, 離散凸解析, 共立出版, 2001.
[5] K. Murota, *Discrete Convex Analysis*, SIAM, 2003.
[6] 室田一雄, 離散凸解析の考えかた, 共立出版, 2007.
[7] 田村明久, 離散凸解析とゲーム理論, 朝倉書店, 2009.

マトロイド
matroid

マトロイドは，抽象的な離散構造であり，ベクトル空間における線形独立なベクトルの集合や，グラフにおける全域木などに共通して現れる組合せ的な性質を表現したものである．マトロイドは 1935 年にホイットニー（Whitney）が提案した概念であるが，ほぼ同時期に中澤武雄，バーコフ（Birkhoff），ファン・デル・ヴェルデン（van der Waerden）によって等価な概念が考えられている．離散最適化におけるマトロイドの重要性は，1960 年代にエドモンズ（Edmonds）によって示された．効率的に解くことのできる離散最適化問題のほとんどはマトロイドの概念と関係を持っていると言っても過言ではない．

1. マトロイド

1.1 マトロイドの定義

行列の例を使ってマトロイドの概念を説明する．ある行列 A が与えられたとき，その列ベクトルの集合を $E = \{a_1, a_2, \ldots, a_n\}$（$n$ は列ベクトルの数）とおく．例えば，行列

$$A = \begin{bmatrix} 1 & 0 & 0 & 0 & 1 \\ 0 & 1 & 0 & 1 & 0 \\ 0 & 0 & 1 & 1 & 1 \end{bmatrix}$$

の場合は，$E = \{a_1, a_2, a_3, a_4, a_5\}$ となる．列ベクトルの線形独立性に注目して，線形独立な列ベクトルの部分集合を独立集合といい，独立集合を全て集めたものを $\mathcal{I}$ とおく．例えば，上記の行列の場合には，列ベクトルの集合 $\{a_1\}$, $\{a_1, a_3\}$, $\{a_2, a_5\}$, $\{a_1, a_2, a_3\}$, $\{a_2, a_4, a_5\}$ などは $\mathcal{I}$ に含まれるが，$\{a_1, a_3, a_5\}$, $\{a_1, a_2, a_3, a_4\}$ などは $\mathcal{I}$ に含まれない．

このようにして定義した集合族 $\mathcal{I}$ は次の性質を満たす．ここで，$I_1 + e$ は $I_1 \cup \{e\}$ を表す．

(I0) $\emptyset \in \mathcal{I}$.
(I1) $I_1 \subseteq I_2 \in \mathcal{I}$ ならば $I_1 \in \mathcal{I}$.
(I2) $\forall I_1, I_2 \in \mathcal{I}$, $|I_1| < |I_2|$,
$\exists e \in I_2 \setminus I_1 : I_1 + e \in \mathcal{I}$.

上記の行列の例において，$I_1 = \{a_1, a_3\}$ と $I_2 = \{a_2, a_4, a_5\}$ は独立集合であるが，$e = a_2 \in I_2 \setminus I_1$ とすると $I_1 + e$ は独立集合となる．

一般に，非空な有限集合 E とその部分集合の族 $\mathcal{I}$ に対し，$\mathcal{I}$ が性質 (I0), (I1), (I2) を満たすとき，$\mathcal{I}$ を独立集合族（family of independent sets）といい，E と $\mathcal{I}$ の組 $M = (E, \mathcal{I})$ を独立集合族 $\mathcal{I}$ によって定まるマトロイド（matroid）という．集合 E をマトロイドの台集合（ground set）という．

$\mathcal{I}$ の元のことを独立集合（independent set）といい，$\mathcal{I}$ の（包含関係に関する）極大元を基（base）という．独立集合族 $\mathcal{I}$ に含まれない E の部分集合は従属集合（dependent set）と呼ばれる．特に，極小な従属集合はサーキット（circuit）と呼ばれる．

1.2 マトロイドの例

マトロイドの代表的な例を以下に挙げる．

A をある体（例えば，有理数全体や実数全体）上の行列とし，A の列ベクトル全体の集合を E とおく．先に述べたように，線形独立な列ベクトルの部分集合族 $\mathcal{I}$ はあるマトロイド M の独立集合族を定めるが，M を行列的マトロイド（matric matroid）または線形マトロイド（linear matroid）といい，M は行列 A によって表現されるという．特に，位数 2 の有限体 GF(2) 上の行列で表現可能なマトロイドを 2 値マトロイド（binary matroid）という．

無向グラフ $G = (V, E)$ に対して，単純な閉路を含まない枝集合の族を $\mathcal{I}$ とすると，$M = (E, \mathcal{I})$ はマトロイドになる．この M をグラフ的マトロイド（graphic matroid）といい，M はグラフ G によって表現されるという．グラフ的マトロイドにおいて，基はグラフの全域木に，サーキットはグラフの単純な閉路に，それぞれ対応している．グラフ G により表現されるグラフ的マトロイドは，G の接続行列によって表現される 2 値マトロイドとなっている．

頂点集合 E, F，枝集合 A からなる 2 部グラフ $(E, F; A)$ において，マッチングにより覆われる E の部分集合の族を $\mathcal{I}$ とおく．このとき，$(E, \mathcal{I})$ はマトロイドになり，これを横断マトロイド（transversal matroid）という．

2. マトロイドの様々な公理系

マトロイドは，定義で述べた独立集合族に関する公理系のほかにも様々な公理系を持つ．以下，E は非空な有限集合とする．

2.1 基を用いた公理系

マトロイド $(E, \mathcal{I})$ の基の族を $\mathcal{B}$ とおくと，$\mathcal{B}$ は次の性質を有する．ここで，$B_1 - e + f$ は $(B_1 \setminus \{e\}) \cup \{f\}$ を表す．

(B0) $\mathcal{B} \neq \emptyset$.
(B1) $\forall B_1, B_2 \in \mathcal{B}$, $\forall e \in B_1 \setminus B_2$,
$\exists f \in B_2 \setminus B_1 : B_1 - e + f \in \mathcal{B}$.

性質 (B1) はマトロイドの交換公理（exchange axiom）と呼ばれる．一方，(B0), (B1) を満たす E の部分集合族 $\mathcal{B}$ が与えられたとき，$\mathcal{I} = \{I \mid I \subseteq B, B \in \mathcal{B}\}$ とおくと，$\mathcal{I}$ は (I0), (I1), (I2) を満たし，さらにこの $\mathcal{I}$ の極大元の集合は $\mathcal{B}$ に一致する．

つまり，基の族を与えることによってマトロイドが一意的に定まる．したがって，E と基の族 $\mathcal{B}$ の組 $(E, \mathcal{B})$ によってマトロイドを与えることもでき，これを基族 $\mathcal{B}$ によって定まるマトロイドという．(B1) は，同時交換公理と呼ばれる次の性質 (B1′) と等価であることが知られている．ここで，$B_2 + e - f$ は $(B_2 \cup \{f\}) \setminus \{e\}$ を表す．

(B1′) $\forall B_1, B_2 \in \mathcal{B}, \forall e \in B_1 \setminus B_2, \exists f \in B_2 \setminus B_1 :$
$B_1 - e + f \in \mathcal{B}, B_2 + e - f \in \mathcal{B}$.

2.2 階数関数を用いた公理系

性質 (I2) (または (B1)) より，マトロイドの基の要素数は，基の選び方によらずに一定であり，この要素数をマトロイドの階数 (rank) という．独立集合族 $\mathcal{I}$ によって定まるマトロイド $M = (E, \mathcal{I})$ が与えられたとき，E のべき集合 2^E 上の関数 ρ を次のように定義する．

$$\rho(X) = \max\{|I| \mid I \subseteq X, I \in \mathcal{I}\} \quad (X \in 2^E)$$

関数 ρ は階数関数 (rank function) と呼ばれ，次の性質を有する．

(R1) $\forall X \in 2^E : 0 \leqq \rho(X) \leqq |X|$.
(R2) $X \subseteq Y$ ならば $\rho(X) \leqq \rho(Y)$.
(R3) $\forall X, Y \in 2^E :$
$\rho(X) + \rho(Y) \geqq \rho(X \cap Y) + \rho(X \cup Y)$.

性質 (R3) は劣モジュラ性 (submodularity) と呼ばれる．一方，(R1), (R2), (R3) を満たす 2^E 上の整数値関数 $\rho : 2^E \to \mathbb{Z}$ が与えられたとき，E の部分集合族 $\mathcal{I}$ を

$$\mathcal{I} = \{I \mid I \subseteq E, |I \cap X| \leqq \rho(X) \, (\forall X \in 2^E)\}$$

により定めると，$\mathcal{I}$ は (I0), (I1), (I2) を満たす．さらに，この $\mathcal{I}$ を使って関数 ρ を復元することができる．つまり，階数関数を与えることによってもマトロイドを定義できる．

2.3 サーキットを用いた公理系

独立集合族 $\mathcal{I}$ によって定まるマトロイド $(E, \mathcal{I})$ のサーキットの族 $\mathcal{C}$ は次の性質を有する．

(C0) $\mathcal{C} \neq \emptyset$.
(C1) $C_1, C_2 \in \mathcal{C}$ かつ $C_1 \subseteq C_2$ ならば $C_1 = C_2$.
(C2) $\forall C_1, C_2 \in \mathcal{C}, C_1 \neq C_2, \forall e \in C_1 \cap C_2,$
$\exists C \in \mathcal{C} : C \subseteq (C_1 \cup C_2) \setminus \{e\}$.

マトロイドは，サーキット族によっても定義される．

3. マトロイドに関する演算

マトロイドの独立集合族 $\mathcal{I} \subseteq 2^E$ と部分集合 $F \subseteq E$ が与えられたとする．ここで，

$$\mathcal{I}^F = \{I \mid I \subseteq F, I \in \mathcal{I}\}$$

とおくと，$(F, \mathcal{I}^F)$ は独立集合族 $\mathcal{I}^F$ により定まるマトロイドとなる．これを M の F への簡約 (reduction) または制限 (restriction) という．一方，F に含まれる任意の極大独立集合 I_F を選んで固定し，

$$\mathcal{I}_F = \{I \mid I \subseteq E \setminus F, I \cup I_F \in \mathcal{I}\}$$

とおくと，$(E \setminus F, \mathcal{I}_F)$ は独立集合族 $\mathcal{I}_F$ により定まるマトロイドとなる．これを M の F による縮約 (contraction) という．マトロイド M から簡約や縮約を繰り返して得られるマトロイドを，M のマイナー (minor) という．

マトロイドの基族 $\mathcal{B} \subseteq 2^E$ が与えられたとき，$\mathcal{B}^* = \{E \setminus B \mid B \in \mathcal{B}\}$ とおくと，$M^* = (E, \mathcal{B}^*)$ は基族 $\mathcal{B}^*$ により定まるマトロイドとなる．M^* は M の双対マトロイド (dual matroid) と呼ばれる．

共通の台集合を持つ 2 つのマトロイド $M_1 = (E, \mathcal{I}_1), M_2 = (E, \mathcal{I}_2)$ に対し，

$$\mathcal{I} = \{I_1 \cup I_2 \mid I_i \in \mathcal{I}_i \, (i = 1, 2)\}$$

とおくと，$M_1 \vee M_2 = (E, \mathcal{I})$ は独立集合族 $\mathcal{I}$ により定まるマトロイドとなる．このマトロイドを M_1 と M_2 の合併マトロイド (union matroid) という．M_1, M_2 の階数関数をそれぞれ ρ_1, ρ_2 とおくと，$M_1 \vee M_2$ の階数関数 ρ は

$$\rho(X) = \min_{Y \subseteq X} \{\rho_1(Y) + \rho_2(Y) + |X \setminus Y|\}$$

により与えられる．

同様にして，共通の台集合を持つ k 個のマトロイド $M_i = (E, \mathcal{I}_i) \, (i = 1, 2, \ldots, k)$ に対し，その合併 $M_1 \vee M_2 \vee \cdots \vee M_k$ は，独立集合族

$$\mathcal{I} = \left\{\bigcup_{i=1}^k I_i \,\middle|\, I_i \in \mathcal{I}_i \, (i = 1, 2, \ldots, k)\right\}$$

より定まるマトロイド $(E, \mathcal{I})$ であり，その階数関数 ρ は次の式で与えられる：

$$\rho(X) = \min_{Y \subseteq X} \left\{\sum_{i=1}^k \rho_i(Y) + |X \setminus Y|\right\}.$$

4. 最小重み基問題

マトロイド $M = (E, \mathcal{I})$ と E の各要素 e の重み $w(e)$ が与えられたとき，重み和 $w(B) \equiv \sum_{e \in B} w(e)$ を最小にする基 (最小重み基) を求める問題を考える．

最小重み基は局所的な性質により特徴付けられる．

定理 1 基 B が最小重み基であることの必要十分条件は，$B - e + f$ が基となる任意の要素 $e, f \in E$ に対して $w(e) \leqq w(f)$ が成り立つことである．

上記の定理より，与えられた基 B が最小重み基であることの判定が効率的に行えることがわかる．一方，最小重み基を効率的に求めるためには，定理 1 だけでは十分でなく，次の定理が有用である．

定理 2 任意のサーキット C に対し，C の重みが最大の要素 e を含まない最小重み基が存在する．

次に，最小重み基を求めるアルゴリズムを示す．まずは重みのことは忘れて，基を 1 つ求めるアルゴリズムを示す．基を求めるには，独立集合という条件を保ったまま，任意の順番で要素を追加していけばよい．ここで $m = |E|$ とおく．

手順 0：E の要素を（任意の）順番に並べて，$E = \{e_1, e_2, \ldots, e_m\}$ とする．$B := \emptyset$, $k := 1$ とおく．
手順 1：$B + e_k \in \mathcal{I}$ ならば $B := B + e_k$ とおく．
手順 2：$k = m$ ならば集合 B を出力して終了する．$k < m$ ならば $k := k + 1$ として手順 1 に戻る． □

次に，重み $w(e)$ $(e \in E)$ に関する最小重み基を求めるアルゴリズムを示す．最小重み基は，要素を重みの小さい順に追加していき，追加したことにより独立集合でなくなる場合にはその要素を除外する，というアルゴリズムで得られる．すなわち，上記の基を求めるアルゴリズムにおいて，要素の順番を重みの小さい順 $w(e_1) \leqq w(e_2) \leqq \cdots \leqq w(e_m)$ にすると，最小重み基が求められる．

このアルゴリズムのように，良さそうな要素から順番に選んで解に加えていくアルゴリズムのことを，貪欲アルゴリズム (greedy algorithm) と総称する．貪欲アルゴリズムは，離散最適化においてよく使われるアプローチである．一般には，貪欲アルゴリズムで最適解を求められるとは限らないが，最小重み基問題においては必ず最適解が得られる．

5. マトロイド交差

共通の台集合を持つ 2 つのマトロイド $M_1 = (E, \mathcal{I}_1)$, $M_2 = (E, \mathcal{I}_2)$ に対し，共通の独立集合の族 $\mathcal{I}_1 \cap \mathcal{I}_2$ を考える．台集合 E との組 $(E, \mathcal{I}_1 \cap \mathcal{I}_2)$ のことをマトロイド交差 (matroid intersection) という．一般に $(E, \mathcal{I}_1 \cap \mathcal{I}_2)$ はマトロイドではないが，マトロイド交差は良い組合せ構造を持ち，マトロイド交差に関連する様々な最適化問題が効率的に解けることが知られている．

5.1 最大共通独立集合問題

2 つのマトロイドの共通の独立集合の中で要素数が最大のもの（最大共通独立集合）を求める問題を考える．マトロイド M_1, M_2 の階数関数をそれぞれ ρ_1, ρ_2 とする．任意の共通独立集合 $I \in \mathcal{I}_1 \cap \mathcal{I}_2$ および任意の $X \subseteq E$ に対し，$I \cap X \in \mathcal{I}_1$, $I \setminus X \in \mathcal{I}_2$ が成り立つので，階数関数の定義より

$$|I| = |I \cap X| + |I \setminus X| \leqq \rho_1(X) + \rho_2(E \setminus X)$$

が導かれる．ゆえに，X を変化させたときの右辺の最小値は，共通独立集合の要素数の最大値の上界であることがわかるが，実は 2 つの値は一致する．

定理 3

$$\max_{I \in \mathcal{I}_1 \cap \mathcal{I}_2} |I| = \min_{X \subseteq E} \{\rho_1(X) + \rho_2(E \setminus X)\}.$$

次に，最大共通独立集合を求めるアルゴリズムを示す．共通独立集合 $I \in \mathcal{I}_1 \cap \mathcal{I}_2$ に関する補助グラフ $D^I = (E, A_1^I \cup A_2^I)$ を次のように定める．D^I は E を頂点集合とする有向グラフであり，枝集合 A_1^I, A_2^I は次のように与えられる (u, v の順番に注意する)．

$$A_1^I = \{(u, v) \mid u \in I, v \in E \setminus I, I - u + v \in \mathcal{I}_1\}$$
$$A_2^I = \{(v, u) \mid v \in E \setminus I, u \in I, I - u + v \in \mathcal{I}_2\}$$

また，頂点集合 $E_i^I \subseteq E$ $(i = 1, 2)$ を

$$E_i^I = \{u \mid u \in E \setminus I, I + u \in \mathcal{I}_i\}$$

により定める．

補助グラフ D^I において E_1^I のどの頂点からも E_2^I の頂点に向かう有向路が存在しない場合，現在の I は最大共通独立集合である．一方，E_1^I のある頂点から E_2^I のある頂点への有向路が存在する場合，そのような有向路の中で最短なものを P とおき，P に含まれる頂点の集合を E_P とすると，$I' = I \triangle E_P$ は共通独立集合であり，$|I'| = |I| + 1$ を満たす．ここで，$I \triangle E_P = (I \setminus E_P) \cup (E_P \setminus I)$ である．

以上のことから，$I = \emptyset$ から始め，補助グラフを使って共通独立集合の要素数を繰り返し増やしていくことで，最大共通独立集合を求めることができる．与えられた部分集合 $X \subseteq E$ が各々のマトロイドの独立集合であるか否かを判定するオラクルが与えられたとき，上記のアルゴリズムは $|E|$ に関する多項式時間で終了する．

なお，3 つのマトロイドの共通独立集合の中で要素数最大のものを求める問題は NP 困難である．

5.2 最小重み共通基問題

マトロイド M_1 と M_2 が共通の基を持つ場合，E の各要素 e に重み $w(e)$ を与えて，最小重みの共通基を求める問題を考えることができる．この問題は，上記で定義した補助グラフの各枝の重みを適切に定義することによって，最大共通独立集合を求めるアルゴリズムと同様のやり方により効率的に解くことが可能である．

6. マトロイドの一般化

6.1 ポリマトロイドと劣モジュラシステム

マトロイドの階数関数および多面体的構造を一般化した概念として，ポリマトロイドがある．

性質 (R2), (R3) および $\rho(\emptyset) = 0$ を満たす実数値集合関数 $\rho : 2^E \to \mathbb{R}$ に対し，組 (E, ρ) をポリマト

ロイド (polymatroid) といい，ρ を階数関数 (rank function) という．ポリマトロイド (E, ρ) に関連して，次の多面体を定義する．

$$P_{(+)}(\rho) = \{x \mid x \in \mathbb{R}_+^E,\ x(S) \leqq \rho(S)\ (\forall S \subseteq E)\}$$
$$B(\rho) = \{x \mid x \in P_{(+)}(\rho),\ x(E) = \rho(E)\}$$

ここで，$\mathbb{R}_+$ は非負実数全体の集合を表す．$P_{(+)}(\rho)$ を独立多面体 (independence polyhedron)，$B(\rho)$ を基多面体 (base polyhedron) という．基多面体は，独立多面体の極大ベクトルの集合と一致している．関数 ρ が整数値をとる場合は，独立多面体 $P_{(+)}(\rho)$ の端点が全て整数ベクトルとなる．そのような場合，$P_{(+)}(\rho)$ に含まれる整数ベクトル集合を考えることも多い．特に，ρ がマトロイド $M = (E, \mathcal{I})$ の階数関数の場合，$P_{(+)}(\rho)$ に含まれる整数ベクトル全体は，独立集合 $X \in \mathcal{I}$ の特性ベクトル（X に対応する 0-1 ベクトル）全体の集合と一致する．

ポリマトロイドの組合せ構造の本質は，階数関数の劣モジュラ性にある．この観点に基づいたポリマトロイドの一般化として，劣モジュラシステム (submodular system) がある．これは台集合 E のべき集合 2^E および $\rho(\emptyset) = 0$ を満たす劣モジュラ集合関数 $\rho: 2^E \to \mathbb{R}$ の組 $(2^E, \rho)$ として与えられる．劣モジュラシステム $(2^E, \rho)$ に関連して，次の多面体を定義する．

$$P(\rho) = \{x \mid x \in \mathbb{R}^E,\ x(S) \leqq \rho(S)\ (\forall S \subseteq E)\}$$
$$B(\rho) = \{x \mid x \in P(\rho),\ x(E) = \rho(E)\}$$

$P(\rho)$ を劣モジュラ多面体 (submodular polyhedron)，$B(\rho)$ を基多面体 (base polyhedron) という．

ポリマトロイドの独立多面体や基多面体，および劣モジュラシステムの劣モジュラ多面体や基多面体の上での線形関数最適化問題は，貪欲アルゴリズムにより効率的に解くことが可能である．

6.2　デルタマトロイド

対称行列や歪対称行列の持つ組合せ的な構造を抽象化した概念がデルタマトロイドである．有限集合 E および E の非空な部分集合族 $\mathcal{F}$ の組 $(E, \mathcal{F})$ は，$\mathcal{F}$ が次の性質を満たすとき，デルタマトロイド (delta-matroid) と呼ばれる．

(DM)　$\forall X, Y \in \mathcal{F},\ \forall u \in X \Delta Y,$
$\exists v \in X \Delta Y : X \Delta \{u, v\} \in \mathcal{F}.$

$\mathcal{F}$ は実行可能集合族 (feasible set family) と呼ばれ，$\mathcal{F}$ の元は実行可能集合 (feasible set) と呼ばれる．対称（または歪対称）な行列 A の行集合（および列集合）を E とおき，E の部分集合 X に対応する主小行列を $A[X]$ とおくと，

$$\mathcal{F} = \{X \mid X \subseteq E,\ A[X]\text{ は正則}\}$$

はデルタマトロイドを定める．また，無向グラフのマッチングの端点である頂点集合の族を考えると，これもまたデルタマトロイドを定める．

マトロイドの独立集合族 $\mathcal{I}$ および基族 $\mathcal{B}$ は，ともにデルタマトロイド（の実行可能集合族）の一例となっている．一方，デルタマトロイドの極大な実行可能集合の族を考えると，その要素数は一定であり，マトロイドの基族となっている．さらに，E の任意の分割 $\{A, B\}$ に対して，値 $|X \cap A| + |B \setminus X|$ を最大にする実行可能集合全体から，マトロイドの基族を得ることができる．このような性質により，デルタマトロイドの最小重み実行可能集合を求める問題は，マトロイドの貪欲アルゴリズムを一般化したものにより解くことが可能である．

6.3　付値マトロイド

多項式行列の小行列式の次数の持つ組合せ的性質を抽象化した概念が付値マトロイドである．これはマトロイドに付値と呼ばれる情報を付加した構造と見ることができる．

マトロイドの基族 $\mathcal{B}$ に対し，$\mathcal{B}$ 上の関数 $\omega: \mathcal{B} \to \mathbb{R}$ が次の性質を満たすとき，ω はマトロイド $(E, \mathcal{B})$ の付値 (valuation) と呼ばれ，$(E, \mathcal{B}, \omega)$ は付値マトロイド (valuated matroid) と呼ばれる．

(VM)　$\forall B_1, B_2 \in \mathcal{B},\ \forall e \in B_1 \setminus B_2,$
$\exists f \in B_2 \setminus B_1 : B_1 - e + f,\ B_2 + e - f \in \mathcal{B},$
$\omega(B_1 - e + f) + \omega(B_2 + e - f) \geqq \omega(B_1) + \omega(B_2).$

付値マトロイドの概念は，離散凸解析の枠組みにおいて，整数格子点上の関数である M 凹（M 凸）関数へと一般化されている． 　　　　［塩浦昭義］

参考文献

[1] S. Fujishige, *Submodular Functions and Optimization*, 2nd ed., Elsevier, 2005.
[2] B. Korte, J. Vygen, *Combinatorial Optimization*, 5th ed., Springer, 2012.
[3] 伊理正夫，薩摩悟，大山達雄，グラフ・ネットワーク・マトロイド，産業図書，1986.
[4] 室田一雄，離散凸解析，共立出版，2001.
[5] K. Murota, *Discrete Convex Analysis*, SIAM, 2003.
[6] 久保幹雄，田村明久，松井知己 編，応用数理ハンドブック，朝倉書店，2002.
[7] A. Schrijver, *Combinatorial Optimization*, Springer, 2003.

列挙アルゴリズム
enumeration algorithm

近年の複雑なデータ解析や設計・立案において，列挙的な手法の重要さに光が当たっている．ここでは，離散的な構造に対する列挙の基礎的な概念と効率的なアルゴリズムの構築法について解説する．

1. 列挙問題

列挙 (enumeration) は，与えられた問題の解を全て見つける問題である．特に計算やアルゴリズムに関わる分野では，解が有限個である組合せ的な問題を考えることが多い．例えば，グラフに含まれるパスを全て見つける問題がその例である．列挙は生成 (generation) と呼ばれることもあり，特に入力が大きさのパラメータ n だけの場合，葉が n 枚の 2 分木や大きさ n の順列などでは生成と呼ばれることが多いようである．また，枚挙や，listing, scanning とも呼ばれる．

最適化問題が目的関数を最小化（最大化）する解を 1 つ求めるのに対し，列挙は問題の解を全て求めるという点で，両者は求解問題の対極にある．問題がある種のシステムを表すものと思えば，最適化はシステムの極みを調べるものであり，列挙はシステム全体を捕らえるものである．最適化はシステムの自動化や産業でのコスト最小計画など，他の解との関係性が必要ない場面に向いており，機械学習での分類や推定などにも用いられる．列挙はユーザーへの解候補の提示など目的関数が曖昧なとき，および，自然科学などモデルの正当性が問われ，最適に近い解が大量に存在するかどうかを確認したいというような状況で用いられ，データマイニングなど発見的な問題で利用される．特に，データマイニング分野の中心的な問題の 1 つであるパターンマイニング（データベースに多く含まれるパターンを全て見つけ出す問題）は列挙そのものであり，この分野では列挙アルゴリズムの研究が数多く行われている．

列挙の難しさには，解を全て見つけなければならない「完全性」（探索の難しさ），1 つの解を複数回出力してはいけないという「重複の回避」（メモリに解をためることなく重複を回避），本質的に同じものを同一と見なす「同型性の考慮」（グラフや行列の列挙で起きうる）がある．完全性は，分枝限定法的な網羅的な探索に，効率化のための枝刈り（解が存在しない部分問題の求解を省略する）を加えて，重複の回避と同型性の考慮は，発見した解を全て保存しておき，新たな解が見つかるたびに重複検査をすることで，ある程度回避できる．しかし，指数的なメモリ空間を使用せずに効率的な計算を行うことは簡単ではなく，より効率的な解法構築には，他の手法が必要である．

列挙は指数的に多くの解を出力するため，最悪計算時間は入力の大きさ n に対して指数的に長くなる．しかし，解の数は全ての組合せと比べると指数的に小さくなりうる．特に実用では解がそれほど多くない問題のみが扱われる．この観点から，計算量算定で出力する解の数 M が考慮される．特にアルゴリズムの計算量が n と M の多項式で表される場合は出力多項式時間と呼ばれ，効率性の尺度となっている．また，ある解が出力されてから次の解が出力されるまでの最大の計算時間を遅延 (delay) と呼び，あるアルゴリズムの遅延が入力の多項式時間であるときに，多項式遅延と呼ぶ．M は一般に大きいため，実用的な列挙アルゴリズムは多項式遅延であるか，M の線形時間となる必要がある．このような，出力する解の数に対する計算時間の変化を出力依存性 (output sensitivity) と呼び，計算時間が出力する解の数に対して低次のオーダーであるアルゴリズムを出力依存型 (output sensitive) と呼ぶこともある．

2. バックトラック法

最適化では，問題の構造から固有の最適条件を導き出すことで効率化が行われてきた．対して列挙では，一部の解の特徴付けでは効率化ができないため，手法のバリエーションが少なく，基本的な手法は大別して 3 つになる．

バックトラック法は，単調な集合族の要素（メンバー）を列挙する手法である．集合族 S が単調であるとは，任意の $X \in S$ に対して，その部分集合 $X' \subset X$ が全て S に含まれることである．グラフの独立集合，クリーク，データベースの頻出パターン，ナップサック問題の実行可能解などが単調な集合族を形成し，逆にグラフのパス，連結成分，極大独立集合，充足可能性問題の解などは形成しない．

バックトラック法は，空集合から出発して 1 つずつ要素を追加し，現在の解が集合族の外側に出てしまったら 1 つ戻り，次の要素を追加して異なる解を探す，というものである．重複を回避するため，各反復では現在の解の要素の添字の最大（末尾と呼ぶ）よりも大きな添字を持つ要素のみを追加することとし，常に添字最大の要素が最後に追加されるようにする．図 1 に例を示す．

例として，ナップサック問題の解列挙を考えよう．与えられた数集合 $A = \{a_1, \ldots, a_n\}$ と数 b に対して，A の部分集合 A' で，$\sum_{a \in A} a \leq b$ を満たすも

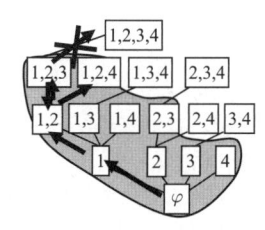

図1 バックトラック法の例
囲まれた部分が単調な集合族である．

のを全て見つけるのが問題である．明らかに，この解は単調な族を構成する．バックトラック法は，空集合に1つずつ要素を追加し，合計が b を超えたところで後戻り（バックトラック）する．それを記述すると，以下のアルゴリズムが得られる．

Knapsack (X, s)
1. output X
2. for each $i > X$ の末尾
   if $s + a_i \leq b$ call **Knapsack** $(X \cup \{a_i\}, s + a_i)$

このアルゴリズムは，各反復で解を出力するため，反復数は解数の線形である．各反復は，制約条件のチェックを高々 n 回行うため，多項式時間である．よって，このアルゴリズムは出力多項式時間，特に多項式遅延である．一般にバックトラック法によるアルゴリズムは，各反復で解を出力するなら多項式遅延となる．また，枝刈りを用いることで，極大元の列挙や，特定の制約を満たす解の列挙にも利用できる．

3. 分 割 法

分割法（binary partition）は，解集合 $\mathcal{F}$ を再帰的に分割し，解が1つ（定数個）になったら出力する．分割の数は2であることが多いが，それ以上でも問題はない．$\mathcal{F}$ は明示的には与えず，グラフ G のパスの集合，のように陰に与える．分割で，必ず非空な解集合が2つ以上できるようにすることで，反復の数と解数が同じオーダーになり，バックトラック法と同じように多項式遅延アルゴリズムを得ることができる．このような分割には，限定した部分問題に解が存在するかどうかを効率的に判定できるかが大きな鍵となる．例えば，グラフのパスやサイクル，マッチングでは多項式時間で可能だが，極大クリークや極小集合被覆では難しい．

例として，与えられた2部グラフ G の完全マッチングを列挙する分割法アルゴリズムを紹介する[2]．各反復では，与えられた完全マッチング M とは異なる完全マッチング M' を，交互閉路を見つけるなどして求める．M' が存在しないなら，M を出力して反復は終了する．存在するなら，ある枝 e^* を M と M' の対称差から選び，G の完全マッチング列挙問題を，e^* を含まないものを列挙する問題と，e^* を含むものを列挙する問題に分割する．前者は $G \setminus e^*$ の完全マッチングを列挙することで解け，後者は $G^+(e^*)$ の完全マッチングを列挙することで解ける．ここで $G^+(e^*)$ は G から e^* に隣接する枝を取り除いて得られるグラフである（e^* は取り除かない）．両者ともに2部グラフの完全マッチング列挙問題であるため，再帰的に解ける．図2に例を示す．

EnumMatching $(G = (V \cup U, E), M)$
1. if M の交互閉路がない then M を出力し終了
2. $C := M$ の交互閉路; $e^* :=$ ある $M \cap C$ の枝
3. call **EnumMatching** $(G^+(e^*), M)$
4. call **EnumMatching** $(G \setminus e^*, M \triangle C)$

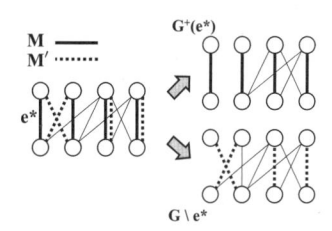

図2 完全マッチング列挙問題の分割例
左が元のグラフ，右の2つのグラフが再帰的に解かれる問題である．

4. 逆 探 索

逆探索[1]は解の近接性を利用する．特定の1つを除いた解に対して，効率的に計算できる写像を用いて親を1つ定義する．この際，親子関係が巡回的（自身の先祖を辿ると自身に戻る）にならないようにする．すると，親子関係は全ての解を張る有向根付き木（家系木と呼ぶ）を導出する．逆探索は，この家系木の枝を逆向き（親から子）に辿ることで探索を行い，全ての解を見つける．よって，逆探索は，与えられた親の子供を全て見つけるアルゴリズムのみで構築できる．子供を見つけるには，全ての子供の候補に対して，その親を計算すればよい．

例えば，一番右の葉を取り除く操作により木の間に，単体法の反復という操作により線形計画法の基底解の間に，非巡回的な親子関係を定義することができる．子供候補は多項式個であるので，多項式遅延のアルゴリズムができる． ［宇野毅明］

参 考 文 献

[1] D. Avis, K. Fukuda, Reverse Search for Enumeration, *Disc. Appl. Math.*, **65** (1996), 21–46.
[2] K. Fukuda, T. Matsui, Finding All the Perfect Matchings in Bipartite Graphs, *Appl. Math. Lett.*, **7** (1994), 15–18.

マッチング
matching

無向グラフにおいて，頂点を共有しない枝の部分集合をマッチングと呼ぶ．本項目では，マッチングに関する最も基本的な最適化問題である最大マッチング問題および最大重みマッチング問題についての基礎的な結果を紹介する．より発展的な内容については，文献 [3],[4] などを参照されたい．

1. 最大マッチング・最大重みマッチング

頂点集合を V，枝集合を E とする無向グラフ G を $G = (V, E)$ と書く．各頂点に対し $M \subseteq E$ の枝が高々1本接続するとき，M をマッチング (matching) と呼ぶ．特に，各頂点に M の枝がちょうど1本接続するとき，M を完全マッチング (perfect matching) と呼ぶ．最大マッチング問題とは，与えられたグラフ G における枝数最大のマッチング（最大マッチング）を求める問題である．また，最大重みマッチング問題とは，枝集合上の重みベクトル $\boldsymbol{w} \in \mathbf{R}^E$ が与えられているときに，枝重みの和 $\sum_{e \in M} w(e)$ が最大のマッチング M を求める問題である．

もし，G に完全マッチング M が存在すれば，M が最大マッチングであることは自明である．では，G に完全マッチングが存在しない場合に，あるマッチングが最大マッチングであると主張するためにはどうすればよいだろうか．さらには，最大重みマッチングについてはどうすればよいだろうか．

2. 2部グラフの最大マッチング

まず，無向2部グラフ $G = (V_1, V_2; E)$ における完全マッチングの存在性判定問題を考える．すなわち，$\{V_1, V_2\}$ は V の分割であり，E の全ての枝は V_1 と V_2 の頂点を繋いでいるものとする．

完全マッチングの存在性を示すには，完全マッチングを1つ提示すれば十分である．一方，完全マッチングが存在しないことを示すには，以下のホールの定理 (Hall's theorem) が有用である．ここで，$X \subseteq V_1$ に対し，X に隣接している頂点の集合を $\Gamma(X) \subseteq V_2$ で表す．

定理 1（ホールの定理） 2部グラフ $G = (V_1, V_2; E)$ が完全マッチングを持つ必要十分条件は，任意の $X \subseteq V_1$ に対して $|\Gamma(X)| \geqq |X|$ が成り立つことである．

定理1から，$|\Gamma(X)| < |X|$ を満たす $X \subseteq V_1$ が，2部グラフ G に完全マッチングが存在しないことの証拠となる．

定理1は，最大マッチングのサイズが $|V_1| = |V_2|$ であることの必要十分条件と言い換えられる．これを拡張することにより，最大マッチングのサイズに関する以下の最大最小定理（ケーニッグの定理; Kőnig's theorem）が得られる．ここで，G における最大マッチングのサイズを $\nu(G)$ と書く．また，E の全ての枝について端点のうち少なくとも1つが $U \subseteq V$ に含まれるとき，U を G のカバーと呼ぶ．

定理 2（ケーニッグの定理） 2部グラフ $G = (V_1, V_2; E)$ において，
$$\nu(G) = \min_{X \subseteq V_1} \{|X| - |\Gamma(X)| + |V_2|\}$$
$$= \min\{|U| : U \text{ は } G \text{ のカバー}\} \quad (1)$$
が成り立つ．

式(1)において $\nu(G) = |V_2|$ となる場合を考えれば，定理1が得られる．また，第2項の X に対して，$U = X \cup (V_2 \setminus \Gamma(X))$ が第3項の U に当たる．

定理2から，あるマッチング M が最大であることを示すためには，$|U| = |M|$ を満たすカバー U の存在を示せばよい．最大マッチングを求めるアルゴリズムとしては，交互道を用いてマッチングサイズを増加させていくアルゴリズムが最も基本的であり，最大マッチングおよび最小カバーを同時に求めることができる．

3. 一般グラフの最大マッチング

以下，$G = (V, E)$ を，（必ずしも2部でない）一般のグラフとする．一般グラフのマッチングについては，以下の最大最小定理（タット–ベルジュ公式; Tutte–Berge formula）が知られている．ここで，$G \setminus X$ は X および X に接続する枝を G から削除したグラフを表し，$\text{odd}(G \setminus X)$ は $G \setminus X$ における，頂点数が奇数の連結成分数を表す．

定理 3（タット–ベルジュ公式） グラフ $G = (V, E)$ において，
$$\nu(G) = \frac{1}{2} \min_{X \subseteq V} \{|V| + |X| - \text{odd}(G \setminus X)\} \quad (2)$$
が成り立つ．

式(2)右辺の $|V|$ は，マッチングがカバーできる頂点数の自明な上界である．ここで，ある $X \subseteq V$ に対し，$G \setminus X$ においては少なくとも $\text{odd}(G \setminus X)$ 個の頂点は $G \setminus X$ のマッチングでカバーすることができない．これらを G におけるマッチングでカバーするには X の頂点とマッチさせる必要があり，したがって G のマッチングは少なくとも $\text{odd}(G \setminus X) - |X|$ 個の頂点はカバーすることができない．

定理 3 から，あるマッチング M が最大マッチングであることを保証するためには，式 (2) を等号で成り立たせる $X \subseteq V$ の存在を示せばよい．実際に M, X を求めるアルゴリズムは，エドモンズ (Edmonds) による組合せ的アルゴリズム [2] を端緒に，様々なアルゴリズムが構築されている．

4. 最大重みマッチング

枝集合 $F \subseteq E$ に対し，
$$x(e) = \begin{cases} 1 & (e \in F), \\ 0 & (e \in E \setminus F) \end{cases}$$
で定まるベクトル $\boldsymbol{x} \in \{0,1\}^E$ を F の特性ベクトルと呼ぶ．また，グラフ G における全てのマッチングの特性ベクトルの凸包をマッチング多面体と呼ぶ．最大重みマッチング問題は，マッチング多面体上で $\sum_{e \in E} w(e) x(e)$ を最大化する問題と捉えられる．

マッチング多面体を線形不等式系で表現することを考えよう．頂点 $v \in V$ に対し，v に接続する枝の集合を $\delta v \subseteq E$ と書く．マッチングの定義から，$\boldsymbol{x} \in \{0,1\}^E$ がマッチングの特性ベクトルであることは，全ての $v \in V$ に対して $\sum_{e \in \delta v} x(e) \leqq 1$ を満たすことである．ここで，$\boldsymbol{x} \in \{0,1\}^E$ の条件を非負制約 $\boldsymbol{x} \geqq 0$ に置き換えることにより，以下の線形不等式系を得る．

$$\sum_{e \in \delta v} x(e) \leqq 1 \quad (v \in V), \qquad (3)$$
$$x(e) \geqq 0 \qquad (e \in E). \qquad (4)$$

グラフ G が 2 部グラフの場合は，この線形不等式系がマッチング多面体を表している．

定理 4 2 部グラフ G のマッチング多面体は線形不等式系 (3), (4) で定まる．

ところが，G が 2 部グラフでないときは，制約 (3), (4) のみでは不十分である．例えば，G が枝数が奇数の閉路のみからなるとき，$x(e) = 1/2$ $(e \in E)$ で定まる $\boldsymbol{x}$ は制約 (3), (4) を満たすが，$\boldsymbol{x}$ をマッチングの特性ベクトルの凸結合で表すことはできない．

上記のような $\boldsymbol{x}$ を実行不可能とする以下の制約を考える．ここで，$\mathcal{U} = \{U : U \subseteq V, |U| \text{ は奇数}\}$ とし，$E[U] \subseteq E$ は両端点が U に含まれる枝の集合を表す．

$$\sum_{e \in E[U]} x(e) \leqq \frac{1}{2}(|U|-1) \quad (U \in \mathcal{U}). \qquad (5)$$

マッチングの特性ベクトル $\boldsymbol{x}$ は制約 (5) を満たし，枝数奇数の閉路の枝集合に対して $x(e) = 1/2$ とするベクトル $\boldsymbol{x}$ は制約 (5) を満たさないことがわかる．

制約 (3), (4) に制約 (5) を追加することにより，一般グラフのマッチング多面体が定まる．

定理 5 グラフ G のマッチング多面体は線形不等式系 (3)〜(5) で定まる．

さらに，線形不等式系 (3)〜(5) については完全双対整数性 (total dual integrality) が知られている．前述の通り，最大重みマッチング問題は線形制約 (3)〜(5) のもとで $\sum_{e \in E} w(e) x(e)$ を最大化する線形計画問題と捉えられ，その双対問題は以下のようになる．

$$\text{minimize} \quad \sum_{v \in V} p(v) + \sum_{U \in \mathcal{U}} \frac{1}{2}(|U|-1) q(U)$$
$$\text{subject to} \quad p(u) + p(v) + \sum_{U \in \mathcal{U}} q(U) \geqq w(e)$$
$$(e = \{u,v\} \in E),$$
$$p(v) \geqq 0 \quad (v \in V),$$
$$q(U) \geqq 0 \quad (U \in \mathcal{U}).$$

この線形計画問題は，任意の整数ベクトル $\boldsymbol{w}$ に対して整数最適解を持つ．

定理 6 枝重みベクトル $\boldsymbol{w}$ が整数のとき，上記の線形計画問題は整数最適解を持つ．

最大重みマッチング問題においては，双対定理が最大最小定理の役割を果たす．すなわち，あるマッチング M に対して目的関数値が $\sum_{e \in M} w(e)$ である双対問題の許容解 (p,q) が存在すれば，M は最大重みマッチングであることが言え，さらに (p,q) は双対問題の最適解である．特に，$\boldsymbol{w}$ が整数ベクトルならば，定理 6 から整数の双対最適解 (p,q) が必ず存在する．

実際に M および (p,q) を求めるアルゴリズムには，エドモンズによる組合せ的アルゴリズムなどがある．ただし，エドモンズのアルゴリズムが求める双対最適解 (p,q) は半整数解（1/2 の整数倍）であり，整数の双対最適解を求めるアルゴリズムとしてはカニンガム–マーシュ (Cunningham–Marsh) [1] などが知られている．

[髙澤兼二郎]

参 考 文 献

[1] W.H. Cunningham, A.B. Marsh, III, A primal algorithm for optimum matching, *Mathematical Programming Study*, **8** (1978), 50–72.

[2] J. Edmonds, Paths, trees, and flowers, *Canadian Journal of Mathematics*, **17** (1965), 449–467.

[3] L. Lovász, M.D. Plummer, *Matching Theory*, AMS Chelsea Publishing, 2009.

[4] A. Schrijver, *Combinatorial Optimization — Polyhedra and Efficiency*, Springer-Verlag, 2003.

近似アルゴリズム
approximation algorithm

近似アルゴリズムとは，与えられた最適化問題の最適値に近い目的関数値を持つ許容解を見つけるアルゴリズムである．特に，最悪時相対誤差が興味の対象であり，それを0に近づけることが目標となる．

1. 総論：近似アルゴリズムと近似比

本項目の考察対象は最適化問題であり，特に，任意の許容解の目的関数値が非負であるものを考える．

最大化問題 P に対する α 近似アルゴリズム（α-approximation algorithm）とは，P の任意の入力 I に対して，I の許容解 X で，

I の最適値 $\leqq \alpha \cdot$ (I における X の目的関数値)

を満たすものを出力するアルゴリズムである．ここで，$\alpha \geqq 1$ は I に依存してもよい数である．上の式は X の最悪時相対誤差が $\alpha - 1$ であることを意味し，もし $\alpha = 1$ であれば，「I における X の目的関数値 = I の最適値」となり，X は I の最適解となる．アルゴリズム設計の目標は，$\alpha \geqq 1$ をできる限り1に近づけることである．

最小化問題 P に対する α 近似アルゴリズムとは，P の任意の入力 I に対して，I の許容解 X で，

I における X の目的関数値 $\leqq \alpha \cdot$ (I の最適値)

を満たすものを出力するアルゴリズムのことである．

上の近似アルゴリズムの定義において，α をアルゴリズムの近似比，または近似率（approximation ratio; approximation factor），あるいは近似保証（approximation guarantee）と呼ぶ．

近似アルゴリズムに関する教科書が多数出版されているので（例えば [1]～[3], [5], [6]），詳細はそちらを参照していただきたい．

なお，最適化問題でない問題に対しても近似アルゴリズムという概念を考えることができ，実際に研究もされているが，本項目では扱わない．

2. 総論：近似困難性

近似アルゴリズム設計において，α をできる限り1に近づけることを目指すが，それによって計算量が増加する場合がある．すなわち，近似比を小さくすることと計算量を小さくすることの間にトレードオフが存在する．

特に，アルゴリズムの計算量を多項式時間に保ったまま，近似比をどこまで小さくできるのかが，大きな関心事である．しかし，多項式時間で最適解を発見できる最適化問題のクラスと，それ以上の計算量を必要としてしまう最適化問題のクラスとの違いが計算量理論においてよくわかっていないため，そのような考察を行うために計算量理論的な仮定を必要とすることが多い．

そのような仮定の中で最も広く用いられているものは，クラス P とクラス NP が異なる，すなわち，$P \neq NP$ という仮定である．この仮定のもとで証明できることが限られる場合には，より弱い仮定である $NP \neq ZPP$ や，$NP \not\subseteq TIME(n^{O(\log \log n)})$ などが使われる場合もある（弱い仮定から得られる結論は強くなることに注意）．

これらは計算量理論の深い結果に基づいており，特に確率的検査可能証明定理（PCP 定理; PCP theorem）とその精緻化がもたらした大きな流れの中に位置付けられるものが多い．例えば，Ausiello らの教科書 [1] を参照していただきたい．

その流れの中で近年注目を浴びているものに，一意ゲーム予想（unique games conjecture）がある．これは「一意ゲームと呼ばれる最適化問題の定数近似が NP 困難である」というものである．紙面の都合で詳細を述べられないため，一意ゲームの参考文献として Khot [4] を挙げるに留める．

3. 各論：ナップサック問題

3.1 近似アルゴリズム

ナップサック問題（knapsack problem）とは次の最適化問題である．

> 入力： アイテムの集合 $S = \{1, \ldots, n\}$，各アイテム $i \in S$ の価値 $p_i \geqq 0$ と重さ $w_i \geqq 0$，重さ上界 $W \geqq 0$．
>
> 許容解： 部分集合 $X \subseteq S$ で，$\sum_{i \in X} w_i \leqq W$ を満たすもの．
>
> 目的： 価値和 $\sum_{i \in X} p_i$ の最大化．

この問題は NP 困難である（Karp 1972）．

重さ w_i が W を上回るアイテム i はどの許容解にも含まれないので，一般性を失わずに，$w_i \leqq W$ が任意のアイテム i に対して成り立つと仮定する．このとき，次の貪欲アルゴリズム（greedy algorithm）を考えてみる．直観的には，価値 p_i が大きく，重さ w_i が小さいアイテム i を許容解の一部とするのが良さそうである．その選択を貪欲に行うのが，以下のアルゴリズムである．

> アルゴリズム （貪欲アルゴリズム）
>
> ステップ1： $p_1/w_1 \geqq p_2/w_2 \geqq \cdots \geqq p_n/w_n$ となるようにアイテムを整列する．
>
> ステップ2： $\sum_{i=1}^{k} w_i \leqq W$ かつ $\sum_{i=1}^{k+1} w_i > W$ となる k を見つける．
>
> ステップ3： $X = \{1, 2, \ldots, k\}$ と $X' =$

$\{k+1\}$ の両者の中で，目的関数値が大きいほうを出力する．

定理 ナップサック問題に対する貪欲アルゴリズムは，$O(n \log n)$ 時間 2 近似アルゴリズムである．

貪欲アルゴリズムは 2 近似であるが，これよりも良い近似比のアルゴリズムを設計できる．これはある程度の大きさの列挙を行い，それに貪欲アルゴリズムを組み合わせるものである．以下のアルゴリズムでは任意の定数 $k \geq 2$ をあらかじめ指定する．

アルゴリズム（部分列挙法; partial enumeration）
 ステップ 1: k 個のアイテムからなる任意の部分集合 $T \subseteq S$ に対して以下を行う．
 ステップ 1-1: T に対する最適解 X_T を見つける．
 ステップ 1-2: 貪欲アルゴリズムによって，T に含まれない S の要素を X_T へ追加する．得られた解を X'_T とする．
 ステップ 2: X'_T の中で目的関数値が最も大きいものを出力する．

定理（Sahni 1975） ナップサック問題に対する部分列挙法は，$O(kn^{k+1})$ 時間 $(1+\frac{1}{k})$ 近似アルゴリズムである．

すなわち，定数 k を任意に大きくすると，部分列挙法の近似比を 1 にいくらでも近づけられ，そのとき，アルゴリズムの計算量は（次数が大きくなるものの）多項式のままである．このように，任意に近似比を 1 に近づけられる多項式時間アルゴリズム[*1]を多項式時間近似スキーム（PTAS: polynomial-time approximation scheme; ピータス）と呼ぶ．

しかし，k の増加に伴い，計算量に現れる多項式の次数も増加する．例えば，相対誤差を 1% に留めようとすると，$k=100$ とする必要があり，このとき計算量は $O(n^{101})$ となって，とても実用上使えるものではない．Ibarra, Kim（1975）は多項式時間近似スキームで，その計算量が n と近似比の逆数の多項式となるものを設計した（部分列挙法の計算量は n に関して多項式であるが，近似比の逆数に関して指数関数である）．そのような多項式時間近似スキームを，特に完全多項式時間近似スキーム（FPTAS: fully polynomial-time approximation scheme; エフピータス）と呼ぶ．

4. 各論：最小頂点被覆問題

4.1 近似アルゴリズム

最小頂点被覆問題（minimum vertex cover problem）とは，次の最適化問題である．
 入力: 無向グラフ $G=(V,E)$．
 許容解: 頂点部分集合 $C \subseteq V$ で，各辺 $e \in E$ に対して，ある頂点 $v \in C$ が存在し，e と v が接続するもの．
 目的: 要素数 $|C|$ の最小化．

ここで，無向グラフを $G=(V,E)$ と表記した際，V が G の頂点集合を表し，E が G の辺集合を表すものとする．最小頂点被覆問題の許容解を G の頂点被覆と呼ぶ．この問題は NP 困難である（Karp 1972）．

近似アルゴリズム設計を行うために，次の用語を導入する．無向グラフ $G=(V,E)$ のマッチング（matching）とは，辺部分集合 $M \subseteq E$ で，任意の 2 辺 $e, e' \in M$ がどの頂点も共有しないもののことである．無向グラフ G の極大マッチング（maximal matching）とは，G の他のマッチングを真に含まない G のマッチングのことである．極大マッチングを 1 つ発見することは線形時間でできる．

無向グラフ G の任意の極大マッチング M を考え，M の端点として現れる頂点全体からなる集合を $U \subseteq V$ とする．このとき，U は G の頂点被覆である．なぜなら，そうでないとすると，U に端点を含まない辺 $e \in E$ が存在することになるが，U の構成法より，$M \cup \{e\}$ が G のマッチングとなり，M の極大性に矛盾するからである．

以上の考察から，次のアルゴリズムが導かれる．

アルゴリズム（主双対法; primal-dual method）
 ステップ 1: G の極大マッチング M を見つける．
 ステップ 2: M の端点として現れる頂点全体からなる集合 U を出力する．

定理（Gavril, Yannakakis） 最小頂点被覆問題に対する主双対法は，線形時間 2 近似アルゴリズムである．

「主双対法」は組合せ最適化アルゴリズム設計における重要な技法であり，近似アルゴリズム設計にも頻繁に応用されている．上記のアルゴリズム自体は主双対法として提案されたものではないが，最小重み頂点被覆問題に対する主双対法近似アルゴリズムが最小頂点被覆問題に対しては同じ振る舞いをするため，ここでは主双対法と呼ぶことにした．

現在知られている最も良い近似比を達成するアルゴリズムは Karakostas（2009）によるもので，そ

[*1] 正確には，k の指定によりアルゴリズムが 1 つ固定されるので，アルゴリズムの族と呼ぶべきである．

の近似比は $2 - \Theta\left(\frac{1}{\sqrt{\log |V|}}\right)$ である．

4.2 近似不可能性

ある定数 $\varepsilon > 0$ に対して，多項式時間 $(2 - \varepsilon)$ 近似アルゴリズムは最小頂点被覆問題に存在するのだろうか？ この問いに近似不可能性から迫る結果として最も良いものを 2 つ紹介する．

定理（Dinur, Safra 2005） $P \neq NP$ ならば，最小頂点被覆問題に対する多項式時間近似アルゴリズムで，その近似比が $10\sqrt{5} - 21 = 1.3606\cdots$ より小さいものは存在しない．

定理（Khot, Regev 2008） $P \neq NP$ かつ一意ゲーム予想が正しいならば，最小頂点被覆問題に対する多項式時間近似アルゴリズムで，その近似比が 2 より小さいものは存在しない．

すなわち，$P \neq NP$ ならば，最小頂点被覆問題に対する PTAS の非存在性がわかるだけではなく，加えて一意ゲーム予想が正しいならば，主双対法が最良の定数近似比を与える．

5. 各論：最小集合被覆問題

5.1 近似アルゴリズム

最小集合被覆問題 (minimum set cover problem) とは次の最適化問題である．

- 入力： 有限集合 V と部分集合族 $\mathcal{F} \subseteq 2^V$，各集合 $X \in \mathcal{F}$ に対する費用 $c(X) \geq 0$．
- 許容解： 部分族 $\mathcal{C} \subseteq \mathcal{F}$ で，$\bigcup_{X \in \mathcal{C}} X = V$ となるもの．
- 目的： 費用和 $\sum_{X \in \mathcal{C}} c(X)$ の最小化．

ここで，2^V は V のべき集合，すなわち，V の部分集合全体からなる集合を表す．最小集合被覆問題は NP 困難である（Karp 1972）．

近似アルゴリズムとして次の貪欲アルゴリズムを考える．直観的には，費用 $c(X)$ が小さく，要素数 $|X|$ が大きい集合 $X \in \mathcal{F}$ を許容解の一部とすることが良さそうである．これを貪欲に繰り返すのが，以下のアルゴリズムである．

アルゴリズム（貪欲アルゴリズム）

- ステップ 1： $\mathcal{C} := \emptyset$ とする．
- ステップ 2： $V = \emptyset$ となるまで以下を繰り返す．
- ステップ 2-1： $\frac{|X \cap V|}{c(X)}$ が最も大きい $X \in \mathcal{F}$ を見つける．
- ステップ 2-2： $\mathcal{C} := \mathcal{C} \cup \{X\}$，$\mathcal{F} := \mathcal{F} \setminus \{X\}$，$V := V \setminus X$ と更新する．
- ステップ 3： $\mathcal{C}$ を出力する．

第 n 調和数（n-th harmonic number）を $H_n = \sum_{i=1}^n \frac{1}{i}$ で定義する．漸近的に，$H_n = \ln n + \Theta(1)$ が成立する．

定理（Johnson 1974; Lovász 1975; Stein 1974） 最小集合被覆問題に対する貪欲アルゴリズムは多項式時間 H_n 近似アルゴリズムである．ただし，$n = |V|$ とする．

Slavík (1997) による詳細な解析により，貪欲アルゴリズムの近似比が実際は $\ln n - \ln \ln n + \Theta(1)$ であることがわかっている．

5.2 近似不可能性

最小集合被覆問題に対して近似比が $o(\log n)$ である多項式時間近似アルゴリズムは存在するのだろうか？ この問いに近似不可能性から迫る結果として最も良いものを 2 つ紹介する．

定理（Raz, Safra 1997; Alon, Moshkovitz, Safra 2006） $P \neq NP$ ならば，ある定数 $c > 0$ が存在して，最小頂点被覆問題に対する多項式時間近似アルゴリズムで，その近似比が $c \ln n$ となるものは存在しない．

定理（Feige 1998） $NP \not\subseteq TIME(n^{O(\log \log n)})$ ならば，任意の $\varepsilon > 0$ に対して，最小頂点被覆問題に対する多項式時間近似アルゴリズムで，その近似比が $(1 - \varepsilon) \ln n$ となるものは存在しない．

すなわち，上記の前提条件が正しければ，貪欲アルゴリズムの近似比の主項 $\ln n$ は改善できない．

6. 各論：最小彩色問題

6.1 近似アルゴリズム

最小彩色問題 (minimum coloring problem) とは，次の最適化問題である．

- 入力： 無向グラフ $G = (V, E)$．
- 許容解： 写像 $c \colon V \to \mathbb{N}$ で，任意の辺 $\{u, v\} \in E$ に対して $c(u) \neq c(v)$ を満たすもの．
- 目的： $|c(V)|$ の最小化．

最小彩色問題の許容解 c を G の彩色 (coloring) と呼ぶ．彩色 $c \colon V \to \mathbb{N}$ において $\mathbb{N}$ の要素は特に色 (color) と呼ばれる．最小彩色問題は NP 困難である（Karp 1972）．

無向グラフ $G = (V, E)$ の彩色 c に対して，同じ色 $i \in c(V)$ を持つ頂点部分集合 $V_i = \{v \in V \mid c(v) = i\}$ を考える．彩色の定義より，任意の異なる 2 頂点 $u, v \in V_i$ に対して，$\{u, v\}$ は G の辺ではない．すなわち，V_i は G の独立集合（任意の 2 頂点対が辺ではない頂点部分集合）である．そのた

め，$|c(V)|$ を小さくするためには，任意の $|V_i|$ を大きくできれば良さそうである．これは直観にすぎないが，この直観に基づいて近似アルゴリズムを設計する．グラフの頂点の次数とは，それに隣接する頂点の数である．

アルゴリズム（貪欲極大独立集合削除アルゴリズム）[*2]

- **ステップ 1**： $i := 1$ とする．
- **ステップ 2**： $V = \emptyset$ となるまで，以下を繰り返す．
- **ステップ 2-1**： $U := V$ とする．
- **ステップ 2-2**： U が誘導する部分グラフにて，最小次数頂点を v とする．$c(v) := i$ とする．
- **ステップ 2-3**： U から v と v に隣接する頂点を全て削除する．V から v を削除する．
- **ステップ 2-4**： $U = \emptyset$ ならば $i := i+1$ として，ステップ 2 へ戻る．そうでなければ，ステップ 2-2 へ戻る．
- **ステップ 3**： c を出力する．

ステップ 2 における反復で，大きな独立集合を発見して色 i を割り当てている．

定理（Johnson 1974） 最小彩色問題に対する貪欲極大独立集合削除アルゴリズムは多項式時間 $O(n/\log n)$ 近似アルゴリズムである．ただし，$n = |V|$ とする．

現在知られている最も良い近似比を達成するアルゴリズムは Halldórsson (1993) によるものであり，その近似比は $O(n(\log\log n)^2/(\log n)^3)$ である．$O(n(\log\log n)^2/(\log n)^3) = n^{1-\Omega(\log\log n/\log n)}$ となることに注意する．

6.2 近似不可能性

最小彩色問題に対する多項式時間近似アルゴリズムで，近似比が $o(n(\log\log n)^2/(\log n)^3)$ であるものは存在するのだろうか？ この問いに近似不可能性から迫る結果として最も良いものを 3 つ紹介する．

定理（Lund, Yannakakis 1994） P $\neq$ NP ならば，ある定数 $c > 0$ が存在し，最小彩色問題に対する多項式時間近似アルゴリズムで，その近似比が n^{1-c} となるものは存在しない．

定理（Feige, Kilian 1998） NP $\neq$ ZPP ならば，任意の定数 $\varepsilon > 0$ に対して，最小彩色問題に対する多項式時間近似アルゴリズムで，その近似比が $n^{1-\varepsilon}$ となるものは存在しない．

定理（Engebretsen, Holmerin 2003） NP $\not\subseteq$ ZPTIME($n^{O((\log\log n)^{3/2})}$) ならば，最小彩色問題に対する多項式時間近似アルゴリズムで，その近似比が $n^{1-O(1/\sqrt{\log\log n})}$ となるものは存在しない．

つまり，最後の定理の前提条件が正しければ，「真」の近似比は $n^{1-\Omega(\log\log n/\log n)}$ と $n^{1-O(1/\sqrt{\log\log n})}$ の間にあることになる．しかし，そのどこにあるかは知られていない．

7. 総論：近似可能性・不可能性の階層

上に挙げた 4 つの問題のように，多項式時間で達成可能な近似比は問題によって異なる．

1) 任意に 1 へ近づく近似比を達成できる問題．例としてナップサック問題を挙げた．
2) 定数近似比を達成できる問題．例として最小頂点被覆問題を挙げた．
3) 対数近似比を達成できる問題．例として最小集合被覆問題を挙げた．
4) 多項式近似比を達成できる問題．例として最小彩色問題を挙げた．

これは，NP 困難な最適化問題全体をより詳細に階層化していると捉えることもできる．なお，それぞれのクラスに属する最適化問題全体のクラスを PTAS, APX, log-APX, poly-APX と呼ぶこともある[1]．クラス間の関係として，PTAS $\subseteq$ APX $\subseteq$ log-APX $\subseteq$ poly-APX が成立する． ［岡本吉央］

参 考 文 献

[1] G. Ausiello, P. Crescenzi, G. Gambosi, V. Kann, A. Marchetti-Spaccamela, M. Protasi, *Complexity and Approximation: Combinatorial Optimization Problems and Their Approximability Properties*, Corrected Ed., Springer, 2003.

[2] S. Har-Peled, *Geometric Approximation Algorithms*, AMS, 2011.

[3] D. Hochbaum (ed.), *Approximation Algorithms for NP-Hard Problems*, Course Technology, 1996.

[4] S. Khot, On the Unique Games Conjecture (Invited Survey), *25th CCC* (2010), 99–121.

[5] V.V. Vazirani, *Approximation Algorithms*, Springer, 2004.

[6] D.P. Williamson, D.B. Shmoys, *The Design of Approximation Algorithms*, Cambridge University Press, 2011.

[*2] 「貪欲極大独立集合削除アルゴリズム」という名称は一般的に用いられているものではなく，本項目のために付けた名称である．

発見的解法
heuristics

　発見的解法とは，難しい最適化問題に対する実用的な解決策の1つであり，現実的な時間で良質の解を求めることを目的とする解法である．最適性や解の精度は保証できないことが多いが，実用上は成功例が多く有用な手法である．

1. 実用的解法

　最適化問題は，制約条件を満たす解集合 F の中で目的関数 f の値を最小にする解（最適解と呼ぶ）を求める問題である．F が離散構造を持つ場合，離散最適化（もしくは組合せ最適化）問題と呼ぶ．NP困難性に代表されるように，多くの離散最適化問題の大規模な問題例に対して，最適解を得ることは難しいことが知られている．そのような状況において，現実的な時間で良質の解を求めるための手法が必要とされる．理論的な側面からの解決策の1つが近似解法であり，あらゆる問題例に対して精度保証付きの近似解を出力する（[近似アルゴリズム]（p.290）を参照）．一方，実用的な解決策の1つが発見的解法である．一般に最適性や解の精度は保証できないが，多くの場合良質の解を出力する．発見的解法は，構築法と改善法に大別される．

2. 構築法

　解を局所的な評価基準に沿って直接構築する手法を構築法（もしくは構築型解法）と呼び，代表的な手法に欲張り法がある．一般に，短い計算時間で解を得ることができ，解法の直観的理解も容易である．以下では2つの離散最適化問題に対する構築法を紹介する．

　代表的な離散最適化問題の1つにナップサック問題がある．この問題は，各要素 i の重量 a_i と価値 c_i，およびナップサックの許容重量 b が与えられ，与えられた n 個の要素集合からいくつかを選び，選ばれた要素の重量合計が b を超えないという制約条件のもとで，選ばれた要素の価値合計を最大化する問題である．ナップサック問題に対する欲張り法は，どの要素も選ばれていない状態から始め，あらかじめ決められた評価基準（優先順位）に沿って，各要素を選択した場合の重量合計が b を超えるか否かによって，その要素を選択するかしないかを決定する．要素を選ぶ際の評価基準として，価値 c_i の降順や重量 a_i の昇順を用いることもできるが，実用的には，ナップサック問題における各要素の重要な特徴量である，単位重量当たりの価値 c_i/a_i の降順を用いることが多い．

　別の例として，巡回セールスマン問題を挙げる．この問題は，n 個の都市と各都市間の距離が与えられ，全ての都市をちょうど一度訪れる巡回路の中で，移動した距離の総和が最小となるものを求める問題である．巡回セールスマン問題に対しては，古くから様々な構築法が提案されている．1つの都市を初期点としてランダムに選び，現在の都市からまだ訪れていない最も近い都市に移動するという操作を全ての都市を訪問するまで繰り返す（最後に訪れた都市から初めの都市に移動することで巡回路となる）手法は自然な構築法である．また，巡回セールスマン問題の解（巡回路）は，全ての都市が2つの都市と接続し，部分巡回路（n 未満の都市からなる巡回路）が存在しないという性質（解構造）に着目し，距離の短い枝（2都市間の移動）から順に，上述の性質を破らない範囲で追加することで巡回路を得る手法もある．

3. 改善法

3.1 局所探索法

　適当な解から出発し，現在の解に小さな修正を加えることで解を改善する操作を繰り返す手法を局所探索法と呼ぶ．局所探索法の設計においては，探索空間，近傍，初期解，移動戦略の設定が重要となる．

　探索の対象となる解の集合を探索空間と呼ぶ．制約条件を満たす解集合 F をそのまま探索空間に用いることが標準的であるが，実行可能解 $x \in F$ を生成することが難しい場合などは，異なる探索空間を定義するほうが有効なことがある．実行不可能解を探索空間に含める場合，そのような解を評価する指標が必要となる．各制約条件の違反度をペナルティとして表し，それぞれに適当な重みをかけて目的関数に加えたものを解の評価関数とする方法が，一般的に用いられる．この手法では重みの設定が重要であり，不適切な重みを用いると，効率的な探索は望めない．予備的な実験によって重みの適正値を決定する，あるいは，重みの自動調整を行う仕組みを解法に組み込んで計算の中で適切な値に調整する，といった工夫が必要となる．また，元の問題に対する解とは見かけが異なる記号列からなる集合と，記号列から解を構築する写像を準備し，記号列からなる集合内を探索する手法もしばしば有効である．

　近傍とは，解に小さな修正を加えることによって得られる解集合を指す．局所探索法は，近傍に改善解が存在しない（局所最適解に到達した）場合に終了するため，近傍の設計は得られる解の質と計算時間に大きな影響を与える．一般に，近傍に含まれる解

の数は計算時間と強い正の相関を持ち，得られる解の精度とは逆相関を持つ．現在の解と近傍解は類似の構造を持つことを利用して，近傍解を（差分を用いるなど）高速に評価する手法や，良い構造を持った近傍を用いることで近傍内の改善解を高速に発見する手法が提案されており，効率的な解法の実現に貢献している．

局所探索を開始する解を初期解と呼ぶ．実行可能解を生成することが容易であり，強力な近傍を利用する場合には，ランダムに初期解の生成を行えばよい．一方，初期解の生成のために構築法を用いることも多い．その利点として，局所最適解への収束にかかる時間が，多くの場合短縮されることが挙げられる．また，到達する局所最適解の精度の面でも有利な場合がある．

近傍に改善解が複数存在する場合，近傍をどのような順序で探索し，どの改善解に移動するかによって，局所探索法の動作は異なる．これを定めるルールを移動戦略と呼ぶ．近傍内をランダムな順序で探索し，最初に見つかった改善解に移動する即時移動戦略と，近傍内の最良の解に移動する最良移動戦略が代表的である．この2つを比較すると，多くの場合即時移動戦略のほうが高速であり，最終的に得られる局所最適解の精度には大きな差はない．

3.2 メタ戦略

局所探索法は多くの場合高い性能を発揮するが，局所最適解の中には精度の低いものも存在し，局所探索を一度適用しただけでは，そのような解を出力して停止する可能性が残る．計算機性能の向上のおかげで，（問題の性質や問題例の規模，近傍の定義によるが）多くの場合1回の局所探索は短時間で行えるようになった．このような背景のもと，より多くの計算パワーを費やすことで，さらに精度の高い解を求めたいという要求が高まった．これに応える解決策の1つがメタ戦略である．

メタ戦略（メタヒューリスティクスとも呼ぶ）とは，最適化問題に対する実用的な探索手法を設計するための一般的な枠組みを与えるものであり，そのような考え方に沿って設計された様々なアルゴリズムの総称である．代表的なものに，アニーリング法，遺伝アルゴリズム，タブー探索法などがある．以下では，メタ戦略に共通する基本的事項の説明を行う．個別の解法の特徴を含む詳細な説明は，文献 [1],[2] などを参照していただきたい．

メタ戦略に含まれる多くの手法は，局所探索法や構築法などの基本的な発見的解法を基本として，より多くの計算パワーを費やすことで，より精度の高い解を見出すことを目的とする．この際重要となるのは，最適化問題において「良い解同士は似通った構造を持つ」という性質である．これは，過去の探索で得られた良い解に似通った構造の解を集中的に探索する戦略が，多くの場合効果的であることを意味する．実際，メタ戦略の多くは，このアイデア（探索の集中化と呼ばれる）に基づいて設計されている．しかし，この考え方のみに基づいて解法を設計すると，探索空間のごく一部の領域に探索が限定されてしまい，得られる解の精度が低くなる可能性がある．そこで，時には解の構造を大きく崩し，探索空間内の未探索の領域に探索を移すこと（探索の多様化と呼ばれる）も必要である．これらの相反する2つの動作をバランス良く組み込むことで，効果的な解法の実現が可能となる．

メタ戦略における集中化や多様化の実現方法としてしばしば用いられるアイデアを3つ紹介する．

1. 複数の初期解に対して局所探索を行う．初期解の生成は，ランダムに構築する，（ランダム性を組み込んだ）構築法によって行う，過去の探索で得られた（1つもしくは複数の）良い解をもとに構成する，などの方法によって行われる．
2. 改悪解への移動を認める．これによって，探索の多様化や，局所最適解であっても探索が停止しない性質を実現する．
3. 目的関数 f とは異なる評価関数を用いることで，探索の高度な制御を行う．

いずれのアイデアも，具体的なルールの設計方法によって，探索の集中化と多様化のいずれにも利用できる．ただし，高い性能のアルゴリズムを実現するためには，これら個々のアイデアの個別の設定だけではなく，複数のものをどのように組み合わせて用いるかが重要となる． ［今堀慎治］

参 考 文 献

[1] 久保幹雄, J.P. ペドロソ, メタヒューリスティクスの数理, 共立出版, 2009.
[2] 柳浦睦憲, 茨木俊秀, 組合せ最適化—メタ戦略を中心として, 朝倉書店, 2001.

マルコフ連鎖モンテカルロ法
Markov chain Monte Carlo method

マルコフ連鎖モンテカルロ (MCMC) 法は，所望の分布からのランダムサンプリングを目的に，マルコフ連鎖を利用する計算手法である．アイデアは，1) 所望の分布を極限分布に持つマルコフ連鎖を設計し，2) マルコフ連鎖の推移を繰り返して (漸近的に) 所望の分布に従うサンプルを得るという，素朴なものである．大規模な状態空間を持つ対象に対して効果的な計算法であり，特にランダムサンプリング自体が困難な問題に対して強力に効果を発揮する．MCMC 法は，統計物理学，経済学，統計学，バイオインフォマティクス，オペレーションズリサーチなど様々な分野で，数値積分や最適化，シミュレーションなどの確率的計算法に現れる．

1. マルコフ連鎖の定常分布

本項目では，離散時間，有限状態のマルコフ連鎖について議論する[*1]．マルコフ連鎖 $\mathcal{M}$ は状態空間 $\Omega = \{1, \ldots, m\}$ と推移確率行列 P を持つとする．すなわち，$\mathcal{M}$ が各時刻でとりうる状態は Ω 中のいずれかであり，時刻 t で状態 $x \in \Omega$ にあるとき，時刻 $t+1$ の状態が y である確率は $P(x, y)$ である．ただし，$P(x, y)$ は行列 P の x, y 成分を表す．

状態空間 Ω 上の分布 $\boldsymbol{\pi} = (\pi(1), \ldots, \pi(m))$ を考える．すなわち，$\boldsymbol{\pi}$ は $\sum_{x \in \Omega} \pi(x) = 1$ および $\pi(x) \geqq 0 \ (\forall x \in \Omega)$ を満たす．分布 $\boldsymbol{\pi}$ が $\boldsymbol{\pi} P = \boldsymbol{\pi}$ を満たすとき，$\boldsymbol{\pi}$ をマルコフ連鎖 $\mathcal{M}$ の定常分布という．マルコフ連鎖 $\mathcal{M}$ が $[\forall x, y \in \Omega, \exists t > 0, P^t(x, y) > 0]$ を満たすとき既約 (irreducible) といい，$[\forall x \in \Omega, \gcd\{t > 0 \mid P^t(x, x) > 0\} = 1]$ を満たすとき非周期的 (aperiodic) という．既約で非周期的なマルコフ連鎖をエルゴード的 (ergodic) という．エルゴード的なマルコフ連鎖は唯一の定常分布を持ち，極限分布は定常分布に一致する．

次の定理は MCMC 法を設計する際に鍵となる．

定理 1 エルゴード的なマルコフ連鎖 $\mathcal{M}$ に対し，Ω 上の分布 $\boldsymbol{\pi}$ が任意の状態対 $x, y \in \Omega$ について，

$$\pi(x) P(x, y) = \pi(y) P(y, x) \qquad (1)$$

を満たすとき，$\boldsymbol{\pi}$ は $\mathcal{M}$ の唯一の定常分布である．

式 (1) を詳細つり合いの式 (detailed balance equation) と呼ぶ．詳細つり合いの式を満たすマルコフ連鎖を可逆 (reversible) という．

[*1] 計算モデルに応じて，連続空間への拡張も考えられる[1]．

2. MCMC 法の設計例

MCMC 法の設計例として，ナップサック問題の実行可能解のランダムサンプリングについて述べる．

いま，容量 b のナップサックと n 個のアイテムが与えられるものとする．アイテム $i \in \{1, \ldots, n\}$ は，大きさ a_i と価値 c_i を持つ．このとき，ナップサック問題の実行可能解の集合は

$$\Omega_{\mathrm{K}} \stackrel{\mathrm{def.}}{=} \left\{ \boldsymbol{x} \in \{0, 1\}^n \ \middle| \ \sum_{i=1}^n a_i \cdot x_i \leqq b \right\}$$

で定義される．以下，Ω_{K} の要素 $\boldsymbol{x}$ を

$$h(\boldsymbol{x}) \stackrel{\mathrm{def.}}{=} \exp\left(\beta \sum_{i=1}^n c_i \cdot x_i \right)$$

に比例する確率，すなわち確率

$$\pi_{\mathrm{K}}(\boldsymbol{x}) \stackrel{\mathrm{def.}}{=} \frac{h(\boldsymbol{x})}{\sum_{\boldsymbol{z} \in \Omega_{\mathrm{K}}} h(\boldsymbol{z})} \quad (\boldsymbol{x} \in \Omega_{\mathrm{K}}) \qquad (2)$$

でランダムサンプリングすることを考える．関数 h の定義より，β を十分大きくすると，ナップサック問題の最適解 ($\sum_{i=1}^n c_i \cdot x_i$ を最大にする解 $\boldsymbol{x} \in \Omega_{\mathrm{K}}$) が高い確率で出現する．また，$\beta = 0$ とすれば確率分布 π_{K} は Ω_{K} 上の一様分布である．一様ランダムサンプリングと数え上げには密接な関係がある[2]．

状態空間 Ω_{K} 上のマルコフ連鎖 $\mathcal{M}_{\mathrm{K}}$ の推移を，以下のように定義する．時刻 t の状態 X^t が $\boldsymbol{x} \in \Omega_{\mathrm{K}}$ だったとしよう．アイテム $j \in \{1, \ldots, n\}$ を一様ランダム (確率 $1/n$) に選び，$y_i = x_i \ (i \neq j)$，$y_j \neq x_j$ で定まる $\boldsymbol{y} \in \{0, 1\}^n$ を時刻 $t+1$ の状態の候補とする[*2]．もし $\boldsymbol{y} \notin \Omega_{\mathrm{K}}$ ならば，時刻 $t+1$ の状態 X^{t+1} は $\boldsymbol{x}$ のままとする．もし $\boldsymbol{y} \in \Omega_{\mathrm{K}}$ ならば，

$$X^{t+1} = \begin{cases} \boldsymbol{y} & \left(\text{確率} \ \frac{h(\boldsymbol{y})}{h(\boldsymbol{x}) + h(\boldsymbol{y})} \right) \\ \boldsymbol{x} & (\text{それ以外}) \end{cases}$$

とする．

マルコフ連鎖 $\mathcal{M}_{\mathrm{K}}$ は既約である．また，$\Omega_{\mathrm{K}} \neq \{0, 1\}^n$ の場合は非周期的である．推移確率行列 P_{K} は詳細つり合いの式

$$\pi_{\mathrm{K}}(\boldsymbol{x}) P_{\mathrm{K}}(\boldsymbol{x}, \boldsymbol{y}) = \pi_{\mathrm{K}}(\boldsymbol{y}) P_{\mathrm{K}}(\boldsymbol{y}, \boldsymbol{x})$$

を満たすことが確認できる．

定理 2 マルコフ連鎖 $\mathcal{M}_{\mathrm{K}}$ は π_{K} を定常分布に持つ．

マルコフ連鎖 $\mathcal{M}_{\mathrm{K}}$ は，$h(\boldsymbol{x})$ の値を計算するだけで (詳細つり合いの式に現れる $\pi_{\mathrm{K}}(\boldsymbol{x})$，あるいは正規化定数 $\sum_{\boldsymbol{z} \in \Omega_{\mathrm{K}}} h(\boldsymbol{z})$ を計算することなく) 計算できることに注意されたい．

[*2] すなわち，もし時刻 t の状態 $\boldsymbol{x} \in \Omega_{\mathrm{K}}$ がアイテム j を含むならばアイテム j を取り除き，そうでなければアイテム j を加えようとする．

3. 混交時間

所望の定常分布を持つマルコフ連鎖を手に入れたあとの問題は，「何回推移させれば定常分布（極限分布）と言えるのか？」である．定量的な議論をするための準備を行う．まず，状態空間 Ω 上の 2 つの分布 μ, ν に対して，総変動距離（total variation distance）を

$$d_{\mathrm{TV}}(\boldsymbol{\mu}, \boldsymbol{\nu}) \stackrel{\text{def.}}{=} \frac{1}{2} \sum_{x \in \Omega} |\mu(x) - \nu(x)|$$

と定義する．任意の実数 $\varepsilon > 0$ に対して，マルコフ連鎖 $\mathcal{M}$ の混交時間（mixing time）は

$$\tau(\varepsilon) = \max_{x \in \Omega} \{\min\{t \mid \forall s > t,\ d_{\mathrm{TV}}(\boldsymbol{\pi}, P_x^s)\}\}$$

と定義される．ただし $\boldsymbol{\pi}$ は $\mathcal{M}$ の定常分布を，P_x^s は初期状態 $x \in \Omega$ から s 回の推移後の分布を表す．すなわち，混交時間は「分布の誤差」が ε 以下に収束するまでに要する時間を表す．

4. 混交時間の算定法

混交時間の定義から推測されるように，混交時間と推移確率行列の固有値の間には密接な関係がある．以下，エルゴード的で可逆なマルコフ連鎖を考える．

可逆な推移確率行列 P の固有値は全て実数となる．このことは，P の定常分布 $\boldsymbol{\pi}$ に対して，$\mathrm{diag}(\boldsymbol{\pi}^{1/2}) P \mathrm{diag}(\boldsymbol{\pi}^{-1/2})$ が実対称行列となることから確認できる．話の簡便のため，さらに P の固有値 $\lambda_1, \ldots, \lambda_m$ は $\lambda_1 \geqq \cdots \geqq \lambda_m \geqq 0$ を満たす[*3]ものとすると，$\lambda_1 = 1$ が成り立ち，$\lambda_2 < 1$ が成り立つ．行列のべき乗と固有値の関係を考えると，第 2 固有値（second largest eigenvalue）λ_2 の大きさが混交時間に影響を与えることが想像される．実際，以下の定理が成り立つ．

定理 3 エルゴード的で可逆な推移確率行列 P は，固有値が全て非負のとき，

$$\tau(\varepsilon) \leqq \frac{\max_{x \in \Omega} (\ln \pi(x)^{-1}) + \ln \varepsilon^{-1}}{1 - \lambda_2}$$

が成り立つ．

ナップサック解の例のように状態空間が非常に大きいとき，推移確率行列 P の第 2 固有値 λ_2 を直接算定することは容易でない．マルコフ連鎖の混交時間を算定するために，

[*3] $P' \stackrel{\text{def.}}{=} (P + I)/2$ という行列を考えると，P' の固有値は全て非負となる．ただし I は単位行列である．行列 P' は，マルコフ連鎖 $\mathcal{M}$ の各時刻において，確率 1/2 で何もしない（状態を遷移しない）という操作を取り入れたものに対応する．このようなマルコフ連鎖はレイジー（lazy）と呼ばれる．P' の定常分布 $\boldsymbol{\pi}$ は P の定常分布であることに注意されたい．

$$\Phi \stackrel{\text{def.}}{=} \min \left\{ \frac{\sum_{(x,y) \in S \times \overline{S}} \pi(x) P(x,y)}{\sum_{x \in S} \pi(x)} \,\middle|\, S \subset \Omega,\ 0 < \sum_{x \in S} \pi(x) \leqq \frac{1}{2} \right\}$$

で定義されるコンダクタンス（conductance）と呼ばれる量を算定する手法が成功を収めている．

定理 4 コンダクタンス Φ と第 2 固有値 λ_2 は

$$\frac{\Phi^2}{2} \leqq 1 - \lambda_2 \leqq 2\Phi$$

を満たす．

以上の線形代数的な議論のほかに，カップリング（coupling）法と呼ばれる手法も混交時間の算定によく用いられる．エルゴード的なマルコフ連鎖の極限分布の一意性について，Gershgorin の定理に基づく線形代数的な証明のほかに，以下のカップリング定理を用いた証明が古くから知られている．

定理 5 確率変数 X, Y は同一の状態空間 Ω にあり，それぞれ確率分布 μ, ν に従うとき，

$$d_{\mathrm{TV}}(\mu, \nu) \leqq \sum_{x \neq y} \Pr[X = x, Y = y]$$

が成り立つ．

この議論を発展させたのがカップリング法である[4]．

5. 完璧サンプリング法

混交時間の算定をもって極限分布への収束誤差を保証しようというのが，通常の MCMC 法である．これに対し，1996 年に Propp と Wilson が提案した過去からのカップリング（CFTP：coupling from the past）は，マルコフ連鎖のシミュレーション法自身を工夫することで，厳密に定常分布からのサンプリングを実現させようという非常に奇抜なアルゴリズムである．誤差が「0」であることから，完璧サンプリング（perfect sampling）とも呼ばれる[3],[4]．

[来嶋秀治]

参 考 文 献

[1] 伊庭幸人, 種村正美, 大森裕浩, 和合 肇, 佐藤整尚, 高橋明彦, 計算統計 II ―マルコフ連鎖モンテカルロ法とその周辺, 岩波書店, 2005.
[2] 来嶋秀治, MCMC 法と近似精度保証, 第 19 回 RAMP シンポジウム論文集 (2007), 1–15.
[3] 来嶋秀治, 松井知己, 完璧にサンプリングしよう！, オペレーションズ・リサーチ, **50** (2005), 169–174, 264–269, 329–334.
[4] 玉木久夫, 乱択アルゴリズム, 共立出版, 2008.

最 短 路
shortest path

組合せ最適化や離散アルゴリズムにおける基本的な問題である最短路問題とその代表的な解法を紹介する．また，最短路の出力の高速化に焦点を絞った最短路検索も紹介する．

1. s-t 最短路

頂点集合 V と有向枝集合 E からなるグラフ $G = (V, E)$，枝費用 $c : E \to \mathbb{R}$，始点 $s \in V$，終点 $t \in V$ が与えられたとき，グラフ G 上の s-t 有向パス $P \subseteq E$ のうち枝費用の合計 $\sum_{e \in P} c(e)$ が最小となるものを s-t 最短路という．s-t 最短路を求める問題を s-t 最短路問題（s-t shortest path problem）という．図 1 に s-t 最短路問題の例を示す．

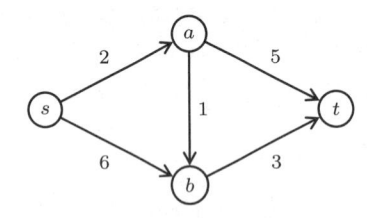

図 1 s-t 最短路問題

枝 $e \in E$ を最短路に採用するとき 1，そうでないとき 0 となる変数 x_e を用意すると，s-t 最短路問題は以下の整数計画問題として定式化できる．

$$\begin{aligned}
\text{min.} \quad & \sum_{e \in E} c(e) x_e \\
\text{s.t.} \quad & \sum_{e \in \delta^-(s)} x_e - \sum_{e \in \delta^+(s)} x_e = -1, \\
& \sum_{e \in \delta^-(t)} x_e - \sum_{e \in \delta^+(t)} x_e = 1, \\
& \sum_{e \in \delta^-(v)} x_e - \sum_{e \in \delta^+(v)} x_e = 0 \quad (v \in V \setminus \{s, t\}), \\
& x_e \in \{0, 1\} \quad (e \in E).
\end{aligned}$$

ここで $\delta^-(v)$（あるいは $\delta^+(v)$）は頂点 v に入る（あるいは出る）枝の集合である．この整数計画問題の係数行列は完全単模（totally unimodular）なので，その線形緩和問題の中には必ず整数最適解が存在する．よって，s-t 最短路問題を解くことは，その線形緩和問題（これは最小費用流問題の特殊な場合になっている）を解くことと同義である．この線形緩和問題の双対問題を陽に書き下すと，最適解が満たすべき条件として，後述の Bellman の最適性原理が自然に導かれる．

s-t 最短路は，次節に示す単一始点最短路問題に対する組合せ的アルゴリズムでも効率的に見つけられる．

2. 単一始点最短路

始点 $s \in V$ のみが指定されたとき，始点 s から他の各頂点 $v \in V$ への最短路を合わせたものを最短路木（shortest path tree）という．始点 $s \in V$ を根とする最短路木を求める問題を単一始点最短路問題（single source shortest path problem）という．単一始点最短路に関しては，以下の Bellman の最適性原理が知られている．

定理（Bellman の最適性原理） $d(v)$ $(v \in V)$ が，$s \in V$ を始点とする最短路長であることの必要十分条件は，$d(s) = 0$, $d(v) = \min\{d(u) + c(u, v) : (u, v) \in E\}$ $(v \in V \setminus \{s\})$ である．

この Bellman の最適性原理を満たすように $d(v)$ を更新するものが，以下の Moore–Bellman–Ford 法である．このアルゴリズムでは $d(v)$ は暫定的な最短路長を意味し，アルゴリズム終了時には最短路長になっている．

アルゴリズム（Moore–Bellman–Ford 法）
 $d(s) = 0$
 for $v \in V \setminus \{s\}$: $d(v) = \infty$
  for $i \in (1, 2, \ldots, n-1)$:
   for $(v, w) \in E$:
    $d(w) = \min\{d(w), \ d(v) + c(v, w)\}$

このアルゴリズムの時間複雑度は $O(|V||E|)$ である．正確には，このアルゴリズムにより，各頂点への最短路長（始点から到達不可能な頂点への最短路長は ∞ とする）が見つかるか，あるいは負の長さの閉路が見つかる．このアルゴリズムを単純に実行すると，始点 s から各頂点 $v \in V$ への最短路長 $d(v)$ が得られるだけであり，最短路そのものは得られない．しかし，いったん $d(v)$ が得られたならば $d(v) - d(w) = c(w, v)$ となる w を見つけることにより，s を根とする最短路木が構築できる．

Moore–Bellman–Ford 法は，$d(v)$ の値を更新する順番に任意性がある．与えられた枝費用 c が全ての枝において非負ならば，$d(v)$ の更新の順番を工夫することにより，更新回数の上界を抑えられる．こうして得られるのが Dijkstra 法である．そのアルゴリズムを以下に示す．なお，アルゴリズム中の頂点部分集合 $R \subseteq V$ は，暫定的な最短路長 $d(v)$ が（最適な）最短路長になっている頂点の集合に対応している．

アルゴリズム （Dijkstra法）
$d(s) = 0$
$R = \{s\}$
for $v \in V \setminus \{s\}$:
　$d(v) = \infty$
while $R \neq V$:
　$d(v)$ が最小の頂点 $v \in V \setminus R$ を発見
　$R = R \cup \{v\}$
　for $w \in V \setminus R \ ((v,w) \in E)$:
　　if $d(w) > d(v) + c(v,w)$:
　　　$d(w) = d(v) + c(v,w)$

Dijkstra法の時間複雑度は明らかに $O(|V|^2)$ である．この時間複雑度は $d(v)$ の格納に d-ヒープを用いると $O(|E|\log_d |V|)$ にでき，Fibonacciヒープを用いると $O(|E| + |V|\log |V|)$ にできる．特にバイナリヒープを用いた実装は実用上も高速である．ほかにも多くの工夫が提案されている．詳しくは文献 [1] を参照されたい．

3. 全点間最短路

全ての頂点間の最短路をまとめて求める問題を全点間最短路問題と呼ぶ．全点間最短路問題に対する代表的なアルゴリズムである Floyd–Warshall 法を以下に示す．ここでは記述を簡単にするために $V := \{1, 2, \ldots, n\}$ とする．

アルゴリズム （Floyd–Warshall法）
for $(i,j,0) \in (V \times V)$:
　$d(i,j,0) = \infty$
for $(i,j) \in E$:
　$d(i,j,0) = c(i,j)$
for $i \in V$:
　$d(i,i,0) = 0$
for $k \in (1, 2, \ldots, n)$:
　for $i \in V$:
　　for $j \in V$:
　　　$d(i,j,k)$
　　　　$= \min\{d(i,j,k-1),$
　　　　　　$d(i,k,k-1) + d(k,j,k-1)\}$

Floyd–Warshall法の時間複雑度は $O(n^3)$ である．時間複雑度と枝の数 $|E|$ は関係ないことに注意されたい．実際，枝の数 $|E|$ が $O(n)$ の場合には，Dijkstra法（に例えばバイナリヒープを用いたもの）を繰り返すほうが，理論的にも実用的にも高速である．

4. 最短路検索

カーナビゲーションシステムやウェブ上での経路検索システムでは，ネットワークデータの変更とは比べものにならないほど高い頻度で，始点と終点を指定した最短路の問い合わせがある．このような最短路検索（shortest path query）では，始点と終点を指定されてから最短路の計算をするだけでなく，前処理によって付加データを用意しておき，それを利用する戦略もとりうる[2]．

始点と終点が指定された最短路検索における代表的な手法に A*-探索（A*-search）がある．A*-探索では，各頂点 $v \in V$ から終点 $t \in V$ への最短路長の下界 $l(v)$ があらかじめ与えられているとする．以下に A*-探索のアルゴリズムを示す．

アルゴリズム （A*-探索）
$d(s) = 0$
$R = \{s\}$
for $v \in V \setminus \{s\}$:
　$d(v) = \infty$
while $R \neq V$:
　$d(v) + l(v)$ が最小の頂点 $v \in V \setminus R$ を発見
　if v is t:
　　終了
　$R = R \cup \{v\}$
　for $w \in V \setminus R \ ((v,w) \in E)$:
　　if $d(w) > d(v) + c(v,w)$:
　　　$d(w) = d(v) + c(v,w)$
　　　$R = R \setminus \{w\}$

これは Dijkstra法を拡張した形になっている．実際，各頂点 v からの下界を自明なもの $l(v) = 0$ とすると，Dijkstra法と同じ挙動を示す．Dijkstra法と比較した場合，長所は探索点を少なくできることである．短所は一度探索した点を再び探索する可能性があることと，1探索当たりの計算が若干複雑であることである．この短所により，良い下界を採用しないと高速化には繋がらない．

2005年頃から実用的な最短路検索法が多数提案されている．ほとんどの手法の性能（効率）は入力データに依存する．例えば道路ネットワークなどのデータを入力とする場合には，ほとんどの手法は Djikstra 法の数十倍以上高速であり，付加データの大きさは与えられたネットワークデータの数倍以内に抑えられている[2]．

［宮本裕一郎］

参 考 文 献

[1] 久保幹雄, 田村明久, 松井知己 編, 応用数理計画ハンドブック, 朝倉書店, 2002.
[2] K. Mehlhorn, P. Sanders, *Algorithms and Data Structures: The Basic Toolbox*, Springer, 2008.

ネットワークフロー

network flow

離散システム上の基礎的な最適化問題の1つにネットワークフロー問題がある．単一品種のフローの問題は線形計画問題として扱えるが，ネットワークの構造を利用した効率の良いアルゴリズムがあり，様々な最適化アルゴリズムの中核となっている．

1. ネットワークフロー問題

ネットワークフロー問題では，有向グラフ $G = (V, E)$ を用いてネットワークを表し，その中の『もの』の流れであるフローを扱う．フローは $\varphi : E \to \mathbf{R}$ で表す．便宜上，枝 $e = (v, w) \in E$ ならば，e の逆向き枝を $\bar{e} = (w, v) \in E$ と仮定し，フロー φ は

$$\varphi(e) = -\varphi(\bar{e}), \quad e \in E \tag{1}$$

を満たすとする．通常，フローは枝の途中で増減することはなく，各頂点で分岐や合流をする．頂点 v でのフローの正味流出量 $\sum\{\varphi(e) \mid e\text{ は }v\text{ から出る枝}\}$ を $e_\varphi(v)$ で表す．

非負の枝容量 $u : E \to \mathbf{R}_+$ が与えられているとき，フローは各枝の容量を超えない

$$\varphi(e) \leqq u(e), \quad e \in E \tag{2}$$

とする．この容量制約を満たすフロー φ に対して，各枝 e に追加して流せるフロー量を表す残余容量 $u_\varphi(e)$ を $u(e) - \varphi(e)$ で与え，枝集合 $\{e \in E \mid u_\varphi(e) > 0\}$ からなるグラフを残余グラフ G_φ という．

2. 最小費用流問題

有向グラフ $G = (V, E)$ があり，非負の枝容量 $u : E \to \mathbf{R}_+$ とフロー1単位当たりの費用 $c : E \to \mathbf{R}$，各頂点に供給量 $b : V \to \mathbf{R}$ が与えられたとき，$b(v) > 0$ である頂点から $b(v) < 0$ である頂点に向かって流れる総費用最小のフローを求める問題が最小費用流問題である．ただし，任意の枝 $e \in E$ で $c(e) = -c(\bar{e})$ とし，供給量は $\sum\{b(v) \mid v \in V\} = 0$ を満たすとする．最小費用流問題は

$$\begin{vmatrix} 最小化 & \sum\{c(e)\varphi(e) \mid e \in E\} \\ 条件 & 式\,(1), (2) \\ & e_\varphi(v) = b(v), \ v \in V \end{vmatrix}$$

と表せる．条件を満たすフローを可能流という．特に，全ての頂点 $v \in V$ で $b(v) = 0$ であるときの可能流を循環流という．

以下は残余グラフを用いた最小費用流問題の最適性条件である．

定理1 可能流 φ に対して，以下は同値である．

1) φ は最小費用流問題の最適なフローである．
2) G_φ に費用が負の有向閉路が存在しない．
3) G_φ の各枝 $e = (v, w)$ で $c(e) - \pi(v) + \pi(w) \geqq 0$ を満たす $\pi : V \to \mathbf{R}$ が存在する． □

定理1の3)の π はポテンシャルと呼ばれ，最小費用流問題の双対変数に対応している．3)の条件は双対条件と相補性条件から導ける．

定理1の2)の最適性条件に基づき，可能流 φ に対する残余グラフ G_φ に費用が負の有向閉路が存在する限り，その閉路に沿って φ を更新することを繰り返して最適なフローを見つけるアルゴリズムがある．費用が負の有向閉路を負閉路といい，このアルゴリズムは負閉路消去法と呼ばれている．

アルゴリズム1（負閉路消去法）
$\varphi \leftarrow$ 可能流
while G_φ に負閉路が存在 **do**
　　G_φ の1つの負閉路の枝集合を C とする
　　$\varepsilon \leftarrow \min\{u_\varphi(e) \mid e \in C\}$
　　$\varphi(e) \leftarrow \begin{cases} \varphi(e) + \varepsilon & (e \in C) \\ \varphi(e) - \varepsilon & (\bar{e} \in C) \\ \varphi(e) & （それ以外） \end{cases}$
end

フローの更新量 ε の決め方より，負閉路消去法では常に可能流を維持している．負閉路として，その閉路の費用を枝数で割った値が最小となるような最小平均閉路を選ぶと，負閉路消去法の繰り返し回数が $O(|V||E|^2)$ で終了し，強多項式時間で最適なフローが得られる．

一方，定理1の3)の最適性条件を満たすポテンシャル π を維持しながら可能流を見つける最短路繰り返し法や，可能流を維持しながら最適性条件を満たさないポテンシャルとフローの更新を繰り返す主双対法などがある．いずれもスケーリング技法を組み込むことで高速なアルゴリズムに発展している．

3. 最大流問題

有向グラフ $G = (V, E)$ と非負の枝容量 $u : E \to \mathbf{R}_+$，特別な2頂点 $s, t \in V$ が与えられたとき，容量制約を満たし s から t へなるべく多くフローを流すのが最大流問題である．最大流問題は

$$\begin{vmatrix} 最大化 & f(\varphi) := e_\varphi(s) \\ 条件 & 式\,(1), (2) \\ & e_\varphi(v) = 0, \ v \in V \setminus \{s, t\} \end{vmatrix}$$

と表せる．条件を満たすフローを可能流，最適なフローを最大流という．

最大流問題は最小費用流問題の特殊ケースと見なせる．有向グラフ G の s, t 間に新たに枝を加え，容

量を $u(t,s) := \infty$, $u(s,t) := 0$ とする．また E の全ての枝の費用を 0 とし，$c(t,s) = -c(s,t) := -1$ として最小費用の循環流を考えると，枝 (t,s) になるべく多くのフローを流すことになる．このように，最小費用流問題に変形して負閉路消去法を適用すると，G_φ 上で s から t への有向道に沿ってフローの更新を繰り返すことになる．この s から t への有向道を増加道といい，増加道に沿ってフローの更新を繰り返すアルゴリズムを増加道法という．

アルゴリズム 2 （増加道法）
$\varphi \leftarrow 0$
while G_φ に増加道が存在 **do**
    G_φ の 1 つの増加道の枝集合を P とする
    $\varepsilon \leftarrow \min\{u_\varphi(e) \mid e \in P\}$
$$\varphi(e) \leftarrow \begin{cases} \varphi(e) + \varepsilon & (e \in P) \\ \varphi(e) - \varepsilon & (\bar{e} \in P) \\ \varphi(e) & (\text{それ以外}) \end{cases}$$
end

最小費用流問題の最適性条件に対応して，以下の最適性条件が得られる．

定理 2 可能流 φ が最大流である必要十分条件は，G_φ 上に増加道が存在しないことである．□

枝数最小の増加道を常に選択すれば，増加道法の繰り返しは $O(|V||E|)$ 回となる．枝数最小の複数本の増加道に沿って一度にフローを更新するディニツのアルゴリズムは $O(|V|^2|E|)$ 時間で最大流を求める．

増加道法は可能流を維持しながら，定理 2 の条件を満たすようにフローの更新を行っている．逆に定理 2 の条件を常に満たし，可能流の条件を

$$e_\varphi(v) \leqq 0, \quad v \in V \setminus \{s,t\}$$

と緩めたプリフローを維持しながら，可能流を求めるアルゴリズムにプリフロープッシュ法がある．プリフロープッシュ法ではプリフロー φ に対する G_φ の各枝 (v,w) で $d(v) \leqq d(w)+1$ を満たす距離ラベル $d : V \to \mathbf{R}$ を持つ．初期フローは s から出る各枝 e で $\varphi(e) := -u(e)$，対応する $\bar{e}$ で $\varphi(\bar{e}) := -u(e)$ とし，それ以外の枝 e では $\varphi(e) := 0$ とする．また，初期距離ラベルは $d(s) := |V|$ とし，s 以外の頂点 v では $d(v) := 0$ とする．そして，$e_\varphi(v) < 0$ である頂点 $\hat{v}$ に対して，$\hat{v}$ から出る枝 $(\hat{v},w)$ で $d(\hat{v}) = d(w)+1$ を満たす枝 $\hat{e}$ が存在するときはプッシュ操作を，そうでないときは再ラベル操作を繰り返す．

    プッシュ操作 $\varphi(\hat{e})$ を $\min\{u_\varphi(\hat{e}), |e_\varphi(\hat{v})|\}$ 増加させ，対応する $\bar{e}$ のフローを減少させる．
    再ラベル操作 $d(\hat{v})$ を $\min\{d(w)+1 \mid (v,w) \in E\}$ に更新する．

プリフロープッシュ法は，部分的な情報のみでフローや距離ラベルの更新を行える特徴があり，頂点 $\hat{v}$ の選び方により高速なアルゴリズムとなる．

最大流問題の双対概念として，s-t カットがある．$X \subseteq V$ に対して，$s \in X$ かつ $t \in V \setminus X$ のとき，X から出る枝集合 $\Delta(X, V \setminus X) = \{(v,w) \in E \mid v \in X, w \in V \setminus X\}$ を s-t カットという．また，$u(X, V \setminus X) = \sum\{u(e) \mid e \in \Delta(X, V \setminus V)\}$ をカット容量という．任意のフロー φ と任意の s-t カット $\Delta(X, V \setminus X)$ に対して，
$$f(\varphi) = \sum_{v \in X} e_\varphi(v) = \sum\{\varphi(e) \mid e \in \Delta(X, V \setminus X)\}$$
$$\leqq u(X, V \setminus X) \tag{3}$$

が成り立つ．最大流 φ^* に対して，G_{φ^*} 上で s から到達可能な頂点の集合を X とすると，$t \notin X$ なので，$\Delta(X, V \setminus X)$ は s-t カットになる．さらに，$e \in \Delta(X, V \setminus X)$ ならば $u_{\varphi^*}(e) = u(e) - \varphi^*(e) = 0$ なので，式 (3) とあわせて $f(\varphi^*) = u(X, V \setminus X)$ を得る．つまり，$\Delta(X, V \setminus X)$ は s-t カットの中で容量が最小である最小カットとなる．

定理 3 （フォード–ファルカーソンの最大流最小カット定理） 最大流 φ^* と最小カット $\Delta(X^*, V \setminus X^*)$ では，$f(\varphi^*) = u(X^*, V \setminus X^*)$ が成り立つ．□

4. その他のネットワークフロー問題

各枝 e のフローが一定割合 $\gamma(e)$ で変化するフローモデルは利得付きフロー，あるいは，一般化フローと呼ばれる．このとき式 (1) は

$$\varphi(e) = -\gamma(\bar{e})\varphi(\bar{e}), \quad e \in E$$

となる．ただし，$\gamma(e) = 1/\gamma(\bar{e})$ を満たす．

また，各枝 e にフローが流れるときに必要な時間 $\tau(e)$ が与えられているモデルもある．このモデルは動的フローと呼ばれ，時刻 t に枝 e に流入するフローを $\varphi(e,t)$ としたとき，式 (1) は

$$\varphi(e,t) = -\varphi(\bar{e}, t - \tau(\bar{e})), \quad e \in E$$

となる．ただし，$\tau(e) = -\tau(\bar{e})$ を満たす．

これらのフローモデル上でも最大流問題や最小費用流問題が扱われている． ［繁野麻衣子］

参 考 文 献

[1] R.K. Ahuja, T.L. Magnanti, J.B. Orlin, *Network Flows: Theory, Algorithms, and Applications*, Prentice Hall, 1993.
[2] L.R. Ford Jr., D.R. Fulkerson, *Flows in Networks*, Princeton University Press, 1962.

多品種フロー

multicommodity flows

多品種フローとは，ネットワークフローモデルにおいて，流れるフローの種類を複数に拡張したものである．ここで異なる品種のフローの間には，混ざり合いや打ち消し合いが起きないとしてモデリングする．歴史的には，1939年にカントロビッチが鉄道網における車両のルーティングを例に導入したとされている．現代においても，通信ネットワーク上で複数のユーザーがデータをやり取りする状況を表現する基本的な数理モデルである．

1. 多品種フロー

$G = (V, E)$ を(有向)グラフ，$c : E \to \mathbf{R}_+$ を枝容量として，ネットワーク $(G = (V, E), c)$ を考える．ここでは，c は非負整数値であると仮定する．いま，k 個の頂点対の集合 (s_i, t_i) $(i = 1, 2, \ldots, k)$ が与えられている．頂点 $s_1, t_1, s_2, t_2, \ldots, s_k, t_k$ をターミナルと呼ぶ．s_i, t_j には同じものがあってもよいが，各 i について s_i と t_i は異なるものとする．多品種フローには，枝形式とパス形式の2つの定式化の仕方がある．枝形式の多品種フロー $f = \{\varphi_i\}_{i=1,\ldots,k}$ とは，(s_i, t_i)-フロー $\varphi_i : E \to \mathbf{R}_+$ の集まりであって，容量条件

$$\sum_{i=1}^{k} \varphi_i(e) \leqq c(e) \quad (e \in E)$$

を満たすものである．

次にパス形式の多品種フローを導入する．全ての (s_i, t_i)-パスの集合を $\mathcal{P}_i$ で表すこととし，パス形式の多品種フロー $f = (\mathcal{P}, \lambda)$ とは，パスの集合 $\mathcal{P} \subseteq \bigcup_{i=1}^{k} \mathcal{P}_i$ とその上の流量値関数 $\lambda : \mathcal{P} \to \mathbf{R}_+$ の対であって，容量条件

$$\sum_{P \in \mathcal{P}: e \in P} \lambda(P) \leqq c(e) \quad (e \in E)$$

を満たすものである．この2つの定義が等価であることは，フローのサイクル分解を用いて容易に示される．

多品種フロー f について，(s_i, t_i)-フローの総流量を f_i と書く．パス形式では $f_i = \sum_{P \in \mathcal{P} \cap \mathcal{P}_i} \lambda(P)$ である．正整数 K について，$K\varphi_i$ が整数値 $(i = 1, 2, \ldots, k)$，あるいは，$K\lambda$ が整数値関数であるとき，f は $1/K$-整数フローであるという．特に，$K = 1$ のときは整数フロー，$K = 2$ のときは半整数フローという．以下では多品種フローを単にフローということがある．

ここでは，多品種フロー問題で最も基本的な許容性問題と最大化問題を紹介する．どちらも(1品種)最大フロー問題の自然な拡張である．ここに述べるもの以外にも枝費用を考慮した最小費用型問題などの様々な問題クラスがある．

- **許容性問題**：各品種 i について，これだけ (s_i, t_i)-フローを流してほしいという非負整数要求流量 q_i が与えられている．許容なフロー f とは，各 i について (s_i, t_i)-フローの流量 f_i が q_i に等しいものである．許容性問題とは，許容なフローが存在するかを判定する(そして存在するなら求める)問題である．
- **最大化問題**：各品種 i について，(s_i, t_i)-フローの単位フロー当たりの価値 μ_i が与えられている．最大化問題とは，価値の総和 $\sum_{i=1}^{k} \mu_i f_i$ が最大となるフロー f を求める最適化問題である．

許容性問題は，線形不等式系の解の存在判定問題として定式化できる．よって，最大化問題を含む多くの多品種フロー問題は，線形計画問題として定式化できる．さらに枝形式の多品種フローの定義を用いると，入力の多項式サイズの線形計画問題として表現できるので，理論的には内点法などで多項式時間で解くことが可能である．この方法は，品種の数が多いとき記憶容量の点で実用的でないとされている．パス形式のフローによって指数サイズの線形計画として定式化し，列生成法を用いる単体法が実用的とされている．そのほかに，高速な完全多項式時間近似スキームも知られている[3, Section 19]．しかし，最大フロー問題に対する増加道アルゴリズムやプッシュ・リラベル法のような組合せ的多項式時間(厳密)解法は現在のところ知られていない．

2. フローとメトリック

ここでは理論的に重要な多品種フローとメトリックの双対性を説明する．V 上のメトリックとは，$V \times V$ 上の非負関数 d であって，$d(x, x) = 0$ $(\forall x \in V)$ と三角不等式 $d(x, z) \leqq d(x, y) + d(y, z)$ $(\forall x, y, z \in V)$ を満たすものである．次のメトリックを用いた許容性の必要十分条件は，最大フロー・最小カット定理の多品種フロー版とも見なせる．

定理 1 (翁長–角所 1971; 伊理 1971) 許容性問題について，以下は同値である．
1) 許容なフローが存在する．
2) V 上の任意のメトリック d に対して

$$\sum_{e=(x,y) \in E} c(e)d(x, y) \geqq \sum_{i=1}^{k} q_i d(s_i, t_i)$$

が成り立つ．

これは許容性問題をパス形式のフローで線形不等

式系の可解性問題にし，ファルカスの補題を適用すると得られる．最大化問題のほうも LP 双対問題がメトリックの最適化問題として定式化できる．この事実によって，多品種フローの理論において距離空間の幾何が重要な役割を果たすことになる[1]．

3. カット条件と半整数性

ここでは，特殊なクラスの許容性問題に成立する組合せ的可解性定理を紹介する．ネットワークは無向とする．頂点部分集合 X に対してカット $\delta(X)$ を X と $V \setminus X$ を結ぶ枝集合とする．$(X, V \setminus X)$ 間にフローを q 以上流すには，カット $\delta(X)$ の容量が q 以上なければならない．したがって，許容性の必要条件として

$$\forall X \subseteq V, \sum_{e \in \delta(X)} c(e) \geq \sum_{i:|\{s_i,t_i\} \cap X|=1} q_i$$

を得る．これをカット条件と呼ぶ．これは，定理 1 のメトリック条件においてカットメトリックという特殊なメトリックをとった場合に対応している．カット条件は，一般に十分条件ではない．しかし，最大フロー・最小カット定理により 1 品種 ($k=1$) の場合は十分条件でもあった．しかも，許容であれば，許容な整数フローが存在した．2 品種 ($k=2$) の場合も，これが部分的に成立する．

定理 2（Hu 1963） $k=2$ なら，カット条件が成り立つと許容な半整数フローが存在する．

また，3 品種以上では，一般に類似の定理は成立しない．特に，任意の正整数 K について，許容な $1/K$-整数フローが存在しないような許容 3 品種フロー問題の例が知られている．しかし，ネットワークに平面性といった位相的な条件を課すと，以下のようにカット条件による半整数可解性が成立することがある．

定理 3（Seymour 1981） G に対して，各ターミナル対に枝を与えて得られるグラフが平面的なら，カット条件が成り立つと許容な半整数フローが存在する．

定理 4（岡村–Seymour 1981） G は平面的であり，全てのターミナルが 1 つの面をなすサイクルの上にあるなら，カット条件が成り立つと許容な半整数フローが存在する．

これらのクラスにおいては，許容性問題に対する効率的な組合せ的多項式時間アルゴリズムが知られている．その他の半整数可解性定理は [2] や [4, Part VII] を参考にされたい．最大化問題においても μ_i が特殊な値をとるときは，組合せ的な最大最小型定理と最大フローの半整数性が成り立つことが知られ

ている．この方面は，近年の進展も含めて [1] を参照されたい．

4. 辺素・点素パス問題

グラフ $G=(V,E)$ とターミナル対の集合 (s_i, t_i) ($i=1,2,\ldots,k$) が与えられている．辺素パス問題とは，互いに枝を共有しないパス $P_1, P_2, \ldots, P_k$ であって各 P_i は (s_i, t_i)-パスとなるものが存在するかを判定する（そして存在するなら求める）問題である．点素パス問題とは，上記の「枝を共有しない」という条件を「頂点を共有しない」とした問題である．辺グラフを考えることで，辺素パス問題は点素パス問題に帰着する．また，辺素パス問題は，多品種フロー許容性問題において，枝とターミナル対を多重化することで，枝容量と要求量を 1 にし，さらにフローに整数性を課したものとも解釈できる．辺素・点素パス問題は NP 完全であることが知られており，これまでに様々な多項式時間可解な部分クラスが考察されてきた．例えば，定理 2, 3, 4 において，カット条件に加え，カット条件の右辺と左辺の差が偶数であるという条件（オイラー条件）が成り立つと，許容な整数フローが存在することが示されており，対応する辺素パス問題は多項式時間で解ける．

有向グラフの場合は，$k=2$ で既に辺素パス問題は NP 完全であるが，G が無向グラフで，k を定数としたとき，点素パス問題は多項式時間可解であることが知られている．

定理 5（Robertson–Seymour 1995） G が無向で k を固定すると，点素パス問題には多項式時間アルゴリズムが存在する．

これは，グラフ・マイナー理論の帰結として得られる深遠な結果である．詳しくは [2] を参考にされたい．

［平井広志］

参考文献

[1] 平井広志, 多品種フロー理論：フロー・メトリック双対性の最近の進展, RAMP シンポジウム予稿集 (2011).
[2] B. Korte, L. Lovász, H.J. Prömel, A. Schrijver (eds.), *Paths, Flows, and VLSI-Layout*, Springer, 1990.
[3] B. Korte, J. Vygen, *Combinatorial Optimization,* Springer, 2008.
[4] A. Schrijver, *Combinatorial Optimization,* Springer, 2003.

計算困難性 — NP困難・NP完全
computational intractability — NP-hard, NP-complete

実社会で現れる離散的な計算問題を解こうとする際，必ずNP困難（あるいはNP完全）と呼ばれる計算困難性に直面する．ここではこれらの概念を，例を交えて紹介する．

1. 計 算 問 題

計算問題（以降，単に問題と呼ぶ）とは，一般に無限個からなる問題例の集合 I と問題の解集合 S との関係 $P \subseteq I \times S$，すなわち，入力である問題例 $x \in I$ とそれに対する出力（解）$y \in S$ との組 (x, y) の集合のことをいう．また，問題 P を解くとは，入力としてどんな問題例 $x \in I$ が与えられても，$(x, y) \in P$ となる解 y を出力することをいう．例えば，充足可能性問題（SAT）は以下のように定義される．

入力：n 個の命題変数 $x_1, x_2, \ldots, x_n$ を持つ論理積形（CNF）φ

出力：n 個の命題変数への割り当てのうち，φ を充足するものが存在すればYES，存在しなければNO

ここで，各変数 x_j は 0 あるいは 1 のどちらかの値をとる．また，論理積形とは，

$$\varphi = (x_1 \lor x_2 \lor \overline{x}_3)(\overline{x}_1 \lor x_2 \lor \overline{x}_4)(x_2 \lor x_3 \lor x_4) \quad (1)$$

のように，いくつかの変数の肯定 x_j と否定 $\overline{x}_j$ の論理和である節の論理積となる．式 (1) の例では，φ は 3 つの節 $(x_1 \lor x_2 \lor \overline{x}_3)$, $(\overline{x}_1 \lor x_2 \lor \overline{x}_4)$, $(x_2 \lor x_3 \lor x_4)$ の論理積である．

この充足可能性問題では，$I = \{$論理積形 $\varphi\}$, $S = \{\text{YES}, \text{NO}\}$ となり，入力として式 (1) の論理積形 φ を考えると，割り当て $x_1 = x_2 = x_3 = x_4 = 1$ はこの φ を充足するので，この入力に対する出力はYESとなる．

このような入出力の組集合である問題 P において，特に解集合が $S = \{\text{YES}, \text{NO}\}$ となるとき，P は決定問題（あるいは判定問題）と呼ばれる．上記の充足可能性問題は決定問題である．

本項目では，今後，特に断りを入れない限り，問題は全て決定問題であるとする．

2. 計算複雑さのクラス：PとNP

計算複雑さの理論では，様々な計算量（時間量と領域量）を持つ問題のクラスが定義され，議論されている．本節では，その代表的な問題クラスであるPとNPを紹介する．

問題のクラスP (polynomial time（多項式時間）の略) とは，以下の条件を満たすアルゴリズムが存在する問題の族である．

どんな問題例 $x \in I$ に対しても，その長さ（入力長）の多項式時間で解を出力する．

ここで，「入力長 n の多項式時間で解を出力する」とは，2 つの定数 c と k に対して $c \cdot n^k$ 回以下の演算（四則演算，大小比較など）数で解を出力することを意味する．今後上記のようなアルゴリズムを単に，多項式時間アルゴリズムと呼ぶ．

n の多項式は，n の増加に伴って比較的緩やかに増加するため，計算量理論の分野では，クラスPは効率的に解ける問題のクラスとも呼ばれる．もちろん，応用分野，例えばギガ，テラというサイズの問題を扱うゲノムなどの分野では，$n \cdot \text{polylog}(n)$ 時間で解くことが望まれている．ただし，$\text{polylog}(n)$ とは n の対数多項式 ($\log n$ の定数乗) のことである．

これに対してクラスNP (nondeterministic polynomial time（非決定性多項式時間）の略) とは，非決定性計算モデルにおいて多項式時間で解ける問題の族である．先ほどのクラスPにおいては，通常の計算モデル（決定性 (deterministic) 計算モデルと呼ばれる）において多項式時間で解ける問題のクラスであったことに注意されたい．ここでは，非決定性計算モデルを紹介せずに，検証可能性という概念を用いてクラスNPの定義を与える．

クラスNPとは，以下の条件を満たす検証アルゴリズム M が存在する問題の族である．

どんなYESを与える問題例 $x \in I$ に対しても，その長さの多項式サイズの証拠 e が存在し，x と e を入力とする M を用いて，x の解がYESであることを入力長の多項式時間で検証できる．

まず，決定問題を扱っているので，解はYESかNOかのいずれかであるが，このNPの定義においては，YESを与える問題例についてのみ考える．通常，問題を解くときは，問題例 $x \in I$ だけを与えて解こうとする．しかし，この定義においては，ヒント（証拠）e が存在して，そのヒントを利用することで，x の解が本当にYESであることを検証しようとするものである．ここで，効率性のために 2 つの多項式が定義に現れる．

1. ヒントが入力長の多項式サイズである．
2. 検証するする時間が入力長の多項式である．

直感的には，クラスNPは，YESの場合には，短い証拠があって，それを使うと簡単にYESだとわかる問題のクラスである．

例として充足可能性問題を考えよう．この問題は

多項式時間で解けるかどうかはよくわからない，しかし，NP に属することはすぐにわかる．なぜならば，ヒント（証拠）として，入力例を充足させる変数割り当てを用いる（式 (1) の論理積形 φ に対して，$x_1 = x_2 = x_3 = x_4 = 1$ をヒントとする）と，NP の定義の条件を満たすからである．

この NP の定義で YES を NO に置き換えた問題のクラスは co-NP と呼ばれる．充足可能性問題において，NO を与える論理積形 φ を考えよう．この NO という事実を簡単に説明できるであろうか？ もちろん，NO ということはどんな変数割り当てに対しても φ が充足されないことを意味するので，全ての割り当てを調べてやればよいのであるが，そのサイズは 2^n 通りあり，入力長の多項式ではない．このように本質的に 2^n 通り全て調べることなく，充足不可能であることを説明することは容易ではなく，充足可能性問題が co-NP に含まれるかどうかは明らかではない．一方，P に属する問題は，ヒントなしに YES であるか，あるいは NO であるかを多項式時間で検証できるため，次の定理を得る．

定理 1 P $\subseteq$ NP $\cap$ co-NP．

3. NP 困難性と NP 完全性

問題 A と問題 B が与えられたときにどちらが計算時間の意味で難しいか，あるいは簡単かを知りたいときは，どのようにすればよいだろうか？ 前節で話が出たように，多項式時間は効率的で，ある意味無視できるとすると，次のように多項式時間で帰着可能であるとき，問題 B は問題 A 以上に難しいと見なす．

> 問題 B の多項式時間アルゴリズム（存在すると仮定して）をサブルーチンとして利用した，問題 A の多項式時間アルゴリズムが存在するとき，問題 A は問題 B に多項式時間で帰着可能であるといい，$A \leqq_P B$ と記す．

定義から，もし問題 B が多項式時間で解ければ，問題 A も多項式時間で解けることを意味する．

この帰着可能性を用いて，NP 困難性や完全性を定義する．NP に属するどんな問題も問題 A に多項式時間で帰着可能であるとき，問題 A を NP 困難と呼ぶ．また，NP に属し，かつ NP 困難である問題を NP 完全問題と呼ぶ．この定義から NP 困難あるいは NP 完全問題が存在することは明らかではないが，もしそのような問題が存在したとすると，定義から，その問題に対する多項式時間アルゴリズムが，NP に属する（任意の）問題の多項式時間アルゴリズムを意味することが容易にわかる．NP 完全問題の存在性に対しては，次の有名な定理がある．

定理 2（Cook–Levin 定理） 充足可能性問題は NP 完全である．

この定義から，充足可能性問題に対する多項式時間アルゴリズム開発が非常に重要であることがわかる．充足可能性問題は非常にわかりやすい問題であり，多項式時間可解性の解析は比較的容易なように一見思われるが，現在まで，そのようなアルゴリズムの存在性あるいは非存在性は知られておらず，数学あるいは計算科学分野の重要な未解決問題となっている[3]．ただ，NP 困難な問題は実社会で非常に頻繁に登場する．そのため，計算時間は多少必要になるが正確な答えを求める研究，あるいは，近似アルゴリズムの研究 [2] などが盛んに行われている．また，計算量理論の観点からは，対話型証明系 PCP (probabilistically checkable proof) を用いて特徴付けられることも知られている[1]．

本項目では問題を決定問題に限定したが，クラス P や NP 困難性（帰着可能性として，Karp-帰着ではなく，それよりも弱い Turing-帰着を用いたため）の概念は，それ以外の探索問題や最適化問題にも適用可能である．

本項目を読んで興味を持った読者には，[2],[4],[5] を読まれることをお薦めしたい． ［牧野和久］

参 考 文 献

[1] S. Arora, S. Safra, Probabilistic checking of proofs: A new characterization of NP, *Journal of the ACM*, 45 (1998), 70–122.
[2] G. Ausiello, P. Crescenzi, G. Gambosi, V. Kann, A. Marchetti-Spaccamela, M. Protasi, *Complexity and Approximation*, Springer, 1999.
[3] P vs NP Problem (http://www.claymath.org/millennium/P_vs_NP/).
[4] M.R. Garey, D.S. Johnson, *Computers and Intractability*, Freeman, 1979.
[5] 茨木俊秀, アルゴリズムとデータ構造, 昭晃堂, 1989.

単体的複体

simplicial complex

1. 基本的な定義

単体的複体（simplicial complex）は幾何学および組合せ論における基礎的な概念の1つである．幾何学的対象としては，ユークリッド空間中の単体の集合 Γ で，次の3条件を満たすものとして定義される．

(i) 単体 σ が Γ の要素であれば，その面も全て Γ の要素である，

(ii) Γ の2つの単体 σ, τ について，$\sigma \cap \tau$ は σ および τ 両者の面になっている，

(iii) 各頂点を共有する単体は高々有限個である．

ここで，空集合は -1 次元の単体として Γ の要素の1つとして扱っていることに注意する．組合せ論の文脈においては通常，単体の個数は有限個であることを仮定するため，条件 (iii) は必要ないことが多い．本項目でも，以下，有限性を仮定する．

単体的複体 Γ の要素である各単体を Γ の面（face）という．0次元の面は頂点（vertex），1次元の面は辺（edge），また，包含関係で極大な面はファセット（facet）と呼ばれる．ファセットの次元の最大値が単体的複体の次元である．

組合せ論的対象としては，有限集合 V 上で部分集合に閉じた集合族 $\mathcal{F}$，すなわち $Y \subseteq X \in \mathcal{F} \Rightarrow Y \in \mathcal{F}$ を満たすものを単体的複体と呼ぶ．区別する際は，上述のように幾何学的に定義したものを幾何学的単体的複体，集合族として定義したものを抽象的単体的複体，のように呼ぶ．幾何学的単体的複体同様，$\mathcal{F}$ の各集合を面と呼び，要素数1の面を頂点，要素数2の面を辺，また，包含関係で極大な面をファセットと呼ぶ．ファセットの要素数の最大値から1減じた値が単体的複体の次元である．

幾何学的単体的複体と抽象的単体的複体は等価である．すなわち，幾何学的単体的複体 Γ に対し，

$$\mathcal{F} = \{\sigma \text{ の頂点集合} : \sigma \in \Gamma\}$$

が抽象的単体的複体となり，逆に，抽象的単体的複体 $\mathcal{F}$ が与えられると，上式を満たすような幾何学的単体的複体 Γ を常に与えることができる（d 次元の単体的複体は $2d+1$ 次元空間内に必ず実現できる）．この対応により，頂点，辺，ファセット，次元などの各用語もそのまま対応することが簡単に確認できる．このため，多くの場合，特にどちらを指すかを特定せずに「単体的複体」という用語を用いても構わない．

単体的複体の面全体に包含関係で半順序を入れたものは面ポセット（face poset）と呼ばれる．単体的複体の面ポセットに最大元を付け加えると束になり，これを面束（face lattice）という．面ポセットまたは面束は単体的複体の組合せ的構造を一意に定める．

ファセットが全て同じ次元であるような単体的複体は純（pure）であるという．純な単体的複体の面束は階層的（graded）である．

2. 単体的複体の例

単体的複体（特に，抽象的単体的複体としての記述）は組合せ論の種々の場面で遭遇する．

グラフは1次元の単体的複体である．また，グラフのクリーク全体も単体的複体となり，クリーク複体（clique complex），または旗複体（flag complex）と呼ばれる．旗複体は面をなさない極小な頂点集合のサイズが全て2という性質で特徴付けられる．

マトロイドの独立集合族も単体的複体の例であり，マトロイド複体（matroid complex）と呼ばれる．マトロイド複体は，任意の頂点集合への制限が純であるという性質で特徴付けられる [1, Ex.7.4]．

ポセットにおいて，鎖の全体は単体的複体である．これは順序複体（order complex）と呼ばれる．単体的複体 Γ の面ポセット $P(\Gamma)$ から最小元である空集合を除いたポセットの順序複体 $\Delta(P(\Gamma) \setminus \{\emptyset\})$ は Γ の重心細分であり，Γ と同じトポロジーを持つ．

単体的凸多面体の境界は（幾何学的）単体的複体であり，これも組合せ論で扱われる対象である．単体的凸多面体の境界複体は，球面の三角形分割の特殊ケースである．

3. シェラビリティー

単体的複体 Γ のファセット全体の列 $\sigma_1, \sigma_2, \ldots, \sigma_t$ において，各 $j \geq 2$ に対して $(\cup_{i=1}^{j-1} \overline{\sigma_i}) \cap \overline{\sigma_j}$ が $\dim \sigma_j - 1$ 次元で純であるとき，この列をシェリング（shelling）といい，シェリングを持つ単体的複体はシェラブル（shellable）であるという．ただし，$\overline{\sigma}$ は単体 σ とその面全てからなる集合である（初期には，シェラビリティーは複体自身が純である場合にのみ定義されていたが，ビョルナー（A. Björner）とワックス（M. Wachs）の提案 [3] 以降，純でない場合にも適用できる上記の定義が使われるようになった．さらに，正則セル複体に適用する拡張については [3, Sec. 13] などを参照のこと）．

単体的複体 Γ とその面 τ に対して，$\mathrm{link}_\Gamma(\tau) = \{\eta \in \Gamma : \tau \cup \eta \in \Gamma, \tau \cap \eta = \emptyset\}$ をリンク（link）という．純でシェラブルな複体 Γ においては，$\tilde{H}_i(\mathrm{link}_\Gamma(\tau)) = 0$ が任意の $\tau \in \Gamma$ および $i <$

$\dim \operatorname{link}_\Gamma(\tau)$ に対して成り立つ．ここで，$\tilde{H}$ は (体 K 上の) 被約ホモロジー群である．この性質を満たす単体的複体は (K 上) コーエン–マコーレー (Cohen–Macaulay) であるという．より強く，ホモロジー群をホモトピー群に置き換えたホモトピーコーエン–マコーレー (homotopy Cohen–Macaulay) と呼ばれる性質も満たし，

純でシェラブル $\Rightarrow$ ホモトピーコーエン–マコーレー
$\Rightarrow$ コーエン–マコーレー

という系列が成り立つ．((ホモトピー) コーエン–マコーレーな単体的複体は純であることに注意.)

純でない単体的複体についても同様の系列があるが，これを理解する1つの手段として，純骨格 (pure skeleton) の概念を用いる方法がある．単体的複体 Γ の k 次元純骨格は，Γ の k 次元の面とその面からなる (純な) 部分複体 $\operatorname{pure}_k(\Gamma) = \{\eta \in \Gamma : \eta \subseteq {}^\exists \tau \in \Gamma, \dim \tau = k\}$ である．任意の k について $\operatorname{pure}_k(\Gamma)$ がコーエン–マコーレーであるとき，Γ は順次コーエン–マコーレー (sequentially Cohen–Macaulay) であるという．ホモトピー版についても同様である (詳細および等価な別の定義については [4] などを参照)．シェラブルな複体の純骨格はシェラブルである [3, Th. 2.9] ことから，上述の系列はこれらの性質に置き換えることでそのまま成り立つ．これらの性質に関連するその他の諸性質，およびそれらの関係については [2, Sec. 3.6] などを参照されたい．

1 次元の単体的複体については，孤立点を除いて連結であることとシェラブルであることは等価である．2 次元以上については，一般にはシェラビリティーの特徴付けは知られておらず，判定問題の計算量も未解決である．シェラブルな単体的複体のクラスは種々知られている．例えば，単体的凸多面体やマトロイド複体はシェラブルである．マトロイド複体は，頂点集合上の任意の全順序に対し，誘導される辞書式順序がシェリングになる．また，この性質はマトロイド複体の特徴付けを与える [1, Sec. 7.3]．

4. 単体的複体と可換環論

頂点集合 $\{v_1, v_2, \ldots, v_n\}$ 上の単体的複体 Γ に対し，体 K 上で $x_1, x_2, \ldots, x_n$ を変数とする多項式環 $K[x_1, x_2, \ldots, x_n]$ を考える．$I_\Gamma = \langle x_{i_1} x_{i_2} \cdots x_{i_k} : \{v_{i_1}, v_{i_2}, \ldots, v_{i_k}\} \notin \Gamma\rangle$ を Γ のスタンレー–ライスナーイデアル (Stanley–Reisner ideal)，$K[\Gamma] = K[x_1, x_2, \ldots, x_n]/I_\Gamma$ をスタンレー–ライスナー環 (Stanley–Reisner ring) という．単体的複体 Γ とそのスタンレー–ライスナー環の関係は，環論および組合せ論の研究対象である．前述のコーエン–マコーレーという用語ももともとは環論のもので，前述の定義は $K[\Gamma]$ がコーエン–マコーレー環となる必要十分条件である ([5, II. Cor. 4.2] ほか参照)．

5. f-列とh-列

単体的複体 Γ の i 次元の面の数を f_i とし，これを並べた $f(\Gamma) = (f_{-1}, f_0, f_1, \ldots, f_{d-1})$ を Γ の f-列 (f-vector) という (ここでは $\dim \Gamma = d-1$ としている)．この f-列を知ることが，種々の場面において組合せ論の重要な問題となってきた．f-列に対し，

$$f(x) = f_{d-1} + f_{d-2}x + \cdots + f_0 x^{d-1} + f_{-1} x^d$$

を f-多項式 (f-polynomial) といい，

$$h(x) = f(x-1) = h_d + h_{d-1}x + \cdots + h_1 x^{d-1} + h_0 x^d$$

で定義される多項式を h-多項式 (h-polynomial)，係数の列 $h(\Gamma) = (h_0, h_1, \ldots, h_d)$ を h-列 (h-vector) という．f-列と h-列の両者は

$$f_{k-1} = \sum_{i=0}^{k} \binom{d-i}{k-i} h_i, \quad h_k = \sum_{i=0}^{k} (-1)^{k-i} \binom{d-i}{d-k} f_{i-1}$$

のように互いに変換することができ，情報としては等価である．前述のスタンレー–ライスナー環を経た議論により，コーエン–マコーレーな単体的複体においては $h_i \geq 0$ が各 i について成り立つことが示される．さらに，h-列の各係数間の不等式も与えられている ([5, II. Cor.3.2] ほか参照)．

単体的複体 Γ が $\dot\cup [\tau_\sigma, \sigma]$ (σ は Γ のファセットで $[\tau, \sigma] = \{\eta \in \Gamma : \tau \subseteq \eta \subseteq \sigma\}$) の形に分割できるとき，$\Gamma$ は分割可能であるという．シェラブルな単体的複体は分割可能である．純で分割可能な単体的複体においては $h_k = \#\{\sigma : \dim \tau_\sigma + 1 = k\}$ となり，h-列の非負性が与えられる．コーエン–マコーレーな単体的複体は分割可能であることが予想されているが，未解決である [5, Sec. III.2]． ［八森正泰］

参考文献

[1] A. Björner, The homology and shellability of matroids and geometric lattices, in N. White (ed.), *Matroid Applications*, pp.226–283, Cambridge, 1992.

[2] J. Jonsson, *Simplicial complexes of graphs*, Springer Verlag, 2008.

[3] A. Björner, M. Wachs, Shellable nonpure complexes and posets. I & II, *Trans. Amer. Math. Soc.*, **348** (1996), 1299–1327, **349** (1997), 3945–3975.

[4] A. Björner, M. Wachs, V. Welker, On sequentially Cohen–Macaulay complexes and posets, *Israel J. Math.*, **169** (2009), 295–316.

[5] R.P. Stanley, *Combinatorics and Commutative Algebra*, Second Edition, Birkhäuser, 1996.

組合せ剛性理論

combinatorial rigidity theory

ある指定された次元の空間内に埋め込まれたグラフの各頂点をジョイント，各辺を棒材と見なすことで，グラフの剛性を定義することができる．ここでは代数的性質である剛性の組合せ的・離散的特徴付けについて解説を行う．

1. グラフの剛性

1.1 剛性

グラフ $G=(V,E)$ と埋め込み $p:V \to \mathbb{R}^d$ のペア (G,p) をフレームワーク（(bar-joint) framework）と呼ぶ．埋め込み $p:V \to \mathbb{R}^d$ はジョイント配置と呼ばれ，しばしば $\mathbb{R}^{d|V|}$ 内の点と同一視される．議論を簡潔にするために，ここではどの $d+1$ 点もアフィン独立な縮退していないジョイント配置のみを考える．

辺長制約下での各ジョイント $p(v)$ の連続的移動をフレームワークの動き（motion）といい，特に合同なフレームワークへの動きを自明な動きという．自明な動きのみが可能なフレームワークを剛（rigid）と定め，剛でないフレームワークを柔（flexible）と呼ぶ（図1）．

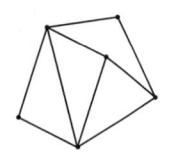

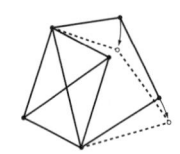

図1 平面上で剛なフレームワーク（左）と柔なフレームワーク（右）

形式的には，フレームワークの剛性は以下のように定義される．フレームワーク (G,p) と (G,q) に対し，
$$\|p(u)-p(v)\|_2 = \|q(u)-q(v)\|_2, \quad \forall uv \in E \quad (1)$$
ならば (G,p) と (G,q) が同値であると定め，この2次制約式が辺の両端点だけでなく全ての頂点対に対して成立するとき，(G,p) と (G,q) は合同である．フレームワーク (G,p) が剛であるとは，ある $\varepsilon>0$ が存在して，任意の $q \in N_\varepsilon(p)$ において (G,p) と同値なフレームワーク (G,q) が全て (G,p) と合同になることである．ここで $N_\varepsilon(p)$ は $\mathbb{R}^{d|V|}$ 内での p の ε-近傍を表す．

1.2 無限小剛性

剛性を判定する問題は一般に困難であることが知られている．そのため，剛性を1次近似した無限小剛性（infinitesimal rigidity）の概念が有用となる．式 (1) を p に対して微分し，$\dot{p}$ に対する線形方程式系
$$\langle p(u)-p(v), \dot{p}(u)-\dot{p}(v) \rangle = 0, \quad \forall uv \in E \quad (2)$$
を得る．この解 $\dot{p}:V \to \mathbb{R}^d$ を (G,p) の無限小動き（infinitesimal motion）と呼ぶ．

フレームワークの動きと同様に，無限小動きも自明なものと非自明なものに分けられる．無限小動き $\dot{p}:V \to \mathbb{R}^d$ がある歪対称行列 S と $t \in \mathbb{R}^d$ を用いて，$\dot{p}(v)=Sp(v)+t$ $(v \in V)$ と表現できるとき，$\dot{p}$ は自明な無限小動きと呼ばれる．例えば2次元の場合，x 軸方向，y 軸方向への平行移動および原点周りの回転ベクトル場の線形結合が自明な無限小動きに対応する．特に，無限小動きの集合は $\binom{d+1}{2}$ 次元線形空間を形成している．可能な無限小動きが全て自明なフレームワークを無限小剛（infinitesimally rigid）なフレームワークと定める．

線形方程式系 (2) を変数 $\dot{p}$ に対して行列表現して得られる $|E| \times d|V|$ 行列は剛性行列（rigidity matrix）と呼ばれ，その性質は剛性理論における主要な研究対象である．以降，剛性行列を $R(G,p)$ と記す．どのようなフレームワークに関しても自明な無限小動きの集合の次元は $\binom{d+1}{2}$ であることから，$\dim \ker R(G,p) \geq \binom{d+1}{2}$．よって，$\mathrm{rank}\, R(G,p) \leq d|V|-\binom{d+1}{2}$ であり，(G,p) が無限小剛であるためには，$\mathrm{rank}\, R(G,p) = d|V|-\binom{d+1}{2}$ が必要十分条件となる．

1.3 一般剛性

無限小剛性と剛性は一般に異なる性質である．しかしながら，p が一般的（generic）である場合は2つの性質が一致することが知られている．ここで p が一般的とは，各ジョイント間に代数的な依存関係がない状態，つまりジョイント座標値の集合が有理数体上で代数的に独立である場合を指す．

定理1（Asimov–Roth） p が一般的なとき，(G,p) が剛である必要十分条件は $\mathrm{rank}\, R(G,p) = d|V|-\binom{d+1}{2}$．つまり，$(G,p)$ が剛であることと (G,p) が無限小剛なことは同値である．

また $R(G,p)$ の小行列式はジョイント座標値の多項式であることから，p が一般的ならば $\mathrm{rank}\, R(G,p) = \max\{\mathrm{rank}\, R(G,q) \mid q:V \to \mathbb{R}^d\}$．特に，一般的配置ならば剛性行列の階数は p によらず一定である．一般的配置を仮定した際のフレームワークの剛性は一般剛性（generic rigidity）と呼ばれ，その性質は G のみに依存する．よって，ほとんど全てのジョイント配置は一般的であることから，一般剛性をグラフの剛性として定義しようというのが Asimov–

Roth のアイデアである．つまり，一般的 p において (G,p) が剛となるグラフ G を剛なグラフと定める．定理 1 より，G が剛である必要十分条件は，p の各座標を文字と見なした場合の剛性行列の階数が $d|V| - \binom{d+1}{2}$ となることである．

剛性行列 $R(G,p)$ の各行は辺に対応していることから，剛性行列の行ベクトルマトロイドを考えることによって E 上のマトロイドが定まる．これを d 次元剛性マトロイド (rigidity matroid) という．特に p が一般的である場合は d 次元一般剛性マトロイド (generic rigidity matroid) と呼ばれ，これはグラフによって定まる辺集合上の線形マトロイドである．

2. 組合せ的特徴付け

2.1 マックスウェルの条件

フレームワーク (G,p) が無限小剛であるためには，$|E| \geqq d|V| - \binom{d+1}{2}$ が必要である．この組合せ的条件は，構造力学や機械工学分野においてマックスウェルの条件として知られている．この条件は次の直感的観察によって得られる．例えば 2 次元空間において各点は 2 自由度を有し，各剛体は 3 自由度を有する．よって（辺がない状態での）ジョイントの総自由度は $2|V|$ であり，剛なフレームワークは（自明な動きに対応する）3 自由度を有する．各辺は自由度を高々 1 つ取り除くことから，$|E| \geqq 2|V| - 3$ が必要である．

しかしながら，図 1 に示した通り，必ずしも全ての辺が自由度を取り除くとは限らない．特に，どのような d 点以上のフレームワークも $\binom{d+1}{2}$ 自由度を有することから，$|V'| \geqq d$ かつ $|E'| > d|V'| - \binom{d+1}{2}$ を満たす部分グラフ $G' = (V',E')$ が存在するならば，それに対応する部分フレームワークは制約過多となり，冗長な拘束が存在する．ここから以下の条件を得る：

定理 2（マックスウェルの条件） d 点以上のフレームワーク (G,p) が極小に無限小剛ならば，$G = (V,E)$ は以下の計数条件を満たす：$|E| = d|V| - \binom{d+1}{2}$ かつ任意の $|V(F)| \geqq d$ なる $F \subseteq E$ に対し，$|F| \leqq d|V(F)| - \binom{d+1}{2}$．ここで $V(F)$ は辺集合 F 内の辺の端点集合を表す．

この条件も剛性理論においてはマックスウェルの条件と呼ばれている．定理 2 の条件はグラフ $G = (V,E)$ が極小に剛であるために必要である．

2.2 Laman の定理

マックスウェルの条件は極小無限小剛性の組合せ的な必要条件であるが，無限小剛性はジョイントの配置に依存しているために，マックスウェルの条件は一般に十分ではない．しかしながら，ジョイント配置が一般的ならば剛性・無限小剛性ともにグラフの性質であり，組合せ的特徴付けが期待できる．実際，1 次元剛性の場合，フレームワーク (G,p) が剛であるための必要十分条件は G が連結であることであり，この特徴付けは組合せ的である．2 次元剛性の場合，実はマックスウェルの条件がグラフの剛性を特徴付けるというのが Laman の定理である．

定理 3（Laman の定理） グラフ $G = (V,E)$ が極小に剛であるための必要十分条件は，G が以下の計数条件を満たすことである：$|E| = 2|V| - 3$ かつ非空な任意の $F \subseteq E$ に対し，$|F| \leqq 2|V(F)| - 3$．

グラフ $G = (V,E)$ に対し，E 上の集合関数 $f : 2^E \to \mathbb{Z}$ を $f(F) = 2|V(F)| - 3$ $(F \subseteq E)$ と定める．すると f は単調劣モジュラ関数であることが確認できる．Laman の定理より，2 次元一般剛性マトロイドにおいて E が独立であるための必要十分条件は，非空な任意の $F \subseteq E$ に対して $|F| \leqq f(F)$ が成り立つこととなり，2 次元一般剛性マトロイドが f によって誘導される組合せ的マトロイドと等しいことがわかる．

3 次元剛性の場合，マックスウェルの条件は一般には十分ではない．図 2 にダブルバナナフレームワークと呼ばれる，マックスウェルの条件を満たすが一般的に柔なフレームワークの例を示す．実際，グラフの 3 次元剛性を組合せ的に特徴付ける問題は，この分野における最も重要な未解決問題であり，3 次元一般剛性マトロイドの独立性が決定的に多項式時間で判定可能であるかもまた未解決である．

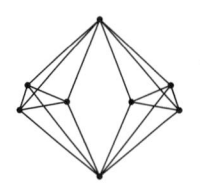

図 2 ダブルバナナフレームワーク

組合せ剛性理論に関するより詳細な解説書として [1],[2] を挙げておく． ［谷川眞一］

参 考 文 献

[1] J.E. Graver, B. Servatius, H. Servatius, *Combinatorial rigidity* (Graduate Studies in Mathematics, Vol 2), American Mathematical Society, 1993.

[2] W. Whiteley, Some matroids from discrete applied geometry, *Contemporary Mathematics*, **197** (1996), 171–312.

最 適 化

線形計画と凸計画　312
非線形計画法　316
整数計画　320
最適化モデリング　324

線形計画と凸計画

linear programming and convex programming

1. 線形計画

線形計画問題 (linear programming problem) とは，線形等式制約と線形不等式制約のもとで線形関数を最大化または最小化する問題である．線形計画問題は最も基本的な数理計画問題として，広範な分野で活用されている．線形計画問題の数学的理論，アルゴリズム，応用を総称して線形計画（法）(linear programming) と呼ぶ．線形計画は，連続的最適化・離散的最適化のための数学的理論やアルゴリズムの土台となっている．解法としては単体法と内点法が知られており，現在では 100 万変数程度の問題がパソコンで楽に解ける．線形計画は単体法の発明者であるダンツィッグ (Dantzig) により，1947 年に創始された．

線形等式・線形不等式系の解集合を多面体 (polyhedron) という．線形計画問題は多面体上での線形関数の最適化問題である．次の形の線形計画問題を標準形と呼ぶ．

$$\text{最小化}: c^T x \quad \text{条件}: Ax = b, \ x \geq 0 \quad (1)$$

ただし，$A \in \mathbb{R}^{m \times n}$, $b \in \mathbb{R}^m$, $c \in \mathbb{R}^n$ である．任意の線形計画問題は標準形に変換可能である．

任意の線形計画問題に対して，その問題のデータから双対問題 (dual problem) と言われるもう 1 つの線形計画問題を作ることができる．標準形線形計画問題の双対問題は

$$\text{最大化}: b^T y \quad \text{条件}: s = c - A^T y \geq 0 \quad (2)$$

である．この形の問題を双対標準形と呼ぶ．双対問題に対して元の問題を主問題 (primal problem) と呼ぶ．双対問題の双対問題は主問題となる．線形計画の理論やアルゴリズムの記述には標準形や双対標準形を用いるのが普通である．

問題 (1) や (2) において，問題の条件を満たす x や (y, s) を，各々の問題の実行可能解 (feasible solution) あるいは許容解と呼ぶ．また，最適値を実際に達成する x や (y, s) を，各々の問題の最適解 (optimal solution) と呼ぶ．実行可能解の集合を実行可能領域 (feasible region) あるいは許容領域と呼ぶ．一般の線形計画問題についても同様の用語が用いられる．

以下，線形計画問題 (1),(2) の最適値を，各々 θ_P, θ_D と記す．(1),(2) に実行可能解が存在しないときには，各々 $\theta_P = \infty$, $\theta_D = -\infty$ とし，実行可能領域上で (1) の目的関数が下に有界でない場合は $\theta_P = -\infty$，(2) の目的関数が上に有界でない場合は $\theta_D = \infty$ と定める．

問題 (1) と (2) の間には以下の定理が成り立つ．

定理 1（双対定理; duality theorem） 両方の問題に実行可能解が存在しない場合，すなわち，$\theta_P = \infty$ かつ $\theta_D = -\infty$ である場合を除き，$\theta_P = \theta_D$ が成立する．θ_P が有界ならば (1) および (2) に最適解が存在する．

以下，A の行ベクトルは 1 次独立とする．A の 1 次独立な列を m 本選んできて行列 B とし，方程式 $Bu = b$ を考え，その解を $\hat{u}$ とする．方程式 $Ax = b$ で，x の中で $\hat{u}$ に対応する要素 x_B については $x_B = \hat{u}$ とおき，残りの要素を 0 をおくと，$Ax = b$ を満たす．これを $Ax = b$ の基底解 (basic solution) と呼ぶ．ここで，x_B を基底変数 (basic variable)，残りの変数を非基底変数 (nonbasic variable) と呼び，x_N と記す．ここでもし $x \geq 0$ ならば，x は (1) の実行可能解となる．このとき x を実行可能基底解と呼ぶ．実行可能基底解は，実行可能領域の多面体の頂点である．次の定理が成り立つ．

定理 2 問題 (1) が最適解を持つならば，その中に必ず実行可能基底解であるものが存在する．

これは線形計画問題の著しい特徴である．3.1 項で説明する単体法は，多面体の隣接する頂点を辿って最適解へ至る解法である．

次の性質は，もう 1 つの主要解法である内点法で重要な役割を果たす．

定理 3 線形計画問題 (1),(2) の実行可能解 x と (y, s) が各々の問題の最適解であるための必要十分条件は，次を満たすことである．

$$x_j s_j = 0 \quad (j = 1, \ldots, n) \quad (3)$$

さらに，全ての $j = 1, \ldots, n$ に対し

$$x_j \text{ と } s_j \text{ のどちらか一方は正} \quad (4)$$

を満たす最適解の組が必ず存在する．

条件 (3) を相補性条件 (complementarity condition)，(3) と (4) を強相補性条件という．

2. 線形計画問題の例

有向グラフ $G = (V, E)$ と各枝 $(i, j) \in E$ に対する長さ $c_{ij} > 0$ が与えられたとする．ノード $s \in V$ から $t \in V$ への最短経路を求める問題（最短路問題）は，s から t へ 1 単位のフローを流す問題として，線形制約

$$\sum_{(s,i) \in E} x_{si} = 1, \quad -\sum_{(i,t) \in E} x_{it} = -1,$$

$$\sum_{(i,j) \in E} x_{ij} - \sum_{(k,i) \in E} x_{ki} = 0 \quad (i \neq s, t)$$

$$x_{ij} \geq 0 \quad ((i,j) \in E)$$

のもとで線形関数
$$\sum_{(i,j)\in E} c_{ij} x_{ij}$$
を最小化する線形計画問題として定式化できる．定理2は最適解の中にどの枝のフロー量も0か1であるものが存在することを示している．

双対問題は，線形等式・不等式制約
$$c_{ij} - y_i + y_j = s_{ij} \geqq 0 \quad ((i,j) \in E)$$
のもとで目的関数 $y_t - y_s$ を最大化する問題となる．問題が対称なとき，すなわち，任意の $(i,j) \in E$ に対して $(j,i) \in E$ かつ $c_{ij} = c_{ji}$ であるとき，この問題は，$(i,j) \in E$ なるノード間に長さ c_{ij} の糸が張ってある物理的ネットワークにおいて，全てのノードを数直線上に置くことを考え，s と t の距離を最大化する問題となる．相補性条件は，主問題の最適解においてフローが流れている枝 (i,j) において $y_i - y_j = c_{ij}$，すなわち糸がたるんでいないことを示している．

このように，主問題が意味のある問題ならば，必ず双対問題も何らかの意味のある問題となる．この意味を考えることは線形計画において決定的に重要である．

3. 線形計画問題に対するアルゴリズム

線形計画問題は，入力データが整数の場合，多項式時間で解けることが知られている．この事実はハチヤン（Khachiyan）により楕円体法（ellipsoid method）を用いて1979年に証明された．しかしながら，楕円体法は多項式時間アルゴリズムであるものの実用上はほとんど役に立たず，現在実際に線形計画問題を解くのに用いられるのは，単体法（simplex method）と内点法（interior-point method）である．単体法は多項式時間アルゴリズムではないが，技術としての完成度が高く，現在でも幅広く用いられている．特に大規模整数計画問題を厳密に解く上では単体法が必須であり，この役割は現状内点法では代替できない．一方，内点法は，多項式時間アルゴリズムであり，実用的にも単体法で解けない超大規模問題が解けるという特長がある．

以下，これらの解法の概要を説明する．

3.1 単体法

単体法はダンツィッグが線形計画を創始した際に提案した解法であり，隣接する実行可能基底解を次々と辿っていき最適解を求める．その概要は以下の通りである．現在いる基底解を $\hat{x}$ とする．基底変数，非基底変数が $x = (x_B, x_N)$ の順に並べられているものとし，$A = (B N)$ とする．このとき，$A\tilde{x} = b$ の一般解は，x_N をパラメータとして，
$$\begin{pmatrix} \tilde{x}_B(x_N) \\ \tilde{x}_N(x_N) \end{pmatrix} = \begin{pmatrix} B^{-1}b \\ 0 \end{pmatrix} - \begin{pmatrix} B^{-1}N x_N \\ x_N \end{pmatrix}$$
と書ける．$\hat{x}$ では $x_N = 0$ であるが，x_N のうち適当な要素を1つ（例えば x_j とする）選び，$\tilde{x}_B$ の要素のうちどれかが新たに0となるまで増加させるのが，単体法の基本的な1反復である．x_j は目的関数を減少させるように選ぶ．1反復後には $\hat{x}$ に隣接する頂点に対応する新しい実行可能基底解が得られる．単体法には様々な変種が考えられるが，そのどれについても多項式時間での収束は証明されていない．特にダンツィッグが提案した単体法は，指数回の反復が必要な例が知られている．

3.2 内点法

内点法は1984年にカーマーカー（Karmarkar）によって発明された多項式時間解法である．実行可能領域の内部に点列を生成して最適解を求める．以下，現在定番となっている代表的な内点法である主双対パス追跡法について説明する．相補性条件 (3) の代わりに，パラメータ $\mu > 0$ に対して
$$x_j s_j = \mu \quad (j = 1, \ldots, n) \quad (5)$$
という条件を考える．主問題 (1) および双対問題 (2) に内点実行可能解（interior feasible solution）（$x > 0$, $s > 0$ が成り立つ実行可能解）が存在するとき，(5) の解は一意に定まり，μ を無限大から 0 まで動かしたときの解集合は (1) と (2) の実行可能領域の内部を通り，$\mu \to 0$ で各々の問題の最適解に近づく滑らかな曲線となる．この曲線を中心パスという．主双対パス追跡法では，中心パスをニュートン法によるホモトピー法で追跡して最適解を求める．内点法は，問題の入力ビットサイズを L とするとき，$O(\sqrt{n}L)$ 回の反復で終了する多項式時間アルゴリズムである．より詳しくは [3] を参照されたい．

4. 凸計画

4.1 凸集合と凸関数

集合 $C \subseteq \mathbb{R}^n$ が
$$\forall x, y \in C, \ \forall t \in [0,1], \ (1-t)x + ty \in C$$
を満たすとき，C は凸集合（convex set）と呼ばれる．これは，C の任意の2点を結ぶ線分が C に含まれることを意味している．容易にわかるように，凸集合の交わりは凸集合である．

凸集合 C 上で定義される関数 $f : C \to \mathbb{R}$ が凸関数（convex function）であるとは，次を満たすことである．
$$(1-t)f(x) + tf(y) \leqq f((1-t)x + ty)$$
$$(\forall x, y \in C, \ \forall t \in [0,1])$$
また，$t \in (0,1)$ に対して不等号が厳密に成り立つとき，f は狭義凸関数という．

凸関数に関して，次が知られている．

定理 4 凸関数はその定義域の内部で連続である．

定理 5 開凸集合上で定義された 1 回連続微分可能な関数 f が凸関数であることの必要十分条件は，定義域の任意の 2 点 x_0, x_1 に対して
$$f(x_1) \geqq f(x_0) + \nabla f(x_0)(x_1 - x_0)$$
が成り立つことである．

定理 6 開凸集合上で定義された 2 回連続微分可能な関数 f が凸関数であることの必要十分条件は，定義域の任意の点においてヘッセ行列が半正定値であることである．

4.2 凸計画問題とその性質

一般の非線形計画問題は
$$\inf\{f(x) \mid x \in S\} \tag{6}$$
と書ける．ただし $S \subseteq \mathbb{R}^n$, $f: S \to \mathbb{R}$ である．

S が凸集合で f が凸関数のとき，式 (6) を凸計画問題（convex programming problem）と呼ぶ．

凸計画問題は，次の性質を持っている．

定理 7 局所的最適解が大域的最適解である．

このため，通常の局所的最適解を求める非線形計画の解法により，大域的最適解を求めることができる．特に無制約の場合（$S = \mathbb{R}^n$ の場合），任意の停留点は最適解となる．

凸計画のもう 1 つの重要な特徴は，双対理論を構築できることである．凸計画における双対理論に関しては例えば [1],[4] を参照願いたい．

凸計画問題の重要な例として，線形計画問題の最も簡単な拡張である凸 2 次計画問題を挙げておく．凸 2 次計画問題は，凸 2 次関数を多面体上で最小化する問題であり，ファイナンスや機械学習などに多くの応用を持つ．凸 2 次計画問題は内点法によって多項式時間で解け，また，単体法系統の解法も拡張されている．より詳しくは [2],[3] などを参照のこと．

5. 錐線形計画

線形等式制約と，変数ベクトル（の一部）が閉凸錐に入っているという条件を持ち，線形目的関数を持つ問題を，錐線形計画問題という．錐線形計画問題は，近年非常に注目を浴びている最適化問題である．錐線形計画は凸計画の一種である．錐線形計画に関しては，[2, 4 章] に解説がある．アルゴリズムについては [3] を参照されたい．

5.1 閉凸錐と双対錐

集合 C が任意の正数 λ に対して
$$x \in C \Rightarrow \lambda x \in C$$
を満たすとき，C は錐と呼ばれる．凸錐 C に対し，集合
$$\{y \mid \langle y, x \rangle \geqq 0 \ (\forall x \in C)\}$$
を C の双対錐と呼び，C^* で表す．ここで $\langle \cdot, \cdot \rangle$ は内積を表す．双対錐は閉凸錐である．さらに次が言える．

定理 8 C が閉凸錐のとき，$C^{**} = C$.

$C^* = C$ のとき，C を自己双対錐と呼ぶ．

例 1 $\mathbb{R}^n$ は閉凸錐である．双対錐は $\{0\}$ である．

例 2 $\mathbb{R}^n_+ = \{x \in \mathbb{R}^n \mid x_1 \geqq 0, \ldots, x_n \geqq 0\}$ は自己双対錐である．

例 3 閉凸錐 $\left\{x \in \mathbb{R}^p \mid x_1 \geqq \sqrt{\sum_{j=2}^p x_j^2}\right\}$ を p 次元の 2 次錐といい，以下 $\mathcal{K}_p$ で表す．$\mathcal{K}_p$ は自己双対錐である．

例 4 $p \times p$ 実対称行列の集合を $\mathbb{S}^p$ とし，その中で半正定値である行列の集合（半正定値錐）を $\mathbb{S}^p_+$ と書く．$\mathbb{S}^p_+$ は閉凸錐であり，内積
$$\langle x, y \rangle = \sum_{i=1}^p \sum_{j=1}^p x_{ij} y_{ij}$$
のもとで自己双対錐になる．

例 5 $\{X \in \mathbb{S}^p \mid x^T X x \geqq 0 \ (\forall x \geqq 0)\}$ を共正値錐と呼び，$\mathcal{C}_p$ で表す．共正値錐の双対錐は $\mathcal{C}_p^* = \{X \in \mathbb{S}^p \mid \exists q \in \mathbb{N}, \exists x_1, \ldots, x_q \in \mathbb{R}^p_+, X = \sum_{j=1}^q x_j x_j^T\}$ であり，完全正値錐と呼ばれる．実対称行列 X が与えられたとき，これが $\mathcal{C}_p$ に属するか否かを答える問題は co-NP 完全問題であることが知られている．

5.2 錐線形計画の理論

以下の問題を等式標準形錐線形計画問題（cone programming problem）という．
$$\theta_P = \inf\{\langle c, x \rangle \mid$$
$$\langle a_i, x \rangle = b_i \ (i=1, \ldots, m), \ x \in \mathcal{K}\} \tag{7}$$
ここで $\mathcal{K}$ は閉凸錐である．

錐が特徴的な場合には，以下の呼び名がある．

- $\mathbb{R}^n_+$：線形計画
- $\mathcal{K}_p$（の直積）：2 次錐計画（SOCP：second-order cone programming）
- $\mathbb{S}^p_+$：半正定値計画（SDP：semidefinite programming）

問題 (7) の双対問題は次のように書け，以下に述べるように主問題との間に弱双対定理が成り立つ．
$$\theta_D = \sup\left\{b^T y \ \middle| \ s + \sum_{i=1}^m y_i a_i = c, \ s \in \mathcal{K}^*\right\} \tag{8}$$

錐線形計画においては，線形計画で成り立ったの

と同じ形では双対問題は成り立たない．一般には $\theta_P > \theta_D$ であったり，θ_P が有界であるのに最適解が存在しない場合がありうる．

錐線形計画における双対定理を述べるために，内点実行可能解を定義する．実行可能解 x が $\mathcal{K}$ の内部にあるとき，x を内点実行可能解（interior feasible solution）と呼ぶ．以下の双体定理が成り立つ．

定理 9（双対定理） $\theta_P \geqq \theta_D$ であり，もし式 (7) に内点実行可能解が存在するならば，$\theta_P = \theta_D$ である．さらに，もし式 (8) に実行可能解が存在するならば，式 (8) には最適解が存在する．

上記定理は，式 (7) と式 (8) を入れ替えたものも成立する．

5.3 錐線形計画に対するアルゴリズム

錐 $\mathcal{K}$ が対称錐と呼ばれる錐であるときの錐線形計画問題は対称錐計画問題（symmetric cone programming problem）と呼ばれ，主双対内点法（パス追跡法）によって効率良く解けることが理論的にも実用的にも知られている．対称錐は，以下の錐の直積である．
1) 2 次錐 $\mathcal{K}_p$
2) $p \times p$ 実対称半正定値行列の集合 $\mathbb{S}_+^p$
3) $p \times p$ 複素エルミート半正定値行列の集合
4) $p \times p$ 四元数上のエルミート半正定値行列の集合
5) 3×3 八元数上のエルミート半正定値行列の集合

2) において $p = 1$ と考えれば，通常の線形計画問題が対称錐線形計画問題であることがわかる．また，1), 2) より，SOCP や SDP は対称錐線形計画問題であることもわかる．このように，対称錐線形計画問題は広く解かれている．

一般の錐線形計画問題については，錐の自己整合障壁関数と初期内点実行可能解がわかっていれば，それを用いて最適解に至る中心パスを定義し，このパスを数値的に追跡して最適解を求める多項式時間内点法が構築できる．錐 $\mathcal{K} \subseteq \mathbb{R}^n$ の自己整合障壁関数（self-concordant barrier function）とは，以下の 2 つを満たす関数 $f: \mathrm{Int}\mathcal{K} \to \mathbb{R}$ である．
1) 任意の $\bar{x} \in \partial\mathcal{K}$ に収束する任意の点列 $\{x_k\}_{k=1}^{\infty}$ に対し $\lim_{k \to \infty} f(x_k) = \infty$．
2) ある $\nu > 0$ が存在し，任意の $x \in \mathrm{Int}\mathcal{K}$ において，任意の方向 $h \in \mathbb{R}^n$ に対し，次の 2 つが成り立つ．

$$\left| \sum_{i,j,k} \frac{\partial^3 f(x)}{\partial x_i \partial x_j \partial x_k} h_i h_j h_k \right|$$

$$\leqq 2 \left| \sum_{i,j} \frac{\partial^2 f(x)}{\partial x_i \partial x_j} h_i h_j \right|^{3/2},$$

$$\left(\sum_i \frac{\partial g(x)}{\partial x_i} h_i \right)^2 \leqq \nu \sum_{i,j} \frac{\partial^2 f(x)}{\partial x_i \partial x_j} h_i h_j.$$

理論はともかく，対称錐でない場合の内点法の実装は様々な困難があり，あまり行われていない．

5.4 錐線形計画の例

例 6（凸 2 次制約を持つ最適化問題） 凸 2 次制約は 2 次錐制約によって表現できるので，SOCP に変形できる．実際，半正定値行列 $Q = LL^T$ と実数 $\gamma > 0$ が与えられたとき，

$$x^T Q x \leqq y$$

という形の凸 2 次制約は

$$((y+1)/2, (y-1)/2, (L^T x)^T) \in \mathcal{K}_{n+2}$$

という制約と等価である．したがって，このような制約を持つ最適化問題は，SOCP として効率良く解くことができる．

例 7（最大安定集合問題） グラフ $G = (V, E)$ が与えられたとき，$S \subseteq V$ が安定集合であるとは，S のどの 2 点も枝で繋がっていないことをいう．安定集合の中でノード数が最大のものを最大安定集合といい，そのときのノード数を $\alpha(G)$ で表す．以下，共正値錐 $\{X | x^T X x \geqq 0 \ (\forall x \geqq 0)\}$ を $\mathcal{C}_n$，その双対錐を $\mathcal{C}_n^*$ と記す．$\alpha(G)$ は次の共正値計画問題という錐計画問題（の双対問題）の最適値であることが知られている．

$$\sup\{\mathrm{tr}(JX) \mid X_{ij} = 0 \ ((i,j) \in E),$$
$$\mathrm{tr}(X) = 1, \ X \in \mathcal{C}_n^*\}$$

ただし，J は成分が全て 1 の行列である．

ここで，$\mathcal{C}_n^* \subseteq \mathbb{S}_+^n \subseteq \mathcal{C}_n$ であるので，上記で $\mathcal{C}_n^*$ を $\mathbb{S}_+^n$ で置き換えた最適化問題は SDP となり，多項式時間で解くことができる．このとき，SDP の最適値は $\alpha(G)$ の上界であり，ロバース（Lovász）数と呼ばれる． ［村松正和・土谷 隆］

参 考 文 献

[1] 今野 浩, 山下 浩, 非線形計画法, 日科技連, 1978.
[2] 田村明久, 村松正和, 最適化法, 共立出版, 2002.
[3] 小島政和, 土谷 隆, 水野真治, 矢部 博, 内点法, 朝倉書店, 2001.
[4] 福島雅夫, 非線形最適化の基礎, 朝倉書店, 2001.

非線形計画法
nonlinear programming

非線形計画法は，非線形計画問題あるいは連続最適化問題と呼ばれる問題に対して，その理論的性質を解明し，問題の最適解を求める手法（解法）を提供する．ここでは，非線形計画問題の一般的な定義を与え，理論的に重要な成果である最適性の条件および双対問題について簡単に述べる．さらに，代表的な解法をいくつか紹介する．

1. 非線形計画問題とは

与えられた条件を満たす選択肢の中から，所与の目的に対して最良のものを見つける問題を最適化問題と呼ぶ．最適化問題の中でも，問題の条件や目的が数式を用いて形式的に記述されている問題を数理計画問題 (mathematical programming problem) あるいは数理最適化問題 (mathematical optimization problem) と呼ぶ．数理計画問題において，決定すべき変数を決定変数 (decision variable) と呼ぶ．目的を数値化した決定変数の関数を目的関数 (objective function) と呼ぶ．決定変数が満たすべき条件を制約条件 (constraints) と呼び，制約条件を満たす決定変数を実行可能解 (feasible solution) あるいは許容解と呼ぶ．実行可能解の集合を実行可能領域 (feasible region) と呼ぶ．制約条件は，制約関数 (constraint function) と呼ばれる関数を用いて，等式や不等式で与えられることが多い．目的関数や制約関数が非線形（線形も含む）な関数で記述され，決定変数が連続量をとる数理計画問題を非線形計画問題 (nonlinear programming problem) あるいは連続最適化問題 (continuous optimization problem) と呼ぶ[1]．

目的関数 $f: R^n \to R$，実行可能集合 $\mathcal{F} \subseteq R^n$ が与えられたとき，非線形計画問題は次のように記述できる．

$$\begin{align} \min & \quad f(x) \\ \text{s.t.} & \quad x \in \mathcal{F} \end{align} \quad (1)$$

ここで，"min" は「最小化せよ」，"s.t." (subject to の略) は「以下の条件のもとで」という意味である．目的が最大化の場合には min の代わりに max を用いる．目的関数 f の最大化は，$-f$ の最小化と等しいため，以下では，最小化のみを考えることにする．

制約条件は，一般に，等式あるいは不等式で表される．以下では，関数 $h_i \ (i = 1, \ldots, m)$ を用いて等式の条件を表し，関数 $g_j \ (j = 1, \ldots, r)$ を用いて不等式の条件を表すことにする．つまり，実行可能集合は

$$\mathcal{F} = \left\{ x \in R^n \ \middle| \ \begin{array}{l} h_i(x) = 0 \ (i = 1, \ldots, m) \\ g_j(x) \leqq 0 \ (j = 1, \ldots, r) \end{array} \right\} \quad (2)$$

で与えられるものとする．また，$h(x) = (h_1(x), \ldots, h_m(x))^T$, $g(x) = (g_1(x), \ldots, g_r(x))^T$ と表すこととする．

非線形計画問題において，全ての $x \in \mathcal{F}$ に対して $f(\bar{x}) \leqq f(x)$ が成り立つ実行可能解 $\bar{x}$ を大域的最適解 (global optimum) または大域的最小解 (global minimum) と呼ぶ．また，大域的最小解の目的関数値を大域的最小値と呼ぶ．その点が大域的最小解であるかどうかを知るためには，実行可能集合 $\mathcal{F}$ 上の全ての点の関数値を知る必要がある．そのため，特別な問題を除いて，$\bar{x}$ が大域的最小解であるかどうかの判別は難しい．そこで，次に定義する局所的最小解 (local minimum) を考える．点 $\hat{x} \in \mathcal{F}$ に対して，$\hat{x}$ の近傍 $N \subseteq R^n$ で $f(\hat{x}) \leqq f(x) \ \forall x \in N \cap \mathcal{F}, x \neq \hat{x}$ となるものが存在するとき，$\hat{x}$ を局所的最小解と呼ぶ．

これまでに，局所的最小解（あるいは大域的最小解）であるかどうかを判別することが可能な条件がいくつか調べられている．そのような条件を最適性条件 (optimality condition) と呼ぶ．関数の勾配情報だけで最適性を判定するカルーシュ–キューン–タッカー (KKT: Karush–Kuhn–Tucker) 条件は，非線形計画法の主要な理論的成果の 1 つである[2]．また，以下で紹介する多くの解法は KKT 条件に基づいて開発されている[4]．

目的関数や制約関数が特別な性質を持つとき，理論的に良い性質を持っていたり，効率良く最適解を求めることができたりする．そこで，いくつかの性質に基づいて，非線形計画問題を分類する．制約条件がない問題，つまり，$\mathcal{F} = R^n$ である問題を制約なし最小化問題 (unconstrained optimization problem; unconstrained minimization problem) という．目的関数 f および制約関数が 1 次関数である問題を線形計画問題 (linear programming problem) と呼ぶ．目的関数が 2 次関数であり，制約関数が 1 次関数で表されている問題を 2 次計画問題 (quadratic programming problem) と呼ぶ．連続最適化において，理論的にも解法においても重要となるのは，実行可能集合 $\mathcal{F}$ が凸集合であり，目的関数が凸関数である凸計画問題 (convex optimization problem; convex programming problem) である．線形計画問題や，目的関数が凸である 2 次計画問題，すなわち凸 2 次計画問題は凸計画問題である．KKT 条件は局所的最小解が満たすべき"必要"条件であるが，凸計画問題においては，大域的最適解となるための必要十分条件であることが知られている[2]．

2. 最適化の理論：最適性条件と双対問題

実行可能集合が式 (2) で与えられた非線形計画問題 (1) に対して，ラグランジュ関数（Lagrangian function）を以下のように定義する．

$$L(x,\lambda,\mu) = f(x) + \sum_{i=1}^{m} \lambda_i h_i(x) + \sum_{j=1}^{r} \mu_j g_j(x)$$

ここで，$\lambda \in R^m, \mu \in R^r$ はラグランジュ乗数と呼ばれるベクトルである．

ラグランジュ関数を用いると，問題 (1) に対する KKT 条件は，以下のように書ける[2]．

$$\nabla_x L(x,\lambda,\mu) = 0$$
$$\nabla_\lambda L(x,\lambda,\mu) = 0$$
$$g(x) \leqq 0, \ \mu \geqq 0, \ g(x)^T \mu = 0 \quad (3)$$

ただし，∇_x, ∇_λ はそれぞれ x, λ に関する勾配を表す．条件 (3) を相補性条件と呼ぶ．

点 x^* を局所的最小解とすると，適当な条件（制約想定）のもとで，KKT 条件を満たすラグランジュ乗数 (λ^*, μ^*) が存在することが知られている．しかしながら，(x^*, λ^*, μ^*) が KKT 条件を満たしていても，x^* が局所的最小解とならないことがある．一方，凸計画問題に対しては，KKT 条件は最適性の必要十分条件となる．次節で紹介する手法の多くは，KKT 条件を満たす点を求める手法であり，必ず大域的最小解が求まるという保証はない．しかし，凸計画問題であれば，そのような手法でも大域的最小解を求めることができる．

非線形計画法において，最適性の条件とともに理論的かつ実用的に重要な役割を果たすのが双対問題 (dual problem) である．双対問題は以下のように定義される問題である[2]．

$$\begin{array}{ll} \max & \omega(\lambda, \mu) \\ \text{s.t.} & \lambda \in R^m, \ \mu \in R^r, \ \mu \geqq 0 \end{array} \quad (4)$$

ただし，

$$\omega(\lambda, \mu) = \inf_{x \in R^n} L(x, \lambda, \mu)$$

である．この関数は凹関数となるため，双対問題は（最小化問題に変換すると）凸計画問題となる．また，問題 (1) の実行可能解 $x \in \mathcal{F}$ と双対問題 (4) の実行可能解 (λ, μ) に対して，

$$f(x) \geqq \omega(\lambda, \mu)$$

が成り立つ．これを弱双対性（weak duality）という．弱双対性より，双対問題の実行可能解での目的関数値は問題 (1) の大域的最小値の下界値を与えることがわかる．さらに，問題 (1) が凸計画問題であるとき，適当な仮定のもとで，問題 (1) の大域的最小値と双対問題の大域的最大値が一致する．このような性質を強双対性（strong duality）という．強双対性が成り立つとき，双対問題を解くことによって，問題 (1) の大域的最小値を求めることができる．しかし，線形計画問題や凸 2 次計画問題など特別な場合を除いて，双対問題の目的関数値を計算することは容易ではなく，さらに計算できたとしても，目的関数 ω は微分可能ではないことがある．

3. 非線形計画問題の代表的な解法

非線形計画問題の解法の多くは，（局所的）最小解に収束する点列 $\{x^k\} \subseteq R^n$ を生成する反復法である．以下では，制約条件があるときとないときに分けて，それぞれの代表的な解法を紹介する．

3.1 制約なし最小化問題

制約なし最小化問題に対する解法の基本は，目的関数値が $f(x^0) > f(x^1) > f(x^2) > \cdots$ と減少していく点列 $\{x^k\}$ を生成することである．このような点列を生成するための手法として，直線探索法（line search method）と信頼領域法（trust region method）がある[4]．直線探索法では，まず，目的関数値が減る方向 $d^k \in R^n$ を定め，実際に目的関数値が減少するようにステップ幅 t_k で長さを調節して，次の反復点を $x^{k+1} = x^k + t_k d^k$ と決める．信頼領域法では，まず，探索する方向の長さを定めてから，その長さ以内で目的関数値が減少する方向 d^k を決め，$x^{k+1} = x^k + d^k$ とする．以下では，それぞれの手法の詳細を説明しよう．

直線探索法で重要となるのは，目的関数値が減少する方向をどのように定めるかである．次の不等式を満たす方向 d^k を降下方向と呼ぶ．

$$\nabla f(x^k)^T d^k < 0$$

探索方向 d^k が降下方向であれば，$f(x^k) - f(x^k + td^k) = t \nabla f(x^k)^T d^k + o(t)$ より，十分小さい t に対して目的関数値は減少する．ステップ幅 t を効率良く計算する手法として，アルミホのルールとウルフのルールがある[4]．どちらも，目的関数を数回評価するだけで，大域的収束[*1]を保証するステップ幅が計算できる．降下方向 d^k として最も簡単なものは $d^k = -\nabla f(x^k)$ である．この方向を最急降下方向という．最急降下方向を用いる手法を最急降下法（steepest descent method）という．最急降下方向は簡単に計算できるが，目的関数の情報を十分に活用していないので，最急降下法は，高々 1 次収束[*2]しか保証されない．

[*1] 任意の初期点 x^0 から KKT 条件を満たす点に収束すること．

[*2] 収束率の定義は [4] を参照のこと．一般に，1 次収束，超 1 次収束，2 次収束の順で速い．

最急降下法を高速化するために，探索方向を $d^k = -H_k \nabla f(x^k)$ とすることを考える．ただし，H_k は $n \times n$ の対称行列である．ここで，H_k が正定値行列であれば，$\nabla f(x^k)^T d^k < 0$ となるため，d^k は降下方向になる．ニュートン法 (Newton's method) は H_k として，目的関数のヘッセ行列の逆行列 $\nabla^2 f(x^k)^{-1}$ を用いる手法である．このとき，探索方向 d^k は，f の 2 次近似関数 $m_k(d) := f(x^k) + \nabla f(x^k)^T(x^k+d) + \frac{1}{2}(x^k+d)\nabla^2 f(x^k)(x^k+d)$ の最小解である．そのため，2 次近似関数が目的関数を十分近似できていれば，ニュートン法は 2 次収束する．しかしながら，ヘッセ行列は必ずしも正定値行列とはならないので，d^k が計算できなかったり，降下方向とならないことがある．

大域的収束するためには，H_k が正定値となることが望ましい．一方，ニュートン法のように高速に収束するためには，H_k はヘッセ行列の逆行列に近似できていることが望ましい．そのような性質を持つ行列の列 $\{H_k\}$ を各反復で構築して，探索方向を求める手法が準ニュートン法 (quasi-Newton method) である．$\{H_k\}$ の更新規則として最もよく用いられるのが，次の BFGS 更新である．

$$H_{k+1} = H_k - \frac{H_k y^k (s^k)^T + s^k (H_k y^k)^T}{(s^k)^T y^k}$$
$$+ \left(1 + \frac{(y^k)^T H_k y^k}{(s^k)^T y^k}\right) \frac{s^k (s^k)^T}{(s^k)^T y^k}$$

ただし，$s^k = x^{k+1} - x^k$, $y^k = \nabla f(x^{k+1}) - \nabla f(x^k)$ である．$(s^k)^T y^k > 0$ であり，H_k が正定値行列であれば H_{k+1} も正定値行列となる．なお，ウルフのルールを満たすようにステップ幅を定めれば，$(s^k)^T y^k > 0$ は必ず満たされる．一方，簡単な計算より，セカント条件 $H_{k+1} y^k = s^k$ が成り立つことがわかる．これは，テイラー展開 $\nabla^2 f(x^{k+1}) s^k = y^k + o(\|s^k\|)$ を近似的に表した条件であり，この条件を満たす H_{k+1} は $\nabla^2 f(x^{k+1})^{-1}$ の情報を含んでいることが期待できる．BFGS 更新を用いた準ニュートン法は大域的収束かつ超 1 次収束することが知られている [4]．BFGS 更新の欠点は，ヘッセ行列が疎な行列であっても，H_k やその逆行列は密な行列となるため，大規模な問題には適用できないことである．そのような欠点を克服するために開発された手法に記憶制限付き BFGS 法 (limited memory BFGS method) がある．この手法は，高速な収束は期待できないが，大規模な問題に対して実用的な解を得る点では有効となることが多い．

2 次近似関数 m_k の制約なしの最小解 d^k が計算できなかったり，降下方向でない場合，ニュートン法は次の反復点を計算することができない．信頼領域法は 2 次近似関数 m_k を有界な領域内で最小化する次の問題の解 $d(\Delta_k)$ を探索方向とする．

$$\begin{align} \min \quad & m_k(d) \\ \text{s.t.} \quad & \|d\| \leqq \Delta_k \end{align} \quad (5)$$

ここで，Δ_k は領域の半径を表す信頼半径と呼ばれるパラメータである．部分問題 (5) の実行可能集合は有界であるため，ヘッセ行列が正定値行列でなくても，探索方向 $d(\Delta_k)$ を求めることができる．ただし，$f(x^k + d(\Delta_k)) < f(x^k)$ が成り立たないことがある．そのようなとき，信頼領域法は $f(x^k + d(\Delta_k)) < f(x^k)$ となるように信頼半径を調節（小さく）する．Δ_k が小さいとき，$d(\Delta_k) \approx \frac{\Delta_k \nabla f(x^k)}{\|\nabla f(x^k)\|}$ となる，つまり，信頼領域法はステップ幅の小さい最急降下法と同様の振る舞いをする．そのため，信頼領域法は大域的収束する．一方，Δ_k が大きくなると，$d(\Delta_k)$ はニュートン法の探索方向に近づくため，最適解の周辺では高速な収束が期待できる．信頼領域法の欠点は，各反復で問題 (5) を解かなければならないことである．これまでに，この問題を近似的に効率良く解くアルゴリズムがいくつか提案されている [4]．

3.2 制約付き最小化問題

制約付きの問題に対する反復法では，目的関数を減少させるだけでなく，最終的には制約条件を満たすように点列 $\{x^k\}$ を生成しなければならない．よく用いられる反復法は，乗数法 (method of multipliers; augmented Lagrangian method)，逐次 2 次計画法 (sequential quadratic programming method)，内点法 (interior point method) である．これらの手法は制約付きの問題を制約なし，あるいは等式制約のみの最小化問題に変換し，その変換された問題を逐次的に解いていく手法と見なすことができる．変換された問題の目的関数は，制約条件を違反した際に目的関数値が大きくなるように設計されている．このため，ペナルティ関数とも呼ばれる．代表的なペナルティ関数として，以下のものが挙げられる．

$$L_\alpha(x;\lambda,\mu) = L(x,\lambda,\mu) + \alpha \sum_{i=1}^{r} h_i(x)^2$$
$$+ \sum_{j=1}^{r} \frac{1}{2\alpha}\left(\max\{0, \mu_j + \alpha g_j(x)\}^2 - \mu_j^2\right)$$

$$p_\alpha(x) = f(x) + \alpha \left(\sum_{i=1}^{r} |h_i(x)| + \sum_{j=1}^{r} \max\{0, g_j(x)\}\right)$$

$$r_{\alpha,\rho}(x) = f(x) + \alpha \sum_{i=1}^{r} |h_i(x)| - \rho \sum_{j=1}^{r} \ln(-g_j(x))$$

これらの 3 つの関数を逐次的に最小化して点列 $\{x^k\}$ を生成していく手法が，それぞれ乗数法，逐次 2 次計画法，内点法となる．

関数 L_α は拡張ラグランジュ関数 (augmented Lagrangian function) と呼ばれる関数である[1]. 目的関数と制約関数が微分可能なとき，拡張ラグランジュ関数も微分可能になる．いま，(x^*, λ^*, μ^*) がKKT条件を満たす局所的最小解とラグランジュ乗数とする．このとき，x^* は拡張ラグランジュ関数 $L_\alpha(\cdot, \lambda^*, \mu^*)$ の局所的最小解にもなる．また，適当な仮定のもとで，その逆も成り立つ．そこで乗数法では，各反復で，ラグランジュ乗数を推定しつつ，拡張ラグランジュ関数を x に関して最小化をすることによって，元の問題の局所的最小解を求める．より具体的には，以下のように点列を生成する．

$$x^{k+1} = \operatorname{argmin}_x L_\alpha(x; \lambda^k, \mu^k)$$
$$\lambda_i^{k+1} = \lambda_i^k + \alpha h_i(x^{k+1}) \quad (i=1,\ldots,m)$$
$$\mu_j^{k+1} = \max\{0, \mu_j^k + \alpha g_j(x^{k+1})\} \quad (j=1,\ldots,r)$$

乗数法では各反復で L_α の制約なし最小化問題を解かなければならないが，これは前節で紹介した手法で解くことができる．ラグランジュ乗数の更新式（推定式）は，双対問題に対して最急降下法を実行しているものと考えることができる．そのため，α を固定した場合，下記のニュートン法に基づく手法に比べて収束が遅くなることがある．

関数 p_α は L_1 ペナルティ関数と呼ばれている[1], [4]．α が十分大きいとき，L_1 ペナルティ関数の局所的最小解は元の非線形計画問題の局所的最小解となる．そのため，α を非常に大きくとる必要がなく，数値的に安定した関数となる．一方，p_α は微分不可能な項を含むため，前節の勾配に基づく手法によって最小化することはできない．しかしながら，次の凸2次計画問題の解は p_α の降下方向となることが知られている．

$$\begin{aligned}
\min \quad & \nabla f(x^k)^T d + \tfrac{1}{2} d^T B_k d \\
\text{s.t.} \quad & h_i(x^k) + \nabla h_i(x^k)^T d = 0 \quad (i=1,\ldots,m) \\
& g_j(x^k) + \nabla g_j(x^k)^T d \leqq 0 \quad (j=1,\ldots,r)
\end{aligned}$$
(6)

ここで，B_k は正定値対称行列である．各反復で，この凸2次計画問題を解いて探索方向 d^k を求め，関数 p_α が減少するようにステップ幅を定めることによって点列を生成する手法を，逐次2次計画法と呼ぶ．$B_k = \nabla_x^2 L(x^k, \lambda^k, \mu^k)$ とした逐次2次計画法は，ニュートン法を制約付きの問題に一般化した手法と見なすことができる．逐次2次計画法は適当な仮定のもとで大域的収束かつ超1次収束することが知られている．逐次2次計画法では，毎回，凸2次計画問題 (6) を解かなければならない．一方，次に紹介する内点法は，各反復では線形方程式を解くだけで探索方向を求めることができる．

内点法を説明する上で，以下では，不等式制約はいくつかの変数に対する非負制約 $x_i \geqq 0$ のみと仮定する．一般の不等式制約 $g_j(x) \leqq 0$ $(j=1,\ldots,r)$ がある場合は，$g_j(x) + z_j = 0$, $z_j \geqq 0$ $(j=1,\ldots,r)$ とすることによって，等式制約と $z \in R^r$ の非負制約で表せばよい．以下では簡単のため，不等式制約は $x \geqq 0$ であるとする．内点法は，KKT条件を非線形方程式に近似し，その非線形方程式をニュートン法によって解くことによって，点列を生成する[3]．KKT条件は，不等式を含むため，方程式の形をしていない．そこで，正のパラメータ ρ_k を導入して，相補性条件を

$$x_j > 0, \quad \mu_j > 0, \quad x_j \mu_j = \rho_k \quad (j=1,\ldots,n)$$

と近似する．適当な仮定のもとでは，この近似したKKT条件を満たす点が存在する．そのとき，（局所的には）不等式制約 $x_j > 0$, $\mu_j > 0$ を無視することができる．そこで，その不等式制約を除いた非線形方程式：

$$r_w(x, \lambda, \mu) := \begin{pmatrix} \nabla_x L(x, \lambda, \mu) \\ h(x) \\ x_1 \mu_1 - \rho_k \\ \vdots \\ x_n \mu_n - \rho_k \end{pmatrix} = 0$$

を考える．内点法では，この非線形方程式に対して，（非線形方程式に対する）ニュートン法を実施し，探索方向を求める．次に，ペナルティ関数 r_{α, ρ_k} を減少させ，なおかつ次の反復点 x^{k+1} および μ^{k+1} の各成分が正になる（第1象限の内点になる）ようにステップ幅を定めて，点列を生成する．内点法は ρ_k を適切に選ぶと超1次収束する．さらに，線形計画問題や凸2次計画問題においては，多項式時間の解法となることが知られている． ［山下信雄］

参 考 文 献

[1] D.P. Bertsekas, *Nonlinear Programming: 2nd Edition*, Athena Scientific, 1999.
[2] 福島雅夫, 非線形最適化の基礎, 朝倉書店, 2001.
[3] 小島政和, 水野眞治, 土谷 隆, 矢部 博, 内点法, 朝倉書店, 2001.
[4] J. Nocedal, S.J. Wright, *Numerical Optimization*, Springer-Verlag, 1999.

整数計画

integer programming

整数計画は，一部または全ての変数のとりうる値が整数に限定される数理計画問題を対象とする．整数計画問題は，一般に，線形計画問題に整数制約が付加された問題（整数線形計画問題）を指し，ここではこの問題の解法を中心に取り上げる．近年は非線形の整数計画問題への拡張も盛んに研究されている．

1. 整数計画問題

整数計画問題は次のように定式化される問題である：

$$z = \max\{c^T x + d^T y : (x,y) \in S\}. \quad (1)$$

ただし，$S = \{(x,y) \in \mathbf{Z}^p \times \mathbf{R}^n : Ax + Dy \leq b, x, y \geq 0\}$, $(c,d) \in \mathbf{R}^p \times \mathbf{R}^n$, $(A,D) \in \mathbf{R}^{m \times p} \times \mathbf{R}^{m \times n}$, $b \in \mathbf{R}^m$ である．問題 (1) は整数線形計画問題 (integer linear programming problem) あるいは混合整数計画問題 (mixed integer programming problem) と呼ばれ，$n = 0$ のとき全整数計画問題 (pure integer programming problem) と呼ばれる．また，x を整数変数 (integer variable)，y を連続変数 (continuous variable) と呼ぶ．

0 または 1 の値をとる変数を，0-1 変数 (0-1 variable) またはバイナリ変数 (binary variable) と呼ぶ．これは「選択する/しない」「On/Off」などを表現するときに用いられる．例えば，集合 $N = \{1, 2, \ldots, n\}$ に対して 0-1 変数 $x_1, x_2, \ldots, x_n$ を導入すると，部分集合 $S \subseteq N$ を $x_j = 1 \Leftrightarrow j \in S$ として表現することができる．そして，巡回セールスマン問題，ナップサック問題，集合分割問題，集合被覆問題など様々な組合せ最適化問題を，0-1 変数を用いて定式化することができる．0-1 変数 x_j は，$0 \leq x_j \leq 1$, $x_j \in \mathbf{Z}$ と書くことができるため，問題 (1) の枠組みに含まれるが，その重要性により一般の整数変数と区別されることが多い．

上記の組合せ最適化問題は一般に NP 困難であるため，整数計画問題も NP 困難である．また，実行可能性の判定問題（$Ax \leq b$ を満たす整数解が存在するか？）が NP 完全である．

2. 整数計画問題の解法

整数計画ソルバー（整数計画問題を解くソフトウェア）の多くが，線形計画緩和ベースの分枝カット法を採用している（5節）．これは，分枝限定法（3節）に切除平面法（4節）を組み込んだものであり，様々な工夫を施すことによって高速化を図っている．

このほかの解法として，格子の既約基底を求める LLL（Lenstra–Lenstra–Lovász）アルゴリズムを利用した解法 (Lenstra 1983)，多項式環におけるグレブナー基底を求める Buchberger アルゴリズムを利用した解法 (Conti–Traverso 1991．Thomas (1995) は Conti–Traverso アルゴリズムの幾何的な解釈を与えている)，実行可能解の更新を繰り返す主解法 (Young 1965, 1968; Glover 1968) などが知られている．ここに挙げたものは，全整数計画問題に対する解法であり，Lenstra の解法は，変数の数が定数のとき多項式時間解法であることが示されている．

3. 分枝限定法

3.1 緩和問題

問題 (1) の整数制約を除去した問題：

$$z_{\mathrm{LP}} = \max\{c^T x + d^T y : (x,y) \in \overline{S}\}, \quad (2)$$

ただし $\overline{S} = \{(x,y) \in \mathbf{R}^p \times \mathbf{R}^n : Ax + Dy \leq b, x, y \geq 0\}$ を，線形計画緩和問題 (linear programming relaxation problem) と呼ぶ．

定理 1（緩和法の原理） 問題 (1) と (2) について，次の (R1), (R2), (R3) が成り立つ．

(R1) $z_{\mathrm{LP}} \geq z$.

(R2) 問題 (2) の最適解 $(\overline{x}, \overline{y})$ が問題 (1) の実行可能解，すなわち $(\overline{x}, \overline{y}) \in S$ であるならば，$(\overline{x}, \overline{y})$ は問題 (1) の最適解である．

(R3) 問題 (2) が実行不能ならば，問題 (1) も実行不能である． □

(R1) は，緩和問題が問題 (1) の最適値 z に対する上界 (upper bound) を与えることを意味している（最小化問題の場合，下界 (lower bound) を与える）．また，問題 (1) の任意の実行可能解 (x^*, y^*) は z に対する下界 z^* を与えるため，$z_{\mathrm{LP}} \geq z \geq z^*$ が成り立つ．よって，$z_{\mathrm{LP}} = z^*$ のとき (x^*, y^*) は問題 (1) の最適解である．また，後述する分枝限定法/分枝カット法の効率を高めるには，上下界のギャップ $z_{\mathrm{LP}} - z^*$ を早期に縮めることが必要となる．

整数計画問題に対する緩和は，線形計画緩和に限らず数多く提案されている．一般に，$S \subseteq S_{\mathrm{R}}$ かつ $g(x,y) \geq c^T x + d^T y \ (\forall (x,y) \in S)$ を満たす問題

$$z_{\mathrm{R}} = \max\{g(x,y) : (x,y) \in S_{\mathrm{R}}\} \quad (3)$$

を緩和問題 (relaxation problem) と呼ぶ．定理 1 は問題 (1) と (3) についても成り立つ．緩和問題として群緩和 (group relaxation)，ラグランジュ緩和 (Lagrangian relaxation)，代理緩和 (surrogate relaxation)，半正定値計画緩和 (semidefinite programming relaxation) などが提案されている．こ

こで，z_R が小さく（最適値 z に近く），かつ高速に計算することができるものが "良い" 緩和問題であると言える．しかし，一般にこれらはトレードオフの関係にある．

3.2 アルゴリズム

分枝限定法 (branch-and-bound method) は，問題 (1) の実行可能解集合 S の分割を繰り返す方法であり，緩和問題から得られる情報を利用して無駄な分割を行わないようにする．

アルゴリズム 1（分枝限定法）

1. 未処理の子問題集合 $\mathcal{L}$ を $\mathcal{L} := \{P_0\}$ として初期化する．ただし，P_0 は問題 (1) を示す．また，暫定値を $z^* := -\infty$ とする．
2. $\mathcal{L}$ が空ならば，(x^*, y^*) と z^* を出力して終了．さもなければ，子問題 $P_k \in \mathcal{L}$ を選択し，P_k を $\mathcal{L}$ から削除する．
3. P_k の緩和問題 R_k を解く．R_k が実行不能ならば P_k も実行不能である：Step 2 へ．さもなければ，R_k の最適解 $(\overline{x}, \overline{y})$ と最適値 $\overline{z}$ を計算する．
4. $\overline{x} \notin \mathbf{Z}^p$ ならば Step 5 へ．さもなければ（$\overline{x} \in \mathbf{Z}^p$ ならば），$(\overline{x}, \overline{y})$ は P_k の最適解である．よって $\overline{z} > z^*$ を満たすとき暫定解と暫定値を $(x^*, y^*) := (\overline{x}, \overline{y})$, $z^* := \overline{z}$ と更新する．Step 2 へ．
5. $\overline{z} < z^*$ ならば，P_k に問題 (1) の最適解は存在しない：Step 2 へ．
6. P_k を複数の子問題に分割し，各々を $\mathcal{L}$ に追加する．Step 2 へ． □

このように，分枝限定法は Step 6 における分枝操作（子問題分割）と，Step 3, 4, 5 において分枝することなく子問題 P_k の処理を終了する限定操作からなる．線形計画緩和ベースの分枝限定法では，Step 2 において線形計画緩和問題を解く．そして Step 6 では，$\overline{x}_j$ が非整数の整数変数 x_j を選択し，P_k に $x_j \leq \lfloor \overline{x}_j \rfloor$ を付加した問題と，$x_j \geq \lceil \overline{x}_j \rceil$ を付加した問題に分割するのが一般的であり，それぞれが P_k の子問題 (subproblem) となる．

分枝限定法で生成される子問題群は，問題 (1) を根 (root) とする分枝限定木によって表現することができる（図 1）．P_ℓ が P_k を分枝して（分割して）得られた子問題の 1 つであるとき，P_ℓ の親が P_k であり，P_k の子の 1 つが P_ℓ となる．

アルゴリズム 1 は，分枝限定法のフレームワークというべきものである．Step 2, 3, 6 は具体的な方法を設計する必要があり，また，これ以外にもさらなる工夫を加えることができる．詳細は 5 節で取り上げる．

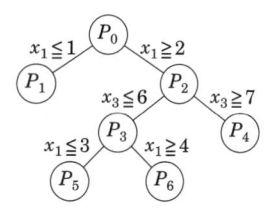

図 1 分枝限定木

4. 切除平面法

$\alpha_1^T x + \alpha_2^T y \leq \beta$ ($\forall (x, y) \in S$) を満たすとき，この不等式を S に対する妥当不等式 (valid inequality) と呼ぶ．線形計画緩和問題 (2) の最適解 $(\overline{x}, \overline{y})$ に対して，$\alpha_1^T \overline{x} + \alpha_2^T \overline{y} > \beta$ を満たす妥当不等式を切除平面 (cutting plane) またはカット (cut) と呼ぶ．切除平面法 (cutting plane method) は，切除平面を新たな制約式として問題 (1) に追加することを繰り返す方法である．

Gomory (1958, 1960) は，全整数計画問題に対して切除平面を生成する方法を与え，元問題に切除平面を追加して再び緩和問題を解く，というプロセスを，ある戦略のもとで繰り返すと，高々有限回の繰り返しによって元問題の最適解が得られることを示した．また，Gomory (1960) は，混合整数計画問題に対して切除平面を生成する方法を与えた．混合整数計画問題に対する Gomory の切除平面は次の通りである．$(\overline{x}, \overline{y})$ を問題 (2) の最適基底解とする．$(\overline{x}, \overline{y})$ が問題 (1) の実行可能解でないとき，基底整数変数 x_i が存在し，非基底変数 z_j ($j \in J$) によって次のように表現され，また $\overline{x}_i = \overline{a}_0 \notin \mathbf{Z}$ である：

$$x_i = \overline{a}_0 + \sum_{j \in J} \overline{a}_j (-z_j).$$

$f_j = \overline{a}_j - \lfloor \overline{a}_j \rfloor$ を $\overline{a}_j$ の小数部分とする．このとき，

$$\sum_{j \in J} g_j z_j \geq f_0,$$

ただし

$$g_j = \begin{cases} a_j & (a_j > 0,\ z_j \text{ は連続変数}) \\ \frac{f_i}{f_i - 1} a_j & (a_j < 0,\ z_j \text{ は連続変数}) \\ f_j & (f_j \leq f_i,\ z_j \text{ は整数変数}) \\ \frac{f_i}{1 - f_i}(1 - f_j) & (f_j > f_i,\ z_j \text{ は整数変数}) \end{cases}$$

が切除平面となる．

また，問題 (1) に特徴ある制約が含まれるとき，その特徴（構造）を利用した切除平面の生成が可能である．例として，ナップサック問題を取り上げる．ナップサック問題は

$$K(N) = \left\{ x \in \{0, 1\}^{|N|} : \sum_{j \in N} a_j x_j \leq b \right\}$$

を実行可能解集合とする最大化問題である．ただし，$N = \{1, \ldots, p\}$ であり，a_j ($j \in N$) および b は非

負整数を仮定する．問題 (1) の実行可能解集合 S が $S \subseteq K(N)$ を満たす場合，$K(N)$ に対する妥当不等式は S に対する妥当不等式でもあり，よって切除平面の候補となる．$K(N)$ の構造は広く研究されており，被覆不等式 (cover inequality) など様々な種類の妥当不等式が知られている．ここで，$\sum_{j \in C} a_j > b$ を満たす $C \subseteq N$ を被覆 (cover) といい，

$$\sum_{j \in C} x_j \leqq |C| - 1 \tag{4}$$

を被覆不等式と呼ぶ．被覆の定義より，被覆不等式は $K(N)$ の妥当不等式である．また，C のどの要素を除いても被覆にならないとき，C を極小被覆と呼び，このとき式 (4) は $K(C)$ の極大面（ファセット）を定めることが知られている．そして式 (4) を強化した不等式 $\sum_{j \in C} x_j + \sum_{j \in N \setminus C} \alpha_j x_j \leqq |C| - 1$ を持ち上げ被覆不等式 (lifted cover inequality) という．

切除平面としての被覆不等式の生成は，次のようにして行うことができる．$\bar{x}$ を $K(N)$ の線形計画緩和 $a^T \bar{x} \leqq b$，$0 \leqq \bar{x} \leqq 1$ を満たす点とする．このとき，

$$q = \min \left\{ \sum_{j \in N}(1 - \bar{x}_j) z_j : \begin{array}{l} \sum_{j \in N} a_j z_j \geqq b + 1, \\ z \in \{0, 1\}^{|N|} \end{array} \right\}$$

を解く（この問題は，NP 困難な最小化ナップサック問題であるため，ヒューリスティックに解くなどする）．$q < 1$ のとき，$C = \{j \in N : z_j = 1\}$ は被覆であり，$\sum_{j \in C}(1 - \bar{x}_j) < 1$，すなわち，$\sum_{j \in C} \bar{x}_j > |C| - 1$ であるから，被覆不等式 (4) が切除平面の候補となる．上記の問題で $\bar{x}_j = 1$ のとき $z_j = 0$ に固定すると，得られる被覆は極小である．

5. 分枝カット法

分枝カット法 (branch-and-cut method) は，分枝限定法に切除平面法を組み込んだ解法であり，アルゴリズム 1 の Step 3 において切除平面の追加を行う．

分枝限定法／分枝カット法を記述したアルゴリズム 1 によって問題 (1) の最適解が得られるが，各ステップの具体的な戦略を決定する必要があり，アルゴリズムの性能はこれら戦略および実装に大きく依存する．例えば，

- 子問題選択 (Step 2)：子問題リスト $\mathcal{L}$ の中から子問題を選択する．その方法として，$\mathcal{L}$ に加えられたばかりの子問題を選択する深さ優先 (depth-first)，緩和問題の目的関数値が最良のものを選択する上界値優先 (best-bound)，子問題の評価値と呼ばれる値が最良のものを選択する評価値優先 (best-estimate) などがある．
- 変数選択 (Step 6)：非整数値を持つ整数変数を選択して分枝（問題を分割）する．変数の選択方法として，整数の値に最も遠いもの（0.5 に最も近いもの）を選択する方法 (most infeasibility)，分枝の履歴を利用して計算される擬似コストに基づく方法 (pseudo-cost)，実際に分枝後の緩和問題を解く（双対単体法で数ステップ）強分枝 (strong branching) などがある．
- 切除平面生成 (Step 3)：一度に複数の切除平面を生成し，それらを追加した緩和問題を再び解くことが一般的である．したがって，切除平面の生成アルゴリズムに加えて，どの切除平面を採用するかを決定する必要がある．

このほかに，与えられた問題 (1) を，等価であるが解きやすい整数計画問題に変形する前処理 (presolve) が重要である．具体的には，冗長な制約式あるいは値が一意に定まる変数の除去，制約式の係数や変数の上下界の強化などが挙げられる．

また，ヒューリスティック解法を実行し，早期に良い暫定解を得ることも重要である．実行可能解を得るためのヒューリスティック解法として，線形計画緩和問題の最適解から非整数値を整数に丸める方法 (rounding heuristics) や，ある非整数値を整数値に固定して再び線形計画問題を解くことを繰り返す方法 (diving heuristics) がある．Feasibility Pump (Fischetti–Glover–Lodi 2005; Bertacco–Fischetti–Lodi 2005) は後者の範疇に入る方法である．また，実行可能解を改善する方法として，RINS (relaxation induced neighborhood search, Danna–Rothberg–Le Pape 2005) などがある．

ところで，以上のアルゴリズムを実現するには，高速でロバストな線形計画ソルバーが必要であり，実際に線形計画ソルバーが整数計画ソルバーの性能に重要な役割を果たしている．

6. 分割解法

ここでは，問題の構造を利用して良い上界値を得るための方法を取り上げる．そこで，次の全整数計画問題

$$z = \max\{c^T x : x \in S = S_1 \cap S_2\} \tag{5}$$

を考える．ただし，

$$S_i = \{x \in \mathbf{Z}^n : A_i x \leqq b_i,\ x \geqq 0\} \quad (i = 1, 2)$$

である．また，

$$\overline{S}_i = \{x \in \mathbf{R}^n : A_i x \leqq b_i,\ x \geqq 0\} \quad (i = 1, 2)$$

とする．そして，$A_1 x \leqq b_1$ を除くと問題 (5) が容易に解けることを仮定する．すなわち，S_2 を実行可能解集合とする整数計画問題は容易であることを仮定する．

次に取り上げる列生成法とラグランジュ双対では
$$w = \max\{c^T x : x \in \overline{S}_1 \cap \mathrm{conv}(S_2)\} \quad (6)$$
を計算する．

6.1 列生成法

簡単のため S_2 は有限集合であることを仮定し，$S_2 = \{x^1, \ldots, x^L\}$ とする．S_2 の点の凸結合 $x = \sum_{k=1}^L \lambda_k x^k$, $\sum_{k=1}^L \lambda_k = 1$, $\lambda \geqq 0$ を S_1 の制約式に代入することにより，問題 (6) は，λ を変数とする次の線形計画問題と等価であることがわかる：

$$w = \max\left\{\sum_{k=1}^L \left(c^T x^k\right)\lambda_k : \right.$$
$$\left. \sum_{k=1}^L \left(A_1 x^k\right)\lambda_k \leqq b_1,\ \sum_{k=1}^L \lambda_k = 1,\ \lambda \geqq 0\right\}. \quad (7)$$

S_2 の全ての点を求めることは一般に困難であり，求められたとしても，L が非常に大きい場合，この線形計画問題を解くことは現実的ではない．(Dantzig-Wolfe の) 列生成法 (column generation method) は，S_2 の一部を列挙することによって問題 (6) を解く．

列生成法の一般のステップとして，$x^1, \ldots, x^{K-1} \in S_2$ が列挙されているとする．このとき，
$$z^K = \max\left\{c^T x : x \in \overline{S}_1 \cap \mathrm{conv}\{x^1, \ldots, x^{K-1}\}\right\} \quad (8)$$
は，問題 (7) の L を $K-1$ に置き換えた線形計画問題と等価であり，これは実際に解くことができるサイズの問題である．$\{x^1, \ldots, x^{K-1}\} \subseteq S_2$ であるから，$z^K \leqq w$ である．また，この線形計画問題の双対問題

$$\min\left\{\pi^T b_1 + \pi_0 : \begin{array}{c} \pi^T(A_1 x^k) + \pi_0 \geqq c^T x^k \\ (k = 1, \ldots, K-1), \\ \pi \geqq 0 \end{array}\right\}$$

の最適解を (π^K, π_0^K) とする．よって特に $z^K = (\pi^K)^T b_1 + \pi_0^K$ である．この解をもとに
$$v^K = \max\left\{(c^T - (\pi^K)^T A_1)x - \pi_0^K : x \in S_2\right\} \quad (9)$$
を解き，新しい点 $x^K \in S_2$ を得る．仮定により，問題 (9) は容易に解くことができる．$v^K \leqq 0$ ならば，任意の $x \in S_2$ に対して $\pi^T(A_1 x) + \pi_0 \geqq c^T x$ が成り立ち，よって問題 (6) の解が得られたことになる．$v^K > 0$ であれば，x^K を問題 (8) に加える．

6.2 ラグランジュ双対

$\pi \geqq 0$ とする．このとき，
$$L(\pi) = \max\{c^T x + \pi^T(b_1 - A_1 x) : x \in S_2\} \quad (10)$$
を問題 (5) のラグランジュ緩和問題と呼ぶ．任意の $\pi \geqq 0$ に対して $L(\pi) \geqq z$ が成り立つ．実際，x^* を問題 (5) の最適解とすると，$\pi \geqq 0$, $A_1 x^* \leqq b_1$ であるから，$z = c^T x^* \leqq c^T x^* + \pi^T(b_1 - A_1 x^*) \leqq L(\pi)$ である．最後の不等式は，x^* が問題 (10) の実行可能解であることから導かれる．同様にして，$L(\pi) \geqq w \geqq z$ を示すことができる．また，$L(\pi)$ は区分線形な凸関数であることが示されている．

最良の上界を与える π を求める問題
$$w_L = \min\{L(\pi) : \pi \geqq 0\}$$
をラグランジュ双対問題 (Lagrangian dual problem) と呼ぶ．この問題を解く方法として劣勾配法 (subgradient algorithm) が知られている．

$\pi = \pi^K$ のとき，問題 (9) と (10) は目的関数の定数部分のみが異なることに注意すると，$L(\pi^K) = v^K + (\pi^K)^T b_1 + \pi_0^K = v^K + z^K$ が導かれる．よって $L(\pi^K) \geqq w \geqq z^K$ より，$v^K \leqq 0$ ならば $L(\pi^K) = w = z^K$ となることが導かれる．

7. ベンチマーク問題

混合整数計画問題のベンチマーク問題集として，現実問題からモデル化された問題の中で，挑戦的なものを集めた MIPLIB (Mixed Integer Programming Library) が一般的に使用されている．MIPLIB は 1992 年に発表され，その後，1996 年，2003 年，2010 年に更新されている．更新が行われるのは，発表当時は困難であった問題が次々と解かれるようになるためであるが，これは計算機環境の進歩と整数計画ソルバーの進歩の相乗効果であると言うことができる．NP 困難な問題に対しては計算速度の向上だけでは解決できないことが多く，近年整数計画が注目されているのはソルバーの目覚ましい進歩による．これにより，整数計画を含む離散最適化問題を解くプロセスにおいて，部分的に整数計画問題を解くといったことも決してめずらしくなくなっている．また，さらに大規模で難しい整数計画問題への挑戦が続いている．詳細は [2] を参照されたい． ［藤江哲也］

参　考　文　献

[1] M. Jünger et al. (eds.), *50 Years of Integer Programming 1958–2008*, Springer, 2010.

[2] T. Koch et al., MIPLIB 2010, *Mathematical Programming Computation*, **3**(2) (2011), 103–163.

最適化モデリング
optimization modeling

　最適化モデリングは，現象を数理的に捉えるという意味では通常の数理モデリングと同様の動作であるが，その目的がモデルを「解く」こと，すなわち具体的な数値解を求めるところにあることが大きな特徴である．この特徴を踏まえつつ，一般性，頑健性，不変性を備えると同時に，現実のシステムなどの設計，運用，制御，予測などに役立つ知見を目標とすべきである[1]．

1. 最適化モデリングの技法

1.1 見立てる

　対象を既知の構造に当てはめて（見立てて），既に確立された線形計画法，動的計画法，分枝限定法など実績のあるアルゴリズムの力を発揮させる余地を拡大することは，最適化モデリングの主要なテクニックである．

　例えばロジスティクス，動的プラントやトラフィックの制御といった問題では，モデリング対象が「生産物」「マテリアル」「トラフィック」が流れるネットワークの構造をしていることに着眼すれば，例えば最小費用流問題，多品種流問題といった，よく知られた問題に帰着して解決できる．また，広告の出稿場所の最適化，レコメンデーション，人員配置，施設配置においては，特殊なネットワーク構造である「二部グラフ」への「見立て」が有効であり，ヒッチコック型輸送問題，一般化割当問題という汎用的かつ性能の良いアルゴリズムが存在する問題に帰着できる．

　モデルの「見立て」は一意とは限らない．例えばトラフィック制御問題で，ノードやアークを共有しない複数の経路を選択したい場合[2]には，ネットワーク上のフローを個々のアークを流れる量としてではなく，より巨視的に経路として捉えて候補となる経路を列挙し，始点と終点のペアに割り当てる二部グラフ上の割当問題として捉えるモデリングが有利である．

1.2 分割する

　最適化モデリングが解を求めることを目的とする以上，扱う対象の構造に着目して計算量を減らすモデリング技法は重要なものとして古くから知られる．

　実務で頻出する大規模問題の典型例としては，配送の現場において，手持ちの複数台の車両が巡るルートを決定するという問題（配送計画問題）がある．これは「車両」が一般に多数存在し，それぞれが（配送先）を「取り合う」ために車両相互の計画が関連し合うところに問題の複雑さの源があり，問題のサイズは「車両」の数に従って増大する．このようなケースには，ラグランジュ緩和，あるいは列生成法と呼ばれるアルゴリズムの利用を前提としたモデリングが有効である．具体的には，制約を「車両」個別のもの（1日の走行距離の上限，荷台の容量）と，複数の車両にまたがるもの（単一の配送先には1つの車両が対応）に分割して，車両個別のモデルと全体のモデルを独立に生成し，制約の重要度合いの指標値を更新しながら交互に解くことで，計算負荷を軽減する．

　これと共通する構造を持つ問題が実務界には多数現れることが知られている．例えば，ナーススケジューリング[3]を代表とする勤務表作成（複数人からなる部署の1か月分のスケジュールを立てるとき，各人に各日どういう勤務を割り当てるかというスタッフスケジューリング），複数の機械にどのようにタスクを割り振れば納期が最小化できるかという並列機械スケジューリング問題，複数の施設の劣化速度を考慮して保守合計予算の平準化を考慮しながら将来にわたる保守スケジュールを導く保守スケジューリング問題[4]などがこの例である．これらは，配車計画問題における「車両」を「人/機械/施設」に，「配送先」を「勤務/タスク/予算」に読み替えると，まったく同様に効率的なモデリングと解法の適用が可能となる．具体例については[5],[6]を参照されたい．

1.3 階層化する

　社会における実際の意思決定について見てみよう．意思決定が単一のモデルの解として表現されていることはほとんどなく，多くは階層化されている．

　例えば，工場での生産物を倉庫に集積し，集積したものを消費地に運ぶという業務の流れにおいて，生産を司る「工場」，生産のリードタイムを吸収し，かつ消費量のぶれを補う「倉庫」，さらに消費地への「配送」に関する意思決定は，この順に階層化されており，それぞれの担当部署で独立に行われていることが多い．また，機関投資家の投資計画の決定は，銘柄種別への配分を決定するアセットアロケーションを経て銘柄選択するという形で階層化が行われている．さらに，国家予算の配分は，上位組織から下部組織の順に進められている．

　同様の手法が最適化モデリングにおいても用いられる．航空産業におけるクルースケジューリングモデル[7]は，まずは複数のフライトを「フライトレッグ」という形の並びに結合するフェーズと，「フライトレッグ」に具体的な人員を割り当てるフェーズに

分割することによって，意思決定を階層化している．人員割り当てもさらに階層化されており，スタッフを「パイロット」「客室乗務員」などに抽象化して職種に共通な属性や業務規則を考慮するフェーズと，スタッフの個性（休暇の希望や居住地）を考慮するフェーズが分離している．このほか，制約の多い夜勤シフトを決定してから日勤シフトや休みを決定する2交替ナーススケジューリング[8]，ネットワーク設計におけるハブノード配置において，最初の階層でハブノードの配置を決定し，次の階層でハブノードを通るトラフィックの経路を決定する[9]なども，このアプローチの実例である．

「階層化」アプローチは，「全体最適」という理想論に対比する意味での「部分最適」，あるいは「縦割り的」といった批判もあるものの，結合が緩い部分でモデルを分割し，無意味に大規模化するのを防ぎ，分割した問題に対して別の「見立て」を行ってそれぞれに適したアプローチを選択する余地を生む点で，大規模で複雑な対象をモデリングするための重要なアプローチである．

2. 「目的関数」の設定

2.1 自然なケース

例えば動的プラントの問題では，最終生産物の需要，利用可能な1次エネルギーの制約，およびマテリアルバランスを制約として表現した後，原料コストおよび機器の運転コストの合計を目的関数として最小化し，最小コストあるいは最小環境負荷の操業計画を求める．配車計画の場合にも，所定の配送を行う制約のもと，車両の固定費，変動費を目的関数として最小化する．ネットワーク流量を最大化する場合には，目的関数をネットワークの総流量として最大化問題を解く．このように目的関数が「コスト」や「流量」であり，変数が物理的実体と結び付いた量を表現している場合には，目的関数の設定において特段の配慮は不要である．

2.2 考慮が必要なケース

一方，人員配置問題において各部署に各人を割り当てた場合の「満足/不満足度」など，数値化しにくい指標を目的関数にした最適化モデルは，アルゴリズムが導いた「最適解」が人間の直観と合致するとは限らない．例えば完全な制約充足が難しいスタッフスケジューリング問題では，アルゴリズムの便宜上，制約の違反量の「重み」付き線形和を目的関数として最小化する最適化モデリングを行ってアルゴリズムを適用することが多いが，このモデリングでは，制約違反を複数人で分かち合う解と一部の人に制約違反を集中させる解の優劣を目的関数の大小によって区別させることができない．この現象は違反量を線形に足し上げることによって起き，例えば違反量の2乗和を目的関数とすれば防ぐことができる．しかしながら，そもそも，制約違反の合計値と結果（この場合にはスケジュール表）の善し悪しが必ずしも万人にとって連動しないため，納得性の乏しい結果となりやすい．

2.3 目的関数の限界

あるメンバーの休暇希望を無視した解と，別のメンバーの夜勤の回数を超過した解のいずれが良いかといった選択が人間にとっても難しいのであれば，制約の違反量の「重み」付き線形和として定義された目的関数は，絶対的な指標ではなく，アルゴリズムの探索範囲を絞って具体的な解を導くための便宜上の指標にすぎないと考えるべきである[3]．もちろん，「重み」を動的に変更すれば，より意図に沿った解を得ることができる可能性は残るが，重みに対する解の振る舞いを予測したり制御したりすることはかなり難しい．

そのような場合，例えば，違反の重大さの区別がつけられない制約の重みをあえて同一の数にして，複数の良解を求め，人間が解を選び取る上での「選択肢」とする方法が推奨される．最適化モデリングに限界があるのであれば，最終的な意思決定を人間に委ねることが最適化モデリング本来の目的に合致した姿勢である．

3. 実行可能領域の構造

3.1 冗長性の帰着

動的プラントにおいて同一の仕様の機器が並列に接続されている，あるいは，スタッフスケジューリングにおいて同一のスキルの人員が複数存在するなど，最適化モデリングの対象となる現場には，冗長性が存在する．不測の事態でも業務を継続しなければならないという現場の特性上，冗長性はむしろ普通に存在するものと考えてよい．そのようなケースにおいては，最適化モデリングの結果として，同一の良さの「最適解」が大量に出現することは自然に起こりうる．

3.2 冗長性を回避する方法

例えば動的プラントの運転計画をモデル化する際に，同一の定格出力とコストを持つ機器が並列に5台接続されているとする．最適化モデルが機器の出力を制約としてコストを最小化している場合，機器の定格やコストが同一な5台の機器はモデル上区別不可能なので，具体的にどの機器を動かすかを一意に決定することはできない．したがって，0-1変数

を各機器に対して設けるのは冗長で，同一の目的関数値（コスト）を与える少なくとも 2^5 個の最適解が発生する原因となる．この場合の最適化モデリングによる対応策は，変数の置き替えと意思決定の適切な階層化である．具体的には，それらの機器のうち「何台」が動作しているかを（整数）変数 1 個で表現し，まずは運転台数を求める．続いて，別のロジック（機器に対して平等な運転回数を与えるなど）に従った別のモデルを立てて，具体的にどの機器を動かすかを決定する．

無理に冗長な変数を導入して全体を 1 つのモデルで記述してしまうことは，「全体最適」には決して繋がらない．最適解の存在領域を絞り込む分枝限定法系統のアルゴリズムに負担をかけるばかりか，その結果がソルバーの実装依存の恣意的なものとなる．例えば，上述の問題で仮に分枝限定法を基礎とするソルバーが「1, 3, 5 番目の機器を運転」という解を出力したとしても，その機器の選択にまったく意味がないことは明らかである．

3.3 実行可能領域の構造に関する知見

前項では冗長性が明らかな例について説明したが，モデルが大規模化・複雑化すると，一見そうとわからない冗長性が持ち込まれてしまうことがある．本質的な情報を含む変数の値と，前項最後の「1, 3, 5 番目の機器を運転」のような冗長性の帰着として現れた「無意味な選択」を示す変数の値を峻別するためには，実行可能解の空間の構造情報を取得することが必要であり，これは一般に困難な課題である．

そのような場合には，「唯一」の最適解を求めることを指向するアルゴリズムではなく，同程度の良解を多数求めるといった，k-best 解を得るアルゴリズムやメタヒューリスティクスアルゴリズムがモデリング上のヒントを与える．上述のケースでは，無理に 5 個の 0-1 変数で表現した問題の結果としてランダムに 3 台を選んだ良解が多数得られて，選ばれ方に規則性がないのであれば，3 台を動かすという結果が本質的であり，冗長性を除去するために変数を「台数」に置き換える代替案に気づくことができる．

[10], [11] では，施設配置問題/ナーススケジューリング問題をメタヒューリスティクスで解いた場合の複数の良解の情報を集約することによって，施設の評価や，どのメンバーの休暇希望が全体のスケジュールにより大きく影響するかといった知見を得る試みを行っている．

4. 最適化モデリングの応用

4.1 モデルが厳密なケース

最適化という技法は，石油化学プラント，動的プラント，発電機の運用最適化など，物理的な法則を起源とした制約のもと，「コスト」のように一意に定量化されている目的関数を最小化する問題に適している．このような場合，最適化モデリング技術は，大規模な問題をより速く，より正確に解くために利用される．具体的には 1.1 項で述べた「見立て」の技術によって，性能の保証されたアルゴリズムが力を発揮できる形にモデル化し，ときには 1.2 項で述べた手法によってモデルの構造を利用して分割し，大規模問題を現実的な計算負荷で解けるように変換する．

4.2 モデルの厳密性が保証できないケース

一方で，データの蓄積によってビジネス上の意思決定に最適化が応用される機会が増えてきたことから，人員配置，スタッフスケジューリングや公共施設の配置問題など，制約が恣意的なケース，目的関数が複数あってその優劣が明らかでないケースに対する適用事例も増える傾向がある．この場合には，前項のようにモデル自体の厳密性が保証できる場合とは違った，より広い意味での最適化モデリングの技術が必要となる．以降では，本項目の議論を振り返りながら，この場合への実際の対処法について触れていきたい．

4.3 適切な階層化

モデルの厳密性が保証できないケースでは，モデルの結果の検証が重要である．近年飛躍的に増大した計算機パワーにあかして複雑で大規模なモデルを一気に解くのは，解の検証という作業を考えると得策とは言えない．

モデルが大規模であるほど結果を検証する手間も増大し，検証の精度も落ちる．例えば，最適化モデルに 3 節で述べたような冗長性が存在したときに本質的な情報を含む変数を知るには，最適化アルゴリズムの適用を繰り返して現れた解を吟味し，人間の直観を働かせる必要があるが，モデルが重いとそもそも検証自体が容易ではない．

複雑で大規模な対象をモデリングするとき，1.3 項で述べた「階層化」のアプローチは有効である場合が多い．具体的には満たすのが難しい制約に現れる「重要な」変数が先に決定されるように，問題を分離して順番に解くことを検討する．問題を階層化することにより，モデルがコンパクトになって検証しやすくなり，有効な「見立て」を発見できる可能性も増えることが期待できる．

4.4 開発プロセスの工夫

最適化モデリングの目的は「解く」というところ

にあるが，この目的が束縛となって，モデル化対象を完全に記述できないことはままある．例えば最適化モデルをアルゴリズムが取り扱える範囲に落ち着けるために，本来ならば線形で記述できない関係を線形で近似したり，重要でないと考えられる相互作用を捨象したりといったことはよく行われる．したがって，最適化の実践はモデルが常に不完全であることを前提に行うべきである．言うまでもなく，最適化モデリングが人為的な所作であることから，モデル上の「最適解」が現実の世界で常に「最適」であることは言えない．特にモデルに人為的な制約が多数存在するケースでは，モデリングがもたらす解を検証して初めて考慮から抜けていた制約や，厳しすぎて良解の出現を妨げている制約に気づく，といった場合も多い．したがって，モデル開発全体のプロセスとしては解の検証と最適化モデルの改善を繰り返すスパイラルなものが推奨される．

4.5 アルゴリズムによる示唆

最適化アプリケーションの開発プロセスにおいては，モデリングと最適化アルゴリズムの起動は反復的に行うのがよい．モデルに制約が足りない場合には最適化アルゴリズムはモデルの「瑕疵」を狙って「最適解」を構成してくるので，モデリングにおいて示唆深い情報が得られる．しかしながら，最適解を1つだけ出すのみでは十分でないケースが多々ある．3節で示したモデリングの冗長性を見分け，本質的な情報を含む変数を知るには，メタヒューリスティクスやk-最短路の取得，列挙など，多数の良解もしくはk-best解を得る方法が有効である．

4.3項において階層化のアプローチが有効であると述べたが，何を最初の階層とすべきか，すなわち，満たすのが難しい制約や，それに現れる変数が何かを導くのは，現在，最適化モデリングを行う人間の経験やノウハウ，現場の観察に依存している．階層化アプローチの具体化についても，アルゴリズムから何らかのヒントが得られるようになることを期待したい．

4.6 最適化モデリングのもたらすもの

最適化モデリングがもう1つ持つべき問題意識として，解がどのように使われるべきであるかということがある．モデルの厳密性が保証できないケースにおいては，最適化モデリングをいかに工夫しても，唯一絶対の最適解を与えることは不可能である．そういう立場に立てば，最適化モデリングが人間にもたらすことができるものは現場の「支援」であり，これ以上良い解は存在しないという「納得」，良解を見逃してはいないという「安心」など，人間系との相互作用によって生まれる価値であると考えられる．

今後，最適化モデリングとアルゴリズムで何ができるのかについて，ソフトウェア技術を含めて検討を進めることが望まれる．なお，モデルのあり方については，[12] も参照されたい．

[田辺隆人・池上敦子]

参 考 文 献

[1] 伊理正夫, モデリング, bit 臨時増刊, **15**(8) (1983), 898–903.

[2] S.G. Kolliopoulos, C. Stein, Approximating Disjoint-Path Problems using Packing Integer Programs, *Mathematical Programming (Ser.A)*, **99**(1) (2004), 63–87.

[3] A. Ikegami, A. Niwa, A Subproblem-centric Model and Approach to the Nurse Scheduling Problem, *Mathematical Programming (Ser.B)*, **97**(3) (2003), 517–541.

[4] 安野貴人, 岩永二郎, 田辺隆人, ラグランジュ緩和法を用いた土木構造物の長期修繕計画における予算準化問題の汎用解法, 日本オペレーションズ・リサーチ学会春季研究発表会 (2010), 32–33.

[5] O. Briant, C. Lemarechal, Ph. Meurdesoif, S. Michel, N. Perrot, F. Vanderbeck, Comparison of Bundle and Classical Column Generation, *Mathematical Programming (Ser.A)*, **113**(2) (2008), 299–344.

[6] 田辺隆人, 原田耕平, 島田直樹, 大規模離散計画問題へのラグランジュ緩和の応用, RAMP シンポジウム (2008), 45–60.

[7] R.E. Marsten, M.R. Muller, C.L. Killion, Crew Planning at Flying Tiger: A Successful Application of Integer Programming, *Management Science*, **25**(12) (1975), 1175–1183.

[8] 池上敦子, 丹羽 明, ナース・スケジューリングに有効なアプローチ—2交替制アルゴリズムにおける実現, *Journal of the Operations Research Society of Japan*, **41**(4) (1998), 572–586.

[9] I. Contreras, J. Cordeau, G. Laporte, Benders Decomposition for Large-Scale Uncapacitated Hub Location, *Operations Research*, **59**(6) (2011), 1477–1490.

[10] 貞広幸雄, 貞広斎子, 佐藤 誠, 多田明功, 人口減少に対応した施設再配置計画立案支援手法の開発—距離・容量制約付き集合被覆問題としての定式化と応用, 計画行政, **33**(1) (2010), 5–81.

[11] 田辺隆人, 岩永二郎, 多田明功, 池上敦子, 「納得」を生み出すスケジューリングアルゴリズムとソフトウェア 制約充足を超えて：実行可能領域の直観的把握, スケジューリングシンポジウム (2009), 169–173.

[12] 池上敦子, 土谷 隆 企画, モデリング特集, オペレーションズ・リサーチ, 2005 年 4 月号, 8 月号, 2007 年 4 月号.

計算代数

数と多項式の基本算法 330
グレブナー基底 332
多項式イデアルの発展した算法と応用 336
微分作用素環のグレブナー基底 338
CAD と実代数幾何計算 340
数値数式融合計算 344

数と多項式の基本算法

basic arithmetics of numbers and polynomials

正確な式の計算を旨とする数式処理では，数や式をデータ構造で表し，数理的算法をデータ構造の変形としてプログラムすることにより計算を実現する．最も基本的なデータが多倍長の整数と多項式で，普通は筆算と同じ計算法をとる．特に，多倍長整数は，通常は一定の大きさ（語長）の整数値の列で表され，1 変数多項式と同等である．本項目では，多項式に対する基本的な計算法を概説する．より詳しくは，文献に挙げる書籍や原典の論文を参照されたい．

1. 準　　備

多項式に関する一般的な呼称を定義する．まず，多項式の GCD とは，複数の多項式に共通する因子のうち最大次数の多項式のことで，0 次の場合は 1 とする．本項目で扱うような多項式の計算は 1 つの変数に注目して行うが，この変数を主変数と呼ぶ．多項式をある主変数の多項式と見なしたときの全ての係数の GCD を容量と呼び，容量が 1 のとき原始的であるという．多項式をその容量で割った商の式を多項式の原始的部分（pp）と呼ぶ．GCD の計算や因数分解は，容量と pp に分解した後それぞれに対して目的の計算を行う．そうした因子は主変数の選び方に依存しないが，一般には，より低次の変数を主変数に選ぶと効率が良い．また，多項式の最高次の係数を主係数と呼び lc(f) で表す．

整数の集合を $\mathbb{Z}$ で表し，その m による剰余類環 $\mathbb{Z}/m\mathbb{Z}$（m を法として整数計算を行う数の集合）を $\mathbb{Z}_m$ で表す．特に，剰余類の代表元を絶対値が $m/2$ 以下の整数値の集合で表現する場合，$\mathbb{Z}_m^\pm$ と書くことにする．以下 p は素数とする．$\mathbb{Z}_p$ は有限体で，有限体上の多項式について次の事実が知られている．

(a) e を $p-1$ の約数，ω を 1 の原始 e 乗根とすると（$e = 2$ のとき $\omega = -1$）
$$X^p - X \equiv X \prod_{k=1}^{e}(X^{(p-1)/e} - \omega^k) \bmod p.$$
$e = p - 1$ のとき，右辺は $\prod_{k=0}^{p-1}(X - k)$．

(b) $X^{p^k} - X$ は，次数が k の約数で主係数が 1 である既約多項式（$\in \mathbb{Z}_p[X]$）全ての積である．p が奇数のとき $t = (p^k - 1)/2$ とおくと $X^{p^k} - X = X^{2t+1} - X = X(X^t - 1)(X^t + 1)$．

(c) $\mathbb{Z}_p$ 上の多項式 $v(X)$ に対して $v(X)^p \equiv v(X^p) \bmod p$．

ヘンゼル構成 R 上の多項式 H が法 $m \in R$ のもとで互いに素な多項式 F_i の積 $H = F_1 F_2 \bmod m$ と書け，かつ，F_i による除算が可能（$(\mathrm{lc}(F_i))^{-1} \bmod m$ が存在する）とする．Hensel の補題は，任意の k に対し，$H = F_1^{(k)} F_2^{(k)} \bmod m^k$ および $F_i^{(k)} \equiv F_i \bmod m$ を満たす多項式 $F_i^{(k)}$ を構成する方法を与える．$R = \mathbb{Z}$ の場合 m は素数，$R = \mathbb{Z}[y_1, \ldots, y_n]$ では m としてイデアル $(y_1 - a_1, \ldots, y_n - a_n)$ $(a_i \in \mathbb{Z})$ とし，係数域を拡大するのに用いる．多項式の因子の係数の上限値は Landau–Mignotte の式が与える．

2. 高　速　乗　算

多項式や多倍長整数の乗算法として計算量を改善し，実用上も高速化しうる方法が知られている．また，多項式の除算は乗算と同等の計算量となることが知られており，高速な場合も当てはまる．

Karatsuba 法 $f = f_\ell + X f_h$ と $g = g_\ell + X g_h$ の積 $fg = f_\ell g_\ell + X(f_\ell g_h + f_h g_\ell) + X^2 f_h g_h$ の計算において，括弧内を例えば $f_\ell g_\ell + f_h g_h - (f_\ell - f_h)(g_\ell - g_h)$ で計算すれば，乗算回数は全体で 3 回に減る．f, g が d 次の多項式のとき，X を $\lceil d/2 \rceil$ 次の単項式として，多項式を低次の部分と高次の部分に分割し，上式に従って乗算を行う方法を再帰的に適用すれば，計算量は $\mathcal{O}(d^{\log_2 3})$ と減少する．

離散フーリエ変換の利用 多項式 $f(x), g(x)$ の積の次数 d は 2^n 未満とし，ω を 1 の原始 2^n 乗根とする．$f(\omega^j), g(\omega^j)$ $(0 \leq j < 2^n)$ を離散フーリエ変換として求め，対応する値 $f(\omega^j)g(\omega^j)$ の列の逆変換を求めれば，積 fg の係数が得られる．この方法の計算量は変換が支配的で $\mathcal{O}(d \log_2 d)$ である．

この方法では，係数の集合中に ω が存在することが必須条件である．多倍長整数の場合も含む一般の場合に適用可能としたのが Schönhage と Strassen の方法で，計算量は $\mathcal{O}(d \log d \log \log d)$ となる．

実践的な方法 上述の方法は数理的に高速化を達成するものだが，実装上は計算機科学的な工夫も用いられる．多変数の疎な多項式の乗算では，同類項の整理で項の探索にハッシュ法を用いれば高速化する可能性がある．グレブナー基底の計算では，単項式の乗算が多用されたり，多項式の先頭項が重要な役割を果たしたりする．単項式の指数ベクトルを 1 個の整数値で表現したり，Geobucket や spmd といった先頭項に重点を置いた多項式のデータ表現では，先頭以外の項は同類項の整理を完全には行わずに適宜寄せ集めとして扱ったり，項の集合を優先度付き待ち行列で表現したりすることで，高速な処理を実現している．

3. 多項式の共通因子：終結式と GCD

3.1 終結式

f と g を n 次と m 次の多項式とする．f, g の終結式は，f, g の Sylvester 行列（それぞれの係数を並べた行を 1 列ずつずらしながら m 行と n 行並べた $m+n$ 次の正方行列）の行列式である．「f, g の終結式が 0 である」ことと「f と g が共通因子を持つ」ことは同値である．そうした条件として終結式を求める場合，行列要素はパラメータを含むのが普通だが，行列式の展開には Bézout 行列への変換（行列を疎から密に変換），久留島/ラプラス展開法，補間法による終結式多項式の構成など，数値計算の場合とは異なる計算技法を用いる．

3.2 多項式 GCD

GCD の計算には，多項式の場合にもユークリッドの互除法を用いる．2 つの多項式 P_0, P_1 が与えられたとき（$\deg P_0 \geq \deg P_1$ と仮定），(擬) 剰余列

$$\alpha_i P_{i-1} = Q_i P_i + \beta_i P_{i+1}, \ \deg P_{i+1} < \deg P_i$$

を計算し，$P_{k+1} = 0$ となったとき P_k が GCD の多項式を与える．ここで，α_i は係数の有理化を避ける乗数（通常は $\mathrm{lc}(P_i)$ のべき乗），β_i は剰余の式から取り除ける係数の共通因子で，アルゴリズムによる．しかし，一般にはこの因子の除去が完全にはできずに式の膨張を招き，特に多変数の場合に顕著である．

モジュラ算法 剰余列の計算を有限体 $\mathbb{Z}_p$ 上で行うモジュラ算法は，この問題を回避する有効な方法である．すなわち，多変数の場合は主変数以外の変数には適当な値を代入して ($\bmod I$) 1 変数化し，整数係数については $\mathbb{Z}_p$ に写した ($\bmod p$) 後，剰余列の計算を行い，逆の手順で（まず，数係数を $\mathbb{Z}_p$ から $\mathbb{Z}$ へと，続いて 1 変数多項式から多変数多項式へと）式を構築していく．この構築には，中国剰余定理やヘンゼル構成を用いる．mod 写像のもとで計算した GCD と真の GCD の像とは，前者の次数が過大になりうることと p 進数体での 1 の因子の分の不定性のために，直接の対応は必ずしも成り立たない．この問題は，多数の法での情報，適切な変換法，試し割等により，実用上は解決される．

多変数のヘンゼル構成では，整数係数は一定の範囲（精度）内の p 進表現として扱えばよいが，$\bmod I^k$ の計算は，$y_i = y_i' + a_i$ と置換し，式での k 次以上の項の除去として実現するため，式の膨張を引き起こし，特に元の式が疎の場合に問題となる．回避策として，Zippel の方法，EEZGCD，発見的方法による GCDHEU など，項を次数順に構築する代わりに存在しうる項を発見的に決めていくという，疎な多項式の補間とも関連する方法が用いられる．

4. 多項式の因数分解

多項式の因数分解では，原始的な多項式を，まず互いに素な多項式のべき乗の積（無平方分解）の形に分解する．無平方分解は，多項式とその 1 階微分との GCD として 2 乗以上の因子を求めた後，除算と GCD 計算の繰り返しで得られる．以降は GCD の場合と同様，$\mathbb{Z}_p$ 上の 1 変数多項式に写した後，$\mathbb{Z}_p$ 上で既約因子に分解し，ヘンゼル構成により各因子の係数域を拡大していく．整数係数の真の因子を得るには，GCD の場合と同じ方法で変換を行うが，いくつかの因子の積について試す必要がある．

多項式 $f(x) \in \mathbb{Z}_p[x]$ の因数分解には，上記の事実の既知の分解を用いる．例えば $f \mid X^{2t+1} - X$ がわかっていれば，f の既約因子は

$$f = \gcd(f, X) \gcd(f, X^t - 1) \gcd(f, X^t + 1)$$

の GCD 計算により，3 つのグループに分離されると期待できる．f の既約因子の個数がわかっていれば，分離の計算を様々な X に対して繰り返すことにより既約因子への分解が達成する．X として用いる式の作り方は算法により異なる．$x^{ip} \bmod (f, p)$ の係数を要素とする正方行列 Q を作れば，多項式 $v \in \mathbb{Z}_p[x]$ のべき乗 v^p の係数は，事実 (c) より Q と v の係数ベクトルの積として求められる．有名な Berlekamp 算法は，行列 Q への操作により因子の個数と $v^p \equiv v \bmod (f, p)$（すなわち $f \mid v^p - v$）を満たす $v \in \mathbb{Z}_p[x]$ の表現を求め，それを用いて因子の分離を行う．別種の算法として，k 次の既約因子の積 f_k に分解（次数別分解）した後，各 f_k を $(\deg f_k)/k$ 個の既約因子に分解（同次数分解）する方法もある．次数別分解は，事実 (b) より，$\gcd(f, x^{p^k} - x)$ の計算を $k = 1, 2, \ldots$ の順に行えば得られる．同次数分解は，任意の多項式 b の $b^{p^k} - b$ のように，f_k が割り切るとわかっている形の式を用いて分離を行う．高速行列乗算法などを駆使して，計算量を f の次数の 2 乗未満にまで改善する方法も知られている．

整数係数の因子を作る場合，複数の因子の組合せの積を試すため，実用上はほとんど支障はないが，最悪計算量は多項式の次数に関して指数的になる．LLL アルゴリズムは，この問題を多項式時間で解く画期的な方法だが，実用性は高くないとされていた．その後，ナップサック問題として捉えて同アルゴリズムを適用することで，実用性を獲得している．

［村尾裕一］

参 考 文 献

[1] J. von zur Gathen, J. Gerhard, *Modern Computer Algebra*, 2nd edition, CUP, 2003.

グレブナー基底
Gröbner basis

グレブナー基底は多項式イデアルの基底（生成系）のうち，ある特別な性質を満たすものである．グレブナー基底は与えられた項順序に対して定まり，種々のイデアル演算のアルゴリズムを与える．また，イデアルが表す代数方程式系の解を計算するための基礎となる．以下，$X = \{x_1, \ldots, x_n\}$ とし，$R = K[X] = K[x_1, \ldots, x_n]$ を体 K 上の n 変数多項式環とする．T を R の係数 1 の単項式全体とする．

1. 項順序と簡約

1.1 項順序
項順序 $<$ とは，T の全順序で
1) 任意の $t \in T$ に対し $1 \leqq t$
2) 任意の $t, s, u \in T$ に対し $t < s$ ならば $ut < us$

を満たすものである．$t \in T$ は $\alpha = (\alpha_1, \ldots, \alpha_n) \in \mathbb{Z}_{\geqq 0}^n$ により $t = x^\alpha = x_1^{\alpha_1} \cdots x_n^{\alpha_n}$ と書ける．t の全次数 $\alpha_1 + \cdots + \alpha_n$ を $\mathrm{tdeg}(t)$ と書く．多項式 f の項の全次数の最大値を f の全次数と呼び，$\mathrm{tdeg}(f)$ と書く．代表的な項順序を2つ挙げる．

- 全次数逆辞書式順序 $<_{grevlex}$
  $x^\alpha <_{grevlex} x^\beta \Leftrightarrow \mathrm{tdeg}(x^\alpha) < \mathrm{tdeg}(x^\beta)$ または（$\mathrm{tdeg}(x^\alpha) = \mathrm{tdeg}(x^\beta)$ かつ $\beta - \alpha$ の最も右の 0 でない成分が負）
- 辞書式順序 $<_{lex}$
  $x^\alpha <_{lex} x^\beta \Leftrightarrow \beta - \alpha$ の最も左の 0 でない成分が正

定理 1（Dickson の補題） T の任意の空でない部分集合 S に対し，S の有限部分集合 U が存在して，任意の $s \in S$ に対し，ある $u \in U$ が s を割り切る．

この定理より，項順序が整列順序である，すなわち T の任意の空でない部分集合が最小元を持つことが従う．項順序 $<$ に対し，多項式 $f \neq 0$ を $f = c_t t + \sum_{s<t} c_s s$ ($t, s \in T$, $c_t, c_s \in K$) と表すとき，t を f の先頭項と呼び $\mathrm{LT}_<(f)$ で表す．また，$\mathrm{LC}_<(f) = c_t$, $\mathrm{LM}_<(f) = c_t t$ と定義する．以下，混乱を生じない場合には添字 $<$ を省略する．

1.2 簡約
項順序 $<$ を1つ固定する．0でない $f, g \in R$ に対し，f の項 ct ($c \in K$, $t \in T$) が $\mathrm{LT}(g) \mid t$ を満たすとき，$r = f - \frac{ct}{\mathrm{LM}(g)} g$ を f の g による単項簡約と呼び，$f \underset{g}{\to} r$ と書く．$F \subset R$ とするとき，f に対し F のいずれかの元による単項簡約を繰り返すと，有限回の後に簡約した結果 r が，F のどの元によっても簡約できなくなる．このとき $f \underset{F}{\overset{*}{\to}} r$ と書き，r を $\mathrm{NF}_F(f)$ と書く．簡約操作が有限で停止することは定理1により保証されるが，一般に $\mathrm{NF}_F(f)$ は f の項を消す順序に依存する．

2. グレブナー基底とブッフバーガーアルゴリズム

R の空でない部分集合 I が R のイデアルとは
1) 任意の $f, g \in I$ に対し $f + g \in I$
2) 任意の $a \in R$, $f \in I$ に対し $af \in I$

が成り立つことをいう．I の部分集合 S が I の生成系，あるいは基底であるとは
$$I = \left\{ \sum a_i f_i \text{(有限和)} \,\middle|\, a_i \in R, f_i \in S \right\}$$
が成り立つことをいう．このとき $I = \langle S \rangle$ と書く．イデアル $I \subset R$ に対し，有限集合 $G \subset I$ が I の項順序 $<$ に関するグレブナー基底であるとは，任意の $f \in I$, $f \neq 0$ に対し，$\mathrm{LT}(g) \mid \mathrm{LT}(f)$ なる $g \in G$ が存在することをいう．
$t = \mathrm{LCM}(\mathrm{LT}(f), \mathrm{LT}(g))$（係数1の最小公倍単項式）とするとき，$f, g \in R$ のS-多項式を
$$\mathrm{Spoly}(f, g) = (t/\mathrm{LM}(f))f - (t/\mathrm{LM}(g))g$$
で定義する．

定理 2（Buchberger）　1) 任意の項順序 $<$ に対し I のグレブナー基底 $G_<$ が存在し，$I = \langle G_< \rangle$．
2) $G_<$ が $I = \langle G_< \rangle$ のグレブナー基底 $\Leftrightarrow$ 任意の $f, g \in G_<$ に対し $\mathrm{NF}_{G_<}(\mathrm{Spoly}(f, g)) = 0$．
3) $f \in I \Leftrightarrow \mathrm{NF}_{G_<}(f) = 0$．

この定理により，直ちに次を得る．

アルゴリズム 1（Buchberger）
入力：多項式集合 $F = \{f_1, \ldots, f_l\}$，項順序 $<$
出力：$\langle F \rangle$ のグレブナー基底 G
$D \leftarrow \{\{f, g\} \mid f, g \in F; f \neq g\}$; $G \leftarrow F$
while ($D \neq \emptyset$) do
    $C = \{f, g\} \leftarrow D$ の元; $D \leftarrow D \setminus \{C\}$;
    $h \leftarrow \mathrm{NF}_G(\mathrm{Spoly}(f, g))$ の1つ
    if $h \neq 0$ then
        $D \leftarrow D \cup \{\{f, h\} \mid f \in G\}$
        $G \leftarrow G \cup \{h\}$
    endif
end while
return G

I のイニシャルイデアル
$$\mathrm{in}(I) = \langle \mathrm{LT}(f) \mid f \in I, f \neq 0 \rangle$$
は I の種々の性質を表すが，グレブナー基底の定義により $\mathrm{in}(I) = \langle \mathrm{LT}(g) \mid g \in G \rangle$ である．G が I のグレブナー基底のとき，$g, h \in G$ が $g \neq h$，$\mathrm{LT}(g) \mid \mathrm{LT}(h)$ を満たすならば $G \setminus \{h\}$ も I のグレブナー基底である．このような g, h が存在しない場合，G は極小グレブナー基底であるという．G が極小で，各 $g \in G$ が $\mathrm{LC}(g) = 1$ かつ g のすべての項がそれぞれ $G \setminus \{g\}$ のどの元の先頭項でも割り切れないとき，G は簡約グレブナー基底 (reduced Gröbner basis) であるという．簡約グレブナー基底はイデアル I に対して集合として一意に定まる．

3. 種々のイデアル演算

種々のイデアル操作により得られるイデアルの基底が，グレブナー基底により具体的に与えられる．

3.1 消去定理

変数の集合の分割を $X = Y \cup Z$，$Y = \{y_1, \ldots, y_k\}$，$Z = \{z_1, \ldots, z_{n-k}\}$ とし，$K[Y] = K[y_1, \ldots, y_k]$，$K[Z] = K[z_1, \ldots, z_{n-k}]$ と書く．項順序 $<$ が $Z \ll Y$ なる消去順序であるとは，単項式 $t_Z, s_Z \in K[Z]$，単項式 $u_Y \in K[Y]$ に対し $u_Y \neq 1$ ならば $t_Z < s_Z u_Y$ が成り立つことをいう．

定理 3（消去定理）$<$ を $Z \ll Y$ なる消去順序とする．このとき，$K[X]$ のイデアル I に対し，I の $<$ に関するグレブナー基底を G とすれば，$G \cap K[Z]$ は $K[Z]$ のイデアル $I \cap K[Z]$ の，$<$ を $K[Z]$ に制限した項順序に関するグレブナー基底となる．

3.2 イデアルの和，積，共通部分

$I = \langle f_1, \ldots, f_l \rangle$，$J = \langle g_1, \ldots, g_m \rangle$ を R のイデアルとする．イデアルの和 $I + J$，積 IJ はそれぞれ
$$I + J = \langle f_1, \ldots, f_l, g_1, \ldots, g_m \rangle$$
$$IJ = \langle f_i g_j, 1 \leqq i \leqq l, 1 \leqq j \leqq m \rangle$$
で定義される．t を新しい変数とし，$R[t] = K[x, t]$ のイデアル L を $L = \langle tf_1, \ldots, tf_l, (1-t)g_1, \ldots, (1-t)g_m \rangle$ とおけば，$I \cap J = L \cap R$ が成り立つ．よって $X \ll \{t\}$ なる消去順序 $<$ に関する L のグレブナー基底を G とすれば，$G \cap R$ は $I \cap J$ の基底となる．

3.3 イデアル商，飽和

R のイデアル I, J に対しイデアル商 $I : J$ が
$$I : J = \{f \in R \mid fJ \subset I\}$$
により定義される．J が単項イデアル $\langle f \rangle$ のとき，$I : f$ とも書く．$I : J$ はイデアルで，$I : J^m$ ($m = 1, 2, \ldots$) はイデアルの増大列となるため，ある $m \geqq 1$ が存在して $I : J^m = I : J^{m+1} = \cdots$ となる．この $I : J^m$ を $I : J^\infty$ と書き，I の J による飽和と呼ぶ．$J = \langle f \rangle$ のとき $I : f^\infty$ と書く．
$$I : f = (I \cap \langle f \rangle)/f = \{h/f \mid h \in I \cap \langle f \rangle\}$$
が成り立つ．よって，$I \cap \langle f \rangle$ の基底を共通部分計算で求めれば，$I : f$ の基底が計算できる．$J = \langle f_1, \ldots, f_l \rangle$ ならば $I : J = (I : f_1) \cap \cdots \cap (I : f_l)$ なので，$I : J$ は共通部分の計算により得られる．

$I : f^\infty$ は，$I : f^m$ を $I : f^m = I : f^{m+1}$ となるまで計算することで得られるが，
$$I : f^\infty = \langle tf - 1, I \rangle \cap R[t]$$
により消去計算を用いても得られる．

3.4 根基への所属判定

イデアル I の根基 $\sqrt{I}$ を次で定義する．
$$\sqrt{I} = \{f \in R \mid \text{ある正整数 } m \text{ が存在して } f^m \in I\}$$
$\sqrt{I}$ はイデアルとなる．$\sqrt{I}$ の基底を求めることは容易でないが，与えられた f が $\sqrt{I}$ に属するか否かは次で判定できる．
$$f \in \sqrt{I} \Leftrightarrow 1 \in \langle tf - 1, I \rangle$$

4. イデアルの零点集合

4.1 イデアルと零点集合の対応

イデアル I の零点集合 $\mathbf{V}(I)$ を
$$\mathbf{V}(I) = \{a \in K^n \mid \text{任意の } f \in I \text{ に対し } f(a) = 0\}$$
と定義する．また，$S \subset K^n$ に対し，
$$\mathbf{I}(V) = \{f \in R \mid \text{任意の } a \in S \text{ に対し } f(a) = 0\}$$
と定義する．これらについて次が成り立つ．
- $I \subset J$ ならば $\mathbf{V}(J) \subset \mathbf{V}(I)$
- $S \subset T \subset K^n$ ならば $\mathbf{I}(T) \subset \mathbf{I}(S)$
- $\mathbf{V}(I + J) = \mathbf{V}(I) \cap \mathbf{V}(J)$
- $\mathbf{V}(I \cap J) = \mathbf{V}(IJ) = \mathbf{V}(I) \cup \mathbf{V}(J)$
- $\mathbf{V}(\sqrt{I}) = \mathbf{V}(I)$
- $\mathbf{V}(\mathbf{I}(\mathbf{V}(J))) = \mathbf{V}(J)$
- K が代数的閉体のとき $\mathbf{I}(\mathbf{V}(I)) = \sqrt{I}$

4.2 0次元イデアル

零点集合の大きさをグレブナー基底により測ることができる．特に零点集合が有限集合かどうかを判定できる．$U \subset X$ が I の極大独立集合であるとは，
1) $K[U] \cap I = \{0\}$
2) 任意の $x_i \notin U$ に対し $K[U \cup \{x_i\}] \cap I \neq \{0\}$

が成り立つことをいう．I の極大独立集合の計算は，全次数付き項順序に関する $\mathrm{in}(I)$ に対する計算に帰

着できる．in(I) は単項式イデアルであり，1), 2) を満たす U を求めることは原理的には容易である．極大独立集合の元の個数の最大数を I の次元と呼び dim I と書く．

定理 4（0 次元イデアル） K を代数的閉体とするとき，イデアル $I \subset R$ に対し次は同値である．
1) dim $I = 0$．
2) R/I が有限次元 K-ベクトル空間．
3) I のグレブナー基底 G が，各 i に対し LT(g_i) $= x_i^{m_i}$ となる g_i を含む．
4) $\mathbf{V}(I)$ が有限集合．
5) 各 i に対し I が x_i の 1 変数多項式を含む．このようなもののうち最小次数のものを x_i の最小多項式と呼ぶ．

0 次元イデアルの $x_1 > \cdots > x_n$ なる辞書式順序グレブナー基底 G には，1 変数多項式 $g_n(x_n)$ が含まれる．これが $\deg(g_n) = \dim_K R/I$ を満たすとき，$G = \{x_1 - g_1(x_n), \ldots, x_{n-1} - g_{n-1}(x_n), g_n(x_n)\}$ なる極めて特殊な形となる．この形の基底を shape base と呼ぶ．この場合，
$$\mathbf{V}(I) = \{(g_1(\alpha), \ldots, g_{n-1}(\alpha), \alpha) \mid g_n(\alpha) = 0\}$$
と $g_n(x_n)$ の根により $\mathbf{V}(I)$ が書ける．

4.3 三角分解

$<$ を $x_1 > \cdots > x_n$ なる辞書式順序とするとき，$T = \{g_n(x_n), g_{n-1}(x_{n-1}, x_n), \ldots, g_1(x_1, \ldots, x_n)\}$ (LT(g_i) $= x_i^{m_i}$) は 0 次元イデアル $I = \langle T \rangle$ の $<$ に関するグレブナー基底となる．このような多項式集合を triangular set と呼ぶ．この場合，$g_1(x_1) = 0$ の解 $x = \alpha_1$ を g_2 に代入して $g_2(\alpha_1, x_2) = 0$ を解き $\cdots$，という手順により，$\mathbf{V}(I)$ を求めることができる．定理 4 により 0 次元イデアルの辞書式順序簡約グレブナー基底は triangular set を含む．よって，この triangular set の零点のうち，他の基底に代入して 0 にならないものを省くことにより，原理的には全ての解が得られる．あるいは，次の定理のような中間分解を用いることもできる．

定理 5（三角分解） 0 次元イデアル I に対し，triangular set $T_1, \ldots, T_k$ が存在して $\mathbf{V}(I) = \mathbf{V}(T_1) \cup \cdots \cup \mathbf{V}(T_k)$．

このような分解を，辞書式順序グレブナー基底からイデアル演算，多項式因数分解などを用いて行う方法がいくつか知られている．

5. イデアルの分解

イデアル I の分解とは，I を $I = I_1 \cap \cdots \cap I_k$ とイデアルの共通部分で表すことをいう．これは 4.1 項により零点集合の分解 $\mathbf{V}(I) = \mathbf{V}(I_1) \cup \cdots \cup \mathbf{V}(I_k)$ と対応する．ここでは $\sqrt{I}$ の分解について紹介する．$I \neq R$ なるイデアルを真のイデアルという．真のイデアル P が素イデアルであるとは，$fg \in P \Rightarrow f \in P$ または $g \in P$ が成り立つことをいう．

定理 6 I を R の真のイデアルとすると，$\sqrt{I}$ は素イデアルにより $\sqrt{I} = P_1 \cap \cdots \cap P_k$ と分解される．

定理より $\mathbf{V}(I) = \mathbf{V}(\sqrt{I}) = \mathbf{V}(P_1) \cup \cdots \cup \mathbf{V}(P_k)$ なる分解（$\mathbf{V}(I)$ の既約な零点集合への分解）を得る．

係数体を，極大独立集合を変数とする有理関数体に拡大することで，イデアルは 0 次元化される．0 次元イデアルの根基の素イデアル分解は，各変数の最小多項式の既約因子の添加，線形変数変換による shape base 化，あるいは定理 5 などを用いて計算することができる．これらにより次を得る．

アルゴリズム 2（Laplagne）
入力：イデアル $I \subset R$
出力：$\sqrt{I} = \bigcap_{P \in PL} P$ を満たす PL
$P \leftarrow R$; $PL \leftarrow \emptyset$
do
　if $P = \sqrt{I}$ then return PL
　$f \leftarrow P \setminus \sqrt{I}$ の要素; $J \leftarrow I : f^{\infty}$
　$Y \leftarrow J$ に対する極大独立集合
　$Z \leftarrow \sqrt{JK(Y)[X \setminus Y]}$ の素イデアル分解
　$C \leftarrow \{z \cap R \mid z \in Z\}$
　$PL \leftarrow PL \cup C$; $P \leftarrow P \cap \bigcap_{c \in C} c$
end do

なお，素イデアルの条件を緩めた準素イデアルと呼ばれる概念があり，R の真のイデアル I は，準素イデアルにより分解できることが知られている．準素イデアル分解は数学的に重要であり，いくつかアルゴリズムが知られているが，実用上根基の素イデアル分解で十分な場合が多いので，ここでは省略する．

6. グレブナー基底の計算法

ここでは，アルゴリズム 1 に基づき，効率良くグレブナー基底を計算するための方法を紹介する．$G = \{g_1, \ldots, g_m\}$ に対し，$S_{ij} = \text{Spoly}(g_i, g_j)$，$T_i = \text{LT}(g_i)$，$T_{ij} = \text{LCM}(T_i, T_j)$ とおく．

6.1 S-多項式の省略

次により，処理すべき S_{ij} を減らすことができる．

定理 7（Buchberger） $\text{GCD}(T_i, T_j) = 1$ ならば $\text{NF}_{\{g_i, g_j\}}(S_{ij}) = 0$．

定理8 （ゲバウアー–メラー）
$$F_k(i,j) \Leftrightarrow (k<i, T_{jk}=T_{ij})$$
$$M_k(i,j) \Leftrightarrow (k<j, T_k \mid T_{ij}, T_{jk} \neq T_{ij})$$
$$B_k(i,j) \Leftrightarrow (k>j, T_k \mid T_{ij}, T_{ik} \neq T_{ij}, T_{jk} \neq T_{ij})$$
$$S' = \{S_{ij} \mid F_k(i,j), M_k(i,j), B_k(i,j)$$
$$\text{のいずれかを満たす } k \text{ が存在しない}\}$$

と定義するとき，G が $\langle G \rangle$ のグレブナー基底 $\Leftrightarrow$ 全ての $S_{ij} \in S'$ に対し $\mathrm{NF}_G(S_{ij}) = 0$.

6.2 斉次化および sugar strategy

処理すべき S-多項式の個数とともに，アルゴリズム1の性能に影響を与えるのが，S-多項式を処理する順序である．Buchberger は項順序に関して T_{ij} が小さいものから処理することを提案した（normal strategy）．この方法は全次数比較付きの場合には挙動が良いが，辞書式順序の場合むだな多項式を多数生成してしまう．この場合は斉次化が有効である．全ての項が同じ全次数を持つ多項式を斉次多項式と呼ぶ．斉次多項式で生成されるイデアルは，斉次多項式からなるグレブナー基底を持つ．$f \in R$ の斉次化 $f^h \in R[x_0] = K[x_0, x_1, \ldots, x_n]$ を
$$f^h = x_0^{\mathrm{tdeg}(f)} f(x_1/x_0, \ldots, x_n/x_0)$$
で定義する．また，R の項順序 $<$ に対し，$<$ の斉次化 $<^h$ を，$R[x_0]$ の項順序で，$t, s \in T$ に対し
$$x_0^i t <^h x_0^j s \Leftrightarrow i + \mathrm{tdeg}(t) < j + \mathrm{tdeg}(s) \text{ または}$$
$$(i + \mathrm{tdeg}(t) = j + \mathrm{tdeg}(s) \text{ かつ } t < s)$$
と定義する．このとき次が成り立つ．

定理9 $F = \{f_1, \ldots, f_m\} \subset R$ に対し，$G^h = \{g_1, \ldots, g_l\}$ を $\langle f_1^h, \ldots, f_m^h \rangle$ の $<^h$ に関する，斉次多項式からなるグレブナー基底とする．このとき $G = \{g_1|_{x_0=1}, \ldots, g_l|_{x_0=1}\}$ は $\langle F \rangle$ の $<$ に関するグレブナー基底である．

この方法は変数が1つ増えるため，計算コストが増加する可能性もある．このため，仮想的な斉次化を考え，斉次化した場合の全次数に相当するものを計算し，代わりにこれらを比較する方法が考案された．これを sugar strategy と呼ぶ．実際に斉次化した場合には起きない係数膨張を引き起こす場合もあるので必ずしも万能ではないが，例えば有限体上の場合，この方法で効率良く計算できることが多い．

6.3 有限体上の簡約計算による効率化

有理数体上でアルゴリズム1を実行すると，0 に簡約される S-多項式の計算による負担が大きくなる場合がある．この場合，あらかじめ有限体上で簡約計算（トレース計算）をして，0 の場合には有理数体上の計算を省く方法により，グレブナー基底候補が高速に得られる．この候補は，有限体をある程度大きくとれば高い確率で正しいグレブナー基底となる．結果の正当性は

1) 候補 G が $\langle G \rangle$ のグレブナー基底であること
2) 入力イデアル I が $\langle G \rangle$ に含まれること

をチェックすればよい．これらは，G から作られる S-多項式，および I の基底が，全て G により 0 に簡約されることを確かめることに帰着される．

この方法では，有理数体上で係数膨張した基底によるコスト増を抑えることはできないが，

1) 斉次化してから候補を計算すること
2) 候補を非斉次化して相互簡約したあとで正当性チェックすること

により，斉次化による係数膨張の抑止も取り入れることで，劇的に効率化する場合もある．

6.4 F_4 アルゴリズム

アルゴリズム1においては，S-多項式を1つ取り出して簡約する．これを，複数の S-多項式をまとめて簡約するように変更するのが，Faugère による F_4 アルゴリズムである．より詳しく述べると，

1) T_{ij} の全次数が最小の S-多項式 $m_i g_i - m_j g_j$ を全部集め，これらに現れる $m_i g_i, m_j g_j$ からなる集合を S とし，S に現れる単項式の集合を M とする
2) 次の操作を繰り返し，多項式集合 R を作る：M から最大元 m を取り除き，m を割る T_i があるなら $r = (m/T_i) g_i$ を R に付加し，r の項のうち m 以外を M に付加する
3) $S \cup R$ を単項式を基底とするベクトルの集合と見なしてガウス消去を行い，R の元の先頭項に現れない先頭項を持つ多項式を新たな基底として G に付加する

という手順となる．2) は symbolic preprocessing と呼ばれ，簡約に不要な多項式も R に入る可能性はあるが，3) の簡約計算を行列計算に帰着することで，特に有限体上における効率化が期待できる．

［野呂正行］

参 考 文 献

[1] G.-M. Greuel, G. Pfister, *A Singular Introduction to Commutative Algebra*, Springer, 2008.
[2] CREST 日比チーム 編, グレブナー道場, 共立出版, 2011.
[3] 野呂正行, 横山和弘, グレブナー基底の計算 基礎篇, 東京大学出版会, 2003.

多項式イデアルの発展した算法と応用
advanced algorithms of polynomial ideal and their applications

1. パラメトリックな場合

イデアルを生成する多項式がパラメータを含むような場合，パラメータを単に変数と見なしてグレブナー基底を計算しても，十分な情報が得られないことがある．以下のようなパラメータ A と B を含む簡単な問題を考えてみよう．

問題1：変数 X と Y の多項式 $f_1 = XY^2 + AY^2$, $f_2 = X^4 - 2X^2 + 1$, $g = Y - BX^2 + 1$ に対して，g が根基イデアル $\sqrt{\langle f_1, f_2 \rangle}$ に属するような A と B の値を求めよ．

代数幾何学の初等的性質を用いると，求めたい A と B の値 a, b は他の変数 Z を用いて，イデアル $\langle XY^2 + aY^2, X^4 - 2X^2 + 1, Z(Y - bX^2 + 1) - 1 \rangle$ が 0 でない定数を含むような a, b であることがわかる．A, B も変数と見なし，これらが X, Y, Z よりも小さくなる辞書式順序，例えば $Z > Y > X > B > A$ である辞書式順序の基でイデアル $I = \langle XY^2 + AY^2, X^4 - 2X^2 + 1, Z(Y - BX^2 + 1) - 1 \rangle$ のグレブナー基底を計算すると，この I の消去イデアル $I \cap \mathbb{Q}[A, B]$ の生成元が計算できるので，これらを 0 にしない A, B の値が求めたい値になることが容易にわかる．実際に $I \cap \mathbb{Q}[A, B]$ を計算してみると，$I \cap \mathbb{Q}[A, B] = \langle 0 \rangle$ が得られる．このことから，問題の解は存在しないのではないかと思われるが，実際は $A = 1, B = 1$ と $A = -1, B = 1$ が解になっている．なぜこのようなことが起こってしまうのか．実は，$Z > Y > X > B > A$ の辞書式順序のもとで計算したグレブナー基底の変数 A, B に値 a, b を代入して得られた多項式の集合は，元のイデアルを生成する多項式の変数 A, B に値 a, b を代入した多項式が生成するイデアル $\langle XY^2 + aY^2, X^4 - 2X^2 + 1, Z(Y - bX^2 + 1) - 1 \rangle$ のグレブナー基底には一般にならないのである．

このようにパラメータを含むイデアルを扱うためには，通常のグレブナー基底の計算だけでは不十分であり，Comprehensive Gröbner System（以下 CGS と略記する）の概念が必要になる．以下ではわかりやすいように，複素数体 $\mathbb{C}$ を用いて定義を与えるが，一般の代数的閉体でも同様に定義される．以下において，変数 $A_1, \ldots, A_m$ を $\bar{A}$, 変数 $X_1, \ldots, X_n$ を $\bar{X}$ と略記する．

定義 1 $\mathbb{C}[\bar{A}, \bar{X}]$ の多項式の有限集合 $F = \{f_1(\bar{A}, \bar{X}), \ldots, f_k(\bar{A}, \bar{X})\}$ に対し $\mathbb{C}^m$ の部分集合 $S_1, \ldots, S_l$ と $\mathbb{C}[\bar{A}, \bar{X}]$ の有限部分集合 $G_1, \ldots, G_l$ の対の集合 $\mathcal{G} = \{(S_1, G_1), \ldots, (S_l, G_l)\}$ が以下の性質を満たすとき，F の CGS と呼ばれる．

(i) $S_1, \ldots, S_l$ は $\mathbb{C}^m$ の分割である．すなわち $\cup_{i=1}^{l} S_i = \mathbb{C}^m$ かつ相異なる i, j に対して $S_i \cap S_j = \emptyset$ である．さらに，各 $i = 1, \ldots, l$ に対し，S_i は $\mathbb{C}^m$ における2つの代数多様体の差として表される．すなわち $S_i = \mathbf{V}(I_i) \setminus \mathbf{V}(J_i)$ を満たす $\mathbb{C}[\bar{A}]$ のイデアル I_i, J_i が存在する．

(ii) 各 $i = 1, \ldots, l$ について，任意の $\bar{a} \in S_i$ に対し，$\mathbb{C}[\bar{X}]$ において $G_i(\bar{a}) = \{g(\bar{a}, \bar{X}) : g(\bar{A}, \bar{X}) \in G_i\}$ はイデアル $\langle f_1(\bar{a}, \bar{X}), \ldots, f_k(\bar{a}, \bar{X}) \rangle$ のグレブナー基底である．

さらに各 $G_i(\bar{a})$ が簡約グレブナー基底 (reduced Gröbner basis) であるとき，$\mathcal{G}$ は reduced CGS と呼ばれる．

パラメータを意識していなくても CGS が必要なイデアルの計算は頻繁に現れる．以下のような問題を考えよう．

問題 2：変数 $A_1, \ldots, A_m$ と $X_1, \ldots, X_n$ からなる多項式 $f_1(\bar{A}, \bar{X}), \ldots, f_k(\bar{A}, \bar{X}) \in \mathbb{C}[\bar{A}, \bar{X}]$ に対して，$\exists \bar{x} \in \mathbb{C}^n f_1(\bar{A}, \bar{x}) = 0, \ldots, f_k(\bar{A}, \bar{x}) = 0$ と同値な $\bar{A}$ の式を求めよ．

$\bar{A}$ に対する上の式を満たす $\bar{a} \in \mathbb{C}^m$ 全体の集合は，一般には代数多様体ではなく代数的構成可能集合である．消去順序を用いたグレブナー基底で計算できるのは，この集合のザリスキー閉包（この集合を含む最小の多様体）のみである．正確な計算には reduced CGS の計算が必要になる．

CGS は [1] で初めて導入された．その後 [2] により理論的に発展をとげ，[3] 以降様々な効率的な算法が考案されている．

2. トーリックイデアル

$d \times n$ 整数行列 A に対して，体 K 上の n 変数多項式環 $K[x_1, \ldots, x_n]$ の2項式の集合

$$\left\{ \prod_{i: p_i > 0} x_i^{p_i} - \prod_{i: p_i < 0} x_i^{-p_i} \middle| \begin{array}{c} p_i \in \mathbb{Z} \\ A \begin{pmatrix} p_1 \\ \vdots \\ p_n \end{pmatrix} = \mathbf{0} \end{array} \right\} \quad (1)$$

が生成するイデアルを I_A とおき，これを A のトーリックイデアル (toric ideal) という．4ti2, CoCoA など多くのソフトウェアで，トーリックイデアルの有限生成系やグレブナー基底を求めることができる．

2.1 整数計画問題への応用

整数計画問題 (integer programming problem) とは，連立線形不等式を満たす非負整数の組の中で，ある線形関数を最小化（または最大化）するものを求める問題をいう．どのような整数計画問題も，スラック変数 (slack variable) を導入するなどして，

$$\begin{cases} a_{11}Z_1 + \cdots + a_{1n}Z_n = b_1 \\ \qquad\qquad \vdots \\ a_{d1}Z_1 + \cdots + a_{dn}Z_n = b_n \end{cases} \quad (2)$$

(ただし，$a_{ij}, b_i \in \mathbb{Z}$) という制約条件のもと，線形関数 $c_1 Z_1 + \cdots + c_n Z_n$ を最小化する非負整数 $Z_1, \ldots, Z_n$ を求める問題に変形することができる．これを標準形という．式 (2) を満たす非負整数 $Z_1, \ldots, Z_n$ を実行可能解といい，実行可能解の中で，線形関数を最小化するものを最適解という．簡単のため，$a_{ij}, b_i \geqq 0$ とし，実行可能解 $N_1, \ldots, N_n$ が 1 つ求められているとする（実際には，あるイデアルのグレブナー基底を活用して，実行可能解を 1 つ求めることもできる）．

定理 1（Conti–Traverso） 整数行列 $A = (a_{ij})$ のトーリックイデアル I_A に対して，G を重みベクトル $(c_1, \ldots, c_n)$ に対応する単項式順序に関するグレブナー基底とする．このとき，単項式 $x_1^{N_1} \cdots x_n^{N_n}$ を G で割り算した余りを $x_1^{Z_1} \cdots x_n^{Z_n}$ とすると，$(Z_1, \ldots, Z_n)$ は最適解（の 1 つ）である．

2.2 統計学への応用

分割表 (contingency table) とは，例えば表 1 のような表をいう．この例は，2 つの要因（代数，解析）があるので 2 元表と呼ばれる．このとき，代数と解析の成績の相関を，この表と周辺頻度，すなわち，$(5, 11, 19, 26, 3)$ と $(10, 7, 13, 25, 9)$ が一致する表全体 $\mathcal{F}$ の元の統計量を調べることによって推定する手法がある．ただ，多くの場合，$\mathcal{F}$ の元の全列挙は困難であるから，$\mathcal{F}$ 上のランダムウォークを行うことによってサンプリングを行う．2 元表の場合は，ある表から出発し，表の中の 2 つの行 i, i' と 2 つの列 j, j' をランダムに選び，(i, j) 成分と (i', j') 成分が 1，(i, j') 成分と (i', j) 成分が -1，残りの成分が 0 の 5 次正方行列を加えた場合に，（各成分が非負なら）$\mathcal{F}$ の元であることを利用し，ランダムウォークを行う．これらの行列により，$\mathcal{F}$ の任意の 2 元が相互到達可能である点が重要である．一般に，与えられた表と同じ周辺頻度を持つ表全体を，上記の意味で連結するような行列の集合をマルコフ基底 (Markov basis) といい，マルコフ基底を使って $\mathcal{F}$ 上のランダムウォークを行ってサンプリングする手法をマルコフ連鎖モンテカルロ法という．ここで，整数行列

$$P = \begin{pmatrix} p_{11} & p_{12} \\ p_{21} & p_{22} \end{pmatrix}$$

の行和と列和がどれも 0 であるという条件は，

$$\begin{pmatrix} 1 & 1 & 0 & 0 \\ 0 & 0 & 1 & 1 \\ 1 & 0 & 1 & 0 \\ 0 & 1 & 0 & 1 \end{pmatrix} \begin{pmatrix} p_{11} \\ p_{12} \\ p_{21} \\ p_{22} \end{pmatrix} = \begin{pmatrix} 0 \\ 0 \\ 0 \\ 0 \end{pmatrix}$$

と表せることに注意する．左辺の行列を A とおけば，この条件は式 (1) に現れており，式 (1) と同じ方法で，行列 P に 2 項式を対応させることができる．

3 元以上の分割表に対しても，固定する周辺頻度に応じて行列 A を定義する．3 元以上の表の場合には，マルコフ基底は非常に複雑になり，一般形は知られていないが，対応するトーリックイデアル I_A の生成系を求めれば，マルコフ基底が得られる．

定理 2（Diaconis–Sturmfels） 行列の集合がマルコフ基底であることと，対応する 2 項式の集合がトーリックイデアルの生成系であることは同値である．

トーリックイデアルには，ほかにも様々な応用がある（[4],[5] とその参考文献を参照）．

[佐藤洋祐・大杉英史]

表 1 あるクラス 64 人の学生の成績

代数＼解析	S	A	B	C	D	計
S	4	0	0	1	0	5
A	5	4	2	0	0	11
B	1	3	7	8	0	19
C	0	0	4	14	8	26
D	0	0	0	2	1	3
計	10	7	13	25	9	64

参 考 文 献

[1] V. Weispfenning, Comprehensive Gröbner bases, *J. of Symbolic Computation*, **14** (1992), 1–19.

[2] A. Suzuki, Y. Sato, An alternative approach to Comprehensive Gröbner Bases, *J. of Symbolic Computation*, 36/3-4 (2003), 649–667.

[3] A. Suzuki, Y. Sato, A Simple Algorithm to Compute Comprehensive Gröbner Bases Using Gröbner Bases, *Proceedings of ISSAC 2006*, 326–331.

[4] 日比孝之 編，グレブナー基底の現在，数学書房，2006．

[5] JST CREST 日比チーム 編，グレブナー道場，共立出版，2011．

微分作用素環のグレブナー基底

Gröbner basis in the ring of differential operators

1. (u,v) グレブナー基底

多項式係数微分作用素環（ワイル代数）

$$D_n = \mathbb{C}\langle x_1,\ldots,x_n,\partial_1,\ldots,\partial_n\rangle$$

は，$x_1,\ldots,x_n$, $\partial_1,\ldots,\partial_n$ を生成元とする結合法則が成り立つ非可換多項式環で，次の規則で掛け算する．

1) $x_i x_j = x_j x_i$, $\partial_i \partial_j = \partial_j \partial_i$, $\partial_i x_j = x_j \partial_i$ ($1 \leqq i \neq j \leqq n$).
2) $\partial_i x_i = x_i \partial_i + 1$ ($1 \leqq i \leqq n$).

このように，D_n はほとんど多項式環というべきものであり，多くの概念，性質，アルゴリズムを多項式環と共有する．D_n の n は，文脈から明らかな場合は省略する．D の単項式で $cx^\alpha \partial^\beta = c\prod_{i=1}^n x_i^{\alpha_i} \prod_{i=1}^n \partial_i^{\beta_i}$ ($c \in \mathbb{C}$) なる形の元を正規形単項式（normally ordered monomial）という．なお，α_i はベクトル α の i 番目の要素を表す．上記の規則を用いると，D の任意の元は正規形単項式の和で書ける．

$u,v \in \mathbb{R}^n$ をそれぞれ n 次元の実ベクトルだとしよう．全ての i に対して $u_i + v_i \geqq 0$ が成立するとき，u,v を微分作用素環 D における重みベクトル（weight vector）という．$p = \sum_{(\alpha,\beta) \in E} c_{\alpha\beta} x^\alpha \partial^\beta \in D$（ここで E は $\mathbb{Z}_{\geqq 0}^{2n}$ の有限部分集合，$c_{\alpha\beta} \in \mathbb{C}$）に対して，

$$\mathrm{ord}_{(u,v)}(p) = \max_{(\alpha,\beta)\in E}(u\cdot\alpha + v\cdot\beta)$$

で (u,v) 次数を定義する．$m = \mathrm{ord}_{(u,v)}(p)$ とおく．$u_i + v_i > 0$ のとき，

$$\mathrm{in}_{(u,v)}(p) = \sum_{(\alpha,\beta)\in E,\, \alpha\cdot u+\beta\cdot v=m} c_{\alpha\beta} x^\alpha \xi^\beta$$

と定義する．$\mathrm{in}_{(u,v)}(p)$ を p の (u,v) initial form と呼ぶ．ここで x_i と ξ_j は可換であり，$\mathrm{in}_{(u,v)}(p)$ は多項式環 $\mathbb{C}[x,\xi]$ の元である．$u_i + v_i = 0$ のときは，

$$\mathrm{in}_{(u,v)}(p) = \sum_{(\alpha,\beta)\in E,\, \alpha\cdot u+\beta\cdot v=m} c_{\alpha\beta} x^\alpha \partial^\beta \in D$$

と定義する．なお，$\mathrm{in}_{(u,v)}(p)$ は単項式とは限らない．

(u,v) を重みベクトル，$\prec$ を単項式の間の項順序（順序比較では非可換性は忘れる．項順序では 1 が最小なのでこれで well-defined）としよう．$\prec_{(u,v)}$ を

$$x^\alpha \partial^\beta \prec_{(u,v)} x^{\alpha'} \partial^{\beta'}$$
$$\Leftrightarrow u\cdot\alpha + v\cdot\beta < u\cdot\alpha' + v\cdot\beta'$$
$$\text{または } (u\cdot\alpha+v\cdot\beta = u\cdot\alpha'+v\cdot\beta'$$
$$\text{かつ } x^\alpha \partial^\beta \prec x^{\alpha'} \partial^{\beta'})$$

で定義する．要するに，この順序は (u,v) の定義する半順序関係をもっと細かくしたものである．$\mathrm{in}_{\prec_{(u,v)}}(p)$ で順序 $\prec_{(u,v)}$ についての p の先頭の正規形単項式を表すものとする．ただし，$u_i + v_i > 0$ のときは ∂_i を全部 ξ_i に置き換える．

D での重要なアルゴリズムは，$u_i + v_i = 0$ となる順序が用いられることが多い．$n=1$ で $(u,v) = (-1,1)$ の場合に x_1^n より x_1^{n+1} が小さいことからわかるように，この順序は well-order ではない．したがって，実際の計算では同次化ワイル代数 $D_n[h]$ が用いられることが多い．h は x_i, ∂_i たちと可換であるが，$D_n[h]$ では D での計算規則 $\partial_i x_i = x_i \partial_i + 1$ が $\partial_i x_i = x_i \partial_i + h^2$ なる計算規則に置き換えられる．このとき Buchberger アルゴリズムの入力を $D_n[h]$ の同次式にしておけば，S 多項式，簡約計算において同次性が保たれるので，順序 $\prec_{(u,v)}$ でのグレブナー基底が有限ステップで計算できることとなる．

$\mathrm{in}_{(u,v)}(p)$ ($p \in I$) の生成するイデアルを (u,v) イニシャルイデアルと呼び $\mathrm{in}_{(u,v)}(I)$ と書く．これは I の第 1 近似とでもいうべきものである．I の元の有限集合 G が (u,v) グレブナー基底（または包合基底）であるとは，$\mathrm{in}_{(u,v)}(g)$ ($g \in G$) が $\mathrm{in}_{(u,v)}(I)$ を生成することである．

定理 1 F を D の有限集合，F^h を F の各元を h により同次化したものとする．G を F^h の順序 $\prec_{(u,v)}$ によるグレブナー基底とする．I を F により生成される D の左イデアルとする．このとき $G|_{h=1}$ は I の (u,v) グレブナー（包合）基底である．

D_n の左イデアル I の $(0,\ldots,0,1,\ldots,1)$ イニシャルイデアルの（Krull）次元がちょうど n であるとき，I をホロノミックイデアル（holonomic ideal）と呼ぶ．I と関数 f に対して連立線形偏微分方程式系

$$pf = 0, \quad p \in I \tag{1}$$

を考えることにより，連立線形偏微分方程式系と D の左イデアルを同一視できる．I がホロノミックイデアルのとき，方程式系 (1) の解空間は有限次元であることが知られている．

2. 制限，積分アルゴリズム

I を D_n の左イデアルとするとき $(I + x_n D_n) \cap D_{n-1}$ を I の $x_n = 0$ への制限イデアル（restriction ideal）という．制限イデアルは D_{n-1} の左イデアルである．また D_{n-1} の左イデアル $(I+\partial_n D_n) \cap D_{n-1}$ を I の変数 x_n についての積分イデアル（integration ideal）と呼ぶ．f を I の解とするとき，

$f(x_1,\ldots,x_{n-1},0)$ は (存在すれば), 制限イデアルの解である. $f(x)$ が x_n の関数と見て急減少であれば, 積分した関数 $\int_{-\infty}^{\infty} f(x_1,\ldots,x_{n-1},t)dt$ は積分イデアルの解である.

制限イデアルは次の手続きで計算できる. 下記の $b(s)$ (b 関数) の計算法などの詳細は, 発見者である大阿久による入門書 [2] を参照.

アルゴリズム 1 (ホロノミックな I の制限イデアルの計算) $w=(0,\ldots,0,1) \in \mathbb{Z}^n$ とおく.
1) I の $(-w,w)$ グレブナー基底を計算. 基底の元を $g_1,\ldots,g_p$ とする.
2) $0 \leq i \leq m_j$ に対して, $\partial_n^i g_j$ を
$$\sum_s \ell_{js}^i \partial_n^s + x_n(\cdots), \quad \ell_{js}^i \in D_{n-1} \quad (2)$$
なる形に書く. つまり x_n を含む項は全て $x_n(\cdots)$ の部分にまとめて, あとで捨てる. m_j の決め方は後述. $m_j < 0$ なら除外.
3) 上の式に現れる s の最大値を s_0 とおく. $D_{n-1}^{s_0+1}$ の基底を $e_0=1, e_1=\partial_n, e_2=\partial_n^2,\ldots, e_{s_0}=\partial_n^{s_0}$ とおく.
4) $\sum_s \ell_{js}^i e_s$ たちより $e_{s_0} \succ \cdots \succ e_0$ なる POT 順序 [1] で $e_{s_0},\ldots,e_1$ を消去する. これらを含まない元たちが, 求める制限イデアルの生成元集合.

定数 m_j は以下の手続きで決める.
1) $b(\theta_n)$ を $\mathrm{in}_{(-w,w)}(I) \cap \mathbb{C}[\theta_n]$ の生成元とする. ここで $\theta_n = x_n \partial_{x_n}$.
2) $b(s)=0$ が非負整数根を持たないなら制限イデアルは D_{n-1} に一致. 終了.
3) r_0 を $b(s)=0$ の最大の非負整数根とする.
4) $m_j = r_0 - \mathrm{ord}_{(-w,w)}(g_j)$ とおく.

変換 $\mathcal{F}: x_n \mapsto -\partial_n$, $\mathcal{F}: \partial_n \mapsto x_n$ は, D_n の環同型である. これを x_n についてのフーリエ変換と呼ぶ. 積分イデアルの計算は, 入力イデアルの生成元をフーリエ変換し, 制限イデアルを計算し, 逆フーリエ変換すればよい.

応用上は, 積分イデアルに含まれる元をいくつか発見すれば十分な場合も多い. そのような用途に用いるアルゴリズムとしては, Gosper アルゴリズムを元にした creative telescoping 法, 未定係数法に基づいた手法などが研究されており, Maple や Mathematica でパッケージとして提供されている. これらのアルゴリズムについては [3] および [3] を引用している文献を参照.

3. 例 と 応 用

例 D_2 において $\{\partial_1 - x_2, \partial_2 - x_1 + 4x_2^3\}$ の生成するイデアル I を考える. $\mathrm{in}_{(0,1)}(I)$ の生成元は $\{\xi_1, \xi_2\}$ なので, I はホロノミックイデアルである. 微分方程式系としてみると, $\exp(x_1 x_2 - x_2^4)$ が解になっている.

例 I の生成元の x_2 についてのフーリエ変換は $L_1 = \partial_1 + \partial_2$, $L_2 = x_2 - (x_1 - 4\partial_1^3)$. $(0,-1,0,1)$ グレブナー基底は例えば $L_1, L_2, L_3 = -4\partial_1^3 + x_1 - x_2$. この L_3 の x_2 を 0 とすると $4\partial_1^2 - x_1$ を得るが, 実はこれが積分イデアルの生成元. 関数 $\int_{-\infty}^{\infty} \exp(x_1 t - t^4)dt$ が満たす微分方程式である. このような計算を遂行するソフトウェアについては [1, 7.4.9] を参照.

微分作用素環のグレブナー基底の応用を挙げる. 興味を持った読者は下記参考文献を参照してほしい. 以下特に断らない限り, I, J は D のホロノミックイデアルとする.

1) 特殊関数の和積や積分の満たす微分方程式, 2 項係数の積の和の漸化式を計算機で導出して, 公式を計算機を援用して証明する [3].
2) I に対して $\mathrm{in}_{(-w,w)}(I)$ の解を求め, それを第 1 近似として I の級数解を構成する [1].
3) 正規化定数の計算が困難な確率分布に対してその定数の近似計算をしたり, 最尤推定を行う [1].
4) I の解空間の次元 (ホロノミックランク) を計算する. さらに一般に $\mathcal{E}xt_D^i(\mathcal{D}/\mathcal{D}I, \mathcal{O})$ の計算をする.
5) 一般の左イデアル I の特性多様体 [2], 特異点集合を計算する.
6) ホロノミック D-加群 D/I の双対 D-加群を計算する.
7) b 関数の計算をする [2].
8) f を $x=(x_1,\ldots,x_n)$ の多項式とするとき, $\mathbb{C}[x,1/f]$ は $\mathbb{C}[x]$ 加群としては一般に有限生成ではないが, D_n 加群としては有限生成である (J. Bernstein). この生成元を計算する [2].
9) f を多項式とするとき, ド・ラームコホモロジー群 $H^i(\mathbb{C}^n \setminus V(f), \mathbb{C})$ を計算する.
10) $\mathrm{Ext}_D^i(D/I, D/J)$ を計算する.
11) 一般の I の $x_n = 0$ に沿っての slope の計算.

[高山信毅]

参 考 文 献

[1] JST CREST 日比チーム 編, グレブナー道場, 共立出版, 2012.
[2] 大阿久俊則, D 加群と計算数学, 朝倉書店, 2002.
[3] M. Petkovsek, H. Wilf, D. Zeilberger, $A=B$, AK Peters, 1996. (日本語訳は絶版, 電子版はフリー)

CAD と実代数幾何計算

cylindrical algebraic decomposition and computational real algebraic geometry

実代数幾何とは，実数体 $\mathbb{R}$ 上での代数方程式・不等式制約の解集合の性質を明らかにする分野である．具体的には，実数解の存否や解集合の次元を調べたり，解集合の半代数的集合としての数式表現を求めたりする．そのために有効な計算理論が，不等式制約を満足する解領域を計算する CAD (cylindrical algebraic decomposition) と CAD を利用して限量記号の入った論理式から限量記号を消去する限量記号消去 (QE：quantifier elimination) である[1],[2].

CAD と QE は（実）解集合を正確に取り扱う計算技術であり，最適化問題の代数的な解法として，近年理工学の様々な問題へ応用されている[1],[3],[4].

1. 連立不等式と半代数的集合

$x_1,\ldots,x_n$ を変数とする r 個の実数係数多項式 $f_1,\ldots,f_r$ を考える．$x_1,\ldots,x_n$ に対する最も基本的な代数的不等式制約は，以下の連立代数的不等式 (system of algebraic inequalities) である．

$$(\text{SI}) \begin{cases} f_1(x_1,\ldots,x_n) & \rho_1 & 0 \\ f_2(x_1,\ldots,x_n) & \rho_2 & 0 \\ & \vdots & \\ f_r(x_1,\ldots,x_n) & \rho_r & 0 \end{cases}$$

各 ρ_i は $=, \neq, <, >, \leqq, \geqq$ のいずれかである（等式も不等式に含まれるとする）．(SI) の全ての不等式（等式も含む）を同時に満たす $x_1,\ldots,x_n$ の実数値の組 $(\alpha_1,\ldots,\alpha_n)\in\mathbb{R}^n$ を連立代数的不等式の解という．(SI) を満たす $(x_1,\ldots,x_n)$ の値の集合 $\mathcal{S}$ を考える．つまり，$\alpha=(\alpha_1,\ldots,\alpha_n)$ として，

$$\mathcal{S}=\{\alpha\in\mathbb{R}^n \mid f_i(\alpha)\,\rho_i\,0 \text{ for } 1\leqq i\leqq r\}$$

である．このような集合を連立不等式による半代数的集合 (semi-algebraic set) と呼ぶ．(SI) が全て等式からなる場合には実代数的集合と呼ぶ．上の連立不等式を拡張し，より一般的な形で，有限個の「連立不等式による半代数的集合」の和集合も半代数的集合と呼ぶ．例えば，$(x_1^2+x_2^2-1<0 \wedge x_1^3-x_2^2<0)\vee(x_1^2+x_2^2-1>0 \wedge x_1^3-x_2^2>0)$ で定義される半代数的集合は，2 つの連立不等式による半代数的集合の和集合である．

連立不等式 (SI) による半代数的集合 $\mathcal{S}$ において，各不等式 $f_i(x_1,\ldots,x_n)\,\rho_i\,0$ はそれ自身が成立する (true) か否 (false) かを表す論理式と見ることができる．このような論理式を，代数的命題文 (propositional algebraic sentence) と呼ぶ．$f_i\,\rho_i\,0$ に対応する代数的命題文を φ_i で表すと，論理積 $\phi=\varphi_1\wedge\varphi_2\wedge\cdots\wedge\varphi_r$ を考えれば，ϕ も論理式となる．これも代数的命題文といい，

$$\mathcal{S}=\{(\alpha_1,\ldots,\alpha_n)\in\mathbb{R}^n \mid \phi(\alpha_1,\ldots,\alpha_n)=\text{true}\}$$

と書ける．つまり，$\mathcal{S}$ は代数的命題文 ϕ で定義される集合である．次に，$\mathcal{S}$ が連立不等式による半代数的集合 $\mathcal{S}_i$ ($1\leqq i\leqq s$) の和集合で表されたとすると，各 $\mathcal{S}_i$ はある代数的命題文 ϕ_i で定義される．それらの ϕ_i の論理和 $\Phi=\phi_1\vee\phi_2\vee\cdots\vee\phi_s$ も論理式となるので，これも代数的命題文であり，

$$\mathcal{S}=\{(\alpha_1,\ldots,\alpha_n)\in\mathbb{R}^n \mid \Phi(\alpha_1,\ldots,\alpha_n)=\text{true}\}$$

となり，$\mathcal{S}$ は代数的命題文 Φ により定義される．このようにして，1 個の不等式で与えられる論理式とそれらの論理和，論理積，否定，包含の有限回の操作（ブール結合ともいう）で得られる論理式を代数的命題文と呼び，半代数的集合は代数的命題文により定義されることになる．

2. 細 胞 分 割

CAD は，実数を係数とする多項式集合

$$\mathcal{F}=\{f_1(x_1,\ldots,x_n),\ldots,f_r(x_1,\ldots,x_n)\}$$

が与えられたときに，$\mathbb{R}^n$ を有限個の互いに交わらない空でない部分集合に分ける．ここで，各部分集合では，$f_1,\ldots,f_n$ の符号が一定になるようにする．このようにいくつかの互いに交わらない部分集合に分けることを一般に分割と呼ぶが，ここで考える分割は特殊な性質を持っているので，このような分割に現れる部分集合を細胞 (cell) と呼び，分割自体を細胞分割 (cellular decomposition) と呼ぶ．

例 1 $\mathcal{F}=\{f_1(x_1),f_2(x_1)\}$ で $f_1(x_1)=x_1$, $f_2(x_1)=x_1^2-1$ の場合，$\mathbb{R}$ は $(-\infty,-1)$, $\{-1\}$, $(-1,0)$, $\{0\}$, $(0,1)$, $\{1\}$, $(1,\infty)$ という 7 個の区間に分割される．$\{x\in\mathbb{R} \mid f_1(x_1)>0, f_2(x_1)<0\}$ となる半代数的集合は区間 $(0,1)$ である．

$f_1,\ldots,f_r$ により表現される連立不等式は，このような細胞分割ができれば，各細胞での $f_1,\ldots,f_r$ の符号を調べることでどの細胞が連立不等式を満たすものかを判定できる．そのような計算が可能となるためには，細胞を計算可能な形で表現することが必要であるため，細胞に半代数的であることを付加する．

定義 1（符号と符号不変） 実数 α に対して，$\text{sign}(\alpha)$ で α の符号 (sign) を表すことにする．ここで符号とは「正 $(+)$，負 $(-)$，0」のいずれかをいう．次に，$\mathcal{F}$ と $\alpha\in\mathbb{R}^n$ に対して，$\text{sign}_\alpha(\mathcal{F})=(\text{sign}(f_1(\alpha)),\ldots,\text{sign}(f_r(\alpha)))$ と定義する．$\mathbb{R}^n$

の部分集合 $\mathcal{C}$ で，任意の $\alpha, \beta \in \mathcal{C}$ に対して，$\mathrm{sign}_\alpha(\mathcal{F}) = \mathrm{sign}_\beta(\mathcal{F})$ が成り立つときに，$\mathcal{C}$ は $\mathcal{F}$-符号不変（$\mathcal{F}$-sign-invariant）であるという．

定義 2（半代数的細胞分割） 有限個（ここでは s 個とする）の空でなく互いに交わらない半代数的集合 $\mathcal{C}_1, \ldots, \mathcal{C}_s$ が $\mathcal{F}$-符号不変な $\mathbb{R}^n$ の半代数的細胞分割（semi-algebraic cellular decomposition）であるとは，以下を満たすときにいう．

$$\mathbb{R}^n = \bigcup_{i=1}^s \mathcal{C}_i$$

このとき各 $\mathcal{C}_i$ を細胞（cell）と呼び，各細胞 $\mathcal{C}_i$ は以下を満たす．

(1) $\mathcal{F}$-符号不変であり，半代数的集合である．
(2) 弧状連結であって，ある非負整数 d_i をとれば $\mathbb{R}^{d_i}$ に同相（位相同型）となる．
(3) 閉包は分割に現れるいくつかの細胞たちの和で表すことができる．

$\mathbb{R}^n$ の半代数的集合 $\mathcal{S}$ に対しても，同様にして半代数的細胞分割が定義される．すなわち，$\mathcal{S} = \bigcup_{i=1}^s \mathcal{C}_i$ となるような互いに交わらない細胞 $\mathcal{C}_i$ に分割することを，$\mathcal{S}$ の $\mathcal{F}$-符号不変な半代数的細胞分割と呼ぶ．ここで，各細胞 $\mathcal{C}_i$ は条件 (1),(2),(3) を満たすものとする．

ここでは強い形での細胞分割である半代数的細胞分割を定義したが，QE で利用する場合に各細胞に要求されるのは，$\mathcal{F}$-符号不変であって，空でなく，ある代数的命題文により定まる半代数的集合であればよい．しかし，この空でないという保証を与えるのが，条件 (2) であり，ある $\mathbb{R}^d$ に同相であることが空でないことを保証している．

3. CAD の概略

CAD は半代数的細胞分割を効率良く計算する方法である．ここでは，CAD によって得られる細胞分割もまた CAD と呼ぶ．CAD の特徴は細胞の表現にある．まず，多項式の根を係数の関数（代数関数）と見て，この関数を用いて各細胞を決めていく．

簡単な例として，$\mathcal{F} = \{f(x_1, x_2) = x_2 - x_1^2\}$ を考える．$\mathbb{R}^2$ 内で，$f(x_1, x_2) < 0$ である領域は以下の 5 個の集合の和集合として表現される（図 1）．

$\mathcal{C}_1 = \{(\alpha_1, \alpha_2) \in \mathbb{R}^2 \mid \alpha_2 < 0\}$
$\mathcal{C}_2 = \{(\alpha_1, 0) \in \mathbb{R}^2 \mid \alpha_1 > 0\}$
$\mathcal{C}_3 = \{(\alpha_1, 0) \in \mathbb{R}^2 \mid \alpha_1 < 0\}$
$\mathcal{C}_4 = \{(\alpha_1, \alpha_2) \in \mathbb{R}^2 \mid \alpha_2 > 0, \alpha_1 > \beta_1$, ここで β_1 は $f(x, \alpha_2) = 0$ の最大の実根 $\}$
$\mathcal{C}_5 = \{(\alpha_1, \alpha_2) \in \mathbb{R}^2 \mid \alpha_2 > 0, \alpha_1 < \beta_2$, ここで

図 1 $f(x_1, x_2) = x_2 - x_1^2 < 0$

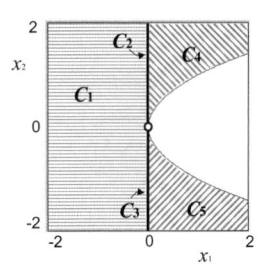

β_2 は $f(x, \alpha_2) = 0$ の最小の実根 $\}$

$\alpha_2 > 0$ のとき，$f(x, \alpha_2) = 0$ は 2 個の実根 β_1, β_2 を持ち，それらは α_2 を変数と見ると，α_2 の関数となっている．β_1, β_2 は $\alpha_2 > 0$ の範囲では交わらず $\beta_1 > \beta_2$ という関係を維持する．ここで，β_1, β_2 を α の関数の形で書くと，

$\mathcal{C}_4 = \{(\alpha_1, \alpha_2) \mid \alpha_2 > 0, \alpha_1 > \sqrt{\alpha_2}\}$
$\mathcal{C}_5 = \{(\alpha_1, \alpha_2) \mid \alpha_2 > 0, \alpha_1 < -\sqrt{\alpha_2}\}$

と書ける．この表現から $\mathcal{C}_4, \mathcal{C}_5$ が半代数的集合であることは直ちにはわからないが，半代数的集合になることは保証されており，その表現を求める方法も CAD には備わっている．実際

$\mathcal{C}_4 = \{(\alpha_1, \alpha_2) \mid f(\alpha_1, \alpha_2) < 0, \alpha_1 > 0, \alpha_2 > 0\}$
$\mathcal{C}_5 = \{(\alpha_1, \alpha_2) \mid f(\alpha_1, \alpha_2) < 0, \alpha_1 < 0, \alpha_2 > 0\}$

のように，元の不等式に別の不等式を新たに追加することで，半代数的集合として定義される．

各細胞における $\mathcal{F}$ の符号は次のように決める．各細胞 $\mathcal{C}_i$ では $f(x_1, x_2)$ の符号が一定であることが保証されるので，$\mathcal{C}_i$ の中の適当な点を持ってきて代入することで $f(x_1, x_2)$ の符号は決まる（選択の余地がない場合もあることに注意）．各細胞 $\mathcal{C}$ に対して，任意に選んだ点を $\mathcal{C}$ の標本点（sample point）と呼ぶ．CAD では各細胞 $\mathcal{C}$ に対してその標本点 $P_\mathcal{C}$ を 1 つ固定しておく．標本点の成分には代数的数が現れることがあり，代数的数はそれを定義する最小多項式を利用して表現する．

代数関数を利用することで，再帰的な計算が可能になる．つまり，$\mathcal{F}$-符号不変な CAD を，変数を 1 つ減らした別の多項式集合 $\mathcal{F}'$ の符号不変な CAD に帰着することが可能である．まず，x_1 を主変数，$x_2, \ldots, x_n$ を従属変数と見る．簡単のため実数係数多項式 $f(x_1, \ldots, x_n)$ と $\mathbb{R}^{n-1}$ の点 $\alpha' = (\alpha_2, \ldots, \alpha_n)$ に対して $f(x_1, \alpha_2, \ldots, \alpha_n)$ を $f(x_1, \alpha')$ で書く．各点 $\alpha' = (\alpha_2, \ldots, \alpha_n) \in \mathbb{R}^{n-1}$ に対して，$f_1(x_1, \alpha'), \ldots, f_r(x_1, \alpha')$ は x_1 を変数とする 1 変数多項式となり，それらの実根が α' の代数関数としてきちんと捉えられる状況を考える．$f_1, \ldots, f_r$ の α' 上の実根全てを並べたものを $\mathcal{F}$ の

α' 上の実根という．

定義 3 $\mathbb{R}^{n-1}$ のある弧状連結な半代数的集合 $\mathcal{C}'$ 上で $\mathcal{F}$ の異なる実根の個数は一定であり，これらを表す代数関数が交わらない場合に，$\mathcal{C}'$ 上で $\mathcal{F}$ は描画可能（delineable）という．

このような $\mathcal{C}'$ は，ある別の連立不等式を解くことで計算される．つまり，$x_2, \ldots, x_n$ を変数とする別の多項式の集合 $\mathcal{F}'$ があって，$\mathcal{F}'$-符号不変な $\mathbb{R}^{n-1}$ の細胞分割をすれば，各細胞 $\mathcal{C}'$ 上で $\mathcal{F}$ は描画可能となる．すると，弧状連結である半代数的集合 $\mathbb{R} \times \mathcal{C}' = \{(\alpha_1, \alpha_2, \ldots, \alpha_n) \mid \alpha_1 \in \mathbb{R}, (\alpha_2, \ldots, \alpha_n) \in \mathcal{C}'\}$ の中にある $\mathcal{F}$-符号不変な CAD の細胞が，代数関数を使って表現できる．ここで，$\mathcal{F}'$ は $\mathcal{F}$ から構成されるという．より具体的に説明する．$B_1, \ldots, B_t$ を $\mathcal{F} = \{f_1, \ldots, f_r\}$ の $\mathcal{C}'$ 上での実根を与える代数関数とし，$\mathcal{C}'$ 上で $B_1 > B_2 > \cdots > B_t$ とする．このとき，$\mathbb{R} \times \mathcal{C}'$ の中の $\mathcal{F}$-符号不変な細胞は，

$$\mathcal{C}_1 = \{(\alpha_1, \ldots, \alpha_n) \mid \alpha' \in \mathcal{C}', \alpha_1 > B_1(\alpha')\}$$
$$\mathcal{C}_2 = \{(\alpha_1, \ldots, \alpha_n) \mid \alpha' \in \mathcal{C}', \alpha_1 = B_1(\alpha')\}$$
$$\vdots$$
$$\mathcal{C}_{2t} = \{(\alpha_1, \ldots, \alpha_n) \mid \alpha' \in \mathcal{C}', \alpha_1 = B_t(\alpha')\}$$
$$\mathcal{C}_{2t+1} = \{(\alpha_1, \ldots, \alpha_n) \mid \alpha' \in \mathcal{C}', \alpha_1 < B_t(\alpha')\}$$

となる．ここで，$\mathcal{C}'$ を各 $\mathcal{C}_i$ の底面と呼ぶ．これを図示したのが図 2 である．図 2 (a) は，底面 $\mathcal{C}'$ が描

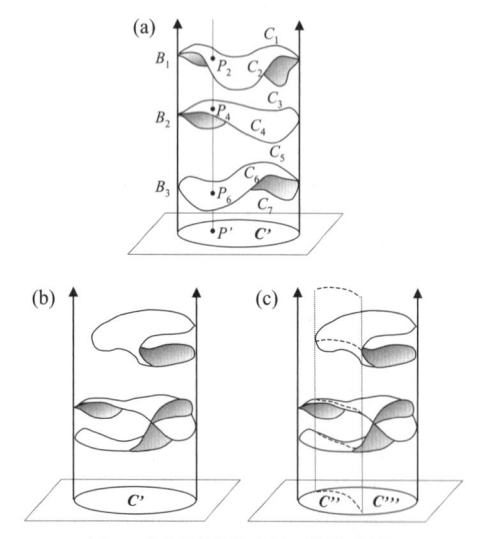

図 2 半代数的細胞分割と描画可能性

画可能な状況である．図 2 (b) では，実根が交わったり消えたりしている．この場合，$\mathcal{C}$ を細分する必要がある．図 2 (c) では，細分の途中であるが，底面 $\mathcal{C}''$ は描画可能になっている．また，図 2 (a) より，各 $\mathcal{C}_i$ の標本点 P_i は $\mathcal{C}'$ の標本点 P' に適当な x_1 成分を付け加えることで計算されることもわかる．

$\mathcal{F}$ から $\mathcal{F}'$ を求める計算は数式処理計算で効率良く行われる．$f_1, \ldots, f_r$ の実根が互いに交わらないという条件は，各 f_i が重根を持たない条件や異なる f_i, f_j が共通根を持つという条件に置き換えることができ，それらは f_i と $\frac{df_i}{dx}$ の GCD や f_i と f_j の GCD の条件になる．Collins は部分終結式理論を活用して $\mathcal{F}'$ を $\mathcal{F}$ から効率良く求める方法を提案している．この $\mathcal{F}'$-符号不変な CAD を，$\mathcal{F}$-符号不変な CAD によって導かれる $\mathbb{R}^{n-1}$ の CAD と呼ぶ．$\mathcal{F}$-符号不変な CAD を $\mathcal{S}_n$ と書き，それによって導かれる $\mathbb{R}^{n-1}$ の CAD を $\mathcal{S}_{n-1}$ と書く．$\mathcal{S}_{n-1}$ も $\mathbb{R}^{n-2}$ での CAD $\mathcal{S}_{n-2}$ に帰着され，それは $\mathcal{S}_{n-1}$ によって導かれる $\mathbb{R}^{n-2}$ の CAD である．この $\mathcal{S}_{n-2}$ を $\mathcal{S}_n$ によって導かれる $\mathbb{R}^{n-2}$ の CAD と呼ぶ．以下同様に，$1 \leq k < n-2$ に対し，$\mathcal{S}_k$ によって導かれる $\mathbb{R}^k$ の CAD が定義される．

最初に与えられる多項式集合 $\mathcal{F}$ を $\mathcal{F}_n$ と書き，$\mathcal{F}$ から構成される $\mathcal{F}'$ を $\mathcal{F}_{n-1}$ とする．以下繰り返して，$i < n$ に対し，$\mathcal{F}_{i+1}$ から構成される多項式集合を $\mathcal{F}_i$ と書く．$\mathcal{F}_i$ の各要素を i 次の射影因子と呼び，それらの集合 $\mathcal{F}_i$ を i 次の射影因子族と呼ぶ．

CAD の計算は，射影因子 $\mathcal{F}_{n-1}, \ldots, \mathcal{F}_1$ を順に構成することから始まる．これを射影段階（projection phase）と呼ぶ．

$$\mathcal{F}_n \to \mathcal{F}_{n-1} \to \cdots \to \mathcal{F}_1.$$

最後に求まる多項式集合 $\mathcal{F}_1$ は x_n のみを変数とする 1 変数多項式からなる．次に，$\mathcal{S}_1, \mathcal{S}_2, \ldots, \mathcal{S}_n$ を $\mathcal{S}_1$ から逐次的に構成していく．ここで，$\mathcal{S}_i$ は $\mathcal{F}_i$ の CAD であり，その細胞は，$\mathcal{S}_{i+1}$ の細胞の底面となる．最初の $\mathcal{S}_1$ では $\mathcal{F}_1$ は x_n だけが現れる多項式の集合となり，$\mathbb{R}$ の CAD は $\mathbb{R}$ を $\mathcal{F}_1$ 不変な区間（一点集合も含む）に分割する．そこでは，1 変数多項式の実根の数え上げ（real root counting）と根の分離（real root isolation）と呼ばれる実根の精密な把握を行う．この $\mathcal{S}_1$ の計算を底段階（base phase）と呼び，その後に行う逐次的な構成

$$\mathcal{S}_1 \to \mathcal{S}_2 \to \cdots \to \mathcal{S}_n$$

を持ち上げ段階（lifting phase）と呼ぶ．$\mathcal{S}_i$ の各細胞は，i 次以下の射影因子 $\mathcal{F}_1 \cup \cdots \cup \mathcal{F}_i$ に属する多項式たちの符号により特徴付けられる．そこで，各細胞を定義する代数的命題文はそれらの多項式を組み合わせて構成される．

4. 限量記号付きの不等式制約と QE

限量記号の $\forall$（全称記号）や $\exists$（存在記号）が付いた不等式制約，例えば

$$\exists x_2 \exists x_1 (x_1^2 + x_2^2 + x_3 \leqq 0) \quad (1)$$

のような論理式を，1階述語論理式 (first-order formula) という．1階述語論理式を解く，つまり限量記号を消去するための計算理論が QE である．限量記号を消去するということは，その不等式制約において，元の問題と同値な「限量記号がない論理式」を計算することである．式 (1) の場合，QE により等価な式として $x_3 \leqq 0$ が得られる．QE の計算機上での実現に中心的な役割を果たすのが，半代数的集合を計算する CAD である．

1個の不等式で与えられる論理式とそれらのブール結合で得られる論理式を代数的命題文と呼ぶ．代数的命題文に限量記号を付けて，さらに，それらのブール結合により得られる論理式を，タルスキー (Tarski) 文と呼ぶ．限量記号付きの不等式制約は全てタルスキー文となっている．式 (1) では変数 x_1, x_2 に限量記号 $\exists$ が作用しているので，このような変数を束縛変数と呼び，x_3 のような限量記号のない変数を自由変数と呼ぶ．タルスキー文が成立するような自由変数が満たす実数値の集合をタルスキー集合と呼ぶことにする．式 (1) の場合では，タルスキー集合は x_3 の満たすべき領域であり，この場合には

$$\{\alpha \in \mathbb{R} \mid \exists x_2 \exists x_1 (x_1^2 + x_2^2 + \alpha \leqq 0) = \text{true}\}$$

となる．タルスキー集合は問題と関連する CAD のいくつかの細胞の和集合で表され，結局タルスキー集合はそれ自身半代数的集合になる．実際，上記の集合を半代数的集合として表すと，$\{\alpha \in \mathbb{R} \mid \alpha \leqq 0\}$ となる．したがって，タルスキー文に対する QE とは，このタルスキー集合を求めることであり，すなわち，タルスキー集合を定義する不等式を求めることになる．一方，自由変数がない場合には，タルスキー文が真か偽を判定することになり，このような問題を決定問題 (decision problem) と呼ぶ．

一般の形で CAD を利用した QE を説明する．まず，タルスキー文はブール結合でできているので，変数順序の適当な変更と，同値な論理式への基本的な変換を行うと，次に示す形にすることができる．

$$\mathcal{Q}_k x_k \mathcal{Q}_{k-1} x_{k-1} \cdots \mathcal{Q}_1 x_1 (\varphi(x_1, \ldots, x_n)) \quad (2)$$

各 $\mathcal{Q}_i$ は $\forall$ または $\exists$ を表し，φ は代数的命題文である．$x_1, \ldots, x_k$ が束縛変数で，$x_{k+1}, \ldots, x_n$ が自由変数となる．この形を冠頭標準形 (prenex normal form) という（変数の順番が $x_k, x_{k-1}, \ldots, x_1$ であることに注意）．この冠頭標準形の中の代数的命題文 φ に現れる全ての多項式を集め，それらの CAD を計算し，その各細胞で φ を満たすものを集めることにより，限量記号のない等価な論理式を求めることができる．これが CAD を利用した QE である．

5. QEによる最適化

不等式制約に対して QE を用いることで，所望の変数やパラメータについて実行可能領域を半代数的集合として正確に求めることができる．例えば，不等式制約 $\{x_1^2 + x_2^2 \leqq a, x_1^2 > b\}$ を満たす a, b を QE を使って求めてみる．ここで，1階述語論理式

$$\exists x_1 \exists x_2 (x_1^2 + x_2^2 \leqq a \land x_1^2 > b)$$

に QE を適用すれば a, b の実行可能領域を半代数的集合として求めることができる．結果は $a - b > 0 \land a \geqq 0$ となる．

また，最適化問題に QE を適用することで，非凸な場合でも正確に大域的最適解が計算できる．さらに，不等式制約にパラメータがある場合に最適値をパラメータの代数関数として求めることもできるため，パラメータを扱う制御工学などの分野で有用であり，近年いろいろな問題に適用されている[3],[4].

QE による最適化の手順を次の問題で説明する．

$$\begin{cases} \text{目的関数}: & x_1 + x_2 \longrightarrow \text{最小} \\ \text{制約条件}: & x_1 \geqq 0, \ x_2 + 1 \geqq 0, \ x_1 - x_2^2 \geqq 0 \end{cases}$$

まず，制約条件の全ての式の論理積をとったものを $\varphi(x_1, x_2)$ とする．次に，新たな変数 y を導入し，目的関数に割り当てて $y = (x_1 + x_2)$ とし，次の冠頭標準形を考える．

$$\exists x_1 \exists x_2 (y = (x_1 + x_2) \land \varphi(x_1, x_2))$$

これに QE を適用すると，y の実行可能領域を表す式 $4y + 1 \geqq 0$ が得られ，y の最小値すなわち目的関数の最小値 $-\frac{1}{4}$ が求まる．

［穴井宏和］

参 考 文 献

[1] 穴井宏和, 横山和弘, QE の計算アルゴリズムとその応用—数式処理による最適化, 東京大学出版会, 2011.
[2] B.F. Caviness, J.R. Johnson (eds.), *Quantifier Elimination and Cylindrical Algebraic Decomposition*, Springer-Verlag, 1998.
[3] 穴井宏和, 数式処理に基づくパラメトリック設計, 九州大学大学院数理学研究院, 九州大学産業技術数理研究センター 編, 技術を支える数学—研究開発の現場から, pp.100–119, 日本評論社, 2008.
[4] 穴井宏和, 原 辰次, 数式処理によるロバスト制御系設計, 計測と制御, **44**(8) (2005), 552–557.

数値数式融合計算

symbolic-numeric computation

数値数式融合計算は，数値計算（numeric computation）と数式処理（symbolic computation）をアルゴリズムのレベルで融合して両者の長所を生かそうとする計算技術である．近年，制御系設計などの実問題へも適用されるようになっている[1]．

1. 数値計算と数式処理

コンピュータによる数値や数式の計算には，数値計算と数式処理という2つの種類がある．数値計算は，近似計算（主に浮動小数点（floating point）計算）を用い，適当な初期値から始めて，近似解の精度をしだいに上げていくことが多い．したがって，入力する数式の係数などが近似値であっても処理ができ，計算の効率が良い上，計算を途中で打ち切ってもある程度意味のある結果が得られるといった融通性がある．しかし，誤差を伴うので計算結果の信頼性が問題となる．数式処理（計算機代数あるいは計算代数ともいう）は，近似計算は用いず正確に計算を行うこと，有限ステップで終了する代数的な計算を行うこと，変数記号はそのままとすることなどが特徴である．したがって，結果は信頼できるが，最後まで計算しないと意味のある結果が得られないといった融通性に欠ける面や，計算過程で多項式の係数の大きさが膨張して計算が非効率になるなどの問題もある．数値計算と数式処理の特徴を表1にまとめる．

表1　数値計算と数式処理の比較

計算方式	速度	メモリ使用量	信頼性	融通性
数値計算	速	少	保証が必要	高
数式処理	遅	多	高	低

2. 数値数式融合計算とは

表1からわかる通り，数値計算と数式処理の長所と短所は，それぞれ相補的な関係になっている．したがって，もし両者の長所をうまく組み合わせた数値数式融合計算ができれば理想的である．

しかし，これは簡単なことではない．なぜなら，数式処理アルゴリズム中で浮動小数点計算を利用すると，出力が不安定になることがあるからである．例えば，図1のアルゴリズムにおいて入力が $1/7$ のとき，正確に計算すれば出力は0となる．しかし，10進の浮動小数点を用い，$1/7$ を精度3桁で0.143と近似すると，$Y = 0.001$ となり出力は1である．た

```
入力：X
Y := 7X − 1
if Y = 0 then return 0
else return 1
```

図1　不安定なアルゴリズムの例

とえ近似精度をいくら上げても，出力は1のままであり，0になることはない．このように，「近似精度をいくら上げて計算しても，出力が正解に収束しない」という不安定な状況が起こりうる．

以上を踏まえ，入力の状況や目的に応じて2種類の数値数式融合計算が考えられる．

- 入力に誤差がないとき，数式処理アルゴリズム中で数値計算を利用して，数式処理の長所を残しつつ，計算効率を高めようとするもの．
- 入力に誤差があるとき，数式処理を基本としたアルゴリズムであっても，破綻せず最適な出力を得ようとするもの．

ここでは，前者を「正確入力・効率性追求型」，後者を「曖昧入力・最適解追求型」と呼ぶことにする．

2.1 正確入力・効率性追求型

この範疇に属する研究としては，白柳と Sweedler による安定化理論（theory of stabilizing algebraic algorithms）[4] が代表的である．安定化理論は，不安定なアルゴリズムを変形して，数値計算を使って実行しても不安定な現象を抑えるための手法を与える．

その手法を，次のアルゴリズムを対象に説明する．

- データは，全て多項式環 $R[x_1, \ldots, x_m]$ の元からなる．R は実数体の部分体である．
- データ間の演算は，$R[x_1, \ldots, x_m]$ 内の加減乗または剰余計算である．
- データ上の述語は，不連続点を持つとすればそれは0のみである．

「述語の不連続点が0である」ということは，if $Y = 0$ then $\cdots$ else $\cdots$ のように，値が0か否かによって分岐が生じることを意味する．述語は，$Y = 0$ の代わりに $Y > 0$ や $Y \geqq 0$ でもよい．上記クラスのアルゴリズムを，不連続点0の代数的アルゴリズムと呼ぶ．ほとんどの数式処理アルゴリズムは，このクラスに入るか，このクラスのアルゴリズムに変換可能である．

安定化のポイントは，

- アルゴリズムの基本構造は変えないこと
- データについては，実係数を浮動小数点表示の区間係数に変えること
- 述語を評価する直前で，区間係数のゼロ書き換えを行うこと

の3つである．安定化されたアルゴリズムのデータは区間係数多項式となり，区間係数多項式同士の演

算は区間係数同士の区間演算（interval arithmetic）（[区間演算]（p.426）を参照）に基づく．ゼロ書き換えとは，「区間が 0 を含んだとき，それをただ一点ゼロのみからなる区間 $[0,0]$ に書き換える」ことである．

いま，入力 $f \in R[x_1,\ldots,x_m]$ を $f = \sum_{\boldsymbol{\alpha}} a_{\boldsymbol{\alpha}} x^{\boldsymbol{\alpha}}$（$\boldsymbol{\alpha}$ は非負整数成分のベクトル $(\alpha_1,\ldots,\alpha_m)$ で，$x^{\boldsymbol{\alpha}}$ は $x_1^{\alpha_1} \cdots x_m^{\alpha_m}$ を意味する）と表したとき，f に対する区間係数多項式の近似列 $\{Int(f)_i\}_i$ を $Int(f)_i = \sum_{\boldsymbol{\alpha}} [(a_{\boldsymbol{\alpha}})_i, (\epsilon_{\boldsymbol{\alpha}})_i] x^{\boldsymbol{\alpha}}$ で定義する．ここで，全ての $\boldsymbol{\alpha}$ について，$\forall i, |a_{\boldsymbol{\alpha}} - (a_{\boldsymbol{\alpha}})_i| \leq (\epsilon_{\boldsymbol{\alpha}})_i$ かつ $i \to \infty$ のとき $(\epsilon_{\boldsymbol{\alpha}})_i \to 0$ である．このとき，単に $Int(f)_i \to f$ と書く．

$\mathcal{A}$ を不連続点 0 の代数的アルゴリズムとする．$\mathcal{A}$ を安定化したアルゴリズムを $Stab(\mathcal{A})$ と書くと，次の定理が成立する．

定理 1（安定化理論の基本定理）　$\mathcal{A}$ は入力 $f \in R[x_1,\ldots,x_m]$ に対し $\mathcal{A}(f)$ を出力するとする．このとき，f に対する任意の近似列 $\{Int(f)_i\}_i$ に対し，$i \to \infty$ のとき $Stab(\mathcal{A})(Int(f)_i) \to \mathcal{A}(f)$.

安定化手法はこれまで様々なアルゴリズムに適用されてきたが，最も典型的な例は浮動小数点によるグレブナー基底（Gröbner Basis）（[グレブナー基底]（p.332）を参照）の計算 [3] である．

2.2 曖昧入力・最適解追求型

この範疇についての全般は [5] などを参照のこと．

係数に誤差のある多項式 f を扱う際，誤差範囲内で f と区別できない多項式の集合 F（無限集合となる）を考え，それに属する全ての多項式を対象とする必要がある．F を記述するために多項式ノルムがよく利用される．$1 \leq p \leq \infty$ に対し，1 変数多項式 $f = a_n x^n + \cdots + a_0$ の重み付き p ノルムを $(|w_0 a_0|^p + \cdots + |w_n a_n|^p)^{1/p}$（$p = \infty$ のときは $\max\{|w_0 a_0|,\ldots,|w_n a_n|\}$）で定義する．ただし，少なくとも 1 つの i に対して $w_i \neq 0$ とする．重み付き p ノルム $\|\cdot\|$（$p = 1, 2, \infty$ など）と $\epsilon > 0$ を用いて，$F = \{\tilde{f} \mid \|\tilde{f} - f\| \leq \epsilon, \deg(\tilde{f}) \leq \deg(f)\}$（$\deg(f)$ は f の次数）などとすることが多い（$p = \infty$ のとき，F は区間係数多項式となる）．

以下，2 つの 1 変数多項式 f と g の GCD（greatest common divisor; 最大公約多項式）の計算を例に説明する．f, g と区別できない多項式の集合を，それぞれ F, G とする．

問題 1　f と g は互いに素か（GCD は定数か）．これは，無限個の多項式の組 $(\tilde{f}, \tilde{g})$（$\tilde{f} \in F, \tilde{g} \in G$）に対し，$\tilde{f}$ と $\tilde{g}$ が互いに素であることを確認しなければならないことに注意．

問題 2　f と g の係数に誤差がないと思ったとき，互いに素とする．GCD が 1 次以上となる $\tilde{f} \in F$, $\tilde{g} \in G$ であって，f, g に一番近いものを求めよ．

問題 1 において，f と g の GCD が 1 次以上かと問うことは無意味である．定数項がない場合を除き，どんな f と g に対しても，$\tilde{f}$ と $\tilde{g}$ が互いに素であるような $\tilde{f} \in F$ が必ず存在するからである．

一方，以下の問題なら意味がある．

問題 3　GCD の次数が最大となるような $\tilde{f} \in F$ と $\tilde{g} \in G$ を求めよ．

いずれの問題も，そのままでは無限個の多項式の組を考慮しなければならないので，何らかの手段により有限ステップの計算に還元させるか，あるいは，問題 2 のような最適化問題の場合は，数値計算による最適化手法を利用する，といったことになる．例えば，問題 2 で，F と G は 2 ノルムで記述されているとし，「f, g に一番近い」とは「$\|\tilde{f} - f\|^2 + \|\tilde{g} - g\|^2$ が最小」のこととする（$\|\cdot\|$ は 2 ノルム）．Karmarkar らの方法では，$\tilde{f}$ と $\tilde{g}$ の GCD が 1 次以上であることと，$\tilde{f}$ と $\tilde{g}$ が共通根 α を持つことは同値であることに注意し，条件 $\tilde{f}(\alpha) = \tilde{g}(\alpha) = 0$ のもとで $\|\tilde{f} - f\|^2 + \|\tilde{g} - g\|^2$ の最小値は α の関数となるから，それを $N(\alpha)$ とおき，$N(\alpha)$ の最小値とそれを実現する α を数値計算による最適化手法を利用して求め，それから $\tilde{f}, \tilde{g}$ の係数を決定している．

なお，上記とは別の研究方向として，本来，正確な数値に対してのみ用いられる代数的な計算を，誤差を含む数値に対しても柔軟に適用しようとする方法も研究されている（[2, 第 I 部] など）．

［白柳　潔・関川　浩］

参 考 文 献

[1] 穴井宏和, 数値/数式ハイブリッド計算に基づくロバスト最適化プラットフォーム, 情報処理, **48**(10) (2007), 1096–1102.

[2] 佐々木建昭, 今井 浩, 浅野孝夫, 杉原厚吉, 計算代数と計算幾何 (岩波講座 応用数学), 岩波書店, 1993.

[3] K. Shirayanagi, Floating point Gröbner bases, *Mathematics and Computers in Simulation*, 42:4-6 (1996), 509–528.

[4] 白柳 潔, 不安定なアルゴリズムを安定化する, 情報処理, **39**(2) (1998), 111–115.

[5] H. Stetter, *Numerical Polynomial Algebra*, SIAM, 2004.

数論アルゴリズムとその応用

素数判定問題　348
素因数分解問題　350
離散対数問題　352
格子問題　354
代数体　356
楕円曲線，超楕円曲線　360
公開鍵暗号　364
共通鍵暗号　366
楕円曲線暗号　368
ハッシュ関数　370
ディジタル署名　372
秘密分散共有　374
ペアリング暗号　376
擬似乱数　378

素数判定問題
primality testing problem; PRIMES

与えられた $n \in \mathbb{Z}_{>1}$ が，$\mathbb{Z}_{>1}$ 内で 2 数の積に分解する合成数か，分解しない素数かを判定する問題を，素数判定問題という．有理素数全体を $\mathbb{P}$ と書く．以下 n は奇数とする．記法 $\tilde{O}$ を次のように定義する：$f = \tilde{O}(g) \Leftrightarrow$ ある $k \in \mathbb{Z}_{\geqq 0}$ で $f = O\left(g \lg^k g\right)$．ただし $\lg = \log_2$ である．全般的な事項は [4] や，和文なら [6, Chap.4] に詳しい．ほかに [5] や [3, Chap.8,9] が参考になる．なお [2] では素数に関する最新の結果が日々更新されている．

1. 合成数判定問題と素数判定問題

入力 n に対し，判定問題「$n \notin \mathbb{P}$?」を合成数判定問題，判定問題「$n \in \mathbb{P}$?」を素数判定問題という．両者は本質的に同じだが算法は違う扱いがなされる．合成数判定法は擬素数テストとも呼ばれ，出力が「$n \notin \mathbb{P}$ と判定」または「$n \notin \mathbb{P}$ と判定不能（で $n \in \mathbb{P}$ の可能性が高い）」という算法も含み，素数判定法は出力が「$n \in \mathbb{P}$ と判定」または「$n \in \mathbb{P}$ と判定不能（で $n \notin \mathbb{P}$ の可能性が高い）」という算法も含む．これらは両問題の部分的解答を与える．両問題に完全な解答を与える素朴算法は試し割り算で，次の同値性 (1) に基づき除算 $n \div d$ ($d \in \mathbb{Z}, 1 < d \leqq \sqrt{n}$) をする：

$$n \in \mathbb{P} \Leftrightarrow d \nmid n \quad (d \in \mathbb{Z},\ 1 < d \leqq \sqrt{n}). \quad (1)$$

これは素因数分解問題などにも有効な手段だが，n のビット長 $\lg n$ の指数時間 $\tilde{O}\left(n^{1/2}\right)$ を要する．擬素数テストや素数判定法には，乱数を使う確率的算法で計算量が $\lg n$ の多項式時間（確率的多項式時間）のものが存在し，多くの場合これで十分として広く利用されている．また，両問題に完全な解答を与える，計算量が $\lg n$ の多項式時間に極めて近い決定性算法も存在する．実用的には，これらで問題が解決していると思われている．理論的には，両問題に完全な解答を与える算法で計算量が $\lg n$ の多項式時間（決定性多項式時間）であるものの存在が 2002 年に証明され，最終的解決が与えられている（なお，決定性多項式時間の英語 "deterministic polynomial time" を「決定的多項式時間」とする誤訳が多数ある）．

2. 擬素数テスト

計算しやすい $n \in \mathbb{P}$ の必要条件を使い，それを満たさなければ $n \notin \mathbb{P}$ と判定するが，満たしても $n \in \mathbb{P}$ は判定できない．まず，各 $b \in \mathbb{Z}, \gcd(b, n) = 1$ に対して次の式 (2) の必要条件を使う絶対擬素数テストがある：

$$n \in \mathbb{P} \Rightarrow b^{n-1} \equiv 1 \pmod{n}. \quad (2)$$

1 回の式 (2) の必要条件確認は計算量 $\tilde{O}\left(\lg^2 n\right)$ で済むが，どの b でも式 (2) の必要条件を満たしてしまう $n \notin \mathbb{P}$ が無限個存在する．

そこで，平方剰余記号の性質を考慮に入れることにより，各 $b \in \mathbb{Z}$ に対して次の式 (3) のより強い必要条件を使うオイラーテストが得られる：

$$n \in \mathbb{P} \Rightarrow b^{(n-1)/2} \equiv \left(\frac{b}{n}\right) \pmod{n}. \quad (3)$$

1 回の式 (3) の必要条件確認は計算量 $\tilde{O}\left(\lg^2 n\right)$ で，ランダムな b で k 回確認すれば $n \in \mathbb{P}$ の確率が $1 - 2^{-k}$ 以上となる $\lg n$ の確率的多項式時間である．広範に成立が確信される平方剰余記号に関する拡張リーマン仮説のもとでは，$\lg n$ の決定性多項式時間でもある．

次の式 (4) のさらに強い必要条件を使う強擬素数テスト (Miller–Rabin) が強力である．いま $m, e \in \mathbb{N}$, $n - 1 = m 2^e$, $2 \nmid m$ なら，各 $b \in \mathbb{Z}, \gcd(b, n) = 1$, $a = b^m$ に対し，法 n で

$$n \in \mathbb{P} \Rightarrow a \equiv 1 \text{ または，ある } i \in \mathbb{N}_{<e} \text{ で } a^i \equiv -1. \quad (4)$$

1 回の式 (4) の必要条件確認は計算量 $\tilde{O}\left(\lg^2 n\right)$ で，ランダムな b で k 回確認すれば $n \in \mathbb{P}$ の確率が $1 - 4^{-k}$ 以上となる $\lg n$ の確率的多項式時間であり，平方剰余記号に関する拡張リーマン仮説のもとで，$\lg n$ の決定性多項式時間 $\tilde{O}\left(\lg^4 n\right)$ でもある．試し割り算の後に，この強擬素数テストが通常は行われる．

3. 確率的素数判定法

計算しやすい $n \in \mathbb{P}$ の十分条件を使い，それを満たせば $n \in \mathbb{P}$ と判定するが，満たさなくても $n \notin \mathbb{P}$ は判定できない．古典的 $n - 1$ テストが典型で，既約剰余類群 $(\mathbb{Z}/n)^\times$ を利用した，次の式 (5) の十分条件を使う．いま $m \in \mathbb{Z}_{\geqq \sqrt{n}}, m \mid k = n - 1$, $T = \{p \in \mathbb{P} \mid p \mid m\}$ なら，$b \in \mathbb{Z}$ に対し

$$n \in \mathbb{P} \Leftarrow \begin{cases} b^k \equiv 1 \pmod{n}, \\ \gcd(b^{k/p} - 1, n) = 1 \ (p \in T). \end{cases} \quad (5)$$

これは部分的な $n - 1$ の素因数が必要だから，計算量は $\lg n$ の多項式時間とは限らない．

しかし，その着想を拡張した種数 2 の超楕円曲線を用いる $\lg n$ の多項式時間算法が考案されている．多項式時間かどうかは未知だが，それをさらに拡張した楕円曲線素数証明 (ECPP) が高速であることが，実験的に確かめられている．これは，法 n の擬楕円曲線 E_n を $(\mathbb{Z}/n)^\times$ の代わりに利用し，次の式 (6) の十分

条件を使う．いま $m \in \mathbb{Z}_{\geqq (\sqrt[4]{n}+1)^2}$, $m \mid k = {}^\#E_n$, $T = \{p \in \mathbb{P} \mid p \mid m\}$ なら，$P \in E_n$ に対し

$$n \in \mathbb{P} \;\Leftarrow\; \begin{cases} [k]P,\ [k/p]P\ (p \in T)\ \text{が計算可能} \\ [k]P = \mathcal{O},\ [k/p]P \neq \mathcal{O}\ (p \in T). \end{cases} \quad (6)$$

ただし $\mathcal{O}$ は E_n の無限遠点である．理論的・実験的な根拠に基づき，この楕円曲線素数証明は確率的多項式時間 $\lg^{4+o(1)} n$ であるだろうと期待されている．

4. 決定性素数判定法

計算しやすい $n \in \mathbb{P}$ の必要十分条件で式 (1) に代わる同値性があれば，決定性素数判定法が得られる．その着想の 1 つに Gauß 和やヤコビ和のような指標和を使う Gauß 和テストやヤコビ和テストがある．これは指標和の法 n での挙動を調べ，それを $n \in \mathbb{P}$ の必要十分条件として活用する．その内容と算法は複雑になるので，実装の際に予見できないバグを含む可能性も多い．しかしながら，これは決定性素数判定法としては現在最速であることが実験的に確められており，理論的にも $\lg n$ の多項式時間に極めて近い計算量 $\ln^{O(\ln \ln \ln n)} n$ が証明されていて，画期的である．ただし $\ln = \log_e$ である．

より簡単な $n \in \mathbb{P}$ の必要十分条件に，多項式環 $\mathbb{Z}[X]$ に式 (2) の必要条件を拡張した，各 $b \in \mathbb{Z}$, $\gcd(b, n) = 1$ について

$$n \in \mathbb{P} \;\Leftrightarrow\; (X + b)^n \equiv X^n + b \pmod{n}$$

がある．この同値性は $(X + b)^n$ の計算に $\lg n$ の指数時間 $O(n)$ かかるので直接は使えないから，各 $r \in \mathbb{N}$ について次の式 (7) の必要条件を使う：

$$n \in \mathbb{P} \;\Rightarrow\;$$
$$(X + b)^n \equiv X^n + b \pmod{(n, X^r - 1)}. \quad (7)$$

これは十分小さい r なら高速計算できる．問題は式 (7) の必要条件を十分条件にもするために適切な r と試さなくてはならない b の範囲である．これを実現したのが円分合同式テスト（AKS テスト）である．すなわち $n \notin \mathbb{W} = \{a^j \mid a, j \in \mathbb{Z}_{>1}\}$ のとき

$$b \leqq r = \min\left\{p \in \mathbb{P} \;\middle|\; p \nmid \prod_{i=1}^{4\lceil \lg^2 n \rceil - 1} (n^i - 1)\right\}$$

について式 (7) の必要条件が成立すれば，それが $n \in \mathbb{P}$ の十分条件にもなり，円分合同式テストは決定性素数判定法である．そして「$n \notin \mathbb{W}$?」の判定は $\tilde{O}(\lg n)$ でほとんど時間がかからず，この円分合同式テストは計算量が $\lg n$ の多項式時間 $\tilde{O}(\lg^{12} n)$ である．また，さらに円分合同式テストは現在 $\tilde{O}(\lg^{15/2} n)$ に計算量が改良されている[1]．理論的には重要なこの結果も，実用的には多項式の計算速度などの問題もあり，前述したヤコビ和テストや拡張リーマン仮説のもとでの強擬素数テストなどに，はるかに及ばない．

5. 特殊な数の素数判定法

前述した $n-1$ テストは，もし $n \in \mathbb{P}$ なら既約剰余類群 $(\mathbb{Z}/n)^\times$ が巡回群で位数 $n-1$ の元を持つことを利用したものである．特に素因数全体 $\{p \in \mathbb{P} \mid p \mid n-1\}$ がわかるときには有効で，もし $n \in \mathbb{P}$ なら式 (5) の十分条件を満たす b が必ず存在し，決定性算法にできる．中でも $m \in \mathbb{N}$ に対してフェルマー数 $n = 2^{2^m} + 1$ の場合は $b = 3$ でよいことが示され，

$$n \in \mathbb{P} \;\Leftrightarrow\; 3^{2^{2^m - 1}} \equiv -1 \pmod{n}$$

となることを用いた判定法（Pepin）がある．

もし $n \in \mathbb{P}$ なら有限素体 $\mathbb{F}_n = \mathbb{Z}/n$ の 2 次拡大体 $\mathbb{F}_{n^2}$ が考えられ，乗法群 $(\mathbb{F}_{n^2})^\times$ は位数 $n^2 - 1 = (n+1)(n-1)$ の巡回群なので，位数が $n+1$ や $n^2 - 1$ の元を持つ．この事実と線形回帰数列を組み合わせて利用し，$n+1$ テスト，$n^2 - 1$ テストなどが得られる．これらも $n+1$ や $n^2 - 1$ の素因数が必要で確率的算法だが，もし素因数全体が既知なら決定性算法にできる．中でも奇素数 $p \in \mathbb{P}_{>2}$ に対してメルセンヌ数 $n = 2^p - 1$ の場合は，漸化式 $u_1 = 4$, $u_{i+1} = u_i^2 - 2$ $(i \in \mathbb{N})$ で線形回帰数列 $\{u_i\}_{i \in \mathbb{N}}$ を定めると，

$$n \in \mathbb{P} \;\Leftrightarrow\; u_{p-1} \equiv 0 \pmod{n}$$

となることを用いた判定法（Lucas–Lehmer）がある．近年話題となる最大素数の発見は皆この方法による．この数の応用として $p, n \in \mathbb{P}$ となることを利用した高性能な擬似乱数生成法メルセンヌツイスタがある．

［中村　憲］

参　考　文　献

[1] M. Agrawal, N. Kayal, N. Saxena, PRIMES is in P. *Ann. of Math. (2)*, **160**(2) (2004), 781–793.

[2] C. Caldwell, The Prime Pages, 1994 (http://primes.utm.edu/).

[3] H. Cohen, *A course in computational algebraic number theory* (Vol.138 of "Graduate Texts in Mathematics"), Springer-Verlag, 1993.

[4] R. Crandall, C. Pomerance, *Prime numbers*, second edition, Springer-Verlag, 2005.

[5] N. Koblitz, *A course in number theory and cryptography* (Vol.114 of "Graduate Texts in Mathematics"), second edition, Springer-Verlag, 1994.

[6] 中村　憲, 数論アルゴリズム（開かれた数学 第 2 巻），朝倉書店, 2009.

素因数分解問題

prime factorization problem; integer factoring problem; IFP

与えられた $n \in \mathbb{Z}_{>1}$ を素数の積に分解する問題を素因数分解問題という．有理素数全体を $\mathbb{P}$ と書く．記法 $\tilde{O}$ を次のように定義する：

$f = \tilde{O}(g) \Leftrightarrow$ ある $k \in \mathbb{Z}_{\geq 0}$ で $f = O\left(g\lg^k g\right)$．

ただし $\lg = \log_2$ である．素因数分解問題は n を $\mathbb{Z}_{>1}$ 内で 2 数の積に分解する整数分解問題の最悪 $\lg n$ 回反復だから整数分解問題を扱う．以下 n は奇数として n の非自明約数 $d \in \mathbb{Z}$，$1 < d < n$，$d \mid n$ を求める．全般的な事項は [1, Chap.8,10] や，和文なら [5, Chap.5] に詳しい．他に [3] や [2, Chap.5,6] が参考になる．

1. 問題の分析と戦略・戦術

準備 整数分解問題の前に予備問題を解いておく．まずべき検出「$n \in \mathbb{W} = \{a^j \mid a, j \in \mathbb{Z}_{>1}\}$?」をする．これは n のビット長 $\lg n$ の線形時間 $\tilde{O}(\lg n)$ で済む．もし $n \in \mathbb{W}$ なら非自明べき根 d も求まる．また $n \notin \mathbb{W}$ なら何らかの擬素数テストで合成数判定「$n \notin \mathbb{P}$?」をする．これは $\lg n$ の多項式時間 $\tilde{O}\left(\lg^4 n\right)$ で済む．もし $n \notin \mathbb{P}$ で非自明約数 d が得られていなければ，整数分解に移る．判定不能の場合はおそらく $n \in \mathbb{P}$ だから，何らかの素数判定法で素数判定「$n \in \mathbb{P}$?」をする．これは $\lg n$ の多項式時間で済む．もし $n \in \mathbb{P}$ なら整数分解不要で判定不能の場合はやはり $n \notin \mathbb{P}$ かもしれないから，整数分解に移る．

整数分解の基本戦略 いまや n は非素べき奇合成数（$n \notin 2\mathbb{Z} \cup \mathbb{W} \cup \mathbb{P}$）である．適当な $m \in \mathbb{Z}$，$1 < m < n$ で除算 $n \div m$ を行う．もし $m \mid n$ なら $d = m$ でよい．もし $m \nmid n$ なら 2 つ選択枝がある．第一は，その m をあきらめて別の m で割ることである．これを m の昇順で行う試し割り算は小さい d を持つ n に有効だが，$\lg n$ の指数時間 $\tilde{O}\left(n^{1/2}\right)$ である．第二は，その m をあきらめず互除法（ユークリッド）で $\gcd(m,n)$ を求めることである．1 回の計算量は $\lg n$ の線形時間 $\tilde{O}(\lg n)$ で，適当な回数反復して $1 < d = \gcd(m,n) < n$ とできればよい．われわれの戦略は後者で d を与えそうな m を探す．

代表的戦術 試し割り算以外の手段を挙げる．ランダム法は勝手に m を選ぶ．存在するはずの非自明素因数 $p \mid n$ で m が割り切れる確率は $1/p$ 程度だから，たくさん試せば成功する可能性が高い．代表的なのは法 n でランダムに分布する数列を生成しそうな関数の，法 p での周期性を利用する ρ 法である．高速計算可能な多項式 $f(s)$（例えば $c \in \mathbb{Z}$ に対し $f(s) = s^2 + c$）と $s_1 \in \mathbb{Z}$ を選び，漸化式 $s_{i+1} = f(s_i)$ ($i \in \mathbb{N}$) で $\{s_i\}_{i \in \mathbb{N}}$ を生成し，$m = s_i - s_{2i}$ ($i \in \mathbb{N}$) ととる．

平方差法は，既約剰余類群 $(\mathbb{Z}/n)^\times$ の構造を利用して m を選ぶ．非素べき奇合成数 n では $(\mathbb{Z}/n)^\times$ が偶数位数群 2 個以上の直積だから ± 1 でない位数 2 の元を持つので，関係 $a^2 \equiv b^2 \pmod{n}$ を満たす n と互いに素な $a, b \in \mathbb{Z}$ を探して $m = a \pm b$ ととると，確率 $1/2$ 以上で非自明 $d \mid n$ を得る．これには各種指数計算法があり，計算量は直後に述べる準指数時間である．なお，量子計算機法も，この異種と言える．

元位数計算法は，存在するはずの非自明素因数 $p \mid n$ に関する適切な群の元の位数（の倍数）を調べて m を選ぶ．典型例は $p-1$ 法で，n と互いに素な $a \in \mathbb{Z}$ の法 p での位数 $k \mid p-1$ が小さいとき，$a^k \equiv 1 \pmod{p}$ ではあるが $a^k \not\equiv 1 \pmod{n}$ の可能性が高く，$m = a^k - 1$ ととり非自明 $d \mid n$ を得る．その拡張が楕円曲線法で，計算量は準指数時間である．

以上の戦術は全て確率的算法である．決定性算法に関しては直後にまとめて述べる．

2. 計 算 量

変数 u, v, x ($0 \leq u \leq 1$, $v \geq 0$, $x > e$) の関数 $L_x[u, v] = \exp\left(v(\ln x)^u (\ln \ln x)^{1-u}\right)$，$\ln = \log_e$ を使う．もし $0 < u < 1$ なら $\ln x$ の準指数関数と呼ぶ．そして計算量が $\ln n$ の準指数関数なら準指数時間という．

決定性算法 試し割り算は n の最小素因数 p により $p\tilde{O}(\lg n) = \tilde{O}\left(n^{1/2}\right) = L_n[1, 1/2 + o(1)]$ である．また，離散フーリエ変換を利用する高速フーリエ変換法は $L_n[1, 1/4 + o(1)]$ である．さらに虚 2 次体のイデアル類群を利用する類群法も $L_n[1, 1/4 + o(1)]$ である．これは平方剰余記号に関する拡張リーマン仮説のもとで $L_n[1, 1/5 + o(1)]$ となる．全て $\lg n$ の指数時間である．

確率的算法 整数分解問題は $\lg n$ の確率的準指数時間となる．ほとんどが発見的計算量評価で厳密証明が課題である．素因数が全て小さい整数を「滑らか」という．

ランダム法の中では効率的な ρ 法でも，指数時間 $\tilde{O}\left(n^{1/4}\right) = L_n[1, 1/4 + o(1)]$ である．

平方差法は滑らかな $a, b \in \mathbb{Z}$ で $a^2 \equiv b^2 \pmod{n}$ を探す．その中で連分数法は $\sqrt{n}$ を連分数展開して a, b を探す方法で，$L_n\left[1/2, (5/4)^{1/2} + o(1)\right]$ となる [6, §§5,8]．また，指数計算法は共通算法図式を持ち，原形の有理篩が $L_n\left[1/2, 2^{1/2} + o(1)\right]$ であり [4, §2.7]，2 次式を使う 2 次篩や複数多項

式2次篩が $L_n[1/2, 1 + o(1)]$, 現在最良な数体を使う数体篩は特殊数体篩が $L_n[1/3, \alpha + o(1)]$, $\alpha = \sqrt[3]{32/9}$, 一般数体篩が $L_n[1/3, \beta + o(1)]$, $\beta = \sqrt[3]{(92 + 26\sqrt{13})/27}$ となる. 以上は全て準指数時間である.

元位数計算法は素因数 $p \mid n$ に関する位数滑らかな群を使い相当 $\sqrt{n}$ より小さい p の発見に適し p に計算量がよる. 特に $p-1$ 法は $p-1 = {}^\#(\mathbb{Z}/p)^\times$ が滑らかなら指数時間 $(p/\lg p)\tilde{O}(\lg n) = L_n[1, 1/2 + o(1)]$, 楕円曲線法は有理点 $E(\mathbb{Z}/p)$ の位数が滑らかな楕円曲線 E を選べば準指数時間 $L_p[1/2, 2^{1/2}] \lg^{1+o(1)} n = L_n[1/2, 1 + o(1)]$ となる.

量子計算機法は仮想計算で多項式時間量子ビット演算量 $\tilde{O}(\lg^2 n) = L_n[0, 2 + o(1)]$ になる.

3. 指数計算法の算法図式

単位可換環 R と $1 \notin J \subseteq R$ に関する問題「与えた R の元が J の元だけの積かどうかを判定し, 積になるときは具体的に J の元の積に分解する」を考える. これが常に容易に解ける J を R の因子基底といい, J の元の積を J 滑らかという. 指数計算法は何らかの $\mathbb{Z}$ の因子基底 J を使うので因子基底法とも呼ばれ, 以下の図式で J 滑らかな $a, b, a^2 \equiv b^2 \pmod{n}$ を探す:

Step1: 因子基底 $J \subseteq \mathbb{Z}$, $s = {}^\#J$ を選択する.

Step2: 適当に J 滑らかな法 n の平方剰余 $\prod_{j \in J} j^{v_j}$ を s 個よりたくさん探し, それらのべき指数ベクトル $(v_j)_{j \in J} \in \mathbb{Z}^s$ を集めた集合を $V, r = {}^\#V$ ($> s$) とする. 各 $v = (v_j)_{j \in J} \in V$ に対して $k_v \in \mathbb{Z}$, $k_v{}^2 \equiv \prod_{j \in J} j^{v_j} \pmod{n}$ とする.

Step3: そして $r > s$ だから $\mathbb{Z}/2$ 上の非自明線形関係 $W \subseteq V, W \neq \emptyset$ を $\sum_{v \in W} v = 2(w_j)_{j \in J} \in 2\mathbb{Z}^s$ となるように求める.

Step4: いま $a = \prod_{v \in W} k_v$, $b = \prod_{j \in J} j^{w_j}$ とすれば, $a^2 \equiv b^2 \pmod{n}$ となる.

上で Step3 と Step4 は全指数計算法共通だが, Step1 と Step2 には各種工夫がある. 1つは Step2 における篩の活用で, 初期は J 滑らかな元を探すために各 $j \in J$ で除算していた. これに対して適当な表の篩により各 $j \in J$ の j 指数が求められる. これが篩法と呼ばれる理由である. 表の篩を分散処理すればいっそう効果的である. 1つは Step1 における複数因子基底の利用である. $i = 1, 2$ に対して単位可換環 R_i と因子基底 J_i があり, 写像 $\psi_i: \mathbb{Z} \to R_i$ と環準同型 $\phi_i: R_i \to \mathbb{Z}/n$ に関して $\phi_1 \circ \psi_1 = \phi_2 \circ \psi_2$ が成り立つとする. このとき $J = \phi_1(J_1) \cup \phi_2(J_2)$ とすることができる. これにより数体の整数環などが利用できる.

4. 元位数計算法

非自明素因数 $p \mid n$ に依存する適切な群の元位数を計算する. 既約剰余類群 $(\mathbb{Z}/n)^\times$ と $(\mathbb{Z}/p)^\times$ を用いる $p-1$ 法を説明する. 適当に小さい $B \in \mathbb{N}$ をとり, 滑らかな $k = \prod_{\ell \in \mathbb{P}_{\leq B}} \ell^{\lfloor \log_\ell B \rfloor}$ を求める. もし $\gcd(k, n) > 1$ なら, n の非自明約数が求まるか n は滑らかな k の約数だから, $\gcd(k, n) = 1$ としてよい. そこで何回か $a \in \mathbb{Z}$, $1 < a < n - 1$, $m = a^k - 1$ として $1 < \gcd(a, n)(< n - 1)$ か $1 < d = \gcd(m, n) < n$ になれば終わる. 相異なる n の素因数 p, q で $p - 1 \mid k$ だが $q - 1$ は $\mathbb{P}_{\leq B}$ 滑らかですらない場合には, もし $\gcd(a, n) = 1$ なら, 法 p で a の位数は k の約数だから $p \mid m$, すなわち $1 < p \mid d$ だが, 法 q で a の位数は k の約数とは限らず $q \nmid m$, すなわち $n \nmid m$, つまり $d < n$ の可能性が高い. これは仮に $p - 1 \nmid k$ でも, せめて $p - 1$ が $\mathbb{P}_{\leq B}$ 滑らかなことを期待している.

より重要なのは楕円曲線法である. それは法 n の擬楕円曲線 E_n を $(\mathbb{Z}/n)^\times$ の代わりに利用し, 楕円曲線 E の有理点の加法群 $E(\mathbb{Z}/p)$ を $(\mathbb{Z}/p)^\times$ の代わりに利用する. そして $E(\mathbb{Z}/p)$ が滑らかな位数を持つことを期待する. 考え方は先の $p-1$ 法と同じだが, そこでは「$a \in (\mathbb{Z}/p)^\times \setminus \{1\}$, $a^k = 1 \Rightarrow p \mid a^k - 1$」を使うのに対し,「$P \in E(\mathbb{Z}/p) \setminus \{\mathcal{O}\}$, $[k]P = \mathcal{O} \Rightarrow p$ が $[k]P$ 計算過程で分母を割る」を使う. ただし $\mathcal{O}$ は E の無限遠点である. 滑らかな位数を持つ楕円曲線を上手にとれば, 準指数時間計算量が予想される.

[中村　憲]

参 考 文 献

[1] H. Cohen, *A course in computational algebraic number theory* (Vol.138 of "Graduate Texts in Mathematics"), Springer-Verlag, 1993.

[2] R. Crandall, C. Pomerance, *Prime numbers*, second edition, Springer-Verlag, 2005.

[3] N. Koblitz, *A course in number theory and cryptography* (Vol.114 of "Graduate Texts in Mathematics"), 2nd ed., Springer-Verlag, 1994.

[4] A.K. Lenstra, H.W. Lenstra, M.S. Manasse, J.M. Pollard, The factorization of the ninth Fermat number, *Math. Comput.*, **61** (1993), 319–349.

[5] 中村　憲, 数論アルゴリズム (開かれた数学 第2巻), 朝倉書店, 2009.

[6] C. Pomerance, Analysis and comparison of some integer factoring algorithms, In *Computational Methods in Number Theory*, No.154/155 in *Math. Cent. Tracts* (1982), 89–139.

離散対数問題

discrete logarithm problem; DLP

単位乗法半群 G で $a = b^n$ ($a, b \in G$, $b \neq 1$, $n \in \mathbb{Z}$) のとき，a の b を底とする離散対数 n といい $\log_b a = n$ と書く．与えられた a, b から $\log_b a$ を求める問題が離散対数問題である．記法 $\tilde{O}$ を次のように定義する：

$$f = \tilde{O}(g) \Leftrightarrow \text{ある } k \in \mathbb{Z}_{\geq 0} \text{ で } f = O\left(g \lg^k g\right).$$

ただし $\lg = \log_2$ である．有理素数全体を $\mathbb{P}$ と書く．全般的な事項は [2] や，和文なら [3, Chap.6] に詳しい．他に [1, Chap.5,6] が参考になる．

1. 離散対数問題の意味

任意の $a, b \in G$ に対して $\log_b a$ があるとは限らないが，通常 $\log_b a$ の存在は保証されているとする．一般には $\log_b a$ は一意的でないが，恒等式 $\log_b(ac) = \log_b a + \log_b c$, $\log_b a = \log_b c \log_c a$ ($a, b, c \in G$) から離散対数と呼ばれる．応用で多くの場合 G は群で b は位数有限である．このとき $a \in \langle b \rangle$ だから最初から $G = \langle b \rangle$ としてよく，また n は位数 $N = {}^{\#}G$ を法として一意的に定まるから，最小正剰余をとる：

$$\mathrm{Log}_b a = \min \left\{ n \in \mathbb{N}_{\leq N} \mid a = b^n \right\}.$$

以下「有限巡回群 $G = \langle b \rangle$ で $a \in G$ を与え，$\mathrm{Log}_b a$ を求める」ことを離散対数問題とする（決定性算法で解ければ，より広い離散対数問題も解ける）．もし $a = 1$ なら $N = \mathrm{Log}_b 1$ が求まる．既約剰余類群 $G = (\mathbb{Z}/p)^{\times}$, $p \in \mathbb{P}$ なら b は法 p の原始根である．

位数 N が既知のときに法 N の計算は最小正剰余である．1回の G 演算（乗算や逆元）計算量を M で表す．一般に M は N に依存するが，通常 N のビット長 $\lg N$ の多項式時間である．

2. 普遍的方法

どんな G でも G における元の等値性比較 ($=$) 演算と G 演算とが可能ならば適用できる方法を説明する．位数 N に関する情報を必要とする場合もある．

最も素朴なのは試し掛け算で順次「$b^i = a$?」($i = 1, 2, \ldots$) を試す．これは常に利用可能な決定性算法だが，いつ $b^i = a$ になるかわからないので，べき計算は途中で省けず効率的べき法を適用できない．最悪 $N-1$ 回乗算が必要だから，計算量は $\lg N$ の指数時間 $O(N)M$ である．既約剰余類群 $G = (\mathbb{Z}/p)^{\times}$, $p \in \mathbb{P}$ の場合，$N = p-1$ で $\lg p$ の指数時間 $\tilde{O}(p)$ になる．

位数 N は既知とする．このとき ρ 法は G で一様に分布する数列 $c_i = a^{m_i} b^{n_i} \in G$ ($i \in \mathbb{N}$) を生成比較する．順次「$c_i = c_{2i}$?」($i \in \mathbb{N}$) を試せば $i = O\left(N^{1/2}\right)$ で $c_i = c_{2i}$ の確率が高く $\gcd(m_i - m_{2i}, N) = 1$ なら $\mathrm{Log}_b a \equiv (m_i - m_{2i})^{-1}(n_{2i} - n_i) \pmod{N}$ が求まる．これは確率的算法である．計算量は $\lg N$ の指数時間 $O\left(N^{1/2}\right)(M + \lg N)$ だが試し掛け算に勝る．領域計算量が N によらず一定 $O(1)$ なのが利点である．既約剰余類群 $G = (\mathbb{Z}/p)^{\times}$, $p \in \mathbb{P}$ の場合，$\lg p$ の指数時間 $\tilde{O}(p^{1/2})$ になる．変種に分散処理の考えを含む λ 法がある．

上界 $B \geq N$ だけ既知とする．このとき $m = \lceil B^{1/2} \rceil$ として，ある $R \in \mathbb{N}_{\leq m}$ において $S = \left\{ a b^Q \right\}_{Q=0}^{m-1}$ の中に存在するはずの b^{mR} を探せば $a b^Q = b^{mR}$ だから，R の昇順に S の中を探せば $\mathrm{Log}_b a = mR - Q$ である．群 G の元が整列可能な場合は，探索効率向上のために S を整列する．これが小股大股法（baby step giant step）である．小股が Q で大股が mR に相当する．これは決定性算法である．その上 $B \geq N$ が不明でも，適当な B から始めて B をだんだん大きくすれば，いずれ成功する．弱点は領域計算量が $\Omega\left(N^{1/2}\right)$ であることである．時間計算量は評価 $B \geq N$ の精度により，もし $B = O(N)$ なら ρ 法に匹敵する $\lg N$ の指数時間 $O\left(N^{1/2}\right)M + O\left(N^{1/2} \lg N\right)$ である．和の第2項は整列・探索の時間で，これは整列せず探索すると $O(N)$ になり1回のデータ比較・移動が M に比べて無視できなければ困る．既約剰余類群 $G = (\mathbb{Z}/p)^{\times}$, $p \in \mathbb{P}$ の場合 $\lg p$ の指数時間 $\tilde{O}(p^{1/2})$ になる．

今度は位数の素因数分解 $N = \prod_{q \in S} q^{e_q}$, $S \subseteq \mathbb{P}$, $e_q \in \mathbb{N}$ ($q \in S$) も既知とする．このとき，群位数分解法（Pohlig–Hellman）がある．各 $q \in S$ に対して $N_q = q^{e_q}$, $a_q = a^{N/N_q}$, $b_q = b^{N/N_q}$ とすると，部分群 $G_q = \langle b_q \rangle$ で $a_q \in G_q$ となり，$\mathrm{Log}_b a \equiv \mathrm{Log}_{b_q} a_q \pmod{N_q}$ だから，まず離散対数 $\mathrm{Log}_{b_q} a_q$ を求める．すると S の元は2個ずつ互いに素で，中国剰余定理により $\mathrm{Log}_b a$ が求まる．各 $q \in S$ については G_q が素べき位数巡回群だから $\mathrm{Log}_{b_q} a_q$ の q 進表記が $\left\{ b^{iN/q} \right\}_{i=0}^{q-1}$ 内の探索で求まる．この算法は決定性算法だが，位数 N の素因数分解が不明なら何の役にも立たない．時間計算量は N の素因数分解に依存するので複雑になるが，現実に素因数分解ができるのは N が滑らかなときで，例えば，ある $k \in \mathbb{N}$ に対して $q = O\left(\lg^k N\right)$ ($q \in S$) ならば $\lg N$ の多項式時間 $O\left(\lg^{k+1} N\right)M$ で，以前の試し掛け算，ρ 法，小股大股法より優れている．既約剰余類群 $G = (\mathbb{Z}/p)^{\times}$, $p \in \mathbb{P}$, の場合，ある $k \in \mathbb{N}$ に対して $q = O\left(\lg^k p\right)$ ($q \in S$) ならば，$\lg p$ の多項式時間 $\tilde{O}(\lg^{k+2} p)$ になる．

3. 特殊な群に通用する指数計算法

"小さい"という概念を持つ G にのみ有効である.
まず単位可換乗法半群 G の離散対数を拡張する. いま $g \in G$, $1 \notin J \subseteq G$, $s = {}^\#J \in \mathbb{N}$, $n_j \in \mathbb{Z}$ $(j \in J)$ が $g = \prod_{j \in J} j^{n_j}$ を満たすとき, べき指数ベクトルを g の J を底とする拡張離散対数 $\log_J g = (n_j)_{j \in J} \in \mathbb{Z}^s$ という. 各 $j \in J$ の $b \in G$ を底とする離散対数があるとき, $\mathrm{Log}_b J = (\mathrm{Log}_b j)_{j \in J} \in \mathbb{Z}^s$ とすると, 通常の内積「·」の内積公式 $\mathrm{Log}_b J \cdot \log_J g = \mathrm{Log}_b g$ が成り立つ.「単位可換乗法半群 G, $J \subseteq G$ に対して $g \in G$ を与えて $\log_J g$ を求める」ことを拡張離散対数問題と呼ぶ. 拡張離散対数問題が常に容易に解けるような J を G の因子基底といい, J の元は"小さい"という. さらに"小さい"元の積を J 滑らかという.

再び $a \in G = \langle b \rangle$ から $\mathrm{Log}_b a$ を求める問題に戻る. 位数 $N = {}^\# G$ は既知とする. 指数計算法(因子基底法)は以下の算法図式で離散対数問題を解く:

Step1. 因子基底 $J \subseteq G$, $s = {}^\# J$ を選択する.
Step2. 適当に $g = b^\ell$ が J 滑らかで $\log_J g$ が $\mathbb{Z}/N$ 上線形独立な $\ell \in \mathbb{Z}$ を s 個探し, それらの $\log_J g$ 全体を V, ${}^\# V = s$ とする. 各 $v = (v_j)_{j \in J} \in V$ に対して $b^{\ell_v} = \prod_{j \in J} j^{v_j}$, $\ell_v \in \mathbb{Z}$ とする.
Step3. 変数 $x \in \mathbb{Z}^s$ の正則連立線形合同式

$$v \cdot x \equiv \ell_v \pmod{N} \qquad (v \in V)$$

を解き, 内積公式により解 $x = m = \mathrm{Log}_b J$ を得る.
Step4. 適当に $h = ab^Q$ が J 滑らかな $Q \in \mathbb{Z}$ を探し, $R = \log_J h$ すれば, 内積公式と離散対数の性質から $\mathrm{Log}_b a \equiv m \cdot R - Q \pmod{N}$ を得る.

任意の有限体乗法群 $G = \mathbb{F}_q^\times$ には"小さい"という概念があり指数計算法が適用できるが, 特に既約剰余類群 $G = (\mathbb{Z}/p)^\times = \mathbb{F}_p^\times$, $p \in \mathbb{P}$, $N = p - 1$ について説明する. まず Step1 では適切に小さい $B \in \mathbb{N}$ に対し $J = \mathbb{P}_{\leq B}$ をとる. すると Step2 と Step4 は G の元の J の各元による試し割り算でよい. もし必要なら, 適当な素因数分解法を用いればよい. また, Step2 では V の線形独立性を確めず, Step3 で合同式を解く途中で線形独立でなければ式を追加すればよい. そして Step3 では, N の素因子を標数とする有限素体上の計算, その素べき因子への持ち上げ, 中国剰余定理の適用を順次実行する. 分解困難な N は擬素数であると判断して解き, それが失敗すれば N の分解が得られるのでよい.

ここで, 計算量を述べるために変数 u, v, x $(0 \leq u \leq 1, v \geq 0, x > e)$ の関数を $L_x[u, v] = \exp(v (\ln x)^u (\ln \ln x)^{1-u})$, $\ln = \log_e$ (自然対数) を使う. もし $0 < u < 1$ なら $\ln x$ の準指数関数と呼ぶ. そして計算量が $\ln N$ の準指数関数なら, $\ln N$ の準指数時間という. 以下で計算量は全て期待もしくは予想される確率的時間である. もし $B = L_p[1/2, 1/2]$ で Step2 が試し割り算なら $L_p[1/2, 2 + o(1)]$ となり, もし $B = L_p[1/2, 1/\sqrt{2}]$ で Step2 が楕円曲線法なら $L_p[1/2, \sqrt{2} + o(1)]$ となり, いずれも $\ln p$ の準指数時間である. 素体でない有限体の乗法群 $G = \mathbb{F}_q^\times$ についても一般化した指数計算法があり, 計算量は $\ln q$ の準指数時間 $L_q[1/2, O(1)]$ である.

上の Step2 は次のように見直されている. まず篩により J 滑らかな G の元を $s + 1$ 個以上集める. これらの離散対数問題を解く必要はない. このとき $\ell_v = 0$ となる $v = (v_j)_{j \in J} \in \mathbb{Z}^s \setminus \{0\}$ (すなわち $\prod_{j \in J} j^{v_j} = 1$) が得られる. この方法で $\mathbb{Z}/N$ 上線形独立な v を (s 個は無理だから) $s - 1$ 個集める. そこに従来の方法で, もう1つ J 滑らかな分解を加えて V を構成する. この見直しにより, 素因数分解の指数計算法におけるのと同じく, 複数因子基底を使う工夫も可能となる. これらの改良により有限体乗法群 $G = \mathbb{F}_q^\times$, $q = p^d$, $p \in \mathbb{P}$ の離散対数問題は, $d = 1$ か $d < \ln^{1/2 - \varepsilon} p$ $(\varepsilon > 0)$ なら, 計算量が $\ln q$ の準指数時間 $L_q[1/3, (64/9)^{1/3} + o(1)]$ となる.

指数計算法は, 有限体上の楕円曲線の群のように"小さい"という概念が定義されていない G には通用しない. それが楕円曲線離散対数問題の困難性による暗号を盛んにする理由の1つである. ゆえに"小さい"という概念を持つ単位可換環の乗法半群から楕円曲線の群への半群準同型の発見は重要である. 他方でペアリングを用いて楕円曲線の離散対数問題を有限体の離散対数問題に帰着する結果も知られている.

全てに共通な基本戦略は, 関係 $a^i b^Q = a^j b^R$ $(i, j, Q, R \in \mathbb{Z})$ を探し $i \mathrm{Log}_b a + Q \equiv j \mathrm{Log}_b a + R \pmod{N}$ を解いて $\mathrm{Log}_b a$ を求める. 試し掛け算は $i = R = 0$, $j = 1$ で探し, ρ 法はランダムに探し, 小股大股法は $m \in \mathbb{Z}_{\geq \sqrt{N}}$, $i = 1$, $j = 0$, $m \mid R$ で探す. 群位数分解法は法を N の素べき因子にする. 指数計算法は $i = 1$, $j = 0$ で $\mathbb{Z}$ の因子基底 J 滑らかな両辺に制限して探す. 　　　　　[中村　憲]

参 考 文 献

[1] R. Crandall, C. Pomerance, *Prime numbers*, second edition, Springer-Verlag, 2005.
[2] K.S. McCurley, The discrete logarithm problem, Vol.42 of *Proc. Sympos. Appl. Math.* (1990), 49–74.
[3] 中村　憲, 数論アルゴリズム (開かれた数学 第2巻), 朝倉書店, 2009.

格子問題

lattice problem

m, n を自然数 $(m \geq n)$ として，m 次元ユークリッド空間 $\mathbb{R}^m$ における格子とは，$\mathbb{R}^m$ の n 個の線形独立なベクトル $\mathbf{b}_1, \ldots, \mathbf{b}_n$ の整数係数の線形結合の集合

$$\mathcal{L}(\mathbf{b}_1, \ldots, \mathbf{b}_n) = \left\{ \sum_{i=1}^{n} x_i \mathbf{b}_i \;\middle|\; x_i \in \mathbb{Z} \right\}$$

のことをいう．$\mathbf{B} = [\mathbf{b}_1, \ldots, \mathbf{b}_n]$ として $\mathcal{L}(\mathbf{B})$ などとも書く．n は格子の次元または階数と呼ばれる．格子はユークリッド空間内の疎な加法部分群として特徴付けられるが，非常に豊富な組合せ的構造を持ち，様々な分野に現れる重要な対象である．整数論，ディオファンタス近似，組合せ的最適化や暗号理論などに多くの応用を持つ．ここでは，計算理論的観点からの格子に関連する問題について概説する．詳しくは [1]〜[3] などを参照されたい．

1. 格子に関する問題とアルゴリズム

1.1 格子の問題

格子は疎であるため，ユークリッドノルム $\|\cdot\|$ に関する最短の非零ベクトルを含む．このベクトルのノルムを第 1 次最小と呼び，$\lambda_1(\mathcal{L})$ または $\|\mathcal{L}\|$ などと書く．他のノルムについても同様に第 1 次最小を定義できる．さらに一般に，$1 \leq i \leq n$ についての第 i 次最小 $\lambda_i(\mathcal{L})$ が定義できる．$\lambda_i(\mathcal{L})$ の定義は，任意の i 個の線形独立なベクトル $\mathbf{v}_1, \ldots, \mathbf{v}_i \in \mathcal{L}$ に対して $\max_{1 \leq j \leq i} \|\mathbf{v}_j\|$ の最小値である．

格子に関する最も有名な問題は，与えられた格子 $\mathcal{L}(\mathbf{B})$ の中の $\lambda_1(\mathcal{L})$ の長さを持つベクトルを求める問題であり，最短ベクトル問題（SVP：shortest vector problem）と呼ばれる．

最短ベクトル問題（SVP） 基底 $\mathbf{B} \in \mathbb{Z}^{m \times n}$ が与えられたとき，$\mathbf{0}$ でないベクトル $\mathbf{Bx}$（ただし，$\mathbf{x} \in \mathbb{Z}^n \setminus \{\mathbf{0}\}$）で，任意の $\mathbf{y} \in \mathbb{Z}^n \setminus \{\mathbf{0}\}$ に対して $\|\mathbf{Bx}\| \leq \|\mathbf{By}\|$ となるものを求めよ．

最短ベクトル問題と同様に，最近ベクトル問題（CVP：closest vector problem）と呼ばれる問題なども定義できる．

最短ベクトル問題や最近ベクトル問題を解く多項式時間アルゴリズムは現在のところ知られておらず，CVP は NP 困難，SVP もランダム帰着のもとで NP 困難であることが示されている．これらの問題を解くことが非常に困難であるため，より扱いやすい，最適解そのものではなくある指定した定数 γ 倍の範囲内にあることだけが保証される解を求める，近似的に解く問題も考察されるようになった．

近似 SVP 定数 γ，基底 $\mathbf{B} \in \mathbb{Z}^{m \times n}$ が与えられたとき，$\mathbf{0}$ でないベクトル $\mathbf{Bx}$（ただし，$\mathbf{x} \in \mathbb{Z}^n \setminus \{\mathbf{0}\}$）で，任意の $\mathbf{y} \in \mathbb{Z}^n \setminus \{\mathbf{0}\}$ に対して $\|\mathbf{Bx}\| \leq \gamma \cdot \|\mathbf{By}\|$ となるものを求めよ．

同様にして近似 CVP も定義できる．

1.2 近似アルゴリズム

2 次元の場合の SVP はガウスによって提案されたアルゴリズムを用いて多項式時間で解くことができる．しかし，次元が高くなると一般には指数時間アルゴリズムしか知られていない．一方，近似的問題においては，一般の次元における近似 SVP を解くアルゴリズムとして Lenstra–Lenstra–Lovász による基底簡約アルゴリズム，いわゆる LLL アルゴリズムが有名である．これは，ガウスのアルゴリズムの一般化と見なせる．基底簡約アルゴリズムは，格子基底を入力とし，十分短い長さのベクトルからなる基底を出力する．

格子基底 $\mathbf{b}_1, \ldots, \mathbf{b}_n$ に対して，グラム–シュミットの直交化法に現れるベクトルを

$$\mathbf{b}_1^* = \mathbf{b}_1, \ \mathbf{b}_i^* = \mathbf{b}_i - \sum_{j=1}^{i-1} \mu_{ij} \mathbf{b}_j^* \quad (i \geq 2),$$

$\mu_{i,j} = \langle \mathbf{b}_i, \mathbf{b}_j^* \rangle / \langle \mathbf{b}_j^*, \mathbf{b}_j^* \rangle$ と定める．$1/4 < \delta < 1$ なる δ を用いて，格子基底 $\{\mathbf{b}_i\}$ が δLLL 簡約基底であるとは，次の 2 つの条件を満たすときにいう：

(i) 任意の $i > j$ に対し $|\mu_{i,j}| \leq \frac{1}{2}$
(ii) 任意の $i > 1$ に対し

$$\delta \|\mathbf{b}_{i-1}^*\|^2 \leq \|\mathbf{b}_i^* + \mu_{i,i-1} \mathbf{b}_{i-1}^*\|^2$$

LLL アルゴリズムは，次のステップに基づく．
- 簡約ステップ：$\mathbf{b}_i$ を $\mathbf{b}_i - c_{i,j} \mathbf{b}_j$ で置き換える．ただし，$c_{i,j} = \lceil \langle \mathbf{b}_i, \mathbf{b}_j \rangle / \langle \mathbf{b}_j, \mathbf{b}_j \rangle \rfloor$ $(i > j)$
- 交換ステップ：$\mathbf{b}_{i-1}$ と $\mathbf{b}_i$ を交換する．

アルゴリズム 1（LLL アルゴリズム）
入力：格子基底 $\{\mathbf{b}_1, \ldots, \mathbf{b}_n\}$
出力：δLLL 簡約基底 $\{\mathbf{b}_1, \ldots, \mathbf{b}_n\}$
(1) $k = 2$.
(2) $i = k$ とし，$j = k-1, \ldots, 1$ まで順に簡約ステップを行う．
(3) $\mathbf{b}_{k-1}^*$ と $\mathbf{b}_k^*$ が，条件 (ii) の関係式を満たすとき：$k = n$ なら $\{\mathbf{b}_i\}$ を出力し終了，$k < n$ なら k を $k+1$ として (2) に行く．条件 (ii) の関係式を満たさないとき：$i = k$ のときの交換ステップを行い，k を $k-1$ として (2) に行く．

このアルゴリズムは多項式時間アルゴリズムであ

ることが示される（全ての $\mathbf{b}_i \in \mathbb{Z}^m$ であるとき，その計算量は $O(n^6(\log B)^3)$ で与えられる．ただし，B は $||\mathbf{b}_i||^2$ の上限）．LLL アルゴリズムを用いることで，$\gamma(n) = (2/\sqrt{4\delta-1})^{n-1}$ として，$\gamma(n)$ 倍の範囲で多項式時間で近似 SVP を解くことができる．すなわち，出力される簡約基底の第 1 番目のベクトルが $||\mathbf{b}_1|| \leqq \gamma(n)\lambda_1(\mathcal{L})$ を満たす．ここで，Lenstra らのオリジナルの論文では，$\delta = \sqrt{3}/2$ と固定された値で記されており，このとき $\gamma(n) = 2^{\frac{n-1}{2}}$ とおけることを注意しておく．LLL アルゴリズムは Korkine–Zolotarev, Schnorr らによって，上記因子 $\gamma(n)$ が次元 n の準指数的関数となるまで改良されている．また，実際には LLL アルゴリズムは理論値の上限（$=\gamma(n)\lambda_1(\mathcal{L})$）よりも十分に短い長さのベクトルを出力し，実行時間も理論値の上限よりも十分に短いことが経験的に知られている．

2. 研究の歴史

ここでは，計算理論的観点（特に暗号への応用）から格子の研究の歴史を概観する．

格子の研究はラグランジュ，ガウス，エルミートらによる 2 次形式の研究，Minkowski による数の幾何学の研究にまで遡ることができる．これらの研究内容は，計算機を援用した数学研究の発展に伴い，1981 年の Lenstra による整数計画問題における目覚ましい仕事により，再び脚光を浴びることになった．この Lenstra の仕事は，格子基底を簡約する手法に基づいており，これに影響され，Lovász により多項式時間となる変種が提案された．このアルゴリズムは，最終的には Lenstra–Lenstra–Lovász による有名なアルゴリズムとなり，有理数体上の多項式の多項式時間分解アルゴリズムへと応用された．多項式の分解が多項式時間でできるかどうかは，その当時の有名な未解決問題の 1 つであった．このアルゴリズムは，提案者の名前から LLL 基底簡約アルゴリズムまたは LLL アルゴリズムと呼ばれる．

LLL アルゴリズムは，数学や計算理論の分野において非常に多くの応用を持ち，特に，暗号との関連では，ナップサック問題に基づく暗号方式への攻撃法として最も有効な方法として用いられてきた．

一方，1990 年代後半の Ajtai による格子の問題の計算量に関する有名な一連の仕事は，それ以前には格子に関する計算量的な結果はほとんど何も知られていなかったことから考えても，LLL アルゴリズムと並び，特筆すべきものである．Ajtai の結果は，ある種の格子の問題における最悪の場合と平均の場合の計算量の間の興味深い関係に関するものである．そのような関係は，P の外にあって NP 内にあると信じられている問題で成立することは知られていなかった．さらに，Ajtai は最短ベクトル問題（SVP）が NP 困難であることを，ランダム帰着のもとで証明した．SVP が NP 困難であることを示すことは，長年の未解決問題であった．

これらの計算量的結果は，暗号方式への攻撃とは異なる応用への可能性を示唆したとも言える．実際，上述の Ajtai による発見のすぐ後に，いくつかの格子の問題の困難性に基づく暗号方式が提案されており，これらの方式の中の 1 つである Ajtai–Dwork による暗号方式は，基づく問題が，最悪の場合の困難さと平均の場合の困難さが等価であるため，最悪の場合に基づく安全性証明を与えることができるという驚くべき特徴を持つ．

これらの研究とは独立に，1990 年代後半に Coppersmith による非常に興味深い暗号への応用も見出されている．これらのアルゴリズムは，格子基底簡約アルゴリズムを用いて，非線形な低次代数方程式が比較的小さいサイズの根を持つ場合に，その根を求めるための手法を与えるものである．この手法に基づき，RSA 暗号における特殊な場合の攻撃法である低指数攻撃などが提案された．また，一般的なナップサック暗号への攻撃法への格子の応用は，対象が線形方程式であることや，基底簡約アルゴリズムが理想的に動くと仮定したヒューリスティックなものであるのに対し，Coppersmith の結果は，非線形方程式へ適用可能であったり厳密な証明がつくなど，従来法とは異なる特徴を持つ．一方，RSA 暗号の安全性を向上させるパディング方式として RSA-OAEP と呼ばれるものがあるが，その安全性証明でも重要な役割を果たしている． ［内山成憲］

参 考 文 献

[1] D. ミッチアンチオ, S. ゴールドヴァッサー 著, 林 彬 訳, 暗号理論のための格子の数学 (*Complexity of Lattice Problems*), シュプリンガー・ジャパン, 2002.

[2] P.Q. Nguyen, J. Stern, The Two Faces of Lattices in Cryptology, *Proceedings of CALC'01*, LNCS2146 (2001), 146–180.

[3] Jin-Yi Cai, The Complexity of Some Lattice Problems, *Proceedings of ANTS-IV*, LNCS1838 (2000), 1–32.

代 数 体

algebraic number field

有理数体上の有限次拡大を代数体という．特に自然数 n に対し，有理数体上の n 次拡大を n 次体という．整数論では，様々な問題を適当な代数体において考える．その際，代数体がどのような性質を持つかは重要な問題である．ここでは代数体のイデアル類群と類数について解説する．

1. 代 数 的 数

複素数 α が，ある有理数係数の方程式 $a_n x^n + a_{n-1} x^{n-1} + \cdots + a_1 x + a_0 = 0$ $(a_n, a_{n-1}, \ldots, a_0 \in \mathbb{Q})$ の解であるとき，α を代数的数という．有理数体 $\mathbb{Q}$ に，ある代数的数 α を添加した体 $\mathbb{Q}(\alpha)$ は代数体である．逆に，任意の代数体 F は，ある代数的数 α を用いて，$F = \mathbb{Q}(\alpha)$ と表せる．α の最小多項式の次数を n とすれば，F は n 次体であり，$\mathbb{Q}(\alpha) = \{a_{n-1} \alpha^{n-1} + \cdots + a_1 \alpha + a_0 \mid a_{n-1}, \ldots, a_0 \in \mathbb{Q}\}$ と表せる．

2. 整数環と単数群

有理数体 $\mathbb{Q}$ は，有理整数環 $\mathbb{Z}$ を部分環として含み，$\mathbb{Z}$ の商体になっている．また，環 $\mathbb{Z}$ の乗法に関する可逆元全体を $\mathbb{Z}^\times$ とおくと，$\mathbb{Z}^\times = \{\pm 1\}$ である．一般の代数体 F における $\mathbb{Z}$ と $\mathbb{Z}^\times$ の類似を次のように定義する．

初めに，F における $\mathbb{Z}$ の類似について考える．代数体 F の元 α が，あるモニック整数係数多項式 $x^n + a_{n-1} x^{n-1} + \cdots + a_1 x + a_0 = 0$ $(a_{n-1}, \ldots, a_0 \in \mathbb{Z})$ の解であるとき，α を代数的整数という．F に含まれる代数的整数全体の集合を $\mathcal{O}_F$ とおくと，$\mathcal{O}_F$ は環になる．$\mathcal{O}_F$ を F の整数環という．

次に，$\mathbb{Z}^\times = \{\pm 1\}$ の類似について考える．$\mathcal{O}_F^\times$ を環 $\mathcal{O}_F$ の乗法に関する可逆元全体の集合とする．すなわち，$\mathcal{O}_F^\times = \{\alpha \in \mathcal{O}_F \mid \alpha \beta = 1 \ (^\exists \beta \in \mathcal{O}_F)\}$．$\mathcal{O}_F^\times$ は乗法に関して群になる．$\mathcal{O}_F^\times$ を F の単数群という．

有理数体と代数体の類似

$$\begin{array}{ccccc} \mathbb{Q} & \supset & \mathbb{Z} & \supset & \mathbb{Z}^\times \\ & & \updownarrow \text{類似} & & \\ F & \supset & \mathcal{O}_F & \supset & \mathcal{O}_F^\times \end{array}$$

例1 $m\ (\neq 1, 0)$ を平方因子を含まない整数とする．2次体 $F = \mathbb{Q}(\sqrt{m})$ の整数環と単数群は以下のようになる．

(1) $\mathcal{O}_F = \begin{cases} \mathbb{Z}\left[\frac{1+\sqrt{m}}{2}\right] & (m \equiv 1 \pmod 4) \\ \mathbb{Z}[\sqrt{m}] & (m \equiv 2, 3 \pmod 4) \end{cases}$

(2) (i) $m > 0$ のとき，$\mathcal{O}_F^\times \simeq \{\pm 1\} \times \mathbb{Z}$
(ii) $m < 0$ のとき，
$$\mathcal{O}_F^\times = \begin{cases} \{\pm 1, \pm \sqrt{-1}\} & (m = -1) \\ \left\{\pm 1, \frac{\pm 1 \pm \sqrt{-3}}{2}\right\} & (m = -3) \\ \{\pm 1\} & (m \neq -1, -3) \end{cases}$$

一般に，n 次体 F の整数環 $\mathcal{O}_F$ はランク n の自由加群である．また，単数群 $\mathcal{O}_F^\times$ の群構造は，ディリクレによって決定されている．

3. 素元と既約元

自然数 $p > 1$ は，1 と p 以外に正の約数を持たないとき，素数であるという．有理整数環 $\mathbb{Z}$ が持つ次の性質を「初等整数論の基本定理」という．

初等整数論の基本定理

全ての $a \in \mathbb{Z}\ (a \neq 0, a \notin \mathbb{Z}^\times = \{\pm 1\})$ は $a = (\pm p_1) \cdots (\pm p_r)\ (p_1, \ldots, p_r は素数)$ の形に表すことができ，この表し方は次の意味で一意的である．$a = (\pm p_1) \cdots (\pm p_r) = (\pm q_1) \cdots (\pm q_s)$ $(p_1, \ldots, p_r, q_1, \ldots, q_s は素数)$ ならば，$r = s$ かつ適当に順番を入れ替えれば $\pm p_i = \pm q_i$.

一般の代数体 F の整数環 $\mathcal{O}_F$ における $\pm p$ (p：素数) の類似を考える．$\pm p$ には次の2つの性質があることに注意する．

素数の性質

素数 p に対し，次の (P1), (P2) が成り立つ．
(P1) $\pm p = ab\ (a, b \in \mathbb{Z})$ ならば，$a \in \mathbb{Z}^\times$ または $b \in \mathbb{Z}^\times$.
(P2) $\pm p | ab\ (a, b \in \mathbb{Z})$ ならば，$\pm p | a$ または $\pm p | b$.

ここで，一般に $\alpha, \beta \in \mathcal{O}_F$ に対し，$\beta = \alpha \gamma$ を満たす $\gamma \in \mathcal{O}_F$ が存在するとき，$\alpha | \beta$ と表す．代数的整数 α ($\alpha \neq 0, \alpha \notin \mathcal{O}_F^\times$) が (P1) の性質を持つとき，つまり $\alpha = ab\ (a, b \in \mathcal{O}_F)$ ならば，$a \in \mathcal{O}_F^\times$ または $b \in \mathcal{O}_F^\times$ を満たすとき，α を既約元という．また，(P2) の性質を持つとき，つまり $\alpha | ab\ (a, b \in \mathcal{O}_F)$ ならば $\alpha | a$ または $\alpha | b$ を満たすとき，α を素元という．一般に，素元は既約元であることが証明できるが，逆は必ずしも成り立たない．

例2 2次体 $\mathbb{Q}(\sqrt{-5})$ において，$1 + \sqrt{-5} \in \mathcal{O}_F$

は既約元だが素元ではない．

整数環 $\mathcal{O}_F$ において，既約元の集合全体と素元の集合全体が一致するとき，$\mathcal{O}_F$ は「初等整数論の基本定理」と同じ性質を持つ．

定理 1 代数体 F の整数環 $\mathcal{O}_F$ において，次の 2 条件は同値である．
 (1) 既約元は素元である．
 (2) 全ての $a \in \mathcal{O}_F$ ($a \neq 0$, $a \notin \mathcal{O}_F^\times$) は $a = \alpha_1 \cdots \alpha_r$ ($\alpha_1, \ldots, \alpha_r \in \mathcal{O}_F$ は既約元) の形に表すことができ，この表し方は次の意味で一意的である．$a = \alpha_1 \cdots \alpha_r = \beta_1 \cdots \beta_s$ ($\alpha_1, \ldots, \alpha_r, \beta_1, \ldots, \beta_s \in \mathcal{O}_F$ は既約元) ならば，$r = s$ かつ適当に順番を入れ替えれば，ある $u_i \in \mathcal{O}_F^\times$ が存在し，$\alpha_i = u_i \beta_i$．

定理の同値な条件 (1),(2) が成り立つとき，$\mathcal{O}_F$ を一意分解整域（UFD：unique factorization domain）という．

例 3 (1) $F = \mathbb{Q}$ のとき，$\mathcal{O}_F$ は UFD．
 (2) $F = \mathbb{Q}(\sqrt{-1})$ のとき，$\mathcal{O}_F = \mathbb{Z}[\sqrt{-1}]$ は UFD．
 (3) $F = \mathbb{Q}(\sqrt{-5})$ のとき，$\mathcal{O}_F = \mathbb{Z}[\sqrt{-5}]$ は UFD ではない．

4. イデアル類群と類数

代数体 F の整数環 $\mathcal{O}_F$ は UFD とは限らない．このような整数環を扱うため，Kummer は理想数というものを考えた．この概念はその後 Dedekind によって構築されたイデアル論のもとになっている．

$\alpha_1, \ldots, \alpha_m \in F$ に対し，集合 $(\alpha_1, \ldots, \alpha_m) = \{x_1 \alpha_1 + \cdots + x_m \alpha_m \mid x_1, \ldots, x_m \in \mathcal{O}_F\}$ を F の $\alpha_1, \ldots, \alpha_m$ によって生成される分数イデアルという．特に生成元が 1 つのイデアル $(\alpha) = \{x\alpha \mid x \in \mathcal{O}_F\}$ を単項イデアルという．分数イデアル $\mathfrak{a} = (\alpha_1, \ldots, \alpha_m)$, $\mathfrak{b} = (\beta_1, \ldots, \beta_n)$ に対し，$\mathfrak{a}$ と $\mathfrak{b}$ の積を $\mathfrak{a}\mathfrak{b} = (\alpha_1 \beta_1, \alpha_1 \beta_2, \ldots, \alpha_1 \beta_n, \alpha_2 \beta_1, \ldots, \alpha_m \beta_n)$ で定義する．F の 0 以外の分数イデアル全体の集合を I_F とおくと，I_F は上で定義した積に関しアーベル群になる．また単項イデアル全体の集合を P_F とおくと，P_F は I_F の部分群である．剰余群 I_F/P_F を F のイデアル類群といい，Cl_F と表す．代数体のイデアル類群は有限群であることが知られている．イデアル類群 Cl_F の位数 h_F を F の類数という．

例 4 $F = \mathbb{Q}(\sqrt{-5})$ のとき，$\mathrm{Cl}_F \simeq \mathbb{Z}/2\mathbb{Z}$, $h_F = 2$．

定義から代数体 F の類数が 1 であることと，F の全ての分数イデアルが単項イデアルであることは同値である．さらに，次が成り立つ．

定理 2 代数体 F の類数が 1 であるための必要十分条件は，整数環 $\mathcal{O}_F$ が UFD であることである．

つまり，類数が 1 の代数体 F では，$\mathcal{O}_F$ の 0 でも単数でもない元は，既約元（素元）の積に一意的に表せるといった，とても良い性質を持つ．一般に類数は，その体がどれくらい良い性質を持つかということに対し，1 つの目安を与えている．

5. 類数に関する諸結果と予想

代数体の類数については，次の基本的な予想でさえ解決されていない．

予想 1 類数が 1 の代数体は無限個存在するだろう．

この予想は，以下の 2 次体に関する予想から従う．一般に代数体が実数体 $\mathbb{R}$ の部分体であるとき，実な体といい，そうでないとき虚な体という．

予想 2（ガウス） 類数が 1 の実 2 次体は無限個存在するだろう．

一方，類数が 1 となる虚 2 次体は，9 個しか存在しないことが Baker と Stark によって独立に証明されている．

定理 3（Baker, Stark 1967） 類数が 1 の虚 2 次体 $F = \mathbb{Q}(\sqrt{m})$ は $m = -1, -2, -3, -7, -11, -19, -43, -67, -163$ の 9 個である．

次に円分体に関する結果について述べる．自然数 n に対し，$\zeta_n = e^{2\pi i/n}$ とおく．代数体 $\mathbb{Q}(\zeta_n)$ を円分体という．ここで，$n \equiv 2 \pmod 4$ ならば，$\mathbb{Q}(\zeta_n) = \mathbb{Q}(\zeta_{n/2})$ が成り立つので，n は $n \not\equiv 2 \pmod 4$ となるようにとっておく．円分体は $\mathbb{Q}$ 上のアーベル拡大体である．また，$\mathbb{Q}$ 上の全てのアーベル拡大体は，ある円分体の部分体になることが知られている．類数が 1 の円分体は，Masley によって以下のように決定されている．

定理 4（Masley 1976） 類数が 1 の円分体 $\mathbb{Q}(\zeta_n)$ ($n > 2$, $n \not\equiv 2 \pmod 4$) は，$n = 3, 4, 5, 7, 8, 9, 11, 12, 13, 15, 16, 17, 19, 20, 21, 24, 25, 27, 28, 32, 33, 35, 36, 40, 44, 45, 48, 60, 84$ の 29 個である．

また，類数が 2 冪の円分体は堀江邦明によって決定されている．

定理 5（堀江 1989[3]） 類数が 2 冪の円分体 $\mathbb{Q}(\zeta_n)$ ($n > 2$, $n \not\equiv 2 \pmod 4$) は，$n = 29, 39, 56, 65, 68, 120$ の 6 個である．

さらに，類数が 1 となる一般の虚アーベル体は，山村健によって決定されている．

定理 6（山村 1994[5]） 類数が 1 の虚アーベル体は 172 個である．

円分体 $\mathbb{Q}(\zeta_n)$ とその最大実部分体 $\mathbb{Q}(\zeta_n + \zeta_n^{-1})$ の類数を h_n, h_n^+ と表すと，h_n は h_n^+ の倍数であることがわかる．商 $h_n^- = h_n/h_n^+$ を $\mathbb{Q}(\zeta_n)$ の相対類数と呼ぶ．相対類数 h_n^- については，一般ベルヌーイ数を用いた公式が知られていて，この公式から実際に h_n^- を求めることができる．一方，最大実部分体の類数 h_n^+ に対しても円単数を用いた公式が知られているが，この公式から実際に h_n^+ を計算することは難しい．

以下，p を素数とする．$\mathbb{Q}(\zeta_p + \zeta_p^{-1})$ の類数について，以下の有名な未解決予想がある．

予想 3（Vandiver） h_p^+ は p で割れない．

一方，相対類数 h_p^- については，p で割れる場合と割れない場合の両方の例が知られている．一般に次のことが成り立つ．

定理 7 h_p^- が p で割り切れなければ，h_p^+ も p で割り切れない（このとき，$h_p = h_p^+ h_p^-$ から p は h_p も割り切らない）．

素数 p が円分体 $\mathbb{Q}(\zeta_p)$ の類数 h_p を割り切らないとき，p を正則な素数といい，割り切るとき非正則な素数という．最も小さい非正則な素数は $p = 37$ である．

定理 8（Jensen 1915） 非正則な素数は無限個存在する．

一方，正則な素数に関しては，無限個存在するかはわかっていない．

予想 4（Siegel 1964） 正則な素数は無限個存在するだろう．

最近，谷口哲也 [4] により，$100,000$ 以下の素数 p に対し，相対類数 h_p^- が多倍長整数係数多項式の高速乗算アルゴリズムを用いて計算されている．

6. アーベル数体のイデアル類群の構造

有理数体上の有限次アーベル拡大体をアーベル数体という．以下，F をアーベル数体，p を奇素数（2 以外の素数）とし，A_F をイデアル類群 Cl_F の p シロー部分群とする．J を複素共役とすると，A_F は $A_F = A_F^+ \oplus A_F^-$，$A_F^\pm = \{a \mid a \in A_F, Ja = \pm a\}$ と直和分解する．A_F^+, A_F^- をそれぞれ A_F のプラスパート，マイナスパートという．F のイデアル類群は，以下で定義される円単数やガウス和と呼ばれる良い性質を持つ代数的な元と関係が深い．

F の導手を N とすると，F は円分体 $\mathbb{Q}(\zeta_N)$ に含まれる．ℓ を $\mathbb{Q}(\zeta_N)/\mathbb{Q}$ で完全分解する素数とし，ℓ を割る $\mathbb{Q}(\zeta_N), F$ の素イデアルをそれぞれ $\widetilde{\mathcal{L}}, \mathcal{L}$ とおく．このとき，素数 ℓ に関する円単数とガウス和を以下で定義する．

$$\begin{array}{ccc}
& \text{体のノルム写像} & \\
\mathbb{Q}(\zeta_{N\ell})^\times & \to & F(\zeta_\ell)^\times \\
\displaystyle\sum_{a=1}^{\ell-1} \chi_{\widetilde{\mathcal{L}}}(a)\zeta_\ell^a & \mapsto & \tau_{\mathcal{L}} \text{（ガウス和）} \\
\zeta_{N\ell} - 1 & \mapsto & \xi_\ell \text{（円単数）}
\end{array}$$

ここで，μ_N を ζ_N で生成される群とおくと，$\chi_{\widetilde{\mathcal{L}}}: (\mathbb{Z}/\ell\mathbb{Z})^\times \to \mu_N$ は，$\chi_{\widetilde{\mathcal{L}}}(a) \equiv a^{-(\ell-1)/N} \pmod{\widetilde{\mathcal{L}}}$ で定義される指標である．群環 $\mathbb{Z}[\mathrm{Gal}(F/\mathbb{Q})]$ の元で，F のイデアル類を零化するものを，そのイデアル類の零化元と呼ぶ．イデアル類，零化元，代数的な良い性質を持つ元（ガウス和または円単数）の間には，次のような関係がある．

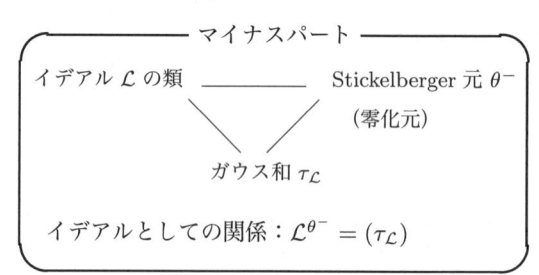

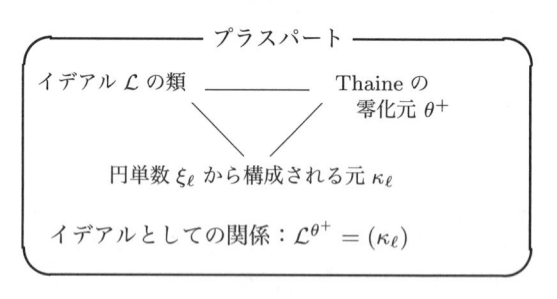

```
┌─ マイナスパート ─────────────┐
│ イデアル $\mathcal{L}$ の類 ──── Stickelberger 元 $\theta^-$ │
│                              （零化元）      │
│         ＼      ／                           │
│         ガウス和 $\tau_{\mathcal{L}}$                       │
│                                              │
│ イデアルとしての関係：$\mathcal{L}^{\theta^-} = (\tau_{\mathcal{L}})$ │
└─────────────────────────┘
```

```
┌─ プラスパート ──────────────┐
│ イデアル $\mathcal{L}$ の類 ──── Thaine の   │
│                              零化元 $\theta^+$  │
│         ＼      ／                           │
│         円単数 $\xi_\ell$ から構成される元 $\kappa_\ell$    │
│                                              │
│ イデアルとしての関係：$\mathcal{L}^{\theta^+} = (\kappa_\ell)$ │
└─────────────────────────┘
```

これらの関係は，マイナスパートについては 1890 年 Stickelberger によって証明され，プラスパートについては 1988 年 Thaine によって証明された．また，Kolyvagin と Rubin は，オイラー系という概念を用い，F 上の無限個のアーベル拡大体における円単数，ガウス和を考察することから，拡大次数 $[F:\mathbb{Q}]$ を割らない奇素数 p に対し，A_F の構造定理を理論的に得ている[1]．

また，円単数やガウス和を有限体上で計算することにより，$p \nmid [F:\mathbb{Q}]$ を満たす奇素数 p に対し，A_F の構造を実際に計算する以下のようなアルゴリズム

が得られている[2].

--- A_F の構造を求める計算アルゴリズム[2] ---

Step 1　A_F の位数の上界 d を求める.

Step 2　2組の素数の集合 L と L^* をある条件を満たすように選ぶ.（L に含まれる素数を割る F の素イデアルは A_F の生成元の候補であり, A_F を実際に生成するかどうかを判定するのに L^* の素数が用いられる.）

Step 3　A_F の部分群 $B(L)$ を, L に含まれる素数を割る F の素イデアルで生成されるものとする. 零化元を用いて $B(L)$ をガウス和または円単数が生成する群に言い換える. さらに, L^* に含まれる素数を標数とする有限体の直和での像を M_{L,L^*} とおく.

Step4　M_{L,L^*} の構造を計算し, M_{L,L^*} の位数が Step 1 で与えた上界 d に等しい場合は, $A_F \simeq M_{L,L^*}$ となる（等しくないときは, Step 1 に戻って d を取り替えるか, Step2 に戻って L, L^* を取り替える）.

Step1 での上界 d を A_F の位数となるように選べば, $A_F \simeq M_{L,L^*}$ となる L, L^* は必ず存在することが理論的に証明できる.

この計算アルゴリズムによって得られた計算例を紹介する. $m\ (\neq 1, 5)$ を平方因子を含まない整数とし, アーベル数体 $F = \mathbb{Q}(\sqrt{m}, \zeta_5)$ を考えると, F は 8 次体である. 以下, $p = 5$ とし, F のイデアル類群の p シロー部分群 A_F を考える. $\Delta = \mathrm{Gal}(F/\mathbb{Q})$ とおく. 一般にガロア群 G の指標群を $\widehat{G} = \mathrm{Hom}(G, \overline{\mathbb{Q}}_p^\times)$ とおくと,

$$\widehat{\Delta} \simeq \widehat{\mathrm{Gal}(\mathbb{Q}(\sqrt{m})/\mathbb{Q})} \times \widehat{\mathrm{Gal}(\mathbb{Q}(\zeta_5)/\mathbb{Q})}$$

である. $\widehat{\mathrm{Gal}(\mathbb{Q}(\sqrt{m})/\mathbb{Q})}$, $\widehat{\mathrm{Gal}(\mathbb{Q}(\zeta_5)/\mathbb{Q})}$ の生成元をそれぞれ χ, ω とおくと,

$$\widehat{\Delta} = \{\mathbf{1}, \omega, \omega^2, \omega^3, \chi, \chi\omega, \chi\omega^2, \chi\omega^3\}$$

となる. 指標 $\chi \in \widehat{\Delta}$ に対し,

$$e_\chi = \frac{1}{|\Delta|} \sum_{\sigma \in \Delta} \chi^{-1}(\sigma) \sigma$$

とおく. 仮定から $p \nmid [F : \mathbb{Q}] = |\Delta|$ であるから, e_χ は群環 $\mathbb{Z}_p[\Delta]$ の元である. $A_{F,\chi} = e_\chi A_F$ とおくと,

$$A_F = \oplus_{\chi \in \widehat{\Delta}} A_{F,\chi}$$

と直和分解する. 円分体 $\mathbb{Q}(\zeta_5)$ の類数が 1 であることから,

$$A_{F,\mathbf{1}} = A_{F,\omega} = A_{F,\omega^2} = A_{F,\omega^3} = 0$$

であることがわかる. 残りの指標 χ に対する $A_{F,\chi}$ の構造は以下のようになる.

表 1　$A_{F,\chi}$ の構造

m	χ	$\chi\omega$	$\chi\omega^2$	$\chi\omega^3$
1111	(5)	(5, 5)	0	0
7523	0	0	(5)	$(5^2, 5)$
36227	0	0	0	(5^3)
36293	0	0	0	(5^2)
36322	(5)	$(5^3, 5)$	0	0
42853	(5)	$(5^3, 5)$	0	(5)
-5657	0	0	(5, 5)	(5^2)
-14606	(5, 5)	(5, 5)	0	0

ここで, 例えば (5, 5) は $\mathbb{Z}/5\mathbb{Z} \times \mathbb{Z}/5\mathbb{Z}$ であることを表している.　　　　　　　　　［青木美穂］

参　考　文　献

[1] M. Aoki, Notes on the structure of the ideal class groups of abelian number fields, *Proc. Japan Acad. Series A*, **81** (2005), 69–74.

[2] M. Aoki, T. Fukuda, An algorithm for computing p-class groups of abelian number fields, *Lecture Notes in Comput. Sci.*, **4076** (2006), 56–71.

[3] K. Horie, On the class numbers of cyclotomic fields, *Manuscripta Math.*, **65** (1989), 465–477.

[4] T. Taniguchi, Computation of the relative class number of cyclotomic fields-applications of fast multiprecision polynomial multiplications, *IPSJ Journal*, Vol.50, No.8 (2009), 1768–1774.

[5] K. Yamamura, The determination of the imaginary abelian number fields with class number one, *Math. Comp.*, **62** (1995), 899–921.

楕円曲線，超楕円曲線
elliptic curve, hyperelliptic curve

楕円曲線および超楕円曲線は，数論アルゴリズムを含む様々な研究分野で用いられる数学的対象である．例えば，素因数分解問題，楕円曲線暗号などで利用されている．

1. 楕円曲線

1.1 不変量

楕円曲線（elliptic curve）とは，種数 1 の滑らかな射影曲線 C およびその曲線 C 上の点 P の組 (C,P) のことである．曲線 C が体 K 上で定義されて点 $P \in C$ が K 有理点のとき，C は K 上で定義されているといい，C/K と表す．楕円曲線 (C,P) は射影平面 $\mathbb{P}^2$ への射 $\varphi: C \to \mathbb{P}^2$, $\varphi(P) = [0,1,0]$ により，方程式

$$Y^2Z + a_1XYZ + a_3YZ^2 = X^3 + a_2X^2Z + a_4XZ^2 + a_6Z^3 \quad (1)$$

で定義される非特異な 3 次曲線 E と同型である．以下では，楕円曲線は式 (1) で与えられるものとする．$a_1, a_2, \ldots, a_6 \in K$ のとき，楕円曲線 E は体 K 上で定義されているといい，E/K と表す．式 (1) は非斉次化 $x = X/Z$, $y = Y/Z$ により

$$E: y^2 + a_1xy + a_3y = x^3 + a_2x^2 + a_4x + a_6 \quad (2)$$

と表される．式 (1) および式 (2) を楕円曲線のワイエルシュトラス方程式（Weierstrass equation）と呼ぶ．次の不変量を定義する．

$$b_2 = a_1^2 + 4a_2$$
$$b_4 = 2a_4 + a_1a_3$$
$$b_6 = a_3^2 + 4a_6$$
$$b_8 = a_1^2a_6 + 4a_2a_6 - a_1a_3a_4 + a_2a_3^2 - a_4^2$$
$$c_4 = b_2^2 - 24b_4$$
$$c_6 = -b_2^3 + 36b_2b_4 - 216b_6$$
$$\Delta = -b_2^2b_8 - 8b_4^3 - 27b_6^2 + 9b_2b_4b_6$$
$$j = c_4^3/\Delta$$

Δ を式 (2) の判別式（discriminant）と呼び，j を E の j 不変量（j-invariant）と呼ぶ．式 (2) で定義される曲線が非特異であるための必要十分条件は $\Delta \neq 0$ である．不変量は次の等式を満たす：

$$4b_8 = b_2b_6 - b_4^2, \quad 1728\Delta = c_4^3 - c_6^2.$$

K の標数 $\text{char}(K)$ が 2 でないとき，式 (2) において y を $(y - a_1x - a_3)/2$ で置き換えると

$$y^2 = 4x^3 + b_2x^2 + 2b_4x + b_6. \quad (3)$$

$\text{char}(K) \neq 2, 3$ のとき，式 (3) において x を $(x - 3b_2)/36$ とし，y を $y/108$ とすると

$$y^2 = x^3 - 27c_4x - 54c_6.$$

定理 1 K 上の 2 つの楕円曲線 E_1, E_2 に対してそれぞれの j 不変量を $j(E_1), j(E_2)$ とするとき，E_1 と E_2 が $\overline{K}$ 上で同型であるための必要十分条件は，$j(E_1) = j(E_2)$ である．ただし $\overline{K}$ は K の代数的閉包とする．

任意の元 $j_0 \in K$ に対して，j 不変量が j_0 に等しくなるような楕円曲線 E/K が存在する．例えば $j_0 \neq 0, 1728$ のとき，楕円曲線

$$E: y^2 + xy = x^3 - \frac{36}{j_0 - 1728}x - \frac{1}{j_0 - 1728}$$

について，$\Delta = j_0^2/(j_0 - 1728)^3$, $j = j_0$ である．$y^2 + y = x^3$ について $\Delta = -27$, $j = 0$ であり，$y^2 = x^3 + x$ について $\Delta = -64$, $j = 1728$ である．

1.2 加法構造

式 (1) を満たす点 $[X, Y, Z]$ 全体を E と表し，点 $[0, 1, 0] \in E$ を O と表す．2 点 $P, Q \in E$ に対して，$P \neq Q$ のとき P, Q を通る直線を $L(P, Q)$ と表し，$P = Q$ のとき P における E の接線を $L(P, Q)$ と表す．$\mathbb{P}^2$ の任意の直線 L に対して，E と L が 3 点 P_1, P_2, P_3 を共有するとき $E \cap L = \{P_1, P_2, P_3\}$ と表す．ただし共有点は重複度を数える．

演算の定義 点 $P, Q \in E$ に対して，次の 2 条件を満たすように R, S を定める．

$$E \cap L(P, Q) = \{P, Q, R\}$$
$$E \cap L(R, O) = \{R, O, S\}$$

このとき，S を P と Q の和と呼び $P + Q$ と表す．

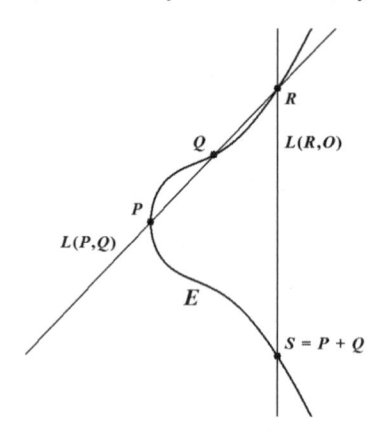

図 1 楕円曲線における演算

定理 2 集合 E は演算 + に関してアーベル群であり，単位元は O である．

式 (2) を満たす点 (x,y) 全体および O からなる集合を E と表す．上記と同様な演算を定義することで，E はアーベル群である．演算 $+$ における P の逆元を $-P$ と表す．式 $P+(-Q)$ を $P-Q$ と略記する．

定理 3 (a) 点 $P_0 = (x_0, y_0) \in E$ に対して
$$-P_0 = (x_0, -y_0 - a_1 x_0 - a_3).$$

(b) 2 点 $P_1 = (x_1, y_1)$, $P_2 = (x_2, y_2) \in E$ に対して，$P_1 + P_2 = P_3$ とする．

(b.1) $x_1 + x_2 = 0$ かつ $y_1 + y_2 + a_1 x_2 + a_3 = 0$ ならば $P_3 = O$ である．

(b.2) $x_1 + x_2 \neq 0$ または $y_1 + y_2 + a_1 x_2 + a_3 \neq 0$ ならば
$$P_3 = (\lambda^2 + a_1 \lambda - a_2 - x_1 - x_2,$$
$$- (\lambda + a_1)x_3 - \nu - a_3)$$
である．ただし，$x_1 \neq x_2$ のとき
$$\lambda = \frac{y_2 - y_1}{x_2 - x_1}, \quad \nu = \frac{y_1 x_2 - y_2 x_1}{x_2 - x_1}$$
であり，$x_1 = x_2$ のとき
$$\lambda = \frac{3x_1^2 + 2a_2 x_1 + a_4 - a_1 y_1}{2y_1 + a_1 x_1 + a_3},$$
$$\nu = \frac{-x_1^3 + a_4 x_1 + 2a_6 - a_3 y_1}{2y_1 + a_1 x_1 + a_3}.$$

楕円曲線 E/K 上の K 有理点 $(x,y) \in K^2$ 全体および O からなる集合を $E(K)$ と表す．このとき $E(K)$ は E の部分群である．正の整数 m および $P \in E$ に対して
$$[m]P = P + P + \cdots + P \quad (m \text{ 項和})$$
と定義し，$[0]P = O$ とする．負の整数 m に対して $[m]P = [-m](-P)$ と定義する．集合
$$E[m] = \{P \in E \mid [m]P = O\}$$
を E の m ねじれ部分群 (m-torsion subgroup) といい，集合
$$E_{\text{tors}} = \bigcup_{m=1}^{\infty} E[m]$$
を E のねじれ部分群 (torsion subgroup) という．

定理 4 (a) $\mathrm{char}(K) = 0$ のとき，あるいは $\mathrm{char}(K) = p > 0$ かつ $(m,p) = 1$ のとき，
$$E[m] \simeq (\mathbb{Z}/m\mathbb{Z}) \times (\mathbb{Z}/m\mathbb{Z}).$$

(b) $\mathrm{char}(K) = p$ のとき，次の (b.1) または (b.2) のいずれかが成立する：

(b.1) 任意の $e \in \mathbb{N}$ に対して $E[p^e] \simeq \{O\}$．

(b.2) 任意の $e \in \mathbb{N}$ に対して $E[p^e] \simeq (\mathbb{Z}/p^e\mathbb{Z})$．

定理 4 (b.1) のとき，E は超特異 (supersingular)，(b.2) のとき，E は通常 (ordinary) であるという．

$\mathrm{char}(K) \neq 2,3$ とし，楕円曲線
$$E : y^2 = x^3 + Ax + B \quad (A, B \in K)$$
を考える．下記のように定義される多項式 ψ_m を m 等分多項式 (m-division polynomial) と呼ぶ．
$$\psi_1 = 1$$
$$\psi_2 = 2y$$
$$\psi_3 = 3x^4 + 6Ax^2 + 12Bx - A^2$$
$$\psi_4 = 4y(x^6 + 5Ax^4 + 20Bx^3$$
$$- 5A^2 x^2 - 4ABx - 8B^2 - A^3)$$
$$\psi_{2i+1} = \psi_{i+2}\psi_i^3 - \psi_{i-1}\psi_{i+1}^3 \quad (i \geq 2)$$
$$2y\psi_{2i} = \psi_i(\psi_{i+2}\psi_{i-1}^2 - \psi_{i-2}\psi_{i+1}^2) \quad (i \geq 3)$$
$m \in \mathbb{N}$ に対して ϕ_m, ω_m を
$$\phi_m = x\psi_m^2 - \psi_{m+1}\psi_{m-1}$$
$$4y\omega_m = \psi_{m+2}\psi_{m-1}^2 - \psi_{m-2}\psi_{m+1}^2$$
で定義する．ただし $\psi_{-1} = -1$, $\psi_0 = 0$ とする．

定理 5 $m \in \mathbb{N}$ および $P = (x,y) \in E$ に対して
$$[m]P = \left(\frac{\phi_m(P)}{\psi_m(P)^2}, \frac{\omega_m(P)}{\psi_m(P)^3} \right).$$

1.3 ヴェイユペアリング

E を K 上の楕円曲線，m を 2 以上の整数とし，$\mathrm{char}(K) = p > 0$ のとき $(m,p) = 1$ とする．集合 $\{\zeta \in \overline{K} \mid \zeta^m = 1\}$ を μ_m と表す．

定理 6 下記の条件を満たすようなペアリング
$$e_m : E[m] \times E[m] \to \mu_m$$
が存在する．

(a) 任意の $S, S_1, S_2, T, T_1, T_2 \in E[m]$ に対して
$$e_m(S_1 + S_2, T) = e_m(S_1, T)e_m(S_2, T),$$
$$e_m(S, T_1 + T_2) = e_m(S, T_1)e_m(S, T_2).$$

(b) 任意の $S, T \in E[m]$ に対して
$$e_m(S,S) = 1, \quad e_m(S,T) = e_m(T,S)^{-1}.$$

(c) 全ての $S \in E[m]$ に対して $e_m(S,T) = 1$ を満たすならば，$T = O$．

(d) 任意の $\sigma \in \mathrm{Gal}(\overline{K}/K)$ に対して
$$e_m(S,T)^\sigma = e_m(S^\sigma, T^\sigma).$$

定理 6 の e_m をヴェイユペアリング (Weil pairing) と呼ぶ．定理 6 の (a) を双対性 (bilinear)，(b) を交代性 (alternating)，(c) を非退化性 (non-degenerate)，(d) をガロア不変性 (Galois invariant) と呼ぶ．

系 1 $E[m] \subset E(K)$ ならば $\mu_m \subset K$．

1.4 有限体上の楕円曲線

K を有限体，$\mathrm{char}(K) = p$, $\sharp K = q = p^r$ とし，

E を K 上の楕円曲線とする.

定理 7 次の不等号が成り立つ:
$$|\sharp E(K) - q - 1| \leqq 2\sqrt{q}.$$

正の整数 n に対して K の n 次拡大を K_n と表す ($\sharp K_n = q^n$). べき級数
$$Z(E/K;T) = \exp\left(\sum_{n=1}^{\infty}(\sharp E(K_n))\frac{T^n}{n}\right)$$
を E/K のゼータ関数 (zeta function) という.

定理 8 $a = 1 + q - \sharp E(K) \in \mathbb{Z}$ とする.
(1) 次の等式が成り立つ:
$$Z(E/K;T) = \frac{1-aT+qT^2}{(1-T)(1-qT)} \in \mathbb{Q}(T).$$
(2) 条件 $1 - aT + qT^2 = (1-\alpha T)(1-\beta T)$ により $\alpha, \beta \in \mathbb{C}$ を定めるとき, 任意の $n \in \mathbb{N}$ に対して
$$\sharp E(K_n) = 1 - \alpha^n - \beta^n + q^n.$$

1.5 代数体上の楕円曲線

K を $\mathbb{Q}$ の有限次拡大体とする.

定理 9 (Mordell, Weil) $E(K)$ は有限生成アーベル群である.

$E(K)$ を, モーデル–ヴェイユ群 (Mordell–Weil group) と呼ぶ. $E(K) \simeq E_{\mathrm{tors}}(K) \times \mathbb{Z}^r$ のとき, $E_{\mathrm{tors}}(K)$ は有限群であり, r は非負整数である. r を $E(K)$ の階数 (rank) と呼ぶ. 階数を求める計算は難しく, 一般的なアルゴリズムはまだ知られていない. 計算可能ないくつかの例は [1] を参照. 有限次代数体を固定するとき, 与えられた階数を持つ楕円曲線が存在するかという問題は未解決である.

定理 10 (Nagell, Lutz) 整数係数の楕円曲線
$$E : y^2 = x^3 + Ax + B \quad (A, B \in \mathbb{Z})$$
のねじれ $\mathbb{Q}$ 有理点 $P = (x_0, y_0) \in E_{\mathrm{tors}}(\mathbb{Q})$ は, 次の 2 条件を満たす:
(a) $x_0 \in \mathbb{Z}$ かつ $y_0 \in \mathbb{Z}$.
(b) $y_0 = 0$ または $y_0^2 \mid 4A^3 + 27B^2$.

定理 11 (Mazur) $\mathbb{Q}$ 上の楕円曲線 E に対して $E_{\mathrm{tors}}(\mathbb{Q})$ は下記の 15 通りのいずれかと同型である.

$\mathbb{Z}/N\mathbb{Z}$ $(1 \leqq N \leqq 10, N = 12)$
$\mathbb{Z}/2\mathbb{Z} \times \mathbb{Z}/2N\mathbb{Z}$ $(1 \leqq N \leqq 4)$

定理 12 (Tate) E を K 上の楕円曲線とし, $f \in K(E)$ を定数でない E 上の偶関数とする. 任意の $P \in E(\overline{K})$ に対して, 極限
$$\frac{1}{\deg(f)} \lim_{N \to \infty} \frac{h_f([2^N]P)}{4^N} \qquad (4)$$

が存在し, f のとり方に依存しない. ただし, h_f は E 上の f による高さ関数とする.

定理 12 の極限値 (4) を $\hat{h}(P)$ と表し, 関数
$$\hat{h} : E(\overline{K}) \to \mathbb{R}, \quad P \mapsto \hat{h}(P)$$
を E/K の標準的高さ (canonical height) と呼ぶ. ネロン–テイト高さ (Néron–Tate height) とも呼ぶ.

定理 13 (Néron, Tate)
(a) 2 点 $P, Q \in E(\overline{K})$ に対して
$$\hat{h}(P+Q) + \hat{h}(P-Q) = 2\hat{h}(P) + 2\hat{h}(Q).$$
(b) 点 $P \in E(\overline{K})$ および $m \in \mathbb{Z}$ に対して
$$\hat{h}([m]P) = m^2 \hat{h}(P).$$
(c) 関数 $\hat{h}$ は E 上の 2 次形式, つまり $\hat{h}$ は偶関数であり, かつペアリング
$$\langle\ ,\ \rangle : E(\overline{K}) \times E(\overline{K}) \to \mathbb{R},$$
$$(P, Q) \mapsto \hat{h}(P+Q) - \hat{h}(P) - \hat{h}(Q)$$
は双線形である.
(d) 任意の $P \in E(\overline{K})$ に対して $\hat{h}(P) \geqq 0$ であり, $\hat{h}(P) = 0$ であるための必要十分条件は $P \in E_{\mathrm{tors}}$ である.

定理 13 (c) における双線形形式を E/K 上のネロン–テイトペアリング (Néron–Tate pairing) という. $P_1, P_2, \ldots, P_r \in E(K)$ を商群 $E(K)/E_{\mathrm{tors}}(K)$ の基底とするとき, r 次行列 $(\langle P_i, P_j \rangle)_{i,j}$ の行列式
$$\det(\langle P_i, P_j \rangle)_{i,j}$$
を E/K の楕円単数基準 (elliptic regulator) と呼び, $R_{E/K}$ と表す. $r = 0$ のとき $R_{E/K} = 1$ とする. 楕円単数基準は正である.

1.6 整数点の有限性

$\mathbb{Q}$ 上の楕円曲線の整数点は高々有限個である.

定理 14 (Baker) $A, B, C, D \in \mathbb{Z}$ が $\max\{|A|, |B|, |C|, |D|\} \leqq H$ を満たし
$$E : y^2 = Ax^3 + Bx^2 + Cx + D$$
が楕円曲線のとき, $P = (x, y) \in E(\mathbb{Q})$ に対して $x, y \in \mathbb{Z}$ ならば
$$\max\{|x|, |y|\} < \exp\left((10^6 H)^{10^6}\right)$$
が成り立つ.

2. 超楕円曲線

超楕円曲線 (hyperelliptic curve) とは, 種数 2 以上の滑らかな射影曲線で射影直線 $\mathbb{P}^1$ の 2 重被覆を持つものである. 種数 g の超楕円曲線は, $2g+1$ 次多項式 $f(x)$ に対して方程式
$$C : y^2 = f(x) \qquad (5)$$

で定義される非特異な曲線と同型である．ただし $f(x)$ は重根を持たないとする．以下では，超楕円曲線は式 (5) で与えられるものとする．$f(x) \in K[x]$ のとき，超楕円曲線 C は体 K 上で定義されているといい，C/K と表す．

定理 15（Faltings）　有限次代数体 K 上の超楕円曲線 C に対して，C 上の K 有理点の個数は高々有限個である．

2.1　ヤコビ多様体

種数 g の超楕円曲線 C のヤコビ多様体について述べる．C 上の点の整数係数の有限形式和

$$D = \sum_{P \in C} n_P P$$

（$n_P \in \mathbb{Z}$，ただし有限個の P を除いて $n_P = 0$）を C の因子（divisor）と呼ぶ．C の因子全体の集合を C の因子群（divisor group）と呼び，$\mathrm{Div}(C)$ と表す．C の 2 つの因子 $D_1 = \sum n_P P$, $D_2 = \sum m_P P$ に対して演算 $+$ を

$$D_1 + D_2 = \sum (n_P + m_P) P$$

で定義すると，$\mathrm{Div}(C)$ は演算 $+$ に関して可換群である．C の因子 $\sum n_P P \in \mathrm{Div}(C)$ に対して $\sum n_P$ を D の次数（degree）と呼び，$\deg D$ と表す．次数 0 の因子全体の集合を $\mathrm{Div}^0(C)$ と表す．$\mathrm{Div}^0(C)$ は $\mathrm{Div}(C)$ の部分群である．C 上の 0 でない関数 $f \in \overline{K}(C)$ に対して，$\mathrm{ord}_P(f)$ を f の P における位数（order）とするとき

$$\sum_{P \in C} \mathrm{ord}_P(f)(P)$$

を f の因子と呼び，$\mathrm{div}(f)$ と表す．$D \in \mathrm{Div}(C)$ に対して $D = \mathrm{div}(f)$ を満たす関数 $f \in \overline{K}(C)$ が存在するとき，D は主因子（principal divisor）であるという．主因子全体の集合 $\mathrm{Div}^l(C)$ は $\mathrm{Div}(C)$ の部分群である．剰余群 $\mathrm{Div}(C)/\mathrm{Div}^l(C)$ を C の因子類群（divisor class group）と呼び，$\mathrm{Pic}(C)$ と表す．$\mathrm{Pic}(C)$ をピカール群（Picard group）とも呼ぶ．剰余群 $\mathrm{Pic}(C)$ の類を因子類（divisor class）という．また $\mathrm{Div}^l(C)$ は $\mathrm{Div}^0(C)$ の部分群である．剰余群

$$\mathrm{Div}^0(C)/\mathrm{Div}^l(C)$$

を $\mathrm{Pic}(C)$ の次数 0 部分（degree 0 part）と呼び，$\mathrm{Pic}^0(C)$ と表す．

定理 16　次元 g のアーベル多様体 $\mathrm{Jac}(C)$ および自然な群同型

$$\phi : \mathrm{Pic}^0(C) \xrightarrow{\sim} \mathrm{Jac}(C)$$

が存在する．

定理 16 の $\mathrm{Jac}(C)$ を C のヤコビ多様体（Jacobian variety）と呼ぶ．楕円曲線のときと同様に $\mathrm{Pic}(C)$ の m ねじれ部分群 $\mathrm{Pic}(C)[m]$ およびねじれ部分群 $\mathrm{Pic}(C)_{\mathrm{tors}}$ を定義する．

定理 17　(1) $\mathrm{Pic}(C)_{\mathrm{tors}} \simeq (\mathbb{Q}/\mathbb{Z})^{2g}$.
(2) $m \in \mathbb{N}$ に対して $\mathrm{Pic}(C)_{\mathrm{tors}}[m] \simeq (\mathbb{Z}/m\mathbb{Z})^{2g}$.

C 上のただ 1 つの無限遠点を P_∞ と表す．$P = (x, y) \in C$ に対して点 $(x, -y) \in C$ を $-P$ と表し，$-P_\infty = P_\infty$ とする．C の因子 $D \in \mathrm{Div}(C)$ が

$$D = \sum_i m_i P_i - \left(\sum_i m_i \right) P_\infty \quad (m_i > 0) \quad (6)$$

の形のとき，D は半被約因子（semi-reduced divisor）であるという．ただし $i \neq j$ に対して $P_i \neq -P_j$ とする．さらに $\sum_i m_i \leq g$ を満たす半被約因子を被約因子（reduced divisor）と呼ぶ．

定理 18　$\mathrm{Pic}^0(C)$ の任意の因子類に対して，その代表元となるような被約因子がただ 1 つ存在する．

［小松　亨］

参 考 文 献

[1] J.H. Silverman, *The Arithmetic of Elliptic Curves*, Springer, 1986.
[2] J.H. Silverman, *Advanced topics in the Arithmetic of Elliptic Curves*, Springer, 1994.
[3] 辻井重男，笠原正雄，有田正剛，境　隆一，只木孝太郎，趙　晋輝，松尾和人，暗号理論と楕円曲線，森北出版，2008．

公開鍵暗号
public-key cryptography

古来より利用されてきた暗号は，暗号化と復号の際に使用する鍵が同一であり，共通鍵暗号と呼ばれる．ここでは，暗号化と復号で使用する鍵が異なり，暗号化のための鍵は公開し，復号のための鍵は秘密にする公開鍵暗号について概説する．詳しくは [1]～[3] などを参照されたい．

1. 公開鍵暗号の概念

共通鍵暗号を用いて暗号通信を行う前に，送信者と受信者で同一の鍵を共有する必要がある．この際，秘密裏に鍵を共有しなければならず，どうやって安全に秘密の鍵を共有するかは共通鍵暗号を用いる際のある種のジレンマであり，古くからの問題であった（鍵共有問題）．この問題を解決する手法として1970年代に提案された暗号が，公開鍵暗号と呼ばれるものである．非対称暗号と呼ばれることもある．現在では，不特定多数が利用するインターネット上での安全な通信の実現においては，公開鍵暗号は必要不可欠となっている．

公開鍵暗号は共通鍵暗号とは異なり，暗号化に必要となる鍵を公開しているため，誰でもその鍵を用いて暗号化を行うことができる．この鍵を公開鍵と呼ぶ．一方で，復号のために用いる対応する鍵は秘密に保持され，これを用いない限り復号できない仕組みとなっている．この鍵を秘密鍵と呼ぶ．公開鍵暗号の概念は，1976年に Diffie と Hellman によって，一方の計算はやさしいが逆方向の計算は困難である一方向性関数や，さらに，ある種の秘密を知っていればその逆方向の計算がやさしくなる落とし戸付き一方向性関数の概念と同時に提案された．

一般に，共通鍵暗号のほうが公開鍵暗号より処理速度が速くサイズの大きいデータ通信に向いている．一方で，共通鍵暗号では事前の鍵共有が必要となるが，それには上述のように公開鍵暗号が有用である．このため，実用的な観点から，公開鍵暗号を用いて鍵を事前に共有した後に共通鍵暗号を用いて暗号通信を行う，ハイブリッド暗号と呼ばれる形で，一般的には利用される．

また，公開鍵暗号の仕組みを利用してディジタル署名と呼ばれる技術を提供することもできる．ディジタル署名は，電子メールやプログラムなどの電子情報の内容およびそれを保証する署名生成者の正当性を，公開された手段を用いて検証する技術である．

2. 公開鍵暗号のモデルと一方向性関数

2.1 公開鍵暗号のモデル

一般的に公開鍵暗号は，鍵生成アルゴリズム $KenGen$，暗号化アルゴリズム Enc，復号アルゴリズム Dec の3つのアルゴリズムの組として表される．受信者は鍵生成アルゴリズム $KeyGen$ にセキュリティパラメータと呼ばれる自然数を入力し，公開鍵と秘密鍵の組 (pk, sk) を得る．pk および暗号化アルゴリズム Enc は公開しておく．暗号文の送信者は平文を pk と Enc を用いて暗号化して受信者に送る．暗号化関数 Enc は確定的なアルゴリズム，もしくは確率的なアルゴリズムである．確率的なアルゴリズムの場合は，平文を暗号化する際，ランダムなビット列を生成し，平文とともに入力として与える．受信者は暗号文を受け取った後，自分しか知り得ない秘密鍵 sk を用いて，復号関数 Dec に暗号文と秘密鍵 sk を入力し，平文を得る．

2.2 一方向性関数

理論的に一方向性関数の存在は示されてはいないが，歴史的に有名な計算困難な問題を利用した一方向性関数の候補となるものはいくつか知られている．代表的なものとして，素因数分解問題，有限体の乗法群上の離散対数問題，および有限体上の楕円曲線の有理点のなす群上の離散対数問題などの数論的な問題がある．これらの問題は古典的なチューリングマシンモデルに基づく計算困難性が期待されるものであるが，量子計算機と呼ばれる計算機モデルを用いると効率良く解かれてしまうことが，数学的に示されている．一方，ナップサック問題に代表される組合せ論的な問題や有限体上の非線形連立方程式を解く問題などは，NP困難と呼ばれる問題のクラスに属することが知られており，さらに量子計算機を用いても効率的なアルゴリズムの存在は知られておらず，昨今，これらの問題に基づく公開鍵暗号の研究も盛んである．

3. 代表的な公開鍵暗号

1976年の Diffie と Hellman による公開鍵暗号の概念の提案以来，様々な公開鍵暗号が提案されてきた．素因数分解問題の困難性に基づく暗号としては RSA暗号，Rabin暗号，Goldwasseer–Micali暗号，Okamoto–Uchiyama暗号，Paillier暗号などが知られている．離散対数問題の困難性に基づく暗号としては，有限体の乗法群上の Diffie–Hellman鍵共有，ElGamal暗号，Cramer–Shoup暗号および有限体上の楕円曲線の有理点のなす群上の Diffie–Hellman鍵共有，ElGamal暗号，Cramer–Shoup暗号などが知られている．一方，Merkle–Hellman

暗号や Chor–Rivest 暗号と呼ばれるナップサック問題の困難性に基づく暗号，NTRU 暗号と呼ばれる格子に関する問題の困難性に基づく暗号なども知られている．

ここでは，代表的な公開鍵暗号である RSA 暗号と ElGamal 暗号について概説する．

3.1 RSA 暗号

1977 年に Rivest, Shamir, Adleman の 3 人によって提案された公開鍵暗号であり，素因数分解問題の困難性に基づく．RSA 暗号は現在世界中で最も広く利用されている公開鍵暗号である．RSA 暗号は確定的な暗号であり，基本的な形のままで利用することは様々な攻撃に対して脆弱性があることが知られている．そのため，RSA-OAEP (RSA-Optimal Asymmetric Encryption Padding) といった乱数を用いたある種のパディングを用いて，適応的選択暗号文攻撃といった強力な攻撃法に対して強秘匿性という高い安全性を持つ暗号へと変化された形で利用されている．

鍵生成 セキュリティパラメータ k に対し，それぞれ k ビットの 2 つの異なる奇素数 p, q を生成し，$n = pq$ を計算する．このとき，合成数 n の素因数分解が十分に困難であるように k の大きさを選ぶ必要がある．また，$p-1$ と $q-1$ の最小公倍数を L とする．すなわち，$L = \mathrm{lcm}(p-1, q-1)$．さらに，$L$ 以下の適当な自然数 e を L と互いに素，すなわち $\gcd(e, L) = 1$ となるように選び，$ed \equiv 1 \pmod{L}$ を満たす d を求める．公開鍵 pk および秘密鍵 sk として $pk = (n, e)$，$sk = d$ を出力する．復号の効率化にあたって，p, q を利用することもあり，$sk = (d, p, q)$ とすることもある．

暗号化 平文 m (n 以下の自然数) を入力とし，次で暗号化して暗号文 c を得る．

$$c = m^e \bmod n$$

ここで，$m^e \bmod n$ は m^e を n で割った剰余 (0 以上 $m-1$ 以下) とする．

復号 暗号文 c を入力とし，次で復号して平文 m を得る．

$$m = c^d \bmod n$$

復号が正しく行われることは，フェルマーの小定理および中国人剰余定理による．

3.2 ElGamal 暗号

1984 年に ElGamal によって提案された公開鍵暗号であり，Diffi–Hellman 鍵共有方式の変形である．有限体の乗法群や有限体上の楕円曲線の有理点のなす群上で実現できる．ここでは，一般的な有限群 (演算は乗法的に記す) を用いた形で述べる．ただし，与えられた位数を持つ有限群が効率良く生成できる，その群の位数が十分大きいとき，その群上の離散対数問題が十分に困難である，平文が効率良くその有限群の要素として表現できるなどの条件は満たしているとする．

鍵生成 セキュリティパラメータ k に対し，k ビットの奇素数 ℓ を生成し，位数 ℓ の群 G およびその 1 つの生成元 g を生成する．このとき，位数 ℓ の群 G 上の離散対数問題が十分に困難であるように k の大きさを選ぶ必要がある．次に，1 以上 ℓ 以下の自然数 x をランダムに選び，$y = g^x$ とする．公開鍵，秘密鍵として，$pk = (\ell, y, G, g)$，$sk = x$ を出力する．

暗号化 1 以上 ℓ 以下の自然数 r をランダムに選び，平文 $m \in G$ を次で暗号化して暗号文 $c = (c_1, c_2)$ を得る．

$$c_1 = m \cdot y^r, \quad c_2 = g^r$$

復号 暗号文 $c = (c_1, c_2)$ を入力とし，次で復号して平文 m を得る．

$$m = c_1 \cdot c_2^{\ell - x}$$

復号が正しく行われることは，$y^r \cdot (g^r)^{\ell - x} = 1_G$ (1_G は G の単位元) が成り立つことからわかる．

[内山成憲]

参 考 文 献

[1] 電子情報通信学会 編, 情報セキュリティハンドブック, オーム社, 2004.
[2] 岡本栄司, 暗号理論入門, 第 2 版, 共立出版, 2002.
[3] 森山大輔, 西巻 陵, 岡本龍明, 公開鍵暗号の数理, 共立出版, 2011.

共通鍵暗号
symmetric-key cryptography

古来より利用されてきた暗号は，暗号化と復号の際に使用する鍵が同一であり，その鍵を秘密に保持するものである．共通鍵暗号と呼ばれる．対称鍵暗号，秘密鍵暗号，慣用暗号と呼ばれることもある．ここでは，共通鍵暗号について概説する．詳しくは [1],[2] などを参照されたい．

1. 共通鍵暗号の概念

暗号の歴史は古く，起源を正確に辿ることはできないが，古くから知られている最も有名な暗号は，ジュリアス・シーザーが用いたと言われる，シーザー暗号と呼ばれる暗号であろう．シーザー暗号はアルファベットを一定の文字数だけずらすことで暗号文を作成する．この「一定の文字数」を鍵として通信者の間で暗号通信を行う前に共有し秘密にしておくことで，暗号通信を行う．例えば，一定の文字数を3とすると，アルファベットの文字列 TOKYO に対応する暗号文は WRNBR となる．

シーザー暗号のように暗号化と復号の際に使用する鍵が同一であり，その鍵を秘密に保持するものを，共通鍵暗号と呼ぶ．

共通鍵暗号を用いて暗号通信を行う前に，送信者と受信者で同一の鍵を共有する必要がある．その際，秘密裏に鍵を共有しなければならず，どうやって安全に秘密の鍵を共有するかは共通鍵暗号を用いる際のある種のジレンマであり，古くからの問題であった（鍵共有問題）．現在では，公開鍵暗号と呼ばれる暗号を用いることで秘密にする同一の鍵を事前に共有する方式をとっている．同一の鍵を共有した後，暗号通信を始めることができる．送信者は平文と呼ばれるメッセージにその鍵を用いて暗号化と呼ばれる操作を施し，暗号文に変換する．暗号文は通信路を通って受信者に送付され，受信者は暗号文を受け取ると，事前に共有した鍵を用いて復号と呼ばれる操作を暗号文に施し，平文に変換する．

2. ブロック暗号とストリーム暗号

共通鍵暗号は，ブロック暗号とストリーム暗号の2種類に大きく分類される．

2.1 ブロック暗号

ブロック暗号は64ビットや128ビットといった数十ビット程度のデータをブロックと呼ばれる単位とし，そのブロックごとに暗号化，復号を行う．M を平文を表す平文ブロック，C を暗号文を表す暗号文ブロック，K を鍵を表す鍵ブロックとする．E を暗号化関数，D を復号関数をするとき，暗号化および復号は次で表される：

$$\text{暗号化：} \quad C = E_K(M)$$
$$\text{復号：} \quad M = D_K(C)$$

一般的に，平文ブロックと暗号文ブロックのビット長は同じであり，暗号化の手順と復号の手順の大部分は同じである．

平文のブロック長と暗号文のブロック長が n ビットであるブロック暗号を n ビットブロック暗号と呼ぶ．いくつかのブロック暗号では，ブロック長をパラメータとして指定することができ，ブロック長を変えることができる．

一方で，任意のビット長の平文を扱うため，ブロック長よりも長い平文を暗号化するための技術として，いくつかの暗号利用モードと呼ばれるものがある．ブロック暗号は鍵を1つに固定すれば平文と暗号文が1対1に対応してしまい，同じ暗号文のブロックがあると，それに対応する平文が同じであることがわかってしまうため，こういった問題の解決にも利用される．代表的なブロック暗号に DES や AES がある．

2.2 ストリーム暗号

ストリーム暗号は，ビット単位やバイト単位といった小さなブロックごとに逐次暗号化・復号を行う暗号である．多くの場合，鍵および初期化ベクトルと呼ばれるデータを初期値とし，擬似乱数列を生成する．それを鍵ストリームと呼ぶ．平文と鍵ストリームの排他的論理和により暗号化を行う．

M を平文を表す小ブロック，C を暗号文を表す小ブロック，K を鍵ストリームとするとき，典型的なストリーム暗号は，次で表される：

$$\text{暗号化：} \quad C = M \oplus K$$
$$\text{復号：} \quad M = C \oplus K$$

ここで，$\oplus$ は排他的論理和と呼ばれる演算で，1ビットごとに $1 \oplus 0 = 0 \oplus 1 = 1$, $0 \oplus 0 = 1 \oplus 1 = 0$ で定義される．

ブロック暗号はブロックを単位として暗号化を行うため，平文のビット長をブロック長の整数倍とする前処理が必要となるが，ストリーム暗号の場合はそういった処理が必要なく，常に平文と暗号文のビット長が同じなのでデータサイズも増加することがなく，一般的にブロック暗号よりも処理が高速となる．上記の典型的なストリーム暗号は，バーナム暗号と呼ばれる代表的なストリーム暗号である．

3. 代表的なブロック暗号

ここでは代表的なブロック暗号であるDESとAESについて概説する．DES (Data Encryption Standard) は，1977年に承認された米国連邦政府標準暗号である．以来，世界中で標準的に使用されてきた．DESはアルゴリズム公開型の初の商用暗号であり，アルゴリズムは公開しても，鍵は秘密にしておけば安全性が保持できるように設計されている．一方で，計算機の能力の向上や攻撃アルゴリズムの研究の進展により安全性が低下したため，現在ではAES (Advanced Encryption Standard) と呼ばれるブロック暗号が標準となっている．

3.1 DES

DESは，1970年初頭に米国商務省標準局が暗号アルゴリズムを公募した際にIBMが応募したものに基づき，1977年に米国連邦情報処理標準規格（FIPS）に採用された暗号である．DESは64ビットブロック暗号であり，規格上DESの鍵は64ビットであるが，7ビットおきにエラー検出のための情報が1ビット入るため，実質的なビット長は56ビットである．

DESの基本構造はフェイステル構造と呼ばれ，多くのブロック暗号で採用されている．フェイステル構造では，ラウンドと呼ばれる暗号化の1ステップを何度も繰り返す．DESでは64ビットの入力平文に一定の初期転置 IP を施した後，ラウンドを16回繰り返し，その後左右の32ビットを入れ替えて，初期転置の逆置換 IP^{-1} を施した結果が64ビットの暗号文となる．各ラウンドの流れ（第nラウンド目の流れ）を簡単に説明すると以下のようになる：

(1) ラウンドへの入力（64ビット）を左右32ビットに分け，(L_{n-1}, R_{n-1}) と表す．
(2) 鍵系列入力を K_n，ラウンド関数と呼ばれる関数を f とし

$$L_n = R_{n-1}$$
$$R_n = L_{n-1} \oplus f(R_{n-1}, K_n)$$

とする．ここで，関数 f は48ビットの K_n と32ビットの R_{n-1} を入力とし，32ビットを出力する非線形関数である．
(3) (L_n, R_n) を出力する．

DESの56ビットという鍵長が，鍵の全数探索により現実的な時間で解読可能になったことを受け，米国政府調達暗号としてのDESの利用は1998年に打ち切られることとなった．

3.2 AES

1997年に米国商務省標準技術機関NISTは，DESに代わる新たな標準暗号の制定に着手し，世界中からの公募を開始した．2001年，応募された暗号の中からDaemonとRijmenが考案したブロック暗号であるRijndaelが，AESとして採用された．AESはブロック長が128ビットのブロック暗号であるが，鍵の長さは128ビット，192ビット，256ビットから選択できる仕様になっている．鍵長に応じて，それぞれAES-128などと表記される．

AESはDESと同様に複数のラウンドから構成されるが，フェイステル構造ではなくSPN構造と呼ばれるものが使われている．1ワードを32ビットとして，鍵長のワード長 Nk，ラウンド数 Nr とするとき，ラウンド数，鍵のワード長は以下の組合せからなる：

$$\text{AES-128}: Nr = 10,\ Nk = 4$$
$$\text{AES-192}: Nr = 12,\ Nk = 6$$
$$\text{AES-256}: Nr = 14,\ Nk = 8$$

AESの暗号化アルゴリズムは，次の4種類の変換から構成される．

- SubBytes
- ShiftRows
- MixColumns
- AddRoundKey

復号にはSubBytes, ShiftRows, MixColumnsに対応して，それぞれの逆変換である

- InvSubBytes
- InvShiftRows
- InvMixColumns

とAddRoundKeyが用いられる．AESでは，暗号化，復号，鍵系列の生成のいずれに対しても代数的な構造を持った変換が用いられており，代表的な攻撃法である差分解読法や線形解読法に対して強いことが知られている．　　　　　　　　　［内山成憲］

参 考 文 献

[1] 電子情報通信学会 編, 情報セキュリティハンドブック, オーム社, 2004.
[2] 岡本栄司, 暗号理論入門, 第2版, 共立出版, 2002.

楕円曲線暗号
elliptic curve cryptography

楕円曲線暗号は楕円曲線上の有限部分群を用いた暗号で，1985年頃ミラー（Victor S. Miller）とコブリッツ（Neal Koblitz）により独立に提案された．

1. 定義

F_q を標数 p 上の q 個の点からなる有限体，E を F_q 上定義された楕円曲線とする．$P \in E(\mathbf{F}_q)$ と $Q \in \langle P \rangle = \{xP | x \in \mathbf{Z}\}$ が与えられたときに $Q = aP$ となる $a \in \mathbf{Z}$ を見つける問題を楕円離散対数問題（ECDLP：elliptic curve discrete logarithm problem）という．また $P \in E(\mathbf{F}_q)$ を既知，$a, b \in \mathbf{Z}$ を未知として aP, bP が与えられたときに abP を求める問題を楕円ディッフィ–ヘルマン問題（ECDHP：EC Diffie–Hellman problem）という．

ECDLP が解ければ ECDHP が解ける．ECDHP が困難であるという仮定を ECCDH（EC computational DH）仮定という．(P, aP, bP, abP) とランダムに選んだ点 $Q \in E(\mathbf{F}_q)$ に対する (P, aP, bP, Q) とが与えられたときにその2つを区別できないという仮定を ECDDH（EC decisional DH）仮定という．ECDDH 仮定が成り立つなら，ECCDH 仮定が成り立つ．楕円曲線暗号は ECDDH 仮定や ECCDH 仮定などを安全性の根拠として構成される．

2. いくつかのプロトコル

以下のプロトコルでは，共通して次の記号を使う．k をセキュリティパラメータとする．$l = |\langle P \rangle|$ が素数かつ l のビット数が k であるような楕円曲線 $E(\mathbf{F}_q)$ とその上の点 P を選ぶ．楕円曲線上の点 Q の x 座標を $x(Q)$ と書く．

2.1 ディッフィ–ヘルマン鍵交換

ECCDH 仮定の元でディッフィ–ヘルマン鍵交換は次のように行う．

$P \in E(\mathbf{F}_q)$ を公開情報とする．
1. アリスが $a \in \mathbf{Z}$ をランダムに選び aP を公開する．
2. ボブが $b \in \mathbf{Z}$ をランダムに選び bP を公開する．
3. アリスは自分の秘密情報 a とボブの公開情報 bP から秘密鍵 $a(bP) = abP$ を求める．
4. ボブは自分の秘密情報 b とアリスの公開情報 aP から秘密鍵 $b(aP) = abP$ を求める．

第三者は P と aP と bP から abP を求めることはできないので，アリスとボブだけが共有する秘密鍵を共通鍵暗号の鍵として使う．

2.2 楕円エルガマル暗号

有限体上の公開鍵暗号の1つの方式であるエルガマル（ElGamal）暗号を楕円曲線上に焼き直したものである．

- 鍵生成
  楕円曲線 $E(\mathbf{F}_q)$，$l = |\langle P \rangle|$ と点 P を選ぶ．$s \in \mathbf{Z}$ をランダムに選び，$Q = sP$ を求めて，(P, Q) を公開鍵，s を秘密鍵とする．
- 暗号化
  $r \in \mathbf{Z}$ をランダムに選んで，$r_x = x(rQ)$ とする．平文 $m \in \mathbf{Z}/l\mathbf{Z}$ に対して，$(c_1, c_2) = (rP, r_x \oplus m)$ を暗号文とする．ただし $\oplus$ はビットごとの排他的論理和とする．
- 復号
  暗号文 (c_1, c_2) に対して $x(sc_1) = x(srP) = x(rQ) = r_x$ を求め，$c_2 \oplus r_x = r_x \oplus m \oplus r_x = m$ で平文を復号する．

2.3 ECDSA

有限体上のディジタル署名の1つの方式である DSA（Digital Signature Algorithm）を楕円曲線上に焼き直したものである．

- 鍵生成
  楕円曲線 $E(\mathbf{F}_q)$，$l = |\langle P \rangle|$ と点 P とハッシュ関数 $h: \mathbf{Z}/l\mathbf{Z} \to \mathbf{Z}/l\mathbf{Z}$ を選ぶ．$s \in \mathbf{Z}$ をランダムに選び，$Q = sP$ を求めて，(P, Q) を公開鍵，s を秘密鍵とする．
- 署名
  $r \in \mathbf{Z}$ をランダムに選んで $u = x(rP) \pmod{l}$ とする．平文 $m \in \mathbf{Z}/l\mathbf{Z}$ に対して $v = (h(m) + us)/r \pmod{l}$ を求め，(u, v) を署名とする．
- 検証
  受信者は公開鍵 Q を用いて与えられた m と (u, v) に対して
  $$x((h(m)/v)P + (u/v)Q)$$
  $$= x(((h(m) + us)/v)P) = x(rP) = u$$
  であることを確認する．

3. 鍵のサイズ

有限体上の DLP に対しては，準指数時間で解くアルゴリズムが知られている．それに対して2012年現在，一部の特殊な楕円曲線を除いた一般的な楕円曲線に対して ECDLP を解くアルゴリズムは，指数時間のものしか知られていない．

そのため，ECDLP に基づく暗号は有限体上の DLP に基づく暗号に比べて鍵サイズが小さくなる傾

向にある．一般的には 160 ビット長の ECDLP は 80 ビットセキュリティを持ち，1200〜1300 ビット RSA の暗号強度であると言われている．鍵サイズが小さいため，多倍長整数演算のコストやメモリのコストが減り，IC カードなどに使われることも多い．

4. ECDLP の攻撃方法

現在知られている一般的な楕円曲線に対する ECDLP の攻撃方法として，ポラード (Polard) の ρ 法を紹介する．$P \in E(\mathbf{F}_q)$，$Q \in \langle P \rangle$ が与えられたときに $Q = aP$ となる a を求めよう．まず分割数 $m \in \mathbf{N}$ を決め，$M_i = u_i P + v_i Q$ $(i = 0, \ldots, m-1)$ をランダムにとる．ランダムウォーク関数 f を

$$i = x(R) \pmod{m}, \quad f(R) = R + M_i$$

で定義する．点 $R_0 = P$ から出発し，$R_i = f(R_{i-1}) = s_i P + t_i Q$ と繰り返し f を適用して次々に点を生成し保持する．その中で $R_i = R_j$ $(i \neq j)$ となる点が見つかったとする．$s_i P + t_i Q = s_j P + t_j Q$ より

$$Q = \frac{s_j - s_i}{t_i - t_j} P$$

という関係があるので ECDLP が解ける．誕生日のパラドックスにより $\sqrt{l}$ 回の演算と点の保存領域が必要である．なお，自然数 n を適当にとり，点 R の x 座標が n で割り切れる点のみを保存するようにすると，保存領域を $\sqrt{l}/n$ に減らすことができる．2009 年には 112 ビットの ECDLP が解かれた．

5. 実　　装

楕円曲線暗号では，$n \in \mathbf{N}$ と $P \in E(\mathbf{F}_q)$ が与えられたときに nP を求める計算（スカラー倍算）を多用する．そのため，楕円曲線暗号においてはスカラー倍算の効率的な実装が重要な課題となる．ここでは基本的な手法を紹介する．

5.1 バイナリ法

n を 2 進数展開して計算する手法である．
　入力：$n \in \mathbf{N}$，$P \in E(\mathbf{F}_q)$
　出力：$Q \leftarrow nP$
　$n = \sum_{i=0}^{m} n_i$ と 2 進数展開する $(n_m = 1)$．
1. $Q \leftarrow P$
2. for $i = m-2, m-3, \ldots, 1, 0$
3. 　　$Q \leftarrow Q * 2$
4. 　　if $n_i = 1$ then
5. 　　　　$Q \leftarrow Q + P$
6. 　　end if
7. end for
8. return Q

このアルゴリズムでは，2 倍算を $m = \log_2 n$ 回，加算を平均 $0.5 \log_2 n$ 回，計 $1.5 \log_2 n$ 回行う．n の 2 進数展開の代わりに d (> 2) 進数展開する手法をウィンドウ法という．ウィンドウ法では iP $(i = 0, \ldots, d-1)$ を事前計算する必要がある．そのため，あまり d を大きくすると効率が悪くなる．

また，P に対する $-P$ は簡単に計算できることを利用して，通常の 2 進数展開ではなく符号付きの 2 進数展開をする方法がある．それには非隣接形式 (NAF：non-adjacent form) がよく用いられる．これは n を ± 1 が連続しないように 2 進数展開する方法である．n の NAF については $n_i = (3n)_{i+1} - n_{i+1}$ $(i = 0, \ldots)$ という関係がある．加算の平均回数は $1.33 \log_2 n$ となる．

5.2 座　標　系

有限体の標数が 2 や 3 でないと仮定し，楕円曲線の定義式を $y^2 = x^3 + ax + b$ とする．この定義式を満たす点としてアフィン座標では P を (x, y) で表す．アフィン座標において 2 つの点 P, Q $(P \neq Q)$ の和を求めるときに，有限体上の演算は乗算 (M) が 2 回，平方算 (S) が 1 回，逆元操作 (I) が 1 回必要である．これをコストが $2M + S + I$ であると表すことにする．

射影座標では P を三つ組の比 $(X : Y : Z)$ で表す．ただし $Z \neq 0$ のとき，アフィン座標 (x, y) との関係は $x = X/Z$，$y = Y/Z$ である．X, Y, Z の比率のみが重要なので，例えば $(2:4:8)$ と $(1:2:4)$ は同じ点を表す．ほかには同じ三つ組 $P = (X : Y : Z)$ を使い，関係式として $x = X/Z^2$，$y = Y/Z^3$ で表すヤコビ (Jacobi) 座標もある．これらの座標系での加算のコストは，表 1 のようになる．仮に平方算と乗算のコストが同じで，逆元操作が乗算 11 回より重たい場合，異なる点の加算はアフィン座標よりも射影座標のほうが効率が良い．バイナリ法やウィンドウ法を用いる場合は 2 倍算の回数が多いため，射影座標よりヤコビ座標のほうが，効率が良いことがある．

表 1　$P + Q$ の演算コスト

	アフィン	射影	ヤコビ
$P \neq Q$ のとき	$2M + S + I$	$12M + 2S$	$12M + 4S$
$P = Q$ のとき	$2M + 2S + I$	$7M + 5S$	$4M + 6S$

［光 成 滋 生］

参 考 文 献

[1] Neal Koblitz, *A Course in Number Theory and Cryptography*, Springer-Verlag, 1994.
[2] Standards for Efficient Cryptography Group, http://www.secg.org/

ハッシュ関数
hash function

任意長のビット列から固定長 n ビットのビット列への写像
$$h: \{0,1\}^* \to \{0,1\}^n$$
であって，$x \in \{0,1\}^*$ に対して $y = h(x) \in \{0,1\}^n$ を容易に計算できる h を，ハッシュ関数と呼ぶ．ハッシュ関数の中でセキュリティ技術に適用可能なハッシュ関数を暗号学的ハッシュ関数（cryptographic hash function）と呼ぶ．以降ではハッシュ関数とは暗号学的ハッシュ関数を意味する．

ハッシュ関数には，鍵付きハッシュ関数（keyed hash function）と鍵無しハッシュ関数（unkeyed hash function）がある．鍵付きハッシュ関数の代表例として，メッセージの改竄検知と認証を行う，メッセージ認証符号（MAC：message authentication code）が挙げられる．また，鍵無しハッシュ関数の代表例として，メッセージの改竄検知が目的の改竄検知符号（MDC：modification detection code）が挙げられる．以下では，ハッシュ関数として改竄検知符号を取り上げる．

改竄検知符号は，
- 公開鍵暗号・ディジタル署名の安全性向上
- パスワードの保護
- 擬似乱数生成

など，情報セキュリティ基盤技術の中で，必要不可欠な要素技術として利用されている．

1. 安全性要件

ハッシュ関数の安全性は3要件「原像計算困難性」，「第2原像計算困難性」，「衝突困難性」で定義される．

原像計算困難性と第2原像計算困難性を有するハッシュ関数を一方向性ハッシュ関数（OWHF：one-way hash function）という．第2原像計算困難性と衝突困難性を有するハッシュ関数を衝突困難ハッシュ関数（CRHF：collision resistant hash function）という．

以下では，「原像計算困難性」「第2原像計算困難性」「衝突困難性」を概説する．

1.1 原像計算困難性

与えられた $y \in \{0,1\}^n$ に対して，
$$y = h(x)$$
を満足する任意の $x \in \{0,1\}^*$ を y の原像という．y に対して x を計算することが計算量的に困難であるとき，h は原像計算困難性（preimage resistance）を有するという．すなわち，入力 $h(x)$ に対して $A(h(x)) \in \{0,1\}^*$ を出力する任意の確率的多項式時間アルゴリズム A に対して
$$\Pr[h(A(h(x))) = h(x)] < \epsilon(n)$$
であるならば，h は原像計算困難性を有する．ここで，
$$\epsilon(n): \mathbf{N} \to [0,1]$$
は無視可能関数である．すなわち，任意の $n > n_c$ に対して $\epsilon(n) < 1/n^c$ を満足する n_c が任意の $c > 0$ に対して存在する．また，x は $\{0,1\}^*$ から一様ランダムに選択されるものとする．

原像計算困難性のことを一方向性ともいう．

適切に設計された h に対して，$y \mapsto x$ の漸近計算量は $O(2^n)$ である．したがって，具体的なハッシュ関数の構成においては，$y \mapsto x$ の計算に $\Omega(2^n)$ を必要とするとき，この性質を満足するとしている．

1.2 第2原像計算困難性

与えられた $x \in \{0,1\}^*$ に対して，
$$h(x) = h(x')$$
かつ $x' \neq x$ を満足する任意の $x' \in \{0,1\}^*$ を x の第2原像という．x に対して x' を計算することが計算量的に困難であるとき，h は第2原像計算困難性（second preimage resistance）を有するという．すなわち，入力 x に対して $A(x) \neq x$ を満足する $A(x) \in \{0,1\}^*$ を出力する任意の確率的多項式時間アルゴリズム A に対して
$$\Pr[A(x) = h(x)] < \epsilon(n)$$
であるならば，h は第2原像計算困難性を有する．ここで，x は $\{0,1\}^*$ から一様ランダムに選択されるとする．

具体的なハッシュ関数の構成においては，$x \mapsto x'$ の計算に $\Omega(2^n)$ を必要とするとき，この性質を満足するとしている．

1.3 衝突困難性
$$h(x) = h(x')$$
かつ $x \neq x'$ を満足する任意の組
$$(x, x') \in \{0,1\}^* \times \{0,1\}^*$$
を計算することが計算量的に困難であるとき，h は衝突困難性（collision resistance）を有するという．すなわち，入力 h に対して $A(h) \in \{0,1\}^* \times \{0,1\}^*$ を出力する任意の確率的多項式時間アルゴリズム A に対して
$$\Pr[A(h) = (x, x') \mid h(x) = h(x'), x \neq x'] < \epsilon(n)$$
であるならば，h は衝突困難性を有する．

h が衝突困難性を有するならば，h は第2原像計

算困難性も有する．

適切に設計された h に対して，組 (x, x') の漸近計算量は誕生日のパラドックスにより $O(2^{n/2})$ である．したがって，具体的なハッシュ関数の構成においては，組 (x, x') の計算に $\Omega(2^{n/2})$ を必要とするとき，この性質を満足するとしている．

2. 反復型ハッシュ関数

ハッシュ関数の具体的な構成には，反復型ハッシュ関数 (iterated hash function) が用いられることが多い．反復型ハッシュ関数は

- 初期値
  $IV \in \{0,1\}^n$
- 圧縮関数
  $f \colon \{0,1\}^m \to \{0,1\}^n$, ただし $m > n$
- 出力変換
  $g \colon \{0,1\}^n \to \{0,1\}^n$

を構成要素とする．反復型ハッシュ関数では，まずビット長が $m - n$ の倍数となるように入力 x にパディングを施して $\bar{x}$ を得る．次に，$\bar{x}$ をビット長が $m - n$ ビットの t 個のブロック x_i $(i = 1, \ldots, t)$ に分割する．そして，ハッシュ値 $h(x)$ を

$$H_0 = IV$$
$$H_i = f((x_i)\|(H_{i-1})) \qquad i = 1, 2, \ldots, t$$
$$h(x) = g(H_t)$$

と，反復的に計算する．ここで，$(x_i)\|(H_{i-1})$ は x_i と H_{i-1} の連接を表す．

特に出力変換を

$$g(H_t) = f((|x|)\|(H_t))$$

と定義した反復型ハッシュ関数を Markle–Damgård 構成と呼ぶ．ここで，$|x|$ は入力 x のビット長を表す．

Markle–Damgård 構成によるハッシュ関数において，利用した圧縮関数が衝突困難性を有すれば，構成されたハッシュ関数も衝突困難性を有することが知られている．一方，出力変換 g を省略した場合，すなわち

$$g(H_t) = H_t$$

とした場合には，x と x' が異なっていても，パディング後の値 $\bar{x}, \overline{x'}$ が等しければ

$$h(x) = h(x')$$

となる．また，$x \neq x'$ かつ $\bar{x} = \overline{x'}$ を満足する (x, x') は容易に得られるので，衝突困難性を満足しない．

最近では，アメリカ国立標準技術研究所（NIST：National Institute of Standards and Technology）による SHA-3 (secure hash algorithm 3) の公募を契機として，HAIFA やスポンジ型構成など，反復構造を持つ新たなハッシュ関数が数多く提案されている．

3. 圧縮関数の構成

反復型ハッシュ関数に利用される圧縮関数 f の構成として

- ハッシュ関数専用構成
- 算術演算に基づく構成
- ブロック暗号に基づく構成

が知られている．

圧縮関数に専用構成を採用したハッシュ関数は，他の構成と比較して実装効率などの優位性を有するため，MD4，MD5，SHA-1 など数多く提案され，現在も主流の構成である．専用構成された圧縮関数は，これまでは MD4 に基づくものが多かったが，SHA-3 の公募を契機として，最近では新たな構成が多数提案されている．

算術演算に基づく構成には，法演算を用いるものなどが知られているが，効率や安全性に対する懸念から，これまでのところ実社会での一般的な利用には至っていない．

ブロック暗号に基づく圧縮関数も多くの構成が知られているが，ここでは代表例として Davis–Meyer の関数を紹介する．

鍵 K を使用した n ビットブロック暗号の暗号化関数を E_K と書く．Davis–Meyer の圧縮関数は，この E_K を用いて反復型ハッシュ関数に現れる H_i を

$$H_i = E_{x_i}(H_{i-1}) \oplus H_{i-1}$$

と計算することで得られる． 〔松 尾 和 人〕

参 考 文 献

[1] J. Katz, Y. Lindell, *Introduction to Modern Cryptography*, Chapman & Hall/CRC, 2007.
[2] A. Menezes, P. van Oorschot, S. Vanstone, *Handbook of Applied Cryptography*, CRC Press, 1997.
[3] D. Stinson, *Cryptography, Theory and Practice, Discrete Mathematics and Its Applications*, 3rd ed., Chapman & Hall/CRC, 2006.

ディジタル署名
digital signature

ディジタル署名は，Diffie と Hellman によって概念が示され Rivest, Shamir, Adleman によって初めて実現された公開鍵暗号プロトコルの一種であり，紙の文書に対する署名の機能をディジタル情報に対して実現するものである．ディジタル署名では，署名者が鍵生成アルゴリズムにより自身の秘密鍵と公開鍵を生成し，公開鍵を公開する．そして，署名者は署名アルゴリズムによってメッセージに対する署名を作成する．検証者は検証アルゴリズムによって署名の正当性を検証できる．

1. ディジタル署名の定義

ディジタル署名は 3 つの多項式時間アルゴリズム KeyGen, Sign, Verify から構成される．

- 鍵生成アルゴリズム KeyGen はセキュリティパラメータ $n \in \mathbf{N}$ を入力とし，鍵の組

$$(pk, sk) = \text{KeyGen}(1^n)$$

を出力する確率的アルゴリズムである．ここで，pk は公開鍵または検証鍵と呼ばれ，sk は秘密鍵または署名鍵と呼ばれる．セキュリティパラメータ n は pk と sk に潜在的に含まれているものとする．KeyGen は任意の n に対して (pk, sk) を出力する．

- 署名アルゴリズム Sign は秘密鍵 sk とメッセージ $m \in M_n$ を入力とし，署名

$$\sigma = \text{Sign}_{sk}(m)$$

を出力する確率的アルゴリズムである．ここで，M_n はセキュリティパラメータ n に関連付けられたメッセージ空間を表す．もし $m \notin M_n$ ならば，$\text{Sign}(m)$ は $\perp$（矛盾）を出力する．

- 検証アルゴリズム Verify は公開鍵 pk，メッセージ $m \in M_n$，署名 σ を入力とし，ビット値

$$b = \text{Verify}_{pk}(m, \sigma)$$

を出力する決定論的アルゴリズムである．ここで，$\sigma = \text{Sign}_{sk}(m)$ であれば $b = 1$ が出力され，$\sigma \neq \text{Sign}_{sk}(m)$ または $m \notin M_n$ であれば $b = 0$ が出力される．

上記 3 つのアルゴリズムは，任意の $(pk, sk) = \text{KeyGen}(1^n)$ とメッセージ $m \in M_n$ に対して

$$1 = \text{Verify}_{pk}(m, \text{Sign}_{sk}(m))$$

を満足する必要がある．

2. ディジタル署名の安全性

ディジタル署名の安全性は，攻撃のゴールと攻撃のシナリオのレベルによって分類される．分類には様々な定義があるが，ここでは代表的なものを紹介する．

2.1 攻撃のゴール

攻撃者の目指すゴールは，以下に示す 3 種類に分類される．

- 完全解読（total break）
  攻撃者は秘密鍵 sk を得ることができる．したがって，攻撃者は任意のメッセージに対して正当な署名ができる．
- 選択的偽造（selective forgery）
  攻撃者は与えられたメッセージに対して無視できない確率で正当な署名ができる．
- 存在的偽造（existential forgery）
  攻撃者は自由に選択した少なくとも 1 つのメッセージに対して正当な署名ができる．

2.2 攻撃のシナリオ

攻撃のシナリオは攻撃者が利用可能な情報によって以下に示す 3 種類に分類される．

- 鍵単独攻撃（key only attack）
  攻撃者には署名者の公開鍵のみが与えられる．
- 既知メッセージ攻撃（known message attack）
  攻撃者にはメッセージと署名の組が複数与えられる．攻撃者はメッセージを選択できない．
- 選択メッセージ攻撃（chosen message attack）
  攻撃者には攻撃者が攻撃開始前に選んだ複数のメッセージとそれらの署名の組が与えられる．
- 適応的選択メッセージ攻撃（adaptive chosen message attack）
  攻撃者には攻撃者が選んだ複数のメッセージとそれらの署名の組が与えられる．攻撃者は攻撃中に選択した（攻撃対象以外の）メッセージに対して署名を得ることができる．

通常は，適応的選択メッセージ攻撃に対して存在的偽造が困難な方式を，安全なディジタル署名方式とする．

3. RSA 署名

本節では，Rivest, Shamir, Adleman によって初めて実現された方式である RSA 署名を，ディジタル署名の具体例として紹介する．

3.1 処理手順

a. 鍵生成 KeyGen(1^n)

1) 2つの異なる n ビット素数 p, q をランダムに生成する．
2) $N = pq, \psi = (p-1)(q-1)$ とする．
3) $1 < e < \psi$ かつ
$$\gcd(e, \psi) = 1$$
を満足する整数 e をランダムに生成する．
4) $1 < d < \psi$ かつ
$$ed \equiv 1 \bmod \psi$$
を満足する整数 d を（拡張ユークリッドの互除法により）計算する．
5) $(pk, sk) = ((N, e), (N, d))$ を出力する．

b. 署名 Sign$_{sk}(m)$

1) メッセージ m が $m \in (\mathbf{Z}/N\mathbf{Z})^*$ でなければ，$\perp$ を出力する．
2) $0 < \sigma < \psi$ かつ
$$\sigma \equiv m^d \bmod N$$
を満足する σ を計算する．
3) σ を m に対する署名として出力する．

c. 検証 Verify$_{pk}(m, \sigma)$

1) $0 < m' < N$ かつ
$$m' \equiv \sigma^e \bmod N$$
を満足する m' を計算する．
2) $m' = m$ ならば 1 を，$m' \neq m$ ならば 0 を出力する．

3.2 正当性

合同式
$$m' \equiv \sigma^e \equiv (m^d)^e \equiv m^{ed \bmod \psi} \equiv m \bmod N$$
より，正しい署名に対して検証 Verify が常に 1 を出力することがわかる．

3.3 安全性

N から p, q が求まれば，攻撃者はどのようなメッセージに対しても正当な署名を行うことができる．したがって，N から p, q を求めること，すなわち N を素因数分解することが困難であることが RSA 署名の安全性の根拠となる．しかし，上述の RSA 署名は「教科書的」な方法であり，以下に示す脆弱性を有するため，実際には利用されない．

a. 潜在的偽造攻撃

攻撃者は，与えられた公開鍵 $pk = (N, e)$ に対して，任意の署名 $\sigma \in \mathbf{Z}/N\mathbf{Z}$ を選択する．そして，これらに対して
$$m \equiv \sigma^e \bmod N, \quad 0 < m < N$$
を満足するメッセージ m を計算し，偽造署名として (m, σ) を出力する．明らかに σ は m に対する正当な署名となっている．

b. 任意のメッセージに対する署名偽造

攻撃者は，与えられた公開鍵 $pk = (N, e)$ と，メッセージ m に対して，ランダムに $m_1 \in (\mathbf{Z}/N\mathbf{Z})^*$ を選択し，
$$m_2 \equiv m/m_1 \bmod N, \quad 0 < m_1 < N$$
を計算する．次に攻撃者はメッセージ m_1, m_2 に対する正当な署名を署名者に依頼し，それぞれに対する正当な署名 σ_1, σ_2 を受け取る．そして，
$$\sigma \equiv \sigma_1 \sigma_2 \bmod N, \quad 0 < \sigma < N$$
とすれば，合同式
$$\sigma^e \equiv (\sigma_1 \sigma_2)^e \equiv (m_1^d m_2^d)^e \equiv m_1 m_2 \equiv m \bmod N$$
より，この σ は m に対する正当な署名であり，攻撃者は m に対する署名の偽造に成功したこととなる．

3.4 ハッシュ関数の利用

3.3 項の攻撃への対処として，通常はハッシュ関数が利用される．
$$h: \{0,1\}^* \to (\mathbf{Z}/N\mathbf{Z})^*$$
を暗号学的ハッシュ関数とする．また，メッセージ $m \in \{0,1\}^*$ とする．そして，署名を
$$\sigma \equiv h(m)^d \bmod N$$
で与え，検証式を
$$h(m) \equiv \sigma^e \bmod N$$
とすれば，正しい署名は常に検証を通り，また明らかに 3.3 項で示した攻撃が無効化される．さらに，この手法はメッセージ空間が $\mathbf{Z}/N\mathbf{Z}$ から $\{0,1\}^*$ に拡張されるため，実用上も有利である．ただし，実際には利用可能な h に強い制約があるため，より現実的な改良を施した方式が利用されることが多い．

［松尾和人］

参 考 文 献

[1] J. Katz, *Digital Signatures*, Springer, 2010.
[2] J. Katz, Y. Lindell, *Introduction to Modern Cryptography*, Chapman & Hall/CRC, 2007.
[3] A. Menezes, P. van Oorschot, S. Vanstone, *Handbook of Applied Cryptography*, CRC Press, 1997.

秘密分散共有
secret sharing scheme

秘密分散共有は1979年にBlakleyとShamirが独立に提案したデータ秘匿法である．秘密分散共有では，ディーラー D と n 人のパーティ $P_i (i = 1, \ldots, n)$ を考える．D は秘密 M からシェアと呼ばれる n 個の値 M_i $(i = 1, \ldots, n)$ を生成し，各 P_i に対応する M_i を分散して託す．

秘密分散共有は，事前に定められた M_i の集合からは M を計算可能であるが，それ以外の集合からは M を計算できないように構成されている．したがって，この方法によって秘密情報を分散保持することが可能となる．

秘密分散共有は上述のように単体で秘密の分散・保持に利用されるだけでなく，しきい値暗号方式などの，より高機能な暗号技術を構成する要素技術としても利用されている．

本項目では，Shamirの方法と，より一般的な方法を紹介する．

1. Shamir の (t,n)-秘密分散共有

Shamirの (t,n)-秘密分散共有法は，t 人（以上）のパーティが集まれば秘密 M が得られる方法である．Shamirの方法は有限体 $\mathbf{F}_p$ 上の多項式補間に基づく．

以降では，p は十分に大きいと仮定し，秘密 M は $\mathbf{F}_p$ の元であるとする．2次元平面上の t 個の点 $(x_i, y_i) \in \mathbf{F}_p^2$ $(i = 1, \ldots, t)$ を考える．ここで，$i \neq j$ に対して $x_i \neq x_j$ であるとすると，
$$f(x_i) = y_i, \quad i = 1, \ldots, t$$
かつ $\deg f = t - 1$ を満足する $f \in \mathbf{F}_p[x]$ がただ1つ定まる．また，この f は (x_i, y_i) $(i = 1, \ldots, t)$ から，ラグランジュの補間公式によって
$$f(x) = \sum_{i=1}^{t} y_i \prod_{1 \leq j \leq t, j \neq i} \frac{x - x_j}{x_i - x_j}$$
と容易に計算される．Shamirの (t,n)-秘密分散共有はこの性質を利用して構成されている．

1.1 処理手順

以下に，Shamirの (t,n)-秘密分散共有の処理手順概略を示す．

a. シェア M_i の生成・分配

1) ディーラー D は $p > \max(M, n)$ を満足する素数 p を選択する．
2) D は $i = 1, \ldots, t-1$ に対して $f_i \in \mathbf{F}_p$ をランダムに選択し，多項式
$$f = f_{t-1} x^{t-1} + \cdots + f_1 x + M \in \mathbf{F}_p[x]$$
を構成する．
3) D は，$i = 1, \ldots, n$ に対して，シェア
$$M_i = f(i) \in \mathbf{F}_p$$
を計算する．
4) D は，パーティ P_i にシェア M_i を配布する．

b. 秘密 M の再構成

t 人のパーティ P_i が集合したとする．集合したパーティの添字集合を I とする．すなわち，$i \in I$ ならば P_i は集合したパーティであり，$i \notin I$ に対応する P_i は集合していないとする．明らかに，$\sharp I = t$ である．いま，各 $i \in I$ に対して
$$c_i = \prod_{j \in I, j \neq i} \frac{j}{j - i}$$
を計算する．そして，$i \in I$ に対する c_i, M_i から秘密 M を
$$M = \sum_{i \in I} c_i M_i$$
と再構成する．この M が正当な秘密であることをラグランジュの補完公式によって確認することができる．

1.2 性 質

Shamirの (t,n)-秘密分散共有は，以下に挙げる性質を有することが知られている．

- 任意の t 個のシェアから M を計算できる．すなわち，t 人以上のパーティが集合すれば，M を再構成できる．
- $t-1$ 個以下の任意のシェアからは，M に関する情報は何も得られない．すなわち，t 人以上のパーティが集合しない限り，M に関する情報は得られない．
- 各シェア M_i のサイズは M のサイズと等しい．
- 他のパーティの持つシェアに影響を与えずに，新規パーティに対してシェアを発行できる．
- 安全性の証明に未証明の仮定を必要としない．

1.3 具 体 例

ここでは，(t,n)-秘密分散共有の理解のために，小さな例を示す．

$n = 4$, $t = 3$, $M = 6$ とする．D は，
$$p > \max(M, n)$$
より $p = 7$ とする．そして，
$$f = 3x^2 + x + M = 3x^2 + x + 6 \in \mathbf{F}_p[x]$$
を選択したとする．

D はシェア M_i を

$$M_1 = f(1) = 3$$
$$M_2 = f(2) = 6$$
$$M_3 = f(3) = 1$$
$$M_4 = f(4) = 2$$

と計算し,各 M_i を P_i に配布する.

いま,P_1, P_2, P_3 が集合したとすると,

$$c_1 = \frac{2 \cdot 3}{(2-1)(3-1)} = 3$$
$$c_2 = \frac{1 \cdot 3}{(1-2)(3-2)} = 4$$
$$c_3 = \frac{1 \cdot 2}{(1-3)(2-3)} = 1$$

より,

$$M = c_1 M_1 + c_2 M_2 + c_3 M_3$$
$$= 3 \cdot 3 + 4 \cdot 6 + 1 \cdot 1$$
$$= 6$$

と M が再構成される.

また,P_2, P_3, P_4 が集合した場合には,

$$c_2 = \frac{3 \cdot 4}{(3-2)(4-2)} = 6$$
$$c_3 = \frac{2 \cdot 4}{(2-3)(4-3)} = 6$$
$$c_4 = \frac{2 \cdot 3}{(2-4)(3-4)} = 3$$

より,

$$M = c_2 M_2 + c_3 M_3 + c_4 M_4$$
$$= 6 \cdot 6 + 6 \cdot 1 + 3 \cdot 2$$
$$= 6$$

と M が再構成される.

$\sharp I \geqq 3$ を満足する任意の I に対して,同様の手順で M を再構成可能であるが,$\sharp I < 3$ の場合には,集合したパーティは M に関する情報をまったく得ることができない.

2. 一般秘密分散共有

Shamir の (t, n)-秘密分散共有は,t 人(以上)のパーティが集まれば秘密 M が得られる方法であったが,M を再構成できるパーティ集合をより柔軟にとる方法が考案されている.P をパーティの集合とする.Γ を P の部分集合の族とし,P の認可部分集合族(authorized subsets)と呼ぶ.M のシェアは P に含まれる全てのパーティに配布されるが,一般秘密分散共有では,認可部分集合族 Γ の任意の元 $A \subseteq P$,$A \in \Gamma$ に含まれるパーティが全員揃えば M を再構成できる.しかし,それ以外の場合,すなわち認可部分集合族の元ではないパーティの部分集合 $B \subseteq P$,$B \notin \Gamma$ が揃っても,M を再構成することはできない.

上記の記法において B が M に関する情報を何も得られない場合,すなわち,H をエントロピーとしたとき

$$H(M \mid A) = 0, \quad \forall A \in \Gamma$$
$$H(M \mid B) = H(M), \quad \forall B \notin \Gamma$$

である場合,秘密分散共有は完全であるという.

完全秘密分散共有の任意のシェア M_i のサイズは秘密 M のサイズ以上になる.

Shamir の (t, n)-秘密分散共有は完全であり,また

$$\Gamma = \{A \subseteq P \mid \sharp A \geqq t\}$$

である.例えば,$(3, 4)$-秘密分散共有に対応する認可部分集合族は

$$\Gamma = \{\{P_1, P_2, P_3\}, \{P_1, P_2, P_4\}, \{P_1, P_3, P_4\},$$
$$\{P_2, P_3, P_4\}, \{P_1, P_2, P_3, P_4\}\}$$

である.

完全な一般秘密分散共有の実現方法として Benaloh と Leichter の単調回路を用いた構成法が知られている.

3. (t, L, n)-しきい値ランプ型秘密分散

前節で (t, n)-秘密分散共有の一般化について述べたが,これ以外にも,安全性の面や効率の面から秘密分散共有の多数の拡張が行われている.

完全秘密分散では,シェア M_i のサイズを秘密 M のサイズより小さくできないので符号化効率が悪い.これを改良した方式が (t, L, n)-しきい値ランプ型秘密分散である.(t, L, n)-しきい値ランプ型秘密分散は,t 個の任意のシェアから M を再構成できるが,$t - L$ 個のシェアからは M に関する情報を何も得られず,$t - L + 1$ 個以上($t - 1$ 個以下)のシェアからは M に関する部分情報が得られる方式である.(t, L, n)-しきい値ランプ型秘密分散は,M_i のサイズを M のサイズの $1/L$ にすることができる利点を有する.

[松尾和人]

参 考 文 献

[1] A. Menezes, P. van Oorschot, S. Vanstone, *Handbook of Applied Cryptography*, CRC Press, 1997.

[2] D. Stinson, *Cryptography, Theory and Practice, Discrete Mathematics and Its Applications*, 3rd ed., Chapman & Hall/CRC, 2006.

[3] 山本博資, 秘密分散法とそのバリエーション, 数理解析研究所講究録, vol.1361 (2004), 19–31.

ペアリング暗号
pairing-based cryptography

1999年大岸，境，笠原により初めて実用的なIDベース鍵共有方式が提案された．それは楕円曲線上のヴェイユペアリング（Weil pairing）を用いた画期的なものであった．2001年ボネ（Boneh），フランクリン（Franklin）により大岸らと同様のIDベース暗号が提案されたのを期に，ペアリングが世界的に注目され，暗号研究が急速に広まった．現在，IDベース暗号だけでなく，公開鍵暗号，放送暗号，署名，属性ベース暗号など様々な応用が研究されている[1]．

1. ペアリング

巡回群 G_i ($i=1,2,3$) が与えられたときに写像 $e: G_1 \times G_2 \to G_3$ が次の性質を満たすとき，e をペアリングあるいは双線形写像（bilinear map）という．ここでは G_1, G_2 の演算を和，G_3 の演算を積で表すことにする．

- $a, b \in G_1$, $c \in G_2$ に対して
$$e(a+b, c) = e(a,c)e(b,c).$$
- $a \in G_1$, $b, c \in G_2$ に対して
$$e(a, b+c) = e(a,b)e(a,c).$$
- e は非退化，すなわち $e \neq 1$．

$g_1 \in G_1$, $g_2 \in G_2$ をそれぞれの群の生成元とし $g_3 = e(g_1, g_2) \in G_3$ とする．双線形なので任意の $n, m \in \mathbf{Z}$ に対して $e(ng_1, mg_2) = g_3^{nm}$．非退化の条件から $g_3 \neq 1$．すなわち g_3 は G_3 の生成元である．G_1 と G_2 の間に同型写像を構成できるとき対称ペアリング，そうでないとき非対称ペアリングという．以後，説明の簡略化のために，ペアリングは全て対称ペアリング $e: G \times G \to G'$ とし，$p = |G|$ を素数，$G^\times = G \setminus \{0\}$ とする．

2. IDベース鍵共有方式

ID（identification）とは個人を特定することが可能な情報を意味する．例えば住所，氏名，e-mailアドレスなどである．IDベース鍵共有方式は，IDと共通パラメータのみで秘密鍵を共有する方式である．ペアリングを用いてIDベース鍵共有を行う方式を説明する．

- 鍵生成
ペアリング $e: G \times G \to G'$ とハッシュ関数 $h: \{ID\} \to G$ を決める．マスター秘密鍵 $s \in \mathbf{Z}/p\mathbf{Z}$ をランダムに選ぶ．
- ユーザー鍵生成
各ユーザー u のIDを ID_u とする．$P_u = h(ID_u)$ を求めて，秘密鍵 $S_u = sP_u$ を渡す．
- 鍵共有
ユーザー u はユーザー v のIDから P_v を求め，$K_{uv} = e(S_u, P_v) = e(P_u, P_v)^s$ を求める．
ユーザー v はユーザー u のIDから P_u を求め，$K_{vu} = e(P_u, S_v) = e(P_u, P_v)^s$ を求める．

例えばユーザーのe-mailアドレスをIDとして利用する場合，信頼できる鍵生成機関から各ユーザーに対する秘密鍵配布が完了していれば，各ユーザーは通信したい相手のe-mailアドレスの情報だけで暗号文を送ることができる．また，新しいユーザーの追加が容易であり，秘密鍵を受け取っていない未加入ユーザーに対する暗号文を作成することもできる．

3. IDベース暗号

IDベース暗号（IBE：ID-based encryption）とは，受信者のIDと共通パラメータのみを用いて暗号化する方式である．SK（Sakai–Kasahara）方式について説明する[2]．

- 鍵生成
ペアリング $e: G \times G \to G'$，ハッシュ関数 $h: \{ID\} \to \mathbf{Z}/p\mathbf{Z}, P, Q \in G$ を決める．$s \in \mathbf{Z}$ をランダムに選び，$(Q, sQ, g = e(P, Q))$ を公開鍵，(P, s) を秘密鍵とする．
- ユーザー鍵生成
各ユーザー u に対して $h_u = h(ID_u)$ とし，$s_u = 1/(h_u + s)P$ を秘密鍵として渡す．
- ユーザー u に対する暗号文の作成
平文 m に対して $r \in \mathbf{Z}/p\mathbf{Z}$ をランダムに選び $C_1 = r(h_u Q + sQ) = r(h_u + s)Q$, $C_2 = mh(g^r)$ を求めて (C_1, C_2) を送信する．
- 復号
ユーザー u は暗号文 (C_1, C_2) を受け取り
$$C_2/h(e(s_u, C_1))$$
$$= \frac{mh(g^r)}{h(e(1/(h_u+s)P, r(h_u+s)Q))}$$
$$= \frac{mh(g^r)}{h(e(P,Q)^r)} = m$$
で復号する．

4. 電子署名

電子署名は，ある文書の作者が本当にその作者によって作成されたものか否かを判別できる仕組みである．ボネとボエン（Boyen）によるペアリングを使った電子署名について説明する[3]．

- 鍵生成
ペアリング $e: G \times G \to G'$ と $g_1, g_2 \in G^\times$ を決め，$z = e(g_1, g_2)$ とする．$x, y \in (\mathbf{Z}/p\mathbf{Z})^\times$ をランダムに選び，$u = xg_2$, $v = yg_2$ とす

る．(g_2, u, v, z) が公開鍵，(g_1, x, y) が秘密鍵である．
- 署名
メッセージ $m \in \mathbf{Z}/p\mathbf{Z}$ に対し $r \in \mathbf{Z}/p\mathbf{Z}$ をランダムに選び $s = 1/(x + m + yr)g_1$ として (s, r) を署名とする．
- 検証
(s, r) に対して $e(s, u + mg_2 + rv) = e(s, (x + m + yr)g_2) = z$ を確認する．

5. 安全性に関する仮定

ペアリング暗号の安全性は，基本的には有限体上の DLP，DHP，ECDLP の困難性が根拠になる．暗号によっては，それに加えて別の数学的問題の困難性が仮定される．そのうちのいくつかを挙げる．

- CBDH (computational bilinear DH) 問題
入力：$P, aP, bP \in G_1$，$Q, aQ, cQ \in G_2$
出力：$e(P, Q)^{abc}$
- l-SDH (l-strong DH) 問題
入力：$P, aP, \ldots, a^l P \in G_1$，$Q, aQ \in G_2$
出力：ある w に対する $(w, 1/(a + w)P)$
前節の署名は，この問題の困難さの仮定と標準モデルのもとで安全である．
- l-CBDHI (l-CBDH inverse) 問題
入力：$P, aP, \ldots, a^l P \in G_1$，$Q, bQ \in G_2$
出力：$e(P, Q)^{a^{l+1}}$
3 節の SK 方式は，この問題の困難さとランダムオラクルモデルの仮定のもとで安全である．
- l-CBDHE (l-CBDH exponent) 問題
入力：$P, aP, \ldots, a^{l-1}P, a^{l+1}P, \ldots, a^{2l}P \in G_1$，$Q, bQ \in G_2$
出力：$e(P, Q)^{a^l b}$

効率的な放送暗号の安全性証明に用いられる．l-SDH のようなパラメータを持つ問題は，2001 年に光成，境らにより，放送暗号にペアリングを適用する際に初めて提案され，以後様々な拡張がなされている．

6. ペアリングの構成

当初 ID ベース暗号の構成にはヴェイユペアリングが用いられた．今では計算効率のより良い写像としてテイト (Tate) ペアリング，η_T ペアリング，エイト (Ate) ペアリングなどが利用される．それらは概ねミラー (Miller) アルゴリズムというループ処理と最終冪という 2 つの部分からなる．

6.1 因子

楕円曲線 E 上の整数係数の有限個の点の形式和 $D = \sum_{P_i \in E} n_i(P_i)$ ($n_i \in \mathbf{Z}_i$) を因子という．ここで P_i の n_i 倍点 $n_i P_i$ と区別するために $n_i(P_i)$ と書いた．因子 D の次数を $\deg D = \sum_i n_i$ とする．E 上の有理関数 f に対して $\mathrm{div}(f) = \sum \mathrm{ord}_P(f)(P)$ を主因子という．ここで，$\mathrm{ord}_P(f)$ は f の点 P における位数であり，f を点 P の付近で $f(z) = \sum_{i=k}^{\infty} a_i z^i$ ($a_k \neq 0$) とローラン (Laurent) 展開したときの k である．次の定理が成り立つ．

定理 1 因子 D について $\deg D = 0 \iff$ ある f が存在して $\mathrm{div}(f) = D$．

6.2 テイトペアリング

$\mathbf{F}_q$ を有限体，E を楕円曲線，k と r を $r | q^k - 1$ を満たすようにとる．E の r 等分点の集合を $E(\mathbf{F}_q)[r] = \{P \in E(\mathbf{F}_q) | rP = O\}$，$\mu_r = \{x \in \mathbf{F}_{q^k} | x^r = 1\}$ を 1 の r 乗根の集合とする．点 $P \in E(\mathbf{F}_q)[r]$ に対して $D = r(P) - r(O)$ とすると $\deg D = 0$ なので，定理 1 から $\mathrm{div}(f_P) = D$ となる f_P が存在する．

$$e : E(\mathbf{F}_q)[r] \times E(\mathbf{F}_{q^k})/rE(\mathbf{F}_{q^k}) \to \mu_r$$
$$e(P, Q) = f_P(Q)^{(q^k - 1)/r}$$

でテイトペアリングを定義する．$f_P(Q)$ は次の手法で計算する．

入力：点 P, Q
出力：テイトペアリング $e(P, Q)$
$r = \sum_{i=0}^m r_i$ と 2 進数展開する ($r_m = 1$)．
1. $f \leftarrow 1$, $T \leftarrow P$
2. for $i = m - 1, \ldots, 0$
3. $\quad T \leftarrow 2T$, $f \leftarrow f^2 \cdot l_{T,T}(Q)$
4. $\quad$ if $r_i = 1$ then
5. $\quad\quad T \leftarrow T + P$
6. $\quad\quad f \leftarrow f \cdot l_{T,P}(Q)$
7. $\quad$ end if
8. end for
9. $f \leftarrow f^{(q^k - 1)/r}$
10. return f

ここで $l_{T,P}$ は E 上の点 T と P を通る直線 ($T = P$ の場合は接線) を表す． ［光成滋生］

参 考 文 献

[1] CRYPTREC, ID ベース暗号に関する調査報告書, 2009 (http://www.cryptrec.go.jp/report/c08_idb2008.pdf).
[2] R. Sakai, M. Kasahara, ID based cryptosystems with pairing on elliptic curve, IACR ePrint, 2003/54.
[3] D. Boneh, X. Boyen, Short signatures without random oracles, *EUROCRYPT 2004, LNCS 3027* (2004), 56–73.

擬似乱数

pseudo random number; PRN

数論アルゴリズムで擬似乱数を生成する基本手法と性能評価を紹介する．有理素数全体を $\mathbb{P}$ と書く．全般的な事項は [2] や，和文なら [4, Chap.7] に詳しい．他に [1] や [3] が参考になる．

1. 乱数・乱数列と，擬似乱数・擬似乱数列

乱数 確率空間の独立確率分布に従う確率変数の実現値が乱数で，乱数が作る点列が乱数列である．以下，一様分布に従う一様乱数を扱う．乱数列が求める特性は状況によるが，乱数列に全数が一様に現れる一様性，乱数列各項が他項と無相関な独立性，乱数列の生成計算量が低い効率性，同一乱数列を再現可能な再現性，乱数列の一部から他の部分を予測困難な予測不可能性がある．一様性と独立性は乱数列の定義自体で常に求める．効率性もほとんどの場合に求める．再現性は独立性と相反し普通考えないが，数値実験を同じデータで再度行う場合，独立性に欠けても乱数列に近い再現可能性が求められる．予測不可能性は独立性が保証し通常不要だが，暗号で使う場合，時に独立性より弱い予測不可能性を求める．

乱数近似法 完全な乱数列生成は困難で，要請を満たす乱数列を目的別に近似する：予測不能物理現象で作る物理乱数は一様性と独立性があり効率性がない．代数的に作る準乱数（超一様乱数）は，適切な一様性を保証し独立性がない．簡単な決定性算法で作る擬似乱数は，効率性に優れるが周期的で，一様性や独立性が問題となる．後二者だけ再現性がある．以下，一様性や独立性の高い擬似乱数列を調べる．必要なのは，高速生成する算法的工夫と，長周期を持ち単純な規則性を持たないための数論的工夫である．

2. 線形合同法，2次合同法と M 系列法

集合 $\Omega \neq \emptyset$ 上の擬似乱数生成法を集合 $S, N = {}^\#S \in \mathbb{N}, f : S \to S, b : S \to \Omega, s_0 \in S$ で表す．初期状態 s_0 から $x_i = b(s_i), s_{i+1} = f(s_i)$ $(i = 0, 1, \ldots)$ で乱数列 $\{x_i\}_{i=0}^{+\infty}$ を得る．状態列 $\{s_i\}_{i=0}^{+\infty}$ は周期的（周期 k とする）だから乱数列も同様（周期 ℓ とする）で $\ell \mid k \leq N$．もし $k \fallingdotseq N$ で b は全射かつ b による Ω の同値類が全て同程度要素数なら一様性が高い．もし $\ell \geq {}^\#\Omega$，$\ell \fallingdotseq k$ なら独立性が望める．

合同法 実現予定周期 N なら $S = \Omega = \mathbb{Z}/N = \{0, \ldots, N-1\}, b = \mathrm{id}_S$ で適切な $f : S \to S$ をとる．

ある $a, c \in S$ に対し $f(s) = as + c \bmod N$ $(s \in S)$ とする線形合同法は，全ての $s_0 \in S$ で最長周期 $\ell = k = N$ となる a, c の必要十分条件がわかる．すぐ実装でき高速で広く使われてきたが，一様性に弱点がある．特に後述の高次元一様性がなく，必ず結晶構造が現れる．

ある $a, c, e \in S$ に対し $f(s) = es^2 + as + c \bmod N$ $(s \in S)$ とする 2 次合同法も，全ての $s_0 \in S$ で最長周期 $\ell = k = N$ となる e, a, c の必要十分条件がわかる．例えば，暗号理論で相異なる $p, q \in \mathbb{P}$ に対し $N = pq, e = 1, a = c = 0$ とすれば生成する擬似乱数列の予測不可能性を高く保証するとして利用し [1]，また $n \in \mathbb{N}$ を素因数分解する ρ 法で $N = n, e = 1, a = 0$ として利用している．

M 系列法 ある $q \in \mathbb{P}, n, m, w \in \mathbb{N}, w \leq m \leq n$ に対し $F = \mathbb{F}_q = \mathbb{Z}/q$ 上の線形変換を使う．すなわち，$S = F^n$, $\Omega = \mathbb{Z}/q^w$, $b : S \ni (v_{n-1}, \ldots, v_0) \mapsto (v_{m-1} \cdots v_{m-w})_q \in \Omega$ (q 進表記)，正方行列 $B \in F^{n \times n}$ をとり $f : S \ni v \mapsto vB \in S$ とする．これは $s_i \in S' = S \setminus \{0\}$ ($\forall i \in \mathbb{Z}_{\geq 0}$) のときのみ有効で $k < N$．いま $\Phi \in F[X]$ を f の特性多項式とすると

$$\Phi \text{ が } n \text{ 次原始的} \Leftrightarrow \exists s_0 \in S', k = N - 1$$
$$\Leftrightarrow \forall s_0 \in S', k = N - 1. \quad (1)$$

この同値 3 条件に加え，$\ell = k$ も成り立つ擬似乱数生成法を M 系列法（最長系列法）という．中でも $w = 1$ の場合 $(c_{n-1}, \ldots, c_0) \in S$ に対して線形フィードバックシフトレジスタ (LFSR) $f(v_{n-1}, \ldots, v_0) = (\sum_{i=0}^{n-1} c_i v_i, v_{n-1}, \ldots, v_1)$ が広く使われ，常に $\ell = k$ である．以下 LFSR では $m = 1$ とする．

3. 線形複雑度と均等分布

独立性 いま $\Omega = F = \mathbb{F}_q$ の点列 $x = \{x_i\}_{i=0}^{+\infty}$ (ただし $q \in \mathbb{P}$) に対し，ある LFSR の $s_0 \in S = F^n$ で $x = \{b(s_i)\}_{i=0}^{+\infty}$ なら長さ n の LFSR が x を生成するという．もし x を生成する LFSR があれば，最小の長さを L とし，なければ $L = +\infty$ として L を x の線形複雑度と呼ぶ．重要なのは Ω の点列 x が擬似乱数生成法で与えられた場合で，このとき x は周期的だから $L < +\infty$．仮に $r \in \mathbb{Z}_{\geq 0}$ で $2L$ 個の連続項 $x_r, \ldots, x_{r+2L-1} \in \Omega$ がわかれば $s_{r+L} \in S$ と行列 $M = \begin{pmatrix} {}^\mathrm{T}s_{r+L-1}, \ldots, {}^\mathrm{T}s_r \end{pmatrix} \in F^{L \times L}$ もわかり，もし $\det M \neq 0$ なら方程式 $cM = s_{r+L}$ を解いて生成する LFSR の $c = (c_{L-1}, \ldots, c_0) \in S$ が求まる．ゆえに x_r 以降の項が全てわかる．いくら周期 k が長くても線形複雑度 L が小さければ擬似乱数列 x の全体像は部分的データから確定する．

高次元の一様性　今後は $q=2$ の M 系列法で生成した $F = \mathbb{F}_2 = \mathbb{Z}/2 = \{0,1\}$ で $0 \neq s_0 \in S = F^n$ である乱数列 $x_i \in \Omega = \mathbb{Z}/2^w = F^w$ $(i \in \mathbb{Z}_{\geq 0})$ のみを考える．ただし $m = n$ で b の出力は上位 w ビットとする．M 系列法の定義から，状態列 $\{s_i\}_{i=0}^{+\infty}$ も乱数列 $\{x_i\}_{i=0}^{+\infty}$ も最長周期 $\ell = k = N - 1 = 2^n - 1$ で初項から周期的である．ここで $d \in \mathbb{N}_{\leq n/w}$ に対して乱数列の連続する d 個組の列 $y_i = (x_i, \ldots, x_{i+d-1}) \in \Omega^d = F^{wd}$ $(i \in \mathbb{Z}_{\geq 0})$ をとる．任意の $y \in F^{wd}$ で

$$\sharp\{i < k \,|\, y_i = y\} = \begin{cases} 2^{n-wd} & (y \neq 0) \\ 2^{n-wd} - 1 & (y = 0) \end{cases}$$

を満たしているなら，生成した乱数列 $\{x_i\}_{i=0}^{+\infty}$ は d 次元均等分布であるという．もし $n = dw$ ならば，これは列 $y_i \in \Omega^d \setminus \{0\}$ $(i \in \mathbb{Z}_{\geq 0})$ が最長周期 k であることにほかならない．線形合同法は高次元均等分布せず，ベクトル列 $y_i \in \Omega^d$ $(i \in \mathbb{Z}_{\geq 0})$ は Ω^d の $d-1$ 次元超平面上に分布する．これを視覚化すると結晶のように見え結晶構造と呼ばれている．

さらに，各 $v \in \mathbb{N}_{\leq w}$ に対して，生成した乱数列 $x_i \in \Omega = \mathbb{Z}/2^w$ $(i \in \mathbb{Z}_{\geq 0})$ の上位 v ビットだけの列 $x_i' = \lfloor x_i/2^{w-v} \rfloor$ $(i \in \mathbb{Z}_{\geq 0})$ を考える．ここで $d \in \mathbb{N}_{\leq n/v}$ に対して乱数列の連続する d 個組の列 $y_i' = (x_i', \ldots, x_{i+d-1}') \in F^{vd}$ $(i \in \mathbb{Z}_{\geq 0})$ をとる．任意の $y \in F^{vd}$ で

$$\sharp\{i < k \,|\, y_i' = y\} = \begin{cases} 2^{n-vd} & (y \neq 0) \\ 2^{n-vd} - 1 & (y = 0) \end{cases}$$

を満たしているなら，生成した乱数列 $x_i \in \Omega$ $(i \in \mathbb{Z}_{\geq 0})$ は上位 v ビットが d 次元均等分布であるという．次の線形写像

$$S \ni s \mapsto \left(\left\lfloor \frac{b(s)}{2^{w-v}} \right\rfloor, \ldots, \left\lfloor \frac{b(f^{d-1}(s))}{2^{w-v}} \right\rfloor \right) \in F^{vd} \quad (2)$$

を考えると，これが全射となることが，上位 v ビットが d 次元均等分布であるための必要十分条件であることが知られている．

4. メルセンヌ素数による高次元均等分布

画期的な擬似乱数生成法が，1997年に構成されている．メルセンヌ数を利用する擬似乱数生成法で，メルセンヌツイスタと名付けられている[3]．

いま $p \in \mathbb{P}$, $M_p = 2^p - 1 \in \mathbb{P}$ として，コンピュータの一語長を $w \in \mathbb{N}_{\leq p}$ とする．そこで $n = p$（ゆえに $N - 1 = M_p$）として $\nu = \lceil n/w \rceil \in \mathbb{N}$ と $n = \nu w - r$ なる $r \in \mathbb{Z}$, $0 \leq r < w$ を決める．さらに $z \in \Omega = \mathbb{Z}/2^w = F^w$ の上位 $w - r$ ビットを $z' = \lfloor z/2^w \rfloor$，下位 r ビットを $z'' = z \bmod 2^w$ で表す．また，シフトと加算だけで変換が計算できる行列 $A \in F^{w \times w}$ をとる．例えば $a_i \in F$ $(0 \leq i < w)$ をとって

$$A = \begin{pmatrix} {}^\mathrm{T}0_{w-1} & 1_{w-1} \\ a_{w-1} & a_{w-2}, \ldots, a_0 \end{pmatrix}.$$

ただし 1_t は t 次単位行列 $0_t = (0, \ldots, 0) \in F^t$．適当に $\mu \in \mathbb{Z}$, $0 < \mu < \nu$ を決め，$z_{\nu-1}, \ldots, z_0 \in \Omega$ に対し

$$f(z_{\nu-1}, \ldots, z_0) = (z_\mu + (z_0' z_1'') A, z_\nu, \ldots, z_2, z_1')$$

とする．ただし $(z_0' z_1'') \in \Omega = F^w$ は $z_0' \in F^{w-r}$ と $z_1'' \in F^r$ を並べたものである．これはいま $n = p = \nu w - r$ だから $S = F^n$ の線形変換で，ある $B \in F^{n \times n}$ により $f(s) = sB$ $(s \in S)$ と書ける．さらに B の特性多項式 $\Phi \in F[X]$ が計算できる．この Φ が既約なら $M_p \in \mathbb{P}$ だから n 次原始的で，先に述べた同値 3 条件 (1) から状態列 $s_i \in S$ $(i \in \mathbb{Z}_{\geq 0})$ の最長周期性 $k = M_p$ が導かれる．しかも $\deg \Phi = n = p \in \mathbb{P}$ なので，Φ の既約性は合同式 $X^{M_p} \equiv 1 \pmod{\Phi}$ の成立とも同値となる．これらにより，どのように行列 A を選べば，最長周期 $k = M_p$ が達成できるかが容易に判定可能となる．さらに，生成される乱数列 $x_i = b(s_i)$ $(i \in \mathbb{Z}_{\geq 0})$ の最長周期性 $\ell = M_p$ もわかり，この擬似乱数生成法は M 系列法である．

特に $n = p = 19937$ に対してこの方法を適用し，$w = 32$, $\nu = \lceil n/w \rceil = 624$ に対して実用的なメルセンヌツイスタを構成している．その上これによる乱数列 $\{x_i\}_{i=0}^{+\infty}$ は，列 $(x_i, \ldots, x_{i+\nu-2})$ $(i = 0, \ldots, M_p - 1)$ が全て S の中に完全に含まれ，また S の全ての状態が 1 周期に現れているから，非常に高い $\nu - 1 = 623$ 次元均等分布となっている．より優れた上位ビットの高次元均等分布を実現するために，さらに離散付値に関する形式的べき級数環に対する，格子基底簡約算法 LLL の拡張を，写像 (2) の全射性判定に用いている．　　　　　[中村　憲]

参　考　文　献

[1] L. Blum, M. Blum, M. Shub, A simple unpredictable pseudorandom number generator, *SIAM J. Comput.*, **15**(2) (1986), 364–383.

[2] D.E. Knuth, *The art of computer programming*, Vol. 2, 3rd edition, Addison-Wesley Publishing Co., Reading, Mass., 1997.

[3] M. Matsumoto, Mersenne Twister Home Page, 27 June 2004 (http://www.math.sci.hiroshima-u.ac.jp/~m-mat/MT/mt.html).

[4] 中村　憲, 数論アルゴリズム (開かれた数学 第 2 巻), 朝倉書店, 2009.

科学技術計算と数値解析

数値表現 382
関数近似 384
微分の近似 388
数値積分 390
非線形方程式の数値解法 394
常微分方程式の数値解法 398
並列計算 402

数値表現
representation of numbers

1. 整 数

通常，nビット2の補数表現で整数k（$-2^{n-1} \leq k < 2^{n-1}$）を表す．バイアス値$z$を定め，非負値$E$の2進ビット列で整数$k = E - z$を表す方法もある．

10進数表現には，10進1桁を4bit 2進数で表す BCD（binary coded decimal）や10進3桁を10bit 2進数で表す DPD（densely packed decimal）を用いる．

小数点の位置を指定して小数点以下ℓ桁までの小数点数を表現する方法を固定小数点数表現という．この加減算は整数加減算と同じと見なせ，乗除算は，ℓ桁の桁移動を伴う整数乗除算と同じと見なせる．

2. 浮動小数点数

浮動小数点方式の世界標準は ISO/IEC/IEEE 60559（以下 ISO 60559）である．

2.1 浮動小数点方式の標準

1980年代までは浮動小数点数表現や演算方法が多様であり，異なるシステムで数値計算した結果は異なるのが普通であった．それを改善するため，IEEE 754-1985 が制定され，IEEE 854-1987 規格（2進以外の基数）を統合して，IEEE 754-2008 が制定され，そのまま ISO 60559 となった．

ISO 60559 は浮動小数点数の表現と演算方式に関する規定である．5種の基本方式が規定されるが，実際の計算機システムで利用できる方式については，個々のプログラム言語の規格が定める．例えば，プログラム言語 C（ISO 9899-1999）の附属書 F で，float 型と double 型は IEC 60559（非 ISO, IEEE 754-1985 相当）に準拠することが規定されている．

a. 浮動小数点数の値の集合

この規格では符号付きゼロ，非ゼロの数（通常の浮動小数点数），符号付き無限大，非数（NaN; not a number）を値の集合とする浮動小数点方式を規定する．ゼロおよび非ゼロの数vは，符号（sign）S，指数（exponent）e，仮数（significand）$m = d_0.d_1 d_2 \cdots d_{p-1}$（$0 \leq d_i < b$）と 2 または 10 の基数（radix）$b$を用いて

$$v = (-1)^S \times b^e \times m \quad (1)$$

という形のものに限定される．

規格では基数b，精度（precision; 仮数部のb進数字の個数）p，指数範囲（exponent range）$emin \leq e \leq emax$の3個が異なる様々な浮動小数点数集合を，$(b, p, emax)$の三つ組で表す（$emin \equiv 1 - emax$と規定）．値の集合に加えて演算方式（arithmetic format）とデータ交換のための符号化方式（interchange format）を満たすものを浮動小数点方式という．すなわち，1つの方式の規格適合要件は，その集合に関する規定された演算を全て提供し，交換方式を満足するビットの読み書きができることである．5種の基本方式のビット長は，2進が 32bit, 64bit, 128bit, 10進が 64bit, 128bit である（表1）．

表1 5種の基本方式[1]

	2進，基数 = 2			10進，基数 = 10	
	bi32	bi64	bi128	de64	de128
データ長（bit）	32	64	128	64	128
精度 p（桁）	24	53	113	16	34
$emax$	127	1023	16383	384	6144

bi32=binary32, de64=decimal64, etc.

b. 2進浮動小数点数の符号化

2進表現データのための符号化方式（binary interchange format encoding）は，2進基本方式の3種に加えて，16bit 符号化と多倍長符号化（kを 32 の倍数（≥ 128）として，2進$k$bit）を規定する．

2進の符号化パラメータを表2に示し，浮動小数点数の符号化ビット列を図1に示す．式(1)の浮動小数点数vを，符号に 1bit，指数にw bit，仮数部に$p - 1$bit 用いて表現する．符号 1bit の値をS，指数w bit を符号無し2進整数と見なした値をE，仮数$p - 1$bit $d_1 d_2 \cdots d_{p-1}$を符号無し2進整数と見なした値をTと記すと，式(1)の指数eは$e = E - bias$（$bias \equiv emax$と規定），仮数部mは$m = 1 + 2^{1-p} \times T$である．S, E, Tを用いて式(1)の右辺を$(S, E - bias, 1 + 2^{1-p} \times T)$と表す．

表2 2進交換方式の符号化パラメータ[1]

	データ長 k bit	bias $E - e$	符号 bit	指数長 w bit	仮数 t bit
binary16	16	15	1	5	10
binary32	32	127	1	8	23
binary64	64	1023	1	11	52
binary128	128	16383	1	15	112
binary$k$ $k \geq 128$	32 の倍数	†a	1	†b	$k-w-1$

†$a = 2^{(k-p-1)} - 1$, †$b = \text{round}(4 \times \log_2(k)) - 13$.
round(x) は x に最も近い整数を表す．

1bit	MSB w bit LSB	MSB $t = p-1$bit LSB
S	$E_0 \cdots\cdots E_{w-1}$	$d_1 \cdots\cdots\cdots\cdots d_{p-1}$

図1 2進符号化のビット表現

Eの値が 0 のときは符号付きゼロ ± 0，および，非正規化数を表現する．Eの値が $2^w - 1$のとき，符

号付き無限大 $\pm\infty$, および, 非数 NaN を表す. 浮動小数点数の符号化 r とその値 v との対応は以下の通り:

a) もし $E = 2^w - 1$ かつ $T \neq 0$ なら, v は NaN であり, r は qNaN (quiet) または sNaN (signaling) である.

b) もし $E = 2^w - 1$ かつ $T = 0$ なら, v も r も $(-1)^S \times (+\infty)$ である (± 無限大).

c) もし $1 \leq E \leq 2^w - 2$ なら, v は $(-1)^S \times 2^{E-bias} \times (1 + 2^{1-p} \times T)$ であり, r は $(S, E-bias, 1 + 2^{1-p} \times T)$ である (正規化数; normal number). 仮数の d_0 は暗黙に 1 と見なす.

d) もし $E = 0$ かつ $T \neq 0$ なら, v は $(-1)^S \times 2^{E-bias} \times (0 + 2^{1-p} \times T)$ であり, r は $(S, emin, 0 + 2^{1-p} \times T)$ である (非正規化数; subnormal number). 仮数の d_0 は暗黙に 0 と見なす.

e) もし $E = 0$ かつ $T = 0$ なら, v は $(-1)^S \times (+0)$ であり, r は $(S, emin, 0)$ である (符号付きゼロ).

c. 10 進浮動小数点数の符号化

10 進符号化は基本的に 2 進と同様であるが, 仮数部は DPD による 10 進表現と 2 進表現の両方が規定されている. また, 多倍長についても, k を 32 の倍数 ($k \geq 32$) として, 10 進 k bit 表現 (基本方式を含む) が規定されている (詳細は[1]).

d. 丸 め 方 式

実数 x を浮動小数点数 v で表現する場合の丸めの方式を 5 種規定する. 0捨1入 (4捨5入) 丸めは roundTiesToEven (2 つの浮動小数点数から等距離の場合, 仮数の最終桁が偶数になるように丸める) および roundTiesToAway (等距離の場合, 仮数の絶対値の大きいほうへ丸める) であり, 方向指定丸めは roundTowardPositive, roundTowardNegative, roundTowardZero である. 2 進方式については, roundTiesToAway を除いた残り 4 種の丸め方式を実装することが適合要件である.

e. 演 算 方 式

演算 (operation) は, General, Quiet, Signaling, Non-computational の 4 種に分けて, 四則演算, 比較, 丸め方式制御, 隣接する値を取り出す nextUp, nextDown など約 90 が定義されており, 適合要件を満たす浮動小数点方式は, その方式に関する全ての演算を実装する.

無限精度計算結果を正しく丸めるべき算術演算としては, 旧規格で規定されていた加減乗除算と開平演算に加えて, 3 オペランドの積和算 (fused multiply add; $FMA(x, y, z) \equiv (x \times y) + z$) が追加された.

また, 無限大 $\pm\infty$ や非数 NaN をオペランドに持つ演算についても詳細に規定されている. 上述のように, NaN の符号化は qNaN と sNaN の 2 種がある. qNaN は 0/0 や $\infty - \infty$ など演算が無効である場合の演算結果を浮動小数点数として表現する際に用いる. qNaN となった結果をさらに別の演算の被演算数として用いると, qNaN が伝播する. これにより, 計算の途中で不具合が起きた場合にその過程を中断することなく演算を実行でき, 最終結果が qNaN であればその不具合を検出できる. 一方, sNaN を被演算数とした演算を行うと, そのたびに無効演算例外 (invalid operation exception) が発生し, 演算実行が中断される. プログラムの局所変数 (自動変数) の初期値などに sNaN の値を設定することにより, 未初期化の変数を用いた演算実行の検知が可能となる. qNaN は仮数部 T の d_1 ビットが 1, sNaN は $d_1 = 0$ かつ $T \neq 0$ となるようなビットパターンとし, 残りのビット $d_2 \cdots d_{p-1}$ には, qNaN や sNaN の発生理由などの診断情報を埋め込むこととされる.

f. 標準以外の表現

基数 $b = 16$ の代表は, かつて IBM の大型機などで採用されていた $v = (-1)^S \times 0.h_1 h_2 \cdots h_p \times 16^e$ という表現 (h_i は 16 進数 (1桁 4bit)) である. 仮数部は 16 進 6 ($= p$, 倍精度では 14) 桁 24 (56) bit, 指数部は符号無し 2 進数 E ($e = E - 64$) 7bit, 符号 S 1bit の合計 32 (64) bit で表す. 標準の 2 進表現に比べて表現できる範囲が広い (約 $10^{-78} \sim 10^{76}$) が, 相対的な誤差が大きい欠点があり, NaN や演算結果に関する規定はなかった.

指数部長可変表現もある. 指数部多重化と非数導入の提案 [3] や, 固定ビット長でありながら, 1 の並びの長さで指数部の長さを可変にする方式 [2] が知られている. 後者は, 1 に近い値には仮数部の長さを長くとり, 1 より大きい, あるいは 0 に近い場合には, 仮数部を短くして指数部の表現範囲を広くする方式であり, URR (Universal Representation of Real) と呼ばれ, 様々な拡張がある. ［久保田光一］

参 考 文 献

[1] ISO/IEC/IEEE, International Standard 60559 Information Technology — Microprocessor Systems — Floating-Point arithmetic, ISO, Edition 1.0, 2011.

[2] 浜田穂積, 二重指数分割に基づくデータ長独立実数値表現法 II, 情報処理学会論文誌, Vol.24, No.2 (1983), 149–156.

[3] 松井正一, 伊理正夫, あふれのない浮動小数点表示方式, 情報処理学会論文誌, Vol.21, No.4 (1980), 306–313.

関数近似

function approximation

本項目では，区間 $[a,b]$ 上において連続な関数 $f(x)$ の近似関数 $g(x)$ を求める方法を述べる．この近似関数 $g(x)$ は，通常は多項式や有理式のような，扱いやすい関数を想定する．関数 $f(x)$ 自体のみでなく，微分や積分も $f'(x) \approx g'(x)$ や $\int_a^b f(x)\,\mathrm{d}x \approx \int_a^b g(x)\,\mathrm{d}x$ のように近似でき，さらにそれらに基づいて微分方程式や積分方程式の近似解を求める方法を導出できる．このように関数近似は多くの応用を持つ．

1. 最良近似

まず，（有限次数の）多項式の形
$$P(x) = c_0 + c_1 x + \cdots + c_n x^n$$
や有理式の形
$$R(x) = \frac{a_0 + a_1 x + \cdots + a_n x^n}{b_0 + b_1 x + \cdots + b_m x^m} \quad (1)$$
で表せる範囲内で最も良く $f(x)$ を近似するものを見つけるにはどうすればよいかという問いが自然に生まれる．関数の距離を一様ノルム $\|\cdot\|_\infty$ で測ることにすると，この問題はある関数族 $\mathcal{G}$ の中から
$$\inf_{g \in \mathcal{G}} \|f - g\|_\infty = \inf_{g \in \mathcal{G}} \left(\sup_{a \leq x \leq b} |f(x) - g(x)| \right)$$
を達成する関数 g を見つけるということであり，このような g を $\mathcal{G}$ に関する f の最良近似（best approximation）という．そもそも最良近似は存在するのかということが問題となるが，実は $\mathcal{G}$ が多項式の場合でも有理式の場合でも最良近似は存在し，さらに一意的である[1]．前者を最良近似多項式，後者を最良近似有理式という．また一般に，連続関数 $\{g_0, g_1, \ldots, g_n\}$ の線形結合で表される関数族
$$\mathcal{G} = \left\{ g(x) = \sum_{j=0}^n a_j g_j(x) \mid a_j \in \mathbf{R} \right\} \quad (2)$$
に関する最良近似は存在し，さらに任意の相異なる $x_0, x_1, \ldots, x_n$（ただし $x_i \in [a,b]$）に対して
$$\det \begin{pmatrix} g_0(x_0) & g_1(x_0) & \cdots & g_n(x_0) \\ g_0(x_1) & g_1(x_1) & \cdots & g_n(x_1) \\ \vdots & \vdots & \ddots & \vdots \\ g_0(x_n) & g_1(x_n) & \cdots & g_n(x_n) \end{pmatrix} \neq 0 \quad (3)$$
が成り立つとき，最良近似は一意的である[1]．式 (3) の条件は Haar 条件（Haar condition）と呼ばれ，Haar 条件を満たす関数系 $\{g_j\}_{j=0}^n$ はチェビシェフ系（Chebyshev system）と呼ばれる．

多項式や有理式のような主要な関数族の場合には，交代定理（alternation theorem）と呼ばれる，最良近似の関数 g の特徴付けが与えられている．それらに共通する重要な性質は，誤差 $f - g$ は符号を交代させながら等幅振動するというものである．この特徴付けに基づき，理論的に最良近似が求められる場合がある．ただし，一般には最良近似を具体的に求めることは困難であり，代替手段として，反復によって望む最良近似へ近づけていく方法が考えられている．関数族 $\mathcal{G}$ が式 (2) の形で Haar 条件を満たす場合（これは多項式を含む），Remes の第 2 算法（second Remes algorithm）が知られている[2]．特に g_j が区間 $[a,b]$ 上 2 階連続微分可能な場合，この方法の収束は 2 次収束と非常に速く，現実的によく用いられる．ほかにも $\mathcal{G}$ が有理式の場合には，Remes の第 2 算法の有理式版 [3] や，近似差補正法（differential correction algorithm）が用いられる[2]．

最良近似は電子計算機上で各種の関数の数値を求めるのによく活用されるため，近似の良さだけでなく，その計算にかかる時間も重要である．大雑把には，式 (1) の有理式 $R(x)$ の近似能力は，$n+m$ 次の多項式とほぼ等しいと言える．すると，素朴には算術演算回数の観点から多項式のほうが有利と思われるが，実は有理式にも，$R(x)$ を連分数の形に変換することにより，（加減演算に比べて時間のかかる）乗算と除算の演算回数を高々 $\max\{n, m\}$ 回に減らすことができるという利点がある[2]．

2. 補間

上述の最良近似を求める方法は，近似対象の関数 f を，必要に応じて，望む個数の任意の点で評価できることを前提としている．ところが，前もって与えられた関数 f のデータのみを用いて，関数 f をそれ以上評価し直すことなしに，近似関数 g を求めたいという状況も現実問題としてよく現れる．具体的には，$n+1$ 個の相異なる点 $x_0, x_1, \ldots, x_n$ における関数 f の値 $f(x_0), f(x_1), \ldots, f(x_n)$ が与えられ，これらの点上では $f(x_i) = g(x_i)$ となり，その他の点 $x \neq x_i$ では $f(x) \approx g(x)$ となるような関数 g を求める，という問題である．この作業は与えられたとびとびの座標 $(x_i, f(x_i))$ の間を繋げるものであり，補間（interpolation）と呼ぶ．また，与えられた点 x_i を標本点や補間点と呼ぶ．関数 g としては，多項式や，区分的多項式，有理式などが用いられ，以下ではそれらの方法について説明する．

2.1 ラグランジュ補間

与えられた $n+1$ 個の座標 $(x_i, f(x_i))$ を通る n 次多項式 $P_n(x)$ は一意的に存在し，これを n 次補間多項式という．この補間は（ラグランジュ型）多項

式補間（polynomial interpolation），またはラグランジュ補間（Lagrange interpolation）と呼ばれる．

n 次補間多項式の一意存在性は次のように比較的容易に確かめられる．式 (2) で $g_j(x) = x^j$ としたものが n 次多項式であり，これが補間点上で $f(x)$ と一致することから，a_j に関する連立 1 次方程式

$$\sum_{j=0}^{n} a_j x_i^j = f(x_i) \quad (i = 0, 1, \ldots, n) \quad (4)$$

が成り立つ．この係数行列は $n+1$ 次 Vandermonde 行列（Vandermonde matrix）

$$V_{n+1}(x_0, \ldots, x_n) = \begin{pmatrix} 1 & x_0 & x_0^2 & \cdots & x_0^n \\ 1 & x_1 & x_1^2 & \cdots & x_1^n \\ \vdots & \vdots & \vdots & \ddots & \vdots \\ 1 & x_n & x_n^2 & \cdots & x_n^n \end{pmatrix}$$

であり，その行列式 $\det V_{n+1} = \prod_{j>i}(x_j - x_i)$ は補間点が全て相異なることから非零であるので，連立 1 次方程式は一意解を持つことがわかる．

与えられた点 x における $P_n(x)$ の値を，補間多項式の具体形を経由せず直接計算する方法として，Aitken 算法 (Aitken's algorithm) と Neville 算法 (Neville's algorithm) がよく知られている．今日では Neville 算法がよく用いられており，次のように計算する．標本データ $(x_k, f(x_k)), \ldots, (x_{k+j}, f(x_{k+j}))$ を通るような次数 j の多項式 $p_{k,k+j}$ は

$$p_{k,k}(x) = f(x_k) \quad (k = 0, 1, \ldots, n)$$

$$p_{k,k+j}(x) = \frac{(x-x_k)p_{k+1,k+j}(x) - (x-x_{k+j})p_{k,k+j-1}(x)}{x_{k+j} - x_k}$$

$$(j = 1, 2, \ldots, n; \; k = 0, 1, \ldots, n-j)$$

の関係式を満たし，$p_{0,n}(x)$ が望む $P_n(x)$ になる．計算の進む様子を図 1 に示す．この計算には各 x に対して乗算 n^2 回，除算 $n^2/2$ 回程度の手間がかかるため，多くの x の値に対する $P_n(x)$ の値が必要な場合は，やはり具体的な $P_n(x)$ の表現式を用いるのが望ましい．

```
p_{0,0}
  ↘
p_{1,1} → p_{0,1}
  ↘        ↘
p_{2,2} → p_{1,2} → p_{0,2}
  ↘        ↘        ↘
  ⋮        ⋮        ⋮        ⋱
  ↘        ↘        ↘           ↘
p_{n,n} → p_{n-1,n} → p_{n-2,n} → ⋯ → p_{0,n}
```

図 1　Neville 算法の計算が進む様子

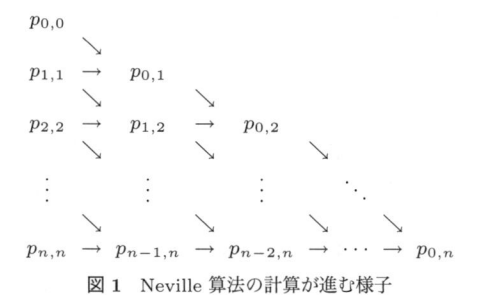

連立 1 次方程式 (4) を解いて a_j を求めれば望む n 次補間多項式 $P_n(x)$ が得られるが，係数行列の Vandermonde 行列は悪条件であり，a_j を精度良く計算するのは難しいという問題点がある[1]．ほかに n 次補間多項式を具体的に与える式として

$$P_n(x) = \sum_{i=0}^{n} f(x_i) l_i(x), \quad l_i(x) = \frac{\prod_{j \neq i}(x - x_j)}{\prod_{j \neq i}(x_i - x_j)}$$

があり，ラグランジュ補間公式（Lagrange's interpolation formula）と呼ばれる．この表現は $l_i(x)$ の計算がやや手間であるが，基底関数をとり直して

$$P_n(x) = \sum_{j=0}^{n} c_j \omega_j(x), \quad \omega_j(x) = \prod_{k=0}^{j-1}(x - x_k)$$

（ただし $\omega_0(x) = 1$ とする）と表す方法があり，この形はニュートン補間公式（Newton's interpolation formula）と呼ばれる．あらかじめ係数 c_j が計算されていれば，次の算法

$$b_0 = c_n;$$
$$b_j = b_{j-1}(x - x_{n-j}) + c_{n-j} \quad (j = 1, 2, \ldots, n)$$

によって計算される b_n が望む $P_n(x)$ であり，n 回の乗算で計算が可能である．この算法は丸め誤差の影響を受けにくいという利点もある[1]．このニュートン補間公式の係数 c_j は

$$f[x_k] = f(x_k) \quad (k = 0, 1, \ldots, n)$$

$$f[x_k, x_{k+1}, \ldots, x_{k+j}]$$
$$= \frac{f[x_{k+1}, \ldots, x_{k+j}] - f[x_k, \ldots, x_{k+j-1}]}{x_{k+j} - x_k}$$

$$(j = 1, 2, \ldots, n; \; k = 0, 1, \ldots, n-j)$$

で定義される差分商（divided difference）を用いて $c_j = f[x_0, x_1, \ldots, x_j]$ で与えられる．これは先に述べた Neville 算法と同様に計算できる．

ニュートン補間公式のもう 1 つの利点として，例えば標本点が 1 つ新たに増えた場合に，

$$P_{n+1}(x) = P_n(x) + f[x_0, x_1, \ldots, x_{n+1}] \omega_{n+1}(x)$$

の関係から，今まで計算した P_n を再利用できることが挙げられる．例えばラグランジュ補間公式の場合，n が変化したら再利用はできず，1 から計算をやり直さなければならない．

2.2　ルンゲの現象・チェビシェフ補間

多項式の次数 n を $n \to \infty$ と増やしていくことで $P_n(x) \to f(x)$ となることが期待されるが，標本点 $x_0, x_1, \ldots, x_n$ が等間隔であるとき，ラグランジュ補間は $\lim_{n \to \infty} \|f - P_n\|_\infty \neq 0$ となることがある．そのような例として $f(x) = 1/(1 + 25x^2)$ が有名である．区間 $[-1, 1]$ で等間隔な 11 点を標本点とするラグランジュ補間を行ったものを図 2 に示す．中央ではうまく近似できているものの，区間の端で

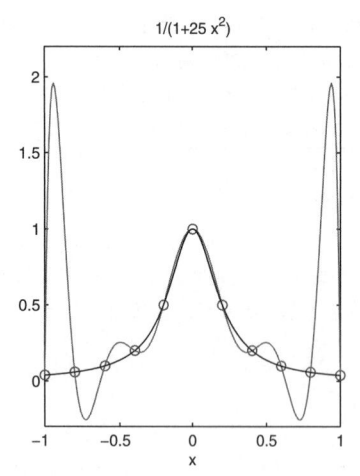

図2 等間隔標本点のラグランジュ補間で起こったルンゲの現象

$P_n(x)$ が大きく振動しており，$f(x)$ から離れてしまっていることがわかる．このような現象をルンゲの現象（Runge's phenomenon）と呼ぶ．これは n を増やしても改善されない，厄介な現象である．

対象とする区間が $[-1,1]$ であって，補間点を自分で選ぶことができる場合は，$x_i = \cos\theta_i$，$\theta_i = (2i+1)\pi/(2n+2)$ $(i=0,1,\ldots,n)$ と選ぶと，多くの場合に良い結果となる（ほぼ最良近似）ことが知られている[1]．この補間点を用いた多項式補間は特にチェビシェフ補間（Chebyshev interpolation）と呼ばれ，

$$P_n(x) = \frac{1}{2}c_0 T_0(x) + \sum_{j=1}^{n} c_j T_j(x)$$

$$c_j = \frac{2}{n+1}\sum_{i=0}^{n} f(x_i)\cos(j\theta_i)$$

と表される．ただし T_j は $T_j(x) = \cos(j\arccos x)$ と表されるチェビシェフ多項式（Chebyshev polynomial）である．この係数 c_j の計算には高速フーリエ変換が利用でき，効率良く計算できる．

任意の区間 $[a,b]$ での補間に適用するには，$t \in [-1,1]$ となるようにまず変数変換 $x=(b-a)t/2+(b+a)/2$ を行い，その変数 t についてチェビシェフ補間を適用すればよい．

2.3 エルミート補間

ラグランジュ補間は，補間点 $x_0,x_1,\ldots,x_n$ での関数値が与えられた場合の多項式を用いた補間であるが，関数値 $f(x_i)$ に加えて導関数値 $f'(x_i)$ も与えられた場合，補間点において関数値および導関数値が f と一致するような多項式を用いた補間が考えられる．これをエルミート補間（Hermite interpolation）という．このような $2n+1$ 次多項式 $H_{2n+1}(x)$ は，ラグランジュ補間の場合と同様に，補間点が全て相異なれば一意的に存在する[1]．

エルミート補間はラグランジュ補間の合流型極限と考えることができる．すなわち，相異なる $2(n+1)$ 個の補間点 $x_0,\tilde{x}_0;x_1,\tilde{x}_1;\cdots;x_n,\tilde{x}_n$ に関するラグランジュ補間の多項式を $P_{2n+1}(x)$ とすると，

$$H_{2n+1}(x) = \lim_{\substack{\tilde{x}_i \to x_i \\ (i=0,\ldots,n)}} P_{2n+1}(x)$$

が成り立つ．この事実から，エルミート補間の表現・性質・算法などが対応するラグランジュ補間のそれらから導かれる．例えばラグランジュ補間公式から極限をとることで，

$$H_{2n+1}(x) = \sum_{i=0}^{n}[f(x_i)l_i^2(x)\{1-2l_i'(x_i)(x-x_i)\} \\ + f'(x_i)l_i^2(x)(x-x_i)]$$

という $H_{2n+1}(x)$ の（ラグランジュ補間公式に対応する）表現が導ける．

2.4 スプライン補間

上述のラグランジュ補間やエルミート補間は，区間 $[a,b]$ の全域を1つの多項式でまかなわなければならず，必要な多項式の次数 n が高くなったり，ルンゲの現象が起こったりすることがある．その対策として，区間 $[a,b]$ の N 分割 $\Delta: a = t_0 < t_1 < \cdots < t_N = b$ を考え，分割したそれぞれの区間では別の多項式を使って自由度を上げ，必要な多項式の次数を抑える工夫が考えられている．N 個の各小区間 $[t_i,t_{i+1}]$ において m 次多項式であるような関数を，m 次の区分的多項式（piecewise polynomial）という．また，繋ぎ目の t_i を節点と呼ぶ．m 次の区分的多項式が節点で滑らかに繋がっていれば（より詳細には $m-1$ 階までの導関数が区間 $[a,b]$ 上で連続ならば）m 次スプライン（spline）という．スプラインを用いた補間をスプライン補間（spline interpolation）という．

節点 t_i と補間点 x_i は一致する必要はなく，また多項式の次数 m は自由に変えられるが，扱いやすさと近似能力のバランスから，実用的には節点と補間点は一致させ，次数は $m=3$ とすることが最も多い[1]．以下では，その3次スプラインについて説明する．

いま $a = x_0 < x_1 < \cdots < x_n = b$ なる補間点 x_j と関数データの組 $(x_j, f(x_j))$ が与えられたとする．このとき3次スプラインで補間条件 $S(x_j) = f(x_j)$ を満たすような関数 $S(x)$ を求める．m 次の区分的多項式は，各区間で3次多項式なので4つの係数を含み，それが n 区間あるので計 $4n$ 個の係数を定める必要がある．それに対し，スプラインの条件（連続・1階連続微分可能・2階連続微分可能）から，端点を除く

$n-1$ 個の節点 $x_1,\ldots,x_{n-1}$ において 3 つの条件式が立ち，さらに補間条件から節点において $n+1$ 個の条件式が立つため，計 $3(n-1)+(n+1)=4n-2$ 個の条件式が立つ．すると，$S(x)$ が一意に定まるためには，あと 2 個の条件を付加する必要があることがわかる．もしほかにデータがあればそれを使えばよく，例えば $f'(x_0)$ と $f'(x_n)$ が既知の場合には $S'(x_0)=f'(x_0)$ と $S'(x_n)=f'(x_n)$ を条件に課せばよい．また，そのような情報がない場合には，

$$S''(x_0) = S''(x_n) = 0$$

という条件を課すのが通常であり，この条件を追加して作られた 3 次スプラインは自然スプライン (natural spline) と呼ばれる．

スプライン補間は実験データを滑らかに繋ぐ際によく用いられる．非常に多くのデータ点を 1 つの多項式で当てはめようとすると高次多項式にならざるを得ず，その結果望ましくない振動が生じることが多いからである．ほかにも，任意の区間のデータが他の区間のデータと関係性が薄い（データの振る舞いは他の区間から影響を受けない）ような場合には，局所的な性質を持つスプライン補間のほうが適している．ただし，スプライン補間はそれほど精度を望めないため，非常に滑らかな，例えば解析的な関数の近似を精度良く行うには，チェビシェフ補間などのほうが適している．

2.5 有理補間

P_m と Q_n をそれぞれ高々 m 次と n 次の多項式とし，有理式 $R_n^m(x) = P_m(x)/Q_n(x)$ を用いた補間を有理補間 (rational interpolation) という．P_m は $m+1$ 個，Q_n は $n+1$ 個の係数を含むので，R_n^m は $m+n+1$ 個のデータ $(x_i, f(x_i))$ $(i=0,1,\ldots,m+n)$ から定められると期待される．しかし，多項式補間の場合とは異なり，補間条件 $R_n^m(x_i)=f(x_i)$ $(i=0,1,\ldots,m+n)$ を満足する有理式がいつでも存在するとは限らず，また存在したとしても，考えている区間でその有理式が極を持ってしまうこともある．ただし，そのような現象はデータ間に特殊な関係がある場合に起こる病的な例であり，通常は考えている区間で極を持たない補間有理式が一意的に定まる[1]．

補間有理式の場合には，補間多項式のときと違い，一般には簡単な表現式はない．ただし，R_n^n もしくは R_n^{n+1} の場合は，連分数

$$d_0 + \cfrac{x-x_0}{d_1 + \cfrac{x-x_1}{d_2 + \cdots \cdots + \cfrac{x-x_{N-2}}{d_{N-1} + \cfrac{x-x_{N-1}}{d_N}}}}$$

によって表現でき（ただし R_n^n のとき $N=2n$，R_n^{n+1} のとき $N=2n+1$ とする），ここに現れる d_k は，$j=0,1,\ldots,N$ に対して

$$\rho_j^{(-1)} = 0$$
$$\rho_j^{(0)} = f(x_j)$$
$$\rho_j^{(k)} = \rho_{j-1}^{(k-2)} + \frac{x_{j-k}-x_j}{\rho_{j-1}^{(k-1)} - \rho_j^{(k-1)}} \quad (1 \leq k \leq j)$$

で定義される逆差分 (reciprocal difference) を用い，$d_0 = \rho_0^{(0)}$, $d_1 = \rho_1^{(1)}$, $d_k = \rho_k^{(k)} - \rho_{k-2}^{(k-2)}$ ($k=2,\ldots,N$) と与えられる（$\rho_j^{(k)}$ は $\rho_k(x_{j-k},\ldots,x_j)$ と表記されることも多い）．この表現は Thiele 補間公式 (Thiele's interpolation formula) と呼ばれる．

多項式補間の Neville 算法と同様に，与えられた点 x における $R_n^m(x)$ の値を，補間有理式の具体形を経由せず直接計算する方法がいくつかあり，特に R_n^n もしくは R_n^{n+1} を求める Bulirsch–Stoer 算法 (Bulirsch–Stoer's algorithm) が有名である．これは $j=0,1,\ldots,N$ に対して

$$T_j^{(-1)} = 0$$
$$T_j^{(0)} = f(x_j)$$
$$T_j^{(k)} = T_j^{(k-1)} + \frac{T_j^{(k-1)} - T_{j-1}^{(k-1)}}{\frac{x-x_{j-k}}{x-x_j}\left[1 - \frac{T_j^{(k-1)} - T_{j-1}^{(k-1)}}{T_j^{(k-1)} - T_{j-1}^{(k-2)}}\right] - 1}$$
$$(1 \leq k \leq j)$$

で定義される $T_j^{(k)}$ を計算していくもので（$T_j^{(k)}$ は $T_{(j-k),(j-k+1),\ldots,j}$ と表記されることも多い），R_n^n の場合は $N=2n$，R_n^{n+1} の場合は $N=2n+1$ で，$T_N^{(N)}$ がその値を与える． ［岡山友昭］

参 考 文 献

[1] 杉原正顯, 室田一雄, 数値計算法の数理, 岩波書店, 1994.
[2] E.W. Cheney 著, 一松 信, 新島耕一 訳, 近似理論入門, 共立出版, 1977.
[3] 二宮市三 編, 数値計算のわざ, 共立出版, 2006.

微分の近似

approximating differentiation

1. 概要

与えられた関数 $f(x)$ の $x=a$ における導関数 f' ($=df/dx$) の値 $f'(a)$ の近似値を計算することであり，数値微分ともいう．$f(x)$ の値だけを利用する場合と，f の値を計算するプログラムの記述（ソースコード）を利用する場合に分けて説明する．

2. 数値微分 [3]

数表などで与えられる値だけを利用する場合には，$x=a$ 付近のいくつかの $f(x)$ の値から補間式を導出し，それを微分して近似値を計算する．

$x=a$ 付近の任意の $f(x)$ の値を利用できる場合には，微分係数の定義式 $f'(a)=\lim_{h\to 0}\frac{f(a+h)-f(a)}{h}$ に基づき，小さな h を選び，$\frac{f(a+h)-f(a)}{h}$ を計算して，$f'(a)$ の近似値と見なす．これを（狭義の）数値微分という．以下で示すように，h が大きくても小さくても近似の度合いが悪くなる．

2.1 前進微分，後退微分，中心微分

定義通りの近似式 $D_F \equiv \frac{f(a+h)-f(a)}{h}$ を前進微分（前進差分（商）），その変形 $D_B \equiv \frac{f(a)-f(a-h)}{h}$ を後退微分（後退差分（商））という．また，$D_C \equiv \frac{f(a+h)-f(a-h)}{2h}$ を中心微分（中心差分（商））という．これらはいずれも h の値を適切に設定することにより，$f'(a)$ の近似値を与える．

2.2 近似値の誤差

通常 $f(a)$ や $f(a+h)$ の値の計算には浮動小数点数を用いる．そのため，計算結果は計算の精度に応じた誤差 δ_1 や δ_2 を含む．すなわち，実際に計算される値は $f(a)+\delta_1$ や $f(a+h)+\delta_2$ である．誤差は a に依存して変化しうるが，その絶対値の限界が $x=a$ の付近で $\bar{\delta}$ であること，すなわち，$|\delta_j|\leq\bar{\delta}$ ($j=1,2$) と仮定する．

一方，$f(a+h)$ のテイラー展開，$f(a+h)=f(a)+f'(a)h+1/2f''(a)h^2+\cdots$ を用いると，近似式 D_F, D_B, D_C の誤差はそれぞれ，$|D_F-f'(a)|\simeq 1/2|f''(a)|h+2\bar{\delta}/h$, $|D_B-f'(a)|\simeq 1/2|f''(a)|h+2\bar{\delta}/h$, $|D_C-f'(a)|\simeq 1/6|f'''(a)|h^2+\bar{\delta}/h$ となる．h が大きい場合にはテイラー展開の打ち切り誤差が近似値の誤差の主要項となり，h が小さい場合には計算誤差による $\bar{\delta}/h$ が誤差の主要項となる．両者の絶対値の和が最小になるように適切な h を定めると，前進微分・後退微分では $h\simeq(4\bar{\delta}/|f''(a)|)^{1/2}$，中心微分では $h\simeq(3\bar{\delta}/|f'''(a)|)^{1/3}$ 程度にすればよい（ただし，$f(a)$ は計算できても，適切な h について $a+h$ が定義域外となり $f(a+h)$ が計算できないこともあるので注意が必要！）．

2.3 高階差分商近似

前進・後退微分は 2 点 $(a,f(a))$, $(a\pm h,f(a\pm h))$（複号同順）を通る直線の微分，中心微分は 3 点 $(a-h,f(a-h))$, $(a,f(a))$, $(a+h,f(a+h))$ を通る 2 次曲線の $x=a$ における微分係数と見なせる．同様に，$x_i\equiv a+ih$ として 5 点 $(x_i,f(x_i))$ ($i=-2,-1,0,1,2$) を通る 4 次多項式を定め，$f'(x_0)=f'(a)$ の近似値として $(f(a-2h)-8f(a-h)+8f(a+h)-f(a+2h))/(12h)$ を採用できる．一般に，与えられた点を通るラグランジュ補間多項式を考え，その微分によって，関数の 1 階および 2 階以上の微分係数の近似値を得られる．

2.4 偏微分

$X\subset\mathbb{R}^n$, $Y\subset\mathbb{R}^m$ として，n 変数 m 次元ベクトル値関数 $\boldsymbol{f}:X\to Y$ を考える．

$\boldsymbol{a}\in X$ について，$f(\boldsymbol{a})$ のヤコビ行列 $J(\boldsymbol{a})$ の第 j 列 $(\partial f_1/\partial x_j,\ldots,\partial f_m/\partial x_j)^T$ の近似値は，上記と同様に計算できる．そのためには，第 j 成分のみ 1 の単位ベクトルを $\boldsymbol{e}_j$ として，前進（後退）微分 $(\boldsymbol{f}(\boldsymbol{a}\pm h\cdot\boldsymbol{e}_j)-\boldsymbol{f}(\boldsymbol{a}))/(\pm h)$（複号同順），中心微分 $(\boldsymbol{f}(\boldsymbol{a}+h\cdot\boldsymbol{e}_j)-\boldsymbol{f}(\boldsymbol{a}-h\cdot\boldsymbol{e}_j))/(2h)$ を計算すればよい．変数 x_j および関数 f_i に依存して適切な h が異なることがある．

3. 計算微分・自動微分 [1],[2],[4]

f の値を計算するプログラムの記述を利用する場合は，いわゆる数式処理と同様，合成関数の微分の鎖律（chain rule）をそのまま適用して偏導関数の値を計算できる．計算微分や自動微分（computational / automatic differentiation）という．偏導関数の数式を導出してから値を計算する数式処理ではなく，偏導関数の値を計算するプログラムを生成する．2 つの計算法（フォワード（forward）法とリバース（reverse）法）があり，実用上はそれらを混合したものが用いられる．

3.1 フォワード法の原理

ボトムアップ法ともいう．2.4 項と同様の $\boldsymbol{f}$ を考える．$\boldsymbol{x}=(x_1,\ldots,x_n)\in X$ を与えて $\boldsymbol{f}(\boldsymbol{x})=(f_1(\boldsymbol{x}),\ldots,f_m(\boldsymbol{x}))$ の値を計算するプログラム P が与えられたとする．まず，P の中の式を 2 項単項演算に分解して，適宜変数を補って $w=\psi(p,q)|_{p=u,q=v}$ という形にする（単項も同様）．両辺をパラメータ t

で微分すると $\frac{\mathrm{d}w}{\mathrm{d}t} = \frac{\partial \psi}{\partial p}\frac{\mathrm{d}u}{\mathrm{d}t} + \frac{\partial \psi}{\partial q}\frac{\mathrm{d}v}{\mathrm{d}t}$ である．P に現れる全ての変数 v を，(v_0, v_1) のペアに置き換える．第 1 要素 v_0 は v の値を記憶する変数であり，第 2 要素 v_1 は v の t に関する導関数の値 $\mathrm{d}v/\mathrm{d}t$ を記憶する変数である（x_j を固定して t と見なしてよい）．次に，元の P 中の四則演算 $w = u \pm v$, $w = u \cdot v$, $w = u/v$ について，その左辺を (w_0, w_1) に，右辺をそれぞれ $(u_0 \pm v_0, u_1 \pm v_1)$, $(u_0 \cdot v_0, u_1 \cdot v_0 + u_0 \cdot v_1)$, $(u_0/v_0, (u_1 - (u_0/v_0) \cdot v_1)/v_0)$ に書き換える（$w = \sqrt{u}$ などの単項演算も同様に変換する）．パラメータ t は $(t_0, 1)$, 定数 c は $(c, 0)$ と書き換えて演算を実行すると，最終結果 $\boldsymbol{f}$ の各成分の値を計算する変数 $f_1, \ldots, f_m$ に，それぞれ $(f_{10}, f_{11}), \ldots, (f_{m0}, f_{m1})$ のペアが対応し，結果として，f_{i1} に $\frac{\mathrm{d}f_i}{\mathrm{d}t}$ の値を得る（$i = 1, \ldots, m$）．

3.2 高階微分（べき級数展開）

上記の原理は高階微係数計算に拡張できる．P 中に現れる変数 v の値をパラメータ t の関数 $v(t)$ と見なす．これを $t = t_0$ の周りで展開し，$\frac{1}{k!}v^{(k)}(t_0)$ の値を v_k と記せば，$\ell + 1$ 次以上の項を無視して
$$v(t) = v_0 + v_1(t - t_0) + v_2(t - t_0)^2 + \cdots + v_\ell (t - t_0)^\ell$$
という ℓ 次までのべき級数展開（テイラー展開）を得る．そこで P に現れる変数 v や u には，$\ell + 1$ 個の展開係数の値 $(v_0, v_1, \ldots, v_\ell)$ や $(u_0, u_1, \ldots, u_\ell)$ を対応させる．なお，t は $(t_0, 1, 0, \ldots, 0)$, 定数 c は $(c, 0, 0, \ldots, 0)$ に対応する．

t, c などから始めて $u = t, v = c$ などとして以下のように計算すると，$w(t) = \psi(u(t), v(t))$ と計算される $w(t)$ の展開係数 w_k は，$\psi(u, v)$ が四則演算の場合には，以下の漸化式で計算できる：(i) $w = u \pm v$ ならば $w_k = u_k \pm v_k$ $(k = 0, \ldots, \ell)$, (ii) $w = u \cdot v$ ならば $w_k = \sum_{j=0}^{k} u_j \cdot v_{k-j}$ $(k = 0, \ldots, \ell)$, (iii) $w = u/v$ ならば $w_k = (u_k - \sum_{j=0}^{k-1} w_j \cdot v_{k-j})/v_0$ $(k = 0, \ldots, \ell)$.

$w(t) = \exp(u(t))$ などの場合には両辺を微分して，$w'(t) = \exp(u) \cdot u'(t) = w(t) \cdot u'(t)$ という積の形に変換する．$w'(t)$ の $j-1$ 次の展開係数 $w'_{j-1} = j \cdot w_j$ を用いて以下の漸化式を得る：(iv) $w = \exp(u(t))$ ならば $w_0 = \exp(u_0)$, $w_k = (\sum_{j=1}^{k} j \cdot u_j \cdot w_{k-j})/k$ $(k = 1, \ldots, \ell)$, (v) $w = \log(u(t))$ ならば $w_0 = \log(u_0)$, $w_k = (k \cdot u_k - \sum_{j=1}^{k-1} j \cdot w_j \cdot u_{k-j})/(k \cdot u_0)$ $(k = 1, \ldots, \ell)$, (vi) $w = \sqrt{u(t)}$ ならば $w_0 = \sqrt{u_0}$, $w_k = (u_k - \sum_{j=1}^{k-1} w_j \cdot w_{k-j})/(2w_0)$ $(k = 1, \ldots, \ell)$ など．sin なども同様である．漸化式は一意ではない．なお，$\sqrt{\sin(t)}$ などは $t = 0$ で値は 0 だが，微係数は ∞ であり，テイラー展開不可で Puiseux 級数などが必要になる．

3.3 リバース法の原理

トップダウン法，高速微分ともいう．フォワード法と同様に，$\boldsymbol{f}$ とそのプログラムを考える．今度は $\boldsymbol{f}$ の任意に選んだ第 i 成分 $f_i(\boldsymbol{x})$ を固定して，それをスカラー値関数 $f(\boldsymbol{x})$ と見なす．$\boldsymbol{x}$ を与えて f を計算する過程で実行される演算（代入文）を実行の順序に従って，$v_k = \xi_k(x_1, \ldots, x_n, v_1, \ldots, v_{k-1})$ と記す $(k = 1, \ldots, r)$．v_k は第 k 番目の演算結果の値を表す中間変数，右辺に現れうる変数は $x_1, \ldots, x_n$ と計算済みの $v_1, \ldots, v_{k-1}$ である．ξ_k が加減乗除算など実質的には高々 2 個の引数をとる場合でも，ξ_k の引数の個数は $n + k - 1$ と定義しておく．最終結果 v_r が f の値を与える．

$v_k = \xi_k(x_1, \ldots, x_n, v_1, \ldots, v_{k-1})$ の微分を $\mathrm{d}v_k = \sum_{j=1}^{n}(\partial \xi_k/\partial x_j)\mathrm{d}x_j + \sum_{j=1}^{k-1}(\partial \xi_k/\partial v_j)\mathrm{d}v_j$ と記し，変数の摂動 $\mathrm{d}v_i, \mathrm{d}x_j$ の間の線形の等号制約条件であると見なす $(k = 1, \ldots, r)$．

f の値は v_r で与えられ，$\mathrm{d}f = 1 \cdot \mathrm{d}v_r$ である．この右辺の $\mathrm{d}v_r$ を ξ_r の微分を用いて消去し，$\mathrm{d}f$ を $\mathrm{d}x_j$ $(j = 1, \ldots, n)$, $\mathrm{d}v_k$ $(k = 1, \ldots, r-1)$ の重み付き和で表す．さらに，ξ_k の微分を用いて，$\mathrm{d}v_k$ を $k = r-1, r-2, \ldots, 1$ の順番に消去して，最終的に関係式 $\mathrm{d}f = \alpha_1 \cdot \mathrm{d}x_1 + \cdots + \alpha_n \cdot \mathrm{d}x_n$ を得る．このとき，α_j が $\partial f/\partial x_j$ の値を与える $(j = 1, \ldots, n)$．

3.4 計算の手間

実装方法の多様さから手間の評価基準もいろいろあるが，原理に基づき以下が知られている．$\boldsymbol{x}$ を与えて $\boldsymbol{f}$ の値を計算するのに必要な総演算回数を $\ell = L(\boldsymbol{f}, \boldsymbol{x})$ とする．C を定数として，フォワード法はヤコビ行列 J の任意の列を $C \cdot \ell$ 以下の演算回数で計算し，リバース法は J の任意の行を同じく $C \cdot \ell$ 以下の演算回数で計算する．C の値は計算モデルに依存し，四則演算や初等関数だけを考えると，$C = 5 \sim 6$ となる．特に，非線形最適化などに現れるスカラー値目的関数 f の勾配の値は，リバース法により変数の個数に依存せずに，$C \cdot L(f, \boldsymbol{x})$ の演算回数で計算できる利点がある． ［久保田光一］

参 考 文 献

[1] A. Griewank, A. Walther, *Evaluating Derivatives: Principles and Techniques of Algorithmic Differentiation*, SIAM, 2008.
[2] R.B. Rall, *Automatic Differentiation — Techniques and Applications* (Lecture Notes in Computer Science, Vol.120), 1981.
[3] 伊理正夫, 数値計算 (理工系基礎の数学 12), 朝倉書店, 1981.
[4] 久保田光一, 伊理正夫, アルゴリズムの自動微分と応用, コロナ社, 1998.

数値積分
numerical integration

積分の近似計算を数値積分と呼ぶ．数値積分では一般的に，計算しようとする積分 $\int_D f(\boldsymbol{x})\mathrm{d}\boldsymbol{x}$ に対し，$\sum_{k=1}^N w_k f(\boldsymbol{x}_k)$ という形で近似する．ここで，$\boldsymbol{x}_k$ は積分領域 D 内にとった分点，w_k は重みと呼ばれる正の定数である．数値積分の方法は 1 次元積分と多次元積分とで大きく様相が異なるので，ここでは 1 次元の場合と多次元の場合を分けて解説する．なお，数値積分全般の理論については [3]，プログラミングについては [1] を参照すること．

1. 1次元数値積分

ここでは，区間 (a,b) $(-\infty \leqq a < b \leqq +\infty)$ における関数 $f(x)$ の積分
$$\int_a^b f(x)w(x)\mathrm{d}x \tag{1}$$
($w(x)$ は $w(x) > 0$ $(a < x < b)$ なる重み関数) の近似を考える．以下に述べる数値積分法は，積分区間 (a,b) 上の分点 $x_1, x_2, \ldots, x_N$ および重み $w_1, w_2, \ldots, w_N$ をとって，$\sum_{k=1}^N w_k f(x_k)$ という形で積分 (1) を近似する．なお，1 次元数値積分法全般において，後述の各公式の誤差評価を見るとわかるように，被積分関数が高階微分可能あるいは解析的であると数値積分の精度が高くなる．逆に，積分区間の途中に被積分関数あるいはその導関数が不連続である点がある場合，そこで積分区間を分割し，各小区間における積分に対して数値積分公式を適用する必要がある．

1.1 補間型数値積分公式

積分 (1) の近似計算法として素朴に思い付く方法は，被積分関数のある近似関数を積分する方法である．この関数近似として補間を用いて得られるのが補間型数値積分公式である．関数 $f(x)$ に対し標本点 $x_1, x_2, \ldots, x_N \in [a,b]$ $(x_i \neq x_j\ (i \neq j))$ を用いたラグランジュ補間
$$f(x) \approx \sum_{k=1}^N f(x_k) L_k^{(N)}(x) \tag{2}$$
を考える．ここで，
$$L_k^{(N)}(x) = \frac{W_N(x)}{W_N'(x_k)(x-x_k)} \quad (k=1,2,\ldots,N)$$
$$W_N(x) = \prod_{k=1}^N (x-x_k) \tag{3}$$
である．式 (2) の両辺に $w(x)$ を掛けて区間 (a,b) で積分することにより，積分 I に対する近似式
$$\int_a^b f(x)w(x)\mathrm{d}x \approx \sum_{k=1}^N w_k f(x_k)$$
$$w_k = \int_a^b L_k^{(N)}(x)w(x)\mathrm{d}x \quad (k=1,2,\ldots,N)$$
を得る．これが補間型数値積分公式の一般形である．

補間型数値積分公式として最も初歩的なものは，有限区間 (a,b) $(-\infty < a < b < +\infty)$ 上の重み関数 $w(x) \equiv 1$ の積分に対し，等間隔の分点
$$x_k = a + kh \quad \left(k=1,2,\ldots,N;\ h = \frac{b-a}{N}\right)$$
を用いたものであり，ニュートン–コーツ (Newton–Cotes) 公式と呼ばれる．特に分点数 $N=2$ の場合は
$$\int_a^b f(x)\mathrm{d}x \approx \frac{b-a}{2}\{f(a) + f(b)\}$$
となる．通常この近似式は，積分区間を細かく分割し各小区間上の積分に適用して用いる，すなわち，
$$\int_a^b f(x)\mathrm{d}x \approx \frac{h}{2}f(a) + h\sum_{k=1}^{N-1} f(a+kh) + \frac{h}{2}f(b) \tag{4}$$
($h = (b-a)/N$) の形で用いる．これは，台形公式として知られている．台形公式 (4) の誤差評価について，次の定理が知られている．

定理 1 被積分関数 $f(x)$ が区間 $[a,b]$ で $2m$ 回連続微分可能なら，台形公式 (4) の誤差に対し
$$台形公式 - \int_a^b f(x)\mathrm{d}x$$
$$= \sum_{i=1}^{m-1} h^{2i} c_i \{f^{(2i-1)}(b) - f^{(2i-1)}(a)\}$$
$$+ \mathrm{O}(h^{2m})$$
($c_1, c_2, \ldots, c_{m-1}$ は f によらない定数) が成り立つ．

1.2 ガウス型数値積分公式

補間型数値積分公式で特に性能の良いものとして，ガウス (Gauss) 型数値積分公式がある．これは，分点として直交多項式の零点を用いるものである，すなわち，$\{P_n(x)\}_{n=0}^\infty$ を
$$\int_a^b P_n(x) P_m(x) w(x) \mathrm{d}x = 0 \quad (n \neq m)$$
なる直交多項式系として，式 (3) の多項式 $W_N(x)$ を $W_N(x) = P_N(x)$ ととって得られる公式である．主なガウス型公式として次のものが挙げられる．

- ガウス–ルジャンドル (Gauss–Legendre) 数値積公式：
  区間 $(a,b) = (-1,1)$，重み関数 $w(x) = 1$．多項式 $W_N(x) = P_N(x)$ (ルジャンドル多項式)．

- ガウス–ラゲール（Gauss–Laguerre）数値積分公式：
  区間 $(a,b) = (0, \infty)$，重み関数 $w(x) = \mathrm{e}^{-x}$．多項式 $P_N(x) = L_N(x)$（ラゲール多項式）．
- ガウス–エルミート（Gauss–Hermite）数値積分公式：
  区間 $(a,b) = (-\infty, \infty)$，重み関数 $w(x) = \mathrm{e}^{-x^2}$．多項式 $P_N(x) = H_N(x)$（エルミート多項式）．

ガウス型公式の特徴として，被積分関数が $2N-1$ 次以下の多項式の場合に厳密な積分値を与えることが挙げられる．これは，直交多項式の直交性を用いれば簡単に示される．一般の補間型数値積分公式は，N 点ラグランジュ補間が $N-1$ 次以下の多項式に対して厳密な関数値を与えることから，被積分関数が $N-1$ 次以下の多項式の場合に厳密な積分値を与える．このことから察せられるように，ガウス型数値積分公式は高い精度で積分の近似値を与える．例えば，ガウス–ルジャンドル公式に対しては，次の誤差評価の定理が成り立つ[3]．

定理 2 $f(z)$ が複素平面の楕円 $|z-1|+|z+1| \leq \rho + \rho^{-1}$（$\rho$ は $\rho > 1$ なる定数）を含む領域で正則であるとき，ガウス–ルジャンドル公式の誤差は $O(\rho^{-2N})$ で指数関数的に減衰する．

1.3 DE 公式

刻み幅 h の台形公式 (4) を形式的に全無限区間積分に適用すると，次のようになる．

$$\int_{-\infty}^{\infty} g(t)\mathrm{d}t \approx h \sum_{k=-\infty}^{\infty} g(kh) \quad (5)$$

この近似は，$g(t)$ が全無限区間上で解析関数であるとき高い精度を発揮する．このことに注目して，任意の区間 (a,b)（$-\infty \leq a < b \leq \infty$）上の積分 $\int_a^b f(x)\mathrm{d}x$ を，ある変数変換 $x = \varphi(t)$ により全無限区間上の正則関数の積分

$$\int_a^b f(x)\mathrm{d}x = \int_{-\infty}^{\infty} f(\varphi(t))\varphi'(t)\mathrm{d}t$$

に変換して台形公式 (5) で近似すると，高い精度の数値積分公式が得られると期待される．これが変数変換型数値積分公式であり，

$$\int_a^b f(x)\mathrm{d}x \approx h \sum_{k=-N_1}^{N_2} f(\varphi(kh))\varphi'(kh) \quad (6)$$

と表される．

変数変換 $x = \varphi(t)$ としては，被積分関数 $f(x)$ が積分区間 (a,b) の複素近傍で正則であるとき $f(\varphi(t))\varphi'(t)$ が実軸近傍で正則であり，かつ，$\varphi'(t)$ が遠方で速く減衰して台形公式 (5)（で $g(t) = f(\varphi(t))\varphi'(t)$ とおいたもの）の無限和をなるべく少ない項数，すなわち，なるべく小さい N_1, N_2 で打ち切れるものが望ましい．こうした変数変換の中で最適なものは，以下に述べる二重指数関数型変数変換（double exponential transform; DE 変換）である．これは，有限区間（一般性を失うことなく $(-1, 1)$ とする）の上の積分の場合，

$$\varphi(t) = \varphi_{\mathrm{DE}}(t) = \tanh\left(\frac{\pi}{2} \sinh t\right)$$

で与えられる．そして，二重指数関数型変数変換を用いた変数変換型数値積分公式を二重指数関数型積分公式（double exponential formula; DE 公式）と呼ぶ[4]．DE 公式では，被積分関数が

$$f(x) = f_0(x)(1-x^2)^{\alpha}, \ \alpha > -1 \quad (7)$$
$$(f_0(x) \text{ は区間 } [-1,1] \text{ で有界な関数})$$

の形をしている場合，式 (6) 右辺の各項は $|k|$ が大きいとき，

$$\begin{aligned}
&f(\varphi_{\mathrm{DE}}(kh))\varphi'_{\mathrm{DE}}(kh) \\
&= f_0(\varphi_{\mathrm{DE}}(kh)) \frac{(\pi/2)\cosh(kh)}{\cosh^{2(1+\alpha)}((\pi/2)\sinh(kh))} \\
&\approx \pi 4^{\alpha} f_0(\varphi_{\mathrm{DE}}(kh)) \exp\left(|k|h - \frac{\pi}{2}(1+\alpha)\mathrm{e}^{|k|h}\right)
\end{aligned} \quad (8)$$

となって二重指数関数的に急減少する．よって，少ない項数で台形公式の無限和を打ち切る（N_1, N_2 を小さくとる）ことができるので，小さい計算の手間で積分の近似値を計算できる．さらに，$f(x)$ が端点 $x = \pm 1$ に特異性を持っていても，式 (8) 最右辺を見るとわかるように，DE 公式の項は $k \to \pm\infty$ で急減衰するので，この場合も DE 公式は有効である．ただし，被積分関数が端点に特異性を保つ場合，$|k|$ が大きいとき $1 \mp x = 1 \mp \varphi_{\mathrm{DE}}(kh)$ の計算で桁落ちを起こすおそれがある．それを避けるための計算の工夫が必要になるが，それについては [1] を参照すること．

DE 公式の誤差

$$E_{\mathrm{DE}} \equiv h \sum_{k=-N_1}^{N_2} f(\varphi_{\mathrm{DE}}(kh))\varphi'_{\mathrm{DE}}(kh) - \int_{-1}^{1} f(x)\mathrm{d}x$$

は，DE 変換を元の積分に適用して得られる全無限区間積分を台形公式 (5) で近似するときの離散化誤差 $E_{\mathrm{DE}}^{(\mathrm{D})}$，そして，台形公式の無限和を有限和に打ち切るときの打ち切り誤差 $E_{\mathrm{DE}}^{(\mathrm{T})}$ の和で表される．

$$E_{\mathrm{DE}} = E_{\mathrm{DE}}^{(\mathrm{D})} + E_{\mathrm{DE}}^{(\mathrm{T})}$$
$$E_{\mathrm{DE}}^{(\mathrm{D})} = h \sum_{k=-\infty}^{\infty} f(\varphi_{\mathrm{DE}}(kh))\varphi'_{\mathrm{DE}}(kh)$$

$$E_{\mathrm{DE}}^{(\mathrm{T})} = -h \sum_{k>N_2, k<-N_1} f(\varphi_{\mathrm{DE}}(kh))\varphi'_{\mathrm{DE}}(kh) - \int_{-1}^{1} f(x)\mathrm{d}x$$

したがって，DE 公式の誤差評価をするには，これら 2 つの誤差を評価すればよい．初めに，離散化誤差については，$g(t) = f(\varphi_{\mathrm{DE}}(t))\varphi'_{\mathrm{DE}}(t)$ が全無限区間上で解析的ならば $E_{\mathrm{DE}}^{(\mathrm{D})} = \mathrm{O}[\exp(-c_1/h)]$ (c_1 は正の定数) となる．次に，打ち切り誤差については，$f(x)$ が式 (7) の形をしていれば，$E_{\mathrm{DE}}^{(\mathrm{T})} = \mathrm{O}[\exp(-c_2\exp(Nh))]$ となる (c_2 は正の定数．簡単のため，$N_1 = N_2 = N$ とおいた)．これら両者の誤差が同程度の大きさになるように $2\pi d/h = \exp(Nh)$ とおくと，DE 公式の誤差評価

$$E_{\mathrm{DE}} = \mathrm{O}\left[\exp\left(-C\frac{N}{\log N}\right)\right]$$

(C は正の定数) を得る．

なお，半無限区間上の積分 $\int_0^\infty f(x)\mathrm{d}x$ ($f(x)$ は代数関数) に対する DE 公式は，式 (6) で

$$\varphi(t) = \exp(\pi \sinh t)$$

としたもので与えられ，全無限区間上の積分 $\int_{-\infty}^\infty f(x)\mathrm{d}x$ ($f(x)$ は代数関数) に対する DE 公式は，式 (6) で

$$\varphi(t) = \sinh\left(\frac{\pi}{2}\sinh t\right)$$

としたもので与えられる．

フーリエ型積分　フーリエ変換に現れる積分

$$\int_0^\infty f(x)\mathrm{d}x = \int_0^\infty f_0(x)\sin(\omega x + \alpha)\mathrm{d}x$$

($f(x)$ は代数関数) に対しては，従来の DE 公式は有効でない．この積分に対しては，大浦・森が従来とは違った発想に基づく DE 型公式を考案した[2]．彼らの公式では，台形公式の刻み幅 h を含む変数変換 $x = \dfrac{\pi}{\omega h}\varphi\left(t - \dfrac{\alpha h}{\pi}\right)$, $\varphi(t) = \dfrac{t}{1-\exp(-2\pi \sinh t)}$ を元の積分に施してから，刻み幅 h の全無限区間上の台形公式 (5) を適用し，積分の近似値を計算している．数値積分の分点は $k \to +\infty$ のとき，

$$\frac{\pi}{\omega h}\varphi\left(kh - \frac{\alpha h}{\pi}\right) \sim \frac{k\pi - \alpha}{\omega}$$

と被積分関数の零点に二重指数関数的に急接近するので，被積分関数の値は分点上で二重指数関数的に減衰する．一方，$k \to -\infty$ のときは重み $\varphi'(kh - \alpha\omega h/\pi)$ が二重指数関数的に急減衰する．ゆえに，少ない分点数 (小さい N_1, N_2 の値) で積分の近似値を高精度に計算できる．

2. 多次元数値積分

多次元積分は積分領域や被積分関数が 1 次元積分に比べて多様となるため，数値積分は 1 次元積分に比べてはるかに難しい．

積分領域が直積 $D = [a_1, b_1] \times \cdots \times [a_s, b_s]$ (s は積分の次元) である場合は，各変数について適切な 1 次元数値積分公式を用いて数値積分することにより，積分の近似値を計算する方法が考えられる．一方，高次元あるいは積分領域の形状が複雑であるといった場合は，モンテカルロ法が用いられる．これは，積分領域 D に一様分布する乱数 $\boldsymbol{x}_1, \boldsymbol{x}_2, \ldots, \boldsymbol{x}_N$ を用いて，

$$\int_D f(\boldsymbol{x})\mathrm{d}\boldsymbol{x} \approx \frac{1}{N}\sum_{k=1}^N f(\boldsymbol{x}_k) \times (D \text{ の体積})$$

と近似する方法である．この方法は，被積分関数の 2 乗積分が存在すれば，誤差は $\mathrm{O}(N^{-1/2})$ となり次元数によらない点が特徴である．

さらに，多次元数値積分の方法として準モンテカルロ法と呼ばれる一連の方法がある．これらの方法では，積分領域上にほぼ一様に分布した分点を用いて積分の近似値を計算し，誤差もモンテカルロ法と同様次元数によらないが，分点はモンテカルロ法のように乱数を用いて与えない．ここでは，準モンテカルロ法のうち優良格子点法について解説する．

2.1 優良格子点法

優良格子点法 (method of good lattice points) は，s 次元単位超立方体上の s 次元積分

$$I = \int_{[0,1]^s} f(\boldsymbol{x})\mathrm{d}\boldsymbol{x}$$

に対する数値積分法であり，$s \leq 4$ 程度の比較的低次元の積分に対して有効である．この方法では，分点数 N および N に対して与えられる整数 $g_1^{(N)}, g_2^{(N)}, \ldots, g_s^{(N)}$ を適切にとり

$$I \approx \frac{1}{N}\sum_{k=0}^{N-1} f\left(\left\{\frac{g_1^{(N)}}{N}k\right\}, \ldots, \left\{\frac{g_s^{(N)}}{N}k\right\}\right) \quad (9)$$

($\{x\}$ は x の小数部分) と積分 I を近似する．

実際の計算では，後述する理由から被積分関数を滑らかな関数にするため，変数変換

$$x_i = \varphi(t_i) \quad (i = 1, 2, \ldots, s) \quad (10)$$

$$\varphi(t) = \frac{(2p+1)!}{p!p!}\int_0^t \tau^p(1-\tau)^p\mathrm{d}\tau \quad (p = 2, 3, \ldots)$$

を行った上で公式 (9) を適用する，すなわち，積分 I を

$$\frac{1}{N}\sum_{k=1}^N f\left(\varphi\left(\left\{\frac{g_1^{(N)}}{N}k\right\}\right), \ldots, \varphi\left(\left\{\frac{g_s^{(N)}}{N}k\right\}\right)\right) \\ \times \prod_{i=1}^s \varphi'\left(\left\{\frac{g_i^{(N)}}{N}k\right\}\right)$$

で近似する．分点数 N と整数 $g_i^{(N)}$ ($i = 1, 2, \ldots, s$) について，2 次元 ($s = 2$) の場合はフィボナッチ数

列，すなわち，漸化式 $F_1 = F_2 = 1$,
$$F_{n+2} = F_{n+1} + F_n \quad (n = 1, 2, \ldots)$$
で定義される数列 $\{F_n\}_{n=1}^{\infty}$ を用いて，
$$N = F_n, \; g_1^{(N)} = 1, \; g_2^{(N)} = F_{n-1}$$
と選ぶとよいことが知られている．3, 4 次元（$s = 3, 4$）の場合は，計算機によるしらみつぶし探索により，有効な分点数 N と整数 $g_i^{(N)}$ ($i = 1, 2, \ldots, s$) の組が得られている（表 1）[3].

表 1 優良格子点法の N, $g_i = g_i^{(N)}$

3 次元積分 ($s=3$)				4 次元積分 ($s=4$)				
N	g_1	g_2	g_3	N	g_1	g_2	g_3	g_4
185	1	26	64	1142	1	150	187	274
266	1	27	69	1354	1	492	550	658
418	1	90	130	2215	1	257	448	558
597	1	63	169	3298	1	535	701	937
828	1	285	358	4560	1	170	1240	1713
1010	1	140	237	6184	109	4	624	1604
1459	1	256	373	9790	66	5	1260	2070
1958	1	202	696	20710	892	5	4830	7110
2440	1	638	1002	38670	3493	5	3000	10095
3237	1	456	1107	52320	8234	5	12330	22755
4044	1	400	1054					
5037	1	580	1997					

優良格子点法の誤差評価については，次の定理が知られている．

定理 3 関数族 $\mathcal{P}^s(\lambda, C)$ ($\lambda > 1$, $C > 0$ は定数) を，超立方体 $[0,1]^s$ 上で定義された関数 $f(\boldsymbol{x})$ で，絶対収束するフーリエ級数
$$f(\boldsymbol{x}) = \sum_{\boldsymbol{h} \in \mathbb{Z}^s} c_{\boldsymbol{h}} \exp(2\pi \mathrm{i} \langle \boldsymbol{h}, \boldsymbol{x} \rangle)$$
($\mathbb{Z}$ は整数全体の集合，$\langle \cdot, \cdot \rangle$ は s 次元ベクトルの内積）に展開可能なものとし，そのフーリエ係数が
$$|c_{\boldsymbol{h}}| \leqq C r(\boldsymbol{h})^{-\lambda} \quad (\boldsymbol{h} \neq \boldsymbol{0})$$
$$\left(r(\boldsymbol{h}) = \prod_{j=1}^{s} \max\{1, |h_j|\} \right)$$
を満たすようなもの全体であるとする．このとき，十分大きい任意の N に対して整数 $g_1^{(N)}, g_2^{(N)}, \ldots, g_s^{(N)}$ が存在して，任意の関数 $f \in \mathcal{P}^s(\lambda, C)$ に対して
$$\text{誤差} = \mathrm{O}\left((\log N)^{(\lambda+1)(s-1)} N^{-\lambda}\right)$$
が成り立つ．

優良格子点法で積分の変数変換 (10) を行うのは，被積分関数が上の定理に現れる関数族 $\mathcal{P}^s(\lambda, C)$ に属するようにするためである．

数値例として，[1] に取り上げられている多次元積分
$$I = \iint \cdots \int_{[0,1]^s} \frac{\exp(x_1 x_2 \cdots x_s)}{\sqrt{x_1 x_2 \cdots x_s}} \mathrm{d}x_1 \mathrm{d}x_2 \cdots \mathrm{d}x_s$$

に対する数値計算結果を示す．積分値は
$$I = \begin{cases} 4.54041\,97588\,42611\cdots & (s=2) \\ 8.33269\,64720\,82051\cdots & (s=3) \\ 16.21155\,30757\,95134\cdots & (s=4) \end{cases}$$
である．図 1 に上の積分を優良格子点法で計算したときの誤差を示す（変数変換 (10) の p の値は $p = 5$ とした）．

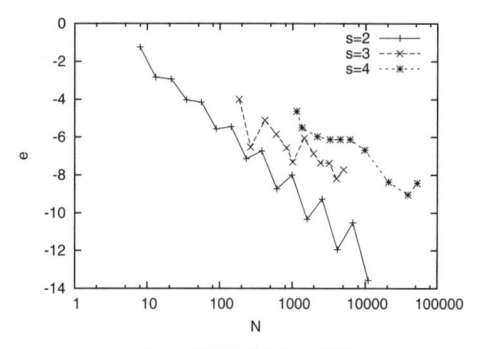

図 1 優良格子点法の誤差

[緒方秀教]

参 考 文 献

[1] 森 正武, FORTRAN77 数値計算プログラミング (増補版), 岩波書店, 1987.
[2] T. Ooura, M. Mori, The double exponential formula for oscillatory functions over the half infinite interval, *Journal of Computational and Applied Mathematics*, 38:1–3 (1991), 353–360.
[3] 杉原正顯, 室田一雄, 数値計算法の数理, 岩波書店, 1994.
[4] H. Takahasi, M. Mori, Double exponential formulas for numerical integration, *Publications of the Research Institute for Mathematical Sciences*, **9**(3) (1974), 721–741.

非線形方程式の数値解法

numerical method for system of nonlinear equations

非線形方程式は様々な分野で発生する基本的かつ重要な問題の1つである．特に，関数が多項式の場合には代数方程式，そうでないときは超越方程式と呼ばれる．本項目では超越方程式を取り扱う．代数方程式に対する数値解法に関しては [3] などを参照されたい．非線形方程式に対する数値解法としては反復法が広く使われており，特にニュートン法はよく知られた方法である．ここでは，ニュートン法を含めた反復法とその性質を取り扱う．

1. 反復法

以下では非線形方程式：

$$F(x) = 0, \quad F : \mathbb{R}^n \to \mathbb{R}^n \tag{1}$$

に対する数値解法を考える．以降では断りがない限り，F は十分滑らかで，式 (1) は解 x^* を持つものとする．反復法は任意の初期近似解 $x_0 \in \mathbb{R}^n$ から出発し，反復式

$$x_{k+1} = g(x_k) \tag{2}$$

により点列 $\{x_k\}$ を生成し，式 (1) の解へ収束させる方法である．ここで，$g : \mathbb{R}^n \to \mathbb{R}^n$ は x^* が g の不動点（$x^* = g(x^*)$ を満たす点）ならば x^* が $F(x) = 0$ の解となるように選ばれる．このとき，反復法の収束性は以下の縮小写像の原理によって特徴付けられる．

定理 1（縮小写像の原理） $\mathbb{R}^n$ の閉集合 $\mathcal{D}$ 上で定義された関数 $g : \mathbb{R}^n \to \mathbb{R}^n$ が次の条件を満たすならば，$\mathcal{D}$ において g の不動点はただ1つ存在し，式 (2) によって生成される点列 $\{x_k\}$ の極限として与えられる．

(1) 任意の $x \in \mathcal{D}$ に対して $g(x) \in \mathcal{D}$ が成立する．
(2) 任意の $x, y \in \mathcal{D}$ に対して $\|g(x) - g(y)\| \leq q\|x - y\|$ を満たすベクトルノルム $\|\cdot\|$ と正の定数 q（$0 < q < 1$）が存在する．

上の定理の条件 (1), (2) を満たす関数 g を縮小写像と呼ぶ．

2. ニュートン法

ニュートン法（Newton–Raphson 法とも呼ばれる）は微分可能な非線形方程式に対する数値解法として最もよく知られた方法である．ニュートン法は反復式を

$$x_{k+1} = x_k + d_k \tag{3}$$

として探索方向 d_k を

$$F(x_k) + J(x_k)d_k = 0 \tag{4}$$

の解として選ぶ．ただし，$J(x_k)$ は点 x_k における F のヤコビ行列とする．ここで，式 (4) より，ニュートン法は各反復で $F(x_k + d_k)$ の1次近似を 0 にする方向へ移動する方法であると言える．$J(x_k)$ が正則であると仮定すると，反復式 (3) は

$$x_{k+1} = x_k - J(x_k)^{-1} F(x_k)$$

で与えられる[*1]．

ニュートン法の収束性について議論する．なお，以下では F は 2 回連続微分可能を仮定し，$\|\cdot\|$ を ℓ_2 ノルムとする．また，式 (1) の解を x^* とし，F の x^* におけるヤコビ行列 $J(x^*)$ は正則であるとする．ただし，初期点 x_0 が x^* の十分小さい近傍 $\mathcal{D} = \{x | \|x - x^*\| \leq d\}$ に含まれているとする．ここで，F の 2 回連続微分可能性より J はリプシッツ（Lipschitz）連続である，つまり，ある正の定数 L が存在して任意の $x, y \in \mathbb{R}^n$ に対して $\|J(x) - J(y)\| \leq L\|x - y\|$ が成立する．したがって，平均値定理より，$k \geq 0$ に対し

$$\|F(x_k) - F(x^*) + J(x_k)(x^* - x_k)\|$$
$$= \left\| \int_0^1 (J(x - t(x^* - x)) - J(x))(x_k - x^*) dt \right\|$$
$$\leq \frac{L}{2} \|x_k - x^*\|^2$$

が成立する．さらに，$x_k \in \mathcal{D}$ とすると，F の 2 回連続微分可能性より $J(x_k)$ は正則で $\|J(x_k)^{-1}\| \leq M$ となる正の定数 M が存在する．したがって

$$\|x^* - x_{k+1}\|$$
$$= \|J(x_k)^{-1}(F(x_k) + J(x_k)(x^* - x_k))\|$$
$$\leq \frac{ML}{2} \|x^* - x_k\|^2$$

が成り立つ．$\mathcal{D}$ は十分小さい近傍なので，$\|x_{k+1} - x^*\| \leq \|x_k - x^*\|$ が成立する．したがって帰納的に $\{x_k\} \in \mathcal{D}$ が成立し，x_k は x^* に q-2 次収束する．以上より，下記の定理を得る．

定理 2 x^* を式 (1) の解とし，その十分小さい近傍で F が 2 回連続微分可能であるとする．このとき，$J(x^*)$ が正則ならば，十分解の近傍から出発するニュートン法によって生成される点列は，解 x^* に q-2 次収束する．

この定理は，式 (1) の解 x^* の十分近くに初期点を選べばニュートン法は q-2 次収束することを保証している．この定理では解 x^* の存在性を仮定しているが，関数 F と初期点に関する仮定のみで解 x^*

[*1] 実際には $J(x_k)^{-1}$ を求めることはせず，式 (4) を解くことで探索方向を求める．

の存在性と点列の解への収束性を示すこともできる．これはカントロビッチの定理として知られ，ニュートン法の最も重要な定理の1つとなっている．カントロビッチの定理の詳細や証明は [2],[3] を参照されたい．

3. 非厳密ニュートン法

前節で紹介したニュートン法では，各反復でニュートン方程式 (4) を解く必要がある．しかしながら，問題が大規模な場合などは d_k に関する連立1次方程式 (4) を厳密に解くのは非常に手間がかかるため，式 (4) を反復法などで非厳密に解いて探索方向を求める非厳密ニュートン法が提案されている．非厳密ニュートン法では式 (4) を非厳密に解く基準として

$$\|F(x_k + d_k) + J(x_k)d_k\| \leqq \eta_k \|F(x_k)\| \quad (5)$$

が使用される．ただし，$\eta_k \in [0, \infty)$ はパラメータであり，通常は $\eta_k \to 0$ となるように選ばれる．ここで，定理2と類似した解析を行うことで，非厳密ニュートン法の解の近傍での収束率に関する関係式

$$\|x_{k+1} - x^*\| \leqq K(\|x_k - x^*\| + \eta_k)\|x_k - x^*\|$$

を得ることができる．ただし，K は正の定数とする．この評価式から非厳密ニュートン法の局所的な収束性が導かれる．

定理 3 x^* を式 (1) の解とし，その十分小さい近傍で F が2回連続微分可能であるとする．このとき，$J(x^*)$ が正則ならば，十分解の近傍から出発する非厳密ニュートン法によって生成される点列は，解 x^* に1次収束する．さらに，

1) $\eta_k \to 0$ ならば，x^* に q-超1次収束する．
2) $\eta_k \leqq c\|F(x_k)\|^p$ $(0 \leqq p \leqq 1)$ ならば，x^* に q-$(1+p)$ 次収束する．ただし，c を正の定数とする．

4. 準ニュートン法

準ニュートン法はヤコビ行列 $J(x_k)$ の代わりに，その近似行列 B_k を用いる方法で，探索方向は

$$F(x_k) + B_k d_k = 0 \quad (6)$$

の解 $d_k = -B_k^{-1} F(x_k)$ で与えられる．通常，準ニュートン法は F の微分を使用せずに B_k を求めるのが一般的であり，準ニュートン法の一種であるセカント法では近似行列 B_k が F の1次近似の式 $B_k s_{k-1} = y_{k-1}$ を満たすような B_k が選択される．ここで，$s_{k-1} = x_k - x_{k-1}$，$y_{k-1} = F(x_k) - F(x_{k-1})$ であり，この条件はセカント条件（secant condition）と呼ばれる．ここではセカント法の中でもよく知られた Broyden 法を紹介する．Broyden 法では初期行列 $B_0 \in \mathbb{R}^{n \times n}$ を与え，更新式

$$B_{k+1} = B_k + \frac{(y_k - B_k s_k)s_k^T}{s_k^T s_k} \quad (7)$$

によって近似行列 B_k を更新する．ここで，更新式 (7) はセカント条件を満たしていることが容易に確認できる．Broyden 法では B_k の代わりに，その逆行列 H_k を更新する逆行列版 Broyden 公式：

$$H_{k+1} = H_k + \frac{(s_k - H_k y_k)s_k^T H_k}{s_k^T H_k y_k}$$

も提案されており，これを用いれば探索方向を得るには $d_k = -H_k F(x_k)$ を計算すればよく，式 (6) を解く必要がなくなるという利点がある．Broyden 法では毎回の反復において必要な関数の評価は $F(x)$ の1回のみであり，F の微分をあらかじめ計算する必要もなく，後述するように，局所的に速い収束性も保証されており，非常に汎用性の高い方法であると言える．一方，大規模な問題においては，ヤコビ行列 $J(x_k)$ が疎行列であっても，近似行列 B_k（や H_k）は密行列となってしまい，疎性を利用できなくなってしまう場合がある．そのような弱点を克服するために，ヤコビ行列の疎性を保持するような準ニュートン法も研究されている．

準ニュートン法の局所的な収束性の議論は数多くあるが，次の2つの定理がよく知られている．証明は [5] を参照のこと．

定理 4 x^* を式 (1) の解とし，その十分小さい近傍で F が2回連続微分可能で，$J(x^*)$ は正則であるとする．さらに，k に依存しない非負定数 τ_1, τ_2 が存在して

$$\|B_{k+1} - J(x^*)\| \leqq (1 + \tau_1 \sigma_k)\|B_k - J(x^*)\| + \tau_2 \sigma_k$$

を満たす B_k が選ばれているとする．ただし，$\sigma_k = \max\{\|x_k - x^*\|, \|x_{k+1} - x^*\|\}$ である．このとき，任意の $\nu \in (0,1)$ に対して，正定数 τ_3, τ_4 がとれて，$\|x_0 - x^*\| \leqq \tau_3$，$\|B_0 - J(x^*)\| \leqq \tau_4$ となるように初期点と初期行列を選べば，B_k は常に正則で，準ニュートン法によって生成される点列は x^* に収束し，$\|x_{k+1} - x^*\| \leqq \nu \|x_k - x^*\|$ を満足する．

定理 5 x^* を式 (1) の解とし，その十分小さい近傍で F が2回連続微分可能で，$J(x^*)$ は正則であるとする．さらに，B_k が全ての k で正則であるとし，x_k は x^* に収束すると仮定する．このとき，準ニュートン法によって生成される点列が x^* に q-超1次収束する必要十分条件は

$$\lim_{k \to \infty} \frac{\|(B_k - J(x_k))s_k\|}{\|s_k\|} = 0$$

である．

上記2つの定理は，一般の準ニュートン法の局所収束性と超1次収束性をそれぞれ論じている．これ

らの結果を用いることでBroyden法の局所的な超1次収束性を証明することができる．詳細は[2]を参照されたい．

5. 減　　　速

前節までで紹介したニュートン法およびその改良法は，局所的に速い収束性を持つ半面，実用的には初期点の選び方が難しいという難点がある．そのような場合，ステップ幅と呼ばれるスカラー $\alpha_k > 0$ によって，反復式(3)に長さ調節を組み込み，

$$x_{k+1} = x_k + \alpha_k d_k \tag{8}$$

によって点列を生成することで，大域的な収束を保証する方法がある．このような方法は減速(damping)と呼ばれる（直線探索と呼ばれることもある）．通常，ステップ幅 α_k の決定のためには $\min \psi(x) \Longleftrightarrow$ solve $F(x) = 0$ となるようなメリット関数 $\psi : \mathbb{R}^n \to \mathbb{R}$ を用いる．特に，$\psi(x) := \|F(x)\|$ や

$$\psi(x) := \frac{1}{2}\|F(x)\|^2 \tag{9}$$

とすることが多く，本項目では式(9)を用いた減速を紹介する．減速の基本的な考え方は $\psi(x)$ の最小化に基づいており，通常，ステップ幅 α_k は ψ に関する降下条件 ($\psi(x_{k+1}) < \psi(x_k)$) を満たすように選ばれる．特に，Armijo条件：

$$\psi(x_k + \alpha d_k) \leq (1 - \delta \alpha)\psi(x_k) \tag{10}$$

はよく使用される条件の1つである．ただし，$\delta \in (0,1)$ を定数とする．特に，Armijo条件は分割法と組み合わせて使用されることが多く，その場合は $\alpha = \rho^m (\rho \in (0,1))$ として，式(10)を満たす最小の非負整数 m を探し，$\alpha_k = \rho^m$ とする．また，ニュートン法の場合，探索方向 $d_k = -J(x_k)^{-1}F(x_k)$ より，$\nabla \psi(x_k)^T d_k = -\|F(x_k)\|^2 < 0$ が成り立つので，式(10)を満たす $\alpha_k \in (0,1]$ が存在することを注意しておく．

減速は ψ の最小化を基礎としているが，F が非線形であるため，$\psi(x)$ の大域的最適解を求めることは通常困難である．しかしながら，F の解 x^* におけるヤコビ行列 $J(x^*)$ が正則という仮定のもとでは，$\nabla \psi(x) = J(x)^T F(x)$ から $\psi(x)$ の停留点（$\nabla \psi(x) = 0$ となる点）が $F(x) = 0$ の解であることがわかる．

ニュートン法やその改良法は，減速を用いることで常に大域的な収束性が保証されるわけではないが，点列 $\{x_k\}$ や $\{J(x_k)^{-1}\}$ の有界性などの仮定のもとで，解に1次収束し，解の十分近傍ではステップ幅 $\alpha_k = 1$ となることが保証される．したがって，その場合のニュートン法やその改良法の局所的な収束性はそれぞれ定理2～5に従う．詳細は[2]を参照されたい．

減速のほかの大域的収束性を保証するための手段として連続変形法（ホモトピー法）があるが，ここでは省略する．

6. 行列を使用しない数値解法

近年，大規模な非線形方程式に対する数値解法として，ヤコビ行列やその近似行列を使用しない方法が研究されている．そのような方法は，ニュートン法のような局所的に速い収束性は望めない一方，ニュートン法などが直接適用できないような大規模問題に対しては有効な数値解法となる．

Cruzら[1]は残差 $F(x_k)$ を利用し

$$x_{k+1} = x_k + \alpha_k d_k, \quad d_k = -\eta_k F(x_k)$$

とした反復法（スペクトル残差法）を提案している．ここで，η_k は与えられたスペクトル係数 $\eta_{\min}, \eta_{\max}$ ($0 < \eta_{\min} \leq \eta_{\max} < \infty$) に対して，$|\eta_k| \in [\eta_{\min}, \eta_{\max}]$ となるように選ばれる．さらに，大域的な収束性を保証するためにステップ幅 α_k を以下の手順で計算する：

1. $\alpha_+ = 1$, $\alpha_- = -1$ とする．
2. $\psi(x_k + \alpha_+ d_k) \leq \bar{\psi}_k - \delta \alpha_+^2 \psi(x_k) + \xi_k$ ならば $\alpha_k = \alpha_+$ として終了．
3. $\psi(x_k + \alpha_- d_k) \leq \bar{\psi}_k - \delta \alpha_-^2 \psi(x_k) + \xi_k$ ならば $\alpha_k = \alpha_-$ として終了．
4. $\tau_+, \tau_- \in [\tau_{\min}, \tau_{\max}]$ を選び，$\alpha_+ := \tau_+ \alpha_+$, $\alpha_- := \tau_- \alpha_-$ として2へ戻る．

ここで $\psi(x) := \|F(x)\|^2$, $0 < \tau_{\min} \leq \tau_{\max} < 1$, $\delta \in (0,1)$, $\bar{\psi}_k = \max\{\psi(x_k), \ldots, \psi(x_{k-M+1})\}$ であり，M は自然数である．さらに，$\{\xi_k\}$ は $\sum_k^{\infty} \xi_k < \infty$ となるような正項級数 ($\xi_k > 0$) とする．この手順は前述した減速の手順と比較すると，かなり複雑なものとなっている．ニュートン法の場合には方向微係数が負，つまり $\nabla \psi(x_k)^T d_k < 0$ が成り立っていたため，単調な降下条件 ($\psi(x_{k+1}) < \psi(x_k)$) を満たすステップ幅を求めることができたが，スペクトル残差法ではそのようなステップ幅が存在する保証はない．そのため，ステップ幅を正と負の両方から選択するとともに単調な降下条件を課さない条件でステップ幅を計算している．Cruzらはこのアルゴリズムで生成された点列 $\{x_k\}$ が

$$\lim_{k \to \infty} F(x_k)^T J(x_k) F(x_k) = 0 \tag{11}$$

の弱い意味で大域的に収束することを示している．したがって，F または $-F$ が狭義単調の場合には，$\{x_k\}$ の任意の集積点が $F(x) = 0$ の解となる．

スペクトル残差法のほかにも，行列を使用しない数値解法が提案されている．例えばCheng, Xiao, Hu[6]は非線形方程式に対する非線形共役勾配法を提案しており，その中でChengらはCruzらのス

テップ幅の決定法の変種を組み込んでいる．しかし，これらのような行列を使用しない方法は，一般的には，式 (11) のような弱い意味での収束性しか保証できず，強い意味での収束性を保証するには，関数の単調性などの条件が必要となることが多い．

7. 微分不可能な非線形方程式に対する数値解法

前節までは関数 F が十分滑らかな場合を扱ってきたが，応用上，微分不可能な問題も少なくない．例えば，経済の均衡問題から発生する非線形相補性問題や，統計分野で発生する，観測行列に最も近い正定値行列を求める問題などは，微分不可能な非線形方程式へ帰着されることが知られている．微分不可能な非線形方程式に対しては，ヤコビ行列は使用できなくなるため，その代わりとして劣微分という概念を導入する．F を局所リプシッツ連続な関数とすると F はほとんど至るところ微分可能で，F の x における (Clarke) 劣微分 $\partial F(x)$ は $\partial F(x) := \operatorname{co} \partial_B F(x)$ によって定義される．ただし

$$\partial_B F(x) := \left\{ \lim_{\hat{x} \to x} J(\hat{x}) \mid \hat{x} \in \mathcal{D}_F \right\}$$

であり，$\mathcal{D}_F$ は F が微分可能な点全体の集合とし，$\operatorname{co} \partial_B F(x)$ は $\partial_B F(x)$ の凸包を表す．この劣微分は微分可能な関数におけるヤコビ行列の一般化であり，F が微分可能な場合には $\partial F(x) = \{J(x)\}$ となる．この劣微分を用いて，一般化ニュートン法の更新式は

$$x_{k+1} = x_k - V_k^{-1} F(x_k)$$

によって定義される．ただし，$V_k \in \partial F(x_k)$ である．一般化ニュートン法では，ニュートン法のときのようなヤコビ行列を用いた局所的な収束性の解析はできない．よって，一般化ニュートン法の速い収束性を保証するためにセミスムース (semismooth) という概念を導入する．関数 $F: \mathbb{R}^n \to \mathbb{R}^n$ が

$$Vd - F'(x; d) = o(\|d\|), \quad d \to 0 \quad (12)$$

を満たすとき，関数 F は $x \in \mathbb{R}^n$ でセミスムースであるという．ここで，$V \in \partial F(x)$ であり，$F'(x; d)$ は F の x における d 方向の方向微分であるとする．また，式 (12) で $o(\|d\|)$ を $O(\|d\|^2)$ で置き換えた条件を満たすとき，F は強セミスムース (strongly semismooth) であるという．ここで，区分線形な関数（min 関数や絶対値関数）や ℓ_p ベクトルノルムなどは強セミスムースな関数であることを注意しておく．このとき，一般化ニュートン法の局所的な収束性は以下の定理によって与えられる．

定理 6 x^* を式 (1) の解とし，その十分小さい近傍で F はリプシッツ連続であるとする．さらに，解 x^* における $\partial F(x^*)$ の全ての要素は正則であるとする．このとき，解 x^* の十分近傍から出発する一般化ニュートン法によって生成される点列は，F がセミスムースならば解 x^* に q-超 1 次収束する．さらに，F が強セミスムースならば解 x^* に q-2 次収束する．

この定理は，F が強セミスムースならば，一般化ニュートン法の局所的な収束の速さはニュートン法と同等であることを示している．また，ニュートン法の場合と同様に減速を用いることで，大域的な収束性を保証することもできる．減速を用いた一般化ニュートン法のアルゴリズムの詳細や，大域的な収束性の議論などは [4] が詳しい．

一方，微分不可能な非線形方程式には平滑化 (smoothing) と呼ばれる手法が用いられることも多い．平滑化では，関数 F に非負パラメータ t を入れた平滑化関数と呼ばれる関数を用いる．$F_t : \mathbb{R}^n \to \mathbb{R}^n$ が，(a) 任意の $t > 0$ で F_t は連続微分可能で，(b) 任意の $x \in \mathbb{R}^n$ に対し，$\lim_{t \to 0} F_t(x) = F(x)$ が成り立つとき，F_t は F の平滑化関数であるという．このような平滑化関数を用いた数値解法は，パラメータ t の扱い方により 2 種類に分類することができる．1 つは t を変数化し，$\tilde{F}(t, x) = (t, F_t(x)^T)^T$ として，$\tilde{F}(t, x) = 0$ を解く方法であり，もう 1 つはパラメータ t を 0 に近づけながら $F_t(x) = 0$ を解く方法である．どちらの方法も，ニュートン法と組み合わせた平滑化ニュートン法として盛んに研究されている．詳細は [4] を参照されたい．　　［成島康史］

参 考 文 献

[1] W.L. Cruz, J.M. Martínez, M. Raydan, Spectral residual method without gradient information for solving large-scale nonlinear systems of equations, *Mathematics of Computation*, **75** (2006), 1429–1448.

[2] C.K. Kelly, *Iterative Methods for Linear and Nonlinear Equations*, SIAM, 1995.

[3] 室田一雄, 杉原正顯, 数値計算法の数理, 岩波書店, 1994.

[4] L. Qi, D. Sun, A survey of some nonsmooth equations and smoothing Newton methods, In A. Eberhard, R. Hill, D. Ralph, B.M. Glover (eds.), *Progress in Optimization*, pp.121–146, Springer, 1999.

[5] 鈴木誠道, 矢部 博, 飯田善久, 中山 隆, 田中正次, 現代数値計算法, オーム社, 1994.

[6] W. Cheng, Y. Xiao, Q.-J. Hu, A family of derivative-free conjugate gradient methods for large-scale nonlinear systems of equations, *Journal of Computational and Applied Mathematics*, **224** (2009), 11–19.

常微分方程式の数値解法

numerical analysis of ordinary differential equations

常微分方程式の数値解法とは，与えられた常微分方程式と境界条件を満たす関数を，数値計算を通じて近似的に求める方法である．

1. 標準形

独立変数を x，従属変数を $z(x)$ として，$z^{(m)}(x) = g(x, z(x), z'(x), z''(x), \ldots, z^{(m-1)}(x))$ と書ける m 階常微分方程式を考えよう．このとき，従属変数 $y_1(x), \ldots, y_{m-1}(x)$ をさらに導入すると，この常微分方程式は以下のように（連立形の）1 階常微分方程式に変形できる．

$$\begin{cases} z'(x) = y_1(x) \\ y'_1(x) = y_2(x) \\ \quad\vdots \\ y'_{m-2}(x) = y_{m-1}(x) \\ y'_{m-1}(x) = g(x, z(x), y_1(x), \ldots, y_{m-1}(x)) \end{cases}$$

以下，この

$$y'(x) = f(x, y(x)), \ x \in [a, b]$$

という形の常微分方程式を対象とする．

2. 初期値問題と境界値問題

常微分方程式における境界，すなわち独立変数の有効区間の端点は2点ある．このうちの1点で境界条件が全て与えられる場合はこの求解問題を初期値問題と呼び，そうでない場合は境界値問題と呼ぶ．以下では初期値問題を対象とし，境界条件を $y(a) = y_0$ として説明する．

3. 離散変数法とその近似次数

独立変数の区間 $[a, b]$ を $a = x_0 < x_1 < \cdots < x_{N-1} < x_N = b$ と N 分割し，各 x_i 上における未知関数の値 $y(x_i)$ の近似値 y_i を直接求める形の解法を一般に離散変数法と呼ぶ．本項目では離散変数法についてのみ解説する．なお，このときの x_i を格子点や分割点，ステップ点などと呼び，$h_i = x_{i+1} - x_i$ を分割幅，ステップ幅などと呼ぶ．なお，以下では誤解のない範囲で分割幅 h_i の添字 i を省略する．

また，計算に必要な情報が全て厳密値に等しいという仮定（次節の一段階法の場合は $y_{i-1} = y(x_{i-1})$ に相当）のもとで新たに求めた近似値の誤差 $y_i - y(x_i)$ が $O(h^{p+1})$ のとき，その解法の近似次数は p であるという．

4. 一段階法

格子点 x_i における近似値 y_i と，問題に含まれる f の情報のみを用いて隣の格子点 x_{i+1} における近似値 y_{i+1} を計算する方法を，一般に一段階法と呼ぶ．所与の y_0 から始めて一段階法を繰り返すことで $y_1, y_2, \ldots, y_N$ を全て計算することができる．一段階法は一般に扱いやすくかつ頑強であるが，問題に含まれる関数 f を評価する回数が多くなる傾向がある．

4.1 テイラー展開法

テイラー（Taylor）展開 $y(x_{i+1}) = y(x_i) + y'(x_i)h + y''(x_i)h^2/2 + y^{(3)}(x_i)h^3/(3!) + \cdots$ に基づいて，

$$y_{i+1} = y_i + f(x_i, y_i)h + f^{\{1\}}(x_i, y_i)\frac{h^2}{2} + \cdots + f^{\{q-1\}}(x_i, y_i)\frac{h^q}{q!}$$

として y_{i+1} を求める一段階法をテイラー展開法と呼ぶ．なお，$f^{\{r\}}$ は通常の微分則に基づいて $f^{\{r\}}(x, y) = \frac{\partial}{\partial x} f^{\{r-1\}}(x, y) + \frac{\partial}{\partial y} f^{\{r-1\}}(x, y) \cdot f(x, y)$ として計算される．和をとる項数を増やすことで容易に近似精度が上がることが利点であるが，f の高階偏導関数が必要であることと，その計算量が項数に対して急速に大きくなることが欠点である．

4.2 ルンゲ–クッタ法

計算に用いる区間 $[x_i, x_{i+1}]$ における関数値 f を s 個用いて以下のように y_{i+1} を求める一段階法を，一般に s 段ルンゲ–クッタ（Runge–Kutta）法と呼ぶ．

$$\begin{cases} k_1 = f\left(x_i + c_1 h, y_i + h \sum_{l=1}^{s} a_{1l} k_l\right) \\ \quad\vdots \\ k_s = f\left(x_i + c_s h, y_i + h \sum_{l=1}^{s} a_{sl} k_l\right) \\ y_{i+1} = y_i + h \sum_{j=1}^{s} b_j k_j \end{cases}$$

なお，a_{jl}, b_j, c_j はそのルンゲ–クッタ法を決定するパラメータであり，通常は $c_j = \sum_{l=1}^{s} a_{jl}$ と仮定される．

パラメータ a_{jl} を並べた行列 A が狭義下三角行列，すなわち $l \geq j$ のとき $a_{jl} = 0$ であるならば，そのルンゲ–クッタ法では代入していくだけで順番に $k_1, k_2, \ldots, k_s$ を計算することができ，そのまま y_{i+1} が求まる．このような場合，そのルンゲ–クッタ法は陽的（explicit）であるという．また，行列 A が広義下三角行列，すなわち $l > j$ のとき $a_{jl} = 0$ であるならば，そのルンゲ–クッタ法は半陰的（semi-implicit)，もしくは対角陰的（diagonally implicit）であるという．この場合は，各 k_j の定義式の左辺と右辺両方に未知量 k_j が入っているため，これを解いて k_j を求めることになり，陽的な場合に比べて計算量が多くなる．そして，これらのいずれでもない場合，すなわち行列 A が下三角行列でない場合は，陰的 (implicit) であるといい，複数の未知量 $\{k_j\}$ が絡んだ方程式を解いてそれらを求めることになり，計算量は飛躍的に増える．

a. オイラー法

最も単純なルンゲ–クッタ法

$$\begin{cases} k_1 = f(x_i, y_i) \\ y_{i+1} = y_i + hk_1 \end{cases}$$

をオイラー (Euler) 法と呼ぶ．これは 1 次のテイラー展開法と同じものである．非常に単純で扱いやすいが，次数が 1 にすぎず，誤差が大きいことと，多くの問題に対して不安定な振る舞いを見せることが大きな欠点である．

b. 古典的ルンゲ–クッタ法

ルンゲ–クッタ法の中で，次の陽的な 4 段 4 次のものを古典的ルンゲ–クッタ法などと呼ぶ．

$$\begin{cases} k_1 = f(x_i, y_i) \\ k_2 = f(x_i + h/2, y_i + hk_1/2) \\ k_3 = f(x_i + h/2, y_i + hk_2/2) \\ k_4 = f(x_i + h, y_i + hk_3) \\ y_{i+1} = y_i + h(k_1 + 2k_2 + 2k_3 + k_4)/6 \end{cases}$$

陽的であることと，パラメータが全て正であること，4 次という比較的高い精度を持つこと，（以下の）到達可能次数と段数のバランスが良いことなどから，広く使われる．

c. 到達可能次数

ルンゲ–クッタ法の段数 s と到達可能な近似次数 $p^*(s)$ の関係は，高精度計算に必要な知見である．陽的ルンゲ–クッタ法について一般的にこれを求めることは困難であるが，ある程度低い段数については表 1 のような事実が判明している．また，陰的ルンゲ–クッタ法では $p^*(s) = 2s$ である．

表 1 陽的ルンゲ–クッタ法の到達可能次数

段数 s	1	2	3	4–5	6	7–8	9–10	11
到達可能次数 $p^*(s)$	1	2	3	4	5	6	7	8

d. 分割幅自動制御，誤差推定

誤差を一定に抑える範囲内で分割幅をなるべく大きくできれば，全体での計算量の軽減が可能である．また，誤差が大きすぎる場合は，分割幅を小さくすることで誤差を小さくもできる．計算を進める過程でこうした操作を状況に応じて行うことを，分割幅の自動制御と呼ぶ．また，こうしてできた解法を適応型自動積分法と呼ぶこともある．一段階法では，誤差推定さえできれば分割幅の自動制御は素直かつ容易である．

誤差推定として古くはリチャードソン (Richardson) 補外によるものがある．これは，分割幅を変えて同じ区間を計算した複数の結果をもとに $h \to 0$ の補外を行うアイデアに基づく．例えば p 次ルンゲ–クッタ法で $[x_i, x_i + h]$ 区間の計算を分割幅 h で行った結果 $y_{(0)}$ の誤差 $y(x_i + h) - y_{(0)} = Ch^{p+1} + O(h^{p+2})$ と，同区間を分割幅 $h/2$ で 2 ステップ計算した結果 $y_{(1)}$ の誤差 $y(x_i + h) - y_{(1)} = 2C(h/2)^{p+1} + O(h^{p+2})$ とを比較することで，$y_{(1)}$ の誤差がほぼ $(y_{(1)} - y_{(0)})/(2^p - 1)$ であると推定することができる．なお，このアイデアが発展したものが次項の補外法である．

他の優れた誤差推定法として，パラメータ a_{jl}, c_j は同じだがパラメータ b_j が異なる 2 つのルンゲ–クッタ法を用いる方法がある．これは埋め込み型 (embedded) ルンゲ–クッタ法と呼ばれる．同時に用いる 2 つのルンゲ–クッタ法がパラメータ a_{jl}, c_j を共有しているため k_j の計算が共通になり，通常のルンゲ–クッタ法 1 回分と比較して計算量がほとんど増えない点が画期的である．フェールベルク (Fehlberg) により提案された 6 段 5 次公式に 6 段 4 次公式を埋め込んだ，いわゆる RKF45 公式が有名であるが，近年では研究が進み，例えばドルマン–プリンス (Dormand–Prince) によって提案された，12 段 8 次公式に 5 次公式と 3 次公式を埋め込んだものが性能面で優秀であると言われている．

4.3 補外法

上で述べたリチャードソン補外のアイデアを解法として発展させたものが補外法である．まず，単調増大する正整数列 $\{n_1, n_2, \ldots\}$ を用いて対応する分割幅を $h_{(i)} = H/n_i$ と定義し，p 次解法を用いて $[x, x + H]$ 区間を分割幅 $h_{(i)}$，ステップ数 n_i で計算した結果を $y_{(i)}$ とおく．近似解の誤差を h の多項式と見なすと $y_{(i)} = y(x + H) + C_{p+1}(h_{(i)})^{p+1} + C_{p+2}(h_{(i)})^{p+2} + \cdots$ と書けるので，補外により誤差の低次項から $C_{p+1}(h_{(i)})^{p+1}, C_{p+2}(h_{(i)})^{p+2}$ を順に消去していくことができ，$y(x + H)$ のより高精度な近似値を得ることができる．

補外法として有名なグラッグ–ブリアシュ–シュテア (Gragg–Bulirsch–Stoer) 法は，それまでに知られていたロンベルク (Romberg) 列より効率の良いブリアシュ列 $\{1, 2, 3, 4, 6, 8, 12, 16, 24, 32, \ldots\}$ を採用することや，対称な基本解法を用いることで誤差式に h^2 のべき乗しか含まれないようにすること，誤差式を多項式ではなく有理式として補外を行うこ

となどが特徴である．しかし現在では，調和数列と呼ばれる正整数列がブリアシュ列よりも性能が良いことや，有理式補外は多項式補外に比べて特に利点がないことなどが判明している．

5. 線形多段階法

s 個の過去の値 $\{y_i, y_{i+1}, \ldots, y_{i+s-1}\}$ が既知であるとき，未知量 y_{i+s} を求めるために

$$\alpha_0 y_i + \alpha_1 y_{i+1} + \cdots + \alpha_s y_{i+s}$$
$$= h(\beta_0 f_i + \beta_1 f_{i+1} + \cdots + \beta_s f_{i+s})$$

という関係式を用いる方法を s 段線形多段階法と呼ぶ．$f_j = f(x_j, y_j)$ であり，α_j, β_j はその線形多段階法を決定するパラメータである．なお，分割幅は一定値 h にとる．y_{i+s} が求められたならば，あとはこれを繰り返して $y_{i+s+1}, y_{i+s+2}, \ldots$ と計算していくことができる．なお，線形多段階法は $\beta_s = 0$ ならば陽的であり，$\beta_s \neq 0$ のときは陰的である．

陽的な線形多段階法では関数 f を 1 回評価するだけで y_{i+s} が求められ，本質的にオイラー法と同じ計算量で済む．陰的解法でも計算量は 1 段陰的ルンゲ–クッタ法と同等にすぎず，計算量が少ない上，本質的に段数に依存しないことが線形多段階法の大きな利点である．

欠点としては，s 段線形多段階法では所与の初期条件 $y(a) = y_0$ のほかに $\{y_1, y_2, \ldots, y_{s-1}\}$ が既知でないと計算が始められないことが挙げられる．これらの値については適切な一段法や段数の低い線形多段階法を用いて計算を行う．また，既知の $\{y_j, f_j\}$ を保存しておかなければならないため，一段階法に比べてプログラミングが多少複雑になることも欠点である．分割幅の制御については後述する．

5.1 アダムズ法
a. アダムズ–バッシュフォース法

常微分方程式の右辺を多項式補間近似した後に両辺を積分して得られる次の s 段陽的線形多段階法を，アダムズ–バッシュフォース (Adams–Bashforth) 法もしくは陽的アダムズ法と呼ぶ．

$$y_{i+1} = y_i + h \sum_{j=0}^{s-1} \gamma_j \nabla^j f_i$$

ただし，$\gamma_j = (-1)^j \int_0^1 \binom{-t}{j} dt$ で（低次のものを表 2 に記す），∇ は $\nabla f_i = f_i - f_{i-1}$ となる後退差分作用素である．なお $\binom{c}{d}$ は $\binom{c}{d} = c(c-1)\cdots(c-d+1)/(d!)$ で定義される一般化 2 項係数である．2, 3, 4 段アダムズ–バッシュフォース法は，具体的には以下のようになる（右辺の和の結果のみ記す）．

$s = 2:$ $(3f_i - f_{i-1})/2$
$s = 3:$ $(23f_i - 16f_{i-1} + 5f_{i-2})/12$
$s = 4:$ $(55f_i - 59f_{i-1} + 37f_{i-2} - 9f_{i-3})/24$

アダムズ–バッシュフォース法は安定で，s 段法の次数は s である．

表 2　アダムズ–バッシュフォース法の係数

j	0	1	2	3	4	5	6
係数 γ_j	1	$\frac{1}{2}$	$\frac{5}{12}$	$\frac{3}{8}$	$\frac{251}{720}$	$\frac{95}{288}$	$\frac{19087}{60480}$

b. アダムズ–ムルトン法

同様にして得られる次の s 段陰的線形多段階法をアダムズ–ムルトン (Adams–Moulton) 法もしくは陰的アダムズ法と呼ぶ．

$$y_{i+1} = y_i + h \sum_{j=0}^{s} \gamma_j^* \nabla^j f_{i+1}$$

$\gamma_j^* = (-1)^j \int_0^1 \binom{-t+1}{j} dt$ であり，低次のものを表 3 に記す．1, 2, 3 段アダムズ–ムルトン法は，具体的には以下のようになる（右辺の和の結果のみ記す）．

$s = 1:$ $(f_{i+1} + f_i)/2$
$s = 2:$ $(5f_{i+1} + 8f_i - f_{i-1})/12$
$s = 3:$ $(9f_{i+1} + 19f_i - 5f_{i-1} + f_{i-2})/24$

アダムズ–ムルトン法もやはり安定で，s 段法の次数は $s+1$ である．

表 3　アダムズ–ムルトン法の係数

j	0	1	2	3	4	5	6
係数 γ_j^*	1	$-\frac{1}{2}$	$-\frac{1}{12}$	$-\frac{1}{24}$	$-\frac{19}{720}$	$-\frac{3}{160}$	$-\frac{863}{60480}$

5.2 後退微分公式

常微分方程式の左辺で $y(x)$ を多項式補間近似して得られる次の s 段陰的線形多段階法を，後退微分公式もしくは BDF (backward differentiation formula) 公式と呼ぶ．

$$\sum_{j=1}^{s} \frac{1}{j} \nabla^j y_{i+1} = h f_{i+1}$$

2, 3, 4 段 BDF 公式の左辺を以下に記しておく．

$s = 2:$ $(3y_{i+1} - 4y_i + y_{i-1})/2$
$s = 3:$ $(11y_{i+1} - 18y_i + 9y_{i-1} - 2y_{i-2})/6$
$s = 4:$ $\frac{25}{12}y_{i+1} - 4y_i + 3y_{i-1} - \frac{4}{3}y_{i-2} + \frac{1}{4}y_{i-3}$

6 段までの BDF 公式は安定であるが，7 段以上は不安定である．なお，s 段 BDF 公式の次数は s である．BDF 公式は，硬い系と呼ばれる，求解が困難なある種の問題に対しても安定であることが特徴である．

5.3 次　　数

s 段線形多段階法の到達可能次数は $p^*(s) = 2s$ であるが，高次の線形多段階法は不安定で，安定な解法の次数はこれより低い．その限界を示すのが次の定理である．

定理 1（ダールクィストの障壁） s 段線形多段階法が安定である場合は，次数 p について以下の式が成り立つ．

$$p \leqq \begin{cases} s & : \text{陽的 or } \frac{\beta_s}{\alpha_s} < 0 \\ s + \dfrac{3 + (-1)^s}{2} & : \text{その他} \end{cases}$$

5.4 予測子・修正子法

陽的線形多段階法による y_{i+s} を関数値 $f_{i+s} = f(x_{i+s}, y_{i+s})$ の計算に代入して陰的線形多段階法に用いると，陰的な計算過程を経ることなく高精度の近似値が得られると期待される．この解法において，陽的解法過程を予測子，陰的解法を用いて y_{i+s} を改善する過程を修正子，全体を一般に予測子・修正子法と呼ぶ．修正子は反復が可能である．

例えば，3 段 3 次のアダムズ–バッシュフォース法を予測子，2 段 3 次のアダムズ–ムルトン法を修正子として，$\{y_i, f_i, f_{i-1}, f_{i-2}\}$ から y_{i+1} を求める予測子・修正子法は，反復回数 m として

$$\begin{cases} y_{i+1}^{[0]} = y_i + h(23f_i - 16f_{i-1} + 5f_{i-2})/12 \\ y_{i+1}^{[l+1]} = y_i + h(5f(x_{i+1}, y_{i+1}^{[l]}) + 8f_i - f_{i-1})/12 \end{cases}$$

$(l = 0, 1, \ldots, m-1)$ と書ける．次項の誤差推定を利用して計算過程中に反復回数を調整することも可能であるが，実際には $m = 1$ もしくは $m = 2$ と固定して計算を行うことも多い．

5.5 誤差推定，分割幅自動制御

線形多段階法での誤差推定としては予測子と修正子の誤差の違いを利用するミルンの工夫（Milne's device）と呼ばれる方法が知られている．例えば上の予測子・修正子法の例では，1 回修正後の誤差は $y(x_{i+1}) - y_{i+1}^{[1]} \cong (y_{i+1}^{[0]} - y_{i+1}^{[1]})/10$ と推定される．

しかし，一段階法とは異なり，線形多段階法は誤差推定ができても分割幅自動制御解法を直ちに構成することができない．これは，ステップ幅を変更すると，過去の情報 $\{y_i, y_{i+1}, \ldots, y_{i+s-2}\}$，$\{f_i, f_{i+1}, \ldots, f_{i+s-2}\}$ の修正が必要になるからである．これを再計算していては線形多段階法の計算量の少なさという利点が損なわれてしまう．そこで，関数補間によりこれらの値を補間修正する方法や，非等間隔の線形多段階法（非等間隔アダムズ法や可変ステップ後退微分公式が知られている）を用いる方法がとられる．

5.6 ダールクィストの障壁の克服：混合法，巡回多段階法

近年では，線形多段階法においてダールクィスト（Dahlquist）の障壁を克服する研究が進んでいる．例えば，予測子・修正子法の修正子を変形した混合法では，収束する s 段階法 $(s \leqq 7)$ で次数 $p = 2s + 1$ を達成でき，さらなる改善が可能であることも判明している．また，複数の線形多段階法を巡回して用いる巡回多段階法と呼ばれる解法では，安定な s 段階法で $p = 2s - 1$ もしくは $p = 2s$ を達成できる．

6. 実用性，計算速度

ルンゲ–クッタ法，補外法，線形多段階法を関数評価回数だけで比較すると，線形多段階法が最も高速で，次が補外法，最後がルンゲ–クッタ法となる．しかし，分割幅の自動制御が必要な場合は線形多段階法の計算量が増すことや，補外計算の負荷などを考えると，実際の計算速度の予測は難しい．ハイラー（Hairer）らは [3] において多数の数値計算を比較し，ある程度複雑で大規模な常微分方程式問題では，ほぼ全ての状況で高次埋め込みルンゲ–クッタ法（12 段 8 次）が最も高速であり，次が調和数列を用いたグラッグ–ブリアシューシュテア法，最も遅いのが分割幅自動制御型の線形多段階法であると報告している．

［降籏大介］

参　考　文　献

[1] J.C. Butcher, Numerical methods for ordinary differential equations in the 20th century, in C. Brezinski, L. Wuytack (eds.), *Numerical analysis: historical developments in the 20th century*, pp.449–477, North-Holland, 2001.

[2] G.W. Gear, *Numerical initial value problems in ordinary differential equations*, Prentice-Hall, 1971.

[3] E. Hairer, S.P. Nørsett, G. Wanner, *Solving ordinary differential equations I*, 2nd ed., Springer-Verlag, 1993.［邦訳］三井斌友 監訳, 常微分方程式の数値解法 I, シュプリンガー・ジャパン, 2007.

[4] J.D. Lambert, *Computational methods in ordinary differential equations*, John Wiley and Sons, 1973.

[5] 三井斌友, 常微分方程式の数値解法, 岩波書店, 2003.

並列計算
parallel processing

1. 並列計算の基本概念

1.1 並列計算機アーキテクチャ

並列計算機アーキテクチャは，複数のプロセッサが同一の命令列を実行する SIMD (single instruction stream, multiple data stream) と各プロセッサが異なる命令列を実行する MIMD (multiple instruction stream, multiple data stream) に分けられる．SIMD でプロセッサごとに異なる処理をする場合は，不要な処理の実行をマスクする．

同一仕様のプロセッサを複数用いる均質 (homogeneous) な並列計算機のほかに，異なる仕様のプロセッサを用いる非均質 (heterogeneous) な並列計算機がある．逐次性の高い処理に最適化された汎用プロセッサと大規模並列処理に適したアクセラレータを組み合わせ，処理ごとに適したプロセッサを選択することで高い実効性能が期待できる．

メモリシステムに注目すると，共有メモリ (shared memory) と分散メモリ (distributed memory) がある．共有メモリではプロセッサ間の情報通信はメモリへの読み書きを通じて行われ，読み書きの順序を保証するために同期を用いる．任意のプロセッサから任意のメモリアドレスへのアクセス性能が均一な UMA (uniform memory access) と，不均一な NUMA (non-uniform memory access) とがある．分散メモリではプロセッサ間の情報通信はメッセージ通信 (message passing) により行われる．

1.2 プログラミングモデル

並列化記述モデルには，並列文法や通信関数でプログラマが明示的に並列化するモデル，逐次プログラムに指示行 (directive) などで並列化情報を付加するモデル，コンパイラや実行系が自動的に並列化するモデルの3種類がある．メモリアクセスモデルには，大域的な視点でデータを記述する大域的共有メモリモデル，他のプロセッサのメモリに特別な文法や関数でアクセスする局所的共有メモリモデル，主にメッセージ通信でプロセッサ間通信を行う分散メモリモデルの3種類がある．処理記述モデルには，並列処理全体の計算を記述する大域的処理記述モデルと，1プロセッサ上での計算を記述する局所的処理記述モデルとがあり，後者は SPMD (single program multiple data) と呼ばれる．現在広く使われているプログラミングモデルには，MPI [1]，OpenMP [2]，CUDA [3]，OpenACC がある．

1.3 依存性と並列性

並列性 (parallelism) とは依存性 (dependency) がないことである．依存性には4種類がある．RAW (read after write) 依存は，データが書き込まれるまで，そのデータを必要とする計算が開始できないという制約である．WAR (write after read) 依存は，データを読み出す必要がなくなるまで上書きしてはいけないという制約であり，WAW (write after write) 依存は，メモリアドレスを上書きする順序の制約であるが，これらはデータとメモリアドレスとの対応を変えると解消可能である．制御依存 (control dependency) は，条件分岐における条件の成否が決まるまで分岐先の計算が実行できないという制約である．条件の成否に関わらず投機的に実行 (speculative execution) し，不要な計算はキャンセルすることで制御依存を緩和することができる．

アルゴリズムの並列性には典型的なパターンがいくつかある．多数のデータに対して独立に同様な処理が適用されるデータ並列 (data parallelism)，計算の塊をタスクとしてタスク間の並列性を利用するタスク並列 (task parallelism)，流れ作業のようなパイプライン (pipeline) 並列，総和計算のようなリダクション (reduction) 並列，分割統治のようなツリー並列などである．複数の計算を並列に行い，結果は1つだけが選ばれる OR 並列は，探索や最適化で用いられる．高い並列性が求められる場合，複数の類型を組み合わせる必要がある．

2. 並列計算性能

2.1 性能指標

本項目で言う並列計算とは，複数のプロセッサを用いてひとまとまりの計算を高速に行うことを指す．主たる性能指標は経過時間 (elapsed time) である．すなわち，プロセッサ q が処理を開始した時刻を s_q，終了した時刻を t_q とすると，$T = \max_q\{t_q\} - \min_q\{s_q\}$ が所要時間である．

以下，本節では均質な並列計算機を想定する．1プロセッサでの所要時間を T_1，p プロセッサでの所要時間を T_p とする．このとき高速化率 (speedup) S_p と並列化効率 (efficiency) E_p を

$$S_p = T_1/T_p, \quad E_p = S_p/p$$

で定義する．理想高速化率 (ideal speedup) は $S_p^{id} = p$ であり，$S_p > S_p^{id}$ のときスーパーリニアな加速率という．

2.2 Amdahl 則と Gustafson 則

計算全体が n 個の部分計算からなるとし，i 番目の部分計算の1プロセッサでの所要時間が T_{i1} であるとする．プロセッサ数を p とし，i 番目の部分計

算が高速化率 S_{ip} で並列化されたとすると，計算全体の並列所要時間 T_p と高速化率 S_p は

$$T_p = \sum_{i=1}^{n} \frac{T_{i1}}{S_{ip}}, \quad S_p = \left(\sum_{i=1}^{n} \frac{\alpha_i}{S_{ip}}\right)^{-1}$$

となる．ここで $\alpha_i = T_{i1}/\sum_{i=1}^{n} T_{i1}$ は 1 プロセッサで i 番目の部分計算が所要時間に占める割合である．特に $n=2$, $S_{1p}=1$, $S_{2p}=p$ の場合の上記の関係を Amdahl 則（Amdahl's law）と呼ぶが，ここでは一般化した上記の関係も Amdahl 則と呼ぶ．

Amdahl 則はプロセッサ数によって並列化が必要な部分が異なることを示す．例えば $p=4$ であれば，$\alpha_i=0.01$ なる部分計算 i を並列化する価値はほとんどない．なぜなら，他の部分は理想的に並列化されても $0.2475T_1$ の時間がかかるが，部分計算 i を並列化して得られる所要時間の短縮は，最大でも $0.0075T_1$ しかないからである．ところが，$p=10000$ であれば，部分計算 i を効率的に並列化しなければならない．明らかに $S_p \leqq \min_i\{S_{ip}/\alpha_i\}$ であるから，$S_{ip}=1$ であれば $S_p \leqq 100$ であり，10000 個のプロセッサが有効利用できないからである．

上記のように，計算全体を固定し，プロセッサ数の増加に伴いどれだけ所要時間が短縮できるかを指標とする考え方を，強スケーリング（strong scaling）と呼ぶ．これに対し，所要時間を一定にし，プロセッサ数を増やすとどれだけ多くの計算ができるかを指標とする考え方を，弱スケーリング（weak scaling）と呼ぶ．プロセッサ p 台で計算できる処理量を W_p とすると，高速化率は $\tilde{S}_p = W_p/W_1$ で定義できる．部分計算ごとの高速化率を $\tilde{S}_{ip} = W_{ip}/W_{i1}$ で定義すると，計算全体の高速化率は

$$\tilde{S}_p = \sum_{i=1}^{n} \tilde{\alpha}_i \tilde{S}_{ip}$$

となる．ここで $\tilde{\alpha}_i = W_{i1}/\sum_{i=1}^{n} W_{i1}$ である．これを Gustafson 則（Gustafson's law）という．弱スケーリングは強スケーリングよりも高い高速化率を示すことが多いが，台数が増えるにつれて大きな問題を解くことになる．それが適切かどうかをアプリケーションの視点から精査する必要がある．

弱スケーリングの別の見方として，p 台のプロセッサで p 倍の計算をすることにする．このとき並列化効率と高速化率は

$$\hat{E}_p = T_1/T_p, \quad \hat{S}_p = p\hat{E}_p$$

と定義できる．このモデルでは多くの場合に T_p は p の増加関数であり，高速な計算機を使うほど所要時間がかかることになってしまう点に注意を要する．

2.3 並列処理性能の劣化要因

次に，並列処理における性能向上を阻害する主要な要因を論ずる．これらの要因を把握し，その影響を軽減することが重要である．

第一に，負荷の不均衡（load imbalance）が挙げられる．各プロセッサが担当する処理量が異なると，あるプロセッサが計算している間，他のプロセッサが待つことになる．負荷の不均衡は，各プロセッサへの仕事の割り当て方が最適でない場合，あるいは並列性が不十分な場合に発生する．後者の視点からは，同じ計算を複数のプロセッサが重複して計算する場合も，広義の負荷不均衡である．

第二に，通信や同期など，並列化に伴って必要となる処理のオーバーヘッドが挙げられる．一貫性機構のないキャッシュは，同期の際に内容をメモリに書き戻し，ラインを無効化する必要があるが，これも同期のオーバーヘッドである．スケジューリングやデータ分散などのアルゴリズム的な前処理，並列化のためのアルゴリズムの変更も，並列化に伴うオーバーヘッドである．

第三に，共有リソースの衝突が挙げられる．例えばメモリ性能がボトルネックとなるプログラムでは，共有メモリへのアクセス衝突により性能が劣化する．また，分散メモリ計算機で，1 つのプロセッサに多数のメッセージが同時に送られることで衝突が起きることがある．各プロセッサが占有的に使用する変数があり，それらが同一のキャッシュラインに割り当てられているとき，1 つのプロセッサが変数にアクセスするたびに，他のプロセッサのキャッシュラインの書き換えまたは無効化が発生する．これを false sharing（フォールスシェアリング）と呼ぶが，共有リソースの衝突の一種である．

3. 事例 1：偏微分方程式の陽解法

以下では事例を用いて，並列計算による高性能化のための手法を説明する．本節では，2 次元領域 $[0,1] \times [0,1]$ で拡散方程式 $\partial_t u = \kappa(\partial_{xx} u + \partial_{yy} u)$ を差分法および陽的オイラー法で離散化した

$$u_{i,j,k+1} = (1-4r)u_{i,j,k}$$
$$+ r(u_{i+1,j,k} + u_{i-1,j,k} + u_{i,j+1,k} + u_{i,j-1,k})$$

（$r = \kappa\Delta t/\Delta x^2$）を考える．適当な初期条件とディリクレ境界条件が与えられているものとする．

これを分散メモリ計算機で並列処理するには，データと計算の分割と割り当てを決める必要がある．これには，空間領域を小領域に分割し，小領域をプロセッサに割り当てる領域分割法（domain decomposition）が用いられる．矩形領域の分割には 1 次元分割と 2 次元分割が広く用いられる．各格子点の値の計算は，その格子点が属する領域を所有するプロセッサが実行することにする．これを owner computes ruleと呼ぶ．

ある格子点の値の計算で，上下左右の格子点の値を参照する必要がある．これらの参照する値を格納しておくために，各プロセッサで割り当て領域よりも上下左右に1格子分余計にメモリを確保する．この余計なメモリ領域を袖領域（shadow region）などと呼ぶ．時間ステップごとに，(1) 袖領域のデータの交換，(2) 割り当て領域内の格子点の値の計算，の2つを行う．

袖領域のデータ交換に必要な時間を見積もる．空間格子全体を $N \times N$，プロセッサ数を p とし，簡単のため $\sqrt{p}$ は整数とし，p は N を割り切るとする．1次元分割では各プロセッサに $N \times N/p$ の領域が割り当てられ，袖領域は左右に N 点ずつある．L ワードの通信に $\alpha + \beta L$ の時間がかかるとすると，袖領域の通信にかかる時間は左右をあわせて

$$T_{1d} = 2\alpha + 2\beta N$$

である（双方向同時通信ができるとする）．2次元分割では各プロセッサに $N/\sqrt{p} \times N/\sqrt{p}$ の領域が割り当てられ，袖領域は上下左右に $N/\sqrt{p}$ 点ずつある（$p \geq 9$ を仮定している）ので，通信時間は

$$T_{2d} = 4\alpha + 4\beta N/\sqrt{p}$$

である．したがって，遅延項 α がバンド幅項 βN に比べて大きいときは1次元分割が有利だが，問題サイズ N が大きいときには2次元分割が有利である．

格子点1点の計算に γ の時間がかかるとすると，1次元分割での所要時間は $2\alpha + 2\beta N + \gamma N^2/p$ となる．もし $\gamma N^2/p < 2\alpha$ であれば，所要時間の半分以上が通信に費やされ，並列化効率が $1/2$ 未満となることが確認できる．通信と通信の間に行われる計算の時間 $\gamma N^2/p$ は粒度（granularity）と呼ばれる．並列化効率を一定以上確保するには，通信コストに比べて計算粒度が粗いことが必要である．

他のプロセッサが所有する格子点の値を参照するのは，小領域の境界から1つ内側の格子点だけである．よって，袖領域データの転送中に，境界から2つ以上内側の格子点の計算を行うことができ，これにより通信遅延を隠蔽（latency hiding）できる．境界から1つ内側の格子点は，袖領域のデータ受信後に計算する．

さらに，通信回数の削減方法を示す．袖領域を境界から2つ分確保する．データ通信後最初の時間ステップでは，各プロセッサが担当小領域よりも1つ外側の格子点まで計算する．その次の時間ステップでは，プロセッサ間通信をせずに担当小領域の計算ができる．一般化して，境界から m 列分の袖領域を確保すれば，通信は m ステップに1回で済む．1次元分割で所要時間を評価すると，m ステップ当たりで $2\alpha + 2m\beta N + m\gamma N^2/p + m(m-1)\gamma N$ となる．これを m で割って最小化すると，$m = \sqrt{2\alpha/(\gamma N)}$ となる．この手法は細粒度の並列化が必要な場合に有効性を発揮する．

4. 事例2：GPUを用いた行列積

次にアクセラレータとしてGPU（graphic processing unit）を用いた行列積 $Z = XY$ を考える．行列 X, Y はそれぞれ $N \times L$，$L \times M$ とする．

GPUはSIMDとMIMDを組み合わせた共有メモリ型並列計算機である．GPUは複数のプロセッサを含み，それらはMIMD的に独立に動作する．各プロセッサには多数の演算器が含まれ，これらはSIMD的に動作する．以下では1要素の演算系列に相当する処理をスレッド，SIMD的に動作するスレッドのまとまりをブロックと呼ぶ．

行列積 $Z = XY$ の計算には，LMN の浮動小数乗加算が必要である．演算ごとに行列要素をメモリから取ってくると，$4LMN$ ワードの読み書きが必要となる．これでは多くの場合メモリバンド幅がボトルネックとなる．そこで，GPU上のプロセッサに備わっている高速小容量のオンチップメモリを活用する．各行列を $B \times B$ の小行列に分割する（ブロック化（blocking）あるいはタイリング（tiling）という．簡単のため L, M, N は B で割り切れるとする）．GPUメモリから小行列を読み出してオンチップメモリにいったん保存し，小行列積を計算した後，GPUメモリに書き戻す．これでGPUメモリアクセスは合計 $4LMN/B$ ワード，すなわち元の $1/B$ で済む．ブロック化により行列積アルゴリズムが有する時間的局所性（temporal locality; 同じデータが何度も参照されること）・空間的局所性（spatial locality; 隣接するデータが参照されること）が活かされている．

メモリは連続領域にアクセスするときに最も性能が高い．GPU上のプロセッサはSIMD動作するので，連続するスレッドが連続する要素を1つずつアクセスするときに性能が高い．このようなメモリアクセスはcoalesced accessと呼ばれる．またこのような割り当てをサイクリック分割（cyclic distribution）と呼ぶ．MIMD動作するブロック間ではブロック分割（block distribution）が適しており，SIMDとMIMDで適した分散が異なる．

初期状態で X, Y はCPUメモリ上にあり，これをGPUメモリに転送して行列積を計算し，結果の Z はGPUメモリ上に置いておくとする．CPUからGPUに n ワード転送するのに $\alpha + \beta n$ の時間がかかり，$N \times l$ と $l \times M$ の行列積に γl の時間がかかるとする．最初に X と Y をCPUからGPUに送っ

てから行列積を計算すれば, $2\alpha + \beta(N+M)L + L\gamma$ の時間がかかる.

次に, X を列分割, Y を行分割して, それぞれ等しいサイズの k 個のブロックに分割する. すると, あるブロックの行列積を計算している間に次のブロックのデータを転送することにより, 通信遅延が隠蔽できる. 以下 $\beta(N+M) > \gamma$ と仮定すると, 全体の所要時間は $2k\alpha + \beta(N+M)L + L\gamma/k$ となる. 分割数 k の最適値は $k = \sqrt{\gamma L/(2\alpha)}$ であり, そのとき所要時間は $\beta(N+M)L + 2\sqrt{2\alpha\gamma L}$ となる.

次に, 不均等ブロック分割を導入する. ブロック i のサイズを l_i とする. ブロック i の行列積を計算している間にブロック $i+1$ の転送をするので, これらの時間をほぼ一致させるため, $\gamma l_i = \beta(N+M)l_{i+1}$ とすると, $l_{i+1}/l_i = \gamma/(\beta(N+M))$ となる. この比を r とすると

$$L = \sum_{i=0}^{k-1} l_i = l_0 \frac{1-r^k}{1-r}$$

より, 分割数 k からブロックサイズ l_0 が決定できる. このとき所要時間は

$$2k\alpha + \beta(N+M)L + \gamma \frac{(1-r)Lr^k}{1-r^k}$$

である. 最適な分割数は $k = O(\log L)$, 所要時間は $\beta(N+M)L + O(\log L)$ となる.

5. 事例3：集団通信

集団通信はプロセッサ間の情報交換の典型例である. MPI には Broadcast, Reduce, Gather, Scatter, AllReduce, AllGather, ReduceScatter, AlltoAll, Scan が定義されている. これらの集団通信を実現するアルゴリズムは複数あり, 条件によって最適なアルゴリズムが異なる. 以下, 簡単のためプロセッサ数は 2 の冪乗とする. また, 長さ n のベクトルの転送に $\alpha + \beta n$ の時間がかかるとする.

まず, Broadcast を考える. 初期状態ではプロセッサ 0 が長さ N のベクトル x を持っており, 終了状態では全プロセッサが x のコピーを持つ.

アルゴリズム 1 は, $\log_2 p$ ステップからなり, ステップ i ではベクトルを持っているプロセッサ q がプロセッサ $q + 2^i$ にベクトルを転送する. 所要時間は $(\alpha + \beta N) \log_2 p$ となる.

アルゴリズム 2 は, ベクトルを k 個のブロックに分け, 各ステップではプロセッサ q がプロセッサ $q+1$ に 1 つのブロックを転送する. 処理は $p+k-2$ ステップで終了し, 所要時間は $(p+k-2)(\alpha+\beta N/k)$ である. 最適な分割数は $k = \sqrt{(p-2)\beta N/\alpha}$ であり, そのとき所要時間は $(p-2)\alpha + \beta N + 2\sqrt{\alpha\beta N(p-2)}$ である. 2 つのアルゴリズムを比較すると, プロセッサ数 p が大きいときはアルゴリズム 1 が, ベクトル長 N が大きいときはアルゴリズム 2 が適していることがわかる. このほか, いったん Scatter してから AllGather するアルゴリズムが存在する.

Reduce のアルゴリズムでも, $\log_2 p$ ステップからなるものや, k 個のブロックをパイプラインで転送するもの, いったん ReduceScatter してから Gather するものが考えられる. AllReduce は Reduce の結果を Broadcast するのと等価である. ここでも $\log_2 p$ ステップからなるもの, ブロックに分割してからパイプラインで転送するもの, ReduceScatter してから AllGather するものが考えられる.

Scan では, 初期状態でプロセッサ q がベクトル x^q を持っており, 終了状態ではプロセッサ q が $\sum_{i=0}^{q} x^i$ を持つ (inclusive scan). 処理は $\log_2 p$ ステップからなり, 第 i ステップでは, プロセッサ $q < p-2^i$ は自分が持っているベクトルをプロセッサ $q+2^i$ に送る. データを受信したプロセッサは, 既に持っているベクトルに受信したベクトルを足し込む. Scan を用いると, 漸化式の計算や 3 重対角行列を係数とする連立 1 次方程式の直接解法を並列化することができる.

6. その他の重要な手法

このほか, 並列処理において重要な手法を挙げる. 行列計算 [4],[5] では, リオーダリング, グラフ分割アルゴリズム, 反復解法としての領域分割法, ブロックサイクリック分割, 再帰的ブロック化 [6], 一般的な並列処理では, スケジューリング理論, 動的負荷分散, マスター・ワーカー, ワークスティーリング, 並列乱数, 分散ハッシュ法などが重要である.

[須田礼仁]

参 考 文 献

[1] ウィリアム・グロップほか 著, 畑崎隆雄 訳, 実践 MPI-2, ピアソンエデュケーション, 2002.
[2] 牛島 省, OpenMP による並列プログラミングと数値計算法, 丸善, 2006.
[3] 青木尊之, 額田 彰, はじめての CUDA プログラミング, 工学社, 2009.
[4] 金田康正ほか, 並列数値処理, コロナ社, 2010.
[5] J. Dongarra et al., *Numerical Linear Algebra for High-Performance Computers*, SIAM, 1998.
[6] E. Elmroth et al., Recursive Blocked Algorithms and Hybrid Data Structures for Dense Matrix Library Software, *SIAM Review*, **46**(1) (2004), 3–45.

行列・固有値問題の解法とその応用

連立 1 次方程式に対する直接解法　408
連立 1 次方程式に対する反復解法　412
最小 2 乗問題の数値解法　416
固有値問題の数値解法　418
特異値分解の数値計算　422

連立1次方程式に対する直接解法

direct method for system of linear equations

本項目では，連立1次方程式

$$Ax = b \tag{1}$$

の直接解法を扱う．ここで $A = (a_{ij})$ は正則な実 n 次正方行列，$b = (b_1, b_2, \ldots, b_n)^\mathsf{T}$ は n 次元実ベクトル，$x = (x_1, x_2, \ldots, x_n)^\mathsf{T}$ は解ベクトルである．

式(1)を解くためにクラーメルの公式の使用や A^{-1} を求めて $A^{-1}b$ を計算することは，計算量と記憶容量の観点で実用的でない．その代わりに，数値計算の誤差がなければ有限回の四則演算で解を得る直接解法（特に行列分解に基づく解法）と，解に収束する近似解列を逐次生成する反復解法（定常反復法，クリロフ部分空間法など）（[連立1次方程式に対する反復解法]（p.412）参照）が状況に応じて使い分けられている．

1. ベクトルノルムと行列ノルム

2次元実ベクトル $x := (x_1, x_2)^\mathsf{T} \in \mathbf{R}^2$ の長さは $(x_1^2 + x_2^2)^{1/2}$ である．ベクトルノルム (vector norm) は"長さ"の抽象概念であり，写像 $\|\cdot\| : \mathbf{R}^n \to \mathbf{R}$ が任意の $x, y \in \mathbf{R}^n, \alpha \in \mathbf{R}$ に対して次式を満たすとき，これをベクトルノルムという．

- $\|x\| \geqq 0;\ \|x\| = 0 \Leftrightarrow x = \mathbf{0}$ （非負性）
- $\|\alpha x\| = |\alpha| \cdot \|x\|$ （正斉次性）
- $\|x + y\| \leqq \|x\| + \|y\|$ （三角不等式）

ベクトルノルムの例として，ベクトルの p ノルム $(1 \leqq p \leqq \infty)$ があり，次式で定義される．

$$\|x\|_p := (|x_1|^p + |x_2|^p + \cdots + |x_n|^p)^{1/p}$$

ただし，$p = \infty$ のとき，$\|x\|_\infty = \max_{1 \leqq i \leqq n} |x_i|$ である．なお，連立1次方程式の誤差解析においてよく使用されるのは $p = 1, 2, \infty$ の場合である．

行列も同様にノルムが定義される．任意の $A, B \in \mathbf{R}^{n \times n}, \alpha \in \mathbf{R}$ に対して次式を満たす写像 $\|\cdot\| : \mathbf{R}^{n \times n} \to \mathbf{R}$ を行列ノルム (matrix norm) という．

- $\|A\| \geqq 0;\ \|A\| = 0 \Leftrightarrow A = O$（$O$ は零行列）
- $\|\alpha A\| = |\alpha| \cdot \|A\|$
- $\|A + B\| \leqq \|A\| + \|B\|$
- $\|AB\| \leqq \|A\| \cdot \|B\|$

最後の不等式を劣乗法性 (submultiplicativity) といい，文献によっては劣乗法性がないときも行列ノルムという場合がある．

行列ノルムの例として，行列の p ノルム $(1 \leqq p \leqq \infty)$ があり，次式で定義される．

$$\|A\|_p := \max_{x \neq \mathbf{0}} \frac{\|Ax\|_p}{\|x\|_p}$$

特に連立1次方程式の誤差解析においてよく使用される $p = 1, 2, \infty$ のときは，次の公式で与えられる．

$$\|A\|_1 = \max_j \sum_{i=1}^n |a_{ij}|$$

$$\|A\|_2 = (A^\mathsf{T}A\ \text{の最大固有値})^{1/2}$$

$$\|A\|_\infty = \max_i \sum_{j=1}^n |a_{ij}|$$

ベクトルノルムや行列ノルムの定義から，自然な形で2つのベクトル（または行列）の間の距離 $\|x - y\|_p$ $(\|A - B\|_p)$ が定められ，これらは誤差評価や収束性などの解析に役立つ（なお，より詳細な情報を得るために行列やベクトルの要素ごとに着目した誤差解析もある）．

2. 条件数

連立1次方程式 (1) の解について，行列 A と右辺ベクトル b を少し変えたときに解がどれくらい変化しうるか，という尺度として（p ノルム）条件数 (condition number) $(1 \leqq p \leqq \infty)$ があり，

$$\kappa_p(A) := \|A\|_p \|A^{-1}\|_p$$

で定義される．ここで，劣乗法性から $1 = \|I\|_p = \|AA^{-1}\|_p \leqq \|A\|_p \|A^{-1}\|_p = \kappa_p(A)$ となるため，条件数は1以上である．

解の変化量については，連立1次方程式 (1) に対して行列 A と右辺ベクトル b に摂動を与えた方程式

$$(A + \Delta A)(x + \Delta x) = b + \Delta b$$

を考え，$b \neq \mathbf{0}$, $\|A^{-1}\|_p \|\Delta A\|_p \leqq 1/2$ とすると

$$\frac{\|\Delta x\|_p}{\|x\|_p} \leqq 2\kappa_p(A)\left(\frac{\|\Delta A\|_p}{\|A\|_p} + \frac{\|\Delta b\|_p}{\|b\|_p}\right)$$

と評価される．すなわち，条件数が高いと，少しの入力の変化でも摂動を受けた方程式の解は元の解と大きく異なる可能性がある．このため，条件数が大きいとき，方程式は悪条件 (ill-conditioned) であるという．これは，方程式が悪条件ならば数値解は誤差の影響をより受けやすくなることを意味する．

3. 非対称行列用の直接解法

本節では，連立1次方程式の代表的な直接解法である LU 分解法を述べる．構成は，LU 分解とそれを用いた連立1次方程式の数値解法，枢軸選択付き LU 分解，LU 分解法の誤差解析，そして近似解の改良を行う反復改良の説明である．これらの詳細については，例えば文献 [2]〜[4] がある．

3.1 LU 分解

行列 A を下三角行列 L と上三角行列 U との積

$$A = LU \tag{2}$$

に分解することを LU 分解（LU decomposition）という．ここで，

$$L = \begin{pmatrix} l_{11} & & \\ \vdots & \ddots & \\ l_{n1} & \cdots & l_{nn} \end{pmatrix}, U = \begin{pmatrix} u_{11} & \cdots & u_{1n} \\ & \ddots & \vdots \\ & & u_{nn} \end{pmatrix}$$

であり，空白部分は要素が 0 を意味する．

行列 L の対角要素を 1，または行列 U の対角要素を 1 とすると分解の一意性があり，前者は（枢軸選択なし）ガウスの消去法に相当し，後者は（枢軸選択なし）クラウト法と呼ばれる．定義から，任意の正則行列に対して LU 分解が存在するとは限らないが，後述する枢軸選択を行うことにより，その存在が保証される．なお，L を記憶せずに $A\bm{x} = \bm{b}$ を $U\bm{x} = \bm{y}$ に変形し，後退代入で解を求める算法を（枢軸選択なし）ガウスの消去法（Gaussian elimination）という．

連立 1 次方程式 (1) の解 $\bm{x}$ は，行列 A の LU 分解 (2) を用いて次式から得られる．

$$A = LU, \quad L\bm{y} = \bm{b}, \quad U\bm{x} = \bm{y}$$

具体的には，前進代入（forward substitution）

$$y_i = \frac{1}{l_{ii}}\left(b_i - \sum_{j=1}^{i-1} l_{ij} y_j\right) \quad (i=1,\ldots,n)$$

で $\bm{y}$ を求めた後に後退代入（back substitution）

$$x_i = \frac{1}{u_{ii}}\left(y_i - \sum_{j=i+1}^{n} u_{ij} x_j\right) \quad (i=n,\ldots,1)$$

で解 $\bm{x}$ が得られる．ただし，$y_1 = b_1/l_{11}$, $x_n = y_n/u_{nn}$ である．

行列 $A = (a_{ij})$ が LU 分解できる必要十分条件は，その全ての主座小行列式が 0 でないことであり，この条件を満たす行列として例えば以下がある．

1) 狭義優対角行列
   $|a_{ii}| > \sum_{j \neq i} |a_{ij}| \quad (1 \leq i \leq n)$.
2) M 行列
   $a_{ij} \leq 0 \ (i \neq j)$，かつ A^{-1} の要素は非負．
3) 行列 A の対称部分が正定値
   行列 A の対称部分とは，$H := (A + A^\mathsf{T})/2$ のことであり，任意の正方行列は対称行列 H と歪対称行列 $S := (A - A^\mathsf{T})/2$ の和 $A = H + S$ で表せる．正定値については 4 節を参照．

3.2 枢軸選択付き LU 分解

行列 A が LU 分解できる条件を満たさない場合，分解の過程で零除算が発生する可能性がある．また，たとえ零除算が発生せず，行列 A の条件数が低くても，LU 分解によって計算された $\tilde{L}$ と $\tilde{U}$ との積 $\tilde{L}\tilde{U}$ は A と大きくかけ離れる可能性がある．このため，通常は LU 分解の過程で枢軸選択（pivoting）を行う．この操作により前者の問題は解決され，後者の問題は通常回避される．

部分枢軸選択付き LU 分解の算法をアルゴリズム 1 に示す．部分枢軸選択（partial pivoting）とは 1) の操作を指し，この算法では行列 A に分解の結果が上書きされる．具体的には，下三角行列 L の要素は $l_{ii} = 1 \ (i=1,\ldots,n), \ l_{ij} = a_{ij} \ (i > j)$ であり，上三角行列 U の要素は $u_{ij} = a_{ij} \ (i \leq j)$ である．

アルゴリズム 1（部分枢軸選択付き LU 分解）
for $i = 1, \ldots, n-1$ **do**:
1) $\{|a_{ii}|, \ldots, |a_{ni}|\}$ の中で最大の要素 $a_{p,i}$ を見つけ，$j = 1, \ldots, n$ に対して a_{ij} と $a_{p,j}$ を入れ替える．
2) $a_{ji} = a_{ji}/a_{ii} \ (j = i+1, \ldots, n)$.
3) $j = i+1, \ldots, n$ に対して以下を計算する：
   $a_{jk} = a_{jk} - a_{ji} \times a_{ik} \ (k = i+1, \ldots, n)$.
end

行列 A は，部分枢軸選択付き LU 分解により

$$PA = LU$$

と分解される．ここで P は，アルゴリズム 1 の 1) で $i = 1, \ldots, n-1$ の順に単位行列の i 行と p_i 行を入れ替えて得られる置換行列である．したがって，部分枢軸選択付き LU 分解を用いると，連立 1 次方程式 (1) の解 $\bm{x}$ は次式から得られる．

$$PA = LU, \quad L\bm{y} = P\bm{b}, \quad U\bm{x} = \bm{y} \tag{3}$$

なお，完全枢軸選択（complete pivoting）と呼ばれる方法もあり，アルゴリズム 1 の 1) の操作を次のように変更すればよい．「まず $\{|a_{kl}| : i \leq k \leq n, \ i \leq l \leq n\}$ の中で最大の要素 $a_{p_i q_i}$ を見つけ，次に $j = 1, \ldots, n$ に対して a_{ij} と $a_{p_i j}$ を入れ替え，$j = 1, \ldots, n$ に対して a_{ji} と $a_{j q_i}$ を入れ替える」．この変更により $PAQ = LU$ と分解される．ここで，P と Q は，1) で $i = 1, \ldots, n-1$ の順に単位行列の i 行と p_i 行を入れ替えて得られる置換行列と，単位行列の i 列と q_i 列を入れ替えて得られる置換行列である．効率面から通常は部分枢軸選択，うまくいかない場合は完全枢軸選択が用いられる．

LU 分解法に必要な四則演算の回数は，式 (3) の第 1 式で $(2/3)n^3$ 程度，第 2 式および第 3 式でそれぞれ n^2 回程度である．

なお，右辺ベクトル $\bm{b}$ だけが異なる複数の連立 1 次方程式を解く際は，行列 A の LU 分解の結果を保持すれば，式 (3) の $\bm{b}$ だけを変えて計算すればよいため効率的である．

3.3 誤差解析

部分枢軸選択付き LU 分解法 (3) について，以下の誤差解析の結果がある．

$$P(A+E) = LU, \quad Ly = Pb + r_L, \quad Uz = y + r_U$$

とし，$y, z \neq 0$ とする．そして

$$\epsilon_A := \frac{\|E\|_p}{\|A\|_p}, \quad \epsilon_L := \frac{\|r_L\|_p}{\|L\|_p \|y\|_p}, \quad \epsilon_U := \frac{\|r_U\|_p}{\|U\|_p \|z\|_p}$$

と定義すると，以下が成り立つ．

$$\frac{\|z - x\|_p}{\|z\|_p} \leq \kappa_p(A)(\epsilon_A + \epsilon)$$

ただし，

$$\epsilon := \frac{\|L\|_p \|U\|_p}{\|A\|_p} \{\epsilon_U + \epsilon_L(1 + \epsilon_U)\}$$

である．この結果は，たとえ行列 A の条件数が低くても $(\|L\|_p \|U\|_p)/\|A\|_p$ の値が高いときに見当違いの解を生成する可能性を示唆しているが，$(\|L\|_p \|U\|_p)/\|A\|_p$ の値は通常小さいため，部分枢軸選択付き LU 分解法は数値的に安定である．

3.4 反復改良

連立 1 次方程式 (1) の近似解 $\tilde{x}$ の精度が十分でないとき，$x = \tilde{x} + \Delta x$ を満たす修正量 Δx がわかれば解 x が得られる．その修正量は，残差ベクトル $r := b - A\tilde{x}$ を右辺に持つ連立 1 次方程式

$$A \Delta x = r \quad (4)$$

を厳密に解けば得られる．そこで，式 (4) の近似解 $\Delta \tilde{x}$ を用いると，$\tilde{x} + \Delta \tilde{x}$ は $\tilde{x}$ よりも高精度の近似解になると期待される．この操作を繰り返す算法を反復改良（iterative refinement）という．

アルゴリズム 2（反復改良）

1) $Ax = b$ の近似解を x_0 とする．
for $k = 0, 1, \ldots, m$ **do:**
2) $r_k = b - Ax_k$ を計算する．
3) $A \Delta x = r_k$ を解き，修正量 Δx_k を求める．
4) $x_{k+1} = x_k + \Delta x_k$．
end

アルゴリズム 2 の 1) と 3) の計算は，行列 A の LU 分解の結果を保持すれば，解く手間が前進・後退代入だけになるため，反復改良の反復を効率よく進めることができる．2) の計算については，使用されている精度よりも高精度で計算を行う場合もある（例えば倍精度計算であれば，4倍精度を用いるなど）．

なお，ベクトル値関数 $f(x) := b - Ax$ を用いると，反復改良の 1 反復は，$f(x) = 0$ の数値解法であるニュートン法の 1 反復そのものである．

4. 対称行列用の直接解法

行列 A が対称のとき，3.1 項の LU 分解よりも効率的に行列を分解する方法がある．ここでは，コレスキー分解と LDL^T 分解を述べる．準備として，以下に用語を定義する．

1) 正定値（positive definite）
   任意の $x \neq 0$ に対して $x^\mathsf{T} A x > 0$ を満たすとき，行列 A は正定値という．
2) 正定値対称（symmetric positive definite）
   行列 A が正定値かつ対称であることをいう．

なお，A が正定値対称であるためには，A の全ての固有値は正であることが必要かつ十分である．

4.1 コレスキー分解

行列 A が正定値対称であるとき，

$$A = LL^\mathsf{T}$$

を満たす下三角行列 L が存在し，これを行列 A のコレスキー分解（Cholesky decomposition）という．コレスキー分解の算法を以下に示す．

アルゴリズム 3（コレスキー分解）

for $i = 1, \ldots, n$ **do:**
$$l_{ii} = \left(a_{ii} - \sum_{k=1}^{i-1} l_{ik}^2 \right)^{1/2}$$
for $j = i+1, \ldots, n$ **do:**
$$l_{ji} = \left(a_{ji} - \sum_{k=1}^{i-1} l_{jk} \times l_{ik} \right) / l_{ii}$$
end
end

コレスキー分解の四則演算の回数は約 $(1/3)n^3$ 回であり，LU 分解の約半分である．ただし，LU 分解と異なり，n 回の平方根の計算が必要になる．

なお，コレスキー分解は枢軸選択を必要とせず，数値的に安定であることが知られている．

4.2 LDL^T 分解

対称行列 A が正定値でないとき，コレスキー分解はできないが，その首座小行列式が全て非零ならば

$$A = LDL^\mathsf{T}$$

となる対角行列 D（非対角要素が全て 0 の行列）と対角要素が 1 の下三角行列 L が存在する．これを LDL^T 分解といい，算法をアルゴリズム 4 に示す．

アルゴリズム 4 から，対角行列 D の対角要素 d_{ii} と対角要素を含まない下三角行列 L の要素 l_{ij} が得られ，$l_{ii} = 1$ である．LDL^T 分解は，コレスキー分解と異なり，平方根の計算が不要である．

アルゴリズム 4（LDL$^\mathsf{T}$ 分解）

$d_{11} = a_{11}$
for $i = 2, \ldots, n$ **do**:
  for $j = 1, \ldots, i-1$ **do**:
$$l_{ij} = \left(a_{ij} - \sum_{k=1}^{j-1} l_{ik} \times l_{jk} \times d_{kk}\right)/d_{jj}$$
  end
$$d_{ii} = a_{ii} - \sum_{k=1}^{i-1} l_{ik}^2 \times d_{kk}$$
end

なお，シルヴェスターの慣性則（Sylvester's law of inertia）によると，対称行列 A の固有値の正，負，0 の個数と，対角行列 D の固有値（対角要素）の正，負，0 の個数は等しい．すなわち，LDL$^\mathsf{T}$ 分解ができたとすれば，行列 A の固有値の正，負，0 の個数をこの結果から容易に知ることができる．この性質は，固有値問題の数値解法（2 分法）に利用される．

5. 疎行列用の直接解法

厳密に定義されていないが，行列の要素が零である割合が高いとき疎行列（sparse matrix）といい，その割合が低いとき密行列（dense matrix）という．

物理・工学的諸問題に現れる連立 1 次方程式の行列は，大規模かつ疎行列であることが多い．そこで，疎行列の非零要素の構造に着目し，直接解法の計算量と記憶容量を削減する工夫がある．

この工夫は，式 (1) で疎行列 A の行と列を適切に交換した後に直接解法を適用することに基づく．すなわち，ある置換行列 P, Q を用いて

$$PAQy = Pb$$

に対して直接解法を適用し，解 $x = Qy$ を得る．

疎行列 A の直接解法では，非零要素とフィルイン（fill-in; 分解の過程でもともと零であった要素が非零になる要素のこと）のみを記憶して計算する．ただし，フィルインの増加が計算量や記憶容量の増加を招くため，フィルインを減らすことが置換行列 P, Q を選ぶ指針の 1 つになる．例えば，以下の行列

$$A = \begin{pmatrix} 2 & -1 & -1 & -1 \\ 1 & 1 & 0 & 0 \\ 1 & 0 & 1 & 0 \\ 1 & 0 & 0 & 1 \end{pmatrix} \quad (5)$$

を LU 分解すると

$$\begin{pmatrix} 1 & 0 & 0 & 0 \\ 1/2 & 1 & 0 & 0 \\ 1/2 & 1/3 & 1 & 0 \\ 1/2 & 1/3 & 1/4 & 1 \end{pmatrix} \begin{pmatrix} 2 & -1 & -1 & -1 \\ 0 & 3/2 & 1/2 & 1/2 \\ 0 & 0 & 4/3 & 1/3 \\ 0 & 0 & 0 & 5/4 \end{pmatrix}$$

となり，フィルインが発生する．一方，行列 (5) の行と列を並べ替えた行列

$$PAQ = \begin{pmatrix} 1 & 0 & 0 & 1 \\ 0 & 1 & 0 & 1 \\ 0 & 0 & 1 & 1 \\ -1 & -1 & -1 & 2 \end{pmatrix}$$

に対して，LU 分解すると

$$\begin{pmatrix} 1 & 0 & 0 & 0 \\ 0 & 1 & 0 & 0 \\ 0 & 0 & 1 & 0 \\ -1 & -1 & -1 & 1 \end{pmatrix} \begin{pmatrix} 1 & 0 & 0 & 1 \\ 0 & 1 & 0 & 1 \\ 0 & 0 & 1 & 1 \\ 0 & 0 & 0 & 5 \end{pmatrix}$$

となり，この場合はフィルインが発生しない．

フィルインの数が最小となるように P, Q を選ぶことは通常難しいため，近似解法である最小次数法（minimum degree method）や，行列の帯幅（$2m+1$ の帯幅とは，$|i-j| > m$ に対して $a_{ij} = 0$ の行列）を狭くする逆カットヒル–マッキー法（reverse Cuthill–McKee method）などがある．独立に計算できる箇所を増やす指針もある．代表的な方法として，並列計算向きのネスティッドディスセクション法（nested dissection method）がある．行列のブロック上三角化が有効なこともある．この方法として，DM 分解（Dulmage–Mendelsohn decomposition）があり，最も細かな分解が一意的に決まることが知られている．なお，ブロック上三角行列とは

$$\begin{pmatrix} A_{11} & \cdots & A_{1m} \\ & \ddots & \vdots \\ & & A_{mm} \end{pmatrix}$$

のように小さな行列 A_{ij} に分割したときに，上三角の形をした行列のことである．フィルインの観点では，DM 分解によりフィルインが下三角ブロック内 A_{ij} ($i > j$) に現れないこと，並列性の観点では，各ブロック対角要素 A_{ii} ($1 \leqq i \leqq m$) が独立に LU 分解できることが特徴である．

疎行列用の直接解法の詳細については，例えば文献 [1] を参照されたい． [曽我部知広]

参 考 文 献

[1] T.A. Davis, *Direct Methods for Sparse Linear Systems*, SIAM, 2006.
[2] J.W. Demmel, *Applied Numerical Linear Algebra*, SIAM, 1997.
[3] C.F. Ipsen, *Numerical Matrix Analysis — Linear Systems and Least Squares*, SIAM, 2009.
[4] 杉原正顯, 室田一雄, 線形計算の数理, 岩波書店, 2009.

連立1次方程式に対する反復解法

iterative method for system of linear equations

本項目では，連立1次方程式

$$A\boldsymbol{x} = \boldsymbol{b} \quad (1)$$

の反復解法を扱う．ここで $A = (a_{ij})$ は正則な実 n 次正方行列，$\boldsymbol{b} = (b_1, b_2, \ldots, b_n)^\mathsf{T}$ は n 次元実ベクトル，$\boldsymbol{x} = (x_1, x_2, \ldots, x_n)^\mathsf{T}$ は解ベクトルである．

反復解法は，反復を繰り返すことで近似解の精度を向上させること，そして行列 A の非零要素を格納する記憶容量があれば計算が行えることから，大規模な疎行列（[連立1次方程式に対する直接解法] (p.408) 5節）向きの解法である．反復解法は，定常反復法と非定常反復法（クリロフ部分空間法）に大別される．

1. 定常反復法

初期近似解 $\boldsymbol{x}_0$ を設定し，次の反復計算

$$\boldsymbol{x}_{k+1} = \boldsymbol{f}(\boldsymbol{x}_k) \quad (k=0,1,\ldots) \quad (2)$$

により近似解を逐次生成する方法を定常反復法 (stationary iterative method) という．ただし，ベクトル値関数 $\boldsymbol{f}$（以降，写像 $\boldsymbol{f}$ と書く）は，式 (1) の行列 A を $A = M - N$ と分離して得られる正則な行列 M と（正則とは限らない）行列 N を用いて

$$\boldsymbol{f}(\boldsymbol{y}) := M^{-1}N\boldsymbol{y} + M^{-1}\boldsymbol{b} \quad (3)$$

と定義される．解 $\boldsymbol{x}$ は $\boldsymbol{f}$ の不動点，すなわち $\boldsymbol{x} = \boldsymbol{f}(\boldsymbol{x})$ を満たすので，定常反復法は連立1次方程式を不動点を求める問題に変換し，不動点を反復式 (2) で求める解法である．また，写像 $\boldsymbol{f}$ が反復回数 k によらず常に一定であることが解法名の由来である．

ここでは代表的な解法であるヤコビ法 (Jacobi method)，ガウス–ザイデル法 (Gauss–Seidel method)，逐次過緩和法 (successive over-relaxation method; SOR 法) について述べる．これらの解法では，

$$A = L + D + U$$

を満たす行列 L, D, U から各々の写像 $\boldsymbol{f}$ が構成される．ここで，L, D, U はそれぞれ狭義下三角行列，対角行列，狭義上三角行列であり，$A = (a_{ij})$ とすると以下で与えられる．

$$L = (a_{ij}),\ a_{ij} = 0 \ (i \leqq j)$$
$$D = (a_{ij}),\ a_{ij} = 0 \ (i \neq j)$$
$$U = (a_{ij}),\ a_{ij} = 0 \ (i \geqq j)$$

写像 $\boldsymbol{f}$ の具体的な与え方を表1に示す．ただし，ガウス–ザイデル法を GS 法と略した．

表1 定常反復法の分類

	M	N
ヤコビ法	D	$-(L+U)$
GS 法	$D+L$	$-U$
SOR 法	$(D+\omega L)/\omega$	$N = \{(1-\omega)D - \omega U\}/\omega$

1.1 ヤコビ法

ヤコビ法は写像 (3) と表1から次式で与えられる．

$$\boldsymbol{x}_{k+1} = -D^{-1}(L+U)\boldsymbol{x}_k + D^{-1}\boldsymbol{b}$$

実装では，$\boldsymbol{x}_{k+1}$ は $i = 1, 2, \ldots, n$ に対して

$$x_i^{(k+1)} = \frac{1}{a_{ii}}\left(b_i - \sum_{j<i} a_{ij}x_j^{(k)} - \sum_{j>i} a_{ij}x_j^{(k)}\right)$$

で計算される．ただし，$x_i^{(k)}, b_i$ はそれぞれベクトル $\boldsymbol{x}_k, \boldsymbol{b}$ の第 i 要素であり，記号 $\sum_{j<i}, \sum_{j>i}$ はそれぞれ $\sum_{j=1}^{i-1}, \sum_{j=i+1}^{n}$ の略記である．

1.2 ガウス–ザイデル法

前項のヤコビ法では，$x_i^{(k+1)}$ を計算する際に，既に $x_1^{(k+1)}, \ldots, x_{i-1}^{(k+1)}$ が更新済みである．そこで，$\sum_{j<i} a_{ij} x_j^{(k)}$ の代わりに更新済みの情報 $\sum_{j<i} a_{ij} x_j^{(k+1)}$ を使えば収束性の向上が期待される．これをガウス–ザイデル法といい，$k+1$ 反復目の近似解は，$i = 1, 2, \ldots, n$ に対して次式を計算することで得られる．

$$x_i^{(k+1)} = \frac{1}{a_{ii}}\left(b_i - \sum_{j<i} a_{ij}x_j^{(k+1)} - \sum_{j>i} a_{ij}x_j^{(k)}\right)$$

1.3 SOR 法

SOR 法では，ガウス–ザイデル法の近似解の修正量 $\left(x_i^{(k+1)} - x_i^{(k)}\right)$ に加速パラメータと呼ばれる定数 ω を乗じ，これを新しい修正量にする．具体的に，SOR 法の $k+1$ 反復目の近似解は，$i = 1, 2, \ldots, n$ に対して次式を計算することで得られる．

$$\tilde{x}_i^{(k+1)} = \frac{1}{a_{ii}}\left(b_i - \sum_{j<i} a_{ij}x_j^{(k+1)} - \sum_{j>i} a_{ij}x_j^{(k)}\right)$$

$$x_i^{(k+1)} = x_i^{(k)} + \omega\left(\tilde{x}_i^{(k+1)} - x_i^{(k)}\right)$$

ここで，ω は収束のための必要条件である $0 < \omega < 2$ の範囲で選ばれる．特に $\omega = 1$ のとき，SOR 法はガウス–ザイデル法と一致する．

1.4 定常反復法の収束性

写像 (3) の $G := M^{-1}N$ を反復行列 (iteration matrix) という．正則行列 A に対して任意の初期値で定常反復法の近似解列が解に収束するための必要十分条件は，$\rho(G) < 1$ である．ここで $\rho(G)$ はスペクトル半径と呼ばれ，行列 G の固有値の最大絶対値を意味する．

行列 A が狭義優対角（[連立1次方程式に対する直接解法] 3.1項）のとき，任意の初期値に対してヤ

コビ法，ガウス–ザイデル法，SOR 法 ($0 < \omega \leq 1$) は収束する．また，A が正定値対称行列（[連立 1 次方程式に対する直接解法] 4 節）のとき，SOR 法は $0 < \omega < 2$ で収束する．SOR 法の加速パラメータ ω については，解析的に最適な ω が求まる場合もあるが，通常は数値計算に基づいて適応的に ω が決められる．定常反復法の収束性に関する詳細は，例えば文献 [4] を参照されたい．

2. クリロフ部分空間法

ベクトル列 $u, Au, A^2 u, \ldots$ で張られる部分空間

$$\mathcal{K}_k(A, u) := \mathrm{span}\{u, Au, \ldots, A^{k-1} u\}$$

をクリロフ部分空間 (Krylov subspace) といい，$\mathcal{K}_k(A, u)$ は通常 k 次元部分空間として扱われる．

クリロフ部分空間法 (Krylov subspace method; KS 法) は，

$$x_k = x_0 + z_k, \quad z_k \in \mathcal{K}_k(A, r_0)$$

から近似解 x_k を生成する解法の総称である．ここで，x_0 は初期近似解，$r_0 := b - Ax_0$ は初期残差ベクトルである．

KS 法では，残差ベクトル $r_k := b - Ax_k \in \mathcal{K}_{k+1}(A, r_0)$ が，ある k 次元部分空間 $\mathcal{W}_k$ と直交する，すなわち

$$r_k \perp \mathcal{W}_k \tag{4}$$

となるように近似解 x_k が生成される．この直交性から，KS 法は理論上有限回の反復で解を生成するため，有限回の演算で解を得る直接解法の特徴も有する．

KS 法は，使用するクリロフ部分空間の基底の生成法と直交条件 (4) から構成される．

本節では $(\cdot, \cdot)$ を内積，$\|\cdot\|$ を 2 ノルム（[連立 1 次方程式に対する直接解法] 1 節）とする．

2.1 クリロフ部分空間の直交基底生成法

クリロフ部分空間の基底の生成法には，対称行列用であるランチョス算法，非対称行列用であるアーノルディ算法と双ランチョス算法がある．それらの特徴を表 2 に示す．

表 2 クリロフ部分空間の直交基底生成法

	基底の直交性	漸化式の長さ	行列
ランチョス算法	直交	短い	対称
アーノルディ算法	直交	長い	非対称
双ランチョス算法	双直交	短い	非対称

表 2 の「基底の直交性」に関して，「直交」は $\mathcal{K}_k(A, r_0) = \mathrm{span}\{v_1, \ldots, v_k\}$ を満たす正規直交系 $v_1, \ldots, v_k$ の生成を意味し，「双直交」は $v_1, \ldots, v_k$ が正規直交系ではなく，$\mathcal{K}_k(A^\mathsf{T}, r_0^*) = \mathrm{span}\{w_1, \ldots, w_k\}$ (r_0^* は適当なベクトル) となるベクトル $w_1, \ldots, w_k$ と双直交 $(w_i, v_j) = 0$ $(i \neq j)$ することを意味する．表 2 の「漸化式の長さ」は，一般に短いほうが計算量や所要記憶容量が少なくて済む．「行列」は適用可能な行列の種類を意味する．

2.2 対称行列用の KS 法

共役勾配法（conjugate gradient method; CG 法）はランチョス算法とリッツ–ガレルキン条件

$$r_k \perp \mathcal{K}_k(A, r_0)$$

から導出される．その算法をアルゴリズム 1 に示す．

アルゴリズム 1（CG 法）

x_0 を与え $r_0 = b - Ax_0$ を計算．$\beta_{-1} = 0$.
for $k = 0, 1, \ldots$, until $\|r_k\| \leq \epsilon \|b\|$ **do**:
$\quad p_k = r_k + \beta_{k-1} p_{k-1}$
$\quad \alpha_k = \dfrac{(r_k, r_k)}{(p_k, Ap_k)}$
$\quad x_{k+1} = x_k + \alpha_k p_k$
$\quad r_{k+1} = r_k - \alpha_k Ap_k$
$\quad \beta_k = \dfrac{(r_{k+1}, r_{k+1})}{(r_k, r_k)}$
end

対称行列 A が正定値（[連立 1 次方程式に対する直接解法] 4 節）のとき，CG 法は誤差 $e_k := x - x_k$ の A-ノルム $\|e_k\|_A := (e_k^\mathsf{T} A e_k)^{1/2}$ が最小，すなわち $\min\{\|e_k\|_A \mid x_k - x_0 \in \mathcal{K}_k(A, r_0)\}$ となる近似解を生成し，この意味で CG 法は最適性を有する．また，2 ノルム条件数 $\kappa_2(A)$（[連立 1 次方程式に対する直接解法] 2 節）を用いて次式が成り立つ．

$$\|e_k\|_A \leq 2 \left(\frac{\sqrt{\kappa_2(A)} - 1}{\sqrt{\kappa_2(A)} + 1} \right)^k \|e_0\|_A \tag{5}$$

すなわち，条件数が低いと CG 法の収束は速くなる．

対称行列 A が不定値（正と負の固有値が存在）のとき，CG 法はその計算過程で破綻（零除算）を起こす可能性がある．この場合，破綻を起こさない最小残差法 (minimal residual method; MINRES 法) が使用されることがある．MINRES 法は，ランチョス算法と最小残差条件

$$r_k \perp A\mathcal{K}_k(A, r_0) \tag{6}$$

から得られ，残差ベクトルの 2 ノルムが最小，すなわち $\min\{\|r_k\| \mid x_k - x_0 \in \mathcal{K}_k(A, r_0)\}$ となる近似解を生成する．なお，MINRES 法と同じ近似解列を生成し，アルゴリズムは CG 法と類似した共役残差法 (conjugate residual method; CR 法) もある．これらは残差ノルムの観点で最適性を有し，CG 法と同様に，理論上高々 n 反復で解に収束する．

2.3 非対称行列用の KS 法

行列 A が非対称のとき，CG 法は適用できない．そこで，式 (1) を $A^\mathsf{T} A x = A^\mathsf{T} b$ または $AA^\mathsf{T} y = b$, $x = A^\mathsf{T} y$ と変換すると，$A^\mathsf{T} A$ や AA^T が正定値対称となるために，CG 法が適用できる．前者は CGNR 法，後者は CGNE 法と呼ばれる．しかしながら，$A^\mathsf{T} A$ や AA^T の (2 ノルム) 条件数は元の行列 A の条件数の 2 乗になるため，式 (5) から一般に良い収束性は期待できない．そこで，式 (1) に対して非対称行列でも適用可能な KS 法が開発されている．

非対称行列用の KS 法は，対称行列用の KS 法である CG 法や MINRES 法が有する 2 つの特徴

(i) 短い漸化式

(ii) リッツ–ガレルキン条件または最小残差条件

のうち 1 つを採用し，もう 1 つは他の代用で得られる．なお，ある特殊な非対称行列については，短い漸化式で構成され，かつある種の最適性を有する解法の存在が知られている（Faber–Manteuffel の定理）．

a. 短い漸化式に基づく KS 法

双共役勾配法（bi-conjugate gradient method; Bi-CG 法）は短い漸化式（双ランチョス算法）と以下のペトロフ–ガレルキン条件から導出される．

$$r_k \perp \mathcal{K}_k(A^\mathsf{T}, r_0^*)$$

Bi-CG 法の算法をアルゴリズム 2 に示す．

アルゴリズム 2（Bi-CG 法）

x_0 を与え $r_0 = b - Ax_0$ を計算．$\beta_{-1} = 0$.
$(r_0^*, r_0) \neq 0$ を満たす r_0^* を与える．
for $k = 0, 1, \ldots$, until $\|r_k\| \leq \epsilon \|b\|$ **do:**
$\quad p_k = r_k + \beta_{k-1} p_{k-1}, \quad p_k^* = r_k^* + \beta_{k-1} p_{k-1}^*$
$\quad \alpha_k = \dfrac{(r_k^*, r_k)}{(p_k^*, Ap_k)}$
$\quad x_{k+1} = x_k + \alpha_k p_k$
$\quad r_{k+1} = r_k - \alpha_k A p_k, \quad r_{k+1}^* = r_k^* - \alpha_k A^\mathsf{T} p_k^*$
$\quad \beta_k = \dfrac{(r_{k+1}^*, r_{k+1})}{(r_k^*, r_k)}$
end

Bi-CG 法の残差ベクトル $r_k^{\text{Bi-CG}}$ に k 次行列多項式 $H_k(A)$ を乗じて収束の加速・安定化を図り，さらに転置行列の情報を不要にする方法がある．その方法の 1 つに S.-L. Zhang による Bi-CG 法の積型解法があり，その残差ベクトルは以下で定義される．

$$r_k := H_k(A) r_k^{\text{Bi-CG}}$$

ここで，$H_0(\lambda) := 1$, $H_1(\lambda) := (1 - \zeta_0 \lambda) H_0(\lambda)$ であり，$k = 2, 3, \ldots$ に対して $H_k(\lambda) := (1 + \eta_{k-1} - \zeta_{k-1} \lambda) H_{k-1}(\lambda) - \eta_{k-1} H_{k-2}(\lambda)$ である．また，ζ_{k-1}, η_{k-1} はパラメータである．

この方針によりアルゴリズム 3 が導出され，表 3 の ζ_k, η_k の決め方により CGS 法，Bi-CGSTAB 法，Bi-CGSTAB2 法，GPBi-CG 法が得られる．

アルゴリズム 3（Bi-CG 法の積型解法）

x_0 を与え $r_0 = b - Ax_0$ を計算．
$(r_0^*, r_0) \neq 0$ を満たす r_0^* を与える．
$\beta_{-1} = 0$, $t_{-1} = w_{-1} = z_{-1} = 0$.
for $k = 0, 1, \ldots$, until $\|r_k\| \leq \epsilon \|b\|$ **do:**
$\quad p_k = r_k + \beta_{k-1}(p_{k-1} - u_{k-1})$
$\quad \alpha_k = \dfrac{(r_0^*, r_k)}{(r_0^*, Ap_k)}$
$\quad y_k = t_{k-1} - r_k - \alpha_k w_{k-1} + \alpha_k A p_k$
$\quad t_k = r_k - \alpha_k A p_k$
$\quad \zeta_k, \eta_k$ を選ぶ（ただし $\eta_0 = 0$）．
$\quad u_k = \zeta_k A p_k + \eta_k (t_{k-1} - r_k + \beta_{k-1} u_{k-1})$
$\quad z_k = \zeta_k r_k + \eta_k z_{k-1} - \alpha_k u_k$
$\quad x_{k+1} = x_k + \alpha_k p_k + z_k$
$\quad r_{k+1} = t_k - \eta_k y_k - \zeta_k A t_k$
$\quad \beta_k = \dfrac{\alpha_k}{\zeta_k} \cdot \dfrac{(r_0^*, r_{k+1})}{(r_0^*, r_k)}$
$\quad w_k = A t_k + \beta_k A p_k$
end

表 3 Bi-CG 法の積型解法における ζ_k, η_k の選び方の例

CGS 法	$\zeta_k = \alpha_k$, $\eta_k = \dfrac{\beta_{k-1}}{\alpha_{k-1}} \alpha_k$
Bi-CGSTAB 法	$\zeta_k = \arg\min_{\zeta_k \in \mathbf{R}} \|r_{k+1}\|$, $\eta_k = 0$
GPBi-CG 法	$\zeta_k, \eta_k = \arg\min_{\zeta_k, \eta_k \in \mathbf{R}} \|r_{k+1}\|$
Bi-CGSTAB2 法	(k: 偶数) Bi-CGSTAB 法の選び方 (k: 奇数) GPBi-CG 法の選び方

Bi-CGSTAB 法の拡張として Bi-CGSTAB(ℓ) 法があり，これは Bi-CG 法の残差ベクトルに乗じる行列多項式の設計方針が Bi-CG 法の積型解法と異なる．

なお，Bi-CG 法と同様に，その積型解法や Bi-CGSTAB(ℓ) 法は理論上高々 n 反復で解に収束する．

b. IDR(s) 法

Bi-CGSTAB 法の Bi-CGSTAB(ℓ) 法とは異なる拡張として，IDR(s) 法 (induced dimension reduction (s) method) がある．これは，反復当たり通常 s 次元ずつ縮小する部分空間列 $\mathcal{G}_0 \supset \mathcal{G}_1 \supset \cdots$ に属する残差ベクトル列を生成する解法であり，$\mathcal{G}_k$ は

$$\mathcal{G}_k := (I - \omega_k A)(\mathcal{G}_{k-1} \cap \mathcal{S})$$

で定義される．ここで，$\mathcal{S}$ は対象の数ベクトル空間の次元を n とすると，$n - s$ 次元部分空間である．

直交性に関する条件の観点では，IDR(s) 法は次の (Sonneveld) 部分空間に属する残差ベクトルを生成する．

$$\mathcal{G}_k = \{\Omega_k(A)\boldsymbol{v} \mid \boldsymbol{v} \perp \mathcal{K}_k(A^\mathsf{T}, R_0^*)\} \quad (7)$$

ここで, $\Omega_k(A) := \Pi_{i=1}^k (I - \omega_i A)$ であり, ω_i は定数である. そして, $\mathcal{K}_k(A^\mathsf{T}, R_0^*)$ はブロッククリロフ部分空間 (block Krylov subspace) であり, 行列 A^T と $n \times s$ 行列 $R_0^* := [\boldsymbol{p}_1, \ldots, \boldsymbol{p}_s]$ の列ベクトルから生成される s 個のクリロフ部分空間の和空間

$$\mathcal{K}_k(A^\mathsf{T}, R_0^*) := \mathcal{K}_k(A^\mathsf{T}, \boldsymbol{p}_1) + \cdots + \mathcal{K}_k(A^\mathsf{T}, \boldsymbol{p}_s)$$

で定義され, 通常 ks 次元部分空間として扱われる.

IDR(s) 法では, $\mathcal{G}_k$ の情報から $\mathcal{G}_{k+1}$ に属する残差ベクトルの生成に必要な行列・ベクトル積が $s+1$ 回であり, $\mathcal{K}_k(A^\mathsf{T}, R_0^*)$ が ks 次元のとき n/s 反復で対象の数ベクトル空間の次元 n に達することから, 高々 $(s+1) \times n/s \,(= n + n/s)$ 回の行列・ベクトル積で解に収束する. 他方, Bi-CG 法の積型解法では高々 $2n$ 回である. また, 適当な条件下で IDR(1) 法と Bi-CGSTAB 法は同じ近似解列を生成する.

IDR(s) 法の改良として, G. Sleijpen・M. Gijzen や谷尾・杉原により式 (7) の行列多項式 $\Omega_k(A)$ を Bi-CGSTAB(ℓ) 法で使用される行列多項式に置き換えた解法が提案されている.

c. 長い漸化式に基づく KS 法

一般化最小残差法 (generalized minimal residual method; GMRES 法) は長い漸化式 (アーノルディ算法) と最小残差条件 (6) から得られる. GMRES 法の算法 (m 反復) をアルゴリズム 4 に示す.

アルゴリズム 4 (GMRES 法)

$\boldsymbol{x}_0$ を与え $\boldsymbol{r}_0 = \boldsymbol{b} - A\boldsymbol{x}_0$ を計算.
$\boldsymbol{g} = (\|\boldsymbol{r}_0\|, 0, \ldots, 0)^\mathsf{T} \in \mathbf{R}^{m+1}, \; \boldsymbol{v}_1 = \boldsymbol{r}_0 / \|\boldsymbol{r}_0\|$.
for $k = 1, 2, \ldots, m$ do:
  $\boldsymbol{t} = A\boldsymbol{v}_k$
  for $i = 1, 2, \ldots, k$ do:
    $h_{i,k} = (\boldsymbol{v}_i, \boldsymbol{t}), \; \boldsymbol{t} = \boldsymbol{t} - h_{i,k}\boldsymbol{v}_i$
  end
  $h_{k+1,k} = \|\boldsymbol{t}\|, \; \boldsymbol{v}_{k+1} = \dfrac{\boldsymbol{t}}{h_{k+1,k}}$
end
$\tilde{H}_m = (h_{i,j}) \; (h_{i,j} = 0, \; i > j+1)$
$\boldsymbol{y}_m = \arg\min_{\boldsymbol{y} \in \mathbf{R}^m} \|\boldsymbol{g} - \tilde{H}_m \boldsymbol{y}\|$
$V_m = [\boldsymbol{v}_1, \ldots, \boldsymbol{v}_m], \; \boldsymbol{x}_m = \boldsymbol{x}_0 + V_m \boldsymbol{y}_m$

アルゴリズム 4 で, 最小 2 乗問題 $\|\boldsymbol{g} - \tilde{H}_m \boldsymbol{y}\|$ は, 直交行列の 1 つであるギブンズ回転行列 (Givens rotation matrix) により効率的に解かれる.

GMRES 法は, 最小残差条件から優れた収束性を有し, 高々 n 反復で解に収束する. また, 短い漸化式に基づく非対称行列用の KS 法と異なり, 破綻の可能性がない. しかし, 長い漸化式が用いられるため, 反復回数の増加に伴い, 計算量と所要記憶容量が増加する. そこで, リスタート (ある回数で反復をやめ, 得られた近似解を新たな初期近似解 $\boldsymbol{x}_0$ として反復を進めること) が通常用いられる. GMRES(m) 法は, GMRES 法を毎回 m 反復でリスタートする解法である.

リスタートにより, 一般に収束性が悪化する (有限回反復の収束性も一般に失われる). そこで, 収束性の向上を図るために, 減次 (残差ベクトルが絶対値の小さい固有値に対応する (近似) 固有ベクトルの成分を含まないように処置を施す) を用いた Morgan による方法や, リスタートの周期 m を適応的に変更する森屋・野寺による方法などがある. また, リスタート後の初期値 $\boldsymbol{x}_0$ に適切な修正を施す今倉らによる方法もあり, これは反復改良 ([連立 1 次方程式に対する直接解法] 3.4 項) と密接な関係がある.

d. その他の KS 法

2.2 項で述べた CG 法, MINRES 法, CR 法は, 表 4 のように非対称行列用に拡張されている. これらの解法は, 理論上高々 n 反復で解に収束する.

表 4 その他の KS 法 (非対称行列への KS 法の拡張)

	CG 法	MINRES 法	CR 法
短い漸化式	Bi-CG 法	QMR 法	Bi-CR 法
長い漸化式	FOM 法	GMRES 法	GCR 法

e. 解法の選定と前処理

非対称行列用の KS 法に関しては, 数理面・実用面ともに着実に研究が進められているが, それらの有効性は問題依存であり, どの問題にどの KS 法が有効であるかの系統的分類は発展途上である. そこで, KS 法を使用する際は, まずは実装が容易な Bi-CGSTAB 法や, 残差ノルムの単調減少性が保証される GMRES 法 (リスタート付き) から始めるのが標準的と思われる.

また, 通常は前処理 (preconditioning) が併用される. 前処理とは, KS 法の収束が速くなるように連立 1 次方程式 (1) を数学的に同値な他の連立 1 次方程式に変換する技法であり, 不完全行列分解型, 近似逆行列型, 行列多項式型などがある. KS 法と前処理の詳細に関しては, 例えば文献 [1]～[3] がある.

[曽我部知広]

参 考 文 献

[1] 藤野清次, 張 紹良, 反復法の数理, 朝倉書店, 1996.
[2] Y. Saad, *Iterative Methods for Sparse Linear Systems*, 2nd ed., SIAM, 2003.
[3] 杉原正顯, 室田一雄, 線形計算の数理, 岩波書店, 2009.
[4] R.S. Varga, *Matrix Iterative Analysis*, 2nd ed., Springer, 2000.

最小2乗問題の数値解法
numerical solution of least squares problems

最小2乗問題は理工学をはじめとする多くの分野で基本的かつ重要な問題である．ここでは，最小2乗問題に対する主だった直接解法および反復解法を紹介する．最小2乗問題とその数値解法について詳述した本としては [1] を参照されたい．

1. はじめに

誤差を含んだ観測値に対して（線形な）モデルを当てはめようとすると，しばしば未知数の数よりも方程式の数が多い優決定 (overdetermined) な方程式系を扱う必要が生じる（逆に，未知数の数が方程式の数より多い劣決定 (underdetermined) な系に対して，例えばノルムが最小の解を求めたいこともある）．このようなとき，観測値とモデルの予測値の差（残差）の2乗和が最小になるようにモデルを決定するのが，ある意味で最適である．このような方法を最小2乗法 (least squares method) といい，そのように定式化された問題を最小2乗問題 (least squares problem) という．このような問題は統計学，測量，信号処理や制御など，理工学や経済学などの多くの分野で生じる．

2. 定式化

$A \in \mathbf{R}^{m \times n}$, $\boldsymbol{b} \in \mathbf{R}^m$, $m \geq n$ または $m < n$ とする．また，$\mathrm{rank}A \leq \min(m, n)$ において等号が成り立たないランク落ちの場合も許すものとする．このとき，最小2乗問題は

$$\min_{\boldsymbol{x} \in \mathbf{R}^n} \|\boldsymbol{b} - A\boldsymbol{x}\|_2 \tag{1}$$

で与えられる．

式 (1) を実現する最小2乗解 $\boldsymbol{x}^*$ は，正規方程式 (normal equation)

$$A^{\mathrm{T}} A \boldsymbol{x}^* = A^{\mathrm{T}} \boldsymbol{b} \tag{2}$$

を満たし，逆も真である．

また，$m < n$ で $\boldsymbol{b} \in \mathcal{R}(A)$ のとき，劣決定な連立1次方程式の最小ノルム解 (minimum-norm solution) を求める問題は

$$\min_{\boldsymbol{x} \in \mathbf{R}^n} \|\boldsymbol{x}\|_2 \text{ subject to } A\boldsymbol{x} = \boldsymbol{b} \tag{3}$$

で与えられる．ただし，$\mathcal{R}(A)$ は A の像空間を表す．

式 (3) の解 $\boldsymbol{x}^*$ は，第2種の正規方程式 (normal equation of the second kind)

$$AA^{\mathrm{T}} \boldsymbol{u} = \boldsymbol{b} \tag{4}$$

を満たす $\boldsymbol{u}$ を用いて $\boldsymbol{x}^* = A^{\mathrm{T}} \boldsymbol{u}$ で与えられる．

以下では $m \geq n$（優決定）で $\mathrm{rank}A = n$ の場合を考える．すると，$A^{\mathrm{T}} A$ は正則（正定値対称）となり，式 (2) より式 (1) の最小2乗解は一意に定まる．

3. 直接解法

最小2乗問題 (1) は正規方程式 (2) と等価なので，式 (2) をコレスキー分解を用いて解くことが考えられるが，この方法は数値誤差の影響を受けやすいので，より数値的に安定な QR 分解を用いるのが一般的である．

3.1 QR分解

$Q \in \mathbf{R}^{m \times m}$ を直交行列，つまり $QQ^{\mathrm{T}} = \mathrm{I}_m$ とし，$Q = [Q_1, Q_2]$, $Q_1 \in \mathbf{R}^{m \times n}$, $Q_2 \in \mathbf{R}^{m \times (m-n)}$ とする．また，$R = (r_{ij}) \in \mathbf{R}^{m \times n}$ を上三角行列，つまり $r_{ij} = 0$ $(i > j)$ とし，$R^{\mathrm{T}} = [R_1^{\mathrm{T}}, 0]$, $R_1 \in \mathbf{R}^{n \times n}$ とする．このとき，

$$A = QR = Q_1 R_1 \tag{5}$$

を A の QR 分解 (QR decomposition) という．式 (5) より式 (2) は

$$R_1 \boldsymbol{x}^* = Q_1^{\mathrm{T}} \boldsymbol{b} \tag{6}$$

と等価であるから，式 (6) を後退代入で解くことにより，式 (1) の最小2乗解 $\boldsymbol{x}^*$ が得られる．

式 (5) の QR 分解を求める方法について述べる．QR 分解を求めるには，非零ベクトル $\boldsymbol{a} \in \mathbf{R}^m$ に対して $U^{\mathrm{T}} \boldsymbol{a} = \|\boldsymbol{a}\|_2 \boldsymbol{e}_1$ となるような直交行列があればよい．ただし，$\boldsymbol{e}_1 = (1, 0, \ldots, 0)^{\mathrm{T}} \in \mathbf{R}^m$ である．

そのために，例えば次のハウスホルダー変換 (Householder transformation) を用いる．いま $\boldsymbol{u} \in \mathbf{R}^m$ とすると，

$$P = \mathrm{I}_m - \frac{1}{\gamma} \boldsymbol{u} \boldsymbol{u}^{\mathrm{T}}, \quad \gamma = \frac{1}{2} \boldsymbol{u}^{\mathrm{T}} \boldsymbol{u}$$

をハウスホルダー変換という．$P^{\mathrm{T}} P = \mathrm{I}_m$ なので P は直交行列であり，$P^{\mathrm{T}} = P$ である．ここで $\boldsymbol{u} = \boldsymbol{a} - \|\boldsymbol{a}\|_2 \boldsymbol{e}_1$ とおけばよい．これはベクトル $\boldsymbol{a}$ をベクトル $\|\boldsymbol{a}\|_2 \boldsymbol{e}_1$ に移す鏡像変換である．

ほかにも，$\boldsymbol{a}$ の要素を2番目から m 番目まで順次 0 にしていくような回転を次々に施すギブンズ回転 (Givens rotation) を用いる方法もある．

このような変換を A の第1列から n 列まで順次施して下三角部を 0 にしていくことにより R を構成するのに要する計算量は，およそ $n^2 m$ である．

QR 分解を行う別の方法として，A の列ベクトルにグラム–シュミットの直交化を施して，$A = [\boldsymbol{a}_1, \ldots, \boldsymbol{a}_n] = Q_1 R_1$, $Q_1 = [\boldsymbol{q}_1, \ldots, \boldsymbol{q}_n]$ を得る方法もある．それを数値的により安定にしたものが，次の修正グラム–シュミット法 (modified Gram–Schmidt method) である．

修正グラム–シュミット法
$\boldsymbol{a}_k^{(1)} = \boldsymbol{a}_k \ (k=1,2,\ldots,n)$ とおく．
for $k = 1, 2, \ldots, n$ do
　$\hat{\boldsymbol{q}}_k = \boldsymbol{a}_k^{(k)}$
　$r_{kk} = \|\hat{\boldsymbol{q}}_k\|_2$
　$\boldsymbol{q}_k = \hat{\boldsymbol{q}}_k / r_{kk}$
　for $j = k+1, \ldots, n$ do
　　$r_{kj} = \boldsymbol{q}_k^\mathrm{T} \boldsymbol{a}_j^{(k)}$
　　$\boldsymbol{a}_j^{(k+1)} = \boldsymbol{a}_j^{(k)} - r_{kj} \boldsymbol{q}_k$
　end do
end do

4. 反復解法

大規模疎問題に対しては行列の疎性を考慮した直接解法もあるが，反復解法を用いることにより，必要なメモリや計算時間をさらに削減することができる．

4.1 NR-SOR 法

最小 2 乗問題に対する定常反復法の 1 つに，次の NR（normal residual）-SOR 法 [5] がある．

NR-SOR 法
$\boldsymbol{x}^{(0)} = \boldsymbol{0}, \ \boldsymbol{r} = \boldsymbol{b}$
for $k = 0, 1, \ldots$ until convergence, do
　for $j = 1, 2, \ldots, n$ do
　　$d_j^{(k)} = \boldsymbol{r}^\mathrm{T} \boldsymbol{a}_j / \|\boldsymbol{a}_j\|_2^2$
　　$x_j^{(k+1)} = x_j^{(k)} + \omega d_j^{(k)}$
　　$\boldsymbol{r} = \boldsymbol{r} - \omega d_j^{(k)} \boldsymbol{a}_j$
　end do
end do

ここで，$\boldsymbol{x}^{(k)} = \left(x_1^{(k)}, x_2^{(k)}, \ldots, x_n^{(k)}\right)^\mathrm{T}$ で $0 < \omega < 2$ は緩和係数である．NR-SOR 法は正規方程式 (2) に逐次過緩和法（successive over relaxation method; SOR 法）を適用したものと数学的には等価であるが，$A^\mathrm{T} A$ を構成する必要はなく，必要なメモリと反復当たりの演算量は少なくて済む．一般に収束は遅いが，あとで述べるように，内部反復として用いると効果的な前処理法として機能する．また，NR-SOR 法単体としても逆問題や非適切問題の反復解法として用いられる．

4.2 CGLS 法

反復法としてよく用いられるのが CGLS 法である．正規方程式 (2) の係数行列は対称で，rank $A = n$ なら正定値なので，共役勾配法（conjugate gradient method; CG 法）が適用できる．こうして得られるのが下記の CGLS 法である．

CGLS 法
$\boldsymbol{x}_0$ を初期近似解とする．
$\boldsymbol{r}_0 = \boldsymbol{b} - A\boldsymbol{x}_0, \ \boldsymbol{p}_0 = \boldsymbol{s}_0 = A^\mathrm{T} \boldsymbol{r}_0, \ \gamma_0 = \|\boldsymbol{s}_0\|_2^2$
for $k = 0, 1, \ldots$ until convergence, do
　$\boldsymbol{q}_k = A\boldsymbol{p}_k$
　$\alpha_k = \gamma_k / \|\boldsymbol{q}_k\|_2^2$
　$\boldsymbol{x}_{k+1} = \boldsymbol{x}_k + \alpha_k \boldsymbol{p}_k$
　$\boldsymbol{r}_{k+1} = \boldsymbol{r}_k - \alpha_k \boldsymbol{q}_k$
　$\boldsymbol{s}_{k+1} = A^\mathrm{T} \boldsymbol{r}_{k+1}$
　$\gamma_{k+1} = \|\boldsymbol{s}_{k+1}\|_2^2$
　$\beta_k = \gamma_{k+1} / \gamma_k$
　$\boldsymbol{p}_{k+1} = \boldsymbol{s}_{k+1} + \beta_k \boldsymbol{p}_k$
end do

また，CGLS 法を数値的に安定化したものとして，LSQR 法 [4] がある．行列 A が悪条件のときは CGLS 法の収束が遅くなるので，正規方程式 (2) に適切な前処理を施した後に CG 法を適用する必要がある．

4.3 BA-GMRES 法

前処理を施しても，CGLS 法や LSQR 法は 3 項漸化式による直交化を行うため，丸め誤差の影響で正規方程式の残差ベクトル $\boldsymbol{s}_k$ の直交性が失われ，悪条件問題では収束が遅くなる．

この問題の解決法として，適切な前処理行列 $B \in \mathbf{R}^{n \times m}$ を用いて式 (1) を等価な最小 2 乗問題 $\min_{\boldsymbol{x} \in \mathbf{R}^n} \|B\boldsymbol{b} - BA\boldsymbol{x}\|_2$ に変換した後に一般化最小残差法（generalized minimum residual method; GMRES 法）を適用する BA-GMRES 法 [2] がある．特に，B として先述の NR-SOR 法の定数回の反復を内部反復として用いると，メモリも計算量も少なくて済み，悪条件問題やランク落ちの問題に対しても収束性が良い [3]． 　　　［速水　謙］

参 考 文 献

[1] Å. Björck, *Numerical Methods for Least Squares Problems*, SIAM, 1996.

[2] K. Hayami, J.-F. Yin, T. Ito, GMRES methods for least squares problems, *SIAM Journal on Matrix Analysis and Applications*, **31**(5) (2010), 2400–2430.

[3] K. Morikuni, K. Hayami, Inner-iteration Krylov subspace methods for least squares problems, *SIAM Journal on Matrix Analysis and Applications*, **34**(1) (2013), 1-22.

[4] C.C. Paige, M.A. Saunders, LSQR: An algorithm for sparse linear equations and sparse least squares, *ACM Transactions on Mathematical Software*, **8**(1) (1982), 43–71.

[5] Y. Saad, *Iterative Methods for Sparse Linear Systems*, Second ed., SIAM, 2003.

固有値問題の数値解法
numerical solution of eigenvalue problems

行列の固有値問題は量子力学，振動解析，統計計算など様々な分野で現れ，その数値解法は重要である．ここでは，行列が密行列（要素の大部分が非零である行列）の場合を中心に，固有値問題の数値解法について述べる．疎行列向けの解法も応用上重要であるが，紙面の制約のため，文献 [1],[3],[4] に譲る．

1. 固有値問題の数値解法の概観

$A \in \mathbf{R}^{n\times n}$ とし，固有値問題 $A\mathbf{v} = \lambda \mathbf{v}$ を考える．固有値 λ は固有多項式 $\det(A - zI)$ (I は単位行列) の零点として特徴付けられ，重複度を含めて n 個存在する．しかし，固有多項式の係数を求めてから代数方程式の数値解法により固有値を計算する方法は，計算量および精度の面で望ましくない．一方，X を正則行列とするとき，$X^{-1}AX$ は A と同じ固有値を持つ．また，$X^{-1}AX$ の固有ベクトルが $\mathbf{u}$ のとき，A の固有ベクトルは $X\mathbf{u}$ となる．そこで，固有値問題の数値解法では，適当な正則行列 X により $X^{-1}AX$ を簡単な行列に変換し，その固有値・固有ベクトルから A の固有値・固有ベクトルを求める方法がとられる．実際には，安定性の観点から，X を直交行列 U ($U^{-1} = U^{\top}$) にとることが多い．

A が非対称行列のとき，直交行列 U を適当に選べば，$U^{\top}AU = R$ (R は対角ブロックの大きさが高々 2×2 のブロック上三角行列) とすることができる．これを A のシューア標準形と呼ぶ．一方，A が対称行列の場合は，$U^{\top}AU = \Lambda$ (Λ は対角行列) とすることができる．しかし，このような U は一般に有限回の四則演算では求められず，反復計算が必要となる．この際，密行列 A に対してそのまま反復計算を行うと，多大な演算量が必要となる．そこで，多くの数値解法では，

(i) 直交行列による相似変換により，A を反復計算に適した中間形に変形する

(ii) 中間形の行列に対して固有値・固有ベクトルを求める

という 2 段階の手順を踏む．以下，2 節で (i) のステップについて述べ，3 節，4 節で (ii) のステップについて述べる．

なお，固有値問題には，標準固有値問題 $A\mathbf{v} = \lambda\mathbf{v}$ のほかに，一般固有値問題 $A\mathbf{v} = \lambda B\mathbf{v}$，2次固有値問題 $\lambda^2 A\mathbf{v} + \lambda B\mathbf{v} + C\mathbf{v} = O$ など，様々な変種がある．これらの数値解法については，文献 [1] を参照されたい．

2. 直交変換による中間形への変換

前節 (i) で述べた中間形として，非対称行列の場合はヘッセンベルグ行列 ($i > j+1$ のとき $h_{ij} = 0$ となる行列)，対称行列の場合は対称 3 重対角行列 ($|i-j| > 1$ のとき $t_{ij} = 0$ となる行列) が用いられる．これらの行列への変形は，ハウスホルダー変換と呼ばれる直交変換を用いて A の要素を順次消去することにより行える．

2.1 ハウスホルダー変換

$\mathbf{x}, \mathbf{y} \in \mathbf{R}^n$, $\|\mathbf{x}\|_2 = \|\mathbf{y}\|_2$ とする．このとき，$\mathbf{w} = \mathbf{x} - \mathbf{y}$, $\tau = 2/\|\mathbf{x}-\mathbf{y}\|_2^2$ として
$$P = I - \tau \mathbf{w}\mathbf{w}^{\top} \tag{1}$$
とおくと，P は対称な直交行列で，$P\mathbf{x} = \mathbf{y}$ を満たす．P をハウスホルダー変換と呼ぶ．

いま，ベクトル $\mathbf{x}$ の第 $i+1$ 要素 ($1 \leq i \leq n-1$) 以降を 0 にすることを考えると，$\alpha = -\mathrm{sgn}(x_i)\sqrt{\sum_{k=i}^{n}x_k^2}$, $\mathbf{y} = (x_1, \ldots, x_{i-1}, \alpha, 0, \ldots, 0)^{\top}$ として，$\mathbf{x}$ を $\mathbf{y}$ に移すハウスホルダー変換を求めればよい．このとき，
$$\mathbf{w} = (0, \ldots, 0, x_i - \alpha, x_{i+1}, \ldots, x_n)^{\top} \tag{2}$$
$$\tau = \frac{1}{\alpha(\alpha - x_i)} \tag{3}$$
となる．この $\mathbf{w}, \tau$ により定められるハウスホルダー変換 $I - \tau\mathbf{w}\mathbf{w}^{\top}$ を $\mathrm{House}(\mathbf{x}, i)$ と記すことにする．これは，ベクトルの第 i 要素以降にのみ作用する直交変換である．$C \in \mathbf{R}^{n \times l}$ に左から $P = \mathrm{House}(\mathbf{x}, i)$ を掛ける処理は，$PC = C - \tau\mathbf{w}(\mathbf{w}^{\top}C)$ と計算することにより，約 $4(n-i)l$ 回の演算で行える．

2.2 非対称行列のヘッセンベルグ化

非対称行列 A をヘッセンベルグ行列に変換するには，ハウスホルダー変換を用いた相似変換により，A に対して 1 列ずつ消去を行う．第 1 段では，A の第 1 列ベクトル $\mathbf{a}_1$ に対して $P_1 = \mathrm{House}(\mathbf{a}_1, 2)$ とし，
$$A^{(1)} = P_1^{\top} A P_1 \tag{4}$$
と相似変換を行う．左から $P_1^{\top}(= P_1)$ を掛けることで，A の第 1 列の第 3 要素以降が 0 になる．さらに右から P_1 を掛けると，第 1 列は影響を受けないので，0 になった要素はそのままである．したがって，$A^{(1)}$ は第 1 列の第 3 要素以降が 0 の行列となる．同様に，第 2 段では $A^{(1)}$ の第 2 列ベクトル $\mathbf{a}_2^{(1)}$ に対して $P_2 = \mathrm{House}(\mathbf{a}_2^{(1)}, 3)$ とし，
$$A^{(2)} = P_2^{\top} A^{(1)} P_2 \tag{5}$$
と相似変換を行う．これにより，第 2 列の第 4 要素以降が 0 に消去される．同様の操作を $n-2$ 繰り返すことで，直交行列によるヘッセンベルグ形への変換が完了する．このアルゴリズムをハウスホルダー法と呼ぶ．演算量は約 $(10/3)n^3$ である．

2.3 対称行列の3重対角化

A が対称行列の場合に前項のアルゴリズムを適用すると，$A^{(1)}, A^{(2)}, \ldots, A^{(n-2)}$ は対称行列となる．特に，$A^{(n-2)}$ は対称なヘッセンベルグ行列となるが，これは対称3重対角行列にほかならない．したがって，A の3重対角化ができたことになる．さらに，対称性を利用すると，演算量を約 $(4/3)n^3$ に削減できる．このアルゴリズムもハウスホルダー法と呼ぶ．

3重対角化は実対称密行列の固有値計算において計算時間の多くを占めるため，様々な改良が提案されている．例えば，全演算量の半分を行列乗算として実行できるようにしてキャッシュメモリの利用効率を上げた Dongarra のアルゴリズムや，帯行列への変換を経由して3重対角化を行うことで，演算のほとんどを行列乗算として実行できる Bichof のアルゴリズムがあり，大規模行列に対して有効である．

3. 非対称行列向けの解法

本節では，ヘッセンベルグ行列の固有値・固有ベクトルを求める代表的な手法である QR 法について述べる．以下では，最も素朴な固有値解法であるべき乗法から出発し，その発展形として QR 法を導出する．なお，簡単のため，行列 A の固有値 $\{\lambda_i\}$ が

$$|\lambda_1| > |\lambda_2| > \cdots > |\lambda_n| \tag{6}$$

を満たすとし，λ_i に属する固有ベクトルを $\mathbf{v}_i$ で表す．

3.1 べき乗法

適当な初期ベクトル $\mathbf{x}^{(0)} \in \mathbf{R}^n$ から始めて，次のように A を掛けて規格化する操作を繰り返す．

$$\mathbf{y}^{(k+1)} = A\mathbf{x}^{(k)} \tag{7}$$
$$\mathbf{x}^{(k+1)} = \mathbf{y}^{(k+1)}/\|\mathbf{y}^{(k+1)}\|_2 \tag{8}$$

このとき，$\mathbf{v}_1$ 成分が卓越し，$\mathbf{x}^{(k)}$ は $\pm \mathbf{v}_1$ に収束する．このようにして絶対値最大の固有値に対応する固有ベクトルを求める方法をべき乗法と呼ぶ．

3.2 直交化付き同時反復法

べき乗法を拡張することで，p 本 ($p \geq 1$) の固有ベクトルを同時に計算することができる．適当な列直交行列 $X^{(0)} \in \mathbf{R}^{n \times p}$ から始めて，次のように A を掛けて正規直交化 (=QR 分解) する操作を繰り返す．

$$Y^{(k+1)} = AX^{(k)} \tag{9}$$
$$Y^{(k+1)} \to X^{(k+1)}R^{(k+1)} \tag{10}$$

ただし，式 (10) は $Y^{(k+1)}$ を QR 分解して列直交行列 $X^{(k+1)} \in \mathbf{R}^{n \times p}$ と上三角行列 $R^{(k+1)} \in \mathbf{R}^{p \times p}$ を得る操作を意味する．このとき，適当な条件のもとで，$X^{(k)}$ の各列は $\mathbf{v}_1, \ldots, \mathbf{v}_p$ を正規直交化して得られるベクトルに収束する[4]．$X^{(k)}$ から $\mathbf{v}_1, \ldots, \mathbf{v}_p$ も求められる．これを直交化付き同時反復法と呼ぶ．

3.3 QR 法

直交化付き同時反復法において，$p = n$ とし，$X^{(0)} = I$ とする．ここで，$A_k = \left(X^{(k)}\right)^\top A X^{(k)}$ とおくと，簡単な式変形により，次式が成り立つ．

$$A_k = \left(X^{(k)}\right)^\top X^{(k+1)} R^{(k+1)} \tag{11}$$
$$A_{k+1} = R^{(k+1)} \left(X^{(k)}\right)^\top X^{(k+1)} \tag{12}$$

式 (11) は A_k の QR 分解だから，式 (12) より，A_{k+1} は A_k を QR 分解し，Q と R を逆順に掛けることで得られることがわかる．すなわち，$\{A_k\}$ は $A_0 = A$ から始めて，次の漸化式により計算できる．

$$A_k = Q_k R_k \tag{13}$$
$$A_{k+1} = R_k Q_k \tag{14}$$

また，$X^{(k)}$ は次のように表せる．

$$X^{(k)} = Q_0 Q_1 \cdots Q_{k-1} \tag{15}$$

さて，$V = [\mathbf{v}_1, \ldots, \mathbf{v}_n]$ の QR 分解を $V = QR$ とすると，直交化付き同時反復法の結果より，$X^{(k)}$ は適当な条件のもとで QD (D はある対角行列) に収束する．このとき，$\Lambda = \text{diag}(\lambda_1, \ldots, \lambda_n)$ とすると，

$$A_k \to D^{-1} R V^{-1} A V R^{-1} D = D^{-1} R \Lambda R^{-1} D \tag{16}$$

となるので，A_k は上三角行列に収束し，対角要素には A の固有値が絶対値の大きい順に並ぶ．これは，$X^{(k)} A_k \left(X^{(k)}\right)^\top$ が A のシューア標準形に収束することを意味する．式 (13),(14),(15) により A のシューア標準形を求めるアルゴリズムを QR 法と呼ぶ．

3.4 高速化のための技法

本項では，QR 法を高速化するための技法を述べる．

ヘッセンベルグ形の利用 A が非対称密行列の場合，式 (13),(14) の計算は1反復当たりそれぞれ $O(n^3)$ の計算量を要する．そこで実用上は，A をヘッセンベルグ行列 H に相似変換してから QR 法を適用する．これにより，式 (13),(14) の計算量はそれぞれ $O(n^2)$ で済み，計算量を大幅に削減できる．

デフレーション H に対して QR 法を適用して得られる反復列を $H_1, H_2, \ldots$ とする．反復の過程で H_k の下側副対角要素 $h^{(k)}_{i+1,i}$ のどれかが十分小さくなった場合，これを 0 で置き換えると，問題を2つの固有値問題に分離することができる．これをデフレーションと呼ぶ．特に，$h^{(k)}_{n,n-1}$ または $h^{(k)}_{n-1,n-2}$ が十分小さくなると，1×1 または 2×2 の固有値問題が分離でき，A の固有値が1個または2個求められる．

原点シフトの導入 理論的解析によると，$h^{(k)}_{i+1,i}$ は収束率 $|\lambda_{i+1}/\lambda_i|$ で 0 に1次収束する[4]．そこで，

A の適当な固有値の近似値を s とし，H_k に対して次のように原点シフトを行ってから反復を行う．

$$H_k - sI = Q_k R_k \quad (17)$$
$$H_{k+1} = R_k Q_k + sI \quad (18)$$

これにより，収束率は $|(\lambda_{i+1}-s)/(\lambda_i-s)|$ となり，ある下側副対角要素が速く 0 に収束する．シフト s は反復ごとに変えることもできる．

ダブル QR 法　A が非対称行列の場合，固有値は一般に複素数となり，シフト付き QR 法では複素数の演算が必要となる．しかし，固有値は共役複素数のペアで現れるため，シフト $s_k, \bar{s}_k$ を用いた反復を続けて行い，計算式を変形すれば，実数のみで演算を行えることが知られている．これをダブル QR 法と呼ぶ．シフトとしては，H_k の右下隅の 2×2 部分行列の固有値を用いることが多い．これを Francis シフトと呼ぶ．Francis シフトを用いたダブル QR 法では，多くの場合に $h_{n-1,n-2}^{(k)}$ が 0 に 2 次収束し，経験上，4 回程度の反復で 2 個の固有値を分離することができる．

以上の工夫により，QR 法では経験上，$O(n^3)$ の計算量でヘッセンベルグ行列のシューア標準形を求めることができ，非対称固有値問題に対する標準的なアルゴリズムとなっている．

3.5　QR 法の最近の進展

ダブル QR 法の発展形として，複数個（m 個）のシフトを一度に計算し，QR 法の m ステップ分を一度に実行するマルチシフト QR 法がある．マルチシフト QR 法は並列計算に適しており，また，式 (13),(14),(15) の計算を行列乗算として実行できるため，キャッシュメモリの利用効率にも優れている．一方，デフレーションについては，個々の下側副対角要素はあまり小さくなくても，連続する複数個の下側副対角要素の積が十分小さい場合にデフレーションを実行できる，アグレッシブデフレーションと呼ばれる技法が開発されている．これらの技法を取り込んだ最新の QR 法は非常に効率的なアルゴリズムとなっており，前処理であるヘッセンベルグ化に比べてずっと短い時間で計算が完了する場合も多い．

4.　対称行列向けの解法

本節では，対称行列に特化した固有値問題の解法について述べる．最初の 4 つの解法は，A を対称 3 重対角行列 T に変換したあとで適用する．最後の解法は，対称密行列に対して直接用いる．対称行列では，異なる固有値に属する固有ベクトルは直交するという数学的性質がある．数値的に求めた固有ベクトルもこの性質を持つことが期待されるが，それをどう実現するかが数値解法における重要な課題となる．

4.1　Q R 法

QR 法は対称 3 重対角行列に対しても適用できる．この場合，式 (13),(14) の計算量は 1 反復当たりそれぞれ $O(n)$ となる．ただし，式 (15) の計算には 1 反復当たり $O(n^2)$ の計算量が必要であり，3 重対角行列の対角化のための全演算量は $O(n^3)$ 程度となる．そのため，QR 法は以下に述べる解法と比べて低速であるが，安定性，並列性，固有ベクトルの直交性という大きな特長があり，広く使われている．

4.2　2 分法・逆反復法

s を適当な実数とし，$T - sI = LDL^\top$ と修正コレスキー分解を行うと，シルヴェスターの慣性則により，$T - sI$ の正，負，0 の固有値の数は，D の対角要素のうち正，負，0 の要素の数と一致する．これを利用して T の固有値の存在範囲を狭めていく方法が 2 分法である．$T - sI$ が特異な場合でも，計算式を適当に修正すれば，D の符号数を求めることができる．

いま，2 分法で固有値 λ_i の十分良い近似値 $\hat{\lambda}_i$ が求められたとする．このとき，$(T - \hat{\lambda}_i I)^{-1}$ の絶対値最大固有値は $(\lambda_i - \hat{\lambda}_i)^{-1}$ であると考えられる．この固有値に属する固有ベクトルは $\mathbf{v}_i$ であるから，$(T - \hat{\lambda}_i I)^{-1}$ に対してべき乗法を適用することで，$\mathbf{v}_i$ を求めることができる．これを逆反復法と呼ぶ．λ_i に近接する固有値 λ_j が存在する場合，逆反復法で求めたベクトルに $\mathbf{v}_j$ の成分が混入し，直交性が損なわれる．そこで，新たに計算した固有ベクトルを，既に求めた固有ベクトルに対して直交化する．複数の固有値が密集する場合には，対応する全ての固有ベクトルについて直交化が必要である[3]．

2 分法・逆反復法は長らく使われてきたが，2 分法の収束が 1 次で遅いことや，逆反復法の直交化部分で最大 $O(n^3)$ の演算量が必要となることから，最近では以下の 2 つの解法に取って代わられつつある．

4.3　分割統治法

$\mathbf{b} \in \mathbf{R}^n$ を第 $n/2$ 要素，第 $n/2+1$ 要素のみが 1 で他が 0 のベクトルとし，β を T の $(n/2+1, n/2)$ 要素とする．このとき，$T - \beta \mathbf{b}\mathbf{b}^\top$ を作ると，この行列は 2 つの 3 重対角行列 T_1, T_2 の直和となる．したがって，$T = T_1 \oplus T_2 + \beta \mathbf{b}\mathbf{b}^\top$ と書ける．いま，各 T_i が $T_i = U_i D_i U_i^\top$ と対角化できたとすると，

$$T_1 \oplus T_2 + \beta \mathbf{b}\mathbf{b}^\top = U(D + \beta \mathbf{c}\mathbf{c}^\top)U^\top \quad (19)$$
$$U = U_1 \oplus U_2, \quad D = D_1 \oplus D_2, \quad \mathbf{c} = U^\top \mathbf{b} \quad (20)$$

となるから，行列 $D + \beta \mathbf{c}\mathbf{c}^\top$ の固有値問題が解ければ，T の固有値問題が解けることになる．ここで，D の固有値が T の固有値と一致しないと仮定して，

$$\det\left[D + \beta \mathbf{c}\mathbf{c}^\top - zI\right]$$

$$= \det\left[(D-zI)\{I + \beta(D-zI)^{-1}\mathbf{cc}^\top\}\right]$$
$$= \det[D-zI]\det[1 + \beta\mathbf{c}^\top(D-zI)^{-1}\mathbf{c}] \quad (21)$$

と変形すると[2]，分数関数
$$f(z) = \det[1 + \beta\mathbf{c}^\top(D-zI)^{-1}\mathbf{c}]$$
$$= 1 + \beta\sum_{i=1}^{n}\frac{c_i^2}{d_i - z} \quad (22)$$

の零点を求めることで $D + \beta\mathbf{cc}^\top$ の固有値を求められることがわかる．零点の計算にはニュートン法を用いる．また，固有ベクトルも簡単に求められ[2]，対角化 $D + \beta\mathbf{cc}^\top = U'\Lambda U'^\top$ ができる．これを式(19) に代入することで，$T = (UU')\Lambda(UU')^\top$ と T の対角化が完了する．これを分割統治法と呼ぶ．

以上において，T_i の対角化にも分割統治法を利用すると，再帰的なアルゴリズムが得られる．これは大粒度の並列性を持ち，高い並列化効率が達成できる．また，計算量の大部分が行列乗算 UU' に費やされるため，キャッシュメモリの利用効率も高い．さらに，固有値が密集する場合には，デフレーションと呼ばれる技法により，計算量が大幅に削減される．以上より，分割統治法は3重対角行列向けの高速な固有値解法として広く使われている．

4.4 MR^3 アルゴリズム

2分法・逆反復法では，固有値が密集する場合に固有ベクトルの直交性を確保するための直交化が必要であり，これが計算量増大の原因となっていた．一方，対称行列の固有値問題では，異なる固有値に属する固有ベクトルは本来直交するはずである．したがって，もし真の固有ベクトルに極めて近いベクトルを計算できれば，直交化を陽的に行わなくても，高い直交性が自動的に保証されるはずである．この考え方に基づく数値解法が，MR^3 (multiple relatively robust representations) アルゴリズムである．

MR^3 アルゴリズムでは，T を正定値となるように適当な量 σ だけシフトし，その修正コレスキー分解 $T - \sigma I = LDL^\top$ を考える．行列 $LDL^\top$ の固有ベクトルは T の固有ベクトルと同じであるが，行列をこのように L と D で表現すると，L または D の要素に微小な相対的摂動が加わった場合，固有値および固有ベクトルも微小な相対的摂動しか受けないという理論的結果がある．このことを利用して $LDL^\top$ の固有値（$=LD^{1/2}$ の特異値）を高い相対精度で求めるアルゴリズムとして，dqds法（[特異値分解の数値計算] (p.422) 参照）がある．MR^3 アルゴリズムでは，まずdqds法により，高い相対精度で $LDL^\top$ の固有値を求める．次に，計算した固有値を用いて，ツイスト分解と呼ばれる逆反復法の改良版により，$LDL^\top$ の固有ベクトルを求める．その結果，固有値

が密集していても，相対ギャップ（隣接固有値間の距離/固有値の絶対値）があまり小さくない場合には，高い直交性を持つ固有ベクトルが自動的に得られることが示される．一方，相対ギャップが小さい場合には，σ の値をとり直して再計算するなどの処理を行う．

MR^3 アルゴリズムは，直交化演算の削減により，多くの場合に $O(nk)$ で3重対角行列の k 組の固有値・固有ベクトルが計算でき，極めて効率的なアルゴリズムとなっている．また，直交化が不要なため，並列性も向上している．これらの利点から，MR^3 アルゴリズムは急速に利用が広まりつつある．MR^3 アルゴリズムの詳細については，サーベイ論文 [5] を参照されたい．

4.5 ヤコビ法

3重対角化を経由せず，対称密行列 A に対して直接対角化を行う手法として，ヤコビ法がある．ヤコビ法では，A に両側からギブンズ回転を施して非対角要素を1個ずつ消去し，対角行列に近づけていく．もちろん，この過程で一度消去した要素が再び非零になることもあるため，一般には有限回のステップで対角化することはできない．ヤコビ法には大きく分けて，各ステップで絶対値最大の非零要素を消去する古典的ヤコビ法と，$n(n-1)/2$ 個の非対角要素を順番に消去していく巡回ヤコビ法がある．

ヤコビ法は，3重対角化に基づく解法の数倍の計算量を要するため，大規模計算での利用は少ないが，算法の単純さ，並列性の高さなどから，ハードウェアによる実装には用いられることがある．

[山本有作]

参 考 文 献

[1] Z. Bai, J. Demmel, J. Dongarra, A. Ruhe, H. van der Vorst (eds.), *Templates for the Solution of Algebraic Eigenvalue Problems*, SIAM, 2000.
[2] J. Demmel, *Applied Numerical Linear Algebra*, SIAM, 1997.
[3] G. Golub, C. van Loan, *Matrix Computations*, 4th Ed., Johns Hopkins Univ. Press, 2012.
[4] 杉原正顯, 室田一雄, 線形計算の数理, 岩波書店, 2009.
[5] 山本有作, 密行列固有値解法の最近の発展 (I) — Multiple Relatively Robust Representations アルゴリズム, 日本応用数理学会論文誌, Vol.15, No.2 (2005), 181–208.

特異値分解の数値計算

numerical computation of singular value decomposition

階数 r の $n \times m$ 実行列 A は，ある n 次直交行列 U と m 次直交行列 V を用いて，

$$A = U\Sigma V^\top \quad (1)$$

の形に分解される．ここで，

$$\Sigma = \begin{pmatrix} D & O_{r,m-r} \\ O_{n-r,r} & O_{n-r,m-r} \end{pmatrix},$$
$$D = \mathrm{diag}(\sigma_1, \ldots, \sigma_r)$$

であり，$\sigma_1 \geqq \cdots \geqq \sigma_r > 0$ である．$O_{n-r,r}$ は $(n-r) \times r$ 零行列であり，そのほかも同様である．D の対角成分 $\sigma_1 \geqq \cdots \geqq \sigma_r$ を行列 A の特異値と呼び，行列分解 (1) を特異値分解と呼ぶ．特異値分解の発見も含めて，その数学的基礎の発展は 1870 年代に始まったと考えられている[3]．現在，行列の特異値分解は，最小 2 乗法やデータマイニングなど様々なデータ処理に用いられており，重要な行列分解である．本項目では特異値分解の数値計算について述べる．

1. 特異値分解の数値計算法の概観

特異値分解の式 (1) から容易に確認できるように

$$A^\top A V = V \Sigma^\top \Sigma \quad (2)$$

である．ここで V の第 l 列ベクトルを $\mathbf{v}_l$ とすると，上式より

$$A^\top A \mathbf{v}_l = \sigma_l^2 \mathbf{v}_l \quad (3)$$

であることがわかる．したがって，正定値対称行列 $A^\top A$ に対する固有値問題を解くことで，特異値 $\sigma_1 \geqq \cdots \geqq \sigma_r$ および m 次直交行列 V が計算できる．式 (3) の $\mathbf{v}_l$ を特異ベクトルと呼ぶ．同様に，$AA^\top$ に対する固有値問題を解くことで，n 次直交行列 U も計算できる．したがって，数学的には特異値分解は固有値問題の解法を用いることで求められるが，数値計算する上では，高速・高精度に計算するために，$A^\top A$ や $AA^\top$ を直接計算することなく陰的に解法を実現するのが鉄則である．

[固有値問題の数値解法] (p.418) に示されているように，対称行列の固有値問題の解法においては，全体の計算量を削減するため，

i) 直交行列による相似変換で 3 重対角化する
ii) 反復計算により固有値・固有ベクトルを計算する

という手順で数値計算を行うのが標準的である．$A^\top A$ に対する固有値問題を上記の手順に沿って解くことは，A に対する計算として

i) 直交行列を掛けることで上 2 重対角化する
ii) 反復計算により特異値・特異ベクトルを計算する

という手順を踏むことと数学的に等しい．この上 2 重対角化を経由する数値計算法は，1965 年に Golub–Kahan により最初に提唱されたもので，現在最も有力かつ標準的な手法である[2]．

反復計算部分については，対称固有値問題に対する解法である QR 法，2 分法・逆反復法，分割統治法，MR^3 法に基づく手法が挙げられる．まず QR 法について，固有値問題に対する場合と異なる点として，得られる特異値の相対精度を保持できるという長所が挙げられる．これにより，特異値分解の数値計算では長年 QR 法に基づくものが定番であったが，近年では対称固有値問題の場合と同様に，特異値分解においても分割統治法や MR^3 法が支持を集めつつある．分割統治法は QR 法よりも高速で広く利用されているが，精度の面では QR 法に劣る傾向がある．MR^3 法は先に特異値を計算し，その特異値を用いて特異ベクトルを計算するアルゴリズムである．このうち特異値計算部分のアルゴリズムは dqds (differential quotient difference with shifts) 法と呼ばれる，QR 法より高速かつ高精度なアルゴリズムであり，現在，特異値計算で最も標準的に用いられている．なお，国内でも 2000 年頃より mdLVs (modified dLV with shifts) 法と呼ばれる高精度なアルゴリズムが提案され，研究が進められている．

上 2 重対角化を経由しないアルゴリズムとしてはヤコビ法が有名で，これも QR 法や dqds 法と同様，特異値を相対精度の意味で高精度に計算できるという長所を有し，最近は高速化に関する研究も進められている．

以下，2 節で i) の上 2 重対角化の計算法について述べ，ii) の反復計算については，上記の計算法の中で特異値の相対精度が理論保証される QR 法と dqds 法を 3 節，4 節で説明する．最後の節で，ヤコビ法についても簡単に述べる．

2. 上 2 重対角化

行列サイズが $n \geqq m$ の場合，適切な n 次直交行列 $\tilde{U}$ と m 次直交行列 $\tilde{V}$ により，

$$\tilde{U}^\top A \tilde{V} = \begin{pmatrix} B \\ O_{n-m,m} \end{pmatrix}$$

と変換する．ただし，B は $m \times m$ の上 2 重対角行列であり，B の特異値は A の特異値と等しい．$n < m$ の場合も，同様に $n \times n$ 上 2 重対角行列に変換する．この計算は四則演算と平方根演算のみで可能である．

具体的な計算には，[固有値問題の数値解法]

(p.418) における対称行列の 3 重対角化と同様に，ハウスホルダー変換を用いる．

最初に，A の第 1 列ベクトル $\mathbf{a}_1$ に対して $P_1 = \mathrm{House}(\mathbf{a}_1, 1)$ とし，
$$\hat{A} = P_1 A \tag{4}$$
とする．次に，$\hat{A}$ の第 1 行ベクトル $\hat{\mathbf{a}}_1$ に対して $Q_1 = \mathrm{House}(\hat{\mathbf{a}}_1, 2)$ とし，
$$A^{(1)} = \hat{A} Q_1^\top \tag{5}$$
とする．この直交変換において $\hat{A}$ の第 1 列ベクトルは変化しないので，$A^{(1)}$ の第 1 列ベクトルは第 1 成分以外全て 0 である．これで求めるべき上 2 重対角行列の $(1,1)$ 成分と $(1,2)$ 成分の計算が完了したことになる．次に，$A^{(1)}$ の第 1 列および第 1 行を削除して 1 つ大きさを落とした $(n-1) \times (m-1)$ 行列に対して同様の計算を行うことで，上 2 重対角行列の $(2,2)$ 成分と $(2,3)$ 成分が計算される．以下同様に，左上の成分から順に，上 2 重対角行列を計算することができる．

演算量は $4m^2(n - m/3)$ 回程度で，$m = n$ なら $(8/3)n^3$ となり，対称行列の 3 重対角化に対して 2 倍の演算を要することになる．これは両側から異なる行列を掛けることで演算が単純に 2 倍必要になったためである．したがって，n が m に比べてある程度大きい場合，片側から掛けるだけで計算可能な QR 分解 $A = QR$ を先に行い，小さい $m \times m$ 行列 R の上 2 重対角化を計算するという手順により，全体の計算量を減らすことができる．

3. Q R 法

上 2 重対角行列 B の特異値分解を計算する素朴な方法は，$B^\top B$ の固有値問題を QR 法で解く方法であろう．つまり，$T_0 = B^\top B$ と初期化し，
$$T_k = Q_k R_k, \tag{6}$$
$$T_{k+1} = R_k Q_k \tag{7}$$
により対称 3 重対角行列 T_k を反復計算し，十分対角行列に近づいた段階で対角成分から近似的に特異値を計算すればよい．しかし，このように $B^\top B$ を陽に計算する方法では特異値の相対精度が保証されず，小さい特異値の精度が落ちる．そこで，実際の数値計算では，T_k のコレスキー分解 $T_k = B_k^\top B_k$ で得られる上 2 重対角行列 B_k に関して，ある直交行列 P_k, Q_k による変換を行う漸化式
$$B_{k+1} = P_k B_k Q_k \tag{8}$$
を計算する．この計算は B_k の左上の成分から順にギブンズ回転による計算を施すことで可能になる[2]．1990 年，Demmel–Kahan はこの方針で相対精度を保持する QR 法を提唱し，このアルゴリズムは今でも広く利用されている．

4. d q d s 法

Demmel–Kahan の QR 法に対して，1994 年，Fernando–Parlett はさらなる改良を施し，より高速かつ高精度なアルゴリズムを与えた．これはもはや QR 法というよりは，qd（quotient difference）法の改良版と呼ぶべきものであり，dqds 法と名付けられている．行列の形で見ても QR 法よりはむしろコレスキー分解に基づくアルゴリズム（LR 法）に直接的に対応し，計算が軽くなっている．実際，dqds 法の反復式を行列で表現すると
$$B_{k+1}^\top B_{k+1} = B_k B_k^\top - s_k I \tag{9}$$
であり，B_{k+1} は右辺のコレスキー分解で得られる．右辺の s_k はシフトと呼ばれる高速化のためのパラメータであり，コレスキー分解が可能になるよう正定値性を保つように設定される．QR 法の改良により LR 法に行き着くことに読者は疑問を感じるかもしれないが，実は両アルゴリズムはある意味では同一視できる[1]．dqds 法は特異値の計算にのみ用いられ，特異ベクトルは別途計算が必要であり，それにはツイスト分解を用いた逆反復法が有力である．

5. ヤ コ ビ 法

上 2 重対角化を経由する枠組みとは別に，ヤコビ法により特異値を求める手法も有名で，これに関しても，$A^\top A$ を直接計算することなく A に対して直接反復を行うことが可能で，片側ヤコビ（one-sided Jacobi）法と呼ばれる[1]．計算量の面で上 2 重対角化を経由する場合より不利ではあるものの，小さい特異値を精度良く計算できるという長所がある．ごく最近，Drmač–Veselić によりヤコビ法に基づく優れた特異値分解アルゴリズムが提案されており，ヤコビ法は古典としての意義だけでなく，実用的な数値計算法として見直されつつある． [相島健助]

参 考 文 献

[1] J. Demmel, *Applied Numerical Linear Algebra*, SIAM, 1997.
[2] G. Golub, C. van Loan, *Matrix Computations*, 3rd Ed., Johns Hopkins Univ. Press, 1996.
[3] G. Stewart, *Matrix Algorithms Volume II: Eigensystems*, SIAM, 2001.

計算の品質

区間演算　426
連立1次方程式に対する精度保証　430
行列固有値問題に対する精度保証　434
非線形方程式の精度保証　438
常微分方程式の精度保証　442
偏微分方程式の精度保証　446
浮動小数点演算の無誤差変換　450
力学系の計算機援用証明　454
精度保証付き計算幾何　456

区間演算

interval arithmetic

区間演算とは，広義には写像 $F: X \to Y$ と X の部分集合 X^* に対して，

$$Y^* \supseteq \{F(x) \mid \forall x \in X^*\} \quad (1)$$

を満たす Y の部分集合 Y^* を求める算法である．また狭義には，集合 X^* の表現法と，その表現要素を用いて式 (1) を満たす Y^* を求める演算規則をいう[1]〜[8]．

1. 様々な集合の表現とその演算規則

狭義の意味での区間演算では，
- 対象とする集合の具体的表現法と，
- その表現要素を用いた演算規則

が定められる．本節ではいくつかの表現法とその表現要素を用いた演算規則について述べる．

1.1 閉区間の表現と四則演算

a. 上限下限形式

初めに実数を要素とする閉区間とその演算を紹介する．閉区間に対する演算は須永照雄によって提唱され[1]，その後 Moore によって体系化された[2]．

実数を要素とする閉区間 $[\underline{x}, \overline{x}]$ は，

$$[\underline{x}, \overline{x}] = \{x \in \mathbb{R} \mid \underline{x} \leqq x \leqq \overline{x}\} \quad (2)$$

を満たす集合である．ただし $\underline{x} \leqq \overline{x}$ である．$[\underline{x}, \overline{x}]$ を単純に $[x]$ と書くことがある．なお，$\underline{x}, \overline{x}$ をそれぞれ閉区間の下限，上限と呼び，これらを用いた集合の表現を上限下限形式（infimum-supremum form）と呼ぶ．また，全ての閉区間によって作られる集合を $\mathbb{IR}$ と書くことにする．

上限下限形式の閉区間 $[x], [y]$ に対する四則演算をアルゴリズム1のように定義すれば，式 (1) を満たす[3]（$\circ \in \{+, -, \times, /\}$，除算では $0 \notin [y]$）：

アルゴリズム 1

$$[x] \circ [y] := [\min(\underline{x} \circ \underline{y}, \underline{x} \circ \overline{y}, \overline{x} \circ \underline{y}, \overline{x} \circ \overline{y}),$$
$$\max(\underline{x} \circ \underline{y}, \underline{x} \circ \overline{y}, \overline{x} \circ \underline{y}, \overline{x} \circ \overline{y})]$$

アルゴリズム1は $[x]$ と $[y]$ に関連性がない場合，

$$[x] \circ [y] = \{x \circ y \mid \forall x \in [x], \forall y \in [y]\} \quad (3)$$

を満たす．

b. 中心半径形式

実数を要素に持つ閉区間を表現するのに，閉区間の中心と半径を用いる表現法がある．閉区間の中心と半径をそれぞれ，

$$x_c := \mathrm{mid}([x]) = \frac{\underline{x} + \overline{x}}{2} \quad (4)$$

$$x_r := \mathrm{rad}([x]) = \frac{\overline{x} - \underline{x}}{2} \quad (5)$$

とするとき，閉区間を $\langle x_c, x_r \rangle$ と書く．ただし，$x_r \geqq 0$ である．$\langle x_c, x_r \rangle$ を単純に $\langle x \rangle$ と書くことがある．中心と半径を用いた集合の表現を中心半径形式（midpoint-radius form）と呼ぶ．このとき，$[x]$ と $\langle x \rangle$ には次の関係がある：

$$[x] = [x_c - x_r, x_c + x_r] = \left\langle \frac{\overline{x} + \underline{x}}{2}, \frac{\overline{x} - \underline{x}}{2} \right\rangle = \langle x \rangle.$$

中心半径形式の閉区間 $\langle x \rangle, \langle y \rangle$ に対する四則演算をアルゴリズム2のように定義すれば，式 (1) を満たす[4]．

アルゴリズム 2

$$\langle x \rangle \pm \langle y \rangle := \langle x_c \pm y_c, \ x_r + y_r \rangle$$
$$\langle x \rangle \times \langle y \rangle := \langle m_c, \ m_r \rangle$$
$$m_c = x_c y_c + \mathrm{sign}(x_c y_c) m$$
$$m_r = |x_c| y_r + x_r |y_c| + x_r y_r - m$$
$$m = \min(|x_c| y_r, x_r |y_c|, x_r y_r)$$
$$\langle x \rangle / \langle y \rangle := \langle x \rangle \times \left\langle \frac{y_c}{y_c^2 - y_r^2}, \frac{y_r}{y_c^2 - y_r^2} \right\rangle \quad (0 \notin \langle y \rangle)$$

アルゴリズム2は $\langle x \rangle$ と $\langle y \rangle$ に関連性がない場合，

$$\langle x \rangle \circ \langle y \rangle = \{x \circ y \mid \forall x \in \langle x \rangle, \forall y \in \langle y \rangle\} \quad (6)$$

を満たす．

中心半径形式の乗算に関して，アルゴリズム3も式 (1) を満たす．$\langle x \rangle, \langle y \rangle$ の半径がともに零でない場合，アルゴリズム3で計算された区間の半径の大きさは アルゴリズム2のそれより増大するが，計算が簡単なため広く利用されている[3]．

アルゴリズム 3

$$\langle x \rangle \times \langle y \rangle := \langle x_c y_c, \ |x_c| y_r + x_r |y_c| + x_r y_r \rangle$$

1.2 区間行列の表現と区間行列乗算

a. 区間ベクトルと区間行列

n 次元区間ベクトルは n 個の閉区間の直積集合で書ける．すなわち，i を 1 から n までの整数とするとき，閉区間 $[x_i]$ と直積 $\times$ を用いて区間ベクトル $[X]$ は

$$[X] := [x_1] \times [x_2] \times \cdots \times [x_n] \quad (7)$$

と書ける．ここで，全ての n 次元区間ベクトルの集合を $\mathbb{IR}^n$ と書くことにする．

同様に，$m \times n$ 次元区間行列は mn 個の閉

区間の直積集合で書ける．すなわち，閉区間 $[a_{ij}]$ ($1 \leqq i \leqq m$, $1 \leqq j \leqq n$, i,j は整数) を用いて区間行列 $[A]$ は

$$[A] := \begin{pmatrix} [a_{11}] & \cdots & [a_{1n}] \\ \vdots & \ddots & \vdots \\ [a_{m1}] & \cdots & [a_{mn}] \end{pmatrix} \quad (8)$$

と書ける．区間ベクトル同様，全ての $m \times n$ 次元区間行列の集合を $\mathbb{IR}^{m \times n}$ と書くことにする．

行列 $\underline{A}, \overline{A}$ をそれぞれ，区間行列 $[A]$ の各要素の下限と上限で構成された行列とするとき，$[A] = [\underline{A}, \overline{A}]$ と書くことがある．ただし，$\underline{a}_{ij} \leqq \overline{a}_{ij}$ である．同様に，A_c, A_r を各要素の中心と半径で構成された行列とするとき，区間行列を $\langle A_c, A_r \rangle$ と書くことがある．ただし，A_r の要素は全て非負である．また，$\langle A_c, A_r \rangle$ を単純に $\langle A \rangle$ と書くことがある．

b. 区間行列乗算

区間行列乗算を，アルゴリズム 1 やアルゴリズム 2 に従うと分岐が非常に多くなる．若干，区間が過大評価になるがアルゴリズム 4 は分岐が比較的少ない[9]．

アルゴリズム 4

$$\langle A \rangle \cdot \langle B \rangle := \langle M_c, M_r \rangle$$
$$M_c = A_c \cdot B_c + \{\operatorname{sign}(A_c) .* M_A\} \cdot \{\operatorname{sign}(B_c) .* M_B\}$$
$$M_r = |A_c| \cdot B_r + A_r \cdot |B_c| + A_r \cdot B_r - M_A \cdot M_B$$
$$M_A = \min(|A_c|, A_r)$$
$$M_B = \min(|B_c|, B_r)$$

なお，$\cdot$ は行列乗算，$.*$ は行列の要素ごとの乗算を意味し，$|A|$ は行列 A の各成分の絶対値をとった行列を意味する．アルゴリズム 4 で計算された区間の半径の大きさは，真の区間幅と比べて平均約 1.01 倍，最大約 1.17 倍であることが知られている．

分岐のないアルゴリズム 3 を基礎とした，分岐のない区間行列乗算法アルゴリズム 5 もある[9]．

アルゴリズム 5

$$\langle A \rangle \cdot \langle B \rangle := \langle A_c \cdot B_c, \ |A_c| \cdot B_r + A_r \cdot |B_c| + A_r \cdot B_r \rangle$$

アルゴリズム 5 で計算された区間の半径の大きさは，真の区間幅と比べて平均約 1.17 倍，最大 1.5 倍になることが知られている．

1.3 区間拡張

関数 $f : \mathbb{R}^n \to \mathbb{R}^m$ を考える．$\mathbb{IR}^n$ に含まれるすべての区間 $[X]$ に対して，

$$[f]([x]) \supseteq \{ f(x) \mid x \in [X] \} \quad (9)$$

を満たす関数 $[f] : \mathbb{IR}^n \to \mathbb{IR}^m$ を f の区間拡張 (interval extension) と呼ぶ[3]．関数 f のすべての演算規則を式 (1) を満たす演算規則に置き換えた関数は区間拡張になるが，一意に定まるわけではない．

区間拡張による表現は，表現形式による制約が原因となり，実際の領域より大きい領域になることがある．例えば関数 $f : \mathbb{R}^n \to \mathbb{R}$ のとき，上限下限形式による閉区間 $[\min_{x \in [X]} f(x), \max_{x \in [X]} f(x)]$ は区間拡張の定義式 (9) を満たすが，一般的に実際の領域より大きい領域になる．この現象をラッピングエフェクト (wrapping effect) という．

1.4 平均値形式

閉区間を表現する形式よりラッピングエフェクトを抑える方法として平均値形式 (mean value form) がある．関数 $f : \mathbb{R}^n \to \mathbb{R}$ が領域 $[X] \in \mathbb{R}^n$ で微分可能とする．また，$[f']$ を

$$[f'] \supseteq \left\{ \left(\frac{\partial f(x)}{\partial x_1}, \ldots, \frac{\partial f(x)}{\partial x_n} \right)^T \middle| x \in [X] \right\} \quad (10)$$

を満たす上限下限形式の区間ベクトルとし，c を $\operatorname{mid}([X])$ とする．このとき領域 $[X]$ に対する平均値形式 M_f は，任意の $x \in [X]$ に対し

$$M_f = (f(c), [f'])_{[X]} \quad (11)$$
$$:= f(c) + [f']^T \cdot (x - c) \quad (12)$$

と定義される[10]．つまり，平均値形式は $x = c$ において，領域ではなく点 $f(c)$ となる[*1]．

領域 $[X]$ における平均値形式 M_f, M_g について，加減乗算を次のように定義すれば，式 (9) を満たす．

アルゴリズム 6

$$M_f \pm M_g := (f(c) \pm g(c), \ [f'] \pm [g'])_{[X]}$$
$$M_f \times M_g := (f(c)g(c), \ [f] \times [g'] + [f'] \times [g])_{[X]}$$
$$[f] = f(c) + [f']^T \cdot ([X] - c)$$
$$[g] = g(c) + [g']^T \cdot ([X] - c)$$

1.5 テイラー形式

平均値形式より精密な表現が可能な形式としてテイラー形式 (Taylor model form) がある．関数 $f : \mathbb{R}^n \to \mathbb{R}$ が領域 $[X]$ で $n+1$ 階偏微分可能であるとする．c を $\operatorname{mid}([X])$ とし，P_f を c の周りでの f の n 次テイラー多項式とする．また，$x \in [X]$ を満たすすべての x に対して，

$$f(x) \in P_f(x - c) + I_f \quad (13)$$

[*1] 似た形式としてスロープ形式 (slope form) がある[4].

を満たす上限下限形式を I_f とする．このとき，$[X]$ での n 次テイラー形式 T_f は任意の $x \in [X]$ に対し

$$T_f := (P_f, \ I_f)_{[X]} \tag{14}$$

$$:= P_f(x-c) + I_f \tag{15}$$

と定義される[8],[10],[11]．

領域 $[X]$ でのテイラー形式 T_f, T_g について，加減乗算を次のように定義すれば，式 (9) を満たす[11]．

アルゴリズム 7

$$T_f \pm T_g := (P_f \pm P_g, \ I_f + I_g)_{[X]}$$
$$T_f \times T_g := (P_m, \ I_m)_{[X]}$$

$P_m : P_f \times P_g$ の n 次以下を抽出した多項式
$P_e : P_f \times P_g$ の $n+1$ 次以上 $2n$ 次以下を抽出した多項式
$I_m : [P_e] + [P_f] \times I_g + I_f \times [P_g] + I_f \times I_g$
$[P] :$ 多項式 P の区間拡張を包含する上限下限形式

1.6 円盤形式

領域を閉区間の直積集合を用いずに，中心と半径で表現する形式を円盤形式 (circular form) という．ここでは例として複素平面上の領域を考える．x_c を複素数，x_r を非負の実数とするとき，

$$\{ z \in \mathbb{C} \ | \ |z - x_c| \leq x_r \} \tag{16}$$

で表現される領域を，$\langle x_c, x_r \rangle$ または $\langle X \rangle$ と書き，これを円盤形式と呼ぶ[12] *2)．

円盤形式 $\langle X \rangle$, $\langle Y \rangle$ に対して四則演算を次のように定義すれば，式 (9) を満たす[12] (除算では $0 \notin \langle Y \rangle$，$\overline{y_c}$ は y_c の複素共役)．

アルゴリズム 8

$$\langle X \rangle \pm \langle Y \rangle := \langle x_c \pm y_c, \ x_r + y_r \rangle$$
$$\langle X \rangle \times \langle Y \rangle := \langle x_c y_c (1+x), \ (|x_c|\, y_r + x_r\, |y_c|)(1+x) \rangle$$
$$\langle X \rangle / \langle Y \rangle := \langle X \rangle \times \left\langle \frac{\overline{y_c}}{|y_c|^2 - y_r^2}, \ \frac{y_r}{|y_c|^2 - y_r^2} \right\rangle$$
$$x = x_r y_r / (|x_c y_c| + |x_c|\, y_r + x_r\, |y_c|)$$

一般に円盤同士の乗算の結果は円盤にならない．円盤形式の乗算について次のアルゴリズム 9 も式 (9) を満たすが，$\langle X \rangle$, $\langle Y \rangle$ の半径がともに零でない場合，アルゴリズム 8 より半径が大きくなる．

アルゴリズム 9

$$\langle X \rangle \times \langle Y \rangle := \langle x_c y_c, \ |x_c|\, y_r + x_r\, |y_c| + x_r y_r \rangle$$

---

*2) 円盤形式以外にも，領域の表現に直積集合を用いない形式として扇形形式などがある[13]．

2. 計算機上の区間演算

本節では，閉区間による区間演算の電子計算機上での実装について述べる．電子計算機は IEEE 754 標準規格に基づく浮動小数点システムを利用する[14]．IEEE 754 標準規格は浮動小数点規格の 1 つであり，「電子計算機の中における数の表現」や「四則演算と平方根の演算結果精度」，「丸め」，「例外」などを定めており，計算機上での区間演算の実装には，広く丸めの変更を用いた方法が利用されている．

2.1 計算機上の上限下限形式の実装

IEEE 754 標準規格では，最近点への丸め，上向き丸め，下向き丸め，ゼロへの丸めが定義されている．上向き丸めと下向き丸めの四則演算を用いてアルゴリズム 1 を計算すると，丸め誤差を考慮して式 (1) を満たす閉区間を計算することができる．アルゴリズム 10 に具体的なアルゴリズムを示す：

アルゴリズム 10

```
function [z] = Addition ([x], [y])
    z̲ = x̲ +̌ y̲;
    z̄ = x̄ +̂ ȳ;
end
function [z] = Subtraction ([x], [y])
    z̲ = x̲ -̌ ȳ;
    z̄ = x̄ -̂ y̲;
end
function [z] = Multiplication ([x], [y])
    z̲ = min{x̲ ×̌ y̲, x̄ ×̌ ȳ, x̲ ×̌ ȳ, x̄ ×̌ y̲};
    z̄ = max{x̲ ×̂ y̲, x̄ ×̂ ȳ, x̲ ×̂ ȳ, x̄ ×̂ y̲};
end
function [z] = Division ([x], [y])
    z̲ = min{x̲ /̌ y̲, x̄ /̌ ȳ, x̲ /̌ ȳ, x̄ /̌ y̲};
    z̄ = max{x̲ /̂ y̲, x̄ /̂ ȳ, x̲ /̂ ȳ, x̄ /̂ y̲};
end
```

なお，除算では $0 \notin [y]$ であり，ǒ, ô は 2 項演算 $\circ \in \{+, -, \times, /\}$ に対して，それぞれ下向き丸め，上向き丸めの演算を行ったことを示す．乗除算の計算では場合分けによる方法もある[3]．

2.2 計算機上の中心半径形式の実装

アルゴリズム 2 についても，上向き丸めと下向き丸めの結果を用いることで，丸め誤差も含めて式 (1) を満たす閉区間を得ることができる．

乗算法としてアルゴリズム 3 を採用するとき，乗除算はアルゴリズム 12 のように書ける．

本節で述べた計算法を実装する際は，最適化などの計算の省略を行わないように CPU やコンパイラを動作させる必要がある．また，丸めの変更が容易でない環境には，最近点への丸めで動作する区間演算法が提案されている[15]．

アルゴリズム 11

function $\langle z \rangle = \text{Addition}(\langle x \rangle, \langle y \rangle)$
  $z_c = x_c \check{+} y_c;$
  $e_c = (x_c \hat{+} y_c) \hat{-} z_c;$
  $z_r = (x_r \hat{+} y_r) \hat{+} e_c;$
end

function $\langle z \rangle = \text{Subtraction}(\langle x \rangle, \langle y \rangle)$
  $z_c = x_c \check{-} y_c;$
  $e_c = (x_c \hat{-} y_c) \hat{-} z_c;$
  $z_r = (x_r \hat{+} y_r) \hat{+} e_c;$
end

function $\langle z \rangle = \text{Multiplication}(\langle x \rangle, \langle y \rangle)$
  $c_1 = \min(|x_c| \check{\times} x_r, x_r \check{\times} |y_c|, x_r \check{\times} y_r);$
  $c_2 = |x_c| \check{\times} |y_c| \check{+} c_1;$
  $c_3 = |x_c| \hat{\times} |y_c| \hat{+} c_1;$
  $z_c = (c_2 \check{+} c_3) \check{/} 2;$
  $e_c = c_3 \hat{-} z_c;$
  $z_r = |x_c| \hat{\times} x_r \hat{+} x_r \hat{\times} |y_c| \hat{+} x_r \hat{\times} y_r \hat{-} c_1 \hat{+} e_c;$
  $z_c = \text{sign}(x_c \hat{\times} y_c) z_c;$
end

function $\langle z \rangle = \text{Division}(\langle x \rangle, \langle y \rangle)$
  $t_1 = (|y_c| \hat{-} y_r) \check{\times} (|y_c| \check{+} y_r);$
  $t_2 = (|y_c| \check{-} y_r) \check{\times} (|y_c| \check{+} y_r);$
  $c_1 = \min(|x_c| \check{\times} x_r, x_r \check{\times} |y_c|, x_r \check{\times} y_r);$
  $c_2 = (|x_c| \check{\times} |y_c| \check{+} c_1) \check{/} t_1;$
  $c_3 = (|x_c| \hat{\times} |y_c| \hat{+} c_1) \hat{/} t_2;$
  $z_c = (c_2 \check{+} c_3) \check{/} 2;$
  $e_c = c_3 \hat{-} z_c;$
  $z_r = (|x_c| \hat{\times} x_r \hat{+} x_r \hat{\times} |y_c| \hat{+} x_r \hat{\times} y_r \hat{-} c_1) \hat{/} t_2 \hat{+} e_c;$
  $z_c = \text{sign}(x_c \hat{\times} y_c) z_c;$
end

アルゴリズム 12

function $\langle z \rangle = \text{Multiplication}(\langle x \rangle, \langle y \rangle)$
  $z_c = x_c \check{\times} y_c;$
  $e_c = x_c \hat{\times} y_c \hat{-} z_c;$
  $z_r = ((|x_c| \hat{+} x_r) \hat{\times} y_r) \hat{+} (x_r \hat{\times} |y_c|) \hat{+} e_c;$
end

function $\langle z \rangle = \text{Division}(\langle x \rangle, \langle y \rangle)$
  $t_1 = (|y_c| \hat{-} y_r) \check{\times} (|y_c| \check{+} y_r);$
  $t_2 = (|y_c| \check{-} y_r) \check{\times} (|y_c| \check{+} y_r);$
  $c_1 = |x_c| \check{\times} |y_c| \check{/} t_1;$
  $c_2 = |x_c| \hat{\times} |y_c| \hat{/} t_2;$
  $z_c = (c_1 \check{+} c_2) \check{/} 2;$
  $e_c = c_2 \hat{-} z_c;$
  $z_r = (|x_c| \hat{\times} y_r \hat{+} x_r \hat{\times} |y_c| \hat{+} x_r \hat{\times} y_r) \hat{/} t_2 \hat{+} e_c;$
  $z_c = \text{sign}(x_c \hat{\times} y_c) z_c;$
end

[山中脩也]

参 考 文 献

[1] T. Sunaga, Theory of an interval algebra and its application to numerical analysis, *Japan J. Indust. Appl. Math.*, **26**(2–3):125–143 (2009). (Reprint of *Res. Assoc. Appl. Geom. Mem.*, 2:29–46 (1958)).

[2] R.E. Moore, *Methods and Applications of Interval Analysis*, Society for Industrial & Applied Mathematics, 1979.

[3] 大石進一, 精度保証付き数値計算, コロナ社, 2000.

[4] A. Neumaier, *Interval Methods for Systems of Equations*, Cambridge Univ. Press, 1990.

[5] J.G. Rokne, Interval arithmetic and interval analysis: an introduction, *Granular computing*, Physica-Verlag GmbH Heidelberg, 2001.

[6] U. Kulisch, *Computer Arithmetic in Theory and Practice*, Academic Press, 1981.

[7] G. Alefeld, J. Herzberger, *Introduction to Interval Computations*, Academic Press, 1983.

[8] L. Jaulin, M. Kieffer, O. Didrit, E. Walter, *Applied Interval Analysis*, Springer, 2001.

[9] S.M. Rump, Fast Interval Matrix Multiplication, *Numerical Algorithms*, **61**(1) (2012), 1–34.

[10] L.B. Rall, Mean value and Taylor forms in interval analysis, *SIAM J. Math. Anal.*, **2**:223–238 (1983).

[11] K. Makino, M. Berz, Taylor models and other validated functional inclusion methods, *International Journal of Pure and Applied Mathematics*, **4**(4) (2003), 379–456.

[12] M.S. Petkovic, L.D. Petkovic, *Complex interval arithmetic and its applications*, Wiley-VCH, 1998.

[13] R. Klatte, Ch. Ulrich, Complex Sector Arithmetic, *Computing*, **24**:139–148 (1979).

[14] IEEE Std 754-2008: IEEE Standard for Floating-Point Arithmetic, IEEE, 2008.

[15] 山中脩也, 最近点への丸めによる区間演算, 数学セミナー, 2012年10月号.

連立1次方程式に対する精度保証

verified numerical computation for systems of linear equations

連立1次方程式は科学技術計算の基礎であり，その解の精度保証付き数値計算は重要である．ここでは，古典的な区間演算を用いた方法から現代的な高速精度保証法までを取り扱う．

1. 解の存在証明

A を n 次の行列，b を n 次元ベクトルとする．A, b の要素は，実数または複素数とする．連立1次方程式

$$Ax = b \tag{1}$$

の解の一意性を保証し，その存在範囲を特定することが精度保証の目的である．A が正則であれば A^{-1} が存在し，式 (1) の解の一意性が保証され，その厳密解は $x^* := A^{-1}b$ となる．したがって，A の正則性の保証が重要である．A が特異に近い場合，A の正則性の保証は失敗する場合がある．この場合でも，A は正則な場合があることに注意しなければならない．逆に，精度保証付き数値計算では，A が特異であることを保証するのは一般に困難である．なぜなら，A の要素に微小な摂動を与えることで，正則か特異かが容易に変化してしまうからである．このような問題を非適切 (ill-posed) と呼ぶ．

数値計算によって式 (1) を解いたときに得られるのは近似解 $\tilde{x}$ である．近年，A の正則性を保証し，$\tilde{x}$ の誤差を高速に計算する様々なアルゴリズムが開発された (例えば，[3],[6],[9])．ここで「高速」とは，近似解を得るのと同程度か数倍以内の計算時間で精度保証が完了することを意味する．

近似解 $\tilde{x}$ の誤差を評価するときは，ノルムごとの評価

$$\|x^* - \tilde{x}\| \leq \epsilon \tag{2}$$

や成分ごとの評価

$$|x_i^* - \tilde{x}_i| \leq d_i, \quad i = 1, 2, \ldots, n \tag{3}$$

が用いられる．

以下では，A と b の要素が複素数や区間の場合は取り扱わないが，多くの議論は複素数や区間の場合に拡張できる．その詳細については，文献 [8] を参照されたい．区間演算の詳細については，例えば文献 [1] がある．

2. 準備

$\mathbb{R}$ を実数全体の集合とする．行列 $A = (a_{ij})$, $B = (b_{ij}) \in \mathbb{R}^{m \times n}$ に対し，$A \leq B$ は全ての (i, j) 要素に対して $a_{ij} \leq b_{ij}$ が成立していることを意味する．また，行列の絶対値 $|A| = (|a_{ij}|) \in \mathbb{R}^{m \times n}$ は，要素ごとに絶対値をとった行列を表し，$A \geq O$ (あるいは $A > O$) は，A の要素が非負 (あるいは正) であることを意味する．ベクトルに対しても，同様の記号を用いる．また，e は要素が全て1のベクトル，I は単位行列を表す．

A のスペクトル半径を $\rho(A)$ で表す．$A \in \mathbb{R}^{n \times n}$ の固有値を λ_i $(1 \leq i \leq n)$ とすると

$$\rho(A) := \max_{1 \leq i \leq n} |\lambda_i|$$

である．また，$A = (a_{ij}) \in \mathbb{R}^{m \times n}$ のスペクトルノルム $\|A\|_2$ および最大値ノルム $\|A\|_\infty$ は，それぞれ

$$\|A\|_2 = \rho(A^T A)$$
$$\|A\|_\infty = \max_{1 \leq i \leq m} \sum_{j=1}^n |a_{ij}|$$

となる．

本項目で取り扱う特別な行列について説明する．まず，$A = (a_{ij}) \in \mathbb{R}^{n \times n}$ に対し，比較行列 $\mathcal{M}(A) = (\hat{a}_{ij})$ を

$$\hat{a}_{ij} = \begin{cases} |a_{ij}| & (i = j) \\ -|a_{ij}| & (i \neq j) \end{cases}$$

と定義する．

以下，全て $A = (a_{ij}) \in \mathbb{R}^{n \times n}$ とする．

定義1（狭義優対角行列） 全ての $i \in \{1, 2, \ldots, n\}$ に対して

$$|a_{ii}| > \sum_{j \neq i} |a_{ij}|$$

であるとき，A を狭義優対角行列と呼ぶ．

定義2（単調行列） $v \in \mathbb{R}^n$ に対し，$Av > 0$ ならば $v > 0$ であるとき，A を単調行列と呼ぶ．

補題1 A が単調行列であることの必要十分条件は，A が正則かつ $A^{-1} \geq O$ であることである．

定義3（M行列） A が単調行列で，$a_{ii} > 0$ かつ $a_{ij} \leq 0$ $(i \neq j)$ ならば，A を M 行列と呼ぶ．

定義4（H行列） A の比較行列 $\mathcal{M}(A)$ が M 行列であるならば，A を H 行列と呼ぶ．

H 行列と一般化狭義優対角行列は同値である．

補題2 A が H 行列であることの必要十分条件は，$\mathcal{M}(A)v > 0$ を満たすベクトル $v > 0$ が存在することである．

補題3 A が H 行列ならば，$|A^{-1}| \leq \mathcal{M}(A)^{-1}$ である．

補題3から

$$\|A^{-1}\|_\infty \leq \|\mathcal{M}(A)^{-1}\|_\infty \quad (4)$$

が成り立つことがわかる．

定義 5（正定値行列）　全ての $v \in \mathbb{R}^n$ $(v \neq 0)$ に対し，$v^T A v > 0$ であるとき，A を正定値行列と呼ぶ．

$\mathbb{IR}$ は区間全体の集合を表す．区間は $[a]$ のように括弧付きの文字で表す．例えば，区間ベクトルは，上端・下端ベクトル $\overline{v}, \underline{v} \in \mathbb{R}^n$ $(\underline{v}_i \leq \overline{v}_i,\ i = 1, 2, \ldots, n)$ を用いて $[v] := [\underline{v}, \overline{v}] \in \mathbb{IR}^n$ と表す．区間行列についても同様である．

3. 区間ガウスの消去法

区間ガウスの消去法 (interval Gaussian elimination) は，通常のガウスの消去法における全ての演算を区間演算に置き換える手法である．これによって，連立 1 次方程式 $Ax = b$ の真の解の存在範囲を得ることが可能である．

しかしながら，区間ガウスの消去法は，特別な場合を除いて，行列の次数 n がある程度以上の大きさになると，行列の条件数（問題の解きづらさ）とは無関係に適用できなくなるという致命的な欠点があることが知られている．これは，区間演算による区間幅の増大に起因する問題である．

例えば，A を n 次の乱数行列として，$Ax = b$ の真の解が $e = (1, \ldots, 1)^T$ となるように b を設定したとき，区間ガウスの消去法によって得られる解の包含（区間ベクトル）の最大半径を図 1 に示す．

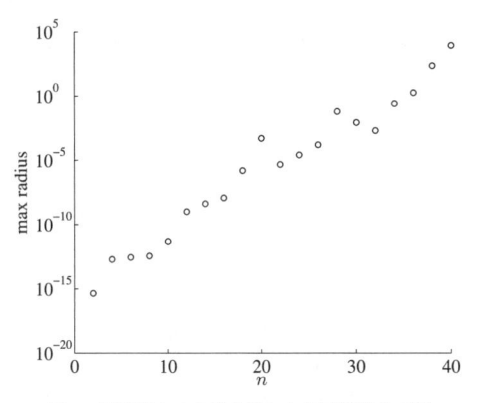

図 1　区間ガウスの消去法による区間増大の例

図 1 から，$n = 40$ 程度で最大半径が非常に大きくなり，既に適用限界であることがわかる．

4. 密行列に対する精度保証法

ここでは，係数行列 A が密行列（要素のほとんどが非零）の場合に有効な精度保証法について説明する．本節で紹介する方法は，いずれも行列計算単位で区間演算を考えることができるため，BLAS や LAPACK などの高速な数値計算ライブラリを利用できる．また，区間ガウスの消去法と違い，$n \geq 10000$ のように比較的大規模な行列にも適用可能である．

4.1 Rump の方法

まず，Rump による方法 [8] を紹介する．これは，クラフチック（Krawczyk）作用素に基づくものであり，以下の定理が知られている．

定理 1 (Rump[8])　$A, R \in \mathbb{R}^{n \times n},\ b, \widetilde{x} \in \mathbb{R}^n$ とする．$[\epsilon] \in \mathbb{IR}^n$ を空でない有界閉集合とする．$\text{int}([\epsilon])$ を $[\epsilon]$ の内点とする．このとき

$$[y] := R(b - A\widetilde{x}) + (I - RA)[\epsilon] \subseteq \text{int}([\epsilon]) \quad (5)$$

であれば，A と R は正則で $Ax = b$ の一意解 $x^* = A^{-1}b$ は $x^* \in \widetilde{x} + [y]$ を満たす．

Rump は，ある $\delta > 0$ について $\rho(|I - RA|) < 1 - \delta$ が成り立つならば，ある $[\epsilon]$ について式 (5) が成り立つことを示した．逆に，式 (5) が成り立つならば，$\rho(|I - RA|) < 1$ である．定理 1 に基づく連立 1 次方程式に対する精度保証アルゴリズムは，下記のようになる．

アルゴリズム 1　Rump の方法による連立 1 次方程式 $Ax = b$ $(A \in \mathbb{R}^{n \times n},\ b \in \mathbb{R}^n)$ の近似解 $\widetilde{x} \in \mathbb{R}^n$ の精度保証アルゴリズム：

$R = \text{inv}(A);$　　　　　　% A の近似逆行列
$[G] = [I - RA];$　　　　　% $I - RA$ の包含
$[z] = [R(b - A\widetilde{x})];$　　　　% $R(b - A\widetilde{x})$ の包含
$[y^{(0)}] = [z];$
repeat $k = 1, 2, \ldots$
　　$[\epsilon^{(k)}] = f_\varepsilon([y^{(k-1)}]);$　　% epsilon-inflation
　　$[y^{(k)}] = [z] + [G] \cdot [\epsilon^{(k)}];$ % 式 (5)
until $[y^{(k)}] \subseteq \text{int}([\epsilon^{(k)}])$

このアルゴリズムが停止すれば，A が正則であることが証明され，さらに

$$A^{-1}b \in \widetilde{x} + [y^{(k)}]$$

が成立する．また，アルゴリズム中の $f_\varepsilon([y])$ は，イプシロンインフレーションと呼ばれるもので，例えば

$$f_\varepsilon([y]) := [y] + [-r, r] \quad (6)$$
$$r := \varepsilon |R(b - A\widetilde{x})| + \mathbf{u}_N \cdot e$$

のように定める．$\mathbf{u}_N$ は最小の正の正規化浮動小数点数である．経験的に，$\varepsilon = 0.1$ とするとよいことが知られている．

アルゴリズム 1 は，MATLAB の精度保証ツールボックスである INTLAB の関数 `verifylss` として実装されている．Rump の方法によるアルゴリズムやイプシロンインフレーションの詳細については，

文献 [8] を参照されたい.

4.2 Yamamoto の方法

連立 1 次方程式 $Ax=b$ の近似解 $\widetilde{x}$ に対する評価法として

$$\|A^{-1}b - \widetilde{x}\|_\infty \leq \frac{\|R(b - A\widetilde{x})\|_\infty}{1 - \|I - RA\|_\infty} \quad (7)$$

がある（例えば [1]）. ただし, R は A^{-1} の近似で, $\|I - RA\|_\infty < 1$ を満たすとする. 式 (7) は使い勝手が良いが, 解ベクトルの成分について絶対値の大きさにばらつきがある場合に, 絶対値の小さい成分に対して誤差評価が過大になってしまう場合がある.

そこで, 以下の Yamamoto による成分毎評価法 [10] を紹介する.

定理 2 (Yamamoto [10])　$A, R \in \mathbb{R}^{n \times n}, b, \widetilde{x} \in \mathbb{R}^n$, $G := I - RA$ とする. このとき, $\|G\|_\infty < 1$ ならば, A は正則であり

$$|A^{-1}b - \widetilde{x}|$$
$$\leq |R(b - A\widetilde{x})| + \frac{\|R(b - A\widetilde{x})\|_\infty}{1 - \|G\|_\infty}|G|e \quad (8)$$

が成り立つ.

この方法は, Rump の方法よりも簡潔で使いやすい成分毎評価法である.

4.3 Ning–Kearfott の方法

Ning–Kearfott の方法 [2] は, 係数行列 A が H 行列の場合に有効である.

定理 3 (Ning–Kearfott [2])　$A \in \mathbb{R}^{n \times n}, b \in \mathbb{R}^n$ とする. ただし, A は H 行列とする. $y, z \in \mathbb{R}^n$ を

$$y := \mathcal{M}(A)^{-1}|b|, \quad z_i := [\mathcal{M}(A)^{-1}]_{ii}$$

と定義する. さらに, $p, q \in \mathbb{R}^n$ を

$$p_i := [\mathcal{M}(A)]_{ii} - z_i, \quad q_i := y_i/z_i - |b_i|$$

と定義する. このとき

$$[x_i] := \frac{b_i + [-q_i, q_i]}{A_{ii} + [-p_i, p_i]}$$

に対して, $A^{-1}b \in [x]$ が成り立つ.

この定理を適用するためには, 係数行列が H 行列である必要がある. 例えば, A の近似逆行列 R を前処理として用いると, RA は H 行列になることが期待できる. 実際には, $RAv > 0$ を満たすベクトル $v > 0$ を見つければ, RA が H 行列であることを示すことができる. その後, 連立 1 次方程式 $RAx = Rb$ に対して, 定理 3 を適用すればよい.

この方法も, INTLAB の `verifylss` で選択することができる. 悪条件の場合を除いて, 通常は Rump の方法と同様の結果となる.

5. 疎行列に対する精度保証法

次に, 係数行列 A が疎行列（要素のほとんどがゼロ）の場合に有効な精度保証法について説明する.

大規模疎行列に対する精度保証は, A が優対角のときなど特殊な場合を除いて, 非常に難しいことが知られており, 区間解析における難問の 1 つとなっている. 例えば, A が疎行列であっても, その逆行列は一般に密行列となる（図 2 を参照）. したがって, A^{-1} の計算に基づく精度保証法を適用するのは困難である.

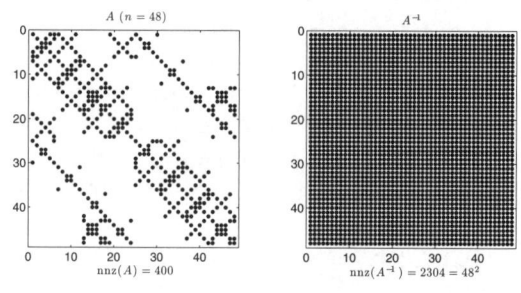

図 2　疎性の崩壊（A と A^{-1} の非ゼロパターン）

そこで, ここでは係数行列 A が以下の場合に限定して, 疎行列の場合でも有効な方法を紹介する.
- 狭義優対角行列
- 単調行列（M 行列も含む）
- H 行列（一般化狭義優対角行列）

5.1 狭義優対角行列の場合

係数行列 A が狭義優対角行列の場合, A の逆行列を求める必要はない. すなわち, $D := \mathrm{diag}(a_{11}, \ldots, a_{nn})$, $R := D^{-1}$ とすると

$$\|I - RA\|_\infty = \|I - D^{-1}A\|_\infty < 1$$

を得る. したがって, 式 (7) から

$$\|A^{-1}b - \widetilde{x}\|_\infty \leq \frac{\|D^{-1}(b - A\widetilde{x})\|_\infty}{1 - \|I - D^{-1}A\|_\infty}$$

が成り立つことがわかる.

5.2 単調行列・H 行列の場合

係数行列 A の逆行列が非負行列（$A^{-1} \geqq O$）であるような行列クラスは, 理工学に幅広い応用があることが知られている.

以下の定理を用いると, A が単調行列の場合に $\|A^{-1}\|_\infty$ の上限を高速に求めることが可能である.

定理 4 (Ogita–Oishi–Ushiro [3])　$A \in \mathbb{R}^{n \times n}$, $\widetilde{y} \in \mathbb{R}^n$ とする. ただし, A は単調行列とする. このとき, $\|e - A\widetilde{y}\|_\infty < 1$ ならば

$$\|A^{-1}\|_\infty \leq \frac{\|\widetilde{y}\|_\infty}{1 - \|e - A\widetilde{y}\|_\infty} \quad (9)$$

が成り立つ．

実際には，連立1次方程式 $Ay = e$ の近似解を $\widetilde{y}$ とする．例えば，$Ax = b$ を反復解法で解いた場合，同じ解法を $Ay = e$ に適用可能である．

また，A が H 行列の場合も，比較行列 $\mathcal{M}(A)$ を考えると，同様の定理を得る．

定理 5 $A \in \mathbb{R}^{n \times n}$, $\widetilde{z} \in \mathbb{R}^n$ とする．ただし，A は H 行列とする．このとき，$\|e - \mathcal{M}(A)\widetilde{z}\|_\infty < 1$ ならば

$$\|A^{-1}\|_\infty \leq \frac{\|\widetilde{z}\|_\infty}{1 - \|e - \mathcal{M}(A)\widetilde{z}\|_\infty} \quad (10)$$

が成り立つ．

5.3 その他の方法

上記で紹介した方法以外では，A の最小特異値[*1)] $\sigma_{\min}(A)$ の下限 $\underline{\sigma}$ を計算する方法もある．すなわち，A が正則かつ $\underline{\sigma} > 0$ であれば

$$\|A^{-1}\|_2 = \frac{1}{\sigma_{\min}(A)} \leq \frac{1}{\underline{\sigma}}$$

であるので

$$\|A^{-1}b - \widetilde{x}\|_\infty \leq \frac{\|b - A\widetilde{x}\|_2}{\underline{\sigma}} \quad (11)$$

が成り立つ．この方法に基づくものとして，対称正定値行列に対する高速な精度保証法が知られている[9]．これは直接解法（コレスキー分解）に基づく方法であるため，分解因子の非ゼロ要素が A よりも大幅に増加する場合があるが，逆行列の計算は不要であるため，ある程度の規模の問題を取り扱うことが可能である．

式 (11) による方法は誤差ノルム $\|A^{-1}b - \widetilde{x}\|_\infty$ を過大評価しやすいので，下記のような評価方法が有効である．

定理 6（Ogita–Oishi–Ushiro [4]） $A \in \mathbb{R}^{n \times n}$, $b, \widetilde{x}, \widetilde{y} \in \mathbb{R}^n$ とする．$\|A^{-1}\|_2 \leq \tau$ ならば

$$|A^{-1}b - \widetilde{x}| \leq |\widetilde{y}| + \tau \|b - A(\widetilde{x} + \widetilde{y})\|_2\, e \quad (12)$$

が成り立つ．

通常，連立1次方程式 $Ay = r$（$r := b - A\widetilde{x}$）の近似解を $\widetilde{y}$ とする．この方式は，残差ベクトル r を高精度に計算した場合に有効となる．そのためには，高精度な内積計算が必要であるが，詳細については，文献 [5] を参照されたい．

6. 悪条件問題

行列 A の条件数 $\|A\|\|A^{-1}\|$ が非常に大きい場合は，通常の浮動小数点演算を用いると，一般的に A^{-1} の良い近似 R を求めることができず，$\|I - RA\| < 1$

[*1)] $A^T A$ の最小固有値の非負平方根．

が成り立たないため，結果として精度保証が失敗してしまう．そのような場合，多倍長精度演算を用いることは1つの解決策である．それ以外では，Rump による高精度な近似逆行列を求める方法 [7] が知られている．Rump による方法は，高精度な内積計算（例えば [5]）を利用して，$\|I - RA\|_\infty < 1$ を満たすまで反復計算によって適応的に近似逆行列 R の精度を高める優れた方法である． ［荻田武史］

参 考 文 献

[1] 大石進一, 精度保証付き数値計算, コロナ社, 2000.

[2] S. Ning, R.B. Kearfott, A comparison of some methods for solving linear interval equations, *SIAM J. Numer. Anal.*, **34** (1997), 1289–1305.

[3] T. Ogita, S. Oishi, Y. Ushiro, Fast verification of solutions for sparse monotone matrix equations, *Computing*, Suppl. 15 (2001), 175–187.

[4] T. Ogita, S. Oishi, Y. Ushiro, Computation of sharp rigorous componentwise error bounds for the approximate solutions of systems of linear equations, *Reliable Comput.*, **9** (2003), 229–239.

[5] T. Ogita, S.M. Rump, S. Oishi, Accurate sum and dot product, *SIAM J. Sci. Comput.*, **26** (2005), 1955–1988.

[6] S. Oishi, S.M. Rump, Fast verification of solutions of matrix equations, *Numer. Math.*, **90** (2002), 755–773.

[7] S.M. Rump, Inversion of extremely ill-conditioned matrices in floating-point, *Japan J. Indust. Appl. Math.*, **26** (2009), 249–277.

[8] S.M. Rump, Verification methods for dense and sparse systems of equations, In J. Herzberger (ed.), *Topics in Validated Computations — Studies in Computational Mathematics*, pp.63–136, Elsevier, 1994.

[9] S.M. Rump, T. Ogita, Super-fast validated solution of linear systems, *J. Comp. Appl. Math.*, **199** (2007), 199–206.

[10] T. Yamamoto, Error bounds for approximate solutions of systems of equations, *Japan J. Appl. Math.*, **1** (1984), 157–171.

行列固有値問題に対する精度保証
verified numerical computation for matrix eigenvalue problems

固有値問題は，連立1次方程式と同様に科学技術計算の基礎であり，その解（固有値・固有ベクトル）の精度保証付き数値計算は重要である．ここでは，密行列の固有値問題に対する高速精度保証法を中心に取り扱う．

1. 固有値問題

$\mathbb{R}$ を実数全体の集合，$\mathbb{C}$ を複素数全体の集合とする．標準固有値問題

$$Ax = \lambda x, \quad A \in \mathbb{C}^{n \times n} \tag{1}$$

あるいは一般化固有値問題

$$Ax = \lambda Bx, \quad A, B \in \mathbb{C}^{n \times n} \tag{2}$$

を満たす $\lambda \in \mathbb{C}$, $x \in \mathbb{C}^n$ ($x \neq 0$) を求めることを考える．(λ, x) を固有対と呼ぶ．

実際には，重複を含めて n 個の固有値 λ_i, $i = 1, 2, \ldots, n$ が存在する．このとき，λ_i に対応する固有ベクトルを $x^{(i)}$ ($i = 1, 2, \ldots, n$) とする．以後，本項目では，A が対称行列である場合は

$$\lambda_1 \leqq \lambda_2 \leqq \cdots \leqq \lambda_n$$

と仮定する．また，特に $\lambda_i(A)$ のように表記した場合は，行列 A の固有値を意味することとする．

数値計算によって式 (1) あるいは式 (2) を解いたときに得られるのは，近似固有値 $\widetilde{\lambda}_i$ および近似固有ベクトル $\widetilde{x}^{(i)}$ である．$\widetilde{\lambda}_i$ の誤差を評価するときは

$$|\lambda_i - \widetilde{\lambda}_i| \leqq \varepsilon \tag{3}$$

を満たす ε を求める．また，近似固有ベクトル $\widetilde{x}^{(i)}$ の誤差を評価するときは，例えば

$$\|x^{(i)} - \widetilde{x}^{(i)}\|_2 \leqq \alpha \tag{4}$$

を満たす α や

$$|\sin \angle (x^{(i)}, \widetilde{x}^{(i)})| \leqq \beta \tag{5}$$

を満たす β を求める．ただし，$\|\cdot\|_2$ はユークリッドノルムを表し，2つの n 次元実ベクトル u, v に対して，$\angle(u, v)$ は u と v のなす角を意味する．

本項目では，A や B の要素が区間の場合は取り扱わないが，多くの議論は区間の場合に拡張できる．その詳細については，文献 [7] を参照されたい．区間演算の詳細については，例えば文献 [1] がある．

2. 準 備

$A \in \mathbb{C}^{n \times n}$ のスペクトル半径を $\rho(A)$ で表す．A の固有値を λ_i ($1 \leqq i \leqq n$) とすると

$$\rho(A) := \max_{1 \leqq i \leqq n} |\lambda_i|$$

である．また，$A = (a_{ij}) \in \mathbb{C}^{m \times n}$ の 1 ノルム，2 ノルム（スペクトルノルム）および ∞ ノルムは，それぞれ

$$\|A\|_1 = \max_{1 \leqq j \leqq n} \sum_{i=1}^{m} |a_{ij}|$$

$$\|A\|_2 = \rho(A^T A)$$

$$\|A\|_\infty = \max_{1 \leqq i \leqq m} \sum_{j=1}^{n} |a_{ij}|$$

となる．

定義 1（固有値の重複度） $A \in \mathbb{C}^{n \times n}$ の全ての異なる固有値を λ_i ($1 \leqq i \leqq r$) とする．

1) A の固有多項式は

$$\phi(\lambda) = (-1)^n \prod_{i=1}^{r} (\lambda - \lambda_i)^{m_i}$$

と表せる．このとき，m_i を固有値 λ_i に対する代数的重複度（algebraic multiplicity）と呼ぶ．

2) 固有値 λ_i に対する固有空間

$$V_{\lambda_i} = \{x \mid Ax = \lambda_i x\}$$

の次元 $\dim V_{\lambda_i}$ を固有値 λ_i に対する幾何学的重複度（geometric multiplicity）と呼ぶ．

以下では，固有値の存在範囲を特定する上で有用となるいくつかの定理を紹介する．

定理 1（Gershgorin の定理） $A = (a_{ij}) \in \mathbb{C}^{n \times n}$ とする．A の全ての固有値は

$$\Lambda = \bigcup_{1 \leqq i \leqq n} U_i \tag{6}$$

に含まれる．ただし

$$U_i = \left\{ z \in \mathbb{C} \,\middle|\, |z - a_{ii}| \leqq \sum_{j \neq i} |a_{ij}| \right\} \tag{7}$$

である．特に，単連結領域 C が m 個の U_i からなる場合，重複度も含めて m 個の固有値が C 内に存在する．

定理 1 に現れる円盤領域 U_i を Gershgorin 円と呼ぶ．

例: 3 次行列

$$A = \begin{bmatrix} 2 & -1 & 0.5 \\ 1 & -2 & 0 \\ -0.5 & 0.5 & 4 \end{bmatrix}$$

の真の固有値は

$$\begin{cases} \lambda_1 = -1.72 \cdots \\ \lambda_2 = 1.82 \cdots \\ \lambda_3 = 3.89 \cdots \end{cases}$$

である．Gershgorin の定理を用いると，図 1 のように，λ_1 は U_2 に，λ_2 と λ_3 は $U_1 \cup U_3$ に，それぞれ包含されていることがわかる．

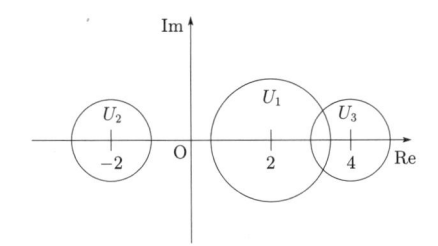

図 1　Gershgorin 円による固有値の包含

定理 2（Wilkinson の誤差限界） A を n 次実対称行列とする．任意の $\mu \in \mathbb{R}$ および任意の n 次元実ベクトル $y \neq 0$ に対して
$$\min |\lambda_k - \mu| \leq \frac{\|Ay - \mu y\|_2}{\|y\|_2}$$
を満たすような A の固有値 λ_k が存在する．

注意 1 定理 2 を用いると，μ の近傍に固有値が存在することは証明できるが，それが何番目に小さい固有値なのかはわからない．

$\mathbb{IC}$ は複素区間全体の集合を表す．区間は $[a]$ のように括弧付きの文字で表す．また，n 次元複素区間ベクトル全体の集合は $\mathbb{IC}^n$，$m \times n$ 複素区間行列全体の集合は $\mathbb{IC}^{m \times n}$ のように表す．

3. 密行列に対する精度保証法

密行列の場合は，全ての固有値および固有ベクトルに対する効率的な精度保証法が知られている．

3.1 対称行列の場合

本項では，A を実対称 n 次行列とし，$\widetilde{\lambda}_i$（$i = 1, 2, \ldots, n$）を A の固有値の近似とする．

定理 3（Cao–Xie–Li [3]）　$D = \mathrm{diag}(\widetilde{\lambda}_1, \widetilde{\lambda}_2, \ldots, \widetilde{\lambda}_n)$ とする．任意の正則な行列 $X \in \mathbb{R}^{n \times n}$ に対し，$i = 1, 2, \ldots, n$ について
$$|\lambda_i - \widetilde{\lambda}_i| \leq \frac{\|AX - XD\|_2}{\min |\lambda_i(X^T X)|}$$
が成り立つ．

注意 2 実際には，$A\widetilde{x}^{(i)} \approx \widetilde{\lambda}_i \widetilde{x}^{(i)}$ を満たすような固有ベクトルの近似 $\widetilde{x}^{(i)}$（$i = 1, 2, \ldots, n$）を求めて
$$X := \left[\widetilde{x}^{(1)}, \widetilde{x}^{(2)}, \ldots, \widetilde{x}^{(n)} \right] \in \mathbb{R}^{n \times n}$$
とする．

系 1（Rump [4]）　$i = 1, 2, \ldots, n$ について
$$|\lambda_i - \widetilde{\lambda}_i| \leq \frac{\|AX - XD\|_2}{1 - \|X^T X - I\|_2}$$
が成り立つ．

重複固有値（代数的重複度が 2 以上）が存在しても，上記の方法は適用可能である．また，$R := AX - XD$ のスペクトルノルムを精度保証付きで求めるのは，1 ノルムや ∞ ノルムのそれと比べて計算量が多くなるので
$$\|R\|_2 \leq \sqrt{\|R\|_1 \|R\|_\infty}$$
のようなノルムの性質を利用してもよい．同様に，$G := X^T X - I$ についても
$$\|G\|_2 \leq \|G\|_\infty$$
のような評価が可能である．

以上の議論に基づく固有値の精度保証アルゴリズムは，Matlab の表記を用いると下記のようになる．

アルゴリズム 1　$A = A^T \in \mathbb{R}^{n \times n}$ の全ての固有値に対する精度保証アルゴリズム：

```
function [d,r] = veigsym(A)
  n = length(A); % A の次数
  [X,D] = eig(A); % A の全ての近似固有対
  d = diag(D); % D の対角成分（近似固有値）
  [d,p] = sort(d); % 昇順にソート
  X = X(:,p); % 近似固有ベクトルの並べ替え
  D = spdiags(d,0,n,n); % 計算量・容量の節約
  setround(-1) % 下向き丸めに変更
  Gd = X'*X - speye(n); % X'*X - I の下限
  setround(+1) % 上向き丸めに変更
  Gu = X'*X - speye(n); % X'*X - I の上限
  Gu = max(abs(Gd),abs(Gu));
  c = norm(Gu,inf);
  setround(-1)
  c = 1 - c; % 1 - norm(X'*X - I) の下限
  setround(0) % 最近点丸めに変更
  if c <= 0
      error('verification failed');
  end
  setround(-1)
  Rd = A*X + X*(-D);  % A*X - X*D の下限
  setround(+1)
  Ru = A*X + X*(-D);  % A*X - X*D の上限
  Ru = max(abs(Rd),abs(Ru));
  r = sqrt(norm(Ru,1)*norm(Ru,inf))/c;
  setround(0)
```

ここで，setround() は，精度保証ツールボックスの Intlab [8] で提供されている丸めモードの変更用の関数である．

このアルゴリズムが成功裏に停止すれば，$i = 1, 2, \ldots, n$ について
$$\mathrm{d}_i - \mathrm{r} \leqq \lambda_i \leqq \mathrm{d}_i + \mathrm{r}$$
が厳密に成立する．

また，固有ベクトルの精度保証については，以下の定理が有用である．

定理 4（例えば [2]）　A を n 次実対称行列とする．このとき，$(\tilde{\lambda}_i, \tilde{x}^{(i)}) \in \mathbb{R} \times \mathbb{R}^n$, $\|\tilde{x}^{(i)}\|_2 = 1$ $(i = 1, 2, \ldots, n)$ に対して
$$|\tilde{\lambda}_i - \tilde{\lambda}_j| \geqq d > 0 \quad (i \neq j) \tag{8}$$
かつ
$$\|A\tilde{x}^{(i)} - \tilde{\lambda}_i \tilde{x}^{(i)}\|_2 \leqq \varepsilon$$
が成り立っているとする．もし $d > 2\varepsilon$ ならば
$$|\lambda_i - \tilde{\lambda}_i| \leqq \varepsilon \tag{9}$$
および
$$\|x^{(i)} - \tilde{x}^{(i)}\|_2 \leqq \frac{\varepsilon}{d - \varepsilon} \tag{10}$$
が成り立つ．ただし，$x^{(i)}$ は A の固有値 λ_i に対応する固有ベクトル（$\|x^{(i)}\|_2 = 1$）を表す．

また，定理 2 を用いると，任意の $\mu \in \mathbb{R}$ および任意の $y \in \mathbb{R}^n$ $(\|y\|_2 = 1)$ に対して
$$\min |\lambda_k - \mu| \leqq \|Ay - \mu y\|_2$$
を満たすような A の固有値 λ_k が存在することがわかる．このとき，$\mathrm{gap}(\mu)$ を
$$\mathrm{gap}(\mu) := \min |\lambda_i - \mu|, \quad \lambda_i \neq \lambda_k \tag{11}$$
のように定める．

定理 5（例えば [5]）　上記の $\mu \in \mathbb{R}$ および $y \in \mathbb{R}^n$ に対して，A の固有値 λ_k に対応する固有ベクトルを $x^{(k)}$ とする．このとき
$$|\sin \angle(x^{(k)}, y)| \leqq \frac{\|Ay - \mu y\|_2}{\mathrm{gap}(\mu)}$$
および
$$|\lambda_k - \mu| \leqq \frac{\|Ay - \mu y\|_2^2}{\mathrm{gap}(\mu)}$$
が成り立つ．

重複固有値やそれに近い固有値が存在する場合，式 (8) の条件を満たさなくなるため，上記の定理 4 および定理 5 は適用できない．

3.2　非対称行列の場合

本項では，非対称行列に対しても適用できる精度保証法を紹介する．

いま，$A \in \mathbb{C}^{n \times n}$ は対角化可能である（A の固有値 $\lambda_i \in \mathbb{C}$ $(i = 1, 2, \ldots, n)$ について，それぞれ代数的重複度と幾何学的重複度が等しい）とする．このとき，A の全ての固有ベクトル $x^{(i)} \in \mathbb{C}^n$ $(i = 1, 2, \ldots, n)$ を並べた行列
$$\widehat{X} := \left[x^{(1)}, x^{(2)}, \ldots, x^{(n)} \right] \in \mathbb{C}^{n \times n}$$
によって
$$\widehat{X}^{-1} A \widehat{X} = \widehat{D} = \mathrm{diag}(\lambda_1, \lambda_2, \ldots, \lambda_n)$$
のように対角化できる．

実際には，数値計算によって得られるのは $\widehat{X}$ の近似 X であるが，$G := X^{-1} A X$ が対角行列に近い（非対角成分の大きさが，対角成分のそれと比べてかなり小さい）ことは期待できる．そこで，G に対して Gershgorin の定理（定理 1）を適用することを考える．ただし，数値計算では X^{-1} や行列積を厳密に計算することは困難なので，代わりに区間演算を用いて G の包含を求めることにする．

Gershgorin の定理に基づく固有値問題に対する精度保証アルゴリズムは，下記のようになる．

アルゴリズム 2　$A \in \mathbb{C}^{n \times n}$ の全ての固有値に対する精度保証アルゴリズム：

```
function [d,r] = veig(A)
  [X,D] = eig(A); % A の全ての近似固有対
  C = A*intval(X); % A*X の包含
  G = verifylss(X,C); % inv(X)*A*X の包含
  d = diag(mid(G)); % G の中心行列の対角成分
  r = sum(mag(G - diag(d)),2); % 半径
```

ここで，`verifylss()` は，Intlab で提供されている線形方程式用の関数であり，$X \in \mathbb{C}^{n \times n}$ と $[C] \in \mathbb{IC}^{n \times n}$ に対して
$$X^{-1} \cdot [C] \subseteq [G]$$
を満たす区間行列 $G \in \mathbb{IC}^{n \times n}$ を求めることが可能である．

このアルゴリズムが成功裏に停止し，Gershgorin 円に共通部分がなければ，$i = 1, 2, \ldots, n$ について
$$|\lambda_i - \mathrm{d}_i| \leqq \mathrm{r}_i$$
を満たす $\mathrm{d} \in \mathbb{C}^n$ および $\mathrm{r} \in \mathbb{R}^n$ が求まる．

4.　非線形方程式を利用した精度保証法

固有値問題は，非線形方程式の解を求める問題に帰着できる．例えば，$A \in \mathbb{R}^{n \times n}$, $0 \neq \alpha \in \mathbb{R}$, $1 \leqq k \leqq n$ について，$f : \mathbb{R}^{n+1} \to \mathbb{R}^{n+1}$ を
$$f(z) = f\begin{pmatrix} x \\ \lambda \end{pmatrix} = \begin{pmatrix} Ax - \lambda x \\ x_k - \alpha \end{pmatrix}$$
のようにして $f(z) = \mathbf{0}$ の解を求めると，(λ, x) は $x_k = \alpha$ に正規化された行列 A の固有対となる[7]．したがって，非線形方程式の解の精度保証ができれば，固有値問題に対する精度保証法も可能であること

がわかる．また，同様の方法が文献 [1], [10] にある．

以下は，非線形方程式に対する精度保証を一般化固有値問題 (2) に特化した場合に得られる定理である．

定理 6 (Rump [7])　$A, B \in \mathbb{C}^{n \times n}$, $R \in \mathbb{C}^{(n+1) \times (n+1)}$, $\widetilde{x} \in \mathbb{C}^n$, $\widetilde{\lambda}, \alpha \in \mathbb{C}$ ($\alpha \neq 0$) とする．$[y] \in \mathbb{IC}^n$, $[\mu] \in \mathbb{IC}$ に対し

$$g\begin{pmatrix}[y]\\ [\mu]\end{pmatrix} := z + \{I_{n+1} - R \cdot S([y])\}\begin{pmatrix}[y]\\ [\mu]\end{pmatrix}$$

と定義する．ただし，ある固定された k ($1 \leq k \leq n$) について

$$S([y]) := \begin{pmatrix}A - \widetilde{\lambda}B & -B(\widetilde{x}+[y])\\ e_k^T & 0\end{pmatrix}$$

および

$$z := -R\begin{pmatrix}A\widetilde{x} - \widetilde{\lambda}\widetilde{x}\\ \widetilde{x}_k - \alpha\end{pmatrix}$$

である．また，$[w] \in \mathbb{IC}^{n+1}$ に対し，$\mathrm{int}([w])$ は $[w]$ の内点とする．このとき

$$g\begin{pmatrix}[y]\\ [\mu]\end{pmatrix} \subseteq \mathrm{int}\begin{pmatrix}[y]\\ [\mu]\end{pmatrix}$$

ならば，一般化固有値問題 $Ax = \lambda Bx$ に対して以下が成り立つ．

1) $\widehat{x} \in \widetilde{x} + [y]$ を満たし，$\widehat{x}_k = \alpha$ に正規化された唯一の固有ベクトル $\widehat{x}$ が存在する．
2) $\widehat{\lambda} \in \widetilde{\lambda} + [\mu]$ を満たす唯一の固有値 $\widehat{\lambda}$ が存在する．
3) $\widehat{\lambda}$ および $\widehat{x}$ は $A\widehat{x} = \widehat{\lambda}B\widehat{x}$ を満たす．

注意 3　実際には，R は $S([y])$ の近似逆行列，$(\widetilde{\lambda}, \widetilde{x})$ は $Ax = \lambda Bx$ の近似固有対とする．

上記の定理で示すことができるのは，数値計算によって得られた $(\widetilde{\lambda}, \widetilde{x})$ の近傍に真の固有対 $(\widehat{\lambda}, \widehat{x})$ が唯一存在することである．逆に，$\widehat{\lambda}$ が重複固有値の場合やそれに近い場合は，この精度保証法は適用できない．そのような場合にでも適用可能な精度保証法については，文献 [6] を参照されたい．

5. 大規模疎行列の場合

行列 A が大規模疎行列の場合，全ての固有値および固有ベクトルを求めることは，計算量および計算容量の両面で非現実的である．そこで，例えば A が対称行列であれば「小さいほうから何番目の固有値がどの範囲にあるか」など，いくつかの固有値に対する精度保証法を考えるのが現実的である．

そのような精度保証法の開発は，実は非常に困難であることが知られているが，例えば文献 [9] では LDL^T 分解を用いた方法が提案されている．あるいは，定理 2 を用いると，何番目の固有値かはわからないが，近似固有値の近傍に真の固有値が存在することを容易に示すことができる．　　［荻田武史］

参考文献

[1] 大石進一, 精度保証付き数値計算, コロナ社, 2000.

[2] 山本哲朗, 数値解析入門, 増訂版, サイエンス社, 2003.

[3] Z.H. Cao, J.J. Xie, R.C. Li, A sharp version of Kahan's theorem on clustered eigenvalues, *Linear Alg. Appl.*, **245** (1996), 147–155.

[4] S. Miyajima, T. Ogita, S.M. Rump, S. Oishi, Fast verification for all eigenpairs in symmetric positive definite generalized eigenvalue problem, *Reliable Comput.*, **14** (2010), 24–45.

[5] B.N. Parlett, *The Symmetric Eigenvalue Problem* (Classics in Applied Mathematics, 20), SIAM Publications, 1997.

[6] S.M. Rump, Computational error bounds for multiple or nearly multiple eigenvalues, *Linear Alg. Appl.*, **324** (2001), 209–226.

[7] S.M. Rump, Verification methods for dense and sparse systems of equations, In J. Herzberger (ed.), *Topics in Validated Computations — Studies in Computational Mathematics*, pp.63–136, Elsevier, 1994.

[8] S.M. Rump, INTLAB — INTerval LABoratory, In T. Csendes (ed.), *Developments in Reliable Computing*, pp.77–104, Kluwer Academic Publishers, 1999 (http://www.ti3.tu-harburg.de/rump/intlab/).

[9] N. Yamamoto, A simple method for error bounds of eigenvalues of symmetric matrices, *Linear Alg. Appl.*, **324** (2001), 227–234.

[10] T. Yamamoto, Error bounds for computed eigenvalues and eigenvectors, *Numer. Math.*, **34** (1980), 189–199.

非線形方程式の精度保証

verified numerical computation for nonlinear equations

非線形方程式の解の存在と局所的一意性の証明のための精度保証付き数値計算法について解説する．

1. 縮小写像の原理とニュートン法

精度保証付き数値計算において非線形方程式の解の存在証明を行うための基本原理は不動点定理である．その最も有効なものは，次の縮小写像の原理である．

1.1 縮小写像の原理

写像 g の定義域を $D(g)$，値域を $R(g)$ とする．それぞれバナッハ空間 X の部分集合とする．このとき，写像 $g: D(g) \to R(g)$ が縮小写像 (contraction mapping) であるとは，ある定数 k $(0 \leq k < 1)$ が存在して，任意の $x_1, x_2 \in D(g)$ に対して

$$\|g(x_1) - g(x_2)\| \leq k \|x_1 - x_2\| \tag{1}$$

が成立することである．このとき，次の定理が成立する：

定理1（バナッハの縮小写像原理） X をバナッハ空間とし，S をその空でない閉部分集合とする．$g: S \to S$ を縮小写像とすると，S の中に g の不動点が存在する．しかも，この不動点は唯一である．

この定理そのものでは，非線形方程式の解の存在を示すのには適用範囲が狭いと思われているが，ニュートン法と組み合わせることによって，ほぼ万能と言ってよいほどの威力を発揮する．ほとんどの非線形方程式の精度保証付き数値計算法は，ニュートン法と縮小写像の原理の組合せの変形になっている．

1.2 フレッシェ微分

X と Y をバナッハ空間とし，U を X の開集合とする．非線形作用素 $f: U \subset X \to Y$ が $x \in U$ においてフレッシェ微分可能であるとは，ある連続線形作用素 A が存在して，任意の $h \in X$ に対して以下が成立することである：

$$f(x+h) = f(x) + Ah + o(\|h\|), \ (h \to 0). \tag{2}$$

ただし，$o(h)$ は高次の無限小を表し，

$$\frac{\|o(\|h\|)\|}{\|h\|} \to 0 \ \|h\| \to 0 \text{ のとき} \tag{3}$$

が成立することを表す．線形作用素 A のことを f の点 x におけるフレッシェ微分 (Fréchet derivative) といい，

$$A = Df(x) \text{ あるいは } A = f'(x) \tag{4}$$

と書く．

1.3 ニュートン法

X, Y をバナッハ空間，$f: X \to Y$ を非線形作用素とする．ここでは，非線形方程式

$$f(x) = 0 \tag{5}$$

の解を求める問題を考える．x_0 を $f(x) = 0$ の近似解とする．非線形作用素 $f: X \to Y$ が点 x_0 でフレッシェ微分可能でそのフレッシェ微分 $Df(x_0): X \to Y$ が有界な逆作用素を持つとしよう．

$$x_1 = x_0 - Df(x_0)^{-1} f(x_0)$$

によって解を改良する方法をニュートン法という．ニュートン法は，古典力学の発見者ニュートンがプリンキピアの中で3次方程式を解くのに用いたのが最初とされ，カントロビッチ (Kantorovich) らによってそれが発展し，上のように，関数空間上で定義された非線形方程式の解法にまでになっている．簡易ニュートン法とは

$$x_{n+1} = x_n - Df(x_0)^{-1} f(x_n), \ n = 0, 1, \ldots$$

という逐次反復解法のことである．簡易ニュートン法が適当な初期値 x_0 から収束するための条件は縮小写像の原理を用いて導かれ，次の定理となる[*1)]．

x_0 を $f(x) = 0$ の近似解とする．非線形作用素 $f: X \to Y$ が点 x_0 でフレッシェ微分可能で，そのフレッシェ微分を $Df(x_0): X \to Y$ とする．$L = Df(x_0): X \to Y$ とし，L が有界な逆作用素を持ち

$$\|L^{-1}\|_{L(Y,X)} \leq b_0 \tag{6}$$

を満たしているとする．さらに，

$$\|L^{-1} f(x_0)\|_X \leq \eta_0 \tag{7}$$

とする．

η_0 は（簡易）ニュートン法の修正量の大きさであり，x_0 が良い近似解であれば，この修正量が小さいと考えられる．経験的には，

$$r_0 = 2\eta_0 \tag{8}$$

と選んだとき，X 内の x_0 を中心とする半径 r_0 の球 $S(x_0, r_0)$ 内に真の解が存在することが多い．もちろん，真の解が存在しないこともあるし，修正量が大きい場合には，真の解が存在してもこの球内ではないこともある．しかし，真の解 x^* が存在して，その十分良い近似解が得られ，かつ f が C^2 級で $Df(x^*)^{-1}$ が存在するときは，$S(x_0, r_0)$ 内に真の解が存在することが証明できる．以上を踏まえた上で，R を $r_0 \leq R$ とし，X 内の x_0 を中心とする半

[*1)] バナッハ空間上の非線形方程式に対する簡易ニュートン法の収束定理とその非線形問題への応用は，占部実 (M. Urabe) によって深く研究された．

径 R の球を $B(x_0, R) = \{x \in X | \|x - x_0\| \leq R\}$ とする．ここで，非線形作用素 f が $B(x_0, R)$ 上で1回フレッシェ微分可能で，ある定数 $M \geq 0$ が存在して，$B(x_0, R)$ に属する任意の x, y に対して，

$$\|Df(x) - Df(y)\|_{L(X,Y)} \leq M\|x - y\|_X \quad (9)$$

が満たされているとする．このとき，次の定理が成り立つ：

定理 2（簡易ニュートン法の収束定理） 条件

$$b_0 M \eta_0 < \frac{1}{2} \quad (10)$$

が満たされれば，逐次反復（簡易ニュートン法）

$$x_{n+1} = x_n - f'(x_0)^{-1} f(x_n), \quad n = 0, 1, 2, \ldots \quad (11)$$

は球 $B(x_0, r_0)$ 内のある点 x^* に収束し，x^* は $f(x^*) = 0$ を満たす．x^* は球 $B(x_0, r_0)$ 内の $f(x) = 0$ の唯一解である．

この定理が成立するための十分条件は，数値計算により検証できる場合も多い．このことにより，数値計算を用いてバナッハ空間上の非線形方程式の解の存在と局所的な一意性が証明できることがわかり，計算機援用解析の有力な新分野が形成されつつある．

1.4 例　題

ここでは，非線形楕円型偏微分方程式のディリクレ境界値問題に対する計算機援用証明を例にとって，精度保証付き数値計算を用いた非線形方程式の解析法を示す．

a．関数空間の導入と非線形方程式への定式化

関数空間を導入する．$L^2(\Omega)$ を L^2 内積と L^2 ノルムを持つ2乗可積分な空間とする：

$$(u, v) = \int_\Omega u(x) v(x) dx,$$

$$\|u\|_{L^2} = \sqrt{(u,u)}, \quad (u, v \in L^2(\Omega)).$$

$H^m(\Omega)$ を次の内積を持つ，m 次のソボレフ空間とする：

$$\langle u, v \rangle_m = \sum_{|k|=0}^{m} (D^{(k)} u, D^{(k)} v).$$

ただし，$D^{(k)}$ は多重指数 $k = (k_1, k_2)$（$|k| = k_1 + k_2$）に関する偏微分とする：

$$D^{(k)} u = \frac{\partial^{|k|} u}{\partial x_1^{k_1} \partial x_2^{k_2}}.$$

さらに，

$$H_0^1(\Omega) = \{u \in H^1(\Omega) : u = 0 \ (x \in \partial \Omega)\}$$

とする．その内積は $(\nabla u, \nabla v)$ で定義される．また，$H^{-1}(\Omega)$ を $H_0^1(\Omega)$ の双対空間とする．すなわち，$H_0^1(\Omega)$ 上の線形汎関数の集合とする．$T \in H^{-1}(\Omega)$ で $u \in H_0^1(\Omega)$ とする．以下，$Tu \in \mathbb{R}$ を

$$\langle T, u \rangle$$

と表すことにする．

次の非線形楕円型偏微分方程式

$$\begin{cases} -\nabla \cdot (a \nabla u) = f(u), & x \in \Omega \\ u = 0, & x \in \partial \Omega \end{cases} \quad (12)$$

を考える．ただし，$x \in \Omega \subset \mathbf{R}^2$ とする．Ω は有界な凸多角形とする．また，$a(x)$ は $\overline{\Omega}$ 上の滑らかな関数で，$a(x) \geq a_0 > 0$ をある $a_0 \in \mathbb{R}$ に対して満たすとする．さらに，$f : H_0^1(\Omega) \to L^2(\Omega)$ はフレッシェ微分可能とする．

$u, v \in H_0^1(\Omega)$ に対して双線形形式 $A(u, v)$ を

$$A(u, v) = (a \nabla u, \nabla v).$$

と定義する．作用素 $\mathcal{A} : H_0^1(\Omega) \to H^{-1}(\Omega)$ を

$$\langle \mathcal{A} u, v \rangle = A(u, v) \quad (13)$$

によって定義する．双線形形式 A は coercive である．すなわち，

$$A(u, u) \geq a_0 \|u\|_{H_0^1}^2$$

を満たす．したがって，ラックス–ミルグラムの定理によって，次の方程式の解がただ1つ存在することがわかる．

$$A(u, v) = \langle T, v \rangle, \quad (T \in H^{-1}(\Omega)). \quad (14)$$

T に対して式 (14) の解 u に対応させる作用素を $\mathcal{K} : H^{-1}(\Omega) \to H_0^1(\Omega)$ で表すことにすると，これは作用素 $\mathcal{A} : H_0^1(\Omega) \to H^{-1}(\Omega)$ の逆作用素となることがわかる：$\mathcal{K} = \mathcal{A}^{-1}$．

同様にして，固定された $u \in H_0^1(\Omega)$ に対して $N(u, v)$ を $v \in H_0^1(\Omega)$ について以下で定義する：

$$N(u, v) = (f(u), v). \quad (15)$$

これにより，作用素 $\mathcal{N} : H_0^1(\Omega) \to H^{-1}(\Omega)$ を

$$\langle \mathcal{N} u, v \rangle = N(u, v) \quad (16)$$

と定義する．こうして式 (12) の弱形式を

$$\mathcal{A} u = \mathcal{N} u \quad (17)$$

と書くことができる．以下は，この弱形式の解を求めることを考える．

作用素 $\mathbf{F} : H_0^1(\Omega) \to H^{-1}(\Omega)$ を

$$\mathbf{F} u = (\mathcal{A} - \mathcal{N}) u \quad (18)$$

によって定義する．弱形式 (17) は次のように書き直される：

$$\mathbf{F} u = 0. \quad (19)$$

$\mathbf{F} : H_0^1(\Omega) \to H^{-1}(\Omega)$ はフレッシェ微分可能となる．

b. ニュートン–カントロビッチの定理

ここで,式 (19) に対するニュートン法を考える.ニュートン作用素を

$$\mathcal{G}(u) = u - \mathbf{F}'(u)^{-1}\mathbf{F}u$$

で定義する.式 (19) の解は作用素 $\mathcal{G}$ の不動点 u^* となることがわかる:

$$\mathcal{G}(u^*) = u^*.$$

ここでは,u^* の近似解 $\hat{u} \in H_0^1(\Omega)$ を次の有限要素方程式の解として定めたとしよう:

$$(a(x)\nabla u_h, \nabla \phi_h) = (f(u_h), \phi_h), \quad (\forall \phi_h \in S_h). \tag{20}$$

ただし,$S_h = \{\phi_1, \phi_2, \ldots, \phi_n\}$ は有限要素基底とする.$\hat{u}$ の近くに,$u^* = g(u^*)$ を満たす不動点が存在するかどうかは,ニュートン–カントロビッチの収束定理[*2] によって示される.

定理 3 (ニュートン–カントロビッチの定理)
$\hat{u} \in H_0^1(\Omega)$ とする.また,$\mathbf{F} : H_0^1(\Omega) \to H^{-1}(\Omega)$ は $\hat{u}$ においてフレッシェ微分可能とする.$\mathbf{F}'(\hat{u})$ が正則で,ある正数 α に対して次を満たすとする:

$$\|\mathbf{F}'(\hat{u})^{-1}\mathbf{F}\hat{u}\|_{H_0^1} \leqq \alpha.$$

ここで,さらに $\mathbf{F} : H_0^1(\Omega) \to H^{-1}(\Omega)$ は

$$B(\hat{u}, 2\alpha) = \{v \in H_0^1(\Omega) : \|v - \hat{u}\|_{H_0^1} \leqq 2\alpha\}$$

上でフレッシェ微分可能で,ある正数 ω と任意の $v, w \in B(\hat{u}, 2\alpha)$ に対して,次を満たすとする:

$$\|\mathbf{F}'(\hat{u})^{-1}(\mathbf{F}'(v) - \mathbf{F}'(w))\|_{L(H_0^1, H_0^1)}$$
$$\leqq \omega \|v - w\|_{H_0^1}.$$

もし,

$$\alpha\omega < \frac{1}{2} \tag{21}$$

が満たされるなら,$u^* \in H_0^1(\Omega)$ が存在して,$\mathbf{F}u = 0$ の解となる.この解は

$$\|u^* - \hat{u}\|_{H_0^1} \leqq \rho := \frac{1 - \sqrt{1 - 2\alpha\omega}}{\omega} \tag{22}$$

を満たし,$B(\hat{u}, \rho)$ で唯一解となる.

そのとき,$\mathbf{F}'(\hat{u})^{-1} : H_0^1(\Omega) \to H_0^1(\Omega)$ の存在とその作用素ノルムの上界を示すのが,一番難しい問題となる.これには多くのチャレンジがあり,文献 [3],[4],[1],[5] などを参照されたい.ここでは,大石と高安 [5] の方法を紹介する.それは,リッツプロジェクション (Ritz-projection) $\mathcal{P}_n : H_0^1(\Omega) \to X_n$ を

$$(a(x)(\nabla u - \nabla(\mathcal{P}_n u)), \nabla v) = 0, \quad \forall v \in X_n$$

によって定義するとき,

$$\|((I - \mathcal{P}_n\mathcal{K}\mathcal{N}'(\hat{u}))|_{X_n})^{-1}\|_{L(X_n, X_n)} =: M$$

によって,$\|(I - \mathcal{K}\mathcal{N}'(u))^{-1}\|_{L(H_0^1, H_0^1)}$ の上界を評価する方法である.行列 $D, G \in \mathbf{R}^{n \times n}$ を,それぞれ第 i-j 要素が

$$(a(x)\nabla\phi_j, \nabla\phi_i),$$
$$(a(x)\phi_j, \nabla\phi_i) - (a(x)f'(\hat{u})\phi_j, \phi_i)$$

で与えられる行列とする.このとき,M の上界は $\|G^{-1}D\|_\infty$ で与えられる.こうして,その値は精度保証付き数値計算法の項で述べられている方法により高速に精度保証付きで計算できることがわかる.すなわち,偏微分方程式の解の存在証明が,連立 1 次方程式の解の精度保証付き数値計算法を利用して行えることがわかった.

c. 例 示

例を示そう.$\Omega = (0, 1) \times (0, 1)$ として次の楕円型の偏微分方程式のディリクレ境界値問題を考える:

$$\begin{cases} -\Delta u = u^2 + 10, & x \in \Omega, \\ u(x) = 0, & x \in \partial\Omega. \end{cases} \tag{23}$$

MATLAB の pde ツールボックスを用いて計算した近似解は,図 1 となる.$M = 1.10$ と計算され,この近似解を $\hat{u}$ とするとき $H_0^1(\Omega)$ 内の球 $B = B(\hat{u}, 6.2 \times 10^{-1})$ の中に真の解が存在し,B の中で唯一であることが示された.このように,精度保証付き数値計算は非線形楕円型偏微分方程式の解の存在証明にも有効であることがわかる.

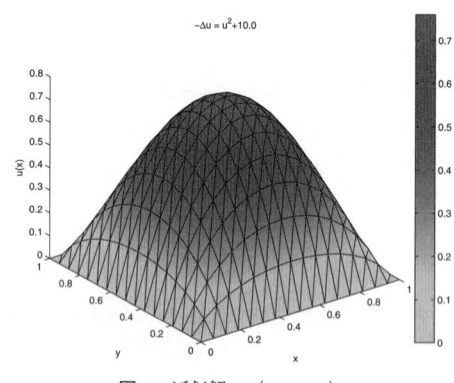

図 1 近似解 $\hat{u}$ ($n = 16$)

本項目を読んで興味を持った読者には,最近,精度保証付き数値計算の特集号が組まれたので[1],[5],次に読むことをお薦めしたい.関数方程式の精度保証付き数値計算については,文献 [3],[4] が詳しい.

2. 有限次元の場合

有限次元の場合も基本的には無限次元と同じであるが,有限次元のほうがやさしいので,いろいろな技巧を凝らすことができる.そのような技巧について以下で概観する.

[*2] 本質的に占部の定理と同じ収束条件を与える.

2.1 クラフチック法

$X = \mathbb{R}^n$ とする．$f : X \to X$ を2回フレッシェ微分可能な写像とするとき，$L : X \to X$ を正則な線形写像として

$$g(x) = x - L^{-1}f(x)$$

を簡易ニュートン写像という．その単純な区間拡張 G は，F と F' をそれぞれ f と f' の区間拡張として，B を X 内の内点を含む有界区間とすると，

$$B \subset G(B) = B - L^{-1}F(B)$$

となってしまう．しかし，平均値の定理を用いると，x_0 を B の内点として，$x \in B$ のとき

$$g(x) \in g(x_0) + (I - L^{-1}F'(B))(B - x_0) = \mathcal{K}(B)$$

が成り立つことから

$$g(B) \subset \mathcal{K}(B)$$

となる場合がある．$\mathcal{K}(B)$ をクラフチック作用素という．$\mathcal{K}(B) \subset B$ となるとき，B 内に g の不動点が存在することが示される．そして，$\mathcal{K}(B)$ が B の内点に含まれるとき，その不動点は一意であることも示せる．

f と f' の区間包囲の計算法がわかっていれば，クラフチック作用素の区間包囲は自動的に計算できるので，有限次元非線形方程式の精度保証は自動的にできることになる．f' の区間拡張を f の計算アルゴリズムから自動的に計算する手法は，自動微分法と呼ばれ，多くの研究がある．

クラフチック法に類似した手法として，区間ニュートン法も提案されている．また，f が微分可能でなく，連続の場合には，スロープと呼ばれる微分の拡張概念が提案されていて，類似の手法が提案されている．

2.2 大域的な手法

B を有界な $\mathbb{R}^n$ 内の区間とする．$f : B \subset \mathbb{R}^n \to \mathbb{R}^n$ を2回連続微分可能な写像として，非線形方程式 $f(x) = 0$ の解を B 内で探索することを考える．

a. ブラウワーの不動点定理

$f(x) = 0$ と等価になる $g(x) = x$ が構成できるとする．$g(B) \subset B$ となることを示すことができれば，ブラウワーの不動点定理により，B 内に g の不動点が存在する．これから $f(x) = 0$ の解が B 内に存在することがわかる．こうして，大域的な解の存在は，ブラウワーの不動点定理の成立から導かれることがある．したがって，ホモトピー法などのブラウワーの不動点の計算手法によって，近似解の存在位置が詳細に特定できる．この点において，ニュートン法の収束定理を適用すれば，大域的に解の存在証明をすることができる．VLSI の動作点を記述する非線形抵抗回路方程式の解は，このようにして解が必ず計算できる条件が明らかにされている．これは構成的な写像度の理論であると考えることができる．ミランダの定理などもその一種である．

b. 全ての解を求める手法

これに対して，ブランチバウンド法を用いて，$f(x) = 0$ の B 内の全ての解を求めるアプローチも可能である．B を有限個の区間の和集合に分割し，各区間において，解が一意的に存在するか，あるいは解が存在しないかのどちらかが成立する状態になるように計算を進めるのが基本である．f が正則であれば，原理的にはこのような計算法を構成することが可能である．部分区間において解が一意的に存在することは，ニュートン法の収束定理かその変形によって示す．一方，部分区間に解が存在しないことは，次のような方法によって示す．部分区間を $B_i \subset B$ と表す．

1) $f(B_i) \cap B_i = \phi$
2) $\mathcal{K}(B_i) \cap B_i = \phi$
3) $\min_{x \in B_i} \|f(x)\| > 0$

このような手法によって，$B \subset \mathbb{R}^n$ の n がそれほど大きくないときには，B 内の全ての解を高速に求められうるようになってきている．

3. 解の特異性の解消

方程式を拡張することによって解の特異性が解消できることがあり，それによって，解が特異である場合にも，非線形方程式の解の存在と局所一意性を精度保証付き数値計算で求めることができる場合がある．しかし，一般には，解が特異な場合には，その解の存在を精度保証付き数値計算で示す問題は計算可能ではない． [大石進一]

参考文献

[1] M.T. Nakao, S. Oishi (eds.), Special Issue on State of the Art in Self-Validating Numerical Computations, *Japan Journal of Industrial and Applied Mathematics*, 26:2–3 (2009), 1–530.
[2] 大石進一，精度保証付き数値計算，コロナ社，2000.
[3] 大石進一，非線形解析入門，コロナ社，1997.
[4] 中尾光宏，山本野人，精度保証付き数値計算—コンピュータによる無限への挑戦，日本評論社，1998.
[5] S. Oishi, S.M. Rump, M. Plum (eds.), Special Section on Recent Progress in Verified Numerical Computations, *NOLTA, IEICE*, Vol.2, No.1 (2011).

常微分方程式の精度保証

numerical verification for ordinary differential equations

1. 初期値問題の精度保証

以下，常微分方程式の初期値問題

$$\frac{d}{dt}x(t) = f(x(t), t), \quad x, f \in \mathbb{R}^s, \ t \in \mathbb{R} \quad (1)$$
$$x(t_0) = x_0$$

の解 $x(t)$ を精度保証付きで計算することを考える．初期値問題の精度保証法は，初期値 $x_i = x(t_i)$ に対して，比較的短い区間 $[t_i, t_i + h]$ における解を計算する方法と，その解をもとに長い区間にわたって計算していく方法の 2 つに大別される．

2. 短い区間における初期値問題の精度保証

2.1 Picard 型の不動点形式への変換

短い区間 $[t_s, t_e]$ における初期値問題

$$\frac{d}{dt}x(t) = f(x(t), t), \quad x, f \in \mathbb{R}^s, \ t \in \mathbb{R} \quad (2)$$
$$x(t_s) = v$$

を考える．この解を精度保証するため，定義域 $[t_s, t_e]$ を $[0, t_e - t_s]$ に平行移動し，両辺を積分して Picard 型の不動点形式に変換する：

$$x(t) = v + \int_0^t f(x(s), s + t_s) ds \quad (3)$$
$$t \in [0, t_e - t_s].$$

X を閉区間 $[0, t_e - t_s]$ から $\mathbb{R}^s$ への連続関数全体の集合，$P : X \to X$ を式 (3) の右辺とする．

$T \subset X$ を閉集合とする．このとき，もし $P(T) = \{P(x) \mid x \in T\} \subset T$ が成立するならば，Schauder の不動点定理により T 内に P の不動点が存在することが保証され，それは式 (2) の解の存在を保証する．

2.2 Lohner 法

Lohner の方法 [1] は，以下の通りである．自動微分法や，それと同等の後述する Type-I PSA による方法により，初期値 v をもとに解 $x(t)$ のテイラー展開を得ることができる．この解を，特に v の関数であることに注意して，

$$v + \alpha_1(v)t + \alpha_2(v)t^2 + \cdots + \alpha_n(v)t^n$$

と書くことにする．

次に，大雑把な解の包含を得る．$[0, t_e - t_s]$ における解 $x(t)$ を包含する候補者区間 $V \subset \mathbb{IR}^s$ を考える．

$$P(V) \subset v + \int_0^t f(V, [0, t_e - t_s] + t_s) ds$$
$$\subset v + f(V, [t_s, t_e])[0, t_e - t_s] \quad (4)$$

により，$V_1 = v + f(V, [t_s, t_e])[0, t_e - t_s] \subset V$ が成立すれば，V_1 内に $x(t)$ が包含されることがわかる．反復

$$V_{i+1} = V_i \cap (v + f(V_i, [t_s, t_e])[0, t_e - t_s])$$

で，さらに精度を上げることもできる．こうして得た候補者区間 V も初期値 v に依存するため，$V(v)$ と書くことにする．

この $V(v)$ を初期値と見て再度解のテイラー展開

$$V(v) + \alpha_1(V(v))t + \cdots + \alpha_n(V(v))t^n$$

を計算し（ただし式 (6) の t_s を $[t_s, t_e]$ に置き換える），v を初期値として計算した結果とあわせて，

$$v + \alpha_1(v)t + \cdots + \alpha_{n-1}(v)t^{n-1} + \alpha_n(V(v))t^n \quad (5)$$

を精密な解の包含とする．

候補者区間 V の作成は，例えば次のように行えばよい．

1) $r = \|f(v, [t_s, t_e])[0, t_e - t_s]\|$ とし，
2) $V = v + 2r([-1, 1], \ldots, [-1, 1])^t$ とする．

2.3 べき級数演算による初期値問題の精度保証

Lohner 法では，Picard 反復を利用して解の大雑把な包含を得，それをもとに精密な解を計算していた．ここでは，近似解の生成，解の包含の両方で直接 Picard 反復を用いる方法を示す[2]．そのために，べき級数演算（PSA：power series arithmetic）を用いる．

a. Type-I PSA

Type-I PSA は，n 次のべき級数

$$x(t) = x_0 + x_1 t + x_2 t^2 + \cdots + x_n t^n$$

同士の演算を行い，$n+1$ 次以降の高次項は切り捨てるような演算である．加減算は次のように定義する．

$$x(t) \pm y(t) = (x_0 \pm y_0) + (x_1 \pm y_1)t$$
$$+ \cdots + (x_n \pm y_n)t^n$$

乗算は，

$$x(t) \times y(t) = z_0 + z_1 t + z_2 t^2 + \cdots + z_n t^n$$
$$z_k = \sum_{i=0}^{k} x_i y_{k-i}$$

のように，高次項を切り捨てて行われる．sin などの数学関数の適用は，その関数を g として，

$$g(x_0 + x_1 t + \cdots + x_n t^n)$$
$$= g(x_0) + \sum_{i=1}^{n} \frac{1}{i!} g^{(i)}(x_0)(a_1 t + \cdots + a_n t^n)^i$$

のように，g の点 x_0 でのテイラー展開に代入することによって得る．ただし，途中に現れる加減算や乗算は，上記 Type-I PSA によって行う．除算は，

$x \div y = x * (1/y)$ と乗算と逆数関数に分解することによって行う．積分は，
$$\int_0^t x(t)\mathrm{d}t = x_0 t + \frac{x_1}{2}t^2 + \cdots \frac{x_n}{n+1}t^{n+1}$$
のように行う．

Type-I PSA と Picard 型反復を用いて，解のテイラー展開を計算することができる．式 (3) に対して，Type-I PSA 型の変数 $X_0 = v$, $T = t$ を用いて，

1) 次数 i の Type-I PSA で
$$X_{i+1} = v + \int_0^t f(X_i, T + t_s)\mathrm{d}t \quad (6)$$
を計算する
2) 次数 $i = i+1$ とする

を n 回繰り返すと，X_n として式 (3) の解の n 次のテイラー展開が得られる．

b. Type-II PSA

Type-II PSA でも，Type-I PSA と同様に n 次のべき級数
$$x(t) = x_0 + x_1 t + x_2 t^2 + \cdots + x_n t^n$$
同士の演算を行うが，$n+1$ 次以降の高次項の情報を最高次の係数 x_n を区間にすることによって吸収する．これを実現するため，Type-II PSA を行うにはそのべき級数の有効な定義域（区間）D を $D = [0, d]$ のように定める必要がある．

加減算は次のように定義する．
$$x(t) \pm y(t) = (x_0 \pm y_0) + (x_1 \pm y_1)t$$
$$+ \cdots + (x_n + y_n)t^n$$
乗算は次の手順で行われる．

1) まず，打ち切りなしで乗算を行う．
$$x(t) \times y(t) = z_0 + z_1 t + z_2 t^2 + \cdots + z_{2n} t^{2n}$$
$$z_k = \sum_{i=\max(0, k-n)}^{\min(k, n)} x_i y_{k-i}$$
2) $2n$ 次から n 次に減次する．

減次は次のように定義する．

定義 1（減次） べき級数 $x(t) = x_0 + x_1 t + \cdots + x_m t^m$ と次数 $n < m$ に対して，$x(t)$ の n 次への減次を次で定義する：
$$z_0 + z_1 t + \cdots + z_n t^n$$
$$z_i = x_i \quad (i \leq 0 \leq n-1)$$
$$z_n = \left\{\sum_{i=n}^{m} x_i t^{i-n} \mid t \in D\right\}.$$

このように，$n+1$ 次以降の項は n 次の項の係数に吸収するため，Type-II PSA における乗算の結果は真の乗算の結果を含む集合となる．

sin などの数学関数の適用は，その関数を g として，
$$g(x_0 + x_1 t + \cdots + x_n t^n)$$
$$= g(x_0) + \sum_{i=1}^{n-1} \frac{1}{i!} g^{(i)}(x_0)(a_1 t + \cdots + a_n t^n)^i$$
$$+ \frac{1}{n!} g^{(n)}\left(\left\{\sum_{i=0}^{n} a_i t^i \mid t \in D\right\}\right)(a_1 t + \cdots + a_n t^n)^n$$
のように g の点 x_0 での剰余項付きのテイラー展開に代入することによって得る．ただし，途中に現れる加減算や乗算は，上記 Type-II PSA によって行う．除算は，$x \div y = x * (1/y)$ と乗算と逆数関数に分解することによって行う．積分は，
$$\int_0^t x(t)\mathrm{d}t = x_0 t + \frac{x_1}{2}t^2 + \cdots \frac{x_n}{n+1}t^{n+1}$$
のように行う．

Type-II PSA と Picard 型反復を用いて，解の精度保証を行うことができる．Type-II PSA のための定義域を $D = [0, t_e - t_s]$ とし，Type-I PSA の反復で得られた n 次のテイラー近似
$$X_n = x_0 + x_1 t + x_2 t^2 + \cdots + x_n t^n$$
と $T = t$ を用いて，

1) X_n の最終項の係数を膨らませた候補者集合
$$Y = x_0 + x_1 t + x_2 t^2 + \cdots + V t^n$$
を作成する．
2) $v + \int_0^t f(Y, T + t_s)\mathrm{d}t$ を次数 n の Type-II PSA で計算し，$n+1$ 次から n 次に減次したものを
$$Y_1 = x_0 + x_1 t + x_2 t^2 + \cdots + V_1 t^n \quad (7)$$
とする．$n-1$ 次までの係数は X_n とまったく同じになることに注意．
3) $V_1 \subset V$ なら Y_1 内に式 (3) の解の存在が保証される．

さらに，

1) $v + \int_0^t f(Y_i, T + t_s)\mathrm{d}t$ を次数 n の Type-II PSA で計算し，$n+1$ 次から n 次に減次したものを $Y_{i+1} = x_0 + x_1 t + x_2 t^2 + \cdots + V_{i+1} t^n$ とする．
2) $V_{i+1} = V_{i+1} \cap V_i$ とする．
3) $i = i + 1$.

を繰り返すことにより，精度を上げることもできる．

候補者集合の作成は，例えば次の手順で行う．

1) $v + \int_0^t f(X_n, T + t_s)\mathrm{d}t$ を次数 n の Type-II PSA で計算し，$n+1$ 次から n 次に減次したものを $Y_0 = x_0 + x_1 t + \cdots + V_0 t^n$ とする．
2) $r = ||V_0 - x_n||$ とし，
$$V = x_n + 2r\left([-1, 1], \ldots, [-1, 1]\right)^t$$
とする．

2.4 初期値問題の精度保証の例

以下，簡単な例題を，Lohner 法と PSA 法を用いて解いたものを示す．

$$\frac{\mathrm{d}x}{\mathrm{d}t} = -x^2$$
$$x(0) = 1, \quad t \in [0, 0.1]$$

ただし，展開の次数は $n = 2$ とし，区間は 10 進 3 桁程度で外側に丸めた．

a. PSA 法

Type-I PSA によるテイラー展開の生成

$$X_0 = \boxed{1}$$
$$X_1 = 1 + \int_0^t (-X_0^2)\mathrm{d}t = 1 + \int_0^t (-1)\mathrm{d}t$$
$$= \boxed{1-t}$$
$$X_2 = 1 + \int_0^t (-X_1^2)\mathrm{d}t$$
$$= 1 + \int_0^t (-(1-t)^2)\mathrm{d}t$$
$$= 1 + \int_0^t (-(1-2t))\mathrm{d}t$$
$$= \boxed{1-t+t^2}$$

候補者集合の生成

$$1 + \int_0^t (-X_2^2)\mathrm{d}t$$
$$= 1 + \int_0^t (-(1-t+t^2)^2)\mathrm{d}t$$
$$= 1 + \int_0^t (-(1-2t+[2.8,3]t^2))\mathrm{d}t$$
$$= 1-t+t^2 + [-1,-0.933]t^3$$

2 次に減次して，

$$Y_0 = 1-t+[0.9,1]t^2$$
$$r = \|[0.9,1]-1\| = 0.1 \text{ なので，}$$
$$Y_0 = \boxed{1-t+[0.8,1.2]t^2}$$

Type-II PSA による精度保証

$$1 + \int_0^t (-Y_0^2)\mathrm{d}t$$
$$= 1-t+t^2 + [-1.133,-0.786]t^3$$

2 次に減次して，

$$Y_1 = \boxed{1-t+[0.886,1]t^2}$$

$[0.886, 1] \subset [0.8, 1.2]$ なので，Y_1 内に真の解が存在する．

b. Lohner 法

テイラー展開の生成 PSA 法と同じ．

$$X_2 = \boxed{1-t+t^2}$$

大雑把な解の包含の生成

$$r = \|(-1^2)[0,0.1]\| = 0.1$$
$$V = 1 + 2 \times 0.1 \times [-1,1] = \boxed{[0.8,1.2]}$$
$$1 + (-[0.8,1.2]^2)[0,0.1] = \boxed{[0.856,1]}$$

$[0.856, 1] \subset [0.8, 1.2]$ なので $[0.856, 1]$ 内に真の解が存在する．

解の包含の生成 初期値を $[0.856, 1]$ としてテイラー展開を行う．

$$X_0 = [0.856, 1]$$
$$X_1 = [0.856, 1] + [-1, -0.732]t$$
$$X_2 = \boxed{[0.856,1]+[-1,-0.732]t+[0.627,1]t^2}$$

初期値を 1 としたテイラー展開と合成した，

$$\boxed{1-t+[0.627,1]t^2}$$

内に，真の解が存在する．

3. 長い区間における初期値問題の精度保証

長い区間にわたって初期値問題の解を計算することを考える．$t = t_s$ における値 $v = x(t_s)$ に対して，$x(t_e)$ を対応させる写像

$$\phi_{t_s,t_e} : \mathbb{R}^s \to \mathbb{R}^s, \quad \phi_{t_s,t_e} : x(t_s) \mapsto x(t_e)$$

を推進写像と呼ぶことにする．長い区間にわたる初期値問題の解は，$t_0 < t_1 < t_2 < \cdots$ に対して

$$x(t_1) = \phi_{t_0,t_1}(x_0)$$
$$x(t_2) = \phi_{t_1,t_2}(x(t_1))$$
$$\vdots$$

のように計算していく．

Lohner 法で得られた式 (5) または PSA 法で得られた式 (7) に $t = t_e - t_s$ を代入すると，$\phi_{t_s,t_e}(v)$ の包含が得られる．しかし，こうすると $x(t_{i+1})$ は $x(t_i)$ に値を加算する形になり，区間幅は増大する一方となる．長い区間にわたって精度を保ったまま計算するには，推進写像の微分を利用して推進写像を書き換える方法がある．

3.1 推進写像の微分

推進写像の微分を得るには，$x^*(t)$ を v を初期値とした式 (2) の真の解として，式 (2) の初期値に関する変分方程式

$$\frac{\mathrm{d}}{\mathrm{d}t} y(t) = f_x(x^*(t), t) y(t), \quad y \in \mathbb{R}^{s \times s} \quad (8)$$
$$y(t_s) = I, \quad t \in [t_s, t_e]$$

を考えることが基本となる（I は単位行列）．この解 $y(t)$ が求まれば，$\phi'_{t_s,t_e}(v) = y(t_e)$ である．

また，$x(t)$ と $y(t)$ を連立させて $s + s \times s$ 変数の初期値問題と考え

$$\frac{\mathrm{d}}{\mathrm{d}t}x(t) = f(x(t),t),$$
$$\frac{\mathrm{d}}{\mathrm{d}t}y(t) = f_x(x(t),t)y(t), \qquad (9)$$
$$x(t_s) = v,$$
$$y(t_s) = I, \quad t \in [t_s, t_e]$$

を解いて, $x(t)$ と $y(t)$ を同時に求めることもできる.

3.2 推進写像の書き直し

推進写像を次のように書き直す. x_i を時刻 t_i における解を含む区間, $c_i \in x_i$ を x_i の内部の点 (一般的には x_i の中心) とする. このとき,

$$\phi_{t_i,t_{i+1}}(c_i) + \phi'_{t_i,t_{i+1}}(x_i)(x - c_i) \qquad (10)$$

が x_{i+1} の包含となる. この形は一般に平均値形式と呼ばれる. $\phi_{t_i,t_{i+1}}(c_i)$ は, 初期値を c_i として式 (5) または式 (7) を計算し, $t = t_{i+1} - t_i$ とすればよい. $\phi'_{t_i,t_{i+1}}(x_i)$ は, 初期値を x_i として式 (8) または式 (9) に対して式 (5) または式 (7) を計算し, $t = t_{i+1} - t_i$ とすればよい.

Lohner は, 直接 $\phi'_{t_i,t_{i+1}}(x_i)$ を用いず, その $n-1$ 次までの近似を用いて計算量を削減している. 具体的には, 区間 $V(x_i)$ を初期値 x_i に対する式 (4) を満たす区間とし, 式 (8) の $x^*(t)$ を $V(x_i)$ に置き換えたものの解 $y(t)$ のテイラー展開を

$$I + \beta_1(I)t + \beta_2(I)t^2 + \cdots + \beta_{n-1}(I)t^{n-1}$$

としたとき,

$$c_i + \alpha_1(c_i)t + \cdots + \alpha_{n-1}(c_i)t^{n-1}$$
$$(I + \beta_1(I)t + \cdots \beta_{n-1}(I)t^{n-1})(x - c_i)$$
$$+ \alpha_n(V(x_i))t^n \qquad (11)$$

に $t = t_{i+1} - t_i$ を代入したものを用いている.

3.3 解の接続

式 (10) または式 (11) を用いて長い区間にわたる初期値問題の精度保証を行う. 式 (10),(11) は, 区間行列 $A_i \in \mathbb{IR}^{s \times s}$ と区間ベクトル $B_i \in \mathbb{IR}^s$ を用いて,

$$x_{i+1} = A_i(x_i - c_i) + B_i$$

と書ける. 一般に次元 $s > 1$ の場合, この計算を単純に区間演算で行うと wrapping effect と呼ばれる問題を引き起こし, 区間幅が増大してしまう.

[2] では, この計算を affine arithmetic [3] で行うと高精度に計算できることを示している. affine arithmetic を使うと計算が進むにつれて遅くなっていく問題があるが, [4] によって解消することができる.

Lohner [1] は, 次のような QR 分解に基づく方法を示している. 区間 X に対して,

- m(X)：区間 X の中心を浮動小数点演算で計算したもの
- $\overline{\mathrm{m}}(X)$：$X - \mathrm{m}(X)$ を区間演算で計算したもの

と定義する. $c_0 = \mathrm{m}(x_0)$, $y_0 = \overline{\mathrm{m}}(x_0)$, $Q_0 = I$, $i = 0$ とし,

1) $c_{i+1} = \mathrm{m}(B_i)$
2) $y_{i+1} = (Q_{i+1}^{-1} A_i Q_i) y_i + Q_{i+1}^{-1} \overline{\mathrm{m}}(B_i)$

を繰り返す. ただし, Q_{i+1} は $A_i Q_i$ の中心を

$$\mathrm{m}(A_i Q_i) \simeq QR$$

のように QR 分解したものの Q とする. x_i は必要なら $x_i = Q_i y_i + c_i$ で計算するものとする. また, Q_{i+1}^{-1} は Q_{i+1} の真の逆行列またはそれを含む区間行列でなければならない.

4. 境界値問題の精度保証

境界値問題は, 一般に

$$\frac{\mathrm{d}}{\mathrm{d}t}x(t) = f(x(t),t), \ x, f \in \mathbb{R}^s$$
$$r(x(t_1), x(t_2), \ldots, x(t_m)) = 0, \ r : (\mathbb{R}^s)^m \to \mathbb{R}^s$$
$$t \in [t_1, t_m]$$

と書ける. $x(t_1) = v$ とおくと, $x(t_i) = \phi_{t_1,t_i}(v)$ なので, これを境界条件に代入して, 方程式

$$r(v, \phi_{t_1,t_2}(v), \ldots, \phi_{t_1,t_m}(v)) = 0$$

を v について精度保証付きで解けばよい. 求められた v を初期値として改めて初期値問題を解けば, 解の全体が得られる. すなわち, 初期値問題を正確に解けるならば, いわゆる射撃法 (shooting method) がそのまま境界値問題の精度保証付き解法となる.

[柏木雅英]

参 考 文 献

[1] R.J. Lohner, Enclosing the Solutions of Ordinary Initial and Boundary Value Problems, In E. Kaucher, U. Kulisch, Ch. Ullrich (eds.), *Computer Arithmetic, Scientific Computation and Programming Languages*, pp.255–286, B.G. Teubner, 1987.

[2] 柏木啓一郎, 柏木雅英, 平均値形式とアフィン演算を用いた常微分方程式の精度保証法, 日本応用数理学会論文誌, Vol.21, No.1 (2011), 37–58.

[3] Marcus Vinícius A. Andrade, João L.D. Comba, Jorge Stolfi, Affine Arithmetic, *INTERVAL'94*, 1994.

[4] Masahide Kashiwagi, An algorithm to reduce the number of dummy variables in affine arithmetic, *SCAN2012*.

偏微分方程式の精度保証

verified numerical computation for partial differential equations

よく知られているように，非線形偏微分方程式の解に対する統一的な理論は現在のところ存在しない．そのため，偏微分方程式に対する精度保証（解の数値的存在検証）についても，最終的には個々の問題の特性に応じて様々な工夫を施す必要がある．ここでは，楕円型境界値問題の解の存在検証を目的として，中尾により開発された精度保証法 [1] を例にとり，その原理を一般化して記述する．なお，この原理は，常微分方程式の境界値問題にも適用可能である．

1. 問題設定

$\hat{X}$ をバナッハ (Banach) 空間，X, Y をヒルベルト (Hilbert) 空間とし，埋め込みを含めた包含関係：$\hat{X} \hookrightarrow X \hookrightarrow Y$ が成り立つとする．また，埋め込み $\hat{X} \hookrightarrow X$ のコンパクト性を仮定する．X, Y の内積を $(u,v)_X$, $(u,v)_Y$，内積から導かれるノルムを $\|u\|_X = \sqrt{(u,u)_X}$, $\|u\|_Y = \sqrt{(u,u)_Y}$ で表記する．次に，線形作用素 $\mathcal{A} : \hat{X} \to Y$ と（一般に非線形）作用素 $f : X \to Y$ を定める．また，作用素 $f : X \to Y$ は連続であり，X の有界集合を Y の有界集合に移すとする．f の微分可能性は必ずしも仮定しない．

以上の準備のもと，方程式：

$$\mathcal{A}u = f(u) \qquad (1)$$

の解 u を求める問題を考える．非線形微分方程式の場合，式 (1) の $\mathcal{A}$ は最高階数の微分を含む線形作用素，f はそれ以外の非線形項に対応する．

1.1 不動点定式化

任意の $\phi \in Y$ に対し，$\mathcal{A}\psi = \phi$ は一意の解 $\psi \in \hat{X}$ を持つと仮定し，この対応関係を $\mathcal{A}^{-1} : Y \to \hat{X}$ で表す．また，作用素 $\mathcal{A}^{-1}$ に連続性を仮定する．次に，埋め込み作用素 $I_{\hat{X} \hookrightarrow X}$ と $\mathcal{A}^{-1}$ との合成写像：$I_{\hat{X} \hookrightarrow X} \circ \mathcal{A}^{-1} : Y \to X$ を改めて $\mathcal{A}^{-1} : Y \to X$ と置き直す．このとき，$\mathcal{A}^{-1}$ と f の合成写像を

$$F := \mathcal{A}^{-1} \circ f : \quad X \to X \qquad (2)$$

と定義すると，方程式 (1) は X 上の不動点問題：

$$u = F(u) \qquad (3)$$

に書き直すことができる．その作り方より，F はコンパクト作用素となる．対応関係は次の通りである．

$$F : \begin{cases} X \xrightarrow[\text{連続・有界}]{f} Y \xrightarrow[\text{コンパクト}]{\mathcal{A}^{-1}} X \\ u \mapsto f(u) \mapsto \mathcal{A}^{-1} \circ f(u) \end{cases}$$

よって，シャウダー (Schauder) の不動点定理より，空でない有界凸閉集合 $U \subset X$ に対する包含関係：

$$F(U) \subset U \qquad (4)$$

を確認することができれば，U の中に F の不動点の存在を保証することができる．以降，上記の U のように，解を包み込むことが期待される集合を候補者集合 (candidate set) と呼ぶことにする．

2. 有限次元部分空間と直交射影

作用素 $\mathcal{A}$ に対し，

$$(u,v)_X = (\mathcal{A}u, v)_Y, \quad \forall u \in \hat{X}, \forall v \in X \qquad (5)$$

の成立を仮定する．次に，X の有限次元部分空間を X_h，X の内積に対する直交射影 (orthogonal projection) $P_h : X \to X_h$ を

$$(u - P_h u, v_h)_X = 0, \quad \forall v_h \in X_h \qquad (6)$$

で定義する．さらに，直交射影 P_h に対し，h に依存する具体的な数値が算定可能な $C(h) > 0$（"$C(h)$" はオーダーが h という意味ではないことに注意）が存在し，

$$\|(I - P_h)v\|_X \leqq C(h)\|\mathcal{A}v\|_Y, \quad \forall v \in \hat{X} \qquad (7)$$

を満たすことを仮定する．ここで，$v \in \hat{X}$ に対して $\phi = \mathcal{A}v$ とすれば，直交射影 P_h の定義 (6) と式 (5) より，

$$(P_h v, v_h)_X = (\phi, v_h)_Y, \quad \forall v_h \in X_h \qquad (8)$$

となる．したがって，式 (7) は，$\phi \in Y$ が与えられたとき，方程式

$$\mathcal{A}v = \phi \qquad (9)$$

の解 $v \in \hat{X}$ の X_h における近似解が，射影を用いた式 (8) により計算可能であり，かつ v と $P_h v$ の誤差評価が，

$$\|v - P_h v\|_X \leqq C(h)\|\phi\|_Y$$

で与えられることを意味する．また，$C(h)$ は，存在を示すだけでは不十分で，具体的な値を算定することが必要となる．この $C(h)$ の見積もりを，構成的誤差評価 (constructive error estimate) と呼ぶ．

3. 射影と射影誤差に基づく解の検証

式 (6) で定義される直交射影 P_h を用いることで，X の不動点方程式 $u = F(u)$ を有限次元 X_h 部分と無限次元の誤差に対応する $X_h^\perp$ 部分に

$$\begin{cases} P_h u = P_h F(u) \\ (I - P_h)u = (I - P_h)F(u) \end{cases} \qquad (10)$$

と一意に分解することができる．$X_h^\perp$ は内積 $(\cdot, \cdot)_X$ に対する X_h の直交補空間である．分解された有限次元および無限次元部分それぞれについて候補者集合を設定し，F を作用させた後の包含関係を調べる．

3.1 候補者集合と検証条件

問題 (1) の近似解を $u_h \in X_h$ とする．解を X で探すため，必ずしも $u_h \in \hat{X}$ である必要はない．具体的には，$\mathcal{A}$ に対する条件 (5) を用いて，

$$(u_h, v_h)_X = (f(u_h), v_h)_Y, \quad \forall v_h \in X_h \quad (11)$$

を満たす u_h を近似的に計算する．なお，検証手法によっては，u_h が式 (11) の厳密な解であることを要請する場合もある．

次に，解を包含することが期待される候補者集合（有界凸閉集合）$U \subset X$ を，

$$U = u_h + U_h + U_*, \quad U_h \subset X_h, \quad U_* \subset X_h^\perp \quad (12)$$

と選ぶ．U_h, U_* は，近似解 u_h と真の解の差を包含することが期待される集合である．このとき，式 (12) で定めた候補者集合 U に対して $F(U) \subset U$ が成立するための十分条件は，

$$\begin{cases} P_h F(U) - u_h \subset U_h \\ (I - P_h) F(U) \subset U_* \end{cases} \quad (13)$$

であることがわかる．よって，問題は直交射影 P_h によって分けられた有限次元部分と無限次元部分それぞれに対する包含関係の確認に帰着される．式 (13) の第 1 式の左辺は近似解 u_h の残差に，第 2 式の左辺は $F(U)$ に対する射影 P_h の誤差にそれぞれ対応する．

3.2 無限次元部分の包含関係

次の定理は，候補者集合の無限次元部分の構成と包含関係成立のための条件を与える．

定理 1 式 (12) の候補者集合 U の無限次元部分 U_* を，半径 $\alpha > 0$ の X の球として

$$U_* = \{ u_* \in X_h^\perp \mid \|u_*\|_X \leqq \alpha \} \quad (14)$$

で定めるとき，

$$C(h) \sup_{u \in U} \|f(u)\|_Y \leqq \alpha \quad (15)$$

が成立すれば，式 (13) の後半：$(I - P_h) F(U) \subset U_*$ が満たされる．

式 (14) の U_* は中心ゼロ，半径 α の球であり，空でない有界凸閉集合である．また，条件 (15) の不等式は，構成的誤差評価定数 $C(h)$ が十分小さくとれるならば，その成立が期待できる．

3.3 有限次元部分の包含関係

次に，候補者集合の有限次元部分の構成と包含関係成立のための条件を導く．X_h の次元を N で表記し，$\{\phi_i\}_{1 \leqq i \leqq N}$ を X_h の基底とする．また，$N \times N$ 複素行列 D を，$1 \leqq i, j \leqq N$ に対し

$$[D]_{ij} := (\phi_j, \phi_i)_X \quad (16)$$

で定義する．候補者集合の有限次元部分 $U_h \subset X_h$ は，複素凸閉集合 $\{B_i\}_{1 \leqq i \leqq N}$ と基底との 1 次結合で

$$U_h = \sum_{i=1}^N B_i \phi_i \quad (17)$$

と設定する．X が実空間の場合には，B_i を上端と下端を持つ閉区間に設定する．複素空間の場合には，実部・虚部が閉区間となるように B_i を定義するか，中心と半径で表現される閉円板に設定する．このとき，U_h は，各 $1 \leqq i \leqq N$ に対し B_i に属する全ての複素数と基底 ϕ_i との 1 次結合全体の関数集合として，すなわち，

$$U_h = \left\{ \sum_{i=1}^N v_i \phi_i \in X_h \;\middle|\; v_i \in B_i \subset \mathbb{C}, \; 1 \leqq i \leqq N \right\} \quad (18)$$

と表現することができる．その作り方から U_h は有界凸閉集合である．また，次が成り立つ．

定理 2 式 (14), (17), (12) より構成される候補者集合 $U \subset X$ に対して $\boldsymbol{d} = [d_i] \subset \mathbb{C}^N$ を，$1 \leqq i \leqq N$ で

$$d_i = \{ (f(u), \phi_i)_Y - (u_h, \phi_i)_X \in \mathbb{C} \mid u \in U \} \quad (19)$$

と定める．このとき，

$$\boldsymbol{x} = \left\{ \hat{\boldsymbol{x}} \in \mathbb{C}^N \mid \hat{\boldsymbol{x}} = D^{-1} \hat{\boldsymbol{d}}, \forall \hat{\boldsymbol{d}} \in \boldsymbol{d} \right\} \quad (20)$$

となる $\boldsymbol{x} = [x_i] \subset \mathbb{C}^N$ に対し

$$x_i \subset B_i, \quad 1 \leqq i \leqq N \quad (21)$$

が成り立てば，式 (13) の前半：$P_h F(U) - u_h \subset U_h$ が満たされる．

定理 2 における式 (19) は，U が無限次元の項を含むため，正確な値を求めることができない．そのため，実際の計算では $\boldsymbol{d}$ を包含する複素閉集合で代用する．また，式 (20) を満たす $\boldsymbol{x}$ も，集合として正確に算定することは困難である．こちらも，実際の計算では $\boldsymbol{x}$ を包含する複素閉集合で代用する．それぞれ大きめの評価となるものの，最終的な包含関係 (21) が得られれば問題ない．また，式 (20)（に対応する包含集合）は，行列 D に対する連立 1 次方程式を精度保証付きで解くことにより定まる．

4. ニュートン型作用素の導入

前節で紹介した検証手法が成功するためには，作用素 F が不動点の近傍で引き込み的であることが前提となる．そこで，より一般的な問題に対応するため，有限次元部分にニュートン (Newton) 法を適用する．

4.1 ニュートン型作用素

線形作用素 $q: X \to Y$ を導入する．f がフレシェ (Fréchet) 微分可能な場合，q は近似解 $u_h \in X_h$ における微分 $f'[u_h]$ にとるのが一般的である．次に，線形作用素 Q を

$$Q := \mathcal{A}^{-1} \circ q: \quad X \to X \tag{22}$$

で，さらに，ニュートン型作用素 $N_h: X \to X_h$ を

$$N_h(u) := P_h u - [I-Q]_h^{-1} P_h(u - F(u)) \tag{23}$$

で定義する．N_h の定義式 (23) 中の $[I-Q]_h^{-1}: X_h \to X_h$ は，

$$P_h(I-Q): \quad X \to X_h \tag{24}$$

の定義域 X を X_h に制限した作用素 $P_h(I-Q)|_{X_h}: X_h \to X_h$ の逆作用素とし，その存在を仮定する．N_h は，$\mathcal{F}(u) := u - F(u)$ に形式的にニュートン法を適用し，P_h を施すことにより得られる非線形作用素である．

次に，X_h の基底 $\{\phi_i\}_{1 \leq i \leq N}$，および q により構成される $N \times N$ 行列 G を，$1 \leq i, j \leq N$ に対し

$$[G]_{ij} := (\phi_j, \phi_i)_X - (q\phi_j, \phi_i)_Y \tag{25}$$

で定義する．このとき，$[I-Q]_h^{-1}$ と式 (25) の行列 G との関係と，具体的な $[I-Q]_h^{-1}$ の行列・ベクトル表現が以下で与えられる．

補題 1 $[I-Q]_h^{-1}: X_h \to X_h$ の存在と G の可逆性は同値である．また，$[I-Q]_h^{-1}$ が存在するとき，

$$w_h = \sum_{i=1}^{N} w_i \phi_i \in X_h, \quad \boldsymbol{w} = [w_i] \in \mathbb{C}^N$$

に対し，

$$v_h = [I-Q]_h^{-1} w_h = \sum_{i=1}^{N} v_i \phi_i, \quad \boldsymbol{v} = [v_i] \in \mathbb{C}^N$$

の係数ベクトル $\boldsymbol{v}$ は，

$$\boldsymbol{v} = G^{-1} D \boldsymbol{w} \tag{26}$$

で決定される．

4.2 ニュートン型作用素による不動点定式化

有限次元部分に対するニュートン型作用素 N_h を用い，X 上の無限次元作用素 T を

$$T(u) := N_h(u) + (I - P_h)F(u) \tag{27}$$

で定義する．このとき，T はコンパクトであり，$[I-Q]_h^{-1}$ の存在を仮定すれば，不動点問題 $u = F(u)$ と $u = T(u)$ との同値性を確認できる．作用素 T に対しても，F と同様，シャウダーの不動点定理から，空でない有界凸閉な候補者集合 $U \subset X$ に対して，

$$\begin{cases} N_h(U) - u_h \subset U_h \\ (I - P_h)F(U) \subset U_* \end{cases} \tag{28}$$

が確認できれば $T(U) \subset U$ となり，T の不動点が U 内に存在する．N_h はニュートン型作用素のため，U がもし真の解を包含していれば，縮小傾向にあること，つまり式 (28) の前半の包含関係の成立が期待できる．また，無限次元部分 $(I - P_h)F(U)$ は，ニュートン法的な変換は施していないものの，3.2 項と同じく，$C(h) \to 0 \; (h \to 0)$ に基づく縮小性が期待できる．

4.3 有限次元部分の縮小性

有限次元・無限次元部分ともに，候補者集合の設定は3節と同じである．無限次元部分に対する確認は定理1で行う．有限次元部分の縮小性は次で確認する．

定理 3 式 (14),(17),(12) で構成される候補者集合 $U \subset X$ に対し，$u \in U$ のそれぞれの要素を

$$u = u_h + \hat{u}_h + u_*, \quad \hat{u}_h \in U_h, \quad u_* \in U_*$$

で表現する．$\boldsymbol{d} = [d_i] \subset \mathbb{C}^N$ を $1 \leq i \leq N$ に対し

$$d_i = \{(f(u) - q\hat{u}_h, \phi_i)_Y - (u_h, \phi_i)_X \in \mathbb{C} | u \in U\} \tag{29}$$

で定める．このとき，

$$\boldsymbol{x} = \left\{ \hat{\boldsymbol{x}} \in \mathbb{C}^N \mid \hat{\boldsymbol{x}} = G^{-1}\hat{\boldsymbol{d}}, \; \forall \hat{\boldsymbol{d}} \in \boldsymbol{d} \right\} \tag{30}$$

となる $\boldsymbol{x} = [x_i] \subset \mathbb{C}^N$ に対し

$$x_i \subset B_i, \quad 1 \leq i \leq N \tag{31}$$

が成り立てば，条件 (28) の前半：$N_h(U) - u_h \subset U_h$ が満たされる．

3.3 項と同様，定理3におけるベクトル $\boldsymbol{d}, \boldsymbol{x}$ を実際に計算する場合には，それぞれを包含する（一般に複素）閉集合を用いて評価する．

ここまで紹介したコンパクト作用素を用いた不動点定式化とシャウダーの不動点定理の成立条件を確認する検証手法は，バナッハの不動点定理に基づく局所一意性付き存在検証，および有限次元部分をノルムで評価する検証手法に拡張可能である．これらの検証結果やアルゴリズムの詳細は，文献 [1],[2],[5] を参照されたい．

5. 無限次元ニュートン法に基づく解の検証

ここでは，3節，4節の手法とは異なる無限次元ニュートン法に基づく解の精度保証法について述べる．以下，簡単のため，問題 (1) の近似解 $u_h \in X$ が $\mathcal{A}u_h \in Y$ を満たすとする．このとき，

$$g(w) := f(w + u_h) - \mathcal{A}u_h \tag{32}$$

とおくことで，方程式 (1) は

$$\mathcal{A}w = g(w) \tag{33}$$

を満たす残差：

$$w = u - u_h$$

を求める問題に書き直すことができる．なお，$\mathcal{A}u_h \notin Y$ の場合の定式化については，文献 [2] を参照されたい．

次に，線形作用素 $q : X \to Y$ を与え，その連続性を仮定する．g がフレッシェ微分可能であれば，ある $\hat{w} \in X$ に対し，

$$qw = g'[\hat{w}]w \tag{34}$$

ととるのが一般的である．例えば，式 (32) で $\hat{w} = 0$ ととれば，$g'[\hat{w}]w = f'[u_h]w$ となる．q を用いた式 (33) のニュートン型残差方程式：

$$\mathcal{A}w - qw = g(w) - qw \tag{35}$$

を考える．そして，式 (35) の左辺の対応を，

$$\mathcal{L} := \mathcal{A} - q : \quad \hat{X} \to Y \tag{36}$$

で定義する．$\mathcal{L}$ は線形作用素であり，式 (34) で q を定義した場合には，問題 (33) の $\hat{w}$ における線形化作用素に対応する．

ここで，以下を仮定する．
1) $\mathcal{L}$ は連続な逆作用素：$\mathcal{L}^{-1} : Y \to \hat{X}$ を持つ．
2) 具体的な値が算定可能な $M > 0$ が存在して，

$$\|\mathcal{L}^{-1}\phi\|_X \leqq M\|\phi\|_Y, \quad \forall \phi \in Y \tag{37}$$

を満たす．

次に，非線形作用素 $\hat{T} : X \to X$ を，

$$\hat{T}(w) := \mathcal{L}^{-1} \circ (g(w) - qw) \tag{38}$$

で定める．このとき，g が X の有界集合を Y の有界集合に移すことと，$\mathcal{L}^{-1}, q$ の連続性，および $\hat{X} \hookrightarrow X$ のコンパクト性を用いて，$\hat{T}$ は X 上のコンパクト作用素として定義され，問題 (33) は X 上の不動点方程式：

$$w = \hat{T}(w) \tag{39}$$

に書き直される．

作用素 $\hat{T}$ は，残差形式 (33) に対するニュートン型作用素であることから，0 の近傍で引き込み的であることが期待される．このとき，シャウダーの不動点定理に基づく以下の検証条件が導かれる．

定理 4 無限次元候補者集合 W を，半径 $\alpha > 0$ に対し，

$$W := \{w \in X \mid \|w\|_X \leqq \alpha\} \tag{40}$$

ととる．このとき，

$$M \sup_{w \in W} \|g(w) - qw\|_Y \leqq \alpha \tag{41}$$

が成立すれば，$\hat{T}$ は W 内に不動点を持つ．

また，候補者集合 W 内の解の局所一意性は，バナッハの不動点定理に基づく以下の条件で確認することができる．

定理 5 式 (40) で定義した候補者集合 $W \subset X$ に対し，$C_g > 0$ が存在して，

$$\|g(w_1) - g(w_2) - q(w_1 - w_2)\|_Y$$
$$\leqq C_g\|w_1 - w_2\|_X, \quad \forall w_1, w_2 \in W \tag{42}$$

を満たすとする．このとき，定理 4 の条件 (41) に加え，

$$MC_g < 1 \tag{43}$$

が成立すれば，$\hat{T}$ の不動点は W 内で唯一である．

特に，g が $W \subset X$ でフレッシェ微分可能ならば，式 (42) の $C_g > 0$ は，

$$\sup_{\hat{w} \in W} \|(g'[\hat{w}] - q)w\|_Y \leqq C_g\|w\|_X, \quad \forall w \in X \tag{44}$$

を満たすようにとればよい．さらに，定理 4 と定理 5 を組み合わせることで，局所一意性の範囲を拡大することも可能である．また，$\mathcal{L}^{-1}$ に対するノルム評価式 (37) を用いて，シャウダー，バナッハ以外の不動点定理の適用も考えることができる．

線形作用素 $\mathcal{L}$ の逆作用素 $\mathcal{L}^{-1}$ の存在証明と式 (37) を満たす $M > 0$ の具体的な値の算定方法の代表的なものとしては，リッツプロジェクション (Ritz-projection) に基づく大石の方法[3]，ホモトピー法に基づくプルム (Plum) の方法[4]，4 節の手法を線形化作用素に適用した中尾の方法 [2],[5] がある．

[渡部善隆]

参考文献

[1] 中尾充宏, 山本野人, 精度保証付き数値計算―コンピュータによる無限への挑戦, 日本評論社, 1998.

[2] 中尾充宏, 渡部善隆, 実例で学ぶ精度保証付き数値計算―理論と実践, サイエンス社, 2011.

[3] 大石進一, 精度保証付き数値計算, コロナ社, 2000.

[4] M.T. Nakao, S. Oishi (eds.), Special Issue on State of the Art in Self-Validating Numerical Computations, *Japan Journal of Industrial and Applied Mathematics*, 26:2–3 (2009), 1–530.

[5] S. Oishi, S.M. Rump, M. Plum (eds.), Special Section on Recent Progress in Verified Numerical Computations, *Nonlinear Theory and Its Applications, IEICE*, **2**(1) (2011), 1–127.

浮動小数点演算の無誤差変換

error-free transformation for floating-point arithmetic

IEEE 754 規格が定める浮動小数点演算の結果を2つの浮動小数点数の和で表す方法，また1つの浮動小数点数を2つの浮動小数点数の和で表す無誤差変換は，高精度計算に非常に有用であることが知られている[1]〜[3]．ここでは，その無誤差変換のアルゴリズムとその応用について取り扱う．

1. 和と差に関する無誤差変換

$\mathbf{F}$ を IEEE 754 規格が定める浮動小数点数の集合とする．fl($\cdots$) は括弧内の数式を浮動小数点演算（最近点への丸め）で評価することを意味する．$\mathbf{u}$ を単位丸め誤差とする．具体的に，単精度浮動小数点数 (binary32) を扱うときは $\mathbf{u} = 2^{-24}$，倍精度浮動小数点数 (binary64) を扱うときは $\mathbf{u} = 2^{-53}$ である．$\underline{\mathbf{u}}$ は正の最小の浮動小数点数（非正規化数）とする．倍精度浮動小数点数ならば $\underline{\mathbf{u}} = 2^{-1074}$ である．0 でない $a \in \mathbf{F}$ に対して

$$\text{ufp}(a) = 2^{\lfloor \log_2 |a| \rfloor}$$

また ufp(0) = 0 と定義する．これは unit in the first place の略であり，浮動小数点数の先頭ビットの情報を表している．この ufp は対数関数を使用せず，下記のように単純な浮動小数点演算のみで計算できることが [6] に示されている．

アルゴリズム 1 (Rump; $a \in \mathbf{F}$)
    function $y = \text{ufp}(a)$
        $q = \text{fl}(\phi * \sigma);$ %$\phi = (2\mathbf{u})^{-1} + 1$
        $y = \text{fl}(|q - (1-\mathbf{u})q|);$
    end   □

通常 fl($a + b$) は丸め誤差のために真値 $a + b$ と一致するとは限らない．$x = \text{fl}(a + b)$ とすると，$y = a + b - \text{fl}(a + b)$ となる $y \in \mathbf{F}$ を浮動小数点演算で求める2つのアルゴリズムを紹介する．なお，本項目では fl($\cdots$) の評価中にオーバーフローが発生しないことを仮定する．Dekker は $|a| \geq |b|$ が成立するとき，$a + b = x + y$ と変換するアルゴリズムを提案した[5]．

アルゴリズム 2 (Dekker; $a, b \in \mathbf{F}$)
    function $[x, y] = \textbf{FastTS}(a, b)$
        $x = \text{fl}(a + b);$
        $y = \text{fl}((a - x) + b);$
    end   □

例えば $a = 1$, $b = 2^{100}$ に対して **FastTS** を実行すると $x = 2^{100}$, $y = 0$ となり，$a + b = x + y$ が成立しないことがわかるが，必ずしも $|a| \geq |b|$ でなくてもよい．$a \in 2\mathbf{u} \cdot \text{ufp}(b)\mathbb{Z}$ であれば，$a + b = x + y$ が成立することが [2] に特記されている．入力される浮動小数点数の大小関係に何も仮定を置かなければ，下記の Knuth [4] によるアルゴリズムにより，$a + b = x + y$ と変換される．

アルゴリズム 3 (Knuth; $a, b \in \mathbf{F}$)
    function $[x, y] = \textbf{TS}(a, b)$
        $x = \text{fl}(a + b);$
        $z = \text{fl}(x - a);$
        $y = \text{fl}((a - (x - z)) + (b - z));$
    end   □

ここで，$[x, y] = \textbf{TS}(a, b)$ の結果は下記のアルゴリズムと等価である．

    if $|a| \geq |b|$
        $[x, y] = \textbf{FastTS}(a, b);$
    else
        $[x, y] = \textbf{FastTS}(b, a);$
    end   □

ただし，分岐処理のないアルゴリズム 3 が計算速度の点から良いことが知られている[1]．アルゴリズム 2, 3 に対して，次が成立する．

$$a + b = x + y \quad (|y| \leq \mathbf{u} \cdot \text{ufp}(x) \leq \mathbf{u}|x|)$$

2. 浮動小数点数の分解

ここでは，浮動小数点数 $a \in \mathbf{F}$ を $x + y$ ($x, y \in \mathbf{F}$) と2つの浮動小数点数の和に分解するアルゴリズムを紹介する．

アルゴリズム 4 (Dekker; $a, b \in \mathbf{F}$)
    function $[x, y] = \textbf{Split}(a)$
        $c = \text{fl}(factor * a);$
        $x = \text{fl}(c - (c - a));$
        $y = \text{fl}(a - x);$
    end   □

本項目では $factor = 2^{\lceil (-\log_2 \mathbf{u})/2 \rceil} + 1$ と限定する．倍精度浮動小数点数は，正規化数であれば実質 53 ビットの情報で仮数部を表現する．$[x, y] = \textbf{Split}(a)$ の結果である x と y の仮数部の 27 ビット以降は全て 0 となる．一般に，26 ビットまでの仮数部の情報を持つ数の和で仮数部として 53 ビットの情報を表現できるのである．身近な例で 5 ビットの仮数部を持つ数 1.0111 を考えると，これは 1.1000 + (−0.0001) という 2 ビットの情報を持つ 2 数の和で表現できることと同じである（下線部は保持しているビットを表す）．注意すべき点として，**Split** は単純に a の上位 26 ビットをそのまま切り

出して x とし，それ以降のビット情報を y が保持することとは異なる場合がある．

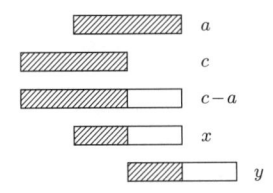

図1 **Split** と保持ビットの関係

次に，$a \in \mathbf{F}$ を 2 のべき乗数である $\sigma \in \mathbf{F}$ ($\sigma \geqq |a|$) を用いて，2 つの浮動小数点数の和に変換するアルゴリズムを下記に記す．

アルゴリズム 5 (Rump–Ogita–Oishi; $a, b, \sigma \in \mathbf{F}$)
 function $[x, y] = \mathbf{ExtractScalar}(a, \sigma)$
  $x = \mathrm{fl}((a + \sigma) - \sigma)$;
  $y = \mathrm{fl}(a - x)$;
 end □

この $\mathbf{ExtractScalar}(a, \sigma)$ を実行すると

$$x \in \mathbf{u}\sigma\mathbb{Z} \tag{1}$$
$$y \leqq \mathbf{u}\sigma \tag{2}$$

を満たす．つまり x はビットとして $\mathbf{u}\sigma$ 以上の情報を，y は $\mathbf{u}\sigma$ 以下の情報を保持している．また，

$$\sigma \geqq 2^M a, \ M \in \mathcal{N} \Longrightarrow |x| \leqq 2^{-M}\sigma \tag{3}$$

という性質がある．**Split** も **ExtractScalar** も **FastTS** と同じ原理で動いている．すなわち，ある数 $a \in \mathbf{F}$ にそれよりも大きい数 $\sigma \in \mathbf{F}$ を足した結果を $\mathrm{fl}(a + \sigma)$ とし，a の下位の情報を落とす．そして $\mathrm{fl}((a + \sigma) - \sigma)$ により，a の上位の情報 $x \in \mathbf{F}$ を得る．最後に $\mathrm{fl}(a - x)$ により，a の下位の情報を拾うことができる．

3. 積に関する無誤差変換

次に，$a, b \in \mathbf{F}$ に対して，$a * b = x + y$ と変換するアルゴリズムを紹介する．ただし，ここでは $\mathrm{fl}(\cdots)$ 内でアンダーフローが起こらないことも仮定する．

アルゴリズム 6 (Veltkamp; $a, b \in \mathbf{F}$)
 function $[x, y] = \mathbf{TP}(a, b)$
  $[a_h, a_l] = \mathbf{Split}(a)$;
  $[b_h, b_l] = \mathbf{Split}(b)$;
  $y = \mathrm{fl}(a_l * b_l - (((x - a_h * b_h)$
   $- a_l * b_h) - a_h * b_l))$;
 end □

Split の特性を利用しており，倍精度浮動小数点数 a_h, a_l, b_h, b_l の仮数部は先頭から 27 ビット目以降が 0 であるので

$$\mathrm{fl}(a_h * b_h) = a_h * b_h, \ \mathrm{fl}(a_h * b_l) = a_h * b_l,$$
$$\mathrm{fl}(a_l * b_h) = a_l * b_h, \ \mathrm{fl}(a_l * b_l) = a_l * b_l$$

が成立することが重要な点である．ここで，

$$a + b = x * y \quad (|y| \leqq \mathbf{u} \cdot \mathrm{ufp}(x) \leqq \mathbf{u}|x|)$$

が成立する．計算中にアンダーフローが発生した場合には $a * b \neq x + y$ となる可能性があるが

$$a + b = x + y + 5\eta, \quad |\eta| \leqq \underline{\mathbf{u}}$$

という関係が成立する．

$a, b, c \in \mathbf{F}$ に対する $a * b + c$ の計算において，通常の浮動小数点演算では $a + b$ の評価に誤差が発生し，その結果と c の和にも誤差が発生する可能性があるが，$a * b + c$ を実数演算で計算し，その結果を浮動小数点数に丸めた結果を出力する機能が開発されている．FMA (fused multiply-add) といい，Intel 社の CPU である Itanium や一部の GPGPU などで利用できる．その関数を $\mathbf{FMA}(a, b, c)$ とすると，**TP** と等価な結果を出力するアルゴリズムを簡単に実装することができる[1]．

アルゴリズム 7 ($a, b \in \mathbf{F}$)
 function $[x, y] = \mathbf{TwoPFMA}(a, b)$
  $x = \mathrm{fl}(a * b)$;
  $y = \mathbf{FMA}(a, b, -x)$;
 end □

IEEE 754-2008 規格には，この **FMA** が仕様として定められている．

4. 総和に関する無誤差変換

本節では，まず $p \in \mathbf{F}^n$ に対して $\sum_{i=1}^{n} p_i = \sum_{i=1}^{n} p'_i$ ($p' \in \mathbf{F}^n$) と変換するアルゴリズムを紹介する[1]．

アルゴリズム 8 (Ogita–Rump–Oishi; $p, p' \in \mathbf{F}^n$)
 function $p' = \mathbf{VecSum}(p)$
  $p' = p$;
  for $i = 2 : n$
   $[p'_i, p'_{i-1}] = \mathbf{TS}(p'_i, p'_{i-1})$;
  end
 end □

アルゴリズム 8 を実行すると，$p'_n = \mathrm{fl}(\sum_{i=1}^{n} p_i)$ である．通常の浮動小数点演算で総和を計算したとき，誤差によって失われてしまう情報を p'_i ($1 \leqq i \leqq n - 1$) により保存している．よって，「ベクトルの総和」としては情報は等価である．また，p'_i ($1 \leqq i \leqq n - 1$) を再利用することにより，高精度計算アルゴリズムの開発が可能となる．

次に Rump, Ogita, Oishi による $p \in \mathbf{F}^n$ を $\tau \in \mathbf{F}$ と $p' \in \mathbf{F}^n$ により

$$\sum_{i=1}^{n} p_i = \tau + \sum_{i=1}^{n} p'_i \qquad (4)$$

と変換するアルゴリズムを記す．

アルゴリズム 9 (Rump–Ogita–Oishi; $\sigma \in \mathbf{F}$, $p \in \mathbf{F}^n$)

  function $[\tau, p'] = \mathbf{ExtractVector}(p, \sigma)$
    $\tau = 0$;
    for $i = 1 : n$
      $[t_i, p'_i] = \mathbf{ExtractScalar}(p_i, \sigma)$;
      $\tau = \mathrm{fl}(\tau + t_i)$;
    end
  end   □

ここで，σ は 2 のべき乗数であり，かつ

$$\sigma \geqq 2^{\lceil \log_2 n \rceil} \cdot 2^{\lceil \log_2 \max_{1 \leqq i \leqq n} |p_i| \rceil}$$

であることを仮定する．全ての $1 \leqq i \leqq n$ について，式 (1) と式 (3) により

$$t_i \in \mathbf{u}\sigma\mathbb{Z}, \quad |t_i| \leqq 2^{-\lceil \log_2 n \rceil} \sigma$$

であることから，

$$\tau \in \mathbf{u}\sigma\mathbb{Z}, \quad \sum_{i=1}^{n} |t_i| \leqq n \cdot 2^{-\lceil \log_2 n \rceil} \sigma \leqq \sigma$$

である．よって，$\tau \neq 0$ の場合は

$$\mathbf{u}\sigma \leqq \tau \leqq \sigma$$

となる．これは，$\sum_{i=1}^{n} t_i$ における計算の全てが $\mathbf{u}\sigma$ を最小ビットとした仮数部の範囲内で収まることを意味する．よって，τ の計算（和）には誤差が発生しないために式 (4) が成立する．

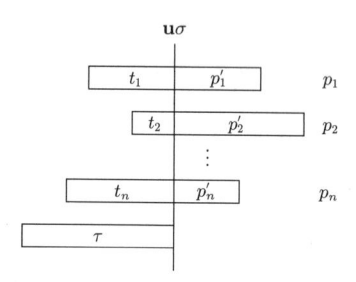

図 2 **ExtractVector** のイメージ

さらに，$p^{(0)} \in \mathbf{F}^n$ に対して，$p \in \mathbf{F}^n$, $\tau_1, \tau_2 \in \mathbf{F}$ を用いて

$$\sum_{i=1}^{n} p_i^{(0)} = \tau_1 + \tau_2 + \sum_{i=1}^{n} p_i$$

と変換するアルゴリズムを紹介する．

アルゴリズム 10 (Rump–Ogita–Oishi; $p^{(0)} \in \mathbf{F}^n$)

  function $[\tau_1, \tau_2, p, \sigma] = \mathbf{Transform}(p^{(0)})$
    $p = p^{(0)}$;
    $\mu = \max(|p_i|)$;
    if $\mu = 0$
      $\tau_1 = \tau_2 = \sigma = 0$; return;
    end
    $M = \mathbf{NextPowerTwo}(n+2)$;
    $\sigma' = M * \mathbf{NextPowerTwo}(\mu)$;
    $t' = 0$;
    repeat
      $t = t'$; $\sigma = \sigma'$;
      $[\tau, p] = \mathbf{ExtractVector}(p, \sigma)$;
      $t' = \mathrm{fl}(t + \tau)$;
      if $t' = 0$
        $[\tau_1, \tau_2, p, \sigma] = \mathbf{Transform}(p)$;
        return;
      end
      $\sigma' = \mathrm{fl}(M * \mathbf{u} * \sigma)$;
    until $|t'| \geqq \mathrm{fl}(M^2 * \mathbf{u} * \sigma)$ or $\sigma \leqq \frac{1}{2} * \mathbf{u}^{-1} * \underline{\mathbf{u}}$
    $[\tau_1, \tau_2] = \mathbf{FastTS}(t, \tau)$;
  end   □

上記のアルゴリズム中にある $a \in \mathbf{F}$ に対する $\mathbf{NextPowerTwo}(a)$ は，a 以上である最小の 2 のべき乗数を返す関数とする．$\tau_1 + \tau_2 + \sum p$ を計算してもアンダーフロー領域を除いて桁落ちが発生しない．

5. 無誤差変換と高精度計算

ここでは，ベクトルの総和や内積の良い近似結果を浮動小数点演算のみで得る手法を紹介する．$n \in \mathcal{N}$ に依存する定数 γ_n を

$$\gamma_n = \frac{n\mathbf{u}}{1 - n\mathbf{u}}, \quad n < \mathbf{u}^{-1}$$

とする．$p = p^{(0)} \in \mathbf{F}$ に対してある $K \in \mathcal{N}$ ($K \geqq 2$) を定めて，総和の数値結果 $z \in \mathbf{F}$ を得る手法を下記に記す．

アルゴリズム 11 (Ogita–Rump–Oishi; $p = p^{(0)} \in \mathbf{F}^n$, $K \in \mathcal{N}$)

  function $z = \mathbf{SumK}(p, K)$
    for $k = 1 : K - 1$
      $p^{(k)} = \mathbf{VecSum}(p^{(k-1)})$;
    end
    $z = \mathrm{fl}\left(p_n^{(K-1)} + \sum_{i=1}^{n-1} p_i^{(K-1)}\right)$;
  end   □

アルゴリズム 11 により得られた結果に対して $K = 2$ のとき

$$\left|z - \sum_{i=1}^{n} p_i\right| \leqq \mathbf{u}\left|\sum_{i=1}^{n} p_i\right| + \gamma_{n-1}^2 \sum_{i=1}^{n} |p_i| \quad (5)$$

が,また $K \geqq 3$ のとき

$$\left|z - \sum_{i=1}^{n} p_i\right| \leqq (\mathbf{u} + 3\gamma_{n-1}^2)\left|\sum_{i=1}^{n} p_i\right| + \gamma_{2n-2}^K \sum_{i=1}^{n} |p_i| \quad (6)$$

が成立する[1]. 通常の浮動小数点演算でベクトルの総和を計算した場合, [6] により

$$\left|\mathrm{fl}\left(\sum_{i=1}^{n} p_i\right) - \sum_{i=1}^{n} p_i\right| \leqq \gamma_{n-1} \sum_{i=1}^{n} |p_i|$$

である. これに対して, 式 (5) では $\sum_{i=1}^{n} |p_i|$ の係数が γ_{n-1} よりも小さいこと, また式 (6) では K が増えるたびに $\sum_{i=1}^{n} |p_i|$ の係数が大幅に小さくなることが, このアルゴリズムの特徴を表している. さらに, 高精度計算の結果とともに, 誤差の上限を浮動小数点数として出力するアルゴリズムも [1] で紹介された.

次に, $x, y \in \mathbf{F}^n$ に対して内積 $x^T y$ の結果を高精度に求めるアルゴリズムを紹介する.

アルゴリズム 12 (Ogita–Rump–Oishi; $x, y \in \mathbf{F}^n$)
    function $z = \mathbf{DotK}(x, y, K)$
        $[p, r_1] = \mathbf{TP}(x_1, y_1)$;
        for $i = 2 : n$
            $[h, r_i] = \mathbf{TP}(x_i, y_i)$;
            $[p, r_{n+i-1}] = \mathbf{TS}(p, h)$;
        end
        $r_{2n} = p$;
        $z = \mathbf{SumK}(r, K-1)$;
    end   □

アルゴリズム 12 により得られた結果 $z \in \mathbf{F}$ に対して

$$|z - x^T y| \leqq (\mathbf{u} + 2\gamma_{4n-2}^2)|x^T y|$$
$$+ \gamma_{4n-2}^K |x^T||y| + 5n\underline{\mathbf{u}}$$

という誤差評価が成立する.

次に「結果の精度」を保証する総和の計算法を紹介する.

アルゴリズム 13 (Rump–Ogita–Oishi; $p \in \mathbf{F}^n$)
    function $z = \mathbf{AccSum}(p)$
        $[\tau_1, \tau_2, p'] = \mathbf{Transform}(p)$;
        $z = \mathrm{fl}(\tau_1 + (\tau_2 + \sum(p')))$;
    end   □

アルゴリズム 13 によって得られた結果は

$$\left|\sum_{i=1}^{n} p_i - z\right| \leqq 2\mathbf{u}\left|\sum_{i=1}^{n} p_i\right| \quad (7)$$

を満たす. 誤差評価式 (7) から, アルゴリズム 13 による結果は faithful rounding (信頼丸め) と言われる. すなわち, 真の結果に隣接する浮動小数点数のどちらかが結果として出力される. また

$$\left|\sum_{i=1}^{n} p_i - z\right| \leqq \mathbf{u}\left|\sum_{i=1}^{n} p_i\right| \quad (8)$$

となる $z \in \mathbf{F}$ を出力するアルゴリズムも [3] に提案されている. 式 (5) や式 (6) の結果は, $|\sum p|$ の値が小さく, $\sum |p|$ の値が大きければ, 相対誤差が大きくなるが, 式 (7) と式 (8) では問題に依存していない.

〔尾崎克久〕

参 考 文 献

[1] T. Ogita, S.M. Rump, S. Oishi, Accurate Sum and Dot Product, *SIAM Journal on Scientific Computing*, **26**(6) (2005), 1955–1988.

[2] S.M. Rump, T. Ogita, S. Oishi, Accurate floating-point summation part I: Faithful rounding, *SIAM Journal on Scientific Computing*, **31**(1) (2008), 189–224.

[3] S.M. Rump, T. Ogita, S. Oishi, Accurate floating-point summation part II: Sign, K-fold faithful and rounding to nearest, *SIAM Journal on Scientific Computing*, **31**(2) (2008), 1269–1302.

[4] D.E. Knuth, *Art of Computer Programming, Volume 2: Seminumerical Algorithms*, Addison-Wesley Professional, 1997.

[5] T.J. Dekker, A floating-point technique for extending the available precision, *Numer. Math.*, **18** (1971), 224–242.

[6] S.M. Rump, Error estimation of floating-point summation and dot product, *BIT Numerical Mathematics*, **52**(1) (2012), 201–220.

力学系の計算機援用証明

computer assisted proof for dynamical systems

力学系研究における計算機援用証明について，基本的な発想と主な成果について概説する．ここではカオスの発生や不変集合の大域的構造など，無限個の軌道たちのなす集合の性質を扱い，個々の軌道の精度保証の詳細については触れない．軌道の精度保証については［常微分方程式の精度保証］（p.442）など，本書の該当項目を参照されたい．

1. カオスと精度保証

「カオス」とは力学系のどのような性質であると定義するべきか，専門家の間でも意見が分かれるところであるが，カオスが持つべき性質として初期値鋭敏性（初期値に対する敏感な依存性ともいう）を要求することは広く受け入れられている[1]．

簡単のため，写像 $f: X \to X$ が生成する力学系の場合を考えると，力学系 f が初期値鋭敏性を持つとは，ある定数 $C > 0$ が存在して，次の性質が成立することである：「任意の点 $x \in X$ とその任意の近傍 U に対して，ある点 $y \in U$ と時刻 $N > 0$ が存在し，$d(f^N(x), f^N(y)) > C$ となる」．ここで $d: X \times X \to \mathbb{R}$ は相空間 X 上の距離である．初期値鋭敏性を持つ系では，初期値における誤差がどれだけ小さくても，時間が経過するとその誤差が一定の大きさに拡大してしまう．

このことから直ちに，カオス的な力学系における計算機援用証明の困難さが浮かび上がる．力学系では時間が無限大に発散するときの軌道の漸近的な振る舞いの理解が重要だが，区間演算を用いて軌道を精度保証付きで求めようとしても，区間の大きさが初期値鋭敏性により拡大することを防げず，長時間にわたる軌道の積分が本質的に不可能なのである．

よって，カオス的な力学系における計算機援用証明では，短時間の軌道に対する精度保証付き計算で得られた情報から，いかにして漸近的な情報を引き出すかがポイントとなる．そのための道具が，以下で解説する幾何学的モデルや有向グラフである．

2. ローレンツアトラクタ

カオス的な力学系として最も有名なものの1つとして，ローレンツ方程式

$$\dot{x} = -10x + 10y$$
$$\dot{y} = -xz + 28x - y$$
$$\dot{z} = xy - 8z/3$$

がある．その軌道は有名な2枚の羽根を持つストレ

図1　ローレンツアトラクタ

ンジアトラクタを描き，いかにも複雑な構造を持っているのだが，はたしてこれが本当にカオス的な力学系なのかどうか，長年未解決であった．複雑に見えても，実は単なる周期軌道であり，周期がうんと長いために一見複雑に見えているだけかもしれない．この「ローレンツアトラクタは真にカオス的か？」という問題は，ヒルベルトの23問題になぞらえてスメールが提出した「21世紀に人類が解決すべき数学の問題」のうちの第14番であったが，ちょうど世紀の変わり目の前後に，タッカーにより計算機を援用して解決された[2]．

定理（W. Tucker）　ローレンツ方程式は上のパラメータ値においてロバストストレンジアトラクタを持ち，その上に一意な SRB 測度が存在する．

紙面の制限により定理における用語の解説はできないが，これはすなわちローレンツアトラクタが真にカオス的な不変集合であることを意味する．

前節で述べたように，カオス的な系においては，長時間にわたり軌道を精度保証することは不可能であるため，タッカーが解析したのは微分方程式そのものというよりは，軌道がアトラクタの「羽根」を1周するときの振る舞いを記述するポアンカレ写像である．実は既に1970年代に，幾何学的ローレンツアトラクタと呼ばれる軌道が羽根を1周するときの様子を人工的に再現したモデルが構築されており，その数学的性質がよく研究されていた．特に幾何学的ローレンツアトラクタはカオス的であることが示されていた．自然現象に対する数理モデルのように，よくわからない微分方程式に対して，理解が可能なモデルを構築したわけである．タッカーが示したのは，本物のローレンツアトラクタが，幾何学的ローレンツアトラクタとある意味で同一視できる構造を持つという主張である．これにより，幾何学的ローレンツアトラクタと同じ性質が本物に対しても成立することが結論された．

3. 有向グラフを用いた表現

前節で述べたように，カオス的な力学系に対する計算機援用証明では，系の振る舞いを記述する幾何

学的なモデルを構築し，そのモデルが実際の力学系に含まれることを計算機援用証明で示すというのが基本的な指針となる．ここで問題になるのがモデルを構築する困難さである．ローレンツ方程式のように有名な力学系に対しては，多くの研究者が努力を惜しまずモデルの構築や改良を進めるが，一般の数理モデルに対しては，それは望めない．そこで，力学系の持つ幾何学的な構造を自動的に抽象化し，モデル化してくれるアルゴリズムが必要となる．この目的で用いられているのが，以下で解説する有向グラフである．

写像 $f : \mathbb{R}^n \to \mathbb{R}^n$ により与えられる力学系を考える．まずは相空間 $\mathbb{R}^n$ を n 次元長方形により分割する．各長方形 ω に対して，その f による像 $f(\omega)$ を知りたいが，正確に求めることは数値誤差で不可能であるため，区間演算などの精度保証付き計算により，真の像 $f(\omega)$ を内部に含む長方形 $F(\omega)$ を求める．

この $F(\omega)$ を，最初に定めた $\mathbb{R}^n$ の分割を用いて表現するため，$F(\omega)$ と交わる分割の要素を全て集めて $\mathcal{F}(\omega)$ とおく．実際の計算では $\mathbb{R}^n$ 全体ではなく，考えている領域 $N \subset \mathbb{R}^n$ 上で計算を実行すれば十分である．構成から $f(\omega) \subset \mathcal{F}(\omega)$ が数学的に厳密に成立することに注意する．

図 2　左：$\mathbb{R}^2$ の分割，右：ω と f による像 $f(\omega)$

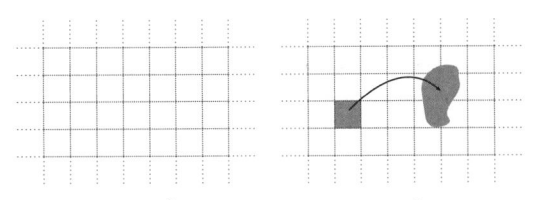

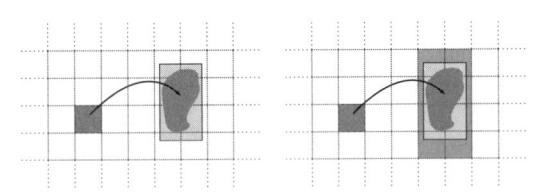

図 3　左：$F(\omega)$，右：$F(\omega)$ と交わる長方形の集合 $\mathcal{F}(\omega)$

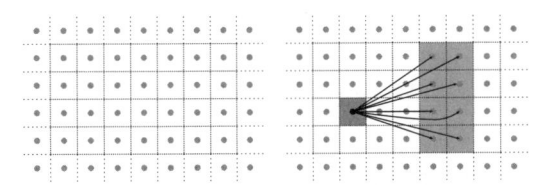

図 4　左：G の頂点，右：G の頂点 ω から出る辺

以上の構成をもとに力学系 f の情報を表現する有向グラフ G が構成できる．G の頂点は N に含まれる長方形 ω とし，頂点 ω からは $\mathcal{F}(\omega)$ に含まれる各長方形に対応する頂点に辺が出ていると定義する．

こうして得られた有向グラフ G は，f の挙動を模倣する一種の離散モデルと考えられる．いま $f(\omega) \subset \mathcal{F}(\omega)$ が厳密に成立しているので，f の全ての軌道に対して，それに対応する G の道が存在するという良い性質が成立する．すなわち，点 $x \in \omega$ の像 $f(x)$ が長方形 ω' に含まれるとすれば，グラフ G にはその事実を表現する ω から ω' への辺が必ず存在する．

グラフ G を用いて，考えている領域 N 内にずっと留まる点たちの集合 $\mathrm{Inv}\,(N,f)$（最大不変集合という）や領域 N に含まれる f の全ての周期点の集合 $\mathrm{Per}\,(N,f)$ も表現することができる．これらの集合のグラフでの対応物は，次のように定義される．

$\mathrm{Inv}\,G := \{v \in G \mid v$ を通る無限に長い道が存在する $\}$

$\mathrm{Scc}\,G := \{v \in G \mid v$ から自分自身への道が存在する $\}$

G の部分グラフ G' に対し，$v \in G'$ に対応する直方体を集めた $\mathbb{R}^n$ の部分集合を $|G'|$ と書く．

定理

$\mathrm{Per}(N,f) \subset |\mathrm{Scc}\,G|, \ \mathrm{Inv}(N,f) \subset |\mathrm{Inv}\,G|.$

この性質により，$\mathrm{Inv}(N,f)$ などの力学系として大事な集合を，グラフ理論を用いて外側から厳密に近似することができるのである．

このように，グラフによる表現は，もとの力学系の性質を良く反映したものとなっているが，グラフの性質からもとの力学系の性質を厳密に導き出すためには，グラフの性質を反映する軌道が実際に存在することを，ある種の不動点定理を用いて証明することが必要となる．コンレイ指数や計算ホモロジー理論といった道具がそのために開発されている．これらを含めたグラフ表現に関する詳細は [3] を参照されたい．　　　　　　　　　　　　　［荒井　迅］

参 考 文 献

[1] 國府寛司, 力学系の基礎, 朝倉書店, 2000.

[2] W. Tucker, A rigorous ODE solver and Smale's 14th Problem, *Found. Comput. Math.*, **2** (2002), 53–117.

[3] Z. Arai, H. Kokubu, P. Pilarczyk, Recent development in rigorous computational methods in dynamical systems, *Japan J. Indust. Appl. Math.*, **26** (2009), 393–417.

精度保証付き計算幾何

computational geometry with verified numerical computation

浮動小数点演算は有限精度に起因する誤差の問題を抱えており，時に計算科学に対するアルゴリズムの破綻を引き起こす．精度保証付き数値計算はこの問題の回避に有用であることを，計算幾何学の判定問題を例に紹介する．

1. 計算幾何学の判定問題

計算幾何学によく使用される問題の一例を挙げる．IEEE 754 規格が定める浮動小数点数の集合を $\mathbf{F}$ とする．平面上に 3 点 $A = (a_x, a_y)$, $B = (b_x, b_y)$, $C = (c_x, c_y) \in \mathbf{F}^2$ を与える．点 A から B へ向かう「向きがある直線」に対して点 C がその左側にあるか，右側にあるか，直線上にあるかを判定する問題を点と直線の位置関係の判定問題（2D orientation problem）という．これは線分と線分の交差判定，点とポリゴンの内外判定，点集合に対する凸包（convex hull）の計算などを行うアルゴリズムの基礎計算となる．

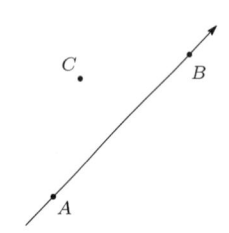

図 1　点と直線の位置関係の判定問題

この問題は次の行列式

$$D = \begin{vmatrix} a_x & a_y & 1 \\ b_x & b_y & 1 \\ c_x & c_y & 1 \end{vmatrix} \quad (1)$$

の符号で判定することができる．符号が正ならば，点 C は AB の左に，負なら右に，0 ならば直線上に存在する．$\mathrm{fl}(\cdots)$ は，括弧内の数式を IEEE 754 規格が定める浮動小数点演算で評価する表記法とする．ただし，$\mathrm{fl}(\cdots)$ 内ではオーバーフローとアンダーフローが発生しないと仮定する．例えば，式 (1) の行列式を浮動小数点演算を利用して

$$d := \mathrm{fl}((a_x - c_x)(b_y - c_y) - (a_y - c_y)(b_x - c_x)) \quad (2)$$

と計算できるが，有限桁計算に起因する誤差の問題があり，d の符号と D の符号は一致しないことがある．誤った行列式の符号が計算により得られた場合，プログラムの条件分岐の処理が逆になる矛盾が発生し，記号処理計算ではうまく機能するアルゴリズムが数値計算では破綻することが知られている．図 2 は逐次添加法による凸包を数値計算で求めた失敗例である．凸包は全ての頂点を包含する最小の凸多角形であるが，左下の点が包含されていないことがわかる．詳しい解説は [2] に記載されている．

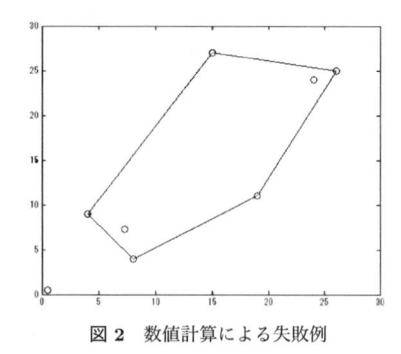

図 2　数値計算による失敗例

2. 浮動小数点フィルタ

計算幾何学における浮動小数点フィルタ（floating-point filter）とは，浮動小数点演算による結果の符号（正と負）が正しいことの十分条件を検証する方法である．最も簡単なフィルタは，式 (2) に現れる計算の符号を確認するだけのものである．具体的には，

$$\mathrm{fl}((a_x - c_x)(b_y - c_y)), \quad \mathrm{fl}((a_y - c_y)(b_x - c_x))$$

の符号が異なる場合は d の符号が正しい．これら 2 つの項の計算には誤差が発生するが，符号自体は正しいためである．

次は，事前誤差評価を用いたフィルタを紹介する．

$$|D - d| < err \quad (3)$$

となる $err \in \mathbf{F}$ を浮動小数点演算で求め，

$$|d| \geqq err \quad (4)$$

ならば d の符号は正しい．つまり，誤差があっても符号を変えるほどではないことを意味している．この err は，式 (2) に対しては

$$err := \mathrm{fl}((3\mathbf{u} + 16\mathbf{u}^2)(|(a_x - c_x)(b_y - c_y)| \\ + |(a_y - c_y)(b_x - c_x)|)) \quad (5)$$

と計算される．$\mathbf{u}$ は単位丸め誤差を表し，倍精度浮動小数点数（binary64）では $\mathbf{u} = 2^{-53}$ となる．式 (5) は浮動小数点数 a, b に対する性質

$$\mathrm{fl}(a + b) = (1 \pm \delta)(a + b), \quad |\delta| \leqq \mathbf{u}$$

を利用して導出されるもので，浮動小数点演算のみで計算可能な値となっている．導出について，詳しくは [1] に記載されている．ここで，浮動小数点フィルタは，近似計算に比べてほぼ同等の計算量であるために，問題が簡易なときには高速に精度保証ができることは重要である．

ただし，式 (4) が満たされていないならば，必ず計算値の符号を間違えているというわけではない．あくまで式 (3) は符号が正しいことの十分条件であることに注意する．

3. ロバスト計算

浮動小数点フィルタが計算値 d の符号を保証できなかった場合には，計算結果 d の符号が正しいかどうかを判断できないために，高精度計算を利用して正しい符号を求める．$a, b \in \mathbf{F}$ に対して

$$a + b = x + y, \quad x = \mathrm{fl}(a+b)$$

となる x と y を求めるアルゴリズムを **TS** として，

$[t_1, e_1] = \mathbf{TS}(a_x, -c_x)$, $[t_2, e_2] = \mathbf{TS}(b_y, -c_y)$,
$[t_3, e_3] = \mathbf{TS}(a_y, -c_y)$, $[t_4, e_4] = \mathbf{TS}(b_x, -c_x)$,

を実行する．これらを利用し

$$\begin{aligned}
D &= (t_1+e_1)(t_2+e_2) - (t_3+e_3)(t_4+e_4) \\
&= t_1 t_2 + t_1 e_2 + t_2 e_1 + e_1 e_2 \\
&\quad - t_3 t_4 - t_3 e_4 - t_4 e_3 - e_3 e_4
\end{aligned} \quad (6)$$

と式を変換する．ここで

$$a * b = x + y, \quad x = \mathrm{fl}(a*b) \quad (7)$$

となる x と y を求めるアルゴリズムを **TP** として，これを式 (6) にある 8 項にそれぞれ適用すると，式 (1) は 16 個の浮動小数点数の和と等価である．**TS** と **TP** についての詳細については［浮動小数点演算の無誤差変換］(p.450) を参照してほしい．もちろん，D の計算を

$$a_x b_y + a_y c_x + b_x c_y - a_x c_y - a_y b_x - b_y c_x$$

と行い，それぞれの積に **TP** を適用すれば，式 (1) は 12 個の浮動小数点数の和と等価である．浮動小数点数の和を正しく計算する方法については，非常に発展しており，さらにこの問題に特化された方法で総和の符号を正しく計算することができる．高精度計算を応用した [3] や [4] などの手法が現在までに提案されている．

計算幾何学の他の基礎判定問題として，点と円や，点と球面の内外判定などの問題もあるが，同様に行列式の符号を判定する問題である．それらの行列式を浮動小数点数の和に変換し，総和を正しく計算することで，浮動小数点演算のみで正しい判定を行うことができる．

4. 精度保証の応用

上記のように，点と直線の位置関係を精度保証により必ず正しく判定するアルゴリズムを，凸包に適用する．M1：包装法 (gift wrapping algorithm) と M2：逐次添加法（incremental algorithm）に必要な点と直線の位置関係の判定を，通常の浮動小数点演算で計算する場合と精度保証アルゴリズムを利用する場合に要する計算時間を比較してみる．ここで，精度保証アルゴリズムとは，最初に式 (4) を判定し，不等式が満たされなければ行列式を浮動小数点数の和に変換し，高精度な総和の計算法を適用することを意味する．ここでは [1] にある高精度計算法を利用した．表 1 は近似計算に対する精度保証の計算時間の比を表している．標準正規分布に対する擬似乱数を用いて n 点を生成し，凸包の頂点のリストを得るまでの計算時間を測定した．データを上記のように乱数で発生させた場合，点と直線の位置関係については式 (4) が満たされることが多い．よって，表 1 より近似計算の数割の手間を加えるだけで，結果が保証された．点と直線が近接するなどの問題が多く発生した場合には，その回数に応じて計算時間は増加する．

表 1　計算時間の比 (Intel Core i7-2620M, Intel C++ Compiler 12.1)

n	10^3	10^4	10^5	10^6	10^7
M1	1.17	1.27	1.12	1.10	1.22
M2	1.15	1.24	1.18	1.09	1.14

［尾崎克久］

参 考 文 献

[1] J.R. Shewchuk, Adaptive precision floating-point arithmetic and fast robust geometric predicates, *Discrete & Computational Geometry*, **18** (1997), 305–363.

[2] L. Kettner, K. Mehlhorn, S. Pion, S. Schirra, C. Yap, Classroom Examples of Robustness Problems in Geometric Computations, *Computational Geometry*, **40**(1) (2008), 61–78.

[3] K. Ozaki, T. Ogita, S.M. Rump, S. Oishi, Adaptive and Efficient Algorithm for 2D Orientation Problem, *Japan Journal of Industrial and Applied Mathematics (JJIAM)*, **26** (2009), 215–231.

[4] J. Demmel, Y. Hida, Fast and Accurate Floating Point Summation with Application to Computational Geometry, *Numerical Algorithms*, **37** (2004), 101–112.

偏微分方程式の数値解法

有限差分法　460
有限要素法　464
境界要素法　468
スペクトル法　470
有限体積法　472
代用電荷法　474
風上近似と特性曲線法　476
構造問題の数値解法　478
流れ問題の数値解法　480
電磁気問題の数値解法　482

有限差分法

finite difference method; FDM

1. はじめに

差分法と通常呼ばれている有限差分法 (FDM) は，微分方程式に含まれる微分をその極限をとる前の差分商で置き換えることによって差分方程式を導き，その差分解を求める手法である．微分を差分商で近似するという素朴な発想に基づいており，数値解法として古くから用いられ，今日でも流体問題などでは比較的よく使用されている．しかし，その扱う境界形状は矩形に限られることが多く，有限要素法に比べてその制限が強い．差分法の数学上の問題は，対象とする現象の再現性のみならず，差分解の構成に用いられたメッシュ幅 (mesh width) を零に収束させたとき，厳密解（元の微分方程式の解）へのその収束性をも保証することにある．

2. 境界値問題に対する差分法

最初に，空間 1 次元における 2 点境界値問題の数値解をどのように差分法を用いて得ることができるかについて述べる．区間 $(0,1)$ で既知関数 $f(x)$ と両端での値 α と β を与えたとき

$$-\frac{d^2u}{dx^2} = f, \quad x \in (0,1) \tag{1}$$

$$u(0) = \alpha, \quad u(1) = \beta \tag{2}$$

を満たす未知関数 $u(x)$ $(0 \leq x \leq 1)$ を求める．十分滑らかな $u(x)$ と $h > 0$ に対してテイラーの公式から

$$\frac{u(x+h)-u(x)}{h} = u'(x) + \frac{h}{2}u''(x+\theta_1 h) \tag{3}$$

$$\frac{u(x)-u(x-h)}{h} = u'(x) - \frac{h}{2}u''(x-\theta_2 h) \tag{4}$$

である．ただし，$u'(x) = (du/dx)(x)$, $u''(x) = (d^2u/dx^2)(x)$, $0 < \theta_1, \theta_2 < 1$. 式 (3) と式 (4) の左辺は $u'(x)$ の近似であり，それぞれ前進差分近似および後退差分近似と呼ぶ．さらに u の 3 階の導関数 $u^{(3)}$ を用いると

$$\frac{u(x+h)-u(x-h)}{2h} = u'(x) + \frac{h^2}{6}u^{(3)}(x+\theta_3 h)$$

$(|\theta_3| < 1)$ であり，この左辺は中心差分近似と呼ばれ，これも $u'(x)$ の近似に用いられる．同様にして $u''(x)$ の近似として

$$\frac{u(x+h) - 2u(x) + u(x-h)}{h^2}$$

$$= u''(x) + \frac{h^2}{12}u^{(4)}(x+\theta_4 h) \quad (|\theta_4| < 1) \tag{5}$$

が得られる．これらを用いて式 (1),(2) を近似する．そのためには，区間 $[0,1]$ を N 等分した格子間隔を $h = \frac{1}{N}$ とし，$x_i = ih$ $(i = 0,1,\ldots,N)$ とおく．x_i を格子点 (grid point) といい，式 (1),(2) の厳密解 u を近似する u_h は，各 x_i $(i = 1,2,\ldots,N-1)$ で次の差分方程式と境界条件

$$-\frac{u_{i+1}-2u_i+u_{i-1}}{h^2} = f_i \quad (1 \leq i \leq N-1) \tag{6}$$

$$u_0 = \alpha, \quad u_N = \beta \tag{7}$$

$(u_i \equiv u_h(x_i), f_i \equiv f(x_i))$ を満たす格子点関数 (grid function) として求める．有限差分法または単に差分法とは，このように u' に対する前進差分，後退差分，中心差分および u'' に対する中心差分 (式 (5) の左辺) で連続問題 (1),(2) を近似し，離散問題 (6),(7) に帰着させる方法をいう．式 (6),(7) は $(N-1)$ 元の連立 1 次方程式 $AU = B + h^2 F$ で表される．ただし，

$$A = \begin{pmatrix} 2 & -1 & & & & \\ -1 & 2 & -1 & & & \\ & & \cdot & & & \\ & & & \cdot & & \\ & & & -1 & 2 & -1 \\ & & & & -1 & 2 \end{pmatrix}$$

$$U = (u_1 \; u_2 \; \cdots \; u_{N-1})^T,$$
$$F = (f_1 \; f_2 \; \cdots \; f_{N-1})^T$$
$$B = (\alpha \; 0 \; \cdots \; 0 \; \beta)^T$$

である．この問題の解 u_h の一意可解性は，帰着されたこの連立 1 次方程式の係数行列 A が既約優対角行列であること (A の正則性が従う) から導かれる．または，$[0,1]$ の格子点上の式 (6) の左辺の差分作用素に関する最大値の原理によって，$f = 0$, $\alpha = \beta = 0$ のとき $u_h = 0$ しか解を持たないことからも導かれる．

次に，空間 2 次元の場合のポアソン方程式の境界値問題に対する近似法について説明しよう[4]．簡単のために，平面上の矩形領域を $\Omega \equiv (0,1) \times (0,1)$, Γ をその境界，$f : \Omega \to \mathbf{R}$ と $g : \Gamma \to \mathbf{R}$ を与えられた関数とし，

$$-\Delta u = f, \quad x \in \Omega \tag{8}$$

$$u = g, \quad x \in \Gamma \tag{9}$$

を満たす関数 $u : \Omega \to \mathbf{R}$ を求めるディリクレ問題を考える．ただし，$x = (x_1, x_2)$ であり，Δ はラプラス作用素 $\Delta = \partial^2/\partial x_1^2 + \partial^2/\partial x_2^2$ である．まず，$\Omega \cup \Gamma$ をメッシュ幅 $h = 1/N$ の格子 (lattice; grid; net) で覆う．ここで N は十分大きい自然数である．格子点 $P_{i,j} = (ih, jh)$ のうち，Ω に含まれるものの全体を Ω_h で表し，Γ 上にあるものの全体を Γ_h で表す．厳密解 u を近似する u_h は $\Omega_h \cup \Gamma_h$ 上で定

義された格子点関数であり，差分方程式および境界条件は

$$-(\Delta_h u_h)(P_{i,j}) = f(P_{i,j}), \quad P_{i,j} \in \Omega_h \quad (10)$$
$$u_h(P_{i,j}) = g(P_{i,j}), \quad P_{i,j} \in \Gamma_h \quad (11)$$

によってそれぞれ定められ，式 (8),(9) に対応する離散問題が得られる．ここで Δ_h はラプラス作用素 Δ を近似する離散ラプラス作用素

$$(\Delta_h u_h)(P_{ij})$$
$$\equiv \frac{u_{i+1,j} + u_{i-1,j} + u_{i,j+1} + u_{i,j-1} - 4u_{i,j}}{h^2}$$
$$(12)$$

である．この問題は $(N-1) \times (N-1)$ 個の未知数 u_{ij} $(i,j = 1, \ldots, N-1)$ に関する連立 1 次方程式に帰着され，空間 1 次元の場合と同様にして解 u_h の一意可解性も導かれる．

$\varphi \in C^{\ell+2}(\bar{\Omega})$ $(\ell = 1, 2)$ に対して次式が成り立つ．

$$\max\{|(\Delta_h \varphi - \Delta \varphi)(P_{i,j})|; \ P_{i,j} \in \Omega_h\} = O(h^\ell).$$

Δ_h は Δ をこのように近似していることから，適合性 (consistency) の条件を満たしているという．また，近似解 u_h がデータ f, g の最大値の定数倍で評価できることから，先の離散問題は安定性 (stability) の条件を満たすという．適合性と安定性から $C^{\ell+2}(\bar{\Omega})$ $(\ell = 1, 2)$ に属する厳密解 u に対して次の収束性 (convergence) が示される．

$$\max\{|u_h - u|; \ P_{i,j} \in \Omega_h\} = O(h^\ell).$$

空間 1 次元問題の場合にも同様に適合性が定義され，安定性と収束性も得られる．

高精度な差分法として Δ を $O(h^4)$ で近似するためには通常 $u_{i,j}$ $(i = i, i\pm 1, i\pm 2)$, $u_{i,j}$ $(j = j\pm 1, j\pm 2)$ の 9 点が用いられる．しかし $u_{i\pm 2, j}$, $u_{i, j\pm 2}$ のいずれかが境界付近ではその外になり，近似ができない．これを避けるために，$u_{i,j}$ $(i = i, i\pm 1, \ j = j, j\pm 1)$ の 9 点と $f_{i,j}$ $(i = i, i\pm 1)$, $f_{i,j}$ $(j = j\pm 1)$ を用いた差分公式が考案され，コンパクト 9 点公式 (compact nine-point formula) と呼ばれている[1]．

3. 発展方程式に対する差分法

この節では前節の境界値問題とは異なった発展方程式，すなわち時間とともに状態が変化していく現象を記述する偏微分方程式に対する差分法について述べる．時間変化を伴うので，差分法では各時間ステップ k (time step) ごとに計算を逐次進めていくことになる．すなわち，差分作用素を $S_{k,h}$ とすると，$t = mk \leqq T$ (m は整数) での近似解 u_h^m は

$$u_h^{n+1} = S_{k,h} u_h^n \quad (n = 0, 1, \ldots, m-1) \quad (13)$$

で表される．このとき，差分法の安定性は作用素のノルム $\|S_{k,h}^m\|$ $(0 \leqq mk \leqq T)$ の有界性として定義され，任意の滑らかな厳密解に対して

$$\|u(\cdot, t+k) - S_{k,h} u(\cdot, t)\| = o(k) \quad (14)$$

が成り立つとき，差分法 (13) は適合性の条件を満たすという．

偏微分方程式を含む問題において，
 i) 解の存在と一意性
と，初期条件や境界条件として与えられる
 ii) データに対する解の連続性
が備わっているとき，この問題はアダマールの意味で適切 (well posed) という．適切な線形初期値問題においては，適合条件を満たしている差分法の安定性とその差分解の収束性とが同値であるというラックスの同等定理が基本となる[2],[5],[6]．以下，扱う偏微分方程式については全て適切な問題である．

3.1 放物型方程式に対する差分法

放物型方程式の 1 つである拡散方程式に対する初期境界値問題の差分法について述べよう[4]．

$$u_t = \Delta u, \quad t \geqq 0, \quad x \in \Omega \quad (15)$$
$$u(x, 0) = g(x), \quad x \in \Omega \quad (16)$$
$$u(x, t) = 0, \quad t \geqq 0, \quad x \in \partial \Omega \quad (17)$$

空間 1 次元で $\Omega = (0, 1)$ の場合を考える．$h = 1/N$ (N は正整数) とおく．$(x, t) = (ih, mk)$ での差分近似を $u_h^m(x)$ で表すとき

$$(u_i^{n+1} - u_i^n)/k = \delta_x^2 u_i^n$$
$$(1 \leqq i \leqq N-1, \ n = 0, 1, \ldots, m-1) \quad (18)$$

の形の前進オイラー法 (forward Euler method)，この右辺を $\delta_x^2 u_i^{n+1}$ で置き換えた後退オイラー法 (backward Euler method)，それらの平均 $(\delta_x^2 u_i^n + \delta_x^2 u_i^{n+1})/2$ で置き換えたクランク–ニコルソン法 (Crank–Nicolson method) がある．ただし，$\delta_x^2 u_i = (u_{i+1} - 2u_i + u_{i-1})/h^2$ である．式 (16) から $u_i^0 = g(ih)$ とおき，式 (17) から $u_0^n = u_N^n = 0$ とおく．式 (18) は u_i^n を用いて u_i^{n+1} を与える陽解法 (explicit method)

$$u_i^{n+1} = \lambda u_{i+1}^n + (1-2\lambda) u_i^n + \lambda u_{i-1}^n \quad (\lambda \equiv k/h^2)$$

に書き直される．L^∞ ノルムのもとで式 (18) は適合性の条件を満たし，さらに $\lambda \leqq 1/2$ のとき

$$\max_i |u_i^{n+1}| \leqq \lambda \max_i |u_{i+1}^n|$$
$$\quad + (1-2\lambda) \max_i |u_i^n| + \lambda \max_i |u_{i-1}^n|$$
$$= \max_i |u_i^n| \leqq \max_{x \in \Omega} |g(x)| \quad (n = 0, 1, 2, \ldots)$$

が成り立つことから安定になり，$k, h \downarrow 0$ としたとき収束性が得られる．後退オイラー法とクランク–ニコルソン法は，u_i^{n+1} に関する連立 1 次方程式を解かなくてはならないので陰解法 (implicit method) と呼

ばれ，L^2 ノルムのもとで λ について無条件に安定であり，かつ収束性を持つ．クランク–ニコルソン法は k について 2 次の精度であり，他の前進オイラー法や後退オイラー法よりも精度が高い．$\Omega \subset \mathbf{R}^2$ のときも，離散ラプラス作用素 (12) を用いて $\lambda \leqq 1/4$ のときに安定な前進オイラー法，無条件に安定な後退オイラー法とクランク–ニコルソン法が構成できる．なお，$\mathbf{R}^1$ または $\mathbf{R}^2$ 全体での初期値問題 (15),(16) については前進オイラー法が適用でき，それぞれ $\lambda \leqq 1/2$ または $\lambda \leqq 1/4$ のとき安定である．

3.2 双曲型方程式に対する差分法

双曲型方程式の 1 つである波動方程式に対する初期値問題の差分法について述べよう [2],[5],[6]．

$$v_{tt} = c^2 v_{xx}, \quad -\infty < x < \infty, \ c > 0 \quad (19)$$
$$v(x,0) = \phi(x), \quad -\infty < x < \infty \quad (20)$$
$$v_t(x,0) = \psi(x), \quad -\infty < x < \infty \quad (21)$$

式 (19)〜(21) に対する差分法は，以下の形で与えられる．

$$\frac{v_h^{n+1}(x) - 2v_h^n(x) + v_h^{n-1}(x)}{k^2}$$
$$= c^2 \frac{v_h^n(x+h) - 2v_h^n(x) + v_h^n(x-h)}{h^2} \quad (22)$$
$$v_h^0(x) = \phi(x) \quad (23)$$
$$\frac{v_h^1(x) - v_h^{-1}(x)}{2k} = \psi(x) \quad (24)$$

ただし $1 \leqq n \leqq m-1$ ($t = mk$) であり，計算には，式 (22) ($t=0$ すなわち $n=0$ のときにも成り立つと仮定) と式 (24) とに便宜的に設けた $v_h^{-1}(x)$ を消去して得られる $v_h^1(x)$ を用いる．これまでの表記 v_i^n と異なり，$v_h^n(x)$ は $\mathbf{R}^1$ 全体で定められるものとして考える．それはこれから安定性の議論にフーリエ変換を用いるからである．計算は $x = ih$ ($i = 0, \pm 1, \pm 2, \dots$) の離散点で行うだけで十分である．差分法 (22) の安定性の解析には，$u_h^n(x) = (v_h^n(x) - v_h^{n-1}(x))/k$, $w_h^n(x) = c(v_h^n(x+h) - v_h^n(x))/h$ と置き換えて，後述する 1 階の線形双曲系に対する差分法の安定性の議論を用いる．その結果 $\lambda = k/h$ とおくと，$0 < \lambda < 1/c$ のとき安定性が得られる．

式 (19) の厳密解は $v(t,x) = F(x+ct) + G(x-ct)$ (F, G は 2 回微分可能な任意関数) で表されることから，λ に対する条件は

差分解の伝播速度 > 厳密解の伝播速度 (25)

を意味している．なお，差分法が安定であるための必要条件は $0 < \lambda \leqq 1/c$ であり，CFL 条件 (Courant–Friedrichs–Lewy condition) と呼ばれる．

波動方程式 (19) は $u = (v_t, v_x)^T$ とおくと 1 階の線形双曲系に帰着されるので，一般の初期値問題

$$u_t = Au_x, \quad u(x,0) = u^0(x), \quad x \in \mathbf{R}^1 \quad (26)$$

に対する差分法を考察しよう．A は N 次正方実行列とする．最も簡単な差分法はフリードリクスのスキーム (Friedrichs' scheme) であり，$t = mk$ での近似解 $u_h^m(x)$ は

$$\frac{1}{k}\left\{u_h^{n+1}(x) - \frac{u_h^n(x+h) + u_h^n(x-h)}{2}\right\}$$
$$= A \frac{u_h^n(x+h) - u_h^n(x-h)}{2h} \quad (0 \leqq n \leqq m-1)$$

と $u_h^0(x) = u^0(x)$ によって $\mathbf{R}^1$ 全体で定められる．安定な差分解を得るために，時間差分の項で $u_h^n(x)$ に代わり $(1/2)(u_h^n(x+h) + u_h^n(x-h))$ が，人為的散逸効果 $(h^2/2k)(\partial^2 u/\partial x^2)$ として用いられている．

安定性について以下に述べよう．$\lambda = k/h$ のときフリードリクスのスキームは

$$S_{k,h} = \frac{1}{2}(I + \lambda A)T_h^1 + \frac{1}{2}(I - \lambda A)T_h^{-1}$$

とおくと式 (13) の形で表され，適合性の条件を満たす．ただし，$T_h^{\pm 1}u_h^n(x) \equiv u_h^n(x \pm h)$ である．L^2 ノルムを採用したときは，$S_{k,h}$ のフーリエ変換から得られる表象 (symbol) $\tilde{S}_{k,h}(\xi)$ が一様対角化可能でかつフォン・ノイマン (von Neumann) 条件

$$\rho(\tilde{S}_{k,h}(\xi)) \leqq 1 + Ck$$

($\rho(\cdot)$ はスペクトル半径，C は定数) を満たせば安定である．このことからフリードリクスのスキームは，その表象が

$$\tilde{S}_{k,h}(\xi) = \frac{1}{2}(I + \lambda A)e^{ih\xi} + \frac{1}{2}(I - \lambda A)e^{-ih\xi}$$
$$= I\cos(h\xi) + i\lambda A\sin(h\xi)$$

で表され，式 (26) が強双曲系 (A の固有値が全て実数で，かつ A は対角化可能) のとき $\lambda \leqq 1/\rho(A)$ のもとでフォン・ノイマン条件を満たすことから，安定になり収束性を持つ．λ に対する条件は CFL 条件に一致する．このほかにフリードリクスのスキームより高精度なラックス–ウェンドロフのスキーム (Lax–Wendroff scheme) は

$$S_{k,h} = I + \frac{\lambda}{2}A(T_h^1 - T_h^{-1}) + \frac{\lambda^2}{2}A^2(T_h^1 - 2I + T_h^{-1})$$

で与えられ，A が実対称行列のとき $\lambda \leqq 1/\rho(A)$ のもとで安定である．

4. 非線形方程式に対する差分法

スカラー保存則で与えられる非線形双曲型方程式

$$u_t + f(u)_x = 0, \quad u(x,0) = u^0(x), \quad x \in \mathbf{R}^1 \quad (27)$$

に対する差分法を述べる．f は滑らかとする．解 u には初期値 u^0 が滑らかであっても有限時間内に不連続性 (衝撃波; shock waves) の発生が観察され，

式 (27) は弱解（元の偏微分方程式を積分の形に書き換えた式を満たす解）の意味でしか満たされない．弱解の一意性のためにエントロピー条件が要請される．以下 4 つの差分法を紹介しよう[3]．

1) フリードリクス–ラックスのスキーム
   (Friedrichs–Lax scheme; F-L スキーム)：
   $$\{u_i^{n+1} - (1/2)(u_{i+1}^n + u_{i-1}^n)\}/k$$
   $$+ \{f(u_{i+1}^n) - f(u_{i-1}^n)\}/(2h) = 0$$

2) 風上スキーム（上流スキームともいう）
   (upwind scheme)：
   $$(u_i^{n+1} - u_i^n)/k$$
   $$+ \begin{cases} f'(u_i^n)(u_i^n - u_{i-1}^n)/h = 0 \ (f'(u_i^n) \geqq 0 \text{のとき}) \\ f'(u_i^n)(u_{i+1}^n - u_i^n)/h = 0 \ (f'(u_i^n) < 0 \text{のとき}) \end{cases}$$

3) ゴドゥノフのスキーム
   (Godunov's scheme; G スキーム)：
   $$(u_i^{n+1} - u_i^n)/k$$
   $$+\{F(u_i^n, u_{i+1}^n) - F(u_{i-1}^n, u_i^n)\}/h = 0$$
   $$F(u,v) = \begin{cases} \min\{f(s); u \leqq s \leqq v\} \ (u \leqq v \text{のとき}) \\ \max\{f(s); v \leqq s \leqq u\} \ (v \leqq u \text{のとき}) \end{cases}$$

4) エンクヴィスト–オッシャーのスキーム
   (Engquist–Osher scheme; E-O スキーム)：
   $$(u_i^{n+1} - u_i^n)/k + \{f^+(u_i^n) - f^+(u_{i-1}^n)\}/h$$
   $$+\{f^-(u_{i+1}^n) - f^-(u_i^n)\}/h = 0$$
   $$f^+(u) = \int_0^u \max(0, f'(\xi))d\xi$$
   $$f^-(u) = \int_0^u \min(0, f'(\xi))d\xi$$

これらのスキームの中で F-L スキーム，G スキームと E-O スキームは，CFL 条件 $Mk \leqq h$ ($M = \max_{|\xi| \leqq \|u^0\|_{L^\infty}} |f'(\xi)|$) のもとで差分解がエントロピー条件を満たす弱解に収束することが証明される．F-L スキームは差分解を滑らかにする傾向が強いため，不連続性の現れる遷移領域が広がっていくという欠点があるが，G スキームではこれが改良されている．E-O スキームは G スキームよりも簡潔でほぼ同じ性質を持ち，さらに解の不連続性をよりシャープに再現する．風上スキームは，同じ CFL 条件のもとで安定になるが，厳密解に収束しない場合がある．この結果は，線形問題では安定性が収束性を保証していたが，非線形の場合は必ずしもそうでないことを示している．また，差分スキームを初めて構成するとき，F-L スキームにおいては $(1/2)(u_{i+1}^n + u_{i-1}^n)$ を u_i^n に置き換えた中心差分スキームが考えやすい．しかし，このスキームで数値計算を行うと，数値解はどのように k, h をとっても安定ではなく，厳密解から離れていく．このような現象を克服するために考案されたのが F-L スキームである．式 (27) をシステムにした双曲系に対しては，グリムのスキーム (Glimm's scheme) がある．

$$f(u) = \frac{u^2}{2}, \quad u(x,0) = \begin{cases} 1 & (x \leqq 0) \\ 0 & (x > 0) \end{cases}$$

とおいたときの式 (27) の $t = m/2$ ($m = 0, 1, \ldots, 10$) での不連続な厳密解と $h = 1/64$ のときの数値例を以下に示す．

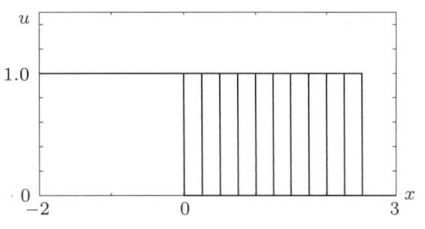

図 1　厳密解の左から右への伝播

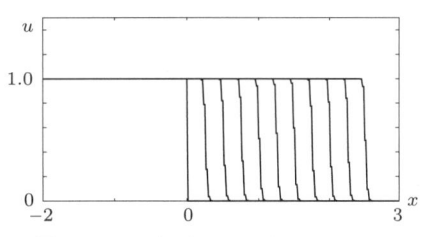

図 2　フリードリクス–ラックスのスキーム

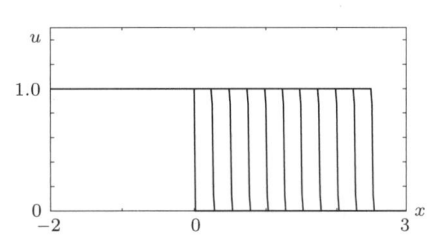

図 3　エンクヴィスト–オッシャーのスキーム

［友枝 謙二］

参 考 文 献

[1] W. Hackbush, *Elliptic Differential Equations, Theory and Numerical Treatment*, Springer-Verlag, 1992.
[2] R.D. Richtmyer, K.W. Morton, *Difference methods for initial-value problems*, 2nd edition, Interscience, 1967.
[3] 田端正久, 離散モデルと連続モデル, 数理科学, No.238 (1983), 24–30.
[4] 田端正久, 偏微分方程式の数値解析, 岩波書店, 2010.
[5] 高見穎郎, 河村哲也, 偏微分方程式の差分解法 (東京大学基礎工学双書), 東京大学出版会, 1994.
[6] 山口昌哉, 野木達夫, 数値解析の基礎, 共立出版, 1969.

有限要素法

finite element method; FEM

有限要素法 (FEM) は，科学・技術の諸分野において現在最も広く用いられている偏微分方程式の数値解法であり，差分法と並ぶ代表的な汎用解法である．歴史的には差分法より新しい解法である．今日，三角形1次要素と呼ばれる有限要素は，1943年のクーラント（Courant）の論文（*Bull. Amer. Math. Soc.*, 49）に見つけることができるが，このとき，計算機はまだ出現しておらず，この方法は普及しなかった．その後，1956年に工学者ターナーらによって再発見され（Turner–Clough–Martin–Topp., *J. Aero. Sci.*, 23），計算機の発達と結び付いて広範に使われるようになった．今では，その数学的基礎理論も関数空間論と結び付いて整然としたものになっている．

1. ポアソン方程式と弱形式

ポアソン（Poisson）方程式の境界値問題を例にとり，有限要素近似の概要を述べる．Ω は平面上の有界領域であり，その境界 Γ は Γ_0 と Γ_1 とに分かれている．meas $\Gamma_0 > 0$ とする．$f_0 : \Omega \to \mathbf{R}$，$g : \Gamma_1 \to \mathbf{R}$ が与えられたとき，

$$-\Delta u = f_0 \quad (x \in \Omega) \qquad (1a)$$
$$\frac{\partial u}{\partial n} = g \quad (x \in \Gamma_1) \qquad (1b)$$
$$u = 0 \quad (x \in \Gamma_0) \qquad (1c)$$

を満たす関数 $u : \Omega \to \mathbf{R}$ を見つけるディリクレ（Dirichlet）問題を考える．ここで，$x = (x_1, x_2)^T$，Δ はラプラス（Laplace）作用素

$$\Delta \equiv \frac{\partial^2}{\partial x_1^2} + \frac{\partial^2}{\partial x_2^2} \qquad (2)$$

であり，$n = (n_1, n_2)^T$ は Γ_1 での外向き単位法線ベクトル，$\partial/\partial n$ は法線微分

$$\frac{\partial}{\partial n} = n \cdot \nabla, \quad \nabla \equiv \left(\frac{\partial}{\partial x_1}, \frac{\partial}{\partial x_2}\right)^T$$

である．有限要素法では問題 (1) を直接解くのでなく，次の同値な式に変形してから解く．

ソボレフ空間

$$L^2(\Omega) = \{v : \Omega \to \mathbf{R}; \|v\|_{L^2(\Omega)} < +\infty\} \quad (3)$$
$$\|v\|_{L^2(\Omega)} = \left\{\int_\Omega v^2 \, dx\right\}^{1/2}$$
$$H^k(\Omega) = \{v; D^\alpha v \in L^2(\Omega), |\forall \alpha| \leqq k\} \quad (4)$$
$$D^\alpha v = \frac{\partial^{|\alpha|} v}{\partial x_1^{\alpha_1} \partial x_2^{\alpha_2}}, \quad |\alpha| = \alpha_1 + \alpha_2$$
$$\|v\|_{H^k(\Omega)} = \left\{\sum_{|\alpha| \leqq k} \|D^\alpha v\|_{L^2(\Omega)}^2\right\}^{1/2}$$

を用意する．ここで，k, α_i は非負の整数である．

$$V = \{v \in H^1(\Omega); v(x) = 0, x \in \Gamma_0\} \quad (5)$$

とおく．$v \in V$ を任意の関数とする．式 (1a) の両辺に v を掛けて Ω で積分し，ガウス–グリーン（Gauss–Green）の公式を用いると

$$\int_\Omega \nabla u \cdot \nabla v \, dx - \int_\Gamma \frac{\partial u}{\partial n} v \, ds = \int_\Omega f_0 v \, dx$$

が得られる．境界条件 (1b) と $v \in V$ から

$$\int_\Omega \nabla u \cdot \nabla v \, dx = \int_\Omega f_0 v \, dx + \int_{\Gamma_1} g v \, ds \quad (6)$$

となる．式 (6) を問題 (1) の弱形式（weak form）という．式 (6) の左辺を $a(u, v)$，右辺を $\langle f, v \rangle$ とおくと，

$$a(u, v) = \langle f, v \rangle \quad (\forall v \in V) \qquad (7)$$

を満たす $u \in V$ を求める変分問題（variational problem）が得られる．

関数空間 V は無限次元なので，式 (7) は無限個の拘束条件を満たす関数 u を無限次元関数空間から見つけることを意味しており，計算可能でない．無限次元空間 V を有限次元空間 V_h で置き換えれば，計算可能になる．一般に，この手法をガレルキン法（Galerkin method）といい，特に a が対称

$$a(v, u) = a(u, v) \qquad (8)$$

のときは，リッツ–ガレルキン法（Ritz–Galerkin method）という．V_h は有限次元なので，V_h に属す関数はある基底関数の1次結合で表現できる．有限要素法はガレルキン法の一種であるが，基底関数のとり方に特徴がある．

式 (6) が問題 (1) の弱形式と呼ばれるのは，式 (1) には2階微分が現れているが，式 (6) には1階微分しか現れないからである．境界条件のうち，式 (1b) はノイマン（Neumann）境界条件または自然境界条件，式 (1c) はディリクレ境界条件または本質的境界条件と呼ばれる．変分問題では，本質的境界条件は関数空間 V に課せられるが，自然境界条件は変分等式 (7) の右辺に現れる．式 (6) の有限次元近似である有限要素法でも，これらの特徴は維持される．

2. 有限要素近似

有限要素近似の具体例を示そう．図1（上）はある領域 Ω を三角形分割したものである．各三角形は要素と呼ばれる．各要素 K_j は閉三角形で，一連の要素番号 $j = 1, \ldots, N_e$ を付ける．図1では，$N_e = 34$ 個の要素がある．最大要素直径を h で表し，要素分割を

$$\mathcal{T}_h = \{K_j; j = 1, \ldots, N_e\}$$

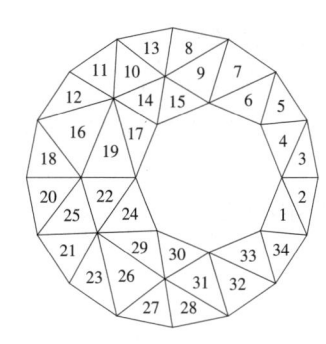

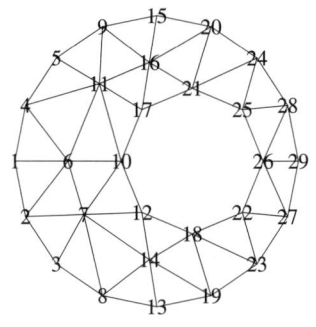

図1 領域の三角形分割：(上) 要素番号，(下) 節点番号[1]

と表現する．メッシュと呼ばれることもある．全ての要素の和の内点集合

$$\Omega_h = \text{int} \bigcup_{j=1}^{N_e} K_j$$

は多角形領域であり，一般には Ω と異なるが，ここでは $\Omega_h = \Omega$，すなわち Ω が多角形領域の場合を考える．三角形の頂点 P_i を節点と呼び，一連の節点番号 $i = 1, \ldots, N_p$ を付ける．図1（下）では，$N_p = 29$ 個の節点がある．

図1で Γ_1 は内側の境界，Γ_0 は外側の境界とする．$\Omega \cup \Gamma_1$ にある節点の総数を N とする．図では $N = 13$ である．各節点 P_i で，関数 $\phi_i : \bar{\Omega} \to \mathbf{R}$ を
 (1) $\phi_i(P_j) = \delta_{ij} \ (\forall j)$
 (2) ϕ_i は各要素上1次式

として定める．図2に ϕ_6 を示す．全ての i について $\phi_i \in H^1(\Omega)$ が成立する[1]．関数 ϕ_i を節点 P_i での基底関数という．関数空間 X_h, V_h を

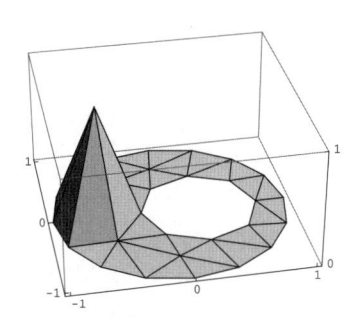

図2 基底関数 ϕ_6 [1]

$$X_h = [\phi_i; \forall i], \quad V_h = [\phi_i; P_i \in \Omega \cup \Gamma_1]$$

で定義する．ここで，$[\phi_i]$ は条件を満たす関数の線形結合の全体を示している．これらの空間は有限次元で，

$$\dim X_h = N_p, \quad \dim V_h = N$$

である．

定義1 線形作用素 $\Pi_h : C(\bar{\Omega}) \to X_h$，

$$(\Pi_h v)(P_i) = v(P_i) \quad (\forall P_i \in \bar{\Omega}, \ v \in C(\bar{\Omega})) \quad (9)$$

を補間作用素という．

V を有限次元空間 V_h で置き換えて，問題 (7) の有限要素近似問題，

$$a(u_h, v_h) = \langle f, v_h \rangle \quad (\forall v_h \in V_h) \quad (10)$$

を満たす $u_h \in V_h$ を求める問題が得られる．V_h に属している関数 u_h は，未定係数 $u_j \in \mathbf{R}$ を用いて

$$u_h = \sum_{P_j \in \Omega \cup \Gamma_1} u_j \phi_j \quad (11)$$

と表現できる．$\{\phi_i; P_i \in \Omega \cup \Gamma_1\}$ は V_h の基底なので，問題 (10) は，N ベクトル $\{u_j; P_j \in \Omega \cup \Gamma_1\}$ を未知数とする N 元連立1次方程式

$$a(u_h, \phi_i) = \langle f, \phi_i \rangle \quad (\forall P_i \in \Omega \cup \Gamma_1) \quad (12)$$

に帰着する．式 (12) を解いて u_j を求め，式 (11) に代入して有限要素解 u_h を得る．

有限要素法の基底関数 ϕ_i は台

$$\text{supp}[\phi_i] = \overline{\{x \in \Omega; \ \phi_i(x) \neq 0\}}$$

が局所的であるという特徴を持っている．実際，図1, 2 から関数 ϕ_6 の台は

$$\text{supp}[\phi_6] = K_{16} \cup K_{18} \cup K_{19} \cup K_{20} \cup K_{22} \cup K_{25}$$

であることがわかる．したがって，節点 P_i と P_j が隣接していなければ

$$a(\phi_j, \phi_i) = 0$$

となり，連立1次方程式 (12) の係数行列は疎になる．この性質により，連立1次方程式 (12) のサイズが大きくなっても非零成分は節点数の数倍に留まるので，大規模数値計算の実行が可能になる．

注意1 ここに用いた有限要素は，三角形1次要素と呼ばれる．この要素では，節点位置と三角形の頂点は一致したが，常にそうとは限らない．三角形2次要素では頂点以外に新たに辺の中点が節点として加わる．もっと高次の要素もある．要素は三角形に限らず四角形要素もある．3次元領域で三角形1次要素に対応するのは4面体1次要素であり，四角形要素に対応するのは6面体要素である．

注意2 多角形以外の領域では，$\Omega_h \neq \Omega$ である．さらに，一般の関数 f_0, g に対して厳密な積分を計

算することはできないので，式 (10) 右辺は補間作用素 Π_h を用いて
$$\langle f_h, v_h \rangle = \int_{\Omega_h} \Pi_h f_0 v_h \, dx + \int_{\Gamma_{h1}} \Pi_h g v_h \, ds$$
で置き換えられる．これらの積分は要素ごとに計算できる．この置き換えをしても有限要素解の精度は失われない[1]．

3. 最小型変分原理

有限要素法の理論的背景となっているのは，変分原理である．ポアソン方程式を含む広い枠組みで，抽象的変分問題を考える．V を実ヒルベルト空間とし，そのノルムを $\|\cdot\|_V$ で表す．

定義 2 V から $\mathbf{R}$ への写像 f が V 上の 1 次形式であるとは，
$$\langle f, c_1 v_1 + c_2 v_2 \rangle = c_1 \langle f, v_1 \rangle + c_2 \langle f, v_2 \rangle$$
$$(c_1, c_2 \in \mathbf{R}, \ v_1, v_2 \in V)$$
が成立するときをいう．これは線形汎関数とも呼ばれる．さらに，
$$\sup_{v \neq 0} \frac{\langle f, v \rangle}{\|v\|} < +\infty \tag{13}$$
のとき，f は連続であるという．

定義 3 $V \times V$ から $\mathbf{R}$ への写像 a が $V \times V$ 上の双 1 次形式であるとは，
$$a(c_1 u_1 + c_2 u_2, v) = c_1 a(u_1, v) + c_2 a(u_2, v)$$
$$(c_1, c_2 \in \mathbf{R}, \ u_1, u_2, v \in V)$$
$$a(u, c_1 v_1 + c_2 v_2) = c_1 a(u, v_1) + c_2 a(u, v_2)$$
$$(c_1, c_2 \in \mathbf{R}, \ u, v_1, v_2 \in V)$$
が成立するときをいう．さらに，
$$\sup_{u, v \neq 0} \frac{a(u, v)}{\|u\| \|v\|} < +\infty \tag{14}$$
のとき，a は連続であるという．

a を $V \times V$ 上の連続双 1 次形式，f を V 上の連続 1 次形式とし，
$$a(u, v) = \langle f, v \rangle \quad (\forall v \in V) \tag{15}$$
を満たす $u \in V$ を求める抽象的変分問題を考える．

定義 4 a が V で強圧的 (coercive) であるとは，
$$\alpha \equiv \inf_{v \neq 0} \frac{a(v, v)}{\|v\|_V^2} > 0$$
であるときをいう．

次の定理はラックス–ミルグラム (Lax–Milgram) の定理と呼ばれる．

定理 1 連続双 1 次形式 a は強圧的であるとする．任意の連続 1 次形式 f に対して，問題 (15) の解は存在して一意であり，
$$\|u\|_V \leqq \frac{1}{\alpha} \|f\|_{V'}$$
が成立する．ここで，$\|f\|_{V'}$ は式 (13) 左辺で定義される．

V 上の汎関数 J を
$$J[v] = \frac{1}{2} a(v, v) - \langle f, v \rangle \tag{16}$$
で定義する．
$$J[u] \leqq J[v] \quad (\forall v \in V) \tag{17}$$
が成り立つ $u \in V$ を見つける最小化問題 (minimization problem) を考える．

定義 5 双 1 次形式 a が対称であるとは，
$$a(v, u) = a(u, v) \quad (\forall u, v \in V)$$
のときをいう．

定義 6 双 1 次形式 a が半正定値であるとは，
$$a(v, v) \geqq 0 \quad (\forall v \in V)$$
のときをいう．

定理 2 双 1 次形式 a が対称かつ半正定値なら，問題 (15) の解と問題 (17) の解は一致する．

これを最小型変分原理 (variational principle of minimization type) という．

V_h を V の有限次元ヒルベルト空間とする．抽象的変分問題 (15) のガレルキン近似問題，
$$a(u_h, v_h) = \langle f, v_h \rangle \quad (\forall v_h \in V_h) \tag{18}$$
を満たす $u_h \in V_h$ を求める問題を考える．

a が V で強圧的であるとする．このとき，V_h でも強圧的であるので，定理 1 により式 (18) の解 u_h は存在して一意である．

補題 1 u, u_h をそれぞれ，式 (15), (18) の解とする．このとき，
$$a(u_h - u, v_h) = 0 \quad (v_h \in V_h) \tag{19}$$
が成立する．

式 (19) をガレルキン直交性という．

補題 2 (Céa) u, u_h をそれぞれ式 (15), (18) の解とする．このとき，
$$\|u_h - u\|_V \leqq \frac{\|a\|}{\alpha} \inf \left\{ \|u - v_h\|_V; \ v_h \in V_h \right\}$$
が成立する．ここで，$\|a\|$ は式 (14) 左辺で定義される．

注意 3 抽象的変分問題は，ポアソン方程式以外にも広く応用できる．例えば，構造問題に現れるナヴィエ (Navier) の方程式は，変位ベクトル u を未知関数として適用できる．このとき，最小化問題 (17)

は系のエネルギー最小化問題であり，変分問題 (15) は仮想仕事の原理にほかならない．

4. 関数近似と誤差評価

ポアソン方程式の有限要素近似に前節の結果を適用する．式 (5) で定義される V は，
$$(u,v)_V = (u,v)_{H^1(\Omega)} \equiv \int_\Omega (uv + \nabla u \cdot \nabla v)\,dx$$
を内積とするヒルベルト空間である．

補題 3 $f_0 \in L^2(\Omega)$, $g \in L^2(\Gamma_1)$ なら，式 (7) 右辺の f は V 上の連続 1 次形式である．

補題 4 式 (7) 左辺の a は $V \times V$ 上の連続双 1 次形式である．さらに，meas $\Gamma_0 > 0$ なら，V で強圧的である．

補題 4 の強圧性は次のポアンカレ（Poincaré）の不等式を使って示される．

補題 5 meas $\Gamma_0 > 0$ とする．正定数 c が存在して，
$$\|v\|_{L^2(\Omega)} \leqq c\|\nabla v\|_{L^2(\Omega)^2} \quad (v \in V)$$
が成立する．

補題 3, 4 により，定理 1 を適用することができて，変分問題 (7) の解 u が一意に存在することと，有限要素解 u_h の一意可解性，すなわち，連立 1 次方程式 (12) の係数行列の正則性がわかる．$u \in C(\bar{\Omega}) \cap V$ であれば，$\Pi_h u \in V_h$ が定義できる．セア（Céa）の補題 2 により，
$$\|u_h - u\|_V \leqq \frac{\|a\|}{\alpha} \|u - \Pi_h u\|_V \tag{20}$$
が得られる．

式 (20) 右辺は関数近似の評価である．有限要素解の誤差評価が，補間作用素 Π_h の近似能力の評価に帰着した．

定義 7 $\{\mathcal{T}_h\}$ が領域 Ω の正則な三角形分割列であるとは，$h \downarrow 0$ であり，$\theta_0 (>0)$ が存在して，分割列に現れる三角形の全ての角が θ_0 以上であるときをいう．

ソボレフ空間の理論から，$\mathbf{R}^d (d=2,3)$ のとき，$H^2(\Omega) \subset C(\bar{\Omega})$ であるので，関数 $v \in H^2(\Omega)$ に対して $\Pi_h v$ が定義できる．

補題 6 $\{\mathcal{T}_h\}$ を領域 Ω の正則な三角形分割列とする．このとき，h に依存しない正定数 c が存在して
$$\|v - \Pi_h v\|_{H^1(\Omega)} \leqq ch|v|_{H^2(\Omega)} \quad (\forall v \in H^2(\Omega))$$
が成立する．ここに，$|\cdot|_{H^2(\Omega)}$ は 2 階導関数の $L^2(\Omega)$ ノルムの和である．

式 (20) と補題 6 から次の結果が得られる．

定理 3 $\{\mathcal{T}_h\}$ を領域 Ω の正則な三角形分割列とする．u, u_h をそれぞれ式 (7),(10) の解とする．h, u に依存しない正定数 c が存在して $u \in H^2(\Omega)$ なら，
$$\|u_h - u\|_V \leqq ch|u|_{H^2(\Omega)} \tag{21}$$
が成立する．

L^2 ノルムに関しては，次の評価が得られている．

定理 4 式 (1) で，Ω は凸多角形領域，meas $\Gamma_1 = 0$ とする．定理 3 と同じ仮定のもとで，h, u に依存しない正定数 c が存在して
$$\|u_h - u\|_{L^2(\Omega)} \leqq ch^2 |u|_{H^2(\Omega)} \tag{22}$$
が成立する．

注意 4 式 (21) は，有限要素解 u_h は H^1 ノルムで計って厳密解 u に，要素の最大辺長 h の 1 次の精度で収束することを示している．言い換えれば，要素サイズを半分にすれば，誤差は半分になる．式 (22) は，L^2 ノルムでは要素サイズを半分にすれば，誤差は 1/4 になることを示している．三角形 2 次要素を用いれば，$u \in H^3(\Omega)$ の条件のもとで評価 (21) を
$$\|u_h - u\|_V \leqq ch^2 |u|_{H^2(\Omega)}$$
に，評価 (22) を
$$\|u_h - u\|_{L^2(\Omega)} \leqq ch^3 |u|_{H^2(\Omega)}$$
に改良することができる．三角形 2 次要素は各要素上，6 自由度を持っている．

Ω が 3 次元領域のときは，4 面体 1 次，4 面体 2 次要素を使い，同様な評価を得ることができる．4 面体 2 次要素は，各要素上 10 自由度を持つ．

[田端正久]

参 考 文 献

[1] 田端正久, 中尾充宏, 偏微分方程式から数値シミュレーションへ/計算の信頼性評価, 講談社, 2008.
[2] P.G. Ciarlet, *The Finite Element Method for Elliptic Problems*, SIAM, 2002.
[3] 菊地文雄, 有限要素法の数理, 培風館, 1994.
[4] 田端正久, 偏微分方程式の数値解析, 岩波書店, 2010.

境界要素法

boundary element method; BEM

工学に現れる偏微分方程式の数値解法の1つであり，与えられた問題を，考える領域の境界における積分方程式に変換して，これを数値的に解く．外部領域の波動問題において特に有効である．

1. 概　　説 [1]

積分方程式を用いた偏微分方程式の数値計算法の系統的な研究は 20 世紀前半に遡り，クプラーゼ（Kupradze）の研究が特に有名である．工学における数値計算法としての積分方程式の研究が盛んになったのは 1960 年代に入ってからであり，当初は境界積分（方程式）法（boundary integral (equation) method）と呼ばれていた．特に，境界要素法 (BEM) の呼称が一般的となった 1970 年代から 1980 年代にかけては，多くの工学者の関心を集めた．その結果，境界要素法は有限の境界で囲まれた外部領域の問題，特に波動問題において有利であること，高精度であり，解の特異性の表現も比較的容易であること，メッシュ作成が容易であり，移動境界値問題や逆問題などの解法としても有利であることなどが認識された．しかし，境界要素法の係数行列は密であるため，行列を計算するだけでも未知数の数 N に対して $O(N^2)$ の計算量を要する．このため，従来の境界要素法は領域の境界のみで問題が解けるにも関わらず，大規模問題に適さない．しかも，特異積分の数値的取り扱いが容易でない，非線形問題に向かない，基本解が陽に求められない問題に向かないといった欠点もあり，工学においては，差分法や有限要素法などに比べると必ずしも広く支持されるには至っていない．しかし，音響，電磁波，弾性波などの波動問題，亀裂問題などの解に特異性のある問題，形状決定逆問題などの分野では，境界要素法は根強く支持されている．さらに 1980 年代後半には，ロクリン–グリンガード（Rokhlin–Greengard）の高速多重極法（fast multipole method）に代表される高速境界要素法が発展し，その計算量は $O(N)$ 程度まで減少した．こうして，境界要素法は実用性の高い数値計算法であることが再び認知されつつある．

2. ヘルムホルツ方程式の境界要素法 [1]

境界要素法の特徴が最もよく現れるヘルムホルツ（Helmholtz）方程式の境界値問題を例にとる．領域 Ω は $\mathbb{R}^3$ の有界領域，Γ はその境界で，十分滑らかであるとする．また，Ω_e は $\mathbb{R}^3 \setminus \bar{\Omega}$ である．

2.1　内部問題

ヘルムホルツ方程式の内部境界値問題として
$$\Delta u(x) + k^2 u(x) = 0, \quad x \in \Omega$$
$$u(x) = \bar{u}(x) \text{ または } \frac{\partial u}{\partial n}(x) = \bar{q}(x), \quad x \in \Gamma \quad (1)$$
を満たす関数 u を求める問題を考える．ここで，$k > 0$ は実数であり，$\bar{u}, \bar{q}$ は与えられた関数である．また，n は Γ 上の外向き単位法線ベクトルである．

この問題の解 u は，次のように書かれる：
$$u(x) = S\frac{\partial u}{\partial n}(x) - Wu(x), \quad x \in \Omega. \quad (2)$$
ここで，$S\phi(x)$ と $W\psi(x)$ は各々 $x \notin \Gamma$ に対して
$$S\phi(x) = \int_\Gamma G(x-y)\phi(y)dS_y \quad (3)$$
$$W\psi(x) = \int_\Gamma \frac{\partial G(x-y)}{\partial n_y}\psi(y)dS_y \quad (4)$$
で定義される 1 重層ポテンシャルおよび 2 重層ポテンシャルであり，$G(x) = e^{ik|x|}/4\pi|x|$ は基本解である．さらに，次式も成り立つ：
$$0 = S\frac{\partial u}{\partial n}(x) - Wu(x), \quad x \in \Omega_e. \quad (5)$$
一方，層ポテンシャル $S\phi(x), W\psi(x)$ はそれぞれ十分滑らかな密度関数 ϕ, ψ に対して次式を満足する：
$$\begin{aligned}
S\phi(x)^\pm &= S\phi(x), \\
W\psi(x)^\pm &= \left(\pm\frac{I}{2} + D\right)\psi(x), \\
\frac{\partial}{\partial n}S\phi(x)^\pm &= \left(\mp\frac{I}{2} + D^T\right)\phi(x), \\
\frac{\partial}{\partial n}W\psi(x)^\pm &= N\psi(x), \quad x \in \Gamma.
\end{aligned} \quad (6)$$
ここで I は恒等作用素，D, D^T, N は各々
$$D\psi(x) = \int_\Gamma \frac{\partial G(x-y)}{\partial n_y}\psi(y)dS_y,$$
$$D^T\phi(x) = \int_\Gamma \frac{\partial G(x-y)}{\partial n_x}\phi(y)dS_y,$$
$$N\psi(x) = =\!\!\!\!\!\int_\Gamma \frac{\partial^2 G(x-y)}{\partial n_x \partial n_y}\psi(y)dS_y, \quad x \in \Gamma$$
であり，上付きの $+$ $(-)$ は Ω_e (Ω) から Γ への極限値，等号を重ねた積分は有限部分をそれぞれ表す．

式 (5) において x を境界に近づけると，
$$0 = S\frac{\partial u}{\partial n}(x) - \left(\frac{I}{2} + D\right)u(x), \quad x \in \Gamma \quad (7)$$
を得る．式 (7) に境界条件 (1) を用いて得られる積分方程式を解くと境界上の $u, \partial u/\partial n$ が既知となり，これらを式 (2) に代入すると，考える境界値問題の解が求められる．この積分方程式の解は，もとの境界値問題の解が一意である限り一意である．逆に，積分方程式 (7) と式 (1) を満たす Γ 上の関数 u と $\partial u/\partial n$ を用いて式 (2) で計算される $u(x)$ $(x \in \Omega)$ は，考える境界値問題の解である．

通常の直接法の境界要素法では，境界上の未知関数に有限要素近似を行い，積分方程式 (7) を選点法やガレルキン法で離散化して得られる線形方程式を数値的に解く．ガレルキン法で離散化した場合の誤差解析については，例えば [3] 参照．

これ以外の境界要素法の定式化として，解が式 (3),(4) などで書けると仮定して，境界条件から得られる積分方程式を数値的に解く方法を間接法の境界要素法と呼ぶ．また，式 (5) の法線微分の外部極限

$$0 = \left(-\frac{I}{2} + D^T\right)\frac{\partial u}{\partial n}(x) - Nu(x), \quad x \in \Gamma \quad (8)$$

から得られる積分方程式に基づく数値計算法を，微分型の境界要素法と呼ぶ．さらに，Ω_e に未知数と同数の選点をとり，式 (5) を直接離散化して解く算法を，クプラーゼの関数方程式の方法という．

2.2 外部問題

ヘルムホルツ方程式の外部境界値問題として

$$\Delta u(x) + k^2 u(x) = 0, \quad x \in \Omega_e \quad (9)$$

と，境界条件 (1)，および放射条件

$$\frac{\partial u(x)}{\partial |x|} - iku(x) = o(|x|^{-1}), \quad |x| \to \infty$$

を満たす関数 u を求める問題を考える．

この問題の解のポテンシャル表現は次式となる：

$$u(x) = Wu(x) - S\frac{\partial u}{\partial n}(x), \quad x \in \Omega_e. \quad (10)$$

また，式 (5) に相当する式は次式となる：

$$0 = Wu(x) - S\frac{\partial u}{\partial n}(x), \quad x \in \Omega. \quad (11)$$

式 (11) において $x \to \Gamma$ とすると，次式が得られる．

$$0 = \left(-\frac{I}{2} + D\right)u(x) - S\frac{\partial u}{\partial n}(x), \quad x \in \Gamma. \quad (12)$$

上式と境界条件より，外部問題の通常の直接法の境界要素法を定式化できる．同様に，式 (11) の法線微分の内部極限と境界条件から得られる積分方程式

$$0 = Nu(x) - \left(\frac{I}{2} + D^T\right)\frac{\partial u}{\partial n}(x), \quad x \in \Gamma \quad (13)$$

を用いて直接法の微分型境界要素法を定式化できる．

外部ディリクレ問題やノイマン問題の解は一意であるが，式 (12) と式 (1) から得られる積分方程式は k が Ω におけるディリクレ問題の固有値に一致するとき，また，式 (13) と式 (1) から得られる積分方程式は k が Ω のノイマン問題の固有値に一致するとき，それぞれ解の一意性を失う．このような k を非正則周波数 (irregular frequency) と呼び，これらの k では境界要素法は精度が悪化する．しかし，虚部が 0 でない複素数 c を用いて式 (12),(13) と式 (1) から得られる積分方程式

$$0 = \left(-\frac{I}{2} + D + cN\right)u(x)$$

$$- \left(S + c\left(\frac{I}{2} + D^T\right)\right)\frac{\partial u}{\partial n}(x) \quad (14)$$

は一意解を有し，これを用いた境界要素法をバートン–ミラー（Burton–Miller）法と呼ぶ．

3. 高速解法 [2],[3]

例えば n 個の点 x_i において，Γ の部分領域 S からの式 (3) の積分への寄与を m 点の数値積分公式を用いて評価するとき，その計算量は $O(mn)$ である．しかし，適当な関数 j_i, h_i によって G を

$$G(x - y) \approx \sum_{i=1}^{p} h_i(x) j_i(y) \quad (15)$$

と退化核近似した上で，式 (3) を評価すれば，その計算量は $O(mp) + O(np)$ になる．項数 p が m, n に比べて小さくとれるとき，この原理によって積分計算を高速化することができるが，高速多重極法は，積分領域の階層性を利用して，積分の計算効率をさらに向上させる．ヘルムホルツ方程式の場合，G にゲーゲンバウアー（Gegenbauer）の加法定理を用いて退化核近似 (15) を得る低周波多重極法と，基本解の平面波展開を用いる対角形式（diagonal form）の方法がある．前者は低周波問題では $O(N)$ の計算量であるが，高周波問題では効率が悪化する．後者は高周波問題に有効であり，$O(N \log N)$ 程度の計算量となるが，低周波問題では破綻する．このため，これらを組み合わせた広帯域多重極法が用いられる．これらの高速算法を線形方程式の反復解法と組み合わせると，積分方程式の高速解法が得られる．

高速多重極法以外の積分方程式の高速解法として，補間法やテイラー展開などを用いて基本解の退化核近似を実現する方法や，ACA (adaptive cross approximation) 法などの離散化行列の非対角部分の低ランク近似に基づく高速解法，事前補正高速フーリエ変換（precorrected FFT）法，ウェーブレット基底の利用などに基づく積分方程式の高速解法などが提案されている．　　　　　　　　　　［西村直志］

参 考 文 献

[1] 小林昭一 編著, 波動解析と境界要素法, 京都大学学術出版会, 2000.

[2] N. Nishimura, Fast Multipole Accelerated Boundary Integral Equation Methods, *Applied Mechanics Reviews*, **55** (2002), 299–324.

[3] O. Steinbach, *Numerical Approximation Methods for Elliptic Boundary Value Problems*, Springer, 2008.

スペクトル法
spectral method

最近，微分・積分方程式の数値計算にスペクトル法が用いられるようになってきた．ここでは，スペクトル法という離散化手法を簡単に紹介する．

1. はじめに

気象の数値予報のような大規模数値シミュレーションにおいて，スペクトル法が用いられるようになったのは，比較的最近のことである．それは，スペクトル法が精度に関して圧倒的優位性を持つ代わりに計算量が膨大となるためである．スペクトル法の精度は関数の滑らかさに依存し，関数が無限回連続微分可能であれば，その近似関数は無限次収束する．この性質はスペクトル精度と呼ばれる[1]．場合によっては次のような指数的収束を示す．

$$\|u - u_N\| \leq C \exp(-\gamma N)$$

これは，未知量が1つ増えるだけで誤差が1桁小さくなりうることを意味する．

スペクトル法の基本的な考え方は，方程式や境界条件をできるだけ厳密に満足すべく残差を最小にすることにある．スペクトル法では，重み付き L^2 空間の直交基底である三角多項式，チェビシェフ多項式，ルジャンドル多項式やエルミート多項式などが用いられる．

2. スペクトル法による離散化

2.1 重み付き残差法による分類

解く方程式を空間1次元の熱伝導方程式 $u_t = u_{xx}$ とすると，その残差は $R(u) \equiv u_t - u_{xx}$ であり，この残差に対する重み付き残差法は

$$(R(u), \psi_j) \equiv \int_\Omega R(u)(\boldsymbol{x})\psi_j(\boldsymbol{x})\,d\boldsymbol{x} = 0$$

で表される．領域 Ω を時空間にとるか空間にとるかは，$\boldsymbol{x}$ に対応して設定する．$\psi_j(\boldsymbol{x})$ は試験関数（重み関数）と呼ばれる．

この重み付き残差法において，ディラックのデルタ関数を用いて $\psi_j(\boldsymbol{x}) = \delta(\boldsymbol{x} - \boldsymbol{x}_j)$ としたのが選点法である．内積を重み付き内積に置き換えて，u を近似する試行関数と試験関数を同じ基底からとるのがガレルキン法である．そのほかに，$\psi_j(\boldsymbol{x})$ のとり方によって最小2乗法やモーメント法がある[2]．

2.2 関数近似

解の近似に用いられる基底は，問題設定が周期的であれば三角多項式，そうでなければチェビシェフ多項式が代表的である．それぞれの基底を用いたときの解 u に対する N 次近似式は

$$u_N(\theta) = \frac{1}{2}\tilde{a}_0 + \sum_{k=1}^{N/2-1}(\tilde{a}_k \cos k\theta + \tilde{b}_k \sin k\theta)$$

$$\qquad + \frac{1}{2}\tilde{a}_{N/2}\cos\frac{N}{2}\theta \quad (0 \leq \theta \leq 2\pi)$$

$$u_N(x) = \sum_{k=0}^{N}\tilde{u}_k\, T_k(x) \quad (-1 \leq x \leq 1)$$

である．ここで，$T_k(x) = \cos(k\arccos x)$ は x の k 次多項式である．三角多項式は指数関数による複素数表示がよく用いられるが，ここでは実数の数値計算を意識して実三角多項式を用いている．チェビシェフ多項式は三角関数に基づいているので，FFT（高速フーリエ変換）が適用可能である．

2.3 離散化方程式

1次元の線形問題に対する離散化方程式の導出法をチェビシェフ多項式の場合で説明する．三角多項式の場合は [3],[4] を見ていただきたい．

ガレルキン法では，残差法の内積から近似式の展開係数の関係式が得られる．これが離散化方程式となる．直交基底を用いているので内積の積分を行う必要はなく，近似式の展開係数（の定数倍）がそのまま出てくる．ただし，微分を除く必要がある．チェビシェフ多項式の性質を用いると，

$$u'_N(x) = \sum_{k=0}^{N-1}\tilde{u}_k^1\, T_k(x),\quad u''_N(x) = \sum_{k=0}^{N-2}\tilde{u}_k^2\, T_k(x)$$

$$\tilde{u}_k^1 = \frac{2}{c_k}\sum_{\substack{j=k+1\\j-k:\text{奇数}}}^{N} j\,\tilde{u}_j$$

$$\tilde{u}_k^2 = \frac{1}{c_k}\sum_{\substack{j=k+2\\j-k:\text{偶数}}}^{N} j\,(j^2 - k^2)\,\tilde{u}_j$$

$$c_k = \begin{cases} 2 & (k=0) \\ 1 & (k \geq 1) \end{cases}$$

である．境界条件を満たすように係数 $\{\tilde{u}_k\}$ を設定した後に残差を0にするのが，通常のガレルキン法である．境界条件の自由度分の次数を減らした関数空間で残差を0にし，さらに境界条件を満たすように展開係数の関係を要請するのがタウ法である．

選点法では，選点上で方程式や境界条件などを考える．離散化方程式は選点上の関数値の関係式として得られる．その際，選点が重要な役割を果たす．

$$x_j = \cos\frac{j}{N}\pi \quad (j = 0, 1, \ldots, N)$$

で与えられる CGL（Chebyshev–Gauss–Lobatto）点は，主に境界値問題に用いられる．そのほかに，

チェビシェフ–ガウス–ラダウ (Chebyshev–Gauss–Radau) 点は初期値問題に，チェビシェフ–ガウス (Chebyshev–Gauss) 点は圧力場の計算などに用いられる[3]．簡単化のために次の記号を定義する．
$$s(m) = \sin\frac{m\pi}{2N}, \quad c(m) = \cos\frac{m\pi}{2N}$$
CGL 点上の関数値 $u_j = u_N(x_j)$ がわかれば，展開係数は次で与えられる．

$$\tilde{u}_k = \frac{2}{N\bar{c}_k}\sum_{j=0}^{N}\frac{1}{\bar{c}_j}u_j T_k(x_j)$$

$$\bar{c}_j = \begin{cases} 2 & (j=0,N) \\ 1 & (その他) \end{cases}$$

この反転公式を用いて展開係数を選点上の関数値で表し，これを微分して選点上の値を求めると，
$$u'(x_j) = \sum_{k=0}^{N}(D_x)_{jk}u_k, \quad u''(x_j) = \sum_{k=0}^{N}(D_{xx})_{jk}u_k$$
となる．ここで，

$$(D_x)_{jk} = \begin{cases} \dfrac{\bar{c}_j}{\bar{c}_k}\dfrac{(-1)^{j+k+1}}{2\,s(j+k)\,s(j-k)} & (j\neq k) \\[2mm] -\dfrac{c(2k)}{2\,s^2(2k)} & (1\leq j=k\leq N-1) \\[2mm] \dfrac{2N^2+1}{6} & (j=k=0) \\[2mm] -\dfrac{2N^2+1}{6} & (j=k=N) \end{cases}$$

$(D_{xx})_{jk} =$

$$\begin{cases} \dfrac{(-1)^{j+k+1}}{4\,\bar{c}_k}\dfrac{s^2(2j)+s^2(j+k)+s^2(j-k)}{s^2(2j)\,s^2(j+k)\,s^2(j-k)} \\ \qquad (1\leq j\leq N-1,\ 0\leq k\leq N,\ j\neq k) \\[2mm] -\dfrac{(N^2-1)\,s^2(2j)+3}{3\,s^4(2j)} \quad (1\leq j=k\leq N-1) \\[2mm] \dfrac{(-1)^k}{3\,\bar{c}_k}\dfrac{(2N^2+1)s^2(k)-3}{s^4(k)} \\ \qquad (j=0,\ 1\leq k\leq N) \\[2mm] \dfrac{(-1)^{k+N}}{3\,\bar{c}_k}\dfrac{(2N^2+1)c^2(k)-3}{c^4(k)} \\ \qquad (j=N,\ 0\leq k\leq N-1) \\[2mm] \dfrac{N^4-1}{15} \quad (j=k=0,\ j=k=N) \end{cases}$$

である．D_x, D_{xx} は微分行列と呼ばれる．スペクトル選点法は差分法と似た離散化法であるため，非線形問題や高次元問題などにも簡単に適用できる．

3. 応　　　用

スペクトル法の超高精度性を実現するには，exflib [6] のような数値計算ライブラリによる，多倍長演算を併用する必要がある[5]．これによって，1次元のポワソン方程式の境界値問題では 10^{-10000} 程度の誤差で数値解が求められる．また，この超高精度性を用いれば，第1種フレドホルム積分方程式などに代表される逆問題の直接数値計算が可能になる[7],[8]．

　非線形問題や多次元問題への適用では，エイリアジングや高速計算，解析領域形状などが困難として立ちはだかる．これらに対処すべく，3/2 則や擬スペクトル法，スペクトル要素法などが考案されているが，詳細は [1],[3],[4] を見ていただきたい．

［今井仁司］

参　考　文　献

[1] C. Canuto et al., *Spectral Methods: Evolution to Complex Geometries and Applications to Fluid Dynamics*, Springer-Verlag, 2007.

[2] 数値流体力学編集委員会 編, 乱流解析 (数値流体力学シリーズ 3), 東京大学出版会, 1995.

[3] C. Canuto et al., *Spectral Methods: Fundamentals in Single Domains*, Springer-Verlag, 2006.

[4] 石岡圭一, スペクトル法による数値計算入門, 東京大学出版会, 2004.

[5] H. Imai et al., On Numerical Simulation of Partial Differential Equations in Infinite Precision, *Adv. Math. Sci. Appl.*, **9**(2) (1999), 1007–1016.

[6] H. Fujiwara, Y. Iso, Design of a multiple-precision arithmetic package for a 64-bit computing environment and its application to numerical computation of ill-posed problems, *IPSJ J.*, **44**(3) (2003), 925–931.

[7] H. Imai, T. Takeuchi, Some advanced applications of the spectral collocation method, *GAKUTO Internat. Ser. Math. Sci. Appl.*, **17** (2001), 323–335.

[8] 藤原宏志, 今井仁司, 竹内敏己, 磯　祐介, 第一種積分方程式の高精度数値計算について, 日本応用数理学会論文誌, **15**(3) (2005), 419–434.

有限体積法
finite volume method; FVM

有限体積法は，偏微分方程式の局所的な保存則に基づく離散化手法であり，移動や拡散効果を伴う方程式の数値計算によく利用されている．

1. 空間1次元の例

まずは，空間1次元のポアソン方程式

$$\begin{cases} -u'' = f(x) & (0 < x < 1) \\ u(0) = u(1) = 0 \end{cases} \quad (1)$$

を用いて，有限体積法のアイデアを説明する．$f(x)$ は与えられた連続関数であり，$u(x)$ が求めるべき未知関数を表す．閉区間 $[0,1]$ 上に $N+2$ 個の点 $0 = x_0 < x_1 < \cdots < x_i < x_{i+1} < \cdots < x_N < x_{N+1} = 1$ を配置する．さらに，x_i と x_{i+1} の間に $x_{i+\frac{1}{2}}$ を定義して，小区間 $I_i = (x_{i-\frac{1}{2}}, x_{i+\frac{1}{2}})$ $(1 \leqq i \leqq N)$, $I_0 = [0, x_{\frac{1}{2}})$, $I_{N+1} = (x_{N+\frac{1}{2}}, 1]$ を考える．さらに，$h_i = x_{i+\frac{1}{2}} - x_{i-\frac{1}{2}}$, $h_{i+\frac{1}{2}} = x_{i+1} - x_i$ とおく．さて，求めるべき $u(x)$ を，各 I_i $(0 \leqq i \leqq N+1)$ 上で定数値 u_i をとる区分的定数関数で近似する．まず，u_0 と u_{N+1} の値は，境界条件より $u_0 = u_{N+1} = 0$ とすればよい．次に $1 \leqq i \leqq N$ とする．式 (1) を I_i で積分すると，

$$-\frac{du}{dx}(x_{i+\frac{1}{2}}) + \frac{du}{dx}(x_{i-\frac{1}{2}}) = \int_{x_{i-\frac{1}{2}}}^{x_{i+\frac{1}{2}}} f(x) \, dx \quad (2)$$

となる．$x = x_{i+\frac{1}{2}}$ を中心とした中心差分を適用して

$$\frac{du}{dx}(x_{i+\frac{1}{2}}) \approx \frac{u_{i+1} - u_i}{h_{i+\frac{1}{2}}}$$

と近似する．さらに，

$$f_i = \frac{1}{h_i} \int_{x_{i-\frac{1}{2}}}^{x_{i+\frac{1}{2}}} f(x) \, dx$$

とおく．これらと式 (2) を合わせて，式 (1) に対する近似スキームとして，

$$\begin{cases} -\frac{1}{h_{i-\frac{1}{2}}} u_{i-1} + \left(\frac{1}{h_{i-\frac{1}{2}}} + \frac{1}{h_{i+\frac{1}{2}}} \right) u_i \\ \qquad - \frac{1}{h_{i+\frac{1}{2}}} u_{i+1} = h_i f_i \quad (1 \leqq i \leqq N) \\ u_0 = u_{N+1} = 0 \end{cases}$$

を得る．これが式 (1) に対する有限体積スキームである．このスキームを $\boldsymbol{u} = (u_i)$ に対する連立1次方程式の形に書くと，その係数行列は，$T_i = (x_{i-1}, x_i)$ $(1 \leqq i \leqq N+1)$ を有限要素メッシュとしたときの連続区分1次要素による有限要素法に一致する．

2. 発散定理

空間2次元の問題に対する有限体積スキームの導出には，ガウスの発散定理が重要な役割を果たすので，簡単に復習しよう．D を $\mathbb{R}^2$ 内の滑らかな境界 ∂D を持つ有界領域，$\boldsymbol{q}(x,y) = (q_1(x,y), q_2(x,y))$ を $\overline{D}$ で定義された C^1 級のベクトル場とする．このとき，

$$\iint_D \nabla \cdot \boldsymbol{q}(x,y) \, dxdy = \int_{\partial D} \boldsymbol{q} \cdot \boldsymbol{n} \, dS$$

が成り立つ．これが，ガウスの発散定理である．$\boldsymbol{n}$ は ∂D 上で定義された外向きの単位法ベクトル，dS は ∂D の線積分要素を表す．また，$\nabla \cdot \boldsymbol{q} = q_{1,x} + q_{2,y}$ である．D が区分的に滑らかな境界を持つ場合でも，ガウスの発散定理は成立する．この際は，∂D の滑らかな成分を $\Gamma_1, \ldots, \Gamma_n$ と書いたとき，右辺を

$$\int_{\partial D} \boldsymbol{q} \cdot \boldsymbol{n} \, dS = \sum_{i=1}^n \int_{\Gamma_i} \boldsymbol{q} \cdot \boldsymbol{n} \, dS$$

と解釈することになる．

3. 有限体積スキーム

正方形領域 $\Omega = (0,1) \times (0,1)$ において，ポアソン方程式

$$-\Delta u = f \; (\Omega \text{ 内}), \quad u = 0 \; (\partial \Omega \text{ 上}) \quad (3)$$

を考える．ただし Δ はラプラス作用素，$u(x,y)$ は求めるべき未知関数，$f(x,y)$ は与えられた連続関数を表す．式 (3) の解 u に対して，$\boldsymbol{q} = -\nabla u = -(u_x, u_y)$ を u の流束という．D を Ω 内の任意の有界領域とすると，ガウスの発散定理より，

$$\iint_D \nabla \cdot \boldsymbol{q}(x,y) \, dxdy = \int_{\partial D} \boldsymbol{q} \cdot \boldsymbol{n} \, dS$$

が成り立つ．しかし，$\nabla \cdot \boldsymbol{q} = -\Delta u$ なので，さらに方程式を使うと，

$$-\int_{\partial D} \nabla u \cdot \boldsymbol{n} \, dS = \iint_D f \, dxdy \quad (4)$$

と変形できる．これは，方程式の解の（局所的な）流束 $\boldsymbol{q} = -\nabla \cdot u$ の保存則を表している．

有限体積法では，この保存則 (4) に基づいて方程式の離散化を行う．$x_0, x_{\frac{1}{2}}, x_1, \ldots, x_{N+1}$ の定義は前と同じである．同様に，$[0,1]$ 上に別の $M+2$ 個の点 $y_0, y_{\frac{1}{2}}, y_1, \ldots, y_{M+1}$ を配置し，$P_{i,j} = (x_i, y_j)$ とおく．そして，小領域

$$D_{i,j} = (x_{i-\frac{1}{2}}, x_{i+\frac{1}{2}}) \times (y_{j-\frac{1}{2}}, y_{j+\frac{1}{2}})$$
$$(1 \leqq i \leqq N, \; 1 \leqq j \leqq M)$$

を考える．ここで，表記を簡単にする目的で，

$$\Lambda = \{ j + (i-1)M \mid 1 \leqq i \leqq N, \; 1 \leqq j \leqq M \}$$

を導入する．$k \in \Lambda$ に対して，$k = j + (i-1)M$ を満たす i, j が存在するので，この対応をもとに $D_k = D_{i,j}$, $P_k = P_{i,j}$ と定義する．このようにしてできる長方形 D_k $(k \in \Lambda)$ を検査領域 (control volume)，検査領域の集合 $\{D_1,\ldots,D_{NM}\}$ を有限体積メッシュと呼ぶ（図1）．

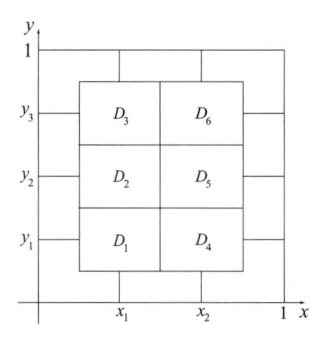

図1 有限体積メッシュの例（$N=2$, $M=3$）

さらに，各検査領域 D_k について，
$$k_1 = j+iM, \quad k_2 = j+1+(i-1)M,$$
$$k_3 = j+(i-2)M, \quad k_4 = j-1+(i-1)M$$
は，それぞれ P_k を中心に右（東），上（北），左（西），下（南）に位置する点の添字を表している．図2のように，D_k の境界 ∂D_k を，4つの線分 $\Gamma_{k,l}$ ($l=1,\ldots,4$) に分割し，線分 $\Gamma_{k,l}$ 上での外向きの単位法ベクトルを $\boldsymbol{n}_{k,l}$ とする．例えば，$\boldsymbol{n}_{k,1}=(1,0)$ である．最後に以下を定義する．
$$d_{k,1} = x_{i+1}-x_i, \quad d_{k,2} = y_{j+1}-y_j,$$
$$d_{k,3} = x_i-x_{i-1}, \quad d_{k,4} = y_j-y_{j-1},$$
$$m_{k,1} = m_{k,3} = y_{j+\frac{1}{2}}-y_{j-\frac{1}{2}},$$
$$m_{k,2} = m_{k,4} = x_{i+\frac{1}{2}}-x_{i-\frac{1}{2}}$$

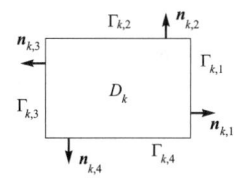

図2 検査領域

さて，空間1次元の場合と同様に，各 D_k ($k\in\Lambda$) 上で定数値 u_k をとる関数で，式 (3) の解を近似することを考える．そのために，各 D_k において流束の局所保存則 (4) を考える．すなわち，
$$-\sum_{l=1}^{4}\int_{\Gamma_{k,l}}\nabla u\cdot\boldsymbol{n}_{k,l}\,dS = \iint_{D_k} f\,dxdy. \quad (5)$$
いま，
$$\int_{\Gamma_{k,1}}\nabla u\cdot\boldsymbol{n}_{k,1}\,dS = \int_{\Gamma_{k,1}} u_x\,dy$$
となるが，これを空間1次元の場合と同様に考えて，
$$\int_{\Gamma_{k,1}}\nabla u\cdot\boldsymbol{n}_{k,1}\,dS \approx \int_{\Gamma_{k,1}}\frac{u_{k_1}-u_k}{d_{k,1}}\,dy$$
$$= \frac{m_{k,1}}{d_{k,1}}(u_{k_1}-u_k)$$
と近似とする．$\Gamma_{k,2}$, $\Gamma_{k,3}$, $\Gamma_{k,4}$ に対しても同様の近似を施すと，式 (5) の左辺に対する近似として，$-\sum_{l=1}^{4}\tau_{k,l}(u_{k_l}-u_k)$ を得る．ただし，$\tau_{k,l}=\frac{m_{k,l}}{d_{k,l}}$ は伝達係数と呼ばれる定数である．あとは，右辺の近似のために，e_k を D_k の面積として，$f_k = \frac{1}{e_k}\iint_{D_k} f\,dxdy$ とおく．こうして，式 (3) に対する有限体積スキーム
$$-\sum_{l=1}^{4}\tau_{k,l}(u_{k_l}-u_k) = f_k e_k \quad (k\in\Lambda) \quad (6)$$
を構成できた．ただし，P_{k_l} が境界上にある場合には，境界条件により $u_{k_l}=0$ とする．すなわち，
$$\Lambda_k = \{1\leq l\leq 4\mid P_{k_l}\text{ が }\Omega\text{ の内部にある}\}$$
と定義すると，式 (6) は，
$$\left(\sum_{l=1}^{4}\tau_{k,l}\right)u_k - \sum_{l\in\Lambda_k}\tau_{k,l}u_{k_l} = f_k e_k \quad (k\in\Lambda) \quad (7)$$
と表現できるのである．この表現はそのまま連立1次方程式の1行分に対応しているので，プログラミングは容易である．

4. 補　足

有限体積法のアイデアは，ボロノイ（Voronoi）図などに基づく許容メッシュを導入することにより，直ちに，非直交格子に自然に拡張できる[1],[2]．その場合にも，式 (4) に対応する等式に基づいて離散化が行われるので，局所的な流束の保存則が自然に成立する．また，非直交格子を用いても，結果として得られるスキームは式 (7) の形をしており，プログラミングの容易さは同じである．さらに，式 (7) を連立1次方程式 $A\boldsymbol{u}=\boldsymbol{f}$ の形に書いたときの係数行列 $A=(a_{ij})$ は，定義から明らかなように既約優対角で，さらに $a_{ii}>0$, $a_{ij}\leq 0$ ($i\neq j$) を満たす．すなわち，正則かつ $A^{-1}>O$ (A^{-1} の各成分が正) という良い性質を持っている．結果として，有限体積法は，非直交格子上で，自然に最大値原理を実現する[1]．これは，有限要素法と比べて，著しく優位な点である．　　　　　　　　　　　［齊藤宣一］

参 考 文 献

[1] R. Eymard, T. Gallouët, R. Herbin, Finite Volume Methods, *Handbook of Numerical Analysis*, Vol.VII, pp.713–1020, Elsevier, 2000.

[2] P. Knabner, L. Angermann, *Numerical Methods for Elliptic and Parabolic Partial Differential Equations*, Springer, 2003.

代用電荷法
charge simulation method

代用電荷法（一般的には基本解の重ね合わせ法）は，線形偏微分方程式の半解析的近似解法である．特に 2 次元ラプラス方程式の境界値問題に対して簡単な計算で精度の高い近似解を与える．ここでは，その原理と性質および応用の可能性を記す．

1. 代用電荷法の原理

平面 $z = x + \mathrm{i}y$ 上に与えられた単純閉曲線 C で囲まれた領域を D として，2 次元ラプラス方程式のディリクレ問題

$$\Delta g(z) = \frac{\partial^2 g}{\partial x^2} + \frac{\partial^2 g}{\partial y^2} = 0, \quad z \in D \tag{1}$$

$$g(z) = b(z), \quad z \in C \tag{2}$$

を考える．ここで $b(z)$ は境界値である．

代用電荷法 [1] では，領域 D の外部に点 $\zeta_1, \ldots, \zeta_N$（電荷点）をとり，問題の近似解を基本解（対数ポテンシャル）$-\frac{1}{2\pi} \log |z - \zeta_j|$ の 1 次結合で

$$g(z) \simeq G(z) = \sum_{j=1}^{N} Q_j \log |z - \zeta_j| \tag{3}$$

と表現する．未定係数（定数部分を繰り込んだ電荷量）$Q_1, \ldots, Q_N$ は，境界 C 上に配置した点 $z_1, \ldots, z_N$（拘束点）で選点的に境界条件 (2) を満たすように N 元連立 1 次方程式（拘束条件）

$$\sum_{j=1}^{N} Q_j \log |z_i - \zeta_j| = b(z_i), \quad i = 1, \ldots, N \tag{4}$$

を解いて定める．

近似解 (3) は厳密にラプラス方程式を満たす．したがって，調和関数の最大値原理から，誤差は境界上で最大値をとり，

$$\varepsilon(z) = |G(z) - g(z)| \leq \max_{z \in C} |G(z) - b(z)| \tag{5}$$

となる．境界上に標本点 $z_1, \ldots, z_M$ を密にとれば，

$$\varepsilon = \max_{z \in C} |G(z) - b(z)| \simeq \max_{k=1}^{M} |G(z_k) - b(z_k)| \tag{6}$$

を計算して最大誤差と見なすことができる．最も簡単には，拘束点 z_i と z_{i+1} の中間に標本点 $z_{i+1/2}, i = 1, \ldots, N$（$z_{N+1} = z_1$）をとり，

$$\varepsilon \simeq \max_{i=1}^{N} |G(z_{i+1/2}) - b(z_{i+1/2})| \tag{7}$$

とすればよい．

この方法は，原理と計算が簡単であるにも関わらず，非常に高い精度を与えることが知られている．

2. 誤差の指数的減少と不変スキーム

岡本・桂田 [2] は，理論的な誤差評価とともに，代用電荷法を多面的に解説している．

いま，円板領域 $E : |z| < \rho$ に対して拘束点と電荷点を

$$z_i = \rho \omega^{i-1}, \quad \zeta_j = R \omega^{j-1}, \quad 0 < \rho < R,$$

$$\omega = \exp \frac{2\pi \mathrm{i}}{N}, \quad i, j = 1, \ldots, N \tag{8}$$

と配置する．

定理 1 連立 1 次方程式 (4) の係数行列 $A = (\log |z_i - \zeta_j|)$ が正則であるための必要十分条件は，$R^N - \rho^N \neq 1$ である．また，$R \neq 1$ で式 (2) の境界値 $b(z)$ が解析的ならば，N に依存しない 2 つの正定数 c と $\tau < 1$ が存在して，誤差は

$$\varepsilon \leqq c\tau^N \tag{9}$$

となる．厳密解 $g(z)$ が半径 $r_0 (> \rho)$ の同心閉円板まで調和に拡張できる場合には

$$\tau = \begin{cases} \sqrt{\rho/r_0} & (\rho r_0 < R^2) \\ \rho/R & (\rho r_0 > R^2) \end{cases} \tag{10}$$

とすることができる．

定理 1 は代用電荷法の性質を端的に示している．式 (9) は誤差の指数的減少と呼ばれ，電荷数 N に対して，これを倍にすれば計算精度の桁数が倍になるという誤差の急速な減少をもたらすことを意味する．また，式 (10) は，$g(z)$ が全平面で調和であれば，R を大きくするほど誤差は速く減少することを意味する．しかし，係数行列の条件数は $O(N(R/\rho)^{N/2})$ と評価されていて，N と R の増加とともに急増する．ただし，近似解の精度は，条件数から想像されるほどには低下しないことも知られている．

室田 [3] は式 (3) の $G(z)$ に定数項 Q_0 を付加して

$$G(z) = Q_0 + \sum_{j=1}^{N} Q_j \log |z - \zeta_j| \tag{11}$$

と表現し，未定係数 $Q_0, Q_1, \ldots, Q_N$ を，制約条件

$$\sum_{j=1}^{N} Q_j = 0 \tag{12}$$

と拘束条件

$$Q_0 + \sum_{j=1}^{N} Q_j \log |z_i - \zeta_j| = b(z_i), \quad i = 1, \ldots, N \tag{13}$$

からなる $N + 1$ 元連立 1 次方程式を解いて定めることを提案した．この方法は，座標のスケール変換 $z \to \alpha z, \zeta \to \alpha \zeta$ に対して $G(z) \to G(\alpha z)$，境界値の原点移動 $b(z) \to b(z) + \beta$ に対して $G(z) \to G(z) + \beta$ という物理的に自然な不変性を示し，不変

スキームと呼ばれる．また，定理 1 と同じ問題に対して R に関する条件を必要としない定理 2 を導いている．

定理 2 不変スキームの連立 1 次方程式 (12),(13) の係数行列は正則である．また，境界値が解析的ならば誤差は指数的に減少する．

3. 拘束点と電荷点の配置

代用電荷法の計算精度は拘束点と電荷点の配置に大きく依存するが，一般的な問題に対して最良の配置を与える原理は知られていない．数学的には，前述の円板領域 E に対する式 (8) の拘束点を境界 C 上に，電荷点を領域 D 外に同時に等角写像した配置を用いれば，誤差は指数的に減少する[2]．また，桂田・岡本 [4] は，誤差の指数的減少のためには拘束点と電荷点を含む円環領域から C を含む帯状領域への等角写像で十分であることを指摘し，そのような写像関数を効率良く構成する方法を提案している．しかし，指数的減少は必ずしも高精度を意味しない．また，このような写像を求めることも代用電荷法の原理と比較して簡単ではない．

経験的に有用であると思われる方法を，図 1 左に示す．まず，境界上に拘束点 $z_1, \ldots, z_N$ を反時計回りに配置する．次いで，電荷点を

$$\zeta_j = z_j \mp \mathrm{i}q(z_{j+1} - z_{j-1}), \quad j = 1, \ldots, N,$$
$$z_0 = z_N, \; z_{N+1} = z_1 \qquad (14)$$

で計算する．ここで，$q > 0$ は配置のパラメータで，複号は内部問題で $-$，外部問題で $+$ にとる．図 1 右はカッシーニの卵形 $|z^2 - 1| = a^2$ ($a = 1.06$) を $z = r(\theta)\mathrm{e}^{\mathrm{i}\theta}$ と表現し，拘束点を θ で一様に配置して $q = 1$ を適用した例である．多少の試行は必要であるが，パラメータ q の準最良値を探すことも比較的容易である．多重連結領域の場合には個々の閉曲線に対する配置を組み合わせて用いればよい．

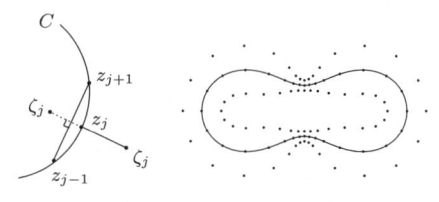

図 1 拘束点と電荷点の配置

4. 数値等角写像への応用

代用電荷法を用いると，与えられた領域 D から様々な標準（正準）領域への等角写像 $w = f(z)$ の表現が簡潔で精度の高い近似写像関数 $F(z)$ を構成することができる[5]．その原理は，等角写像の問題を解析関数 $a(z) = g(z) + \mathrm{i}h(z)$ の実部と虚部をなす調和関数対を求める問題に帰着させ，$g(z)$ に代用電荷法を適用すれば，$h(z)$ は arg 関数の 1 次結合として自然に定まるというものである．図 2 は 3 つの円 C_1, C_2, C_3（大きさ順）の外部から実軸となす角を $\theta = \pi/3$ に指定した平行スリット領域への例である．境界円の内側の点列は電荷点である．左下は円形の障害物を過ぎる一様なポテンシャル流の流線（複素ポテンシャル $\mathrm{e}^{-\mathrm{i}\theta}F(z)$ の虚部の等高線）である．右下は典型的な誤差の指数的減少を示し，高精度が得られている．なお，文献 [5] には [4] 以後の代用電荷法と数値等角写像に関連した文献が記されている．

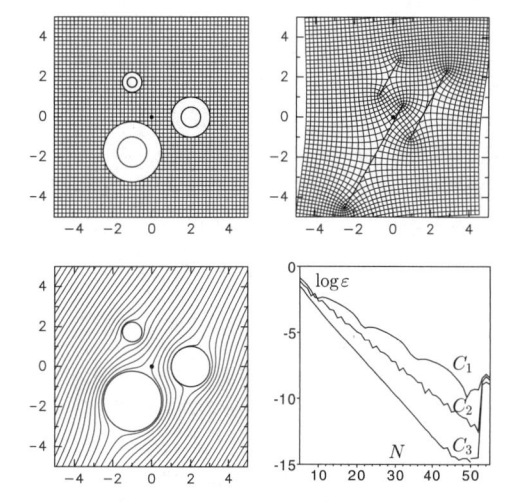

図 2 平行スリット領域への数値等角写像と一様流

［天野 要・岡野 大］

参 考 文 献

[1] 村島定行, 代用電荷法とその応用, 森北出版, 1983.
[2] 岡本 久, 桂田祐史, ポテンシャル問題の高速解法, 応用数理, **2**(3) (1992), 2–20.
[3] K. Murota, Comparison of conventional and "invariant" schemes of fundamental solutions method for annular domains, *Japan J. Indust. Appl. Math.*, **12**(1) (1995), 61–85.
[4] M. Katsurada, H. Okamoto, The collocation points of the fundamental solution method for the potential problem, *Computers Math. Applic.*, **31**(1) (1996), 123–137.
[5] K. Amano, D. Okano, H. Ogata, M. Sugihara, Numerical conformal mappings onto the linear slit domain, *Japan J. Indust. Appl. Math.*, **29**(2) (2012), 165–186.

風上近似と特性曲線法

upwind approximation and the method of characteristics

拡散項の近似に比べて移流項の近似は数値計算で不安定性を引き起こしやすい．移流現象は方向性があり，それを取り入れた数値計算法が必要となる．風上近似と特性曲線法に基づく近似について述べる．

1. 移流拡散方程式

図1は $\phi : \Omega \to \mathbf{R}$ を未知関数とする定常移流拡散方程式，

$$u \cdot \nabla \phi - \nu \Delta \phi = f \quad (x \in \Omega) \quad (1a)$$
$$\phi = 0 \quad (x \in \Gamma) \quad (1b)$$

の解を示している．領域 Ω は正方形領域 $(0,1) \times (0,1)$ であり，Γ はその境界，流速 $u = (1,0)^T$，拡散係数 $\nu = 0.001$，外力 $f = 1$ である．解は左図のようになるが，

$$\int_\Omega (u \cdot \nabla \phi_h)\psi_h dx + \int_\Omega \nu \nabla \phi_h \cdot \nabla \psi_h dx$$
$$= \int_\Omega f\psi_h dx \quad (\forall \psi_h \in V_h) \quad (2)$$

を満たす $\phi_h \in V_h$ を求めるガレルキン有限要素法で解いた解（V_h は三角形1次要素空間，要素数2432，節点数1281）は右図である．$x_1 = 1$ 付近で激しく振動している．この状況は通常の差分法で解いても同様である．

式 (1a) 左辺第1項の $u \cdot \nabla \phi$ は移流項，第2項 $\nu \Delta \phi$ は拡散項と呼ばれる．これらの比を表す無次元数 $\mathrm{Pe} = UL/\nu$ をペクレ（Péclet）数という．ここで，U は代表速度，L は代表長である．ペクレ数が大きく（高く）なると，すなわち，移流効果が拡散効果に比べて支配的になると，中心差分などの近似では図1の数値的振動が生じ，計算は不安定になる．

非圧縮粘性流体の運動を記述するナヴィエ–ストークス方程式も移流項と拡散項を含み，その比がレイノルズ（Reynolds）数 $\mathrm{Re} = \rho UL/\mu$ である．ここで，ρ は密度，μ は粘性係数である．ナヴィエ–ストークス方程式では流速 u も未知関数である．レイノルズ数が高くなると，数値計算において移流拡散方程式と同種の困難さが生じる．移流項の近似をどのようにするかは，安定な数値計算スキーム作成の核である．

2. 風　上　近　似

簡単のために，定数 u の空間1次元移流方程式

$$\frac{\partial \phi}{\partial t} + u\frac{\partial \phi}{\partial x} = 0 \quad (3)$$

の初期値問題を考えると，その解は

$$\phi(x,t) = \phi^0(x - ut)$$

と書ける．ここで，ϕ^0 は与えられた初期関数である．したがって，ある時刻 t_* と場所 x_* での ϕ は，直線 $x - ut = c (\equiv x_* - ut_*)$ に沿って遡った初期値 $\phi^0(c)$ に等しい．$u > 0$ なら x_* から負の方向に，$u < 0$ なら x_* から正の方向に遡っている．差分刻みを h とし，移流項 $u\frac{\partial \phi}{\partial x}$ を

$$u(x)\frac{\phi(x) - \phi(x-h)}{h} \quad (u(x) \geqq 0)$$
$$u(x)\frac{\phi(x+h) - \phi(x)}{h} \quad (u(x) \leqq 0)$$

で差分近似すれば，安定な計算を実行することができる．この近似を風上近似（upwind approximation）あるいは上流近似（upstream approximation）という．中心差分近似

$$u(x)\frac{\phi(x+h) - \phi(x-h)}{2h}$$

では不安定になる．

ガレルキン近似は中心差分近似に相当する．したがって，通常のガレルキン有限要素近似をペクレ数の高い，あるいはレイノルズ数の高い流れ問題に適用することはできない．それゆえ，構造問題での成功に比べて，流れ問題への有限要素法の導入は遅れた．風上型有限要素法の登場は1977年である[1],[2]．ψ_{hP} を節点 P での三角形1次有限要素空間の基底関数とする．式 (2) で ψ_h に ψ_{hP} を入れた計算式では不安定になる．風上要素選択法 [2] では，第1項を

$$u(P) \cdot \nabla \phi_h(K_P^u)\int_\Omega \psi_{hP} dx$$

で置き換える．ここで，K_P^u は節点 P の風上要素（図2参照）である．このスキームは任意のペクレ数

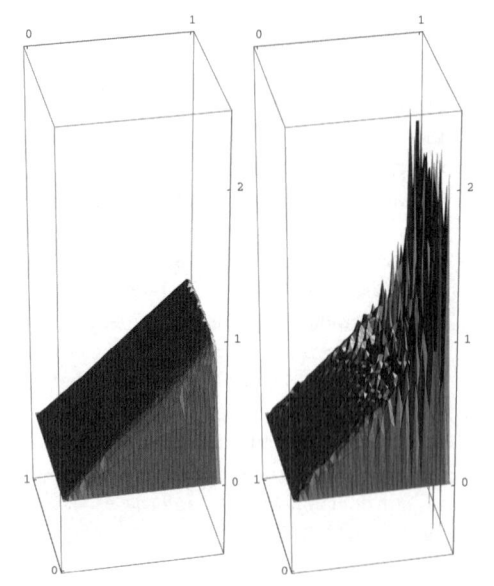

図1　正しい解（左）とガレルキン有限要素法による解（右）

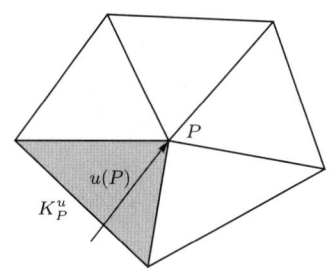

図2 節点 P とその風上要素 K_P^u

で安定な計算ができ，有限要素解の収束性も証明されている．図1左はこの計算法で得た結果である．

SUPG（streamline upwind Petrov–Galerkin）法は，式 (2) の左辺，右辺それぞれに

$$\sum_K \int_K (u \cdot \nabla \phi_h - \nu \Delta \phi_h) \tau_K u \cdot \nabla \psi_h dx,$$

$$\sum_K \int_K f \tau_K u \cdot \nabla \psi_h dx$$

を加える．ここで，

$$\tau_K = \frac{1}{c_0^2} \min\left(\frac{h_K}{|u|}, \frac{h_K^2}{\nu} \right)$$

であり，c_0 は

$$\|\Delta v_h\|_{L^2(K)} \leq \frac{c_0}{h_K} \|\nabla v_h\|_{L^2(K)} \quad (\forall v_h \in V_h)$$

を満たす正定数である．このスキームは，重み関数（weighting function）として $\psi_h + \tau u \cdot \nabla \psi_h$ を用いたものと見なすことができる．形状関数（shape function）と重み関数とが異なるのでペトロフ–ガレルキン法に分類される[3]．

3. ガレルキン特性曲線有限要素法

$\phi: \Omega \times (0,T) \to \mathbf{R}$ を未知関数とし，式 (1) で式 (1a) を

$$\frac{\partial \phi}{\partial t} + u \cdot \nabla \phi - \nu \Delta \phi = f \quad (4)$$

で取り替え，初期条件を加えた非定常移流拡散問題を考える．式 (4) 左辺第1項と第2項から導いた作用素

$$\frac{D}{Dt} \equiv \frac{\partial}{\partial t} + u \cdot \nabla$$

を，物質微分（material derivative）という．$X: (0,T) \to \mathbf{R}^2$ が常微分方程式

$$\frac{dX}{dt} = u(X,t) \quad (t \in (0,T)) \quad (5)$$

を満たせば，

$$\frac{D\phi}{Dt}(X(t),t) = \frac{d}{dt}\phi(X(t),t) \quad (6)$$

と書ける．X を特性曲線（characteristic curve; characteristics）という．式 (6) 右辺を後退オイラー近似すれば，Δt を時間刻みとして，式 (6) は

$$\frac{\phi(X(t),t) - \phi(X(t-\Delta t), t-\Delta t)}{\Delta t}$$

で近似できる．$X_1^n : \Omega \to \Omega$ を

$$X_1^n(x) = x - u(x, n\Delta t)\Delta t,$$
$$n = 0, \ldots, N_T (\equiv \lfloor T/\Delta t \rfloor) \quad (7)$$

とする．$V_h \subset H_0^1(\Omega)$ を有限要素空間として，

$$\int_\Omega \frac{\phi_h^n - \phi_h^{n-1} \circ X_1^n}{\Delta t} \psi_h dx + \nu \int_\Omega \nabla \phi_h^n \cdot \nabla \psi_h dx$$

$$= \int_\Omega f(\cdot, n\Delta t) \psi_h dx \quad (\forall \psi_h \in V_h) \quad (8)$$

を満たす $\phi_h^n \in V_h$ $(n=1,\ldots,N_T)$ を求める式 (4) の近似を考える．ここで，$\phi_h^{n-1} \circ X_1^n$ は，関数の合成

$$\left(\phi_h^{n-1} \circ X_1^n\right)(x) = \phi_h^{n-1}(X_1^n(x))$$

であり，$\phi_h^0 \in V_h$ は与えられた初期条件の近似として求める．式 (8) をガレルキン特性曲線有限要素法（Galerkin-characteristics FEM）という．ϕ_h^n の節点値を未知数として，式 (8) は正定値対称行列を持つ連立1次方程式に帰着される．その行列は式 (4) で移流項のない熱方程式から導かれる行列と同一である．式 (7) は Δt 時刻前の粒子位置を流れに沿って近似的に与えており，式 (8) は風上型の近似になっている．任意のペクレ数で安定な計算ができる．$\phi_h^{n-1} \circ X_1^n$ は各要素上で多項式でないので，その項の要素上での積分には，一般に数値積分が使われる．式 (8) は時間1次精度であり，Δt に関して無条件安定である．式 (7) を2次ルンゲ–クッタ（Runge–Kutta）法から導かれる X_2^n で取り替え，式 (8) 左辺第2項と右辺にクランク–ニコルソン（Crank–Nicolson）近似を用い，適切な補正項を加えると，式 (8) を時間2次精度に改良することができる[5]． ［田端正久］

参 考 文 献

[1] J.C. Heinrich, P.S. Huyakorn, O.C. Zienkiewicz, A.R. Mitchell, An 'upwind' finite element scheme for two-dimensional convective transport equation, *Internat. J. Numer. Methods Engrg*, **11** (1977), 131–143.

[2] M. Tabata, A finite element approximation corresponding to the upwind finite differencing, *Memoirs Numer. Math.*, **4** (1977), 47–63.

[3] K. Eriksson, D. Estep, P. Hansbo, C. Johnson, *Computational Differential Equations*, Cambridge Univ. Press, 1996.

[4] O. Pironneau, *Finite Element Methods for Fluids*, John Wiley & Sons, 1989.

[5] H. Rui, M. Tabata, A second order characteristic finite element scheme for convection-diffusion problems, *Numerische Mathematik*, Vol.92 (2002), 161–177.

構造問題の数値解法

numerical solution of structural problems

偏微分方程式の数値計算の1つである固体構造物の応力解析は，広く実用化されている[1]．この数値計算では，多くの場合有限要素法が利用されている．ここでは，基本的な固体構造物の応力解析のための有限要素法と実際の固体構造物のモデル化で重要となる構造要素について取り扱う．

1. 支配方程式

連続体力学[2]を基礎とし，微小変形と材料の線形応答を仮定した線形問題では，領域 Ω で表される固体構造物に作用する力と変形の関係は，変位ベクトル $\boldsymbol{u}$，ひずみテンソル $\boldsymbol{\epsilon}$，応力テンソル $\boldsymbol{\sigma}$ の3つの変数に対して，以下の3つの支配方程式により記述される．

1) 変位とひずみの関係

$$\boldsymbol{\epsilon} = \nabla_s \boldsymbol{u} \qquad (1)$$

2) 応力とひずみの関係（材料構成則）

$$\boldsymbol{\sigma} = \boldsymbol{C} : \boldsymbol{\epsilon} \qquad (2)$$

3) つり合い方程式

$$\nabla \cdot \boldsymbol{\sigma} + \boldsymbol{f} = \boldsymbol{0} \qquad (3)$$

ここで，$\boldsymbol{C}$ は弾性テンソル，$\boldsymbol{f}$ は体積力ベクトルであり，∇_s は以下で定義される微小ひずみに対する微分作用素である．

$$(\nabla_s \boldsymbol{u})_{ij} = \frac{1}{2}\left(\frac{\partial u_i}{\partial x_j} + \frac{\partial u_j}{\partial x_i}\right)$$

また，境界条件としては領域 Ω の境界 $\partial \Omega$ の一部 $\partial_d \Omega$ において課せられる幾何学的境界条件

$$\boldsymbol{u} = \bar{\boldsymbol{u}}_d \quad \text{on} \quad \partial_d \Omega \qquad (4)$$

と，境界の残り $\partial_t \Omega$ において課せられる力学的境界条件

$$\boldsymbol{\sigma} \cdot \boldsymbol{n} = \boldsymbol{t} \quad \text{on} \quad \partial_t \Omega \qquad (5)$$

を考える．以上は，線形弾性体の静的問題と呼ばれている．さらに，式 (1),(2) を式 (3) に代入することにより，変位 $\boldsymbol{u}$ のみを未知数とする次のナヴィエ (Navier) 方程式が得られる．

$$\nabla \cdot (\boldsymbol{C} : \nabla_s \boldsymbol{u}) + \boldsymbol{f} = \boldsymbol{0} \qquad (6)$$

実際の固体構造物を考える際には，しばしば非線形性が現れる．有限な大きさの変位 $\boldsymbol{u}$ を考える場合には，幾何学的非線形問題として，式 (1) の線形のひずみではなく，変位 $\boldsymbol{u}$ に対して非線形となるグリーンひずみなどの変形の測度が用いられる．また，塑性と呼ばれる可逆でない永久変形を考える現象や大きなひずみを考慮した問題では，応力とひずみの関係 (2) も非線形となる．

一方，時間変化する運動の問題については動的問題と呼ばれ，つり合い方程式 (3) に慣性力の項を加えた運動方程式

$$-\rho \frac{\partial^2 \boldsymbol{u}}{\partial t^2} + \nabla \cdot \boldsymbol{\sigma} + \boldsymbol{f} = \boldsymbol{0} \qquad (7)$$

を用いて定式化される．ここで，ρ は質量密度である．

2. 弱定式化

変位 $\boldsymbol{u}$ の各成分がソボレフ空間 $H^1(\Omega)$ に属する関数空間

$$V = \{\boldsymbol{u} \,|\, u_i \in H^1(\Omega),\ \boldsymbol{u}|_{\partial_d \Omega} = \bar{\boldsymbol{u}}_d\}$$
$$V' = \{\boldsymbol{v} \,|\, v_i \in H^1(\Omega),\ \boldsymbol{v}|_{\partial_d \Omega} = \boldsymbol{0}\}$$

を考えると，ナヴィエの方程式 (6) により表された線形弾性体の静的問題は，次式を満たす解 $\boldsymbol{u} \in V$ を求める変分問題として弱定式化される．

$$a(\boldsymbol{u}, \boldsymbol{v}) = L(\boldsymbol{v}) \quad \forall \boldsymbol{v} \in V' \qquad (8)$$

ここで，

$$a(\boldsymbol{u}, \boldsymbol{v}) = \int_\Omega \nabla_s \boldsymbol{v} : \boldsymbol{C} : \nabla_s \boldsymbol{u}\, dx$$
$$L(\boldsymbol{v}) = \int_\Omega \boldsymbol{f} \cdot \boldsymbol{v}\, dx + \int_{\partial_t \Omega} \boldsymbol{t} \cdot \boldsymbol{v}\, dx$$

である．固体力学の分野では，式 (8) は重み関数 $\boldsymbol{v}$ を仮想変位としたときの内力仕事と外力仕事の等式であることから，式 (8) を仮想仕事式と呼び，弱定式化された問題を仮想仕事の原理と呼んでいる．

双1次形式 $a(\boldsymbol{u}, \boldsymbol{v})$ は連続であり，また境界条件が適切であれば，コルン (Korn) の不等式[3]により強圧的であることが示される．また，線形汎関数 $L(\boldsymbol{v})$ は連続である．したがって，ラックス–ミルグラムの定理によって，弱定式化された線形弾性体の静的問題は一意可解であることがわかる[3]．

3. 有限要素近似

上述のように弱定式化された問題に対して，未知関数 $\boldsymbol{u}$ と重み関数 $\boldsymbol{v}$ に有限要素近似を適用することで，固体構造に対する有限要素法が導かれる．有限要素近似によって離散化された方程式は，以下のように表される．

$$\mathbf{K}\mathbf{U} = \mathbf{F} \qquad (9)$$

$\mathbf{U}$ は節点変位に対する未知ベクトルであり，係数行列 $\mathbf{K}$ は剛性マトリクスと呼ばれる．これは，変位に対して力を対応させる係数を固体力学の分野では剛性と呼ぶことに由来している．一方，$\mathbf{F}$ は等価節点力ベクトルと呼ばれることがある．

複雑形状を有する連続体に対する有限要素法では，問題が2次元で記述されていれば，対象領域を三角

形や四辺形に分割し，3次元の場合には四面体や六面体に分割してモデル化を行うこととなる．これらの連続体に対する要素は，ソリッド要素と呼ばれる．

図1のような片持ちはりの問題のように，断面が平面を保持する曲げ変形[4]と呼ばれる状態が固体構造の問題ではしばしば現れる．実際の固体構造の数値解析においては，曲げ変形に対応した近似を構成し，少ない要素で精度の高い解を得る手法がしばしば用いられる．このような手法の代表的なものとしては，非適合モード，次数低減積分，混合法，ひずみ仮定法などが挙げられる[5]．商用汎用応力解析コードにおいては，このような近似手法を用いた有限要素が要素ライブラリに用意されている．

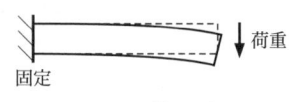

図1 片持ちはり

非線形問題に対しては，方程式の線形化を行い，式(9)と同様な方程式を導出し，ニュートン法を基本とする反復法により解を求める．このときの係数行列は接線剛性マトリクスと呼ばれる．

式(7)のような動的問題においては，空間方向の離散化は静的問題と同じ有限要素近似を行い，時間方向に対して各種の時間積分法[6]を適用する．また，外力 $f = 0$ を仮定した自由振動の問題は，慣性力項から現れる質量マトリクスと剛性マトリクスによる一般固有値問題に帰着される．

4. 構 造 要 素

4.1 はり要素

建築や土木構造物などにおいては，先に述べた曲げ変形が主体となる細長い棒状の構造物，すなわちはり構造やその組合せであるラーメン構造が，主要な構造形態の1つとなっている．はり構造に対しては，「変形前の中立軸に垂直な断面は，変形後も中立軸に垂直である」というオイラー–ベルヌーイの仮定[4]が成り立つ．このとき，材軸直角方向のたわみに関する4階の常微分方程式が導かれる．

両端のたわみと回転角を境界条件として与えたオイラー–ベルヌーイの仮定に基づく厳密解により，要素の剛性マトリクスを導くことができる．このようにして導かれた要素はオイラー–ベルヌーイはり要素と呼ばれ，図2のように節点のたわみと回転角が自由度となる[5]．また，オイラー–ベルヌーイの仮定によらず，たわみと回転角を独立変数として補間するティモシェンコはり要素も用いられる[5]．

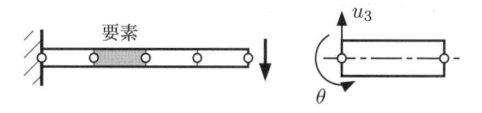

図2 はり要素

4.2 シェル要素

薄い板あるいは曲面の鋼板で形成されている圧力容器や自動車車体などの力学挙動は，はりの場合と同様に，曲げ変形が主要な解の挙動の1つであり，はりと同様にキルヒホッフ–ラブの仮定が成り立つ．また，連続体における板圧を薄くしたときの漸近挙動として，キルヒホッフ–ラブの仮定が導かれることもわかってきている[7]．

キルヒホッフ–ラブの仮定による古典理論に従って，工学的に妥当な解を与える有限要素を多項式近似として導くことは困難であり，キルヒホッフ–ラブの仮定を緩和して得られた離散キルヒホッフ要素や，はりの場合のティモシェンコはり要素に相当する退化シェル要素が用いられている[5]．シェル要素では，図3のように変位と回転角が各節点の自由度となる．

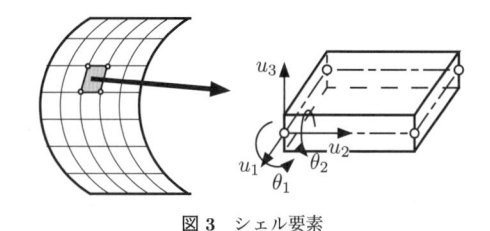

図3 シェル要素

[山田貴博]

参 考 文 献

[1] J. Fish, T. Belytschko, *A First Course in Finite Elements*, Wiley, 2007．[邦訳]山田貴博 監訳，永井学志，松井和己 訳，有限要素法，丸善，2008．
[2] L.E. Malvern, *Introduction to the Mechanics of a Continuous Medium*, Prentice Hall, 1969.
[3] P.G. Ciarlet, *Mathematical Elasticity: Vol.I Three-dimensional Elasticity*, Elsevier, 1988.
[4] 日本機械学会 編，材料力学(JSME テキストシリーズ)，日本機械学会，2007．
[5] 山田貴博，高性能有限要素法，丸善，2007．
[6] T.J.R. Hughes, *The Finite Element Method: Linear Static and Dynamic Finite Element Analysis*, Dover, 2000.
[7] P.G. Ciarlet, *Mathematical Elasticity: Vol.III Theory of Shells*, Elsevier, 2000.

流れ問題の数値解法
numerical solution of flow problems

海洋，大気の流れから血液の流れまで，流れ問題は種々の分野に現れる．流れ問題を代表するストークス (Stokes) 方程式とナヴィエ–ストークス (Navier–Stokes) 方程式の数値解法を取り扱う．これらの方程式に対して，実用的汎用性が高く，かつ理論的正当性が確立している混合型有限要素近似について述べる．

1. ストークス方程式と弱形式

Ω を $\mathbf{R}^d$ $(d=2,3)$ の有界領域，その境界 Γ は区分的に滑らかであるとする．次の問題を考える．$(u,p): \Omega \to \mathbf{R}^d \times \mathbf{R}$ で

$$-\nu\Delta u + \nabla p = F \quad (x \in \Omega) \tag{1a}$$
$$\nabla \cdot u = 0 \quad (x \in \Omega) \tag{1b}$$
$$u = 0 \quad (x \in \Gamma) \tag{1c}$$

を満たすものを求めよ．ここで，ν は粘性係数，$F \in L^2(\Omega)^d$ は与えられた関数である．$u=(u_1,\ldots,u_d)^\mathrm{T}$ は流速ベクトル，p は圧力，$F=(F_1,\ldots,F_d)^\mathrm{T}$ は外力である．式 (1a) をストークス方程式という．ストークス問題 (1) は非圧縮の遅い粘性流れを記述している．

問題 (1) を弱形式に変換するために，関数空間

$$V = H_0^1(\Omega)^d, \quad Q = L_0^2(\Omega) \tag{2}$$

を用意する．ここで，

$$H_0^1(\Omega) = \{v \in H^1(\Omega); v(x) = 0, x \in \Gamma\}$$
$$L_0^2(\Omega) = \left\{q \in L^2(\Omega); \int_\Omega q\,dx = 0\right\}$$

である．V と Q は，それぞれ，

$$(u,v)_V = \int_\Omega \left(u \cdot v + \sum_{i=1}^d \nabla u_i \cdot \nabla v_i\right) dx$$
$$(p,q)_Q = \int_\Omega p\,q\,dx$$

を内積とするヒルベルト空間である．式 (1a) の両辺に $v \in V$ を掛け，Ω で積分し，ガウス–グリーンの定理と境界条件 (1c) を用い，式 (1b) の両辺に $-q \in Q$ を掛けて Ω で積分すると，

$$a(u,v) + b(v,p) = \langle f,v \rangle \quad (\forall v \in V) \tag{3a}$$
$$b(u,q) = 0 \quad (\forall q \in Q) \tag{3b}$$

を満たす $(u,p) \in V \times Q$ を求める変分問題が得られる．ここで，a, b, f は

$$a(u,v) = \nu \sum_{i=1}^d \int_\Omega \nabla u_i \cdot \nabla v_i\,dx \quad (u,v \in V) \tag{4}$$
$$b(v,q) = -\int_\Omega (\nabla \cdot v)q\,dx \quad (v \in V, q \in Q) \tag{5}$$
$$\langle f,v \rangle = \int_\Omega F \cdot v\,dx \quad (v \in V) \tag{6}$$

で定義される双 1 次形式と線形汎関数である．式 (3) を問題 (1) の弱形式という．u に 1 階の微分可能性が課せられ，p に微分可能性は課せられない．

2. 鞍点型変分原理

V と Q を実ヒルベルト空間とし，その内積を $(\cdot,\cdot)_V$ と $(\cdot,\cdot)_Q$ で表し，それらから導かれるノルムを $\|\cdot\|_V$ と $\|\cdot\|_Q$ で表す．問題 (3) を含む広い枠組みの抽象的変分問題，

$$a(u,v) + b(v,p) = \langle f,v \rangle \quad (\forall v \in V) \tag{7a}$$
$$b(u,q) = \langle g,q \rangle \quad (\forall q \in Q) \tag{7b}$$

を満たす $(u,p) \in V \times Q$ を求める問題を考える．ここで，$a: V \times V \to \mathbf{R}$, $b: V \times Q \to \mathbf{R}$ は連続な双 1 次形式であり，$f: V \to \mathbf{R}$, $g: Q \to \mathbf{R}$ は連続な汎関数である．異なる空間での双 1 次形式の連続性は，次で定義される．

定義 1 $V \times Q$ から $\mathbf{R}$ への双 1 次形式 b が連続であるとは

$$\sup\left\{\frac{b(v,q)}{\|v\|_V \|q\|_Q}; v \in V, q \in Q, v \neq 0, q \neq 0\right\} < +\infty \tag{8}$$

のときをいう．

定義 2 双 1 次形式 b が $V \times Q$ で下限上限条件 (inf-sup condition) を満たすとは，

$$\beta_0 \equiv \inf_{q \in Q, q \neq 0} \sup_{v \in V, v \neq 0} \frac{b(v,q)}{\|v\|_V \|q\|_Q} > 0 \tag{9}$$

であるときをいう．

定理 1 a が

$$V_0 \equiv \{v \in V; b(v,q) = 0, \forall q \in Q\}$$

で強圧的，すなわち，

$$\alpha_0 \equiv \inf\left\{\frac{a(v,v)}{\|v\|_V^2}; v \in V_0, v \neq 0\right\} > 0 \tag{10}$$

であり，b が $V \times Q$ で下限上限条件 (9) を満たすなら，問題 (7) の解は存在して一意であり，

$$\|u\|_V + \|p\|_Q \leq c_0\left(\frac{1}{\alpha_0}, \frac{1}{\beta_0}, \|a\|, \|b\|\right)\left(\|f\|_{V'} + \|g\|_{Q'}\right) \tag{11}$$

が成立する．ここで，c_0 は引数に関して単調増加な正の関数である．

$V \times Q$ 上の汎関数

$$\mathcal{L}(v,q) \equiv \frac{1}{2}a(v,v) - \langle f,v \rangle + b(v,q) - \langle g,q \rangle$$

を定義する.
$$\mathcal{L}(u,q) \leqq \mathcal{L}(u,p) \leqq \mathcal{L}(v,p) \quad (\forall (v,q) \in V \times Q) \tag{12}$$
を満たす $(u,p) \in V \times Q$ を求める鞍点問題 (saddle-point problem) を考える.

定理 2 双 1 次形式 a は V で対称かつ半正定値
$$a(v,v) \geqq 0 \quad (\forall v \in V) \tag{13}$$
とする. このとき, 変分問題 (7) の解と鞍点問題 (12) の解は一致する.

定理 2 を鞍点型変分原理 (variational principle of saddle-point type) という.

変分問題 (3) の a,b は条件 (9),(10) を満たしているので, 定理 1 により任意の $F \in L^2(\Omega)^d$ に対して, 解 (u,p) が存在して一意である[1].

3. ストークス方程式の有限要素近似

V_h を $H_0^1(\Omega)^d$ の有限次元部分空間, Q_h を $L_0^2(\Omega)$ の有限次元部分空間とすると, 式 (3) からストークス問題の混合型有限要素近似,
$$a(u_h, v_h) + b(v_h, p_h) = \langle f, v_h \rangle \ (\forall v_h \in V_h) \tag{14a}$$
$$b(u_h, q_h) = 0 \quad (\forall q_h \in Q_h) \tag{14b}$$
を満たす $(u_h, p_h) \in V_h \times Q_h$ を求める問題が得られる.

系 1 h に依存しない正定数 β が存在して,
$$\inf_{q_h \in Q_h, q_h \neq 0} \sup_{v_h \in V_h, v_h \neq 0} \frac{b(v_h, q_h)}{||v_h||_{V_h} ||q_h||_{Q_h}} \geqq \beta \tag{15}$$
を満たしているなら, 式 (14) の解 $(u_h, p_h) \in V_h \times Q_h$ は存在して一意であり, 式 (3) の解 (u,p) との誤差評価
$$||u_h - u||_V + ||p_h - p||_Q$$
$$\leqq c_1 \left(\inf_{v_h \in V_h} ||u - v_h||_V + \inf_{q_h \in Q_h} ||p - q_h||_Q \right)$$
が成立する. ここに, c_1 は h と (u,p) に依存しない正定数である.

ストークス問題では, 式 (10) に対応する結果は有限要素近似空間で成立する. 一方, 連続問題の結果 (9) は $V_h \times Q_h$ での下限上限条件 (15) に引き継がれない. 式 (15) は 2 つの有限要素空間 V_h と Q_h の選択に課せられた条件である. この条件は鞍点型変分原理に基づく有限要素近似で必要なものであり, 最小型変分原理に基づくときは生じない. 下限上限条件 (15) を満たす代表的な組合せは三角形 (4 面体) 2 次要素と三角形 (4 面体) 1 次要素の組であり, フッド–テイラー (Hood–Taylor) 要素と呼ばれる. 系 1 から
$$||u_h - u||_V + ||p_h - p||_Q = O(h^2)$$
の収束結果が得られる.

4. ナヴィエ–ストークス方程式の有限要素近似

T を正定数とし, $(0, T)$ を時間区間とする. u, p, F を $\Omega \times (0, T)$ で定義された関数とし, 式 (1a) を
$$\frac{\partial u}{\partial t} + (u \cdot \nabla)u - \nu \Delta u + \nabla p = F \tag{16}$$
で置き換え, 初期条件
$$u = u^0 \quad (x \in \Omega, \ t = 0)$$
を加えたものは, 非定常ナヴィエ–ストークス問題である. 非圧縮粘性流体の運動を記述する. Δt を時間刻みとし, $N_T \equiv \lfloor T/\Delta t \rfloor$ とおく. 時刻 $t = n\Delta t$ での有限要素近似を (u_h^n, p_h^n) とする. 式 (16) の後退オイラー (backward Euler) 近似は, 任意の $(v_h, q_h) \in V_h \times Q_h$ と, $n = 1, \ldots, N_T$ に対して,
$$\left(\frac{u_h^n - u_h^{n-1}}{\Delta t}, v_h \right) + a_1(u_h^{n-1}, u_h^n, v_h)$$
$$+ a(u_h^n, v_h) + b(v_h, p_h^n) = \langle f, v_h \rangle \tag{17a}$$
$$b(u_h^n, q_h) = 0 \tag{17b}$$
$$(u_h^0, v_h) = (u^0, v_h) \tag{17c}$$
で $(u_h^n, p_h^n) \in V_h \times Q_h \ (n = 1, \ldots, N_T)$ を求める. ここで, $(\cdot, \cdot)$ は $L^2(\Omega)^d$ 内積であり,
$$a_1(w, u, v) = \frac{1}{2} \int_\Omega \{[(w \cdot \nabla)u]v - [(w \cdot \nabla)v]u\} dx$$
である. 非線形項は前の時間ステップの既知流速 u_h^{n-1} を使って線形化している. V_h と Q_h にフッド–テイラー要素を使うと,
$$||u_h - u||_{\ell^2(V)} + ||p_h - p||_{\ell^2(Q)} = O(h^2 + \Delta t)$$
の結果が得られる[4]. ここで,
$$||v_h||_{\ell^2(Z)} \equiv \left\{ \Delta t \sum_{n=0}^{N_T} ||v_h^n||_Z^2 \right\}^{1/2}$$
である.
[田端正久]

参 考 文 献

[1] 田端正久, 偏微分方程式の数値解析, 岩波書店, 2010.
[2] F. Brezzi, M. Fortin, *Mixed and Hybrid Finite Element Methods*, Springer, 1991.
[3] V. Girault, P.A. Raviart, *Finite Element Methods for Navier–Stokes Equations, Theory and Algorithms*, Springer, 1986.
[4] M. Tabata, D. Tagami, Error estimates for finite element approximations of drag and lift in nonstationary Navier-Stokes flows, *Japan J. Indust. Appl. Math.*, **17** (2000), 371–389.

電磁気問題の数値解法

numerical solution of electromagnetic problems

本項目では電磁場問題に現れる現象の1つとして静磁場問題を取り上げ，有限要素法を適用した場合の数値解法について述べる．

1. 静磁場問題の定式化

考える領域を Ω とし，その境界を Γ とする．簡単のために Ω は3次元有界凸多面体と仮定する．また Γ 上の外向き単位法線を $\boldsymbol{n}$ とする．磁気ベクトルポテンシャルを $\boldsymbol{u}$，電流密度を $\boldsymbol{f}$，透磁率を μ としたとき，静磁場問題は

$$\begin{cases} \operatorname{rot}(\mu^{-1}\operatorname{rot}\boldsymbol{u}) = \boldsymbol{f}, & \boldsymbol{x} \in \Omega \quad (1a)\\ \operatorname{div}\boldsymbol{u} = 0, & \boldsymbol{x} \in \Omega \quad (1b)\\ \boldsymbol{u} \times \boldsymbol{n} = 0, & \boldsymbol{x} \in \Gamma \quad (1c) \end{cases}$$

を満たす $\boldsymbol{u}$ を求める偏微分方程式となる．式 (1a)，(1b)，(1c) はそれぞれ，マックスウェル (Maxwell) 方程式から導かれる場の支配方程式，解の一意性を保証するために必要となるクーロン (Coulomb) ゲージ条件，静磁場問題における本質的境界条件を表す．

問題 (1) に対する弱形式を構成するために必要な関数空間を準備する．2乗可積分な実数値関数全体からなる関数空間を $L^2(\Omega)$ とする．また各成分が $L^2(\Omega)$ に含まれる3次元実ベクトル値関数全体からなる関数空間 $\left(L^2(\Omega)\right)^3$ の内積およびノルムを $(\cdot,\cdot)$ および $\|\cdot\|$ で表す．1階微分までが2乗可積分な実数値関数全体からなる関数空間を $H^1(\Omega)$ とし，そのノルムを $\|\cdot\|_1$ で表す．さらに自身とその回転が2乗可積分な3次元実ベクトル値関数全体からなる関数空間を $H(\operatorname{rot};\Omega)$ とし，そのノルムを $\|\boldsymbol{u}\|_{H(\operatorname{rot};\Omega)} := \left(\|\boldsymbol{u}\|^2 + \|\operatorname{rot}\boldsymbol{u}\|^2\right)^{1/2}$ で定める．

ここで，関数空間 V および Q をそれぞれ

$$V = \{\boldsymbol{v} \in H(\operatorname{rot};\Omega);\ \boldsymbol{v}\times\boldsymbol{n} = \boldsymbol{0},\ \boldsymbol{x}\in\Gamma\}$$
$$Q = \{q \in H^1(\Omega);\ q = 0,\ \boldsymbol{x}\in\Gamma\}$$

で，双1次形式 $a(\boldsymbol{u},\boldsymbol{v})$ および $b(\boldsymbol{v},q)$ をそれぞれ

$$a(\boldsymbol{u},\boldsymbol{v}) = (\mu^{-1}\operatorname{rot}\boldsymbol{u},\operatorname{rot}\boldsymbol{v})$$
$$b(\boldsymbol{v},q) = (\boldsymbol{v},\operatorname{grad} q)$$

で定めたとき，Kikuchi [4] に従いラグランジュ乗数 p を導入すれば，問題 (1) に対する弱形式は

$$\begin{cases} a(\boldsymbol{u},\boldsymbol{v}) + b(\boldsymbol{v},p) = (\boldsymbol{f},\boldsymbol{v}) & (2a)\\ b(\boldsymbol{u},q) = 0, \quad \forall(\boldsymbol{v},q)\in V\times Q & (2b) \end{cases}$$

を満たす $(\boldsymbol{u},p)\in V\times Q$ を求める問題となる．弱形式 (2) に鞍点型変分問題の一般論を適用すると，回転 rot を V から $\left(L^2(\Omega)\right)^3$ への作用素と見なしたときにその値域が $\left(L^2(\Omega)\right)^3$ の閉集合かつ Ω が単連結であれば可解性を，境界 Γ が連結であれば一意性を，それぞれ示すことができる；例えば [6] を参照．

2. 有限要素法による離散化

多面体 Ω の4面体分割を $\mathcal{T}_h$ とし，その要素である4面体を K で，要素の最大直径を h で表す．以下では，分割 $\mathcal{T}_h$ が正則な分割（例えば [2] を参照）であると仮定する．

2.1 辺要素の導入

本節では弱形式 (2) の離散化に必要な有限要素について述べる．電磁場解析で頻繁に用いられる有限要素の族はネデレック（Nedelec [8]）によって提案され，提案者の名前や要素の持つ特徴から，ネデレック要素，辺要素，あるいは回転適合要素などと呼ばれる．本項目では辺要素のうち1次の3次元ベクトル値多項式によって表される要素のみを扱う；図1を参照．

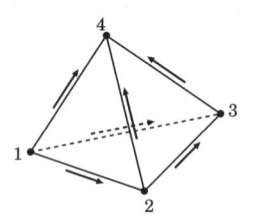

図1 4面体1次辺要素

要素 K 上で1次の3次元ベクトル値多項式からなる関数空間 $\mathcal{R}_1(K)$ を，$\mathcal{R}_1(K) = \{\boldsymbol{v}(\boldsymbol{x}) = \boldsymbol{a} + \boldsymbol{b}\times\boldsymbol{x},\ \forall \boldsymbol{a},\boldsymbol{b}\in\mathbb{R}^3,\ \boldsymbol{x}\in K\}$ で定める．図1に示すように頂点を番号付けし，辺に沿った矢印の向きで辺方向を定める．辺の端点となる頂点が持つ番号の組を (i,j) （ただし $i<j$）とするとき，その辺を e_{ij} で表し，辺 e_{ij} の単位方向ベクトルを $\boldsymbol{t}_{ij}$ で表す．このとき $\mathcal{R}_1(K)$ が持つ6つの自由度は，要素 K の6つの辺 e_{ij} それぞれにおけるモーメントに対応する"辺自由度"

$$\int_{e_{ij}} \boldsymbol{v}\cdot\boldsymbol{t}_{ij}\, ds$$

となる．また，辺 e_{ij} 上で定まる"辺自由度"に対応する基底関数 ψ_{ij} は，体積座標 $(\lambda_1,\lambda_2,\lambda_3,\lambda_4)$ を用いて以下で定める：

$$\psi_{ij} := \lambda_i \operatorname{grad}\lambda_j - \lambda_j \operatorname{grad}\lambda_i.$$

分割 $\mathcal{T}_h$ の異なる要素で，共通する面 f_{12} を持つ2つの要素 K_1 および K_2 を考え，それぞれの要素上で定義された2つの多項式 $\boldsymbol{q}_i\in\mathcal{R}_1(K_i)$ に対し，多項式 $\boldsymbol{q}$ を $\boldsymbol{q}|_{K_i} = \boldsymbol{q}_i$ と定める．このとき，接平面成分の連続性，すなわち共通する面 f_{12} 上で $\boldsymbol{q}_1\times\boldsymbol{n} = \boldsymbol{q}_2\times\boldsymbol{n}$

が満たされれば $q \in H(\mathrm{rot}; K_1 \cup K_2)$ が成り立つ．接平面成分の連続性は，面 f_{12} を構成する 3 つの辺に対応する"辺自由度"が多項式 q_i 間で一致していれば満たされる．一方で，共通する面 f_{12} 上で q_i の法線方向成分 $q_i \cdot n$ の連続性は一般に成り立たないことに注意する．

以上のことから，導入した 4 面体 1 次辺要素を用いて関数空間 X に対する有限要素空間 X_h を
$$X_h = \{ v_h \in H(\mathrm{rot}; \Omega);$$
$$v_h|_K \in \mathscr{R}_1(K), \ \forall K \in \mathscr{T}_h \}$$
と定めることができる．このとき，自身とその回転が $H^1(\Omega)$ に属する関数 v から X_h への補間作用素を Π_h^1 とすると，その補間誤差に関して，以下の結果が知られている；例えば Alonso–Valli [1] 参照：

定理 1 領域 Ω の 4 面体分割 $\mathscr{T}_h$ が正則であると仮定する．関数 v が $v \in (H^1(\Omega))^3$ かつ $\mathrm{rot}\, v \in (H^1(\Omega))^3$ を満たすとき，h によらないある定数 $c > 0$ が存在して以下が成り立つ：
$$\| v - \Pi_h^1 v \|_{H(\mathrm{rot}; \Omega)} \leqq ch (\|v\|_1 + \|\mathrm{rot}\, v\|_1).$$

2.2 混合型有限要素法の導入

通常の 4 面体 1 次要素を用いて関数空間 $H^1(\Omega)$ に対する有限要素空間 M_h を
$$M_h = \{ q_h \in H^1(\Omega) \cap \mathscr{C}(\overline{\Omega});$$
$$q_h|_K \in \mathscr{P}_1(K), \ \forall K \in \mathscr{T}_h \}$$
と定める．ただし $\mathscr{C}(\overline{\Omega})$ は $\overline{\Omega}$ 上で連続な関数全体からなる空間，$\mathscr{P}_1(K)$ は K 上の 1 次多項式全体からなる空間である．関数空間 V および Q に対し，有限要素空間 V_h および Q_h をそれぞれ
$$V_h = \{ v_h \in X_h; \ v_h \times n = 0 \quad x \in \Gamma \}$$
$$Q_h = \{ q_h \in M_h; \ q_h = 0 \quad x \in \Gamma \}$$
で定める．このとき，[4] の結果に従えば，弱形式 (2) に対する有限要素近似問題は
$$\begin{cases} a(u_h, v_h) + b(v_h, p_h) = (f, v_h) & (3a) \\ b(u_h, q_h) = 0, \quad \forall (v_h, q_h) \in V_h \times Q_h & (3b) \end{cases}$$
を満たす $(u_h, p_h) \in V_h \times Q_h$ を求める問題となる．

近似問題 (3) の一意可解性および解の収束性は混合型有限要素法の一般論を用いて示すことができる；例えば [6] を参照．一般論を適用する際には，近似問題 (3) で用いる有限要素の組に対して，補間誤差の収束性，包含関係 $\mathrm{grad}\, Q_h \subset V_h$，離散コンパクト性の 3 つの性質が成り立つことが鍵となる．ただし，離散コンパクト性とは，h に依存しない正定数 α が存在して，$v_h \in V_h$ が任意の $q_h \in Q_h$ に対して $b(v_h, \mathrm{grad}\, q_h) = 0$ を満たすとき，$\|\mathrm{rot}\, v_h\| \geqq \alpha \|v_h\|$ が成り立つことをいう．近似問題 (3) においては，3 つの性質のうち離散コンパクト性を示すのが最も困難であり，本項目で用いた有限要素の組に対しては Kikuchi [5] で示されている．以上から近似問題 (3) の解に対する誤差評価を得る：

定理 2 弱形式 (2) の解 (u, p) が $u \in (H^1(\Omega))^3$, $\mathrm{rot}\, u \in (H^1(\Omega))^3$, および $p \in H^2(\Omega)$ を満たすとき，有限要素近似問題 (3) の解 (u_h, p_h) に対して，h によらないある定数 $c > 0$ が存在して以下が成り立つ：
$$\| (u, p) - (u_h, p_h) \|_{H(\mathrm{rot}; \Omega)} \leqq ch.$$

3. まとめ

本項目では，磁気ベクトルポテンシャルを未知関数に持つ 3 次元静磁場問題に対して，4 面体 1 次辺要素を用いた有限要素法について述べた．渦電流問題など他の電磁場問題の場合，高次辺要素や 6 面体分割を用いる他の有限要素法の場合，数学的結果の詳しい理解，および最近の進展などについては，Alonso–Valli [2]，本間–五十嵐–川口 [3]，菊地 [6]，Monk [7] およびその参考文献を参照されたい．

[田上大助]

参 考 文 献

[1] A. Alonso and A. Valli, An optimal domain decomposition preconditioner for low-frequency time-harmonic Maxwell equations, *Math. Comp.*, **68** (1999), 607–631.

[2] A. Alonso and A. Valli, *Eddy Current Approximation of Maxwell Equations, Theory, algorithms and applications*, Springer-Verlag, 2010.

[3] 本間利久, 五十嵐一, 川口秀樹, 数値電磁力学—基礎と応用 (日本シミュレーション学会 編, 計算電気・電子工学シリーズ 14), 森北出版, 2002.

[4] F. Kikuchi, Mixed formulations for finite element analysis of magnetostatic and electrostatic problems, *Japan J. Appl. Math.*, **6** (1989), 209–221.

[5] F. Kikuchi, On a discrete compactness property for the Nedelec finite elements, *J. Fac. Sci. Univ. Tokyo, Sect. IA Math.*, **36** (1989), 479–490.

[6] 菊地文雄, 有限要素法の数理—数学的基礎と誤差解析 (計算力学と CAE シリーズ 13), 培風館, 1994.

[7] P. Monk, *Finite Element Methods for Maxwell's Equations*, Oxford University Press, 2003.

[8] J.C. Nedelec, Mixed finite elements in $\mathbb{R}^3$, *Numer. Math.*, **35** (1980), 315–341.

ウェーブレット

ウェーブレットと時間周波数解析 486
連続ウェーブレット変換 488
ウェーブレットフレーム 492
正規直交ウェーブレット 496
離散ウェーブレット変換 500
ウェーブレットとフィルタ 504
ウェーブレットと信号処理 508
ウェーブレットによる画像処理 512
ウェーブレット解析の発展 516

ウェーブレットと時間周波数解析
wavelet and time-frequency analysis

1. 時間周波数解析

関数（信号）$f(x) \in L^2(\mathbb{R})$ の周波数構造を表すものとして，理工学ではフーリエ変換

$$\hat{f}(\omega) = \int_{-\infty}^{\infty} e^{-i\omega x} f(x)\,dx$$

がよく用いられるが，$\hat{f}(\omega)$ は時間変数を含まないため，信号の周波数分布が時間的に変化する場合には，フーリエ変換は必ずしも便利ではない．しかし，このような信号は広範な分野において見られるため，便宜的なものも含め，様々な解析手法が考案されてきた．これらの時間周波数解析の手法は，数学的理論の不十分さから共通の基盤に基づいて議論されることが少なかったが，1980年代から始まったウェーブレット解析は，数学的共通言語を提供し，分野横断的な研究を促進する契機となった．

時間周波数解析の手法には大きく分けて，窓付きフーリエ変換，Wigner–Ville 分布，ウェーブレット変換という3つの系統があるが，これらは別々のものではなく，相互に関係する概念である．窓付きフーリエ変換とウェーブレット変換は信号の線形変換に基礎を置くのに対し，Wigner–Ville 分布は信号の2次形式に基礎を置いている．

2. 窓付きフーリエ変換

信号の時間局所的な周波数構造を調べるため，窓関数 $w(x) \in L^2(\mathbb{R})$ によって $x = b$ 付近に制限した信号 $w(x-b)f(x)$ のフーリエ変換

$$S_f(b,\omega) = \int_{-\infty}^{\infty} e^{-i\omega x} \overline{w(x-b)} f(x)\,dx$$

がしばしば用いられる（ ̄は複素共役）．これは窓付きフーリエ変換（windowed Fourier transform）あるいは略して窓フーリエ変換と呼ばれ，窓関数には矩形関数をはじめとして Hamming 窓，ガウシアン窓，Hanning 窓，Blackman 窓など様々な関数が用いられる．$|S_f(b,\omega)|^2$ をスペクトログラム（spectrogram）という．窓関数の形状は平均値，分散，フーリエスペクトル，時間分解能などに影響を及ぼし，さらに窓関数の持つ特別なスケールが解析結果に現れることもあるため，注意が必要である．なお，時刻と周波数の精度は，いずれも時間や周波数によらず一定で，不確定性関係による制限を受ける．

窓関数が $\|w\| = 1$ を満たすとき，次の逆変換とエネルギー分配則が成り立つ（$\|\cdot\|$ は L^2 ノルム）．

$$f(x) = \frac{1}{2\pi} \int_{-\infty}^{\infty} \int_{-\infty}^{\infty} e^{i\omega x} w(x-b) S_f(b,\omega)\,db\,d\omega$$

$$\|f\|^2 = \frac{1}{2\pi} \int_{-\infty}^{\infty} \int_{-\infty}^{\infty} |S_f(b,\omega)|^2 \,db\,d\omega$$

ただし，$e^{i\omega x} w(x-b)$ は直交系ではなく独立でもない．$S_f(b,\omega) \in L^2(\mathbb{R}^2)$ ではあるが，窓付きフーリエ変換による $L^2(\mathbb{R})$ の像は，$L^2(\mathbb{R}^2)$ 全体ではなく再生核

$$K(b_0, b, \omega_0, \omega)$$
$$= \int_{-\infty}^{\infty} w(t-b)\overline{w(t-b_0)} e^{-i(\omega_0 - \omega)t}\,dt$$

に対して

$$S_f(b_0, \omega_0)$$
$$= \frac{1}{2\pi} \int_{-\infty}^{\infty} \int_{-\infty}^{\infty} S_f(b,\omega) K(b_0, b, \omega_0, \omega)\,db\,d\omega$$

を満たすものに限られる．また，この再生核を

$$K(b_0, b, \omega_0, \omega)$$
$$= e^{-i(\omega_0 - \omega)(b+b_0)/2} A_w(b_0 - b, \omega_0 - \omega)$$

$$A_w(\tilde{b}, \tilde{\omega}) = \int_{-\infty}^{\infty} w\left(\tau + \frac{\tilde{b}}{2}\right) \overline{w\left(\tau - \frac{\tilde{b}}{2}\right)} e^{-i\tilde{\omega}\tau}\,d\tau$$

と書くとき，A_w を窓関数 w の曖昧さ関数（ambiguity function）といい，窓付きフーリエ変換の時刻と周波数の精度を表す．

窓付きフーリエ変換のうち，特にガウシアン窓（$w(x) = \pi^{-1/4} \exp(-x^2/2)$）を用いるものはガボール変換（1946）と呼ばれ，実用に用いられることも多い．この窓関数は，量子力学では調和振動子に伴う消滅演算子の固有状態（コヒーレント状態）として知られている．コヒーレント状態は最小不確定性を持ち，過剰完全系をなす．$S_f(b,\omega)$ は関数 $f(x)$ のコヒーレント状態表現と呼ばれ，量子光学などで用いられる．なお，局所コンパクト群 G 上の関数に対し，G の既約ユニタリ表現を用いて展開する一般フーリエ変換が定義できるが，窓付きフーリエ変換 [連続ウェーブレット変換] は G が Weyl–Heisenberg 群 [$ax+b$ 群] の場合に相当する．

数値的な扱いのためには，窓付きフーリエ変換の離散化が望ましい．自然な離散化は，固定した $\omega_0, x_0 > 0$ を用いて $w_{m,n}(x) = e^{im\omega_0 x} w(x - nx_0)$（$m, n \in \mathbb{Z}$）とするものであるが，この関数系が $L^2(\mathbb{R})$ のフレームとなるのは $\omega_0 x_0 \leqq 2\pi$ のときに限られる．また，特に正規直交基底となるのは $\omega_0 x_0 = 2\pi$ のときのみであるが，この場合のフレームは $\int x^2 |w(x)|^2 \,dx = \infty$ または $\int \omega^2 |\hat{w}(\omega)|^2 \,d\omega = \infty$ となる（バリアン–ロウの定理）ため，時間周波数平面での局在性が悪い．したがって局在性の良いものはフレームに限られ，$\omega_0 x_0 < 2\pi$，すなわち Nyquist 密度以上の離散化を行うときのみ得られる．

3. Wigner–Ville 分布とコーエン分布

気体の量子統計力学の研究において，1932 年 Wigner は位置と運動量の結合分布を提案し，1948 年 Ville はこれを信号解析の分野に導入した．Wigner (–Ville) 分布とは信号 $f(x) \in L^2(\mathbb{R})$ に対する次の 2 次形式をいう[1]．

$$W_f(b,\omega) = \int_{-\infty}^{\infty} f\left(b - \frac{x}{2}\right)\overline{f\left(b + \frac{x}{2}\right)}e^{-i\omega x}\,dx$$

Wigner 分布は，信号が複素数のときにも実数値となり，信号が時間軸あるいは周波数軸に平行移動すれば，同様に平行移動する（推移不変性）．Wigner 分布は時間と周波数についての周辺条件

$$\int_{-\infty}^{\infty} W_f(b,\omega)\,db = |\hat{f}(\omega)|^2 \quad (1)$$

$$\int_{-\infty}^{\infty} W_f(b,\omega)\,d\omega = |f(b)|^2 \quad (2)$$

を満たす．また，$f[\hat{f}]$ のサポートがコンパクトな場合は，W_f のサポートの時間軸 [周波数軸] への射影は $f[\hat{f}]$ のサポートに含まれるなど，時間周波数平面における分布として自然な性質を備えている．さらに，$f, g \in L^2(\mathbb{R})$ に対して次の等長性（Moyal の関係），

$$\left|\int_{-\infty}^{\infty} f(x)\overline{g(x)}\,dx\right|^2 = \frac{1}{2\pi}\int_{-\infty}^{\infty}\int_{-\infty}^{\infty} W_f(b,\omega)W_g(b,\omega)\,db\,d\omega \quad (3)$$

が成り立つ．

Wigner 分布はこれらの良い性質とともに，2 次形式であることに起因する欠点も伴っている．その 1 つは，信号の和 $f(x) = f_1(x) + f_2(x)$ の Wigner 分布には $W_f = W_{f_1} + W_{f_2} + I(f_1, f_2)$ のように干渉項 $I(f_1, f_2)$ が生じることである．この項がしばしば物理的解釈が困難な正負の振動を伴う．また，より深刻なのは $W_f(b,\omega)$ の正値性が保証されないことである．これは原理的な問題で，一般に周辺条件 (1),(2) を満たすエルミート 2 次形式の非負値分布 $W_f(b,\omega)$ は存在しない (Wigner) ことが知られている．

Moyal の関係式 (3) で $g(x) = w(x-b)e^{i\omega x}$ とおくと，スペクトログラムが信号と窓関数の Wigner 分布によって表される（連続ウェーブレット変換についても同様の表現が可能である）．

$$|S_f(b,\omega)|^2 = \frac{1}{2\pi}\int_{-\infty}^{\infty}\int_{-\infty}^{\infty} W_f(b',\omega')W_w(b'-b,\omega'-\omega)\,db'\,d\omega'$$

一般に，曖昧さ関数と Wigner 分布は互いにフーリエ変換

$$W_f(b,\omega) = \frac{1}{2\pi}\int_{-\infty}^{\infty}\int_{-\infty}^{\infty} e^{-i\tilde{b}\omega + i\tilde{\omega}b} A_f(\tilde{b},\tilde{\omega})\,d\tilde{b}d\tilde{\omega}$$

の関係にあるため，スペクトログラムのフーリエ変換（特性関数）

$$\hat{S}_f(\tilde{b},\tilde{\omega}) = \frac{1}{2\pi}\int_{-\infty}^{\infty}\int_{-\infty}^{\infty} e^{i\tilde{b}\omega - i\tilde{\omega}b} S_f(b,\omega)\,db\,d\omega$$

は，信号および窓関数の曖昧さ関数の積

$$\hat{S}_f(\tilde{b},\tilde{\omega}) = A_f(\tilde{b},\tilde{\omega})A_w(\tilde{b},\tilde{\omega})$$

として表される．この式で窓関数の曖昧さ関数を一般の 2 変数関数（核関数）$\phi(\tilde{b},\tilde{\omega})$ に置き換えて得られる分布

$$C(b,\omega) = \frac{1}{2\pi}\int_{-\infty}^{\infty}\int_{-\infty}^{\infty} e^{-i\tilde{b}\omega + i\tilde{\omega}b} A_f(\tilde{b},\tilde{\omega})\phi(\tilde{b},\tilde{\omega})\,d\tilde{b}\,d\tilde{\omega}$$

は 1966 年にコーエンによって提案され，コーエン分布と呼ばれている[1]．コーエン分布の性格は核関数によって決定される．特に $\phi(\tilde{b},\tilde{\omega}) = 1$ の場合は Wigner 分布となるが，他の適当な核関数を選ぶことによって，様々な時間周波数分布を得ることができる．

4. ウェーブレット

アナライジングウェーブレット $\psi(x)$ から生成されるウェーブレット $\psi^{(a,b)}(x) = (1/\sqrt{|a|})\psi((x-b)/a)$ $(a, b \in \mathbb{R},\ a \neq 0,\ \|\psi\| = 1)$ では，$|a|$ が小さい（高周波数）ほど，時間精度は高く周波数精度は低い．これは Moyal の関係において $\psi^{(a,b)}(x)$ の Wigner 分布が $W_\psi(b/a, a\omega)$ であることにも反映しており，ウェーブレット変換が窓付きフーリエ変換と大きく異なる点である．また，ウェーブレット変換は一定の窓関数を使用しないため，特別なスケールを伴わない利点も備えている．さらに，パラメータを離散化 $(a = a_0^{-j},\ b = kb_0 a_0^{-j}\ (j, k \in \mathbb{Z}))$ してフレームを構成するとき，窓付きフーリエ変換とは異なり，a_0, b_0 の大きさに制限がつかないという特徴がある[2]．

［山 田 道 夫］

参 考 文 献

[1] L. Cohen, *Time-frequency analysis*, Prentice Hall, 1995. [邦訳] 吉川　昭, 佐藤俊輔 訳, 時間–周波数解析, 朝倉書店, 1998.

[2] I. Daubechies, *Ten Lectures on Wavelets*, CBMS61, SIAM, 1992. [邦訳] 山田道夫, 佐々木文夫 訳, ウェーブレット 10 講, シュプリンガー・フェアラーク東京, 2003.

連続ウェーブレット変換

continuous wavelet transform

連続ウェーブレット変換について，フーリエ変換と対比しながら定義を述べる．その後，不確定性関係と連続ウェーブレット変換の基底の従属性に関する問題点を指摘する．引き続き，ウェーブレット変換の応用例として，時間周波数解析としての利用法と関数の特異性の検出について取り扱う．

1. フーリエ解析とウェーブレット解析

ウェーブレット解析はフーリエ解析の弱点を補う補完的手法として考案されたものであり，フーリエ解析より優れている点もあるがそうでない点もあり，全面的にフーリエ解析に代わるツールになるものではない．本節では，ウェーブレット解析をフーリエ解析と対比しながら見ていきたい．

フーリエ解析がデータ解析を行う際の最も強力な手法の1つであることは，衆目の一致するところであろう．例えば，時間 x に関する関数 $f(x)$ の中にどのような周波数成分がどの程度含まれているのかを知るには，$f(x)$ をフーリエ変換し，その周波数成分に対応するフーリエ係数を見れば一目瞭然である．このことは，言うまでもなく，フーリエ変換の積分核が sin, cos という三角関数（周期関数）であることに起因している．また，フーリエスペクトルの形をべき則を用いて調べることにより，$f(x)$ の特徴を検出することができる．このことは，フーリエ解析で用いられる sin, cos が互いに相似であって，特別なスケールを持たないことに由来している．

ところで，ある周波数成分が関数 $f(x)$ のどの付近に多く含まれているかを知りたいことは，データ解析を行うときには多々あるし，逆に，ある時間 x_0 付近にどのような周波数成分が多くあるのかを知りたいこともある．しかし，フーリエ解析では時間の情報は位相（phase）の形でしか入ってこないため，一般にこれを知ることは非常に難しい．このことは，sin, cos の三角関数が表す波には中心の時間と呼べるものがなく，どこまでも同じように振動を繰り返しているからである．$f(x)$ の特定の時間 x_0 での周波数情報を得ようとするときには，三角関数のように無限の広がりを有する波を基本関数系として用いているフーリエ解析は，あまり良い解析手法とは言いがたい．

それでは無限の広がりを持つ波ではなく，局在化された波を用いてフーリエ解析のようなことができないか，という発想に立って考案されたのが，ウェーブレット解析である．ウェーブレット解析は上述のようなフーリエ解析の弱点を補う手法として考案され，関数 $f(x)$ のある時間 x_0 でどのような周波数が存在するかという情報を得ることができる．ウェーブレット解析では，基本関数系のもととなる関数として局在化された関数を用い，その関数をマザーウェーブレット（mother wavelet）と呼び，許容条件（admissible condition）といわれる以下の条件を満たす関数 $\psi(x)$ が用いられる．

$$C_\psi = \int_{-\infty}^{\infty} \frac{|\hat{\psi}(\xi)|^2}{|\xi|} d\xi < \infty$$

ここで，$\hat{\psi}$ は ψ のフーリエ変換

$$\hat{\psi}(\xi) = \int_{-\infty}^{\infty} \psi(x) \overline{e^{i\xi x}} dx$$

を表す．なお，$e^{i\xi x}$ の上に引かれた記号－は，複素共役を表すものとする．また，これからの関数は全てフーリエ変換可能な関数とする（2乗可積分関数）．

許容条件は，この形を見て直感的に理解できるというものではないが，要するに，$|x|$ が大きくなるとある程度速くゼロに向かい，かつ直流成分（平均値）がゼロの関数であると思っても差し支えない．この条件を満たす関数は x 軸上で局在しているため，$f(x)$ の特定の時間 x_0 での情報を得るためには，フーリエ変換のときのように基本関数系を拡大・縮小するだけでは不十分で，x 軸上で平行移動させることが必要になる．マザーウェーブレットを拡大・縮小および平行移動させて得られる関数系

$$\psi^{(a,b)}(x) = \frac{1}{\sqrt{|a|}} \psi\left(\frac{x-b}{a}\right)$$

$$(a \neq 0, \ a, b \in \mathbb{R})$$

をウェーブレット（wavelet）と呼ぶ．a と b はそれぞれ拡大・縮小と平行移動を定めるパラメータであり，a はフーリエ解析との対比から周期（$1/a$ が周波数）と解釈できる．また，b はフーリエ解析には対応するものがないが，時間を定めるパラメータと解釈できる．

2. 連続ウェーブレット変換と逆変換

関数 $f(x)$ の連続ウェーブレット変換（continuous wavelet transform）は，形式的にはフーリエ変換

$$\hat{f}(\xi) = \int_{-\infty}^{\infty} f(x) \overline{e^{i\xi x}} dx$$

の積分核である $e^{i\xi x}$ をウェーブレット $\psi^{(a,b)}$ で置き換えたものであり

$$T(a,b) = \frac{1}{\sqrt{C_\psi}} \int_{-\infty}^{\infty} f(x) \overline{\psi^{(a,b)}(x)} dx \quad (1)$$

で定義される．ここで，C_ψ は定数であり，許容条件での C_ψ と同じものである．この定数 C_ψ は逆変換の存在に対して重要な意味を持つことになるが，

そのことについては後述するので，これから少しの間，積分の前についている $1/\sqrt{C_\psi}$ を無視することにする．ウェーブレット $\psi^{(a,b)}(x)$ は局在した関数であり，マザーウェーブレット $\psi(x)$ を a で拡大・縮小し，関数 $f(x)$ に対して $x=b$ の時間に平行移動したものなので，フーリエ変換とのアナロジーから，時間 b 付近での関数 $f(x)$ をフーリエ変換したような性質を持っていると考えることができる．

ここで，フーリエ変換とその逆変換の関係について見てみることにする．フーリエ変換に対して逆変換を計算すると，

$$\frac{1}{2\pi}\int_{-\infty}^{\infty} e^{i\xi x}\hat{f}(\xi)\,d\xi$$
$$=\int_{-\infty}^{\infty} dx' f(x')\frac{1}{2\pi}\int_{-\infty}^{\infty} e^{i(x-x')\xi}d\xi$$
$$=\int_{-\infty}^{\infty} dx' f(x')\delta(x-x')=f(x)$$

となる．ここで，δ はディラック（Dirac）のデルタ関数である．これからもわかるように，逆変換を成立させるためには

$$\frac{1}{2\pi}\int_{-\infty}^{\infty} e^{i(x-x')\xi}d\xi=\delta(x-x')$$

が最も重要である．この関係は完全性条件と呼ばれている．この関係は，フーリエ変換における基底の直交性条件

$$\frac{1}{2\pi}\int_{-\infty}^{\infty} e^{i(\xi-\xi')x}dx=\delta(\xi-\xi')$$

とは積分している変数が異なっている．すなわち，逆変換の存在を保証しているのは完全性条件であり，周波数 ξ に関する積分がデルタ関数になるという性質である．この性質は直交性条件での x に関する積分ではないことに注意をして，逆連続ウェーブレット変換に関して見てみることにしよう．

連続ウェーブレット変換に対して，その逆変換は，これもフーリエ変換と対比することにより

$$\frac{1}{\sqrt{C_\psi}}\int_{-\infty}^{\infty}\int_{-\infty}^{\infty} d\left(\frac{1}{a}\right)db\,T(a,b)\psi^{(a,b)}(x) \quad (2)$$

のような形を想定するのが自然であろう．ウェーブレット変換では，周波数 $1/a$ と時間 b の2つのパラメータがあるため，この2つのパラメータに関して積分を行う必要がある．ところで，逆フーリエ変換の存在を保証していたのは完全性条件であった．それに対応するものは，式 (1) を式 (2) に代入することにより，次の積分となる．

$$\int_{-\infty}^{\infty}\int_{-\infty}^{\infty}\frac{da\,db}{a^2}\overline{\psi^{(a,b)}(x)}\psi^{(a,b)}(x')$$

ここで，$d\left(\frac{1}{a}\right)db$ を $\frac{da\,db}{a^2}$ と書き換えてある．この積分は簡単な変形により

$$\int_{-\infty}^{\infty}\frac{|\hat{\psi}(a)|^2}{|a|}da\,\delta(x-x')$$

となる．逆ウェーブレット変換が存在するためには，この式がデルタ関数に比例している必要がある．そのためには，係数に含まれている積分が有限の値

$$\int_{-\infty}^{\infty}\frac{|\hat{\psi}(a)|^2}{|a|}da<\infty$$

をとる必要がある．この条件が成り立つときに，定数 C_ψ を

$$C_\psi=\int_{-\infty}^{\infty}\frac{|\hat{\psi}(a)|^2}{|a|}da$$

とすれば，次の逆変換の公式により，$T(a,b)$ から $f(x)$ が再現される．

$$f(x)=\frac{1}{\sqrt{C_\psi}}\int_{-\infty}^{\infty}\int_{-\infty}^{\infty}\frac{da\,db}{a^2}T(a,b)\psi^{(a,b)}(x)$$

先に，定数 C_ψ はマザーウェーブレットに対する条件（許容条件）として，遠くである程度速くゼロに収束し，かつ平均値がゼロになる関数として述べたが，実際には，逆変換を保証する条件でもあったのである．

3. 不確定性関係と基底の従属性

連続ウェーブレット変換では，フーリエ解析でのパーセヴァルの関係と類似の関係が成立し，特に次のような等長関係式

$$\int_{-\infty}^{\infty}|f(x)|^2dx=\int_{-\infty}^{\infty}\int_{-\infty}^{\infty}|T(a,b)|^2\frac{da\,db}{a^2}$$

が成立する．これは一見してエネルギー分配式のようになっていて，これから $|T(a,b)|^2$ を時間 b での周波数 $1/a$ のエネルギーの情報であると解釈することも一応可能であり，同様に前節で述べたように $T(a,b)$ を時間 b での周波数 $1/a$ の情報であると解釈することも可能であるが，これらは以下の意味で正確な表現とは言えない．

まず，時間と周波数の間には不確定性関係として知られる関係が厳として存在し，そのため時間と周波数の両方の値を正確に表現することはできない．したがって，ここでの時間 b での周波数 $1/a$ は厳密な値ではなく，あくまでも目安となる値を示しているだけであり，実際には b 付近の時間での $1/a$ 付近の周波数というような，ある程度曖昧さを含んだ表現というほうが正確である．フーリエ解析では，基底として三角関数を用いることで周波数の正確さを求めることにより時間についての情報を放棄してしまったのに対して，ウェーブレット解析では，時間と周波数の両方の情報を同時に得ようとするために，その代償として，これら両方の正確さを放棄してしまっているのである．

連続ウェーブレット変換では，さらに複雑な問題を含んでいる．連続ウェーブレット変換の逆変換は，完全性条件が成り立ちさえすれば保証される．それ

では，フーリエ変換のときのように直交性条件は成り立つであろうか．直交性条件はフーリエ変換からの類似性からわかるように

$$\int_{-\infty}^{\infty} \overline{\psi^{(a,b)}(x)} \psi^{(a',b')}(x)\,dx$$

がデルタ関数 $\delta(a-a')\cdot\delta(b-b')$ に比例することが要求される．しかし，単に $|x|$ が大きくなるとマザーウェーブレット $\psi(x)$ がある程度速くゼロに収束し，かつ平均値がゼロになるという許容条件を満足するような関数は無数に存在しそれらが全て直交条件を満たすとは到底考えられないし，上式で a を a' に b を b' に近づけても，デルタ関数になり得ないことは明らかである．したがって，ウェーブレットはフーリエ変換の場合と異なり，直交基底とはならない．さらに，$f(x)$ としてウェーブレット $\psi^{(a',b')}(x)$ そのものを選んで $T(a,b)$ を求め，逆変換してみる．

$$\psi^{(a',b')}(x) = \frac{1}{\sqrt{C_\psi}}\int_{-\infty}^{\infty}\int_{-\infty}^{\infty}\frac{da\,db}{a^2}T(a,b)\psi^{(a,b)}(x) \tag{3}$$

$$T(a,b) = \frac{1}{\sqrt{C_\psi}}\int_{-\infty}^{\infty}\overline{\psi^{(a,b)}(x)}\,\psi^{(a',b')}(x)\,dx \tag{4}$$

式 (4) の右辺の積分は一般にデルタ関数に比例した形とはならないので，$T(a,b)$ はデルタ関数とは異なった形での値を持つ．したがって，式 (3) は，左辺の 1 つのウェーブレットが，右辺の複数のウェーブレットの和（積分）として表されることを意味している．すなわち，ウェーブレットが互いに直交しないことだけでなく，1 次従属でさえあることをこの式は示している．

$T(a,b)$ の 1 次従属性は，$T(a,b)$ の解釈に様々な問題を投げかけることになる．例えば，$T(a,b)$ を時間 b 付近の周波数 $1/a$ 付近での成分の情報として解釈し，$f(x)$ の特徴を $T(a,b)$ を用いて調べるものとする．このとき，$T(a,b)$ が 1 次従属であることは，$T(a,b)$ の示す特徴の中には，関数 $f(x)$ 本来の性質によるものと，$f(x)$ からではなく連続ウェーブレット変換そのものに由来する性質が混在していることを意味している．したがって，$T(a,b)$ の示す特徴を利用する場合には，その性質が $f(x)$ そのものによるものか，それとも解析手法である連続ウェーブレット変換によるものであるのかに，十分に注意する必要がある．

連続ウェーブレット変換の持つこれらの問題点は，全てウェーブレットが 1 次従属であることに起因している．逆に言えば，もしウェーブレットで構成される基底を正規直交基底であるように作ることができれば，これらの問題点は全て解消されることになる．そのためには，拡大・縮小および平行移動を定めるパラメータ a, b を離散化する必要がある．これらのことについては，［ウェーブレットフレーム］(p.492) と［正規直交ウェーブレット］(p.496) で述べられる．

4. 局所フーリエ解析とウェーブレット解析

連続ウェーブレット変換は，前節で述べたような問題をはらんでいるものの，関数 $f(x)$ に対して

$$T(a,b) = \frac{1}{\sqrt{C_\psi}}\int_{-\infty}^{\infty} f(x)\overline{\psi^{(a,b)}(x)}\,dx$$

は，時間 b での周波数 $1/a$ の情報を表している，と考えることができる．ほとんどの場合，実用的にはこの解釈で十分である．そこで，この $T(a,b)$ を時間周波数平面（ab 平面）に描けば，時系列データ $f(x)$ の周波数構造を時間的に追っていくことが可能となる．実用的には，ab 平面上には $T(a,b)$ より $|T(a,b)|$ の大きさをカラーで表すことが行われている．また，マザーウェーブレットが複素関数である場合には，$T(a,b)$ の位相を ab 平面上に描くことも行われている．このような方法は，連続ウェーブレット変換の最も基本的で多く利用されている応用例である．

関数 $f(x)$ を時間周波数平面で表現する方法は，ウェーブレット以前からも多くの方法が知られている．その代表例の 1 つとして，窓フーリエ変換（windowed Fourier transform）が挙げられるであろう．この変換は窓関数と呼ばれる関数 $g(x)$ を 1 つ選び，パラメータ b を連続的に移動させて，$(g(x-b)f(x))$ をフーリエ変換するものである．窓関数としては，マザーウェーブレットのように局在化した関数が選ばれる．したがって，窓関数として原点付近に局在している関数を選べば，$(g(x-b)f(x))$ をフーリエ変換することにより，得られるフーリエ係数には時間 b 付近の情報が含まれることになる．このような解釈をすると，連続ウェーブレット変換も窓フーリエ変換と同じもののように思えるが，大きな違いは時間分解能にある．

窓フーリエ変換の時間分解能は窓関数 $g(x)$ の幅によって決まり，周波数成分にはよらない．すなわち，窓関数 $g(x)$ を決めると窓幅が決まってしまい，それより低い周波数（1 波長が窓幅より長い）は窓の中に入りきらず，逆に高い周波数（1 波長が窓幅より十分に小さい）は多くの周期の波が窓の中に入ってしまう．つまり，窓フーリエ変換は周波数の異なる波を平等に扱っておらず，周波数とは独立した時間スケール（窓幅）を導入していることになっている．これに対してウェーブレット変換では，全てのウェーブレットはマザーウェーブレットの相似変換を用いて作られているため，窓幅は周波数に応じて

変化し，低い周波数（波長の長い波）のときには大きな窓幅が，高い周波数（波長の短い波）のときには小さな窓幅が自動的にとられるように構成されている．

5. 局所特異性の検出

連続ウェーブレット変換は，データ関数 $f(x)$ の特異性（不連続性）を忠実に反映する．そのため，データ中の局所的な特異性を検出することが可能となる．このことを具体的な例を用いて見てみることにする．

$f(x)$ が $x=b$ で滑らか（テイラー展開可能）な場合と，不連続な場合とで，$T(a,b)$ の値のオーダーにどのような差異が出るのかを，拡大・縮小のパラメータ a が十分に小さいと仮定して（高い周波数のときを意味する）調べてみる．簡単のため，フレンチハット（French hat）と呼ばれる関数をマザーウェーブレットとして用いることにする．フレンチハットは

$$\psi(x) = \begin{cases} 1 & (|x| \leqq 1/2) \\ -1/2 & (1/2 < |x| \leqq 3/2) \\ 0 & (その他) \end{cases}$$

で定義される関数であり，区間 $[-3/2, 3/2]$ でのみゼロでない値を持ち，かつ平均値（積分）がゼロとなり，マザーウェーブレットの条件を満たすことは明らかである．ちなみに，この関数はフランス帽に似ていることから，このように呼ばれている．

初めに，$f(x)$ が $x=b$ で滑らかであるとする（ただし，以下では $T(a,b)$ の値のオーダーのみを問題にしているので，定数項 $1/\sqrt{C_\psi}$ は無視する）．

$$\begin{aligned} T(a,b) &= a^{-1/2} \int_{-\infty}^{\infty} f(x) \overline{\psi\left(\frac{x-b}{a}\right)} dx \\ &= a^{1/2} \int_{-3/2}^{3/2} f(a\eta+b)\psi(\eta) d\eta \quad (テイラー展開) \\ &= a^{1/2} \int_{-3/2}^{3/2} \{f(b)+a\eta f'(b)+O(a^2)\} \psi(\eta) d\eta \\ &= O(a^{3/2}) \end{aligned}$$

ここで O はランダウの記号である．最後の等号は，マザーウェーブレットの平均値がゼロであることを用いている．これより，$f(x)$ が $x=b$ で滑らかであれば，$T(a,b)$ のオーダーは $O(a^{3/2})$ であることがわかる．

次に，$f(x)$ が $x=b$ で不連続であるとする．この場合，上式でのテイラー展開ができなくなり，$T(a,b)$ のオーダーは $O(a^{1/2})$ となる．したがって，不連続点での $T(a,b)$ の値は，拡大・縮小のパラメータ a が十分に小さければ，滑らかな点での $T(a,b)$ の値より相対的に大きくなる．

上式の展開から明らかなように，マザーウェーブレットに n 次までのモーメントが全てゼロとなる条件

$$\int_{-\infty}^{\infty} \eta^k \psi(\eta) d\eta = 0, \quad k = 0, \ldots, n$$

が付け加えられたら，滑らかな場所での $T(a,b)$ のオーダーは $O(a^{(2n+3)/2})$ となることがわかる．実はこのようなマザーウェーブレットを用いると，$f(x)$ の n 回までの導関数の不連続点の時間が，$T(a,b)$ より特定できる．したがって，許容条件を満たし，かつ全てのモーメントがゼロになるようなマザーウェーブレットがあれば，関数 $f(x)$ の導関数の特異性の程度の検出が可能となる．このようなマザーウェーブレットとしては，メイエウェーブレット（Meyer wavelet）と呼ばれるウェーブレットがある．メイエウェーブレットにはいくつかの大変すばらしい性質があるが，メイエウェーブレットについての説明は［正規直交ウェーブレット］（p.496）に譲ることにする．

6. おわりに

連続ウェーブレット変換に関して，その概要を述べた．ウェーブレット解析に関する書籍は現在多数存在するが，ここでは [1]〜[4] を参考書として挙げておくことにする．本項目を読んで興味を持った読者にお薦めしたい． ［佐々木文夫］

参 考 文 献

[1] S. Mallat, *A wavelet tour of signal processing*, Academic Press, 1998.
[2] E. ヘルナンデス, G.L. ワイス 著, 芦野隆一, 萬代武史, 淺川秀一 訳, ウェーブレットの基礎, 科学技術出版, 2000.
[3] B.B. ハバード 著, 山田道夫, 西野 操 訳, ウェーブレット入門, 朝倉書店, 2003.
[4] I. ドブシー 著, 山田道夫, 佐々木文夫 訳, ウェーブレット 10 講, シュプリンガージャパン, 2003.

ウェーブレットフレーム
wavelet frame

フレームとは，正規直交基底の一般化として，ダフィン (Duffin) とシェーファー (Schaeffer) が1952年に定式化したものである．その後このフレーム理論は，1980年代にウェーブレット理論との関連から注目された．すなわちグロスマン (Grossmann) とモルレ (Morlet) が考えた連続ウェーブレット変換の1つの離散化として，ウェーブレットフレームの理論がドベシィ–グロスマン–メイエ (Daubechies–Grossmann–Meyer) らにより研究された．また，関連してガボールフレームも研究された．以下の節では，これらについて説明する．

1. フレームの定義と性質

H をヒルベルト空間とし，$(\cdot,\cdot)$ をその内積，$\|\cdot\|$ をノルムとする．この節では H が無限次元の場合について述べるが，有限次元の場合でも，同様の定義，定理が成り立つ．フレームの定義は以下で与えられる．

定義1 H の元の系 $\{\psi_i : i \in \mathbf{N}\}$ が H のフレーム (frame) であるとは，定数 A と B ($0 < A \leqq B < \infty$) が存在して，任意の $f \in H$ に対して

$$A\|f\|^2 \leqq \sum_{i=1}^{\infty} |(f,\psi_i)|^2 \leqq B\|f\|^2 \tag{1}$$

が成り立つときをいう．また，定数 A, B をフレーム限界 (frame bound) という．また，特に $A = B$ ととれる場合，$\{\psi_i\}$ を隙間のないフレームあるいはタイトフレーム (tight frame) という．

もし $\{\psi_i : i \in \mathbf{N}\}$ が H における正規直交基底ならば，式 (1) において等号が，$A = B = 1$ として成り立つことが，パーセヴァルの等式からわかる．したがって，$\{\psi_i : i \in \mathbf{N}\}$ はフレーム限界が 1 の隙間のないフレームとなる．

一般のフレームにおいては，正規直交基底の場合とは異なり，元の間の1次独立性は必ずしも要請されていないことに注意する．

もし，$\{\psi_i : i \in \mathbf{N}\}$ が H における正規直交基底ならば，任意の $f \in H$ を

$$f = \sum_{i=1}^{\infty} (f,\psi_i)\psi_i$$

と展開することができる．同様にフレームを用いて，H の任意の元を展開することが可能であることが，次の定理からわかる．

定理1 $\{\psi_i : i \in \mathbf{N}\}$ を H におけるフレームとし，フレーム限界を A, B とする．このとき H におけるフレーム $\{\widetilde{\psi_i} : i \in \mathbf{N}\}$ で，任意の $f \in H$ に対して

$$B^{-1}\|f\|^2 \leqq \sum_{i=1}^{\infty} |(f,\widetilde{\psi_i})|^2 \leqq A^{-1}\|f\|^2$$

を満たし，さらに

$$f = \sum_{i=1}^{\infty} (f,\widetilde{\psi_i})\psi_i = \sum_{i=1}^{\infty} (f,\psi_i)\widetilde{\psi_i}$$

が任意の $f \in H$ に対して成り立つものが存在する．

$\{\widetilde{\psi_i}\}$ は $\{\psi_i\}$ の双対フレーム (dual frame) と呼ばれる系であり，次のようにして与えられる．すなわち $f \in H$ に対し

$$Sf = \sum_{i=1}^{\infty} (f,\psi_i)\psi_i$$

として H からそれ自身への作用素 S を定めると，

$$\widetilde{\psi_i} = S^{-1}\psi_i$$

とすることにより，双対フレームが与えられる．

特に $\{\psi_i\}$ がフレーム限界 A を持つ隙間のないフレームのときは，

$$\widetilde{\psi_i} = A^{-1}\psi_i$$

となり，

$$f = A^{-1}\sum_{i=1}^{\infty} (f,\psi_i)\psi_i$$

となる．

一般にフレームにおける元の系は1次独立であるとは限らないので，H の元をフレームにより展開したときに，その係数は一意に定まるとは限らない．しかしながら，このフレームによる展開は，十分役に立つのである．

ウェーブレット理論の重要な応用として，信号や画像の解析がある．特に画像の解析においては，2次元のウェーブレット基底を用いることになるが，正規直交性を有するウェーブレット基底は，その構成に制限があるため，画像の振動成分の検出の際に不十分な場合がある．そこで，正規直交性や1次独立性はなくとも，ある程度柔軟に構成できるフレームを用いることで，より望ましい画像の解析などが可能となる場合がある．

2. ウェーブレットフレーム

$\mathbf{R}^n$ 上の関数 $f(x)$ で，

$$\int_{\mathbf{R}^n} |f(x)|^2 \, dx < \infty$$

となるもの全体がなす集合を $L^2(\mathbf{R}^n)$ とする．また，$f, g \in L^2(\mathbf{R}^n)$ に対し，それらの内積は

$$(f,g) = \int_{\mathbf{R}^n} f(x)\overline{g(x)}\,dx$$

で定義され，f のノルムは

$$\|f\| = \left(\int_{\mathbf{R}^n} |f(x)|^2\,dx\right)^{1/2}$$

で定義される．$L^2(\mathbf{R}^n)$ はその完備性が証明でき，ヒルベルト空間となる．また $f(x)$ が可積分関数のときは，f のフーリエ変換を

$$\widehat{f}(\xi) = \int_{\mathbf{R}^n} f(x)e^{-i\xi x}dx \quad (\xi \in \mathbf{R}^n)$$

と定める．

$\psi \in L^2(\mathbf{R})$ とし，$a_0 > 1$, $b_0 > 0$ とする．また整数 j, k に対し

$$\psi_{j,k}(x) = a_0^{j/2}\psi(a_0^j x - b_0 k) \quad (2)$$

とおく．このとき，どのような条件があれば，関数系

$$\{\psi_{j,k} : j, k \in \mathbf{Z}\}$$

が $L^2(\mathbf{R})$ のフレームになるかという問題を考える．この関数系がフレームになるとき，これをウェーブレットフレーム (wavelet frame) という．$a_0 = 2$, $b_0 = 1$ のときに正規直交基底 $\{\psi_{j,k}\}$ を考えるというのが通常のウェーブレット基底であり，ウェーブレットフレームはウェーブレット基底の一般化である．次の定理は，ドベシィによるものである[1],[5].

定理 2 $\psi \in L^2(\mathbf{R})$, $a_0 > 1$ とし，これらは

$$\inf_{1 \leqq |\xi| \leqq a_0} \sum_{j=-\infty}^{\infty} |\widehat{\psi}(a_0^j \xi)|^2 > 0$$

$$\sup_{1 \leqq |\xi| \leqq a_0} \sum_{j=-\infty}^{\infty} |\widehat{\psi}(a_0^j \xi)|^2 < \infty$$

を満たすとする．また

$$\beta(s) = \sup_{1 \leqq |\xi| \leqq a_0} \sum_{j=-\infty}^{\infty} |\widehat{\psi}(a_0^j \xi)|\,|\widehat{\psi}(a_0^j \xi + s)|$$

とおくと，ある $\epsilon > 0$ が存在して，

$$\sup_{s \in \mathbf{R}}[(1+|s|)^{1+\epsilon}\beta(s)] < \infty$$

が成り立つとする．このとき，ある $b_1 > 0$ が存在して，$0 < b_0 < b_1$ なる任意の b_0 に対して，式 (2) により $\psi_{j,k}$ を定めると，$\{\psi_{j,k} : j, k \in \mathbf{Z}\}$ は $L^2(\mathbf{R})$ のフレームとなる．また，フレーム限界 A, B は，

$$\Delta = \sum_{k=-\infty, k\neq 0}^{\infty} \left[\beta\left(\frac{2\pi}{b_0}k\right)\beta\left(-\frac{2\pi}{b_0}k\right)\right]^{1/2}$$

とおくと，

$$A = \frac{1}{b_0}\left\{\inf_{1 \leqq |\xi| \leqq a_0} \sum_{j=-\infty}^{\infty} |\widehat{\psi}(a_0^j \xi)|^2 - \Delta\right\}$$

$$B = \frac{1}{b_0}\left\{\sup_{1 \leqq |\xi| \leqq a_0} \sum_{j=-\infty}^{\infty} |\widehat{\psi}(a_0^j \xi)|^2 + \Delta\right\}$$

で与えられる．

例えば，ある $\gamma > 0$ と $\delta > \gamma + 1$ に対して，

$$|\widehat{\psi}(\xi)| \leqq C|\xi|^{\gamma}(1+|\xi|)^{-\delta} \quad (\xi \in \mathbf{R})$$

となり，さらに

$$\inf_{1 \leqq |\xi| \leqq a_0} \sum_{j=-\infty}^{\infty} |\widehat{\psi}(a_0^j \xi)|^2 > 0$$

であれば，ψ は定理の条件を満たすことがわかる．より具体的な ψ の例としては，メキシカンハット関数と呼ばれる

$$\psi(x) = \frac{2}{\sqrt{3}}\pi^{-1/4}(1-x^2)e^{-x^2/2}$$

がある．

$\{\psi_{j,k}\}$ をウェーブレットフレームとし，その双対フレームを $\{\widetilde{\psi_{j,k}}\}$ とすると，任意の $f \in L^2(\mathbf{R})$ を

$$f = \sum_{j,k \in \mathbf{Z}} (f, \widetilde{\psi_{j,k}})\psi_{j,k}$$
$$= \sum_{j,k \in \mathbf{Z}} (f, \psi_{j,k})\widetilde{\psi_{j,k}}$$

と展開することができる．ただしこの場合，双対フレーム $\{\widetilde{\psi_{j,k}}\}$ は，ウェーブレットフレームになるとは限らない．すなわち，ある関数 $\widetilde{\psi}$ を用いて

$$\widetilde{\psi_{j,k}}(x) = a_0^{j/2}\widetilde{\psi}(a_0^j x - b_0 k)$$

と表せるとは限らない．

3. 隙間のないフレーム

ここでは，特に隙間のないフレームについて考える．前節において $a_0 = 2$, $b_0 = 1$ の場合，すなわち

$$\psi_{j,k}(x) = 2^{j/2}\psi(2^j x - k)$$

とおいたとき，関数系

$$\{\psi_{j,k} : j, k \in \mathbf{Z}\}$$

が $L^2(\mathbf{R})$ の隙間のないフレームになるための条件を考える．ただし，フレーム限界が A の場合，$A^{-1/2}\psi$ を ψ と置き換えることにより，フレーム限界が 1 の隙間のないフレームのみを考えればよいことに注意する．

次の定理が成り立つ[3],[4].

定理 3 $\psi \in L^2(\mathbf{R})$ とする．このとき

$$\{\psi_{j,k} : j, k \in \mathbf{Z}\}$$

が，$L^2(\mathbf{R})$ におけるフレーム限界が 1 の隙間のないフレームになるための必要十分条件は，

(a) $\displaystyle\sum_{j=-\infty}^{\infty} |\widehat{\psi}(2^j \xi)|^2 = 1, \quad a.e.\ \xi \in \mathbf{R}$

(b) $\displaystyle\sum_{j=0}^{\infty} \widehat{\psi}(2^j \xi)\overline{\widehat{\psi}(2^j(\xi + 2\pi(2m+1)))} = 0,$
$\quad a.e.\ \xi \in \mathbf{R},\ \forall m \in \mathbf{Z}$

が成り立つことである.

例として，$\mathbf{R}$ 上で定義された非負の C^∞ 級関数 $b(\xi)$ で，偶関数であり，その台が $[-\pi,-\pi/4]\cup[\pi/4,\pi]$ に含まれ，さらに
$$b(\xi)^2 + b(\xi/2)^2 = 1, \quad \xi \in [\pi/2,\pi]$$
を満たすものを考える．このとき $|\widehat{\psi}(\xi)| = b(\xi)$ となる ψ を考えると，これは定理の条件 (a),(b) を満たし，$L^2(\mathbf{R})$ における隙間のないフレームを与えることがわかる．

次に n 次元の場合を考える．$L^2(\mathbf{R}^n)$ に属する L 個の関数 $\psi^1, \psi^2, \ldots, \psi^L$ を考え，$x \in \mathbf{R}^n$, $j \in \mathbf{Z}$, $k \in \mathbf{Z}^n$, $\ell = 1,2,\ldots,L$ に対して
$$\psi^\ell_{j,k}(x) = 2^{nj/2}\psi^\ell(2^j x - k)$$
とおく．このとき
$$\{\psi^\ell_{j,k} : j \in \mathbf{Z},\ k \in \mathbf{Z}^n,\ \ell=1,2,\ldots,L\}$$
が，$L^2(\mathbf{R}^n)$ におけるフレーム限界が 1 の隙間のないフレームになるための条件を考える．次の定理は [3] によるものである．

定理 4 $\{\psi^1, \psi^2, \ldots, \psi^L\} \subset L^2(\mathbf{R}^n)$ とする．このとき
$$\{\psi^\ell_{j,k} : j \in \mathbf{Z},\ k \in \mathbf{Z}^n,\ \ell=1,2,\ldots,L\}$$
が，$L^2(\mathbf{R}^n)$ におけるフレーム限界が 1 の隙間のないフレームになるための必要十分条件は，

(a) $\displaystyle\sum_{\ell=1}^L \sum_{j=-\infty}^\infty |\widehat{\psi^\ell}(2^j\xi)|^2 = 1$, $\quad a.e.\ \xi \in \mathbf{R}^n$

(b) $\displaystyle\sum_{\ell=1}^L \sum_{j=0}^\infty \widehat{\psi^\ell}(2^j\xi)\overline{\widehat{\psi^\ell}(2^j(\xi+2\pi q))} = 0$,
$\qquad a.e.\ \xi \in \mathbf{R}^n,\ \forall q \in Q$

が成り立つことである．ただし，Q は $(k_1, \ldots, k_n) \in \mathbf{Z}^n$ で，$k_1, \ldots, k_n$ の少なくとも 1 つは奇数となるもの全体の集合である．

この定理は，特に $n=1$ の場合においても，L 個の関数 $\psi^1, \psi^2, \ldots, \psi^L$ を用いて，フレームを作る条件を与えている．このように $L \geq 2$ のときに L 個の関数をもとに作られるフレームを，マルチウェーブレットフレーム (multiwavelet frame) という．
$$\{\psi^\ell_{j,k} : j \in \mathbf{Z},\ k \in \mathbf{Z}^n,\ \ell=1,2,\ldots,L\}$$
がフレーム限界が 1 の隙間のないフレームならば，その双対フレームはこのフレーム自身と一致し，任意の $f \in L^2(\mathbf{R}^n)$ は
$$f = \sum_{j,k,\ell}(f,\psi^\ell_{j,k})\psi^\ell_{j,k}$$
と展開できることがわかる．

4. ガボールフレーム

この節では，ウェーブレットフレームに関連して，ガボールフレーム (Gabor frame) について説明する．ガボールフレームは，ワイル–ハイゼンベルグフレーム (Weyl–Heisenberg frame) または窓フーリエフレーム (windowed Fourier frame) とも呼ばれ，ウェーブレットフレームとは別の形で与えられるフレームである．

$g(x) \in L^2(\mathbf{R})$ と $a_0, b_0 > 0$ を与える．また，整数 ℓ, m に対して，
$$\phi_{\ell,m}(x) = g(x - a_0\ell)e^{ib_0 mx} \tag{3}$$
とおく．このとき関数系
$$\{\phi_{\ell,m} : \ell,m \in \mathbf{Z}\}$$
が，$L^2(\mathbf{R})$ においてフレームをなすのはどのような場合かという問題を考える．フレームをなす場合，これをガボールフレームと呼ぶ．この場合もウェーブレットフレームの場合と同様な定理が成り立つ[1].

定理 5 $g \in L^2(\mathbf{R})$, $a_0 > 0$ とし，これらは
$$\inf_{0 \leq x \leq a_0} \sum_{\ell=-\infty}^\infty |g(x-a_0\ell)|^2 > 0$$
$$\sup_{0 \leq x \leq a_0} \sum_{\ell=-\infty}^\infty |g(x-a_0\ell)|^2 < \infty$$
を満たすとする．また
$$\beta(s) = \sup_{0 \leq x \leq a_0} \sum_{\ell=-\infty}^\infty |g(x-a_0\ell)|\,|g(x-a_0\ell+s)|$$
とおくと，ある $\epsilon > 0$ が存在して，
$$\sup_{s \in \mathbf{R}}[(1+|s|)^{1+\epsilon}\beta(s)] < \infty$$
が成り立つとする．このとき，ある $b_1 > 0$ が存在して，$0 < b_0 < b_1$ なる任意の b_0 に対して，式 (3) により $\phi_{\ell,m}$ を定めると，$\{\phi_{\ell,m} : \ell, m \in \mathbf{Z}\}$ は $L^2(\mathbf{R})$ のフレームとなる．また，フレーム限界 A, B は，
$$\Delta = \sum_{k=-\infty, k\neq 0}^\infty \left[\beta\left(\frac{2\pi}{b_0}k\right)\beta\left(-\frac{2\pi}{b_0}k\right)\right]^{1/2}$$
とおくと，
$$A = \frac{2\pi}{b_0}\left\{\inf_{0 \leq x \leq a_0} \sum_{\ell=-\infty}^\infty |g(x-a_0\ell)|^2 - \Delta\right\}$$
$$B = \frac{2\pi}{b_0}\left\{\sup_{0 \leq x \leq a_0} \sum_{\ell=-\infty}^\infty |g(x-a_0\ell)|^2 + \Delta\right\}$$
で与えられる．

ここで，ガボールフレームの例を 2 つ述べる．

例 1 $a_0, b_0 > 0$ は $a_0 b_0 < 2\pi$ を満たすとする．また，整数 ℓ, m に対して
$$\phi_{\ell,m}(x) = e^{-\pi(x-a_0\ell)^2}e^{ib_0 mx}$$

とおく．このとき $\{\phi_{\ell,m} : \ell, m \in \mathbf{Z}\}$ は $L^2(\mathbf{R})$ におけるフレームとなる．

例 2 $a_0, b_0 > 0$ および $g \in C^{\infty}(\mathbf{R})$ は，
$$\mathrm{supp}(g) \subset [-\pi/b_0, \pi/b_0],$$
$$\frac{2\pi}{b_0} \sum_{\ell=-\infty}^{\infty} |g(x - a_0\ell)|^2 = A \quad (x \in \mathbf{R})$$
を満たすとする．このとき，整数 ℓ, m に対して
$$\phi_{\ell,m}(x) = g(x - a_0\ell)e^{ib_0 m x}$$
とおくと，$\{\phi_{\ell,m} : \ell, m \in \mathbf{Z}\}$ はフレーム限界が A の隙間のないフレームとなる．

$\{\phi_{\ell,m}\}$ を式 (3) で与えられるガボールフレームとし，その双対フレームを $\{\widetilde{\phi_{\ell,m}}\}$ とすると，任意の $f \in L^2(\mathbf{R})$ を
$$f = \sum_{\ell,m \in \mathbf{Z}} (f, \widetilde{\phi_{\ell,m}})\phi_{\ell,m}$$
$$= \sum_{\ell,m \in \mathbf{Z}} (f, \phi_{\ell,m})\widetilde{\phi_{\ell,m}}$$
と展開することができる．さらに，双対フレーム $\{\widetilde{\phi_{\ell,m}}\}$ もまた，ガボールフレームになることが示される．すなわち，ある関数 $\widetilde{g}$ を用いて，
$$\widetilde{\phi_{\ell,m}}(x) = \widetilde{g}(x - a_0\ell)e^{ib_0 m x}$$
となることがわかる．

ガボールフレーム $\{\phi_{\ell,m}\}$ が $L^2(\mathbf{R})$ の正規直交基底となるならば，$a_0 b_0 = 2\pi$ となることが示される．さらに，g についての条件が，次のバリアン–ロウの定理 (Balian–Low's theorem) により与えられる．

定理 6 $g \in L^2(\mathbf{R})$ とする．また $a_0, b_0 > 0$ は $a_0 b_0 = 2\pi$ を満たすとし，$\phi_{\ell,m}$ は式 (3) で与えられるものとする．このとき
$$\{\phi_{\ell,m} : \ell, m \in \mathbf{Z}\}$$
が $L^2(\mathbf{R})$ の正規直交基底となるならば，
$$\int_{-\infty}^{\infty} x^2 |g(x)|^2 \, dx = \infty$$
または
$$\int_{-\infty}^{\infty} \xi^2 |\widehat{g}(\xi)|^2 \, d\xi = \infty$$
が成り立つ．

この定理から，例えば C^1 級でコンパクトな台を持つ g を用いては，式 (3) の形の正規直交基底を作れないことがわかる．

最後に，バリアン–ロウの定理と関連して，ウィルソン基底について述べる．
$$I = (\mathbf{Z} \times \mathbf{N}) \cup \{(2k, 0) : k \in \mathbf{Z}\}$$
とおく．このときシュワルツの急減少関数族に属する $\mathbf{R}$ 上の関数 $\varphi(x)$ で，実数値かつ偶関数であり，さらに以下の条件を満たすものの存在を示すことができる．

(i) 定数 $\alpha, C > 0$ が存在して
$$|\varphi(x)| \leqq Ce^{-\alpha|x|} \quad (x \in \mathbf{R})$$
となる．

(ii) 任意の $y \in \mathbf{R}$ に対して $\widehat{\varphi}(y) = 2\sqrt{\pi}\varphi(4\pi y)$ となる．

(iii) $l \in \mathbf{Z}, m \in \mathbf{N} \cup \{0\}$ に対して
$$\widehat{\Psi_{\ell,m}}(\xi) = c_m\{\varphi(\xi - 2\pi m)$$
$$+ (-1)^{\ell+m}\varphi(\xi + 2\pi m)\}e^{-i\ell\xi/2}$$
とおくと，関数系 $\{\Psi_{\ell,m} : (\ell, m) \in I\}$ は $L^2(\mathbf{R})$ の正規直交基底となる．ただし，$c_m = 1/\sqrt{2}$ $(m \geqq 1)$，$c_0 = 1/2$ である．

この $\{\Psi_{\ell,m}\}$ をウィルソン基底 (Wilson basis) と呼ぶ[2]．$\Psi_{\ell,m}(x)$ は $x = \ell/2$ の周りに局在しており，また $\widehat{\Psi_{\ell,m}}(\xi)$ は，$m \geqq 1$ のとき，2 つの点 $\xi = \pm 2\pi m$ の周りに局在していることがわかり，ガボールフレームとは異なる形ではあるが，同様の性質を持つ正規直交基底を与えている．

［立澤一哉］

参 考 文 献

[1] I. Daubechies, *Ten lectures on wavelets*, SIAM, 1992.

[2] I. Daubechies, S. Jaffard, J-L. Journé, A simple Wilson orthonormal basis with exponential decay, *SIAM J. Math. Anal.*, **22** (2) (1991), 554–572.

[3] M. Frazier, G. Garrigós, K. Wang, G. Weiss, A characterization of functions that generate wavelet and related expansion, *J. Fourier Anal. Appl.*, **3** (1997), 883–906.

[4] E. Hernández, G. Weiss, *A first course on wavelets*, CRC Press, 1996.

[5] S. Mallat, *A wavelet tour of signal processing. The sparse way*, Third edition, Academic Press, 2009.

正規直交ウェーブレット

orthonormal wavelet

ウェーブレットの基本アイデアは，1つの関数 $\psi(x)$ から平行移動 (translation) と伸張 (dilation) によって作られた $\psi\left(\frac{x-b}{a}\right)$ の形の関数系によって，全ての関数を表そうということである．特に a, b をうまく離散化した

$$\psi_{j,k}(x) := 2^{j/2}\psi(2^j x - k) \quad (j, k \in \mathbb{Z}) \tag{1}$$

が $L^2(\mathbb{R})$ の正規直交基底になると，任意の関数がこれらの関数で直交展開できることになり，極めて都合が良い．このような $\psi (= \psi_{0,0})$ や $\psi_{j,k}$ を正規直交ウェーブレットと呼ぶ．

1. リース基底，正規直交基底

$\mathbb{R}$ 上の 2 乗可積分関数，すなわち
$$\int_{\mathbb{R}} |f(x)|^2 \, dx < \infty$$
となる複素数値関数 $f(x)$ 全体の集合 $L^2(\mathbb{R})$ には，内積
$$\langle f, g \rangle := \int_{\mathbb{R}} f(x)\overline{g(x)} \, dx$$
とノルム $\|f\|_2 := \sqrt{\langle f, f \rangle}$ を考えることができる ($\overline{z}$ は複素数 z の共役複素数を表す)．また，$\ell^2(\Lambda) := \{(c_\lambda)_{\lambda \in \Lambda} \mid \sum_{\lambda \in \Lambda} |c_\lambda|^2 < \infty\}$ (Λ は高々可算個の添字集合で，例えば $\mathbb{N}, \mathbb{Z}, \mathbb{Z}^2$ など) とおく．

$L^2(\mathbb{R})$ の閉部分空間 V に対して，V に属する関数系 $\{e_\lambda\}_{\lambda \in \Lambda}$ が V のリース基底 (Riesz basis) であるとは，次の 2 条件

C1. 正の定数 A, B があって，有限個の λ 以外は $c_\lambda = 0$ となる $(c_\lambda)_{\lambda \in \Lambda} \in \ell^2(\Lambda)$ に対して，以下が成り立つ:
$$A \sum_{\lambda \in \Lambda} |c_\lambda|^2 \leq \left\| \sum_{\lambda \in \Lambda} c_\lambda e_\lambda \right\|_2^2 \leq B \sum_{\lambda \in \Lambda} |c_\lambda|^2$$

C2. $\overline{\text{span}}\{e_\lambda \mid \lambda \in \Lambda\} = V$ (完全性)

が満たされることである．ここで，$\overline{\text{span}} X$ とは，X を含む最小の閉部分空間を意味し，X で生成される閉部分空間と呼ぶ．このとき，任意の $f \in V$ は
$$f = \sum_{\lambda \in \Lambda} c_\lambda e_\lambda \quad ((c_\lambda)_{\lambda \in \Lambda} \in \ell^2(\Lambda))$$
の形に一意的に書くことができる．

また，C1 の代わりに，もっと強い

C1′. $\lambda, \mu \in \Lambda$ ならば $\langle e_\lambda, e_\mu \rangle = \delta_{\lambda,\mu}$ (正規直交性)．ただし，$\delta_{\lambda,\mu}$ はクロネッカーのデルタである．

と C2 が満たされるとき，$\{e_\lambda\}_{\lambda \in \Lambda}$ を V の正規直交基底 (orthonormal basis) と呼ぶ．

2. 正規直交ウェーブレット

$\psi \in L^2(\mathbb{R})$ に対して，$\{\psi_{j,k}\}_{j,k \in \mathbb{Z}}$ が $L^2(\mathbb{R})$ の正規直交基底になるとき，ψ を正規直交ウェーブレット関数 (orthonormal wavelet function) と呼び，$\psi_{j,k}$ を正規直交ウェーブレット (orthonormal wavelet) と呼ぶ．このとき，全ての $f \in L^2(\mathbb{R})$ は
$$f = \sum_{j,k \in \mathbb{Z}} \langle f, \psi_{j,k} \rangle \psi_{j,k} \tag{2}$$
と直交展開することができる．$d_{j,k} := \langle f, \psi_{j,k} \rangle$ は解像度 (resolution) 2^j の詳細係数またはウェーブレット係数と呼ばれる．以下では，j を (解像度) レベル (level) と呼ぶ．多くの場合，正規直交ウェーブレット $\{\psi_{j,k}\}_{j,k}$ は，$L^2(\mathbb{R})$ だけでなく，数学で有用ないろいろな関数空間の "良い基底" にもなっている．

例 1 (a) $\psi(x) = \chi_{[0,1/2)}(x) - \chi_{[1/2,1)}(x)$ で定義される関数をハールウェーブレット (Haar wavelet) と呼ぶ．ここで，χ_I は I の特性関数 (characteristic function)，すなわち，$\chi_I(x) = \begin{cases} 1 & (x \in I) \\ 0 & (x \notin I) \end{cases}$ を表す．

(b) C^∞ 級で，全ての導関数が急減少する正規直交ウェーブレットがメイエ (Y. Meyer) によって構成された．
$$\text{supp}\,\widehat{\psi} \subset \left[-\frac{8}{3}\pi, -\frac{2}{3}\pi\right] \cup \left[\frac{2}{3}\pi, \frac{8}{3}\pi\right]$$
であり，全ての次数のモーメントが 0 になる．ここで，$\text{supp}\,f$ は f の台 (support) を表し，f が連続関数のときは，$\{x \mid f(x) \neq 0\}$ の閉包である．また，$\int_{\mathbb{R}} x^m \psi(x)\, dx$ を ψ の m 次のモーメント (moment) と呼ぶ．この ψ をメイエウェーブレット (Meyer wavelet) と呼ぶ (図 1, 2)．

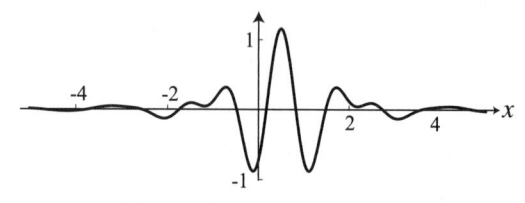

図 1 メイエウェーブレット $\psi(x)$

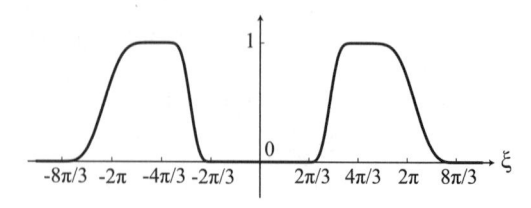

図 2 メイエウェーブレット ψ の $|\widehat{\psi}(\xi)|$

3. 多重解像度解析

正規直交ウェーブレットをどうやって作ったらよいか, という重要な問題に関して, マラー (S. Mallat) によって考え出されたのが, 多重解像度解析 (MRA) である.

$\psi \in L^2(\mathbb{R})$ が正規直交ウェーブレットであるとし,
$$W_j := \overline{\text{span}}\{\psi_{j,k} \mid k \in \mathbb{Z}\}$$
とおく.
$$f(x) \in W_j \iff f(2x) \in W_{j+1}$$
であり, W_j は j が大きいほど細かい変化を表す関数の空間 (レベル j の変化を表す関数の空間) と見ることができる. このとき
$$f \in W_j, \ g \in W_l, \ j \neq l \ \text{なら} \ \langle f, g \rangle = 0$$
となる. このことを
$$W_j \perp W_l \quad (W_j \text{ と } W_l \text{ は直交する}) \quad (j \neq l)$$
と表す. また, 全ての $f \in L^2(\mathbb{R})$ は
$$f = \sum_{j \in \mathbb{Z}} w_j, \quad w_j \in W_j \tag{3}$$
と書ける ($w_j = \sum_{k \in \mathbb{Z}} \langle f, \psi_{j,k} \rangle \psi_{j,k}$). このことを
$$L^2(\mathbb{R}) = \bigoplus_{j \in \mathbb{Z}} W_j \quad (\text{直交直和})$$
と表す. さらに, レベル j 未満の変化 (j より粗い変化) を表す関数の空間として
$$V_j := \bigoplus_{l < j} W_l$$
とおくと, $V_j \perp W_j$, $V_{j+1} = V_j \oplus W_j$ (直交直和) であり,
$$\cdots \subset V_{-1} \subset V_0 \subset V_1 \subset V_2 \subset \cdots \tag{4}$$
$$f(x) \in V_j \iff f(2x) \in V_{j+1} \quad (j \in \mathbb{Z}) \tag{5}$$
$$\bigcap_{j \in \mathbb{Z}} V_j = \{0\}, \quad \overline{\bigcup_{j \in \mathbb{Z}} V_j} = L^2(\mathbb{R}) \tag{6}$$
となっている. $j_0 \in \mathbb{Z}$ を固定すると, 式 (3) により, $f \in L^2(\mathbb{R})$ は
$$f = v_{j_0} + \sum_{j \geq j_0} w_j, \quad v_{j_0} \in V_{j_0}, \ w_j \in W_j \tag{7}$$
と直交分解することができる. 式 (3) との違いは, レベル j_0 より粗い変化の部分は 1 つの v_{j_0} にまとめているということであり, v_{j_0} はレベル j_0 の近似部分, w_j はレベル j の詳細部分と見ることができる.

上の考察を逆にとり, 式 (4)〜(6) を満たす閉部分空間の列 $\{V_j\}_{j \in \mathbb{Z}}$ がまずあると考えて, そこからウェーブレット関数を構成しようというのが MRA の考えである.

定義 1 $L^2(\mathbb{R})$ の閉部分空間の列 $\{V_j\}_{j \in \mathbb{Z}}$ が式 (4)〜(6) を満たし, さらに次の条件
$$\{\varphi(x - k)\}_{k \in \mathbb{Z}} \text{ は } V_0 \text{ のリース基底になる} \tag{8}$$
を満たす $\varphi \in L^2(\mathbb{R})$ があるとき, $\{V_j\}_{j \in \mathbb{Z}}$ を多重解像度解析 (MRA : multiresolution analysis) と呼び, φ をスケーリング関数 (scaling function) と呼ぶ.

MRA において, 次の条件:
$$\{\varphi(x - k)\}_{k \in \mathbb{Z}} \text{ は } V_0 \text{ の正規直交基底になる} \tag{9}$$
を満たすように, φ をとり直すことができる. このようなスケーリング関数を正規直交スケーリング関数 (orthonormal scaling function) と呼ぶ.

MRA の理論とは, スケーリング関数 φ があれば, それから正規直交ウェーブレット関数 ψ が作れる, ということである. 例 1 をはじめとして, 重要なウェーブレット関数は全てスケーリング関数から作れると言ってよい.

MRA の例を挙げよう. 例 1 の正規直交ウェーブレットはこれらの MRA から作られるものである.

例 2 (a) (ハールの場合) $\varphi(x) = \chi_{[0,1)}(x)$. このとき, V_j は各 $k \in \mathbb{Z}$ に対して区間 $[2^{-j}k, 2^{-j}(k+1))$ 上で定数となる関数のなす部分空間になる.

(b) (メイエの場合) 実数値 C^∞ 級偶関数 $\widehat{\varphi}(\xi) \geqq 0$ を
$$\text{supp} \, \widehat{\varphi} \subset \left[-\frac{4}{3}\pi, \frac{4}{3}\pi\right], \ \widehat{\varphi}(\xi) = 1 \ (|\xi| \leqq \tfrac{2}{3}\pi),$$
$$|\widehat{\varphi}(\pi + \xi)|^2 + |\widehat{\varphi}(\pi - \xi)|^2 = 1 \ (|\xi| \leqq \tfrac{\pi}{3})$$
ととり (図 3, 4), $V_j = \overline{\text{span}}\{\varphi_{j,k}\}_{k \in \mathbb{Z}}$ とする.

図 3 メイエのスケーリング関数 $\varphi(x)$

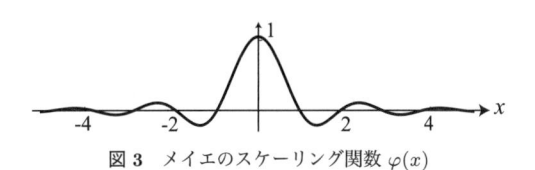

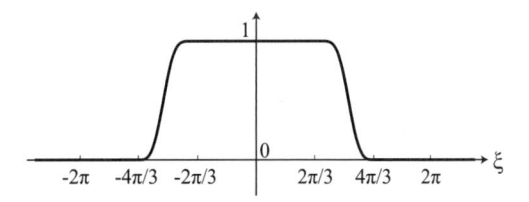

図 4 メイエの場合の $\widehat{\varphi}(\xi)$

4. スケーリング関数とウェーブレット関数

φ がスケーリング関数のとき, 式 (4) の $V_0 \subset V_1$ により, 数列 $(\alpha_k)_{k \in \mathbb{Z}}$ があって
$$\varphi(x) = \sum_{k \in \mathbb{Z}} 2\alpha_k \varphi(2x + k) \tag{10}$$

と表せる．これは，正規直交ウェーブレットの理論で最も重要な等式で，ツースケール関係式 (two scale equation) と呼ばれる．フーリエ変換のほうで見ると

$$\widehat{\varphi}(\xi) = m_0\left(\frac{\xi}{2}\right)\widehat{\varphi}\left(\frac{\xi}{2}\right) \quad (11)$$

$$m_0(\xi) = \sum_{k\in\mathbb{Z}} \alpha_k e^{ik\xi} \quad (12)$$

となる．2π 周期関数 $m_0(\xi)$ は φ のローパスフィルタ (low-pass filter) と呼ばれ，式 (12) の係数 $(\alpha_k)_k$ はローパスフィルタ係数 (low-pass filter coefficient) と呼ばれる．ハールウェーブレットの場合は $m_0(\xi) = \frac{1}{2}(1+e^{-i\xi})$ である（図 5 の実線）．

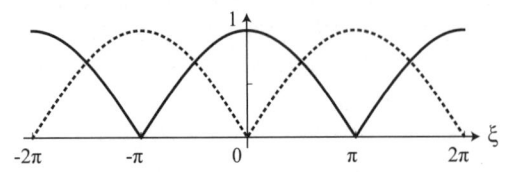

図 5 ハールの場合の $|m_0(\xi)|$（実線）と $|m_1(\xi)|$（破線）

このとき，ウェーブレット関数 ψ を次の定理 1 のように作ることができる．重要なので，2 通りの述べ方をしておく．(b) は (a) をフーリエ変換を使って言い換えたものであり，$\nu(\xi) = \sum_{k\in\mathbb{Z}} \nu_k e^{ik\xi}$，$m_1(\xi) = \sum_{k\in\mathbb{Z}} \beta_k e^{ik\xi}$ の関係にある．

定理 1 φ を正規直交スケーリング関数とする．
(a) $\sum_{k\in\mathbb{Z}} \nu_k \overline{\nu_{k-j}} = \delta_{j,0}\ (j \in \mathbb{Z})$ を満たす数列 $(\nu_k)_{k\in\mathbb{Z}} \in \ell^2(\mathbb{Z})$ に対して，

$$\beta_k := \sum_{l\in\mathbb{Z}} \nu_l \overline{\alpha_{2l-1-k}}(-1)^{1+k} \quad (13)$$

$$\psi(x) := \sum_{k\in\mathbb{Z}} 2\beta_k \varphi(2x+k) \quad (14)$$

で定まる ψ は正規直交ウェーブレット関数になる．

(b) $|\nu(\xi)| = 1$ を満たす周期 2π の周期関数 $\nu(\xi)$ に対して，

$$m_1(\xi) := \nu(2\xi)\overline{m_0(\xi+\pi)}\,e^{-i\xi} \quad (15)$$

$$\widehat{\psi}(\xi) := m_1\left(\frac{\xi}{2}\right)\widehat{\varphi}\left(\frac{\xi}{2}\right) \quad (16)$$

で定まる ψ は正規直交ウェーブレット関数になる．

式 (15), (16) の $m_1(\xi)$ は φ のハイパスフィルタ (high-pass filter) と呼ばれ，次の基本関係を満たす．

$$|m_1(\xi)|^2 + |m_1(\xi+\pi)|^2 = 1 \quad (17)$$

$$m_0(\xi)\overline{m_1(\xi)} + m_0(\xi+\pi)\overline{m_1(\xi+\pi)} = 0 \quad (18)$$

$(\beta_k)_k$ はハイパスフィルタ係数 (high-pass filter coefficient) と呼ばれる．普通は，

$$\nu_k = \pm\delta_{k,0},\ \nu(\xi) = \pm 1 \quad (19)$$

$$\beta_k = \pm\overline{\alpha_{-1-k}}(-1)^{1+k} \quad (20)$$

とすることが多い．ハールの場合（$\nu(\xi) = -1$），$m_1(\xi) = \frac{1}{2}(1-e^{-i\xi})$ である（図 5 の破線）．メイエの場合（$\nu(\xi) = 1$），$m_0(\xi) = \sum_{l\in\mathbb{Z}} \widehat{\varphi}(2\xi+4l\pi)$，$m_1(\xi) = m_0(\xi+\pi)e^{-i\xi}$ となり（図 6），$|\widehat{\psi}(\xi)| = \{\widehat{\varphi}(\xi+2\pi) + \widehat{\varphi}(\xi-2\pi)\}\widehat{\varphi}\left(\frac{\xi}{2}\right)$ となる．

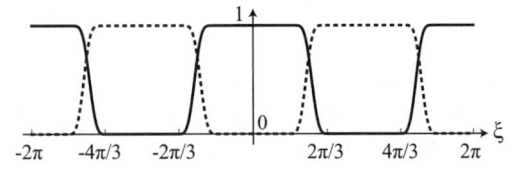

図 6 メイエの場合の $m_0(\xi)$（実線）と $|m_1(\xi)|$（破線）

5. 高速ウェーブレット変換

MRA があるとき，式 (6) の右式により，任意の $f \in L^2(\mathbb{R})$ は $j = j_0$ を大きくしていくと，$v_{j_0} \in V_{j_0}$ によって（L^2 ノルムの意味で）いくらでも良い近似ができる．

$v_j \in V_j$ に対して，$V_j = V_{j-1} \oplus W_{j-1}$ により，

$$v_j = v_{j-1} + w_{j-1} \quad (21)$$

$$v_{j-1} = \sum_{k\in\mathbb{Z}} c_{j-1,k}\varphi_{j-1,k} \in V_{j-1} \quad (22)$$

$$w_{j-1} = \sum_{k\in\mathbb{Z}} d_{j-1,k}\psi_{j-1,k} \in W_{j-1} \quad (23)$$

$$c_{j,k} = \langle f, \varphi_{j,k}\rangle,\ d_{j,k} = \langle f, \psi_{j,k}\rangle \quad (24)$$

と直交分解することができる．$c_{j,k}$ をレベル j の近似係数 (approximation coefficient) と呼び，$d_{j,k}$ をレベル j の詳細係数 (detail coefficient) と呼ぶ．これにより，v_{j_0} から始めて図 7 のように次々に分解していける．逆に，v_{j_0-m} と $w_{j_0-m}, \ldots, w_{j_0-1}$ から v_{j_0} を合成することができる．このとき，レベル $j-1$ の係数はそれぞれレベルが 1 段細かい近似係数 $(c_{j,k})_k$ とローパスフィルタ係数 $(\alpha_k)_k$，ハイパスフィルタ係数 $(\beta_k)_k$ だけで計算でき，逆に，$c_{j,k}$ は $(c_{j-1,k})_k$，$(d_{j-1,k})_k$ と 2 つのフィルタ係数だけで計算できる（詳しくは，［離散ウェーブレット変換］(p.500) 参照．この係数間の

$$(c_{j_0,k})_k \mapsto$$
$$((d_{j_0-1,k})_k, \ldots, (d_{j_0-m,k})_k, (c_{j_0-m,k})_k)$$

なる変換を分解レベル m の高速ウェーブレット変換 (fast wavelet transform)（またはマラー変換）と呼ぶ．

$$v_{j_0} \longrightarrow v_{j_0-1} \longrightarrow \cdots \longrightarrow v_{j_0-m}$$
$$\searrow \quad\quad \searrow \quad\quad \searrow$$
$$w_{j_0-1} \quad \cdots \quad w_{j_0-m}$$

図 7 多重分解

6. ドベシィのウェーブレット

応用などを考慮に入れるとき，フィルタ係数 $(\alpha_k)_k$ や $(\beta_k)_k$ が有限長になったり，φ や ψ の台がコンパクトになったりすると，いろいろ都合が良い．

ドベシィ (I. Daubechies) は，台がコンパクトで以下で述べる性質を持つ正規直交ウェーブレットの族 $\{_N\psi\}_{N\in\mathbb{N}}$ を MRA を使って構成した[1]．これをドベシィウェーブレット (Daubechies wavelet) と呼ぶ．フィルタ係数 $(\alpha_k)_k, (\beta_k)_k$ は長さ $2N$ を持ち，$\operatorname{supp} {_N\varphi} \subset [0, 2N-1]$，$\operatorname{supp} {_N\psi} \subset [-N+1, N]$ であり（図8, 9），$(N-1)$ 次までのモーメントが 0 となる．$N=1$ のときは，ハールウェーブレットになる．さらに N を上げていくと，${_N\varphi}, {_N\psi}$ の微分可能性がいくらでも上がっていく．すなわち，${_N\varphi}, {_N\psi} \in C^{d(N)}(\mathbb{R})$，$d(N) \to \infty$ $(N \to \infty)$ となっている．

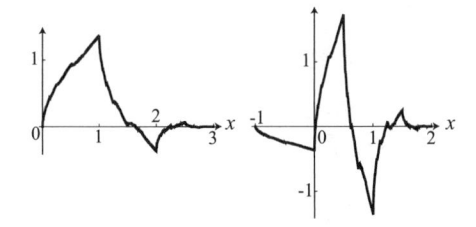

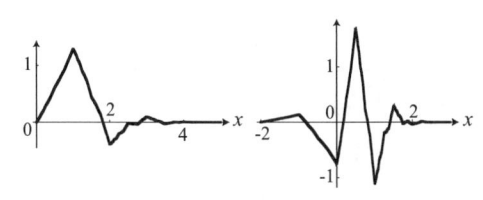

図8 $_2\varphi$（左），$_2\psi$（右）

図9 $_3\varphi$（左），$_3\psi$（右）

7. 双直交ウェーブレット

正規直交系は大変性質の良い関数系ではあるが，その分条件が強く，対称性などの良い性質を持った正規直交ウェーブレットを作ることは難しい．そこで，分解と合成とで異なるウェーブレット関数を使う双直交ウェーブレットが考えられた．

$\psi, \widetilde{\psi} \in L^2(\mathbb{R})$ に対して，$\{\psi_{j,k}\}_{j,k}, \{\widetilde{\psi}_{l,m}\}_{l,m}$ がそれぞれ $L^2(\mathbb{R})$ のリース基底となり，条件

$$\langle \psi_{j,k}, \widetilde{\psi}_{l,m} \rangle = \delta_{j,l}\delta_{k,m}$$

を満たすとき，ψ と $\widetilde{\psi}$ を双直交ウェーブレット関数 (biorthogonal wavelet function) と呼ぶ．このとき，

$$f = \sum_{j,k} \langle f, \psi_{j,k} \rangle \widetilde{\psi}_{j,k} = \sum_{j,k} \langle f, \widetilde{\psi}_{j,k} \rangle \psi_{j,k}$$

となっている．

直交の場合と同様に，$W_j, V_j = \biguplus_{j'<j} W_{j'}, \widetilde{W}_l$, $\widetilde{V}_l = \biguplus_{l'<l} \widetilde{W}_{l'}$ を定義する．ただし，$\biguplus$ は直交とは限らない直和を表す．

$\{V_j\}, \{\widetilde{V}_j\}$ が MRA をなし，

$$\langle \varphi(\cdot - k), \widetilde{\varphi}(\cdot - m) \rangle = \delta_{k,m}$$

を満たすスケーリング関数 $\varphi, \widetilde{\varphi}$ をそれぞれ持つとき，この2つの MRA を双直交 MRA と呼ぶ．このとき

$$V_{j-1} = V_j \uplus W_j, \quad \widetilde{V}_{j-1} = \widetilde{V}_j \uplus \widetilde{W}_j,$$
$$W_j \perp \widetilde{V}_j, \quad \widetilde{W}_j \perp V_j$$

となっている．[1] はコンパクト台を持つ双直交ウェーブレットについて詳しく述べている．

本項目のより詳しい内容については，以下の参考文献を参照していただきたい．本項目での記号は [2] に従った．フーリエ変換の定義や V_j の順序，フィルタ係数など，文献によって違うので，注意が必要である． ［萬代武史］

参 考 文 献

[1] I. ドブシー 著, 山田道夫, 佐々木文夫 訳, ウェーブレット 10 講, シュプリンガー・フェアラーク東京, 2003.

[2] E. ヘルナンデス, G.L. ワイス 著, 芦野隆一, 萬代武史, 浅川秀一 訳, ウェーブレットの基礎, 科学技術出版, 2000.

[3] S. Mallat, *A Wavelet Tour of Signal Processing, Third Ed. — The Sparse Way*, Academic Press, 2009.

離散ウェーブレット変換

discrete wavelet transform

離散ウェーブレット変換と呼ばれる多重解像度解析を離散データに適用する方法と，高周波数成分に対しても離散ウェーブレット変換を行うウェーブレットパケットと呼ばれる手法について解説する．

1. 多重解像度解析

$\mathbb{R}$ 上の 2 乗可積分関数 $f(x) \in L^2(\mathbb{R})$ と $j, k \in \mathbb{Z}$ に対して，
$$f_{j,k}(x) = 2^{j/2} f(2^j x - k)$$
とする．次に，多重解像度解析（MRA：multiresolution analysis）を定義する．

定義 1 $L^2(\mathbb{R})$ の閉部分空間の増大列 $\{V_j\}_{j \in \mathbb{Z}}$ が次の 5 条件を満たすとき MRA と呼ぶ．
1) $V_j \subset V_{j+1}, \ \forall j \in \mathbb{Z}$.
2) $f(x) \in V_j \Leftrightarrow f(2x) \in V_{j+1}, \ \forall j \in \mathbb{Z}$.
3) $\bigcap_{j \in \mathbb{Z}} V_j = \{0\}$.
4) $\bigcup_{j \in \mathbb{Z}} V_j$ が $L^2(\mathbb{R})$ で稠密．
5) 関数 $\varphi \in V_0$ が存在して $\{\varphi(x-k)\}_{k \in \mathbb{Z}}$ が V_0 の正規直交基底になる．

$f(x) \in V_0$ ならば，$k \in \mathbb{Z}$ に対して $f(x-k) \in V_0$ である．V_j の正規直交基底は $\{\varphi_{j,k}\}_{k \in \mathbb{Z}}$ である．$\frac{1}{2}\varphi\left(\frac{1}{2}x\right) \in V_{-1} \subset V_0$ を V_0 の正規直交基底 $\{\varphi(x+k)\}_{k \in \mathbb{Z}}$ で展開した式

$$\frac{1}{2}\varphi\left(\frac{1}{2}x\right) = \sum_{k \in \mathbb{Z}} \alpha_k \varphi(x+k) \quad (1)$$

をツースケール関係式（two scale equation）と呼ぶ．展開係数 α_k をローパスフィルタ係数（low-pass filter coefficient）と呼ぶ．このとき，

$$\alpha_k = \int_{\mathbb{R}} \frac{1}{2} \varphi\left(\frac{1}{2}x\right) \overline{\varphi(x+k)} \, dx$$

である．ただし，複素数 z の複素共役を $\bar{z}$ と記す．ツースケール関係式 (1) の両辺を $\mathbb{R}$ で積分して，$\widehat{\varphi}(0) = \int_{\mathbb{R}} \varphi(x) dx = 1$ を使うと，

$$\sum_{k \in \mathbb{Z}} \alpha_k = 1$$

である．ハイパスフィルタ係数（high-pass filter coefficient）$\beta_k = (-1)^{1+k} \overline{\alpha_{-1-k}}$ をとると，この MRA に付随した正規直交ウェーブレット関数が，

$$\frac{1}{2}\psi\left(\frac{1}{2}x\right) = \sum_{k \in \mathbb{Z}} \beta_k \varphi(x+k) \quad (2)$$

で構成できる．この式をウェーブレット方程式（wavelet equation）と呼ぶ．正規直交系 $\{\psi_{j,k}\}_{k \in \mathbb{Z}}$ で張られる閉部分空間を W_j とする．このとき，V_{j+1} は V_j と W_j の直交直和になる．これを，

$$V_{j+1} = V_j \oplus W_j \quad (3)$$

と記す．$L^2(\mathbb{R})$ から空間 V_j および W_j への直交射影作用素 P_j および Q_j は，$f \in L^2(\mathbb{R})$ に対し，

$$P_j f = \sum_{k \in \mathbb{Z}} \langle f, \varphi_{j,k} \rangle \varphi_{j,k},$$

$$Q_j f = \sum_{k \in \mathbb{Z}} \langle f, \psi_{j,k} \rangle \psi_{j,k}$$

である．ここで，$\langle f, g \rangle$ は関数 f, g の L^2 内積である．MRA の条件 1), 4) より，$j \to +\infty$ のとき $P_j f$ は f に $L^2(\mathbb{R})$ ノルムの意味で収束するから，$P_j f$ を f の j 番目の近似（approximation）と呼ぶ．また，式 (3) の各閉部分空間への直交射影をとると，

$$P_{j+1} f = P_j f + Q_j f \quad (4)$$

であり，$Q_j f$ は $j+1$ 番目の近似 $P_{j+1} f$ と j 番目の近似 $P_j f$ の差となり，詳細（detail）と呼ばれる．

2. 離散ウェーブレット変換

式 (4) の左辺を右辺に分解することを考えよう．各部分空間の正規直交基底との内積を

$$c_{j+1,k} = \langle f, \varphi_{j+1,k} \rangle,$$

$$c_{j,n} = \langle f, \varphi_{j,n} \rangle, \quad d_{j,n} = \langle f, \psi_{j,n} \rangle$$

とおく．このとき，直交射影作用素は，

$$P_{j+1} f = \sum_{k \in \mathbb{Z}} c_{j+1,k} \varphi_{j+1,k},$$

$$P_j f = \sum_{n \in \mathbb{Z}} c_{j,n} \varphi_{j,n}, \quad Q_j f = \sum_{n \in \mathbb{Z}} d_{j,n} \psi_{j,n}$$

である．2 乗可積分関数 f と正規直交系との内積である数列 $\{c_{j,n}\}_{n \in \mathbb{Z}}$ と $\{d_{j,n}\}_{n \in \mathbb{Z}}$ は 2 乗和有限数列になる．2 乗和有限数列の全体の集合を $\ell^2(\mathbb{Z})$ と記す．数列 $\{c_{j,n}\}_{n \in \mathbb{Z}}$ を j 番目の近似係数（approximation coefficient）と呼び，数列 $\{d_{j,n}\}_{n \in \mathbb{Z}}$ を j 番目の詳細係数（detail coefficient）と呼ぶ．

定理 1（離散ウェーブレット変換） $j+1$ 番目の近似係数 $\{c_{j+1,k}\}_{k \in \mathbb{Z}}$ が与えられると，j 番目の近似係数 $\{c_{j,n}\}_{n \in \mathbb{Z}}$ と詳細係数 $\{d_{j,n}\}_{n \in \mathbb{Z}}$ は，

$$c_{j,n} = \sqrt{2} \sum_{k \in \mathbb{Z}} \overline{\alpha_k} \, c_{j+1, 2n-k}, \quad (5)$$

$$d_{j,n} = \sqrt{2} \sum_{k \in \mathbb{Z}} \overline{\beta_k} \, c_{j+1, 2n-k} \quad (6)$$

で計算できる．ただし，α_k はローパスフィルタ係数で，β_k はハイパスフィルタ係数である．さらに，次の 2 乗和の等式が成立する．

$$\sum_{k \in \mathbb{Z}} |c_{j+1,k}|^2 = \sum_{n \in \mathbb{Z}} |c_{j,n}|^2 + \sum_{n \in \mathbb{Z}} |d_{j,n}|^2.$$

式 (5), (6) の計算法は，高速ウェーブレット変

換 (fast wavelet transform), マラー変換 (Mallat transform), 数列の対応と見て離散ウェーブレット変換 (discrete wavelet transform) と呼ばれている.

j 番目の近似係数 $c_{j,n}$ を導出しよう. $V_j \subset V_{j+1}$ で P_{j+1} は $L^2(\mathbb{R})$ から V_{j+1} への直交射影だから,

$$c_{j,n} = \langle f, \varphi_{j,n}\rangle = \langle P_{j+1}f, \varphi_{j,n}\rangle$$
$$= \sum_{k\in\mathbb{Z}} c_{j+1,k} \langle \varphi_{j+1,k}, \varphi_{j,n}\rangle.$$

ここで,内積 $\langle \varphi_{j+1,k}, \varphi_{j,n}\rangle$ を計算すると,

$$\int_{\mathbb{R}} 2^{(j+1)/2}\varphi(2^{j+1}x-k)\overline{2^{j/2}\varphi(2^j x-n)}\,dx$$
$$= \sqrt{2}\int_{\mathbb{R}} \varphi(y+2n-k)\overline{\frac{1}{2}\varphi\left(\frac{y}{2}\right)}\,dy$$
$$= \sqrt{2}\,\overline{\alpha_{2n-k}}$$

である.ただし,$2^j x - n = \frac{y}{2}$ と変数変換した.したがって,

$$c_{j,n} = \sum_{k\in\mathbb{Z}} c_{j+1,k}\sqrt{2}\,\overline{\alpha_{2n-k}} = \sqrt{2}\sum_{k\in\mathbb{Z}}\overline{\alpha_k}\,c_{j+1,2n-k}$$

である.よって,式 (5) が成り立つ.

離散ウェーブレット変換式 (5) は,数列 $\{\gamma_k = \sqrt{2}\,\overline{\alpha_k}\}_{k\in\mathbb{Z}}$ と数列 $\{c_{j+1,k}\}_{k\in\mathbb{Z}}$ との畳み込みを行った数列 $\{C_{j+1,n}\}$ を求める過程と,その数列をダウンサンプリング (downsampling) するという 2 過程に分けて考えることができる.つまり,

$$C_{j+1,n} = \sum_{k\in\mathbb{Z}} \gamma_k\,c_{j+1,n-k},$$
$$c_{j,n} = C_{j+1,2n}.$$

ここで,下の操作は数列 $\{C_{j+1,n}\}_{n\in\mathbb{Z}}$ の奇数番目を捨てて偶数番目だけを取り出すので,ダウンサンプリングと呼ばれている.離散ウェーブレット変換では,数列 c_{j+1} を c_j と d_j の 2 数列に分解するのであるが,ダウンサンプリングを行うから全体の要素数 (要素密度) は変換で不変である.

定理 2(逆離散ウェーブレット変換) j 番目の近似係数 $\{c_{j,n}\}_{n\in\mathbb{Z}}$ と詳細係数 $\{d_{j,n}\}_{n\in\mathbb{Z}}$ から,$j+1$ 番目の近似係数 $\{c_{j+1,k}\}_{k\in\mathbb{Z}}$ は,

$$c_{j+1,k} = \sqrt{2}\sum_{n\in\mathbb{Z}} \alpha_{2n-k}\,c_{j,n} + \sqrt{2}\sum_{n\in\mathbb{Z}} \beta_{2n-k}\,d_{j,n} \tag{7}$$

で計算できる.

ツースケール関係式 (1) を $\varphi_{j,n}$ と $\varphi_{j+1,\ell}$ の関係式に書き直すと,

$$\varphi_{j,n} = 2^{j/2}\varphi(2^j x - n)$$
$$= \sqrt{2}\sum_{\ell\in\mathbb{Z}} \alpha_\ell\, 2^{(j+1)/2}\varphi(2^{j+1}x - 2n + \ell)$$
$$= \sqrt{2}\sum_{\ell\in\mathbb{Z}} \alpha_\ell\,\varphi_{j+1,2n-\ell}$$

であるから,P_jf の基底 $\varphi_{j,n}$ を $\varphi_{j+1,2n-\ell}$ で展開すると,

$$P_jf = \sum_{n\in\mathbb{Z}} c_{j,n}\sqrt{2}\sum_{\ell\in\mathbb{Z}} \alpha_\ell\,\varphi_{j+1,2n-\ell}$$
$$= \sum_{k\in\mathbb{Z}}\left[\sqrt{2}\sum_{n\in\mathbb{Z}} c_{j,n}\,\alpha_{2n-k}\right]\varphi_{j+1,k}$$

である.ここで,$k = 2n - \ell$ とおいた.$P_{j+1}f = P_jf + Q_jf$ であり,$P_{j+1}f$ の基底 $\varphi_{j+1,k}$ の展開係数が $c_{j+1,k}$ だったので,定理 2 が成立する.

逆離散ウェーブレット変換 (inverse discrete wavelet transform) を表す式 (7) の右辺第 1 項は,数列 $\{c_{j,n}\}_{n\in\mathbb{Z}}$ の各要素間に 0 を挿入した数列 $\{C_{j,n}\}_{n\in\mathbb{Z}}$

$$C_{j,n} = \begin{cases} c_{j,n/2}, & n \text{ 偶数}, \\ 0, & n \text{ 奇数} \end{cases}$$

を作るアップサンプリング (upsampling) と呼ばれる過程と,数列 $\{\delta_n = \sqrt{2}\,\alpha_{-n}\}_{n\in\mathbb{Z}}$ との畳み込みをとるという 2 過程に分かれる.つまり,

$$(C_j * \delta)_k = \sum_{n\in\mathbb{Z}} C_{j,n}\,\delta_{k-n}$$
$$= \sum_{m\in\mathbb{Z}} C_{j,2m}\,\delta_{k-2m} + \sum_{m\in\mathbb{Z}} C_{j,2m+1}\,\delta_{k-(2m+1)}$$
$$= \sum_{m\in\mathbb{Z}} c_{j,m}\,\sqrt{2}\,\alpha_{-(k-2m)}.$$

注意 1(双直交ウェーブレットの場合) 2 種類のスケーリング関数を持つ双直交ウェーブレットの場合には,それぞれのツースケール関係式から得られたローパスフィルタ係数を α_k, $\widetilde{\alpha}_k$ とする.離散ウェーブレット変換式 (5),(6) には α_k, $\beta_k = (-1)^{1+k}\overline{\alpha_{-1-k}}$ を用いる.そして,逆離散ウェーブレット変換式 (7) には $\widetilde{\alpha}_k$, $\widetilde{\beta}_k = (-1)^{1+k}\overline{\alpha_{-1-k}}$ を用いる.双直交ウェーブレットの場合には,定理 1 後半の 2 乗和の等式は成立しない.

3. 分解レベル L の離散ウェーブレット変換

$J_0 \in \mathbb{Z}$ を固定する.式 (3) を L 回使うと,

$$V_{J_0} = V_{J_0-1} \oplus W_{J_0-1}$$
$$= V_{J_0-2} \oplus W_{J_0-2} \oplus W_{J_0-1}$$
$$= V_{J_0-L} \oplus W_{J_0-L} \oplus \cdots \oplus W_{J_0-1}$$

である.よって,関数 $f \in L^2(\mathbb{R})$ に対して,それぞれの閉部分空間への直交射影を考えることにより,

$$P_{J_0}f = P_{J_0-1}f + Q_{J_0-1}f$$
$$= P_{J_0-2}f + Q_{J_0-2}f + Q_{J_0-1}f$$
$$= P_{J_0-L}f + Q_{J_0-L}f + \cdots + Q_{J_0-1}f$$

という $P_{J_0}f$ の分解ができる.近似係数 c_j と詳細係数 d_j で記述すると,

$$
\begin{array}{ccccccc}
c_{J_0} & \longrightarrow & c_{J_0-1} & \longrightarrow & \cdots & \longrightarrow & c_{J_0-L} \\
& \searrow & & \searrow & & \searrow & \\
& & d_{J_0-1} & & \cdots & & d_{J_0-L}
\end{array}
$$

というように，近似係数 c_{J_0} を定理 1 に従って近似係数 c_{J_0-1} と詳細係数 d_{J_0-1} に分解する．詳細係数 d_{J_0-1} はそのままおいておき，近似係数 c_{J_0-1} を定理 1 で近似係数 c_{J_0-2} と詳細係数 d_{J_0-2} に分解する．この分解過程を L 回繰り返す．すると，$\ell^2(\mathbb{Z})$ から $(\ell^2(\mathbb{Z}))^{L+1}$ への対応

$$c_{J_0} \longrightarrow \{d_{J_0-1}, d_{J_0-2}, \ldots, d_{J_0-L} ; c_{J_0-L}\}$$

が得られる．これを分解レベル L の離散ウェーブレット変換と呼ぶ．逆離散ウェーブレット変換は，近似係数 c_{J_0-L} と詳細係数 d_{J_0-L} から定理 2 を使って近似係数 c_{J_0-L-1} を再構成し，詳細係数 d_{J_0-L-1} と組み合わせて，近似係数 c_{J_0-L-2} を再構成するというように，L 回逆離散ウェーブレット変換を繰り返すと，最初の近似係数 c_{J_0} が得られる．

4. 離散データと近似と詳細

コンピュータで扱えるのは有限長の離散データであるから，N 点からなる有限点列 a_k ($k = 0, 1, \ldots, N-1$) に対して離散ウェーブレット変換を考えよう．有限点列 a_k を適当な近似係数 c_{J_0} に埋め込む．普通は $J_0 = 0$ とする．ゼロ埋めを行うと，

$$c_{0,k} = \begin{cases} a_k, & k = 0, 1, \ldots, N-1, \\ 0, & \text{その他} \end{cases} \tag{8}$$

となる．ローパスフィルタ係数 α_k とハイパスフィルタ係数 β_k は長さ M とする．メイエのウェーブレット[1, p.32] のようにフィルタ係数が無限長になる場合には，適当なところでカットオフし有限長にする．離散ウェーブレット変換して得られた近似係数 c_{-1} と詳細係数 d_{-1} は，長さ N の離散データと長さ M のフィルタ係数の畳み込みを行って，ダウンサンプリングした数列であるから，0 でない部分の長さは，

$$\left\lceil \frac{N+M-1}{2} \right\rceil$$

である．ただし，記号 $\lceil x \rceil$ は切り上げ（x 以上の最小の整数）を表す．

例 1 減衰 chirp 信号

$$f(t) = 4t(1-t)\sin(100\pi t^2), \quad 0 \leq t \leq 1$$

を，$N = 512$ 点に離散化した離散データ

$$c_{0,k} = f(k/512), \quad k = 0, \ldots, 511$$

に対して，分解レベル $L = 3$ まで離散ウェーブレット変換すると，図 1 を得る．ダウンサンプリングを行っているので，詳細係数 d_j ($j = -1, -2, -3$) の長さはおよそ $N2^j$ 個である．図 1 では，元の c_0 と

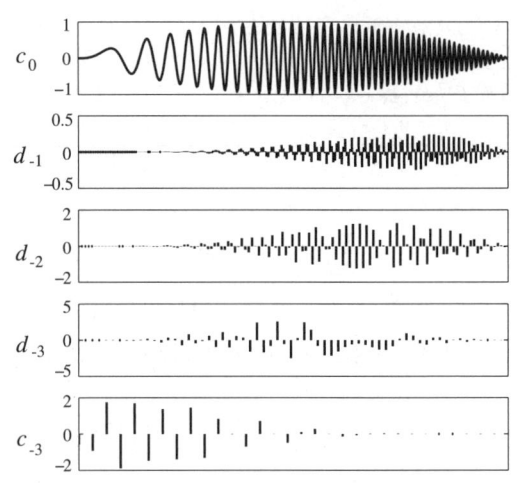

図 1　chirp 信号の離散ウェーブレット変換 $L = 3$

対応する位置に各詳細係数と近似係数 c_{-3} を配置した．

離散ウェーブレット変換を行った後の近似係数と詳細係数は，元の離散データとはデータ数（密度）が違うので比較困難である．そこで，近似係数 c_j 以外の係数を全て 0 にして逆離散ウェーブレット変換をし，c_0 と同じデータ長にした信号を近似と呼び，f_j で記す．同様に詳細係数 d_j 以外の係数を全て 0 にして逆離散ウェーブレット変換を行った信号を詳細と呼び，g_j と記す．このとき，元の信号 c_0 は，

$$c_0 = \sum_{j=-L}^{-1} g_j + f_{-L}$$

で復元できる．

例 2 例 1 の離散ウェーブレット変換から詳細 g_{-1}, g_{-2}, g_{-3} と近似 f_{-3} を求めると図 2 になる．図 2 の $\sum$ と記したグラフが $g_{-1} + g_{-2} + g_{-3} + f_{-3}$ であり，元の信号 c_0 と一致する．

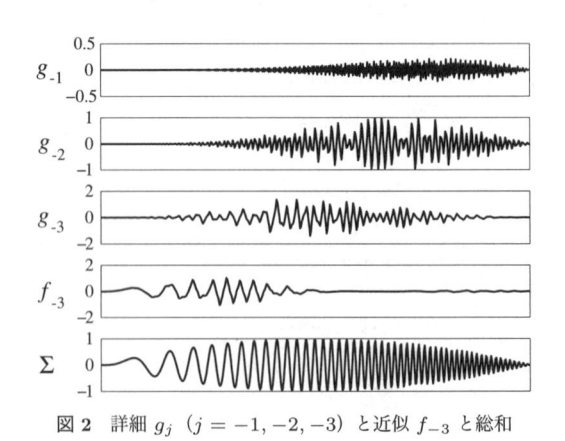

図 2　詳細 g_j ($j = -1, -2, -3$) と近似 f_{-3} と総和

5. バニシングモーメントと特異性検出

ウェーブレット関数 $\psi(x)$ が

$$\int_{\mathbb{R}} x^n \psi(x)\,dx = 0, \quad n = 0, 1, \ldots, P$$

を満たせば，P 次までのバニシングモーメント (vanishing moment) を持つという．このとき，連続ウェーブレット変換によって，信号 $f(x)$ の P 階導関数の不連続性まで検出可能である．例えば，ドベシィの正規直交ウェーブレット関数 $_N\psi(x)$ は，$N-1$ 次までのバニシングモーメントを持つ[2, 6.4 節]．正規直交ウェーブレット関数が P 次までのバニシングモーメントを持てば，フィルタ係数 β_k が

$$\sum_{k \in \mathbb{Z}} k^n \beta_k = 0, \quad n = 0, 1, \ldots, P$$

を満たす．この条件を満たすハイパスフィルタ係数 β_k では，離散データ c_0 が P 次までの多項式の離散点上に乗っていたら詳細係数は 0 になるし，多項式で近似できないほど激しく変化している場合には詳細係数の絶対値は大きくなる．

6. ウェーブレットパケット

離散ウェーブレット変換では，近似係数のみを定理 1 により近似係数と詳細係数に分解した．詳細係数も同じように分解したのがウェーブレットパケット (wavelet packet) である．MRA に付随する基本ウェーブレットパケット関数 $w_n(x)$ ($n = 0, 1, 2, \ldots$) を $w_0(x) = \varphi(x)$ とおき，$n \geqq 0$ に対して帰納的に，

$$w_{2n}(x) = 2\sum_{k \in \mathbb{Z}} \alpha_k\, w_n(2x+k),$$

$$w_{2n+1}(x) = 2\sum_{k \in \mathbb{Z}} \beta_k\, w_n(2x+k)$$

と定義する．次の定理が成立する[1, p.490]．

定理 3 $w_n(x)$ を MRA $\{V_j\}_{j \in \mathbb{Z}}$ に付随する基本ウェーブレットパケット関数とする．任意の $j \geqq 0$ に対して，集合 $\{w_n(x-k) \mid k \in \mathbb{Z}, 0 \leqq n < 2^j\}$ は V_j の正規直交基底である．

$J_0 > 0$ に対して，近似係数 c_{J_0} から，この近似係数を持つ近似 $P_{J_0}f$ を定理 3 の V_{J_0} の正規直交基底 $\{w_n(x-k) \mid k \in \mathbb{Z}, 0 \leqq n < 2^{J_0}\}$ で表現したときの展開係数への対応が離散ウェーブレットパケット変換である．$J_0 = 2$ の場合が図 3 である．

図 3 で，係数 $c_{1,0}, c_{0,2}, c_{0,3}$ があれば，元のデータ c_2 を再構成することができる．このように，元のデータが復元できる木構造を全て考えて，エントロピーと呼ばれる量を最小にする木を選ぶ最良分解 (optimal decomposition) が提案されている[3, 12.2.2 節]．図 3 が最も枝の多い木である．

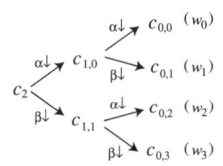

図 3 $J_0 = 2$ の離散ウェーブレットパケット変換 $\alpha\downarrow$ は式 (5)，$\beta\downarrow$ は式 (6) の計算を意味する．

7. おわりに

離散数列 a_k を近似係数 c_{J_0} に埋め込むときには注意が必要である．信号やその導関数が不連続のときは詳細係数の絶対値が大きくなるから，両端が 0 に減衰していない信号を式 (8) のゼロ埋めで近似係数 c_{J_0} にすると，端点で起こる不連続性が強すぎて，信号の内部の変動が捉えられないことが起こりうる．そこで，表 1 のような離散ウェーブレット変換における境界拡張方法が提案されている．

表 1 離散ウェーブレット変換での境界拡張（端点 N）

境界拡張	離散信号 a_k の拡張方法
ゼロ埋め	信号の外側を 0 とおく．
軸対称 0	端点 N で軸対称．$a_{N+k} = a_{N-k}$.
軸対称 $\frac{1}{2}$	端点 $N+\frac{1}{2}$ で軸対称．$a_{N+1+k} = a_{N-k}$.
点対称	端点で点対称．$a_{N+k} = 2a_N - a_{N-k}$.
周期的	周期的に信号を拡張する．
連続	端点の値をそのまま伸ばす．$a_{N+k} = a_N$.

本項目の記号は，文献 [1] に従った．文献 [2],[3] では，MRA の j の番号付けが逆向きで，$V_{j+1} \subset V_j$ である．そして，ツースケール関係式 (1) の代わりに，

$$\varphi(x) = \sum_{n \in \mathbb{Z}} h_n\, \sqrt{2}\varphi(2x - n)$$

を用いる．よって，$h_n = \sqrt{2}\,\alpha_{-n}$ である．このとき

$$\sum_{n \in \mathbb{Z}} h_n = \sqrt{2}$$

であるから，ツースケール関係式の係数表を見るときには注意すること． ［守本　晃］

参 考 文 献

[1] ヘルナンデス，ワイス 著，芦野隆一，萬代武史，浅川秀一 訳，ウェーブレットの基礎，科学技術出版，2000．
[2] I. ドブシー 著，山田道夫，佐々木文夫 訳，ウェーブレット 10 講，シュプリンガーフェアラーク東京，2003．
[3] S. Mallat, *A wavelet tour of signal processing: the sparse way*, third ed., Academic Press, 2009.

ウェーブレットとフィルタ
wavelet and filter

ウェーブレットはフィルタバンクの一種として捉えることができる．本項目ではこの観点からウェーブレットを解説する．初めに本項目で用いる用語を定義する．安定なフィルタとは，$\sum_{n=-\infty}^{\infty}|h[n]|<+\infty$ を満たす数列 $h=(h[n])_{n\in\mathbb{Z}}$ のことである．安定なフィルタ h と信号 $x=(x[n])_{n\in\mathbb{Z}}$ に対して，x の h によるフィルタリングを線形畳み込み積 $h*x[n]=\sum_{k=-\infty}^{\infty}h[k]x[n-k]$ により定義する．ただし，ここで x のエネルギー $\sum_{n=-\infty}^{\infty}|x[n]|^2$ は有限であると仮定する．一般に，$1\leq p<\infty$ に対して，数列 $a=(a[n])_{n\in\mathbb{Z}}$ で，$\|a\|_{l^p}=\left(\sum_{n=-\infty}^{\infty}|a[n]|^p\right)^{1/p}$ が有限であるもの全体のなす空間を $l^p(\mathbb{Z})$ により表す．特に $l^2(\mathbb{Z})$ は $(x,y)_{l^2(\mathbb{Z})}=\sum_{n=-\infty}^{\infty}x[n]\overline{y[n]}$ (ただし $\overline{}$ は複素共役) を内積とするヒルベルト空間である．$a\in l^1(\mathbb{Z})$ に対して，本項目ではその周波数応答関数 $A(\omega)$ を

$$A(\omega)=\sum_{n=-\infty}^{\infty}a[n]e^{-2\pi in\omega}$$

により定義する．$l^1(\mathbb{Z})$ が $l^2(\mathbb{Z})$ でノルム $\|\cdot\|_{l^2}$ による位相に関して稠密であることと，パーセヴァルの等式から，$a\in l^2(\mathbb{Z})$ に対しても周波数応答関数の定義を自然に拡張することができる．安定なフィルタ h と $x\in l^2(\mathbb{Z})$ に対して，$a[n]=h*x[n]$ とおくと，$a=(a[n])_{n\in\mathbb{Z}}\in l^2(\mathbb{Z})$ であり，さらに $A(\omega)=H(\omega)X(\omega)$ が 1 次元ルベーグ測度に関してほとんど全ての点 ω に対して成り立つ．$a^{\vee}[n]=a[-n]$ とし，$A^*(\omega)=\sum_{n=-\infty}^{\infty}\overline{a^{\vee}[n]}e^{-2\pi in\omega}\;(=\overline{A(\omega)})$ と定める．

1. 最大間引きフィルタバンクと離散ウェーブレット

離散ウェーブレットとフィルタバンクとの関連を述べるために，マルチレート信号処理で使われる図式を用いる (図 1)．

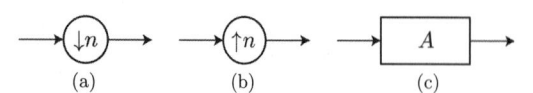

図 1 (a) ダウンサンプリング，(b) アップサンプリング，(c) フィルタリング

正の整数 n に対して，図 1(a) は n ダウンサンプリング，図 1(b) は n アップサンプリングを表し，$a=(a[n])_{n\in\mathbb{Z}}$ の周波数応答関数を A とするとき，図 1(c) は入力 x に対して，a による線形畳み込み積 $a*x$ (すなわち x の a によるフィルタリング) を出力するシステムを表すものとする．

離散ウェーブレットは通常，4 種類の安定なフィルタを用いて構成される．分解スケーリングフィルタ h と分解ウェーブレットフィルタ g，合成スケーリングフィルタ $\widetilde{h}$，合成ウェーブレットフィルタ $\widetilde{g}$ である．例えば，ハールウェーブレットの場合，分解と合成に使うフィルタは同じであり，$h_{\mathrm{Haar}}[n]=1/\sqrt{2}$ $(n=0,1)$，$h_{\mathrm{Haar}}[n]=0$ (その他) がスケーリングフィルタ，$g_{\mathrm{Haar}}[n]=(-1)^n/\sqrt{2}$ $(n=0,1)$，$g_{\mathrm{Haar}}[n]=0$ (その他) がウェーブレットフィルタである．一般に，離散ウェーブレットでは，スケーリングフィルタとして低域通過フィルタ，ウェーブレットフィルタとして高域通過フィルタをとる．いま，これら 4 つのフィルタ $h,g,\widetilde{h},\widetilde{g}$ が図 2 で示される最大間引き完全再構成 2 チャネルフィルタバンクをなしているとする．安定フィルタ $h,g,\widetilde{h},\widetilde{g}$ が図 2 に示す完全再構成性を満たすための十分条件として，

$$\widetilde{H}(\omega)H^*(\omega)+\widetilde{G}(\omega)G^*(\omega)=2 \tag{1}$$

$$\widetilde{H}(\omega)H^*\left(\omega+\frac{1}{2}\right)+\widetilde{G}(\omega)G^*\left(\omega+\frac{1}{2}\right)=0 \tag{2}$$

となることが知られている．この場合，整数 m,n に対して，$h_m[n]=h[n-m]$，$g_m[n]=g[n-m]$，$\widetilde{h}_m[n]=\widetilde{h}[n-m]$，$\widetilde{g}_m[n]=\widetilde{g}[n-m]$ とし，$h_m=(h_m[n])_{n\in\mathbb{Z}}$，$g_m=(g_m[n])_{n\in\mathbb{Z}}$，$\widetilde{h}_m=(\widetilde{h}_m[n])_{n\in\mathbb{Z}}$，$\widetilde{g}_m=(\widetilde{g}_m[n])_{n\in\mathbb{Z}}$ とすると，$\{h_{2m},g_{2m}\}_{m\in\mathbb{Z}}$ は $l^2(\mathbb{Z})$ の双直交基底であり，$\{\widetilde{h}_{2m},\widetilde{g}_{2m}\}_{m\in\mathbb{Z}}$ がその双対基底になっている．特に，$\{h_{2m},g_{2m}\}_{m\in\mathbb{Z}}$ が $l^2(\mathbb{Z})$ の正規直交基底であれば，$\widetilde{h}=h$，$\widetilde{g}=g$ である．このようにできるための十分条件は，h,g が

$$|H(\omega)|^2+|G(\omega)|^2=2 \tag{3}$$

$$H(\omega)H^*\left(\omega+\frac{1}{2}\right)+G(\omega)G^*\left(\omega+\frac{1}{2}\right)=0 \tag{4}$$

を満たすことである．

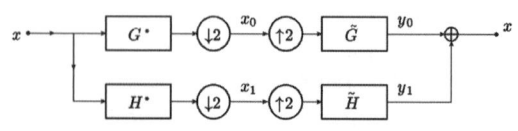

図 2 最大間引き 2 チャネルフィルタバンク

本節では，h, g が条件 (3),(4) を満たす場合について述べる．

離散ウェーブレットで重要な考え方に多重解像度解析がある．それをフィルタの立場から説明する．多重解像度解析では，$H(\omega), G(\omega)$ の周波数領域でのスケーリングを考え，

$$U_0(\omega) = G(\omega)$$
$$U_1(\omega) = H(\omega)G(2\omega)$$
$$U_2(\omega) = H(\omega)H(2\omega)G(2^2\omega)$$
$$\vdots$$
$$U_{M-1}(\omega) = H(\omega)H(2\omega)\cdots H(2^{M-2}\omega)$$
$$\times G(2^{M-1}\omega)$$
$$U_M(\omega) = H(\omega)H(2\omega)\cdots H(2^{M-2}\omega)$$
$$\times H(2^{M-1}\omega)$$

として，帯域幅にバリエーションを持たせるようにする（ここでは $M \geq 2$ の場合を記している）．短時間フーリエ変換（窓付きフーリエ変換ともいう）では周波数領域でのシフトをとっているため，帯域幅が固定されているのに対して，これらのフィルタを使うウェーブレットによる多重解像度解析では，低域を解析するためには帯域幅の小さい（したがって窓幅の広い）フィルタが用意され，また，高域を解析するためには帯域幅の大きい（したがって窓幅の狭い）フィルタが用意されることになる．

$U_0(\omega), \ldots, U_M(\omega)$ を用いて，入力信号 $x \in l^2(\mathbf{Z})$ を図 3 のように分解する．$x_0, \ldots, x_M \in l^2(\mathbf{Z})$ であり，$a_{-M} = x_M, d_{-M} = x_{M-1}, \ldots, d_{-1} = x_0$ とおく．a_{-M} はレベル $-M$ の近似係数，d_{-j} はレベル $-j$ の詳細係数と呼ばれることがある．

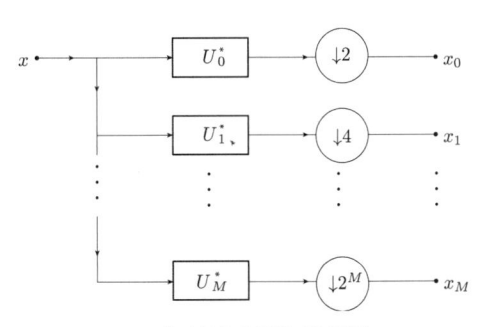

図 3　多重解像度解析（分解部）

ここで，図 3 は 2 チャネル・最大間引きフィルタバンクを図 4 のようなツリー状に組み立てたものと等価である．

次に，今の場合，正規直交基底であるので，これらの分解信号から図 5 のように入力信号 x を再構成することができる．

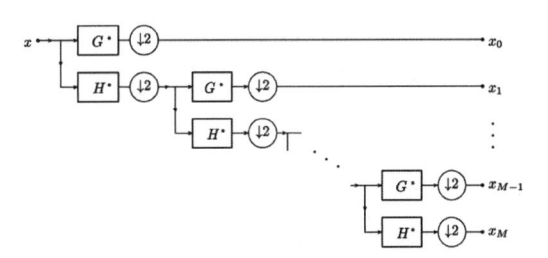

図 4　多重解像度解析の分解部のツリー表示

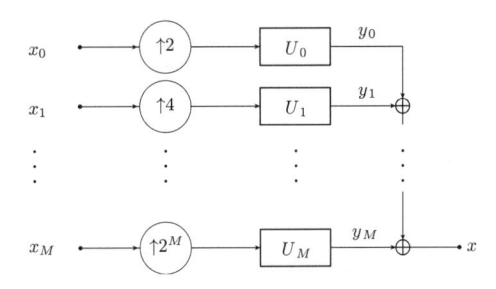

図 5　多重解像度解析（合成部）

図 5 において，例えば $A_{-M} = y_M, D_{-M} = y_{M-1}, \ldots, D_{-1} = y_0$ とおくと，

$$x = A_{-M} + D_{-M} + \cdots + D_{-1}$$

なる分解が成り立つ．x に A_{-M} を対応させる写像を P_{-M} とおき，x に D_{-j} を対応させる写像を Q_{-j} $(j = 1, \ldots, M)$ とおくと，これらは $l^2(\mathbf{Z})$ 上の直交射影作用素であり，P_{-M} の値域を V_{-M}，Q_{-j} の値域を W_{-j} とおくと，いわゆる多重解像度解析

$$l^2(\mathbf{Z}) = V_{-M} \oplus W_{-M} \oplus \cdots \oplus W_{-1}$$

が成り立つ．ここで，これらの分解は直交分解である．なお，図 5 は図 6 と等価になっている．

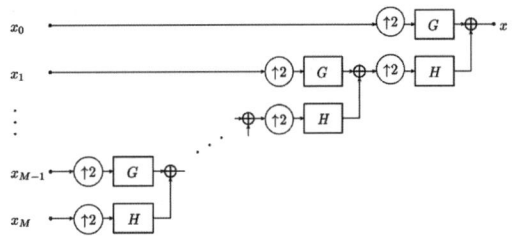

図 6　多重解像度解析の合成部のツリー表示

なお，ここで述べたフィルタバンクをポリフェーズ成分を用いて表す方法も知られている．

2. 最大重複離散ウェーブレット

最大重複離散ウェーブレットは，定常離散ウェーブレット，シフト不変離散ウェーブレットなど，いくつかの呼び方がある．これに関する発展史は [8] を参照．前節に記した離散ウェーブレットでは，ダウンサンプリングとアップサンプリングをしてい

る．これらは $l^2(\boldsymbol{Z})$ の関数解析的側面から見れば，$\{h_{2m}, g_{2m}\}_{m \in \boldsymbol{Z}}$ が $l^2(\boldsymbol{Z})$ の基底となることに貢献している．一方で，ダウンサンプリング，アップサンプリングの操作はシフト不変ではない．フィルタバンクの構成（図3と図5）において，これらの操作を加えない方法が最大重複法（定常法）である．このようにしても条件 (3),(4) が満たされていれば，図7のように乗算器を付加して，完全再構成性を持たせることができる．

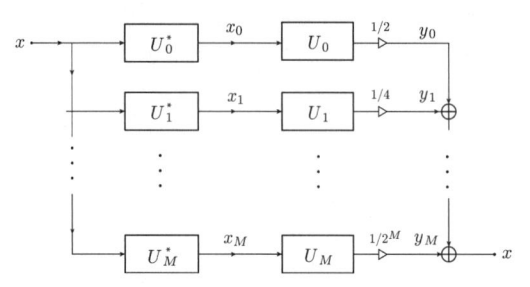

図7 最大重複ウェーブレットのフィルタバンク

$a_{-M} = x_M, d_{-M} = x_{M-1}, \ldots, d_{-1} = x_0$ とおき，$A_{-M} = y_M, D_{-M} = y_{M-1}, \ldots, D_{-1} = y_0$ とおく．このとき，

$$x = A_{-M} + D_{-M} + \cdots + D_{-1}$$

が成り立つ．最大重複法は，ダウンサンプリングの操作を加えていないため，基底ではなくフレームによる展開となっている．例えば $M=1$ の場合について述べると，フレーム $\{g_m, h_m\}_{m \in \boldsymbol{Z}}$ による展開をしていることに相当する．シフトを2個飛びではなく，1個飛びにずらしているため，冗長性はあるが，信号のより詳細な解析に向いている（[7],[8] 参照）．

3. リフティング

リフティングを z-変換を使って説明する．$a \in l^1(\boldsymbol{Z})$ に対して，本節では $A(z)$ により a の z-変換 $A(z) = \sum_{n=-\infty}^{\infty} a[n]z^{-n}$ を表す．$a \in l^1(\boldsymbol{Z})$ を仮定しているので，$A(z)$ の収束域には単位円周が含まれている．$A^*(z) = \sum_{n=-\infty}^{\infty} \overline{a^\vee[n]} z^{-n}$ とおく．z-変換を用いると，条件 (1),(2) に相当する条件は

$$\widetilde{H}(z)H^*(z) + \widetilde{G}(z)G^*(z) = 2 \qquad (5)$$

$$\widetilde{H}(z)H^*(-z) + \widetilde{G}(z)G^*(-z) = 0 \qquad (6)$$

と表すことが可能である．いま，安定なフィルタ h, $\widetilde{h}$ が条件

$$\widetilde{H}(z)H^*(z) + \widetilde{H}(-z)H^*(-z) = 2$$

を満たしているとする．これは双直交性を保証する条件である．このとき，$g[n] = (-1)^n \overline{\widetilde{h}[1-n]}$，$\widetilde{g}[n] = (-1)^n \overline{h[1-n]}$ とすると，$h, g, \widetilde{h}, \widetilde{g}$ は条件 (5),(6) を満たす．リフティングは $h, \widetilde{h}$ から新しい双直交ウェーブレットを構成する方法である．まず $\sum_{n=-\infty}^{\infty} s[n] = 0$ を満たす任意の $s \in l^1(\boldsymbol{Z})$ と任意の奇数 l をとり，

$$\widetilde{H}_{\text{new}}(z) = \widetilde{H}(z) + z^l H^*(-z) S(z^2)$$
$$G_{\text{new}}(z) = (-z)^{-l} \widetilde{H}^*_{\text{new}}(-z)$$
$$\widetilde{G}(z) = (-z)^{-l} H^*(-z)$$

とおく．このとき，$h, \widetilde{h}_{\text{new}}, g_{\text{new}}, \widetilde{g}$ は，条件 (5),(6) を満たす．これをもとにさらに新しい $l^2(\boldsymbol{Z})$ の双直交基底を作成していくことができる．リフティングの方法は Sweldens [10] による（[11] も参照）．

4. ユニタリ拡張原理

ウェーブレットはスケーリングフィルタ $h_0 \in l^1(\boldsymbol{Z})$ と1個のウェーブレットフィルタからなるが，ウェーブレットフィルタに相当するフィルタを複数個 $h_j \in l^1(\boldsymbol{Z})$ $(j = 1, \ldots, L-1)$ とる方法がある．この場合，$h_{j,m} = (h_j[n-m])_{n \in \boldsymbol{Z}}$ とおくと，$\{h_{0,2m}, \ldots, h_{L-1,2m}\}_{m \in \boldsymbol{Z}}$ は $l^2(\boldsymbol{Z})$ のフレームとなる．特にこれがタイトフレームになれば，$\{h_{0,2m}, \ldots, h_{L-1,2m}\}_{m \in \boldsymbol{Z}}$ 自身を双対フレームとしてとることができる．$h_j, f_j \in l^1(\boldsymbol{Z})$ $(j = 0, \ldots, L-1)$ の周波数応答関数 H_j, F_j が

$$\sum_{j=0}^{L-1} F_j(\omega) H_j^*(\omega) = 2 \qquad (7)$$

$$\sum_{j=0}^{L-1} F_j(\omega) H_j^*(\omega + \tfrac{1}{2}) = 0 \qquad (8)$$

を満たすとき，$\{h_{0,2m}, \ldots, h_{L-1,2m}\}_{m \in \boldsymbol{Z}}$ は $l^2(\boldsymbol{Z})$ のフレームに，また $\{f_{0,2m}, \ldots, f_{L-1,2m}\}_{m \in \boldsymbol{Z}}$ はその双対フレームになっている．特に

$$\sum_{j=0}^{L-1} |H_j(\omega)|^2 = 2 \qquad (9)$$

$$\sum_{j=0}^{L-1} H_j(\omega) H_j^*(\omega + \tfrac{1}{2}) = 0 \qquad (10)$$

を満たすとき，$\{h_{0,2m}, \ldots, h_{L-1,2m}\}_{m \in \boldsymbol{Z}}$ はフレーム限界 1 の $l^2(\boldsymbol{Z})$ のタイトフレームになっている．この条件は $L^2(\boldsymbol{R})$ のフレームレット [4] を構成する際のユニタリ拡張原理 [9] の条件式である．ユニタリ拡張原理とは次のものである．$H_j(\xi)$ を，$\boldsymbol{R}$ 上の周期 1 のルベーグ可測関数で，本質的に有界であるとする．$\varphi \in L^2(\boldsymbol{R})$ に対して $\varphi_{j,k}(x) = 2^{j/2} \varphi(2^j x - k)$ とおき，V_j を $\{\varphi_{j,k}\}_{k \in \boldsymbol{Z}}$ により生成される $L^2(\boldsymbol{R})$ の閉線形部分空間とする．上記の記号と整合性を持たせるため，ここで

は，$\widehat{\varphi}(\xi) = \int_{-\infty}^{\infty} \varphi(x)e^{-2\pi ix\xi}dx$ とする．いま，$\sum_{k \in \mathbf{Z}} |\widehat{\varphi}(\xi+k)|^2$ が本質的に有界であり，$\widehat{\varphi}(2\xi) = H_0(\xi)\widehat{\varphi}(\xi)$ を満たし，0 のある開近傍上のほとんど全ての点 ξ に対して $\widehat{\varphi}(\xi) \neq 0$ であり，$\lim_{\xi \to 0} \widehat{\varphi}(\xi) = 1$ を満たすと仮定する．$\psi^l \in L^2(\mathbf{R})$ $(l = 1, \ldots, L-1)$ が $\widehat{\psi^l}(2\xi) = H_l(\xi)\widehat{\varphi}(\xi)$ を満たすとする．この条件を一般設定条件という．もしも $H_j(\xi)$ $(j = 0, 1, \ldots, L-1)$ が条件 (9),(10) を満たすならば，$\psi^l \in V_1$ $(l = 1, \ldots, L-1)$ であり，$\{\psi^1_{j,k}, \ldots, \psi^{L-1}_{j,k}\}_{j,k \in \mathbf{Z}}$ は $L^2(\mathbf{R})$ のフレーム限界 1 のタイトフレームになっている．これはタイトフレームレットになっている（詳細は[4]）．この原理は多次元でも成り立つ．この原理を用いて，新井・新井 [2] ([1] も参照) は視覚と錯視の研究に適した，単純かざぐるまフレームレットという 2 次元タイトフレームレットを構成した．

条件 (9),(10) を次の (11),(12),(13) に置き換えても，$\{\psi^1_{j,k}, \ldots, \psi^{L-1}_{j,k}\}_{j,k \in \mathbf{Z}}$ は $L^2(\mathbf{R})$ のフレーム限界 1 のタイトフレームとなる：ある正定数 c とある周期 1 の本質的に有界な関数 Θ で，$\Theta(\xi) \geqq c$ がほとんど全ての点で成り立ち，

$$\lim_{\xi \to 0} \Theta(\xi) = 1 \tag{11}$$

$$H_0(\xi)H_0^*(\xi)\Theta(2\xi)$$
$$+ \sum_{l=1}^{L-1} H_l(\xi)H_l^*(\xi) = \Theta(\xi) \tag{12}$$

$$H_0(\xi)H_0^*\left(\xi + \frac{1}{2}\right)\Theta(2\xi)$$
$$+ \sum_{l=1}^{L-1} H_l(\xi)H_l^*\left(\xi + \frac{1}{2}\right) = 0 \tag{13}$$

を満たす．この条件を斜交拡張原理という[4]．

5. 連続ウェーブレットとフィルタ

ここでは，積分で定義される畳み込み積を，$*$ により表すものとする．連続ウェーブレットは，（アナライジング）ウェーブレットを ψ として，$a > 0$ に対して $\psi_a^\vee(x) = a^{-1/2}\psi(-x/a)$ とおくと，$W_\psi f(b,a) = f * \overline{\psi_a^\vee}(b)$ と表すことができる．これは入力アナログ信号 f に対して，$\overline{\psi_a^\vee}$ によるフィルタリングと見なすことができる．連続ウェーブレットについては [3] が詳しい．特に ψ のフーリエ変換 $\widehat{\psi}(\xi)$ が $\xi < 0$ で 0 になっているとき，解析的 (analytic) あるいは progressive といい，W_ψ を解析的ウェーブレット変換 (analytic wavelet transform) という[6]．これは，適切な条件のもとで ψ が上半平面上の解析関数の境界値と見なせるからである．解析的ウェーブレット変換の場合，入力信号の解析的な部分のみが

変換に関係する[6]．解析的なウェーブレットの例としてはコーシーウェーブレット，ベッセルウェーブレットなどが知られている[5]． [新井仁之]

参 考 文 献

[1] 新井仁之, ウェーブレット, 共立出版, 2010.

[2] H. Arai, S. Arai, 2D tight framelets with orientation selectivity suggested by vision science, *JSIAM Letters*, **1** (2009), 9–12.

[3] 芦野隆一, 山本鎮男, ウェーブレット解析―誕生・発展・応用, 共立出版, 1997.

[4] I. Daubechies, B. Han, A. Ron, Z. Shen, Framelets: MRA-based construction of wavelet frames, *Appl. Comput. Harmonic Analysis*, **14** (2003), 1–46.

[5] M. Holschneider, *Wavelets: An Analysis Tool*, Oxford Univ. Press, 1998.

[6] S. Mallat, *A Wavelet Tour of Signal Processing, The Sparse Way*, 3rd ed., Academic Press, 2009.

[7] G.P. Nason, B.W. Silverman, The stationary wavelet transform and some statistical applications, *Lect. Notes in Statistics*, **103** (1995), 281–299.

[8] D.B. Percival, A.T. Walden, *Wavelet Methods for Time Series Analysis*, Cambridge Univ. Press, 2000.

[9] A. Ron, Z. Shen, Affine system in $L_2(\mathbf{R}^d)$: the analysis of the analysis operator, *J. Funct. Anal.*, **148** (1977), 408–477.

[10] W. Sweldens, The lifting scheme: a custom-design construction of biorthogonal wavelets, *J. Appl. Comput. Harmonic Analysis*, **3** (1996), 186–200.

[11] G. Strang, T. Nguyen, *Wavelets and Filter Banks*, revised ed., Wellesley-Cambridge Press, 1997.

[12] P. Vaidyanathan 著, 西原明法 監訳, マルチレート信号処理とフィルタバンク, 科学技術出版, 2001 (原著 1993).

ウェーブレットと信号処理
wavelet and signal processing

ウェーブレット理論と信号処理に登場する数学的背景について解説する．$\int_{\mathbb{R}} |f(x)|^p dx < \infty$ を満たす関数を p 乗可積分関数と呼ぶ．$p \geq 1$ の場合，p 乗可積分関数の全体 $L^p(\mathbb{R})$ は，バナッハ（Banach）空間になる．2乗可積分関数の全体 $L^2(\mathbb{R})$ は，内積を持つヒルベルト空間になる．ウェーブレット理論と信号処理において基本となるのは，ヒルベルト空間の理論である．最近，画像処理などでは $L^1(\mathbb{R})$ も使われ始めている．フィルタ理論を展開する際には，さらに超関数の理論（theory of distributions）を知っていると便利である．

1. シャノン–染谷の標本化定理

1.1 シャノン–染谷の標本化定理の周辺

ディジタル信号処理で一番重要な定理は，シャノン–染谷の標本化定理であろう．

定理1（標本化定理） 2乗可積分関数 $f(x)$ のフーリエ変換 $\hat{f}(\xi)$ が帯域制限条件 $\hat{f}(\xi) = 0$（$|\xi| > \pi$）を満たしていると
$$f(x) = \sum_{n=-\infty}^{\infty} f(n) \frac{\sin \pi(x-n)}{\pi(x-n)}$$
が成り立つ．

1949年にシャノン（Claude Elwood Shannon）と染谷勲により独立に発見された．関数 $\frac{\sin \pi x}{\pi x}$ は sinc (x) と表記されることも多い．標本化定理はいろいろなことを示唆してくれ，ウェーブレット理論の基本となった多くのアイデアを含んでいる．標本化定理を導くには，逆フーリエ変換の公式とフーリエ級数展開の知識があれば十分である．このため，多くの信号処理の本に載っている．フーリエ級数展開とは，与えられた関数を $\{e^{inx}\}_{n \in \mathbb{Z}}$ で展開することである．ここで i は虚数単位を表している．信号処理では虚数単位として j を用いることも多いが，本項目では i を用いている．ここで，フーリエ級数展開で使われる関数 e^{inx} の形に注目してみよう．$\phi(x) = e^{ix}$ とおくと $\phi(nx) = e^{inx}$ であり，次のことに気がつく．

> フーリエ級数展開に必要な関数が1つの関数 $\phi(x)$ の変数の伸縮（dilation）で作られている．

これはかなり特殊な現象である．最近，標本化定理に興味を持つ数学者も，少しずつ増えているようで，数学者の書いたフーリエ解析の本にもたまに出ている．佐藤超関数の理論（theory of hyperfunctions）を使うと，定理1における2乗可積分の仮定をはずすことができ，次の結果を得る．

定理2 $0 \leq a < \pi$ とする．関数 $f(x)$ のフーリエ変換 $\hat{f}(\xi)$ が佐藤超関数として帯域制限条件 $\hat{f}(\xi) = 0$（$|\xi| > a$）を満たしているとき
$$f(x) = \lim_{\delta \to 0} \sum_{n=-\infty}^{\infty} f(n) \frac{\sin \pi(x-n)}{\pi(x-n)} e^{-\delta |n|}$$
が成り立つ．

定理2を使うと，ディジタルデータから元のアナログデータを再現する際の一意性を保証するカールソン（Carlson）の定理を示すことができる．

定理3（カールソンの定理）
1. 指数型整関数 $f(z)$ のフーリエ変換 $\hat{f}(\xi)$ は，佐藤超関数として帯域制限条件 $\hat{f}(\xi) = 0$（$|\xi| > a$）．
2. $f(n) = 0$（$\forall n \in \mathbb{Z}$）．

を満たしているとする．もし $0 \leq a < \pi$ ならば，$f(z) = 0$．

カールソンの定理において π が最良の値であることは，関数 $\sin \pi z$ を考えるとわかる（エリアシング現象）．π はナイキスト周波数に対応している．

注意 カールソン（Fritz Carlson）は，Carleson 測度やフーリエ級数に関する Lusin 予想を解決したことで有名な L. Carleson とは別人である．

1.2 シャノン–染谷の標本化定理の意味

シャノン–染谷の標本化定理の意味について考えてみよう．

(1) ディジタルデータ $\{f(n)\}_{n \in \mathbb{Z}}$ から関数の値（アナログデータ）$f(x)$ が全て再現される．
(2) sinc 関数の整数分の平行移動全体が，ペーリー–ウィーナー空間において正規直交基底を作る．

フーリエ変換の台が $[-\pi, \pi]$ に含まれる2乗可積分関数の全体を，ペーリー–ウィーナー空間 $PW(\pi)$ と呼んでいる[5]．特性関数 $\chi_{[-\pi,\pi]}(x)$ をフーリエ変換すると sinc 関数が得られる．このこととパーセヴァルの等式を使うと，次の正規直交条件を得る．

$$\int_{-\infty}^{+\infty} \frac{\sin \pi(x-n)}{\pi(x-n)} \frac{\sin \pi(x-m)}{\pi(x-m)} dx = \delta_{n,m}$$

ペーリー–ウィーナー空間に属する関数は，信号処理の分野では帯域制限関数と呼ばれている．

"1つの関数の平行移動全体で，基底を作る" という発想は，現在実用化されているウェーブレット理

論の発想である．

誤解している人が，ときどきいるが，

sinc $(x-n)$ $(n \in \mathbb{Z})$ は，$L^2(\mathbb{R})$ においては基底にはなっていない．

これは，ビューリング (Beurling) の定理からわかる．

1.3 平行移動で不変な空間

定理 4（ビューリングの定理[4]） $g(x)$ の平行移動の有限 1 次結合全体が $L^2(\mathbb{R})$ で稠密であるための必要十分条件は，$g(x)$ のフーリエ変換の零点集合のルベーグ測度がゼロであることである．

いま，
$$\chi(\xi) = \begin{cases} 1, & |\xi| \leqq a \\ 0, & |\xi| > a \end{cases}$$

とおき，区間 $[-a, a]$ の特性関数と呼ぶ．sinc (x) のフーリエ変換は区間 $[-\pi, \pi]$ の特性関数 $\chi_{[-\pi,\pi]}(\xi)$ であり，その零点集合のルベーグ測度は無限大である．したがって，ビューリングの定理から，sinc (x) の平行移動の有限 1 次結合で近似できない 2 乗可積分関数が存在する．標本化定理は，特別な関数に対して成立する定理であるということができる．標本化定理は一種の補間公式である．補間公式にはニュートン補間公式など，ほかにも多くのものがあるが，信号処理技術者たちはシャノン–染谷の標本化定理を好む．$L^2(\mathbb{R})$ における直交関数系としては，ガウス関数の導関数からなるエルミート関数系などがある．$L^2(\mathbb{R})$ は，Bargmann 変換により Bargmann–Fock 空間という正則関数の空間と同型になり，エルミート関数展開は Bargmann–Fock 空間におけるテイラー展開に対応している[2]．この意味においては自然な対象物ではある．しかし，理論上はともかく，エルミート関数による展開係数の計算は，非常に大変である．デルタ関数の展開係数は，エルミート関数の母関数展開を用いて計算することができるが，フィルタ理論で重要なヘヴィサイド (Heaviside) 関数の展開係数は，未だ完全には計算されていない．ウェーブレット理論の優れた点の 1 つは，多重解像度解析の手法を確立し，線形代数学で習うグラム–シュミットの直交化法とは別の実用性の高い基底関数系を作る方法を確立した点にある．その際，ウェーブレットの理論の発展に実解析学が大きく貢献した．例えば，平行移動は，ウェーブレットの理論で重要な概念であるが，$L^2(\mathbb{R})$ の中の平行移動不変な部分空間の特徴付けとして，次が知られている．

定理 5 [4] $L^2(\mathbb{R})$ の閉部分空間 M が平行移動で不変であると，可測集合 E が存在して
$$M = \{f \in L^2(\mathbb{R}) : \hat{f}(\xi) = 0, \xi \in E\}.$$

1.4 フィルタと $L^2(\mathbb{R})$ の直交分解

標本化定理の数学的背景を見てみよう．まずペーリー–ウィーナー空間 PW と 2 乗可積分関数の空間 $L^2(\mathbb{R})$ との関係を説明しよう．

$$A = \{h(\xi) \in L^2(\mathbb{R}) : h(\xi) = 0 \ (|\xi| \leqq a)\}$$
$$B = \{h(\xi) \in L^2(\mathbb{R}) : h(\xi) = 0 \ (\xi > a)\}$$
$$C = \{h(\xi) \in L^2(\mathbb{R}) : h(\xi) = 0 \ (\xi < -a)\}$$

とおく．A, B, C は全て $L^2(\mathbb{R})$ の閉線形部分空間である．$L^2(\mathbb{R})$ は次のように分解（直交直和）される：$L^2(\mathbb{R}) = A \oplus B \oplus C$.

2 乗可積分関数 $g(\xi)$ を閉部分空間 A, B, C へ分解することは簡単である．$g(\xi)$ に対応する区間の特性関数 $\chi(\xi)$ を掛けるだけのことである．例えば，関数 $\chi_{[-a,a]}(\xi)g(\xi)$ は，A に属する．これは，ローパスフィルタに対応している．

ここで，上の直交分解の両辺をフーリエ変換することを考えよう．プランシュレル (Plancherel) の定理とフーリエ変換 $\mathfrak{F}$ のユニタリ性から

$$L^2(\mathbb{R}) = \mathfrak{F}(A) \oplus \mathfrak{F}(B) \oplus \mathfrak{F}(C)$$

を得る．$\mathfrak{F}(A)$ がペーリー–ウィーナー空間 $PW(a)$ である．

$a = \pi$ の場合，2 乗可積分関数 $g(x)$ のペーリー–ウィーナー空間 $PW(\pi)$ への射影成分は，積分核として sinc 関数を持つ積分作用素

$$\int_{-\infty}^{+\infty} \frac{\sin \pi(x-y)}{\pi(x-y)} g(y) dy$$

で与えられる．特に，ペーリー–ウィーナー空間 $PW(\pi)$ に属する関数 $f(x)$ に対しては

$$f(x) = \int_{-\infty}^{+\infty} \frac{\sin \pi(x-y)}{\pi(x-y)} f(y) dy$$

が成立する．ここで，右辺の積分を形式的に $\mathbb{Z}$ 上で離散化すると，標本化定理を得る．

B, C への分解はハイパスフィルタに対応していて，それぞれ超関数

$$-\frac{e^{iax}}{2\pi i(x+i0)}$$

$$\frac{e^{-iax}}{2\pi i(x-i0)}$$

を核とする積分作用素

$$\frac{-1}{2\pi i} \int_{-\infty}^{+\infty} \frac{e^{ia(x-y)}}{x+i0-y} g(y) dy$$

$$\frac{1}{2\pi i} \int_{-\infty}^{+\infty} \frac{e^{-ia(x-y)}}{x-i0-y} g(y) dy$$

で与えられる．

ペーリー–ウィーナー空間は，帯域通過信号を実現するための空間であるが，因果性を持つ信号を実現する方法としては，次のような $L^2(\mathbb{R})$ の分解が

ある．

$$D = \{h(\xi) \in L^2(\mathbb{R}) : h(\xi) = 0 \ (\xi \leq 0)\}$$
$$E = \{h(\xi) \in L^2(\mathbb{R}) : h(\xi) = 0 \ (\xi > 0)\}$$

とおくと，$L^2(\mathbb{R})$ は次のように直交分解（直和分解）される．

$$L^2(\mathbb{R}) = D \oplus E$$

ここで両辺をフーリエ変換する．プランシュレルの定理とフーリエ変換 $\mathfrak{F}$ のユニタリ性から，次の等式を得る．

$$L^2(\mathbb{R}) = \mathfrak{F}(D) \oplus \mathfrak{F}(E)$$

$\mathfrak{F}(D), \mathfrak{F}(E)$ は，それぞれ複素平面の上半平面，下半平面で複素解析的な関数（正則関数）の空間となる．そのため，信号処理の分野では，解析信号と呼ばれ，数学者の世界では，ハーディ空間と呼ばれる[3]．

周波数空間では，2乗可積分関数 $g(\xi)$ の D への射影成分は，演算子法で有名なヘヴィサイド関数を掛けることにより実現され，x 空間では，$g(x)$ の $\mathfrak{F}(D)$ への射影成分は，超関数核を持つ積分作用素

$$\frac{-1}{2\pi i} \int_{-\infty}^{+\infty} \frac{1}{x+i0-y} g(y) dy$$

で実現される．ここで Lippmann–Schwinger の関係式

$$\frac{1}{x+i0} = \frac{1}{x} - \pi i \delta(x)$$

を使うと，ヒルベルト変換を用いて

$$\frac{-1}{2\pi i} \int_{-\infty}^{+\infty} \frac{1}{x-y} g(y) dy + \frac{1}{2} g(x)$$

と書くことができ，超関数は見かけ上必要なくなる．ヒルベルト空間 $L^2(\mathbb{R})$ を分解する手法は，ウェーブレット理論では多重解像度解析として発展し，多くのことに応用されている[1]．

2. ウェーブレット変換の周辺

今まで見てきたように信号処理では畳み込み型の積分変換が重要であり，頻繁に出てくる．例えば積分核として sinc 関数を持つ積分作用素は，時間周波数平面での信号の局在化に関連して，Slepian らに詳しく研究され，特に固有関数と扁長楕円体関数との関連が発見された[1],[5]．扁長楕円体関数は，超解像度の理論でも使用されている．連続ウェーブレット変換，窓フーリエ変換は，今まで登場した積分変換と違い，変数の個数が原信号の2倍になっている．信号を時間周波数平面で解析しようというわけである．この種の技術は1960年代後半から1970年代初頭に，超関数の特異性や，偏微分方程式の解の特異性を詳しく調べるために佐藤・河合・柏原らにより研究された超局所解析（microlocal analysis）に通ずるものが

ある．実際，窓フーリエ変換の一種であるガボール変換を複素化した変換は，場の量子論（解析的散乱行列）の研究者である Bros–Iagolnitzer により超関数の特異性を調べるために導入された FBI (Fourier–Bros–Iagolnitzer) 変換と結び付いている[2]．

2.1 連続ウェーブレット変換と群の表現

$a \neq 0$ とすると，

$$W_g(f)(a,b) = \frac{1}{\sqrt{|a|}} \int_{\mathbb{R}} f(x) \overline{g\left(\frac{x-b}{a}\right)} dx$$

は，$g(x)$ をアナライジングウェーブレット (analysing wavelet) とする連続ウェーブレット変換と呼ばれている．

$$(a,b) \longrightarrow \frac{1}{\sqrt{|a|}} g\left(\frac{x-b}{a}\right)$$

は $ax+b$ 群のユニタリ表現である．

2.2 フィルタとしてのウェーブレット

連続ウェーブレット変換が畳み込み型の積分になっていることに注目する．変数 b に関してフーリエ変換すると

$$\sqrt{|a|} \hat{f}(\xi) \overline{\hat{g}(a\xi)}$$

となる．したがって，フィルタとしての機能を持つことがわかる．また，パラメータ a が入っているおかげで，周波数に応じた解析が可能となる．ここが窓フーリエ変換との大きな違いである．

3. 連続ウェーブレット変換に関連する変換

畳み込み型の積分変換は，ウェーブレット変換の理論で初めて出てきたわけではない．時不変線形システム，線形偏微分方程式論では既知のことである．例えば，熱伝導方程式の初期値問題の解は次で与えられる．

$$T(f)(x,t) = \int_{\mathbb{R}^3} E(x-y,t) f(y) dy$$

とおくと，$T(f)(x,t)$ は熱方程式

$$\partial_t T(f)(x,t) = \Delta T(f)(x,t)$$

の解であり，初期条件

$$\lim_{t \to 0} T(f)(x,t) = f(x)$$

を満たす．ただし，

$$E(x,t) = \frac{1}{\sqrt{4\pi t}} e^{-\frac{x^2}{4t}}$$

は熱核である．この熱核との畳み込みによる変換は，時間パラメータを持つガボール変換（ガボールウェーブレットと呼ぶ人もいる）であり，変数 x を複素化すると FBI 変換になる[2]．

3.1 窓フーリエ変換

連続ウェーブレット変換は，$ax+b$ 群のユニタリ表現からできていた．$ax+b$ 群の代わりにワイル–ハイゼンベルグ群を考えると，次の窓フーリエ変換を得る．

$$V_g(f)(a,b) = \int_{\mathbb{R}} f(x)\overline{g(x-a)}e^{-ibx}dx$$

これは，$g(x)$ を窓関数とする窓フーリエ変換と呼ばれる[1]．特に $g(x)$ がガウス関数 e^{-x^2} のときは，ガボール変換と呼ばれ，音声信号処理，虹彩認証システムで利用されている．窓フーリエ変換の離散化の問題は，フォン・ノイマン環，C^* 環などの作用素環の問題と深く関わっている．

3.2 ウェーブレット変換・窓フーリエ変換の局在化作用素

ウェーブレット変換を時間周波数平面で局在化する作用素とガボール変換を時間周波数平面で局在化するドベシィ局在化作用素は，イングリッド・ドベシィ（Ingrid Daubechies）によって導入された[1]．ドベシィ局在化作用素は次のように定義される．

$$(2\pi)^{-1} \iint F(p,q)\phi_{p,q}(x)\langle\phi_{p,q},f\rangle dpdq,$$

$$\phi_{p,q}(x) = \pi^{-1/4}e^{ipx}e^{-(x-q)^2/2} \ (x,p,q \in \mathbb{R}^1),$$

$$\langle\phi_{p,q},f\rangle = \int_{\mathbb{R}} \overline{\phi_{p,q}(x)}f(x)dx.$$

時間周波数平面における平行移動は，平行移動作用素 $T_af(x) = f(x-a)$，変調作用素 $M_bf(x) = e^{ibx}f(x)$ を用いて実現することができる．しかし，時間周波数平面における回転を実現するにはフーリエ変換の分数冪が必要である．ドベシィ局在化作用素を用いてフーリエ変換の分数冪を定義することができる．ドベシィ局在化作用素の定義における $F(p,q)$ は，ドベシィ局在化作用素のシンボル関数と呼ばれている．シンボル関数が時間周波数平面における回転で不変であるときには，ドベシィ局在化作用素は調和振動子作用素，フーリエ変換と可換になる．エルミート関数は調和振動子作用素，フーリエ変換の固有関数であるので，ドベシィ局在化作用素も固有関数としてエルミート関数を持つ．このことはドベシィによって示され，その際固有値を具体的に求める公式も得られている．固有値からシンボル関数を再構成する公式は筆者により確立されている[6]．逆に，ドベシィ局在化作用素がエルミート関数を固有関数として持つと，シンボル関数が時間周波数平面における原点を中心とする円板の特性関数であることが，最近示された．　　　　　　　［吉野邦生］

参考文献

[1] I. Daubechies, *Ten Lectures on Wavelets*, SIAM, 1992.
[2] Gerald. B. Folland, *Harmonic Analysis on Phase Space*, Princeton University Press, 1989.
[3] 猪狩 惺, 実解析入門, 岩波書店, 1996.
[4] Y. Katznelson, *Introduction to Harmonic Analysis*, Dover, 1968.
[5] G.G. Walter 著, 榊原 進, 萬代武史, 芦野隆一 訳, ウェーブレットと直交関数系, 東京電機大学出版局, 2001.
[6] K. Yoshino, Analytic continuation and applications of eigenvalues of Daubechies localization operator, *Cubo A Mathematical Journal*, Vol.12 (October 2010), 203–212.

ウェーブレットによる画像処理
wavelets for image processing

本項目では，ウェーブレットが画像処理の分野でどのように使われているか，特に画像の近似，圧縮，ノイズ除去，特徴抽出に焦点を当てて解説する．ウェーブレットがこのような様々な画像処理に使われるのは，画像中の重要な特徴，特に鋭いエッジや角のような特異的な情報を，フーリエ変換やコサイン変換などに比べて，うまく捉え，かつコンパクトに表現できることが主な理由である．

画像処理研究におけるウェーブレットの歴史は古く，1970年代末のマー（Marr）らの視覚情報処理の研究や，1980年台初頭に提案されたバート（Burt）とエーデルソン（Adelson）のラプラシアンピラミッド（Laplacian pyramid）は，マラー（Mallat）の多重解像度解析（MRA）やドベシィ（Daubechies）の正規直交ウェーブレット基底の研究に多大な影響を与えた．

1. ウェーブレットによる画像近似・圧縮

コンパクト台を持つ1次元のウェーブレット関数 $\psi(x)$ は，そのバニシングモーメント特性，すなわち $\int x^p \psi(x) \,dx = 0$ $(0 \leq p \leq p^*)$（p^* はもちろん ψ に依存する）とその局所性のため，与えられた1次元信号が区分的に滑らかな場合，そのウェーブレット係数（の絶対値）は，主に不連続点・特異点の近傍で大きくなり，他の滑らかな部分では無視できるほど小さくなる．この性質のため，ウェーブレットは区分的に滑らかな1次元信号の近似・圧縮に非常に有効である．画像を含む多次元信号処理には，1次元のウェーブレットのテンソル積（例えば2次元では，$\varphi(x)\psi(y)$, $\psi(x)\varphi(y)$, $\psi(x)\psi(y)$）が使われることが多い．後述するように，このような1次元の実数値ウェーブレットのテンソル積は，一般の複雑な画像の処理には必ずしも最適ではないが，本節では，簡単のため，上記の1次元実数値ウェーブレットのテンソル積を使った画像の近似と圧縮について述べる．

1.1 画像近似

ここでは便宜上，与えられた画像信号 $f(\bm{x})$, $\bm{x} \in \Omega := [0,1]^2 \subset \mathbb{R}^2$ が $L^2(\Omega)$ に属するものと仮定し，さらに $L^2(\Omega)$ 上のある正規直交基底 $\{\phi_i(\bm{x})\}_{i=1}^{\infty}$（例えばウェーブレット基底）を用いて f を近似することを考える（双直交基底やフレームの場合は，それなりの変更をしなければならないが，基本的には同じ考え方である）．特に f の N 項線形近似 f_N は，

$$f_N(\bm{x}) := \sum_{i=1}^{N} \langle f, \phi_i \rangle \phi_i(\bm{x})$$

と表すことができる．ここで注意することは，N 個の基底関数 $\phi_1, \ldots, \phi_N$ が与えられた f に依存しないことである．これに対し，f の N 項非線形近似 $\tilde{f}_N$ は，

$$\tilde{f}_N(\bm{x}) := \sum_{i \in I_N} \langle f, \phi_i \rangle \phi_i(\bm{x})$$

と表され，$I_N = I_N(f) \subset \mathbb{N}$ は，（絶対値の意味で）一番大きいものから N 番目までの展開係数のインデックスの集合で，与えられた画像 f に依存する．したがって，図1からもわかるように，同じ基底と同じ項数 N を使うという条件下では，非線形近似の近似品質が線形近似に比べて悪くなることはあり得ないが，どの程度優れているかは，対象となる画像のクラスに依存する．そこで，画像が属する様々な関数空間全体を考え，その空間に属する任意の関数（画像）f に対し，N 項近似の品質を近似誤差の L^2-ノルムで定量化して評価する考えが生まれた．例えば，f が $L^2(\Omega)$ のみならず有界変動関数（function of bounded variation）のクラス $BV(\Omega)$ に属するならば，

$$\|f - f_N\|_2^2 = O(\|f\|_{BV}\|f\|_{\infty} N^{-1/2})$$
$$\|f - \tilde{f}_N\|_2^2 = O(\|f\|_{BV}^2 N^{-1})$$

が満たされることが知られている [2, Theorem 9.18]．ここで，$\|f\|_{BV} := \int_\Omega |\nabla f(\bm{x})| \,d\bm{x}$ であり，不規則なテクスチャのない比較的単純な画像（例えば漫画画像など）の多くは $BV(\Omega)$ に属する．図1上段に，

(a) f_{1024}　　(b) $\tilde{f}_{1024}$

(c) $f - f_{1024}$　　(d) $f - \tilde{f}_{1024}$

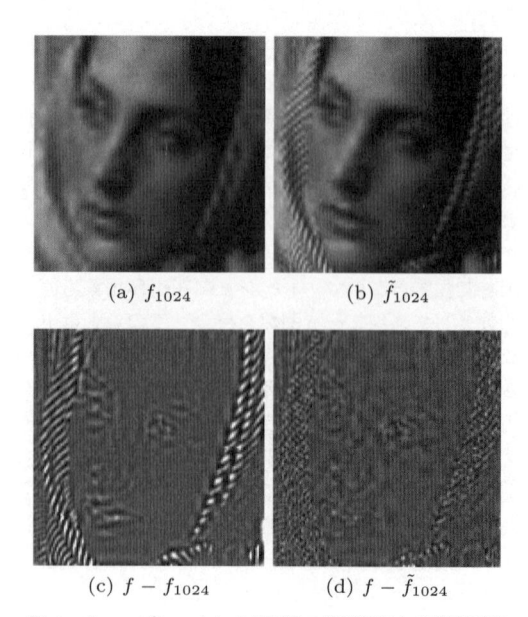

図1　ウェーブレットによる画像の線形近似と非線形近似

128×128 画素の画像の 9/7-双直交ウェーブレットによる線形近似 (a) と非線形近似 (b) の違いを示す．ここでは，$N = 1024$ 項，すなわち全体の 6.25% の項数を使った．図 1 (c),(d) から明らかなように，非線形近似のほうが線形近似よりもスカーフの縞模様や唇の形をよく捉えていることがわかる．また，SN 比 ($20 \log_{10}(\|f\|_2/\|f - f_N\|_2)$，単位は dB) も，線形近似の 19.97 dB に比べ，非線形近似では 24.91 dB と改善されている．

1.2　画像圧縮

上記のように，近似理論的には画像を Ω のような連続体上で定義された関数と考えるのが通常であるが，実際には離散画像，すなわち Ω 内の有限個の格子点上での画素値データをどのように圧縮するかという問題が，画像圧縮の中心的問題となる．多くの場合，与えられた離散画素（サンプル）値 $\{f(\boldsymbol{x}_i)\}_{i=1}^n$ から，MRA の V_0 空間に属する関数 $f_s(\boldsymbol{x}) := \sum_{i=1}^n f(\boldsymbol{x}_i)\varphi(\boldsymbol{x} - \boldsymbol{x}_i)$, $\boldsymbol{x} \in \Omega$ を構成し，この関数を近似・圧縮することになる．これは，通常 $\{f(\boldsymbol{x}_i)\}_{i=1}^n$ からもともとの $f(\boldsymbol{x})$, $\boldsymbol{x} \in \Omega$ を復元・推定するのが現実的に困難であることが多いためである．画像圧縮とは，近似された画像をさらにコンピュータ上でファイルとして記録できるような形に，すなわちビット表現に変換することである．実際の圧縮には，近似画像で求められた展開係数の量子化と，展開係数のインデックスも含めた情報の巧妙な符号化が必要で，画像圧縮率はそれらに強く依存する．量子化・符号化の詳細については，[2, Chap. 10] とそこに挙げられている参考文献を参照されたい．

この項では，ウェーブレットが採用された JPEG2000 について概説する．ディジタルカメラやコンピュータ上で多用されている静止画像（非可逆）圧縮の標準である JPEG 規格は，1992 年に国際規格 (IS) に採用された．この規格では，(1) 元の画像のブロック (8×8 画素) への細分化，(2) 各ブロック上での離散コサイン変換 (DCT：discrete cosine transform), (3) その展開係数の量子化 (特別な量子化テーブルを用いる), (4) ハフマン符号による符号化，というプロセスを経る（詳しくは，[6], [2, Sec. 10.5] などを参照のこと）．JPEG 規格では，画素当たり 0.25 ビット以上のレートで圧縮した場合は，通常満足のいく復元画像が得られるとされているが，それよりも低いレート（すなわち，より高い圧縮率）で圧縮した場合，ブロック歪と呼ばれるブロック境界における歪やモスキートノイズといった好ましくない現象が起こる [6]．これらの欠点を解消しようとして登場したのが，2000 年にその核心部分が国際規格制定された JPEG2000 規格である．バニシングモーメント，台のサイズ，正則性が考慮された結果，JPEG2000 規格には対称な 9/7 および 5/3-双直交ウェーブレットが採用された．特に 9/7-双直交ウェーブレットは，様々な画像圧縮実験の結果，より優れた歪・レート特性を示すことが知られている．また，これらの双直交ウェーブレット変換・逆変換の実装には，リフティング法が効率的に用いられている [2, Sec. 10.5.2]．

1.3　画像境界の扱い上の注意点

与えられた画像を離散ウェーブレット変換（DWT：discrete wavelet transform）するにあたり，常に注意しなければならないのは，画像境界（あるいは画像の外側）をどう扱うかである．これは，与えられた画像は無限に広がっておらず，画像境界近くでは，DWT のコンボリューションフィルタが画像の外側の値を必要とするからである．画像の外側を 0 と仮定したり，画像を無理に周期化したりすると，画像境界で画素値の不連続が発生し，（絶対値として）大きなウェーブレット係数が生じてしまう．これらのウェーブレット係数は，いわばこちらの都合で作られたものであり，画像の本質を表したものではないにも関わらず，画像圧縮アルゴリズムの上では重要と見なされてしまう．これを避けるために最も実用的な方法は，画像を画像境界で鏡対称的に拡張することである．区間上でのウェーブレット（wavelets on interval）[2, Sec. 7.5] も考案されたが，フィルタ係数が区間端に近づくにつれ変わるので，実装上面倒であることから，実際にはあまり使われていない．

2.　ウェーブレットによる画像ノイズ除去

一般にイメージセンサなどで観測・記録された画像は，常に何らかのノイズ（例えば熱雑音など）を含んでおり，こうしたノイズの除去は，より効果的な画像圧縮・特徴抽出・認識のために重要である．ここでは，簡単のため，ノイズ無しの理想的離散画像を $\boldsymbol{f}$，ノイズ成分を $\boldsymbol{\eta}$ とし，観測画像 $\boldsymbol{g}$ を，この 2 つの和 $\boldsymbol{g} = \boldsymbol{f} + \boldsymbol{\eta}$ で表し，これらは全て $\mathbb{R}^n$ に属するベクトルとするモデルを考える（$n =$ 総画素数）．

まず，理想画像 $\boldsymbol{f}$ をある確率の画像モデルの実現値（標本値）とし，$\boldsymbol{\eta}$ は画像モデルと統計的に独立と仮定する．このとき，ノイズ除去作用素 $D : \mathbb{R}^n \to \mathbb{R}^n$ を考える．通常，D の性能はリスク（ノイズ無しの画像とノイズ除去の結果の平均 2 乗誤差）の値の大小で評価される．画像モデルの先験確率がわかっており，かつ D を全ての非線形作用素（線形作用素も含む）の空間から選ぶことができれば，最適である最小ベイズリスク（minimum Bayes risk）を達成

できる D が存在し，それは，観測画像が与えられた場合のノイズ無し画像の条件付き期待値と一致する．D を線形作用素の中から求めることに制限したときに，最小ベイズリスクを達成する D をウィーナー推定量（Wiener estimator）という．しかし実際には，最小ベイズリスクを達成するような D を求めることは，線形・非線形に関わらず容易ではない．これは，1) 一般の画像 $\boldsymbol{f}$ を標本値とするような確率的画像モデルを設定する困難さ，および，2) たとえ多数の似た画像を集めることができ，それらを標本値とするようなモデルを考えたとしても，ウィーナー推定に必要な共分散行列を限られた数の標本から正確に推定することの困難さに起因する．

そこで，より現実的な手法であるウェーブレット係数の閾値によるノイズ除去法を考える．直交 DWT 基底ベクトルを $\{\boldsymbol{\psi}_i \in \mathbb{R}^n\}_{i=1}^n$ とすると，$\boldsymbol{g} = \sum_{i=1}^n \langle \boldsymbol{g}, \boldsymbol{\psi}_i \rangle \boldsymbol{\psi}_i$ と書くことができる．ここで，与えられた閾値 $T > 0$ に対しハード閾値作用素（hard thresholding operator）D_T を以下のように定義する．

$$D_T \boldsymbol{g} := \sum_{i \in I_T} \langle \boldsymbol{g}, \boldsymbol{\psi}_i \rangle \boldsymbol{\psi}_i$$
$$I_T = I_T(\boldsymbol{g}) := \{1 \leq k \leq n : |\langle \boldsymbol{g}, \boldsymbol{\psi}_k \rangle| \geq T\}$$

定義から明らかなように，D_T は非線形作用素である．ここで，どのように T を決めるのかが重要な問題となる．ドノホー（Donoho）とジョンストーン（Johnstone）は，$\boldsymbol{\eta}$ がガウス性白色雑音 $\mathcal{N}(\boldsymbol{0}, \sigma^2 I_n)$ に従うという仮定のもとで，$T = \sigma\sqrt{2\ln n}$ としたとき，

$$E\|\boldsymbol{f} - D_T \boldsymbol{g}\|^2 \leq (1 + 2\ln n) \cdot \left(\sigma^2 + \sum_{i=1}^n \min\left(|\langle \boldsymbol{f}, \boldsymbol{\psi}_i \rangle|^2, \sigma^2\right) \right)$$

となることを示した [2, Theorem 11.7]．実際には，σ は未知であり，細かいスケールのウェーブレット係数から推定することになる．また，通常の DWT がシフト不変でないことに着目し，冗長ではあるがシフト不変の「定常」ウェーブレット変換（SWT: stationary wavelet transform）を使った閾値法がコイフマン（Coifman）とドノホー（Donoho）により提案され，より優れたノイズ除去効果を示している．様々な閾値決定方法のみならず，ウェーブレットやそれに関連する変換を用いたノイズ除去については，ソフト閾値法，ブロック閾値法などを含め，膨大な量の研究がなされてきた．それらに関しては [2, Chap. 11] とそこに挙げられている文献を参照されたい．

図 2 に，いくつかのノイズ除去法の結果を示す．

図 2 ウェーブレットによる画像ノイズ除去の例
(a) 原画像の画素値を $[0,1]$ に正規化したものにガウス性白色雑音を加えたもの（$\sigma = 0.08$, SN 比 $= 15.90\,\mathrm{dB}$），(b) ウィーナー推定によるノイズ除去（SN 比 $= 22.36\,\mathrm{dB}$, ノイズ無しの原画像の情報も用いた），(c) 9/7-双直交ウェーブレット係数の閾値法（$T = 3\sigma$, SN 比 $= 19.55\,\mathrm{dB}$），(d) 定常 9/7-双直交ウェーブレット係数の閾値法（$T = 3\sigma$, SN 比 $= 22.24\,\mathrm{dB}$）．

3. ウェーブレットによる画像特徴抽出

一般の画像の基本的特徴としては，局所的なエッジ，角，それらの統合されたリッジ（稜線），テクスチャなどが挙げられよう．これらの画像特徴の抽出とウェーブレットとの関係は，冒頭でも述べたように，視覚神経情報処理論を通して歴史的にも深い．多重スケールエッジ検出作用素として，マー（Marr）らによるラプラシアン・オブ・ガウシアン（LoG: Laplacian of Gaussian）フィルタや，その近似である差分ガウシアン（DoG: difference of Gaussians）フィルタ，また，テクスチャ解析用のツールとして様々なスケール・方向性・空間周波数を持つことができるガボール（Gabor）フィルタなどが用いられてきた．これらは，全てウェーブレットの前身とも言え，画像のウェーブレット係数の絶対値は，ウェーブレットフィルタによる画像特徴抽出の結果と考えることもできる．

ここで注意しなければならないのは，1 次元実数値ウェーブレットのテンソル積を 2 次元ウェーブレット関数として使った通常の冗長性のない（双）直交 DWT は，一般の複雑な画像の処理には必ずしも最適ではない，ということである．これは，単に 3 つの実数値ウェーブレット関数，$\varphi(x)\psi(y)$, $\psi(x)\varphi(y)$, $\psi(x)\psi(y)$ の伸長・平行移動を使う DWT では，画像に多く存在する水平・垂直以外の方向性を持ったエッ

ジやリッジなどの特異曲線，およびテクスチャなどの振動的な特徴を記述するのに，多数のウェーブレット係数が必要となるからである．こうした欠点を解消するために，ウェーブレットフレーム (wavelet frame)，複素ウェーブレット変換 (ℂWT：complex wavelet transform)，カーブレット (curvelets)，バンドレット (bandlets) など，様々な画像変換・表現法が提案されている（その一部は [2, Sec. 5.5, 9.3] などを参照のこと）．また，ウェーブレットパケット (wavelet packet) が提案されたもともとの理由も，ウェーブレットの振動的な特徴に対する弱点を解消するためであった．これらの変換の多くは冗長度のある画像変換であり，特徴抽出や認識のみならず，画像近似・圧縮・ノイズ除去にも有効である．

ここでは，これらの変換のうち，特に2重木複素ウェーブレット変換 (DT-ℂWT：dual tree complex wavelet transform) [5] について述べる．この名前の由来は，入力が1次元信号の場合に実数値DWTを2回行うことから来ている．さて，1次元複素ウェーブレット関数を $\psi_c(x) = \psi_r(x) + i\psi_i(x)$ と表記しよう．本来は，理想的な複素ウェーブレット関数は解析的 (analytic)，すなわちその虚部が実部のヒルベルト変換 (Hilbert transform) $\psi_i(x) = \mathcal{H}\psi_r(x)$ になることが望まれる．この場合 $\xi < 0$ の領域で $\widehat{\psi_c}(\xi) = 0$ となる．実数値の場合と同様に，2次元の複素ウェーブレット関数も，1次元複素ウェーブレット関数のテンソル積 $\varphi_c(x)\psi_c(y)$, $\psi_c(x)\varphi_c(y)$, $\psi_c(x)\psi_c(y)$ で表されるが，大きな違いは，$\psi_c(x)$ と $\psi_c(y)$ の上記の解析性により，これらのテンソル積の空間周波数領域における台が単一の象限に局在化されることである．このために，2次元複素ウェーブレット関数は，水平・垂直以外の様々な方向を選択することができる．この性質以外にも，実数値DWTに比べ，ℂWTは位相情報を抽出できる，展開係数がほぼシフト不変になるといった長所が挙げられる．残念ながら，この解析性はウェーブレット変換に要請される完全再構成性と両立できないことが知られている．したがって，DT-ℂWTでは，完全再構成性を満たしながらウェーブレット関数をできるだけ解析関数に近づけ，かつ効率的に計算できるアルゴリズムが採用されている．なお，DT-ℂWTの冗長度は入力画像の4倍，すなわち n 画素の実数値画像は $2n$ 個の複素数値係数に変換される．

DT-ℂWTによる非線形近似・特徴抽出の様子を図3に示す．

ウェーブレット変換やその様々な拡張により抽出された特徴の画像認識への応用は，胸部X線写真，マンモグラフィなどの医用画像診断，虹彩認識，顔認識，指紋認識といった生体認証，画像検索など，枚

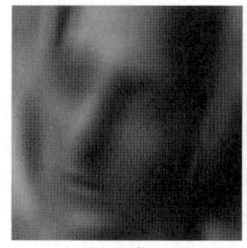

(a) $\tilde{f}_{50}$ (b) $\tilde{f}_{300}$

図3　DT-ℂWTによる画像の非線形近似
(a) わずか $N = 50$ 項の非線形近似で，鼻，唇，スカーフのエッジなどの方向性を持った特徴がよく表されている．(b) $N = 300$ 項を使うと，スカーフの縞模様が捉えられ始めていることがわかる．

挙にいとまがない．その一端は，例えば [1] などを参照していただきたい．

謝　　辞

図1, 2はペイレ (Peyré) の [3]，図3はセレスニック (Selesnick) の [4] に記載されているMATLABコードを用いて作成した．　　　　　[斎藤直樹]

参　考　文　献

[1] A. Bovik (ed.), *Handbook of Image and Video Processing*, 2nd ed., Academic Press, 2005.

[2] S. Mallat, *A Wavelet Tour of Signal Processing*, 3rd ed., Academic Press, 2009.

[3] G. Peyré, *A numerical Tour of Signal Processing* (http://www.ceremade.dauphine.fr/~peyre/numerical-tour).

[4] I. Selesnick et al., *Matlab Implementation of Wavelet Transforms* (http://eeweb.poly.edu/iselesni/WaveletSoftware).

[5] I.W. Selesnick, R.G. Baraniuk, N.G. Kingsbury, The dual-tree complex wavelet transform, *IEEE Signal Processing Magazine*, **22** (2005), 123–151.

[6] K. Yamatani, N. Saito, Improvement of DCT-based compression algorithms using Poisson's equation, *IEEE Trans. Image Process.*, **15** (2006), 3672–3689.

ウェーブレット解析の発展
evolution of wavelet analysis

1946 年にガボール (D. Gabor) は，量子力学の定式化を適用して情報科学の新しい理論を作るため，窓フーリエ変換 (windowed Fourier transform)（短時間フーリエ変換 (short-time Fourier transform) とも呼ばれる）という時間周波数解析を導入した．その後，窓フーリエ変換の応用研究が大きく進展し，工学における最も重要な手法の 1 つとなっている．さらに，1980 年代に誕生した現代のウェーブレット解析は，窓フーリエ変換と相補的関係にあり，新しい時間周波数解析の重要な道具として発展している．近年，時間周波数解析の理工学的応用では，スパース表現の探求という観点から，従来の時間周波数解析やウェーブレット解析が見直され，理工学的応用に即した一歩進んだ時間周波数解析理論が構築されている．

1. 多次元連続ウェーブレット変換

関数 $f \in L^1(\mathbb{R}^n)$ のフーリエ変換と，関数 $f \in L^2(\mathbb{R}^n)$ のウェーブレット関数 ψ に関する連続ウェーブレット変換を，それぞれ

$$\mathcal{F}[f](\xi) = \widehat{f}(\xi) = \int_{\mathbb{R}^n} f(x) \overline{e^{i\xi x}} \, dx, \ \xi \in \mathbb{R}^n$$

$$W_\psi f(b,a) = \int_{\mathbb{R}^n} f(x) \overline{\psi^{(a,b)}(x)} \, dx, \ b \in \mathbb{R}^n, a \in \mathbb{R}_+$$

で定義する．ここで，$\mathbb{R}_+ = \{x \in \mathbb{R} \mid x > 0\}$，$\psi^{(a,b)}(x) = a^{-n/2}\psi((x-b)/a)$ である．多変数であっても，x を時間，ξ を周波数と呼ぶ．a は拡大縮小の倍率を表し，スケールあるいは伸張パラメータと呼ぶ．ウェーブレット関数 $\psi \in L^2(\mathbb{R}^n)$ が，ある定数 $K > 0$ があって，

$$\int_{\mathbb{R}_+} |\widehat{\psi}(a\xi)|^2 \frac{da}{a} \leqq K, \ a.e. \ \xi \in \mathbb{R}^n \setminus \{0\} \quad (1)$$

を満たし，式 (1) の左辺の積分値が ξ によらない正定数（C_ψ とおく）であるとき，関数 $F(b,a) \in L^2(\mathbb{R}^n \times \mathbb{R}_+, db\,da/a^{n+1})$ の逆連続ウェーブレット変換 (inverse continuous wavelet transform) を，

$$W_\psi^{-1}F = \frac{1}{C_\psi} \int_{\mathbb{R}^n \times \mathbb{R}_+} F(b,a)\psi^{(a,b)}(x) \frac{db\,da}{a^{n+1}}$$

で定義すれば，逆公式 (inversion formula)：

$$f = W_\psi^{-1}W_\psi f$$

が成り立つ．ウェーブレット関数 ψ がメイエウェーブレットのように C^∞ 級で，全ての導関数が急減少し，全ての次数のモーメントが 0 になるならば，$L^2(\mathbb{R}^n)$ よりも広い関数空間に含まれる関数に対しても連続ウェーブレット変換が定義できる．このような関数空間に多項式 $P \neq 0$ が含まれているとすると，全ての次数のモーメントが 0 になることから $W_\psi P = 0$ が成り立ち，$W_\psi(f+P) = W_\psi f$ となるので，上に述べた形の逆公式が成り立たないことを注意しておく．

多次元連続ウェーブレット変換で，関数 f のフーリエ変換 $\widehat{f}(\xi)$ の ξ_0 方向に関する情報を得るためには，ウェーブレット関数 ψ を ξ_0 の錐近傍 (conic neighborhood) の外で $\widehat{\psi}(\xi) \equiv 0$ となるようにとればよい．このようなウェーブレット関数 ψ が単独では式 (1) の左辺の積分値が ξ によらない定数とはならないが，複数個のウェーブレット関数 ψ_j ($j = 1,\ldots,d$) を，ξ によらない定数 $C > 0$ があって，

$$\int_{\mathbb{R}_+} \sum_{j=1}^{d} |\widehat{\psi_j}(a\xi)|^2 \frac{da}{a} = C$$

が成り立つようにとれば，同様な逆公式が作れる．つまり，周波数領域での方向 ξ_0 に応じて複数のウェーブレット関数 ψ を取り替えて連続ウェーブレット変換を考えることにより，時間周波数解析と同様な解析が可能になる．ただし，周波数領域での方向に関して細かい情報を得るためには，それに見合うだけ多数のウェーブレット関数を使う必要がある．このような発想をさらに発展させて，画像処理のための新しい世代のウェーブレット的な手法として，bandlet, beamlet, brushlet, contourlet, curvelet, ridgelet, wedgelet などが提案された．

2. 多次元正規直交ウェーブレット

n 次元正規直交ウェーブレットは，n 個の 1 次元の正規直交ウェーブレットから構成できる．1 次元の正規直交ウェーブレット関数を $\psi^{(k)}(t)$ ($k=1,\ldots,n$, $t \in \mathbb{R}$) とし，$\psi^{(k)}(t)$ はスケーリング関数 $\varphi^{(k)}(t)$ を持つ多重解像度解析 $\{V_j^{(k)}\}_{j \in \mathbb{Z}}$ から構成されるとする．$\psi_0^{(k)} = \varphi^{(k)}$, $\psi_1^{(k)} = \psi^{(k)}$ とおく．$x = (x_1,\ldots,x_n) \in \mathbb{R}^n$, $\boldsymbol{\varepsilon} = (\varepsilon_1,\ldots,\varepsilon_n) \in E = \{0,1\}^n$ に対して，

$$\Psi_{\boldsymbol{\varepsilon}}(x) = \prod_{k=1}^{n} \psi_{\varepsilon_k}^{(k)}(x_k)$$

とおく．このとき，n 次元のスケーリング関数は

$$\Phi(x) = \Psi_{\boldsymbol{0}}(x) = \prod_{k=1}^{n} \psi_0^{(k)}(x_k), \ \boldsymbol{0} = (0,\ldots,0)$$

であり，n 次元の正規直交ウェーブレット関数は

$$\Psi_{\boldsymbol{\varepsilon}}(x) = \prod_{k=1}^{n} \psi_{\varepsilon_k}^{(k)}(x_k), \ \boldsymbol{\varepsilon} \in E \setminus \{\boldsymbol{0}\}$$

である．このように構成された多次元正規直交ウェーブレットは分離的 (separable) と呼ばれる．$j \in \mathbb{Z}$

に対して,
$$V_j = \overline{\mathrm{span}\{2^{jn/2}\Phi(2^j x - k) \mid k \in \mathbb{Z}^n\}}$$
とおけば, $\{V_j\}_{j\in\mathbb{Z}}$ は $L^2(\mathbb{R}^n)$ の閉部分空間の増大列であり, 1 次元の場合と同様にして n 次元多重解像度解析が定義できる. このようにして構成された n 次元多重解像度解析 $\{V_j\}_{j\in\mathbb{Z}}$ を多重解像度解析 $\{V_j^{(k)}\}_{j\in\mathbb{Z}}$ $(k=1,\ldots,n)$ のテンソル積 (tensor product) と呼び, $V_j = \bigotimes_{k=1}^n V_j^{(k)}$ と表す.

正規直交ウェーブレット関数 Ψ_ε の個数は, $\mathrm{card}(E \setminus \{\mathbf{0}\}) = 2^n - 1$ である. この n 次元多重解像度解析の定義は, 分離的でない場合にも適用できて, 非分離的 (nonseparable) n 次元多重解像度解析から $2^n - 1$ 個の n 次元正規直交ウェーブレット関数を構成することができる[3]. さらに一般化して, $n \times n$ 行列 M が $M\mathbb{Z}^n \subset \mathbb{Z}^n$ を満たすとき, M を伸張行列 (dilation matrix) と呼び, $f(Mx - k)$ $(k \in \mathbb{Z}^n)$ の形の関数系を扱うことができる. この場合, 正規直交ウェーブレット関数の個数は $|\det M| - 1$ となる.

3. ウェーブレットとスパース表現

関数 $f(x)$ の性質を調べるために, 調べたい関数をよくわかっている関数 $g_n(x)$ の重ね合わせ, すなわち線形結合 $f(x) = \sum a_n g_n(x)$ で表現する方法が使われる. このとき, 関数系 $\{g_n(x)\}$ のとり方により, 得られる情報が決まる. フーリエ級数では関数系として $\{e^{inx}\}$ が使われ, ウェーブレット展開では, メイエウェーブレットやドベシィウェーブレットなどが使われる. ウェーブレット解析では三角関数とは異なる関数系を使うので, フーリエ解析とは違った見方ができる.

このような関数系 $\{g_n\}$ が, 正規直交基底ならば係数 a_n は一意に決まり, 過剰系 (overdetermined system) ならば係数 a_n のとり方は無数にありうる. 関数系が過剰系のとき, 与えられた関数 f に対して, できるだけ少ない個数の g_n を使って f が表現できれば, f を関数系 $\{g_n\}$ で表現するための係数 a_n の個数が少ないことになり, 少ない情報から f を再構成できる. つまり, 情報圧縮が可能となる. このような表現をスパース表現 (sparse representation) という. また, 少ない個数の g_n は関数 f の主要な成分を含んでいると見なせるので, これらの係数 a_n と関数 g_n で関数 f の特徴を抽出していると言える. このような関数系として, 時間周波数領域で局在しているウェーブレットフレームを使えば, 情報圧縮や特徴抽出といったウェーブレット解析の手法をスパース表現の探求という観点から説明することができる[2].

スパース表現の研究が進展したのは, 数値計算で実際に計算できる理論とアルゴリズムが提案されたからである. n 次元実ベクトル空間 $\mathbb{R}^n$ の場合で説明する. 辞書 (dictionary) と呼ばれるベクトルの系 $\{\boldsymbol{a}_j\}_{j=1}^m$ $(m > n)$ は, $\mathrm{span}\{\boldsymbol{a}_j\}_{j=1}^m = \mathbb{R}^n$ を満たすとする. 任意の $\boldsymbol{b} \in \mathbb{R}^n$ に対して, 適当な m 次ベクトル $\boldsymbol{x} = (x_1,\ldots,x_m)^T \in \mathbb{R}^m$ が存在して, $A = [\boldsymbol{a}_1,\ldots,\boldsymbol{a}_m] \in \mathbb{R}^{n \times m}$ とおくと,

$$\boldsymbol{b} = \sum_{j=1}^m x_j \boldsymbol{a}_j = A\boldsymbol{x} \qquad (2)$$

と表せる. $\boldsymbol{x}$ の ℓ_p $(p > 0)$ ノルム $\|\boldsymbol{x}\|_p$ を $\|\boldsymbol{x}\|_p = \left(\sum_{j=1}^m |x_j|^p\right)^{1/p}$ で定義し, $\boldsymbol{x}$ の ℓ_0 ノルム $\|\boldsymbol{x}\|_0$ を $\boldsymbol{x}$ の 0 でない成分の個数で定義する. ただし, ℓ_p $(0 \leq p < 1)$ ノルムは本来のノルムではない. $\|\boldsymbol{x}\|_0$ が十分小さいとき, ベクトル $\boldsymbol{x}$ は $\{\boldsymbol{a}_j\}_{j=1}^m$ に関してスパース (sparse) であるといい, $\boldsymbol{x}$ の 0 に近い成分を 0 とおいて得られるベクトル $\tilde{\boldsymbol{x}}$ がスパースであれば, ベクトル $\boldsymbol{x}$ は圧縮可能 (compressible) という. $\tilde{\boldsymbol{x}}$ を $\boldsymbol{x}$ のスパース近似 (sparse approximation) という. $\|\boldsymbol{x}\|_0 = k$ のとき, ベクトル $\boldsymbol{x}$ は k-スパース (k-sparse) であるという. 一般に, $A\boldsymbol{x} = \boldsymbol{b}$ という制限のもとで, $\|\boldsymbol{x}\|_p$ $(p \geq 0)$ を最小にする $\boldsymbol{x}$ を求める最適化問題 (optimization problem) を

(P_p) Minimize $\|\boldsymbol{x}\|_p$ subject to $A\boldsymbol{x} = \boldsymbol{b}$

と表すと, 最適化問題 (P_0) の解が分解 (2) の最もスパースな表現を与える. 辞書 $\{\boldsymbol{a}_j\}_{j=1}^m$ による $\boldsymbol{b}$ の表現が非常にスパース (highly sparse) であることがわかっているならば, 最適化問題 (P_0) の解は一意に決まり, 最適化問題 (P_1) の解は最適化問題 (P_0) の解と一致する. さらに, 最適化問題 (P_1) の解は線形計画法によって求めることができる. つまり, 辞書 $\{\boldsymbol{a}_j\}_{j=1}^m$ に関して非常にスパースな表現を持つ $\boldsymbol{b}$ の最もスパースな表現は, 線形計画法の実用的なアルゴリズムによって求められる[1]. 〔芦野隆一〕

参 考 文 献

[1] M. Elad, *Sparse and Redundant Representations: From Theory to Applications in Signal and Image Processing*, Springer, 2010.
[2] S. Mallat, *A Wavelet Tour of Signal Processing — The Sparse Way*, Academic Press, 2009.
[3] Y. Meyer, *Ondelettes*, Ondelettes et opérateurs I, Hermann, 1990.

数理設計

連続体の形状最適化 520
連成場の形状最適化 522
数値流体解析と形状最適化 524
均質化法に基づくトポロジー最適化 526
レベルセット法に基づくトポロジー最適化 528
形状最適化理論の製品設計への応用 530
最適化手法の逆問題への応用 532
トラス構造の最適設計 534

連続体の形状最適化

shape optimization of continuum

偏微分方程式の境界値問題が定義された領域の境界形状を設計対象にした最適化問題は形状最適化問題とよばれる．ここでは，線形弾性体の平均コンプライアンス最小化問題を取り上げて，形状最適化問題の構成法，領域変動に対する評価関数のフレッシェ微分（形状微分）の計算法，形状更新法について示す．

1. 形状最適化問題の構成法

最適化問題の構成法にならい，設計変数の線形空間と許容集合を定義する．Ω_0 を $d \in \{2,3\}$ 次元のリプシッツ境界 $\partial\Omega_0$ を持つ $\mathbb{R}^d$ 上の固定領域とする．$\Gamma_{D0} \subset \partial\Omega_0$ をディリクレ境界，$\Gamma_{N0} = \partial\Omega_0 \setminus \bar{\Gamma}_{D0}$ をノイマン境界とする．また，$\Gamma_{p0} \subset \Gamma_{N0}$ を非同次ノイマン境界として，区分的 C^2 級とする．このとき，恒等写像 i を用いて写像 $i + \phi : \mathbb{R}^d \to \mathbb{R}^d$ で領域変動を与えたときの ϕ を設計変数とおき，
$$X = H^1(\mathbb{R}^d; \mathbb{R}^d)$$
をその線形空間とする．さらに，ϕ の許容集合を
$$\mathcal{O} = \left\{ \phi \in \Phi \mid \|\phi\| < \sigma, \Gamma_{p0} \text{ で区分的 } C^2 \text{ 級} \right\}$$
と定義する．ここで，$\Phi = W^{1,\infty}(\mathbb{R}^d; \mathbb{R}^d)$ とおき，σ は ϕ の逆写像が 1 対 1 写像になるように選んだ正定数とする．$\phi \in \mathcal{O}$ に対して，領域変動後の領域や関数を $\Omega(\phi)$ や $v(\phi)$ のように表すことにする．

1.1 線形弾性問題

主問題を次のように定義する．$\boldsymbol{b}, \boldsymbol{p}, \boldsymbol{u}_D : \mathbb{R}^d \to \mathbb{R}^d$ および $\boldsymbol{C} : \mathbb{R}^d \to \mathbb{R}^{d \times d \times d \times d}$ を物体力，境界力，既知変位および剛性とする．$\boldsymbol{u} : \mathbb{R}^d \to \mathbb{R}^d$ を変位とするとき，$\boldsymbol{T}(\boldsymbol{u}) = \boldsymbol{C} : \boldsymbol{E}(\boldsymbol{u})$ と $\boldsymbol{E}(\boldsymbol{u}) = \frac{1}{2}\left(\nabla \boldsymbol{u}^T + (\nabla \boldsymbol{u}^T)^T\right)$ を応力とひずみとする．また，任意の $\boldsymbol{X}, \boldsymbol{Y} \in \left\{ \boldsymbol{X} \in \mathbb{R}^{d \times d} \mid \boldsymbol{X} = \boldsymbol{X}^T \right\}$ に対して，ある $\alpha, \beta > 0$ が存在して，$\mathbb{R}^d$ 上ほとんどいたるところで $\boldsymbol{X} \cdot \boldsymbol{C} : \boldsymbol{X} \geq \alpha \|\boldsymbol{X}\|^2$, $|\boldsymbol{X} \cdot \boldsymbol{C} : \boldsymbol{Y}| \leq \beta \|\boldsymbol{X}\| \|\boldsymbol{Y}\|$, $C_{ijkl} = C_{klij}$ が成り立つとする．$\boldsymbol{\nu}$ を法線とする．

問題 (1) $\boldsymbol{b}, \boldsymbol{p}, \boldsymbol{u}_D, \boldsymbol{C}$ が適切に与えられたとき，
$$\begin{cases} -\nabla^T \boldsymbol{T}(\boldsymbol{u}) = \boldsymbol{b}^T & \text{in } \Omega(\phi) \\ \boldsymbol{T}(\boldsymbol{u})\boldsymbol{\nu} = \boldsymbol{p} & \text{on } \Gamma_p(\phi) \\ \boldsymbol{T}(\boldsymbol{u})\boldsymbol{\nu} = \boldsymbol{0} & \text{on } \Gamma_N(\phi) \setminus \bar{\Gamma}_p(\phi) \\ \boldsymbol{u} = \boldsymbol{u}_D & \text{on } \Gamma_D(\phi) \end{cases} \quad (1)$$
を満たす $\boldsymbol{u} : \Omega(\phi) \to \mathbb{R}^d$ を求めよ．

$\Omega(\phi)$ 上で定義された $\boldsymbol{u}$ の $\mathbb{R}^d$ への拡張は Calderón の拡張定理により保証される．また，
$$U = \left\{ \boldsymbol{u} \in H^1(\mathbb{R}^d; \mathbb{R}^d) \mid \boldsymbol{u} = \boldsymbol{0} \text{ on } \Gamma_D(\phi) \right\}$$
を $\boldsymbol{u}$ の線形空間とする．このとき，この問題の弱形式は，任意の $\boldsymbol{u} \in U$ に対して
$$\mathscr{L}_{BV}(\phi, \boldsymbol{u}, \boldsymbol{v}) = \int_{\Omega(\phi)} (-\boldsymbol{T}(\boldsymbol{u}) \cdot \boldsymbol{E}(\boldsymbol{v}) + \boldsymbol{b} \cdot \boldsymbol{v}) \mathrm{d}x + \int_{\Gamma_p(\phi)} \boldsymbol{p} \cdot \boldsymbol{v} \, \mathrm{d}\gamma$$
$$+ \int_{\Gamma_D(\phi)} \{ (\boldsymbol{u} - \boldsymbol{u}_D) \cdot \boldsymbol{T}(\boldsymbol{v})\boldsymbol{\nu} + \boldsymbol{v} \cdot \boldsymbol{T}(\boldsymbol{u})\boldsymbol{\nu} \} \mathrm{d}\gamma = 0 \quad (2)$$
が成り立つことである．また，後に示す形状最適化問題の解法までを考えたときに必要となる条件を備えた $\boldsymbol{u}$ の許容集合を
$$S = \left\{ u \in U \cap W^{1,2q}(\mathbb{R}^d; \mathbb{R}^d) \mid \text{特異点近傍を除いて } W^{2,2q} \text{ 級}, q > d \right\}$$
とおく．

1.2 平均コンプライアンス最小化問題

$\phi \in \mathcal{O}$ に対する問題 1 の解 $\boldsymbol{u}$ に対して，
$$f_0(\phi, \boldsymbol{u}) = \int_{\Omega(\phi)} \boldsymbol{b} \cdot \boldsymbol{u} \, \mathrm{d}x + \int_{\Gamma_p(\phi)} \boldsymbol{p} \cdot \boldsymbol{u} \, \mathrm{d}\gamma$$
$$- \int_{\Gamma_D(\phi)} \boldsymbol{u}_D \cdot \boldsymbol{T}(\boldsymbol{u}) \boldsymbol{\nu} \, \mathrm{d}\gamma \quad (3)$$
を平均コンプライアンスとよぶ．また，
$$f_1(\phi) = \int_{\Omega(\phi)} 1 \, \mathrm{d}x - c_1 \quad (4)$$
を領域の大きさに対する制約関数とよぶ．このとき，形状最適化問題を次のように定義する．

問題 (2) 式 (3), (4) の f_0 と f_1 に対して
$$\min_{\phi \in \mathcal{O}} \left\{ f_0(\phi, \boldsymbol{u}) \mid f_1(\phi) \leqq 0, \text{問題 1}, \boldsymbol{u} \in \mathcal{S} \right\}$$
を満たす ϕ を求めよ．

2. 評価関数の形状微分の計算法

ある $\Omega(\phi)$ からの任意の領域変動 $\boldsymbol{\varphi} \in X$ に対して $v(\boldsymbol{\varphi} + \phi) \in C^1(\mathcal{O}; H^1(\mathbb{R}^d; \mathbb{R}))$ が決定されると仮定して，
$$f(\boldsymbol{\varphi} + \phi, v(\boldsymbol{\varphi} + \phi)) = \int_{\Omega(\boldsymbol{\varphi}+\phi)} v(\boldsymbol{\varphi}+\phi)(\boldsymbol{z}) \mathrm{d}\boldsymbol{z}$$
とおく．このとき，
$$f'(\phi, v(\phi))[\boldsymbol{\varphi}]$$
$$= \lim_{\|\boldsymbol{\varphi}\| \to 0} \frac{f(\boldsymbol{\varphi}+\phi, v(\boldsymbol{\varphi}+\phi)) - f(\phi, v(\phi))}{\|\boldsymbol{\varphi}\|}$$
が $\boldsymbol{\varphi} \in X$ に対する有界線形汎関数のとき，$f'(\phi, v(\phi))[\boldsymbol{\varphi}]$ を汎関数 f の形状微分とよぶ．

汎関数の形状微分は被積分関数の変動則に依存する．例えば，被積分関数が領域変動に依存しない関

数の場合は次の公式を得る.

命題 1 $v \in V = C^1\left(\mathcal{O}; H^1\left(\mathbb{R}^d; \mathbb{R}\right)\right)$ を固定された関数, $g = C^1(V; V)$,
$$f(\varphi + \phi, v(\varphi + \phi)) = \int_{\Omega(\varphi + \phi)} g(v(\varphi + \phi))\, dz$$
とおく. このとき, $\varphi \in X$ に対して
$$f'(\phi, v(\phi))[\varphi] = \int_{\partial\Omega(\phi)} g(v)\boldsymbol{\nu} \cdot \boldsymbol{\varphi}\, d\gamma$$
が成り立つ.

f_1 に対して命題 1 を適用すれば
$$f_1'(\phi)[\varphi] = \int_{\partial\Omega(\phi)} \boldsymbol{\nu} \cdot \boldsymbol{\varphi}\, d\gamma = \langle \boldsymbol{g}_1, \boldsymbol{\varphi}\rangle \quad (5)$$
を得る. 一方, f_0 では式 (1) の解が使われている. そこで, f_0 に対するラグランジュ関数を
$$\mathcal{L}_0(\phi, \boldsymbol{u}, \boldsymbol{v}_0) = f_0(\phi, \boldsymbol{u}) + \mathcal{L}_{\mathrm{BV}}(\phi, \boldsymbol{u}, \boldsymbol{v}_0)$$
とおく. ここで, ラグランジュ乗数として導入された $\boldsymbol{v}_0 \in U$ は $\boldsymbol{u}$ の任意の変動 $\boldsymbol{u}' \in U$ に対して
$$\mathcal{L}_{0\boldsymbol{u}}(\phi, \boldsymbol{u}, \boldsymbol{v}_0)[\boldsymbol{u}']$$
$$= f_{0\boldsymbol{u}}(\phi, \boldsymbol{u})[\boldsymbol{u}'] + \mathcal{L}_{\mathrm{BV}\boldsymbol{u}}(\phi, \boldsymbol{u}, \boldsymbol{v}_0)[\boldsymbol{u}'] = 0$$
を満たす. この弱形式は, $\boldsymbol{v}_0$ が随伴問題
$$\begin{cases} -\boldsymbol{\nabla}^{\mathrm{T}}\boldsymbol{T}(\boldsymbol{v}_0) = \boldsymbol{b}^{\mathrm{T}} \text{ in } \Omega(\phi) \\ \boldsymbol{T}(\boldsymbol{v}_0)\cdot \boldsymbol{\nu} = \boldsymbol{p} \text{ on } \Gamma_p(\phi) \\ \boldsymbol{T}(\boldsymbol{v}_0)\boldsymbol{\nu} = \boldsymbol{0} \text{ on } \Gamma_{\mathrm{N}}(\phi)\setminus\bar{\Gamma}_p(\phi) \\ \boldsymbol{v}_0 = \boldsymbol{u}_{\mathrm{D}} \text{ on } \Gamma_{\mathrm{D}}(\phi) \end{cases} \quad (6)$$
を満たすときに成り立つ. この結果から, f_0 に対して自己随伴関係 $\boldsymbol{v}_0 = \boldsymbol{u}$ が成り立つ. $\boldsymbol{u}, \boldsymbol{v}_0$ をそれぞれ式 (1),(6) の解に固定したとき, 命題 1 と境界積分に対する同様の公式 (省略) が適用できて,
$$\mathcal{L}_{0\phi}(\phi, \boldsymbol{u}, \boldsymbol{v}_0)[\varphi] = f_0'(\phi, \boldsymbol{u})[\varphi]$$
$$= \int_{\partial\Omega(\phi)} \zeta_{\partial\Omega}\boldsymbol{\nu}\cdot\boldsymbol{\varphi}\, d\gamma$$
$$+ \int_{\Gamma_p(\phi)} (\boldsymbol{\nu}\cdot\boldsymbol{\nabla}\zeta_{\mathrm{N}} + \boldsymbol{\nabla}\cdot\boldsymbol{\nu}\zeta_{\mathrm{N}})\boldsymbol{\nu}\cdot\boldsymbol{\varphi}\, d\gamma$$
$$+ \int_{\partial\Gamma_p(\phi)\cup\Theta(\phi)} \zeta_{\mathrm{N}}\boldsymbol{\tau}\cdot\boldsymbol{\varphi}\, d\varsigma = \langle \boldsymbol{g}_0, \boldsymbol{\varphi}\rangle \quad (7)$$
を得る. ここで, $\zeta_{\partial\Omega} = -\boldsymbol{T}(\boldsymbol{u})\cdot\boldsymbol{E}(\boldsymbol{v}_0) + \boldsymbol{b}\cdot(\boldsymbol{u} + \boldsymbol{v}_0)$, $\zeta_{\mathrm{N}} = \boldsymbol{p}\cdot(\boldsymbol{u} + \boldsymbol{v}_0)$ であり, $\Theta(\phi)$ は $\partial\Omega(\phi)$ 上の角点の集合, $\boldsymbol{\tau}$ は $\Gamma_p(\phi)\setminus\Theta(\phi)$ の外向き接線, かつ $\partial\Gamma_p(\phi)\cup\Theta(\phi)$ の法線である.

3. 形状更新法

式 (7),(5) の $\boldsymbol{g}_0, \boldsymbol{g}_1$ は f_0, f_1 の勾配に相当する. 勾配法では, f_i ($i \in \{0, 1\}$) が減少する設計変数の変動を $-\boldsymbol{g}_i$ とおく. しかし, 形状最適化問題では, 一般には $-\boldsymbol{g}_i$ は Φ に入らない. 実際, 境界に角があれば $\boldsymbol{\nu}$ は不連続になる. また, $\boldsymbol{u}, \boldsymbol{v}_0$ が連続であっても $\boldsymbol{T}(\phi, \boldsymbol{u})\cdot\boldsymbol{E}(\boldsymbol{v}_0)$ は不連続になり得る.

そこで, $-\boldsymbol{g}_i$ の平滑化法として, $X = H^1\left(\mathbb{R}^d; \mathbb{R}^d\right)$ に対して, $\boldsymbol{g}_i \in X'$ (X の双対空間) を与えて, 次の問題の解 $\boldsymbol{\varphi}_{ig}$ で形状を更新する方法 (H^1 勾配法, 力法) が考案されている[1].

$a: X \times X \to \mathbb{R}$ を強圧的双 1 次形式 (ある $\alpha > 0$ が存在して, 任意の $\boldsymbol{z} \in X$ に対して, $a(\boldsymbol{z}, \boldsymbol{z}) \geqq \alpha \|\boldsymbol{z}\|^2$ が成り立つ) とする. $\boldsymbol{g}_i \in X'$ を既知として, 任意の $\boldsymbol{z} \in X$ に対して
$$a(\boldsymbol{\varphi}_{ig}, \boldsymbol{z}) = -\langle \boldsymbol{g}_i, \boldsymbol{z}\rangle \quad (8)$$
を満たす $\boldsymbol{\varphi}_{ig}$ を求めよ. 例えば, c を正定数として
$$a(\boldsymbol{\varphi}_{ig}, \boldsymbol{z}) = \int_{\Omega(\phi)} (\boldsymbol{T}(\boldsymbol{\varphi}_{ig})\cdot\boldsymbol{E}(\boldsymbol{z}) + c\boldsymbol{\varphi}_{ig}\cdot\boldsymbol{z})\, dx$$
などが使われる. 式 (8) は楕円型境界値問題の弱形式であり, ラックス–ミルグラムの定理より $\boldsymbol{\varphi}_{ig}$ の一意存在がいえる. また, 問題設定が適切であれば, $\boldsymbol{\varphi}_{ig} \in \Phi$ となる. $\boldsymbol{\varphi}_{ig}$ が f_i を減少させることは
$$f_i(\epsilon\boldsymbol{\varphi}_{ig} + \phi) - f_i(\phi) = \epsilon\langle \boldsymbol{g}_i, \boldsymbol{\varphi}_{ig}\rangle + o(\epsilon)$$
$$= -\epsilon a(\boldsymbol{\varphi}_{ig}, \boldsymbol{\varphi}_{ig}) + o(\epsilon) \leqq -\alpha\epsilon\|\boldsymbol{\varphi}_{ig}\|^2 + o(\epsilon)$$
によって確かめられる.

問題 2 において, $f_1(\phi) \leqq 0$ のとき, 小正定数 ϵ に対して $f_1(\phi + \epsilon\boldsymbol{\varphi}_g) \leqq 0$ を満たす領域変動は, ラグランジュ乗数 λ_1 を用いて $\boldsymbol{\varphi}_g = \boldsymbol{\varphi}_{0g} + \lambda_1\boldsymbol{\varphi}_{1g}$ となる. ここで, $f_1(\phi) < 0$ のとき $\lambda_1 = 0$, $f_1(\phi) = 0$ のとき $\lambda_1 = -\langle \boldsymbol{g}_1, \boldsymbol{\varphi}_{0g}\rangle/\langle \boldsymbol{g}_1, \boldsymbol{\varphi}_{1g}\rangle$ のように決定する. また, ϵ をアルミホの規準とウルフの規準を満たすように決定すれば, 大域的収束性が保証される.

数値例を図 1 に示す.

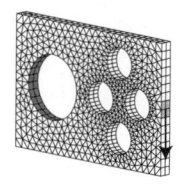

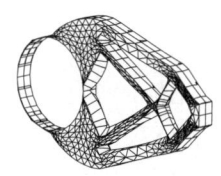

(a) 初期形状と境界条件   (b) 最適形状

図 1 平均コンプライアンス最小化問題の数値例[2]

[畔上秀幸]

参 考 文 献

[1] 畔上秀幸, 形状最適化問題の正則化解法, 日本応用数理学会論文誌, 24:2 (2014) (掲載予定).

[2] H. Azegami, K. Takeuchi, A smoothing method for shape optimization: traction method using the Robin condition, *International Journal of Computational Methods*, **3**(1) (2006), 21–33.

連成場の形状最適化

shape optimization of coupling fields

前項目［連続体の形状最適化］に続き，連続体の形状最適化に対する理論は連成場に対しても有効であることを示す．ここでは，熱伝導場と弾性場が連成した熱弾性場の平均コンプライアンス最小化問題を取り上げて，評価関数の形状微分の計算法と簡単な解析結果を紹介する[1]．

1. 熱弾性問題

$\Omega_0 \subset \mathbb{R}^d$ を $d \in \{2,3\}$ 次元有界領域，その境界を $\partial \Omega_0$ とする．$\Gamma_{\mathrm{HD}0} \subset \partial\Omega_0$, $\Gamma_{\mathrm{HN}0} \subset \partial\Omega_0 \setminus \bar{\Gamma}_{\mathrm{HD}0}$, $\Gamma_{\mathrm{HR}0} \subset \partial\Omega_0 \setminus (\bar{\Gamma}_{\mathrm{HD}0} \cup \bar{\Gamma}_{\mathrm{HR}0})$, $\Gamma_{\mathrm{H}r0} \subset \Gamma_{\mathrm{HN}0}$ を熱伝導場のディリクレ，ノイマン，ロビン，非同次ノイマン境界とする．$\Gamma_{\mathrm{ED}0}$, $\Gamma_{\mathrm{EN}0}$, $\Gamma_{\mathrm{E}p0}$ を弾性場のディリクレ，ノイマン，非同次ノイマン境界とする．$\mathcal{O}$ を前項目の定義で区分的 C^2 級の仮定を $\Gamma_{\mathrm{H}r0} \cup \Gamma_{\mathrm{E}p0}$ 上に変更した集合とする．$\phi \in \mathcal{O}$ に対して，領域変動後の領域を $\Omega(\phi) = \{\phi(x) \mid x \in \Omega_0\}$ のように表すことにする．

1.1 熱伝導問題

$s, r, h, \theta_\mathrm{D}, \theta_\infty : \mathbb{R}^d \to \mathbb{R}$, $K : \mathbb{R}^d \to \mathbb{R}^{d\times d}$ を発熱，熱流束，熱伝達係数，既知温度，周辺温度および熱伝導係数とする．$\theta : \mathbb{R}^d \to \mathbb{R}$ を温度とするとき，$q(\theta) = K \nabla \theta$ を熱流束とする．

問題 (1) $\phi \in \mathcal{O}$ に対して，$s, r, h, \theta_\mathrm{D}, \theta_\infty$, K が適切に与えられたとき，
$$\begin{cases} -\boldsymbol{\nabla} \cdot q(\theta) = s & \text{in } \Omega(\phi) \\ q(\theta) \cdot \boldsymbol{\nu} = r & \text{on } \Gamma_{\mathrm{H}r}(\phi) \\ q(\theta) \cdot \boldsymbol{\nu} = -h(\theta - \theta_\infty) & \text{on } \Gamma_{\mathrm{HR}}(\phi) \\ q(\theta) \cdot \boldsymbol{\nu} = 0 & \text{on } \Gamma_{\mathrm{HN}}(\phi) \setminus \bar{\Gamma}_{\mathrm{H}r}(\phi) \\ \theta = \theta_\mathrm{D} & \text{on } \Gamma_{\mathrm{HD}}(\phi) \end{cases}$$
を満たす温度 $\theta : \Omega(\phi) \to \mathbb{R}$ を求めよ．

ここで，θ の線形空間を
$$U_\mathrm{H} = \{\theta \in H^1(\mathbb{R}^d; \mathbb{R}) \mid \theta = 0 \text{ on } \Gamma_{\mathrm{HD}}(\phi)$$
$$q(\theta) \cdot \boldsymbol{\nu} + h\theta = 0 \text{ on } \Gamma_{\mathrm{HR}}(\phi)\}$$
とおく．このとき，問題1の弱形式は，任意の $\vartheta \in U_\mathrm{H}$ に対して
$$\mathcal{L}_\mathrm{H}(\phi, \theta, \vartheta) = \int_{\Omega(\phi)} \{-q(\theta) \cdot \boldsymbol{\nabla}\vartheta + s\vartheta\} \mathrm{d}x$$
$$+ \int_{\Gamma_{\mathrm{H}r}(\phi)} r\vartheta\, \mathrm{d}\gamma - \int_{\Gamma_{\mathrm{HR}}(\phi)} h(\theta - \theta_\infty)\vartheta\, \mathrm{d}\gamma$$
$$+ \int_{\Gamma_{\mathrm{HD}}(\phi)} \{(\theta - \theta_\mathrm{D}) q(\vartheta) \cdot \boldsymbol{\nu}$$
$$+ \vartheta q(\theta) \cdot \boldsymbol{\nu}\} \mathrm{d}\gamma = 0 \qquad (1)$$
が成り立つことである．ここで，形状最適化問題の解法までを考えたときに必要となる条件を備えた θ の許容集合を
$$\mathcal{S}_\mathrm{H} = \{\theta \in U_\mathrm{H} \cap W^{1,2q}(\mathbb{R}^d; \mathbb{R}) \mid$$
特異点近傍を除いて $W^{2,2q}$ 級, $q > d\}$
とおく．

1.2 熱線形弾性問題

温度 θ を問題1の解とする．また，b, p, u_D, $C, E(u)$ は前項目と同じとする．また，$B : \mathbb{R}^d \to \mathbb{R}^{d \times d}$, $T(\theta, u) = C : (E(u) - \theta B)$ とする．

問題 (2) $\phi \in \mathcal{O}$ に対して，b, p, u_D, C, B が適切に与えられたとき，
$$\begin{cases} -\boldsymbol{\nabla}^\mathrm{T} T(\theta, u) = b^\mathrm{T} & \text{in } \Omega(\phi) \\ T(\theta, u) \boldsymbol{\nu} = p & \text{on } \Gamma_{\mathrm{E}p}(\phi) \\ T(\theta, u) \boldsymbol{\nu} = \mathbf{0} & \text{on } \Gamma_{\mathrm{EN}}(\phi) \setminus \bar{\Gamma}_{\mathrm{E}p}(\phi) \\ u = u_\mathrm{D} & \text{on } \Gamma_{\mathrm{ED}}(\phi) \end{cases}$$
を満たす $u : \Omega(\phi) \to \mathbb{R}^d$ を求めよ．

u の線形空間 U_E と許容集合 $\mathcal{S}_\mathrm{E}$ を問題1と同様に定義する．このとき，問題2の弱形式は，任意の $v \in U_\mathrm{E}$ に対して

$$\mathcal{L}_\mathrm{E}(\phi, \theta, u, v)$$
$$= \int_{\Omega(\phi)} \{-T(\theta, u) \cdot E(v) + b \cdot v\} \mathrm{d}x$$
$$+ \int_{\Gamma_{\mathrm{E}p}(\phi)} p \cdot v\, \mathrm{d}\gamma$$
$$+ \int_{\Gamma_{\mathrm{ED}}(\phi)} \{(u - u_\mathrm{D}) \cdot T(\theta, v) \boldsymbol{\nu}$$
$$+ v \cdot T(\theta, u) \boldsymbol{\nu}\} \mathrm{d}\gamma = 0 \qquad (2)$$
が成り立つことである．

2. 平均コンプライアンス最小化問題

問題1と問題2の解 (θ, u) に対して，
$$f_0(\phi, \theta, u) = \int_{\Omega(\phi)} \{\theta E(u) \cdot C : B + b \cdot u\} \mathrm{d}x$$
$$+ \int_{\Gamma_{\mathrm{E}p}(\phi)} p \cdot u\, \mathrm{d}\gamma$$
$$- \int_{\Gamma_{\mathrm{ED}}(\phi)} u_\mathrm{D}(\phi) \cdot T(\theta, u) \boldsymbol{\nu}\, \mathrm{d}\gamma \qquad (3)$$
を平均コンプライアンスと呼ぶ．また，
$$f_1(\phi) = \int_{\Omega(\phi)} 1\, \mathrm{d}x - c_1 \qquad (4)$$
を領域の大きさに対する制約関数と呼ぶ．このとき，

形状最適化問題を次のように定義する．

問題（3） 式(3)と式(4)の f_0 と f_1 に対して
$$\min_{\boldsymbol{\phi} \in \mathcal{O}} \{ f_0(\boldsymbol{\phi}, \theta, \boldsymbol{u}) \mid f_1(\boldsymbol{\phi}) \leqq 0, \text{問題 1, 問題 2},$$
$$(\theta, \boldsymbol{u}) \in \mathcal{S}_\mathrm{H} \times \mathcal{S}_\mathrm{E} \}$$
を満たす $\boldsymbol{\phi}$ を求めよ．

3. 評価関数の形状微分

f_1 の形状微分は前項目のように得られる．そこで，ここでは f_0 の形状微分について考える．f_0 に対するラグランジュ関数を
$$\mathcal{L}_0(\boldsymbol{\phi}, \theta, \vartheta_0, \boldsymbol{u}, \boldsymbol{v}_0) = f_0(\boldsymbol{\phi}, \theta, \boldsymbol{u})$$
$$+ \mathcal{L}_\mathrm{H}(\boldsymbol{\phi}, \theta, \vartheta_0) + \mathcal{L}_\mathrm{E}(\boldsymbol{\phi}, \theta, \boldsymbol{u}, \boldsymbol{v}_0)$$
とおいて，その停留条件を考える．ここで，$\mathcal{L}_\mathrm{H}$ と $\mathcal{L}_\mathrm{E}$ は式(1)と式(2)に従い，$(\vartheta_0, \boldsymbol{v}_0) \in U_\mathrm{H} \times U_\mathrm{E}$ はラグランジュ乗数として導入された．ϑ_0 と $\boldsymbol{v}_0$ の任意の変動 $(\vartheta_0', \boldsymbol{v}_0') \in U_\mathrm{H} \times U_\mathrm{E}$ に対する $\mathcal{L}_0$ の停留条件は，$(\theta, \boldsymbol{u})$ が問題 1 と問題 2 の解のときに成り立つ．θ の任意変動 $\theta' \in U_\mathrm{H}$ に対する $\mathcal{L}_0$ の停留条件
$$\mathcal{L}_{0\theta}(\boldsymbol{\phi}, \theta, \vartheta_0, \boldsymbol{u}, \boldsymbol{v}_0)[\theta'] = f_{0\theta}(\boldsymbol{\phi}, \theta, \boldsymbol{u})[\theta']$$
$$+ \mathcal{L}_{\mathrm{H}\theta}(\boldsymbol{\phi}, \theta, \vartheta_0)[\theta'] + \mathcal{L}_{\mathrm{E}\theta}(\boldsymbol{\phi}, \theta, \boldsymbol{u}, \boldsymbol{v}_0)[\theta']$$
$$= 0$$
は，ϑ_0 が問題 1 に対する随伴問題
$$\begin{cases} -\boldsymbol{\nabla} \cdot \boldsymbol{q}(\vartheta) = \boldsymbol{E}(\boldsymbol{u}) \cdot \boldsymbol{C} : \boldsymbol{B} & \text{in } \Omega(\boldsymbol{\phi}) \\ \boldsymbol{q}(\vartheta) \cdot \boldsymbol{\nu} = 0 & \text{on } \Gamma_\mathrm{HN}(\boldsymbol{\phi}) \\ \boldsymbol{q}(\vartheta) \cdot \boldsymbol{\nu} = -h\vartheta & \text{on } \Gamma_\mathrm{HR}(\boldsymbol{\phi}) \\ \vartheta = 0 & \text{on } \Gamma_\mathrm{HD}(\boldsymbol{\phi}) \end{cases} \quad (5)$$
を満たすときに成り立つ．また，$\boldsymbol{u}$ の任意の変動 $\boldsymbol{u}' \in U_\mathrm{E}$ に対する $\mathcal{L}_0$ の停留条件
$$\mathcal{L}_{0u}(\boldsymbol{\phi}, \theta, \vartheta_0, \boldsymbol{u}, \boldsymbol{v}_0)[\boldsymbol{u}']$$
$$= f_{0u}(\boldsymbol{\phi}, \theta, \boldsymbol{u})[\boldsymbol{u}'] + \mathcal{L}_{\mathrm{E}u}(\boldsymbol{\phi}, \theta, \boldsymbol{u}, \boldsymbol{v}_0)[\boldsymbol{u}'] = 0$$
は，$\boldsymbol{v}_0$ が問題 2 に対する随伴問題
$$\begin{cases} -\boldsymbol{\nabla}^\mathrm{T} \boldsymbol{T}(\theta, \boldsymbol{v}_0) = \boldsymbol{b}^\mathrm{T} & \text{in } \Omega(\boldsymbol{\phi}) \\ \boldsymbol{T}(\theta, \boldsymbol{v}_0) \boldsymbol{\nu} = \boldsymbol{p} & \text{on } \Gamma_{\mathrm{E}p}(\boldsymbol{\phi}) \\ \boldsymbol{T}(\theta, \boldsymbol{v}_0) \boldsymbol{\nu} = \boldsymbol{0} & \text{on } \Gamma_\mathrm{EN}(\boldsymbol{\phi}) \setminus \bar{\Gamma}_{\mathrm{E}p}(\boldsymbol{\phi}) \\ \boldsymbol{v}_0 = \boldsymbol{u}_\mathrm{D} & \text{on } \Gamma_\mathrm{ED}(\boldsymbol{\phi}) \end{cases} \quad (6)$$
を満たすときに成り立つ．式(6)から，f_0 の $\boldsymbol{u}$ に対しては自己随伴関係 $\boldsymbol{v}_0 = \boldsymbol{u}$ が成り立つ．$\theta, \vartheta_0, \boldsymbol{u}, \boldsymbol{v}_0$ をそれぞれ問題 1, 式(5), 問題 2, 式(6)の解に固定したとき，前項目と同様の命題が適用できて，
$$\mathcal{L}_{0\phi}(\boldsymbol{\phi}, \theta, \vartheta_0, \boldsymbol{u}, \boldsymbol{v}_0)[\boldsymbol{\varphi}] = f_0'(\boldsymbol{\phi}, \theta, \boldsymbol{u})[\boldsymbol{\varphi}]$$
$$= \int_{\partial \Omega(\boldsymbol{\phi})} \zeta_{\partial\Omega} \boldsymbol{\nu} \cdot \boldsymbol{\varphi} \, \mathrm{d}\gamma + \int_{\Gamma_\mathrm{HD}(\boldsymbol{\phi})} \zeta_\mathrm{HD} \boldsymbol{\nu} \cdot \boldsymbol{\varphi} \, \mathrm{d}\gamma$$
$$+ \int_{\Gamma_{\mathrm{H}r}(\boldsymbol{\phi})} (\boldsymbol{\nu} \cdot \boldsymbol{\nabla} \zeta_\mathrm{HN} + \boldsymbol{\nabla} \cdot \boldsymbol{\nu} \zeta_\mathrm{HN}) \boldsymbol{\nu} \cdot \boldsymbol{\varphi} \, \mathrm{d}\gamma$$
$$+ \int_{\partial \Gamma_{\mathrm{H}r}(\boldsymbol{\phi}) \cup \Theta(\boldsymbol{\phi})} \zeta_\mathrm{HN} \boldsymbol{\nu} \cdot \boldsymbol{\varphi} \, \mathrm{d}\varsigma$$
$$+ \int_{\Gamma_\mathrm{HR}(\boldsymbol{\phi})} (\boldsymbol{\nu} \cdot \boldsymbol{\nabla} \zeta_\mathrm{HR} + \boldsymbol{\nabla} \cdot \boldsymbol{\nu} \zeta_\mathrm{HR}) \boldsymbol{\nu} \cdot \boldsymbol{\varphi} \, \mathrm{d}\gamma$$
$$+ \int_{\Gamma_{\mathrm{E}p}(\boldsymbol{\phi})} (\boldsymbol{\nu} \cdot \boldsymbol{\nabla} \zeta_\mathrm{EN} + \boldsymbol{\nabla} \cdot \boldsymbol{\nu} \zeta_\mathrm{EN}) \boldsymbol{\nu} \cdot \boldsymbol{\varphi} \, \mathrm{d}\gamma$$
$$+ \int_{\partial \Gamma_{\mathrm{E}p}(\boldsymbol{\phi}) \cup \Theta(\boldsymbol{\phi})} \zeta_\mathrm{EN} \boldsymbol{\nu} \cdot \boldsymbol{\varphi} \, \mathrm{d}\varsigma = \langle \boldsymbol{g}_0, \boldsymbol{\varphi} \rangle$$
の形式を得る．ここで，
$$\zeta_{\partial\Omega} = -\boldsymbol{q}(\theta) \cdot \boldsymbol{\nabla} \vartheta_0 + s \vartheta_0$$
$$- \boldsymbol{T}(\theta, \boldsymbol{u}) \cdot \boldsymbol{E}(\boldsymbol{v}_0) + \boldsymbol{b} \cdot (\boldsymbol{u} + \boldsymbol{v}_0)$$
$$+ \theta \boldsymbol{E}(\boldsymbol{u} + \boldsymbol{v}_0) \cdot \boldsymbol{C} : \boldsymbol{B}$$
$$\zeta_\mathrm{HD} = \boldsymbol{q}(\theta) \cdot \boldsymbol{\nabla} \vartheta_0 + \boldsymbol{q}(\vartheta_0) \cdot \boldsymbol{\nabla} \theta$$
$$\zeta_\mathrm{HN} = r \vartheta_0$$
$$\zeta_\mathrm{HR} = -h(\theta - \theta_\infty) \vartheta_0$$
$$\zeta_\mathrm{EN} = \boldsymbol{p} \cdot (\boldsymbol{u} + \boldsymbol{v}_0)$$
となる．また，$\Theta(\boldsymbol{\phi})$ は $\partial \Omega(\boldsymbol{\phi})$ 上の C^1 不連続な点の集合，$\boldsymbol{\tau}$ は $\Gamma_{\mathrm{H}r}(\boldsymbol{\phi}) \setminus \Theta(\boldsymbol{\phi})$ あるいは $\Gamma_{\mathrm{E}p}(\boldsymbol{\phi}) \setminus \Theta(\boldsymbol{\phi})$ の外向き接線，かつ $\partial \Gamma_{\mathrm{H}r}(\boldsymbol{\phi}) \cup \Theta(\boldsymbol{\phi})$ あるいは $\partial \Gamma_{\mathrm{E}p}(\boldsymbol{\phi}) \cup \Theta(\boldsymbol{\phi})$ の法線である．

4. 数値例

2 次元熱弾性場に対する数値例を図 1 に示す．形状更新では上端と左右両端を拘束した．前項目の形状更新法による解析の結果 $f_1 = 0$ を満たし，f_0 が初期値に対して 34 % 減少する結果を得た．

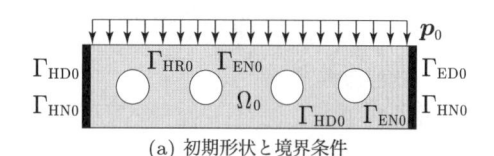

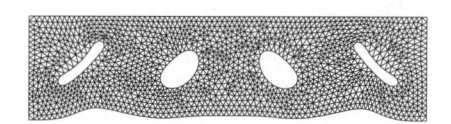

(a) 初期形状と境界条件

(b) 最適形状と有限要素メッシュ

図 1 2 次元熱弾性場の数値例

［片峯英次］

参 考 文 献

[1] 片峯英次ほか, 平均コンプライアンス最小化を目的とした熱弾性場の形状最適化, 日本機械学会論文集 C 編, **77**(783) (2011), 4015–4023.

数値流体解析と形状最適化
computational fluid dynamics and shape optimization

近年，コンピュータの急速な発達と並列計算の普及により，数値流体解析を用いた大規模な3次元計算が行われている．また，その応用として形状最適化問題 [1],[2] への適用が取り組まれている．ここでは，随伴方程式を用いた数値流体解析における形状最適化について取り上げる．非圧縮粘性流れにおける円柱周りの計算を例にとり，カルマン渦が発生しないレイノルズ数の低い領域からカルマン渦が発生する領域までの面積一定・抗力最小の形状最適化問題を取り扱う．

1. 基礎方程式

非圧縮粘性流れにおける2次元の基礎方程式（ナヴィエ–ストークス方程式）は，以下の運動方程式と連続式によって表される．

$$\dot{\boldsymbol{u}}+\boldsymbol{u}\cdot\nabla\boldsymbol{u}+\nabla p-\nabla\cdot\{\nu(\nabla\boldsymbol{u}+(\nabla\boldsymbol{u})^T)\}$$
$$=\boldsymbol{f} \quad \text{in } \Omega \tag{1}$$

$$\nabla\cdot\boldsymbol{u}=0 \quad \text{in } \Omega \tag{2}$$

$\boldsymbol{u}, p, \boldsymbol{f}=(f_1,f_2)^T$ は流速，圧力，外力，また $\nu=1/\text{Re}$ であり，Re はレイノルズ数である．境界 Γ は Γ_1 と Γ_2 に分けられ，以下の境界条件が規定される．

$$\boldsymbol{u}=\hat{\boldsymbol{u}} \quad \text{on } \Gamma_1 \tag{3}$$

$$\{-p\boldsymbol{I}+\nu(\nabla\boldsymbol{u}+(\nabla\boldsymbol{u})^T)\}\cdot\boldsymbol{n}=\hat{\boldsymbol{t}} \quad \text{on } \Gamma_2 \tag{4}$$

$\boldsymbol{I}$ は単位行列，$\boldsymbol{n}$ は境界 Γ_2 の外向き法線ベクトルである．

2. 形状最適化問題

2.1 状態方程式

状態量を $\boldsymbol{u}, p$ とし，式 (1),(2) の状態方程式（有限要素方程式[3]）を以下のように表す．

$$\boldsymbol{M}\dot{\boldsymbol{u}}+\boldsymbol{S}(\boldsymbol{u})\boldsymbol{u}-\boldsymbol{B}p$$
$$=\boldsymbol{F}+\boldsymbol{M}_{\Gamma_2}\hat{\boldsymbol{t}}-\hat{\boldsymbol{F}}(\hat{\boldsymbol{u}}) \quad \text{in } \Omega\backslash\Gamma_1 \tag{5}$$

$$\boldsymbol{B}^T\boldsymbol{u}=-\hat{\boldsymbol{G}}^T\hat{\boldsymbol{u}} \quad \text{in } \Omega \tag{6}$$

$$\boldsymbol{u}_{(t_0)}=\hat{\boldsymbol{u}}^0 \quad \text{in } \Omega\backslash\Gamma_1 \tag{7}$$

2.2 評価関数

流体力を用いた評価関数は以下のように表される．

$$J=\frac{1}{2}\int_{t_0}^{t_f}\boldsymbol{\mathcal{F}}_C^T\boldsymbol{Q}\boldsymbol{\mathcal{F}}_C\,dt \tag{8}$$

$$\boldsymbol{\mathcal{F}}_C=-\int_{\Gamma_B}\boldsymbol{t}\,d\Gamma=-\boldsymbol{e}_{\Gamma_B}^T(\boldsymbol{M}_{\Gamma_1}\boldsymbol{t})$$
$$=-\boldsymbol{e}_{\Gamma_B}^T\left(\boldsymbol{M}_l\dot{\boldsymbol{u}}+\boldsymbol{S}_l(\boldsymbol{u})\boldsymbol{u}-\boldsymbol{B}_l p-\boldsymbol{F}_l+\hat{\boldsymbol{F}}_l(\hat{\boldsymbol{u}})\right) \tag{9}$$

$\boldsymbol{Q}=\text{diag}(Q_1,Q_2)$ である．$\boldsymbol{\mathcal{F}}_C$ は物体表面における流体力の計算値，$\Gamma_B(\subset\Gamma_1)$ は対象物の境界表面である．$\boldsymbol{e}_{\Gamma_B}$ は以下に示す Γ_1 上の $N_{\Gamma_1}\times 1$ のベクトルであり，Γ_B 上では 1，$\Gamma_1\backslash\Gamma_B$ 上では 0 である．N_{Γ_1} は Γ_1 上の自由度を示す．

$$\boldsymbol{e}_{\Gamma_B}^T=[0,1,1,\ldots,1,0,0] \tag{10}$$

2.3 随伴方程式

式 (8) にラグランジュ未定乗数法を導入する．

$$J^*=J-\int_{t_0}^{t_f}\boldsymbol{\lambda}_{\boldsymbol{u}}^T(\boldsymbol{M}\dot{\boldsymbol{u}}+\boldsymbol{S}(\boldsymbol{u})\boldsymbol{u}-\boldsymbol{B}p-\boldsymbol{F}$$
$$-\boldsymbol{M}_{\Gamma_2}\hat{\boldsymbol{t}}+\hat{\boldsymbol{F}}(\hat{\boldsymbol{u}}))\,dt+\int_{t_0}^{t_f}\boldsymbol{\lambda}_p^T(\boldsymbol{B}^T\boldsymbol{u}$$
$$+\hat{\boldsymbol{G}}^T\hat{\boldsymbol{u}})\,dt+(t_f-t_0)\lambda_A(A_C-A_0) \tag{11}$$

$\boldsymbol{\lambda}_{\boldsymbol{u}}, \boldsymbol{\lambda}_p$ はそれぞれ流速，圧力に対するラグランジュ乗数（随伴量）を表す．λ_A は面積制約に対するラグランジュ乗数を示し，A_C, A_0 は対象物における面積の計算値と目的値を表す．停留条件 $\delta J^*=0$ より以下の随伴方程式を得る．

$$\boldsymbol{M}\dot{\boldsymbol{\lambda}}_{\boldsymbol{u}}-\tilde{\boldsymbol{S}}(\boldsymbol{u})^T\boldsymbol{\lambda}_{\boldsymbol{u}}+\boldsymbol{B}\lambda_p=-\{(\boldsymbol{M}_l^T\boldsymbol{e}_{\Gamma_B})$$
$$\boldsymbol{Q}\dot{\boldsymbol{\mathcal{F}}}_C-(\tilde{\boldsymbol{S}}_l(\boldsymbol{u})^T\boldsymbol{e}_{\Gamma_B})\boldsymbol{Q}\boldsymbol{\mathcal{F}}_C\} \quad \text{in } \Omega\backslash\Gamma_1 \tag{12}$$

$$\boldsymbol{B}^T\boldsymbol{\lambda}_{\boldsymbol{u}}=-\left(\boldsymbol{B}_l^T\boldsymbol{e}_{\Gamma_B}\right)\boldsymbol{Q}\boldsymbol{\mathcal{F}}_C \quad \text{in } \Omega \tag{13}$$

$$\boldsymbol{\lambda}_{\boldsymbol{u}(t_f)}=-\boldsymbol{M}^{-1}(\boldsymbol{M}_l^T\boldsymbol{e}_{\Gamma_B})\boldsymbol{Q}\boldsymbol{\mathcal{F}}_{C(t_f)} \quad \text{in } \Omega\backslash\Gamma_1 \tag{14}$$

$$\tilde{\boldsymbol{S}}(\boldsymbol{u})=\frac{\partial\{\boldsymbol{S}(\boldsymbol{u})\boldsymbol{u}\}}{\partial\boldsymbol{u}} \tag{15}$$

非圧縮粘性流れにおける最適化問題の随伴方程式の特徴としては，状態方程式において，現れる行列が非対称，非定常問題，非線形方程式となることである．ポアソン方程式，定常（静的）線形弾性体の方程式などの状態方程式は，線形かつ行列が対称のため，状態方程式と随伴方程式の行列が同じになるのに対し，式 (1) では，行列の非対称性のために状態方程式 (5) と随伴方程式 (12) の行列が異なる．また，非定常問題の場合，随伴方程式は，始端時間 t_0 ではなく終端時間 t_f の随伴量が式 (14) のように与えられるため，逆時間で求める必要がある．さらに，状態方程式の非線形性により，式 (15) のように線形化を行って得られる行列には状態量が含まれるため，全時間の状態量を記憶し，終端時間からの状態量を用いて逆時間で随伴量を求める必要がある．

3. 形状平滑化を考慮した勾配法

本項目では，最小化手法として，次式の形状平滑化を考慮した勾配法を用いる．

$$\boldsymbol{x}^{(l+1)}=\boldsymbol{x}^{(l)}+\alpha^{(l)}\tilde{\boldsymbol{d}}^{(l)} \tag{16}$$

$\tilde{\boldsymbol{d}}^{(l)}$ は，式 (17) に示す，求める座標値 $\boldsymbol{x}$ に対する式 (11) の勾配

$$\boldsymbol{d}^{(l)} = -\frac{1}{t_f - t_0}\left[\frac{\partial J^*}{\partial \boldsymbol{x}}\right]^{(l)} \quad (17)$$

を式 (18),(19) によって平滑化した値である．

Iterate: For $m = 0, 1, \ldots, m_s - 1$ do

$$\bar{\boldsymbol{M}}_s \boldsymbol{d}^{(l)m+1} = \bar{\boldsymbol{M}}_s \boldsymbol{d}^{(l)m} - \mu_s(\bar{\boldsymbol{M}}_s - \boldsymbol{M}_s)\boldsymbol{d}^{(l)m} \quad (18)$$

$$\tilde{\boldsymbol{d}}^{(l)} = \boldsymbol{d}^{(l)m_s}, \ \boldsymbol{d}^{(l)0} = \boldsymbol{d}^{(l)}, \ 0 \leq \mu_s \leq 1 \quad (19)$$

μ_s は平滑化パラメータ，m_s は平滑化処理における反復回数，$\bar{\boldsymbol{M}}_s, \boldsymbol{M}_s$ は，逆解析によって求める形状の表面要素 (2 次元では線 1 次要素) における集中質量行列，整合質量行列である．(l) は勾配法の収束計算に対する反復回数である．$\alpha^{(l)}$ は Sakawa–Shindo 法 [4] による重み係数の決定方法を採用し，重み係数の初期値 ($l = 0$) は，以下のように定めるものとする．

$$\alpha^{(0)} = \Delta \hat{\boldsymbol{x}}_{\max} \Big/ \left\| \boldsymbol{d}^{(0)} \right\|_{\infty} \quad (20)$$

$\|\cdot\|_{\infty}$ は最大ノルム，$\Delta \hat{\boldsymbol{x}}_{\max}$ は初期設定移動量である．

4. 2 次元円柱周りにおける形状最適化問題

形状最適化の検証問題として流体力を評価関数に用いた円柱周りの解析を示す．この解析は，抗力を評価関数に設定し，直径 1 の円形状から逆解析を開始して，評価関数が最小となるような形状を求める問題である．有限要素メッシュを図 1 に示す．時間増分量は 0.2 を用い，評価関数で用いる始端時間，終端時間は $t_0 = 200$, $t_f = 300$ とした．形状平滑化を考慮した勾配法で使用する初期設定移動量および評価関数の収束判定値は，それぞれ 0.1 と 10^{-5} である．λ_A は $|A_C - A_0|/A_0 < 10^{-7}$ となるように二分法により決定した．図 2 に，レイノルズ数 Re = 0.1, 250 とし，逆解析 (抗力最小，面積一定) によって得られた形状を示す．図 2 を見ると，平滑化を考慮しない結果 (a),(c) に対し，平滑化作用の導入により，形状が振動しない結果 (b),(d) が得られていることがわかる．図 2(d) の t_0 から t_f までの時間平均抗力は，点線の初期形状で 0.758，逆解析によって得られた実線の最終形状で 0.225 (初期形状より約 70.2%減少) であった．

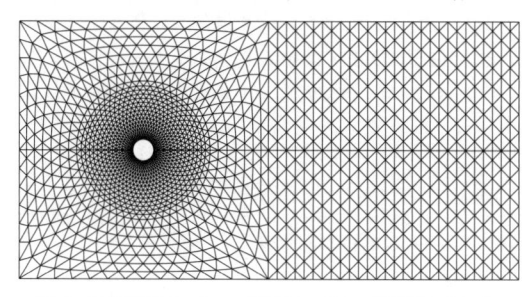

図 1 有限要素メッシュ (節点：1872，要素数：3576)

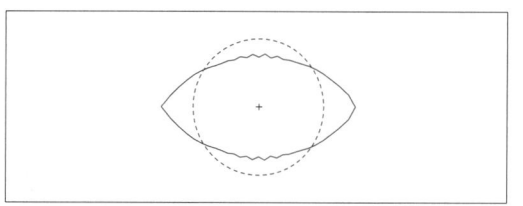

(a) 最終形状 (Re=0.1, μ_s=0.0, m_s=0)

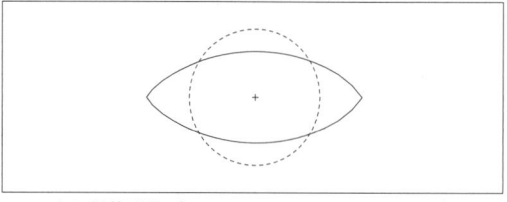

(b) 最終形状 (Re=0.1, μ_s=0.05, m_s=100)

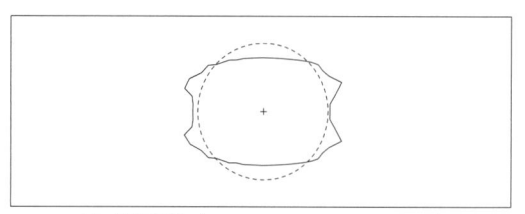

(c) 最終形状 (Re=250, μ_s=0.0, m_s=0)

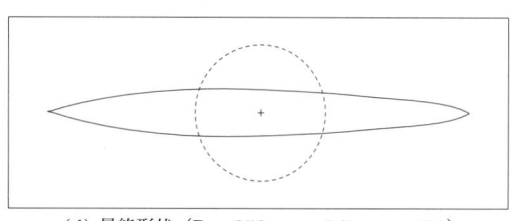

(d) 最終形状 (Re=250, μ_s=0.7, m_s=100)

図 2 抗力最小，面積一定の形状最適化問題 (f_1=0, f_2=0, Q_1=1, Q_2=0)

本項目では，有限要素方程式から随伴方程式を導出する方法を示したが，偏微分方程式から随伴方程式を導出し，同様の計算を行うことも可能である．

［松 本 純 一］

参 考 文 献

[1] O. Pironneau, On optimum profiles in Stokes flow, *J. Fluid Mech.*, **59**(1) (1973), 117–128.

[2] 海津　聰，畔上秀幸，最適形状問題と力法について，日本応用数理学会論文誌，Vol.16(3) (2006), 277–290.

[3] J. Matsumoto, A relationship between stabilized FEM and bubble function element stabilization method with orthogonal basis for incompressible flows, *J. Appl. Mech., JSCE*, **8** (2005), 233–242.

[4] Y. Sakawa, Y. Shindo, On global convergence of an algorithm for optimal control, *Transactions on Automatic Control, IEEE*, AC-25(6) (1980), 1149–1153.

均質化法に基づくトポロジー最適化

topology optimization based on the homogenization method

トポロジー最適化は，構造の形状だけでなく形態をも変更可能な最も自由度の高い構造最適化の方法である．ここでは，トポロジー最適化の基本的な考え方と定式化を，構造問題を対象に説明する．

1. トポロジー最適化の考え方

トポロジー最適化の基本的な考え方は，構造最適化問題の材料分布問題への置き換えにある．すなわち，最適構造として得られる本来の設計領域 Ω_d を包含できる拡張された固定設計領域 D と，次式で示す0と1の離散化された値を持つ特性関数 χ_Ω を導入し，固定設計領域 D 内の必要な箇所に材料を配置することにより，最適構造を得る[1]．

$$\chi_\Omega(\mathbf{x}) = \begin{cases} 1 & \text{if } \mathbf{x} \in \Omega_d \\ 0 & \text{if } \mathbf{x} \in D \setminus \Omega_d \end{cases} \quad (1)$$

以上の固定設計領域 D と特性関数 χ_Ω の導入により，構造の形状のみではなく，穴の数の増減などの形態の変更も可能にする．しかしながら，特性関数 χ_Ω は，無限小の領域において離散化された0または1の値をとることができるから，多様体構造をまったく持っておらず，非常にたちの悪い不連続性を持つことになる．これにより，次式で示す高々 $L^\infty(D)$ でしか定義できないことになる．

$$L^\infty(D) = \left\{ \begin{array}{l} f: D \to R | ^\exists M > 0 \\ |f| \leq M \text{ almost everywhere in } D \end{array} \right\}$$

よって，この特性関数 χ_Ω を直接取り扱う限り，たちの悪い不連続性ゆえ，古典的な微分の概念が利用できず，したがって，一般的な最適化の理論を適用することができない．この問題を解決するためには，設計変数を連続変数に置き換える作業である設計空間の緩和，あるいは最適化問題の正則化を行わなければならない．ここでは，設計空間の緩和の方法として，均質化を用いる方法について説明する．そして次に，構造問題を対象に，その方法を説明する．

2. 構造問題を対象とした定式化

いま，固定設計領域 D 内の線形弾性体に物体力 $\mathbf{b}$ が作用しているとする．そして，弾性体の境界 Γ_u は完全固定され，境界 Γ_t には表面力 $\mathbf{t}$ が作用しているとする．このときの線形弾性体の変位場を $\mathbf{u}$，仮想変位を $\mathbf{v}$ とすれば，平衡方程式は次式となる．

$$\int_{\Omega_d} \boldsymbol{\varepsilon}(\mathbf{v}) : \mathbf{E} : \boldsymbol{\varepsilon}(\mathbf{u}) \, d\Omega$$
$$= \int_{\Omega_d} \mathbf{b} \cdot \mathbf{v} \, d\Omega + \int_{\Gamma_t} \mathbf{t} \cdot \mathbf{v} \, d\Gamma \quad (2)$$

ここで，$\boldsymbol{\varepsilon}(\mathbf{u})$ は変位場 $\mathbf{u}$ に関する線形歪みテンソルで，$\mathbf{E}$ は弾性テンソルである．

次に，特性関数 χ_Ω を用いて，上式を拡張された固定設計領域 D で成り立つ平衡方程式に書き換える．境界 Γ_u と境界 Γ_t は固定設計領域 D においても境界に設定され，この境界の位置は最適化の過程で移動することはないとすれば，固定設計領域 D において次式が成り立つ．

$$\int_D \boldsymbol{\varepsilon}(\mathbf{v}) : \chi_\Omega \mathbf{E} : \boldsymbol{\varepsilon}(\mathbf{u}) \, d\Omega$$
$$= \int_D \chi_\Omega \mathbf{b} \cdot \mathbf{v} \, d\Omega + \int_{\Gamma_t} \mathbf{t} \cdot \mathbf{v} \, d\Gamma \quad (3)$$

上式は，新たな弾性テンソル $\chi_\Omega \mathbf{E}$ を持つ固定設計領域 D の仮想仕事の原理を示す式として捉え直すことができる．すなわち，構造最適化問題は固定設計領域 D で，弾性テンソル $\chi_\Omega \mathbf{E}$ の分布を探す問題と捉え直すことができる．そして，弾性テンソル $\chi_\Omega \mathbf{E}$ も高々 $L^\infty(D)$ 内にあれば，仮想仕事が $H^1(D)$ 内で成り立つ．

このたちの悪い不連続性は，完全な固体領域から，微小の空隙が至るところに散らばっているような多孔質のものなどの一般化された領域が最適解になりうることを示している．しかし，この弾性テンソル $\chi_\Omega \mathbf{E}$ を滑らかな連続関数に置き換えることは容易なことではない．この操作を行うためには，従来の関数空間にはない新しい収束性の理論が必要になる．この収束性は，弱収束よりさらに広義な収束性であるG-収束と呼ばれる．また，このようなたちの悪い不連続性を持つ弾性テンソル $\chi_\Omega \mathbf{E}$ を，大域的な意味において平均化された物理テンソルとして求める方法として，均質化法[2]が利用できる．この方法では，あらかじめ多孔質状のものが最適解になる可能性を持つように，固定設計領域 D を無限小のマイクロストラクチャで構成し，均質化法から求められる均質化された弾性テンソル $\mathbf{E}^H$ を設計空間の緩和された後の十分に滑らかな弾性テンソルとする．ここでは，均質化法の詳細な説明は省略するが，その手続きを簡単に説明する．

まず，固定設計領域 D の大域的な位置を表す座標 $\mathbf{x}$ と，無限小のマイクロストラクチャを示すためのユニットセルの座標 $\mathbf{y}$ を，十分に小さな実数 ϵ により次式で関係付ける．

$$\mathbf{y} = \frac{\mathbf{x}}{\epsilon} \quad (4)$$

そして，変位ベクトルと歪みテンソルの漸近展開のもと，次式に示す特性変位 $\boldsymbol{\chi}$ を求める．

$$\int_Y \boldsymbol{\varepsilon_y}(\mathbf{v}) : \mathbf{E}(\mathbf{x}, \mathbf{y}) : \boldsymbol{\varepsilon_y}(\boldsymbol{\chi}(\mathbf{x}, \mathbf{y})) \, dY$$

$$= \int_Y \varepsilon_\mathbf{y}(\mathbf{v}) : \mathbf{E}(\mathbf{x},\mathbf{y})\,dY \tag{5}$$

この特性変位を用いて，次式より均質化された弾性テンソル $\mathbf{E}^H$ を求める．

$$\mathbf{E}^H = \frac{1}{|\mathbf{Y}|}\int_Y \mathbf{E}(\mathbf{x},\mathbf{y})\{\mathbf{I} - \varepsilon_\mathbf{y}(\boldsymbol{\chi}(\mathbf{x},\mathbf{y}))\}\,dY \tag{6}$$

ここで，$\varepsilon_\mathbf{y}(\mathbf{v})$ は，ユニットセルの座標 $\mathbf{y}$ において，歪みテンソルを求める演算子である．上式で均質化された弾性テンソルを求めるためには，マイクロストラクチャの形状を仮定する必要がある．最も代表的なマイクロストラクチャは，図1に示したランク1材料や，ランク2材料などのレイヤー型のマイクロストラクチャがある．

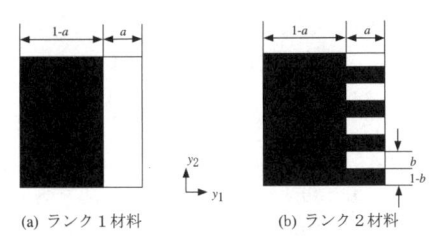

図1 レイヤー型のマイクロストラクチャ
(a) ランク1材料　(b) ランク2材料

このマイクロストラクチャを用いた場合，均質化された弾性テンソル $\mathbf{E}^H$ は解析的に求められる．さらに，剛性最大化の場合，このマイクロストラクチャを用いて得られた最適構造は，メッシュ依存性がない上，どのマイクロストラクチャを用いた場合よりも剛性が高い最適構造が得られる．しかしながら，レイヤー型のマイクロストラクチャを用いて最適構造を得れば，図2に示すように，無限小の空孔を含む複合材料状態を示すグレースケールを多く持つ結果となる．この結果は物理的に有意義な示唆に富む．すなわち，最も軽量で剛性の高い最適構造は，無数の空孔を持ついわゆる複合材料で構成されることになる．しかし，このような無数の空孔を持つ最適構造を工学的に製作することは難しく，できれば多少性能を犠牲にしても，無数の空孔を持たない，すなわちグレースケールを持たない最適構造を得る必要がある．

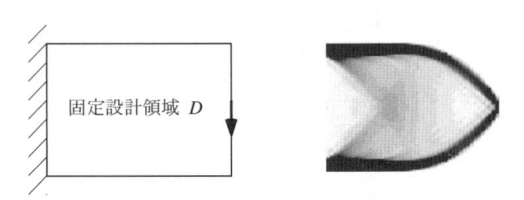

図2 レイヤー型のマイクロストラクチャを用いた場合の最適構造

このような問題を解決する方法として，密度法が提案されている．弾性テンソル $\mathbf{E}^H$ は，マイクロストラクチャにおいてどのように設計変数を設定しようとも，結局，固定設計領域 D の微小な部分における0から1の間で正規化された体積密度 ρ を用いて表すことができることになる．すなわち，ある関数 f に対して，

$$\mathbf{E}^H = f(\mathbf{E}, \rho) \tag{7}$$

と書ける．密度法では，正規化された密度 ρ が0の場合に，均質化された弾性テンソル $\mathbf{E}^H$ がゼロテンソルに，1の場合に $\mathbf{E}$ になる条件を満足するように簡易に，

$$\mathbf{E}^H = \mathbf{E}\rho^p \tag{8}$$

とする[4]．ここで，p はペナルティパラメータと呼ばれる値で，この値を大きくすれば，図3に示すように，グレースケールがない最適構造が得られる．しかし，過度に大きな値にすれば，Hashin–Shtrikman [3] の原理で示される複合材料が存在する範囲を逸脱してしまうので，通常は3に設定する．これに対して，この値を1に設定した場合，均質化された弾性テンソル $\mathbf{E}^H$ はレイヤー型のマイクロストラクチャと同様の応答を示す．なお，この方法は，ペナルティを与えられた等方材料の応答を示すことから，SIMP (solid isotropic material with penalization) 法 [4] とも呼ばれる．

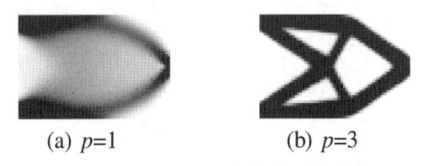

図3 密度法により得られた最適構造（荷重条件は図2と同様）
(a) $p=1$　(b) $p=3$

[西脇眞二]

参考文献

[1] M.P. Bendsøe, N. Kikuchi, Generating Optimal Topologies in Structural Design using a Homogenization Method, *Computer Methods in Applied Mechanics and Engineering*, **71** (1988), 197–224.

[2] 日本計算工学会 編，寺田賢二郎，菊池 昇 著，均質化法入門，丸善出版，2003．

[3] Z. Hashin, S. Shtrikman, A Variational Approach to the Theory of the Elastic Behaviour of Multiphase Materials, *Journal of the Mechanics and Physics of Solids*, **11** (1963), 127–140.

[4] M.P. Bendsøe, O. Sigmund, Material Interpolation Schemes in Topology Optimization, *Archive of Applied Mechanics*, **69** (1999), 635–654.

レベルセット法に基づくトポロジー最適化

topology optimization method based on the level set method

近年,新しい構造最適化手法としてレベルセット法 (level set method) による形状表現を用いた形状最適化とトポロジー最適化 (topology optimization) が提案され,注目を集めている.ここでは,レベルセット法に基づくトポロジー最適化 [1] について取り扱う.

1. トポロジー最適化

構造最適化問題は,物体で占められている領域 $\Omega \subset \mathbb{R}^3$ (以下,物体領域) の形状パラメータを設計変数として,ある目的汎関数 F を最小化 (もしくは最大化) する最適化問題である:

$$\inf_{\Omega} F[\Omega] = \int_{\Omega} f(\boldsymbol{x}, \boldsymbol{u}, \nabla \boldsymbol{u}) \, d\Omega \quad (1)$$
$$\text{for} \quad \boldsymbol{u} \in U$$

ここで,U は状態変数が定義される関数空間であり,境界 Γ_u で変位拘束されている線形弾性体の場合は次のようになる.

$$U = \{\boldsymbol{u} \in (H^1(\Omega))^3 \mid \boldsymbol{u}|_{\Gamma_u} = \boldsymbol{0}, \Gamma_u \subset \Gamma,$$
$$- \nabla \boldsymbol{\sigma}(\boldsymbol{u}) = \boldsymbol{0} \text{ in } \Omega, \, \boldsymbol{\sigma}(\boldsymbol{u})\boldsymbol{\nu} = \boldsymbol{t} \text{ on } \Gamma_t\}$$
$$(2)$$

トポロジー最適化では,穴を空けたり,物体領域を新たに足したりする構造の変更を可能とするために,特性関数

$$\chi(\boldsymbol{x}) := \begin{cases} 1 & \text{if} \quad \boldsymbol{x} \in \Omega \\ 0 & \text{if} \quad \boldsymbol{x} \in D \setminus \Omega \end{cases} \quad (3)$$

を導入して,領域 Ω で定義される積分量を次のように拡張する.

$$\int_{\Omega} f(\boldsymbol{x}, \boldsymbol{u}, \nabla \boldsymbol{u}) \, d\Omega = \int_{D} f(\boldsymbol{x}, \boldsymbol{u}, \nabla \boldsymbol{u}) \chi(\boldsymbol{x}) \, d\Omega$$
$$(4)$$

ここで,領域 $D \subset \mathbb{R}^3$ は,物体領域 Ω と物体により占められていない領域 (以下,空洞領域) から構成される領域であり,最適化前と最適化後の間に形状が変化しない領域であるため,固定設計領域と呼ばれる.

したがって,構造最適化問題 (1) を固定設計領域 D に拡張することにより,トポロジー最適化問題は,次のように定式化される:

$$\inf_{\chi} F[\chi] = \int_{D} f(\boldsymbol{x}, \boldsymbol{u}, \nabla \boldsymbol{u}) \chi(\boldsymbol{x}) \, d\Omega \quad (5)$$

なお,特性関数 χ は,可積分性のみが保証された Lebesgue 空間 $L^\infty(\mathbb{R}^3)$ で与えられる関数であるため,解の収束が保証されず,トポロジー最適化問題は非適切問題 (ill-posed problem) となることが知られている.そのため,何らかの方法を用いて設計空間を緩和し,最適化問題を正則化する必要がある.その代表的な方法として,均質化設計法と密度法が挙げられる.前者では,固定設計領域内の構造を,適当な形状の穴を持つミクロな構造と仮定し,その形状を表すパラメータを設計変数とする.そして,ミクロな構造を決定する有限個の形状パラメータから,マクロな材料定数の分布を均質化法により導く.後者では,特性関数を正規化した連続な密度関数へと置き換える.さらに,物体領域と空洞領域の中間領域 (グレースケール) が固定設計領域の至るところに分布しないように,その密度関数に制約を与える.これらの方法を適用した場合,グレースケールが最適構造の部分構造として許容されるため,得られる最適構造には明瞭な外形形状が存在しない.

2. レベルセット法

前述のグレースケールの問題を本質的に回避し,大幅な形状変更を可能にする方法として,レベルセット法を用いた構造最適化法がいくつか提案されている.レベルセット法では,レベルセット関数と呼ばれるスカラー関数 $\phi(\boldsymbol{x})$ の符号により,物体領域と空洞領域を識別し,その零等位面により外形形状を表現する:

$$\begin{cases} \phi(\boldsymbol{x}) > 0 & \text{in} \quad \Omega \\ \phi(\boldsymbol{x}) = 0 & \text{on} \quad \partial\Omega \\ \phi(\boldsymbol{x}) < 0 & \text{in} \quad D \setminus \Omega \end{cases} \quad (6)$$

レベルセット関数を設計変数とする方法のうち最も代表的なものとして,ハミルトン–ヤコビ方程式を解く問題に帰着する方法 [2],[3] が挙げられる.これらの方法は,形状感度に基づいて境界の移流速度を与え,境界移動による構造の変更を行う方法である.すなわち,オイラー座標系に基づく形状最適化法であり,前述のトポロジー最適化法の考え方とは異なる.

一方,レベルセット法に基づいたトポロジー最適化法 [1] も提案されている.レベルセット法を用いる場合,特性関数をレベルセット関数により与えればよいので,レベルセット法に基づくトポロジー最適化問題 (5) は,次のように定式化される:

$$\inf_{\phi} F[\phi] = \int_{D} f(\boldsymbol{x}, \boldsymbol{u}, \nabla \boldsymbol{u}) \chi_\phi(\phi(\boldsymbol{x})) \, d\Omega \quad (7)$$

3. 正則化

レベルセット法による形状表現に基づく場合においても正則化の手続きを必要とするが,均質化設計法や密度法とは形状表現方法が異なるため,それらの方法を適用することができない.そこで,Tikhonov 正則化法に基づき,最適化問題の正則化を図る.す

なわち，正則化項 R を導入し，目的汎関数を目的汎関数と正則化項の和へ置き換える：

$$\inf_{\phi} \quad F_R[\phi] := F[\phi] + R[\phi] \tag{8}$$

ここで，F_R は正則化後の目的汎関数であり，R は正則化係数 $\tau > 0 \in \mathbb{R}$ を用いて次式により与えられる：

$$R[\phi] := \int_D \frac{1}{2}\tau \mid \nabla \phi \mid^2 \mathrm{d}\Omega \tag{9}$$

さらに，レベルセット関数 ϕ の値域が $-1 \leqq \phi(\boldsymbol{x}) \leqq 1$ となるように，制約を与える．なお，収束後の正則化項は，境界近傍のみで非零の値をとるため，陰的な周長制約を与えていることを意味する．したがって，この正則化法は最適構造に幾何学的制約を与えることによる設計空間の緩和法の一種と考えることもできる．

4. 時間発展方程式

仮想的な時間 t を導入し，トポロジー最適化問題を時間発展方程式を解く問題に帰着させる．すなわち，構造の変更を行う過程を，仮想的な時間におけるレベルセット関数の時間発展として表現する．

レベルセット関数の仮想的な時間における変動は，正則化された目的汎関数の勾配に比例すると仮定する：

$$\frac{\partial \phi(\boldsymbol{x}, t)}{\partial t} = -K F_R' \tag{10}$$

ここで，$K > 0$ は比例係数である．目的汎関数の勾配 F' はトポロジー導関数

$$F' := D_T F = \lim_{\epsilon \to 0} \frac{F[\Omega \setminus \Omega_\epsilon(\boldsymbol{x})] - F[\Omega]}{\mathrm{meas}[\Omega_\epsilon(\boldsymbol{x})]} \tag{11}$$

により与え，正則化項の勾配 R' はレベルセット関数による変分を考えれば容易に導かれる．ここで，$\Omega_\epsilon(\boldsymbol{x})$ は，$\boldsymbol{x}$ に位置する半径 ϵ の球である．さらに，設計領域の外側からの影響がないことを考慮して境界条件を与えれば，次式が導かれる：

$$\begin{cases} \dfrac{\partial \phi(\boldsymbol{x}, t)}{\partial t} = -K\left(F' - \tau \nabla^2 \phi\right) & \text{in } D \\ \dfrac{\partial \phi(\boldsymbol{x}, t)}{\partial n} = 0 & \text{on } \partial D \end{cases} \tag{12}$$

この時間発展方程式は反応拡散方程式であるため，有限要素法などの適当な方法を用いて，容易に解析することができる．

5. 正則化係数と最適構造の関係

数値解析例により，正則化係数 τ と最適構造の関係を示す．ここでは線形弾性体における体積制約付き平均コンプライアンス最小化問題（剛性最大化問題）について考える：

$$\inf_{\phi} \quad F[\phi] = \int_{\Gamma_t} \boldsymbol{t} \cdot \boldsymbol{u} \,\mathrm{d}\Gamma \tag{13}$$

$$\text{s.t.} \quad \int_D \chi \,\mathrm{d}\Omega - V_{\max} \leqq 0 \tag{14}$$

$$\int_D \boldsymbol{\varepsilon}(\boldsymbol{u}) : \boldsymbol{D} : \boldsymbol{\varepsilon}(\boldsymbol{v}) \,\mathrm{d}\Omega = \int_{\Gamma_t} \boldsymbol{t} \cdot \boldsymbol{v} \,\mathrm{d}\Gamma \tag{15}$$

$$\text{for} \quad \forall \boldsymbol{v} \in U, \ \boldsymbol{u} \in U$$

ここで，$\boldsymbol{t}$ は境界 Γ_t で作用する表面力，$\boldsymbol{\varepsilon}$ は歪みテンソル，$\boldsymbol{D}$ は弾性テンソルである．体積制約 $V_{\max}$ を固定設計領域の 50% となるように設定し，固定設計領域とその境界条件は，図1に示すように設定する．4つの異なる正則化係数 τ を設定した場合の最適構造を図2に示す．図から，正則化係数の設定値により，得られる最適構造の幾何学的複雑さの制御が可能であることがわかる．

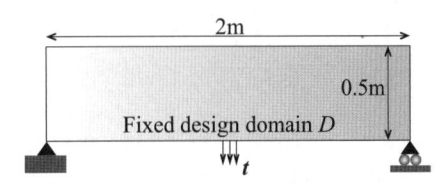

図1 固定設計領域 D

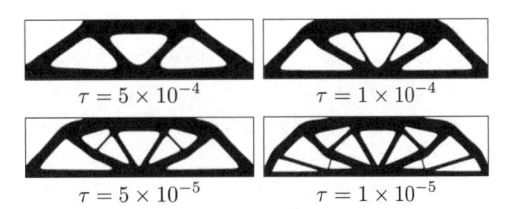

図2 最適構造

［山田崇恭］

参考文献

[1] T. Yamada, S. Nishiwaki, K. Izui, A. Takezawa, A Topology Optimization Method based on the Level Set Method Incorporating a Fictitious Interface Energy, *Computer Methods in Applied Mechanics and Engineering*, 199:45–48 (2010), 2876–2891.

[2] M.Y. Wang, X. Wang, D. Guo, A Level Set Method for Structural Topology Optimization, *Computer Methods in Applied Mechanics and Engineering*, 192:1–3 (2003), 227–246.

[3] G. Allaire, F. Jouve, A.M. Toader, Structural Optimization Using Sensitivity Analysis and a Level-Set Method, *Journal of Computational Physics*, **194**(1) (2004), 363–393.

形状最適化理論の製品設計への応用
application of shape optimization theory for product design

形状最適化理論に基づく汎用ソフトウェアが，製品設計の現場で日常的に使われるようになりつつある．ここでは，形状最適化理論を製品設計に応用する上で必要となる様々な技術について言及し，その中でも特に重要となる製造要件を考慮した制約条件の定式化とその解法について解説する．本項目では，形状更新法として H^1 勾配法（以前は力法と呼んだ）[1]（[連続体の形状最適化]（p.520）を参照）を用いる．

1. 形状最適化技術の実用化

形状最適化技術を製品設計に利用するためには，以下のような事項を考慮しなければならない．

第一に，1つのソフトウェアで多様な評価関数（目的・制約関数）が複数同時に取り扱えることが求められる．評価関数を f_i $(i \in \{1, 2, \ldots, n\})$，それらの形状微分（領域変動に対するフレッシェ微分）を g_i，H^1 勾配法によって求められた領域変動方向を φ_{gi} とする．このとき，重み係数を w_i として評価関数の線形結合を $f_0 = \sum_{i=1}^n w_i f_i$ と定義すると，その形状微分と領域変動方向もそれぞれ線形結合 $g_0 = \sum_{i=1}^n w_i g_i$，$\varphi_{g0} = \sum_{i=1}^n w_i \varphi_{gi}$ で表される．これを利用することで，多目的最適化問題を単目的最適化問題に変換することや，w_i をラグランジュ乗数と見なし，多制約最適化問題に変換することが，実装面で比較的容易になる[2]．実際，H^1 勾配法に基づく汎用形状最適化ソフトウェアでは，多数の評価関数を目的関数あるいは制約関数として自在に組み合わせて最適化解析が行えるようになっている．

第二に，製造要件を考慮して，形状に関する制約条件を取り扱うことが求められる．製品設計においては製造上の観点で，形状に何らかの制約条件が課されている場合が多く，その制約のもとで得られた最適解でなければ受け入れられない．これについては，以下で詳細を述べる．

2. 製造要件を考慮した形状制約法

形状に関する制約条件を取り扱う方法には，以下の3つのアプローチが考えられる．

汎関数による方法 適当な汎関数を定義し，それを制約関数の1つとして形状最適化問題に組み込む．

ペナルティ項による方法 領域変動方向を求める際に，ペナルティ項を用いて制約が満たされない方向への領域変動を抑制する．

多点拘束による方法 領域変動方向を有限要素法で解析する際に，特定の節点変位を指定した節点変位の従属変数を設定する．

形状に関する制約条件を適切な汎関数で表現できる場合は1番目のアプローチが最も有力であるが，そうでない場合は2番目または3番目のアプローチで行われることになる．以下に，それぞれの具体的な方法を解説する．

2.1 汎関数による方法

機械部品の設計において，他部品との干渉や，切削加工時の工具との干渉を考慮することが重要となる場合がある．ここでは，そのような場合を例に解説する．固定領域 $D \subset \mathbb{R}^3$ に対して，$\Omega_D \subset D$ を設計可能領域として，$\Omega_I = D \setminus \bar{\Omega}_D$ をあらかじめ設定された干渉領域とする．$\boldsymbol{x} \in \Omega_D$ に対して

$$d(\boldsymbol{x}, \Omega_I) = \inf_{\boldsymbol{y} \in \Omega_I} \|\boldsymbol{x} - \boldsymbol{y}\|$$

を $\boldsymbol{x}$ と Ω_I の距離とする．正定数 δ に対して

$$\rho(\boldsymbol{x}) = \begin{cases} \frac{1}{2} - \frac{1}{2} \cos\left(\frac{\pi d(\boldsymbol{x}, \Omega_I)}{\delta}\right) & d(\boldsymbol{x}, \Omega_I) \leq \delta \\ 1 & d(\boldsymbol{x}, \Omega_I) > \delta \end{cases}$$

とおく．このとき，

$$f_I = \int_{\Omega_D} \rho(\boldsymbol{x}) \, \mathrm{d}x$$

は，干渉の程度を表す評価関数になる[3]．$f_I = 0$ を制約条件に加えれば，干渉を抑えた形状最適化解析が実現できる．

2.2 ペナルティ項による方法

H^1 勾配法による形状最適化解析では，まず，領域 Ω の境界 $\partial\Omega$ 上で評価関数 f_i に対する形状微分 g_i を求め，それに対応する領域変動方向 φ_{gi} を，任意の $\boldsymbol{z} \in X = H^1(\Omega; \mathbb{R}^3)$ に対して

$$a(\varphi_{gi}, \boldsymbol{z}) = -\langle g_i, \boldsymbol{z} \rangle \tag{1}$$

を満たす解として求める．ここで，$a : X \times X \to \mathbb{R}$ は X 上の強圧的双1次形式であればよく（[連続体の形状最適化]（p.520）参照），その選定方法には任意性がある．

そこで，a にペナルティ項を加算することで，制約を違反する方向への領域変動を抑制する方法が考えられる．ここでは，その一例として型抜きに関する形状制約について解説する．

鋳造，鍛造，射出成形，プレス加工などによって製造される製品は，型から引っ掛かりなく取り出せるような形状，すなわち正の抜き勾配を有する形状でなければならない．これは，型と接する境界 $\Gamma_D \subset \partial\Omega$ 上において，その外向き法線ベクトル $\boldsymbol{\nu}$ と型抜き方向を表すベクトル $\hat{\boldsymbol{\nu}}$ の内積 $\boldsymbol{\nu} \cdot \hat{\boldsymbol{\nu}}$ が常に正であるこ

ととと定義できる．領域変動に伴ってこの内積 $\boldsymbol{\nu}\cdot\hat{\boldsymbol{\nu}}$ が変動することを抑制するために，次のようなペナルティ項を導入する[4]．

$$a_D(\boldsymbol{\varphi},\boldsymbol{z}) = \int_\Gamma \beta_D \left[\{(\boldsymbol{\nabla}\times\boldsymbol{\varphi})\times\boldsymbol{\nu}\}\cdot\hat{\boldsymbol{\nu}}\right] \\ \times \left[\{(\boldsymbol{\nabla}\times\boldsymbol{z})\times\boldsymbol{\nu}\}\cdot\hat{\boldsymbol{\nu}}\right] dx$$

ここで，$\beta_D : \Gamma_D \to \mathbb{R}$ はペナルティ係数であり，これを適当に調整すると所望の制約を満足する最適形状を得ることができる．

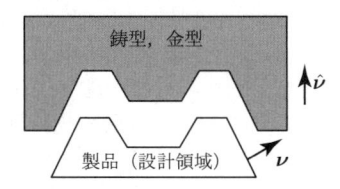

図1 法線ベクトル $\boldsymbol{\nu}$ と型抜き方向ベクトル $\hat{\boldsymbol{\nu}}$

2.3 多点拘束による方法

式(1)は，有限要素法によって離散化され，最終的には大規模連立1次方程式に帰着して解析される．このとき，領域変動における節点変位の一部をある節点変位の従属変数に設定することで，領域変動に拘束を与えることができる．このような設定は多点拘束と呼ばれる．例えば，歯車，ホイール，軸などの回転する部品の多くは，旋盤で加工されるために，軸対称形状として設計しなければならない．領域変動の過程で軸対称形状を維持するために，多点拘束を利用する方法が提案されている[5]．

境界 $\partial\Omega$ 上の独立な節点変位をそれぞれ $\boldsymbol{u}_1,\ldots,\boldsymbol{u}_m \in \mathbb{R}^3$ とすると，$\partial\Omega$ 上のその他の節点の変位 $\boldsymbol{u}_i \in \mathbb{R}^3$ は，多点拘束条件

$$\boldsymbol{u}_i = \boldsymbol{L}_i^\mathrm{T} \boldsymbol{W}_i \begin{pmatrix} \boldsymbol{L}_1 & \cdots & \boldsymbol{0} \\ \vdots & \ddots & \vdots \\ \boldsymbol{0} & \cdots & \boldsymbol{L}_m \end{pmatrix} \begin{pmatrix} \boldsymbol{u}_1 \\ \vdots \\ \boldsymbol{u}_m \end{pmatrix}$$

により $\boldsymbol{u}_i$ を $\boldsymbol{u}_1,\ldots,\boldsymbol{u}_m$ で表現することができる．ただし，$\boldsymbol{L}_i,\boldsymbol{L}_1,\ldots,\boldsymbol{L}_m$ は従属節点と m 個の独立節点が有する変位座標系と，対称軸を中心とする円筒座標系とを関連付ける座標変換行列である．また，

$$\boldsymbol{W}_i = \begin{pmatrix} w_{i1}\boldsymbol{I} & \cdots & w_{im}\boldsymbol{I} \end{pmatrix}$$

である．$w_{i1},\ldots,w_{im}$ は適当な重み係数，$\boldsymbol{I}$ は3次の単位行列である．

このような多点拘束条件のもとで連立1次方程式を解くと，得られる領域変動方向は軸対称性を有し，形状最適化の過程で軸対称形状を維持することができる．

3. 解析例

自動車ロードホイールの解析例を図2に示す．自動車ロードホイールの多くは鋳造あるいは鍛造で大まかに成形された後，旋盤などによる機械加工を経て製品となる．そのため，多くの製造上の制約が存在する．図2の(b)と(c)に，初期形状および最適形状の断面図を示す．際立った形状変化は認められないが，所望の力学性能と製造要件を満足した上で約7％の軽量化が達成されている．大量生産されることを考えると，原材料費だけでも莫大なコスト削減効果がある．また，自動車の運動性能や乗り心地にも大きな影響を与える．

(a) 全体図　(b) 初期形状断面　(c) 最適形状断面

図2　自動車ロードホイールの形状最適化

このように，形状最適化理論を製品設計に応用することで，高度な製品開発や低コスト化を容易に実現できるものと期待される． [竹内謙善]

参考文献

[1] H. Azegami, K. Takeuchi, A Smoothing Method for Shape Optimization: Traction Method Using the Robin Condition, *International Journal of Computational Methods*, Vol.3, No.1 (2006), 21–33.

[2] 竹内謙善, 固有振動数に基づく形状同定解析, 日本応用数理学会 2006 年度年会講演予稿集 (2006), 152–153.

[3] 竹内謙善, 他部品との干渉を考慮した形状最適化手法, 日本機械学会第 9 回最適化シンポジウム 2010 CD-ROM 論文集 (2010), 268–273.

[4] K. Takeuchi, A Shape Restriction Technique on Traction Method with Respect to Die Drawing, *Proceedings of The Third China-Japan-Korea Joint Symposium on Optimization of Structural and Mechanical Systems* (2004), 317–322.

[5] 竹内謙善, 月野　誠, 力法における多点拘束を用いた形状制約法, 日本機械学会 2007 年度年次大会講演論文集, Vol.6 (2007), 335–336.

最適化手法の逆問題への応用
application of numerical optimization to an inverse problem

本項目では，最適化手法の逆問題への応用例として，有限個周波数データを用いた合成梁欠陥同定逆問題に対する数値解法を紹介する．なお，本項目の内容は，神保秀一教授（北大・院），Antonino Morassi 教授（ウディネ大），中村玄教授（仁荷大）との共同研究 [3] の成果である．

1. 合成梁欠陥同定逆問題

本項目で対象とする問題は，鉄とコンクリートで構成された合成梁の欠陥同定逆問題である．ここで対象とする合成梁は，鉄とコンクリートの梁をボルトのような連結部材で数か所接合して構成されている梁とする．このような合成梁に対する強制自由振動モデルとして，次の支配方程式が提案されている[1]：

$$Cw_{,tt} - A_{k,\mu}w = \mathbf{0} \quad \text{in } (0, L) \times (0, T). \quad (1)$$

$w = (u_1, u_2, v_1, v_2)^T$ は変位ベクトルであり，u_1, v_1 はコンクリート梁（梁 1）の，また u_2, v_2 は鉄梁（梁 2）の，x 軸方向，y 軸方向の変位である．$C = \text{diag}(\rho_1, \rho_2, \rho_1, \rho_2)$ であり，ρ_i は梁 i の線密度とする．また，L は梁の長さ，T は時間の長さである．$A_{k,\mu}$ は，次で定義される偏微分作用素とする．

$$A_{k,\mu}w = \begin{pmatrix} (a_1 u_{1,x})_{,x} + k(u_2 - u_1 + e_c v_{1,x} + e_s v_{2,x}) \\ (a_2 u_{2,x})_{,x} - k(u_2 - u_1 + e_c v_{1,x} + e_s v_{2,x}) \\ -(j_1 v_{1,xx})_{,xx} \\ \quad + (k(u_2 - u_1 + e_c v_{1,x} + e_s v_{2,x})e_c)_{,x} \\ \quad + \mu(v_2 - v_1) \\ -(j_2 v_{2,xx})_{,xx} \\ \quad + (k(u_2 - u_1 + e_c v_{1,x} + e_s v_{2,x})e_s)_{,x} \\ \quad - \mu(v_2 - v_1) \end{pmatrix}$$

a_i, j_i はそれぞれ梁 i の軸剛性，曲げ剛性係数であり，e_c, e_s はコンクリート梁，鉄梁の厚さの半分の値とする．ここで，各梁の線密度，剛性係数および厚さは既知であるとし，e_c, e_s は定数であることを仮定する．$k(x)$, $\mu(x)$ は，梁間の接触部分のずり剛性，軸剛性とする．本モデルは，3 次元物理現象を一定の仮定のもとで空間 1 次元問題へと帰着させたものであり，さらに，接合部の剛性を 2 つの空間 1 次元関数で表現したものである．

対象としている合成梁の代表的な欠陥の 1 つは，連結部材の劣化に伴う接触部の剛性低下がある．このことは，式 (1) における k, μ の値の低下と同値である．すなわち，接合部剛性低下による欠陥の同定は，適当な観測データを伴った係数同定逆問題に帰着される．ここでは，実用上観測可能な有限個固有振動数および固有関数をデータとした，次の問題を対象とする．

接合部剛性係数同定逆問題

与えられた N_f 個の固有振動数 $\{f_i^{\text{meas}}\}$ と N_m 個の固有関数の y 軸方向の変位 $\{\widehat{v}_1^{(j)}, \widehat{v}_2^{(j)}\}$ より，接触部剛性係数 k, μ を同定せよ．

2. 制約付き最小化問題

接合部剛性係数同定逆問題は，非線形問題である．よって，元の問題を非線形最適化問題へと帰着させ，最適化手法を用いて同定解を近似的に得るのが一般的な手法である．ここでは，次の制約条件付き最小化問題を解くことにより，未知剛性係数関数を同定する：コスト汎関数 $F_{\beta,\gamma} : \mathcal{C}_{\overline{k},\overline{\mu}} \to \mathbb{R}_+ := [0, \infty)$ を最小にする $(k, \mu) \in \mathcal{C}_{\overline{k},\overline{\mu}}$ を見つけよ．

$$\begin{aligned} F_{\beta,\gamma}(\widetilde{k}, \widetilde{\mu}) &= \frac{1}{2} \sum_{i=1}^{N_f} \left(\Delta_i^{\text{meas}} - \Delta_i[\widetilde{k}, \widetilde{\mu}] \right)^2 \\ &+ \frac{\beta}{2} \sum_{j=1}^{N_m} \left(\frac{\sum_{p=1}^{2} \|v_p^{(j)}[\widetilde{k}, \widetilde{\mu}] - \widehat{v}_p^{(j)}\|_{L^2(0,L)}^2}{\sum_{p=1}^{2} \|\widehat{v}_p^{(j)}\|_{L^2(0,L)}^2} \right) \\ &+ \frac{\gamma}{2} \frac{\|\overline{k} - \widetilde{k}\|_{L^2}^2 + \|\overline{\mu} - \widetilde{\mu}\|_{L^2}^2}{\|\overline{k}\|_{L^2}^2 + \|\overline{\mu}\|_{L^2}^2} \end{aligned}$$

ここで，Δ_i^{meas} は欠陥による固有振動数の変化率

$$\Delta_i^{\text{meas}} = \frac{\sqrt{\lambda_i^{\text{meas}}} - \sqrt{\lambda_i^{\text{UNDAM}}}}{\sqrt{\lambda_i^{\text{UNDAM}}}} \quad (2)$$

であり，$\lambda_i^{\text{UNDAM}} := (2\pi f_i^{\text{UNDAM}})^2$ は欠陥がない場合の固有値である．また $\lambda_i^{\text{meas}} := (2\pi f_i^{\text{meas}})^2$ は，測定された固有振動数から定義された固有値である．$\mathcal{C}_{\overline{k},\overline{\mu}}$ は次の通りに定義された許容集合である．

$$\mathcal{C}_{\overline{k},\overline{\mu}} = \{(k, \mu) \in C^1[0, L] \times C[0, L] \mid \\ 0 \leqq k \leqq \overline{k},\ 0 \leqq \mu \leqq \overline{\mu} \text{ in } [0, L]\}$$

ただし $\overline{k}, \overline{\mu}$ は，欠陥がない場合の接合部ずり剛性，軸剛性値であり，定数であることを仮定する．また，$\Delta_i[\widetilde{k}, \widetilde{\mu}]$ は，固有値問題

$$\begin{cases} A_{\widetilde{k},\widetilde{\mu}}w + \lambda Cw = \mathbf{0} \text{ in } (0, L) \\ Bw|_{x=0} = \mathbf{0}, \quad Bw|_{x=L} = \mathbf{0} \end{cases} \quad (3)$$

の第 i モード固有値と，欠陥がない場合の剛性係数を用いて求められた第 i モード固有値により定義された変化率 (2) である．$w_i[\widetilde{k}, \widetilde{\mu}] = (u_1^{(i)}, u_2^{(i)}, v_1^{(i)}, v_2^{(i)})^T$ は $\lambda_i[\widetilde{k}, \widetilde{\mu}]$ に対する固有関数，B は固定端または自由端を表す作用素，β は与えられた正のパラメータであり，コスト関数の右辺第 3 項はパラメータ $\gamma > 0$ を伴った Tikhonov 正則化項である．

3. 射影勾配法

非線形最小化問題の最小化解を求める方法には，反復法を用いることが多い．しかし，導入した制約条件付き最小化問題に反復法を適用する場合，各ステップにおける係数関数は，物理的な要請により許容集合の要素であることが求められる．この要請に応えることができる手法の1つとして，射影法が存在する．ここでは，射影勾配法 [2] を解法として採用する：$l = 0, 1, 2, \ldots\ldots$ に対して，

$$\begin{pmatrix} k_{l+1} \\ \mu_{l+1} \end{pmatrix} = \begin{pmatrix} k_l \\ \mu_l \end{pmatrix} + \alpha_l \begin{pmatrix} s_l^{(k)} \\ s_l^{(\mu)} \end{pmatrix}.$$

ここで α_l $(0 < \alpha_l \leqq 1)$ は探索の幅であり，探索方向は次により決定される．

$$s_l^{(k)} = -k_l + P_k \left(k_l - \frac{\partial_k F_{\beta,\gamma}(k_l, \mu_l)}{\|\nabla F_{\beta,\gamma}(k_0, \mu_0)\|} \right)$$

$$s_l^{(\mu)} = -\mu_l + P_\mu \left(\mu_l - \frac{\partial_\mu F_{\beta,\gamma}(k_l, \mu_l)}{\|\nabla F_{\beta,\gamma}(k_0, \mu_0)\|} \right)$$

$\nabla F_{\beta,\gamma} := (\partial_k F_{\beta,\gamma}, \partial_\mu F_{\beta,\gamma})^T$ であり，$\partial_k F_{\beta,\gamma}$ と $\partial_\mu F_{\beta,\gamma}$ はそれぞれコスト関数の k, μ 方向への Gateaux 偏微分である．これらの偏微分は，固有値問題 (3) を解くことにより，具体的に得ることができる[3]．作用素 P_k, P_μ は，clip off 作用素と軟化子作用素により $P_k = S_{k,\epsilon} \circ \mathrm{CL}_k$, $P_\mu = S_{\mu,\epsilon} \circ \mathrm{CL}_\mu$ と定義される．ここで clip off 作用素 CL_k, CL_μ は，

$$(\mathrm{CL}_k \tilde{k})(x) = \begin{cases} 0 & \tilde{k}(x) < 0 \\ \tilde{k}(x) & 0 \leqq \tilde{k}(x) \leqq \overline{k} \\ \overline{k} & \tilde{k}(x) > \overline{k} \end{cases}$$

$$(\mathrm{CL}_\mu \tilde{\mu})(x) = \begin{cases} 0 & \tilde{\mu}(x) < 0 \\ \tilde{\mu}(x) & 0 \leqq \tilde{\mu}(x) \leqq \overline{\mu} \\ \overline{\mu} & \tilde{\mu}(x) > \overline{\mu} \end{cases}$$

により，軟化子作用素 $S_{k,\epsilon}$, $S_{\mu,\epsilon}$ は

$$(S_{k,\epsilon} f) = \int_{\mathbb{R}} s_{k,\epsilon}(y-x) f(y) \, dy$$

$$(S_{\mu,\epsilon} g) = \int_{\mathbb{R}} s_{\mu,\epsilon}(y-x) g(y) \, dy$$

により定義される．ただし，$s_{k,\epsilon}(x) = s_k(x/\epsilon_k)/\epsilon_k$ $(\epsilon_k > 0)$, $s_{\mu,\epsilon}(x) = s_\mu(x/\epsilon_\mu)/\epsilon_\mu$ $(\epsilon_\mu > 0)$ であり，$s_k \in C^1(\mathbb{R})$, $s_\mu \in C^0(\mathbb{R})$ はコンパクトな台を持つ関数である．これらの関数，既知の係数関数，境界データに適切な条件を仮定することで，$(k_0, \mu_0) \in \mathcal{C}_{\overline{k}, \overline{\mu}}$ であれば $(k_l, \mu_l) \in \mathcal{C}_{\overline{k}, \overline{\mu}}$ となることを保証できる．

4. 数値例

数値例を示す．測定データには，合成梁を実際に作成した行われた実験（梁名：T1PR [1]）による実測データを用いる．合成梁 T1PR は，$L = 3.5 \, [\mathrm{m}]$ であり，16 個の連結部材で結合されている．ここでは，右端の連結部材が切断されている場合を対象とする．$N_f = 3$, $N_m = 3$, $\beta = 10.0$, $\gamma = 1.0$, $\epsilon_k = \epsilon_\mu = 10^{-8}$ としたときの同定結果は，図1の通りである．軸剛性係数 μ については，欠陥連結位置周辺で大きい剛性劣化が復元されており，精度の高い同定結果が得られている．ずり剛性係数 k についても，同じ部分で大きな劣化が復元されているものの，その他の部分でも大きな劣化が現れている．この原因の1つは，元の問題を1次元化したことによるモデル化誤差であることが示唆されており[1]，その誤差への対処法を考察することが同定精度の改善に必要である．

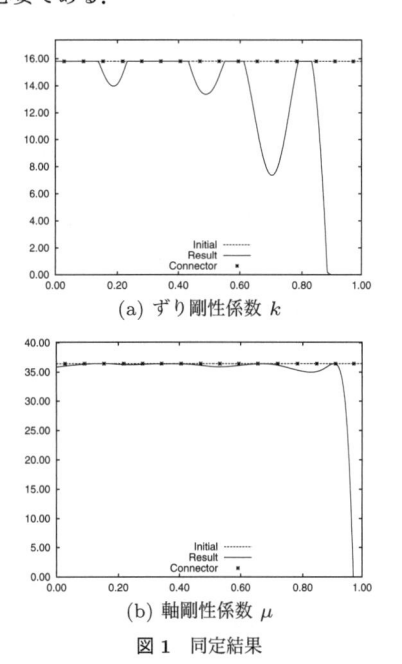

(a) ずり剛性係数 k

(b) 軸剛性係数 μ

図1　同定結果

[代田健二]

参考文献

[1] M. Dilena, A. Morassi, Vibrations of steel-concrete composite beams with partially degraded connection and applications to damage detection, *Journal of Sound and Vibration*, Vol.320 (2009), 101–124.

[2] W.A. Gruver, E. Sachs, *Algorithmic methods in optimal control*, Pitman Advanced Publishing Program, 1980.

[3] S. Jimbo, A. Morassi, G. Nakamura, K. Shirota, A non-destructive method for damage detection in steel-concrete structures based on finite eigendata, *Inverse Problems in Science and Engineering*, Vol.20 (2012), 233-270.

トラス構造の最適設計

optimal design of trusses

軸力のみを伝達する棒材を回転剛性のない節点（ピン節点）で接続した構造物の形式を，トラス（truss）構造と呼ぶ（以下，簡単にトラスという）．トラスは建築，土木，宇宙構造などの工学の様々な分野の構造物に利用される．トラスの剛性や振動などの特性は簡単に表現できるので，工学での多くの理論や手法の適用対象となっている．本項目では，トラスの最適設計について述べる．トラスを含む最適設計の全般的な解説としては，文献 [1] などを参照されたい．

1. トラスの基礎式

m 個の部材を有するトラスの第 i 部材の断面積を x_i，部材長を d_i とおく．空間座標系 (X,Y,Z) および節点番号と変位番号を図1で定義する．部材 i の節点 1 から 2 に向かう単位ベクトルを $t_i \in \mathbb{R}^3$ で表し，$b_i^{\mathrm{e}} \in \mathbb{R}^6$ を

$$b_i^{\mathrm{e}} = \begin{bmatrix} -t_i \\ t_i \end{bmatrix}$$

で定義する．以下では微小変形を仮定する．したがって，t_i は変形前の部材の方向を表すベクトルである．

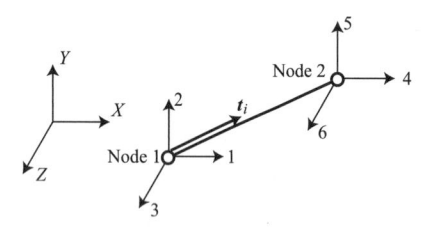

図1　空間座標系，節点番号，変位番号の定義

空間座標系での部材 i の節点力ベクトルを $f_i^{\mathrm{e}} \in \mathbb{R}^6$，軸力を q_i とおくと，これらのつり合いの関係は

$$b_i^{\mathrm{e}} q_i = f_i^{\mathrm{e}} \tag{1}$$

となる．また，節点変位ベクトルを $u_i^{\mathrm{e}} \in \mathbb{R}^6$ とおくと，伸び e_i は次式で表される．

$$e_i = b_i^{\mathrm{e}\top} u_i^{\mathrm{e}}$$

適切な境界条件を導入した後のトラスの変位の自由度を n とし，トラス全体の変位番号に従って b_i^{e} の次元を拡張したベクトルを $b_i \in \mathbb{R}^n$ で表す．ヤング係数を E とおくと，トラス全体の剛性行列（stiffness matrix）K は

$$K = \sum_{i=1}^{m} \frac{E x_i}{d_i} b_i b_i^\top \tag{2}$$

で与えられる．変位ベクトルと外力ベクトルについても同様に $u \in \mathbb{R}^n$ および $p \in \mathbb{R}^n$ を定義すると，これらの間には剛性方程式

$$Ku = p$$

が成立する．さらに，部材軸力を並べてできるベクトルを $q \in \mathbb{R}^m$ で表すと，式 (1) より，外力 p と内力 q の間には

$$Dq = p$$

という関係が成り立つ．この $D \in \mathbb{R}^{n \times m}$ はベクトル $b_1, \ldots, b_m$ を並べてできる行列であり，つり合い行列（equilibrium matrix）と呼ばれる．

2. 線形計画問題として定式化できる問題

トラスの塑性設計（plastic design）問題は，線形計画（linear program）で解けるので，最も簡単な構造最適化問題である．以下では，材料は完全弾塑性体であるものとする．すなわち，降伏後の硬化係数は 0 である．

比例的に漸増する荷重を，荷重係数 Λ と基準荷重（定ベクトル）p^0 を用いて $p = \Lambda p^0$ で定義する．引張降伏軸力を並べてできるベクトルを q^{p}，圧縮降伏軸力のベクトルを $-q^{\mathrm{p}}$ とおく．

塑性崩壊解析の下界定理を用いると，崩壊荷重係数（limit load factor）を求める問題は次のような線形計画問題として定式化できる．

$$\max \quad \Lambda \tag{3a}$$
$$\text{s.t.} \quad -q^{\mathrm{p}} \leqq q \leqq q^{\mathrm{p}} \tag{3b}$$
$$Dq = \Lambda p^0 \tag{3c}$$

ここで，制約は降伏条件とつり合い条件であり，最適化問題の変数は Λ と q である．また，2 つのベクトルに関する不等式 $s \leqq t$ は，成分ごとの不等式 $s_i \leqq t_i \ (\forall i)$ を意味する．この線形計画問題の最適値が崩壊荷重係数である．

崩壊荷重係数の制約のもとで部材体積を最小化する問題も，線形計画問題として定式化できる．降伏応力が一定値ならば，q^{p} の成分 q_i^{p} は断面積 x_i に比例する．したがって，x_i を成分とするベクトル $x \in \mathbb{R}^m$ の代わりに q^{p} を設計変数としてよく，また，部材体積は $d^\top q^{\mathrm{p}}$ に比例することがわかる．ただし，$d \in \mathbb{R}^m$ は d_i を成分とするベクトルである．崩壊荷重の指定値を Λ^{p}，降伏軸力の上下限値のベクトルを $q_{\mathrm{U}}^{\mathrm{p}}$ および $q_{\mathrm{L}}^{\mathrm{p}}$ とすると，最適設計問題は q と q^{p} を変数として以下のように定式化できる．

$$\min \quad d^\top q^{\mathrm{p}} \tag{4a}$$
$$\text{s.t.} \quad -q^{\mathrm{p}} \leqq q \leqq q^{\mathrm{p}} \tag{4b}$$
$$Dq = \Lambda^{\mathrm{p}} p^0 \tag{4c}$$
$$q_{\mathrm{L}}^{\mathrm{p}} \leqq q^{\mathrm{p}} \leqq q_{\mathrm{U}}^{\mathrm{p}} \tag{4d}$$

3. 応 力 制 約

部材断面積を変数とし，その下限値を 0 としてトラスを最適化すると，断面積が 0 となる部材は結果的に存在しなくなる．このように，存在可能な部材の集合から不要な部材を取り除いて最適化することを，トポロジー最適化 (topology optimization) という．

設計問題ではしばしば，様々な載荷条件を考慮する必要がある．複数のパターンの静的外力が作用するトラスの応力制約のもとでの最適化の困難点は，部材断面積が 0 になると，その部材に対する応力制約自体がなくなることにあり，このような制約を設計依存制約 (design-dependent constraint) という．したがって，この問題は本質的に組合せ最適化 (combinatorial optimization) 問題であり，部材の存在を表す 0–1 変数を用いた最適化問題や，制約に場合分けを含む問題，相補性制約を有する問題などとして定式化される．

例 1 図 2 のような 3 部材トラスを 3 種類の荷重 $(p^k, \alpha^k) = (40, \pi/4), (30, \pi/2), (20, 3\pi/4)$ に対して最適化することを考える[3]．応力の許容範囲は，部材 1, 2, 3 に対して $[-5, 5]$, $[-20, 20]$, $[-5, 5]$ とする．部材 2 の長さを 1 とし，目的関数は部材の総体積 $x_2 + \sqrt{2}(x_1 + x_3)$ とする．応力制約のもとでの最適解は $(x_1, x_2, x_3) = (8, 1.5, 0)$ であり，最適値は 12.812 である．ここで，3 つの荷重に対する応力はそれぞれ $(\sigma_1, \sigma_2, \sigma_3) = (5, 0, -5), (0, 20, 20), (-2.5, 18.856, 21.356)$ である．したがって，3 番目の載荷条件に対して部材 3 は制約を満たさない．しかし，$x_3 = 0$ なので部材 3 は取り除かれており，この解は実行可能である．一方，全ての部材で応力制約を満たす解は $(x_1, x_2, x_3) = (7.099, 1.849, 2.897)$ であり，このときの目的関数値 15.986 は最適解での値より大きい．

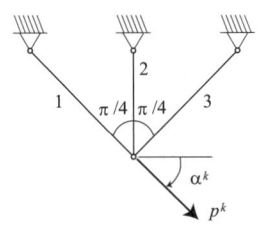

図 2 3 部材トラス

このような設計依存制約の存在に伴う場合分けを回避して，連続変数の問題を解いて（近似）最適解を求めるための様々な手法が提案されている．単一載荷条件では，以下のように，線形計画問題を解いて最適トポロジーを求めることができる．第 i 部材の応力を σ_i，応力の上下限値を σ_U および σ_L とすると，最適化問題は次のように定式化できる．

$$\min \quad \boldsymbol{d}^\top \boldsymbol{x} \tag{5a}$$
$$\text{s.t.} \quad \boldsymbol{D}\boldsymbol{q} = \boldsymbol{p} \tag{5b}$$
$$\sigma_L x_i \leqq q_i \leqq \sigma_U x_i, \quad i = 1, \ldots, m \tag{5c}$$
$$x_i \geqq 0, \quad i = 1, \ldots, m \tag{5d}$$

$x_i > 0$ のとき式 (5c) は応力 $\sigma_i = q_i/x_i$ の上下限値制約と等価である．一方，$x_i = 0$ のときは $q_i = 0$ となって式 (5c) は満たされる．

次に，複数 (n^P 個) の載荷条件を考え，第 k 荷重に関する量を上添字 k で表す．制約の設計依存性を考慮すると，最適設計問題は次のように書ける．

$$\min \quad \boldsymbol{d}^\top \boldsymbol{x} \tag{6a}$$
$$\text{s.t.} \quad \sigma_L \leqq \sigma_i^k(\boldsymbol{x}) \leqq \sigma_U \quad \text{if } x_i > 0,$$
$$i = 1, \ldots, m; \ k = 1, \ldots, n^P \tag{6b}$$
$$x_i \geqq 0, \quad i = 1, \ldots, m \tag{6c}$$

この問題は制約に場合分けを含むため，直接扱うことは難しい．この場合分けは，例えば条件 (6b) および (6c) を次のように書き換えることで避けることができる．

$$x_i(\sigma_L - \sigma_i^k(\boldsymbol{x})) \leqq 0 \tag{7a}$$
$$x_i(\sigma_i^k(\boldsymbol{x}) - \sigma_U) \leqq 0 \tag{7b}$$
$$x_i \geqq 0 \tag{7c}$$

この書き換えにより得られる問題は，一見すると普通の非線形計画問題であるが，条件 (7) は本質的には相補性制約と呼ばれる条件である．実際，応力の下限値制約は相補性条件を含む条件

$$(\sigma_L - \sigma_i^k(\boldsymbol{x})) - s_i \leqq 0$$
$$x_i \geqq 0, \quad s_i \geqq 0, \quad x_i s_i = 0$$

に書き直せる．このような条件を制約に含む最適化問題 (6) は，非線形計画における標準的な制約想定 (constraint qualification) を満たさないという問題点がある．制約想定は非線形計画問題の最適性条件や解法における基本的な仮定であるから，条件 (7) を制約とする問題には通常の解法を適用することはできない．この問題点を解決するために，例えば正の定数 ε を用いて条件 (7) を

$$x_i(\sigma_L - \sigma_i^k(\boldsymbol{x})) \leqq \varepsilon \tag{8a}$$
$$x_i(\sigma_i^k(\boldsymbol{x}) - \sigma_U) \leqq \varepsilon \tag{8b}$$
$$x_i \geqq 0 \tag{8c}$$

と緩和する．これを，相補性制約付き数理計画問題の正則化という．構造最適化では，式 (8c) の代わりに断面積の小さい下界 $x_i \geqq \varepsilon^2$ を導入した定式化が広く用いられており，ε 緩和法と呼ばれている．任

意の $\varepsilon > 0$ に対して条件 (8) を制約とする最適化問題は，制約想定を満たす普通の非線形計画であり，通常の解法を適用して解くことができる．

4. 平均コンプライアンス最小化

平均コンプライアンス (compliance) は，構造物の静的な柔性の指標の 1 つである．トラスの平均コンプライアンスは部材断面積に関して凸であるなどの扱いやすい性質を持つため，平均コンプライアンス最適化問題はトラスにおいても基本的な設計問題の 1 つである．

4.1 問題の定式化

外力ベクトル $\boldsymbol{p} \in \mathbb{R}^n$ が与えられたとき，平均コンプライアンスは
$$w(\boldsymbol{x}) = \sup_{\boldsymbol{u} \in \mathbb{R}^n} \{2\boldsymbol{p}^\top \boldsymbol{u} - \boldsymbol{u}^\top \boldsymbol{K}(\boldsymbol{x})\boldsymbol{u}\} \quad (9)$$
で定義される．

剛性方程式 $\boldsymbol{K}(\boldsymbol{x})\boldsymbol{u} = \boldsymbol{p}$ に解 $\boldsymbol{u} = \tilde{\boldsymbol{u}}$ が存在する場合には，式 (9) で定義される平均コンプライアンスは
$$w(\boldsymbol{x}) = \boldsymbol{p}^\top \tilde{\boldsymbol{u}} = \tilde{\boldsymbol{u}}^\top \boldsymbol{K}(\boldsymbol{x})\tilde{\boldsymbol{u}}$$
とも表せる．このように，平均コンプライアンスはつり合い状態に至るまでに荷重 $\boldsymbol{p}$ がなした仕事に等しい．例えば，外力が 1 つの節点のみに作用する場合には，平均コンプライアンスはその外力の方向の節点変位の大きさに比例する．また，トラスが不安定であるなどの理由により荷重 $\boldsymbol{p}$ に対するつり合い状態が存在しない場合には，式 (9) の定義より $w(\boldsymbol{x}) = +\infty$ となる．これらのことから，平均コンプライアンスが小さいトラスほど与えられた荷重 $\boldsymbol{p}$ に対する剛性が大きいと言える．そこで，最適化問題は
$$\min_{\boldsymbol{x}} \quad w(\boldsymbol{x}) \quad (10a)$$
$$\text{s.t.} \quad \boldsymbol{d}^\top \boldsymbol{x} \leqq \bar{v} \quad (10b)$$
$$\boldsymbol{x} \geqq \boldsymbol{0} \quad (10c)$$
と定式化できる．ここで，$\bar{v}$ は部材の総体積の上限値である．

4.2 平均コンプライアンスの凸性

平均コンプライアンス w が凸関数 (convex function) であることの証明には，様々なアプローチがある．ここでは，連続な凸関数の定義，すなわち，任意の $\boldsymbol{x}, \boldsymbol{y} \in \mathbb{R}^m$ に対して w が条件
$$\frac{1}{2}(w(\boldsymbol{x}) + w(\boldsymbol{y})) \geqq w((\boldsymbol{x}+\boldsymbol{y})/2) \quad (11)$$
を満たすことを示すアプローチを紹介する．w の定義 (9) において最大化されている関数を

$$\Pi(\boldsymbol{x}, \boldsymbol{u}) = 2\boldsymbol{p}^\top \boldsymbol{u} - \boldsymbol{u}^\top \boldsymbol{K}(\boldsymbol{x})\boldsymbol{u} \quad (12)$$
とおく．Π は，全ポテンシャルエネルギーの -2 倍である．

Π の定義 (12) において，剛性行列 $\boldsymbol{K}(\boldsymbol{x})$ は式 (2) からわかるように $\boldsymbol{x}$ の線形関数である．したがって，$\Pi(\boldsymbol{x}, \boldsymbol{u})$ も $\boldsymbol{x}$ の 1 次関数である．このことと w の定義 (9) から，等式
$$w((\boldsymbol{x}+\boldsymbol{y})/2) = \frac{1}{2}\sup_{\boldsymbol{u}}(\Pi(\boldsymbol{x},\boldsymbol{u}) + \Pi(\boldsymbol{y},\boldsymbol{u})) \quad (13)$$
が成立する．ここで，$\boldsymbol{u}$ は一般に $\Pi(\boldsymbol{x},\boldsymbol{u})$ と $\Pi(\boldsymbol{y},\boldsymbol{u})$ を同時に最大化できないので，不等式
$$\sup_{\boldsymbol{u}}(\Pi(\boldsymbol{x},\boldsymbol{u}) + \Pi(\boldsymbol{y},\boldsymbol{u}))$$
$$\leqq \sup_{\boldsymbol{u},\boldsymbol{v}}(\Pi(\boldsymbol{x},\boldsymbol{u}) + \Pi(\boldsymbol{y},\boldsymbol{v}))$$
$$= w(\boldsymbol{x}) + w(\boldsymbol{y}) \quad (14)$$
が成り立つ．式 (13) および式 (14) より式 (11) が得られる．すなわち，w が凸関数であることが示された．

4.3 凸計画としての定式化

トラスの平均コンプライアンス w は部材断面積 $\boldsymbol{x}$ の凸関数なので，問題 (10) は凸最適化 (convex optimization) 問題である．剛性行列が式 (2) のように表せることから，平均コンプライアンスの感度係数は
$$\frac{\partial w}{\partial x_i} = -\frac{E}{d_i}(\boldsymbol{b}_i^\top \tilde{\boldsymbol{u}})^2 \quad (15)$$
と書けて，部材 i の単位面積当たりの歪みエネルギーを -2 倍したものに等しいことがわかる．これらのことから，断面積が非ゼロである部材について単位体積当たりの歪みエネルギーが一致することが，問題 (10) の最適性条件であることを示せる．

このように平均コンプライアンスは凸性などの良い性質を持つため，平均コンプライアンス最適化問題にはいくつもの等価な定式化が知られている．ここでは，そのうちの 2 つを紹介する．まず，平均コンプライアンスが歪みエネルギーの総和の 2 倍に等しいことに注目する．部材 i に蓄えられる歪みエネルギー w_i は
$$w_i = \frac{d_i}{2E}\frac{q_i^2}{x_i} \quad (16)$$
と書ける．$x_i \geqq 0$ に注意すると，式 (16) の w_i を最小化することは，制約
$$w_i + x_i \geqq \left\| \begin{bmatrix} w_i - x_i \\ \sqrt{2d_i/E}q_i \end{bmatrix} \right\| \quad (17)$$
のもとで w_i を最小化することと等価である．したがって，問題 (10) は，内力と外力のつり合い式
$$\sum_{i=1}^m \boldsymbol{b}_i q_i = \boldsymbol{p}$$

および制約 (17) と体積制約のもとで w_i ($i=1,\ldots,m$) の和を最小化する問題に変形することができる．式 (17) は 2 次錐制約と呼ばれる凸制約であり，様々な分野で応用されている形の制約である．

平均コンプライアンス最適化問題のもう 1 つの変形では，問題 (10) の目的関数 w が $\boldsymbol{u}$ に関する最大化問題 (9) の最適値として定義されていることに注目する．ここで実は，$\boldsymbol{u}$ に関する最大化と $\boldsymbol{x}$ に関する最小化の順序を交換しても最適解は変わらないことを示すことができる．このようにして得られた問題をさらに変形することで $\boldsymbol{x}$ を消去でき，凸 2 次不等式を制約とする凸計画問題

$$\min_{w,\boldsymbol{u}} \quad w - \boldsymbol{p}^\top \boldsymbol{u} \tag{18a}$$

$$\text{s.t.} \quad w \geq \frac{1}{2} \frac{E\bar{v}}{d_i^2} (\boldsymbol{b}_i^\top \boldsymbol{u})^2, \quad i=1,\ldots,m \tag{18b}$$

が得られる．最適な断面積 $\boldsymbol{x}$ は，この問題 (18) の最適解におけるラグランジュ (Lagrange) 乗数に対応することを示すことができる．詳細は文献 [2] を参照されたい．

5. 振動数制約

トラスの自由振動の固有値（固有円振動数の 2 乗）ω_j は固有値問題 (eigenvalue problem)

$$\boldsymbol{K}\boldsymbol{\phi}_j = \omega_j \boldsymbol{M}\boldsymbol{\phi}_j, \quad j=1,\ldots,n \tag{19}$$

で定義される．ここで，剛性行列 $\boldsymbol{K}$ および質量行列 $\boldsymbol{M}$ は部材断面積 $\boldsymbol{x}$ の関数であり，

$$\boldsymbol{K}(\boldsymbol{x}) = \sum_{i=1}^m x_i \boldsymbol{K}_i, \quad \boldsymbol{M}(\boldsymbol{x}) = \sum_{i=1}^m x_i \boldsymbol{M}_i + \boldsymbol{M}_0$$

の形で書ける．式 (2) より，$\boldsymbol{K}_i = (E/d_i)\boldsymbol{b}_i\boldsymbol{b}_i^\top$ である．固有値問題 (19) の固有値の最小値を $\omega_{\min}(\boldsymbol{x})$ で表し，その下限値制約を考慮した最適化問題

$$\min_{\boldsymbol{x}} \quad \boldsymbol{d}^\top \boldsymbol{x} \tag{20a}$$

$$\text{s.t.} \quad \omega_{\min}(\boldsymbol{x}) \geq \bar{\omega} \tag{20b}$$

$$\boldsymbol{x} \geq \bar{\boldsymbol{x}} \tag{20c}$$

を考える．

例 2 行列

$$\boldsymbol{A}(\boldsymbol{x}) = \begin{bmatrix} 1+x_1 & x_2 \\ x_2 & 1-x_1 \end{bmatrix}$$

の固有値は $1 \pm \sqrt{x_1^2 + x_2^2}$ である．したがって，最小固有値 $1 - \sqrt{x_1^2 + x_2^2}$ は $\boldsymbol{x}$ の凹関数であり，$\boldsymbol{x} = \boldsymbol{0}$ において最大値をとる．この点では $\boldsymbol{A}(\boldsymbol{x})$ の 2 つの固有値は重複（縮重）しており，最小固有値は微分不可能である．振動数制約のもとでの最適設計問題では，しばしば最小固有値が重複して連続微分不可能となり，このことが問題を難しくしている．

一般に，n 次の対称行列 $\boldsymbol{A}$ が任意のベクトル $\boldsymbol{z}(\neq \boldsymbol{0}) \in \mathbb{R}^n$ に対して条件 $\boldsymbol{z}^\top \boldsymbol{A}\boldsymbol{z} > 0$ を満たすとき，$\boldsymbol{A}$ は正定値 (positive definite) であるといい $\boldsymbol{A} \succ \boldsymbol{O}$ と書く．また，任意の $\boldsymbol{z}$ に対して条件 $\boldsymbol{z}^\top \boldsymbol{A}\boldsymbol{z} \geq 0$ を満たすとき，$\boldsymbol{A}$ は半正定値 (positive semidefinite) であるといい $\boldsymbol{A} \succeq \boldsymbol{O}$ と書く．$\boldsymbol{A}$ が正定値（半正定値）であることは，$\boldsymbol{A}$ の全ての固有値が正（非負）であることと等価である．

断面積の下限値 $\bar{x}_i$ ($i=1,\ldots,m$) が正であるとすると，質量行列 $\boldsymbol{M}(\boldsymbol{x})$ は正定値である．したがって，レイリー (Rayleigh) 商に関する公式

$$\omega_{\min}(\boldsymbol{x}) = \min_{\boldsymbol{\phi} \in \mathbb{R}^n \setminus \{\boldsymbol{0}\}} \frac{\boldsymbol{\phi}^\top \boldsymbol{K}(\boldsymbol{x})\boldsymbol{\phi}}{\boldsymbol{\phi}^\top \boldsymbol{M}(\boldsymbol{x})\boldsymbol{\phi}}$$

を用いると，条件 $\omega_{\min}(\boldsymbol{x}) \geq \bar{\omega}$ は行列 $\boldsymbol{K}(\boldsymbol{x}) - \bar{\omega}\boldsymbol{M}(\boldsymbol{x})$ が半正定値であることに等価であることがわかる．したがって，振動数制約のもとでの最適設計問題 (20) は次のように書き直せる．

$$\min_{\boldsymbol{x}} \quad \boldsymbol{d}^\top \boldsymbol{x} \tag{21a}$$

$$\text{s.t.} \quad \boldsymbol{K}(\boldsymbol{x}) - \bar{\omega}\boldsymbol{M}(\boldsymbol{x}) \succeq \boldsymbol{O} \tag{21b}$$

$$\boldsymbol{x} \geq \bar{\boldsymbol{x}} \tag{21c}$$

この問題は，半正定値計画 (semidefinite program) 問題と呼ばれる凸最適化問題である．

トラスのトポロジーを最適化するためには，部材断面積の下限値を $\bar{\boldsymbol{x}} = \boldsymbol{0}$ とおく必要がある．この場合には $\boldsymbol{M}(\boldsymbol{x})$ が正定値であるとは限らないため，固有値問題 (19) の定義自体が曖昧になる．しかし，いくつかの部材がなくなることで消える節点の自由度を考えないことにすると，トラスの実質的な最小固有値は

$$\omega_{\min}(\boldsymbol{x}) = \min_{\boldsymbol{\phi} : \boldsymbol{M}(\boldsymbol{x})\boldsymbol{\phi} \neq \boldsymbol{0}} \frac{\boldsymbol{\phi}^\top \boldsymbol{K}(\boldsymbol{x})\boldsymbol{\phi}}{\boldsymbol{\phi}^\top \boldsymbol{M}(\boldsymbol{x})\boldsymbol{\phi}}$$

で定義できる．実は，このように最小固有値を定義した場合にも，最適設計問題は問題 (21) に帰着できることが知られている．半正定値計画は，最適解において $\boldsymbol{M}(\boldsymbol{x})$ が正定値でない場合や最小固有値が重複する場合でも，困難なく振動数制約の最適解を求められる手法である．詳細は文献 [2],[4] を参照されたい．

［大崎　純・寒野善博］

参考文献

[1] 山川　宏 編, 最適設計ハンドブック—基礎・戦略・応用, 朝倉書店, 2003.

[2] M. Ohsaki, *Optimization of Finite Dimensional Structures*, CRC Press, 2011.

[3] G. Sved and Z. Ginos, Structural optimization under multiple loading, *Int. J. Mech. Sci.*, Vol.10 (1968), 803–805.

[4] Y. Kanno, *Nonsmooth Mechanics and Convex Optimization*, CRC Press, 2011.

計算幾何学

計算幾何の問題と手法　540
ボロノイ図とドロネー図　542
幾何グラフの剛性　544
アレンジメントとその利用　546
美術館監視・捜索問題　548
ディジタル計算幾何　550
地理的最適化問題　552
ロバスト幾何計算　554

計算幾何の問題と手法

problems and methods of computational geometry

計算幾何学（computational geometry）は，直線，多角形，円といった幾何的対象に関する問題に対して効率の良いアルゴリズムを開発することを目的とする研究分野である．コンピュータグラフィックス，地理情報システム（GPS），ロボティクス，VLSI設計，コンピュータ援用設計（CAD）などの工学的応用のほかに，分子モデリング，森林学，統計学などでの応用もある．計算幾何学の研究は1970年代に始まった．その黎明期については[1]を参照されたい．基本的な問題・手法としては交差問題，凸包，幾何探索，ボロノイ図，アレンジメント，美術館問題，多角形の分割，動作計画などがある．以下では交差問題，凸包，幾何探索を取り上げ，主な手法を解説する．

1. 交差問題

平面上に与えられたn本の線分の交差を全て見つけるという問題は，計算幾何の基本問題である．2本の線分を選び交差を判定することを繰り返す方法でもよいが，それでは計算時間が$O(n^2)$になってしまう．ここでは，走査線（sweep line）を用いるアルゴリズムを紹介する．簡単のために，入力は垂直線分と水平線分とする．

全ての線分の左に仮想の直線（走査線）を考え，これを右に移動することを考える．各時点で走査線と交わっている水平線分をデータ構造に記憶する．垂直線分に出会ったら，その時点で記憶している水平線分との全ての交点を出力する．走査線を移動させるために線分の端点のx座標はあらかじめソートしておく．図1の例では最初に線分Aの左端点に出会うので，A（のy座標）をデータ構造に記憶する．さらに走査線を右に動かすと線分Bの左端点に出会うので，Bをデータ構造に記憶する．次に垂直線分Cに出会ったら，現在のデータ構造中の水平線分との交点を調べて出力する．さらに右に走査し，Bの右端点に来たらデータ構造からBを削除する．データ構造として平衡2分探索木を用いると，このアルゴリズムの計算量は$O(n \log n + k)$時間である．ただし，kは交点の個数である．

一般の線分の交差判定も同様に走査線を用いてできる．ただし，線分の交点でも走査線を停止させる必要がある．その時間計算量は$O((n+k) \log n)$である．理論的には$O(n \log n + k)$のアルゴリズムも提案されている．

2. 凸　　　包

平面上にn個の点の集合Sが与えられたとき，これらの点を含む最小の凸多角形をSの凸包（convex hull）という（図2）．

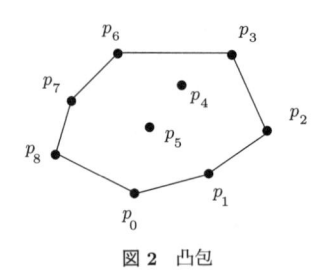

図2　凸包

グラハム（Graham）のアルゴリズムは，凸包を$O(n \log n)$時間で求める．まず，最小のy座標を持つ点をp_0とする．次にp_0を原点として他の点の偏角を求め，それらの偏角を昇順に並べ変えて点列$p_1, p_2, \ldots, p_{n-1}$とする．凸包の点を格納するためスタック$s$を用意する．まず，$p_0$と$p_1$が必ず凸包の頂点になることから，$p_0$と$p_1$をこの順にスタック$s$に入れる．次に，基準点$p_0$から反時計回りに$p_2, p_3, \ldots, p_{n-1}$を順に調べ，凸包を反時計回りに構成する．点$p_i$を調べるとき，3点$s[top-1], s[top], p_i$がこの順で反時計回りでなければ，点$s[top]$は凸包の点でないのでスタック$s$から削除する．これを繰り返し，これらの3点が反時計回りになったらp_iをスタックsに入れる．この操作を点p_{n-1}まで繰り返せば，点集合Pの凸包が得られる．図3は，$p_0, p_1, \ldots, p_5$まで凸包を形成してきたところである．次にp_6を調べると，p_4, p_5, p_6が反時計回りでないのでp_5が凸包上にないことが判明し，スタック

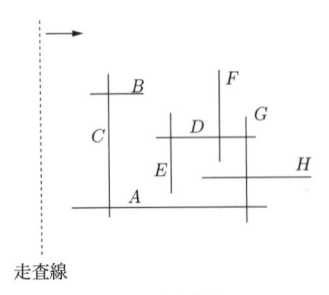

図1　走査線法

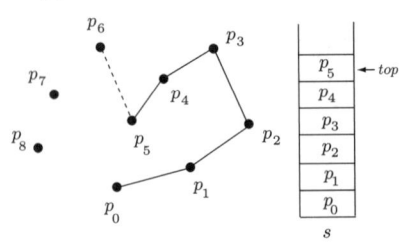

図3　グラハムの凸包アルゴリズム

から削除される．さらに，p_3, p_4, p_6 も反時計回りでないので p_4 もスタックから削除される．p_2, p_3, p_6 は反時計回りなので p_6 がスタックに積まれる．この後，p_7, p_8 の順にスタックに積み，凸包が完成する．

グラハムのアルゴリズムを3次元の問題に適用するのは困難であるが，次に紹介する包装法と逐次構成法は高次元の場合にも適用できる．

包装法 (wrapping method) はその名の通り，点集合を外側から包装紙で包む過程をアルゴリズムにしたものである．図2を例にとり説明する．まず，最小 y 座標の点 p_0 を見つける．p_0 は明らかに凸包の頂点である．ここで凸包の次の頂点 p_1 を見つけたいのであるが，p_1 は p_0 を原点としたとき偏角が最小の点である．したがって，これは $O(n)$ 時間で見つけることができる．次に，p_1 を原点として同じことを繰り返し，次の凸包の点 p_2 を見つける．このようにして凸包の頂点が全て求められる．時間計算量は $O(hn)$ である．ただし，h は得られる凸包の頂点の個数である．包装法は Jarvis の行進 (Jarvis's march) とも呼ばれる．

逐次増加法 (incremental method; 逐次構成法または増分法ともいう) は，最初に少数のデータに対して問題の解を求めておき，その後データを1個ずつ加えながら問題の解を更新していく手法である．凸包問題の場合は，まず任意に3個の点を選び，それらの凸包（三角形）P を求める．次に，残りの点から点 p を任意に選び，これを現在の凸包 P に加えることを考える．p が P の内部にあるときは何もすることはない．p が P の外部にあるときは，p から P への接線を求める．この2本の接線を凸包の辺として P に加え，接線に挟まれる P の境界辺を取り除く．この作業を残りの点全てに適用することにより，S の凸包が求まる．

3. 幾何探索

$I_1, I_2, \ldots, I_n$ を n 個の（x 軸上の）区間とする．いま，x 軸上の点 q（質問点）が与えられたとき，q を含む全ての区間を見つける問題を考える．各区間に対し q が含まれるか否かを判定するのでは，$O(n)$ の時間がかかってしまう．与えられた区間集合を次のような2分木に埋め込むことで，この質問に高速に答えることができる．説明を簡単にするため，n 個の区間は全て両端が $[1, N]$ の間の整数値をとるものとし，$N = 2^k$ であるとする．区間 $[1, N]$ から次のようにして再帰的に2分木を構成する．まず，2分木の根は区間 $[1, N]$ に対応する．根の左部分木は区間 $[1, N/2]$ から構成し，右部分木は区間 $[N/2+1, N]$ から構成する．葉は長さ0の区間に対応するものとする．この木は区間木 (interval tree) と呼ばれる．次に，$I_1, I_2, \ldots, I_n$ を次のように区間木の頂点に登録する．区間木の各頂点は1つの区間に対応しているので，区間 I_i を区間木のいくつかの頂点で表すことができる．ただし，できるだけ少ない頂点で表すものとする．例えば，図4(a) の区間 I_1 は区間 $[1, 4]$ と区間 $[5, 5]$ で表すことができるので，対応する2つの頂点に登録する．このようにしてできた木を区分木 (segment tree) と呼ぶ．質問点 q が与えられたら q を含む葉から根に向かって探索し，その間に出会った頂点に登録してある区間を全て報告すればよい．その時間は $O(\log N + k)$ である．ここで，k は q を含む区間 I_i の数である．

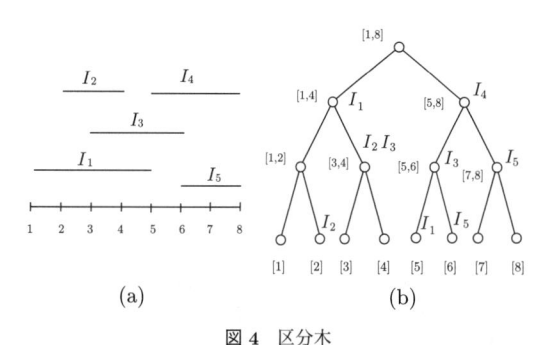

図4 区分木

平面上に n 個の点があるとき，与えられた長方形に含まれる点を全て見つける問題においても，上で述べた区間木が用いられる．区間木の各頂点には，その頂点が表す区間に含まれる点を y 座標でソートして登録する．このようにしてできる木は領域木 (range tree) と呼ばれる．n 個の点の集合に対してはヒープ探索木 (heap search tree) もよく用いられる．これは，点の x 座標で見るとヒープで，y 座標で見ると2分探索木になっているデータ構造で，区間の探索や領域の探索を高速に実行することができる．詳しくは [2] を参照されたい． ［平田富夫］

参 考 文 献

[1] M.I. Shamos, The early years of computational geometry —a personal memoir, *Contemporary Mathematics*, Vol.223 (1999), 313–333.
[2] 譚 学厚, 平田富夫, 計算幾何学入門—幾何アルゴリズムとその応用, 森北出版, 2001.

ボロノイ図とドロネー図
Voronoi diagram and Delaunay diagram

ボロノイ図とドロネー図は計算幾何学の基本的な概念であり，これらの2つの概念は密接に関係しており，都市工学やメッシュ生成など多くの分野で用いられている．ここでは，ボロノイ図と三角形分割，特にドロネー図の定義を述べ，それらの数理的性質について解説する（詳細は [1]〜[4] 参照）．

1. ボロノイ図

平面上の n 個の点の集合 $S = \{p_i \mid i = 1, 2, \ldots, n\}$ が与えられたとき，p_i のボロノイ領域は，
$$V(p_i) = \bigcap_{i \neq j} \{p \mid d(p, p_i) < d(p, p_j)\}$$
によって定義される．ここで，$d(p, p_i)$ は点 p と p_i のユークリッド距離である．p_i を $V(p_i)$ の母点といい，$V(p_i)$ は他の母点より p_i に近い平面上の点の集合を表している．$\{V(p_i)\}$ とその境界は平面を分割し，これをボロノイ図 (Voronoi diagram) という．ボロノイ辺とは，その辺を共有する2つのボロノイ領域 $V(p_i)$, $V(p_j)$ の母点である p_i と p_j から等距離線，つまり，線分 $\overline{p_i p_j}$ の垂直二等分線の一部である（図1参照）．ボロノイ辺の交点をボロノイ点という．4点以上が同一円周上になければ，ボロノイ点は3本のボロノイ辺に接続しており，そこで接している3つのボロノイ領域の母点の外心になっている．ボロノイ図は逐次添加法によって $O(n^2)$，分割統治法によって $O(n \log n)$ 時間で求めることができる．

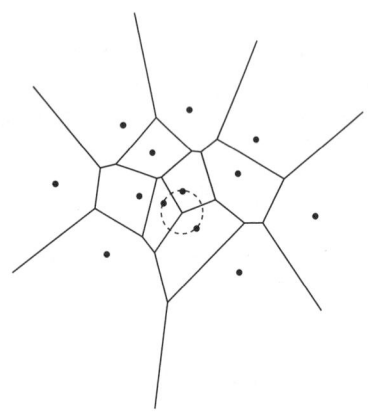

図1 ボロノイ図

ボロノイ図の定義において，L_1 距離などのユークリッド距離以外の距離を用いたり，母点を点ではなく線分や円，多角形に替えて領域を定義することで様々なボロノイ図を定義することができる．また，その定義を高次元に拡張することもできる．これらの様々なボロノイ図は"近さ"の概念を用いて多くの応用分野で利用されている．

2. 三角形分割

2.1 平面の三角形分割

平面上の n 個の点の集合 $S = \{p_i\}$ に対して，$p_i, p_j \in S$ を端点とする線分 e_{ij} の集合 T を考える．T に含まれる任意の2つの線分が内点で交わることがなく，T が極大な線分の集合であるとき，T を S の三角形分割という．このとき T は S の凸包 (CH(S)) の内部を三角形の集合に分割している．

平面上の n 個の点の集合に対する三角形分割の総数は 30^n で抑えられることがわかっている（総数の上界については [2] を参照）．しかし，点集合が与えられたとき，その点集合に対して三角形分割の個数を多項式時間で数えることができるかどうかは未解決の問題である．平面においては，三角形分割を全て列挙することが可能であるので，列挙して数えるという方法をとれば，総数を知ることはできる．ただし，点集合 S が凸多角形の端点集合になる場合には，三角形分割の総数を計算することができ，凸 n 角形の三角形分割の個数 t_n は，$\frac{1}{n-1}\binom{2n-4}{n-2}$ である[1],[2],[4]．この t_n の値は組合せ論で有名なカタラン数 C_{n-2} に等しい．

このように，異なる三角形分割は数多く存在するが，S を固定すると，三角形分割に現れる三角形の個数や辺の数は一意的に決まる．3点以上が同一直線上にないときは，凸包上の点数を h とすると，S の任意の三角形分割は凸包の内部に $(2n - 2 - h)$ 個の三角形を持ち，辺数は $(3n - 3 - h)$ である．

凸四角形においては対角線が2本あり，それらを入れ替える（対角変形と呼ぶ）ことにより，2種類の三角形分割が得られる．n 点の集合の任意の2つの三角形分割は，一方の三角形分割に対して対角変形を繰り返すことによって，もう一方を得ることができる．

2.2 3次元における4面体分割

3次元空間に与えられた点集合 $S = \{p_i \mid i = 1, 2, \ldots, n\}$ に対して，4面体分割 $\{S_1, S_2, \ldots, S_m\}$ とは，S_i が S の部分集合であり，次の条件を満たすことである．

1. S_i は4個の点からなり，S_i の凸包 CH(S_i) の次元は3である．
2. $\bigcup_{i=1}^{m} \text{CH}(S_i) = \text{CH}(S)$.
3. $i \neq j$ に対して，CH(S_i) ∩ CH(S_j) = ∅ であるかまたは CH(S_i) と CH(S_j) の両方によって共有されている点，辺，面のどれかである．

4. $\bigcup_{i=1}^{m} S_i = S$.

この定義は 4 次元以上に拡張することができる．また，2 次元においては，既に述べた平面の三角形分割と一致する．

平面の点集合に対しては，三角形分割に使われている三角形の数や辺の数は一定であった．しかし，3 次元になると，同じ点集合に対して 4 面体分割を行っても，現れる 4 面体の個数は一定ではない．実際，立方体は 4 面体の数が 5 個の 4 面体分割と，6 個の 4 面体分割の，2 種類の 4 面体分割を持つ．また，平面においては任意の多角形を，多角形の頂点だけを用いて三角形分割することが可能である．しかし，3 次元の多面体の中には，与えられた頂点のほかに点を追加しないと 4 面体分割できない多面体が存在する[1]〜[3]．

3. ドロネー図

平面の点集合 S に対する三角形分割 T_D がドロネー図（Delaunay diagram）であるとは，T_D に現れる各三角形の外接円の内部に S の点が含まれないという性質を持っていることをいう（図 2 参照）．

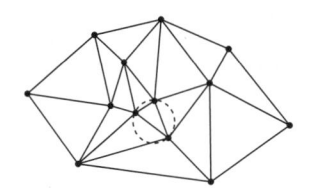

図 2　ドロネー図

ドロネー図は，ボロノイ図の双対グラフ（ボロノイ領域が隣り合っている母点を線分で結んでできる平面グラフ）と見ることができる．図 2 は図 1 の双対グラフになっている．

ドロネー図を構成するアルゴリズムはいくつか存在するが，計算誤差の観点から，幾何的変換を用いる手法がよく用いられる．幾何的変換では 2 次元の点 $p_i = (x_i, y_i)$ に対して，新たに z 軸を考え，3 次元の点 $p'_i = (x_i, y_i, x_i^2 + y_i^2)$ を対応させる．このとき，$\{p'_i\}$ の 3 次元の凸包の z 軸に関する下側境界を (x, y) 平面に正射影したものは，$\{p_i\}$ のドロネー三角形分割に一致する．よって，$\{p_i\}$ を放物面上の点集合 $\{p'_i\}$ に持ち上げ，凸包を作り，その下側境界を平面上に射影して，$O(n \log n)$ 時間でドロネー図を得ることができる[2],[4]．また，ドロネー図から双対グラフを作ることによってボロノイ図を構成するほうが，直接ボロノイ図を求めるよりも計算誤差による影響が少ない．なお，平面の場合，任意の三角形分割から対角変形を繰り返してドロネー図を得ることも可能である．

4. 三角形分割と最適化問題

これまでに述べたように，異なる三角形分割は数多く存在するので，応用に応じて何らかの意味で最適である三角形分割を求めることは非常に重要である．

最適性の基準となる関数 $q : \mathcal{T} \to \mathbf{R}$ を考える．ここで $\mathcal{T}$ は全ての三角形分割の集合であり，"最適"化するとは，q を最大または最小にすることを意味する．平面の場合の最適化基準をいくつか挙げておこう．

- （最大角最小）$q(\tau)$ を三角形分割 $\tau \in \mathcal{T}$ における最大角とし，それを最小にする．
- （最小角最大）$q(\tau)$ を三角形分割 $\tau \in \mathcal{T}$ における最小角とし，それを最大にする．
- （最大外接円最小）$q(\tau)$ を三角形分割 $\tau \in \mathcal{T}$ において用いられている三角形の外接円の半径の最大値とし，それを最小にする．
- （最大包含円最小）$q(\tau)$ を三角形分割 $\tau \in \mathcal{T}$ において用いられている三角形の最小包含円の半径の最大値とし，それを最小にする．
- （辺長和最小）三角形分割に用いている辺の長さの総和を最小にする．

平面の場合，最適化基準のうち，最小角最大，最大外接円最小，最大包含円最小をドロネー図が達成している[1],[3],[4]．このことから，ドロネー図は正三角形に近い形をした三角形から作られている三角形分割と言え，メッシュ生成などの応用において，重要な役割を果たしている．

ただし，3 次元の場合，ドロネー図は最大外接球最小という性質は持っているが，必ずしも正 4 面体に近い良い 4 面体分割となるわけではない．このことから，3 次元で良い性質を持っている 4 面体分割を構成することは，理論上も応用上も重要な課題である．

［今井桂子］

参 考 文 献

[1] D.A. De Loera, J. Rambau, F. Santos, *Triangulations — Structures for Algorithms and Applications*, Springer, 2010.

[2] S.L. Devadoss, J. O'Rourke, *Discrete and Computational Geometry*, Princeton University Press, 2011.

[3] H. Edelsbrunner, *Geometry and Topology for Mesh Generation*, Cambridge University press, 2001.

[4] 今井桂子, 三角形分割全体の離散構造とその性質 (離散構造とアルゴリズム VI), 近代科学社, 1999.

幾何グラフの剛性

rigidity of geometric graph

幾何グラフとは，グラフの頂点をユークリッド平面もしくは $d\ (\geqq 3)$ 次元ユークリッド空間の点に対応させ，辺をその両端点を結ぶ直線分として表現したグラフのことを指す．組合せ剛性理論では，平面また3次元空間内の幾何グラフにおいて，頂点をジョイント，辺を伸び縮みしない棒材と見なして定義されるフレームワークの剛性を，グラフ理論の立場から研究している．

組合せ剛性理論の成果は，構造物の基礎的知見を与えるのに留まらず，機械設計やタンパク質の挙動シミュレーション，知的CADの開発，センサネットワークのローカライゼーションなど，90年代後半から様々な分野において応用されている．

1. フレームワークの剛性

グラフ $G = (V, E)$ と d 次元空間への写像 $p: V \to R^d$ のペア (G, p) をフレームワークと呼ぶ．G の各頂点はジョイントを，各辺は棒材を表現し，写像 p はジョイント配置を指定する．つまり，頂点 u, v 間を繋ぐ辺 $e = uv$ は，$p(u)$ と $p(v)$ 間の距離を指定する．ここでは，$|V| \geqq d+1$ かつどの $d+1$ 点もアフィン独立であるようなジョイント配置のみを考える．

フレームワーク (G, p) の連続的動きとは，各辺長一定の制約化でジョイントが R^d 内を連続的に移動することである．特に，合同なフレームワークへの移動を自明な動きと呼び，自明な動きのみが可能なフレームワークを剛（rigid）という．剛でないフレームワークを柔（flexible）という（図1）．

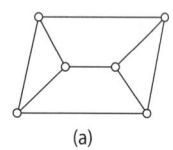

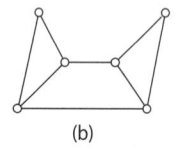

図1 平面上の，(a) 剛なフレームワークと，(b) 柔なフレームワーク

フレームワークの剛性は以下のように定義される．グラフ G とジョイント配置 $p, q \in (\mathbb{R}^d)^V$ に対し，

$$\|p(u)-p(v)\|_2 = \|q(u)-q(v)\|_2,\ \forall uv \in E \quad (1)$$

ならば，$p \sim q$ と書く．さらに，この制約が全ての頂点ペアについて成り立つ，つまり

$$\|p(u)-p(v)\|_2 = \|q(u)-q(v)\|_2,\ \forall u, v \quad (2)$$

ならば，$p \equiv q$ と書く．この場合，フレームワーク (G, p) と (G, q) は合同であるという．

フレームワーク (G, p) に対し，$Re(G, p) = \{q \in (\mathbb{R}^d)^V \mid q \sim p\}$，$C(G, p) = \{q \in (\mathbb{R}^d)^V \mid q \equiv p\}$ を定義する．

1.1 無限小剛性

剛性を判定する問題は一般に co-NP 困難であるため，剛性を1次近似した無限小剛性（infinitesimal rigidity）の概念が有用である．式 (1) を p について微分して，$\dot{p}: V \to \mathbb{R}^d$ に対する線形方程式

$$(p(u)-p(v)) \cdot (\dot{p}(u)-\dot{p}(v)) = 0,\ \forall uv \in E \quad (3)$$

を得る．式 (3) の解 $\dot{p}$ を (G, p) の無限小動き（infinitesimal motion）と呼ぶ．可能な無限小動きが全て自明なフレームワークを無限小剛（infinitesimally rigid）なフレームワークという．

線形方程式 (3) を変数 $\dot{p}$ に対して行列表現して得られる $|E| \times d|V|$ 行列は，剛性行列（rigidity matrix）と呼ばれ，$R(G, p)$ と記す．自明な無限小動きを表す線形空間の次元が $\binom{d+1}{2}$ であるので，$\dim \ker R(G, p) \geqq \binom{d+1}{2}$ である．したがって，(G, p) が無限小剛であるための必要十分条件は，次式で与えられる．

$$\operatorname{rank} R(G, p) = d|V| - \binom{d+1}{2} \quad (4)$$

1.2 一般剛性

無限小剛性と剛性は異なる概念であるが，p が一般的（generic）である場合は2つの性質は一致する．ここで p が一般的とは，ジョイントの座標値の集合が有理数体上で代数的に独立である場合を指す．この定義より，ほとんど全てのジョイント配置は一般的である．

定理1 [1] 一般的ジョイント配置のフレームワーク (G, p) が剛であるための必要十分条件は $\operatorname{rank} R(G, p) = d|V| - \binom{d+1}{2}$ が成り立つことである．

一般的な配置におけるフレームワーク (G, p) の剛性は，一般剛性と呼ばれる．p が一般的なら，$\operatorname{rank} R(G, p) = \max\{\operatorname{rank} R(G, q) \mid q \in (\mathbb{R}^d)^V\}$ である．これより，フレームワークの一般剛性はグラフ G のみに依存している．

2. 組合せ的特徴付け

式 (4) より，フレームワーク (G, p) が無限小剛であるためには $|E| \geqq d|V| - \binom{d+1}{2}$ が必要である．さらに，以下の定理が知られている．

定理2（マックスウェルの条件） d 次元ユークリッド空間におけるフレームワーク (G, p) が極小に

無限小剛ならば, $G = (V, E)$ は以下の計数条件を満たす：$|E| = d|V| - \binom{d+1}{2}$, かつ任意の $V(F) \geqq d$ なる $F \subseteq E$ に対して $|F| = d|V(F)| - \binom{d+1}{2}$. ここで, $V(F)$ は辺集合 F の端点集合を表す.

$d = 2$ の場合, 定理 2 の必要条件が十分となる.

定理 3（Laman の定理[3]）　2 次元ユークリッド空間において, グラフ $G = (V, E)$ が極小剛であるための必要十分条件は, G が以下の計数条件を満たすことである：$|E| = 2|V| - 3$, かつ空でない任意の $F \subseteq E$ に対して $|F| \leqq 2|V(F)| - 3$.

この定理によって, 2 次元フレームワークの一般剛性がグラフの頂点数と辺数の関係を調べることで決定できる. 定理の条件を満たすグラフは, 以下の操作を繰り返し適用することによって得られることが知られている[5].

- 0-拡張（Henneberg 1）：新たな頂点を追加し, それとそれ以外の 2 頂点を新たな辺で繋ぐ（図 2 (a)）.
- 1-拡張（Henneberg 2）：辺を 1 つ取り除き, 新たな頂点と取り除いた辺の両端点およびそれら以外の 1 頂点を新たな辺で結ぶ（図 2 (b)）.

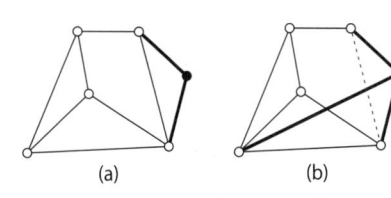

図 2　Henneberg 構成法の例：(a) 0-拡張, (b) 1-拡張

3. 高次元フレームワークの剛性

$d \geqq 3$ の場合, $d = 2$ のような組合せ的特徴付けは得られていない. 有名なダブルバナナフレームワーク（図 3）が示す通り, マックスウェルの条件は十分でない. 以下, $d = 3$ の場合について知られている部分的結果について述べる.

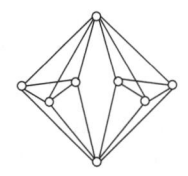

図 3　ダブルバナナフレームワーク

2 次元の場合に知られている 0-拡張や 1-拡張などの帰納的な構成法が 3 次元剛性を保存することが知られている.

定理 4 [5]　(1) 0-拡張および 1-拡張は 3 次元剛性を保存する（図 4）. (2) 頂点分割は 3 次元剛性を保存する（図 5）.

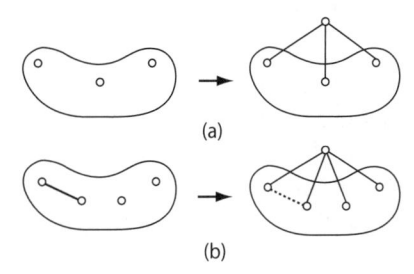

図 4　3 次元における 0-拡張と 1-拡張

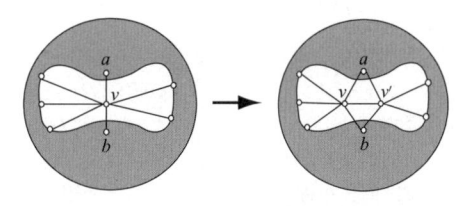

図 5　頂点分割

一般のグラフに対する 3 次元一般剛性の特徴付けは未解決であるが, いくつかのグラフクラスに対してはその性質が明らかにされている（三角形分割[5], 完全 2 部グラフ[5], K_5 を禁止マイナーとするグラフ[4], 2 乗グラフ[2]）.

［加藤直樹］

参 考 文 献

[1] L. Asimov, B. Roth, The rigidity of graphs, *Transactions of the American Mathematical Society*, **245** (1978), 279–289.

[2] N. Katoh, S. Tanigawa, A proof of the molecular conjecture, *Discrete and Computational Geometry*, **45** (2011), 647–700.

[3] G. Laman, On graphs and rigidity of plane skeletal structures, *Journal of Engineering mathematics*, **4**(4) (1970), 331–340.

[4] E. Nevo, On embeddability and stresses of graphs, *Combinatorica*, **27**(4) (2007), 465–472, **9** (1984), 31–38.

[5] W. Whiteley, Some matroids from discrete applied geometry, *Contemporary Mathematics*, **197** (1996), 171–312.

アレンジメントとその利用
arrangement and its applications

直線や曲線，超平面のアレンジメントは計算幾何学では非常に重要な概念であり，様々な問題の解決，高速なアルゴリズムの設計に利用される[1]．数学，情報科学の両面から，その構造の解析は非常に重要である．本項目では，基礎的な事項を紹介する．

1. アレンジメントの基本性質

2次元平面に n 本の直線を配置した図形を2次元の直線アレンジメント（あるいは直線配置）と呼ぶ．直線は互いに交わり，交点を作る．これらの交点をアレンジメントの頂点と呼ぶ．それぞれの直線を交点たちで区切った線分をアレンジメントの辺と呼ぶ．平面における直線たちの補集合は直線によりいくつかの連結成分に分割され，それぞれの連結成分を面またはセルと呼ぶ．平面は頂点，辺，面に分割され，自然に胞体複体（cell complex）の構造を持つ．また，頂点と辺に着目すると，グラフと捉えることも可能であり，平面グラフの構造を持つ．まったく同様に2次元の n 本の曲線からも同様の胞体複体が定義でき，これを曲線アレンジメントと呼ぶ．

直線アレンジメントにおいて，3本以上の直線が交わる交点がない場合，アレンジメントは非退化（non-degenerate）であるという．非退化であるとき，アレンジメントは $n(n-1)/2 = \binom{n}{2}$ 個の頂点，$n^2 = 2\binom{n}{2} + \binom{n}{1}$ 本の辺，$n(n+1)/2 + 1 = \binom{n}{2} + \binom{n}{1} + \binom{n}{0}$ 個の面を持つ．組合せ数を用いた表示は後述の高次元の場合に一般化される．

頂点を通らない y 軸平行な直線はアレンジメントの n 本の辺と交差する．このとき，下から数えて（y 座標に関して昇順で）k 番目の交差を含むとき，その辺は k 番目のレベルにあると呼ぶ．辺のレベルは，その辺と交差する垂直な直線の選び方に依存せずに決定する．すると，k 番目のレベルにある辺の集合は折れ線を作る．この折れ線をアレンジメントの k レベルと呼ぶ．アレンジメントの k レベル（$k = 1, 2, \ldots, n$）への分解をレベル分解と呼ぶ．

d 次元ユークリッド空間 $\mathbb{R}^d$ の中に n 枚の超平面の集合 $\mathcal{H}$ を配置した図形を，超平面アレンジメントまたは超平面配置と呼ぶ．直線アレンジメントの場合と同様に，超平面は空間を k 次元の面（$0 \leq k \leq d$）たちに分解し，胞体複体を定義する．特に d 次元の胞体を面分またはセルと呼ぶ．アレンジメントが非退化であるとき，k 次元の面の数は

$$\sum_{i=0}^{k} \binom{d-i}{k-i} \binom{n}{d-i}$$

となる．高次元のアレンジメントでもレベル分解は同様に定義できる．

1.1 双対変換とアレンジメント

ユークリッド平面 $\mathbb{R}^2$ における双対写像 $\mathcal{D}$ を考えよう．平面上の直線で y 軸に平行でないものの集合を $\mathcal{L}$ とする．$\mathcal{D}$ は $\mathbb{R}^2 \cup \mathcal{L}$ からそれ自身への写像であり，点を直線に，（y 軸平行でない）直線を点に写像する．具体的には，点 $p = (a, b)$ を直線 $\mathcal{D}(p): y = ax - b$ へ写像し，直線 $\ell: y = ax - b$ を点 $\mathcal{D}(\ell) = (a, b)$ に写像する．点集合 S の双対 $\mathcal{D}(S)$ が作るアレンジメント $A(\mathcal{D}(S))$ を考えることが，幾何学データ処理で有用である．定義から，$\mathcal{D}$ は1対1写像であり，$\mathcal{D}$ を2回施したものは恒等写像になる．下記の定理は重要な基本性質である．

定理1 (1) 点 p が直線 ℓ 上にあれば，点 $\mathcal{D}(\ell)$ は直線 $\mathcal{D}(p)$ 上にある．(2) 点 p が直線 ℓ の上半平面にあれば，点 $\mathcal{D}(\ell)$ は直線 $\mathcal{D}(p)$ の上半平面にある．

平面上の点集合 S に対し，半平面 h との共通部分 $S \cap h$ の形で書ける部分集合を半空間部分集合と呼び，特に k 個の点を含む半空間部分集合を k-セットと呼ぶ．例えば2点集合 $\{(0,0), (1,1)\}$ に対しては 0-セットが1つ，1-セットが2つ，2-セットが1つある．このとき，次の定理が得られる．

定理2 上半平面との交わりで得られる S の半空間部分集合と，アレンジメント $A(\mathcal{D}(S))$ の面は1対1に対応し，k-セットに対応する面は k-レベルと $(k+1)$-レベルの間に挟まれた面となる．

平面集合の異なった k-セットの数は，組合せ数 $\binom{n}{k}$ の幾何学的対応物であり，上の定理より k-レベルの辺の数と漸近的に同じである．その解明は重要な未解決問題であり，現状では $O(k^{1/3}n)$ という上界と，$\Omega(n2^{\sqrt{\log k}})$ という下界が得られている．

2. アレンジメントとアルゴリズム

2.1 カッティングと部分構築

定理3 平面上の n 本の直線集合 H に対し，$O(r^2)$ 個の三角形からなる三角形分割で，各々の三角形が H の $O(n/r)$ 本の直線と交わるようなものが存在し，このような三角形分割を $O(nr)$ の時間で計算することができる．

上記の三角形分割をアレンジメントのカッティングと呼び，高次元への拡張も考えられている[2]．

カッティングの利用法として，次の問題（Hopcroft

の問題）を考えてみよう：「n 本の直線と m 個の点が平面上に与えられたとき，インシデンス対の有無（あるいは数）を求めるアルゴリズムの計算時間はどれくらい必要か？」．ここで，点が直線上にあるとき，その点と直線はインシデンス対であるという．つまり，点を障害物の位置，直線をレーザー光線だと思ったときに，レーザー光線が障害物に当たるかどうかを問う問題である．簡単のため $m^2 > n > \sqrt{m}$ とする．1 本の直線に対し，m 個の点との衝突を調べるのに $O(m)$ 時間必要であり，直線は n 本ある．したがって，全体で $O(nm)$ の時間が避けられないように思える．ところが，n 本の直線のアレンジメントのカッティングに点位置検索情報を入れると，m 個の点のそれぞれが含まれる三角形を求めることができる．各々の点については，三角形と交わる n/r 直線のみとのインシデンス判定をすればよいので，計算時間は，カッティング構築に $O(nr)$，点位置検索に $O((r^2 + m)\log r)$，インシデンス判定に $O(nm/r)$ である．例えば $r = \sqrt{m}$ にすると，計算時間は $O(n\sqrt{m} + m\log m)$ に改善される．さらに再帰的にこの考えを用いると，$O(n^{2/3}m^{2/3}\log n)$ という計算時間を得ることができる．

この考え方は，アレンジメントの部分構築にも利用できる．n 本の直線からなるアレンジメントの指定された m 個の面を構築することは，Hopcroft 問題と同様の手法により，$O((m^{2/3}n^{2/3} + n)\log n)$ の計算時間で行える．

2.2　半平面領域探索問題

アレンジメントの重要な利用法を 1 つ紹介する．与えられた半平面に含まれる S の点の数や重み和を高速に答えるデータ構造の構築は，半平面領域探索問題と呼ばれ，幾何学データ処理の基本的な道具である．

半平面領域探索問題

平面点集合 S を考える．各々の点 p が重み $w(p)$ を持つとき，与えられた任意の半平面 h に対して，$w(h \cap S) = \sum_{p \in h \cap S} w(p)$ を答える効率良いデータ構造を与えよ．

$|S| = n$ のとき，前処理をまったくしなければ，半平面領域探索の探索時間は $O(n)$ である．一方，$A(\mathcal{D}(S))$ の面 F に対して，対応する半空間部分集合 $s(F)$ の重み $w(s(F))$ を前処理計算しておくと，検索半平面 h が与えられたとき，それを定義する直線 ℓ の双対 $q = \mathcal{D}(\ell)$ をアレンジメントの中で位置検索し，q を含む面 F に計算してある $w(s(F))$ を答えればよい．この手法では $O(\log n)$ 時間での検索が可能である反面，アレンジメントを構築するのに $O(n^2)$ の記憶領域を必要とする．記憶領域と検索時間にはトレードオフがあり，記憶領域を m $(n < m < n^2)$ とすると，検索時間を $O(\frac{n}{\sqrt{m}} \log(\frac{m}{n}))$ にでき，かつこれは最適である[3]．半平面領域探索を一般化して，三角形領域を用いた領域探索も同じように，線形の記憶領域，$O(\sqrt{n})$ の探索時間で行うことができる．また，高次元での半空間領域探索，単体領域探索も広く研究されており，次元を d とすると，線形の記憶領域を用いて，$O(n^{1-1/d})$ 時間での探索が可能である．

2.3　曲線や曲面のアレンジメント

曲線や曲面のアレンジメントの解析は直線や平面の場合に比べて複雑であり，k-レベルの解析でもまったく異なったアプローチが必要である．しかしながら，曲線や曲面のアレンジメントの利用は，ロボットの動作制御などの様々な幾何学最適化に出現する．一例として，Schwartz と Sharir は 2 次元および 3 次元における物体の移動経路を求めるアルゴリズム問題を考え，ピアノ移送問題（piano mover's problem）と呼んだ[4]．2 次元平面上の物体の動作解析には位置と回転に関する 3 つの自由度があり，3 次元空間では 5 つの自由度となる．物体の位置として障害物に接している位置の集合は，自由度の空間の中で 1 次元低い曲面の集合を構成し，これらの曲面のなすアレンジメントが物体の移動可能性を表現する．このアレンジメントを細分してできる空間分割の隣接構造から構築するグラフ上での経路探索アルゴリズムがピアノ移送問題を解き，アルゴリズムの効率はアレンジメントの複雑度解析に依存する．ここでは Davenport–Shinzel 列と呼ばれる組合せ的な概念が利用され，様々な理論的成果があげられている[5]．

［徳山　豪］

参　考　文　献

[1] H. Edelsbrunner, *Algorithms in Combinatorial Geometry*, Springer-Verlag, 1987.

[2] J. Matousek, *Lectures on Discrete Geometry*, Springer-Verlag, 2001.

[3] J. Matousek, *Geometric Discrepancy, An Illustrated Guide*, Springer-Verlag, 1999.

[4] J. Schwartz, M. Sharir, A Survey of Motion Planning and Related Geometric Algorithms, *Artificial Intelligence*, **37** (1990), 157–169.

[5] M. Sharir, P. Agarwal, *Davenport Schinzel Sequences and Their Geometri Applications*, Cambridge U. Press, 1995.

美術館監視・捜索問題

searching, hunting and surveillance of art gallery

多角形領域の探索を，特に探索対象が探索領域を連続的に移動する場合を中心に説明する．

1. 美術館の監視，あるいは迷子の捜索

領域内から特定の対象を探す操作である探索は，最も基本的な操作である．二分探索木における探索では，探索者は根から適切な道を通って葉に向かい，指定されたキー，すなわち探索対象が探索領域である探索木に出現するならばこれを発見し，出現しなければその事実を報告する．探索対象は，存在するならばある頂点に存在し，移動しない．分散型計算の停止判定では，探索領域である（グラフで表現される）分散ネットワーク中に実行中の部分タスクが残されていないことを確認することが目的となる．二分探索木と違い，探索対象である部分タスクは探索中にグラフ内を移動する．したがって，探索者はグラフ内を移動しながら，移動する探索対象を探索する必要がある．グラフ探索問題は，グラフ内を移動する探索対象の探索に必要な探索者数や探索スケジュールを求める問題である[4]．

上記と異なり，監視ロボットや監視カメラは連続空間を探索する．美術館（多角形領域）を探索して侵入者や遭難者（探索対象）を発見する問題は，探索者と侵入者の移動可能性の有無によって4つの場合に分類できる（表1）．以下では，各問題を定義し，主要な定理を説明する．3次元多面体の探索も研究が進んでいるが，ここで触れる余裕はない．

表1 美術館探索の分類と部分問題名

探索者\侵入者	固定	移動
固定	美術館問題[2]	サーチライト問題[5]
移動	警備員経路問題[1]	多角形探索問題[6]

2. 定 式 化

P を単純多角形の境界を含む内部領域とする．探索者 $g \in P$ は P の点であり，1時点では1つの方向 $\theta \in [0, 2\pi)$ だけを見る（注視する）ことができる．視界は P を出て，その先に伸びることはない．$V(g, \theta)$ によって g から θ 方向を注視したときの視界を表す．探索者は注視方向を有限の速度で連続的に360度変更できる．$V(g) = \cup_{0 \leq \theta < 2\pi} V(g, \theta)$ は，注視方向を360度回転することで g から見える P の部分領域，可視領域である．移動可能探索者は P 内を有限の速度で連続的に移動できる．

侵入者も P 上の点である．移動可能侵入者は P 内を任意の速度で連続的に移動できる．侵入者の移動経路 I を $[0, \infty)$ から P への連続関数によって定義する．$I(t)$ は時刻 t における侵入者の位置である．固定侵入者では I は定数関数である．可能な全ての移動経路の集合を $\mathcal{I}$ とする．

探索は時刻0に始まり，時刻1に終了する．探索者 g の探索スケジュール σ_g は $[0, 1]$ から $P \times [0, 2\pi)$ への連続関数であり，$\sigma_g(t) = (g(t), \theta_g(t))$ は時刻 t における g の位置 $g(t) \in P$ と注視方向 $\theta_g(t)$ である．σ_g は連続であって，場所の移動と視界の回転はともに連続的である．探索者の集合 G に対するスケジュールを $\Sigma = \{\sigma_g : g \in G\}$ とする．任意の $I \in \mathcal{I}$ に対して，ある $g \in G$ と $t \in [0, 1]$ が存在して，$I(t) \in V(g(t), \theta_g(t))$ であるとき，Σ は P の探索スケジュールであるという．すなわち，探索スケジュールは，侵入者の逃走経路に関わらず，ある探索者が必ずこれを発見できるスケジュールである．

探索のある段階で，侵入者が存在する可能性のない領域を清浄領域，侵入者が存在する可能性が残る，清浄領域以外の領域を汚染領域と呼ぶ．固定侵入者ならば，探索は清浄領域が単調に増加するという意味で常に単調である．グラフ探索では，移動侵入者に対しても，探索スケジュールが存在するならば，単調な探索スケジュールが存在する．しかし，単純多角形の探索では，移動侵入者の場合に非単調な探索が本質的に必要な場合があり，グラフ探索問題との際立った相違になっている．

P の部分集合 $G \subseteq P$ は，$P = \cup_{g \in G} V(g)$ であるとき監視人集合という．固定侵入者に対しては，任意の監視人集合に対する探索スケジュールが存在するが，移動侵入者に対しては，探索スケジュールの有無の決定は単純ではない．以下では，P は問題のインスタンス（の一部）である単純多角形領域であり，n はインスタンスが含む総頂点数である．

2.1 美術館問題

探索者も侵入者も移動できない場合に，P に対して，探索スケジュール Σ が存在するサイズが最小の探索者集合 $G \subseteq P$ を求める問題を美術館問題と呼ぶ．すなわち，P のサイズが最小の監視人集合 G を求める問題である[2]．美術館定理によると，

定理 1 任意の n 個の頂点を持つ単純多角形に対してサイズが $\lfloor n/3 \rfloor$ の監視人集合が存在する．一方，サイズが $\lfloor n/3 \rfloor$ の監視人集合が必要な n 個の頂点を持つ単純多角形が存在する．

この定理の意味で，頂点数が n の単純多角形に必要十分な監視人集合のサイズは $\lfloor n/3 \rfloor$ である．h

個の穴を含む場合には $\lfloor (n+h)/3 \rfloor$ が必要十分である．水平・垂直の辺だけから構成される直角多角形に限れば，穴の有無に関わらず $\lfloor n/4 \rfloor$ が必要十分である．監視人集合を頂点集合から選択することに限定しても，一般の単純多角形に対する限界 $\lfloor n/3 \rfloor$ と $\lfloor (n+h)/3 \rfloor$，および穴のない直角多角形の限界 $\lfloor n/4 \rfloor$ は変化しない．しかし，h 個の穴を含む場合には，十分条件 $\lfloor (n+2h)/4 \rfloor$ が知られているが，必要十分条件の予想 $\lfloor (n+h)/4 \rfloor$ との間にまだ差がある．多くの結果が [3] に詳細に述べられている．

監視人集合のサイズの最小化は，直角多角形に限っても強NP-困難である．この問題はAPX-困難であるが，APXに属するか否かは未解決である．

2.2 警備員経路問題

探索者は移動できるが侵入者は移動できない場合には，単一の探索者に対する探索スケジュールが存在する．単一探索者のための移動距離最小探索スケジュールを求める問題を警備員経路問題と呼ぶ[1]．すなわち，$P = \cup_{r \in R} V(r)$ を満たす最短の経路 R を求める問題である．$O(n^5)$ 時間のアルゴリズムが知られており，経路の始点が与えられるなら $O(n^3 \log n)$ 時間で解ける．単純多角形が穴を含む場合にはNP-困難である．ℓ 個の多角形と始点 s と終点 t が与えられたときに，全ての多角形に触れて s と t を結ぶ最短経路を求める問題は，警備員経路問題を含む，いくつかの類似の問題の拡張であり，$O(\ell n \log(n/\ell))$ 時間で解ける．

2.3 サーチライト問題

侵入者は移動できるが探索者は移動できない場合をサーチライト問題と呼ぶ[5]．

定理2 任意の P に対してサイズが $2f-1$ の探索者集合が存在する．一方，サイズが $2f-1$ の探索者集合が必要な単純多角形 P が存在する．ここで，f は P のサイズ最小の監視人集合のサイズである．

したがって，P を探索するために必要十分な探索者数は $2f-1$ である．P が h 個の穴を含む場合には $f(h+1)$ が十分であるが，良い必要条件は知られていない．探索者の集合 $G \in P$ が与えられたときに，探索スケジュール Σ の有無を判定する問題はPSPACEに含まれる．G を頂点とし，$g, g' \in G$ が $g' \in V(g)$ であるとき，(g, g') を辺とする可視グラフ VG を用いて，探索可能であるための多くの十分条件が記述できる．例えば，VG の各連結成分が少なくとも1つの境界上の探索者を持つならば探索可能である．特に，G が完全に P の境界に含まれるならば探索可能であり，探索スケジュールは $O(n)$ 時間で構成できる．探索可能であるための必要十分条件は（$|G| \leq 3$ の場合を除き）知られていない．

2.4 多角形探索問題

探索者も侵入者も移動可能な場合に，P を探索するために必要十分な探索者数 $s(P)$，およびその探索スケジュールを求める問題が，多角形探索問題である[6]．

定理3 頂点数 n の任意の P に対して，$s(P) \leq 1 + \lfloor \log_3(n-3) \rfloor$ である．$s(P) = \log_3(n+1)$ となる頂点数 n の単純多角形 P が存在する．

したがって，P を探索するために必要十分な探索者数はおおよそ $\lfloor \log_3 n \rfloor$ である．h 個の穴を含む場合に必要十分な探索者数は $\Theta(\log n + \sqrt{h})$ である．探索者最小化や探索スケジュール構成問題の計算量の良い限界は知られていない．

ほとんどの結果は1人の探索者による探索に集中している．k 方向を同時に注視できる探索者を k-探索者，全ての方向を同時に注視できる探索者を ∞-探索者という．1-探索者と2-探索者は，探索可能な多角形の種類に差があるという意味で，能力差がある．2-探索者と ∞-探索者の能力に差がないと報告されている．常に境界を離れない探索者を境界探索者と呼ぶ．1-境界探索者は ∞-境界探索者と同じ探索能力を持つ．P の境界を移動方向を変えずに3周する汎用の探索アルゴリズムがあり，任意の1-境界探索可能な P を探索できる． ［山下雅史］

参 考 文 献

[1] W.P. Chin, S. Ntafos, Optimum watchman routes, *Information Processing Letters*, **28** (1988), 39–44.

[2] V. Chvátal, A combinatorial theorem in plane geometry, *Journal of Combinatorial Theory, Series B*, **18** (1975), 39–41.

[3] J. O'Rourke, *Art gallery theorems and algorithms*, Oxford University Press, 1987.

[4] T.D. Parsons, Pursuit-evasion in a graph, Theory and Applications of Graphs, *Lecture Notes in Mathematics*, **642** (1976), 426–441.

[5] K. Sugihara, I. Suzuki, M. Yamashita, The searchlight scheduling problem, *SIAM Journal on Computing*, 19,6 (1990), 1024–1040.

[6] I. Suzuki, M. Yamashita, Searching for a mobile intruder in a polygonal region, *SIAM Journal on Computing*, 21,5 (1992), 863–888.

ディジタル計算幾何
digital computational geometry

計算幾何学は，幾何的に定義された問題を解決するための効率の良いアルゴリズムを設計し，解析するとともに，そのような問題の本質的な計算複雑度を解析することを目標にしている．平面上の点や線分などの簡単な幾何的オブジェクトによって定まる問題を扱うが，線分の端点を含めて点の座標は実数値で与えられることが多い．しかし，計算機上では無限精度の実数を扱うことはできないので，座標を一定範囲の整数値に限定する場合がある．つまり，整数座標の点や，それを端点とする線分が定義されているような状況で，幾何的な問題の効率的な解法を考えることになる．これがディジタル計算幾何である．ここでは，ディジタル計算幾何学の分野において厳選されたトピックスについて解説する．標準的なテキストとしては，Rosenfeld and Klette [4] を参照されたい．

1. 連結性

ディジタル幾何学では，整数格子上で点や線分などを扱う．通常は，座標値に上限と下限を仮定している．入力が平面上の点集合である場合，それらの点の座標の集合として入力点集合を表現することもできるが，それぞれの整数格子点が入力集合に含まれるかどうかを2値で表現するほうが一般的である．その場合，整数格子点のことをピクセルと呼ぶ．また，入力点集合に含まれるピクセルを白ピクセル，それ以外を黒ピクセルと呼ぶことにする．白と黒の区別を付けたピクセルの集合を入力と考えると，これは2値画像と同じなので，以下では2値画像と呼ぶことにする．3次元以上の場合の整数格子点はボクセルと呼んで区別している．

紙数が限られているので，本項目では平面上に限定して解説する．まず，平面上の白ピクセルの集合に対して連結性を定義する．2つの白ピクセルが上下あるいは左右に隣接しているとき，それらは4連結であるという．また，2つの白ピクセルの間に，上下あるいは左右に隣接した白ピクセルからなる道が存在するとき，それらは4連結であるという．どの2つも4連結であるような極大な白ピクセルの集合のことを，4連結白成分と呼ぶ．

4連結では上下左右の4方向の連結性しか許さなかったが，斜め45度方向の連結性も許す場合が8連結性である．一般に，白ピクセルに対して4連結性を仮定する場合には，背景に相当する黒ピクセル

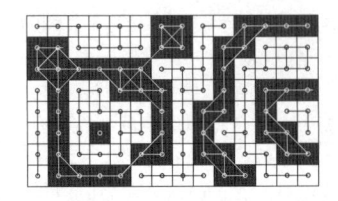

図1 白ピクセルと黒ピクセルの連結性

に対して8連結性を仮定する．

4連結白成分にそれぞれ異なる整数のラベルを付与することは連結成分ラベリングと呼ばれ，基本的な演算の1つである．ディジタル幾何学の創成期から注目された問題であり，これまでに実に多数のアルゴリズムが提案されている．簡単のために，縦と横のサイズがともに $O(\sqrt{n})$ である2値画像が与えられたとき，各白ピクセルから4連結成分をキューなどを用いて成長させていく簡単な方法により，（十分なメモリがあれば）線形時間で連結成分ラベリングが可能である．これとは別に，最初は水平方向にラベル付けを行い，2回目の走査で垂直方向の隣接関係によってラベルを統合していく方法も一般的であるが，データ構造を工夫しない限り，線形時間での実行は難しい．

2. ユークリッド距離変換

2値画像に含まれる各白ピクセルについて，最も近い黒ピクセルまでのユークリッド距離（の2乗）を求めることを，ユークリッド距離変換と呼ぶ．図2は最も近い1画素を矢印で示したものである．

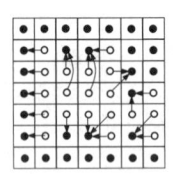

図2 それぞれの白ピクセルから最も近い黒ピクセル

ユークリッド変換は，画像の細線化など多くの応用を持つ重要な変換である．1990年台後半になって線形時間のアルゴリズム [2],[3] が相次いで報告されるまで，模索の時代が長く続いた．Hirata [3] の方法は，同形の放物線であれば，それらの下側包絡線は放物線の個数に比例する時間で計算できるという性質に基づいたものである．出力の距離情報を蓄える配列のほかに画像の列数のサイズを持つ作業用配列が利用できれば，下側包絡線を線形時間で求めることが可能である．

3. Pickの定理

平面上の多角形は，頂点の点列 (x_0, y_0), (x_1, y_1), $\ldots$, (x_{n-1}, y_{n-1}) を与えると決まるが，その面積は

$$\frac{1}{2}\left|\sum_{i=0}^{n-1} y_i(x_{i+1}-x_{i-1})\right|$$

で与えられる．ただし，$x_{-1}=x_{n-2}$，$x_n=x_1$ である．この公式は非常に便利であるが，ディジタル幾何学にはもっと興味深い定理がある．それが次に述べる Pick の定理 [4] である．

定理（Pick の定理） 全ての頂点が整数格子点であるような多角形のことをディジタル多角形と呼び，その面積 S は，多角形の内部にある格子点の個数 i と辺上にある格子点の個数 b により

$$S=i+\frac{1}{2}b-1$$

で与えられる．

図 3 はディジタル多角形の例である．頂点列は $(10,0),(11,5),(6,9),(2,7),(1,5),(2,2)$ であるから，最初の公式を用いると $S=59$ となる．一方，内部の格子点数は 56 個で，辺上に 8 点あるから，Pick の定理の式の値は

$$S=i+\frac{1}{2}b-1=56+\frac{1}{2}8-1=59$$

となり，一致する．

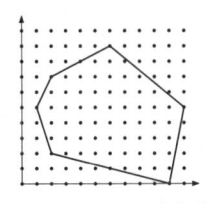

図 3　ディジタル多角形

4．ディジタルハーフトーニング

ディジタルハーフトーニング（digital halftoning）とは，画質をなるべく落とさずに，多階調の画像を限定された少数の階調しか持たない画像に変換する技術のことである．ディジタルカメラで撮影された写真をディジタルプリンタで印刷する場合，3～5 色のインクしか用いることができないので，画質を保つために様々な工夫がなされている．

議論を簡単にするために濃淡画像のハーフトーニングについて考えよう．最も単純な方法は，中間の濃淡レベルを閾値として各画素を白か黒に変換するものであるが，もちろん画質については期待できない．最初に考えられたのは，ディザ行列と呼ばれるものを利用して，場所によって閾値を変えるオーダードディザ法である．

単純さが特徴であるオーダードディザ法に対して，より巨大なディザ行列を設計することで画質を飛躍的に向上させようとする研究もある．巨大な行列を注意深く設計すればパターン特有の模様が目立つこともない．

アルゴリズムが簡単で，実際的にも効果的な方法として，誤差拡散（error diffusion）法がある．この方法では，単純 2 値化法と同様に固定の閾値を使うが，丸めの際に生じた誤差を周囲の未処理画素に拡散するところに違いがある．画素をラスターの順に走査すると，未処理画素は右，左下，下，右下ということになる．これらの画素に対して，図 4 に示した割合で誤差を伝播する．図に示した係数は古くから使われているものであるが，最近では実験的に最適な係数を求めようとする研究が始まっている．

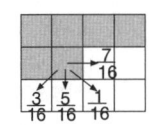

図 4　誤差拡散法における拡散係数

さらに，ディジタルハーフトーニングを組合せ最適化問題として定式化する試みもある [1]．最適なハーフトーン画像とは，各画素を中心とする小領域で画素値の重み付き平均を入力濃淡画像とハーフトーン 2 値画像の双方で求めたとき，その差（誤差）の総和が最小となる 2 値画像として定義することができる．これは整数線形計画として定式化できるが，画素の周りの小領域のとり方を工夫すると，線形計画法の解が整数解を持つことを保証できるので，多項式時間で最適解を求めることができる．もちろん，制約付きでの最適解なので，人間の視覚に合っているかどうかは入力画像によって異なる．　　[浅野哲夫]

参　考　文　献

[1] T. Asano, Digital Halftoning: Algorithm Engineering Challenges, *IEICE Trans. on Inf. and Syst.*, E86-D, 2 (2003), 159–178.

[2] H. Breu, J. Gil, D. Kirkpatrick, M. Werman, Linear Time Euclidean Distance Algorithms, *IEEE Trans. on Pattern Analysis and Machine Intelligence*, Vol.17, No.5 (1995), 529–533.

[3] T. Hirata, A unified linear-time algorithm for computing distance maps, *Information Processing Letters*, Vol.58, No.3 (1996), 129–133.

[4] A. Rosenfeld, R. Klette, *Digital Geometry: Geometric Methods for Digital Image Analysis*, Morgan Kaufmann, 2004.

地理的最適化問題
geographical optimization problem

施設の最適配置問題の中で従来から研究されてきたのは，施設の設置場所の候補地と，利用者の位置が離散的に与えられている場合である．一般にそれらを前提とする施設配置問題は組合せの問題となり，NP困難な問題になることが知られている．一方，計算幾何学の進歩により，施設の設置場所の候補地を平面上の任意の場所とし，利用者はある分布に従って平面上に連続的に分布していると仮定することで，最適配置問題は非線形計画問題として定式化でき，計算機を用いて解を求められるようになった．このような問題は，地理的最適化問題と呼ばれている．

1. ボロノイ図と地理的最適化問題

地理的最適化問題で重要な役割を果たすのは，ボロノイ図という幾何学図形である．ボロノイ図は，ユークリッド平面上にいくつかの点が与えられたとき，与えられた点のうちのどれに一番近いかによって平面を分割したものである．また，ボロノイ図は勢力圏図，縄張り図などとも呼ばれており，都市計画，生態学などの分野で広く応用されている．数学的には，ユークリッド平面を $\mathbf{R}^2$，与えられた点（母点と呼ぶ）の位置ベクトルを $\mathbf{x}_1,\ldots,\mathbf{x}_n$ で表し，ユークリッド距離を $\|\cdot\|$ とすると，$\mathbf{x}_i$ のボロノイ領域 V_i は，

$$V_i = \{\mathbf{x}\in\mathbf{R}^2 \mid \|\mathbf{x}-\mathbf{x}_i\| < \|\mathbf{x}-\mathbf{x}_j\|, i\neq j\}$$

で定義される．ボロノイ領域による平面の分割をボロノイ図と呼ぶ．ボロノイ図は計算機科学の分野で主要な題材として取り上げられている．幾何学的なデータをコンピュータで取り扱うための理論や手法を研究する計算幾何学の分野で，その構成算法が集中的に研究されたのである．その結果，逐次添加法，分割統治法，平面走査法などの高速な算法が実用化され，現実問題に適用可能になった．これによって地理的最適化問題の解は実用的な計算時間で求められるようになったと言える．図1に100個の母点から生成されるボロノイ図の一例を示す．

母点を施設と考え，利用者が一番近い施設を利用すると仮定すると，ボロノイ領域は施設の利用圏を定義している．ある領域 S に密度関数 $f(\mathbf{x})$ に従って分布している利用者がこの領域内にある n 個の施設 $\mathbf{x}_1,\ldots,\mathbf{x}_n$ を利用するとき，利用者の総移動距離は，

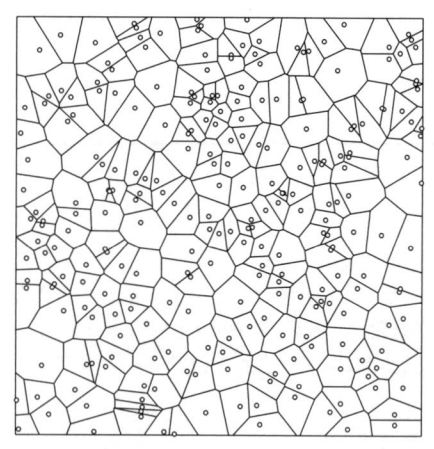

図1 正方形内にランダムに分布する100個の母点から生成されるボロノイ図の一例

$$F(\mathbf{x}_1,\ldots,\mathbf{x}_n) = \int_S \min_{i=1,\ldots,n}(\|\mathbf{x}-\mathbf{x_i}\|)f(\mathbf{x})d\mathbf{x}$$

と表すことができる．ここで，平面上のある点から与えられた母点のうちのどれに一番近いかは，その点がどのボロノイ領域に属しているかによることに注意すると，関数 F は

$$F(\mathbf{x}_1,\ldots,\mathbf{x}_n) = \sum_{i=1}^{n}\int_{V_i}(\|\mathbf{x}-\mathbf{x_i}\|)f(\mathbf{x})d\mathbf{x}$$

と変形することができる．これにより，利用者の総移動距離は各ボロノイ領域内での積分の和として求められることがわかる．最適配置問題は，利用者の総移動距離 F を最小にする施設（母点）を求める問題として定式化でき，ボロノイ図を用いて，F や，F の偏微分係数も計算できることがわかる．

関数の最小化の算法は降下法を用いる．この降下法は，F の偏微分係数から降下方向を求め，その方向に直線探索を行うという単純なものである．その際，F の計算，F の1階，2階の偏微分係数の計算が必要になる．降下法の反復ごとにこれらの計算をするためには，ボロノイ図を繰り返し何百回も構成しなくてはならない．ボロノイ図の高速構成算法が重要なゆえんである．また，計算に必要な積分は数値積分により，微分係数はボロノイ図の母点が微小に動いたときの関数の変化を計算することによって求められる．図2は正方形内に一様に分布する利用者に対して，100個の施設を配置する場合の最適配置である．

このように，最適配置問題を非線形計画法として定式化し，ボロノイ図を用いて解を求めることができる問題は，ほかにも数多くある．例えば，学区の問題，バス停の最適配置問題，定期市場の問題などである．これらの問題は文献[2]で詳しく解説されている．

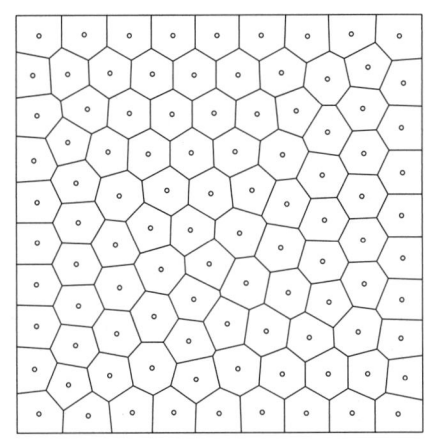

図2 正方形内に一様に分布する利用者に対する施設の最適配置

2. 地理的最適化問題の展開

地理的最適化問題が最初に提案されてから，いくつかの新しい問題が提案され，ボロノイ図を用いた反復解法によって解が求められている．ここではその中から，ミニマクス型の地理的最適化問題[3]，平面の等面積分割問題[4]，平面の円盤による被覆問題[1]について紹介する．

ミニマクス型の地理的最適化問題は，単位正方形内に利用者が連続に分布しているとき，施設から最も遠い利用者の施設への距離を最小にするように，n個の施設を配置する問題である．前節で紹介した問題はミニサム型の問題だったが，この問題はミニマクス型である．最適配置問題では，ミニマクス型の問題は，消防署などの緊急施設の配置のモデルとされている．8個の施設に対する解を図3に示す．

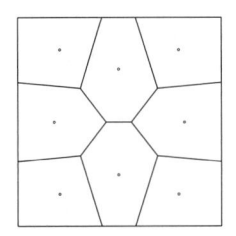

図3 正方形内に連続に分布する利用者に対するミニマクス型の最適配置

平面の等分割問題は，単位正方形をn個の面積の等しいボロノイ図に分割する問題である．このような分割は無数にあるので，ここでは，その中からボロノイ領域の外接円の半径が最小のものを求める問題を考える．この問題はミニマクス型の問題に類似しているが，各領域の面積が等しくなるという制約が追加されている．この問題は，最適配置問題で公平性を考えるときのモデルと考えられる．図4は，平面を8個の面積が等しく，外接円の半径が最小に

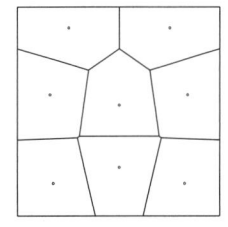

図4 平面を面積が等しく外接円が最小となるボロノイ領域に分割する問題の解

なるようなボロノイ領域に分割した最適配置である．

平面を円盤で被覆する問題は，n個の，半径の等しい円盤で，正方形のなるべく多くの面積を被覆する問題である．最適配置問題では，施設がサービスできる範囲が決められているときに，平面上に連続に分布するなるべく多くの利用者にサービスを提供するモデルと考えられる．図5は平面上に36個の円盤を置いた場合の最適配置である．

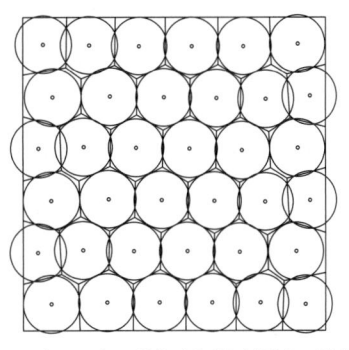

図5 36個の円盤で単位正方形を被覆する最適配置

［鈴木敦夫］

参 考 文 献

[1] Z. Drezner, A. Suzuki, Covering Continuous Demand in the Plane, *Journal of the Operational Research Society*, **61**(5) (2010), 878–881.

[2] 岡部篤行, 鈴木敦夫, 最適配置の数理, 朝倉書店, 1992.

[3] A. Suzuki, Z. Drezner, On the p-Center Location Problem in an Area, *Location Science*, 4: 1–2 (1996), 69–82.

[4] A. Suzuki, Z. Drezner, The Minimum Equitable Radius Location Problem with Continuous Demand, *European Journal of Operational Research*, 195:1 (2009), 17–30.

ロバスト幾何計算
robust geometric computation

計算が誤差なくできることを前提として設計された幾何アルゴリズムは，正しく計算機プログラムへ翻訳しても，正常に動作するとは限らない．一般のアルゴリズムでは，誤差が発生すると，その誤差の大きさに応じて結果が真の解からずれるという程度の影響で済むことが多い．しかし，幾何計算では，誤差が致命的となる．なぜなら，誤差のために位相構造が誤って判定されると，ユークリッド幾何では生じ得ない状況に陥り，アルゴリズムが無限ループに入ったり，異常終了したりして，破綻してしまうからである．この困難を克服するためには，誤差の発生を考慮に入れてアルゴリズムを設計し直さなければならない．これが，ロバスト幾何計算の技術である．ロバスト幾何計算を達成するための主なアルゴリズム設計法は2つある[4]．本項目ではそれらを紹介する．

1. 誤差に対する脆弱性

幾何アルゴリズムが数値誤差によって破綻する状況を，ボロノイ図を例にとって示す．平面上に与えられた有限個の点 $p_1, p_2, \ldots, p_n$ に対して，どの点に最も近いかによって平面を分割した図形は，ボロノイ図と呼ばれる．図1(a)の黒丸に対するボロノイ図は，実線で示した通りである．$p_1, p_2, \ldots, p_n$ をこのボロノイ図の母点と呼び，1つの母点に対応する領域をボロノイ領域，その境界辺をボロノイ辺，3本以上のボロノイ辺が集まる点をボロノイ点と呼ぶ．

(a) 逐次添加手続き　(b) 破綻する状況

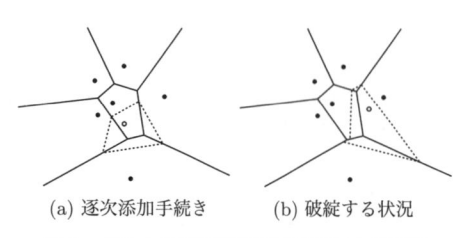

図1　ボロノイ図逐次構成法と誤差による破綻

ボロノイ図を作るための代表的な算法の1つは，逐次構成法である．これは，簡単なボロノイ図から出発して，母点を1個ずつ加えながら，ボロノイ図を更新する作業を繰り返す方法である．図1(a)では，実線のボロノイ図が既に得られている状態で，白丸の母点を加えたときの更新の様子を破線で示している．白丸の母点と周りの母点との間の垂直二等分線の列が閉じるので，それによって囲まれた領域を新しい点のボロノイ領域と見なす．これが逐次構成法の1サイクルである．

数値誤差が発生すると，ボロノイ点の座標が正しい位置からずれるので，図1(b)に示すように，垂直二等分線の列が閉じないことがある．この場合に計算は破綻する．このように，幾何計算では誤差がアルゴリズムにとって致命傷となる．

2. 厳密計算法

対象の位相構造の判定が常に正しくできるだけの十分な精度を確保することによって破綻を防ぐ方法は，厳密計算法と呼ばれる．これは，幾何問題を与えるときの精度が有限であることを前提として，そのもとで十分な精度を確保するものである．

ボロノイ図の計算においては，点 p_i, p_j, p_k のボロノイ領域の境界が共有するボロノイ点が，新しい母点 p_l の領域に含まれるか否か（言い換えると，p_i, p_j, p_k から等しい距離にある点がそれらの母点より p_l に近いか否か）の判定が基本となる．点 p_i の座標を (x_i, y_i, z_i) とすると，この判定は

$$F(p_i, p_j, p_k, p_l) = \begin{vmatrix} 1 & x_i & y_i & x_i{}^2 + y_i{}^2 \\ 1 & x_j & y_j & x_j{}^2 + y_j{}^2 \\ 1 & x_k & y_k & x_k{}^2 + y_k{}^2 \\ 1 & x_l & y_l & x_l{}^2 + y_l{}^2 \end{vmatrix} \tag{1}$$

の符号の判定に帰着できる．いま，母点の座標値は全て整数であり，十分大きい値 L に対して

$$-L \leqq x_i, y_i, z_i \leqq L, \quad i = 1, 2, \ldots, n \tag{2}$$

が満たされるとする．すると，アダマールの不等式（行列式の値の絶対値は，列ベクトルの長さの積を超えない）により

$$|F(p_i, p_j, p_k, p_l)| \leqq \sqrt{4} \cdot \sqrt{4L^2} \cdot \sqrt{4L^2} \cdot \sqrt{8L^4}$$
$$= 16\sqrt{2}L^4 \tag{3}$$

となる．したがって，整数 $16\sqrt{2}L^4$ が表現できる桁数のメモリを用いて計算をすれば，常に符号が正しく判定でき，ボロノイ図の位相構造も正しく判定されるので，アルゴリズムは破綻しないことが保証される．

これが厳密計算法の考え方である．この方法は，アルゴリズムの中の判定のための計算が，入力データに対する有限の次数の計算だけに帰着できる場合に使える[6]．この方法は，標準的な幾何プログラムライブラリで採用されている[1],[3].

厳密計算法では，例外が生じていることも厳密に判定されるため，全ての例外に対する処理を用意しないとアルゴリズムは完成しない．この困難は記号摂動法[2],[5]と呼ばれる例外のない世界を作る技術によって避けることができる．また，高精度計算は

コストがかかる．この困難は，必要なときのみ高精度計算に切り替えるという加速技術によって緩和できる[4]．

3. 位相優先法

幾何計算の破綻を防ぐもう1つの方法は，数値計算の結果はそもそも誤差を含むものであるという前提から出発し，それには頼らないで，対象の位相構造の一貫性を保つことを優先させる方法である．これは，厳密計算法とはまったく逆の考え方で，位相優先法と呼ばれる[4]．この考え方を，ボロノイ図の算法を例にとって示す．

図1の逐次構成法の手続きにおいて，垂直二等分線の列を追跡するという見方をやめる．代わりに，ボロノイ図のグラフ構造の中から1つの部分構造を取り出して，それを閉路で置き換え，その内部を新しい母点の領域と見なすという手続きであると解釈する．さらに，与えられた母点を含む十分大きい三角形の3つの頂点も母点に加え，その3点のボロノイ図から出発する．このとき，取り除くべき部分構造を T とすると，(1) T は木（サイクルを含まず連結なグラフ）であり，(2) T を古いボロノイ図の1つのサイクルに制限したものも連結である，という性質が満たされる．しかも，これらの性質は数値によらない組合せ的性質である．そこで，これらの性質を満たす T を見つけることを最優先にして，それに反しない範囲で選択の自由度があるときのみ，一番もっともらしいものを選択するために数値計算を行う．これが位相優先法である．

位相優先法は次のような利点を持つ：(1) 途中の計算にどれほど大きな誤差が発生しても矛盾が生じることはなく，最後まで処理が進み，何らかの出力が得られる．(2) 出力は着目した組合せ位相的性質を満たす．(3) 途中の計算精度を上げていくと，出力は正しい結果へ収束する．(4) 例外の発生がそもそも認識できないので，例外対策がいらない．ただし，これらの利点の一方で，優先すべき組合せ位相的性質を抽出できないと使えない．

図2に，位相優先法で作ったソフトウェアの振る舞いの例を示す．図2(a)は同一円周上に並んだ母点に対する計算結果である．4個以上の点が同一円周上に並ぶとき，例外が発生して計算が不安定になりがちであるが，安定に計算ができている．ただし，厳密に正しいわけではなく，中心付近を5万倍に拡大すると，図2(b)に示すように構造に乱れがあることがわかる．ただし，これは位相的には辻褄が合ったもとでの数値的な乱れであり，多くの応用にとっては特に問題ない．

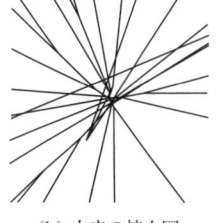

(a) 同一円周上の母点に対するボロノイ図 (b) 中央の拡大図

図2 位相優先法による計算結果

4. おわりに

幾何計算の数値誤差による不安定性を取り除き，ロバストなソフトウェアを作ることのできる2つの強力な設計原理を紹介した．これらはまったく正反対な考え方に基づくものである．計算がいつも正しくできることを追求するのが厳密計算法で，数値計算は誤差を含むものという前提で考えるのが位相優先法である．歴史的には，この中間として，誤差解析に基づいて判定結果を信頼できる場合とできない場合に分けて考える提案が数多くなされたが，アルゴリズムが複雑になるだけで有効性に乏しいために消滅していった． ［杉原厚吉］

参考文献

[1] *CGAL — Computational Geometry Algorithms Library* (http://www.cgal.org/).

[2] H. Edelsbrunner, E. P. Mücke, Simulation of simplicity — A technique to cope with degenerate cases in geometric algorithms, *Proc. 4th ACM Annual Symposium on Computational Geometry* (1988), 118–133.

[3] K. Mehlhorn, S. Näher, *LEDA : A Platform for Combinatorial and Geometric Computing*, Cambridge University Press, 1999.

[4] 杉原厚吉, 計算幾何工学, 培風館, 1994.

[5] C. K. Yap, A geometric consistency theorem for a symbolic perturbation scheme, *Proceedings of the 4th ACM Annual Symposium on Computational Geometry* (1988), 134–142.

[6] C. K. Yap, The exact computational paradigm, in D.-Z. Du, F. Hwang (eds.), *Computing in Euclidean Geometry*, 2nd edition, pp.179–228, World Scientific, 1995.

逆 問 題

逆問題の数理的基礎　558
再構成アルゴリズム　562
工学応用　566
コンピュータトモグラフィ逆問題　570

逆問題の数理的基礎

mathematical foundation for inverse problem

1. 逆問題とは

社会現象であれ自然現象であれ，定量的に分析するためにはモデル化が必要である．多くの因子を平等に扱うのではなく，原因となるものや結果として2次的に生じる因子などに分類するのが普通である．そこで，現象を「入力（原因）→ 法則 → 出力（結果）」という因果律またはシステム図式として捉える．すなわち，入力（原因）によって法則に従い出力（結果）が得られるとする．多くの場合にシステム（法則）は微分方程式で記述される．法則が与えられた場合に入力がわかっているとして対応する出力を求める問題を順問題と呼ぶ．また，法則または入力がわからないときに出力からそれらを求める問題を逆問題と呼ぶ．モデルとして放物型方程式を考える：

$$\partial_t u(x,t) = \mathrm{div}\,(p(x)\nabla u). \tag{1}$$

ただし，$x \in \Omega$，$0 < t < T$ であり，p は滑らかな正値関数とする．本項目を通じて，Ω は d 次元空間内の有界な領域（すなわち $\sup_{x\in\Omega}|x| < \infty$）で，その境界 $\partial\Omega$ は滑らかとし，$\overline{\Omega} = \Omega \cup \partial\Omega$ とおき，考える関数は全て実数値とする．このとき，初期値 $a(x) := u(x,0)$ $(x \in \Omega)$ ならびに境界値 $g(x,t) := u(x,t)$ $(x \in \partial\Omega,\ 0 < t < T)$ を入力とし，$u(x,t)$ $(x \in \Omega,\ 0 < t < T)$ を出力と考えると，これは順問題の1つである．出力として，$u(\cdot,T)$ または $\partial_\nu u(\cdot,t)$ $(0 < t < T)$ などを考えることもできる．ただし，ν を $\partial\Omega$ の外向き単位法線ベクトルとして $\partial_\nu u = \nabla u \cdot \nu$ とおいた．このとき，対応する逆問題を考えることができる：

- **時間逆向きの放物型方程式**：$u(\cdot,T)$ から $u(\cdot,0)$ を決定する．現在の温度の空間分布から過去の温度分布を知ることが目的である．
- **係数決定逆問題**：$\partial_\nu u$ などの境界観測から $p(x)$ を決定する．媒質の物理的な性質を境界データから決定することが目的である．
- **境界決定逆問題**：γ を $\partial_\nu u|_{\Gamma\times(0,T)}$ から決定する．ただし，$\gamma \subset \partial\Omega$ は形状が未知の部分境界であり，Γ は γ から離れた固定された部分境界である．$\partial\Omega$ の一部が腐食などの理由で変形し直接近づけない場合に，安全な場所 Γ での観測データから形状を決定することが目的である．非破壊検査の数理的基礎である．

このように逆問題は，数学の論理だけではなく物理的な背景からも多様な姿で現れる．

2. 逆問題における数学的課題

適当な関数空間において，与えられた初期値，境界値と式 (1) を満たす解を求める問題は，初期値・境界値問題と呼ばれる順問題である．このとき，適当な関数空間を考えると，$u(x,t)$ が一通りに定まり，しかも初期値・境界値に解 $u(x,t)$ を対応させる作用素が連続であることを証明できる．このとき，この問題は「アダマールの意味で適切」であるという．

以下，順問題と逆問題を関数空間における作用素の方程式によって考える：

$$Kz = f. \tag{2}$$

ただし，K は適当なバナッハ空間 X から別のバナッハ空間 Y への作用素であり，非線形写像であってもよい．以下，バナッハ空間 X のノルムを $\|\cdot\|_X$ と書く．

式 (2) で z が原因で f が結果であるとして，アダマールの意味で適切な順問題を記述しているとする．アダマールの適切性とは，作用素 K が正しく定義でき，X から Y への連続な作用素であることである．対応する逆問題は与えられた f に対して式 (2) を解いて z を求めることである．以下，z を逆問題の解または単に解と呼ぶ．データが解を一通りに決定するのかという一意性の問題や安定性の問題が，逆問題の数学的な基本課題となる．逆問題の安定性とは，適切に設定された X, Y に対して，データ f に混入した微小誤差が解 z に大きな影響を与えないということである．逆問題の一意性と安定性はそれぞれ，式 (2) において逆作用素 K^{-1} の存在と連続性と同値である．1節の例からわかるように，逆問題において利用するデータは境界などに空間的に限定されており，データが逆問題の解の特質を十分に反映していない．したがって，逆問題では，一般にデータの誤差が小さくても解に与える影響が極めて大きくなるという不安定性がある．

部分集合 $F \subset Y$ があり次が成り立つとき，この逆問題は「チホノフの意味で適切」であると言われる．

- **一意性**：$f \in F$ に対して対応する $z \in X$ は存在するとすれば1つ（存在しないかもしれない）．
- **存在**：$f \in F$ に対して式 (2) を満たす $z \in X$ が存在する．
- **F での安定性**：$K^{-1} : F \to X$ は連続である．

逆問題においては，現象が現在進行中で，その原因を探ることが課題であるので，原因自体の存在は F をうまく設定することにより仮定してよい．

3. 逆問題の過剰決定的定式化と不足決定的定式化

アダマールの意味で適切な順問題に対する逆問題の定式化において，観測データの自由度が未知量の自由度より大きい場合，逆問題の定式化は過剰決定的であるといい，小さい場合は不足決定的という．

例 次の常微分方程式の初期値問題は，アダマールの意味で適切である．$\frac{d^2y}{dt^2}(t) = p\frac{dy}{dt}(t) + qy(t)$ $(t>0)$, $y(0) = a$, $\frac{dy}{dt}(0) = b$. $\{p,q,a,b\} \longrightarrow \{y(t); 0<t<T\}$ が順問題に対応する．2つの数 a, b を決める逆問題を考える．$0 < t_1 < t_2$ とする．データとして，$y(t_1)$ をとれば，2つの定数 a, b を決定する逆問題でデータが1つしかないので，これは不足決定的である．$y(t_1), y(t_2)$ ととればこれは過剰決定的でも不足決定的でもなく，必要最低限のデータと判断できる．逆問題のデータとして $y(t)$ $(0<t<T)$ をとれば，過剰決定的である．

必要最低限のデータや過剰決定的なデータが逆問題の一意性を保証するとは限らない．不足決定的なデータでは一意性は期待できない．

4. 条件付き安定性

逆問題は一般に不安定であるが，ある種の条件のもとで安定性が回復される．基本となる事実は次の定理である：式 (2) において，$K: X \to Y$ は連続で，1対1とする．このとき，M を X のコンパクト部分集合とする．そのとき，$K^{-1}: KM \to M$ は Y から X への作用素として連続である．

対応する順問題は通常，アダマールの意味で適切であるので，$K: X \to Y$ の連続性は成立している．そこで逆問題の一意性が証明できれば，適切に設定した許容集合 M に解を制限することで逆問題の安定性が得られ，チホノフの意味で適切になる．このような安定性を逆問題の条件付き安定性と呼ぶ．M は物理的背景などによっても適切に選択すべきである．

上記の定理は，条件付き安定性の具体的なオーダーは明らかにしておらず，個々の逆問題についての数学解析の課題となる．M の要素 z に対する条件付き安定性には次のようなタイプがある：

- リプシッツ安定性：$\|z\|_X \leq C\|Kz\|_Y$
- ヘルダー安定性：
  $\|z\|_X \leq C\|Kz\|_Y^\alpha$ $(0 < \alpha < 1$ は定数$)$
- 対数オーダーの安定性：
  $\|z\|_X \leq C\left(\log\frac{1}{\|Kz\|_Y}\right)^{-\alpha}$ $(\alpha > 0$ は定数$)$

対数オーダーの安定性の場合，逆問題の解の精度を上げるためには，データの精度を指数関数のオーダーで改良しなくてはならない．さらに，対数関数が複数合成された条件付き安定性もあり，安定性の度合いはさらに悪くなる．

定数 C は M の選択に依存して非常に大きくなることもあり，リプシッツ安定性という一見良好な安定性にも関わらず，数値計算の誤差評価に役立たないこともある．逆問題の条件付き安定性の評価式のオーダーは，特定の方法によっているので，別の手法を編み出せば改良できる可能性はある．

5. 時間逆向きの放物型方程式

式 (1) に対する初期値・境界値問題に関して，時間逆向きの放物型方程式を考察する：$u(\cdot, T) \longrightarrow u(\cdot, t_0)$. ただし，$0 \leq t_0 < T$ とする．一意性は証明できるが，そのままでは安定性は成立しない．放物型方程式は時間に関して不可逆的な熱現象を記述するので，直感的にこの事実は理解できる．$u(x,t)$ を適切な許容集合に限定するとして，$0 < t_0 < T$ の場合は条件付きヘルダー安定性，$t_0 = 0$ の場合は条件付き対数オーダーの安定性を示すことができる [3],[5],[7]．なお，双曲型方程式

$$\partial_t^2 u(x,t) = \Delta u + p(x)u, \quad x \in \Omega, \, 0<t<T \quad (3)$$
$$u|_{\partial\Omega \times (0,T)} = 0 \quad (4)$$

に対する時間逆向きの問題：$\{u(\cdot,T), \partial_t u(\cdot,T)\} \longrightarrow \{u(\cdot,0), \partial_t u(\cdot,0)\}$ は，変数 t を $T-t$ と変えることにより，式 (3),(4) に対する初期値・境界値問題となり，やはりアダマールの意味で適切である．

6. 境界値などを決定する逆問題

Γ を $\partial\Omega$ の部分境界として，放物型方程式 (1) を満たす $u(x,t)$ に対して，$\Gamma \times (0,T)$ における u, $\partial_\nu u$ から $u(x,t)$ $(x \in \partial\Omega \setminus \Gamma, \, 0 < t < T)$ を決定する問題は，熱伝導逆問題とも呼ばれる．解 u の適切なノルムが一定の数で抑えられていると仮定する．そのとき $\overline{\Omega_0} \subset \Omega$ となる Ω_0 で u を決める場合には条件付きヘルダー安定性があり，データが与えられていない部分境界 $\partial\Omega \setminus \Gamma$ では条件付き対数オーダーの安定性を示すことができる [3],[7]．データの観測時間 T は，評価する部分にはよらない．これは方程式 (1) に従う限り，熱伝導の効果が瞬時に伝わることによる．

以上の条件付き安定性のオーダーは，式 (1) を双曲型方程式 (3) に置き換えた場合にも類似であるが (例えば [3],[5])，観測時間がある程度以上長くなくてはいけないという違いがある．これは波の伝播速度が有限であることによって物理的に説明できる．

以上は過剰決定的でも不足決定的でもない定式化の逆問題である．これらの証明は偏微分方程式の解の重み付き L^2-評価，すなわちカーレマン評価による．

また，双曲型方程式 (3) および (4) の解のエネルギーの境界データによる評価式は，可観測性の不等式と呼ばれる．完全可制御の問題 [4] や $\partial_t^2 u = \Delta u + f(x)\lambda(t)$ で $f(x)$ を決めるソース項決定逆問題と関連している (Yamamoto 1995)．なお，ソース項決定逆問題は双曲型方程式だけでなく，楕円型方程式や放物型方程式に対しても重要であり，Ohe–Inui–Ohnaka (2011), El Badia–Nara (2011) らの成果がある．

7. 単独の境界データによる双曲型方程式の係数決定逆問題

Γ を適切な部分境界とし，$T > 0$ を十分大きい定数とする．そのとき，式 (3) および初期条件 $u(x,0) = a(x)$, $\partial_t u(x,0) = b(x)$ $(x \in \Omega)$ を満たし $u|_{\partial\Omega \times (0,T)}$ が与えられた関数であるような $u(x,t)$ に対して，

$$\partial_\nu u|_{\Gamma \times (0,T)} \quad (5)$$

から $p(x)$ を決める係数決定逆問題を考える．逆問題のためのデータは式 (5) であり，独立変数は空間方向が $d-1$ 個（境界に制限されているので空間方向の自由度は 1 つ減る）と時間方向が 1 個の合計 d 個であり，未知係数 $p(x)$ の独立変数の個数と一致している．過剰決定的でも不足決定的でもない定式化の逆問題である．

このとき，$p(x), u(x,t)$ が適切なノルムで有界な集合に制限されているとすると，初期値の条件 $|a(x)| > 0$ $(x \in \overline{\Omega})$ のもとで Imanuvilov–Yamamoto (2001) の方法にならって，条件付きリプシッツ安定性を証明することができる．この証明は Bukhgeim–Klibanov (1981) に基づいている．この初期値の条件は強い正値性の仮定であり，これを $a(x)$ が $\overline{\Omega}$ で恒等的に 0 にならないという条件に弱めて一意性が成り立つかどうかは，困難な未解決問題である．

この方法論は，弾性体の方程式やシュレディンガーの方程式など，様々な方程式の係数決定逆問題に適用できる．主要部が変数係数の双曲型方程式

$$\rho(x) \partial_t^2 u(x,t) = \mathrm{div}\,(p(x) \nabla u) \quad (6)$$

($x \in \Omega$, $0 < t < T$) に対する係数決定逆問題や境界値決定逆問題において，与えられた境界データによって係数や境界値をどの範囲まで決定できるかという考察は複雑になる．これらの逆問題は内部の解の性質を境界 Γ でのデータで検知しようとするものであり，波の伝播速度が x によって変わり，波の伝わる方向も屈折するからである．与えられた 2 点間を波が最短時間で伝わる経路（測地線と呼ばれる）の考察が重要になり，リーマン幾何学的な構造が重要な役割を果たす．境界のデータからリーマン計量を決定する逆問題も古典的な逆問題であり，地震波による地殻構造の決定問題とも関連して発展してきた（例えば [6]）．

8. 単独の境界データによる放物型方程式の係数決定逆問題

式 (1) と $u(x, t_0) = a(x)$ $(x \in \Omega)$ を満たし，$u|_{\partial\Omega}$ が適切な値をとるような $u(x,t)$ に対して，係数決定逆問題 $\partial_\nu u|_{\Gamma \times (0,T)} \longrightarrow p(x)$ $(x \in \Omega)$ を考える．ここで $t_0 \geqq 0$ とする．さらに p, u が適切なノルムで有界な集合に制限され，$a(x)$ が正値性に関する適当な条件を満たすと仮定する．$0 < t_0 < T$ の場合に条件付きリプシッツ安定性を証明することができる（例えば [7]）．$t_0 > 0$ の場合の逆問題は，通常の初期値・境界値問題に対する逆問題ではない．対応する順問題は式 (1)，境界条件ならびに $u(\cdot, t_0)$ が与えられた値をとるような $u(x,t)$ を $0 < t < T$ で求めるものであり，時間区間 $0 < t < t_0$ においては時間逆向きの放物型方程式であり，通常の順問題ではない．$t_0 = 0$ の場合は，Γ が十分広く，$u(x,t)$ が時間 $t > 0$ において実解析的であるといった特別な場合を除いて未解決である．この逆問題の定式化も，過剰決定的でも不足決定的でもない．

9. 境界値逆問題

これは，楕円型方程式のような定常の微分方程式の係数を境界データで決定する逆問題である．伝導方程式とも呼ばれる

$$\mathrm{div}\,(p(x) \nabla u(x)) = 0, \quad x \in \Omega \quad (7)$$

を考える．p は滑らかな正値関数とする．

$$C_{p,\Gamma,\Gamma_1} = \{(u|_\Gamma, p(x) \partial_\nu u|_{\Gamma_1});$$
$$\mathrm{div}\,(p(x) \nabla u(x)) = 0, u|_{\partial\Omega \setminus \Gamma} = 0\} \quad (8)$$

で定義される境界データの集合 C_{p,Γ,Γ_1} により，$p(x)$ を決定する逆問題は電気インピーダンストモグラフィの理論的基礎である．$\Gamma \subset \partial\Omega$ は入力境界で，$\Gamma_1 \subset \partial\Omega$ は出力を観測する部分境界である．

$d \geqq 3$ の場合は過剰決定的な定式化である．未知係数の独立変数は d 個で，データはそれぞれ独立変数が $d-1$ 個の 2 種類の境界データ $u|_\Gamma, p(x) \partial_\nu u|_{\Gamma_1}$ なので $(d-1) + (d-1)$ であり，$d \geqq 3$ のとき，$2d-2 > d$ である．一方，$d = 2$ の場合は $2d-2 = d$ なので，過剰決定的でも不足決定的でもない定式化である．全境界 $\Gamma = \Gamma_1 = \partial\Omega$ の場合はディリクレ–ノイマン写像による逆問題とも呼ばれ，一意性は $d \geqq 3$ に対しては Sylvester–Uhlmann (1987) によって，$d = 2$ に対しては Nachman (1996) によって証明された．

Γ, Γ_1 をなるべく小さな部分境界にすることが望ましい．$d = 2$ かつ $\Gamma = \Gamma_1$ として勝手な部分境界 Γ に対して一意性が示されている (Imanuvilov–Uhlmann–Yamamoto 2010)．$d \geqq 3$ の場合には対応する結果は知られていない．また，入力部分境界と観測部分境界は交わらないことが実用的に望ましい．$d = 2$ の場合に $\partial\Omega \setminus (\Gamma \cup \Gamma_1)$ が 4 つの部分に分かれ，Γ, Γ_1 がそれぞれ 2 つの部分に分かれて，交差するように配置されるという幾何学的な条件のもとで，一意性が示されている (Imanuvilov–Uhlmann–Yamamoto 2011)．

この節の逆問題は考えうる全ての境界値 $u|_\Gamma$ を入力として，対応するデータ $p \partial_\nu u|_{\Gamma_1}$ を観測すること

を要求しており，無限回の観測による逆問題である．数値計算法のためには，有限回の観測に限定して考えなくてはならない．

条件付きヘルダー安定性も示されている (Novikov 2011)．また式 (7) のような楕円型方程式だけでなく，式 (1),(6) のような時間発展方程式に対しても Isakov [3], Kurylev–Lassas (2002) らによる一意性の結果がある．定常の弾性体の方程式に対しては，Eskin–Ralston (2002), Nakamura–Uhlmann (1994, 2003) などがある．

10. 条件付き安定性と正則化法

逆問題固有の不安定性に対処できる数値解析法が必要になる．その基本となる発想は，条件付き安定性を保証する許容集合に解を制限しながら解を求めるというものである．

解 z_0 の存在を仮定して，$Kz_0 = f_0$ を解く．f_0 は誤差の混入していないデータである．広く使われている方法は以下の通りである．γ を正のパラメータとして $\|Kz - f_0\|_Y^2 + \gamma \|z\|_M^2$ を考え，これを最小にする $z_{\min}$ を近似解とするものであり，チホノフの正則化法と呼ばれる．正則化項と呼ばれる $\gamma \|z\|_M^2$ のおかげで M のノルムで有界な範囲で最小化問題を自動的に考えていることになり，解を許容集合の中に制限している．ここで，現実の状況も考慮して，データ f もある誤算限界の範囲 $\delta > 0$ でしかわからないとする：$\|f - f_0\|_Y \leqq \delta$．$\delta > 0$ に対して，離散化のサイズや γ をうまく選ぶと，逆問題の解を安定的かつ適切な近似の度合いで求めることができる [2]．より強い正則化項のノルムを選ぶと，正則化法による解はより滑らかになる．例えば，真の解が不連続性を持つような場合には，正則化項のノルムの選択が問題となる．個々の逆問題に応じて，$\|z\|_X$ も含めていろいろな選択があり，研究が進んでいる．また，逆問題の条件付き安定性の結果は，そのような δ や離散化の精度などの選択について有効な情報を与える (Cheng–Yamamoto 2000)．

11. 補　足

未知関数の滑らかさについて　媒質の不均質性などから不連続な係数の決定が重要である [3]．また，2 次元の場合に式 (8) において $\Gamma = \Gamma_1 = \partial\Omega$ として $p \in L^\infty(\Omega)$ の一意性が証明されている (Astala–Päivärinta 2006)．

終端値の観測による係数決定逆問題　u が式 (1) を満たし，$u|_{\partial\Omega}$ が与えられた値をとる場合に，$T > 0$ を固定して，終端値のデータ $u(\cdot, T)$ から $p(x)$ を決定する逆問題である．一般に一意性は成立しないが，一意性が成り立てば安定性やある種の存在定理も成り立つ．これはコンパクト作用素のフレドホルムの交代定理に対応する性質である [3].

その他のタイプの逆問題　ここで触れることができなかった重要な逆問題が数多くある．例えば，微分方程式の非線形項の決定逆問題や画像復元ならびにスペクトル逆問題や領域の幾何形状決定に関する逆散乱問題 [1] も重要である．さらに，多様体の族における積分値の集合から未知関数を決定する積分幾何の逆問題もあり，ラドン変換とその医用診断への応用は，逆問題の実社会への成功例の 1 つである [3],[5].

逆問題の数理，数値計算と実践・将来展望　逆問題固有の不安定性があるので，高精度の数値計算手法を不用意に適用してはならない．もともとの不安定性が忠実に再現され，数値解の振る舞いが観測誤差や離散化誤差などに対して鋭敏になりすぎ，近似解が信頼できなくなる．チホノフの正則化に関連して，使用する離散化も中庸の精度が必要である．また，逆問題は現実の問題の解決に直結している．逆問題の数理的基礎は重要であるが，「数理–数値計算–実データによる検証」というサイクルを経て，逆問題の数理に基づいた実践が完了する．将来的には，ますます多様化かつ複雑化する社会現象や自然現象に関する膨大なデータに埋没した因果律を，逆問題的な手法を駆使して掘り起こしてモデル化し，現象の予測，さらには制御のより進んだ解析が可能となろう．

［山本昌宏］

参　考　文　献

[1] D. Colton, R. Kress, *Inverse Acoustic and Electromagnetic Scattering Theory*, Springer, 1992, 1998.

[2] H.W. Engl, M. Hanke, A. Neubauer, *Regularization of Inverse Problems*, Kluwer, 2000.

[3] V. Isakov, *Inverse Problems for Partial Differential Equations*, Springer, 1998, 2006.

[4] V. Komornik, *Exact Controllability and Stabilization; the Multiplier Method*, Wiley, 1994.

[5] M.M. Lavrent'ev, V.G. Romanov, S.P. Shishatskiĭ, Ill-posed Problems of Mathematical Physics and Analysis, *Amer. Math. Soc.* (1986).

[6] V.G. Romanov, *Inverse Problems of Mathematical Physics*, VNU, 1987.

[7] M. Yamamoto, Carleman estimates for parabolic equations and applications, *Inverse Problems*, **25** (2009), 123013 (75pp).

再構成アルゴリズム
reconstruction algorithm

対象の情報が直接計測できないとき，これと因果関係のある別の対象・現象を計測して所望の情報を得ることを間接計測という．センサアレイを用いて場の空間分布を計測する場合でも，信号の時系列データをサンプリングする場合でも，得られるデータは常に有限次元である．これを $d \in \mathbb{R}^N$ とし，因果関係を表す観測モデルが

$$d = g(s) + n \tag{1}$$

で与えられるとする．ただし，$s \in \mathbb{R}^M$ は推定したい対象の情報であり，有限次元の観測データから推定しうる有限次元のベクトルとする．g は因果関係を記述する支配方程式により定まる写像である．n は観測データに混入するノイズを表す．

本項目では，逆問題の再構成アルゴリズム，すなわち式 (1) において，d から s を求める計算法について，逆問題の観点から述べる．再構成アルゴリズムは，g が線形であるか非線形であるかで大別される．ここで写像の線形/非線形性は，何を未知数 s にとるかで選択できるという点に注意する．これを説明するために，シフト不変な積分核を持つ第 1 種のフレドホルム型積分方程式

$$d(\boldsymbol{r}) = \iiint_\Omega g(\boldsymbol{r}-\boldsymbol{r}')s(\boldsymbol{r}')dx'dy'dz' + n(\boldsymbol{r}) \tag{2}$$

を例にとる．3 次元空間内の領域 Ω 内部にサポートを持つ関数 $s(\boldsymbol{r}')$ を，境界 $\partial\Omega$ 上の N 点で観測した $d(\boldsymbol{r}_n)$ $(n=1,\ldots,N)$ から再構成するという典型的な逆問題を考える．よく行われるイメージングアプローチでは，Ω をメッシュで分割し，$s(\boldsymbol{r}')$ のサポートを Ω 内部の有限個 (M 個) のノードに限定する．このとき，未知数はノード上での s の値となり，これを並べたベクトルを s とすれば，式 (2) は

$$d = Gs + n \tag{3}$$

と表せる．ただし，$N \times M$ 行列 G の (n,m) 成分は $g(\boldsymbol{r}_n - \boldsymbol{r}'_m)$ であり，$\boldsymbol{r}_n$ は $\partial\Omega$ に配置された n 番目のセンサ位置，$\boldsymbol{r}'_m$ は Ω 内部の m 番目のノード位置である．これより，たとえ積分核 g が非線形関数であっても，d と s の関係 (3) は線形となることがわかる．

本項目では紙面に限りがあるので，線形逆問題 (3) の再構成アルゴリズムに関し，正則化を中心に述べる．

1. 不安定性と正則化

式 (3) において行列 G のランクを R とし，特異値分解を用いて

$$G = \sum_{k=1}^R \lambda_k \boldsymbol{v}_k \boldsymbol{u}_k^T \tag{4}$$

と表す．ただし λ_k は G の特異値 ($\lambda_1 \geq \cdots \geq \lambda_R \geq 0$)，$\{\boldsymbol{u}_k\}_{k=1}^M$，$\{\boldsymbol{v}_k\}_{k=1}^N$ は G の右，左特異ベクトルである．Moore–Penrose (MP) 一般逆行列

$$G^+ = \sum_{k=1}^R \frac{1}{\lambda_k} \boldsymbol{u}_k \boldsymbol{v}_k^T \tag{5}$$

を用いて $\hat{s} = G^+ d$ と推定すると，データに混入したノイズが小さい特異値での除算により拡大される可能性がある．実際，いまデータを $d = \sum_{k=1}^N d_k \boldsymbol{v}_k$ と表すと，推定解の相対誤差は

$$\frac{\|\delta s\|}{\|\hat{s}\|} \equiv \frac{\|G^+ n\|}{\|G^+ d\|} = \frac{\|\sum_{k=1}^R \frac{n_k}{\lambda_k} \boldsymbol{u}_k\|}{\|\sum_{k=1}^R \frac{d_k}{\lambda_k} \boldsymbol{u}_k\|}$$

$$\leq \frac{\lambda_1}{\lambda_R} \frac{\sqrt{\sum_{k=1}^R |n_k|^2}}{\sqrt{\sum_{k=1}^R |d_k|^2}} = \frac{\lambda_1}{\lambda_R} \frac{\|\boldsymbol{n}_R\|}{\|\boldsymbol{d}_R\|} \tag{6}$$

となる．ただし，本項目ではベクトルの 2 ノルムを $\|\cdot\|$ で表す．また，$\boldsymbol{n}_R, \boldsymbol{d}_R$ は，それぞれ $\boldsymbol{n}, \boldsymbol{d}$ を G の像空間へ射影したベクトルとする．式 (6) より，行列 G の条件数 $\frac{\lambda_1}{\lambda_R}$ は，データの（像空間での）相対誤差から推定相対誤差への最大拡大率を表すことがわかる．ゆえに G が悪条件である場合，観測データに混入したわずかなノイズにより，推定解が真の解とかけ離れうる．これが逆問題の不安定性である．

式 (2) から得られた線形逆問題の場合，行列 G の条件数は，元の問題の積分核 g の性質に強く依存する．g をフーリエ変換したとき，高周波成分の振幅が小さくなるローパスフィルタ特性を示す系では，対応する行列 G の条件数が大きくなる．k の大きい特異ベクトルは，成分の符号が繰り返し反転する高周波成分を表す基底に対応する[1]．このため，再構成された $\hat{s}$ の中で，大きい k に対する $\frac{n_k}{\lambda_k}\boldsymbol{u}_k$ は高周波成分となって現れる．これをいかに抑えるかが再構成アルゴリズムで肝要な点であり，その方法が正則化と呼ばれる．

2. 打ち切り特異値分解

最も単純な正則化は，式 (5) の MP 一般逆行列において，特異値を K ($<R$) 次までで打ち切り，

$$\hat{s}_K = G_K^+ d, \quad G_K^+ = \sum_{k=1}^K \frac{1}{\lambda_k} \boldsymbol{u}_k \boldsymbol{v}_k^T \tag{7}$$

とすることである．これを打ち切り特異値分解 (TSVD: truncated singular value decomposition) による正則化という．推定解の中で，観測ノイズに起因する誤差 $e_p \equiv \|G_K^+ n\|^2$ は G^+ を用いたときより小さくなる一方，打ち切りによる誤差 $e_r = \|\sum_{k=K+1}^R \frac{d_k^*}{\lambda_k}\|^2$ が発生する (d_k^* はノイズを

含まないデータの成分）．小さい特異値の除算によるノイズ拡大を抑える代わりに，s 中に本来含まれる高周波成分（$k > K$ に対する特異ベクトルで張られる成分）の推定をあきらめていると言える．したがって，打ち切り次数 K は e_p と e_r 双方が適度に小さくなるように選択する必要がある．その選び方については 4 節でまとめて述べる．

3. Tikhonov の正則化法

頻繁に用いられる正則化法として，Tikhonov の正則化がある．これは正則化パラメータ $\lambda \in \mathbb{R}$ を導入し，

$$\hat{s}_\lambda = G_\lambda^+ d, \quad G_\lambda^+ = \sum_{k=1}^{R} \frac{\lambda_k}{\lambda_k^2 + \lambda^2} u_k v_k^T \quad (8)$$

により解を推定する方法である．MP 一般逆行列と比較すると，k 次の特異値の除算 $\frac{1}{\lambda_k}$ に重み $w_k \equiv \frac{\lambda_k^2}{\lambda_k^2 + \lambda^2}$ を掛けた形をしていることがわかる．これは正則化パラメータ λ を $\lambda_1 > \lambda > \lambda_R$ の範囲内にとったとき，$w_1 \simeq 1$, $w_R \simeq 0$ となることを意味し，やはり小さい特異値での除算によるノイズの拡大を防ぐ効果をもたらす．TSVD では K 次以降の特異値をまったく用いないのに対し，Tikhonov の正則化では，例えば $\lambda = \lambda_K$ ととった場合，K 次付近の特異値にかける重みを連続的に減少させている．

Tikhonov の正則化解 $\hat{s}_\lambda$ は，次の最小化問題の解であることが容易にわかる：

$$J(s) = ||d - Gs||^2 + \lambda^2 ||s||^2 \to \min \quad (9)$$

$||d - Gs||^2$ は観測データと推定解から計算されるデータとの 2 乗誤差を表し，$||s||^2$ は推定解のノルムを表す．d にノイズが混入している中で，前者を小さく抑えると小さい特異値での除算により解のノルムが増大し，逆に後者を小さく抑えた推定解では 2 乗誤差が増大してしまう，というトレードオフがここでも見てとれる．両者の折衷をとるのが Tikhonov の正則化解であり，正則化パラメータ λ がそのバランスを定める．ここでも λ の選択が重要となる．式 (9) の解は行列 G を用いて書けば

$$\hat{s}_\lambda = (G^T G + \lambda^2 I)^{-1} G^T d \quad (10)$$

となる．また，s が物理量や画像の画素値などの場合，その空間微分やラプラシアンを求める演算子を W で表し，$||Ws||^2$ を正則化項とする高次の Tikhonov 正則化法もよく用いられる [3]．この場合，

$$J(s) = ||d - Gs||^2 + \lambda^2 ||Ws||^2 \to \min \quad (11)$$

なる最小化問題を考えることになり，推定解は

$$\hat{s}_\lambda = (G^T G + \lambda^2 W^T W)^{-1} G^T d \quad (12)$$

となる．

4. 正則化パラメータの選定

4.1 L カーブ法

まず Tikhonov の正則化の場合で説明する．ある正則化パラメータ λ に対して正則化解 $\hat{s}_\lambda$ を求め，$\log ||d - G\hat{s}_\lambda||$ の値を横軸に，$\log ||\hat{s}_\lambda||$ の値を縦軸にプロットする．解のノルムは λ の単調減少関数，2 乗誤差は λ の単調増加関数であることから，λ の値を変えてプロットを繰り返すと，多くの場合，L 字状の曲線が得られる [3]．そこで，L 字状曲線のコーナー部分の $(\log ||d - G\hat{s}_\lambda||, \log ||\hat{s}_\lambda||)$ を与える λ を選択する．「それより小さく λ をとると解のノルムが急激に大きくなっていき，それより大きく λ をとると 2 乗誤差が急激に大きくなる」という意味で，解のノルムと 2 乗誤差の折衷を与える正則化パラメータであるという考えに基づく．この選択法を L カーブ法という．実際には，曲率が最大となる点として L 字状曲線のコーナーを検出する手法が用いられることが多い [2]．ただし，L 字のコーナーがどの程度明確に現れるかは，観測方程式 (3) に依存する．TSVD 法の場合も打ち切り次数 K を変化させて同様のことが行える．

4.2 拘束条件付き最小 2 乗法

ノイズ n に白色性が仮定でき，$E[n] = 0$, $\text{cov}(n) = \sigma^2 I$ であることが先験的にわかっているときは，2 乗誤差を $\rho^2 \equiv N\sigma^2$（あるいはその定数倍）に拘束する条件付きの最小化問題

$$\min ||s||^2 \quad \text{s.t.} \quad ||d - Gs||^2 = \rho^2 \quad (13)$$

を解くことが考えられる．ラグランジュの未定乗数法により

$$J\left(s, \frac{1}{\lambda^2}\right) = ||s||^2 + \frac{1}{\lambda^2}(||d - Gs||^2 - \rho^2) \to \min$$

を解けば，得られる解の形は式 (10) と同じになる（そうなるよう，未定乗数を $\frac{1}{\lambda^2}$ とした）．このとき λ^2 の値は拘束条件から決めることができる．こうして 2 乗誤差の値を仮定，あるいは推定できる場合は，正則化パラメータ λ が決定できる．この方法は拘束条件付き最小 2 乗法，あるいは discrepancy principle に基づく手法と呼ばれる [4],[5]．

4.3 G C V

データの一部を省略して推定したとき，推定解からそのデータを最も良く再現できるように正則化パラメータを決定するという考えに基づく方法もある．データの第 i 成分を除いた上で，Tikhonov の正則化法により得た推定解を $\hat{s}_\lambda^i$ と書いたとき，

$$V(\lambda) = \frac{1}{N}\sum_{i=1}^{N}(d_i - (G\hat{s}_\lambda^i)_i)^2 \quad (14)$$

は予測 2 乗誤差の推定値と見なすことができる [6]. これを最小化するように λ を決定する方法を, cross validation 法という. 式 (14) の最小化問題を解くには $\hat{s}_\lambda^i$ $(i=1,\ldots,N)$ を求めなければならず, N が大きいときは計算量が多くなる. そこで $V(\lambda)$ が,

$$V(\lambda) \simeq \frac{N\|\boldsymbol{d} - G\hat{s}_\lambda\|^2}{\operatorname{Tr}(I - GG_\lambda^+)^2} \quad (15)$$

と近似できる [3] ことを利用し, 式 (15) を最小化するのが GCV (generalized cross validation) 法である. TSVD 法の場合は, 式 (15) の G_λ^+, $\hat{s}_\lambda$ をそれぞれ G_K^+, $\hat{s}_K$ に置き換えればよい.

5. 1ノルム最小化

式 (9) では s の 2 ノルムを正則化項として 2 乗誤差項に付加した. これにより, 成分の正負が高周波で振動する基底の成分が抑えられ, 滑らかな再構成結果が得られる. しかし, 画像復元におけるエッジの再構成や, 局部的な脳内神経電流源の推定など, 'スパースな解'(s あるいは Ws の成分のうちほとんどがゼロで限られた成分のみ値を持つような解) を推定したい逆問題は工学で頻出する. このとき, Tikhonov 正則化解は所望のスパースな解とはならず, 解が滑らかになりすぎるという問題が生じる.

こうした場合に, 解の 1 ノルムを正則化項とし,

$$\min \|s\|_1 \quad \text{s.t.} \quad \boldsymbol{d} = Gs \quad (16)$$

を解く手法が用いられる. ただし, $\|\cdot\|_1$ はベクトルの 1 ノルムを表す. スパースな解が得られることの解釈は 6 節で述べる. この問題は, s の各成分の正および負の部分を別の未知数に割り当てることで, 線形計画問題に帰着させて解くことができる [7].

画像再構成分野では, s に勾配演算子 W を作用させたベクトルの 1 ノルムを正則化項とし,

$$J(s) = \|\boldsymbol{d} - Gs\|^2 + \lambda^2 \|Ws\|_1 \quad (17)$$

を最小化する手法が total variation 法としてよく用いられる. この場合は, 非線形最適化により s を求める. 画像再構成の場合, 連続系で書くと, $s(x,y)$ が領域 Γ 内で分布しているとき, $\iint_\Gamma |\nabla s(x,y)|dxdy$ を正則化項として加えていることになり, ノイズの拡大は抑えつつ, スパースにしか存在しないエッジをシャープに再構成する効果がある.

6. ベイズ推定

これまで述べたアルゴリズムの統計的視点からの解釈について, ごく簡単に触れておく. 最も簡単な場合として, 各センサに混入するノイズが独立で同一の正規分布に従う, すなわち $\boldsymbol{n} \sim N(\boldsymbol{0}, \sigma^2 I)$ で

あるとき, データの尤度は

$$p(\boldsymbol{d}|s) \propto \exp\left(-\frac{\|\boldsymbol{d} - Gs\|^2}{2\sigma^2}\right) \quad (18)$$

と書ける. したがって, このとき最尤推定法は線形最小 2 乗法となる. さらに, ベイズの定理より

$$p(s|\boldsymbol{d}) = \frac{p(\boldsymbol{d}|s)p(s)}{p(\boldsymbol{d})} \quad (19)$$

であるから, s も確率変数でその事前分布 $p(s)$ がわかっているときは, これを先験情報として利用し, 事後確率 $p(s|\boldsymbol{d})$ を最大にする s を推定解とすることが考えられる. これを MAP (maximum a posteriori) 推定という. 特に, $s \sim N(\boldsymbol{0}, \sigma_s^2 I)$ である場合,

$$p(s|\boldsymbol{d}) \propto \exp\left(-\left(\frac{\|\boldsymbol{d} - Gs\|^2}{2\sigma^2} + \frac{\|s\|^2}{2\sigma_s^2}\right)\right) \quad (20)$$

となり, MAP 推定解は

$$\hat{s} = \left(G^T G + \frac{\sigma^2}{\sigma_s^2}I\right)^{-1} G^T \boldsymbol{d} \quad (21)$$

となる. すなわち, 事前分布が正則化効果を与えることがわかる. 以上では σ^2, σ_s^2 は既知とし, これらにより式 (21) の正則化パラメータが決まっていた. これらが未知の場合, 周辺尤度 $\int p(\boldsymbol{d}|s)p(s)ds$ を最大化するよう σ^2, σ_s^2 を推定した後, 事後確率を最大化する手法が用いられる. これは経験ベイズ法と呼ばれる. この文脈では, σ^2, σ_s^2 はハイパーパラメータと呼ばれる [8]. ここでは事前分布がガウス分布の場合で説明したが, 例えばラプラス分布にとると 1 ノルム正則化項となり, 2 ノルム正則化項に比べて絶対値の大きい値かゼロに近い値が出やすく, スパースな解の再構成に適していることの 1 つの解釈ができる. より一般の場合については [8] を参照されたい.

7. 反復解法

観測方程式における G が大規模でスパースな場合, TSVD に基づく方法や Tikhonov 正則化解を直接求めることは困難となり, この場合, 反復計算により線形最小 2 乗問題 $\|\boldsymbol{d} - Gs\|^2 \to \min$ を解くことになる. CT 逆問題では, 凸射影法の一種である Kaczmarz アルゴリズムや, 代数的再構成法 (ART : algebraic reconstruction technique) などが提案されている [3]. CT については [コンピュータトモグラフィ逆問題] (p.570) を参照. また, その他の反復アルゴリズムは本ハンドブック [行列・固有値問題の解法とその応用] 章 (p.407) に詳しい. 逆問題の視点で重要なのは, 反復に伴い, G の大きい特異値に対応する低周波基底の成分から復元されていき, したがって反復を適切に打ち切ることが正則化効果をもたらすことである [8].

8. アレイ信号処理

電波や音波の到来方向推定，脳内電流源推定などのソース推定逆問題に対する手法として，センサ出力の線形荷重和により，空間の特定方向に感度を絞り込むビームフォーミングがある．近年では，センサアレイ感度のヌル（極小）を用いることで，より高分解能にソースを推定する手法が提案されている[9].

8.1 LCMV ビームフォーマー

ここでは観測モデル (1) を用いる．波動源推定の場合は $d \in \mathbb{C}^N$ として議論すればよい．単位強度のソースが位置 r にあるとき，N 点に配置されたセンサの出力を $a(r)$ と表す．強度 $s = (s_1, \ldots, s_M)^T$ の M 個のソースが位置 $r_1, \ldots, r_M$ にあれば，式 (3) で $G = (a(r_1), \ldots, a(r_M))$ と書き，ランク M の行列となる．いま，データ d に対し，荷重 $w \in \mathbb{R}^N$ との内積 $w^T d$ をアレイ出力とする．ある特定の位置 r にソースがあるときだけアレイ出力が大きくなり，他の位置にあるときは小さくなるよう w を設計するために，拘束条件付き最小化問題

$$\min E[|w^T d|^2] \quad \text{s.t} \; w^T a(r) = 1 \quad (22)$$

を考える．ここで $E[|w^T d|^2] = w^T R w$, ただし $R = E[dd^T]$ であり，通常，エルゴード性を仮定して，時系列データの相関行列として R を計算する．未定乗数法より，式 (22) の解として

$$w(r) = \frac{R^{-1} a(r)}{a^T(r) R a(r)} \quad (23)$$

が得られる．そこでソースが存在しうる領域内で r をスキャンし，出力が極大となる点をソース位置とする．これが LCMV (linearly constrained minimum variance) ビームフォーマー法である．

8.2 MUSIC

次に，センサ数より少ない複数個のソースが存在する ($M < N$) 状況で，全てのソースに対してアレイ出力が極小となるような w を求める．そのために，拘束条件付き最小化問題

$$\min E[|w^T d|^2] \quad \text{s.t} \; w^T w = 1 \quad (24)$$

を考える．未定乗数法より $Rw = \lambda w$ が得られ，R の固有ベクトルがアレイ出力を極小とする荷重の候補となる．対応する固有値は $\lambda = w^T R w$ と書け，出力分散そのものを表すため，R の最小固有値に対応する固有ベクトルが求める荷重である．

いま，$n \sim N(0, \sigma^2 I)$ であり s とは互いに独立であるとすると，$R = GE[ss^T]G^T + \sigma^2 I$ と書ける．第1項 $GE[ss^T]G^T$ のランクは M であり，$N - M$ 個のゼロ固有値を持つから，R は $N - M$ 個の最小固有値 σ^2 を持つ．これに対応する固有ベクトルを w_i ($i = M+1, \ldots, N$) とすると，$GE[ss^T]G^T e_i = 0$ が成り立つが，$G, E[ss^T]$ ともにランクは M であるから，

$$a(r_m)^T e_i = 0, \quad i = M+1, \ldots, N \quad (25)$$

が成り立つ ($m = 1, \ldots, M$). つまり，R の最小固有値に対応する固有ベクトルを荷重とすれば，M 個のソースにより生成される理想データに対し，そのアレイ出力はゼロとなる．そこで，$\frac{1}{\sum_{i=M+1}^{N} |w_i^T a(r)|^2}$ の極大値を探索的に探す．この手法は MUSIC (multiple signal classification) 法と呼ばれる．

9. 非線形最適化

式 (1) の g が非線形写像である場合は，2乗誤差 $\|d - g(s)\|^2$ に正則化項を加えた評価関数を，非線形最適化により最小化するのが通常である．アルゴリズムの詳細は [3],[10] などを参照．いずれの場合も，局所最適解に陥るのを防ぐには真の解に近い初期解が重要であり，データ d から推定解 s を代数演算のみで求める直接解法が注目されている．

[奈良高明]

参 考 文 献

[1] P.C. Hansen, J.G. Nagy, D.P. O'Leary, *Deblurring images, matrices, spectra, and filtering*, SIAM, 2006.

[2] P.C. Hansen, *Rank-deficient and discrete ill-posed problems*, SIAM, 1998.

[3] R.C. Aster, B. Borchers, C.H. Thurber, *Parameter estimation and inverse problems*, Elsevier, 2005.

[4] C.R. Vogel, *Computational methods for inverse problems*, SIAM, 2002.

[5] 斉藤恒雄, 画像処理アルゴリズム, 近代科学社, 1992.

[6] 小西貞則, 北川源四郎, 情報量規準, 朝倉書店, 2004.

[7] W. メンケ, 離散インバース理論, 古今書院, 1997.

[8] 石黒真木夫, 松本 隆, 乾 敏郎, 田邉國士, 階層ベイズモデルとその周辺, 岩波書店, 2004.

[9] 菊間信良, アレーアンテナによる適応信号処理, 科学技術出版, 1999.

[10] 今野 浩, 山下 浩, 非線形計画法, 日科技連, 1978.

工学応用
engineering applications

1. 逆問題の定義と分類

工学に限らず，多くの分野で応答や結果などの出力から，原因や入力を推定する逆問題の重要性が認識され，逆解析が盛んに取り扱われるようになってきた．

逆問題は順問題以外のものであると考えると，順問題がどのような入力から構成されるかが明らかであれば，逆問題の明確な定義が可能である．一般には，入力は多くある．全ての入力が与えられれば，順方向の手順により出力が決まる．入力の中のいずれが未知であるかによって異なった問題が提起されることになり，それらは全て逆問題である．

この考え方に従い，1つの例として，工学でよく現れる物理量などの空間変化および時間変化を扱う場の解析に関連した逆問題について論じる [1],[2]．

現象あるいは状態を表現している何らかの量を ϕ で表すとき，ϕ の空間変化あるいは時間変化に関する次の支配微分方程式を用いて，ϕ の応答を求める順解析が行われる．

$$L(\kappa) = f \tag{1}$$

ここで，$L(\kappa)$ は材料特性 κ を含んだ作用素，f は領域内の負荷に相当する項である．

この順解析を実施するためには，図1のように，次のような情報，すなわち入力が不可欠である．

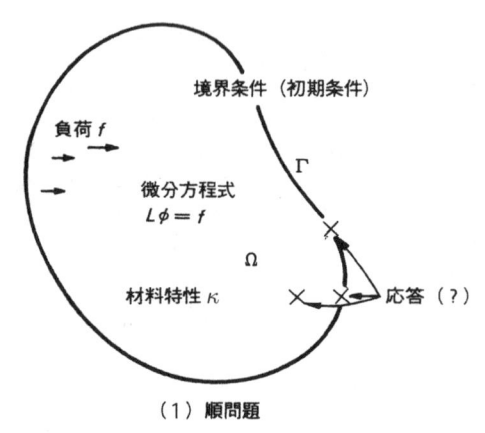

(a) 対象とする領域 Ω とその境界 Γ の位置と形状
(b) ϕ に関する場の支配方程式（$L\phi = f$）
(c) ϕ あるいはその微係数に関する境界条件（もし必要があれば初期条件も含む）
(d) 領域内の負荷 f
(e) 支配方程式に含まれる材料特性 κ の分布

もし，図2のように，これらの要件のいずれかが欠落していれば，順解析を行うことはできない．上述のように，逆問題は順問題以外のものと考えるものとする．このとき，場の解析では，(a)～(e) のいずれかに未知のものがあるときに，これらを同定しようとするものが逆問題である．上記(a)～(e)と対応して，以下の逆問題がある．

(A) 領域/境界逆問題（領域 Ω の形状あるいは領域内の未知境界を同定する問題）
(B) 支配方程式逆問題（ϕ の場を支配している微分方程式を求める問題）
(C) 境界値/初期値逆問題（境界 Γ の一部あるいは全部における境界値，あるいは領域 Ω 内で定義される初期値を求める問題）
(D) 負荷逆問題（領域 Ω の内部で作用している負荷 f を求める問題）
(E) 材料特性逆問題（領域 Ω の内部における材料特性 κ を推定する問題）

場の解析以外の問題についても，順問題が与えられれば同様にして逆問題の分類ができるが，多くの場合に対して上記の分類が当てはまる [3]．

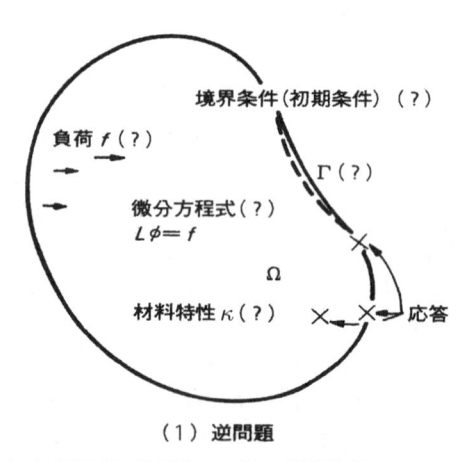

図1 順問題と順解析 [2]

図2 逆問題と逆解析 [2]

2. 非破壊評価に対する逆問題の適用例：能動型・受動型電気ポテンシャルCT法および能動型パルスエコー法

構造物や機器の経年化ならびに使用条件の過酷化に伴い，欠陥や亀裂の検出とモニタリングが重要になってきている．電気ポテンシャル法では，構造物やその要素に能動的に通電したときの電気ポテンシャル応答をもとに欠陥や亀裂を同定する．能動型電気ポテンシャルCT法 [4]～[6] は，逆解析を適用し，亀裂や欠陥を有効かつ客観的に同定するものである．

これに対し，ピエゾフィルムを構造物に貼れば，通電しなくても電気ポテンシャル応答を得ることができる．受動型電気ポテンシャルCT法 [10] は，この受動的に得られた応答を用いるものである．さらに，ピエゾフィルムに電気的パルスを印加すれば，超音波を発振するとともに，反射波をピエゾフィルムで受信することができる．この原理を用いた方法が，能動型パルスエコー法 [13] である．以下では，これらの方法について述べる．

2.1 能動型電気ポテンシャルCT法による亀裂同定

亀裂を有する物体に能動的に電流を流したとき，電気ポテンシャル ϕ の分布は，ラプラスの式に代表される楕円型の微分方程式に支配される．境界上のポテンシャル分布から欠陥を同定する問題は，領域/境界逆問題の1つである．

2次元物体内の単一の亀裂を一意に推定するためには，2つ以上の，また3次元物体内の単一の亀裂を推定するためには，3つ以上の電流負荷に対する境界上のポテンシャル分布が必要である [7]．

図3は板状の試験片に斜め亀裂が存在する場合について，亀裂を同定する実験を行った例である [8]．亀裂同定の一意性を保証するため，図3のように，上下の入力電極の組合せを変えて電流を負荷したときのポテンシャル分布を用いる．多数の電流負荷に対するポテンシャル分布を用いて亀裂を同定するため，各電流負荷に対する残差平方和の総和で定義される次式の R を指標とする．

$$R = \sum_k \int_{\Gamma_3} w \left(\phi_k^{(c)} - \phi_k^{(m)} \right)^2 d\Gamma \quad (2)$$

ここで，$\phi_k^{(c)}$ および $\phi_k^{(m)}$ は，それぞれ k 番目の電流負荷に対するポテンシャル分布の計算値および測定値である．

マルチ電流負荷方式を用いた能動型電気ポテンシャルCT法により，図3の5通りの電流負荷に対するポテンシャル分布を総合し，斜め亀裂が同定されている．同定結果を，順位の番号とともに図4に示す．

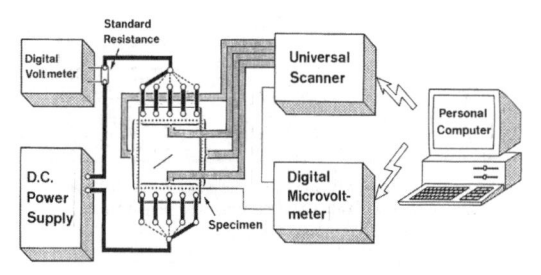

図3 マルチ電流負荷方式を用いた能動型電気ポテンシャルCT法による，板状試験片における斜め亀裂同定のための計測システム [8]

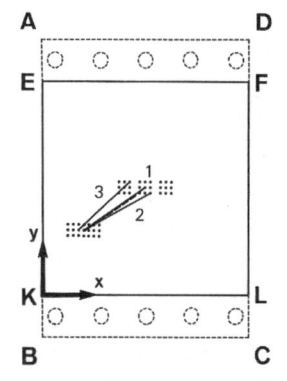

図4 マルチ電流負荷方式を用いた能動型電気ポテンシャルCT法による斜め亀裂の同定結果 [8]

図のように，同定結果は破線で表した実亀裂とよく一致している．

図5の例では，パイプ外面で観測されたポテンシャル分布から，内面の半楕円形の亀裂が同定されている [9]．図において破線で表された推定結果は，実線で表された実亀裂とよく一致している．

2.2 受動型電気ポテンシャルCT法による亀裂同定

圧電効果を持つピエゾフィルムを物体表面に貼り付ければ，物体に力が加わったときの物体の歪み分布に応じたピエゾフィルム上の電気ポテンシャル分布を，外部から通電することなく，受動的に得ることができる．亀裂があるときの歪み分布は亀裂の影響を受け，ピエゾフィルム上の電気ポテンシャル分布は亀裂の位置と寸法を反映したものとなる．受動型電気ポテンシャルCT法では，ピエゾフィルム上の電気ポテンシャル分布をもとに，亀裂を逆問題的に同定する [10]．

ピエゾ材料では，歪みと電場の間に連成関係があり，応力各成分からなる応力ベクトル $\{\sigma\}$ は，歪み各成分からなる歪みベクトル $\{\varepsilon\}$ とともに，ポテンシャルの勾配で表される電界ベクトル $\{E\}$ の影響を受け，逆に電気変位ベクトル $\{D\}$ は $\{E\}$ とともに $\{\varepsilon\}$ の影響を受ける．

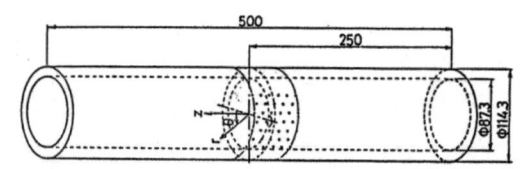

Fig. 5 Crack configuration and measuring points of potential distribution used for experiment.

(a) Crack shape [1]

(b) Crack shape [2]

(c) Crack shape [3]

(d) Crack shape [4]

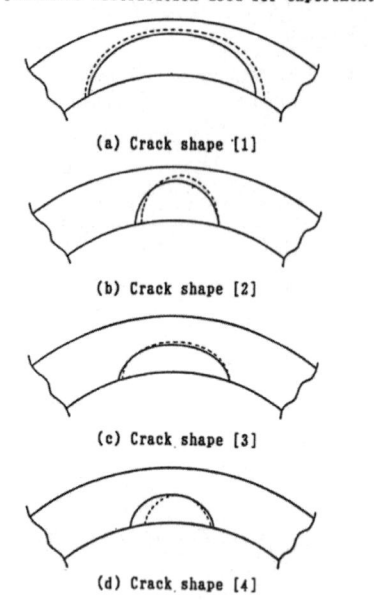

図5 能動型電気ポテンシャル CT 法による，パイプ内面の表面亀裂の同定結果 [9]

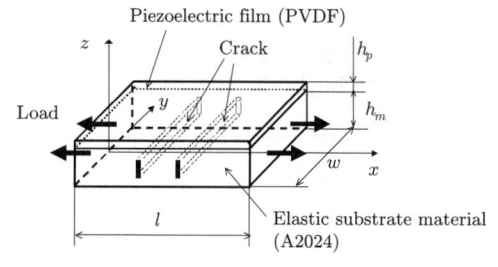

図6 受動型電気ポテンシャル CT 法による複数亀裂の同定

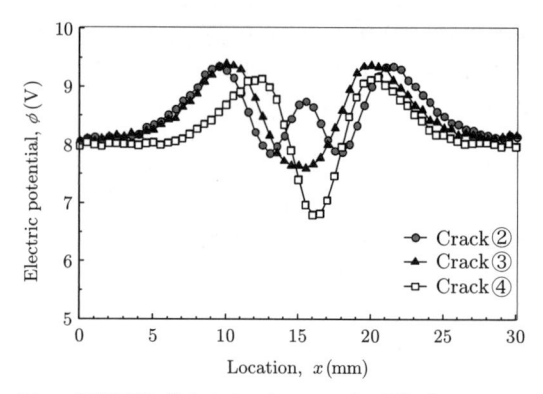

図7 複数亀裂に対するピエゾフィルム上の電気ポテンシャル分布

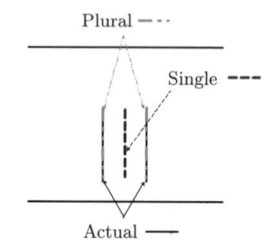

図8 受動型電気ポテンシャル CT 法による複数亀裂の同定結果

$$\{\sigma\} = [C]\{\varepsilon\} - [e]^\mathrm{T}\{E\} \tag{3}$$

$$\{D\} = [e]\{\varepsilon\} + [g]\{E\} \tag{4}$$

ここで，$[C]$ は材料剛性マトリクス，$[e]$ は圧電定数応力マトリクス，$[g]$ は誘電マトリクスである．これらの式に基づき，電気ポテンシャル分布が計算できる．

図6は，2つの2次元貫通亀裂に対して受動型電気ポテンシャル CT 法を適用した例である．単一の亀裂が存在するとき，ピエゾフィルム上には亀裂周辺に2つのピークが表れる．亀裂が2つ存在するときの電気ポテンシャル ϕ の分布の例を図7に示す．亀裂間の距離が大きいと4つのピークが表れるが，図7では亀裂②，③，④の順に亀裂間の距離が短くなっており，それに伴いピークが重なって，ピークの数が3あるいは2となっている．

このように，ポテンシャル分布のピークに重なりがある場合の亀裂同定結果の例を図8に示す．図のように亀裂が1つしかないと仮定したときの推定結果は実亀裂の中間にあるが，亀裂が2つあると仮定したときの推定結果は実亀裂とよく一致している．亀裂の個数は情報量基準 AIC を用いることにより推定できる．

斜め亀裂では，2つのピークの非対称性をもとに亀裂同定ができる．また，裏側の表面亀裂の同定も行われている [12]．

2.3 能動型パルスエコー法による亀裂同定

図9のように，ピエゾフィルムとフレキシブルプリント基板（FPC）からなるスマートレイヤーを構成すると，電極が多数設置でき，電気ポテンシャル分布を計測することができる [13]．この多数の電極に電気的パルスを印加すると，逆ピエゾ効果により超音波を発振でき，欠陥などからの反射波を多数の電極で受信できる．このときの伝播時間から，発振電極から欠陥までの距離と，欠陥から受信電極までの距離の和が求められ，欠陥に接する楕円あるいは回転楕円体が得られることになる [14]．これを多数の電極の組合せに対して行えば，図10のような欠陥の包絡線群が得られる．図のように，包絡線群は太線で表した実亀裂とよく一致している．

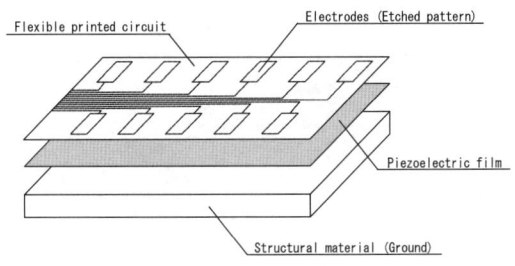

図9 ピエゾフィルムとFPCからなるスマートレイヤー [13]

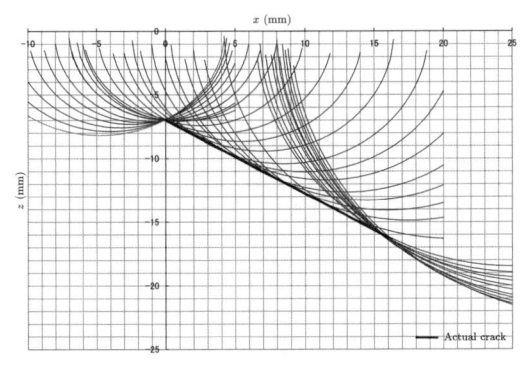

図10 能動型パルスエコー法における伝播時間解析より得られた欠陥の包絡線 [14]

[久保司郎]

参 考 文 献

[1] S. Kubo, Inverse Problems Related to the Mechanics and Fracture of Solids and Structures, *JSME Int. J., Ser. I*, **31**(2) (1988), 157–166.

[2] 久保司郎, 逆問題, 培風館, 1992.

[3] G.S. Dulikravich, T.J. Martin, B.H. Dennis, Multidisciplinary Inverse Problems, *1999 Inverse Problems in Engineering: Theory and Practice* (1999), 1–8.

[4] 大路清嗣, 久保司郎, 阪上隆英, 電気ポテンシャルCT法による二次元, 三次元き裂形状測定に関する基礎的研究 (境界要素逆問題解析法の開発と未知境界 (き裂) 同定への適用), 日本機械学会論文集 (A編), **51**(467) (1985), 1818–1825.

[5] S. Kubo, T. Sakagami, K. Ohji, Electric Potential CT Method Based on BEM Inverse Analyses for Measurement of Three-Dimensional Cracks, *Computational Mechanics '86*, Vol.1 (1986), V-339–V-344.

[6] S. Kubo, T. Sakagami, K. Ohji, The Electric Potential CT Method for Measuring Two- and Three-Dimensional Cracks, In *Current Japanese Materials Research Vol.8 Fracture Mechanics*, Soc. Mat. Sci., Japan (1991), 235–254.

[7] S. Kubo, Requirements for Uniqueness of Crack Identification from Electric Potential Distributions, *Inverse Problems in Engineering Sciences 1990* (1991), 52–58.

[8] T. Sakagami, S. Kubo, T. Hashimoto, H. Yamawaki, K. Ohji, Quantitative Measurement of Two-Dimensional Inclined Cracks by the Electric-Potential CT Method with Multiple Current Applications, *JSME Int. J., Ser. I*, **31**(1) (1988), 76–86.

[9] S. Kubo, K. Ohji, M. Kagoshima, T. Imajuku, Mechanical Behaviour of Materials — VI, *Proc. 6th Int. Conf. on Mechanical Behaviour of Materials, Kyoto, Soc. Mat. Sci., Japan*, Vol.4 (1991), 717–722.

[10] S.-Q. Li, S. Kubo, T. Sakagami, Z.-X. Liu, Theoretical and Numerical Investigations on Crack Identification Using Piezoelectric Material-Embedded Structures, *Soc. Mat. Sci., Japan*, **6**(1) (2000), 41–48.

[11] D. Shiozawa, S. Kubo, T. Sakagami, M. Takagi: Passive Electric Potential CT Method Using Piezoelectric Material for Identification of Plural Cracks, *Computer Modeling in Engineering and Sciences*, **11**(1) (2006), 27–36.

[12] 塩沢大輝, 久保司郎, 阪上隆英, 受動型電気ポテンシャルCT法を用いた三次元表面き裂の同定に関する実験的検討, 日本機械学会論文集 (A編), **71**(707) (2005), 1038–1046.

[13] S. Kubo, T. Sakagami, T. Suzuki, T. Maeda, K. Nakatani, Use of the Piezoelectric Film for the Determination of Cracks and Defects — The Passive and Active Electric Potential CT Method, *Journal of Physics, Conf. Series*, **135** (2008), #012057, 1–9.

[14] S. Kubo, T. Sakagami, T. Suzuki, Multiple Electrodes Active Pulse Echo Method Using a Piezoelectric Film for Crack Identification, *Journal of Solid Mechanics and Materials Engineering*, **6**(6) (2012), 519–529.

コンピュータトモグラフィ逆問題

inverse problems in computed tomography

本項目では，逆問題の中でも様々な技術への実用化が進んでいるコンピュータトモグラフィについて，特に医療用 CT で用いられる積分変換の逆問題を中心に述べる．

1. コンピュータトモグラフィ

コンピュータトモグラフィ（CT：computed tomography）とは，物理計測により得られた線積分や面積分を表す測定データから物体の物理量分布を計算により求め，画像化する技術のことである．もともとは 1960 年代に電波天文学や電子顕微鏡の分野で研究が始められ，1970 年代に医療用 X 線 CT 装置が開発されて有名になった．CT の応用は，医療のみならず地震波・音響・海洋トモグラフィ，合成開口レーダー，非破壊検査や資源探査など，多くの計測技術に広がっており，逆問題の代名詞として取り上げられることが多い．また，数学の分野では，積分幾何学（integral geometry）の一部として取り扱われることが多い．本項目では，医療用 CT で用いられる積分変換の逆問題を中心として，CT の数理的基礎について述べる．なお，CT 逆問題を体系的に解説した文献として [1]〜[3] がある．

2. 2 次元 CT の逆問題

2.1 平行ビーム投影からの画像再構成

まず，X 線 CT を例にして，2 次元 CT の基本となる平行ビーム投影からの画像再構成について述べる．いま，画像化する物体断面の X 線吸収係数分布を $f(x,y)$ で表し，図 1(a) に示すように様々な角度 θ から平行な X 線を照射して，物体を透過した X 線強度を測定する状況を考える．ただし，r は各方向の投影データの座標を表す変数であり，動径と呼ぶ．このとき，各測定点 (r,θ) において照射 X 線強度 $I(r,\theta)$ を検出 X 線強度 $D(r,\theta)$ で除算して自然対数をとったデータを $p(r,\theta)$ で表すと，$p(r,\theta)$ と $f(x,y)$ の関係は次のようになる．

$$p(r,\theta) \equiv \ln \frac{I(r,\theta)}{D(r,\theta)} = \int_{-\infty}^{\infty} f(r\cos\theta - s\sin\theta, r\sin\theta + s\cos\theta)ds \quad (1)$$

式 (1) は，$p(r,\theta)$ が物体 $f(x,y)$ の直線 $r = x\cos\theta + y\sin\theta$ 上の線積分であることを意味しており，$p(r,\theta)$ を投影データ（projection data）と呼ぶ．通常の CT における投影データ測定範囲は，$-\infty < r < \infty$，$0 \leq \theta < \pi$ である．また式 (1) を，$f(x,y)$ に $p(r,\theta)$

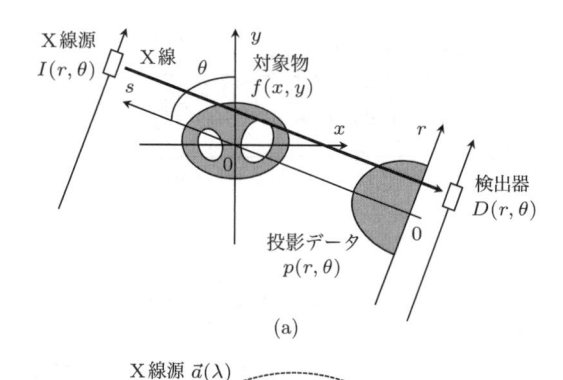

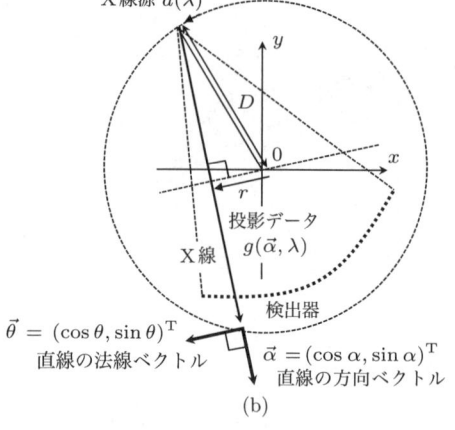

図 1 (a) 平行ビーム投影，(b) ファンビーム投影

を対応付ける積分変換と考えたとき，発見者の名にちなんでラドン変換（Radon transform）と呼び，CT の逆問題とは測定した $p(r,\theta)$ から計算で $f(x,y)$ を復元する問題である．この問題は，投影からの画像再構成（image reconstruction from projections）とも呼ばれる．

2 次元 CT の逆問題を解く鍵になるのは，投影切断面定理と呼ばれる以下に述べる定理である．いま，$f(x,y)$ の 2 次元フーリエ変換 $F(u,v)$ と $p(r,\theta)$ の r に関する 1 次元フーリエ変換 $P(\omega,\theta)$ を次式で定義する．

$$F(u,v) = \int_{-\infty}^{\infty}\int_{-\infty}^{\infty} f(x,y)\exp[-j(ux+vy)]dxdy \quad (2)$$

$$P(\omega,\theta) = \int_{-\infty}^{\infty} p(r,\theta)\exp(-j\omega r)dr \quad (3)$$

このとき，$F(u,v)$ と $P(\omega,\theta)$ の間に次の関係が成立する．

$$F(\omega\cos\theta, \omega\sin\theta) = P(\omega,\theta) \quad (4)$$

式 (4) は，θ 方向の投影データの 1 次元フーリエ変換 $P(\omega,\theta)$ が物体の 2 次元フーリエ変換 $F(u,v)$ の角度 θ 方向の切断面 $u = \omega\cos\theta$，$v = \omega\sin\theta$ と一致することを意味しており，投影切断面定理（projection slice theorem）と呼ぶ．この定理から，$p(r,\theta)$ を $0 \leq \theta < \pi$ の範囲で測定すれば，フーリエ空間

で $F(u,v)$ の全ての情報を得ることができ，フーリエ逆変換により厳密な画像再構成が可能である．具体的な再構成の手法としては，以下の手順で導かれるフィルタ補正逆投影法（FBP 法：filtered back-projection method）が最もよく用いられる．まず，$F(u,v)$ のフーリエ逆変換を極座標で書くと，次のようになる．

$$f(x,y) = \frac{1}{4\pi^2}\int_0^\pi \int_{-\infty}^\infty F(\omega\cos\theta, \omega\sin\theta)|\omega| \\ \times \exp[j\omega(x\cos\theta + y\sin\theta)]d\omega d\theta \quad (5)$$

式 (5) において $F(\omega\cos\theta, \omega\sin\theta) = P(\omega,\theta)$ とおくと，$p(r,\theta)$ から $f(x,y)$ を復元する数式が得られるが，意味がわかりにくいのでステップ・バイ・ステップの形にまとめると，以下のようになる．

[Step 1] 投影データのフーリエ変換
$$P(\omega,\theta) = \int_{-\infty}^\infty p(r,\theta)\exp(-j\omega r)dr \quad (6)$$

[Step 2] フィルタ $|\omega|$ の乗算とフーリエ逆変換
$$q(r,\theta) = \frac{1}{2\pi}\int_{-\infty}^\infty P(\omega,\theta)|\omega|\exp(j\omega r)d\omega \quad (7)$$

[Step 3] 逆投影
$$f(x,y) = \frac{1}{2\pi}\int_0^\pi q(x\cos\theta + y\sin\theta, \theta)d\theta \quad (8)$$

式 (6)〜(8) で表される画像再構成法が FBP 法であり，その意味は以下のように考えることができる．まず，式 (6),(7) は投影データの高周波成分を強調するフィルタ処理である．そして，式 (8) は各再構成点 (x,y) を通る $0 \leq \theta < \pi$ の投影データを加算して重ね合わせる処理で，逆投影（backprojection）と呼ぶ．すなわち，FBP 法は，逆投影のみで画像再構成を行うと画像がぼけるので，投影データにぼけを補正するフィルタ処理を施した後に逆投影を行う手法と解釈することができる．さらに，フィルタ $|\omega|$ は $j\omega$ と $-j\mathrm{sgn}(\omega)$ の積に分解でき，$j\omega$ は 1 次微分演算を表すフィルタで $-j\mathrm{sgn}(\omega)$ はヒルベルト変換を表すフィルタであることから，式 (6)〜(8) を空間領域で 1 つの式として次のように表すこともできる．

$$f(x,y) = \frac{1}{2\pi^2}\int_0^\pi \mathrm{p.v.}\int_{-\infty}^\infty \frac{1}{x\cos\theta + y\sin\theta - r} \\ \times \frac{\partial}{\partial r}p(r,\theta)drd\theta \quad (9)$$

ただし，p.v. は積分のコーシーの主値である．式 (9) をラドンの反転公式（Radon's inversion formula）と呼ぶ．

2.2 ファンビーム投影からの画像再構成

現在の X 線 CT 装置のほとんど全てが，図 1(b) に示すファン状のビームを照射する X 線源を物体の周囲で 360 度回転させるデータ収集法を採用している．この方法で得られる投影データをファンビーム投影（fan-beam projections）と呼ぶ．以下ではその画像再構成について述べる．

物体断面の X 線吸収係数分布を $f(\vec{x})$ $(\vec{x} = (x,y)^\mathrm{T})$ で表す．図 1(b) に示すように，X 線源が半径 D の円 $\vec{a}(\lambda) = (D\cos\lambda, D\sin\lambda)^\mathrm{T}$ $(0 \leq \lambda < 2\pi)$ 上を動く状況を考え，各 X 線源の位置 $\vec{a}(\lambda)$ から照射される X 線の方向をベクトル $\vec{\alpha} = (\cos\alpha, \sin\alpha)^\mathrm{T}$ $(0 \leq \alpha < 2\pi)$ で表す．このとき，ファンビーム投影 $g(\vec{\alpha},\lambda)$ は半直線 $\vec{x} = \vec{a}(\lambda) + t\vec{\alpha}$ $(0 \leq t < \infty)$ 上の $f(\vec{x})$ の線積分であり，次のように書ける．

$$g(\vec{\alpha},\lambda) = \int_0^\infty f(\vec{a}(\lambda) + t\vec{\alpha})dt \quad (10)$$

$g(\vec{\alpha},\lambda)$ から $f(\vec{x})$ を復元する問題が，ファンビーム投影からの画像再構成である．

ファンビーム投影からの再構成法としては，いったんファンビーム投影を平行ビーム投影に座標変換して式 (6)〜(8) により再構成を行うリビニング法も存在するが，以下では $g(\vec{\alpha},\lambda)$ に高周波成分を強調するフィルタ処理を施した後にファンビーム幾何学系に基づき逆投影を行うファンビーム FBP 法（fan-beam FBP method）について述べる．まず，導出の出発点として，$\vec{\theta} = (\cos\theta, \sin\theta)^\mathrm{T}$，$p(r,\vec{\theta}) \equiv p(r,\theta)$ とおき，式 (9) の平行ビーム投影の逆変換を次のように書いておく．

$$f(\vec{x}) = \frac{1}{4\pi}\int_\mathbf{S}\int_{-\infty}^\infty h(\vec{x}\cdot\vec{\theta} - r)p(r,\vec{\theta})drd\vec{\theta}$$
$$h(r) = \frac{1}{\pi}\frac{d}{dr}\frac{1}{r} \quad (11)$$

ただし，$h(\cdot)$ は式 (9) において微分とヒルベルト変換を合わせたフィルタ $|\omega|$ のインパルス応答，$\mathbf{S}$ は単位円 $\|\vec{\theta}\| = 1$ である．また，ファンビームでは投影データの測定範囲が 360 度であるため，それに合わせて $\vec{\theta}$ の積分範囲を $0 \leq \theta < 2\pi$ としておいた．式 (11) は，以降の導出を容易にするため，式 (9) をベクトルで表現したものである．次に，X 線の方向 $\vec{\alpha}$ と直交するベクトル $\vec{\alpha}^\perp = (\sin\alpha, -\cos\alpha)^\mathrm{T}$ を定義すると，図 1(b) からファンビーム投影 $g(\vec{\alpha},\lambda)$ と平行ビーム投影 $p(r,\vec{\theta})$ の間には次の座標変換の関係がある．

$$g(\vec{\alpha},\lambda) = p(\vec{a}(\lambda)\cdot\vec{\alpha}^\perp, \vec{\alpha}^\perp) \text{ for } \vec{a}(\lambda)\cdot\vec{\alpha} \leq 0 \quad (12)$$

式 (11) に変数変換 $r = \vec{a}(\lambda)\cdot\vec{\alpha}^\perp$，$\vec{\theta} = \vec{\alpha}^\perp$ を施すと，ヤコビアンが $drd\vec{\theta} = |\vec{a}'(\lambda)\cdot\vec{\alpha}^\perp|d\vec{\alpha}d\lambda$ であることと，$h(\cdot)$ が -2 次の同次関数（$h(cr) = h(r)/c^2$ for $c \neq 0$）であることに注意して，次のようになる．

$$f(\vec{x}) = \frac{1}{4\pi}\int_0^{2\pi}\frac{1}{2}\int_\mathbf{S} h(\vec{x}\cdot\vec{\alpha}^\perp - \vec{a}(\lambda)\cdot\vec{\alpha}^\perp) \\ \times p(\vec{a}(\lambda)\cdot\vec{\alpha}^\perp, \vec{\alpha}^\perp)|\vec{a}'(\lambda)\cdot\vec{\alpha}^\perp|d\vec{\alpha}d\lambda$$

$$= \frac{1}{4\pi} \int_0^{2\pi} \frac{1}{\| \vec{x} - \vec{a}(\lambda) \|^2} \int_{\mathbf{S}} h(\vec{\gamma} \cdot \vec{\alpha}^\perp) g(\vec{\alpha}, \lambda)$$
$$\times | \vec{a}'(\lambda) \cdot \vec{\alpha}^\perp | d\vec{\alpha} d\lambda$$
$$\vec{\gamma} = \frac{\vec{x} - \vec{a}(\lambda)}{\| \vec{x} - \vec{a}(\lambda) \|} \quad (13)$$

ただし，$\vec{a}'(\lambda) = d\vec{a}(\lambda)/d\lambda$ は軌道の接線方向を表すベクトルである．式 (13) がファンビーム FBP 法を表す数式であり，$\vec{\alpha}$ の積分がフィルタ処理を λ の積分が逆投影になっている．すなわち，平行ビームの場合と同様に，次の 2 つのステップにより実装できる．

[Step 1] フィルタ処理
$$q(\vec{\gamma}, \lambda) = \int_{\mathbf{S}} h(\vec{\gamma} \cdot \vec{\alpha}^\perp) g(\vec{\alpha}, \lambda) | \vec{a}'(\lambda) \cdot \vec{\alpha}^\perp | d\vec{\alpha} \quad (14)$$

[Step 2]（重み付き）逆投影
$$f(\vec{x}) = \frac{1}{4\pi} \int_0^{2\pi} \frac{1}{\| \vec{x} - \vec{a}(\lambda) \|^2} q\left(\frac{\vec{x} - \vec{a}(\lambda)}{\| \vec{x} - \vec{a}(\lambda) \|}, \lambda \right) d\lambda \quad (15)$$

3. 3 次元 CT の逆問題

近年，CT を 3 次元に拡張して，物体の 3 次元的な物理量分布を画像化する研究が，物理計測の様々な分野で行われている．例えば，医療分野でもマルチスライス CT（MDCT：multi detector CT）や 3 次元 PET（positron emission tomography）などの装置が実用化されている．3 次元画像の再構成であっても，2 次元断面を独立に再構成して積み重ねる原理に基づく場合には，2 次元との本質的な違いはない．しかし，後述するコーンビーム投影に代表される 2 次元再構成の積み重ねに帰着できない場合が数多く存在するため，3 次元再構成の研究が精力的に行われている [4]．本節では，2 次元のラドン変換やファンビーム投影を 3 次元に拡張した積分変換の逆問題について述べる．具体的には，3 次元ラドン変換とコーンビーム投影の 2 つを取り上げる．

3.1 3 次元ラドン変換

2 次元のラドン変換を 3 次元に拡張する場合，積分を 3 次元空間の平面で行うか直線で行うかの違いで，2 通りの拡張の方法がある．3 次元物体に対して平面上の積分値の集合を対応付ける積分変換を 3 次元ラドン変換 (three-dimensional Radon transform) と呼び，以下のように定義される．いま，物体を表す関数を $f(\vec{x})$（$\vec{x} = (x, y, z)^\mathrm{T}$）とする．法線ベクトルが $\vec{\theta} = (\cos\theta_1 \sin\theta_2, \sin\theta_1 \sin\theta_2, \cos\theta_2)^\mathrm{T}$ で原点からの（符号付き）距離が r の平面 $\vec{x} \cdot \vec{\theta} = r$ 上の $f(\vec{x})$ の面積分 $Rf(r, \vec{\theta})$ は，ディラックのデルタ関数 $\delta(\cdot)$ を用いて次のように表される．

$$Rf(r, \vec{\theta}) = \int_{\mathbf{R}^3} f(\vec{x}) \delta(r - \vec{x} \cdot \vec{\theta}) d\vec{x} \quad (16)$$

$Rf(r, \vec{\theta})$ を $(r, \vec{\theta})$ の関数と考え，3 次元ラドン変換と呼ぶ．ただし，変数 $(r, \vec{\theta})$ の範囲は $-\infty < r < \infty$，$\vec{\theta} \in \mathbf{S}^2$（単位球面 $\| \vec{\theta} \| = 1$）であり，これは 3 次元空間の全ての平面上の面積分に相当する．3 次元ラドン変換に対しては，2 次元ラドン変換と同様な投影切断面定理と逆変換公式が成り立つことが知られており，以下ではそれらについて述べる．まず，$f(\vec{x})$ の 3 次元フーリエ変換を $F(\vec{\omega})$（$\vec{\omega} = (\omega_x, \omega_y, \omega_z)^\mathrm{T}$）で表し $Rf(r, \vec{\theta})$ の r に関する 1 次元フーリエ変換を $\widehat{R}f(\omega, \vec{\theta})$ で表すと，$F(\vec{\omega})$ と $\widehat{R}f(\omega, \vec{\theta})$ の間に次の関係が成り立つ．

$$F(\omega\vec{\theta}) = \widehat{R}f(\omega, \vec{\theta}) \quad (17)$$

図 2 に示すように，式 (17) は $\widehat{R}f(\omega, \vec{\theta})$ が $F(\vec{\omega})$ の原点を通る $\vec{\theta}$ 方向の直線 $\vec{\omega} = \omega\vec{\theta}$ 上の値と一致することを意味しており，2 次元ラドン変換の投影切断面定理を自然に 3 次元に拡張したものになっている．また，3 次元ラドン変換の逆変換公式は，式 (17) の両辺のフーリエ逆変換を極座標で計算することにより得られ，結果は次のようになる．

$$f(\vec{x}) = -\frac{1}{8\pi^2} \int_{\mathbf{S}^2} \left. \frac{\partial^2 Rf}{\partial r^2}(r, \vec{\theta}) \right|_{r=\vec{x} \cdot \vec{\theta}} d\vec{\theta} \quad (18)$$

式 (18) の意味は，以下のように考えることができる．まず，2 次微分は周波数領域における $-\omega^2$ の周波数特性を持つフィルタによる高周波成分の強調である．そして，$\vec{\theta}$ に関する積分は，各再構成点 $\vec{x}$ を通る平面上の面積分を全て加え合わせる逆投影に相当する演算である．すなわち，式 (18) は 2 次元ラドン変換に対する FBP 法と同様な意味を持っている．

MRI (magnetic resonance imaging) では，3 次元物体の水素原子分布の面積分を直接測定することができる．また，後述するコーンビーム投影により線積分を測定する場合にも，線積分を面積分に変換する Grangeat の公式（Grangeat's formula）と呼

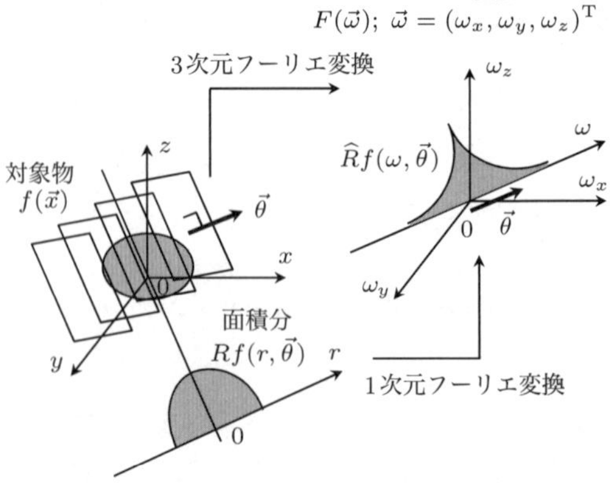

図 2 3 次元ラドン変換とその投影切断面定理

ばれる公式が知られている [3],[4]．これらの理由から，3次元ラドン変換は3次元CTの基本ツールとしてよく用いられている．

3.2 コーンビーム投影からの画像再構成

最後に，ファンビーム投影を3次元に拡張したコーンビーム投影（cone-beam projections）について述べる．X線管は点光源であり，コーン状のX線を放射するので，これを用いて測定される投影データは，平行ビーム投影ではなくコーンビーム投影になる．より正確に定義すると，以下のようになる．いま，図3(a)に示すように，X線源を3次元空間内の曲線（軌道）$\vec{a}(\lambda)$（$\lambda \in \Lambda$）上で動かしながら，物体$f(\vec{x})$にコーン状のX線を照射して投影データを測定する状況を考える．各X線源の位置$\vec{a}(\lambda)$から照射されるX線の方向を単位ベクトル$\vec{\alpha} \in \mathbf{S}^2$（単位球面 $\|\vec{\alpha}\|=1$）で表すと，コーンビーム投影$g(\vec{\alpha}, \lambda)$は，ファンビーム投影とまったく同じ式(10)で表される．測定した$g(\vec{\alpha}, \lambda)$から$f(\vec{x})$を復元する問題がコーンビーム投影からの画像再構成である．具体的な再構成法としては，$g(\vec{\alpha}, \lambda)$からGrangeatの公式と呼ばれるコーンビーム投影を3次元ラドン変換の情報に変換する公式を用いて$Rf(r, \vec{\theta})$を求め，その後に式(18)の逆変換により再構成を行う手法がよく研究されている [3],[4]．この再構成法の鍵である Grangeat の公式について，以下で述べる．いま，$\vec{\beta} \in \mathbf{S}^2$（単位球面 $\|\vec{\beta}\|=1$）として，$g(\vec{\alpha}, \lambda)$を変形した次の関数$p(\vec{\beta}, \lambda)$を定義する．

$$p(\vec{\beta}, \lambda) = \frac{1}{2} \int_{\mathbf{S}^2} \delta'(\vec{\beta} \cdot \vec{\alpha})[g(\vec{\alpha}, \lambda) - g(-\vec{\alpha}, \lambda)]d\vec{\alpha} \quad (19)$$

ただし，$\delta'(\cdot)$はディラックのデルタ関数の1次微分を表す超関数である．このとき，$p(\vec{\beta}, \lambda)$と$Rf(r, \vec{\theta})$の間に次の関係が成立する．

$$p(\vec{\beta}, \lambda) = -\frac{\partial Rf}{\partial r}(r, \vec{\beta})\bigg|_{r=\vec{a}(\lambda) \cdot \vec{\beta}} \quad (20)$$

式(19),(20)はGrangeatにより最初に示されたもので，線積分である$g(\vec{\alpha}, \lambda)$を面積分である$Rf(r, \vec{\theta})$の情報に変換する形をしている．特に，Grangeatの公式に基づく再構成法を用いると，「X線源の軌道$\vec{a}(\lambda)$（$\lambda \in \Lambda$）がどのような条件を満足すれば厳密な画像再構成が可能か」を表す完全条件（completeness condition）を導くことができる．コーンビーム投影の完全条件は Tuy により最初に示され，Tuy の条件（Tuy's condition）と呼ばれる．

[Tuy の条件] 物体$f(\vec{x})$と交わる全ての平面がX線源の軌道$\vec{a}(\lambda)$（$\lambda \in \Lambda$）と交われば，厳密な画像再構成が可能である．

Tuy の条件を満足しない軌道と満足する軌道の典型的な例を，図3(b)に示す．

2000年以降に医療用X線CTがマルチスライスCTなどコーンビーム投影を測定するものに移行したため，投影からの画像再構成の中でも注目されているホットなテーマになっている． ［工藤博幸］

参 考 文 献

[1] A.C. Kak, M. Slaney, *Principles of Computerized Tomographic Imaging*, SIAM, 2001.
[2] F. Natterer, *The Mathematics of Computerized Tomography*, SIAM, 2001.
[3] 尾川浩一, 工藤博幸, 清水昭伸ほか 編, 医用画像工学ハンドブック（第2章 投影からの画像再構成），日本医用画像工学会, 2012.
[4] 工藤博幸, X線を用いた3次元断層像再構成技術, 光学, **29**(6) (2000), 354–359.

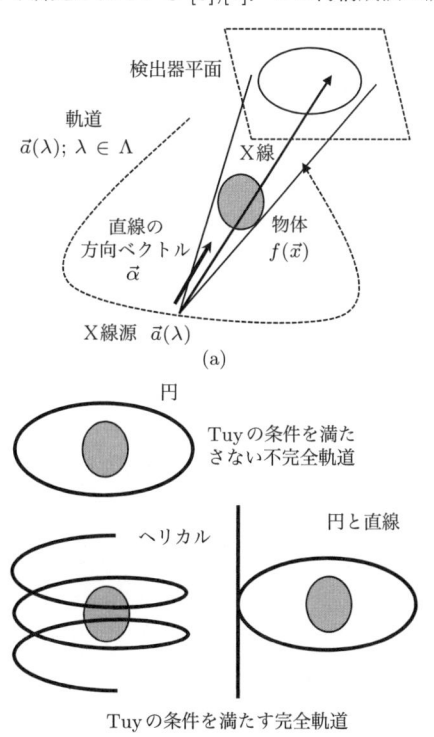

図3 (a) コーンビーム投影, (b) Tuy の完全条件を満たす軌道と満たさない軌道の例

機械学習

パターン認識　576
カーネル法　578
グラフと学習　580
統計的学習理論　582
ベイズ推定　584
行列の学習　586
密度比推定　588
強化学習　590

パターン認識
pattern recognition

人間は文字を読み取ったり，音を聞き分けたりする強力なパターン認識能力を持っている．そのような能力は学習によって後天的に獲得したものであり，機械学習によるパターン認識は，それを計算機上で実現することを目指している．

1. パターン認識の枠組み

パターン認識の問題は，数学的には以下のように定式化される．パターンの属する入力の空間を $\mathcal{X}$，入力が表す（概念）クラスを離散集合 $\mathcal{C} = \{c_1, \ldots, c_m\}$ とする．例えば，数字の認識において，100×100 ピクセルの2値画像が与えられるとき，そのピクセル値全体の集合 $\{0,1\}^{100 \times 100}$ が $\mathcal{X}$ となり，10種類の数字に対応したクラス $\{\text{'0'}, \ldots, \text{'9'}\}$ が $\mathcal{C}$ となる．パターン認識は，入力 $X \in \mathcal{X}$ に対して $\mathcal{C}$ の要素を対応付ける関数 $f: \mathcal{X} \to \mathcal{C}$ を定めることとして定義できる．この関数を識別器（classifier）と呼ぶ．

機械学習では f をサンプルからの学習によって構築する．すなわち，n 個の入力 $\{X_{[k]} \in \mathcal{X}\}_{k=1,\ldots,n}$ と，入力それぞれがどのクラスに属するかの正解 $\{C_{[k]} \in \mathcal{C}\}_{k=1,\ldots,n}$ の組が（訓練）サンプル集合として与えられ，それを用いて f を学習する．

このように，学習は $\mathcal{X}$ 上の関数を有限個の点の関数値だけから推測するという問題に帰着するが，入力空間においてサンプルはまばらにしか存在しないため，直接識別器を学習するのは困難である．そこで，種々の多変量解析手法などを使って識別に有効な特徴だけを抽出した上で識別器を構成することも多い．ただし，本項目ではとりあえず特徴抽出は済んでいるものと仮定し，その特徴を入力と見なす．

また，以下では全てのサンプルに対してクラスラベルが与えられると仮定するが，一般にラベル付けは手間のかかる作業なので，一部だけにラベルを与えて学習を行う，半教師有り学習と呼ばれる枠組みも重要な問題設定である．

2. ベイズ決定理論

サンプルについて何の仮定も置かなければ，サンプル以外の入力（テスト入力と呼ぶ）がどのクラスに属するかについて何も言うことはできない．そのため，通常，サンプルやテスト入力が独立に同じ確率分布 $P(X, C)$ から生成されると仮定する．

仮に $P(X, C)$ を既知とすれば，パターン認識の問題はベイズ決定理論（Bayesian decision theory）の結果に帰着する．ベイズ決定理論では，クラス c_i をクラス c_j に分類したときの損失 $L(c_i, c_j)$ を決めておき，入力 X を識別器 f で識別したときの損失の期待値

$$R(f) = E_X \left[\sum_{i=1}^{m} L(c_i, f(X)) P(C = c_i \mid X) \right]$$

を最小にするように f を定める．これはすなわち識別器を $f^*(X) = \arg\min_{C^*} \sum_{i=1}^{m} L(c_i, C^*) P(C = c_i \mid X)$ と定めることと等価である．特に，0-1 損失と呼ばれる $L(c_i, c_j) = 1 - \delta_{ij}$（$\delta_{ij}$ はクロネッカーの δ）のときは $R(f)$ は識別の誤り率を表し，それを最小にする f は事後確率が最大となるクラスに対応付ける $f^*(X) = \arg\max_C P(C \mid X)$ となる．

ただし，実際に与えられるのはサンプル集合だけで，確率分布は未知である．したがって，現実のパターン認識では上記の識別器をそのまま使うわけにはいかず，それを近似的に実現する種々の方法が提案されている．いずれの手法も，有限個のサンプルからいかに f^* に近い性能を持つ識別器（このような識別器を汎化能力の高い識別器という）を構成できるかが重要な問題となる（［統計的学習理論］(p.582) 参照）．

3. 最近傍法

最近傍法（nearest neighbor method）は，与えられた入力に最も近いサンプルのクラスをその入力のクラスとする．すなわち，$\mathcal{X}$ 上の2点 X, X' に定めた距離 $d(X, X')$ に基づき

$$f(X) = C_{[k^*]}, \quad k^* = \arg\min_k d(X_{[k]}, X)$$

で定義される識別器である．

最近傍法の誤り率については，以下のような上界と下界が与えられている．事後確率 $P(C \mid X)$ が $\mathcal{X}$ 上で一様連続のとき，m クラスの識別において

$$r_B \leq r_N \leq \left(2 - \frac{m}{m-1} r_B\right) r_B$$

を満たす．ここで，r_B は $P(X, C)$ が既知のとき誤り率最小となる識別器 f^* の誤り率である．また，サンプル数 n の最近傍法の誤り率 $r_N(n)$ は $n \to \infty$ のとき確率収束し，その収束先を r_N とした．

ただし，$\mathcal{X}$ が高次元空間の場合では $r_N(n)$ は収束が遅く，有限のサンプル数では上記の上界より大きな誤り率となりうることが指摘されている．

一方，最近傍法の拡張として，最も近いサンプルだけではなく，近いほうから K 個のサンプルを取り出して，それらのサンプルのクラスの多数決で入力のクラスを決定する K 最近傍法というものがある．K 最近傍法の誤り率の $n \to \infty$ の収束先 r_{N_K} は，$K \to \infty$ の極限で r_B に一致する．

4. 線形識別器

$\mathcal{X}$ が d 次元実ベクトル空間 $\mathbf{R}^d$ であり，$\mathcal{C} = \{-1, 1\}$ の 2 値をとる 2 クラスとし，$X = (X_1, \ldots, X_d) \in \mathbf{R}^d$ に対して

$$f(X) = \mathrm{sgn}\left(\sum_{i=1}^{d} w_i X_i\right)$$

で定義される識別器を線形識別器と呼ぶ．ただし，$(w_1, \ldots, w_d) \in \mathbf{R}^d$ は学習するパラメータであり，種々の学習アルゴリズムが提案されている．

線形識別器は，幾何学的には $\mathbf{R}^d$ を $\sum_{i=1}^{d} w_i X_i = 0$ という超平面で 2 分割し，それぞれの半空間に -1 と 1 をラベル付けする識別器と解釈できる．全てのサンプルが誤りなくラベル付けされるような線形識別器が存在するとき，そのサンプル集合は線形分離可能であるという．サンプルが n 個あるとき，可能なラベル付けは 2^n 通りあるが，一般に線形分離可能となるのはその一部である．$\mathbf{R}^d$ 内の n 点が一般の位置にあれば，線形識別器によって実現可能な 2 値のラベル付けの場合の数は，点の配置によらず $C(n, d) = 2\sum_{i=0}^{d-1} \binom{n-1}{i}$ となる．

$n \le d$ のとき，$C(n, d) = 2^n$ となるので，一般の位置にあるサンプルは常に線形分離可能である．一方 $n > d$ では，全てのラベル付けが線形分離可能ではないが，$n = 2d$ 程度まではほぼ線形分離可能となる．正確には，クラスが独立に $1/2$ の確率でランダムに決まるとき，$\mathbf{R}^d$ 内の一般の位置にある n 個の点が線形分離可能である確率 $Q(n, d)$ は，任意の $\varepsilon > 0$ に対して

$$\lim_{d \to \infty} Q(2d(1-\varepsilon), d) = 1$$
$$\lim_{d \to \infty} Q(2d(1+\varepsilon), d) = 0$$

を満たす．このように，線形識別器のサンプルに対する識別能力は次元 d とともに向上するが，次元が高ければそれだけ汎化能力の高い識別器の構成が困難となるため，次元を適切に選ぶ必要がある．

さて，線形識別器は識別器の中でも最も単純な識別器であるが，いろいろな発展的モデルの基礎となっている点で重要である．線形識別器の定義式で，sgn の代わりに，関数 $g: \mathbf{R} \to [0, 1]$ を作用させたものを確率分布と見なした $P(C = 1 \mid X) = g\left(\sum_{i=1}^{d} w_i X_i\right)$ を，一般化線形モデルと呼ぶ．g の代表例は $g(x) = 1/(1 + e^{-x})$ であり，ロジットモデルと呼ばれる．また，線形識別器では有限次元の実空間を入力空間としたが，これを再生核ヒルベルト空間に一般化した枠組みがカーネル法である．

5. 不変特徴抽出

画像や音声をそれぞれ $\mathbf{R}^2$，$\mathbf{R}$ 上の関数とし，その空間を $\mathcal{X}$ と見なす．パターン認識では，平行移動や伸縮など識別に関係しない入力の変換に不変な特徴抽出 (invariant feature extraction) をあらかじめ行っておくことが有効である．

$\mathcal{X} = L_2(\mathbf{R}^p)$ とし，ある変換が変換量 $\lambda \in \mathbf{R}$ に応じて決まる 1 パラメータの有界線形作用素 T_λ で表されるとする．例えば，$h \in \mathcal{X}$ の $u \in \mathbf{R}^p$ 方向への平行移動は $T_\lambda h(x) = h(x - \lambda u)$ と表現できる．ここで，$T_\mu T_\lambda = T_{\mu+\lambda}$，$T_0 = \mathrm{Id}$ (恒等写像) を仮定する．これは，平行移動以外にも伸縮 $T_\lambda h(x) = h(e^\lambda x)$ など多くの変換の持つ性質である．

ここで，特徴抽出を $h \in \mathcal{X}$ に対する有界線形汎関数 $\psi: \mathcal{X} \to \mathbf{C}$ によって定める．変換 T_λ によってその値を変えない $\psi(T_\lambda h) = \psi(h)$ を満たす ψ を絶対不変特徴と呼ぶが，一般にこれを構成することは困難なので，それを緩めた

$$\psi(T_\lambda h) = \eta(\lambda)\psi(h)$$

という形になる（相対）不変特徴 ψ を考える．

パラメータ ω を用いて ψ を内積 $\psi(h) = \langle \omega, h \rangle$ の形で表し，$\psi(T_\lambda h) = \langle \omega, T_\lambda h \rangle = \langle T_\lambda^* \omega, h \rangle$ により T_λ の共役作用素 T_λ^* を定義する．さらに，T_λ^* の無限小変換を $\tau^* = \lim_{\lambda \to 0}(T_\lambda^* - \mathrm{Id})/\lambda$ で定義すると，不変特徴の一般的な構成法が得られる．

定理 1 線形汎関数 $\langle \omega, h \rangle$ で定義される特徴抽出が（相対）不変である必要十分条件は，ω が共役作用素 T_λ^* の無限小変換 τ^* の固有関数となること，すなわち

$$\tau^* \omega = c\omega$$

である．また，このとき $\eta(\lambda) = e^{c\lambda}$ となる．

例として $\mathbf{R}$ 上の関数の平行移動 $T_\lambda h(x) = h(x - \lambda)$ を考えると，対応する共役作用素は $T_\lambda^* \omega(x) = \omega(x + \lambda)$，その無限小作用素は $\tau^* = \partial/\partial x$ となり，その固有関数は $\omega(x) = C_1 e^{C_2 x}$ で与えられる．これは本質的にはフーリエラプラス変換である．

さて，上記では相対不変なものを考えたが，2 つの相対不変特徴 ψ_1, ψ_2 があったとき，それぞれの無限小変換の固有値問題の固有値を c_1, c_2 とすると $\psi_1(h)^{c_2}/\psi_2(h)^{c_1}$ は絶対不変となる．

［赤穂昭太郎］

参 考 文 献

[1] C.M. Bishop 著, 元田 浩, 栗田多喜夫, 樋口知之, 松本裕治, 村田 昇 監訳, パターン認識と機械学習 上・下―ベイズ理論による統計的予測, 丸善出版, 2007, 2008.

[2] 石井健一郎, 前田英作, 上田修功, 村瀬 洋, わかりやすいパターン認識, オーム社, 1998.

カーネル法
kernel method

カーネル法は機械学習の方法の1つで，データ点の類似度を表現するカーネル関数をもとに，データ点の識別や回帰分析を行うアルゴリズムである．線形アルゴリズムをカーネル関数と組み合わせて非線形にすることで，高い精度を得ることができる．ここでは，サポートベクターマシンを中心に，カーネル法の基礎的な部分を取り扱う．

1. はじめに

カーネル法とは，データが与えられた際に，そこに隠された法則性を見つけ出す機械学習法の1種類である．教師付き学習においては，n個の訓練データ点(x_i, y_i) $(i = 1, \ldots, n)$ が与えられたとき，入力変数xを出力変数yに写像する予測関数$f(x)$を求めることが目的となる．予測関数は，訓練データ点x_iに関して，できるだけy_iに近い値を返すのみならず，未知のテストデータに関しても高い予測精度を達成するように設計されなくてはならない．一方，教師なし学習においては，入力変数のみからなるデータ点x_iが与えられた際に，何らかの基準を最適化する出力変数の値y_iを与えることが目的となる．カーネル法は，いずれの設定にも適用できる．近年，独立性の検定などに用いられる場合も増えてきたが，ここでは扱わない．文献[1]を参照されたい．

他の手法と比してのカーネル法の特徴は，全ての計算がカーネル関数$K(x, x')$を介して行われる点である．カーネル関数は，非負定値関数でなくてはならず，直感的には2つのデータ点の類似性を表している．予測関数は，カーネル関数の重み線形和として表される．機械学習のタスクでは，単純なベクトルデータのみならず，グラフ，木などの構造データも扱う必要がある[2]．また，出力変数は，分類問題においてはカテゴリを表す離散値となり，回帰分析においては連続値となるなど，多様性が存在する．カーネル法では，タスクごとに別々に手法を用意するのではなく，単一の手法に対してカーネル関数の定義を変えることで，多様なニーズに応える．

カーネル関数の非負定値性から，元の空間（入力空間）を，カーネル関数が内積に対応するように，さらに高次元の空間（特徴空間）に写像することができる（図1）．つまり，

$$K(x, x') = \Phi(x)^\top \Phi(x')$$

が成り立つような写像Φが存在する．一般に，データに隠された識別ルールは非線形であり，入力空間

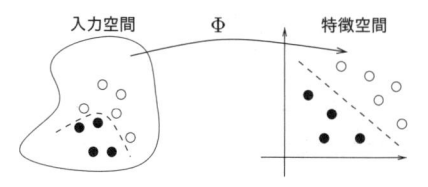

図1 カーネル関数による入力空間から特徴空間への写像

上の線形アルゴリズムは精度が悪い．一方，線形アルゴリズムの設計は，線形代数が利用できるため直感的で，また，性能解析も容易である．カーネル法では，特徴空間上で線形アルゴリズムを設計することによって，入力空間上での非線形アルゴリズムを得る．この方法論により，性能が高く，また，性能解析も可能な方法を得ることができる．

2. サポートベクターマシン

本節では，最も基本的な手法であるサポートベクターマシン（SVM：support vector machine）を紹介する．この手法は基本的には2クラス分類を目的としており，訓練データ点は，d次元のベクトルとして表され，出力変数は1か-1である（$\boldsymbol{x} \in \Re^d$, $y \in \{-1, 1\}$）．本節では，まず線形SVMについて紹介し，その後，カーネル関数と組み合わせた非線形SVMを導入する．線形SVMの予測変数は，

$$f(\boldsymbol{x}) = \text{sign}\left(\sum_{i=1}^{d} w_i x_i\right)$$

と定義される．ここで，w_iは重みパラメータであり，マージンと呼ばれる量を最大にするように決定される．ここで，マージンとは，線形識別面$f(\boldsymbol{x}) = 0$が与えられたとき，識別面から最も近いデータ点への距離である（図2）．マージン最大化問題は，次のように定式化される．

目的関数：$\text{argmin}_{\boldsymbol{w}} \|\boldsymbol{w}\|^2$
制約条件：$y_i \boldsymbol{w}^\top \boldsymbol{x}_i \geq 1$

この問題の解は，制約条件のラグランジュ乗数α_iを用いて，

$$\boldsymbol{w} = \sum_{i=1}^{n} \alpha_i y_i \boldsymbol{x}_i$$

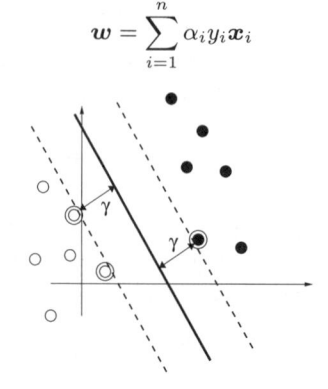

図2 マージンγを最大化する識別面

と表される．また，双対問題は

目的関数：
$$\operatorname*{argmax}_{\boldsymbol{\alpha}} \sum_{i=1}^{n} \alpha_i - \frac{1}{2} \sum_{i,j=1}^{n} \alpha_i \alpha_j y_i y_j \boldsymbol{x}_i^\top \boldsymbol{x}_j$$

制約条件：$\alpha_i \geqq 0$

となる．ここで，予測変数も双対問題も2つのデータ点の内積 $\boldsymbol{x}^\top \boldsymbol{x}'$ のみに依存することに注目しよう．これを任意のカーネル関数に置き換えることによって，入力空間ではなく，特徴空間でのSVM（非線形SVM）を実現することができる（図3）．このような手続きをカーネルトリックと呼ぶ．

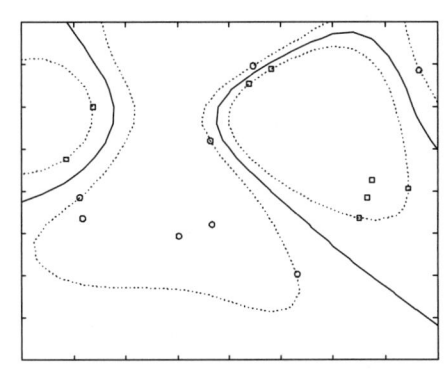

図3　SVMによる非線形分類の例

他のカーネル法としては，カーネル主成分分析，カーネルロジスティック回帰，カーネル正準相関分析，カーネル k-means クラスタリングなど，多種多様な方法が提案されている．

3. カーネルの例

実ベクトル空間で定義されるカーネルには，次のようなものがある．

- 線形カーネル：

$$K(x, x') = \sum_{k=1}^{d} x_k x'_k$$

- 多項式カーネル：

$$K(x, x') = \left(\sum_{k=1}^{d} x_k + l \right)^p$$

ここで，l は実数，p は自然数である．

- ガウシアンカーネル：

$$K(x, x') = \exp\left(-\sum_{k=1}^{d} \frac{(x_k - x'_k)^2}{\sigma} \right)$$

ここで，σ はガウシアン関数の幅を示す正の実数である．

ほかにも，データ独自の不変性を考慮したものなど，多数のカーネルが提案されている．カーネルに含まれるパラメータは，一般に交差検定などの統計的手法によって推定される．

前述のように，SVMを含むカーネル法は，対象の類似度がカーネル関数の形で規定されれば用いることができる．そのため，文字列，木，グラフなどの複雑な構造を持つ対象にも応用されている．例えば，文字列カーネルとしては，連続する k 文字の部分文字列の頻度をもとにカーネルを定義する，スペクトラムカーネルと呼ばれる方法が有名である．XMLなどのラベル付き木に対しては，部分構造の頻度を用いる木カーネルが複数提案されている．化学構造などのグラフに関しても，木カーネルを拡張したグラフカーネルを用いることができる．

一方，単一のグラフの2つのノードの近さを表すものとしては，拡散カーネルが知られている．A をグラフの隣接行列とし，D を各ノードの度数を対角成分に持つ行列とする．2ノードの近さを示すカーネル行列は，ラグランジュ行列 $L = D - A$ を用いて，

$$K = \exp(-\beta L)$$

と定義される．ここで，β は拡散の度合いを調節するパラメータであり，exp は行列指数関数である．拡散カーネルは，相互作用ネットワークに基づくタンパク質の分類などに応用されている．

カーネル法は，1990年代末から飛躍的に発展し，今日では機械学習の中心的な手法となっている．応用範囲の広さ，手法の多様性がカーネル法の特長であり，今後とも広く利用されていくことが期待される．　　　　　　　　　　　　　　　　　　[津田宏治]

参 考 文 献

[1] 福水健次, カーネル法入門—正定値カーネルによるデータ解析, 朝倉書店, 2010.
[2] B. Schölkopf, K. Tsuda, J.P. Vert, *Kernel Methods in Computational Biology*, MIT Press, 2004.

グラフと学習
learning with graph

グラフ構造を持ったデータは，ウェブ，バイオ，創薬，マーケティングなど，多くの重要な場面に現れる．ここでは，データに潜むグラフ構造を内部グラフと外部グラフの2種類に分類し，これらを扱うための基本的な考え方やモデルを紹介する．

1. グラフ構造データの種類

グラフ構造を持つデータは，グラフ構造が解析で注目する単位（オブジェクト）の内側にあるのか外側にあるのかという観点から大きく2つに分類することができる．それぞれを内部グラフと外部グラフと呼ぶことにする．

内部グラフとは，データ解析において注目する単位を構成する要素の間の繋がりがグラフ構造で表されたものである．例えば，化合物の化学的特性を解析したい場合に，各々の原子を頂点，これらの間の共有結合を辺とすることによって，化合物をグラフとして表現することができる．あるいは自然言語処理で現れる構文解析木は，文の文法的構造をグラフの特殊な場合である木によって表現したものである．

一方，注目する単位の外側，つまりこれらの間の関係をグラフで表現したものが外部グラフである．外部グラフとして表現できるものには，例えば各々のウェブページを頂点として，それらの間の参照関係を辺として表せるWWWがある．また，ソーシャルネットワークにおけるユーザー同士の交友関係や，タンパク質間の相互作用ネットワークなども，外部グラフの典型例である．以上のような比較的静的な関係に加え，時間の経過とより関係の深い動的な関係，すなわち，電子メールのやり取りや電話などの通信関係もある．

2. グラフを扱う機械学習問題

内部グラフを対象としたデータ解析の代表的なタスクとしては，グラフとして表現された解析対象のグループ分け（クラスタリング）や性質の予測（判別）などといったものがある．例えば，化合物の集合を対象とする場合には，化合物の構造を似た構造を持つグループに分けることで，典型的な構造や分布にどのような傾向があるかを見ることができる（クラスタリング）．あるいは，いくつかの化合物について毒性のあるものとないものが実験的にわかっているときに，その他の未調査の化合物について，その構造をもとに毒性の有無を推測することができる（判別）．

外部グラフを対象とする場合にも，その頂点のクラスタリングやクラスラベルの判別といったタスクがある．例えば，クラスタリングによるソーシャルネットワークからのコミュニティ抽出や，タンパク質の相互作用ネットワークにおけるタンパク質（頂点）の機能分類などが行われる．

一方，解析の対象がデータ間の関係そのものである場合には，グラフデータ特有のタスクが現れる．例えば，グラフの構造自体を予測するようなタスクがその典型例である．これが内部グラフを対象とする場合の具体例としては，自然言語処理における品詞付けや構文解析，あるいは情報抽出などがある．バイオインフォマティクスにおいても，遺伝子発見や，RNAおよびタンパク質の2次構造予測などとして，同様の問題が現れる．外部グラフの構造予測問題はリンク予測問題とも呼ばれ，ソーシャルネットワークにおいて直接的に観測されていない人間関係の予測や，薬剤候補と標的分子の反応予測などが具体例として挙げられる．顧客に適切な商品を薦める推薦システムもまた，同様の問題として考えることができる．

3. 内部グラフの解析手法

内部グラフ構造を持ったデータに対して各種機械学習手法を適用しようとするとき，まず考えなければならない重要事項は，特徴ベクトルの設計である．一般にグラフ構造を持ったデータの性質は，その部分構造が担っていると考えるのは，極めて自然であろう．例えば，自然言語処理などで頻繁に用いられるマルコフモデルでは，連続する部分文字列が文の性質を表していると仮定する．グラフの場合には，その部分構造である部分グラフや経路を1つの特徴と考え，これらがグラフ x 中に何回出現するかによって特徴ベクトル $\phi(x)$ を構成する．つまり，d 番目の部分グラフもしくは経路がグラフ x 内に出現する回数を $\phi_d(x)$ とする．しかし，この際に問題になってくるのは，部分構造の数の多さである．一般に，全ての部分構造を用いるのは，計算量と記憶量の面で現実的ではない．この問題に対処するためのアプローチとして，大きく分けてカーネル法とパターンマイニング法という2つがある．

カーネル法 [1] では，構造データを扱う際に問題になってくる部分構造数の爆発という問題を，直接部分構造を数え上げない方法をとることで回避する．カーネル関数は，2つのデータ x および x' に対する特徴ベクトルの内積としては $k(x, x') \equiv \langle \phi(x), \phi(x') \rangle$ と定義される．カーネル法では，データへのアクセスが常にこのカーネル関数を通してのみ行われるた

め，特徴ベクトルを明示的に構成しなくとも，内積の値が計算できさえすれば，学習を行うことができる．さらに言えば，kとして適当な類似度関数を選んでも，それが半正定，すなわち内積としての解釈が可能であれば，これをカーネル法として適用できることになる．カーネル法を構造データに対して適用する際には，適切なレベルの表現力を持った部分構造と，効率的なカーネル関数の計算アルゴリズムの両者を，バランス良く設計してやることが肝心である．これまでに配列，木，グラフなど多くの対象に対してカーネル関数が提案されている．

カーネル法が，高次元の特徴空間を明示的には扱わないことで効率的に構造データを扱えたのに対し，特徴を直接的に扱うのがパターンマイニング [2] によるアプローチである．パターンマイニング法では，例えば全データ中にある回数以上出現する部分構造のみを用いることで，特徴として用いる部分構造の数を減らす．ある回数以上出現する部分構造の数え上げは，探索空間をうまく構造化して，枝刈りを工夫することによって効率的に行える．また，より直接的なアプローチとして，予測に貢献する，すなわち出力との相関があるようなパターンを見つけることも可能である．

ところで，内部グラフ構造を持ったデータの内部構造そのものに興味がある場合としては，構造予測問題 [3] が挙げられる．これは，通常の判別における出力が 2 値あるいは実数値などといった 1 次元（もしくは数次元のベクトル）であるのに対し，出力も内部グラフ構造を持つような予測問題である．例えば構文解析では，入力は文字列であるのに対し，出力は木となり，いずれもグラフ構造である．多くの構造予測手法では，入出力 (x, y) の組に対する特徴ベクトル $\phi(x, y)$ を考え，その親和性を線形モデル $f(x, y; w) \equiv \langle w, \phi(x, y) \rangle$ としてモデル化することで，通常の線形判別モデルと同様の形式に帰着させる．代表的なモデルとしては，条件付き確率場（CRF），構造化パーセプトロン，構造化サポートベクターマシンなどが知られている．

4. 外部グラフの解析手法

外部グラフ上での頂点の判別タスクは，いくつかの頂点についてクラスラベルが与えられたときに，残りの頂点のクラスラベルを判別する問題である．頂点判別問題を解くための最も簡便な方法としては，ラベル伝播法 [4] が知られている．ラベル伝播法は「ネットワーク上で隣り合ったノードは同じクラスに属する」という仮定を用いて，クラス未知のノードについての予測を行う方法である．i番目の頂点に対する予測値をf_iをおくと，i番目とj番目の頂点間に辺がある場合，目的関数に $(f_i - f_j)^2$ という項を加えて最小化問題を解くことで，2 つの頂点に対する予測を近づける．

一方，リンク予測問題は，外部グラフの構造が部分的に与えられたときに残りの部分の構造を予測する問題である．リンク予測の一番シンプルな捉え方は，2 つの頂点の判別問題として定式化することである．つまり，2 つの頂点 x と x' に対して，それらの間にリンクが存在するかどうかをクラスラベルとする判別問題として考える．頂点の組 (x, x') についての判別問題を解くためには，組に対する特徴ベクトルを設計する必要がある．各頂点の特徴ベクトル $\phi(x)$ および $\phi(x')$ があらかじめ与えられている場合に最もよく用いられるのは，両ノードの特徴の組合せを用いる表現である．つまり，$\phi(x)$ と $\phi(x')$ の次元がそれぞれ d であるとするときに，組合せ特徴を d^2 個定義する．そして，線形判別モデルを拡張することにより，モデルは $f(x, x'; \boldsymbol{W}) \equiv \phi(x)^\top \boldsymbol{W} \phi(x')$ のように，行列パラメータを持つモデルとなる．このモデルはパラメータ数が特徴ベクトルの次元の 2 乗となってしまうため，その数を制限するために，パラメータ行列のランク（階数）を制限するなどの工夫がなされる．

リンク予測を 2 つの頂点の組の判別問題として捉えるアプローチは，各リンクの有無が独立であることを仮定している．これは計算効率を考える上では妥当であるが，より厳密なモデル化を行いたい場合には，独立性を仮定しないモデルが必要になる．計算コストは高くなってしまうが，頂点ラベルや辺の依存関係をより厳密にモデル化した関係マルコフネットワーク [5] などのモデルも知られている．

［鹿島久嗣］

参考文献

[1] 赤穂昭太郎, カーネル多変量解析, 岩波書店, 2009.
[2] J. Han, M. Kamber, *Data Mining: Concepts and Techniques*, Morgan Kaufmann, 2006.
[3] G. BakIr, T. Hofmann, B. Schölkopf, A. Smola, B. Taskar, *Predicting structured data*, MIT Press, 2007.
[4] O. Chapelle, B. Schölkopf, A. Zien, *Semi-supervised Learning*, MIT Press, 2006.
[5] L. Getoor, B. Taskar, *Introduction to Statistical Relational Learning*, MIT Press, 2007.

統計的学習理論
statistical learning theory

統計的学習理論は，機械学習の諸問題に対する学習アルゴリズムの統計的性質について，理論的に考察することに主眼を置いている．以下では判別問題を例にして，統計的学習理論を概観する．

1. 判 別 問 題

確率分布 P に独立に従う学習データ
$$(X_1, Y_1), \ldots, (X_n, Y_n) \in \mathcal{X} \times \{+1, -1\}$$
が観測されたとする．ここで $\mathcal{X}$ は独立変数 X がとる値の集合であり，$\{+1, -1\}$ は従属変数 Y がとる2値ラベルの集合である．目標は，同じ確率分布 P に従う $X \in \mathcal{X}$ が観測されたとき，対応するラベル $Y \in \{+1, -1\}$ を高い精度で予測することである．

予測のために判別関数 $f : \mathcal{X} \to \mathbb{R}$ を用いる．$f(X) \geqq 0$ なら $Y = +1$，$f(X) < 0$ なら $Y = -1$ とラベルを予測する．判別関数の統計モデル（関数集合）を $\mathcal{F}$ として，学習データに基づいて $f \in \mathcal{F}$ を適切に選ぶ．統計モデル $\mathcal{F}$ として1次関数や2次関数の集合，また再生核ヒルベルト空間などが用いられる．

判別関数 f の予測精度について述べる．$f(X)$ の符号でラベル Y を予測するとき，予測が間違いなら $Yf(X) \leqq 0$ となる．よって，$I[\cdot]$ を定義関数[*1]，$E[\cdot]$ を確率分布 P のもとでの期待値とすると，平均的な誤り率は，以下の期待誤差
$$\mathcal{E}(f) = E[I[Yf(X) \leqq 0]]$$
で与えられる．期待誤差の最小値
$$\mathcal{E} = \inf\{\mathcal{E}(f) \mid f : \mathcal{X} \to \mathbb{R} \text{ は可測関数}\}$$
はベイズ誤差と呼ばれる．ベイズ誤差は分布 P のもとで達成できる最小の誤り確率である．ベイズ誤差を達成する判別関数をベイズ規則と呼ぶ．ベイズ規則を精度良く推定できれば，高い予測精度を達成することができる．

2. 損 失 関 数

経験誤差を
$$\widehat{\mathcal{E}}(f) = \frac{1}{n}\sum_{i=1}^n I[Y_i f(X_i) \leqq 0]$$
とする．大数の法則から $\widehat{\mathcal{E}}(f)$ は $\mathcal{E}(f)$ に確率収束する．したがって，ベイズ規則の推定量として，統計モデル $\mathcal{F}$ の中で $\widehat{\mathcal{E}}(f)$ を最小にする判別関数を選ぶことが考えられる．

[*1] A が真のとき $I[A] = 1$，A が偽のとき $I[A] = 0$．

しかし，$\widehat{\mathcal{E}}(f)$ の最小化は一般に困難である．これは，0-1損失 $I[z \leqq 0]$ が凸関数でないことが主な原因である．このため，計算が容易な関数で $\widehat{\mathcal{E}}(f)$ を近似して最小化するという推定法がよく用いられる．0-1損失 $I[z \leqq 0]$ に対して $I[z \leqq 0] \leqq \phi(z)$ を満たす凸関数 $\phi : \mathbb{R} \to \mathbb{R}$ を考える．経験 ϕ-損失
$$\widehat{\mathcal{R}}_\phi(f) = \frac{1}{n}\sum_{i=1}^n \phi(Y_i f(X_i))$$
を $\mathcal{F}$ 上で最小化して判別関数 $\widehat{f}_n$ を得る．関数 ϕ は凸関数であるため，$\widehat{\mathcal{E}}(f)$ の最小化と比べて計算しやすい利点がある．関数 $\phi(z)$ の例としては

ヒンジ損失 : $\phi(z) = \max\{1-z, 0\}$

指数損失 : $\phi(z) = e^{-z}$

ロジスティック損失 : $\phi(z) = \log_2(1 + e^{-z})$

などがある（図1）．

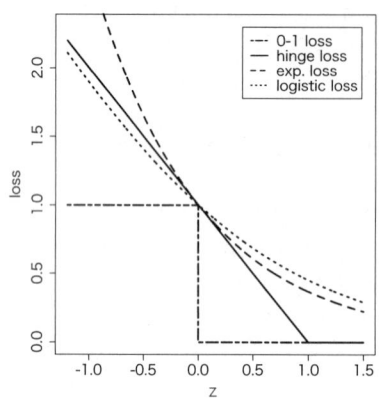

図1 損失関数 $\phi(z)$

大数の法則から，経験 ϕ-損失は期待 ϕ-損失
$$\mathcal{R}_\phi(f) = E[\phi(Yf(X))]$$
に確率収束する．期待 ϕ-損失の最小値を
$$\mathcal{R}_\phi = \inf\{\mathcal{R}_\phi(f) \mid f : \mathcal{X} \to \mathbb{R} \text{ は可測関数}\}$$
とおく．ここで
$$\mathcal{R}_\phi = \inf\{\mathcal{R}_\phi(f) \mid f \in \mathcal{F}\} \tag{1}$$
を仮定する．データ数 n が十分大きいとき，推定された判別関数 $\widehat{f}_n \in \mathcal{F}$ の期待 ϕ-損失 $\mathcal{R}_\phi(\widehat{f}_n)$ は，適切な仮定のもとで $\mathcal{R}_\phi$ に近い値をとる．

判別問題の目的は $\mathcal{E}(f)$ を最小化することである．$\widehat{\mathcal{R}}_\phi(f)$ を最小化することで得られる判別関数 $\widehat{f}_n$ では，$\mathcal{R}_\phi(\widehat{f}_n)$ の値が $\mathcal{R}_\phi$ に近いと考えられる．このとき，同時に $\mathcal{E}(\widehat{f}_n)$ も $\mathcal{E}$ に近い値となるなら，$\widehat{\mathcal{R}}(f)$ の最小化による推定法が正当化される．$\mathcal{E}(\widehat{f}_n)$ の挙動を調べるために，次の2段階のステップを考える．

 (a) 適当な条件のもとで $\mathcal{R}_\phi(\widehat{f}_n) - \mathcal{R}_\phi$ が 0 に確率収束することを確認する．

(b) $\mathcal{R}_\phi(\widehat{f}_n) - \mathcal{R}_\phi$ と $\mathcal{E}(\widehat{f}_n) - \mathcal{E}$ の関係を調べる．

条件 (1) のもとで，(a),(b) それぞれについて以下で説明する．

3. 一様収束性

判別関数 $\widehat{f}_n$ の期待 ϕ-損失と経験 ϕ-損失の関係を考える．判別関数 $\widehat{f}_n$ は学習データに依存するため，通常の大数の法則では $\widehat{\mathcal{R}}_\phi(\widehat{f}_n)$ の挙動を捉えることができない．そこで，一様収束性に関する議論が必要になる．$\mathcal{F}$ の被覆数 $\mathcal{N}(\mathcal{F}, \varepsilon)$ を
$$\min\left\{n \in \mathbb{N} \mid f_1, \ldots, f_n \in \mathcal{F}, \mathcal{F} \subset \bigcup_{i=1}^n B(f_i, \varepsilon)\right\}$$
と定義する．ここで $B(f, \varepsilon) \subset \mathcal{X}$ は中心 f，半径 ε の閉球である[*2]．$\mathcal{N}(\mathcal{F}, \varepsilon) < \infty$ を仮定する．また $c = \sup\{\phi(yf(x)) \mid f \in \mathcal{F}, x \in \mathcal{X}, y = \pm 1\} < \infty$ として Hoeffding の不等式を用いると
$$P\left(\sup_{f \in \mathcal{F}} |\mathcal{R}_\phi(f) - \widehat{\mathcal{R}}_\phi(f)| \geq \varepsilon\right) \leq 2\mathcal{N}(\mathcal{F}, \varepsilon) e^{-\frac{2n\varepsilon^2}{c^2}}$$
が成り立つ[2]．さらに，任意の $f \in \mathcal{F}$ に対して $\widehat{\mathcal{R}}_\phi(\widehat{f}_n) \leq \widehat{\mathcal{R}}_\phi(f)$ となることを用いると，データ数 n が十分大きいとき，任意の $\varepsilon > 0$ に対して高い確率 $(1 - 2\mathcal{N}(\mathcal{F}, \varepsilon)e^{-\frac{n\varepsilon^2}{2c^2}})$ で
$$\mathcal{R}_\phi(\widehat{f}_n) - \mathcal{R}_\phi \leq \varepsilon$$
が成り立つ．よって $\mathcal{R}_\phi(\widehat{f}_n)$ は $\mathcal{R}_\phi$ に確率収束する．

4. 判別適合的損失

期待 ϕ-損失と期待誤差との関係について考える．本節の内容は [1] に詳しい．関数 $H(\eta)$ を
$$H(\eta) = \inf_{\alpha \in \mathbb{R}} (\eta\phi(\alpha) + (1-\eta)\phi(-\alpha))$$
と定義する．また
$$H^-(\eta) = \inf_{\alpha: \alpha(2\eta-1) \leq 0} (\eta\phi(\alpha) + (1-\eta)\phi(-\alpha))$$
とする．集合 $\mathcal{X}$ が 1 点 $\{x_0\}$ からなり，Y の条件付き確率が $P(Y = +1 | X = x_0) = \eta$ のとき，$H(\eta)$ は $\mathcal{R}_\phi$ に一致する．一方 $H^-(\eta)$ は，間違った判別を行うという制約のもとで期待 ϕ-損失を最小化した値と解釈できる．

定義 $\eta \neq 1/2$ に対して $H^-(\eta) - H(\eta) > 0$ が成り立つとき，損失関数 $\phi(z)$ は判別適合的であるという．

ϕ が判別適合的なら，期待 ϕ-損失を最小にする判別関数からベイズ規則が得られる．

定理 1 凸関数 ϕ が判別適合的であるための必要十分条件は，$\phi(z)$ が $z = 0$ で微分可能で，導関数 ϕ' に関して $\phi'(0) < 0$ が成り立つことである．

したがって，ヒンジ損失，指数損失，ロジスティック損失は判別適合的である．

次に $\mathcal{R}_\phi(f)$ と $\mathcal{E}(f)$ との関係を示す．関数 $g : \mathbb{R} \to \mathbb{R}$ の共役関数を $g^*(z) = \sup_{x \in \mathbb{R}} zx - g(x)$ とする．$(g^*)^*$ は $g \geq h$ を満たす凸関数 h の中で最大のものである．

定理 2 $0 \leq \theta \leq 1$ に対して
$$\psi(\theta) = H^-\left(\frac{1+\theta}{2}\right) - H\left(\frac{1+\theta}{2}\right)$$
として $\widetilde{\psi} = (\psi^*)^*$ と定義すると次が成り立つ．
1) 任意の $f : \mathcal{X} \to \mathbb{R}$ に対して
$$\widetilde{\psi}(\mathcal{E}(f) - \mathcal{E}) \leq \mathcal{R}_\phi(f) - \mathcal{R}_\phi.$$
2) ϕ が判別適合的なら，$\widetilde{\psi}(0) = 0$ であり，$\theta > 0$ に対して $\widetilde{\psi}(\theta) > 0$ となる．さらに $\theta = 0$ で $\widetilde{\psi}$ は連続である．

定理 2 より，$\phi(z)$ が判別適合的なら，$\mathcal{R}_\phi(\widehat{f}_n) - \mathcal{R}_\phi$ が 0 に確率収束するとき，$\mathcal{E}(\widehat{f}_n) - \mathcal{E}$ も 0 に確率収束する．3 節の結果と合わせると，$\widehat{\mathcal{R}}_\phi(f)$ の最小化によりベイズ誤差を達成する判別関数を近似的に推定できることがわかる．

5. 正則化

統計モデル $\mathcal{F}$ について $\mathcal{N}(\mathcal{F}, \varepsilon) = \infty$ とする．このとき $\widehat{\mathcal{R}}_\phi(f)$ の最小化によって推定される判別関数は，学習データに過剰適合して，期待誤差は大きくなる．この場合には正則化を用いた推定法が有効である．より精緻に一様収束性を議論することで，期待 ϕ-損失や期待誤差について 3 節，4 節と同様の結果を導くことができる[2]． [金森敬文]

参 考 文 献

[1] P.L. Bartlett, M.I. Jordan, J.D. McAuliffe, Convexity, classification, and risk bounds, *Journal of the American Statistical Association*, **101** (2006), 138–156.

[2] I. Steinwart, A. Christmann, *Support Vector Machines*, 1st edition, Springer Publishing Company, Incorporated, 2008.

[*2] $\mathcal{F}$ には距離が定義されているとする．

ベイズ推定

Bayesian estimation

機械学習の目的は，データ X からそれを説明するパラメータ θ を推定することである．しかし，X は通常は有限で，非常に少ないこともあり，θ の値を一意に決めるには不十分であることが多い．ベイズ推定は，このような場合でもパラメータ θ を確率分布として表現する方法であり，18世紀の英国の牧師トーマス・ベイズ（Thomas Bayes）の発見にその起源を持つ．これにより，θ 自体がさらに確率分布に従う場合（階層ベイズ）も，ベイズ推定では自然に扱うことができる．

1. 簡単な例

例えば，ある未知の確率 q で表が出る（$=(1-q)$ の確率で裏が出る）コインを4回投げたところ，結果が次のように，全て表だったとしよう．このとき，q の値はいくつだと推定すればよいだろうか．

表 表 表 表

最尤推定に基づけば，この事象の確率は $p(X|q) = q^4(1-q)^0$ であり，これを最大にする q の最尤推定値は $\hat{q}=1$ となる．すると，このコインは絶対に表が出ると考えることになるが，この結論はあまりに極端すぎるように思える．

そこで，たった4回の観測で q を一意に決めたりせず，q について分布を導入することにしてみよう．q 自体が確率であるから，これは確率自体の確率分布となり，最も簡単なものとして，次のベータ分布

$$p(q) = \text{Be}(\alpha, \beta) \propto q^{\alpha-1}(1-q)^{\beta-1} \quad (1)$$

を使ってみる．期待値は $E[q] = \alpha/(\alpha+\beta)$ であり，$\alpha=\beta=1$ のとき，$\text{Be}(1,1)$ は $[0,1]$ の一様分布となる．

このとき，上の観測 X がわかったあとでの q の分布 $p(q|X)$ は，ベイズの定理によると，

$$p(q|X) = \frac{p(q, X)}{p(X)} \propto p(q, X) = p(X|q)p(q) \quad (2)$$

であるから，$\text{Be}(1,1)$ を事前分布とすれば

$$p(q|X) \propto p(X|q) \cdot p(q) \quad (3)$$

$$= q^4 \cdot q^{1-1}(1-q)^{1-1} = \text{Be}(5,1) \quad (4)$$

となった．この分布は図1のようになり，期待値は $E[q|X] = 5/(5+1) = 0.833$ である．無事に，1でない値が得られた．

一般に，パラメータ θ に事前分布 $p(\theta)$ をおき，θ のもとでのデータ X の確率（尤度）$p(X|\theta)$ から

$$p(\theta|X) \propto p(X|\theta)p(\theta) \quad (5)$$

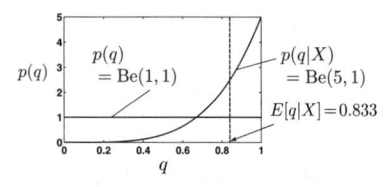

図1 コインの表が出る確率 q のベイズ推定

として θ の事後分布を求める方法を，ベイズ推定という．ベイズ推定は，上の例のように最尤推定から得られる極端な解を緩和する効果があり，特にデータ量が少ないときに効果を発揮する[*1]．

さらに，ベイズ推定ではパラメータが確率変数であるため，最初に述べたように，それもさらに上位の確率分布から生成されたと考えること（階層ベイズ）により，事前分布自体も学習する柔軟なモデリングが可能になる．

2. ベイズ統計のノンパラメトリック推定

上ではスカラー値のパラメータ θ の値を確率分布として表現する方法を示したが，それでは，θ が関数や分布の場合，ベイズ推定はどうすればよいのだろうか．この場合の θ の事前分布として機械学習で最も有名なのが，連続の場合のガウス過程と，離散の場合のディリクレ過程である．この2つについて解説する．

2.1 ガウス過程

ガウス過程（GP：Gaussian process）とは，「入力ベクトル $\mathbf{x}$ が似ていれば，出力値 y も似ている」ことを表すための回帰関数（regressor）の確率モデルであり，無限次元のガウス分布と考えることもできる．

GPでは，出力値 y を，入力 $\mathbf{x}$ に対する H 個の基底関数（＝入力値の関数）$\phi_1(\mathbf{x}), \ldots, \phi_H(\mathbf{x})$ の線形結合

$$y = \mathbf{w}^T \phi(\mathbf{x}) = w_1 \phi_1(\mathbf{x}) + \cdots + w_H \phi_H(\mathbf{x}) \quad (6)$$

でモデル化する．n 個の入力 $\mathbf{x}^{(1)} \cdots \mathbf{x}^{(n)}$ と対応する出力 $y^{(1)} \cdots y^{(n)}$ について行列形式で書くと，

$$\underbrace{\begin{pmatrix} y^{(1)} \\ \vdots \\ y^{(n)} \end{pmatrix}}_{\mathbf{y}} = \underbrace{\begin{pmatrix} \phi_1(\mathbf{x}^{(1)}) \cdots \phi_H(\mathbf{x}^{(1)}) \\ \ddots \\ \phi_1(\mathbf{x}^{(n)}) \cdots \phi_H(\mathbf{x}^{(n)}) \end{pmatrix}}_{\mathbf{\Phi}} \underbrace{\begin{pmatrix} w_1 \\ \vdots \\ w_H \end{pmatrix}}_{\mathbf{w}} \quad (7)$$

すなわち，$\mathbf{y} = \mathbf{\Phi}\mathbf{w}$ である．いま，$\mathbf{w}$ がガウス分布 $N(\mathbf{0}, \alpha^{-1}\mathbf{I})$ に従っているとすると，その線形変換である $\mathbf{y}$ もガウス分布に従い，平均 $\mathbf{0}$，分散

$$E[\mathbf{y}\mathbf{y}^T] = E[(\mathbf{\Phi}\mathbf{w})(\mathbf{\Phi}\mathbf{w})^T] = \mathbf{\Phi} E[\mathbf{w}\mathbf{w}^T]\mathbf{\Phi} \quad (8)$$

[*1] データ全体が多くても，あるカテゴリに属するデータ（例えば，関東地方で雪が降った日の積雪量）は非常に少ないことがあり，ベイズ推定はそのような場合にも有用である．

$$= \alpha^{-1} \boldsymbol{\Phi}\boldsymbol{\Phi}^T \quad (9)$$

のガウス分布となる．

上の性質が任意の $\mathbf{y}$ について成り立つとき，$\mathbf{y}$ はガウス過程に従うという．すなわち，$\alpha^{-1}\boldsymbol{\Phi}\boldsymbol{\Phi}^T = \mathbf{K}$ とおくと，

$$\mathbf{y} \sim N(\mathbf{0}, \mathbf{K}) \quad (10)$$

と考えていることになる．

式 (10) は任意の次元の $\mathbf{y}$ について成り立つから，ガウス過程とは無限次元のガウス分布のことであり，式 (10) はそれをデータの存在する次元に関して周辺化したものだと言える．ガウス分布を任意の次元について周辺化しても，またガウス分布となることを思い出そう．

ここで，$\mathbf{K}$ の要素を $K_{ij} = k(\mathbf{x}_i, \mathbf{x}_j)$ とすると，

$$k(\mathbf{x}_i, \mathbf{x}_j) = \alpha^{-1}\phi(\mathbf{x}_i)^T \phi(\mathbf{x}_j) \quad (11)$$

だけで GP が定まることに注意しよう．式 (11) は $\mathbf{x}_i$ と $\mathbf{x}_j$ の「近さ」を与えるカーネル関数であり，基底関数表示 $\phi(\mathbf{x})$ を陽に使わずに，カーネル関数 $k(\mathbf{x}_i, \mathbf{x}_j)$ だけで y を求めることができる．この意味で，GP はベイズ的な（事後分布を持つ）カーネルマシンと考えることもできる．

カーネル関数として，ガウスカーネル $k(\mathbf{x}_i, \mathbf{x}_j) = \exp(-(\mathbf{x}_i - \mathbf{x}_j)^2/2)$ を用いた場合のガウス過程の出力の例を図 2 に示す．これは，無限個の基底関数 $\phi(\mathbf{x})$ を考えたことに相当している．

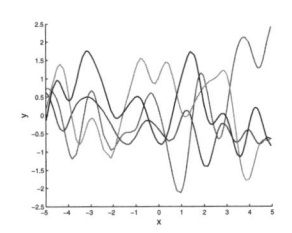

図 2 ガウス過程からのサンプル（ガウスカーネル）

ガウス過程は，座標 $\mathbf{x}$（典型的には時間や空間）上のランダムな関数を与えると考えることができるため，機械学習における多様な回帰問題のほか，時系列解析や空間統計など，様々な場所で使われている．ガウス過程について詳しくは，成書 [1] を参照されたい．

2.2 ディリクレ過程

これに対して，ディリクレ過程は離散分布の分布であり，無限次元のディリクレ分布と言ってよい．

ディリクレ分布とは，K 次元の多項分布 $\mathbf{q} = (q_1, q_2, \ldots, q_K)$ の最も簡単な分布であり，式 (1) のベータ分布の多次元版（多変量ベータ分布）として，

$$p(\mathbf{q}) = \mathrm{Dir}(\mathbf{q}|\boldsymbol{\alpha}) \propto \prod_{k=1}^{K} q_k^{\alpha_k - 1} \quad (12)$$

で与えられる．パラメータは $\boldsymbol{\alpha} = (\alpha_1, \ldots, \alpha_K)$ である．ディリクレ分布の期待値は，

$$E[\mathbf{q}] = \bar{\boldsymbol{\alpha}} = (\alpha_1, \alpha_2, \ldots, \alpha_K)/\alpha \quad (13)$$

$(\alpha = \sum_{k=1}^{K} \alpha_k)$ であり，実際にサンプルすると，この期待値を中心に，集中度 α によって確率的にずれた分布が得られる．

ディリクレ過程 $\mathrm{DP}(\alpha, G_0)$ とはこの無限次元版であり，上の $\bar{\boldsymbol{\alpha}}$ に相当する連続分布 G_0 に似た，無限次元の離散分布 $G \sim \mathrm{DP}(\alpha, G_0)$ を作り出す．

実際には，無限次元の G 自体を直接扱うことは不可能なため，G に従う離散データ $X_1, X_2, \ldots, X_n$ が与えられたときの X_{n+1} の予測分布は

$$\begin{aligned} &p(X_{n+1}|X_1, \ldots, X_n) \\ &= \int p(X_{n+1}|G)p(G|X_1, \ldots, X_n)dG \\ &= \sum_{i=1}^{N} \frac{1}{\alpha+n}\delta(X_i) + \frac{\alpha}{\alpha+n}G_0(X_{n+1}) \end{aligned} \quad (14)$$

であること（中国料理店過程; CRP）を用いて，逐次的に計算する．詳しくは [2] を見られたい．

ディリクレ過程はべき分布に従うクラスタリングを確率的に表現できるため，ディリクレ過程を事前分布としたベイズ推定では，機械学習におけるクラスタ数，カテゴリ数，単語種数などの上限を決めず，データに応じて適応的に学習することが可能になる．図 3 に，無限ガウス混合モデル（infinite Gaussian mixture model）の例を示す．こうした性質から，ディリクレ過程やその拡張は，統計的言語処理，画像処理，バイオインフォマティクスなど，多方面で現在適用が進んでいる．

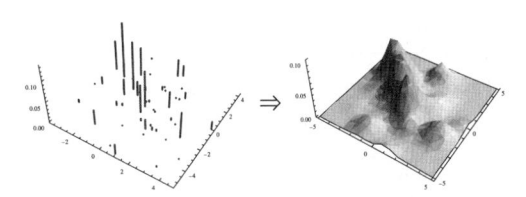

(a) DP からの無限個のクラスタ　(b) 無限ガウス混合モデル

図 3 ディリクレ過程による無限ガウス混合モデル

[持橋大地]

参 考 文 献

[1] Carl Edward Rasmussen, Christopher K. Williams, *Gaussian Processes for Machine Learning*, MIT Press, 2006.

[2] Nils Lid Hjort, Chris Holmes, Peter Müller, Stephen G. Walker, *Bayesian Nonparametrics*, Cambridge University Press, 2010.

行列の学習

machine learning for matrix

未知変数が行列である場合の学習方法とその応用について紹介する．

未知行列を $U \in \mathbb{R}^{L \times M}$ とし，これにノイズ $\mathcal{E} \in \mathbb{R}^{L \times M}$ が加わった行列 $V \in \mathbb{R}^{L \times M}$ が観測されたとする．すなわち

$$V = U + \mathcal{E}. \tag{1}$$

ノイズ行列 $\mathcal{E}$ の各成分が独立に正規分布に従う（$\mathcal{E}_{l,m} \sim \mathcal{N}(0, \sigma^2)$）と仮定すると，$V$ の確率密度関数は以下のように書ける：

$$p(V|U) \propto \exp\left(-\frac{1}{2\sigma^2}\|V - U\|_{\mathrm{Fro}}^2\right). \tag{2}$$

ここで，$\|U\|_{\mathrm{Fro}} = \sqrt{\sum_{l=1}^{L}\sum_{m=1}^{M} U_{l,m}^2}$ は行列の Frobenius ノルム（成分の 2 乗和の平方根）を表す．観測行列 V が与えられたときの最尤推定量は

$$\widehat{U}^{\mathrm{ML}} = \operatorname*{argmax}_{U} p(V|U)$$
$$= \operatorname*{argmin}_{U} \|V - U\|_{\mathrm{Fro}}^2 \tag{3}$$

で与えられる．

1. 行列分解

U のとりうる領域を $\mathbb{R}^{L \times M}$ 全体とすると，最尤推定量 (3) は自明な解 $\widehat{U} = V$ となり，実用的でない．行列分解 (matrix factorization) モデルでは，U に分解可能性を課すことによって，ノイズ成分から分離された非自明な解を得る．すなわち $H \leqq \min(L, M)$ とし，U が 2 つの行列 ($A \in \mathbb{R}^{M \times H}$, $B \in \mathbb{R}^{L \times H}$) の積として表現できると仮定する：

$$U = BA^\top. \tag{4}$$

ここで，対応 $(A, B) \to U$ は多対 1 であることに注意する．これは式 (4) の右辺が，任意の正則な $H \times H$ 行列 T を用いた変換 $B \to BT^{-1}$, $A \to AT^\top$ に対して不変であることによる．

分解可能性は低ランク性と等価である：

命題 1 $\operatorname{rank}(U) \leq H \Leftrightarrow \exists (A, B)$ s.t. $U = BA^\top$, $A \in \mathbb{R}^{M \times H}$, $B \in \mathbb{R}^{L \times H}$.

分解可能性 (4) のもとで，最尤推定量は

$$\widehat{U}^{\mathrm{ML}} = (\widehat{B}\widehat{A}^\top)^{\mathrm{ML}} = \sum_{h=1}^{H} \gamma_h \boldsymbol{\omega}_{b_h} \boldsymbol{\omega}_{a_h}^\top \tag{5}$$

で与えられる．ここで，$\gamma_h (\geqq 0)$ は V の h 番目に大きい特異値であり，$\boldsymbol{\omega}_{a_h}$, $\boldsymbol{\omega}_{b_h}$ は対応する右および左特異ベクトルである．

1.1 応用例 1：主成分分析

古典的な次元削減手法である主成分分析（principal component analysis）は，行列分解モデルとして確率的に解釈できる[1]．

L 次元の観測変量 $\boldsymbol{v}$ について，M 個の独立サンプル $V = (\boldsymbol{v}_1, \ldots, \boldsymbol{v}_M)$ が得られたとする（$\sum_{m=1}^{M} \boldsymbol{v}_m = \boldsymbol{0}$ となるように，あらかじめ中心化されているとする）．式 (1) に従ってノイズから分離された行列 $U = (\boldsymbol{u}_1, \ldots, \boldsymbol{u}_M)$ を求めたいが，そのためには U に何らかの仮定が必要である．

主成分分析では，$\boldsymbol{u}$ の本質的な自由度は H であり，未知の H 次元変量（隠れ変数）$X = (\boldsymbol{x}_1, \ldots, \boldsymbol{x}_M) \in \mathbb{R}^{H \times M}$ が L 次元空間に線形射影されたものであると仮定する．すなわち

$$V = U + \mathcal{E}, \quad U = BX. \tag{6}$$

式 (6) は，変数の置き換え $X \to A^\top$ によって行列分解モデル (1),(4) に一致する．したがって，このモデルの最尤推定量は式 (5) によって与えられるが，上記の変換 $B \to BT^{-1}$, $A \to AT^\top$ に対する不変性を利用して，

$$\widehat{A}^{\mathrm{ML}} = (\gamma_1 \boldsymbol{\omega}_{a_1}, \ldots, \gamma_H \boldsymbol{\omega}_{a_H}),$$
$$\widehat{B}^{\mathrm{ML}} = (\boldsymbol{\omega}_{b_1}, \ldots, \boldsymbol{\omega}_{b_H}) \tag{7}$$

を解の 1 つとして選ぶことができる．

本来，主成分分析は以下を満たすような線形射影行列 B を求める方法として定義される：

$$\widehat{B} = \operatorname*{argmax}_{B} \frac{\|B^\top V\|_{\mathrm{Fro}}^2}{\|B\|_{\mathrm{Fro}}^2}. \tag{8}$$

すなわち，分散をできる限り維持したまま，L 次元データを H 次元データに圧縮する線形変換を求める手法である．標準的な解法では，特異値分解を用いて式 (7) が解として与えられる．

1.2 応用例 2：協調フィルタリング

行列分解の重要な応用の 1 つとして，協調フィルタリング（collaborative filtering）が挙げられる．協調フィルタリングは，V の成分のうちの一部しか観測されない状況で用いられる．例として，映画の推薦システムについて考える．

ある DVD レンタル会社のデータベースに，L 人の顧客の M 本の映画に対する「嗜好」が記録されているとする（このようなデータは，例えば視聴後のアンケートによって収集される）．観測行列 V の成分 $V_{l,m}$ を，l 番目の顧客の m 番目の映画に対する（例えば 5 段階）評価とする．

全ての顧客が全ての映画を見たわけではないので，V の成分のうちの多くが未観測である．もしも観測された成分から未観測の成分（欠損値）を予測することができれば，DVD レンタル会社は顧客に対し

て次に見るべき映画を推薦することができる．

欠損値を推定するための行列分解モデルは，以下のように定式化される：
$$p(V|A,B) \propto \exp\left(-\frac{1}{2\sigma^2}\|W*(V-BA^\top)\|_{\text{Fro}}^2\right).$$
ここで，$*$ は Hadamard 積（成分ごとの積）であり，W は V のどの成分が観測されたかを示す $L\times M$ 行列である（$V_{l,m}$ が観測されていれば $W_{l,m}=1$，されていなければ $W_{l,m}=0$）．このモデルの最尤推定量 $\hat{U}=\hat{B}\hat{A}^\top$ は，ランク H の行列の中で V の観測成分を最も精度良く表現する行列となり，欠損値に対応する成分がその予測値を与える．なお，欠損値がある場合，最尤推定量は解析的には得られず，繰り返しアルゴリズムなどによって求められる．

2. スパース学習

最尤推定による行列学習では，未知行列 U に対して適切なランク上限値 H を設定する必要があった．しかし，実問題では適切な H の値が未知であることが多い．そのような場合には，複数の H の値に対する（例えば交差検定による）モデル選択が必要である．

一方，ランクを自動的に定める方法としてスパース学習が挙げられる．スパース学習においては，ランク上限値 H は十分大きく設定される（例えばフルランク $H=\min(L,M)$）．H を陽に制限する代わりに，推定量のランクが小さくなるような正則化（regularization）を行う．正則化は，ベイズ学習の枠組みでは事前分布を仮定することに対応する．

スパース学習では，U の特異値 γ'_h（$\geqq 0$）の総和であるトレースノルム（核ノルム）
$$\|U\|_{\text{Tr}} = \sum_{h=1}^{H}\gamma'_h \qquad (9)$$
を正則化項として用いる方法が有効である．以下のような事前分布を考える：
$$p(U) \propto \exp(-\lambda\|U\|_{\text{Tr}}). \qquad (10)$$
ここで，λ（$\geqq 0$）は正則化の強さをコントロールするパラメータである．確率モデル (2),(10) に対する事後確率最大化推定量は，
$$\hat{U}^{\text{MAP}} = \underset{U}{\text{argmin}}\left(\|V-U\|_{\text{Fro}}^2 + 2\sigma^2\lambda\|U\|_{\text{Tr}}\right) \qquad (11)$$
で与えられる．トレースノルム (9) は特異値に関する ℓ_1 ノルムであるため，LASSO [2] と同様の効果によって，解は特異値に関してスパース（特異値の多くが 0）となり，低ランクな推定量 $\hat{U}^{\text{MAP}}$ が得られる．さらに，トレースノルム (9) は U に関して凸関数であるため，式 (11) の最小化は凸計画問題として，その大域解が比較的容易に得られる．

3. 変分ベイズ学習

2 節で紹介した方法を用いると，ランク上限値 H を直接調節することなく低ランク行列 U が推定できる．しかし，式 (10) に現れる正則化パラメータ λ は，やはり交差検定などによって選択されなければならない．一方，変分ベイズ（variational Bayes）学習では，原理的には全ての未知パラメータをデータから直接推定できる．

行列分解における変分ベイズ学習では，U の分解要素行列 (A,B) に事前分布を仮定する：
$$p(A) \propto \exp\left(-\frac{1}{2}\text{tr}\left(AC_A^{-1}A^\top\right)\right), \qquad (12)$$
$$p(B) \propto \exp\left(-\frac{1}{2}\text{tr}\left(BC_B^{-1}B^\top\right)\right). \qquad (13)$$
ここで C_A および C_B は対角行列であり，それらの対角成分は全て正であるとする．

確率モデル (2),(4),(12),(13) に対してベイズ学習を厳密に適用するには，ベイズ事後分布
$$p(A,B|V) = \frac{p(V|A,B)p(A)p(B)}{\langle p(V|A,B)\rangle_{p(A)p(B)}} \qquad (14)$$
を求める必要がある．ここで，$\langle\cdot\rangle_p$ は確率分布 p に関する期待値を示す．しかし，行列分解モデルにおいては，式 (14) の具体的な形は解析的に求まらず，また，行列のサイズが大きい場合には数値計算による近似も困難であることが知られている．

変分ベイズ法は，事後分布に何らかの制約を課すことによって，ベイズ事後分布 (14) に対する計算可能な近似を得る手法である [1]．近似事後分布を $r(A,B)$ と書くことにする．行列分解モデルにおいては，A と B との独立性制約
$$r(A,B) = r(A)r(B)$$
のもとで，ベイズ事後分布 (14) との Kullback 擬距離が局所最小となる分布を求める繰り返しアルゴリズムが提案されている．さらに，周辺尤度最大化原理に基づいて，全てのパラメータ（ここでは σ^2，C_A，C_B）を推定することが可能である [1]．

一般に，変分ベイズ学習の計算は繰り返しアルゴリズムによって行われる．しかし，V に欠損値がない行列分解モデルでは，変分ベイズ大域解を 4 次方程式を解くことによって解析的に求めることができる．

［中島伸一］

参 考 文 献

[1] C.M. Bishop 著, 元田 浩ほか訳, パターン認識と機械学習, シュプリンガー・ジャパン, 2007.

[2] T. Hastie, R. Tibshirani, J. Friedman, *The elements of statistical learning*, Springer, 2001.

密度比推定

density ratio estimation

統計的機械学習のほとんど全てのタスクは，データの背後に潜む確率分布を推定することにより解決できる．しかし，確率分布の推定は困難であることが知られているため，これを回避しつつ所望のデータ処理を実現することが望ましい．ここでは，確率分布でなく確率密度の比を通して様々なデータ処理タスクを解決する密度比推定の枠組みを紹介する[1]．

1. 密度比推定手法

確率密度 $p_{\mathrm{nu}}^*(\boldsymbol{x})$ を持つ確率分布に独立に従う標本 $\{\boldsymbol{x}_i^{\mathrm{nu}}\}_{i=1}^{n_{\mathrm{nu}}}$ と，確率密度 $p_{\mathrm{de}}^*(\boldsymbol{x})$ を持つ確率分布に独立に従う標本 $\{\boldsymbol{x}_j^{\mathrm{de}}\}_{j=1}^{n_{\mathrm{de}}}$ から，確率密度比

$$r^*(\boldsymbol{x}) = p_{\mathrm{nu}}^*(\boldsymbol{x})/p_{\mathrm{de}}^*(\boldsymbol{x})$$

を推定する問題を考える．'nu' と 'de' は，分子 (numerator) と分母 (denominator) の頭文字である．

1.1 確率的分類法

確率的分類法 (probabilistic classification) では，$p_{\mathrm{nu}}^*(\boldsymbol{x})$ と $p_{\mathrm{de}}^*(\boldsymbol{x})$ から生成された標本に，ラベル $y =$ 'nu' と 'de' をそれぞれ割り当てる．このとき，$p_{\mathrm{nu}}^*(\boldsymbol{x})$ と $p_{\mathrm{de}}^*(\boldsymbol{x})$ を

$$p_{\mathrm{nu}}^*(\boldsymbol{x}) = p^*(\boldsymbol{x}|y = \text{'nu'})$$
$$p_{\mathrm{de}}^*(\boldsymbol{x}) = p^*(\boldsymbol{x}|y = \text{'de'})$$

と表すことができ，ベイズの定理より，密度比を

$$r^*(\boldsymbol{x}) = \frac{p^*(y = \text{'de'})}{p^*(y = \text{'nu'})} \frac{p^*(y = \text{'nu'}|\boldsymbol{x})}{p^*(y = \text{'de'}|\boldsymbol{x})}$$

と表現することができる．ここで，ラベルの事前確率 $p^*(y)$ の比を標本数の比で近似し，ラベルの事後確率 $p^*(y|\boldsymbol{x})$ を $\{\boldsymbol{x}_i^{\mathrm{nu}}\}_{i=1}^{n_{\mathrm{nu}}}$ と $\{\boldsymbol{x}_j^{\mathrm{de}}\}_{j=1}^{n_{\mathrm{de}}}$ に対する確率的分類器 $\widehat{p}(y|\boldsymbol{x})$ (例えば，ロジスティック回帰や最小2乗確率的分類により求める) で近似すれば，密度比の近似 $\widehat{r}(\boldsymbol{x})$ を次式で求めることができる：

$$\widehat{r}(\boldsymbol{x}) = \frac{n_{\mathrm{de}}}{n_{\mathrm{nu}}} \frac{\widehat{p}(y = \text{'nu'}|\boldsymbol{x})}{\widehat{p}(y = \text{'de'}|\boldsymbol{x})}.$$

1.2 積率適合法

積率適合法 (moment matching) では，密度比のモデル $r(\boldsymbol{x})$ を用いて，$r(\boldsymbol{x})p_{\mathrm{de}}^*(\boldsymbol{x})$ の積率を $p_{\mathrm{nu}}^*(\boldsymbol{x})$ の積率に最小2乗適合させる．例えば1次の積率 (すなわち期待値) を適合させる場合は，次式を解く：

$$\min_r \|\mathbb{E}_{p_{\mathrm{de}}^*}[\boldsymbol{x}r(\boldsymbol{x})] - \mathbb{E}_{p_{\mathrm{nu}}^*}[\boldsymbol{x}]\|^2.$$

ただし，$\|\cdot\|$ はユークリッドノルム，$\mathbb{E}$ は期待値を表す．真の密度比を正しく求めるためには，全ての次数の積率を適合させる必要がある．普遍再生核 $K(\boldsymbol{x}, \boldsymbol{x}')$ を用いれば，これを効率良く実現することができる：

$$\min_r \|\mathbb{E}_{p_{\mathrm{de}}^*}[K(\boldsymbol{x}, \cdot)r(\boldsymbol{x})] - \mathbb{E}_{p_{\mathrm{nu}}^*}[K(\boldsymbol{x}, \cdot)]\|_{\mathcal{H}}^2.$$

ただし，$\|\cdot\|_{\mathcal{H}}$ は $K(\boldsymbol{x}, \boldsymbol{x}')$ が属するヒルベルト空間のノルムを表す．実際には，期待値を標本平均で近似した規準を最小化することにより解を求める．

1.3 密度適合法

密度適合法 (density fitting) では，一般化カルバック距離のもとで $p_{\mathrm{nu}}^*(\boldsymbol{x})$ に $r(\boldsymbol{x})p_{\mathrm{de}}^*(\boldsymbol{x})$ を適合させる：

$$\min_r \mathbb{E}_{p_{\mathrm{nu}}^*}\left[\log \frac{p_{\mathrm{nu}}^*(\boldsymbol{x})}{r(\boldsymbol{x})p_{\mathrm{de}}^*(\boldsymbol{x})}\right] + \mathbb{E}_{p_{\mathrm{de}}^*}[r(\boldsymbol{x})].$$

ただし，実際の推定には期待値を標本平均で近似した規準を用いる．$r(\boldsymbol{x})$ として，線形モデル，対数線形モデル，混合モデルを用いた手法が提案されている．

1.4 密度比適合法

密度比適合法 (density-ratio fitting) では，密度比モデル $r(\boldsymbol{x})$ を真の密度比 $r^*(\boldsymbol{x})$ に最小2乗適合させる：

$$\min_r \mathbb{E}_{p_{\mathrm{de}}^*}\left[(r(\boldsymbol{x}) - r^*(\boldsymbol{x}))^2\right].$$

ただし，実際の推定には，期待値を標本平均で近似した規準を用いる．$r(\boldsymbol{x})$ として線形モデルを用いれば，密度比適合法の解は解析的に求められる．さらに非負拘束と ℓ_1 正則化項を加えた場合は，全ての正則化パラメータに対する解が効率良く計算できる．

1.5 統一的枠組み

上記の最小2乗密度比適合法を一般化し，ブレグマン距離のもとで $r(\boldsymbol{x})$ を $r^*(\boldsymbol{x})$ に適合させる：

$$\min_r \mathbb{E}_{p_{\mathrm{de}}^*}[f(r^*(\boldsymbol{x})) - f(r(\boldsymbol{x})) \\ - f'(r(\boldsymbol{x}))(r^*(\boldsymbol{x}) - r(\boldsymbol{x}))].$$

ただし，$f(t)$ は微分可能な強凸関数であり，$f'(t)$ はその微分を表す．$f(t)$ を変えることにより，様々な密度比推定法が表現できる．

- ロジスティック回帰：$t \log t - (1+t)\log(1+t)$
- 再生核積率適合：$(t-1)^2/2$
- カルバック密度適合：$t \log t - t$
- 最小2乗密度比適合：$(t-1)^2/2$
- ロバスト密度比適合：$(t^{1+\alpha} - t)/\alpha$ $(\alpha > 0)$

1.6 次元削減付き密度比推定

$\boldsymbol{x}$ を線形射影により $\begin{bmatrix}\boldsymbol{u}\\\boldsymbol{v}\end{bmatrix}$ と分解したときに，$\boldsymbol{v}$ 成分が $p_{\mathrm{nu}}^*(\boldsymbol{x})$ と $p_{\mathrm{de}}^*(\boldsymbol{x})$ で共通，すなわち，ある共通の $p^*(\boldsymbol{v}|\boldsymbol{u})$ を用いて $p_{\mathrm{nu}}^*(\boldsymbol{x})$ と $p_{\mathrm{de}}^*(\boldsymbol{x})$ が

$$p^*_{\text{nu}}(\boldsymbol{x}) = p^*(\boldsymbol{v}|\boldsymbol{u})p^*_{\text{nu}}(\boldsymbol{u})$$

$$p^*_{\text{de}}(\boldsymbol{x}) = p^*(\boldsymbol{v}|\boldsymbol{u})p^*_{\text{de}}(\boldsymbol{u})$$

と表現できるならば，密度比 $r^*(\boldsymbol{x})$ を $p^*_{\text{nu}}(\boldsymbol{u})/p^*_{\text{de}}(\boldsymbol{u})$ と簡略化することができる．したがって，$\boldsymbol{u}$ が属する部分空間（異分布部分空間と呼ぶ）を特定すれば，高次元の密度比推定問題を低次元の問題に還元できる．異分布部分空間の探索は，局所フィッシャー判別分析などの教師付き次元削減手法により $\{\boldsymbol{x}^{\text{nu}}_i\}_{i=1}^{n_{\text{nu}}}$ と $\{\boldsymbol{x}^{\text{de}}_j\}_{j=1}^{n_{\text{de}}}$ を最も良く分離する部分空間を求めるか，あるいは，$p^*_{\text{nu}}(\boldsymbol{u})$ から $p^*_{\text{de}}(\boldsymbol{u})$ へのピアソン距離

$$\mathbb{E}_{p^*_{\text{de}}}[(p^*_{\text{nu}}(\boldsymbol{u})/p^*_{\text{de}}(\boldsymbol{u}) - 1)^2]$$

を最大にする部分空間を求めることにより行う．

2. 密度比に基づく機械学習

2.1 重点標本化

入力 $\boldsymbol{x}$ から出力 y への変換規則を学習する教師付き学習において，訓練標本とテスト標本の入力分布は $p^*_{\text{tr}}(\boldsymbol{x})$ から $p^*_{\text{te}}(\boldsymbol{x})$ に変化するが，入出力関係 $p^*(y|\boldsymbol{x})$ は変化しない状況を，共変量シフト (covariate shift) と呼ぶ[2]．共変量シフト下では最尤推定などの学習法はバイアスを持つが，このバイアスは損失関数を重要度 $p^*_{\text{te}}(\boldsymbol{x})/p^*_{\text{tr}}(\boldsymbol{x})$ に従って重み付けすることにより打ち消すことができる．すなわち，損失関数 $\ell(\boldsymbol{x})$ の $p^*_{\text{te}}(\boldsymbol{x})$ に関する期待値は，損失関数の $p^*_{\text{tr}}(\boldsymbol{x})$ に関する重要度重み付き期待値により計算できる：

$$\mathbb{E}_{p^*_{\text{te}}}[\ell(\boldsymbol{x})] = \int \ell(\boldsymbol{x}) p^*_{\text{te}}(\boldsymbol{x}) d\boldsymbol{x}$$
$$= \int \ell(\boldsymbol{x}) \frac{p^*_{\text{te}}(\boldsymbol{x})}{p^*_{\text{tr}}(\boldsymbol{x})} p^*_{\text{tr}}(\boldsymbol{x}) d\boldsymbol{x} = \mathbb{E}_{p^*_{\text{tr}}}\left[\ell(\boldsymbol{x}) \frac{p^*_{\text{te}}(\boldsymbol{x})}{p^*_{\text{tr}}(\boldsymbol{x})}\right].$$

交差確認などのモデル選択法も共変量シフト下では不偏性を失うが，同様に重要度重み付けを行うことにより不偏性が回復できる．

2.2 分布比較

正常標本集合に基づいて，評価標本集合に含まれる異常値を検出する問題を考える．これら2つの標本集合に対する密度比を考えれば，正常値に対する密度比の値は1に近く，異常値に対する密度比の値は1から大きく離れる．したがって，密度比の値を評価基準とすることにより異常値を検出することができる．

また，密度比推定量 $\widehat{r}(\boldsymbol{x})$ を用いることにより，分布間の距離を精度良く推定することができる．

- カルバック距離：$\frac{1}{n_{\text{nu}}}\sum_{i=1}^{n_{\text{nu}}} \log \widehat{r}(\boldsymbol{x}^{\text{nu}}_i)$
- ピアソン距離：$\frac{2}{n_{\text{nu}}}\sum_{i=1}^{n_{\text{nu}}} \widehat{r}(\boldsymbol{x}^{\text{nu}}_i)$
  $-\frac{1}{n_{\text{de}}}\sum_{j=1}^{n_{\text{de}}} \widehat{r}(\boldsymbol{x}^{\text{de}}_j)^2 - 1$

これらの距離推定量を用いれば，並べ替え検定により2つの分布の同一性を検定することができる．

2.3 相互情報量推定

確率密度 $p^*_{\text{x,y}}(\boldsymbol{x},\boldsymbol{y})$ を持つ分布に独立に従う n 個の標本 $\{(\boldsymbol{x}_k,\boldsymbol{y}_k)\}_{k=1}^n$ から，$\boldsymbol{x}$ と $\boldsymbol{y}$ の相互情報量 (mutual information)

$$\mathbb{E}_{p^*_{\text{x,y}}}\left[\log \frac{p^*_{\text{x,y}}(\boldsymbol{x},\boldsymbol{y})}{p^*_{\text{x}}(\boldsymbol{x})p^*_{\text{y}}(\boldsymbol{y})}\right]$$

を推定する問題を考える．ただし，$p^*_{\text{x}}(\boldsymbol{x})$ と $p^*_{\text{y}}(\boldsymbol{y})$ は $\boldsymbol{x}$ と $\boldsymbol{y}$ の周辺密度である．$\{(\boldsymbol{x}_k,\boldsymbol{y}_k)\}_{k=1}^n$ を分子の確率分布からの標本と見なし，$\{(\boldsymbol{x}_k,\boldsymbol{y}_{k'})\}_{k,k'=1}^n$ を分母の確率分布からの標本と見なせば，密度比推定により相互情報量が推定できる．同様に，2乗損失版の相互情報量

$$\mathbb{E}_{p^*_{\text{x}}}\mathbb{E}_{p^*_{\text{y}}}\left[\left(\frac{p^*_{\text{x,y}}(\boldsymbol{x},\boldsymbol{y})}{p^*_{\text{x}}(\boldsymbol{x})p^*_{\text{y}}(\boldsymbol{y})} - 1\right)^2\right]$$

も推定できる．相互情報量は確率変数間の独立性を表す指標であり，その推定量は，独立性検定，特徴選択，特徴抽出，クラスタリング，独立成分分析，オブジェクト適合，因果推定など，様々な機械学習タスクに応用することができる．

2.4 条件付き確率推定

確率密度 $p^*_{\text{x,y}}(\boldsymbol{x},\boldsymbol{y})$ を持つ分布に独立に従う n 個の標本 $\{(\boldsymbol{x}_k,\boldsymbol{y}_k)\}_{k=1}^n$ から，条件付き確率 (conditional probability)

$$p^*_{\text{y}|\text{x}}(\boldsymbol{y}|\boldsymbol{x}) = \frac{p^*_{\text{x,y}}(\boldsymbol{x},\boldsymbol{y})}{p^*_{\text{x}}(\boldsymbol{x})}$$

を推定する問題を考える．$\{(\boldsymbol{x}_k,\boldsymbol{y}_k)\}_{k=1}^n$ を分子の確率分布からの標本と見なし，$\{\boldsymbol{x}_k\}_{k=1}^n$ を分母の確率分布からの標本と見なせば，密度比推定により条件付き確率が推定できる．$\boldsymbol{y}$ が連続変数の場合，これは条件付き密度推定に対応し，$\boldsymbol{y}$ がカテゴリ変数の場合は確率的パターン認識となる．

3. ま と め

様々な機械学習タスクを統一的に解決できる密度比推定の枠組みを紹介した．密度比推定の精度や計算効率を向上させれば，密度比推定に基づく全ての機械学習アルゴリズムの性能を改善できるため，密度比推定手法のさらなる発展が望まれる．また，密度比推定により解決できる新たな機械学習タスクを開拓することも重要である． ［杉山 将］

参 考 文 献

[1] M. Sugiyama, T. Suzuki, T. Kanamori, *Density Ratio Estimation in Machine Learning*, Cambridge University Press, 2012.

[2] M. Sugiyama, M. Kawanabe, *Machine Learning in Non-Stationary Environments*, MIT Press, 2012.

強化学習
reinforcement learning

教師あり学習は，入力と対応する出力（教師信号）が与えられ，その入出力関係を高い汎化性で再現することを目指す．より一般的な状況として，強化学習では，教師信号の代わりに，入出力についての即時的な評価値が与えられ，それをもとに探索的，試行錯誤的に学習する枠組みを考える．目標は，プログラムやロボット，人間などを総称した学習エージェントが未知の環境との相互作用から，評価値の総和を最大にする戦略（方策）を学習することである．

1. 強化学習問題

1.1 マルコフ決定過程

強化学習では，一般に，環境のモデルとして $\mathcal{M} \triangleq \{\mathcal{S}, \mathcal{A}, p_s, R\}$ からなる離散時間のマルコフ決定過程 (Markov decision process) を考える[1],[2]*1)．

- 有限状態集合：$\mathcal{S} \ni s$
- 有限行動集合：$\mathcal{A} \ni a$
- 状態遷移確率：$p_s : \mathcal{S} \times \mathcal{A} \times \mathcal{S} \to [0,1]$
- 報酬関数：$R : \mathcal{S} \times \mathcal{A} \times \mathcal{S} \to \mathbb{R}$

エージェントの行動則を規定する確率的な方策として，現在の観測状態 s のみに依存するような方策族 $\Pi \ni \pi$ を考え，そのパラメータを $\boldsymbol{\theta} \in \mathbb{R}^d$ とする：
$$\pi(a|s; \boldsymbol{\theta}) \triangleq \Pr(A=a \mid S=s, \boldsymbol{\theta}).$$

具体的には，図1のような状況を想定している．各時刻 t で，エージェントが観測状態 s_t と $\pi(a_t|s_t)$ から行動 a_t を選択し，$p_s(s_{t+1}|s_t, a_t)$ に従って次状態 s_{t+1} が決まり，$R(s_t, a_t, s_{t+1})$ により報酬 r_{t+1} が定まる．そして，エージェントが s_{t+1} と r_{t+1} を観測し，時刻が1つ進む．

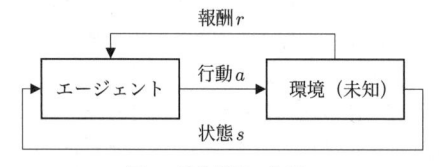

図1 強化学習の枠組み

ユーザーやエージェントが調整できるのは方策 π のみであり，モデル $\mathcal{M}$ は時間不変で，課題により定まるものである．このとき，p_s は（場合により R も）未知とされる．もしモデル $\mathcal{M}$ が既知ならば，動的計画法を用いて最適な方策を求めることができる[2]．

---
*1) 連続時間や連続状態行動空間を取り扱う研究については [3],[4] を参考にされたい．

1.2 強化学習の定式化

リターン $c \in \mathbb{R}$ と呼ばれる割引報酬和 (cumulative discounted reward) を定義する：
$$c_t \triangleq \lim_{K\to\infty} \sum_{k=1}^{K} \gamma^{k-1} r_{t+k}. \quad (1)$$

$\gamma \in [0,1)$ は減衰率と呼ばれ，目的に応じてあらかじめ設定するパラメータである．リターンは確率的方策 π や状態遷移確率 p_s に従って定まる値であるので確率変数である．

強化学習問題は，リターンに関する何かしらの統計量（多くの場合，期待値）についての最大化問題と解釈できる．より具体的には，π で条件付けされる確率変数であるリターンの演算子を $\mathcal{F}[c|\pi]$ と書けば，次のような最適化問題として定式化される：
$$\max_{\pi \in \Pi} \mathcal{F}[c|\pi]. \quad (2)$$

つまり，最適方策 $\pi^* \triangleq \arg\max_{\pi \in \Pi}\{\mathcal{F}[c|\pi]\}$ の探索問題であり，その目的関数は $\mathcal{F}$ である．

2. 強化学習法の分類

強化学習法は大まかに，環境モデルの同定の有無に関して"モデルベース"と"モデルフリー"，学習標本の使い方について"バッチ"と"オンライン"，方策の更新方法に対して"直接法"と"間接法"の3軸で分類される．ここでは紙面の制約上，モデルフリー型のオンライン学習のみを紹介する．他の手法については [2],[5] を参照されたい．

3. 間接的方策学習法

まず，価値関数 (value function) を導入する：
$$V^\pi(s) \triangleq \mathbb{E}^\pi[c|s], \quad Q^\pi(s,a) \triangleq \mathbb{E}^\pi[c|s,a]. \quad (3)$$

ここで，$\mathbb{E}^\pi$ は π と $\mathcal{M}$ の条件付き期待値演算子であり，V^π, Q^π はそれぞれ状態価値関数，状態行動価値関数と呼ばれる条件付き期待リターンである．間接的方策学習法（以下，間接法）では，価値関数近似器により方策を規定し，関数近似器を学習することで，間接的に方策を最適化する[2]．その際，方策が変わるたびに価値関数も変わるため，"価値関数の近似"と"方策の更新"を反復的に行う．そのため，方策反復法 (policy iteration) とも呼ばれる．

価値関数近似器による方策 π の規定手段として，ϵ-greedy 法や次の soft-max 法が知られている：
$$\pi(a|s; \boldsymbol{\theta}) := \frac{\exp(\beta \hat{Q}(s,a; \boldsymbol{\theta}))}{\sum_{b \in \mathcal{A}} \exp(\beta \hat{Q}(s,b; \boldsymbol{\theta}))}.$$

ここで，$:=$ は右辺から左辺への代入演算子であり，$\hat{Q}(s,a; \boldsymbol{\theta})$ は $Q^\pi(s,a)$ の関数近似器である．

価値関数の近似は，リターンと価値関数の定義式 (1),(3) から導出される Bellman 方程式

$$Q^\pi(s,a) = \mathbb{E}[r + \gamma V^\pi(s')|s,a], \quad {}^\forall s \in \mathcal{S}, {}^\forall a \in \mathcal{A}$$

を満たすように関数近似器を学習する．その代表的な手法として，時間的差分（TD：temporal difference）学習があり，次の更新式が用いられる[*2]：

$$\boldsymbol{\theta} := \boldsymbol{\theta} + \alpha_t \delta_t \frac{\partial Q(s_t, a_t; \boldsymbol{\theta})}{\partial \boldsymbol{\theta}}.$$

ここで，$\alpha_t \geqq 0$ は学習率であり，δ_t は TD 誤差

$$\delta_t \triangleq r_{t+1} + \gamma Q(s_{t+1}, \tilde{a}_{t+1}) - Q(s_t, a_t)$$

である．$\tilde{a}_{t+1}$ の設定はアルゴリズムにより異なり，例えば Q 学習では $\tilde{a}_{t+1} := \arg\max_{b \in \mathcal{A}} \hat{Q}(s_{t+1}, b; \boldsymbol{\theta})$ であり，SARSA 学習では時刻 $t+1$ で実際に選択した行動 $\tilde{a}_{t+1} := a_{t+1}$ である．

間接法の特徴として，特定の条件のもと，大域解を確率 1 で求めることができる[1]．Q 学習の場合，$\boldsymbol{\theta}$ の各要素が各 (s,a) の状態行動価値推定値に対応し，$\Pr(s, a|\mathcal{M}, \pi) > 0, {}^\forall s \in \mathcal{S}, {}^\forall a \in \mathcal{A}$ を満たす π のもと，学習率 α_t が，有界の実数 B を用いて，$\lim_{T\to\infty} \sum_{t=0}^T \alpha_t \to \infty$, $\lim_{T\to\infty} \sum_{t=0}^T \alpha_t^2 \leqq B$ の条件を満たすとき，$\hat{Q}$ が確率 1 で最適な状態行動価値関数 Q^* に収束することが知られている．つまり，$\pi^*(s,a) := \arg\max_{b \in \mathcal{A}} Q^*(s,a)$ は，次の最適性

$$V^{\pi^*}(s) \geqq V^\pi(s), \quad {}^\forall s \in \mathcal{S}, {}^\forall \pi \in \Pi$$

を満たす．これはまた，式 (2) の最適化問題の目的関数を $\mathcal{F}[c|\pi] := \sum_{s \in \mathcal{S}} \mathbb{E}^\pi[c|s]$ とした際の最適解でもある．

一方で，間接法は価値関数近似器パラメータ $\boldsymbol{\theta}$ の少しの変化で π を大きく変動させることがあるため，実用的な α_t の設定において学習が不安定化してしまう問題や，適切でない関数近似器 $\hat{Q}$ を用いた場合に $\hat{Q}$ が発散してしまう問題などが報告されている[2]．

4. 直接的方策学習法

直接法は，方策探索法（policy search）とも呼ばれ，方策 π を（直接的に）パラメータ $\boldsymbol{\theta}$ で記述し，この方策パラメータ $\boldsymbol{\theta}$ を勾配法などで逐次的に更新し，方策を最適化する手法である[6]．強化学習の黎明期に提案された Actor-critic 法 [2] はその雛形であり，理論的進展が著しい．Actor-critic 法とは，方策である actor と，その方策を評価し更新する critic から構成される強化学習法の総称である．

その代表的な手法として，方策勾配法（PG：policy gradient）[7] を紹介する．ここでは，目的関数 $\mathcal{F}$ を平均報酬 $\eta(\boldsymbol{\theta}) \triangleq \mathbb{E}^\pi[r] = (1-\gamma)\mathbb{E}^\pi[c]$ として，唯一の定常分布 $\Pr(s|\mathcal{M}, \pi)$ が常に存在するとする．このとき，$\boldsymbol{\theta}$ に関する勾配は以下で与えられる：

$$\frac{\partial \eta(\boldsymbol{\theta})}{\partial \boldsymbol{\theta}} = \mathbb{E}^\pi \left[\frac{\partial \log \pi(a|s; \boldsymbol{\theta})}{\partial \boldsymbol{\theta}} Q_a^\pi(s,a) \right]. \quad (4)$$

Q_a^π は相対報酬和 $\lim_{K\to\infty} \sum_{k=0}^K (r_{t+k} - \eta(\boldsymbol{\theta}))$ についての価値関数である．興味深いことに，真の関数 $Q_a^\pi(s,a)$ の代わりに，π のパラメータ $\boldsymbol{\theta}$ 依存性に応じて定まる基底関数

$$\boldsymbol{\psi}(s,a;\boldsymbol{\theta}) \triangleq \partial \log \pi(a|s; \boldsymbol{\theta})/\partial \boldsymbol{\theta} \in \mathbb{R}^d$$

を持つ線形関数近似器

$$\hat{Q}_a(s,a;\boldsymbol{w},\boldsymbol{\theta}) \triangleq \boldsymbol{w}^T \boldsymbol{\psi}(s,a;\boldsymbol{\theta})$$

で $Q_a^\pi(s,a)$ を最小 2 乗近似したものを用いても，勾配 (4) の推定は不偏であることが示されている．以上より，PG 法では，TD 学習に基づいて $\boldsymbol{w}$ を学習し，

$$\boldsymbol{\theta} := \boldsymbol{\theta} + \alpha_t \hat{Q}_a(s_t, a_t; \boldsymbol{w}, \boldsymbol{\theta}) \boldsymbol{\psi}(s_t, a_t; \boldsymbol{\theta})$$

により方策を更新する．PG 法の特徴は，3 節で挙げた間接法の問題を低減できることであるが，局所最適解しか求まらない問題や，学習完了までの時間が膨大になる問題がある[8]．そのため，学習効率の改善を目指し，$\boldsymbol{\theta}$ の微小変化が系全体に及ぼす影響を考慮した自然方策勾配法 [8],[9] などが提案されている．

[森村哲郎]

参 考 文 献

[1] D.P. Bertsekas, J.N. Tsitsiklis, *Neuro-Dynamic Programming*, Athena Scientific, 1996.

[2] R.S. Sutton, A.G. Barto, *Reinforcement Learning*, MIT Press, 1998. [邦訳] 三上貞芳, 皆川雅章訳, 強化学習, 森北出版, 2000.

[3] K. Doya, Reinforcement learning in continuous time and space, *Neural Computation*, **12** (2000), 219–245.

[4] W.D. Smart, L.P. Kaelbling, Practical reinforcement learning in continuous spaces, In *International Conference on Machine Learning* (2000), 903–910.

[5] S. Kakade, On the Sample Complexity of Reinforcement Learning, University College London, Ph.D. thesis (2003).

[6] R.J. Williams, Simple statistical gradient-following algorithms for connectionist reinforcement learning, *Machine Learning*, **8** (1992), 229–256.

[7] V.S. Konda, J.N. Tsitsiklis, On actor-critic algorithms, *SIAM Journal on Control and Optimization*, **42**(4) (2003), 1143–1166.

[8] J. Peters, S. Schaal, Natural actor-critic, *Neurocomputing*, **71**(7–9) (2008), 1180–1190.

[9] T. Morimura, E. Uchibe, J. Yoshimoto, K. Doya, A generalized natural actor-critic algorithm, In *Advances in Neural Information Processing Systems*, volume 22 (2009).

[*2] 過去の履歴を利用する TD(λ) 法もあり，一般に，TD 法に比べて学習効率が良いことが知られている[2]．

III

第III編　産業応用

自動車産業と応用数理

固有値解析と固有モード解析　596
感度解析とそれを用いた最適化解析　597
室内騒音振動解析技術 — 補正付き摂動法　598
区分モード合成法　599
非線形構造解析 — 衝突解析の数理　600
燃焼解析　602
内部流れ解析　604
外部流れ解析　606
樹脂流れ解析　608
加工解析　610
制御工学　612

固有値解析と固有モード解析
eigen value analysis and eigen mode analysis

固有値解析手法は，固有値と固有モードのどちらを先に求めるか，小さいほうから求めるか，大きいほうから求めるかで，4つに分類される．いずれも全ての固有値・固有モードが同時に求まる．今日の大自由度モデルにあっては，全モードを同時に求めることは不可能に近い．したがって，実際の設計検討に利用されるものは，興味のある周波数域だけを求めるためのサブスペース法などを前処理にする手法が用いられる．振動・騒音現象はモードの重畳波で表現される．低周波は構造全体の変形モードを，高周波はローカルな変形モードを表す．

1. モードの重ね合わせの表現法

モードの重ね合わせの表現法，すなわちモード合成法には，図1に示すように，高次のモードを無視して補正をしないモード変位法は19世紀から使用されている．この無視した高次項を補正項で補う手法がWilliamsによって1945年に開発され，モード加速度法と称されている．HansteenとBellは1979年に，力の項も低次項と，省略する高次項に分離し，高次項の力も低次項の変位で表現する，Williamsとは異なるアプローチから，Williamsと同様の式を得ている．現在，市販のNastranやAnsysなどではモード加速度法が利用されている．しかし，設計現場では，興味のある周波数範囲内の応答のみを知りたいケースが多い．そこで，馬-萩原は従来の，高次を省略するだけでなく低次も省略してそれらを補正する馬-萩原のモード法を開発した．そのモード式からパラメータの値を変えるだけで従来のモード変位法やモード加速度法が誘導できることが，図1に示されている．この意味で，馬-萩原のモード式は最も汎用性のあるものである．

2. 構造振動・音場連成のモード解析

車室を囲むパネルの板厚は非常に薄く，室内の騒音がパネル振動により生ずるだけでなく，パネル振動も室内の音場の影響を受ける連成問題となる．この場合，剛性および質量マトリクスは非対称となり，左右の固有モードは異なるため，モード解析を遂行するためには，左右の固有モードを使用する必要がある．それで，効率が非常に悪くなり，長らく連成問題のモード解析は容易でなかった．MaCneelは変数を倍にして連成方程式の対称性を得，ようやくモード解析ができるようになった．しかし，この方法では感度解析の式が陽に得られないなど，最適化解析では非常に非効率となる．

2.1 2成系の左右の固有値・固有モード間の関係式

萩原らは，連成系の左右の固有モード間の関係式を下記のように得た．これにより，初めて固有モード感度式が得られるなど，関連の解析が大いに進んだ．ここで λ_i は固有値，ϕ_i は左固有ベクトル，$\bar{\phi}_i$ は右固有ベクトルである．

命題1 右および左固有値問題の全ての固有値および固有ベクトルは，常に実数である．

命題2 左固有ベクトル $\bar{\phi}_i$ は，右固有ベクトル ϕ_i によって求められる．

1) 固有値 λ_i が零でない場合：
$$\bar{\phi}_i^t = \left\{ \phi_{si}^t, \frac{1}{\lambda_i} \phi_{ai}^t \right\}$$

2) 固有値 λ_i が零の場合：
$$\bar{\phi}_i^t = \{0, \phi_{ai}^t\} \ (\text{for} \ \phi_{ai} \neq 0)$$
$$\bar{\phi}_i^t = \{\phi_{si}^t, (K_{aa}^{-1} M_{as} \phi_{si})^t\} \ (\text{for} \ \phi_{ai} = 0)$$

命題1, 2を使用することにより，命題3：直交条件式，命題4：正規化条件式は，左，右固有ベクトルのいずれかのみで得られる．

以上により，連成系のモード合成法の効率が大いに向上した．
　　　　　　　　　　　　　　　　　　　　[萩原一郎]

参 考 文 献

[1] 日本機械学会 編, 計算力学ハンドブック (I) 有限要素法 構造編, pp.88-93, 日本機械学会, 1998-7.
[2] 萩原一郎, 自動車の車両開発と応用数理との関わり, 応用数理, Vol.2, No.2 (1992年6月), 56-61.

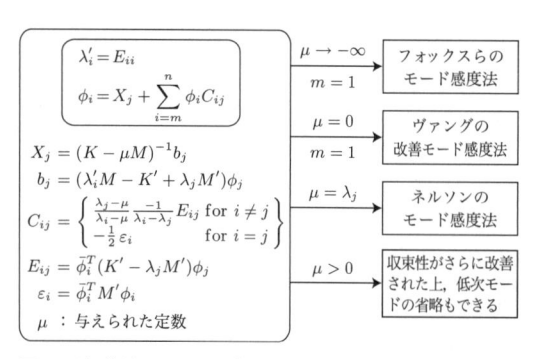

図1 馬-萩原のモード合成法と従来のモード合成法との関係

感度解析とそれを用いた最適化解析

sensitivity analysis and optimum analysis based on it

1. はじめに

最適化解析には最適性規準法,数理計画法と応答曲面法がある.最適性規準法は,各部が均等に力を発揮する構造が最適であるなどの規準を設けて対応するものである.それに対し,数理計画法は,次式のように,明確に数理的に表現される.

Minimize $f(X)$

subject to $h_j(X) \leqq 0 \ (j=1,2,\ldots,m)$

$\underline{X_i} \leqq X_i \leqq \overline{X_i} \ (i=1,2,\ldots,N=2n_{ei})$ (1)

ここで,$f(X)$は目的関数,$h_j(X)$は拘束関数,X_iは設計変数である.しかし,最適性規準法は数理計画法のデュアル法の一種であることが,馬らによって示されている[1].今日の構造感度解析と最適化解析の組合せは1980年頃からスタートしている.当初は,剛性感度と固有値感度のみが使用可能であり,動的過渡問題を慣性拘束法で行うなどの工夫が行われている[2].固有モード感度は,複数の固有モード感度が同時に求められることが必要だが,長らく単一の固有モード感度を扱うNelson法[2]のみが実用化されていた[3].

2. 複数の固有モードを扱う固有モード感度解析

萩原らは構造振動–音場連成場の感度解析の陽な表現を可能とした.その様子を図1に示す.同図でパラメータを変えると,それぞれフォックスらのモード感度法やヴァングの改善モード法と同じ式になることから,萩原–馬の式が最も汎用的なものである.

固有値方程式 $(K-\lambda_j M)\phi_j = 0$ (2)

固有モード感度式 $A_j \phi'_j = b_j$ (3)

ここで,

$A_j = K - \lambda_j M$

$b_j = (\lambda'_j M - K' + \lambda_j M')\phi_j$

K:剛性マトリクス

M:質量マトリクス

λ_j, ϕ_j:j番目固有値,固有モード

λ'_j, ϕ'_j:j番目固有値感度,固有モード感度

固有モード感度式(3)で$\det A = 0$のため,このままでは,固有モード感度は求まらない.

萩原–馬法は,最も精度の良い馬–萩原のモード合成式に立ち返って求められているため,必然的に萩原–馬のモード感度式が最も精度が良い.

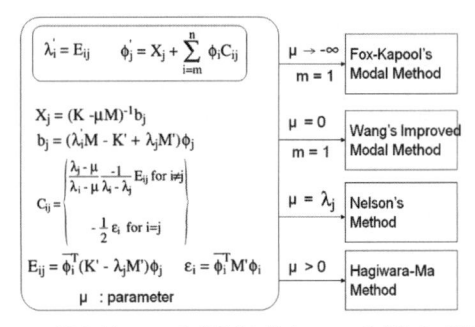

図1 萩原–馬のモード感度式と従来のモード感度式の関係

3. 数理計画法の種類

1980年頃の数理計画法最適化解析で扱える設計変数の数は,せいぜい100程度であった.これに対し,Schmitによって初めて提案されたSAO(sequential approximate optimization)法が著しく発展し,いまや設計変数の数は基本的に無制限である.SAOの基本的な考え方は,元の複雑な最適化問題を一連の簡単な最適化問題に転換して,段階的に最適構造を求めることである.最適化のステップごとに,目的関数と拘束関数を,例えばテイラー級数を利用して,ともに1次近似にすると,線形の最適化問題になり,従来の線形計画法によって解くことができる.ところで,構造最適化の場合では,設計変数と目的関数や拘束関数との関係は,逆数の関係になっていることが多い.したがって,設計変数に関する直接展開の代わりに,設計変数の逆数に関して近似展開をすれば,より厳密な近似問題が得られる.この考え方に基づいているのがデュアル法である.通常のSAO法もデュアル法も,時に数理計画法で必要な凸性が得られないことがある.コンリン法では,目的関数,拘束関数とも設計変数による1階感度が負のとき,感度の逆数の感度を採用することにより,凸性の範囲を広げている.MMA法は特別な場合にコンリン法と一致し,コンリン法に勝ることができること,また,馬らの方法はさらにMMA法,コンリン法にパラメータのとり方で一致させることができ,収束性がさらに良いことが示されており[1],馬らの方法は最も汎用性の高いものである.

[萩原一郎]

参 考 文 献

[1] 馬,菊池,萩原,鳥垣,振動低減のための構造最適化手法の開発,日本機械学会論文(C編),60巻577号(1994年9月),3018–3024.

[2] 萩原,車体材料の開発・加工技術と信頼性評価,p.4,技術情報協会,2007-4.

[3] 萩原,モード重合法の応用,日本機械学会 編,計算力学ハンドブック(I) 有限要素法 構造編,p.94,日本機械学会,1998-7.

室内騒音振動解析技術
— 補正付き摂動法

analysis approach of noise vibration in drivers cab
— perturbation method with complementary term

従来より，構造変更後の動特性予測手法として摂動法がよく利用されている．振動解析のための運動方程式は次のように表される．

$$(-\omega^2 M + K)X = F \quad (1)$$

式中で，M は質量行列，K は剛性行列，X は変位ベクトル，ω は角振動数である．式 (1) に対して固有値解析を行い，注目すべき周波数領域より少し広い範囲に対応するモードベクトル ϕ を保存しておく．構造変更後の質量行列を $M+\delta M$，剛性行列を $K+\delta K$ とし，式 (2) に示すモード座標系に縮約した運動方程式を用い，構造変更後の振動応答が求められる．

$$\phi^T[-\omega^2(M+\delta M)+(K+\delta K)]\phi x = \phi^T F \quad (2)$$

式中で，$x = \phi^T X$ はモード座標系における変位ベクトルであり，式 (2) による解析法は摂動法と呼ばれる．式 (2) には常に変更前の ϕ を用いるから，大きな構造変更をする場合，摂動法の解析精度は大きく落ちる．この問題を改善するために，萩原ら [1]〜[4] は，構造変更前のモードベクトルの後ろに補正項を追加して，式 (3) に示す修正した運動方程式を用いた補正付き摂動法を提案している．

$$\begin{Bmatrix} \phi^T \\ \phi_a^T \end{Bmatrix}[-\omega^2(M+\delta M)+(K+\delta K)]\cdot$$
$$\{\phi^T\ \phi_a^T\}\begin{Bmatrix} x \\ x_a \end{Bmatrix} = \begin{Bmatrix} \phi^T \\ \phi_a^T \end{Bmatrix}F \quad (3)$$

式中で，ϕ_a は補正ベクトル，x_a は補正ベクトルに対応する変位ベクトル，ω は興味のある周波数領域の中で，最小または最大の固有振動数であり，前者は低次側の補正に，後者は高次側の補正に用いられる．

補正ベクトル ϕ_a を算出するため，入力ベクトルを，モードモデルに使用するモード ϕ_l に対応する入力 f_l と，それ以外の入力 f_h に分解して

$$\begin{Bmatrix} \phi_l^T \\ \phi_h^T \end{Bmatrix}F = \begin{Bmatrix} f_l \\ f_h \end{Bmatrix} \quad (4)$$

を得る．ここで各モードベクトルが質量行列 M により正規化されていると仮定すると，式 (4) は次式のように書ける．

$$\begin{Bmatrix} \phi_l^T \\ \phi_h^T \end{Bmatrix}F = \begin{Bmatrix} \phi_l^T \\ \phi_h^T \end{Bmatrix}M\{\phi_l\ \phi_h\}\begin{Bmatrix} f_l \\ f_h \end{Bmatrix} \quad (5)$$

式 (5) を整理して次式を得る．

$$F = M\phi_l f_l + M\phi_h f_h \quad (6)$$

式 (6) より，モードモデルに使用しないモード ϕ_h への入力 F_h が次のように得られる．

$$F_h = F - M\phi_l f_l = [I - M\phi_l \phi_l^T]F \quad (7)$$

F_h による物理座標上の応答は，式 (1) を用いて

$$X_h = (-\omega^2 M + K)^{-1}F_h \quad (8)$$

と表されることから，補正ベクトルとして

$$\phi_a = (-\omega^2 M + K)^{-1}(I - M\phi\phi^T)F_i \quad (9)$$

を得る．さらに計算効率を上げるため，趙ら [4] は入力ベクトル F_i を，構造変更分の行列 δM と δK を用いて次のように求めた．

$$F_i = (-\omega^2 \delta M + \delta K)\phi \quad (10)$$

式 (10) の計算結果の中には，構造変更に関わる要素にのみ 0 でない値が入り，F_i を式 (11) に代入して補正ベクトル ϕ_a を求める．

$$\phi_a = \left[-\omega^2(M+\delta M)+(K+\delta K)\right]^{-1}\cdot$$
$$(I - M\phi\phi^T)F_i \quad (11)$$

この手法を用いると，補正ベクトル ϕ_a の数は，採用されるモードベクトル ϕ の数と一致しており，構造変更の自由度によらない．よって，変更後の解析は，比較的小さな行列で表されるため，計算時間が大幅に改善できる．

[趙　希禄]

参　考　文　献

[1] 馬　正東, 萩原一郎, 高次と低次のモードの省略可能な新しいモード剛性技術の開発, 日本機械学会論文集 C 編, Vol.57, No.536 (1991), 1148–1155.

[2] 山崎賢二, 萩原一郎, 構造変更時の動特性予測精度向上のための補正付き摂動法の提案, 日本機械学会論文集 C 編, Vol.72, No.720 (2006), 2492–2499.

[3] 寺根哲平, 萩原一郎, 補正付き摂動法の高効率化に関する研究, 日本機械学会論文集 C 編, Vol.74, No.739 (2008), 542–547.

[4] 趙　希禄, 寺根哲平, 申　鉉眞, 萩原一郎, 補正付き摂動法を用いた構造振動特性の高効率応答曲面法最適化, 日本機械学会論文集 C 編, Vol.77, No.776 (2011), 1310–1320.

区分モード合成法
component mode synthesis

モード解析と座標変換を利用して，元の系よりも小さい自由度に縮約する技術が，区分モード合成法である [1]．

1. 座 標 変 換

M, K を質量・剛性の特性行列，f を外力，x を変位とする n 自由度の運動方程式を考える．簡単のため減衰は無視する．

$$[M]\{\ddot{x}\} + [K]\{x\} = \{f\} \quad (1)$$

変位 x を $l\ (<n)$ 個の変形モード T の重ね合わせで表すと，以下の座標変換の関係が得られる．

$$\{x\} = [T]\{u\} \quad (2)$$

ここで u は一般化自由度である．式 (2) を式 (1) に代入し，変位の座標変換を行い，左から T^T を掛けて力の座標変換を行うと，式 (3) となる．自由度は n から l へと縮約される．

$$[T^T MT]\{\ddot{u}\} + [T^T KT]\{u\} = [T^T]\{f\} \quad (3)$$

モードの重ね合わせで表せないこの座標変換で切り捨てた変形が誤差となる．

2. 不拘束モード法

縮約区分の自由支持の固有モードを変換行列 T とするのが不拘束モード法（unconstrained mode method）である．質量と剛性の特性行列は対角化され，モード質量・モード剛性となる．最も単純な手法で，古くから利用されている．実験的に取得したモードパラメータを用いれば，有限要素モデルと組み合わせてハイブリッドな解析も可能である．

他の構造と結合すると，境界点を通じて伝達力が加わり変形が生じるが，対象周波数範囲の固有モードだけでは，この変形は十分に表現できない．結合面の局所剛性を表現するなど，これを補正するいくつかの手法が提案されている．こうした工夫とあわせて利用しないと，実用的な精度は確保できない．

3. 拘束モード法

他の構造との結合時の精度を確保するため，境界点に 1 自由度ずつ強制変位を与えた Guyan 静変形モードを利用する．このモードと境界点を拘束した固有モードを組み合わせて変換行列 T とするのが拘束モード法（Craig–Bampton method）である．

振動解析で計算時間の多くを占める部分は固有値解析で，自由度の 2 乗や 3 乗に比例する部分がある．

大規模モデルでは，最後に付加的な全系の計算を行う必要があっても，多くの部分構造に分けて計算したほうが効率的である．特に 1 区分の規模が小さくなれば，記憶媒体としてハードディスクの代わりに高速なメモリが利用可能で，複数 CPU による並列化も適用しやすい．こうした特性をうまく利用しながら，劇的な高速化を可能とした．自動で領域分割を行う技術と組み合わせ，ユーザーには固有値解析手法の違いとしか認識できない形で汎用ソフトウェアに実装されている．

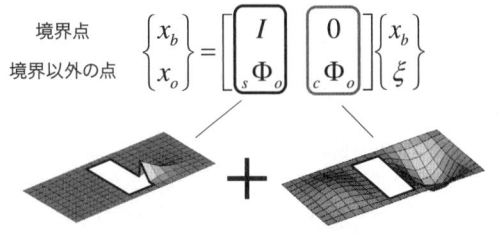

$$\begin{matrix}\text{境界点}\\ \text{境界以外の点}\end{matrix} \begin{Bmatrix} x_b \\ x_o \end{Bmatrix} = \begin{bmatrix} I & 0 \\ {}_s\Phi_o & {}_c\Phi_o \end{bmatrix} \begin{Bmatrix} x_b \\ \xi \end{Bmatrix}$$

Guyan静変形モード　　　境界点拘束の固有モード
境界点のシェイプは単位行列　境界点のシェイプは 0 行列

図 1　拘束モード法

4. モーダル差分構造法

特定区分の構造変更解析での利用を目的に，全系の現構造の固有モードと Guyan 静変形モードの組合せで変換行列 T を構成するのが，モーダル差分構造法（modal differential sub-structure method）である [2]．縮約構造の特性行列を，既に計算済みの現構造のモード特性から変更区分の特性を取り除いて作成するため，他手法で必要な縮約区分の固有値解析を必要としない．また，性能向上のために変更すべき区分を，現構造の結果を分析してから決めることができるという利便性も持つ．全系における縮約区分の支持条件は，自由支持や完全固定ではない．本手法では全系における境界条件を加味したモードを利用するので，少ない自由度でより高い精度が得られる．ただし，変換行列 T が冗長とならないような修正が必要で，これを可能とする手順が提案されている．逆に，この修正を行えば，どのような境界条件のモードも利用できるため，他手法を包括する定式化となっている．

[望月隆史]

参 考 文 献

[1] 長松昭男, 大熊政明, 部分構造合成法, 培風館, 1991.
[2] 望月隆史, 萩原一郎, モーダル差分構造法と Guyan の静縮約による区分モード合成法の一般化, 日本機械学会論文集 C 編, 76 巻 768 号 (2010), 2024–2031.

非線形構造解析 — 衝突解析の数理

non-linear structural analysis — industrial mathematics for crush analysis

板物の幾何学的非線形問題の課題に，外板パネルの張り剛性，材量的非線形問題の課題に，外板パネルのデント，幾何学的および材量的非線形問題の課題に，シートベルトアンカー点取り付け点のフロア部の大変形問題などがある．また，車体構造全体に変形する静的ルーフイントルージョンやサイドイントルージョンでは，パネルに骨組みまで加えた幾何学的および材量的非線形解析が必要となる．中でも典型的な課題は，1967 年の米国の連邦安全基準が発端となった衝突性能開発である．衝突試作車は 1 台 5 千万円から 1 億円もするため，これをどれだけ削減できるかは，まさに自動車メーカーにとっては最大の死活問題であり，高額なスーパーコンピュータの購入を促し第 1 期の計算科学を推進した立役者でもある．最初は簡単なマスとバネのモデルであり，次に有限要素法や差分法による梁モデルが利用された．自動車業界では，車体パネルの変形モードをより正しく得るためシェルの有限要素の適用が渇望されたが，1885 年頃まではそれは大変困難であった．

1. 有限要素法シェル要素の利用

スーパーコンピューティング技術の進歩とともに，1980 年代中頃に，DYNA-3D，DYCAST/GAC，PAM/CRASH などが相次いで開発された．これらはいずれも開発の初期段階からハイエンドコンピューティングに対応した，パフォーマンスを最重要視したコーディングに注力されてきている．開発初期はベクトル型スーパーコンピュータが登場した時期に当たり，入出力を除いてベクトル化率がほぼ 100 % となるチューニングが施されたことにより，後述の衝突解析専用とも言える解析技術の進歩と相まって，複雑な非線形問題を実用的な解析時間で処理することが可能となった．また，マルチ CPU ハードウェアプラットフォームの登場に対応し，メモリ共有型並列処理 (SMP) のコーディングが採用されている．さらに，近年において，よりスケーラビリティの高いアーキテクチャである分散メモリ型並列処理 (MPP) に向けて，根本的なプログラム構造の再構築も図られている．その結果，現在ではマルチ CPU マシンやクラスタ結合された PC またはワークステーションなど，多様なハイパフォーマンスコンピューティング環境において，100 万要素を超える大規模モデルが使用されるに至っている．さて，上述の衝突解析専用とも言える解析技術は，次の 4 点であると筆者らは述べている [1]．

1) 集中質量マトリクスおよび中心差分法の利用
2) ラジアルリターンアルゴリズムの利用
3) 次数低減積分シェル要素の利用
4) スライディングインターフェイスの利用

以下，1)〜3) の各項目について若干の補足を行う．

1.1 集中質量マトリクスおよび中心差分法の利用

時間方向の数値積分に関しては，当初ニューマークの β 法やウィルソンの θ 法など陰解法が中心であった．この場合，概念的には，各時間ステップで全体剛性マトリクスの逆マトリクスの演算を収束するまで繰り返すため，その計算時間は膨大になり，おのずと時間刻み幅 Δt を大きくとることになる．絶対安定であるため Δt が大きくても解は必ず求まるが，精度は保証されない．そこで陽解法の中心差分法が試みられた．この場合，全体質量マトリクスの割り算で Δt ごとの解が得られる．陽解法は条件付き安定で Δt は小さくする必要があるが，集中質量マトリクスを利用すると，対角マトリクスであり，その逆マトリクス演算は極めて短時間である．ここで問題となるのは，集中質量マトリクスの場合，回転角に対応する成分が零となることである．小さな数値を入れて対応がなされ，以来，衝突解析は集中質量マトリクスと中心差分法の組合せで行われている．

1.2 ラジアルリターンアルゴリズムの利用

従来の方法とラジアルリターンアルゴリズムとの違いを模擬的に図 1 に示す．簡単のために静的な材料学的非線形問題を荷重増分法で解く場合を例にして，何らかの対策をしない限り構成方程式から逸脱してしまう様子を左図に示す．次の増分ステップ後も全要素弾性域に留まるステップ 1, 2 では問題ないが，ステップ 3 の後，ある要素が塑性域に達することを示している．その要素では，同図のように与えられた相当応力–相当歪み関係式から逸脱する．この対策が行われないと，結局は違った材料特性が用いられることになる．いったん逸脱するとその対策に相当の計算量が必要となるため，それが起こらないよう留意されていたのが，代表的な従来法であった．

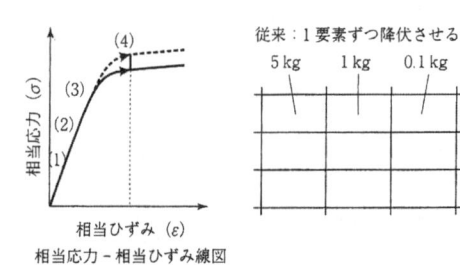

図 1 材料非線形解析時の構成式からの逸脱の様子 (左：ラジアルリターンアルゴリズム，右：従来のアルゴリズム)

右図で 5 kg, 1 kg, 0.1 kg とあるのは，各要素の弾性域に留まる最大増分荷重である．計算途中から，1要素ずつちょうど塑性域に到達するように増分荷重を決めて，左図の現象が生じないように意図された．この方法では解析途中から遅々として進まなくなり，この解決は急務であった．陽解法の場合，幸いなことに条件付き安定であり，刻み幅 Δt は応力波の伝播速度の $(1/2)$ 乗に逆比例し，鋼板の場合，マイクロセックのオーダーとなる．したがって，いったん，与えられた材料特性線図からはみ出した場合，無理やり特性線図に戻すというまさにラジアルにリターンさせるアルゴリズムを活用してもその影響は極めて小さく，その後のステップでははみ出す心配はないわけである．

1.3 次数低減積分シェル要素の利用

ガウスの数値解析理論に則って剛性マトリクスを求めると，塑性域に達したあと剛性が剛くなりすぎるという「ロッキング現象」が生じる．その回避に次数低減積分シェル要素は有効である．次数低減積分シェル要素を使用する場合，数値積分理論に反する代償として，解析モデルや衝突速度により，歪エネルギーに無関係のアワーグラスモードが発生する点に留意する必要がある．これを抑制するために，途中で変形が急激に大きくなる部分を細分割したり，アワーグラスコントロールファクタを上げることを必要としている．

以上のように，大胆な手法を用いて，曲がりなりにもシェル有限要素を用いた衝突解析が可能となった．その代表的な検討例を次節で述べる．

2. 衝突解析の例

前面やオフセット衝突では，図 2 に示す車軸方向の左右の 2 本のサイドメンバーが主要な役割を演ずる．図 3 はサイドメンバーを模擬した真直材である．サイドメンバーは軽量化のため中空断面であるので，曲がりやすい．しかし，軸方向には非常に剛く，途中で折れ曲がらずに部材の後端まで軸方向に潰れて行くよう設計することが，エネルギー吸収上重要となる．その圧潰現象は，1) 折り畳まれるようにある間隔で規則正しく局部的に圧潰する．2) 矩形断面の縦横の長さを a, b とすると，上端から $(a+b)/2$ の断面上，一番弱い壁の中央で面外方向に座屈する．座屈が生じると，荷重–変位線図の傾きが少し寝る．上端から $(a+b)/2$ の断面上の 4 つの角部が最後まで頑張り，それらが屈服すると荷重は急激に下がる．3) 次に上端から $a+b$ の断面が頑張り出して，再び荷重は上がる．以下，これを繰り返す．以上を図 4 に示す．これらも新たに開発された上述の解析技術によって明確となった．

図 2 サイドメンバー

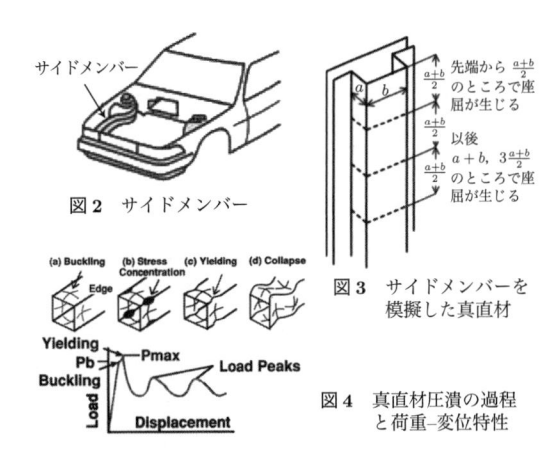

図 3 サイドメンバーを模擬した真直材

図 4 真直材圧潰の過程と荷重–変位特性

さて，衝突実験は，時速 30 マイルで剛壁面に衝突させるもので，片当たりするようなこともあり再現性がない場合もある．それで本来座屈するところで確実に座屈するように，その断面上に図 5 に示す潰れビードを置くというのが，米国でも基本特許となった [2] ものである．ビードの有無による変形モードの相違を図 6 に，荷重–変位特性の相違を図 7 に示す．このように，シェル要素による衝突解析によって，設計の精度は飛躍的に向上した．

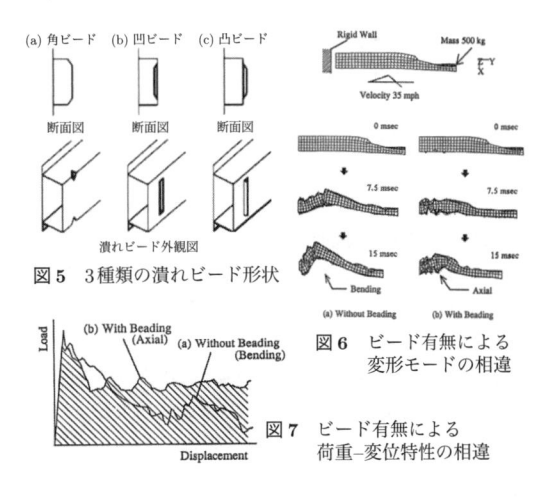

図 5 3 種類の潰れビード形状

図 6 ビード有無による変形モードの相違

図 7 ビード有無による荷重–変位特性の相違

[萩原一郎]

参 考 文 献

[1] 萩原一郎, 津田政明, 佐藤佳裕, 有限要素法による薄肉箱型断面真直部材の衝撃圧潰解析, 日本機械学会論文集 (A 編), 55 巻 514 号 (1989 年 6 月), 1407–1415.

[2] I. Hagiwara, M. Tsuda, Y. Kitagawa, T. Futamata, Method of Determining Positions of Beads, United States Patent, Patent Number 5048345.

燃焼解析
reacting flow analysis

1. 概略

燃焼現象を連続体近似モデル（方程式）で解析する場合，基本的にはアレニウス型の化学反応式を用いる．これは温度の指数関数を含んでいて非線形が強く，また，その反応に伴う膨張流や発熱領域周辺の流動も本質的に非線形現象であるため，解析解が得られる場合は少なく，ほとんどのケースで計算機を用いた近似解析が必要である．

燃焼は基本的に，空気と燃料を混合させ，その混合気に化学反応を起こさせるわけだが，大別して3つの燃焼形態（予混合燃焼，拡散燃焼，急速燃焼）が存在する．なお，最近は，環境問題が重要視されており，燃焼後の微量生成物の解析の必要性も増している．

2. 燃焼現象

2.1 燃焼速度と火炎伝播速度

燃焼速度とは化学反応の進行速度そのものであるが，エンジンにおける火炎伝播速度とは，燃焼速度に発熱による膨張流速を考慮したもので，実際に観測される火炎の広がる速度を意味している．

2.2 層流燃焼速度と乱流燃焼速度

2.1項で記述した燃焼速度は，さらに，2種類に大別しておくべきである．1つは，その周囲に流れがない場合の1次元的な燃焼速度（層流燃焼速度）のことであり，もう1つは，周囲に乱流がある場合の3次元的に火炎面に凹凸がある場合の燃焼速度（乱流燃焼速度）である．一般に，乱流燃焼速度は層流燃焼速度よりも大きくなる．

2.3 予混合燃焼（火炎伝播）と拡散燃焼

予混合燃焼は，文字通り，燃料と空気（酸素）の両者を，燃焼前に何らかの手段で混合させて燃料濃度を空間的に一定にしておき，そこを化学反応が進行する場合である．基本的には，その中のある特定の場所で着火が起こると，その高温の熱が周囲に拡散し，新たに高温になった未燃焼の燃料と酸素部分が着火していくことで進行する．その燃焼速度は，その場の燃料と空気の濃度比，圧力，温度の関数として表され，乱流がある場合はその乱れ強さ（エネルギー）によってさらに増加する．ガソリンエンジンの燃焼がこの形態に該当する．

拡散燃焼では，燃料と空気（酸素）があらかじめ混合されていないが，時間経過とともに，物質拡散と流動に伴う乱流拡散現象によって，両者が接触している付近で部分的に混合し，その中で温度・圧力が着火限界に達したところから徐々に着火していく燃焼形態である．ディーゼルエンジンの燃焼がこれに相当する．

2.4 急速燃焼

ノッキングやデトネーションのように，火炎伝播よりも格段に高速な燃焼が見られることがある．この場合は，反応の速度だけでなく，それによって生成される膨張流速も増大していると考えられ，圧力の空間変動幅も相対的に大きくなっている．

2.5 強制着火と自己着火

以上に述べた各燃焼形態の初期条件とも言えるのが「着火」であり，ガソリンエンジンの多くは，放電などによる強制着火がなされ，ディーゼルではエンジン始動時を除いて自己着火の形態をとっている．

2.6 サイクル変動（燃焼の安定性）

上記のいずれの場合でも，空気に比べて燃料が少ない場合（理論空燃比よりも燃料濃度がかなり低い場合）や乱流が弱い場合には，燃焼が不安定になることがあり，時間平均された燃焼速度や火炎伝播速度だけではなく，そのサイクルごとの変動レベル（安定度）を解析することが求められることも多い．

2.7 反応生成物（エミッション）

燃焼後の主な生成物は二酸化炭素（CO_2）と水（H_2O）であるが，微量ながら一酸化炭素（CO），窒素酸化物（NOx），未燃燃料（総称としてHC），Soot なども生成されることがある．これらは比較的安定な生成物であるが，それらに至る途中では，様々な不安定な分子（中間生成物）が生成される．このように微量で不安定な分子群の濃度を予測する場合，数千種類の分子の生成過程を数千本の常微分方程式系で近似して解くことが必要になる場合もある．その反応定数群を正確に実験計測することは容易ではない．

3. 解析方法

3.1 場の支配方程式

燃焼現象には密度変化が伴うので，基本的には，

圧縮性のナヴィエ–ストークス方程式を場の支配方程式とする．なお，燃焼反応では，少なくとも酸素と燃料の 2 つの成分の空間分布を求める必要があるため，多成分系の支配方程式の形態をとることが根本である．それに，化学反応速度と各成分の変化速度に関するアレニウス型のモデルを組み合わせる．これをそのまま離散化して計算機で近似解を求めることは，燃焼流れの直接数値解析（DNS）と言われ，そのためには，反応帯の厚さ（大気圧力条件で 0.1 mm 程度）よりも十分に小さく，かつ，コルモゴロフスケールレベルの詳細な計算格子が必要となり，現在の大型計算機でもまだ膨大な計算時間がかかってしまうため，反応部分を何らかの近似モデルに置き換えたものが一般に広く使われている．

その中でも，Williams らが提唱した G 方程式によるモデルや，Flame sheet モデルがよく利用されている．これらは，層流時の局所的な反応速度（層流燃焼速度）には実験式を用い，現象の最小スケールと格子サイズレベルの間の現象（乱流による火炎面の皺状態や乱流拡散の流動影響）には物理的モデルを用いる．

3.2　近似計算方法

- アルゴリズム：乱流を含む燃焼現象では，FEM を使うことは比較的少なく，FDM が広く用いられている．
- 空間離散化：自動車では，回転数の変化につれて乱流火炎伝播速度が大きくなる．火炎帯厚さ程度の粗い計算格子を用いた場合，アンサンブル平均型の乱流拡散モデルとアレニウス型反応モデルだけでは，この乱流燃焼速度と回転数の関係を正確には計算できない．そこで，上述した G 方程式などにより，火炎面が乱流によって皺状になって反応領域が増加することを捉えることが一般的になっている．そのトラッキングの計算法として，Level set 法，VOF (volume of fluid) 法，TVD (total variation diminishing) 法，CIP (cubic interpolated pseudo particle) 法などが用いられている．これらの方法は，温度差・密度差が数倍以上もある火炎面前後の状態を比較的正確に捉えることができる．
- 時間積分：燃焼反応のない熱流体力学問題では，4 次精度程度のルンゲ–クッタ法や陰解法が用いられることが多いが，ノッキングやデトネーションのような急速反応が起こる場合や，成分によって反応速度が大きく異なるような素反応計算では，さらに高精度近似を行うために，Gear 法のような複雑な方法が用いられることもある．

- 燃焼解析については，計算機能力の点で，分子動力学や量子力学計算が実用化するまでに到達していない．

なお，紙面の都合で，液体燃料を含む二相流については記述できなかったことを付記しておく．

［内藤　健］

参 考 文 献

[1] 本田尚士, 環境圏の新しい燃焼技術, フジ・テクノシステム, 1999.
[2] Elaine S. Oran, Jay P. Bris, *Numerical simulation of reactive flow*, Elsevier, 1987.
[3] John D. Buckmaster (ed.), *The mathematics of combustion*, SIAM. 1985.
[4] Norbert Peters, Bernd Rogg, Reduced kinetic mechanisms for applications in combustion systems, *Lecture Notes in Physics*, Springer-Verlag, 1993.
[5] Chung K. Law, *Combustion Physics*, Cambridge University Press, 2006.

内部流れ解析
internal flow analysis

1. 概　　略

内部流れの解析は，外部流れに比べて困難であることが知られている．例えば，管内の乱流遷移現象は，レイノルズの実験報告から100年もの間，線形の理論解析や数値解析では，乱流遷移位置と入口乱れの関係を明らかにすることができておらず，また，各物理量の保存性確保の方法論や境界条件の設定方法については，いまだに議論が続けられている．

また，航空機の巡航速度はほぼ一定であるのに対し，自動車では加速減速が多いこともあって車速範囲が広く，レイノルズ数とマッハ数の使用範囲もかなり広いために，主要な物理因子が変化するという複雑さがある．エンジン内部では圧縮性と乱流が共存するとともに非定常性が強いという厄介がある一方，エンジンルームや人の居住空間である室内空調問題では，温度分布はあるが非圧縮性に近いなど，様々な熱流体力学現象を含んでいる．なお，最近は電気自動車の商品化が加速しているが，その場合でも，バッテリーの放熱量は大きく，冷却方法を探るという意味での熱流れの問題は重要である．

2. 支配方程式

2.1 基礎方程式とサブモデル

従来は，連続体仮定によるボルツマン方程式からの近似式，3次元非定常圧縮性または非圧縮性のナヴィエ–ストークス方程式を用いることがほとんどであった．ただし，今後は数値誤差と物理的揺らぎの関係を明確にしていくためにも，確率論モデルの1つであるLangevin方程式とナヴィエ–ストークス方程式のような決定論方程式の中間的な方程式をベースにすることが進むと考えられる．

自動車では，かなりの運転領域範囲で乱流の部分が存在し，また，コルモゴロフスケールまで計算格子や時間的離散化を細かくすることが困難であるため，上記の基礎方程式を何らかの形（アンサンブル平均，ファブレ平均と格子平均など）で平均化し，その平均操作スケール以下の現象については，サブモデルを組み込むことが多くなされている．

2.2 偏微分方程式論

連続体仮説に基づく決定論的ナヴィエ–ストークス方程式は，偏微分方程式論によって3つのタイプ（双曲・楕円・放物型）に分類されることがよく知られている．この数学的分類方法を考慮しつつ，さらに，密度変化を3つの種類（波動・伝熱・空間的均一圧縮）に分けてからナヴィエ–ストークス方程式を変形して整理すると，ブシネスク近似式，Zero-Mach数近似式，音波や衝撃波を含む波動現象の近似式などを統合して整理することが可能である．これは，各種の近似式の適用範囲を明確にするという点で重要であり，また，膨大な数の数値解析方法を整理・分類することにも役立つ．

2.3 場と粒子

光と電磁気に関連する現象は，粒子性と波動性（場の性質）の両方を有することが知られている．物理的意味はそれと異なるが，熱流体現象でも，上述したような「場」の偏微分方程式を土台として解析するか，それを「粒子群」模型で近似してから解析するか，大別して2通りに分かれる．さらに詳細な分類表現を使うと，前者は保存型の偏微分方程式，後者は連立常微分方程式となる．なお，両者の中間的方程式として，非保存型の偏微分方程式を用いる場合も多い．

3. 数値解析方法

基礎方程式のタイプ（粒子・場），離散化方法，物理的差分近似方法（不連続性仮定と連続性仮定），アルゴリズム，逆行列計算，時間積分法で整理する必要がある．

3.1 基礎方程式のタイプ（粒子・場）

ナヴィエ–ストークス方程式のような「場の偏微分方程式」をそのまま離散化していくものは非常に多くあり，変分原理に基づく有限要素法と差分法の2種類がよく用いられている．

非線形項の離散化の方法の良し悪しが，解析結果の精度を実質的に左右することが多い．扱う現象の中に不連続性があるかどうかで2種類に大別することが可能である．乱流に対しては連属性を仮定したものが多く，テイラー展開をもとにしているが，さらに中心差分か風上差分に小分類できる．衝撃波のような現象では，何らかの不連続性を仮定したものが有

効なことが知られており，TVD (total variation diminishing) 法，ENO (essentially non-oscillatory schemes) 法，CIP (cubic interpolated pseudo particle) 法などが挙げられる．

なお，場の偏微分方程式を土台とする多くの数値解析アルゴリズムを，上述した偏微分方程式による 3 つの分類により大別することが可能である．MAC (marker-and-cell) 法や SIMPLE (semi-implicit method for pressure-linked equations) 法は楕円型，ICE 法や CIP-CUP 法は双曲型と考えられる．

計算格子サイズが小さく（計算格子総点数が多く）なるにつれて，サブモデルの使用は減少して，本来の普遍性の高い基礎方程式に近づいていくが，それらはレイノルズ平均型計算 (RANS)，格子平均型計算 (LES)，直接計算 (DNS) の 3 つの段階に分かれる．

一方，粒子群の近似方程式に変形したものを土台としたものとしては，Vortex 法，SPH (smoothed particle hydrodynamics) 法，MPS (moving particle semi-implicit) 法などが存在する．熱流体現象もミクロに見れば分子という粒子の群であるので，マクロな連続体を粒子法で解く方法には，マルチスケール現象を全て粒子法で統一しやすいメリットがあるが，実用上は必ずしもメリットばかりではない．

3.2 時間積分法

陽解法と陰解法に大別でき，陰解法は数値的な安定度は比較的向上するが，大規模な逆行列計算を伴うためにプログラムが複雑化し，計算時間もその分増加する．なお，時間方向の離散化の精度も 1 次から 4 次以上まで様々で，問題によって使い分けられている．　　　　　　　　　　　　[内藤　健]

参考文献

[1] 北原和夫, 非平衡系の統計力学, 岩波書店, 1997.
[2] Rutherrford Aris, *Vectors, Tensors, and the Basic equations of Fluid mechanics*, Dover, 1962, 1989.
[3] L.I. Sedov 著, 大橋義夫 訳, 連続体力学, 森北出版, 1979.
[4] Dale A. Anderson, John C. Tannehill, Richard H. Pletcher, *Computational Fluid Mechanics and Heat Transfer*, McGraw-Hill, 1984.
[5] 保原　充, 大宮司久明, 数値流体力学, 東京大学出版会, 1992.
[6] Ken Naitoh and Hiromu Shimiya, *Japan J. of Industrial and Applied Mathematics*, 2011.

外部流れ解析

outer flow analysis

自動車における外部流れの問題として代表的なものは，何といっても，車体の空気力学（空力）に関する問題であろう．環境性能（燃費）向上に対し，空気抵抗の低減が以前にも増して重要となる中で，数値流体力学，いわゆる CFD (computational fluid dynamics) は，車両開発の初期段階から流れ現象を自由に可視化し，性能改善案を創出できる技術として期待されている．

一方，気流変動に起因する騒音である空力騒音は，自動車の快適性・商品性に大きな影響を及ぼす．特に，音場（音源の分布や伝播）を実験的に捉えることが困難なことから，これを CFD で予測することが求められている．

1. 空力解析

自動車走行の速度範囲においては，ボディ周りの気流は密度の変化を無視できる非圧縮性流れとして扱われる．この計算手法については，CFD の最も基本的な事項として，多くの専門書（例えば [1]）に記載されているので，詳細はそちらを参照されたい．

1.1 基礎方程式

代表長さ L [m]，代表速度 U [m/s] で無次元化した非圧縮性流れの基礎方程式は次の通りである（以下では，テンソルの総和規約に基づき表記する）．

$$\frac{\partial u_j}{\partial x_j} = 0 \tag{1}$$

$$\frac{\partial u_i}{\partial t} + \frac{\partial u_j u_i}{\partial x_j} = -\frac{\partial p}{\partial x_i} + \frac{\partial \tau_{ij}}{\partial x_j} \tag{2}$$

ここで，x_i, u_i はそれぞれデカルト座標，流速ベクトルの第 i 成分を表し，p は圧力を表す．また，τ_{ij} は粘性応力テンソルであり，以下で定義される．

$$\tau_{ij} \equiv \frac{1}{Re}\left(\frac{\partial u_i}{\partial x_j} + \frac{\partial u_j}{\partial x_i}\right) \tag{3}$$

Re は対象となる流れ場を規定する無次元量であるレイノルズ数で，$Re \equiv (L \cdot U)/\nu$（$\nu$：動粘度，空気ではおよそ 1.5×10^{-5} m^2/s）で定義される．

式 (1) が連続の式，式 (2) がナヴィエ–ストークス方程式（または運動方程式）であり，それぞれ質量保存，運動量保存を表す．しかし，実際の計算においては，式 (2) の発散に式 (1) を代入して得られる圧力に対する以下のポアソン方程式と式 (2) を連立して，u_i, p を求める．

$$\frac{\partial}{\partial x_i}\left(\frac{\partial p}{\partial x_i}\right) = -\frac{\partial}{\partial x_i}\left[\frac{\partial u_j u_i}{\partial x_j}\right] \tag{4}$$

1.2 数値計算上の要点

自動車走行時の流れ場は，レイノルズ数が $O(10^6)$ にもなり，現実的な計算規模における適切な乱流の扱いが必須となる．特に車体後部の流れの剥離・再付着，それに伴って生ずる渦の様子を正確に捉えることが重要である．

従来から用いられている RANS (Reynolds averaged Navier–Stokes equation) に基づいて計算する手法は，各時刻の速度，圧力を，アンサンブル平均量と微小変動量に分け，これらを基礎方程式に代入して得られるレイノルズ応力項を k–ε モデルに代表される乱流モデルで表すものである．この手法は定常流れ場を短時間で計算できるという点で実用性に優れているが，モデルに現れる各種パラメータの汎用性に課題を有する．

一方，LES (large eddy simulation) は，空間的平均操作に基づく非定常の方程式を解くものであり，格子サイズより小さい変動現象を SGS モデル (sub-grid scale model) と呼ばれる乱流モデルで表現する．SGS モデルの代表的なものに Smagorinsky モデルがあるが，これも流れ場に応じたパラメータ修正を必要とするため，より汎用性を高めたモデルが開発されている．この手法は時々刻々の流れ場を計算するための計算時間を要することになるが，元来，実際の流れ場は絶えず変化していることを考えると，より信頼性の高い計算結果を示してくれる．

また，乱流モデル以外に数値計算の精度や速度に影響を与えるものとしては，主に，計算格子の種類・品質，空間・時間の離散化スキーム，連立 1 次方程式の解法などがある．特に，計算が複雑になりすぎない範囲内で，元の方程式が有する保存則を離散化レベルでもなるべく満足させることが，その結果の信頼性を確保するために重要となってくる．

1.3 計算例

最新の数値計算法を用いれば，車両定常走行時の空力計算に関しては，車両形状を床下部品なども含め非常に緻密に再現した上で，空気抵抗係数を誤差 3％程度以下で予測できるようになってきている．

また，定常走行時だけでなく，ALE (arbitrary Lagrangian–Eulerian) 法と組み合わせた移動境界計算法を導入することにより，様々な外乱によって車両姿勢が変化する場合の非定常計算も試みられるようになってきた．図 1 に，LES を用いた大規模な非定常空力計算結果の例 [2] を示す．

2. 空力騒音解析

空力騒音の代表的なものには，フロントピラーやドアミラーで発生する風切り音と，サンルーフやサ

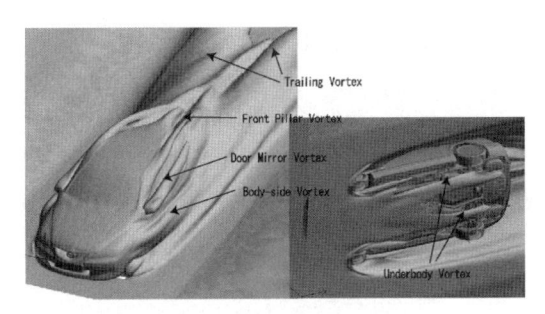

図1 非定常空力計算の例

イドウィンドウを開けて走行した場合に車室内に発生するウィンドスロッブと呼ばれる低周波数（10〜50 Hz 程度）騒音がある．

2.1 風切り音の計算

流体騒音は，原理的には流体の密度変動を表す圧縮性流れの基礎方程式を解けば，直接捉えることができる．しかし，実際の音圧は媒質である流体の圧力変動に対して 10^{-5} 程度の強さしか持っておらず，これを直接計算することは大変難しい．

そこで，後述するウィンドスロッブの計算を除き，非圧縮性の非定常流れを精度良く計算した上で，その流れの圧力変動に基づき間接的に騒音の特性を評価する，あるいは，得られた計算結果に対して音響学的理論近似式を適用する，という手法がとられる．

このうち，後者の手法として知られる Lighthill–Curle の理論は，ある観測点での音圧 P_a を以下の式で求める．

$$P_a = \frac{1}{4\pi c} \frac{x_i}{r^2} \frac{\partial}{\partial t} \int_S n_i P dS \quad (5)$$

ここで c は音速，x_i は観測点の位置ベクトル，r は観測点までの距離，P は物体表面の流体の圧力である．例えば，単純な2次元円柱から発生する風切り音は，本手法により良い精度で予測できることが報告されている[3]．ただし，この理論は観測点までの距離が十分に大きいことなどを仮定して導出されたものであり，実問題に対してそのまま適用しうるか否かは慎重に検討されるべきである．

2.2 ウィンドスロッブの計算

ウィンドスロッブ現象はヘルムホルツ共鳴に起因しており，これを正しく捉えるには微弱な密度変動を考慮する必要がある．そこで，非圧縮性流れの基礎方程式に弱い圧縮性（弱圧縮性）の効果を付加した次の方程式が用いられる[4]．

$$M^2 \left\{ \frac{\partial p}{\partial t} + u_j \frac{\partial p}{\partial x_j} \right\} + \frac{\partial u_j}{\partial x_j} = 0 \quad (6)$$

$$\frac{\partial u_i}{\partial t} + \frac{\partial u_i u_j}{\partial x_j} - u_i \frac{\partial u_j}{\partial x_j} = -\frac{\partial p}{\partial x_i} + \frac{\partial \tau_{ij}}{\partial x_j} \quad (7)$$

ここで M はマッハ数（≡ 流速/音速）であり，自動車周りの流れでは 0.1 程度の値をとる．弱圧縮性を表す式 (6) 左辺第1項は微小な値を持つために，その効果を正しく見積もるためには，もともとの質量保存（式 (1)）を高い精度で満たす解法が必須となる．

図2に，サンルーフ開口時の車室内を単純な穴開き直方体で模擬した基礎実験模型における計算結果を示す．上面の流速 U を変えたとき，数か所の特定の流速で音圧レベル SPL が極大値をとるというウィンドスロッブ特有の現象が計算（calc.）によっても，実験（exp.）と同様に捉えられているが，一点鎖線で示す非圧縮性流れの計算（incompress.）では，そのような特徴をまったく再現できないことがわかる．

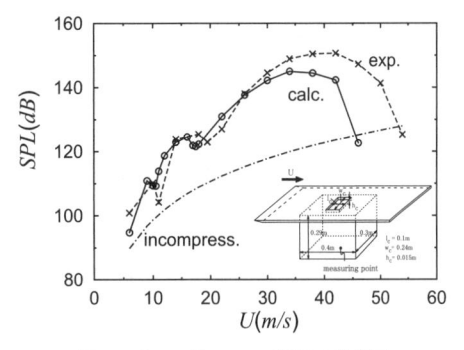

図2 ウィンドスロッブ現象の計算例

［堀之内成明］

参 考 文 献

[1] J. Ferziger, M. Perić, *Computational Methods for Fluid Dynamics* (third, rev. edition), Springer, 2002.

[2] M. Tsubokura et al., Computational Visualization of Unsteady Flow around Vehicles Using High Performance Computing, *Computers & Fluids*, **38** (2009), 981–990.

[3] 池川昌弘, 加藤千幸, 海保真行, 高速新幹線車両の空力・音響問題に対する数値解析技術の応用, 応用数理, **6**(1) (1996), 2–16.

[4] M. Inagaki, O. Murata, T. Kondoh, K. Abe, Numerical Prediction of Fluid-resonant Oscillation at Low Mach Number, *AIAA Journal*, **40**(9) (2002), 1823–1829.

樹脂流れ解析
filling simulation for plastics resin

環境・エネルギー対応の要求から自動車の軽量化やHEV化が加速し，樹脂材料が多用されている．例えばバンパー外装品にはポリプロピレン樹脂にフィラーを含有した材料が用いられるが，0.1 mmでも薄肉化し，軽量化や成形サイクル短縮が試みられている．しかし，薄肉化によって成形加工の難度が高まり，開発段階でのトライアンドエラーの増加に繋がることから，初期段階における品質の高い金型設計や適正な条件設定をシミュレーションにより行うことが必須となる．ここでは，プラスチック射出成形における樹脂流れ解析につき，特有のモデル化手法と最近の活用事例を概観する．

1. 射出成形プロセスと成形不良

樹脂成形で最も一般的な射出成形では，図1に示す成形サイクルに従い，成形機で溶融混錬された樹脂材料を高圧で金型キャビティ空間へ射出し，充填後に冷却固化させて取り出す工程を繰り返す．全体プロセスは「充填」「保圧」「冷却」「収縮」工程より構成される．

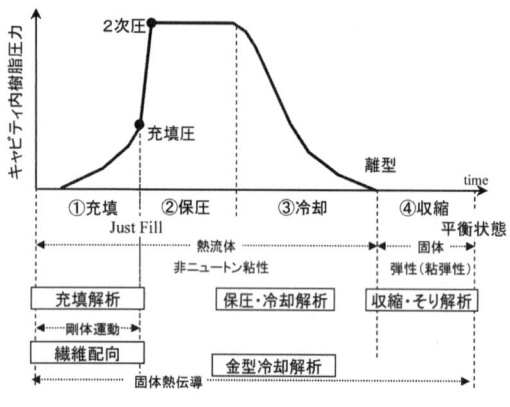

図1 射出成形のプロセスと対応解析

射出成形の代表的な成形不良として，樹脂が流れきらずに未充填部が残るショートショット，合流部にスジ状の外観不良が発生するウェルドライン，圧力の急上昇によるバリ，圧力不足によるヒケ，収縮不均一によるそりなどが挙げられる．

樹脂流れの解析では樹脂流動パターンや圧力・温度変化，収縮・そり変形などをシミュレーションし，不良の予測と原因追及，対策検討がなされて，金型設計や成形条件設定に折り込まれている．

2. 樹脂流れ解析のモデル化

解析では成形工程ごとに境界条件や数値解析モデルを切り替える．離散化手法としては，複雑な成形品形状を表現するため，有限要素法や有限体積法が用いられることが多い．以下に樹脂流れ解析に特有のモデル化について概説する．

2.1 基礎方程式

充填，保圧，冷却工程では非等温圧縮性粘性流体とし，節点と要素上に配置した圧力 p，温度 T，速度 v を未知数として，質量，運動量，エネルギーの保存則に基づいて離散化する．[1]

$$\frac{\partial \rho}{\partial t} + \nabla \cdot (\rho \vec{v}) = 0$$
$$\rho \frac{\partial \vec{v}}{\partial t} = -\nabla p + \eta \nabla^2 \vec{v} \quad (1)$$
$$\rho C_v \frac{DT}{Dt} = \dot{Q} + \kappa \nabla^2 T + \eta \dot{\gamma}^2$$

3次元流れの解法として，SMAC法などのほか，ダルシー近似によるポテンシャル流れとして高速化する手法も用いられる．流動先端境界の移動は，充満率を F としてVOF法により表現する．

$$\frac{\partial F}{\partial t} + \frac{\partial (uF)}{\partial x} + \frac{\partial (vF)}{\partial y} + \frac{\partial (wF)}{\partial z} = 0 \quad (2)$$

ガラス短繊維などの棒状強化材が含有されている強化樹脂材料では，繊維配向により収縮や弾性係数が異方性を示し，そりの主要因になる．流体中の繊維配向は配向テンソルの発展方程式で表される．

$$\begin{aligned}
\frac{Da_{ij}}{Dt} = &- \frac{1}{2}(\omega_{ik}a_{kj} - a_{ik}\omega_{kj}) \\
&+ \frac{1}{2}\lambda(\dot{\gamma}_{ik}a_{kj} + a_{ik}\dot{\gamma}_{ik} - 2\dot{\gamma}_{kl}a_{ijkl}) \\
&+ 2D_r(\delta_{ij} - a_{ij})
\end{aligned} \quad (3)$$

ここで，a_{ij} は配向テンソル，ω は渦度，$\dot{\gamma}$ は変形速度，D_r は形状係数である．

一般に，そり変形は線形弾性体を仮定した熱応力解析より求める．この際，繊維配向解析から複合材料則により異方性弾性係数を定め，収縮初期歪は後述する状態線図より定める．

近年，軽量化を目的として長繊維カーボン強化材などのニーズが高まり，樹脂流れ解析により異方性物性を予測して振動・衝撃などの強度計算を高精度化する取り組みも広がっている．

2.2 構 成 式
a. 粘 度 式

一般に熱可塑性樹脂はせん断速度と温度に対して

非ニュートン性を示すため，粘性モデルとして例えば次の Cross 式が用いられる．

$$\eta = \eta' \left[1 + \left(\frac{\eta'\dot{\gamma}}{\eta^*}\right)^{1-N}\right]^{-1} \quad (4)$$

b． PVT 状態線図

樹脂の圧縮と温度変化に伴う収縮特性は，状態線図により表現される．ナイロンやポリプロピレンなどの結晶性樹脂の場合，溶融状態から温度低下が進み，結晶化領域に入ると急激に比容積が低下する．結晶化の進展は冷却速度に依存するため，結晶化進展のシミュレーションを行うこともある．

また，金型拘束された状態で収縮する過程で，ガラス転移点以上で進行する応力緩和につき，粘弾性モデルを用いる検討もなされている．

c． 硬化反応式

近年，自動車の HEV 化に伴い，モーターコイルや半導体封止用途に熱硬化性樹脂解析のニーズが高まっている．この場合は，反応速度式で硬化反応率を求め，粘度を修正する．図 2 は粘度測定時の硬化反応に伴う粘度増加を実測と比較した例である．

$$\frac{d\alpha}{dt} = \left[A_1 \exp\left(-\frac{E_1}{T}\right) + A_2 \exp\left(-\frac{E_2}{T}\right)\alpha^M\right](1-\alpha)^N$$

$$\eta = \eta' \left[1 + \left(\frac{\eta'\dot{\gamma}}{\eta^*}\right)^{1-N}\right]^{-1}$$

$$\eta' = \eta_0 \times \left(\frac{\alpha_{gel}}{\alpha_{gel} - \alpha}\right)^{(D+E\alpha)}$$

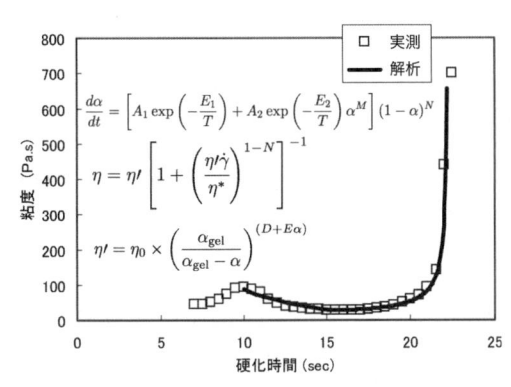

図 2　熱硬化性樹脂の粘度変化

2.3　境界条件

射出成形機からの射出ノズル部での樹脂速度と樹脂温度，保圧工程での保持圧力，冷却時間，金型温度などを設定する．金型温度は成形サイクル中に変化するため，金型部の熱伝導解析とキャビティ内の樹脂流動解析を連成して解析することもある．実成形では成形機内の圧力損失や温度変動などが生じるため，境界条件設定には注意が必要である．

3．活用事例

3.1　ウェルドライン

図 3 にバンパーの表面に発生したウェルドライン成形不良の予測例を示す．不良対策として，例えば各ゲートにバルブを設け，その開閉タイミングを CAE 上で探索し，ウェルドライン位置を適正化した．ここで，色の濃淡は充填順序を示している．

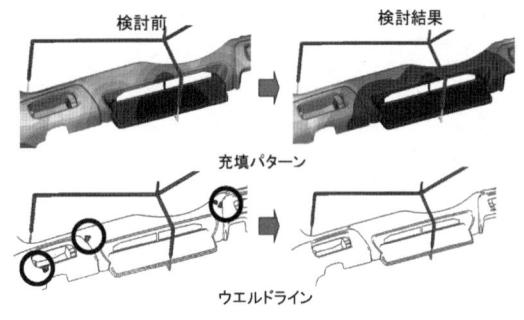

図 3　バンパーのウェルドライン対策例

また，最適化ソフトとの組合せにより，ランナー径やゲート位置を最適化し，ウェルドライン位置を制御することも可能である．

3.2　インサート成形

電装部品の成形では，端子やコイルを金型内に設置し，外側を樹脂でオーバーモールドするインサート成形が用いられることが多い．このとき，樹脂圧力によりインサート部品が変形・移動したり，熱収縮の違いにより，そり変形が発生することが多い．図 4 にインサート成形充填中の変形解析結果を示す．色の濃淡はインサート金属の変形量である．インサート部品が充填中に大変形し，樹脂流動が変化する現象も検討されている．

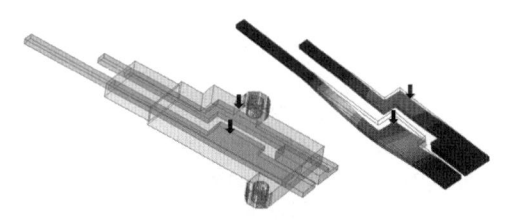

図 4　インサート成形時の樹脂圧による変形解析

［中野　亮］

参　考　文　献

[1] 日本塑性加工学会 編, 流動解析―プラスチック成形, コロナ社, 2004.

加工解析
simulation for material forming processes

1. 概　　要

自動車部品の塑性加工プロセスの計算機シミュレーションは，1990年頃から実用化され始め，現在では市販ソフトウェアも多数あり，盛んに実務適用されている．

クランクシャフトやコンロッドなどの鍛造加工の分野では，主に剛塑性有限要素法が用いられ，欠肉不具合，材料巻き込み不具合，金型寿命などの予測が行われている．

車体や足回りに使用されている板材成形（プレス）部品に対しては，主に弾塑性有限要素法が用いられ，破断，皺，スプリングバックによる寸法不良などの予測に用いられている．

いずれのプロセスにおいても非線形性の強い現象を扱う必要があるため，その定式，アルゴリズムには数々の工夫がなされている．本項目の以下の部分では，特に高度な非線形性を扱っている弾塑性有限要素法を取り上げ，その計算手法の一例と工具モデルとの接触の扱いについて述べる．詳しい内容については，当分野の理論を体系的かつ詳細にまとめた文献 [1]〜[4] を参照されたい．

2. 計算手法の概要

塑性加工解析では，ラグランジュ表記による有限要素法が用いられる．大変形に対応するために，基準配置を微小な時間増分ごとに更新する更新ラグランジアン (Updated Lagrangian) が用いられることが多い．

速度形の静的つり合い方程式および力学的境界条件が，次のような仮想仕事の原理式により表現される．

$$\int_V \left\{ (\sigma_{ij}^J - 2\sigma_{ik}D_{kj})\delta D_{ij} + \sigma_{jk}L_{ik}\delta L_{ij} \right\} dV$$
$$= \int_{S_t} \overline{F_i}\delta v_i dS \quad (1)$$

ここで，V および S は，それぞれ想定している変形体の領域およびその境界面を表す．また，S_t は境界面上で表面力 $\overline{F}$ が規定されている領域を表す．σ はコーシー応力テンソル，σ^J はその Jaumann 速度を表す．また，L は速度勾配テンソルであり，その対称部分がストレッチングテンソル D である．

弾塑性構成式を σ^J と D の関係として，

$$\sigma_{ij}^J = C_{ijkl}^{ep} D_{kl} = C_{ijkl}^{ep} L_{kl} \quad (2)$$

で表す．ここで，C^{ep} は弾塑性構成関係を表す4階のテンソルである．時刻 t から $t+dt$ までの小さな時間増分の間は応力速度，歪み速度が一定であると仮定すると，有限要素による離散化過程を経て最終的に増分形の線形方程式

$$K dU = dF \quad (3)$$

が得られる．ここで，K は接線剛性マトリクスである．

実際には有限の時間増分 Δt の間，式 (3) で示される線形関係が成り立つと仮定して計算を進めるため，時刻 $t+\Delta t$ における静的つり合いが満足されている保証はない．したがって，時刻 $t+\Delta t$ で改めて力のつり合い状態を検査し，必要に応じてニュートン–ラフソン法などによりつり合いが得られるまで，繰り返し収束計算を行うなどの手法が用いられる．

3. 工具モデルとの接触の扱い

塑性加工解析では，被加工材は比較的単純な形状（矩形の板，円筒状のビレットなど）であるため，通常はプリプロセッサ内でモデリング（形状定義およびメッシュ分割）が行われる．これに対して，工具（金型）形状は，製品形状をもとにして形状定義が行われるため，3次元 CAD によって作成された複雑な形状データがそのまま入力データとなる．

被加工材の節点のうち工具に接触しているものには，工具面形状に沿った方向にだけ変位できる（工具内部への食い込みを許さない）という拘束条件が与えられる．また，変形の進行に伴って新たな接触点が生じたり，接触していた節点の離脱が起こったりする．このような状況下で，拘束条件を適切に，かつ自動的に与えるためには，被加工材の節点と複雑な3次元形状を有する工具との接触状況の探索が正しく行われなくてはならない．この接触探索を正確かつ効率的に行うには，工具形状を離散的に表現するのが望ましく，通常は工具表面形状を三角形または四角形の表面メッシュに分割して表現することが行われる．したがって，プリプロセッサには工具形状が3次元 CAD データとして入力され，プリプロセッサの機能により表面メッシュ生成が行われる．

以下，表面メッシュで表現された3次元工具形状に対する接触探索アルゴリズムについて述べる．

1970年代後半，Hallquist によって開発されたDYNA3D（弾塑性解析の分野で先駆的なソフトウェア）が公開されたころ，接触問題について同ソフトウェアで採用され，その後広く使われるようになる node to segment アルゴリズム [5] が発表された．このアルゴリズムは，材料節点と最短距離にある工具要素を探す手法である．すなわち，材料節点から工具要素に垂線を下ろし，その足が工具要素内にあるとき，その節点と工具要素を「接触ペア」と定義する．次に，その材料節点がペアをなす工具要素の内側にあるかどうかを判定した上で，内側にある場合は工具要素上の接触位置を求める．この手法の最大の問題点は，材料要素が実際には接触しているにも関わらず，

垂線を下ろしたときの射影点がどの要素上にも見つからない「死角」(dead zone) が存在すること (図1参照) であり，この問題解決するための手法がその後盛んに研究され，現在ではいくつかの商用ソフトウェアで実用的な接触探索アルゴリズムが採用されている．

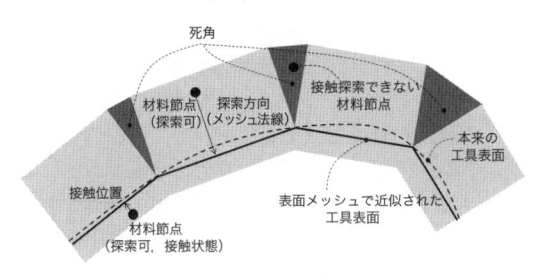

図1 接触探索と死角[6]

4. 適 用 事 例 [4]

プレス加工には，大きく分類してせん断（打抜き）加工，曲げ加工，絞り加工などがある．自動車部品などの複雑な形状を有する成形品を加工する場合には，これらの加工法を組み合わせ，さらにそれらをいくつかの工程に振り分けて複数の金型を設定することによって，最終製品を得ることになる．図2は，自動車フロントフェンダ部品を加工するための工程の一部を示したものである．フロントフェンダ部品の場合，最終製品を得るまでの工程数は，通常4〜5である．

図3は，図2で示した各成形過程のシミュレーション結果である．このシミュレーションの例においては，ドロー（絞り），トリム（不要部の切り落とし），フランジ（接合部などの曲げ）の各3工程終了後にそれぞれスプリングバック計算を行い，製品の寸法精度の予測に役立てようという試みがなされている．

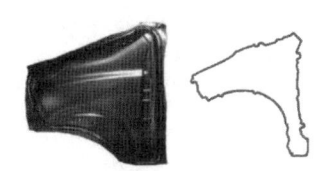

(a) ドロー（絞り）形状　(b) トリムライン

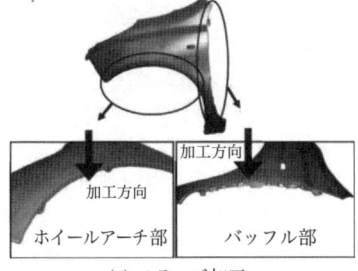

(c) フランジ加工

図2 フロントフェンダの加工工程

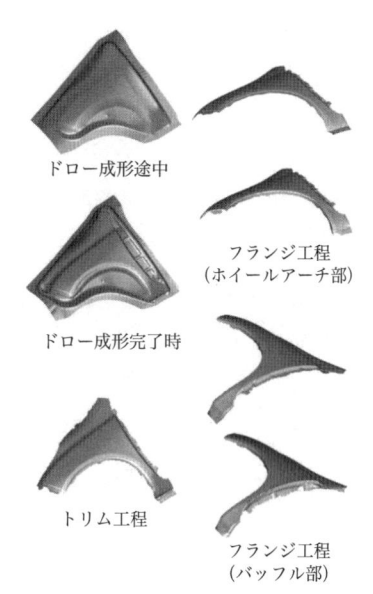

図3 フロントフェンダ加工解析結果

5. ま と め

本項目では，板材成形に主眼を置いて弾塑性解析の理論および適用例を概観した．

近年，自動車部品において，軽量化や低コスト化のニーズに応えるために，熱間プレスなどの新工法の導入や，鋳造や機械加工から塑性加工へと工法置換を図る動きが盛んである．

それに応じて，塑性加工解析技術においても，他の物理現象（例えば熱伝導や熱伝達，相変態など）の解析との連成が試みられるなど，新たな領域への適用拡大が図られている．

自動車を取り巻く環境が日々変化しつつある今日において，加工解析によるバーチャル試作技術が今後ますます重要性を帯びてくるであろう．

［高 村 正 人］

参 考 文 献

[1] 久田俊明, 野口裕久, 非線形有限要素法の基礎と応用, 丸善, 1995.
[2] O.C. Zienkiewicz, R.L. Taylor, *The Finite Element Method*, fifth edition, Butterworth-Heinemann, 2000.
[3] 北川　浩, 冨田佳宏, 材料, **29**-322 (1980), 663–673.
[4] 塑性加工学会 編, 静的解法 FEM ― 板成形 (加工プロセスシミュレーションシリーズ 1), コロナ社, 2004.
[5] J.O. Hallquist, G.L. Goudreau, D.J. Benson, *Comput. Methods Appl. Mech. Eng.*, **51** (1985), 107–137.
[6] 桑原利彦, 黒田充紀, 高橋　進, 高村正人, 瀧澤英男, 森謙一郎, 塑性と加工, **52**-600 (2011-01), 88–95.

制御工学
control engineering

自動車の運動制御などでは,非線形微分方程式を直接解いて実時間最適制御で要求される解析解を得ることへの要求が高い.制御対象の非線形性を真正面から捉えて制御則に直接反映できれば,常識を超えるような制御則が創発的に導出される可能性があるからである.筆者は,従来の最適制御理論の枠組みにとらわれない新しい発想による理論構築の可能性を探り,最終的にエネルギー最適制御理論を提案して,その可能性を示してきた [1]〜[3].

ここでは,この新しい枠組みに基づく最適制御理論を概観し,ステアバイワイヤーシステムへの適用事例を紹介し,変分原理に立脚した深みのある創発的制御則が導出できることを示す.

1. エネルギー最適制御理論とその新しい枠組み

最適制御理論の枠組みを再構築する.(1) まず制御則を求めるという発想を捨てて,評価関数の値を最小化する理想的なシステムの運動方程式を求めるというように,制御問題の形式を変える.(2) 次に評価関数をパワーで表現することによりエネルギーの流れを記述し,評価関数を最小化する理想的なシステムの運動方程式を導く.ここでは,解析力学においてラグランジュ関数からラグランジュ方程式を導くのと同じで,微分方程式を解く過程は存在しない.(3) 最後に,"閉ループ系は,ハードウェアである制御対象の運動と,制御則と称するソフトウェアで記述された制御対象のあるべき運動との連立微分方程式を実時間で解いている" という事実を利用する.現代では,多くの制御システムがコンピュータ制御による閉ループ系を構成していることを考えると,最適制御理論の構築にあたって閉ループ系を前提にすることは自然な方策と考えられる.

制御対象の運動方程式は,次式で表されるとする.

$$-v + M(q)\ddot{q} + c(q,\dot{q}) + d(q,\dot{q}) + e(q,z) = u \quad (1)$$

ここで,q は一般化座標,u は制御入力,v は力入力の外乱,z は変位入力の外乱,c はコリオリ力や遠心力,d はダンピング要素などの散逸力,e はポテンシャル力,M は慣性マトリクスである.$c, d, e, q, u, v, z \in R^n$,$M \in R^{n \times n}$,$n$ は制御対象の自由度である.

次に,下記の評価関数 J を最小化する理想的なシステムの運動方程式を求める.

$$J = \int L \, dt \quad (2)$$

ここで,

$$L = g(q, \dot{q}, \ddot{q}) + r_a u^T \dot{q} + r_b P(q, \dot{q}, \ddot{q}) \quad (3)$$

$$P(q, \dot{q}) = d^T(q, \dot{q})\dot{q} \quad (4)$$

であり,g は制御性能の評価を与える関数である.これは制御系設計者がシステムの目的を考えて作る関数であり,q およびその導関数によるパワーの形で表現される.さらにはシステムに仮想要素を加えてこの g を拡張してもよい.$u^T \dot{q}$ は制御装置のアクチュエータが制御対象に加えるパワー,P は制御対象の散逸パワー,r_a, r_b は重み係数で正定値である.これより J の最小化は制御性能指標に加え制御入力エネルギーとシステムの散逸エネルギーを最小化するという意味になる.P を小さくすることには,システムを安定化するという重要な意味がある.P を性能関数 g の中に含めない理由は,制御対象の安定化作用を制御則に反映させるという側面を陽に表示したほうが J の持つ意味が明確になるためである.

いま,制御入力 u が与えられているとして,式 (2) を最小化するために制御対象が振る舞うべき必要条件より,次のオイラー–ポアソンの方程式が得られる.

$$\frac{\partial L}{\partial q} - \frac{d}{dt}\left(\frac{\partial L}{\partial \dot{q}}\right) + \frac{d^2}{dt^2}\left(\frac{\partial L}{\partial \ddot{q}}\right) = 0 \quad (5)$$

上式を積分して積分定数をゼロとすると,次式になる.

$$\int \frac{\partial L}{\partial q} dt - \frac{\partial L}{\partial \dot{q}} + \frac{d}{dt}\left(\frac{\partial L}{\partial \ddot{q}}\right) = 0 \quad (6)$$

式 (3) を式 (6) に代入すると,次式が得られる.

$$\frac{1}{r_a}\left[r_b\left\{\int \frac{\partial P}{\partial q} dt - \frac{\partial P}{\partial \dot{q}} + \frac{d}{dt}\left(\frac{\partial P}{\partial \ddot{q}}\right)\right\}\right.$$
$$\left. + \int \frac{\partial g}{\partial q} dt - \frac{\partial g}{\partial \dot{q}} + \frac{d}{dt}\left(\frac{\partial g}{\partial \ddot{q}}\right)\right] = u^T \quad (7)$$

上式は L を状態量で偏微分したものであるため,その意味は L の積分を最小化するために状態量が振る舞うべき必要条件であり,制御対象が振る舞うべき理想システムの運動方程式である.ここで留意したいことは,この理想システムは現実の力学を満たすような拘束を受けていないことである.ただ J を最小化するという条件のみから導かれた超現実的数学モデルと呼ぶべきものである.

本理論は,閉ループ系が連立微分方程式を実時間で解くという特質を活用して,制御対象を理想システム特性のように振る舞わせるという発想に立っている.式 (7) が理想特性なら,その逆特性式を閉ループ系の制御則とすれば,制御対象はあたかも自身のダイナミクスの許容範囲内で理想特性式 (7) であるかのごとく振る舞うと解釈することができる.一見当たり前のようであるがこの特性は極めて重要であり,この特質があるからこそ,前述の超現実的な理想システム特性を求める問題が制御工学的実用性を持ってくると言える.しかも,制御則は状態

変数による演算式であるから，実時間制御が可能になる．

2. ステアバイワイヤーシステムへの適用

ステアバイワイヤーシステム（SBW：steer-by-wire system）とは，ドライバーが操舵するステアリングホイールと前輪の転舵機構が機械的に分離され，両者をコンピュータ制御で繋いだ操舵システムの総称であり，その高い潜在性能から究極の車両運動制御システムとも考えられる．このような意図から，エネルギー最適制御理論をステアバイワイヤーの制御に適用し，高速時の緊急回避状況を評価した．

2.1 最適制御則

Y, M は各輪タイヤの横力とヨーモーメントの総和である．ドライバーの操舵と SBW による入力を U とする．各輪タイヤの横滑りによる散逸パワーの総和を次式で表す．ここで，v_y は横速度，r はヨーレートである．

$$P = Y v_y + M r \tag{8}$$

制御入力パワーを次式で表す．

$$P_u = U(v_y + l_f r) \tag{9}$$

性能評価を与える関数として，式 (10) に示すような目標ヨーレート r_d と現在のヨーレート r の偏差に現在のヨーモーメント M を掛けた仮想パワーを導入する．

$$g = R_1 (r_d - r) M \tag{10}$$

評価関数を次式で表す．

$$J = \int L dt \tag{11}$$

$$L = g + R_a P_u + R_b P \tag{12}$$

ここで R_1, R_a, R_b は重み係数である．

最適制御の必要条件であるオイラー–ポアソンの式から，直ちに次の最適制御則が得られる．

$$U = \frac{R_1}{R_a l_f} \left\{ M + (r - r_d) \frac{\partial M}{\partial r} \right\}$$
$$- \frac{R_b}{R_a l_f} \left\{ M + \left(\frac{\partial Y}{\partial r} v_y + \frac{\partial M}{\partial r} r \right) \right\} \tag{13}$$

2.2 シミュレーション評価

代表的な運動性能項目である，時速 100 km/h での緊急回避レーンチェンジのシミュレーションを行い，モデル予測制御と比較した（図1）．エネルギー最適制御では，安定性を保って回避性能を大きく改善している．これは初期の大舵角により目標値よりも大きいヨーレートを発生させた後に逆操舵し，プロドライバーのカウンターステア（あて舵）のように横速度が過大に発生することを防ぐような効果を

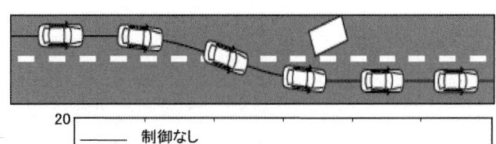

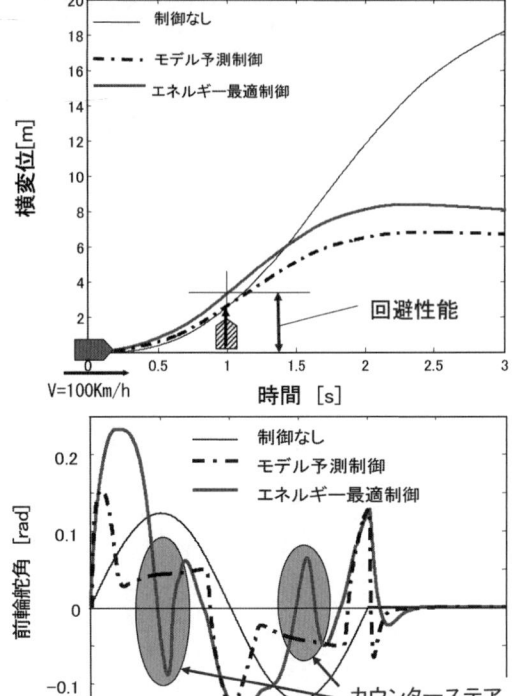

図 1 緊急回避性能シミュレーション結果

実現しているためである．エネルギー最適制御において創発とも言える操舵が可能になるのは，L 関数の中に式 (10) に示すパワー形式の仮想物理量を導入したことによる．この式は現在のヨーレートを目標ヨーレートに変化させるのに必要なパワーを意味しているが，これは現実のパワーではなく仮想的パワーである．このような L 関数の設定自在性は，エネルギー最適制御の特徴でもある．

［福島 直人］

参 考 文 献

[1] 福島直人, 制御対象のエネルギ収支に着目した機械力学系の最適制御, 日本機械学会論文集 (C 編), Vol.72, No.722 (2006).

[2] 福島直人, 萩原一郎, エネルギ最適制御理論―最適制御理論の新しい枠組みとその発展性について, 応用数理, Vol.21, No.4 (2011).

[3] 内田博志, 福島直人, 萩原一郎, エネルギー最適制御理論に基づくハイブリッド電気自動車のエネルギーフロー制御―エンジンとモーターの最適トルク配分, 自動車技術会論文集, Vol.41, No.2 (2010).

鉄道産業と応用数理

マルチボディダイナミクス　616
鉄道車両と線路構造の連成振動解析の数理技術　618
地盤振動解析の数理技術　620
架線・パンタグラフ系の解析技術　622
転動音解析技術　624
流体・空力音解析　626

マルチボディダイナミクス
multibody dynamics

鉄道車両など多く機械システムは，ジョイント拘束や力要素，接触を介して結合された多体系としてモデル化される．多体系の非線形かつ非定常な運動を数値シミュレーションによって厳密に評価するためには，マルチボディダイナミクス理論に基づく非線形動力学解析が必要不可欠である [1]．ここでは，剛体のマルチボディダイナミクスの基礎理論を説明する．

1. 運 動 学

図 1 (a) に示すような剛体上の任意点の位置ベクトル $\mathbf{r}$ を慣性座標系 (O-XYZ) に関して次式のように定義する．

$$\mathbf{r} = \mathbf{R} + \mathbf{A}\bar{\mathbf{u}} \qquad (1)$$

ここで，$\mathbf{R}$ は剛体上に固定されたボディ座標系の原点の位置を表すベクトル，$\mathbf{A}$ は剛体の姿勢行列，$\bar{\mathbf{u}}$ はボディ座標系で記述した剛体上の任意点の位置を表すベクトルである．また，上付きバーは，ボディ座標系で記述したベクトルを表す．3次元の姿勢行列は，オイラー角やオイラーパラメータなどの変数 $\boldsymbol{\theta}$ を用いて $\mathbf{A} = \mathbf{A}(\boldsymbol{\theta})$ と表される [1]．式 (1) の時間微分から，剛体上の任意点の速度および加速度ベクトルはそれぞれ次式で表される．

$$\left. \begin{array}{l} \dot{\mathbf{r}} = \dot{\mathbf{R}} + \boldsymbol{\omega} \times \mathbf{u} \\ \ddot{\mathbf{r}} = \ddot{\mathbf{R}} + \dot{\boldsymbol{\omega}} \times \mathbf{u} + \boldsymbol{\omega} \times (\boldsymbol{\omega} \times \mathbf{u}) \end{array} \right\} \qquad (2)$$

ここで，$\mathbf{u} = \mathbf{A}\bar{\mathbf{u}}$，また $\boldsymbol{\omega}$ は慣性座標系で表した剛体の角速度ベクトルであり，ボディ座標系で表した角速度ベクトル $\bar{\boldsymbol{\omega}}$ と $\boldsymbol{\omega} = \mathbf{A}\bar{\boldsymbol{\omega}}$ なる関係が成立する．また，姿勢行列と角速度の歪み対称行列の間には

$$\tilde{\boldsymbol{\omega}} = \dot{\mathbf{A}}\mathbf{A}^T, \quad \tilde{\bar{\boldsymbol{\omega}}} = \mathbf{A}^T \dot{\mathbf{A}} \qquad (3)$$

が成立する．ここで，チルダはベクトルの歪み対称行列表現を表す．以上から，角速度ベクトルは，それぞれ次式のように表される [1]．

$$\boldsymbol{\omega} = \mathbf{G}\dot{\boldsymbol{\theta}}, \quad \bar{\boldsymbol{\omega}} = \bar{\mathbf{G}}\dot{\boldsymbol{\theta}} \qquad (4)$$

つまり，剛体の速度および加速度ベクトルは，一般化速度および一般化加速度ベクトルに関して，

$$\dot{\mathbf{r}} = \mathbf{L}\dot{\mathbf{q}}, \quad \ddot{\mathbf{r}} = \mathbf{L}\ddot{\mathbf{q}} + \mathbf{a}_v \qquad (5)$$

のように表せる．ここで，$\mathbf{q}$ は剛体の一般化座標 (generalized coordinates) $\mathbf{q} = [\ \mathbf{R}^T \quad \boldsymbol{\theta}^T\ ]^T$ であり，$\mathbf{L}$ および $\mathbf{a}_v$ は次式で与えられる．

$$\mathbf{L} = [\ \mathbf{I} \quad -\tilde{\mathbf{u}}\mathbf{G}\ ], \quad \mathbf{a}_v = \tilde{\boldsymbol{\omega}}^2 \mathbf{u} - \tilde{\mathbf{u}}\mathbf{G}\dot{\boldsymbol{\theta}} \qquad (6)$$

ここで，$\mathbf{I}$ は 3 行 3 列の単位行列である．

2. ニュートン–オイラー方程式

図 1 (a) に示すように，剛体の重心位置に外力 $\mathbf{F}$ および外トルク $\mathbf{N}$ が作用しているとき，剛体上の任意点における運動量ベクトル $\mathbf{p}$ は次式で与えられる．

$$\mathbf{p} = \int_m \dot{\mathbf{r}}\, dm = \int_m \left(\dot{\mathbf{R}} + \boldsymbol{\omega} \times \mathbf{u}\right) dm \qquad (7)$$

ここで，m は剛体の質量を表す．いま，ボディ座標系の原点を剛体の重心位置と一致させれば，$\int_m \bar{\mathbf{u}}\, dm = \mathbf{0}$ であるため，運動量ベクトルは $\mathbf{p} = m\dot{\mathbf{R}}$ となる．運動量の時間変化は外力に等しいため，$\dot{\mathbf{p}} = \mathbf{F}$ なる関係が成立し，ニュートン方程式 (Newton's equations)

$$m\ddot{\mathbf{R}} = \mathbf{F} \qquad (8)$$

を得る．

一方，慣性座標系の原点 O 周りに関する剛体の角運動量ベクトル $\mathbf{H}$ を次式のように定義する．

$$\mathbf{H} = \int_m \mathbf{r} \times \dot{\mathbf{r}}\, dm \qquad (9)$$

ボディ座標系の原点は，剛体の重心位置と一致すると仮定しているため，上式を整理すれば，

$$\mathbf{H} = \mathbf{R} \times \mathbf{p} + \mathbf{A}\bar{\mathbf{I}}_{\theta\theta}\bar{\boldsymbol{\omega}} \qquad (10)$$

を得る．ここで，$\bar{\mathbf{I}}_{\theta\theta} = \int_m \tilde{\mathbf{u}}^T \tilde{\mathbf{u}}\, dm$ を慣性テンソルと呼ぶ．式 (10) の第 2 項 $\mathbf{H}_G = \mathbf{A}\bar{\mathbf{I}}_{\theta\theta}\bar{\boldsymbol{\omega}}$ は剛体の重心点周りの回転運動に起因した角運動量ベクトルであり，その時間変化は外トルクに等しい．そのため，$\dot{\mathbf{H}}_G = \mathbf{N}$ なる関係から，剛体の回転運動に関するオイラー方程式（Euler's equations）

$$\bar{\mathbf{I}}_{\theta\theta}\dot{\bar{\boldsymbol{\omega}}} = -\bar{\boldsymbol{\omega}} \times (\bar{\mathbf{I}}_{\theta\theta}\bar{\boldsymbol{\omega}}) + \bar{\mathbf{N}} \qquad (11)$$

を得る．ここで，$\bar{\mathbf{N}}$ はボディ座標系で記述した外トルクである．式 (8) および式 (11) をニュートン–オイラー方程式 (Newton–Euler equations) と呼び，3次元剛体の運動方程式を表す．オイラー方程式は角速度 $\bar{\boldsymbol{\omega}}$ に関する 1 階の微分方程式によって与えられているため，式 (4) を用いて，一般化姿勢座標 $\boldsymbol{\theta}$ に関して運動方程式を再記述すると，

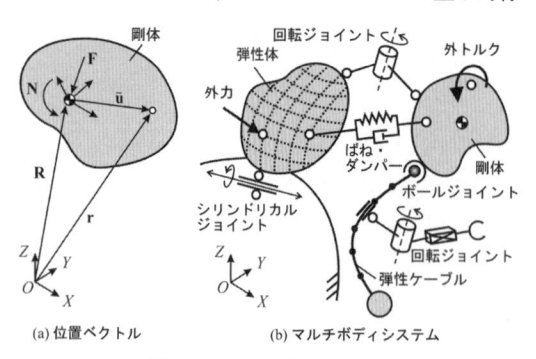

図 1 マルチボディシステム
(a) 位置ベクトル
(b) マルチボディシステム

$$\left.\begin{array}{l} m\ddot{\mathbf{R}} = \mathbf{F} \\ \bar{\mathbf{G}}^T\bar{\mathbf{I}}_{\theta\theta}\bar{\mathbf{G}}\ddot{\boldsymbol{\theta}} = \bar{\mathbf{G}}^T(\bar{\mathbf{N}}-\bar{\boldsymbol{\omega}}\times(\bar{\mathbf{I}}_{\theta\theta}\bar{\boldsymbol{\omega}}))-\bar{\mathbf{I}}_{\theta\theta}\dot{\bar{\mathbf{G}}}\dot{\boldsymbol{\theta}}) \end{array}\right\} \quad (12)$$

のようになる．これを一般化ニュートン–オイラー方程式 (generalized Newton–Euler equations) と呼ぶ．つまり，3次元剛体の運動方程式を一般化座標 $\mathbf{q}$ に関して，

$$\mathbf{M}\ddot{\mathbf{q}} = \mathbf{Q} \quad (13)$$

のように，2階の微分方程式として記述することができる．ここで，$\mathbf{M}$ を一般化質量行列，$\mathbf{Q}$ を一般化力ベクトルと呼ぶ．

3. マルチボディダイナミクス

図 1(b) に示すように，多くの機械システムはジョイント拘束や力要素，接触を介して結合された多数の物体により構成されており，ボディ間の拘束関係は，次式のような拘束方程式によって記述できる．

$$\mathbf{C}(\mathbf{q},t) = \mathbf{0} \quad (14)$$

式 (13) によって与えられる剛体の運動方程式に拘束方程式を付帯した多体系の変分運動方程式は，ラグランジュ未定乗数法を用いれば，次式で与えられる．

$$\delta\mathbf{q}^T(\mathbf{M}\ddot{\mathbf{q}} + \mathbf{C}_\mathbf{q}^T\boldsymbol{\lambda} - \mathbf{Q}) = 0 \quad (15)$$

ここで，$\mathbf{C}_\mathbf{q} = \partial\mathbf{C}/\partial\mathbf{q}$ および $\boldsymbol{\lambda}$ はラグランジュ未定乗数 (Lagrange multipliers) である．また，$\mathbf{Q}_c = -\mathbf{C}_\mathbf{q}^T\boldsymbol{\lambda}$ は，拘束条件を課したことによって発生する一般化拘束力である．以上から，拘束条件を付帯した運動方程式は，一般化座標 $\mathbf{q}$ およびラグランジュ未定乗数 $\boldsymbol{\lambda}$ を変数として，以下の 2 組の方程式で表される．

$$\mathbf{M}\ddot{\mathbf{q}} + \mathbf{C}_\mathbf{q}^T\boldsymbol{\lambda} = \mathbf{Q}, \quad \mathbf{C}(\mathbf{q},t) = \mathbf{0} \quad (16)$$

上式は，微分方程式と代数方程式が混在した微分代数方程式 (differential-algebraic equations) である．このような方程式の数値解は，BDF 法 (backward differentiation formula) や IRK 法 (implicit Runge–Kutta method) を用いて求められる [2]．一方，式 (16) の拘束方程式を 2 階時間微分することにより，次式を得る．

$$\mathbf{M}\ddot{\mathbf{q}} + \mathbf{C}_\mathbf{q}^T\boldsymbol{\lambda} = \mathbf{Q}, \quad \mathbf{C}_\mathbf{q}\ddot{\mathbf{q}} = \mathbf{Q}_d \quad (17)$$

上式から，ラグランジュ未定乗数を解析的に求めることができるため，拘束方程式の加速度レベルを満足した，一般化座標 $\mathbf{q}$ のみに関する運動方程式に変形することができる．

$$\mathbf{M}\ddot{\mathbf{q}} = \mathbf{Q}^* \quad (18)$$

ここで，

$$\mathbf{Q}^* = \mathbf{Q} + \mathbf{C}_\mathbf{q}^T(\mathbf{C}_\mathbf{q}\mathbf{M}^{-1}\mathbf{C}_\mathbf{q}^T)^{-1}(\mathbf{Q}_d - \mathbf{C}_\mathbf{q}\mathbf{M}^{-1}\mathbf{Q}). \quad (19)$$

一方，式 (18) を直接数値積分することで求まる $\mathbf{q}$ および $\dot{\mathbf{q}}$ は，数値積分誤差により必ずしも位置レベルおよび速度レベルの拘束方程式を満足するとは限らない．そこで，バウムガルテの拘束安定化法 (Baumgarte's constraint stabilization method) や幾何学的射影法 (geometric projection method) などを用いて，位置および速度レベルの拘束方程式を満足した数値解を求める必要がある [3]．

また，拘束によって消去される自由度を従属座標 $\mathbf{q}_d$，独立な自由度を独立座標 $\mathbf{q}_i$ と定義し，一般化座標を $\mathbf{q} = [\begin{array}{cc} \mathbf{q}_d^T & \mathbf{q}_i^T \end{array}]^T$ のように分離すれば，一般化座標の変分 $\delta\mathbf{q}$ を独立な一般化座標の変分 $\delta\mathbf{q}_i$ に関して記述することができる．つまり，

$$\delta\mathbf{q} = \mathbf{B}\delta\mathbf{q}_i. \quad (20)$$

ここで，$\mathbf{B}$ を速度変換行列 (velocity transformation matrix) と呼び，拘束ヤコビ行列 $\mathbf{C}_\mathbf{q}$ のゼロ空間を表す．独立座標の選択は，拘束ヤコビ行列の LU 分解や QR 分解，特異値分解などを用いて数値的に行われることが一般的である．この関係を用いれば，$\mathbf{C}_\mathbf{q}\mathbf{B} = \mathbf{0}$ なる関係が成立し，ラグランジュ未定乗数および従属変数を消去した運動方程式を次式のように得ることができる [1]．

$$\hat{\mathbf{M}}\ddot{\mathbf{q}}_i = \hat{\mathbf{Q}} \quad (21)$$

ここで，

$$\hat{\mathbf{M}} = \mathbf{B}^T\mathbf{M}\mathbf{B}, \quad \hat{\mathbf{Q}} = \mathbf{B}^T(\mathbf{Q} - \mathbf{M}\boldsymbol{\gamma}). \quad (22)$$

また，上式の $\boldsymbol{\gamma}$ は $\ddot{\mathbf{q}} = \mathbf{B}\ddot{\mathbf{q}}_i + \boldsymbol{\gamma}$ なる関係式より与えられる．このように，拘束条件付きの運動方程式 (微分代数方程式) を独立な一般化座標に関する微分方程式に変換して求解する方法を，一般化座標分割法 (generalized coordinate partitioning method) または速度変換法 (velocity transformation method) と呼ぶ．

［杉山博之］

参 考 文 献

[1] A.A. Shabana, K.E. Zaazaa, H. Sugiyama, *Railroad Vehicle Dynamics: Computational Approach*, CRC Press, 2008.

[2] E. Hairer, G. Wanner, *Solving Ordinary Differential Equations II: Stiff and Differential-Algebraic Problems*, Springer-Verlag, 1996.

[3] E. Eich-Soellner, C. Fuhrer, *Numerical Methods in Multibody Dynamics*, B.G. Teubner, 1998.

鉄道車両と線路構造の連成振動解析の数理技術

numerical method for dynamic interaction analysis of a train and the railway structure

鉄道車両が線路構造上を高速走行すると，線路構造が振動し，その振動が車両に伝播し，車両と線路構造間で連成振動現象が生じる．軌道には軌道不整 (irregularity) があり，また地震時には線路構造の基盤からの地震波が伝わることから，一般にはさらに複雑な連成振動現象となる．ここでは地震時を含む鉄道車両の高速走行時の車両と線路構造間の連成振動現象を効果的に解くための数理モデルと数値計算法を述べ，計算例を紹介する．

1. 鉄道車両の力学モデル

鉄道車両は，車体，台車，輪軸の剛な部品が非線形のバネとダンパーで結合されるものとして，マルチボディダイナミクス（MBD：multibody dynamics）によりモデル化すると（図 1），その運動は，各部品の重心での x, y, z 方向の変位（移動量）と x, y, z 軸周りの回転の 6 自由度からなる車両の変位ベクトル X^v に関する以下の非線形運動方程式により表すことができる [1]．

$$M^v \ddot{X}^v + D^v \dot{X}^v + K^v X^v = F^v \quad (1)$$

ここで，F^v は車両の荷重ベクトル，M^v, D^v, K^v はそれぞれ車両の質量，減衰および剛性のマトリクスを表している．

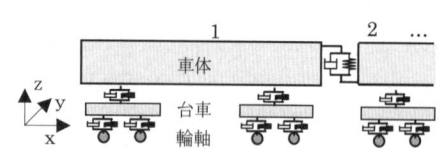

図 1 車両の力学モデル

2. 車輪とレール間の相互作用

2.1 車輪とレール間の接触面法線方向の挙動

車両の高速走行では，特に地震時には車輪とレール間で激しい接触衝撃現象が生じ，場合によっては車輪フランジのレール上の乗り上がり，飛び上がりや脱線も考えられる．いま，輪軸のヨーイング（上下軸周りの回転）が十分小さいものとすると，車輪とレール間の接触問題はその 2 次元断面形状間の接触問題（図 2）として，車輪とレール間の上下方向と左右方向（線路直角方向）の 2 つの接触モードに分けて扱うことができる．

a. 車輪とレール間の上下方向の接触モード

いま，輪軸のローリング（上下方向回転）が十分

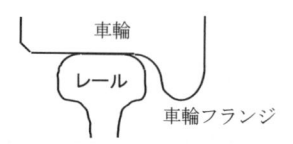

図 2 車輪とレール間の接触

小さいとすると，車輪とレール間の接触力 H は，その接触位置と接触面法線方向の接触変位（食い込み変位）δ により定まることから，δ と車輪とレール間の左右方向の相対変位 d_y の関数として，以下のように表すことができる [1]．

$$H = H(\delta, d_y) \quad (2)$$

b. 車輪とレール間の左右方向の接触モード

特に地震時では，車輪とレールが左右方向の地震力を受け，車輪フランジがレールの左右方向に接触・衝突して大きな接触力 Q が生じる．この左右方向の接触力 Q は，一般に車輪とレール間の左右方向の相対変位 d_y と上下方向の相対変位 δ_Z の関数として，以下のように表すことができる．

$$Q = Q(d_y, \delta_Z) \quad (3)$$

2.2 車輪とレール間の接触面接線方向の挙動

車輪とレールの接触面では，接触面の接線方向の力であるクリープ力が発生するが，そのクリープ力は車輪とレール間の接触面での滑り率（単位時間当たりの滑り）の関数として表すことができる [2]．

2.3 脱線限界と脱線後走行

車輪とレール間の左右方向の相対変位 d_y が外軌側 (field-side) の脱線限界を超えると車輪は外軌側に脱線し，また内軌側 (gauge-side) の脱線限界を超えると車輪は内軌側に脱線し，レール直下の軌道面に落下（衝突）したあと，その軌道面上の脱線後の走行となる [3]．

3. 脱線後の車輪と軌道間の相互作用

車輪がレールから脱線し軌道面に落下すると，車輪と軌道面間に生じる衝撃力は，車輪と軌道面間の垂直方向の相対変位（食い込み変位）の関数として，また，脱線後の軌道面上の走行における車両と軌道面間の接線方向の作用力は，クーロン摩擦により表すことができ，脱線後の車両の挙動を求めることができる [3]．

4. 線路構造の力学モデル

線路構造は，レール，レールパッド，まくらぎ，バラスト，橋梁や地盤などで構成されるが，これらは，はり，シェル，ソリッド，非線形バネ，非線形ダンパー，質量などの各種の有限要素と，MBD と FEM

を併用したレール要素や軌道要素 [1] を用いて，効果的にモデル化することができる．こうして，長大な実際の線路構造に対しても，MBD と FEM の併用により，少ない自由度で以下のように運動方程式を得ることができる．

$$M^b \ddot{X}^b + D^b \dot{X}^b + K^b X^b = F^b \quad (4)$$

ここで，X^b, F^b はそれぞれ線路構造の節点変位ベクトルと節点荷重ベクトル，また，M^b, D^b, K^b はそれぞれその質量，減衰および剛性のマトリクスである．

5. 数値計算法

地震時に新幹線編成車両が線路構造上を高速で走行した場合の連成振動現象は，車両と線路構造の運動方程式 (1),(4) を，脱線前は車輪とレール間，脱線後は車輪と軌道構造間の相互作用のもとで，Newmark 法により時間方向に離散化し，その非線形性から，時間増分 Δt 内の反復計算により，Δt 単位に解くことができる．実際の問題は大規模問題となることから，モーダル法により系を縮小することにより，モード座標でこれらの非線形運動方程式を効果的に解くことができる [1]．

6. 計 算 例

図3は，8両編成新幹線車両が4径間のスチール，コンクリートのハイブリッド橋梁上を時速 200 km/h で走行中に，最大加速度 1.95 m/s^2 の L1 地震波（鉄道橋設計地震波）が，その基盤の左右方向（線路直角方向）に与えられる問題を表している．ここでは，コンクリート製橋脚は，その弾塑性挙動を表現するために非線形バネ要素でモデル化された．モデル化に用いられた全体の要素数は 5744，総自由度数は 8両の車両自由度を含めて 24716 である．図4は，橋脚3（P3）の上部と軌道位置での加速度応答を比較したもので，その最大加速度は，橋脚上部の 2 m/s^2 に対して軌道位置で 5.5 m/s^2 と，入力地震波の最大加速度のほぼ 2.8 倍の値を示している．図5は，第1車両の車体左右方向加速度とロール加速度で，その左右方向の最大加速度は 7 m/s^2 となっている．また，車輪のリフティングの最大高さは，6両目で 25 mm 程度生じるが，この地震ではどの車輪も脱線しないことがわかった．

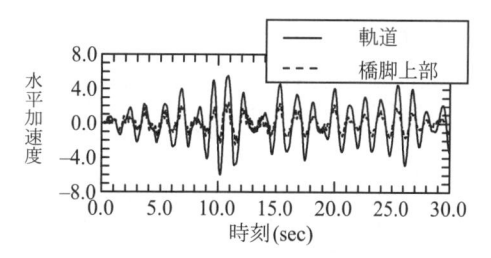

図4 P3 の加速度応答

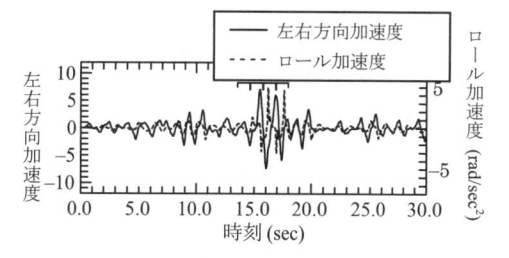

図5 第1車両車体の左右方向とロール加速度

7. お わ り に

新幹線編成車両が線路構造上を高速走行した場合の地震時を含む車両と軌道構造間の連成振動解析のための数理モデルと数値計算法の概要を述べ，この手法によるシミュレーションプログラムを開発し，計算例を紹介した．また，実際の新幹線車両を用いた振動台での振動実験結果と本手法との比較も行い，良好な一致が得られた [1]．本手法を用いて，地震時に万一脱線しても逸脱しないで安全走行を可能にする，逸脱防止ガード付きのラダー軌道の開発がなされた [4]．地震時の鉄道車両の高速走行実験は困難なことから，これらの数理技術は地震に対しても安全な高速鉄道の構築に利用できよう． [田辺　誠]

参 考 文 献

[1] M. Tanabe, H. Wakui, M. Sogabe, N. Matsumoto, Simulation of a Shinkansen Train on the Railway Structure during an Earthquake, *Japan J. Indust. Appl. Math.*, Vol.28, No.1 (2011), 223–236.

[2] *Dynamics of railway vehicle*, JSME, 1994.

[3] M. Tanabe, H. Wakui, M. Sogabe, N. Matsumoto, Y. Tanabe, Interaction of high speed train and railway structure including post-derailment, *Proc. 13th Int. Conf. on Civil, Struct. and Environmental Comp.* (2011).

[4] 浅沼　潔，曽我部正道，渡辺　勉，岡山準也，涌井一，逸脱防止機能を有するバラスト・ラダー軌道の開発，鉄道総研報告，Vol.23, No.2 (2009), 27–32.

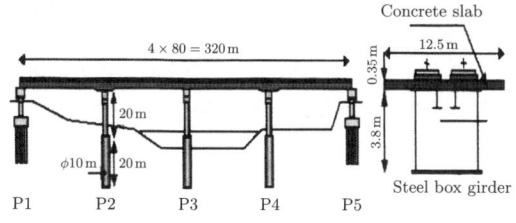

図3 地震時の新幹線車両の4径間橋梁上の走行

地盤振動解析の数理技術
numerical method for soil vibration analysis

　一般に鉄道橋などの構造物は地盤に支持されている．車両の走行により発生する振動は，地盤を経由して伝播し，周辺環境に影響を及ぼす．このような環境振動問題においては，地盤の振動評価が重要である．また，地震時の走行車両の安全性評価においても，地盤の影響の考慮は重要である．ここでは，地盤振動問題と，地震時に構造物に及ぼす地盤の影響について概要を紹介する．

1. 地盤振動問題

　鉄道においては，重量約60トンの車両が10両以上の編成で，時速300 kmで走行する場合もある．このため，車両走行による地盤振動は社会問題にもなっている．この影響評価のため，地盤振動解析が行われる．一般には，加振点位置と受信点位置を定義し，加振点で時刻歴加振波を与えた場合の受信点での観測波を求める問題に帰着する．

　地盤を半無限弾性体や平行成層地盤のような比較的単純なモデルに置換した場合には，グリーン関数法などの理論的な解法が適用できる．より現実的に，地表面の起伏や地盤の不整形性を考慮する場合には，有限要素法（FEM）などの近似的な方法によることとなる．

　鉄道の振動問題では，複数の橋脚位置からの振動を考慮する多振源問題や，車両の走行による移動荷重や移動振源を考慮する場合も多い．

1.1 地盤振動解析

　上記の方法のうち，ここでは地盤振動解析に用いられることが多いFEM動的解析プログラムSuper FLUSH [1] を用いた解析について示す．

　Super FLUSHは，1970年代にカリフォルニア大学バークレー校舎のLysmerらにより開発されたFLUSH [2] を機能改良したものである．開発以来30年以上経過した今日でも，土木・建築分野を中心に多数使用されている．主要な特徴は以下である．

- 振動数領域で解析を行うが，等価線形法により地盤の非線形性を考慮できる．
- 2次元場で解析を行うが，面外粘性境界を用いることで，3次元場の効果も擬似的に考慮できる．
- 点加振波や入力地震動は，水平方向と鉛直方向について同時に入力可能である．
- 地盤は本来半無限的な広がりを持つが，FEM解析では解析領域を有限としてモデル化する必要

がある．このためモデルの底面や側面に適切な波動境界モデルを設定する必要がある．Super FLUSHでは，底面に粘性境界，側面にエネルギー伝達境界（以下，伝達境界という）を使用できる．図1にこれらを用いた解析モデルの例を示す．

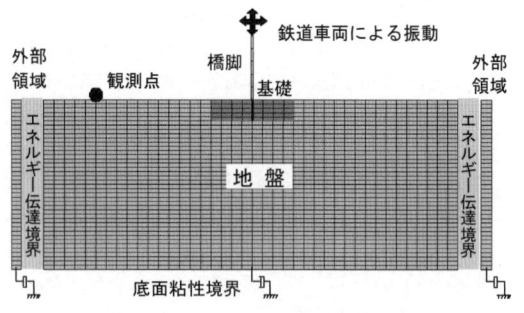

図1　解析モデルの例

1.2 伝達境界

　上記のうち，伝達境界はFLUSHおよびSuper FLUSHの最大の特長と言える．

　伝達境界は，剛基盤上に平行成層をなす地盤の外端に設置され，水平方向には解析的に厳密であり，鉛直方向は要素の変位仮定に従う（線形1次要素であれば，変位は直線的に変化する）高精度の境界であり，任意方向からの波動をほぼ完全に吸収する特性を持つ．このため，解析上必要な領域のごく近傍に配置することが可能となり，解析領域を大きく低減できる．このため，解析速度も大きく向上する．

　Lysmerら [3] は，この境界を，円筒座標系を用いた3次元問題に展開した軸対称プログラムALUSHを開発している．

　この境界の精度の高さはよく知られているが，一方で強い振動数依存性を有するため，振動数領域のみ解析可能であり，精度を保ったまま，時間領域での非線形問題へ適用することは困難であると考えられてきた．近年になり，中村は独自の時間領域変換技術を用いて，3次元時間領域での伝達境界を開発した [4]．

2. 地震時の地盤の影響

　多数の乗客の安全のため，地震時の影響評価も重要な課題である．以下に，地震時の地盤の影響として重要な，表層の増幅効果と地盤と構造物の相互作用について示す．詳細は文献 [5] を参照されたい．

2.1 表層の増幅効果

　震源から伝播した地震動は，地下の硬質な岩盤を伝播し，想定する構造物位置では，地盤下方から地

表に向かって地盤内を伝播する．一般に地盤は水平方向に広がった層が上下に積み重なった成層構造となっており，下方の層が硬く，表面に近いほど軟らかくなっている．その結果，地震動は表層に近づくほど，振幅が増大し周期が長くなり，構造物にはこの波動が入射する．これを表層の増幅効果と呼ぶ．この解析には，水平成層をなす地盤を鉛直方向に伝播するせん断波を想定した，1次元波動伝播解析がよく用いられる．この理論に基づく解析プログラムSHAKE [6] がよく知られている．

2.2 地盤と構造物との相互作用

地震時に，構造物と地盤は互いに影響し合って応答する．この効果は地盤と構造物との相互作用（soil-structure interaction，以下，相互作用）と呼ばれる．このため，構造物（鉄道橋）やその搭載物（鉄道車両）の地震時挙動を評価するためには，この効果を考慮する必要がある．相互作用の効果は，以下の2種に分類される．

a． 入力の相互作用

地震動は，地盤の下方から伝播するが，鉛直下方からではなく，斜め下方向から入射する場合，構造物基礎の各所で入射のタイミングに差異が生じる．基礎が十分剛であれば，結果として地震動は平均化され，入力動が低減される．地震動が鉛直下方向から入射した場合でも，基礎が地中に埋め込まれていた場合には，基礎下端と基礎上端で同様の入射のタイミングのずれが生じ，同様の低減が起こる．この効果は入力の相互作用と呼ばれる．また，入力の減少分は入力損失と呼ばれる．

b． 慣性の相互作用

構造物の振動が地盤に伝わることにより，構造物の振動エネルギーが地盤に逃げる．その結果として，構造物の応答が減衰する．この効果は慣性の相互作用と呼ばれる．また，減衰の一種と見なされ，地盤逸散減衰と呼ばれる．

2.3 地震応答解析

相互作用を考慮した地震応答解析を行う場合，その解析モデルは2種に大別される．その1つは地盤も建物も一体として解析する方法で，一体解法と呼ばれる．FEM などにより地盤–構造物連成系モデルを作成し，解析を行う．解析モデルは図1と同様となり，前節と同様，Super FLUSH などを用いることができる．

もう1つの方法は，まず地盤を先に解析し，その効果をバネに集約して，建物解析モデルに組み込む方法で，分離解法（動的サブストラクチャ法）と呼ばれる（図2参照）．この例は，水平方向の地震動に

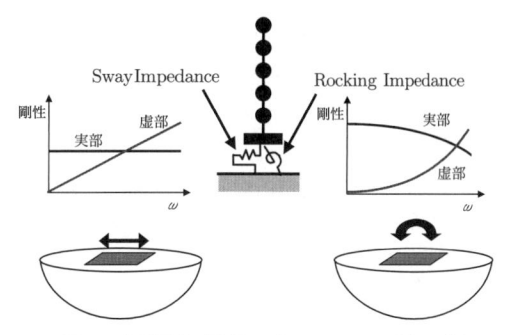

図2 分離解法（動的サブストラクチャ法）の例

対し，地盤の効果を Sway Impedance（水平バネ）と Rocking Impedance（回転バネ）として評価するもので，Sway-Rocking モデルあるいは SR モデルと呼ばれる．表1に代表的な地盤インピーダンスの算定法を示す．

表1 代表的な地盤インピーダンスの算定法

対象とする地盤	対象とする基礎形状	地盤インピーダンスの算定法
半無限弾性体	地表面直接基礎	振動アドミッタンス理論
上記および2層地盤	〃	Dynamical Ground Compliance 理論
平行成層地盤	地表面基礎，埋め込み基礎，杭基礎	薄層要素法
任意の地盤	任意形状	FEM

［中村尚弘］

参考文献

[1] 構造計画研究所，地震工学研究所，Super FLUSH/2D 使用説明書および理論説明書，2003-5．

[2] J. Lysmer et al., FLUSH a computer program for approximate 3-D analysis of soil-structure interaction problems, *Report No.EERC75-30, University of California* (1975).

[3] J. Lysmer et al., ALUSH a computer program for seismic response analysis of axisymmetric soil-structure systems, *Report No.EERC75-31, University of California* (1975).

[4] 中村尚弘，2次元面内・面外問題の時間領域エネルギー伝達境界を適用した3次元地震応答解析，日本建築学会構造系論文集，No.664 (2011.6), 1077–1086．

[5] 日本建築学会 編，入門・建物と地盤との動的相互作用，日本建築学会，1996．

[6] P.B. Schnabel et al., SHAKE A Computer Program for Earthquake Response Analysis of Horizontally Layered Sites, *Report No.EERC72-12* (1972).

架線・パンタグラフ系の解析技術
dynamic analysis of pantograph-catenary system for railway

電気鉄道では，車両が消費する電気動力を地上設備から供給する方式が一般的である．このとき，車両への電力伝達を集電（current collection）という．最も一般的な集電方式は，車両に搭載したパンタグラフ（pantograph）が線路上空に設備された架線（架空電車線; overhead contact line）と接触することにより集電を行う方式（図1）であり，路面電車から高速鉄道まで，広く適用されている．架線とパンタグラフは，両者の接点に作用する力，すなわち接触力（contact force）を介して1つの力学系として振る舞うため，架線・パンタグラフ系と称される．架線とパンタグラフとの安定した接触状態を実現するためには，その動的挙動の予測が重要である．以下，その解析技術について述べる．

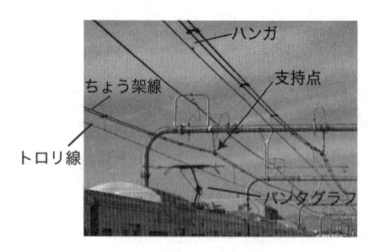

図1 架線とパンタグラフ

1. 理 論 解 析

架線設備はレール方向に長大な構造を有する複雑な構造物であることから，その動的な特徴を全て表現できる解析モデルは存在せず，注目する現象に応じた解析モデルが用いられる．以下，いくつかの代表的な解析モデルについて述べる．

1.1 係数励振モデル（バネ・質点モデル）[1]

架線の静的なバネ定数が図2(a)のように支持点間隔周期で変化することに着目し，架線とパンタグラフを，それぞれバネ定数が式(1)で表されるバネと質点とで表現したモデル（図2(b)）である．

$$k(t) = \bar{k}\left(1 + \varepsilon \cos \frac{2\pi}{S} vt\right) \quad (1)$$

ただし，$k(t)$ は架線のバネ定数，ε は架線の不等率，S は径間長，v はパンタグラフの移動速度である．このとき系の挙動は次の係数励振形の方程式で示される．

$$m\frac{d^2y}{dt^2} + c\frac{dy}{dt} + \bar{k}\left(1 + \varepsilon \cos \frac{2\pi}{S} vt\right) y = P_0 \quad (2)$$

上式をもとに，径間長 50 m，不等率 0.4 のシンプルカテナリ架線におけるパンタグラフの接触力変動振幅を評価した例を図2(c)に示す．接触力変動が静押上力

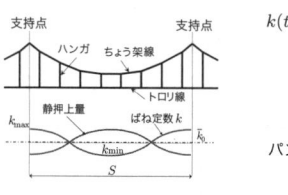

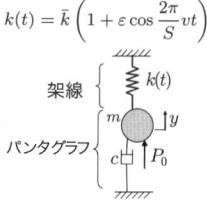

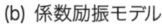

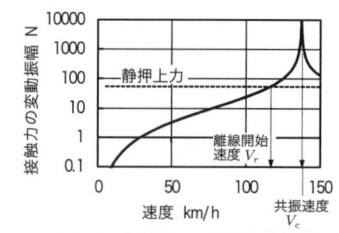

図2 係数励振モデル（バネ・質点モデル）

P_0（静止時におけるパンタグラフの接触力）を超える速度（離線開始速度 V_r）と，径間長とパンタグラフの速度で決まる共振速度 V_c との関係が理解できよう．

このモデルは，架線を質量のないバネにより表現しており，架線の波動現象をまったく考慮していないため，解析結果の適用範囲も限定的ではあるが，速度増加に伴って生じる接触力変動の増加を定性的に理解する上で有用な解析モデルである．

1.2 弾性支床弦モデル [2][3]

架線をバネ定数が支持点間隔周期で変化する弾性支床上の弦としてモデル化し，パンタグラフを質点とバネ，ダンパーの組合せでモデル化したものである（図3(a)）．このとき，弦の運動方程式は次式で表される．

$$-T\frac{\partial^2 y}{\partial x^2} + \rho \frac{\partial^2 y}{\partial t^2} + R\frac{\partial y}{\partial t} + k_s(x) y = F(x,t) \quad (3)$$

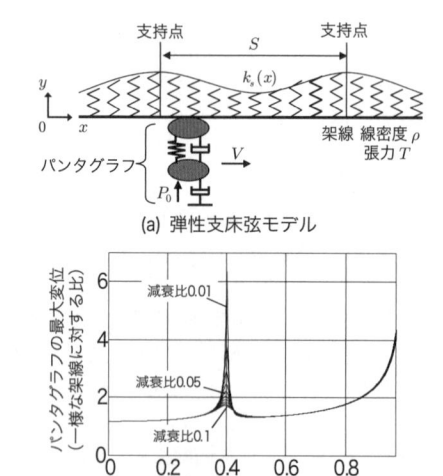

図3 弾性支床弦モデル

ただし，T, ρ, R はそれぞれ弦の張力，線密度，減衰係数であり，$F(x,t)$ は架線とパンタグラフの間に作用する接触力である．また，$k_s(x)$ は架線の弾性率変化を表現する弾性支床バネのバネ定数で，次式で表される．

$$k_s(x) = k_{s0}\{1 - \varepsilon f(x)\} \quad (4)$$

式 (3) を移動座標系に変換し，ε が小さいと仮定して近似解を求めると，パンタグラフの接触点の変位ならびに接触力が求められる．パンタグラフを1つの質点として表現し，なおかつ $f(x)$ として周期 S の余弦関数を与えたときの，パンタグラフ最大上下変位の速度特性を評価した例を図3(b) に示す．ただし，図の横軸はパンタグラフの移動速度を架線の波動伝播速度により無次元化した値（無次元化速度）を示している．この図からわかるように，パンタグラフの移動速度が架線の波動伝播速度に近づくとパンタグラフの最大上下変位が増大することや，無次元化速度 0.4 近傍に共振速度が存在することなど，実際に観測される現象を，この解析モデルにより説明できる．さらに，この共振現象は，パンタグラフの移動速度と架線の波動の群速度とが一致することにより発生したものであることが示される．

ただし，このモデルでは，解析に使用するパラメータを架線の諸元から決定することが難しいことや，弾性支床の影響により弦の波動が分散波となることなどの問題がある．そこで，弾性支床弦モデルを改良した区間弾性支床弦モデル（図4(a)）が提案されている．支持点付近だけに弦を支持する分布バネを配置したモデルであり，実際の架線構造に則してモデル定数を決定することが可能である．図4(b) に，CS シンプル架線におけるトロリ線の支持点押上量の計算結果を実測値とともに示すが，両者は定量的によく合致している．

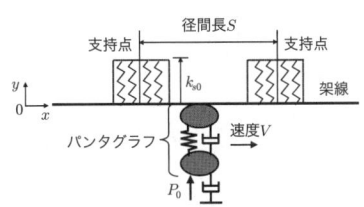

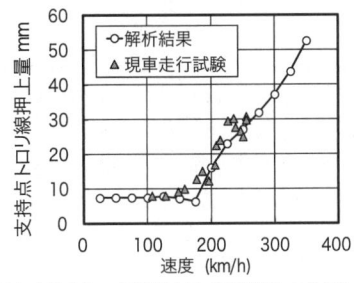

2. 数値解析 [4]

理論解析により，現象の物理的解釈や系の改良方針に対する直接的な示唆が得られるものの，複雑な空間構造を有する架線・パンタグラフ系の動的挙動を定量的かつ大規模に評価する上では限界があり，こうした目的のために数値解析が多用される．

現在主に用いられている数値解析法は，差分法をベースとした手法である．1960年代の終わり頃に開発された手法で，架線を構成する各線条を多数の質点とこれを連結する質量のない弦によりモデル化（図5）し，その運動を逐次積分により求める．その際，架線とパンタグラフの接触点ではそれぞれの変位が次の時間ステップで一致する，という拘束条件をもとに，パンタグラフに関する運動量保存の式から接触力を決定している．本手法の開発により，架線・パンタグラフ系の詳細な動的挙動が容易に予測可能となり，新しい架線構造の開発などに寄与している．さらに，最近では有限要素法をベースとした解析手法（図6）が開発されるなど，より詳細な予測を実現するための努力が続けられている．

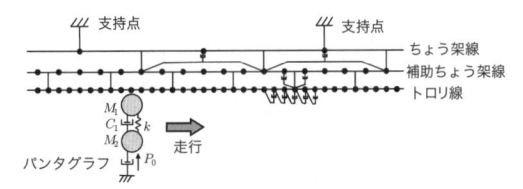

図 5 差分法による解析モデル

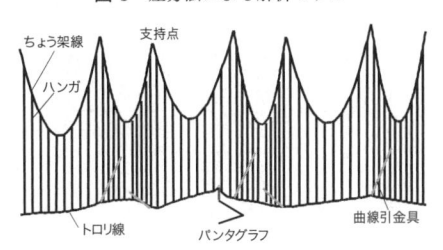

図 6 架線・パンタグラフ系の動的挙動解析例（有限要素法）

[池田 充]

(a) 区間弾性支床弦モデル

(b) 支持点トロリ線押上量（実測値との比較）

図 4 区間弾性支床弦モデル

参 考 文 献

[1] 柴田 碧, パンタグラフ架線系の動力学的研究, 東京大学生産技術研究所報告, Vol.9, No.6 (1960).

[2] G. Gilbert, H. Davies, Pantograph motion on a nearly uniform railway overhead line, *PROC.IEE*, Vol.113, No.3 (1960).

[3] 網干光雄, 弾性支床弦モデルによる架線・パンタグラフ系の径間周期運動解析, 機論 C, Vol.75, No.755 (2009).

[4] 江原信郎, 高速集電の動力学的研究, 機論, Vol.36, No.287 (1970).

転動音解析技術
analysis of rolling noise

鉄道騒音は，軌道や車両の様々な要素から発生する．このうち，車輪，レールから発生する転動音は，鉄道騒音の主要な音源の１つである．転動音は，車輪，レール面上の微小な凹凸に起因した加振力により，車輪，レールなどが振動し発生する．ここでは，転動音の予測モデルについて紹介する [1]～[3]．

1. 転動音の予測手法

転動音を予測するために，欧州でTWINS (track-wheel interaction noise software) などのソフトウェアが開発されている．図１にTWINSにより転動音を予測する計算の流れを示す．転動音の発生メカニズムに基づき，車輪，軌道の振動特性の組合せで構成された系に対して車輪，レール面上の凹凸を入力することにより加振力を評価し，この加振力から車輪，レールなどの振動および放射音を予測する．

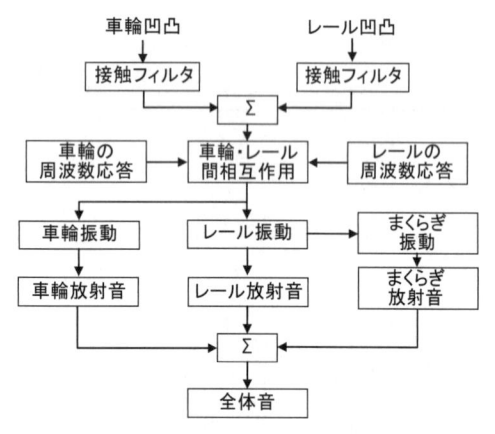

図１ 転動音の予測手法における計算の流れ

図２に，車輪・軌道からなる力学モデルを示す．車輪・レールは接触バネを介して接続され，車輪，レール凹凸は車輪・レール間の相対変位として扱う．なお，このモデルは周波数領域で取り扱われる．接触点での変位の連続性から式 (1) が得られる．

$$r = u_R + u_C + u_W \tag{1}$$

ここで，u_R, u_C, u_W はレール，接触バネと車輪の変位であり，r は車輪・レールをあわせた凹凸である．車輪やレールなどには大きさの等しい加振力が作用することから，式 (1) は式 (2) に変形される．

$$r = [\alpha_R + \alpha_C + \alpha_W] F = [\alpha] F \tag{2}$$

ここで，$\alpha_R, \alpha_C, \alpha_W$ はレール，接触バネと車輪のレセプタンス（＝変位/力）であり，F は加振力である．式 (2) の関係を利用し，レールや車輪などの周波数応答と凹凸から加振力が評価される．

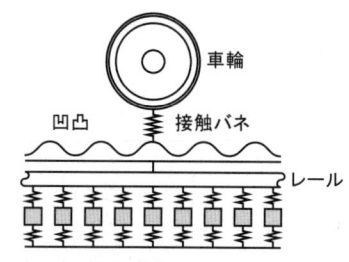

図２ 車輪・軌道からなる力学モデル

1.1 車輪モデル
車輪の周波数応答に関する評価は，有限要素法を用いた固有値解析による計算結果とモード重ね合わせ法を組み合わせて行う．

1.2 軌道モデル
代表的な軌道モデルの例を図３に示す．

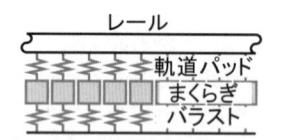

図３ 軌道モデル（連続支持モデル）

レールを無限長のTimoshenko梁とし，この梁をバネ–マス–バネ系からなる支持体で連続的に支える．バラスト軌道の場合，この支持体は軌道パッド，まくらぎとバラストに対応する．連続支持モデルに対応する運動方程式は式 (3) で与えられ，これらを整理し，加振点 x_0 に対するレールの応答を求める．

$$\rho A \frac{\partial^2 u}{\partial t^2} + GA\kappa \frac{\partial}{\partial x}\left\{\varphi - \frac{\partial u}{\partial x}\right\}$$
$$= F\delta(x_0)e^{j\omega t} + K_p(u-w)$$
$$\rho I \frac{\partial^2 \varphi}{\partial t^2} + GA\kappa\left\{\varphi - \frac{\partial u}{\partial x}\right\} - EI\frac{\partial^2 \varphi}{\partial x^2} = 0$$
$$m_s \frac{\partial^2 w}{\partial t^2} = K_p(u-w) - K_b w \tag{3}$$

ここで，E はヤング率，G は剛性率，I は断面２次モーメント，ρ は密度，A は断面積，κ はTimoshenkoのせん断係数，m_s はまくらぎ重量，u, w はレール，まくらぎの変位，φ はレール断面の回転角である．また，K_p, K_b は軌道パッド，バラストのバネ剛性であり，各バネでのエネルギー損失を考慮する場合には複素数の形をとる．

1.3 接触バネ
Hertzの理論から接触バネの剛性 K_H は式 (4) で与えられる．

$$\frac{1}{K_H} = \frac{\xi}{2}\left(\frac{2}{3E'^2 F_0 R_e}\right)^{\frac{1}{3}} \quad (4)$$

ここで，F_0 は車輪に作用する静的質量，R_e は接触面の等価半径（$1/R_e = 1/r_1^W + 1/r_2^W + 1/r_2^R$，$r_1^W$ は車輪径，r_2^W と r_2^R は車輪踏面，レール頭頂面のまくらぎ方向における曲率半径），ξ は接触面の長径，短径に依存する無次元量，E' は平面歪み場での弾性係数（$= E/(1-\nu^2)$，ν はポアソン比）である．

1.4 車輪・レール間接触によるフィルタ効果

車輪とレールは直径 10 mm 程度の面で接触し，その面の大きさに比べて波長の短いレール・車輪の凹凸から発生する加振力を弱める作用（接触フィルタ）を持つ．フィルタ効果 $H(k)$ に関するモデルはいくつか提案されており，その一例を次式で挙げる．

$$|H(k)|^2 = \frac{4}{\alpha}\frac{1}{(ka)^2}\int_0^{\tan^{-1}\alpha} J_1^2(ka\sec\psi)d\psi \quad (5)$$

ここで，k は波数（$= 2\pi/\lambda$，λ は凹凸波長），a は接触面のレール長手方向の径，α は接触面でまくらぎ方向の凹凸の相関度を表すパラメータである．

1.5 車輪，レール放射音

車輪放射音の音響パワー W_W は，車輪振動を振動方向別に整理し，各方向に対応する音響放射効率を用いて，式 (6) から評価される．

$$W_W = \rho_a c \sum_n \bar{v}_n^2 S_n \sigma_n \quad (6)$$

ここで，ρ_a は空気の密度，c は音速，n は振動方向（車軸方向，径方向），S_n, $\bar{v}_n^2$ は振動方向 n に対応する放射面積，平均 2 乗振動速度の空間平均値である．また，振動方向 n の音響放射効率 σ_n は，車輪の振動モードでの節直径の数や周波数などに依存する．

レール放射音の音響パワー W_R は，(a) 境界要素法などを用いてレール断面が上下・左右方向に単位振動速度で振動した際に単位長さのレールが発生する音響パワー W_r' を求め，(b) 式 (7) を用いて，レール長手方向の距離減衰率を考慮したレール振動と (a) での W_r' を組み合わせることにより求める．

$$W_R = W_r'\int_{-\infty}^{+\infty}|u(x)|^2 dx$$
$$= 2W_r'\int_0^{+\infty}|u(x_0)e^{-sx}|^2 dx \quad (7)$$

ここで，$u(x_0)$ は加振点 x_0 でのレール振動，s は軌道モデルから評価されるレール長手方向に伝搬する振動波の波数のうち減衰に関わる項である．

まくらぎ放射音は，まくらぎ振動と矩形板の音響放射効率などを組み合わせて評価される．

2. 実測値と予測値の比較

在来鉄道・新幹線の 4 区間において車輪とレールの凹凸，振動特性などのパラメータを整理して，これらを TWINS に準じた予測法に適用し，レール近傍点における騒音を評価した．図 4(a) は，レール近傍点の騒音レベルに関する実測値と予測値の比較である．予測値と実測値の差は平均ずれ量 -1 dB，標準偏差 3 dB であり，予測値と実測値は概ね一致する．図 4(b) は在来鉄道車両のバラスト軌道区間（平地）走行時の実測値と予測法による各音源の寄与度である．250 Hz 以下の周波数域ではまくらぎが主要な音源であり，2000 Hz 以上の周波数域では車輪が支配的な音源である．500〜1600 Hz の周波数域で主要な音源はレールである．

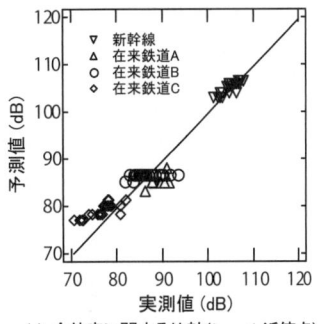

(a) 全体音に関する比較（レール近傍点）

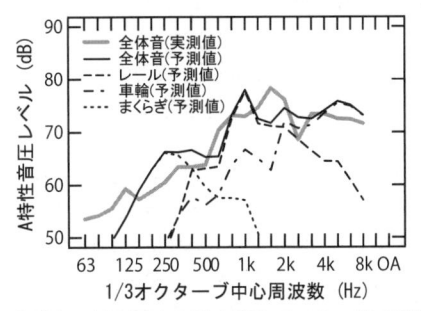

(b) 転動音の音源別寄与度（在来鉄道，90 km/h，バラスト軌道）

図 4 予測法の精度と音源別寄与度

［北 川 敏 樹］

参 考 文 献

[1] D.J. Thompson, *Railway noise and vibration*, Elsevier Science, 2009.
[2] C.J.C. Jones, D.J. Thompson, Extended validation of a theoretical model for railway rolling noise using novel wheel and track designs, *Journal of Sound and Vibration*, vol.267 (3) (2003), 509–522.
[3] 北川敏樹, 転動音の特性と軌道・車両に係わるパラメータの影響, 鉄道総研報告, vol.22 (5) (2008).

流体・空力音解析
aerodynamic and aeroacoustic analysis of trains

大気中を車両が移動する鉄道では，空気力学的な現象の影響は避けられず，特に新幹線などの高速鉄道ではその影響が顕著である．鉄道の空力問題には，空気抵抗，横風による空気力，車両各部の空力騒音，新幹線トンネル内の圧力変動などがあり，走行試験や風洞実験などの実験的手法と理論解析・数値解析などの解析的手法により，現象解明と低減対策の研究が行われている[1]．

圧縮性と粘性を考慮した流体の基礎方程式（ナヴィエ–ストークス方程式）を任意の初期条件・境界条件のもとで解くことにより，原理的にはあらゆる空力現象の解析が可能となるが，鉄道車両周りの流れのような高レイノルズ数の乱流場を対象とした数値計算は，現状では基礎研究の段階にある．実用的観点からは，対象とする現象ごとにその本質に特化した数理モデルを構築し，数学的により取り扱いやすい形にして解析を行っている．以下では代表的な事例を紹介する．

1. 列車すれ違い時・通過時の圧力変動

走行列車の周囲には，速度のほぼ2乗に比例する大きさの圧力場が形成され，すれ違うときの対向列車や近傍の防音壁に非定常な圧力変動が作用する．通常，圧力変動は先頭部通過時に最大となるが，新幹線などの高速列車の先頭部は流線形であることから，その周りの流れをポテンシャル流れと見なすことができる．支配方程式はラプラスの式であり，境界値問題として解析する．具体的には，走行列車先頭部，対向列車，防音壁の形状を与え，さらにそれらの間の相対運動を指定することにより，時々刻々の速度場と圧力場を計算する．基礎的な研究として，すれ違う2列車を2個の球体でモデル化し，球面に関する鏡像を考慮することにより理論的に解析した例，応用的な研究として，実際の列車先頭部形状を対象に，側壁にかかる圧力変動を境界要素法により数値的に解析した例などがある．

2. トンネル内圧力変動

列車のトンネル突入・退出時には，ピストン効果によりトンネル坑口付近の空気が圧縮・膨張する．空気には圧縮性があるため，この圧力変化は波動として有限の速度（微小変動では音速）でトンネル内を伝播していく．圧力波はトンネルの両坑口で反射を繰り返しながらトンネル内を往復し，最終的には壁面摩擦などにより減衰する．トンネル内を走行する列車は，このような圧力波が伝播する環境にさらされるために，車内の気圧が変化したり，車体に圧力荷重が作用するなどの影響が現れる．鉄道トンネルで発生する圧力波の振幅は新幹線でも2 kPa程度であり，通常の可聴域の音圧よりは数桁大きいが，それでも大気圧の数%程度にすぎないことから，微小変動として扱うことができる．圧縮性流体の基礎方程式で，変動の1次のオーダーのみを残して線形化すると，音響波動方程式が導かれる．トンネル内圧力波の解析では，さらに平面波近似を使って1次元波動方程式とし，これを初期値問題として解く．具体的には，特性曲線法により例えば以下の常微分方程式系を計算する[2]．

$$\frac{dx}{dt} = \pm a \text{ に沿って}$$

$$\frac{d}{dt}(p \pm \rho_0 au) = (\gamma - 1)\rho_0 \phi \pm \rho_0 af \text{ （複号同順）}.$$

ここで，p：トンネル内圧力，u：流速，ρ_0：空気密度，a：音速，γ：比熱比，f, ϕ：壁面摩擦の影響を表す項，x：トンネル軸方向の空間座標，t：時間．この方法で，新幹線トンネルを走行する列車に作用する圧力変動を計算した例を図1に示す．

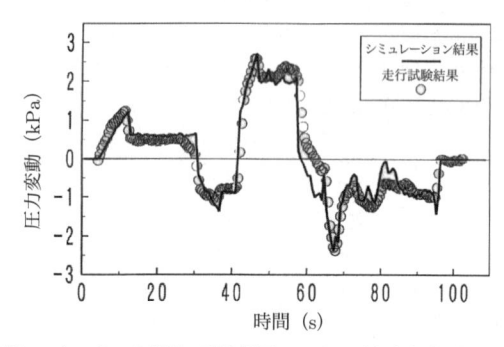

図1 トンネル走行時の列車側面における圧力変動時間履歴：計算と実測の比較

3. トンネル微気圧波

前節で述べたように，新幹線トンネル内には圧力波が発生するが，このうち最初に発生する圧力波，すなわち「列車先頭部がトンネル入口に突入したときに発生する圧縮波」は，トンネル微気圧波と呼ばれる沿線環境問題の原因となるため，特に重要である．この先頭部突入による圧縮波がトンネル内を伝播して反対側の坑口に到達すると，大部分のエネルギーは反射してトンネル内に戻っていくが，一部のエネルギーは坑口を透過してパルス状の圧力波として外部へ放射される．これが微気圧波であり，坑口近くで発破音が生じたり，家屋の建具などを振動させるといった影響が現れることがある[3]．この現象

を取り扱うためには前節のトンネル内圧力変動よりも精度の高い解析が必要で，前節では省略した多次元性などの影響を考慮に入れて解析する．具体的には，以下の3段階に分けられる．

(1) トンネル突入時の圧縮波発生　高速車両の先頭部は流線形であり，通常，粘性の影響が無視できることから，圧縮性オイラー方程式あるいは微小変動近似による線形音響波動方程式を基礎として解析する．オイラー方程式の場合は，トンネル突入という移動境界問題を有限差分法などにより数値的に計算する．一方，線形音響方程式の場合は，移動する先頭部を単極子や2重極子の音源として表し，理論的あるいは数値的に波動方程式を解く[4]．このとき，前節とは異なり，トンネル坑口近傍の空間の多次元性が重要になるため，軸対称2次元あるいは3次元の問題として定式化する．

(2) トンネル内の圧縮波伝播　伝播の段階については，前節と同様，1次元問題として定式化するが，10 kmオーダーの長距離伝播に伴う波形の変形状況を正確に求めるため，変動の2次以上のオーダーまで考慮した非線形方程式を基礎として解析する．また，壁面摩擦についても流速の時間履歴効果を含めた，より高精度なモデルを用いる[3]．

(3) 坑口からの微気圧波放射　線形音響波動方程式を基礎とするが，トンネル外の圧力波は平面波ではないため，要求精度に応じて，球対称1次元，軸対称2次元，3次元のいずれかのモデルを用いる．

4．空　力　音

鉄道騒音の音源は転動音をはじめとして多種多様であるが，高速鉄道では空力音の相対的寄与が大きくなる．車両の周りでは，大小様々な渦が不規則に運動する乱流場が形成され，これらの渦の非定常運動により空力音が発生する．空力音の解析手法としては，音源となる渦運動を求める流れ解析と音源から発生した音波の放射・伝播を求める音響解析に分けて計算を行う分離解法が一般的であり，工学問題への応用が進んでいる．しかし，非定常の乱流解析自体が困難な課題であることから，現状の空力音解析は空力音発生メカニズムの定性的理解に主眼を置いて行われているケースが多い．今後，計算機性能の向上と解析手法の改良により，音の定量的評価が可能な手法として空力音解析が発展することが期待される．

鉄道では，新幹線の最大の空力音源がパンタグラフであることから，これを対象とした空力音解析が代表的である．以下ではその一例 [5] を紹介する．分離解法に基づき，まずパンタグラフ周りの流れ場の計算を行う．そのための非定常乱流解析の手法として，ラージエディシミュレーション（LES）を用いる．流れ解析により求められた時系列の速度分布 $\mathbf{u}$ から，時系列の渦度分布 $\xi = \nabla \times \mathbf{u}$ を求め，続いてフーリエ変換により周波数領域に移す．次に，これらの結果を渦音理論 [4] により導かれた次式に代入することにより，音響学的遠方場（音源から観測点までの距離が波長に比べて十分に大きい領域）の観測点 $\mathbf{x}$ における角周波数 ω の音圧 $p_a(\mathbf{x}, \omega)$ を求める．

$$p_a(\mathbf{x}, \omega) \approx -\rho_0 \int_V (\xi \times \mathbf{u})(\mathbf{y}, \omega) \cdot \nabla_\mathbf{y} G(\mathbf{x}, \mathbf{y}; \omega) d^3 \mathbf{y}$$

ここで，G：物体形状に適合したヘルムホルツ方程式のグリーン関数，$\mathbf{y}$：音源領域の座標，V：全音源を包含する空間領域．右辺の被積分項は，観測点 $\mathbf{x}$ に到達する空力音の音源と解釈することができる．図2に，このようにして得られた空力音源分布の計算結果の例を示す．このような可視化結果は，空力音の発生メカニズムを把握し，低減対策の指針を検討する上で有益な情報を与える．

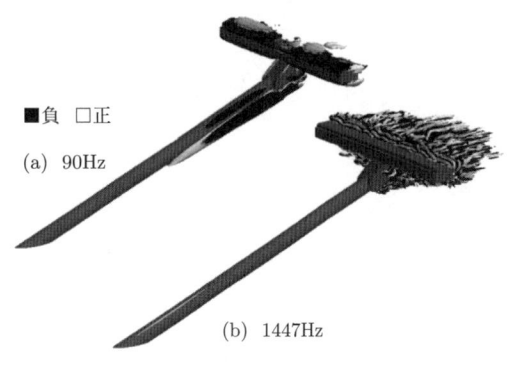

図2　パンタグラフ周りの空力音源の計算例

[飯田雅宣]

参　考　文　献

[1] 飯田雅宣, 鉄道の空気力学に関する最近の研究開発, 鉄道総研報告, **25**(11) (2011), 1–4.
[2] 山本彬也, 新幹線トンネルの圧力変動・空気抵抗・トンネル換気, 鉄道技研報告, **871** (1973).
[3] 小沢 智, トンネル出口微気圧波の研究, 鉄道技研報告, **1121** (1979).
[4] M.S. Howe, *Acoustics of Fluid-Structure Interactions*, Cambridge University Press, 1998.
[5] 高石武久, 佐川明朗, 加藤千幸, 非コンパクトグリーン関数を用いたパンタグラフ空力音の数値解析, 機械学会論文集 (B), **74**(745) (2008), 1910–1919.

航空・宇宙産業と応用数理

飛行解析における応用数理	630
流れ解析	632
衛星の熱解析	634
宇宙機構造設計解析	636
複合材解析	638
宇宙機軌道解析	642
人工衛星の姿勢・振動解析技術	644
宇宙機ロバスト制御技術	646
UAV のフォーメーションフライト	648
航空機設計技術	650

飛行解析における応用数理

applied mathematics in analysis for atmospheric flight and control

旅客機などの固定翼航空機の飛行解析を概説する．古くは人間パイロットによる操縦のしやすさ・困難さを定量化する飛行性（flying qualities）が数理の飛行解析応用を発展させたが，最近は，高機能な飛行制御装置や無人航空機などの搭載計算機が司る飛行を解析することが主要な課題となっている[1]～[3]．また，風洞試験やCFD（computational fluid dynamics）から詳細な空力モデルを作成し，数値シミュレーションをよりどころに種々のアプリケーションソフトウェアを利用して飛行解析を行うことが普及している．ここでは，数値シミュレーションによる解析，モデルとそれに基づく設計や評価における応用数理の要点を紹介する．

1. 航空機の運動方程式

航空機の運動方程式は，剛体の運動に基づいて導出される．剛体の運動は，並進と回転の自由度からなり，それぞれを速度と角速度で記述すると，以下の運動方程式に従って運動が生成される．

$$md\mathbf{v}/dt + \omega \times m\mathbf{v} = \mathbf{F} + m\mathbf{g} \tag{1}$$

$$\mathbf{I}d\omega/dt + \omega \times \mathbf{I}\omega = \mathbf{M} \tag{2}$$

ここで，$\mathbf{v} \in R^3$，$\omega \in R^3$ は，それぞれ重心の3軸方向の速度ベクトル，3軸周りの角速度ベクトルであり，m は機体の質量，$\mathbf{I} \in R^{3\times 3}$ は剛体の慣性テンソルである．$\mathbf{F} \in R^3$ は剛体に働く力，$\mathbf{M} \in R^3$ は剛体の重心周りに働くモーメントである．式(1)は運動量の変化率，式(2)は重心周りの角運動量の変化率を表し，変数は，動座標と呼ぶ機体に固定した座標系（B系）で表されたものである．運動を記述するためには，慣性空間に固定した慣性座標系（E系）も必要となる．運動を記述する変数は，2つの座標系のいずれかで記述され，一般に添字を付けることによって区別するが，ここでは，動座標系で表す変数の添字を省略している．慣性座標系は，次式に表すように重力加速度 $\mathbf{g}_E \in R^3$ や機体重心の位置 $\mathbf{r}_E \in R^3$ を表現するために必要である．

$$d\mathbf{r}_E/dt = C^{E/B}\mathbf{v}, \quad \mathbf{g} = C^{B/E}\mathbf{g}_E \tag{3}$$

座標系の変換は，上記のように方向余弦行列（DCM：directional cosine matrix）$C^{E/B} \in R^{3\times 3}$，あるいは $C^{B/E} \in R^{3\times 3}$ を用いて行う．

式(1)と式(2)の変化率が慣性系での速度および角速度の変化率を表すことから，次の関係が成り立つ．

$$\omega \times = \begin{pmatrix} 0 & -r & q \\ r & 0 & -p \\ -q & p & 0 \end{pmatrix} = C^{B/E}\frac{d}{dt}C^{E/B} \tag{4}$$

ここで，$\omega = (p, q, r)^T$ である．ただし，一般には式(4)を積分せず，クォータニオンと呼ばれる変数を用いて角速度の積分を行い，オイラー角と呼ばれる姿勢角を表す3変数と方向余弦行列を導く．

空力モデル　運動の解析において機体に働く空気力をいかに表現するかが重要である．空気力は，機体に対する空気の流れによって決まるので，機体座標で表される速度ベクトル $\mathbf{v}$ から導くことができる．すなわち，3軸方向の力 $\mathbf{F}$ と3軸周りのモーメント $\mathbf{M}$ は，機体の速度ベクトルの方向を表す迎え角，横滑り角のほかに動圧，マッハ数，舵角などの関数である．

風洞試験やCFDの結果から，これらの変数による多変数空間の格子点上に数値データが数表として与えられ，1次の補間公式によって内挿が行われる．一般に，マッハ数と迎え角からなる基本空気力に対して，他の変数の影響はそれぞれ独立して加算されることが多いが，必要に応じて多次元の非線形関数として扱う．

状態方程式　航空機の運動方程式は，以下のような状態方程式で記述される．

$$dX/dt = F(X(t), U(t)) \tag{5}$$

状態変数 X は，速度ベクトル，角速度ベクトル，位置ベクトル，姿勢角の3要素からなる12個の変数に，駆動系などの動特性を表す変数を必要に応じて追加したものであり，外部入力 U は操舵コマンドや風外乱などを表す．

右辺の関数は，空気力特性の数表，エンジン特性の数表，大気モデルや風などの気象条件を参照し，剛体の運動方程式，式(1)と式(2)に従って状態変数の変化率を算出するものである．

センサ/搭載計算機　飛行制御における中核の計測装置は航法演算装置であり，加速度計と角速度計からなる慣性センサとGPS受信機などの測位センサを組み合わせて機体の姿勢角，対地速度，位置を総合的に推定する．最適推定理論より導かれるカルマンフィルタを用い，センサの誤差モデルに基づく最適推定が行われている．飛行制御にはエアデータ計測装置も必要であり，圧力センサを用いて対気速度，気圧を計測する．これは風の推定にも利用される．

センサ信号からの情報を処理し，舵面駆動装置などの制御装置を動かして飛行を制御する．搭載計算機の演算プログラムが持つ膨大な自由度を利用して，高機能な飛行制御が実現されている．

2. 線形状態方程式

式 (5) は非線形であるので，微小擾乱の線形化の定義に従った以下の線形状態方程式を用いて基本的な飛行解析を行う．

$$d\mathbf{x}/dt = A\mathbf{x} + B\mathbf{u} \quad (6)$$

ここで，行列 A, B は次式より与えられる．

$$A = \frac{\partial F(X,U)}{\partial X}, \quad B = \frac{\partial F(X,U)}{\partial U}$$

空力モデルから空力微係数を算出し，線形運動方程式を導く方法が古くからあるが，大規模な空力モデルデータの場合は，線形化の定義通りに式 (5) の右辺を与える数値計算プログラムに適当な微小変動量を与えて数値偏微分より式 (6) を導く．

線形システム解析　　定常のつり合い飛行状態（トリム状態）で線形化された状態方程式を用い，トリム値からの変動量の振る舞いを評価する．システム行列 A の固有値，固有ベクトルは，縦の運動と横−方向の運動に分離される．ゼロ固有値を除くと，縦の運動は，短周期モードと長周期モードの2組の共役複素根，横−方向の運動は，ダッチロールモードと呼ばれる共役複素根，ロールモードとスパイラルモードと呼ばれる2つの実根からなる．特性根と呼ぶこれらの固有値は，飛行の振る舞いを表す基本となる．

フィードバック制御と機体の閉ループ特性　　飛行制御則の設計は，いくつかの設計点を選択して線形状態方程式を導き，線形制御理論を応用して行う．詳細は文献 [2],[3] を参照されたい．

3. シミュレーションによる評価と自動操縦装置の設計

シミュレーションは，実機の飛行試験と同様に，時間履歴データから飛行の振る舞いを評価するものである．飛行試験に比べて格段に低コストかつ短時間で評価結果を得ることができるので，設計要求を定量化し，多数回の計算を繰り返し実行してモデルの不確かさによる影響を評価する．具体的には，空気力モデルをはじめ機体の運動モデルに含まれる不確かなパラメータ，センサ出力誤差，風や乱気流などの外部環境による外乱など飛行の不確かさの原因となる全ての要素に対してパラメータの確率モデルを与え，満足すべき条件を定量化して要求を満足するかどうかを調べる．n 個の不確かなパラメータからなるベクトルを $\mathbf{x} = (x_1, \ldots, x_n)^T$，その結合確率密度関数を $p(\mathbf{x})$ として，i 番目の要求を満足するかどうかを y_i で表し，要求を満足しないとき $y_i = 0$，要求を満足するとき $y_i = 1$ とする．全ての要求を満足するミッション達成確率 P は，次式で表すことができる．

$$P = \int \cdots \int \left\{ \prod_{i=1}^{N} y_i(\mathbf{x}) \right\} p(\mathbf{x}) dx_1 \cdots dx_n \quad (7)$$

不確かなパラメータの次元 n はかなり大きく，数値多重積分は不可能であるため，モンテカルロ法により確率を推定する．すなわち，確率モデルに従ってランダムにパラメータを生成し，シミュレーションを行って y_i の値を調べ，シミュレーションのケース数と全ての要求を満足するケース数の比から確率 P を推定する．また，シミュレーション結果から要求を満足しない飛行の振る舞いを調べることもできる．

モンテカルロ法による評価と設計チューニング　　無人機の飛行制御システムにおいて全ての要求を満足する確率 P を 1 に近づけることが開発の目標なので，これを最大とするべく制御ゲインなどを可調節変数として，搭載プログラムをチューニングする．パラメータの調節においては，一般の多変数最適化手法を応用する．

搭載計算機の能力を利用して知能化飛行制御の研究が進められているが，シミュレーションによる統計的評価は設計の信頼性を確保するために有効である．

4. 飛行軌道の設計

航空機の運用においては，性能を最大限に発揮するように飛行経路や飛行状態の指令値を生成して自動操縦装置に指示する．最適化したい性能に応じて評価関数を定義し，最適制御理論を応用して機体の性能モデルから解析する．機体の回転運動は短時間で制御できることを前提に支配方程式を簡単化し，質点運動を仮定して最適化を行う．問題に応じて適切な数値計算手法を用い，最適解を導く．最適制御理論応用は飛行解析において重要な課題である．詳細は文献 [4]〜[6] を参照されたい．　　［宮沢与和］

参 考 文 献

[1] D. McRuer, I. Ashkenas, D. Graham, *Aircraft Dynamics and Automatic Control*, Princeton University Press, 1973.

[2] B.L. Stevens, F.L. Lewis, *Aircraft Control and Simulation*, John Wiley and Sons, 2003.

[3] D. McLean, *Automatic Flight Control Systems*, Prentice Hall, 1990.

[4] A.E. Bryson, Y.C. Ho, *Applied Optimal Control*, Ginn and Company, 1969.

[5] N.X. Vinh, *Optimal Trajectories in Atmospheric Flight*, Elsevier Scientific Publishing Company, 1981.

[6] 加藤寛一郎, 工学的最適制御, 東京大学出版会, 1988.

流れ解析
fluid dynamics analysis

1. 航空宇宙分野での流れ解析の特徴

航空宇宙分野における実機条件での流れ解析のうち，巡航状態の付着した流れに関してはパネル法と乱流境界層の経験則など，低コストな手法で予測することが容易であるため，近年の数値解析では非巡航時における剥離流れの解析が期待されている．このような剥離流れは，レイノルズ平均モデル（RANSモデル）による定常解では予測できず，非定常な流れを解析するラージエディシミュレーション（LES）やLES/RANSハイブリッドなどによる解析が不可欠であることが明らかになってきた．LESやLES/RANSハイブリッドモデルを用いた非定常計算での課題として，1) 現象を支配する渦を解像するために膨大な計算コストを必要とすることや，2) 航空宇宙分野でしばしば現れる衝撃波を捕獲した上で渦や乱流構造を解像する必要があることが挙げられる．1) に関しては，差分スキームを高解像度化することでより少ない点数で乱流を解像する，あるいは，乱流の渦スケールが小さくなる壁近傍をモデル化するなどのアプローチがとられている．2) に関しては高解像度化した差分スキームを不連続を含む流れ場に適用する手法が提案されている．本項目では，まず，近年の航空宇宙分野での流体解析で用いられる高解像度スキームを紹介する．その際に衝撃波捕獲法にも触れる．次に，乱流境界層のモデル化手法について述べる．最後に複雑形状周りの解析のための計算格子の工夫について述べる．

2. 空間差分方法

本節では，非定常のLESやLES/RANSハイブリッドをより効率的に行うための高解像度スキームを，差分法を中心に述べる．高解像度スキームの考えは，Lele [1] やTam [2] が示しており，乱流計算や空力音響問題で高周波の誤差を減らすことを狙って導入されてきた．不連続のない問題では，高解像度スキームとして，線形な中心差分であるコンパクトスキーム [1] やDRPスキーム [2] が存在する．例えば，コンパクトスキーム [1] は下記のように書かれる．

$$\alpha f'_{j-1} + f'_j + \alpha f'_{j+1} = \frac{a}{2}(f_{j+1} - f_{j-1}) + \frac{b}{2}(f_{j+2} - f_{j-2}) \quad (1)$$

左辺に依存関係があるため，3重対角行列を解く必要がある．これによって，精度を維持したまま，通常の陽的差分に対して高周波の誤差がより少ないスキームが構築できる．一方で，DRPスキーム [2] は陽的差分であるが，精度を犠牲にして高周波での誤差を減らすように係数を選ぶスキームを指す．例えば，7点中心スキームでは6次精度が達成できるが，TamのDRPスキームでは精度を4次精度に留め，残りの自由度を解像度の向上に当てている．このアイデアはBogeyとBailly [3] によって，よりステンシル幅の広いスキームに拡張されている．これら中心差分系のスキームを使う際には，安定に計算するために数値粘性を入れたり，2乗量を保存するスキームを使う必要がある．一般的には，Lele [1]，VisbalとGaitonde [4] が提案した1パラメータの3重対角フィルタを使うことが多い．この3重対角フィルタは，移流する波の減衰（散逸誤差）を極力抑えた非常に理想的なものとなっている．

流れ場に衝撃波が存在する場合には，1) WENO法やそれをベースにした高次精度衝撃波捕獲法 [5]，2) コンパクトスキームなどの中心差分をベースに不連続の部分のみ2精度以下の衝撃波捕獲法を使うハイブリッド法 [6]，3) コンパクトスキームなどの中心差分をベースに不連続の部分のみWENOなどの数値粘性を入れる方法 [7]，4) コンパクトスキームなどの中心差分をベースに不連続の部分のみ局所人工粘性を入れるLAD法 [8] が挙げられる．これらのスキームの特徴は文献を参考にされたい．

これらのスキームは，比較的単純な形状の場合，一般曲線座標に拡張して取り扱う．一般曲線座標での差分法では，一様流保持特性が重要になるが移動格子を含めAbeらが高次精度手法における一様流保持可能な保存系メトリックの提案をしている [9]．複雑形状の取り扱いを容易にするため非構造格子法の利用も広がってきているが，実問題における高次精度化は構造格子を用いた差分スキームの利用がほとんどというのが実情である．

3. 高レイノルズ数乱流解析手法

初めに述べたように，壁を含むLES解析は壁近傍の乱流境界層を解像する必要があり，この場合非常にコストが高いことが知られている．これは，境界層の乱流スケールが壁からの距離に比例するため，壁近傍で乱流の支配的なスケールが非常に小さくなるためである．このため，壁近傍の乱流をモデル化する必要がある．これを実現するため，LES/RANSハイブリッド法やLESの壁モデルの適用が考えられている．LES/RANSハイブリッド法には，領域ごとにユーザーがどちらのモデルで解析するかを指定する領域分割LES/RANSハイブリッド法と壁からの距離などから自動でLESモード/RANSモードを

切り替える DES 法がある．DES 法は近年，IDDES 法に拡張されている[10]．IDDES によって，格子の品質に影響を受けないモードの切り替えができるようになり，さらに，乱流境界層の途中でのモードの切り替え時に従来モデルで問題となった対数域での速度分布の不整合などを解決しており，様々な流れ場に対応することのできる方法として注目を集めている．一方でモデル内部のパラメータは多く，様々な経験則に頼っているため，モデルの妥当性を示すのは容易でない．LES の壁モデルは，乱流境界層の外層を LES で解き，内層を単純な常微分方程式や RANS 計算（Plandtl モデル）で解く方法 [11] により，近年その数値的誤差を極力減らした実装方法が提案され，注目を集めている．単純な物理モデルで記述されており，非常に見通しが良い．現状単純な平板境界層などでの評価が中心であるため，逆圧力勾配の境界層での評価など，より複雑な流れ場でのモデルの妥当性が示されることが期待される．

4. 複雑形状周りの数値解析

複雑形状の場合，非構造格子上で有限要素法や有限体積法を用いて数値解析を行う必要がある．この場合，一般のスキームでは高次精度（3 次精度以上）スキームへの拡張が困難であることが知られているが，近年提案されている Spectral Volume 法や Discontinuous Glarkin 法など，1 セルに多自由度を持たせたスキームを使うことで，比較的簡単に高次精度化が可能となる．これら多自由度を持つ解放の統一的な表記や効率化に力が入れられている．また，精度は 2 次のままに留めておき，数値粘性を極力減らすことで非構造格子と組み合わせて効率良く乱流解析を行う努力もなされている．この場合，移流する波の減衰（散逸誤差）は抑えられるが，波の移動速度が正しく捉えられない（分散誤差）可能性があることに注意が必要である．また，近年，非構造格子であっても格子生成に多くの時間が取られていることから，複雑形状を容易に解析する手法として，直交格子法が再び注目されている．直交格子法では，格子生成が比較的容易になることに加えて，高次精度化が容易，省メモリであるなどの利点がある．現状では，直交格子法のうち，非粘性計算を仮定して物体をカットセルで表現する方法[12]，非常に小さいメッシュサイズにして凹凸を残した格子で粘性計算する方法，物体境界埋め込み法で粘性計算する方法，物体近傍には非常に薄い境界適合格子を用意する方法などが提案されている．今後，前節で述べた壁モデルと組み合わせた物体境界埋め込み法などの提案が期待される．

[藤井孝藏・野々村拓]

参 考 文 献

[1] S.K. Lele, Compact Finite Difference Schemes with Spectral-like Resolution, *Journal of Computational Physics*, **103** (1992), 16–42.

[2] C.K.W. Tam, Jay C. Webb, Dispersion-Relation-Preserving Finite Difference Schemes Computational Acoustics, *Journal of Computational Physics*, **26** (2005), 1955–1988.

[3] C. Bogey, C. Bailly, A Family of Low Dispersive and Low Dissipative Explicit Schemes for Flow and Noise Computations, *Journal of Computational Physics*, **194** (2004), 194–214.

[4] D.V. Gaitonde, M.R. Visbal, Padé-Type Higher-Order Boundary Filters for the Navier–Stokes Equations, *AIAA Journal*, **38**(11) (2000), 2103–2112.

[5] X.G. Deng, H. Zhang, Developing High-order Weighted Compact Nonlinear Schemes, *Journal of Computational Physics*, **165** (2000), 22–44.

[6] M.R. Visbal, D.V. Gaitonde, Shock Capturing Using Compact-Differencing-Based Methods, *AIAA paper*, 2005-1265 (2005).

[7] H.C. Yee, B. Sjögreen, Development of Low Dissipative High Order Filter Schemes for Multiscale Navier–Stokes/MHD systems, *Journal of Computational Physics*, **225** (2007), 910–934.

[8] S. Kawai, S.K. Lele, Localized Artificial Diffusivity Scheme for Discontinuity Capturing on Curvilinear Meshes, *Journal of Computational Physics*, **227** (2008), 9498–9526.

[9] Y. Abe, I. Iizuka, T. Nonomura, K. Fujii, Conservative-Metric Evaluation for High-Order Finite-difference Scheme with the GCL Identities on Moving and Deforming Mesh, *Journal of Computational Physics*, **232** (2013), 14–21.

[10] M.L. Shur, P.R. Spalart, M.K. Strelets, A.K. Travin, A Hybrid RANS-LES Approach with Delayed-DES and Wall-modelled LES Capabilities, *International Journal of Heat and Fluid Flow*, **29** (2008), 1638–1649.

[11] E. Balaras, C. Benocci, U. Piomelli, Two-layer Approximate Boundary Conditions for Large-eddy Simulations, *AIAA Journal*, **34** (1996), 1111–1119.

[12] M.J. Aftosmis, M.J. Berger, J.E. Melton, Robust and Efficient Cartesian Mesh Generation for Component-Based Geometry Authors, *AIAA Journal*, **36** (1998), 952–960.

衛星の熱解析
thermal analysis of satellite

衛星が宇宙環境で正常に動作するためには，衛星に搭載される機器の温度を正常に動作する温度範囲に保つ必要がある．衛星に搭載された機器の宇宙環境における温度を予測するために，熱解析が行われる．

1. 外部熱入力

宇宙環境から衛星への熱入力としては，太陽放射，地球赤外放射，アルベドが存在する．

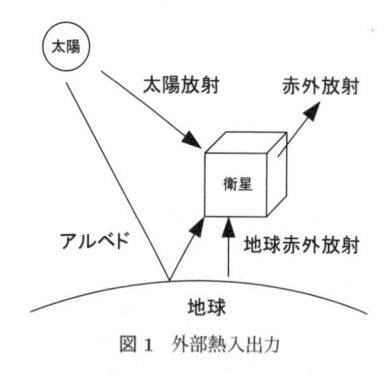

図1 外部熱入出力

1.1 太陽放射

太陽から地球の平均距離 (1 AU) における，単位時間，単位面積当たりに垂直に入射する太陽放射エネルギー E_s は，太陽定数と呼ばれ，$E_s = 1367\,\mathrm{W/m^2}$ である．地球の公転軌道がやや楕円軌道であるため，近日点で最大値 $1414\,\mathrm{W/m^2}$，遠日点で最小値 $1322\,\mathrm{W/m^2}$ である[1]．太陽光は，衛星表面に入射する場合は，平行光線と見なしてよいので，衛星表面に入射するエネルギーは，次式で表すことができる．

$$Q_s = E_s A_p \tag{1}$$

ただし，

- Q_s：太陽光入射エネルギー
- A_p：衛星表面の太陽光に対する投影面積

である．

1.2 地球赤外放射

主に $4\,\mu m$ 以上の波長を持ち，地球から宇宙空間へなされる放射は，地球赤外放射と呼ばれる．年平均値は，$237 \pm 7\,\mathrm{W/m^2}$ である．地球赤外放射は，地球の緯度，地形，季節および雲の状態などによって変動する．緯度により地球赤外放射は変動し，極地域において最小値（$< 174\,\mathrm{W/m^2}$）をとり，北緯 $20°$ から南緯 $20°$ の地域で最大値（$> 244\,\mathrm{W/m^2}$）をとる．衛星表面に入射する地球赤外放射は次のように計算される．

$$Q_e = E_e A F_e \tag{2}$$

ただし，

- Q_e：衛星表面に入射する地球赤外放射
- A：衛星表面の面積
- F_e：地球赤外放射に関する地球と衛星表面との形態係数

である．

1.3 アルベド

太陽放射のうちで大気や地表で宇宙空間へ反射される割合は，アルベドと呼ばれる．年平均値は，0.30 ± 0.02 である．アルベドは，緯度，地形，季節および雲の状態などによって変動する．アルベドは緯度により変動し，極地域で最大値（> 0.60），北緯 $20°$ から南緯 $20°$ の地域で最小値（< 0.20）をとる．衛星表面に入射するアルベドは，以下のように求められる．

$$Q_a = a E_s A F_a \tag{3}$$

ただし，

- a：アルベド係数
- A：衛星表面の面積
- F_a：アルベドに関する地球と衛星表面との形態係数
- Q_a：衛星表面に入射するアルベド

である．

2. 内部発熱量

内部発熱量とは，衛星に搭載された機器の発熱量であり，衛星に搭載される機器と衛星の運用によって変化する．

3. 熱解析[2]

3.1 熱バランス式

衛星に蓄えられる熱量は，入ってくる熱量と出ていく熱量の差である．衛星を多数の有限な要素に分割し，それぞれの要素に熱バランス式を立てて，温度分布を求めていく．温度分布を求めるための解析モデルは熱数学モデルと呼ばれる．要素内では温度や物性値は均一であると仮定して，要素を節点（計算点）で代表する．衛星が n 個の節点で構成されるとすると，節点 i の温度は，下記の熱バランス式によって決まる．

$$C_i \frac{dT_i}{dt} = Q_i - \sum_{f=1}^{n} C_{ij}(T_i - T_j) \\ - \sum_{f=1}^{n} R_{ij}\sigma(T_i^4 - T_j^4) \quad (4)$$

ただし,
- C_i : 節点 i の熱容量〔J/K〕
- C_{ij} : 節点 i,j 間の伝導熱伝達係数〔W/K〕
- Q_i : 節点 i での熱入力〔W〕
- R_{ij} : 節点 i,j 間の放射係数〔m²〕
- T_i, T_j : 節点 i,j の温度〔K〕
- σ : ステファン–ボルツマン定数 5.67×10^{-8}〔W/m²/K〕

である.

3.2 伝導による熱伝達係数

節点 i,j 間の伝導熱伝達係数 C_{ij} は,次式で求める.

$$C_{ij} = kA/L$$

ただし,
- A : 節点 i,j 間の熱の経路の断面積
- k : 熱伝導率
- L : 節点 i,j 間の距離

である.

3.3 放射係数

面 A_i と面 A_j の間の放射係数は,次式で求める.

$$R_{ij} = \epsilon_i \epsilon_j F_{ij} A_i \quad (5)$$
$$R_{ij} = \Phi_{ij} A_{ij} \quad (6)$$

ただし,
- F_{ij} : 形態係数
- ϵ_i, ϵ_j : 面 A_i,面 A_j の放射率
- Φ_{ij} : 多重反射を考慮した放射交換係数

である.衛星内部は黒色塗装されることが多い.黒色塗装は放射率が高いため,式 (5) を用いて R_{ij} を計算しても問題ない.一方,放射率が大きく異なる閉空間の場合は,式 (6) を用いて計算する必要がある.放射交換係数を数式で表すと,下式となる.

$$\Phi_{ij} = \epsilon_i \epsilon_j A_i [{}_iD_j]/(1-\epsilon_j)/A_i/[D]$$

ただし,

$$[D] = \begin{vmatrix} G_{11} - (A_1/\rho_1) & \cdots & G_{1n} \\ \vdots & \ddots & \vdots \\ G_{m1} & \cdots & G_{mn} - (A_n/\rho_n) \end{vmatrix}$$

$$[C_i] = \begin{vmatrix} -G_{i1} \\ \vdots \\ -G_{in} \end{vmatrix}$$

である.$[{}_iD_j]$ は,$[D]$ の j 行目を $[C_i]$ で置き換えたものである.また,$G_{ij} = F_{ij}A_i$ である.

2つの面間の形態係数 F_{ij} は以下のようになる.

$$F_{ij} = \frac{1}{\pi A_i} \int_{A_i} \int_{A_j} \frac{\cos\theta_i \cos\theta_j}{r^2} dA_i dA_j$$

また,地球赤外放射に関する平板の形態係数は,下式で表される.

$$F_e = \frac{R^2}{\pi} \int_{A_j} \frac{\cos\theta_i \cos\theta_j \sin\theta}{r^2} d\theta d\phi$$

アルベドに関する平板の形態係数は,下式で表される.

$$F_a = \frac{R^2}{\pi} \int_{A_j} \frac{\cos\theta_i \cos\theta_j \sin\theta \cos\alpha}{r^2} d\theta d\phi$$

3.4 モンテカルロ法による形態係数の計算 [3]

機器が衛星内部に搭載されると形状は複雑になり,形態係数を数学的に計算することは困難になる.多くの場合,モンテカルロ法を用いた数値解析により計算される.モンテカルロ法を用いた放射伝熱解析では,放射エネルギーを連続量として扱うのではなく,一定のエネルギー量を持つ粒子に分け,エネルギー粒子の個数として離散化する.このような離散化により,形態係数は連続量の積分ではなく,1個1個のエネルギー粒子の挙動の総和として求める.

固体面からの放射は,ランバートの余弦法則に従うように,各エネルギー粒子の射出方向 (θ, η) を 0〜1 の間の一様乱数 R_θ, R_η を用いて決める.

$$\theta = 2\pi R_\theta \quad (7)$$
$$\eta = \cos^{-1}\sqrt{1-R_\eta} \quad (8)$$

固体面での放射の反射および吸収は,各エネルギー粒子ごとに 0〜1 の間の一様乱数 R_ϵ を用いて,$R_\epsilon \leq \epsilon$ の条件で吸収,$R_\epsilon > \epsilon$ で反射されると決める.反射される場合の反射方向は,ランバートの余弦法則を満たすように,式 (7),(8) を用いて決める.

i 面と j 面間の形態係数は,モンテカルロ法を用いると,下式のように決定される.

$$F_{ij} = \frac{i\text{面から射出され}j\text{面で吸収される粒子数}}{i\text{面から射出された全粒子数}}$$

〔戸谷　剛〕

参　考　文　献

[1] David G. Gilmore (ed.), *Spacecraft Thermal Control Handbook, Volume I: Fundamental Technologies*, The Aerospace Press, 2002.
[2] 茂原正道, 鳥山芳夫 編, 衛星設計入門, 培風館, 2002.
[3] 谷口 博ほか, パソコン活用のモンテカルロ法による放射伝熱解析, コロナ社, 1994.

宇宙機構造設計解析
spacecraft structural design

1. 荷重と強度の考え方

宇宙機（衛星，探査機）の機械構造を設計する場合に最も重要なのは荷重の算定である．強度に関わる事故の多くは設計時に想定していなかった荷重がかかることに起因する．したがって，その構造の一生を考えて，いろいろな場面での荷重を考慮する．初期の取り扱い，運搬，試験，実際の運用中の荷重，化学反応や熱などの環境に対する荷重，経年変化による使用材料劣化の考慮などである．これらを全て考慮した，考えられうる最大の荷重を制限荷重と呼ぶ．要するに予想される最大荷重である．荷重は一定とは決まっておらず，ランダムな要素を持っているのが普通であるので，通常荷重発生頻度がガウス分布に従うとして，3σ 上限値を制限荷重に設定する．3σ 値をとることにより，99.9％をカバーすることになる．さて，われわれの設計する宇宙機構造の強度は，この予想されうる最大荷重で壊れてはならないので，それより丈夫に作る必要がある．ところが，採用する部材の強度は一定ではなく，ある程度のランダムな値で，近似的にガウス分布あるいはワイブル分布に従うとして解析に取り込む．設計荷重とはこの制限荷重に安全率を乗じた荷重であり

$$(設計荷重) = (安全率) \times (制限荷重) \quad (1)$$

とする．荷重という言葉は応力と置き換えてもよい．安全率の代わりに設計係数という用語が使われることが多い．設計係数としては破壊設計係数，降伏設計係数，座屈設計係数など，機能を果たさなくなるモードに対してそれぞれ設定する．実際の構造や材料が破壊，降伏，座屈しない荷重（構造や材料が持つ強度）を許容荷重といい

$$(安全余裕) = \frac{(許容荷重)}{(設計荷重)} - 1 \quad (2)$$

として，この安全余裕（M.S.：margin of safety）が正の値を持つように設計しなければならない．これらの用語の概念を図1に示す．図中でA値，B値とは，航空宇宙での使用材料のデータベースとして世界的に使われているMIL-HDBK-5（アメリカ軍のハンドブックで，現在はMMPDS（Metallic Materials Properties Development and Standardization））で規定されている信頼度で，A値の強度は試験片の99％がそのA値より高い強度を示す値，B値は95％の値である．

2. 機械環境条件と剛性条件

構造については，どのような力が加わるかがわかっていなければ設計は始まらない．まず，ロケット搭載時にどのような荷重がかかるかを考える．衛星の機械環境条件の主要なものは，ロケット搭載時の打ち上げ（lift-off）環境から導かれる．ロケット搭載時での予想される荷重条件（制限荷重）より高い荷重条件で試験（認定試験）を行って，その機械条件に対する耐性を保証する．重要なのは［地上試験での荷重］が［実際にロケット搭載時に受けるであろう最大荷重］よりも大きいことであり，宇宙機の受ける最大荷重は地上試験時の荷重である．

荷重には静的加速度，振動，音響，衝撃，熱がある．まず，静的加速度について図2で説明する．横軸がロケット打ち上げからの経過時間で，縦軸が縦方向の加速度である．設計において考慮する縦方向最大加速度は，動的な振動加速度（0〜5Hz 低周波数成分．だいたい1G 程度を見込む）を加えて準静的加速度と呼び，その値は4G から6G 程度である．横方向の加速度は，推力による静的加速度でなく振動による加速度が主となり，1G 程度である．

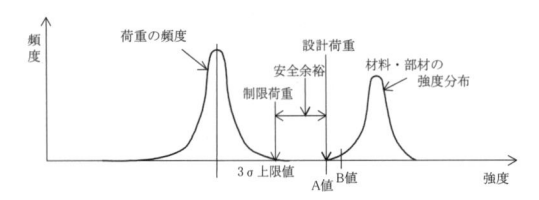

図1 強度と荷重の関係の概念図

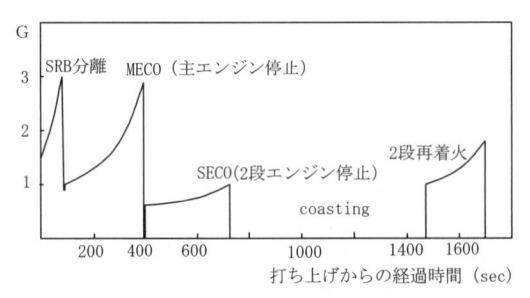

図2 準静的加速度の例

ロケット上昇時には縦方向加速度が支配的であるが，横方向にも多少の加速度が生ずる．ロケットの［動圧×迎え角］の最大時（$q\alpha$-max 時と呼ばれる）も，横方向の荷重として標定となる．

次に，音とランダム振動による荷重を考える．打ち上げ時にはエンジン噴射の振動音響がロケットから直接，あるいは地面に反射してフェアリングを通して衛星に加わる．この音響振動荷重（130〜140 dB 程度の音圧）によって軽量で面積が広い搭載パネル

が加振され，そこに搭載されている機器がランダム振動を受けることになる．搭載機器や2次構造（直接の荷重パス部材ではないが，大型の機器）についてはこれが静的な荷重条件よりも厳しくなることが多い．

一般に，振動で構造が壊れる場合は，共振現象が生じた場合がほとんどである．そのため，宇宙機の設計においても，共振を起こさないようにしっかりと配慮しておかなければならない．設計思想としては，ロケットと衛星の主構体，それに2次構造，衛星内部のミッション機器類の固有振動数を切り離しておいて，振幅が大きくなることを防ぐ．例えば図3のように共振領域を分離してしまう．このため，衛星や機器には最低固有振動数（基本振動数）が何 Hz 以上であることという剛性条件が課せられる．図の例であれば，ロケットの曲げ振動に対して，衛星の最低固有振動数はロケットとの結合部を固定した条件で 30 Hz 以上，展開大型アンテナ（2次構造の一例）は収納状態で衛星本体との結合部固定条件で 40 Hz 以上などという剛性条件を示す．剛性条件を満足していれば，例えば，ロケットに搭載した衛星はロケット側から見ると，第1近似として，ロケットの低次の主要振動に対して剛体として扱えることになる．なお，衛星の2次構造や搭載される各種機器への剛性条件は，衛星のシステム担当が規定する．2次構造と各種搭載機器への剛性条件と最大加速度については，概念設計段階では，過去の類似の衛星構造の実績からマージンを加えて設定される．

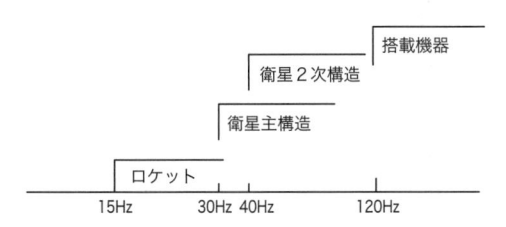

図3 固有振動数の棲み分け例（曲げ振動の場合）

構造の試験を終えたあとは，試験結果により各種機器への条件が見直される．剛性条件が満たされていれば，2次構造や搭載機器は共振に陥らず，基本的に剛体として加速度を受けることになるので，この加速度条件が静的な荷重と等価になる．

3. 設計解析と設計検証

機械環境条件と剛性条件が決まれば，設計解析は普通の機械構造物と同じである．ただし，究極の軽量化を目指した設計であるので，薄板構造設計として座屈破壊は常に考慮しておかなければならない．宇宙での解析ツールは有限要素法の NASTRAN がデファクトスタンダードであるが，部分構造データのやり取りをしない場合には，ANSYS や ABAQUS なども使われる．これらの解析で注意しなければならないのは，有限要素法での解析結果は応力分布を与えるのみで，その結果に基づいて，破壊モードを考えた強度計算をさらに行わなければならないことである．例えば，座屈を意識しなければ，有限要素計算では圧縮応力が大きくなる結果を示すのみである．

剛性条件については，基本的に固有振動解析で対応する．ローカル振動とグローバルな振動を識別するため，有効モード質量が使われる．

設計検証としては，ロケット搭載時での予想される荷重条件（制限荷重）より高い荷重条件で試験（認定試験）を行って，その機械条件に対する耐性を保証する．

表1 解析の種類

項 目	説 明
荷重解析	前項に示した条件設定
構造解析	応力解析，破壊モード
クリアランス解析	変形
熱解析	熱的応答，熱歪み
音響・衝撃解析	音と衝撃に関する解析

4. 高精度構造要求

衛星のミッション要求はどんどん高度になっている．その中で観測に使われるアンテナや望遠鏡の口径が大きければ大きいほど，分解能や感度において有利である．しかし，アンテナを大きくしても，形状誤差が大きいアンテナでは困るわけで，許容できる鏡面の誤差（理論的なパラボラ面からの誤差）は，使われている観測波長の約 1/20 程度である．例えば Ka バンド（波長 11.1〜7.5 mm）を使うのであれば，鏡面精度は RMS 値で 0.4 mm となる．このような誤差の中で大きいのが熱歪みで，材料として熱膨張係数が小さいものを使うとか，熱の影響が小さい構造形態を目指すとかしなければならない．アンテナ以外でも，星を見るセンサなどの取り付け誤差に，構造パネルの熱歪みは大きく影響する．

動的な問題としては，アンテナなどの指向性能要求があり，ミリ秒角（4 km 先の1円玉の視直径）以下の性能を要求するミッションが多くなっている．従来は低次の構造振動のみが問題となっていたが，今まで無視してよかった衛星内部で発生する機器の運転による微小擾乱，およびその構造伝達による増幅が問題となり始めている． ［小松 敬治］

参 考 文 献

[1] T.P. Sarafin (ed.), *Spacecraft Structures and Mechanisms*, Microcosm, Inc., 1995.

複合材解析

analysis of composites

航空宇宙構造に使われる材料は，単に高強度・高剛性（高弾性）のみでなく，軽量性が要求される．繊維強化複合材料はこのような要求を満たすものとして，しだいにその適用範囲が広がっている．最新の旅客機では熱的な条件が厳しいエンジン周りや荷重密度が特に大きい脚などを除き，主翼，尾翼，胴体などほぼ全ての部位の複合材料化が実現している．最新の旅客機では，機体の構造重量の 50％ を炭素繊維強化樹脂複合材料（CFRP：carbon fiber reinforced plastics）が占めるまでになっている．CFRP は直径約 7 ミクロン程度の炭素繊維を樹脂で固めたもので，繊維の体積含有率は 55〜65％ のものが多く用いられる．

1. 複合材料の特徴：マルチスケール性

金属材料では，その剛性や強度などの力学的性質の見積もりは，棒や平板の試験片で実際に測定することで，比較的汎用性を持ったデータが得られる．これに対し，複合材料では繊維と樹脂の割合や，繊維の配置方法によって，その強度や剛性は大きく変化する．つまり，高強度・高剛性の繊維が複合材料の性質を支配しており，微視的には不均質性を有し，巨視的には極めて強い異方性（方向によって性質が変わる状況）を呈する．逆に言えば，繊維が配向されていない方向には，低強度・低剛性の樹脂の性質が強く表れる．このように，異質な材料を微視的に組み合わせて作られている繊維強化複合材料を解析的に扱うためには，その目的に合致した寸法的な階層での解析を行う必要がある．いわゆるマルチスケール性を考慮して，どのレベルに着目するかを考えて解析する必要がある．

例えば，複合材料の弾性率を求めることを考える．その目的が，性質が既知の繊維と樹脂を組み合わせて得られる複合材料の巨視的な異方性弾性率を求めることであれば，異方性を有する繊維を一般的に等方性の樹脂の中にいかに並べるかというレベルから，解析モデルを構築する必要がある．その際，表 1 に示すようなことを，製作方法や実際の複合材料の観察などから得られた情報に基づいて考慮する．その結果解析で得られた物性は，次のスケールの解析に用いる繊維強化複合材料の，素材としての巨視的に見て均質な平均化された異方性弾性である．

高性能複合材料は多くの場合，繊維を特定の一方向に配することで，このような異方性を持つ薄い単層板と呼ばれる板を作り，さらにそれらを積層して積層板として用いる．これは，単層板では繊維の配列が特定の方向に偏っていて，繊維が配向されていない方向には極端な低強度，低剛性を示すため，実用面から期待されるような多方向に高性能な板が得られないという理由による．

2. 単層板の構成方程式 [1]

さて，材料の 3 次元構成方程式は次式で表される．

$$\varepsilon_{\alpha\beta} = S_{\alpha\beta\gamma\delta}\sigma_{\gamma\delta} \quad (\alpha,\beta,\gamma,\delta=1,2,3) \quad (1)$$

ここで $\varepsilon_{\alpha\beta}$, $\sigma_{\gamma\delta}$ はそれぞれ歪みテンソル，応力テンソル，$S_{\alpha\beta\gamma\delta}$ はコンプライアンステンソルである．歪みテンソルと応力テンソルが対称テンソルであることを考慮して，6 次元ベクトルで表して，式 (1) をマトリクス形式にすると，

$$\varepsilon_i = S_{ij}\sigma_j \quad (i,j=1,2,\ldots,6) \quad (2)$$

となる．ここで ε_i, σ_j は歪みベクトル，応力ベクトル，S_{ij} はコンプライアンスマトリクスであり，対称 ($S_{ij}=S_{ji}$) である．通常用いられる繊維強化複合材料は直交異方性を示すことを利用して，式 (2) を主軸方向（1, 2, 3 軸方向）で書き下すと，

$$\begin{Bmatrix} \varepsilon_1 \\ \varepsilon_2 \\ \varepsilon_3 \\ \gamma_{23} \\ \gamma_{31} \\ \gamma_{12} \end{Bmatrix} = \begin{bmatrix} \frac{1}{E_1} & -\frac{\nu_{21}}{E_2} & -\frac{\nu_{31}}{E_3} & 0 & 0 & 0 \\ -\frac{\nu_{12}}{E_1} & \frac{1}{E_2} & -\frac{\nu_{32}}{E_3} & 0 & 0 & 0 \\ -\frac{\nu_{13}}{E_1} & -\frac{\nu_{23}}{E_2} & \frac{1}{E_3} & 0 & 0 & 0 \\ 0 & 0 & 0 & \frac{1}{G_{23}} & 0 & 0 \\ 0 & 0 & 0 & 0 & \frac{1}{G_{31}} & 0 \\ 0 & 0 & 0 & 0 & 0 & \frac{1}{G_{12}} \end{bmatrix} \begin{Bmatrix} \sigma_1 \\ \sigma_2 \\ \sigma_3 \\ \tau_{23} \\ \tau_{31} \\ \tau_{12} \end{Bmatrix}$$

(3)

となる．ここで，$S_{ij}=S_{ji}$ より，$\frac{\nu_{ij}}{E_i}=\frac{\nu_{ji}}{E_j}$ の性質がある．また，せん断歪み γ_{ij} は工学歪みで，テンソル歪みの 2 倍（$\gamma_{23}=2\varepsilon_{23}$ など）であることに注意する．繊維を全て同じ方向に配した一方向強化材料の場合は，1 軸方向をその繊維方向にとるのが一般的である．

通常，高性能 CFRP は単層板を積層した積層板の形で用いられるが，積層板の簡略化した解析では，平面応力の仮定（$\sigma_3=\tau_{23}=\tau_{31}=0$）を導入するので，式 (3) で与えられる複合材料の直交異方性構成方程式から 1, 2 軸面内の構成方程式だけを取り出して，さらに以降の扱いのために熱歪みも考慮すると，

表1 繊維と樹脂の複合のモデル化で考慮すべき項目

項目	繊維の配置方向	繊維の配列方法	繊維の性質	繊維と樹脂の界面
選択肢	一方向（一方向材）or 多方向（織物，編物）	周期性有（六角形配列，列状配列など）or 周期性無（不規則配列）	等方性 or 異方性（軸対称有 or 無）	完全接着（相対変位無）or 非接着（相対変位を許容）

$$\begin{Bmatrix} \varepsilon_1 \\ \varepsilon_2 \\ \gamma_{12} \end{Bmatrix} - \begin{Bmatrix} \alpha_1 \\ \alpha_2 \\ 0 \end{Bmatrix} \Delta T = \begin{bmatrix} S_{11} & S_{12} & 0 \\ S_{21} & S_{22} & 0 \\ 0 & 0 & S_{66} \end{bmatrix} \begin{Bmatrix} \sigma_1 \\ \sigma_2 \\ \tau_{12} \end{Bmatrix} \quad (4)$$

となり，これを単層板の主軸方向の構成方程式として用いる．ここで，新たに導入した熱歪みに関わる量 $\alpha_1, \alpha_2, \Delta T$ は，それぞれ1軸方向，2軸方向の熱膨張係数と温度変化である．さらに，積層板を構成する際に，必要に応じて各層は主軸方向を傾けて重ねるため，単層板を面内で回転した構成方程式も必要になる．これは，図1のように1軸が繊維方向ならば，これがグローバル座標（例えば部材の主方向などに合わせて定めた座標）の x 軸から θ 回転している場合，歪みと応力の変換則を考慮して，xy 座標で表した構成方程式は，

$$\begin{Bmatrix} \varepsilon_x \\ \varepsilon_y \\ \gamma_{xy} \end{Bmatrix} - \begin{Bmatrix} \alpha_x \\ \alpha_y \\ \alpha_{xy} \end{Bmatrix} \Delta T = \begin{bmatrix} \bar{S}_{11} & \bar{S}_{12} & \bar{S}_{16} \\ \bar{S}_{12} & \bar{S}_{22} & \bar{S}_{26} \\ \bar{S}_{16} & \bar{S}_{26} & \bar{S}_{66} \end{bmatrix} \begin{Bmatrix} \sigma_x \\ \sigma_y \\ \tau_{xy} \end{Bmatrix} \quad (5)$$

と表される．ここで，変換されたコンプライアンスマトリクスの成分 $\bar{S}_{ij}$ は，

$$\begin{aligned}
\bar{S}_{11} &= S_{11}c^4 + S_{22}s^4 + (2S_{12} + S_{66})c^2s^2 \\
\bar{S}_{12} &= (S_{11} + S_{22} - S_{66})c^2s^2 + S_{12}(c^4 + s^4) \\
\bar{S}_{22} &= S_{11}s^4 + S_{22}c^4 + (2S_{12} + S_{66})c^2s^2 \\
\bar{S}_{16} &= (2S_{11} - 2S_{12} - S_{66})c^3s \\
&\quad - (2S_{22} - 2S_{12} - S_{66})cs^3 \\
\bar{S}_{26} &= (2S_{11} - 2S_{12} - S_{66})cs^3 \\
&\quad - (2S_{22} - 2S_{12} - S_{66})c^3s \\
\bar{S}_{66} &= 2(2S_{11} + 2S_{22} - 4S_{12} - S_{66})c^2s^2 \\
&\quad + S_{66}(c^4 + s^4)
\end{aligned} \quad (6)$$

ただし，$s = \sin\theta, c = \cos\theta$

となる．また，変換された熱膨張係数は，

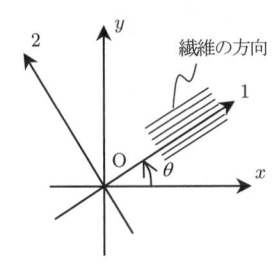

図1 単層板の面内での座標変換

$$\begin{Bmatrix} \alpha_x \\ \alpha_y \\ \alpha_{xy} \end{Bmatrix} = \begin{bmatrix} \cos^2\theta & \sin^2\theta & -\sin\theta\cos\theta \\ \sin^2\theta & \cos^2\theta & \sin\theta\cos\theta \\ 2\sin\theta\cos\theta & -2\sin\theta\cos\theta & \cos^2\theta - \sin^2\theta \end{bmatrix} \begin{Bmatrix} \alpha_1 \\ \alpha_2 \\ 0 \end{Bmatrix} \quad (7)$$

である．

3. 積層板の構成方程式

単層板を積層した積層板において，従来の均質等方性材料と同じように板あるいはシェルとして解析を行う場合，積層板を今度は厚さ方向に均質化した構成方程式が必要になる．前述のように各層を回転させた構成方程式を用い，積層板の挙動をベルヌーイ–オイラー（B–E）の仮説に基づく低次の板理論によって求める理論が，古典積層理論（classical lamination theory）と呼ばれるものである．この理論で用いる構成方程式は，B–E の仮説に基づく板の歪みを次式で表すことから始める．

$$\begin{Bmatrix} \varepsilon_x \\ \varepsilon_y \\ \gamma_{xy} \end{Bmatrix} = \begin{Bmatrix} \varepsilon_x^0 \\ \varepsilon_y^0 \\ \gamma_{xy}^0 \end{Bmatrix} + z \begin{Bmatrix} \kappa_x \\ \kappa_y \\ \kappa_{xy} \end{Bmatrix} \quad (8)$$

ここで，右辺の1番目，2番目の括弧内は，それぞれ板の中央面の歪みと曲率で，

$$\begin{Bmatrix} \varepsilon_x^0 \\ \varepsilon_y^0 \\ \gamma_{xy}^0 \end{Bmatrix} = \begin{Bmatrix} \frac{\partial u^0}{\partial x} \\ \frac{\partial v^0}{\partial y} \\ \frac{\partial u^0}{\partial y} + \frac{\partial v^0}{\partial x} \end{Bmatrix}$$

$$\begin{Bmatrix} \kappa_x \\ \kappa_y \\ \kappa_{xy} \end{Bmatrix} = \begin{Bmatrix} -\frac{\partial^2 w}{\partial x^2} \\ -\frac{\partial^2 w}{\partial y^2} \\ -2\frac{\partial^2 w}{\partial x \partial y} \end{Bmatrix} \quad (9)$$

である．この中で u^0, v^0 は積層板の中央面の面内変位，w は面外変位である．これを，式 (5) の逆関係に代入して，さらに熱歪みも考慮すると

$$\begin{Bmatrix} \sigma_x \\ \sigma_y \\ \tau_{xy} \end{Bmatrix}_k = \begin{bmatrix} \bar{Q}_{11} & \bar{Q}_{12} & \bar{Q}_{16} \\ \bar{Q}_{12} & \bar{Q}_{22} & \bar{Q}_{26} \\ \bar{Q}_{16} & \bar{Q}_{26} & \bar{Q}_{66} \end{bmatrix}_k \cdot$$

$$\left(\begin{Bmatrix} \varepsilon_x^0 \\ \varepsilon_y^0 \\ \gamma_{xy}^0 \end{Bmatrix} + z \begin{Bmatrix} \kappa_x \\ \kappa_y \\ \kappa_{xy} \end{Bmatrix} - \begin{Bmatrix} \alpha_x \\ \alpha_y \\ \alpha_{xy} \end{Bmatrix}_k \Delta T \right) \quad (10)$$

が得られる．ここで，左辺は第 k 層の応力，右辺の $[\bar{Q}_{ij}]_k$ は第 k 層の剛性マトリクスで，$[\bar{Q}_{ij}]_k = [\bar{S}_{ij}]_k^{-1}$ である．積層板の一般化力として次の合応力と合モーメントを考える．

$$(N_x, N_y, N_{xy}) = \int_{-\frac{t}{2}}^{\frac{t}{2}} (\sigma_x, \sigma_y, \tau_{xy}) \, dz$$
$$= \sum_{k=1}^{N} \left\{ \int_{z_{k-1}}^{z_k} \left[(\sigma_x)_k, (\sigma_y)_k (\tau_{xy})_k \right] dz \right\} \tag{11}$$

$$(M_x, M_y, M_{xy}) = \int_{-\frac{t}{2}}^{\frac{t}{2}} (\sigma_x, \sigma_y, \tau_{xy}) \cdot z \, dz$$
$$= \sum_{k=1}^{N} \left\{ \int_{z_{k-1}}^{z_k} \left[(\sigma_x)_k, (\sigma_y)_k (\tau_{xy})_k \right] \cdot z \, dz \right\} \tag{12}$$

ここで，k は第 k 層を表し，N は層の総数で，z_{k-1}，z_k は第 k 層の両（z 方向）表面の座標である（図 2）．この両式に式 (10) の応力を代入することで，

$$\begin{Bmatrix} N_x \\ N_y \\ N_{xy} \end{Bmatrix} = \begin{bmatrix} A_{11} & A_{12} & A_{16} \\ A_{12} & A_{22} & A_{26} \\ A_{16} & A_{26} & A_{66} \end{bmatrix} \begin{Bmatrix} \varepsilon_x^0 \\ \varepsilon_y^0 \\ \gamma_{xy}^0 \end{Bmatrix}$$
$$+ \begin{bmatrix} B_{11} & B_{12} & B_{16} \\ B_{12} & B_{22} & B_{26} \\ B_{16} & B_{26} & B_{66} \end{bmatrix} \begin{Bmatrix} \kappa_x \\ \kappa_y \\ \kappa_{xy} \end{Bmatrix} - \begin{Bmatrix} N_x^T \\ N_y^T \\ N_{xy}^T \end{Bmatrix} \tag{13}$$

$$\begin{Bmatrix} M_x \\ M_y \\ M_{xy} \end{Bmatrix} = \begin{bmatrix} B_{11} & B_{12} & B_{16} \\ B_{12} & B_{22} & B_{26} \\ B_{16} & B_{26} & B_{66} \end{bmatrix} \begin{Bmatrix} \varepsilon_x^0 \\ \varepsilon_y^0 \\ \gamma_{xy}^0 \end{Bmatrix}$$
$$+ \begin{bmatrix} D_{11} & D_{12} & D_{16} \\ D_{12} & D_{22} & D_{26} \\ D_{16} & D_{26} & D_{66} \end{bmatrix} \begin{Bmatrix} \kappa_x \\ \kappa_y \\ \kappa_{xy} \end{Bmatrix} - \begin{Bmatrix} M_x^T \\ M_y^T \\ M_{xy}^T \end{Bmatrix} \tag{14}$$

が得られる．ここで，

$$\begin{aligned} A_{ij} &= \sum_{k=1}^{N} (\bar{Q}_{ij})_k (z_k - z_{k-1}) \\ &\qquad\qquad\qquad : \text{面内剛性} \\ B_{ij} &= \frac{1}{2} \sum_{k=1}^{N} (\bar{Q}_{ij})_k (z_k^2 - z_{k-1}^2) \\ &\qquad\qquad\qquad : \text{カップリング剛性} \\ D_{ij} &= \frac{1}{3} \sum_{k=1}^{N} (\bar{Q}_{ij})_k (z_k^3 - z_{k-1}^3) \\ &\qquad\qquad\qquad : \text{曲げ剛性} \end{aligned} \tag{15}$$

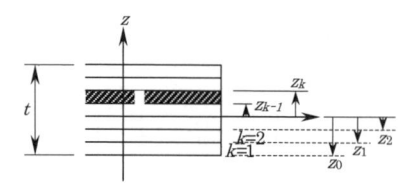

図 2 積層板の層と各層の表面の座標

$$\begin{Bmatrix} N_x^T \\ N_y^T \\ N_{xy}^T \end{Bmatrix} = \sum_{k=1}^{N} \begin{bmatrix} \bar{Q}_{11} & \bar{Q}_{12} & \bar{Q}_{16} \\ \bar{Q}_{12} & \bar{Q}_{22} & \bar{Q}_{26} \\ \bar{Q}_{16} & \bar{Q}_{26} & \bar{Q}_{66} \end{bmatrix}_k \begin{Bmatrix} \alpha_x \\ \alpha_y \\ \alpha_{xy} \end{Bmatrix}_k \cdot (z_k - z_{k-1}) \Delta T \tag{16}$$

$$\begin{Bmatrix} M_x^T \\ M_y^T \\ M_{xy}^T \end{Bmatrix} = \frac{1}{2} \sum_{k=1}^{N} \begin{bmatrix} \bar{Q}_{11} & \bar{Q}_{12} & \bar{Q}_{16} \\ \bar{Q}_{12} & \bar{Q}_{22} & \bar{Q}_{26} \\ \bar{Q}_{16} & \bar{Q}_{26} & \bar{Q}_{66} \end{bmatrix}_k \begin{Bmatrix} \alpha_x \\ \alpha_y \\ \alpha_{xy} \end{Bmatrix}_k \cdot (z_k^2 - z_{k-1}^2) \Delta T \tag{17}$$

である．式 (13),(14) が積層板の板としての構成方程式である．式 (16),(17) を導く際は，温度変化 ΔT が板内で一定であることを仮定している．この板としての剛性を通常の解析スキームに組み入れることで，積層板の巨視的な挙動の解析を行っている．また，これを使って積層板の破壊進展を扱う場合，設定された破壊則に達した層において，対象となる破壊モードに対応した弾性率を再定義し，上記の板の剛性を再計算して次のステップの応力や歪みを求める，という逐次破壊進展解析が行われることが多い．

なお，複合材料積層板の場合，積層板として形を作る（成形）の際の温度が部材の使用温度より高いことが多く，成形温度から使用温度に戻したときに各構成層が持つ異なる変形性向（残留熱歪み）により，全体として残留変形が生じたり，あるいは内部に残留応力が生じていることが多く，この熱弾性的影響を入れることが強く推奨される．

4. 詳細解析技術の必要性と問題点 [2],[3]

上記の積層板の解析で得られる各層の応力や歪みは，あくまでそれぞれ別の異方性あるいは異方性主軸を持つ層を重ねて均質化した板としての挙動から求めるものである．一方で，複合材料積層板の実構造で問題となる破壊現象は，多くの場合層と層の間の剥れ（層間剥離）や特定の層内の樹脂の割れ（マトリクスクラック）である．層間剥離の発生や進展を予測する場合には，層間に作用する応力を求める必要があり，古典積層理論に基づく解析はこの層間応力には対応できない．また，マトリクスクラックは，その発生は古典積層理論で予測できても，この損傷発生後は層間の応力伝達があるため，やはり古典積層理論では対応できない．それゆえ，より厳密な 3 次元解析が必要になる場合も多い．また，積層板の孔周り，補強部分，継ぎ手部や金具部材などは，明らかに 3 次元の扱いを必要とする典型的な解析対象である．

特に破壊進展シミュレーションなどにおいては，欠陥や性質のばらつきなどがない理想的な状態をモデル化することによる層レベル以下の詳細な応力や歪みの解析では，必ずしも破壊現象などを正確に再

現できないことに注意する必要がある．詳細な3次元などの解析が必要な場合は，以下に代表される材料のばらつきなどの影響を，どの程度考慮するべきかを適切に判断することが望ましい．
- 繊維の局所的なうねり，繊維分布の偏在などの影響
- ボイド（空隙）の影響
- 繊維/樹脂界面の接着不良，層間の接着不良の影響
- 層の厚さ分布の影響
- 樹脂の局所的な性能のばらつきの影響

ここに挙げた量はいずれも，多くの場合成形プロセスで現れるもので，定量的に解析モデルに含めることは難しいが，詳細な解析においては考慮を要する場合が多い．つまり，実物での再現性を担保することは難しく，複合材料構造の品質保証あるいは信頼性確保の上で極めて扱いにくい問題とされている．

5. 破壊力学的アプローチ

複合材料分野でも金属を対象とする場合と同様に，損傷進展を予測するために確定論的なモデル化をあえて行い，破壊力学的な手法を用いる場合が多くなっている．上述の層間剥離やマトリクスクラックの進展は，破壊力学で言う亀裂進展問題として扱いやすく，エネルギー解放率や応力拡大係数を使った損傷進展評価が広く行われている．亀裂先端の応力場を考えると，異種の異方性弾性率を持つ2つの層間の剥離や，この層間に端部があるマトリクスクラックでは，応力場の持つ特異性が振動性を示すため [3]，等方性材料の応力拡大係数をそのまま使うことはできない．これに対し，エネルギー解放率は系のエネルギーを扱う点で物理的な意味が明確で，複合材料分野では後者が多く用いられている．

エネルギー解放率 G は，亀裂の進展に伴って生じる全エネルギーの変化から得られるもので，ここではポテンシャルエネルギー Π を使って，

$$G = -\frac{\partial \Pi}{\partial A} \quad (18)$$

で定義する．ここで A は亀裂面積である．G は解析的に求められる場合もあるが，一般的には有限要素法と組み合わされ，いわゆる仮想亀裂閉口法（virtual crack closure method）によって求められる．これは，エネルギー解放率 G が亀裂進展に伴って得られる系の全エネルギーの変化であることから，亀裂進展の過程を逆に辿ることで G を求める方法である．つまり，亀裂進展に伴う全エネルギーの変化を，逆に亀裂面に仮想的な力を加えてこれを閉じさせるために要する仕事として求める．例えば層間剥離が Δa だけ進展する状態を模擬することにより（図3），エ

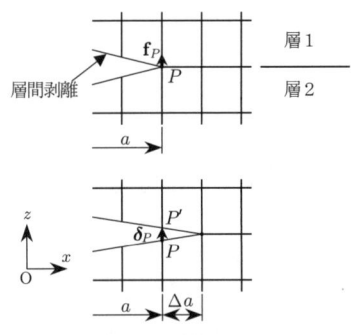

図 3 有限要素法における層間剥離進展のモデル化

ネルギー解放率は，

$$G = \frac{1}{2\Delta a}(f_{Px}\delta_{Px} + f_{Py}\delta_{Py} + f_{Pz}\delta_{Pz}) \quad (19)$$

で計算される．ここで，$\mathbf{f}_P = (f_{Px}, f_{Py}, f_{Pz})$ は剥離長さ a における剥離先端 P 点の節点力，$\boldsymbol{\delta}_P = (\delta_{Px}, \delta_{Py}, \delta_{Pz})$ は剥離長さ $a + \Delta a$ における P 点の剥離上下面間の相対変位である．

剥離の進展を模擬したモデルによってエネルギー解放率が得られると，実際の構造内で剥離が進展するか否かの判定は，この計算結果を剥離進展条件に照らし合わせることで行う．簡単には，この進展条件は材料の固有の値 G_C を用いて，

$$G \geqq G_C \quad (20)$$

で与えられる．G_C は破壊靭性値と呼ばれる．一方で，実験的な考察から，この破壊靭性値は，剥離やマトリクスクラックなどの進展時のモードに依存することが知られている [2]．繊維強化複合材料の破壊進展の際に，このモードの寄与をどう扱うかについては，個々の材料から得られる実験データに基づいて判断することが必要である． ［青木隆平］

参 考 文 献

[1] Robert M Jones, *Mechanics of Composite Materials*, 2nd ed., Taylor & Francis, 1998.
[2] 邉 吾一, 石川隆司 編著, 先進複合材料工学, 培風館, 2005.
[3] 結城良治 編著, 界面の力学, 培風館, 1993.

宇宙機軌道解析
spacecraft orbit analysis

本項目では，宇宙機の軌道運動（並進運動）に関わる解析について，その数理的側面に着目しながら紹介する．まず軌道解析について俯瞰した後，その根幹となる軌道生成について詳述する．

1. 宇宙機の軌道解析

宇宙機の軌道運動に関わる解析としては，計画初期のミッション設計，宇宙機設計条件導出のための軌道計画，運用段階での制御計画立案や軌道決定などが挙げられる．

様々な段階で行われる軌道設計（orbit design）では，ミッション要求を満足するような軌道要素を定めたり，目標状態に到達するための初期条件や最適な制御方法を求めたりすることになる．数学的に言えば，非線形方程式を解いたり，非線形関数の最小値を求めることになる．また，運用段階での軌道決定（orbit determination）においては観測データをもとに宇宙機の軌道を定めるわけだが，これは数学的に言えば最尤推定値を求めていることになる．

ここで挙げたような操作に用いる手法自身は，準ニュートン法であったり，重み付き最小2乗法であったり，ごく一般的なものである．軌道解析を特徴付けているのは，これら操作の対象が軌道の特性やパラメータである点，そしてそれを算出するためには軌道を生成する必要があるという点にある．

以降，軌道解析の根幹となる軌道生成について掘り進めていく．

2. 軌道生成

与えられた条件（初期状態など）に基づき，宇宙機の位置・速度の時間履歴を求めることを軌道生成（orbit generation）あるいは軌道伝播（orbit propagation）という．

軌道生成には様々な方法があり，それぞれに得失がある．求められる精度，許容される計算量などを考慮して，適切な方法を選択する必要がある．

多くの場合，宇宙機には中心天体の重力だけが働いていると近似することができる（二体問題）．二体問題下の宇宙機の軌道は2次曲線となる（ケプラー軌道）．初期条件が与えられればケプラー軌道の軌道要素が定まり，それを用いて任意の時刻の宇宙機の位置・速度を解析的に求めることができる．

実際には，中心天体の重力以外の力も宇宙機に働く．中心天体以外の天体（第3天体）の重力，中心天体の重力場の非球状成分，大気抵抗，太陽輻射，宇宙機自身の制御推力などの摂動力である．一般に，摂動力は中心天体の重力に比べると微小なので，軌道要素をゆっくりと変化させる．軌道要素についての運動方程式を微小な摂動加速度について展開する方法が一般摂動法（general perturbation method）であり，軌道全体の振る舞い，摂動の影響についての分析に適する．

摂動力を考慮した運動方程式を数値的に積分する方法が特別摂動法（special perturbation method）である．全ての摂動を近似なしに取り扱える特別摂動法は，最も精度良く軌道を生成できる方法であり，一方で計算量を要する方法でもある．

以降，特別摂動法について詳述する．

3. 特別摂動法

摂動加速度を考慮した運動方程式を数値的に積分する特別摂動法のうち，直交座標系における運動方程式(1)を用いるものを Cowell の方法と呼ぶ．

$$\ddot{r} = a(t, r, \dot{r}) \quad (1)$$

r は宇宙機の位置，a は加速度，t は時刻である．この2階の微分方程式を，$x = \begin{bmatrix} r^T & \dot{r}^T \end{bmatrix}^T$ として1階の微分方程式に組み替えると，数多の常微分方程式の数値解法を適用することができる．

常微分方程式の解法には，単段法（ルンゲ–クッタ法など），多段法（Adams–Bashforth–Moulton 法など），外挿法（Gragg–Bulirsch–Stoer 法など）があり，精度，計算量，実装性などで得失がある．

ここでは代表例として，4次のルンゲ–クッタ法を紹介する．4次のルンゲ–クッタ法では，時刻 t_0 の状態 x_0 をもとに，微小時間 h だけ進んだ時刻 $t_0 + h$ の状態の近似値 $\hat{x}$ を求めるため，まず4つの傾き

$$\dot{x}_1 = a(t_0, x_0)$$
$$\dot{x}_2 = a\left(t_0 + \frac{h}{2}, x_0 + \frac{h}{2}\dot{x}_1\right)$$
$$\dot{x}_3 = a\left(t_0 + \frac{h}{2}, x_0 + \frac{h}{2}\dot{x}_2\right)$$
$$\dot{x}_4 = a(t_0 + h, x_0 + h\dot{x}_3)$$

を順次求める．次にこれらを用いて $\hat{x}$ を

$$\hat{x} = x_0 + \frac{h}{6}(\dot{x}_1 + 2\dot{x}_2 + 2\dot{x}_3 + \dot{x}_4) \quad (2)$$

より求める．式(2)の右辺は，x の t_0 周りのテイラー展開と h^4 の項まで一致し（これが「4次」の意味である），打ち切り誤差は h^5 のオーダーとなる．

打ち切り誤差を小さくする1つの方法はステップ幅 h を小さくすることだが，h が小さすぎると，一定期間の積分に要するステップ数が増えて計算量が増えるし，丸め誤差も増大してしまう．

打ち切り誤差を小さくするもう1つの方法は, x の t_0 周りのテイラー展開と, より高次の項まで一致する高次の公式を用いることである. これにより打ち切り誤差の次数が高くなり, 誤差が小さくなる.

精密な軌道生成の場合, 計算時間の多くは複雑な非積分関数 a の評価に費やされるので, a の評価回数を減らすことが計算時間の短縮に繋がる.

誤差の次数が高い高次の公式を用いれば, 誤差を抑制しながら, より大きいステップ幅 h をとることができる. 結果, 一定期間の積分に要するステップ数, そして a の評価回数を減らすことができ, 精度を保ちながら計算時間を短縮することが可能になる.

以上, ルンゲ–クッタ法を例にとって, 次数と精度, 計算時間の関係を論じてきたが, 同様な関係は, 他の常微分方程式の数値解法にも当てはまる.

4. 効率化の技法

軌道生成は様々な軌道解析に組み込まれ, 時に繰り返し計算にも供される. そのため, 軌道生成の計算時間短縮は, 広く軌道解析の効率化に繋がる.

ここでは, 軌道生成の計算時間を短縮するためのいくつかの技法を紹介する.

4.1 積分ステップ幅の制御

同じ次数の積分公式を用いていても, 状態 x の時間変化の緩急により, x の振る舞いを近似する精度は変わる. x の変化が緩やかな領域では高次の項の寄与が減るので, 誤差を抑制しながら, より大きいステップ幅 h をとることができる.

この考えに基づき, 各積分ステップで生ずる局所誤差を評価しながら, 積分ステップ幅を適応的に調整していく解法がある (ルンゲ–クッタ–Fehlberg 法など). x の変化の緩急が顕著な長楕円軌道や, 惑星間軌道の生成において特に有用である. 例えば楕円軌道の場合, x の変化が緩やかな遠点付近は大きなステップで, x の変化が急な近点付近は小さなステップで進み, 軌道を通して均等に誤差を抑制しながら, より少ないステップ数, より短い計算時間で軌道を生成することができる.

局所誤差の評価には, より高次の公式を用いて得られた結果との差や, 多段階法の場合には予測子と修正子との差などが用いられる.

4.2 2階の微分方程式向けの解法

運動方程式 (1) の右辺 a の算出に $\dot{r}$ を使用しない場合には, $x = \begin{bmatrix} r^T & \dot{r}^T \end{bmatrix}^T$ を導入して1階の微分方程式に組み替える代わりに, $a(t, r)$ を直接2回積分する方法 (ルンゲ–クッタ–Nystroem 法など) を用いることができる.

この方法の場合, 同じ次数の近似式を, より少ない a の評価回数で構成することができ, 計算時間を短縮できる. 例えば4次のルンゲ–クッタ法では1ステップに a を4回評価する必要があるが, 4次のルンゲ–クッタ–Nystroem 法なら3回で済む.

主要な摂動加速度のうち, その算出に $\dot{r}$ を使用するのは大気抵抗だけであり, 大気の影響がない惑星間軌道の生成などでは, この方法が使用できる.

4.3 Encke の方法

宇宙機に働く全ての加速度を積分する Cowell の方法と異なり, Encke の方法では摂動加速度だけを積分する.

運動方程式 (1) の右辺を, 中心天体の重力加速度と摂動加速度 a_p に分けると, μ を重力定数として

$$\ddot{r} = -\frac{\mu}{r^3}r + a_p(t, r, \dot{r}). \tag{3}$$

時刻 t_0 における接触軌道を r_{osc} とすると

$$\ddot{r}_{\text{osc}} = -\frac{\mu}{r_{\text{osc}}^3}r_{\text{osc}}. \tag{4}$$

式 (3),(4) より, 宇宙機の軌道 r の接触軌道 r_{osc} からの偏差 $\delta = r - r_{\text{osc}}$ についての運動方程式

$$\ddot{\delta} = \frac{\mu}{r_{\text{osc}}^3}\left\{\left(1 - \frac{r_{\text{osc}}^3}{r^3}\right)r - \delta\right\} + a_p \tag{5}$$

が得られる. 中心天体の重力加速度を含まない式 (5) の右辺は, Cowell の方法の被積分関数 a よりずっと小さいので, 同じ次数の積分公式を用いても打ち切り誤差は小さくなる. 逆に言えば, 精度を保ちながら, より大きいステップ幅 h をとることができ, 計算時間を短縮できる.

Encke の方法の特性を生かすには, 式 (5) の右辺を十分に小さく保つ必要がある. そのため, 基準となる接触軌道との乖離が大きくなった場合には, 新たな接触軌道を基準として設定し直す必要がある.

計算機の能力が上がった今日では, 実用上必要な精度は Cowell の方法でも実現できる場合が多い. そのため, 実装が複雑になる Encke の方法が用いられることは少なくなったが, 誤差の抑制方法として重要な考え方なので, ここで紹介することにした.

[川 勝 康 弘]

参 考 文 献

[1] David A. Vallado, *Fundamentals of Astrodynamics and Applications*, Kluwer Academic Publishers, 2001.

[2] Oliver Montenbruck, Eberhard Gill, *Satellite Orbits*, Springer, 2000.

[3] R.H. Battin, *An Introduction to the Mathematics and Methods of Astrodynamics* (AIAA Education Series), 1987.

人工衛星の姿勢・振動解析技術

analytical technology for attitude/vibration motion of artificial satellite and flexible space structures

人工衛星の姿勢解析ならびに姿勢/振動制御は，指向精度性能などに関わるため，運用にあたって重要な性能である [1]．ここでは，人工衛星の受動型ならびに能動型姿勢制御，さらに柔軟宇宙構造物の姿勢/振動制御についてまとめる [2],[3]．

1. 姿勢座標系 [4]

地球を周回する衛星について，軌道座標軸は地球中心方向，軌道速度方向，そして軌道面に垂直な方向の軸からなる正規直交系にとるのが一般的である．それに対する衛星固定座標軸の関係である姿勢は，1) 直交系に対する単位ベクトルの成分からなる方向余弦行列 $[\mathbf{A}]$，2) 3軸に対して各々順に回転させたオイラー角，そして，3) 四元数（クォータニオン）ベクトル

$$\mathbf{q} = q_4 + \mathbf{i}q_1 + \mathbf{j}q_2 + \mathbf{k}q_3 \tag{1}$$

などで表される．ここで，$|\mathbf{q}|=1$ であり，$\mathbf{i},\mathbf{j},\mathbf{k}$ は次の関係を満たす単位ベクトルである：

$$\mathbf{i}^2 = \mathbf{j}^2 = \mathbf{k}^2 = -1,\ \mathbf{ij} = -\mathbf{jk} = \mathbf{k},$$
$$\mathbf{jk} = -\mathbf{kj} = \mathbf{i},\ \mathbf{ki} = -\mathbf{ik} = \mathbf{j}. \tag{2}$$

2. 姿勢運動に対する主な外乱

衛星の姿勢に対する外乱の主なものには，高度 500 km 以下では空気力，高度 500〜35000 km では地球磁場・重力傾度，高度 700 km 以上では太陽輻射などがあり，さらに，推力線のずれ，機体内での質量分布の変化，柔軟構造物の運動などが姿勢に対する外乱となる．

3. 人工衛星の運動方程式

剛体である本体に固定された軸の慣性空間に対する角速度ベクトルが $\boldsymbol{\omega}$ で表されるとき，人工衛星姿勢運動の方程式は次のように書ける：

$$\dot{\mathbf{h}}_B + \dot{\mathbf{h}}_w + \boldsymbol{\omega} \times (\mathbf{h}_B + \mathbf{h}_w) = \mathbf{T}_c + \mathbf{T}_d. \tag{3}$$

ここで，上付きドットは時間微分を示し，$\mathbf{h}_B$ は衛星本体の，また $\mathbf{h}_w$ はローターなどモーメンタム装置の持つ角運動量であり，$\mathbf{T}_c$ は制御トルク，$\mathbf{T}_d$ は外力トルクである．

4. 受動制御

4.1 重力傾度安定化

軌道上では遠心力と重力はつり合っている．角速度 Ω の軌道半径 R の軌道上の質量 m に働く重力と遠心力は

$$F = \mu m / R^2 = mR\Omega^2 \tag{4}$$

である．軌道半径 R 方向に衛星軌道から距離 ℓ にある質量 m の物体には，遠心力と重力の差

$$m(R+\ell)\Omega^2 - m\mu(R+\ell)^{-2} \approx 3m\ell\Omega^2 \tag{5}$$

の力が働くので，軌道面内に軌道半径方向に対して傾いた場合は元に戻すモーメントが働く [5]．このような重力傾度トルクを用いて姿勢を安定化する方法を重力傾度安定化と呼ぶ．

4.2 スピン安定化

簡単のため軸対称と仮定した Z 軸周りにスピンする衛星を考える．I_z はスピン軸の，$I_x = I_y$ はそれに垂直な軸の慣性モーメントとすると，スピン衛星の角運動量 $h = |\mathbf{h}|$ と運動エネルギー T は，各々次のように表される：

$$h^2 = [\omega_x^2 + \omega_y^2]I_x^2 + \omega_z^2 I_z^2, \tag{6}$$
$$2T = [\omega_x^2 + \omega_y^2]I_x + \omega_z^2 I_z. \tag{7}$$

ここで，$\boldsymbol{\omega} = [\omega_x, \omega_y, \omega_z]^T$ である．これより章動角 $\theta := \arccos(I_z/h)$ の時間変化 $\dot{\theta}$ と運動エネルギー $\dot{T}$ の時間変化との間の次の関係式が導かれる：

$$\dot{T} = \frac{h^2}{I_z}\cos\theta \cdot \sin\theta \left(\frac{I_z}{I_x} - 1\right)\dot{\theta}. \tag{8}$$

式 (8) より，柔軟付属物などによりエネルギー消散があるとき $\dot{T} < 0$ となるので，章動角が増加しない，すなわち，スピン衛星が安定であるためには，スピン軸は最大慣性主軸である必要がある．

5. 能動制御

宇宙船のパラメータは，推定の困難さや宇宙環境による変動などによって，不確定性を持つ場合がある．このため，能動制御における制御則の設計には，しばしばロバスト性が必要である．能動制御には，衛星の全角運動量を変化させないで搭載したローターによって衛星内の角運動量を移動させる方式（モーメンタム方式）と，ガス噴射（スラスター）や地磁気と磁気ロッドとの干渉（磁気トルカ）によって制御トルクを発生させて姿勢誤差や角速度のフィードバックを行う推力制御方式とがある．

さらに，モーメンタム方式には，角運動量を持ったモーメンタム装置のスピン安定化を利用したバイアスモーメンタム方式と，ゼロの角運動量がゼロであるリアクションホイールを用いるゼロモーメンタム方式とがある．モーメンタム方式においては，角運動量がゼロで特異配置にならない3個以上のリアクションホイールを用いて，モーメンタム装置に姿勢角の誤差 $\boldsymbol{\theta}_{\text{error}}$ や角速度をフィードバックして，衛星の姿勢運動を制御する：

$$\dot{\mathbf{h}}_w = \mathbf{T}_c = \mathbf{K}(\boldsymbol{\theta}_{\text{error}}, \boldsymbol{\omega}). \qquad (9)$$

ここで，$\mathbf{K}$ は制御則によって決まるフィードバック関数であり，簡単な PD（比例–微分）制御では，フィードバック係数を $\mathbf{K}, \mathbf{K}_d$ とすると

$$\dot{\mathbf{h}}_w = \mathbf{T}_c = \mathbf{K}\boldsymbol{\theta}_{\text{error}} + \mathbf{K}_d \boldsymbol{\omega} \qquad (10)$$

となる．図 1 に 3 個のリアクションホイールの最も簡単な配置を示す．このとき，制御するとともにリアクションホイールに運動量が蓄積するので，ガスジェットや磁気トルカなどによってアンローディングする必要がある．また，CMG（制御モーメントジャイロ）を用いた制御手法もある．

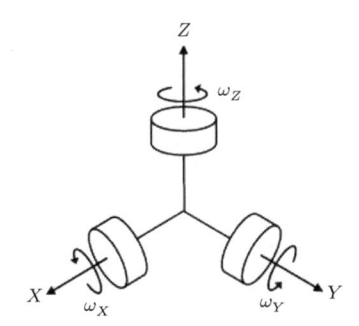

図 1　3 個のリアクションホイールの簡単な配置

2 重スピン衛星は，スピン衛星では慣性モーメントに制限があるため，スピンする部分と，エネルギー消散を持つスピンしない部分とからなるものである．さらに，バイアスモーメンタム方式では，数個のローターを用いてスピンによる安定性を得ながら，ゼロでない角運動量を持つリアクションホイール姿勢角の誤差やその時間微分をフィードバックして，衛星の姿勢運動を制御する．

6. 柔軟宇宙構造物の制御

大きさが数キロメートルに及ぶ宇宙太陽発電衛星などの大型宇宙構造物の設計においてはもちろん，数十メートルの大型の柔軟付属物を持つ人工衛星においては，構造解析によって得られた数学モデルデータを用いて，姿勢・振動制御則を設計する．この制御系の設計においては，LSS の多数の振動モードの次元を低下させることが必要であるが，このときスピルオーバー現象を避けるための制御系設計が必要となる．

大型宇宙構造物の運動方程式は，一般にモード展開法を用いて次のように表される：

$$\begin{bmatrix} \ddot{\bar{\boldsymbol{\eta}}} \\ \ddot{\tilde{\boldsymbol{\eta}}} \end{bmatrix} + \begin{bmatrix} \boldsymbol{\omega}_0 & 0 & 0 \\ 0 & \bar{\boldsymbol{\omega}}^2 & 0 \\ 0 & 0 & \tilde{\boldsymbol{\omega}}^2 \end{bmatrix} \begin{bmatrix} \bar{\boldsymbol{\eta}} \\ \tilde{\boldsymbol{\eta}} \end{bmatrix} = \begin{bmatrix} \bar{\mathbf{T}}^{\mathrm{T}} \\ \tilde{\mathbf{T}}^{\mathrm{T}} \end{bmatrix} \mathbf{Q}. \qquad (11)$$

ここで，$\boldsymbol{\eta}^{\mathrm{T}} = [\bar{\boldsymbol{\eta}}^{\mathrm{T}}, \tilde{\boldsymbol{\eta}}^{\mathrm{T}}]$ は理論的には無限個の数の自由度を持った直交モード座標を，$\boldsymbol{\omega}_0$ は剛体モードと呼ばれる重力などに起因する 3 軸の姿勢運動に対する固有値を，$\bar{\boldsymbol{\omega}}^2$ と $\tilde{\boldsymbol{\omega}}^2$ は零でない固有値を要素とする対角行列を，$\mathbf{T} = [\bar{\mathbf{T}}, \tilde{\mathbf{T}}]$ は固有ベクトルからなる変換行列を，$\mathbf{Q}$ は制御力を，そして $(\ )^{\mathrm{T}}$ は転置を表す．モードベクトルの座標数は理論的には無限個であるので，重要なモード（保持モード）を残し，他の余ったモード（残余モード）を切り捨てて，次元低下（truncation）する必要がある．

次元低下により，式 (5) は保持モードに対して

$$\ddot{\bar{\boldsymbol{\eta}}} + \begin{bmatrix} 0 & 0 \\ 0 & \bar{\boldsymbol{\omega}}^2 \end{bmatrix} \bar{\boldsymbol{\eta}} = \bar{\mathbf{T}}^{\mathrm{T}} \mathbf{Q} \qquad (12)$$

また，残余モードに対して

$$\ddot{\tilde{\boldsymbol{\eta}}} + \tilde{\boldsymbol{\omega}}^2 \tilde{\boldsymbol{\eta}} = \tilde{\mathbf{T}}^{\mathrm{T}} \mathbf{Q} \qquad (13)$$

のように表され，センサ出力 $\mathbf{y}$ に対する観測方程式は次のようになる：

$$\mathbf{y} = \mathbf{L} \begin{bmatrix} \bar{\mathbf{T}} & \tilde{\mathbf{T}} \end{bmatrix} \begin{bmatrix} \bar{\boldsymbol{\eta}} \\ \tilde{\boldsymbol{\eta}} \end{bmatrix}. \qquad (14)$$

ただし $\mathbf{L}$ はセンサの分布を表す行列である．

ここで，式 (13), (14) から制御力が残余モードを励起したり（制御スピルオーバー），センサ出力が残余モードによって影響されたり（観測スピルオーバー）することがあり，構造減衰のような小さな減衰率を持ち不確定なパラメータを持ったものに対して不安定化を引き起こす可能性がある．このため，LQR（linear–quadratic–regulator）のみならず多変数入力/多変数出力（MIMO）を取り扱うことのできる H_∞, μ, σ, また，LMI（linear matrix inequality）などの制御則の適用が必要となる．柔軟構造物を持つ衛星の振動制御では，センサとアクチュエータのコロケーションによる直接速度フィードバック（DVFB）則や，分布センサ/アクチュエータを用いた独立モード制御則などが有効となる．さらに，柔軟構造物に対して次元低下の悪影響を避けるため，数式モデルを分布定数系で記述して制御系を設計する手法もある．

［藤井裕矩］

参 考 文 献

[1] P. Fortescue et al. (eds.), *Space Systems Engineering*, John Wiley & Sons, 2003.
[2] M.J. Sidi, *Spacecraft Dynamics & Control*, Cambridge, 1997.
[3] 姿勢制御研究委員会，人工衛星の力学とハンドブック―基礎理論から応用技術まで，培風館，2007.
[4] P.C. Hughes, *Spacecraft Attitude Dynamics*, John Wiley & Sons, 1985.［邦訳］原躬千夫 訳，宇宙機の姿勢力学，原躬千夫，2010.
[5] 小林繁夫，宇宙工学概論，丸善，2000.

宇宙機ロバスト制御技術
robust control of launch vehicle

衛星打ち上げ用ロケットの姿勢制御においては，ロバスト制御の概念が極めて重要である [1]．ここでは，科学衛星打ち上げ用に開発された M-V ロケットを例にとって，飛翔体に混合感度問題を適用するための方法論を取り扱う．

1. 背　景

固体燃料を用いたわが国の小型ロケットのロバスト制御は，制御理論の発展とともに着実な進化を遂げてきた．90 年代後半から 2000 年代初頭にかけて活躍した M-V ロケットでは，開発当時（90 年代前半）最先端の制御理論であった H_∞ 制御を導入してロバスト安定性（制御対象に不確定性があっても安定性を確保する性質）を獲得することに成功し，初号機以降の機体に適用してきた．一方，2000 年代に入ると，安定性だけでなく応答においてもロバスト性を獲得することを目的として，H_∞ 制御の発展形として当時登場したばかりだった μ 制御理論の導入というチャレンジに踏み切った．この制御理論では，制御対象の不確定性を考慮した形で感度関数（応答特性に対する制御指標）を指定することができ，H_∞ 理論がロバスト安定とノミナル応答を取り扱うのに対し，ロバスト応答（制御対象に不確定性があっても良好な応答性を確保する性質）をも考慮できる．世界のロケットが今なお古典制御を愛用している現実の中で，機体が不安定な上に事前にダイナミクスを検証・試験することのできないロケットのような課題にこそロバスト制御の真価があると見抜いた先験であった．

このように，M-V ロケットの制御においては，ロバスト安定性ばかりでなくロバスト応答性をも実現するに至り，ロケット飛翔体の高精度制御として 1 つの完成形を確立したと言える．M-V ロケットの制御論理の発展を表 1 に示す．このような最先端の制御理論を搭載することにより，M-V ロケットは，「はやぶさ」を打ち上げるなど世界で唯一惑星探査に活用可能な全段固体のロケットシステムとして，世界最高性能を誇るに至った．なお，設計手法の有効性は，合計 4 回の飛翔とそれらに先立つ事前のシミュレーションやモーションテーブル試験により実証されている．

さて，制御理論を実際の制御対象に応用することは必ずしも容易ではないが，ロケットのような大規模かつ複雑，しかも原点に零点を持つ不安定な制御対象に対して H_∞ 制御理論を適用する場合，教科書通りのアプローチではなかなか良い解が求められない．そこで，M-V ロケットへの応用では，H_∞ 制御理論の源論を拡張してロケット飛翔体へ適用するために，新たな方法論を導いた．

2. 制御対象

ロケットのダイナミクスは，機体の運動（剛体運動と曲げ振動），制御アクチュエータである可動ノズル（TVC），およびセンサである慣性誘導装置（ING）からなり，合計 25 次元の高次系である．加えて，可動ノズルはノズルの慣性に起因して大きな非線形特性を有するが，ここではこれを線形ダイナミクスの不確定性として取り扱う．なお，システムダイナミクスは空気力の影響で不安定であり，また経路角運動に起因して原点にゼロ点を持つことから，一般に取り扱いの難しいシステムとなっている．制御論理は，姿勢角度および角速度を入力として可動ノズルに制御指令を送る出力フィードバックの形式をとる．

3. ロバスト制御の定式化

ここでは，ロバスト制御の実用例として，M-V ロケットの第 2 段ステージに適用された μ 制御の設計方法について述べる．これは第 1 段ステージにも活用されている H_∞ 制御の設計と同様の考え方に基づくものである．さて，ロバスト応答性に関する摂動ブロック（制御対象の不確定性の大きさを表す目安）を考えることにより，ここでの制御問題は μ 設計の標準的なロバスト安定問題に帰着できる．しかしながら，前節で述べた通り，制御対象が原点にゼロ点を持つ高次の不安定システムであるために，単に標準的な μ 設計手法を教科書通りに適用するだけでは，満足できる解を求めることはできない．そこで，ここではあらかじめ制御プラントを安定化しておく目的で先験的にローカルフィードバックを挿入し，これを含めて拡大された一般化プラントに対して μ 制御器を設計するというアプローチをとる（図 1(a)）．これにより解導出の過程が安定し，効率良く解を導出することが可能となる．もちろん，実際にロケットに搭載する制御論理については，求められた解に先験的制御器を改めて組み込むことで再構成する必要がある（図 1(b)）．このような制御器の変換により，解導出の過程で設定した重み関数は，元の制御プラントに直接には対応しないことになる

表 1　M-V ロケット制御則の発展

Rocket Launch No.	Design format	Robust stability	Robust performance
M-V-1 (1997)	H_∞	Yes	No
M-V-3 (1998)	H_∞	Yes	No
M-V-4 (2000)	H_∞	Yes	No
M-V-5 (2003)	μ	Yes	Yes
M-V-6 (2005)	μ	Yes	Yes
M-V-8 (2006)	μ	Yes	Yes
M-V-7 (2006)	μ	Yes	Yes

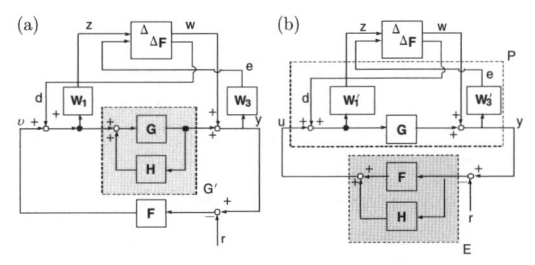

図1 μ制御設計：(a) 先験的制御器 H と μ 制御器 F，(b) ロケット搭載用に再構成された制御器 E

が，対応関係は数学的に明確である．この手法により，難解な対象に対する複雑な制御問題を標準的な μ 設計アプローチに変換することができ，解の導出を単なる重み関数のパラメータの調整という機械的作業に帰着させることができる [2],[3]．なお，本設計では，ロバスト安定性とロバスト応答性に対する重み関数を下記の通りとした．ロバスト安定性に対する重みに位相進み・遅れ要素を付加して 4 次関数としているのが大きな特徴である．

$$W_1^{-1} = \left(\frac{a_1/\omega_1 s + 1}{1/\omega_1 s + 1}\right)^2 \cdot \frac{s/t_2 + 1}{s/t_1 + 1} \cdot \frac{s/\beta + 1}{s/\alpha + 1}$$

$$W_3^{-1} = \left\{\frac{a_3(s+1)}{1/\omega_3 s + 1}\right\}^2$$

4. 設計結果と考察

典型的な設計例に対する制御特性を順に示す．まず，ロバスト安定性であるが，代表的な時刻における安定解析の結果は表2の通りである．安定解析にあたっては，時刻を凍結した線形ダイナミクスに基づきパラメトリックサーベイを実施した．ノミナルダイナミクスに対する安定余裕の目標は 6 dB/20 deg であるが，設計された制御器は十分な余裕をもってこれを満足するとともに，あらゆる摂動に対して安定性を確保していることがわかる．なお，X+75 秒とはロケットの発射後 75 秒，すなわち第 2 段ロケットの点火時刻を指し，第 2 段飛翔中では空気力最大，つまり不安定性最大の時刻に相当する．

表2 安定解析結果

Time mark	Nominal case Gain/Phase	Worst margins Gain/Phase
X+75 s	10.4 dB / 27.3 deg	3.0 dB / 14.4 deg
X+95 s	9.8 dB / 27.3 deg	2.5 dB / 12.2 deg

一方，ロバスト応答性については，3 次元 6 自由度非線形時変のフルダイナミクスを用いてシミュレーションを行い確認した．図2は X+75 秒を原点とする全系のステップ応答を表すが，不確定性の任意の組合せに対して得られたものである．明らかなように，最悪の応答であってもノミナル応答に対して遜色はなく，良好なロバスト応答特性が達成されていることがわかる．

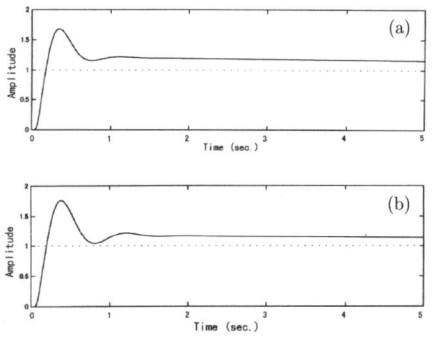

図2 ロバスト応答性チェック：(a) ノミナルケース，(b) 最悪ケース

5. まとめ

ポスト現代制御理論と謳われた H_∞ 制御理論は，1990 年代前半の M-V 開発期にはまだ産業界での適用例も少なく，これを衛星打ち上げ用ロケットに応用しようという試みは世界でも例を見なかった．このような挑戦はさらに続き，5 号機以降は H_∞ 制御の発展系である μ 制御理論を導入し，ロケットのロバスト制御の確立に大きく貢献することとなった．

[森田泰弘]

a_1, a_3：W_1，W_3 のスカラーゲイン
E：ロケット搭載制御器
F：μ 制御器
G：制御対象
G'：安定化された制御対象
H：先験的制御器
P：拡大された制御対象
r：目標姿勢角
t_1, t_2：位相遅れを規定するパラメータ
W_1：ロバスト安定性に対する重み関数
W_3：ロバスト応答性に対する重み関数
u：制御指令
y：観測量
α, β：位相進みを規定するパラメータ
Δ：ロバスト安定性に対する摂動ブロック
Δ_F：ロバスト応答性に対する摂動ブロック
ω_1, ω_3：W_1，W_3 のカットオフ周波数
$\dot{\theta}$：姿勢角速度

参 考 文 献

[1] Y. Morita, J. Kawaguchi, Attitude Control Design of the M-V Rocket, *Philosophical Transactions of the Royal Society, Series A*, Vol.359, No.1788 (November 2001), 2287–2303.

[2] Y. Morita, An Idea of Applying the μ-synthesis to Launcher Attitude and Vibration Control Design, *J. of Vibration and Control*, Vol.10 (2004), 1243–1254.

[3] Y. Morita, S. Goto, Design for Robustness using the μ-synthesis applied to Launcher Attitude and Vibration Control, *Acta Astronautica*, Volume 62, Issue 1 (January 2008), 1–8.

UAVのフォーメーションフライト
UAV formation flight

無人飛行機（UAV：unmanned aerial vehicle）は，監視や観測など情報収集を目的として利用されることが多い．さらに，広範囲の情報収集，あるいはシステムの信頼性向上という観点から，複数のUAVによる協調作業が注目されている．このようなシステムの誘導制御系設計には，計算負荷の小さい方法を用いることが好ましい．ここでは，ポテンシャル関数法（potential function method）[1]を用いて速度場を生成する方法と，速度場の設計指針について紹介する．

1. ポテンシャル関数法

1.1 ポテンシャル関数

ポテンシャル関数を次式のように定義する[2],[3]．

$$F = F^S + F^R \tag{1}$$

F^Sは誘導ポテンシャル関数，F^Rは反発ポテンシャル関数を表す．誘導ポテンシャルは，UAVを目的地へ誘導するために用いられ，反発ポテンシャルは障害物の回避やUAV同士の衝突回避などに用いられる．本手法では，UAVが目的地に到達するまでの経路を逐次設計する必要がないことから，制御時における計算負荷が小さいと考えられる．このポテンシャル関数を速度場あるいは加速度場などに適用した後，誘導則を導出する．

まず，誘導ポテンシャル関数を次式のように定義する．

$$F^S = C_e \exp\left(\frac{-(\rho_i - \rho_d)^2}{F_e}\right) + C_h \left(\sqrt{(\rho_i - \rho_d)^2 + 1} + \sqrt{\sigma_i^2 + 1}\right) \tag{2}$$

式中のC_e, F_e, C_hはポテンシャル関数の設計パラメータである．複数のUAVによるフォーメーションの形態は，次式で定義されるパラメータρ_i ($i = 1, \ldots, n$) で決定される．

$$\rho_i = x_i \text{ or } y_i \text{ or } z_i \tag{3}$$

$$\rho_i = \sqrt{x_i^2 + y_i^2 + z_i^2} \tag{4}$$

ここで考えているフォーメーションの形態は，大別するとlineとringである．式(3)を式(2)に適用すると，UAVはlineのフォーメーションを形成する．式(4)を使うとringのフォーメーションを形成する．また，式(2)にあるパラメータσ_iは，フォーメーションを3次元的に変化させるために設定したものである[2]．このパラメータを次のように定義する．

$$\sigma_i = ax_i + by_i + cz_i \tag{5}$$

x_i, y_i, z_iは，慣性座標系におけるUAVの位置を示す．また，a, b, cはフォーメーションの各軸に対する傾きを決定するパラメータであり，正規化された任意の値を選択することで，形成するフォーメーションの平面を指定することが可能となる．

式(2)で定義されたポテンシャル関数では，それぞれの関数が交わったところが平衡点となる．つまり，ここで挙げた誘導ポテンシャルは，設計パラメータの値によって，平衡点の数と位置を変化させることができる．これは，分岐理論におけるピッチフォーク分岐と同じ原理で，パラメータの値によって平衡点の数が変化する．これを応用することで，single lineあるいはdouble line，single ringあるいはdouble ring，さらにclusterなど多彩なフォーメーションを形成することができる．

次に，障害物などを回避するために利用される反発ポテンシャル関数F^Rを定義する[4]．

$$F^R = C_r \sum_{j, j \neq i} \exp\left(-|\mathbf{r}_{ij}|\right) \tag{6}$$

ここで，$|\mathbf{r}_{ij}|$は各UAV間の相対距離を示し，$|\mathbf{r}_{ij}| = |\mathbf{r}_i - \mathbf{r}_j|$で定義する．反発ポテンシャルの影響範囲はパラメータC_rの値で調節する．式(6)で定義される反発ポテンシャル関数を用いると，UAVの相対距離が短くなるに従って衝突を回避させる方向にコマンドが生成されることがわかる．

1.2 誘導則

式(2)で定義されたポテンシャル関数から計算される速度場は，次式のように表せる．

$$\mathbf{v}_i = -\nabla_i F^S - \nabla_i F^R \tag{7}$$

UAVでは，速度，機首方位角，ピッチ角コマンドを生成する場合が多い．そこで，フォーメーションフライトを実現するための誘導則を以下に示す．

$$v_{d,i} = \sqrt{v_{x,i}^2 + v_{y,i}^2 + v_{z,i}^2} \tag{8}$$

$$\psi_{d,i} = \tan^{-1}\left(\frac{v_{y,i}}{v_{x,i}}\right) \tag{9}$$

$$\theta_{d,i} = \tan^{-1}\left(\frac{v_{z,i}}{v_{x,i}}\right) \tag{10}$$

$v_{x,i}, v_{y,i}, v_{z,i}$は式(7)で定義された速度場における各軸方向の速度成分を表す．ここで示した誘導則により，UAVはlineあるいはring，clusterなどのフォーメーションフライトを達成することができる．しかし，ringフォーメーションの場合，式(9)や式(10)を誘導コマンドとして用いると，平衡点周りで不安定なコマンドを生成してしまう問題がある．これは，機首方位角およびピッチ角の誘導則において

逆正接関数を用いているために，生成される誘導コマンドが平衡点周りで周期的な振動を起こす可能性がある．

この問題を回避する1つの方法として，ポテンシャル場を回転させる方法がある[5]．ここでは，シグモイド関数を用いたポテンシャル関数を考える．

$$F^C = \frac{C_c}{1 + \exp(L_c(\rho_i - r))} \quad (11)$$

このポテンシャル関数を式(7)に加えて新たな速度場を生成する．

$$\mathbf{v}_i = -\nabla_i F^S - \nabla_i F^R + \tilde{\nabla}_i \mathbf{F}^C \quad (12)$$

$$\mathbf{F}^C = [0\ 0\ F^C]$$

$\tilde{\nabla}_i$ は ∇_i の歪対称行列を表す．C_c は回転ベクトルの強さと回転方向を，L_c は影響範囲をそれぞれ示す．シグモイド関数を用いることで回転場は平衡点周りに限定され，UAVは目的地にすばやく到着することが可能となる．以上より，ringフォーメーションにおいて平衡点近傍における不安定な現象を解消することが可能となる．

2. ポテンシャル関数の設計指針

ポテンシャル関数には，試行錯誤的に決定しなければならない設計パラメータが多い．UAVは発生できる力や速度に制約条件があるため，効率的にこれらのパラメータの値を決定する必要がある．そこで，制約条件を満足するようなパラメータ設計手順を紹介する[2]．

式(1)から生成される速度コマンド $v_{d,i}$ は，内積ノルムに関する三角不等式を用いて，次のような拘束条件を満足するものとする．

$$v_{d,i} \leqq |\nabla_i F^S| + |\nabla_i F^R| \quad (13)$$

まず，誘導ポテンシャルの設計パラメータの決定方法について述べる．誘導ポテンシャルから生成される速度の大きさは次式で表せる．

$$|\nabla_i F^S| = \left| \frac{2C_e(\rho_i - \rho_d)}{F_e} \exp\left(\frac{-(\rho_i - \rho_d)^2}{F_e}\right) \right.$$
$$\left. - \frac{C_h(\rho_i - \rho_d)}{\sqrt{(\rho_i - \rho_d)^2 + 1}} - \frac{C_h \sigma_i \sqrt{a^2 + b^2 + c^2}}{\sqrt{\sigma_i^2 + 1}} \right| \quad (14)$$

右辺第1項と第2項のみを考慮した場合，速度コマンドの最大値は $\rho_i = \rho_d \pm \sqrt{F_e/2}$ における極値，あるいは C_h となる．ポテンシャル関数の設計を簡易化する観点から，速度コマンドの極値を C_h とし，次の条件式から C_e を決定する．一方，F_e については，平衡点の位置から決定することができる．

$$C_h = \frac{C_e(F_e + 2)\sqrt{2F_e}}{F_e\left(F_e + 2 + \sqrt{(F_e + 2)}\right)} \quad (15)$$

式(14)の右辺第3項は σ_i が十分に大きいとき，C_h で近似することができる．したがって，UAVが目標値 ρ_i より十分に離れている場合，速度コマンドの最大値は次のように表せる．

$$\left|\nabla_i F^S\right|_{\max} = \lim_{r_i \to \infty} \left|\nabla_i F^S\right| = 2C_h \quad (16)$$

これにより，パラメータ C_h のみでUAVの最大接近速度を一意に決定することができる．

反発ポテンシャルに関する設計パラメータについては，以下のように決定できる．$|\mathbf{r_t}|$ を許容される最接近距離とすれば，反発ポテンシャルの指令可能な最大速度は次のように表せる．

$$\left|\nabla_i F^R\right|_{\max} = C_r \exp(-|\mathbf{r_t}|) \quad (17)$$

UAV同士が相対している状況を仮定し，$v_{\lim}$ をUAVに指令する最大・最小速度とする．距離 r_t において，誘導ポテンシャルと反発ポテンシャルにより生成される速度がつり合うようにポテンシャル場を設計すれば，反発ポテンシャルから生成される速度コマンドの最大値は次のように計算できる．

$$\left|\nabla_i F^R\right|_{\max} = v_{\lim} - 2C_h \quad (18)$$

式(17)および式(18)より，以下のように C_r を設計することができる．

$$C_r = \frac{v_{\lim} - 2C_h}{\exp(-|\mathbf{r_t}|)} \quad (19)$$

[内山賢治]

参 考 文 献

[1] C.R. McInnes, Potential Function Methods for Autonomous Spacecraft Guidance and Control, *Advances in the Astronautical Sciences*, **90** (1996), 2093–2109.

[2] 鈴木真之，内山賢治，速度場に分岐理論を適用したUAVの3次元フォーメーションフライト，日本航空宇宙学会論文集，**59**(693) (2011), 259–265.

[3] D. Bennet, C.R. McInnes, M. Suzuki, K. Uchiyama, Autonomous Three-Dimensional Formation Flight for a Swarm of Unmanned Aerial Vehicles, *AIAA Journal of Guidance, Control, and Dynamics*, **34**(6) (2011), 1899–1908.

[4] W. Ren, R.W. Beard, Virtual Structure Based Spacecraft Formation Control with Formation Feedback, *AIAA Guidance, Navigation, and Control Conference and Exhibit* (2002), AIAA-2002-4963.

[5] D.A. Lawrence et al., Lyapunov Vector Fields for Autonomous Unmanned Aircraft Flight Control, *AIAA Journal of Guidance, Control, and Dynamics*, **31**(5) (2008), 1220–1229.

航空機設計技術

aircraft design technology

現在わが国の民間航空機分野では，半世紀ぶりの国産民間航空機 MRJ（Mitsubishi Regional Jet）の設計開発が進められている [1]．近年の民間航空機開発においては，機体運用の低コスト化，環境適合性および開発フロータイムの短縮化に対する要求がますます厳しくなっており，この要求にいかに応えていくかが民間航空機市場で勝ち残るためのキーポイントとなる．

高性能な機体を設計するためには，外形に関わる空力設計とその内部設計である構造・装備設計が，高い次元で統合される必要がある．

従来の設計は，各設計系統が系統ごとの設計要求に基づきシリーズで設計を行い，ある段階で系統間の利害得失の擦り合わせをして機体の最適化を図る，いわば弱連成フィードバックループの形式で行われてきた．

例えば主翼の翼厚を例に挙げると，低抵抗化のためには薄翼化，軽量化のためには厚翼化（曲げ剛性は厚みの 3 乗に比例する）というように，空力的特性と構造的特性とでは互いに相反する要素が多い．また，薄翼化では，燃料容量や配線・配管などの艤装スペースも減少する．これらの相反要素の統合は容易でなく，擦り合わせを間欠的に行う従来設計では，設計期間や人的リソースの観点で限界がある．また，合理的な設計判断を行うための，設計要素間のトレードオフ関係を定量化，可視化することも容易でない．

そこで，MRJ の設計開発においては，多分野統合最適設計技術（MDO：multi-disciplinary design optimization）に基づく設計システムの要素技術開発と，システムの設計適用を推進した [2]．MDO では，複数の設計要素を横断する設計問題に対して数値解析を活用した設計を行う．MDO の設計適用による利点として，設計自動化による効率化，複数設計領域に対する強連成コンカレントエンジニアリングによる設計効率化と高度化，設計問題の解空間（トレードオフ関係）の詳細把握・可視化による合理的な設計判断支援が挙げられる．

航空機設計における MDO の構成要素例を図 1 に示す．図示されるように応用数理技術の集合体と言える．

外形形状の空力解析については数値流体力学（CFD：computational fluid dynamics）を活用する．MRJ では CFD に，東北大学で開発された TAS-code（Tohoku University Aerodynamic Simulation code）を主として活用した [3]．これは，圧縮性レイノルズ平均ナヴィエ－ストークス方程式を支配方程式とし，4 面体などの多面体要素で構成される非構造格子上で有限体積法による離散化を行うものであり，構造格子法と比して複雑形状に対する効率的な格子生成が可能である．具体的に航空機全機の格子生成を例示すると，構造格子では数か月を要する規模であるが，非構造格子では 1 日以内で格子生成が可能である．TAS-code はベクトル計算機に適応するベクトル化，並列計算機に対応する OpenMP と MPI とのハイブリッド並列により，用途に応じ，あらゆる計算機プラットフォーム上で高い計算効率を実現できる．これらの解析格子生成の効率化と大規模解析によって，従来は巡航点近傍に限られていた CFD の設計適用範囲に対して，MRJ では図 2 に示すような高揚力装置やエンジンの逆噴射状態を含む，離陸から着陸までの一連の代表的ミッションに対して CFD 解析を適用することが可能となり，スケール模型を用いた風洞試験での評価形態数の大幅な削減に貢献した．

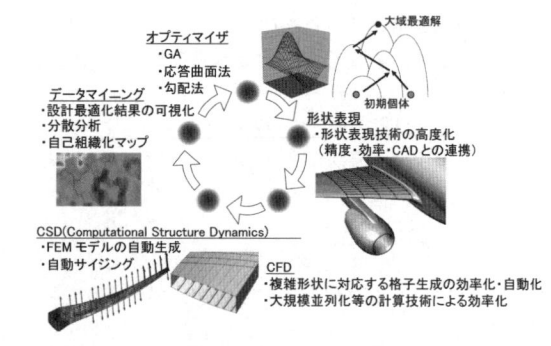

図 1　MDO システム例

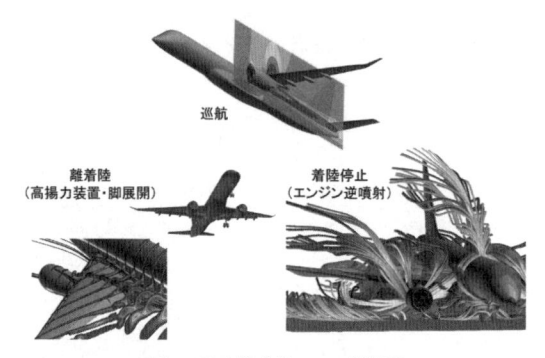

図 2　航空機全機 CFD 解析例

主翼などの構造解析には，航空宇宙分野では業界標準となっている有限要素法の商用ソフト NASTRAN を活用する．

これらの空力，構造解析を経て，多数の設計変数

（例えば主翼翼型），制約条件（例えば燃料容積）を考慮した目的関数（例えば燃費）を評価する．目的関数の最適化（極値求解）については，遺伝的アルゴリズム（GA：genetic algorithm），応答曲面法および勾配法を，設計問題に応じて選択している．

GA および応答曲面法は多目的最適化問題を扱うことが可能，かつ，大域的最適解を求解できる一方で，解析負荷が大きい．これらの最適化手法は，設計初期の概念検討において，解析精度よりも解析効率を重視した解析ツールと組み合わせ，複数の目的関数間のトレードオフ関係の把握といった設計空間の可視化に用いるのに適する．設計空間の可視化では，可視化空間が3次元以上の多次元空間であることが一般的であるが，分散分析や自己組織化マップなどの多変量解析技術が応用できる．

勾配法は一般的に単目的の局所最適解しか扱うことができないが，解析効率が非常に高いことから，設計後期におけるファインチューニングに適する．

MDO システムの実用化において重要な役割を果たすのが，解析モデル生成の自動化技術である．外形形状の設計最適化では，最適形状候補は評価ツールである CFD の解析格子データとして求まる．システムの自動化という観点で，解析格子生成処理を自動化することが必要となる．さらに，設計開発における外形形状の作成と管理については，CATIA に代表される3次元 CAD を利用するのが業界で一般的であるため，解析格子として得られた最適形状候補を製造図に反映するためには，CAD のサーフェス情報へ変換するリバースエンジニアリング技術も必要となる．CAD サーフェスは有理スプライン（NURBS：non-uniform rational B-spline）で曲面を表現する．NURBS データと解析格子間の写像関数を構築し，形状変形において NURBS の制御点を設計変数とすることによって，解析格子と CAD サーフェスとの間をシームレスに連結することが可能となる [4]．

最後に MDO の適用例 [5] を示す．図3で示すのは主翼の翼端デバイスであるウィングレットの設計例である．ウィングレットの平面形状を6変数で表現し，実験計画法によりパラメトリックに評価個体を生成する．本研究では 32 個体の評価を行った．空力抵抗は CFD で評価し，主翼構造重量の変化は NASTRAN で評価した．感度分析には応答曲面法と分散分析を利用した．目的関数としては，燃費（空力抵抗と構造重量の関数）と機体重量（構造重量＋燃料重量）を評価した．図4に示すように，空力抵抗と構造重量には，空力抵抗を減少させると構造重量が増加するトレードオフ関係が見られるが，機体重量を増加させることなく，燃費を5％も向上させる解が存在することがわかる．

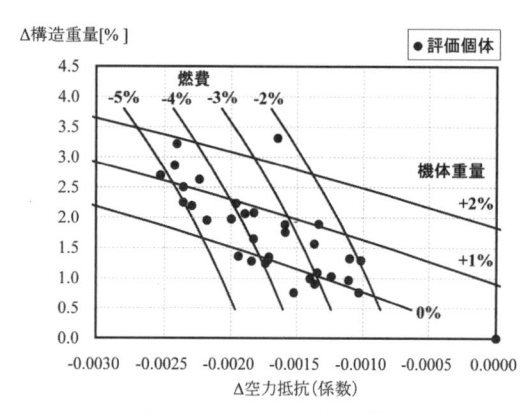

図4 ウィングレット最適化結果

［竹中啓三］

参 考 文 献

[1] MRJ ウェブサイト, www.mrj-japan.com
[2] K. Takenaka, S. Obayashi, K. Nakahashi, K. Matsushima, The Application of MDO Technologies to the Design of a High Performance Small Jet Aircraft — Lessons learned and some practical concerns, *35th AIAA Fluid Dynamics Conference and Exhibit in Toronto, AIAA2005-4057* (2005).
[3] K. Nakahashi, Y. Ito, F. Togashi, Some challenges of realistic flow simulations by unstructured grid CFD, *Int. J. for Numerical Methods in Fluids, 2003*, Vol.43 (2003), 769–783.
[4] K. Takenaka, K. Hatanaka, K. Nakahashi, Efficient Aerodynamic Design of Complex Configurations by NURBS patch surface approach, *Journal of Aircraft*, vol.48, No.5 (2011), 1473–1481.
[5] K. Takenaka, K. Hatanaka, W. Yamazaki, K. Nakahashi, Multi-Disciplinary Design Exploration for Winglet, *Journal of Aircraft*, vol.45, No.5 (2008), 1601–1611.

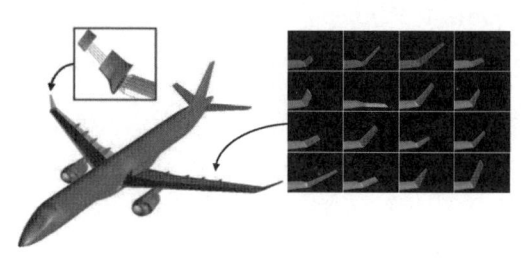

図3 ウィングレット最適化例

リバースエンジニアリング

リバースエンジニアリングの現状と今後　654
計測自動位置合わせ　656
点群データからの構造再構成 — STL データの生成　658
メッシュのセグメンテーション　660
STL データから CAD パッチの生成　662
CAD パッチから CAD データの生成　664
メッシュの簡略化　666
メッシュの改良　668

リバースエンジニアリングの現状と今後
current situation and future of reverse engineering

リバースエンジニアリング（以下 RE）は，計測データから，構造再構成，CAD パッチ，CAD パッチ間の連続性を付与しての接続からなる．設計・製造の現場，医療の現場，教育の現場，アーカイブなど様々な分野に適用されている．本項目では本章で述べられる各課題の現状の概略を述べ，今後の RE の新しい利用法について考察を行う．

1. RE の流れ

RE の流れを図 1 に示す．図からわかるように，多くのステップからなる．主なステップは，1) CCD カメラ，レーザースキャナ，X 線 CT スキャンなどによる計測である．複数の視点からの計測で得られる点群の位置合わせが，まず必要となる．これには点群を平滑点，折目点，境界点，角点に分け，折目点と平滑点だけを位置合わせの対応点として利用することによって，精度と効率の向上を得ている[1]．2) 点群から構造を再構成する．これにはドロネー法の発展版が様々にあるが，最大角度法[2]が一番わかりやすいルーティンと思われる．3) この構造再構成の際には，部品ごとに分断し，あわせて特徴線抽出が求められる．これには，円や円筒面などの基本的な曲面を同定し，残りを自由曲面として分断する手法が提案されている[3]．大部分を占める自由曲面に対しては，極力広い領域を，1 つの CAD パッチとして得るために分割する．その際，特徴線が CAD パッチ内にあると，CAD パッチの表現が困難となる．この特徴線を自動的に捉えることは困難であり，様々な検討がなされている．4) CAD パッチ生成では，メッシュ領域やポリゴンを四角形領域へと分割する手順が必要であり，本項目でも文献[5]の手法が紹介されている．5) CAD パッチから CAD データ生成に関し，近年，B-スプラインや NURBS 曲面の幾何学的連続性の研究に進展がある．本項目でも Shi らの手法[6]が紹介されている．6) 次にメッシュの簡略化がある．代表的な手法に頂点クラスタリング法とインクリメンタルデシメーション法がある．それぞれ一長一短があるため文献[7]では，エッジコラプスの候補をポリゴンに属する点の曲げエネルギー最小の条件で選択することにより，オリジナルモデルの体積が精度良く保存されることを示している．7) さらに，メッシュの改良がある．アスペクト比に従って理想的な形状にぴったりフィットするメッシュを生成することは，ほとんど困難もしくは不可能でさえある．メッシュの品質を改良するには，①節点の挿入や削除，局所的な再接続，②メッシュの節点を再配置したり，平滑化技術を適用したりすることによる幾何学的な修正，の 2 つの方法があるが，今なお研究が続けられている．以上のように，RE はまだまだ研究的課題が残っている部分があるが，かなり充実してきている．

2. リバースエンジニアリングの新しい利用法

2.1 次世代ビルディングブロックアプローチ

今日の音振動研究は 1980 年前後に開発されたビルディングブロックアプローチ（BBA）が 1 つの源となっている．大規模問題となると，一度にモード解析を行うのは困難である．そこで，各ブロックに分けてモード表現により自由度を大幅に削減し，各ブロックの特性を合わせて全体の特性を求める．ここでブロックによっては実験で得るが，その場合には，設計変更でどの程度特性の向上が得られるかが不明である．そこで，図 2 に示すように，対象物を RE で構造再構成してしまえば，実験で求めるところも FEM と同等の剛性および質量行列が得られ，構造変更の特性変化の予測も可能となる．これはいわば次世代 BBA である．

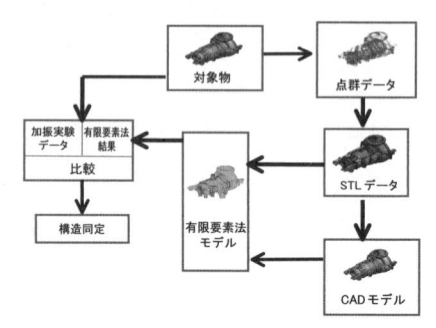

図 2 リバースエンジニアリングを利用した次世代 BBA

2.2 実物コピーモデルの開発

RE で得られる CAD は型作製，STL データはラピッドプロト作製に利用される．筆者らは RE のセパレーションごとにペーパーで作り，それを結合していくことにより，いくらでも安価に作る方法を検討している．その一例を図 3 に示す．

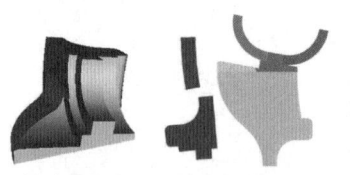

3次元メッシュ　　2次元展開用の例　　3次元実物モデル

図 3 RE のセパレーションごとに実物コピーモデルを生成

［萩原一郎］

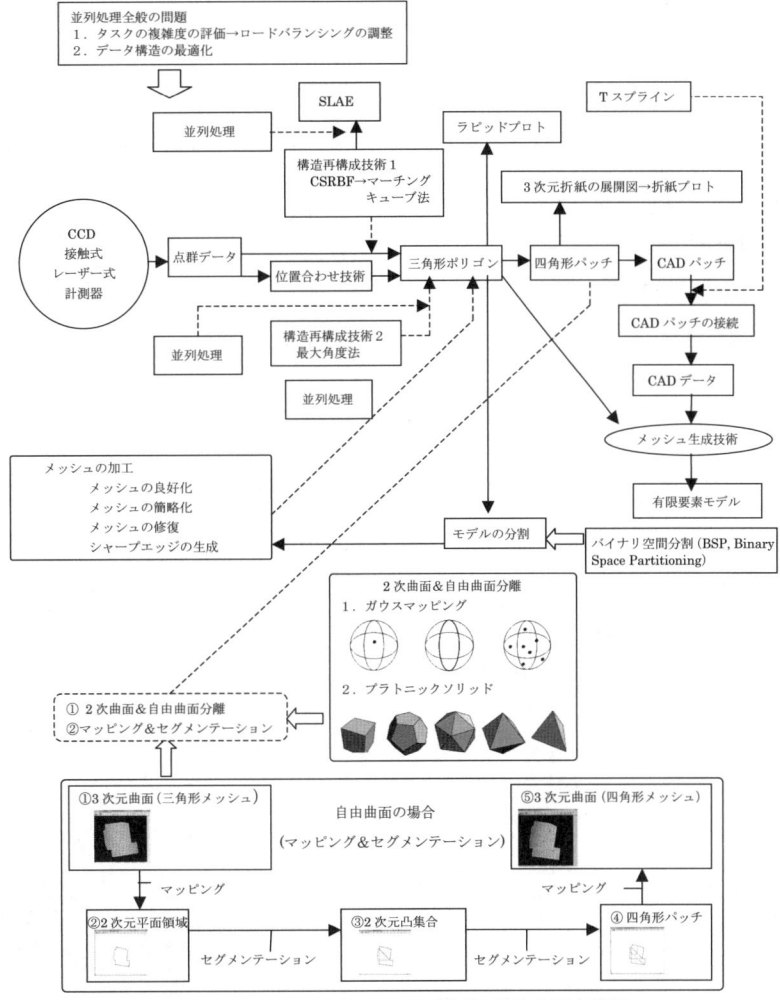

図1 リバースエンジニアリング技術の流れと要素技術

参 考 文 献

[1] 徐　放, 趙　希禄, 萩原一郎, 多記述子点群モデルによる高速自動位置合わせに関する研究, 日本機械学会論文集 C 編, Vol.78, No.787 (2012), 783–798.

[2] Cheng Wenjie, Gonenc Arzu, J. Shinoda, I. Hagiwara, The maximum opposite angulation for meshconstruction, *JJIAM*, Vol.22, No.1 (2005.2), 21–44.

[3] 張 子賢, サブチェンコ・マリヤ, 篠田淳一, 萩原一郎, 三角形メッシュを基に自動的なセグメンテーション手法, 日本計算工学会論文集, Vol.2011, 20110001 (2011), 1–7.

[4] Maria Savchenko, Luis Diago, Vladimir Savchenko, Olga Egorova, Ichiro Hagiwara, Mesh Segmentation Using the Platonic Solids, 日本シミュレーション学会論文誌, Vol.3, No.1 (2011-3), 1–10.

[5] G. Tong, M. Savchenko, I. Hagiwara, Polygonal mesh partitioning for NURBS surface generation, *J. Advances Materials Research*, Vols.204–210 (2011), 1824–1829.

[6] X. Shi, T. Wang, P. Yu, Reconstruction of convergent G^1 smooth B-spline surfaces, *Computer Aided Geometric Design*, **21** (2004), 893–91.

[7] V. Savchenko, M. Savchenko, O. Egorova, I. Hagiwara, Surface simplification based on statistical approach, *WSEAS Transactions on Circuits and Systems*, issue 1, vol.3 (2004), 159–164.

[8] 萩原一郎, 車両の振動音響問題に対する最新の数値解析, 日本音響学会誌, 66 巻 5 号 (2010), 214–220.

計測自動位置合わせ
automatic registration of measurement data

計測位置合わせとは，異なる視点から計測した画像データをベースにして重ねた部分の相対位置関係を表すデータ変換関係を求めることである．

1. ＩＣＰ手法

位置合わせのアルゴリズムとして，Besl らが提案した ICP（iterative closest point）手法がよく使われている [1]．ICP 手法を用いて位置合わせを行う場合，図1に示すように初期位置を調整された2つの計測データから始めて，選択された対応点ペアに対して位置変換を収束まで続ける．

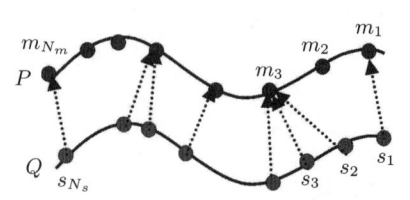

図 1　点群 P から点群 Q への近傍点

具体的には，次の手順に従い位置合わせが行われる．
1) データ Q における点 s_i $(i=1,2,\ldots,N_s)$ を選択し，点 s_i からデータ P の上の一番距離の短い点 m_j を対応点とし，一連のペアを作成する．
2) 次式を使い，各ペアに重み係数 w_{ij} を与える．
$$w_{ij} = 1 - \frac{l_{ij}}{l_{\max}}, \quad w_{ij} = \cos\langle n_i, n_j\rangle \quad (1)$$
式中では，l_{ij} は点 s_i と点 m_j の距離，$l_{\max}$ は距離 l_{ij} の最大値，$\langle n_i, n_j\rangle$ は点 s_i と m_j での表面法線ベクトルの挟む角度である．
3) 重み係数の小さいペアを削除して，次式で表す評価関数を作成する．
$$E(T) = \sum_{i=1}^{N_s} (\|m_j - Ts_i\| w_{ij}) \quad (2)$$
式中では，Ts_i は点 s_i を位置変換マトリクス T で変換した結果を表す．
4) 変換マトリクス T の要素を変えて，評価関数 $E(T)$ が最小になるときの変換マトリクス T を求める．

通常，ICP手法を使って精度の高い位置合わせが実現できるが，ただしノイズの大きいデータなどには対応しにくく，2つの点群データの初期位置がある範囲以内に接近しないと，間違った位置に収束するケースがよく見受けられる．この問題に対して，徐らは点の分類に基づいた自動位置合わせ手法を提案している [2],[3]．

2. 点の分類

点群データにおける任意の注目点 p_i とその近傍点 q_j $(j=1,2,\ldots,N_i)$ を考える．その近傍点の中心 c_i は次式のように表される．
$$c_i = \frac{1}{N_i}\sum_{j=1}^{N_i} q_j \quad (3)$$
近傍点の共分散行列を次式のように定義する．
$$C_i = \sum_{i=1}^{N_i}(q_j - c_i)(q_j - c_i)^T \quad (4)$$
式中で，$q_j - c_i$ は 3×1 の列ベクトルである．C_i に対して固有値解析を行い，得られた固有ベクトル e_0, e_1, e_2 と固有値 $\lambda_0, \lambda_1, \lambda_2$ $(\lambda_0 \leqq \lambda_1 \leqq \lambda_2)$ を利用して，点 p_i を図2のように4種類に分類することができる．

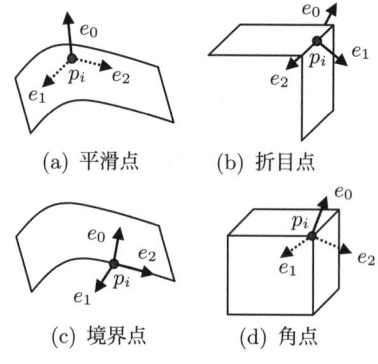

(a) 平滑点　(b) 折目点
(c) 境界点　(d) 角点

図 2　点群データの分類

- 平滑点 p_{suf}：点 p_i は曲面上にある．固有値が $\lambda_1 \approx \lambda_2$ そして $\lambda_0 \approx 0$ となる．e_0 は曲面の法線方向とほぼ一致する．e_1 と e_2 はそれぞれ e_0 と直交しており，方向は決められない．
- 折目点 p_{cre}：点 p_i は両曲面の交線上にある．固有値が $\lambda_0 \approx \lambda_1$ そして $\lambda_0 + \lambda_1 \approx \lambda_2$ となり，e_2 が両曲面の交線の接線方向と一致し，e_0 が両曲面と同じ角度を持つ平面にあり，各方向が確定できる．
- 境界点 p_{bor}：点 p_i は点群の境界にある．固有値が $\lambda_0 \approx 0$ そして $2\lambda_1 \approx \lambda_2$ となり，e_0 は曲面の法線方向，e_2 は境界線の接線方向と一致する．
- 角点 p_{cor}：点 p_i は点群の角部にある．e_0 の方向だけが決められ，e_1 と e_2 の方向は決められない．

3. 自動位置合わせ

図3に示す点群 P を Q に変換する例を考える。p_c は点群 P の中心，矢印は各点の固有ベクトルである。点の位置および固有ベクトルを揃えるように点群 P の対応点を点群 Q の対応点に変換した結果を図4に示す。図4(a)と(d)に示す変換は正しいが，図4(b)と(c)に示す変換は間違っており，さらに正しい変換された中心点位置が集中することがわかる。この結果を利用すれば自動位置合わせが実現できる。

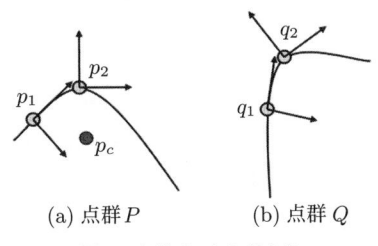

(a) 点群 P (b) 点群 Q

図3 点群データと対応点

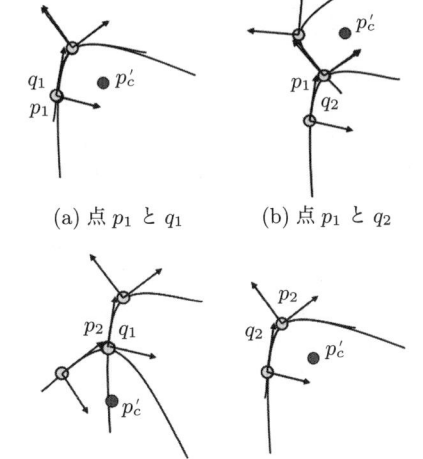

(a) 点 p_1 と q_1 (b) 点 p_1 と q_2
(c) 点 p_2 と q_1 (d) 点 p_2 と q_2

図4 異なる対応点による位置合わせ

ここで，同種類の点 $p_i \in P$ と $q_j \in Q$ を選択して，点 p_i と q_j に対応する固有ベクトルから構成する 3×3 の行列 D_i と D_j より，回転変換行列が得られる。

$$T_{ji} = D_j D_i^{-1} \qquad (5)$$

一方，点 p_i から点 q_j への並進変換ベクトルが次式のように求められる。

$$d_{ji} = q_j - p_i \qquad (6)$$

ここで，点群 P を剛体として考え，式(5),(6)に示す回転変換行列と並進変換ベクトルを使い，点群 P の中心 p_c を点群 Q に変換することができる。

$$p'_c = T_{ji}(p_c - p_i) + d_{ji} \qquad (7)$$

式中で，p'_c は点群 P の中心 p_c を変換した点である。式(5)〜(7)を使い，点群 P の中心を点群 Q に変換して，得られたたくさんの中心点の中で，正しく変換されたものはある点に集中しているので，それに対応する変換関係を利用して点群 P の全ての点を点群 Q に変換すれば，位置合わせを実現することができる。

図5に示すのは，オイルパンの自動位置合わせの結果である。重ねる部分以外に似ている特徴点が多く，重ねた部分が少ないオイルパンの点群データに対して，点分類を行い，同種類の点同士だけを使って変換行列を求め，非常に正確な位置合わせ結果が得られた。

(a) オリジナル点群 (b) 自動位置合わせ結果

図5 オイルパンの自動位置合わせの検証例

[趙　希禄]

参 考 文 献

[1] P.J. Besl, N.D. McKay, A Method for Registration of 3-D Shapes, *IEEE Transactions on Pattern Analysis and Machine Intelligence*, No.14-2 (1992), 239–256.

[2] 徐　放, 趙　希禄, 萩原一郎, リバースエンジニアリングにおける自動位置合わせに関する検討, 日本機械学会論文集C編, Vol.76, No.771 (2010), 2861–2869.

[3] 徐　放, 趙　希禄, 萩原一郎, 多記述子点群モデルによる高速自動位置合わせに関する研究, 日本機械学会論文集C編, Vol.78, No.787 (2012), 783–798.

点群データからの構造再構成
— STLデータの生成

surface reconstruction from the point cloud
— generation of STL data

コンピュータの発達に伴い，数百万点の節点を持つモデルの解析も頻繁に行われるようになってきた．それに伴い，レーザースキャナやCTスキャンなどの装置により得られる計測点群から三角形メッシュなどによって構造を再構成するリバースエンジニアリングの技術がますます重要になってきている．本項目では，計測点群データから表面の構造を再構成するアルゴリズムと，それに関連する技術について述べる．リバースエンジニアリングの基本的な流れなどについては文献 [1] を参照．

1. 陰関数表現を用いたメッシュ生成法

ここでは，モデルを陰関数表現した後にメッシュを生成する手法について述べる．陰関数表現を得るための代表的な手法に，CSRBFによる手法がある．

1.1 CSRBF

CSRBF (compactly supported radial basis functions) とはコンパクトな台を持つ母関数から基底関数を構成し，それによってモデルを表現しようというものである．まず，コンパクトな台を持つ関数 $\varphi(r): [0, \infty) \to R$ を考える．φ の例としては $\varphi(r) = (1 - r/r_0)_+^2$ がある．ここで，散乱点群 $\{P_i\}_{i=1}^n$ の各点 P_i に対して，この関数を用いて $\varphi_i(P) = \varphi(|P - P_i|)$ とおき，さらに

$$f(P) = \sum_{i=1}^{n} \lambda_i \varphi_i(P) + \nu_0 + \nu_1 x + \nu_2 y + \nu_3 z \\ -(1 - x^2 - y^2 - z^2) \quad (1)$$

とおく．陰関数 $f(P) = 0$ によって構造を再構成するには $f(P_i) = 0$ となるように未知係数 $\lambda_1, \ldots, \lambda_n, \nu_0, \ldots, \nu_3$ を決定すればよいが，これは線形方程式

$$\begin{pmatrix} \varphi_1(P_1) & \cdots & \varphi_n(P_1) & 1 & x_1 & y_1 & z_1 \\ \vdots & & \vdots & \vdots & \vdots & \vdots & \vdots \\ \varphi_1(P_n) & \cdots & \varphi_n(P_n) & 1 & x_n & y_n & z_n \\ 1 & \cdots & 1 & 0 & 0 & 0 & 0 \\ x_1 & \cdots & x_n & 0 & 0 & 0 & 0 \\ y_1 & \cdots & y_n & 0 & 0 & 0 & 0 \\ z_1 & \cdots & z_n & 0 & 0 & 0 & 0 \end{pmatrix} \begin{pmatrix} \lambda_1 \\ \vdots \\ \lambda_n \\ \nu_0 \\ \vdots \\ \nu_3 \end{pmatrix} = \begin{pmatrix} c_1 \\ \vdots \\ c_n \\ 0 \\ \vdots \\ 0 \end{pmatrix} \quad (2)$$

を解けばよい．

さて，基底関数の台がコンパクトであるため，式 (2) の行列が疎行列として表現される．Kojekine らは，この疎行列の成分を並べ替えて，帯状対角行列化に変形し，さらに効率良く線形方程式を解く手法を提案した．詳細については文献 [2] を参照．

1.2 陰関数曲面のポリゴン化

さて，陰関数表示が得られたら，それをポリゴン化する代表的な手法としてマーチングキューブ法がある [3]．これは空間をボクセル表示し，すなわち座標軸に平行なキューブに分割し，そのキューブが曲面とどのように交わるかを決定し，次々と隣のキューブに移動していくものである．陰関数の値によって，どのような三角形メッシュが格子内に生成されるかが決定される．

2. 最大角度法

2次元平面上に分布した点群に対してはDelaunayの三角形分割法を用いることができる．Delaunayの三角形分割は，いわゆるボロノイ図と双対の関係にある．さらに，Delaunayの三角形分割では，NNG (nearest neighbor graph) を含み，また各線分に対して，それを共有する三角形はその方向に対応角が最大になるように選ばれることが知られている [4]．

2.1 最大角度法とは

平面上の点群に対して1点を固定し，その点の最近点と接続すると，この線分に対して，対応角が最大になるように三角形を構成することができる．この三角形の生成によって新しく得られた辺を用いて，対応角が最大となるように逐次三角形を生成して得られる三角形メッシュは，各点に対して最近点を接続する線分を作り，それらの両側で対応角が最大になるように三角形を構成した三角形メッシュとは，それらが縮退しない場合に一致する．

最大角度法とは，前述したDelaunay三角形分割法の特徴をもとにして，3次元空間内に三角形メッシュを生成する手法である．すなわち，各点に対してその最近点を求めて接続し，これらの長さの短い順に整列し，この順に関して，各辺に対して対応角が最大になるように逐次三角形を生成してメッシュを構成する手法のことである．

2.2 交差の発生と除去

2次元の平面上の点群に比べて，3次元空間内に分布する点群は，その分布が非常に複雑になるため，三角形要素を生成する際に図1に示すような形状が発生する可能性があり，それが要素の交差の原因となる．すなわち，

(1) 生成した三角形の上または下に点が分布している場合は交差が起きやすいこと

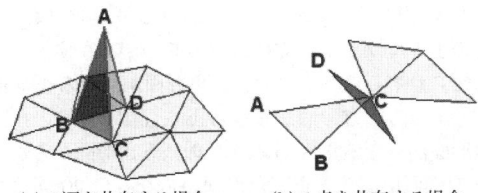

(a) 1辺を共有する場合　(b) 1点を共有する場合

図1　交差の一例

(2) 生成した三角形に重なり合うように接続する三角形がある場合は交差が起きやすいことが原因として考えられる.

(1) に対しては,問題となる三角形の上下に点が分布しているかどうかを判断する関数 T を導入してやればよい.また,(2) に関しては,各三角形の法線ベクトルなどを調べることにより,2 つの三角形が重なり合っている,すなわち,交差が起きやすいかどうかが判断できる.このような場合,その三角形のメッシュへの採用を取りやめる.

2.3　穴埋めアルゴリズム

このようにして発生した穴を埋める必要があるが,それに対しても前述した最大角を用いたアルゴリズムを適用することができる.これを図 2 に示す.同図 (a) では線分 QR が最も短いものになっていて,その線分に対して最大の対応角を実現する点 P が選択されている.同図 (b) の場合も同様である.いずれの場合においても 1 回の操作でより小さい高々 2 つの穴へと帰着されるので,穴を埋めることができる.また,同図 (c) のように,穴の中にもメッシュの一部が存在する場合も,内部から最大角を考えれば前述の場合に帰着される.

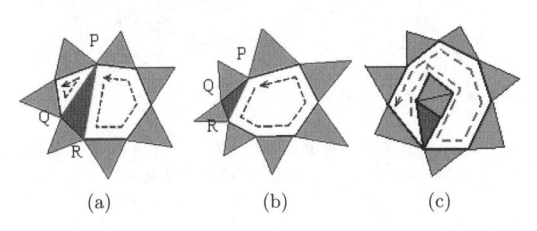

図2　穴埋めのアルゴリズム

3.　適用事例

図 3(a) はモアイ像のメッシュモデルに対して,最近点を接続した線分の集合を表したものである.これらの線分をもとにして最大角を求めて三角形要素を決定していくプロセスにおいて,上述したような交差を起こしそうな三角形をチェックし,除外していくと,同図 (b) のように多くの穴が発生する.穴埋めのアルゴリズムを適用してモアイ像の再構成を完成させたのが同図 (c) である.また,図 4 にクラ

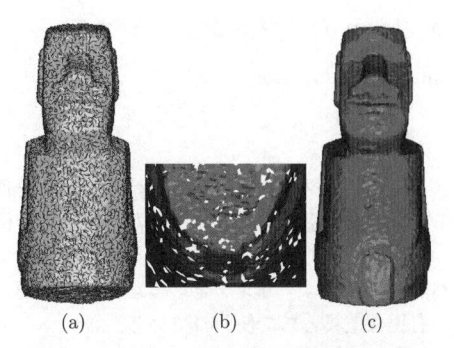

(a)　(b)　(c)

図3　三角形メッシュによる構造再構成プロセス

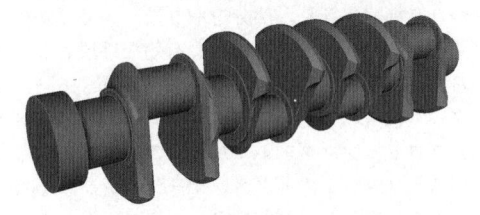

図4　クランクモデルの構造再構成

ンクモデルの構造再構成例を示す.このとき,節点数は 403714,要素数は 807424 である.

[篠田淳一]

参 考 文 献

[1] T. Várady, R.R. Martin, J. Cox, Reverse engineering of geometric models — An introduction, *Computer Aided Design*, **29**(4) (1997), 255–268.

[2] N. Kojekine, I. Hagiwara, V. Savchenko, Software tools using CSRBFs for processing scattered data, *Computers & Graphics*, **27**(2) (2003), 311–319.

[3] W.E. Lorensen, H.E. Cline, Marching cubes: A high resolution 3D surface construction algorithm, *Computer Graphics*, **21**(4) (1987), 163–169.

[4] A. Okabe, B. Boots, K. Sugihara, S.-N. Chiu, *Spatial Tessellations*, Second edition, John Wiley & Sons, 2000.

[5] W.-J. Cheng, A.G. Sorguc, J. Shinoda, I. Hagiwara, The maximum opposite angulation for mesh construction, *Japan Journal of Industrial and Applied Mathematics*, **22**(1) (2005), 22–44.

メッシュのセグメンテーション
mesh segmentation

メッシュのセグメンテーションは，モデルを理解する上で非常に重要なステップとなっていて，例えば，モデリング，CAD (computer aided design) やリバースエンジニアリングといった様々な応用のための有用な道具として使われている．部分への分割は，複雑な形状の構造物に対する問題を，単独でしかもかなり簡略化された部分を取り扱ういくつかのサブ問題へと単純化できるため，有効な手段となっている．メッシュのセグメンテーションは，モーフィング，メッシュの改良，圧縮などといった数あるメッシュプロセッシングアルゴリズムの中の1つになっている．メッシュのセグメンテーションをするための多くの技術が今まで開発されてきている．セグメンテーション技術による結果は，それぞれ異なっていて，それはセグメンテーションの目的が何かに依存している．多くの文献で述べられていることであるが，全てのメッシュ，そして全ての工学的・計算力学的な応用に対して完璧に作用するセグメンテーション技術は存在しない．それゆえ，異なるアプローチを比較することは困難である．画像のセグメンテーション，有限要素メッシュの分割，統計学や機械学習における点群データのクラスタリングといった，少なくとも互いによく関連した3つの分野が存在する．

1. セグメンテーション手法

以下に主なセグメンテーションの手法を列挙する．
- 3DメッシュのセグメンテーションのためのWatershedアルゴリズム [1]
- 三角形をプリミティブにフィットさせる階層的なセグメンテーション手法 [2]
- ランダムウォークの概念を利用したセグメンテーション手法 [3]
- 工学的な問題を解くための，プラトン立体を応用した表面のセグメンテーション手法 [4]

次節では上述したセグメンテーション技術の中からプラトン立体を利用したセグメンテーション技術について概説する．

2. プラトン立体によるセグメンテーション

2.1 プラトン立体によるアプローチ

プラトン立体とは，凸で合同な正多角形面からなる凸多面体のことである．プラトン立体を応用することにより，表面メッシュ要素は，方向ベクトル（プラトン立体の各面の法線ベクトル）に従って，カラーリング領域（セグメント）へとグループ化される．そのようなプラトン立体は次の5つが存在することが知られている．4つの正三角形面からなる正4面体，6つの正方形面からなる正6面体，8つの正三角形面からなる正8面体，12の正五角形面からなる正12面体，20の正三角形面からなる正20面体である．選択されたプラトン立体の各面の法線ベクトルが，メッシュ要素のクラスタリングのための方向ベクトルとして定義される．プラトン立体によるセグメンテーションは，反復的な手法ではない．このセグメンテーション手法には，局所的なメッシュのノイズ除去，三角形メッシュや3Dのモデル上のシミュレーション結果からの特徴抽出といった応用があり，これは，この手法の実効性および有効性を証明するものである．

2.2 アルゴリズムの基本的な流れ

以下では，アルゴリズムの基本的な流れを述べる．
1) 選択されたプラトン立体の各面の法線ベクトルを計算する．
2) プラトン立体の各面の法線ベクトルとメッシュ要素の法線ベクトル (n_x, n_y, n_z) とのなす角度 θ を計算する（図1(b)）．
3) 最小角 θ に基づいてカラーリング領域を決定する．
4) メッシュトポロジーに基づく領域においてセグメントを生成する．

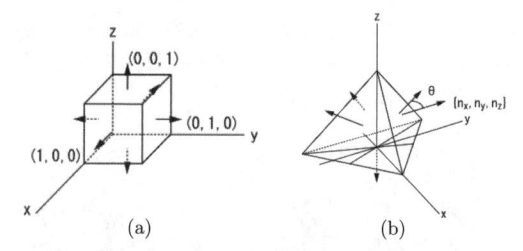

図1 (a) 正6面体に対する方向ベクトル，(b) プラトン立体（正4面体）のXYZモデル座標系への埋め込み

アルゴリズムの流れを図2に示す．

図3は，正6面体，正8面体，正4面体の3つのプラトン立体に基づいた，ファンディスクモデルのセグメンテーション結果を視覚的に表したものである．面数の少ない正4面体では，面の特徴によってセグメンテーションが行われているとはいえないが，正6面体や正8面体では，面の曲率等に順応した良好なセグメンテーション結果が得られている．

3. メッシュセグメントの曲面型の同定

滑らかな境界を持つセグメントの表面を正確に同定することは，オリジナルのメッシュモデルの形状

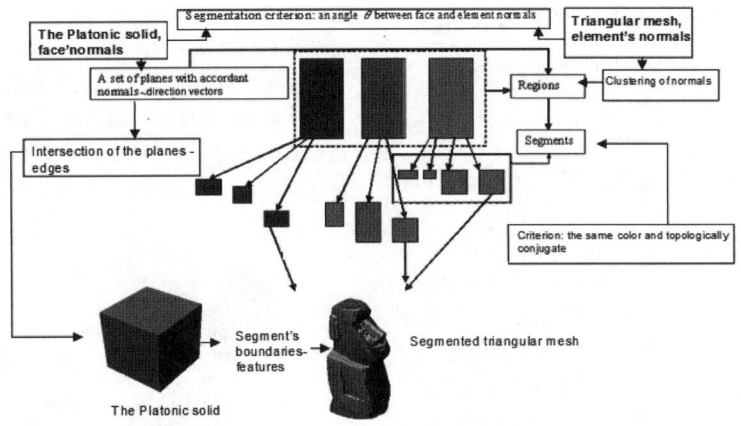

図2 アルゴリズムの流れ

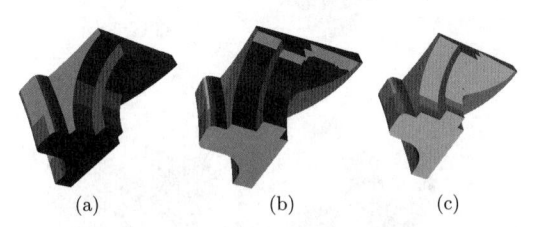

図3 異なるプラトン立体を用いた場合のファンディスクモデルに対するセグメンテーション結果：(a) 正6面体，(b) 正8面体，(c) 正4面体

の確認と結果として得られるNURBS曲面の品質にとって重要である[5]．近くのメッシュの節点の法線ベクトルと主曲率は，シャープエッジを同定するために計算される．シャープエッジが得られれば，基本的な分割が可能になり，メッシュセグメントを正確に抽出できるようになる．セグメンテーションのプロセスを自動で行うために，セグメントの一連の抽出過程を決定しなければならないが，これは，各セグメントおよび他の表面と区別するための判定基準に対して，図4に示すようなガウス写像の次元を求めることによって決定される．オリジナル形状のシャープなエッジやコーナーがサンプリングの過程で失われてしまう場合は，この手法は適用できず，シャープエッジや境界を修復する前処理が必要になる．研究としては，平面，円筒面，球面，押し出し面，線識面，回転面，トーラス面，フィレット曲面に焦点を当てることになる．図5に，得られたセグメンテーション結果を示す．

[マリアサブチェンコ・篠田淳一]

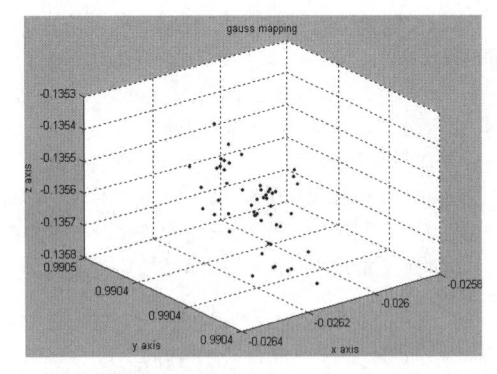

図4 抽出された平面セグメントのガウス写像

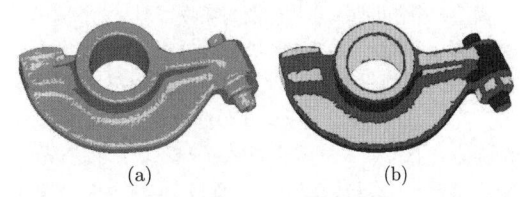

図5 ノイズを持つ機械部品のセグメンテーション結果：(a) オリジナルモデル，(b) セグメンテーション結果（フィレットおよび代数曲面）

参　考　文　献

[1] A. Mangan, R. Whitaker, Partitioning 3D surface meshes using watershed segmentation, *IEEE Transactions on Visualization and Computer Graphics*, **5** (1999), 308–321.

[2] M. Attene, B. Falcidieno, M. Spagnuolo, Hierarchical mesh segmentation based on fitting primitives, *The Visual Computer*, **22** (2006), 181–193.

[3] Y. Lai, S. Hu, R. Martin, P. Rosin, Fast mesh segmentation using random walks, In: *Proceedings of the 2008 ACM symposium on solid and physical modeling* (2008), 183–91.

[4] M. Savchenko, L. Diago, V. Savchenko, O Egorova, I. Hagiwara, Mesh Segmentation Using the Platonic Solids, *Journal of the Japan Society for Simulation Technology JSST*, Vol.3, No.1 (2011), 1–10.

[5] Z. Zhang, M. Savchenko, Y. Feng, T. Fukuhisa, J. Shinoda, I Hagiwara, Automatic Segmentation Technique for Triangular Meshes, *Transaction of Japan Society for Comp Engineering and Science (JSCES)*, Vol.2011, Paper No.20110001.

STLデータからCADパッチの生成
CAD patch generation from STL data

リバースエンジニアリング（RE：reverse engineering）の主なアイデアは，3D の計測データやポリゴンメッシュを精度の良い 3D の表面ディジタルモデルへと変換することにある．レンジデータから形状データを取得する技術の発展のおかげで，モデルを三角形メッシュで表現することが可能になってきている．しかしながら，ハイエンドな幾何モデリングシステムを用いたとしても，任意トポロジーのポリゴンメッシュから自由曲面を生成する問題はチャレンジングである．一般的に，任意トポロジーの表面再構成には，スプラインパッチのネットワークとしての表面構造を定義する必要がある．そしてそれは，自由曲面が，ポリゴンの分割と表面パッチのマージという 2 つの主要なステップによって構成されることを意味している．したがって，ポリゴンメッシュを合理的に分割し，表面パッチを高速にマージするという問題を解決することが，ますます重要になってきている．

1. ポリゴンの凸分割

構造の分割問題は，複雑な対象物に対する問題を，単独のより簡単な部分形状を取り扱う複数のサブ問題へと単純化するため，重要な位置を占めている．文献 [1] では，メッシュの凸分割アルゴリズムが提案されている．ポリゴンメッシュ P は境界の集合 $\Delta P = \{\Delta P_0, \Delta P_1, \ldots, \Delta P_k\}$ によって表現されているとする．ここで，ΔP_0 は外部境界であり，$\Delta P_{i>0}$ は穴による P の境界を表す．各 ΔP_i は，辺の集合 E_i を定義する，順序付けられた頂点集合 V_i からなっている．文献 [3] では，任意の三角形メッシュにフィットする区分的な B-スプライン曲面を生成する，したがって，四角形パッチに分割する手法が提案されている．そのコンパクトさ，正確さ，そして大域パラメータ化ができることから，3D 表面を NURBS (non-uniform rational B-spline) 曲面によって表現することが，ほとんど全ての商用の CAD ソフトにおいて標準的になっている．なお，NURBS 曲線および NURBS 曲面のフィッティングアルゴリズムについては文献 [2] を参照．幾何形状の部分的な NURBS 表現のための情報量は，メッシュ表現で要求される情報量よりかなり少なくなっている．

NURBS 曲面生成に対して，与えられた複雑な形状を持つモデルが，セグメンテーションされた後に解析的な部分と自由曲面の部分とに分割され（図 1），各セグメントは，さらなる高品質な（すなわち，正方形に近い形状の）四角形パッチへの分割が必要になる凸領域へと分割される．本項目では，3D のメッシュの四角形パッチへの分割問題について述べる．

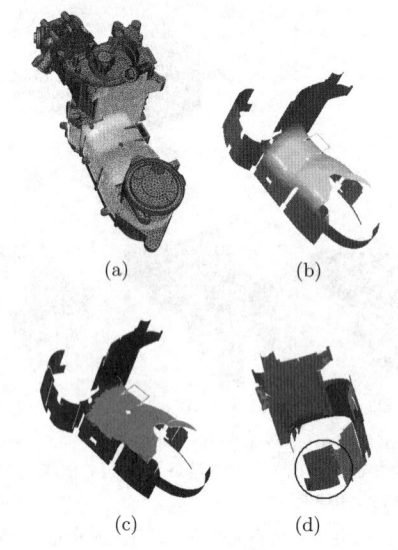

図 1 複雑なモデルの分割：(a) 初期モデル，(b) 自由曲面部分，(c) セグメンテーション結果，(d) 単独のセグメント

2. メッシュ領域の分割手順

メッシュ領域やポリゴンを四角形領域へと分割する手順は，次の 5 つの主要なステップから構成される．

1) 複雑形状のモデルからのセグメンテーション技術を用いた自由曲面部分（ポリゴン）の生成
2) マッピング技術によるメッシュセグメントからの 2D ポリゴンの生成
3) ポリゴンの凸部分への分割
4) ポリゴン部分の四角形領域への細分割
5) 得られた四角形領域の 3D オリジナル表面メッシュへの写像

3. 3D メッシュセグメントの 2D 平面上への写像

基本的なアイデアは，3D メッシュセグメントを座標変換を通して境界点の間の位相的構造を保持しながら 2D ポリゴンに変換することにある．

オリジナルの 3D 直交座標系の z 方向に対して回転する，メッシュの法線ベクトルに沿った座標変換

を，変換行列を用いて行う．

4. NURBS 曲面生成のための 3D メッシュ領域の分割

領域を四角形領域に分割する手順は，主要な 4 つのステージからなっている [3]．

1) 領域を 2D ポリゴンに写像する．
2) 凹な領域を 2D 平面上で凸な部分領域へと分割する．凸ポリゴンとは，内部の任意の 2 点を結んだ線分が常にその領域の中にあり，全ての内角が 180° より小さいポリゴンのことである．
3) 各サブポリゴンを四角形領域に細分割する．
4) 結果となる 2D ポリゴンをオリジナルの 3D 領域に写像する．

凹なポリゴンにおいては，各頂点の内角が 180° を超えることがある．ポリゴンの非凸性を示す特性は，クリティカルポイントまたはノッチと呼ばれるものによって表現される．図 2 にこのアプローチの概略を示す．

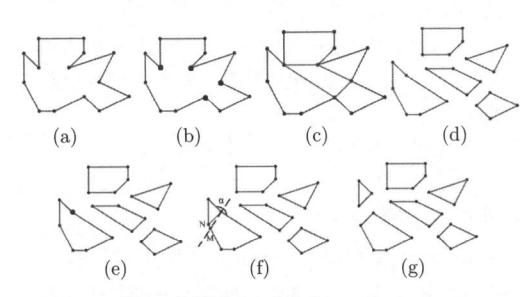

図 2 凸分割アルゴリズムのプロセス

得られる 2D 部分は，3D のオリジナル表面メッシュ上へ写像される．図 3 は，ステージ 1〜4 に従って，3D のメッシュ領域を分割する過程を示している．

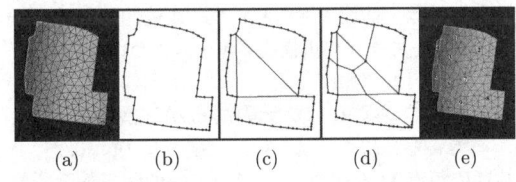

図 3 3D メッシュ領域の分割：(a) 3D ポリゴン，(b) 2D ポリゴン，(c) サブポリゴン，(d) 四角形分割，(e) アルゴリズムの最終結果

さらなる NURBS 曲面生成のために，プリプロセスのステップにおいて，メッシュ領域を分割することにより，四角形部分の境界情報が NURBS 曲面フィッティングの過程で完全に保持されることが保証される．異なるノットベクトルを持つ NURBS 曲面を単独のギャップのないモデルにマージするために，T-マージが適用される．

図 4 は，各四角形に対する NURBS 曲面生成の結果と NURBS パッチのマージの結果を示している．

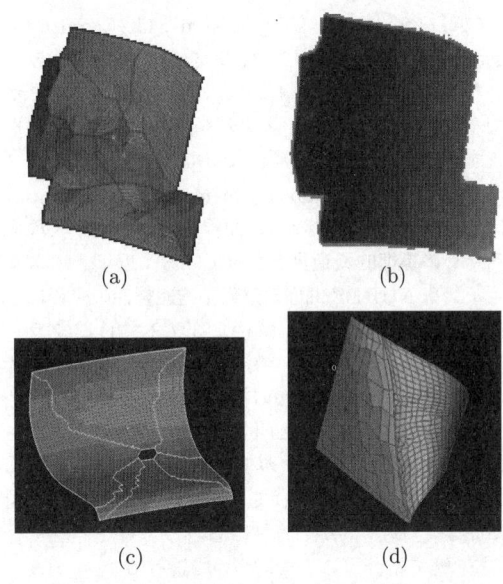

図 4 3D メッシュ領域に対する NURBS 曲面：(a) 全てのパッチに対する NURBS 曲面，(b) 結果となる曲面，(c) 3D メッシュセグメントの四角形分割の例，(d) NURBS 曲面をマージした T-スプライン

[マリアサブチェンコ・篠田淳一]

参 考 文 献

[1] J-M. Lien, N.M Amato, Approximate convex decomposition of polygons, *J. Computational Geometry*, vol.35(1–2) (2006), 100–123.

[2] L. Piegl, W. Tiller, *The NURBS book*, 2nd Ed., Springer-Verlag, 1997.

[3] G. Tong, M. Savchenko, I. Hagiwara, Polygonal mesh partitioning for NURBS surface generation, *J. Advances Materials Research*, Vols.204–210 (2011), 1824–1829.

CAD パッチから CAD データの生成
CAD data generation from CAD patch

CAD (computer-aided design), CG (computer graphics), 幾何モデリング, リバースエンジニアリングなどの領域では, 計測による 3D データから滑らかなパラメトリック曲線やパラメトリック曲面を再構成することが重要な問題になってきている. B-スプライン NURBS (non-uniform rational B-spline) は, パラメトリックな自由曲線や自由曲面を表現するための標準的な道具となっている. 近年, B-スプラインや NURBS 曲面の幾何学的連続性の研究に進展があった. Shi らは, 隣接する双 3 次 B-スプライン曲面の G^1 連続性と, 隣接する双 5 次 B-スプライン曲面の収束 G^1 連続性の結果を得た [1],[2]. また, 同文献では, G^1 連続性を付与された任意トポロジーの双 3 次および双 5 次の B-スプライン曲面を再構成するスキームも得られている. ここでは, 文献 [3] に従って, 効率的かつ容易に B-スプラインパッチを C^1 連続で結合する手法について述べる.

1. B-スプライン曲面の C^1 連続性条件

本節では, 隣接する 2 つの B-スプライン曲面の C^1 連続性について述べる. 2 つの B-スプライン曲面パッチを以下で定義する.

$$\mathbf{S}_1(u,v) = \sum_{i=0}^{n}\sum_{j=0}^{m} N_{i,p}(u) N_{j,q}(v) \mathbf{P}_{i,j}$$

$$\mathbf{S}_2(u,v) = \sum_{i=0}^{n}\sum_{j=0}^{m} N_{i,p}(u) N_{j,q}(v) \mathbf{Q}_{i,j}$$

ここで, $\mathbf{p} \times \mathbf{q}$ は B-スプライン曲面の次数であり, $\{\mathbf{P}_{i,j}\}, \{\mathbf{Q}_{i,j}\}$ はそれぞれ $\mathbf{S}_1(u,v), \mathbf{S}_2(u,v)$ の制御点, $\{N_{i,p}(u)\}, \{N_{j,q}(v)\}$ はノットベクトル上で定義された B-スプライン基底関数である.

いま, $\mathbf{S}_1(u,v)$ および $\mathbf{S}_2(u,v)$ が共通の境界曲線 $\Gamma(v) = \mathbf{S}_1(0,v) = \mathbf{S}_2(0,v)$ を持っているとする (図 1 参照). このとき, 2 つの B-スプライン曲面は, 共通境界曲線上で C^0 連続になっている.

$$\mathbf{S}_1(0,v) = \sum_{j=0}^{m} N_{j,q}(v) \mathbf{P}_{0,j}$$

$$\mathbf{S}_2(0,v) = \sum_{j=0}^{m} N_{j,q}(v) \mathbf{Q}_{0,j}$$

であり, 共通境界曲線上これらは等しいので, $\mathbf{P}_{0,j} = \mathbf{Q}_{0,j}$ $(j=0,\ldots,m)$ を得る.

共通境界曲線 $\Gamma(v)$ に沿った, u 方向のクロス接ベクトル $\mathbf{C}_1(v)$ および $\mathbf{C}_2(v)$ は, それぞれ

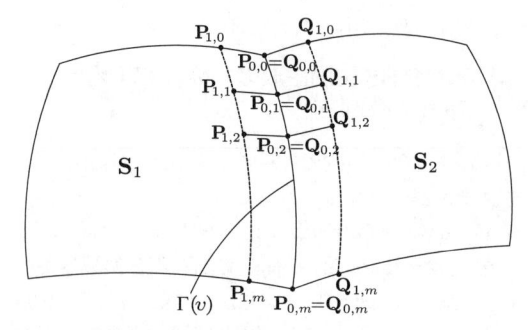

図 1 共通の境界曲線 $\Gamma(v)$ を持つ 2 つの B-スプライン曲面パッチ

$$\mathbf{C}_1(v) = \left.\frac{\partial \mathbf{S}_1(u,v)}{\partial u}\right|_{u=0}$$
$$= p\sum_{j=0}^{m} \frac{\mathbf{P}_{1,j} - \mathbf{P}_{0,j}}{u_{p+1} - u_1} N_{j,q}(v)$$

$$\mathbf{C}_2(v) = \left.\frac{\partial \mathbf{S}_2(u,v)}{\partial u}\right|_{u=0}$$
$$= p\sum_{j=0}^{m} \frac{\mathbf{Q}_{1,j} - \mathbf{Q}_{0,j}}{u_{p+1} - u_1} N_{j,q}(v)$$

によって与えられる.

$\mathbf{S}_1(u,v)$ と $\mathbf{S}_2(u,v)$ の間の C^1 連続性を得るには, これらは $\Gamma(v)$ 上で等しくならなければならないので

$$\left.\frac{\partial \mathbf{S}_1(u,v)}{\partial u}\right|_{u=0} = \left.\frac{\partial \mathbf{S}_2(u,v)}{\partial u}\right|_{u=0}$$

を得る. したがって,

$$\mathbf{P}_{1,j} - \mathbf{P}_{0,j} = \mathbf{Q}_{1,j} - \mathbf{Q}_{0,j}, \ j=0,\ldots,m \quad (1)$$

が得られる. これが, 2 つの曲面がその共通境界上で C^1 連続になるための条件であり, 共通境界上とそれに隣接する計 3 列の制御点によってそれが表現されたことになる (図 1 参照).

2. B-スプライン曲面を用いたモデルの再構成

本節では, 前節で得られた C^1 連続性のための条件に従ったモデルの再構成スキームについて述べる.

2.1 角点でのパッチの滑らかな接続

まず, 図 2 に示すように, $\{S_i : i = 0,\ldots,r\}$ を共通の角点 $\mathbf{P}$ を持つ B-スプライン曲面パッチの集合とする.

同図に示すように, $\mathbf{A}_i$ $(i=0,\ldots,r)$ を共通境界の制御点の中で $\mathbf{P}$ から最短距離にある点とし, $\mathbf{B}_i$ $(i=0,\ldots,r)$ を共通境界の制御点以外で $\mathbf{P}$ から最短距離にある制御点とする. また, 同図では, パッチ S_r と S_0 が共通境界を共有するものとしている. 共通の角点 $\mathbf{P}$ において, これらのパッチを滑らかに接続するための手順は以下のようになる.

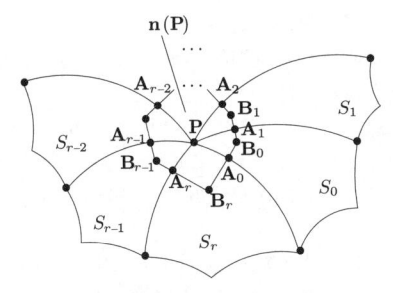

図2 共通の点 $\mathbf{P}$ で接続するパッチ

1) 共通の角点 $\mathbf{P}$ における接平面の法線ベクトルを求める：$\mathbf{n}_i(\mathbf{P})$ $(i=0,\ldots,r)$ を $\mathbf{P}$ における S_i の法線ベクトルとすると，求める共通の法線ベクトルは次式で与えられる．

$$\mathbf{n}(\mathbf{P}) = \sum_{i=0}^{r} \mathbf{n}_i(\mathbf{P}) \Big/ (r+1)$$

2) 制御点 $\mathbf{A}_i$ $(i=0,\ldots,r)$ を決定する：全ての制御点 $\mathbf{A}_i$ を共通の接平面上へ射影し，これもまた同じ $\mathbf{A}_i$ に新しい制御点を定義する．

3) 制御点 $\mathbf{B}_i$ $(i=0,\ldots,r)$ を決定する：接平面上において，$\mathbf{A}_i$ を通る直線を線分 $\overline{\mathbf{A}_i\mathbf{P}}$ と垂直に交わるように構成する．これらの直線の交点を改めて $\mathbf{B}_i$ として定義する．制御点 $\mathbf{A}_i$ および $\mathbf{B}_i$ は全て接平面上にあるので，曲面パッチ S_i $(i=0,\ldots,r)$ は C^1 連続で接続されたことになる．

2.2 共通境界に沿ったパッチの滑らかな接続

共通境界の残りの制御点 $\mathbf{P}_{1,j}$, $\mathbf{Q}_{1,j}$ $(j=1,\ldots,m-1)$ は，C^1 連続性の条件 (1) を用いて次のように計算される．$\mathbf{P}_{0,j}$ における接平面上において，線分 $\overline{\mathbf{P}_{0,j-1}\mathbf{P}_{0,j+1}}$ に垂直になるように，$\mathbf{P}_{0,j}$ を通る直線 $L(\mathbf{P}_{0,j})$ を構成する．新しい $\mathbf{P}_{1,j}$ および $\mathbf{Q}_{1,j}$ $(j=1,\ldots,m-1)$ は，C^1 連続性の条件

$$\mathbf{P}_{1,j} - \mathbf{P}_{0,j} = \mathbf{Q}_{1,j} - \mathbf{Q}_{0,j}, \quad j=1,\ldots,m-1$$

を満足するように定義する（図2参照）．

3. 適 用 事 例

上述したアルゴリズムを携帯モデルに適用した結果を示す．図3はその携帯モデルで，8つの四角形パッチからなっている．一方，図4は，図3のモデルに対して8つのB-スプライン曲面パッチを構成したもので，あるパッチ間では C^0 で接続され，また，あるパッチ間では，滑らかに C^1 で接続されている．

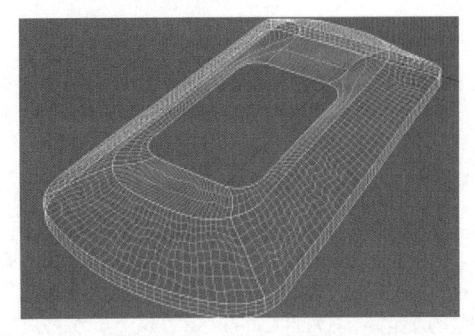

図3 携帯モデルの計測データ

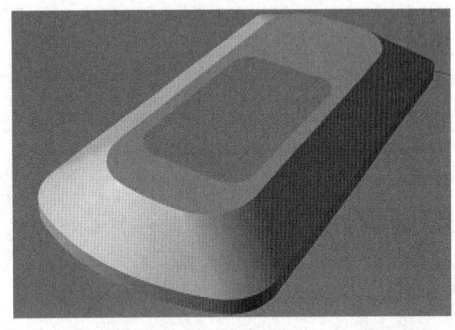

図4 C^0 連続や C^1 連続で接続された8つのB-スプラインパッチからなる再構成された携帯モデル

［李　薇・篠田淳一］

参 考 文 献

[1] X. Shi, T. Wang, P. Yu, Reconstruction of convergent G^1 smooth B-spline surfaces, *Computer Aided Geometric Design*, **21** (2004), 893–913.

[2] X. Shi, T. Wang, P. Yu, A practical construction of G^1 smooth biquintic B-spline surfaces over arbitrary topology, *Computer-Aided Design*, **36** (2004), 413–424.

[3] W. Li, Z. Wu, J. Shinoda, I. Hagiwara, Model reconstruction using B-spline surfaces, in *proceedings of Asia Simulation Conference & the International Conference on System Simulation and Scientific Computing* (2012).

[4] L. Piegl, W. Tiller, *The NURBS book*, 2nd Ed., Springer-Verlag, 1997.

メッシュの簡略化
mesh simplification

メッシュの簡略化とは，与えられたポリゴンメッシュを面や辺および頂点の数がより少なくなるようなメッシュへと変換するアルゴリズムのことである．簡略化の過程は，通常ユーザーによって定義され，幾何学的な距離や見た目といったオリジナルのメッシュの特定の性質を最大限保存する一連の品質判定基準によって制御される．メッシュの簡略化により，与えられたメッシュの複雑さを軽減することができる．

1. メッシュの簡略化

表面メッシュや立体メッシュの要素数が，数値シミュレーションや視覚化などをするには多すぎるときは，表面の幾何形状を十分保持しながらその要素数を低減することが望ましい．これがメッシュの簡略化（デシメーション，コースニング，簡約などとも呼ばれる）アルゴリズムの目的である．

簡略化は通常，反復的に，すなわち同時に辺や頂点を除去しながら行われ，そしてその逆も可能である．したがって，逆向きのオペレーションによってその最終結果を伝達することができる．メッシュの簡略化スキームは，低周波成分（簡略化されたメッシュ）と高周波成分（オリジナルメッシュと簡略化されたメッシュの差分）を抽出する分解オペレータと考えられる．

このとき，再構成オペレータは，その低周波成分からオリジナルのデータを再現するための逆向きの簡略化となる．

2. メッシュの簡略化法

以下に主なメッシュの簡略化法を列挙する．
- 頂点クラスタリング法：この手法は，一般的に高速かつ頑健であり，計算複雑度は $O(n)$ である．ここで n は頂点数である．しかしながら，品質は常に満足なものになるとは言えない．
- インクリメンタルデシメーション：この手法は，多くの場合で高品質なメッシュを保証することができ，どのようにして次の除去オペレーションを選択するかによって，ユーザーが定義する任意の判定基準を考慮することができる．しかしながら，計算複雑度は，$O(n \log n)$ または $O(n^2)$ ですらある．
- リサンプリング：最も一般的なアプローチであるが，新しいサンプル点は，メッシュ内に自由に分布してしまう可能性がある．

2.1 位相的オペレーション

共通に使われる位相的なオペレーションには次のようなものがある．
- 頂点コラプス（逆向き：頂点スプリット）とは，頂点とそれに隣接する辺および面，そしてそれらによってできる三角形の穴を除去するものである．
- エッジコラプス（逆向き：エッジスプリット）とは，辺を選択し，その辺を新しい1つの頂点に縮退させるものである．2つの隣接する三角形も2つの辺へと縮退される．
- ハーフエッジコラプス（逆向き：制限された頂点スプリット）とは，エッジコラプスの特別な場合である．選択された辺が一方から他方へと移動する．

以上のオペレーションを図1に示す．

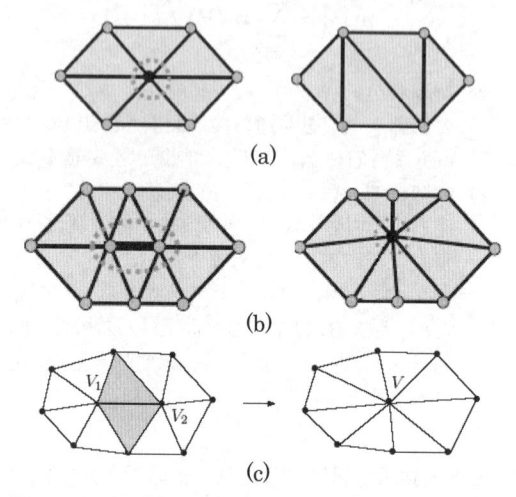

図1 (a) 頂点コラプス [1], (b) エッジコラプス（新しい頂点）[2], (c) ハーフエッジコラプス（同一頂点）

2.2 誤差計量

誤差計量には次のものがある．
- メッシュに対する局所距離とは，頂点から接平面への距離に基づくものである．
- 大域誤差計量とは，各辺に対して，（誤差計量に基づく）最小の誤差値を持つ新しい頂点を求め，縮退される辺を選択するために用いられる．
- 公平性基準とは，簡略化後のメッシュ要素の品質のことである．

3. 簡略化の例

簡略化のステップは，ポリゴンに属する点の曲げエネルギーのような特定の局所的な簡略化コストに従って，エッジコラプスのための候補を選択するというアイデアに基づいている．ここでの主な前提は，

曲面の折り畳み効果を最小にするという意味での最良の近似曲面を得るために，曲げエネルギーを用いて最適に頂点を配置することにあり，これにより，オリジナルモデルの体積は精度良く保存され，数値計算も安定になる．ここで述べる手法は，反復的な除去を行い，そして平滑化技術を用いて修正が必要なくなるまで，メッシュの辺の長さを最適化することから構成されている [3]．結果として，新しいメッシュは表面の幾何形状を保存し，メッシュの形状品質は改良される．スプライン

$$f(P) = \sum_{j=1}^{N} \lambda_j \phi(|P - P_j|) + p(P)$$

を用いて，曲げエネルギー $h^t A^{-1} h$ を最小化することを考えることができる．ここで，A^{-1} は行列 $A = [\phi(|P - P_j|)]$ の逆行列である．曲げエネルギー $h^t A^{-1} h$ の最小値は，エッジコラプスのための候補を選択するための簡略化のコスト関数として用いられる．h は，初期点とエッジコラプスの候補点との座標の差分である．制御点 P_j は，2つのスターの合併の境界点と，これらスターの中心点からなっている．

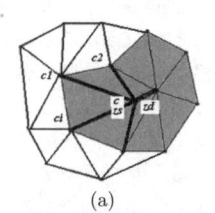

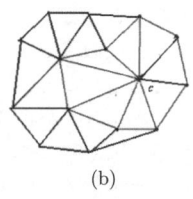

図2 (a) 中心 c (zs) の初期スターと中心 ci のその隣接スター，zd は c の予測位置，(b) 中心 c に対してアルゴリズムを適用した後のスター

図3は，簡略化されたメッシュの品質の高さを示している．ここでは，馬のモデルの断片の初期メッシュと簡略化されたメッシュを用いている．図4は，2つのモデルに簡略化アルゴリズムを適用した前後のメッシュを示している．同図 (a),(b) では，三角形要素数が10%まで低減され，これに要した計算時間は120秒である．また，同図 (c),(d) は，三角形要素数が12%まで低減される一方で，形状を保ちながら，かなり均質な三角形の分布になっている．

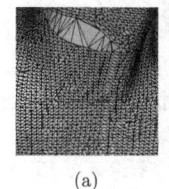

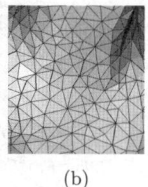

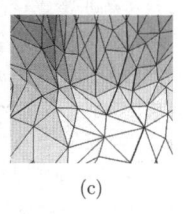

図3 (a) 初期メッシュ（三角形要素数 96966），(b) 簡略化後のメッシュ（7%の三角形要素数），(c) 2次誤差計量に基づく手法による結果

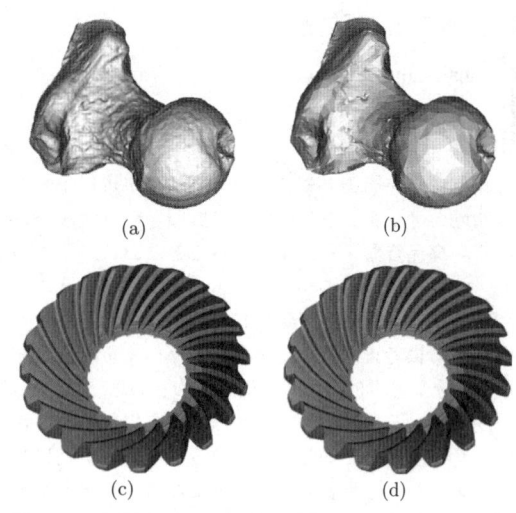

図4 (a) 初期メッシュ（三角形要素数 68530），(b) 特徴を保っての簡略化（三角形要素数 6532），(c) 初期メッシュ（サイズ 162 Mb），(d) 簡略化後（サイズ 20 Mb）

アルゴリズムにおいて，体積保持を実現しながら，90%の三角形要素削減率をも同時に実現していることを，この実験結果は示している．

［マリアサブチェンコ・篠田淳一］

参 考 文 献

[1] W.J. Schroeder, J.A. Zarge, W.E. Lorensen, Decimation of Triangle Meshes, *Proceedings of SIGGRAPH '92* (1992), 65–70.

[2] M. Garland, P. Heckbert, Surface Simplification Using Quadric Error Metrics, *Proceeding of SIGGRAPH '97* (1997), 209–216.

[3] V. Savchenko, M. Savchenko, O. Egorova, I. Hagiwara, Surface simplification based on statistical approach, *WSEAS Transactions on Circuits and Systems*, issue 1, vol.3 (2004), 159–164.

メッシュの改良
mesh improvement

メッシュを構築することの目的は，単に対象となる領域のメッシュを生成すればいいという問題ではなく，高品質なメッシュを得ることにある．それゆえ，「高品質なメッシュとは何か？」，「どのようにして最適なメッシュを定義すればよいのか？」という問いが直ちに考えられる．メッシュは与えられた問題を解くという目的のために構成される[1]．したがって，真の品質や最適性は，メッシュを用いて計算される解と関連している．得られる解の品質が良ければ，メッシュの品質も良いことになる．有限要素を用いた数値シミュレーションにおいて，誤差評価が唯一の判断材料となる．また，興味の対象となる表面のメッシュを視覚化する問題に対しては，実物の曲面に対する表面メッシュの近似品質や見た目に関して評価しなければならない．その他の問題に対しても，メッシュの品質はそれぞれの目的に対応していなければならない．実際の問題では，最適なメッシュは様々な評価基準の間の適切な折衷案となっていなければならない．特に 3 次元の場合，メッシュの品質を改良する目的は，評価値が理論値とほぼ等しくなるようなメッシュを生成することにあり，理論解からあまり離れていないメッシュが，一般的に満足のいくものであると考えられている．

1. メッシュの最適化技術

自動メッシュ生成に対する要請を弱めることができることから，メッシュの品質改良は，有効な有限要素を得るためにはほとんど必須のステップとなっている．しかしながら，アスペクト比（AR：aspect ratio）に従って，理想的な形状にぴったりフィットするような要素からなるメッシュを生成することは，困難もしくはほとんど不可能でさえある．メッシュの品質を改良するには，主に次の 2 つの方法がある．
1) 節点の挿入や削除，局所的な再接続（図 1 (a) エッジスワップ，(b) エッジコラプス，(c) エッジスプリット）によるメッシュのトポロジーの修正
2) メッシュの節点を再配置したり，平滑化技術を適用したりすることによる幾何学的な修正（図 2）

平滑化技術は，形状の良くない要素を修正する手段として用いられる．すなわち，平滑化とは，理論的に良しとされる要素とほぼ同様な要素を生成するためのオペレーションのことである．この技術において，節点はメッシュの形状の良くない要素による領域内を移動する．ラプラシアンアルゴリズムは，原因となる節点を突き止めて，要素形状が良くなるように，周りを取り囲む節点の中心へとそれを移動させる，すなわち，それに接続する節点の平均位置にその節点を再配置する．この平均化手法は，裏返りや局所的なメッシュ品質の低下を招いたり，モデルの体積を縮小させるといったことを引き起こすかもしれない．非凸領域では，節点が境界の外側に引っ張られるといったことが起こる場合もある．しかしながら，計算コストが非常に低く実装しやすいという理由から，広く利用されている．ラプラシアン平滑化法は，三角形メッシュに対して効果的である．四辺形メッシュに対しては，三角形の場合ほど信頼性があるとは言えず，品質の良くない要素を生成してしまう可能性がある．最適化に基づく手法では，各節点を移動させる代わりに，ある種の幾何学的特性によってコスト関数が最小化される．共通の頂点を共有する 4 面体の間の 2 面角の最小値または最大値，AR，歪計量など，コスト関数は幾種類もある[2]．最適化に基づく手法が，有効でない要素を避けるのに大変効果的である一方，計算コストはラプラシアン平滑化や角度に基づく手法に比べて非常に高くなってしまう[3]．RBF（radial basis functions）に基づく，表面メッシュや立体メッシュの品質を改良するための平滑化技術[4] は，ポリゴンメッシュの全ての節点の座標値を平均化する代わりに，初期メッシュと加工後のメッシュの間の残差が少なくなるように，スペースマッピング技術（形状変換技術）を適用することによって中心点を滑らかに変換するというシンプルなアイデアに基づいている．文献 [5] では，メッシュの品質判定基準の最も適切なパラメータ値を予測することによって，メッシュの品質を改良する統計的な手法が提案されている．

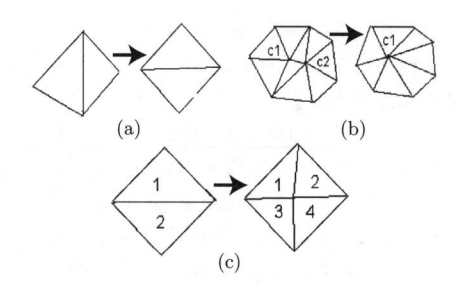

図 1 メッシュトポロジーの修正

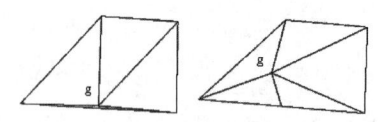

図 2 ラプラシアン平滑化による節点 g の再配置結果

2. 幾何学的なメッシュの改良アルゴリズム

2.1 統計的なアプローチ

統計学は，三角形メッシュの各頂点の近傍におけるメッシュ品質判定パラメータの最もそれらしい予測値を求めるために用いられる．これにより，ポリゴンメッシュを配置する点の選択に幅ができ，滑らかに"動かす"ように配置することができる．統計学により，ポリゴンメッシュの各要素に対応する実数が取り扱われる．これらの値は，アルゴリズム中，メッシュの品質を判定するためのパラメータ値として認識される．メッシュの品質を判定するパラメータとは，ここでは2D平面でのARのことであり，これらは，頂点の3Dの局所座標値を局所的な平均平面上へ射影することにより，AR，すなわち三角形メッシュの各要素の最小辺長に対する最大辺長の比として定義される．この定義により，AR値の範囲は1からその最大値までとなる．ここで定義された値の範囲は，確率空間と呼ばれている．実験データの分布は離散的であるため，この空間上の密度関数のアナロジーとしてヒストグラムが考えられる．アルゴリズムの適用後，ヒストグラムはランダムなものからより滑らかなものへとその分布が変わる．この技術は，スターと呼ばれるポリゴンに適用される．図3(a)にスターの例を示す．移動を考える点がそのスターの中心になっている．近傍点に対するスターの新しい中心点は，統計的な手法を用いて各スターに対して計算される．スターの三角形要素は，境界が固定されているが，スターの内部の点は自由に移動することができる．その後，各要素に対して，それぞれが満たすべき新しい中心点が計算される（図3(b)）．これは，その要素が予測によって得られる理想的なAR値を持てることを意味している．この新しい，スターの中心点の座標値は，それらの平均値で与えられる（図3(c)）．

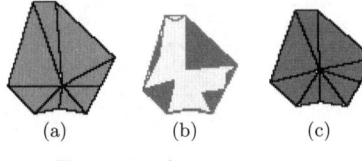

図3 スター上のオペレーション

このアルゴリズムにおいて，AR値 $a_1,\ldots,a_n$ を持つ n 個の要素からなる各スターに対して，区間 $[n_j, n_{j+1}]$ 上で確率解析を適用し，現在のスター内の分布（ヒストグラム）および

$$a_i^* = \sqrt{-2D\log(1-F_j)} + 1$$

によって，新しい予測値 $a_1^*,\ldots,a_n^*$ を計算することができる．ここで，k はある整数で，$n_0 = a_{\min}$，$n_k = a_{\max}$ となっている．また，D はスター内のAR値の平均値 ARav. からの分散であり，F_j は区間 $[n_0, n_{j+1}]$ にあるAR値 a_i に対する確率となっている．

2.2 適用例

三角形表面メッシュに対する視覚化された結果，およびARのヒストグラムを図4に示す．68000要素を持つモデルに対してアルゴリズムを適用後，メッシュのARのガウス分布が実現されていることがわかる．同図(a)は初期メッシュであり，ARav. = 1.84 となっている．また，同図(b)は，改良後のものであり，ARav. = 1.50 である．なお，1回の反復に要する時間は30秒である．

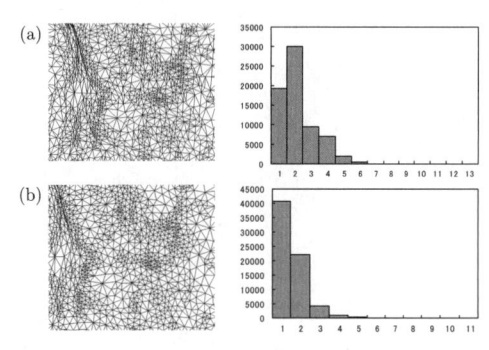

図4 メッシュの断片とAR値の分布のヒストグラム

［マリアサブチェンコ・篠田淳一］

参 考 文 献

[1] P.J. Frey, P.-L. George, *Mesh Generation*, Hermes Science Publishing, 2000.

[2] L.A. Freitag, On Combining Laplacian and Optimization-Based Mesh Smoothing Techniques, *AMD — vol.220 Trends in Unstructured Mesh Generation* (1997), 37–43.

[3] T. Zhou, K. Shimada, An Angle-Based Approach to Two-dimensional Mesh Smoothing, *Proceedings of the 9th International Meshing Roundtable* (2000), 373–384.

[4] V. Savchenko, M. Savchenko, O. Egorova, I. Hagiwara, Mesh Quality Improvement: Radial Basis Functions Approach, *Inter. J. of Computer Mathematics*, vol.85, No 10 (2008), 1589–1607.

[5] O. Egorova, M. Savchenko, I. Hagiwara, V. Savchenko, Modeling of Quality Parameter Values for Improving Meshes, *Japan Journal of Industrial and Applied Mathematics (JJIAM)*, vol.24 (2007), 181–195.

索 引

■ A
A*-探索　299
AES　367
affine arithmetic　445
ALE　606
α 枝　46
Amdahl 則　403
Armijo 条件　396
Askey–Wilson 多項式　35

■ B
b 関数　339
B-スプライン　664
B-スプライン曲面　662
BA モデル　248
Baker–Campbell–Hausdorff の公式　14
BAN 論理　238
BCI　122, 123
Bellman の最適性原理　298
Bellman 方程式　590
Belousov–Zhabotinsky 化学反応系　52
BEM　468
Broyden 法　395
BSM（の価格付け）偏微分方程式　189
BSM の公式　189
BSM モデル　188
Bulirsch–Stoer 算法　387
BVP 方程式　104
BZ 化学反応系　52

■ C
C^1 連続性　664
CAD　340
CAD パッチ　662
CAD パッチから CAD データの生成　664
Casorati 行列式　18
Casson モデル　164
CFD　630
CFL 条件　462
Chaplain–Anderson モデル　150
Christoffel 変換　34
CIP 法　603, 605
CIP-CUP 法　605
clip off 作用素　533
CNF　304
co-NP　305
Comprehensive Gröbner System　336
Cook–Levin 定理　305

Cowell の方法　642
Cross 式　609
CSRBF　658
CT　153
Cv　118, 120

■ D
DAGTE　17
Darboux 変換　19, 35
DE 公式　391
DE 変換　391
Dean 数　164
Delaunay 三角形分割　658
Δ ヘッジ　201
DES　367
DICOM　165
Dijkstra 法　298
Discontinuous Glarkin 法　633
discrepancy principle　563
dLV アルゴリズム　31
DoS 攻撃　224
Downs のモデル　208
dqds 法　422, 423
DT-CWT　515
Duffing 方程式　39
Duverger の法則　209
DVFB　645

■ E
ECDLP　377
ECDSA　368
ElGamal 暗号　231, 365
Encke の方法　643
ENIDM　157
ENO 法　605
ε-アルゴリズム　30

■ F
f-列　307
F_4 アルゴリズム　335
FDM　460
FEM　464, 618
Fermi–Pasta–Ulam 格子　10
Flip 分岐　42
Floyd–Warshall 法　299
Fold 分岐　42
FPU 格子　16
FVM　472

■ G
G-収束　526
G^1 連続性　664
Gershgorin の定理　434

Geselowitz 方程式　156
GPU　404
Grangeat の公式　573
Griffith のエネルギー平衡理論　86
Griffith の破壊基準　89
Griffith 理論　97
Gustafson 則　403

■ H
H 行列　430
H_∞ 制御　646
h-列　307
H1 勾配法　530
Haar 条件　384
Hashin–Shtrikman の原理　527
HM 方程式　18
Hoare の三つ組　230
Hoare 論理　230
Hopf 分岐　42
Hopfield–Tank ニューラルネットワーク　60
Hotelling のモデル　208

■ I
I-SVD アルゴリズム　31
I/O オートマトン　234
ICE 法　605
ICP 手法　656
ID ベース暗号　376
ID ベース鍵共有方式　376
IDR(s) 法　414
IEEE 754　382
IND-CCA2 安全　237
IND-CPA 安全性証　231
Irwin の破壊基準　87
Irwin の理論　89
ISO 60559　382

■ J
j 不変量　360
JAK-STAT 経路　161
joint PSTH　120
JPEG　513
JPEG2000　513

■ K
k-ε モデル　606
k-スペース　517
Karatsuba 法　330
KdV 方程式　10, 67
Keller–Segel モデル　145
Kermack–McKendrick モデル　158

Korn 型不等式　78
Korn の不等式　77
KP 階層　7, 26
KP 方程式　11
KS 方程式　53

■ L

L カーブ法　563
L 凸関数　279
L 凸関数の最小化　281
L♮ 凸関数　279
Laman の定理　309, 545
Langevin 方程式　604
LCMV ビームフォーマー　565
LDL^T 分解　410
LES　606
LES の壁モデル　632
LES/RANS ハイブリッド法　632
Level set 法　603
LIF シリコンニューロン回路　125
LIF モデル　104, 118
Lighthill–Curle の理論　607
Lippmann–Schwinger の関係式　510
LLL アルゴリズム　331
Lohner 法　442
LU 分解　408
Lv　120

■ M

M 行列　430
M 系列法　378
m 等分多項式　361
M 凸関数　279
M 凸関数の最小化　281
M♮ 凸関数　279
M-V ロケット　646
$(M+1)$ ルール　209
MAC 法　605
MAP 推定　564
mdLVs アルゴリズム　31
million message attack　224
MIMO　645
MIPLIB　323
mKdV 方程式　10
MMA 法　597
Moore–Bellman–Ford 法　298
Moore–Penrose 一般逆行列　562
Moyal の関係　487
MP 一般逆行列　562
MPS 法　605
MR^3 アルゴリズム　421, 422
MRA　497, 500
MRE　154
MRI　153
MRJ　650
μ 制御理論　646
MUSIC　565

■ N

N ソリトン解　12, 23
NASTRAN　651
Neimark–Sacker 分岐　42
Neville 算法　385
Newmark 法　619
Ning–Kearfott の方法　432
node to segment アルゴリズム　610
NP 完全問題　305
NP 困難　252, 253, 305, 355
NSL プロトコル　228
NURBS　662, 664
NURBS 曲面　663

■ O

Octet–Truss 型コア　272
Octet–Truss コアパネル　273
OGY 法　58
ω 枝　46
ORIGAMI　258

■ P

p 乗可積分関数　508
Paris 則　98
PCL　238
Pesin の等式　49
PET　153, 572
Picard 型の不動点形式　442
Pick の定理　551
Pitchfork 分岐　43
Poincaré 型不等式　77
Poincaré 断面　59
PSTH　120
PVT 状態線図　609

■ Q

Q 値　40
q-超幾何関数　35
QE　340
QR 分解　416
QR 法　419, 422, 423

■ R

R 行列　28
RANS　606
Rayleigh–Bénard 対流　52
RB 対流　52
ρ 法　352
Riesz の表現定理　77
RSA 暗号　365
RSA 署名　372
RSA-OAEP　365
Rump の方法　431

■ S

S-多項式　332
s-t 最短路問題　298
Sakawa–Shindo 法　525
SAO　597
SAT　304
Schauder の不動点定理　442
SGS モデル　606
shapebase　334
SIMP 法　527
SIMPLE 法　605
SIR モデル　158
SMAC 法　608
Smagorinsky モデル　606
Smoluchowski 方程式　149
SOR 法　412
SPECT　153
Spectral Volume 法　633
SPH 法　605
SSL　224
STL データから CAD パッチの生成　662
STL データの生成　658
sugar strategy　335
SUPG 法　477
SVP　354, 355
SWT　514

■ T

T 細胞　161
T-マージ　663
(t, L, n)-しきい値ランプ型秘密分散　375
(t, n)-秘密分散共有法　374
τ 関数　7
TD 学習法　117
TD 誤差　117
TD[λ] 法　117
Thiele 補間公式　387
Tikhonov 正則化　532, 563
Tikhonov 正則化法　528
total variation 法　564
triangular set　334
TSVD　562
Tuy の条件　573
TVD 法　603, 605

■ U

UAV　648
UC 安全性　228

■ V

Vandermonde 行列　385
Verhulst–Beverton–Holt モデル　130
VOF 法　603
Vortex 法　605

■ W

WAIFW 行列　159
Widrow–Hoff 則　114
Wigner (–Ville) 分布　487

Wilkinson の誤差限界　435
WKB 解析　9
Womersley 数　164
Wronski 行列式　23
WS モデル　246, 247

■ Y
Yamamoto の方法　432
Yang–Baxter 関係式　29

■ Z
z-変換　506
Zachary の空手クラブ　251
Zero-Mach 数近似式　604

■ あ
アーノルドの舌　40
アーベル数体　358
アイソクロン　50
曖昧さ関数　486
明るいソリトン　13
アクセス制御　224
悪魔の階段　41, 51
アジア型オプション　191
アジア型コールオプション　195
アダマールの意味で適切　558
アダムズ–バッシュフォース法　400
アダムズ方式　206, 219
アダムズ–ムルトン法　400
圧縮可能　517
圧縮関数　371
圧縮座屈　262
圧縮性流体　65, 69
アップサンプリング　501
アトキンソン型の社会的厚生関数　218
アドバンテージ　226
アトラクタ　111
穴埋めアルゴリズム　659
アナライジングウェーブレット　487, 507, 510
アフィン座標　369
アフィンリー代数　27
アフィンワイル群　6
アメリカ下院方式　219
アメリカ型オプション　190, 202
アラバマパラドックス　214, 217
亜臨界　42
アルキメデスの螺旋状折り線　261
アルゴリズムの近似比　290
アルベド　634
アレンジメント　546
アロー　212
安全性証明　226
安全余裕　636
安全率　636
安定化理論　344
安定性　461, 558

安定性交替分岐　43
安定多様体　46
安定なフィルタ　504
安定平衡点　42
鞍点型変分原理　481
鞍点型変分問題　482
アンローディング　645

■ い
イオンコンダクタンスモデル　124
異質性　159
イジング模型　6
位相幾何学的アルゴリズムによる組織画像解析　152
位相縮約理論　57
位相振動子モデル　107
位相スリップ　41
位相同期　56
位相同期現象　50
位相平面　38
位相優先法　555
一意性　558
一意分解整域　357
1 次従属　490
1 重層ポテンシャル　468
位置情報説　138
一段階法　398
1 ノルム最小化　564
一様収束性　583
1 階述語論理式　343
一斉開花　132
一致性　212
一般 J 積分　90
一般化狭義優対角行列　430
一般化固有値問題　434
一般化最小残差法　415
一般化座標　616
一般化線形モデル　577
一般化同期　56
一般化ニュートン–オイラー方程式　617
一般化ニュートン法　397
一般可能性定理　212
一般剛性　308, 544
一般摂動法　642
一般の 3 次方程式の解法　265
一般秘密分散共有　375
1 票の価値　214
イデアル商, 飽和　333
イデアルの分解　334
イデアルの和, 積, 共通部分　333
イデアル類群　357
イデアル類を零化する　358
遺伝子制御ネットワークの推定　161
遺伝的アルゴリズム　651
遺伝的浮動　143
伊藤解析　176
伊藤過程　178

伊藤の公式　178, 179
伊藤の等長写像　177
イニシャルイデアル　333, 338
医薬統計　168
医薬品評価　168
移流拡散方程式　476
因子基底法　351, 353
因子群　363
因子類群　363

■ う
ウィーナー推定量　513, 514
ウイルス学における微分方程式モデル　134
ウイルス感染動態　160
ウイルスバーストサイズ　160
ウィルソン基底　495
ウィンドウ法　369
ウィンドスロップ現象　607
ヴェイユペアリング　361
ウェーブレット　488
ウェーブレット解析の発展　516
ウェーブレット係数　496
ウェーブレットと時間周波数解析　486
ウェーブレットと信号処理　508
ウェーブレットとフィルタ　504
ウェーブレットによる画像処理　512
ウェーブレットパケット　503
ウェーブレットフレーム　492, 493
ウェーブレット方程式　500
上 2 重対角化　422
ウェブスター法　216
ウェブスター方式　206
渦度　70
渦無しの流れ　64
打ち切り特異値分解　562
宇宙機軌道解析　642
宇宙機構造設計解析　636
宇宙機ロバスト制御技術　646
埋め込み　54
埋め込み型ルンゲ–クッタ法　399
埋め込み写像　55
運動エネルギー　66
運動方程式　619
運動野　123
運動量ベクトル　616
運動量保存則　68

■ え
エアリーの応力関数　82
衛星の熱解析　634
エージェント型シミュレーション　211
エージェントベースモデル　161
疫学における微分方程式モデル　134
エキゾチックオプション　191
エネルギー解放率　86, 97, 641

エネルギー関数　111, 112
エネルギー最小原理　88
エネルギー最適制御理論　612
エネルギー評価　78
エネルギー密度　76
エルゴード的なマルコフ連鎖　296
エルゴード理論　39
エルミート補間　386
円形膜　261
エンストロフィ　66
円単数　358
円筒折り　258
円盤形式　428

■お
オイラー系　358
オイラー–ポアソンの方程式　612
オイラー法　399
オイラー方程式　64
黄金角　263
横断マトロイド　282
応答曲面法　651
応用π計算　232
応力拡大係数　89
応力関数　81
応力テンソル　76
汚染領域　548
落とし戸付き一方向性関数　364
おばあさん細胞仮説　110
オプション　188
オプションの固有の価値　198
オミックス解析　161
重み付き残差法　470
重みベクトル　338
折紙　260, 262
折紙工学　258
折紙設計　266
折紙操作の幾何学的意味　265
折紙とバイオミメティクス　270, 271
折紙の構造強化機能　272, 273
折紙の公理系　265
折紙の情報問題への応用　264
折紙の数学問題への応用　265
折紙ハニカム　272
折り計算量　264
折目点　656
折り目幅　264
オルンシュタイン–ウーレンベック過程　174, 180

■か
カーネル関数　578
カーネルトリック　579
カーネル法　578, 580
カールソンの定理　508
カイアニエロの神経方程式　50
開口型　96
開口亀裂　80

階数関数　283
外生性　220
解析信号　510
解析的ウェーブレット変換　507
改善法　294
階層的モデル　249
解像度　496
階層ベイズ　584
外的妥当性　210
回転数　51
回転変換行列　657
概念設計段階　637
外部グラフ　580
外部流れ解析　606
ガウシアンカーネル　579
ガウス–エルミート数値積分公式　391
ガウス型数値積分公式　390
ガウス過程　174, 584
ガウス曲率　32
ガウス–ザイデル法　412
ガウス写像　661
ガウスの消去法　409
ガウスの超幾何関数　34
ガウス–ラゲール数値積分公式　391
ガウス–ルジャンドル数値積分公式　390
ガウス和　358
火炎伝播速度　602
カオス　5, 38, 105, 108, 454
カオス時系列解析　54
カオス神経回路　108
カオス制御　58
カオス同期　56
カオスと最適化　60
カオスニューラルネットワーク　108
カオスニューロンモデル　51, 105, 108
カオスノイズ　60
渦音理論　627
可解格子模型　28
下界定理　534
化学シナプス　106
過学習　115
鍵共有問題　364, 366
鍵サイズ　369
鍵循環　236
鍵単独攻撃　372
可逆なマルコフ連鎖　296
角運動量ベクトル　616
拡散カーネル　579
拡散過程　181
拡散燃焼　602
拡散方程式　173
拡散誘導不安定性　138, 144
学習誤差　115
学習理論　114
拡張ラグランジュ関数　318
角点　656

確率 Hoare 論理　230
確率解析　176
確率過程　172, 177
確率共鳴　119
確率積分　176
確率的素数判定法　348
確率的多項式時間チューリング機械　225, 226, 228
確率的分類法　588
確率微分方程式　118, 180
確率ボラティリティモデル　195
下限上限条件　480
加工解析　610
風上近似　476
風上要素選択法　476
過剰系　517
仮数　382
可積分系　4
可積分系とアルゴリズム　30
可積分系と幾何学　32
可積分系と特殊関数　34
風切り音　607
架線　622
画像圧縮　513
仮想亀裂閉口法　641
画像近似　512
仮想仕事の原理　478, 526
画像特徴抽出　514
画像ノイズ除去　513
加速　555
加速法　30
カタストロフィ　166
偏り　207
価値関数　590
カッティング　546
活動電位　104
カップリング定理　297
合併マトロイド　283
加法構造　360
ガボールフレーム　494
ガボール変換　486, 511
可用性　224
可予測過程　184
ガレルキン直交性　466
ガレルキン特性曲線有限要素法　477
ガレルキン法　78, 464
カロジェロ–モーザー系　5
観察研究　220
干渉領域　530
関数近似　115, 384
間接計測　562
完全解読　372
完全可積分系　4
完全再構成　504
完全条件　573
感染症流行モデル　158
完全性　224
完全性条件　489

完全多項式時間近似スキーム　291
完全弾塑性体　534
完全同期　56
完全ランダム化法　168
観測スピルオーバー　645
冠頭標準形　343
感度解析　597
がんの浸潤・転移　162
完備　192, 199
完璧サンプリング法　297
簡約　332
簡約化　27
簡約グレブナー基底　333
緩和除数方式　206
緩和比例　207
緩和問題　320

■ き
記憶パターン　110
記憶容量　111
幾何学的数値積分法　14
幾何学的重複度　434
幾何学的非線形　600
幾何グラフ　544
幾何探索　541
幾何的変換　543
幾何ブラウン運動　174, 181
偽記憶　110
機構シミュレーション　268
記号摂動法　554
記号的アプローチ　225, 236
擬似乱数　378
基数　382
キスペル–ロバーツ–トンプソン系　21
議席配分問題　216
擬素数テスト　348
既知メッセージ攻撃　372
基底関数　465, 482
基底簡約アルゴリズム　354
軌道　624
軌道解析の効率化　643
軌道決定　642
軌道生成　642
軌道設計　642
軌道不安定性　39, 109
軌道要素　642
機能測定　156
擬微分作用素　26
ギブンズ回転　416, 423
基本解　474
基本再生産数　158
機密性　224
既約元　356
逆公式　516
逆散乱変換　24
逆散乱法　24
逆正弦法則　172
逆探索　287

逆投影　571
既約なマルコフ連鎖　296
逆反復法　420, 422
逆メリン変換　83
逆問題　25, 532
逆問題の工学応用　566
逆問題の数理的基礎　558
逆離散ウェーブレット変換　501
逆連続ウェーブレット変換　489, 516
急速燃焼　602
境界層　73
境界値/初期値逆問題　566
境界値問題の精度保証　445
境界点　656
境界要素法　468
強化学習　116, 590
狭義優対角行列　430
競合的走化性　151
共振現象　40, 637
強スケーリング　403
強制自由振動　532
共正値計画問題　315
強双対性　317
協調フィルタリング　586
共通鍵暗号　366
共変リアプノフベクトル　49
共変量シフト　589
鏡面の誤差　637
共役勾配法　413
共役残差法　413
行列固有値問題に対する精度保証　434
行列的マトロイド　282
行列の学習　586
行列ノルム　408
行列分解　586
局所誤差　643
局所対称基準　90
局所対称性規準　94
局所探索法　294
局所の最小解　316
局所の最適解　113
局所分岐　42
曲線折紙　261
極大独立集合　333
極配置法　59
曲面　32
曲面片　32
許容荷重　636
許容条件　488
距離　244
ギルサノフの定理　186, 193, 194
亀裂経路安定性　95
亀裂進展　97
亀裂進展過程　86
亀裂進展経路　94
亀裂進展速度　92
亀裂進展速度ベクトル　90

亀裂進展方向評価　90
亀裂生成過程　86
キンク　12
近似　500, 502
近似アルゴリズム　252, 253, 290
近似計算　344
近似係数　498, 500, 505
近似困難性　290
近似次数　398
均質化設計法　528
均質化法　526
近似保証（アルゴリズムの——）　290
近似率（アルゴリズムの——）　290
近接中心性　245
近傍　294

■ く
空間的投票理論　208
空間フィルタ法　149
空力音　627
空力解析　606
空力設計　650
空力騒音解析　606
空力モデル　630
クーロンの摩擦条件　96
クエット流　71
クエン曲面　33
区間演算　345, 426
区間ガウスの消去法　431
区間拡張　427
区間木　541
区間行列　426
区間ベクトル　426
屈折亀裂進展　89
区分木　541
区分線形写像　55
区分の多項式　386
区分モード合成法　599
組合せ位相的性質　555
組合せ剛性理論　308, 544
組合せ最適化　112, 252
組合せ最適化問題　60, 113, 535
暗いソリトン　13
鞍型構造　263
クラス NP　304
クラス P　304
クラスタ　57
クラスタ係数　244, 247
クラスタリング　157
クラックアレスト　99
グラッグ–ブリアシュ–シュテア法　399
クラフチック作用素　431
クラフチック法　441
グラフ的マトロイド　282
グラフと学習　580
グラフ理論　243
グラム–シュミットの直交化　416

蔵本–Sivashinsky 方程式　53
蔵本モデル　254
クランク–ニコルソン法　461
グリークス　190
クリーク複体　306
クリープ力　618
グリーン関数　82
クリロフ部分空間法　413
グレブナー基底　332, 338
クロネッカーのデルタ　496
群位数分解法　352

■ け

経験誤差　582
経験ベイズ法　564
計算機援用証明　454
計算幾何　456, 540
計算困難性　304
計算微分　388
計算論的アプローチ　225, 236
計算論的健全性　236
計算論的神経科学　103
形式検証　225
形状最適化　520, 522, 528
形状最適化問題　520, 524
形状最適化理論　530
形状微分　520, 522
形状品質　667
形状変換技術　668
係数決定逆問題　560
係数同定逆問題　532
係数励振　622
計測自動位置合わせ　656
形態形成　139, 144
形態形成因子　138
警備員経路問題　549
ゲージ変換　19
ケーニッグの定理　288
ゲーム　226
ゲーム変換　226, 231
ゲーム理論　142
結果変数　220
欠陥同定逆問題　532
結合　254, 255
結合強度　56
結合写像格子　53
結晶構造　379
決定性素数判定法　349
決定性多項式時間　348
決定問題　304, 343
決定論的カオス　54
血流解析　164
ケルヴィンの循環定理　66
ゲルファント–レビタン方程式　25
元位数計算法　350
検査領域　472
原田計算困難性　370
減速　396

厳密計算法　554
権利行使価格　188
限量記号消去　340

■ こ

コア材の開発　272, 273
公開鍵　224
公開鍵暗号　224, 364
高解像度スキーム　632
硬化反応式　609
降下方向　317
交換公理（離散凸関数の――）　279
航空機設計技術　650
高コンダクタンス状態　118
交差問題　540
格子　460
行使価格　188
高次元均等分布　379
高次相関　126, 127
格子平均型計算　605
格子問題　354
項順序　332
更新ラグランジアン　610
剛性　544
合成ウェーブレットフィルタ　504
剛性行列　308, 534, 544
剛性条件　637
合成スケーリングフィルタ　504
構成的誤差評価定数　447
高精度計算　452
合成梁　532
構成方程式　638
剛性方程式　534
剛性マトリクス　478
剛性マトロイド　309
構造安定　46
構造振動・音場連成　596
構造・装備設計　650
構造問題の数値解法　478
構造予測　581
高速ウェーブレット変換　498, 500, 501
高速化率　402
拘束条件　268
拘束条件付き最小2乗法　563
高速多重極法　468
拘束点　474
高速微分　389
高速フーリエ変換　470
拘束方程式　617
拘束モード法　599
広帯域多重極法　469
後退オイラー法　461
剛体折り可能　268
剛体折紙　268
後退差分　388
後退差分近似　460

後退微分　388
後退微分公式　400
構築法　294
剛なフレームワーク　308
購入する権利　188
勾配法　524
航法演算装置　630
交絡変数　220
抗力最小　524
コーエン分布　487
コーエン–マコーレー　307
コール–ホップ変換　21
コーンビーム投影　573
誤差拡散　551
誤差逆伝播学習法　115
個体群動態　130
個体ベースモデル　131
固着状態　80
古典積層理論　639
小股大股法　352
コミュニティ　245, 250, 251
コミュニティ検出　250
子問題　321
固有関数　532
固有振動解析　637
固有振動数　532
固有値解析　596
固有値問題　418, 537
固有対　434
固有モード解析　596
固有モード感度解析　597
コラプスの形成　151
コルム–アトキンソン型の社会的厚生関数　218
コルモゴロフ–シナイエントロピー　49
コルモゴロフの後向き方程式　181
コルモゴロフの前向き方程式　181
コルモゴロフ理論　73
コルンの不等式　478
コレスキー分解　410, 423
根基への所属判定　333
混合型有限要素近似　481
混合型有限要素法　483
混合感度問題　646
混交時間　297
混合整数計画問題　320
混合モード化の亀裂　94
コンダクタンス　297
コンダクタンスベースモデル　104
根の分離　342
コンピュータトモグラフィ　570
コンリン法　597

■ さ

サーチライト問題　549
再帰性　58
最近ベクトル問題　354

最近傍法 576
再構成アルゴリズム 562
再構成オペレータ 666
ザイゴート接合 167
最終巾 377
最小重み基問題 283
最小重み共通基問題 284
最小角最大 543
最小型変分原理 466
最小カット問題 252
最小固有値 537
最小彩色問題 292
最小差別化の原理 208
最小残差法 413
最小集合被覆問題 292
最小頂点被覆問題 291
最小2乗問題 416
最小費用流問題 300
最小ベイズリスク 513
再生核 486
最大安定集合 315
最大エネルギー解放率規準 94
最大エネルギー基準 90
最大重みマッチング問題 288
最大外接円最小 543
最大角度法 654, 658
最大共通独立集合問題 284
最大周方向応力基準 90, 94
最大剰余方式 214
最大重複法 506
最大重複離散ウェーブレット 505
最大不変集合 455
最大包含円最小 543
最大マッチング問題 288
最大間引きフィルタバンク 504
最大流問題 252, 300
最短経路 251
最短経路探索アルゴリズム 140
最短経路探索モデル 140
最短経路探索問題 140
最短ベクトル問題 354
最短路 298
最短路木 298
最短路検索 299
最短路問題 312
裁定機会 196, 199, 201
裁定取引 196
最適化 112
最適解 337
最適化解析 597
最適化手法の逆問題への応用 532
最適化モデリング 324
最適化問題 253, 517
最適性規準法 597
最適制御則 613
最適性の条件 316
最適設計 534
最適停止時刻問題 191

最適配置問題 552
細胞 148, 341
細胞インテリジェンス 140
細胞外基質 162
細胞分化 138
細胞分化パターン 138
材料学的非線形 600
最良近似 384
最良分解 503
サイン–ゴルドン方程式 12, 32
座屈モード 262
雑音誘起現象 119
佐藤理論 23
ザハロフ–シャバット方程式 26
サブネットワーク 251
差分 KdV 方程式 31
差分解読法 367
差分法 460
差分ロトカ–ヴォルテラ方程式 21
サポートベクターマシン 578
散逸系 38
散逸誤差 633
三角錐コア 273
三角分解 334
三角形1次要素 465
三角形分割 542
三角形ベース剛体折紙 268
3項間漸化式 34
3次元ラドン変換 572
3重対角化 419
残余グラフ 300
サン–ラグ方式 219
散乱データ 25

■ し

シェア M_i の生成・分配 374
ジェファーソン方式 206
シェラビリティー 306
シェル要素 479
四角形パッチ 665
四角形ベース剛体折紙 269
時間周波数解析 486, 516
時間積分法 605
時間的差分 591
時間的に一様 182
時間発展方程式 529
資金自己充足的 199
資金自己調達的 189, 192
時空カオス 52
軸剛性 532
軸索小丘回路 125
軸対称立体折紙 266
シグナル伝達系 161
シグモイド関数 51, 105, 108
ジグリン–モラレス–ラミス理論 5
時系列解析 54
資源収支モデル 132
四元数 644

次元低下 645
次元の呪い 115
自己触媒反応 144
自己整合障壁関数 315
自己選別 220
自己相似性 39
自己組織化 40, 144
資産価格の基本定理 198
辞書 517
辞書式順序 332
地震応答 621
指数 382
次数 244
指数型分布族 126
指数計算法 351, 353
次数 0 部分 363
次数相関 244
次数低減積分シェル要素 601
指数部長可変表現 383
次数別分解 331
施設配置問題 552
自然実験 210, 220
自然淘汰 143
事前分布 584
事前変数 220
実験室実験 210
実験政治学 210
実行可能解 312, 337
実行可能基底解 312
実行可能領域 312, 343
実根の数え上げ 342
実代数幾何計算 340
室内騒音振動解析技術 598
質量作用の法則 160
自動微分 388
シナプス 104, 106, 116
ジニ係数 218
支配方程式逆問題 566
磁場源数 156
自発発火 118
地盤振動 620
シフト不変離散ウェーブレット 505
市民主権性 213
4面体分割 542
シャウダー 446
シャウトオプション 203
射影因子 342
射影因子族 342
射影勾配法 533
射影座標 369
射影段階 342
社会的厚生関数 212
弱形式 464
弱スケーリング 403
弱双対性 317
斜交拡張原理 507
射出成形プロセス 608
写像関数 475

蛇腹折り　264
車輪　624
シャンクス変換　30
シューア関数　7
シューア標準形　418
周期的変動環境　136
自由境界　202
自由境界問題　64
終結式　331
修正積分　154
充足可能性問題　304
収束性　461
集団通信　405
シューティング法　46, 58
集電　622
自由度の示量性　53
柔なフレームワーク　308
柔軟宇宙構造物　645
周波数応答関数　504
重力傾度安定化　644
縮小写像の原理　394, 438
樹脂流れ解析　608
受精効率　133
主成分分析　122, 586
主双対パス追跡法　313
主双対法　291
出力依存型アルゴリズム　286
受動型電気ポテンシャル CT 法　567
受動制御　644
受動的攻撃者　236
主変数　330
腫瘍　148
巡回セールスマン問題　113
純骨格　307
準指数時間　350, 353
順序複体　306
準静的安定亀裂進展　98
純な単体的複体　306
準ニュートン法　318, 395
順問題　24
準モンテカルロ法　392
小規模降伏　87
消去順序　333
消去定理　333
衝撃波　462, 604
衝撃波捕獲法　632
上限下限形式　426
条件数　408
条件付き安定性　559
条件付き確率　589
条件付き確率場　581
詳細　500, 502
詳細係数　496, 498, 500, 505
詳細つり合いの式　296
乗数法　318
状態価値　117
衝突解析　600, 601
衝突困難性　370

常微分方程式の数値解法　398
常微分方程式の精度保証　442
情報幾何　126
情報セキュリティ　224
情報損失　127
情報量基準　115
情報量基準 AIC　568
省略変数バイアス　220
初期値鋭敏性　39
初期値空間　8
初期値問題の精度保証　444
除数法　216
除数方式　206
処置変数　220
署名偽造　373
シリコンシナプス　124
シリコンニューロン　124
進化　142
進化ゲーム理論　142
進化的に安定な戦略　142
神経回路　103
神経回路と強化学習　116
神経回路と最適化　112
神経回路と情報幾何　126
神経回路と連想記憶　110
神経回路の学習理論　114
神経回路の数理モデル　106
神経回路の電子回路実装　124
神経回路の揺らぎ　118
神経回路網　103
神経細胞　103, 104
神経細胞の数理モデル　104
神経政治学　210
神経素子　114
神経データの数理解析　120
神経方程式　105
人工衛星の姿勢・振動解析技術　644
信号源推定　122
進行波　136
人口パラドックス　215
浸潤突起　150
真正粘菌　140
伸張行列　517
振動　624
振動子　254, 255
振動子結合系　254
侵入者　548
シンプレクティック数値積分法　14
シンプレクティック 2 次形式　15
信頼領域法　318

■ す

錐近傍　516
錐線形計画問題　314
随伴方程式　524
随伴問題　521, 523
推力制御方式　644
数式処理　344

枢軸選択　409
数値計算　344
数値数式融合計算　344
数値積分　390
数値等角写像　475
数値表現　382
数値流体解析　524
数値流体力学　650
数理医学の諸問題　148
数理計画法　597
数理的技法　224
数理脳科学　103
数理論理　225
隙間のないフレーム　492
スケーリング関数　497
スケールフリーネットワーク　244, 248
スタンレー–ライスナーイデアル　307
スタンレー–ライスナー環　307
ストークス方程式　69, 480
ストラスキー平均　219
ストリーム暗号　366
ストレンジアトラクタ　39
スパース　517
スパース学習　587
スパース近似　517
スパース表現　517
スパイク解析　126
スパイク列間の距離　121
スピルオーバー現象　645
スプラインパッチ　662
スプライン補間　386
スペクトル残差法　396
スペクトル精度　470
スペクトルパラメータ　24
スペクトル法　470
スペクトログラム　486
スモールワールド実験　246
スモールワールド性　246
スモールワールドネットワーク　246
3D-0D モデル　165
3D-1D モデル　165
ずり剛性　532
スリップ状態　80

■ せ

セアの補題　467
正規直交ウェーブレット　496
正規直交ウェーブレット関数　496
正規直交基底　496
正規直交スケーリング関数　497
正規方程式　416
制御工学　612
制御スピルオーバー　645
制御点　665
制限イデアル　338
制限荷重　636
斉次化　335

誠実な投票　209
清浄領域　548
整数環　356
整数計画　320
整数計画問題　337
生成作用素　182
生成される閉部分空間　496
脆性破壊　86
生成モデル　122
製造要件　530
正則化　115, 562, 583, 587
正則化最小2乗法　154
正則化法　561
生体磁場　156
生体組織の硬度測定　154
正定値行列　431
精度保証付き計算幾何　456
性能　402
生物系の自己組織化　144
生物集団の侵入　136
生物のカオス　50
生物パターンの多様性　138
生命現象　148
生命サイクル　166
生命表　166
制約想定　535
セカント条件　395
積に関する無誤差変換　451
積分イデアル　338
積分差分方程式　137
積分発火モデル　104, 118, 125
セキュリティパラメータ　225
積率適合法　588
積和算　383
セグメンテーション　660
設計依存制約　535
設計空間の可視化　651
接触衝撃現象　618
接触バネ　624
接触フィルタ　625
接触部の剛性低下　532
接触力 H　618
絶対連続　186
節点　465
摂動法　598
接平面成分　482
セミスムース　397
セルオートマトン　20, 161
0次元イデアル　333
漸近角　32
漸近チェビシェフ網　32, 33
線形解読法　367
線形確率微分方程式　180
線形近似　512
線形計画　534
線形計画緩和問題　320
線形計画問題　312, 535
線形合同法　378

線形識別器　577
線形システム解析　631
線形多段階法　400
線形弾性体　76, 526
線形弾性問題　520
線形破壊力学　88
線形複雑度　378
線形マトロイド　282
先験的制御器　646
選好順序　212
潜在的偽造攻撃　373
全次数逆辞書式順序　332
前進オイラー法　461
前進差分　388
前進差分近似　460
前進微分　388
全整数計画問題　320
選択的偽造　372
選択メッセージ攻撃　372
全点間最短路問題　299
選点法　470
選別　220
戦略的行動　220
戦略的投票　209
線路構造　618

■ そ

素因数分解問題　350, 364
双安定性　107
相加遺伝分散　143
走化性　151
増加道法　301
双共役勾配法　414
双曲型保存則　65
双極子移動法　149
相互結合ニューラルネットワーク　110, 112
相互結合ネットワーク　107
相互作用　621
相互情報量　589
捜索問題　548
走査線　540
双線形化法　22
双線形形式　22
相対類数　358
双直交 MRA　499
双直交ウェーブレット　499, 501, 506
双対定理　312, 315
双対フレーム　492, 506
双対平坦空間　126
双対変換　546
双対マトロイド　283
双対問題　312, 317
双対理論　314
相補性条件　312, 317
相補性制約　535
相補性制約付き数理計画問題の正則化

　535
総和に関する無誤差変換　451
阻害効率　162
疎行列　411, 432
速度コマンド　649
速度変換行列　617
束縛状態　25
素元　356
組織画像解析　152
素数判定問題　348
ソリトン　10
ソリトン解　11
ソリトン方程式　10, 12
存在的偽造　372
損失関数　582

■ た

ダーウィン適応度　142
ダールクィストの障壁　401
ダイアコア　259
帯域制限　508
帯域制限関数　508
大域的安定性　134
大域的構造　38
大域的最小解　316
大域的最適解　343
大域的最適化問題　217
大域的収束性　521
大域分岐　42, 46
第一基本形式　32
第1積分　4
対角変形　542
大自由度カオス　52
対称錐計画問題　315
対数オーダーの安定性　559
代数解　7
代数体　356
代数的重複度　434
代数的不等式制約　340
代数的命題文　340
大数の（強）法則　173
大腸組織画像　152
タイトフレーム　492, 506
第二基本形式　32
第2原像計算困難性　370
大偏差（熱力学）形式　49
ダイポール推定　157
代用電荷法　474
太陽放射　634
タイル指数　218
タウ関数　18
ダウンサンプリング　501
楕円エルガマル暗号　368
楕円型境界値問題　521
楕円曲線　9, 360
楕円曲線暗号　368
楕円曲線離散対数問題　353
楕円体法　313

楕円ディッフィ–ヘルマン問題　368
楕円離散対数問題　368
多角形空洞　82
多角形探索問題　549
蛇行亀裂　95
多項式　330
多項式 GCD　331
多項式イデアル　332, 336
多項式カーネル　579
多項式係数微分作用素環（ワイル代数）
　　338
多項式時間アルゴリズム　313
多項式時間近似スキーム　291
多項式時間で帰着可能　305
多項式の因数分解　331
多項式の多項式時間分解　355
多項式ノルム　345
多項式補間　384
多工程成形法　273
多重解像度解析　497, 500, 505
タスク　234
タスク構造確率 I/O オートマトンフ
　　レームワーク　234
タスクスケジューラ　234
脱線　618
脱線後の走行　618
タット–ベルジュ公式　288
多点拘束　530
妥当不等式　321
谷折り　260
谷折り線　258
多倍長の整数　330
多品種フロー　302
多品種フローの許容性問題　302
多品種フローの最大化問題　302
タブーサーチ　61
ダブルバナナフレームワーク　309
多分野統合最適設計技術　650
多変数入力/多変数出力　645
ダルシー近似　608
タルスキー集合　343
タルスキー文　343
単一始点最短路問題　298
短期可塑性　106
探索解法　60
探索者　548
探索の集中化　295
探索の多様化　295
短時間フーリエ変換　516
単純かざぐるまフレームレット　507
単数群　356
弾性支床弦　622
炭素繊維強化樹脂複合材料　638
単体的複体　306
単体法　313
単体領域探索　547
単体行列　430
単調性　213

■ ち
チェビシェフ系　384
チェビシェフ多項式　386, 470
チェビシェフ補間　386
遅延　286
遅延座標系　54
遅延同期　56
遅延フィードバック制御　59
力法　530
置換ブロック法　168
地球赤外放射　634
逐次計算可能な漸化式　202, 203
逐次構成法　554
逐次増加法　541
逐次添加　457
逐次 2 次計画法　318
逐次破壊進展解析　640
知能化飛行制御　631
チホノフの意味で適切　558
チホノフの正則化法　561
チャップマン–コルモゴロフ方程式
　　173
中間者攻撃　238
中国料理店過程　585
忠実でないモデル　127
抽象的変分問題　466
中心極限定理　255
中心差分　388
中心差分近似　460
中心差分法　600
中心半径形式　426
中心微分　388
稠密性　58
中立安定　48
チューリング構造　144
超可積分系　5
超幾何解　7
超幾何方程式　34
超楕円曲線　360
ちょうちん型　262
超特異　361
重複対数の法則　173
超離散化　17, 20
超離散系　20
超離散戸田格子方程式　17
超離散バーガーズ方程式　21
超離散方程式　20
超臨界　42
調和関数　474
直接解法　408, 565
直接計算　605
直接数値解析　603
直接速度フィードバック則　645
直線探索法　317
直交格子法　633
直交射影　446
直交性条件　489
直交多項式　34

地理的最適化問題　553

■ つ
通常　361
ツースケール関係式　498, 500
つり合い行列　534

■ て
低指数攻撃　355
ディジタル計算幾何　550
ディジタル署名　372
ディジタル多角形　551
ディジタルハーフトーニング　551
定常ウェーブレット変換　514
定常キンク解　32
定常反復法　412
定常分布　182
定常離散ウェーブレット　505
底段階　342
ディッフィ–ヘルマン鍵交換　368
テイラー形式　427
低ランク性　586
ディリクレ過程　585
ディンキン図形　8
ディンキンの公式　182
適応　142
適応戦略　142
適応ダイナミクス　143
適応的選択メッセージ攻撃　372
適合過程　176
適合性　461
鉄道車両と線路構造の連成振動解析
　　618
鉄道騒音　624
デルタ則　114
デルタ・ベガヘッジング戦略　195
デルタヘッジング戦略　193
デルタマトロイド　285
展開様式　270
電荷点　474
電気インピーダンストモグラフィ
　　560
電気シナプス　106
点群データからの構造再構成　658
電磁気問題の数値解法　482
電子署名　376
転送行列　28
点素パス問題　303
テンソル積　512, 517
テンソル積列　517
伝達境界　620
伝達係数　473
転動音　624
テンポラルコーディング　120

■ と
ドゥーブの不等式　185

ドゥーブのマルチンゲール不等式　177
ドゥーブ–メイエ分解　185
投影切断面定理　570
等角螺旋　261
等角螺旋群　262
等価節点力ベクトル　478
同期　107, 119, 254, 255
同期現象　40
同期多様体　56
同期非同期転移点　254, 255
動径基底関数　114
統計的学習理論　582
統計的な手法　669
同心円折紙模型　263
到達可能次数　399
同値　186
同値マルチンゲール測度　187, 199
等長関係式　489
動的亀裂問題　92
動的計画法　142
動的ヘッジング　192
等方弾性体　79
等面積分割問題　553
ドーパミン　117
トーリックイデアル　336
特異摂動現象　72
特異値分解　422, 562
特異点閉じ込め　8
独裁者　212
特殊な数の素数判定法　349
特性関数　496, 526, 528
特性曲線　477
特性曲線法　626
特性変位　527
特徴抽出　577
特別摂動法　642
独立性制約　587
独立成分分析　122
戸田格子　5, 16
戸田分子方程式　30
戸田方程式　34
凸拡張（離散凸関数の——）　278
凸関数　313
凸計画問題　314
凸最適化問題　536, 537
凸集合　313
凸制約　537
凸2次計画問題　314
凸包　456, 540
ドベシィウェーブレット　499
ドベシィ局在化作用素　511
トポロジー最適化　526, 528, 535
富の過程　198
トラクトリクス　32
トラス構造　534
トラスの塑性設計問題　534

取り分　214
取り分制約　214
取り分方式　215
トレース定理　89
トレースノルム　123
ドロネー図　543
ドロネー法　654
トロピカル幾何学　21
ドント方式　216, 219
トンネル内圧力変動　626
トンネル微気圧波　626
貪欲アルゴリズム　284
貪欲アルゴリズム（最小集合被覆問題に対する——）　292
貪欲アルゴリズム（ナップサック問題に対する——）　290

■ な
ナーススケジューリング　324
内生性バイアス　220
内的妥当性　210
内点法　313, 318
内部グラフ　580
内部流れ解析　604
ナヴィエ–ストークス方程式　68, 481, 604
ナヴィエ方程式　478
流れ解析　632
流れ関数　71
流れ問題の数値解法　480
南雲回路　124
南雲–佐藤モデル　105, 108
ナッシュ型社会的厚生関数　218
ナッシュ均衡解　209
ナップサック問題　290, 321, 364
ナップサック問題に基づく暗号方式　355
軟化子作用素　533

■ に
2項モデル　200
2次元 Ising 模型　28
2次元戸田格子方程式　16
2次合同法　378
2次錐計画　314
2次錐制約　537
2次変分　178
2重木複素ウェーブレット変換　515
二重指数関数型積分公式　391
二重指数関数型変数変換　391
2重スピン衛星　645
2重漸近構造　39
2重漸近点　46
2重層ポテンシャル　468
2進木　200
二体問題　642
2値画像　550
2値マトロイド　282

2パラメータ分岐　43
2部グラフの最大マッチング問題　288
2分法　420, 422
2峰写像　50
ニュートン–オイラー方程式　616
ニュートン型作用素　447
ニュートン–カントロビッチの定理　440
ニュートン–コーツ公式　390
ニュートン法　318, 394, 438
ニュートン補間公式　385
ニューロン　103, 104
認証　224, 238
認証性　233

■ ぬ
抜き勾配　530

■ ね
ねじれ部分群　361
熱解析　634
熱核　510
熱線形弾性問題　522
熱伝導問題　522
ネットワークフロー　300
ネットワーク理論における最適化手法　252
熱バランス式　634
熱力学の法則　151
ネロン–テイト高さ　362
ネロン–テイトペアリング　362
燃焼解析　602
燃焼形態　602
燃焼速度　602
粘弾性物性による形態機能分析　154

■ の
ノイズ同期　119
脳　103
脳磁図分析　148
脳データの数理解析　122
能動型電気ポテンシャル CT 法　567
能動型パルスエコー法　568
能動制御　644
能動的攻撃者　237
野海–山田による対称形式　6

■ は
バーガーズ方程式　21
パーコレーション　249
ハースト指数　175
パーセプトロン　114
ハーディ空間　510
ハード閾値作用素　514
ハールウェーブレット　496
バイオミメティクスと折紙　270, 271
媒介中心性　245
バイナリ法　369

ハイパスフィルタ 498
ハイパスフィルタ係数 498, 500
ハイブリッドシミュレーション 150
肺胞 271
肺胞モデル 271
ハウスホルダー変換 416, 418, 423
破壊現象の数理モデル 96
破壊靱性値 86, 641
破壊進展シミュレーション 640
破壊力学の歴史 86
萩原–馬の式 597
白色ガウスノイズ 60
剥離進展条件 641
剥離流れの解析 632
箱玉系 17, 20
ハザード関数 158
パターン 57
パターン完成 110
パターン認識 576
パターン表現仮説 110
パターンマイニング 581
旗複体 306
8連結性 550
バックトラック法 286
発見的解法 294
発散定理 472
ハッシュ関数 370, 373
パッチ 664
馬蹄形写像 39, 47
波動伝播速度 623
波動方程式 462
ハニカムコア 258
バニシングモーメント 503, 512
バミューダオプション 203
ハミルトン系 4
ハミルトン法 216
ハミルトン–ヤコビ方程式 528
パラメトリック除数法 216
バリア型オプション 191
バリアン–ロウの定理 486, 495
はり要素 479
汎化誤差 115
汎化能力 576
ハンケル行列式 30
反射壁ブラウン運動 173
半整数性 303
半正定値計画 314, 537
半代数的細胞分割 341
半代数的集合 340
パンタグラフ 622
判定問題 304
反転螺旋形円筒折紙構造 259
反応拡散方程式 529
反応拡散モデル 136
反応係数の独立性 163
反発ポテンシャル関数 648
反復改良 410
反復型ハッシュ関数 371

反復法 394
半平面領域探索 547
判別式 360
判別適合的損失 583
判別モデル 122
汎用的結合可能な安全性 228
パンルヴェ性 6
パンルヴェ方程式 6

■ ひ

非圧縮性条件 68
非圧縮粘性流れ 524
ピアノ移送問題 547
比較対照試験 168
非可積分系 5
非貫通条件 80, 96
引き込み現象 40
非厳密ニュートン法 395
飛行性 630
非周期的なマルコフ連鎖 296
美術館定理 548
美術館問題 548
微小擾乱 631
非常にスパース 517
非数 382
ヒステリシス特性 40
歪みエネルギー 536
歪みテンソル 76
非正則周波数 469
非線形重ね合わせの公式 33
非線形近似 512
非線形計画法 316
非線形計画問題 535, 552
非線形構造解析 600
非線形最適化 565
非線形シュレディンガー方程式 12
非線形方程式の数値解法 394
非線形方程式の精度保証 438
非線形力学系 38
非対称座屈モデル 262
非直線状亀裂 94
ピッチフォーク分岐 648
非ディスク折紙 269
秘匿通信 52
非破壊評価 567
被覆不等式 322
被覆問題 553
微分作用素環のグレブナー基底 338
微分代数方程式 617
微分の近似 388
非分離的 517
ピボット 212
秘密 M の再構成 374
秘密鍵 224
秘密分散共有 374
ビューリングの定理 509
描画可能 342
標準形 42

標準固有値問題 434
標準的高さ 362
標本化定理 508
標本点 341
表面張力 65
ヒルベルト変換 571
疲労破壊 98
広田の直接法 22
広田の方法 22
広田微分 22
広田・三輪方程式 18
秘話通信 56

■ ふ

ファイゲンバウム定数 39
ファインマン–カッツの公式 182, 194
ファセット 306
不安定周期軌道 58
不安定多様体 46
不安定平衡点 42
ファンビーム投影 571
フィールド実験 210
フィッツヒュー–南雲方程式 104, 124
フィボナッチ Fi 数列 262
フィボナッチ数列 392
フィルイン 411
フィルタ係数 498
フィルタ補正逆投影法 571
フィルタリング 504
フィルトレーション 184
フーリエ型積分 392
フェンシェル型双対定理 280
不応性 108
フォード–ファルカーソンの最大流最小カット定理 301
フォーメーションフライト 648
フォン・ノイマン条件 462
不確定性関係 489
複合材折紙 272
複合材解析 638
複雑系 243
複雑ネットワーク 243
複雑ネットワークのコミュニティ構造 250
複雑ネットワークの特徴量 244
複数因子基底の利用 351
複製する 197
複製戦略 189
複製ポートフォリオ 193, 197
複素 Ginzburg–Landau (GL) 方程式 52
複素ウェーブレット変換 515
不拘束モード法 599
符号不変 340
ブシネスク近似式 604
ブシネスク方程式 27

付値マトロイド 285
フックの法則 76
物質微分 477
プット・コールパリティ 197
フッド–テイラー要素 481
ブッフバーガーアルゴリズム 332
負定曲率曲面 32
浮動小数点演算の無誤差変換 450
浮動小数点数の分解 450
浮動小数点フィルタ 456
不動点定式化 446
負の問題 20
不平等指数 218
負閉路消去法 300
普遍グラスマン多様体 26
不変スキーム 474
不変測度 182
不変多様体 42
不変特徴 577
不変量 66
ブラウワーの不動点定理 441
ブラウン運動 172
ブラウン橋 174
フラクショナルブラウン運動 175
フラクタル性 39
ブラック–ショールズ評価公式 183, 189
ブラック–ショールズ方程式 189, 201
ブラック–ショールズ–マートンモデル 188
ブラック–ショールズモデル 200
フラッシュカ形式 30
ブラッセレータ 144
プラトン立体 660
ブリーザー解 12
プリフローブッシュ法 301
プリュッカー関係式 26
篩の活用 351
フレーム 492
フレーム限界 492
フレームレット 506
フレームワーク 308, 544
フレッシェ微分 438, 520
プレメイ関数 81
フレンチハット 491
フロケの定理 41
プロセス計算 232
ブロック暗号 366
ブロック化 404
プロトコル 224
プロファイル 212
分解ウェーブレットフィルタ 504
分解スケーリングフィルタ 504
分割可能な単体的複体 307
分割統治法 420, 422
分割表 337
分割法 287

分岐理論 41
分散誤差 633
分枝カット法 322
分枝限定法 321
紛失通信プロトコル 234
分子パスウェイモデル 162
分配関数 28
分布比較 589
分離的 516

■ へ
ペアリング 376
ペアリング暗号 376
平滑化技術 668
平滑化処理 525
平滑点 656
平均コンプライアンス 536
平均コンプライアンス最小化問題 520, 522
平均コンプライアンスの凸性 536
平均処置効果 220
平均対数偏差 218
平均値形式 427
平行最適化 157
平衡定数 162
平行ビーム投影 570
ベイズ規則 582
ベイズ決定理論 576
ベイズ誤差 582
ベイズ推定 584
ベイスン 46
平坦折りの条件 260
平方差法 350
平面折り 258, 260
平面波の速度 93
並列計算 402
並列処理性能の劣化要因 403
ベーテ仮設法 29
ベーテ方程式 29
ペーリー–ウィーナー空間 508
べき級数演算 442
べき級数展開 389
べき指数 248
べき乗則 248
べき乗法 419
ベクトルノルム 408
ペクレ数 476
ベックルント変換 6, 32
ベックルント変換（曲面） 33
ヘッジング戦略 192
ヘッセンベルグ化 418
ベッチ数 152
ヘテロクリニック軌道 46
ペナルティ項 530
ヘブ則 110, 114
ヘリシティ 66
ヘルダー安定性 559
ベルトラミの擬球 33

ヘルムホルツ方程式 468
変形 WS モデル 247
ベンサム型社会的厚生関数 218
変数変換型数値積分公式 391
ヘンゼル構成 330
辺素パス問題 303
変動係数 118, 120
偏微分方程式の境界値問題 520
偏微分方程式の精度保証 446
変分ベイズ学習 587
変分法による解の存在定理 76
変分問題 480
辺要素 482

■ ほ
ポアズィーユの法則 71
ポアソン方程式 460, 464, 472
ポアンカレの不等式 467
ボイド 641
崩壊荷重係数 534
方策勾配法 591
方策探索法 591
方策反復法 590
放射音 624
放射条件 469
放射伝熱解析 635
報酬 116
報酬期待値 116
包装法 457, 541
胞体複体 546
ポートフォリオ 198
ホールの定理 288
補角条件 260
補間 384
補間型数値積分公式 390
ホジキン–ハクスレイ方程式 104, 124
捕食理論 142
補正付き摂動法 598
補正ベクトル 598
保存系 38
保存則 14, 472
保存量 4, 10
保存量と数値計算 67
ホップフィールド 110
ポテンシャルエネルギー 536
ポテンシャル関数法 648
ポテンシャル流れ 626
ホモクリニック軌道 46
ホモクリニック接触 46
ポリゴン 662
ポリゴン化 658
ポリゴンメッシュ 666, 669
ポリマトロイド 284
ボルツマンウェイト 28
ボルツマンマシン 105
ボロノイ図 542, 552, 554
ホロノミックイデアル 338

■ま

マージン　578
マーチングキューブ法　658
マイクロストラクチャ　526
前処理　415
膜型細胞外基質分解酵素 MT1-MMP　162
曲げエネルギー　667
曲げ剛性係数　532
マザーウェーブレット　488
マスター方程式　149
マッカロック–ピッツモデル　105, 108
マックスウェルの条件　544
マックスウェルの条件（剛性理論における——）　309
マッチング　288
マッチング多面体　289
マッハ数　65, 607
マッピング補題　237
窓関数　486, 490
窓付きフーリエ変換　486
窓フーリエフレーム　494
窓フーリエ変換　486, 490, 511, 516
マトリクスクラック　640
マトリクスメタロプロテアーゼ　162
マトロイド　282
マトロイド交差　284
マトロイドの階数　283
マトロイドの簡約　283
マトロイドの交換公理　282
マトロイドの縮約　283
マトロイドの制限　283
マトロイドのマイナー　283
マトロイド複体　306
馬–萩原のモード法　596
マラー変換　498, 501
馬らの方法　597
マルコフ過程　173
マルコフ基底　337
マルコフ決定過程　590
マルコフ連鎖モンテカルロ法　296
マルサス方程式　130
マルチウェーブレットフレーム　494
マルチシンプレクティック数値積分法　14
マルチスケール性　638
マルチスライス CT　572
マルチボディダイナミクス　616, 618
マルチンゲール　175, 177, 184
マルチンゲールの表現定理　185
丸め関数　206
丸めの方式　383

■み

ミウラ（三浦）折り　260, 270
ミウラ変換　10, 24
密行列　411
密度依存効果　131
密度過程　186
密度適合法　588
密度比推定　588
密度比適合法　588
密度法　527, 528
ミニマクス型の地理的最適化問題　553
ミルンの工夫　401
ミレニアム問題　70

■む

無関係対象からの独立性　212
無限ガウス混合モデル　585
無限次元系　59
無限小剛性　544
無限小剛なフレームワーク　308
無誤差変換　450
無裁定価格理論　190, 196
無裁定原理　196
無視できる　226
無人飛行機　648
無反射ポテンシャル　25
無平方分解　331

■め

メイエウェーブレット　491, 496, 516
メキシカンハット　493
メタ戦略　295
メタヒューリスティクス　295
メッシュ　465
メッシュの改良　668
メッシュの簡略化　666
メッシュのセグメンテーション　660
メトリック　302
メリン変換　82
メルセンヌツイスタ　379
免疫型ネットワーク　161
免疫系　160
面束　306
面ポセット　306

■も

モーダル差分構造法　599
モーダル法　619
モード加速度法　596
モード変位法　596
モーメンタム方式　644
モーメント　491, 496
モジュラ算法　331
持ち上げ段階　342
モデル　150
モンテカルロ法　392

■や

ヤコビ行列　49, 388
ヤコビ座標　369
ヤコビ多様体　363
ヤコビ法（固有値問題）　421
ヤコビ法（特異値分解）　422, 423
ヤコビ法（連立 1 次方程式）　412
山折り　260
山折り線　258

■ゆ

優越性仮説　169
有界変動　176, 178
有界変動関数　512
ユークリッド距離変換　550
有限差分法　460
有限体上の DLP　377
有限体積法　472
有限体積メッシュ　473
有限要素解析　99
有限要素法　464
優先的結合　248
郵便切手の問題　264
優マルチンゲール　184
有理スプライン　651
有理補間　387
優良格子点法　392
ユニタリ拡張原理　506
揺らぎ　118

■よ

陽解法　202, 203
要素　464
ヨーロッパ型オプション　201
ヨーロッパ型コールオプション　188
予混合燃焼　602
4 次以上の方程式の解法　265
余次元　42
ヨスト関数　24
予測子・修正子法　401
予測モデル　55
4 連結　550

■ら

ラージエディシミュレーション　627
ラグランジュ関数　317, 521, 523
ラグランジュ乗数　537
ラグランジュ双対問題　323
ラグランジュ補間公式　385
ラグランジュ未定乗数法　524, 617
ラジアルリターンアルゴリズム　600
ラダー軌道　619
ラックス形式　5, 16
ラックス方程式　10, 24, 26
ラックス–ミルグラムの定理　466, 521
ラッピングエフェクト　427
ラドンの反転公式　571
ラドン変換　561, 570
ラプラシアン平滑化法　668
ラベル伝播法　581

ランダムウォーク　172
ランダム法　350
ランバートの余弦法則　635
乱流　72
乱流境界層のモデル化手法　632
乱流モデル　606

■ り

リアプノフ関数　134
リアプノフ次元　49
リアプノフ指数　48, 109
リアプノフスペクトラム　109
リース基底　496
リーマン計量　126
リーマン–スティルチュス積分　176
リーマン–ヒルベルト問題　9
リウヴィル–アーノルドの定理　4
リカレンスプロット　121
リカレント型ニューラルネットワーク　110
力学系の計算機援用証明　454
離散 KdV 方程式　19
離散ウェーブレット変換　500, 501
離散化　200
離散コンパクト性　483
離散最適化　252, 253
離散時間戸田格子方程式　17
離散対数問題　352, 364
離散中点凸性　279
離散戸田方程式　34
離散凸関数　278
離散パンルヴェ方程式　8
離散フーリエ変換　330
離散分離定理　278
離散変数法　398
離散変分法　15
離散ルジャンドル変換　278
リスク　187
リスク中立確率　193, 194, 197
リスク中立測度　187
離線開始速度　622
リターン　187, 590
リターンマップ　58
立体折り　266
リバースエンジニアリング　654
リプシッツ安定性　559

リフティング　506
流線　70
流束　472
流体・空力音解析　626
流体粒子のカオス　73
流体力　524
粒度　404
流脈線　70
領域/境界逆問題　566
領域探索　547
領域分割法　403
量子計算機　351, 364
量子代数　29
履歴特性　40
臨界確率　249
臨界指数　249
臨界負荷率　111
リンク予測　581
臨床医用画像診断における形態・機能断層画像　153
隣接行列　251

■ る

類数　357
類数に関する諸結果と予想　357
ルート格子　9
ループ処理　377
ルックバックオプション　191
ルンゲ–クッタ法　398
ルンゲの現象　386

■ れ

例外　554
零点集合　333
レイノルズ数　72, 164, 606
レイノルズ平均型計算　605
レイリー波の速度　92
レートコーディング　120
歴史的 5 方式　206
レスラー方程式　54
列挙アルゴリズム　286
列車すれ違い　626
列生成法　323
劣マルチンゲール　184
劣モジュラ関数　280
劣モジュラシステム　285

劣モジュラ集合関数　281
劣モジュラ集合関数の最小化　281
劣モジュラ性　253, 283
レベルセット関数　528
レベルセット法　528
連結性　550
連結成分ラベリング　550
連結部材の劣化　532
連成振動解析　618
連成場　522
連想記憶　110
連続ウェーブレット変換　488, 510, 516
連続体　68
連続体の形状最適化　520
連立 1 次方程式に対する精度保証　430
連立 1 次方程式に対する直接解法　408
連立 1 次方程式に対する反復解法　412
連立代数的不等式　340

■ ろ

ローパスフィルタ　498
ローパスフィルタ係数　498, 500
ロールズ型社会的厚生関数　218
ローレンツアトラクタ　454
ローレンツ方程式　454
6 頂点模型　28
ロジスティック方程式　130
ロトカ–ヴォルテラ型モデル　131
ロバスト安定性　646
ロバスト幾何計算　554
ロバスト計算　457
ロバスト性　644
ロバスト制御　646
ロンスキアン　11
論理積形　304
論理的検証法　238

■ わ

ワイル代数　338
ワイル–ハイゼンベルグフレーム　494

編集者略歴

薩摩順吉
1946年 奈良県に生まれる
1973年 京都大学大学院工学研究科
　　　 博士課程満期退学
現　在 青山学院大学理工学部教授
　　　 工学博士

大石進一
1953年 静岡県に生まれる
1981年 早稲田大学大学院理工学
　　　 研究科博士課程修了
現　在 早稲田大学理工学術院
　　　 基幹理工学部教授
　　　 工学博士

杉原正顯
1954年 岐阜県に生まれる
1982年 東京大学大学院工学系
　　　 研究科博士課程修了
現　在 青山学院大学理工学部教授
　　　 工学博士

応用数理ハンドブック　　　　　　　　　定価はカバーに表示

2013年10月25日　初版第1刷
2014年4月30日　　　第2刷

監修者　日本応用数理学会
編集者　薩　摩　順　吉
　　　　大　石　進　一
　　　　杉　原　正　顯
発行者　朝　倉　邦　造
発行所　株式会社　朝倉書店
　　　　東京都新宿区新小川町 6-29
　　　　郵便番号　162-8707
　　　　電　話　03(3260)0141
　　　　FAX　03(3260)0180
　　　　http://www.asakura.co.jp

〈検印省略〉

© 2013 〈無断複写・転載を禁ず〉　　　印刷・製本　プリントシティ

ISBN 978-4-254-11141-5　C 3041　　　Printed in Korea

JCOPY　<(社)出版者著作権管理機構 委託出版物>

本書の無断複写は著作権法上での例外を除き禁じられています。複写される場合は，そのつど事前に，(社)出版者著作権管理機構（電話 03-3513-6969，FAX 03-3513-6979，e-mail: info@jcopy.or.jp）の許諾を得てください。

前政策研究大学院大 刀根　薫著
基礎数理講座 1
数　理　計　画
11776-9　C3341　　　A5判 248頁 本体4300円

理論と算法の緊密な関係につき，問題の特徴，問題の構造，構造に基づく算法，算法を用いた解の実行，といった流れで平易に解説。〔内容〕線形計画法／凸多面体と線形計画法／ネットワーク計画法／非線形計画法／組合せ計画法／包絡分析法

前東工大 高橋幸雄著
基礎数理講座 2
確　　率　　論
11777-6　C3341　　　A5判 288頁 本体3600円

難解な確率の基本を，定義・定理を明解にし，例題および演習問題を多用し実践的に学べる教科書〔内容〕組合せ確率／離散確率空間／確率の公理と確率空間／独立確率変数と大数の法則／中心極限定理／確率過程／離散時間マルコフ連鎖／他

前東大 伊理正夫著
基礎数理講座 3
線　形　代　数　汎　論
11778-3　C3341　　　A5判 344頁 本体6400円

初心者から研究者まで，著者の長年にわたる研究成果の集大成を満喫。〔内容〕線形代数の周辺／行列と行列式／ベクトル空間／線形方程式系／固有値／行列の標準形と応用／一般逆行列／非負行列／行列式とPfaffianに対する組合せ論的接近法

前慶大 柳井　浩著
基礎数理講座 4
数　理　モ　デ　ル
11779-0　C3341　　　A5判 224頁 本体3900円

物事をはっきりと合理的に考えてゆくにはモデル化が必要である。本書は，多様な分野を扱い，例題および図を豊富に用い，個々のモデル作りに多くのヒントを与えるものである。〔内容〕相平面／三角座標／累積図／漸化過程／直線座標／付録

前東大 茨木俊秀・京大 永持　仁・小樽商大 石井利昌著
基礎数理講座 5
グ　ラ　フ　理　論
―連結構造とその応用―
11780-6　C3341　　　A5判 324頁 本体5800円

グラフの連結度を中心にした概念を述べ，具体的な問題を解くアルゴリズムを実践的に詳述〔内容〕グラフとネットワーク／ネットワークフロー／最小カットと連結度／グラフのカット構造／最大隣接順序と森分解／無向グラフの最小カット／他

前東大 伏見正則・早大 逆瀬川浩孝著
基礎数理講座 6
Rで学ぶ統計解析
11781-3　C3341　　　A5判 248頁 本体3900円

Rのプログラムを必要に応じ示し，例・問題を多用しながら，詳説した教科書。〔内容〕記述統計解析／実験的推測統計／確率論の基礎知識／推測統計の確率モデル，標本分布／統計的推定問題／統計的検定問題／推定・検定／回帰分布／分散分析

東邦大 並木　誠著
応用最適化シリーズ 1
線　形　計　画　法
11786-8　C3341　　　A5判 200頁 本体3400円

工学，経済，金融，経営学など幅広い分野で用いられている線形計画法の入門的教科書。例，アルゴリズムなどを豊富に用いながら実践的に学べるよう工夫された構成〔内容〕線形計画問題／双対理論／シンプレックス法／内点法／線形相補性問題

流経大 片山直登著
応用最適化シリーズ 2
ネットワーク設計問題
11787-5　C3341　　　A5判 216頁 本体3600円

通信・輸送・交通システムなどの効率化を図るための数学的モデル分析の手法を詳説〔内容〕ネットワーク問題／予算制約をもつ設計問題／固定費用をもつ設計問題／容量制約をもつ最小木問題／容量制約をもつ設計問題／利用者均衡設計問題／他

中大 藤澤克樹・阪大 梅谷俊治著
応用最適化シリーズ 3
応用に役立つ50の最適化問題
11788-2　C3341　　　A5判 184頁 本体3200円

数理計画・組合せ最適化理論が応用分野でどのように使われているかについて，問題を集めて解説した書〔内容〕線形計画問題／整数計画問題／非線形計画問題／半正定値計画問題／集合被覆問題／勤務スケジューリング問題／切出し・詰込み問題

筑波大 繁野麻衣子著
応用最適化シリーズ 4
ネットワーク最適化とアルゴリズム
11789-9　C3341　　　A5判 200頁 本体3400円

ネットワークを効果的・効率的に活用するための基本的な考え方を，最適化を目指すためのアルゴリズム，定理と証明，多くの例，わかりやすい図を明示しながら解説。〔内容〕基礎理論／最小木問題／最短路問題／最大流問題／最小費用流問題

明大 杉原厚吉著
数理工学ライブラリー 1
計　算　幾　何　学
11681-6　C3341　　　A5判 216頁 本体3700円

図形に関する情報の効率的処理のための技術体系である計算幾何学を図も多用して詳述。〔内容〕その考え方／超ロバスト計算原理／交点列挙とアレンジメント／ボロノイ図とドロネー図／メッシュ生成／距離に関する諸問題／図形認識問題

東大 室田一雄・東北大 塩浦昭義著
数理工学ライブラリー 2
離散凸解析と最適化アルゴリズム
11682-3　C3341　　　A5判 224頁 本体3700円

解きやすい離散最適化問題に対して統一的な枠組を与える新しい理論体系「離散凸解析」を平易に解説しその全体像を示す。〔内容〕離散最適化問題とアルゴリズム（最小木，最短路など）／離散凸解析の概要／離散凸最適化のアルゴリズム

東工大 渡辺 治・創価大 北野晃朗・
東邦大 木村泰紀・東工大 谷口雅治著
現代基礎数学1

数学の言葉と論理

11751-6 C3341　　A5判 228頁 本体3300円

数学は科学技術の共通言語といわれる。では，それを学ぶには？英語などと違い，語彙や文法は簡単であるがちょっとしたコツや注意が必要で，そこにつまづく人も多い。本書は，そのコツを学ぶための書，数学の言葉の使い方の入門書である。

阪大 和田昌昭著
現代基礎数学3

線形代数の基礎

11753-0 C3341　　A5判 176頁 本体2800円

線形代数の基礎的内容を，計算と理論の両面からやさしく解説した教科書。独習用としても配慮。〔内容〕連立1次方程式と掃き出し法／行列／行列式／ユークリッド空間／ベクトル空間と線形写像の一般化／線形写像の行列表示と標準化／付録

首都大 小林正典著
現代基礎数学4

線形代数と正多面体

11754-7 C3341　　A5判 224頁 本体3300円

古代から現代まで奥深いテーマであり続ける正多面体を，幾何・代数の両面から深く学べる。群論の教科書としても役立つ。〔内容〕アフィン空間／凸多面体／ユークリッド空間／球面幾何／群／群の作用／準同型／群の構造／正多面体／他

東北大 浦川 肇著
現代基礎数学7

微積分の基礎

11757-8 C3341　　A5判 228頁 本体3300円

1変数の微積分，多変数の微積分の基礎を平易に解説。計算力を養い，かつ実際に使えるよう配慮された理工系の大学・短大・専門学校の学生向け教科書。〔内容〕実数と連続関数／1変数関数の微分／1変数関数の積分／偏微分／重積分／級数

東大 細野 忍著
現代基礎数学8

微積分の発展

11758-5 C3341　　A5判 180頁 本体2800円

ベクトル解析入門とその応用を目標にして，多変数関数の微分積分を学ぶ。扱う事柄を精選し，焦点を絞って詳しく解説する。〔内容〕多変数関数の微分／多変数関数の積分／逆関数定理・陰関数定理／ベクトル解析入門／ベクトル解析の応用

前広大 柴 雅和著
現代基礎数学9

複素関数論

11759-2 C3341　　A5判 244頁 本体3600円

数学系から応用系まで多様な複素関数論の学習者の理解を助ける教科書。基本的内容に加えて早い段階から流体力学の章を設ける独自の構成で厳密さと明快さの両立を図り，初歩からやや進んだ内容までを十分カバーしつつ応用面も垣間見せる。

前早大 北田韶彦著
現代基礎数学12

位相空間とその応用

11762-2 C3341　　A5判 176頁 本体2800円

物理学や各種工学を専攻する人のための現代位相空間論の入門書。連続体理論をフラクタル構造など離散力学系との関係での新しい結果を用いながら詳しく解説。〔内容〕usc写像／分解空間／弱い自己相似集合（デンドライトの系列）／他

統数研 藤澤洋徳著
現代基礎数学13

確率と統計

11763-9 C3341　　A5判 224頁 本体3300円

具体例を動機として確率と統計を少しずつ創っていくという感覚で記述。〔内容〕確率と確率空間／確率変数と確率分布／確率変数の変数変換／大数の法則と中心極限定理／標本と統計的推測／点推定／区間推定／検定／線形回帰モデル／他

東工大 小島定吉著
現代基礎数学14

離散構造

11764-6 C3341　　A5判 180頁 本体2800円

離散構造は必ずしも連続的でない対象を取り扱い数学の幅広い分野と関連している。いまだ体系化されていないこの分野の学部生向け教科書として数え上げ，グラフ，初等整数論の三つの話題を取り上げ，離散構造の数学的な扱いを興味深く解説。

東工大 鹿島 亮著
現代基礎数学15

数理論理学

11765-3 C3341　　A5判 224頁 本体3300円

論理，とくに数学における論理を研究対象とする数学の分野である数理論理学の入門書。ゲーデルの完全性定理・不完全性定理をはじめとした数理論理学の基本結果をわかりやすくかつ正確に説明しながら，その意義や気持ちを伝える。

早大 柴田良弘・筑波大 久保隆徹著
現代基礎数学21

非線形偏微分方程式

11771-4 C3341　　A5判 224頁 本体3300円

近年著しい発展を遂げている，調和解析的方法を用いた非線形偏微分方程式への入門書。本書では，応用分野のみならず数学自体へも多くの豊かな成果をもたらすNavier-Stokes方程式の理論を，筆者のオリジナルな結果も交えて解説する。

早大 堤 正義著
朝倉数学大系4

逆問題
——理論および数理科学への応用——

11824-7 C3341　　A5判 264頁 本体4800円

応用数理の典型分野を多方面の題材を用い解説〔内容〕メービウス逆変換の一般化／電気インピーダンストモグラフィーとCalderonの問題／回折トモグラフィー／ラプラス方程式のコーシー問題／非適切問題の正則化／カルレマン型評価／他

E.スタイン・R.ドウボースト・T.ヒューズ編
早大 田端正久・明大 萩原一郎監訳

計算力学理論ハンドブック

23120-5 C3053　　B5判 728頁 本体32000円

計算力学の基礎である，基礎的方法論，解析技術，アルゴリズム，計算機への実装までを詳述。〔内容〕有限差分法／有限要素法／スペクトル法／適応ウェーブレット／混合型有限要素法／メッシュフリー法／離散要素法／境界要素法／有限体積法／複雑形状と人工物の幾何学的モデリング／コンピュータ視覚化／線形方程式の固有値解析／マルチグリッド法／パネルクラスタリング法と階層型行列／領域分割法と前処理／非線形システムと分岐／マクスウェル方程式に対する有限要素法／他

前東大 矢川元基・京大 宮崎則幸編

計算力学ハンドブック

23112-0 C3053　　B5判 680頁 本体30000円

計算力学は，いまや実験，理論に続く第3の科学技術のための手段となった。本書は最新のトピックを扱った基礎編，関心の高いテーマを中心に網羅した応用編の構成をとり，その全貌を明らかにする。〔内容〕基礎編：有限要素法／CIP法／境界要素法／メッシュレス法／電子・原子シミュレーション／創発的手法／他／応用編：材料強度・構造解析／破壊力学解析／熱・流体解析／電磁場解析／波動・振動・衝撃解析／ナノ構造体・電子デバイス解析／連成問題／生体力学／逆問題／他

東京海洋大 久保幹雄・慶大 田村明久・中大 松井知己編

応用数理計画ハンドブック（普及版）

27021-1 C3050　　A5判 1376頁 本体26000円

数理計画の気鋭の研究者が総力をもってまとめ上げた，世界にも類例がない大著。〔内容〕基礎理論／計算量の理論／多面体論／線形計画法／整数計画法／動的計画法／マトロイド理論／ネットワーク計画／近似解法／非線形計画法／大域的最適化問題／確率計画法／トピックス（パラメトリックサーチ，安定結婚問題，第K最適解，半正定値計画緩和，列挙問題）／多段階確率計画問題とその応用／運搬経路問題／枝巡回路問題／施設配置問題／ネットワークデザイン問題／スケジューリング

明大 刈屋武昭・広経大 前川功一・東大 矢島美寛・
学習院大 福地純一郎・統数研 川崎能典編

経済時系列分析ハンドブック

29015-8 C3050　　A5判 788頁 本体18000円

経済分析の最前線に立つ実務家・研究者へ向けて主要な時系列分析手法を俯瞰。実データへの適用を重視した実践志向のハンドブック。〔内容〕時系列分析基礎（確率過程・ARIMA・VAR他）／回帰分析基礎／シミュレーション／金融経済財務データ（季節調整他）／ベイズ統計とMCMC／資産収益率モデル（酔歩・高頻度データ他）／資産価格モデル／リスクマネジメント／ミクロ時系列分析（マーケティング・環境・パネルデータ）／マクロ時系列分析（景気・為替他）／他

V.J.バージ・V.リントスキー編
首都大 木島正明監訳

金融工学ハンドブック

29010-3 C3050　　A5判 1028頁 本体28000円

各テーマにおける世界的第一線の研究者が専門家向けに書き下ろしたハンドブック。デリバティブ証券，金利と信用リスクとデリバティブ，非完備市場，リスク管理，ポートフォリオ最適化，の4部構成から成る。〔内容〕金融資産価格付けの基礎／金融証券収益率のモデル化／ボラティリティ／デリバティブの価格付けにおける変分法／クレジットデリバティブの評価／非完備市場／オプション価格付け／モンテカルロシミュレーションを用いた全リスク最小化／保険分野への適用／他

東北大 照井伸彦監訳

ベイズ計量経済学ハンドブック

29019-6 C3050　　A5判 560頁 本体12000円

いまやベイズ計量経済学は，計量経済理論だけでなく実証分析にまで広範に拡大しており，本書は教科書で身に付けた知識を研究領域に適用しようとするとき役立つよう企図されたもの。〔内容〕処理選択のベイズ的諸側面／交換可能性，表現定理、主観性／時系列状態空間モデル／柔軟なノンパラメトリックモデル／シミュレーションとMCMC／ミクロ経済におけるベイズ分析法／ベイズマクロ計量経済学／マーケティングにおけるベイズ分析法／ファイナンスにおける分析法

上記価格（税別）は2014年3月現在